化学品毒性全书

CHEMICAL TOXICITY ENCYCLOPEDIA

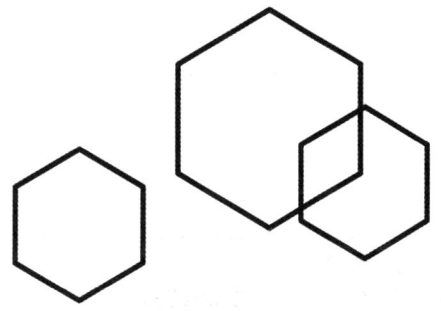

金泰廙　王祖兵　主编

上海科学技术文献出版社
Shanghai Scientific and Technological Literature Press

图书在版编目（CIP）数据

化学品毒性全书 / 金泰廙，王祖兵主编．—上海：上海科学技术文献出版社，2019（2021.4 重印）
ISBN 978-7-5439-7944-4

Ⅰ．① 化… Ⅱ．①金…②王… Ⅲ．①化工产品—毒性 Ⅳ．① TQ086.5

中国版本图书馆 CIP 数据核字（2019）第 146877 号

策划编辑：张　树　应丽春
责任编辑：应丽春　苏密娅
封面设计：袁　力

化学品毒性全书
HUAXUEPIN DUXING QUANSHU
金泰廙　王祖兵　主编
出版发行：上海科学技术文献出版社
地　　址：上海市长乐路 746 号
邮政编码：200040
经　　销：全国新华书店
印　　刷：常熟市人民印刷有限公司
开　　本：787×1092　1/16
印　　张：89.5
字　　数：2 716 000
版　　次：2020 年 6 月第 1 版　2021 年 4 月第 2 次印刷
书　　号：ISBN 978-7-5439-7944-4
定　　价：580.00 元
http://www.sstlp.com

编写委员会名单

主　编

金泰廙　复旦大学
王祖兵　上海市化工职业病防治院

副主编

刘移民　广州市职业病防治院
张天宝　中国人民解放军海军军医大学
贾晓东　上海市疾病预防控制中心
寿勇明　上海化学工业区医疗中心
周志俊　复旦大学
胡训军　上海市化工职业病防治院

主　审

印木泉　中国人民解放军海军军医大学

编委名单

（按姓氏笔画排名）

王金玮　上海市化工职业病防治院
王祖兵　上海市化工职业病防治院
王　致　广州市职业病防治院
方锦斌　上海市化工职业病防治院
尹　艳　上海市疾病预防控制中心
卢国栋　广西医科大学
田　琳　首都医科大学
朱江波　中国人民解放军海军军医大学
刘纯新　生态环境部固体废物与化学品管理技术中心
刘武忠　上海市化工职业病防治院
刘美霞　上海市疾病预防控制中心
刘移民　广州市职业病防治院
许慧慧　上海市疾病预防控制中心
寿勇明　上海化学工业区医疗中心
杨　凤　上海市疾病预防控制中心
肖　凯　中国人民解放军海军军医大学
肖吕武　广州市职业病防治院
吴　庆　复旦大学
张天宝　中国人民解放军海军军医大学
张玉彬　复旦大学
张　叶　上海化学工业区医疗中心
张美辨　浙江省疾病预防控制中心
张恒东　江苏省疾病预防控制中心
张莉君　上海市疾病预防控制中心
张海宏　广州市职业病防治院
张雪涛　上海市化工职业病防治院
张维森　广州市职业病防治院
陈育全　广州市职业病防治院
陈葆春　安徽省职业病防治院
范广勤　南昌大学
范奇元　遵义医药高等专科学校
金泰廙　复旦大学
周志俊　复旦大学
郑　光　上海市化工职业病防治院
胡训军　上海市化工职业病防治院
侯　强　上海市化工职业病防治院
施烨闻　上海市疾病预防控制中心
洪　峰　贵州医科大学
贾晓东　上海市疾病预防控制中心
黄沪涛　上海市化工职业病防治院
黄　波　桂林医学院
常秀丽　复旦大学
彭晓莉　上海化学工业区医疗中心
董光辉　中山大学
翟良云　应急管理部化学品登记中心

编写人员名单

（按姓氏笔画排名）

丁文彬　上海市疾病预防控制中心
王　宁　上海市疾病预防控制中心
王　波　生态环境部固体废物与化学品管理技术中心
王　洁　上海市化工职业病防治院
尹广明　湖南省药物安全评价研究中心
古军旺　赣南医学院
东春阳　上海市疾病预防控制中心
宁　勇　上海市疾病预防控制中心
朱　伟　广州市疾病预防控制中心
朱毅贞　上海市化工职业病防治院
伍　晨　上海市疾病预防控制中心
庄　冉　上海市疾病预防控制中心
刘冬英　浙江省医学科学院
刘必勇　安徽省职业病防治院
刘纪廷　苏州工业园区疾病防治中心
刘　颖　复旦大学
刘　静　上海化学工业区医疗中心
孙京楠　生态环境部固体废物与化学品管理技术中心
孙　原　上海市化工职业病防治院
孙铭学　中国人民解放军海军军医大学
李传奇　上海市疾病预防控制中心
李旭东　广东省职业病防治院
李克勇　上海市化工职业病防治院
杨志前　广州市职业病防治院
吴玉霞　上海市普陀区疾病预防控制中心
吴同俊　安徽省疾病预防控制中心
岑金凤　中国人民解放军海军军医大学
余　辛　上海市化工职业病防治院
宋　琪　上海市疾病预防控制中心
张　平　上海市化工职业病防治院
张　波　南方医科大学
张　海　广州市职业病防治院
张　程　广州市职业病防治院
陈青松　广东药科大学
陈　英　江西中医药大学
陈　林　南京市疾病预防控制中心
陈金合　国家应急管理部化学品登记中心
陈　浩　上海市化工职业病防治院
陈雅芬　上海市化工职业病防治院
陈　谦　上海市化工职业病防治院
欧阳璐　南昌大学
周远忠　遵义医科大学
周　荃　生态环境部固体废物与化学品管理技术中心
周莉芳　浙江省疾病预防控制中心
周晓丹　上海市疾病预防控制中心
周　浩　广州市职业病防治院
周繁坤　南昌大学
孟文琪　中国人民解放军海军军医大学
赵　杰　中国人民解放军海军军医大学
赵忠林　上海市化工职业病防治院
赵乾魁　上海市化工职业病防治院
赵雯弘　上海化学工业区医疗中心
胡前胜　中山大学
胡晓晴　上海市卫生健康委员会
胡　琼　安徽省职业病防治院
段传伟　广州市职业病防治院
俞亚瑾　上海市化工职业病防治院
袁豪乾　广州市职业病防治院
顾　闻　上海市化工职业病防治院
钱孝琳　上海市徐汇区疾病预防控制中心
钱秀荣　常州市疾病预防控制中心
钱海雷　上海市疾病预防控制中心
徐庆强　中国人民解放军海军军医大学
徐淑民　生态环境部固体废物与化学品管理技术中心
徐慧萍　上海市长宁区疾病预防控制中心
殷春许　安徽省职业病防治院
高　玥　江苏省疾病预防控制中心
郭薇薇　上海市疾病预防控制中心
唐　颖　上海市疾病预防控制中心
龚士洋　上海市疾病预防控制中心
符移才　上海预防医学会
梁嘉斌　广州市职业病防治院
董一帆　中国人民解放军海军军医大学
蒋文中　广州市职业病防治院

童　玲　上海市疾病预防控制中心
蒲立力　上海市疾病预防控制中心
窦婷婷　上海市疾病预防控制中心
潘梅竹　上海市疾病预防控制中心
薛宁宁　生态环境部固体废物与化学品管理技术中心
薛　伟　中国人民解放军海军军医大学
瞿　菁　上海市疾病预防控制中心

参与编撰人员名单

（按姓氏笔画排名）

万齐友　马炜钰　王　亚　王建宇　王紫嫣　邓冠华　左真子　代露露　冯玉超　朱少芳　朱蕊泉
刘思思　刘雪萍　刘影玫　刘　鑫　麦诗琪　麦秋苑　苏艺伟　李闻婷　李艳华　李　倩　李燕茹
杨正丽　杨　燕　肖洪喜　吴诗华　吴　琳　何易楠　余　琴　张仁娟　张伊莉　张济明　张晋蔚
张圆圆　张　燕　陈中宝　陈　纠　陈培仙　邵一鸣　林秋月　林毓嫱　周　彤　赵一帆　赵　远
荣　幸　钟坤鹏　袁丽玲　徐绍雄　凌伟洁　高艳艳　郭尧平　郭冠浩　郭静宜　郭嘉明　唐双双
唐侍豪　黄丽丽　黄海文　曾文锋　曾　嵘　谢　杰　熊世敏　熊贵娅　薄丹丹

学术秘书组

胡训军　王金玮　张平　杨　凤　王　致

序

顾学箕教授任名誉主编，夏元洵教授任主编的《化学物质毒性全书》(以下简称"全书")，自1991年出版至今已有近三十年了。作为国内职业健康与安全领域中一本以"全书"冠名的与化学毒性相关工具书，该书广受业界好评。时至今日，国际上登记的化学品已达到1亿5 500万种，我国生产和市售的化学品也已达45 716种之多。目前国际与国内对化学品安全管理保持高度重视，新制定、修订与规范了众多相关法律法规，因此，需要对全书进行更新和修正。2015年春，上海市化工职业病防治院联手复旦大学公共卫生学院、广州市职业病防治院、上海化学工业区医疗中心、上海市疾病预防控制中心、中国人民解放军海军军医大学等单位，启动了新书的编撰工作。上海科学技术文献出版社作为"全书"原出版单位积极支持，献计献策，为本书申请了"2019年度国家出版基金资助项目"并获资助，随即委托上海市化工职业病防治院作为牵头单位，组建秘书组，负责本书编写的组织工作。

在此大数据时代，单一团队的力量总是卑微渺小的。我们始终战战兢兢、如履薄冰，深知全书历时5年编撰之后的再次出版，我们只是在前辈工作的基础上，做了一点工作。新书的变化在于：一是定位于"工具书"，基于学科的发展、知识的更新，书名变更为《化学品毒性全书》。为了适应目前国际化学品安全管理的趋势，贯穿全书引入《全球化学品统一分类和标签制度》(Globally Harmonized System of Classification and Labeling of Chemicals，简称GHS)相关理论分类概念，全书中多数化学品参考国家《危险化学品目录(2015版)》实施指南，引入健康和环境危害GHS分类，各化学品皆可参考相关分类，突出"工具书"的功能，满足读者更广泛的需求。二是结合现有知识更新及实际工作需要，从化学品数量来讲，在参考原《全书》目录的基础上，新增了《危险化学品目录(2015版)》及《重点环境管理危险化学品目录》等国家常用监管目录中部分危害较大化学品1 500余种。三是结合国内外化学品管理的发展和毒理学的进展，聚焦改革开放四十年来国内毒理学的研究成果，由"描述毒理学"上升为"管理毒理学"，从化学品的毒性延伸到造成人体健康效应的风险，关注的毒性数据不仅仅注重某项参数值，还注重人体可接受剂量、特殊毒作用等研究热点，在兼顾传统危害评估毒性数据、机制等基础上，考虑从风险评估角度出发，不仅探讨化学品对人体和人群健康的影响，也尝试从安全的角度探讨了对环境的影响，从而为广大公共卫生与预防医学工作人员，包括对化学品与健康安全关注的读者提供一本实用的工具书。

《"健康中国2030"规划纲要》主要遵循：健康优先、改革创新、科学发展，公平公正的原则，其中"健康优先"原则居首位。化学品在日用消费品中应用广泛，涉及国民经济各产业部门以及人民群众日常生活领域，各类人员可以在生活与职业环境中通过多种途径接触到名目繁多的化学品，它们和人类健康息息相关。信息化时代，公众面临众多信息"爆炸"与"孤岛"，读者需要更多地从风险角度去评估化学品危害。诚如著名瑞士毒理学家Paracelsus所指出的"万物皆毒，无一例外，决定于剂量(All substances are poisons; there is none which is not a poison. The right dose differentiates from a remedy.)"，对于化学品的危害评估，不能仅参考化学品的某项指标，更应关注化学品GHS的分类结果，来判断化学品危害；同时在知识更新与认知迭代的时代，应用本书时，读者需结合实际情况，谨慎评估应用；又因为化学品暴露的多种可能性和途径，我们不仅应关注职业性暴露，也应关注生活性暴露。实际工作中，国家标准委已发布《基于 GHS 标签的消费品风险评估指南(GB/T 36499—2018)》，该标准已系统考虑日常生活中化学品暴露导致危害的风险评估，这应该是将来关注的重点之一。

本书的顺利出版，得到了多家单位的大力支持，得到了很多兄弟单位同仁的大力帮助，部分章节得到了国家疾病预防控制中心黄金祥教授、首都医科大学附属北京朝阳医院郝凤桐主任医师、军事科学院军事医学研究院赵建研究员的大力斧正，感谢北京大学第三医院赵金垣教授和国家疾病预防控制中心孙承业研究员的大力相助。同时本书编写队伍中，青年同志众多，他们皆付出很多辛勤劳动，Chemalert 公司 Aaron Stillman 技术总监协助整理了附件 1 相关数据，谨此一并致谢；尤其对于学术秘书组始终如一的倾心付出，特此表示深深的谢意。

各位编者、审者一直努力，内容虽然尽力求全，且和原引用文献尽量保持一致，甚至在援引文献相关数据时，量和单位基本都维持不变，但由于所收集资料的不平衡，因此部分章节繁简不一；由于内容、数据庞杂，因此虽经反复校订，也难免有错误和不足之处。以上种种，敬请专家学者和广大读者批评指正。

2019 年 9 月

缩略词表

常用机构缩略词

ACGIH	美国政府工业卫生学家会议
AIHA	美国工业卫生协会
EPA	美国环境保护署
EU	欧盟
FAO	联合国粮食及农业组织
IARC	国际癌症研究中心
IPCS	国际化学品安全规划署
ISO	国际标准化组织
NCI(National Cancer Institute)	(美国)国家癌症研究所
NCTR(FDA National Center for Toxicological Research)	(美国)FDA 国家毒理学研究中心
NGO	非政府组织
NIH	美国国立卫生研究院
NIOSH	美国国家职业安全与卫生研究院
NPT	美国国家毒理学计划
OECD	国际经济合作与发展组织
OSHA	美国职业安全与卫生管理局
RIVM	荷兰国立卫生和环境署
WHO	世界卫生组织
ILO	国际劳工组织
UNEP	联合国环境规划署
SCOEL	欧盟职业接触限值科学委员会
ACSHH	欧盟安全、卫生和工作健康顾问委员会
ACTS	英国有毒物质顾问委员会
MAK—Kommission	德国研究共同体工作场所健康危害物质检验委员会

常用学术缩略词

ADI(Acceptable Daily Intake)	容许日摄入量
Ames 试验	鼠伤寒沙门氏菌回复突变试验
AUC(area under plasma concentration-time curve)	血浓度-时间曲线下面积

BCF	生物浓缩系数
BEIs	生物接触指数
BMD	基准剂量
BOD	生化需氧量
CAS 号	美国化学文摘号
CL(clearance)	清除率
d_{ae}	空气动力学直径
EC_{50}	半数效应浓度
ED_{50} (median effective dose)	半数效应剂量
EHS	极危险物质
EINECS 号	欧洲现有商业化学品目录编号
eye-rbt	兔经眼
FISH(fluorescence in situ hybridization)	荧光原位杂交
HSDB	美国有害物质数据库
RTECS	化学物质毒性数据库
id	皮内注射
ihl-rat	大鼠吸入
ihl-mus	小鼠吸入
im	肌内注射
IDLH(immediately dangerous to life or health) concentrations	立即威胁生命或健康的浓度
ipr	腹腔注射
ivn	静脉注射
Ke(elimination constant)	消除速率常数
LC_{50}	半数致死浓度
LCL_0	已公布的最低致死剂浓度
LD_0 (maximal tolerance dose)	最大耐受量
LD_{50}	半数致死剂量
LD_{100} (absolute lethal dose)	绝对致死量
LDL_0	最低致死剂量
LIF	不确定系数
LOAEL	最低观察到的有害作用剂量
LogPow	正辛醇/水分配系数
MAC	最高容许浓度
MDD(Maximum Daily Dosage)	最大日给药剂量
MEL(minimal effect level)	最小有作用剂量
MNEL(maximal no-effect level)	最大无作用剂量
MNT(microuncleus test)	微核试验

NOAEL(no-observed adverse effect level)	未观察到有害作用剂量
NOEL(no-observed effect level)	未观察到作用剂量
OEL	职业接触限值
orl-rat	大鼠经口
orl-mus	小鼠经口
par	胃肠外注射
PEL	可允许暴露极限值
PC-STEL	短时间接触容许浓度
PC-TWA	时间加权平均容许浓度
REL(Recommended Exposure Limit)	接触限值
RTECS	化学物质毒性数据库
scu	皮下注射
skn-hmn	人经皮
skn-rbt	兔经皮
SCE 试验	姐妹染色单体互换试验
SCGE(single cell gel electrophoresis)	单细胞凝胶电泳试验，又称彗星试验(coment assay)
STEL	短时间接触浓度
TCA(tolerable concentration in air)	设定可容忍空气中浓度
TCL_0	已公布的最低中毒浓度
LCt_{50}	半数致死性浓度和时间乘积
TD_{50}(median toxic effective dose)	半数毒效应剂量
TDL_0	已公布的最低中毒剂量
TDI	每日耐受摄入量
RFD	参考剂量
RFC	参考浓度
TLV(Threshold Limit Value)	阈限值
TLVTN，TLVWN	车间空气有害物质接触限值
toxic threshold level	中毒阈剂量
IOELVs	欧盟 SCOEL 指示性职业接触限值
BOELVs	欧盟 SCOEL 约束性职业接触限值
BBLVs	欧盟 SCOEL 约束性生物限值
OESs	英国职业暴露标准
MELs	英国最大暴露极限
TRK	德国技术标准浓度
MAK	德国最大工作场所浓度
TWA	时间加权平均值
UDS 试验(unscheduled DNA synthesis)	程序外 DNA 合成，又称 DNA 修复合成
Vd(apparent volume of distribution)	表观分布容积

VSD	实际安全剂量
WB(Western Blot)	蛋白质免疫印迹
Z_{ac}	急性毒作用带
Z_{ch}	慢性毒作用带
GRAS	美国 FDA 评价食品添加剂安全性指标

目　录 contents

第 1 章　毒物与毒理学概论

一、绪言 ………… 1
二、毒物与毒作用 ………… 10
三、毒物的吸收、分布、排泄和生物转化 ………… 17
四、中毒的机理 ………… 21
五、致突变、致癌、致畸及内分泌干扰物危害的评价 ………… 25
六、化学品危险评估 ………… 29
七、全球化学品统一分类和标签制度 ………… 37

第 2 章　化学性损害的临床表现

一、呼吸系统 ………… 49
二、神经系统 ………… 51
三、血液系统 ………… 52
四、消化系统 ………… 53
五、泌尿系统 ………… 55
六、心血管系统 ………… 58
七、化学品所致的皮肤病 ………… 59
八、化学品所致的眼病 ………… 61
九、化学品所致的肿瘤 ………… 63

第 3 章　职业中毒的治疗

一、治疗原则 ………… 66
二、对症治疗 ………… 72

第 4 章　化学性损害的预防

一、毒性资料的实际应用 ………… 79
二、空气中毒物职业接触限值的制定和应用 ………… 82
三、预防职业中毒的组织措施 ………… 84
四、预防职业中毒的技术措施 ………… 85

第 5 章　金属（一）

锂及其化合物 ………… 94
　锂 ………… 94
　氢化锂 ………… 95
　碳酸锂 ………… 96
　氯化锂 ………… 96
　醋酸锂 ………… 97
　氢氧化锂 ………… 97
　次氯酸锂 ………… 97
铍及其化合物 ………… 98
　铍 ………… 98
　硝酸铍 ………… 99
　氧化铍 ………… 100
　乙酸铍 ………… 100
　氢氧化铍 ………… 101
　碳酸铍 ………… 101
镁及其化合物 ………… 102
　其他镁化合物 ………… 103
铝及其化合物 ………… 103
　铝 ………… 103
　三氯化铝 ………… 105
　三丁基铝 ………… 105
　三甲基铝 ………… 106
　三氯化三甲基二铝 ………… 106
　三氯化三乙基二铝 ………… 106
　其他铝化合物 ………… 106
　钛及其化合物 ………… 107
钒及其化合物 ………… 108
　钒 ………… 108
　多钒酸铵 ………… 109
　钒酸铵钠 ………… 109
　钒酸钾 ………… 109
　三氯氧化钒 ………… 109
　偏钒酸铵 ………… 110

偏钒酸钾 …… 110
四氯化钒 …… 111
五氧化二钒 …… 111
其他钒化合物 …… 112
铬及其化合物 …… 112
铬 …… 112
铬酸钾 …… 113
铬酸钠 …… 115
铬酸铍 …… 116
铬酸铅 …… 116
铬酸溶液 …… 116
三氟乙酸铬 …… 117
三氧化铬 …… 117
硝酸铬 …… 118
氧氯化铬 …… 118
重铬酸铵 …… 119
重铬酸钡 …… 120
重铬酸钾 …… 120
重铬酸锂 …… 121
重铬酸钠 …… 121
重铬酸铯 …… 121
重铬酸铜 …… 122
重铬酸锌 …… 122
重铬酸银 …… 122
其他铬化合物 …… 122
锰及其化合物 …… 123
锰 …… 123
代森锰 …… 126
高锰酸钠 …… 126
高锰酸锌 …… 127
铁及其化合物 …… 127
铁 …… 127
五羰基铁 …… 129
其他铁化合物 …… 130
钴及其化合物 …… 130
钴 …… 130
羰基钴 …… 132
硝酸钴 …… 133
其他钴化合物 …… 133
镍及其化合物 …… 133
镍 …… 133
羰基镍 …… 135
硝酸镍 …… 136
其他镍化合物 …… 136
铜及其化合物 …… 137
铜 …… 137
铜乙二胺溶液 …… 138
硝酸铜 …… 138
亚砷酸铜 …… 138
硒酸铜 …… 138
亚硒酸铜 …… 138
乙酰亚砷酸铜 …… 139
其他铜化合物 …… 139
锌及其化合物 …… 140
锌 …… 140
氧化锌 …… 141
锌汞齐 …… 142
双(二甲基二硫代氨基甲酸)锌 …… 142
其他锌化合物 …… 143
镓及其化合物 …… 144
镓 …… 144
锗及其化合物 …… 144
锗烷 …… 145
锶及其化合物 …… 145
锶 …… 145
其他锶化合物 …… 146
锆及其化合物 …… 146
锆 …… 146
其他锆化合物 …… 147
铌及其化合物 …… 147
铌 …… 147
钼及其化合物 …… 148
钼 …… 148
钌及其化合物 …… 149
钌 …… 149
铑及其化合物 …… 149
铑 …… 149
钯及其化合物 …… 150
钯 …… 150
银及其化合物 …… 150
银 …… 150
镉及其化合物 …… 151
镉(非发火) …… 151
氧化镉 …… 155
溴酸镉 …… 156
硒化镉 …… 156

硝酸镉 157
其他镉化合物 157
铟及其化合物 158
铟 158
锡及其化合物 160
锡 160
有机锡化合物 161
醋酸三丁基锡 161
四乙基锡 163
三(环己基)-(1,2,4-三唑-1-基)锡 164
三苯基氢氧化锡 164
三苯基乙酸锡 164
三丙基氯化锡 165
三丁基氟化锡 165
三丁基氯化锡 166
三丁基氢化锡 166
硫酸三乙基锡 167
三丁基锡苯甲酸 167
三丁基氧化锡 167
三环己基氢氧化锡 168
辛酸亚锡 168
二丁基二月桂酸锡 169
二丁基二氯化锡 169
二正丁基氧化锡 170
其他锡化合物 170
锑及其化合物 171
五氯化锑 171
五氧化二锑 171
锑化氢 172
三碘化锑 172
三溴化锑 173
三氟化锑 173
三硫化二锑 174
三乙基锑 174
其他锑化合物 174

第6章 金属(二)

钡及其化合物 176
钡 176
氯酸钡 179
钽及其化合物 180
钽 180
钨及其化合物 181
锇及其化合物 184
锇 184
四氧化锇 184
铱及其化合物 185
铱 185
铂及其化合物 186
铂 186
氯铂酸 192
金及其化合物 193
金 193
汞及其化合物 194
汞 194
钾汞齐 197
焦硫酸汞 197
雷汞 198
氯化铵汞 198
氯化钾汞 198
氯化亚汞 199
氧化亚汞 199
氧化汞 200
砷酸汞 200
砷化汞 200
氧氰化汞 201
溴化亚汞 201
溴化汞 202
硝酸亚汞 202
铅汞齐 203
锌汞齐 203
硝酸汞 203
二乙基汞 204
二苯基汞 204
苯基氢氧化汞 205
苯甲酸汞 205
氯化乙基汞 205
氯化苯汞 205
氯化甲氧基乙基汞 206
氯化甲基汞 206
核酸汞 206
草酸汞 207
2-氯汞苯酚 207
4-氯汞苯甲酸 207
乙酸汞 208

乙酸甲氧基乙基汞 208
乙酸亚汞 209
油酸汞 209
萘磺汞 209
葡萄糖酸汞 210
水杨酸汞 210
羟基甲基汞 210
氰胍甲汞 210
乳酸苯汞三乙醇铵 211
五氯苯酚苯基汞 211
五氯苯酚汞 211
硝酸苯汞 211
亚胺乙汞 212
铊及其化合物 212
丙二酸铊 213
乙酸亚铊 213
氧化亚铊 214
氧化铊 214
溴化亚铊 215
甲酸亚铊 215
硝酸铊 215
碳酸亚铊 216
铅及其化合物 216
铅 216
硅酸铅 222
四氧化三铅 223
硒化铅 224
四氟化铅 224
四氯化铅 225
砷酸铅 225
乙酸铅 227
硝酸铅 228
溴酸铅 230
亚磷酸二氢铅 230
四甲铅 231
2,4,6-三硝基间苯二酚铅 232
四乙铅 233
铋及其化合物 235
铋 235
钍及其化合物 237
钍 237
铀及其化合物 239
铀 239
钸及其化合物 243
钸 243

第7章 硼,硅,磷,硫,砷,硒,碲

硼及其化合物 246
硼 246
硼酸 250
硼盐 251
硼氢化锂 251
硼氢化钾 251
硼氢化铝 251
硼氢化钠 252
卤化硼 252
三氟化硼 252
三氯化硼 253
三溴化硼 253
十硼烷癸硼烷 254
乙硼烷 255
戊硼烷 255
三甲氧基环硼氧烷 256
三甲基硼 256
三乙基硼 256
硅及其化合物 256
硅 256
三氯氢硅 257
烷基或苯基氯硅烷 257
甲基二氯硅烷(二氯甲基硅烷) 257
乙基二氯硅烷 258
丙基三氯硅烷 258
二苯基二氯硅烷 259
三氯乙烯硅烷 259
环己烯基三氯硅烷 260
三甲基氯硅烷 260
六甲基二硅氮烷 261
六甲基二硅醚 261
磷及其化合物 262
白磷 262
红磷 262
磷化氢 263
磷化钙 264
磷化钾 264
磷化铝 264

磷化镁 265
磷化钠 265
磷化锶 266
磷化锡 266
磷化锌 266
五氯化磷 266
三氯化磷 267
五氧化二磷 267
三硫化二磷 268
三硫化四磷 268
五硫化二磷 268
三氯氧磷 269
磷酸 269
磷酸二乙基汞 269
磷酸亚铊 270
三(2-甲基氮丙啶)氧化膦 270
三苯基磷 270
硫及其化合物 270
硫 270
胶体硫 271
多硫化钡 271
四氧硫化碳 272
二氯化硫 272
二氯硫化碳 273
四氯化硫 273
二氧化硫 273
三氧化硫 276
硫酸 277
硫化氢 278
硫氢化钠 280
二硫化碳 280
二硫化硒 283
硫化钡 284
硫化镉 284
硫化汞 284
硫化钾 285
硫化钠 285
硫酸镉 286
硫酸汞 286
硫酸钴 287
硫酸镍 287
硫酸铍 288
硫酸铍钾 288
硫酸铅 288
硫酸铊 289
硫酸亚汞 289
硫酸氧钒 290
有机硫 290
二硫化二甲基 290
秋兰姆和二硫代氨基甲酸衍生物 290
甲硫醇 294
苄硫醇 294
2-丁基硫醇 294
己硫醇 295
正辛硫醇 295
乙硫醇 296
正丙硫醇 296
异丙硫醇 296
叔丁基硫醇 297
1-戊硫醇 297
十二烷基硫醇 298
1,1,3,3-四甲基-1-丁硫醇 298
其他有机含硫化合物 298
硫酸-2,4-二氨基甲苯 298
硫酸-2,5-二氨基甲苯 299
硫酸-4,4′-二氨基联苯 299
硫酸-4-氨基-N,N-二甲基苯胺 299
硫酸苯胺 300
硫酸苯肼 300
硫酸对苯二胺 300
硫酸二甲酯 300
硫酸间苯二胺 301
硫酸马钱子碱 302
硫酸羟胺 302
砷及其化合物 302
砷 302
砷的氧化物和盐类 307
三氧化二砷 307
五氧化二砷 308
三氯化砷 309
三溴化砷 310
二砷化三锌 310
砷化氢 311
焦砷酸 311
偏砷酸 312
偏砷酸钠 312

砷酸 312
砷酸二氢钠 313
砷酸钙 313
砷酸钾 313
砷酸镁 314
砷酸铅 314
砷酸氢二钠 314
砷酸锑 315
砷酸铁 315
砷酸亚铁 315
砷酸铜 315
砷酸锌 316
砷酸银 316
亚砷酸锌 317
亚砷酸钡 317
亚砷酸钙 317
亚砷酸钾 318
亚砷酸钠 318
亚砷酸铅 319
亚砷酸锶 319
亚砷酸铁 320
亚砷酸银 320
砷的有机化合物(胂) 320
甲胂酸 320
丙基胂酸 320
二甲胂酸 321
甲基胂酸锌 321
乙基二氯胂 321
硒及其化合物 322
硒 322
二氧化硒 325
硒化氢 326
硒化铁 327
硒化锌 328
硒脲 328
硒酸 328
硒酸钡 328
硒酸钾 329
硒酸钠 329
溴化硒 330
氧氯化硒 330
亚硒酸 330
亚硒酸钠 330
亚硒酸钡 331
亚硒酸钾 331
亚硒酸镁 331
亚硒酸氢钠 331
二甲硒 332
二乙基硒 333
二苯基二硒 333
碲及其化合物 333
碲 333
亚碲酸钠 335

第8章 碱性物质

氨 340
氨肥料[溶液,含游离氨>35%] 341
氢氧化钠 341
氢氧化钾 342
过氧化钠 343
氢氧化铯 343
氢氧化铊 344
氧化钙 344
氢氧化钙 345
漂白粉 345
漂粉精 345
碳酸钠 346
磷酸三钠 346
硅酸钠 347
亚氯酸钠 347

第9章 卤族元素及其无机化合物

氟及其无机化合物 350
氟 350
氟化氢 351
二氟化氧 352
三氟化氮 353
二水合三氟化硼 353
三氟化砷 353
三氟化溴 354
三氟化磷 354
三氟化氯 354
五氟化氯 355
五氟化锑 355

五氟化溴 355
四氟化硅 356
四氟化硫 356
氟化钠 357
氟化铵 357
氟化钡 358
氟化镉 358
氟化汞 359
氟化钾 360
氟化锂 361
氟化铅 362
氟化氢铵 363
氟化氢钾 363
氟化氢钠 364
氟化铯 364
氟化铜 365
氟化锌 365
氟化亚钴 366
六氟化碲 366
六氟化钨 367
六氟化硒 367
氟锆酸钾 368
氟硅酸铵 368
氟硅酸钾 369
氟硅酸钠 369
氟硼酸镉 370
氟硼酸铅 370
氟铍酸铵 371
氟铍酸钠 371
氟钽酸钾 371
六氟硅酸镁 372
六氟合硅酸钡 372
六氟合硅酸锌 372
氯及其无机化合物 373
氯/液氯/氯气 373
二氧化氯 374
氯化氢 375
四氯化硅 376
四氯化硒 376
二氯亚砜 376
二氯化砜 377
氯磺酸 377
氯化钡 378
氯化镉 378
氯化汞 379
氯化钴 379
氯化镍 380
氯化铍 380
无水氯化铜 381
氯化硒/二氯化二硒 382
氯化锌,氯化锌溶液 382
氯的其他无机化合物 383
过氯酸铅 383
过氯酰氟 384
氯酸铵 385
氯酸钾 385
氯酸钠 386
氯酸铊 386
氯酸锌 387
一氯化碘 388
一氯化硫 388
溴及其无机化合物 389
溴 389
溴化氢 390
氯化溴 391
溴的其他无机化合物 391
溴酸钾 391
四溴化硒 392
溴酸锌 392
溴酸银 393
碘及其无机化合物 393
碘 393
二碘化汞 394
三碘化砷 395
三碘化铊 395
五氟化碘 396

第 10 章 氧、氮、碳的无机化合物

氧 397
缺氧 398
臭氧 400
过氧化合物 401
过乙酸叔丁酯 402
过氧草酸乙基特丁酯 402
过氧化氢叔丁基 402

过氧化氢四氢化萘 …… 403
过氧化氢异丙苯 …… 403
过氧化叔丁基异丙基苯 …… 404
α-氢过氧化枯烯 …… 404
二丙酰过氧化物 …… 404
过氧化二苯甲酰 …… 404
过氧化二异丙苯 …… 405
过氧化新戊酸叔丁酯 …… 405
1,1,3,3-过氧新戊酸四甲叔丁酯 …… 406
过氧二碳酸双-3-甲基丁酯 …… 406
氮 …… 406
氮的氧化物 …… 407
二氧化氮 …… 409
一氧化氮 …… 412
一氧化氮和四氧化二氮混合物 …… 412
四氧化二氮 …… 412
硝酸 …… 413
亚硝酸钾 …… 413
亚硝酸钠 …… 414
亚硝酸镍 …… 415
三氯化氮 …… 415
亚硝酰氯 …… 416
三氧化二氮 …… 416
碳 …… 416
一氧化碳 …… 417
一氧化碳和氢气混合物 …… 420
二氧化碳 …… 420
光气 …… 422
氟光气 …… 424

第 11 章　脂肪族开链烃类

饱和脂肪烃类 …… 426
甲烷 …… 426
乙烷 …… 427
丙烷 …… 427
丁烷 …… 428
2,3-二甲基丁烷 …… 429
2,2,3′,3′-四甲基丁烷 …… 429
2,2,3-三甲基丁烷 …… 430
正戊烷 …… 430
异戊烷 …… 431
新戊烷 …… 432
3-甲基戊烷 …… 433
3-乙基戊烷 …… 434
2,2-二甲基戊烷 …… 434
2,3-二甲基戊烷 …… 435
2,4-二甲基戊烷 …… 435
3,3-二甲基戊烷 …… 435
2-甲基-3-乙基戊烷 …… 436
2,2,3-三甲基戊烷 …… 436
2,3,4-三甲基戊烷 …… 436
正己烷 …… 437
异己烷 …… 439
新己烷 …… 440
3-甲基己烷 …… 441
3-乙基己烷 …… 441
2-甲基己烷 …… 442
2,2-二甲基己烷 …… 442
2,3-二甲基己烷 …… 443
2,4-二甲基己烷 …… 443
3,3-二甲基己烷 …… 444
3,4-二甲基己烷 …… 444
2,2,4-三甲基己烷 …… 444
2,2,5-三甲基己烷 …… 445
庚烷 …… 445
2-甲基庚烷 …… 446
3-甲基庚烷 …… 447
4-甲基庚烷 …… 447
正辛烷 …… 447
异辛烷 …… 449
正壬烷 …… 449
正癸烷 …… 450
十二碳烷 …… 451
十三烷和 C_{13} 以上同系物 …… 451
不饱和脂肪烃类 …… 452
乙烯 …… 455
丙烯 …… 456
丁烯 …… 457
2-乙基-1-丁烯 …… 457
4-苯基-1-丁烯 …… 458
1-戊烯 …… 458
β-异戊烯 …… 458
2,4,4-三甲基-1-戊烯 …… 459
2,4,4-三甲基-2-戊烯 …… 460
己烯 …… 460

1-庚烯 461
1-壬烯 461
1-辛烯 462
2-辛烯 462
1-癸烯 462
异辛烯 463
丙二烯 463
1,3-丁二烯 464
异戊二烯 465
双戊烯 467
四聚丙烯 467
2,5-二甲基-1,5-己二烯 468
2,5-二甲基-2,4-己二烯 468
D-苎烯 468
乙炔 469
丙炔 469
混合烃类 469
石脑油 469
石油醚 470
汽油 470
甲醇汽油 472
乙醇汽油 472
煤油 472
天然气 473
柴油 473
乳香油 473
汽油废气和柴油废气 474
润滑油 474
溶剂油[闭杯闪点≤60℃] 475
沥青 476
松节油 476
煤焦沥青 477
煤焦油 477
米许合金[浸在煤油中的] 477

第 12 章　脂肪族环烃类

环丙烷 479
环戊烷 480
环己烷 481
甲基环己烷 482
乙基环己烷 483
二甲基环己烷 484
二甲氨基环己烷 485
1,3-环戊二烯 486
二聚环戊二烯 486
环己烯 488
4-乙烯-1-环己烯 488
1,2-环氧环己烷 489
1,3,5-环庚三烯 490
环辛烯 490
1,3-环辛二烯 490
1,5-环辛二烯 491
萘烷 491
1-甲基萘 492
2-甲基萘 493
苊(萘嵌戊烷/萘己环) 494
莰烯 495
其他脂环烃 495

第 13 章　脂肪胺和脂环胺类

脂肪单胺类和脂环单胺类 501
甲胺类 501
乙胺类 503
丙胺类 504
1-氨基丙烷 504
3-氨基丙烯 505
丁胺类 506
异丁胺 506
仲丁胺 506
N-甲基正丁胺 507
1,3-二甲基丁胺 507
二异丁胺 508
二正丁胺 508
戊胺类 509
二正戊胺 509
己胺类 509
2-乙基己胺 509
庚胺类 510
正庚胺 510
高碳烷基胺类 510
十八烷基胺 510
烯丙胺类 511
二烯丙基胺 511
二烯丙基代氰胺 512

环己胺类 512
二环己胺 512
单氟烃胺类 513
乙基-3-氯苯基甲亚胺 513
脂肪二胺类和脂肪多胺类 514
乙二胺 514
N,N-二乙基乙撑二胺 515
1,3-丙二胺 515
1,4-丁二胺 516
己二胺 516
N,N′-六甲撑己二酰二胺 517
3,3′-二氨基二丙胺 517
二乙撑三胺、三乙撑四胺、四乙撑五胺、多乙撑多胺 517
氨基醇类和烷基醇胺类 518
一乙醇胺 518
二乙醇胺 519
三乙醇胺 520
2-氨基丁醇 520
1-二乙胺基戊酮-[2] 521

第 14 章 脂肪族硝基化合物，硝酸酯类，亚硝酸酯类

脂肪族硝基化合物 522
硝基烷烃类 523
硝基甲烷 523
四硝基甲烷 524
三(羟甲基)硝基甲烷 525
硝基乙烷 525
1-硝基丙烷 526
2-硝基丙烷 527
硝基丁烷类 528
氯代硝基烷烃类 528
1,1-二氯-1-硝基乙烷 528
氯化苦 529
硝酸酯类 530
硝酸甲酯 531
硝酸乙酯 531
硝酸丙酯 531
硝酸戊酯 532
乙二醇二硝酸酯 532
二乙二醇二硝酸酯 533
硝基二乙醇胺二硝酸酯 534
硝酸甘油 534
赤藓醇四硝酸酯 535
季戊四醇四硝酸酯 536
亚硝酸酯类 536
亚硝酸甲酯 537
亚硝酸乙酯 537
亚硝酸正丙酯 538
亚硝酸正丁酯 538
亚硝酸异戊酯 538

第 15 章 脂肪族卤代烃类

氟代烃类 540
单氟烷烃类 544
双氟烷烃类 544
单氟烯烃类 544
单氟炔烃类 545
单氟卤烷烃类 545
一氟三氯甲烷(F11) 546
多氟烷烃类 547
多氟卤烷烃类 548
二氟一氯甲烷(F22) 548
二氟二氯甲烷(F12) 549
三氟溴甲烷 550
1,1,2-三氯-1,2,2-三氟乙烷(F113) 551
1.2-二氯-1,1,2,2-四氟乙烷(F114) 552
2-溴-2-氯-1,1,1-三氟乙烷 553
其他多氟卤烷烃类 554
多氟烯烃类 556
八氟异丁烯 556
六氟-2,3-二氯-2-丁烯 558
三氟-2-氯乙烯 558
六氟丙烯 559
四氟乙烯及其聚合物 560
氯、溴、碘代烷烃类 562
氯甲烷 563
溴甲烷 565
碘甲烷 567
二碘甲烷 568
二氯甲烷 569
二溴甲烷 570
三氯甲烷 571

三溴甲烷 572
三碘甲烷 573
四氯化碳 573
四溴化碳 575
氯溴甲烷 576
氯乙烷 577
溴乙烷 577
碘乙烷 578
二氯乙烷 579
1,2-二溴乙烷 580
1,1,1-三氯乙烷 581
1,1,2-三氯乙烷 582
四氯乙烷 582
1,1,2,2-四溴乙烷 584
五氯乙烷 586
六氯乙烷 587
1-氯-2-溴乙烷 588
1-氯丙烷 589
2-氯丙烷 589
1-溴丙烷 590
1,2-二溴丙烷 591
1,2-二氯丙烷 592
1,2-二溴-3-氯丙烷 593
2-氯-1-溴丙烷 594
1-氯-2-溴丙烷 594
1-氯-3-溴丙烷 595
1-碘丁烷 595
1-碘-2-甲基丙烷 596
1-碘-3-甲基丁烷 596
短链氯化石蜡(C_{10-13}氯代烃) 596
氯代烯烃类 597
氯乙烯 598
溴乙烯 600
1,1-二氯乙烯 602
1,2-二氯乙烯 603
三氯乙烯 604
四氯乙烯 607
3-氯丙烯-[1] 609
1,3-二氯丙烯 610
二氯丁烯 611
1,3-二氯-2-丁烯 611
1,4-二氯-2-丁烯 611
氯化异丁烯 612
氯丁二烯 613
六氯丁二烯 614
六氯环戊二烯 615
二氯乙炔 616

第16章 芳香族烃类

苯 619
2-苯基丙烯 624
二乙烯苯 625
苯并(α)芘(BaP) 626
苯乙烯 628
丙烯基苯 631
丁苯 631
邻二乙苯 631
间二乙苯 632
对二乙苯 632
二乙苯混合物 633
4-叔丁基甲苯 633
对异丙基甲苯 634
二甲苯 634
二异丙基苯 635
甲苯 636
精蒽 638
联苯 639
萘 640
萘满 642
芘 643
三甲苯 644
四甲苯 644
五甲苯 645
乙苯 645
乙烯基甲苯 648
异丙苯 649
异丁苯 649
萤蒽 650
正丙苯 650
甲基乙基苯 650
六甲苯 651

第17章 芳香族氨基和硝基化合物

苯胺 660

N,N-二甲基苯胺 …… 664
4-氨基-N,N-二甲基苯胺 …… 665
草酸-4-氨基-N,N-二甲基苯胺 …… 665
N-乙基苯胺 …… 665
N,N-二乙基苯胺 …… 666
对甲苯胺 …… 666
邻甲苯胺 …… 666
间甲苯胺 …… 667
N-甲基苯胺 …… 667
间甲氧基苯胺 …… 668
对甲氧基苯胺 …… 668
邻乙氧基苯胺 …… 669
间乙氧基苯胺 …… 669
对乙氧基苯胺 …… 669
邻硝基苯胂酸 …… 669
间硝基苯胂酸 …… 670
对硝基苯胂酸 …… 670
二甲苯胺 …… 670
二甲基苯胺异构体混合物 …… 672
5-氯-邻甲苯胺 …… 672
对氯苯胺 …… 673
邻氯苯胺 …… 673
间氯苯胺 …… 673
二氯苯胺 …… 674
2,4-二溴苯胺 …… 675
N-苄基-N-乙基苯胺 …… 675
二苯胺 …… 675
4-氨基二苯胺 …… 676
亚甲基双苯胺 …… 676
4,4′-二氨基-3,3′-二氯二苯基甲烷 …… 677
1,2-苯二胺 …… 677
1,3-苯二胺 …… 678
1,4-苯二胺 …… 678
2,4-甲苯二胺 …… 678
2,5-甲苯二胺 …… 679
2,6-甲苯二胺 …… 679
六硝基二苯胺 …… 680
六硝基二苯胺铵盐 …… 680
3-氨基苯酚 …… 680
4-氨基苯酚 …… 680
萘胺 …… 681
N-苯基-2-萘胺(N-苯基-β-萘胺,
N-(2-Naphthyl)aniline) …… 683
14,N-二乙基-1-萘胺 …… 683
联苯胺 …… 683
3,3′-二甲基联苯胺(4,4′-二氨基-3,3′-
二甲基联苯) …… 685
对硝基联苯 …… 686
硝基苯 …… 686
2,4-二硝基氯苯 …… 689
邻二硝基苯 …… 689
对二硝基苯 …… 690
邻硝基甲苯(2-硝基甲苯) …… 690
邻硝基乙苯 …… 691
二硝基甲苯 …… 691
2,4-二硝基甲苯 …… 691
2,6-二硝基甲苯 …… 692
2,4,6-三硝基甲苯 …… 692
2,4,6-三硝基苯(替)甲硝胺 …… 694
甲基苄基亚硝胺 …… 695
2,4-二硝基苯酚 …… 695
2,5-二硝基苯酚 …… 695
2,6-二硝基苯酚 …… 695
二硝基苯酚,二硝基苯酚溶液 …… 696
二硝酚 …… 696
2,4-二硝基苯酚钠 …… 697
二硝基邻甲酚钾 …… 697
重氮二硝基酚 …… 697
苦味酸(2,4,6-三硝基酚) …… 698
2,4-二硝基苯胺 …… 698
2,6-二硝基苯胺 …… 698
3,5-二硝基苯胺 …… 699
对氯邻硝基苯胺 …… 699
邻氯对硝基苯胺 …… 699
硝基氯苯 …… 700

第18章 卤代环烃类

六溴环十二烷 …… 703
对氯邻硝基甲苯 …… 704
单氟化苯 …… 704
氯苯 …… 705
间二氯苯 …… 706
邻二氯苯 …… 706
对二氯苯 …… 707
邻氯甲苯 …… 708

间氯甲苯 …… 709
2,3-二氯-5,6-二氰基对苯醌 …… 709
1-氯化萘 …… 709
二氯萘醌 …… 710
多氯联苯 …… 711
3,3′-二氯联苯胺 …… 712
氯化苄 …… 712
二氯化苄 …… 713
4-氯苄基氯 …… 713
3,4-二氯苄基氯 …… 714
溴苯 …… 714
1,2-二溴苯 …… 715
2-苯氧乙基溴 …… 715
甲基苄基溴 …… 715
2,4-二氯甲苯 …… 716
2,5-二氯甲苯 …… 716
2,6-二氯甲苯 …… 716
3,4-二氯甲苯 …… 717
二甲基氯苯 …… 717
对氯苯乙烯 …… 717
三氯苯 …… 718
四氯苯 …… 719
六氯苯 …… 719
多氯三联苯 …… 720
二氯二苯三氯乙烷 …… 721
六氯环己烷 …… 722
林丹 …… 722
六氯环己烷 …… 723
氯丹 …… 723
七氯化茚 …… 724
艾氏剂 …… 725
异艾氏剂 …… 725
狄氏剂 …… 726
异狄氏剂 …… 727
毒杀芬 …… 727
碳氯灵 …… 728
1.1-双(对氯苯)-2,2,2-三氯乙醇 …… 729

第19章 酚 类

酚,苯酚 …… 732
甲酚 …… 735
2-甲酚,邻甲酚 …… 737
3-甲酚,间甲酚 …… 739
4-甲酚,对甲酚 …… 740
2,3-二甲基苯酚 …… 742
2,4-二甲基苯酚 …… 743
2,5-二甲基苯酚 …… 744
2,6-二甲苯酚 …… 745
3,4-二甲苯酚 …… 747
3,5-二甲苯酚 …… 748
二叔丁基对甲酚 …… 749
邻异丙基苯酚 …… 751
对壬基酚 …… 752
邻苯基苯酚 …… 753
邻苯二酚 …… 755
间苯二酚,1,3-苯二酚 …… 757
对苯二酚,1,4-苯二酚 …… 758
醌,苯醌 …… 759
焦棓酚 …… 761
愈创木酚 …… 763
杂酚油 …… 764
苯硫酚 …… 765
2-氨基硫代苯酚 …… 766
邻氯苯酚 …… 767
间氯苯酚 …… 768
对氯苯酚 …… 768
2,3-二氯苯酚 …… 769
2,4-二氯苯酚 …… 770
2,5-二氯苯酚 …… 771
2,6-二氯苯酚 …… 772
3,4-二氯苯酚 …… 774
五氯酚和五氯酚钠 …… 775
五氯酚 …… 775
五氯酚钠 …… 775
4-碘苯酚 …… 778
丁子香酚 …… 778
异丁子香酚 …… 779

第20章 醇 类

甲醇 …… 781
乙醇 …… 783
正丙醇 …… 785
异丙醇 …… 786
正丁醇 …… 787

仲丁醇……787
异丁醇……788
叔丁醇……788
戊醇……789
甲基戊醇……789
2-乙基丁醇……790
2-乙基己醇……790
2-辛醇……791
壬醇……791
癸醇……792
十二醇……792
十六醇……793
双丙酮醇……793
烯丙醇……794
丙炔醇……795
己炔醇……795
1-丁炔-3-醇……796
丁炔二醇……796
4-己烯-1-炔-3-醇……796
苯甲醇……797
α-甲基苄醇……797
β-苯乙醇……798
环戊醇……798
环己醇……799
甲基环己醇……800
糠醇……801
四氢糠醇……802
卤代脂肪族醇类……802
氟代醇类[1,3-二氟-2-丙醇]……802
2-氯乙醇……803
氯丙醇……803
2-氯-1-丙醇……804
3-氯-1-丙醇……804
二氯丙醇……804
1,3-二氯异丙醇……805
其他醇类……805
三羟甲基丙烷……805
季戊四醇……806
2-异丙氧基乙醇……806
2-叔丁氧基乙醇……807

第 21 章　二醇类和二醇的衍生物

二醇类……808
乙二醇……808
二乙二醇……810
三乙二醇……812
四乙二醇……812
聚乙二醇……812
1,2-丙二醇……813
3-氯-1,2-丙二醇……814
1,3-丙二醇……814
二丙二醇……815
三丙二醇……815
聚丙二醇……815
丁二醇类……816
1,2-丁二醇……816
1,3-丁二醇……816
1,4-丁二醇……817
1,5-戊二醇……817
2,2,4-三甲基-1,3-戊二醇……817
2-甲基-2,4-戊二醇(己二醇)……818
2-乙基-1,3-己二醇……819
苯乙二醇……819
二醇的衍生物……819
乙二醇、二乙二醇、三乙二醇醚类乙二醇单甲基醚(2-甲氧基乙醇)……819
乙二醇单乙基醚……820
乙二醇单正丙基醚……821
乙二醇单异丙基醚……821
乙二醇单丁基醚……821
乙二醇二乙基醚……822
乙二醇单苯基醚……822
二乙二醇单甲基醚……823
二乙二醇单乙基醚……823
二乙二醇单丁基醚……824
三乙二醇单乙基醚……824
丙二醇、二丙二醇、三丙二醇和聚丙二醇醚类……824
丙二醇单甲基醚……824
丙二醇单乙基醚……825
丙二醇单异丙基醚……825
丙二醇单正丁基醚……825
二丙二醇单甲基醚……825
二丙二醇单乙基醚……826
二丙二醇单正丁基醚……826
三丙二醇单甲基醚……826
三丙二醇单乙基醚……826

三丙二醇单正丁基醚 …… 826
丁二醇醚类 …… 827
丁二醇单甲基醚 …… 827
丁二醇单乙基醚 …… 827
丁二醇单正丁基醚 …… 827
二醇酯、二醇二酯和二醇醚酯类 …… 827
聚丙二醇丁基醚 …… 827
乙二醇单醋酸酯 …… 828
乙二醇二醋酸酯 …… 828
乙二醇单甲基醚醋酸酯 …… 828
乙二醇单乙基醚醋酸酯 …… 828
二乙二醇单丁基醚醋酸酯 …… 829

第22章　环氧化合物

环氧乙烷 …… 833
二氧化丁二烯 …… 834
1,2-环氧丙烷 …… 835
环氧丁烷 …… 836
二噁烷 …… 837
1,2-3,4-二环氧丁烷 …… 838
一氧化二戊烯 …… 838
二氧化二戊烯 …… 838
1,2-环氧十二烷 …… 839
1,2-环氧十六烷 …… 839
二氧化二聚环戊二烯 …… 839
环氧氯丙烷 …… 840
环氧辛烷 …… 841
一氧化乙烯基环己烯 …… 841
二氧化乙烯基环己烯 …… 842
1,2-环氧乙基苯 …… 842
缩水甘油 …… 843
烯丙基缩水甘油醚 …… 844
二缩水甘油醚 …… 845
正丁基缩水甘油醚 …… 846
异丙基缩水甘油醚 …… 847
间苯二酚二缩水甘油醚 …… 847
苯缩水甘油醚 …… 848
α-氧化蒎烯 …… 849
缩水甘油醛 …… 849
双酚A二缩水甘油醚 …… 849
其他环氧化物 …… 850
2-甲基呋喃 …… 850

第23章　醚　类

甲醚 …… 852
乙醚 …… 853
异丙醚 …… 854
正丁醚 …… 855
二异戊醚 …… 856
二乙烯醚 …… 857
乙基烯丙基醚 …… 857
二烯丙基醚 …… 857
乙烯(2-氯乙基)醚 …… 858
氯甲基甲醚 …… 858
双(氯甲基)醚 …… 859
对称二氯二乙醚(2,2-二氯二乙醚) …… 860
二氯异丙醚 …… 861
全氟正丙基乙烯基醚 …… 861
其他卤素烷基醚类 …… 862
茴香醚 …… 864
苯乙醚 …… 864
氢醌单甲醚 …… 865
氢醌二甲基醚(1,4-二甲氧苯) …… 865
丁化羟基苯甲醚(BHA) …… 866
2,4-二硝基苯甲醚 …… 867
香兰素 …… 867
乙基香兰素 …… 869
苯基醚 …… 869
苯醚-联苯低共熔混合物 …… 870
二(苯氧基苯)醚 …… 871
二(苯磺酰肼)醚 …… 871
一氯化苯醚 …… 872
纤维素醚类 …… 872
甲基纤维素 …… 872
羟丙基甲基纤维素 …… 873
羧甲基纤维素 …… 874
乙基纤维素 …… 875
羟乙基纤维素 …… 875
冠状醚类 …… 876
12-冠醚-4 …… 876
15-冠醚-5 …… 876
18-冠醚-6 …… 877
烯丙基羟乙基醚 …… 877

第24章 酮 类

丙酮 …… 879
2-丁酮 …… 880
2-戊酮 …… 881
2-己酮 …… 881
2-庚酮 …… 882
甲基异丁基甲酮 …… 883
甲基叔丁基甲酮 …… 884
3-庚酮 …… 884
4-庚酮 …… 885
2-辛酮 …… 886
3-辛酮 …… 886
乙基戊基甲酮 …… 887
二异丁基甲酮 …… 887
2,6,8-三甲基-4-壬酮 …… 888
丙酮基丙酮 …… 888
5-壬酮 …… 888
甲基异丙烯基甲酮 …… 889
异丙叉丙酮 …… 889
3-丁炔-2-酮 …… 890
3-戊炔-2-酮 …… 891
苯乙酮 …… 891
异佛尔酮 …… 891
环己酮 …… 892
甲基环己酮 …… 893
3-甲基-2-丁酮 …… 893
甲基异戊基甲酮 …… 894
2,4-戊二酮 …… 894
乙烯酮 …… 894
3-丁烯-2-酮 …… 895
二乙烯酮 …… 895
环己烯酮 …… 896
酮的卤代化合物 …… 896
单氟酮类 …… 896
多氟酮类 …… 897
六氟丙酮 …… 898
其他卤代酮化合物 …… 898
5-溴戊烷-2-酮 …… 900
1,1-二氯丙酮 …… 900
1,3-二氯丙酮 …… 900
六氯丙酮 …… 901
酮的其他化合物 …… 901

第25章 醛和缩醛类

饱和脂肪醛类 …… 905
甲醛 …… 905
乙醛 …… 908
高碳脂肪醛 …… 909
正丁醛 …… 909
异戊醛 …… 910
正己醛 …… 910
正癸醛 …… 911
卤代及其他取代醛类 …… 911
4-硫代戊醛 …… 911
不饱和脂肪醛类 …… 911
丙烯醛 …… 912
巴豆醛 …… 913
2-甲基丙烯醛 …… 914
柠檬醛 …… 914
丙炔醛 …… 915
脂肪族二醛类 …… 915
乙二醛 …… 915
缩醛类 …… 916
甲缩醛 …… 917
二乙醇缩甲醛 …… 917
甲缩醛乙二醇 …… 917
二对氯苯氧基甲烷 …… 918
2,2,2-三氯-1-乙氧基乙醇 …… 918
其他缩醛 …… 918
乙缩醛 …… 918
1,1-二甲氧基乙烷 …… 919
氯乙缩醛 …… 919
酮缩醛 …… 919
芳香醛和杂环醛类 …… 919
苯醛 …… 920
3,4-亚甲二氧苯醛 …… 921
糠醛 …… 921
其他芳香醛 …… 922
其他醛类 …… 922
丁醛肟 …… 922

第26章 有机酸、酐及酰胺类化合物

脂肪族单羧酸类 …… 926
甲酸 …… 926

乙酸 928
己酸 930
不饱和脂肪族单羧酸类 931
异丁烯酸 931
丙烯酸 932
2-丁烯酸 934
丙炔酸 934
卤代羧酸类 935
氯乙酸 935
二氯乙酸 937
三氯乙酸 940
溴乙酸 941
碘乙酸 943
单氟羧酸类 944
氟乙酸 944
氟乙酸钠 945
氟乙酸钾 946
三氟乙酸 946
各种取代脂肪族单羧酸类 947
乙醇酸 947
磺基乙酸 949
过氧乙酸 950
氟酮酸类 951
乳酸 951
山梨酸 953
巯基乙酸 956
β-巯基丙酸 957
硫羟乙酸 958
脂肪族二羧酸类 958
乙二酸 958
丙二酸 960
丁二酸 960
苹果酸 961
硫代苹果酸 962
酒石酸 962
己二酸 963
庚二酸 964
壬二酸 964
癸二酸 965
柠檬酸 966
马来酸 967
延胡索酸 968
衣康酸 970
酸酐类 970
乙酸酐 971
丙酸酐 972
丁酸酐 973
马来酸酐 973
柠康酸酐 975
巴豆酸酐 975
均苯四甲酸酐 976
酞酐 977
内酯类 978
β-丙内酯 978
γ-丁内酯 979
α-乙酰-γ-丁内酯 980
γ-戊内酯 980
δ-己内酯 981
酰基卤类 981
碘化乙酰 981
乙二酰氯 981
二氯乙酰氯 982
二甲基氨基甲酰氯 983
苯酰氯 984
对苯二甲酰氯 985
间苯二甲酰氯 986
甲基磺酰氯 986
甲苯磺酰氯 987
甲基磺酰氟 987
丙烯酰氯 988
酰胺类 988
二甲基甲酰胺 989
二甲基乙酰胺 991
丙烯酰胺 993
丙烯酰胺的衍生物 996
N-苯乙酰胺 996
己内酰胺 997
氟乙酰胺 998
N-异丙基-N-苯基-氯乙酰胺 999
N-甲基全氟辛基磺酰胺 1001
环烷酸类 1001
环烷酸锌 1001
芳香族酸类 1001

第27章 酯 类

甲酸酯类 1005

甲酸甲酯……1005
甲酸乙酯……1005
甲酸烯丙酯……1006
甲酸正丙酯……1007
甲酸异丙酯……1007
甲酸正丁酯……1007
甲酸异丁酯……1008
甲酸苄酯……1008
甲酸正戊酯……1009
甲酸异戊酯……1009
乙酸酯类……1009
乙酸甲酯……1009
乙酸乙酯……1010
乙酸正丙酯……1011
乙酸异丙酯……1012
乙酸正丁酯……1012
乙酸异丁酯……1013
乙酸叔丁酯……1013
乙酸仲丁酯……1014
乙酸正戊酯……1015
乙酸异戊酯……1015
丙酸酯类、乳酸酯类和丁酸酯类……1016
丙酸甲酯……1016
丙酸乙酯……1016
丙酸正丁酯……1016
乳酸甲酯……1017
乳酸乙酯……1017
乳酸正丁酯……1018
丁酸甲酯……1018
丁酸烯丙酯……1019
甘油酯类……1019
甘油单乙酸·酯……1019
三乙酸甘油酯……1019
三丁酸甘油酯……1020
三辛酸甘油酯……1020
不饱和脂肪族单羧酸酯类……1020
丙烯酸甲酯……1020
丙烯酸乙酯……1021
丙烯酸正丁酯……1022
丙烯酸异辛酯……1023
甲基丙烯酸甲酯……1023
甲基丙烯酸乙酯……1024
甲基丙烯酸正丁酯……1024
甲基丙烯酸异丁酯……1025
氯甲酸酯类……1025
氯甲酸甲酯……1025
氯甲酸乙酯……1026
硫代氯甲酸乙酯……1027
氯甲酸丙酯……1027
氯甲酸异丙酯……1028
氯甲酸氯甲酯……1028
卤代乙酸酯类……1029
氯乙酸甲酯……1029
氟乙酸甲酯……1030
二氯乙酸甲酯……1030
氟乙酸乙酯……1031
碘乙酸乙酯……1031
其他卤代酯类……1032
单氟羧酸烷基酯类……1032
丙烯酸-2-氯乙酯……1032
二(三氯甲基)碳酸酯……1032
饱和脂肪族二元和三元羧酸酯类……1033
草酸二乙酯……1033
丙二酸二乙酯……1034
丁二酸酯类……1034
己二酸脂类……1035
壬二酸酯类……1037
癸二酸酯类……1037
柠檬酸酯类……1038
不饱和脂肪族二羧酸酯类……1039
芳香族单羧酸酯类……1041
苯甲酸苄酯……1041
过氧苯甲酸叔丁酯……1042
对氨基苯甲酸乙酯……1042
水杨酸甲酯……1043
一苯甲酸间苯二酚酯……1044
邻氨基苯甲酸甲酯……1044
棓酸正丙酯……1045
棓酸月桂酯……1045
间异丙威……1046
芳香族和环状二羧酸酯类……1046
邻苯二甲酸二甲酯……1046
邻苯二甲酸二乙酯……1047
邻苯二甲酸二丁酯……1047
邻苯二甲酸二异丁酯……1048
邻苯二甲酸二-2-乙基己酯……1048

碳酸酯和原酸酯类 1049
碳酸二甲酯 1049
碳 酸 二 乙 酯 1049
磷酸酯和磷酯、亚磷酸酯类 1050
磷酸三甲苯酯 1050
磷酸三苯酯 1050
亚磷酸三苯酯 1051
亚磷酸三邻甲苯酯 1051
磷酸三甲酯 1052
磷酸三乙酯 1052
磷酸三-2-氯乙酯 1052
磷酸三正丁酯 1053
磷酸三异丁酯 1053
O,O′二乙基氯硫代磷酸酯 1053
O,O′二乙基氯硫代磷酸酯 1054
(十二)甲基对氧磷 1054
硫酸酯类 1054
硫酸二甲酯 1054
硫酸二乙酯 1055
硅酸酯类 1056
硅酸甲酯 1056
硅酸乙酯 1057
其他酯类 1057
氯磺酸甲酯 1057
氯磺酸乙酯 1058
对甲苯磺酸甲酯 1058
1,4-双(甲烷磺氧基)丁烷 1058

第28章 氰和腈类化合物

无机氰化物——简单的氰化物 1067
氢氰酸 1067
氰化钠 1068
氰化钾 1069
氰化钙 1069
氯化氰 1070
溴化氰 1071
碘化氰 1071
氰 1071
无机氰化物——复杂的氰化物 1072
亚铁氰化钾 1072
铁氰化钾 1072
亚硝基铁氰化钠 1073
亚铁氰化铁 1073
有机氰化物——腈类 1073
乙腈 1073
氯乙腈 1074
三氯乙腈 1075
乙醇腈 1075
丙腈 1076
3-氯丙腈 1077
3-羟基丙腈 1077
乳腈 1077
丙酮氰醇 1078
3-甲氧基丙腈 1079
β-异丙氧基丙腈 1079
丁腈 1079
异丁腈 1080
4-甲基戊腈 1080
庚腈 1081
十八烷腈 1081
苯腈 1081
3,5-二溴-4-羟基苯腈 1082
苯乙腈 1082
苯乙醇腈 1083
3,4-二甲氧基苯乙腈 1083
溴代苯乙腈 1083
3-氰基吡啶 1084
氰尿酰氯 1084
丙烯腈 1085
2-甲基丙烯腈 1087
3-丁烯腈 1087
聚丙烯腈 1088
2-氯丙烯腈 1088
丙二腈 1089
丁二腈 1089
偶氮二异丁腈 1090
四甲基丁二腈 1091
全氟戊二腈 1091
己二腈 1091
癸二腈 1092
有机氰化物——异腈(胩)类 1092
甲胩 1092
乙胩 1093
苯胩 1093
二氯代苯胩 1093

氰酸盐和异氰酸酯 …… 1093
氰酸钠 …… 1093
氰酸钾 …… 1094
异氰酸酯 …… 1094
异氰酸甲酯 …… 1094
异氰酸乙酯 …… 1095
异氰酸正丙酯 …… 1096
异氰酸异丙酯 …… 1096
异氰酸正丁酯 …… 1096
异氰酸异丁酯 …… 1097
异氰酸叔丁酯 …… 1097
异氰酸环己酯 …… 1097
异氰酸苯酯 …… 1098
异氰酸二氯苯酯 …… 1098
异氰酸三氟甲苯酯 …… 1098
甲氧基异氰酸甲酯 …… 1099
六亚甲基二异氰酸酯 …… 1099
3-氯-4-甲基苯基异氰酸酯 …… 1100
二异氰酸甲苯酯 …… 1100
2-苯乙基异氰酸酯 …… 1101
二苯甲撑二异氰酸酯 …… 1102
六甲撑二异氰酸酯 …… 1102
萘撑二异氰酸酯 …… 1103
异佛尔酮二异氰酸酯 …… 1103
硫氰化物 …… 1104
硫氰酸 …… 1104
硫氰酸钠 …… 1104
硫氰酸钾 …… 1104
硫氰酸铵 …… 1105
硫氰酸汞 …… 1105
硫氰酸汞铵 …… 1105
硫氰酸汞钾 …… 1106
硫氰酸酯类 …… 1106
硫氰酸甲酯 …… 1106
单氟烃基硫氰酸酯类 …… 1107
硫氰基苯胺 …… 1107
对硫氰基苯胺 …… 1107
异硫氰酸酯类 …… 1108
异硫氰酸甲酯 …… 1108
异硫氰酸乙酯 …… 1108
异硫氰酸烯丙酯 …… 1109
异硫氰酸苯酯 …… 1109
异硫氰酸萘酯 …… 1110
异氰酸氟烷酯及异硫氰酸氟烷酯 …… 1110
氨腈类 …… 1110
β-氨基丙腈 …… 1110
3-二甲氨基丙腈 …… 1111
β,β′-亚氨基二丙腈 …… 1111
氰氨化钙 …… 1111
氰基乙酰胺 …… 1112
二甲基氨基氰 …… 1112
二乙基氨基腈 …… 1112
N,N-二甲基氨基乙腈 …… 1113
二氰胺钠 …… 1113
双氰胺 …… 1113
氰基脂肪酸及其酯类 …… 1114
氰基甲酸甲酯 …… 1114
氰基甲酸乙酯 …… 1114
氰基乙酸 …… 1114
氰基乙酸钠 …… 1114
氰基乙酸甲酯 …… 1115
氰基乙酸乙酯 …… 1115
其他氰和腈类化合物 …… 1115
苦杏仁甙 …… 1115
亚麻苦甙 …… 1116

第 29 章 氮杂环和其他氮化合物

三元氮杂环 …… 1117
乙撑亚胺 …… 1117
丙撑亚胺 …… 1118
五元氮杂环 …… 1119
吡咯 …… 1119
吡咯烷 …… 1119
正丁基吡咯烷 …… 1120
2-氨基噻唑 …… 1120
2-甲基噻唑 …… 1121
氨基三唑 …… 1121
5-(氨基甲基)-3-异噁唑醇 …… 1122
N-正丁基咪唑 …… 1122
有一个氮原子的六元环 …… 1122
吡啶 …… 1122
3-甲基吡啶 …… 1123
4-甲基吡啶 …… 1124
2,4-二甲基吡啶 …… 1125
3,4-二甲基吡啶 …… 1125

5-乙基-2甲基吡啶 1125
2-氨基吡啶 1126
3-氨基吡啶 1126
4-氨基吡啶 1127
2-氯吡啶 1127
2-乙烯基吡啶 1127
4-乙烯基吡啶 1128
烟碱(尼古丁) 1129
哌啶 1130
正甲醛哌啶(哌啶-1-甲醛) 1130
高哌啶(环己亚胺、六亚甲基亚胺) 1131
10-氮(杂)蒽(吖啶) 1131
哌嗪 1132
蜜胺(三聚氰胺) 1132
二氯异氰尿酸 1133
三聚氰酸(氰尿酸) 1134
环三亚甲基三硝胺 1134
S-三嗪除莠剂 1135
吗啉 1137
3,5-二甲基吗啉 1137
2,6-二甲基吗啉 1138
环四亚甲基四硝胺 1138
六甲撑四胺 1139
喹啉 1139
叠氮酸 1140
叠氮钠 1141
叠氮化铅 1142
重氮甲烷 1143
二甲基亚硝胺 1143
N-环己基环己胺亚硝酸盐 1145
羟胺 1145
肼 1146
甲基肼 1147
1,1-二甲基肼 1147
1,2-二甲基肼 1149
苯肼 1149
1,1-二苯肼 1150
1,2-二苯肼 1150
氮芥 1151
三(β-氯乙基)胺 1152
2-氯乙基二乙胺 1152
尿嘧啶氮芥 1153

第30章 农 药

概述 1154
主要农药种类与毒性 1158
有机磷酸酯类 1163
敌敌畏 1163
内吸磷 1164
二溴磷 1165
甲基对硫磷 1166
甲硫磷 1167
杀螟松 1167
倍硫磷 1168
对硫磷 1169
苯硫磷 1169
稻瘟净 1170
乐果 1170
马拉硫磷 1171
谷硫磷 1172
甲拌磷 1173
敌百虫 1174
多灭磷 1175
苏化203 1176
速灭磷 1177
巴毒磷 1178
百治磷 1178
久效磷 1179
磷胺 1180
杀扑磷 1180
二硫代田乐磷 1181
甲基乙拌磷 1181
氧乐果 1182
茂硫磷 1183
亚胺硫磷 1183
益棉磷 1184
彼氧磷 1184
蝇毒磷 1185
扑杀磷 1185
对氧磷 1186
乙基溴硫磷 1187
毒虫畏 1187
虫螨磷 1188
虫线磷 1188
喹硫磷 1188

芬硫磷 …… 1189
氯亚胺硫磷 …… 1189
砜拌磷 …… 1190
乙拌磷 …… 1190
丰索磷 …… 1190
三硫磷 …… 1191
发硫磷 …… 1191
果虫磷 …… 1192
氯甲硫磷 …… 1192
特丁硫磷 …… 1192
甲拌磷亚砜 …… 1193
地散磷 …… 1193
水胺硫磷 …… 1193
吡唑磷 …… 1194
其他农药 …… 1194
杀虫剂 …… 1194
威菌磷 …… 1194
八甲磷 …… 1195
敌恶磷 …… 1195
伐灭磷 …… 1196
杀虫脒 …… 1196
螟蛉畏 …… 1197
巴丹 …… 1197
杀虫双 …… 1198
多噻烷 …… 1198
硫酰氟 …… 1198
硫丹 …… 1199
氨基甲酸酯类 …… 1200
克百威 …… 1200
甲萘威 …… 1201
残杀威 …… 1202
兹克威 …… 1203
灭害威 …… 1204
拟除虫菊酯类 …… 1204
氯菊酯 …… 1204
甲醚菊酯 …… 1205
溴氰菊酯 …… 1205
氯氰菊酯 …… 1206
氰戊菊酯 …… 1207
八氯二丙醚 …… 1208
除草剂和植物生长调节剂 …… 1209
毒菌酚 …… 1209
禾草敌 …… 1209
燕麦敌 …… 1210
燕麦灵 …… 1210
敌草隆 …… 1211
利谷隆 …… 1211
灭草隆 …… 1212
非草隆 …… 1212
敌稗 …… 1212
对氯苯氧乙酸 …… 1213
2,4-滴 …… 1213
2,4-滴丁酯 …… 1214
2甲4氯 …… 1214
2,4,5-T …… 1215
敌草快 …… 1215
百草枯 …… 1216
除草醚 …… 1217
丁草胺 …… 1218
乙烯利 …… 1219
马来酰肼 …… 1220
其他除草剂 …… 1220
矮壮素 …… 1220
2-氯-6-(三氯甲基)吡啶 …… 1221
脒基硫脲 …… 1221
硫脲 …… 1222
乙酰替硫脲 …… 1222
杀菌剂和杀线虫剂 …… 1223
灰瘟素 …… 1223
苯菌灵 …… 1223
多菌灵 …… 1224
甲基硫菌灵 …… 1225
硫菌灵 …… 1226
菌核净 …… 1226
菌核利 …… 1226
敌枯双 …… 1226
叶青双 …… 1227
百菌清 …… 1227
杀螨剂 …… 1228
螨卵酯 …… 1228
乐杀螨 …… 1228
杀鼠剂 …… 1229
敌鼠 …… 1229
华法林 …… 1229
安妥 …… 1230
灭鼠优 …… 1231

鼠甘伏 1231
毒鼠强 1232
鼠得克 1232
鼠立死 1233
氯鼠酮 1233
溴鼠灵 1234
溴敌隆 1234
杀软体动物剂 1235
四聚乙醛 1235
贝螺杀 1235

第31章 合成染料

偶氮染料类 1237
油溶黄(苏丹红 I) 1237
甲基橙 1239
油溶黄 AB 1240
颜料红 1240
油溶橙(苏丹红 III)和酸性耐光橙 2G 1240
油溶猩红(苏丹红 II)和酸性猩红 1241
色淀红 BFC 1242
色淀宝石红 BK(立索尔宝红 BK) 1242
色淀猩红 1243
酸性橙 II(酸性金黄)和色淀橙 1243
酸性红 AV 1244
酸性红 B 1244
胭脂红 1245
柠檬黄 1246
耐晒黄 1248
颜料耐晒黄 10G 1249
油溶红 G 和油溶烛红(苏丹红 IV) 1249
直接冻黄 G 1250
碱性棕 1250
橡胶用颜料红 1250
颜料橙 GG 1251
颜料黄 5R 1251
活性艳红 1251
天蓝黑 PN 1252
蒽醌染料类 1252
茜素 1253
1-氨基蒽醌 1253
分散耐晒桃红 B 1253
油溶蒽醌纯天蓝 1254
还原蓝及溶蒽素蓝 1254
靛类染料类 1255
靛蓝和酸性靛蓝 1255
芳甲烷染料类 1256
碱性绿 1256
碱性嫩黄 O 1257
酸性艳天蓝 1257
艳天蓝 FCF 1258
酸性绿 G 1258
碱性品红 1258
醇溶蓝和墨水蓝 1259
碱性紫 5BN 1259
酸性紫 BN 1260
酞菁胺染料类 1260
颜料铜酞菁 1260
醌亚胺染料类 1261
碱性桃红 T 1261
水溶尼格辛黑 1261
碱性暗蓝 1262
碱性湖蓝 BB 1262
硝基和亚硝基染料类 1263
酸性萘酚黄 S 1263
其他染料咕吨染料类(氧杂蒽染料) 1263
碱性玫瑰精 1263
酸性曙红 1264
碱性红 G 1264
多甲川染料类(菁染料) 1265
菁蓝 1265

第32章 军用毒剂

概述 1266
神经性毒剂 1269
沙林 1270
塔崩 1278
梭曼 1279
环沙林 1280
VX 1281
VR(Russian VX, RVX) 1283
糜烂性毒剂 1283
芥子气 1283
氮芥 1293
路易氏剂 1294

四、全身中毒性毒剂 …… 1298
氢氰酸 …… 1299
氯化氰 …… 1306
失能性毒剂 …… 1306
毕兹 …… 1307
窒息性毒剂 …… 1310
光气 …… 1311
双光气 …… 1316
刺激剂 …… 1317
西埃斯 …… 1317
苯氯乙酮 …… 1319
亚当氏剂 …… 1321
西阿尔 …… 1322
辣椒素 …… 1323

参考文献

CAS 号索引

化学品名索引

第1章

毒物与毒理学概论

一、绪　言

毒理学(toxicology)一词由希腊文 toxikon 和 logos 两词组合演变而来,原文含义是描述毒物的科学。毒理学的迅速发展源于人们对人类社会接触各种化学物后是否会引起健康损害的担忧。随着人类社会生产的发展和生活条件的改善,人们在从事生产或日常生活中接触化学物质的品种和数量愈来愈多。全世界登记的化学物质已超过1.5亿种,常用的也有7～8万种。在人的一生中不可避免地可通过生产、使用或滥用(事故或自杀)短时接触化学物质,也可通过各种环境介质(空气、水、土壤、食品污染等)长期持久地接触化学物质。因此,现代毒理学不仅以化学物为研究对象,进而将化学物作为工具,阐明化学物与生物体之间的交互作用及造成的不良效应和剂量—反应(效应)关系。通过定量方法来估计各种化学物接触(exposure),如农药残留、饮用水污染等,造成人类潜在效应的可能性和对环境的意义,为指导化学物的安全使用和防治中毒提供依据。

(一) 毒理学的研究内容

基于对人类影响的考虑,毒理学研究一般以实验动物为模型,研究实验动物接触外源性化学物后发生的毒效应,并用这些研究结果预测、外推人的情况以便最终保护人类健康。尽管实验动物多为哺乳动物,其解剖学、生理学、生物化学与人类有许多共性的一面,但在生理、生殖、代谢等进化方面仍有许多本质区别,使得这些实验结果外推至人时常与真实情况存在一定差异。这又推动了以人自身为研究对象的临床毒理学或人群毒理学的发展,它是以事故接触或职业、环境接触的人群为研究对象,观察不同接触后对健康的早期影响,由于没有外推的问题,故对一些已经有广泛人群接触的化学物的毒理学研究特别看重。此外,随着人们环境保护意识的增强、对人类所在的生态环境的关注,生态毒理学的发展也非常迅速。生态毒理学是研究有毒有害因素生态环境中各种生物的损害作用及其机制的科学。有的学者认为这里的生物应当包括人,也有的学者认为不包括人,且用生态环境中非人类生物来限定。总之,不论如何发展,毒理学始终用一些模式生物(离体或整体)研究化学物对之的影响,并用其研究结果预测对另外一些生物(通常是高级的、不容易作为研究目标对象,如人)的影响。随着学科发展,一些经典的毒理学试验方法,将被新的试验方法所替代,形成了毒理学替代方法研究的热潮。

毒理学研究内容基本可以分为描述、机制和管理毒理学研究三方面,每一方面有其独特的特征,但有相互联系,危险度评价是三者之间关系的核心交叉之处。

1. 描述性毒理学

毒理学的首要任务是对外源性化学物可能引起的接触者的健康危险作出评价,通常称为毒理学安全评价。研究通常模拟人的接触途径、接触时间等条件,以及关心的效应出现的时间变化规律,选择合适的动物模型、给药方式和期限,在适当的观察期内,观察化学物对动物的一般毒作用、特殊毒作用如致突变作用、致癌作用、致畸作用和内分泌干扰作用等,发现在什么剂量下引起何种不良效应。这样的工作属于描述性毒理学(descriptive toxicology)范畴。描述性研究主要是通过应用公认的规范化的方法开展毒性测试,为安全评价、危险度分析等化学品健康安全管理提供数据,也为机制研究提供合理线索。

为了保证毒理学数据的可比性,毒理学实验方法要保持一致，目前OECD公布的毒理学实验方法指南是国际接受度最好的。我国涉及化学品管理的不同政府部门颁布的毒理学试验方法指南或标准，都有OECD颁布的指南"影子"或者直接引用了指南的部分内容，这些标准(指南)虽有文字表述差异，但其核心内容基本一致。当然，光靠指南(标准)还不够，要获得真实可靠可信数据，实验室的质量管理是不可或缺的环节。只有这样，才能保证获得的数据在危险度评价应用时能合理推测人的情况。

通过描述性研究，我们可以掌握化学物引起某一毒效应的剂量—效应或反应的关系。剂量—效应或反应的关系的描述是描述毒理学，甚至是毒理学的核心。剂量—反应(效应)关系(dose-response/or effect relationship)是指外源性化学物作用于生物体时的剂量与引起生物效应作用的及其发生率或计量强度之间的相互关系。随着计量与计数资料的转换，剂量—效应关系可转换为剂量—反应关系。在公共卫生领域关注剂量—反应关系更多一些。

由于外来化学物的剂量是决定毒作用大小的主要因素，任何生物体都有个体易感性差异，接触群体中的不同个体不会对同一化学物的同一剂量发生同样的效应。因此，化学物引起某种生物作用的发生率或计量强度，是随剂量增加而增加，机体出现某种生物作用。通过对剂量—反应关系曲线的分析，可以确定引起毒效应的阈剂量(threshold dose)或无作用剂量(no-effectdose or level)，计算 ED_{50} 及可信限和斜率等参数。在剂量—反应关系的资料应用时，必须注意选择的观察的指标不同，其关系曲线可完全不同。如果应用不当，往往会带来严重偏差，如将急性毒性的剂量—反应关系代表慢性毒性的剂量-反应关系。

随着人们对低剂量或极低剂量的效应研究，发现剂量反应关系的曲线非常复杂。低剂量研究使人们注意到了，在一定低剂量范围内，其化学物作用的效应与高剂量效应方向完全相反，出现了毒物兴奋效应现象。

2. 机制毒理学

外来化学物的毒作用机制是毒理学研究的重要内容之一，也是毒理学基础理论探讨的重要部分。通过生物整体、器官水平、细胞或亚细胞水平和分子水平的研究，不但能深入揭示化学物的毒作用部位、性质和过程等基本规律，阐明化学物对生物体有害作用的发生和发展，而且对探讨中毒的早期诊断指标和防治措施也有重要意义。研究外源性化学物如何进入体内及在体内分布与排泄、如何经各种生物膜进入靶部位、如何与靶分子发生反应引起不良效应，这一系列过程都是机制毒理学(Mechanistic Toxicology)研究范畴。机制毒理学研究化学物引起毒效应的细胞、生化、分子机制，其结果在实际应用中非常重要。

化学物对生物体的有害作用是在一定条件下它与机体交互作用的结果，与化学物本身、接触剂量和生物体特征都有明确关系。化学物的结构可决定其持有的物理性质和化学性质，理化性质和化学活性又决定化学物固有的生物活性。研究掌握化学结构与毒作用关系的规律，有助于预测新化学物的生物活性，推测毒作用机制。有关化学结构与毒作用关系的研究，近年虽已发展应用化学物的某些理化参数，通过回归分析方法定量地找出化学结构与其毒效应之间的相互关系，称为量化构效关系(quantitative structure activity relationship，QSAR)。但是，QSAR研究方法尚有许多问题有待解决，应用还有一定限制。因此，掌握一些相对的定性的化学结构和理化性质与毒效应关系的规律，将对化学物毒作用的认识有一定帮助。

有机化学物中的脂肪族烃类多具有麻醉作用，一般随其碳原子数增多而作用增强(甲烷、乙烷例外)，但达9个碳原于之后，随碳原子数增多而麻醉作用减弱。烃类的不饱和程度越高，化学活性越活泼，因而毒性也大，例如，碳链长度相同时，其毒性：炔烃＞烯烃＞烷烃。卤代烷烃均较其母体烃的毒性大，卤烃化学物的毒性一般按氟、氯、溴、碘的顺序而增强，卤素原子数愈多，毒性也愈大。通常认为，无机化学物的毒性与溶解度有关，如硫酸钡不溶于水，基本无毒，而氯化钡易溶于水，则毒性很强；三氧化二砷(砒霜)易溶于水，为剧毒，三硫化二砷难溶于水，毒性非常小，两者毒性大小差3万倍左右；铅化合物在血中溶解度的大小顺序为氧化铅＞金属铅＞硫酸铅＞碳酸铅，其毒性大小与溶解度完全一致。化学物的挥发度与熔点、沸点、蒸气压等有关，挥发度大的化学物在空气中形成蒸气的浓度高，引起中毒的危险性大。例如，苯和苯乙烯的 LC_{50} 均为45 mg/L，苯的挥发度为苯乙烯的11倍，其中毒危险性要比苯乙烯大得多。

外源性化学物从环境进入机体到产生有害效应，可分为三个阶段：(1) 接触相(exposure phase)，是指化学物的组成、理化性质、接触浓度或剂量，以及进入体内的途径等；(2) 毒物动力学相(toxicokinetics phase)，是化学物进入体内的吸收、转运、分布、蓄积、生物转化和排出过程；(3) 毒效动力学相(toxicodynamics phase)，是指化学物的活性形式到达靶组织，作用于受体，与其他分子结合并产生毒效应。外来化学物对哪些靶器官或组织产生有害作用，决定于化学物的结构和理化性质，以及与受体的亲和力。外来化学物引起毒效应的性质和毒性强度，与该化学物在体内的生物转化及活性物质在靶组织的生物效应剂量有关。

机制性研究资料在证实实验动物观察到的效应，如肿瘤、出生缺陷，是否直接与人有关时非常有用，如有机磷酸酯化学物的毒性主要机制是抑制乙酰胆碱酯酶，它们在人、大鼠、昆虫都是一样的，唯一区别是不同种属的生化转化差异。又如糖精动物致膀胱癌但在正常使用情况下对人不会致癌，因为机制研究发现动物致膀胱癌是在极大剂量下糖精沉积在尿形成结晶所致。

机制性研究资料在药物研发过程中也非常有益，如臭名昭著的"反应停"在20世纪60年代造成了巨大人类悲剧，但一名以色列医生偶然发现"反应停"对麻风结节性红斑有很好的疗效，机制研究发现它可以作用于与血管形成有关的基因，据此作为治疗某些感染性疾病(麻风、AIDS)、炎性疾病和肿瘤药物，目前已经取得实质性进展。1998年，美国FDA批准反应停作为治疗麻风结节性红斑的药物上市，活性更强且无致畸性的反应停衍生物也已获准。在生理、药理、细胞生物学、生物化学的基础研究中，毒理学机制研究也有重要作用，如对DDT和河豚毒素的毒性研究，认识了中枢突触膜的离子梯度特征。分子生物学技术的应用为认识动物与人的毒性差异原因提供了有用的工具。毒理基因组学的发展为识别易感人群、治疗个性化提供了基础。

机制毒理学研究非常注重新技术、新方法的应用，随着生命科学技术的发展，毒理学在细胞的信号通路、表观遗传修饰等方面的机制研究，又推动了对生命现象在分子水平上的认识。

3. 管理毒理学

为保证人们在生产和使用化学物时的健康安全，对外源性化学物的毒性和潜在危险进行定性或定量的评价，并在其基础上，结合考虑社会、经济、文化发展等因素，作出管理决策，是管理毒理学(regulatory toxicology)的研究范畴。危险度评价是管理毒理学的核心基础，它是基于描述毒理学、机制毒理学资料进行的。

人们对化学物长期低剂量接触危害认识的深入，特别是化学物的所谓"三致"作用，促进了危险度评价的发展。我们不仅需要毒理学实验以发现可能潜在的危害，更需要系统全面的毒理学研究，以免遗漏化学物可能存在的一些危害。这推动了化学物安全评价的发展，一些政府机构或学术团体根据不同化学物的人群接触特征颁布了不同的安全评价程序，但不论如何，其评价程序的原则、核心都没有变化，用合理支出获得的可信实验，最大限度发现化学物不同方面的毒性作用。

一般认为管理毒理学研究内容至少包括安全性评价、危险度评价、危险度管理、危险度交流。安全性评价是基础，危险度评价是管理决策的依据，危险度管理与交流是社会对危险度的反应。

管理毒理学是毒理学科学(science of toxicology)、毒理学艺术(art of toxicology)与决策(decision-making)的完美结合与逐步提升。毒理学科学是观察和资料收集，毒理学艺术是预测或危险度评价。我们可以用毒理学科学提供的事实来对我们迄今还不知道或知之不多的化学物潜在毒作用作出假设或预测，如基于氯仿引起小鼠肝癌这一事实，推测该化学物对人可能也有类似作用。显而易见，预测或假设是否成立，不仅取决与毒理学科学获得的资料质量与全面性，还取决于观察到情况与推测的情况两者之间关系。如不能区别科学与艺术，就可能混淆事实与假设。因为在管理毒理学范畴内，常需要有合理、科学的假设。为了保证毒理学科学所提供资料科学、可靠又完整，人们提出了化学物的安全性评价(safety evaluation)或毒理学评价程序，从急性到慢性、从一般毒性到特殊毒性、从体内到体外、从低等动物到高级动物，颁布了一系列实验指南。简单说，安全性评价是通过规范化(标准化)的动物实验和/或人群观察，阐明某一化学物的毒性及其潜在危害(hazard)。所谓危害是指化学物引起有害作用的可能性危害指人体接触有害因素具有潜在的引起不良效应的固有特性，其概念较为含糊，不涉及剂量大小、反应的多少或效应的严重程度。相反的概念是安全性(safety)，是指在一定接触条件下化学物不引起或只引起可被接受的轻微损害。它和危险度是从不同角度说明同一问题，即人群触接环境化学物的后果问题，是一种相对的安全概念。

管理决策是毒理学科学与艺术在社会的准确体现。在我们知晓外源性化学物可能对健康的影响后，可以根据化学物与人类生活的密切关系，是否真的不可避免的需要，采取相应管理措施，这称为危险度管理(risk management)。例如，接触苯可以引起白血病，我们不能完全停止使用苯，因为其在我们的生活中发挥着不可替代的作用，只能靠严格限制使用，最大程度减少接触来避免其危害。农药杀虫脒可以致癌，我们就可以完全禁止生产、销售、使用之，因为我们有相应的农药代替其功能。一些药物，如化疗药物，绝大多数本身就是致癌剂，虽然有明确的不良作用，但我们临床仍在使用，因为我们需要其有效的治疗作用。“反应停”的再次临床使用也是一个例证。因此，发现化学物可能对健康有危害，不是简单的禁止，而是取其利，避其害。要避免人群中不必要的接触。对容许接触的化学物，我们需要制定相应的卫生标准，工业化学物要有车间空气中有害物质的最高容许浓度限值，环境污染物要有环境介质中的最高容许浓度限值和每日容许摄入量，食品中某些化学物，如添加剂或农药残留物要有最高容许量、允许残留量和每日容许摄入量等，药物要有应用对象、应用剂量等种种限制说明等，以避免某些化学物对社会和人群健康造成危害。卫生标准的研制已经是毒理学，特别是卫生毒理学工作不容忽视的重要工作内容。

对一些在一定条件下引起健康损害的、但人们又不得不或不可避免接触的一类化学物，我们需要应用危险度交流的技巧，告知公众正确对待之。由于一系列不正确的信息传递，一些重要化学物的危险性被媒体“放大”，造成了人心恐慌的事件，使人们认识到仅专业人员知道化学物的毒性、危害和危险度还不够，我们需要与公众的危险度交流。危险度交流是管理毒理学中的一项内容，近年来由于对其重要性认识的发展，渐趋成为专项内容。

危险度交流(risk communication)是个体、群体以及机构之间交换信息和看法的相互过程。这一过程涉及多层面的可能危险和相关信息，除化学物本身的危险信息外，也包括公众对危险的关注、意见和相应机构的反应，以及国家或相关机构在危险度管理方面发布的法规和措施等。有效的危险信息交流强调双向的作用过程，而不只是单向的危险信息发布，要听取有关人员和公众的反馈、了解他们真正关心的问题，并能使其参与危险度管理政策的制定，才能在危险信息交流的双方建立起真正的信任，对减轻和消除不良影响产生积极的效果。

与危险度交流相关的一个概念是危险度感知(risk perception)，它是公众对实际危害或危险度的认知状态，通常受危险的特征影响使当事人会夸大或缩小对危险度的看法。如果接触这些危害因素是当事人不情愿的、自己无法控制的、且可由他人操纵的、不能公平对待，接触这些因素没有任何益处、且又无明确的来源的，接触这些因素后危害是致命的、灾难性或作用持久作用，往往引起对危险度感知的增加。相反，则可以引起危险度感知下降。危险度感知始终影响人们的行为，如吸烟的危害众人皆知，但仍有不少人烟雾缭绕。

由于危险度交流处于复杂的社会背景中，因此它总会面临一些困难。如何介绍化学物危险度的性质与致病概率大小，尤其是向具有不同文化知识和科学水平背景的社会公众，用易于理解的方式准确地表述出来有时非常困难。由于各种复杂因素影响到公众对危险信息的认知及心理状态，从而影响到信息交流的实际社会效果。这也是毒理学的艺术所在，也是今后须加强多学科的联合研究的新领域。

(二) 毒理学的研究方法

毒理学是一门综合性学科，需应用多方面的知识和方法进行研究。描述毒理学与机制毒理学研究是实验性科学，而管理毒理学涉及面更广，既要对实验数据进行归纳总结，又要有分析、推论、假设，更有社会科学、管理科学的渗透。因此，不能简单地说从事毒理学研究只要掌握实验技巧就够了，需要更多的知识，如实验设计、数据处理、生命科学基础知识等。

毒理学在预防医学中的应用，主要是预测化学物对人的危害，从这一点出发，人是最好的实验对象，与动物实验相比不存在任何种属差异，可以直接知晓对人的状况。事实上，人不可能故意地作为实验对象，因此动物实验仍然是认识化学物毒性，特别是新化学物毒性的主要途径。从使用的实验对象来讲，毒理学实验从宏观到微观大概可分为五个层面，分别是人群研究、整体动物研究、离体器官和组织水平的研究、细胞水平研究和分子水平研究。无论什么研究，都要遵循合理的实验设计原则。

1. 人群研究

人群研究可以包括对事故性中毒患者的系统观察、志愿者试验和流行病学调查。通过中毒事故中受害者的临床观察获得关于人体的毒理学资料，既有化学物中毒过程的进程变化资料，也有临床处治资料，对中毒控制急救具有重要价值。这是临床毒理学主要工作内容。目前，中毒控制中心在收集积累资料、指导临床治疗发挥着重要作用。志愿者试验在药物研发阶段是一个重要的步骤。要研究化学物对人的精神和心理方面的作用，也只有直接对人体进行观察才能了解。一般用于低浓度、短时间接触的实验，为测定化学物对眼和黏膜的刺激作用、人的嗅觉阈、对皮肤的刺激和致敏作用。人群流行病学调查主要用于研究低剂量长期接触的危害。在人群研究中接触某一化学物的职业人群通常是最佳的研究对象，较一般人群相比，他们接触水平高，如果该化学物对健康有影响的话，他们应是首当其冲，这样容易发现其危害。大多数人的致癌物是依据职业流行病学调查资料所确定的。由于人群长期接触的复杂性，在接触评估和效应评估和两者之间关系分析时，要注意其他混杂因素的干扰作用。随着分子流行病学研究的发展，观察指标的微观化，人群研究在毒理学中越来越受到重视。需要提醒的是，无论何种人群作为对象，其研究过程必须符合伦理学要求。

2. 动物实验

动物实验在毒理学的创立和发展中起了重要作用，传统的毒理学研究主要是动物实验。例如用受试化学物对小鼠或大鼠的致死量来估测它们对人体的毒性和急性中毒的表现，用亚慢性毒性试验测定化学物的蓄积毒性，用慢性毒性试验提供人在长期接触条件下的安全剂量或浓度，为制定接触限值提供依据。由于动物对化学物反应存在种属差异，所以常用几种实验动物，如小鼠、大鼠、豚鼠、兔、狗和猴等进行针对性研究。虽然整体动物，尤其是哺乳类动物与人体在解剖、生理、生化、能量和物质代谢方面比较接近，用动物实验结果外推于人比较可靠。但是动物实验耗资大、花时多，难以满足日益增长的毒理学研究需求。

现今整体动物实验与人体观察相结合，仍然是毒理学研究的重要和必要的手段。问题在于应尽量减少动物的用量，综合利用实验动物，如采用慢性毒性试验与致癌试验相结合的设计方案。用一批动物连续进行，缩短实验周期，减少动物用量。目前，最常用的办法是在经典的动物实验设计上，开展更深入的研究，一次(批)给药可以同时观察多种指标。正确的科学实验设计应考虑到动物的权益，尽可能减少动物用量，优化完善实验程序或使用其他手段和材料替代动物实验。减少是在满足实验要求，又不损失应得信息的前提下，尽可能减少实验动物的数量。优化是在动物实验时，尽可能选择和改良实验操作技术，减轻动物可能遭受的痛苦，如采用非致死终点或浓缩样品减少灌胃次数。替代是不通过与动物相关的实验或过程去获取所需的知识，如采用体外细胞和组织培养替代整体动物实验。无论传统的动物实验方法，还是替代方法都可以一定程度描述毒性，只是外推的难易程度、社会可接受程度有区别而已。

3. 器官和组织水平

器官灌流(perfusion of organs)是连接体外与体内实验的重要桥梁，常用的有心、肝、肾、肺、脑、小肠和皮瓣灌流。器官灌流模型中细胞的整体性、细胞间的空间关系仍维持原状，是细胞培养、亚细胞系统(组织匀浆、细胞器)所不具备的。分离的灌流器官可用于研究该器官与毒物的相互作用、化学物的代谢、毒物动力学或毒物的作用方式等。特定器官要使用特殊设计的器官灌流仪以及能维持器官存活状态的时间有限，是器官灌流应用有限的主要原因。

4. 细胞水平的研究

细胞是生物体最基本的单元，各种生理生化过程都由各种细胞和细胞群体完成。从动物或人的脏器初次分离的细胞称为原代细胞，一般尚保持原细胞的代谢活化和其他功能，在体外可以分裂增殖。随着细胞的传代，某些功能可能会消失，最终不再分裂增殖而死亡。建立的细胞受试系统可以研究化学物对细胞形态、结构和功能的作用，对它们可作定位、定性和定量研究。化学物和其他环境因素对不同细胞间和细胞内不同信号转导途径间的交互作用，其网络系统的结构和功能的作用，越来越受到重视。

转基因细胞系统的建立为细胞水平的研究开辟了广阔前景。在基因组学和蛋白质组学研究获得巨大突破和丰硕成果时，科学界认识到基因的表达和蛋白质间的相互作用，最终应在细胞水平上进行整合功能的研究，因此，细胞组学(cytomics)正在形成和发展。细胞存活率、细胞接种效率及增殖、细胞生化、细胞染色体畸变、细胞突变、细胞转化等都是常用的实验。超速离心技术的发展，已能将不同的细胞器或组分进行分离。亚细胞水平的体外试验可用于化学物引起毒效应的亚细胞定位、生物转化及毒作用机制的研究。由细胞分离出不同的细胞器及其组分，如线粒体、细胞核、内质网、溶酶体、高尔基体、胞内体(endosome)、微体(microbody)、细胞骨架等，也直接用于毒理学实验。

5. 分子水平的研究

研究外源化学物与乙酰胆碱小分子到核酸、蛋白质、多糖、受体、生物膜等生物大分子的相互作用。可以在试管中直接用DNA片段，观察化学物与它们的加合作用或交联作用，分析加合物的结构、受试化学物与DNA交联的部位。用制备的红细胞膜作为受试物对膜的一系列物理性能的影响。这类试验也可以在整体动物染毒后，提取组织的DNA，分析DNA加合物、基因突变部位等。它们在深入揭示化学物作用机制方面有独特的作用，是带动毒理学发展的主流。基因组学、后基因组学、毒物基因组学、蛋白质组学和糖原组学的研究，都属于分子水平的研究。生物芯片，包括基因芯片、蛋白质芯片的应用，为分子水平的研究提供了高效能的手段。

毒理学研究方法还有其他分类。这些分类从另外一个角度反映了毒理学方法特征，其内容在上面叙述的五个层面都能发现。如体内实验(in vivo tests)和体外实验(in vitro tests)，前者是在一定时间内，采用不同接触途径，给予实验动物一定剂量的受试外来化学物，然后观察实验动物可能出现的有害生物效应。后者是多数选用哺乳动物的器官、组织、细胞进行脱离动物整体的试验。它们都属生物学实验范畴。

毒理学研究涉及受试化学物及其代谢产物的定性和定量问题，需要应用分析化学的方法，对外来化学物的成分及其杂质进行鉴定，对空气、水、土壤、食品等环境介质中的化学物及其代谢物进行检测，对受试对象的生物材料中的化学物分析及代谢产物的分离到定性定量鉴定，这是毒理学中研究剂量的不可或缺的环节。

总之，由于分析化学、生物学、分子生物学和生物遗传学的发展，以及放射性核素技术的应用，使近代毒理学研究内容得到飞速而深入的发展，研究内容已由描述为主进入机制的探讨，在概念和方法上已发展成为较系统而全面。以往，毒理学的基本实验方法多数采用“高剂量模型”，而近年发生的变化，有可能普遍应用人体细胞或组织培养的研究模型，使毒理学研究更科学地指示化学物对人体健康损害的因果关系，也有可能使毒理学评价从“高剂量向低剂量推导”变成“低剂量原则”，毒理学实验不是看高剂量引起的致死等的严重效应，而是观察化学物在比较接近常态下的生物学过程，阐明化学物造成健康损害的生物学机制。

(三) 毒理学的发展

毒理学是在人类为了自身生存、自身满足、自身保护过程中逐渐发展起来的，人类为了满足其生存的需要而去探索动植物的潜在危害性，毒理学的历史由此展开。回顾毒理学的发展历史，可以清楚地看到，它的发展绝不是孤立的，是与各个时代生产和科学的发展、经济政治状况和防病治病的需要紧密联系的。

1. 毒理学早期发展

毒理学的萌芽可追溯至中国古代的“神农尝百草”时代，此后中药典籍不乏记录有毒的植物和矿物。在与自然斗争中人们逐渐认识了有毒的植物、动物和自然界存在的一些有毒矿物和气体，积累了有毒蛇虫咬伤的治疗，催吐法治疗误食有毒植物引起的中毒等治疗方法。隋代的《诸病源候论》中就有毒物中毒概念和鉴别毒物的方法。宋代著名法医学家宋慈著《洗冤录》中也有关于物质毒性的记载。我国李时珍编制的《本草纲目》中描述植物、动物和矿物用作药物和毒物的资料尤为详尽，流传至今还有重要参考价值。在《本草纲目》还注意到工业毒物和职业中毒，指出“铅生山穴间……毒气毒人，久留多致病而死”。埃及、古希腊、古罗马和阿拉伯在公元前都有文字记载有关毒物的知识，如古希腊名医希波克拉底(Hippocrates)在他的医学著作中介绍了不少毒物。至十二世纪末 Maimonides(公元 1135—1204 年)发表了世界上第一本有关毒物的专著《毒物及其解毒药》。在中世纪，毒物成了谈虎色变的东西，因为其往往被用作政治活动中的谋杀工具。在莎士比亚的悲剧《罗密欧与朱丽叶》中详细记录了朱丽叶假装自杀等待罗密欧救助的场景“Come bitter pilot, now at once run on; The dashing rocks thy seasick weary bark! Here’s to my love! O true apothecary! Thy drugs are quick. Thus with a kiss I die.”，真实反映了当时对毒物的效应、剂量的认识，可谓充满了科学性。

欧洲文艺复兴时期的帕拉塞尔苏斯(Paracelsus 1493—1541年)为现代毒理学的发展打下了基础,他提出的必须通过实验才能了解机体对化学物的反应,知道了剂量—反应关系,用正确的剂量区分毒物与药物,可视为发展毒理学科的里程碑。他的名言"What is there that is not poison? All things are poison and nothing without poison. Solely the dose determines that a thing is not a poison"成了毒理学的金科玉律。

十九世纪的工业革命使社会生产大力发展和工人队伍扩大,但此时恶劣的生产环境造成工人中毒种类和频率激增,引起社会舆论的不满。这一现象既为毒理学家(当时多为临床医生)提供了研究疾病与环境接触的素材,又促使他们进行了大量的科学实验研究,使毒物化学、中毒治疗、毒物分析、毒性、毒作用模式以及解毒药等得到一定的发展。毒理学作为一门独立的学科是西班牙人奥尔菲拉(Orfila 1787—1853)创始。他于1816年提出建立毒理学科的设想,并采用动物实验系统观察化学物与生物体间的关系,提出了一些测试毒物的方法,为创建毒理学学科作出了巨大的贡献。但随后的一百多年中,毒理学研究都是作为药理学的一部分。因此也可以说,毒理学最先是从药理学发展分化而来的。毒理学与药理学有相同的理论基础和研究方法,主要差别在于,药理学着重研究药物对生物体的有益作用,寻找药物防治疾病的有效剂量;而毒理学则侧重研究化学物对生物体的有害作用和防止发生健康损害的安全剂量。在帕拉塞尔苏斯和奥尔菲拉两人的思想倡导下,毒理学也按照当时科学发展的道路,逐步摆脱了仅凭直观和经验认识事物的模式,开始采用实验的、分析对比的、逻辑推理的思维方式进行研究和观察事物的本质,从而掌握其规律性。德国科学家在十九世纪和二十世纪初对毒理学发展的贡献功不可没,当时的德国毒理学教育为后期的药理学、毒理学发展起到巨大推动作用。

2. 毒理学近期发展

十九世纪末,有机化学物开始广泛应用,苯、甲苯、二甲苯大量生产,随之中毒时有发生。此时,美国的一些主要的化学物生产企业开始建立毒理学研究实验室,为解决工人健康和产品的安全性问题提供依据。二十世纪初期,法国科学家居里等发现放射性,为物理学、生物学和医学开辟了新的研究领域。维生素的发现导致开始应用大规模的生物试验,测试它们对动物的有益和有害作用。

二十世纪二十年代发生的一些事件促使毒理学开创了一些新的研究领域。当时砷化物用于治疗梅毒造成了患者的急性和慢性中毒。三邻甲苯磷酸酯、甲醇和铅首批确定为神经毒物,对它们的毒性研究可作为神经毒理学发展的初级阶段。滴滴涕和其他有机氯化合物如六氯苯、六氯环己烷作为广泛应用的杀虫剂也成了毒理学的研究对象。同时有科学家开始从事雌激素和雄激素结构与活性关系的研究,结果导致合成活性更大的己烯雌酚。二十世纪三十年代,德国和美国制药工业开始生产抗生素。1930年欧洲第一本实验毒理学杂志"*Archivfuer Toxicologie*"创刊。同年美国卫生研究院(National lnstitutes of Health, NIH)成立。磺胺类药物制剂中的乙二醇(作为溶剂来改善溶解性)的代谢产物草酸、羧基乙酸和磺胺药在肾小管形成结晶引起肾功能衰竭的悲剧,促使了美国政府成立了现在家喻户晓的食品和药品管理局(FDA),从事食品和药品的登记管理工作。

二十世纪四十年代开始,科学技术发展的一大特点是化学合成和相关工业的飞跃,出现了众多的高分子聚合物(塑料、合成纤维和合成橡胶)和日新月异的合成农药、各种形式和用途的化学产品相继问世。这些产业发展,使得接触化学毒物的工人数猛增,职业中毒事故不断发生,解决问题的需求促进了工业毒理学的发展。在此期间,化学致癌研究更加深入,动物实验证实了几个世纪以前临床医生提出的阴囊癌和膀胱癌的化学病因,其重要成果是逐渐形成关于肿瘤的诱发因素多数为化学物的概念,并引进了相应管理措施。

二十世纪五十年代人类社会经历了所谓原子时代、电子时代等。于是毒理学的研究对象已经不限于化学物。对于核素、微波、磁场等物理因素,甚至对某些生物因素和粉尘(矿尘、石棉、木尘)等也开展了毒理学研究。期间,人工合成化学物和农药严重污染环境造成的环境公害病,如日本的水俣病和痛痛病相继发生。环境致癌物不断被证实,并发现某些化学物可引起遗传物质的变异。

二十世纪六十年代初短肢畸形在多个国家爆发,很快由临床流行病学调查认定病因为服用药物反应停造成,后来又为动物实验所证实。从而促进了畸胎学和发育毒理学的发展,并迅速在一些国家的卫生法规中得到反映,要求药物、农药和食品添加剂必须通过有关毒理学试验才能投入市场。1962

年，美国科普作家出版了《寂静的春天》，唤起了人们对环境污染的严重性的关注。二十世纪七十年代期间，美国有害废物、化学垃圾堆放场地等危害问题的暴露，引起各国政府对环境污染和环境保护问题的重视。化学物的致畸、致突变和致癌性的研究，促使遗传毒理学的异军突起。为了加强化学物的管理，各国政府制定了一系列法律，如美国的《有毒物质控制法》《污染治理法》。主要为立法提供依据的毒理学的新的分支管理毒理学应运而生，化学物的危险性评价有了发展。二十世纪九十年代起，在经济发达国家，在环境治理获得较好效果的情况下，进一步提出了环境内分泌干扰物包括环境雌激素、环境与致癌、环境与衰老等更深层次的环境污染问题，这已成为当前毒理学研究的重要课题。

二十世纪初毒理学主要是依附在药理、法医学、职业医学和内科学的范畴内，与这些学科同步取得进展。在应付上述挑战的过程中，毒理学自然而然地脱离其附属地位，独立地发展起来。自 1950 年以后，毒理学日渐成熟形成一门独立的学科，并在近二三十年内迅速发展成为分支众多、相互交错的一个学科群。过去半个世纪中，毒理学领域内硕果累累，经济效益和社会效益显著。可以说，毒理学的发展为社会认识化学物危害、控制化学物危害起到了功不可没的作用。这些问题的解决又推动了毒理学的发展，使毒理学被政府、社会所承认，专业队伍不断扩大。在美国毒理学学会(Society of Toxicology, SOT)已经成为举足轻重的专业团体，每年的 SOT 年会吸引了除美国以外许多国家的专业人士参加。国际上也有 International Union of Toxicology(IUTOX)，但社会影响力似乎不及 SOT。毒理学也有了经典教材，Casarett&Doull's Toxicology: The Basic Science of Poisons，教材自 1975 年问世以来已经出了 8 版。一般认为该书是介绍毒理学基本概念和理论的权威，对引导毒理学教学起重要的作用，人民卫生出版社已经引进原文影印版。

3. 中国毒理学的发展

我国近代毒理学的研究始于二十世纪二三十年代，法医工作者开始用病理学和分析化学方法进行毒物鉴定。毒理学领域对氰化物中毒解毒剂的研究，推动了毒理学的进步。然而，我国的毒理学直到新中国成立后才得到真正的发展。新中国成立初期，防治化学中毒成为劳动卫生的首要任务，化学品毒性测试和毒性分级的研究十分迫切。二十世纪五十年代在苏联专家的帮助指导下，人才的培养和急性毒性的识别与解毒取得了显著进步，在中国预防医学科学院劳动卫生研究所建立了毒理研究室，部分医学院卫生系相继开展了工业毒理、环境毒理和食品毒理的研究工作。

二十世纪六十年代已逐渐形成了一支毒理学专业队伍。研究工作从铅、苯、汞等重金属、有机磷农药、有机锡农药扩大到丙烯腈、乙腈、氯乙烯、氯丙烯、有机氟类、硼氢及肼类化合物等石油化工、高分子化合物等多种工业毒物的毒理和解毒治疗、卫生标准研制，为急性中毒控制提供了重要依据。同时在环境污染物和食品中有毒物质的毒性研究也有了长足进步。使毒理学成为我国预防医学的重要组成部分。在毒理学研究方法上，快速毒性测试、蓄积毒性测试、急性阈浓度测试等方法都已积累了一定的经验；动式吸入装置的研究、农药经皮肤吸收的研究随后建立了体外经皮吸收速度的模型，为毒理学研究奠定了实验基础。二十世纪七十年代后期出版的《工业毒理学》《工业毒理学实验方法》等一系列书籍是对这一段时间的毒理学工作总结。值得指出的是《工业毒理学》填补了我国缺少化学物毒性实用工具书的空白，此书在 1991 年再版改名为《化学物质毒性全书》。

在恢复高考后的第二年(1978 年)原上海第一医学院卫生系就招收了第一届卫生毒理专业本科生。二十世纪八十年代，我国毒理学发展进入新时期。1981 年卫生部决定在预防医学专业教学计划内正式开设毒理学课程，为培养和扩大毒理专业人材，发展我国的毒理学事业作出了重要的贡献。目前我国不仅医科、药科、中医药大学为本科生、研究生提供毒理学教程，其他如工业、农业、林业、交通、海洋、水产、理工、科技、师范等领域的高校也提供毒理学教程或内容相近名称不同的教程。

1981 年在中国医学百科全书中首次编纂了毒理学分册，将工业毒理、食品毒理和环境毒理统一在一个大概念毒理学之下，并系统介绍了毒理学的一些基本概念。1985 年我国成立全国性毒理学术组织，标志着我国毒理学工作队伍的成长壮大和学术水平的发展。中华预防医学会卫生毒理学专业委员会于 1987 年创刊了《卫生毒理学杂志》(现名毒理学杂志)。《毒理学进展》《卫生毒理学基础》等一系列专著出版。此时期，我国颁布了农药、化妆品毒性测试、食品毒理规范等法规，加强了化学品的安全管理。开展了致癌、致畸、致突变研究，建立了一系列快速筛检试验方法，出版了《环境化学物致突变、致畸、致癌实验方法》《遗传毒理学原理》等专著。1993年，中国毒理学学会成立是我国毒理学发展的一个里程碑。目前，国内从事毒理学工作的专业人员几乎分布各个行业，只是个别行业人数较少而已。

总体来讲，我国毒理学研究与国际水平差距已经越来越小，一些先进的研究手段也不断引入毒理学研究领域。像转基因细胞株和数种质粒载体转基因动物等的建立、生物芯片的试制成功，毒物作用下突变基因的分离、测序取得的初步成果，都反映了我国毒理学某些领域的研究已达到国际先进水平。但与发达国家相比，我国的科研投入仍显不足，企业对化学品安全性评价工作仅仅满足政府最低要求，相比之下对该领域的投入较少。毒理学的方法原创尚不多。在管理毒理学领域，安全性评价方法的完善，将毒理学科学与艺术的很好结合以及危险度的交流等方面都需要加强。

4. *毒理学发展趋势*

毒理学是一门应用性科学，与人们的日常生活、环境保护、经济的持续发展和人们的健康密切相关，因此必将得到更迅速的发展。就毒理学总体发展而言，从表浅到深入、从简单到复杂、从宏观到微观是主要趋势。今后势必将在微观深入的同时，重新审视宏观和基础的问题，使毒理学概念不断更新、丰富、完善和提高。

毒理学在揭示外源化学物对人类和环境生态的潜在危害，从而在预防和控制这类危害中起着重要作用。对化学物和健康相关产品的毒性鉴定或它们的健康安全评价，仍将是毒理学的重要工作内容。利用定量构效关系研究和建立化学物毒性预测系统已成为当今毒理学研究的内容。体外测试系统在揭示生命的奥秘和毒物作用机制方面起了重要作用，在化学物的毒作用研究方面也必将更广泛地应用体外试验系统。完善致畸物、致突变物、致癌物和内分泌干扰物的筛检系统，筛选出需要优先进一步研究的化学物，建立合适的组合试验，判定预测可能具有这类危害的化学物，为禁止生产和使用，加强管理提供依据。

现代毒理学汲取各门生命科学技术的养料得到发展的一个特点，是使其本身从原来以整体动物研究为独特的手段中，逐步开拓在器官水平、细胞水平、亚细胞水平方面进行研究。由于DNA分子结构在原核生物、真核生物直到哺乳动物和人之间的高度同一和相似，因此，分子水平的深入研究有可能不仅仅在化学诱变和化学致癌两方面有广阔的前景，而且为物种感受性差异、体内外试验差异方面问题的解决打开了缺口。所以，向微观方面深入研究有可能补充、修正和影响未来的宏观决策。美国国家科学院在2007年发表的《21世纪毒性测试——愿景与策略》很好地诠释了毒理学试验发展的重点方向，从整体动物到人类细胞、细胞系或细胞成分，试验成本越来越少，借助于大数据、信息化的处理归纳，疑惑的解释越来越全面。

随着生命科学中蛋白质组学(proteomics)、代谢组学(metabonomics)和细胞组学(cellomics)等新兴学科兴起，以生物体内全部基因或蛋白质为对象进行整体性研究的关注对象已不再停留于一条代谢途径或信号转导通路，而是提升到了细胞活动的网络和生物大分子之间复杂的相互作用关系。这一生命科学的发展趋势，带动了现代毒理学的发展。基于外源性化学物的大多数毒理学相关效应都可直接或间接影响基因表达这样一个事实，通过基因组学、转录组学、蛋白质组学、代谢组学、相互作用组学到表型组学技术在不同水平揭示由基因组序列和调控的改变到毒性表现的过程和机制，利用生物信息学和计算毒理学进行数据分析、开发和挖掘，可以对外源性化学物的损伤机制进行深入研究，从而建立新型的危险度评价模型和损伤预测模型。

生物体是一个复杂系统，只有通过把孤立在基因、蛋白质等不同水平上观察到的各种相互作用、各种代谢途径、调控通路的改变整合起来才能全面、系统地阐明复杂的毒性效应。因此，毒理学一个必然发展趋势就是向系统毒理学转变。目前认为，所谓系统毒理学是指通过了解机体暴露后在不同剂量、不同时点的基因表达谱(基因组学)、蛋白质谱(蛋白组学)和代谢物谱(代谢组学)的改变以及传统毒理学的研究参数，借助生物信息学和计算毒理学技术对其进行整合，从而系统地研究外源性化学物和环境应激等与机体的相互作用的一门科学。系统毒理学在阐明毒物对机体损伤分子机制、分子生物标志和危险度评价等方面有望取得突破。可以肯定系统毒理学虽刚起步，有许多不足，但其发展和应用将会对人类的环境与健康研究产生极大的推动作用。

毒物的暴露往往会直接或间接地引起基因表达的改变，实际上毒性就是毒物对细胞正常功能或结构的干扰。除了迅速坏死外，大多数病理过程是在基因调控下进行的,特定基因表达的差异是与毒理学后果密切相关的。与毒性相关的基因表达的变化往往比目前应用的病理学终点出现更早。毒物所诱导基因表型的变化往往不是单一基因功能改变的结果,而是众多基因表达网络、多个细胞生物效应的综合结果。系统毒理学可利用多种高通量检测技术同时从多个水平对暴露后的生理、生化等自稳态进行监测,涵盖整个损伤发生的几乎所有的环节,结合传统病理学终点,从而对于毒物作用分子机制可进行深入的了解。

系统毒理学研究发现的差异表达基因、蛋白质和代谢物群是暴露标志、效应标志和易感性标志的候选对象。再利用特定的靶向技术,如实时定量PCR、抗体分析技术和质谱色谱等,可以很快地确定并发现新的生物标志。利用这些生物标志能够实现在安全剂量下进行人体作用机制的研究。相近作用机制的化学物质可诱导产生相似的基因和蛋白质表达谱,不同的基因表达模式可区别不同机制的化学物质,从而得到具有"诊断性"的基因和蛋白质表达谱,并与已知标准参照物的表达谱比较。这类全面检测机体所有表达基因的技术将可以用于预测未知毒物的毒性作用,从而对毒物毒性实施预测。

系统毒理学的各种技术具有较高的灵敏度和检测通量,可以在动物实验的低剂量、早期阶段对损伤效应进行深入全面的了解,一方面可以大大减少实验动物的数量,另一方面又减少了实验动物的痛苦。如果体外细胞实验提示毒物效应轻微,体外动物实验甚至有望避免。高通量的组学手段为研究混合化学物暴露后化学物之间的协同作用或拮抗作用提供了一种全新的方法。通过比较某一混合物与已知的化学物质的基因表达模式就可以判定其中的微量污染,这在混合物的毒性和作用机制研究中具有重要意义。系统毒理学可以方便地进行交叉设计、均匀设计等研究,从而可以方便地研究混合组分的交互作用。

推断毒物低剂量作用于人体时的效应是安全性评估的核心。系统毒理学可有助于解决动物实验结果外推到人类不肯定性这一难题。虽然人和某些实验动物在化学物吸收、代谢、作用和排泄方面具有一定程度的相似性,但是实验动物和人毕竟具有本质上的差异,这就有可能因为实验动物对某一化学物具有更大的耐受性或缺乏相关的毒物作用靶点而掩盖了化学物毒性结果的出现。如果在人体内基因蛋白、代谢物变化模式与实验动物模型不同,可以认为两者在某些方面缺乏相关的毒性机制环节,不适宜利用这种实验动物进行相关化学物的安全性评价。相反,如果变化模式相似程度越高,就越易于根据标志性基因、蛋白质、代谢物的变化进行毒性反应的外推。我们可以通过对梯度剂量下细胞内相关分子变化的检测,对比动物模型或细胞模型与人之间反应的异同,尤其是关键基因表达的相似程度,来选择合适的模型进行安全性评价。

传统毒理学为了减少漏筛毒物毒性的机会,总是采用过大的剂量,并用各种方法外推至低剂量时的效应。由于种属之间的差异,往往会造成某一种属动物具有比人类更强的剂量耐受性。系统毒理学可利用高通量检测技术在很宽的剂量范围内对上万个基因表达、蛋白质或代谢过程的改变进行检测。化合物可在低于引起病理变化的剂量时引起基因、蛋白质表达变化。通过测定低剂量下基因、蛋白质和代谢物的变化,就可能为高剂量向低剂量效应的外推及确定产生毒性的阈值剂量提供重要依据。但由于低剂量毒物作用下许多基因的表达是可逆性的,甚至是与毒性结果的产生无关的,有必要进一步深入研究,把这些与毒性评价无直接关系的基因表达从其中去除。应用组学技术分析低剂量毒性的同时还能发现参与这一过程的其他反应通路,使人们对于外源化合物作用后的细胞调控机制有一个更全面的了解,从而推断毒物在不同剂量下可能的毒性。基于低剂量暴露时的分子损伤机理研究结果,来自于系统毒理学的用于毒物危险度评价的剂量—反应关系将具有更高的可信度。

二、毒物与毒作用

(一) 毒物的定义和分类

毒物(poison,toxicant)通常指在一定条件下的外来化学物以较小的剂量作用于生物体,能扰乱或破坏生物体的正常生理功能,而引起组织结构的病理改变,甚至危及生命,这种化学物质即为毒物。化学物的有毒或无毒是相对的,并不存在绝对的界限。任何一种化学物在一定条件下可能是有毒的,而在另一条件下则可能对人体的健康是无害的。有句古话说得非常形象,"万物皆毒惟量焉"。几乎所有的化学物,当它进入生物体内超过一定量时,都能产生不良作用，即使是安全的药物或食品中的某些主要成分，如果过量给予，均可引起毒效应。例如，各种药物一旦超过安全剂量可产生毒效应，严重者会引起中毒；食盐一次服用15～60 g也有害于健康，一次用量达200～250 g可因其吸水作用导致电解质严重紊乱引起死亡。另一方面，在人体内难免会存在痕量的铅、汞等重金属，但这并不意味着发生了重金属中毒。

任何物质对生物体的有毒或无毒主要取决于它的剂量，只能以产生毒效应的剂量大小相对地加以区别。不同化学物对生物体引起毒效应所需的剂量差别很大。有些化学物，只要接触几微克即可导致死亡，常被称为极毒化学物；另一些化学物，即使给予几克或更多，也不会引起有毒效应，常被认为是微毒或基本无毒的化学物。

人类最早接触的毒物，主要来自动植物中的天然毒物。自十九世纪工业革命以来，合成化学物大量面世。特别是二十世纪四十年代以来，随着科学技术的迅猛发展，人们对生活质量的要求日益提高，越来越多的化学合成品进入各种生产和生活领域。目前，全世界登记的化学物质已达1.5亿种，人们经常使用和接触的约有7～8万种，此外，每年还有1 000多种新产品投入市场，使人们接触的化学物质无论是在品种上还是数量上都日益增加。有关化学物质的分类，随用途和习惯不同而异。例如，按其用途和分布范围可分为：

① 工业化学品　如生产原料、辅剂、中间体、副产品、杂质、成品等。

② 食品添加剂　如糖精、香精、食用色素、防腐剂等。

③ 日用化学品　如化妆品、清洁与洗涤用品、防虫杀虫用品等。

④ 农用化学品　如化肥、杀虫剂、除草剂、植物生长调节剂、保鲜剂等。

⑤ 医用化学品　如各种剂型的药物、消杀剂、造影剂等。

⑥ 环境污染物　如存在于废水、废气、废渣中的各种化学物质。

⑦ 生物毒素　如动物毒素、植物毒素、细菌毒素、霉菌毒素等。

⑧ 军事毒物　如芥子气等战争毒剂。

⑨ 放射性物质　如放射性核素、天然放射性元素等。

此外，还可按化学结构和理化性质、毒性级别、毒作用性质、作用的靶器官、毒作用的生理生化机制等对化学物质进行分类，可根据具体情况予以选择。

（二）毒物的形态及生产性来源

化学毒物可以固态、液态、气态或气溶胶的形式存在于环境中。气态毒物指常温、常压下呈气体扩散的物质，如氯气、一氧化碳、二氧化硫等；固体升华、液体蒸发或挥发可形成蒸气，如碘等可经升华，苯可经蒸发而呈气态。凡沸点低、蒸气压大的液体都易形成蒸气，对液体加温、搅拌、通气、超声处理、喷雾或增大其体表面积均可促进蒸发或挥发。雾为悬浮于空气中的液体微滴。蒸气冷凝或液体喷洒可形成雾，如镀铬作业时可产生铬酸雾，喷漆作业时可产生漆雾等。烟为悬浮于空气中直径小于0.1 μm的固体微粒。金属熔融时产生的蒸气在空气中迅速冷凝、氧化可形成烟，如熔炼铅、铜时可产生铅烟、铜烟和锌烟；有机物加热或燃烧时，也可形成烟。粉尘是能较长时间悬浮在空气中，其粒子直径为0.1～10 μm的固体微粒。固体物质的机械加工、粉碎，粉状物质在混合、筛分、包装时均可引起粉尘飞扬。漂浮在空气中的粉尘、烟和雾，统称为气溶胶（aerosol）。

生产性毒物主要来源于原料、辅助料、中间产品（中间体）、成品、副产品、夹杂物或废气物；有时也可来自热分解产物及反应产物，例如聚氯乙烯塑料加热至160～170℃时可分解产生氯化氢；磷化铝遇湿分解生成磷化氢等。同一毒物在不同行业或生产环节中来源的性质可以完全不同，最简单的一个示例就是一家工厂的原料是另外一家的产品。

接触生产性毒物主要有两个环节，即产品的生产和其应用。涉及原料的开采与提炼，材料的加工、搬运、储藏，加料和出料，以及成品的处理、包装等。化学物反应、输送管道的渗漏，化学反应控制不当或加料失误而引起冒锅和冲料，储存气态化学物钢瓶的泄漏，作业人员进入反应釜出料和清釜，物料输送管道或出料口发生堵塞，废料的处理和回收，化学物的采样和分析，设备的保养、检修等也有机会接触。

此外，有些作业虽未应用有毒物质，但在一定条件下亦有机会接触到毒物，甚至引起中毒。例如，在有机物堆积且通风不良的场所（地窖、矿井下废巷、化粪池、腌菜池等）作业时接触硫化氢而致急性中毒的事件常有报告。塑料加热可接触到热裂解产物。

（三）毒物的毒性

毒性(toxicity)通常是指某种化学物引起机体损害的能力。毒性的概念是抽象的，是化学物本身固有的特性。随着观察指标的不同，毒性的描述范围很广。在实验条件下，毒性是指化学物引起实验动物某种毒效应所需的剂量(浓度)。化学物的毒性大小是与机体吸收该化学物的剂量、进入靶器官的剂量和引起机体损害的程度有关。因此，化学物毒性大小，通常可用剂量—效应(反应)关系来表示。引起实验动物某种效应(反应)所需剂量愈小，则毒性愈大，反之亦然。不同化学物质对生物体引起毒效应所需的剂量差别很大。有些化学物，只要接触几微克即可导致死亡，常被称为极毒化学物；另一些化学物，即使给予几克或更多，也不会引起有毒效应，常被认为是实际无毒的化学物。高毒性化学物仅以小剂量就能引起机体的损害，低毒性化学物则需大剂量才能引起体的损害。在同样剂量水平下，高毒化学物引起的机体损害程度较严重，而低毒性化学物引起的损害程度往往较轻微。毒效应可以根据不同的分类原则划分为以下几种类型。

1. 按毒作用发生的时间分类

(1) 急性毒作用(acute toxic action)指较短时间内(小于 24 h)一次或多次接触化学物后，在短期内(小于 2 周)出现的毒效应。如各种腐蚀性化学物、许多神经性的毒物、氧化磷酸化抑制剂、致死合成剂等，均可引起急性毒作用。

(2) 慢性毒作用(chronic toxic action)指长期、甚至终身接触小剂量化学物缓慢产生的毒效应。如环境或职业性接触化学物，多数表现出这种效应。

(3) 迟发性毒作用(delayed toxic action)指在接触当时不引起明显病变，或者在急性中毒后临床上可暂时恢复，但经过一段时间后，又出现一些明显的病变和临床症状，这种效应称为迟发性毒作用。典型的例子是重度一氧化碳中毒，经救治恢复神志后，过若干天又可能出现精神或神经症状。

(4) 远期毒作用(remote toxic action)指化学物作用于机体或停止接触后，经过若干年，而后发生不同于中毒病理改变的毒效应。一般指致突变、致癌和致畸作用。

2. 按毒作用发生的部位分类

(1) 局部毒作用(local toxic action)指化学物引起机体直接接触部位的损伤。多表现为腐蚀和刺激作用。腐蚀性化学物主要作用于皮肤和消化道，刺激性的气体和蒸气作用于呼吸道。这类作用表现为受作用部位的细胞广泛损伤或坏死。

(2) 全身毒作用(systemic toxic action)化学物经吸收后，随血液循环分布到全身而产生的毒作用。毒物被吸收后的全身作用，其损害一般主要发生于一定的组织和器官系统。受损伤或发生改变的可能只是个别器官或系统，此时这些受损的效应器官称为靶器官(target organ)。常常表现麻醉作用，窒息作用，组织损伤及全身病变。如，一氧化碳与血红蛋白有极大的亲和力，能引起全身缺氧，并损伤对缺氧敏感的中枢神经系统及增加呼吸系统的负担。靶器官并不一定是毒物或其活性代谢产物浓度最高的器官。许多具有全身作用的毒物，不一定能引起局部作用；能引起局部作用的毒物，则可能通过神经反射或吸收入血而引起全身性反应。

3. 按毒作用损伤的恢复情况分类

(1) 可逆性毒作用(reversible toxic action)指停止接触毒物后其作用可逐渐消退。接触的毒物浓度低，时间很短，所产生的毒效应多是可逆的。

(2) 不可逆性毒作用(irreversible toxic action)指停止接触毒物后，引起的损伤继续存在，甚至可进一步发展的毒效应。某些毒作用显然是不可逆的，如致突变、致癌、神经元损伤、肝硬化等。某些作用尽管在停止接触后一定的时间内消失，但仍可看作是不可逆的。如有机磷农药对胆碱酯酶的“不可逆性”抑制，因停止接触后酶的抑制时间也就是该酶重新合成和补偿所需的时间。这对于已受抑制的酶分子本身来说是不可逆的，但对机体的健康来说却是可逆的。机体接触的化学物的剂量大、时间长，常产生不可逆的作用。

4. 按毒作用性质分类

(1) 一般毒作用指化学物质在一定的剂量范围内经一定的接触时间，按照一定的接触方式，均可能产生的某些毒效应。例如急性作用，慢性作用。

(2) 特殊毒作用指接触化学物质后引起不同于一般毒作用规律或出现特殊病理改变的毒作用。

(a) 变态反应(allergic reaction)指某些化学物可以作为半抗原与内源性的蛋白质结合成抗原，从而激发抗体产生。反复接触该种化学物后，可以产生抗原抗体反应，引起典型的、与中毒表现显然不同的过敏症状。变态性反应的产生与发病者的个体敏感性有关；与接触毒物的剂量无关，不表现一般毒作用所显示的典型"S"型剂量—反应曲线。

(b) 特异体质反应(idiosyncratic reaction)指由遗传决定的特异体质、对某种化学物所产生的异常反应。例如给予缺乏血清胆碱酯酶的患者一个正常人不发生反应的琥珀酰胆碱剂量,该患者即可出现持续的肌肉僵直和窒息。

(c) 致癌作用(carcinogenesis)指化学物能引发动物和人类恶性肿瘤,增加肿瘤发病率和死亡率的作用。

(d) 致畸作用(teratogenesis)指化学物作用于胚胎,影响器官分化和发育,出现永久性的结构或功能异常,导致胎儿畸型的作用。

(e) 致突变作用(mutagenesis)指化学物使生物遗传物质(DNA)发生可遗传性的改变。例如,DNA分子上单个碱基的改变,细胞染色体的畸变。

(f) 内分泌干扰作用(endocrine disruption)指化学物能模拟、阻断或激活、抑制内分泌效应,干扰激素合成、转运及排除等生物过程,影响人体神经、免疫和生殖发育系统等正常调控功能,造成的人体有害效应。引起这种作用的物质称为内分泌干扰物(endocrine disruptor)。对此,有些学者也持有不同的意见。

(四) 毒性参数

化学物的毒性可以用一些毒性参数表示,常用的毒性参数有以下几方面。

1. 致死剂量或浓度(Lethal Dose or Lethal Concentration, LD或LC)

目前,最通用的急性毒性参数仍采用动物致死剂量或浓度,因为死亡是最明确的观察指标。包括:

(1) 绝对致死剂量(Lethal Dose, LD_{100}),化学物质引起受试动物全部死亡所需要的最低剂量或浓度。如再降低剂量,即有存活者。

(2) 半数致死剂量(Median Lethal Dose, LD_{50}),化学物质引起一半受试动物出现死亡所需要的剂量。化学物质的急性毒性与LD_{50}呈反比,即急性毒性越大,LD_{50}的数值越小。

(3) 最小致死剂量(Minimum Lethal Dose, MLD,化学物质引起个别动物死亡的最小剂量,低于该剂量水平,不再引起动物死亡。

(4) 最大耐受剂量(Maximal Tolerance Dose, MTD),化学物质不引起受试对象出现死亡的最高剂量,若高于该剂量即可出现死亡。

2. 阈剂量(Threshold Dose)

阈剂量是化学物引起生物体某种非致死性毒效应(包括生理、生化、病理、临床征象等改变)的最低剂量。一次染毒所得的阈剂量称急性阈剂量(Lim_{ac});长期多次小剂量染毒所得的阈剂量称慢性阈剂量(Lim_{ch})。在亚慢性或慢性实验中,阈剂量表达为最低有害作用水平(lowest observed adverse effect level, LOAEL)。类似的概念还有最小作用剂量(Minimal Effect Dose, MED)。

3. 无作用剂量(No Effect Dose)

化学物不引起生物体某种毒效应的最大剂量称无作用剂量,比其高一档水平的剂量就是阈剂量。一般是根据目前认识水平,用最敏感的实验动物,采用最灵敏的实验方法和观察指标,未能观察到化学物对生物体有害作用的最高剂量。因此,在亚慢性或慢性实验中,以无明显作用水平(no observed effect level, NOEL)或无明显有害作用水平(no observed adverse effect level, NOAEL)表示。

实际上,阈剂量和无作用剂量都有一定的相对性,不存在绝对的阈剂量和无作用剂量。因为,如果使用更敏感的实验动物和观察指标,就可能出现更低的阈剂量或无作用剂量。所以,将阈剂量和无作用剂量称为LOAEL和NOAEL较为确切。在表示某种外来化学物的LOAEL和NOAEL时,必须说明实验动物的种属、品系、染毒途径、染毒时间和观察指标。根据亚慢性或慢性毒性试验的结果获得的LOAEL和NOAEL,是评价外来化学物引起生物体损害的主要指标,可作为制订某种外来化学物接触限值的基础。

4. 蓄积系数(Accumulation Coefficient)

化学物在生物体内的蓄积现象,是发生慢性中毒的物质基础。蓄积毒性是评价外来化学物是否容易引起慢性中毒的指标,蓄积毒性大小可用蓄积系数(K)来表示,常用分次染毒所得的$LD_{50}(n)$与一次染毒所得$ED_{50}(1)$之比值表示,即$K=LD_{50}(n)/ED_{50}(1)$。K值愈大,蓄积毒性愈小。

5. 中毒危险性指标

中毒危险性指标可进一步说明化学物的毒性和毒作用特点。

(1) 致死作用带　是指不同的致死性指标之间的比值。如LD_{100}/LD_{50}或LD_{100}/MLD。致死作用带实际上反映化学物致死剂量的离散程度。致死作用带愈窄,表示该化学物引起实验动物死亡的危险性愈大。

(2) 急性毒作用带　通常以半数致死剂量与急性阈剂量的比值(LD_{50}/Lim_{ac})表示。某化学物的急性毒作用带愈宽,说明该化学物引起急性致死中毒的危险性小。

(3) 慢性毒作用带　通常以急性阈剂量与慢性阈剂量的比值(Lim_{ac}/Lim_{ch})表示。某化学物的慢性毒作用带愈宽,表明该化学物在体内的蓄积作用大,说明该化学物引起慢性中毒的危险性愈大,实验动物多次接受较低剂量(浓度)的化学物,即能产生慢性毒效应。

(4) 吸入中毒危险性指标　化学物经呼吸道吸入中毒的危险性,除与半数致死浓度(LC_{50})大小有关外,还与该化学物的挥发性有关。以化学物在20℃时的蒸气饱和浓度作为衡量权重之一,即急性吸入中毒危险指数(Iac),Iac=20℃下化学物蒸气的饱和浓度/小鼠吸入2小时的LC_{50}。

(5) 立即危及生命或健康的浓度(Immediately Dangerous Life or Health levels, IDLH)　IDLH由美国职业安全卫生研究所(NIOSH)提出的,是制定呼吸防护器选用标准的一种最高浓度。它的含义是指接触有害化学物质的作业工人在呼吸器失效或损坏的情况下,于30分钟之内撤离现场而不致发生损伤(如眼部或呼吸道的刺激)或不可逆的健康影响的车间空气中化学物质的最高浓度。IDLH对评价化学物质的急性职业中毒的可能性有重要参考作用,具有IDLH的化学物质大多有发生急性中毒的可能。

(五) 毒物作用的影响因素

1. 毒物的理化性质

物质的化学结构不仅直接决定其理化性质,也决定其参与各种化学反应的能力;而物质的理化性质和化学活性又与其生物学活性和生物学作用有着密切的联系,并在某种程度上决定其毒性。目前已了解一些毒物的化学结构与其毒性有关。例如,脂肪族直链饱和烃类化合物的麻醉作用,在3~8个碳原子范围内,随碳原子数增加而增强;氯代饱和烷烃的肝脏毒性随氯原子取代的数量而增大等。据此,可推测某些新化学物的大致毒性和毒作用特点。

毒物的理化性质对其进入途径和体内过程有重要影响。化学物的脂/水分配系数大表明它脂溶性高,是亲脂性的,易以简单扩散的方式通过脂质双分子层,易在脂肪组织中蓄积——如DDT,易侵犯神经系统——如四乙基铅。但是,脂溶性极大的化学物不利于经水相转运。化学物的脂/水分配系数小,表明它水溶性高。毒物在水中的溶解度直接影响毒性的大小。一般认为,在同系化合物中,水中溶解度越大,毒性愈大。此外,化学物水溶性可影响其毒作用部位,如氟化氢(HF)、氨等易溶于水的刺激性气体主要溶解于上呼吸道表皮上覆盖的水性黏液,并引起局部刺激和损害作用;而不易溶解的二氧化氮(NO_2)则可深入至肺泡,引起肺水肿。外源化学物微粒的大小与分散度成反比。分散度越大粒子越小,其比表面积越大,表面活性越大。分散度高的毒物,易经呼吸道进入,化学活性也大,例如锰的烟尘毒性大于锰的粉尘。挥发性高的毒物,在空气中蒸气浓度高,吸入中毒的危险性大;一些毒物绝对毒性虽大,但其挥发性很小,其吸入中毒的危险性并不高。毒物的溶解度也和其毒作用特点有关,氧化铅较硫化铅易溶解于血清,故其毒性大于后者;苯易溶于有机溶剂,进入体内主要分布于含类脂质较多的骨髓及脑组织,因此,对造血系统、神经系统毒性较大。刺激性气体因其水溶性差异,对呼吸道的作用部位和速度也不尽相同。

2. 个体易感性

人体对毒物毒作用的敏感性存在着较大的个体差异,即使在同一接触条件下,不同个体所出现的反应可相差很大。造成这种差异的个体因素很多,如年龄、性别、健康状况、生理状况、营养、内分泌功能、免疫状态及个体遗传特征等。

在出生最初几天/几周内的新生儿和在老年人中,毒性化合物代谢与健康的成人有很大差异。在婴儿必须考虑4个因素:在最初几天中肠道和血—脑屏障未没完全发育,因此许多物质在胃肠道中易被吸收并到达中枢神经系统,婴儿肝脏的解毒反应(例如胆红素的葡糖醛酸结合)和外源物的肾排除不像儿童期和成人的有效。

对于大多数毒物,幼年动物的敏感性为成年动物的1.5~10倍。现有的资料表明幼年动物对很多毒物比较敏感的主要原因在于缺乏各种解毒酶系统,可能Ⅰ相和Ⅱ相反应都较弱。某些毒物在幼年动物的体内的吸收较成年的为多。例如,儿童对铅的吸收较成年人的多4~5倍,对镉则多20倍。幼年动物对吗啡较为敏感的原因是由于血脑屏障的不完全。然而,并不是所有化学物质对年幼的动物毒性都大,如中枢神经兴奋剂对新生动物的毒性较小。

DDT对新生大鼠的半数致死量为成年大鼠的20倍以上。这种对DDT毒性的耐受性对于评价该农药的潜在危险性可能很有意义，因为婴幼儿通过母乳和牛乳所摄入的DDT较多，尤其使按每公斤体重计算时。年龄对其他中枢神经兴奋剂（如有机氯杀虫剂）的敏感性的影响似乎没有如此明显（一般为2～10倍）。很多有机磷农药对幼年动物的毒性更大；八甲磷和苯硫脲显然是例外。除生物转化方面的不同，其他因素也有作用，例如：已发现受体敏感性降低是幼年大鼠对DDT相对地不敏感的原因。

通常，同种同系的雌雄动物常常对毒物的反应是相似的，往往在敏感性方面具有较明显的量的差别。性别差异表现在实验动物性发育成熟开始，直至老年期，可见性激素的性质和水平起了关键性作用。据研究，雄性激素能促进细胞色素P-450的活力。因此，经该酶系代谢解毒的化学毒物对雌性动物表现的毒性大，而经该酶系代谢活化的化学毒物对雄性动物的毒性大。

在妊娠的时候，母体每一器官系统中均发生生理学变化，而且为了要支持胎儿和生殖组织的迅速生长，这些变化可能显著影响对毒物的处置。妊娠母体的胃肠运动受抑制，可能使亲水化合物吸收增强。在妊娠期时分布体积通常增加，由于各种组织和液体体积明显增加，因此，在妊娠后期亲水药物的起始浓度将低于妊娠早期。母体脂肪量增加可能增加机体亲脂化合物负担。主要由于血浆体积的增加，血浆蛋白质（主要是白蛋白）的浓度在妊娠期第7～9个月期间减少，因此，造成较多的游离毒物可经胎盘转移，至少在哺乳的早期排入乳内。在妊娠期间母亲的血浆pH保持稳定，但是胚体/胎体隔室的pH与母体的血浆相关，在与器官发生晚期和胎体发育期相比处于较酸性的环境。在妊娠早期弱酸性的化学品在器官发生早期经胎盘转移和蓄积，在妊娠后期弱碱性化学品更易转移。在妊娠期间肾的血流和肾小球的滤过率增加，这些变化可提高肾毒物清除率，以致血浆浓度随妊娠的进展更快地降低。作为例外，在妊娠期间咖啡因的清除率减少。

分娩后，乳房的血流和乳生成的增加强烈地影响毒物被转移至乳的数量。毒物转移进入乳内的数量和速率依赖毒物pKa、脂溶性、分子量，并依赖蛋白结合和在血浆和乳之间的pH梯度。特别关注的是新生儿在妊娠期蓄积的脂溶性毒物，如二噁英（dioxins）。在分娩后如体内脂肪逐渐减少到非妊娠水平，母体内其余部位的亲脂毒物浓度增加，使毒物经哺乳转移达到婴儿的可能性增加。

营养状态对许多化合物的生物利用度有强烈的影响。例如，饮食缺铁增强镉经胃肠吸收；血清铁蛋白水平低的女性对镉的吸收为正常的两倍。植酸是大多数种子和谷类谷粒主要贮存磷的化合物，约为干重的1%～7%，而且有螯合多价金属离子的能力，尤其与锌、钙和铁。此种结合能形成难以从胃肠道吸收的不溶性的盐，显著减少上述无机物的生物利用度。矿物质（钙、铜、铁、镁和锌）缺乏可降低细胞色素P-450催化的氧化和还原反应。基础的细胞色素P-450的减少能部分解释较低的生物转化活性。恢复至正常饮食后，矿物质摄取可使P-450活性回复到生理学水平。维生素（C，E和B复合物）缺乏可减少外源化学物生物转化的速率，这些维生素直接地或间接地参与细胞色素P-450系统的调节。维生素缺乏还能改变能源和细胞的氧化还原状态，阻碍对Ⅱ相生物转化所必需的高能因子的生成。再增加饮食的维生素摄人会使Ⅱ相生物转化恢复到基础活性。维生素A缺乏可增高呼吸道对致癌物的敏感性。另一方面，食物中的物质可能干扰某维生素类的内源活性，例如，喂抗氧化剂如丁羟基甲苯（BHT）的大鼠可降低维生素K依赖的凝血活性，导致出血性死亡，而饲料补充维生素K可避免此效应。

肝脏疾病显著地影响外源化学物的代谢。有3个主要的因素涉及肝脏疾病改变外源化学物的代谢：① 肝脏血流的改变影响运送外源化学物至代谢部位；② 存活的肝细胞减少，可能降低代谢的能力；③ 白蛋白生成减少，可能造成游离药物较高的浓度，导致药物较高的组织浓度并可增强毒性。有肾功能缺损时外源化学物的肾小球的滤过作用和肾小管分泌通常都降低，导致许多化学品的清除率减小。肾脏病的尿毒症可能与血—脑屏障的通透性增加相关。其他的疾病状态，如糖尿病和高血压也能导致外源化学物的代谢改变，应激也显示可引起外源化学物代谢和免疫毒性的改变。原发性肝癌高发病率与乙型肝炎病毒感染和高水平黄曲霉素摄取同时存在。

产生个体易感性差异的一个决定因素是遗传特征。与外源化合物的活化和/或解毒作用有关的酶活性表达的程度变异显著地影响个体对于这些物质的毒性反应。这些变异可能是由于个体的遗传学差异。在人群中发生的可遗传的基因差异≥1%水平，被定义为基因的多态性。例如，N-乙酰化酶类可生物转化含有芳香胺或肼基的多种药物和其他化学品。因为一些物质已知是致癌物，特别引起膀胱癌症，N-乙酰化转移酶类的多态性已经被详细地调查。在许多人群已经报告，与对照组比较，在膀胱癌症患者之中的慢乙酰化者有显著增加。相反，在有结肠癌和结肠息肉患者中已经发现快乙酰化者较多。许多种外源性化学物的代谢酶都具有多态性。目前较确切的有细胞色素 P-450 酶类(CYP)，环氧化物水解酶(EH)、尿苷二磷酸葡萄糖醛酸转移酶(UGT)、谷胱甘肽转移酶(GST)、N-乙酰基转移酶(NAT)和葡萄糖-6-磷酸脱氢酶(G-6-PD)等。

3. 暴露(接触)环境

对于一种化学物来说，与暴露有关的毒性影响因素主要是暴露剂量、暴露途径、暴露持续时间和暴露频率。毒物进入体内的主要途径是胃肠道(摄食)、肺(吸入)和皮肤(局部渗入)以及其他胃肠外(不经肠道)途径。一般地说，当毒物直接进入血流时(静脉内途径)，反应出现最快，效应也最强烈。其他途径按效应大小的大致顺序排列，依次为：吸入、腹腔内、皮下、肌肉、皮内、口服和表皮接触。溶剂或其他配方成分可能显著改变摄食、吸入或局部接触后的吸收过程。此外，给药途径也影响毒性。例如，一种肝脏解毒的物质，经口给药应该比吸入给药毒性低，或者说经门静脉(经口)比直接经体循环(吸入)给药毒性要小。

不同的环境条件，如气温、气湿、气压不同，不仅仅影响气态毒物在环境中浓度变化，还影响机体的生理状态。有些化学物本身可直接影响机体的体温调节过程，从而改变机体对环境温度变化的反应性。

在高温环境下，机体皮肤毛细血管扩张，血循环和呼吸加快，可加速化学物经皮吸收和经呼吸道吸收，增高一些化学物的毒性，如氮氧化物、硫化氢的刺激作用增加。但是温度对毒性的影响比较复杂，如有机磷类中的沙林则在低温下毒性增高。在高湿环境下，某些化学物如 HCL、HF、NO 和 H_2S 的刺激作用增大。而某些化学物则在高湿条件下发生改变，如 SO_2 一部分可变成 SO_3 和 H_2SO_4，从而使毒性增加。此外，在高湿情况下，冬季易散热，夏季则反而不易散热，所以会增加机体体温调节负荷，从而影响其对化学物的感受性。特殊情况下气压增高，往往会影响大气中污染物的浓度。气压降低，可致 CO 的毒性增大。在高原上，洋地黄和士的宁的毒性降低，而安非他命的毒性则增加，气压改变对化学物质毒性的影响主要是由于氧张力的改变，而不是压力的直接作用。

生物体的许多机能活动常有周期性的波动。如 24 小时的(昼夜节律)或更长周期(季节节律)的波动，毒物的毒性可因每日暴露时间不同或暴露的季节不同而有差异。如苯巴比妥对小鼠的睡眠作用于下午 2 时给药的出现睡眠时间最长，而清晨 2 时给药睡眠时间最短(约为下午 2 时给药的 40%～60%)。大鼠血嗜酸性粒细胞、淋巴细胞和白细胞计数的量均呈现昼夜节律。人排出某些药物的速度亦显示有昼夜节律。例如口服水杨酸，于早上 8 时服，排出速度慢，在体内停留时间最长，而晚上 8 时服，排出速度快，在体内停留时间最短。这种机能活动的昼夜节律有的是受体内某种调节因素所控制，如切除肾上腺后的大鼠其昼夜节律变得不明显；有的是受外环境因素如进食、睡眠、光、温度等所调节。此外，某些毒物的毒性尚有季节性的差异。例如给予大鼠苯巴比妥钠的睡眠时间以春季最长，秋季最短(只有春季的 40%)。有人认为动物对毒物毒性敏感性的季节差异，与动物冬眠反应或不同地理区域的气候有关。

环境中毒物共存的影响。机体同时或先后接触另一种化学物而使其所表现的联合毒性比任一单一的化学物的毒性增强或减弱。毒理学将两种或两种以上的化学物对机体的作用称为联合作用。按照作用性质可以分为以下几类：① 协同作用。两种或两种以上化学物对机体所产生的毒性效应大于各个化学物单独对机体的毒性效应总和，即毒性增强。② 拮抗作用。两种或两种以上化学物对机体所产生的毒性效应低于各个化学物单独毒性效应的总和，即为拮抗作用。③ 增强或抑制作用。一种化学物对某器官或系统并无毒性，但当加至另一种化学物时使其毒性效应增强或降低。④ 相加作用。两种或两种以上化学物其各自对机体的毒性作用的靶相同，则其对机体所产生的毒性效应等于各个化学物单独对机体所产生效应的总和。此为剂量相加，如大部分刺激性气体引起的呼吸道刺激作用多呈相加作用。⑤ 独立作用。当两种或两种以上化学物对机体作用，其作用的部位——靶器官不同，且各靶器官或靶部位之间生理关系较为不密切，此时各化学物的毒性效应表现为各自的毒性效应，称为独立作用。

三、毒物的吸收、分布、排泄和生物转化

（一）毒物的吸收

吸收是外源性化学物从机体接触部位侵入机体的过程。外源性化学物吸收的主要途径是通过呼吸道、胃肠道和皮肤被吸收，其他还可通过眼的黏膜结膜、通过静脉和肌肉的注射等被吸收。在职业环境中，呼吸道和皮肤是主要的吸收途径。

1. 生物膜

外源性化学物在吸收过程中需要穿越多个生物膜屏障，并且在分布和排泄时也需要穿过生物膜。生物膜包括细胞膜（质膜）和亚细胞器的膜。生物膜的结构特点与外源性化学物的膜转运密切相关：生物膜的脂质成分形成具有流动性的、可塑的磷脂双分子层，对于水溶性物质具有屏障作用，但允许多数脂溶性物质透过；镶嵌在磷脂双分子层的蛋白，构成特殊通道、载体、受体、酶和结构蛋白等，允许极性分子、离子和能与相应蛋白质结合的化学物等通过生物膜；生物膜上分布有很多微孔，允许某些水溶性小分子通过。

2. 转运方式

外源性化学物可通过简单扩散、滤过等被动转运方式或载体转运、膜动转运等主动转运方式通过生物膜。

许多脂溶性、非电离和非极性外源性化学物主要通过简单扩散的方式通过生物膜，扩散速率主要取决于膜两侧的浓度梯度、电化学梯度、脂/水分配系数（在脂相和水相中的溶解度比值）。浓度高、非离解态的、极性弱的和脂/水分配系数高的物质易扩散透过生物膜，此过程不消耗能量。

水溶性的极性和非极性物质在小于膜孔的情况下，可以在流体静压和渗透压作用下被滤过。这种转运方式主要见于毒物通过毛细血管和肾小球的内皮细胞。

有些化学物能和膜上的载体分子形成复合物从而转运至膜的另一侧。这些转运系统对化学物具有特异选择性，可以被饱和，能在化学物之间形成竞争性抑制。逆浓度梯度转运需要消耗能量，称为主动转运。有些化学物需要载体介导但顺浓度梯度转运，不需要消耗能量，称为易化扩散。

膜动转运是指生物膜由于具有可塑性和流动性，可通过膜的运动转运物质。通过膜的流动将化学物液滴包绕并摄入称为胞饮作用，而颗粒状物质被用膜动方式摄入称为吞噬作用。在膜动转运中，生物膜具有主动选择性并消耗能量。

3. 呼吸道吸收

气态和气溶胶形式的外源性化学物主要通过呼吸道吸收。肺是其主要的吸收器官。由于肺泡总表面积大，气态化学物停留时间长，肺毛细血管丰富，肺泡上皮细胞和毛细血管内皮细胞组成的膜很薄，使化学物经肺吸收速度快，仅次于静脉注射。

气态化学物（气体和蒸气）到达肺泡后，其吸收主要通过简单扩散，吸收速率受到其脂溶性、在肺泡气与肺毛细血管内血液中的浓度差或分压差、以及该气态化学物的血/气分配系数的影响。气态化学物从高分压向低分压渗透，肺泡内气态物质浓度和分压越高，越容易被吸收入血。血/气分配系数越大者（即在血中的溶解度大），也容易被吸收入血。肺通气量和肺血流量也是气态化学物吸收的影响因素，越大越利于吸收，而肺通气量和肺血流量又和劳动强度和劳动环境（如气温气湿等）有关。

悬浮在空气中的烟、雾和粉尘，统称为气溶胶。气溶胶形态中的雾的吸收主要受浓度和脂溶性的影响。烟和粉尘等颗粒的吸收与其沉积部位、在肺内的储留率和时间密切相关。沉积在呼吸道表面的颗粒，或能溶解于黏液被吸收，或能为纤毛活动所排出，最后被喷嚏咳嗽等排出，或至咽喉被咽下。到达肺泡的颗粒物可以被吸收入血，也可通过物理渗透压差抽吸过程，或通过肺泡巨噬细胞吞噬后经黏液—纤毛系统或淋巴系统清除。

4. 皮肤吸收

尽管皮肤是外源性化学物侵入机体的天然屏障，但也有一些化学物可以通过皮肤被吸收。化学物通过皮肤吸收需要穿透角质层，通过表皮深层和真皮层，最后透过毛细血管壁进入血液。化学物穿透表皮角质层是通过被动扩散方式，扩散速率和脂溶性成正比，和分子量成反比，表皮角质层对于水和水溶性物质的扩散具有很大阻力。表皮深层和真皮层富有孔状结构，屏障作用小于角质层，但血液、组织和淋巴液的主要成分是水，水溶性的大小影响毒物在这一阶段的吸收速率。由此，经皮吸收的化学物必须既具有脂溶性又需有一定水溶性，脂/水分配系数接近于1的物质容易被吸收。

影响化学物经皮吸收的因素有化学物的浓度、化学物和皮肤的接触面积和持续时间、化学物和角质层的亲和力、皮肤的温湿度、以及皮肤的完整性等。皮肤的湿度、充血、炎症、外伤等均能影响化学物的经皮吸收。一些有机溶剂使角质层上的脂质脱掉,将增加皮肤的通透性和化学物的吸收。

少量化学物也可通过毛囊和皮脂腺等皮肤附属器绕过表皮屏障,直接进入真皮,以较快的速度被吸收。一些能被吸收的水溶性物质虽难以透过角质层,但可通过皮肤附属器被吸收。

机体不同部位的角质层厚度不同,对化学物的屏障功能和吸收速率也不一样。如化学物最易通过阴囊皮层,而最难通过手掌角质层。另外,化学物经皮吸收速率在不同种属间有很多差异,人的皮肤一般而言属于不易渗透的类型,已发现豚鼠皮的渗透速度接近人的皮肤,在整体实验和离体实验中可作参考。

5. 消化道吸收

化学物在消化道的吸收方式大部分是通过简单扩散的方式,但部分化学物也需要主动转运和膜动转运。

化学物在消化道的主要吸收部位是胃和小肠。化学物在胃和十二指肠进行简单扩散转运时,胃的内容物和 pH 能影响化学物吸收,脂溶性和非电离状态物质易于被吸收,胃液增加弱碱性物质的电离程度从而减少吸收,但能阻止弱酸性物质的电离而增强吸收。小肠环境趋于中性,在胃内不易吸收的弱碱性物质能转化为非电离物质而被吸收,而且小肠具有较大的吸收面积,血流又可以不断将吸收的物质移走,使化学物能保持一定的浓度梯度而便于吸收。另外,针对一些大分子化学物以及与蛋白和脂肪结合的化学物,小肠内有许多酶的分布,能使化学物游离,促进其通过细胞壁的扩散进入细胞和血液。

除了简单扩散,小肠黏膜细胞膜上具有亲水孔道,可使直径小于亲水孔道的小分子随水分子一起滤过被吸收。一些外源性化学物,其结构和性质相似于营养素或内源性物质,可借助主动转运系统被吸收。一些颗粒物质还可通过吞噬和胞饮作用被吸收。影响化学物的胃肠道吸收的因素还包括胃的内容物多少、肠的蠕动、胃和肠的排空时间和肠道菌群的作用等。

(二) 毒物的分布

分布是化学物被吸收后,随血液或淋巴液进入全身各器官、组织和细胞的过程。

1. 血液与分布

血液是化学物重要的运输系统。化学物进入血液后可溶解于血,以游离形式存在,水溶性化学物主要溶解于血浆水性介质中,脂溶性化学物可溶解在血液的乳糜滴或中性脂肪中。某些化学物可吸附于红细胞表面或与红细胞膜上某些成分结合,或可与血红蛋白结合,或与血浆蛋白结合,尚可与血浆的有机酸如乳酸等形成复合物。但某些外源化学物和血浆蛋白等的牢固结合也可能使该化学物难以通过扩散透过毛细血管和细胞膜。

化学物在体内的分布并不均匀,并随时间推移而改变。化学物在体内的初始分布受到器官组织的血流量的影响,高供血量的器官组织分布量多。随着时间的推移,根据化学物与不同组织器官的亲和力、存在形式和经膜扩散速率等,化学物发生再分布,并通过血液交换,维持动态平衡。

2. 器官与分布

一种化学物可以对某一器官有特殊的亲和力,但同时也可分布到其他器官。经过再分布后,化学物浓度较高的部位包括代谢转化器官、靶器官、排泄器官和贮存库。一些组织器官能富集某些化学物使之在这些器官组织发生蓄积,称为贮存库。贮存库可能是化学物的靶器官,也可能仅仅是其蓄积场所。成为贮存库的有:① 血浆蛋白,化学物进入血液后往往与之结合,使游离型物质减少,但这一结合是可逆的,维持着动态平衡。② 肝和肾,含有较多的特殊结合蛋白和酶等,既能蓄积化学物,又是化学物的代谢和排泄器官。③ 脂肪组织,是许多高脂溶性化学物的储存场所,但化学物在其中往往不呈现生物学活性。④ 骨骼,是一些化学物,特别是一些金属离子的蓄积场所及靶器官。贮存库虽能在一定程度上使到达靶器官的化学物质对的量减少,但也成为化学物不断释放形成慢性毒性的源头。

3. 屏障与分布

机体某些器官和组织具有特殊的形态和功能结构,称为屏障,可阻止或减少化学物从血液的进入。较为重要的有:① 血脑屏障,由脑内毛细血管内皮细胞构成,并大部分被星形胶质细胞的终足包围,使血液和脑组织间形成一重防止化学物进入中枢神经系统的屏障,因此需要增加脂溶性和去离子化才能提高化学物进入中枢神经系统的速率。某些化学物能通过载体介导进入脑内。循环血液和脑脊液之间也存在血—脑脊液屏障。② 胎盘屏障，由多层细胞组成，用于分隔母体和胎儿血液循环，防止化学物由母体血液进入胎儿。化学物大多是通过简单扩散透过胎盘屏障，一些营养物质可通过主动转运进入胚胎。其他一些屏障还包括有血睾屏障和血眼屏障等。

（三）毒物的排泄

化学物从体内排出的过程为排泄。化学物可经肾脏随尿排出，或经肝、胆通过消化道随粪便排出，或经呼吸道从呼出气排出。少量化学物还可经乳汁、汗液、唾液、精液、月经、指甲和毛发等排出。

1. 经肾随尿排泄

化学物经肾脏排泄需经过肾小球滤过、肾小管重吸收和肾小管分泌。肾小球毛细血管有较大的膜孔，便于分子量小于白蛋白且不和血浆蛋白结合的物质滤过。肾小球滤过率影响肾脏化学物的排出量。化学物经肾小球滤过至肾小管，或随尿排出体外，或被肾小管重吸收，即穿越肾小管细胞扩散回小管外周毛细血管。一般不电离的、非极性的和脂溶性的物质能被动地通过简单扩散被重吸收，水溶性高的物质则随尿排出。尿的 pH 会影响物质的解离态，因此可影响弱酸或弱碱物质的重吸收和排泄。肾小管细胞有多种转运体，逆浓度梯度物质及和蛋白结合的毒物可经主动转运的方式被转运至肾小管细胞，再被排入肾小管管腔，随尿排出。但是这一主动转运过程特异性较低，可被饱和，并受到竞争抑制。

2. 经肝胆随粪便排泄

摄入胃肠道的化学物如未被消化吸收则直接随粪便排出。经胃肠道吸收的物质先通过门静脉进入肝脏，这些物质或保持原型或经过肝脏生物转化形成代谢产物，然后被肝细胞直接排入胆汁，经粪便排出。一些与血浆蛋白结合的大分子化学物可经此途径排泄。但进入肠道的部分化学物也可通过小肠黏膜扩散而被重吸收，或在肠道菌群的作用下被还原，经肠壁重吸收，形成肝肠循环。

3. 经肺随呼吸道排泄

以气态存在的物质及挥发性液体可通过简单扩散的方式随呼出气排出，该物质在肺泡壁两侧的分压差和血/气分配系数、呼吸速度和经肺血流速度影响其扩散速率。颗粒状物质可随呼吸道表面的分泌液随痰咳出或咽下进入消化道。

4. 其他排泄途径

许多化学物可经简单扩散进入乳腺经乳汁排出，也可经简单扩散排入汗液和唾液。金属离子可富集于毛发和指甲中随其脱落而排出。

（四）毒物的生物转化

化学物进入机体后在机体的各种酶的作用下形成各种代谢物的过程称为生物转化。形成的代谢产物毒性降低，则这个生物转化过程是属于代谢解毒；而反之代谢产物毒性增强，或化学物原型无毒而经过代谢其产物有毒，这一生物转化过程属于代谢活化。

生物转化过程主要包括 I 相反应和 II 相反应。I 相反应是通过氧化、还原和水解反应使非极性的化学物增加一些功能基团如羟基、羧基等，便于进行 II 相反应。II 相反应是使化学物通过和体内某些内源性因子或基团相结合，如进行葡萄糖醛酸化、硫酸化、乙酰化、甲基化、与谷胱甘肽及氨基酸结合等，从而使该化学物的生物活性、分子大小、极性和水溶性改变，更易于排泄，同时也使其透过生物膜的能力以及和组织的亲和能力减弱，限制其生物活性。

由于大多数化学物的代谢需要生物转化酶的作用，生物转化酶的分布、表达和活性在化学物的生物转化中起着重要作用。肝脏是化学物代谢的主要场所，也是生物转化酶的主要定位场所，小肠次之，肺、肾和皮肤等多种器官组织均含有一定量的生物转化酶系统，肠道菌群也存在着代谢系统。在体内持续表达的生物转化酶称为结构酶，而被刺激诱导合成或活化的生物转化酶称为诱导酶。生物转化酶在肝和大多数组织的细胞中，主要存在于内质网（微粒体）及线粒体和胞液中。微粒体是细胞均浆经超速离心获得的内质网形成的脂膜囊泡和碎片。由于脂溶性化学物质更易在脂膜中分布，更易于被位于脂膜的生物转化酶催化代谢。

1. I 相反应

I 相反应包括氧化反应、还原反应和水解反应。

（1）氧化反应

氧化反应是指化学物在体内氧化酶的催化下加氧或脱氢等，从而改变或增加新的功能基团。

微粒体混合功能氧化酶系是氧化酶系中最重要的酶系，又称为细胞色素 P－450 酶系或单加氧酶系，能催化多种类型的氧化反应，主要由血红蛋白类（其中包括细胞色素 P－450 以及细胞色素 B5，具有传递电子的功能），黄素蛋白类（包括 NADPH－细胞色素 P－450 还原酶以及 NADH－细胞色素 B5 还原酶，主要功能是电子传递并供电子），以及磷脂（主要是磷脂酰胆碱，具体功能是固定膜蛋白酶，促进底物与细胞色素P－450的结合）组成。细胞色素P－450酶系催化的主要反应有：① 脂肪族羟化，形成醇和二醇；② 芳香族羟化，形成羟基；③ 环氧化，在两个碳原子的双键部位加上一个氧原子形成环氧化物；④ 杂原子（S－、N－、I－）氧化和N－羟化；⑤ 某些在氧、硫和氮原子上带有烷基的化合物脱烷基；⑥ 氧化脱氨、脱硫、脱卤素使氧化基团转移，酯裂解和脱氢等。细胞色素P－450是一个超家族，其分类命名方法是：以CYP表示所有物种的细胞色素同工酶（小鼠和果蝇用Cyp），斜体表示相应的基因，正体表示蛋白和mRNA，其后的阿拉伯数字代表酶蛋白一级结构中氨基酸同源度大于40％的同一家族（如CYP1，或Cyp1），再后的大写英文字母代表氨基酸同源性大于55％的同一亚族（如CYP1A，或Cyp1a），字母后的阿拉伯数字根据酶被鉴定的先后编序区分不同的酶个体（如CYP1A1，或Cyp1a1）。

微粒体的氧化酶还包括黄素加单氧酶，该酶与细胞色素P－450酶催化的反应有一些交叉和重叠，催化形成的产物可能不同，有些存在物种差异。另外，黄素加单氧酶和细胞色素P－450酶不同的是不能在碳位催化氧化反应，不能催化一些杂原子的脱烷基反应。

微粒体外的氧化反应有位于细胞质的醇脱氢酶和醛脱氢酶催化的醇与醛类的脱氢反应，醛脱氢酶也可存在于线粒体膜。醛氧化酶和黄嘌呤氧化酶属于钼羟化酶，也位于细胞质，一般认为适合钼羟化酶催化的底物不能被细胞色素P－450酶代谢。单胺氧化酶位于线粒体外膜，而双胺氧化酶位于细胞液中，它们催化一些胺类的氧化脱氨反应。

（2）还原反应

还原反应是指化学物的功能基团在体内生物转化酶的催化下被加氢等还原。催化还原反应的酶可存在于微粒体、细胞质和线粒体中，肠道菌群内的还原酶活性较高。还原反应包括：① 偶氮还原和硝基还原，主要在肠道菌群和肝脏微粒体进行，如硝基苯还原成苯胺；② 羰基还原，转化醛或酮基团成羟基，这是一个重要的反应，因为羰基常常是分子生物活性的决定因子，药物常常通过羰基还原去除活性，羰基化合物也经常在食品配料、药物、环境污染物，以及在细胞脂质过氧化（LPO）的产物中被发现；③ 醌还原，在该反应中如果由于单电子还原形成了半醌，将易和氧分子反应，再生成母体醌的同时形成过氧化物阴离子自由基，从而经历一个又一个重复的氧化还原循环，最终使机体氧化还原体系不平衡，诱导氧化应激，成为一些含醌或能生物转化成醌的外源化学物的重要毒性机制；④ 其他还有脱卤反应和含硫基团的还原反应等。还原反应可以是独立的反应，也可能是氧化还原可逆反应的还原反应部分。

（3）水解反应

水解反应是指化学物的功能基团在体内水解酶的作用下，与水分子发生反应。微粒体及细胞可溶性组分均存在水解酶，包括酯酶、酰胺酶、肽酶和环氧化物水解酶等，能水解酯类、酰胺类、胺基甲酸酯类以及环氧化物类等。水解产生的羧基、醇和酰胺基等可以进行后续II相结合反应。水解反应不利用能量。

在酯酶中能水解有机磷酯的酶称A类酯酶，可被有机磷酯类抑制的酶类称B类酯酶，胆碱酯酶属于B类酯酶，抑制乙酰胆碱酯酶活性是有机磷农药重要的中毒机制之一。

某些烯烃和芳烃化学物的环氧化物环能在环氧化物水解酶的催化下水解。由于环氧化物的环张力和CO键的极性，常表现亲电子反应，可能具有遗传毒性，如易于和DNA及蛋白质结合，引起DNA突变及细胞损伤，而环氧化物水解后的醇类化学物反应性差，易于排泄，因此，环氧化物水解酶被认为是解毒酶。但是，某些水解产物也可作为底物被进一步氧化或环氧化，进而产生的环氧化衍生物可能不是环氧化物水解酶的底物，而且可能是增毒的代谢产物。

2. II相反应

II相反应是指化学物的原有基团或经I相反应代谢形成的基团与内源性辅助因子发生的结合反应，需要能量和酶的催化。多数结合物极性增强，易溶于水而排出体外。常见的II相反应有：

（1）葡萄糖醛酸结合

该反应的内源性辅助因子是尿苷二磷酸葡萄糖醛酸，催化酶为尿苷二磷酸葡萄糖醛酸基转移酶，含有羟基、羧酸、氨基、巯基等功能基团的化学物均能发生该反应。形成的结合物可经尿液或胆汁排泄。

（2）硫酸结合

该反应的内源性辅助因子是3’-磷酸腺苷-5’-磷酰硫酸，催化酶为磺基转移酶，底物与能和葡糖糖醛酸结合的底物的功能基团相似，结合物主要经尿排泄，少部分从胆汁排泄。

(3) 谷胱甘肽结合

该反应的内源性辅助因子是谷胱甘肽，催化酶为谷胱甘肽 S-转移酶，底物一般具有一定的疏水性、含有亲电子原子、并可与谷胱甘肽发生非酶反应。结合物可经胆汁排泄，或在肾脏经催化成为硫醚氨酸衍生物通过尿排泄。谷胱甘肽结合反应在亲电子剂和自由基解毒中具有重要作用。

(4) 甲基化反应

该反应的内源性辅助因子是S-腺苷甲硫氨酸，催化酶为甲基转移酶，底物主要为内源性物质，如生物胺等。甲基化反应不是外源性化学物的主要结合方式。

(5) 乙酰化作用

该反应的内源性辅助因子是乙酰辅酶 A，催化酶为 N-乙酰转移酶，底物为含有伯胺、羟基和巯基的化学物。有些化学物经此反应解毒，但也有化学物则被代谢活化。

(6) 氨基酸结合

该反应的内源性辅助因子是氨基酸，催化酶为乙酰辅酶 A 合成酶、N-乙酰基转移酶及氨酰-tRNA 合成酶，底物为羧酸和芳香羟胺。带有羧基的化学物(多发生于芳香羧酸)首先在乙酰辅酶 A 合成酶的催化下，和 ATP 和乙酰辅酶 A 反应生成酰基辅酶 A 硫酯，再由 N-乙酰基转移酶催化与氨基酸的氨基形成酰胺键。羧酸与氨基酸的结合大多是解毒反应。芳香羟胺则由氨酰- tRNA 合成酶催化，与 ATP 和氨基酸形成结合反应，该反应大多是活化反应。

3. 影响生物转化的主要因素

由于生物转化大多在酶的催化下进行，影响生物转化的主要因素在于影响代谢酶的量和活性。

化学物可以从以下几个方面影响代谢酶：① 化学物的量。代谢酶的生物转化能力有一定限度，化学物作为底物的量超过这类代谢酶系的能力，将形成代谢饱和，使该底物不能完全代谢或改变代谢途径。化学物进入机体的量和它的理化性质影响该化学物在体内的吸收、分布和排泄，因而影响其在这一生物转化部位的量。② 化学物对酶的诱导和抑制作用。有些化学物可使某些代谢酶系合成增加及活力增强，这种现象称为酶的诱导，具有诱导作用的化学物为诱导剂。而有些化学物对代谢酶能产生抑制作用。当同一种酶代谢两种以上化学物时，可发生竞争性抑制，如一种化学物结合在酶的关键部位，影响其他化学物的代谢。有些化学物形成的是非竞争性抑制，如减少酶的合成，破坏酶的结构，消耗辅助因子，改变酶的构象等。一些化学物的代谢产物也可能是其母体相关代谢酶的抑制剂。诱导或抑制代谢酶的量和生物活性将影响该酶催化的生物转化反应。③ 化学物的联合作用。化学物既可通过诱导或抑制等影响自身代谢酶，也影响另一种化学物的代谢酶。因此当 2 种以上化学物同时存在，就可能产生联合作用，或形成协同作用，也可形成拮抗作用。

个体遗传因素也影响化学物的生物转化。代谢酶在不同个体间和不同种属间有一定的遗传差异，这些遗传差异反映在酶的代谢能力上，影响化学物的生物转化。如 I 相代谢酶和 II 相代谢酶均存在遗传多态性，使同一群体的不同个体对某些化学物的代谢和易感性形成差异。又如不同的种属间某种酶的绝对量不同、或分布部位不同、或其专一活性不同，因此对该酶的底物的代谢就可能产生差异。在不同的机体和在不同的种属间还可能存在的差异有：一些酶的自身抑制剂的量或性质不同，正向反应和反向反应的酶的活性不同，内源性辅助因子的量不同，竞争同一基质酶的竞争性抑制不同。这些不同使化学物的体内代谢和生物活性在不同个体间或不同种属间发生差异。

另外，年龄、性别、疾病等因素也能影响生物转化。胎儿缺乏一些解毒的酶，可能对化学物的毒性易感。幼儿和儿童在出生时一些代谢酶处于低水平或缺乏状态，在成长过程中逐步达到成人水平。老年者代谢速率降低将影响生物转化。动物实验发现有些代谢酶的代谢转化能力雌雄存在较大差异。肝硬化等疾病可影响酶的代谢活力。除此之外，由于一些营养因子可作为辅助因子和诱导剂等，营养状况将影响化学物的生物转化。

综上所述，化学物的生物转化是一个复杂的过程，受到环境因素和遗传因素的多因素影响，因此分析化学物的毒性和代谢需要多方综合考虑。

四、中毒的机理

本节主要阐述外源性化学物进入机体的途径和过程，化学物有或无特异的作用部位或作用分子(靶器官或靶分子)及如何与靶分子进行相互作用，机体的生理功能异常和生物结构异常的起因、过程和调节，以及机体的修复过程所产生的可能损伤。

(一) 决定毒物的靶器官的机理

外源性化学物可以对一个和多个器官产生影响。器官和分子是否是化学物的作用位点，即能否成为靶器官，主要取决于化学物在该部位的浓度、持续时间，以及该部位的分子能否和化学物进行反应并产生毒作用。

1. 靶器官的结构和功能特点

外源性化学物要到达作用靶点形成毒效应，需要经过机体的吸收(即从暴露部位转运到体循环)、分布(从体循环进入靶器官的细胞外间隙或细胞)、代谢(形成易于和靶点反应的形态)、排泄和重吸收(在靶点保持一定时间和浓度)的过程。以下举例一些能影响化学物在器官和组织的分布，进而影响其在该部位的浓度、作用时间和反应的器官结构和功能特点：

(1) 有些靶器官和组织的毛细血管内皮多孔及有较大的孔道，能允许化学物、甚至与蛋白质结合的化学物通过，如肝窦和肾小管周围毛细血管具有较大的孔道，因此，肝和肾是化学物常见的靶器官。而反之脑组织毛细血管内皮细胞缺乏孔道并紧密相连，因而阻止亲水性化学物进入脑组织。

(2) 有些靶器官和组织的细胞具有相应的离子通道和膜转运蛋白，使目标化学物能被转运进入细胞内，如钙通道能容许铅等阳离子进入细胞。

(3) 有些靶细胞内的溶酶体和线粒体等细胞器能使目标化学物进入，形成细胞器内的蓄积。

(4) 有些靶细胞内的离子能和目标化学物结合，促进该化学物在该器官组织的分布。

(5) 有些靶器官和组织的酶的种类和含量等能影响目标化学物的生物转化，从而影响该化学物及代谢产物在该靶器官与靶点进行作用。肝是外源性化学物的主要代谢场所，含有丰富的药物代谢酶类，即可代谢化学物，又易于受到代谢后的活性产物的直接作用，因此常成为化学物的靶器官。又如有些组织如视神经和视网膜细胞缺乏将甲醇的代谢中间产物甲醛转化为甲酸的酶，则对甲醇的作用相对易感。

(6) 有些靶器官和组织中的细胞存在特殊蛋白质分子，可作为受体，通过识别特异性的配体(化学物可能成为其配体)并与之结合，使目标化学物对该器官有特殊亲和性，进而引起生物学效应。

因此，化学物的靶器官大多是毒物在体内易分布和易蓄积的场所，可以是化学物的代谢器官和排泄器官，也可以是对化学物有特定亲和性和反应性的器官。一些贮存部位(贮存库)如脂肪组织是化学物的蓄积场所，但不和靶分子反应形成毒性效应，就不是靶器官。

2. 化学物和靶分子的作用

进入靶器官或靶组织后，化学物必须能和作用部位的分子或细胞反应，才能产生毒作用或生物学效应。能直接与靶分子反应并最后产生毒性效应的物质称为终毒物。在靶点的终毒物即可能是进入机体的化学物原型，也可能是化学物经过生物代谢后的活性代谢产物。

(1) 终毒物

能和靶分子发生反应的终毒物主要有以下几类：① 亲电物，指缺乏电子对的化学物，带正电荷，因而能和电子密度高的亲核中心共享电子对而发生反应。亲电物常在化学物的代谢过程中形成，如化学物经氧化反应被插入一个氧原子，该氧原子从其附着的原子中获得一个电子则使该化学物具有亲电性，形成亲电物。很多生物大分子如蛋白质、核酸和酶等都具有亲核中心，亲电子物很易于和体内大分子的亲核中心发生共价结合，同时也可与组织的氧分子发生反应，形成活性氧。② 亲核物，是和亲电物相反带负电荷的化学物。亲核物的形成是外源性化学物代谢活化作用中较少见的机制。多数亲核物是转变成亲电物才被活化。③ 自由基，是化学物中的共价键发生均裂(split)、或分子(或分子片段)接受一个电子或丢失一个电子而形成的含不成对电子的原子、原子团、分子或离子。自由基通常具有高活性，可与细胞的氧、DNA、脂质和蛋白质等相互作用，或直接作用于生物膜。活性氧自由基又称活性氧，通常包括超氧化阴离子自由基，羟基自由基和过氧化氢等。一般认为活性氧活性较大，易和生物大分子作用从而毒性较大。④ 活性氧化还原反应物，有一些特殊机制可产生这些活性物质。如能引起高铁血红蛋白的亚硝酸盐，可由小肠中硝酸盐经肠道菌群还原生成，或由亚硝酸酯或硝酸酯与谷胱甘肽反应生成；六价铬可以被抗坏血酸等还原至五价铬，但五价铬可以催化羟基自由基的生成。

(2) 反应类型

一种终毒物可以通过不同的机制与不同的靶分子发生反应。靶器官中与终毒物反应的靶分子必须具有合适的反应性和/或空间构型，从而能和终毒物发生反应。以下是常见的一些反应类型：① 非共价结合，主要发生于终毒物与膜受体、细胞内受体、离子通道及某些酶等靶分子的结合反应过程。非共价结合通常是可逆性的。② 共价结合，常见于亲电物和蛋白质及核酸中的亲核原子反应，以及中性自由基和生物大分子的结合，如羟基自由基加入到DNA碱基中。③ 去氢反应，常见于自由基引起内源性化学物去氢，进而生成新的内源性自由基。如巯基化合物去氢进而形成二硫化物，DNA分子中的脱氧核糖去氢进而引起DNA断裂，脂肪酸去氢产生脂质自由基进而引起脂质过氧化等。④ 电子转移，如将血红蛋白中的二价铁氧化为三价铁，形成高铁血红蛋白等。⑤ 酶促反应，少数毒素通过酶促反应作用于特定靶蛋白，如蓖麻蛋白穿过细胞膜破坏核蛋白体60S亚单位，抑制蛋白质的合成。

（3）毒效应

终毒物和靶分子反应后，可使靶分子的功能失调。终毒物使靶分子功能失调的机制有：① 终毒物的结构和内源性分子相似、或能和内源性分子形成配体-受体结合，则引起该内源性分子的功能失调。比如内分泌干扰物质和作为靶分子的激素受体结合，可启动下游基因表达或使其抑制，从而在特异性靶组织中表现出促进或抑制细胞的增殖和分化等生物学效应。常见的例子有类激素和体内相应激素受体结合，如己烯雌酚和雌激素受体结合以及二噁英类和芳香烃受体结合等，其结果形成内分泌干扰和细胞信号传导通路改变等效应。② 如果终毒物具有亲电性质，则易和DNA共价结合，可产生一系列毒效应，如干扰DNA的模板功能，引起DNA复制过程的核苷酸错配。如果终毒物和蛋白质交联或结合，则可能影响蛋白质的功能，如化学物和蛋白质巯基结合发生氧化修饰，则使巯基失去活性。

终毒物和靶分子的作用可破坏靶分子的结构，如终毒物和DNA形成加合物可使DNA发生断裂从而改变其一级结构，羟基自由基引起脂肪酸脱氢启动脂质过氧化降解，不仅破坏细胞膜脂质，其所形成的脂质自由基还容易与邻近分子如膜蛋白反应。

在化学物和靶分子的作用过程中发生结构变化的蛋白质有些可作为新抗原，激发免疫应答，所激发的免疫应答可引起自身免疫性反应。比如药物和蛋白质加合物触发免疫系统可引起狼疮、粒性白细胞缺乏症等。

终毒物和靶分子反应后，或使靶分子的功能失调，或使靶分子的结构破坏，或形成新的抗原，并且该靶分子在细胞、组织和器官中发挥其功能，才能介导化学物的靶器官毒性。有些终毒物可不通过或不完全通过和靶分子的直接作用，而通过改变相应微环境，如改变水相氢离子浓度或占据靶分子作用的功能位点等，影响靶分子的作用。

（二）引起生理功能异常的机理

毒物的初始反应常发生在分子水平及细胞水平，但引起器官乃至全身系统性生理功能异常主要取决于受影响的靶分子是否直接参与、或通过参与细胞信号调节、或通过影响其他基因表达等参与调节器官乃至全身系统的生理功能。终毒物影响靶分子进而影响生理功能的机制可有：

1. 抑制酶的活性

这是化学物引起生理功能异常最终引起中毒的最常见的机制。典型的例子包括有机磷农药对靶分子胆碱酯酶活性的抑制从而使乙酰胆碱积蓄产生中毒症状，以及氰化物对细胞色素氧化酶的抑制使组织缺氧等。化学物在生物转化过程中对酶的诱导或抑制，既可以影响自身或其他物质的代谢，也可影响生理功能，如胺类化合物能与5-羟色胺竞争结合于单胺氧化酶，使5-羟色胺受抑制而引起神经系统功能紊乱。在化学物和酶的作用过程中，以下一些因素将影响最终生理功能障碍的形成程度：① 化学物和酶结合，由于其结合部位不同，则对酶的催化能力的影响也不同，如铅和汞等金属能与多种带巯基的酶络合，但对酶活性的抑制程度却不相同；② 被影响的酶是否具有重要的生理功能，将影响机体的生理功能变化，如细胞组织的生存，能量是必不可少的，氰化物对细胞色素氧化酶的特异抑制，将影响组织供能，甚至引起电击样死亡；③ 与酶的结合是否是可逆的，将决定毒效应的可逆程度；④ 是否有旁路代谢途径的补偿等。

2. 干扰能量代谢

生理功能的维持需要充足的能量。化学物可通过和靶分子作用阻断产能过程直接干扰能量代谢，如丙二酸能与琥珀酸脱氢酶竞争结合而阻止三羧酸循环中的琥珀酸氧化；一氧化碳能与血红蛋白结合破坏血液的供氧功能，引起组织缺氧；四氯化碳可通过激活糖元磷酸化酶加速糖元分解，并可抑制糖元转移酶使糖元贮存下降。许多毒物干扰糖元合成与葡萄糖供应，可非特异性地或间接地引起所有组织中能量代谢水平降低。神经细胞是体内耗能多、贮能少、对缺氧缺血最敏感的细胞，干扰能量代谢首先可导致中枢神经的功能紊乱。

3. 干扰基因表达

细胞的生理功能需要功能蛋白的作用，影响基因表达则可影响功能蛋白的合成和作用。化学物可通过与转录因子、与基因的启动子领域或调节领域的核苷酸序列进行相互作用进而调控基因表达。一些化学物可模拟天然配体和受体结合，影响下游靶基因的表达。如四氯二苯-p-二噁英(TCDD)和芳香族受体(AHR)结合，从细胞质转运入细胞核，与AhR核转运蛋白(ARNT)结合，进一步结合下游靶基因如细胞色素P-450酶等药物代谢酶基因，诱导其异常表达，改变药物代谢酶的表达将影响化学物的生物转化。又如邻苯二甲酸酯可模拟多不饱和脂肪酸的作用，激活过氧化物酶体增生剂激活受体(PPAR)，改变下游基因表达。改变基因表达，将增加或减少特定蛋白的功能。

4. 干扰细胞信号转导

化学物和靶分子的作用，可改变信号通路蛋白的合成、降解和磷酸化，改变蛋白间的交互作用，从而引起信号转导障碍。生长因子、细胞因子、激素和神经递质是通过细胞表面受体和细胞内信号网络，影响细胞周期和细胞功能。化学物引起细胞信号转导障碍将影响细胞的增殖、分化、凋亡和功能作用。化学物也可通过影响细胞外信号的产生引起调节障碍，如雌激素通过促性腺激素分泌的反馈抑制引起睾丸萎缩。

5. 干扰细胞瞬息活动

神经元、骨骼肌、心肌和平滑肌等可兴奋细胞的功能活动受神经递质和信号转导控制。化学物可通过改变神经递质的合成和释放、阻断细胞受体、干扰细胞信号传递和改变信号终止过程，影响这些可兴奋细胞的瞬息活动，如河豚毒素阻断运动神经元功能相关的钠离子通道引起骨骼肌麻痹，杀虫剂通过阻断中枢神经系统GABA受体，诱发神经兴奋和惊厥；非可兴奋细胞受到化学物的信号通路干扰，也影响其生理功能，如有机磷农药中毒可刺激毒蕈碱样乙酰胆碱受体，许多外分泌细胞受毒蕈碱样乙酰胆碱受体调控，因此可出现唾液分泌、流泪和支气管过度分泌。

(三) 引起生物结构损伤的机理

终毒物和靶分子反应时，受影响的靶分子如果参与维持细胞自身的功能，其改变可影响细胞存活，进而影响器官组织的结构和功能。

损害细胞结构功能维持的机制有如下几种。

1. 能量耗竭

外源性化学物作用如果使细胞的能量耗竭和钙内稳态恒稳失调，则影响细胞的存活。细胞的存活和功能需要能量，ATP作为能量的主要来源对细胞骨架、细胞运动、细胞分裂、囊泡转运、质膜的完整和功能、细胞器的功能等整个细胞的形态和功能的维持必不可少。窒息性、亲血红蛋白性、麻醉性以及抑制生物氧化反应的化学物都有可能引起细胞缺氧和能量耗竭，使膜上ATP酶失活，膜的钠—钾泵、钙泵等功能异常，膜的离子通透性发生变化，继而胞质钙离子浓度升高。

2. 和钙内稳态恒稳失调

细胞内钙离子水平是受到严格调控的，细胞外液的游离钙离子浓度高于胞内钙离子浓度1万倍，而胞内钙离子则大多储存于如线粒体等钙库内，因此需通过稳控机制保持胞液中的钙恒稳状态。钙离子参与细胞许多的生理过程、许多的大分子生物反应、也对细胞信号转导起着关键作用。细胞的钙内稳态恒稳失调将导致细胞的结构和功能被破坏。

3. 活性中间产物过度生成

外源性化学物作用使钙恒稳失调时，细胞内钙离子的持续升高将进一步导致能量储备耗竭，微丝功能障碍，相关酶的功能改变，活性氧簇(ROS)和活性氮簇(RNS)等活性中间产物的生成。活性中间产物又能加剧耗能和钙恒稳失调。蛋白巯基能先于活性中间产物反应使自身被氧化变性，使许多依赖于蛋白巯基的酶活性受损。

在生理情况下，机体内存在着抗氧化防御系统可使活性氧等活性中间产物的形成和清除处于动态平衡，如活性中间产物在不需要酶促的情况下，可和细胞的氧化还原系统中的谷胱甘肽(GSH)反应，在清除自由基的同时，GSH被氧化成为氧化性谷胱甘肽(GSSG)，GSSG在GSH还原酶的作用下又被还原为GSH。但当GSH的氧化速率大于GSH的还原速率，GSH降低甚至耗竭，则使活性中间分子过度生成，细胞损伤。

4. 脂质过氧化和蛋白质和DNA的氧化损伤

外源性化学物作用过程中形成的自由基等活性中间产物可与膜磷脂的多不饱和脂肪酸发生去氢反应，生成脂质自由基，继而与分子氧反应再经夺氢，形成链式反应和新的自由基。这一反应过程反复进行，将形成大量的脂质过氧化物。在反应过程中自由基还可和附近分子反应启动新的链式反应。脂质过氧化损伤可引起细胞膜和细胞器膜的结构损伤和功能障碍。外源性化学物引起的大量活性过氧化物也能攻击蛋白质多肽链，或染色质上的蛋白质、核苷酸或碱基，并可继发自由基的链式反应，使蛋白质变性、多肽链断裂，或 DNA 的链断裂、结构变化，使酶活性改变，细胞膜和细胞功能异常，基因突变，染色体损伤。

5. 细胞结构与功能维持机制损伤的后果

上述保持细胞内环境稳态的机制如果在化学物的作用下失调，细胞的结构和功能被破坏，细胞受到损伤，可发生凋亡和坏死。

(1) 坏死

化学物引起细胞的能量耗竭、代谢紊乱、钙稳态失调、自由基活性中间产物形成等的后果使线粒体渗透性转变、质子自由内流，引起线粒体膨胀，ATP 合成中断，继而肿胀伴随其他如溶酶体肿胀、高尔基复合体碎裂、核固缩、核仁模糊等形态变化，质膜崩裂、细胞器功能失调、脂肪堆积、多核蛋白体消散及蛋白质合成能力丧失，则细胞降解，结构功能丧失，细胞溶解坏死。

(2) 凋亡

化学物引起细胞的 DNA 受损、线粒体损伤等的后果还可诱发细胞凋亡，即细胞皱缩、核和胞质物质浓缩并形成凋亡小体。

化学物既可诱导细胞凋亡，也可诱导细胞坏死。通常早期阶段倾向于诱发凋亡、而后期倾向于引起坏死。某些研究发现当少数线粒体发生渗透性改变时，受损线粒体和凋亡、死亡相关蛋白可被溶酶体自吞噬清除，细胞存活；但较多细胞器如线粒体受损，线粒体凋亡机制启动，则凋亡发生；当大多数线粒体都发生渗透性变化，ATP 耗竭的同时合成中断，需 ATP 参与的凋亡程序受到抑制，细胞则倾向于坏死。

另外，化学物直接损伤细胞膜和溶酶体膜、破坏微管微丝等细胞骨架、以及作为抑制剂直接抑制蛋白质合成均可引起细胞死亡。化学物还能通过干扰对细胞组织提供支持的细胞引起这些被支持细胞损伤，如干扰凝血因子使器官组织出血受损，如损伤肝细胞，将影响肝功能，进而影响其他细胞、器官和组织的功能和结构维持。

6. 损伤修复障碍及后果

机体有其自身的防御系统，在细胞、器官和组织受损情况下，机体可在分子水平、细胞水平和组织水平进行修复，包括清除受损分子、促使受损细胞的凋亡和促使细胞增殖和再生。但如果损伤超过修复能力，或损伤不能有效地被修复，则器官组织出现损伤。同时修复过程也可引起毒性。

(1) 炎症

损伤修复过程中，巨噬细胞清除受损物质的同时，分泌炎性细胞因子。炎性细胞因子可刺激间质细胞释放炎性介质，导致微血管扩张和毛细血管通透性增加，血管内皮细胞进一步释放炎性相关因子，促进循环系统白细胞在炎症部位聚集。巨噬细胞和白细胞能释放大量自由基和水解酶，影响周围正常组织。

(2) 纤维化

细胞损伤将启动细胞增生和细胞外间质形成。但如果细胞外纤维细胞过度增生，基质过度沉积，则纤维化发生。纤维化形成的疤痕收缩会挤压实质细胞和血管，基膜成分沉积于毛细血管内皮细胞和实质细胞间会形成扩散屏障，影响细胞组织的营养转运，同时组织弹性等降低，细胞外环境发生变化，结果使实质细胞形态功能发生变化。

(3) 致癌作用

DNA 修复失效和修复错误将引起遗传损伤，可使原癌基因活化及抑癌基因失活，诱导肿瘤形成；受损细胞的凋亡途径受损则可促进突变和癌前细胞的克隆扩展，促使肿瘤形成；细胞增生机制不能终止，将促进致癌过程。

五、致突变、致癌、致畸及内分泌干扰物危害的评价

致突变、致癌、致畸及内分泌干扰物危害的评价方法发展很快，有多种不同的方法，和不同方法的配套运用。对化学物的健康危害评价有国家标准和行业标准，并在实时更新中。因此本章只针对常规的评价方法的主要原理进行介绍。

(一) 致突变作用和短期试验及其评价

突变是指遗传物质发生变化，包括基因突变(DNA 碱基对变化)、染色体畸变(染色体结构变化)

和数目变化(非整倍体等),并且这些变化可随细胞分裂遗传至子代细胞。化学物等引起遗传物质发生改变的能力为致突变作用。有害的体细胞突变与肿瘤和一些疾病及衰老有关,生殖细胞突变可引起子代遗传性疾病和出生缺陷。

评价化学物的致突变作用可以直接检测化学物诱导的基因突变和染色体变化。由于细菌、酵母、植物细胞、昆虫和哺乳类动物细胞的DNA基本结构相似,因此可以用来建立致突变的测试系统。目前测试方法已有成百种被报道,一些常用的试验方法如下:

1. 基因突变检测

常用的基因突变检测试验有细菌回复突变试验(Ames试验),这是使用最广的短期试验方法,其突变分析检测速度快、费用低、突变检出相对容易,在遗传毒性物质的初步筛检中占有重要地位。Ames试验原理是通过形成人工诱变的组氨酸缺陷型鼠伤寒沙门菌突变株作为指示微生物。该突变株在缺乏组氨酸的选择性培养基上不能存活,但如果受试物是致突变物,能使基因发生回复突变(即通过突变使原来已经突变失活的基因功能恢复,从而表现出野生型的表型),则该回复突变的菌株获得合成组氨酸的能力,在缺乏组氨酸的培养基上也能生长,通过计数回复突变后生长的菌落数可评价化学物的致突变性。测试用的标准菌株有多种,可用于不同的突变,或检测碱基置换,或检测移码突变,或两者均可检测,因此常进行不同菌株配套检测,只要有一种菌株获得阳性结果,即可认为Ames试验阳性。当某一菌株获阴性结果时,其余菌株尚有获得阳性结果的可能,故不能贸然下结论为阴性。由于有些化学物需要代谢活化后才发生作用,而菌株本身没有代谢能力,因此在检测代谢物的试验过程中需要加入代谢活化系统,观察化学物代谢后的致突变能力。常用的代谢活化系统有大鼠肝脏微粒体酶系统,简称S9。另外,各菌株均有一定的自发回变率。当受检物诱发的回变率达到相应菌株的自发回变率2倍及以上时,并显示明确的剂量反应关系,两次实验结果能重现的,可判为阳性结果。

埃希大肠杆菌株E Coli WP2的试验系统,原理与Ames试验的相类似,不过用的是色氨酸缺陷型大肠杆菌。该测试系统对检测金属致癌物较敏感。由于Ames试验对金属类和有机氯类的检测不敏感,该测试系统可以弥补Ames试验在这方面的不足。

细胞突变试验常用小鼠淋巴肉瘤细胞(L5178Y)株和中国仓鼠肺成纤维细胞(V79细胞)株,通过正向突变试验(即观察受试物能否作用于细胞的有关基因,使之发生突变而使基因失活及所控制的酶活性发生改变),检测表型变异:能发生突变的细胞在选择性培养液中能存活,而未发生变化的细胞(野生型细胞)则死亡,从而分析受试物的致突变能力。存活的细胞经一定天数后可形成细胞集落(克隆),一般以10万个细胞中形成的克隆数表示致突变作用的强弱。以小鼠淋巴瘤TK基因突变试验为例,检测终点是检测胸苷激酶(TK)基因的突变。在细胞培养液中加入三氟胸苷(TFT),在没有突变的细胞中,TFT在胸苷激酶的催化下可形成三氟胸苷酸,进而掺入DNA,造成致死性突变,细胞不能存活。但如受试物使TK基因发生突变,导致胸苷激酶缺陷,则TFT不能被催化进而掺入DNA,故细胞在含有TFT的培养基中能够生长。根据突变集落形成数,计算突变频率,可以判定受试物的致突变性。

由于化学物损伤DNA,可使化学物与DNA共价结合形成加合物、DNA碱基受损、DNA链断裂、以及非程序性DNA修复合成发生,这些均可引起突变,因此检测受试物引起的各类DNA损伤现象,都可间接反映受试物的致突变能力。如在细胞中加入标记的DNA合成原料,通过观察该原料掺入细胞量的增加,评价受试物是否损伤DNA使程序外DNA合成发生;或用彗星试验,又称单细胞凝胶电泳试验,其原理是断裂的DNA片段比大片段DNA迁移快,电泳后出现彗星状,则DNA受损。

2. 染色体损伤检测

染色体损伤检测,可以取人体和动物体内样本进行观察,也可以用体外培养细胞做试验。常用的染色体损伤变化试验有:① 染色体异常检查。染色体异常包括数量和结构的变异。数量变异又分整倍体变异和非整倍体变异。化学毒物引起染色体数量变化,主要引起染色体非整倍体变异,即染色体组中的个别染色体有所增减。染色体结构变异分析,是将观察细胞停留在细胞分裂中期,在普通染色不作分带染色时,用显微镜检查可直接观察染色体裂隙、断裂、断片、染色体环、双着丝体等。② 微核试验,微核是不带着丝点的染色体断片或纺锤丝受损而丢失的染色体,在形成子细胞时未参与主核的形成,因此形成留在细胞质中的小核,其染色和结构与主核相同,但比主核小,称为微核。微核试验主要观察受试物能否产生微核,从而评价受试物是否是DNA断裂剂和非整倍体诱变剂。由于观察技术简易而省时，目前发展迅速。③ 姐妹染色单体交换（SCE）试验即用特殊的处理和染色，使一个染色体的两条姐妹染色单体获得深浅不同的着色，当两条染色单体节段间发生互换时可见到它们的着色有深浅交替的现象。SCE 频率与 DNA 断裂和修复有关。许多致突变物可诱导培养细胞和整体哺乳动物的 SCE 频率增高。④ 为评价受试物在生殖细胞诱导可遗传的损伤，尚可通过检测雄性动物生殖细胞的染色体损伤进行评价。其他致突变试验还有果蝇伴性隐性试验、精子形态异常、小鼠显性致死试验等。

由于致突变试验的结果受观察和实验条件的影响较大，每次必须设立对照组，并应排除日常生活中 X 线辐射、药物、吸烟、饮酒和病毒感染等的影响。

3. 试验组合

由于没有一种致突变试验能完全反映化学物致突变的各个毒性终点，因此在评价过程中常结合不同致突变试验配套进行检测。另外，由于体外试验简便易行且检出率高，而体内试验更接近生物体的实际状况，因此致突变作用评价常结合体内体外试验组合进行。究竟用何种方法及哪些方法配套试验，取决于不同用途的受试物及行业标准或相关行业的试验指导原则。一般来说，配套试验需要包括基因突变、染色体结构与数量变化的毒性终点，以及体内测试系统和体外测试系统的结合。如根据食品安全国家标准（GB15193.1－2014）食品安全性毒理学评价程序，遗传毒性试验就要求遵循原核细胞与真核细胞、体内试验与体外试验相结合的原则，举例其中的推荐组合包括：细菌回复突变试验，哺乳动物红细胞微核试验或哺乳动物骨髓细胞染色体畸变试验，体外哺乳类细胞染色体畸变试验或体外哺乳类细胞 TK 基因突变试验。由于致突变作用和致癌有密切的相关，因此短期致突变试验在筛选潜在致癌物和鉴定遗传毒性物质中有重要意义。

（二）动物致癌试验及其评价

国际癌症研究所（IARC）根据化学物的人类致癌性资料和动物致癌性资料，将人类致癌物分为：① 人类致癌物，即对人致癌性证据充分；② 人类可能致癌物及人类可疑致癌物，其中人类可能致癌物即对人致癌性证据有限，但动物致癌证据充分；人类可疑致癌物即对人类致癌性证据有限，动物致癌也不充分，或动物致癌证据充分，但人类致癌性证据不足；③ 根据现有资料不能确定化学物的致癌分类；④ 非人类致癌物。因此人群的肿瘤流行病学调查结果是确定人类致癌物的最重要根据。但是由于肿瘤形成病因复杂，潜伏期长，化学物接触时的各种条件不同等等，需要严谨的研究设计和足够的样本量才能得出正确的结论，并且时间的花费和费用可能巨大，大量化学物缺乏人类致癌性的流行病学资料。

1. 短期筛查试验

在化学物的毒理学安全性评价中，前述致突变试验是应用最多的检测项目，但只能用作对潜在致癌化学物的筛选。致突变试验阳性结果提示受试物可能是遗传毒性物质，可能是致癌物，但也可能是具有致突变性的非致癌物，而阴性结果提示受试物为非致突变性物质，可能是非致癌物，但也可能是具有非致突变性的致癌物。体外细胞恶性转化试验也可作为传统致癌试验的筛查试验，即观察受试物能否诱发体外培养的细胞形成恶性表型改变（如生长接触抑制消失，细胞形态改变和排列紊乱等），并将这些细胞接种在裸鼠皮下可形成肉眼可见的肿瘤。该试验阳性结果说明受试物具有诱导细胞恶变能力和可能的致癌潜能。该试验既可筛选遗传毒性化学物，也可筛选非遗传毒性致癌物。但是细胞恶性转化试验只是体外试验，不能完全代表化学物在体内的状况和作用，具有局限性。

2. 动物短期致癌试验

对于一些能预测靶器官的受试物，可以通过观察特定靶器官的癌前病变，进行短期致癌试验分析，缩短了试验周期。哺乳动物的短期致癌试验主要有：小鼠肺肿瘤诱发试验，雌性 SD 大鼠乳腺癌诱发试验，大鼠肝转变灶试验，和小鼠皮肤肿瘤诱发试验。这些试验的阳性结果和长期动物致癌试验一样，能确认受试物的动物致癌性，但阴性结果由于实验周期短，也未检查其他器官和系统，提示意义不大。

3. 哺乳动物长期致癌试验

长期的动物致癌试验是利用哺乳动物诱发试验确认动物致癌物的较为可靠的方法，也对预示受试物为人类致癌物具有重要的参考价值，是目前公认的化学物致癌性检测方法。

哺乳动物通常选用两种动物，雌雄各半，3 个剂量（其中有一个接近最大耐受剂量）。实验过程常大于 1.5 年，用反复染毒模式进行。根据以下情况，可认为致癌试验结果阳性：① 试验组出现的肿瘤类型在对照组未出现；② 肿瘤发生率在试验组高于对照组；③ 试验组动物中出现明显的多发性肿瘤，即出现多器官肿瘤或一个器官有多个肿瘤；④ 肿瘤形成时间试验组早于对照组。致癌试验结果阴性仅提示的是受试物在该试验条件下所产生的结果。

动物试验花费大，周期长，动物使用量也大。而且由于种属差异、人类实际接触剂量和试验剂量的差异、以及接触的各种条件等不同，因此动物实验外推到人存在不确定性，化学物对实验动物致癌性不能与对人的致癌性相混同，哺乳动物长期致癌试验也有其局限性。

一般根据化学物的不同性质、用途和人类的接触时间等，可先进行短期筛选试验和短期动物试验，然后再根据需要进行动物试验。我国和世界其他国家对食品、药品和化妆品等均制定有相应的致癌性评价指导原则和指南，以及测试要求和实验方法。

(三) 动物致畸试验及其评价

胚胎或胎儿在发育过程中发生解剖学上形态结构的缺陷，则形成畸形。化学物引起畸形的能力为致畸性。由于最容易引起畸形的阶段是器官形成期，因此动物致畸试验主要在受孕动物的组织和器官分化期给予染毒。但是，外源性化学物对胚胎和胎儿的影响常涵盖整个生殖过程，因此动物发育毒性试验常运用三段生殖毒性试验（其中包含动物致畸实验）覆盖整个发育阶段：I 段试验：为生殖毒性试验和早期胚胎发育毒性试验。给于受试物时间在交配前和妊娠前期，即在一般雄性交配前 4 周、雌性交配前 2 周开始给药，直至胚胎着床前（大鼠约孕 6 d）给药结束，在大鼠孕 13～15 d 终止妊娠，解剖观察并评价受试物对配子发生和成熟、交配和受精能力，以及对胚胎着床前和着床的影响。II 段试验：为致畸试验。给予受试物时间为器官发生期，即在大鼠或小鼠孕 6～15 d，家兔孕 6～18 d 期间给药，在妊娠结束前一天解剖。观察胚胎吸收数和死胎数，并用大体检查和病理检查观察胎仔外形和重量、外观及骨骼和脏器等是否有畸形、发育是否良好，评价受试物对胚胎和胎儿发育的影响。III 段试验：为围生期生殖毒性试验。给予受试物时间以大鼠为例是从孕 15 d 至哺乳期结束。在解剖母体和部分子代大鼠时，每窝选择部分幼鼠，雌雄各半，饲养至性成熟后交配至 F2 代出生。观察指标为母体的生理病理状况和产仔数及受孕率，F1 代的畸形情况和发育情况，以及神经行为状况和生育能力。III 段生殖发育毒性试验可分析化学物暴露是否使亲代或子代的繁殖力下降，受试物是否有致畸作用，受试物对生殖和发育毒性的限值。一般化学物首先以致畸试验进行评价，若致畸试验结果阳性则不再继续进行生殖毒性试验和生殖发育毒性试验。

由于常规的生殖毒性试验费钱费时，一些体外初筛试验被推荐，如大鼠全胚胎培养试验，大鼠胚胎肢芽微团实验和小鼠胚胎干细胞试验等。体内初筛实验有 Chernoff 和 Kavlock 改进的 C/K 实验，该实验被列入 OECD 的化学品测试准则。推荐用大鼠实验，和常规试验的区别是观察仔鼠出生后的外观畸形、胚胎死亡和生长发育等，而不进行内脏和骨骼检查。这样的话，检测终点少，实验周期短，可以获得化学物发育毒性的初步信息。

到目前为止，化学物被动物实验表明具有致畸作用而被肯定为人类致畸物的不到 4%，主要由于人和动物的种属差异，以及动物实验所用剂量比较高，而人的实际暴露并不那么高。因此，在评价化学物的发育危害、致畸性大小时，常以致畸指数即化合物对母体动物的半数致死量（LD_{50}）与胎体最小致畸剂量的比值进行评价，化学物的致畸指数小于 10，一般认为不具致畸作用；10～100 为有致畸作用；大于 100 为有强致畸作用。调查接触人群中发生出生缺陷的流行病学资料，对评价人类致畸物有决定意义。确认人类致畸物的标准有：如果一种或几种出生缺陷频率增加，出生缺陷的增加与某种化学物暴露相关联，在妊娠的特殊阶段暴露于某种化学物并产生有特征性缺陷的综合征，以及缺少妊娠时引起特征性缺陷的其他共同因子。

(四) 环境内分泌干扰物的研究方法

为了对环境中可能存在的内分泌干扰物进行筛选、确认，美国环保署成立了环境内分泌干扰物筛选与测试委员会（Endocrine Disruption Screening and Testing Advisory Committee EDSTAC）并于 1998 年提出了有关筛检程序的报告，准备对至少 15 000 种化学物进行内分泌干扰作用的筛检。该方案采用分级、体内与体外试验结合、多种种属结合的方法进行筛检。第一级筛检试验（TIER1）包括 3 个体外试验（雌激素受体结合或转录激活试验、雄激素受体结合或转录激活试验和睾丸甾类生成）和 5 个体内试验（啮齿类子宫增重试验、啮齿类 20 d 雌性青春期试验、雄性啮齿类 Hershberger 试验、青蛙变态试验和鱼类性腺复发试验)，经第一级筛选以后，怀疑具有内分泌干扰作用的物质进入第二级测试(TIER2)。第二级测试包括两代繁殖试验。第一级筛检要求有较高的灵敏度，以保证可能的内分泌干扰物不被漏掉，第二级测试则主要是对经过第一级筛选出来的化学物进行确认，描述其剂量反应/效应关系，接触途径和不良作用。

环境内分泌干扰物的筛选和确认是一项耗时、耗力、耗钱的工程，需要不同地区的学者的合作来完成。目前不可能在短时间内对所有化学物进行一遍筛选。

六、化学品危险评估

化学品危险评估是对人类暴露化学品所出现的不良健康效应预期概率的系统科学评价。危险是指暴露化学品后出现不良效应的可能性。随着社会发展，用于生产和人民生活中的化学品迅速增加，对化学品管理的需求和要求也随之提升了，化学品管理不再只是基于化学品危害性鉴别分类的安全管理，而是利用危险评估技术，为综合考虑化学品固有危害性及其暴露的危险管理，即采用科学的程序进行危险评估后，再进一步结合分析化学品对社会带来的效益和对社会经济发展的影响以及采用替代技术的可能等因素做出危险管理决策。

在化学品危险管理过程中，化学品危险评估技术是化学品管理的核心技术手段。为配合化学品的管理，一些国际组织和发达国家都先后出台了指导危险评估工作的指南或规范，为全球统一危险评估方法做出了重大的努力。希望通过相互对测试和评估的基本原则达成共同的理解和认可，以期对不同评估方法可以能够彼此信任和接受。我国2004年4月颁布了《新化学物质危害性评估导则》，2010年修订颁布了《新化学物质环境管理办法》，对我国化学品管理做出了新的规定，强调化学品管理要实现由危害评估向危险评估的转变。2017年颁布了《化学品危险评估通则》，以期我国在化学品危险管理上能与国际接轨。

危险评估主要可以应用于① 作出化学品应用的利弊权衡；② 制定化学品的各种卫生标准和限值；③ 提供监管机构、生产商家、环境保护组织、消费者组织确定优先处理事项依据；④ 估算采取降低危险措施后剩余危险和危险降低程度。

(一) 危险评估的基本步骤与内容

化学品危险评估分为四个步骤，即危害鉴定(hazard identification)、剂量—反应关系评定(dose-response assessment)、接触评估(exposure assessment)和危险特征描述(risk characterization)。基于该四个步骤的评定结果，提出危险管理对策(risk management)，将“微观”的科学评定转化为“宏观”的危害控制决策与行动。

1. 危害鉴定

危害是暴露化学品后对人体造成机体不良效应，这取决于接触程度。危害鉴定即鉴定化学品引起不良效应的固有能力，目的是根据对毒性和作用方式的所有可用数据的评估来评价人体不良效应证据的权重。在许多情况下，化学品的毒性信息是有限的，可以通过结构—活性关系(SAR)，体外或短期研究，动物生物测定以及人类流行病学研究获得化学品的危害资料。

结构—活性关系(SAR)　化学品的结构，溶解性，稳定性，pH敏感性，亲电性，挥发性和化学反应性，尤其某些关键的分子结构都提供了潜在危害的信息。

(1) 体外和短期测试　短期实验的验证和应用对于危险评估尤为重要，这类实验可以设计成为提供有关作用机制的工具，与终身生物实验相比，它们快速且便宜。体外测定的验证也需要确定其敏感性(鉴定真实危害的能力)，特异性(鉴定无危害为无危害的能力)以及评估危害终点的预测值。依赖这种检测的假阳性(无危害判定为危害)和假阴性(真实危害未检测到)是危险评估和危险管理测试中必须注意考虑的信息。现在也有应用敲除转基因小鼠模型作为鉴定致癌物的短期体内测定法。

(2) 动物生物测定　动物生物测定是危害鉴定过程的关键组成部分，危险评估的一个基本前提。所有在动物中经过充分测试的人类危害，在至少一种动物模型中产生阳性结果。因此，这种关联不能确定在实验动物中引起危害的所有化学品也会引起人类中的危害，由于缺乏关于人体的充分数据，在生物学上合理和审慎的前提下，从“预防原则”出发，将此类化学品视为可疑危害。动物生物测定原则上应选用与人类最接近的啮齿类动物与已知的人类暴露途径最相关的暴露途径。致癌，生殖和发育毒性和其他非癌症终点的生物测定法也用类似的基本原理。标准癌症生物测定设计中需包括两个物种和两性的测试，每个剂量组有 50 个动物并且接近终身暴露。重要的选择包括大鼠和小鼠的种株，剂量的数量和剂量水平，以及所需组织病理学的细节(要检查的器官的数量，中期病理的选择等)。NTP 网站列出了研究设计和协议的详细信息(http://ntpserver.niehs.nih.gov/)。

大鼠和小鼠只有 70％的生物测定结果具有一致的阳性或阴性结果，因此啮齿动物/人类的一致性不太会更高。癌症生物测定中的大多数靶点表现出性别之间的强相关性(65％)，特别是对于前胃癌，肝癌和甲状腺肿瘤，为了效率，生物测定可以依赖于雄性大鼠和雌性小鼠的组合。通过收集额外的机制数据和多个非癌症终点的评估，终身生物测定有其优点。将这些信息与机制导向的短期测试，生物标志和流行病学遗传学研究的数据相结合是可行和可取的。

为了改善对人类癌症危险的预测，已经开发出转基因小鼠模型作为标准两年癌症生物测定的可能替代方案。转基因模型使用敲除或转基因小鼠，其掺入或消除已经与人类癌症相关的基因。使用转基因模型有能力改善关键细胞的表征和毒理学反应的作用模式。然而，这些研究主要用于机制表征而不是危害鉴定。与标准的 2 年试验相比，转基因模型已被证明可以降低成本和时间，但也被证明是在敏感性方面有所限制。转基因模型不应该用来取代标准的 2 年测定，而应该与其他类型的数据结合使用来帮助解释更多的毒理学和机制。

(3) 流行病学数据　一项良好的流行病学研究能提供危险评估最有说服力的人类危险证据，即暴露与疾病之间存在正相关性。流行病学研究基本上是有偶然性的。研究从已知或假定的暴露开始，比较暴露与非暴露个体，或与已知病例相比。虽然令人信服，但流行病学研究固有的重要限制，流行病调查往往是回顾性的，恰如其分的暴露评估通常很难获得，而且在临床表现出现之前有很长的潜伏期。必须注意人类往往是暴露于多种化学品，而且要考虑终身暴露期。在相对较少的人的详细信息和关于大量人的非常有限的信息之间要采取折衷的方法。生活方式因素(如吸烟和饮食)的贡献对评估非常重要，因为它们可能对危害的发展产生重大影响。人类流行病学研究为危害评估提供非常有用的信息，并可以为数据表征提供定量信息。流行病学研究设计有 3 种主要类型：横断面研究，队列研究和病例对照研究。横断面研究人类调查组鉴定危险因素(暴露)和疾病，但对建立因果意义不大。队列研究评估了根据其接触正在研究的化学品而选择的个体，因此根据暴露状况，对这些个体进行疾病发展监测。这些前瞻性研究随着时间的推移监测最初是无病的个体，以确定他们发生疾病的速度。在病例对照研究中，根据疾病状况选择受试者，疾病病例和无病个体的匹配病例。比较两组的暴露史，以确定其暴露史中一致的关键特征。所有的病例对照研究都是回顾性研究。

在危险评估中，流行病学调查结果通过以下标准来判断：关联强度，观察一致性(时间和空间的可重复性)，特异性(反应质量或数量的唯一性)，时间关系的适当性(暴露是否在反应之前)，剂量反应性，生物合理性和一致性，验证和类比(生物外推)。此外，还应评估流行病学研究设计的检测能力，结果的适宜性，暴露评估的验证，评估混杂因素的完整性以及一般结果适用于处于危险中的其他人群。检测的功效是使用研究规模，变异性，研究终点的可接受检测限以及特定显著性水平计算的。最近人类基因组计划的进展，复杂性和分子生物标志的增加以及流行病学假说的机制基础的改进，推动了我们对生物合理性和临床关联的理解。

“分子流行病学”将分子生物学整合到传统的流行病学研究中，是人类研究的一个新焦点，其中大量暴露，效应和易感性的分子生物标志的应用，能够更有效地将致病疾病通路中的分子事件联系起来。流行病学现在可以包括潜在遗传和环境危险因素的贡献，以确定疾病的病因，分布和预防。为了突出遗传信息对流行病学研究的潜力，人类基因组流行病学网络(Human Genome Epidemiology Network，简称 HuGE)为人群的流行病学研究提供了一个文献数据库。

随着基因组学的发展，生物标志的范围急剧增长，包括单核苷酸多态性(SNPs)的鉴定，基因组分析，转录组分析和蛋白质组学分析。这些对危险评估的意义都是很大的，并提供与啮齿动物生物测定信息进行跨物种比较的可能。此外，基因组学可以“基于系统”理解疾病和危害，使危险评估远离线性，基于单一事件的概念，并改善流行病学的生物合理性。

2. 剂量反应　评估剂量反应关系的评估涉及表征使用或接受的化学品剂量与不良效应发生率之间的关系

这是化学品暴露与不良效应发生率之间定量关系的基本依据。剂量反应关系的分析必需通过定量评价从确定靶效应开始。通常的做法是选择最有效的数据，在使用最相关的暴露途径研究在最低暴露水平所发生的不良效应。“临界”不良效应就是在最低暴露水平发生的显著的不良生物学效应。对于其他类型的毒性效应，假设在任何暴露水平下都存在一定程度的危害（即不存在阈值），通常主要用于诱变和基因毒性致癌作用。

阈值剂量—反应关系的方法包括识别“未观察到的不良效应水平”（NOAEL）或“最低观察到的不良效应水平”（LOAEL）。出发点（Point Of Departure POD）用于指定估计接近所观察的剂量范围的下限的剂量，所外推到较低的暴露必须低于该值。POD以10%有效剂量或ED_{10}发生。低于POD的外推类型取决于可用数据的类型。一般来说，大多数动物生物测定是用足够数量的测试动物构建的，以在10%响应范围内检测生物反应；然而，这取决于终点和对照动物终点的背景比率。危险评估者应该始终了解被评估的效应的生物学意义，以便合理应用统计过程。因此，显著性通常是指生物学和统计学标准，并且取决于所测试的剂量水平的数量，每个剂量测试的动物的数量以及非暴露对照组中不良效应应的背景发生率。NOAEL不应该被认为是无危险的，因为一些报告显示NOAEL对连续终点的反应平均为5%，基于定量终点的NOAEL可能与10%以上的危险相关联。

表征剂量—反应关系的方法包括识别效应水平如LD_{50}（50%动物产生致死的剂量），LC_{50}（50%动物产生致死的浓度），ED_{10}（10%动物产生效应的剂量）以及NOAEL。传统上NOAEL是危险评估计算的基础，如参考剂量（Reference Doses）或每日可接受摄入量（Acceptable Daily Intake ADI）。参考剂量（Reference Doses RfDs）或浓度（Reference Concentrations RfCs）是假定对人体没有任何不良健康影响的化学品的每日暴露量的估计值。世界卫生组织使用ADIs的农药和食品添加剂来定义“化学品的每日摄入量，在整个一生中，当时所有已知的事实都没有可察觉的危险”。通常用NOAEL值除以不确定性（UF）和/或修正因子（MF），详见公式1和2。

RfD＝NOAEL/（UF×MF） …… （公式1）

ADI＝NOAEL/（UF×MF） …… （公式2）

每天可以接受的摄入量（TDI）可以用来描述化学品的摄入量，这些化学品是不“可以接受的”但是“可以忍受的”，因为它们低于被认为会对健康造成不良效应的水平。这些计算方式与ADI类似。原则上，除以不确定性因素允许动物间的种间差异（动物对人类）和种内（人对人类）变异性。毒代动力学（TK）和毒性动力学（TD）的考虑因素是固有的种间个体间推断。毒代动力学是指毒物的吸收，分布，消除和代谢过程。毒性是指生物体内毒物的作用和相互作用，包括器官，组织，细胞和分子水平的作用。每一个额外的不确定性因素被用来解释实验的不足之处，例如，从短时间持续的研究推断到与慢性研究更相关的情况，或者说明动物数量不足或其他实验限制。如果只有LOAEL值可用，则通常使用额外的10倍因子来获得与NOAEL更可比的值。对于发育毒性终点，已经证明，LOAEL到NOAEL转化的10倍因子的应用太大。传统上，RfD计算使用安全系数100来从良好进行的动物生物测定（10倍因子动物到人）外推，并考虑到人类对效应的可变性（10倍因素的人与人之间的差异）。

通过评估“暴露限值”（Margin Of Exposure，MOE），NOAEL值也可用于危险评估，其中将动物中测定的NOAEL的比率和以mg/（kg・d）表示的比率为人可能暴露的水平。例如，人体暴露于特定化学品的计算结果仅仅是通过饮用水，化合物的每日总摄入量为0.04 mg/（kg・d）。如果神经毒性的NOAEL是100 mg/（kg・d），那么MOE将是2 500 mg/kg/d的神经毒性口服暴露途径，如此大的数值使决策者放心。MOE值低说明人类的暴露水平接近动物NOAEL的水平。在这个计算中，通常没有因素对人类或动物易感性或动物对人类外推的差异进行计算，因此，管理部门已经使用了小于100的MOE值，作为需要进一步评估的标志。

NOAEL方法受到了一些限制，包括① 根据定义，NOAEL必须是所测试的实验剂量之一；② 一旦确定了这一点，其余的剂量-反应曲线将被忽略。由于这些限制，替代NOAEL方法，提出基准剂量（BMD）方法。在这种方法中，计算剂量反应的模型，并计算在特定反应水平基准反应（BMR）下剂量的置信下限。BMR通常指定为5%或10%。使用10%基准反应（BMD_{10}）和低95%的剂量置信区间（$BMDL_{10}$）的BMD。BMDx（用x表示百分比基准反应）被用作参考剂量计算的NOAEL值的替代。因此，RfD将是RfD＝BMDx/UF×MF。

EPA已经开发了应用基准剂量方法的软件和

技术指导文件，为癌症和非癌症终点的基准剂量应用指南提供指导。基准剂量方法已被用于研究几种非癌症终点，包括发育和生殖毒性。最广泛的发育毒性研究显示 BMD_{05} 值与广泛的发育毒性终点的统计学推导的 NOAEL 类似，并且使用广义剂量—反应模型的结果与专门设计用于表示发育毒性测试的独特特征的统计模型类似。基准剂量方法的优点可以包括① 考虑整个剂量-反应曲线的能力；② 包括一个可变性措施(置信度限制)；③ 在整个研究中使用一致的基准反应水平来进行 RfD 计算。显然无论是基于 NOAEL -还是 BMD -方法，在评估最小试验剂量，狭间隔剂量反应和使用宽间隔试验剂量的研究设计方面，动物生物试验的局限性将限制这些试验用于任何类型的定量评估的效用。

非阈值方法 如果没有做出阈值假设，可以在剂量-反应曲线的低剂量区域中提出许多剂量-反应曲线。因为危险评估者通常需要外推到实验观察数据可用的剂量-反应曲线区域之外，在该范围生成曲线的模型的选择受到了很多关注。对于非阈值反应，剂量反应评估的方法也使用外推模型以极低剂量(10—4 至 10—6)的极低剂量的危险水平，远低于生物学观察的反应范围，远低于评估的效应水平阈值反应。这需要两个步骤：(1) 在实验数据的范围内定义“出发点”(POD)或与不良效应相关的最低剂量；(2) 从 POD 推断根据实验数据降低与环境有关的暴露水平。外推可以用线性模型或非线性模型来完成，这个选择取决于实验数据的数量和类型。使用线性模型的危险估计(生物学反应与暴露水平成比例地增加)高于生物学反应不与剂量成比例地变化的非线性模型。根据科学数据不足以排除 EPA 的标准默认值的立场，重新评估使用基于 1%响应的 POD 和线性外推模型。

线性假设存在两种一般的剂量反应模型：统计学(或概率分布模型)和机理模型。概率分布模型是基于这样的假设，即每个个体对于测试化学品具有容许水平，并且该反应水平是遵循特定概率分布函数的变量。这些反应可以使用累积剂量反应函数来建模。最简单的机理模型是一次(单阶段)线性模型，其中只需要一次命中或关键的细胞相互作用，细胞即被改变。

3. 暴露评估 暴露评估的主要目的是确定与所评估的化学品接触的来源，类型，数量和持续时间

没有暴露就不会发生危害，所以这是危险评估过程的关键。重点是在定量危险评估中获得所使用化学品的暴露信息，不仅是确定总暴露的类型和数量，而且还要明确达到靶组织可能的剂量。

进行危险评估的一个关键步骤是确定哪些危险路径与所发生的危险相关。需要对被确定为潜在相关暴露的每个途径进行定量，发现这些途径特异性暴露，以计算整体暴露。这样的计算可以包括估计特定人群的总暴露量以及计算高暴露的个人的暴露量。评估儿童暴露时需要采取特别的考虑。

从概念上讲，希望能“合理估计”暴露分布的第 90 百分位的个人暴露。上限估算将是“限值计算”，表示暴露水平超过所有个体在暴露分布中的暴露水平，并通过假设所有暴露变量的极限来计算。对暴露分布中间附近暴露水平的个体进行计算是一个中心估计。

暴露评估的额外考虑因素包括危险评估如何评估暴露的时间和持续时间。一般而言，癌症危险估计使用一生中的平均暴露量。在少数情况下，需要短期接触限值(short term exposure limits STEL)，并要求表征短暂但高水平的接触。在这些情况下，暴露在一生中是不平均的，估计高，短期剂量的影响。发育毒性，一次接触就足以产生不良反应发展效应，因此，使用每日剂量，而不是一生加权平均值。

从多种额外的暴露和危险考虑，需要通过确定所有暴露于单一物质的暴露总量来评估总暴露量。总体暴露于一组具有相似毒性模式的化合物，需作累积暴露和累积危险估计是必要的。

4. 危险特征描述旨在通过简单的语言提供关于决策所需的基本科学证据和危险理论基础，以支持危险管理者

将暴露评估，危害鉴定和剂量反应考虑的评估信息和数据综合为一个总结，清楚地表明数据库的长处和短处，适用于评估和验证各方面方法论，以及从科学信息审查中得出的结论，并提供危险管理者有关公共卫生决策信息。对危害评估，剂量反应和暴露评估的结论进行分析和整合。通常测定结果使用均值和标准偏差来测量变异，甚至是平均值的标准误差。这忽略了年龄，性别，健康状况和遗传因素的差异。10 倍的默认因子被过度利用来描述交叉和物种间差异，毒代动力学和动态数据很少，需要对人群中最敏感的亚群或个人给与特殊的关注。

生态遗传变异会影响激活和解毒化学物质或改变靶组织反应的生物转化系统决定了环境对不良健康效应的易感性。人类基因组计划完成人类多态性的鉴定极大地扩展了我们理解基因变异如何影响生物反应和易感性的潜力。为了理解基因与环境之间的联系，已经开展了许多工作，可以利用以下数据库所鉴定的多态性（包括单核苷酸多态性 SNP），如 SNP 联盟（http://snp.cshl.org/），DNA 多态发现资源（www.genome.gov/10001552），美国生物技术信息中心（NCBI）SNP 数据库（www.ncbi.nlm（www.ncbi.nlm.nih.gov/-entrez/?db=snp）和 GAIN 程序（www.genome.gov/19518664）。利用这些数据库中的信息，找出遗传上的异同，以确定影响健康，疾病和对药物和环境因素的个体反应的基因。

进行危险评估时需将高度敏感的分子和基于基因组的方法所观察到的结果与整个毒性过程联系起来做出解释。在早期的生物标志工作中突出了观察联系的基本需要。早期效应的生物标志，如明显的临床病理学作为暴露，反应和时间的函数而出现。早期，敏感，可能的可逆的影响通常可以从不可逆的疾病状态中区分出来。特定化学品的生物标志有可能提供关键信息，但是将这些信息综合在一起存在固有的复杂性。如果生物标志被认为是暴露或疾病状态的反映，那么就必须考虑基因与环境之间的相互作用以及基于人群的评估和个人评估之间的差异。

早期和高度敏感的反应生物标志的解释，比基因表达阵列（毒理基因组学）的复杂数据更难以解释。由于相对常规的监测基因反应的能力以数以万计的同时，在过去的十年中呈指数级增长，因此对危险评估和整个毒性过程的解释的需求已经被放大至更大的强度。用于危险评估的微阵列分析需要超越基本聚类分析的精密分析，以达到对常规毒理学终点的功能解释和连接。

（二）危险评估实例

镉的人体健康效应，特别是低剂量接触，已经成为一个公共卫生问题，我国镉污染状况仍然严重，累及十几个省，环境污染情况不容忽视，接触人数也很可观。值得指出的是，我国南方居民常年以大米为主食，而稻米对土壤及灌溉水中的镉有很强的富集作用，从而对这些地区的环境镉污染暴露更为关注。通过污染区环境流行病学调查，对镉致肾功能损害进行了危险评估。根据我国环境镉的卫生标准（地表水镉 0.01 mg/L，土壤镉 0.1 mg/L）计算，当地河水镉平均含量超标 2.5 倍，土壤镉含量超标 6.6 倍。米镉含量低度和重度污染区分别超标 2.4 和 12 倍（我国米镉的卫生标准为 0.2 mg/kg）。居民抽商品烟，镉浓度为 1.5 mg/kg，约为 0.002 mg/支。

1. 暴露评估

（1）外暴露剂量　根据膳食调查居民以大米为主食，经其他食品包括吸烟中镉摄入量明显低于米镉，故以米镉累积摄入量估测人体镉外暴露量。米镉摄入量＝大米平均镉含量（mg/kg）×每天消耗大米量（kg/d）×年龄系数×接触年数×365 d×镉经消化道吸收系数（0.05）。对照区，低度和重度污染区居民平均米镉累积摄入量分别为 0.5 g，2.1 g 和 11.1 g。

（2）内暴露剂量　血镉主要反映的是近期的接触情况，反映机体的镉负荷量。尿镉主要以与金属硫蛋白结合的形式存在，并主要反映过去的暴露，机体的负荷和肾脏的蓄积等情况。本研究同时采用血镉和尿镉作为镉接触评估的内剂量。

图 1-1 和图 1-2 分别显示了不同地区和不同性别间血镉和尿镉的分布情况。对照区不论是男性还是女性，血镉水平大多在 2 μg/L 以下；低度污染区血镉大多低于 5 μg/L；而重度污染区血镉水平大多在 5 μg/L 以上。图 1-2 显示尿镉在不同地区和不同性别间的分布同血镉的分布相似。重污染区大多数居民血镉和尿镉浓度分别超过 5 μg/L 和 5 μg/g 肌酐。污染区居民镉的负荷存在性别的差别，女性高于男性。可能是由于男性在外工作，食用当地产米比女性要少；也有可能是与性激素代谢有关系，女性吸收的镉要比男性多。

2. 镉引起的肾脏危害

肾脏是镉慢性毒作用的主要靶器官，镉所引起的肾功能损害分别以反映肾小管损害的指标如 β2-微球蛋白（UBMG）、尿总 NAG（UNAG）、尿 NAG 同功酶 B（UNAGB）和反映肾小球损害的指标，如尿白蛋白（UALB）。无论肾小管损害的指标（UBMG、UNAG、UNAGB）和肾小球损害的指标（UALB），在总体、男性和女性高污染区居民均高于对照组的居民。但是尿 NAG 在污染区与对照组，高污染区与低污染区之间相比都有统计学差异，而尿白蛋白只在高污染区才与低污染区有统计学差异。同为肾小管损伤的指标，尿 NAG 出现变化比 UBMG 早。

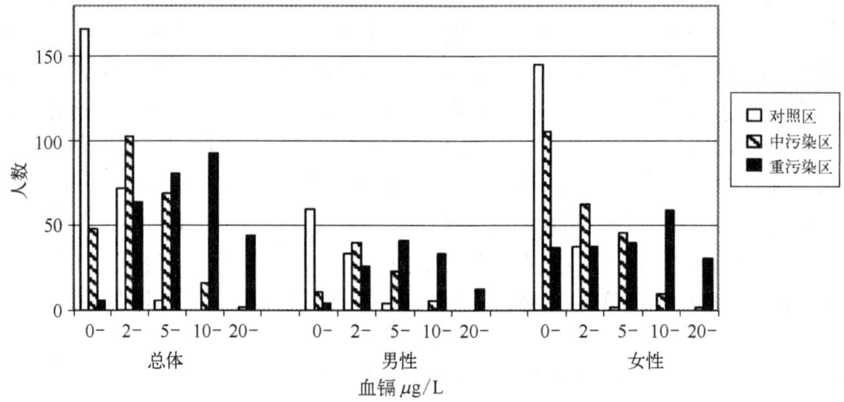

图 1-1　不同地区间，不同性别血镉含量分布图

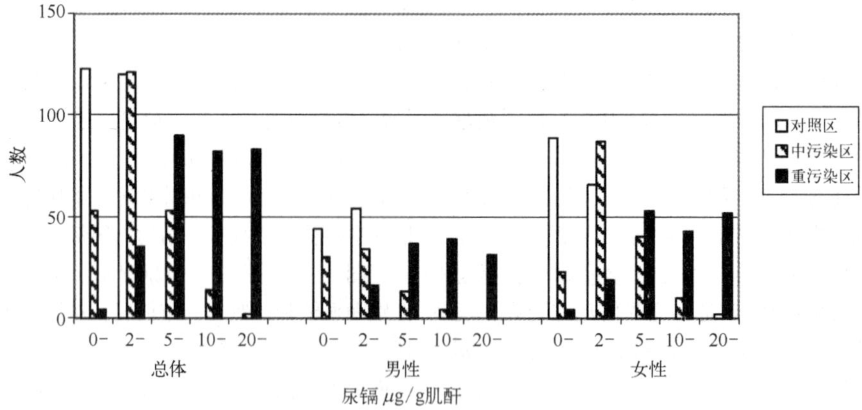

图 1-2　不同地区间，不同性别尿镉含量分布图

表 1-1　不同污染区及性别间 UBMG、UNAG、UALB 水平的比较

	总　体		女　性		男　性	
	人数	均数	人数	均数	人数	均数
UBMG(mg/g 肌酐)						
对照区	253	0.165	155	0.153	98	0.184
中污染区	243	0.160	162	0.156	81	0.169
重污染区	294	0.332 *△	171	0.324 *△	123	0.343 *△
UNAG(U/g 肌酐)						
对照区	253	1.92	155	1.97	98	1.84
中污染区	243	3.55 *	162	4.08 *	81	2.71 *
重污染区	294	8.06 *△	171	10.07 *△	123	5.93 *△
UALB(mg/g 肌酐)						
对照区	253	3.06	155	3.39	98	2.60
中污染区	243	4.34	162	5.12	81	3.11
高污染区	294	5.95 *	171	6.92 *	123	4.82 *

* 与对照区比较 $p<0.05$；△ 与中污染区比较 $p<0.05$

3. 剂量反应评估

按照肾损伤效应生物标志在对照区人群的90%上限为正常值上限，求得不同剂量时各效应生物标志的异常发生率，而作为接触生物标志与各效应生物标志的异常发生率均有剂量反应关系。尿镉与镉效应生物标志间的剂量反应关系见图1-3。

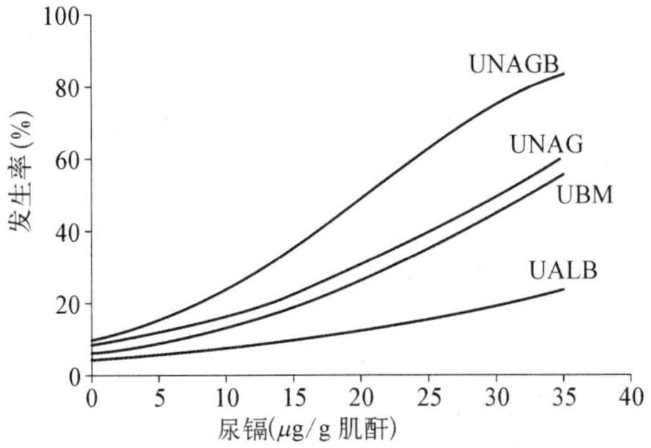

图1-3 尿镉与镉效应生物标志间的剂量反应关系

计算镉接触引起的肾功能损害的基准剂量。ln(Pd/1－Pd)＝b_0＋b_1×d 模式计算(Pd为某剂量时概率，d为剂量，b_0和b_1校正系数)，所得到的用不同观察终点的基准剂量(BMD)和95%可信限下限的基准剂量(LBMD)，详细见表1-2。

4. 危险特征描述

肾脏是镉慢性毒作用的靶器官，长期接触镉可引起肾脏的损害，镉污染区居民肾脏损伤出现的早期生物标志是尿NAG，在低浓度镉污染的情况下，主要的损害部位是肾脏的近曲小管，肾小管损害生物标志出现得比肾小球损害出现早，其中以NAG与其同功酶(NAGB)最敏感，可以用NAG与其同功酶作镉接触人群的肾损害的生物标志。

我国镉接触与肾损害(包括各个生物标志)间存在剂量反应/效应关系，分别计算得基准剂量，推出LBMD。镉所引起的各肾脏损伤指标的基准剂量值是不同的，大小依次为UNAGB，UNAG，UBM和UABL。结果表明白蛋白的LBMD高于其他指标，意味着肾小球损害晚于肾小管损害；而NAG-B的LBMD值最低，证明NAGB是监测肾小管损害的相对敏感的生物标志。

镉接触人群接触水平的评价对于镉污染区危险度的评价有重要意义。大米中的镉由废水灌溉农田引起，致使土壤中镉的含量不断增加。通过镉摄入量直接估计镉的摄入水平虽然比较直接，但由于人们的生活习惯存在很大差异，此方法有很多不确定因素；血镉可以正确测量体内镉含量，但由于有创伤性，在现场调查中不适合大量人群的调查；尿镉反应了体内镉的蓄积水平，对于长期接触镉的人群，尿镉可以反应镉的接触情况，并且由于样品收集方便，适合在人群中进行调查。镉接触水平中镉摄入量和血镉与尿镉之间存在相关性，尿镉是反映体内镉负荷及肾脏中镉蓄积程度的一个很好的生物标志，本次研究以尿镉5 μg/g肌酐为限值，实际尿镉≥2 μg/g肌酐，高NAG尿和高白蛋白尿发生率相应升高，其中高NAG尿发生率超过10%，而当尿镉≥10 μg/g肌酐时，高白蛋白尿的发生率也超过10%。

(三) 危险评估结果的影响因素

1. 不肯定因素　即对于化学品所致的损害及其危险大小难以确切判断，对某些因素的评价不够肯定。在应用动物实验资料时，人和动物之间、种属之间、品系之间都有差异，究竟那种动物最接近于人，如何将动物资料外推于人，很难肯定；短期筛试能否预测长期，从高剂量得出的效应与反应结果能否推算到低剂量，均有重大的不肯定性。此外，诱癌和诱突变作用究竟有无阈限；样本推测总体时，代表性是否理想；数学模式的推算是否与实际相符合；暴露剂量、机体摄取剂量和生物监测剂量等是否能真实反映起有效作用的靶组织剂量，均是不肯定因素。危险评估时要尽量将不肯定因素减到最小程度。对未

表1-2 不同肾功能不全指标的尿镉LBMD值

标志物	n	b_0	b_1	基准剂量	LBMD-05	p
UNAG	790	−2.330	0.113	4.48	2.08	0.504
UBMG	790	−2.802	0.086	7.91	3.74	0.590
UALB	790	−3.180	0.058	14.94	9.78	0.316

[注] 方程Model: ln(P/1－P)＝b_0＋b_1d
P值由Pearson拟合卡方试验测得，P>0.05表明方程拟合好。

能克服的不肯定因素要明确提出，便于人们了解该评估的结论的可靠程度，以及产生误差与问题的可能环节。

2. 可变性　一般结果使用均值和标准偏差来测量变异，甚至是平均值的标准误差。这忽略了年龄，性别，健康状况和遗传因素的差异。随着人类基因组计划于2003年4月完成，人类多态性的鉴定极大地拓展了我们理解遗传变异如何影响生物效应的潜力和易感性。希望找出遗传上的异同，以确定影响健康，疾病和对化学品和环境因素的个体反应的基因。进行危险评估需要将高度敏感的分子和基因组方法的观察结果与整个毒性过程的解释联系起来。在早期的生物标志工作中突出了观察联系的基本需要。将这些信息综合在一起存在一些固有的复杂性。如果生物标志被认为是暴露或疾病状态的反映，则必须考虑基因与环境之间的相互作用以及基于人群的评估与个人评估。

3. 社会因素　被认为“可以接受”的实际危险水平必须是社会和政治判断，同时考虑到化学品应用和生产的利益以及更换或清除的成本等因素。人们越来越担心发达国家和发展中国家的低收入阶层和少数民族人口对环境污染等人类健康危险的不成比例的分担，而且在必要的危险评估和管理方面尚未得到充分解决决定。越来越多的科学证据和政治宣传正集中注意力在某些方面越来越多地被认为是社会危险的不公平分配。相反，需要承认的是，过于严格的条例可能会对社会经济和人口的健康状况产生不必要的不利影响。

4. 个人和人群危险　个体危险可以定义为某个特定群体(或子群体)某人在确定的时期(例如，一年或一生)中遭受健康影响的可能性。区分关键人群和全体人群的个体危险是非常重要的，因为某些个体危险的可接受性因危险群体的大小而异。当存在没有阈值存在的影响(随机效应)时，例如致癌物，或涉及高于非随机效应的现有阈值的暴露时，可以考虑个体危险。对于所研究的人群中的一些或所有人来说，通常会计算个体危险，然后将其纳入整个人群危险分布的范围内。在有意义的危险管理情景中可以考虑人口的分组。诱发个体对污染物敏感反应的各种因素包括：发育过程，现有疾病，先前暴露于特定化学品，化学品类别，营养缺陷以及吸烟和饮酒。

危险认知采用危险评估和危险管理来评估危险，制定减少或消除危险的策略和规定，大多数人依赖通常被称为“危险认知”的直觉判断。对于这些人来说，有害的经验往往来自媒体，这主要是记录全球发生的事故和威胁。危险认知越来越被认为是影响危险评估和危险管理的重要因素。不同的人对危险的看法是不同的，这取决于不良影响的可能性，影响的原因，影响的程度，熟悉度，广泛性和可怕程度，个人对个人的影响以及个人是否自愿承担危险。危险的认知在很大程度上也受到接受危险所带来的假设收益的影响。被视为无法控制的危险，能够在全球范围内造成灾难，或冒着后代的危险，引起公众的焦虑。虽然不同的人对这些因素的权重进行了不同的衡量，以达到他们对危害危险的总体认识，但是确定相对危险的重要因素远远超出了统计频率，幅度和效应的不确定性。

经济因素与监管机构需要严格执行标准的监管不同，危险管理的经济方法在很大程度上依赖于经济诱因，以减少引入环境的污染物的水平。自1972年以来，经济合作与发展组织一直支持“污染者付费原则”(PPP)概念，目标是通过鼓励污染者减少排放，维持公平的贸易行为。然而，人们认识到消费者最终会支付完成环境改善所需的成本。经合组织国家使用的主要经济手段包括收费，补贴，存款退款计划，市场创造安排和财务执行激励措施。1989年，经合组织通过了一项关于将PPP应用于意外污染的建议，将经济原则和法律原则与损害赔偿联系起来(OECD，1991b)。

5. 成本效益分析　传统上，降低危险尚未包括对成本和收益的彻底分析。事实上，没有广泛采用的成本效益框架。

对于如何在危险管理决策中考虑成本有着多方面的意见。关键问题包括：社会有多少钱可以用来降低危险？什么是可以接受的每生命成本节省？应如何将成本纳入重点确定流程？未来在危险管理方面的成功可能在很大程度上取决于衡量收益和成本的方式，并在确定追求危险规定的速度方面取得适当的平衡。

危险度评定之后的危险度管理是真正解决问题的措施，更需要多方面的通力合作，它涉及技术、经济、行政、社会文化、群众心理、舆论、政策法令等一系列问题。在实施时需要制订消减危险计划，其间政府、管理机构、社区、公众都要积极投入才能收效。

七、全球化学品统一分类和标签制度

《全球化学品统一分类和标签制度》(Globally Harmonized System of Classification and Labeling of Chemicals,简称 GHS,又称"紫皮书")是由联合国出版,指导各国控制化学品危害和保护人类健康与环境的规范性文件。2002 年联合国可持续发展世界首脑会议鼓励各国 2008 年前执行 GHS。APEC 会议各成员国承诺自 2006 年起执行 GHS。2011 年联合国经济和社会理事会 25 号决议要求 GHS 专家分委员会秘书处邀请未实施 GHS 的政府尽快通过本国立法程序实施 GHS。

(一) 概述

1. 建立 GHS 的目的

目前世界上大约拥有上亿种化学物质,常用的约为 7 万种,且很多化学品对人体健康以及环境可造成一定危害,如某些化学物质具有腐蚀性,致畸性,致癌性等。由于部分化学从业人员对化学品缺乏安全使用操作意识,在化学品生产,储存,操作,运输,废弃处置中,难免造成自身健康损害,或给环境带来负面影响。

多年来,联合国有关机构以及美国,日本,欧洲各工业发达国际都通过化学品立法对化学品的危险性分类,包装和标签做出明确规定。由于各国对化学品危险性定义的差异,可能造成某种化学品在一国被认为是"危险化学品",而在另一国被认为是非"危险化学品",从而导致该化学品在一国作为危险化学品管理而另一国却不认为是危险化学品。在国际贸易中,世界各国化学品安全管理不同,而导致不同的危险性分类和标签要求,既增加了贸易成本,又耗费了时间。为了健全化学品的安全管理,保护人类健康和生态环境,同时为尚未建立化学品分类制度的发展中国家提供安全管理化学品的框架,有必要统一各国化学品统一分类和标签制度,消除各国分类标准,方法学和术语学上存在的差异,建立全球化学品统一分类和标签制度,这是构建 GHS 初衷与目的所在。

2. GHS 建立及更新时间表

1992 年,联合国环境和发展大会通过了《21 世纪议程》,建议:"如果可行,到 2000 年应当提供全球化学品统一分类和配套的标签制度,包括化学品安全数据说明书和易理解的图形符号"。联合国国际化学品安全规划机构(IPCS)被指定为,开展此项国际合作活动的核心。在 IPCS 下设立统一化学品分类制度协调小组(CG/HCCS),以促进和监督全球化学品统一分类和标签制度工作的开展。

1995 年 3 月,WHO,ILO 等 7 个国际组织共同签署成立了"组织间健全管理化学品规划机构(IOMC)",以协调为实施联合国环境和发展大会建议的化学品安全活动,并负责对 CG/HCCS 的工作进行监督。ILO,经济合作与发展组织(OECD)以及联合国经济和社会理事会的危险货物运输问题专家小组委员会,协调有关专家,完成了化学品统一分类和标签制度建议书的起草工作。

2002 年 9 月 4 日,联合国在南非约翰内斯堡召开的可持续发展全球首脑会议上通过了《行动计划》,第 22(c)段中指出:鼓励各国尽早执行新的全球化学品统一分类和标签制度,以期让该制度到 2008 年能够全面运转。

2003 年 7 月,联合国经济和社会理事会正式审议通过了 GHS 文书,并授权将其翻译成联合国 5 种常用工作语言,在全世界散发。

联合国危险货物运输和全球化学品统一分类和标签制度专家委员会每年召开两次会议讨论 GHS 的相关内容,每隔两年发布修订的 GHS 文件。2004 年 12 月 10 日专家委员会第二届会议上,讨论通过了第一版 GHS 的勘误表。GHS 第一修订版于 2005 年发布;2006 年 12 月 14 日专家委员会第三届会议上,讨论通过了第一修订版 GHS 的勘误表。GHS 第二修订版于 2007 年 7 月发布并且已公布中文版本;2008 年 12 月 12 日专家委员会第四届会议上,讨论通过了第二修订版 GHS 的勘误表。GHS 第三修订版于 2009 年 7 月发布;2010 年 12 月 10 日专家委员会第五次会议上,讨论通过了第三修订版 GHS 的勘误表。GHS 第四修订版于 2011 年 6 月发布。至 2017 年 7 月,《全球化学品统一分类和标签制度》第七修订版(UN GHS Rev.7)发布。GHS 主要包括:导言、物理危害、健康危害、环境危害,和附件标签要素的分配、分类和标签汇总表等。有关 GHS 分类的标准文件可以通过访问联合国欧洲经济委员会网站获取。

3. 实施 GHS 的主体及好处

实施 GHS 的主体是企业。上游化学品供应商及制造商应当向下游用户提供符合要求的化学品安全标签(label, LAB),并提供化学品安全技术说明书(Safety data sheet, SDS),俗称“一书一签”。

实施GHS的好处在于：首先通过分类确定一种化学品的固有危险性,并在生产、储存、运输、经营、使用等全生命周期将该危险性通过LAB和SDS的形式准确传达给作业场所的业主、劳动者、消费者以及杜会公众,确保他们了解化学品的危险性和防范措施,以及如何在发生事故时进行安全处置;其次是构建国家化学品无害化管理的基础,通过实施GHS,逐步建立和完善化学品危险信息报告制度和公示制度、良好实验室测试评价制度等,同时在GHS实施过程中,通过产生和收集化学品危险性分类和管理的相关数据,推动利益相关方参与分析评估化学品对公众健康和环境的影响,加强防护,从而提高对作业场所业主和劳动者及公众健康的防护水平,减少化学品环境污染危害;第三减少对化学品的测试和评估,实施GHS前反复测试,依据多个标准多次分类,实施GHS后利用已有数据,或已有化学品的危险类别,减少测试,统一分类;最后,实施GHS可降低贸易成本,提升化学品贸易竞争力,各国实施GHS后,各相关企业只要使用符合要求GHS版“一书一签”,皆可在所有已实施了GHS的国家畅通无阻的进行贸易。

4. 各国实施状况

GHS适用的化学品(物质、其稀释溶液和混合物)范围包括工业化学品、农用化学品以及日用化学品。以下物质不在实施范围：化学废弃物、烟草及其制品、食品、药品、化妆品、化学制成品(已形成特定形状或依特定设计制造的产品,且在正常使用时不会释放有害物质)、在反应器中的或在生产过程中进行化学反应的中间产品,农药、兽药、食品添加剂和饲料添加剂的分类和标签,法律法规和标准另有规定的,执行相关规定,但上述产品的原料和中间体仍适用。GHS的核心要素主要是按照化学品物理危害、健康危害和环境危害对化学品进行分类的统一标准,统一化学品危险公示要素,包括对LAB和SDS的要求。

(1) 中国

2005年起,我国多次派专家代表团参加联合国有关机构召开的GHS标准制定修订国际会议。我国于2006年制定了GB 20576～20602—2006系列标准,并规定这些标准自2008年1月1日起在生产领域实施,自2008年12月31日起在流通领域实施,2011年5月1日起强制实行GHS制度。《中国实施GHS手册》是中国工业和信息化部与联合国培训研究所(U. N. Institute for Training and Research——UNITAR)开展的GHS国家能力建设项目的成果之一,旨在系统介绍GHS的相关内容,让政府、工人、应急救援人员、民众等相关人员了解实施GHS的重要性以及如何实施GHS。随着我国实施GHS工作的不断深入,工业和信息化部将进一步修改、完善和充实手册内容,并陆续推出针对不同人群、形式多样的宣传材料,以满足各利益相关方的需求。

中国没有专门为GHS的实施进行单独立法,中国GHS是一个由《危险化学品安全管理条例》《危险化学品登记管理办法》、以及如何进行GHS分类的系列国标、如何制作SDS和标签的国标等组成的法规体系,其中《危险化学品安全管理条例(国务院令第591号)》是管理中国GHS的最高法律。

为配合GHS的实施,我国于2006年10月24日公布,2008年01月01日实施了化学品分类、警示标签和警示性说明安全规范GB 20576至20602共26项标准(该26项标准共三大类,即理化危害16类、健康危害9类和环境危害1类),该26项国标是中国GHS危险性分类的判定标准。同时,我国于2009年06月21日发布GB 13690—2009：化学品分类和危险公示通则,于2010年05月01日正式实施,新标准代替了GB 13690—1992,本标准按照GHS的要求对化学品危险性进行分类、按照GHS的要求对化学品危险性公示进行了规定。基于2011年GHS的第四次修订,我国相应地发布了GB 30000—2013系列中国GHS系列标准,取代GB 20576～20602—2006的中国系列GHS标准(基于2005年的GHS第一修订版)。目前,第2～30部分已经颁布,《第1部分：通则(代替GB13690—2009)》,仍在修订中。中国基本上接受了联合国的GHS,目前联合国GHS下的危害分类共有29类。

(2) 其他国家

欧盟：2007年6月27日审议通过了一项《关于化学物质和混合物分类、标签和包装法规以及修订理事会指令(67/548/EEC)和法规(EC—1907/2006)》的建议书,于2008年底实行。该立法规定,从2010年12月1日起和2015年6月1日起分别对化学物质和混合物全面执行GHS分类。2017年1月,欧盟REACH执法论坛正式启动第五次联合执法行动,并开始着手准备第六次联合执法行动计划,重点关注混合物分类标签内容。欧盟 CLP 法规第十次技术修订(Commission Regulation (EU) 2017/776),并于 2018 年 12 月 1 日开始实施。

美国:2012 年颁布的新版 GHS——危害传递标准 2012(HCS 2012)已于 2015 年 6 月 1 日起正式实施,要求制造商、进口商、分销商及终端用户在内的化学品供应链上的各个参与者都符合美国 GHS 的更新要求。

日本:日本厚生劳动省,经济产业省和环境省成立一个跨部门的专家委员会,启动了 GHS 分类计划。2006 年 3 月,颁布了日本工业标准 JISZ 7251—2006,对化学品标签的编制做出了规定。2017 年 7 月 25 日,日本科技与评价研究所(NITE)发布了 2016/2017 年度共 84 条更新修订的 GHS 物质分类。各企业可根据最新修订对产品的 SDS 和标签进行更新。

自 2003 年联合国 GHS 制度实施以来,全球不少国家和地区相继进行了 GHS 的推广实施,并在 2015 年进入了空前火热的状态,如加拿大于 2015 年公布了 GHS 法规——加拿大危险产品法规(HPR),且已于 2015 年 6 月 1 日实施,针对工作场所的化学品全面施行 GHS;2015 年 6 月 1 日,欧盟 CLP 法规对于混合物的规定开始强制执行,所有混合物必须按照 CLP 法规的要求进行分类和标签;此外,在今年的 7 月,联合国 GHS 发布了第 6 修订版,危害分类从 28 项增加至 29 项,新增了物理危害性分类"退敏爆炸物"。2017 年,阿根廷、泰国和印度尼西亚对混合物开始实施 GHS、澳大利亚对所有化学品开始实施 GHS、土耳其发布 KKDIK 法规,替代原土耳其 SDS 法规(MOEU 29204 号条例),并于 2017 年 12 月 23 日开始实施;2017 年 10 月 9 日,越南发布新的化学品实施令 No. 113/2017/ND—CP,替代旧版化学品实施令 No. 108/2008/ND—CP,并于 2017 年 11 月 25 日开始实施。2017 年 12 月 29 日,韩国国立环境科学院发布告示第 2017—436 号,对 22 种有毒物质的分类及标示做了新的规定,追加指定了 28 种新事故应对物质的分类标示,修改了相对应物质的分类标示事项。可以看出官方对物质分类的规定越来越细化,对于危险物质的规定也更加强化。

(二) 化学品 GHS 危险性分类及公示要素

GHS 核心要素是,按照化学品物理危害、健康危害和环境危害对化学品进行危险性统一分类,统一化学品危险公示要素,包括对 LAB 和 SDS 的要求。GHS 的目标是保证化学品的危险信息是可传递的,并且保护人类避免接触化学品导致不良损害。GHS 危险公示条款保证信息提供的方式在全世界范围内是一致的,信息能最大程度减少化学品暴露和对化学品实施适当的控制,降低接触化学品人群的风险。GHS 危险公示的表现形式:"一书一签"。

我国于 2008 年 06 月 19 日公布,2009 年 02 月 01 日实施了推荐性国标"化学品安全技术说明书内容和项目顺序(GB/T 16483—2008)",该标准规定了 SDS 书写的规范要求。同时,于 2009 年 06 月 21 日公布,2010 年 05 月 01 日正式实施了强制性国标"化学品安全标签编写规定(GB 15258—2009)",该标准规定了如何按 GHS 的要求制作标签,代替了 GB/T 15258—94 和 GB15258—99,主要是采用了 GHS 警示标签,规定了化学品标签的术语和定义、标签内容、制作和使用要求。

1. GHS 危险性分类及适应范围

如前所言,GHS 体系中化学品的危害包括了物理危害、健康危害和环境危害。GHS 的目标是简单明了,对化学品危害的种类和类别做出明确区分,以便尽量做到"自我分类",对于许多危险种类来说,标准是半定量或半定性的,为了分类的目的,需要专家判断来解释数据,同时对于某些危险种类,如眼刺激、爆炸物或自反应物质等,提供了决策树方法,以提高使用的方便程度。GHS 最重要的一个部分是其统一了分类方法,提供了评估化学品危险性的系统方法。该分类程序主要包括三大步骤:查找并确定与某种化学品的危险性相关的数据;审查这些数据,筛选出与该化学品危险性分类有关的数据;将数据与 GHS 的危险分类标准进行比较,从而得出该化学品的危险类别,确定危险程度。

有关 GHS 分类数据的选择,GHS 本身未提出化学品的试验要求,允许使用化学品或相似化学品的现有数据或混合物成分的数据,避免重复试验;在确定化学品健康危害和环境危害时,GHS 未对试验方法提出明确要求,只需要按照现有制度中有关上述危害的国际程序和标准进行验证并得到可以接受的数据。但 GHS 对物理危险的试验方法有明确的规定,优先选择不使用活动物的测试和试验,考虑来自人类的证据,使用专家判断和考虑证据权重等。

目前 GHS 共设有 29 项危险性分类(hazard

class)，包括 17 项物理危险性分类、10 项健康危害性分类以及 2 项环境危害性分类。危险性分类表示一种化学物质具有的物理危害性、健康危害性或环境危害性的性质，例如易燃固体、致癌性、急性毒性。在各危险性分类中下设若干项危险性类别（hazard category），指明每项危险性分类中的标准划分，比较了同一项危险分类种类内危险的严重程度，如易燃液体包括 4 种危险性类别、急性毒性包括 5 种危害性类别。GHS 化学品全部危险性分类种类见表 1－3。

表 1－3　GHS 化学品全部危险性分类种类

物理危害性	健康危害性	环境危害性
爆炸物	急性毒性	危害水生环境物质
易燃气体	皮肤腐蚀/刺激	危害臭氧层
气溶胶	严重眼损伤/眼刺激	———
氧化性气体	呼吸或皮肤致敏	———
高压气体	生殖细胞致突变性	———
易燃液体	致癌性	———
易燃固体	生殖毒性	———
自反应物质	特定靶器官毒性（单次接触）	———
自燃液体	特定靶器官毒性（反复接触）	———
自燃固体	吸入危害	———
自热物质	———	———
遇水放出易燃气体的物质	———	———
氧化性固体	———	———
氧化性液体	———	———
有机过氧化物	———	———
金属腐蚀剂	———	———
退敏爆炸物	———	———

* “———”代表无对应项目

GHS 分类适用于所有的危险化学品，既适用于纯化学物质，也适用于化学物质的混合物，但是 GHS 不适用于医药品、食品添加剂、食品中农药残留物或消费者使用的化妆品。由于目前纯化学物质的 GHS 分类和毒理学数据相对完善，在纯化学物质的基础上，可使用一般临界值、加和公式和加和法，从而得到混合物的 GHS 分类。每种健康危害和环境危害对应的分类方法见表 1－4。

表 1－4　混合物健康危害的分类方法

危害种类	分类方法		
	一般临界值	加和公式	加和法
急性毒性	－	＋	－
皮肤腐蚀刺激	＋	－	＋
眼损伤眼刺激	＋	－	＋
致癌性	＋	－	－
生殖细胞致突变性	＋	－	－
生殖毒性	＋	－	－
呼吸道或皮肤致敏	＋	－	－
特异性靶器官毒性	＋	－	－

* “＋”表示适用相应分类方法，“－”表示不适用相应分类方法。

值得关注的是，针对皮肤腐蚀刺激、眼损伤眼刺激，三致类危害，对化学混合物进行分类时，可根据其中已知危险组分的质量分数超过某种危险分类的一般临界值，将混合物划入该危险种类，见表 1－5。如致癌性类别 1 的一般临界值是 0.1%，当混合物中至少一种组分已经划为致癌性类别 1，而且其含量大于或等于 0.1%时，则该混合物应划为致癌性类别 1。

表 1－5　各危险种类和危险类别的一般临界值

危险种类	危险类别	一般临界值(%)
皮肤腐蚀刺激	类别 1	1
	类别 2	3
	类别 3	3
眼损伤眼刺激	类别 1	1
	类别 2	3
致癌性	类别 1	0.1
	类别 2	0.1
生殖细胞致突变性	类别 1	0.1
	类别 2	1
生殖毒性	类别 1	0.1
	类别 2	0.1
呼吸道或皮肤致敏	呼吸道过敏	0.1
	皮肤过敏	0.1

（续表）

危险种类	危险类别	一般临界值(%)
特异性靶器官毒性	类别 1	1
	类别 2	1

GHS 保护的重点对象是从事工业化学品、农用化学品（农药和化学肥料）以及日用化学品的生产、使用、运输等可能直接或间接接触化学品的职业人群、消费者人群以及生态环境。考虑到化学品污染环境既会造成动植物等伤害，又可通过环境污染对人体健康造成危害，因此 GHS 设立了环境危险性分类标准。目前 GHS 制定了水生生物危险性标准和臭氧层物质破坏标准，对陆生生物危险性分类标准正在研究制定中。

2. *危险性公示要素*

GHS 对化学品危险性的公示要素分别为：图形符号、警示词（信号词）、危险性说明、防范说明、标签格式和颜色以及安全数据说明书格式，并给每个危险性种类和类别规定了标签要素。

(1) 图形符号　GHS 标签要素中使用了 9 项危险性图形符号（pictogram），每个图形符号适用于指定的 1 项或多项危险性类别。例如，“火焰在圆环上”符号适用于氧化性气体（类别 1）、氧化性液体（类别 1，2，3）和氧化性固体（类别 1，2，3）。在这 9 个图形符号中，有 6 个是《联合国危险货物运输建议书规章范本》中已经使用的符号，GHS 新增加了 3 个图形符号，分别是用于某些健康危险性的健康危害符号和感叹号符号，以及表示环境危险性的环境符号（死鱼和树）。GHS 中各类物质危险性图形符号如表 1－6 所示。

表 1－6　GHS 中各类物质危险性符号名称和图形符号

符号名称	图形符号	符号名称	图形符号
爆炸的炸弹		火焰在圆环上	
气瓶		骷髅和交叉骨	
腐蚀		感叹号	

（续表）

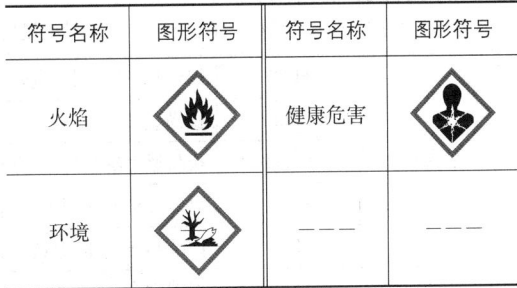

符号名称	图形符号	符号名称	图形符号
火焰		健康危害	
环境		———	———

* “———”代表无对应项目

(2) 警示词　警示词（signal word）是指标签上用来表明危险的相对严重程度并提醒目击者注意潜在危险的词语。GHS 标签要素中使用 2 个警示词，分别为“危险”和“警告”。“危险”用于较为严重的危险性类别，主要用于危险性类别第 1 和第 2 类，而“警告”用于较轻的危险性类别，多为 3～5 类。

(3) 危险性说明　危险性说明（hazard statement）是指分配给某个危险种类和类别的专用术语，用来描述一种危险类别的危险特性。在情况合适时，还包括其危险程度。目前已经确定的危险性说明共有 73 条专用术语，为了方便使用和识别，每条术语还被分配了指定代码。表 1－7 列出了一部分危险性说明术语的代码和内容。

(4) 防范说明　防范说明（precautionary statement）是用一条术语（和/或防范象形图）来说明为尽量减少或防止接触危险化学品或者不适当储运危险化学品产生的不良效应所建议采取的安全防范措施。GHS 标签要素中使用 4 类防范说明术语，分别为：预防措施、事故响应、安全储存和废弃处置。以下是一部分防范说明术语：预防措施：P260 不要吸入粉尘/烟/气体/烟雾/蒸气/喷雾。P264 作业后彻底清洗身体接触部位。P271 只能在室外或通风良好之处使用。P280 戴防护手套/穿防护服/戴防护眼罩/戴防护面具。事故响应：P304＋P340 如误吸入：将受害人转移到空气新鲜处，保持呼吸舒适的休息姿势。P305＋P351＋P338 如进入眼睛：用水小心冲洗几分钟。如戴隐形眼镜并可方便地取出，取出隐形眼镜。继续冲洗。P312 如感觉不适，呼叫解毒中心或医生。P337＋P313 如仍觉眼刺激：求医/就诊。安全储存：P403＋P233 存放在通风良好的地方。保持容器密闭。P235 保持低温。P405 存放处须加锁。废弃处置：P501 处置内装物/容器，按相关国家法律法规标准执行。

表 1-7　部分 GHS 危险性说明术语的代码和内容

危险性类别	术语代码	危险性说明术语	适用的危险性分类类别
物理危害	H201	爆炸物,整体爆炸危险	爆炸物类别 1.1
	H220	极易燃气体	易燃气体类别 1
	H222、H229	极易燃气溶胶;压力容器:遇热可爆	气溶胶类别 2
	H270	可能导致或加剧燃烧;氧化剂	氧化性气体类别 1
	H280	内装高压气体;遇热可能爆炸	加压气体,压缩气体
健康危害	H300	吞咽致命	急性毒性(经口),类别 1—2
	H330	吸入致命	急性毒性(吸入),类别 1—2
	H314	造成严重皮肤灼伤和眼损伤	皮肤腐蚀/刺激 A、B、C
	H334	吸入可能导致过敏或哮喘病症状或呼吸困难	呼吸道致敏物,类别 1
	H340	可能造成遗传性缺陷	生殖细胞致突变性,类别 1
环境危害	H400	对水生生物毒性极大	对水生环境的危害—急性危害,类别 1
	H401	对水生生物有毒	对水生环境的危害—急性危害,类别 2
	H410	对水生生物毒性极大并具有长期持续影响	对水生环境的危害—长期危害,类别 1

防范说明应当连同其他危险性公示要素(图形符号、警示词和危险性说明)一起明示在 GHS 标签上。

(5) 安全数据说明书(Safety Data Sheet, SDS)可提供相关化学物质或混合物的综合性安全信息,供用人单位和劳动者获取相应化学品的危险性信息、作业场所接触途径、安全防范措施建议以及有效识别和降低使用风险的相关信息。GHS 对 SDS 的格式及其内容进行了明确的标准化,以改进信息的质量,并使劳动者和一般消费者易于理解其内容。所有的 SDS 必须使用 16 项标题和规定的顺序格式,并清晰地表述规定的内容。

(6) 标签内容和分配　根据 GHS 规定,化学品包装容器的 GHS 标签上应当包括如下标准化的信息:产品标识符(产品正式运输名称、化学物质名称)、图形符号、警示词、危险性说明、防范说明,和主管部门要求的其他补充信息以及供应商识别信息。当某化学物质或混合物具有多种危险性时,其标签上的图形符号、警示词和危险性说明的先后顺序规定如下:

① 图形符号分配顺序。对于《联合国危险货物运输建议书规章范本》适用的物质和混合物,物理危害性的图形符号的先后顺序应当遵循《联合国危险货物运输建议书规章范本》的规定。在工作场所的各种情况中,各国主管当局可以要求使用所有的物理危害性符号。对于健康危害性图形符号,按照以下先后顺序使用:(a) 如果使用了骷髅和交叉骨符号,则不应出现感叹号符号;(b) 如果使用了腐蚀符号,则不应再出现感叹号符号来表示皮肤或眼睛刺激;(c) 如果使用了呼吸致敏剂等的健康危害符号,则不应再出现感叹号符号来表示皮肤致敏剂或者皮肤/眼睛刺激。② 警示词分配的先后顺序。如果在标签上使用了警示词“危险”,则不应再出现警示词“警告”。③ 危险性说明分配的先后顺序,所有危险性说明都应当出现在标签上,各国主管当局可以规定其出现的顺序。

对于危险化学品的 GHS 标签,GHS 文件的附件 7 中对内外包装和同一包装上 GHS 标签要素的安排给出了 7 个样例和指导性意见。

(三) 化学品 GHS 急性毒性分类

1. 分类标准概述

根据 GHS(第七修订版),急性毒性是指单次或短时间内多次通过口服、皮肤接触以及吸入接触物质/混合物后出现的毒性效应,其值用 LD_{50} 值(经口、经皮)、LC_{50} 值(吸入)或急性毒性估计值(ATE)表示。急性毒性危害类别按照经口、经皮、吸入 3 种途径分为 5 种类别,急性吸入危害又根据物质在试验状态下的物理形态,区分为气体、蒸气、粉尘和烟雾 3 种形式。急性毒性危害分类和定义各个类别的急性毒性估计值见表 1-8。

表 1-8　急性毒性危害分类和定义各个类别的急性毒性估计值(ATE)

接触途径	单　位	类别 1	类别 2	类别 3	类别 4	类别 5
经　口	mg/kg	5	50	300	2 000	5000 见表注
经　皮	mg/kg	50	200	1 000	2 000	
气　体	mg/L	0.1	0.5	2.5	20	见表注
蒸　气	mg/L	0.5	2.0	10	20	
粉尘和烟雾	mg/L	0.05	0.5	1.0	5	

* 类别 5：关于急性毒性第 5 类，旨在识别急性毒性危害相对较低，但在某些环境下可能对易感人群造成危害的物质。这类物质的经口或经皮 LD_{50} 的范围为 2 000～5 000 mg/kg 体重，吸入途径为上述的当量剂量。类别 5 的具体标准为：1) 如果现有的可靠证据表明 LD_{50}(或 LC_{50})在类别 5 的数值范围内，或者其他动物研究或人类毒性效应表明对人类健康的急性影响值得关注，那么物质划入此类别；2) 通过外推、评估或测量数据，将该物质划入此类别，但前提是没有充分理由将物质划入更危险的类别，并且：现有的可靠信息表明对人类有显著的毒性效应；当以经口、吸入或经皮肤途径进行试验，剂量达到类别 4 的值时，可观察到死亡；当进行的试验剂量达到类别 4 的值时，腹泻、背毛蓬松或外表污秽除外，专家判断证实有明显的毒性临床征象；专家判断证实，在其他动物研究中，有可靠信息表明可能存在潜在的明显的急性效应。为保护动物，不应在类别 5 范围内对动物进行试验；只有在试验结果与保护人类健康直接相关的可能性非常大时，才应考虑进行这样的试验。

2. 混合化学品急性毒性 GHS 分类探讨

GHS 虽然对急性毒性分类的数据指标和标准有统一要求，但在实际分类应用中，分类人员对于标准理解、数据运用，以及分类原则与判定等方面均会存在一定差异，从而直接导致分类结果不一，造成分类差异的主要原因为：物质物理形态对分类指标的适用性、数据指标的选择判定、数值不同单位的换算、分类标准适用性的判定和与特定靶器官毒性(单次接触)的界定几个方面。此外，在数据查阅和选择判定过程中，常面临有多个急性毒性试验数据存在，且数据之间差异较大，可能导致不同分类结果等情况，此时应对数据质量和可靠性进行评估，必要时还需通过专家判断来选择数据。具体数据具体分析，主要从如下方面着手：首先综合考虑实验方法，动物品系、暴露模型等试验条件，选择质量相对较好的数据；其次优先采用根据国际标准化试验准则和 GLP 实验室产生的数据；第三数据质量相同时，选择数值较小的数据(即具有较高毒性的数值)，或有大量支持性证据的数据，即选择拥有最多急性毒性数据的类别；最后当证据既来自人类也来自动物，但结果却存在矛盾时，优先采用质量、可靠性高的人体数据。

GHS 中将混合物定义为由 2 种或 2 种以上物质组成，且各组分之间不起反应的混合物质。对于健康危害分类，GHS 基于避免重复试验和实验动物福利的原则，一般不要求对混合物进行动物试验。相应 GHS 提出了分层式的判定方法(图 1-4)：掌握化学品混合物整体数据时，优先使用整体数据；否则，使用架桥原则(bridging principle)进行分类；如不能使用架桥原则，则利用化学品混合物已有组分的分类和数据，通过一般临界值、加和公式、加和法，推算混合物相应的健康危害和环境危害分类。目前国际通用的方式是通过"一般临界值"对混合物进行分类，即通过使用混合物中已分类组分的"阈值"(又称为临界值或浓度限值)对混合物进行分类，浓度阈值"是指对混合物进行健康危害分类时，引起混合物

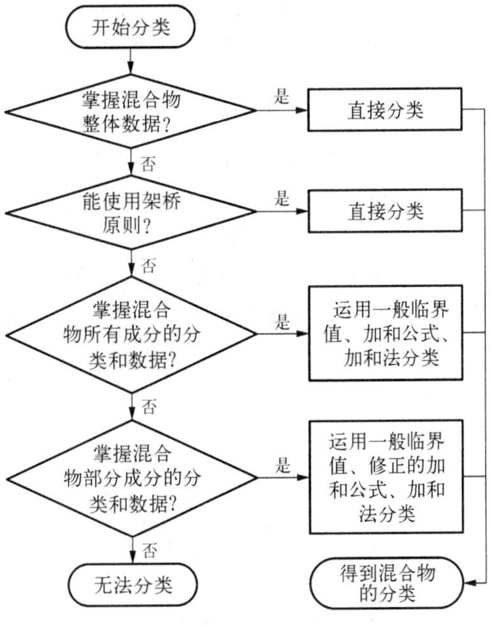

图 1-4　混合物的 GHS 分类过程

划入对应危害的组分临界浓度，即当混合物中一种或多种危害组分的浓度达到对应健康危害的“浓度阈值”时，则可认为混合物整体也具有此对应的健康危害，主要应用于三致和过敏及吸入危害类物质分类；需要注意的是，使用“浓度阈值”的前提条件包含两点，首先对应的主体是“混合物”，其次是未对混合物整体进行对应危害的试验确认（如已做过试验，“浓度阈值”的计算方式则毫无意义）。

实际分类应用时，纯物质化学品急性毒性分类的基本步骤主要包括：首先查阅所有可获得的急性毒性数据；其次评估数据质量，进行数据处理和证据权重分析；最后将数据与分类标准比较，判定危害类别。虽然分类程序并不复杂，但在数据指标的选择判定、转换、标准应用等方面，有较多技术性原则和细节问题需要确定和把握。混合物急性毒性的分类，可以对每一种接触途径进行，但如果所有组分都循经一种接触途径（估计或试验确定），且没有相关证据表明急性毒性循经多种途径，那么只需对该接触途径进行分类即可。如果有相关证据表明毒性有多重接触途径，应对所有相关的接触途径进行分类。所有掌握的信息均须考虑在内。图标和信号词应反映最严重的危险类别，并应使用所有相关的危险说明。以混合化学品急性毒性 GHS 分类为例进行探讨，对于混合物的急性毒性分类，一般采取“分层分类法”“架桥原则推算法”“加和公式推算法”等。

（1）分层分类法　物质分类标准使用致死量数据（试验或推算）对急性毒性进行分类，但实际工作中，多是混合化学品。对于混合物，应获得或推算出可应用于混合物分类的数据信息。混合化学品急性毒性的分类方法是分层次的，而且取决于混合物本身及其组分的现有信息的数量。该类化学品急性毒性分类程序详见图 1-5。

为利用所有现有信息对混合物的危险进行分类，作了某些假设，并酌情应用于分层方法：首先一种混合物的“相关组分”是浓度不小于百分之一（固体、液体、粉尘、烟雾和蒸气为质量分数 w/w，气体为体积分数 v/v）的组分，除非有理由怀疑浓度小于百分之一的组分仍然与该混合物的急性毒性分类具有相关性。当对含有被划入类别 1 和类别 2 的组分的未试验混合物进行分类时，这一点更具有相关性；其次如果一种已分类混合物被用作另一种混合物的组分，在使用公式 3 和公式 4 计算新混合物的分类时可使用该混合物的实际或推导的急性毒性估计值（ATE）；再如果对混合物的所有组分换算得到的急性毒性点估计值均属同一类别，那么混合物即按该类别分类；最后如果只掌握混合物各组分的范围估计数据（或急性毒性危险类别资料），在使用下述公式 3 和公式 4 计算新混合物的分类时，可根据表 1-9 将其换算成点估计值。

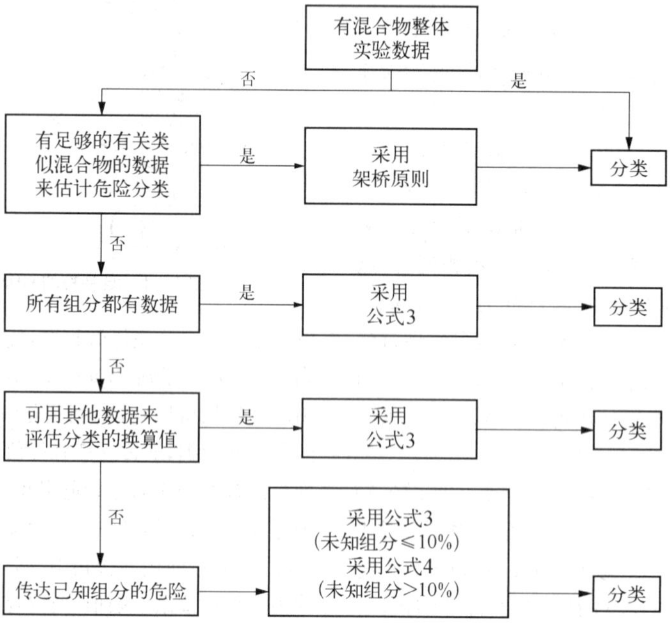

图 1-5　按急性毒性对混合物（危害性）的分层分类法

表 1-9 由试验得到急性毒性范围转换成相应接触途径的急性毒性点估计值

接触途径	单位	分类类别或试验得出的急性毒性估计值[a]	换算得到的急性毒性点估计值[b]
经口	mg/kg	0<类别 1≤5 5<类别 2≤50 50<类别 3≤300 300<类别 4≤2 000 2 000<类别 5≤5 000	0.5 5 100 500 2 500
经皮肤	mg/kg	0<类别 1≤50 50<类别 2≤200 200<类别 3≤1 000 1 000<类别 4≤2 000 2 000<类别 5≤5 000	5 50 300 1 100 2 500
气体	ml/L	0<类别 1≤0.1 0.1<类别 2≤0.5 0.5<类别 3≤2.5 2.5<类别 4≤20.0 类别 5	0.01 0.1 0.7 4.5
蒸气	mg/L	0<类别 1≤0.5 0.5<类别 2≤2.0 2.0<类别 3≤10.0 10.0<类别 4≤20.0 类别 5	0.05 0.5 3 11
粉尘/烟雾	mg/L	0<类别 1≤0.05 0.05<类别 2≤0.5 0.5<类别 3≤1.0 1.0<类别 4≤20.0 类别 5	0.005 0.05 0.5 1.5

[a]类别 5 适用于急性毒性相对较低，但在某些环境中可能对易感人群产生危险的混合物。这些混合物的经口或经皮肤 LD_{50}值的范围预计为 2 000～5 000 mg/kg 体重，其他接触途径为当量剂量。出于保护动物的考虑，不应在类别 5 范围内对动物进行试验；只有在这样的试验结果与保护人类健康直接相关的可能性非常大时，才应考虑进行这样的试验。

[b]这些数值旨在用于计算根据其组分对混合物进行分类的急性毒性估计值，并不代表试验结果。这些数值保守地设定在类别 1 和类别 2 范围的较低端和距离类别 3～5 范围的较低端的大约 1/10 的一点处。

注：经口和经皮肤的 ATE 单位中 kg 特指体重。

(2) 架桥原则推算法　所谓架桥原则，则是针对混合化学品分类，如果混合物拥有整体数据则分类依照该数据进行，如果混合物本身没有试验数据，那么应考虑引入利用现有信息，该原则须考虑如产品本身稀释、产品批次、高毒性混合物的浓度、内推法或实质上类似混合物信息等因素。如果没有对混合物本身进行试验，确定其急性毒性，但对混合物的单个组分和已试验过的类似混合物的数据均已充分掌握，足以适当确定该混合物的危险特性，那么将根据以下议定的架桥原则使用这些数据。这可确保分类过程尽可能地使用现有数据来确定混合物的危险特性，而无需对动物进行附加试验。

① 稀释　如果做过试验的混合物用稀释剂进行稀释，稀释剂的毒性分类与原始组分中毒性最低的相等或比它更低，且该稀释剂不会影响其他组分的腐蚀性/刺激性，那么经稀释的新混合物可划为与原做过试验的混合物相等的类别。也可使用公式 3。

② 产品批次　混合物已作过毒性试验的一个生产批次，可以认为实际上与同一制造商生产的或在其控制下生产的同一商业产品的另一未经试验的产品批次的毒性相同，除非有理由认为，未试验产品批次的毒性有显著变化。如果后一种情况发生，那么需要进行新的分类。

③ 高毒性混合物的浓度　已做过试验的混合物被划为类别 1，如果该混合物中属于类别 1 的组分浓度增加，则所得到的未经试验的混合物仍划为类别 1，无需另做试验。

④ 同一毒性类别内推法　三种组分完全相同的混合物(A、B和C),混合物A和混合物B经过测试,属同一毒性类别,而混合物C未经测试,但含有与混合物A和混合物B相同毒理学的活性组分,且其活性组分的浓度与混合物A和混合物B中的浓度十分接近,则混合物C应与A和B属同一类别。

⑤ 实质上类似的混合物　假定下列情况:

a) 两种混合物:Ⅰ A+B;Ⅱ C+B

b) 组分B的浓度在两种混合物中基本相同;

c) 混合物Ⅰ中组分A的浓度等于混合物Ⅱ中组分C的浓度;

d) 已有A和C的毒性数据,并且这些数据实质上相同,即它们属于相同的危险类别,而且可能不会影响B的毒性。

如果混合物Ⅰ或Ⅱ已经根据试验数据分类,那么另一混合物可以划为相同的危险类别。

⑥ 气溶胶　如果加入的气雾发生剂并不影响混合物喷雾时的毒性,那么这种气雾形式的混合物的经口和经皮肤毒性可划分为与业已经过试验的非气溶胶态的混合物相同的危险类别。气溶胶类的吸入毒性分类应单独考虑。

(3) 加和性公式　当混合物,有完整急性毒性试验数据时,即混合物本身已进行确定其急性毒性的试验,那么该混合物可根据表1-8中所述用于物质的同一标准进行分类。如果混合物没有可用的试验数据,则应遵循“架桥原则”进行分类。如果没有对混合物本身进行试验,确定其急性毒性,但对混合物的单个组分和已试验过的类似混合物的数据均已充分掌握,足以适当确定该混合物的危险特性,那么将根据“加和性公式”使用这些数据进行分类。

当使用“加和性公式”进行分类时,分两种情况,第一是混合物所有组分都有可用数据。为确保混合物分类准确,并且确保所有制度、部门和类别只需进行一次计算,应按照如下考虑组分的急性毒性估计值(ATE):考虑具有属于统一分类制度任一急性毒性类别的已知急性毒性的组分;不考虑没有急性毒性的组分(例如水、糖);如果掌握的数据来自极限剂量试验(表1-8中类别4的上限值)且不显示急性毒性时,可不考虑该组分。属于上述情况的组分,可认为是急性毒性估计值(ATE)已知的组分。根据下面公式,通过计算所有相关组分的ATE值,来确定混合物的经口、经皮肤或吸入毒性的ATE:

$$\frac{100}{ATEmix}=\sum_{n}\frac{C_i}{ATE_i} \cdots\cdots \text{(公式 3)}$$

式中:

C_i—组分i的浓度;

n—n个组分,并且i是由1至n;

ATE_i—组分i的急性毒性估计值(ATE)。

当混合物的一种或多种组分没有可用数据时,混合物的个别组分没有ATE,但可参考下列信息导出换算值,如:经口、经皮肤和吸入急性毒性估计值之间的外推,该评估可能需要适当的药效学数据和药物代谢动力学数据;人体接触证据表明有毒性效应,但没有提供致死剂量数据;从其他毒性试验/分析中得到的证据表明物质具有急性毒物效应,但不一定提供致死剂量数据证据;通过结构—活性关系从极其类似的物质所得的数据。这种方法通常需要有大量的补充技术信息,也需要有一位训练有素、经验丰富的专家,才能可靠地估算急性毒性。

如果混合物中有浓度不小于1%的组分无任何对分类有用的信息,那么可推断该混合物没有确定的急性毒性估计值。在这种情况下,应该只根据已知组分对混合物进行分类,并另外说明,混合物的x%由毒性未知的组分组成。如果急性毒性未知的组分的总浓度不大于10%时,那么应采用“公式1”。如果毒性未知的组分的总浓度大于百分之十时,那么“公式1”应该按未知组分的总百分比作如下校正(公式4):

$$\frac{100-(\sum C_{未知})}{ATE_{mix}}=\sum_{n}\frac{C_i}{ATE_i} \cdots\cdots \text{(公式 4)}$$

上面所述混合品急性毒性分类方法与逻辑仅供参考。判定逻辑详细参见图1-6和图1-7。

总体来说,可将GHS的各种统一要素视为一堆积木,可用它们组合某种管理方案,人人都可利用全套积木,而各个国家在实施GHS时采用积木原则,各个领域不一定需要采用GHS所有的危险性类。针对工作场所和运输部门,主要关注的可能是物理危害,而消费者在使用某种产品时,可能不一定需要了解某些具体的物理危害,主要关注健康危害。同时各个国际实施GHS的时间不同,因此不同国家的GHS法规具有共通性,但也有一定的差别。不同国家和地区的GHS法规虽然都是基于联合国GHS制

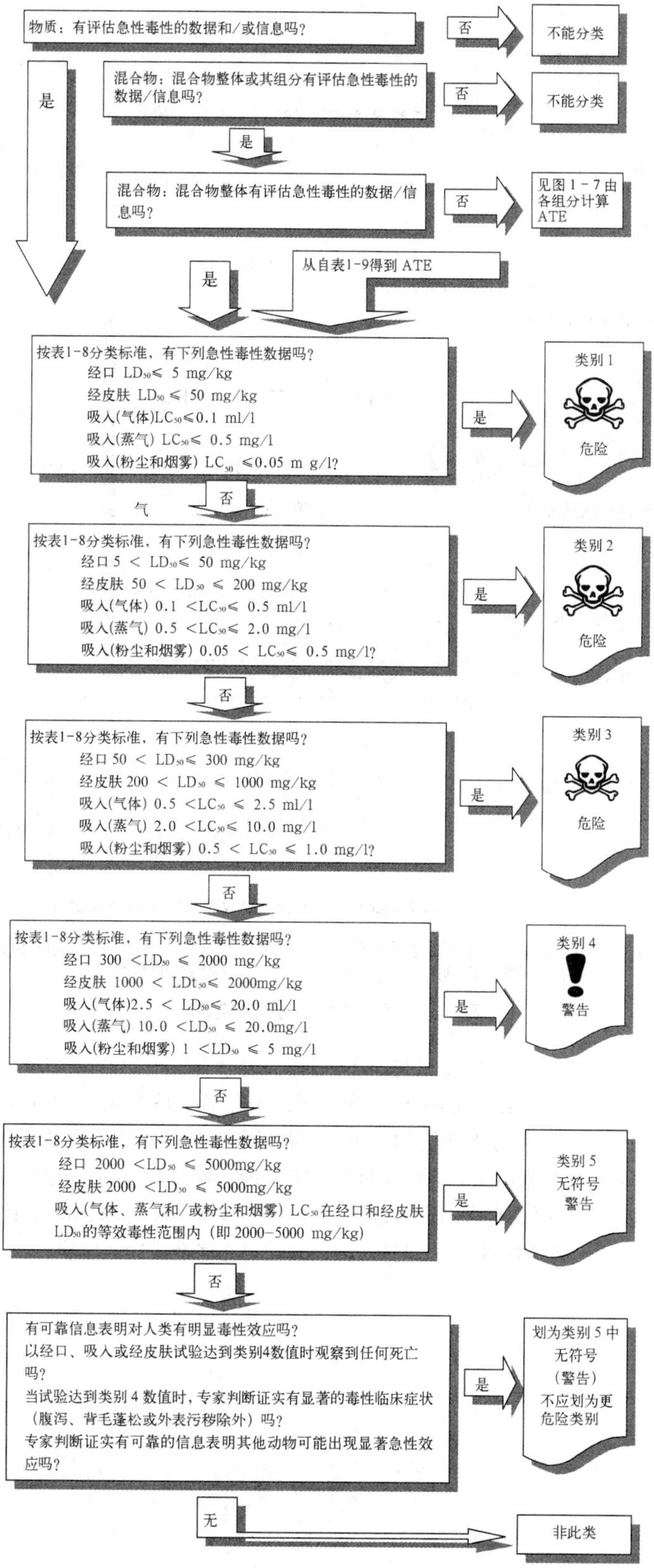

注：经口和经皮肤急性毒性数据单位中 kg 特指体重。

图 1－6　物质急性毒性判定逻辑

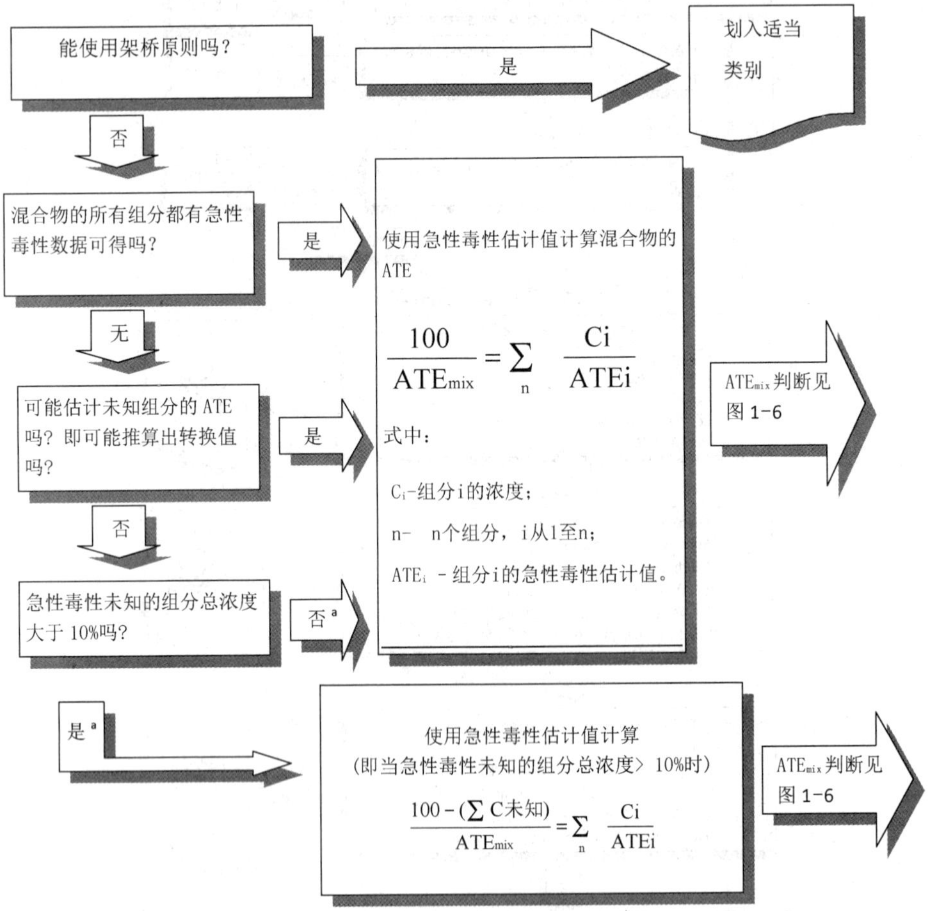

a如果混合物中无任何有用信息的组分浓度不小于百分之一时，应只根据急性毒性已知的组分对混合物进行分类，并且应在标签上的附加说明指出该混合物有百分之几的组分的急性毒性未知。

图 1-7　混合物急性毒性判定逻辑

定，但又结合了地域特点和以往经验，因而在共性之中又各有特色，如欧盟 CLP 有 28 项危险分类，而美国 HCS 是 26 项危险分类，未采用对水环境的危害和对臭氧层的危害，加拿大则是采纳了联合国 GHS 下的物理危害和健康危害分类而没有采纳环境危害分类等等。因此相应对于 SDS 编制和 GHS 制作的要求也会有所不同，不可认为准备好一份就可以完全通用。而在联合国 GHS 最新修订版的发布意味着各国在接下来的 GHS 法规制定或是修订工作中需将最新修订版作为法规参考依据，同时也可以预见未来各国 GHS 将做出较大改变，对于企业的贸易活动也必将造成较大影响。

第2章

化学性损害的临床表现

化学品中毒的临床表现多种多样，取决于化学品的品种、接触方式、接触剂量、吸收剂量以及个体差异等因素。同一化学品可造成多系统或器官的损害，不同化学品可造成相同系统或器官的损害。所以，对于化学性损害临床表现的观察和认识需要基础与临床知识的紧密结合，综合思考。化学性损害可从各种不同角度进行分型，如根据化学品吸收及发病缓急分型、按病情严重程度分型、按化学品对靶器官的作用分型等。

(一) 按化学品导致损害发生的缓急分型

根据化学性损害的发病缓急，通常可分为急性中毒、亚急性中毒和慢性中毒。急性中毒是指化学毒物一次或短时间内经呼吸道、皮肤、黏膜、消化道等途径大量进入人体，使机体迅速受损并发生器官功能障碍而引起的疾病状态。数小时或数天内则可发病，极高浓度下甚至接触数分钟即可发病；慢性中毒是长期反复接触一定剂量的化学毒物，缓慢产生的中毒性病变，时间一般为数月或数年；而介于两者之间者，即在较短时间内有较大剂量化学毒物反复进入人体而引起的中毒，称为亚急性中毒，亚急性中毒基本属于急性中毒范畴。

同一化学毒物所引起的急性中毒和慢性中毒，所侵犯的靶器官常常是一致的，但也有完全不同的，例如急性氧化镉中毒主要引起呼吸系统病变，而其慢性中毒则引起肾脏病变；又如急性苯中毒以中枢神经系统抑制损害为主，而其慢性中毒则以造血功能障碍为突出等。

(二) 按病情严重程度分型

化学品中毒分级临床上可分为轻度、重度中毒两级；或轻度、中度、重度中毒三级。判定病情严重程度应考虑靶器官受损程度、靶器官受损的数量、继发性损害及预后等。近年来由于医疗技术水平的不断提高，对长期接触低浓度毒物的作业者进行深入研究，发现在某些条件下，虽不引起典型的慢性中毒，但机体已有某些生理或生化的改变，称为亚临床型中毒。

(三) 按毒物对靶器官的作用分型

不同的化学毒物往往有各自不同的靶器官，可造成特定靶器官的损害，也可能同时出现多个脏器损害；不同毒物也可因同一靶器官受损而出现相同或类似的临床表现。根据化学毒物对靶器官的作用分型，可将其分为神经系统损伤性毒物、呼吸系统损伤性毒物、消化系统损伤性毒物、泌尿系统损伤性毒物、心血管循环系统损伤性毒物、血液系统损伤性毒物等。化学品中毒常以某一系统或器官的病变较为突出，但人体是一整体，毒物的局部作用或对某一系统的作用，常常都会导致继发性的效应，造成其他器官系统的损害。重度中毒更易引起多系统损害，甚至多器官功能衰竭。将化学毒物对靶器官的作用进行分类有便于掌握各类化学品中毒的临床特点，且有助于对发病机制的研究。本章主要描述化学毒物所导致的各系统损伤的主要临床表现。

一、呼 吸 系 统

呼吸系统是开放的系统，肺泡表面积较大(约50～100 m^2)，吸入的气体通过非薄的气血屏障到达密集的毛细血管网而进入血液。因此，以气体、蒸气、气溶胶形态存在的化学物质，以经呼吸道吸收为主要的损伤途径；而其他途径如经过消化道、皮肤、血液进入机体的化学物质，进入血液循环后也可引起呼吸系统的损害。

(一) 发病机制

1. 呼吸中枢抑制　呼吸基本节律中枢位于延髓,延髓呼吸神经元主要集中在背侧和腹侧两组神经核团内。它受脑桥呼吸调整中枢的调节,防止过深过大的呼吸。通过延髓和脑桥呼吸中枢的相互反馈调节而形成规律的呼吸。各种毒物透过血脑屏障进入中枢即有可能引起呼吸中枢的功能紊乱。

2. 呼吸肌麻痹　有些化学物质如胆碱酯酶抑制剂,中毒时可致神经肌肉接头产生过量乙酰胆碱而引起去极化肌松作用,出现呼吸肌麻痹,例如有机磷类农药、新斯的明等;有些化学物质可阻断神经肌肉的传导,例如琥珀胆碱、筒箭毒碱、氨基糖甙类抗生素等。

3. 化学性肺水肿　亦称中毒性肺水肿。由于各种化学毒物引起肺泡毛细血管气血屏障损坏,毛细血管内血浆进入肺泡,引起肺泡及肺间质水分淤积,造成通气和换气功能障碍,发生低氧血症,可伴有或者不伴有二氧化碳潴留。以各种毒性气体吸入最为多见,如各种强酸、强碱,均可迅速出现肺水肿;水溶性较低的毒物如光气、氮氧化物等可经过几个小时或者十几小时后才出现肺水肿。

(二) 急性中毒性呼吸系统疾病

急性化学品中毒引起呼吸系统损害的临床表现主要根据吸入化学品的种类、吸入浓度、患者的体质差异而不同。短期吸入高浓度的氯气、氮氧化物、光气或氨气皆可迅速导致肺水肿,多数患者主要表现急性上呼吸道、气管支气管、肺部受损的症状体征,严重者可危及生命。

1. 急性上呼吸道炎及气管支气管炎　短时间吸入刺激性气体可导致鼻腔、咽喉、气管支气管的急性炎症。表现为鼻部瘙痒、流涕、咽干、咽痛、咳嗽、咳痰、声音嘶哑,甚至出现咯血、呼吸困难、全身青紫等。体格检查两肺听诊可闻及干湿性啰音;影像学胸片检查提示两肺肺纹理增强,以两下肺为主;胸部CT平扫可见支气管局部炎症、支气管周围有少许渗出;气管镜可见支气管黏液栓形成。

2. 化学性肺炎　肺通过气道与外界相通,吸入毒性气体后首先侵犯肺部,可发生化学性肺炎。毒性气体进入气管后,气体在肺部弥漫分布,两肺各叶区均可呈现肺炎改变。临床表现为咳嗽、咳痰、咯血或咳出坏死物等,部分患者伴有喘鸣;如果吸入强酸、强碱性挥发气体,则易引起渗出性胸膜炎,可出现胸痛,随呼吸运动而加重。体格检查双肺听诊可闻及吸气终末期水泡音。X线胸片检查提示广泛小片状渗出影,上中下肺野均可出现;部分患者可出现叶间胸膜增厚、胸膜炎、胸腔积液的影像学表现。胸部CT平扫可见沿气管、支气管走向的片状渗出,部分支气管可见黏液栓,以两下肺野多见;可见叶间胸膜增厚、渗出性胸膜炎等表现。

当机体吸入液态化学品时,由于液态化学品在气道流动,根据正常呼吸道解剖学结构分析,进入的液体最易流入右肺中、下叶,其次流入左肺下叶,以两肺下叶背段及后基底段多见。因此,吸入液态化学品所造成的气道损伤较严重,表现咳嗽剧烈,咳痰以血性痰多见,多伴有喘鸣,病情进展也较快,病情容易演变发展为急性肺损伤或急性呼吸窘迫综合征(ARDS)。体格检查双肺呈肺脏实变体征,双侧语音震颤增强,双肺听诊可闻及支气管呼吸音和吸气期湿啰音。X线胸片检查提示双肺下叶背段及后基底段片状阴影;胸部CT扫描可见双肺下叶炎症阴影,呈楔状阴影与肺门相连,局部渗出显著,伴有气道内黏液栓;叶间胸膜增厚,出现渗液;两侧可见胸腔积液影。

经口吞服化学毒物的患者,在洗胃过程中因洗胃液呛入气道内,引起吸入性肺炎。呛入的液体多数同时含有化学毒性物质,造成的呼吸道损伤也较严重,临床表现和影像学表现同上。

3. 化学性肺水肿　患者短时间内吸入高浓度刺激性气体后,引起肺间质及肺泡腔液体过多聚集,从而出现咳嗽、咳痰、胸闷、气促、胸痛、恶心、呕吐等全身症状。患者可突然出现严重的呼吸困难、剧烈咳嗽、情绪紧张、咳大量白色或者粉红色泡沫痰、面色青紫,强迫坐位。体格检查呈现神志淡漠、大汗淋漓、烦躁、口唇发绀、端坐呼吸、鼻翼扇动、三凹征;两肺听诊可闻及满布哮鸣音和细湿性啰音,心率增快;血氧饱和度下降;X线胸片提示早期双上肺野纹理增粗、增加;而双下肺野纹理稀疏、清晰。随着病情的进展,出现典型的肺水肿X线改变;胸部CT扫描可以更清晰的及早发现肺水肿情况。急性化学性肺水肿病情进展较快,可出现呼吸衰竭而危及生命。

(三) 慢性中毒性呼吸系统疾病

化学性刺激性气体对呼吸道的慢性毒性作用日益受到关注。长期接触较高浓度刺激性气体的工人可逐渐出现肺功能损伤等病变。吸烟、高温和粉尘等因素对刺激性气体慢性呼吸道毒性作用亦具有协同效应。

多种刺激性气体长期吸入可引起鼻咽喉的黏膜充血、水肿，表现为慢性鼻炎、鼻窦炎、咽炎和喉炎等，如各种酸碱、氮氧化物、氯气及其化合物、硫及其化合物、臭氧、磷化氢等气体；一些重金属如含铬盐粉尘、烟雾，以及砷化物等，可以引起鼻黏膜糜烂、溃疡、鼻中隔穿孔；另外异氰酸酯类化合物如二异氰酸甲苯酯可引起过敏性鼻炎长期反复发作。

二、神经系统

神经系统对毒物较为敏感，尤其是中枢神经系统极易受到毒物的影响。根据主要损害的部位不同，分为中毒性中枢神经系统疾病和周围神经系统疾病；根据毒物接触时间长短及病程，分为急性和慢性中毒性神经系统疾病，部分患者在急性中毒后可出现迟发性病变。

选择性损害神经系统或以神经系统为主要靶器官的毒物称为“亲神经性毒物”。常见的亲神经性毒物包括：① 主要损害中枢神经系统的毒物，如苯等有机溶剂、四乙基铅、锰、汞、有机汞、有机锡、一氧化碳、硫化氢、氨基甲酸酯类、除虫菊酯类、毒鼠强、有机氟类、有机氯类、甲醇、磷化氢、溴甲烷等；② 主要损害周围神经系统的毒物，如正己烷、氯丙烯、甲基正丁基甲酮、二甲基氨基丙腈、磷酸三邻甲苯酯等；③ 对中枢神经及周围神经系统都有毒作用的毒物，如铅、铊、无机砷化合物、丙烯酰胺、二硫化碳、环氧乙烷、三氯乙烯、有机磷酸酯类农药、汽油等。

(一) 发病机制

1. 中枢神经系统　中毒性脑病的发病机制复杂，目前的学说主要分为：① 直接影响脑组织代谢或抑制酶活性，如氟乙酰胺可干扰三羧酸循环、四乙基铅可抑制脑内葡萄糖代谢过程等，这类毒物包括铅、四乙基铅、有机锡、砷化物、硼烷、汽油、苯、甲苯、二硫化碳、甲醇、乙醇、甲硫醇、氯甲烷、碘甲烷、二氯乙烷、环氧乙烷、四氯化碳、有机磷类、氨基甲酸酯类、杀虫脒、有机汞类、磷化氢、溴甲烷、沙蚕毒素类、有机氟类、毒鼠强、丙烯酰胺等。② 直接或间接的作用导致脑组织缺氧，包括单纯窒息性气体和化学性窒息性气体，如一氧化碳、硫化氢、氰化物、丙酮氰醇、丙烯腈及苯的氨基和硝基化合物等。

2. 周围神经系统　许多化学物质具有周围神经毒性，可造成中毒性周围神经系统损伤，目前损伤的机制主要包括：① 中枢-周围性远端型轴索病　周围神经远端轴索是最先受到损害的部位，它的变性常向心性扩展，多数情况下同时累及到中枢神经和周围神经，因此称为“中枢-周围性远端型轴索病”。如接触正己烷、二硫化碳、丙烯酰胺所致的周围神经损伤以及有机磷中毒所致的迟发周围神经损害等；② 脱髓鞘　有些化学毒物选择性的损伤雪旺细胞对蛋白的合成，或使之失去与髓鞘脂结合的能力，导致节段性脱髓鞘损伤改变。如接触铅、铊等所致周围神经损伤；③ 神经生长因子　神经生长因子(NGF)属神经营养因子家族，是最早发现的神经营养因子。在神经系统发育阶段，神经生长因子能够维持和促进交感神经元和神经嵴感觉神经元的存活、分化、生长和成熟。有研究提示，正己烷中毒性周围神经病的发病机制也可能与干扰神经生长因子的信号转导通路有关。

(二) 急性中毒性神经系统疾病

1. 急性中毒性脑病　急性中毒性脑病是因短时间内接触高剂量神经毒物所致，一般发病急，潜伏期短，但部分毒物如四乙基铅、三烷基锡、有机汞、溴甲烷、碘甲烷等所致急性中毒，潜伏期可长达数小时、数天，甚至数周。急性中毒性脑病多为弥漫性病变，其病理特点多为脑水肿，部分患者则出现脑局灶性损害，亦可表现为精神障碍。临床症状体征通常表现为剧烈头痛、频繁呕吐、躁动不安、肢体抽搐、精神萎靡、意识模糊、嗜睡状态、朦胧状态、谵妄状态等；双侧瞳孔缩小、血压上升、脉搏呼吸变慢，眼球结膜水肿或眼球张力增高、眼底视神经乳头水肿；严重者表现为癫痫持续状态、昏迷、植物人状态、脑疝形成等。

急性中毒性脑病所致的精神障碍，轻者可出现脑衰弱综合征、易兴奋、情绪激动、易怒、类癔病样发作等精神症状；较重者可出现明显的精神症状，如定向障碍、幻觉、妄想、精神运动性兴奋或攻击行为，或转变为淡漠、木僵等，严重者可出现意识障碍甚至昏迷。急性四乙基铅、有机锡、有机汞、汽油等中毒者较多出现精神症状。

脑局灶损害表现包括皮质性失明、小脑性共济失调、帕金森综合征等。而有些毒物，如一氧化碳等引起的中毒性脑病，可于急性期恢复后2～3周甚至2月内再出现迟发性脑病，表现为脑局灶损害、意识障碍、运动障碍和(或)精神障碍等。

2. 中毒性周围神经病　临床表现主要包括肢体远端自发的烧灼性疼痛，并有痛觉过敏；四肢对称性手套、袜套样分布的痛觉、触觉、音叉振动觉障碍，同时有跟腱反射减弱；颅神经支配区的痛觉、触觉减退，及角膜反射减弱或瞬目反射异常；深感觉障碍伴感觉性共济失调；受累肌肉肌力减退，严重者可出现呼吸肌麻痹。神经-肌电图检查显示神经源性损害伴神经传导速度减慢，或诱发电位减小。可引起急性中毒性周围神经病的毒物包括铊、砷、部分有机磷酸酯类化合物、正己烷、环氧乙烷等。急性一氧化碳中毒时可出现单神经病，潜伏期短的为1～2天，而砷及有机磷酸酯类化合物急性中毒时，潜伏期可长达2～3周后才出现迟发性周围神经病。部分有机磷中毒者1～4天可发生“中间期肌无力综合征”，主要累及为颅神经支配的肌肉、屈颈肌与四肢近端肌肉；严重时可致呼吸肌无力。神经-肌电图检查对中毒性周围神经病的诊断有重要意义。

(三) 慢性中毒性神经系统疾病

1. 慢性中毒性脑病　慢性中毒性脑病可见于锰、无机汞、有机汞、汽油、四乙基铅、二硫化碳等慢性中毒，或急性重度中毒性脑病后遗症所致。潜伏期长、起病隐匿，一旦发病后逐渐进展，最终多可致残。临床表现为脑局灶损害、精神障碍、智能障碍等。脑局灶损害常见于慢性锰中毒所致帕金森综合征，表现为锥体外系受损，出现肌张力增高、震颤麻痹等；也见于慢性汞中毒，表现为共济失调。精神障碍常见于汞、汽油、四乙基铅等慢性中毒，可表现出不同程度的精神症状，严重时表现为精神分裂症。智能障碍可见于急性一氧化碳中毒迟发性脑病及少数急慢性中毒性脑病后遗症者，可表现为智能减退，严重时表现为器质性痴呆。

2. 慢性中毒性周围神经病　慢性中毒性周围神经病中，主要分为神经元病、轴索病和髓鞘病，其中以中枢-周围性远端型轴索病最为常见。随着病情的进展，可发展成轴索改变及脱髓鞘改变同时存在。起病多较为隐匿，缓慢渐进性加重，进展过程取决于接触化学物的种类、时间和浓度等。周围神经的感觉、运动和自主神经多见于同时受损，但也可选择性受损。早期可出现四肢远端为主的肌肉无力、肢体麻木或烧灼样、蚁走样、切割样等感觉异常，可伴有四肢湿冷、无汗或多汗等；严重时可致腱反射消失、深感觉明显障碍伴感觉性共济失调、受累肌肉肌力减退明显伴有明显肌肉萎缩；神经-肌电图检查提示神经源性损害，神经传导速度减慢，感觉和运动诱发电位波幅降低。神经-肌电图检查对慢性中毒性周围神经病的早期诊断、鉴别诊断及诊断分级均有重要意义。

三、血 液 系 统

化学毒物在体内的吸收、分布、排泄等过程，多由血液输送，造血系统的幼稚血细胞对很多毒物具有高度敏感性，故血液系统对毒物也较敏感，可产生多种损害。

(一) 白细胞减少症

人体外周白细胞的正常值，可随年龄、性别、体质与生理状况而有所改变。中毒引起的白细胞减少症(leukopenia)是指周围血液白细胞计数$<3.5\times10^9/L$，其中主要是粒细胞减少，当粒细胞绝对值低于$1.8\times10^9/L$时，称为粒细胞减少症。

白细胞减少症病因多样，但其临床症状相似。如苯中毒引起的白细胞减少症，属慢性病程，早期常无明显症状或有轻度神经衰弱综合征，可有乏力，易发生上呼吸道、支气管，中耳、胆道、泌尿道等感染；单纯粒细胞减少者，起病多缓慢，症状较轻，可表现为乏力、心悸、头晕、低热、咽炎或黏膜溃疡等。

(二) 再生障碍性贫血

再生障碍性贫血(Aplastic Anemia，AA)简称“再障”，是一组由化学品、药物、放射线、病毒感染及遗传因素等多种病因所致的骨髓造血功能障碍；以骨髓造血细胞增生减低和外周血全血细胞减少为特征，临床以贫血、出血和感染为主要表现。根据骨髓衰竭的严重程度和临床病程进展情况分为重型和非重型再障以及急性和慢性再障。

1. 重型再障(Severe Aplastic Anemia，SAA)　起病急，进展迅速，常表现为出血和感染发热。起病初期贫血常不明显，但随着病程进展，几乎所有患者均有出血倾向，60%以上有内脏出血，主要表现为消化道出血、血尿、眼底出血和颅内出血，皮肤、黏膜出血广泛而严重，且不易控制。病程中几乎所有患者均有发热，多数为感染造成，常见口咽部和肛门周围坏死性溃疡，从而导致败血症，肺炎也很常见。此型患者预后差，病死率高，如仅采取一般性治疗，多数在1年内死亡。

2. 非重型再障（Non-Severe Aplastic Anemia，NSAA） 起病缓慢，以贫血为首发和主要临床表现。出血大多局限于皮肤、黏膜，且不严重；可发生感染，但常以呼吸道感染为主，容易控制。若治疗得当，此型患者可长期缓解，以至痊愈，少数患者后期病情可以加重，出现重型再障的临床表现。

（三）中毒性铁粒幼细胞性贫血

中毒性铁粒幼细胞性贫血（sideroblastic anemia）是指化学毒物引起血红素合成障碍和铁利用不良所致的低色素性贫血，具有骨髓幼红细胞有环形铁粒及无效性红细胞形成，血清铁增高等特点。本病发病隐匿，进展缓慢，常有皮肤苍白，躯体软弱，动则心悸、气促，临床表现为难治性贫血。

（四）白血病

白血病（leukemia）是血液和骨髓中白细胞数量和质量发生异常的造血系统恶性肿瘤。异常的白血病细胞可浸润全身组织和器官。急性白血病可分为急性淋巴细胞白血病（ALL）和急性非淋巴细胞白血病（ANLL）；慢性白血病则包括慢性髓细胞白血病和慢性淋巴细胞性白血病（CLL）、慢性粒细胞白血病（CML）和慢性粒单细胞白血病（CMML）。

本病起病隐匿，急性白血病可在短期内出现进行性贫血，明显出血、感染和骤发高热。急性淋巴细胞白血病常有淋巴结、肝、脾肿大；慢性白血病起病缓慢，常见临床表现有乏力、消瘦、出汗、骨骼疼痛，有些患者可无明显症状。慢性粒细胞白血病以脾大为明显；苯主要引起急性白血病，长时间、高强度接触后出现。

（五）中毒性高铁血红蛋白血症

正常人血红蛋白分子含二价铁（Fe^{2+}），与氧结合为氧合血红蛋白。当血红蛋白中铁丧失1个电子，被氧化为三价铁（Fe^{3+}）时，即称为高铁血红蛋白（MetHb）。正常人血MetHb仅占血红蛋白总量的1%左右，并且较为恒定；当血中MetHb量超过10%时，称为高铁血红蛋白血症（methemoglobinemia）。中毒性高铁血红蛋白血症主要是由于药物或化学物接触引起，主要表现为发绀和缺氧，其程度与血中MetHb所占血红蛋白比例有关。一般而言，MetHb浓度在10%以上，可见唇周发绀，但可无症状；MetHb浓度在40%～60%时，除有显著发绀外，尚出现缺氧症状，如头痛、头晕、疲乏、无力、全身酸痛、呼吸困难、心率过速、反应迟钝、嗜睡等；MetHb浓度在60%以上，上述症状明显加重，颜面明显发绀，并可发生急性循环衰竭、昏迷。此外，可出现化学性膀胱炎、肝肾损害以及溶血性贫血。中毒性高铁血红蛋白血症可急性起病，也可慢性起病，慢性起病时可能只表现为发绀，无其他症状。

（六）溶血性贫血

溶血性贫血（hemolytic anemia）是由于红细胞破坏速率增加（寿命缩短），超过骨髓造血的代偿能力而发生的贫血。骨髓有6～8倍的红系造血代偿潜力。如红细胞破坏速率在骨髓的代偿范围内，则虽有溶血，但不出现贫血，称为溶血性疾患或溶血性状态。正常红细胞的寿命约120天，只有在红细胞的寿命缩短至15～20天时才会发生贫血。

溶血性贫血的临床表现主要与溶血持续的时间和溶血的严重程度有关。急性溶血发病急骤，短期大量溶血引起寒战、发热、头痛、呕吐、四肢腰背疼痛及腹痛，继之出现血红蛋白尿。严重者可发生急性肾衰竭、周围循环衰竭或休克。其后出现黄疸、面色苍白和其他严重贫血的症状和体征。慢性溶血发病缓慢，表现贫血、黄疸和脾大三大特征。因病程较长，患者呼吸和循环系统往往对贫血有良好的代偿，症状较轻。例如吸入砷化氢数小时即可发生急性溶血性贫血；铅、铜和砷化合物及杀虫脒等在严重中毒时才发生急性溶血；有机溶剂和有机磷农药中毒等仅在个别病例出现急性溶血。

四、消化系统

（一）中毒性肝损伤

肝脏是人体最大的实质器官，具有复杂的代谢和解毒功能，是体内生物转化作用的主要脏器。中毒性肝损伤是指药物、外源性毒物及其代谢产物引起的一类肝脏损害性病变。随着新药的不断研发，化学物质的广泛应用，中毒性肝损伤的发病率呈明显的上升趋势。据统计，在临床上中毒性肝损伤的发生率可占所有因黄疸住院患者的15%～25%，占急性肝炎住院患者的20%以上。因此中毒性肝损伤在临床并不少见，应给予足够的重视。

1. *发病机制*　由毒物引起的肝脏损伤称为中毒性肝损伤。中毒性肝损伤主要取决于两方面：一方面是毒物本身对肝脏的毒性，常具可预测性；另一方面是机体对毒物的反应性（肝脏的特异质反应），多呈不可预测性。

(1) 目前研究较为明确的毒物对肝脏的损伤机制主要有以下几个方面：

1) 脂质过氧化：产生自由基，导致过氧化损伤，如四氯化碳在细胞色素氧化酶P450（CYP酶）的作用下可形成氯离子和三氯甲烷自由基，有很强的氧化作用。

2) 共价结合反应：肝毒物活性代谢物与生物大分子如DNA、RNA、蛋白质、多糖等发生共价结合，产生毒性作用。

3) 脂肪代谢障碍：可直接导致肝脂肪变性，目前认为至少涉及三酰甘油载脂蛋白复合体装配损害、胞膜转运功能损害、贮脂增加和线粒体氧化功能受损等环节。

4) 钙离子泵失活：毒物使内质网和胞膜的钙离子泵失活，破坏细胞内Ca^{2+}稳态，钙离子大量内流，造成肝细胞损伤。

5) 胆汁排泄障碍：肝毒物可直接损伤胆管树状结构包括毛细胆管、小叶间胆管、基侧小管膜、细胞紧密连接或ATP酶等，从而干扰胆汁酸转运；一些肝毒物还可通过改变胆汁分子团导致胆汁淤积。

6) 细胞毒性：毒物通过选择性的干扰肝细胞代谢的某个环节，最终导致肝细胞脂肪变性或坏死，如半乳糖胺、四环素、乳清酸、巯嘌呤和乙硫氨酸等。

(2) 机体对毒物的反应性机制：机体对毒物的反应性不同所引起的中毒性肝损伤，主要包括机体对毒物的过敏特异质和代谢特异质反应。

1) 过敏特异质反应：毒物常为小分子物质，一般不具抗原性，很少直接激发免疫应答，但在某些特异质个体，这种半抗原可与肝内特异性蛋白结合生成抗原，肝脏内存在大量大分子细胞成分，可作为载体蛋白与肝毒物质或其代谢产物结合，引起机体免疫应答导致肝脏损伤。

2) 代谢特异质反应：主要与遗传因素有关，遗传基因的差异使某些个体的肝脏药酶系统与众不同，导致药物或毒物代谢出现个体差异。

中毒性肝损伤的特异质反应具有以下特点：① 不可预测性；② 仅发生在某些人或者人群（特异体质）；③ 与毒物接触的剂量或者用药剂量和疗程无关；④ 在实验动物模型上常无法复制；⑤ 具有免疫异常的实验室检查结果；⑥ 可有除肝脏外的其他组织器官的损害。

2. *急性中毒性肝损伤*

(1) 临床类型包括：

1) 肝病型：其特点是在整个病程中主要以肝损害为主，程度较轻，预后取决于肝病恢复情况。常见致病毒物有肼、十硼烷、二甲基甲酰胺、氯仿等。肝病型肝损伤又可分为三个亚型：

黄疸型：起病急，有乏力、食欲减退、上腹饱胀、恶心、呕吐、肝区疼痛等，常伴有头晕、头痛、睡眠障碍、烦躁等症状。起病后1日至数日内出现黄疸、皮肤黏膜、巩膜黄染，全身症状随之加重，多伴有肝肿大，肝区叩击痛，少数患者伴有脾脏轻度肿大。实验室检查肝细胞酶、血清总胆红素、直接胆红素、间接胆红素均有不同程度的升高；尿胆红素、尿胆原阳性。经积极护肝、血浆置换、对症治疗后，一般4～6周病情可逐渐恢复，肝功能恢复正常，少数患者病情迁延，可演变为慢性肝病。

无黄疸型：起病多较为隐匿，早期主要表现为轻度乏力、食欲减退。随后病情逐渐加重，出现恶心、呕吐、腹胀等症状，肝区叩痛可为阳性。B超检查可见肝脏肿大，而脾脏肿大少见。整个病程中，多主要表现为肝细胞酶异常，不出现黄疸；实验室检查多表现为肝细胞酶升高，血清总胆红素、直接胆红素、间接胆红素大致正常。病程较短，病情较黄疸型轻，预后较好。

重症型：多由于短期内接触大量肝毒物所致，或在原有肝病的基础上接触肝毒物后发生。该型较为凶险，起病急，病情进展迅速。主要表现为严重乏力、食欲差，频发恶心、呕吐、腹胀、右上腹隐痛，可伴有低热。黄疸在起病后即出现，迅速加重，并可表现为"胆酶分离"。重症患者多伴有神经精神障碍，可表现为烦躁、淡漠、性格改变、定向障碍等。病程中可同时出现肝性脑病、凝血时间延长等。此型病情凶险，呈现亚急性爆发型肝衰竭表现。预后极差，死亡率较高。

2) 多系统损害型：可引起此型的致病毒物常见有三氧化二砷、砷化氢、苯的氨基和硝基化合物、四氯化碳、三氯乙烯、铅等。肝损害与其他系统损害的临床表现并存，可同时发生，也可先后出现。临床表现较为复杂，多数出现黄疸，少数可为无黄疸型；多有肝肿大、肝区叩痛。肝外脏器损害以神经系统和肾损害为多见，心脏、呼吸系统次之。肝细胞酶升高，病程多较长。预后主要取决于主要脏器损害程度、有无特效解毒剂及个体差异等。严重者可发生多脏器功能衰竭，预后差。

上述分型是为了便于较全面的了解本病的临床特点，分型是相对的，不能截然划分，病程中也可相互转化。同一毒物作用于不同机体，也可表现为不同类型。

3. 慢性中毒性肝损伤

慢性中毒性肝损伤多数由于在生产过程中长期接触肝脏毒物所致，少数由急性中毒性肝损伤后发展而来。前者潜伏期较长，一般2～5年，也可长达20年。由于本病起病隐匿，为渐进性，多数患者起病时间无法确认，早期常有头晕、头痛、食欲不振、精神萎靡等，之后多以乏力及肝区隐痛最为明显。

临床体格检查阳性体征为肝肿大，伴有肝区叩击痛，少数患者可伴有脾大。同时可伴有致病毒物慢性中毒的其他症状或体征。少数患者可发生门脉性或坏死后肝硬化，表现为逐渐加重的胃肠症状、肝质地变硬，脾脏肿大，并可出现肝掌、蜘蛛痣，严重者有腹水，肝功异常，预后较差。

(二) 胃肠疾病

1. 腐蚀性食管炎　多因口服腐蚀性毒物如强酸、强碱、酚类、高锰酸钾、硝酸银等化学物所致。口服后可立即出现口腔黏膜、咽喉部、胸骨后及上腹部剧烈疼痛、恶心、频繁呕吐，严重时可出现食管穿孔、休克等。患者多无法进食，酸性腐蚀剂可引起组织凝固性坏死，碱性腐蚀剂可引起组织液化性坏死，后者穿透力强，常使深部组织受损。腐蚀性食管炎急性期过后，常留有不同程度的食管狭窄，且狭窄段长而且固定，影响进食及生活质量。

2. 急性中毒性胃炎

(1) 腐蚀性胃炎：主要病变为胃黏膜糜烂，不仅损伤胃黏膜，尚可累及胃壁。临床表现为剧烈的上腹痛、恶心、呕吐、呕血；若呕吐剧烈，可呕出坏死的黏膜组织；可发生胃穿孔，引起急性腹膜炎、胰腺炎等。急性期过后可有贲门或者幽门瘢痕性狭窄。

(2) 药物性胃炎：以口服水杨酸盐（如阿司匹林）、利血平、保泰松、肾上腺皮质激素等药物引起的胃炎较为多见。临床表现有上腹部疼痛，严重时可引起上消化道出血。

(3) 急性酒精中毒性胃炎：大量酗酒可引起胃黏膜水肿、出血、糜烂，破坏胃黏膜屏障，出现剧烈呕吐等。严重呕吐和干呕可引起腹内压骤然升高，导致胃、贲门及食管黏膜撕裂而大量出血，引起撕裂综合征。

3. 急性中毒性胃肠炎

(1) 口服毒物、药物或者含有毒素的动植物可引起急性中毒性胃肠炎，临床常表现为恶心、呕吐、腹痛、腹泻等消化系统症状。毒物或者毒素是否会引起全身中毒反应，则取决于接触毒物剂量、毒物对机体的作用机理及其他影响毒物吸收、转运及代谢的因素。需要引起注意的是在胃肠道症状和其他器官损伤出现全身中毒反应的症状之间，可能会存在缓解期或称为假愈期，此时患者恶心、呕吐、腹痛、腹泻等消化系统的症状缓解，病情稳定，有可能误认为病情好转，而放松观察、治疗，以致在出现更加严重的全身中毒表现时措手不及，在临床治疗中应注意仔细观察、鉴别。此种情况常见于口服砷化物、毒蕈、汞盐等化学物中毒。

(2) 经消化道吸收引起的急性有机磷农药中毒、二甲基甲酰胺中毒，常较早出现恶心、呕吐、腹痛、腹泻等症状。

综上所述，很多毒物尤其是经口途径引起的急性中毒，病程早期均有不同程度的恶心、呕吐、腹痛、腹泻等急性胃肠炎症状，所以急性胃肠炎为急性中毒最常见的早期临床表现。

4. 慢性中毒性胃肠炎　由毒物所引起的慢性胃炎或慢性肠炎多由急性胃肠炎迁延不愈演变而来，或者由于生产劳动中长期接触某种毒物所致，临床表现主要为长期、或反复发作的腹痛、食欲减退、腹泻及消化不良等症状，重者可有黏液便或水样便。应根据患者的毒物接触史明确诊断，并应与细菌等致病因素引起的慢性胃炎、慢性肠炎加以鉴别。

五、泌尿系统

肾脏是毒物排泄器官之一，肾脏血流量丰富，肾脏重量不到体重的0.4%，而血流量却占全身25%，达到4.2 ml/(min·g)。血中有害物质得以大量进入肾脏，易受毒物危害；而肾髓质相对于肾皮质血流量少，易受缺氧的损害。毒物经肾小球滤过后，由于肾小管的高度浓缩功能以及回收和排泄功能，原尿99%水分在此被重吸收(约浓缩50倍)，肾小管可重吸收和主动排泄重金属和某些有机物，使之毒物浓度增高，有害物质得以集中在肾细胞而发挥毒性，这是肾小管易受损害和坏死的原因。除此之外，肾脏具有按重量计全身最大的内皮细胞网，约达0.005 m^2/g，为免疫性损伤提供了结构基础。

常引起中毒性肾损伤的化学毒物有汞、铅、镉、砷化氢、四氯化碳、三氯乙烯、乙二醇、黄磷等。

(一) 中毒性肾损伤机制

1. 直接毒性损伤　与毒物暴露强度密切相关，具体机制为以下几点：① 与生物膜结构结合，或与必需元素竞争配体；② 与酶蛋白结合或与酶竞争受体，致酶活性抑制；③ 造成细胞内钙超载，激活钙介导的生化过程，诱发"瀑布效应"；④ 激活自由基生成或转化过程，诱发脂质过氧化反应，导致细胞损害甚至坏死、凋亡。

2. 循环障碍　大量外源性化学物、代谢物以及炎症因子等进入血液引起反射性肾血管痉挛，使肾血流量骤降；毒物的化学毒性造成肾小管重吸收障碍，通过管-球反馈机制引起肾动脉收缩，肾组织缺血缺氧，导致过量氧自由基生成及肾脏脂质过氧化。

3. 机械性堵塞　有些化学物质(如草酸、乙二醇等)或代谢物可在肾小管内形成结晶，有些化学物质(如砷化氢、萘、铜盐、肼、酚、苯的氨基及硝基化合物、杀虫脒等)可引起血管内溶血，形成血红蛋白管型；有些化学毒物(如一氧化碳、乙醇、甲苯等)可引起横纹肌溶解，出现肌红蛋白尿及管型，均会堵塞肾小管。肾小管的酸性环境会使色素蛋白荷有正电，与管腔中荷负电的Tamm-Horsfall蛋白(THP)聚合沉淀，加重肾小管堵塞，机械压迫、堵塞，可造成肾小管坏死。

4. 免疫反应　不少化学物质可通过免疫机制引起急性肾小球肾炎、急性间质性肾炎等，造成肾脏损害。虽不属中毒，但仍属化学性损伤的重要机制，故在此列出。

5. 致癌作用　有些化学毒物可通过诱发染色体点突变、染色体易位、DNA重排、DNA缺失、DNA甲基化能力缺失等机制引起原癌基因激活及过量表达，或是抑癌基因丢失或失去功能，最终诱发肾脏和其他泌尿系恶性肿瘤。

常见的临床类型有：急性中毒性肾病、慢性中毒性肾病、肾病综合征及范可尼综合征(Fanconi syndrome)。

(二) 急性中毒性肾病

急性中毒性肾病常由于毒物直接作用于肾脏所致急性功能障碍和结构损伤。临床表现除有全身性症状外，轻者可出现蛋白尿、血尿、管型尿；重者可无尿，血中肌酐、尿素氮等增高，伴有高钾血症、代谢性酸中毒等。患者如能渡过无尿期，则进入多尿期后逐渐恢复。根据发病机制和临床特点，可分为以下3种类型：

1. 急性肾小管坏死　多由于毒物的直接毒性引起，具有明显量效关系，定位性较强，近曲小管为最常见的损伤部位。常见病因为重金属、卤化烃、酚类、农药等。镜下可见细胞变性、坏死及溶解，肾小管上皮变薄，管腔扩大，间质水肿、细胞浸润等，基膜多为完整。尿中出现大量肾小管上皮细胞及颗粒管型，红细胞及蛋白量不大，早期即可出现肾小管功能障碍，可很快进展为急性肾功能衰竭。

2. 急性肾小管堵塞　化学物质或其毒作用后果造成肾小管机械性堵塞。常见于砷化氢等导致的溶血，一氧化碳、乙醇等导致的肌红蛋白尿，以及乙二醇等在肾小管形成结晶。镜下可见，肾小管腔内充满堵塞物，堵塞部上方充斥尿液，管腔上皮变薄，堵塞部上皮细胞肿胀、变性、坏死，管腔内有细胞溶解物、炎性细胞及渗出物，间质水肿。患者常以茶色尿、酱油色尿或结晶尿起病，伴不同程度的少尿、无尿。如有血管内溶血表现，多提示为血红蛋白尿所致；如出现肌肉胀痛或伴血中肌酸激酶、醛缩酶升高，提示为肌红蛋白尿所致。

3. 急性过敏性肾炎　包括急性间质性肾炎、急性肾小球肾炎及其他过敏性肾炎(急性过敏性血管炎综合征，溶血性尿毒症综合征)。

(1) 急性间质性肾炎：早年报告的急性间质性肾炎多为感染所致，近二、三十年，药物引起的急性间质性肾炎日渐增多，如青霉素类、头孢菌素类等；实际上，任何可引起过敏的物质皆可能诱发急性间质性肾炎，包括环境或职业性化学物质，常见的病因为重金属(金、铋、汞等)、生物毒素(蜂毒等)。主要病理改变为镜下可见肾间质水肿，弥漫性炎性细胞浸润，以淋巴细胞、单核细胞和嗜酸细胞为主；肾小管常被累及，发生变形、坏死，免疫荧光检查可见肾小管基膜免疫球蛋白、补体沉积。

化学性急性间质性肾炎多有1～2周的潜伏期，临床表现与感染性急性间质性肾炎无明显差异，化验检查可见尿中有多量红细胞、白细胞(尤其是嗜酸性粒细胞)，但细菌检查阴性。

(2) 急性肾小球肾炎：循环中的免疫化合物沉积于在肾小球基膜，或抗原物质植入肾小球基膜导致原位免疫复合物形成，是人类急性肾小球肾炎最常见的两种机制，常见病因为金属(金、银、汞、镉等)、生物毒素(蛇毒、蜂毒、花粉等)以及药物(抗癫痫药、降血糖药、降压药等)。病理可见主要为肾小球充血，内皮细胞增生肿胀，血管腔堵塞；系膜增生、细胞浸润及纤维蛋白沉淀；肾小管细胞也可受累，发生混浊肿胀。其主要临床表现为血尿、蛋白尿，严重者可很快进展为急性肾功能衰竭，亦可发生肾病综合征，与一般原因引起的急性肾小球肾炎相同；但吸入汽油等有机溶剂导致的肺出血—肾炎综合征则是较为特殊的化学性急性肾小球肾炎，其临床表现亦有其特点。

(三) 慢性中毒性肾病

主要指长期接触较低剂量化学毒物所引起的肾脏功能障碍和结构损伤。能引起慢性肾小管-间质性肾病的毒物主要有镉、汞、铅等。轻者可无明显症状，亦可有高血压、贫血。检查有蛋白尿、管型尿、尿浓缩功能障碍等；重者可逐渐出现慢性肾功能衰竭，有不同程度的氮质血症和代谢性酸中毒，预后较差。根据发病机制及临床特点，可分为以下3种临床类型：

1. 肾小管功能障碍　主要由具有直接肾脏毒性的化学物质(如镉)引起，多引起近曲小管功能障碍。由于剂量较低，肾脏多无明显结构变化，仅在电镜下偶尔显示某些超微结构异常，如肾小管绒毛脱落、线粒体肿胀变性、溶酶体增生、游离核蛋白小体增生解聚、内质网扩张等，个别毒物(铀、锂，甲苯、棉酚等)或药物(两性霉素B、解热镇痛剂)也可引起远曲小管功能障碍。临床表现取决于损伤部位，近曲小管损伤主要为低分子蛋白尿等Fanconi综合征样表现：远曲小管损伤则以尿浓缩不良、尿液偏碱、尿钾增多等为特征；及时停止病因接触可完全康复，预后较好。

2. 无症状性蛋白尿　最常见于长期接触重金属者如汞、金、镉等。主要因肾小球滤对血浆蛋白的“静电屏阻”减码所致，而非真正的肾小球结构损伤。多表现为轻度白蛋白尿(<2 g/24 h)，其他临床症状并不明显。病理学检查常无明显异常，电镜下可见轻度上皮细胞足突融合、系膜区和内皮下有电子致密物与重金属离子结合形成的阳离子蛋白沉积。若发病后仍继续接触化学毒物，上述蛋白沉积物则有可能引起类似原位性免疫复合物性肾炎，而使蛋白尿加重，并可出现血尿，少数患者甚至表现为肾病综合征。

3. 慢性间质性肾炎　也称为慢性肾小管-间质性肾病，主要病因为慢性肾间质感染。近年发现药物(解热镇痛剂为最主要品种)、重金属(铅、汞、镉、锂、铀等)等引起的慢性间质性肾炎也不少。本病由肾间质及肾小管损伤引起，肾小球初时并不受累，起病十分隐匿，常无突出临床症状仅尿液检验示有肾小管功能障碍，如尿渗透压或比重降低、尿钠增多、低分子蛋白尿、肾小管性酸中毒、尿磷和尿钙排出增加等。光镜下见肾间质淋巴细胞及单核细胞浸润，伴不同程度纤维化，肾小管扩张、萎缩、变形，病变多呈灶状分布。晚期可见肾小管为纤维组织代替，肾小球最终亦发生纤维化，肾内小动脉内膜增厚，管腔狭窄；双肾外观缩小变形，表面凹凸不平。此时，肾脏功能严重减退，除前述表现加重外，肾小球滤过率亦明显下降。表现为多尿、贫血、高血压、低血钙、低血磷、软骨病，血浆尿素氮和肌酐升高，最终导致慢性肾功能衰竭。

(四) 肾病综合征

化学毒物所致的肾病综合征是中毒后引起的免疫反应，特点是长期出现大量蛋白尿，伴有低蛋白血症、高脂血症、全身水肿。

1. 大量蛋白尿　大量蛋白尿是肾病综合征患者最主要的临床表现，也是肾病综合征的最基本的病理生理机制。大量蛋白尿是指成人尿蛋白排出量>3.5 g/d。在正常生理情况下，肾小球滤过膜具有分子屏障及电荷屏障，致使原尿中蛋白含量增多，当远超过近曲小管回吸收量时，形成大量蛋白尿。在此基础上，凡增加肾小球内压力及导致高灌注、高滤过的因素(如高血压、高蛋白饮食或大量输注血浆蛋白)均可加重尿蛋白的排出。

2. 低蛋白血症　血浆白蛋白降至<30 g/L。肾病综合征时大量白蛋白从尿中丢失，促进白蛋白在肝脏代偿性合成，也使肾小管分解蛋白增加。当肝

脏白蛋白合成增加不足以克服丢失和分解时，则出现低白蛋白血症。此外，肾病综合征患者因胃肠黏膜水肿导致饮食减退、蛋白质摄入不足、吸收不良或丢失，也是加重低白蛋白血症的原因。

除血浆白蛋白减少外，血浆的某些免疫球蛋白（如 IgG）和补体成分、抗凝及纤溶因子、金属结合蛋白及内分泌素结合蛋白也可减少，尤其是大量蛋白尿，肾小球病理损伤严重和非选择性蛋白尿时更为显著。患者易产生感染、高凝、微量元素缺乏、内分泌紊乱和免疫功能低下等并发症。

3. 水肿　肾病综合征时低白蛋白血症、血浆胶体渗透压下降，使水分从血管腔内进入组织间隙，是造成肾病综合征水肿的基本原因。近年的研究表明，约 50%患者血容量正常或增加，血浆肾素水平正常或下降，提示某些原发于肾内钠、水潴留因素在肾病综合征水肿发生机制中起一定作用。

4. 高脂血症　肾病综合征合并高脂血症的原因目前尚未完全阐明。高胆固醇和（或）高甘油三酯血症，血清中低密度脂蛋白（LDL）、极低密度脂蛋白（VLDL）和脂蛋白 α 浓度增加，常与低蛋白血症并存。高胆固醇血症主要是由于肝脏合成脂蛋白增加，但是在周围循环中分解减少也起部分作用。高甘油三酯血症则主要是由于分解代谢障碍所致，肝脏合成增加为次要因素。

(五) Fanconi 综合征

一些重金属如镉、汞等中毒，使近曲肾小管受损，重吸收功能障碍，出现低分子量蛋白尿、糖尿、氨基酸尿、高磷酸尿、低钙血症、低钾血症等。一般进展较慢，患者最后可发生慢性肾功能衰竭。长期低钙血症，可引起继发性甲状旁腺功能亢进、肾性骨病。

六、心血管系统

毒物引起心血管病变，近年来引起广泛的重视。主要病变有心肌损害、心律失常、心力衰竭等。例如一氧化碳中毒、氟乙酰胺中毒等可引起心肌损害；有机磷农药中毒、毒鼠强中毒等可引起心律失常。

(一) 发病机制

1. 心肌损害

(1) 毒物直接作用于心肌。

(2) 中毒后造成心肌缺氧　心肌缺氧指心肌氧供相对或绝对不足，心肌的氧需求大于氧供应导致的病理状态，心肌缺氧不一定伴有心肌缺血。心肌做功几乎完全依赖葡萄糖的有氧氧化，无氧酵解对心脏功能几乎没有贡献，而且心肌又是耗氧量最大的器官。因此，心肌对缺氧很敏感。一氧化碳经呼吸道进入血液循环，主要与血红蛋白发生紧密可逆性结合，形成碳氧血红蛋白，使血红蛋白失去携氧功能，一氧化碳与血红蛋白的亲和力比氧与血红蛋白的亲和力大 200～250 倍，而碳氧血红蛋白的解离速度比氧合血红蛋白的解离速度慢 3 600 倍。碳氧血红蛋白不仅本身无携氧功能，还影响氧合血红蛋白的解离，阻碍氧释放，故组织受到双重缺氧作用，一氧化碳中毒可直接引起心肌缺氧。

(3) 毒物引起溶血　溶血反应是红细胞膜破坏，致使血红蛋白从红细胞流出。该现象常见于输血反应及中毒。如砷化氢是强烈的溶血性毒物，它引起的溶血是急性中毒早期死亡的主要原因。心肌严重损害可能原因是心肌除了受砷化氢直接损害之外，更重要的是急剧溶血的后效应损害，比如溶血后贫血致心肌缺血、缺氧、酸中毒、高血钾以及肾衰时代谢废物的毒性作用等均可延缓心肌细胞功能的恢复。

(4) 抑制体内酶系统，影响心肌氧化代谢过程　人体心肌酶谱包括天门冬氨酸氨基转移酶（AST）、乳酸脱氢酶（LDH）及同功酶、a-羟丁酸脱氢酶（a-HBDH）和肌酸激酶（CK）及同工酶（CK-MB）。中毒可导致心肌酶升高。氟乙酰胺进入人体后，脱去氨基转化为氟乙酸，后者与细胞内线粒体的辅酶 A 作用，生成氟代乙酰-辅酶 A，再与草酰乙酸反应，生成氟柠檬酸；氟柠檬酸可抑制乌头酸酶，中断正常的三羧酸循环，妨碍正常的氧化磷酸化过程，使之在体内大量蓄积。急性氟乙酰胺中毒患者存在心肌损害，且心肌酶于病程 3～7 天达到高峰，7～14 天降至正常范围，与其临床表现相符；随着急性氟乙酰胺中毒程度的增加，患者心肌酶的升高幅度也随之增加，急性氟乙酰胺中毒致死亡患者入院时的心肌酶较治愈组明显增高，提示心肌酶的增高程度与预后相关；入院时心肌酶越高，死亡的概率越大。有机磷农药中毒血清肌酸激酶（CK）、肌酸激酶同工酶（CK-MB）活力和肌钙蛋白 I（cTnI）水平均明显增高。

(5) 影响呼吸系统　例如毒鼠强中毒时全身剧烈的持续抽搐、呼吸肌痉挛，会严重影响肺的通气和换气功能，导致缺氧，心肌耗氧量较高，对缺氧敏感，会引起缺氧性心肌病。

(6) 毒物引起血钾、钠、钙等离子改变，尤以血钾改变更为严重。

以上因素可直接或间接造成心肌损害。

2. 心律失常

中毒性心律失常的发生机制可能与毒物干扰心肌代谢，影响自主神经系统和血管运动中枢以及缺氧和离子紊乱等有关。急性中毒可引起各类心律失常：

(1) 窦性心律失常

1) 窦性心动过速：成年人当由窦房结所控制的心律其频率每分钟超过 100 次时称为窦性心动过速。这是最常见的一种心动过速，其发生常与交感神经兴奋及迷走神经张力降低有关。如有机氟吸入主要为窦性心动过速、心电轴异常；敌敌畏中毒可致窦性心动过速。

2) 窦性心动过缓：心率每分钟小于 60 次称为窦性心动过缓，如急性有机锡中毒导致心律失常以窦性心动过缓为主要表现，症状随着积极治疗及病情好转而逐渐消失。

3) 窦性心律不齐：窦性心律的起源未变，但节律不整，在同一导联上 P－P 间期差异＞0.12s 称窦性心律不齐，有机磷农药中毒、毒鼠强中毒等均可引起窦性心律不齐。

(2) 异位心律失常　凡起源于窦房结以外部位(如心房、房室结、希氏-浦肯野纤维系统或心室等)的快速心律失常，均称为异位心律失常。它包括房性、室性、结性心动过速、扑动、颤动、加速的自主心律等。

1) 房性、房室交接处或室性过早搏动：一般以室性早搏最为常见，严重者可出现室性二、三联律或多源性室性早搏。

2) 异位心动过速：如阵发性房性、房室交接处及室性心动过速。

3) 心房扑动、颤动及心室扑动、颤动：仅见于严重中毒病例。

(3) 传导阻滞　房室传导阻滞、室内传导阻滞等。例如乌头碱其毒性主要是对神经系统与心脏的损害，对心脏的毒性作用是刺激心脏的迷走神经，使节后纤维释放大量乙酰胆碱，从而降低窦房结的自律性和传导性，从而引起窦性心动过缓，窦性停搏或房室传导阻滞。乌头碱还对心肌具有损伤作用，使心肌兴奋传导和不应期不一致，复极不同步而易形成折返，从而发生严重心律失常，甚至室颤而死亡。

(二) 临床表现

(1) 中毒性心肌损害临床表现轻重不一，轻者有头晕、乏力、心悸、胸闷，活动后气急等，严重者则可有心悸、气急、心前区隐痛、发绀、心率加速或不齐，或出现室性期外收缩等，少数病例可并发渗出性心膜炎。

(2) 心电图主要反映心脏的电学活动，对各种心律失常快速作出判断。中毒性心律失常主要表现为房性或室性期前收缩，房性、室性或结性心动过速，房扑、房颤等。患者可出现胸闷、胸痛、心悸等不适，亦可因心脏泵血功能差而出现头晕、昏迷等表现。

七、化学品所致的皮肤病

化学品所致的皮肤病是指接触化学物质引起的皮肤及其附属器的疾病。皮肤是人体最大的器官，其角质层、表皮、真皮及皮下组织组成了一个完整的皮肤屏障，对外界物理、化学、生物等有害因素起着重要的防护作用，但这些有害因素的侵袭强度超过皮肤屏障的防护能力，就会导致各种类型的皮肤病。

(一) 发病机制

由化学品引起的皮肤病约占职业性皮肤病的 90%以上，病因按其作用机理可分为原发性刺激物和致敏感物质两大类。

1. 原发性刺激物及其发病机制　常见原发性刺激物包括无机原发性刺激物与有机原发性刺激物，约占化学性病因的 80%左右。刺激物的浓度、接触量和接触时间，与引起皮肤病变的轻重程度有关；所形成的病变常局限于刺激部位。强刺激物可引起任何人首次直接接触部位产生皮肤损害，弱刺激物往往在与皮肤反复或较长时间接触，或存在某些诱因的情况下，使接触者产生皮肤炎症反应，并有个体差异。

2. 致敏感物质及其发病机制　常见的致敏物质有染(颜)料及其中间体、橡胶制品的促进剂和防老剂、天然树脂、合成树脂、塑料及其原料、化工中间体等；以及一些农药、杀虫药、木材类、香料等。

此类物质通常仅使少数人发病，但也有少数致敏物质能使较多的接触者产生皮肤损害。迟发型变态反应的形成过程主要为致敏物(半抗原)与人体蛋白质结合形成抗原初次刺激T细胞,使原淋巴细胞变为致敏淋巴细胞,与再接触的同一致敏原相遇,释放多种活性物质,从而导致迟发型变态反应。

化学结构近似的致敏物,可产生交叉敏感作用,不少化学物质高浓度时为原发性刺激物,低浓度时又为致敏物。对有些化学物质来说,这两种作用往往难以截然划分。

3. 诱因作用　除主要原因外,某些诱因在发病中起一定作用:

(1) 皮肤类型　干燥的皮肤接触有机溶剂、碱性物质,易致皮肤粗糙、干燥、皲裂,有湿疹及神经性皮炎病史者,易发生接触性皮炎、湿疹;油腻或多毛的皮肤,接触各种矿物油类易产生痤疮样损害。

(2) 季节　夏季气温高,皮肤暴露面增多,出汗多,使化学物质易于溶解、粘着,刺激作用增强,故接触性皮炎的发病数一般夏季明显增加,而手部粗糙、角化、皲裂则以冬季多见。

(3) 性别与年龄　女性发病一般高于男性,青年工人易患粉刺类皮肤病及急性皮炎,而慢性湿疹样变化则多见于中年或中年以上的工人。

(4) 生产环境、个人防护及清洁卫生习惯　空气中有害气体、粉尘浓度愈高,则产生皮肤病的机会愈多;个人防护及清洁卫生习惯良好者,在相似的生产环境下劳动,可以不发或少发病。

(二) 临床表现

1. 接触性皮炎　此型占职业性皮肤病90%以上,为在劳动或作业环境中直接或间接接触具有原发性刺激或/和致敏作用的生产性有害因素引起的急、慢性皮肤病变。其中以原发性刺激作用为主,致敏作用较少。涉及职业范围较广,目前较多见的为制药、树脂塑料、化工合成、印染、橡胶、电镀、油漆、电子、机械、五金、玻璃纤维制造等。

(1) 原发刺激性接触性皮炎　急性皮炎呈红斑、水肿、丘疹,或在水肿性红斑基础上密布丘疹、水疱或大疱,破后呈现糜烂、渗液、结痂,自觉烧灼或瘙痒;皮损局限于接触或暴露部位,边界清楚。慢性改变者则呈现不同程度浸润、脱屑或皲裂。

(2) 变应(过敏)性接触性皮炎　皮疹表现与原发刺激性接触性皮炎相似,呈湿疹样改变,伴瘙痒。慢性者呈不同程度的浸润、增厚或苔藓化。皮损初发于接触部位,边界清楚或不清楚,可向周围及远隔部位扩散,甚至泛发全身。病程较长,短者数周;若未得适当处理,长者可达数月甚至数年。

(3) 光接触性皮炎　煤焦沥青、焦油、氯丙嗪及其中间体、磺胺类、卤代水杨酰苯胺等物质具光感作用。毒物到达皮肤后,经日光或人工光源照射而引起皮肤炎症反应。

2. 痤疮和毛囊炎　职业性痤疮和毛囊炎与寻常痤疮的鉴别可根据:① 接触史;② 除好发于青年工人外,中老年工人也常发生;③ 除寻常痤疮的好发部位外,常可发生于首节指背、腕、前臂及大腿伸侧、颈周、耳廓,经常受工作服污染摩擦的其他肢体部位及躯干也可发生;④ 一般经脱离接触后可减轻或痊愈;⑤ 皮损形态也稍具特征性,如卤素族化合物接触工人颧部常出现小片密集黑头粉刺,而毛囊炎性丘疹及结节少见;接触粉状及气态的物质,尚可累及面、颈周受口罩、衣领摩擦的部位。

3. 溃疡　铬酸、砷、锑、氟化合物、氯化锌、氢氧化钙及各种强酸、强碱等,均可引起接触部位的皮肤溃疡。铬酸引起的溃疡呈中央坏死凹陷,周围浸润隆起的"鸟眼型"损害,无痛觉,周围炎症不明显,反复接触不经处理,溃疡可深达骨部。

4. 脓疱疹　接触砷、锑化合物工人,于四肢和躯干产生孤立散在的粟粒至绿豆大小脓疱疹,顶端破溃液排出后形成浅小溃疡,自觉瘙痒并疼痛。

5. 皮肤干燥、角化、皲裂　有机溶剂可使接触部位皮肤脱脂、粗糙、干燥,甚至皲裂。例如接触砷、中等浓度的酸均可产生角化过度现象。

6. 赘生物　长期接触沥青、煤焦油或高沸点馏分油类等,可于手背、腕部、前臂、偶于足背及膝周围,出现疣状赘生物,外观似扁平疣,一般无自觉症状,多见于工龄较长的工人中,脱离接触后,此类赘生物可自行消失。

7. 色素变化　主要有色素沉着(或加深)和色素减退(或缺乏)两种:

(1) 黑变病——色素沉着(或加深)　此型皮肤病大多于发病前在暴露部位反复发生接触性皮炎或皮肤瘙痒,色素沉着发生后,皮炎或皮肤瘙痒可逐渐减轻以致停发,也有少数病例色素沉着在不知不觉中产生。色素沉着一经出现,一般病期较长,药物治疗效果欠佳,完全脱离致病源后效果显著。

临床表现为皮损形态呈网状或片(点)状色素斑,部分伴有毛囊性色素沉着,并可见色素沉着沿皮肤浅表血管走向分布。边界大都模糊,亦可清楚。

呈褐红色、灰黑色、褐黑等。皮面正常或轻度苔藓化或略现萎缩、干燥，眼周、颞、额、颧、耳前为好发部位，颈部、前臂、两手背亦较多见，并可波及腰、胸、背、下肢，大都分布对称，伴有轻度瘙痒。全身症状不明显，少数可有轻度乏力、头昏等。

(2) 白斑——色素减退(或缺乏) 白斑是指接触化学性有害因素引起的色素脱失斑，本病涉及的行业较多，如石油化工、合成树脂、橡胶、伐木、木材加工、造漆、印刷等行业及使用含酚制品的工人、医务人员均可发生白斑皮损。白斑可向颈、腋、胸、背、腹、髂、上臂等非暴露部位扩展，分布基本对称。白斑由黄豆至手掌大小，不规则形，部分中央见岛屿状色素斑点，边缘色素略为增深，界限清楚。经调离工作并治疗后色素逐渐恢复，边界渐模糊。白斑发生前后无皮炎过程，亦无自觉症状。病程慢，白斑的轻重程度与接触时间长短、剂量、是否密切接触有关。

8. *接触性荨麻疹* 接触性荨麻疹常首发于直接接触部位，呈大小不等的水肿性丘疹、风团样损害，皮损亦可向面、颈、四肢暴露部位扩展，偶亦波及躯干，大都脱离接触数小时即可消失，再接触再发作。接触性荨麻疹的临床表现可归纳为 4 种类型：① 发生于接触部位的局限性荨麻疹；② 伴有血管性水肿的接触性荨麻疹；③ 伴发哮喘的接触性荨麻疹；④ 接触性荨麻疹并发过敏性反应，包括过敏性休克及肠道反应等。

9. *皮肤瘙痒* 铜屑及不少化学物质与皮肤接触后可产生皮肤瘙痒，无原发损害可见。铜屑所引起的皮肤瘙痒可能与其含砷有关。调查研究发现，涂用油彩引起皮肤损害的演员中，首位为瘙痒型。如化纤工人中职业性皮肤病，瘙痒型居第二位；胶合板厂生产工人的职业性皮肤病中皮炎为首位，次为瘙痒型。可认为皮肤瘙痒是化学品低浓度时对皮肤的刺激表现。玻璃纤维生产工人常发生剧烈皮肤瘙痒，玻璃纤维除机械性刺激外，生产时所用含双氰胺甲醛树脂等物的润滑油可能也具一定的化学性刺激作用。

10. *皮肤附属器及口腔黏膜的病变表现*

(1) 毛发脱落 砷、锂及其化合物、铊化合物及氯丁二烯可引起毛发脱落。

(2) 毛发过度生长 如某炼焦制气厂油煤气车间裂解重油制取煤气工段，部分女性工人于工作 3 个月后下睑外下方连同颧弓等部位毳毛明显增生变长。长期涂用含矿物油油彩的部分演员中也见有相似表现。

(3) 皮肤、毛发、指甲变色 某些化学物质如二(三)硝基苯酚、对苯二胺、三硝基甲苯、甲萘醌等均能使皮肤、毛发、指甲黄染；长期接触苯酚可引起皮肤褐黄病；长期在高浓度乙酸的环境下工作，可引起手部皮肤发黑；长期接触铜化合物后，面、手、头发、结膜可染成浅黄绿色或黑绿色；呋喃类化合物可引起手足，尤其是足出现黄褐色色素沉着；接触钼丝的工人手部可染成蓝色。

(4) 指甲营养不良 发生砷、铊中毒时，指甲可出现白色横纹(米氏纹)；玻璃纤维拉丝工人常发生甲板前缘与甲床分离，向内推，甲板直径变短，产生疼痛；漂白粉能使指甲变暗、发脆、变薄；氧化钙可使指甲呈匙甲或扁平，接触其他碱液亦可有此损害。

(5) 甲沟炎 见于葡萄糖制造工人及缫丝工人，两手指甲板周围红肿、疼痛，甚至溢脓，并伴甲板粗糙不平。

(6) 口腔黏膜病变 汞、铅能在齿龈部位形成灰蓝色金属沉着线。慢性汞中毒常出现口腔黏膜溃疡、齿龈炎，铋化合物及氟化氢亦可引起齿龈炎。

11. *其他* 接触生漆、磺酰氯等，两手、前臂及小腿可产生多型红斑样损害。有机汞中毒患者，少数伴随高热发出麻疹样红斑，严重者可发生剥脱性皮炎。某印刷厂因使用干酪素做上光剂，工人受其中滋生的粉恙螨而发生丘疹性荨麻疹样损害，呈散在豆大水肿性淡红至红色斑丘疹、丘疱疹中央见针尖大小黑点或水疱。

八、化学品所致的眼病

(一) 发病机制

化学品所致眼病分两种，一种是化学毒物与眼接触直接作用于眼组织，造成损伤；另一种是指化学毒物进入体内，引起视觉改变或其他眼部病变，是全身中毒表现之一。

1. *化学品直接接触导致的眼部损伤* 直接导致眼部损伤的化学毒物以酸、碱为主，也可见于其他含有化学物质的气体、液体或固体物质所致眼组织的腐蚀破坏性损害(具体见表 2-1)。此类化学物质直接刺激、灼伤眼组织(包括眼睑、结膜、角膜等)，或者引起过敏反应、色素沉着，且随着时间的推移向眼组织深部渗透，导致眼组织损伤更为严重。

表 2-1 致眼损伤的常见化学物质

分 类	化 学 品 名称
酸性化合物	盐酸、氯磺酸、硫酸、硝酸、铬酸、氢氟酸、乙酸(酐)、三氯乙酸、羟乙酸、巯基乙酸、乳酸、草酸、琥珀酸(酐)、马来酸(酐)、柠檬酸、己酸、2-乙基乙酸、三甲基己二酸、山梨酸、大黄酸
碱性化合物	碳酸钠、碳酸钾、铝酸钠、硝酸钠、钾盐镁钒、干燥硫酸钙、碱性熔渣、碳酸钙、草酸钙、氰氨化钙、氯化钙、碳酸铵、氢氧化铵、氨水
金属腐蚀剂	硝酸银、硫酸铜或硝酸铜、乙酸铅、氯化汞(升汞)、氯化亚汞(甘汞)、硫酸镁、五氧化二钒、锌、铍、肽、锑、铬、铁及锇的化合物
非金属无机刺激及腐蚀剂	无机砷化物、三氧化二砷、三氯化砷、砷化氢、二硫化硒、磷、五氧化二磷、二氧化硫、硫酸二甲酯、二甲基亚砜
氧化剂	氯气、光气、溴、碘、高锰酸钾、过氧化氢、氟化钠、氢氰酸
刺激性及腐蚀性碳氢化物	酚、来苏儿、甲氧甲酚、二甲苯酚、薄荷醇、木溜油、三硝基酚、对苯二酚、间苯二酚、硝基甲烷、硝基丙烷、硝基萘、氨基乙醇、苯乙醇、异丙醇胺、乙基乙醇胺、苯胺染料(紫罗兰维多尼亚蓝、孔雀绿、亚甲蓝)、对苯二胺、溴甲烷、三氯硝基甲烷
起疱剂	芥子气、氯乙基胺、亚硝基胺、路易士气
催泪剂	氯乙烯苯、溴苯甲腈
表面活性剂	氯化苄烷胺、局部麻醉剂、鞣酸、除虫菊、海葱、巴豆油、吐根碱、围涎树碱、秋水仙、蓖麻蛋白、红豆毒素、柯亚素、丙烯基芥子油
有机溶剂	汽油、苯精、煤油、沥青、苯、二甲苯、乙苯、苯乙烯、萘、α 和 β 萘酚、三氯甲烷、氯乙烷、二氯乙烷、二氯丙烷、甲醇、乙醇、丁醇、甲醛、乙醛、丙烯醛、丁醛、丁烯醛、丙酮醛、糠醛、丙酮、丁酮、环己酮、二氯乙醚、二恶烷、甲酸甲酯、甲酸乙酯、甲酸丁酯、乙酸甲酯、乙酸乙酯、乙酸丙酯、乙酸戊酯、乙酸苄、碘乙酸盐、二氯乙酸盐、异丁烯酸甲酯
其他	速灭威、二月桂酸二丁基锡、N,N-二环乙基二亚胺、己二胺、洗净剂、除草剂、新洁尔灭、去锈灵、环氧树脂、龙胆紫、甲基硫代磷酰氯、甲胺磷、、二异丙胺基氯乙烷、四氯化钛、三氯氧磷、异丙嗪、苯二甲酸二甲酯、正香草酸、辛酰胱氨酸、氟硅酸钠、环戊酮、聚硅氧烷、网状硅胶、溴氰菊酯

2. 化学品进入体内所引起视觉改变或其他眼部病变　如甲醇中毒作用于视神经中轴及黄斑所致的视力减退甚至失明;毒物作用于大脑皮质所致的幻视;毒物作用于神经引起视神经炎所致的睑下垂;毒物作用于大脑枕叶皮质病变引起黑朦等;毒物作用于视网膜周边及视神经外围的神经纤维导致视野缩小。

(二) 临床表现

1. 化学物质的气体、烟、粉尘或化学物质的碎屑,液体接触到眼部,可发生色素沉着、过敏反应、刺激炎症或腐蚀灼伤。

(1) 色素沉着　如醌、对苯二酚等,可使角膜、结膜染色;银、汞等,可沉着于角膜或结膜内。

(2) 过敏反应　某些人对汞敏感,当眼部接触汞化合物,可发生眼睑皮炎,结膜充血、水肿。

(3) 刺激炎症　角膜、结膜容易因刺激发生炎症反应,大多数化学物质对眼有刺激作用。刺激性较强的化学物质可引起急性角膜结膜炎、角膜表层水肿、上皮脱落、结膜充血、水肿、患眼灼痛、怕光、流泪;刺激性较弱的化学物质,长时期接触,可引起慢性结膜炎或眼睑炎。

(4) 腐蚀灼伤　腐蚀性化学物,如硫酸、盐酸、硝酸、氢氧化钾、烧碱、石灰、氨水等,可使接触处角膜、结膜坏死糜烂,同时酸、碱由接触处迅速向深部渗入,可损坏眼球内部,发生虹膜睫状体炎、青光眼或白内障。灼伤溃疡可致眼球穿孔,愈后遗留角膜白斑、新生血管、睑球黏连、倒睫、睑内翻或兔眼。可致视力严重减退、失明或眼球萎缩。酸可使蛋白质凝固;碱除可使组织蛋白迅速凝结和细胞坏死外,还能与组织中的类脂质起皂化作用,使脂肪溶解。故碱灼伤比酸灼伤更严重。两种灼伤和预后都决定于接触的时间和浓度。

1) 酸性烧伤　酸性物质可使蛋白质凝固,所以酸性烧伤的创面较浅,边界清楚,坏死组织较易脱落和修复。浓硫酸吸水性强,可使有机物变炭黑色;硝酸创面,初为黄色后转变黄褐色;盐酸腐蚀性较差,亦呈黄褐色。有机酸中以三氯醋酸的腐蚀性为最强,可以使组织呈白色坏死。

2) 碱性烧伤　碱性物质除可使组织蛋白迅速凝结和细胞坏死外,还能与组织中的类脂质起皂化作用,使脂肪溶解,所以碱性烧伤发展快,病程长,并发症多,预后不良,是一个复杂而漫长的病理过程。碱性烧伤分为 3 期:① 急性期烧伤后数秒钟至 1 周。表现为角膜、结膜上皮坏死、脱落和结膜水肿缺血、角膜基质层水肿混浊,角膜缘及附近血管广泛血栓形成、出血。甚至可有急性虹膜炎，以至前房出现大量絮状渗出。重度碱烧伤者角膜呈瓷白色，无法窥及眼内组织情况，由于虹膜及睫状体缺血坏死，房水分泌减少，眼压明显降低；② 修复期大体在伤后7天至2周末角膜上皮开始再生，新生血管渐侵入角膜，虹膜炎趋向静止；③ 并发症期在烧伤后2周进入并发症期，常有反复持久的无菌性角膜溃疡，导致角膜穿孔。

睑球结膜的坏死组织脱落后产生瘢痕愈合，形成皱缩，穹窿缩短或消失，睑球黏连或形成角膜白斑、肉样血管翳，甚至发生眼睑闭锁，发展成眼球干燥、葡萄膜炎、白内障、青光眼或眼球萎缩等。

2. 某些化学品可引起眼部病变，显现相应症状。眼部症状，可为全身中毒症状的一部分，也可为单独的眼病表现。如属前者，当检查眼部时，常无局部病变发现。症状随全身中毒症状而出现或者消退；如属后者，在眼部检查时，通常有局部病变发现，症状随眼部病变进展或者消退。眼部病变可发生在眼睑、眼球、视网膜或球后视神经等各部，有些病变可能在全身中毒症状消退后仍然遗留。

以下归纳几种症状和病变，并例举一些致病的化学物质，为临床检查提供参考。

(1) 黑朦：常见于急性一氧化碳、氰化物、有机汞等中毒；由于毒物作用于大脑枕叶损伤皮质所致。

(2) 视野缩小：常见于急性一氧化碳、有机砷、有机汞、碘酸钾、三硝基甲苯、氯喹、奎宁、四氯甲烷、三碘甲烷、二硫化碳，甲醇等中毒。由于毒物作用于视网膜周边及视神经外围的神经纤维所致。

(3) 中心暗点：常见于急性铊、二硫化碳、氯甲烷、溴甲烷、三碘甲烷、四氯甲烷、碘酸钾、甲醇、三硝基甲苯，氯喹等中毒，由于毒物作用于视神经中轴及黄斑而引起。

(4) 幻视：常见于急性溴化物、溴甲烷等中毒，由于毒物作用于大脑皮质所致。

(5) 复视：常见于急性一氧化碳、二硫化碳、铊、有机锡、甲醇、氯甲烷、溴甲烷、三氯乙烯、氯喹等中毒。

(6) 瞳孔缩小：常见于有机磷、三碘甲烷等中毒。

(7) 眼睑病变：

1) 睑下垂：常见于急性铊、有机汞、甲醇等中毒。由于神经炎引起。

2) 睑水肿：由致敏物质引起。

(8) 眼球震颤：常见于二硫化碳、溴化物、有机汞等中毒。

(9) 白内障：常见于萘、四氢萘、十氢萘、硝基萘、二硝基萘、三硝基甲苯等慢性作用。

(10) 视网膜脉络膜病变：

1) 视网膜化学物质沉着：常见于接触银、汞、萘、四氢萘等。

2) 视网膜水肿：常见于急性碘化物、甲醇等中毒。

(11) 视神经病变：

1) 视神经乳头水肿：常见于急性有机锡、一氧化碳、三氯乙烯等中毒。

2) 视神经乳头炎：常见于甲醇等中毒。

3) 球后视神经炎：常见于急性一氧化碳、锰、氯甲烷，三碘甲烷、三氧乙烯等中毒。

4) 视神经萎缩：常见于铊、有机锡、有机砷、甲硫化碳、氰化物、三碘甲烷、四氯甲烷、硝基三氯甲烷、三氯乙烯，二硝基氯苯、甲醇、氯喹等中毒。多继发于视神经乳头水肿或视神经炎。

九、化学品所致的肿瘤

化学品所致肿瘤是指在工作环境中接触化学性致癌因素，经过较长的潜隐期而患的某种特定肿瘤。在职业因素所致肿瘤中，90%以上为化学物质所致的肿瘤。

(一) 化学品所致肿瘤的特点

1. *病因明确* 化学品所致肿瘤具有明确的化学物质接触史，发病率与接触致癌因素的强度(环境污染、致癌物的毒性、进入人体的途径与方式、工作环境其他因素的联合作用)和持续接触时间有密切关系。但并不是所有肿瘤都与接触化学品相关，如食管、胃、肠道的肿瘤几乎与化学物质接触无关。

2. *肿瘤好发部位或范围比较固定* 化学品所致肿瘤多发生于与致癌物接触机会最多、作用最强烈或对某些致癌物有特别的亲和性的部位。如肺和皮肤是化学性致癌物进入机体的主要途径和直接作用的器官，故化学品所致的肿瘤多见于皮肤和呼吸系统(气管、咽喉、鼻腔、肺脏等)。当然，肿瘤也可以发生在接触的远隔部位，如皮肤接触芳香胺类物质，却诱发膀胱癌。此外，化学性致癌物也可以引起多部位的癌症，如砷可以导致肺癌，也可引起皮肤癌。

3. *有一定的潜隐期* 潜隐期指从接触于已确认的化学性致癌物始到确诊该化学性致癌物所致肿瘤时的间隔时间。潜隐期长短不一，短者1～5年，长期可达30年以上。如氯乙烯所致肝血管肉瘤的潜隐期为1年以上，苯所致白血病的潜隐期为2年以上，而石棉所致间皮瘤和肺癌的潜隐期为15年以上。

4. *剂量—反应关系* 对于大多数化学品来说，其毒性作用存在剂量—反应关系。但对于肿瘤，虽然肿瘤研究者认为致癌效应是无阈值的，但在实际中所见情况仍有剂量(或接触水平)与反应之间的相关关系。所以接触剂量高者，发病较快，潜隐期短。

5. *肿瘤类型* 化学品所致肿瘤与一般肿瘤在临床表现上、病理组织学类型上并无多大区别，但是较一般的肿瘤年龄较轻，而且肿瘤的恶性程度也较高。

(二) 化学品所致肿瘤的临床表现

化学品所致肿瘤的临床表现与一般肿瘤大致相同，主要根据肿瘤的细胞成分、发生部位或受侵犯部位、发展程度等，而表现出相应的症状体征。常见的临床表现包括局部肿块、疼痛、病理性分泌物、溃疡、出血、梗阻、积液等相应症状体征；亦常伴有如发热、消瘦、乏力、贫血或恶病质等表现；也常常伴随着多器官功能紊乱等相应表现。而不同之处，主要有以下几点：

1. 化学品所致肿瘤病因明确，多因接触化学性致癌因素5～15年发病，发病时间较普通肿瘤略早。

2. 某些化学品所致的肿瘤是由强致癌因素引起，其恶性程度较高。如二氯甲醚肺癌以未分化细胞为主，青石棉引起弥漫性间皮瘤。

3. 化学品所致的某些肿瘤有多发倾向，是致癌因素在体内广泛作用的表现，如砷可致皮肤癌、肺癌和肝血管肉瘤；氯乙烯可致肝血管肉瘤、肝癌、脑瘤。

4. 有些化学品所致肿瘤常呈多发性或易复发性，如砷致皮肤癌，多见于白种人的芳胺膀胱癌等。

(三) 辅助检查

1. *血液检查* 血液检查是早期发现肿瘤的重要手段，主要检测血液中各种肿瘤标志物，则可及早发现、鉴别各种恶性肿瘤。如甲胎蛋白(AFP)、癌胚抗原(CEA)、癌抗原15-3(CA15-3)、癌抗原19-9(CA19-9)、癌抗原72-4(CA72-4)、癌抗原242(CA242)、癌抗原242(CA242)、非小细胞肺癌相关抗原(CYFRA 21-1)、小细胞肺癌相关抗原(神经元特异性烯醇化酶，NSE)、鳞状细胞癌抗原(SCC)等。

2. *B超* 利用彩色多普勒成像技术，可清晰地发现全身大多数器官是否有肿块及病变。

3. *X线胸片* X线穿过人体后，因器官、组织密度不同呈现影像，由此可直接显示肺部肿瘤，也可通过肺气肿、阻塞性肺炎、胸水等间接性改变寻找胸部肿瘤。

4. *计算机X线断层扫描CT(Computed Tomography)* 包括CT常规扫描、薄层扫描和高分辨扫描。而螺旋CT则较常规CT具有不遗漏病灶、可进行图像重建和后处理等优点；对疑似病灶可行CT增强扫描，尤其可用于肺门及纵隔淋巴结与血管的鉴别与定性，肺内结节性病灶的定性等。

5. *内镜检查* 如纤维支气管镜、鼻咽镜、喉镜、胃镜、肠镜等。可通过电子镜直接用肉眼观察各管腔器官黏膜的色泽、血管纹理、腺体开口形态，来识别有无病变，对可疑病灶可做活检确诊。

6. *正电子发射计算机断层显像PET-CT* PET-CT将PET与CT完美融为一体，由PET提供病灶详尽的功能与代谢等分子信息，而CT提供病灶的精确解剖定位，一次显像可获得全身各方位的断层图像，具有灵敏、准确、特异及定位精确等特点，可一目了然地了解全身整体状况，达到早期发现病灶和诊断疾病的目的。

(四) 诊断原则

化学品所致肿瘤与一般的肿瘤在诊断方面比较，除了利用各种现代诊断技术方法进行临床诊断以外，要有明确的化学性致癌物长期接触史，出现原发性肿瘤病变，结合实验室检测指标和工作现场职业卫生学调查，经综合分析，原发性肿瘤的发生应符合工作场所化学性致癌物的累计接触年限要求，肿瘤的发生部位与所接触化学性致癌物的特定靶器官一致并符合肿瘤发生、发展的潜隐期要求，方可诊断。

(五) 常见的化学品所致肿瘤

1. *化学品及所致呼吸道肿瘤* 在化学品所致的肿瘤中，呼吸道肿瘤占很大的比例。目前，我国已知对职业人群具有致呼吸道肿瘤作用的物质有石棉、砷、煤焦油类物质、氯甲醚类等。

(1) 石棉所致肺癌、间皮瘤 石棉是国际公认的致癌物质，1955年已被确认。在其后大量的调查研究中,证明肺癌是威胁石棉工人健康的一种主要疾病,占石棉工人总死亡的 20%。从接触石棉至发病的潜隐期一般为 15 年以上,并呈明显的接触水平-反应关系。流行病学调查表明,石棉致癌作用的强弱与石棉种类及纤维形态有关,而且石棉还可致胸腹膜间皮瘤。

(2) 氯甲醚、双氯甲醚所致肺癌:工业上氯甲醚和双氯甲醚多用于生产离子交换树脂。两种化合物对呼吸道黏膜均有强烈的刺激作用。大量研究证明,氯甲醚类可致肺癌。据上海市调查表明,氯甲醚类作业工人的肺癌发病率为 889.68/10 万,肺癌死亡率为 533.81/10 万,显著高于非接触人群,且呈剂量-反应关系。氯甲醚类所引起的肺癌多为燕麦细胞(未分化小细胞)型肺癌,恶性程度高。潜隐期一般为 4 年以上(含 4 年)。

(3) 砷及其化合物所致肺癌:对职业人群的调查证明,接触无机砷化合物可引起呼吸道肿瘤,特别是肺癌。含砷有色金属冶炼,特别是铜冶炼工人因接触氧化砷,肺癌发病率比普通人群显著增高。据湖南省职防部门对开采和冶炼砷的某雄黄矿调查表明,肺癌发病率高达 234.2/10 万,比长沙市居民高 25.1 倍,比雄黄矿所在县的居民高 101.8 倍。调查已证实,接触砷的累积剂量与呼吸道肿瘤死亡率有明确的接触水平-反应关系。潜隐期一般为 6 年以上(含 6 年)。

(4) 焦炉逸散物所致肺癌　焦化厂焦炉作业工人在长期接触焦炉逸散物后发生的与其职业性接触有病因学联系在肺部发现的原发性恶性肿瘤。焦炉逸散物中含有大量的致癌性多环芳烃,可使焦炉作业人群的肺癌率(发病率或死亡率)显著高于一般人群(非暴露人群,标准人群或比较人群),肺癌率随接触量、接触工龄和开始接触后的年数增加而增高。潜隐期 10 年以上(含 10 年)。

(5) 六价铬化合物所致肺癌　对职业人群流行病学的调查已证明,从事铬酸盐生产的工人的肺癌发病率比一般人群高,其肺癌死亡约占全部死亡的 20%~45%(一般人群仅为 1%~2%);在全部癌症中,肺癌约占 50%~80%(一般人群为 8%~12%);铬酸盐生产工人发生肺癌死亡的危险度比一般人群高 3~30 倍。潜隐期 4 年以上(含 4 年)。

(6) 毛沸石所致肺癌、胸膜间皮瘤:因接触毛沸石粉尘所致,潜隐期 10 年以上(含 10 年)。

2. 化学物质及所致皮肤癌

(1) 砷及其化合物所致皮肤癌　接触砷及其化合物可诱发皮肤癌。临床表现为,早期见四肢及面部皮肤出现过度角化、色素沉着、溃疡形成。这些变化属于癌前病变,进一步发展成扁平细胞角化癌或腺癌。潜隐期 5 年以上(含 5 年)。

(2) 煤焦油、煤焦油沥青、石油沥青所致皮肤癌　煤焦油类物质所致接触工人的皮肤癌最常见。在煤焦油、煤焦油沥青、石油沥青中,主要含致癌力最强的苯并(a)芘及少量致癌性较弱的其他多环芳烃。潜隐期 15 年以上(含 15 年)。

3. 化学品及所致膀胱癌

(1) 联苯胺所致膀胱癌　联苯胺是 23 种有害芳香胺中一种,联苯胺致癌的毒性最强,按照世界卫生组织的划分属于三级致癌物第一组,联苯胺可以导致膀胱癌。潜隐期 10 年以上(含 10 年)。

(2) β-萘胺所致膀胱癌　β-萘胺,即 2-萘胺,是制造染料的中间产物或橡胶塑料工业的防老剂。萘胺可经皮肤吸收,生成高铁血红蛋白,造成血液中毒。β-萘胺是烈性致癌物质,主要导致膀胱癌。潜隐期 10 年以上(含 10 年)。

4. 化学品所致其他肿瘤

(1) 苯所致白血病:苯是有特殊芳香味的无色液体,可作为溶剂和稀释剂,用于油漆、涂料和粘胶剂,主要以蒸气形式由呼吸道吸入。苯的急性毒作用为中枢神经麻醉,慢性毒作用主要影响骨髓造血功能,表现为再生障碍性贫血和致白血病作用。接触高浓度苯可引起白血病,慢性苯中毒所致白血病中以急性粒细胞性白血病最常见,也可引起较罕见的红细胞白血病。慢性苯中毒白血病的发病通常继发于全血细胞减少或再生障碍性贫血之后。潜隐期 2 年以上(含 2 年)。

(2)氯乙烯所致肝血管肉瘤　氯乙烯所致肝血管肉瘤又称血管内皮细胞肉瘤或恶性血管内皮瘤,是由肝窦细胞异形增生所形成的原发性恶性肿瘤。它是血管源性恶性肿瘤中最常见的一种。多见于接触高浓度氯乙烯的清釜工,潜隐期 1 年以上(含 1 年)。

第3章

职业中毒的治疗

当外界某化学物质进入人体后，与人体组织发生反应，引起人体发生暂时或持久性损害的过程，并呈现的疾病状态称为化学中毒。生活中的中毒有意外中毒、他杀中毒(投毒)、自杀中毒、滥用药物导致的中毒以及环境污染导致的中毒。在临床上可以分为急性中毒(毒物进入体内后 24 小时内发病)、慢性中毒(毒物进入体内后 2 个月后发病)、亚急性中毒(介于急性和慢中毒之间)。按发生原因则可分为职业性、生活性、意外和投毒等。其中职业性中毒最为常见，本章以职业中毒为例，探讨化学中毒的治疗。

一、治疗原则

职业中毒的治疗原则与一般内科疾病相同。由于中毒病因明确，临床病程有其特点，故治疗方法亦有一定的特殊性。治疗可分为病因治疗、对症治疗及支持治疗 3 大类。

病因治疗的目的是解除中毒的病因，采取排毒措施，以及解除毒物毒作用的治疗，故又称为特殊治疗。

对症治疗旨在解除毒物引起的主要病变，以达到控制病情发展、保护重要器官、促进损害器官恢复其功能与减轻症状的目的。由于目前许多毒物尚无特效解毒剂，故在急性中毒的抢救以及促使慢性中毒患者恢复的过程中，对症治疗往往占重要地位。即使有特效解毒剂，对症治疗亦不可忽视。

支持治疗主要是提高患者身体素质及抗病能力，促使机体早日恢复健康。

以上三类治疗之间，相辅相成，不能机械分割。

(一) 急性中毒的治疗原则

急性职业中毒因病变进展迅速且同时中毒人数可能较多，耽误救治时间则往往造成严重后果。故需组织力量，分工协作，开展紧张而有秩序的工作，使中毒患者得到及时良好的治疗。

1. 现场处理

(1) 先将患者抢救出现场，对重症者应注意其意识状态、瞳孔、血压、呼吸及脉率，以初步掌握病情。若发现有呼吸循环障碍时，应立即进行心肺复苏。呼吸骤停时，立即开放气道，清除气道分泌物及异物，进行口对口人工呼吸，在短时间内可维持肺功能正常者的生命，防止缺氧，但救护者应注意避免吸入患者呼出之毒气。且同时做好插管准备。心跳骤停时应立即进行胸外心脏按压。有抽搐时应及时控制。

(2) 及时清洗污染的皮肤、黏膜。立即用大量流动清水冲洗 20～30 min，至少 15 min。碱性物质灼伤后冲洗时间应延长。

(3) 对当时病情较轻者作必要的医学观察，并采取措施，防止病情恶化。

现场急救措施非常重要，如处理得当，可以防止病情发展，并为下一步治疗打下良好基础；如不积极采取措施，等待转送，可能耽误治疗。故基层医务工作者必须熟悉毒物之毒性，掌握现场急救措施。基层医疗单位应备有必要的医疗抢救器材物品。

转送医院途中注意观察患者呼吸、脉搏及意识，随时采取必要措施，如吸氧、补液等。昏迷者取下假牙，将舌引向前方，以保证呼吸通畅。如有缺氧，应给予吸氧至入院治疗后持续一定时间，这也有利于一氧化碳及某些气态毒物经呼吸道排出。

2. 中止毒物的继续吸收

皮肤污染如当时冲洗不够彻底，再用清水彻底冲洗，尤其注意头发、颈部及皮肤皱褶处；必要时可配制中和剂冲洗，如黄磷灼伤，用 1%～2%硫酸铜冲洗或湿敷，可使黄磷成为磷化铜而沉淀，防止黄磷经皮肤再吸收。常见化学物灼伤经冲洗后的进一步急救处理见表 3－1。

表 3－1　常见化学性灼伤的进一步急救处理

化学物质	局部的急救处理
硫酸、硝酸、盐酸、一氯醋酸等	立即用 5%碳酸氢钠溶液冲洗后，再用清水冲洗，然后用氧化镁、甘油（1∶2）糊剂外涂
氢氧化钠（钾）、氨、碳酸钠（钾）等	用 2%醋酸或 4%硼酸溶液冲洗，再用清水冲洗，然后以 3%硼酸溶液湿敷或 5%～10%硼酸软膏外涂
氢氟酸	以饱和氢氧化钙溶液冲洗，如为肢体，浸于溶液中，如有水疱，切开水疱或抽去疱液，然后酌情涂上氧化锌、甘油糊剂；灼伤面积超过 2%，应同时立即用 25%葡萄糖溶液 40 ml＋10%葡萄糖酸钙 10 ml 静脉注射，如面积较大且出现抽搐症状，可重复推注葡萄糖酸钙。灼伤部位钙离子透入治疗，具有良好的止痛作用
苯酚	先以大量清水或肥皂水冲洗，继以 30%～50%酒精擦洗，再以饱和硫酸钠液湿敷。24 h 内忌用油膏
黄磷	立即用清水冲洗，如为肢体，浸泡于流动清水中，刷除皮面磷粒。继以 2%硫酸铜溶液冲洗，再以 5%碳酸氢钠溶液冲洗，然后以生理盐水湿敷，必要时转外科作扩创术，忌用含油敷料。如由五氧化磷、五氯化磷、五硫化磷等所致灼伤，禁忌直接用水洗，应先用布、纸、棉花或砂土等吸去毒物，再用水冲洗
铬酸	以 5%硫代硫酸钠溶液冲洗，再以清水冲洗，然后涂 5%硫代硫酸钠软膏或 3%二巯基丙醇软膏
溴	立即以清水冲洗，继以 50%～70%酒精洗涤，再以 5%碳酸氢钠溶液冲洗并湿敷
氧化钙（生石灰）	先用植物油清除皮肤上沾染的石灰微粒，再以 2%醋酸溶液洗涤
氟化钠	以 5%氯化钙溶液清洗
氯乙烯	用大量清水冲洗后以 5%碳酸氢钠溶液冲洗或湿敷
氧化锌、硝酸银	用水冲洗，再以 5%碳酸氢钠溶液洗涤
硫酸二甲酯	先以大量清水冲洗，再以 5%碳酸氢钠溶液冲洗或湿敷
焦油、沥青	切忌用汽油擦洗，应迅速用冷水使其降温，再用医用石蜡油或麻油清除创面上的焦油或沥青

某些化学性灼伤的皮损颜色略具特征性，如硝酸灼伤呈黄色，盐酸、硫酸灼伤呈黑色，氢氟酸灼伤按程度轻重呈乳酪色、青灰或酱油色至黑褐色，苛性钠和石炭酸灼伤呈白色，氯磺酸和氯化汞灼伤呈灰白色，磷灼伤局部在暗处可见磷光。除询问接触史外，还可辨别皮肤的变色以帮助正确选择冲洗剂。

经口中毒，毒物为非腐蚀性者，应立即用催吐或洗胃等方法清除。

3. 尽速排出或中和已吸收入体内的毒物

（1）血液净化（BP）疗法　近年来血液净化疗法已成为某些急性中毒抢救的主要措施。血液净化可以利用物理、化学或免疫方法来清除血中致病物质，同时补充人体所需物质，纠正内环境紊乱，减缓中毒患者的脏器损害进程，代替肾脏的排泄功能并提供支持治疗。

血液净化疗法主要适用于：① 引起较严重中毒的毒物或其代谢物能经血液净化清除的；② 有肾功能衰竭者。根据报道通常可经血液净化疗法清除的毒物有乙醇、甲醇及其代谢物、四氯化碳、氯化杀虫剂、环氧乙烷、多氯联苯、某些有机磷杀虫剂及某些药物等，亦常用于严重砷化氢中毒引起的肾功能衰竭者。有指征时宜及早使用。

目前常用血液净化的方式包括血液透析、血液滤过、血液灌流、血浆置换、免疫吸附等。血液净化方式的选择可根据病情和不同血液净化技术的特点，灵活地采用不同的血液净化方式或其组合方式，以更加合理、有效、及时地清除血中毒物。

血液透析（Hemodialysis，HD）是将患者体内的血液导入透析机中，用透析膜将血液与透析液分隔开，利用半透膜的对流、扩散原理，实现对血液中致病物质及液体的清除。HD 的清除率与毒素本身的理化特性及透析系统的特性有关，HD 适用于分子量较小（＜500 u）、水溶性高、蛋白结合率低、血中分布浓度高的物质的清除。目前通过技术改良，HD 已衍生出高通量透析、高效透析等技术。新技术对分子量 1 ku 以下及蛋白结合率高的毒物都有一定清除作用。

血液灌流（Hemoperfusion，HP）是利用物理吸附的原理，将患者的血液引入装有固态吸附剂的装置以清除体内有毒物质的技术。相比 HD，HP 适用于清除大分子量、脂溶性、蛋白质结合率较高的毒物。其缺点是会损害血液的有形成分，操作复杂，可发生感染。HP 对毒物具有非选择性的吸附作用，尤其适用于多种毒物的混合中毒。

血浆置换（Plasma Exchange，PE）是通过离心

或过滤装置，将引至体外的血液用离心法或过滤法分离血浆及细胞成分，弃去血浆后用捐献血浆、白蛋白、新鲜冰冻血浆、去冷沉淀血浆以及红细胞替代，再与细胞成分一同输回患者体内的技术，以清除血液中的毒物。PE适用于大分子量、蛋白结合率高（>80%）、低分布容积物质的清除，溶血时可同时清除红细胞的破坏物，且清除速度高于HD、HP，为治疗急性中毒的有效手段。

血液滤过（Hemodiafiltration，HDF）是模仿正常肾小球的清除方式，使血液通过一特制的滤器，用提高跨膜压力的方法，使其滤过率接近正常肾小球，以清除过多的体液、中分子物质及血清磷酸根等，其疗效优于血液透析，设备简单，不需透析液，不易发生失衡综合征，已试用于清除某些药物，是一更为理想的方法。有文献报道，HDF与HD、CRRT等技术联用对百草枯、铊、有机磷农药等急性中毒有显著疗效。

连续性肾脏替代治疗（Continuous Renalreplacement Therapy，CRRT）是一组缓慢且连续清除血液中的致病物质及多余水分的血液净化技术的总称，与其他血液净化技术相比，CRRT对患者的内环境稳定及血流动力学的影响较小，并且可以一次性超滤大量液体，但对有毒物质清除率不高，故仅适用于血流动力学不稳定、无法耐受其他间歇性血液净化技术或需要大量超滤水分的中毒患者。

腹膜透析（Peritoneal Dialysis，PD）是通过腹腔置管引入与导出透析液，以腹膜作为透析膜，利用扩散和超滤的原理来清除体内物质，并纠正患者的水电解质平衡紊乱。PD适用于中分子物质的清除。由于无须将血液引至体外，PD对机体内环境影响较小，适于心血管系统不稳定、年老、糖尿病肾病及幼龄患者的治疗。腹膜透析在中毒后24 h内进行，效果较好。

体内毒物的排除速度，取决于① 毒物分子量的大小，不同的BP技术受其设备及原理的限制所能清除的物质分子量范围也不同。一般来讲中小分子类毒物中毒推荐HD或HF治疗，大分子毒物中毒则推荐HP治疗。② 表观分布容积（Vd）。Vd反映了毒物在血液与组织中的分布情况。Vd大的毒物主要分布于组织，机体的内源性代谢较慢，BP较难清除。一般这类毒物都有二次分布现象即吸收入血后再被组织吸收，所以对Vd大的毒物应尽快在二次分布前用BP技术清除。Vd小的毒物（如锂、甲醇、碘、茶碱）主要分布于血液，BP清除效果好。③ 蛋白结合率。指毒物入血后与血浆蛋白（主要为白蛋白）结合成为结合型的能力。结合型毒物无法被机体及BP清除，只有游离型可被清除，故蛋白结合率越高，BP清除效果越差。且毒物与蛋白结合后其分子量增大，影响BP的效果。④ 溶解性。毒物根据溶解性可分为脂溶性和水溶性。一般脂溶性越高，毒物的蛋白结合率越高，清除率越低。⑤ 反跳。部分毒物吸收入血后会从血中再分布到组织及细胞中，以结合型毒物储存，即二次分布，当血液中毒物浓度下降时，组织或细胞中的毒物会被重新释放入血，导致血液的毒物浓度再次上升，这种现象被称作反跳。蛋白结合率越高的毒物发生反跳的可能性越大。脂溶性毒物可迅速与含脂质的脑组织结合，而引起中枢神经系统症状，大量毒物可蓄积于脂肪组织中，不易被透析清除，当血液内毒物浓度降低时，脂肪组织毒物可释放出来，使症状"反跳"，故疗效较差。此时应用CRRT治疗更为有效。

（2）中和毒物或其分解产物　用某些药物中和毒物或中和其在体内的分解产物，以降低其毒性，亦为主要的解毒措施。如急性甲醇、溴甲烷或碘甲烷的分解产物为酸性，中毒时口服碱性药物如碳酸氢钠或注射乳酸钠，能起一定的中和作用；吸入氯气等刺激性气体，用4%碳酸氢钠喷雾吸入，也可使症状缓解。

（3）换血疗法　对急性砷化氢中毒引起的严重溶血，以及严重苯的氨基硝基化合物中毒的一些病例，可考虑换血。换血主要为补充新鲜血浆（库血含氨量较高，严重中毒时不宜使用），并可排除血液中毒物。但换血疗法需血量大，亦易发生输血反应，有一定的危险性，疗效有时也不够理想，故应严格掌握换血指征。目前由于血液净化技术日臻成熟及普及，已基本取代换血疗法。

（4）"沉淀"疗法　用药物使毒物生成不溶性物质，防止毒物在体内再吸收。如氯化钡、碳酸钡中毒，可用2%～10%硫酸钠10%～20 g/d静脉注射，使其与血液内以及从肠道排泄的钡离子结合而解毒。普鲁士蓝治疗铊中毒有效，其作用是因普鲁士蓝[$kFe^{3+}Fe^{2+}(CN)_6 \cdot nH_2O$]具有离子交换剂样作用，铊可置换普鲁士蓝的钾而解毒。具体用法为每日250 mg/kg，分4次口服，每次溶于15%甘露醇50 ml中，如便秘可给硫酸镁口服，同时第一天要给高剂量的钾。用药后疗效良好，无不良反应，粪中排铊量增加，但严重中毒者应采取其他措施，如血液净化等。

（5）络合剂的应用　详见（三）特效治疗。

（6）急性中毒抢救时的注意事项

① 急性中毒早期处理非常重要，处理恰当，可阻断或减轻中毒病变的发展；反之，则可加重或诱发严重病变。一些刺激性气体中毒，如早期安静休息，常可避免肺水肿发生，如照常体力活动，或精神紧张往往促使肺水肿的发展。“亲神经”毒物中毒早期必须限制进水量，尤其静脉输液量，如在潜伏期或中毒早期输液过多、过快，可促使发生严重脑水肿。

② 急性中毒病情有时转变较快，故必须密切观察，详细记录，并随时研究主要矛盾，及时采取措施。治疗中，还应预防继发或并发性病变，如中毒性脑病进展期应防止呼吸中枢抑制及脑疝形成；昏迷期应防止继发感染；恢复期，患者体力、精神状态都未复原时，应防止发生其他意外等。

③ 抢救期维持水、电解质和酸碱平衡非常重要，每日准确记录出入水量，调整输液及电解质的量，定期检查有关化验指标，使机体内环境相对稳定，以利恢复。

④ 引起急性中毒的毒物，是多种多样的，有些新合成的毒物，不但缺乏临床资料，即使毒理资料也可能缺如；同时由于个体差异，吸入量不同或有时毒物含有杂质，故临床症状变化较多，在这些情况下，必须根据病情，进行对症及支持治疗，并严密观察，全面分析，抓住主要矛盾，研究治疗方案，并根据病情变化，不断修正，使抢救工作能及时、准确，收到最良好的效果。

⑤ 以往经验表明在急性中毒期间，使用中医中药、针灸等治疗常能取得良好疗效。如一例急性甲醇中毒患者，高热、谵妄，中医辨证为温邪内陷、热入心包，用紫雪丹数次即热退神清。另一例急性碳酸钡中毒患者，四肢厥冷，大汗淋漓、血压降低，予以升压药疗效不理想，中医辨证为亡阳之症，给独参汤一服，血压即见回升，情况好转。

（二）慢性中毒的治疗原则

（1）早期诊断使患者能及时脱离毒物接触，并及时得到治疗，控制病情，使之不发展为重度慢性中毒。如早期诊断有困难，亦应予以必要的处理，防止病情进一步发展。

（2）增强患者信心。慢性中毒病情虽较轻，但很多尚缺乏特效药物，而有些治疗如体疗等也须患者密切合作，故在制定治疗计划后应向患者说明情况，使之建立信心，以取得更好疗效。

（3）以对症、支持疗法为主，其原则与一般内科慢性病相同。解毒剂的应用可根据病情决定，例如某些金属中毒患者，虽过去已接受过络合剂治疗，且未再接触毒物，但如用驱毒疗法后仍有排毒指征者，可再采用络合剂治疗。其他如理疗、体疗等有时疗效转好，可酌情应用。

（4）作好劳动能力鉴定。慢性中毒病例，并不完全丧失劳动力，可根据病情给予合适的工作，以利于康复。

（三）特效治疗

特效药物包括排毒剂及解毒剂。排毒剂主要指络合剂，解毒剂指能解除毒作用的特效药物。这些药物必须抓紧时机及早应用，否则当毒物已造成严重器质性病变时，其疗效将明显降低，同时随着病情进展，一些继发性或并发的病变可能转化为主要矛盾，使特效药无法发挥其作用。此外，应合理掌握剂量，如剂量不足，则起不到解毒作用；剂量过大，又可发生不良反应，故必须结合具体情况随时给予调整。

1. 常用络合剂　金属络合剂是一些能与多种金属离子结合生成为稳定络合物的有机化合物。临床上用于一些金属中毒，以促使毒物自尿中排出。硫醇类络合剂含有活性巯基，具有促排和化学解毒两种作用。常用络合剂如下：

（1）硫醇类　又称巯基络合物。本类药物在碳链上带有活性巯基，与一些金属的亲和力大，能夺取已与组织酶系统结合的金属，形成不易分解的物质由尿中排出，并可使组织中的巯基酶恢复活性，从而解除中毒后的病变。

① 二巯基丙醇（BAL）　为无色液体，有强烈酸臭味。水剂不稳定，常用油剂。临床用于急慢性砷、汞中毒效果较好；对锑、铊、铬、镍、镉中毒有一定疗效。治疗用10%溶液，作深部肌肉注射。急性中毒轻症每次2.5 mg/kg，第1～2天内，每天4次，第3～4天，每天1～2次。重症每次5 mg/kg，第1～2天内，每天6次，第3～4天，每天2～4次，以后逐渐减量，总量一般不宜超过750 mg/d。铬溃疡等皮肤损伤，可配制BAL软膏外用。

本品不良反应较大，多见于用药15 min后，表现为兴奋、血压上升、食欲不振、恶心、呕吐、头痛、失眠，有时可有四肢肌肉疼痛及发热等。剂量过大可致痉挛、昏迷。反应一般在 2～4 h 后减轻。多次注射后可引起皮肤过敏，注射前给予抗组织胺药物，以防止或减轻不良反应。本品对肝、肾功能可能有损害。本品目前已逐渐为其他药物所取代。

② 二巯基丙磺酸钠　本药解毒原理与二巯基丙醇相似，但作用较强，毒性较小。临床上对砷、汞中毒有较显著排毒作用，对铋、铬、锑等中毒也有一定疗效。治疗用 5%溶液，肌肉或静脉注射。急性中毒最初 1～2 天可用 5 mg/kg，每天 3～4 次，以后视病情酌减至每天 1～2 次，持续用 1 周左右。慢性中毒，用 125～250 mg 肌肉注射，每天 1 次。用药 3 d，休息 4 d 为一疗程。一般用 2～4 疗程。治疗用量一般无明显副作用。当静脉注射速度较快时，可引起恶心、头晕、口唇发麻及心悸等，症状常在 10～15 min 内消失。偶有过敏反应及心悸等，症状常在 10～15 min 内消失，如出现皮疹、发热等，经抗过敏治疗可很快消退。个别病例发生剥脱性皮炎或变应性休克，一旦发生变态反应，应停药并密切观察及时治疗。

③ 二巯基丁二酸钠　解毒原理与二巯基丙醇相似，但效果较好。如对酒石酸锑钾中毒的解毒效果较二甲基丙醇强 10 倍，且毒性较小。临床上对锑、汞、铅、砷等中毒均有显著的效果，但国内报道，排汞效果不及二巯基丙磺酸钠的；对铜、钴、镍等也有效。

本品为粉末状结晶，用时配成 10%溶液，缓慢静脉注射。亦可加入普鲁卡因后肌肉注射。急性中毒严重者每日用药 3～4 g，分次注射，用药 3～5 天后，酌情逐步减量或停药。慢性中毒，1 g/d，用药 3 天后休息 4 天为一疗程。一般用 2～4 疗程。

不良反应一般不严重，有口臭、头晕、恶心及乏力等。在慢性中毒治疗过程中，可出现过敏性皮疹，潜伏期多数为 15 天，常在第 3 疗程的第一针后出现。

本品水溶液呈无色或微红色，但不稳定，久置后毒性增加，故必需新鲜配制。水溶液如呈土黄色或浑浊时切忌使用。

④ 二巯基丁二酸　其作用和二巯基丁二酸钠的相似，但本品较稳定，可口服，故临床应用更方便。动物实验口服后 30 min，血中浓度达高峰，血药浓度维持时间比静脉注射为长，以原形态排出，对多种金属有促排作用。临床应用治疗铅中毒效果良好，对体内正常存在的微量元素影响较小，毒性低，用法为 1～2 g 口服，每天 3 次，每 3 天后休息 4 天为一疗程，可用 2～3 个疗程。如加服碳酸氢钠或枸橼酸钠可增强口服的效果。

⑤ 青霉胺(二甲基半胱氨酸)　本品为青霉素的代谢物，系含有巯基的氨基酸，对一些金属有络合作用。性质稳定，溶解度高。也具有类似二巯基丙醇的作用。临床上主要应用的是右旋-青霉胺和正-乙酰-消旋-青霉胺。

临床上最常用于肝豆状核变性，有明显的排铜作用，症状亦获得改善；排汞、排铅皆有一定作用，但效果不及依地酸二钠钙、二巯基丙磺酸钠及二巯基丁二酸钠，故不作为首选药物。由于可口服，且副作用少，在其他药物有禁忌时可选用。治疗慢性铅、汞中毒，剂量为 200～300 mg，每天 3 次，5～7 天为一疗程，停药 2～3 天再服第 2 疗程，一般用 3～4 疗程。治疗肝豆状核变性的用量为 20～25 mg/kg · d，长期服用。症状改善后间歇服药。此外，青霉胺亦用于治疗其他疾病，如国内外报道用右旋-青霉胺治疗慢性活动性肝炎有一定疗效，剂量采用递增法，从每次 100 mg，每天 3 次，共 3 天，以后每周增加 300 mg/d，直至 900～1 800 mg/d 为维持量，连续给药 3～6 个月，在用药后 1～2 个月出现疗效。如用药 3 个月无效，应停药。亦可用于治疗慢性活动性类风湿性关节炎。此外，对肺纤维化、硬皮病、干燥综合征、巨球蛋白血症、冷凝集病等，均有一定疗效。一般认为左旋-青霉胺和消旋-青霉胺的毒性较大，而右旋-青霉胺及正-乙酰-消旋-青霉胺毒性较小。可能前两者明显影响维生素 B_6 的代谢，临床上常见的有乏力、头晕、食欲不振、恶心、呕吐等。重者有发热、皮疹、白细胞减少等。偶见视神经炎、眼肌不全麻痹、重症肌无力、狼疮样反应等，可用维生素 B_6 治疗。长期服用可引起肾脏病变，如出现浮肿、蛋白尿等，停药后可好转。孕妇服用本品，其出生的婴儿偶可发生全身结缔组织的缺陷，故忌用。本品和青霉素有交叉反应，故青霉素过敏者禁用。

⑥ β-巯乙胺　又名半胱胺。本品可解除金属对细胞中酶系统的作用，并有抗氧化作用。临床上曾用于治疗急性铊中毒及急性四乙基铅中毒。对解除四乙基铅中毒的神经系统症状有效。也可用于预防及治疗由 X 线或镭引起的放射病。最近国内用于治疗化学物质引起的黑变病，取得一定效果。

治疗用 1%溶液静脉或肌肉注射，200～400 mg/d，或加入 10%葡萄糖液 250～500 ml 静脉滴注。本品可预防放射病，首次照射 10～30 min 后，静脉注射 1%溶液 1～2 ml，以后每隔 5～7 天重复注射一次，在一放射疗程中共注射4～7次。

本品无明显不良反应，静脉注射速度宜慢，肝、肾功能损害者慎用。

⑦ 聚巯基树脂　系在聚苯乙烯树脂的苯环上结合一CH_2SH基团，为用于排除烷基汞的络合剂。在肠内不被吸收，而能与胆汁内排出的烷基汞结合后随粪便排出，阻断了肠道的再吸收，终止了毒物的肠—肝循环，已试用于临床治疗。

(2) 多胺多羧基类化合物　本类物质络合效果好，合成简单，但口服效果较差。此类药物以依地酸二钠钙为代表。如更换其基团，可衍生多种络合剂。现就国内常用品种介绍如下：

① 依地酸二钠钙(乙二胺四乙酸二钠钙，$CaNa_2$-EDTA)　本品能和多种金属，特别是碱土系金属离子络合成为可溶性的金属络合物。临床上用其钙盐，以防体内钙被络合而引起低血钙症的危险。本品经胃肠道吸收甚微，静脉或肌肉注射吸收较快。在体内不被代谢和分解，静脉注射后24 h内排出95%以上。最常用于无机铅中毒的治疗，对排锰、镉也有一定疗效，对汞、有机铅无效。用法为剂量0.5～1 g/d，加入5%～10%葡萄糖液250 ml内静脉滴注，一般用药3天、停用4天为一疗程，常用2～4疗程。肌肉注射，每次0.25～0.5 g，每天1次，加入普鲁卡因以减轻局部疼痛，驱铅效果和静脉滴注的近似，疗程同上。口服效果不显，目前已不用。

一般无明显副作用。少数患者可出现头晕、乏力、恶心或食欲减退等症状，停药后即可恢复。大剂量(超过500 mg/kg.d)或长期持续使用，可引起肾脏病变。用药期间应定期作尿常规检验，如出现管型、蛋白或红、白细胞等应停药。用药后偶有全身不适、寒颤、发热、肌痛等，也有发生类似维生素B_6缺乏样皮炎的报道。

② 二乙三胺五乙酸(DTPA，促排灵)　临床上用其三钠钙盐。DTPA可加速钴、铬、锌、锰、铁等金属自体内排出。国内报道其排铅效果略胜于依地酸二钠钙。此外，DTPA可加速一些放射元素如钚、镧、铈、钪、锶、镅、锎等自体内排出。临床上也用作治疗含铁血黄素沉着症。用法为剂量0.5～1 g/d，溶于生理盐水250 ml内静脉滴注，每天1次，治疗3天，停用4天为一疗程。一般用2～4疗程。也可用0.5 g溶于2 ml生理盐水肌内注射，疗程相同，局部疼痛较轻。

不良反应一般较轻，与依地酸二钠钙相似。个别病例可发生头皮与阴囊瘙痒症或湿疹等，停药后即可逐渐消退。

③ 羟乙基乙二胺三乙酸(简称HEDTA，商品名vensarol)　本品能增加体内铜、铁的排泄，临床上用于治疗肝豆状核变性和口服硫酸亚铁过量所致中毒。可口服给药，每天3次，每次1 g。不良反应和依地酸二钠钙的相似。

④ 螯合羧酚(简称811)　是我国合成的一个有多氨羧结构的邻苯二酚络型合剂。用以促排铅、汞等重金属，但排铅效果比EDTA差。剂量0.25～0.5 g，肌内注射，每天1次，连用3天，停药4天为一疗程。亦可用于治疗钍中毒。

2. 其他络合剂

(1) 二乙基二硫代氨基甲酸钠　临床上主要用于治疗急性羰基镍中毒。中毒后立即口服0.5 g，每天4次。每次同时服用碳酸氢钠0.5 g，以减少胃部反应。一般不良反应较少。治疗后可使急性羰基镍中毒早期症状减轻，尿内排镍增加，延迟中毒症状出现或协助减轻或不出现。中毒后4～8 h内给药疗效显著，24 h后给药则疗效较差。疗程一般为3～7天左右。本品试用于急性铊中毒，证实有排铊作用，但也有认为此药与铊的络合物是脂溶性的，用药后反可使铊在体内重新分布，使更多的铊进入脑组织，故认为应列入禁忌，此论点尚待进一步研究。

(2) 去铁敏　本品从链霉素中提取，所含大量羟肟酸基团为主要络合基团，对三价铁离子的络合作用强，对血红蛋白或细胞色素内的铁元素则不结合。临床用于治疗误服铁剂所致急性中毒，也可用于慢性铁蓄积所致的继发性血色素病。用法为急性中毒时成人首次剂量0.5～1 g，以后视病情每4～12 h肌内注射0.5 g。严重患者可按同剂量于5%～10%葡萄糖溶液中静脉滴注，连续3天。儿童剂量为每次20 mg/kg肌内注射，每4 h一次，连续3～4天，再视病情给药。重症者每次可用20 mg/kg加入葡萄糖内静脉滴注，每6～12 h一次。慢性中毒者每次用0.5 g，肌内注射，每天2次，用3天，停4天为一疗程，可用3～4疗程。

在治疗急性严重中毒时，如合用维生素C，可促进排铁。但因用维生素C后可动员更多铁进入可络合部分，如其量超过去铁敏能络合的量(本药140 mg能络合200 mg铁)，多余的可络合铁将作为自由基反应的接触剂，促进脂质过氧化作用及组织损伤，临床上出现心脏毒性反应，故在治疗中维生素

C必须慎用。

不良反应可有腹部不适、腹泻、视觉模糊等。

(3) 2,3-二羟基苯甲酸(2,3-DHB) 为口服铁络合剂。本品仅能阻滞铁的积聚而不使患者发生负铁平衡,可促使铁由肾脏排出,给予 26 mg/kg·d,口服或肌肉注射,可连用1～3周。

(4) 有机磷酸酯类 本类包括多胺多磷酸、取代甲烷二磷酸(如 EADP、EHDP 等)和多磷多羧酸等。此类药物的优点是能与碱土金属如铍、镁和铜等有较强络合作用,且具有磷酸基,有亲脂性,故可渗入骨骼内,小剂量给药可促使蓄积在骨骼中的铅排出,此类化合物对汞、金等络合力强,毒性很低,有发展前途。

其他天然产物,包括:① 红酵母酸(有取代去铁敏的趋势);② 海藻酸钠(是古洛糖酸和甘露糖醛酸的混合高聚物,古洛糖酸含量多则络合效果好);③ 金属硫因(动物体内分离出来,是一种分子量在1万左右的蛋白质,其中一个蛋白质分子包含26个巯基,它可与体内镉、锌等结合成为金属硫因)等,因可引起免疫反应,用于临床尚有一定困难。

对临床上常用络合剂加以改进,以增强其作用的研究工作已在开展。如用卵磷脂和胆固醇,做成脂肪微粒,将 DTPA 包在其中,使具有脂溶性,可带入细胞内。动物实验证明可提高从肝脏中排出毒物的浓度。

临床应用络合剂应注意下列事项:① 有治疗指征时应用愈早愈好;② 用药期根据病情而定,急性期常短期内连续使用,慢性期宜间歇给药;③ 用药期间定期检查小便排泄毒物含量,以作为继续治疗的参考;④ 注意肾脏损害,如有肾脏病变而又必须用药者,可减少剂量、延长间歇期,在严密观察下谨慎用药。国外报道二巯基丙醇-依地酸钙钠合用治疗小儿铅中毒性脑病,又如 DTPA 和对氨基水杨酸合用,比单独用 DTPA 的排钚^{239}Pu效果提高很多。

3. *特效解毒剂* 特效解毒剂主要指能针对中毒发病的机理,解除其毒作用的特效药物,常用的解毒剂有:

(1) 有机磷农药中毒的解毒剂 常用抗胆碱能剂和胆碱酯酶复能剂,这类药物主要能拮抗乙酰胆碱蓄积后所引起的毒蕈碱样症状和中枢神经系统症状,对呼吸中枢有兴奋作用。常用药为阿托品类,选择性抗胆碱能药物盐酸戊乙奎醚(长托宁)及胆碱酯酶复能剂解磷定、氯磷定等。

(2) 氟乙酰胺中毒的解毒剂 乙酰胺有特效解毒作用,因本品可在体内水解成乙酸,后者可干扰氟柠檬酸盐的生成,因而可起保护作用。

(3) 氰化物中毒的解毒剂 氰化物包括氢氰酸、氰化钾、氰化钠、乙腈、丙烯腈等,其主要毒作用是氰离子抑制细胞色素氧化酶,引起细胞内窒息,致使组织细胞不能利用氧。由于中枢神经系统对缺氧最为敏感,故首先受损,可迅速麻痹呼吸中枢而致死。常用解毒方法有:① 亚硝酸钠—硫代硫酸钠法;② 有机钴类药物。

(4) 高铁血红蛋白还原剂 常用的是① 美蓝(亚甲蓝);② 甲苯胺蓝。

以上疗法详见各论中毒有关章节。

二、对症治疗

中毒疾病对症治疗的原则与一般内科疾病基本相似,兹重点介绍如下:

(一) 神经系统病变

中毒性神经衰弱综合征及周围神经炎的治疗方法与其他原因引起的病变相同。急性中毒性脑病常用疗法如下。

1. *脱水疗法* 由于中毒性脑病常有明显脑水肿,合理使用脱水疗法,如甘露醇、尿素、甘油等高渗脱水剂有一定疗效。给药间隔要平均,以维持药物作用,并可适当使用利尿剂以取得增强降低颅内压力的效果。

2. *肾上腺糖皮质激素* 有增强机体应激性,降低毛细血管通透性,抑制垂体后叶分泌抗利尿激素,增加肾血流量,以及稳定细胞膜及溶酶体膜减少细胞自溶和损害等作用。急性中毒期常足量短期使用,如地塞米松 20～40 mg/d 或琥珀酸氢化可的松 200～400 mg/d 加入葡萄糖注射液内静脉滴注。一般7 d左右逐步减量。

3. *高压氧疗法* 缺氧与脑水肿关系密切,相互影响,故供氧十分重要。采用高压氧治疗时,血液中氧分压明显增高,有利于氧在组织中的弥散作用,加强脑部氧的利用,又可使脑血管收缩,有利于脑水肿的消除。脑水肿时,在正常大气压下吸纯氧,脑压下降23%,在2个绝对大气压下吸纯氧,脑压下降37%。如在吸氧过程中,适当结合扩张血管的药物如低分子右旋糖酐、丹参等改善微循环,更能提高高压氧的治疗效果。急性一氧化碳中毒时高压氧治疗为主要措施,早期应用疗效明显。给予足够高压氧次数,能防止或减少后遗症。对恢复期出现的持久的神经、精神症状也有明显疗效。本法亦曾用于有机汞、有机锡、二硫化碳、石油混合气体等引起的急性中毒性脑病,对改善症状、缩短病程、减少后遗症等皆有一定作用。有些患者已呈去大脑皮质状态,经高压氧治疗后可使意识完全恢复正常。一般所用压力2.5~3ATA(绝对大气压)面罩间歇吸氧,吸氧20 min,吸空气10 min,交替4~6次,治疗每天1次,7~12天为一疗程。在用本法治疗时,其他治疗必须同时进行。

4. 降温　可降低脑组织代谢率,提高脑细胞对缺氧的耐受性,改善脑组织的渗透性,从而降低颅内压。早期降温疗效好。到33~35℃(肛温)才能达到这目的,但急性危重患者常难于达到此温度。目前除用局部物理降温外,一般因患者伴有中枢性高热,而常用人工冬眠使体温降至37℃左右。冬眠药物尽可能不用氯丙嗪,而用氢化麦角碱,因氯丙嗪对一些毒物中毒较敏感,且可能抑制三磷酸腺苷酶系统的活性。

5. 控制抽搐　可用安定类药物。

6. 维持呼吸功能　由于中毒性脑病常因呼吸衰竭而死亡,故应及时使用人工呼吸器。临床上有多例自发呼吸停止,其中最长一例为8天,经正确使用人工呼吸等综合治疗抢救成功的病例报道。

7. 其他　对慢性中毒性脑病,以双手或全身震颤,或类似震颤麻痹综合征较为常见,可给予抗胆碱药物如苯海索(安坦)、开马君等和影响多巴胺能的药物如左旋多巴、卡比多巴等,并可试用乙酰谷氨酰胺,以及体疗、理疗等改善全身健康。疗法与治疗原发性震颤麻痹相同。另外可根据情况应用多种维生素、脑复新、乙酰谷氨酰胺、醒脑静(安宫牛黄注射液)等。

(二) 中毒性精神病

急性期一般采用药物治疗,剧烈的休克禁忌应用。常用药物和精神科治疗用的相同,但剂量宜小,逐渐缓慢递增。在精神症状控制后,即可减量至停药,并注意药物反应。类分裂症可用氯丙嗪、泰尔登、奋乃静、舒必利等,以忧郁症状为主者可用多虑平、舒宁等。也可根据辨证原则给予中草药。

慢性期除药物治疗外,可给予体疗、理疗及工娱疗法等。有计划地进行训练,促使智能逐渐恢复。

(三) 中毒性呼吸系统疾病

1. 上呼吸道炎、支气管炎等　如吸入氨、氮氧化合物、二氧化硫等,应立即吸氧,并用5%碳酸氢钠或1/6 mol乳酸钠3~5 ml雾化吸入或气管内滴入,以改善呼吸道刺激症状;亦可用舒喘灵或0.5%异丙基肾上腺素1 ml、地塞米松2 mg、1%普鲁卡因2 ml喷雾吸入,以解除支气管痉挛;气急可用茶碱类药物如氨茶碱、喘定、复方氯喘片等;呛咳可用镇咳剂如阿斯美、咳必清、咳美芬,剧烈咳嗽可用磷酸可待因1~2次;黏痰多用化痰药物如沐舒坦、吉诺通、必嗽平或用蒸气吸入,以稀释痰液;控制感染用抗生素药物。

2. 化学性支气管肺炎　除以上治疗外,可根据痰培养、药敏试验等选用抗生素。因病程较长,故需有计划地合理安排。此外,可给予支持治疗,以增加机体抵抗力。

3. 化学性肺水肿　早期应严密观察,并限制体力活动及控制入水量。

(1) 吸氧　尽早纠正缺氧,可用鼻导管或面罩给氧。必要时可用加压辅助呼吸。正压吸气治疗可增加肺泡压、组织间隙压力和胸内压,以减少静脉回流和肺内血容量及毛细血管内液体渗出;并有利于呼吸道分泌物排出及使肺泡内的泡沫易于破碎等。可根据具体情况选用不同的呼吸器。

(2) 应用去泡沫剂　1%二甲基硅油(消泡剂)雾化吸入,临床有良好效果。近有用体外膜式氧合器氧合(Extracorporeal Membrane Oxygenation, ECMO)来治疗急性肺水肿,患者的全部或部分血液与氧气在薄塑料膜或硅胶膜两侧进行气体交换,以改善缺氧和二氧化碳潴留。

(3) 肾上腺糖皮质激素的应用　本品除增强应激能力、利尿、改善毛细血管通透性等作用外,并能促进糖原异生,产生较多的三磷酸腺苷,提高细胞对缺氧的耐受力,稳定细胞溶酶体膜,阻止溶酶体酶释放,防止细胞溶解和坏死,并能保护II型肺泡上皮细胞。这些作用都有利于肺水肿的治疗。临床宜早期、足量、短期应用。在潜伏期即肌肉注射地塞米松20 mg,以后可用氢化可的松200~600 mg/d静脉滴注或地塞米松20~40 mg/d分次静脉或肌内注射。当症状改善后再逐渐减量。严重者第1~3天可用更大剂量。

(4) 减低胸腔压力　气胸和纵膈气肿须绝对卧床休息，避免增加胸腔压力的一切活动，给予镇咳及适当镇静药物，一般能逐渐吸收。如气胸范围扩大，应作胸腔切开水封并引流抽气；纵膈气肿加重时则做气管切开，以分离气管周围软组织，利于气体排出。

(5) 预防肺纤维化及阻塞性支气管炎　在肺水肿早期及整个病程，应给予积极治疗，并用肾上腺糖皮质激素，控制感染等，以减轻这些后遗症。如一旦形成，主要为对症治疗。

(6) 其他　氧自由基清除剂如还原型谷胱甘肽、N-乙酰半胱氨酸、VitE 等。预防和控制感染，维持水、电解质及酸碱平衡，利尿剂和脱水剂的应用，加强营养支持等。治疗原则与其他原因引起的肺水肿相似。如发生急性心力衰竭，可用西地兰或毒毛旋花子素 K 等，剂量为常用量的 1/2，但疗效常不理想，且较易发生毒性反应，故应在严密观察下慎用。吗啡具有抑制呼吸中枢的不良反应，故过去作为治疗中毒性肺水肿的禁忌药物，但临床实践表明如有指征，尤其在辅助加压呼吸下，可考虑使用，剂量为 5～10 mg 皮下或肌内注射。老年人应慎用。

4. 慢性中毒性呼吸系统疾病　主要在增强全身体质，避免再接触刺激性气体，戒烟，控制主要症状，预防感染等。

(四) 中毒性心血管系统疾病

1. 急性心肌炎的治疗　诊断一旦明确，应立即绝对卧床休息，直到全身及心肌炎症状、体征明显改善，心电图上心肌炎的异常图形消失或稳定后，才能逐渐起床活动，以减轻心脏负荷以及减少心肌耗氧量，这是最基本、最主要的治疗原则。

改善心肌代谢，可用大量维生素 C，5～10 g 加入 5%葡萄糖溶液 500～1 000 ml 中静脉滴注，每天 1 次，可增加冠状动脉血流量，激活心肌酶系；辅酶 Q_{10} 可改善在缺血状态下心肌细胞的能量代谢，且有抗心律失常作用，肌注 5 mg/d，口服 30 mg，每天 2～3 次。

环磷腺苷为核苷酸衍生物，具有机体内激素的传导功能，对糖、脂肪代谢及核酸、蛋白质的合成调节等起到重要作用，并有扩张冠状动脉的功能，用 20 mg 溶于生理盐水 2 ml 内肌注，或以 40 mg 溶于 5%葡萄糖液 500 ml 中静滴。此外，尚可用能量合剂、丹参注射液等。以上药物可促进心肌修复，阻止病情发展，减少疤痕增生。

如病情较重，反复发作，出现重度房室传导阻滞，心力衰竭，心源性休克等并发症，可用肾上腺糖皮质激素，一般用地塞米松或琥珀酸氢化可的松，采取早期、足量、短程用药原则，有一定疗效。

此外应适当控制补液量及钠盐摄入，纠正电解质紊乱；如发生心力衰竭时，强心药物的使用须谨慎，疗效不够满意，且易产生不良反应。必要时可用西地兰 0.2～0.4 mg 或毒毛旋花子素 K0.125 mg 加于 25%葡萄糖液中，静脉缓慢滴注，以后口服地高辛 0.25 mg，每天 1～2 次维持。如患有中毒性心肌炎、心律失常并有心力衰竭，可用哌唑嗪，首剂 0.5 mg，以后 1 mg，每天 2 次。本品为突触后 α_1 受体阻滞剂，可均衡扩张动、静脉，减轻左心室前后负荷，提高心排量，改善左室功能而不增加心率。

2. 心律失常

(1) 窦性心律失常　窦性心动过速常由于交感神经兴奋所致，可口服心得安 10 mg，每天 3 次，或用阿替洛尔 50 mg，每天 2 次，或美托洛尔 25～50 mg，每天 2 次，有症状可予以安定、利眠宁等。窦性心动过缓由于迷走神经亢进所致，如低于每分钟 45 次，可给阿托品 0.3 mg，每 6 h 一次口服。窦性静止可用阿托品 1～2 mg 静注，必要时用小剂量异丙基肾上腺素静滴，1～3 μg/min，使心率达到 70 次/min 为止。严重者可安置人工心脏起搏器。

(2) 异位心律失常　以过早搏动最常见。各型早搏伴有窦性心动过缓可给阿托品。如心律失常，房性及交界处早搏可用心得宁、异搏停等。此外，房性早搏可选用胺碘达隆 0.2 g，每天 3 次或维拉帕米 40～80 mg，每天 3 次。亦可用利多卡因 50 mg 加入 25%葡萄糖液 20 ml 中静注或用美西律 200 mg，每天 3 次；乙吗噻嗪 200 mg，每天 3 次等。阵发性心动过速可试用一般刺激迷走神经的方法，无效时给予新斯的明 0.5～1 mg 肌内注射。阵发性室上性心动过速，可用维拉帕米 5 mg 加于 25%葡萄糖液 20 ml 缓慢静注。对明显心力衰竭、病态窦房结综合征，室源性休克或低血压者禁用。急性中毒时的阵发性室性心动过速常伴有血钾降低，须补给钾盐。窦性心动过速可用利多卡因、美西律、乙吗噻嗪或苯妥英钠等。心房扑动及颤动，以及心室颤动的治疗，遵照一般心脏病的治疗原则处理。在碳酸钡、氯化钡等中毒时血钾可明显下降，而补钾为主要治疗措施。

(3) 心脏传导阻滞　如房室传导阻滞及室内传

导阻滞，肾上腺糖皮质激素治疗效果常较好。III度房室传导阻滞、Adams-Stokes综合征者，可考虑应用人工心脏起搏器。

(五) 中毒性造血系统疾病

1. *化学性再生障碍性贫血* 治疗原则与其他原因引起的再生障碍性贫血的相同。可选用睾丸酮类药物以及胎肝混悬液等，短期内使用肾上腺糖皮质激素、硝酸士的宁。重型再生障碍性贫血可用骨髓移植。中医一般认为，补肾为主的治疗较优于补气养血法。国内报道慢性苯中毒引起的再生障碍性贫血预后较好。

2. *毒物引起的溶血性贫血* 高铁血红蛋白血症患者，如较大量红细胞内有赫恩兹氏小体则为溶血的先兆，一般在中毒3～5天可突然发生溶血。治疗方案除早期使用美蓝、葡萄糖液，保护肝、肾功能，以及其他支持治疗，并可考虑在溶血发生前先进行适当换血。一旦出现溶血，按常规治疗。

砷化氢中毒引起的溶血常较严重，早期可静脉滴注低分子右旋糖酐500 ml，并给碱性药物，以减少血红蛋白在肾小管内沉积；注意水、电解质及酸碱平衡，并予以肾上腺糖皮质激素等。如血红蛋白降至7 g/dl左右应考虑输血。如吸入砷化氢量较大，临床症状较重，溶血迅速出现且较严重，急性肾功能衰竭时应用血液净化疗法，可提高疗效。应用透析疗法的指征可比内科引起的急性肾功能衰竭适当放宽。对重症砷化氢中毒患者以往曾用换血疗法，亦可取得较好疗效，但因需血量大，不良反应多见，目前已被血液净化疗法所取代。巯基类药物在溶血基本停止而体内砷含量仍高时，可适当应用，但需注意该药对肾脏的副作用。用血液净化治疗时，如有指征，尿闭患者也可使用巯基类药物。

(六) 中毒性肝炎

1. *急性中毒性肝炎* 治疗原则为去除病因，阻断毒物对肝脏的继续损害，以及治疗毒物引起的病变。尽快使用特效药物，治疗常较明显。如急性铅中毒引起的肝损伤，以依地酸钠钙治疗后，1周内病情显著好转；如中毒同时有肾功能衰竭，则可考虑用透析疗法。除针对毒物的特效治疗外，其他治疗原则与急性病毒性肝炎类的相似。轻、中度肝炎可用高渗葡萄糖、维生素B族及维生素C，还原型谷胱甘肽、肌醇、半胱氨酸、脱氧核糖核酸等药治疗。重症者可静脉注射高渗葡萄糖和大量维生素C(3～5 g/d)，以及葡萄糖、胰岛素及氯化钾溶液，并隔日给予少量新鲜血与人体白蛋白。关于皮质激素治疗，由于急性中毒常伴肾上腺皮质功能减退，且激素对毒物引起其他系统的损伤又有非特异性的保护作用，故常有使用指征。一般用地塞米松5～15 mg，1次/d，7～10天后根据病情逐渐减量。复方丹参(含丹参、降香)10 ml加入葡萄糖液静脉滴注，有扩张血管、防止血凝及消退黄疸的作用。如有弥漫性血管内凝血可能，早期使用肝素。如发生肝性脑病、脑水肿、肝肾综合征等，治疗原则和急性病毒性肝炎的相同，重点在防止并发症发生。

急性中毒性肝病的损伤，一般在中毒后1～2周达高峰，3～4周后可逐渐减轻，抢救治疗可参考这一规律。

2. *慢性中毒性肝病* 治疗重点为恢复机体全身健康，避免再接触对肝脏有损害的毒物。临床上曾有慢性中毒性肝炎患者，再次接触同类毒物引起肝脏病变迅速恶化的病例。治疗可用维生素B族、维生素C和维生素E，肌醇，复方胆碱，维丙肝片，复方磷酸酯酶，核苷酸钠片等，选用1～2个疗程再改换，适当活动及足够热量、蛋白质饮食等。也可适当应用灵芝、丹参、当归中药治疗，但不论中西药治疗都应避免滥用。

(七) 急性中毒性肾病

1. *早期处理*

(1) 因急性溶血而发生肾功能衰竭患者，可用低分子右旋糖酐500 ml，静脉滴注，以保护红细胞，减少凝集。同时采用碳酸氢钠，使尿液碱化，减少血红蛋白在肾小管内沉积。

(2) 解除肾血管痉挛，常用肾区热敷或理疗，肾周封闭疗法等。也可用甘露醇、山梨醇快速静滴，以改善或解除肾血管痉挛，增加肾血流量。一般给20%甘露醇或25%山梨醇200～250 ml，在15～20 min内注完。若尿量增加(740 ml/h)，可按1 g/kg继续使用，每日酌情用2～3次；如用1～2天，利尿作用不显著，则应放弃。

(3) 解毒剂的使用 如解毒剂对肾脏刺激不大，可按常规使用；如对肾脏有损害，则应分析病情，权衡利弊，考虑使用与否。例如急性升汞中毒，伴有急性肾功能衰竭时，用巯基类药物，可能加重肾脏损害，但如药物与透析疗法同时应用，可将体内可溶性巯—汞化合物析出，对治疗有良好作用。又如急性砷化氢中毒有严重溶血引起肾功能衰竭时，巯基类药物不能治疗其溶血，故不宜立即使用。待肾功能衰竭好转，或已用透析疗法，则根据病情，可酌用巯基类药物以排砷。

2. 少尿期处理

(1) 控制液体摄入量，尤其是含钠溶液，液体摄入，应按“量出为入，宁少无多”的原则，否则将导致水肿、高血压、心力衰竭等。一般入液量 500～1 000 ml/d，如有呕吐、腹泻、大量出汗、发热等，可酌量增加。

(2) 原则上供给高糖、适量脂肪和低蛋白饮食。

(3) 严格限制钾摄入，包括食物和药物中的钾，不宜应用库存血。如血钾过高可用 25%葡萄糖液 250 ml，加正规胰岛素(3～5 g 葡萄糖中加 1 个单位胰岛素)，静脉滴注，使血钾转移到细胞内，但作用时间较短，故随后应采用透析疗法。

(4) 其他如纠正酸中毒以及控制感染等。

3. 多尿期处理　刚开始多尿期肾功能尚未完全恢复，故常可使氮质血症加重，也可引起水和电解质平衡再度失调，故仍应严密观察，积极处理。

(1) 水和电解质平衡问题。多尿期开始后，如仍按尿量补液，往往使多尿期延长，因此补液必须相应减少，原则上以不出现失水迹象即可。一般补液量为尿量的 2/3，输钠原则和补液的相同(每1 000 ml尿约排钠 3～5 g)。此外每日尿量如＞1 500 ml，可酌量口服钾盐；如＞3 000 ml，则应补给钾盐 3～6 g，具体剂量可按血钾及心电图改变而决定。

(2) 利尿开始 1 周后，可逐步增加蛋白质，以利修复。

4. 整个病程中，中医中药治疗可根据辨证给药。

(八) 化学性皮肤损伤

职业性皮肤病的治疗原则大都与一般皮肤病的相同，但首先须查明致病原因，去除病因，同时予以治疗，一般经 1～2 周可以痊愈。若经脱离原生产岗位，皮损仍久治不愈，甚至有反复，则应考虑工作环境以外的原因，如治疗药物中是否存在致敏剂，在日常生活中是否有接触与生产中相同的致敏剂、交叉致敏剂或其他刺激物，有无业余爱好而接触各种化学品或晒阳光产生光感皮炎等，其他附加刺激或致敏因素亦都需详加考虑与追寻。

根据皮损的不同发展阶段和皮疹类型，选择适当的局部和全身治疗。

1. 接触性皮炎(湿疹)的治疗

(1) 局部治疗　红肿、水疱伴有明显渗出糜烂的急性期，需做湿敷，如 1∶8 000 高锰酸钾溶液，生理盐水等，每次湿敷 30 min 到 1 h，视病情作连续或间歇(每天 3～4 次)湿敷。间歇时及晚间可涂锌氧油(氧化锌 40 份，植物油 60 份)。如有大疱，在无菌情况下抽去疱液。待病情好转，渗出减少，可改用糊剂、2%硫磺煤焦油氧化锌糊剂、3%糠馏油氧化锌糊剂或地塞米松(水包油)霜剂等。急性期忌用阻碍散热的软膏及有刺激性的酊剂、醑剂。

表现较轻的急性期，仅有红斑、丘疹、小水疱而无渗液者，可用炉甘石洗剂、氧化锌洗剂。皮肤干燥、绷紧不适，可用炉甘石搽剂(炉甘石 10 份，氧化锌 10 份，花生油 20 份，石灰水加至 100 份)，或皮质类固醇激素水包油霜剂等。

待急性阶段已过，可逐步改用糊剂或霜剂(如前述)。

若皮损呈浸润增厚、苔藓化的慢性表现时，宜用油包水霜剂或软膏。如 5%～10%硫磺煤焦油软膏、5%～10%黑豆馏油软膏、皮质类固醇激素油包水霜剂等。如出现角化皲裂者可用 3%水杨酸、5%白降汞的软膏，10%～15%尿素软膏，或油包水霜剂等。

局部止痒剂可选用 2%～5%樟脑、0.5%～1%薄荷、1%酚或 5%苯佐卡因加于冷霜、糊剂或软膏中。

接触三氯乙烯等化学物后引起的皮肤、黏膜炎症性反应，表现为药疹样皮炎，严重时伴发热、肝损害和浅表淋巴结肿大。应及时脱离原岗位，合理使用糖皮质激素，应及早、足量及规则减量。治疗中应密切观察患者体温、皮疹、肝功能及浅表淋巴结的动态变化，及时与适当调整糖皮质激素用量，并注意预防糖皮质激素治疗的副作用。此外，治疗中需积极进行护肝治疗和严格的皮肤、黏膜护理，预防感染。用药力求简单，尽量减少不必要的用药，避免交叉过敏。

(2) 全身治疗　对敏感性增高、皮损广泛或反复发作者，除局部用药外，需配合全身治疗，如抗组织胺类药，过敏反应强烈时可应用激素等。

2. 痤疮性损害的治疗

与寻常性痤疮的治疗原则相同，如外搽硫磺洗剂(硫磺 5 ml，西黄蓍胶 0.5 ml，樟脑醑 5 ml，甘油 5 ml，水加至 100 ml)或 2%～5%硫磺冷霜。毛囊炎或脓肿可涂5%～10%硫黄、鱼石脂软膏、2.5%金霉素软膏，或0.5%硫酸新霉素软膏等。并多用温水、中性肥皂洗。调整胃肠功能，服用维生素B_1、B_2和B_6等。如为氯化物引起者，可先用4%碳酸氢钠溶液洗涤后，再涂用上述外用药物。需减少或避免接触致病物质。

3. 溃疡

按一般溃疡处理。创面不洁者选用溶液湿敷，如为碱性物质引起，用4%～5%硼酸溶液；如为酸性物质引起，用4%～5%碳酸氢钠溶液；如为氢氟酸所致，可用氢氧化钙饱和液或0.2%季胺水溶液。创面清洁者用抗生素软膏，如1%红霉素软膏、2.5%金霉素软膏、0.5%硫酸新霉素软膏或10%鱼肝油软膏等。

4. 脓疱疹

外用硫磺洗剂，并适当采用治疗皮炎的全身用药，如静注10%硫代硫酸钠10 ml，10%葡萄糖酸钙10 ml，维生素C 500 mg等，每天1次。

5. 皮肤干燥、角化、皲裂

根据不同病因进行治疗，如原有霉菌感染或湿疹，需加以治愈。在不妨碍生产操作原则下尽量使用手套，以减少手部机械性、物理性或化学性刺激。如角质层明显增厚，宜先用热水浸泡10～15 min，取刀片将增厚部分削薄(勿使出血)，然后涂用10%～15%尿素软膏或油包冰霜剂，3%水杨酸、5%硼酸软膏，或3%水杨酸、5%白降汞软膏，10%～20%白芨膏等。

6. 色素变化

视病情尽量先行调离原工作环境，再作以下治疗，收效较好。

(1) 色素沉着

① 局部用药　3%～5%氢醌霜，或0.1%地塞米松、0.1%维甲酸和5%氢醌组成的冷霜，每天涂2次。其他如3%过氧化氢溶液，5%～10%白降汞软膏等。

② 全身用药

a. 巯基类药物　使组织中巯基含量增加，络合铜离子，抑制酪氨酸酶活性，阻扰黑色素形成。常用药物有：β-巯乙胺，又名半胱氨，200～400 mg加入25%葡萄糖液20～40 ml内缓慢静脉注射，每天1次，共3周为一个疗程，每疗程间停药1周。根据病情可用3～6疗程，无明显不良反应，一般在1～2疗程时即开始见效。谷胱甘肽，200～600 mg静脉注射，每周2次。

b. 还原剂　常用者为维生素C，阻抑黑色素形成中的氧化过程而达到治疗目的。可用维生素C，1 g静脉注射，或2～5 g进入5%～10%葡萄糖液500 ml内静脉滴注，每天1次，20～30次为一疗程。

(2) 色素减退

① 局部用药　外搽30%补骨酯酊、0.1% 8-氧补骨酯素酊、10%香柠檬油酒精溶液、或硫汞白搽剂等。

② 全身用药　白驳丸50粒(或1茶匙)，每天2次，开水吞服，对氨苯甲酸(PABA)0.1 g，每天3次，口服。

7. 其他各型皮损

治疗原则都与同型的非职业性皮肤病的相同。但尽量避免接触致病因子，见效较好。

8. 预防

职业性皮肤病大都是可以预防的。预防的措施，除根据前述的各项要求外，同时还应加强个人防护，注意个人卫生及操作场所的清洁卫生。及时洗去沾于皮肤上的有害物质，可避免或减轻皮肤发病。

(1) 皮肤防护剂

防护药剂的使用方法：一般防护剂很难在皮肤上维持较长的作用时间，因此要求在上班前及工间(或吃饭后)各涂1次(约4 h涂1次)，涂抹务必均匀周到，并需做到持之以恒，否则不易达到预防目的。

① 防水及防御水溶性酸、碱液体刺激物

硅油	20.0 g
蜂蜡	10.0 g
凡士林	45.0 g
硼砂	1.0 g
水	20.0 ml
羊毛脂	4.0 g
尼泊金乙酯	0.05 g

② 防御苯类有机溶剂刺激物

甘络素	100 g
无水碳酸钠	10 g
无水乙醇	250 ml
甘油	75 ml
蒸馏水	250 ml

使用注意事项：① 使用者事先将手洗净擦干，然后将胶体液均匀涂在手上，在涂抹时应先后将手握紧拳头和伸直手指（此涂上的液体手套必需待干后使用）；② 室温下干燥 10～15 min，在干燥过程中手不断伸缩；③ 干燥后若发现有漏涂处或裂纹，可补涂；④ 工作完毕，用水冲洗即能全部除尽；⑤ 储存于玻璃瓶内，置于干燥阴凉处，在保质期内使用，一般 20～25 天。

③ 防御沥青、矿物油类及油彩等明胶制剂

三压硬脂酸	8.0 g
苛性钾	0.5 g
硬脂酸单甘油脂	1.0 g
淀粉	4.0 g
明胶	3.5 g
羧甲基纤维素	1.5 g
甘油	5.0 ml
山梨醇	1.0 ml
氧化锌	5.0 g
尼泊金乙酯	0.1 g
酒精	2.0 ml
苯甲酸	0.2 g
水	加至 100 ml

④ 防御生漆　工作前涂用明胶制剂。如戴手套操作，则脱去手套用甘草、桑叶各 30 g、水 3 000 ml 煎液洗手。如手被沾污时即用苛性钾 1.0、酒精 30.0、甘油 10.0、水 60.0 配成液清擦，或用 1% 氨水擦去。如当时未能洗去，其黑迹可用 1% 盐酸酒精擦掉。如擦洗及时，可减轻或防止生漆皮炎的发生。

⑤ 防御溶酸及其盐类

焦硫酸钠	4 g
氯化铵	2 g
葡萄糖	2 g
酒石酸	2 g
羊毛脂	20 g
凡士林	80 g

⑥ 防光剂　一般常用的有 15% 氧化锌，5%～10% 二氧化钛，205 次碳酸铋等，可根据需要加以选择，放入不同剂型中。

(2) 皮肤清洁剂

及时清除沾染于皮肤表面的刺激物，可以减轻或防止皮炎的发生。许多行业中接触的化学物质，不易用热水肥皂洗掉，工人常以一些有机溶剂，如汽油、煤油、松节油，也有用黄砂、木屑等来清除油污而引起或加剧皮肤损害。因此寻找无刺激性而具有良好去污作用的清洁剂至属重要。如：

① 去除油污方

磺化蓖麻油	20.0 g
羊毛脂	4.0 g
白陶土（或其他合成去污剂）	76.0 g

② 对普通肥皂过敏者或皮肤干燥者用下方

磺化蓖麻油	93.0 ml
纯蓖麻油	5.0 ml
合成清洁剂	2.0 ml

③ 消毒洗手剂（蓝结牌特种消毒洗手剂为例）

猪油酸	13.0 g
Tx-10	7.5 g
Tx-5	4.5 g
清腊油	30.0 g
尼泊金乙酯	0.1 g
叔丁基-羟基-甲苯	0.01 g
4-氯-3,5 二甲苯酚	0.03 g
氢氧化钠	15.3 g
水	加至 100 ml

本品对多种矿物油（如机油、车油、变压器油等）、一般油性调合漆、环氧树脂、炭黑、誊写油墨、酚醛树脂型油墨、石墨等物均具有良好的去污能力，用以揉擦污染皮肤，立即用水洗净，对皮肤无不良作用。

④ 桉叶油　对沥青、重油的去污作用优于二甲苯。

第4章

化学性损害的预防

预防化学品对人体的损害是保障人类健康重要任务，本章以劳动者在生产劳动过程中接触生产性毒物而引起的中毒，即称为职业中毒(occupational poisoning)作为范例，叙述化学品人体损害的预防。毒物进入人体达到一定的剂量，才会引起职业中毒，因此防止毒物进入体内，或控制进入体内的毒物剂量，使之低于引起人体中毒的剂量，就可以预防职业中毒的发生。2002年5月1日我国实施的《中华人民共和国职业病防治法》是二十一世纪我国颁布的第一部卫生单行法律。因职业卫生监管工作职责的调整，该部法律进行了多次修订。从2010年10月《关于职业卫生监管部门职责分工的通知》(中央编办发[2010]104号)确定的"防、治、保"分别由安监、卫生、社保分段管理的模式，至2018年3月中共中央印发《深化党和国家机构改革方案》，将职业安全健康监督管理职责纳入新成立的国家卫生健康委员会，职业健康处在新一轮调整阶段中。2013年3月原国家卫计委对《职业病分类与目录》进行了修订，根据前期的实证研究结果，结合我国实际情况，参考ILO相关文件，将我国职业病分为10大类132种，目录中"职业中毒"着重对职业性急性中毒诊断设置开放性条款，明确与职业性有害因素接触之间存在直接因果联系的其他化学中毒均可诊断为职业性化学中毒。与职业病防治基本原则一样，针对职业中毒，仍应坚持"预防为主、防治结合"的原则，新时期以保障全体劳动者人群健康为目标的任务将成为现在和未来的重点工作。

职业中毒预防应该贯彻三级预防原则，即① 消除与控制生产环境中有毒物质，加强防护措施，防止发生职业中毒；② 实行定期职业性有害因素的监测和接触者职业健康监护，以早期发现病损和诊断，特别是早期健康损害的发现，及时预防和处理；③ 及时妥善处理职业中毒患者，防止病情恶化以及后遗症的发生。三级预防原则和措施在预防控制职业中毒方面已有显著效果。但近年来，各类中毒事件层出不穷，如生活中毒事件突出、群发性重大中毒事件时有发生、职业中毒事件频繁发生、化学品恐怖事件接连不断，新化学品导致的危害事件防不胜防，特别是职业中毒呈现"种类繁多、分布呈现行业集中趋势、危害严重，经济损失且社会影响极坏"的趋势。这表明，现阶段仍需大力加强职业中毒的预防控制工作。此外，毒物在低浓度长期作用下对人体健康的影响也不容忽视，应着重研究早期健康损害效应指标，以期提高对职业人群健康的保护水平。

职业中毒的预防工作涉及许多部门与专业，除医学专业人员外，还要其他学科人员参与，主要是分析化学(毒物检测)、毒理、工程技术(控制危害因素)、生产管理等专业人员的密切合作，才能做好职业中毒的预防工作。

一、毒性资料的实际应用

将动物实验研究所获得的毒性资料应用于对人的毒性危害评估和指导职业中毒预防工作，是职业卫生与毒理学研究的主要内容。毒性资料对接触有害物质的人员做好职业防护具有重要指导意义。

随着化学工业的发展，化学品的使用种类和数量急剧增加，依据美国化学学会化学文摘社(Chemical Abstracts Service, CAS)登记的有机和无机化学物已达到142 693 925种物质(截至2018年7月3日16时)，且呈日益增长趋势，每个工作日增加约5万种，目前进入工业生产的化学品已达到6 000万种。有不少化学物质的毒性及其职业性损害，在国内外各类文献资料或相关数据库中多有记载。其中"美国化学学会化学文摘社"收集的化学物质的毒理资料较为全面，可按化学物质的结构、名称或登记号等检索。国外早在二十世纪七十年代，开始化学品数据库的建设工作。目前比较成熟的化学品数据库如有害物质数据库(Hazardous Substances Data Bank，HSDB)、化学物质毒性数据库(Registry of Toxic Effects of Chemical Substances，RTECS)、Chemdata、NIH－EPA化学信息系统等。然而，由于国外数据库存在文化方面的差异，化学品的命名方式和俗名，与国内有较大差别，且均没有中文版，这就为检索使用带来了极大的不便。除此之外，国外各类数据库购买使用费较高，所有的这些，都限制了国外数据库在国内推广与实际应用。《中国现有化学物质名录》2010版，该目录已列入45 602种，至2018年增补了45种符合要求的已登记新化学物质，目前为国内相对最为全面的目录。其他国内各类毒性数据库包括：上海市化工职业病防治院研发的《化救通》、中国科学院开发的《化学物质毒性数据库》、中国疾病预防控制中心开发的《化学品、有害动植物数据库》、上海市疾病预防控制中心《中毒控制信息检索系统》、中国农药信息网农业部农药检定所开发的《农药电子手册子》、上海物竞化工科技有限公司开发的《物竞化学品数据库》，上海化工研究院开发的《化学品毒性数据库》等。此外，国内近期中毒相关病例报道或毒理学文献资料可从国内外数据文献系统或检索平台如PubMed文献数据库、EBSCO、Springer、维普资讯—中文期刊服务平台、同方知网—中国知网(CNKI)，万方数据——知识服务平台等检索查阅，国内如《卫生毒理学》《中华劳动卫生职业病》《职业医学》和《中国药理学与毒理学》《环境与职业医学》《职业卫生与应急救援》为各类中毒文献相对集中发表的杂志。

近年，随着计算机技术的发展以及3R原则动物福利的关注，(定量)结构—效应关系(Quantitative Structure-Activity Relationship，QSAR)已在中毒领域应用广泛，特别是基于节约测试和研发成本，当面临化学品毒性资料缺乏时，可优先考虑应用该方法，预测其毒性。化学结构是决定化合物的理化特性和毒性的基础。不少化合物可根据其化学结构预测毒性和毒作用的特点。根据已知同系物的结构与毒性的关系的一般规律，可以粗略地估计其中某新化学物质的毒性。掌握化合物的理化特性，也可以预测并控制其造成中毒的因素。与职业中毒有关的主要理化特性为：沸点、蒸气压、溶解度、熔点、闪点等。气态化合物或沸点低、蒸气压高的液态化合物，在常温下极易挥发，在空气中可形成较高的毒物蒸气浓度，引起急性吸入中毒的危险性较大。溶解度与毒性有关，如金属盐类化合物，都是水溶性大的毒性高于水溶性小的，刺激性气体，易溶于水的主要作用于上呼吸道，立即出现明显的刺激症状，不易溶于水的则可深入到下呼吸道刺激细支气管和肺泡组织，引起化学性肺水肿或肺炎。固体或金属毒物在熔化或冶炼时，随着温度升高而有烟雾逸出，控制金属毒物的熔融温度，不使其过高，就能防止毒物蒸气逸出。如熔铅时温度控制在400℃左右，可减少铅烟尘的产生；熔铜时控制炉温可以减少"铸造热"的发生。

绝大多数化学品(除属基因毒的化学致癌物外)，对机体的作用都存在"剂量—效应/反应"关系。应用动物毒性资料进行安全评价时，为了安全起见，常假设人对毒物较动物为敏感，即以人的中毒剂量低于或等于动物的相应剂量作为估测的基础。因此估计某化合物对人的中毒剂量时，可按最敏感动物的毒性资料，用人的平均体重(60 kg)推算。人对生物碱、钡和锌的盐类、甲醇、硝基苯等毒物特别敏感，而多数麻醉剂对人和动物的有效作用相似，也有些化合物人对之反而不如动物敏感。此外，还可根据毒性的种属差异来推测对人的毒性。大量的资料表明，如果某毒物对常用的几种实验动物(小鼠、大鼠，豚鼠和兔)的毒性差别不大时，一般该毒物对人的毒性也与之接近；反之，则估计的误差可能会较大。但不论是基于文献资料还是实验研究，直接应用于安全评价时，都存在着若干不确定因素，往往难以直接推导及人，其中最引人关注的是种属间的差异，以及从高剂量效应推导至低剂量作用所致差异，故为缩小这些差异，在研制中毒相关卫生标准时，通常考虑一定的安全系数。

目前，最通用的急性毒性参数仍采用动物致死剂量或浓度，其中半数致死剂量或浓度(LD_{50}或LC_{50})，是经统计处理得来的数值，在剂量-反应关系曲线中，该值在曲线的中点，斜率最大，剂量的增减对致死效应的发生率有明显的影响，且该值的95%可信限与曲线中点最接近，因此该值作为化学品急性毒性最常用参数，较LD_{100}、MLD或LD_0更敏感，具有相对稳定和代表性。LD_{50}数值愈大，毒性愈小，《全球化学品统一分类和标签制度》(Globally Harmonized

System of classification and labeling of chemicals，简称 GHS，又称“紫皮书”），将化学品的毒性依据急性毒性（经口、经皮和吸入）分为 1～5 类，以“经口”为例，其中 1、2 类为“吞咽致命”，3 类为“吞咽会中毒”，4 类为“吞咽有害”，5 类则为“吞咽可能有害”。虽然 LD_{50} 是一个很有用的急性毒性评价指标，但在实际应用中远不能表示急性毒性的全部内容，由于该值的测试受实验动物种属、品系遗传易感性和实验条件等影响，同一化学品的 LD_{50} 在不同实验室间可能有 4～7 倍之差。有时，两种化学品的 LD_{50} 值相似，但在不同剂量范围内的致死毒性不一定相同；有时，两种化学品的 LD_{50} 值并不相同，但其致死毒性也不一定有明显差别。所以，在应用该值比较不同化学品的急性致死毒性时，需检查完整的 LD_{50} 的剂量—反应关系资料，包括 LD_{50} 95％的可信限、剂量—反应曲线的斜率以及动物急性致死时间。此外，由于 LD_{50} 观察时间短，不能反映某些化学品的迟发毒性或双相死亡现象，如某些有机磷农药可引起迟发性神经毒。另外，部分化学品，可经无损皮肤吸收，所以动物的经皮与经口 LD_{50} 的比值，可以说明毒物是否容易经皮吸收的评估指标，经皮与经口 LD_{50} 的比值较大者，经皮中毒危险性较小，反之则较大，如丙烯腈的小鼠经皮 LD_{50} 为 35 mg/kg，经口 LD_{50} 为 25 mg/kg，经皮与经口 LD_{50} 非常接近，说明丙烯腈易经皮肤吸收，必须预防皮肤污染，一旦发生污染应立即清除。

从空气中有害物质的浓度估计接触者吸收的量，一般按成人 8 h 的通气量为 10 m^3 计算，贮留率与有害物质的水溶性有关，可按表 4－1 确定。估算的公式如下：

$$估算的剂量(mg/kg) = [毒物浓度(mg/m^3) \times 10\ m^3 \times 贮留率(\%)] / 体重(kg)$$

表 4－1　化学品的水溶性与贮留率关系

水中溶解度	g(％)	贮留率(％)
基本不溶	＜0.1	10
难溶	0.1～5	30
中等度溶	5～10	50
易溶	50～100	80

毒物的毒性分级常指示预防急性中毒所需措施的严格程度。目前，伴随《危险化学品目录（2015版）》发布，原剧毒物品目录已取消，和新版危险化学品目录合并，高毒物品目录尚保留，但考虑到 GHS 在我国的实施，除“目录”式管理外，再笼统讲“剧毒或高毒”已不合适，应统一采用上述的 GHS 急性毒性分类，建议其中 1～3 类，参照原剧毒或高毒类化学品严格管理，生产过程应尽可能采取密闭化、管道化和自动化，避免直接接触，生产场所应设有事故通风和急救设施，接触者应有相应的个人防护用品。对 4～5 类，相当于原“低毒和微毒类”的化学品，防毒措施可以放宽，但是决不可以忽视必要的防护，特别是一些蓄积作用明显的毒物，急性毒性虽低，而引起慢性中毒的潜在危险是很大的。因此在制定预防措施时，既要参考急性毒性资料，又要考虑到毒物的蓄积毒性和慢性毒性。

动物中毒的表现特征，一般可提示人中毒时可能受损的器官和系统。毒物在体内代谢和排出的资料，往往有助于了解毒作用和解毒机理，并提供实验室诊断的指标等。例如甲醛在体内可转化为甲酸，乙二醇可转化为草酸，提示中毒者可出现酸中毒，急救时应注意纠正酸中毒。测定尿中排出的毒物及其代谢产物可以了解机体吸收毒物的程度，例如测定尿中硫氰酸盐、尿氟和三氯乙酸可分别反映氰化物、氟化物和三氯乙烯等的吸收量。但仅根据尿中发现某毒物或其代谢产物还不能作为诊断中毒的依据。

用动物实验资料来估计毒物对人的慢性作用，应特别谨慎。本书介绍了许多毒物的动物慢性毒性资料，但生产中人发生慢性中毒者为数不多。这主要因为动物实验多在浓度较高的条件下进行，而人接触毒物的浓度较低，又采取了一定的防护措施，而且健康人体对毒物具有一定的防御能力，当少量毒物进入人体时，机体可以将毒物转化、排泄。但是这些实验资料仍有重要的参考价值，例如慢性阈浓度可为制定最高容许浓度提供依据，病理改变提示对人进行防治观察的重点、就业禁忌证的考虑范围，以及估计发生慢性中毒的可能性等。

在参考毒性资料时，还须注意实验条件，如动物种类和性别、染毒途径和剂量（或浓度及染毒时间）等。同时也不能忽视实验动物与人对某些毒物的反应，不仅表现为量的不同，而且还有质的差别，特别是致癌、致突变、致畸等动物实验结果，应用于人时更要谨慎。

二、空气中毒物职业接触限值的制定和应用

源头预防控制化学品中毒的主要措施之一，就是控制毒物在环境中分布浓度，即在空气、水、食物和土壤中的存在数量。制定这些环境物质中有毒物质的容许浓度，是预防中毒的重要措施。对于预防职业中毒而言，主要是制订工作场所空气中有害物质的职业接触限值。我国目前有两个与职业卫生有关的标准：《工业企业设计卫生标准》和《工作场所有害因素职业接触限值》。后者明确了化学品的接触限值，采用时间加权平均容许浓度作为主体性的接触限值。

（一）工作场所有害因素职业接触限值

职业接触限值是为保护作业人员健康而规定的工作场所有害因素的接触限量值，属于卫生标准的一个重要组成部分，不同国家、机构或团体所采用的职业接触限值名称和含义不完全相同。我国相关标准由国家职业卫生标准委员会制定。

1. 职业接触限值(Occupational Exposure Limit, OEL)　是为了保护企业人员健康而规定的对于限值的一个总称，指劳动者在职业活动过程中长期反复接触某种有害因素，对绝大多数人的健康不引起有害作用的容许接触浓度(Permissible Concentration, PC)或接触水平。职业接触限值包括三个具体限值，分别为：时间加权平均容许浓度(Permissible Concentration-Time Weighted Average, PC－TWA)，指以时间为权数规定的 8 h 工作日的平均容许接触水平；最高容许浓度(Maximum Allowable Concentration, MAC)，指工作地点在一个工作日内，任何时间均不应超过的有毒化学品的浓度；短时间接触容许浓度(Permissible Concentration-Short Term Exposure Limit, PC－STEL)，指一个工作日内，任何一次接触不得超过的 15 min 时间加权平均的容许接触水平。

2. 阈限值　是 ACGIH 所制定。ACGIH 制定的接触限值(包括化学和物理性有害因素)，有三种具体限值：① 时间加权平均阈限值(Threshold Limit Value-Time Weighted Average, TLV－TWA)：指 8 h 工作班以及 40 h 工作周的时间加权平均容许浓度，长期反复接触该浓度的(有害物质)，几乎所有工人不会发生有害的健康效应；② 短时间接触阈限值(Threshold Limit Value-Short Term Exposure Limit, TLV－STEL)：是在 1 个工作日的任何时间均不得超过的短时间接触限值(以 15 min TWA 表示)。工人可以接触该水平的有害因素，但每天接触不得超过 4 次，前后两次接触至少要间隔 60 min，且不得超过当日的 8 小时时间加权平均阈限值；③ 上限值(Threshold Limit Value-Ceiling, TLV－C)：是指瞬时也不得超过的浓度或强度(以＜15 min 采样测定值表示)。

ACGIH 的这 3 种阈限值有其内在的联系。一般而言，以 TWA 浓度来检测空气中的有害物质是否符合卫生限值是恰当的，它是主体性的限值。然而，TWA 对那些生物学作用较快的物质不一定适合，此时应以上限值加以控制，例如 TLV－C，有些刺激或窒息性气体规定了上限值。STEL 水平的接触应不至于引起：刺激作用、慢性或不可逆损伤和麻醉作用。只对少数化学物质(可产生急性效应或短时间高浓度接触具有急性效应的化学物，一般为气态或气溶胶)才规定 STEL，规定有 STEL 的化学物既要遵守 STEL 也要遵守 8 h TWA 限值。可见，STEL 不是一个独立的接触限值，而是 8－hr TWA 限值的补充。另一方面，既然 TWA 是平均浓度，应允许环境瞬间浓度在 TWA 限值上下波动，只要平均不超过 TWA 容许浓度。ACGIH 推荐了上移限值(excursion limit)：在遵守 8 h TWA 限值的前提下，上移限值在总共 30 min 限定接触时间内不应超过该化学物 TWA 限值的 3 倍，在任何情况下不允许超过 5 倍。德国和加拿大的卫生标准也规定有类似的限值。

3. 容许接触限值　是 OSHA 引用 NIOSH 及 ACGIH 的资料颁布的职业接触限值，具有法律效力。它的具体限值与 NIOSH 及 ACGIH 的相类似。

4. 最高工作场所浓度(Maximale Arbeitsplatz-Konzentration, MAK)　系德国科学研究联合会制定的职业接触限值，虽译为最高容许浓度，但实质上是 8 h TWA 容许浓度。

5. 技术参考浓度(Technische Richtkonzentration, TRK)　该限值为致癌物质根据目前技术条件所能达到的最低浓度，遵守 TRK 只能减少并不能排除该物质对健康的危害。这是德国对致癌物所采取的一种控制措施，要求车间空气致癌物浓度在 TRK 以下，并不断改善防护措施，尽可能降低到远远低于

TRK 水平。

6. 容许浓度　是日本产业卫生学会推荐的有害物质接触限值，是按时间加权平均浓度规定的。

7. 保证健康的职业接触限值（health-based occupational exposure limit）　是 WHO 专题工作组提出的一种职业接触限值。制定这种接触限值时，仅以毒性资料与工人健康状况资料为依据，而不考虑社会经济条件或工程技术措施等因素。不同国家可根据各自的国情加以修正，作为本国的实施限值。

（二）职业接触限值的制定

制定车间空气中有害物质的职业接触限值要以化学物质的理化特性、动物实验与临床资料、现场职业卫生调查与流行病学调查资料为依据。制定一个新化学物质的职业接触限值应在充分掌握文献的基础上，一般先作卫生毒理学实验，测定有害物质的急性 LD_{50} 及 LC_{50} 等为亚慢性和慢性中毒实验提供依据。亚慢性中毒实验主要阐明该毒物的毒作用特点，观察主要损害哪个系统、哪些器官，以初步了解毒物作用的机理，为慢性实验的观察指标和蓄积作用程度等提供资料。进一步的慢性实验目的在于确定一定的作用期间对动物不发生危害的毒物浓度（无作用浓度）及发生轻微损害的浓度（慢性阈浓度），直接提供制定最高容许浓度所需的安全限量的参数。由于职业接触的特点，最好采用吸入染毒。应该注重毒物毒性的基本资料，如进入途径，半数致死浓度（LC_{50}）或剂量（（LD_{50}），毒作用特点与靶器官，蓄积毒性与体内代谢，有无致畸、致突变、致癌作用，有无致敏和迟发毒作用等。按一般规律，毒物的毒作用取决于剂量。制定接触限值，更是强调剂量—反应（或效应）关系，应努力寻找所谓的无观察有害效应的水平（No Observed Adverse Effect Level，NOAEL），它指不引起有害效应的、最高水平或者剂量。在确定 NOAEL 后，再选择一定的安全系数，提出相应的接触限值。一般说来，有害物质的接触限值应比 NOAEL 低，其原因主要为：任何实验都不能完全避免一定程度的不确定性，资料的确定程度只是建立在一定的统计学的基础上；实验动物的剂量—反应关系比较容易确定，但动物与人的敏感性不同，即存在种属差异；应考虑到那些对有害物质敏感性增强的因素，如疾病、服药、同时接触多种有害物质、遗传易感性等。接触限值并非一成不变，而是根据现场卫生学调查和健康状况动态观察的结果对其安全性和可行性加以验证，甚至修订。由于工业的发展，新的有害物质不断出现，往往没有现场和职业健康资料可供利用。此时可根据有害物质的理化特性，进行必要的毒性和动物实验研究，以确定其初步的毒作用，据此提出接触限值的建议，先行试用。对于已经生产和使用较久的化学物质，则应主要根据已有的毒理学和流行病学调查资料制定接触限值。现场职业卫生和流行病学调查资料比动物实验资料更为重要，它是制定接触限值的主要依据。

研究空气中有害物质接触限值，其核心就是从质和量两个方面深入研究该有害物质与机体之间的相互关系，最终目的是确定一个合理而安全的界限。换言之，就是在充分掌握有害物质作用性质的基础上，阐明其作用量与机体反应性质、程度和受损害个体在特定群体中所占比例之间的关系，即接触—反应关系。因此，在进行现场职业卫生调查与流行病学调查时，必须紧紧抓住接触—反应关系这一环节，才能使得到的资料为制定接触限值提供有力的依据。

制定接触限值时，首先面临的是选定哪一种有害效应，这关系到实验和调查中观察哪种指标，还关系到 NOAEL 的高低，以及一个卫生标准的保护水平。有关有害效应，或者可以接受的影响，还缺乏统一的看法。在研制某种有害因素的接触限值时，应该根据它对机体的主要效应，效应是否敏感，以及其出现的时序等来选择所谓有害效应。根据我国研制接触限值的实践经验，下列情况应看作是有害效应：呼吸道刺激效应、初期急慢性职业中毒或职业病、接触化学物所致早期临床征象、实验室检查有实质性意义的改变等。制定有害物质接触限值时还会遇到高危人群问题。所谓高危人群是指少部分人在接触有毒物质或致癌物质时，由于一种或几种生物因素的影响，而使其对毒作用的反应较一般人群出现得早且严重，这样的易感人群称为高危人群。正常人群和高危人群对有害物质的敏感性存在明显差别。目前了解较多的是遗传因素，如体内葡萄糖—6-磷酸脱氢酶缺乏对一氧化碳、臭氧和辐射更为易感。然而，由于高危人群占总人口的比例极小，且如何估计高危人群的危险度目前尚无足够依据，现有的职业接触限值均是以正常接触人群的反应为依据提出的。

制订一项卫生标准，不但要从制定标准的科学性上考虑，还要同时考虑标准的可行性。科学性上的考虑主要指医学上的可接受性，接触限值要对接触者的健康提供最大保障。在此前提之下,还要考虑执行此限值对社会和经济发展的影响。我国制定职业接触限值的原则,是"在保障健康的前提下,做到经济合理,技术可行",即安全性与可行性相结合。

(三) 实际应用职业接触限值时的注意事项

制定、颁布、实施职业卫生标准,是改善作业环境,促进工人健康的重要保证。因此,"标准一经批准发布,就是技术法规,各级生产、建设、科研、设计管理部门和企业事业单位,都必须严格贯彻执行,任何单位不得擅自更改或降低标准。新修订的《中华人民共和国标准化法》2018 年 1 月 1 日正式实施,该法规定:对因违反标准造成不良后果以至重大事故者,要根据情节轻重,采取记入信用记录,并依照有关法律、行政法规的规定予以公示,处分甚至严重者要追究相应民事和刑事责任。

本书所列职业接触限值,除我国制定的以外,还在具体各个化学品中介绍了国外资料。用职业接触限值以估计生产环境受毒物污染程度及其危害性时,应注意以下一些问题:职业接触限值是专业人员在控制工作场所有害因素的实际工作中使用的技术尺度,是实施卫生监督的依据之一。但它不是安全与有害的绝对界限,只是判断化学物在一定浓度其安全性的基本依据,某化学物质是否损害了健康必须以医学检查结果为基础,结合实际案例的接触情况来判定。因此,即使符合卫生标准,也还有必要对接触人员进行健康检查。此外,它还只是一种限量标准,应当尽量降低空气中有害物质的浓度,而不应以达到卫生标准为满足。它又有别于立即危及生命或健康的浓度(Immediately Dangerous To Life Or Health, IDLH),认为空气中毒物浓度超过接触限值就应发出警报,采取紧急措施,疏散工作人员也是不现实的,也是没有根据的。当然,长期在超过接触限值的条件下作业对健康会造成损害。职业接触是否超过卫生限值也不能作为职业病诊断的依据,对于可经皮肤进入的毒物,即使空气中毒物的浓度低于接触限值,亦难以保障工人健康,尚需注意皮肤防护。职业接触限值只用于职业卫生,不能用于环境卫生或食品卫生来评价居民对有害物质的暴露或摄入。此外,多种毒物同时存在时,应考虑联合作用。当几种毒物具有相加作用时,在厂房设计阶段应用各毒物的最高容许浓度时,应按毒物的种数降低相应倍数。例如同时存在 2 种毒物,则最高容许浓度值应除以 2,同时存在 3 种毒物则应除以 3,具体可参见 GBZ1 - 2010 工业企业设计卫生标准。

三、预防职业中毒的组织措施

(一) 严格执行有关法律法规和管理规定

生产性毒物种类繁多,接触面广、人数庞大;职业中毒在职业病中占有很大比例。因此,控制生产性毒物,对预防职业中毒、保护和增进职工健康、促进国民经济可持续发展有重大意义。我国在这一方面已取得巨大成就和众多宝贵经验。为了保证作业场所安全使用有毒物品,预防、控制和消除职业中毒危害,保护劳动者生命安全、身体健康及其相关权益,中华人民共和国国务院于 2002 年依据职业病防治法,颁布了《使用有毒物品作业场所劳动保护条例》,为生产性毒物的控制和职业中毒的预防提供了法律保障。我国"工作场所有害因素职业接触限值"发布以来,历经多次修改,特别是 2002 年修改分为 GBZ 2.1《工作场所有害因素职业接触限值第 1 部分:化学有害因素》和 GBZ 2.2《工作场所有害因素职业接触限值第 2 部分:物理因素》,更具操作性与实用性。对于有关的法令和规定反映了我国防治职业中毒的丰富经验,是职业中毒防治工作的法律依据,各部门应认真贯彻执行。工矿企业应将生产安全和预防职业中毒工作列为企业管理的重要组成部分。

(二) 改善劳动组织

毒物的浓度和对人作用的时间为影响毒作用的最主要因素。如浓度不变,则机体受毒害的程度随接触时间增加而加剧。因此采取有效措施,防止人持续地接触毒物,有助于控制中毒的发生。某些特殊作业可在劳动力的调配、劳动的安排等方面根据条件适当考虑。如避免劳动组织和制度不合理、劳动作息制度不合理;部分职业如机动车驾驶应防止精神(心理)紧张;避免劳动强度过大或生产定额不当,如安排的作业与生理状况不相适应等;防止视力紧张类个别器官或系统过度紧张;避免长时间处于不良体位、姿势或使用不合理工具等。

(三) 卫生宣教

为了纪念《中华人民共和国职业病防治法》的发

布，预防、控制和消除职业病危害，防治职业病，保护劳动者健康及其相关权益，促进经济发展。决定从2002年起，每年4月最后一周为《职业病防治法》宣传周。《职业病防治法》规定，劳动者依法享有九大职业卫生保护权利，其中之一为“接受职业卫生教育、培训的权利”。普及防毒知识，使人人懂得预防方法，自觉遵守防毒的规章制度和执行安全操作规程，重要途径之一即是宣传培训。管理制度不全、规章制度执行不严、设备维修不及时及违章操作等常是造成职业中毒的主要原因。因此，采取相应的管理措施来消除可能引发职业中毒的危险因素具有重要作用。所以应做好管理部门和作业者职业卫生知识宣传教育，提高双方对防毒工作的认识和重视，共同自觉执行有关的职业安全卫生法规，加强对职工进行防毒、防尘、防噪等相关知识的宣传、培训，使其了解在工作中可能接触到何种危害因素，有什么危害，如何进行预防等。同时，用人单位应对劳动者进行职业病危害防护设施操作规程、性能、使用要求等相关知识的培训，指导劳动者正确使用职业病危害防护设施。

(四) 建立群众性组织

《中华人民共和国职业病防治法》和《中华人民共和国安全生产法》对工会在维护劳动者健康权益和安全生产工作中的地位和权力进行了明确规定：工会组织依法对用人单位的职业病防治工作进行监督，维护劳动者的合法权益；工会依法组织职工参加本单位安全生产工作的民主管理和民主监督，维护职工在安全生产方面的合法权益。为了开展群众性的防治工作，车间内可建立安全员和班组卫生员等群众性组织，并经常培训，内容包括防毒的常识，安全操作制度，使用和保养防护用品，以及急性中毒时的自救、互救知识。此外也应配置必需的急救设备，如冲洗皮肤和黏膜用的喷淋设备、敷料器材和解毒药(如氰化物中毒用的急救箱)等。

四、预防职业中毒的技术措施

职业中毒的病因是生产性毒物，故预防职业中毒必须采取综合治理措施，从根本上消除，控制或尽可能减少毒物对职工的侵害。应遵循“三级预防”原则，推行“清洁生产”，重点做好源头控制。主要技术措施包括以下方面。

(一) 工艺改革和技术革新

降低毒物浓度减少人体接触毒物水平，以保证不对接触者产生明显健康危害是预防职业中毒的关键。其中心环节是加强技术革新和通风排毒措施，将环境空气中毒物浓度控制在最高容许浓度以下。

工艺的改革是解决毒物危害的根本途径。在生产中可以使用无毒或低毒的物质来代替有毒或剧毒物质，以减少危害。如有些电镀作业，可改为无氰电镀，消除电镀工人接触氰化物的危险和含氰废水的排放；在喷漆作业中，可采用抽余油(石油副产品)、甲苯或二甲苯代替苯作为溶剂。但不是所有的毒物都容易找到无毒的物质代替，且替代物不能影响产品质量，并需经风险评估，如其实际危害较小方可使用，故没有合适的替代时，有些则需改革工艺过程来解决，例如机器人代替人工操作。

因工艺要求必须使用高毒类原料时，须强化局部密闭/或通风排毒并经净化处理等措施，并实行“五双”类特殊管理。生产时，则应将毒物的生产放在密闭的装置中进行，并采用自动化、机械化操作，可以减少毒物的逸散，避免厂房空气被污染，并避免工人直接接触毒物，也是防止职业中毒的重要措施。如有些新建厂房已将毒物的运送、开桶、倾倒等操作步骤全部机械化或管道化，并将毒性大的物质的反应釜密闭在单独的操作室内进行，操作者只需在密闭室外操纵电钮，密闭室内设有专用排风设备。这样可以基本上防止毒物对工人的危害。

(二) 工艺与建筑布局

建筑厂房时应根据GBZ1-2010《工业企业设计卫生标准》的有关规定进行设计和施工。为消除职业危害，新建、扩建和改建的厂矿企业，必须把职业危害防护措施与生产项目同时设计，同时施工，同时投入使用。相关部门应对设计图纸进行审查，提出意见。

车间的设计应将生产工序合理安排，产生毒物的场所应合理配置，应与其他工作场所隔离，使接触毒物的工人减至最少。车间的墙壁、地面也应使用不易吸附毒物的材料，并要求表面光滑，以便清洗。合理布局不同生产工序或生产线的布局，不仅要满足生产上的需要，也要考虑职业卫生的要求。有生产性毒物的作业应与无毒的作业分开，防止交叉污染；对职业健康危害大的生产性毒物工序也要进行有效隔离，以免产生迭加影响，降低发生职业中毒的风险；并做好废气的回收利用等。不同种类职业病危害因素的作业工序也应隔离，防止不同职业病危害因素间的联合作用或交互作用。

(三) 通风措施

生产过程中常因设备的跑、冒、滴、漏，致使毒物逸入空气中，特别在加料、采样、加工、包装等操作时，更为常见。因此，采用适当的通风，排出已放散出的毒物，是降低车间空气中毒物浓度的一项重要措施，使作业带空气即能符合国家《工作场所有害因素职业接触限值》要求，又同时将含有的有害物净化后排出，满足大气污染物综合排放标准要求，从而改善作业环境，保护工人健康。工作场所通风包括通风、除尘、排毒，防暑降温等。通风是一个专业学科，与本书关联不大，在此作简要介绍。

1. 通风方法的分类

按通风系统的工作动力分类，可分为自然和机械通风；按工作场所实施的换气原则分类，可分为全面通风、局部通风和混合通风。通常根据生产车间的地理位置、工艺特点及生产要求等因素采取相应的通风方式。全面通风的效果主要取决于通风换气量和车间内的气流组织方式两个因素。车间的气流组织需要根据有害物质散发源、操作位置、热设备、门窗以及自然通风等具体情况考虑，要尽可能使新鲜空气先流经操作地点，再经污染较重的区域排出。送风口应接近工人操作地点，设在有害物浓度较高的区域，将操作者呼吸带周边的有害气体浓度稀释并降低，再通过排风口将稀释后的有害气体净化排除。此种通风方式不仅降低工人操作位置有害气物的浓度，同时减轻操作人员的劳动强度，有利于充分发挥全面通风的作用。

局部通风是利用局部气流，将局部工作地点产生的较高浓度污染物在没有扩散之前收集，即通过局部排风罩直接将尘源点的有害物排除。其优点是排风量小、控制有害因素效果明显，所需一次性投资比全面通风少。适宜在产生有害气体浓度较高、污染面积较小、污染物毒性较大的作业环境选用。控制车间有毒有害气体和粉尘最有效的措施是对污染源加以控制，故通常采用抽出式局部机械通风以防止毒物的扩散。如果毒物发生源已经密闭，则毒物只能通过密闭罩上的操作口或检查孔才能向外逸散。防毒通风措施就是利用通风机的运行，在密闭罩内形成负压气流来控制毒物，使其不能向外扩散，而经一定的流向排出车间。这种作用于控制范围内最不利点，使处在该点的毒物不能外逸或扩散的气流速度，称为控制风速(以 m/s 表示)。防毒通风效果的好坏，与控制风速的大小有关。如果由于工艺要求，毒物发生源无法密闭，而离开吸风口处有一段距离，则应在毒物发生源控制范围内最不利点有足够的控制风速。否则，因为气流速度随着离吸风口距离的增大而迅速衰减，毒物发生源处实际受到的风速要比吸风口处的风速小得多，就不能起到有效地控制毒物飞扬的作用。

2. 设计原则

全面通风的设计原则主要考虑：① 全面通风可用于散发热、湿或有害物质的车间或其他厂房，当不能采用局部通风、或采用局部通风达不到卫生要求时，应辅以全面通风或采用全面通风。② 全面通风有自然通风和机械通风或自然与机械的结合通风等各种方式。设计时应尽量采用自然通风方式，以节约能源和投资，当自然通风达不到卫生条件或生产要求时，则应采用机械通风或自然和机械的联合通风。③ 设置集中供暖且有排风的生产车间及辅助建筑物，应考虑自然补风的可能性。当自然补风达不到卫生条件、生产要求或在技术经济上不合理时，宜设置机械送风系统。但对于每班运行不到 2 h 的局部排风系统，条件许可时，可不用机械通风补偿所排出的风量。④ 对于冬季全面换气进行空气平衡与热平衡计算时，应分析具体情况并充分考虑下列各种因素：在允许范围内适当提高集中送风的送风温度；利用建筑物内部的非污染空气作为补风；对于允许短时过冷或采用间断排风的车间，可以不遵循“热平衡”和“空气平衡”的计算原则；稀释有害物质的全面通风的进风，应采用冬季供暖室外计算温度，消除余热、余湿的全面通风，可采用冬季通风室外计算温度。⑤ 确定热负荷时，要密切结合工艺、了解生产过程、收集资料。根据实际情况计算散热量。

局部排风罩的设计原则主要考虑：① 局部排风罩应尽可能包围或靠近尘源点，使有害气体局限于较小的局部空间，应尽可能减小吸气范围，便于捕集和控制。② 排风罩的吸气气流方向应尽可能与污染气流运动方向一致。③ 已被污染的吸气气流不允许通过人的呼吸区。设计时要充分考虑操作人员的位置和活动范围。④ 排风罩应力求结构简单、造价低便于安装和维护。⑤ 局部排风罩的配置应与生产工艺协调一致，力求不影响工艺操作。⑥ 要尽可能避免和减弱干扰气流、穿堂风和送风气流等对吸气气流的影响。

总之，在选用不同通风方式时，首先要保证操作者呼吸带周围的有害物浓度满足国家相关标准的要求，同时，尽量降低一次性投资和运行成本，减少设备维护工作量。在选用通风这一技术措施进行有害气体通风净化时，要结合治理项目的性质、建筑结构、生产工艺等条件，在综合考虑及经济效益分析后，确定通风治理方式。对于污染物浓度比较低、厂房密闭性好、寒冷地区、生产产品大、作业范围不固定、有害因素特殊等情况下，优先选用全面通风治理方式；但要考虑一次性投资、运行成本、占地面积等因素。对于散发有害物浓度高、尘源点相对固定的工位，或者是尘源点相对集中、整体厂房污染浓度低的作业环境，优先选用局部通风治理方式。局部通风系统中吸风罩口的设置，在不防碍生产操作的前提下综合考虑吸气罩的形式、相对位置，提高对有害气体的捕集率。

（四）对毒物的监测

1. *车间空气中毒物浓度的监测*　空气中有害物质浓度的监测可以达到以下目的：① 掌握生产环境中毒物浓度及其分布情况，② 估计人体的接触水平（即外剂量），为研究接触水平与健康状况的关系提供依据；③ 检查生产环境的卫生质量，评价劳动条件是否符合卫生标准的要求；④ 评价预防措施的效果和有关法规的贯彻执行情况；⑤ 为控制毒物及制定、修订卫生标准和工作计划提供依据。各相关企业应建立经常的自我测定、检查制度。测定点的选择和测定次数，应做到有计划性，分析方法也应当注意标准化，这样有利于前后对比。

空气采样可分为定点区域采样和个体采样两种方式。定点区域采样是在毒物发生源附近人活动的区域选择一些能反映人实际接触情况的、有代表性的测定点，将采样仪固定在工作场所某一区域，同时记录各种活动的次数和持续时间，这种采样测定的结果，可以用来评价毒物的来源、污染程度、分布情况和卫生技术措施的效果等。区域采样常用于评价工作环境质量。由于采样系统固定，未考虑作业者的流动性，定点区域采样难以反映作业者的真实接触水平。以往经验表明，定点区域采样结果与个体采样结果并不一致，两者之间并无明显的联系。但可以应用工时法，记录作业者在每一采样区域的停留时间，可以根据定点区域采样结果估算作业者接触水平。

个体采样是将样品采集头置于作业者呼吸带内，可以用采样动力或不用采样动力（被动扩散）。通常采样仪直接佩带在作业者身上，如采样仪器由检测人员携带，与作业者同行，又称呼吸带跟踪采样（breathing zone sampling）。个体采样是利用佩带在工人身上的个体采样器，在一个工作班内连续不断地采集空气样品，然后进行分析。其结果可反映一个工人在一个工作班的各种不同操作中所接触的毒物的总量，但不能反映不同时间、地点的接触量。如能采用区域采样与个体采样相结合的方式，则可以更全面地说明问题。测定方法也可用快速法，这虽不太精确，但可当场得知结果，便于采取相应措施。对于某些急性致死性的毒物，有条件者可在操作点安装自动报警器。当毒物浓度超过危险浓度时，报警器能迅速预警，以便及时采取紧急措施。用上述各种方法测定的结果应与国家规定的车间空气中有害物质的最高容许浓度相比较。工人操作处呼吸带的空气中毒物浓度不应超过最高容许浓度。如发现超过时，应仔细分析原因，采取相应的措施。

2. *皮肤污染的测定*　有些化学物质如有机磷农药、苯胺。四乙基铅等，能被完整的皮肤吸收，常为毒物主要的侵入途径。对于这类化合物应避免皮肤污染。必要时可测定毒物的皮肤污染量。

3. *生物监测*　生物监测是指定期（有计划地）、系统、连续和重复地采集接触毒物者的生物材料（血、尿和呼出气等），分析毒物及其代谢物的浓度和（或）非损害性、特异性较高的生化效应水平，将测定值与正常参比值相比，直接用于评价接触者接触毒物的程度和健康受损的危险程度，为了在必要时采取降低接触水平所需的适当措施。

测定毒物在空气中的浓度，只是工人外暴露剂量，不能反映经皮肤和胃肠道进入人体内的毒物量。检测生物材料中毒物或其代谢物则可补充单纯检测空气中毒物浓度的不足，其优点有：① 可以反映机体总的接触量和负荷（即内剂量/体内负荷）；② 有些操作可使毒物在空气中的浓度瞬间升高，采集瞬间的空气样本较为困难，但如接触三氯乙烯后，测定尿中的三氯乙醇，可反映实际吸收三氯乙烯的量；

③ 操作地点浓度经常变动的工种，短时间的空气中毒物浓度不能反映工人实际接触情况，检测体内毒物或其代谢物，则能比较客观地说明问题。

生物材料的选择和测定指标的确定可按下述意见考虑：① 测定接触者血液、尿、头发、指甲等生物材料中的毒物。一些元素或分解较慢的有机物质，可适用本法，如接触铅、汞、砷、镍、锰、氟等，可测血液或尿内该元素，血中的量代表近期接触剂量，尿中的量代表长期接触量；也可测定头发内铅、汞或砷；接触二硫化碳、甲醇等，可从尿中检出该毒物的原形态。② 测定接触者生物材料中毒物的代谢物，如接触苯、甲苯、二甲苯、苯胺、硝基苯、三氯乙烯等毒物，可测定尿中排出各毒物的代谢物。③ 测定接触者呼气中毒物，适用于吸收后部分以原形态从呼气排出的毒物，如苯、甲苯、二硫化碳、乙醇等。选择哪一种材料测定，测什么物质，取决于该毒物在体内的代谢过程。

生物材料中毒物的测定也存在一些缺点：① 有些化学活性大的化学物质，如刺激性、腐蚀性气体及不溶性物质不能采用；② 测定结果受个体差异或生理变动影响较大；③ 目前可用于生物监测的指标还不多，应用受到一定的限制。一般生物材料中毒物或其代谢物测定的群体资料与接触的空气中毒物的浓度呈一定的相关，因而也可通过前者估测接触水平。发展和推行生物监测，可及时发现工人毒物的过量接触及其早期的生物学效应，对预防职业中毒有重要意义。

（五）个人卫生和个人防护

从事毒物操作的工人，除了必须严格遵守操作规程外，还应当养成良好的个人卫生习惯，如不在车间进食、吸烟；吃饭前洗手；工作后及时更换衣服、洗手、淋浴；如皮肤沾染毒物（特别是可经皮肤吸收和可致皮肤损害的毒物）时，应立即用大量清水冲洗等。个人防护在预防中毒方面亦有一定作用。它虽然不能消除毒害的存在，但可部分地减少毒物对人的危害，因而是整个预防工作中的辅助措施，在某些特殊情况下（如进入毒物存在的密闭舱进行抢修工作），个人防护则起着极为重要的作用。常用个人防护用具有下列各种：

各部门和使用单位对劳动防护用品要求不同，其分类方法也不一样。我国采用以人体防护部位为法定分类标准《劳动防护用品分类与代码》（LD/T75－1995）进行分类，共分为九大类。按照职业卫生学的需要将职业病危害防护用品分为五大类。分别为：呼吸器官防护用品类，呼吸器官防护用品按功能主要分为防尘口罩和防毒口罩（面具），按形式又可分为过滤式和隔离式两类；眼、面部防护用品类，根据防护功能，大致可分为防尘、防水、防冲击、防高温、防电磁辐射、防射线、防化学飞溅、防风沙、防强光，共九类，目前我国生产和使用比较普遍的有三种类型，分别为焊接护目镜和面罩、炉窑护目镜和面罩、防冲击眼护具（防护眼镜、眼罩和面罩三种），防护眼镜又分为普通眼镜和带侧面护罩的眼镜，眼罩和面罩又分敞开式和密闭式两种；听觉器官防护用品类，主要有耳塞、耳罩和防噪声头盔三大类；皮肤保护防护用品类，按照防护功能，护肤用品分为防毒、防尘、防射线及其他类；其他防护用品类，主要包括：头部防护用品、手部防护用品、足部防护用品、躯干防护用品。

正确选择使用职业病危害防护用品应制定个人防护计划，并参考如下原则：一是对化学品危害进行评价的原则。为了使危害和保护措施相互对应，需知道危害组成（包括化学、物理或生物因素）和量值（浓度），以评估防护用品完成一定水平的保护作用的时间，以及在使用防护用品过程中所需进行体力活动的性质。二是在认为可以接受的条件下选择防护用品原则。危害评价资料要与拟采用的防护方法的实施资料以及适当的地点采用个人防护方法之后仍存在的暴露水平相对应，除此之外亦应考虑防护用品选择的标准、指南，如根据危害的性质和量度，防护用品提供的保护程度，存在的有害成分的种类或浓度，以及在使用防护用品后的残留量，在认为是可以接受的条件下选择防护用品，更要认识到个体防护用品的使用并不能把危害降到零点。三是适合性原则。除了防护效果之外，适合性同样是人们接受和实际使用防护用品重要的考虑因素。防护用品使用效果差和不舒适都是不受欢迎的，如果采用了不适合的防护用品、如不适合的服装或手套，在人操作机器时就可能造成伤害。四是适当的防护用品保养和维修费用原则。工厂企业应根据成本效益的原则选择适当保养和维修费用的防护用品，在达到最大保护效果的前提下，减少成本的支出。五是培训与教育原则。防护用品的作用是使劳动者与工作环境中的有害因素隔离，而不是隔离环境中的危害源，使用防护用品过程中需对使用者全面教育和培训，以保证使用者能正确使用。

特别要注意，各种类型呼吸防护器必须正确地使用、保管和定期维修，才能发挥防护作用，如果管理不善，使用不当，反而造成虚假的安全感，更易发生事故，故应注意下列事项：① 新购的呼吸防护器在使用前应进行试验，主要是检验面罩是否紧贴面部而不漏气，呼出阀和其他构件是否泄漏，滤毒罐的滤毒效能等。② 使用人应事先学习防护器的正确使用方法及保养方法；③ 每一防护器应有专人负责保管，定期清洗，定期更换药剂，定期检查有否损坏漏气。

(六) 保健膳食

保健膳食对预防职业中毒有一定的辅助作用。毒物进入人体后，它们一方面作用于机体，影响正常的生理生化功能，包括影响营养素在体内的代谢，严重时可损害某些器官或系统的功能；另一方面毒物本身也受到机体的作用而发生转化，使大多数毒物毒性变小，且易于排出体外。保健膳食的作用在于：① 增强全身的抵抗力，保护受到毒物特殊损害的器官或系统；② 发挥某些营养成分的解毒作用；这些作用都是间接的，作用极有限。因此制定保健膳食应根据所接触的毒物的性质和毒作用特点，在保证平衡膳食的基础上，选择某些特殊需要的营养成分加以补充。一般应以副食形式供应为主，在特殊情况下方可供应营养素制剂。此外，毒物的慢性影响往往表现为食欲不振，所以改进膳食烹调、增加花色品种以提高食欲，也是保健膳食的重要任务。

蛋白质及其组成氨基酸中，如半胱氨酸、胱氨酸和甲硫氨酸，以及甘氨酸，除有合成功能以外，还参与某些毒物的解毒过程。动物实验表明，饲料中加入胱氨酸，可阻止慢性铅中毒动物体重下降，可使慢性硒或砷中毒动物免于死亡或延迟死亡。膳食中适当增加蛋白质，可提高机体对硒、有机砷、某些重金属、氯甲烷、氯仿、四氯化碳、二氯甲烷、六六六、硝基苯和三硝基甲苯等的抵抗力。但是，在2,4二硝基甲苯、铅和滴滴涕等中毒时，膳食中过多的蛋白质反而是不适宜的。含硫氨基酸和蛋白质提高机体对毒物抵抗力的机理，一般认为含硫氨基酸可析出硫，经氧化后与某些毒物或其代谢产物结合形成无毒易排出的化合物，例如苯酚结合为硫酸酚酯；也可由其游离的巯基直接与毒物结合。甲硫氨酸和胆碱一样，在甲基转移和解毒过程中有重要作用。此外，增加蛋白质的供给，可以阻止慢性卤代烃中毒时脂肪在肝中的堆积。

膳食中增加脂肪对某些中毒反有不良的影响。例如过量的脂肪可增加铅、饱和烃类和卤代烃类等毒物从肠道的吸收，并增加脂溶性毒物如苯、滴滴涕等在体内的蓄积。糖除了提供热能外，还可提供重要的解毒剂——葡萄糖醛酸，因此可以提高对苯、卤代烃类和磷等毒物的抵抗力。有人根据氟、氰化物和某些卤代有机酸等可抑制血糖分解酶，因而认为对接触者定期给予丙酮酸钠和乳酸钠，有预防的作用。但是过量的糖，对慢性硒中毒有不良的影响。

在保健膳食中补充维生素具有一定意义。它们是许多重要酶的组成成分，参与体内一系列物质的中间代谢过程，特别是氧化还原反应。某些元素在体内的代谢存在着相互作用、相互制约的关系，在保健膳食中注意调整这种关系，就可减少毒物的吸收，促进毒物的排出。例如钙和铅在体内有着相似的生化过程，凡能促使钙贮藏和排出的因素，也将导致铅的贮藏和排出。当食物中缺钙，血钙降低或排钙量增加时，骨铅可随着骨钙转移至血液。

按照毒物对机体损害的特点，保健膳食可按以下原则制定：接触损害神经系统的毒物者除在膳食中增加蛋白质供应外，还可适当增加含有维生素C、维生素B_1、维生素B_6的食物，而胆碱、磷脂、钙和磷的供给也应充足；接触损害肝脏的毒物者应采取保护肝的膳食，主要增加优质蛋白质，以增加甲硫氨酸、胆碱和卵磷脂的摄取量，供给易于消化吸收的糖(如单糖或双糖)并适当控制脂肪。多种维生素有保护肝脏的作用，尤其是维生素B族和维生素C。接触损害造血器官的毒物者一般除增加蛋白质、维生素C及维生素B族如叶酸、维生素B_{12}等以促进骨髓的造血机能外，凡影响铁的代谢时，还需在膳食中补充铁质。

(七) 开展职业健康监护

对劳动者在上岗前、在岗期间和离岗时进行职业健康体检，排除职业禁忌证劳动者从事相应接触生产性毒物的作业，或早期发现危害，积极妥善处置。如发现明显的呼吸系统疾病、明显的心血管疾病等禁忌证时，应禁止从事刺激性气体相关作业，并采取相应措施，保障劳动者职业健康。

传统的健康监护是指医学监护(medical surveillance)，它是以健康检查为主要手段，包括检出新病例、鉴定疾病等。而职业性危害的病因是职

业性有害因素，因此，仅仅发现职业病患者并不能达到控制病因和消除职业性疾病的目的。所以，职业健康监护的内容应包括接触控制(职业性有害因素的环境监测、接触评定)、医学检查(就业前和定期的健康检查、健康筛检以及职工工伤与职业病致残的劳动能力鉴定等)和信息管理等。

(八) 做好应急救援处置工作

针对具有刺激、腐蚀或可引起急性中毒的生产性毒物，应在装卸、存储、使用、废弃等可能发生跑冒滴漏或意外泄露、喷溅等场所，设置应急救援设施，如气体报警装置、喷淋洗眼装置等，便于监测和警示生产性毒物的逸散；在作业现场也应准备符合等级要求、数量充足的个人应急救援防护用品，如化学防护服、防化手套、防化靴和呼吸防护用品等，防止因急救援处置人员受到生产性毒物的毒害，控制中毒事件危害的扩大化。应制定职业中毒应急预案，定期开展应急演练和评估工作，不断完善应急预案。

第5章

金属(一)

在已知对人类有害的毒物中,金属是最古老的毒物,在我国《天工开物》中已有对铅中毒症状的描述。公元前370年希波克拉底也记载了冶炼金属的人发生腹绞痛,此后也提及了砷和汞引起的中毒。化学元素周期表105种元素中,金属有80种,但发现对人类有毒作用的金属不到30种。随着一些稀有金属的开发应用,它们的毒作用也逐渐被认识,如抗肿瘤药物、超导体、钢化玻璃、磁合金等,这些都会增加金属进入人类环境的机会。金属可以经空气释放到环境中;也可以经水或土壤转运进入到食物链,使一些动物和植物体内的金属增加,进而增加人类接触金属的机会。所以人类不仅可以通过生产环境,也可通过生活环境接触金属。

金属接触的特殊性在于,金属是一种元素,往往是环境中的重要组成成分,一般金属的接触是无害的,而且有些金属有一定的生物功能,是人体所必需的,只有过量接触才引起毒性作用。另外,金属不分解,一旦吸收后除了从人体内排泄外,一直滞留于体内,和环境中的金属一样,污染后很难清除。

金属可以通过呼吸道、消化道或皮肤进入人体。吸入是最主要的职业接触进入体内的途径。烟草烟尘吸入是一个不可忽视的金属吸入接触途径,烟草中常含有镉、镍、砷和铅。研究表明50岁以上的人群中体内三分之一到一半的镉是来自烟尘。金属进入体内后的代谢很复杂,难以用适当的代谢模式来概括。金属与金属及其他物质的相互作用可能增加,也可能减少金属的毒性。

以往对金属的毒作用往往注意一些急性和严重的中毒,如铅引起的腹绞痛等,随着工业的发展以及生产和生活环境的改善,这些表现已很少见,而更严重的是一些慢性长期的,特别是低剂量接触造成的不良作用。这些作用往往是隐匿/亚临床的。也不容易发现引起这些作用的基准剂量,因为这些表现,即终点效应往往缺乏特异性,可能是多种因素共同作用的结果,如儿童接触铅,引起的智力发育改变。这需要了解金属的代谢,才能定量地确定金属在产生特殊毒作用时,细胞和组织中的接触水平和毒作用效应间的关系。大多数金属影响多种器官和系统,但是每一种金属在某一个特定的器官和组织中有都临界作用水平。目前强调应用生物标志直接测定特殊器官的效应。如镉引起的肾小管功能障碍和铅,汞引起的神经系统的作用。这些生物标志的应用(包括金属接触,毒效应和易感性生物标志),对于金属中毒的预防和治疗都有指导意义。

(一) 来源

金属广泛存在于自然界中,空气中金属主要来自于地面水,土壤,植物,火山迸发和森林火灾。地表面水中的金属主要来自于岩石风化,土壤流失和空气沉降物。而人类活动也增加了环境中的金属含量,如燃料的燃烧,采矿,冶炼,和生产污水的排放,农药和化学肥料的使用等。每年金属的生产需要量不断增加,需要的品种也不断增多。

(二) 接触机会

接触金属后可以引起毒作用。金属在接触介质(空气、水、土壤和食物)中的理化性质对于金属在人体内的吸收和积蓄都起着重要的作用。

吸入接触:金属在自然界中广泛分布,在空气中以气溶胶的形式存在,有时也以蒸气的形式出现(如,汞)。含铅汽油对环境的污染,特别是城市的高速公路旁,往往是含铅的气溶胶。吸烟往往可接触含不同金属化合物的气溶胶。工业中金属接触常以气溶胶形式为主,如蓄电池厂接触铅,冶炼厂和钢铁厂接触的金属。工业中接触蒸气形式的如氯碱厂与汞矿中的蒸气汞和镍冶炼厂中的羰基镍。

经口接触：生活环境中金属接触，通常都是经食物和饮用水接触，很少经空气接触的，而生产环境中虽空气接触是主要途径，但经口摄入也是很重要的金属接触途径。由于金属广泛存在在生物圈内，故食物和饮用水中常含有一些金属，居住在不同地区的居民，由于地理的变迁以及农业生产造成的生态改变，金属的摄取是不同的。金属污水灌溉是目前金属污染的主要来源，另外磷肥中常含有金属，如镉。土壤的酸化，包括使用肥料和酸雨，都会增加某些金属在农作物中的摄取量。

(三) 金属毒作用

金属对人体的作用，可以涉及到不同的水平，如分子、细胞、组织或器官水平，造成的毒作用累及面也比较广泛。依于不同的作用机理，可以只有局部的损伤如皮肤、肺上皮细胞、胃肠道上皮细胞；也可以有全身反应。金属不像大多数有机溶剂那样，在组织中进行代谢性降解而易于从人体排出，它们作为一种元素往往不易被破坏，却在体内蓄积，导致慢性作用。不同金属的排泄速率和通道有很大的差异，如甲基汞在人体内的生物半衰期仅 70 天；而镉大约是 10 至 20 年。而同一金属在不同组织中的生物半衰期也可能不一致，如铅在一些组织中仅几周，而在骨内却长达十年。

金属在组织中蓄积并不意味着一定会有毒作用出现，有些金属可形成非活性形式储存起来，如铅一般以惰性形式在骨内储存，只有在某些生理条件下，铅再从骨内释放出来引起中毒；镉和其他一些金属可以与低分子量蛋白金属硫蛋白相结合，形成惰性化合物，当这种化合物在细胞内达到一定的浓度才能造成毒作用；无机汞、镉和其他一些金属可以和硒复合物形成惰性化合物，通常能使金属在人体组织中滞留，这些化合物在人体内能长期储存，甚至整个人生，但作用还不清楚，而从动物实验中观察到，这些化合物可以防止那些金属的急性短期的毒作用。

金属通过丢失一个或几个电子由原子形式转成相应的离子，相反还原过程较少。每一种金属的毒性不论质和量上都依赖于金属本身的氧化状态。氧化状态的变化可以由化学作用或酶的作用引起。以汞为例，汞有三种氧化状态：原子汞可以被氧化成一价汞，进而再氧化成二价汞。汞的这三种形式毒性差别很大，汞蒸气主要作用在中枢神经系统；一价盐很难溶而仅引起局部毒性作用；二价盐有高度急性毒性作用，近年来认为这种差异是与氧化反应有关。

许多金属可以与碳原子共价结合形成有机金属化合物，一般来讲这些有机金属化合物与这些金属的无机化合物的毒性截然不同，如四乙铅、三乙锡、三甲基铋和甲基汞都对中枢神经系统产生严重的损伤，毫无疑问这与它们能迅速穿透血脑屏障有关。一般长链的有机金属化合物毒性比短链的小。

(四) 致癌作用

目前，只有金属镍、铬，和非金属砷，有充分的流行病资料证实对人类的致癌作用。镉和铍的致癌作用虽则有些证据，但还不能够做出结论。在动物实验中镍和铬的致癌作用已经有充分的证据，而砷至今仍未被认定。镉和铍在动物中用比人类接触要高得多的剂量，可以致癌，同样另一些金属，如钴，铁，铅，锰，铂，在动物中用一些与人类接触不同的途径，也可以诱导肿瘤。

镍：在动物实验中，吸入亚硫化镍可引起大鼠肺部恶性肿瘤；肌肉注射镍粉末，亚硫化镍，羰基镍可引起纤维肉瘤；静脉注射羰基镍可以引起恶性肿瘤。在人类，炼镍工人中高发肺癌和鼻窦癌。但未见非职业性接触引起恶性肿瘤的证据。国际癌症研究中心(IARC)认为镍冶炼引起的癌症，证据是充分的。

铬：在动物实验中由铬酸钙和相对不可溶性六价铬的化合物引起恶性肿瘤；在人类，与铬酸生产有关的职业中高发呼吸道恶性肿瘤，如铬色素的生产工人中高发肺癌。而在其他与铬有关的作业工人中引起肺癌的证据不足。

砷：在人类，无机砷化合物能引起皮肤癌与肺癌，而是否引起其他部位的肿瘤证据不足；动物致癌资料不足。

镉：职业性接触镉可引起男性前列腺癌，有些报道可致呼吸道癌症。大鼠单剂量或多剂量皮下注射氯化镉可以引起局部的肉瘤；肌肉注射也可引起局部肿瘤；皮下注射可溶性镉化合物可引起大鼠和小鼠睾丸间质细胞瘤。

铍：有限的流行病学证据表明在美国铍接触工人高发肺癌。在实验动物中用不同的铍化合物可在不同的部位(肺和骨)引起恶性肿瘤。属可疑致癌物。

铅：实验动物中证实醋酸铅和磷酸铅可有致癌作用；而在人类中证据不足。

对于其他一些金属，如：钴，铁，锰，铂，钛等，大都很少有人类的资料，而动物实验的资料也不足。

（五）诊断

职业性金属或类金属及其化合物中毒的诊断需符合职业病诊断的一般原则，应在明确的职业接触史、现场职业卫生调查资料、相应靶器官损害的临床表现和必要的实验室检测的基础上，全面综合分析，并排除非职业性因素所致的类似疾病，才能做出切合实际的诊断。目前针对部分职业性金属及其化合物、类金属及其化合物中毒已制定相应的诊断国家标准，包括 GBZ 3《职业性慢性锰中毒诊断标准》、GBZ 12《职业性铬鼻病的诊断》、GBZ 17《职业性镉中毒的诊断》、GBZ 26《职业性急性三烷基锡中毒诊断标准》、GBZ 28《职业性急性羰基镍中毒诊断标准》、GBZ 37《职业性慢性铅中毒的诊断》、GBZ 36《职业性急性四乙基铅中毒的诊断》、GBZ 44《职业性急性砷化氢中毒的诊断》、GBZ 47《职业性急性钒中毒的诊断》、GBZ 58《职业性急性二氧化硫中毒的诊断》、GBZ 63《职业性急性钡及其化合物中毒的诊断》、GBZ 67《职业性铍病的诊断》、GBZ 81《职业性磷中毒诊断标准》、GBZ 83《职业性砷中毒的诊断》、GBZ 89《职业性汞中毒诊断标准》、GBZ 226《职业性铊中毒诊断标准》、GBZ 290《职业性硬金属肺病的诊断》、GBZ 292《职业性金属及其化合物粉尘（锡、铁、锑、钡及其化合物等）肺沉着病的诊断》、GBZ 294《职业性铟及其化合物中毒的诊断》等。此外，长期职业接触某些金属化合物可导致肿瘤，如六价铬可致肺癌，砷及其化合物可致肺癌、皮肤癌，其诊断需依据 GBZ 94《职业性肿瘤的诊断》标准进行。其他金属、类金属及其化合物的职业性中毒尚无特定的国家诊断标准，可依据职业病诊断国家标准 GBZ/T265《职业病诊断通则》、GBZ 71《职业性急性化学物中毒的诊断 总则》标准等进行。

（六）治疗

金属或类金属及其化合物中毒的治疗原则与一般化学物中毒的治疗原则相同。应及时脱离接触，减少毒物的进一步吸收，促进毒物的排出。由于临床上可用络合物作为拮抗剂来治疗金属中毒，有时常能预防或逆转这些毒作用，为金属中毒提供了针对病因的特殊治疗方法，成为金属中毒治疗的重要措施。常用的金属解毒药物有 BAL、DMPS、EDTA 及青霉胺等。

6.1　二巯基丙醇（British Anti - Lewisite, 2, 3, - dimercaptopropanol BAL）

BAL 是第一个在临床上使用的络合物。它是在第二次世界大战期间用于糜烂性砷战争毒剂的特异性拮抗剂。砷与含巯基的化合物有亲和力。BAL 作为二巯基化合物，有二个硫原子结合在碳原子上可以与砷竞争结合部位。由此有人估计砷中毒的靶部位是在蛋白分子的巯基的硫部位上；后经证实砷是干扰了生物氧化 6,8 -二巯基辛酸。BAL 在体内也可以和很多有毒金属，如无机汞，锑，铋，镉，铬，钴，金和镍形成稳定的络合物。然而 BAL 并不是可以用于治疗所有金属中毒。BAL 可用作治疗铅性脑病的辅助药物。虽然 BAL 在治疗镉中毒时，可以增加镉在尿中的排泄，但由于肾脏中镉的含量也增加，故一般在镉中毒时避免用 BAL。虽然 BAL 能排除肾脏中的无机汞，但在治疗烷基汞和酚基汞时不用 BAL。

6.2　依地酸钠钙（Calcium disodium edetate, Na_2Ca EDTA）

依地酸钠钙必须要有钙，否则钠对体内的钙有很大的亲和力，与钙结合造成缺钙性抽搐。而依地酸钠钙的钙会被铅取代。依地酸钠钙胃肠道吸收很差，只能由非胃肠道途径给药，将迅速分布到全身。长期以来一直选用作治疗铅中毒。给药后 24 小时内出现排泄峰值，代表软组织中铅的排泄；铅从骨中移除比较慢，因为需要与软组织室内的铅平衡。依地酸钠钙能引起肾脏毒性，需慎用。

6.3　二巯基丙磺酸钠（Sodium 2,3 - dimercapto - 1 - propanesulfonic acid DMPS）

DMPS 是一种水溶性的 BAL 衍生物。主要针对 BAL 的毒副作用而发展起来的。DMPS 在儿童可以降低血铅水平。与 Na_2Ca EDTA 相比它的好处在于是口服用药，无不良反应。苏联曾广泛用来治疗各种不同的金属中毒。DMPS 也试用作估测铅和无机汞的体内负荷。接触汞工人，口腔科工作人员，和有汞齐合金牙充填剂人员，如体内汞负荷水平增加，DMPS 可以增加尿中汞的排泄。

6.4　二巯基丁二酸（meso - 2, 3 - Dimercatosuccine acid; Succimer DMSA）

DMSA 与 DMPS 一样也是 BAL 的同系物。90%以上的 DMSA 是一种二巯基化合物，每个硫原子是与胱氨酸分子以二硫键相连接的。能降低血铅。能口服，并对铅有特异性，比 Na_2Ca EDTA 安全，因为不增加尿钙和锌的排泄。有些国家用来治疗儿童铅中毒，可以有效地降低血铅，去除脑中的铅。

6.5 青霉胺（3，3 - Dimethyl - D - cysteine，penicillamine）

青霉胺是青霉素的水解产物，可以移除 Wilson's 病患者体内的铜也能去除铅，汞，铁，也包括一些体内必需微量元素如锌，钴，镁等。与青霉素一样，必须注意高敏人群。

在使用特殊的金属拮抗剂时，同时应积极进行对症支持治疗。但是必须强调使用络合物仅是二级预防金属中毒的措施。锡、铁、锑、钡及其化合物所致职业性金属及其化合物粉尘肺沉着病的治疗，应及时脱离接触，并按照内科治疗原则进行对症治疗。部分金属化合物所致肿瘤等，按恶性肿瘤治疗原则积极治疗，定期复查。

（七）预防

降低生产环境空气中金属或类金属浓度，使之达到卫生标准是预防的关键；同时应加强个人防护。具体措施包括：用无毒或低毒物替代，加强工艺改革，加强通风，部分金属工艺要控制温度如熔铅温度，加强个人防护和卫生操作制度，作好职业健康监护工作，避免职业禁忌症者上岗等。

锂及其化合物

锂

1. 理化性质

CAS 号：7439 - 93 - 2	外观与性状：银白色轻金属，在潮湿的空气中变黄色
临界温度（℃）：3 223	临界压力（MPa）：68.9
熔点（℃）：180.5	沸点（℃）：1 342
密度（g/cm³）：0.534（20℃）	易燃性：粉末在空气中可能自燃；加热可能引起激烈燃烧或爆炸
溶解性：遇水即起反应；与强氧化剂、酸、卤素、烃类等可发生剧烈的化学反应	

2. 用途与接触机会

锂放于原子反应堆中，用中子照射，可以得到氚；在冶金工业中，锂可用作脱氧剂、脱硫剂等；锂可用作火箭、飞机、潜艇的燃料；锂铝、锂镁等轻合金可用作航空结构材料。锂还可用于生产蓄电池、玻璃等。

3. 毒代动力学

锂可经消化道吸收，在呼吸道内也易于吸收。一般情况下，锂不被皮肤吸收，但可经破损的皮肤侵入体内。

口服的锂很快被吸收，并在 2～4 h 内血浆和红细胞内达最高峰。进入血液中的锂不与血浆蛋白相结合，而是迅速分布到脑下垂体、心肌、肾、肝等器官和组织。

体内大约 95%的锂通过尿液排出，从粪便、汗液中也可少量排出。在最初 6～12 h，锂可从尿中排出摄入量的 1/3～2/3，其后的 10～14 d 排泄缓慢。通常情况下，锂在人体内的生物半衰期为 20～24 h。

4. 毒性与中毒机理

健康危害 GHS 分类为：皮肤腐蚀/刺激，类别 1B；严重眼损伤/眼刺激，类别 1。

4.1 急性毒作用

小鼠腹膜内注射 LD_{50}：1 000 mg/kg。锂对皮肤和黏膜有明显的刺激和腐蚀作用，可引起角膜浑浊、皮肤烧伤、坏死等。

4.2 慢性毒作用

大鼠经口 TDL_0：2 100 mg/kg，持续性喂养四周，造成大脑退行性变，经典条件反射改变以及血管结构变化。

锂对神经系统有损害，可出现大脑皮质抑制过强，条件反射活动破坏等。锂还可引起肾小球和肾小管脂肪变性；肝细胞变性；中度肺硬化；心电图见 T 波倒置、增宽，QRS 波加宽，心房纤颤和心室停搏；胃肠黏膜出现剧烈充血和大量出血点等。

4.3 发育毒性与致畸性

动物实验证明锂具有致畸作用，可导致腭裂、外耳和眼缺损等。

4.4 中毒机理

锂对机体损害的作用机理,主要有以下方面:(1) 锂取代 K^+、Na^+ 等的转运和分布,导致 K、Na 代谢异常,细胞功能紊乱;(2) 改变细胞膜腺苷酸环化酶活性,使 cAMP 合成减少。此外,锂可作为核酸、脂肪酸代谢酶的辅基起作用;对糖代谢及组织呼吸也有影响,并可激活胆碱酯酶。

5. 生物监测

血锂、尿锂及红细胞锂可作为生物监测指标。血锂可以直接反映体内锂的水平,但是血锂测定结果的影响因素较多。尿锂可以反映体内近期接触锂的水平,有助于锂中毒的早期诊断。红细胞锂有助于了解锂的中毒程度,但是不能直接反映体内锂的水平,并且红细胞锂的测定方法复杂,变异度较高,存在一定的局限性。

6. 人体健康危害

锂可经呼吸道、消化道和损伤的皮肤等各种途径进入体内,作用于各器官系统,引起锂中毒。

6.1 急性中毒

锂对皮肤、黏膜有强烈的刺激和腐蚀作用,造成严重皮肤灼伤和严重眼损伤。吸入后引起喷嚏、咳嗽、呼吸困难、支气管炎,可引起鼻中隔穿孔。眼接触可引起结膜炎及角膜灼伤、结膜坏死。皮肤接触可致皮肤灼伤。

急性轻度锂中毒症状表现为疲乏无力、食欲不振、口渴、多尿、恶心、呕吐及腹泻等;急性重症锂中毒主要侵犯中枢神经系统和肾脏,出现昏迷、抽搐等,严重者可造成大脑皮层的广泛抑制,导致呼吸衰竭。急性锂中毒血锂浓度一般超过 2 mmol/L,血锂浓度超过 4～5 mmol/L 可致死亡。

6.2 慢性中毒

慢性锂中毒首先表现为精神和神经肌肉方面的症状,患者可出现意识障碍、肌颤、共济失调、抽搐及低血钾所致的多种心律失常,严重者可致死亡。锂中毒可损伤肾脏,出现肾源性尿崩症以及烦渴,肾小管酸中毒,尿钠、钾、磷、尿酸含量增加和肾浓缩功能受损。锂可通过母亲经胎盘或乳汁进入胎儿及婴儿体内,致胎儿、婴儿体内锂蓄积中毒及畸形,影响其中枢神经系统的发育,导致神经行为异常。

氢 化 锂

1. 理化性质

CAS 号:7580－67－8	外观与性状:白色或浅灰色结晶或粉末,易潮解
熔点(℃):688.7	沸点(℃):850
密度(g/cm^3):0.78	易燃性:在空气中可能自燃;与氧化剂、酸类和水激烈反应,可引起燃烧或爆炸
溶解性:与水剧烈反应;不溶于苯、甲苯,溶于醚	

2. 用途与接触机会

氢化锂可用作干燥剂、氢气发生剂;有机合成中用作缩合剂、还原剂等。

3. 毒性

健康危害 GHS 分类为:急性毒性—经口,类别 3;急性毒性—吸入,类别 2;皮肤腐蚀/刺激,类别 1;严重眼损伤/眼刺激,类别 1;生殖毒性,类别 1A;特异性靶器官毒性——一次接触,类别 1。

3.1 急性毒作用

氢化锂小鼠经口 LD_{50} 为 80 mg/kg,大鼠经口 LD_{50} 为 77.5 mg/kg,雄性家兔经口 LD_{100} 为 80 mg/kg。

3.2 慢性毒作用

大鼠吸入 TCL_0:5 mg/m³/4 h,间歇性吸入一周,造成皮炎。每天灌胃氢化锂 10 mg/kg,染毒后第 1 d 家兔血清和尿中锂浓度明显升高,第 2 d 体重开始下降,第 3 d 血清钠和钾浓度降低,死亡前动物尿中出现大量蛋白,尿残渣镜检见管型。在大鼠和家兔的慢性实验中,每天吸入氢化锂 2.7 mg/(m³·2 h),自染毒第 13～21 d 条件反射改变,第 7 w 血清锂浓度升高,第 9 w 血中非蛋白氮含量升高。

4. 人体健康危害

吞咽本品会中毒,吸入本品会致命。造成严重皮肤灼伤和严重眼损伤。本品可能对生育能力或胎儿造成伤害,一次接触本品会损害眼睛和上呼吸道。

5. 风险评估

我国 1988 年制定的氢化锂职业接触的 MAC 为 0.05 mg/m³。2002 年国家标准 GBZ 2－2002《工作场所有害因素职业接触限值》规定：PC－TWA 为 0.025 mg/m³，PC－STEL 为 0.05 mg/m³。2007 年国家标准 GBZ 2.1－2007《工作场所有害因素职业接触限值第 1 部分化学有害因素》仍维持氢化锂 2002 年的相关限值。

美国 NIOSH 规定：REL－TWA 为 0.025 mg/m³；美国 ACGIH 规定：TLV－C 为 0.05 mg/m³。

碳 酸 锂

1. 理化性质

CAS 号：554－13－2	外观与性状：白色粉末
熔点(℃)：723	沸点(℃)：1 300
密度(g/cm³)：2.11	易燃性：不可燃
溶解性：溶于水、酸；不溶于乙醇、丙酮	

2. 用途与接触机会

碳酸锂可用于生产陶瓷、催化剂、药物等。

3. 毒性

3.1 急性毒作用

碳酸锂大鼠经口 LD_{50}：525 mg/kg；小鼠经口 LD_{50}：531 mg/kg；大鼠吸入 LC_{50}＞2.17 mg/L/4 h；小鼠经口 LD_{100} 为 4 000 mg/kg；皮下注射 LD_{100} 为 3 500 mg/kg。

3.2 慢性毒作用

大鼠经口 TDL_0：4.032 g/kg，持续性喂养 4 w，造成大脑退行性变；大鼠经口 TDL_0：18 200 mg/kg，喂养 26 w，造成肾上腺重量改变，体重降低。

3.3 远期毒作用

(1) 致突变性

Ames 试验阴性。

(2) 发育毒性与致畸性

大鼠经口 TDL_0：800 mg/kg(15～19d preg)，造成除胚胎死亡外的胚胎毒性；大鼠经口 TDL_0：1 120 mg/kg(1～7d preg)，造成胚胎植入前和植入后死亡，以及除胚胎死亡外的胚胎毒性。

(3) 过敏性反应

Buehler 豚鼠试验，未引起实验动物过敏。

4. 人体健康危害

吞咽有害，造成严重眼刺激。

氯 化 锂

1. 理化性质

CAS 号：7447－41－8	外观与性状：白色结晶或粉末，易潮解
熔点(℃)：610	沸点(℃)：1 383
密度(g/cm³)：2.07 (25℃)	易燃性：不可燃
溶解性：溶于水、乙醇、丙酮、吡啶等	

2. 用途与接触机会

氯化锂可用作助焊剂、干燥剂、化学试剂，并可用于制造焰火、干电池和金属锂等。

3. 毒性

3.1 急性毒作用

本品大鼠经口 LD_{50}：526 mg/kg；兔经皮 LD_{50}：1 629 mg/kg；大鼠吸入 LC_{50}＞5.57 mg/L/4 h；小鼠经口 LD_{100} 为 3 000 mg/kg；皮下注射 LD_{100} 为 2 000 mg/kg。

兔经皮 500 mg/24 h，造成严重眼刺激；兔经眼 100 mg/24 h，造成中度眼刺激。

3.2 慢性毒作用

大鼠经口 TDL_0：96 mg/kg，持续性喂养 15 d，影响肾上腺重量，体重降低，影响雄性大鼠前列腺、尿道球腺和附属腺等。大鼠经口 TDL_0：2 849 mg/kg，持续性喂养 4 w，影响液体摄入，尿量增加。

3.3 远期毒作用

(1) 发育毒性与致畸性

小鼠经口 TDL_0：475 mg/kg(7d male/7d pre－21d post)，影响新生小鼠生化、代谢和生理行为，降

低体重增加幅度。小鼠经口 TDL_0：66 g/kg(1～21d preg/21d post)，造成中枢神经系统畸形。

(2) 致癌性

小鼠腹腔内注射 TDL_0：882 mg/kg/7 d，间歇性，造成包括 Hodgkin 氏病在内的淋巴瘤。

4. 人体健康危害

吞咽有害。造成皮肤刺激和严重眼刺激。

醋 酸 锂

1. 理化性质

CAS 号：546－89－4	外观与性状：白色结晶或粉末，易潮解
熔点(℃)：283～285	沸点(℃)：117.1
溶解性：溶于水和醇	密度(g/cm^3)：1.26

2. 用途与接触机会

醋酸锂可用于饱和与不饱和脂肪酸的分离，有机反应催化剂；制药工业可用于制备利尿剂等。

3. 毒性

醋酸锂小鼠经口 LD_{100} 为 1 000 mg/kg；皮下注射 LD_{100} 为 1 000 mg/kg。

氢 氧 化 锂

1. 理化性质

CAS 号：1310－65－2	外观与性状：白色结晶
熔点(℃)：462	沸点(℃)：925
密度(g/cm^3)：1.43	易燃性：不可燃
溶解性：溶于水；微溶于乙醇	

2. 用途与接触机会

氢氧化锂可用于制造锂盐、锂基润滑脂、碱性蓄电池的电解液、分析试剂、照相显影液等。

3. 毒性

健康危害 GHS 分类为：急性毒性—吸入，类别 3；皮肤腐蚀/刺激，类别 1；严重眼损伤/眼刺激，类别 1；生殖毒性，类别 1A；特异性靶器官毒性——一次接触，类别 1。

3.1 急性毒作用

氢氧化锂大鼠经口 LD_{50}：210 mg/kg；小鼠经口 LD_{50}：363 mg/kg；大鼠吸入 LC_{50}：960 mg/m^3/4 h；小鼠经口 LD_{100} 为 750 mg/kg；皮下注射 LD_{100} 为 500 mg/kg。

3.2 致突变性

鼠伤寒沙门菌 Ames 试验阴性。

4. 风险评估

日本规定：OEL 为 1 mg/m^3；新西兰、英国规定：STEL 为 1 mg/m^3。

次 氯 酸 锂

1. 理化性质

CAS 号：13840－33－0	外观与性状：白色粉末，微弱氯气味
熔点(℃)：100	溶解性：溶于水

2. 用途与接触机会

次氯酸锂可用作消毒剂和漂白剂等。

3. 毒性

健康危害 GHS 分类为：生殖毒性，类别 2。

3.1 急性毒作用

大鼠经口 TDL_0：100 mg/kg。

3.2 发育毒性与致畸性

大鼠经口 TDL_0：5 g/kg(6～15d preg)，造成除胚胎死亡外的胚胎毒性，造成新生大鼠肌肉骨骼系统畸形。

4. 风险评估

本品对水生生物毒性极大并具有长期持续影响，其环境危害 GHS 分类为：危害水生环境—急性危害，类别 1；危害水生环境—长期危害，类别 1。

铍及其化合物

铍

1. 理化性质

CAS号：7440－41－7	外观与性状：灰白色轻金属，具有质轻、强度大、耐高温、耐腐蚀、非磁性、加工时不产生火花等特性
熔点(℃)：1 287	沸点(℃)：2 468
密度(g/cm^3)：1.85	易燃性：粉末在空气中易燃
溶解性：不溶于水，但可溶于酸，与强碱反应可生成铍酸盐，并释放出氢	

2. 用途与接触机会

铍可用于制造合金，常见有铍铜、铍铝合金，用于制造火箭、特种工具和仪表零件等。

铍可作为原子反应堆的中子减速剂、反射体材料和中子源，还可用于制造X射线管、耐高温陶瓷等。

3. 毒代动力学

3.1 吸收、摄入与贮存

铍主要以粉尘或烟雾的形式经呼吸道吸收进入体内。铍经消化道吸收极少，也不能经完整的皮肤吸收，但可经破损的皮肤侵入体内。

3.2 转运与分布

进入体内的铍，大部分与血液中蛋白质结合，小部分可形成磷酸铍或氢氧化铍，运送至各器官组织。可溶性铍主要沉积于骨骼、肝、肾等，而不溶性铍主要沉积于上呼吸道和肺。

3.3 排泄

进入体内的铍可由尿排出，但排泄缓慢，可长达数年甚至十数年。不溶性铍吸入后，从肺中排出很慢，几乎常年蓄积于肺。铍可通过胎盘屏障，但难以通过血脑屏障。

4. 毒性与中毒机理

健康危害GHS分类为：急性毒性—经口，类别3；急性毒性—吸入，类别2；皮肤腐蚀/刺激，类别2；严重眼损伤/眼刺激，类别2；皮肤致敏物，类别1；致癌性，类别1A；特异性靶器官毒性——次接触，类别3(呼吸道刺激)；特异性靶器官毒性—反复接触，类别1。

4.1 急性毒作用

大鼠静脉注射LD_{50}：496 μg/kg。急性铍中毒主要表现为气管、支气管黏膜及肺组织的充血、水肿、出血、渗出。此外可有肝脏的中毒性中心小叶坏死、灶状坏死，肾小管上皮细胞脱落坏死或骨髓的凝固性坏死病变。

4.2 慢性毒作用

大鼠吸入TCL_0：20 ng/m^3/8 h，间歇性吸入26 w，造成体重降低，改变血清成分(如总蛋白、胆红素、胆固醇等)。人吸入TCL_0：2 ng/m^3/8 h，间歇性吸入26 h，引起咳嗽、发绀。慢性铍中毒主要表现为肺的肉芽肿及弥漫性纤维化。

4.3 远期毒作用

(1) 致癌性

动物实验表明铍及其化合物可诱发肺部肿瘤，铍作业工人流行病学数据也提示铍的接触与肺癌发生有密切联系。IARC已将铍及其化合物定为A1类确定的人类致癌物。

(2) 过敏性反应

皮肤接触本品可能造成过敏反应。

4.4 中毒机理

铍对机体损害的作用机理，主要有以下方面：(1) 铍作为半抗原，在机体内与蛋白质(载体)结合，形成一系列反应；(2) 铍能抑制或激活许多代谢酶活性；(3) 肾上腺皮质功能失调能诱发隐性铍病。

5. 生物监测

血铍、尿铍可作为生物监测指标反映机体接触铍的水平，但尿铍排出无规律，且尿铍含量的高低与疾病严重程度无平行关系，存在一定的局限性。

铍接触者血清γ-球蛋白或IgG水平往往增高，以铍为抗原的皮肤斑贴试验、白细胞移动抑制试验及淋巴细胞转化试验等往往呈阳性。

6. 人体健康危害

6.1 急性中毒

吞咽本品会中毒，吸入本品会致命，造成皮肤刺激和严重眼刺激，一次接触本品可能造成呼吸道刺激。

短时间吸入高浓度的铍，可发生急性铍病。轻度患者有全身酸痛、疲乏、头痛、鼻咽部干痛、发热、胸闷、咳嗽等症状，胸部X线可有肺纹理增深，扭曲及紊乱等。重度患者有气短、咳嗽、咳痰、咯血、发热，胸痛、呼吸急促、心率增快、发绀、肺部湿啰音等症状，部分患者肝脏肿大、肝功能异常，出现黄疸。胸部X线检查肺纹理增多紊乱，有弥漫云絮状或斑片状阴影。

急性铍病经积极治疗，症状可在1月左右消失。肺部病变经1～4月可完全吸收，少数病例可残存少量点状或条索状阴影，还有少数患者可转化成慢性铍病。

6.2 慢性中毒

皮肤接触本品可能造成过敏反应，可能致癌，长期或反复接触本品会对皮肤、肺等造成损害

长期接触低浓度的铍，可发生慢性铍病。患者从接触铍到发病一般需数月至5年，有时可达十数年。临床表现有乏力、消瘦、食欲不振、胸闷、胸痛、气短、咳嗽等症状，晚期可出现发绀、端坐呼吸、肺部啰音以及右心衰竭的体征，如肝大、下肢水肿等。

肺部X线主要表现为网状阴影背景上呈现弥漫的小沙粒影或结节影，肺透明度降低。实验室检查可存在血沉增快，血钙及尿钙含量增高，血磷降低，全血碱性磷酸酶活性降低，血IgG水平增高，尿铍测定可有增高等。以铍为抗原的淋巴细胞转化试验，白细胞移动抑制试验以及活性玫瑰花试验等均可呈现阳性。

长期接触铍，可导致肺癌。

6.3 皮肤病变

铍引起的皮肤病变包括皮炎、皮肤溃疡和皮肤肉芽肿。

铍皮炎常在接触铍1～2 w后发病，夏季发病率高。皮损分布于体表暴露部位如面颈部、手背、前臂、股内侧等，病损表现为红斑、丘疹或丘疱疹，有时发生潮红、水肿甚至起水泡；有烧灼感和剧痒。脱离接触后3～7 d可逐渐消退。

铍溃疡常发生在上肢的手、腕、前臂等处，多由于在原有创伤基础上被铍污染所致。铍溃疡周围组织增生，边缘隆起形成鸟眼状，一般经1～6月愈合。

铍肉芽肿是由于铍通过破损皮肤进入皮肤深部，而形成肉芽肿病变；也可由于铍溃疡假愈合后形成皮肤肉芽肿。铍肉芽肿局部肿胀，并有触痛，不易治愈，多数须行手术切除。

7. 风险评估

我国职业接触限值规定：铍及其化合物PC-TWA为0.000 5 mg/m^3，PC-STEL为0.001 mg/m^3。下述其他铍相关化合物职业接触限值参照执行。

目前，我国有关生活环境限值标准，主要为GB 5479-2006《生活饮用水卫生标准》和GB 2978-1996《污水排放综合标准》，前者限值为0.002 mg/L，后者限值为0.005 mg/L。

美国NIOSH规定：铍及其化合物的推荐接触限值REL-C为0.000 5 mg/m^3；ACGIH规定铍及其化合物TLV-TWA为0.000 05 mg/m^3；日本规定：铍及其化合物OEL-M为0.002 mg/m^3。

硝　酸　铍

1. 理化性质

CAS号：13597-99-4	外观与性状：白色或微黄色洁净，有潮解性
熔点(℃)：60	沸点(℃)：142(分解)
密度(g/cm^3)：1.56(20℃)	易燃性：不可燃，但可助长其他物质燃烧
溶解性：易溶于水和乙醇	

2. 用途与接触机会

硝酸铍可用作化学试剂，还可用于气灯和乙炔灯罩的硬化等。

3. 毒性

健康危害GHS分类为：急性毒性—经口，类别3；急性毒性—吸入，类别2；皮肤腐蚀/刺激，类别2；严重眼损伤/眼刺激，类别2；皮肤致敏物，类别1；致癌性，类别1A；特异性靶器官毒性——一次接触，类别3(呼吸道刺激)；特异性靶器官毒性—反复接触，类别1。

3.1 急性毒作用

硝酸铍小鼠静脉注射 LD_{50}：3 160 μg/kg；小鼠腹腔注射 LD_{50}：500 μg/kg；豚鼠腹腔注射 LD_{50} 为 50 mg/kg。

亚急性毒性实验发现：大鼠腹腔内注射 TDL_0：28 mg/kg，间歇性喂养 28 d，造成肾小管改变（包括急性肾功能衰竭、急性肾小管坏死），造成肝脏功能改变，抑制血液和组织种多种酶。

3.2 远期毒作用

（1）发育毒性与致畸性

大鼠静脉内注射 TDL_0：31 μg/kg（18 d preg），影响胚胎结构（如胎盘、脐带），造成胎儿死亡，也可造成胎儿肝胆系统发育畸形。

（2）致癌性

铍及其化合物被 IARC 分类为 1 类确定的人类致癌物。

（3）过敏性反应

皮肤接触本品可能造成过敏反应。

4. 人体健康危害

吞咽本品会中毒，吸入本品会致命，造成皮肤刺激和严重眼刺激，一次接触本品可能造成呼吸道刺激。长时间皮肤接触本品可能造成过敏反应，可能致癌，长期或反复接触本品会对皮肤、肺等造成损害。

5. 风险评估

本品对水生生物有毒并具有长期持续影响，其环境危害 GHS 分类为：危害水生环境—急性危害，类别 2；危害水生环境—长期危害，类别 2。

氧 化 铍

1. 理化性质

CAS 号：1304－56－9	外观与性状：白色结晶或粉末
熔点（℃）：2 578	沸点（℃）：3 787
密度（g/cm^3）：3.01	易燃性：不可燃
溶解性：不溶于水，溶于酸、碱	

2. 用途与接触机会

氧化铍可用于制造霓红灯和铍合金，还可用作有机合成的催化剂、耐火材料的原料等。

3. 毒性

健康危害 GHS 分类为：急性毒性—经口，类别 3；急性毒性—吸入，类别 2；皮肤腐蚀/刺激，类别 2；严重眼损伤/眼刺激，类别 2；皮肤致敏物，类别 1；致癌性，类别 1A；特异性靶器官毒性——次接触，类别 3（呼吸道刺激）；特异性靶器官毒性—反复接触，类别 1。

3.1 急性毒作用

小鼠经口 LD_{50}：2 062 mg/kg。

3.2 慢性毒作用

大鼠吸入 TCL_0：2 mg/m^3，间歇性吸入 110 d，造成肺纤维化、肝炎（肝细胞坏死）、死亡。

3.3 远期毒作用

（1）致癌性

铍及其化合物被 IARC 分类为 A1 类确定的人类致癌物。

（2）发育毒性与致畸性

大鼠气管内给药 TDL_0：139 mg/kg（3d preg），影响胚胎植入前死亡率，造成除胚胎死亡外的胚胎毒性。

（3）过敏性反应

皮肤接触本品可能造成过敏反应。

4. 人体健康危害

吞咽本品会中毒，吸入本品会致命，造成皮肤刺激和严重眼刺激，一次接触本品可能造成呼吸道刺激。长时间皮肤接触本品可能造成过敏反应，可能致癌，长期或反复接触本品会对皮肤、肺等造成损害。

乙 酸 铍

1. 理化性质

CAS 号：543－81－7	外观与性状：白色片状固体
熔点（℃）：295	密度（g/cm^3）：2.94
溶解性：不溶于冷水、无水乙醇及其他有机溶剂	易燃性：粉末在空气中遇明火、高热或与氧化剂接触，可引起燃烧或爆炸

2. 毒性

健康危害 GHS 分类为：急性毒性—经口，类别3；急性毒性—吸入，类别 2；皮肤腐蚀/刺激，类别 2；严重眼损伤/眼刺激，类别 2；皮肤致敏物，类别 1；致癌性，类别 1A；特异性靶器官毒性——一次接触，类别3（呼吸道刺激）；特异性靶器官毒性—反复接触，类别 1。

2.1 急性毒作用

乙酸铍小鼠吸入 2 h，LC_{50} 为 42 mg/m^3；大鼠腹腔内注射 LD_{50}：317 mg/kg。

2.2 远期毒作用

（1）致癌性

铍及其化合物被 IARC 分类为 A1 类确定的人类致癌物。

（2）过敏性反应

皮肤接触本品可能造成过敏反应。

3. 人体健康危害

吞咽本品会中毒，吸入本品会致命，造成皮肤刺激和严重眼刺激，一次接触本品可能造成呼吸道刺激。长时间皮肤接触本品可能造成过敏反应，可能致癌，长期或反复接触本品会对皮肤、肺等造成损害。

4. 风险评估

本品对水生生物有毒并具有长期持续影响，其环境危害 GHS 分类为：危害水生环境—急性危害，类别 2；危害水生环境—长期危害，类别 2。

氢 氧 化 铍

1. 理化性质

CAS 号：13327-32-7	外观与性状：白色或黄色粉末
熔点（℃）：138（分解）	沸点（℃）：100（100 kPa）
密度（g/cm^3）：1.92	易燃性：不可燃
溶解性：不溶于水；溶于酸、碱	

2. 用途与接触机会

氢氧化铍可用于核技术和制取氧化铍等。

3. 毒性

健康危害 GHS 分类为：致癌性，类别 1A；特异性靶器官毒性—反复接触，类别 1。

3.1 急性毒作用

氢氧化铍大鼠静脉注射 LD_{50} 为 3.8 mg/kg。

3.2 致癌性

铍及其化合物被 IARC 分类为 A1 类确定的人类致癌物。

4. 人体健康危害

长期接触可能致癌，对皮肤、肺等造成损害。

碳 酸 铍

1. 理化性质

CAS 号：13106-47-3	外观与性状：白色粉末
熔点（℃）：54	沸点（℃）：333.6（100 kPa）
溶解性：不溶于水；溶于酸	易燃性：不可燃

2. 用途与接触机会

碳酸铍可用于制造氧化铍及铍盐等。

3. 毒性

急性毒性—经口，类别 3；急性毒性—吸入，类别 2；皮肤腐蚀/刺激，类别 2；严重眼损伤/眼刺激，类别 2；皮肤致敏物，类别 1；致癌性，类别 1A；特异性靶器官毒性——一次接触，类别 3（呼吸道刺激）；特异性靶器官毒性—反复接触，类别 1。

3.1 急性毒作用

豚鼠腹腔内注射 LD_{50}：150 mg/kg.

3.2 远期毒作用

（1）致癌性

铍及其化合物被 IARC 分类为 A1 类确定的人类致癌物。

（2）过敏性反应

皮肤接触本品可能造成过敏反应。

4. 人体健康危害

吞咽本品会中毒，吸入本品会致命，造成皮肤刺激和严重眼刺激，一次接触本品可能造成呼吸道刺激。长时间皮肤接触本品可能造成过敏反应，可能致癌，长期或反复接触本品会对皮肤、肺等造成损害。

5. 风险评估

本品对水生生物有毒并具有长期持续影响，其环境危害 GHS 分类为：危害水生环境—急性危害，类别 2；危害水生环境—长期危害，类别 2。

镁及其化合物

1. 理化性质

CAS 号：7439-95-4	外观与性状：银白色轻金属
熔点(℃)：651	沸点(℃)：1 100
密度(g/cm^3)：1.74 (20℃)	易燃性：粉末在空气中易燃
溶解性：能与稀酸反应，释放出氢气；能与无水甲醇剧烈反应	

2. 用途与接触机会

常见的镁化合物有氧化镁、氢氧化镁、氯化镁、碳酸镁、硫酸镁等。

镁与其他金属制备优质的合金，可用于汽车、航空、航天、原子能等工业。

镁可用作难熔金属及碱土金属氧化物的还原剂，在某些有色金属冶炼中可用作脱氢剂和脱硫剂。

镁粉可用于制造燃烧弹、照明弹、焰火、电池等。

镁的氢氧化物、氧化物、硫酸和柠檬酸的盐类，可用作医药。

3. 毒代动力学

镁可通过呼吸道、消化道等途径吸收进入体内。

吸收的镁大部分可与红细胞结合，其余的存在于血浆中，并与血浆蛋白结合。体内含镁最多的组织是骨骼，其他如肌肉、血细胞、肾、心、肝、脾、脑等组织中也含有较多的镁。

吸收的镁，可通过尿液、胰液等途径排出。肾脏主要通过滤过和再吸收，调节镁的排泄。未被吸收的镁，可由粪便直接排出。

4. 毒性与中毒机理

氯化镁大鼠经口 LD_{50} 为 2 800 mg/kg，腹腔注射 LD_{50} 为 1.1 g/kg。醋酸镁小鼠静脉注射 LD_{50} 为 1.84 g/kg。

镁对神经系统可产生抑制作用，可能是与降低了神经肌肉接头以及交感神经节的乙酰胆碱的释放有关。

镁可引起皮肤血管扩张，血压降低，心脏窦房结敏感性增加，并对心肌活动产生抑制，发生房室传导阻滞及室性早搏等心电图改变。

吸入镁或氧化镁粉后，可引起肺组织中白细胞积聚，肺泡结构破坏，呼吸道炎症，肺肉芽肿和肺间质纤维化等改变。

镁粉涂于皮肤上，可引起局部刺激性炎性渗出。少量镁如进入皮肤内或注入肌肉，可与组织中的水分起反应，生成氢氧化镁并析出氢，使局部出现产气疱疹、疼痛和肿胀，继发感染。产气疱疹呈广泛性坏死，似气性坏疽，亦称“镁源性气性肉芽肿”。

5. 生物监测

血镁、尿镁可作为生物监测指标反映机体接触镁的水平。血镁含量＞2.4 mmol/L 时，即可出现中毒症状；＞8 mmol/L 时，可产生中枢神经抑制及呼吸循环衰竭。

6. 人体健康危害

吸入高浓度的金属镁烟雾或氧化镁烟尘，可发生金属烟热，患者发热、咳嗽、胸闷、出汗、外周血白细胞升高。

镁尘对黏膜有刺激作用，可引起眼、鼻、气管等黏膜的刺激性炎症，并可能引起肺部的炎症性损伤或纤维化。

一般情况下，进食过量的镁也不容易引起镁中毒。但当肾脏功能有障碍，大量经口吸收就可以发生镁中毒，出现胃部剧痛、呕吐、水泻、烦渴、无力和虚脱，严重者呼吸困难、发绀、瞳孔散大、肾脏和膀胱功能受累。

治疗时注射过量镁盐的患者，面部潮红并有灼热感、嗜睡、言语迟缓、肌肉无力、步态不稳、不能站立、视力模糊、恶心、血压下降，严重者呈软瘫、昏迷、腱反射减弱或消失，呼吸困难以至麻痹和循环衰竭。

心电图检查可见 P - R 和 Q - T 间期延长，或出现心室传导和房室传导阻滞。

7. 风险评估

我国 1996 年制定的氧化镁烟职业接触的 MAC 为 10 mg/m^3。2002 年国家标准 GBZ 2 - 2002《工作场所有害因素职业接触限值》规定氧化镁烟的 PC - TWA 为 10 mg/m^3，PC - STEL 为 25 mg/m^3。2007 年国家标准 GBZ 2.1 - 2007《工作场所有害因素职业接触限值第 1 部分化学有害因素》规定氧化镁烟的 PC - TWA 为 10 mg/m^3，超限倍数为 2.0。

美国 NIOSH 规定：氧化镁的推荐接触限值 REL - TWA 为 15 mg/m^3；ACGIH 规定氧化镁的阈限值 TLV - TWA 为 10 mg/m^3。

其他镁化合物

氮化镁，CAS 号为 12057 - 71 - 5，其 GHS 危险性分类为：皮肤腐蚀/刺激，类别 2；严重眼损伤/眼刺激，类别 2；特异性靶器官毒性——一次接触，类别 3(呼吸道刺激)。

磷化铝镁，其 GHS 危险性分类为：急性毒性—经皮，类别 3；急性毒性—吸入，类别 3；危害水生环境—急性危害，类别 1。

磷化镁(二磷化三镁)，CAS 号为 12057 - 74 - 8，其 GHS 危险性分类为：急性毒性—经口，类别 2；急性毒性—经皮，类别 3；急性毒性—吸入，类别 1；危害水生环境—急性危害，类别 1。

六氟硅酸镁(氟硅酸镁)，CAS 号为 16949 - 65 - 8，其 GHS 危险性分类为：急性毒性—经口，类别 3。

砷酸镁，CAS 号为 10103 - 50 - 1，其 GHS 危险性分类为：急性毒性—经口，类别 3；急性毒性—吸入，类别 3；致癌性，类别 1A；危害水生环境—急性危害，类别 1；危害水生环境—长期危害，类别 1。

硝酸镁，CAS 号为 10377 - 60 - 3，其 GHS 危险性分类为：严重眼损伤/眼刺激，类别 2；特异性靶器官毒性——一次接触，类别 1；特异性靶器官毒性—反复接触，类别 1。

亚硫酸氢镁(酸式亚硫酸镁)，CAS 号为 13774 - 25 - 9，其 GHS 危险性分类为：皮肤腐蚀/刺激，类别 2；严重眼损伤/眼刺激，类别 2。

亚硒酸镁，CAS 号为 15593 - 61 - 0，其 GHS 危险性分类为：急性毒性—经口，类别 3；急性毒性—吸入，类别 3；特异性靶器官毒性—反复接触，类别 2；危害水生环境—急性危害，类别 1；危害水生环境—长期危害，类别 1。

铝及其化合物

铝

1. 理化性质

CAS 号：7429 - 90 - 5	外观与性状：银白色轻金属，质软有延展性，具有良好的导电性和导热性
熔点(℃)：660	沸点(℃)：2 327
密度(g/cm^3)：2.7	易燃性：铝粉和铝箔在空气中易燃
溶解性：既溶于各种酸类，也溶于强碱，但难溶于水	

2. 用途与接触机会

2.1 生活环境

食物、饮用水中都含有铝，铝制炊具、餐器在烹调、储存食物时也可使铝溶出，这些铝可通过消化道进入人体。

2.2 生产环境

开采和冶炼铝的过程中，含铝的粉尘及烟雾可经呼吸道进入人体，也可污染食物经消化道进入人体。

铝及其合金是优良的轻型结构材料，广泛应用于航空、航天、船舶、建筑及电器制造工业，还用于制作包装材料和生活用具。在生产和加工铝材、铝制品时，铝可进入人体。

3. 毒代动力学

铝可经呼吸道吸收，经消化道吸收很少，也不能经完整的皮肤进入体内。

呼吸道吸入不溶性铝粉，可长时间蓄积在肺和肺门淋巴结。吸收入体内的铝，主要蓄积于骨骼、肝、肾、肺、脑等组织或器官内。

吸收入体内的铝，大部分随尿液排出体外。粪便、胆汁等也可排出少量的铝。

4. 毒性与中毒机理

4.1 急性毒作用

大鼠经口 LD_{50}>2 000 mg/kg;大鼠吸入 LC_{50}>888 mg/L/4 h。

4.2 慢性毒作用

大鼠吸入 TCL_0：260 mg/m^3,5 h/d,吸入 30 d,造成肺间质纤维化、低血糖,影响血清成分(如总蛋白、胆红素和胆固醇)。男性吸入 TCL_0：4 mg/m^3,间歇性吸入 1 年,造成咳嗽、呼吸困难、体重降低。

吸入金属铝尘可引起肺纤维化,病理特点是铝尘结节性改变及间质纤维化。

铝对神经系统具有毒性作用。铝能通过血-脑屏障或通过神经元轴浆液沿嗅神经入脑,引起神经元纤维变性及神经元纤维缠结的特征改变。酶学研究发现铝可影响参与磷酸化过程的多种酶(如蛋白激酶 C 和己糖激酶等)的活性。铝还可引起神经递质改变,导致神经系统中去甲肾上腺素和多巴胺水平下降,并能抑制乙酰胆碱转移酶的活性,导致胆碱能神经末梢释放的乙酰胆碱明显减少。

铝对血液系统具有毒性作用。铝中毒可引起贫血,此种贫血是非缺铁性、小细胞低色素性并伴有网织红细胞计数的降低。铝可抑制亚铁氧化酶的活性并与转铁蛋白结合,影响铁的利用。δ-氨基-酮戊酸脱水酶(δ-ALAD)参与血红素的合成,而铝可影响其活性,造成血红素合成障碍。

铝对骨骼具有毒性作用。铝可抑制成骨细胞活性,使成骨及矿化过程严重受阻,以致类骨质增多。骨铝染色显示铝沉积于矿化骨和类骨质之间,影响矿化过程,导致骨软化的发生。

4.3 发育毒性与致畸性

铝对生殖发育系统具有毒性作用。雄性大鼠铝染毒发现,大鼠睾丸及附睾内的精子数目明显减少,并有精原细胞和精细胞的坏死。雌性大鼠铝染毒发现,大鼠卵巢萎缩,生育能力低下,受胎率低,死胎率高。铝对鼠胚胎生长发育毒性的体外实验研究表明,铝可使胚胎发育及形态分化显著受到抑制,同时胚胎畸形发生率明显升高,表现为神经管闭合不全、脑发育不良和体翻转不全。

5. 生物监测

血铝、尿铝、发铝可作为生物监测指标反映机体接触铝的水平。研究发现发铝是反映机体铝含量的一个可靠标志,有研究提出发铝<10 mg/kg 表示无毒性,10～20 mg/kg 则可疑,>20 mg/kg 则中毒。

6. 人体健康危害

6.1 铝尘肺

主要发生于铝加工和使用铝粉的工厂。临床表现包括咳嗽、咳痰、胸闷、气短、胸部钝痛、乏力等症状。肺部可闻及干性啰音,部分病例因胸膜增厚或黏连出现呼吸音及语颤减弱。实验室检查肺功能常有明显损害(总肺活量及第 1 秒时间肺活量有明显降低)。胸部 X 线表现为不规则细网状阴影,两肺中、下区为多,以后可见类圆形阴影,阴影直径多在 1～2 mm 大小,肺纹理走向紊乱,出现中断和扭曲变形,可延伸至外带。肺气肿改变较为普遍,有的可呈现胸膜肥厚及黏连。

6.2 神经损害

铝中毒可对神经系统产生损害,主要表现为记忆力减退、反应迟钝、语言障碍、共济失调、认知功能障碍、运动功能障碍等,还可出现抽搐、肌肉痉挛、癫痫发作等症状,脑电图可出现异常改变。

6.3 其他

铝中毒还可出现胆汁淤积性肝病、骨质软化症、低色素小细胞性贫血等临床症状。

7. 风险评估

我国 1989 年制定的铝金属和铝合金粉尘职业接触的 MAC 为 4 mg/m^3。2002 年国家标准 GBZ 2-2002《工作场所有害因素职业接触限值》规定铝金属和铝合金粉尘(总尘)的 PC-TWA 为 3 mg/m^3,PC-STEL 为 4 mg/m^3。2007 年国家标准 GBZ 2.1—2007《工作场所有害因素职业接触限值第 1 部分化学有害因素》规定铝金属和铝合金粉尘(总尘)的 PC-TWA 为 3 mg/m^3,铝金属粉尘、铝合金粉尘的超限倍数均为 2.0。

目前,我国有关生活环境限值标准,主要为 GB5479-2006《生活饮用水卫生标准》限值为 0.2 mg/L。

美国 NIOSH 规定铝金属和铝合金粉尘(总尘)的推荐接触限值 REL-TWA 为 10 mg/m^3,铝金属和铝合金粉尘(呼尘)的推荐接触限值 REL-TWA

为 5 mg/m^3，铝焦炉烟尘、焊接烟尘的推荐接触限值 REL－TWA 为 5 mg/m^3；ACGIH 规定铝及其不溶化合物的阈限值 TLV－TWA 为 1 mg/m^3。

三 氯 化 铝

1. 理化性质

CAS 号：7446－70－0	外观与性状：白色结晶或粉末，暴露在湿气中变灰色或浅黄色
熔点(℃)：192.6	沸点(℃)：182.7
密度(g/cm^3)：2.44 (25℃)	易燃性：不可燃
溶解性：易溶于水，也溶于乙醇、乙醚等有机溶剂	

2. 用途与接触机会

氯化铝可用作有机合成及高分子合成的催化剂，广泛用于合成树脂、合成橡胶、石油裂解、合成染料、合成洗涤剂、医药、香料、农药等。

氯化铝还可用作制取铝的有机化合物、金属的炼制及润滑油的处理等。

3. 毒性

健康危害 GHS 分类为：皮肤腐蚀/刺激，类别 1B；严重眼损伤/眼刺激，类别 1。

3.1 急性毒作用

氯化铝小鼠经口 LD_{50} 为 1 130 mg/kg，大鼠经口 LD_{50} 为 3 450 mg/kg；兔经皮 LD_{50} ＞2 g/kg。

兔经皮 10％开放式试验，造成严重皮肤刺激。

3.2 慢性毒作用

大鼠经口 TDL_0：2 000 mg/kg，间歇性 20 d，造成经典条件反射改变，大脑退行性变，真性胆碱酯酶抑制。大鼠经口 TDL_0：1 904 mg/kg，喂养 16 w，造成大脑退行性变、多种酶抑制。

3.3 远期毒作用

(1) 发育毒性与致畸性

大鼠经口 TDL_0：900 mg/kg(15 d preg)，影响新生大鼠生长数据、行为，造成延迟效应。大鼠经口 TDL_0：2 380 mg/kg(70 d male)，造成雄性大鼠父系效应，影响睾丸、附睾、输精管、前列腺、尿道球腺、附属腺，影响精子形成(包括遗传物质、精子形态、运动性和精子数)。

(2) 过敏性反应

豚鼠最大反应试验，未引起实验动物过敏。

4. 人体健康危害

4.1 急性毒作用

吞咽可能有害，造成严重皮肤灼伤和眼损伤。

吸入高浓度氯化铝可刺激上呼吸道产生急性刺激性支气管炎，还可产生间质性肺炎。

氯化铝对皮肤和黏膜有刺激作用，可引起急性结膜炎，若受潮解生成盐酸，则可造成皮肤灼伤。

4.2 慢性毒作用

铝中毒可对神经系统产生损害，主要表现为记忆力减退、反应迟钝、语言障碍、共济失调、认知功能障碍、运动功能障碍等，还可出现抽搐、肌肉痉挛、癫痫发作等症状，脑电图可出现异常改变。

铝中毒还可发生胆汁淤积性肝病、骨质软化症、低色素小细胞性贫血等临床症状。

5. 风险评估

美国 NIOSH 规定可溶性铝盐的推荐接触限值 REL－TWA 为 2 mg/m^3。

本品对水生生物有毒，其环境危害 GHS 分类为：危害水生环境—急性危害，类别 2。

三 丁 基 铝

1. 理化性质

CAS 号：1116－70－7	外观与性状：无色液体
熔点(℃)：－26.7	沸点(℃)：110
密度(g/cm^3)：0.823 (20℃)	易燃性：遇空气可自燃
溶解性：遇水放出可自燃的易燃气体，可溶于己烷、甲苯、乙醚等	

2. 用途与接触机会

三丁基铝可用于合成不对称烷基化试剂、烯烃聚合的齐格勒—纳塔催化剂等。

3. 毒性

三丁基铝对呼吸系统、皮肤、眼睛具有强烈的刺激作用，可引起严重灼伤。高浓度作用下可导致死亡，尸检见脑及其他内脏充血，急性肺气肿、灶性肺水肿，胸膜下点状出血。吸入三丁基铝烟雾可发生金属烟热。健康危害 GHS 分类为：皮肤腐蚀/刺激，类别 1B；严重眼损伤/眼刺激，类别 1。

4. 人体健康危害

主要表现为呼吸道和眼睛刺激，本品造成严重皮肤灼伤和严重眼损伤，可引起中毒性肺水肿、化学性肺炎等；还可出现神经系统抑制，耗氧量减少。吸入三丁基铝烟雾可出现金属烟热的症状。皮肤接触部位出现局限性水肿和炎症性充血。

5. 风险评估

美国 NIOSH 规定可溶性铝盐、烷基铝化合物的推荐接触限值 REL－TWA 为 2 mg/m^3。

三甲基铝

1. 理化性质

CAS 号：75－24－1	外观与性状：无色液体
熔点(℃)：15.4	沸点(℃)：130
密度(g/cm^3)：0.81 (25℃)	易燃性：遇空气可自燃
溶解性：遇水放出可自燃的易燃气体，可溶于乙醚、饱和烃类等有机溶剂	

2. 用途与接触机会

三甲基铝可用作烯烃聚合催化剂、引火燃料；用于制取直链伯醇和烯烃等；还可用于金属有机化合物气相沉积等。

3. 人体健康危害

对黏膜组织和上呼吸道、眼睛和皮肤破坏巨大。引起痉挛、发炎、咽喉肿痛、痉挛、发炎、支气管炎、肺炎、肺水肿、灼伤感、咳嗽、喘息、喉炎、呼吸短促、头痛、恶心。

4. 风险评估

美国 NIOSH、英国、韩国等均规定可溶性铝盐、烷基铝化合物的推荐接触限值 REL－TWA 为 2 mg/m^3。

三氯化三甲基二铝

1. 理化性质

CAS 号：12542－85－7	外观与性状：无色液体
熔点(℃)：23	沸点(℃)：144
密度(g/cm^3)：0.877	易燃性：遇空气可自燃；遇水放出可自燃的易燃气体

2. 用途与接触机会

三氯化三甲基二铝可用作有机合成和高分子合成反应的催化剂等。

3. 人体健康危害

参见“三丁基铝”。

4. 风险评估

参见“三丁基铝”。

三氯化三乙基二铝

1. 理化性质

CAS 号：12075－68－2	外观与性状：无色液体
熔点(℃)：－21	沸点(℃)：204
密度(g/cm^3)：1.092 (25℃)	易燃性：遇空气可自燃；遇水放出可自燃的易燃气体
溶解性：能溶于多种有机溶剂	

2. 用途与接触机会

三氯化三乙基二铝可用于合成反应中间体、聚合反应催化剂、芳香族衍生物加氢作用催化剂等。

其他铝化合物

三丁基铝，CAS 号为 1116－70－7，其 GHS 危险性分类为：皮肤腐蚀/刺激，类别 1B；严重眼损伤/眼刺激，类别 1。

三溴化铝[无水](溴化铝);三溴化铝溶液(溴化铝溶液),CAS 号为 7727-15-3,其 GHS 危险性分类为:皮肤腐蚀/刺激,类别 1;严重眼损伤/眼刺激,类别 1。

三乙基铝,CAS 号为 97-93-8,其 GHS 危险性分类为:皮肤腐蚀/刺激,类别 1;严重眼损伤/眼刺激,类别 1。

三异丁基铝,CAS 号为 100-99-2,其 GHS 危险性分类为:皮肤腐蚀/刺激,类别 2;严重眼损伤/眼刺激,类别 1。

亚硒酸铝,CAS 号为 20960-77-4,其 GHS 危险性分类为:急性毒性—经口,类别 3;急性毒性—吸入,类别 3;特异性靶器官毒性—反复接触,类别 2;危害水生环境—急性危害,类别 1;危害水生环境—长期危害,类别 1。

重铬酸铝,其 GHS 危险性分类为:皮肤致敏物,类别 1;致癌性,类别 1A;危害水生环境—急性危害,类别 1;危害水生环境—长期危害,类别 1。

钛及其化合物

1. 理化性质

CAS 号:7440-32-6	外观与性状:灰白色金属,强度高,耐高温,耐腐蚀;纯钛具有可塑性
熔点(℃):1 668	沸点(℃):3 287
密度(g/cm^3):4.5(20℃)	易燃性:遇热、明火或发生化学反应会燃烧爆炸;粉末在空气中能自燃;不仅能在空气中燃烧,也能在二氧化碳或氮气中燃烧
溶解性:不溶于水;溶于氢氟酸、硝酸、浓硫酸	

2. 用途与接触机会

常见的钛化合物有二氧化钛、四氯化钛、碳化钛、偏钛酸钡等。

钛可用于制造特种钢、合金、钛陶瓷及玻璃纤维,也可用于飞机、导弹制造及原子反应堆,还可用于生产耐火材料、焊条、建筑材料和塑料等。钛白粉是颜料和油漆的良好原料。钛合金由于与人体有很好的相容性,可用作人造骨。

3. 毒代动力学

钛可通过呼吸道、消化道等途径吸收进入人体。通过饮食摄入的钛,大部分直接从粪便排出,少量吸收入血液。进入体内的钛主要蓄积于脾、肾上腺、横纹肌、肺、肝脏等器官或组织。体内的钛主要通过尿液排出。

4. 毒性

三氯化钛(氯化亚钛);三氯化钛溶液(氯化亚钛溶液),CAS 号为 7705-07-9,其 GHS 危险性分类为:皮肤腐蚀/刺激,类别 1;严重眼损伤/眼刺激,类别 1。

四氯化钛,CAS 号为 7550-45-0,其 GHS 危险性分类为:皮肤腐蚀/刺激,类别 1B;严重眼损伤/眼刺激,类别 1。

4.1 急性毒作用

四氯化钛小鼠吸入 LC_{50} 为 100 mg/(m^3 · 2 h),大鼠吸入 LC_{50} 为 400 mg/m^3,兔经皮 LD_{50}:3 160 mg/kg;小鼠经口 LD_{50} 为 756.66 mg/kg,腹腔注射 LD_{50} 为 31.6 mg/kg。

四氯化钛烟雾与水接触可产生盐酸,对呼吸道黏膜有刺激作用。狗吸入四氯化钛烟雾数小时后出现呼吸困难,引起肺部炎症及肺水肿,肺组织显示灶性充血和出血。

4.2 慢性毒作用

金属钛、氧化钛、碳化钛等不溶性钛毒性低,长期吸入不溶性钛化合物可观察到肺部轻度纤维化。

四氯化钛大鼠经口 TCL_0:10 mg/m^3,6 h/d,共吸入 2 年,造成肺重量降低、死亡。

钛盐对肝、肾和脑的半胱氨酸转化过程有抑制作用,对血清碱性磷酸酶有抑制作用,对酵母转换酶和淀粉酶也有轻度抑制作用。

4.3 远期毒作用

(1) 致癌性

大鼠肌内注射钛 TDL_0:114 mg/kg,喂养 77 w,造成包括 Hodgkin's 氏病在内的淋巴瘤。

(2) 发育毒性与致畸性

大鼠经口食入钛 158 mg/kg 进行多代试验,造成胚胎死亡及其他胚胎毒性。实验研究显示,四氯化钛对孕鼠有母体毒作用和胚胎毒性，但无致畸作用。

5. 生物监测

血钛、尿钛可作为生物监测指标反映机体接触钛的水平。

6. 人体健康危害

长期接触钛粉尘的工人，一般无明显的自觉症状，部分患者有干咳、气短、胸闷等呼吸道症状，由粉尘刺激而引起。

四氯化钛对眼及呼吸道黏膜具有强烈的刺激作用。轻度中毒可出现咳嗽、咳痰、气喘等症状，重度中毒体温升高、呼吸困难、发绀、两肺干湿罗音，X线胸片表现为化学性肺炎及肺水肿。皮肤直接接触四氯化钛液体可致严重灼伤，愈后留有黄色色素沉着。

7. 风险评估

我国1989年制定的二氧化钛粉尘职业接触的MAC为10 mg/m^3。2002年国家标准GBZ 2－2002《工作场所有害因素职业接触限值》规定二氧化钛粉尘（总尘）的PC－TWA为8 mg/m^3，PC－STEL为10 mg/m^3。2007年国家标准GBZ 2.1－2007《工作场所有害因素职业接触限值规定：二氧化钛粉尘（总尘）PC－TWA为8 mg/m^3，超限倍数为2.0。

美国ACGIH规定：二氧化钛粉尘的阈限值TLV－TWA为10 mg/m^3。

钒及其化合物

钒

1. 理化性质

CAS号：7440－62－2	外观与性状：灰色金属，在常温下不受水和空气的影响，温度在660℃以上时，容易被氧化
熔点(℃)：1 910	沸点(℃)：3 407
密度(g/cm^3)：6.11 (18.7℃)	易燃性：粉末在空气中易燃
溶解性：不溶于水；可溶于硝酸、氢氟酸和浓硫酸	

2. 用途与接触机会

钒可用于制造金属合金、特种钢和催化剂等。

3. 毒代动力学

钒主要经呼吸道吸收，经消化道和皮肤吸收甚少。

吸收的钒主要经血浆转运，贮存于骨、肝、肾、肺等器官或组织中。钒可通过血脑屏障进入脑。

钒从体内排出较快，由呼吸道吸入的钒，主要经尿液排出。

4. 毒性与中毒机理

金属钒的毒性很低。钒化合物具有毒性，其毒性随化合物的原子价增加和溶解度的增大而增加。金属钒大鼠经口LD_{50}＞2 000 mg/kg；兔皮下注射LD_{50}：59 mg/kg。金属钒大鼠经口TDL_0：225 mg/kg，持续性喂养15 d，造成体重降低。

大鼠肌内注射TDL_0：340 mg/kg，间隙性43 w，造成植入部位肿瘤。

钒吸收后，对机体损害的作用机理主要有以下方面：(1) 钒有降低人体内血清胆固醇的能力，抑制磷脂及其他脂类、辅酶A、辅酶Q等的合成，干扰ATP酶、酪氨酸酶等酶系统；(2) 钒在体内可使磷酸吡哆醛活化，降低血巯基含量，导致人的指、趾甲胱氨酸含量降低；(3) 钒能抑制硫氢基活性，减少皮质类固醇排出，干扰乙酰胆碱代谢，抑制胆碱酯酶活性，胆碱缺乏引起生长发育停滞、肝和心肌脂肪变性、贫血、肾萎缩、肌肉发育不良；(4) 高浓度钒抑制单胺氧化酶的功能，使中枢神经系统蓄积5－羟色胺，引起神经症状，并可出现血管痉挛、支气管痉挛和胃肠蠕动亢进等；(5) 钒化合物对皮肤黏膜具有刺激作用，主要与钒化合物溶解时的脱水作用和所形成的酸有关。

5. 生物监测

血钒、尿钒、发钒可作为生物监测指标反映机体接触钒的水平。由于尿钒排出快，尿样采集时间应在当天班末或次日上班前，这样能比较真实反映机体接触情况。此外，指甲胱氨酸含量也可反映机体钒的接触，在体内钒的作用下，指甲胱氨酸含量可出现降低。

6. 人体健康危害

6.1 急性毒作用

急性钒中毒首先表现为结膜和上呼吸道刺激症

状，出现流泪，流涕、打喷嚏，咽痛、发痒和烧灼感。随后可发生干咳，胸痛，哮喘，肺部可闻及干湿性啰音或喘鸣音。常有胃肠蠕动紊乱而发生腹泻和呕吐。部分患者发生皮疹，出现湿疹、瘙痒性丘疹。舌可有墨绿色苔。严重者可出现支气管炎和支气管肺炎，同时全身症状明显，出现头痛、呕吐、腹泻、心悸、出汗、全身软弱以及严重的神经官能症和指颤或手颤。胸部X线检查可见肺纹理粗深，尿检查常见蛋白、红细胞和管型。

6.2 慢性毒作用

慢性钒中毒时呼吸系统损害最重，主要表现为慢性鼻炎、慢性咽炎、慢性支气管炎和弥漫性肺硬化。常伴有心血管系统受损，听诊可闻肺动脉第二音亢进和心尖第一音低钝，多有窦性心律失常和心电轴右移。血清白蛋白比例降低，但总蛋白保持正常水平。血清巯基和维生素C含量明显降低，而胆固醇仅稍降。有贫血和白细胞减少的倾向。指甲胱氨酸减少和血清ZnPP增多。

7. 风险评估

我国1989年制定的金属钒、钒铁合金职业接触的MAC为1.0 mg/m^3。2002年国家标准GBZ 2－2002《工作场所有害因素职业接触限值》规定钒铁合金尘的PC－TWA为1 mg/m^3，PC－STEL为2.5 mg/m^3。2007年国家标准GBZ 2.1－2007《工作场所有害因素职业接触限值第1部分化学有害因素》规定钒铁合金尘的PC－TWA为1 mg/m^3，超限倍数为2.5。

日本规定钒铁合金尘的职业接触限值OEL－M为1 mg/m^3。

多钒酸铵

1. 理化性质

CAS号：11115－67－6	外观与性状：橙色粉末
密度(g/cm^3)：3.03	沸点(℃)：350(分解)
溶解性：微溶于冷水、热乙醇和乙醚；溶于热水及稀氢氧化铵	易燃性：不可燃

2. 用途与接触机会

多钒酸铵可用作化学试剂、催化剂、催干剂、媒染剂等，陶瓷工业可用作釉料，还可用于制取五氧化二钒、三氧化二钒等。

3. 毒性

多钒酸铵大鼠吸入4 h，LC_{50}为0.34 mg/L；大鼠经口LD_{50}为162 mg/kg。

健康危害GHS分类为：急性毒性—经口，类别3；急性毒性—吸入，类别3；严重眼损伤/眼刺激，类别1。

钒酸铵钠

1. 理化性质

CAS号：12055－09－3	外观与性状：棕黄色粉末
密度(g/cm^3)：2.3	易燃性：不可燃

2. 用途与接触机会

用于石油化工工业。

3. 毒性

健康危害GHS分类为：急性毒性—经口，类别3；急性毒性—吸入，类别3。

钒酸钾

1. 理化性质

CAS号：14293－78－8	外观与性状：白色粉末

2. 毒性

健康危害GHS分类为：急性毒性—经口，类别2；急性毒性—经皮，类别1；急性毒性—吸入，类别2。

三氯氧化钒

1. 理化性质

CAS号：7727－18－6	外观与性状：黄色液体，暴露于空气中时发出红色烟雾，刺激难闻气味

（续表）

熔点(℃)：−77	沸点(℃)：126～127
密度(g/cm^3)：1.829	易燃性：不可燃
溶解性：与水反应，溶于甲醇、乙醚、丙酮	

2. 用途与接触机会

三氯氧化钒可用作有机溶剂和催化剂，也用于合成有机钒化物等。

3. 毒性

大鼠经口 LD_{50} 为 140 mg/kg。健康危害 GHS 分类为：急性毒性—经口，类别 3；皮肤腐蚀/刺激，类别 1；严重眼损伤/眼刺激，类别 1。

4. 人体健康危害

吞咽本品会中毒，造成严重皮肤灼伤和眼损伤。该物质对黏膜组织和上呼吸道、眼睛和皮肤破坏巨大。造成灼伤感、咳嗽、喘息、喉炎、呼吸短促、头痛、恶心、呕吐、痉挛、发炎、咽喉肿痛、发炎、支气管炎、肺炎。

偏钒酸铵

1. 理化性质

CAS 号：7803-55-6	外观与性状：白色或微黄色结晶粉末
熔点(℃)：200(分解)	密度(g/cm^3)：2.326
溶解性：微溶于冷水；可溶于热水或氨水；不溶于乙醇、醚、氯化铵	易燃性：不可燃

2. 用途与接触机会

偏钒酸铵可用作化学试剂、催化剂、催干剂、媒染剂等，陶瓷工业可用作釉料，还可用于制取五氧化二钒等。

3. 毒性

健康危害 GHS 分类为：急性毒性—经口，类别 3；急性毒性—吸入，类别 1；皮肤腐蚀/刺激，类别 2；严重眼损伤/眼刺激，类别 2；特异性靶器官毒性—一次接触，类别 3(呼吸道刺激)。

3.1 急性毒作用

偏钒酸铵小鼠经口 LD_{50}：25 mg/kg；大鼠经口 LD_{50}：58 100 μg/kg；大鼠经皮 LD_{50}：2 102 mg/kg；大鼠吸入 LC_{50}：7.8 mg/m^3/4 h；大鼠皮下注射 LD_{50} 为 20～30 mg/kg；大鼠吸入偏钒酸铵气溶胶的 LC_{100} 为 1 000～1 300 mg/m^3。

3.2 慢性毒作用

大鼠经口 TDL_0：4 630 mg/kg，持续性喂养 12 w，降低食物摄入量，影响红细胞数量，有核红细胞增加。大鼠吸入 TCL_0：4 590 μg/m^3，每日 8 h，吸入 4 d，造成免疫反应减少。

3.3 发育毒性与致畸性

大鼠经口 TDL_0：1 140 mg/kg(14 d pre/21 d post)，影响雌性大鼠生育能力指数，造成胎儿死亡、肌肉骨骼系统发育畸形。

4. 人体健康危害

吞咽本品会中毒，吸入本品会致命，本品造成皮肤刺激和严重眼刺激，一次接触本品可能造成呼吸道刺激。

5. 风险评估

本品对水生生物有害，且有长期影响，其环境危害 GHS 分类为：危害水生环境—长期危害，类别 3。

偏钒酸钾

1. 理化性质

CAS 号：13769-43-2	外观与性状：白色结晶粉末
熔点(℃)：520	易燃性：不可燃
密度(g/cm^3)：2.84 (25℃)	溶解性：溶于水

2. 用途与接触机会

偏钒酸钾可用作化学试剂、催化剂、催干剂、媒染剂等。

3. 毒性

健康危害 GHS 分类为：急性毒性—经口，类别 2；

皮肤腐蚀/刺激，类别 2；严重眼损伤/眼刺激，类别 2；特异性靶器官毒性——一次接触，类别 3(呼吸道刺激)。

4. 人体健康危害

吞咽、皮肤接触本品可致命。造成皮肤刺激和严重眼刺激。可能造成呼吸道刺激。

5. 风险评估

本品对水生生物有害，且有长期影响，其环境危害 GHS 分类为：危害水生环境—长期危害，类别 3。

四 氯 化 钒

1. 理化性质

CAS 号：7632－51－1	外观与性状：黏稠的红褐色液体，在潮湿空气中冒烟，有刺鼻气味
熔点(℃)：－28	沸点(℃)：148～153
密度(g/cm³)：1.816 (20℃)	易燃性：遇水、酸类或明火可燃
溶解性：溶于水；溶于无水酒精、乙醚、氯仿和醋酸等有机溶剂	

2. 用途与接触机会

四氯化钒可用作化学试剂、催化剂等。

3. 毒性

大鼠经口 LD_{50} 为 160 mg/kg。健康危害 GHS 分类为：急性毒性—经口，类别 3；皮肤腐蚀/刺激，类别 1；严重眼损伤/眼刺激，类别 1。

4. 人体健康危害

吞咽本品会中毒，本品造成严重皮肤灼伤和严重眼损伤。

五 氧 化 二 钒

1. 理化性质

CAS 号：1314－62－1	外观与性状：橙黄色、砖红色、红棕色结晶粉末或灰黑色片状
熔点(℃)：681	沸点(℃)：1 750
密度(g/cm³)：3.654 (21.7℃)	易燃性：不可燃
溶解性：微溶于水；不溶于乙醇；溶于强酸、强碱	

2. 用途与接触机会

广泛用于冶金、化工等行业，主要用于冶炼钒铁，用作合金添加剂等；其次可用作有机化工的催化剂；此外，还可用于无机化学品、化学试剂、搪瓷和磁性材料等。

3. 毒性与中毒机理

健康危害 GHS 分类为：急性毒性—经口，类别 2；生殖细胞致突变性，类别 2；致癌性，类别 2；生殖毒性，类别 2；特异性靶器官毒性—反复接触，类别 1；特异性靶器官毒性——一次接触，类别 3(呼吸道刺激)。

3.1 急性毒作用

五氧化二钒大鼠经口 LD_{50}：10 mg/kg；小鼠经口 LD_{50}：23.4 mg/kg；大鼠吸入 LC_{50}：2.21 mg/L/4 h；五氧化二钒烟尘兔经皮 LD_{50}：50 mg/kg。小鼠皮下注射 LD_{50} 为 87.5～117.5 mg/kg；大鼠吸入五氧化二钒气溶胶，1 h 内引起急性中毒的最低浓度为 80 mg/m³，LC_{100} 为 700～800 mg/m³；吸入五氧化二钒凝聚气溶胶，2 h 内引起急性中毒的最低浓度为 10 mg/m³，LC_{100} 为 70 mg/m³；兔吸入五氧化二钒尘(205 mg/m³)引起气管炎、肺水肿和支气管肺炎，并于 7 h 内死亡。

兔经眼接触五氧化二钒烟尘 20 mg/24 h，造成中度眼刺激。

3.2 慢性毒作用

兔吸入五氧化二钒 20～40 mg/m³，1 h/d，几个月后出现气管炎、肺气肿、肺不张和支气管肺炎。大鼠长期吸入五氧化二钒气溶胶可出现全身毒作用，表现在神经系统损害，中毒性肾炎，蛋白代谢障碍等方面。

大鼠经口 TDL_0：1 280 mg/kg，持续性喂养 15 w，造成毛发脱落、红细胞数变化、色素红细胞或有核红细胞生成。小鼠吸入 TCL_0：1 mg/m³，6 h/d，间歇性吸入 6 w，造成肺脏重量降低。大鼠吸入 TCL_0：100 μg/m³，24 h/d，持续性吸入 24 d，造成体重降低，生化方面磷酸酯抑制。大鼠吸入 TCL_0：60 μg/m³，4 h/d，间歇性吸入 22 w，造成脂肪肝变性，血清成分改变(如总蛋白、胆红素、胆固醇)，脱氢酶抑制。

3.3 远期毒作用

(1) 致突变性

体外试验表明有致突变效应。

(2) 致癌性

IARC 已将五氧化二钒定为 2B 类可疑人类致癌物。

(3) 发育毒性与致畸性

大鼠经口 TDL_0：90 mg/kg(6～15d preg)，造成胚胎死亡、胚胎植入后死亡。

4. 人体健康危害

吞咽本品会致命，怀疑可造成遗传性缺陷，怀疑致癌，怀疑对生育能力或胎儿造成伤害，一次接触本品可能造成呼吸道刺激，长期或反复接触本品会对上呼吸道、下呼吸道和肺脏造成损害。

5. 风险评估

我国 1989 年制定的钒化合物尘职业接触的 MAC 为 0.1 mg/m³；钒化合物烟职业接触的 MAC 为 0.02 mg/m³。2002 年国家标准 GBZ 2－2002《工作场所有害因素职业接触限值》规定五氧化二钒烟尘的 PC－TWA 为 0.05 mg/m³，PC－STEL 为 0.15 mg/m³。2007 年国家标准 GBZ 2.1－2007《工作场所有害因素职业接触限值第 1 部分化学有害因素》规定五氧化二钒烟尘的 PC－TWA 为 0.05 mg/m³，超限倍数为 3.0。

美国 NIOSH 规定五氧化二钒的推荐接触限值 REL－C 为 0.05 mg/m³；美国 ACGIH 规定五氧化二钒的阈限值 TLV－TWA 为 0.05 mg/m³；日本规定五氧化二钒的职业接触限值 OEL－M 为 0.05 mg/m³。

本品对水生生物有毒并具有长期持续影响，其环境危害 GHS 分类为：危害水生环境—急性危害，类别 2；危害水生环境—长期危害，类别 2。

其他钒化合物

硫酸氧钒，CAS 号为 27774－13－6，健康危害 GHS 分类为：急性毒性—经口，类别 3；皮肤腐蚀/刺激，类别 2；严重眼损伤/眼刺激，类别 2。本品对水生生物有毒并具有长期持续影响，其环境危害 GHS 分类为：危害水生环境—急性危害，类别 2；危害水生环境—长期危害，类别 2。

三氯化钒，CAS 号为 7718－98－1，健康危害 GHS 分类为：皮肤腐蚀/刺激，类别 1；严重眼损伤/眼刺激，类别 1。

三氧化二钒，CAS 号为 1314－34－7，健康危害 GHS 分类为：特异性靶器官毒性——次接触，类别 3(呼吸道刺激)；特异性靶器官毒性—反复接触，类别 1。

铬及其化合物

铬

1. 理化性质

CAS 号：7440－47－3	外观与性状：银灰色、质脆而硬的金属，常温下在空气中不被氧化
熔点(℃)：1 907	沸点(℃)：2 642
密度(g/cm³)：7.14(20℃)	易燃性：粉末在空气中易燃
溶解性：不溶于水和硝酸；溶于稀盐酸、硫酸和强碱	

2. 用途与接触机会

铬主要以铁合金形式用于生产不锈钢及各种合金钢；还可用作铝合金、钴合金、钛合金及高温合金、电阻发热合金等的添加剂。

3. 毒代动力学

铬可经呼吸道、消化道等途径吸收进入体内。呼吸道吸入不溶性铬粉，可蓄积在肺。铬从体内清除较慢，体内的铬主要经尿液排出，少量经粪便、乳汁排出。

4. 毒性

金属铬基本无毒。大鼠经口 LD_{50}＞5 000 mg/

kg;大鼠吸入 LC_{50} >5.41 mg/L/4 h。

金属铬被 IARC 分类为 3 类致癌物,现有的证据不能对人类致癌性进行分类。

5. 生物监测

血铬、尿铬可作为生物监测指标反映机体接触铬的水平。

6. 人体健康危害

金属铬可能对呼吸道、眼睛产生刺激作用。

7. 风险评估

美国 NIOSH 规定:金属铬的推荐接触限值 REL-TWA 为 0.5 mg/m^3;美国 ACGIH 规定:金属铬的阈限值 TLV-TWA 为 0.5 mg/m^3;日本规定:金属铬的职业接触限值 OEL-M 为 0.5 mg/m^3。

目前,我国有关生活环境限值标准,主要为 GB5479-2006《生活饮用水卫生标准》和 GB2978-1996《污水排放综合标准》,前者六价铬限值为 0.05 mg/L,后者总铬限值为 1.5 mg/L,六价铬为 0.5 mg/L。

铬 酸 钾

1. 理化性质

CAS 号:7789-00-6	外观与性状:黄色结晶
熔点(℃):975	沸点(℃):1 000
密度(g/cm^3):2.73	易燃性:不可燃
溶解性:溶于水;不溶于乙醇	

2. 用途与接触机会

铬酸钾可用于金属防锈剂,铬酸盐的制造。用作氧化剂,印染的媒染剂。用于墨水、颜料、搪瓷、金属防腐等。

3. 毒代动力学

铬化合物可经呼吸道、消化道和皮肤等途径吸收进入体内。

铬被吸收后,六价铬可透过红细胞膜与血红蛋白结合,在红细胞内六价铬被还原为三价铬。铬被吸收后,主要分布在肝、肾、肺等器官或组织。

铬从体内清除较慢,体内的铬主要经尿液排出,少量经粪便、乳汁排出。

4. 毒性与中毒机理

健康危害 GHS 分类为:严重眼损伤/眼刺激,类别 2;皮肤腐蚀/刺激,类别 2;皮肤致敏物,类别 1;生殖细胞致突变性,类别 1B;致癌性,类别 1A;特异性靶器官毒性——一次接触,类别 3(呼吸道刺激)。

4.1 急性毒作用

小鼠经口 LD_{50}:180 mg/kg;

铬对皮肤黏膜有刺激和腐蚀作用,六价铬接触皮肤,不与表层蛋白质立即结合,而直接通过真皮,引起刺激和腐蚀作用。

4.2 慢性毒作用

大鼠腹腔内注射 TDL_0:209 mg/kg,间歇性,2 w,影响肝脏、肾脏。

铬酸钾为六价铬化合物,六价的铬容易进入细胞,并被细胞内的还原物质还原为三价铬,在还原过程中可发生各种反应,进而产生各种中毒症状。

铬对免疫系统可产生影响,铬能引起机体淋巴细胞数量减少,巨噬细胞数量增多。

铬可影响中枢神经系统,动物实验观察到六价铬可通过嗅觉通路沉积于小鼠脑部,引起海马部位神经元肿胀,空泡变性,并可见胶质水肿。兔腹腔注射六价铬后,观察到大脑皮层神经元退化,显著的染色质溶解及脑膜充血。

铬的急性和亚慢性中毒均会导致机体的肾脏出现病理损伤,且随染毒时间的延长,肾小管损害加重,同时尿液中各种酶及蛋白的含量升高。肾损伤的部位主要涉及近曲小管、远曲小管及肾小球。

4.3 远期毒作用

(1) 致突变作用

铬被细胞摄入后具有致突变作用,六价铬化合物对细菌、酵母、哺乳动物细胞的诱变试验,染色体畸变试验及姐妹染色单体交换试验都显示阳性结果。

(2) 致癌作用

六价铬化合物的气管灌注实验结果表明,六价铬化合物摄入组的肺癌发病率高于对照组。大量流行病调查及职业危害调查也证实接触六价铬化合物会明显增加肺癌的发病率。IARC 及 ACGIH 都已确认六价铬化合物具有致癌性。IARC 将六价铬化合物分类为1类确定的人类致癌物。

(3) 发育毒性与致畸性

铬具有胚胎发育毒性和致畸性，六价铬可穿过细胞膜作用于鼠卵黄囊上皮、间质和间皮层，从而导致卵黄囊功能紊乱、胚胎营养不良和畸形产生。六价铬可引起大鼠精子的运动性、形态学、顶体精子的生理学参数发生变化，还可造成睾丸曲细精管不同程度变性，管内生精细胞数目减少。

(4) 过敏性反应

可造成皮肤过敏。

4.4 中毒机理

铬对机体损害的作用机理，主要有以下方面：(1) 铬酸盐和重铬酸盐属蛋白质和核酸沉淀剂，在六价铬还原为三价铬的过程中，对细胞产生刺激作用，引起细胞损害。(2) 六价铬在被还原为三价铬的过程中，可抑制机体谷胱甘肽还原酶活性，使血红蛋白变为高铁血红蛋白，致使红细胞携带氧功能减退，血氧含量减少。(3) 六价铬进入皮内后被还原成三价铬，易与蛋白质结合，形成完全抗原，可引起变应性接触性皮炎，也可引起支气管哮喘。

5. 生物监测

5.1 接触标志

(1) 红细胞铬：红细胞对铬具有特殊的亲和力，只有六价铬能够进入红细胞，但高剂量接触可造成红细胞死亡，而且红细胞的寿命仅有120 d，因此红细胞内铬含量可以反映低剂量六价铬近期接触的情况。

(2) 淋巴细胞铬：与红细胞相比，淋巴细胞生命周期长达几个月至几年，能够蓄积来自不同途径的接触。因此，血淋巴细胞内铬含量可以反映较长时间和较高浓度六价铬盐的接触。

(3) 尿铬：体内六价铬还原成三价铬后，主要经尿排出，常用尿铬作为近期铬接触的指标，但由于六价铬易进入细胞并被还原为三价铬而蓄积在细胞内，不能即刻随尿排出，因此尿铬也不能真实反映近期六价铬的接触水平。此外，尿铬含量的检测受多种因素影响，例如尿铬的生物半衰期很短，因此铬盐接触与采集尿样必须同时进行；其次尿铬受食物、吸烟、运动等混杂因素的影响，个体差异较大。

5.2 效应标志

(1) 8-羟基脱氧鸟嘌呤(8-OHdG)：六价铬在体内代谢的过程中可产生大量的活性氧自由基，引起DNA分子的氧化损伤，8-OHdG正是DNA氧化损伤的特异产物。有研究表明，铬盐接触者尿中8-OHdG含量明显高于对照人群，且与空气中铬盐含量以及红细胞内铬盐含量明显相关。由于内源性及外源性氧化因素均可导致DNA氧化损伤而产生8-OHdG，因此，尿8-OHdG作为铬盐接触的生物标志，其含量应与环境中铬盐的浓度结合进行分析。

(2) DNA-蛋白质交联物：铬化合物可导致DNA-蛋白质交联(DPC)，包括氨基酸、肽或蛋白质与DNA的交联，以及DNA链间交联。有研究表明铬接触工人外周血淋巴细胞DPC水平明显高于对照组，接触六价铬者又明显高于接触三价铬者，提示DPC能很好地反映铬对人体的遗传毒效应。但也有研究表明，由于DPC与铬盐接触没有明显的剂量-反应关系，当红细胞中铬浓度为7～8 μg/L时，DPC处于饱和状态，铬盐接触水平增加并未引起特异的DPC增加，因此，DPC作为铬盐接触的生物标志尚有一定的局限性。

(3) DNA链断裂：4种价态的铬均参与DNA损伤过程，实验证明五价铬或六价铬化合物是引起DNA断裂的主要化合物，铬通过单电子氧化还原循环可造成DNA损伤，而羟自由基(OH·)是导致DNA链断裂的基团。对职业接触铬酸盐的工人进行研究发现，DNA链断裂与淋巴细胞中的铬浓度显著相关。还有研究表明，职业接触人群外周血淋巴细胞DNA链断裂水平与铬接触水平呈明显的剂量—反应关系，且与红细胞铬浓度呈正相关。DNA链断裂作为铬盐接触的生物标志，其水平也应与环境中铬盐的浓度结合进行分析。

(4) 尿酶：γ-谷氨酰-L-氨基转移酶(γ-GT)、N-乙酰-β-D-氨基葡糖苷酶(NAG)和碱性磷酸酶可作为肾损伤的早期生物学指标。研究证实长期接触六价铬会造成慢性肾损伤。对电镀厂工人铬盐导致的肾损害进行研究发现，铬盐接触工人尿NAG大于7IU/g肌酐，与对照组比较差异有显著性，而尿β2微球蛋白、尿蛋白的差异并不显著，故认为尿NAG可以作为铬盐接触工人肾损害的早期检测指标。还有研究发现，尿γ-GT活性与接触铬的工龄和尿铬呈明显平行关系，受检者尿蛋白和尿β2微球蛋白均正常时，尿γ-GT已经显著高于对照组，并随肾损害程度加重而明显增加，提示尿γ-GT也可作为铬性肾损害较灵敏的早期检测指标。

5.3 易感性标志

有研究表明,表面活性蛋白 B 的基因多态性可以作为铬盐作业工人肺癌的易感性标志。

6. 人体健康危害

6.1 急性中毒

本品造成皮肤刺激和严重眼刺激,一次接触本品可能造成呼吸道刺激。

急性吸入中毒主要出现呼吸道刺激症状,如流涕、咳嗽、胸闷、胸痛、气急,有时出现哮喘和发绀,重者可发生化学性肺炎。

口服可溶性铬酸盐、重铬酸盐等中毒后,出现恶心、呕吐、腹痛、腹泻、便血,严重者出现头痛、头晕、烦燥不安、脉搏加快、呼吸急促,发绀、血压下降,甚至休克。可发生严重肝肾功能损害,后期常见急性肾功能衰竭。

6.2 慢性中毒

本品可能造成遗传性缺陷,可能致癌,皮肤接触本品可能造成过敏反应。

长期、反复接触铬酸盐、铬酸雾、重铬酸盐等,可发生慢性结膜炎、咽炎、支气管炎,常有咽痛、咳嗽,检查可见咽充血,肺部可闻及啰音。

长期、反复接触铬酸盐、铬酸雾、重铬酸盐等,可因为刺激和致敏作用发生皮炎。皮疹以红斑、水肿、丘疹为主,好发于面、颈、手、前臂等裸露部位,呈局限性。变应性接触性皮炎常呈湿疹样表现,瘙痒,常继发感染,病程迁延不愈。长期接触铬酸盐、铬酸雾、重铬酸盐还可导致皮肤溃疡,称为铬疮。溃疡呈圆形,直径 2～5 mm,边缘隆起呈暗红,中央凹陷,表面不平,溃烂时有脓血。铬疮愈合缓慢,可留有疤痕。

长期、反复接触铬酸盐、铬酸雾、重铬酸盐等,可发生鼻部损害,称为铬鼻病。患者可有流涕、鼻塞、鼻出血、鼻灼痛、鼻黏膜充血等症状,检查可见鼻中隔或鼻甲黏膜糜烂,鼻中隔黏膜溃疡或鼻中隔软骨部穿孔。

长期、反复接触铬酸盐、铬酸雾、重铬酸盐等,还可导致肝脏损害,出现肝肿大、肝功能异常;导致肾脏损害,尿中蛋白和酶的含量显著增高等。

长期、反复接触铬酸盐、铬酸雾、重铬酸盐等,可导致肺癌。IARC 已将六价铬化合物定为确定的人类致癌物。

7. 风险评估

2002 年国家标准 GBZ 2 - 2002《工作场所有害因素职业接触限值》规定三氧化铬、铬酸盐、重铬酸盐的 PC - TWA 为 0.05 mg/m^3,PC - STEL 为 0.15 mg/m^3。2007 年国家标准 GBZ 2.1 - 2007《工作场所有害因素职业接触限值第 1 部分化学有害因素》规定三氧化铬、铬酸盐、重铬酸盐的 PC - TWA 为 0.05 mg/m^3,超限倍数为 3.0。

美国 NIOSH 规定:三氧化铬、铬酸盐的推荐接触限值 REL - TWA 为 0.001 mg/m^3;美国 ACGIH 规定:水溶性六价铬化合物的阈限值 TLV - TWA 为 0.05 mg/m^3,不溶的六价铬化合物的阈限值 TLV - TWA 为 0.01 mg/m^3;日本规定:六价铬化合物的职业接触限值 OEL - M 为 0.05 mg/m^3,确认人类致癌的六价铬化合物的职业接触限值 OEL - M 为 0.01 mg/m^3。

本品对水生生物毒性极大并具有长期持续影响,其环境危害 GHS 分类为:危害水生环境—急性危害,类别 1;危害水生环境—长期危害,类别 1。

铬　酸　钠

1. 理化性质

CAS 号:7775 - 11 - 3	外观与性状:黄色结晶
熔点(℃):792	沸点(℃):392
密度(g/cm^3):2.723	易燃性:不可燃
溶解性:溶于水、甲醇;微溶于乙醇	

2. 用途与接触机会

铬酸钠可用于墨水、油漆、颜料、金属缓蚀剂、有机合成氧化剂,以及鞣革和印染等。

3. 毒性与中毒机理

健康危害 GHS 分类为:急性毒性—经口,类别 3;急性毒性—吸入,类别 2;皮肤腐蚀/刺激,类别 1B;严重眼损伤/眼刺激,类别 1;呼吸道致敏物,类别 1;皮肤致敏物,类别 1;生殖细胞致突变性,类别 1B;致癌性,类别 1A;生殖毒性,类别 1B;特异性靶器官毒性—反复接触,类别 1。

3.1 急性毒作用

大鼠经口 LD_{50}:52 mg/kg;大鼠吸入 LC_{50}:100 mg/m^3/4 h;兔经皮 LD_{50}:1 600 mg/kg。

3.2 远期毒作用

(1) 致突变作用

可能造成遗传性缺陷。

(2) 致癌作用

IARC 将六价铬化合物分类为 1 类确定的人类致癌物。

(3) 发育毒性与致畸性

大鼠腹腔内注射 TDL_0：5 mg/kg(5d male)，影响雄性大鼠精子形成(包括遗传物质、精子形态、运动性和计数)，影响睾丸、附睾、输精管。

4. 人体健康危害

吞咽会中毒，吸入致命，皮肤接触有害，造成严重皮肤灼伤和严重眼损伤。吸入可能导致过敏或哮喘病症状或呼吸困难，可能造成皮肤过敏反应，可能造成遗传性缺陷，可能致癌，可能对生育能力或胎儿造成伤害。长期或反复接触会对肺脏造成损害。

5. 风险评估

本品对水生生物毒性极大并具有长期持续影响，其环境危害 GHS 分类为：危害水生环境—急性危害，类别 1；危害水生环境—长期危害，类别 1。

铬　酸　铍

铬酸铍，CAS 号为 14216－88－7，健康危害 GHS 分类为：急性毒性—经口，类别 3；急性毒性—吸入，类别 2；皮肤腐蚀/刺激，类别 2；严重眼损伤/眼刺激，类别 2；皮肤致敏物，类别 1；致癌性，类别 1A；特异性靶器官毒性——次接触，类别 3(呼吸道刺激)；特异性靶器官毒性—反复接触，类别 1。本品对水生生物毒性极大并具有长期持续影响，其环境危害 GHS 分类为：危害水生环境—急性危害，类别 1；危害水生环境—长期危害，类别 1。

铬　酸　铅

1. 理化性质

CAS 号：7758－97－6	外观与性状：黄色或橙黄色粉末
熔点(℃)：844	沸点(℃)：392
密度(g/cm^3)：6.3	易燃性：不可燃
溶解性：不溶于水，溶于碱液、无机酸	

(续表)

2. 用途与接触机会

铬酸铅可用于油性合成树脂涂料、印刷油墨、水彩和油彩的颜料，也可用作色纸、橡胶和塑料制品的着色剂。

3. 毒性

健康危害 GHS 分类为：致癌性，类别 1A；生殖毒性，类别 1A；特异性靶器官毒性—反复接触，类别 2。

3.1 急性毒作用

小鼠经口 LD_{50} ＞12 g/kg。

3.2 慢性毒作用

大鼠经口 TDL_0：108 g/kg，持续性食入 90 d，影响血液白细胞数量，影响肾、输尿管、膀胱功能。

3.3 远期毒作用

(1) 致癌作用

IARC 将六价铬化合物分类为 1 类确定的人类致癌物。

(2) 发育毒性与致畸性

可能对生育能力或胎儿造成伤害。

(3) 过敏性反应

皮肤接触本品可能造成过敏反应。

4. 人体健康危害

可能致癌。可能对生育能力或胎儿造成伤害。长期或反复接触可能损害肺脏、上下呼吸道。

5. 风险评估

本品对水生生物毒性极大并具有长期持续影响，其环境危害 GHS 分类为：危害水生环境—急性危害，类别 1；危害水生环境—长期危害，类别 1。

铬　酸　溶　液

1. 理化性质

CAS 号：7738－94－5	外观与性状：橙红色液体

2. 用途与接触机会

铬酸溶液可用于镀铬，制造颜料、媒染剂等，也可用于医药行业。

3. 毒性与中毒机理

健康危害 GHS 分类为：皮肤腐蚀/刺激，类别 1；严重眼损伤/眼刺激，类别 1；皮肤致敏物，类别 1；致癌性，类别 1A。

3.1 急性毒作用

狗经口 LD_{50}：330 mg/kg；大鼠吸入 LC_{50}：0.21 mg/(L・4h)。

3.2 远期毒作用

(1) 致癌作用

IARC 将六价铬化合物分类为 1 类确定的人类致癌物。

(2) 过敏性反应

皮肤接触本品可能造成过敏反应。

4. 人体健康危害

本品造成严重皮肤灼伤和严重眼损伤，可能致癌，皮肤接触本品可能造成过敏反应。

5. 风险评估

本品对水生生物毒性极大并具有长期持续影响，其环境危害 GHS 分类为：危害水生环境—急性危害，类别 1；危害水生环境—长期危害，类别 1。

三 氟 乙 酸 铬

三氟乙酸铬，CAS 号为 16712-29-1，本品对水生生物毒性极大并具有长期持续影响，其环境危害 GHS 分类为：危害水生环境—急性危害，类别 1；危害水生环境—长期危害，类别 1。

三 氧 化 铬

1. 理化性质

（续表）

CAS 号：1333-82-0	外观与性状：暗红色或暗紫色结晶，易潮解
熔点(℃)：197	沸点(℃)：250(分解)
密度(g/cm³)：2.7	易燃性：不可燃
溶解性：溶于水、硫酸、硝酸、乙醇、乙醚等	

2. 用途与接触机会

三氧化铬可用于生产铬的化合物、氧化剂、催化剂等，还可用于木材防腐、电镀等。

3. 毒性

健康危害 GHS 分类为：急性毒性—经口，类别 3；急性毒性—经皮，类别 3；急性毒性—吸入，类别 2；皮肤腐蚀/刺激，类别 1A；严重眼损伤/眼刺激，类别 1；呼吸道致敏物，类别 1；皮肤致敏物，类别 1；生殖细胞致突变性，类别 1B；致癌性，类别 1A；生殖毒性，类别 2；特异性靶器官毒性——次接触，类别 3(呼吸道刺激)；特异性靶器官毒性—反复接触，类别 1。

3.1 急性毒作用

大鼠经口 LD_{50}：80 mg/kg；小鼠经口 LD_{50}：127 mg/kg；兔经皮 LD_{50}：57 mg/kg；大鼠吸入 LC_{50}：217 mg/(m^3・4 h)。

对皮肤和眼睛具有腐蚀性。

3.2 慢性毒作用

大鼠吸入 TCL_0：0.2 mg/m^3，间歇性吸入一周，造成嗜睡；大鼠吸入 TCL_0：29 μg/m^3，每日吸入 20 h，间歇性吸入 90 d，造成肌肉收缩或痉挛，生化方面碳酸酐酶抑制或降低。

3.3 远期毒作用

(1) 致突变作用

可能改变遗传物质，体内试验表明有致突变效应。

(2) 致癌作用

人吸入 TCL_0：110 μg/m^3，吸入 3 年，造成嗅觉器官肿瘤、肺癌等。IARC 将六价铬化合物分类为 1 类确定的人类致癌物。

(3) 发育毒性与致畸性

小鼠皮下注射 TDL_0：20 mg/kg(8d preg)，造成除胚胎死亡外的胚胎毒性，影响额外的胚胎结构(如胎盘、脐带)。

(4) 过敏性反应

可能造成皮肤过敏反应。吸入可能导致过敏或哮喘病症状或呼吸困难。

4. 人体健康危害

吞咽或皮肤接触可致中毒。吸入致命。一次接触本品可能造成呼吸道刺激。造成严重皮肤灼伤和眼损伤。可能造成皮肤过敏反应,吸入可能导致过敏或哮喘病症状或呼吸困难。可能造成遗传性缺陷。可能致癌。怀疑对生育能力或胎儿造成伤害。长期吸入或反复接触会对鼻、肺、呼吸道造成损害。

5. 风险评估

本品对水生生物毒性极大并具有长期持续影响,其环境危害 GHS 分类为:危害水生环境—急性危害,类别 1;危害水生环境—长期危害,类别 1。

硝　酸　铬

1. 理化性质

CAS 号:13548-38-4	外观与性状:深紫色结晶
熔点(℃):60	沸点(℃):100(分解)
密度(g/cm^3):1.0	易燃性:不可燃
溶解性:溶于水、乙醇、丙酮;不溶于苯、氯仿、四氯化碳等	

2. 用途与接触机会

硝酸铬可用于制造含铬催化剂,玻璃、陶瓷釉彩,还可用作印染织物的媒染剂、缓蚀剂等。

3. 毒代动力学

铬化合物可经呼吸道、消化道和皮肤等途径吸收进入体内。

三价铬不易通过细胞膜,因此在体内不易被吸收。三价铬被吸收后,与血清转铁蛋白结合。

铬从体内清除较慢,体内的铬主要经尿液排出,少量经粪便、乳汁排出。

4. 毒性

硝酸铬为三价铬化合物,三价铬是人体和动物必需的微量元素,参与人体多种代谢活动且较难透过细胞膜,毒性较小。

4.1　急性毒作用

大鼠经口 LD_{50}:3 250 mg/kg;小鼠经口 LD_{50}:2 976 mg/kg。

4.2　慢性毒作用

兔腹腔内注射 TDL_0:84 mg/kg,间歇性喂养 6 w,造成血清成分改变(如总蛋白、胆红素、胆固醇)。

5. 生物监测

血铬、尿铬可作为生物监测指标反映机体接触铬的水平。

6. 人体健康危害

吞咽可能有害。硝酸铬对呼吸道、皮肤、眼睛有刺激作用,可致灼伤。

7. 风险评估

美国 NIOSH 规定:三价铬化合物的推荐接触限值 REL-TWA 为 0.5 mg/m^3;美国 ACGIH 规定:三价铬化合物的阈限值 TLV-TWA 为 0.5 mg/m^3;日本规定:三价铬化合物的职业接触限值 OEL-M 为 0.5 mg/m^3。

本品对水生生物有毒并具有长期持续影响,其环境危害 GHS 分类为:危害水生环境—急性危害,类别 2;危害水生环境—长期危害,类别 2。

氧　氯　化　铬

1. 理化性质

CAS 号:14977-61-8	外观与性状:深红色液体
熔点(℃):−96.5	沸点(℃):117
密度(g/cm^3):1.91 (25℃)	易燃性:不可燃
溶解性:遇水反应;溶于二硫化碳、四氯化碳、硝基苯等有机溶剂	

2. 用途与接触机会

氧氯化铬在有机合成中可用作氧化剂或氯化剂,还可用作铬酸酐、铬络合物、染料的溶剂等。

3. 毒性

健康危害 GHS 分类为：皮肤腐蚀/刺激，类别 1A；严重眼损伤/眼刺激，类别 1；皮肤致敏物，类别 1；生殖细胞致突变性，类别 1B；致癌性，类别 1A；特异性靶器官毒性——一次接触，类别 3(呼吸道刺激)。

3.1 致突变作用

可能改变遗传物质，体内试验表明有致突变效应。

3.2 致癌作用

IARC 将六价铬化合物分类为 1 类确定的人类致癌物。

3.3 过敏性反应

可能造成皮肤过敏反应。

4. 人体健康危害

造成严重皮肤灼伤和眼损伤，一次接触本品可能造成呼吸道刺激。可能造成皮肤过敏反应。可能造成遗传性缺陷。可能致癌。

5. 风险评估

美国 ACGIH 规定：水溶性六价铬化合物的阈限值 TLV－TWA 为 0.05 mg/m^3；日本规定：六价铬化合物的职业接触限值 OEL－M 为 0.05 mg/m^3，确认人类致癌的六价铬化合物的职业接触限值 OEL－M 为 0.01 mg/m^3。

本品对水生生物毒性极大并具有长期持续影响，其环境危害 GHS 分类为：危害水生环境—急性危害，类别 1；危害水生环境—长期危害，类别 1。

重铬酸铵

1. 理化性质

CAS 号：7789－09－5	外观与性状：橙色至红色结晶
熔点(℃)：180(分解)	密度(g/cm^3)：2.15 (25℃)
溶解性：易溶于水；溶于乙醇，不溶于丙酮	

2. 用途与接触机会

重铬酸铵可用作分析试剂、氧化剂、催化剂及媒染剂，可用于显像管生产、香料合成、照相制版，还可用于鞣革、烟花制造、纯氮生产等。

3. 毒性

健康危害 GHS 分类为：急性毒性—经口，类别 3；急性毒性—吸入，类别 2；皮肤腐蚀/刺激，类别 1B；严重眼损伤/眼刺激，类别 1；呼吸道致敏物，类别 1；皮肤致敏物，类别 1；生殖细胞致突变性，类别 1B；致癌性，类别 1A；生殖毒性，类别 1B；特异性靶器官毒性——一次接触，类别 3(呼吸道刺激)；特异性靶器官毒性—反复接触，类别 1。

3.1 急性毒作用

大鼠经口 LD_{50}；大鼠吸入 LC_{50}：1 800.7 mg/(m^3 · 4 h)。

3.2 慢性毒作用

大鼠吸入 TCL_0：1 mg/kg，2 h/d，间歇性吸入 28 w，造成气管或支气管结构或功能改变，急性肺水肿。

3.3 远期毒作用

(1) 致突变作用

可能改变遗传物质，体内试验表明有致突变效应。

(2) 致癌作用

IARC 将六价铬化合物分类为 1 类确定的人类致癌物。

(3) 发育毒性与致畸性

能引起生殖紊乱，婴儿可能出现先天性畸形和畸形的危险。

(4) 过敏性反应

可能造成皮肤过敏反应。吸入本品可能导致过敏或哮喘病症状或呼吸困难。

4. 人体健康危害

吞咽会中毒，皮肤接触有害，吸入致命。造成严重皮肤灼伤和严重眼损伤。可能造成皮肤过敏反应，吸入可能导致过敏或哮喘病症状或呼吸困难。可能造成遗传性缺陷。可能致癌。可能对生育能力或胎儿造成伤害。一次接触本品可能造成呼吸道刺激，长期或反复接触会对呼吸道和肺造成损害。

5. 风险评估

本品对水生生物毒性极大并具有长期持续影

响，其环境危害 GHS 分类为：危害水生环境—急性危害，类别 1；危害水生环境—长期危害，类别 1。

重 铬 酸 钡

1. 理化性质

CAS 号：10031－16－0	外观与性状：淡棕红色针状结晶
熔点(℃)：120 (−$2H_2O$)	易燃性：不可燃
溶解性：遇水分解；溶于酸	

2. 用途与接触机会

重铬酸钡可用于制造铬酸盐，还可用于陶瓷工业等。

3. 毒性

健康危害 GHS 分类为：皮肤致敏物，类别 1；致癌性，类别 1A。

IARC 将六价铬化合物分类为 A1 类确定的人类致癌物。可能造成皮肤过敏反应。

4. 人体健康危害

可能致癌，可能造成皮肤过敏反应。

5. 风险评估

本品对水生生物毒性极大并具有长期持续影响，其环境危害 GHS 分类为：危害水生环境—急性危害，类别 1；危害水生环境—长期危害，类别 1。

重 铬 酸 钾

1. 理化性质

CAS 号：7778－50－9	外观与性状：橙红色结晶
熔点(℃)：398	沸点(℃)：500(分解)
密度(g/cm^3)：2.676 (25℃)	易燃性：不可燃
溶解性：溶于水；不溶于乙醇	

2. 用途与接触机会

重铬酸钾可用于皮革、火柴、印染、化学、电镀等工业。

3. 毒性

健康危害 GHS 分类为：急性毒性—经口，类别 3；急性毒性—吸入，类别 2；皮肤腐蚀/刺激，类别 1B；严重眼损伤/眼刺激，类别 1；呼吸道致敏物，类别 1；皮肤致敏物，类别 1；生殖细胞致突变性，类别 1B；致癌性，类别 1A；生殖毒性，类别 1B；特异性靶器官毒性—一次接触，类别 3(呼吸道刺激)；特异性靶器官毒性—反复接触，类别 1。

3.1 急性毒作用

大鼠经口 LD_{50}：25 mg/kg；小鼠经口 LD_{50}：190 mg/kg；兔经皮 LD_{50}：14 mg/kg；大鼠吸入 LC_{50}：0.09～0.2 mg/(L・4 h)。

兔经眼 140 mg，造成严重眼刺激；人经皮 0.5%/48 h，造成皮肤刺激。

3.2 慢性毒作用

大鼠经口 TDL_0：28 mg/kg，间歇性喂养 4 w，造成心脏、脾脏重量降低，体重降低。

3.3 远期毒作用

(1) 致突变作用

可能改变遗传物质，体内试验表明有致突变效应。

(2) 致癌作用

IARC 将六价铬化合物分类为 1 类确定的人类致癌物。

(3) 发育毒性与致畸性

能引起生殖紊乱，婴儿可能出现先天性畸形和畸形的危险。大鼠经口 TDL_0：525 mg/kg(21d preg)，造成胚胎植入前和植入后死亡，造成骨骼肌肉系统畸形。

(4) 过敏性反应

可能造成皮肤过敏反应。吸入本品可能导致过敏或哮喘病症状或呼吸困难。

4. 人体健康危害

吞咽会致命，皮肤接触有害，吸入致命。造成严重皮肤灼伤和严重眼损伤。可能造成皮肤过敏反应。吸入可能导致过敏或哮喘病症状或呼吸困难。可能造成遗传性缺陷。可能致癌。可能对生育能力或胎儿造成伤害。一次接触本品可能造成呼吸道刺激，长期吸入或反复接触会对(心血管系统)器官造成损害。

5. 风险评估

本品对水生生物毒性极大并具有长期持续影响,其环境危害 GHS 分类为:危害水生环境—急性危害,类别 1;危害水生环境—长期危害,类别 1。

重 铬 酸 锂

1. 理化性质

CAS 号:10022-48-7	外观与性状:橙红色结晶,易潮解
熔点(℃):130(分解)	易燃性:不可燃
密度(g/cm^3):2.34	溶解性:溶于水

2. 用途与接触机会

重铬酸锂可用作制冷剂、减湿剂等。

3. 毒性

健康危害 GHS 分类为:皮肤致敏物,类别 1;致癌性,类别 1A。

IARC 将六价铬化合物分类为 1 类确定的人类致癌物。

4. 风险评估

本品对水生生物毒性极大并具有长期持续影响,其环境危害 GHS 分类为:危害水生环境—急性危害,类别 1;危害水生环境—长期危害,类别 1。

重 铬 酸 钠

1. 理化性质

CAS 号:7789-12-0	外观与性状:橙红色结晶,易潮解
熔点(℃):356.7	沸点(℃):400
密度(g/cm^3):2.35	易燃性:不可燃
溶解性:溶于水;不溶于乙醇	

2. 用途与接触机会

重铬酸钠可用于印染、制革、化学、医药、电镀等。

3. 毒性

健康危害 GHS 分类为:急性毒性—经口,类别 3;急性毒性—吸入,类别 2;皮肤腐蚀/刺激,类别 1B;严重眼损伤/眼刺激,类别 1;呼吸道致敏物,类别 1;皮肤致敏物,类别 1;生殖细胞致突变性,类别 1B;致癌性,类别 1A;生殖毒性,类别 1B;特异性靶器官毒性—反复接触,类别 1。

3.1 急性毒作用

大鼠经口 LD_{50}:50 mg/kg。

3.2 慢性毒作用

大鼠经口 TDL_0:602.7 mg/kg,持续性喂养 21 d,造成体重降低。大鼠经口 TDL_0:710.71 mg/kg,持续性喂养 13 w,造成小红细胞症伴随或不伴随贫血。

3.3 远期毒作用

(1) 致突变作用

可能改变遗传物质,体内试验表明有致突变效应。

(2) 致癌作用

IARC 将六价铬化合物分类为 1 类确定的人类致癌物。

(3) 发育毒性与致畸性

婴儿可能出现先天性畸形和畸形的危险,能引起生殖紊乱。

(4) 过敏性反应

可能造成皮肤过敏反应。吸入本品可能导致过敏或哮喘病症状或呼吸困难。

4. 人体健康危害

吞咽会致命,皮肤接触有害,吸入致命。造成严重皮肤灼伤和严重眼损伤。可能造成皮肤过敏反应。吸入可能导致过敏或哮喘病症状或呼吸困难。可能造成遗传性缺陷。可能致癌。可能对生育能力或胎儿造成伤害。一次接触本品可能造成呼吸道刺激,长期吸入或反复接触会对肺脏、呼吸道造成损害。

重 铬 酸 铯

1. 理化性质

CAS 号:13530-67-1	外观与性状:橙色结晶

（续表）

溶解性：溶于水	

2. 用途与接触机会

重铬酸铯可用作分析试剂，还可用于荧光屏、光电管的制造等。

3. 毒性

健康危害 GHS 分类为：皮肤致敏物，类别 1；致癌性，类别 1A。

4. 风险评估

本品对水生生物毒性极大并具有长期持续影响，其环境危害 GHS 分类为：危害水生环境—急性危害，类别 1；危害水生环境—长期危害，类别 1。

重 铬 酸 铜

1. 理化性质

CAS 号：7789-07-3	外观与性状：黑色结晶，易潮解
熔点(℃)：100(失去二结晶水)	密度(g/cm^3)：2.283
溶解性：易溶于水；遇热水分解；溶于氨水及醇	易燃性：不可燃

2. 毒性

健康危害 GHS 分类为：皮肤致敏物，类别 1；致癌性，类别 1A。

3. 风险评估

本品对水生生物毒性极大并具有长期持续影响，其环境危害 GHS 分类为：危害水生环境—急性危害，类别 1；危害水生环境—长期危害，类别 1。

重 铬 酸 锌

1. 理化性质

CAS 号：14018-95-2	外观与性状：橙黄色粉末或微红棕色结晶，易潮解
溶解性：易溶于冷水；热水中分解；溶于酸；不溶于乙醇、乙醚	易燃性：不可燃

2. 用途与接触机会

重铬酸锌可用作颜料等。

3. 毒性

健康危害 GHS 分类为：皮肤致敏物，类别 1；致癌性，类别 1A。

4. 风险评估

本品对水生生物毒性极大并具有长期持续影响，其环境危害 GHS 分类为：危害水生环境—急性危害，类别 1；危害水生环境—长期危害，类别 1。

重 铬 酸 银

1. 理化性质

CAS 号：7784-02-3	外观与性状：暗红色结晶
密度：4.77 g/cm^3	易燃性：不可燃
溶解性：微溶于水；热水中分解；溶于硝酸、氨水和氰化钾溶液	

2. 用途与接触机会

重铬酸银可用作分析试剂、氧化剂等。

3. 毒性

健康危害 GHS 分类为：皮肤致敏物，类别 1；致癌性，类别 1A。

4. 风险评估

本品对水生生物毒性极大并具有长期持续影响，其环境危害 GHS 分类为：危害水生环境—急性危害，类别 1；危害水生环境—长期危害，类别 1。

其他铬化合物

氟化铬，CAS 号为 7788-97-8，健康危害 GHS

分类为：皮肤腐蚀/刺激，类别 1；严重眼损伤/眼刺激，类别 1。

铬硫酸，健康危害 GHS 分类为：皮肤腐蚀/刺激，类别 1；严重眼损伤/眼刺激，类别 1。本品对水生生物毒性极大并具有长期持续影响，其环境危害 GHS 分类为：危害水生环境—急性危害，类别 1；危害水生环境—长期危害，类别 1。

重铬酸铝，健康危害 GHS 分类为：皮肤致敏物，类别 1；致癌性，类别 1A。本品对水生生物毒性极大并具有长期持续影响，其环境危害 GHS 分类为：危害水生环境—急性危害，类别 1；危害水生环境—长期危害，类别 1。

锰及其化合物

锰

1. 理化性质

CAS 号：7439－96－5	外观与性状：灰白色，硬脆，有光泽
熔点(℃)：1 244	n－辛醇/水分配系数：2.13
燃烧热(kJ/mol)：609.7	燃烧热(kJ/mol)：609.7
饱和蒸气压(kPa)：0.13(1 292℃)	相对密度(水＝1)：7.43
密度(g/cm^3)：7.2(20℃)	溶解性：易溶于酸

2. 用途与接触机会

2.1 生活环境

锰广泛存在于自然界中，土壤中含锰 0.25%，茶叶、小麦及硬壳果实含锰较多。接触锰的作业有碎石、采矿、电焊、生产干电池、染料工业等。日常生活环境中锰的来源有三方面：一是锰合金的使用，二是汽油抗爆剂(甲基环戊二烯三羰基锰，MMT)燃烧后排放进入环境空气中形成的锰烟和农药代森锰的使用，三是锰矿的开采、锰合金的冶炼、电焊时的大量含锰烟尘，造成环境中的锰含量增高，增加普通人群的接触机会。

2.2 生产环境

锰在工业上主要用于制锰铁、锰钢和锰合金。在锰矿石的采掘、加工和运输过程中工人接触锰尘。锰化合物用于制造干电池、焊料、氧化剂和催化剂等。用锰焊条电焊时，可发生锰烟尘及其他气体和烟尘。

3. 毒代动力学

3.1 吸收、摄入与贮存

锰主要从食物、空气和水中摄入，锰主要吸收部位在十二指肠。此外，锰还可以通过诸如钙和铁转运体等高亲和力的金属转运体转运。吸收后，锰主要分布在富含线粒体的组织中，如心脏、肝脏、肾脏、胰腺等组织中。

3.2 转运与分布

经小肠上皮细胞的膜铁转运蛋白(FPN1)到血浆的锰大部分同血液中的转铁蛋白(Tf)结合进入肝脏，并迅速被肝脏截留。另外，在血液中的部分锰可以同β-球蛋白结合成特殊的复合物而被转运，因此β-球蛋白与锰的复合物被称为转锰素，一小部分的锰可以直接进入到红细胞中参与锰卟啉的形成，以不溶性磷酸盐的形式存储于含线粒体丰富的组织中，锰被转运入肝脏后，锰可以被溶酶体摄取然后由溶酶体再转运到胆小管内，通过胆汁的排泄来维持平衡，部分锰也能被线粒体所吸收，部分锰参与蛋白质的形成，还有的锰可以以游离 Mn^{2+} 形式被储存或者进入细胞核发挥作用等。

3.3 排泄

人体内，有分泌性 Ca^{2+}－ATP 酶(SPCA)1 和 Ca^{2+}－ATP 酶(SPCA)2 两种形式，相比于 SPCA2，SPCA1 对锰具有高度的亲和性，介导细胞质和细胞器之间 Mn^{2+} 水平的调控，SPCA1 的突变造成 Mn^{2+} 稳态的失衡，导致人的 Hailey 病，SPCA2 只在大脑中表达，且只能将包浆中的锰离子转运到高尔基体或内质网中，调控中枢神经系统中锰排泄。在正常生理条件下，胆汁分泌是锰排泄的主要途径。无论摄入锰的水平高低，机体都会通过吸收和排泄来调节机体锰含量的相对平衡。在肝脏从血液中摄取锰，通过胆汁分泌进入肠道，其中只有很少量的锰经肝肠循环而被重吸收，大部分排出体外。幼龄动物由于分泌胆汁的功能还没有发育完全，摄入的锰将转运到脑和其他组织。在大鼠和小鼠在初生阶段，几乎没有锰从胆汁分泌。此外，锰还可以通过胰液进行排泄。当肝胆途径受阻，或机体锰负荷过多时，胰腺排锰增加。锰也可通过脱落的十二指肠和空肠肠道细胞来排泄，而回肠末端较差，尿中也可排出少量的锰，这些可看作是锰排泄的辅助途径。

4. 毒性与中毒机理

金属锰粉[含水≥25%]健康危害 GHS 分类为：严重眼损伤/眼刺激，类别 2B；生殖毒性，类别 1B；特异性靶器官毒性—一次接触，类别 1；特异性靶器官毒性—反复接触，类别 1。

4.1 急性毒作用

大鼠经口 LD_{50} 为 9 000 mg/kg。大鼠经口 $MnCl_2$ 的 LD_{50} 为 250～275 mg/kg；小鼠经口 $MnCl_2$ 的 LD_{50} 为：1 715 mg/kg；兔静脉注射 $MnCl_2$ 的 LD_{50} 为：18 mg/kg；狗静脉注射 $MnCl_2$ 的 LD_{50} 为：56 mg/kg；小鼠经口对甲基环戊二烯三羰基锰（MMT）的 LD_{50} 为：251.9 mg/kg(232.6～280.5)。

锰急性中毒常见于口服浓于 1%的溶液，引起口腔黏膜糜烂，恶心，呕吐，胃部疼痛，3%～5%溶液发生胃肠道黏膜坏死，引起腹痛，便血，甚至休克；5～19 g 锰可致命。

4.2 慢性毒作用

慢性锰中毒可致不可逆的椎体外系损伤，对锰神经毒性的早期检测是预防慢性锰中毒的重要手段。早期主要表现为精神紧张、心悸、多汗等自主神经功能障碍，病情继续发展后，可出现恒定锥体外系神经障碍，出现舌震颤、眼睑震颤、肢体震颤、肌张力增强，还可出现指鼻试验阳性、膝反射及跟腱反射亢进、闭目难立征阳性等，重度中毒患者还可伴随精神症状和锥体束征。脑 MRI 可见 T_1 WI 低信号，T_2 WI 高信号。

4.3 远期毒作用

(1) 致突变作用

氯化锰具有诱导 V79 哺乳细胞，CHO - K1 - BH4 细胞核 L5178Y 细胞正向突变的能力，对埃希氏大肠杆菌也有突变作用。对动物无致突变作用。

(2) 致癌作用

未见有关锰接触后可产生肿瘤的报道，美国 EPA 把锰划分为 D 类致癌物，即未分类的人类致癌物。

(3) 发育毒性与致畸性

有实验通过静脉注射昆明小鼠，发现睾丸锰含量随染锰剂量增加而增加。随着染锰剂量的增加和时间的延长，精子畸形率逐渐升高。此外，染锰雄性小鼠交配率和雌性小鼠受孕率也明显降低。锰也可引起睾丸酮降低。

(4) 过敏性反应

锰及其相关化合物不但有一般毒性作用，而且小剂量作用可使机体过敏。锰可导致锰矿工人患支气管性哮喘，也可引起“假变态反应”。动物在锰化合物中毒时嗜酸性细胞增多。

(5) 内分泌干扰作用

催奶素(Prolactin, PRL)是垂体前叶分泌的蛋白激素，可促进乳腺发育生长并维持泌乳。锰可刺激多巴胺(Dopamine, DA)能神经元的 DA 自氧化，间接地调节 PRL 分泌，导致循环中 PRL 分泌增高。对电焊工血清皮质醇进行检测，发现皮质醇的下降与工人工龄呈负相关，推测锰可对人肾上腺皮质产生损害。氯化锰对生殖系统也可造成损害，可体现在睾丸酮的降低，锰还会导致 TST 下降，LH 和 FSH 升高。

4.4 中毒机理

锰中毒的发病机理至今尚未完全阐明，但与神经细胞变性、神经纤维脱髓鞘以及多巴胺合成减少、乙酰胆碱递质系统兴奋作用相对增强等导致精神—神经症状和出现震颤麻痹综合征有关。

5. 生物监测

5.1 接触标志

(1) MRI。MRI 可以作为职业工人长期吸入高浓度锰而引起锰中毒的脑部锰蓄积影像证据。锰中毒患者 MRI 异常，包括纹状体(尾状核和豆状核)、苍白球和黑质 T_1 WI 有异常的信号增强。大脑中的锰累积可以增加 T1 加权超强 MRI 信号。通过将苍白球中观察到的信号除以在额皮质中白质中观察到的信号再乘以 100，可以计算苍白指数(PI)以量化锰水平。PI 已经被证明是锰暴露的可靠生物标记。

(2) 尿高香草酸(HVA)。尿中 HVA 的浓度随着个体锰接触剂量的增加而减少，但是对锰接触者进行神经系统检查，却未发现异常，因此可以将尿 HVA 作为锰接触的接触标志。

（3）唾液。唾液中锰含量与接触者接触剂量和接触时间呈正相关，唾液锰可作为接触标志。

（4）毛发。毛发锰具有优于血液和尿液的优点，由于其生长速度缓慢，受锰暴露水平的短期变异性的影响较小。头发中的锰含量与工作环境中的锰含量成正相关。发锰可作为接触标志。

（5）尿锰。锰矿企业职工尿液中锰含量超标，与他们工作环境中锰尘与锰烟浓度有关，也与工作年限有关，尿锰可作为接触标志。

5.2 效应标志

（1）血液。通过对锰冶炼工厂职业接触人群的观察研究发现，血浆和红细胞中的锰浓度随着铁浓度的降低而增加。锰浓度反映了环境暴露，铁浓度反映了对锰暴露的生物响应，可通过锰浓度除以铁浓度（即 MnC/FeC）来综合两个参数的比值来增大组间差异，从而提高灵敏度。因为血浆锰/铁比值（pMIR）和红细胞锰/铁比值（eMIR）与空气中锰浓度有显着的相关性，该指标可作为锰暴露评估的生物标志。但 eMIR 与暴露结果之间的相关性更好。

（2）骨骼。骨骼系统中锰的半衰期较长（约 8～9 年），因此骨锰浓度是评估机体锰负荷的理想指标。最近的研究表明：非损伤性的中子活化的分析（NAA）技术，可实时定量骨中锰浓度。

（3）二价金属离子转运体 DMT1。DMT1（运输阳离子如 Mn^{2+}、Co^{2+}、Cd^{2+}、Cu^{2+}、Ni^{2+}、Pb^{2+} 和 Fe^{2+} 等）维持大脑细胞外液动态平衡，使大脑达到最佳最佳脑功能，Mn^{2+} 可通过 DMT1 转运，DMT1 可作为锰的效应标志。

5.3 易感性标志

反映先天或后天获得的对接触锰反应能力的指标。

（1）谷氨酰胺合成酶（GS）。谷氨酰胺合成酶是一种锰蛋白的辅助因子，GS 活性下降会使谷氨酸转运增加，造成兴奋性中毒。GS 可作为锰接触易感性标志。

（2）活性氧（ROS）。锰进入脑后，锰优先累积在细胞线粒体中，其破坏氧化磷酸化并增加 ROS 的产生，过量生产 ROS 造成线粒体损伤。ROS 可作为锰接触易感性标志。

6. 人体健康危害

6.1 急性中毒

锰中毒常见于口服浓于 1% 的高锰酸钾溶液，引起口腔黏膜糜烂，恶心，呕吐，胃部疼痛，3%～5% 溶液发生胃肠道黏膜坏死，引起腹痛，便血，甚至休克；5～19 g 高锰酸钾可致命。

轻度中毒：患者感到头晕、头痛、眩晕、欣快感、神志恍惚、舌头发麻、四肢乏力、步伐不稳、轻度意识模糊，有时可有嗜睡、手足麻木、表情淡漠、视力模糊，也可出现消化系统症状如恶心、呕吐等。亦可有轻度黏膜刺激症状如流泪、结膜充血、咽痛或咳嗽等。轻度中毒患者，一般经脱离现场，及时对症处理，在短期内即可逐渐好转，无后遗症。

重度中毒：患者神志模糊加重，除有以上神经系统等症状如严重头痛、复视、神志模糊等外，还可出现震颤、谵妄、昏迷、强直性抽搐、失明等症状，严重者导致呼吸、心跳停止，极严重者可因呼吸中枢麻痹而死亡。

6.2 慢性中毒

严重的职业性锰中毒已少有发生。慢性锰中毒是进行性的、严重的锰中毒是不可逆的病变。它的毒性主要表现在以下方面：

神经系统：锰可以通过血脑屏障，并蓄积在脑内。慢性锰中毒可致不可逆的椎体外系损伤，对锰神经毒性的早期检测是预防慢性锰中毒的重要措施。长期接触低浓度锰可造成周围神经的损害，导致周围神经传导速度 NCV 减慢。此外，过量锰还会导致脑内中脑脑段的单胺类神经递质多巴胺（DA），去甲基肾上腺素（NE），和 5-羟色胺（5-TH）含量水平明显下降，中脑相关核区络氨酸羟化酶免疫阳性神经元反应强度显著减弱。锰还可以引起多巴胺的自氧化，并可选择性地引起黑质纹状体多巴胺能神经元变性。

生殖系统：锰可损伤血睾屏障，接触锰的男工，其妻子的自然流产率和死胎率增高，并随着她们丈夫接触锰的时间增长而升高。电焊工精液质量明显下降，主要表现为：精液液化时间延长、量少，精子密度降低，少精症者增多，精子活力降低，精子活率降低和畸形率增高。人群调查发现锰接触工人生殖功能减低。

免疫系统：锰在一定剂量下可以刺激免疫器官的细胞增殖，从而增强细胞的免疫功能。锰会导致天然杀伤细胞(NKC)减少，IgG、IgM、IgA 含量显著增高。

7. 风险评估

我国 1988 年生产车间空气中锰及其化合物的 MAC 标准为 0.2 mg/m^3，2002 和 2007 版《工作场所有害因素职业接触限值》皆规定我国职业接触锰限值 PC－TWA 为 0.15 mg/m^3。

我国生活饮用水水质标准规定 Mn^{2+} 不得超过 0.1 mg/L。

代　森　锰

1. 理化性质

CAS 号：12427－38－2	外观与性状：淡黄色晶体，能潮解
熔点/凝固点(℃)：131	易燃性：空气中易自燃
密度(g/cm^3)：1.92(25℃)	溶解性：微溶于水；不溶于大多数有机溶剂
相对密度(水=1)：1.92	

2. 用途与接触机会

代森锰是一种广谱的保护性杀菌剂，用于消灭多种蔬菜、果树病害。

3. 毒性与中毒机理

健康危害 GHS 分类为：严重眼损伤/眼刺激，类别 2；皮肤致敏物，类别 1；生殖毒性，类别 2。

3.1　急性毒作用

大鼠经口 LD_{50} 为 3 000 mg/kg，兔经口 LD_{50} > 10 000 mg/kg。

皮肤刺激或腐蚀：对兔皮肤和黏膜有刺激作用。

3.2　慢性毒作用

慢性中毒动物食欲不振、体重下降、双后肢麻痹等。

对性腺和胚胎有致毒作用，可破坏温血动物和人类的生殖功能。

3.3　中毒机理

代森锰在体内代谢时能生成对神经系统有毒的二硫化碳产物。代森锰还能分解出毒性更高的异硫代氰酸酯，它与蛋白质中巯基或氨基发生反应产生毒性，干扰组织细胞的氧化还原系统和正常的新陈代谢。

4. 人体健康危害

4.1　急性中毒

中毒症状经消化道吸收引起中毒，有恶心、呕吐、腹疼、腹泻等症状，剂量大时神经系统会出现头痛、头晕、乏力等症状。严重时心率加快，呼吸加快，血压下降，抽搐，循环衰竭，甚至出现呼吸中枢麻痹而死亡。饮酒会加重上述症状。经呼吸道可引起咽炎、慢性鼻炎。皮肤接触可发生皮肤炎，出现水疱、丘疹、糜烂。眼接触可引起结膜炎。

4.2　慢性中毒

长期接触本类化合物，对皮肤有致敏作用，可发生接触性皮炎。皮肤外露部位有瘙痒、潮红、斑丘疹，甚至发生水泡或糜烂。且常有眼和上呼吸道刺激症状和慢性炎症，有时伴有食欲减退等胃肠道症状。

5. 风险评估

本品对水生生物有毒并具有长期持续影响，其环境危害 GHS 分类为：危害水生环境—急性危害，类别 2；危害水生环境—长期危害，类别 2。

高　锰　酸　钠

1. 理化性质

CAS 号：10101－50－5	外观与性状：紫色至红紫色结晶或粉末，易潮解
pH 值：6～7	溶解性：溶于水、乙醇、乙醚、液氨
熔点(℃)：170	密度(g/cm^3)：1.972(25℃)
沸点(℃)：100	相对密度(水=1)：2.47

2. 用途与接触机会

用作氧化剂、防腐剂、除臭剂、杀菌剂、消毒剂及吗啡和磷的解毒剂等。可作高锰酸钾的代用品，用于甲苯法糖精生产中的氧化剂，还用于邻甲苯磺酰胺的精制和含酚废水处理等。也可用于电路板金属表面清洗、电镀除脂、化学纤维的整理、硫化氢等气味的去除,以及作金属清洗剂等。

3. 毒代动力学

吸入、食入、经皮吸收。经消化道,既可主动吸收,亦可经简单扩散作用吸收。

4. 毒性与中毒机理

健康危害GHS分类为:皮肤腐蚀/刺激,类别1B;严重眼损伤/眼刺激,类别1。

4.1 急性毒作用

大鼠经口 LD_{50} 为1 090 mg/kg。本品有强烈刺激性。高浓度接触严重损害黏膜、上呼吸道、眼睛和皮肤。接触后引烧灼感、咳嗽、喘息、气短、喉炎、头痛、恶心和呕吐等。

4.2 慢性毒作用

豆状核的苍白球、尾状核和丘脑出现胶样变性;大脑也有类似变化,甚至损及脊髓和周围神经。

5. 生物监测

尿液中高锰酸钠含量可增高,但受测定时间及饮食中含高锰酸钠量等因素干扰。血液中高锰酸钠或其代谢产物含量增高可作为吸收指标,但与中毒程度不一致,且其半衰期短,故需在停止接触后短时间内采血。

6. 人体健康危害

6.1 急性中毒

口服中毒的症状因剂量大小和浓度而异。若误食其1%溶液,患者有口、咽部烧灼感,流涎、恶心、呕吐、腹痛、腹泻等,口腔黏膜及牙齿呈棕黑色。误饮大量5%以上的溶液或吞食其结晶后,则有强腐蚀作用,口腔、唇、舌、咽喉部及食道水肿,导致说话、吞咽及呼吸困难,甚至引起窒息;亦可发生消化道出血、坏死,出现剧烈腹痛,血性腹泻,甚至消化道穿孔和腹膜炎的症状。锰吸收后可引起感觉异常,定向力丧失,震颤麻痹,脉弱而快,血压下降,甚至发生精神错乱和循环衰竭。有肾脏损害时,可出现蛋白尿和血尿。

6.2 慢性中毒

高锰酸钠慢性中毒可引起以神经系统改变为主的疾病。早期表现为神经衰弱综合征和植物神经功能紊乱。中毒较明显时,出现锥体外系损害,并可伴有精神症状。严重时可表现为帕金森氏综合征和中毒性精神病。慢性中毒还可引起脑炎或肺炎。

7. 风险评估

本品对水生生物毒性极大并具有长期持续影响,其环境危害GHS分类为:危害水生环境—急性危害,类别1;危害水生环境—长期危害,类别1。

高 锰 酸 锌

1. 理化性质

CAS号:23414-72-4	外观与性状:紫红色固体黑色晶体
熔点(℃):90～105(分解)	溶解性:溶于水
相对密度(水=1) 2.47	

2. 用途与接触机会

又名过锰酸锌,日常生活环境中高锰酸锌的来源主要是含锌废物,如有色金属冶炼、含锌电池制造、金属塑料电镀等。

高锰酸锌由以碳酸锌及硝酸锌与二氧化锰混合煅烧而得,粉尘存在于生产环境空气中。

3. 人体健康危害

高锰酸锌中毒常见吸入、摄入、皮肤接触及眼睛接触锰烟。有实验表明,百草枯/代森锰联合腹腔注射能够诱导小鼠产生帕金森(PD)样行为学改变和黑质致密部多巴胺能神经元渐进性缺失,模拟了人类PD不可逆的地渐进的发病过程。

铁及其化合物

铁

1. 理化性质

CAS号:7439-89-6(铁)	外观与性状:具有金属光泽的黑灰色固体

（续表）

熔点(℃)：1 535	沸点(℃)：2 861
密度(g/cm^3)：7.86	溶解性：不溶于水、碱液、酒精和醚；溶于酸液

2. 用途与接触机会

纯铁用于制造电动机和发电机的铁芯，还原铁粉用于粉末冶金，钢铁用于制造机器和工具。常见的铁化合物有氧化铁(Fe_2O_3)、硫化铁(Fe_2S_3)、三氯化铁($FeCl_3$)。

3. 毒代动力学

口服铁主要经十二指肠吸收，胃和小肠也可吸收少量。Fe^{2+}较Fe^{3+}易于吸收。胃酸和胆汁都具有促进铁吸收的作用，但磷酸、钴、铜、锌等微量金属则可减少铁的吸收。胃肠吸收的铁和注射的铁进入血液后可被氧化为高价铁，并与血浆中的β-球蛋白结合成转铁蛋白，运送到身体各个部分。约60%～80%进入血液循环的铁于24～48 h内存积于骨髓，10 d后约70%的铁合成血红蛋白见于红细胞中，约10%合成肌红蛋白存在于肌肉，以及以铁卟啉蛋白的形式存在于细胞色素氧化体系的酶中，其余20%存在于肝、脾、骨髓等网状内皮系统。动物(大鼠、家兔)气管注入氧化铁后，一周内可见肺和肺门淋巴结内有多量铁末沉着，在肝、脾、骨髓等处也可发现有多量含铁血黄素的沉着。兔和狗吸入Fe_2O_3粉尘，肺间质内可见散在的铁末沉着，5个月后产生局灶性肺泡壁增厚、肺不张和肺气肿。

铁的主要排泄器官是肾，由肾小管细胞中的铁蛋白控制铁的排泄。正常成人24 h尿铁排出量为0.5～1.5 mg。另外铁也可经粪便、汗腺和毛发排泄。汗腺和毛发脱落排出的量约为0.5～1.0 mg/d。粪便中铁的含量随食物种类，以及体内经胆汁和肠黏膜排泄的铁的变化而差异较大。另外，出血是铁流失的一个重要途径，每毫升血液中约含铁0.5 mg。正常女性每次月经若出血40 ml，可流失铁20 mg。

4. 毒性与中毒机理

铁是人体必需的微量元素之一。纯铁无毒性，铁的化合物属低毒或无毒。口服铁的化合物毒性很小。二价铁的毒性高于三价铁。铁大鼠经口LD_{50}：30 g/kg。

静脉注射铁的化合物，毒性较高。家兔静脉注射$FeCl_3$的致死量为7.2 mg/kg，硫酸亚铁为99 mg/kg。铁的急性毒性作用是通过释放铁蛋白入血液循环而产生血管性休克。致死的原因之一是加速血液凝固和形成广泛的血栓。

动物实验证明，经静脉或腹腔注射的铁可蓄积于吞噬细胞的溶酶体内。反复长期注射铁则可引起体内各器官的色素沉积。含铁血黄素主要沉积于肝、脾及网状内皮系统。血棕色素主要沉积于结缔组织，黑色素沉积于皮肤和黏膜。

大鼠气管注入铁矿石粉尘或氧化铁粉尘，肺除有铁沉着灶外，还可出现轻度间质纤维化。含20% SiO_2和80%Fe_2O_3的矿尘，注入大鼠气管可产生典型的矽性胶原结节，但形成的速度较慢，一般约需3～5个月。

5. 人体健康危害

5.1 急性损害

电焊，特别是在通风不良条件下(船舱、贮罐、反应釜内等)进行操作，吸入含有高浓度氧化铁的烟雾后，可以产生类似“金属烟热”的发热反应。潜伏期为4～8 h。病起感全身无力、咽部发干、疼痛，伴咳嗽、气促、胸闷及四肢肌肉酸痛，继而有寒战和发热，体温可升至39℃，持续数小时后开始出汗降温，病程通常持续1～2天左右。预后良好，无后遗症。

口服大量铁盐(如硫酸亚铁和枸橼酸铁铵)可发生急性中毒。顿服硫酸亚铁的中毒量成人为6～12 g，致死量为30～50 g。小儿中毒量约2～4 g，致死量为5～10 g。急性口服中毒主要表现为急性胃炎或胃肠炎，出现剧烈的腹痛和呕吐，呕吐物呈咖啡色，可伴有腹泻，排出血性和柏油样便。可伴有轻度黄疸，皮肤紫斑。尿中有蛋白和管型，偶见血尿。可因休克、昏迷而危及生命。

$FeCl_3$或五氯化铁($FeCl_5$)对黏膜和皮肤均有刺激和腐蚀作用，溅入眼内可产生结膜炎，严重时产生角膜混浊。皮肤伤口沾染后引起剧痛，产生糜烂、坏死。

5.2 慢性损害

长期从事手工电焊作业的工人可罹患电焊工尘肺，发病工龄多在10年以上，特点是自觉症状轻微，肺通气功能多属正常，血清铁含量可增高，X线胸片可见肺野内有散在的细小结节阴影，直径为0.1～

0.2 mm,无融合和团块形成,肺纹理增重呈网状。肺门可增大。并发肺结核罕见。本病呈良性经过,发展缓慢,脱离接触后肺内改变可停止发展,甚或有所好转。目前认为电焊工尘肺是吸入以铁为主的,混有锰、铬、硅、硅酸盐等粉尘所引起的一种混合性尘肺。

铁矿井下工人长期吸入岩石粉尘和铁矿尘也可患尘肺,多见为矽肺和铁矽肺,单纯的肺部铁末沉着症很少见。

有报道铁矿工人和钢铁冶炼工人的肺癌发病率较高,但近年来美国明尼苏达铁矿工人及芬兰对由FeS_2生产硫酸工厂的工人进行的长期系统观察,此点并未证实。目前的看法是氧化铁并不是单独的致癌因子,而当生产环境有其他致癌物质存在时,氧化铁可起到协同作用。

6. 风险评估

美国 ACGIH 规定氧化铁(Fe_2O_3)的推荐接触限值 TLV - TWA 为 5 mg/m^3(8 h);可溶性铁盐(Iron salts,soluble)的推荐接触限值 TLV - TWA 为 TWA 1 mg/m^3(8 h)。

五 羰 基 铁

1. 理化性质

CAS 号:13463 - 40 - 6	外观与性状:透明无色或淡黄色液体,遇光分解
闪点(℃):−15(闭杯)	沸点(℃):103
熔点(℃):−20.5	易燃性:易燃
爆炸上限%(V/V):12.5	爆炸下限%(V/V):3.7
相对密度(水=1):1.46 g(21/4℃)	相对蒸气密度(空气=1):6.74
溶解性:不溶于水;可溶于有机溶剂和矿物油中	

2. 用途与接触机会

用作汽油抗爆剂、含铁染料和制碳素钢。也可作为制备纯铁的中间产物。

3. 毒性

五羰基铁,为 2015 版《危险化学品目录》中所列剧毒品。其健康危害 GHS 分类为:急性毒性—经口,类别 2;急性毒性—经皮,类别 2;急性毒性—吸入,类别 1;特异性靶器官毒性——次接触,类别 1;特异性靶器官毒性—反复接触,类别 2。可经呼吸道、消化道和无损皮肤吸收。

大鼠经口 LD_{50}:25 mg/kg;大鼠吸入 LC_{50}:80 mg/(m^3 · 4 h);小鼠经口 LD_{50}:62 mg/kg;兔经皮 LD_{50}:56 mg/kg。

兔经口 LD_{50}(10%煤油溶液)为 0.012 ml/kg,兔经皮 LD_{50} 为 0.24 ml/kg;豚鼠经口 LD_{50}(10%煤油溶液)为 0.022 ml/kg;吸入本品蒸气 30 minLC_{50},小鼠 2 190 mg/m^3,大鼠 910 mg/m^3。

大鼠吸入浓度 265 mg/m^3(用石油醚溶解)5.5 h 出现嗜睡,呼吸困难,碳氧血红蛋白 40 g/L,8 只中有 3 只于第 2 天死亡,尸检见肺水肿和充血;吸入 120 mg/m^3 5.5 h,2 次,出现嗜睡,呼吸困难,碳氧血红蛋白 2~4 g/L,8 只中 4 只在 3~4 d 后死亡,尸检肺水肿和充血;吸入 56 mg/m^3,5.5 h,18 次,无中毒征象,解剖内脏正常。动物致死原因主要为急性肺水肿引起呼吸衰竭、发绀,并出现震颤、肢体麻痹等神经系症状,尸检见肺实变及中枢神经系组织学改变。

人接触后,可引起眩晕、头痛、呼吸困难和呕吐。离开现场,吸入新鲜空气即可缓解,但 12~36 h 后,又可出现呼吸困难、发绀和咳嗽。严重者可引起肺水肿。

4. 人体健康危害

4.1 呼吸系统症状

急性中毒临床特点为早期产生刺激症状,有一段时间的潜伏期,可产生化学性肺炎和中毒性肺水肿。

(1) 轻度中毒:表现为头昏、头痛、乏力、视物模糊,恶心、食欲不振及咽干、胸闷、胸痛症状,并可有眼结膜及咽轻度充血,无其他体征,胸部 X 线检查可正常或两肺肺纹增强。

(2) 中度中毒:上述症状经 8~72 h 突然加剧,伴咳嗽、咳痰、呼吸增快、畏寒、发热(不超过 39℃)、意识模糊、嗜睡或兴奋多语,体检胸部可闻及呼吸音粗糙,干性啰音、心动过速、有时心律不齐。胸部 X 线示两肺肺纹增加,边缘模糊或肺野透亮度降低或有散在斑片状阴影,外周血白细胞总数增高。

(3) 重度中毒:上述中毒症状进一步加重,出现高热、抽搐、昏迷、明显发绀和呼吸困难、血性泡沫痰。体检呈端坐呼吸，肺部广泛干、湿啰音、心动过速、可伴有心律不齐，甚或出现奔马律。肝可增大。胸部X线示肺门阴影模糊增大，肺野模糊，出现细网状和条索状阴影或广泛点片状弥漫性浸润阴影，可融合成大片状，心电图可有心律不齐和心肌损害表现，外周血白细胞总数明显升高，核左移。

4.2 神经系统症状

中枢神经系统可有退行变性改变。

4.3 肝肾损害

可引起肝脏和肾脏的损害。

4.4 其他

本品因挥发性较低，比羰基镍的危险性稍低。过量接触后4～11 d，可因肺水肿，肝损害，血管损伤和中枢神经系统变性而死亡。本品未证实对人有致癌作用。

5. 风险评估

我国职业接触限值规定：五羰基铁(按Fe计)的PC-TWA为0.25 mg/m^3，PC-STEL为0.5 mg/m^3。

美国ACGIH规定：五羰基铁(按Fe计)TLV-TWA为0.8 mg/m^3(8 h)，TLV-STEL为1.6 mg/m^3(15 min)；美国NIOSH规定：五羰基铁(以Fe计)的REL-TWA为0.23 mg/m^3(10 h)，REL-STEL为0.45 mg/m^3(15 min)。

其他铁化合物

硒化铁，CAS号为1310-32-3，其GHS危险性分类为：急性毒性—经口，类别3；急性毒性—吸入，类别3；特异性靶器官毒性—反复接触，类别2；危害水生环境—急性危害，类别1；危害水生环境—长期危害，类别1。

亚砷酸铁，CAS号为63989-69-5，其GHS危险性分类为：急性毒性—经口，类别3；急性毒性—吸入，类别3；致癌性，类别1A；危害水生环境—急性危害，类别1；危害水生环境—长期危害，类别1。

三氯化铁，CAS号为7705-08-0，其GHS危险性分类为：皮肤腐蚀/刺激，类别1；严重眼损伤/眼刺激，类别1；特异性靶器官毒性——次接触，类别2；特异性靶器官毒性——次接触，类别3(呼吸道刺激)。

砷酸铁，CAS号为10102-49-5，其GHS危险性分类为：急性毒性—经口，类别3；急性毒性—吸入，类别3；严重眼损伤/眼刺激，类别2；致癌性，类别1A；生殖毒性，类别2；特异性靶器官毒性——次接触，类别1；特异性靶器官毒性—反复接触，类别1；危害水生环境—急性危害，类别1；危害水生环境—长期危害，类别1。

砷酸亚铁，CAS号为10102-50-8，其GHS危险性分类为：急性毒性—经口，类别3；急性毒性—吸入，类别3；致癌性，类别1A；危害水生环境—急性危害，类别1；危害水生环境—长期危害，类别1。

钴及其化合物

钴

1. 理化性质

CAS号：7440-48-4	外观与性状：浅灰色硬磁性金属
熔点(℃)：1 495	沸点(℃)：2 927
密度(g/cm^3)：8.9(20℃)	易燃性：钴成细粉时可以自燃，成为氧化钴

2. 用途与接触机会

钴可制造耐高温、耐酸的永久磁性合金和高强度、耐磨的硬合金，用于金属切削高速钢、采矿工具、牙科钻、轴承、焊条和金属的保护层等。钴及其化合物可作为一些化学合成的催化剂，如脂肪和油类氢化的催化剂；亦用于油漆、颜料、墨水、色素、搪瓷、陶瓷、釉、玻璃、电极板等制造。生产条件下主要通过呼吸道进入人体，亦可通过胃肠道吸收。

3. 毒代动力学

钴是人和动物的必需微量元素，是维生素B_{12}和一些酶的重要成分。如脑组织的甘氨酰替甘氨酸二肽酶需要二价钴活化。钴在正常动物和人的组织中广泛分布。

仓鼠研究表明，吸入Co的1/3可经呼吸道吸收。兔吸入高浓度的钴尘，血清钴含量可达0.044 mmol/L。吸入0.8 mg钴后24 h，23%在动物尸体中发现，3%

在肺，0.5%在肝和肾；63%在胃肠道内发现。对5名意外吸入钴-60金属和氧化钴尘男患者的观察表明，钴-60从肺部清除极慢，估计其生物半衰期达5～17年。

钴及其盐类经肠胃道吸收程度一方面取决于剂量，小剂量几乎完全吸收，较大剂量吸收较少；另一方面也受其他因素影响，例如饭后给人以钴-60时，吸收可减少；缺铁的动物经胃肠道吸收增加。反之，钴也可影响铁的吸收。钴的吸收部位主要在空肠。

钴中毒时，钴在全身器官都有蓄积，主要以骨、肝、脾、胰为主。大鼠用$^{58}CoCl_2$腹腔内注射后，观察72 d，摄取的钴量最高是肝25.4%，股骨24%，肌肉20.7%；其次是胃肠道11.4%，毛发9.0%，肾7.6%。但时间再长(460 d后)，肝内贮留即减少，460 d后全身放射性钴有60%贮留于骨胳。

一次或多次注射钴粉末或钴盐于大鼠皮下或肌内，注射部位发生肉瘤，小鼠则无此现象。0.4～0.5 mg的钴对鸡胚有轻度致畸作用，钴的盐类化合物有动物致癌的阳性报道。

钴的排出主要通过粪和尿。动物经口摄入放射性钴，有40%从粪便排出，18.5%从尿排出；皮下注射和静注主要从尿排出；腹腔注射后，开始主要从尿排出，以后从尿和粪排出几乎相等。粪便的钴主要来自胆汁，少量来自胰腺。钴亦可从汗排出，男性在39℃室温下，平均从汗丧失17 μg/d。估计进入头发的钴约2.4 μg/d。乳汁也排泄钴，在7 mg/m³浓度下从事钴工作的哺乳期妇女，乳汁中含钴比不接触者的高5～7倍，工龄愈长含量愈高。

4. 毒性与中毒机理

4.1 急性毒作用

钴：大鼠经口LD_{50}：6 171 mg/kg；大鼠腹腔注射LD_{50}：100 mg/kg。

吸入高浓度钴可引起进展性水肿和多发性出血。气管内注入5～50 mg钴金属粉末，迅速引起豚鼠或大鼠肺出血、肺炎和广泛肺水肿。一次注入50 mg钴金属粉末的大鼠，12个月后，肺有弥散的中央纤维细胞浸润。3次注入50 mg氧化钴，产生肺的急性反应，但在1个月内恢复正常。注入剂量较少而存活的动物，肺部见钴尘集积，其周围出现肉芽肿、网状纤维化和阻塞性支气管炎，有些还见肺泡间隔增厚。兔气管内注入氧化钴尘亦有相似表现。

用钴盐饲动物所致的急性中毒，最早的中毒表现之一是3 min内皮肤(特别是鼻和耳部)的血管扩张，可持续1 h，同时有血压下降。尸检见各器官充血，肝和肾上腺包膜表面有出血灶或大出血。

急性和亚急性钴化合物中毒的动物，可出现心肌营养不良和灶性心肌炎。兔皮下注射15～25 mg/kg的钴盐9～13 d后，可产生严重心肌病变。电子显微镜检查见心肌纤维断裂和变性，线粒体聚合和增大，并见一些畸形；分离线粒体测定含有钴。豚鼠离体心脏实验表明，灌注液中一次加入大量钴时，明显影响心脏活动和心肌代谢。

此外，消化系统可出现胃黏膜明显充血、出血、坏死和溃疡。肝出现营养障碍，肝糖元不足，偶有肝硬化。肾可发生肾小管变性、蛋白尿，甚至无尿。甲状腺吸碘率降低。血中胆固醇增高。

4.2 慢性毒性

小猪吸入0.1～1.0 mg/m³纯钴金属粉，6 h/d，每周5 d，3个月后引起肺换气功能进行性降低。肺组织活检电镜检查见肺泡间隔增厚和胶元化。

动物长期喂以钴盐，可见体重降低，食欲不振和腹泻，胃液分泌减少，胰岛β细胞受损引起血糖水平暂时性增高或降低，以及红细胞明显增加。

4.3 中毒机理

钴的中毒与损害是由多种因素促成的。实验证明钴可抑制过氧化氢酶、琥珀酸脱氢酶、胆碱氧化酶和细胞色素氧化酶等呼吸酶，还可干扰脂肪、蛋白质、辅酶的代谢，和引起细胞缺氧。钴可以与含巯基的酶形成络合物，使酶失去活性。钴还可抑制酪氨酸碘化酶而影响甲状腺对碘的摄取；抑制α-酮戊二酸脱氢酶和丙酮酸脱氢酶，使心肌线粒体对氧的摄取降低，造成心肌缺氧性损害，如机体处于低蛋白摄入或缺硒状态，或饮酒后，则此时心肌损害会更加明显。

钴本身有刺激性，可刺激骨髓引起红细胞增多症，也有人认为这是由于肾受刺激后释放促红细胞生成素而导致红细胞增生。钴还是维生素B_{12}的组成成分，而维生素B_{12}又是红细胞生成不可缺少的物质。人体中约有1/3的钴参与维生素B_{12}的合成，所以钴进入体内过多时可刺激红细胞增生。长期局部刺激则可引起支气管炎、胸膜炎、肺炎，甚至慢性肺纤维化和肉芽肿。

钴是一种半抗原物质，可引起过敏反应，接触碳化钨工人有发生支气管哮喘的，用吸入钴进行激发试验可诱发哮喘，而吸入钨则不发生，说明由钴引起。皮革、陶瓷、纺织工业及生产碳化钨工人接触钴后有发生过敏性皮炎的。

5. 生物监测

钴中毒的诊断，尿钴和血钴有参考价值。两者的量与接触浓度呈线性正相关。国外有人建议尿钴正常值为 0.017～0.12 μmol/L(1～7 μg/L)，血钴＜0.042 μmol/L(0.25 μg%)；亦有报告尿钴为 0.22～1.66 μmol/L(13～98 μg/L)；中年健康男性的血钴为0.17～0.24 μmol/L(1～1.4 μg%)，女性 0.15～0.20 μmol/L(0.9～1.2 μg%)。对过敏性皮炎的诊断，皮肤斑贴或皮内试验有参考价值。

6. 人体健康危害

金属钴粉尘和钴盐能引起局部和全身作用。吸入大量醋酸钴粉尘者，可引起咽黏膜刺激，继而出现胃肠道刺激症状，见有呕吐(呕吐物可含血)和腹绞痛，体温上升，小腿无力。约 4 周后恢复。吸入钴粉尘者有咳嗽、鼻咽炎或有上呼吸道刺激表现，甚至出现明显呼吸困难。检查见黏膜水肿和充血，少数有红细胞增多症。有些可引起支气管哮喘的发作。

一些从事钴的黏合碳化钨生产的工人，还会出现尘肺，有人称之为进行性弥散性间质性肺炎。临床特点为干咳，有些如百日咳的呛咳，体力活动时呼吸困难。肺活量明显减退和一氧化碳弥散能力降低，有低氧血症。进行性间质肺纤维化的发展可致肺原性心脏病。X 线检查双侧肺有结节和纹理密度增加。开始在上或下肺野或同时上下肺野出现，逐渐累及全肺；有时见多发性小囊状阴影；早期表现为网状纹理或纹理轻度增加。死者肺门淋巴结和肺均含大量的钴。

另一观察，碳化钨尘的钴浓度 0.1～3.0 mg/m^3，工人平均接触工龄 10.7 年，接触者除见哮喘发作增多外，不引起其他呼吸道损害。

皮肤黏膜损害有接触过敏性皮炎、接触性皮炎、结膜炎和角膜损害。

此外，接触钴的工人，见血清 IgA、溶菌酶和转铁蛋白含量增高。钴作为药物治疗贫血或长期饮用含钴啤酒会引起甲状腺功能降低，出现甲状腺肿。

钴及其化合物 IARC 致癌性分类为 2B。

7. 风险评估

我国职业接触限值规定：钴及其氧化物(以 Co 计)的 PC－TWA 为 0.05 mg/m^3，PC－STEL 为 0.1 mg/m^3。

美国 OSHA 规定：钴金属、钴尘、钴烟的 REL－TWA 为 0.1 mg/m^3(8 h)；美国 ACGIH 规定：钴及其无机化合物的 TLV－TWA 为 0.02 mg/m^3(8 h)；美国 NIOSH 规定钴尘、钴烟的 REL－TWA 为 0.05 mg/m^3(10 h)。

羰　基　钴

1. 理化性质

CAS 号：10210－68－1	外观与性状：橙红色的晶体
熔点(℃)：51(52℃以上分解)	沸点(℃)：60 升华
密度(g/cm^3)：1.78	易燃性：易燃，暴露在空气中能自燃
溶解性：不溶于水；微溶于酒精；可溶于二硫化碳和乙醚	闪点：－13℃

2. 用途与接触机会

主要用于提炼纯金属钴，用作金属表面的覆盖物和化学合成的催化剂。

3. 毒性与中毒机理

羰基钴又称八羰基二钴。大鼠经口 LD_{50} 为 754 mg/kg，大鼠吸入 LC_{50} 为 165 mg/m^3。

八羰基二钴的吸入毒性较小。动物经口灌入八羰基二钴，体重有下降倾向，机体代谢下降，红细胞总数稍上升，血红蛋白量增高，血清总蛋白量下降，白蛋白量减少，球蛋白增高(主要是 α 与 β 球蛋白)，血液中糖和乙酰胆碱水平上升，血清巯基含量异常和胆碱酯酶活性增高。病理检查发现心肌炎、肝炎、肾小管上皮细胞浊肿和结肠炎。

皮肤接触高浓度八羰基二钴，可引起表皮坏死，皮下蜂窝组织的结缔组织纤维肿胀和剥脱部分的白细胞浸润。或表现为皮肤干硬，有皱纹，失去弹性和鱼鳞状脱皮。皮肤吸收中毒同样引起血糖和乙酰胆碱的变化，并出现消瘦和不安。

八羰基二钴滴入兔眼结膜囊内，引起眼睑痉挛、流泪、结膜明显充血和眼睑水肿，有大量脓性分泌物，甚至可引起结膜坏死和角膜混浊。

4. 人体健康危害

本类化合物可通过呼吸道、胃肠道和皮肤吸收中毒。从胃肠道进入时容易分解破坏，吸收量难于估计。八羰基二钴经胃肠道吸收后，引起血钴含量升高，在内脏未见积蓄。

5. 风险评估

美国 ACGIH 规定：羰基钴的 TLV－TWA 为 0.1 mg/m^3(8 h)；美国 NIOSH 规定：羰基钴的 REL－TWA 为 0.1 mg/m^3(10 h)。

硝 酸 钴

1. 理化性质

CAS 号：10141－05－6	外观与性状：红色棱形结晶
熔点(℃)：100～105	密度(g/cm^3)：2.49
溶解性：可溶于水	

2. 用途与接触机会

主要用作颜料、用于瓷器的装饰、催化剂的制备及维生素 B_{12}的生产。

3. 毒性

本品大鼠经口 LD_{50}：434 mg/kg。健康危害 GHS 危险性分类为：呼吸道致敏物，类别 1；皮肤致敏物，类别 1；生殖细胞致突变性，类别 2；生殖毒性，类别 1B。

反复接触或者长期接触，皮肤接触可致皮肤过敏，呼吸道接触可致哮喘，消化道接触可致骨髓、心脏和甲状腺的损害。

4. 风险评估

美国 ACGIH 规定：钴及其无机化合物的 TLV－TWA 为 0.02 mg/m^3(8 h)。

本品对水生生物毒性极大并具有长期持续影响，其环境危害 GHS 分类为：危害水生环境—急性危害，类别 1；危害水生环境—长期危害，类别 1。

其他钴化合物

氟化钴，CAS 号为 10026－18－3，其 GHS 危险性分类为：致癌性，类别 2。

氟化亚钴，CAS 号为 10026－17－2，其 GHS 危险性分类为：致癌性，类别 2。

环烷酸钴[粉状的]，CAS 号为 61789－51－3，其 GHS 危险性分类为：致癌性，类别 2。

硫酸钴，CAS 号为 10124－43－3，其 GHS 危险性分类为：呼吸道致敏物，类别 1；皮肤致敏物，类别 1；生殖细胞致突变性，类别 2；致癌性，类别 2；生殖毒性，类别 1B；危害水生环境—急性危害，类别 1；危害水生环境—长期危害，类别 1。

氯化钴，CAS 号为 7646－79－9，其 GHS 危险性分类为：呼吸道致敏物，类别 1；皮肤致敏物，类别 1；生殖细胞致突变性，类别 2；致癌性，类别 2；生殖毒性，类别 1B；危害水生环境—急性危害，类别 1；危害水生环境—长期危害，类别 1。

氰化钴(Ⅱ)，CAS 号为 542－84－7，其 GHS 危险性分类为：急性毒性—经口，类别 2；急性毒性—经皮，类别 1；急性毒性—吸入，类别 2；致癌性，类别 2；危害水生环境—急性危害，类别 1；危害水生环境—长期危害，类别 1。

氰化钴(Ⅲ)，CAS 号为 14965－99－2，其 GHS 危险性分类为：急性毒性—经口，类别 2；急性毒性—经皮，类别 1；急性毒性—吸入，类别 2；致癌性，类别 2；生殖细胞致突变性，类别 2；危害水生环境—急性危害，类别 1；危害水生环境—长期危害，类别 1。

镍及其化合物

镍

1. 理化性质

CAS 号：7440－02－0	外观与性状：银白色金属，具有磁性和良好的可塑性
熔点(℃)：1 455	沸点(℃)：2 730
密度(g/cm^3)：8.908	溶解性：不溶于水；不溶于氨；微溶于盐酸、硫酸；可溶于硝酸

2. 用途与接触机会

纯镍(99.4%)用于电镀。镍合金用于制造标准尺和仪表零件。含46%镍的高镍钢用以制造灯丝。镍用于优质钢中,并作为不锈钢成分之一。镍与铜、铁、硅、碳组合的合金用于制造汽轮机的叶片;镍、铬合金用于制造汽轮发动机。镍粉末用作催化剂,镍还用于制造碱性蓄电池、瓷釉等。

在生产过程中可接触镍粉尘和镍蒸气。

3. 毒代动力学

镍粉尘不能经皮肤吸收,经呼吸道和消化道吸收均较缓慢,动物经口、皮下和静脉注射时,镍贮留在肾、脾、肝中的量最多。并发现镍广泛分布于体内各组织,如脊髓、脑、肺和心肌等。摄入后72 h,肺中占摄入量的38%,脑占16.7%。一般认为镍主要从粪便排出,少量由尿排出。兔静脉注射$^{63}NiCl_2$,后有85%由尿排出,4 h内达最高值。

4. 毒性与中毒机理

4.1 毒性

胶态镍或镍盐的经口毒性较低,金属镍粉末按1 000~3 000 mg/kg.d的剂量与食物混合喂饲狗和猫,200 d后仍可耐受。而直接进入血流的镍盐毒性较高,猫静脉注射氧化镍LDL_0为10 mg/kg,狗为7 mg/kg。用10~20 mg/kg的胶体镍或氯化镍($NiCl_2$)一次静脉注射对狗有致死作用,且见中枢性循环紊乱和呼吸紊乱,心肌、脑、肺和肾表现水肿、出血、变性。兔可溶性盐皮下注射的LDL_0为7~8 mg/kg,猫为9~16 mg/kg。经口给予大剂量时主要引起呕吐、腹泻。由皮下或静脉注射亦可产生急性胃肠刺激症状,并有震颤、舞蹈病、瘫痪等神经系统症状,甚至死于心力衰竭。长期给猫、狗喂饲醋酸镍和氯化镍,按6~12 mg/kg·d的剂量混入食物中,历时100~200 d,未见明显损害。

狗吸入5~6 mg/m³直径0.19 μm的金属镍尘10 min/d,历时20个月,染毒第2~3个月,发现骨髓中成红细胞增生,粒细胞生成则受抑制,周围血象亦有相应改变,皮肤毛细血管通透性增高,甲状腺功能渐增进。染毒第5~6个月后,上述变化更明显。但均在暴露终止后11~13个月,逐渐或部分恢复正常。染毒第14~19个月,心电图可见房室传导阻滞,心肌机能减退;注入肾上腺素时,常出现节律不整,期外收缩和房室传导阻滞等。大鼠分别作镍及氧化镍粉尘的气管内注入和吸入,发现两种粉尘均有明显全身毒性作用,主要损害肺脏。急性中毒时可见血管功能紊乱,慢性时还见红细胞增生,其中以金属镍尘的作用较显著,可能与其在体液中溶解度较氧化镍大有关。

致癌作用。动物诱癌试验结果表明,多种镍化合物有诱癌作用,尤以不溶于水的镍化合物为甚。

镍(金属和合金)IARC致癌性分类为组2B。

4.2 中毒机理

关于镍的毒性作用机理尚未完全阐明,有认为镍对机体的损害主要是因激活或抑制一系列的酶,例如精氨酸酶、酸性磷酸酶和脱羧酶等可受抑制。镍引起的接触性皮炎,多数用缓发型过敏机理来解释。

镍引起遗传物质多方面的损害,在基因水平及染色体水平均可见到有明显的致突变作用。大量镍对于胚胎发育有明显的不良作用。

5. 人体健康危害

金属镍及镍盐对皮肤的影响在生产中较为常见,主要表现为接触性皮炎或过敏性湿疹。镀镍工人中过敏性皮炎和湿疹多由于接触硫酸镍引起,个别对镍有高过敏性的人因戴镀镍的表带或眼镜架亦可能发生皮炎。有人认为汗液可溶解金属镍,是发生皮肤过敏的重要因素。损害往往从接触部位开始,有时可蔓延至全身。皮肤先有剧烈痒感,后呈丘疹,疱疹和红斑样,严重者可化脓、溃烂,急性期伴有发热。瘙痒于晚间和炎热气候更甚,故称"镍痒症"。皮炎在脱离接触后1~2周可自愈,少数病例可持续数月;再接触会复发,或经常反复发作。过敏试验可用10%氧化镍乙醇溶液作皮肤斑贴试验,阳性反应者局部出现针头大簇集的红色丘疹。

此外,镍可引起各种临床症状如过敏性肺炎(嗜酸细胞性肺浸润,Loeffler综合征)、支气管炎或支气管肺炎,并可并发肾上腺皮质机能不全。

镍的致癌作用已为国外流行病学调查资料所证实。Doll发现接触某种镍化合物的工人肺癌死亡率比正常人高10倍,鼻窦癌高出900倍。接触镍化合物的工人可见染色体畸变率增加。近年多方面研究的结果表明,镍化合物是一类活性相当高的遗传毒物。

6. 生物监测

正常人每天从饮食中进入微量的镍。国外调查正常人每天饮食中摄入的镍在 0.5 mg 以下，正常人血镍为 0.51 μmol/L(3.0 μg%)，尿镍 0.13 μmol/L (7.6 μg/L)。我国调查健康人尿镍的 95%范围为 0～0.19 μmol/L(0～11 μg/L)，平均为 0.075 μmol/L(4.4/ μg/L)。

7. 风险评估

我国职业接触限值规定：金属镍与难溶性镍化合物(按 Ni 计)PC - TWA 1 mg/m³；可溶性镍化合物(按 Ni 计)PC - TWA 0.5 mg/m³。

美国 OSHA 规定：可溶性镍化合物(以 Ni 计)的 REL - TWA 为 1 mg/m³ (8 h)；美国 ACGIH 规定：镍的 TLV - TWA 为 1.5 mg/m³(8 h)，镍可溶性无机化合物(以 Ni 计)的推荐接触限值 TWA(8 h)为 0.1 mg/m³。

羰　基　镍

1. 理化性质

CAS 号：13463 - 39 - 3	外观与性状：无色挥发性液体
气味：特殊的煤烟味	沸点(℃)：43
熔点(℃)：−19.3	易燃性：易燃
密度(g/cm³)：1.318 (17℃)	溶解性：不溶于水；可溶于乙醇、苯、氯仿等大多数有机溶剂
闪点：<−24℃(闭杯)	

2. 用途与接触机会

镍矿提炼，镍极板生产中可接触；在塑料生产中用作丙烯酯合成的中间体；在电子电路及磁带镀薄层金属时用作介质等。

3. 毒代动力学

羰基镍能经皮肤吸收，但主要经呼吸道引起中毒。兔吸入浓度为 291 mg/m³ 的羰基镍(即 100 mg Ni/m³)后 5 min，发现镍在肺、血和肾的滞留量分别为 38.1%、11.5%及 7.9%，而肝内含量甚微，3 d 内有 62.2%吸收的镍随尿排出。大鼠静脉注射 1 个 LD_{50} 的 $Ni(^{14}CO)_4$ 或 $^{63}Ni(CO)_4$ 剂量时，发现在 6 h 内羰基镍有 36%无变化地随呼气排出，其余部分在细胞内几乎全氧化成为 Ni^{3+} 及 CO。在注射后 6 h 内被吸收的 ^{14}C 有 49%呈 ^{14}CO 状态呼出，而以 $^{14}CO_2$ 形式呼出者仅占 1.1%，注射后 24 h 内随尿排出的 ^{14}C 量少于 1%。

4. 毒性

本品为 2015 版《危险化学品目录》中所列剧毒品，其健康危害 GHS 分类为：急性毒性—吸入，类别 2；致癌性，类别 1A；生殖毒性，类别 1B。

4.1　急性毒作用

大鼠的 LD_{50} 静脉注射为(22±1.1)mg/kg，皮下注射(21±4.2)mg/kg，腹腔注射(13±1.4)mg/kg。上述途径注入羰基镍时，作用部位为肺、肝、脑、能引起类似吸入中毒时的急性征象和病理改变。染毒后最初 24 h，内脏器官肉眼检查无变化。第二天则见肿大，特别是肺和肝。肺部病变表现为肺水肿和灶性出血，肺血管周围有炎症细胞浸润，肺泡上皮细胞肥大和增生，肺泡壁增厚。电子显微镜观察，可见肺泡上皮细胞胞浆中内质网扩大，胞核染色质浓缩，有丝分裂异常，核糖核酸含量增加，线粒体及其他亚细胞结构未见特殊改变。肝脏病变表现为肝小叶中央中度淤血，电子显微镜下，可见肝细胞核浓缩，胞浆中嗜酸小体增加。中枢神经系统水肿，大脑半球毛细血管出血，特别是胼胝体和皮质下，皮质神经细胞染色质溶解。约经 2 周后存活动物的病理变化可趋向好转。

急性吸入毒性见表 5 - 2，其中大鼠最为敏感。

表 5 - 2　羰基镍急性吸入毒性

动物	浓度(mg/m³)	吸入时间(min)	毒性影响
猫、狗	2 000～2 500	30	24 h 内死于肺水肿
兔	1 260	1 h	死亡
大鼠	200～400	30	LC_{50}
小鼠	10～200	2 h	LC_{50}；氧消耗降低，逐渐发生肺水肿
	70～100	10～30	
大鼠	17～70	5～80	迅速发生软弱，随后恢复；经 10～12 h 后，呼吸困难；部分动物经 18～150 h 后死亡，存活者 1 周后症状消失
兔	10～37	30	平均经 2～3 d 死亡

4.2　致癌作用

给大鼠反复吸入羰基镍蒸气1年以上，可发生支气管鳞状上皮细胞癌和腺癌。静脉注射于大鼠，发现肺、胸腔、肝、胰、子宫、腹壁发生肉瘤、血管内皮瘤及白血病。

5. 人体健康危害

羰基镍无刺激性气味，吸入时不易察觉。急性中毒时往往有早发症状和迟发症状，轻度中毒者可无迟发症状。即使是非常严重的中毒，其早发症状开始亦表现很轻。在接触高浓度羰基镍后即出现明显头痛、头晕、步态不稳、头部沉重感、恶心、呕吐，部分人感胸闷。上述症状当脱离有毒环境后，很快缓解。经6～36 h的潜伏期后，又复出现较严重的迟发症状，主要表现为胸闷、胸骨后疼痛、阵发性咳嗽、气喘、发绀，肺部出现干、湿罗音、支气管呼吸音，并发生肺水肿，伴有极度无力、发热、脉速，重者有烦躁、惊厥及昏迷。患者可出现心肌损害，表现为心脏扩大、心尖搏动弥散，出现奔马律和异常心电图。肾脏亦可有损害，尿中出现蛋白和透明管型。尿镍增高。血象表现白细胞轻度或中度升高，核左移，有时有中毒性颗粒出现。严重病例肝脏有损害，出现黄疸。有人还发现有肾上腺皮质和胰岛机能紊乱，出现血糖增高，尿糖和尿17酮类固醇排出增加。

据史志澄等报告179例急性羰基镍中毒的临床表现。这组病例可分为三种类型。① 轻度中毒：以神经系统头晕、头痛、乏力及恶心为主要表现，并伴有胸闷、胸痛、咽干症状；其次为咳嗽、咽痛、心悸、食欲不振及烦躁不安，个别嗜睡状。体征可见眼结合膜及咽部充血；② 中度中毒：上述神经系统和呼吸道刺激症状加剧，呼吸道症状有胸闷、胸痛、气短和呼吸困难，部分病例有中度发热；③ 重度中毒：除有明显神经系统症状外，合并有严重肺部损害(肺水肿，化学性肺炎)。本类急性中毒只要救治及时，预后良好。

6. 风险评估

我国职业接触限值规定：羰基镍(按Ni计)MAC为0.002 mg/m³。

美国OSHA规定：羰基镍(按Ni计)的PEL-TWA为0.007 mg/m³(8 h)。

本品对水生生物毒性极大并具有长期持续影响，其环境危害GHS分类为：危害水生环境—急性危害，类别1；危害水生环境—长期危害，类别1。

硝　酸　镍

1. 理化性质

CAS号：13138-45-9	外观与性状：绿色晶体
熔点(℃)：56.7	沸点(℃)：137
密度(g/cm³)：2.05	溶解性：易溶于热水，乙醇和氨水

2. 用途与接触机会

用于镀镍及制造镍催化剂。

3. 毒性

本品小鼠静脉注射染毒LDL_0为9 mg/kg。健康危害GHS分类为：严重眼损伤/眼刺激，类别1；皮肤腐蚀/刺激，类别2；皮肤致敏物，类别1；生殖细胞致突变性，类别2；致癌性，类别1A；生殖毒性，类别1B；特异性靶器官毒性—反复接触，类别1。

4. 风险评估

本品对水生生物毒性极大并具有长期持续影响，其环境危害GHS分类为：危害水生环境—急性危害，类别1；危害水生环境—长期危害，类别1。

其他镍化合物

亚硝酸镍，CAS号为17861-62-0，其GHS危险性分类为：致癌性，类别1A；危害水生环境—急性危害，类别1；危害水生环境—长期危害，类别1。

硫酸镍，CAS号为7786-81-4，其GHS危险性分类为：皮肤腐蚀/刺激，类别2；呼吸道致敏物，类别1；皮肤致敏物，类别1；生殖细胞致突变性，类别2；致癌性，类别1A；生殖毒性，类别1B；特异性靶器官毒性—反复接触，类别1；危害水生环境—急性危害，类别1；危害水生环境—长期危害，类别1。

铝镍合金氢化催化剂，镍催化剂[干燥的]，其GHS危险性分类皆为：致癌性，类别2。

硝酸镍铵，其GHS危险性分类皆为：致癌性，类别1A。

氯化镍，CAS号为7718-54-9，其GHS危险性分类为：急性毒性—经口，类别3；急性毒性—吸入，类别3；皮肤腐蚀/刺激，类别2；呼吸道致敏物，类别

1；皮肤致敏物，类别1；生殖细胞致突变性，类别2；致癌性，类别1A；生殖毒性，类别1B；特异性靶器官毒性—反复接触，类别1；危害水生环境—急性危害，类别1；危害水生环境—长期危害，类别1。

氰化镍，CAS号为557-19-7，其GHS危险性分类为：急性毒性—经口，类别3；呼吸道致敏物，类别1；皮肤致敏物，类别1；致癌性，类别1A；特异性靶器官毒性—反复接触，类别1；危害水生环境—急性危害，类别1；危害水生环境—长期危害，类别1。

氰化镍钾，CAS号为14220-17-8，其GHS危险性分类为：急性毒性—经口，类别3；呼吸道致敏物，类别1；皮肤致敏物，类别1；致癌性，类别1A；特异性靶器官毒性——次接触，类别3；（呼吸道刺激）；特异性靶器官毒性—反复接触，类别1；危害水生环境—长期危害，类别3。

铜及其化合物

铜

1. 理化性质

CAS号：7440-50-8	外观与性状：红色、有延展性的金属
熔点(℃)：1 083	沸点(℃)：2 595
溶解性：不溶于水；微溶于稀酸	密度(g/cm^3)：8.94

2. 用途与接触机会

主要用于制造合金，并大量用于机械制造、电器、军事、管道、玻璃、陶瓷和手工艺品等。铜的盐类用于医药和杀虫剂。

3. 毒性

金属铜属微毒类，铜化合物属低毒和中等毒类。

铜的盐类（尤其醋酸与硫酸盐）比金属铜的毒性大。因有酸根的毒性作用，对胃肠道有较强的刺激。在高等动物中，由于刺激胃黏膜神经末梢，引起反射性的呕吐。兔经口灌入硫酸铜的中毒剂量（toxic dose，TD）为50 mg/kg，硫酸铜的LD为159 mg/kg（大鼠经口LD_{50}为300 mg/kg）。人口服硫酸铜一次致吐剂量为500 mg，LD为10 g。

动物吸入铜的粉尘或烟，可引起呼吸道的强烈刺激，甚至出现肺水肿。大鼠一次吸入铜尘800～900 mg/m^3，由于强烈的刺激作用，可引起死亡。吸入200～300 mg/m^3，1个月后，肺内羟脯氨酸增加，结缔组织增生，并见有结节样改变。肝、肾细胞出现蛋白变性和坏死，肾血管渗透性增加，肾小管上皮出现灶性萎缩，心肌萎缩，而吸入铜尘浓度为1～10 mg/m^{3}时，损害甚轻微。

4. 人体健康危害

4.1　急性中毒

由于吸入大量氧化铜或碳酸铜烟可引起金属烟热，患者有寒战，体温升高，但病程短，一天后体温回复正常，可伴呼吸道刺激症状，血铜可升高。

误服铜盐引起的急性中毒与其他化学性食物中毒所见相似。食入铜盐后迅速（一般是5～10 min）出现剧烈呕吐，呕吐物呈绿色，口腔、食道和胃部有烧灼感，口中有金属味，腹泻有时伴有腹绞痛、便血、剧烈头痛、出冷汗和脉弱。病程持续2～3 d后可出现黄疸和血红蛋白尿，是由于肝脏受损及血管内溶血所致。有些中毒患者还可出现肾小管坏死，于误服后24～48 h出现少尿和尿毒症，血清铜和铜蓝蛋白高于正常［正常为(42±14)mg%］。严重中毒者可因休克、肝肾损害而致死。尸检可见肝小叶中心坏死。

4.2　慢性影响

对于慢性铜中毒是否存在，尚无定论。长期接触铜尘和铜盐者可见呼吸道及眼结膜刺激，鼻衄，鼻黏膜见出血点或溃疡，甚至中隔穿孔，并出现胃肠道症状，如腹痛、恶心、呕吐、食欲下降、口中有金属甜味。吸入碳酸铜粉尘浓度达2～140 mg/m^{3}时，可见血中胆红素增加，并出现黄疸。

铜可使皮肤、毛发及结合膜着色，并由于具有致敏作用，可引起瘙痒性疱疹。亚砷酸铜、氰化铜、氯化铜、氧化铜、硝酸铜和硫酸铜等无机铜以及环烷酸铜等有机铜对皮肤和眼有刺激作用。

5. 风险评估

我国职业接触限值规定：铜尘PC-TWA为1 mg/m^3；铜烟PC-TWA为0.2 mg/m^3，美国ACGIH规定：铜尘、铜烟的TLV-TWA为1 mg/m^3(8 h)；美国NIOSH规定：铜尘、铜烟的REL-TWA为1 mg/m^3(10 h)。

铜乙二胺溶液

1. 理化性质

CAS 号：13426 - 91 - 0	外观与性状：深蓝色溶液
沸点(℃)：119.7℃ (100 kPa)	

2. 用途与接触机会

可应用于纤维素的聚合度测定。

3. 毒性

大鼠急性经口 LD_{50}：750 mg/kg，其健康危害 GHS 危险性分类为：急性毒性—吸入，类别 3；皮肤腐蚀/刺激，类别 1；严重眼损伤/眼刺激，类别 1。

硝　酸　铜

1. 理化性质

CAS 号：3251 - 23 - 8	外观与性状：深蓝色晶体
熔点(℃)：115	沸点(℃)：170(分解)
密度(g/cm^3)：2.32	溶解性：可溶于水、乙酸乙酯、二氧六环

2. 用途

芳香有机硅化合物硝化剂。有机反应催化剂。

3. 毒性

本品大鼠经口 LD_{50}：794 mg/kg；小鼠经口 LD_{50}：430 mg/kg。

4. 人体健康危害

直接接触或吸入可引发严重刺激症状。

亚 砷 酸 铜

1. 理化性质

CAS 号：10290 - 12 - 7	外观与性状：黄绿色粉末
熔点(℃)：加热分解	溶解性：不溶于水、乙醇；可溶于酸

2. 毒性

本品健康危害 GHS 危险性分类为：急性毒性—经口，类别 3；急性毒性—吸入，类别 3；致癌性，类别 1A。

3. 人体健康危害

误服或经呼吸道吸入会中毒。砷及砷的无机化合物为确认人类致癌物。砷及其无机化合物 IARC 致癌性分类为组 1。

4. 风险评估

我国职业接触限值规定：砷及其无机化合物(按 As 计)PC - STEL 为 0.02 mg/m^3，PC - TWA 为 0.01 mg/m^3。

本品对水生生物毒性极大并具有长期持续影响，其环境危害 GHS 分类为：危害水生环境—急性危害，类别 1；危害水生环境—长期危害，类别 1。

硒　酸　铜

1. 理化性质

CAS 号：15123 - 69 - 0	

2. 毒性

本品健康危害 GHS 危险性分类为：急性毒性—经口，类别 3；急性毒性—吸入，类别 3；特异性靶器官毒性—反复接触，类别 2。

3. 风险评估

本品对水生生物毒性极大并具有长期持续影响，其环境危害 GHS 分类为：危害水生环境—急性危害，类别 1；危害水生环境—长期危害，类别 1。

亚 硒 酸 铜

1. 理化性质

CAS 号：15168 - 20 - 4	相对密度(水=1)：3.31
溶解性：不溶于水；溶于酸、氨水	

2. 毒性

本品健康危害 GHS 危险性分类为：急性毒性—经口，类别 3；急性毒性—吸入，类别 3；特异性靶器官毒性—反复接触，类别 2。

3. 风险评估

本品对水生生物毒性极大并具有长期持续影响，其环境危害 GHS 分类为：危害水生环境—急性危害，类别 1；危害水生环境—长期危害，类别 1。

乙酰亚砷酸铜

1. 理化性质

CAS 号：12002-03-8	外观与性状：具有翡翠绿色的结晶性粉末
溶解性：可溶于酸；不溶于水和乙醇	

2. 用途与接触机会

绿色颜料，主要用于古建筑物、船底涂料、防虫涂料等。

3. 毒性

本品大鼠经口 LD_{50}：22 mg/kg；大鼠经皮 LD_{50}：2 400 mg/kg。其健康危害 GHS 危险性分类为：急性毒性—经口，类别 2；严重眼损伤/眼刺激，类别 2；致癌性，类别 1A；生殖毒性，类别 2；特异性靶器官毒性——次接触，类别 1；特异性靶器官毒性—反复接触，类别 1。

4. 风险评估

本品对水生生物毒性极大并具有长期持续影响，其环境危害 GHS 分类为：危害水生环境—急性危害，类别 1；危害水生环境—长期危害，类别 1。

其他铜化合物

重铬酸铜，CAS 号为 13675-47-3，其 GHS 危险性分类为：皮肤致敏物，类别 1；致癌性，类别 1A；危害水生环境—急性危害，类别 1；危害水生环境—长期危害，类别 1。

氟化铜，CAS 号为 7789-19-7，其 GHS 危险性分类为：严重眼损伤/眼刺激，类别 2；特异性靶器官毒性——次接触，类别 3(呼吸道刺激)；特异性靶器官毒性—反复接触，类别 1；危害水生环境—急性危害，类别 1；危害水生环境—长期危害，类别 1。

氯化铜，CAS 号为 7447-39-4，其 GHS 危险性分类为：急性毒性—经口，类别 3；皮肤腐蚀/刺激，类别 2；严重眼损伤/眼刺激，类别 2；皮肤致敏物，类别 1；生殖毒性，类别 2；危害水生环境—急性危害，类别 1；危害水生环境—长期危害，类别 1。

氰化钠铜锌，其 GHS 危险性分类为：急性毒性—经口，类别 2；急性毒性—经皮，类别 1；急性毒性—吸入，类别 2；危害水生环境—急性危害，类别 1；危害水生环境—长期危害，类别 1。

氰化铜，CAS 号为 14763-77-0，其 GHS 危险性分类为：急性毒性—经口，类别 2；急性毒性—经皮，类别 1；急性毒性—吸入，类别 2；危害水生环境—急性危害，类别 1；危害水生环境—长期危害，类别 1。

氰化亚铜，CAS 号为 544-92-3，其 GHS 危险性分类为：急性毒性—经口，类别 3；皮肤致敏物，类别 1；特异性靶器官毒性—反复接触，类别 1；危害水生环境—急性危害，类别 1；危害水生环境—长期危害，类别 1。

氰化亚铜三钾，CAS 号为 13682-73-0，其 GHS 危险性分类为：急性毒性—经口，类别 3；严重眼损伤/眼刺激，类别 2B；特异性靶器官毒性——次接触，类别 1；特异性靶器官毒性—反复接触，类别 1；危害水生环境—急性危害，类别 1；危害水生环境—长期危害，类别 1。

氰化亚铜三钠，CAS 号为 14264-31-4，其 GHS 危险性分类为：急性毒性—经口，类别 3；严重眼损伤/眼刺激，类别 2B；特异性靶器官毒性——次接触，类别 1；特异性靶器官毒性—反复接触，类别 1；危害水生环境—急性危害，类别 1；危害水生环境—长期危害，类别 1。

砷酸铜，CAS 号为 10103-61-4，其 GHS 危险性分类为：急性毒性—经口，类别 3；急性毒性—吸入，类别 3；严重眼损伤/眼刺激，类别 2；致癌性，类别 1A；生殖毒性，类别 2；特异性靶器官毒性——次接触，类别 1；特异性靶器官毒性—反复接触，类别 1；危害水生环境—急性危害，类别 1；危害水生环境—长期危害，类别 1。

锌及其化合物

锌

1. 理化性质

CAS 号：7440－66－6（锌）	外观与性状：银白色的金属
熔点(℃)：419.53	沸点(℃)：907
密度(g/cm^3)：7.133（25℃）	溶解性：可溶于酸和碱；不溶于水

2. 用途与接触机会

锌能防止铁件的腐蚀，因此镀锌工业所用锌量，几乎占其总产量的一半。锌的合金用于机械工业、汽车制造和国防工业。锌亦常用作精密铸件的原料。氧化锌，用作油漆的颜料和橡胶、塑料的填充剂；氯化锌用作木材防腐、焊接液、制造电池和电镀等；硫酸锌俗称皓矾，用于电镀、人造丝、鞣革、棉织品和医药工业；磷化锌用作杀鼠药；铬酸锌用于颜料、油漆的制造；氰化锌用于金属镀层和作为试剂。这些化合物都不溶于水而溶于酸，后者在酸液中产生氰氢酸。

此外，锌粉用作合成染料中间产物的还原剂、铸铁和铸钢生产。R2Zn 类型的有机锌化合物，用于一些有机物的合成。

3. 毒代动力学

锌是人体必需的微量元素，成人体内锌总量约 2 g。人体内的锌，主要来源于食物。摄入量约 10～15 mg/d，但吸收很少。

正常人全血含锌量约 13.77 μmol/L，血清含量约为 1.2～2.4 μmol/L，红细胞内（碳酸酐酶）含量约为全血含锌量的 75%，白细胞只占 3%，但每个白细胞含锌量要比每个红细胞高 25 倍，另有 22%存在于血浆中。

在正常人体内，各组织的含锌量变化很大，每克新鲜组织的变动范围是 0.18～3.1 μmol/g，大多数的器官包括胰腺约含 0.31～0.46 μmol/g，肝、骨骼和肌肉约含 0.92～2.8 μmol/g)，而前列腺(13.2±1.53)μmol/g 和视网膜 7.65～15.3 μmol/g，含锌量最高。

锌经肠道吸收很少。吸收后主要贮留在肝和胰。静脉注入^{65}Zn 时，在肝、胰、肾等器官内贮留大量的锌。锌在体内与蛋白质有两种结合形式。一种是形成锌金属酶，构成酶的活性中心，它决定酶的特异性，如红细胞内的碳酸酐酶、羧基酞酶等。另一种是构成锌金属蛋白，其功能尚未清楚。锌是胰岛素和肾上腺皮质激素的固有成分。

注入锌盐后，血浆中锌升高，经 10 h 后即可降至正常水平。注入^{65}Zn，在一昼夜后有 30%贮于肝、骨、毛发及指甲内，排出比较缓慢，15 d 内，有 75%经粪便排出，5%经小便排出，胆汁、乳汁、胰液、精液和汗液都有少量锌。接触锌的金属熔炼工人，粪锌可达 8～133 mg/d，尿锌可达 1.3～39.3 mg/d。缺乏锌可引起营养不良性侏儒，伤口愈合延缓以及味觉减退等症状。

4. 毒性

锌小鼠经口 LDL_0 为 5 g/kg。大鼠经口灌入硫酸锌的 LDL_0 为 2 200 mg/kg，兔为 1 914～2 200 mg/kg。兔经口灌入醋酸锌 LDL_0 为 976～1 966 mg/kg。猫吸入氧化锌 110～600 mg/m^3（在空气中加入 10% CO_2，使呼吸加深），吸入 15 min 后出现软弱无力，在一天内食欲不振；吸入 45 min 则可出现震颤、呼吸困难，尸检可见肺充血，支气管周围及肺泡有渗出物，严重者见典型的肺炎病变。大鼠气管内注入金属锌粉尘(80%～85%在 2 μm 以下)，8 个月后见支气管周围组织有淋巴样细胞、组织细胞和类上皮细胞增殖，其间有大量结缔组织纤维形成，周围肺组织有明显肺气肿，气管黏膜肿胀，局部剥落。从这些表现可见锌引起的肺部损害具有特殊性，其主要作用部位在细支气管组织。亦有人认为锌所致肺部改变，是缓慢发展的纤维化，引起弥散性的硬变，不形成结节，X 线下对这些变化不易发现。

吸入氧化锌烟尘，可在人和实验动物引起金属烟热，其起因过去解释是因为分散度高的氧化锌粒子进入呼吸道末端的细支气管和肺泡，并通过肺泡壁进入血循环，在此过程中引起呼吸道黏膜细胞的破坏和脱落，以及蛋白变性，这种变性蛋白被吸收引起发热，即认为锌金属烟热是呼吸道形成锌-蛋白复合体的一种变态反应。但以后有人对此提出异议，认为金属烟热的发作，是由于吸入微细的锌粉尘粒被体内的多形核白细胞吞噬，此类细胞释放出内生性热原，刺激体温调节中枢，使机体产生发热反应。在形态学上，此类白细胞多形核颗粒消失。把金属烟热发作消退的兔血浆注入正常兔，可引起体温骤升，说明血浆中存在内生性热原。这种发病原理与病毒或其他微粒所致的发热情况相类似。

氯化锌烟尘在高浓度时的毒性极大。氯化锌遇水分解而生成白色氢氧化锌，故用作烟雾发生剂。当发生器产生事故时，可引起接触者发生不同程度的肺损害。

锌盐具有收敛性、吸湿性、腐蚀性，并有消毒作用。其收敛和消毒作用主要由于它们可使蛋白质沉淀，因而对胃肠道产生强烈刺激。

据报道，给大鼠和兔气管内、胸腔内、腹腔内及皮下注入高分散度金属锌粉尘和氯化锌，金属锌一次注入 5～50 mg，部分动物重复注入 2～5 mg；氯化锌一次注入 1 mg，经 18～24 个月后，可见 15%动物肺内出现不同发展阶段的网状细胞肉瘤，睾丸内出现精原细胞瘤及其他部位肿瘤。但亦有报道将硫酸锌放入饮水中长期喂小鼠，除发生严重的贫血外，肿瘤发生率与对照组无差异。

5. 人体健康危害

5.1 金属烟热

是大量吸入氧化锌烟尘引起的急性中毒。典型的病程，可分如下几个阶段：

前驱期：口中有微甜、疲倦、思睡、食欲不佳、胸部有紧压感，有时干咳。此期约持续 1～4 h。

发作期：在接触 4～8 h 后，每当工人将下班或下班休息时发作，先有寒颤，2～3 h 后即发高热，体温升至 38～39℃或更高，伴有头痛、头昏、耳鸣、肌肉和关节酸痛、口渴等症状。有时出现恶心、呕吐和腹痛。发热时间一般只持续数小时(6～7 h)，到次晨，大量出汗后下降，最长不超过一天。如持续到一天以上则应考虑有感染可能。

发作后，在 2～3 d 内可能仍感到疲倦，有呼吸道刺激和消化不良等现象。

客观检查：眼结膜、喉部和面部充血，偶有皮肤发红，脉搏和呼吸中度增加，肺部可闻干罗音。

实验室检查：血糖可暂时上升到 7.8～9.4 mmol/L，发热时白细胞增加到 15×10^9～20×10^9/L，嗜中性粒细胞和淋巴细胞增多，核左移。血胆红素增高。尿中可出现少量糖、蛋白，常有卟啉和尿胆素，偶有管型。但这些现象在发病 24～48 h 内大多可消退。

接触氧化锌烟尘未见引起慢性中毒，但反复发作者，有时因并发感染，致使病情延长。经常发病的人可出现胃部不适症状。

锌烟尘或粉尘是否能引起慢性支气管炎，尚无一致意见。

5.2 尘肺

长时间吸入硬脂酸锌粉尘引起的肺部病变。病员有气促、咳嗽、咳痰。X 线检查发现胸膜增厚，肺门有小结节及轻度肺气肿。国外曾对病死患者(死前两年已停止接触)作尸检，发现肺部有陈旧性出血、慢性炎症，间质增生，并有巨细胞形成，在间质中发现有锌的微粒。

5.3 皮肤和黏膜损害

大量氧化锌粉尘可阻塞皮脂腺管和引起皮肤丘疹、湿疹。

接触可溶性锌盐($ZnCl_2$、$ZnSO_4$)的工人，可引起皮肤或黏膜的刺激和烧灼，多在手指、前臂、手背部的皮肤上出现“鸟眼”型溃疡。

5.4 锌盐经口中毒

发生在用镀锌容器盛装酸性食物(果汁、醋酸、清凉饮料)，使锌溶入食物中，或误食锌盐而引起的中毒，最危险的锌化物是磷化锌和氯化锌，误食可导致死亡。

急性症状：喉头疼痛，脸色灰黑，口有烧灼感，呕吐，腹部呈痉挛性疼痛，腹泻，里急后重，有少量血便。亦可出现中枢神经系统症状，如头部剧痛、四肢震颤、抽搐等。

6. 风险评估

本品对水生生物毒性极大并具有长期持续影响，其环境危害 GHS 分类为：危害水生环境—急性危害，类别 1；危害水生环境—长期危害，类别 1。

氧 化 锌

1. 理化性质

CAS 号：1314-13-2	外观与性状：白色晶体或粉末

（续表）

熔点(℃)：1 974	密度(g/cm³)：5.6 (20℃)
溶解性：可溶于酸和碱；不溶于水	

2. 用途与接触机会

在炼锌和有色金属冶炼，尤其在炼铜时，可能接触到被氧化成白色微粒状（直径约 0.3～0.5 μm）的氧化锌烟尘。在制造锌白、电焊铁板或气割涂有锌白的旧料时，都可以遇到氧化锌烟。值得注意的是，锌常与砷，矽、锰、铜、银、铁、镉，尤其是铅等金属混合存在，当它们在冶炼、熔融时，也有可能产生氧化锌烟尘，遇到有关生产时，要同时考虑到锌的作用。

3. 毒性与中毒机理

小鼠经口 LD_{50}：7 950 mg/kg；小鼠吸入 LC_{50}：2 500 mg/m³；人经口 LDL_0：500 mg/kg。

猫吸入 110～600 mg/m³，15 min，出现软弱无力、食欲不振，45 min 时出现震颤、呼吸困难，严重者有肺炎症状；吸入氧化锌烟尘，可在人和实验动物引起金属烟热，吸入的氧化锌烟尘由体内的多形核白细胞吞噬，释放出内生性热原，引起机体发热反应。

氧化锌口服可使蛋白质沉淀，对胃肠道产生刺激，长期反复对皮肤接触有刺激性。

4. 人体健康危害

大量吸入氧化锌烟尘引起急性中毒，表现为铸造热，典型病程可分：

前驱期：口中微甜金属味、疲倦、思睡、食欲不佳、胸部紧压感，有时干咳，历时约 1～4 h。

发作期：接触 4～8 h 后，先有寒颤，2～3 h 后即发高热，38～39℃或更高，伴头痛、头昏、耳鸣、肌肉和关节酸痛、口渴等症状。有时出现恶心、呕吐和腹痛。发热一般持续数小时（6～7 h），大量出汗后下降，最长一般不超过 1 天，如持续 1 天以上应考虑感染可能。

发作后：在 2～3 天内可仍感疲倦、有呼吸道刺激和消化不良症状。

客观检查：眼结膜、喉部及面部充血，偶有皮肤发红；脉数和呼吸次数中度增加，两肺可闻及干啰音。

实验室检查：血糖可暂时上升至 7.8～9.4 mmol/L，外周血白细胞可增加到 15×10^9～20×10^9/L，嗜中性粒细胞和淋巴细胞增多、核左移、血胆红素增高。尿中少量糖、蛋白，偶有管型。这些表现在发病 24～48 h 内大多可消退。

误服氧化锌者可出现恶心、呕吐、腹痛、腹泻等急性胃肠炎症状，严重者可致脱水、休克及血便。

5. 风险评估

我国职业接触限值规定：氧化锌 PC－TWA 为 3 mg/m³，PC－STEL 为 5 mg/m³。

美国 OSHA 规定：氧化锌的 PEL－TWA 为 5 mg/m³ (8 h)；美国 ACGIH 规定：氧化锌的 TLV－TWA 为 2 mg/m³ (8 h)，TLV－STEL 为 10 mg/m³ (15 min)；美国 NIOSH 规定：氧化锌的 REL－TWA 为 5 mg/m³ (10 h)，REL－STEL 为 10 mg/m³ (15 min)。

锌 汞 齐

又名锌汞合金，是化学还原剂，可将醛或酮的羰基还原成亚甲基。将一定量锌粉用 3%～4%盐酸溶液洗涤 2 次，除去锌粉表面的氧化物，再与二氯化汞的盐酸溶液反应，锌将 Hg^{2+} 还原为 Hg，然后 Hg 与锌在锌表面上形成锌汞齐。

本品对水生生物毒性极大并具有长期持续影响，其环境危害 GHS 分类为：危害水生环境—急性危害，类别 1；危害水生环境—长期危害，类别 1。

双(二甲基二硫代氨基甲酸)锌

1. 理化性质

CAS 号：137－30－4	外观与性状：白色粉末，无气味
熔点(℃)：248～257	相对密度(水=1)：1.66 (25℃)
溶解性：不溶于水、汽油；溶于乙醇、丙酮、二氯甲烷、苯、甲苯、氯仿	

2. 毒性

又名福美锌，大鼠经口 LD_{50}：267 mg/kg；小鼠经口 LD_{50}：480 mg/kg。

健康危害GHS危险性分类为：急性毒性—吸入，类别2；严重眼损伤/眼刺激，类别1；皮肤致敏物，类别1；特异性靶器官毒性——次接触，类别3（呼吸道刺激）；特异性靶器官毒性—反复接触，类别2。

3. 风险评估

本品对水生生物毒性极大并具有长期持续影响，其环境危害GHS分类为：危害水生环境—急性危害，类别1；危害水生环境—长期危害，类别1。

其他锌化合物

硒化锌，CAS号为1315－09－9，其GHS危险性分类为：急性毒性—经口，类别3；急性毒性—吸入，类别3；特异性靶器官毒性—反复接触，类别2；危害水生环境—急性危害，类别1；危害水生环境—长期危害，类别1。

硝酸锌，CAS号为7779－88－6，其GHS危险性分类为：皮肤腐蚀/刺激，类别2；严重眼损伤/眼刺激，类别2B；特异性靶器官毒性——次接触，类别3（呼吸道刺激）；危害水生环境—急性危害，类别1；危害水生环境—长期危害，类别1。

溴酸锌，CAS号为14519－07－4，其GHS危险性分类为：危害水生环境—急性危害，类别1；危害水生环境—长期危害，类别1。

亚硫酸氢锌，CAS号为15457－98－4，其GHS危险性分类为：皮肤腐蚀/刺激，类别2；严重眼损伤/眼刺激，类别2。

亚砷酸锌，CAS号为10326－24－6，其GHS危险性分类为：急性毒性—经口，类别3；急性毒性—吸入，类别3；致癌性，类别1A；危害水生环境—急性危害，类别1；危害水生环境—长期危害，类别1。

重铬酸锌，CAS号为14018－95－2，其GHS危险性分类为：皮肤致敏物，类别1；致癌性，类别1A；危害水生环境—急性危害，类别1；危害水生环境—长期危害，类别1。

碘酸锌，CAS号为7790－37－6，其GHS危险性分类为：危害水生环境—急性危害，类别1；危害水生环境—长期危害，类别1。

二甲基锌，CAS号为544－97－8，其GHS危险性分类为：皮肤腐蚀/刺激，类别1B；严重眼损伤/眼刺激，类别1；危害水生环境—急性危害，类别1；危害水生环境—长期危害，类别1。

二乙基锌，CAS号为557－20－0，其GHS危险性分类为：皮肤腐蚀/刺激，类别1B；严重眼损伤/眼刺激，类别1；危害水生环境—急性危害，类别1；危害水生环境—长期危害，类别1。

氟化锌，CAS号为7783－49－5，其GHS危险性分类为：严重眼损伤/眼刺激，类别2B；特异性靶器官毒性——次接触，类别3（呼吸道刺激）；特异性靶器官毒性—反复接触，类别1；危害水生环境—急性危害，类别1；危害水生环境—长期危害，类别1。

氟硼酸锌，CAS号为13826－88－5，其GHS危险性分类为：皮肤腐蚀/刺激，类别1；严重眼损伤/眼刺激，类别1。

高锰酸锌，CAS号为23414－72－4，其GHS危险性分类为：特异性靶器官毒性—反复接触，类别1；危害水生环境—急性危害，类别1；危害水生环境—长期危害，类别1。

环烷酸锌，CAS号为12001－85－3，其GHS危险性分类为：危害水生环境—急性危害，类别2；危害水生环境—长期危害，类别2。

甲基胂酸锌，CAS号为20324－26－9，其GHS危险性分类为：急性毒性—经口，类别2；急性毒性—经皮，类别3；危害水生环境—急性危害，类别1；危害水生环境—长期危害，类别1。

甲基胂酸锌，CAS号为20324－26－9，其GHS危险性分类为：急性毒性—经口，类别2；急性毒性—经皮，类别3；危害水生环境—急性危害，类别1；危害水生环境—长期危害，类别1。

连二亚硫酸锌，CAS号为7779－86－4，其GHS危险性分类为：危害水生环境—急性危害，类别1；危害水生环境—长期危害，类别1。

磷化锌，CAS号为1314－84－7，其GHS危险性分类为：急性毒性—经口，类别2；危害水生环境—急性危害，类别1；危害水生环境—长期危害，类别1。

六氟合硅酸锌，CAS号为16871－71－9，其GHS危险性分类为：急性毒性—经口，类别3；严重眼损伤/眼刺激，类别2；特异性靶器官毒性——次接触，类别3（呼吸道刺激）；特异性靶器官毒性—反复接触，类别1。

氯化锌，CAS号为7646－85－7，其GHS危险性分类为：皮肤腐蚀/刺激，类别1B；严重眼损伤/眼刺激，类别1；特异性靶器官毒性——次接触，类别3

(呼吸道刺激);危害水生环境—急性危害,类别1;危害水生环境—长期危害,类别1。

氯酸锌,CAS号为10361-95-2,其GHS危险性分类为:危害水生环境—急性危害,类别1;危害水生环境—长期危害,类别1。

氰化钠铜锌,其GHS危险性分类为:急性毒性—经口,类别2;急性毒性—经皮,类别1;急性毒性—吸入,类别2;危害水生环境—急性危害,类别1;危害水生环境—长期危害,类别1。

氰化锌,CAS号为557-21-1,其GHS危险性分类为:急性毒性—经口,类别3;危害水生环境—急性危害,类别1;危害水生环境—长期危害,类别1。

砷化锌,CAS号为12006-40-5,其GHS危险性分类为:急性毒性—经口,类别3;急性毒性—吸入,类别3;致癌性,类别1A;危害水生环境—急性危害,类别1;危害水生环境—长期危害,类别1。

砷酸锌,CAS号为1303-39-5,其GHS危险性分类为:急性毒性—经口,类别3;急性毒性—吸入,类别3;严重眼损伤/眼刺激,类别2;致癌性,类别1A;生殖毒性,类别2;特异性靶器官毒性——次接触,类别1;特异性靶器官毒性—反复接触,类别1;危害水生环境—急性危害,类别1;危害水生环境—长期危害,类别1。

镓及其化合物

镓

1. 理化性质

CAS号:7440-55-3	外观与性状:浅灰色金属,具有正交晶型质地;熔融状态下呈现蓝绿色或银色反光
熔点(℃):29.78	沸点(℃):2 400
腐蚀性:在100℃或者更高的温度下,对大多数金属具有极强的腐蚀性	密度(g/cm³): 5.903 7(29.65 ℃,固态) 6.094 7(29.8 ℃,液态)
汽化热(kJ/mol):254(约2 400℃)	溶解性:溶于酸和碱;微溶于汞
蒸气压力:1 Pa(1 037℃) 10 Pa(1 175 ℃) 100 Pa(1 347 ℃)	其他理化特性:潮湿空气或氧气接触则失去金属光泽;可与浓盐酸,碱,卤族元素反应

2. 用途与接触机会

镓在地壳中的浓度很低,在地壳中占重量的0.001 5%。它的分布很广泛,但不以纯金属状态存在,而以硫镓铜矿($CuGaS_2$)形式存在,不过很稀少,经济上也不重要。镓是闪锌矿,黄铁矿,矾土,锗石工业处理过程中的副产品。自然界中常以微量分散于铝土矿、闪锌矿等矿石中。由铝土矿中提取制得。在高温灼烧锌矿时,镓就以化合物的形式挥发出来,在烟道里凝结,镓常与铟和铊共生。

镓可在高温温度计,牙科合金和晶体管中使用。其化合物可用作半导体。磷化镓和砷化镓这两个主要的化合物用于生产发光二极管。砷化镓用来生产集成电路。

3. 毒代动力学

镓可以在不到4 h的时间里到达骨,并贮存于骨组织超过3个月。镓主要通过尿液排泄,超过85%可由尿液排出。

4. 毒性

具有金属味,能引起皮炎、抑制骨髓功能。可刺激皮肤、眼睛及呼吸道黏膜。健康危害GHS分类为:皮肤腐蚀/刺激,类别1;严重眼损伤/眼刺激,类别1。

另**砷化镓**,CAS号为1303-00-0,其GHS危险性分类为:致癌性,类别1A;特异性靶器官毒性—反复接触,类别1。

锗及其化合物

1. 理化性质

CAS号:7440-56-4	外观与性状:灰白色金属
熔点/凝固点(℃):937.2	沸点(℃):2 700
汽化热:3.573 3×10⁸ J/kmol(熔点)	易燃性:粉尘易燃
蒸气压(kPa):0(25℃)	密度(g/cm³):5.323(25℃/4℃)
燃烧热(J/g):7 380	溶解性:不溶于水,盐酸和氢氧化碱;可溶于热硫酸

2. 用途和接触机会

与其他元素共存。在土壤中可高浓度存在。锗在食物中广泛存在，尤其是麦子和燕麦。

在工业中用于制造半导体器件。

3. 毒代动力学

胃肠道吸收迅速，4 h 可以达到 76.3%，8 h 可以达到 96.4%。注射后，局部药物在 1 h 后 93.8%扩散消失。

在体内无特异性蓄积。血中锗约含 0.5 mg/L。锗粉尘接触后，可经肺排气快速排泄。1 d 内排泄 52%，7 d 内 82%。胃肠道吸收可通过尿液排出。大鼠体内生物半衰期为 1.5 d，肝 2 d，肾 4.5 d。

4. 毒性

4.1 急性毒作用

氧化锗无皮肤腐蚀作用。锗的粉尘未发现具有刺激性和引起病理性改变。

4.2 慢性毒作用

慢性大鼠锗经食物染毒(1 000 mg/L)导致生长迟缓。大鼠吸入 TCL_0：250 mg/m^3，6 h/d，间歇性吸入 4 w，造成肺脏重量降低，尿量增加。

5. 人体健康危害

5.1 急性中毒

锗的毒性极低，因而不认为锗是工业毒物。锗的生物活性低，易扩散分布和排泄是锗低毒性的部分原因。锗事故性中毒很罕见。

5.2 慢性中毒

与人类中毒可能相关的是，锗可能破坏水平衡而导致血液浓缩，血压骤降和低温。锗的化合物在欧洲作为艾滋病和转移性癌症的非处方药，而锗被报道可引起乳酸性酸中毒。后者是因为锗导致的肾毒性和肾脏功损害。

6. 风险评估

俄罗斯规定本品 STEL 为 2 mg/m^3。

锗　烷

1. 理化性质

(续表)

CAS 号：7782-65-2	外观与性状：无色刺激气体
熔点/凝固点(℃)：−165	沸点(℃)：−88.1
蒸气压(kPa)：>1 空气	易燃性：空气中易自燃，并形成有毒气体氧化锗
蒸气密度(g/L)：3.133	溶解性：不溶于水；溶于热盐酸，而在硝酸中分解

2. 用途和接触机会

又名四氢化锗，在工业上用于生产半导体所需的高纯度锗。

3. 毒性

本品健康危害 GHS 分类为：急性毒性—吸入，类别 1；皮肤腐蚀/刺激，类别 2；严重眼损伤/眼刺激，类别 2；特异性靶器官毒性—一次接触，类别 1；特异性靶器官毒性—一次接触，类别 3(呼吸道刺激、麻醉效应)。

小鼠经肺呼吸染毒，可观察到呼吸困难和血尿。小鼠经口 LD_{50} 1 250 mg/kg。

小鼠吸入 LC_{50} 1 380 mg/m^3；豚鼠吸入 LC_{50}：260 mg/(m^3 · 4 h)。大鼠吸入 TCL_0：13 mg/(m^3 · 4 h)，间歇性吸入 30 d，造成大脑出血、血栓形成等。

4. 风险评估

我国职业接触限值规定：PC-TWA 为 0.6 mg/m^3。美国 NIOSH 规定：8 h-TWA 为0.6 mg/m^3。

另四氯化锗(氯化锗)，CAS 号为 10038-98-9，其 GHS 危险性分类为：皮肤腐蚀/刺激，类别 1；严重眼损伤/眼刺激，类别 1。

锶及其化合物

锶

1. 理化性质

CAS 号：7440-24-6	外观与性状：银白色或淡黄色软金属，立方体结构
熔点/凝固点(℃)：752	沸点(℃)：1 390

（续表）

易爆性：粉末遇火焰易爆	易燃性：空气中可自燃；加热也可自燃
溶解性：可溶于酒精和酸；遇水使得水分解氢	密度(g/cm^3)：2.54

2. 用途和接触机会

天然锶广泛存在，不含放射性，用于生产陶器和玻璃，油漆颜料，荧光，烟火、信号火焰和示踪子弹。用于合金和电子管。用于铝铸件。锶-90具有放射性，形成于核反应，可发射β射线，有一定的医学用途。

3. 毒代动力学

男性成人体内含140 mg的锶。每日摄入量约为2 mg，其中60%～90%从食物摄入，其余是从饮用水。锶-90可进入骨骼。

4. 毒性

动物实验发现高剂量经口染毒可使得发育中动物（尤其是缺钙饮食）导致锶软骨病。锶-90进入骨骼发射β射线（半衰期29年），可导致骨髓抑制和肿瘤。大鼠吸入TCL_0：250 mg/(m^3·6 h)，间歇性吸入4 w，造成肺脏重量改变，尿量增加。

5. 风险评估

美国EPA饮水指南：饮用水浓度限制4 000 μg/L；EPA经口RFD为：0.6 mg/(kg·d)，NOAEL为：190 mg Sr/(kg·d)（1992年）；IPCS规定TDI为：0.13 mg/(kg·d)。

其他锶化合物

磷化锶，CAS号为12504-13-1，其健康危害GHS分类为：急性毒性—经口，类别3；急性毒性—经皮，类别3；急性毒性—吸入，类别3。本品对水生生物毒性极大，其环境危害GHS分类为：危害水生环境—急性危害，类别1。

硝酸锶，CAS号为10042-76-9，其健康危害GHS分类为：皮肤腐蚀/刺激，类别2；严重眼损伤/眼刺激，类别2B。

亚砷酸锶，CAS号为91724-16-2，其健康危害GHS分类为：急性毒性—经口，类别3；急性毒性—吸入，类别3；致癌性，类别1A。本品对水生生物毒性极大并具有长期持续影响，其环境危害GHS分类为：危害水生环境—急性危害，类别1；危害水生环境—长期危害，类别1。

锆及其化合物

锆

1. 理化性质

CAS号：7440-67-7	外观与性状：灰白色有光泽金属或无固定形状的粉末
熔点/凝固点(℃)：1 854	沸点(℃)：4 406
溶解性：不溶于水；可溶于热浓缩酸	易燃性：干净的锆板在氧气(2 Mpa)下自燃；粉末形成的云雾在330℃自燃；燃烧中的锆可以和灭火剂中的卤化烷和二氧化碳结合
爆炸性：粉末易燃并引起爆炸	密度(g/cm^3)：6.52
反应性：锆在空气或溶液总迅速氧化，并覆盖氧化锆，从而使得整体耐酸碱腐蚀；但锆易于被含氟的酸性溶液腐蚀	

2. 用途和接触机会

锆是地壳中的常见元素，浓度在150～300 mg/kg。一般处于氧化物的状态，在各类岩石中常见。锆用于炸药混合物成分，闪光灯粉末，冶金中的去氧化剂；还用于人工吐丝器来制造灯丝和闪光灯灯泡，核反应堆。纯锆作为防腐蚀金属，被大量用于泵，管道，热交换器，化学品（盐酸和硫酸）存放罐。化学工业中，锆也用于帮助生产尿素，过氧化氢，甲基丙烯酸甲酯和乙酸。锆在生产和使用过程中有可能泄露出来。氧化锆用于陶瓷着色剂，金属硬化剂和诊断性X光线的放射阻断剂。氯化锆用于防水织物和制革。水溶性的锆石也用于化妆品。

3. 毒性

3.1 急性毒作用

锆的大鼠经口 LD_{50} >5 000 mg/kg。大鼠和豚鼠的吸入锆毒性实验结果为毒性在 30 mg/m³ 以上浓度才出现。氯化锆可引起急性肺炎。

3.2 慢性毒作用

大鼠吸入 TCL_0：30 mg/m³，间歇性吸入 96 w，造成肺间质纤维化、呼吸系统肿瘤。

4. 人体健康危害

没有研究发现锆有明确的毒性。几项小样本的职业人群个案研究都没有观察到和对照人群相比的健康差异。肺肉芽肿曾被报道，但不能确定是由于锆接触引起。可引起眼红和痛。

5. 风险评估

我国职业接触限值规定：锆及其化合物(按 Zr 计)PC－TWA 为 5 mg/m³，PC－STEL 为 10 mg/m³。美国 ACGIH 规定：8 h－TWA 为 5 mg/m³，15 min－STEL 为 10 mg/m³。

其他锆化合物

四氯化锆，CAS 号为 10026－11－6，其健康危害 GHS 分类为：皮肤腐蚀/刺激，类别 1C；严重眼损伤/眼刺激，类别 1。

锆试剂(4－二甲氨基偶氮苯－4′－胂酸)，CAS 号为 622－68－4，其健康危害 GHS 分类为：急性毒性—经口，类别 3；急性毒性—吸入，类别 3。本品对水生生物毒性极大并具有长期持续影响，其环境危害 GHS 分类为：危害水生环境—急性危害，类别 1；危害水生环境—长期危害，类别 1。

4,6－二硝基－2－氨基苯酚锆，又名苦氨酸锆，CAS 号为 63868－82－6，其健康危害 GHS 分类为：特异性靶器官毒性——一次接触，类别 3(呼吸道刺激)。

氟锆酸钾，又名氟化锆钾，CAS 号为 16923－95－8，其健康危害 GHS 分类为：急性毒性—经口，类别 3；严重眼损伤/眼刺激，类别 1。

氟化锆，CAS 号为 7783－64－4，其健康危害 GHS 分类为：皮肤腐蚀/刺激，类别 1；严重眼损伤/眼刺激，类别 1。

铌及其化合物

铌

1. 理化性质

CAS 号：7440－03－1	外观与性状：银灰色、质地较软且具有延展性
熔点/凝固点(℃)：2 468	沸点(℃)：4 742
密度(g/cm³)：8.751	溶解性：不与无机酸或碱发生反应，也不溶于王水，但可溶于氢氟酸

2. 用途与接触机会

铌在外科医疗上也占有重要地位，有极好的抗蚀性，不会与人体里的各种液体物质发生作用，并且几乎完全不损伤生物的机体组织，对于任何杀菌方法都能适应，所以可以同有机组织长期结合而无害地留在人体里。

铌具有良好的超导性、熔点高、耐腐蚀、耐磨等特点，被广泛应用到钢铁、超导材料、航空航天、原子能等领域。

3. 毒性

铌元素没有已知的生物用途。铌粉末会刺激眼部和皮肤，并有可能引发火灾；但成块铌金属则完全不影响生物体(低过敏性)，因此是无害物质。铌常见于首饰中，而一些医学植入物也含有铌。

某一些铌化合物具有毒性，但一般人很难接触到这些物质。铌酸盐和氯化铌都可溶于水，大鼠实验，观察短期和长期接触这些化合物引起的效应。对于大鼠，单次注入五氯化铌或铌酸盐的 LD_{50} 为 10 至 100 mg/kg 之间。经口服的毒性较低，对于大鼠的 LD_{50} 值在 7 d 后为 940 mg/kg。

五氯化铌，CAS 号为 10026－12－7，健康危害 GHS 分类为：皮肤腐蚀/刺激，类别 1；严重眼损伤/眼刺激，类别 1。

钼及其化合物

钼

1. 理化性质

CAS号：7439-98-7	外观与结构：灰黑色金属，体心立方结构，非常硬，但比化学相似元素钨更具延展性
沸点(℃)：4 639	熔点(℃)：2 622
密度(g/cm^3)：10.2	燃烧热(kJ/mol)：491
溶解性：与硝酸、热浓硫酸、熔融氯酸钾或硝酸反应，微溶于盐酸；不溶于水、氢氧酸或稀硫酸	蒸气压(Pa)：1(2 469℃，固体)；1(2 721℃)；100(3 039℃)

2. 用途与接触机会

钼主要用于钢铁工业，其中的大部分是以工业氧化钼压块后直接用于炼钢或铸铁，少部分熔炼成钼铁后再用于炼钢。不锈钢中加入钼，能改善钢的耐腐蚀性。在铸铁中加入钼，能提高铁的强度和耐磨性能。含钼18%的镍基超合金具有熔点高、密度低和热胀系数小等特性，用于制造航空和航天的各种耐高温部件。金属钼在电子管、晶体管和整流器等电子器件方面得到广泛应用。氧化钼和钼酸盐是化学和石油工业中的优良催化剂。钼是植物所必需的微量元素之一，在农业上用作微量元素化肥。钼在电子行业有可能取代石墨烯。

纯钼丝用于高温电炉和电火花加工还有线切割加工；钼片用来制造无线电器材和X射线器材；钼耐高温烧蚀，主要用于火炮内膛、火箭喷口、电灯泡 钨丝支架的制造。合金钢中加钼可以提高弹性极限、抗腐蚀性能以及保持永久磁性等。

钼在其他合金领域及化工领域的应用也不断扩大。例如，二硫化钼润滑剂广泛用于各类机械的润滑，钼金属逐步应用于核电、新能源等领域。由于钼的重要性，各国政府视其为战略性金属，钼在二十世纪初被大量应用于制造武器装备，现代高、精、尖装备对材料的要求更高，如钼和钨、铬、钒的合金用于制造军舰、火箭、卫星的合金构件和零部件。

钼在薄膜太阳能及其他镀膜行业中，作为不同膜面的衬底也被广泛应用。

3. 毒代动力学

大鼠慢性吸入钼尘后，钼主要蓄积在肺，脾，心。

膳食及饮水中的钼化合物(除硫化钼以外)，极易被吸收。经口摄入的可溶性钼酸铵约88%～93%可被吸收。大豆和羽衣甘蓝内标记钼的吸收率分别为57%和88%。动物对钼的吸收是在胃及小肠。膳食中的各种含硫化合物对钼的吸收有相当强的阻抑作用，硫化钼口服后只能吸收5%左右。

钼酸盐被吸收后仍以钼酸根的形式与血液中的巨球蛋白结合，并与红细胞有松散的结合。血液中的钼大部分被肝、肾摄取。在肝脏中的钼酸根一部分转化为含钼酶，其余部分与蝶呤结合形成含钼的辅基储存在肝脏中。

身体主要以钼酸盐形式通过肾脏排泄钼，膳食钼摄入增多时肾脏排泄钼也随之增多。因此，人体主要是通过肾脏排泄而不是通过控制吸收来保持体内钼平衡。此外也有一定数量的钼随胆汁排泄。

4. 毒性与中毒机理

对于金属钼和其他难溶解的钼化合物，动物实验有限而人体毒性报告缺乏。

三氯化钼(CAS号为13478-18-7)，五氯化钼(CAS号为10241-05-1)，健康危害GHS分类皆为：皮肤腐蚀/刺激，类别1；严重眼损伤/眼刺激，类别1。

4.1 急性毒作用

大鼠经口 TDL_0：7 mg/kg。接触可以导致皮肤，眼，和呼吸道刺激。

4.2 慢性毒作用

钼可使牛羊发生一种慢性钼中毒病“下泻疾病”。美国和苏联一些地区痛风发病率高与高摄入量钼(每天10～15 mg)有关。

4.4 远期毒作用

(1) 肺尘症

兔子气管内接触钼，可在九月后导致肺尘症和间质性肺炎。

(2) 致癌性：荷兰国立卫生和环境署(RIVM)评价后认为钼无致突变性。

4.5 中毒机理

钼在机体的主要功能是参与硫、铁、铜之间的相互反应。钼是黄嘌呤氧化酶、醛氧化酶和亚硫酸氧化酶发挥生物活力的必需因子，对机体氧化还原过程中的电子传递、嘌呤物质与含硫氨基酸的代谢具有一定的影响。在这三种酶中，钼以喋呤由来性辅助因子的形式存在。钼还能抑制小肠对铁、铜的吸收，其机制可能是钼可竞争性抑制小肠黏膜刷状缘上的受体，或形成不易被吸收的铜—钼复合物、硫—钼复合物或硫钼酸铜(Cu-MoS)并使之不能与血浆铜蓝蛋白等含铜蛋白结合。

过多的钼使体内的黄嘌呤氧化酶的活性激增，结果发生痛风综合征、关节痛和畸形，肾脏受损使血中尿酸过多等。钼中毒还表现生长发育迟缓、体重下降、毛发脱落、动脉硬化等。

钼缺乏主要见于遗传性钼代谢缺陷，尚有报道全肠道外营养时发生钼不足者。钼不足可表现为生长发育迟缓甚至死亡，尿中尿酸、黄嘌呤、次黄嘌呤排泄增加。

5. 人体健康危害

钼的缺乏会导致龋齿、肾结石、克山病、大骨节病、食道癌等疾病。

而过量的钼接触会刺激皮肤和眼睛。吸入钼或三氧化钼会刺激呼吸道，有可能导致肺尘症。在钼过量接触的矿工中，有报道发现工人有非典型症状如疲劳、无力、头痛、恶心、膝盖和肌肉疼痛。仅有一篇病例对照研究(1999 年)发现钼接触与肺癌有相关，并呈剂量反应关系。

对于肺功能受损患者，特别是对于气道阻塞性疾病患者，不溶性钼化合物的呼吸可能因其刺激而引起症状加重。

6. 风险评估

6.1 生产环境

我国职业接触限值规定：钼及其不溶性化合物 PC-TWA 为 6 mg/m^3，可溶性化合物 PC-TWA 为 4 mg/m^3。

6.2 生活环境

美国 EPA 饮水指南：饮用水浓度限制 40 μg/L。美国 EPA 的 RFD 为 5×10^{-3} mg/(kg·d)。

钌及其化合物

钌

1. 理化性质

CAS 号：7440-18-8	外观与性状：硬质的白色金属
熔点/凝固点(℃)：2 310	沸点(℃)：3 900
密度(g/cm^3)：12.3 (20℃)	溶解性：在空气和潮湿环境中稳定，不溶于酸和王水；溶于熔融的强碱、碳酸盐、氰化物

2. 用途与接触机会

钌的用途主要由钌的物理化学性质决定，化学性质很稳定。作为使用最广泛的电阻浆料，用于制作高性能电阻和高可靠精密电阻网络。钌是极好的催化剂，用于氢化、异构化、氧化和重整反应中。纯金属钌用途很少。它是铂和钯的有效硬化剂。用它制造电接触合金，以及耐磨硬质合金等。2016 年，诺贝尔化学奖获得者、南加利福尼亚大学化学系教授乔治·欧拉率领团队，首次采用基于金属钌的催化剂，将从空气中捕获的二氧化碳直接转化为甲醇燃料，转化率高达 79%。

铑及其化合物

铑

1. 理化性质

CAS 号：7440-16-6	外观与性状：银白色、坚硬的金属，具有高反射率
熔点/凝固点：1 955℃	密度(g/cm^3)：12.41 (20℃)
溶解性：不溶于多数酸；完全不溶于硝酸；稍溶于王水	

2. 用途与接触机会

广泛应用于汽车尾气净化、化工、航空航天、玻纤、电子和电气工业等领域，用量虽少，但起着关键作用，素有"工业维生素"之称。

除了制造合金外，铑可用作其他金属的光亮而坚硬的镀膜，例如，镀在银器或照相机零件上。将铑蒸发至玻璃表面上，形成一层薄蜡，便造成一种特别优良的反射镜面。

3. 风险评估

美国 ACGIH 规定：本品 TLV－TWA 为1 mg/m^3。

钯及其化合物

钯

1. 理化性质

CAS 号：7440－05－3	外观与性状：银白色过渡金属，较软，有良好的延展性和可塑性，能锻造、压延和拉丝
熔点/凝固点(℃)：1 554	沸点(℃)：2 970
密度(g/cm^3)：12.02 (20℃)	溶解性：耐氢氟酸、磷酸、高氯酸、盐酸和硫酸蒸气的侵蚀，但易溶于王水和热的硫酸及浓硝酸

2. 用途与接触机会

钯是航天、航空、航海、兵器和核能等高科技领域以及汽车制造业不可缺少的关键材料，主要用于制催化剂，钯与钌、铱、银、金、铜等熔成合金，可提高钯的电阻率、硬度和强度，用于制造精密电阻、珠宝饰物等。而最常见和最有市场价值钯金首饰的合金是钯金。还用于制造牙科材料、手表和外科器具等。

3. 毒性

大鼠经口 TDL_0：9 000 mg/kg，喂养 180 d，造成大鼠体重降低，凝血因子改变，血清成分(如总蛋白、胆红素、胆固醇)改变。

银及其化合物

银

1. 理化性质

CAS 号：7440－22－4	外观与性状：白色有光泽金属，软，有韧性
熔点(℃)：960.5	沸点(℃)：2 000
密度(g/cm^3)：10.49 (15℃)	腐蚀性：银溶液可能会腐蚀塑料、橡胶
导电性：纯银的电导和热导性在金属中最佳	溶解性：不溶于水；能很快溶于稀硝酸和热的浓硫酸
易燃性：一般不易燃，粉尘易燃	

2. 用途与接触机会

银在环境中广泛分布。在地壳中，它的平均含量为 0.1～0.2 mg/kg。银化合物在自然界中存在于淡红银矿，角银矿、深红银矿和脆银矿之中。银化合物可用来制作电池(Ag_2O)、催化剂($AgNO_3$，$AgCO_3$ $AgClO_4$)、医药制剂($AgCl$)、电镀($AgCN$)和摄影(银卤化物)时，其生产和使用可能会导致它们释放到周围环境中造成污染。除此之外，对于银矿的开采和提纯，以及对于二次能源的提炼过程中，也可以接触到银及银化合物。监测数据显示，一般人可能通过吸入的环境空气，摄入的食物和饮用水，皮肤接触到的消费产品接触到银及其化合物。

3. 毒代动力学

3.1 吸收与分布

银可以经呼吸道，消化道和皮肤吸收。消化道暴露银后，大约 1%可以在小鼠、大鼠和猴体内被吸收，而狗体内多达 10%可被吸收。狗气管内银暴露后 6 h，97%的银仍留存在肺内。银进入机体后，在肝脏和脾脏之中的含量最高，其次是肌肉、皮肤和大脑。银也会沉积在血管壁、睾丸、鼻黏膜、上颌窦、气管和支气管。动物体内的银生物半衰期达数天，而人可以长达 50 天。

3.2 代谢与排泄

经肺进入体内的银，部分以原形物由呼气排出。在胃肠道吸收的银主要通过肝脏代谢，经胆汁分泌，随粪便排出。在一次放射性银的人体意外摄入事故中，发现暴露 2～6 d 内 25%的银可在肝内被检测到。银在肾脏沉积，较难随尿液排出。狗的经呼吸道放射性银染毒实验发现，肺内 59%的银在 1.7 d 被清除，而肝需要 9 d。

沉积于在组织中的银一般属于不溶性银盐，如氯化银和磷酸银。这些不溶性银盐似乎可以转变为可溶性的硫化银蛋白盐。不溶性银盐可以与RNA，DNA和蛋白质中的氨基或羧基结合形成复合物；或与抗坏血酸，儿茶酚胺反应，转变为金属银。

4. 毒性与中毒机理

4.1 急性毒作用

人银中毒口服剂量：约为3.8 g。10 g通常致死。

4.2 慢性毒作用

对于银或银化合物中毒（银沉着病）的人或动物，当他们的皮肤暴露于紫外线下，皮肤颜色会变成永久的蓝灰色，从医学角度上，该变化不产生任何不良影响。硝酸银中毒可引起高铁血红蛋白血症，严重情况下，会出现发绀甚至死亡。慢性银中毒的动物条件反射活动减少和免疫力降低，出现抑郁状态。

美国美国EPA致癌性分类：D类（动物致癌试验结果：不充分）。

4.3 中毒机理

皮肤暴露于紫外线下，会变成蓝色或灰色，可能是由于体内的氯化银变成金属银，发生光致还原作用的结果。高铁血红蛋白血症的原因可能是硝酸盐在生物体中转变为了亚硝酸盐。

5. 人体健康危害

人群中发生银中毒的情况十分罕见，人类发生银中毒的主要原因是为了进行某些疾病的治疗，注射或者口服了含银的化合物（如阿斯凡纳明银盐，硝酸银）。口服大量的银或含银化合物会造成胃肠道反应，如恶心、呕吐、腹痛。吸入含有银的粉尘会对肺部有刺激作用。银中毒的特征表现为皮肤颜色变为蓝灰色，这是一种永久的、无不良影响的生物改变。

硝酸银对皮肤黏膜具有刺激作用，若皮肤接触到过量的硝酸银，会引起皮疹，皮炎和皮肤灼伤。若眼睛里滴入高浓度的硝酸银，可能直接导致失明。若摄入硝酸银过多，还会引起高铁血红蛋白血症。

6. 风险评估

6.1 生产环境

美国OSHA规定：PC－TWA为0.01 mg/m³；NIOSH规定MAC为10 mg/m³；ACGIH规定：可溶性化合物（按Ag计）TLV－TWA为0.01 mg/m³。

6.2 生活环境

美国EPA对水中银含量的标准为100 μg/L。美国EPA的RFD为5×10^{-3} mg/(kg·d)。

镉及其化合物

镉（非发火）

1. 理化性质

CAS号：7440－43－9	外观与性状：微带蓝色的银白色金属，质软，具延展性，耐磨
熔点/凝固点（℃）：320.9	溶解性：易溶于硝酸，难溶于硫酸和盐酸
沸点（℃）：767	熔化热（kJ/mol）：6.192
密度（g/cm³）：8.65（25℃）	相对密度（水＝1）：8

2. 用途与接触机会

2.1 生活环境

日常生活环境中镉主要来源于镀镉器皿，人们在使用镀镉器皿调制或贮放酸性食物或饮料时可接触镉。吸烟是另一个重要的生活镉接触来源（每20支香烟含镉量达30 μg）。镉污染的大米是我国环境人群镉接触的主要来源。此外，我国的镉污染情况严峻，由工业废弃物排放增加了环境镉污染机会，在镉污染区的居民可通过饮食以及饮水摄入镉。

2.2 生产环境

镉在工业上应用相当广泛，如冶炼、合金制造、电镀、玻璃、油漆、颜料、照相材料、光电池、蓄电池、原子反应堆等行业均可接触到镉。随着电子行业迅猛发展，各种电子材料和产品如镉镍电池、晶体管和半导体等需求猛增，作为原材料的镉需求量和产量逐年增加，也使职业性接触镉的机会大增。

3. 毒代动力学

3.1 吸收、摄入与贮存

在生产条件下，镉及其化合物主要以粉尘、烟或蒸气的形态经呼吸道进入人体，大约有15%～30%镉会被吸收进入人体，经消化道可摄入少量镉，但是一般不超过10%。液体中的镉可经皮肤进入人体。环境镉接触主要经消化道摄入，如镉污染的大米。

肝脏和肾脏是体内储存镉的两大器官，两者所含的镉约占体内镉总量的60%。据估计，40～60岁的正常人，体内含镉总量约30 mg，其中10 mg存于肾，4 mg存于肝，其余分布于肺、胰、甲状腺、睾丸、毛发等处。器官组织中镉的含量，可因地区、环境污染情况的不同而有很大差异，例如亚洲地区居住者比世界其他地区居住者的含量高，并随年龄的增加而增加，至40～50岁达最高峰，以后稍见下降。有研究曾对生前接触镉的7个人，在死后作各器官内含镉量测定，每100 g组织中，肾为1～8 mg，肝为2～4 mg，胰为4～8 mg，甲状腺为6～8 mg。正常人内脏含镉量均低于0.01 mg/100 g。镉在体内存留时间长，由于镉在人体的半衰期很长(约8～30年)，一旦进入人体内，就会蓄积很长时间，甚至伴随人的整个生命期，即相当于在体内有一个"镉库"。

3.2 转运与分布

镉进入人体后，主要与富含半胱氨酸的胞浆蛋白相结合形成镉金属硫蛋白而存在，可分布到全身各个器官。这种金属硫蛋白对镉在体内的分布、代谢起着重要的作用。吸收入血液的镉，主要与红细胞结合，血中镉90%～95%存在于红细胞中。

3.3 排泄

镉排出很慢，会蓄积很长时间，在体内形成一个"镉库"。镉主要从尿、粪中排出，经口摄入者80%以上经粪排出，20%随尿排出。

4. 毒性与中毒机理

健康危害GHS分类为：急性毒性—吸入，类别2；生殖细胞致突变性，类别2；致癌性，类别1A；生殖毒性，类别2；特异性靶器官毒性—反复接触，类别1。

4.1 急性毒作用

镉及其化合物的毒性依其品种而异。大鼠经口LD_{50}为2 330 mg/kg；小鼠经口LD_{50}为890 mg/kg。

4.2 慢性毒作用

镉可产生下列慢性损害：① 肾损害。低浓度长期镉接触最常见的是肾损害：患者肾小球滤过功能多正常，肾小管重吸收功能下降，以尿中低分子蛋白(如β_2-微球蛋白)增加为特征。② 睾丸损害。睾丸组织对镉很敏感，小鼠皮下注入氯化镉或乳酸镉可引起精原上皮细胞和间质的破坏，出现去睾丸现象，睾丸酮合成明显减少，精原细胞对胸腺嘧啶结合能力减少，动物生育率下降。有人认为是由于镉引起血管损害，使血流量减少，以至睾丸出现缺血坏死；③ 高血压。动物饲以含镉饲料或腹腔内注入醋酸镉，可引起高血压，使用络合剂依地酸钠锌($ZnNa_2$ EDTA)排镉后，血压可恢复正常。其原因可能是镉对血管的局部作用，或因镉有抗利尿作用而致水和钠滞留，或因镉加强了肾素活性所致。人患高血压时，可见肾内Cd/Zn比值改变，但在接触镉作业工人中，未见高血压发病率增加；④ 贫血。因镉可大量破坏红细胞并使骨髓缺铁所致；⑤ 骨质疏松。

4.3 远期毒作用

(1) 致癌作用

IARC将镉及其化合物列为分类1，确认人类致癌物。中胚叶组织对镉最为敏感，肝瘤形成可能来自受损的纤维母细胞。目前已知镉可在动物引起横纹肌肉瘤、皮下肉瘤及睾丸间质细胞瘤。流行病学调查表明接触镉的工人中肺癌和前列腺癌发病率增高。

(2) 发育毒性与致畸性

镉对于胚胎的生长发育有明显影响。原因是镉对于发育中各期细胞分裂都有抑制作用，其途径可能是通过抑制DNA与蛋白质的合成。已知镉可抑制胸腺嘧啶核苷激酶活性，从而降低DNA的合成。此外，镉对于血液以及与生长发育有关酶类及内分泌系统亦有影响，所以会干扰胚胎的正常发育。镉所致的畸形类型有多种，但以颅脑、四肢和骨骼畸形为多见。

(3) 内分泌干扰作用

镉具有拟雌激素作用。

4.4 中毒机理

镉进入机体后在肝脏诱导金属硫蛋白合成并与之结合形成镉金属硫蛋白质(MT-Cd)。它经肾小球滤过，在近曲肾小管重吸收。通过胞饮作用进入肾小管的细胞内，可干扰细胞内线粒体的能量代谢，低浓度镉即可使氧化磷酸化作用解偶联，引起能量不足。使肾小管的重吸收功能下降，因而出现肾小管型蛋白尿、糖尿与氨基酸尿。镉对于其他器官损害有人认为是由于继发于对血管直接损害所致，睾丸组织损害与肺水肿都属于这一类。亦有认为镉可损及需要锌或其他微量元素激活的酶系统。镉与巯基、羧基、羟基及含氮配基结合，它的亲和力比锌大，因此使体内一些含锌酶中的锌被镉所取代，丧失其固有的功能。

5. 生物监测

5.1 接触标志

血镉作为当前或近期接触的指标，而尿镉反映肾或体内镉负荷。接触后不久，血镉迅速上升，生物半衰期 3 到 4 个月，而停止接触后血镉相对来说会迅速下降。有研究发现在停止接触几年后，血镉是最好的计量指征。

5.2 效应标志

(1) 反映肾毒性作用的标志

有研究发现，近曲小管功能下降 10%时，可使尿中白蛋白的排泄增加 10 倍，而 β_2 - MG 则呈 300 倍上升；尿中视黄醇结合蛋白(RBP)浓度大于 4 mg/L 时肾病的发病概率增加。镉中毒时还可以出现糖尿以及氨基酸尿，前者反映肾小管重吸收葡萄糖的功能降低外，亦同时由于镉引起葡萄糖生成增加，糖耐量降低，胰岛素释放降低等所导致。氨基酸尿在镉中毒早期常见，但可能与接触者饮食有关，通常氨基酸在肾小球滤过后，全由近端小管吸收，当近端小管发生障碍时，氨基酸重吸收受阻，由尿中排出，其尿氨基酸成分与正常人不同，在正常人尿中不存在的脯氨酸及羟脯氨酸而在镉接触者中可大量增加，主要是镉抑制了赖氨酸氧化酶所致。N-乙酰-β-D氨基葡萄糖苷酶(NAG)及其同工酶 NAG - B 主要来源于肾小管细胞内的溶酶体，尿中镉浓度在 0.5～2 μg/g 肌酐时，NAG - B 即有所上升，充分显示其灵敏性且其效果明显优于白蛋白。

(2) 反映骨毒作用的生物标志

研究镉骨毒作用最便捷的方法是测定患者的骨密度。由于尿钙排出增加，骨形成中对钙的需求增多，造成骨密度降低和骨皮质增厚。有关骨毒作用的生物标志有：① 矿物质含量是反映骨代谢的间接指标，接触后体内钙、磷含量降低。② 血清碱性磷酸酶(AKP)和骨钙素(BGP)是反映骨形成的指标。AKP 主要由成骨细胞产生。痛痛病患者总 AKP 与骨碱性磷酸酶成分均升高，指示成骨细胞活力增加。③ 1,25 -二羟基胆钙化醇(1,25 - DHCC)，1,25 - DHCC 维生素 D 一旦进入体内，首先在肝中代谢为 25 -羟胆钙化醇(25 - HCC)，然后在肾中代谢为 1,25 - DHCC。

6. 人体健康危害

6.1 急性中毒

吸入镉烟引起的急性中毒以刺激呼吸道黏膜为主，可发生化学性肺炎和肺水肿。空气中镉浓度每立方米达数毫克时，即可引起呼吸道(尤其是肺泡)明显损害。吸入后有 4～10 h(个别短至 20 min 至 2 h)潜伏期。此时喉头和眼黏膜有刺激感，头痛、头晕、疲倦。但因不严重而往往被忽略。继而可出现咳嗽、呼吸困难、胸部压迫感、胸骨后疼痛和灼热感。并可有寒战、背部和四肢关节肌肉疼痛等。严重者呼吸道症状可于数天内发生恶化，出现支气管肺炎或肺水肿，X 线检查见两肺有散在性片状浸润阴影。

急性吸入中毒者的主要损害见于肺部，尸检见有急性肺水肿和肺气肿，肾皮质坏死，肾小球囊呈明显黑褐色，脾脏充血，其余器官正常。以肾含镉量为最高，次为肝及肺。

镉化合物所致呼吸道病变偶可持续数周，少数患者可因血管周围或支气管周围纤维化，形成永久性的病变。

误食镉化合物可引起急性中毒。经 10 min 至数小时潜伏期后，出现急剧的胃肠刺激症状，有恶心、呕吐、腹泻、腹痛、里急后重、全身疲乏、肌肉疼痛和虚脱等。

6.2 慢性中毒

慢性镉中毒以肺气肿、肾功能损害(蛋白尿)为主要表现。其次还可引起缺铁性贫血，牙齿颈部黄斑，嗅觉丧失和鼻黏膜溃疡或萎缩等。患者开始可出现头痛、头昏、上下肢长骨和关节疼痛、鼻和喉头干燥、恶心、食欲减退、体重减轻、疲劳等一般性症状。常见的特殊慢性病变和症状如下：

(1) 嗅觉减退或丧失：据国外报道，在碱性蓄电池厂，空气中镉浓度达 0.28～2.76 mg/m³(同时有镍 0.001 6～0.056 mg/m³)有 15%工人出现嗅觉障碍。又有报道认为长期接触镉工人中可高达 66%，且鼻黏膜未见任何改变者，亦有此症状出现。有研究认为嗅阈提高主要是嗅觉的中枢部分受损所致。

(2) 牙周黄褐色环：尿镉在 0.89 μmol/L (0.1 mg/L)以下，血镉在 28.7 mmol/L 以下者无此症状。

(3) 肺部损害：可出现肺气肿，多见于接触镉数年之后，一般不伴发慢性支气管炎，无慢性咳嗽史，在继发感染后可出现呼吸困难，有报告长期接触脂酸镉或硒磺酸镉的工人，可出现弥漫性间质性肺硬化。

（4）肾损害：主要损及近曲肾小管，亦可见同时损及肾小球。在中毒早期常出现肾小管性蛋白尿，主要排出分子量为1万～2.5万的蛋白质。这些低分子量的蛋白以β2微球蛋白、视黄醇结合蛋白以及溶菌酶等为代表，三者分子量分别为1.16万、2.06万和1.46万。其尿排出量可达1.2～3.2 g/L。当镉损及肾小球时，尿中可出现高分子蛋白、或以高分子蛋白为主的混合型蛋白尿。

镉中毒可出现糖尿及氨基酸尿，前者除反映肾小管重吸收葡萄糖功能降低外，亦同时由于镉引起葡萄糖生成增加、糖耐量降低、胰岛素释放降低等因素所致。氨基酸尿在镉中毒早期颇常见，但亦有人认为这是一种非特异性征象，与镉接触者的饮食有关，且其出现亦较其他征象为晚。尿中酶量排出增加反映了肾小球滤过的酶量增加。肾小管对酶量吸收能力下降；肾小管细胞损伤，细胞内酶漏出亦可使尿酶增加。

肾损害的表现还可见尿浓缩功能低下。钙、粘蛋白和尿酸排出增加，导致尿中晶体-胶体关系改变。有报告接触镉者肾结石发生率较高，可能与此有关。

（5）免疫功能低下：镉可抑制机体免疫功能、干扰免疫球蛋白的生成与正常的排列结构。

（6）贫血：主要由于红细胞脆性增加而大量破坏所致，临床上可出现中度贫血。

（7）骨质疏松：当含镉工业废水污染外界环境，使饮食摄入镉过量增加，可引起生活性镉中毒。日本发现的骨痛病即属此类。初起时为腰痛，下肢肌肉痛，步行觉疲劳，以后下肢疼痛加剧，以致上下梯级困难，呈特有摇摆步态（因股内旋肌痉挛所致）；由于骨质疏松，可发生病理性骨折，并可引起骨胳变形、变短，因周身骨痛而卧床不能行动。皮肤有特殊色素沉着。此病起因是镉损害肾小管吸收功能，使钙、磷排出增加；同时又对胃肠黏膜产生刺激，使之发生炎症以至萎缩，对矿物盐类的吸收减少，因而出现骨的改变。工业上接触镉亦可能引起骨胳的病变，但程度没有如此严重。

（8）致癌性：从流行病学调查的数据来看，镉致肺癌要多于前列腺癌，其他的部位（如肝、肾、胃）镉的致癌概率未被确认。但越来越多的研究表明镉与多种器官的肿瘤发生有关。与长期高水平镉接触引起的痛痛病相比，慢性低剂量镉接触对人体健康的损害截然不同。在欧洲一些国家随年龄增长引发的前列腺癌和乳腺癌的发病率与慢性低剂量镉接触相关。长期镉接触与乳腺癌、子宫内膜癌以及前列腺癌等有关，镉具有类固醇激素的功能，能激活类固醇激素受体蛋白，从而引发激素相关的肿瘤。另外，细胞转化实验也已证明镉化合物具有较强的致癌能力。国内学者对镉转化细胞DNA异常甲基化及其对肿瘤相关基因表达的影响进行研究，探讨镉的表遗传致癌机制。发现镉转化细胞存在异常甲基化DNA，其中一个甲基化DNA片段为p16抑癌基因。DNA高甲基化会导致基因表达抑制，因此，p16基因高甲基化会导致其抑癌功能减弱或丧失，这可能是镉诱导细胞转化及其致癌作用的一种表遗传机制。

（9）生殖毒性：镉能在妇女的卵巢中蓄积，吸烟者卵巢镉水平比非吸烟者高，多胎产（胎数＞3个）妇女卵巢镉水平有下降趋势。镉可直接作用于卵巢，引起积液、出血、萎缩等病理改变，使卵母细胞损害，成熟卵泡减少或空泡变、闭锁卵泡增多。子代对金属毒物的聚集和其毒作用的敏感性远较母体强。已有证据表明母体镉接触引发低体质量儿和早产儿。挑选河北省某地2002年11月至2003年12月109名正常妊娠妇女，检测胎盘镉及脐血镉浓度。4.5年后对上述妇女的幼儿进行问卷调查、体位测量及智商检测。发现脐血镉浓度与幼儿发育呈显著性负相关，脐血镉浓度增高易导致低体质量儿出生。推断脐血镉浓度影响幼儿生长以及后期智商发育。一般认为，镉的发育毒性与其干扰母体内锌的水平、干扰胎盘的正常结构和功能、改变卵黄囊的功能及诱导强化损伤等相关。

7. 风险评估

我国职业接触限值规定：镉及其化合物（以Cd计）PC-TWA为0.01 mg/m^3；PC-STEL为0.02 mg/m^3。

美国ACGIH规定：镉及其化合物（以Cd计）TLV-TWA为0.01 mg/m^3；呼吸性颗粒物TLV-TWA为0.002 mg/m^3。

目前，我国有关生活环境限值标准，主要为GB 5479-2006《生活饮用水卫生标准》和GB 2978-1996《污水排放综合标准》，前者限值为0.005 mg/L，后者限值为0.1 mg/L。

本品对水生生物毒性极大并具有长期持续影响,其环境危害GHS分类为：危害水生环境—急性危害,类别1;危害水生环境—长期危害,类别1。

氧 化 镉

1. 理化性质

CAS号：1306-19-0	外观与性状：棕红色至棕黑色无定形粉末或立方晶系微细结晶
熔点/凝固点(℃)：900(分解)	溶解性：不溶于水、碱,溶于稀酸、氨水
沸点(℃)：1 385	饱和蒸气压(kPa)：0.133(1 000℃)
密度(g/cm³)：8.15	相对密度(水=1)：6.95(无定形)

2. 用途与接触机会

日常生活环境中氧化镉主要存在于陶瓷颜料。镀镉和高温处理(如冶炼、切割、焊接)含镉金属过程中产生含镉蒸气,在空气中氧化成氧化镉。无机工业用于制取各种镉盐,有机合成中用于制造催化剂,电镀工业用于配置镀铜的电镀液。电池工业用于制造蓄电池的电极。颜料工业用于制造镉颜料,应用于油漆、玻璃、搪瓷和陶器釉药中。冶金工业用于制造各种合金如硬钢合金、印刷合金等。用于镉电镀液、制镉电极、光电管、γ射线照相、陶瓷釉彩颜料、冶金工业的合金制造以及用作制镉盐和镉试剂的原料、催化剂。

3. 毒代动力学

氧化镉主要以烟尘形态经呼吸道吸入体内以及经消化道吸收,经皮肤吸收很少。根据镉化合物烟尘粒子的大小,吸入的镉约10%～50%滞留在肺泡,氧化镉的吸收率为60%。

转运与分布、排泄参考镉。

4. 毒性

健康危害GHS分类为：急性毒性—吸入,类别2;生殖细胞致突变性,类别2;致癌性,类别1A;生殖毒性,类别2;特异性靶器官毒性—反复接触,类别1。

4.1 急性毒作用

小鼠经口LD_{50}为72 mg/kg,大鼠吸入LC_{50}为780 mg/m³。对2例死于镉中毒患者的LC_{50}估计为2 500～2 900 mg/(m³·min)。

4.2 慢性毒作用

大鼠吸入氧化镉15～20 mg/m³,2 h/d,历时1～6个月,见血红蛋白和红细胞数减少,白细胞增加,血清蛋白下降。出现肺间质性肺炎和局灶性肺气肿。大鼠吸入氧化镉1.8～2 mg/m³,1 h/d,历时2～3个月后可引起条件反射活动的改变和硫胺素代谢障碍。

4.3 远期毒作用

(1) 致突变作用

有研究显示氧化镉在500 μmol/L浓度时可引起鼠伤寒沙门菌突变,50 μmol/L可引起人淋巴细胞突变。

(2) 致癌作用

IARC致癌性分类：1,确认人类致癌物。已有足够的研究表明镉及其化合物的致癌性,有研究显示氧化镉给大鼠肌肉或皮下注射可引起注射部位肉瘤,有时还可以引起睾丸莱蒂斯氏(Lettice)间质细胞良性瘤。有流行病学调查显示,从1965年报道74名接触氧化镉尘的工人中死亡8例,有3例是前列腺癌。

5. 生物监测

由于镉与氧化镉在体内的毒代动力学基本相似,所以其生物监测指标与镉基本相同。

6. 人体健康危害

6.1 急性中毒

对眼睛、皮肤、黏膜和上呼吸道有刺激作用。吸入,可引起化学性肺炎和肺水肿。误服,可引起急性胃肠刺激症状,有恶心、呕吐、腹痛、腹泻、全身疲乏、肌肉疼痛和虚脱等。吸入氧化镉烟雾后症状包括：头痛,眩晕,胃肠病变,严重胸痛,咯血咳嗽,呼吸困难,高温,严重出汗,肺炎。短期暴露于中等浓度(200～500 μg/m³)的新生成的氧化镉烟不到1 h,可能会引起类似于金属烟热的症状,通常几天内完全恢复,更长时间的暴露可能会导致化学肺炎和水肿。

6.2 亚急性与慢性中毒

吸入氧化镉烟可发生亚急性中毒,大部分情况由金属镉在空中加热后被氧化生成氧化镉引起的,多见到大量红棕色氧化镉烟，吸入后，经2～1 h潜伏期，个别患者可达30 h，首先产生呼吸道刺激症状，出现口干、口有金属甜味、流涕、咽干、干咳、胸闷、胸痛。此外还可以出现头晕、头痛、倦怠、无力、四肢关节酸痛、寒战、发热等。症状可类似流行性感冒。少数人还可有恶心、呕吐、腹痛、腹泻等急性胃肠炎的症状。重症病例经24～36 h后，可发生典型的中毒性肺水肿或化学性肺炎，一周后缓解。少数患者呼吸困难加重，可伴有哮喘和咯血。危重患者可在一周内发生危险。个别患者可伴有肝、肾损害，产生黄疸和少尿。尿镉升高。吸入镉烟1 mg/m^3超过8 h可出现症状；吸入5 mg/m^3超过8 h可导致死亡。

慢性吸入对肾、肺均有损害作用。一名慢性工作过度暴露于镉的患者，没有呼吸系统症状，胸部X线正常。24 h尿微量蛋白尿血液和尿液中镉的浓度分别为45 μg/L和25 μg/g肌酐，环境研究表明工作场所的镉含量为52 μg/m^3。肾活组织检查显示免疫球蛋白A/系膜肾小球肾炎。患者停止接触镉，1年后镉水平下降，肾功能稳定。免疫球蛋白A/系膜肾小球肾炎是一种病因不明的疾病，与其他疾病有关。慢性过度暴露于镉可能导致这种肾病的发展。

在两家英国铜镉合金工厂对100名暴露于氧化镉烟雾的工人和104名年龄分布相似的对照者进行了检查，发现100名接触工人中有19名患有肺气肿，蛋白尿或两者兼有，而3名对照组患有肺气肿或蛋白尿。所有19名有症状和体征的男性都接触过镉超过5年，部分接触13年、甚至超过15年。另外4名工作人员因呼吸急促需要住院治疗。

7. 风险评估

本品对水生生物毒性极大并具有长期持续影响，其环境危害GHS分类为：危害水生环境—急性危害，类别1；危害水生环境—长期危害，类别1。

溴 酸 镉

1. 理化性质

CAS号：14518－94－6	外观与性状：白色结晶或粉末
沸点(℃)：144～145.5	溶解性：溶于水；溶于乙醇
密度(g/cm^3)：1.562	闪点(℃)：78
相对密度(水＝1)：3.76	

2. 用途与接触机会

主要用于分析试剂。

3. 毒性

健康危害GHS分类为：致癌性，类别1A。

误服能产生流涎、呕吐、腹痛、腹泻、窒息等症状。经常接触低浓度粉尘能导致肺部以及肾脏受损，并使牙齿变黄。

4. 风险评估

前苏联对其设定的限制为车间空气中有害物质的MAC为0.05 mg/m^3[Cd](最大值)，0.012 mg/m^3[Cd](日均值)。

本品对水生生物毒性极大并具有长期持续影响，其环境危害GHS分类为：危害水生环境—急性危害，类别1；危害水生环境—长期危害，类别1。

硒 化 镉

1. 理化性质

CAS号：1306－24－7	外观与性状：灰棕色或或红色结晶体
熔点/凝固点(℃)：1 350	溶解性：不溶于水
相对密度(水＝1)：5.81 (15℃)	

2. 用途与接触机会

用于电子发射器和光谱分析、光导体、半导体、光敏元件等。

3. 毒性

健康危害GHS分类为：急性毒性—经口，类别3；急性毒性—吸入，类别3；致癌性，类别1A；特异性靶器官毒性—反复接触，类别2。

吸入或口服对身体有害，具有刺激性，接触可引起恶心、头痛和呕吐。由于硒化镉受热或遇酸能产生剧毒的硒化氢气体，对上呼吸道黏膜和眼结膜有强烈的刺激作用。急性中毒数分钟至3 h内，可陆续出现流泪、咳嗽，伴有胸闷、胸痛等中毒症状。重者进一步发展为化学性肺炎或中毒性肺水肿，患者出现呼吸困难，心跳加快，面色苍白，皮肤黏膜发绀。接触也可引起皮疹。长期接触可引起肾和肺脏损害。

4. 风险评估

本品对水生生物毒性极大并具有长期持续影响，其环境危害GHS分类为：危害水生环境—急性危害，类别1；危害水生环境—长期危害，类别1。

硝 酸 镉

1. 理化性质

CAS号：10325－94－7	外观与性状：无色针状或棱形晶体
熔点/凝固点(℃)：350	溶解性：溶于水；溶于乙醇、丙酮、乙酸乙酯、乙醚
沸点(℃)：132	相对密度(水＝1)：3.6

2. 用途与接触机会

用于制瓷器和玻璃上色等。与有机物、还原剂、易燃物硫、磷混合可燃；受热分解为氧化镉和NO_2。

3. 毒性

健康危害GHS分类为：急性毒性—经口，类别3；生殖细胞致突变性，类别2；致癌性，类别1A；生殖毒性，类别2；特异性靶器官毒性——次接触，类别1；特异性靶器官毒性—反复接触，类别1。

3.1 急性毒作用

大鼠经口LD_{50}为300 mg/kg；小鼠经口LD_{50}为47 mg/kg；小鼠吸入LC_{50}为3 850 mg/m^3。

3.2 远期毒作用

(1) 致突变性：DNA修复：枯草杆菌5 mmol/L。细胞遗传学分析：仓鼠卵巢1 μmol/L。姐妹染色单体交换：仓鼠卵巢300nmol/L。

(2) 致畸性：雌性大鼠孕后1～19 d经口染毒最低中毒剂量(TDLo)40 mg/kg，致心血管系统发育畸形。

(3) 致癌性：IARC将镉及其化合物列为分类1，确认人类致癌物。

4. 人体健康危害

急性中毒：吸入可引起呼吸道刺激症状，可发生化学性肺炎，肺水肿；误食后可引起急剧的胃肠道刺激症状，有恶心、呕吐、腹泻、腹痛、里急后重、全身乏力、肌肉疼痛和虚脱等，重者可危及生命。

慢性中毒：长期接触引起支气管炎，肺气肿，以肾小管病变为主的肾脏损害。重者可发生骨质疏松，骨质软化或慢性肾功能衰竭。可发生贫血、嗅觉减退或丧失等。

5. 风险评估

本品对水生生物毒性极大并具有长期持续影响，其环境危害GHS分类为：危害水生环境—急性危害，类别1；危害水生环境—长期危害，类别1。

其他镉化合物

硫化镉，CAS号为：1306－23－6，健康危害GHS分类为：生殖细胞致突变性，类别2；致癌性，类别1A；生殖毒性，类别2；特异性靶器官毒性—反复接触，类别1。

硫酸镉，CAS号为：10124－36－4，健康危害GHS分类为：急性毒性—经口，类别3；急性毒性—吸入，类别2；生殖细胞致突变性，类别1B；致癌性，类别1A；生殖毒性，类别1B；特异性靶器官毒性—反复接触，类别1。本品对水生生物毒性极大并具有长期持续影响，其环境危害GHS分类为：危害水生环境—急性危害，类别1；危害水生环境—长期危害，类别1。

氯化镉，CAS号为：10108－64－2，健康危害GHS分类为：急性毒性—经口，类别3；急性毒性—吸入，类别2；生殖细胞致突变性，类别1B；致癌性，类别1A；生殖毒性，类别1B；特异性靶器官毒性—反复接触，类别1。本品对水生生物毒性极大并具有长期持续影响，其环境危害GHS分类为：危害水生环境—急性危害，类别1；危害水生环境—长期危害，类别1。

氰化镉，剧毒品，CAS号为：542－83－6，健康危害GHS分类为：急性毒性—经口，类别2；急性毒性—经皮，类别1；急性毒性—吸入，类别2；致癌性，类别1A；特异性靶器官毒性—反复接触，类别2。本品对水生生物毒性极大并具有长期持续影响，其环境危害GHS分类为：危害水生环境—急性危害，类别1；危害水生环境—长期危害，类别1。

碲化镉，CAS号为：1306－25－8，健康危害GHS分类为：致癌性，类别1A。本品对水生生物毒性极大并具有长期持续影响，其环境危害GHS分类为：危害水生环境—急性危害，类别1；危害水生环境—长期危害，类别1。

碘酸镉，CAS号为：7790-81-0，健康危害GHS分类为：致癌性，类别1A。本品对水生生物毒性极大并具有长期持续影响，其环境危害GHS分类为：危害水生环境—急性危害，类别1；危害水生环境—长期危害，类别1。

氟化镉，CAS号为：7790-79-6，健康危害GHS分类为：急性毒性—经口，类别3；急性毒性—吸入，类别2；生殖细胞致突变性，类别1B；致癌性，类别1A；生殖毒性，类别1B；特异性靶器官毒性—反复接触，类别1。本品对水生生物毒性极大并具有长期持续影响，其环境危害GHS分类为：危害水生环境—急性危害，类别1；危害水生环境—长期危害，类别1。

氟硼酸镉，CAS号为：14486-19-2，健康危害GHS分类为：致癌性，类别1A。本品对水生生物毒性极大并具有长期持续影响，其环境危害GHS分类为：危害水生环境—急性危害，类别1；危害水生环境—长期危害，类别1。

铟及其化合物

铟

1. 理化性质

CAS号：7440-74-6	外观与性状：银灰色质软的易溶金属
熔点/凝固点(℃)：156.61	易燃性：遇明火、高热可燃
沸点(℃)：2 000	溶解性：溶于浓硫酸、浓硝酸；不溶于水
闪点(℃)：2 072	密度(g/cm^3)：7.30 (20℃)
饱和蒸气压(kPa)：0.013	

2. 用途与接触机会

铟是一种稀有金属元素，具有延展性，可塑性大，在潮湿空气中表面易生成氢氧化膜，加热超过熔点时可迅速与氧硫结合。常见的铟化物主要有硫酸铟[$In_2(SO_4)_3$]、硝酸铟[$In(NO_3)_3$]、氯化铟($InCl_3$)、氧化铟(In_2O_3)、氢氧化铟[$In(OH)_3$]、磷化铟(InP)、砷化铟(InAs)等。近年来，随着科技的发展，铟及其化合物已经被广泛地应用于各种合金的制造、半导体的合成。铟因其光渗透性和导电性强，主要用于生产氧化铟锡(ITO)靶材(用于生产液晶显示器和平板屏幕)，这一用途是铟锭的主要消费领域，占全球铟消费量的70%。

其次的几个消费领域分别是：电子半导体领域，占全球消费量的12%；焊料和合金领域占12%；研究行业占6%。因为其较软的性质在某些需填充金属的行业上也用于压缝，如：较高温度下的真空缝隙填充材料。

医学上，肝、脾、骨髓扫描用铟胶体。脑、肾扫描用铟-DTPA。肺扫描用铟-$Fe(OH)_3$颗粒。胎盘扫描用铟-Fe-抗坏血酸。肝血池扫描用铟输送铁蛋白。

3. 毒代动力学

3.1 吸收、摄入与贮存

除氯化铟和硫酸铟吸收稍多外，大部分铟盐在胃肠道吸收很少。大鼠气管内吸入或注入可溶性铟盐，约50%在两周内由肺吸收，其余存留在间隔、气管和支气管的淋巴结内长达两个月。

3.2 转运与分布

经各种途径吸收入血的铟可与血浆蛋白(转铁蛋白、α-球蛋白和白蛋白)结合，迅速转运到软组织及骨骼。胶体状的铟则不与血浆蛋白结合，但可被白细胞吞噬后送到肝和脾的网状内皮系统。进入体内的铟主要蓄积在骨骼；皮下注射铟时可大部分蓄积在皮肤和肌肉内；腹腔注射铟时可大部分蓄积在肠系膜和肝脏，然后转移到脾、肾和骨骼。

3.3 排泄

进入体内的铟主要经尿及粪排出，其经尿排泄过程可分为两个时期(经各种途径进入体内)开始为快排泄期，大约为20 d，然后则为长时间的缓慢排泄期，可达数月或数年。

4. 毒性

4.1 急性毒作用

铟的化合物不同，其表现出的急性毒性也不同，如胶体状铟和羟化铟的急性毒性较离子态铟高40

倍。铟的染毒途径不同，其表现出的急性毒性也不同，如小鼠皮下注射枸橼酸铟的致死量为 0.6 mg/kg，在几天内先发生后腿麻痹、惊厥，继而窒息死亡。而静脉注射毒性为皮下毒性的 4 倍。

小鼠的皮下注入，三醋酸脂铟 LDL_0 为 40 mg/kg。大鼠皮下注射硫酸铟或氯化铟，从 10 mg/kg 开始出现死亡。兔皮下注射 2 mg/kg 开始死亡，静脉注射染毒导致毒作用更为明显，硫酸铟及氯化铟兔的 MLD 为 0.64 mg/kg，低于皮下注射致死剂量的 1/2。给小鼠注入氯化铟和胶态氢氧化铟得到急性毒性参数，氯化铟 LD_{50} 为 12.5 mg(In^{+3})/kg。小鼠腹腔注入硝酸铟的绝对致死剂量为 100 mg/kg，而注入氯氧化铟为 10 000 mg/kg，有 70%实验动物死亡。用同样方法注射砷化铟 10 000 mg/kg 使 40%实验动物死亡。经口进入机体的铟化合物毒作用较小，小鼠氢氧化铟的致死剂量 2 000 mg/kg。硫酸铟对大鼠与兔的致死剂量分别为 2 000 与 1 300 mg/kg。硫酸铟、硝酸铟长期胃内给药可引起慢性中毒。气管内注入氧化铟、砷酰磷化铟，不仅引起肺部炎症变化及纤维化过程，而且实验动物发生营养不良现象。

大鼠气管注入高剂量(62 mg/kg)磷化铟 8 d 时可出现急性肺炎和上皮细胞损伤，而低剂量(低于 6 mg/kg)时未见肺炎的改变。

有报道铟盐对动物的肝脏、肾脏和心肌都有毒性作用。急性铟盐中毒动物的肝脏出现明显充血、出血及灶性坏死；肾可出现表面出血及肾小管变性和坏死；心肌可出现肌纤维变性、横纹肌轻度退行性变。

4.2　慢性毒作用

当经口给予大鼠硫酸铟 25～30 mg/d，72 d 时大鼠的体重才略有降低，出现不活泼和毛发粗糙，尸检未见任何病理改变。大鼠吸入不溶性三氧化二铟粉尘(0.5 μM)3 个月，肺内产生非典型炎性反应，并伴有广泛肺泡内蛋白沉着，但未见纤维化。以气管内注入方式每周给予雄性叙利亚金仓鼠 7.5 mg 砷化铟和磷化铟，一共染毒 15 w，而对照组给予磷酸缓冲液。在仓鼠的整个存活期内，砷化铟组比对照组的仓鼠体重增长明显迟缓。而磷化铟组与对照组相比，仓鼠体重增长无明显差异。病理检查给予砷化铟和磷化铟的仓鼠肺部可见蛋白质沉积、肺泡和支气管细胞增生、肺炎肺气肿和肺组织硬化等改变，其发生率都明显高于对照组，这项研究结果说明砷化铟和磷化铟可导致仓鼠的肺组织严重损伤。

慢性铟盐中毒可对肾脏有毒性作用，出现肾小管坏死。铟盐对肝、脾、肾上腺及心脏都有慢性危害，出现慢性炎症改变。暴露氯化铟浓度只有在 300 μmol/L 以下时，大鼠肾脏近曲小管细胞蛋白合成才不会改变。

4.3　生殖毒性

目前对于铟及其化合物在生殖毒性方面的研究报道相对较多。这些研究结果表明铟及其化合物具有生殖毒性。有研究者把铟盐的溶解液注射到小鸡鸡胚(孵化第 2 d，0.1 ml/egg)的气囊中，而对照组给予生理盐水(0.1 ml/egg)。实验结果表明，铟具有胚胎毒性，可导致胚胎体大小异常、短肢畸形、颈部弯曲、鸡胚出血、内脏外翻和眼小畸形。铟对于小鸡鸡胚的 LD_{50} 为 38 mg/鸡胚，其胚胎毒性大于钼、锰和铁的，而小于镉、砷、钴和铜的。

使用含有放射性铟的药物，如柠檬酸铟，可大量减少精子数量。在体内铟的放射毒性要比其他毒性大很多。根据铟的毒代动力学研究铟对大鼠胚胎的毒性作用，将怀孕 9.5 d 的大鼠暴露于氯化铟，其暴露浓度根据胚胎发育时间长短限制在 25～50 μmol/L 的浓度范围内。实验结果表明暴露浓度比暴露时间更重要。铟的生殖毒性是直接影响到胚胎或卵黄囊，而且研究者认为经口给予铟进行染毒时，生殖毒性较弱是由于铟到达胚胎的浓度降低所致。

有研究者给予瑞士小鼠氯化铟 250 mg/kg，结果表明雄性小鼠的生殖系统和肝脏没有改变，通过检测 N-乙酰氨基葡萄糖苷浓度的降低可说明小鼠肾脏受到影响。虽然雌性小鼠怀孕能力不受影响。但是雌性小鼠胚胎发育却受到不良影响，在母体体重增加的情况下，小鼠子宫内的胚胎死亡率增加，也就是说胚胎畸形率不增加，而胚胎死亡率增加。此结果并不影响母体体重的增加。在体外毒性试验也说明低剂量铟的生殖毒性直接导致胚胎死亡率增加，在胚胎体内也可检测出低含量的铟，并且其含量要比母体肝脏中的高。

5. 人体健康危害

5.1　急性中毒

铟对眼睛和呼吸道有刺激性，吸入时可引起咳嗽、气短、咽痛；经口摄入时可引起恶心、呕吐；进入眼睛可引起红肿、疼痛。

氯化铟对眼睛、皮肤和呼吸道均具有腐蚀性。吸入时可引起咳嗽、咽痛、灼热感、呼吸困难，甚至引起肺水肿；经口摄入时有灼热感、腹痛、恶心、呕吐、虚脱或休克；皮肤接触后可引起灼热、疼痛、水疱和皮肤烧伤，进入眼睛可引起充血、疼痛、严重时也造成烧伤。

5.2 中长期中毒

在 ITO 透明导电膜玻璃制造厂工作，接触 ITO 粉尘的工人肺活体组织检查。经电子显微镜观察发现工人的肺内存在有 ITO 颗粒。日本和美国的 ITO 透明导电膜玻璃制造加工厂、铟回收利用工厂和氧化铟制造工厂的工人的健康调查结果显示，ITO 或氧化铟可引起间质性肺炎和肺纤维化等肺部疾病，工人血中铟浓度升高，肺纤维化指标 KL-6、SP-D 和 SP-A（三者均为活性蛋白）的值也升高。

6. 风险评估

我国职业接触限值规定：铟及其化合物（以 In 计）PC-TWA 为 0.1 mg/m^3；PC-STEL 为 0.3 mg/m^3。美国 AVGIH 和英国 OESs 规定：TLV-TWA 为 0.1 mg/m^3。日本产业卫生学会推荐的铟及其化合物的生物学容许浓度为血清铟浓度 3 μg/L。

锡及其化合物

锡

1. 理化性质

CAS 号：7440-31-5	外观与性状：白色有光泽质软金属
熔点/凝固点（℃）：231.88	自燃温度（℃）：630
沸点（℃）：2 507	爆炸下限[%(V/V)]：190(g/m^3)
密度(g/cm^3)：7.28 (20℃)	溶解性：溶于浓盐酸、硫酸、王水、浓硝酸、热苛性碱溶液；缓慢溶于冷稀盐酸、稀硝酸和热稀硫酸，冷苛性碱溶液，在乙酸中溶解更慢；不溶于水

2. 用途与接触机会

2.1 生活环境

生活环境中由于锡富有光泽、无毒、不易氧化变色，具备很好的杀菌、净化、保鲜效用，常用于食品保鲜、罐头内层的防腐膜等。且由于其质软、熔点较低、可塑性强，常用于酒具、烛台、茶具以及花瓶等。锡的无机化合物如硫化锡，它的颜色与金子相似，常用作金色颜料。二氧化锡可用于制造搪瓷、白釉与乳白玻璃。

2.2 生产环境

锡的无机化合物常用于纺织工业，如氧化亚锡在白棉布印染中作为还原剂；水合锡酸、偏锡酸钠，水合氯化锡及氯锡酸铵等，用作印染的媒染剂。此外，还用于玻璃、搪瓷等工业。二氧化锡可作催化剂。

在开采锡矿时工人接触锡的无机化合物，常见的为锡石即二氧化锡（SnO_2），其余矿石多为锡的硫化物，如亚锡酸盐矿（Cu_2FeSnS 及 $PbZnSnS_2$）。在冶炼锡时，锡蒸气在空气中能迅速形成二氧化锡烟尘。

3. 毒代动力学

3.1 吸收、摄入与贮存

人体主要是通过食物摄入锡，一般食物中的锡含量很低，食品中的锡主要来源于接触锡容器和器皿。人每天从水、食物，空气中摄入锡约 1～38 mg，食用罐头食品可增加摄入量。无机锡在肠胃系统中吸收很弱，吸收速率与氧化态和阴离子形式有关。锡摄入后仅少量的锡、锡盐以及可溶性酒石酸锡钠之类能进入组织，其剂量的 90% 以上亦通过粪便排出。锡进入人体后，经血液分布于人体如肾、肝、胸腺等许多器官中，骨是无机锡的主要蓄积处。研究表明，每天摄入超过 130 mg，锡将会在肝脏和肾脏中积蓄。

3.2 转运与分布

以锡盐注入动物体内，锡在全身广泛分布，当其浓度逐渐下降时，肝和脾中却相对地增加，可能以胶体状态运转。

3.3 排泄

被吸收的无机锡主要从尿中排出，部分由胆汁排出。

4. 毒性

锡及其大多数无机化合物属低毒或微毒类。锡及其化合物的毒性可影响人体对其他微量元素的代谢,如锡能影响人体对锌、铁、铜、硒等元素的吸收等,锡毒性还会降低血液中钾离子等的浓度,而导致心律失常等疾病。

大鼠在1年内经口给予50～120 mg/d柠檬酸锡钠,未见致毒作用。猫在13～20个月内饲以10～14 mg/kg·d酒石酸锡,未见任何中毒症状。狗在1年或更长时间内饲以剂量渐增至100～150 mg/kg的各种锡盐,亦未见引起明显中毒现象。

以粉状的金属锡饲小鼠或以小锡丸饲母鸡均未见毒害征象。但在极大剂量时,某些动物可出现呕吐和腹泻。

狗、兔、大鼠静脉注射氧化锡悬浮液,见氧化锡存在于吞噬细胞和网状内皮系统内,组织无纤维化及其他损害表现。有人用锡尘悬浮液注入豚鼠肺内,仅见尘粒在肺内呈灶性沉积,少数为吞噬细胞吞噬,未见吞噬细胞坏死或异物巨细胞反应,也无胶元形成。但是,氧化锡与石英混合作气管染尘时,能大大加强石英的致病作用。对皮肤的作用方面,发现氟化亚锡和氯化亚锡对兔受损皮肤产生炎症反应,对完整皮肤无此现象。

应注意少数锡盐有较明显毒性。例如氯化亚锡在动物实验中可引起瘫痪,甚至死亡;小鼠经腹腔LD_{50}仅66 mg/kg。四氯化锡有强烈刺激性;四氢化锡则为强烈的致痉挛性毒物,小鼠经腹腔LD_{50}为46 mg/kg。

5. 人体健康危害

5.1 急性中毒

对皮肤、呼吸道有刺激作用。粉尘刺激眼睛,并引起角膜溃疡。

5.2 慢性中毒

长期吸入炼锡过程所产生的烟尘后,可引起锡肺(或肺部锡末沉着症),除个别情况外,多数没有肺功能改变的表现。锡肺患者的胸部X线片可见肺门阴影较致密,呈残根状;肺纹理往往全部消失;肺野散在密度较高呈簇状的细小密实阴影,边缘清晰,大小1～3 mm左右。患者脱离炼锡作业后,经过一段缓慢的过程,不管有否治疗,上述簇状阴影均可有不同程度的减轻或消失。

有人口服甚至可耐受800～1 000 mg/kg,无机锡经口进入之所以毒性低,与其低吸收、低蓄积、迅速转运有关。

长期接触四氯化锡的工人,可有呼吸道刺激症状,和消化道症状如恶心、上腹部不适、便秘。有时有肩和足部疼痛等。四氯化锡可引起皮肤溃烂和湿疹。

6. 风险评估

我国职业接触限值规定:二氧化锡(按Sn计)PC-TWA为2 mg/m^3。美国ACGIH规定:锡TLV-TWA为2 mg/m^3;锡的氧化物和无机化合物(除锡化氢)TLV-TWA为2 mg/m^3、有机化合物TLV-TWA为0.1 mg/m^3、TLV-STEL为0.2 mg/m^3。

有机锡化合物

醋酸三丁基锡

1. 理化性质

CAS号:56-36-0	外观与性状:白色粉末
熔点/凝固点(℃):80～83	溶解性:水中溶解度为0.065 g/L
闪点(℃):>100(闭杯)	沸点(℃):120(0.26 kPa)
密度(g/cm^3):1.17 (25℃)	

2. 用途与接触机会

2.1 生活环境

醋酸三丁基锡(tributyltin acetate,TBT)主要用做农药。日常生活环境中醋酸三丁基锡的来源有:经TBT污染的饮食(海鲜、贝类等),蔬菜水果上残留的杀虫剂,经过防腐处理的木材,工业废水以及纺织品等。由于有机锡化合物对海洋的污染,不可避免地造成了海洋生物的体内负荷增加,同时通过食物链的影响,不可避免地对人体健康造成威胁。

2.2 生产环境

TBT被广泛用于工业、农业、各种杀虫剂、除草剂、杀真菌剂、杀螺贝剂、纺织品防霉以及海洋船只防污涂料。

3. 毒代动力学

吸收,摄入与贮存　人体暴露于有机锡的途径较多,一般来说,人体主要通过饮食和使用含有机锡化合物的材料两条途径暴露于有机锡,但在作业时可因防护不当,设备故障或违章操作而致作业者大量接触有机锡。许多调查结果表明海产品是人体暴露有机锡的主要来源。据调查,世界不同地区每人每天摄入的 TBT 量为 0.18～2.6 μg 不等。

4. 毒性与中毒机理

有机锡化合物多数有害,属神经毒性物质。毒性与直接连结在 Sn 原子上基团的种类和数量有关,一般遵循以下规律: $R_3SnX > R_2SnX_2 > RSnX_3$。同类烃基锡中,毒性随化合物相对分子质量减少而增强,且带侧链多者毒性较强。醋酸三丁基锡健康危害 GHS 分类为: 急性毒性—经口,类别 3;严重眼损伤/眼刺激,类别 2;生殖毒性,类别 2;特异性靶器官毒性——次接触,类别 1;特异性靶器官毒性——次接触,类别 3(呼吸道刺激);特异性靶器官毒性—反复接触,类别 1。

4.1　急性毒作用

大鼠经口 LD_{50}: 99 mg/kg; 小鼠经口 LD_{50}: 46 mg/kg。

4.2　慢性毒作用

(1) 神经毒性

TBT 所诱发的神经毒性有多种表现形式。例如: TBT 可通过增加细胞内钙离子浓度,引起氨基酸兴奋性中毒;浓度较低的 TBT 则可抑制氨甲基磷酸(AMPA)受体的第二亚基 $GluR_2$ 的表达,从而引起神经衰弱;对 5 日龄的 Wistar 大鼠进行脑池内 TBT 处理后,可使其在幼龄期(相当于学龄期儿童)出现多动症等

(2) 肝毒性

肝脏也是 TBT 发挥毒性作用的重要靶器官之一。它可以造成肝脏发生明显的炎症反应。当 TBT 进入肝脏后可以造成肝细胞线粒体肿胀、呼吸链中断,破坏细胞结构和功能,进而导致脏器损伤和功能障碍。而当机体细胞色素 P450 酶受到抑制时,则可以对 TBT 所致的肝毒性起到一定的保护作用。

(3) 免疫毒性

高剂量的 TBT 暴露可以导致胸腺和脾脏等免疫器官发生形态学改变,甚至萎缩。在对机体免疫功能产生破坏的过程中,它可以使机体的细胞免疫和体液免疫都受到明显的抑制。

4.3　远期毒作用

(1) 发育毒性与致畸性

在妊娠不同时期以不同剂量 TBT 对妊娠大鼠进行染毒,可导致不同的结果。TBT 在大鼠妊娠早期(0～7 d)暴露能够引起植入失败和抑制子宫蜕膜细胞反应,并降低孕酮水平,最终引起早期吸收胎发生。TBT 在妊娠中期暴露会引起流产及胎儿畸形,并且发现 TBT 对胚胎的最敏感致畸时间为妊娠第 8 d 和第 11～14 d。TBT 在整个妊娠期暴露会引起鼠仔数量减少、体重减轻、肛门与生殖器距离增加,雌性鼠仔的开始睁眼和阴道张开的日期延迟,发情周期减少。这提示从受精开始暴露于 TBT 会影响雌性新生鼠的性发育和生殖功能,还可能使其雄性化。

在不同发育时期接触 TBT 的雄性大鼠,生殖器官重量下降、精子数减少、激素水平改变,影响大鼠的性成熟及生殖功能。Minoru 等研究了 TBT 对 2 代 Wistar 大鼠雄性生殖系统的影响,发现 TBT 暴露可引起 2 代大鼠睾丸、附睾和前列腺重量下降,精子数下降,并且发生病理改变(包括生精上皮、精子细胞的空泡化,精子排放延迟),血清中 17β-雌二醇水平下降,而黄体生成素(LH)水平并没有下降。Wook 等对出生 35 d 的青春期雄性 SD 大鼠以 5、10、20 mg/kg TBT 连续灌胃给药 10 d,停药 5 w 后,发现 10 mg/kg 暴露组大鼠的附睾中精子数明显减少,20 mg/kg 暴露组大鼠的附睾及睾丸中精子数都明显减少,并且精子的运动能力明显下降。Yu 等也以同样剂量和方式研究发现,10、20 mg/kg TBT 暴露组与对照组相比,精囊重量明显降低,且精囊和附睾小管中细胞碎片和脱落细胞的数量增加,提示青春期雄性大鼠接触 TBT 会使生殖系统紊乱。

(2) 内分泌干扰作用

TBT 作为环境内分泌干扰物,可导致雌性软体动物的雄性特征加强,即除雌性第二性征外,还伴随有输精管或阴茎的发育。尽管种群之间在敏感性和

潜伏期上存在着很大的差异,但有研究发现仅 1 ng/L 浓度的 TBT 就可引起软体动物发生性畸变。

4.4 中毒机理

TBT 作为 Cl^-/HO^- 逆向转运载体,可能会影响 γ-氨基丁酸的功能,导致胞内 Cl^- 失衡。而细胞内 Cl^- 失衡正是 TBT 所致的神经元个体发育紊乱的基础。TBT 还可能影响突触的产生和神经元的存活,尤其在发育阶段。低浓度的 TBT 对未成熟细胞的毒性明显强于成熟细胞,其浓度为 10 nmol/L 时就可以减少未成熟细胞的 γ-氨基丁酸突触后电流,使得抑制性突触被破坏。也有研究认为 TBT 的神经毒性是通过诱导神经元发生自我吞噬作用而产生的。

关于引起哺乳动物的生殖毒性机理目前有三种:① 对睾酮合成代谢的影响。目前研究发现,TBT 引起睾酮合成代谢过程中的关键酶的表达及活性改变,但结果不完全一致。② 对睾酮分解代谢的影响。研究发现,TBT 能够抑制 5α-还原酶,P450 芳香化酶。③ TBT 可增强哺乳动物细胞中雄激素受体介导的靶基因的转录。

5. 人体健康危害

5.1 急性中毒

吞咽有毒。与皮肤接触有害。引起皮肤刺激。造成严重眼刺激。

5.2 慢性中毒

通过长时间或多次暴露对器官造成损害。有机锡化合物中毒会影响神经系统能量代谢和氧自由基的清除,引起严重疾病:脑部弥漫性的不同程度的神经元退行性变化,脑血管扩张充血,脑水肿和脑软化,且白质部分最明显;① 严重而广泛的脊髓病变性疾病;② 全身神经损害引起头痛、头晕、健忘等症状。③ 严重的后遗症。有机锡化合物还能引起剧烈痉挛和颅内压力增高等严重疾病。

6. 风险评估

WHO 认为人类每天容许 TBT 摄入量为 0.25 μg/kg。美国 EPA 则规定为 0.30 μg/kg。

本品对水生生物毒性极大并具有长期持续影响,其环境危害 GHS 分类为:危害水生环境—急性危害,类别 1;危害水生环境—长期危害,类别 1。

四 乙 基 锡

1. 理化性质

CAS 号:597-64-8	外观与性状:常温常压下为液体
沸点(℃):175	溶解性:溶于水;溶于乙醇
闪点(℃):60.9	密度(g/cm^3):1.562
饱和蒸气压(kPa):0.15	相对密度(水=1):1.191 6

2. 用途与接触机会

用于杀虫剂、种子的消毒剂、合成橡胶的稳定剂和阻氧化剂、木材和纺织材料的防腐剂。接触机会同醋酸三丁基锡。

3. 毒性

3.1 急性毒作用

有研究表示大鼠经口 LD_{50} 为 6.25 mg/kg。四乙基锡能使皮肤黏膜变性,能被皮肤吸收而引起神经障碍。健康危害 GHS 分类为:急性毒性—经口,类别 2;急性毒性—吸入,类别 2。

3.2 慢性毒作用

长期接触有机锡化合物可对工人产生慢性影响,表现为神经衰弱综合征。症状以头晕、头疼、乏力为主,可有食欲减退及消瘦等。

4. 人体健康危害

四乙基锡急性及亚急性中毒,除有流泪、鼻干、咽部不适等黏膜刺激症状外,主要表现为中枢神经系统症状。头痛常最早出现,早期呈阵发性,后期为持续性,可十分剧烈。患者精神萎靡,常有头晕、明显乏力、多汗、恶心、呕吐、食欲减退及心动过缓。严重患者可突然昏迷、抽搐、呼吸停止。但在中毒早期患者常无明显体征。

5. 风险评估

本品对水生生物毒性极大并具有长期持续影响,其环境危害 GHS 分类为:危害水生环境—急性危害,类别 1;危害水生环境—长期危害,类别 1。

三(环己基)-(1,2,4-三唑-1-基)锡

1. 理化性质

CAS号：41083-11-8	外观与性状：无色粉末
熔点/凝固点(℃)：210(分解)	饱和蒸气压(kPa)：0.5×10^{-5}

2. 用途与接触机会

2.1 生活环境

日常生活中可经误服或误食残留有三(环己基)-(1,2,4-三唑-1-基)锡的食物而对人体产生危害。

2.2 生产环境

三(环己基)-(1,2,4-三唑-1-基)锡是一种广谱性有机锡杀螨剂。以触杀作用为主，残效期长，对叶螨、锈螨等的幼若螨、成螨、夏卵效果良好，用于防治柑橘、苹果、山楂、棉花、蔬菜等作物的害螨。

3. 毒性

大鼠经口 LD_{50}：76 mg/kg；兔经皮 LD_{50}：1 000 mg/kg；大鼠吸入 LC_{50}：17 mg/(m^3·4 h)。健康危害GHS分类为：急性毒性—经口，类别3；急性毒性—吸入，类别2；皮肤腐蚀/刺激，类别2；严重眼损伤/眼刺激，类别1；特异性靶器官毒性——次接触，类别3(呼吸道刺激)。

4. 人体健康危害

4.1 急性毒性

经口摄入或与皮肤接触可引起中毒。急性中毒表现为头痛、头晕、多汗重者恶心呕吐，大汗淋漓，排尿困难，抽搐、神经错乱，昏迷、呼吸困难等。

4.2 慢性毒性

三(环己基)-(1,2,4-三唑-1-基)锡中毒会影响神经系统能量代谢和氧自由基的清除，引起严重疾病：脑部弥漫性的不同程度的神经元退行性变化，脑血管扩张充血，脑水肿和脑软化，且白质部分最明显；严重而广泛的脊髓病变性疾病；全身神经损害引起头痛、头晕、健忘等症状。严重的后遗症。

5. 风险评估

本品对水生生物毒性极大并具有长期持续影响，其环境危害GHS分类为：危害水生环境—急性危害，类别1；危害水生环境—长期危害，类别1。

三苯基氢氧化锡

1. 理化性质

CAS号：76-87-9	外观与性状：工业品为白色或淡黄色结晶固体
熔点/凝固点(℃)：118～120	溶解性：难溶于水；微溶于乙醇、乙醚；溶于二氯甲烷、二氯乙烷、丙酮等
密度(g/cm^3)：1.54	

2. 用途与接触机会

主要用于保护性杀菌剂。除杀菌外，也可用于防治水田中的藻类和水蜗牛。用于甜菜、大豆，还有增糖、增产的作用。

3. 毒性

大鼠经口 LD_{50} 为 46 mg/kg，兔经皮 LD_{50} 为 1 600 mg/kg。对黏膜有刺激性。眼睛刺激：家兔眼刺激，10 mg(24 h)中度刺激。

健康危害GHS分类为：急性毒性—经口，类别3；急性毒性—经皮，类别3；急性毒性—吸入，类别2；皮肤腐蚀/刺激，类别2；严重眼损伤/眼刺激，类别1；生殖毒性，类别2；特异性靶器官毒性—反复接触，类别1；特异性靶器官毒性——次接触，类别3(呼吸道刺激)。

4. 风险评估

本品对水生生物毒性极大并具有长期持续影响，其环境危害GHS分类为：危害水生环境—急性危害，类别1；危害水生环境—长期危害，类别1。

三苯基乙酸锡

1. 理化性质

CAS号：900-95-8	外观与性状：白色无味结晶粉末

（续表）

熔点/凝固点（℃）：118～122	溶解性：水中溶解度为 28 mg/L，微溶于多数有机溶剂
密度（g/cm^3）：1.55（20℃）	

2. 用途与接触机会

三苯基乙酸锡主要用于除杀菌外，也可用于防治水田中的藻类和水蜗牛。用于甜菜、大豆，还有增糖、增产的作用。

3. 毒性

健康危害 GHS 分类为：急性毒性—经口，类别 3；急性毒性—经皮，类别 3；急性毒性—吸入，类别 2；皮肤腐蚀/刺激，类别 2；严重眼损伤/眼刺激，类别 1；生殖毒性，类别 2；特异性靶器官毒性—反复接触，类别 1；特异性靶器官毒性——次接触，类别 3（呼吸道刺激）。

大鼠经口 LD_{50} 为 125 mg/kg；兔经皮 LD_{50} 为 450 mg/kg；小鼠经口 LD_{50} 为 81.3 mg/kg；对黏膜有强刺激性，严重时可引起灼伤。

豚鼠经口 0.25 mg/(kg · 90 d)，血液系统和中枢神经系统改变，死亡。

4. 人体健康危害

4.1 急性中毒

有研究表明人吸入 125 mg/kg 2 h 后，呼吸系统，神经系统和胃肠道功能有变化；临床表现有头痛，头晕，多汗重者：恶心呕吐，大汗淋漓，排尿困难，抽搐，精神错乱，昏迷，呼吸困难等。

4.2 慢性中毒

人经皮肤接触 125 mg/(kg · 2 d)后，有皮肤刺激，肝、胆炎症。有案例显示，在大量接触三苯基乙酸锡后，可出现头昏、乏力、咽干、胸闷、咳嗽和视物模糊等中毒症状。

5. 风险评估

本品对水生生物毒性极大并具有长期持续影响，其环境危害 GHS 分类为：危害水生环境—急性危害，类别 1；危害水生环境—长期危害，类别 1。

三丙基氯化锡

1. 理化性质

CAS 号：2279-76-7	外观与性状：无色或淡黄色液体，有独特气味
熔点/凝固点（℃）：−23	沸点（℃）：233.7（100 kPa）
闪点（℃）：95.1±23.0	密度（g/cm^3）：1.26
相对密度（水＝1）：1.267	

2. 用途与接触机会

日常生活中主要因误服或误食残留有三丙基氯化锡的蔬菜水果而对人体产生危害。主要用于除草剂。

主要通过消化道吸收、呼吸道吸入以及皮肤侵入。

3. 毒性

经小鼠静脉注射 LD_{50} 为 4 mg/kg；其他多剂量毒性：小鼠经口 TDLo：63 mg/kg；大鼠经口 TDLo：840 mg/kg。健康危害 GHS 分类为：急性毒性—经口，类别 3；特异性靶器官毒性——次接触，类别 1；特异性靶器官毒性——次接触，类别 3（呼吸道刺激）；特异性靶器官毒性—反复接触，类别 1。

4. 人体健康危害

误服或皮肤接触可引起急性中毒，临床表现为：剧烈头痛、头晕、失眠、乏力、多汗等神经衰弱综合征；重症患者，可出现中毒性脑病。

经吸入、摄入或经皮肤吸收均会引起三丙基氯化锡中毒，对黏膜有刺激作用。头痛、头晕、失眠、乏力、多汗等神经衰弱综合征。

5. 风险评估

本品对水生生物毒性极大并具有长期持续影响，其环境危害 GHS 分类为：危害水生环境—急性危害，类别 1；危害水生环境—长期危害，类别 1。

三丁基氟化锡

1. 理化性质

CAS 号：1983-10-4	熔点/凝固点（℃）：269～271

（续表）

沸点(℃)：180 (0.26 kPa)	闪点(℃)：>100(闭杯)
饱和蒸气压(kPa)：0.013 5	

2. 用途与接触机会

日常生活中主要因误服或误食残留有三丙基氯化锡的蔬菜水果而对人体产生危害。三丁基氟化锡主要用作杀虫剂、塑料的防霉剂及有机合成。

主要通过消化道吸收以及皮肤侵入。

3. 毒性

大鼠经口 LDL_0 为 50 mg/kg。GHS 健康危害危险性分类为：急性毒性—吸入，类别 2；严重眼损伤/眼刺激，类别 2；特异性靶器官毒性——次接触，类别 1；特异性靶器官毒性——次接触，类别 3(呼吸道刺激)；特异性靶器官毒性—反复接触，类别 1。

4. 风险评估

本品对水生生物毒性极大并具有长期持续影响，其环境危害 GHS 分类为：危害水生环境—急性危害，类别 1；危害水生环境—长期危害，类别 1。

三丁基氯化锡

1. 理化性质

CAS 号：1461 - 22 - 9	外观与性状：无色或淡黄色油状液体
熔点/凝固点(℃)：−9	溶解性：不溶于冷水；遇热水水解；溶于乙醇、庚烷、苯和甲苯
沸点(℃)：171～173 (3.3 kPa)	密度(g/cm^3)：1.2 (20℃/4℃)
闪点(℃)：>110	相对蒸气密度(空气=1)：11.2
相对密度(水=1)：1.118～1.202	

2. 用途与接触机会

三丁基氯化锡具有防腐、杀菌、防霉等作用。作杀鼠剂，拒鼠电缆涂料以及合成中间体，可广泛用于木材防腐，船舶油漆等。同时作为医药中间体广泛应用于医药行业。可用于催化剂，有机合成中导入三丁基锡基团，以及前列腺素合成。

通过消化道以及皮肤黏膜接触会造成损害。

3. 毒性

小鼠经口 LD_{50} 为 60 mg/kg；大鼠经口 LD_{50} 为 129 mg/kg；兔经口 LD_{50} 为 30 μg/kg。兔经皮肤注射 LDL_0 为 70 mg/kg。健康危害 GHS 危险性分类为：急性毒性—经口，类别 3；皮肤腐蚀/刺激，类别 2；严重眼损伤/眼刺激，类别 2A；特异性靶器官毒性——次接触，类别 2。

4. 风险评估

本品对水生生物毒性极大并具有长期持续影响，其环境危害 GHS 分类为：危害水生环境—急性危害，类别 1；危害水生环境—长期危害，类别 1。

三丁基氢化锡

1. 理化性质

CAS 号：688 - 73 - 3	外观与性状：无色液体
熔点/凝固点(℃)：<0	溶解性：遇水反应生成氢氧化三正丁基锡，干燥状态下可以保持不变
沸点(℃)：80	闪点(℃)：40

2. 用途与接触机会

三丁基氢化锡常用于还原试剂，广泛应用于还原裂解，分子内环化以及还原卤代烷成烷，酰卤成醛。使烯和醇生成醚，丙烯醇脱氧成烯，连二代卤烷脱卤成烯，硫缩醛脱硫。并用于制脱氧糖。

通过消化道以及皮肤黏膜接触会造成损害。

3. 毒性

小鼠腹腔注射染毒 LD_{50} 为 0.75 mg/kg，吸入 LCL_0 为 1 460 mg/m^3。健康危害 GHS 分类为：急性毒性—经口，类别 3；皮肤腐蚀/刺激，类别 2；严重眼损伤/眼刺激，类别 2；特异性靶器官毒性—反复接触，类别 1。

4. 风险评估

本品对水生生物毒性极大并具有长期持续影响，其环境危害 GHS 分类为：危害水生环境—急性危害，类别 1；危害水生环境—长期危害，类别 1。

硫酸三乙基锡

1. 理化性质

CAS号：57-52-3	外观与性状：白色固体，有刺激性味道
熔点/凝固点(℃)：>300	

2. 用途与接触机会

硫酸三乙基锡用作农药，防治麦赤霉病、水稻稻瘟病。通过消化道、呼吸道以及皮肤黏膜接触会造成损害。

3. 毒性

本品为剧毒品。大鼠腹腔注射染毒 LD_{50} 为 5.7 mg/kg。健康危害GHS分类为：急性毒性—经口，类别2；急性毒性—经皮，类别1；急性毒性—吸入，类别2。

4. 人体健康危害

硫酸三乙基锡直接接触容易中毒，摄入有机锡化合物可致中毒性脑水肿，可产生后遗症，如瘫痪、精神失常和智力障碍。

5. 风险评估

本品对水生生物毒性极大并具有长期持续影响，其环境危害GHS分类为：危害水生环境—急性危害，类别1；危害水生环境—长期危害，类别1。

三丁基锡苯甲酸

1. 理化性质

CAS号：4342-36-3	易燃性：可燃，燃烧产生刺激性烟雾
熔点/凝固点(℃)：16～18	相对密度(水=1)：1.193
沸点(℃)：166～168 (0.133 kPa)	闪点(℃)：>110

2. 用途与接触机会

又名(苯甲酰氧基)三丁基锡，主要作为除污剂、杀菌剂。通过消化道、呼吸道以及皮肤黏膜接触会造成损害。

3. 毒性

大鼠经口 LD_{50} 为 132 mg/kg；大鼠皮肤接触 LD_{50} 为 503 mg/kg；小鼠经口 LD_{50} 为 108 mg/kg；小鼠静脉注射 LD_{50} 为 178 mg/kg。健康危害GHS分类为：急性毒性—经口，类别3；皮肤腐蚀/刺激，类别2；严重眼损伤/眼刺激，类别2；特异性靶器官毒性—反复接触，类别1。

4. 风险评估

本品对水生生物毒性极大并具有长期持续影响，其环境危害GHS分类为：危害水生环境—急性危害，类别1；危害水生环境—长期危害，类别1。

三丁基氧化锡

1. 理化性质

CAS号：56-35-9	外观与性状：无色或淡黄色液体
熔点/凝固点(℃)：<0℃	溶解性：不溶于水；可溶于普通有机溶剂
沸点(℃)：180 (0.26 kPa)	闪点(℃)：>100(闭杯)
饱和蒸气压(kPa)：<0.01	密度(g/cm^3)：1.14

2. 用途与接触机会

三丁基氧化锡具有高生物活性，用于合成α，β-不饱和甲基酮、异恶唑，制取用于船舶漆的防污剂、熏蒸剂、消毒剂、杀菌剂、杀藻剂、防霉剂等，乙基用来合成有机锡高分子树脂；也用作聚合反应中的催化剂。在农业上用作杀菌剂，杀菌性强。在木材、造纸、纺织、粉刷等工业用作防护剂。有机锡的分子能透过细胞膜，与蛋白质及酶中的酸性基团缔合的阳离子竞争，使细胞代谢极度紊乱而导致微生物死亡。有机锡可用来抑制产生黏泥的细菌，对硫酸盐还原菌和某些产气菌的杀灭效果也较好。

通过消化道以及皮肤黏膜接触会造成损害。

3. 毒性

大鼠经口 LD_{50} 为 87 mg/kg；兔经皮注射 LD_{50} 为 900 mg/kg，且动物会出现嗜睡(全面活力抑制)，有急性肺水肿、腹泻等症状。肤刺激或腐蚀实验：

兔皮肤刺激实验：严重的皮肤刺激；兔眼刺激试验：轻度的眼睛刺激。

健康危害 GHS 分类为：急性毒性—经口，类别 3；急性毒性—经皮，类别 3；急性毒性—吸入，类别 2；皮肤腐蚀/刺激，类别 2；严重眼损伤/眼刺激，类别 2A；特异性靶器官毒性——次接触，类别 3(呼吸道刺激)；特异性靶器官毒性—反复接触，类别 1。

4. 人体健康危害

急性中毒，可有 3～5 d 的潜伏期，在此期间内，有时仅感轻度头痛，有时甚至毫无不适。中毒初期，有头痛、头胀、头晕、全身乏力、食欲减退等症状，有时伴有恶心、呕吐、失眠、体重减轻等症状，严重时病情恶化，出现精神紊乱、昏迷、血压下降、脑压升高、尿滞留、瘫痪等症状，甚至死亡。

5. 风险评估

本品对水生生物毒性极大并具有长期持续影响，其环境危害 GHS 分类为：危害水生环境—急性危害，类别 1；危害水生环境—长期危害，类别 1。

三环己基氢氧化锡

1. 理化性质

CAS 号：13121-70-5	外观与性状：白色粉末
熔点/凝固点(℃)：195～198	溶解性：不溶于水；溶于甲醇、氯仿
沸点(℃)：426.1	闪点(℃)：>100

2. 用途与接触机会

三环己基氢氧化锡即杀螨剂三环锡，同时也是合成另一杀螨剂品种三唑锡的重要中间体，具有较强的广谱性。用于仁果类、西红柿、黄瓜、树莓、草莓、菊花和盆栽花卉、苹果、梨等植物上防止螨类害虫及其幼虫。对广泛的食植性螨有优异的防效。

通过消化道以及皮肤黏膜接触会造成损害。

3. 毒性

大鼠经口 LD_{50} 为 180 mg/kg；大鼠吸入 LC_{50} 为 244 mg/m^3；小鼠吸入 LC_{50} 为 290 mg/m^3；兔经皮 LD_{50} 为 2.422 mg/kg。健康危害 GHS 分类为：急性毒性—经皮，类别 2。

同时有研究表明三环己基氢氧化锡可引起生殖细胞突变，体外实验可使人淋巴细胞突变，大鼠经口吞食显示有致畸性。

4. 人体健康危害

该物质属剧烈神经毒物。中毒者会有头痛、头晕、多汗重者恶心呕吐，大汗淋漓，排尿困难，抽搐、神经错乱，昏迷、呼吸困难等症状。

5. 风险评估

本品对水生生物毒性极大并具有长期持续影响，其环境危害 GHS 分类为：危害水生环境—急性危害，类别 1；危害水生环境—长期危害，类别 1。

辛 酸 亚 锡

1. 理化性质

CAS 号：301-10-0	外观与性状：白色或黄色膏状物
熔点/凝固点(℃)：−20	溶解性：不溶于水；溶于石油醚、多元醇
沸点(℃)：>200	相对密度(水=1)：1.251
闪点(℃)：>110	

2. 用途与接触机会

日常生活中可通过皮肤接触及吸入途径来损害人体健康。

辛酸亚锡用作聚氨酯合成和室温硫化硅橡胶的催化剂，也用作环氧树脂催化剂型固化剂。由于二价锡化合物易被空气中氧和水汽氧化与分解，因此储存时要用氮保护，必须密封，避免高温和过大湿度，以防活性下降或失效。

3. 毒性

健康危害 GHS 分类为：严重眼损伤/眼刺激，类别 1；皮肤致敏物，类别 1；生殖毒性，类别 2。

4. 人体健康危害

通过误服、呼吸道吸入以及皮肤接触均有毒性，可对皮肤黏膜等产生刺激性作用。

5. 风险评估

本品对水生生物有毒并具有长期持续影响，其环境危害 GHS 分类为：危害水生环境—急性危害，类别 2；危害水生环境—长期危害，类别 2。

二丁基二月桂酸锡

1. 理化性质

CAS 号：77－58－7	外观与性状：浅黄色或无色油状液体
熔点/凝固点(℃)：16～23	溶解性：不溶于水；能溶于苯、甲苯四氯化碳、乙酸乙酯、氯仿、丙酮、石油醚等有机溶剂
沸点(℃)：205 (1.3 kPa)	密度(g/cm^3)：1.066 (20℃)
闪点(℃)：179(闭杯)	相对密度(水＝1)：1.05

2. 用途与接触机会

又名二丁基二(十二酸)锡，具有优良的光稳定性和透明性，可用作聚氯乙烯的稳定剂，主要用于软质和半软质聚氯乙烯制品，如透明薄膜、管子、人造革等，也可作聚氨酯催化剂。

通过消化道、呼吸道以及皮肤黏膜接触会造成损害。

3. 毒性

皮肤/眼睛刺激性：Draize 试验，兔皮肤接触，500 mg，严重刺激；Draize 试验，兔眼睛接触，100 mg/24 h，中度刺激。

小鼠经口 LDL_0 为 710 mg/kg，大鼠经口 LD_{50} 为 175 mg/kg。

健康危害 GHS 分类为：急性毒性—经口，类别 3；急性毒性—吸入，类别 2；皮肤腐蚀/刺激，类别 2；严重眼损伤/眼刺激，类别 2A；生殖毒性，类别 1B；特异性靶器官毒性—反复接触，类别 1。

4. 人体健康危害

通过误服、呼吸道吸入以及皮肤接触均有毒性，可对皮肤黏膜等产生刺激性作用，导致接触性皮炎和过敏性皮炎。急性中毒时主要表现为中枢神经系统症状，有头痛、头晕、乏力、精神萎靡、恶心等。长期接触可引起类神经综合征。

5. 风险评估

本品对水生生物毒性极大并具有长期持续影响，其环境危害 GHS 分类为：危害水生环境—急性危害，类别 1；危害水生环境—长期危害，类别 1。

二丁基二氯化锡

1. 理化性质

CAS 号：683－18－1	外观与性状：白色浆状物质
熔点/凝固点(℃)：39～41	溶解性：可溶于热水
沸点(℃)：135 (1.33 kPa)	闪点(℃)：>112
密度(g/cm^3)：1.36 (50℃)	相对密度(水＝1)：1.4

2. 用途与接触机会

二丁基二氯化锡常常在农业上用作杀菌剂，工业上用作防腐剂、塑料稳定剂和分析试剂。用于有机合成，聚合用催化剂，有机锡中间体。

通过消化道、呼吸道以及皮肤黏膜接触会造成损害。

3. 毒性

小鼠经口 LD_{50} 为 70 mg/kg，大鼠 LD_{50} 为 50 mg/kg；兔经皮肤 LDL_0 为 1 360 mg/kg。

健康危害 GHS 分类为：急性毒性—经口，类别 3；急性毒性—吸入，类别 2；皮肤腐蚀/刺激，类别 1B；严重眼损伤/眼刺激，类别 1；生殖细胞致突变性，类别 2；生殖毒性，类别 1B；特异性靶器官毒性—反复接触，类别 1。

4. 人体健康危害

通过误服、呼吸道吸入以及皮肤接触均有毒性，可对皮肤黏膜等产生刺激性作用，造成腐蚀性影响。对眼睛有强烈的腐蚀性影响，吞咽会中毒，吸入致命。怀疑会导致遗传性缺陷。长期或反复接触会对器官造成伤害。

5. 风险评估

本品对水生生物毒性极大并具有长期持续影响，其环境危害 GHS 分类为：危害水生环境—急性危害,类别1;危害水生环境—长期危害,类别1。

二正丁基氧化锡

1. 理化性质

CAS号：818-08-6	外观与性状：白色粉末
熔点/凝固点(℃)：>300	溶解性：溶于大多数有机溶剂
闪点(℃)：81～83	密度(g/cm³)：1.5

2. 用途与接触机会

二正丁基氧化锡常用于车用和工业用水性聚氨酯电泳漆中,是一种非常有效的酯交换反应的催化剂。常用于需做高温酯交换反应的涂料用树脂之生产。是合成有机锡的中间体之一,应用于PVC热稳定剂、SPC自抛光海洋防污涂料,以及木材防腐、农业杀菌剂、玻璃处理及有机合成等方面。

本品同时在有机合成中具有多种用途,但是最具特色的反应来自于它能够与醇反应生成二烷氧基锡中间体。该中间体可以与各种亲核试剂反应衍生出一系列具有重要合成价值的反应,用于生产月桂酸二丁基锡、马来酸二丁基锡、马来酸单丁酯二丁基锡。

通过消化道、呼吸道以及皮肤黏膜接触会造成损害。

3. 毒性

大鼠经口LD_{50}为44.9 mg/kg,大鼠经腹腔注射LD_{50}为40 mg/kg。兔经皮,500 mg/24 h,轻度刺激;兔经眼睛,100 mg/24 h,中度刺激。

健康危害GHS分类为：急性毒性—经口,类别2;严重眼损伤/眼刺激,类别2A;生殖毒性,类别2;特异性靶器官毒性—反复接触,类别1。

4. 人体健康危害

通过误服、呼吸道吸入以及皮肤接触均有毒性,可对皮肤黏膜等产生刺激性作用;吞咽会中毒、可造成皮肤刺激,可能导致皮肤过敏反应,造成严重眼损伤。怀疑会导致遗传性缺陷。可能对生育能力或胎儿造成伤害。对器官造成损害。长期或反复接触会对器官造成伤害。

5. 风险评估

本品对水生生物毒性极大并具有长期持续影响,其环境危害GHS分类为：危害水生环境—急性危害,类别1;危害水生环境—长期危害,类别1。

其他锡化合物

四苯基锡,CAS号为：595-90-4,本品对水生生物毒性极大并具有长期持续影响,其环境危害GHS分类为：危害水生环境—急性危害,类别1;危害水生环境—长期危害,类别1。

三丁基锡环烷酸,CAS号为：85409-17-2,健康危害GHS分类为：急性毒性—经口,类别3;急性毒性—吸入,类别2;特异性靶器官毒性——次接触,类别1。本品对水生生物毒性极大并具有长期持续影响,其环境危害GHS分类为：危害水生环境—急性危害,类别1;危害水生环境—长期危害,类别1。

三丁基锡亚油酸,CAS号为：24124-25-2,健康危害GHS分类为：急性毒性—经口,类别3;皮肤腐蚀/刺激,类别2;严重眼损伤/眼刺激,类别2;特异性靶器官毒性—反复接触,类别1。本品对水生生物毒性极大并具有长期持续影响,其环境危害GHS分类为：危害水生环境—急性危害,类别1;危害水生环境—长期危害,类别1。

三丁锡甲基丙烯酸,CAS号为：2155-70-6,健康危害GHS分类为：急性毒性—经口,类别3。本品对水生生物毒性极大并具有长期持续影响,其环境危害GHS分类为：危害水生环境—急性危害,类别1;危害水生环境—长期危害,类别1。

月桂酸三丁基锡,CAS号为：3090-36-6,健康危害GHS分类为：急性毒性—经口,类别3;特异性靶器官毒性——次接触,类别2。本品对水生生物毒性极大并具有长期持续影响,其环境危害GHS分类为：危害水生环境—急性危害,类别1;危害水生环境—长期危害,类别1。

乙酸三甲基锡,为剧毒品,**CAS号为：**1118-14-5,健康危害GHS分类为：急性毒性—经口,类别2;急性毒性—经皮,类别1;急性毒性—吸入,类别2。本品对水生生物毒性极大并具有长期持续影响,其环境危害GHS分类为：危害水生环境—急性危害,类别1;危害水生环境—长期危害,类别1。

乙酸三乙基锡,为剧毒品,**CAS号为：**1907-13-7,健康危害GHS分类为：急性毒性—经口,类别1;急性毒性—经皮,类别1;急性毒性—吸入,类别2。本品对水生生物毒性极大并具有长期持续影响,其环境危害GHS分类为:危害水生环境—急性危害,类别1;危害水生环境—长期危害,类别1。

磷化锡,CAS号为:25324-56-5,健康危害GHS分类为:急性毒性—经口,类别3;急性毒性—经皮,类别3;急性毒性—吸入,类别3。本品对水生生物毒性极大并具有长期持续影响,其环境危害GHS分类为:危害水生环境—急性危害,类别1;危害水生环境—长期危害,类别1。

氯化二烯丙托锡弗林,CAS号为:15180-03-7,健康危害GHS分类为:急性毒性—经口,类别2。

四碘化锡,CAS号为:7790-47-8,健康危害GHS分类为:皮肤腐蚀/刺激,类别1;严重眼损伤/眼刺激,类别1。

四氯化锡,CAS号为:7646-78-8,健康危害GHS分类为:皮肤腐蚀/刺激,类别1;严重眼损伤/眼刺激,类别1;特异性靶器官毒性——次接触,类别3(呼吸道刺激)。本品对水生生物有害,其环境危害GHS分类为:危害水生环境—急性危害,类别3。

四溴化锡,CAS号为:7789-67-5,健康危害GHS分类为:皮肤腐蚀/刺激,类别1;严重眼损伤/眼刺激,类别1。

锑及其化合物

五氯化锑

1. 理化性质

CAS号:7647-18-9	外观与性状:无色至黄色油状液体,有恶臭气味,在空气中发烟
沸点(℃):140(分解)	熔点(℃):2.8
相对蒸气密度(空气=1):>10.2	相对密度(水=1,25℃):2.36
闪点(℃):77	饱和蒸气压(kPa):0.13(22.7℃)
溶解性:溶于氯仿、四氯化碳、盐酸、酒石酸溶液	

2. 用途与接触机会

五氯化锑是较强的路易斯酸,能够和金属氯化物形成六氯合锑酸盐类的物质,主要作为氟化工的催化剂,也用于纺织工业作织物阻燃剂,在染料工业中用于制造染料中间体,此外还用于制备高纯金属锑以及制备无机离子交换材料HAP和制备胶体五氧化二锑的原料。

可经呼吸道进入体内。

3. 毒性

大鼠经口LD_{50}:2 000 mg/kg,小鼠吸入LC_{50}:720 mg/(m^3 · 2 h)。健康危害GHS分类为:急性毒性—吸入,类别1;皮肤腐蚀/刺激,类别1B;严重眼损伤/眼刺激,类别1;特异性靶器官毒性——次接触,类别3(呼吸道刺激)。

4. 人体健康危害

受热或遇水分解放热,放出有毒的腐蚀性烟气,对眼睛、皮肤、黏膜和呼吸道有强烈的刺激作用。吸入可能由于喉、支气管的痉挛、水肿、炎症,化学性肺炎、肺水肿而致死。中毒表现有烧灼感、咳嗽、喘息、喉炎、气短、头痛、恶心和呕吐。

5. 风险评估

我国职业接触限值规定:锑及其化合物(按Sb计)PC-TWA为0.5 mg/m^3。

本品对水生生物有毒并具有长期持续影响,其环境危害GHS分类为:危害水生环境—急性危害,类别2;危害水生环境—长期危害,类别2。

五氧化二锑

1. 理化性质

CAS号:1314-60-9	外观与性状:白色立方系晶体或黄色粉末
熔点(℃):380(分解)	溶解性:不溶于水;溶于热盐酸
相对密度(25℃):3.78	

2. 用途与接触机会

五氧化二锑用作高分子材料如聚乙烯、聚丙烯、聚氯乙烯、聚酯等塑料和织物的阻燃剂,也用于制锑的化合物和制药工业。

3. 毒代动力学

五氧化二锑可经吸入和食入途径进入人体。工业生产中，锑主要以粉尘和蒸气形式经呼吸道和消化道进入体内，主要分布于肝、脾、甲状腺、骨髓、肺和心肌等组织中。经呼吸道进入的难溶性锑化合物，在肺内沉积。锑在体内有蓄积作用。体内锑经粪便和尿排出。

4. 毒性

大鼠腹腔内 LD_{50}：4 000 mg/kg；小鼠腹腔内 LD_{50}：978 mg/kg。锑毒性由大至小的顺序为：锑，三硫化二锑，五硫化二锑，三氧化锑，五氧化二锑。锑在体内与巯基结合，抑制含巯基酶的琥珀酸氧化酶的活性，破坏了细胞内离子平衡，引起细胞内缺钾。

5. 人体健康危害

5.1 急性中毒

短期内吸入高浓度锑尘或口服锑化合物或注射锑制剂治疗过量，可引起急性中毒。接触较高浓度可引起化学性结膜炎、鼻炎、咽炎、喉炎、气管炎、肺炎。口服引起胃肠炎。全身症状有疲乏无力、头晕、头痛、四肢肌肉酸痛。可引起心肝肾损害。

5.2 慢性中毒

长期吸入较低浓度锑尘，可引起慢性呼吸道炎症或锑尘肺。常出现头痛、头晕、易兴奋、失眠、乏力、胃肠功能紊乱、黏膜刺激症状，可引起鼻中隔穿孔。锑也可引起皮炎，对皮肤有明显的刺激作用和致敏作用。

6. 风险评估

本品对水生生物有毒并具有长期持续影响，其环境危害 GHS 分类为：危害水生环境—急性危害，类别 2；危害水生环境—长期危害，类别 2。

锑 化 氢

1. 理化性质

CAS 号：7803－52－3	外观与性状：无色剧毒气体，有恶臭，在空气中缓慢分解
沸点(℃)：－18.4	熔点(℃)：－88
相对蒸气密度(空气＝1)：4.4	相对密度(水＝1)：2.26(－25℃)
饱和蒸气压(kPa)：＞100(20℃)	溶解性：微溶于水；溶于乙醇、二硫化碳及多数有机溶剂

2. 用途与接触机会

用于制造、分析，用作熏蒸剂。

3. 毒代动力学

小鼠吸入 LCL_0：557.07 mg/(m^3·1 h)；狗吸入 LCL_0：222.8 mg/(m^3·1 h)；豚鼠吸入 LCL_0：512.5 mg/(m^3·1 h)；大鼠吸入 LC_{50} 为 557.07 mg/m^3。

4. 毒性

锑化氢可经呼吸道吸入体内，锑化氢可与红细胞中的血红蛋白结合，从而失去载氧功能。大多数锑化氢中毒都包含砷化氢中毒，动物学实验已经证明两者毒性相差不大。健康危害 GHS 分类为：急性毒性—吸入，类别 3。

5. 人体健康危害

锑化氢的毒性与其他锑化合物不同，但与砷化氢类似。吸入较高浓度的锑化氢，可发生溶血，表现为头痛、眩晕和恶心、呕吐、无力、呼吸减慢、微弱、脉搏不规则，腹绞痛以及血红蛋白尿和肾病，有可能在接触数小时才显现出来。最后可造成急性溶血性贫血和急性肾功能衰竭。吸入高浓度可迅速致死。

6. 风险评估

美国 ACGIH 规定：TLV－TWA 为 0.557 mg/m^3。

三 碘 化 锑

1. 理化性质

CAS 号：64013－16－7	外观与性状：红色结晶，高温时挥发，在水中分解生成碘化锑沉淀
沸点(℃)：420	熔点(℃)：170
相对蒸气密度(空气＝1)：	相对密度(25℃)：4.77(22℃)
临界压力(MPa)：5.57	饱和蒸气压：0.13(163.6℃)
溶解性：溶于乙醇、盐酸、丙酮、二硫化碳、碘化钾溶液；不溶于氯仿、四氯化碳	

2. 用途与接触机会

用于制药工业。

3. 毒性

三碘化锑本身不燃烧，遇高热能放出有毒的燃气。遇氰化物能产生剧毒的氰化氢气体。遇 H 发泡剂立即燃烧。遇钾、钠剧烈反应。具有腐蚀性。健康危害 GHS 分类为：皮肤腐蚀/刺激，类别 1；严重眼损伤/眼刺激，类别 1。

4. 人体健康危害

三碘化锑可通过吸入、食入途径进入人体，有腐蚀性和毒性。对眼睛、黏膜、皮肤和上呼吸道有强烈刺激作用。

5. 风险评估

本品对水生生物有毒并具有长期持续影响，其环境危害 GHS 分类为：危害水生环境—急性危害，类别 2；危害水生环境—长期危害，类别 2。

三 溴 化 锑

1. 理化性质

CAS 号：7789－61－9	外观与性状：黄色结晶，有潮解性
沸点(℃)：288(99.62 kPa)	熔点(℃)：96～97
临界压力(MPa)：5.67	相对密度(水＝1,25℃)：4.15
闪点(℃)：280	饱和蒸气压(kPa)：0.13(93.9℃)
溶解性：溶于稀盐酸、氢溴酸、二硫化碳、丙酮、苯、氯仿、乙醇等	

2. 用途与接触机会

用作试剂。受热或遇水分解放热，放出有毒的腐蚀性烟气，可经呼吸道、消化道进入机体。

3. 毒性

大鼠口服 LD_{50}：525 mg/kg。健康危害 GHS 分类为：皮肤腐蚀/刺激，类别 1；严重眼损伤/眼刺激，类别 1。

4. 人体健康危害

本品对呼吸道有刺激性，接触后可引起咳嗽、恶心和口中金属味。高浓度接触发生肺水肿、心律不齐，甚至心博停止，造成死亡。具有腐蚀性、刺激性，皮肤或眼接触可致灼伤。

反复接触引起头痛、食欲不振、咽干、失眠。可能发生肝肾损害。

5. 风险评估

本品对水生生物有毒并具有长期持续影响，其环境危害 GHS 分类为：危害水生环境—急性危害，类别 2；危害水生环境—长期危害，类别 2。

三 氟 化 锑

1. 理化性质

CAS 号：7783－56－4	外观与性状：白色至灰色结晶，易潮解
沸点(℃)：376	熔点(℃)：292
相对密度：4.38(20℃)	溶解性：溶于水、甲醇、乙醇和极性有机溶剂；不溶于苯、氯苯和石油醚

2. 用途与接触机会

氟化反应催化剂。氯氟化合物的制备。用作分析试剂、织物媒染剂。

3. 毒性

受高热或接触酸或酸雾放出剧毒的烟雾。小鼠皮下 LD_{50}：23 mg/kg；豚鼠经皮 LD_{50}：200 mg/kg。健康危害 GHS 分类为：急性毒性—经口，类别 3；急性毒性—经皮，类别 3；急性毒性—吸入，类别 3。

4. 人体健康危害

三氟化锑可通过吸入和食入进入人体。遇水或潮漏空气产生氟化氢。对皮肤、黏膜和呼吸道有刺激作用。吸入后可引起喉、支气管炎症，水肿，痉挛，化学性肺炎或肺水肿。接触后可引起烧灼感、咳嗽、喘息、喉炎、气短、头痛、恶心和呕吐。

5. 风险评估

本品对水生生物有毒并具有长期持续影响，其环境危害 GHS 分类为：危害水生环境—急性危害，类别 2；危害水生环境—长期危害，类别 2。

三硫化二锑

1. 理化性质

CAS 号：1345－04－6	外观与性状：黄红色无定型粉末
沸点(℃)：550	熔点(℃)：546
相对密度(25℃)：4.64	溶解性：不溶于水；溶于盐酸

2. 用途与接触机会

主要用于生产安全火柴、鞭炮、军火和在橡胶工业中作为硬化剂或颜料；

可经吸入和食入途径进入人体。

3. 毒性

大鼠腹腔注射 LD_{50}：1 390 mg/kg；小鼠腹腔注射 LD_{50}：209 mg/kg。

遇稀盐酸放出有毒硫化氢气体；遇热硫酸放出有毒氧化硫气体；可燃；燃烧产生有毒硫氧化物和锑化物烟雾。健康危害 GHS 分类为：严重眼损伤/眼刺激，类别 2A；特异性靶器官毒性—反复接触，类别 1。

4. 人体健康危害

接触锑及其化合物可致眼结膜和呼吸道刺激，发生支气管炎，较重者出现胸痛、呼吸困难、肺炎。口服中毒有急性胃肠炎，肝、肾及心机损害。

长期接触低浓度锑化物粉尘可致鼻炎，鼻中隔穿孔，支气管炎，口腔炎，消化道功能障碍。也可导致皮肤损害。

5. 风险评估

本品对水生生物有毒并具有长期持续影响，其环境危害 GHS 分类为：危害水生环境—急性危害，类别 2；危害水生环境—长期危害，类别 2。

三乙基锑

1. 理化性质

(续表)

CAS 号：617－85－6	外观与性状：无色液体；久置产生白色沉淀
沸点(℃)：156～161.4	熔点(℃)：－98
相对密度(水＝1，16℃)：1.32	溶解性：不溶于水；溶于乙醇、乙醚

2. 用途与接触机会

主要用作有机合成的催化剂和生产一些Ⅲ型半导体。可经呼吸道和消化道进入体内。

3. 毒性

热解时能释出有毒的锑烟雾，经呼吸道和消化道进入体内。本品有毒，具有腐蚀性。

4. 风险评估

本品对水生生物有毒并具有长期持续影响，其环境危害 GHS 分类为：危害水生环境—急性危害，类别 2；危害水生环境—长期危害，类别 2。

其他锑化合物

砷酸锑，CAS 号为：28980－47－4，健康危害 GHS 分类为：急性毒性—经口，类别 3；急性毒性—吸入，类别 3；致癌性，类别 1A。本品对水生生物毒性极大并具有长期持续影响，其环境危害 GHS 分类为：危害水生环境—急性危害，类别 1；危害水生环境—长期危害，类别 1。

锑粉，CAS 号为：7440－36－0，健康危害 GHS 分类为：特异性靶器官毒性—反复接触，类别 2。

五氟化锑，CAS 号为：7783－70－2，健康危害 GHS 分类为：急性毒性—吸入，类别 1；皮肤腐蚀/刺激，类别 1；严重眼损伤/眼刺激，类别 1；特异性靶器官毒性——次接触，类别 2；特异性靶器官毒性—反复接触，类别 1。本品对水生生物有毒并具有长期持续影响，其环境危害 GHS 分类为：危害水生环境—急性危害，类别 2；危害水生环境—长期危害，类别 2。

亚砷酸锑，CAS 号为：12523－20－5，健康危害 GHS 分类为：急性毒性—经口，类别 3；急性毒性—吸入，类别 3；致癌性，类别 1A。本品对水生生物毒性极大并具有长期持续影响，其环境危害 GHS 分类为：危害水生环境—急性危害，类别 1；危害水生环境—长期危害，类别 1。

二异丙基二硫代磷酸锑。本品对水生生物有毒并具有长期持续影响，其环境危害 GHS 分类为：危害水生环境—急性危害，类别 2；危害水生环境—长期危害，类别 2。

酒石酸锑钾，CAS 号为：28300－74－5，健康危害 GHS 分类为：急性毒性—经口，类别 3；生殖细胞致突变性，类别 2；特异性靶器官毒性——次接触，类别 1；特异性靶器官毒性—反复接触，类别 1。本品对水生生物有毒并具有长期持续影响，其环境危害 GHS 分类为：危害水生环境—急性危害，类别 2；危害水生环境—长期危害，类别 2。

乳酸锑，CAS 号为：58164－88－8。本品对水生生物有毒并具有长期持续影响，其环境危害 GHS 分类为：危害水生环境—急性危害，类别 2；危害水生环境—长期危害，类别 2。

第 6 章

金属（二）

钡及其化合物

钡

(一) 理化性质

CAS 号：7440 - 39 - 3（钡）	外观与性状：银白色，稍有光泽
熔点/凝固点(℃)：725	易燃性：遇水放出易燃气体的物质和混合物
沸点(℃)：1 870	溶解性：微溶于酒精；不溶于苯，各种钡化物在水中的溶解度相差很大
密度(g/cm³)：3.51 (20℃)	

(二) 用途与接触机会

2.1 生活环境

人体主要通过食物、饮水及空气从自然环境中摄取钡。有研究表明，人体通过食物及饮水摄取的钡为 0.735 mg/d，吸收率为 1%～15%；从空气中摄入量为 30.00 μg/20 m³，吸收率为 3.90%。人们常食用的坚果、小麦、玉米等食物及茶叶中钡含量较高，小麦和玉米中钡含量为 10 μg/g，巴西坚果为 3～4 mg/g，食物中钡的浓度一般约保持 1/(100～100 000)的比率，与钙相似。

2.2 生产环境

在自然界中钡主要以重晶石(硫酸钡，$BaSO_4$)和毒重石(碳酸钡，$BaCO_3$)形式存在。

钡及其化合物在日常生活中用途广泛，主要应用于电子、陶瓷、医学、石油等领域。钡可作为消气剂，去除真空管和电视显象管内的痕迹量气体，除去激光传感光学盘的氧和水，减缓和降低自动记录薄膜的损耗，改进蓄电池合金板的性能；应用于超导技术、热处理技术、陶瓷工业、纺织工业、橡胶工业、塑料工业、颜料生产、X 线技术、农药及制备特种玻璃、油漆、高级纸张的填充剂等。常见的有毒钡盐有碳酸钡、氯化钡、硫化钡、硝酸钡、氧化钡等。

(三) 毒代动力学

3.1 吸收，摄入与贮存

钡及其化合物可由呼吸道、消化道及受损的皮肤进入体内。职业性钡中毒主要由于呼吸道吸入引起，见于生产和使用过程中的意外事故；非职业钡中毒主要由消化道摄食所致，大多由误食引起；液态可溶性钡化合物可经创伤皮肤吸收。人体内正常钡含量约为 0.016 g，其中 66%存在于骨骼中。正常人血液中钡含量为 0.08～0.4 mg/L，血浆中为 62 μg/L，脑脊液中为 6.0 μg/L，脑组织中为 0.054 μg/g(湿重)，透明晶体中为 1.109 μg/100 g(湿重)。人体内可溶性钡盐可被胃酸溶解成二价钡离子，迅速被肠黏膜吸收而转运至肌肉和骨骼，小部分在血浆内可形成不溶解性磷酸钡，并缓慢地被吞噬细胞吞噬后清除。钡在食入后的最初 30 h 内，在肌肉中的存留量最多，而后逐渐减少，在骨骼中的浓度随之逐渐升高。钡以不溶性硫酸钡形式沉着于骨骼内，蓄积量可达吸收总量的 65%。脑、心脏及头发中的钡含量极少。不溶性钡盐在胃肠道内基本不被吸收。钡在人体内有蓄积作用。钡在体内的代谢与钙、锶代谢相似。

3.2 转运与分布

钡及其化合物可经呼吸道和消化道进入机体。吸入的钡盐粉尘，25% 随气流呼出，50% 沉积在上呼吸道，25%沉积在肺泡；吸入呼吸道和肺的钡盐粉尘大部分可借支气管黏膜上皮纤毛运动随痰液到达咽部，再随吞咽到达胃内；钡盐经胃肠道吸收后，1 h 内血浆钡浓度可达最高峰，随后迅速转移至骨(约占体内总量的 65%)、肝、肾和肌肉；当血液中的钡浓度达到 540 μg/100 ml 时即可出现中毒，大于等于 1 mg/100 ml 时即可致死。

3.3 排泄

钡的排泄较快，在体内的代谢过程与钙代谢相似。人体每日钡排泄量接近其吸收量，主要通过粪便排出，小部分则经尿液和唾液排出。

(四) 毒性与中毒机理

金属钡单质一般无毒，但部分钡盐对人体却具有毒性作用，常见的有毒钡盐有碳酸钡、氯化钡、硫化钡、硝酸钡、氧化钡等。钡盐的毒性与其溶解度有关，溶解度愈高，其毒性愈大，呈明显的剂量效应关系。钡盐中以氯化钡、硝酸钡、氯酸钡、醋酸钡、过氧化钡、氧化钡、氢氧化钡、碳酸钡、硫化钡及草酸钡等的毒性较强。碳酸钡虽不溶于水，但食入后与体内的胃酸起反应变为氯化钡。纯硫酸钡因不溶于水，故无毒，医学上常用硫酸钡作 X 射线胃肠透视，即医学上的“钡餐造影”。

钡的健康危害 GHS 分类为：皮肤腐蚀/刺激，类别 2；严重眼损伤/眼刺激，类别 2。

4.1 急性毒作用

由于钡单质一般无毒，有毒的主要是钡盐，因此我们着重介绍几种常见钡盐的毒性作用。

大鼠 $BaCl_2$、$Ba(OH)_2$ 和 $BaCO_3$ 经口 LD_{50} <400 mg/kg。小鼠静脉注入氯化钡的 LD_{50} 为 19.2 mg/kg，硝酸钡为 20.1 mg/kg，醋酸钡为 23.3 mg/kg。皮下注射氯化钡 6 mg/kg 可引起家兔死亡。$Ba(CH_3 \cdot COO)_2$，$BaCO_3$ 和 $BaCl_2$ 的 LD_{50} 见表 6-1。

表 6-1 部分钡盐 LD_{50} 值表

化合物	动物	染毒方式	LD_{50}	
			(mg 化合物)/kg	mg(Ba)/kg
醋酸钡	兔	经口	236;815	127;438
		皮下注射	96	51.4
		静脉注射	12	6.4
碳酸钡	小鼠	经口	200	112.3
	大鼠	经口	800	450
氯化钡	大鼠	皮下注射	45.9	31.3～626
	豚鼠	皮下注射	55	38
	兔	皮下注射	40～75	27.8～52.1
		静脉注射	15	10.4
	猫	皮下注射	18～60	12.5～41.7
		静脉注射	40～60	27.8～34.8
	狗	皮下注射	10～20	6.9～13.4
	小鼠	经口	70～140	48.7～97.4
	大鼠	经口	355～535	247～372

接触钡盐对眼结膜、鼻黏膜、咽部和皮肤等有刺激作用。估计成人氯化钡经口中毒量为 0.2～0.5 g，致死量为 0.8～0.9 g。

醋酸钡大鼠经口 LD_{50}：921 mg/kg，小鼠静脉注射 LD_{50}：21 mg/kg，其健康危害 GHS 分类为：急性毒性—经口，类别 4；急性毒性—吸入，类别 4；特异性靶器官毒性——次接触，类别 1。

碳酸钡大鼠经口 LD_{50}：418 mg/kg，小鼠经口 LD_{50}：200 mg/kg，其健康危害 GHS 分类为：急性毒性—经口，类别 4。

氯化钡大鼠经口 LD_{50}：118 mg/kg，其健康危害 GHS 分类为：急性毒性—经口，类别 3。

4.2 慢性毒作用

在工业中所遇到钡的慢性损害主要是钡尘肺(baritosis)。在长期吸入硫酸钡或重晶石矿的微细粉尘后，患者行 X 线检查可见两侧肺遍布细小致密结节，但患者一般无自觉症状，肺功能亦无明显损害，脱离接触后，有些结节阴影可自行消退。有动物实验用大鼠吸入硫酸钡粉尘 0.25～0.3 g/m³，1 h/d，历时 6 个月，发现吸入 1～2 个月后，X 线检查已见小灶性阴影，并逐渐扩散到全肺。大鼠经气管内注入钡尘，4 个月后见注入物周围出现结节，并可出现结节内结缔组织胶原纤维。支气管壁有弥漫性浸润、组织增生，小血管出现透明性变，并出现血管周围水肿。机体少量吸入 $BaCl_2$ 和 $Ba(NO_3)_2$ 可引起骨髓造血机能亢进，大量则可引起抑制。

4.3 致突变作用

目前尚无报道钡单质致突变作用的确切资料。现有研究报道孕鼠染毒氯化钡后，氯化钡具有降低母体体重、增加死胎和影响活胎正常发育水平的风险，而 Ames 试验、微核试验、染色体畸变和显性致死等致突变实验结果均为阴性。

4.4 中毒机理

钡单质一般无毒，有毒的主要是钡盐。钡盐的毒性与溶解度有关，溶解度愈高，毒性就愈大。关于钡盐中毒的发病机理，目前尚不完全清楚。虽然可溶性钡化合物属高毒，但工业钡中毒极少发生，主要由误服引起钡中毒常见。医院曾有用不纯的硫酸钡作为X线检查的钡餐造影剂而引起钡中毒事故发生。不溶性钡化合物主要是引起钡尘肺。

(1) 肌肉毒性用

钡离子是一种极强的肌肉毒剂，大量钡离子吸收入血后，对骨骼肌、平滑肌、心肌等各种肌肉组织可产生持续的刺激和兴奋作用。兴奋骨骼肌可使其肌纤维颤动、抽搐、运动障碍，严重者出现全身肢体麻痹性瘫痪。兴奋胃肠平滑肌可使肠蠕动亢进，引起流涎、呕吐、腹痛、腹泻等。兴奋子宫平滑肌，可引起流产。兴奋血管平滑肌，可使血管收缩，特别是使小动脉产生痉挛性收缩，使血压升高。兴奋心肌易产生早搏、房室传导阻滞、心室颤动、心动过速、心动过缓，甚至严重心律失常，抑制传导系统，可引起传导障碍，危及生命。同时钡离子从细胞内流出的孔道(Na^+ - K^+ - ATP 酶离子交换通道)被特异阻断，细胞膜通透性改变，大量钾离子进入并滞留于心肌细胞内而发生低钾血症，加重肌肉瘫痪和心律失常的发生。有研究表明：心血管疾病死亡率的升高与饮用水中钡浓度增高(2～10 mg/kg，mg/L)有一定关系。

(2) 细胞毒性

有研究发现，当培养液中的 Ba^{2+} >1.0 mg/kg 时，对四膜虫(Tetrahymena)细胞生长、分裂出现抑制作用。随着 Ba^{2+} 离子浓度增加，抑制作用增强。当培养液中的 Ba^{2+} >50 mg/kg 时，在显微镜下，发现细胞出现畸变。畸变细胞的数量和程度随着培养液中 Ba^{2+} 离子的浓度及细胞接触时间的增加而增强。

(3) 免疫毒性

可溶性钡盐具有以杀伤免疫细胞和抑制免疫细胞增殖为主的免疫毒性。高剂量氯化钡对免疫器官具有一定毒性作用，可造成肝组织变性至坏死程度不同的损伤，对淋巴组织亦有一定的刺激作用。高剂量氯化钡主要抑制 T 淋巴细胞转化，影响 T 淋巴细胞免疫功能。有研究发现，小鼠经 5 日总剂量为 1/25 的 LD_{50}(2.5 mg/(kg · d)$^{-1}$的氯化钡染毒后，观察到小鼠胸腺皮质区有许多浓缩细胞核和细胞核碎片，淋巴滤泡和脾小结生发中心亦有明显的细胞坏死和吞噬现象，淋巴细胞数量明显减少。表明氯化钡对 T 淋巴细胞和 B 淋巴细胞同时具有杀伤作用，抑制了免疫细胞的增殖。

(4) 生殖毒性

可溶性钡盐具有生殖毒性(性腺毒作用)。雄性大鼠静脉注射氯化钡，可以观察到动物的性腺生理功能和形态学发生改变。对经氯化钡染毒小鼠精子和睾丸进行观察，结果发现随染毒剂量的增高，精子活动力降低，精子畸形率增加，高剂量组活动精子和精子畸形率与阴性对照组比较有显著性差异，但睾丸未见明显的组织病理学改变。

(五) 人体健康危害

5.1 急性中毒

急性钡盐中毒临床比较少见，主要以误服钡盐或含较多钡盐的食物所致，亦可由可溶性钡盐通过皮肤吸收或呼吸道吸入引起中毒。急性钡中毒发病急，危害严重。潜伏期为数分钟至数小时，多数在 30 min 至 4 h 发病，严重者可在 1～2 d 内死亡。主要临床表现为胃肠道刺激症状、肌束颤动、惊厥及低钾症候群等类似于毒蕈碱样和烟碱样症状。早期表现为头晕、头痛、乏力、胸闷、气促、腹痛、恶心、呕吐、焦虑、脉缓、脉律不齐、肢体麻木等，症状加重后出现呼吸肌麻痹、进行性肌肉麻痹、四肢肌张力降低、站立不稳、持物困难、肌张力进行性下降至完全瘫痪。同时出现渐进性心血管功能异常，血压下降甚至无法测出，血钾降低而出现低钾综合征(可降低至 2 mmol/L 以下)，低钠血症及恶性心律失常等。心电图表现以室性期前收缩、三联律、窦性心动过速或过缓、T 波低平、双相倒置、Q－T 间期延长、U 波增高等低钾图形为主，与洋地黄中毒心电图改变相似。急性钡中毒可引起严重心律失常、中毒性心肌炎、急性肾功能衰竭及中毒性脑病。心律失常是由于钡刺激肾上腺髓质分泌过多的儿茶酚胺所致。急性钡中毒引起中毒性脑病，尸解检查可见大脑及软脑膜水肿、炎症浸润和出血，以小脑、延髓和第四脑室底部为多见。心肌血管渗透性增加，心肌纤维有颗粒状崩解和灶状坏死，可见出血和水肿。肝细胞有退行性改变。脾脏纤维增生。肾脏有多发出血灶，肾小管上皮细胞肿胀，管腔变窄。全身毛细血管壁通透性增高，伴有广泛的出血和水肿等。严重心律失常和呼吸肌麻痹是急性钡中毒死亡的两个主要原因。

5.2 慢性中毒

慢性钡中毒多见于长期接触钡化合物的工人。我国在1943年曾报道因食用含钡食盐而引起的钡中毒，经证实发现是由于不法商贩用熬制井盐的浮渣(内含氯化钡)加入食盐内出售，引起食用这种食盐的居民发生钡中毒。主要表现为上呼吸道和眼结膜刺激症状及慢性间质性肺炎，部分可表现为钙-磷代谢和副交感神经功能紊乱，心脏传导障碍等。如乏力、气促、流涎、口腔黏膜肿胀糜烂、鼻炎、结膜炎、腹泻、心动过速、室内传导阻滞、血压增高、排尿困难、脱发等。长期吸入过量的硫酸钡或重晶石矿的微细粉尘后，可发生肺内钡尘沉着症(钡尘肺)。一般无自觉症状和呼吸功能障碍，X线胸片可见两肺均匀布满细小致密节结，直径1～3 mm，以中、下肺野显著，结节不融合成团块，不并发结核。当脱离接触钡粉尘后，部分阴影可缩小变淡。有时中毒者还会出现头发及眉毛脱落现象。钡中毒患者除胃肠刺激症状外，主要见口唇周围感觉异常(麻木、刺痛，但温、痛、触觉正常)，四肢冰冷、出冷汗、无力、大量流涎，重症者出现四肢瘫痪。运动障碍近端重，远端轻，伴有肌张力减退，腱反射减弱或消失。呼吸肌亦可出现瘫痪，致使呼吸困难以至呼吸衰竭。实验室检查发现大部分患者血钾降低，白细胞数升高，淋巴细胞相对增多，血沉加快，肝肾功能无明显变化。

(六) 风险评估

6.1 生产环境

我国职业接触限值规定：钡及其可溶性化合物(按Ba计)PC-TWA为0.5 mg/m^3，PC-STEL为1.5 mg/m^3。

6.2 生活环境

钡在天然水中含量很低，每升多在几微克至几十微克。由于地质原因，某些地面水或地下水钡含量可高至20 mg/L。世界上只有少数国家和军队制订了水中钡的卫生标准。一般饮水卫生标准为1.0 mg/L，最低为不得捡出，最高为4.0 mg/L。地面水中钡的最高容许浓度一般在0.05～4 mg/L，多为1.0 mg/L。根据GB/T14848—2017《地下水环境质量标准》，不同分类地下水中钡浓度要求如下：Ⅰ类：≤0.01 mg/L，Ⅱ类：≤0.1 mg/L，Ⅲ类：≤1.0 mg/L，Ⅳ类：≤4.0 mg/L，Ⅴ类：>4.0 mg/L。

由于水中钡在低浓度时，仍有一定毒性，且不少国家已订有卫生标准，目前各国沿用的1.0 mg/L标准仍不够安全。有研究认为，根据钡的毒性，动物外推到人和敏感人群等因素，加上安全系数10，建议我国的饮水标准订为0.1 mg/L。美国陆军1972年亦采用0.1 mg/L钡为饮水标准。地面水最高容许浓度，由于影响感官的剂量为5 mg/L，影响水的自净为10 mg/L都较大，故建议订为1.0 mg/L。当然为了更精确的制订水中钡的卫生标准，建议在进一步的研究中，使用多种动物进行慢性毒性试验，特别是生殖毒性试验和免疫功能试验以及进行高钡地区人群环境流行病学调查是必要的。

钡对水生生物有害并具有长期持续影响，其环境危害GHS分类为：危害水生环境—长期危害，类别3。

氯 酸 钡

1. 理化性质

CAS号：13477-00-4	外观与性状：无色棱形结晶或白色粉末
熔点/凝固点(℃)：414	密度(g/cm^3)：3.18(25℃)
溶解性(g/100 ml水中)：20.3(0℃)；26.9(10℃)；33.9(20℃)；41.6(30℃)；49.7(40℃)；66.7(60℃)；84.8(80℃)；105(100℃)	

2. 用途与接触机会

用作分析试剂，也用于制药工业。

3. 毒性

本品吞咽和吸入有害，其健康危害GHS分类为：急性毒性—经口，类别4；急性毒性—吸入，类别 4。

4. 风险评估

本品对水生生物有毒并具有长期持续影响，其环境危害 GHS 分类为：危害水生环境—急性危害，类别 2；危害水生环境—长期危害，类别 2。

钽及其化合物

钽

1. 理化性质

CAS 号：7440-25-7	外观与性状：蓝灰色固体，延展性极佳
熔点/凝固点(℃)：2 996	密度(kg/m^3)：16 680 (20℃)
沸点(℃)：5 425	溶解性：钽在常温下，难溶于水，不与碱溶液、氯气、溴水、稀硫酸等发生反应；在冷和热的条件下，对盐酸、浓硝酸及"王水"都不反应；高温时能被浓硫酸、氢氟酸(硝酸与氢氟酸的混酸)、磷酸、强碱(如 40%的氢氧化钾和烧碱等)腐蚀；温度高于 150℃时能被浓硫酸腐蚀

2. 用途与接触机会

2.1 生活环境

日常生活中钽的主要来源包括通信(交换机、手机、传呼机、传真机等)、计算机、汽车、家用和办公用电器、仪器仪表及医疗卫生等。

2.2 生产环境

钽是稀有金属矿产资源之一，是电子工业和空间技术发展不可缺少的战略原料，在地壳中的含量为 0.000 2%，在自然界中常与铌共存。含钽矿物很多，但作为钽矿物(Ta/Nb≥ 1)的却不多，具有工业价值的钽的主要矿物有：钽铁矿[(Fe，Mn)(Ta，Nb)$_2$O$_6$]、重钽铁矿($FeTa_2O_6$)、细晶石[(Na，Ca)Ta_2O_6(O，OH，F)]和黑稀金矿[(Y，Ca，Ce，U，Th)(Nb，Ta，Ti)$_2$O$_6$]等。据美国地质调查局的统计，钽在地壳中的自然储量为 15 万吨，可开采储量超过 4.3万吨。中国钽资源主要分布在江西、福建、新疆、广西、湖南等省。世界上 50%～70%的钽以电容器级钽粉和钽丝的形式用于制作钽电容器。

钽在化工装备、电子工业、武器装备、高温应用、医疗卫生等领域有重要应用。如① 化工装备方面：钽被用作各种部件，如热交换器、壳和管状加热器、卡口加热器、蒸发器、冷凝器、热偶套管、(爆破)安全盘、容器衬和玻璃容器修复件等。通常较大的部件是在金属表面(如钢、不锈钢和铜)包覆一薄层钽，可采用物理结合或爆炸粘结的方法；② 电子工业方面：钽电容器广泛应用于电子计算机、雷达、导弹、超音速飞机、自动控制装置/新型集成电路等电子线路中；③ 武器装备方面：爆炸成形穿甲弹的制造过程中作为紫铜药型罩的理想替代材料；④ 高温应用：高温炉的构件、火箭喷管材料、喷气发动机涡轮盘等；⑤ 医疗卫生方面：颅骨修补片、电极、造影标记物、韧带固定器等。

3. 毒代动力学

3.1 吸收、摄入与贮存

钽是一种毒性小，不易被吸收的惰性粉尘。口服或者局部注射不溶性的钽盐均不能被机体吸收；可溶性的钽盐由胃肠道吸收量亦极微，被机体吸收的钽主要分布于骨骼(占体内总量的 40% 以上)，其他组织包括肾、肝、睾丸、附睾和脾。未见有经皮肤吸收的报道。

3.2 转运与分布

动物经口摄入可溶性钽盐后，97%的钽经粪便排出，经尿液排出的不足 1%；因事故摄入放射性钽尘的人，7 d 内大便排出 93%，24 h 内尿中均未检出。吸入钽尘可进入呼吸道或肺泡并长期滞留或吸收。进入呼吸道的钽主要沉着在纤毛气道表面，约 20%的气溶胶可能沉着在无纤毛的气道，可能引起周围血液白细胞增高及肺组织学改变，而对其他组织无明显影响。

3.3 排泄

钽在气道内的清除机制主要是黏液纤毛转运，该机制一般在 24 h 内可完成，多至 4～7 d。清除率和清除时间取决于所沉着的气道大小，清除顺序为气管、主支气管、小支气管和细支气管。进入肺泡的钽尘可长期滞留，其平均生物半数清除时间大于 2 年，且与钽尘的绝对量及粒子大小无关。巨噬细胞(AM)吞噬是钽从肺内清除的主要途径。AM 运动到肺泡，摄取钽尘消化或消蚀，然后转移到黏膜纤毛上皮或肺的淋巴系统，从而清除这些尘粒。钽还可与血清蛋白牢固结合，并能获取肺细胞浆液的钽，这可能也是肺内钽清除的一条途径。

4. 毒性

4.1　急性毒作用

钽的小鼠经口 LD_{50}：595 mg/kg。大鼠经口 LD_{50} 范围为 958～8 000 mg/kg。氧化钽大鼠经口 LD_{50} 为 8 000 mg/kg；氯化钽大鼠经口 LD_{50} 为 1 900 mg/kg。金属钽及其氧化物急性毒性属实际无毒，经腹腔注射对大鼠亦无毒作用，对皮肤、黏膜无刺激作用。但钽的可溶性盐类如氯化钽、氟化钽等则有一定毒性，如氟钽酸钾（K_2TaF_7）大鼠经口 LD_{50} 为 110 mg/kg。

钽及其氧化物对呼吸道染毒只见一过性炎症和充血，只引起“轻微界限性色素沉着的粉尘损害”，未发现肺组织的纤维化。

4.2　慢性毒作用

动物体内植入钽盘和钽网，人体在外科手术长期运用钽网作疝修复术和氧化钽用作烧伤的一种敷料，经长时间观察均未见由于钽及其氧化物所致的有害影响。

5. 风险评估

我国 2001 年 GB 18552—2001《车间空气中钽及其氧化物职业接触限值》规定钽及其氧化物（按钽计）MAC 为 10 mg/m³，GBZ 2.1—2007《工作场所有害因素职业接触限值化学有害因素》规定钽及氧化物（按 Ta 计）PC－TWA 为 5 mg/m³。

国外钽及其氧化物的暴露阈值：1976 年前苏联公布其车间空气 MAC 为 10 mg/m³。1987 年英国卫生与安全局（HSE）推荐该物质职业接触限值为 5 mg/m³。同年德意志研究联合会（DFG）推荐工业接触限值亦为 5 mg/m³。1980 年 ACGIH 推荐：TLV－TWA 为 5 mg/m³，TLV－STEL 为 10 mg/m³（按钽计），1996 年颁布的阈限值标准仍维持 5 mg/m³。美国联邦矿业安全与健康监察局（MSHA）空气中推荐阈限值 TWA 为 5 mg/m³，美国职业安全与健康标准允许暴露限制（所有行业）为 5 mg/m³。埃及 TWA 为 0.1 mg/m³。澳大利亚、比利时、丹麦、芬兰、德国、荷兰、菲律宾、瑞典推荐 TWA 均为 5 mg/m³。英国推荐 TWA 为 5 mg/m³，短期时量平均容许浓度（一般采用测量 15 min 内平均浓度来衡量为 10 mg/m³。俄罗斯短期时量平均容许浓度也为 10 mg/m³。

钨及其化合物

1. 理化性质

CAS 号：7440－33－7	外观与性状：银白色金属，外形似钢
熔点/凝固点(℃)：3 410	溶解性：不与任何浓度的盐酸、硫酸、硝酸、氢氟酸发生反应；可以迅速溶解于氢氟酸和浓硝酸的混合酸中；在碱溶液中则不起作用
沸点(℃)：5 930	相对密度(水＝1)：19.3

2. 用途与接触机会

2.1　生活环境

钨的化合价：2、3、4、5、6 价，其中钨 6 价的化合物，特别是钨酸盐最稳定。常见化合物有二氧化钨（WO_2）、三氧化钨（WO_3）、钨酸钠（$Na_2WO_4.2H_2O$）和碳化钨（WC）、仲钨酸铵（$H_8N_2O_4W$）。

钨是一种工业价值很高的金属。根据美国 EPA 报告，钨可通过矿石加工，合金制造以及城市垃圾燃烧进入环境。

食物，水和土壤的钨暴露已成为重要的环境问题。地下水中的钨可以在人类和其他物种的食用植物中积累。食物摄入钨约 8.0～13.0 μg/d，钨在空气中属于“极低型”类微量元素；在大气层中含量极低。环境中分布最广泛的钨是氧化钨。钨在医学上也经常被用于制造医疗器械，生产抗糖尿病和肥胖的药物。所以医学使用钨也会使患者体内钨浓度增加：植入患者体内的钨基医疗器械出现故障后可能导致尿液和血液中钨的浓度增加；在实验研究中，患者用钨酸钠治疗肥胖 6 w 后，循环血浆钨浓度 2 148 μg/L。

虽然钨化合物被认为是相对无毒的并且细胞可以耐受毫摩尔水平的暴露，但是由于其在工业上广泛使用，人类钨暴露途径众多，因此其影响是不容忽视的。

2.2　生产环境

生产环境中钨暴露主要来自矿山和工业生产。世界上开采出的钨矿，约 50%用于优质钢的冶炼，约35%用于生产硬质钢，约10%用于制钨丝，约5%用于其他领域。钨可以制造枪械、火箭推进器的喷嘴、穿甲弹、切削金属的刀片、钻头、超硬模具、拉丝模等等，钨的用途十分广泛，涉及矿山、冶金、机械、建筑、交通、电子、化工、轻工、纺织、军工、航天、科技、各个工业领域。

钨暴露可以是纯钨、钨矿石或含钨合金。工人可以通过口鼻吸入或皮肤接触受钨污染的空气而暴露。

3. 毒代动力学

钨酸盐离子 WO_4^{2-} 是生物系统中最常见和最易溶的钨形式。目前对钨在体内的代谢、吸收和排泄大多以放射性同位素的动物模型进行观察。在动物数据的基础上，ICRP（国际放射防护委员会）已经开始尝试开发钨的人体代谢模型。

3.1 吸收、摄入与贮存

大鼠摄入钨后，约40%在24 h后随尿液排出，58%通过粪便消除，最后仅剩余2%的剂量储存于组织。

吸入后10 d内，三分之二的沉积物可随胃肠道排除，约三分之一进入血液循环而分布到全身。

钨通过肾脏从身体快速排出，但是一些存留在骨中。小鼠实验发现机体内的钨主要蓄积于骨骼中：口服钨酸钠一周内钨在骨骼内蓄积，并在四周内达到最高。女性乳房组织暴露于钨中，可在血液和尿液中检测到钨，表明钨能够进入血液循环。从骨骼中去除钨的速度比积累的速度慢得多，使骨骼成为主要的蓄积场所。

3.2 转运与分布

将氧化钨或仲钨酸铵研磨精细后掺入大鼠的饮食中，喂养100 d后，经检测钨在大鼠的主要沉积部位为骨和脾，肾脏、肝脏、血液、肺、肌肉、睾丸也有低剂量的钨检测出。

研究发现，大鼠口服钨酸钠1 d后，脾脏中钨含量最高，其次是肾脏、毛皮、骨骼和肝脏。将其胃插管后再次给予钨酸钠，发现肾脏中钨浓度最高，其次是骨骼和脾脏。

在Aamodt对比格犬的研究中发现，暴露165 d后，最高钨活性浓度是位于肺和肾，而骨、胆囊、肝和脾中只有少量。

大多数进入体内的钨都能在短时间内经过消化系统和排泄系统排出体外，少量进入血液中的钨可能会在骨骼、指甲或头发中蓄积一段时间后排出体外。

3.3 排泄

动物实验中都已证实，大部分钨都会从尿液排出。人体内的钨主要从尿液和粪便排出。

4. 毒性与中毒机理

4.1 急性毒作用

钨的毒性因其化合物和侵入途径不同而不同。经口摄入钨酸钠毒性最大，三氧化钨次之，仲钨酸铵最小。毒性大小与钨化合物溶解度有关。食入和注射引起急性钨中毒，表现为疲乏、腹泻、痉挛、瘫痪以至昏迷，常死于呼吸麻痹。

钨酸钠大鼠经口 LD_{50} 为1 190 mg/kg。小鼠经口 LD_{50}：4 700 mg/kg。豚鼠经口为1 152 mg/kg。兔经口为875 mg/kg。大鼠经腹腔注射 LD_{50}：204 mg/kg。

钨兔经皮500 mg/24 h，造成轻度皮肤刺激；兔经眼500 mg/24 h，造成轻度眼刺激。

4.2 慢性毒作用

大鼠和兔经口摄入钨酸钠0.005～5 mg/kg.d，历时7～8个月，只在0.5～5 mg/kg的剂量组引起碱性磷酸酶活性下降。

4.3 远期毒作用

（1）致癌作用

钨可能与其他重金属协同，导致恶性肉瘤、乳腺肿瘤和肺癌。钨暴露增加了晶状体蛋白基因B(CRYAB)的表达。CRYAB的蛋白质产物与伴侣蛋白相似，但其靶蛋白保持在大聚集体中。Qin等人最近的一项调查报道了CRYAB基因的过表达促进了非小细胞肺癌的进展，而CRYAB的mRNA和蛋白水平上调的患者预后不良。据报道，钨增加了S100A4基因的表达，并且该基因的功能障碍增加了肺癌的发病率。该基因的蛋白质产物与钙结合，参与许多细胞过程的调节，如细胞周期进程和分化。钨矿工人发生尘肺，工人的接尘工龄与肺癌呈正相关。含碳化钨的钴金属被IARC分类为2A类（很可能是人类致癌物）。

（2）发育毒性与致畸性

大鼠经口 TDL_0：1 160 μg/kg（30W pre/1～

20 d preg)，造成骨骼肌肉系统畸形。

4.4 中毒机理

关于钨中毒作用机理目前还不很清楚，钨酸盐和钼酸盐是同晶型的，Na_2WO_4 有对抗钼酸盐正常代谢的作用，而后者是黄嘌呤脱氢酶的金属载体。饮食中加 Na_2WO_4，其钨量为饮食中钼量的 100 倍时，完全抑制大鼠肠道黄嘌呤氧化酶的活性，肝中黄嘌呤脱氢酶和钼含量则明显下降。小鸡因 Na_2WO_4 产生钼缺乏时，尿酸排泄有一半为黄嘌呤和 6-羟基嘌呤所代替。WO_4^{2-} 的作用亦可由小量钼酸盐（MoO_4^{2-}）所抵消。上述情况表明，钨酸盐与钼酸盐似乎具有对抗作用。

（1）造血微环境毒作用

骨髓基质是造血的微环境，在调节正常造血功能过程中起关键作用。骨髓可能是钨蓄积的靶部位。钨改变骨髓间充质基质细胞分化，干扰细胞因子对骨髓造血干细胞生长和分化的调节作用。钨上调 CSF3(集落刺激因子 3)的表达，这种蛋白质的上调增加了 HL-60 细胞的增殖，HL-60 细胞是早幼粒细胞白血病细胞系。钨暴露也改变了 MST4(丝氨酸/苏氨酸蛋白激酶 26)的表达，而 MST4 是一种参与白血病的基因。

（2）细胞毒性

钨的细胞毒性表现在外周血淋巴细胞。钨可参与白血病的基因失调，与慢性淋巴细胞白血病相关的 CD74(主要组织相容性复合物，II 类)可被钨上调；与急性髓细胞白血病相关 HOXB 可被钨下调。

（3）遗传毒性

造成 DNA 损伤的机理主要是 DNA 单链断裂。钨也可激活 CDNK1A 和 TGFB1 癌基因。并发现表观遗传学改变，用钨/镍/钴重金属合金处理的一组细胞系具有组蛋白 3(H3)Ser10 的去磷酸化和 H3 的低乙酰化。

（4）免疫毒性

虽然并没有钨暴露直接致个体的免疫毒性的研究报道，但钨在体内和体外模型中对发育中和成熟的免疫系统都具有免疫毒性。钨通过减少有丝分裂诱导人外周血淋巴细胞的增殖和细胞因子的产生。将人外周血单核细胞暴露于钴、碳化钨或碳化钨钴 24 h 后，评估其毒性，钴和碳化钨均可诱导细胞凋亡，并且碳化钨混合物对细胞死亡有累加效应。文献报道，雌性小鼠口服钨酸钠 125～2 000 mg/kg，会引起免疫攻击，然后降低 T 细胞介导的免疫力。许多研究已经使用人外周血(单核细胞或分离的单核细胞)来评估钨暴露对信号分子的影响。含有钨的重金属合金改变基因表达，导致参与凋亡、应激/防御反应途径和核小体的基因的上调和免疫反应途径的下调。还有文献报道，用 100 $\mu g/cm^3$ 碳化钨-钴颗粒处理外周血单核细胞，会出现一系列的活性氧活化，p38/mAPK 和 p53 的活化，应激基因 HMOX1 上调和缺氧诱导因子稳定化的应激反应。此外，因为造血功能主要发生在骨髓中，骨中钨的积累可能与免疫毒性之间存在联系。

5. 生物监测

关于这方面信息很少，存在于血液、肝脏或粪便中的钨可能是钨或钨化合物暴露的生物标志。

6. 人体健康危害

随着钨及其制品生产规模的持续扩大，钨的使用范围也越来越广，钨元素污染环境的潜在威胁也在不断上升。作为一种能够影响生物体内化学变化、扰乱生物化学交换渠道的物质，钨元素对人体健康的影响也应该开始被人们重视起来。

6.1 急性中毒

据报道，人一次口服 25～80 g 钨无致病效应。

6.2 慢性中毒

钨的化合物，如碳化钨粉尘、钨酸钠、氧化钨、碳化钨等，长时间过量接触可能会导致皮肤、眼睛发炎红肿，引发诸如哮喘等呼吸道疾病，导致胃肠道功能紊乱等。此外，英国埃克塞特大学的研究人员们则发现，尿液中钨含量高的人与高中风率之间存在关联，并且这一现象在女性和 50 岁以下的群体当中显现得尤为明显。把其他诸如年龄、社会经济状况、是否吸烟、体质指数、职业和是否饮酒等诱发中风的因素考虑进去，接触了钨金属元素人群的中风概率也高于其他人。研究人员也表示，虽然其他像镍和铜之类常与钨一起使用的金属元素可能也与中风率之间存在关联，但大量中风案例的病理学显示钨是个重要的一个因素。

长期接触羰基钨可见指甲成层增厚和易脆，皮肤脱屑。钨酸酐对皮肤有刺激作用。积累于身体中的钨还可能引起肺癌和白血病。

受钨尘作用的工人可发生支气管哮喘，X 线胸部检查部分可见肺部有弥漫性肺硬化。也有接触工人发生间质性肺炎的报道，有些病例肺活量的减少先于胸部X线。

7. 风险评估

7.1 生产环境

车间空气卫生标准：GB 16229—1996 中国MAC钨及碳化钨 6 mg/m^3（现已废止）；GBZ2.1—2007《工作场所有害因素职业接触限值化学有害因素》规定钨及其不溶性化合物（按 W 计）PC-TWA为 5 mg/m^3；PC-STEL 为 10 mg/m^3。美国 MSHA 规定：TWA 为 1 mg/m^3（可溶性）；美国 MSHA 规定：WAT 5 mg/m^3（不可溶性）；丹麦规定：WAT 为 5 mg/m^3 JAN 1993；俄罗斯规定：STEL 为 2 mg/m^3 JAN 1993；瑞典规定：TWA 为 5 mg/m^3 JAN 1993。

7.2 生活环境

欧盟食品安全局认为，按照最大使用量 75 mg/kg，将氧化钨作为再热剂用于 PET 不存在安全问题。然而用作其他功能或用于其他聚合物时，迁移量不应超过 50 μg/kg（以钨计）。

锇及其化合物

锇

1. 理化性质

CAS 号：7440-04-2	外观与性状：浅蓝白色，有金属光泽，锇质硬而脆
熔点/凝固点(℃)：3 045±30	临界温度(℃)：288.9
沸点(℃)：5 027±100	易燃性：其粉体遇高温、明火能燃烧
n-辛醇/水分配系数：2.13	密度(kg/m^3)：22.57 (25℃)
溶解性：不溶于冷水、氨水；微溶于硝酸	

2. 用途与接触机会

2.1 生活环境

锇作为铂系金属中密度最大的金属，硬度极高，并具有较好的耐磨性，在生活中应用十分广泛。锇与其他金属的复合有机金属化合物具有一定的抗癌效应，被应用于宫颈癌的治疗研究中。

2.2 生产环境

锇也可以用作工业催化剂。此外，锇的金属氧化物四氧化锇，作为生物标本检测的固定剂，被广泛应用于医学研究中。

3. 毒代动力学

吸收，摄入与贮存　锇金属本身无毒，其氧化物四氧化锇可通过消化道、呼吸道以及皮肤侵入人体，对人体的肺、皮肤、眼睛等造成损伤，引发炎症。

4. 毒性与中毒机理

4.1 急性毒作用

锇的蒸气有剧毒，会强烈地刺激人的眼部黏膜，严重时会造成失明。

锇酸大鼠经口 LD_{50}：14 mg/kg；小鼠经口 LD_{50}：162 mg/kg。

4.2 中毒机理

锇的有机金属合金可以降低癌细胞内 ROS 的水平，减少 NAD^+ 辅酶水平，并抑制微管蛋白聚合，从而达到抑癌效果。

四氧化锇具有强烈的刺激性，能够刺激机体在接触部位发生炎症反应。

5. 风险评估

美国 ACGIH 规定：TLV-STEL 为 0.004 7 mg/m^3；TLV-TWA 为 0.001 6 mg/m^3；美国 MSHA 规定：TWA 为 0,002 mg/m^3；美国 OSHA 规定：8 h PEL-TWA 为 0.002 mg(Os)/m^3。

四 氧 化 锇

1. 理化性质

CAS 号：20816-12-0	外观与性状：白色或浅黄色单斜结晶
熔点(℃)：40℃	沸点(℃)：130℃ (100 kPa)
溶解性：微溶于水；溶于苯、四氯化碳、乙醇、乙醚和氨水；溶于盐酸生成四氯化锇并放出氯气	

2. 用途与接触机会

四氧化锇是金属锇的一种重要化合物，本品可被某些生物物质还原成黑色的二氧化锇，所以有时在电子显微镜检查中用作组织染色剂。四氧化锇也用于有机合成氧化还原的催化剂或氧化剂。在电子显微镜技术中用作标本的稳定剂。

3. 毒性

本品为2015版《危险化学品目录》中所列剧毒品。小鼠经口LD_{50}：162 mg/kg。大鼠吸入LCL_0：453.9 mg/m^3/4 h。

其健康危害GHS分类为：急性毒性—经口，类别2；急性毒性—经皮，类别1；急性毒性—吸入，类别2；皮肤腐蚀/刺激，类别1B；严重眼损伤/眼刺激，类别1。

4. 人体健康危害

误服、皮肤接触、吸入本品致命，能造成严重皮肤灼伤和严重眼损伤。

铱及其化合物

铱

1. 理化性质

CAS号：7439-88-5	外观与性状：银白色金属，硬而脆
熔点(℃)：2 410±40	沸点(℃)：4 500以上
燃烧热(kJ/mol)：3 264.4	密度(g/cm^3)：22.562±0.011
溶解性：不溶于酸和王水；能与熔融氢氧化钠和过氧化钠反应，生成溶解于酸的化合物	

2. 用途与接触机会

铱(Ir)是一种银白色的稀有金属，和钯(Pd)、铂(Pt)、铑(Rh)、钌(Ru)和锇(Os)组成铂族元素(PGE)。在铂族金属元素中，铱具有许多独特的物理化学特性，其密度高、熔点高、弹性大，难以进行机械加工，且具有良好的高温稳定性、化学惰性和阻止氧元素扩散特性，不溶于所有的无机酸(包括王水)，能抵抗很多熔融物以及高温硅酸盐的腐蚀，其氧化物还具有优良的导电性等，因此往往被用作耐高温，耐腐蚀的航天器等涡轮发动机中。铱元素的d轨道与配体进行配位后在自旋轨道上具有较强的耦合能力，加之其三重态寿命短，因此被广泛应用于磷光发光材料。同时铱(Ⅲ)具有d2sp3杂化轨道，能够接受孤对电子而形成较强的金属-金属键和金属-配体键，表现出催化活性，被广泛应用于催化领域。

含量较少的元素之一，地壳岩石的平均质量分数为0.001 mg/kg，在自然界中，金属铱与铂和其他铂族元素在冲积层中被发现，在铂矿石中经过提炼后获得，可以用作镍矿和工业的副产品。自然形成的红外合金是是铱和锇的混合物。在工业应用中，铱被用作一种合金材料，与许多其他金属一起制造出极其坚硬的复合材料，具有良好的耐腐蚀性，常被用作铂合金的硬化剂。

铱是被用于开发新一代汽车催化转换器中的最大的铂族元素。这些装置能够进一步减少汽车废气(碳氢化合物和氮氧化物等)的排放，铱可以催化一氧化碳和碳氢化合物的氧化，减少氮氧化物并将这些污染物转化为更无害的二氧化碳，氮和水。

3. 毒代动力学

可经呼吸道和口侵入人体，口服吸收尚不到10%，吸入的金属铱烟可蓄积在大鼠的上呼吸道，然后迅速经胃肠道排出。主要经由肾脏，以尿液形式排出体外。

4. 毒性与中毒机理

4.1 急性毒作用

狗经静脉的LD_{50}为778 mg/kg(氯化铱)；大鼠经口LD_{50}为1 560 mg/kg(四氯化铱)。

4.2 过敏性反应

有文献报道由于职业性接触氯化物(如H_2IrCl_6)引起接触性荨麻疹的病例。氯化铱刺激皮肤后，刮痕试验为阳性，提示铱盐也可引发过敏性皮炎。

4.3 中毒机理

氯化铱能改变了Th1和Th2细胞因子的水平，造成免疫系统失调。铱盐对大鼠成纤维细胞的生长和增殖具有抑制作用，诱导细胞在细胞周期的S期和 G2/m 期逐渐发育停止，铱盐作用 72 h 后细胞周期中 G0/G1 期的细胞数百分比从 69.9%下降至 54.6%，对照组的细胞周期 S 期的细胞数百分比从 15.9%增加到 24.1%，细胞数在 G2/m 期的百分比也有增加，但不太明显，实验结果显示所有时间点细胞在 G0/G1 和 S 期所占百分比的显著差异，而 G2/m 期的细胞百分比则不同，Annexin 染色观察细胞凋亡，在对照组细胞中可检测到约 2.0%的凋亡细胞，加入铱盐 72 h 后凋亡细胞百分率增加 56.3%，铱暴露诱导的细胞凋亡率与对照组相比有显著性差异（$P<0.05$）。

铱盐还可以诱导 ROS 以及 DNA 链断裂的积累，细胞周期阻滞与细胞在 S 期和 G2/m 期的凋亡的发生提示铱盐对 DNA 有潜在的毒性作用。用彗星试验评估了 DNA 单链断裂在不同浓度的铱盐作用 12 h 和 24 h 后，发现铱只能导致 DNA 链断裂显著增加，用 20，70 -二氯荧光素二乙酸酯(dcfh-da)试验分析铱化合物对细胞内活性氧含量的影响，铱盐能引起细胞内促红细胞生成素水平的升高，24 h 后的促氧化作用最高。

5. 人体健康危害

成块的铱金属没有毒性，因为它不与生物组织反应，人体组织内的铱比例只有一兆（万亿）分之二十左右。由于对铱化合物的处理一般都很少，造成人们对其毒性所知甚少，不过铱的可溶盐，如各种卤化铱，则含有毒性。大部份铱化合物都不可溶，所以很难被人体吸收。其次，铱同位素和其放射性同位素一样是危险的。发生铱相关的意外主要是在近距离治疗时受到其同位素辐射的意外照射，铱所放出的高能 γ 射线会提高患癌症的可能性，还会导致烧伤、辐射中毒甚至死亡。经口腔摄入铱可导致胃黏膜和肠黏膜烧伤，进入体内的铱主要会积累在肝脏中。对人体生殖系统造成损害的相关报道主要是由于不慎接触铱- 192 而引起事故性放射损伤，引起性功能障碍。

铱- 192 是铱的一种放射性核素，能释放出高能 γ 射线，属于Ⅱ类放射源，即高危险源，铱- 192 所放出的高能 γ 射线会对人体造成伤害。如果直接外照射可导致烧伤、辐射中毒甚至死亡；如果误摄入则可导致肠胃黏膜烧伤，会积累在肝脏中。人在没有防护的情况下被铱- 192 辐射照射后，会导致红细胞、白细胞、血小板降低，骨髓造血功能会遭到严重破坏，染色体结构出现损伤，端粒酶的活性下降，还可能对遗传产生影响。流行病学研究表明，超细颗粒物的增加与不良心血管效应有关，这一发现不仅适用于老年人，也适用于具有潜在疾病的易感人群，动物研究显示与较大的颗粒相比，铱- 192 作为一种超细颗粒物，可以进一步进入肺间质，甚至在肝脏和心脏中有显著的蓄积，进而影响心血管系统。

铂及其化合物

铂

1. 理化性质

CAS 号：7440 - 06 - 4	外观与性状：银白色、金属光泽、有良好的延展性、导热性和导电性
熔点/凝固点(℃)：1 772	溶解性：不溶于水、盐酸、硫酸、硝酸和碱溶液；可溶于王水和熔融的碱
沸点(℃)：3 827	闪点(℃)：3 825
燃烧热(kJ/mol)：19.6	密度(g/cm^3)：21.45 (20℃)
相对密度(水=1)：21.45	

2. 用途与接触机会

2.1 生活环境

铂金属的性能优越，用途十分广泛。由于铂金属相当稀少，所以铂在世界上被广泛用作珠宝饰物。在日常生活的接触中，铂主要以珠宝首饰原料为主，主要用作装饰品和工艺品。随着金银珠宝市场的日益发展，铂首饰的营销市场逐年看涨，用铂量直线上升。铂首饰的材料为铂的合金。铂铱合金是制造钢笔笔尖的材料。日常接触的汽车交通中，铂金在尾气处理等方面的作用无可替代，消耗量几乎占到铂金工业用量的一半。

2.2 生产环境

铂族金属元素 Os、Ir、Pt、Ru、Rh 和 Pd，简称为 PGE，由于其熔点高，且具有良好的导电性、催化活性、耐腐蚀、抗氧化性，因而在工业上得到广泛的应用，被誉为“现代工业的维他命”，已成为现代工业和国防建设的重要材料。PGE 材料因其自身具有优良的物理和化学性能而广泛用于玻纤、仪表、精细化工、航空航天等行业。20 世纪后期，随着空前高涨的汽车工业和迅猛发展的电子工业，PGE 得到了更加广泛的应用和发展。特别是 20 世纪 90 年代纳米科技出现以后，PGE 与纳米科技的结合，使 PGE 的力学、电学、光学及催化活性等性能得到进一步提升，广泛应用在高科技领域及现代工业中，并且取得了较好的经济和社会效益。

PGE 广泛用于汽车工业、电子工业、石油化工、燃料电池行业、医药领域、航空航天领域等：① 汽车工业：PGE 汽车工业中的主要作用就是制成催化剂来净化汽车尾气。② 电子工业：PGE 由于具有高的物理化学稳定性，高电导率和热导率及特有的电学、磁学等性能，在半导体器件制造生产中起关键作用。③ 石油化工：PGE 不仅催化活性高，而且具有特殊的选择性和有多种多样的催化作用，因而 PGE 在石化工业中被广泛地用于制造催化剂。④ 燃料电池行业：燃料电池是一种能直接将储存在燃料和氧化剂中的化学能高效地转换成电能的发电装置。近年来，随着燃料电池的兴起和发展，其消耗的铂金属逐年增加。⑤ 医药领域：恶性肿瘤是世界公认的对人类健康危害最严重的疾病之一，随着经济社会的发展，各国的癌症发病率越来越多，铂族金属配合物是目前肿瘤及癌症治疗中应用最广治疗作用最好的一类药物。此外，Elhusseiny 和 Hassan 证实了 Pd 和 Pt 纳米粒子的复合物具有高效的抗肿瘤和抗菌活性。1936 年，Ishizuka 博士成功地制备了一个 Pd 和 Pt 纳米粒子溶液称 PAPLAL。从那时起，PAPLAL 已被使用治疗烧伤，冻伤，荨麻疹，胃溃疡和类风湿性关节炎。PAPLAL 已被证明对慢性病有各种有益作用。⑥ 航空航天领域：PGE 的复合材料具有耐高温抗氧化抗腐蚀特性，已广泛用于航空、航天与空间技术。

3. 毒代动力学

3.1 吸收、摄入与贮存

铂族化合物尤其氯铂酸胺和铂可经皮吸收致动物中毒。铂族金属可以通过多系统（呼吸道、皮肤或消化道）进入机体。进入体内后通过血液循环分布至所有脏器，较多地蓄积在脾、肾上腺、肝、肾及生殖器官。顺铂在肝脏的累积仅次于肾脏。

3.2 转运与分布

铂族元素在生物体内的分布有一定的规律。在鸟类的羽毛、血液、肝脏和卵中都可检测到铂族元素。PGE 不会像 Cu、Cd 和 Zn 那样在肝脏和肾脏内大量富集，鸟体内铂族元素的含量顺序为粪便＞血液＞肾脏＞肝脏＞羽毛＞卵。

3.3 排泄

铂族化合物主要经泌尿系统排出。氯铂酸铁主要经泌尿系统排出。急性染毒时，大部分在 48 h 至 5 昼夜内排出。有研究表明，癌症患者大量使用 PGE 的药物后，经肾脏排出大约 70％的 PGE（包括 24％～32％顺铂、72％～82％卡铂 28％～44％ 奥沙利铂），尿中 Pt 浓度为正常水平的 40 倍。

4. 毒性与中毒机理

以气溶胶形式存在的 Pt 化合物可以引起打喷嚏、咳嗽、胸闷、哮喘等呼吸系统疾病和湿疹等皮肤过敏疾病。PGE 还可导致细胞损伤、基因中毒。Pt 化合物的毒性主要与存在形态有关，溶解度高的 Pt 盐（$PtCl_4$、$PtCl_2$ 等）比溶解度低的 Pt 化合物（PtO、PtO_2 等）毒性高得多，Pt(II) 由于与氨基酸和蛋白质结合能力较强而毒性比 Pt(IV) 高，可溶性尤其是卤化态 Pt 盐毒性大于金属态 Pt；Pd 类化合物；有水溶性的 $PdCl_2$ 毒性大于 PdO（水中不溶）。Pd 盐可以引起食欲减退、行为失调、肺部出血、肾脏损害、胃黏膜硬化、心脑血管疾病、肠道生化改性、甚至死亡。Gagnon 等对强饲不同浓度 Pt 盐 4 w 的小白鼠测试发现，Pt 会引起 DNA 损伤、肾小球萎缩，诱导肾上腺中嗜酸性粒细胞的发展。

4.1 急性毒作用

金属铂为一种惰性金属，铂粉（直径为 1～5 μm）对大鼠的急性经口毒性非常低，仅可引起肾小管肿胀改变，没有致死效应。WHO 报告中指出，大鼠口服卤化铂类可以引起急性肾毒性和肾小管损伤。口服四氯铂铵可引起大鼠的急性毒性，包括：运动减退、腹泻、痉挛和呼吸系统损伤。铂化合物的急性毒性主要与其溶解性有关，溶解度高的铂盐的毒性较一些溶解度低的铂化合物（如：PtO、PtO_2）高得多，如卤化铂铵对大鼠经口 LD_{50} 为 0.02～0.2 g kg，而氧化铂对大鼠经口 LD_{50}＞2 g/kg。

铂族化合物可引起结膜炎以至角膜结膜炎，对动物眼黏膜的作用浓度，氯铂酸按 35 mg/m^3、二氯二氨络靶为 50 mg/m^3，刺激阈各为 41.0±1.6 mg/

m^3、65.0±1.3 mg/m^3。

顺铂心脏毒性呈剂量、浓度相关性，毒作用表现与给药总量、给药方式有关，急性心脏毒性表现为患者在给药后短期内出现胸痛、心悸、急性心肌梗死、血压升高以及血流动力学紊乱等一系列表现。顺铂治疗中出现心脏不良反应的患者77%表现为急性心脏毒性，67%患者于监护中发现无症状性室上性心动过速或室性心动过速，此类心律失常停药后多可自行缓解。

4.2 慢性毒作用

铂类药物的肾毒性主要由铂元素在肾脏中的沉积引起，不同的铂类药物铂元素沉积程度不同，进而出现不良反应的程度不同。顺铂的肾毒性最严重。一般剂量主要产生肾小管的损伤，见于用药后10～15 d，多为可逆性；反复高剂量接触可致持久性轻中度肾损害。卡铂作为第2代铂类药物，其肾毒性明显轻于顺铂。用药者约25%肌酐清除率下降，25%尿酸增加，16%血尿素氮增加。卡铂与有肾毒性药物联合使用会增加肾毒性，剂量应调整。第3代铂类药物如奥沙利铂和洛铂，肾毒性更是大大降低。奥沙利铂给药后24 h内从尿中排泄的原型铂与总铂的量分别为28%和76%。因此，肾功能不全的癌症患者应尽量使用奥沙利铂，而避免使用顺铂。

顺铂同样可以引起耳毒性。当累积剂量≥200 mg/m^2，74%～100%的患者听力图表现高频部听力丧失，46%～68%出现眩晕，13%～20%表现明显的症状性耳聋。总体上，高频部听力丧失的比率为30%～50%，进展为语音部听力丧失的占15%～20%。卡铂在常规剂量作用于人体和动物情况下，耳毒性发生率低且程度比顺铂低，但当其主要的剂量依赖性的副反应—骨髓抑制通过自体骨髓移植克服后，剂量≥2 g/m^2，耳毒性亦成为剂量限制性毒副反应。有关儿童神经母细胞瘤接受大剂量卡铂化疗的临床观察表明，当总剂量超过2 g/m^2，82%的患者出现严重的耳毒性，需求助于助听器。另外鉴于卡铂治疗脑肿瘤的优势，特殊途径如经渗透血脑屏障破裂(BBBD)用药，耳毒性亦高发。

顺铂慢性心脏毒性主要表现在剂量累积产生的慢性心功能不全，心肌缺血、心室肥厚。一项研究对接受包括顺铂在内的化疗药物治疗的睾丸癌患者随访至少10年，发现6%患者发生急性心肌梗死和心绞痛，7.1%被确诊为冠心病，33%患者存在左室舒张功能障碍。在顺铂慢性心脏毒性大鼠模型的研究中，Langendorff等应用离体心脏灌流系统检测证实顺铂可显著降低冠脉血流量和心率，增加左室收缩压和加速左室收缩，这可能是顺铂相关的不稳定性心绞痛、冠脉栓塞事件发生的原因之一。

4.3 远期毒作用

(1) 致突变作用

铂类化合物的致突变性由其化合价及分子构象决定。现有资料显示：平面、二价、顺式的铂类化合物可能是潜在较强的致突变物。可溶性铂盐在细菌和哺乳动物细胞中表现出致突变性，但在果蝇和小鼠微核试验中没有发现。Ames试验、微核试验都证明，顺铂是很强的诱变剂；但四价铂并未表现出诱变性；反铂的诱变性非常小。对人淋巴细胞，顺铂表现出染色体诱变性。同时，顺铂还可能透过胎盘屏障，经腹膜给孕鼠注射剂量为7.5 mg/kg的顺铂后，子代可发生乳头状瘤。

(2) 致癌作用

在所有铂化合物中，顺铂是唯一有证据表明其具有致癌性的，IARC将顺铂列为2A类。顺铂可以引起染色体畸变，而染色体畸变常与细胞的突变、癌变相关，染色体断裂、易位、缺失等畸变常可激发癌基因的表达或导致肿瘤抑制基因的失活或丢失，从而引起肿瘤的发生。由于顺铂可引起严重的DNA损伤，该药很可能是潜在的致癌剂，在肿瘤化疗中诱发继发性肿瘤的可能性是存在的。

(3) 发育毒性与致畸性

流行病学调查显示，随着抗肿瘤药物顺铂的使用增加，接触此类药物的护士染色体畸变及姊妹染色单体交换增加，脱发、自然流产和子代畸形增加。研究发现，抗肿瘤药物顺铂可引起实验动物睾丸萎缩，精子数减少和畸形率升高，并诱导睾丸细胞凋亡，生精小管萎缩等危害。顺铂可通过抑制iNOS酶活力而致睾丸功能异常，NO生成减少，可能引起睾丸组织血灌流减少而致生精上皮细胞排列紊乱、细胞数减少以及生精细胞出现空泡等病理损伤。

(4) 过敏性反应

铂是一种贵重金属，含卤素的铂复合盐是一种变应原，可以引起Ⅰ型变态反应。支气管对铂盐的反应性与皮肤对铂盐的反应性呈中等相关，因此同时也可能出现的皮肤变态反应。从激发试验的结果分析，顺铂诱发哮喘属速发型变态反应，以2 h改变明显，FEV 下降 5%，PFE 下降 49.1%。职业性哮喘患者在脱离变应原后很长时间仍存在特异性气道高反应，因此再次接触致喘物可随时引起哮喘急性发作。这种反应可能是患者体内对铂复合盐所产生的高水平的特异性 IgE 有关。有学者提出在新出现的成人哮喘中大约有 10%应考虑是由职业因素所致，因此加强对职业人群的教育及工作防护对控制哮喘的发病率也有着非常重要的意义。

高浓度的铂族化合物可引起实验动物呼吸频率和氧消耗降低。氯铂酸按对豚鼠皮肤有轻度刺激作用。在铂类化合物中，主要由卤化铂类引起过敏，卤化铂类是已知的最强的致敏原之一，卤化铂类的过敏性随卤原子数目增加而增加。但大多数卤化铂引起的过敏反应发生在职业接触中。职业接触铂盐引起过敏反应主要可以概括为：流泪、打喷嚏、咳嗽、喘息、呼吸困难、严重哮喘样发绀、搔痒、接触性皮炎、风疹等，以上可以称为铂盐的超敏反应或"铂症"。

4.4 中毒机理

有学者认为，铂族的全身毒作用机理是它们藉硫氢基与蛋白、酶的相互作用，而影响酶的运输功能。但越来越多的研究表明：在多种生物地球化学作用下，有相当一部分单质态的 PGE 能够转化成离子态，进入土壤、水体、沉积物，从而引起生态环境的退化，并通过食物链传递对人的健康构成潜在威胁。

环境中人为来源的 PGE 对人体健康也构成很大威胁。排放到环境中的 PGE 进入人体后，在各种离子或化合物作用下，其可吸收性增加并转化为有毒形态，如肺液中的氯离子可以使 PGE 形成卤代化合物，对细胞损伤有巨大的潜在威胁。Gagnon 等研究证实，鸡胚脑中 Pt 的积累速度比肝脏中更快，这可能是由于缺失发育完善的血脑屏障引起的。鉴于人在出生时血脑屏障未发育完善，所以 PGE 可能会对新生儿和婴幼儿的脑发育产生不良影响。研究表明，长期暴露在 PGE 环境中容易患上多动症和老年痴呆症，Pt 盐与哮喘、结膜炎、皮炎湿疹的发生密切相关，因此，长期暴露于 PGE 环境中的老人、孩子的健康值得关注，对环境中铂族金属的监测十分必要。

(1) 肾毒性

顺铂对肾脏的影响尤为显著。顺铂主要通过肾脏排泄，在排泄过程中，药物被浓缩，顺铂在肾小管上皮细胞的浓度远高于血液，肾脏内高浓度的顺铂有利于其通过被动扩散的方式被细胞摄取。在排泄的过程中，顺铂及其代谢产物在肾小球滤过的同时，也可在肾小管再分泌和重吸收，这使肾脏内的顺铂维持在一个较高的浓度。实验表明，Prx Ⅰ 缺乏的小鼠比野生小鼠具有更高的抵抗顺铂肾毒性的能力，这是由于 Prx Ⅰ 缺乏的小鼠肾外排转运蛋白 MRP2、MRP4 表达增加，增加了顺铂的排泄。因此，顺铂在肾脏组织中的高浓度分布和长时间蓄积是顺铂肾毒性作用的基础。

(2) 血液毒性

顺铂的血液毒性较严重，有明显的骨髓抑制作用，白细胞减少的发生率为 27%。卡铂的骨髓抑制作用更为强烈，是其主要的不良反应，不仅白细胞减少，同时血小板减少的发生率也较高。在治疗 14～28 d 后白细胞数量最低；14～21 d 后血小板数量最低；后持续 2～3 w 左右可恢复正常。奈达铂的骨髓抑制作用为其剂量限制性毒性，可导致白细胞、红细胞特别是血小板的减少，骨髓抑制的发生率为 80%，高于其他铂类。奥沙利铂单独用药时，引起骨髓抑制较少见，以白细胞和血小板减少最明显，血小板的减少与药物剂量密切相关。当给药量小于 90 mg/m^2 时，无血小板下降；给药量为 135～150 mg/m^2 时，血小板下降发生率为 13%；给药量为 175～200 mg/m^2 时，血小板下降发生率为 28.5%，血液毒性中等。洛铂的血液毒性与奥沙利铂相似，在洛铂剂量限制性毒性中，血小板减少最为强烈。约有 26.9%的实体瘤患者血小板数低于 $50\times10^9\ L^{-1}$；在已接受大剂量化疗后的卵巢癌患者中，血小板减少发生率达 75%；血小板降低常在注射后 2 w 开始，下降后 1 w 恢复到 $10\times10^9\ L^{-1}$。

(3) 细胞毒性

1) 氧化应激和亚硝化应激

ROS 增多可引起一系列损伤：ROS 可影响线粒体复合酶 Ⅰ～Ⅳ 的活性从而抑制氧化呼吸链的正常传递，导致 ATP 耗竭；ROS 增加导致脂质过氧化，改变膜结构及其通透性，进而影响细胞功能；ROS 还可损伤氨基酸，蛋白质和碳水化合物，促进 DNA 损伤和细胞凋亡。此外，ROS 增加可导致 FasL、Fas、TNFR1 和 TNF－α 等表达增加，引起细胞凋亡。线粒体功能障碍导致 O^{2-} 的形成，同时顺铂引起的炎症反应包括上调 TNF－α、NADPH 氧化酶和诱导型一氧化氮合酶(iNOS)表达，直接导致 NO^- 形成，NO^- 可与 O^{2-} 反应生成 $ONOO^-$，其具有很强的氧化和硝基化作用，可以使酪氨酸硝基化，生成 3-硝基酪氨酸，诱导细胞凋亡和坏死。

2）顺铂引起细胞凋亡

顺铂诱导的细胞死亡有两种类型：细胞凋亡和坏死。高浓度的顺铂（800 μmol/L）引起肾小管上皮细胞坏死，而较低浓度的顺铂（8 μmol/L）则引起凋亡。顺铂引起肾小管细胞凋亡主要涉及线粒体介导的内源性途径、死亡受体介导的外源性途径和内质网应激途径。

① 线粒体介导的内源性途径：

顺铂进入肾小管上皮细胞后使 Bax 易位到线粒体，并激活 caspase-2，导致细胞色素 c、SMAC/DIABLO、Omi/HtrA2 和凋亡诱导因子（apoptosis-inducing factor，AIF）等从线粒体释放出来，进一步激活 caspase-9，最终导致细胞凋亡。顺铂除了激活 caspases 依赖的细胞凋亡通路外，还可触发线粒体介导的非 caspases 依赖的细胞凋亡通路。AIF 是一种位于线粒体膜间隙的凋亡相关蛋白，而多聚腺苷二磷酸-核糖聚合酶 1［poly（ADP-ribose）polymerase-1，PARP-1］是一种参与 DNA 修复和蛋白修饰的核因子。当细胞 DNA 发生严重损伤时，核内 PARP 可被激活，继而通过某种途径激活线粒体内的 AIF，致其发生核转位而诱导细胞凋亡。实验表明，PARP 激活是顺铂肾毒性过程中的一个初级信号，当其被抑制或缺失时能起到保护肾脏的作用，这为顺铂肾毒性防治提供了一个治疗策略。Omi/HtrA2 还可以通过其丝氨酸蛋白酶活性促进细胞凋亡，这也是非 caspases 依赖的凋亡通路。p53 对顺铂细胞毒性的影响主要通过激活线粒体途径发挥作用。顺铂损伤细胞 DNA 后，激活损伤相关的应答反应，使 p53 磷酸化而激活，p53 激活前凋亡蛋白 Bax、Bak、PUMA-α、PIDD（含死亡区的 p53 激活蛋白基因，p53-induced protein with a death domain）和 ERiPLA2（非 Ca2＋依赖性磷脂酶 A2，Ca^{2+}-independent phospholipase A2），下调抗凋亡蛋白 Bcl-2 和 Bcl-xL，从而触发线粒体凋亡途径。

② 死亡受体介导的外源性途径：

外源性凋亡途径中，顺铂与细胞膜上的死亡受体如 TNFR1、TNFR2、Fas 结合，激活 caspase-8，进一步激活 caspase-3，最终导致细胞凋亡。主要的死亡受体包括 Fas、TNF-α、TNFR1 和 TNFR2。顺铂使 TNF-α 的表达上调，TNFR1 直接触发外源性凋亡通路，TNFR2 主要与炎症反应相关，其没有死亡结构域，故认为 TNFR2 间接诱导细胞凋亡。在顺铂的作用下 Fas/Fas-L 系统表达上调，Fas 和 TNFR1 与 Fas 相关死亡结构域蛋白相互作用，触发细胞凋亡，但其详细机制尚未阐明。

③ 内质网应激途径：

顺铂能激活内质网细胞凋亡通路。顺铂进入细胞后作用于内质网膜上的细胞色素 P450，诱发氧化应激，激活 caspase-12，最终导致细胞凋亡的发生。顺铂在进入细胞后仅有 1%与细胞核 DNA 结合，大部分药物与细胞内磷脂质、膜蛋白、细胞骨架、RNA 及线粒体结合铂类在内的细胞毒药物作用于线粒体 DNA 比细胞核 DNA 更加敏感，DNA 结合心肌细胞因旺盛的能量代谢而较其他细胞具有更多的线粒体，但因包括顺铂在内的细胞毒性药物的攻击，造成心肌细胞能量代谢障碍，并最终走向凋亡或坏死。

（4）遗传毒性

1）DNA 损伤

顺铂和卡铂以单加合物以及链内交联和链间交联（ICL）的形式诱导 DNA 损伤。虽然铂类药物的细胞毒性作用很大程度上归因于 ICL 的形成，但 DNA 中的大多数铂加合物是链内加合物而不是 ICL。铂-DNA 加合物阻断转录和 DNA 复制，导致细胞周期停滞和细胞死亡。

顺铂与核 DNA 结合无特异性，实际上只有不足 1%的铂与核 DNA 结合。实验表明，在顺铂介导的细胞毒作用中，线粒体 DNA 比核 DNA 更敏感。顺铂水解生成的带正电的代谢产物先在带负电的线粒体内累积起来，因此，细胞对顺铂的敏感程度取决于细胞中线粒体密度和线粒体膜电位。由于肾近曲小管是肾脏中线粒体密度最高的部位之一，因此其对顺铂的毒性作用最敏感。另外，线粒体含有自身独特的环状 DNA，而且是裸露的，易遭受攻击，且其具有较低效率的 DNA 修复机制，这也导致其对顺铂引起的 DNA 损伤更敏感。

2）染色体畸变

Ames 试验、微核试验都证明，顺铂是很强的诱变剂；对人淋巴细胞，顺铂表现出染色体诱变性。有学者进行了顺铂对小鼠骨髓细胞染色体的致畸效应试验，结果显示，不同试验组染色体结构畸变率及畸变细胞率均有提高，与对照组比较有显著或极显著的差异，且染色体畸变率和畸变细胞率均与顺铂的剂量呈正相关。染色体畸变不仅表现为畸变数随顺铂剂量的增加而递增，同时还表现为畸变的类型随药物剂量的增加而趋复杂。顺铂引起的染色体畸变的表现：染色单体及染色体裂隙及断裂，染色单体缺失和断裂形成的断片，其中以染色单体断裂为主随着剂量的增加，会出现了三射体、四射体、染色体环、染色体交联及双微体。

（5）免疫毒性

铂类金属具有极强的致变态反应性，与其接触的人会发生全身性过敏。对接触过铂类金属的工人的调查及动物实验研究证明，铂化合物依其化学结构可引起释放组胺、致敏、细胞毒性和类过敏性等作用。机体对铂类金属过敏的特点主要是迟发型超敏反应。铂类金属引起的变应性皮肤病的患者，发生T细胞和B细胞免疫抑制、继发性免疫缺陷状态及中毒性变态反应过程。

毒理实验中供试小白鼠产生了淋巴细胞功能亢进（随着Pt剂量的增加，脾脏大小发生变化），表明Pt可以引起高度免疫反应；Pt(Ⅱ)等金属离子可以形成蛋白质的协调配合物，影响自身蛋白质的加工和表达，导致自身反应性T细胞的激活，引发自身免疫疾病。

顺铂不仅对小鼠骨髓细胞染色体是一种断裂剂，而且同时显著抑制骨髓细胞的分裂，结果必然影响生物体的造血和免疫系统，这可能就是顺铂具有免疫抑制作用的细胞学基础。

5. 生物监测

5.1 接触标志

（1）血铂和尿铂：铂族化合物主经泌尿系统排出。澳大利亚有研究报道指出，人血液中铂的本底浓度为0.1～2.8 μg/L，平均浓度为0.6 μg L；尿液、头发、汗液、唾液、手指甲中的浓度分别为0.11、3.02、0.02、0.07、19.0 μg/L。德国一项研究测出，人血液中铂浓度为0.8×10^{-3}～6.9×10^{-3} μg/L，铂职业暴露工人血液中铂浓度为0.032～0.180 μg/L。也有调查显示，生产汽车三元催化转换器的工人尿和血中的铂浓度较对照组高100倍。但以年龄分组后，在≤30岁组和30～40岁组，暴露组尿中铂浓度高于对照组，且不论对照组还是暴露组尿中铂浓度均随年龄增长而升高；表明人体内铂浓度与年龄有一定关系，但尚未得到相同研究验证。癌症患者治疗过程中大量使用含PGE的药物，经肾脏排出大约70%的PGE（包括24%～32%顺铂、72%～82%卡铂和28%～44%奥沙利铂），其尿中Pt浓度为正常水平的40倍，国内有学者正在研究通过电感耦合等离子体质谱（ICP－MS）定量分析方法检测血浆，尿液和组织中的铂金含量，以寻求更准确的检测方法。

（2）氧化应激标志：近年来，在体内和体外的各项研究中发现应用顺铂后氧化应激标志如丙二醛、4-羟基、8-羟基脱氧鸟苷和3-硝基酪氨酸等增加，并且自由基清除剂和抗氧化剂对肾毒性、心脏毒性、耳毒性起保护作用，这都提示氧化应激和亚硝化应激在顺铂引起的器官毒性中起重要作用。

5.2 效应标志

1）血象分析

顺铂的血液毒性较严重，有明显的骨髓抑制作用，不仅可以引起白细胞减少，同时血小板减少的发生率也较高。通过检查血液指标可以反映对血液系统的危害程度。

2）DNA损伤

顺铂可以引起细胞DNA损伤。顺铂的活性是由环境中氯离子浓度决定的，在血液及细胞外组织液中，氯离子浓度很高，顺铂相对稳定，而当其进入细胞液后，氯离子浓度很低，顺铂中的两个氯离子会被水所取代，形成水合物。这种水合物很容易与DNA发生加成反应，形成交联，从而使DNA得复制遭到破坏，细胞周期停滞，导致细胞死亡。

3）染色体畸变

铂类药物会引起染色体畸变，包括染色单体裂隙及断裂，染色体裂隙及断裂，染色单体缺失，染色（单）体断片，三射体及四射体，双微体，染色体环，染色体交联以及染色体粉碎化细胞的数量。

4）血清酶

由于顺铂在肝脏的累积仅次于肾脏，因此大剂量顺铂化疗或低剂量重复给药患者肝毒性频发，主要表现为患者血清酶（如谷丙转氨酶、乳酸脱氢酶、谷草转氨酶、碱性磷酸酶）活性升高，血清胆红素水平升高和黄疸的发生。

5）肾代谢产物

目前已有研究表明，顺铂可以和肝脏中的还原性谷胱甘肽合并，并以顺铂-谷胱甘肽络合物的形式进入肾脏，存在于肾脏近曲小管刷状缘的谷氨酰转移酶能够将该络合物分解成一种具有肾毒性的代谢产物，导致肾细胞坏死。

6. 人体健康危害

工人接触可溶性铂盐所产生的一类疾病称铂病，是呼吸道损害和皮炎所构成的综合征，是一种对铂的过敏性反应。一般占接触铂盐工人的 50%左右。临床表现为多样性,以过敏性鼻炎、哮喘和过敏性皮炎为常见。症状均由吸入铂盐的粉尘和雾所引起。一般发病在初次接触后几周到几个月后。呼吸道症状初有连续喷嚏,大量流涕并有胸部紧迫感、呼吸短促、发绀和喘息。常见淋巴细胞相对增多。接触六氯化铂有发展为剥脱性皮炎者。个别接触者可显示皮肤和呼吸道均受累。从铂盐中毒的各种表现中未能证明铂有致癌作用;相反,某些铂化合物如氯氨铬铂及烃基氯氨络铂类是强力抗癌剂,虽大剂量使用时能引起肠壁细胞胶体样变和脾脏缩小,但停药后又可恢复。

6.1 急性中毒

铂化合物急性中毒在皮肤表现可出现瘙痒和接触部位的荨麻疹;亚急性可出现典型的接触性皮炎;国内调查同样发现,铂提纯操作人员中有变态反应者。

顺铂可诱导心肌细胞坏死,出现细胞核固缩,间质水肿,细胞空泡变性,并伴有巨噬细胞和淋巴细胞浸润。

奥沙利铂可引起急性感觉神经病变,主要表现为:肢端及口周感觉异常或迟钝,多为轻度,在静脉注射给药数小时内发生,维持时间短,几小时或几天内自发缓解,一般持续不超过 7 d。多因接触冷刺激引起。

6.2 慢性中毒

铂化合物慢性中毒表现有继发性湿疹和顽固性接触性皮炎。X 线照片显示部分铂病患者肺部出现轻度纤维性变,但似属无害性质。

顺铂慢性心毒性切片中可见心肌纤维排列紊乱,部分肌纤维断裂,成纤维细胞增殖,细胞核空泡样变,胞质坏死区域内可见不同程度增多的嗜伊红细胞;整个心肌脉管系统可见扩张、充血、出血,心肌小动脉和微动脉管腔增厚、闭塞,主动脉及冠状动脉切片可见内膜损伤甚至缺失,中膜平滑肌增殖,管腔狭窄,外膜可见不同程度水肿。

铂类的耳毒性通常表现为不可逆,进展性,双侧性,由高频向低频逐渐受累的感觉神经性耳聋,且常伴有眩晕。眩晕后并不总出现听力丧失,而听觉上的症状也不总表现测听的异常。典型的测听结果表现为双侧对称性高频部> 6 kHz,最初一般在 10 kHz~18 kHz 之间,听力丧失,偶可累及语音频谱,当然也有暂时性听阈改变和单侧耳聋的报道。毒性症状通常为不可逆的,最好的结果也只是部分恢复。

奥沙利铂引起的累积性外周神经毒性主要表现为:肢体感觉异常、麻木;两周期之间持续存在,而且随着累积剂量的增加,奥沙利铂外周神经毒性强度也增强。之后,可能会出现感觉功能障碍、感觉协调不能甚至精细感觉运动协调缺陷(如书写、系衣扣,握住物体)等。通常发生在奥沙利铂治疗几个周期之后,在奥沙利铂累积剂量达到 780~850 mg/m^2,10%~15% 患者逐渐发展为累积神经毒性,但这种神经毒性易于恢复。国际研究发现,有 75% Ⅲ度神经毒性患者在停止治疗 3~5 个月后神经毒性达到Ⅰ度以下,而且实验同时发现,奥沙利铂神经毒性的发生率和严重程度与是否联合 5 - FU/CF 化疗没有相关性。

7. 风险评估

研究表明,铂盐能渗透完整皮肤。并随暴露时间累积渗透剂量。在职业环境中,通常的工作时间为 8 h,如果要求工人工作 12 h,延铂的渗透率将增加 83%。

铂族金属粉末和凝集气溶胶为 0.1 mg/m^2;铂和铱的可溶性化合物凝集气溶胶为 0.02 mg/m^2;靶、钌、锗、俄为 0.03 mg/m^2。据临床资料,建议所有可溶性铂族金属盐气溶胶的最高容许浓度为 0.001 mg/m^2。在综合预防和保键措施中,考虑到其体生产环境,通过净化空气,使铂类合金的容许浓度降至 0.002 mg/m^2,具有极其重要的要意义。

氯 铂 酸

1. 理化性质

CAS 号:16941 - 12 - 1	外观与性状:橙黄色粉末或红褐色结晶
熔点(℃):60	密度(g/cm^3):2.43 (25℃)
溶解性:溶于水、乙醇和丙酮	

2. 用途与接触机会

氯铂酸的水合物又称六氯络铂氢酸,其分子式为 $H_2Cl_6Pt \cdot 6H_2O$。氯铂酸作为可重复使用的催化剂,对化合物中一些保护基团的裂解具有优异的选择性,而且,氯铂酸并没有影响存在于反应过程中的敏感底物,如双键、酰胺、酯和二硫杂环戊烷,是一种环保、高效的催化剂。用作化学试剂及制备贵金属催化剂,也用于生物碱的沉淀和贵金属涂镀。用作分析试剂,用以沉淀钾、铷、铯和铊,并可使这些离子与钠离子分离。

3. 毒性

本品健康危害 GHS 分类为:急性毒性—经口,类别 3;皮肤腐蚀/刺激,类别 1B;严重眼损伤/眼刺激,类别 1;呼吸道致敏物,类别 1;皮肤致敏物,类别 1。

氯铂酸小鼠腹腔注射染毒 LD_{50}:49 mg/kg。

4. 人体健康危害

氯铂酸有较强的毒性作用,具有强烈腐蚀性、刺激性,可致人体灼伤,吸入、摄入或经皮肤吸收后对身体有害,对眼睛、皮肤、黏膜和上呼吸道有刺激作用,可引起呼吸道及皮肤过敏反应。

金及其化合物

金

1. 理化性质

CAS 号:7440－57－5	外观与性状:金黄色固体
熔点/凝固点(℃):1 064.8	溶解性:仅溶于王水和氰化钾(钠)溶液中
沸点(℃):2 856	闪点(℃):4
密度(g/cm³):19.32(20℃)	

2. 用途与接触机会

2.1 生活环境

金及其合金用作装饰品、制笔、化工、电器和电子等工业,并可用作镶牙材料,在红宝石玻璃中有胶态金。金盐及其同位素金(^{198}Au)用于医疗。

2.2 生产环境

金在自然中通常以其单质形式出现,即金属状态,但亦常与银形成合金。

主要用于电子工业厚膜浆料、多层陶瓷电容器内外电极材料。用于电子工业厚膜浆料、多层陶瓷电容器内外电极材料。

3. 毒代动力学

3.1 吸收、摄入与贮存

金是一种毒性小,化学性质不活泼的贵金属,吞服及或皮肤接触时不会吸收,而且其本身不具有毒性。动物实验研究表明,金盐极难由胃肠道吸收。肌肉注射油剂金制剂,吸收较慢。水溶性金盐如硫代硫酸金钠吸收较快,数小时后血浆浓度达最高值,其后稍减低,并在血内保持很长的时间。不溶于水的金盐如胶体金吸收较慢,未见经皮肤和呼吸道吸收的报道。

3.2 转运与分布

金盐吸收后,几乎全部在血浆中,主要与血浆蛋白结合。其后水溶性金盐主要分布于肾,浓集于肾近曲小管细胞的线粒体中,肝和脾内较少,心和肺内极微。不溶性的胶体金注入动物体内后,为吞噬细胞所吞噬,大部分沉积于网状内皮系统内,主要在肝,少量在肾,其他组织如脾,肺含量极少。动物经口摄入可溶性纳米金及金的可溶性盐后,可广泛的分布在动物的各器官组织中,如血液、肝脏、肾脏、脾脏、肺、心脏、脑、睾丸、骨骼、肌肉、骨髓。其转运的具体方式和途径还未见文献报道。

3.3 排泄

金盐排出缓慢,在停止肌肉注射金制剂 10 个月后,血中仍能测得金。可溶性金盐主要由肾排出,于注射后的第 1 d 内排出量最多,以后减少。不溶性金主要由胃肠道排出。

4. 毒性与中毒机理

4.1 急性毒作用

单质金一般无毒。动物食入金盐后,可引起恶心、呕吐、腹泻等胃肠道反应。狗肌肉注射金盐 40 mg/kg,可产生类似砷的毛细血管麻痹作用,因休克而致死。大鼠静脉注射金盐的致死量为 10 m/kg,兔为 15 mg/kg。金盐用于治疗时,主要损害肾和胃肠道。动物实验表明,金盐能引起大鼠、兔等肾小球和肾小管上皮细胞破坏,破坏程度与金盐注射量成比例,性质是可逆的;还会导致肝充血、伴有实质细胞坏死和轻度脂肪变性。硫代葡萄糖金注射于大鼠,能损害下丘脑腹内侧区,引起大鼠肥胖,停止注射后多能恢复。

皮肤刺激或腐蚀:皮肤紫斑以及皮疹,严重者可产生剥脱性皮炎。

4.2 远期毒作用

(1) 致突变作用

动物实验研究发现，将 10 nm、30 nm 金纳米粒子与生理盐水均按 70 pg/kg 注入 Wistar 大鼠体内，24 h 或 28 d 后金纳米粒子均对脑皮质 DNA 有损伤作用。

(2) 发育毒性与致畸性

金颗粒有生殖毒性，易在睾丸组织蓄积，可穿透血睾屏障造成精子畸形，降低附睾重量和睾酮分泌。破坏细胞遗传物质，增加活性氧产生，减少睾酮分泌并降低细胞对刺激反应敏感性，可能是因活性氧增多，氧化了胆固醇线粒体转运蛋白(StAR)蛋白，StAR 减少造成转运载体减少，使睾酮合成原料减少，进而造成睾酮生成量降低。此外纳米金可以降低精子的运动活力，但纳米金不引起异常精子数目增加，也不会损伤精子膜。

4.3 中毒机理

金及其化合物的中毒的发病机理，目前仍不完全清楚。

金的纳米粒子对人的肺成纤维细胞和胎鼠肝细胞的基因毒性主要有 DNA 损伤、染色体断裂、编码蛋白表达异常等。

5. 人体健康危害

5.1 急性中毒

工业金中毒尚未有报道。极少数人接触元素金后产生过敏性接触性皮炎和口腔炎。金假牙周围的牙龈可发生浅溃疡，除去金器后，症状好转。在人体，可溶性金盐在脾含量较多，曾对用金盐治疗致死病例的各脏器进行分析，每 100 g 组织含金量(mg)如下：脾 3.4；肾 2.5；肝 0.6；结肠 0.2；小肠 0.1；肺 0.1。少量金亦可见于皮肤组织和头发内。金盐用于治疗时，有时发生毒性反应，常见有胃肠道功能障碍(偶伴急性中毒性肝损害)，肾功能障碍，白细胞减少和血小板减少(偶伴再生障碍性贫血)，毛细血管出血，皮肤紫斑以及皮疹等。严重者可产生剥脱性皮炎、出血性肠炎、肾病等。其中以皮肤反应最为常见。有人认为上述金制剂对肝、肾、血液及皮肤的损害，可能与变态反应有关。此外，电镀中使用的氰化金钾，工业上用于镀金，对于肾脏及肝脏都有毒。

5.2 慢性中毒

金的慢性毒作用主要由经常使用金的电镀液金氰化钾引起，慢性中毒主要表现为不明原因的腹泻，但目前相关资料不充分，文献报道极少。

汞及其化合物

汞

1. 理化性质

CAS 号：7439－97－6	外观与性状：银白色液态金属
熔点/凝固点(℃)：－38.9	临界压力(MPa)：＞20.26
沸点(℃)：356.9	自燃温度(℃)：本品不燃
饱和蒸气压(kPa)：0.13/126.2℃	溶解性：不溶于水、盐酸、稀硫酸；溶于浓硝酸，易溶于王水及浓硫酸
密度(g/cm³)：13.59 (20℃)	相对密度(水＝1)：13.55
相对蒸气密度(空气＝1)：7.0	

2. 用途与接触机会

汞是一种广泛分布于环境中的毒性金属。在自然界中有 3 种主要形态，即元素汞或汞蒸气、无机汞或汞盐以及有机汞。在我国，汞中毒的原因大致分为 3 类：① 职业性汞中毒：由于汞广泛应用于日光灯、温度计、贵重金属提炼以及仪表制造等，如长期接触而防护措施不当就可能导致急性或慢性职业性汞中毒，尤其是私人炼金小作坊，由于不懂金属汞的物理性质及毒性，操作不规范且无个人防护措施，易造成工作人员集体中毒。② 非职业性汞中毒：多为服用或误用含汞制剂所致。20 世纪 50 年代初，日本九州水俣镇不断发现一些怪患者，口齿不清、步态不稳、面部痴呆、耳聋眼瞎、全身麻木，最后精神失常、大喊大叫而死，同时，有些猫、狗发疯。这种汞污染所致中枢神经性疾患的公害病称水俣病。除此之外，中药朱砂和雄黄中均含有汞，多用于治疗皮肤病、类风湿性关节炎、系统性红斑狼疮等疾病，如过量使用可引起亚急性、慢性汞中毒。1995 年版《中国药典》收载含汞中成药 47 种，其中含朱砂(含游离汞 10 μg/g)＞5%者 21 种，朱砂日摄入量＞0.1 g/d 者 25 种。③ 美白祛斑化妆品：汞能有效地抑制黑色素的生成，对皮肤有一定的增白作用，在部分美白产品中也添加了汞。

3. 毒代动力学

3.1 吸收

人体主要通过 3 种途径吸收汞，即呼吸道、消化道和皮肤。

金属汞主要经呼吸道吸收，而无机汞则主要经消化道吸收，皮肤吸收的汞既可是金属汞又可是无机汞。汞蒸气经肺的吸收量很高。近年来动物实验已证实，经呼吸道吸收的汞可占吸人量的 75%～100%。人类吸入浓度为 50～350 μg/m³ 的含汞空气时，通过肺泡壁的扩散而吸收的汞，占吸入汞量的 75%～85%。汞蒸气经肺吸收的速度也很快。对吸入浓度为 100 μg/m³ 的含汞空气的人员进行观察，于最初 2～5 min 内即见汞在呼吸道内的滞留迅速进入稳定状态，肺泡气中已测不出汞。豚鼠吸入试验十分钟后，血及肾中已可发现少量的 Hg^{2+}，大部分的汞经肺泡膜扩散进入血中，体内的汞仅 30%存留于肺内。金属汞很易通过肺泡膜扩散并溶解于血液的类脂中，因而几乎完全以元素汞的形式被肺吸收。

金属汞经消化道的吸收量甚微，据报道小于 0.01%，家兔灌服金属汞(2 g/kg)，见汞几乎全部从粪便呈汞珠样排出，在肾、肝血、肌肉和脑中的汞量只占灌入量的万分之九，远较氯化高汞为少，给大白鼠以大剂量(6 g/kg)金属汞灌胃连续一个月，亦未见到中毒或死亡。

汞可以直接穿透皮肤而被吸收，有人将金属汞涂布于完整的皮肤上，并严加覆盖以防止汞蒸发后被吸入，观察到可使人尿汞增高，使狗 2～3 d 后肾中含 6.2 mg/L，肝中含汞 1.2 mg/L。

3.2 生物转化

汞吸收入血中后，一部分保持金属汞的形式，并易由红细胞摄入，一部分被氧化为汞离子。元素汞在血液中的氧化速度较慢，体外实验时，血液停止接触汞蒸气 15 min 后，所吸收的汞还有 4%呈金属型，有人曾将金属汞 0.1 μg 注入动物的颈静脉内，30 秒钟后 19%的汞迅速由肺呼出，说明大部分的汞以金属汞的形式由颈静脉转运至肺，部分并通过肺泡膜呼出。由此推论，在单位循环时间内，血液已足以将元素汞由肺部带入脑血管中，而元素汞可以容易地通过血脑屏障，这足以解释，人和哺乳动物吸入汞蒸气后，脑中摄入的汞远较无机汞盐中毒时为高。

体内的金属汞最终被氧化为二价汞离子。元素汞的氧化过程 $2Hg - Hg^{2+} - 2Hg^{2+}$。部分在血液中进行，部分在组织中进行，汞在体内发生氧化过程的机理尚不明了。有人观察到，一些可以在体内生成过氧化氢的物质如美兰、葡萄糖、维生素 C、维生素 K 可促进血液对汞的吸收，曾推侧过氧化氢是体内的汞发生氧化的一个重要因素。但红细胞过氧化氢酶对红细胞内汞的氧化并不起重要作用，而红细胞外的过氧化氢酶，如肝的过氧化氢酶在同时有过氧化氢及谷胱甘肽存在时，可加速汞的氧化。因此推想，接触汞蒸气后，肝肾脑以及晶体囊中发生汞的存积，和这些组织最先发生元素汞的过氧化物氧化过程可能是有关的，汞离子易和巯基结合成硫醇盐，还易和体液中的阴离子形成含氯的复合物和磷酸盐，由于阴离子的竞争作用，汞和巯基的亲和力可以减低。体内含巯基最多的物质是蛋白质。在人血中 95%的巯基存在于红细胞内(其中血红蛋白占 90%，细胞膜占 4%)血浆中的巯基主要存在于血清蛋白中，汞大部分与这些蛋白中的巯基结合，形成所谓汞的“蛋白结合型”。汞与体液中的阴离子结合，或与含巯基的低分子物质如半胱氨酸、还原型谷胱甘肽、辅酶 A、二硫辛酸脂、巯基乙酸酯结合，则形成“可扩散型”的汞。后一形式的汞虽属少量，但具有可扩散性，可以离开血流沉着于组织中。

3.3 分布

汞在体内的分布是不均匀的，和各组织中含巯基的量并无平行关系。吸入高浓度的汞蒸气后，肺中可发现较多的汞。曾有报道，两名吸入高浓度汞蒸气于 4 d 及 7 d 后死亡的婴儿，肺中含汞量高达 6.3 及 9.3 mg/L。利用 Hg^{203} 做研究，发现吸入汞蒸气的动物脑、红细胞和心肌中分布的汞较注射相应剂量无机汞盐的动物高，脑中约为后者的 10 倍。大鼠及小鼠吸入 Hg^{203} 蒸气后脑灰质中积存的汞比白质多，其中以小脑脊髓延髓、桥脑和中脑积存 Hg^{203} 最多，小脑内集中于浦肯野细胞(Purkinje cell)及齿状核的神经细胞中，且 Hg^{203} 的游离型及结合型均相等地存在于脑中。吸入汞蒸气导致四肢震颤及阵挛的家兔，其小脑及丘脑中含汞量亦较高。有人通过 7 例尸检报道，人脑中以小脑部位存积汞最多，大脑白质中含汞量最低，认为这与汞中毒患者可以出现小脑部位的细胞损害及相应的小脑症状相符。

吸人汞蒸气者的血汞以红细胞内较高，如猴为 67%，人为 55%～70%，而接触无机汞盐时，猴红细胞内汞仅占 25%，人为 50%。但接触汞蒸气与无机汞盐两组动物其他组织中汞的分布则大致相似，均以肾脏汞量最高，汞在肾脏中主要积存于近曲肾小管，电子显微镜及组织化学法观察，汞与近曲肾小管细胞的线粒体及胞浆中的微粒体结合。报道大白鼠肾中70%以上的Hg^{203}均存在于分子量大约11 000的蛋白质金属硫因中，和汞的结合能力约为1∶10，重复接触汞后，肾中金属硫因及含汞量均见增加。

汞在动物肝脏内最初呈均匀一致的分布，数日后肝内大部分的汞积聚于肝小叶的周边部。在肝内汞也和金属硫因结合，但重复接触汞并不刺激肝中金属硫因及含汞量的增加。其他器官中汞的分布，据报道以胸主动脉壁、睾丸及附睾的间质细胞和甲状腺中存积较多。

3.4 排泄

元素汞在小白鼠体内的半衰期大约为3 d。由于汞离子由脑和肾脏释放入血的速度远比其由血液进入组织的速度为慢，重复接触汞后，汞即易蓄积于脑及肾中，且储存时间较久。动物停止接触汞6个月后，20%的汞尚存留于脑内，而肾中的汞仅占1.5%，反映汞在脑内的贮存时间比在肾中为长。有人报道，两名接触高浓度汞蒸气的汞矿工人于停止接触汞6年及10年后，尚发现脑中含汞量较高，且以枕叶皮层，顶叶皮层及中脑黑质较多，说明汞在人脑中的生物半衰期可以很长。

汞离子主要经肾脏及肠道由尿、粪排泄。粪汞比尿汞排出较多或大致相等。肠道排汞系由十二指肠空肠及结肠释出，而肾脏排汞的机理尚未完全阐明，可能主要靠肾小管直接由血液摄取汞而后经尿排出，但尿汞和肾脏的贮汞量并无平行关系。尿汞与粪汞的排泄个体之间差异甚大，机体内汞的贮存也因人而异，汞离子可以还原为元素汞经肺呼出，约占动物排汞总量的4%，唾液排汞曾被认为是汞中毒口腔炎的局部病因；乳汁、汗液，亦可排泄少量的汞。

4. 毒性与中毒机理

汞(水银)健康危害GHS分类为：急性毒性—吸入，类别2；生殖毒性，类别1B；特异性靶器官毒性—反复接触，类别1。

汞中毒引起的临床表现与进入体内汞的形态、进入途径、接触剂量和接触时间密切相关。消化道侵入者，胃肠道症状及肾脏功能异常较突出，口腔炎突出，表现齿龈红肿酸痛、糜烂出血、牙齿松动、龈槽溢脓，口腔有臭味，并有恶心、呕吐、食欲不振、腹痛、腹泻，还可出现无尿、尿少、蛋白尿、血尿、尿毒症，血肌酐、尿素氮上升，严重者出现急性肾功能衰竭。熏吸者呼吸道症状较突出，汞蒸气较易通过肺泡壁含脂质的细胞膜，与血液的脂质结合很快分布到全身各组织。急性接触大剂量汞蒸气具有明显刺激作用，轻者作用于上呼吸道黏膜，引起局部炎症，重者引起肺炎及肺水肿，导致呼吸衰竭；患者可出现口干、咽痛、咳嗽、胸痛、呼吸困难，同时还可伴有皮疹、发热、流涎、口内金属味、恶心、呕吐、腹泻等全身症状，严重者亦可出现肾脏明显损害。外用者皮炎发生率高，部分患者皮肤可出现红色斑丘疹，以四肢及头面部分布较多。高龄和低龄患者神经系统损伤较多见，汞有很强的神经毒性，慢性汞中毒的主要靶器官是神经系统。

本品IARC致癌性分类为组3。

4.1. 神经毒性

汞及其化合物能选择性地损害中枢和周围神经系统，在中枢神经系统主要表现为精神、行为障碍，能引起智能下降、共济失调、语言障碍、听力及视力障碍。在周围神经系统以周围神经病变多见，表现为肢体的感觉障碍，出现肌肉长期、剧烈、自发性刺痛或烧灼痛。

4.2 肾脏毒性

金属所致的肾毒性是由于泌尿系是人体有毒物质的主要排泄途径。通过动物实验研究发现，组织中汞浓度远大于血中汞浓度，大鼠心脏、肺脏、肝脏及大脑中的汞浓度在给药后不同天数未见显著性差异，而在肾脏中的汞浓度随给药时间的延长显著上升，表明肾脏为汞中毒最重要的靶器官及蓄积脏器，同时提示在血汞浓度较低的情况下，需考虑组织中较高的汞浓度引起的损害仍在持续。汞在肾脏中主要分布于肾皮质，尤以近端肾小管最多，在肾小管细胞内，Hg^{2+}与金属硫蛋白结合生成较稳定的汞硫蛋白被溶酶体吞噬后存于细胞中。汞的毒性直接损害肾小管，引起急性肾功能衰竭和急性间质性肾炎，组织学表现为急性肾小管坏死。慢性接触汞主要引起免疫复合物性肾炎，以膜性肾病(MN)相对多见。

4.3 中毒机理

目前的研究认为，汞进入人体组织后可与体内大分子发生共价结合，主要通过以下3种机制引起机体损害：① 酶抑制作用。汞离子对巯基有高度亲和力，而处于膜结构最表层的巯基不仅是氧化还原酶类、转移酶类最重要的功能基团，也是膜结构蛋白中最主要基团，是许多受体结构的重要成分，最易受到攻击，被汞离子结合后其生理活性被抑制。② 引起细胞钙超载，激活钙介导的反应。汞离子通过抑制含巯基基团的酶类，破坏细胞膜及细胞器的结构和功能，可导致细胞外液中钙离子大量进入细胞，引起细胞钙超载。细胞内高浓度钙可直接激活胞质内的磷脂酶 A2(PLA2)，分解生物膜上的磷脂并生成大量花生四烯酸类产物(如血栓素等)，引起局部微血管强烈收缩，组织细胞严重缺血缺氧。细胞钙超载还会使黄嘌呤脱氢酶变构为黄嘌呤氧化酶，使嘌呤核苷酸代谢为尿酸过程中产生大量超氧阴离子自由基，损伤细胞。③ 免疫致病性。慢性接触汞主要引起免疫复合物性肾炎(膜性肾病多见)。在免疫反应过程中，Th1 免疫途径激活后，其后续参与的为 IgG1 和 IgG3，而 Th2 免疫途径激活后参与的为 IgG4。研究表明，汞中毒相关性膜性肾病肾小球中可见 IgG1 和 IgG4 沉积，以 IgG1 沉积为主，与特发性膜性肾病患者不同，后者肾小球中以 IgG1 和 IgG4 沉积为主，且 IgG4 强度明显较强，具体机制尚不清楚。

目前对汞的神经毒性的研究在氧化应激、神经递质、离子交换这三方面的研究较多，且已经进入分子水平。① 氧化应激：脑神经细胞易被诱发脂质过氧化的损伤。甲基汞可升高小脑中 LPO(脂质过氧化物)的含量。汞在机体内，一方面与 GSH(谷胱甘肽)等抗氧化物结合，降低体内消除自由基的能力；另一方面又可产生自由基，导致体内 LPO 含量升高，最终致细胞死亡。② 影响神经胶质细胞：近期疼痛机制研究表明，胶质细胞激活是神经病理性疼痛发生、发展和持续存在的关键因素。在中枢或周围神经损伤等病理条件下，星形胶质细胞被激活，细胞数量增多，体积增大，突起增多，GFAP 表达上调。胶质细胞可以分泌多种神经化学物质，这些从胶质细胞释放的神经活性物质和促炎细胞因子作用于脊髓背角的痛觉神经元使其胞体和突触的反应性、可塑性发生改变，动作电位阈值降低，损伤处及其临近的背根神经节细胞发出的一些异位阈下神经冲动变为阈上有效刺激，频繁向大脑发出痛信号，形成自发性疼痛。③ 对神经细胞内钙的影响：甲基汞可使大鼠大脑皮层、小脑神经细胞内游离钙水平显著升高，甲基汞升高神经细胞内游离钙的作用与细胞外钙大量内流和细胞内钙释放有关，且以细胞外钙内流为主。④ 干扰神经递质等。

5. 风险评估

我国职业接触限值规定：汞-金属汞(蒸气)PC-TWA 为 0.02 mg/m^3；PC-STEL 为 0.04 mg/m^3。

本品对水生生物毒性极大并具有长期持续影响，其环境危害 GHS 分类为：危害水生环境—急性危害，类别 1；危害水生环境—长期危害，类别 1。

国家化妆品卫生标准规定，化妆品中汞含量不得超过 1 mg/kg，眼部化妆品不得超过 70 mg/kg。对尿液中的汞含量进行检测，是评价职业性汞暴露重要的生物学评价方法，如职业病诊断标准规定尿液中汞安全限值为 0.01 mg/L，尿 N-乙酰-β-D 氨基葡萄糖苷酶(NAG)能更敏感、更早体现汞中毒肾损害的程度，可以作为汞接触患者的监测指标之一。

钾 汞 齐

1. 理化性质

CAS 号：37340-23-1	

2. 用途与接触机会

汞齐又称汞合金，汞的特性之一是能溶解除铁以外的许多金属而生成汞齐。汞与一种或几种金属形成汞齐时，含汞少时是固体，含汞多时是液体。天然的有金汞齐，银汞齐，人工制备的有：钠汞齐、钾汞齐、锌汞齐、锡汞齐、铅汞齐等。

遇水和酸产生大量易燃气体和热能，极易燃烧或者爆炸。钾汞齐为还原物，钾与汞作用(放热反应)。1825 年，Oesterd 用钾汞齐还原无水氯化铝。

3. 风险评估

本品对水生生物毒性极大并具有长期持续影响，其环境危害 GHS 分类为：危害水生环境—急性危害，类别 1；危害水生环境—长期危害，类别 1。

焦 硫 酸 汞

1. 理化性质

CAS 号：1537199-53-3	

2. 毒性

本品健康危害 GHS 分类为：急性毒性—经口，类别 2；急性毒性—经皮，类别 1；急性毒性—吸入，类别 2；特异性靶器官毒性—反复接触，类别 2。

3. 风险评估

本品对水生生物毒性极大并具有长期持续影响，其环境危害 GHS 分类为：危害水生环境—急性危害，类别 1；危害水生环境—长期危害，类别 1。

雷　汞

1. 理化性质

CAS 号：628-86-4	外观与性状：白色有光泽针状结晶
生成能(kJ/kg)：+958	燃烧热(kJ/kg)：1 486
撞击感度(N)：1-2	氧平衡：-11.2%
爆燃点(℃)：165	相对密度：4.42
爆轰气体体积(L/kg)：304	爆速(m/s)：5 400
临界量(t)：0.5	爆温(℃)：4 350
溶解性：溶于温水、乙醇及氨水；不溶于冷水	

2. 用途与接触机会

粗制品为灰色至暗褐色的晶体或粉末；精制品为白色有光泽的针状结晶。在干燥状态时，即使是极轻的摩擦、冲击，也会引起爆炸，而且容易被火星和火焰引起爆轰.但在含水情况下雷酸汞较为稳定，例如空气含水量达到 10%时，可在空气中点燃而不爆炸；含水量达到 30%时，则点不燃。

可以加入油、脂肪或石蜡使雷酸汞钝化，或在很高的压力下加压模铸。与铜作用生成碱性雷汞铜，具有更大的敏感度。遇盐酸或硝酸能分解，遇硫酸则爆炸。《危险化学品重大危险源辨识》(GB18218—2018)中列为爆炸品。安定性能相对较差、有剧毒，含雷汞的击发药易腐蚀炮膛和药筒，已为叠氮化铅等起爆药所代替。

3. 毒性

本品健康危害 GHS 分类为：急性毒性—经口，类别 3；急性毒性—经皮，类别 3；急性毒性—吸入，类别 3；特异性靶器官毒性—反复接触，类别 2。

4. 风险评估

本品对水生生物毒性极大并具有长期持续影响，其环境危害 GHS 分类为：危害水生环境—急性危害，类别 1；危害水生环境—长期危害，类别 1。

氯 化 铵 汞

1. 理化性质

CAS 号：10124-48-8	外观与性状：白色粉末状的碎片或无定型粉末，无气味，见光易分解
密度(g/cm^3)：5.70(20℃)	溶解性：不溶于水、醇；溶于热盐酸、硝酸、乙酸

2. 毒性

大鼠经口 LD_{50}：86 mg/kg；大鼠经皮 LD_{50}：1 325 mg/kg；小鼠经口 LD_{50}：68 mg/kg。急性中毒一般起病急，有头痛、头晕、乏力、低热、口腔炎、呼吸道刺激症状、肺炎。对肾有损害。慢性中毒表现有神经衰弱、震颤、口腔炎、齿龈有汞线等。本品不燃，高毒，具刺激性。与氟、氯、溴等卤素会剧烈反应。遇高热分解释出高毒烟气。

本品健康危害 GHS 分类为：急性毒性—经口，类别 2；急性毒性—经皮，类别 1；急性毒性—吸入，类别 2；特异性靶器官毒性—反复接触，类别 2。

3. 风险评估

本品对水生生物毒性极大并具有长期持续影响，其环境危害 GHS 分类为：危害水生环境—急性危害，类别 1；危害水生环境—长期危害，类别 1。

氯 化 钾 汞

1. 理化性质

CAS 号：20582-71-2	

2. 毒性

本品健康危害 GHS 分类为：急性毒性—经口，

类别 2;急性毒性—经皮,类别 1;急性毒性—吸入,类别 2;特异性靶器官毒性—反复接触,类别 2。

3. 风险评估

本品对水生生物毒性极大并具有长期持续影响,其环境危害 GHS 分类为:危害水生环境—急性危害,类别 1;危害水生环境—长期危害,类别 1。

氯 化 亚 汞

1. 理化性质

CAS 号:10112-91-1	外观与性状:白色四角晶体
相对蒸气密度(空气=1):7.15	溶解性:不溶于水、乙醇、乙醚、稀酸;溶于浓硝酸、硫酸

2. 用途与接触机会

用于制造甘汞电极、药物(利尿剂)和农用杀虫剂,也可制暗绿色烟火、防腐剂,与金混合可作瓷器涂料等。

3. 毒性

本品大鼠经口 LD_{50}:210 mg/kg,小鼠经口 LD_{50}:180 mg/kg,大鼠经皮 LD_{50}:1 500 mg/kg。其健康危害 GHS 分类为:急性毒性—经口,类别 4;皮肤腐蚀/刺激,类别 2;严重眼损伤/眼刺激,类别 2;特异性靶器官毒性——次接触,类别 3(呼吸道刺激)。

4. 人体健康危害

吸入后引起胸痛、胸部紧束感、咳嗽、呼吸困难、蛋白尿等,可致死。对眼和皮肤有刺激性。摄入可致急性胃肠炎、中枢神经系统抑制、肾损害,可致死。甘汞(氯化亚汞),难溶于水,因此肠道的吸收率小于 5%,毒性小。但是,经呼吸道吸入则易使机体中毒,因为肺泡的吸收率高达 80%。

长期接触可在脑、肝和肾中蓄积。中毒后出现头痛、记忆力下降、震颤、牙齿脱落、食欲不振等。可引起皮肤损害。

5. 风险评估

本品对水生生物毒性极大并具有长期持续影响,其环境危害 GHS 分类为:危害水生环境—急性危害,类别 1;危害水生环境—长期危害,类别 1。

氧 化 亚 汞

1. 理化性质

CAS 号:15829-53-5	外观与性状:黑色或棕黑色粉末
相对密度:9.8	溶解性:不溶于水,溶于热乙酸、硝酸

2. 用途与接触机会

医药工业上用作制药剂的原料,可通过皮肤接触、眼睛接触、误服或吸入进入人体。

3. 毒性

本品健康危害 GHS 分类为:皮肤腐蚀/刺激,类别 2;严重眼损伤/眼刺激,类别 2B;皮肤致敏物,类别 1;生殖细胞致突变性,类别 2;生殖毒性,类别 2;特异性靶器官毒性——次接触,类别 1;特异性靶器官毒性—反复接触,类别 1。

4. 人体健康危害

受高热会放出剧毒汞蒸气。急性中毒起病急,有头痛、头晕、乏力、低热等全身症状;明显的口腔炎及胃肠症状;部分患者出现全身性皮疹;重症者发生化学性肺炎。

慢性影响主要是以易兴奋及汞性震颤为主的精神神经障碍和口腔炎的症候群。其蒸气可引起接触过敏性皮炎。

5. 生物监测

生物监测指标为尿总汞,其也为职业接触汞或其无机化合物的指标。

6. 风险评估

美国 ACGIH 规定:TLV-TWA:0.025 mg(Hg)/m^3(皮)。

本品对水生生物毒性极大并具有长期持续影响,其环境危害 GHS 分类为:危害水生环境—急性危害,类别 1;危害水生环境—长期危害,类别 1。

氧 化 汞

1. 理化性质

CAS 号：21908-53-2	外观与性状：亮红色或橙红色鳞片状结晶或结晶性粉末
熔点/凝固点(℃)：500(分解)	溶解性(mg)：2.5/100 ml 水中(25℃)
密度(g/cm^3)：11.00～11.29(红色)；11.03(黄色，27.5℃)	相对密度(水=1)：11.30

2. 用途与接触机会

又名氧化亚汞、黑色氧化汞、黑降汞，应用于分析试剂，医药试剂、碱性电池、涂料、涂漆，对真菌有抑制作用，可作为杀真菌剂。

3. 毒性

本品为2015版《危险化学品目录》所列剧毒品。健康危害GHS分类为：急性毒性—经口，类别2；急性毒性—经皮，类别2；皮肤腐蚀/刺激，类别2；严重眼损伤/眼刺激，类别2；皮肤致敏物，类别1；生殖毒性，类别1B；特异性靶器官毒性——次接触，类别1、类别3(呼吸道刺激)；特异性靶器官毒性—反复接触，类别2。

小鼠腹腔注射 LD_{50}：4.5 mg/kg，小鼠经口 LD_{50}：16 mg/kg。大鼠经口 LD_{50}：18 mg/kg，大鼠经皮 LD_{50}：315 mg/kg，大鼠肌肉注射 LD_{50}：22 mg/kg。

IARC 将本品列为组3：现有的证据不能对人类致癌性进行分类。

4. 人体健康危害

急性中毒大多是由滥用药物引起的，发病常呈亚急性。可引起脑肾及周围神经损害，其损害程度可不平行。

5. 生物监测

生物监测指标为尿总汞，其也为职业接触汞或其无机化合物的指标。

6. 风险评估

美国 ACGIH 规定：TLV-TWA：0.025 mg(Hg)/m^3(皮)。

本品对水生生物毒性极大并具有长期持续影响，其环境危害GHS分类为：危害水生环境—急性危害，类别1；危害水生环境—长期危害，类别1。

砷 酸 汞

1. 理化性质

CAS 号：7784-37-4	外观：呈黄色粉末
溶解性：不溶于水；溶于盐酸、硝酸	

2. 用途与接触机会

又名砷酸氢汞，用作化学试剂及用于油漆涂料工业及制作船底部防水涂料。可以经口、经皮肤黏膜及呼吸道摄入。

3. 毒性

本品健康危害GHS分类为：急性毒性—经口，类别2；急性毒性—经皮，类别1；急性毒性—吸入，类别2；致癌性，类别1A；特异性靶器官毒性—反复接触，类别2。

4. 人体健康危害

砷酸汞有高毒，吸入、摄入后均会引起吞咽困难、腹痛、突发性呕吐、休克、麻痹等症状。属于致癌物。受热分解后可释放出有毒的砷和汞烟雾。砷及其无机化合物被IARC确认为致癌性为类别1A。

5. 风险评估

美国 ACGIH 规定：TLV-TWA：0.1 mg(As)/m^3(皮)；TLV-TWA：0.025 mg(Hg)/m^3(皮)。

本品对水生生物毒性极大并具有长期持续影响，其环境危害GHS分类为：危害水生环境—急性危害，类别1；危害水生环境—长期危害，类别1。

砷 化 汞

1. 理化性质

CAS 号：749262-24-6	

2. 毒性

本品健康危害GHS分类为：急性毒性—经口，

类别 2;急性毒性—经皮,类别 1;急性毒性—吸入,类别 2;致癌性,类别 1A;特异性靶器官毒性—反复接触,类别 2。砷及其无机化合物被确认致癌性为类别 1A。

3. 风险评估

本品对水生生物毒性极大并具有长期持续影响,其环境危害 GHS 分类为:危害水生环境—急性危害,类别 1;危害水生环境—长期危害,类别 1。

氧氰化汞

1. 理化性质

CAS 号:1335-31-5	外观与性状:白色至灰褐色结晶或粉末
相对密度(水=1):4.44	

2. 用途与接触机会

应用于医药工业。可以经口、经皮及呼吸道摄入。

3. 毒性

本品家兔静脉给药 LDL_0 为 2.5 mg/kg。健康危害 GHS 分类为:急性毒性—经口,类别 3;急性毒性—经皮,类别 3;急性毒性—吸入,类别 3;特异性靶器官毒性—反复接触,类别 2。

4. 人体健康危害

与酸类发生反应,会散发出剧毒的氰化氢气体。误服,吸入或皮肤接触均会严重中毒,出现氰化物、汞的中毒表现。

5. 生物监测

生物监测指标为尿总汞,其也为职业接触汞或其无机化合物的指标。

6. 风险评估

美国 NIOSH 规定:REL-TWA 为 0.1 mg(Hg)/m^3。

本品对水生生物毒性极大并具有长期持续影响,其环境危害 GHS 分类为:危害水生环境—急性危害,类别 1;危害水生环境—长期危害,类别 1。

溴化亚汞

1. 理化性质

CAS 号:10031-18-2	外观与性状:白色细小四角结晶体或粉末
相对密度(水=1):7.31	溶解性:不溶于水、乙醇、乙醚;溶于发烟硝酸,热浓硫酸和热碳酸铵溶液
熔点:345℃(升华)	

2. 用途与接触机会

又名一溴化汞,主要用于医药工业。也用作分析试剂。侵入途径:吸入、食入、经皮吸收。

3. 毒性

本品大鼠经口 LD_{50} 为 51 mg/kg。健康危害 GHS 分类为:急性毒性—经口,类别 2;急性毒性—经皮,类别 1;急性毒性—吸入,类别 2;特异性靶器官毒性—反复接触,类别 2。

4. 人体健康危害

汞离子可使含巯基的酶丧失活性,失去功能,还能与氨基、巯基、羧基、羟基以及细胞膜内的磷酰基结合,引起相应的损害。

急性中毒:有头痛、头晕、乏力、失眠、多梦、口腔炎、发热等全身症状。可有食欲不振、恶心、腹痛、腹泻等。部分患者皮肤出现红色斑丘疹。可发生肾损害。

慢性中毒:神经衰弱综合征、易兴奋症;精神情绪障碍,如胆怯、害羞、发怒、爱哭等;尿毒性震颤;口腔炎,可有肾损害。慢性摄入过量,过量的可能产生一种称为"溴化"的毒性综合征,即其特点是行为改变,幻觉,精神病,共济失调,易怒,头痛,和精神紊乱。慢性溴化物毒性的其他症状包括:厌食,体重减轻,便秘,贫血,红斑,结节,或脸上的痤疮样皮疹,甚至可能是整个身体痤疮,大疱或脓疱疹爆发皮肤,中毒性表皮坏死松解症,肌肉骨骼疼痛,嗜睡和肝酶异常。发热可能在高达25%的慢性病例中可见摄入。

5. 生物监测

生物监测指标为尿总汞,其也为职业接触汞或其无机化合物的指标。

6. 风险评估

美国 OSHA 规定：8 h－TWA 为 0.01 mg/m³；ACGIH 规定：TLV－TWA 为 0.01 mg/m³，TLV－STEL 为 0.03 mg/m³（经皮）

本品对水生生物毒性极大并具有长期持续影响，其环境危害 GHS 分类为：危害水生环境—急性危害，类别 1；危害水生环境—长期危害，类别 1。

溴 化 汞

1. 理化性质

CAS 号：7789－47－1	外观与性状：白色结晶或结晶性粉末
熔点/凝固点（℃）：237	溶解性：对光敏感，易分解，能升华；易溶于热乙醇、甲醇、盐酸、氢溴酸和溴化钠溶液；微溶于氯仿
沸点（℃）：322	相对密度（水＝1）：6.05

2. 用途与接触机会

主要用于医药工业，分析试剂。

3. 毒性

本品大鼠经口 LD_{50}：40 mg/kg，大鼠经皮 LD_{50}：100 mg/kg。小鼠腹腔注射 LD_{50}：5 mg/kg，小鼠经口 LD_{50}：35 mg/kg。

健康危害 GHS 分类为：急性毒性—经口，类别 2；急性毒性—经皮，类别 2；皮肤腐蚀/刺激，类别 2；严重眼损伤/眼刺激，类别 1；皮肤致敏物，类别 1。

4. 人体健康危害

急性中毒会出现头痛、头晕、发热、口腔炎、皮疹。严重者可发生间质性肺炎及肾脏损害。长期接触低浓度溴化汞后可发生综合征，如汞毒性震颤等。与眼睛接触可导致结膜和角膜溃疡。对皮肤、眼睛和呼吸道有强烈刺激。

5. 生物监测

生物监测指标为尿总汞，其也为职业接触汞或其无机化合物的指标。

6. 风险评估

美国 ACGIH 规定：TLV－TWA 为 0.025 mg/m³。

本品对水生生物毒性极大并具有长期持续影响，其环境危害 GHS 分类为：危害水生环境—急性危害，类别 1；危害水生环境—长期危害，类别 1。

硝 酸 亚 汞

1. 理化性质

CAS 号：7782－86－7	外观与性状：白色斜晶体
熔点/凝固点（℃）：70	溶解性：溶于稀盐酸、稀硝酸、氰化碱和碘化碱溶液；缓慢溶于溴化碱液；溶于水，并起水解作用；见光或煮沸时，歧化为硝酸汞和汞；高温分解为氧化汞和二氧化氮
密度（g/cm³）：4.8（25℃）	

2. 用途与接触机会

用作通用试剂分析及氧化剂、鱼类防白点病等。

3. 毒性

本品大鼠经口 LD_{50}：170 mg/kg，大鼠经皮：2 330 mg/kg；小鼠腹腔注射 LD_{50}：5 mg/kg，小鼠经口 LD_{50}：49.3 mg/kg。健康危害 GHS 分类为：急性毒性—经口，类别 2；急性毒性—经皮，类别 1；急性毒性—吸入，类别 2；特异性靶器官毒性—反复接触，类别 2。

4. 人体健康危害

对眼睛、黏膜、呼吸道和皮肤有刺激作用。吸入、口服或经皮肤吸收后可能引起中毒死亡。对肝、肾有损害，可引起神经系统功能紊乱。症状表现为头痛、咳嗽、晕眩、呼吸困难、恶心、呕吐、牙齿脱落、食欲减退、皮肤溃疡、记忆减弱等。急性全身中毒可能在几分钟内致命；尿毒症中毒死亡通常延迟 5～12 d。症状包括胸闷，胸痛，咳嗽，呼吸困难。经口摄入会导致消化道坏死，疼痛，呕吐。与眼睛接触会导致结膜和角膜溃疡。与皮肤接触会引起刺激和可能性皮炎；全身中毒可以通过皮肤吸收发生。

5. 生物监测

生物监测指标为尿总汞，其也为职业接触汞或其无机化合物的指标。

6. 风险评估

美国 NIOSH 规定：10H REL－TWA 为 0.05 mg/m³，上限值为 0.1 mg/m³。

本品对水生生物毒性极大并具有长期持续影响，其环境危害 GHS 分类为：危害水生环境—急性危害，类别 1；危害水生环境—长期危害，类别 1。

铅汞齐

1. 理化性质

外观与性状：是一种铅汞合金固体，受热释放出有毒的汞蒸气	熔点/凝固点(℃)：熔点因组成而异：含 2.5%汞(熔点 318.5℃)；含 10.7%汞(熔点 288℃)；含 35.1%汞(熔点 204.0℃)；含 67.7%汞(熔点 120℃)

2. 用途与接触机会

古人用它来研磨抛光铜镜。汉朝人魏伯阳曾将 15 份金属铅放在反应器四周，加入 6 份水银，再用炭火加热，反应生成铅汞齐。铅汞齐古称玄锡。现代可用作电池电极。

3. 毒性

本品健康危害 GHS 分类为：急性毒性—经口，类别 2；急性毒性—经皮，类别 1；急性毒性—吸入，类别 2；特异性靶器官毒性—反复接触，类别 2。

4. 风险评估

本品对水生生物毒性极大并具有长期持续影响，其环境危害 GHS 分类为危害水生环境—急性危害，类别 1；危害水生环境—长期危害，类别 1。

锌汞齐

1. 理化性质

CAS 号：52374－36－4	外观与性状：具有金属光泽的灰白色粉末
熔点/凝固点(℃)：熔点因组成而异：含2.5%汞(熔点318.5℃)；含 10.7%汞(熔点 288℃)；含 35.1%汞(熔点 204.0℃)；含 67.7%汞(熔点 120℃)	闪点(℃)：－17.22
密度(g/cm³)：7.14(25℃)	沸点、初沸点和沸程(℃)：907
溶解性：遇水分解；不溶于有机溶剂	

(续表)

2. 用途与接触机会

主要用于碱性高能电池、锌银扣式电池和锌空气电池的生产中，作电池负极活性材料。也用作还原剂。

3. 风险评估

本品对水生生物毒性极大并具有长期持续影响，其环境危害 GHS 分类为：危害水生环境—急性危害，类别 1；危害水生环境—长期危害，类别 1。

硝酸汞

1. 理化性质

CAS 号：10045－94－0	外观与性状：白色至黄色粉末或具有刺激气味的晶体，极易潮解并发硝酸气味
分子量：324.63	溶解性：溶于少量水；遇大量水水解成碱式盐沉淀；不溶于乙醇；溶于硝酸
熔点/凝固点(℃)：79	沸点(℃)：180(分解)

2. 用途与接触机会

用作医药制剂和分析试剂、及用于有机合成，药品和雷汞的制造，以及用于卤化物和氰化物测定、米隆试剂配制及制药工业。

3. 毒性

3.1 急性毒作用

本品大鼠经口 LD_{50}：26 mg/kg，大鼠经皮 LD_{50}：75 mg/kg；小鼠腹腔注射 LD_{50}：7.2 mg/kg，小鼠经口 LD_{50}：25 mg/kg，小鼠皮下注射 LD_{50}：20 mg/kg。

健康危害 GHS 分类为：急性毒性—经口，类别 2；急性毒性—经皮，类别 2；皮肤腐蚀/刺激，类别 1；严重眼损伤/眼刺激，类别 1；皮肤致敏物，类别 1；生殖细胞致突变性，类别 2；生殖毒性，类别 2；特异性靶器官毒性——次接触，类别 1；特异性靶器官毒性—反复接触，类别 1。

3.2 慢性毒作用

动物的慢性中毒表现最早是行为改变，继而出现神经系统功能障碍，血液变化主要有白细胞增多、血沉加快，然后出现肝、肾功能受损。动物尸检见直肠下段溃疡，肝肾脂肪变性，肝有灶性坏死。

4. 人体健康危害

硝酸汞有剧毒，汞离子可使含巯基的酶丧失活性，失去功能；还能与酶中的氨基、二巯基、羧基、羟基以及细胞膜内的磷酰基结合，引起相应的损害。

汞中毒有头痛、头晕、乏力、失眠、多梦、口腔炎、发热等全身症状。可有食欲不振、恶心、腹痛、腹泻等。部分患者皮肤出现红色斑丘疹。严重者可发生间质性肺炎及肾损害。口服可发生急性腐蚀性胃肠炎，严重者昏迷、休克，甚至发生坏死性肾病致急性肾功能衰竭。对眼有刺激性；可致皮炎。

慢性中毒有有神经衰弱综合征；易兴奋症，精神情绪障碍，如胆怯、害羞、易怒、爱哭等；汞毒性震颤；口腔炎。少数病例有肝、肾损害。

5. 生物监测

生物监测指标为尿总汞，其也为职业接触汞或其无机化合物的指标。

6. 风险评估

美国 NIOSH 规定：10H REL－TWA 为 0.05 mg/m^3，上限值为 0.1 mg/m^3。

本品对水生生物毒性极大并具有长期持续影响，其环境危害 GHS 分类为：危害水生环境—急性危害，类别 1；危害水生环境—长期危害，类别 1。

二乙基汞

1. 理化性质

CAS 号：627－44－1	外观与性状：无色液体，有刺激气味
沸点(℃)：159	溶解性：不溶于水；微溶于乙醇；易溶于乙醚
密度(g/cm^3)：2.446 (25℃)	

2. 用途与接触机会

用于有机合成。

3. 毒性

本品为 2015 版《危险化学品目录》中所列剧毒品。大鼠经口 LD_{50}：51 mg/kg；小鼠经口 LD_{50}：44 mg/kg；大鼠吸入 LC_{50}：258 mg/m^3。

健康危害 GHS 分类为：急性毒性—经口，类别 2；急性毒性—经皮，类别 1；急性毒性—吸入，类别 2；特异性靶器官毒性—反复接触，类别 2。

4. 风险评估

美国 ACGIH 规定：TLV－TWA 为 0.01 mg/m^3，TLV－STEL 为 0.03 mg/m^3；OSHA 规定：8 h－TWA 为 0.01 mg/m^3。

本品对水生生物毒性极大并具有长期持续影响，其环境危害 GHS 分类为：危害水生环境—急性危害，类别 1；危害水生环境—长期危害，类别 1。

二苯基汞

1. 理化性质

CAS 号：587－85－9	溶解性：不溶于水；微溶于乙醚、热乙醇；溶于氯仿、苯，较稳定，是白色结晶
熔点/凝固点(℃)：124	沸点(℃)：>204 (1.4 kPa)

2. 用途与接触机会

用于农药、有机合成等。可以通过吸入，食入，经皮吸收。

3. 毒性

本品健康危害 GHS 分类为：急性毒性—经口，类别 2；急性毒性—经皮，类别 1；急性毒性—吸入，类别 2；特异性靶器官毒性—反复接触，类别 2。

4. 人体健康危害

系有机汞化合物，有机汞主要侵犯神经系统，接触后出现进行性神经麻痹，共济失调，精神障碍。口服出现消化道刺激症状，如上腹痛、恶心呕吐、腹泻等。从任何途径侵入，均可引起口腔炎。对心、肝、肾有损害，可致接触性皮炎。

5. 风险评估

美国 ACGIG 规定：TLV－TWA 为 0.05 mg/m^3。

本品对水生生物毒性极大并具有长期持续影响，其环境危害GHS分类为：危害水生环境—急性危害，类别1；危害水生环境—长期危害，类别1。

苯基氢氧化汞

1. 理化性质

CAS号：100-57-2	分子式：C_6H_6HgO
分子量 294.7	溶解性：较稳定，不溶于强酸和强碱

2. 毒性

又名氢氧化苯汞，本品健康危害GHS分类为：急性毒性—经口，类别3；皮肤腐蚀/刺激，类别1B；严重眼损伤/眼刺激，类别1；特异性靶器官毒性—反复接触，类别1。

3. 风险评估

本品对水生生物毒性极大并具有长期持续影响，其环境危害GHS分类为：危害水生环境—急性危害，类别1；危害水生环境—长期危害，类别1。

苯甲酸汞

1. 理化性质

CAS号：583-15-3	外观与性状：白色晶体
熔点/凝固点(℃)：165	化学式：$C_{14}H_{10}HgO_4$
分子量：442.82	

2. 毒性

本品健康危害GHS分类为：急性毒性—经口，类别2；急性毒性—经皮，类别1；急性毒性—吸入，类别2；特异性靶器官毒性—反复接触，类别2。

3. 风险评估

本品对水生生物毒性极大并具有长期持续影响，其环境危害GHS分类为：危害水生环境—急性危害，类别1；危害水生环境—长期危害，类别1。

氯化乙基汞

1. 理化性质

CAS号：107-27-7	外观与性状：白、黄、灰、棕色粉末或结晶。遇热有挥发性，遇光易分解。
分子式：C_2H_5ClHg	分子量：265.10
相对蒸气密度(空气=1)：9.2	溶解性：微溶于水；不溶于冷水；溶于乙醇、乙醚

2. 用途与接触机会

又名西力生，氯乙基汞，用作农用杀菌剂。

3. 毒性：

本品大鼠经口LD_{50}：40 mg/kg；大鼠吸入LC_{50}：689 mg/(m^3·4 h)；小鼠吸入LC_{50}：5 mg/m^3。

健康危害GHS分类为：急性毒性—经口，类别2；急性毒性—经皮，类别2；急性毒性—吸入，类别3。

4. 风险评估

本品对水生生物毒性极大并具有长期持续影响，其环境危害GHS分类为：危害水生环境—急性危害，类别1；危害水生环境—长期危害，类别1。

氯化苯汞

1. 理化性质

CAS号：100-56-1	外观与性状：无色叶片状结晶
分子式：C_6H_5ClHgO	溶解性：不溶于水；微溶于热醇；溶于吡啶、醚、苯等多数有机溶剂
分子量：313.14	熔点(℃)：246～250

2. 用途与接触机会

又名氯苯汞，用作农用杀菌剂、杀虫剂、除草剂。

3. 毒性

本品大鼠经口LD_{50}：60 mg/kg，受热分解有毒氯化物、含汞气体，吸入、摄入或经皮肤吸收后会中毒。吸入时，神经系统最早受损；误服，首先出现消化道症状。消化道症状有上腹灼痛、恶心、呕吐、食欲不振、腹泻、口腔炎、甚至便血。神经系统症状：神经衰弱综合征，重者出现神经障碍、谵妄、昏迷。对肝、肾、心脏有损害。皮肤接触可引起接触性皮炎或毒性皮炎。

本品健康危害 GHS 分类为：急性毒性—经口，类别 3；急性毒性—经皮，类别 1；急性毒性—吸入，类别 2；特异性靶器官毒性—反复接触，类别 2。

4. 风险评估

本品对水生生物毒性极大并具有长期持续影响，其环境危害 GHS 分类为：危害水生环境—急性危害，类别 1；危害水生环境—长期危害，类别 1。

氯化甲氧基乙基汞

1. 理化性质

CAS 号：123－88－6	分子式：C_3H_7ClHgO
分子量：295.14	

2. 用途与接触机会

农药，可吸入，食入或者通过皮肤进入人体。

3. 毒性

本品大鼠经口 LD_{50}：22 mg/kg；小鼠经口 LD_{50}：47 mg/kg。健康危害 GHS 分类为：急性毒性—经口，类别 2；皮肤腐蚀/刺激，类别 1B；严重眼损伤/眼刺激，类别 1；特异性靶器官毒性—反复接触，类别 1。

4. 风险评估

美国 ACGIH 规定：TLV－TWA 为 0.01 mg/m^3；TLV－STEL 为 0.03 mg/m^3。

本品对水生生物毒性极大并具有长期持续影响，其环境危害 GHS 分类为：危害水生环境—急性危害，类别 1；危害水生环境—长期危害，类别 1。

氯化甲基汞

1. 理化性质

（续表）

CAS 号：115－09－3	外观与性状：红色结晶，具有特殊臭味；遇明火、高热可燃
熔点/凝固点(℃)：167	分子式：CH_3ClHg
相对密度(水=1)：4.06	分子量：251.07

2. 用途与接触机会

又名甲基氯化汞、甲基氯汞、氯化甲汞、甲基氯化汞，主要用于种子消毒。

3. 毒性

大鼠经口 LD_{50}：29 915 μg/kg，小鼠吸入 LC_{50}：80 mg/m^3/4H，小鼠腹腔内 LD_{50}：16 mg/kg。其健康危害 GHS 分类为：急性毒性—经口，类别 2；急性毒性—经皮，类别 1；急性毒性—吸入，类别 2；致癌性，类别 2；特异性靶器官毒性—反复接触，类别 2。

本品 IARC 致癌性分类为组 2B。

4. 人体健康危害

本品属有机汞，系亲脂性毒物，主要侵犯神经系统。有机汞中毒的主要表现有：无论任何途径侵入，均可发生口腔炎，口服引起急性胃肠炎；神经精神症状有神经衰弱综合征、精神障碍、昏迷、瘫痪、震颤、共济失调、向心性视野缩小等；可发生肾脏损害；可致皮肤损害。

5. 风险评估

我国职业接触限值规定：有机汞化合物 PC－TWA 为 0.01 mg/m^3，PC－STEL 为 0.03 mg/m^3。以下有机汞化合物职业接触限值参照执行。

本品对水生生物毒性极大并具有长期持续影响，其环境危害 GHS 分类为：危害水生环境—急性危害，类别 1；危害水生环境—长期危害，类别 1。

核 酸 汞

1. 理化性质

CAS 号：12002－19－6	外观与性状：无色至褐色粉末

2. 毒性

本品健康危害 GHS 分类为：急性毒性—经口，类别 2；急性毒性—经皮，类别 1；急性毒性—吸入，类别 2;特异性靶器官毒性—反复接触,类别 2。

3. 风险评估

本品对水生生物毒性极大并具有长期持续影响,其环境危害 GHS 分类为:危害水生环境—急性危害,类别 1;危害水生环境—长期危害,类别 1。

草 酸 汞

1. 理化性质

CAS 号:3444-13-1	外观与性状:白色粉末
化学式:HgC_2O_4	分子量:288.61
熔点/凝固点(℃):165(分解)	溶解性:难溶于水;微溶于硝酸;溶于盐酸。水中溶解度(g/100 ml)。每 100 毫升水中的溶解克数:1.1×10^{-2}/20℃。可在正常环境下储存和使用,本品稳定。由氯化汞或硝酸汞与草酸铵溶液作用而得
沸点(℃):365.1	

2. 用途与接触机会

主要用于制爱迪尔(Eder)光度计。有吸入风险。

3. 毒性

本品健康危害 GHS 分类为:急性毒性—经口,类别 2;急性毒性—经皮,类别 1;急性毒性—吸入,类别 2;特异性靶器官毒性—反复接触,类别 2。

4. 风险评估

本品对水生生物毒性极大并具有长期持续影响,其环境危害 GHS 分类为:危害水生环境—急性危害,类别 1;危害水生环境—长期危害,类别 1。

2-氯汞苯酚

1. 理化性质

CAS 号:90-03-9	外观与性状:白色或粉红色羽毛状结晶
分子式:C_6H_5ClHgO	分子量 329.15

2. 毒性

又名氯化邻羟基苯汞、邻氯汞苯酚、邻氯化羟基苯汞,高热分解有毒汞化物气体,大鼠经口 LDL_0:100 mg/kg;腹腔-小鼠 LDL_0:48 mg/kg。人体吸收易引起中毒。吸入时,神经系统最早受损;误服,则先出现消化道症状;对肝、肾、心脏有损害;对皮肤可引起接触性皮炎。

本品健康危害 GHS 分类为:急性毒性—经口,类别 2;急性毒性—经皮,类别 1;急性毒性—吸入,类别 2;特异性靶器官毒性—反复接触,类别 2。

3. 风险评估

本品对水生生物毒性极大并具有长期持续影响,其环境危害 GHS 分类为:危害水生环境—急性危害,类别 1;危害水生环境—长期危害,类别 1。

4-氯汞苯甲酸

1. 理化性质

CAS 号:59-85-8	分子式:$C_7H_4ClHgO_2H$
熔点:287℃(分解)	分子量:357.16

2. 用途与接触机会

又名对氯化汞苯甲酸、对氯汞苯甲酸、对氯高汞苯甲酸、4-氯苯甲酸汞,用于碘苯甲酸制造,用作生化研究中测定巯基的试剂。可通过吸入,皮肤接触,眼睛接触,食入等方式进入人体。

3. 毒性

本品小鼠腹腔 LD_{50}:25 mg/kg。健康危害 GHS 分类为:急性毒性—经口,类别 2;急性毒性—经皮,类别 1;急性毒性—吸入,类别 2;特异性靶器官毒性—反复接触,类别 2。

4. 风险评估

本品对水生生物毒性极大并具有长期持续影响,其环境危害 GHS 分类为:危害水生环境—急性危害,类别 1;危害水生环境—长期危害,类别 1。

情况。

6. 风险评估

本品对水生生物毒性极大并具有长期持续影响，其环境危害 GHS 分类为：危害水生环境—急性危害，类别 1；危害水生环境—长期危害，类别 1。

乙 酸 汞

1. 理化性质

CAS 号：1600－27－7	外观与性状：浅黄色结晶或者粉末具有醋酸样气味
化学式：$C_4H_6O_4Hg$	分子量：318.6
熔点/凝固点(℃)：179(分解)	溶解性：水中溶解度为 2.5×10^5 mg/L(10℃)，溶于乙醇和乙醚等有机溶剂；避免与强氧化剂、强酸和光接触

2. 用途与接触机会

用作有机合成催化剂、分析试剂。可以经皮吸收、经口摄入和经呼吸道吸入。

3. 毒性

本品大鼠经口 LD_{50}：40.9 mg/kg，大鼠经皮 LD_{50}：570 mg/kg，小鼠经口 LD_{50}：23.9 mg/kg。健康危害 GHS 分类为：急性毒性—经口，类别 2；急性毒性—经皮，类别 3；皮肤腐蚀/刺激，类别 1；严重眼损伤/眼刺激，类别 1；皮肤致敏物，类别 1；生殖细胞致突变性，类别 2；生殖毒性，类别 2；特异性靶器官毒性——次接触，类别 2；特异性靶器官毒性—反复接触，类别 1。

在大鼠下丘脑区域注射 10 μg 乙酸汞，发现大鼠出现停止饮水和进食的症状，并且通过增加尿量和降低尿渗透压而影响尿排出；在大鼠海马区域注射 10 μg 乙酸汞，发现大鼠出现癫痫样症状。当大鼠每天接受 3 mg 的乙酸汞处理，持续 10 d，发现大鼠肾脏部位乳酸盐代谢生成二氧化碳和合成谷氨酸盐的速率降低。

本品 IARC 致癌性分类为组 2B。

4. 人体健康危害

具有刺激作用。如经皮吸收、经口摄入和经呼吸道吸入后对身体有害，严重者可致死。其可侵犯神经系统，引起进行性神经麻痹、共济失调和精神障碍等症状。

5. 生物监测

Hg2$^+$浓度的测定可以反映乙酸汞的接触情况。

乙酸甲氧基乙基汞

1. 理化性质

CAS 号：151－38－2	外观与性状：白色晶体
化学式：$C_5H_{10}HgO_3$	分子量：318.7
熔点/凝固点(℃)：40～42	溶解性：溶于水；易溶于甲醇和乙二醇等多种有机溶剂；遇明火、高温可燃

2. 用途与接触机会

用作杀真菌剂和种衣剂。可以经皮吸收、经口摄入和经呼吸道吸入。

3. 毒性

本品大鼠经口 LD_{50} 为 25 mg/kg，小鼠经口 LD_{50}：45 mg/kg。健康危害 GHS 分类为：急性毒性—经口，类别 2；急性毒性—经皮，类别 1；急性毒性—吸入，类别 2；特异性靶器官毒性—反复接触，类别 2。

4. 人体健康危害

乙酸甲氧基乙基汞进入机体后，易在机体内蓄积而引起中毒。其主要损害中枢神经系统，出现神经衰弱综合征、精神障碍、谵妄、昏迷、瘫痪、震颤、共济失调和向心性视野缩小等症状；亦可发生肾脏损害，重者可致急性肾衰竭；口服可引起急性胃肠炎；此外，尚可引起心脏、肝脏和皮肤的损害。

5. 生物监测

Hg2$^+$浓度的测定可以反映乙酸甲氧基乙基汞的接触情况。

6. 风险评估

本品对水生生物毒性极大并具有长期持续影响,其环境危害GHS分类为:危害水生环境—急性危害,类别1;危害水生环境—长期危害,类别1。

乙 酸 亚 汞

1. 理化性质

CAS号:631-60-7	外观与性状:白色片状晶体
化学式:$C_2H_3HgO_2$	分子量:259.64

2. 用途与接触机会

用作分析试剂,亦用于制药工业。可以经皮吸收、经口摄入和经呼吸道吸入。

3. 毒性

本品大鼠经口 LD_{50}:175 mg/kg,大鼠经皮 LD_{50}:960 mg/kg,小鼠经口 LD_{50}:150 mg/kg。健康危害GHS分类为:急性毒性—经口,类别3;急性毒性—经皮,类别3;皮肤致敏物,类别1;生殖细胞致突变性,类别2;生殖毒性,类别2;特异性靶器官毒性——次接触,类别1;特异性靶器官毒性—反复接触,类别1。

4. 人体健康危害

乙酸亚汞进入机体后,易在机体内蓄积而引起中毒。其主要损害中枢神经系统,出现神经衰弱综合征、精神障碍、谵妄、昏迷、瘫痪、震颤、共济失调和向心性视野缩小等症状;亦可发生肾脏损害,重者可致急性肾衰竭。

5. 生物监测

$Hg2^+$ 浓度的测定可以反映乙酸亚汞的接触情况。

6. 风险评估

本品对水生生物毒性极大并具有长期持续影响,其环境危害GHS分类为:危害水生环境—急性危害,类别1;危害水生环境—长期危害,类别1。

油 酸 汞

1. 理化性质

CAS号:1191-80-6	外观与性状:棕黄色油膏状,具有油酸味
化学式:$C_{36}H_{66}HgO_4$	溶解性:几乎不溶于水;微溶于乙醇和乙醚等有机溶剂
分子量:763.5	

2. 用途与接触机会

用作抗菌剂。可以经皮吸收、经口摄入和经呼吸道吸入。

3. 毒性

本品健康危害GHS分类为:急性毒性—经口,类别2;急性毒性—经皮,类别1;急性毒性—吸入,类别2;特异性靶器官毒性—反复接触,类别2。

4. 风险评估

本品对水生生物毒性极大并具有长期持续影响,其环境危害GHS分类为:危害水生环境—急性危害,类别1;危害水生环境—长期危害,类别1。

萘 磺 汞

1. 理化性质

CAS号:14235-86-0	化学式:$C_{33}H_{24}Hg_2O_6S_2$
分子量:981.9	

2. 毒性

又名双苯汞亚甲基二萘磺酸酯,小鼠经口 LD_{50}:70 mg/kg。本品健康危害GHS分类为:急性毒性—经口,类别2;急性毒性—经皮,类别1;急性毒性—吸入,类别2;特异性靶器官毒性—反复接触,类别2。

3. 人体健康危害

经皮吸收、经口摄入和经呼吸道吸入后会中毒。对眼睛有强烈的刺激作用。受热分解释放出汞和氧化硫烟雾。

4. 风险评估

本品对水生生物毒性极大并具有长期持续影响,其环境危害GHS分类为:危害水生环境—急性危害,类别1;危害水生环境—长期危害,类别1。

葡萄糖酸汞

1. 理化性质

CAS号:63937-14-4	外观与性状:白色粉末状。
化学式:$C_6H_{11}HgO_7$	分子量:395.7

2. 毒性

本品健康危害GHS分类为:急性毒性—经口,类别2;急性毒性—经皮,类别1;急性毒性—吸入,类别2;特异性靶器官毒性—反复接触,类别2。

3. 风险评估

本品对水生生物毒性极大并具有长期持续影响,其环境危害GHS分类为:危害水生环境—急性危害,类别1;危害水生环境—长期危害,类别1。

水杨酸汞

1. 理化性质

CAS号:5970-32-1	外观与性状:白色粉末状
化学式为$C_7H_4HgO_3$	溶解性:几乎不溶于水

2. 用途与接触机会

为医药用品。可以经皮吸收、经口摄入和经呼吸道吸入。

3. 毒性

本品健康危害GHS分类为:急性毒性—经口,类别2;急性毒性—经皮,类别1;急性毒性—吸入,类别2;特异性靶器官毒性—反复接触,类别2。

4. 风险评估

本品对水生生物毒性极大并具有长期持续影响,其环境危害GHS分类为:危害水生环境—急性危害,类别1;危害水生环境—长期危害,类别1。

羟基甲基汞

1. 理化性质

CAS号:1184-57-2	化学式:CH_4HgO
分子量:232.64	

2. 用途与接触机会

可以经皮吸收、经口摄入和经呼吸道吸入。

3. 毒性

本品大鼠经口LD_{50}:43.3 mg/kg,其健康危害GHS分类为:急性毒性—经口,类别2;急性毒性—经皮,类别1;急性毒性—吸入,类别2;致癌性,类别2;特异性靶器官毒性—反复接触,类别2。

4. 风险评估

本品对水生生物毒性极大并具有长期持续影响,其环境危害GHS分类为:危害水生环境—急性危害,类别1;危害水生环境—长期危害,类别1。

氰胍甲汞

1. 理化性质

CAS号:502-39-6	外观与性状:无色晶体
化学式:$C_3H_6HgN_4$	熔点/凝固点(℃):156
分子量:298.7	蒸气压(kPa):8.6×10^{-6}(35℃)
溶解性:水中溶解度为2.17×10^4 mg/L(20℃),溶于丙酮、乙醇和乙二醇;不溶于苯	

2. 用途与接触机会

用作杀真菌剂。可以经皮吸收、经口摄入和经呼吸道吸入。

3. 毒性

本品大鼠经口LD_{50}:68 mg/kg,小鼠经口LD_{50}:

20 mg/kg,其健康危害 GHS 分类为：急性毒性—经口,类别 2;急性毒性—经皮,类别 1;急性毒性—吸入,类别 2;特异性靶器官毒性—反复接触,类别 2。

在小鼠怀孕第 9 d 至第 13 d,腹腔注射氰胍甲汞,发现吸收胎发生率增加,并且所生小鼠腭裂、面部畸形和大脑畸形的发生率增加,此外,幸存小鼠生长迟缓。

4. 人体健康危害

如经皮吸收、经口摄入和经呼吸道吸入后对身体有害,严重者可致死。其可侵犯神经系统,引起进行性神经麻痹、共济失调和精神障碍等症状。

5. 风险评估

本品对水生生物毒性极大并具有长期持续影响,其环境危害 GHS 分类为：危害水生环境—急性危害,类别 1;危害水生环境—长期危害,类别 1。

乳酸苯汞三乙醇铵

1. 理化性质

CAS 号：23319-66-6	化学式：$C_{15}H_{25}HgNO_6$
分子量为 516.0	

2. 用途与接触机会

可以经皮吸收、经口摄入和经呼吸道吸入。

3. 毒性

本品为 2015 版《危险化学品目录》所列剧毒品。大鼠经口 LD_{50}：30 mg/kg,其健康危害 GHS 分类为：急性毒性—经口,类别 2;急性毒性—经皮,类别 1;急性毒性—吸入,类别 2;特异性靶器官毒性—反复接触,类别 2。

4. 风险评估

本品对水生生物毒性极大并具有长期持续影响,其环境危害 GHS 分类为：危害水生环境—急性危害,类别 1;危害水生环境—长期危害,类别 1。

五氯苯酚苯基汞

1. 毒性

本品健康危害 GHS 分类为：急性毒性—经口,类别 2;急性毒性—经皮,类别 1;急性毒性—吸入,类别 2;特异性靶器官毒性—反复接触,类别 2。

2. 风险评估

本品对水生生物毒性极大并具有长期持续影响,其环境危害 GHS 分类为：危害水生环境—急性危害,类别 1;危害水生环境—长期危害,类别 1。

五氯苯酚汞

1. 毒性

本品健康危害 GHS 分类为：急性毒性—经口,类别 2;急性毒性—经皮,类别 1;急性毒性—吸入,类别 2;特异性靶器官毒性—反复接触,类别 2。

2. 风险评估

本品对水生生物毒性极大并具有长期持续影响,其环境危害 GHS 分类为：危害水生环境—急性危害,类别 1;危害水生环境—长期危害,类别 1。

硝酸苯汞

1. 理化性质

CAS 号：55-68-5	外观与性状：白色鳞片状,属于有机汞
化学式：$C_6H_5HgNO_3$	分子量：339.71
熔点/凝固点(℃)：186	溶解性：溶于热乙醇、苯;不溶于水;具有可燃性,燃烧产生含有汞、氧化物辛辣刺激烟雾

2. 用途与接触机会

硝酸苯汞主要用作除草剂、杀菌剂、消毒剂,用于田园除草,渔业养殖场消毒等;参考美国药典(23 版)中的相关项下的标准,硝酸苯汞在维丁胶性钙注射液、诺氟沙星滴眼液、盐酸羟苄唑滴眼液中具有抑菌作用。另一种碱式的硝酸苯汞在医药工业中可用作防腐剂和避孕药的原料。职业人群在生产过程中接触硝酸苯汞的机会较大。

3. 毒性

本品大鼠皮下注射染毒 LD_{50}：56 mg/kg；小鼠静脉注射染毒 LD_{50}：27 mg/kg。健康危害 GHS 分类为：急性毒性—经口，类别 3；皮肤腐蚀/刺激，类别 1B；严重眼损伤/眼刺激，类别 1；特异性靶器官毒性—反复接触，类别 1。

4. 人体健康危害

硝酸苯汞属于高毒农药，受热可分解出汞和氮氧化物，误服或吸入会造成中毒，主要侵犯神经系统，表现为接触性皮炎、进行性神经麻痹、共济失调、神经衰弱综合征，重者可出现神志障碍、谵妄、昏迷。

5. 风险评估

前苏联有关硝酸苯汞的标准 MAC：0.2 mg/m^3，其中汞的浓度不得超过 0.05 mg/m^3；美国 NIOSH 规定：REL - TWA 为 0.1 mg/m^3（指 Hg 含量）。

本品对水生生物毒性极大并具有长期持续影响，其环境危害 GHS 分类为：危害水生环境—急性危害，类别 1；危害水生环境—长期危害，类别 1。

亚 胺 乙 汞

1. 理化性质

CAS 号：2597 - 93 - 5	分子式：$C_{11}H_7Cl_6HgNO_2$
分子量：598.49	

2. 毒性

本品大鼠经口 LD_{50}：150 mg/kg，其健康危害 GHS 分类为：急性毒性—经口，类别 3；急性毒性—经皮，类别 1；急性毒性—吸入，类别 2；特异性靶器官毒性—反复接触，类别 2。

3. 风险评估

本品对水生生物毒性极大并具有长期持续影响，其环境危害 GHS 分类为：危害水生环境—急性危害，类别 1；危害水生环境—长期危害，类别 1。

铊及其化合物

1. 理化性质

铊（Thallium Ti）是一种高度分散的稀有贵金属，比重 11.85，熔点 303.5℃，沸点 1 457℃，呈银灰色，自然界中铊的独立矿物不多，在空气中很不稳定，室温下易氧化，易溶于硝酸和浓硫酸；铊大多以一价形式（Ti^{+}）存在，少数情况下为三价形式（Ti^{3+}）存在，且具有强烈的亲硫性。在已发现的近 40 种含铊矿物中，主要是硫化物和少量的硒化物。

2. 用途与接触机会

铊及其化合物在日常生活中的用途包括：硫酸铊用于杀鼠剂和杀虫剂；溴化铊和碘化铊是制造红外线滤色玻璃的原料；铊的氧化物和硫化物可制光电管；铊汞齐用于制造低温温度计；醋酸铊曾用于治疗脱发、头癣。铊产生于制造合金及铊化合物的生产过程中，职业活动中暴露的含铊烟尘、蒸气以及可溶性铊盐可通过消化道、皮肤和消化道途径进入人体。

3. 毒性作用

铊属于高毒类，可以在各种环境介质中迁移，在土壤中的分布和迁移，表现在矿坑废水和冶炼废水中高度聚集，导致矿化区附近的河流湖泊中铊的含量通常很高，在含铊矿床附近的植物中富集。由于铊的化合物多数具有高挥发性，在冶炼过程中能以气态形式释放到大气中。铊的毒作用机制现在尚未完全清楚，铊可迅速分布到机体各组织中的细胞内，铊和钾类似，可稳定地和一些酶（Na^{+} - K^{+} - ATP 酶）结合，铊还可和巯基结合干扰细胞内呼吸和蛋白质合成，铊和核黄素结合可能是神经毒性的原因。在人体内以肾脏中含量最高，其次是肌肉、骨骼、肝脏、心脏、胃肠道等，皮肤和毛发中也有一定量铊，铊主要通过肾脏和肠道排出。研究还发现铊离子可与维生素 B_2 结合，从而使细胞能量代谢发生改变。据报道，铊可使怀孕小鼠的胚胎发生严重的骨骼畸形；铊还能使大鼠胚胎成纤维细胞 DNA 断裂，也能引起单链 DNA 断裂，具有明显的致突变效应；铊对哺乳动物的生殖功能可能有不良影响。此外，铊对植物的毒性远大于铅、镉、汞等其他重金属,并主要分布在根和叶中,其次是茎、果实和块茎中。有报道贵州某矿区土壤中 Hg 和 As 的含量均高于 Ti。但铊在农作物中远远高于 Hg 和 As 的含量,这种明显不同于它们在土壤中的分布模式,提示铊可能具有被植物体优先吸收富集的特性。铊对植物、哺乳动物的危害性要高于镉、铅、铜和锌,因此被美国 EPA 列为优先控制的有害污染物之一。一般情况下,铊对成人最小的致死量约为 12 mg/kg;人摄入 2 h 后,血铊达到最高值,24～48 h 血铊浓度明显降低。

4. 人体健康危害

铊对人体的危害主要表现为急性铊中毒和慢性铊中毒。

急性中毒表现为胃肠道刺激症状,继而出现神经麻痹,精神障碍,甚至肢体瘫痪,肌肉萎缩。脱发是铊中毒的特殊表现,常于急性中毒后 1～3 w 出现,头发成束脱落,表现为斑秃或全脱,严重者体毛全部脱落。慢性中毒主要有毛发脱落及皮肤干燥,并伴有疲劳和虚弱感,可发生失眠、行为障碍、精神异常,以及内分泌紊乱,包括阳痿和闭经。

5. 风险评估

我国职业接触限值规定:铊及其可溶性化合物(按 Tl 计)PC-TWA 为 0.05 mg/m^3,PC-STEL 为 0.1 mg/m^3。

美国 ACGIH 规定:TLV-TWA 为 0.1 mg/m^3,OSHA 规定:PEL-TWA 为 0.1 mg/m^3;并规定在工作日内,工作人员暴露水平可超过 TLV-TWA 的 3 倍,但总计不超过 30 min,并且在任何情况下都不应超过 TLV-TWA 的 5 倍。

丙 二 酸 铊

1. 理化性质

CAS 号:2757-18-8	外观与性状:常温下呈结晶状,在空气中容易潮解
分子式:$C_3H_2O_4Tl_2$	分子量:510.81
溶解性:可与水混溶	

2. 用途与接触机会

丙二酸铊可用于配制重液,用于测定矿物颗粒比重或分离不同比重矿物质;丙二酸铊可通过皮肤、呼吸道、消化道进入人体。生产和使用丙二酸铊的职业人群有更高的暴露危险;普通人群很少暴露于丙二酸铊。

3. 毒性

动物实验结果显示,丙二酸铊在体内的去除速率和分布模式与无机铊硫酸亚铊相似,并具有相似的毒性。大鼠经口 LD_{50}:18.8 mg/kg;家兔经皮 LD_{50}:57.7 mg/kg。其健康危害 GHS 分类为:急性毒性—经口,类别 2;急性毒性—吸入,类别 2;特异性靶器官毒性—反复接触,类别 2。

4. 人体健康危害

丙二酸铊可造成低钾血症、哮喘、脱发、关节疼痛等;据人群数据报道,一次性摄入大量丙二酸铊,四十小时后死于心力衰竭,尸检发现铊主要聚集在心脏,提示心脏可能是急性中毒早期铊的主要靶目标。长期暴露于丙二酸铊易造成肾脏损伤;此外,铊的可溶性化合物均有对皮肤具有刺激性。

5. 风险评估

美国 OSHA 规定:TLV-TWA 为 0.1 mg/m^3,IDLH 为:15 mg/m^3。

本品对水生生物有毒并具有长期持续影响,其环境危害 GHS 分类为:危害水生环境—急性危害,类别 2;危害水生环境—长期危害,类别 2。

乙 酸 亚 铊

1. 理化性质

CAS 号:563-68-8	外观与性状:常温下呈白色针状结晶,暴露在空气中易潮解
分子式:$C_2H_3O_2Tl$	分子量:263.42
熔点:110℃	相对密度:3.68

2. 用途与接触机会

乙酸亚铊是脱发剂的成分之一,也可作杀虫剂或用于配制高比重溶液用于分离矿物组成或用于试剂分析。因此，从事乙酸亚铊生产或加工的职业有较高的暴露危险，主要通过皮肤、呼吸道和消化道接触；长期低剂量摄入乙酸亚铊可引起脱发，高剂量摄入则抑制生长发育并造成脑部部分功能衰弱，可能机制是线粒体功能障碍，也有研究发现乙酸亚铊可引起白内障。

3. 毒性

大鼠经口 LD_{50}：41.2 mg/kg，大鼠皮下注射染毒 LD_{50}：29.6 mg/kg。健康危害 GHS 分类为：急性毒性—经口，类别 2；生殖毒性，类别 2；特异性靶器官毒性——次接触，类别 1；特异性靶器官毒性—反复接触，类别 1。

乙酸亚铊可治疗脱发，但也能引起脱发，主要由于铊聚积于毛囊内干扰角蛋白的形成。乙酸亚铊对人类致癌证据不足，没有动物致癌数据，因此乙酸亚铊属于 D 类致癌物。

4. 人体健康危害

乙酸亚铊可造成脱发、白内障、神经衰弱，有人群数据记载，儿童比成人对乙酸亚铊更加敏感，曾有三名儿童(5～10 岁)误服乙酸亚铊 85 至 89 mg/kg 后死亡，成人致死量约为 930 mg。

5. 风险评估

本品对水生生物有毒并具有长期持续影响，其环境危害 GHS 分类为：危害水生环境—急性危害，类别 2；危害水生环境—长期危害，类别 2。

氧 化 亚 铊

1. 理化性质

CAS 号：1314－12－1	外观与性状：黑色粉末
分子量：424.78	熔点：300℃
沸点：1 865℃	溶解性：易溶于水、醇、酸，具有潮解性，暴露于空气中易氧化

2. 用途与接触机会

又名一氧化铊，氧化亚铊可用于制造光学玻璃及玻璃饰品，还可用作分析试剂。因此在氧化亚铊生产及加工过程中易造成职业暴露，主要经皮肤、呼吸道及消化道进入人体。

3. 毒性

氧化亚铊的毒性与氧化铊类似，大鼠经口 LD_{50}：40.6 mg/kg。本品健康危害 GHS 分类为：急性毒性—经口，类别 2；急性毒性—吸入，类别 2；特异性靶器官毒性—反复接触，类别 2。

4. 人体健康危害

与铊及其化合物的毒性相似，氧化铊可引起脱发、神经病变；一次性高剂量摄入会引起急性胃肠道刺激症状，腹痛、呕吐、恶心，继而出现口唇及四肢无力、麻木、痛觉敏感，严重者可出现谵妄、精神失常、晕厥及呼吸麻痹；与此同时对肝肾及心脏造成损伤；慢性中毒还可引起皮炎、脱发等。

5. 风险评估

美国 ACGIH 规定：TLV－TWA 为 0.1 mg/m^3。

本品对水生生物有毒并具有长期持续影响，其环境危害 GHS 分类为：危害水生环境—急性危害，类别 2；危害水生环境—长期危害，类别 2。

氧 化 铊

1. 理化性质

CAS 号：1314－32－5	外观与性状：棕黑色结晶粉末
分子量：456.74	溶解性：不溶于水、乙醇、碱；溶于酸，且溶于盐酸时可分解出氯气，溶于硫酸时分解出氧气
熔点/凝固点(℃)：717	沸点(℃)：875

2. 用途与接触机会

又名三氧化二铊，可用于生产导电浆料，也可用于分析试剂，催化剂。接触氧化铊的主要对象为职业人群，从事相关生产加工的行业易造成暴露危险，主要通过消化道、皮肤、呼吸道吸收进入机体。

3. 毒性

大鼠经口 LD_{50}：44 mg/kg，观察到明显的生长抑制、脱发；组织学检查发现毛囊与皮脂腺萎缩。本品健康危害 GHS 分类为：急性毒性—经口，类别 2；

急性毒性—吸入，类别 2；特异性靶器官毒性—反复接触，类别 2。

4. 人体健康危害

与铊及其化合物的毒性相似，氧化铊可引起脱发、神经病变；一次性高剂量摄入会引起急性胃肠道刺激症状，腹痛、呕吐、恶心，继而出现口唇及四肢无力、麻木、痛觉敏感，严重者可出现谵妄、精神失常、晕厥及呼吸麻痹；与此同时对肝肾及心脏造成损伤；慢性中毒还可引起皮炎、脱发等。

5. 风险评估

本品对水生生物有毒并具有长期持续影响，其环境危害 GHS 分类为：危害水生环境—急性危害，类别 2；危害水生环境—长期危害，类别 2。

溴 化 亚 铊

1. 理化性质

CAS 号：7789-40-4	外观与性状：黄白色结晶性粉末
分子式：TlBr	分子量 284.31
熔点/凝固点(℃)：460	沸点(℃)：815
溶解性：溶于乙醇；微溶于水；不溶于丙酮	

2. 用途与接触机会

溴化亚铊可用于成产药物。因此在溴化铊生产加工过程中易造成职业暴露。

3. 毒性

大鼠经口 LDL_0：35 mg/kg。本品健康危害 GHS 分类为：急性毒性—经口，类别 2；急性毒性—吸入，类别 2；特异性靶器官毒性—反复接触，类别 2。

4. 人体健康危害

与铊的其他化合物相似，溴化亚铊具有神经毒性，对肝脏有损害作用。急性毒性：表现有恶心、呕吐、腹部交通、厌食等，肢体及躯干有感觉、痛觉过敏现象；重者可发生中毒性神经病，脱发、皮疹、肝肾损伤；慢性中毒的主要症状有脱发、乏力、肢体运动和感觉障碍，球后视神经炎。曾有报道有人误食溴化铊引起中毒死亡。

5. 风险评估

本品对水生生物有毒并具有长期持续影响，其环境危害 GHS 分类为：危害水生环境—急性危害，类别 2；危害水生环境—长期危害，类别 2。

甲 酸 亚 铊

1. 理化性质

甲酸亚铊（CHO_2Tl）是一种无色结晶，吸湿性极强，CAS 号：992-98-3；分子量 249.40，熔点 101℃，由碳酸亚铊（Tl_2CO_3）和氢氧化亚铊（TIOH）与计算量的甲酸反应或与硫酸亚铊（TI_2SO_4）与甲酸钡进行复分解制得。主要用于与丙二酸亚铊水溶液混合而制成重质液体。

甲酸铊（$(HCOO)_3TI$）即甲酸正铊，与水作用立即发生水解，易溶于稀酸，水溶液长时间加热时即变成甲酸亚铊。

2. 毒性

本品健康危害 GHS 分类为：急性毒性—经口，类别 2；急性毒性—吸入，类别 2；特异性靶器官毒性—反复接触，类别 2。

3. 风险评估

本品对水生生物有毒并具有长期持续影响，其环境危害 GHS 分类为：危害水生环境—急性危害，类别 2；危害水生环境—长期危害，类别 2。

硝 酸 铊

1. 理化性质

硝酸铊（$TlNO_3$）；有 α、β、γ 三种结构型，CAS 号 10102-45-1；外观呈白色晶体，分子 266.39，熔点 206℃；加热至 75℃时由 γ 型转化成 β 型，145℃时由 β 转化成 α 型，450℃时可分解，溶于水、丙醇；不溶于乙醇；与还原剂、易燃物等混合会造成爆炸；经摩擦、震动或撞击可引起燃烧或爆炸。

2. 用途与接触机会

硝酸铊可用于定量分析共存的氯、溴、碘，也用作光导纤维材料；也可用于制作烟花炮竹及铊纸；此外硝酸铊与高氯酸、氯化亚汞和树脂混合产生绿火，用作海上标记物。在生产光导纤维等需要硝酸铊作为原料的工业过程中，易造成硝酸铊暴露；硝酸铊可经呼吸道、皮肤和消化道进入人体。

3. 毒性

本品狗经口 LDL_0 为 45 mg/kg；；估计 5～10 g 剂量的硝酸铊可致成人死亡；硝酸铊没有动物致癌性数据，人类致癌性数据不足，因此致癌物分类属于D类。

本品小鼠经口 LD_{50}：15 mg/kg，小鼠腹腔染毒 LD_{50}：37.3 mg/kg。其健康危害 GHS 分类为：急性毒性—经口，类别 3；皮肤腐蚀/刺激，类别 1；严重眼损伤/眼刺激，类别 1；特异性靶器官毒性——次接触，类别 1；特异性靶器官毒性—反复接触，类别 1。

4. 人体健康危害

硝酸铊急性中毒表现为胃肠炎、上行性神经麻痹、精神障碍；慢性中毒主要表现为多发性神经炎和脱发。

5. 风险评估

本品对水生生物有毒并具有长期持续影响，其环境危害 GHS 分类为：危害水生环境—急性危害，类别 2；危害水生环境—长期危害，类别 2。

碳酸亚铊

1. 理化性质

碳酸亚铊（CO_3Tl_2），CAS 号：6533-73-9，外观成无色或白色单斜晶体，分子量 468.78，熔点 273℃；溶于水，不溶于醇、醚、丙酮，性质比较稳定。

2. 用途与接触机会

碳酸亚铊主要用作杀虫剂、人造金刚石的原料及用于化学分析。碳酸亚铊可通过皮肤、呼吸道和消化道进入人体。

3. 毒性

大鼠经口 LD_{50}：21.8 mg/kg，小鼠经口 LD_{50}：21 mg/kg；大鼠经皮 LD_{50}：117 mg/kg。

本品健康危害 GHS 分类为：急性毒性—经口，类别 2；急性毒性—经皮，类别 2；特异性靶器官毒性—反复接触，类别 2。

4. 风险评估

本品对水生生物有毒并具有长期持续影响，其环境危害 GHS 分类为：危害水生环境—急性危害，类别 2；危害水生环境—长期危害，类别 2。

铅及其化合物

铅

1. 理化性质

CAS 号：7439-92-1	外观与性状：带蓝灰色、有金属光泽的软金属，呈片状或粉末
熔点/凝固点（℃）：327.46	自燃温度（℃）：790（粉）
沸点（℃）：1 740	溶解性：不溶于水；溶于硝酸、热浓硫酸、碱液；不溶于稀盐酸
饱和蒸气压（kPa）：0.13	密度：（25℃）11.343

2. 用途与接触机会

2.1 生活环境

日常生活环境中铅及其化合物的来源主要是家庭装饰材料（油漆、涂料）、香烟烟雾、化妆品（口红、爽身粉）、含铅容器、金属餐具、玩具和学习用品等。

2.2 生产环境

在生产过程中，铅及其化合物以粉尘或烟尘形态污染空气。接触铅的工业有：铅矿开采和冶炼；蓄电池制造和维修；制造含铅耐腐蚀化工设备、构件、电缆包皮及管道防腐衬里等；耐磨铅合金轴承、桥梁工程、船舶制造与拆修；放射性防护材料制造；印刷行业；电子与电力行业；油漆生产、颜料行业；塑料、橡胶工业；化工行业；食品行业；医药工业；农药工业；玻璃陶瓷工业；军火制造以及各种管道连接的标识和铅封等。

3. 毒代动力学

3.1 吸收，摄入与贮存

铅主要经呼吸道，其次是经消化道进入人体。经皮肤吸收极少，除非有湿疹和皮肤损伤。经呼吸道的吸收量主要取决于铅化合物的粒径、溶解度以及在呼吸道内的沉积区域。较小颗粒(<1 μm)可到达肺泡溶解后或被吞噬细胞摄取进入体内，而较大颗粒(>2.5 μm)则主要沉积在鼻咽和气管支气管并可通过黏膜纤毛运输排出体外或被吞咽经消化道吸收。

成人受试者通过标准呼吸器吸入质量中位数空气动力学直径(mass median aerodynamic diameters, MMAD)分别为 0.26 μm 和 0.24 μm 的氯化铅和氢氧化铅气溶胶 5 min，约有 25%的铅沉积在呼吸道中，其中的 95%被吸收进入体内。一次性接触放射性四乙铅(^{203}Pb)蒸气(1 mg/m^3 通过咬嘴呼吸 1～2 min)后，37%的吸入^{203}Pb 最初沉积在呼吸道中，其中约 20%在随后的 48 h 内呼出。暴露 1 h 后，进入人体的^{203}Pb 广泛分布于全身，其中主要分布于肝(50%)和肾(5%)(体外 γ 计数仪测定)。

铅的胃肠吸收主要发生在十二指肠，吸收程度和速率受接触个体的生理状态如年龄、空腹、体内钙和铁含量、妊娠等，以及铅的理化特性如颗粒大小、溶解度和铅化合物种类等因素的影响，而且铅的摄入量与血铅浓度之间呈非线性关系，提示人体经胃肠道的铅吸收存在限制性或饱和过程，但确切的吸收机制尚不清楚。膳食调查结果表明婴幼儿(2 w 至 8 岁)对水溶性铅化合物吸收率约为 40%～50%，而成人仅吸收 3%～10%。空腹(成人)给予醋酸铅的吸收约为 63%，而餐后仅吸收 3%。膳食中钙和磷酸盐的存在可抑制铅吸收，而人体缺铁则促进铅进入体内。怀孕期间对铅的吸收可能会增加，但在人类中尚无直接证据。在体外胃酸中，直径 30 μm 的硫化铅颗粒溶解度比直径 100 μm 的颗粒大得多，铅吸收与膳食中金属铅颗粒大小之间呈负相关。

一般认为无机铅化合物经皮肤吸收远小于经呼吸道和消化道吸收，体外实验显示铅化合物对人体皮肤穿透率的顺序为：铅亚油酸和油酸络合物>环烷酸铅>醋酸铅>氧化铅(不可检测)。在大鼠剃刮的背部给予铅化合物，经皮肤吸收的相对量(尿中回收量与接触量的比值)为铅萘(0.17%)、硝酸铅(0.03%)、硬脂酸铅(0.006%)、硫酸铅(0.006%)、氧化铅(0.005%)和金属铅粉(0.002%)。

进入人体的铅主要贮存于骨骼，并分布于血液和全身的软组织中。在儿童，骨铅约占机体总负荷的 73%。随着年龄的增长骨铅含量增加，成年时约达到总负荷的 94%。血液、软组织和体液的铅约占铅总负荷的 10%。

3.2 转运与分布

吸收到血液中的铅 90%以上与红细胞内的蛋白质结合，其余在血浆中。血浆中的铅一部分是可溶性铅，主要为磷酸氢铅($PbHPO_4$)和甘油磷酸铅，另一部分是血浆蛋白结合铅。血液中未与蛋白质结合的铅主要与低分子量巯基化合物(例如半胱氨酸、高半胱氨酸)和其他配体形成复合物。磷酸氢铅可转变为不溶性磷酸铅[$Pb_3(PO_4)_2$]沉积于骨骼内，骨铅与血液和软组织中的铅保持动态平衡。一方面，血液中的铅通过不断沉积在骨组织中，增加机体的铅负荷，并缓解急性毒作用的发生；另一方面，骨铅在一定条件下重新进入血液，可造成慢性中毒的急性发作。同位素分析表明血液中 40%～70%的铅来源于骨铅贮存库，孕妇血液中 10%～88%的铅和约 80%的脐带血铅可能源于母体骨铅贮存的动员。成人骨铅的生物半衰期为 10～20 年，儿童则较短。血液中铅的半衰期约为 30 d。血浆中的离子型铅容易扩散分布到全身软组织，其中主要分布于肝脏(33%)、骨骼肌(18%)、皮肤(16%)、致密结缔组织(11%)、脂肪(6.4%)、肾脏(4%)、肺(4%)、主动脉(2%)和脑(2%)等组织中。吸入有机铅(四乙铅)后，铅浓度从高到低的脏器组织依次为肝、肾、脑、胰腺、肌肉和心脏。

3.3 排泄

体内的铅主要经肾脏随尿排出，少部分铅可随粪便、汗液、乳汁、唾液、月经、脱落的皮屑、头发和指甲等排出。乳汁内的铅可影响婴儿，血铅可通过胎盘进入胎儿体内而影响子代健康。

3.4 转运模式

铅在体内的转运模式见图 6-1。

4. 毒性与中毒机理

4.1 急性毒作用

铅的急性毒作用与铅化合物种类、染毒途径和动物种属有关(表 6-2)。

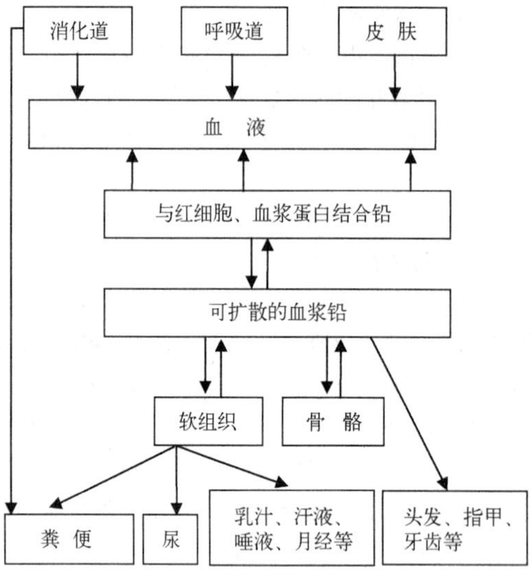

图 6－1 铅在体内的转运过程

表 6－2 铅化合物的急性毒性

化合物	动物种类、染毒途径及毒性指标
氧化铅	大鼠经口 LD_{50}＞10 000 mg/kg；大鼠经皮 LD_{50}＞2 000 mg/kg；大鼠吸入 LC_{50}＞5 mg/(L.4 h)
四氟化铅	大鼠经口 LD_{50}：4 000 mg/kg；兔经皮 LD_{50}：4 720 mg/kg；小鼠吸入 LC_{50}(2 h)：9 400 mg/m^3
二氯化铅	豚鼠经口 LD_0：1 500 mg/kg；大鼠经口 LD_0：201 mg/kg，LD_{50}＞1 947 mg/kg
砷酸铅	大鼠经口 LD_{50}：825 或 100 mg/kg(不同研究)；兔经口 LD_{50}：125 mg/kg；鸡经口 LD_{50}：450 mg/kg
乙酸铅	狗经口 LD_0：300 mg/kg；小鼠经静脉 LD_{50}：174 mg/kg
硝酸铅	豚鼠经口 LD_0：500 mg/kg
四乙铅	大鼠经口 LD_{50}：12.3 mg/kg；大鼠吸入 LC_{50}(1 h)：850 mg/m^3；大鼠经腹腔 LD_{50}：15 mg/kg；豚鼠经皮 LD_0：990 mg/kg；狗经皮 LD_0：500 mg/kg
四甲铅	大鼠经口 LD_{50}：108 mg/kg(84 mg/kg)(以 Pb 计)；小鼠吸入 LC_{50}(30 min)：8.5 g/cm^3

4.2 慢性毒作用

慢性铅暴露可影响实验动物的胃肠道、心血管、免疫系统、淋巴系统、生殖系统、泌尿系统和神经系统，也可能导致肿瘤。铅暴露可损伤大鼠心脏，并观察到血清谷氨酸草酰乙酸转氨酶和乳酸脱氢酶活性增高。大鼠经口铅暴露 3 个月，可出现高血压的表现。在雄性暴露大鼠中，可观察到前列腺重量显著增加和睾丸损伤，精子数量减少。在雌性暴露大鼠中可出现发情周期紊乱，甚至出现卵巢的卵泡囊肿等表现。低水平铅暴露会影响大鼠神经细胞粘附分子(NCAM)的粘附功能，从而损害大鼠的学习和行为。电镜研究表明，铅中毒小鼠肾近曲小管上皮细胞内出现核内包涵体，内质网及溶酶体增加，线粒体基质肿胀，嵴减少，双层膜消失，并出现嗜锇颗粒等。小鼠经口铅暴露并当血铅浓度达到 7～15 μg/100 ml 时，能显著影响兔和鼠的肝功能，肝细胞出现水样变性、脂肪变性以及肝细胞线粒体、内质网肿胀等表现。

4.3 远期毒作用

(1) 致突变作用

铅在遗传毒理学的体外检测中多为阴性，但高浓度的铅可与 DNA 的磷酸基团结合而改变其构象并可使 DNA 产生交联。在儿童，当血铅浓度为 5.29±2.09 μg/dL(对照 3.45±1.20 μg/dL)时，微核(MN)发生率显著升高(2.96±2.36/1 000 淋巴细胞，对照为 1.16±1.28/1 000 淋巴细胞，P＜0.000 1)。

(2) 致癌作用

高剂量铅暴露可对啮齿类动物致癌，但对人的致癌性尚不明确。IARC 将铅和无机铅化合物归为第 2B 级致癌物，即可能对人类致癌，但有机铅化合物由于仅有 1 项四乙铅对小鼠致癌的研究可供审查而被归为第 3 级，即致癌性不确定。

(3) 发育毒性与致畸性

铅暴露可影响生殖细胞和胚胎发育，使男性精子数减少、活动力降低和畸形率增加，使女性出现流产和早产。铅对神经系统发育的不良影响较明确，孕中期妇女血铅水平为 0.3 μmol/L 时，可能对胎儿的神经行为发育产生不良影响。美国儿科学会认为，血铅＞0.48 μmol/L 时即可引起儿童认知能力的损害。血铅每上升 100 μg/L，儿童智商下降 6～8 分。

在小鼠妊娠第 5～15 d 和大鼠第 6～16 d(器官形成期间)每天经口给予乙酸铅 714 mg/kg 或四乙铅 10 mg/kg，在此剂量暴露已可观察到母体毒性、胎儿吸收和发育延迟，但没有出现明显的致畸反应。在人类，有报道慢性铅中毒可导致先天无脑儿畸胎。

(4) 免疫毒性

已有许多铅暴露对免疫系统影响的报道，铅暴露可能对细胞免疫组分的影响较大，而对体液免疫的影响较小，主要表现在辅助性 T 细胞(Th)的分化异常，导致免疫反应向 Th2 倾斜，并提高 IgE 或 Th2 相关细胞因子的产生。但是，这些变化的临床意义尚不清楚。

(5) 内分泌干扰作用

铅对内分泌影响的报道主要集中于甲状腺、垂体和睾丸激素的变化，但结果不一致，可能与样本量、年龄、吸烟及其他混杂因素的干扰，检测和评估方法等不同有关。在 7 名职业性铅中毒的男性患者(血铅均值为 87.4 μg/dL)中发现，血清甲状腺素(T4)和估计游离甲状腺素(EFT4)水平降低；但在 176 名肯尼亚男性汽车电池工厂和铅冶炼工人(血铅均值为 56 μg/dL)中，血铅与甲状腺激素之间无显著相关性；而在另一个研究中，铅暴露组 75 名男性铅电池工厂工人血铅均值为 50.9 μg/dL，血清 T4 和 FT4 水平显著高于对照组(62 人，血铅均值为 19.1 μg/dL)，两组间的血清总三碘甲状腺原氨酸(T3)和促甲状腺激素(TSH)没有差异，回归分析显示血清 T4、FT4、T3 和 TSH 与血铅在 8～50 μg/dL 范围内呈正相关，T4 及 T3 与血铅在 50～98 μg/dL 范围内呈负相关，提示血铅浓度为 50 μg/dL 左右是甲状腺激素水平降低的阈值。

对 122 名男性铅电池工厂工人(血铅均值为 35.2 μg/dL)与 49 人为对照组(血铅均值为 8.3 μg/dL)的研究中发现，铅暴露组的血浆卵泡刺激素(FSH)和黄体生成素(LH)水平显著增加，并且在血铅 10～40 μg/dL 范围内这些激素水平随着血铅浓度的升高而增加。但是，也有人发现，在 11 名铅中毒男性(血铅中位数为 35.2 μg/dL)和 9 名配对的研究对象(血铅中位数 4.1 μg/dL)中，尽管暴露组血清 FSH 浓度有降低的趋势，但两组间的基础血清 FSH、LH、催乳素、睾酮、性激素结合球蛋白和皮质醇水平无显著差异。此外，有研究显示铅暴露工人(28 名，血铅均值为 38.3、65.1 μg/dL)的血清促红细胞生成素(EPO)水平明显低于 113 名对照者(血铅均值为 10.4 μg/dL)，但也有 EPO 不受铅暴露影响的报道。

对国内 5 篇关于铅对男性激素影响的文章做 meta 分析，发现接触铅的(438 人)血浆睾酮含量明显低于对照组(438 人)，两者相差 3.473 nmol/L，而黄体生成素则明显高于对照组，两者相差 3.824 IU/L，提示铅可干扰男性性激素的生成。

4.4 中毒机理

铅中毒的发病机制涉及多器官系统的损害，目前比较清楚的有以下方面。

(1) 铅对血液的作用。铅通过改变血红素生物合成通路中三种关键酶，即 δ-氨基乙酰丙酸合成酶(ALAS)、δ-氨基乙酰丙酸脱氢酶(ALAD)和铁螯合酶的活性，干扰血红素的生物合成。铅一方面通过直接作用或通过反馈去阻遏作用间接刺激 ALAS 的活性，催化甘氨酸和琥珀酰-辅酶 A 反应形成 δ-氨基乙酰丙酸(ALA)，另一方面通过与 ALAD 活性部位的巯基结合抑制 ALAD 的活性，从而影响 ALA 缩合形成胆色素原，导致 ALA 的积聚，血、尿中 ALA 含量增高。铅以非竞争性方式抑制含锌线粒体酶铁螯合酶的活性，阻碍二价铁与原卟啉结合形成血红素，使原卟啉 IX 在红细胞中积聚，血液内红细胞中原卟啉(EPP)量增加或游离红细胞卟啉(FEP)增加，后者与锌离子结合导致锌卟啉(ZPP)亦增加。血红素合成障碍使血液中血红蛋白水平降低，红细胞破坏增加，导致伴有网状红细胞增多的低色素正常细胞性贫血。此外，铅致肾损伤可使促红细胞生成素合成异常，导致红细胞系祖细胞的发育不良，是铅致贫血的另一原因。

铅还可直接作用于红细胞，抑制红细胞膜 Na^+/K^+-ATP 酶活性，影响水钠调节，同时还可能抑制红细胞嘧啶 5′-核苷酸酶，致使大量嘧啶核苷酸(胞苷和尿苷磷酸酯)在红细胞或网织红细胞胞浆内蓄积，以及铅与红细胞膜结合造成机械脆性增加，影响红细胞膜稳定性，最后导致溶血。

(2) 铅对神经系统的作用。铅通过多种机制影响神经系统，其中最重要的是铅模拟钙离子的作用，干扰多种细胞信号传导通路和/或破坏细胞内钙稳态。研究较多的是铅对蛋白激酶 C(PKC)活性的影响及所造成的细胞行为改变。铅通过降低钙依赖性 PKC 尤其是 γ-亚型的活性，影响神经突触功能，例如神经递质的合成、配体—受体相互作用、离子通道的电传导和神经细胞树突分支形成等，从而损害空间学习和记忆过程；研究发现，铅可通过激活 PKC 诱导星形细胞神经胶质纤维酸性蛋白(GFAP)的表达，引起星形胶质细胞增生而干扰脑组织神经元和星形胶质细胞的平衡。此外，铅可诱导未成熟的脑微血管内皮细胞 PKC 从胞质定位于质膜，妨碍脑微血管的形成和功能，尤其在高水平的铅暴露下，由星形胶质细胞和血管内皮细胞所构成的血脑屏障可发生结构和功能异常，血浆中的白蛋白等分子自由进入大脑，随之离子和水增加，但由于大脑缺乏完善的淋巴系统，血浆成分清除缓慢，水肿发生，颅内压升高。胎儿和婴儿对铅神经毒作用的敏感性可能与血脑屏障发育不成熟以及星形胶质细胞缺乏高亲和性铅结合蛋白（隔离铅离子）有关。

铅对血红素合成通路的影响导致血 ALA 增多，ALA 与抑制性神经递质 γ-氨基丁酸（GABA）化学结构相似，因而与 GABA 发生竞争作用而干扰神经系统功能，使意识、行为及神经效应等改变。铅还能对脑内儿茶酚胺代谢发生影响，使脑内和尿中高香草酸（HVA）和香草扁桃酸（VMA）显著增高，最终可导致铅毒性脑病和周围神经病。详细见图 6-2。

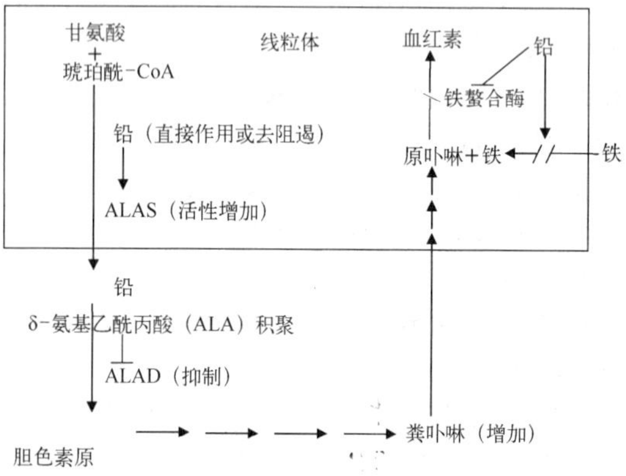

图 6-2　铅对血红素合成的影响

（3）铅对肾脏的作用。铅除了影响线粒体中血红素合成相关酶的活性外，还影响 ATP 酶而干扰主动运转机制，损害近曲小管内皮细胞及其功能，造成肾小球滤过率及肾小管重吸收功能降低，导致尿肌酐排出减少，血肌酐、血尿素氮含量增加，尿糖排泄增加，尿 γ-谷氨酚转肽酶（γ-GT）活性降低，尿 N-乙酰-β-D 氨基葡萄糖苷酶（NAG）活性增高。此外，铅还影响肾小球旁器功能，引起肾素合成和释放增加，导致血管痉挛和高血压。

5. 生物监测

5.1　接触标志

（1）血浆铅（Pb-P）Pb-P 浓度是铅暴露最可靠的指标，随着铅的急性暴露而急剧升高，但随着时间的推移迅速减少，提示 Pb-P 是近期暴露的指标。Pb-P 半衰期很短，可能不到 1 h。注射螯合剂（例如 CaEDTA）后的 Pb-P（MPb-P）可用于评估动员铅的量。原子吸收光谱法（AAS）是检测生物材料（如血液、尿液、头发和指甲等）中铅含量最常用的方法，但需要对样品做分析前处理。也可以使用电感耦合等离子体质谱（ICP-MS）测定 Pb-P、血铅（Pb-B）和尿铅（Pb-U）含量，与 AAS 相比，ICP-MS 测定的标准曲线的线性范围更宽，操作更简单且灵敏度更高。研究发现，Pb-P/Pb-B 比值随着 Pb-B 的增加而增加，Pb-B 和 Pb-P 之间存在对数关系，当 Pb-B 含量为 400 μg/L 时，Pb-P 水平约为 1.9 μg/L。

（2）尿铅（Pb-U）吸收的铅部分经尿排出体外，Pb-U 水平不仅取决于暴露条件，还取决于体内铅负荷和肾功能状态。在一般情况下，Pb-U 和 Pb-P 随着 Pb-B 的增加呈指数增长。给予螯合剂后排泄的 MPb-U 量可反映可迁移的铅量，主要包括血液、软组织和小部分来自骨骼的铅。此外，还可使用 X 射线荧光技术测量骨中铅浓度。在流行病学研究中，也测定头发和牙齿中的铅作为接触指标。

5.2　效应标志

（1）ALAD。红细胞中的 ALAD 活性对血铅浓度极其敏感，在铅 5～50 μg/100 g 血液的血铅浓度下 ALAD 可特异性地受到抑制。体外试验也显示，ALAD 在 1～5 μM 的铅浓度下即可被抑制。但是，ALAD 活性评估本身有两个缺点：ALAD 正常值范围较大；ALAD 活性经贮存不稳定。后者可以通过加热酶溶液或者在反应体系中加入巯基（-SH）化合物如二硫苏糖醇（DTT）或锌离子以恢复铅暴露者中受抑制的 ALAD 活性。ALAD 活性恢复的程度与血铅浓度相关，因此可用于评估铅暴露。不经活化的 ALAD 活性与经活化的 ALAD 活性的比例（或百分比%）经储存也相当稳定，而且在对照受试者中变化范围较局限。

（2）尿 ALA（ALA-U）、血液 ALA（ALA-B）和血浆 ALA（ALA-P）。在血红素的合成通路中，由于铅引起 ALAD 活性降低和 ALAS 的激活导致各种组织和血浆中 ALA 含量升高，因此 ALA-U 的排泄增加，Pb-B 水平与 ALA-U、ALA-P 之间呈指数关系。当血浆和血液样本在 4℃下储存时，ALA-P 比 ALA-B 更稳定（分别在 6 d 和 3 d 可保持稳定），而且由于 ALA 存在于血浆而不是在血细胞中，所以 ALA-P 比 ALA-B 更适合用于常规分析。

通过对 191 名铅作业工人的血红素相关参数分析发现，ALA-P 和 ALAD 对评价低水平铅暴露

(10～40 μg/dL)具有较高的准确性，但 ALAD 活性不能作为高水平铅暴露的指标，因为 ALAD 活性的降低在 Pb－B 水平 40～50 μg/dL 之间已达到平台，此外，ALAD 经贮存后极不稳定，分析过程复杂，所以 ALAD 活性测定一般不作为铅暴露生物监测的常规分析。相反，ALA－P 含量随着 Pb－B 水平从低到高的范围内升高而增加，ALA－P 在取样后长时间保持稳定，并且 ALA－P 测定程序也很简单。因此 ALA－P 可被认为是 Pb－B 从基线到高值范围内铅暴露的最佳鉴别指标。

研究发现，Pb－B 水平超过 5 μg/dL 时即可引起 ALAD 活性降低和 ALA－P/ALA－B 水平升高，而且 ALAD 活性受抑制与 ALA－P 水平升高的 Pb－B 阈值水平一致。在 Pb－B 和 ALA－P(对数值)之间的剂量-效应关系中，随着 Pb－B 的增加，ALA－P 增加呈现快、慢两阶段变化，ALA－P 在 Pb－B浓度 40 μg/dL 以下时增加缓慢(缓慢阶段)，40 μg/dL 以上直至 100 μg/dL 时增加迅速且持续性增加(快速阶段)。ALA－P 和 ALAD 也存在类似的两阶段变化，随着 ALAD 活性降低至 22 单位，ALA－P增加缓慢，之后 ALAD 快速降低，ALA－P 则急剧增加。ALA－P 或 ALA－B 增加的缓慢阶段可解释为 ALAD 活性的线性抑制，而在快速阶段则可解释为另一种机制，如 ALAS 的诱导。有报道在 Pb－B 水平超过 2 μM(41.4 μg/dL)和 ALAD 活性小于 18 单位使血红素合成通路受到严重阻碍时，细胞通过负反馈(去阻遏)调节诱导 ALAS。

(3) 粪卟啉(CP)。粪卟啉原 I 和 III 是血红素合成通路的中间代谢产物，可被氧化为各自的粪卟啉。在开始暴露后至少 2 周，铅暴露工人的尿液中即可观察到粪卟啉原 III 的排泄增加。在铅持续暴露状态下，CP 排泄与 Pb－B 及 ALA－U 呈正相关。在Pb－B 含量超过 70—80 μg/dL 时，CP 水平显著增加。传统上 CP 的分析技术经初步萃取，随后用荧光或分光光度仪测定，现可利用高效液相色谱(HPLC)检测生物材料中的卟啉衍生物。需要注意的是，先天性红细胞生成性卟啉病患者的尿液中也排泄过量的粪卟啉 I，而遗传性粪卟啉症排泄大量的粪卟啉 III(主要在粪便，部分在尿液中)。

(4) 锌原卟啉(ZP)。铅暴露可抑制 Fe^{3+} 还原为 Fe^{2+}，影响血红素合成的最后一步 Fe^{2+} 与原卟啉 XI(PP)的结合，导致 PP 在红细胞内积聚。PP 与 Zn^{2+} 通过酶促或非酶促螯合形成锌原卟啉(ZP)，因此 PP 或 ZP 在红细胞中的积累说明血红素合成受到干扰、铅对骨髓的生化作用及铅在组织中的沉积。

测定红细胞 ZP 常用的方法包括酸提取法、洗涤剂稀释法、中性溶剂萃取法、血液荧光测定法和 HPLC 法等，使用最多的是酸提取法，利用稀盐酸第二次提取从 ZP 分子中分离锌以形成游离的 PP，后者经荧光测定后作为 ZP 的浓度。洗涤剂稀释法在测定过程易受血红蛋白的干扰。中性溶剂萃取的缺点是萃取效率低，ZP 回收率较差。血液荧光测定法简单且快速，但易受胆红素和 PP 的干扰及存在测定标准化问题。HPLC 方法最显著的优点是在一次测定中可同时对 ZP 和 PP 定量，并可消除其他共提取物质对测定的干扰。对男性和女性各 34 名非铅暴露受试者的 HPLC 检测结果显示，男性的 ZP、PP 和 TP 的均值分别为 57.4±14.7、10.6±8.6 和 62.2±20.0 μg/dL 红细胞，而女性的 ZP、PP 和 TP 的均值分别为 69.5±22.5、10.0±8.4 和 72.6±26.4 μg/dL 红细胞。除铅中毒外，红细胞生成性原卟啉症的 PP 含量增加，在缺铁时 ZP 水平升高。

(5) 嘧啶 5′-核苷酸酶(P5N)先天性 P5N 缺陷可使红细胞内积聚大量的嘧啶核苷酸，导致非球形红细胞性溶血性贫血。在铅作业人员中，P5N 活性随着 Pb－B 在 10～100 μg/100 g 之间增加而下降，而且 P5N 活性与其他效应指标之间存在高度相关性，说明 P5N 活性的降低可反映血红素生物合成障碍。当 Pb－B 水平达到 10～20 μg/100 g 时 P5N 活性降低 13.2%(与 Pb－B 水平低于 10 μg/100 g 组比较)，提示 Pb－B 对 P5N 活性的无作用阈值可能小于 10 μg/100 g。待测样品在 4℃保存 7 d 后，P5N 活性仅降低 1.4%。在 HPLC 分析中，在 Pb－B 值小于 10 μg/100 g 的受试者中，P5N 活性的几何和算术平均值(±标准差)分别为 17.4(±1.2)和 17.7(±2.95)。

5.3 易感性标志

ALAD 的基因多态性与铅对血红素代谢影响的易感性有关。ALAD 基因定位于染色体 9q34，有 2 个等位基因。与 ALAD1 相比，ALAD2 编码区第 177 核苷酸的 G 颠换为 C，导致天冬氨酸取代赖氨酸。氨基酸的差异可能引起 ALAD 电荷改变，从而使 ALAD2 蛋白比 ALAD1 蛋白与铅结合更紧密。在职业性或环境性铅暴露者中，已发现 ALAD2 携带者的 Pb－B 水平高于 ALAD1 纯合子。然而，在同一 Pb－B 水平组中，ALAD 基因多态性对 ALAD 活性没有显著影响。与 ALAD1 纯合子相比，ALAD2 携带者的 ZP 水平更低，可能与 ALAD2 结合并隔离更多的铅离子，从而减少铅对铁螯合酶以及 Fe^{3+} 还原为 Fe^{2+} 的抑制有关。

6. 人体健康危害

6.1 急性中毒

人体短时间内高水平铅暴露可导致急性铅中毒，主要危及血液、消化道和神经系统，表现为恶心、呕吐、腹绞痛、便秘、疲劳、溶血性贫血、周围神经和中枢神经功能障碍等症状。严重者可出现中毒性脑病，表现为头痛、恶心、呕吐、高热、烦躁、抽搐、嗜睡、精神障碍、昏迷等症状，类似癫痫发作、脑膜炎、脑水肿、精神病或局部脑损害等综合征。由于环境卫生和劳动条件改善，铅中毒性脑病已较少发生。

6.2 慢性中毒

慢性中毒通常损害多器官系统，但主要表现胃肠道、神经系统、血液及造血系统的症状。早期常出现一般性衰弱状态，如短期记忆或注意力丧失、抑郁、恶心、腹痛、疲劳、睡眠不安、头痛、言语不清、肌肉及关节疼痛等。随后可出现神经衰弱综合征、腹部隐痛、便秘等。病情加重时，出现四肢远端麻木，触觉、痛觉减退等神经炎的表现。中毒性视神经炎开始时视野出现中心暗点，逐渐进展形成视力障碍。部分患者的皮肤呈现苍白或灰蓝的“铅色”，牙龈和牙齿交界处可出现暗蓝色的“铅线”，后者为硫化铅颗粒沉积而形成。铅对周围神经系统的损伤可分为感觉型、运动型和混合型。感觉型的表现为肢端麻木和四肢末端呈手套袜子型感觉障碍；运动型主要表现为肌无力，重者出现肌肉麻痹，亦称“铅麻痹”，由于桡神经支配的手指和手腕伸肌无力，使手腕下垂，称为“垂腕”；腓神经支配的腓骨肌、伸趾总肌、伸庶趾肌无力，使得足下垂，称为“垂足”。在血液及造血系统，可有轻度贫血，多呈低色素正常细胞型贫血，以及出现点彩红细胞和网织红细胞增多等；部分患者出现高血压、肾脏损害，表现为近曲小管损伤的范可尼(Fanconi)综合征，伴有氨基酸尿、糖尿和磷酸盐尿，较重患者可出现蛋白尿、尿中红细胞、管型及肾功能减退；慢性铅中毒急性发作时可出现腹绞痛甚至中毒性脑病，腹绞痛发作前常有腹胀或顽固性便秘。腹绞痛为突发性，部位多在脐周，疼痛呈持续性伴阵发性加重，每次发作约持续数分钟至数小时。

7. 风险评估

7.1 生产环境

我国车间空气中铅烟的 MAC 为 0.03 mg/m^3，铅尘 0.05 mg/m^3。铅及其化合物大气污染物综合排放标准的最高允许排放浓度为 0.09 mg/m^3，无组织排放监控浓度限值为 0.006 0 mg/m^3。血铅的生物限值是 2.0 μmol/L(400 μg/L)。美国 NIOSH 规定：REL－TWA 为 50 μg/m^3 (8 h)，以保证工人血铅＜60 μg/dL 全血。美国 ACGIH 规定，工作场所空气铅(铅砷酸盐除外)的 TLV－TWA 为 50 μg/m^3，BEI 为血铅 30 μg/dL。美国 CDC 认为，如果孕妇的 Pb－B≥5 μg/dL，表明已有铅暴露。对于职业暴露的孕妇，建议保持尽可能低的 Pb－B 水平，如果 Pb－B≥10 μg/dL，则要调离铅暴露工作岗位。

7.2 生活环境

生活接触铅主要来自空气和饮水，我国居住区大气中铅尘的最高允许浓度(日均值)为 0.000 7 mg/m^3，大气中铅及其无机化合物的卫生标准(日均值)为 0.001 5 mg/m^3，生活饮用水水质标准为 0.05 mg/L。环境空气质量标准为 1.50 μg/m^3 (季平均)和 1.00 μg/m^3 (年平均)。生活垃圾焚烧的焚烧炉大气污染物排放限值是 1.6 mg/m^3 (测定均值)。农田灌溉水质标准为 0.1 mg/L，污水综合排放标准为 1.0 mg/L。美国 EPA 发现，在美国超过 10%的自来水抽检样品中铅、铜含量分别为 0.015 mg/L 和 1.3 mg/L，但从毒理学和生物医学的角度考虑，铅污染为零才是安全水平。美国 FDA 规定瓶装水铅含量不超过 5ppb，婴幼儿食品中铅含量应低于 0.5 μg/dL，并禁止使用铅焊食品罐。美国消费品安全委员会规定涂料中的铅含量不应超过 90 mg/kg (0.009%)。

硅 酸 铅

1. 理化性质

CAS 号：10099－76－0，11120－22－2	外观与性质：白色晶体粉末
熔点(℃)：766	软化点(℃)：750

（续表）

稳定性：不燃，高热分解	相对密度（水＝1）：6.49
溶解性：不溶于水和乙醇；微溶于强酸，溶于氢氟酸	

2. 用途与接触机会

硅酸铅由氧化铅与硅砂在高温下熔融、冷却、破碎、筛分制得，主要用于陶瓷及耐火性纺织品、油漆及热稳定剂。呼吸道是硅酸铅进入人体的主要途径，动物实验显示硅酸铅暴露后肺部迅速出现吸收峰值，但经胃部吸收并不明显。

3. 毒性

本品健康危害 GHS 分类为：致癌性，类别 1B；生殖毒性，类别 1A；特异性靶器官毒性——次接触，类别 1；特异性靶器官毒性—反复接触，类别 1。

IARC 致癌性分类为组 2（无机铅化合物）。硅酸铅的毒性资料较为缺乏，短时大量接触硅酸铅可发生急性或亚急性中毒。职业中毒以慢性为主，长期接触硅酸铅会造成神经和造血系统损伤并具有明显的肾脏和生殖毒性，主要表现为中毒性脑病、贫血、溶血等症状，与慢性铅中毒症状类似。

4. 风险评估

我国职业接触限值规定：铅尘 PC－TWA 为 0.05 mg/m^3，PC－TWA 为 0.03 mg/m^3。

本品对水生生物毒性极大并具有长期持续影响，其环境危害 GHS 分类为：危害水生环境—急性危害，类别 1；危害水生环境—长期危害，类别 1。

四 氧 化 三 铅

1. 理化性质

CAS 号：1314－41－6	外观与性质：橙色结晶鳞状体或无定形重质粉末。
沸点（℃）：500（分解）	蒸气压（kPa）：1.33（℃）
熔点（℃）：500（分解）	稳定性：具有高的抗腐蚀防锈性能和耐高热性能，但不耐酸。
密度（g/cm^3）：9.1	溶解性：不溶于水；溶于硝酸（过氧化氢存在下）、热碱液、热盐酸、冰醋酸

2. 用途与接触机会

又名红丹，涂料工业用于制造防锈漆、钢铁保护涂料；玻搪工业用于搪瓷和光学玻璃的制造；陶瓷工业用于制造陶釉；电子工业用于制造压电元件；电池工业用于蓄电池的生产；机械工业用于金属研磨；有机化学工业用于制造染料及其他有机合成的氧化剂；医药工业用于制造软膏、硬膏等。另外，还应用于橡胶着色、蓄电池、医药、合成树脂等。在四氧化三铅的生产、运输和使用过程中，如防护不周或发生意外事故，可发生职业中毒。生活接触环境资料较少，但在墨西哥四氧化三铅是一种曾用于麻风病治疗的传统药物。

3. 毒性

本品健康危害 GHS 分类为：致癌性，类别 1B；生殖毒性，类别 1A；特异性靶器官毒性——次接触，类别 1；特异性靶器官毒性—反复接触，类别 1。

四氧化三铅主要通过呼吸道和消化道进入人体，但也有报道可经皮肤吸收。动物实验显示进入体内的四氧化三铅可随血流分布到骨骼、肠道、肝脏、肾脏、肺、睾丸等器官，其中以骨骼、肠道分布最多，肺和睾丸分布最低。豚鼠经口 LDL_0 为 1 mg/kg，腹腔注射 LD_{50} 为 220 mg/kg；小鼠经口 LD_{50} 大于 10 000 mg/kg，腹腔注射 LD_{50} 为 17 700 mg/kg；大鼠腹腔注射 LD_{50} 为 630 mg/kg。急性染毒可引起惊厥、癫痫以及外周血出现有核红细胞，病理检查可见肝脏、肾脏充血，细胞空泡化，毛细血管扩张。慢性中毒与铅中毒类似，可能对血液、骨髓、中枢神经系统、周围神经系统和肾脏均有影响，可导致贫血、抽搐、周围神经疾病、腹绞痛等症状。除引起上述器官组织损伤外，长期暴露还有一定的生殖毒性并有可能诱导生殖细胞突变。国内有学者曾发现，小鼠经四氧化三铅染毒后精子存活率降低，精子畸形率增加。四氧化三铅的毒性机制尚不清楚，可能与诱导氧化损伤、抑制 δ－氨基乙酰丙酸脱水酶（ALAD）活性等多种途径有关。

IARC 致癌性分类为组 2（无机铅化合物）。

4. 风险评估

本品对水生生物毒性极大并具有长期持续影响，其环境危害 GHS 分类为：危害水生环境—急性危害，类别 1；危害水生环境—长期危害，类别 1。

硒化铅

1. 理化性质

CAS 号：12069-00-0	外观与性质：灰色或灰黑色结晶粉末
熔点(℃)：1 065	密度(g/cm³)：8.1(常温)
溶解性：溶于硝酸和热浓盐酸；不溶于水	

2. 用途与接触机会

硒化铅最初是作为军事红外线探测领域的一种重要材料而被重视，之后因其是一种窄禁带(0.28—0.48 eV)半导体材料，为一种半导体量子尺寸效应研究的理想材料，在光电子设备、热电设备、太阳电池材料、光敏传感器材料和光催化材料等方面具有广阔的基础研究及应用前景。硒化铅作为纳米材料的一种，可经呼吸道、消化道和皮肤进入人体。目前，随着纳米技术的迅猛发展，纳米硒化铅因其独特的物理特性而受到越来越多的关注，但随着其大规模的生产和普及，也极大地增加了职业暴露与环境暴露的风险。

3. 毒性

本品健康危害 GHS 分类为：致癌性，类别 1B；生殖毒性，类别 1A；特异性靶器官毒性—反复接触，类别 2。

研究表明，纳米材料可以诱导氧化应激，促进脂质过氧化，并破坏细胞膜。纳米硒化铅作为一种广泛应用的含铅纳米材料，具有潜在的脂质过氧化作用，对大鼠胚胎神经干细胞、肝脏和肾脏具有明显的氧化损伤作用以及可致大鼠血常规指数和骨髓微核率的变化，其毒性与剂量呈正相关。有证据表明硒化铅可导致非特异性免疫反应，诱导小细胞异质性贫血，引起炎症或贫血。此外，硒化铅可能还具有一定的遗传毒性。从环境和人类健康的角度来看，随着纳米产品的普及，接触机会将大大增加。纳米材料通过污染土壤、空气和水环境，最终进入人体。纳米材料的安全性和风险评估是二十一世纪纳米科学技术的新课题。

除了硒化铅纳米材料本身的毒性外，还必须考虑纳米材料对作业环境中有毒有害物质的吸附、富集和催化作用。由于纳米颗粒在生产和使用过程中存在多种有毒有害化学物质和粉尘，纳米颗粒更易于逸散并能长时间漂浮在空气中且具有很强的吸附能力和很高的化学活性，因此可使原本处于低浓度的有害物质因为纳米颗粒的富集作用而浓度迅速升高，甚至超过国家规定的最大容许浓度；纳米材料还可能与这些物质产生交互、协同作用，使毒性增强；人长期吸入这些纳米颗粒物质，有发生急性中毒或其他疾病的可能性，甚至有可能形成新的职业病。IARC 致癌性分类为组 2(无机铅化合物)。

4. 风险评估

本品对水生生物毒性极大并具有长期持续影响，其环境危害 GHS 分类为：危害水生环境—急性危害，类别 1；危害水生环境—长期危害，类别 1。

四氟化铅

1. 理化性质

CAS 号：7783-59-7	外观与性质：白色至米色晶体
熔点(℃)：600	密度(g/cm³)：6.7(常温)
稳定性：正常环境温度下储存和使用，本品稳定	

2. 用途与接触机会

四氟化铅主要应用于化学试剂、医药中间体和材料中间体，在生产和使用含四氟化铅产品时可接触四氟化铅。

3. 毒性

本品健康危害 GHS 分类为：致癌性，类别 1B；生殖毒性，类别 1A；特异性靶器官毒性—反复接触，类别 2。IARC 致癌性分类为组 2(无机铅化合物)

4. 风险评估

本品对水生生物毒性极大并具有长期持续影响，其环境危害 GHS 分类为：危害水生环境—急性危害，类别 1；危害水生环境—长期危害，类别 1。

四 氯 化 铅

1. 理化性质

CAS号：13463-30-4	外观与性状：黄色油状发烟液体
熔点(℃)：−15	沸点(℃)：105(爆炸)
溶解性：溶于乙醇、乙醚	密度(g/cm^3)：3.18(常温)
分解温度(℃)：50	

2. 用途与接触机会

主要用于有机盐合成。砷酸铅的生产和保存过程，容易发生四氯化铅分解为氯气和氯化铅。

3. 毒代动力学

四氯化铅的职业性暴露通过呼吸道和消化道吸收。进入人体后主要分解为二氯化铅和氯气。

4. 毒性

本品健康危害GHS分类为：致癌性，类别1B；生殖毒性，类别1A；特异性靶器官毒性—反复接触，类别2。IARC致癌性分类为组2(无机铅化合物)

5. 风险评估

本品对水生生物毒性极大并具有长期持续影响，其环境危害GHS分类为：危害水生环境—急性危害，类别1；危害水生环境—长期危害，类别1。

砷 酸 铅

1. 理化性质

CAS号：7645-25-2	外观与性状：纯品应为白色或无色透明、单斜晶系板状或菱形结晶或无定形粉末。产品被染成粉红色或蓝色表明剧毒
熔点(℃)：1 042(分解)	溶解性：不溶于水，在热水中或在潮湿空气中长期储放易发生水解释出砷酸；可溶于硝酸、碱液中，遇碱或与硬水混合则产生可溶性砷
密度(g/cm^3)：7.80(常温)	

2. 用途与接触机会

曾作为杀虫剂，在1892—1940年间主要用于防治果树的卷叶蛾、梨星毛虫，棉花的棉红铃虫等。砷酸铅还作为除草剂和反刍动物胃内的杀绦虫剂使用。砷酸铅用于农药已逐渐被有机农药所代替，其使用量在逐渐减少，美国自1988年以来不允许销售或应用砷酸铅。由于易与氨等碱性溶液化合释出可溶性砷，因此遇碱性水或含氨雨水易产生药害，在使用时尤应注意。禁止儿童、牧畜、鸡鸭等进入施用砷酸铅的场所。

砷酸铅的生产方法包括①湿法：用黄丹(一氧化铅)与砷酸作用，以硝酸为催化剂，反应后得到沉淀物，干燥即得成品。②干法：用一氧化铅与五氧化二砷混合后，缓慢加热使之反应，即得成品。工业品砷酸铅是由正砷酸铅 $Pb_3(AsO_4)_2$ 和酸式砷酸铅 $PbHAsO_4$ 所组成，其中95%以上是 $PbHAsO_4$。工业上习惯把酸式砷酸铅称为砷酸铅。

3. 毒代动力学

3.1 吸收，摄入与贮存

砷酸铅主要经呼吸道或消化道进入人体，长时间的砷酸铅暴露也可通过皮肤吸收。

3.2 转运与分布

暴露于砷酸铅后，砷酸铅在人体内清除缓慢，大部分分布在血液中。砷酸基团可被还原为亚砷酸盐，然后通过亚砷酸盐甲基转移酶甲基化为单甲基砷(MMA)和二甲基砷酸(DMA)。在经口或呼吸道进入人体的砷酸铅，其吸收率比可溶性的砷盐低20%～30%。人暴露于砷酸铅后，体内的砷酸铅主要蓄积在肝、肾和肺脏。代谢后形成的铅离子可经乳汁分泌及通过胎盘屏障影响胎儿。

3.3 排泄

砷酸铅中的砷离子为多价砷，与二价砷相比，多价砷不易经消化道吸收，易于从粪便中排出。吸收进入人体后，多价砷通常经肾脏排出，而二价砷则更易于从胆汁排到肠道。砷酸铅中的铅则主要通过尿液和粪便排泄。

4. 毒性与中毒机理

4.1 急性毒作用

本品健康危害GHS分类为：急性毒性—经口，

类别 3;急性毒性—吸入,类别 3;致癌性,类别 1A;生殖毒性,类别 1A;特异性靶器官毒性—反复接触,类别 2。

大鼠、家兔和鸡经口的 LD_{50} 分别为 100、1 000 和 450 mg/kg.Bw。

砷酸铅急性中毒的临床症状为心率、呼吸加快、水泻(带或不带血液)、脱水和虚弱,同时具有铅和砷的毒性,但通常以砷的毒作用表现更为突出。急性中毒表现有恶心、呕吐、腹痛、腹泻、肌肉痉挛、兴奋、定向力障碍等,皮肤接触可引起接触性皮炎(表 6-3)。

表 6-3 砷酸铅的急性毒作用

编号	测试方法	测试对象	剂 量	毒作用表现
1	口服	成年男性	1 428 mg/kg	1. 肝毒性—肝炎(肝细胞坏死) 2. 皮肤和附件毒性—皮炎(全身暴露后) 3. 生化毒性—抑制或诱导酶
2	口服	大鼠	100 mg/kg	1. 周围神经毒性—痉挛性瘫痪或感觉异常 2. 行为毒性—嗜睡 3. 营养和代谢系统毒性—脱水
3	口服	小鼠	1 mg/kg	1. 行为毒性—嗜睡 2. 行为毒性—肌肉无力 3. 肺部、胸部或者呼吸毒性—呼吸抑制

4.2 慢性毒作用

砷酸铅的长期健康效应可持续几个月或几年,表现砷毒性和铅毒性,症状和体征包括厌食、体重减轻、全身无力、面色苍白、腹痛等,还可能出现肝、肾损害及鼻中隔穿孔等。长期皮肤接触可引起弥漫性色素沉着及手、脚掌皮肤过度角化。

IARC 将砷和无机砷化合物列为人类确定致癌物,主要引起皮肤癌、肺癌、脑、胃和肾脏癌症。铅和一些铅的化合物是致畸物,也可以产生生殖损伤,比如降低生殖力以及干扰月经周期。

4.3 中毒机理

(1) 砷酸铅对消化系统的作用

砷酸铅可影响毛细管功能,造成肠黏膜充血、水肿,体循环容量减少可导致低血压、休克和虚脱。砷或砷离子主要通过阻断氧化磷酸化过程,影响细胞产能。此外,砷离子可抑制某些含巯基蛋白的功能,或通过凝结作用引起蛋白结构改变,最终导致胃肠道症状。

(2) 铅对神经系统的作用

根据砷酸铅急性中毒以及铅和铅化合物的神经毒性表现,砷酸铅对神经系统具有损伤作用。

(3) 砷酸铅对肾脏的作用

多价无机砷在中性或碱性条件下比较稳定,但随着 pH 下降可被还原为三氧化砷。部分多价砷在肾脏内可被还原成三价砷引起肾中毒。无机铅可引起 ATP 酶抑制和线粒体损伤,造成肾小管再吸收功能障碍。

5. 生物监测

患者尿砷和铅浓度升高。

6. 人体健康危害

砷酸铅中毒患者一般会出现明显的砷中毒和铅中毒的症状。

6.1 急性中毒

通过呼吸道进入人体的砷酸铅对支气管和肺产生局部刺激,在急性暴露的情况下,可能会出现诸如胸部和腹部疼痛以及血铅水平升高的症状和体征。经消化道接触的砷酸铅中毒症状包括腹痛和痉挛、恶心、呕吐、头痛等。急性中毒可导致肌肉无力、牙龈“铅线”、金属味觉、食欲不振、失眠、头晕、血液和尿液中铅含量升高甚至休克、昏迷和死亡等极端情况。皮肤和眼睛接触砷酸铅可引起局部刺激、发红、疼痛及炎症反应。

6.2 慢性中毒

砷酸铅可通过皮肤吸收,出现铅或砷中毒症状,包括口腔有金属味、食欲减退、体重下降、绞痛、恶心、呕吐、肌肉痉挛等。高剂量暴露可引起肌肉和关节疼痛以及虚弱。高剂量或重复暴露可引起皮肤增厚、皮肤色素沉着和/或指甲出现白线,还可损伤神经引起虚弱、刺痛感,以及手臂和腿的协调性降低。砷酸铅还可以引起肾脏和脑损伤、并且损伤血细胞引起贫血。铅接触是高血压的风险因素。

7. 风险评估

7.1 生产环境

生产环境砷酸铅的浓度达到 0.002 mg/m^3 时,

必须佩戴呼吸防护面罩；当超过 0.1 mg/m^3 时，必须使用 NIOSH 批准的呼吸器；当达到 5 mg/m^3 时，会立刻对作业人员的生命安全产生威胁。生产环境中每日容许接触限度应确保任何作业人员在 8 h 内接触铅的浓度均不大于 50 μg/m^3。

7.2 生活环境

本品对水生生物毒性极大并具有长期持续影响，其环境危害 GHS 分类为：危害水生环境—急性危害，类别 1；危害水生环境—长期危害，类别 1。

乙 酸 铅

1. 理化性质

CAS 号：301－04－2；6080－56－4	外观与性状：无色结晶、白色颗粒或粉末，略带乙酸气味，具有风化性，有毒
熔点(℃)：60～62	沸点(℃)：280(常压)
溶解性：溶于水；微溶于醇；易溶于甘油	密度(g/cm^3)：2.55 (25℃)

2. 用途与接触机会

2.1 生活环境

在激素类外用药问世之前，炉甘石、氧化锌、乙酸铅是许多医院皮肤科应用最为广泛的外用药，由于它们疗效可靠，起效迅速，不良反应少，被皮肤科专家誉为皮肤科外用药的“三大法宝”。现代医学技术的高速发展，激素类等外用药已经在外用药领域独占鳌头，“三大法宝”已经显得“老土”，但三药由于疗效可靠，价格低廉，且有些作用包括激素类在内的外用药无法替代，因而仍然广受医患双方的欢迎，但若大面积或长时间反复使用，仍需紧慎评估其不良作用。

2.2 生产环境

用于制备各种铅盐(硼酸铅、硬脂酸铅等)、抗污涂料、水质防护剂、颜料填充剂、涂料干燥剂、纤维染色剂以及重金属氰化过程的溶剂。

在纺织工业中，用做蓬帆布配制铅皂防水的原料。在电镀工业中，是氰化镀铜的发光剂。在颜料工业乙酸铅同红矾钠反应，是制取铬黄(即铬酸铅)的基本原料。在化学分析中用作测定三氧化铬、三氧化钼的试剂。乙酸铅也是皮毛行业染色助剂。

3. 毒代动力学

3.1 吸收，摄入与贮存

乙酸铅主要通过呼吸道和胃肠道吸收，皮肤对乙酸铅的吸收基本为零(吸收率为 0%～0.3%)，皮肤皲裂时吸收率有所提高。

在实验动物中，乙酸铅经胃肠道吸收受年龄、摄食水平、食物基质形态、铅的化学形态等因素的影响，并呈现吸收饱和过程。在 1～100 mg/kg 体重范围内，随着乙酸铅的剂量增加，大鼠对乙酸铅的吸收率从 42%下降到 2%。

不同形式的铅颗粒在大鼠体内有不同的吸收速率。碳酸盐的吸收量最大，而硫化物、铬酸盐、凝固汽油和辛酸盐的吸收率为乙酸铅的 44%～67%。大鼠股骨对铅的摄取最高的是乙酸铅，之后为氧化铅，最低的是硫化铅。

3.2 转运与分布

进入体内的铅通过血液转运到各器官组织，但铅在各组织中的分布不均匀，主要分布于肝脏、骨骼肌、皮肤和致密结缔组织。即使在神经系统，铅分布也存在差异。实验结果表明，饮用 0.2%乙酸铅溶液的幼鼠铅在大脑不同区域的含量不同，其中海马和脑皮质的含量最高。骨骼中以不溶性磷酸铅[$Pb_3(PO_4)_2$]的形式存在，骨铅与血液和各组织中的铅保持动态平衡。

3.3 排泄

膳食中未被吸收的铅通过粪便排出，血液中的铅主要经尿液或粪便排出，给予 Ca－EDTA 等金属螯合物可有效促排铅。

3.4 转运模式(见“铅”)

4. 毒性与中毒机理

本品健康危害 GHS 危险性分类为：生殖毒性，类别 1A；特异性靶器官毒性—反复接触，类别 2。

乙酸铅的急、慢性毒作用与染毒途径和动物种属有关，同时还表现生殖毒性、致突变和致癌性等远期效应。此外，在乙酸铅暴露的小鼠、大鼠、鸡和火鸡等不同种属可观察到免疫毒性，表现为 β 淋巴细胞反应性和体液抗体滴度降低，白细胞介素(IL－

10、IL-4等)生成显著增加、单核细胞数相对增高和胸腺重量相对增加，出现明显的迟发型超敏反应。IARC致癌性分类为组3(有机铅)。

乙酸铅的中毒机理尚不明确，但铅离子可通过DNA损伤诱导p53的活化，并上调Bax的表达，下调Bcl-2的表达，从而导致Bax/Bcl-2失衡和线粒体功能紊乱，激活caspase-3而诱导细胞凋亡。乙酸铅暴露可导致某些转录因子(TFs)在不同暴露条件和时间中表现激活或抑制，可能与乙酸铅急慢性毒作用和远期效应的产生有关。已观察到在乙酸铅中毒大鼠的睾丸和脑组织中编码同源框蛋白Hox-A9的基因Hoxa 9表达水平降低，提示乙酸铅可抑制Hoxa 9的表达，导致脑萎缩和坏死，损害学习和记忆能力。此外还有证据表明，乙酸铅暴露可导致实验动物海马组织中代谢型谷氨酸受体5(MGluR 5)的mRNA和蛋白的表达水平呈剂量依赖性下降，可能与铅致神经毒作用有关。乙酸铅染毒大鼠肾纤维化相关核因子κB(NF-κB)、转化生长因子(TGF-β)和纤维连接蛋白(FN)表达增加，可能是铅致肾纤维化的原因之一。

5. 生物监测

参见“铅”。

6. 人体健康危害

男性志愿者通过口服乙酸铅7 w，血铅水平保持在40 μg/L左右。发现血铅水平升高的同时血中δ-氨基乙酰丙酸脱水酶(ALAD)的活性下降，到暴露结束时，ALAD的活性为初始值的45%～70%。乙酸铅暴露后0～21 d，游离红细胞原卟啉(FEP)增加。FEP的增加率和潜伏期受胃肠道铅吸收百分比、体内铅的分布和骨髓新红细胞向外周血释放率的影响。乙酸铅暴露的受试者出现较高的有丝分裂活性，但淋巴细胞培养72 h后，染色体畸变率与对照组比较无显著差异(P>0.05)。

7. 风险评估

我国(TJ36-79)规定车间空气中有害物质的MAC为0.05 mg/m³(以Pb计)。美国NIOSH规定：REL-TWA为0.100 mg/m³(以Pb计)；OSHA规定：PEL-TWA为0.050 mg/m³(以Pb计)；ACGIH规定：TLV-TWA为0.05 mg/m³(以Pb计)；NIOSH规定：IDLH为100 mg/m³(以Pb计)。苏联(1975)规定水体中有害物质最高允许浓度5 mg/L(乙酸盐)。日本对工业污水中使鱼类致死的有毒物浓度规定为0.7～11.3 mg/L(致死浓度)。

本品对水生生物毒性极大并具有长期持续影响，其环境危害GHS分类为：危害水生环境—急性危害，类别1；危害水生环境—长期危害，类别1

硝　酸　铅

1. 理化性质

CAS号：10099-74-8	外观与性状：白色立方或单斜晶体，硬而发亮
密度(g/cm³)：4.53(25℃)	熔点(℃)：470
溶解性：易溶于水，液氨、微溶于乙醇	

2. 用途与接触机会

主要用于铅盐、媒染剂、烟花等的制造。玻搪工业用于制造奶黄色素，造纸工业用作纸张的黄色素，印染工业用作媒染剂，无机工业用于制造其他铅盐及二氧化铅，医药工业用于制造收敛剂等，制革工业用作鞣革剂，照相工业用作照片增感剂，采矿工业用作矿石浮选剂。另外，还用作生产火柴、烟火、炸药的氧化剂，以及分析化学试剂等。

工业用途是作为热稳定剂在尼龙、聚酯和热成像纸涂料中使用。大约自2000年始，硝酸铅被用于氰化物炼金法。

3. 毒代动力学

对10日、150日龄和成年食蟹猴禁食12 h后，喂饲同位素标记的硝酸铅，给药96 h后对猴做尸检，结果表明，血液中同位素铅水平在各年龄组间没有显著变化，并且血中铅98%～99%在血细胞，仅有1%～2%在血浆。细胞中的铅，约有5%～8%与细胞膜结合。铅在血液各成分间的分布与年龄没有明显差别，但幼猴骨骼中滞留铅量显著高于成年猴，幼猴的脑组织铅与血铅比值也高于成年猴。

4. 毒性与中毒机理

4.1　急性毒作用

大鼠腹腔注射LDL_0为270 mg/kg，静脉注射LD_{50}为93 mg/kg，经口LD_{50}为3 613 mg/kg；小鼠经腹

腔注射 LD_{50} 为 74 mg/kg，豚鼠经 LDL_0 为 500 mg/kg。

IARC 致癌性分类为组 2(无机铅化合物)。

健康危害 GHS 分类为：皮肤腐蚀/刺激，类别 2；严重眼损伤/眼刺激，类别 2；生殖细胞致突变性，类别 2；致癌性，类别 1B；生殖毒性，类别 1A；特异性靶器官毒性——一次接触，类别 1；特异性靶器官毒性—反复接触，类别 1。

4.2 慢性毒作用

大鼠 60 d 间断暴露 LDL_0 为 1 200 mg/kg，小鼠经口持续暴露 27 d，TDL_0 为 97 mg/kg，鸭经口持续暴露 12 w，TDL_0 为 43 mg/kg。

4.3 远期毒作用

(1) 致突变作用

小鼠经口暴露硝酸铅(0.7～89.6 mg/kg)后，在 24、48、72 h 以及第 1、2 w 对全血进行测定，与对照相比，硝酸铅暴露组所有时间点均可观察到 DNA 的平均尾长显著增加，提示硝酸铅可引起 DNA 损伤。此外，硝酸铅可导致染色体非整倍体和畸形率增加，孕鼠吸收胎发生率升高，胎盘重量减轻等毒性作用。

(2) 致癌作用

无充分证据评估硝酸铅的致癌性，但 IARC 将无机铅化合物列入致癌物清单的 2B 组，即对人类致癌性证据不足或证据有限。

(3) 发育毒性与致畸性

在仓鼠妊娠第 8 d 经静脉注射 50 mg/kg 体重的硝酸铅，可导致 10%～18%的死胎率，并可观察到胚胎尾部神经管背区神经上皮细胞的增生以及生长方向异常。畸形最常见于尾部，但也可见于肋骨、脊柱和大脑。在大鼠妊娠的第 8～17 天经静脉一次性注射硝酸铅(25～70 mg/kg)，当在妊娠第 9 天给药时，染毒胎儿出现尿道畸形；当在妊娠第 10～15 天给药时，硝酸铅不致畸，但表现胚胎和胎儿毒性(吸收胎)；在妊娠第 16 天给药可观察到胎鼠出现脑积水和中枢神经系统出血等表现；在第 16 天及之后给药时，胎儿毒性急剧下降。

4.4 中毒机理

硝酸铅几乎影响身体的所有主要器官系统，如造血、肾脏、神经和心血管系统等。硝酸铅毒性作用机制主要包括氧化应激、离子作用和细胞凋亡等。硝酸铅诱导活性氧(ROS)的产生，由此引起生物分子如 DNA、酶、蛋白质和脂质的严重损害，并损害抗氧化防御系统。

研究发现，铅离子与巯基具有高度的亲和性，一方面与非酶性抗氧化剂谷胱甘肽(GSH)结合使后者失去清除自由基的功能，另一方面可使 δ-氨基乙酰丙酸脱水酶(ALAD)、谷胱甘肽还原酶(GR)、谷胱甘肽过氧化物酶(GPX)和谷胱甘肽-S-转移酶等 GSH 生化代谢酶灭活，妨碍半胱氨酸通过 γ-谷氨酰循环合成 GSH，导致 GSH 耗竭。铅离子还可使酶性抗氧化剂如超氧化物歧化酶(SOD)和过氧化氢酶(CAT)失活，影响超氧自由基(O^{2-} ·)清除。此外，铅还可以取代抗氧化酶的重要辅助因子锌，引起抗氧化酶失活。硝酸铅通过上述机制介导自由基过度产生，诱发氧化应激和氧化损伤，从而激活细胞凋亡通路而引起细胞凋亡。除脂质过氧化外，硝酸铅还引起血红蛋白氧化，直接导致红细胞溶血。

铅毒性的离子机制主要通过替代其他二价阳离子如 Ca^{2+}、Mg^{2+}、Fe^{2+} 和一价阳离子如 Na^+ 等，影响基本的细胞过程如细胞内和细胞间信号转导、细胞粘附、蛋白质折叠和成熟、细胞凋亡、离子转运、酶调节和神经递质的释放等。离子机制在铅致神经损伤过程发挥重要的作用，铅替代钙离子后更容易穿过血脑屏障(BBB)。穿过 BBB 后，铅蓄积在星形胶质细胞(含有铅结合蛋白)，引起 BBB 组成分星形胶质细胞的损伤。铅在极低浓度(pmol)下，即可取代钙而影响蛋白激酶 C 等关键神经递质的功能，从而影响神经兴奋和记忆储存。铅通过改变细胞中钠离子浓度，从而影响细胞动作电位、细胞之间的通讯、神经递质(胆碱、多巴胺和 GABA)摄取、排放和存留的调控，导致神经功能损害。

硝酸盐可代谢转化为亚硝酸盐，最终生成一氧化氮，导致过度的血管舒张，可能引起低血压和低灌注。硝酸盐是强氧化剂，可产生高铁血红蛋白血症溶血。

5. 生物监测

参见“铅”的生物监测，如患者出现缺氧或皮肤变色等高铁血红蛋白血症的症状时，可监测血中高铁血红蛋白浓度，溶血患者应进行遗传性葡萄糖-6-磷酸脱氢酶(G6PD)缺乏的检查。

6. 人体健康危害

急性中毒 短期大量摄入硝酸铅可引起急性中毒，出现急性铅中毒和硝酸盐中毒的表现。急性铅中毒参见“铅”，急性硝酸盐中毒主要是由于硝酸盐在体内转化为亚硝酸盐，最终生成具有血管舒张作用的一氧化氮。过度的血管舒张可能引起低血压和低灌注。硝酸盐是强氧化剂，可产生高铁血红蛋白血症溶血。轻微至中度中毒时，通常出现直立性低血压和反射性心动过速。头痛、恶心和呕吐也较常见。晕厥、头晕或头昏眼花、出汗，以及皮肤发红。硝酸盐可以刺激胃肠道，眼睛和黏膜。严重中毒时可发生昏迷、头晕、疲劳、气短、低血压、心律失常、心肌缺血、抽搐、意识混乱、昏迷、代谢性酸中毒等，可伴发死亡(高铁血红蛋白浓度大于50%)。

7. 风险评估

7.1 生产环境

俄罗斯规定OEL铅含量为0.01 mg/m^3(以Pb计)，匈牙利规定STEL为0.04 mg/m^3(以Pb计)，埃及、瑞典的OEL-TWA为0.05 mg/m^3(以Pb计)，奥地利、丹麦、德国、芬兰、瑞士等国家的OEL-TWA为0.1 mg/m^3(以Pb计)，英国、澳大利亚、比利时、法国和菲律宾等国的OEL-TWA为0.15 mg/m^3(以Pb计)，泰国和土耳其的OEL-TWA为0.2 mg/m^3(以Pb计)。

本品对水生生物毒性极大并具有长期持续影响，其环境危害GHS分类为：危害水生环境—急性危害，类别1；危害水生环境—长期危害，类别1。

7.2 生活环境

WHO认为学前儿童可容许摄入量每周应小于3 mg。美国EPA制定的联邦饮用水标准是15 μg/L，美国亚利桑那州的饮用水指南规定20 μg/L，而缅因州的饮用水标准是10 μg/L。

溴　酸　铅

1. 理化性质

CAS号：34018-28-5	外观与性状：无色结晶
熔点(℃)：180(分解)	沸点(℃)：1 166(常压)
相对密度(水=1)：5.53	溶解性：溶于热水；微溶于冷水

2. 用途与接触机会

溴酸铅是氧化剂，主要用作化学试剂。接触机会主要在制造溴酸铅的车间和使用溴酸铅的实验室经口食入或经呼吸道吸入。

3. 毒性

本品健康危害GHS分类为：致癌性，类别1B；生殖毒性，类别1A；特异性靶器官毒性—反复接触，类别2。IARC致癌性分类为组2(无机铅化合物)。

4. 人体健康危害

对人体健康的影响主要涉及造血、神经、消化系统及肾脏等损害。职业接触主要为慢性中毒，造血系统损害表现卟啉谢障碍、贫血；神经系统损害主要表现为神经衰弱综合征、周围神经病(以运动功能受累较明显)，重者出现铅中毒性脑病；消化系统表现有齿龈铅线、食欲不振、恶心、腹胀、腹泻或便秘等；腹绞痛见于中度及重度中毒病例。短时大量接触可发生急性或亚急性中毒，表现类似重症慢性铅中毒。对肾脏损害多见于急性，亚急性中毒或较重慢性中毒病例。

5. 风险评估

本品对水生生物毒性极大并具有长期持续影响，其环境危害GHS分类为：危害水生环境—急性危害，类别1；危害水生环境—长期危害，类别1。

亚磷酸二氢铅

1. 理化性质

CAS号：1344-40-7；12141-20-7	外观与性状：白色微细针状结晶或粉末
相对密度(水=1)：6.94	溶解性：不溶于水；不溶于多数有机溶剂

2. 用途与接触机会

亚磷酸二氢铅是强氧化剂，主要用作聚氯乙烯的热稳定剂。接触机会参见“铅”。

3. 毒性

本品大鼠经口LD_{50}：>6 mg/kg。IARC致癌性分类为组2(无机铅化合物)。

健康危害GHS分类为：致癌性，类别1B；生殖毒性，类别1A；特异性靶器官毒性—反复接触，类别2。

4. 风险评估

中国(TJ36－79)车间空气中有害物质的MAC为0.05 mg/m³(以Pb计),余参见"铅"。

本品对水生生物毒性极大并具有长期持续影响,其环境危害GHS分类为:危害水生环境—急性危害,类别1;危害水生环境—长期危害,类别1。

四　甲　铅

1. 理化性质

CAS号:75－74－1	外观与性质:无色液体,具有淡淡的水果气味
沸点(℃,1.33 kPa):110	熔点(℃):－27.5
密度(g/cm³):1.3	溶解性:不溶于水
饱和蒸气压(kPa):3.0(20℃)	相对蒸气密度(空气=1):6.5
辛醇/水分配系数:6.2	闪点(℃):37.7(闭杯)
折射率:n20/D 1.497	引燃温度(℃):254
爆炸下限(%):1.8	

2. 用途与接触机会

与四乙铅相同,四甲铅主要用作抗爆剂,但环境中的浓度极低。我国学者检测了水、江河底泥、水生物等材料中的四甲铅,发现大多数未受污染的环境水中四甲铅的浓度远低于ppb级,个别污染地区,特别是汽油储存和使用地区,污染水含四甲铅可能达ppb级,污染地区的鱼类等水生生物体中四甲铅可达ppm级。非污染区的生物体中一般不能检出四甲铅。

职业接触四甲铅主要发生在四甲铅的制造、分装和运输过程中,也可见于使用四甲铅催化烯烃等聚合反应的有机合成。

3. 毒代动力学

3.1　吸收、摄入与贮存

主要通过呼吸道进入人体,也可经皮肤和消化道吸收。在志愿者的吸入研究中发现,4～10次吸入浓度为1.0 mg/m³的四乙铅和四甲铅(同位素标记铅),有37%的四乙铅和51%的四甲铅被吸收。在48 h内,20%的四乙铅和40%的四甲铅经呼吸道排出。吸入后1 h,50%的同位素铅在肝脏,而肾脏中不足5%。四乙铅和四甲铅经尿粪的每日排泄量分别为0.32%和0.2%。

3.2　转运与分布

进入机体的四甲铅和四乙铅在血液中循环,至少有20%与血液中的类脂结合。在肝脏,四乙铅和四甲铅被转化为三烷基铅(三乙铅或三甲铅)和无机铅。一般认为三烷基铅是毒性因子,四乙铅比四甲铅转化为三烷基铅的过程要迅速得多,可能是四乙铅较四甲铅毒性更大的原因。进入体内的四甲铅主要分布在肾脏和肝脏,其次在大脑。

3.3　排泄

四甲铅及其代谢物主要随尿、粪排出。给家兔单次静脉注射9.9 mg/kg四甲铅(7.7 mg/kg铅)后,第二天尿液中排出的铅化合物为的二甲基铅73%、三甲铅19%、无机铅6%和四甲铅2%。第7 d排泄的铅完全由三甲铅组成。在注射剂量为39.7 mg/kg四甲铅(30.8 mg/kg铅)的家兔中,尿铅由大约67%二甲铅,14%三甲铅,17%无机铅和2%四甲铅组成。在给药后第7 d,以三甲铅为主(74%),但有8%二甲铅,17%无机铅和1%四甲铅。在上述两组不同剂量四甲铅暴露的家兔中,注射7 d后粪便中的排泄铅均为无机铅。在同一时间内,两组剂量四甲铅暴露后1%～3%四甲铅经尿液排出,7%～19%经粪便排出。在人类,经呼吸道吸入四乙铅和四甲铅,呼出是主要的排泄途径,吸入后48 h经呼吸道分别排出四甲铅和四乙铅吸入量的40%和20%。

4. 毒性与中毒机理

本品健康危害GHS分类为:急性毒性—经口,类别3;急性毒性—吸入,类别2;特异性靶器官毒性——次接触,类别1;特异性靶器官毒性—反复接触,类别1。

4.1　急性毒作用

大鼠经口LD_{50}为105 mg/kg。大鼠腹腔注射的LD_{50}为90.1 mg/kg(80.33% 四甲铅和19.67%甲苯的混合物),大鼠静脉注射的LD_{50}为88 mg/kg,小鼠吸入的LC_{50}为8 500 mg/(m³・30 min),小鼠腹腔注射的LD_{50}为14.3 mg/kg,豚鼠口服的LD_{50}为109 mg/

kg,家兔腹腔注射的 LD_{50} 为 70%～100 mg/kg。

4.2 慢性毒作用

2000 年以后多数国家已禁用含铅汽油,因此现在四甲铅中毒很少见,慢性毒作用可表现神经系统、肝、肾损害。

4.3 远期毒作用

(1) 致突变性 四甲铅的致突变性资料较少。在 Ames 试验中,在有或没有代谢活化系统的鼠伤寒沙门氏菌 TA98、TA100 和 TA1537 中,四甲铅在 3～1 000 μg/板的剂量下呈阴性。

(2) 致癌性 IARC 将“铅化合物,有机”列为致癌物第 3 组,即对人及动物致癌性证据不足。

(3) 生殖与胚胎毒性 大鼠在妊娠第 7、14 和 21 d以及胎鼠出生后第 6 和 13 d 皮下注射四甲铅(22 mg/kg),结果显示后代出生时体重正常,对 13 至 16 日龄幼仔的尸检显示体重/脑重比率增加,但髓鞘形成、树突生长或视网膜发育没有受到影响。大鼠在妊娠第 9、10 和 11 或 12、13 和 14 d 经口给予总剂量为 40、80、112 和 160 mg/kg 的四甲铅。各剂量组均观察到母体毒性,表现为过度兴奋、体重减轻、震颤和轻瘫。高剂量可使孕鼠致死。各剂量组的后代均显示头尾长度比和骨化减少,但无内脏或骨骼畸形。此外,中剂量组的胎儿体重减轻,在孕早期给予高剂量染毒的大鼠可观察到吸收胎增加,胎儿体重降低等毒性表现。

4.4 中毒机理

四甲铅的高脂溶性使其对含脂丰富的脏器具有较高的亲和力,其代谢产物主要为三甲铅和无机铅,对四甲铅、三甲铅中毒机理的研究较少见,四乙铅的中毒机理有一定的参考价值。无机铅的中毒机理参见“铅”相关章节。

5. 生物监测

5.1 接触标志

没有可靠的接触生物标志。血铅正常上限值为 30 mg/dL,血铅水平仅说明体内的无机铅负荷而不一定反映有机铅的负荷,但在慢性接触四甲铅后无机铅水平与中枢神经系统症状相关。流行病学调查显示,工人(平均接触时间为 18 年)的尿铅很少超过 180 mg/L。

5.2 效应标志

没有可靠的效应生物标志。长期的四甲铅暴露后,血红素合成酶或底物如 δ-氨基乙酰丙酸脱氢酶、红细胞原卟啉、锌原卟啉或粪卟啉可能升高或不升高,因此不是可靠的诊断或评估中毒严重程度的指标。血红素合成可能不会受到影响。

6. 人体健康危害

6.1 急性中毒

四甲铅对眼睛、皮肤和黏膜有刺激作用,神经系统的症状和体征包括头痛、焦虑、烦躁、失眠、迷失方向、噩梦、过度兴奋、妄想、肌肉无力、震颤、动作不协调、癫痫发作、昏迷和脑水肿等;呼吸系统可出现口腔金属味、打喷嚏、支气管炎和肺炎等表现;心血管症状可能包括低血压和心动过缓。此外,尚可出现体温过低、苍白、呕吐和腹泻等症状。已有报道高水平事故暴露 4 d 内,暴露者尿液中的铅含量可达 4～75 μmol/d,在 6 个月内尿铅仍然维持较高水平,但没有出现中毒症状,尿液中的 δ 氨基乙酰丙酸(ALA)水平也没有显著升高。而尿铅水平相似的四乙铅中毒患者多出现中毒症状,提示四甲铅对人的毒性低于四乙铅。

6.2 慢性中毒

长期接触四甲铅可能出现神经精神障碍的表现,母亲在怀孕期间吸入汽油烟雾,可导致新生儿发育迟缓,并可出现高血压、头颅和前额狭窄的高颧骨表现。由于四甲铅部分代谢为无机铅,故可有无机铅的中毒表现。

7. 风险评估

美国 ACGIH 规定:TLV-TWA 为 0.15 mg/m³。

本品对水生生物毒性极大并具有长期持续影响,其环境危害 GHS 分类为:危害水生环境—急性危害,类别 1;危害水生环境—长期危害,类别 1。

2,4,6-三硝基间苯二酚铅

1. 理化性质

CAS 号:15245-44-0	外观与性质:黄色至暗褐色粒状结晶,日光下可分解
爆发点(℃):267～268	爆速(m/s):5 200(工程雷管密度 2.9 g/cm³)

（续表）

相对密度（g/cm³）：3.02（30℃）	溶解性：几乎不溶于水；不溶于醚、氯仿、苯、甲苯；微溶于丙酮、乙醇
表观密度（g/cm³）：1.4～1.6	

2. 用途与接触机会

2,4,6-三硝基间苯二酚铅主要用于制造雷管以及炮弹、子弹等的击发药，所造成的铅接触可能主要局限于军事人员以及火炮和射击场附近的居民。

3. 毒性

本品健康危害 GHS 分类为：生殖毒性，类别 1A；特异性靶器官毒性—反复接触，类别 2。

2,4,6-三硝基间苯二酚铅的毒性资料有限，主要体现在铅中毒，其急性毒作用、慢性毒作用、迟发性毒作用、远期毒作用和中毒机理等可参考“铅”的有关章节。IARC 致癌性分类为组 3(有机铅)

4. 人体健康危害

2,4,6-三硝基间苯二酚铅急、慢性中毒的报道鲜见，参考“铅”的相关章节。

5. 风险评估

本品对水生生物毒性极大并具有长期持续影响，其环境危害 GHS 分类为：危害水生环境—急性危害，类别 1；危害水生环境—长期危害，类别 1。

四　乙　铅

1. 理化性质

CAS 号：78-00-2	外观与性质：无色油状液体，略带水果香味
沸点（℃）：78（1.33 kPa）	熔点（℃）：－100
稳定性：不稳定，温度、阳光、空气及水分作用下分解或氧化	溶解性：不溶于水、稀酸、稀碱液；溶于多数有机溶剂
相对密度：1.66（水＝1）	相对蒸气密度：8.6（空气＝1）
饱和蒸气压（kPa）：0.13（38.4℃）	临界压力（MPa）：2.13
辛醇/水分配系数：4.15	闪点（℃）：93.3(CC)85(OC)

（续表）

折射率：n20/D 1.519	Merck：13,9 277
爆炸下限（%）：1.8	引燃温度（℃）：127

2. 用途与接触机会

2.1　生活环境

又名四乙基铅，在四乙铅的生产、运输和使用过程中，如防护不周或发生意外事故，可因短时间大量接触造成急性中毒。空气中含量超过 75 μg/m³ 时，长时间接触可引起慢性中毒。

2000 年以后多数国家已禁用含四乙铅作为抗爆剂的汽油，但之前机动车使用含铅汽油燃烧不充分产生的氧化铅、氯化铅及其他无机铅化合物污染土壤和大气仍有残留。有报道在居民区堆放曾经储存四乙铅液的容器因高温挥发而污染周围环境，或在居民区切割曾盛放四乙铅液的容器致残液挥发而污染周围空气，导致附近居民出现四乙铅中毒的群体事件。

2.2　生产环境

2000 年以前用于汽油抗震添加剂以提高其辛烷值，现已禁用。目前，可用于有机合成。随着禁用含铅汽油法规的颁布和实施，配制动力汽油的抗爆剂乙基液（四乙铅占 49%～56%），或将乙基液加入汽油配成乙基汽油（铅含量 0.6‰～1.2‰），以及在运输中发生意外泄露或在通风不良的情况下清洗乙基汽油储油罐作业已没有或少见，职业接触四乙铅主要发生在四乙铅的制造、分装和运输过程中，多因未按操作规程作业、设备管道长年失修而发生意外泄漏或打翻事故而引起，也可见于使用四乙铅的化工如塑料编织等行业。

3. 毒代动力学

3.1　吸收、摄入与贮存

主要通过呼吸道进入人体，也可经皮肤和消化道吸收。四乙铅蒸气被肺吸收的速度很快，所以呼吸道是四乙铅的主要接触途径。其次，因四乙铅是脂溶性化合物，所以也比较容易被皮肤及黏膜所吸收。被吸收的四乙铅，在组织内分布的情况与无机铅不相同。在组织中，脑和肝中铅含量最多，这与一般脂溶性化合物分布的情况相似，骨铅相对较少，肺和肾也有少量铅。

3.2 转运与分布

进入体内的四乙铅可随血流分布到各组织器官，以脑、肝、肾为多，部分可沉积于骨、头发和牙齿中。四乙铅在体内被肝细胞微粒体混合功能氧化酶的作用下转变为三乙基铅，后者又缓慢分解为二乙基铅和无机铅，并随尿排出体外。兔静脉滴注四乙铅后，胆汁中二乙铅约占 97%，而肠内容物中无机铅约占 91%，提示四乙铅经肝脏代谢形成的二乙基铅主要在肠道进一步代谢为无机铅。

3.3 排泄

四乙铅及其代谢物主要随尿液和粪便排出。

4. 毒性与中毒机理

本品健康危害 GHS 分类为：急性毒性—经口，类别 2；急性毒性—经皮，类别 3；急性毒性—吸入，类别 1；生殖毒性，类别 2；特异性靶器官毒性—一次接触，类别 1；特异性靶器官毒性—反复接触，类别 1。

4.1 急性毒作用

四乙铅大鼠经口 LD_{50} 为 12.3 mg/kg。具有刺激性，可引起皮肤和眼睛刺激征，出现如皮肤和眼部瘙痒、烧灼感和充血。

4.2 远期毒作用

(1) 致突变性 利用单细胞凝胶电泳技术观察染毒（7～28 mg/m^3）小鼠脑细胞 DNA 损伤，发现随着四乙铅浓度的增高，DNA 损伤加重，具有明确的剂量效应关系。四乙铅是遗传毒性因子和染色体断裂剂，在暴露人群中可观察到外周血淋巴细胞染色体畸变率、姊妹染色体互换率及微核率显著增加。

(2) 致癌性 本品 IARC 致癌性分类为组 3。

(3) 生殖和胚胎毒性 母体接触四乙铅可致胎儿损害，作用类似甲基汞。接触中毒剂量的四乙铅可致胚胎死亡。流行病学研究显示，男性接触四乙铅可致性功能障碍和生精能力降低。

(4) 致畸性 小鼠孕后 13 d 腹腔内给予 TDL_0 1 499 μg/kg，致中枢神经系统和肝胆管系统发育畸形。大鼠孕后 19 d 腹腔内给予 TDL_0 3 mg/kg，致中枢神经系统、肝胆管系统和泌尿生殖系统发育畸形。

4.3 中毒机理

四乙铅及其体内代谢产物三乙铅的靶器官主要是中枢神经系统。动物实验显示，三乙铅比四乙铅与脑组织有更高的亲和力，因此其毒性比四乙铅高 100 倍。进入体内的四乙铅（三乙铅）通过抑制三羧酸循环中的硫辛酰脱氢酶，干扰脑细胞内葡萄糖和丙酮酸等物质代谢，减少 ATP 的生成，最终引起脑组织水肿与充血，并可致心脏、肝、肾和骨髓等多器官损害。此外，四乙铅（三乙铅）可抑制单胺氧化酶的活性，干扰 5-羟色胺的转化，使其在大脑发生积聚，从而导致一系列的精神神经症状。

5. 生物监测

5.1 接触标志

多数患者血铅浓度升高，尿铅浓度波动范围较大，且持续较长时间，与临床表现无平行关系。

5.2 效应标志

血 δ-氨基乙酰丙酸脱氢酶（δ-ALAD）活性降低，尿 δ-氨基乙酰丙酸（δ-ALA）和粪卟啉（CP）升高，心肌酶增高、肝酶亦高于正常；肾功能可出现异常。

6. 人体健康危害

四乙铅为剧烈的神经毒物，中毒症状与无机铅有所不同，以中枢神经系统的症状表现最为强烈，但几乎不影响造血器官，多数伴有消化系统症状。

6.1 急性中毒

轻度中毒或中毒初期，除有失眠、恶梦、头痛、头晕、健忘、食欲不振、恶心、呕吐外，并有轻度兴奋、急躁、易怒、焦虑不安、瘴病样发作等精神或情绪上的改变。基础体温、血压和脉率会降低。重度中毒患者常迅速出现精神症状，表现为兴奋不眠、躁动不安、定向力减退、幻觉、妄想或全身震颤。极严重者很快昏迷，常伴阵发性全身抽搐、角弓反张、牙关紧闭、口吐白沫、瞳孔散大。每次发作数分钟或呈癫痫持续状态。患者大汗、高热、甚至出现呼吸循环衰竭。

除极少数患者接触四乙铅即刻出现症状并逐渐加重外，多数患者经一定潜伏期后才出现症状。如 24 h 内接触大量四乙铅，潜伏期最短者为 30 min，多为 1～3 d。部分亚急性中毒患者，难以明确接触剂量及时间，其潜伏期可表现为数周，对此类接触者应注意追踪观察。

6.2 慢性中毒

主要表现为神经衰弱综合征和植物神经功能失调。前者出现不同程度的头晕、头痛、恶心、呕吐、腹痛、腹胀、乏力、失眠、记忆力减退、多汗等，后者如多汗、流涎、血压偏低，亦可同时出现体温、脉搏、血压偏低的"三低"症。少数患者可有消化道症状如食欲减退、晨起时恶心、上腹不适等。病情较重者，可出现心前区压迫感、心慌、多汗、体温波动和发作性晕厥，称"间脑症候群"。进一步可发展成中毒性脑病，出现神经和精神方面的症状和体征。

体格检查可见全身或四肢震颤、肌张力增高、腱反射活跃、多汗等。

脑电图主要表现为低波幅脑电活动，α 波活动正常节律消失，代之以广泛的低幅慢活动为特点，脑电图异常的程度与中毒程度呈正相关。此外，脑干听觉诱发电位(BAEP)和视觉诱发电位(VEP)可出现异常。

四乙铅重度中毒患者头颅影像学主要表现为脑室系统扩大，部分患者可出现肝肾功能异常、双下肢神经传导速度减慢、心肌缺血等表现。

7. 风险评估

7.1 生产环境

我国职业接触限值规定：四乙基铅 PC－TWA 为 0.02 mg/m^3。美国 NIOSH 规定：REL－TWA 为 0.075 mg/m^3（铅含量，经皮接触 10 h）。美国 ACGIH 规定：TLV－TWA 为 0.1 mg/m^3（铅含量，经皮接触 8 h）。

7.2 生活环境

我国 GB3838—2002《地表水环境》质量标准限值为 0.1 μg/L，GB5749—2006《生活饮用水卫生标准》规定饮用水中四乙铅的限值为 0.000 1 mg/L。GB5750.6—2006《生活饮用水标准检验方法金属指标》规定了用双硫腙比色法测定生活饮用水及水源水中的四乙铅。其他常用方法还有原子吸收法、气相色谱法、CIP－MS 测定法、吹扫捕集—气相色谱/质谱分析法、分散液液微萃取—气相色谱/质谱联用法、固相萃取—气相色谱/质谱法等。

本品对水生生物毒性极大并具有长期持续影响，其环境危害 GHS 分类为：危害水生环境—急性危害，类别 1；危害水生环境—长期危害，类别 1。

铋及其化合物

铋

1. 理化性质

CAS 号：7440－69－9	外观与性状：银白色或微红色金属，有金属光泽，性脆质硬，斜方晶系粗粒结晶
饱和蒸气压（kPa，20℃）：＜0.01	莫氏硬度：2.25
熔点(℃)：271.3	膨胀率(%)：3.3
沸点(℃)：1 560±5	相对密度(g/cm^3)：9.8(常温)
声音传播速率(m/s)：1 790	溶解性：溶于热硫酸、硝酸、王水；缓慢溶于热盐酸；不溶于水

2. 用途与接触机会

2.1 生活环境

铋的化合物用于制造化妆品、香料、玻璃釉料、发光漆、搪瓷以及药物等，因此生活环境接触铋主要通过使用含铋的美容产品，或食用含铋的食品和药物如枸橼酸铋钾等铋剂，用于治疗胃和十二指肠溃疡、根除幽门螺旋杆菌(与抗菌素合用)等。有制造商将铋用作猎枪子弹或供水系统中的铅替代品，因此饮用水和猎物肉中也可能会受到铋的污染。

2.2 生产环境

铋具有各种商业应用，但用量相对较小。如 2010 年美国约消费 884 吨铋，其中 63%用于化妆品和药品等化学品制造，26%用于镀锌或铸造，而 7%的铋用于合金、高电阻材料、热电偶材料、弹药和焊料等。铋也用于制造运载^{235}铀、^{233}铀或原子反应堆燃料的材料。在锻铁生产和塑料纤维生产过程中，铋剂常用作催化剂。

3. 毒代动力学

3.1 吸收，摄入与贮存

铋的职业性暴露通过呼吸道、消化道和皮肤吸收，铋剂与抑酸药或质子泵抑制剂(PPI)合用后可增加铋的吸收，使血铋浓度显著增加。铋剂与PPI合用较之长期大剂量单独使用铋剂造成血清铋蓄积的风险更大。铋盐小剂量多次肌注，可见铋在骨和皮肤内贮留。

3.2 转运与分布

进入机体的铋主要分布于肾、脑、肝、脾和骨骼，并经水解，或形成不易溶于水和稀酸的硫化铋沉淀在组织中。硝酸铋在肠道菌的作用下，可还原为亚硝酸铋，引起高铁血红蛋白血症。铋和铅在体内代谢有些相似，在酸中毒时，组织可将贮存的铋释放。铋与铅可相互影响，如对潜在性铅中毒患者应用大量铋剂注射时，往往可将组织内的铅置换出来而引起铅中毒。铋在人体或动物体内各组织的分布类似，以肾脏的铋含量最高，主要沉积于肾皮质的近曲小管细胞胞浆的溶酶体中。白鼠经口摄入枸橼酸铋(CBS)14个月后，铋在各内脏的浓度依次为肾>肝>骨>肺>脾>脑>心脏，不同的铋剂化合物可导致排列顺序稍有不同。

3.3 排泄

经口摄入的铋大部分从粪便排出，有研究表明，通过饮食摄入铋20 μg，粪便排出量为18 μg，尿排出量为1.6 μg。吸收的铋主要经尿、少量也经胆汁(粪)排出。据报道，铋在机体内的生物半衰期为5 d，但在使用铋化合物治疗的患者体内可存在多年。有人比较了13种不同铋化合物在兔经肌肉注射后铋的排泄率，发现水溶性铋化合物比不溶或脂溶性的铋化合物排出更快，譬如巯基乙酸铋水溶液在4 d内排泄量达到82.2%，而油酸铋油悬浮液仅排出1.9%，且排出持续至少36 d。铋在肾脏中的滞留时间很短，注射后第17 d，即可排出95%的摄入量。

4. 毒性

4.1 急性毒作用

本品大鼠经口LD_{50}：5 mg/kg，小鼠经口LD_{50}：10 mg/kg。对人的最小致死量约为222 mg/kg，小鼠灌胃LD_{50}为7.047 g/kg。大鼠单剂经口分别暴露于156 mg/kg、313 mg/kg和627 mg/kg剂量的铋剂后，<313 mg/kg以下剂量组的临床参数几乎正常，而627 mg/kg剂量组在口服铋剂后6 h出现肾功能的损伤，表现为蛋白尿、尿糖、肌酐和尿素氮升高，但10 d左右，肾功能恢复正常。有报道大鼠单剂口服2 000 mg/kg铋剂，临床生化指标未见明显异常。铋化合物可引起局部轻度刺激反应。

4.2 慢性毒作用

每天经灌胃给予大鼠枸橼酸铋钾相当于临床应用的等效剂量(铋40 mg/kg)、200 mg/kg、500 mg/kg和1 000 mg/kg连续28 d后，肾、脑、肝组织铋浓度均显著升高，血清中谷氨酰基转移酶、丙氨酸氨基转移酶和天冬氨酸氨基转移酶水平升高，但停药2 w后基本恢复正常。病理组织学检查发现，1 000 mg/kg剂量组大鼠的肝组织见退行性病变，肾组织出现部分肾小球充血改变，但脑组织未见明显病理改变。其他剂量组各脏器均未见明显的病理改变。

5. 人体健康危害

5.1 急性中毒

急性中毒主要见于经口大量摄入者，表现为齿龈肿胀、喉痛、流涎、呕吐、痉挛性腹痛、腹泻和黑便，或头晕、头痛、心率加速，严重者呼吸困难、气急、发绀甚至休克及急性肾功能衰竭。

5.2 慢性中毒

未见吸入铋及其化合物引起的职业中毒。服用常规剂量的铋剂，体内铋的含量较低，毒性作用轻微，可出现口腔炎、口内金属味、齿龈和舌缘污蓝色、头痛、腹痛、腹泻，偶尔出现皮炎、轻度肝、肾损伤等症状。肌注铋盐可发生过敏反应如发热、皮疹等，严重者有剥脱性皮炎。长期或大量服用铋剂可能引起中枢神经系统功能紊乱及肾衰竭，但临床上对铋性脑病及铋致肾功能损害认识不足，所以如果患者大量或长期服用铋剂，必须重视铋在体内蓄积所导致的风险。

6. 风险评估

美国NIOSH设定碲化铋的建议暴露限值(REL)为时间加权平均值10 mg/m^3(综合暴露)，或时间加权平均值5 mg/m^3(经呼吸道)。美国OSHA规定的容许暴露限值(PEL)为时间加权平均值15 mg/m^3(综合暴露)，或时间加权平均值5 mg/m^3(经呼吸道)。

钍及其化合物

钍

1. 理化性质

CAS 号：7440-29-1	外观与性状：灰色光泽，质较软，可锻造，具有放射性
熔点(℃)：1 750	沸点(℃)：4 788
溶解性：不溶于稀酸和氢氟酸；溶于发烟的盐酸、硫酸和王水中	熔化热(J/mol)：19 259
密度(工业值，g/cm^3)：11.5～11.65	晶体结构：<1 400℃，f.c.c.(面心立方)
密度(理论值，g/cm^3)：11.72	晶体结构：>1 400℃，b.c.c.(体心立方)
半衰期(年)：1.4×10^{10}	比热(R.T.)：0.028
线性热膨胀系数(常温)：11.5×10^{6}	

2. 用途与接触机会

2.1 生活环境

钍以氧化物、硅酸盐、磷酸盐、碳酸盐、氟化物的形式存在于自然界中，几乎均具放射性(^{232}Th)。采矿和挖隧道等大型土石工程可将原本在地下、对人的生活环境没有影响的天然放射性物质提升至地面，进入人的生活环境。钍主要用于提高金属强度，在使用相关物件时可有钍接触。燃煤电厂排放的气、液态放射性流出物可能含钍，通过污染环境进入人体。

2.2 生产环境

接触钍的行业主要有：钍矿的开采和金属钍的提取；用于制造耐火材料、陶瓷、白炽灯丝、煤气灯的白热纱罩等；用钍制的钍镁合金用于航空工业和导弹业；用于制造紫外线光电管、伦琴射线管的对阴极、高压水银弧形灯等电真空器件等。钍还是制造高级透镜的常用原料。用中子轰击钍可制造核燃料^{233}铀。

3. 毒代动力学

3.1 吸收，摄入与贮存

钍可经呼吸道、胃肠道、皮肤及伤口进入机体。在钍矿开采、冶炼及加工等生产条件下，钍进入人体的主要途径是呼吸道，其次是胃肠道。钍化合物经呼吸道吸收的量与化合物形式、溶解度和粒度有密切关系，氢氧化钍[$Th(OH)_4$]进入肺后，两个月吸收2%，柠檬酸钍络合物，10 h可吸收20%～30%；钍经胃肠道进入人体时，吸收甚微，一般在0.05%以下；胃肠道的pH值、食入量均影响钍的吸收；钍不易透过完好的皮肤；伤口吸收极微，绝大部分滞留在伤口表面。吸收入体的钍主要滞留在骨骼、肝、肾和其余软组织中。

3.2 转运与分布

钍进入体内后，随血液到达本部各器官组织，70%进入并贮存于骨骼(半衰期≥20年)，4%进入肝脏，16%均匀分布于全身。在静脉注射钍造影剂Thorotarst(ThO_2)悬浮液后，其中70%贮留在肝脏，20%在脾，10%存在于骨髓和腹腔淋巴结。

3.3 排泄

经呼吸道、口和腹腔注射入体的钍，开始时主要从粪排出，后期尿排出量逐渐超过粪排出量。从皮下和肌内注入的钍主要随尿，少量随粪排出。当皮下、肌内和静脉注入不溶性化合物时，钍滞留于网状内皮组织器官中，可经肝胆系统排至肠道内随粪排除，但极为缓慢，如人接受钍造影剂后，生物半衰期可长达400年。

4. 毒性与中毒机理

4.1 急性毒作用

钍化合物的急性毒性很低，硝酸钍对成年雌性大鼠腹腔注射的LD_{50}为1.22 g/kg，气管注入的LD_{50}为1.5 g/kg。小鼠经口接触硝酸钍的LD_{50}为3.7 g/kg。硝酸钠溶液(酸度与硝酸钍相同)对大鼠腹腔注射的LD_{50}亦与硝酸钍的相似，从而令人怀疑硝酸钍的毒性作用是否因其中硝酸部分所致。

4.2 慢性毒作用

用含3%硝酸钍的食物长期饲养动物可致动物生长缓慢，含硝酸钍5%以上的食物则可导致部分实验动物死亡，但仍未观察到病理组织学的表现。狗吸入硝酸钍(76 mg/m^3)、氧化钍(51 mg/m^3)、氟化钍(11 mg/m^3)和草酸钍(26 mg/m^3)2～10 w，动物出现呕吐和咳嗽，未发现其他中毒症状。用狗、大鼠、兔和豚鼠吸入二氧化钍(钍 5 mg/m³)1 年,均未观察到毒性表现。对长期注入硝酸钍达 106 d 的犬作实验观察,只发现放射性钍粒子长期存留于网状内皮系统,未发现实质脏器功能方面的明显改变,但在肝脏显微结构上,可见线粒体肿胀,崩坏,细胞核呈锯齿状,提示不能忽视钍的长期效应。

4.3 远期毒作用

(1) 致突变作用

钍造影剂能使外周血淋巴细胞染色体畸变率明显增高。在一些病例中,染色体畸变率增高常发生在肝功能异常和血细胞计数改变之前,并且变化持久而稳定。畸变的类型主要是环状和双着丝粒染色体,无着丝粒断片及染色体缺失等。但是,国内学者对长期接触钍的老纱罩工人进行了 10 年临床观察,未见明显的和有临床意义的器质性损伤。

(2) 致癌作用

有足够证据证明实验动物研究中二氧化钍的致癌性。当通过静脉注射给药时,二氧化钍在家兔的肝脏、脾脏和肺中引起血管(血管肉瘤)或网状内皮系统(肉瘤)的癌症,在仓鼠引起肝癌(胆管细胞癌)和良性肝肿瘤(肝细胞腺瘤)。皮下注射二氧化钍可在大鼠和小鼠注射部位(纤维肉瘤)引起癌症,腹膜内注射可导致大鼠、小鼠、仓鼠、兔子和豚鼠的癌症(肉瘤)。国外研究表明,钍造影剂所致的致癌效应主要为肝脏恶性肿瘤、骨肉瘤、肺癌、白血病等。这种辐射致癌的平均潜伏期为 15~20 年。我国学者证实接尘矿工长期吸入高浓度的含钍稀土矿级(致癌源为二氧化钍和二氧化硅)或较高浓度的钍或钍射气子体可诱发肺癌,土壤环境中的钍元素与胃癌、食管癌、宫颈癌、肺癌、鼻咽癌的发生和发展有关,因此国际癌症研究机构将 ^{232}钍及其衰变产物归为第 1 级致癌物,即对人类具有致癌性。本品 IARC 致癌性分类为组 1。

(3) 发育毒性与致畸性

研究表明,钍、铍和铀在母体和胎儿体内检出率均超过 55%,钍在母体和胎儿体内的检出率超过 95%,说明钍、铍和铀 3 种有毒微量元素同时存在于母、胎体内。相关分析提示这 3 种元素在母胎间质量浓度均呈显著正相关,提示这些有害元素可通过胎盘屏障进入胎儿体内,但钍的发育毒性和致畸性研究较少。

4.4 中毒机理

钍对机体损伤的机制不明确,一般认为急性损伤或近期效应是由于钍的化学作用,而慢性损害主要由于钍的辐射作用。研究表明,钍通过与皮质骨糖蛋白和唾液蛋白的羧基结合,从而影响这些蛋白的功能。骨唾液蛋白中 42%的氨基酸是天门冬氨酸或谷氨酸,对钍离子具有高度亲和力。皮质骨的硫酸软骨素蛋白也可以结合钍。此外,有证据表明钍可诱导氧化应激,造成实验动物肝功能的损害。肝脏、股骨和脾脏中的钍负荷与氧化损伤的程度相关且在上述器官组织观察到组织学改变。钍诱导的氧化应激小鼠可能通过激活乙酰胆碱酯酶导致神经行为改变和胆碱能系统受损。

5. 生物监测

接触标志 在低背景辐射水平的屏蔽室内测定受试者呼出气中钍射气(^{220}Rn)的放射性强度,是定量评估既往钍接触和机体负荷的最佳手段。尿钍水平也是反映钍暴露的标志,但由于尿钍浓度往往非常低,所以必须使用敏感的分析方法,ICP - MS 的检测限可达到 1 mBq/L(^{232}Th),能满足测定要求。美国学者测定了 500 位居民尿钍,发现 39.6%的个体尿钍超过 0.85ng/L,最高可达 7.7ng/L,95%分位值为 3.09ng/L。尸检报告显示,无职业暴露史的个体 ^{232}Th 总体活性浓度为 310±4 mBq,其中淋巴结的活性浓度最高,其次为肺,骨骼、肌肉、脾、肝和肾。

6. 人体健康危害

6.1 急性中毒

钍的急性毒作用主要表现是呼吸道、消化道、皮肤和眼睛的刺激症状。

6.2 慢性中毒

长期暴露于含钍稀土混合粉尘对工人的肺通气功能产生一定程度的影响,肺功能损伤程度与接尘时间呈正相关,接尘时间越长对小气道功能损伤越大。研究表明注射过钍造影剂的患者肝癌与肝硬化的发生率合计高达 85%。有报道钍尘作业工人肺内钍负荷达 741Bq 甚至更高的情况下,谷草转氨酶(GOT)与工人肺负荷显著相关。国内的研究提示,矿工肺内钍不超过 7.26Bq,肝功能没有观察到显著变化。

研究证实，钍造影组和对照组全死因标化死亡率分别为3.0和1.7，都高于普通人群；钍造影剂在体内的持续照射使癌、良性肝病和良性血液病死亡率增高，也可能增加呼吸道疾病和其他消化道疾病的死亡率；癌死亡累积超额危险度随钍造影剂注射量的增加和注射后年限的延长而增高，当钍造影剂注射剂量>20 ml，注射后50年可增高近50%。此外，钍造影剂可造成造血组织的破坏和再生障碍（再生障碍性贫血）、神经系统损害（马尾核）、网状内皮系统损害（肝、脾、骨髓等）、甲状腺疾患、免疫能力下降等。

7. 风险评估

我国曾对东海、黄海和南海海域进行过天然放射性核素水平调查，结果发现海水中^{232}Th的浓度在$(1\sim15.2)\times10^{-3}$ μg/L。我国土壤中^{232}Th的放射性活度浓度在$3.13\times10^{-2}\sim1.17\times10^{-1}$ Bq/g，平均值为$4.91\sim6.06\times10^{-2}$ Bq/g，高于世界平均值3.0×10^{-2} Bq/g。我国成年男子^{232}Th膳食年摄入量为9.3Bq，比建议的世界参考值1.7Bq高许多。我国规定经食品摄入天然钍年限值为成年人347 mg，儿童297 mg，婴儿142 mg。

铀及其化合物

铀

1. 理化性质

CAS号：7440-61-1	外观与性状：金属铀外表似铁，呈银灰色，纯铀则发亮、色浅，但在空气中很快变暗
熔点(℃)：1135	沸点(℃，常压)：4134
密度(g/cm^3)：18.95（常温）	溶解性：不溶于水；易溶于硝酸；缓慢溶于硫酸和磷酸，有氧化剂存在时会加速溶解，铀在氧化剂存在时；可溶于碱性液体

2. 用途与接触机会

2.1 生活环境

空气中铀浓度很低，生活环境的铀接触主要通过食物和饮用水。大多数地区的饮用水中都含有低浓度的铀，如美国社区饮用水中的铀平均浓度为0.3～2.0 pCi/L，以个体消耗水量1.7L/d计算，经水摄入的铀约为1.4 pCi/d。在岩石和土壤中天然铀含量较高的地区饮用水铀含量更高。在美国，一般情况下居民膳食中铀同位素的辐射量为0.6～1.0 pCi/d（铀含量0.9～1.5 μg），其中^{234}U和^{238}U的辐射量约为0.3～0.5 pCi/d。土豆、萝卜、芜菁和红薯等根茎类作物的铀含量较高，约占膳食总铀摄入量的38%。在铀矿开采、加工和生产地或者贫铀武器使用区域的居民可能会接触到更高水平的铀。已有报道在铀厂附近种植的食物可导致铀摄入量高达3 pCi/d，铀矿附近居民的膳食摄入量为每天2.86～4.55 mg。

2.2 生产环境

铀职业性暴露主要见于铀的提取和加工过程，包括铀矿开采、碾磨，铀的转化和浓缩，铀燃料制造和核武器生产等。流行病学调查显示对铀作业人员健康影响的因素并非工场中的铀本身而是氡子体和其他有害物质。由于浓缩或高比活度的铀受到严格管制，因此，人类接触浓缩铀的机会仅限于工作场所罕见的意外泄漏。

3. 毒代动力学

3.1 吸收，摄入与贮存

经呼吸道接触铀尘，颗粒的大小决定其沉积肺内的不同区域，活度中值空气动力学直径（AMAD）大于10 μm的颗粒主要沉积在气管和支气管，可通过粘液纤毛系统向外输送，或被吞咽或被排出体外。小颗粒铀尘可进入细支气管和肺泡内，依据溶解度不同表现不同的吸收过程。易于溶解的铀化合物如六氟化铀、氟化铀、四氯化铀、六水合硝酸铀酰等很可能会在数天内从肺泡吸收入血，表现为F型吸收（快速溶解）；溶解度较低的化合物如四氟化铀、二氧化铀、三氧化铀、八氧化三铀等可能在肺组织中残留数周，表现为M型吸收（中等溶解）；相对不易溶解的化合物如二氧化铀、八氧化铀等可能会滞留肺内多年，表现为S型吸收（缓慢溶解）。对铀矿尘（粉碎机）暴露工人的观察表明，进入肺部的铀只有1%～5%经肾脏排泌清除，大部分（95%～99%）随粪便排出体外。暴露于高浓度铀尘的工人，铀的肺负荷非常低，说明仅有小部分铀尘滞留于肺泡区域或清除非常缓慢，大部分铀尘可能通过气管支气管粘液系统逆行转运至胃肠道，或进入淋巴结，或溶解于循环血液中。

多项研究结果一致表明，人类经消化道对铀的吸收<5%，无性别差异，可溶性化合物的吸收率明显比不溶性化合物的吸收率高。在动物研究中也发现，铀在消化道的吸收率随化合物的溶解度增加而增高，六水合硝酸铀酰、六氟化铀或氟化铀酰的吸收率最高，较之四氧化铀或三氧化铀的吸收率减少一半，而四氯化铀、三氧化铀和四氟化铀的吸收率则要低 1～2 个数量级。新生实验动物对铀的吸收率较高，如 2 日龄大鼠对硝酸铀酰的吸收率为 0.01～0.07，比成年动物的吸收率高 100 倍。此外，缺铁可显著增加铀经肠道吸收。

没有铀经皮吸收的人体实验报道，但多种动物实验表明硝酸铀酰六水合物在 15 min 内可穿透角质层并积聚在表皮和角质层之间，48 h 后完全吸收入血。水溶性是决定铀化合物通过皮肤吸收的关键因素，受伤的皮肤有助于吸收，但通过强酸或强碱溶液处理所造成皮肤严重损伤，其吸收效率则比完整的皮肤要低。

3.2 转运与分布

进入体内的铀通过血液被转运至人体各器官组织中，但主要沉积在骨骼、肝和肾脏。在体液中，铀可经代谢形成其他化合物，如四价铀可氧化成六价形式，然后形成铀酰离子。铀通常与柠檬酸盐、碳酸氢盐或血浆中的蛋白质结合，该低分子量碳酸氢盐复合物可在肾小球滤过并随尿液排出体外。但在血液中，铀酰离子结合转铁蛋白以及肾近端小管中的蛋白质和磷脂而不易被清除。一般非职业暴露的成人体内铀负荷约为 90 μg，估计约有 66%在骨骼、16%在肝脏、8%在肾脏、10%在其他组织中。怀孕和哺乳对铀骨骼储存库（如钙和铅）的影响尚不明确。铀可透过胎盘屏障，但有关铀在人类或动物母乳分布的报道不多见。

3.3 排泄

人体静脉注射硝酸铀酰后，三分之二的铀通常在 24 h 内经肾脏排出体外，5 d 内排出大约 10%以上。粪便排泄量占排泄量的<1%。

经呼吸道吸入铀的排泄取决于吸收类型，可溶性铀化合物容易吸收入血，主要经肾脏排出体外。不可溶性的较大铀颗粒多经粘液纤毛系统清除或吞咽后随粪便排出。对于可溶性化合物如六水合硝酸铀酰、重铀铵和氟化铀酰在大鼠、仓鼠和狗肺中的半衰期为 1～5 d，溶解性较差的二氧化铀在大鼠和狗肺中的半衰期则较长，分别为 141～289 d 和 480 d。

经口暴露的铀大部分（≥95%）随粪便排出体外，其余的随尿排泌。有志愿者经口一次性摄入 10.8 mg 铀，可见在 25 d 内铀通过粪便和尿液清除。研究表明，在实验动物中绝大部分经消化道暴露的铀（99%）不被吸收，且无胆汁循环的表现。大鼠体内的铀在 2～6 d 内排出一半，7 d 内排出 98%，且在其他器官中很少残留。在通过饮水长期暴露于铀 2.0～2.9 mg/(kg · d)硝酸铀酰的大鼠中，观察到铀排泄量（铀 200 ng/cm^3）最高在 6 个月后，此后水平稳步下降。在 13 个月的暴露期中，最后 6 个月尿铀仍保持较恒定的水平铀 30 ng/cm^3。

3.4 转运模式

铀在体内的转运模式见图 6 - 3。

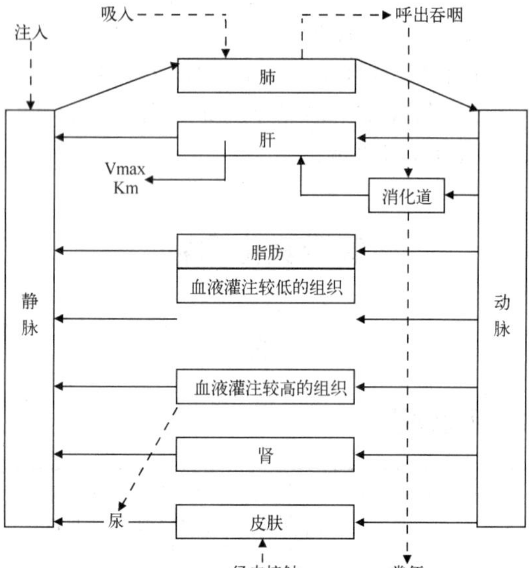

图 6 - 3　铀在体内的转运模式

4. 毒性与中毒机理

4.1 急性毒作用

大鼠和豚鼠吸入六氟化铀 2 min 的 LC_{50} 分别为铀 120 290 mg/m^3 和铀 62 080 mg/m^3。大鼠吸入六氟化铀 5 min 和 10 min 的 LC_{50} 分别为铀 38,600 mg/m^3 和铀 12 010 mg/m^3。经呼吸道染毒的死亡动物可观察到呼吸道损害，但可能是氢氟酸的作用。尿液分析和病理学检查显示肾脏损伤是导致死亡的主要原因。其他一些急性致死性研究显示，大鼠、小鼠和豚鼠在吸入相当于铀 637 mg/m³ 的六氟化铀 10 min 后，死亡率分别为 10%、20%和 13%。

兔子和猫对铀经呼吸道的亚急性暴露毒性较敏感，每天 6 h 暴露于铀 2 mg/m³（六氟化铀）持续 30 d，豚鼠、狗和兔的死亡率分别为 5%、20% 和 80%；暴露于铀 9.5 mg/m³（六水合硝酸铀酰）8 h/d，5 d/w，30 d 后大鼠和豚鼠的死亡率约为 10%，狗死亡率为 75%。氟化铀亚急性染毒引起死亡的最低浓度，在小鼠和兔子为铀 0.15 mg/m³，在豚鼠为铀 2.2 mg/m³。

经呼吸道的急性铀暴露可导致肺泡的间质性炎症，最终导致肺纤维化。染毒动物可观察到蛋白尿和糖尿等肾损害的表现。亚急性铀（尤其是六氟化铀）暴露可引起实验动物的肺水肿、出血、肺气肿和支气管和肺泡的炎症等肺损害，红细胞数量和血红蛋白含量降低。吸入高浓度的铀四氟化物粉末，患者出现食欲不振、腹痛、腹泻，里急后重和粪便中的脓血等临床症状。

醋酸铀酰二水合物单剂量灌胃给药，雄性大、小鼠的 LD_{50} 分别为铀 114 和 136 mg/kg。经口服给予氟化物或硝酸铀酰六水合物 30 d，雌、雄大鼠的 LD_{50} 分别为 1,579 和铀 540 mg/kg。

4.2 慢性毒作用

铀 2 mg/m³（六水合硝酸铀酰）6 h/d，5.5 d/w，染毒 92—100 w 仅有 1%的大鼠死亡，但铀暴露是否是死因尚不明确。暴露于六水合硝酸铀酰 2 年的狗死亡率为 4%。用氟化铀酰、六水合硝酸铀酰、四氟化铀、四氯化铀和二氧化铀进行为期两年的喂养实验，结果显示长期摄入铀可导致寿命缩短。不影响大鼠寿命的最大每日摄入量分别为铀 81 mg/(kg·d)（氟化铀酰）、铀 1 130 mg/kg/d（硝酸铀酰），铀 1 390 mg/(kg·d)（四氟化铀）和铀 1 630 mg/(kg·d)（二氧化铀）。大部分动物死亡都是铀所致的化学性肾脏损害。在从事铀加工的职业人群（995 名）中，铀暴露似乎可导致总死亡率升高，但工人也暴露于氡（^{222}Ra）、氯气、氢氟酸、硫酸铅、镍、硝酸和氮氧化物、二氧化硅和硫酸等有害因素。

4.3 远期毒作用

（1）致突变作用

经腹腔注射 18.9%氟化铀酰（铀 0.05～1.0 μg/kg）给予小鼠染毒，精子细胞中染色体断裂随着剂量的增加呈现加重趋势。但与对照组比较，染毒组染色体断裂频率的差异在暴露 60 d 后消失。大鼠分别暴露于浓度为 0.190 mg/m³ 和 375 mg/m³ 的二氧化铀气雾剂 0.5 h 和 2、3 h，又或者在 3 w 内反复暴露于二氧化铀（190 mg/m³，不溶性贫铀）和过氧化铀（116 mg/m³，可溶性贫铀）0.5 h，支气管肺泡灌洗细胞（BAL）可出现 DNA 损伤的表现。在二氧化铀反复暴露之后，肾细胞才表现 DNA 损伤。损伤类型以双链断裂为主，可能是铀的辐射效应所致。在海湾战争接触贫铀的退伍军人中，尿铀水平较高组的染色体畸变并不比较低尿铀水平组的严重。在不同阶段的检测中，也没有发现铀在微核率、次黄嘌呤-鸟嘌呤磷酸核糖转移酶（HPRT）和磷脂酰肌醇聚糖类-A（PIG-A）基因突变频率等指标上的改变，提示铀暴露对遗传毒性的影响相对较弱。

（2）致癌作用

由于铀主要释放高线性能量传递（LET）的 α 粒子，提示铀致癌的可能性。一些研究发现铀暴露可显著增加肺癌风险，但目前仍不明确铀是否是致病因素，以及致癌是由于铀的化学毒性还是放射毒性。有作者检视了 23 项流行病学研究，包括 18 项队列研究和 5 个巢式病例对照研究，发现某特定部位癌症死亡率与铀及其混合裂变产物暴露之间的相关性证据有限，作者指出这些研究几乎均存在三个局限性，即统计效能问题、较低的辐射剂量和不准确的接触评定。IARC 将贫铀归为第 3 级致癌物，即尚无充分的人群和动物实验的证据，对人类致癌性可疑。

（3）发育毒性与致畸性

有报道男性铀矿工的头胎女孩更多见，流行病学研究表明贫铀暴露人群的出生缺陷风险增加，但也可能是其他混杂因素的作用。研究人员审查了一系列报告，包括来自世界各国、在战争地区和贫铀武器试验区的暴露人群，但这些报告多数没有在同行评审的期刊上发表。

（4）内分泌干扰作用

铀对人体内分泌干扰作用的资料极其有限。研究发现，大鼠暴露于 0.2 mg 铀/m³ 的四氯化铀 1 年，没有观察到内分泌器官（肾上腺、胰腺）出现组织病理学改变。经饮水持续给予六水合硝酸铀酰（0.07 mg 铀/(kg·d)）16 w 后，大鼠出现甲状腺上皮细胞退行性改变和甲状腺功能改变。

4.4 中毒机理

铀中毒的机制未明，但一般认为铀兼具化学和放射毒性。铀致肾脏和呼吸系统的损伤可能是铀的化学和辐射协同作用的结果，但尚无确切的证据，而癌症发生可能与铀的辐射有关。在哺乳动物包括人类，肾脏是铀毒作用的靶器官。急性高水平的铀化合物暴露可引起人类肾脏损伤，在较低水平的职业或战争暴露人群，也可以观察到肾脏出现组织学和功能的改变，但泌尿生殖器或肾脏疾病并非铀暴露人群的主要死因。铀通常与血液中的碳酸氢盐或血浆蛋白结合，并被转运到全身的器官组织中。在肾脏，铀从碳酸氢盐中释放并与肾小管壁中的磷酸基团和蛋白质形成复合物，从而造成损害。但这种铀复合物结合不紧密，几天内铀从复合物中再次释放，一周后大部分铀可从肾脏中清除，损伤的肾小管也可再生修复。此外，铀可抑制肾近曲小管中钠转运依赖性和非依赖性 ATP 的利用和线粒体的氧化磷酸化过程。在肺脏，铀暴露可引起肺泡Ⅱ型细胞的非癌性损伤，从而导致肺纤维化和结缔组织增生。然而这些损伤可能不仅是铀也可能掺杂其他有害污染物如可吸入粉尘颗粒、镭或氡气的作用。理论上大剂量的电离辐射具有致癌、致畸和致突变作用，铀可释放高 LET 的 α 粒子，造成 DNA 交联或碎片，细胞在损伤修复过程中出现错误可引起基因突变或染色体畸变，从而表现致癌或致畸效应，但目前还缺乏铀对人类辐射诱变的直接证据。

5. 生物监测

5.1 接触标志

铀接触生物标志主要是尿液中总体铀或某一同位素铀的放射性和水平，粪便、指甲和头发的铀水平也可反映铀暴露。尿液和粪便样品中铀水平升高反映近期(急性暴露的几天内)接触，而头发和指甲样本可指示数周到数月前的暴露。经肌酐浓度校正后的 24 h 尿中铀含量，被认为是用于评估铀身体负担的“金标准”。

5.2 效应标志

目前，没有铀特异性的效应标志。但在动物和人暴露于铀后可发现尿 N-乙酰-β-D-葡萄糖胺酶(NAG)、$β_2$微球蛋白、α-1 微球蛋白和视黄醇结合蛋白在尿中排泄增加，其中尿 NAG 水平可用于评估肾脏损伤并与贫铀摄入量相关。此外，研究发现在尿铀水平>30 μg/L 的铀作业工人或通过饮水长期暴露的人群中，尿骨桥蛋白水平降低，但该指标的个体变异性较大且特异性尚不确定。经腹腔给予大鼠硝酸铀酰染毒，发现有 14 种蛋白质受到铀暴露的影响，并可能与肾脏损伤有关，其中经尿排泌增加的蛋白有白蛋白、α-1-抗蛋白酶、转甲状腺素蛋白、血浆铜蓝蛋白和转铁蛋白，尿中水平降低的是表皮生长因子、制蛋白样蛋白抑制剂 3 和胰腺α-淀粉酶等。

5.2 易感性标志

易感人群的基因构成、年龄、健康和营养状况以及暴露于其他有毒物质(如香烟烟雾)等因素导致铀摄入增加、排泄减少或器官组织对铀的毒性更敏感，但有关易感性标志尚有待更多的研究。

6. 人体健康危害

6.1 急性中毒

急性中毒可见于短期摄入大量铀的意外事件，产生以肾损害为主的全身性疾病。暴露后数小时至数天出现乏力、食欲减退、头昏、头痛、恶心、呕吐、巩膜黄染、肝肿大、肝区疼痛，血清丙氨酸转氨酶(ALT)和天门冬氨酸转氨酶(AST)升高，尿中红细胞、白细胞增多，蛋白尿、管型尿等中毒性肝病和肾病的临床表现。严重者肾损害进一步加重，出现少尿、无尿，血尿素氮、血钾升高，代谢性酸中毒等急性肾衰竭的表现。经呼吸道吸入氟化铀除发生肾、肝损害外，因在呼吸道水解产生氢氟酸，患者很快出现胸痛，气紧、咳嗽、发绀等呼吸道刺激症状，严重者发生肺水肿，出现烦躁、呼吸困难、咳白色稀薄痰或粉红色痰、发绀加重，双肺中下肺野闻及大量的湿啰音和干湿啰音。X 线胸片显示肺门扩大呈蝶状，双中下肺大量片状或云絮状阴影。曾有两名工人分别意外吸入氟化铀(20 mg/m^3)1 min 和(120 mg/m^3)60 min 导致急性呼吸道刺激，事故发生几小时后，一名工人死于肺水肿。

6.2 慢性中毒

慢性铀中毒可长时间无临床症状，或在年幼者可见发育障碍，在成人可见体重减轻，植物神经系统功能紊乱或乏力等症状。可有贫血、血色指数偏高、网织红细胞增加、白细胞总数增多或减少、淋巴细胞增多、嗜酸性白细胞增加、血小板减少和白细胞质变(有空泡、溶解、固缩、中毒颗粒出现)等表现。难溶性铀化合物暴露者胃肠障碍出现较早,表现为消化不良,胃酸减少性胃炎及糖和其他物质代谢改变,中毒较明显时可出现骨疼痛等症状;易溶性铀化合物暴露者则肾功能改变出现较快。长期接触高浓度铀尘,尤其当铀尘混有石英和氡时,可发生早期肺纤维化。铀暴露可增加肺癌发生风险。

7. 风险评估

7.1 生产环境

美国 OSHA 规定: 8 h PEL - TWA 为 0.05 mg/m^3(可溶性铀)和铀 0.25 mg/m^3(不溶性铀)。NIOSH 规定: 10 h REL - TWA(可溶性铀)和铀 0.2 mg/m^3(不溶性铀),并建议可溶性铀暴露不超过 15 min 的空气限值为 0.6 mg 铀/m^3。美国核管理委员会(USNRC)规定以每年工作 2,000 h 计算,职业接触快速、中等和慢速排泄的铀化合物空气浓度的平均值分别为 0.000 5,0.000 3 和 0.000 02 mC/m^3。

7.2 生活环境

美国 EPA 已建立饮用水中最大铀污染物水平为 0.03 mg/L,并设定饮用水无铀污染的目标。

铈及其化合物

铈

1. 理化性质

CAS 号: 7440 - 45 - 1	外观与性状: 灰色软金属,有延展性
熔点(℃): 799	沸点(℃): 3 426
比热(J/gK): 0.19	蒸发热(kJ/mol): 414
密度(g/m^3): 6.76(20℃)	溶解性: 溶于酸;不溶于碱
熔化热(kJ/mol): 5.46	导热系数(W/cmK): 0.114

2. 用途与接触机会

2.1 生活环境

铈及其化合物在提取、制造和使用过程中,通过排放含铈烟尘粉尘、废水、电子产品的固体废物、污水污泥等污染空气、土壤和水体。排放的铈可积累在土壤中。普通人群通过食物、药物、化妆品、饮水和飘尘接触铈。譬如燃料中添加二氧化铈(CeO_2)可使之燃烧更干净,但排放的废气颗粒物通常<1 μm,容易造成空气极度的弥漫性污染。铈代替昂贵的铂用于汽车排放气的转化器,可减少氮氧化物(NO_x)和其他不完全燃烧产物的排放。此外,铈化合物还被用于制造缓解呕吐、抗血栓、抑菌杀菌(尤其用于局部烧伤治疗)等药物。

2.2 生产环境

铈的生产环境暴露可见于铈矿开采、提取和化合物的制造、应用过程。在冶金工业上加入铈等稀土金属,可降低杂质对金属性质的影响,减少热脆性,提高耐热性和抗氧化性;溴化铈的闪烁特性,成为制造安全监测、医学成像和地球物理探测仪器等必不可少的材料;铈及其化合物的纳米材料被广泛用作催化剂、玻璃添加剂和燃料添加剂;此外,铈是有机合成的重要原料,并具有通过"二氧化铈循环"制备氢气的潜在应用。

3. 毒代动力学

3.1 吸收,摄入与贮存

铈化合物可通过各种途径进入机体,其中以二氧化铈通过吸入暴露最为常见。二氧化铈难溶于水,小颗粒容易被上皮细胞而不是巨噬细胞摄取,但也有二氧化铈颗粒在巨噬细胞内和细胞外液溶解的报道。研究显示,给大鼠以染尘方式吸入二氧化铈颗粒物(粒子大小: <5 000、40 和 5~10 nm),单次暴露 28 d 后将大鼠处死,发现吸入的 10%二氧化铈颗粒沉积在肺组织中,3 种粒径的颗粒在肺部的沉积效率存在微小不同,但在肺部沉积量没有明显差异。此外,铈化合物均可通过皮肤和消化道吸收。

3.2 转运与分布

吸收进入血液的铈与蛋白质形成复合物,或在血浆中形成磷酸盐、氢氧化物和碳酸盐化合物。一般情况下,铈被转运到肝脏和骨骼。但如果蛋白质转运系统的结合能力趋于饱和,如通过腹腔注射染毒,则铈在转运部位形成胶体聚集体,然后分布于肝脏和脾脏。经肺吸入的二氧化铈,以细针状或颗粒状的不溶性磷酸盐沉积在肺泡巨噬细胞的溶酶体中。给予小鼠喂饲示踪铈(^{141}Ce),发现铈在不同组织的蓄积性不同，最高的是眼球，其次是骨骼、睾丸、大脑和心脏，蓄积量随剂量的增加或摄入时间的延长而增加，表现出明显的选择性蓄积。而通过腹腔注射，铈主要分布和沉积在小鼠的肝和脾中，其次是胃，而在小肠、肾、股骨、肺、血、心脏和肌肉等器官中有少量分布。

3.3 排泄

经呼吸道吸入的铈通过多种途径清除。二氧化铈颗粒经吸入后，大部分以气溶胶形式沉积在呼吸道，大颗粒者沉积于上呼吸道，通过黏膜纤毛向外转运，或排出体外，或被吞咽后通过消化道吸收或排除。小颗粒者沉积在细支气管和肺泡中，在巨噬细胞的作用下进入淋巴结或血液循环。鼻咽和气管支气管区域的清除率约为 99%，肺部清除率为 80%。淋巴结中大约 90% 的不溶性铈可进入血液，只有 1%～5% 在沉积部位吸收。给大鼠气管内滴注浓度为 2 mg/cm^3 的纳米二氧化铈进行为期 28 d 的吸入实验，结果显示，注入的(63.9±8.2)%的纳米二氧化铈仍然沉积在肺中，半衰期为 103 d。但无论是吸入、吞食还是注射铈，粪便是铈的主要排泄途径，少量经尿液排出。

4. 毒性与中毒机理

铈(粉、屑)的健康危害 GHS 分类为：特异性靶器官毒性——一次接触，类别 1。金属铈(浸在煤油中的)的健康危害 GHS 分类为：特异性靶器官毒性——一次接触，类别 1。

4.1 急性毒作用

大鼠吸入的 LC_{50} > 50 mg/m^3，雌性小鼠经口 LD_{50} 为 622 mg/kg 体重，大鼠经口 LD_{50} > 5 000 mg/kg 体重，小鼠腹腔注射的 LD_{50} 为 465 mg/kg 体重，大鼠腹腔注射的 LD_{50} > 1 000 mg/kg 体重，大鼠经皮肤 LD_{50} > 2 000 mg/kg 体重。大剂量氧化铈对眼睛有一定的刺激作用。

4.2 慢性毒作用

大鼠通过鼻罩吸入氧化铈 5、50 或 500 mg/m^3，6 h/d，5 d/w，持续 13 w，发现中、高剂量组的脾和肺重量增加(食物消费和体重增长轻微减少)，喉上皮化生和肺泡上皮增生；三个剂量组均可见肺色素沉着，色素沉着量与支气管淋巴结增生相关。有研究表明，以肺泡上皮增生为观察终点，NOAEL 为铈 0.41～0.43 mg/m^3。出现支气管淋巴结化生的 LOAEL 在雄鼠为铈 0.85 mg/m^3，在雌鼠为铈 0.82 mg/m^3(相当于约二氧化铈 1.0 mg/m^3)，使用不确定因子为 3 000 时，二氧化铈 RfC 为 0.3 μm/m^3。

4.3 远期毒作用

(1) 致突变作用

在 1～5 000 μg/板的二氧化铈暴露剂量下，Ames 试验阴性。在 2 000 mg/kg 的剂量下小鼠骨髓细胞微核试验阴性。但彗星试验显示，人纤维母细胞在体外暴露于纳米二氧化铈(6×10^{-5} g/L，48 h，或者 6×10^{-3} g/L，2 h)可观察到 DNA 损伤，主要表现为单链 DNA 断裂和微核率增加；在 0.01mg/L 的浓度下纳米二氧化铈可造成人精子细胞的 DNA 损伤。

(2) 致癌作用

单次或重复吸入接触氧化铈($^{144}CeO_2$)在多只小鼠中产生肺肿瘤，而暴露于稳定的 CeO_2 对照组中只有一只小鼠产生肺肿瘤。但在另一个致癌试验中，大鼠(83 只)每 60 d 吸入 $^{144}CeO_2$ 一次，持续 1 年(共 7 次暴露)，暴露大鼠与对照组的肿瘤发生无显著差异。铈致癌性的人群资料罕见。

(3) 内分泌干扰作用

已有报道分别给予小鼠腹腔注射纳米二氧化铈 100、200 和 300 μg/kg，一周三次，连续五周后，发现小鼠睾丸丙二醛含量随着剂量增加而升高，抗氧化酶活性、还原型谷胱甘肽和总氮氧化物水平降低。血中卵泡刺激素(FSH)、促黄体激素(LH)和催乳素显著降低。此外，二氧化铈暴露还引起精子计数和活力降低以及精子畸形率升高，说明二氧化铈可通过破坏细胞内正常的氧化还原状态、干扰机体内分泌平衡引起睾丸功能障碍。

4.4 中毒机理

肺脏为二氧化铈颗粒最直接的靶器官，吸入二氧化铈气溶胶可引起肺组织乳酸脱氢酶(LDH)、碱性磷酸酶(ALP)活性和丙二醛(MDA)含量升高，还原型谷胱甘肽(GSH)降低，血液中的促炎细胞因子水平明显升高，提示二氧化铈颗粒通过氧化应激诱导细胞毒性，并可能导致慢性炎症反应，进一步导致肺纤维化。细胞系的观察结果提示，纳米二氧化铈可引起炎性因子的分泌、DNA 损伤、细胞形态受损，同时诱导细胞凋亡。但纳米二氧化铈具体的毒效应靶器官及其损伤机制尚不明确，有待进一步研究。

5. 生物监测

目前没有公认的标志可供使用。进入体内的铈主要经粪便排出，少量通过尿液清除。因此通过测定粪便、血和尿中铈含量，或许可评价铈暴露和体内的铈负荷，但需要更多的研究。据报道，正常组织（如心脏、肺、肝、肾、睾丸、卵巢）、毛发和指甲铈含量<1 mg/kg，淋巴结和脑脊液铈含量可能高一个数量级。血中铈水平更低，而尿铈排泄量可高达36 μg/d。我国学者检测了包头市白云鄂博144名健康儿童的尿铈，发现铈的参比值小于75.818 μg/g（晨尿，经肌酐校正），无性别和年龄组间差异。利用电感耦合等离子体质谱法测定采自德国慕尼黑女性（42名，产后5 d至51 w）不同阶段的母乳样品，结果显示乳铈均值为5～65ng/L，中位数为13 ng/L，与来自西班牙马德里的母乳（24名，产后4 w）检测结果相似。但相应的血铈测定结果显示，除2个样品外，德国母亲血浆铈浓度都在10 ng/L以内，而西班牙母亲的血铈为21.6～70.3 ng/L，这与马德里的交通量较慕尼黑高，可能导致当地环境含铈颗粒物浓度较高的情况相符。

6. 人体健康危害

目前无铈中毒病例的报道，但一些经吸入铈和其他稀土氧化物的工人出现肺粉尘沉着病和间质性尘肺，印度南部暴露于碳弧灯烟雾的工人有心内膜心肌纤维化的表现，可能与高铈（来自独居石沉积物）暴露和低镁饮食有关，并在动物实验中得以证实。俄罗斯一家磷肥厂附近铈（3.6～10.2 ng/m^3）暴露儿童罹患呼吸系统疾病、扁桃腺慢性炎症的风险增加1.5倍。

7. 风险评估

7.1 生产环境

没有特别针对铈或氧化铈的职业暴露限制，按照未另行分类的颗粒物质暴露，美国ACGIH设定的可吸入颗粒TLV-TWA为10 mg/m^3，不含石棉且结晶二氧化硅<1%。对于呼吸性（可进入肺泡）颗粒物的TLV-TWA为3 mg/m^3。美国NIOSH设定REL-TWA为15 mg/m^3（总粉尘）和5 mg/m^3（呼吸性粉尘）。

7.2 生活环境

铈是地壳中含量最多的镧系元素，独居石矿床附近的土壤和植物根茎富含铈和其他镧系元素。根据11名纽约人的粪便灰分浓度计算，美国成人平均每日摄入量为7.9 μg/d。瑞典成人从膳食摄入量估计值为0.006～0.24 mg/d。自2001年以来在美国申请专利的300多种化妆品涉及氧化铈。

以上两种形态的铈对水生生物毒性极大并具有长期持续影响，其环境危害GHS分类为：危害水生环境—急性危害，类别1；危害水生环境—长期危害，类别1。

第7章

硼,硅,磷,硫,砷,硒,碲

硼及其化合物

硼

(一) 理化性质

CAS号：7440－42－8	外观与性状：黑色或深棕色粉末
熔点/凝固点(℃)：2 300	沸点(℃)：2 550
饱和蒸气压(kPa)：1.56×10^{-5}(2 140℃)	相对密度(水＝1)：2.34
溶解性：不溶于水;溶于乙醇、乙醚;溶于浓硝酸、硫酸	

(二) 用途与接触机会

2.1 生活环境

硼是天然存在且广泛分布于自然界的非金属元素。它和氧结合而以碱性和碱土硼酸盐及硼酸形式存在。硼酸及硼的钠盐(主要为硼砂)广泛应用于玻璃、绝缘玻璃纤维、清洁剂、防腐剂、药品、瓷器、搪瓷和皮革等行业中。人类主要从食物和水中摄取硼,平均每日可以从食物中的摄取量约0.5～3 mg。人体内硼的其他来源则可能是职业性接触硼砂粉尘或接触含硼酸盐的消费品(化妆品、药品和杀虫剂等)。早在20世纪20年代就发现硼是植物的必需营养元素;1987年以来的研究结果提示,硼是人类4种可能的必需微量元素之一。它能影响许多物质,如钙、铜、镁、氮、葡萄糖、甘油三脂、活性氧和雌激素等在生命过程中的代谢,从而影响血液、脑和骨骼等的功能和组成。许多研究结果表明,硼即使不是人类必需的微量元素,在生理上也是一种对人体有益的元素。

2.2 生产环境

硼是微量合金元素,硼与塑料或铝合金结合,是有效的中子屏蔽材料;硼钢在反应堆中用作控制棒;硼纤维用于制造复合材料等;含硼添加剂可以改善冶金工业中烧结矿的质量,降低熔点、减小膨胀,提高强度和硬度。硼及其化合物也是冶金工业的助溶剂和冶炼硼铁硼钢的原料,加入硼化钛、硼化锂、硼化镍,可以冶炼耐热的特种合金和建材。硼酸盐、硼化物是搪瓷、陶瓷、玻璃的重要组分,具有良好的耐热耐磨性,可增强光泽,调高表面光洁度等。

硼是一种用途广泛的化工原料矿物,主要用于生产硼砂、硼酸和硼的各种化合物以及元素硼,是冶金、建材、机械、电器、化工、轻工业、核工业、医药、农业等部门的重要原料。硼的用途超过300种,其中玻璃工业、陶瓷工业、洗涤剂和农用化肥是硼的主要用途,约占全球硼消费量的3/4。中国硼矿资源虽然丰富,但是硼矿产品不能满足国内经济建设需求。

单质硼用作良好的还原剂、氧化剂、溴化剂、有机合成的掺合材料、高压高频电及等离子弧的绝缘体、雷达的传递窗等。硼酸、硼酸锌可用于防火纤维的绝缘材料,是很好的阻燃剂,也应用于漂白、媒染等方面;偏硼酸钠用于织物漂白。此外,硼及其化合物可用于油漆干燥剂、焊接剂、造纸工业含汞污水处理剂等。硼做为微量元素存在于石英矿中,在高纯石英砂的提纯工艺中,如何尽量的降低硼含量成为工艺关键。硼的存在使得石英的熔点降低,制得的石英坩埚使用次数降低,使得单晶硅生产成本升高。

(三) 毒代动力学

硼在组织中分布均一,并且大部分迅速经尿排泄,因此硼在某一组织中被隔离的可能性很小。硼在啮齿动物的血浆半衰期、由尿消除经时过程及组织分布的动力学数据与人体的血浆消除半衰期及分布容积的动力学数据十分相近,有理由认为硼在人体组织中的分布与用啮齿动物所观察到的很相似。

最近的研究发现,雌性大鼠对硼的肾脏清除率大于人体;怀孕大鼠和妇女比未怀孕大鼠和妇女对硼的清除的效率稍高些。大鼠与人体平均清除率不同,对怀孕者和未怀孕者来说分别相差 3.6 和 4.9 倍。实验动物与人体毒代动力学的定量数据高度一致,例如硼化合物不被代谢,经肾脏滤过而迅速清除及血管外分布特征相似等。

(四) 毒性与中毒机理

4.1 急性毒作用

硼大鼠经口 LD_{50}:650 mg/kg;小鼠经口 LD_{50}:560 mg/kg。

Wistar 大鼠经口摄入硼酸或硼酸盐可引起雄性生殖系统器官效应最小有效浓度为 88 mg/(kg.d),持续 2w,导致睾丸重量减轻和精子形态改变。CD-1 小鼠经口灌胃,硼酸剂量为 70 mg/kg(2 次·d)引起发育毒性效应(包括胎鼠重量减轻和骨骼变化减少或畸形),新西兰兔也经口灌胃剂量为 44 mg/(kg·d)也发现类似的情况。B6C3F1 小鼠 14 d 硼酸经口喂饲试验(剂量包括 0、600、1 200、2 400、4 900 或 9 800 mg/kg),每组 10 只(雄雌各半),所有的小鼠存活,在所有的喂饲浓度都没有观察到大体或微观损伤。

4.2 慢性毒作用

SD 大鼠(10 只/性别/剂量组)经饮食喂饲硼酸或硼砂在 0、52.5、175、525、1 750 和 5 250 mg/kg 90 d。饲料浓度相对硼酸而言相当于 0、3.9、13、38、124 或 500 mg 硼/(kg·d),相对硼砂而言为 0、4.0、14、42、125 或 455 mg 硼/(kg·d)。所有 5 250 mg/kg 组的大鼠在 6w 内死亡,52.5 和 1 750 mg/kg 组各有 1 只大鼠在试验期间死亡。1 750 和 5 250 mg/kg 组的临床毒性症状包括快速呼吸、眼睛发炎、肿胀的爪子、爪子和尾巴上的皮肤脱皮以及处理大鼠的兴奋。喂饲硼酸的所有性别和喂饲硼砂的雄性大鼠在 1 750 mg/kg 有体重显著减少,和所有性别喂饲 5 250 mg/kg 硼砂饲料的大鼠一样。喂饲 1 750 mg/kg 的雄性大鼠和喂饲 5 250 mg/kg 的所有性别大鼠一样食物利用率有显著降低。大多数器官的绝对重量包括脑、肝、肾脏和睾丸在 1 750 mg/kg 组雄性大鼠有显著降低,而肝、脾、肾脏和卵巢的绝对重量在 1 750 mg/kg 组雌性大鼠有显著降低。5 250 mg/kg 组死亡大鼠的解剖显示肝脏和肾脏的充血、鲜红的肺、肿胀的大脑、小性腺和胰腺增厚。微观病理学改变显示,1 750 mg/kg 组所有雄性大鼠睾丸完全萎缩,52.5 mg/kg 组 4 只雄性大鼠、525 mg/kg 组 1 只雄性大鼠睾丸完全萎缩。本研究基于雄性大鼠的睾丸萎缩设立的 LOAEL 值为 1 750 mg/kg 硼。本研究硼的 NOAEL 值为 525 mg/kg。

睾丸萎缩,睾丸重量、睾丸脏体比均降低,其他器官效应未发现,LOAEL 值为 1 179 mg/kg,NOAEL 值为 350 mg/kg。未发现肿瘤。

4.3 远期毒作用

对大鼠、小鼠和兔子的试验证实了其发育毒性,包括出生前死亡率增加,胎儿体重下降,眼、中枢神经系统、心血管系统和中轴骨骼的畸形与变异。短肋(XIII)和波状肋发生率增高则是大鼠和小鼠中最常见的异常表现。

4.4 中毒机理

硼中毒的发病机理,目前仍不完全清楚。在人类中没有在高剂量中毒事件报告中观察到的神经、胃肠、肝脏或肾脏毒性的毒性机制。在动物中,生殖和发育效应是观察到的最敏感的毒性终点。

(1) 睾丸毒作用

睾丸毒作用的发生与其他毒作用提示硼作用睾丸的特殊机制。许多研究表明,硼的睾丸毒作用可能与 Sertoli 细胞有关,改变了精子形态和释放的生理性机制。虽然一些研究已经检测了生殖毒性的可能机制,但是实际的毒性机制仍然是未知的。在大鼠中,延迟的精子活性(抑制成熟精子的释放)似乎是睾丸毒性的标志性事件,随后在较高剂量下生殖上皮剥离和萎缩。暴露于 10 mmol/L 硼酸的睾丸 Leydig 和 Sertoli 细胞培养物没有表现出对诱导睾酮产生的响应性降低,但在 FSH 刺激后表现出降低的细胞内 cAMP 水平。此外,乳酸和丙酮酸(支持细胞的主要能量来源)的生成(可能来自 NAD 辅助因子的硼化)和脱氧核糖核酸(DNA)合成显著减少,表明生殖上皮脱落和睾丸萎缩可能来自 Sertoli 细胞的能量产生受损和有丝分裂/减数分裂。然而,在体内延迟精子生成似乎发生在低浓度暴露下支持细胞能量产生和 DNA 合成破坏,使得难以推断生殖效应是激素或代谢介导。

(2) 发育毒性

硼导致发育毒性的表现，主要是降低胎鼠体重和肋骨的畸形变化。降低胎鼠体重主要因为硼酸对有丝分裂的抑制。而肋骨的异常改变可能来源于硼与骨组织的直接结合。还有数据表明硼酸对扩张hox基因表达的改变导致肋骨和椎骨的畸变，同时改变了hox基因的表达。

毒性对发育影响的机制也是未知的。胎儿体重的减少(在大鼠中观察到的最敏感的终点)可能是由于在病毒、细菌、昆虫、酵母和动物中观察到的有丝分裂抑制。在暴露于组蛋白去乙酰化酶抑制剂如丙戊酸和曲古抑菌素A后，胚胎小鼠组织的超乙酰化与骨骼畸形高度相关。在妊娠第8 d腹膜内给予硼175 mg/kg(以硼酸形式)的小鼠表现出胚胎体节的超乙酰化，抑制组蛋白去乙酰化酶，以及骨骼畸形(融合的肋骨和椎骨，不同轴向区域中典型的轴向节段数量的变化)的发病率增加。这些生化和形态学效应的关联表明，硼酸诱导的骨骼畸形可能是由组蛋白脱乙酰酶的抑制所致。有报道，妊娠第9 d给予硼两次灌胃剂量为88 mg/(kg·d)(以硼酸形式)的怀孕大鼠的胎儿中hoxa6和hoxc6基因的前界限发生了移位。胎儿的发育与这些基因的活性有关，与宫内暴露于高剂量硼有关。

(五) 生物监测

5.1 接触标志

血硼和尿硼可以作为硼暴露的指标。正常膳食人群，血硼的浓度在儿童和婴儿中为0～1.25 μg/cm^3，在婴儿配方奶中摄入硼酸的婴儿的血硼(以硼酸盐形式)为20～150 μg/cm^3，与不良全身作用有关。硼浓度(以硼酸盐表示)在致命病例中报道，在婴儿中为200～1 600 μg/cm^3。在成人中，血清硼水平(硼酸)为2 320 μg/cm^3时，无显著毒性。

尿中排泄水平也可能是衡量硼总体负荷的有用指标。硼在正常人群中的浓度范围为0.07至0.15 mg/100 ml和0.004至0.66 mg/100 ml。在一名婴儿中，12w内摄入硼砂和蜂蜜混合物后，尿中含有硼13.9 mg/L或1.38 mg/L。3名志愿者摄取的硼酸溶液排出约93.9%(超过96 h的采集期)，硼经尿排泄，实际上在体内完全消失。

人类的神经、皮肤、胃肠、肝脏和肾脏效应与暴露硼有关，但也不是硼暴露特异的。

5.2 效应标志

中枢神经系统损伤、胃肠作用和皮肤损伤是人体中硼毒性的特征性表现。人类的肝脏和肾脏以及动物的睾丸也可能受到影响。可以测量与这些作用相关的各种临床和生物化学变化以检测暴露于硼的程度。没有单一的硼暴露生物指标；因此，必须测量几个参数，包括尿液和血液中的硼含量以及全身和神经学效应的生物化学变化。

神经损伤已经在人类中报道。人类报告的神经学效应主要集中在组织病理学改变。没有提供生化的数据。在动物中，慢性硼暴露后，睾丸萎缩和精子生成减少。有临床和生化测试来检测神经和性腺损伤，但这些不针对特异性硼暴露。极少动物数据表明一些生物化学变化；硼暴露后大鼠脑琥珀酸脱氢酶增加。动物数据进一步证实了性腺损伤后的生化改变。硼暴露后，在大鼠中观察到透明质酸酶、山梨醇脱氢酶和乳酸脱氢酶(同工酶-X)呈剂量依赖性降低。

5.3 易感性标志

易感人群对硼的反应与大多数人在环境中暴露于相同水平的硼相比将会表现出不同的或增强的反应。原因可能包括遗传构成、年龄、健康和营养状况，以及暴露于其他有毒物质(如香烟烟雾)。这些参数导致硼的解毒或排泄减少，或受硼影响的器官功能受损。

人类的病例报告表明，人类对硼的致死作用存在很大的变异性。但是，没有数据可以表明哪些人更容易受硼影响。

(六) 人体健康危害

6.1 急性中毒

有文献报道了大量的意外中毒事件。然而，吸收剂量的定量估计是有限的。有报道两个同胞婴儿的摄入量，这些婴儿是从硼酸洗眼液中意外摄取了硼。这些婴儿暴露硼的剂量范围为30.4～94.7 mg B/(kg·d)。摄入30.4 mg/kg天的同胞血清水平为9.79 mg/ml，并且在面部和颈部出现皮疹，但后来症状消失。摄入94.7 mg/(kg·d)的同胞的血清硼值为25.7 mg/ml，腹泻，尿布面积红斑和呕吐物有少量硼。对病例报告和中毒事件调查进行了回顾。硼中毒最常见的症状是呕吐、腹痛和腹泻。其他常见症状包括嗜睡、头痛、头晕和皮疹。对于硼酸，口服暴露的最低致死剂量大约为 15～20 g，儿童 5～6 g，婴儿 2～3 g。

急性成人定量剂量反应数据范围从 1.4 mg/kg 到 70 mg/kg。如果摄入量低于 3.68 mg B/kg，受试者无症状。25～35 mg/kg 范围内的数据来自正在接受硼中子捕获疗法治疗脑肿瘤的患者。他们表现出 25 mg B/kg 的恶心和呕吐，而 35 mg B/kg 的其他症状包括皮肤潮红。从手术中恢复的患者将硼酸溶液(70 mg/kg)注射到皮下输液中，导致严重的皮肤和胃肠道症状。患者在治疗后恢复。

有报道 7 名婴儿在暴露于安抚奶嘴的蜂蜜-硼砂混合物中后，造成癫痫发作和其他轻微效应。其中 5 名婴儿有家族性低惊厥阈值的病史。蜂蜜-硼砂处理停止后，症状消失。将年龄在 6～16 w 龄(在暴露期结束时)的婴儿暴露于蜂蜜-硼砂混合物 4～10 w。从作者提供的数据可以直接计算平均估计硼砂从 429～1 287 mg 每天的摄入量。根据美国环保局"暴露因子手册"的估计，本研究中婴儿的平均体重在 4.3～5.3 kg 之间。使用估计的体重和 0.113 的因子来估计硼砂中的硼含量，相当的硼暴露水平应该是大约 9.6～33 mg/(kg・d)。3.2 mg/(kg・d)的最低暴露水平将被认为是相对严重的效果的 LOAEL。血液中硼浓度 2.6，8.4，报告了 3 名受试者的 8.5 $\mu g/cm^3$。血硼浓度与估计的摄入水平没有很好的相关性，测量硼估计最高的婴儿的最低血液硼浓度。还报告了 15 名 2～21 个月的儿童的对照组的血硼水平，没有接受硼补充剂，据推测没有发作。对照组血硼值范围为 0～0.63 $\mu g/cm^3$，平均值为 0.21 $\mu g/cm^3$，标准差为 0.17 $\mu g/cm^3$。与癫痫发作有关的最低硼血症水平为 2.6 $\mu g/cm^3$，是最高对照水平的 4 倍，平均对照水平的 12 倍，表明标准的 10 倍不确定性因子可能足以估计 NOAEL。然而，没有任何迹象表明任何易发生癫痫的婴儿是否在对照人群中。对于敏感的人类亚群，假定的硼 NOAEL 将是 0.32 mg/(kg・d)。鉴于相对简单的硼毒物动力学，缺乏血硼相关性和估计的摄取率表明数据可能不完全可靠。基于后者的考虑，间接暴露评估以及出版物中缺乏细节，本研究不应被视为推导 RfD 的关键因素，但在建立 RfD 时应考虑婴儿癫痫发作的可能性。

6.2 慢性中毒

由于硼化合物用于各种治疗，包括从 19 世纪中期到 1900 年左右的癫痫、疟疾、尿路感染和渗出性胸膜炎，一些数据可用于长期暴露。Culver 和 Hubbard(1996)报道了多年硼治疗癫痫的早期病例，从 2.5 到 24.8 mg/(kg・d)。接受 5 mg/(kg・d)及以上的患者报告的体征和症状是消化不良、皮炎、脱发和厌食症。一名接受 5.0 mg B/(kg・d) 15 d 的癫痫患者显示出消化不良、厌食症和皮炎，但当剂量降至 2.5 mg/(kg・d)时，体征和症状消失。

Wemgan 等人(1994)对长期接触硼酸钠粉尘的工人的呼吸功能进行了纵向研究。Garabrant 等人(1985)的研究在原始调查 7 年后重新测试了肺功能。1981 年参与原始研究的 629 名测试者中，至 1988 年有 371 人可以重新测试，其中 336 人进行了肺功能测试(两年中产生了可接受的测试)。在 1981～1988 年期间，每个参与者的累计暴露量估计为在这段时间内每项工作暴露的时间加权总和。由于这些年份的监测数据不足，1981 年以前的暴露量不包括在内。研究对象的肺功能 FEV1(第 1 秒用力呼气容积)和 FVC(用力肺活量)在 7 年期间下降的速度非常接近基于标准人群研究的预期。1981～1988 年累积的硼酸盐暴露与肺功能的变化无关。急性研究显示，在眼睛、鼻腔和喉咙刺激方面，咳嗽、呼吸困难与硼酸盐暴露剂量具有统计学显著的正相关。当效应被限制在中等或更高时，同样的关系是存在的。没有证据显示硼酸盐类(十水合物，五水合物，无水)对应答率的影响。

有报道土耳其两个地理区域饮用水中的硼与生育力之间的关系。一个地区饮用水硼浓度(2.05～29 mg/L)明显高于其他地区(0.03～0.4 mg/L)。研究人群包括来自这些地区的居民(主要是曾经结过婚的男性)，提供了三代家庭成员的生殖史(一个地区 159 个，另一个地区 154 个，两者中的 6.7%)。在任何一代，新婚夫妇所占比例没有区别。子代性别比例似乎有所不同，高硼地区女性出生人数过多(男/女=0.89)，低硼地区男性出生人数略高(男/女=1.04)，但无统计学差异，该研究并没有考虑其他影响性别比例(父母年龄、选择性流产率、多胎)的因素。

(七) 风险评估

7.1 生产环境

美国毒物和疾病登记署(ATSDR)推算硼的急性期吸入最小的风险水平(MRL，Minimal Risk

Level)为 0.3 mg/m³。该 MRL 基于 0.8 mg/m³ 的 NOAEL,用于志愿者鼻腔分泌物显着增加,不确定性因子 3(对于硼的药效学响应的人类变异性为 100.5)。

ATSDR 对硼进行了急性期口服 MRL,剂量为 0.2 mg B/(kg·d)。该 MRL 基于 22 mg/(kg·d)的 NOAEL,与 44 mg/(kg·d)的 LOAEL 相关,用于增加硼酸给药家兔胎儿体内外,内脏和心血管畸形的发生率和体重降低在妊娠第 6～19 d 和不确定性因子 100(10 种用于种间推断,10 种用于人类可变性)上进行灌胃。

ATSDR 已经推出硼中毒时间为 0.2 mg/(kg·d)的 MRL。这个 MRL 基于 BMDL05 为 10.3 mg/(kg·d),根据胎儿体重数据估算,两项研究中怀孕大鼠在怀孕第 0～20 d 在饮食中暴露于硼,化学特异性不确定性因子 66(化学动力学外推从动物到人体的 3.3,从动物到人体的毒性外推到 3.16,人体毒代动力学的可变性为 2.0,人体毒性动力学的变化为 3.16)。

根据妊娠第 0～20 d 口服硼酸的 Sprague - Dawley 大鼠的发育研究,EPA 已经建立了 0.2 mg/(kg·d)的口服 RfD。EPA 尚未建立硼和化合物的吸入参考浓度(RfC)。

在联邦杀虫剂、杀菌剂和灭鼠剂法(FIFRA)下,氧化硼、硼酸、硼砂和四硼酸钠不受食品中农药的限制(EPA,2007b);它们也被列为 EPA“惰性农药成分分类表”(EPA 2004)中的未知毒性惰性物质。

7.2 生活环境

基于来自两项研究的大鼠的发育效应,EPA 的硼 RfD 为 0.2 mg/(kg·d)(USEPA)。使用 BMD 方法推导 RfD。EPA 使用 0.2 mg/(kg·d)的 RfD 和 20%的筛选相对来源贡献,计算硼的健康参考水平(HRL)为 1.4 mg/L 或 1 400 μg/L。

EPA 还评估是否有关于对儿童和其他敏感人群的潜在影响的健康信息。大鼠、小鼠和兔子的研究将发育中的胎儿鉴定为对硼有潜在的敏感性。Price 等人(1996 年引用 USEPA)确定了 LOAEL 为 13.3 mg/(kg·d)和 NOAEL 为 9.6 mg/(kg·d),基于降低体重的大鼠胎儿。因此,浓度高于 HRL 的硼可能对产前发育有影响。肾功能严重受损的个体也可能对硼暴露敏感,因为肾是最重要的排泄途径。

ATSDR(1992)根据 LOAEL 值为 13.6 mg/(kg·d)得出了 0.01 mg B/(kg·d)的中等口服 MRL,以降低大鼠体重,其不确定性系数为 1 000(10 LOAEL 至 NOAEL,10 种为种间,10 种为种内)。慢性口服 MRL 没有得到。

IOM(2001)为人类各个生命阶段制订了可接受的高摄入水平(UL)。这些 UL 基于 Price 等人的 NOAEL(9.6 mg B/kg·d),不确定性因子为 30(根据人体药代动力学的相似性,种间不确定性为 10,种内不确定性为 3)。对于女性,使用适当的参考体重,对于 14～18 岁的孕妇,UL 设定为 17 mg B/d,对于 19～50 岁的孕妇,UL 设定为 20 mg B/d。

WHO(2003)使用 0.16 mg B/kg·d 的 TDI 和 60 kg 成年人的 2 L 饮用水消耗量以及 10%的来源分配,得出了 0.5 mg/L 的暂定准则值。TDI 是基于 9.6 mg B/kg.d 的 NOAEL 对于胎儿体重的影响和 60 的不确定性因子(10 种为种间,6 种为种内)。准则值被指定为临时值,因为在处理技术可用的情况下,在具有高自然背景的区域难以实现。

美国加利福尼亚州的饮用水指标如下:1 000 μg/L(1 mg/L);威斯康星州:900 μg/L(0.9 mg/L);佛罗里达州、缅因州和新罕布什尔州:630 μg/L(0.63 mg/L);明尼苏达州:600 μg/L(0.6 mg/L)(HSDB,2006d)

硼　　酸

1. 理化性质

CAS 号:10043 - 35 - 3	外观与性状:无色透明结晶或白色颗粒或粉末
pH 值:5.1	溶解性:溶于水、甘油
熔点/凝固点(℃):170.9	分子量:61.83
沸点(℃):300	相对密度(水=1):1.5

2. 用途与接触机会

一般人群主要通过各类化妆品接触硼酸,包括各类美容产品、皮肤和毛发护理制剂、除臭剂、保湿霜、口气清新剂和剃须膏等。

用于玻璃、搪瓷、医药、化妆品等工业,以及制备硼和硼酸盐,并用作食物防腐剂和消毒剂等。

3. 毒代动力学

硼酸在机体中均匀分布,包括血浆、肝脏、肾脏、肌肉、结肠、脑、睾丸、附睾、精囊、前列腺和肾上腺。主要通过肾脏排出。

4. 毒性

本品健康危害 GHS 分类为：生殖毒性，类别1B。大鼠经口 LD_{50}：2 660 mg/kg；大鼠吸入 LCL_0：28 mg/(m^3 · 4 h)；小鼠静注 LD_{50}：1 780 mg/kg。

5. 人体健康危害

硼酸刺激呼吸道，可能会对眼睛造成机械刺激。该物质可能对中枢神经系统和肾脏造成影响，会导致功能受损。

反复或长时间接触皮肤可能导致皮炎。该物质可能对睾丸有影响。动物实验表明，这种物质可能对人类的生殖或发育产生毒性。

硼　盐

硼 氢 化 锂

1. 理化性质

CAS号：16949－15－8	外观与性状：白色粉末
熔点/凝固点(℃)：270	分解温度(℃)：380
闪点(℃)：－18.33	爆炸下限[%(V/V)]：4.00
爆炸上限[%(V/V)]：75.60	溶解性：易溶于醚类溶剂
相对密度(水＝1)：0.66	分子量：21.78

2. 用途与接触机会

又名锂硼氢，可用作强还原剂，能还原醛类、酮类和酯类等。

常用于制取其他硼氢化物的原料。用作氢源和有机基团(如醛、酮、酯)的还原剂。工业上用于漂白木浆和无电电镀(化学镀)。

3. 毒性

小鼠口服 LD_{50}：87.8 mg/kg；小鼠腹注 LD_{50}：110 mg/kg。

4. 人体健康危害

吸入会对上呼吸道和肺部造成腐蚀性伤害；摄入、吸入和皮肤吸收有毒。

硼 氢 化 钾

1. 理化性质

CAS号：13762－51－1	外观与性状：白色粉末
熔点/凝固点(℃)：500(分解)	溶解性：易溶于水；溶于液氨；微溶于甲醇和乙醇
相对密度(水＝1)：1.18	分子量：53.94

2. 用途与接触机会

又名钾硼氢，用于有机选择性基团的还原反应；用作醛类、酮类和酰氯类的还原剂；也用于分析化学、造纸工业、含汞废水的处理及合成纤维素钾等。

3. 毒性

本品健康危害 GHS 分类为：急性毒性—经口，类别3；急性毒性—经皮，类别3。

大鼠口服 LD_{50}：167 mg/kg；小鼠经口 LD_{50}：55 mg/kg；兔经皮 LD_{50}：230 mg/kg；大鼠吸入 LC_{50}：46 mg/m^3。

4. 人体健康危害

对皮肤和黏膜上有刺激性，对眼有强烈的腐蚀性。

硼 氢 化 铝

1. 理化性质

CAS号：16962－07－5	外观与性状：挥发性液体，室温下缓慢分解，放出氢气
熔点/凝固点(℃)：－64.5	爆炸下限[%(V/V)]：5
沸点(℃)：44.5	溶解性：遇水易燃易爆炸
爆炸上限[%(V/V)]：90	分子量：71.50
饱和蒸气压(kPa)：53.2(28.1℃)	相对密度(水＝1)：0.549

2. 用途与接触机会

用作还原剂、喷气发动机和火箭的燃料。

3. 人体健康危害

吸入会中毒。遇水、水蒸气或酸类反应放出热、有毒气体或氢气，对皮肤造成灼伤。

硼 氢 化 钠

1. 理化性质

CAS 号：16940-66-2	外观与性状：白色结晶粉末
沸点(℃)：>400	分解温度(℃)：400(真空)
相对密度(水=1)：1.035	溶解性：溶于水、液氨、胺类；微溶于甲醇、乙醇、四氢呋喃；不溶于乙醚、苯、烃类

2. 用途与接触机会

又名硼氢钠，可用作醛类、酮类和酰氯类的还原剂，制造硼氢化钾的中间体，制造乙硼烷和其他高能燃料的原料，用作塑料工业的发泡剂，造纸工业含汞污水的处理剂、造纸漂白剂，以及医药工业制造双氢链霉素的氢化剂。

3. 毒性

本品健康危害 GHS 分类为：急性毒性—经口，类别 3；皮肤腐蚀/刺激，类别 1C；严重眼损伤/眼刺激，类别 1。

大鼠口服 LD_{50}：162 mg/kg；大鼠腹注 LD_{50}：18 mg/kg；大鼠吸入 LC_{50}：36 mg/m^3；

小鼠经口 LD_{50}：50 mg/kg；兔经皮 LD_{50}：230 mg/kg。

4. 人体健康危害

与硼氢化钠接触后有咽喉痛、咳嗽、呼吸急促、头痛、腹痛、腹泻、眩晕、眼结膜充血、疼痛等症状。对皮肤和眼睛有腐蚀性。

卤 化 硼

三 氟 化 硼

1. 理化性质

(续表)

CAS 号：7637-07-2	外观与性状：无色气体，有刺激性气味，在潮湿空气中可产生浓密白烟
熔点/凝固点(℃)：−126.8	临界温度(℃)：−12.26
沸点(℃)：−100	临界压力(MPa)：4.98
饱和蒸气压(kPa)：1 013.25(−58℃)	气味阈值(mg/m^3)：4.5
密度(kg/m^3)：870(20℃)	n-辛醇/水分配系数：0.22
相对密度(水=1)：1.6(液体)	相对蒸气密度(空气=1)：2.38
溶解性：溶于冷水、浓硫酸和多数有机溶剂	

2. 用途与接触机会

主要用作有机反应催化剂，如酯化、烷基化、聚合、异构化、硝化等。是制备卤化硼、元素硼、硼烷、硼氢化钠等的主要原料。在许多有机反应和石油制品中，三氟化硼可用作冷凝反应的催化剂，在环氧树脂中用作固化剂。也用于铸镁及合金时的防氧化剂，钢或其他金属表面硼化处理剂的组分，还用作铸钢的润滑剂。高纯三氟化硼是电子、光纤工业的重要原材料之一，主要用于半导体器件和集成电路生产的离子注入和掺杂。

3. 毒代动力学

在 0.039 mg/m^3，0.000 9～0.012 mg/m^3，0.045 mg/m^{3}浓度下吸入暴露 6 个月，大鼠牙齿与骨骼平均氟含量均升高，但在肺、肝脏、血液及软组织中未见升高。

4. 毒性

本品健康危害 GHS 分类为：急性毒性—吸入，类别 2；皮肤腐蚀/刺激，类别 1A；严重眼损伤/眼刺激，类别 1。

4.1 急性毒作用

大鼠吸入 LC_{50}(4 h)：1 180 mg/m^3。每日将大鼠在 0.2 mg/m^{3}浓度下暴露 6 h，5 d 后大鼠死亡，组织病理学显示肾损伤(近端肾小管上皮萎缩坏死)。

4.2 慢性毒作用

在大鼠吸入研究中，给予大鼠 0.045 mg/m^3/6 个月以上，0.02 mg/m^3/3 个月以上，7 h/d，5 d/w。在 0.02 mg/m^3/3 个月组中，14 只雌性大鼠在第 34 次

给药后死亡(第 49 d)，死因未明；在第 42～45 次给药后(第 62～65 d)又有 4 只死亡，第 60 次给药时(第 87 d)大体病理学显示肺刺激征，组织学检查显示为肺炎引起。

5. 人体健康危害

对眼睛、皮肤和呼吸道有腐蚀性。可引起流泪。吸入气体可引起肺水肿。液态迅速蒸发可导致冻伤。长期接触影响肾脏功能。

6. 风险评估

我国职业接触限值：MAC 为 3 mg/m^3。美 OSHA 现行的三氟化硼 PEL－TWA 为 3 mg/m^3。美国 NIOSH 的 REL－TWA 为 3 mg/m^3；IDLH 为 75 mg/m^3。1993 年美国 ACGIH 规定 TLV－TWA 为 2.8 mg/m^3。

三 氯 化 硼

1. 理化性质

CAS 号：10294－34－5	外观与性状：无色发烟液体或气体，有强烈臭味，易潮解
熔点/凝固点(℃)：－107.3	临界温度(℃)：178
沸点(℃)：12.5	临界压力(MPa)：3.9
饱和蒸气压(kPa)：101.32(12.5℃)	*n*－辛醇/水分配系数：1.16
密度(g/L)：4.79	溶解性：溶于苯、二硫化碳
相对密度(水＝1)：1.43	相对蒸气密度(空气＝1)：4.03

2. 用途与接触机会

主要用作有机反应催化剂，如酯化、烷基化、聚合、异构化、磺化、硝化等。铸镁及合金时的防氧化剂。是制备卤化硼、元素硼、硼烷、硼氢化钠等的主要原料。在电子工业用于硅半导体器件和集成电路生产所用的扩散、离子注入、干法蚀刻等工艺。还用于高纯硼、氮化硼、碳化硼等陶瓷材料及有机硼化物的制备，也用于金属的精炼提纯以及光导纤维、耐热涂料的制造。

3. 毒性

本品健康危害 GHS 分类为：急性毒性—经口，类别 2；急性毒性—吸入，类别 2；皮肤腐蚀/刺激，类别 1B；严重眼损伤/眼刺激，类别 1。

小鼠吸入 LCL_0：104.6 mg/(m^3・7 h)，雄性大鼠吸入 LC_{50}：13 290.34 mg/(m^3・h)，雌性大鼠吸入 LC_{50}：21.1 g/(m^3・h)。

三氟化硼和三氯化硼可能有增加遗传毒性的风险。采用胞质分裂阻滞微核试验对半导体行业工人分离的淋巴细胞进行检测，接触三氟化硼和三氯化硼的工人微核出现的平均频率显著高于对照组。采取防护措施 12 年后，接触组工人微核降至对照组水平。

4. 人体健康危害

4.1 急性中毒

可引起化学灼伤。对眼睛、皮肤、黏膜和上呼吸道有强烈的腐蚀作用。吸入后可因喉、支气管的痉挛、水肿，化学性肺炎、非心源性肺水肿致死。三氯化硼飞溅可导致严重的眼和皮肤灼伤。经口摄入可导致持续性呕吐、腹泻以及胃肠道出血。中毒表现有烧灼感、咳嗽、喘息、喉炎、气短、头痛、恶心和呕吐。三氯化硼分解产生的硼酸盐可通过胃肠道、开放性伤口和浆膜腔吸收并产生全身毒性。可引起恶心、呕吐、腹泻或发热。硼酸盐可导致皮肤出现红斑疹、脱屑，臀部、阴囊红斑。

4.2 慢性中毒

具有神经毒性。慢性中毒可导致癫痫发作。接触几日后可因脱水、循环衰竭和肾功能衰竭死亡。

三 溴 化 硼

1. 理化性质

CAS 号：10294－33－4	外观与性状：无色发烟黏稠液体
熔点/凝固点(℃)：－46	相对密度(水＝1)：2.6
沸点(℃)：91.7	相对蒸气密度：8.6
闪点(℃)：－1.1	溶解性：溶于四氯化碳
饱和蒸气压(kPa)：5.3	

2. 用途与接触机会

用作半导体的掺杂材料，有机合成的催化剂、中间体和溴化剂。是制造高纯硼及其他有机硼化合物的原料。有强烈刺激性。易被水、醇分解，见光或受热分解，受热可爆炸。有强腐蚀性。

3. 毒代动力学

硼酸可通过胃肠道、开放性创面吸收。经口摄入、肠胃外注射，以及烧伤或破损皮肤接触硼酸可产生毒性。全身毒性常发生于长期暴露或反复暴露后。

经口摄入硼，96 h内完全排出体外。硼溴化物，则取决于化合物种类和暴露途径，体内半衰期为1 h至12 d。

4. 毒性与中毒机理

本品健康危害GHS分类为：急性毒性—经口，类别2；急性毒性—吸入，类别2；皮肤腐蚀/刺激，类别1A；严重眼损伤/眼刺激，类别1。

动物研究中硼可引起睾丸毒效应和不育。少量动物研究表明，暴露水平较高时，实验动物可出现排卵减少、胎儿毒性和发育缺陷。细菌和少量哺乳动物实验结果为阴性。

中毒机理可能和溴离子可激活中枢神经系统中γ-氨基丁酸(GABA)受体有关，导致氯离子通道开放，游离溴离子通过细胞通道扩散，产生超极化突触后膜，继而增强GABA(抑制性神经递质)的作用。长期暴露时，溴离子可取代血浆、细胞外液甚至一些细胞中的氯离子。肾脏加速排出氯离子以维持卤化物总浓度。中枢神经系统功能逐渐受损。硼酸盐全身毒性的机制尚不清楚。

5. 人体健康危害

5.1 急性中毒

对眼睛、皮肤、黏膜和呼吸道有强烈的刺激作用。吸入可能由于喉、支气管的痉挛、水肿、炎症，化学性肺炎、肺水肿而致死。中毒表现有烧灼感、咳嗽、喘息、喉炎、气短、头痛、恶心和呕吐。局部组织损伤多来自硼酸腐蚀。硼酸盐可引起脉搏细弱、心跳加快、发绀和低血压。患者可能表现为体温过低，体温过高或体温正常。严重患者可出现脱水、中枢神经系统兴奋或抑制、嗜睡、癫痫、昏迷、急性肾功能衰竭、心律失常和代谢性酸中毒。

5.2 慢性中毒

慢性毒作用可包括行为改变、烦躁不安、意识模糊、肌无力、厌食症、共济失调、嗜睡、反射异常和言语不清。有病例报告显示产前接触溴化物可能会导致胎儿发育迟缓和颅面畸形。没有足够证据表明硼酸盐对人类有遗传毒性。研究未发现硼对男性工人生殖能力有不利影响。

6. 风险评估

2000年美国ACGIH规定：TLV - TWA为10 mg/m^3。美国NIOSH规定：REL - TWA为10 mg/m^3。

十硼烷癸硼烷

1. 理化性质

CAS号：17702-41-9	外观与性状：无色结晶，有刺激气味
熔点/凝固点(℃)：99.6	*n*-辛醇/水分配系数：0.23
沸点(℃)：213	溶解性：微溶于冷水；在热水中水解；溶于乙酸乙酯、1-溴丙烷、硅酸乙酯、二硫化碳、苯、醇、乙酸酐、乙酸、硼酸乙酯、四氯化碳
闪点(℃)：80	饱和蒸气压(kPa)：2.54(100℃)
相对密度(水=1)：0.94	相对蒸气密度(空气=1)：4.2

2. 用途与接触机会

在化学合成中用作还原剂；用作高能燃料和火箭推进剂的组分或添加剂；用于制造聚合物；用作烯烃聚合催化剂；在橡胶工业中用作制造合成橡胶的硫化剂。

3. 毒性

本品为2015版《危险化学品目录》所列剧毒品，其健康危害GHS分类为：急性毒性—经口，类别3；急性毒性—经皮，类别2；急性毒性—吸入，类别1；严重眼损伤/眼刺激，类别2B；特异性靶器官毒性—一次接触，类别1；特异性靶器官毒性—一次接触，类别3(呼吸道刺激、麻醉效应)；特异性靶器官毒性—反复接触，类别1。

大鼠口服LD_{50}：64 mg/kg，大鼠吸入LC_{50}：251 mg/(m^3 · 4 h)，大鼠经皮LD_{50}：740 mg/kg；小

鼠经口 LD_{50}：41 mg/kg；小鼠吸入 LC_{50}：65.5 mg/(m^3·4 h)；兔经皮 LD_{50}：71 mg/kg。

4. 风险评估

我国职业接触限值规定：PC-STEL 为 0.75 mg/m^3，PC-TWA 为 0.25 mg/m^3。

美国 OSHA 规定：经皮 8 h PEL-TWA 为 0.27 mg/m^3；15 min STEL：0.82 mg/m^3。

乙 硼 烷

1. 理化性质

CAS 号：19287-45-7	外观与性状：无色气体
熔点/凝固点(℃)：−165	临界温度(℃)：16.7
沸点(℃)：−92.5	临界压力(MPa)：4.00
爆炸上限[%(V/V)]：88	爆炸下限[%(V/V)]：0.8
饱和蒸气压(kPa)：29.86(−112℃)	溶解性：易溶于二硫化碳
相对密度(水=1)：0.45(−112℃)	相对蒸气密度(空气=1)：0.96

2. 用途与接触机会

乙硼烷主要用作有机化学中间体合成中的还原剂；用作高能燃料的组分或添加剂；用作烯烃聚合中的催化剂。用于电子行业以改善纯晶体电性能。

3. 毒性

本品为 2015 版《危险化学品目录》所列剧毒品，其健康危害 GHS 分类为：急性毒性—吸入，类别 1；皮肤腐蚀/刺激，类别 1；严重眼损伤/眼刺激，类别 1；特异性靶器官毒性——次接触，类别 1；特异性靶器官毒性—反复接触，类别 1。

小鼠吸入 LC_{50}：35.8 mg/(m^3·4 h)。大鼠吸入 LC_{50}：49.6 mg/(m^3·4 h)。

4. 人体健康危害

急性中毒时一般出现胸部紧束感、咳嗽、呼吸困难、前胸痛、恶心、呕吐等症状。有时，这些症状在中毒后 24 h 才呈现出来。长期接触低浓度乙硼烷时，除了呼吸系统轻度刺激症状之外，还会出现头痛、丧失嗅觉、晕眩、嗜眠、神经官能症、惊厥、肌弛缓、震颤、痉挛、昏迷、脚部紧张感、寒冷等症状。

5. 风险评估

我国职业接触限值：PC-TWA 为 0.1 mg/m^3。美国 NIOSH 规定：REL-TWA 为 0.1 mg/m^3。

戊 硼 烷

1. 理化性质

CAS 号：19624-22-7	外观与性状：无色流动液体，具有强烈辛辣气味
熔点/凝固点(℃)：−46.6	易燃性：易燃
沸点(℃)：60	分子量：63.13
闪点(℃)：30(闭杯)	饱和蒸气压(kPa)：22.80(20℃)
相对密度(水=1)：0.64	相对蒸气密度(空气=1)：2.2

2. 用途与接触机会

在化学研究中用作喷射和火箭燃料、催化剂、缓蚀剂、助熔剂和除氧剂。

3. 毒性

本品为 2015 版《危险化学品目录》所列剧毒品，其健康危害 GHS 分类为：急性毒性—吸入，类别 1；皮肤腐蚀/刺激，类别 2；严重眼损伤/眼刺激，类别 1；特异性靶器官毒性——次接触，类别 1；特异性靶器官毒性——次接触，类别 3(呼吸道刺激、麻醉效应)；特异性靶器官毒性—反复接触，类别 1。

大鼠静注 LD_{50}：11.1 mg/kg，大鼠吸入 LC_{50}：16.9 mg/(m^3·4 h)；小鼠吸入 LC_{50}：9.58 mg/(m^3·4 h)。

4. 人体健康危害

急性中毒：出现神经系统症状，主要表现有头痛、头晕、嗜睡、眼肌麻痹、皮肤感觉过敏，重者出现共济失调、肌痉挛、抽搐、角弓反张、意识障碍或精神错乱。可有神经炎及心、肝、肾损害。对皮肤和黏膜有强烈刺激性，可经皮肤吸收引起中毒。长期接触可引起肝、肾损害。中枢神经系统损害较轻。

5. 风险评估

美国 OSHA 规定：PEL-TWA 为 0.01 mg/m^3。

三甲氧基环硼氧烷

1. 理化性质

CAS 号：102-24-9	外观与性状：无色液体，易分解
熔点/凝固点(℃)：10	闪点(℃)：10
沸点(℃)：130	易燃性：高度易燃
相对密度(水＝1)：1.195	

2. 毒性

大鼠经口 LD_{50}：5 160 mg/kg。

三 甲 基 硼

1. 理化性质

CAS 号：593-90-8	外观与性状：无色气体
熔点/凝固点(℃)：−161.5	易燃性：在空气中自然
相对密度(水＝1)：0.63(−100℃)	溶解性：不溶于水；易溶于乙醇、乙醚
相对蒸气密度(空气＝1)：1.48	分子量：55.99

2. 用途与接触机会

主要用于有机物的合成。

三 乙 基 硼

1. 理化性质

CAS 号：97-94-9	外观与性状：无色液体
熔点/凝固点(℃)：−93	易燃性：极度易燃
沸点(℃)：95	蒸气压(kPa)：7.07(25℃)
相对密度(水＝1)：0.696(24℃)	相对蒸气密度(空气＝1)：5.0
溶解性：不溶于水；溶于乙醇、乙醚	闪点：−36℃(开杯)

2. 用途与接触机会

用于有机合成，与三乙基铝混合可用作火箭推进系统双组分点火物。

3. 毒性

本品健康危害 GHS 分类为：急性毒性—经口，类别 3；急性毒性—吸入，类别 3；皮肤腐蚀/刺激，类别 1；严重眼损伤/眼刺激，类别 1。

大鼠经口 LD_{50}：235 mg/kg，大鼠吸入 LC_{50}：3 062.5 mg/(m^3 · 4 h)，大鼠静注 LD_{50}：22.7 mg/kg；小鼠经口 LD_{50}：720 mg/kg。

硅及其化合物

硅

1. 理化性质

CAS 号：7440-21-3	外观与性状：黑色或灰色，有光泽。针样晶状体或呈现八面体的板状。非结晶状态下为深褐色粉末
熔点/凝固点(℃)：1 410	临界温度(℃)：4 886
沸点(℃)：2 355	临界压力(MPa)：53.6
燃烧热(J/kmol)：$-9.055\ 0\times10^8$	气化热：16 kJ/g
蒸气压(kPa)：1(2 363℃)	易燃性：遇火焰或氧化剂可燃。加热遇水可能会激烈反应。通常放置于可燃液体内运输。火灾时，不可以用水、泡沫或二氧化碳。粉末可以导致爆炸
黏度(cP)：0.88	溶解性：可溶于硝酸和氢氟酸的混合液，可溶于碱；不溶于硝酸和盐酸，不溶于水
密度(g/cm^3)：2.33(25℃)	表面张力(dyn/cm)：736

2. 用途和接触机会

硅在环境中不存在单体，通常是氧化物或硅酸盐。以质量计算，硅在地壳中占了 25.7%，是含量第二大的元素。

硅作为一种半导体材料，早期用于光电装置，目前是制作太阳能电池的最受欢迎的材料，但需要提纯到 99.999 9%。也用于制造晶体管、二极管、其他半导体和硅—金属合金。

3. 毒性和中毒机理

本品大鼠经口 LD_{50}：3 160 mg/kg，健康危害 GHS 分类为：严重眼损伤/眼刺激，类别 2B。

亚慢性豚鼠腹腔注射仅见局部创伤和异物反应。

4. 人体健康危害

对眼、皮肤和上呼吸道有刺激作用。在合理控制范围内的硅尘暴露，不易造成显著的器官损伤或毒效应。眼、耳和鼻腔会有斑点残留。

5. 风险评估

美国 OSHA 规定：总粉尘 8 hPEL－TWA 为 15 mg/m^3，可呼吸组分 8 h PEL－TWA 为 5 mg/m^3；NIOSH 规定：总粉尘 10 hREL－TWA 为 10 mg/m^3，可呼吸组分 10 h REL－TWA 为 5 mg/m^3。

三氯氢硅

1. 理化性质

CAS 号：10025－78－2	外观与性状：无色液体，酸性气味
密度(g/cm^3)：1.341 7	气化热：47cal/g
熔点/凝固点(℃)：−126.5	沸点(℃)：31.8
蒸气压(kPa)：79(25℃)	易燃性：易燃液体。液气混合物易爆
蒸气密度(空气=1)：4.67	自燃温度(℃)：182
分子量：135.47	溶解性：可溶于苯、二硫化碳、氯仿、四氯化碳等有机溶剂；与水反应释放燃烧和酸性气体
表面张力(N/m)：0.018 3	黏度(cP)：0.332
腐蚀性：具有腐蚀性	可燃范围：1.2%～90.5%浓度比
闪点(℃)：−27.8	

2. 用途和接触机会

三氯氢硅可从生产环境中的废气泄漏到环境。但在空气中可以和氢氧基进行光化学反应而降解。氯化硅能和水迅速完全水和形成盐酸。三氯氢硅可从干土中蒸发。

为生产硅酮的中间物。生产晶体管。主要用于高纯度多晶体硅的原材料。职业工人可以在生产环境中通过呼吸和皮肤接触。

3. 毒性和中毒机理

本品大鼠经口 LD_{50} 为 1 030 mg/kg，大鼠吸入 LD_{50} 为 16 731.7 mg/(m^3·1 h)，大鼠吸入 LCL_0 为 3 023 mg/(m^3·4 h)，小鼠吸入 LC_{50} 为 1 500 mg/(m^3·2 h)。健康危害 GHS 分类为：皮肤腐蚀/刺激，类别 1A；严重眼损伤/眼刺激，类别 1；特异性靶器官毒性——一次接触，类别 3(呼吸道刺激)。

甚至在极低浓度下，都可对角膜和眼睑造成剧烈的烧灼痛。皮肤见水泡。

在 SD 大鼠中，50 mg/L 或更高浓度三氯氢硅可以导致局限性肺炎和肺泡组织细胞增生症。100 mg/L 导致 75%大鼠死亡。所有大鼠都有呼吸刺激症，体重减轻和肺重量比增加。

4. 人体健康危害

蒸气吸入导致剧烈呼吸道刺激、咳嗽、喉痛、呼吸短促、肺水肿(常为不典型表现，延迟数小时才被发现)。液体接触导致皮肤和眼剧烈烧灼。误服可导致口和胃的剧烈烧灼。皮肤和眼接触引起红斑、疼痛、水泡、灼伤。可导致死亡。

5. 风险评估

应急处理规章(ERPG 1)：无轻度暂时效应 6.05 mg/(m^3·1 h)；无重度不良反应 18.1 mg/(m^3·1 h)；无生命危险 151.2 mg/(m^3·1 h)

生产环境暴露限制(WEEL)标准：STEL 为 3.02 mg/m^3。

烷基或苯基氯硅烷

甲基二氯硅烷(二氯甲基硅烷)

1. 理化性质

CAS 号：75－54－7	外观与性状：无色液体，酸性气味
密度(g/cm^3)：1.10(27℃)	气化热(Btu/LB)：106
熔点/凝固点(℃)：−93	沸点(℃)：41

（续表）

蒸气压(kPa)：57(25℃)	易燃性：易燃液体
蒸气密度(空气=1)：3.97	燃烧热(Btu/LB)：−4 700
分子量：115.04	溶解性：可溶于苯，醚，庚烷；可溶于水(5 800 mg/L)，与水反应释放燃烧和酸性气体
自燃温度(℃)：316	可燃范围：6%～55%(v/v)
辛醇－水分配系数：1.7(25℃)	表面张力(cP)：0.035
闪点(℃)：−9(闭杯)	自燃温度(℃)：316

2. 用途和接触机会

甲基二氯硅烷从生产环境中的废气泄漏到环境。但在空气中可以和氢氧基进行光化学反应而降解(半衰期为 107 d)。所有的氯化硅都能和水迅速完全水化成甲基二羟基硅烷。甲基二氯硅烷可以从干土中蒸发(蒸气压 57 kPa)。

甲基二氯硅烷是用于生产氧硅烷的中间物，可通过各种废气排放到环境中。职业工人可以在生产环境中通过呼吸和皮肤接触。

3. 毒性和中毒机理

本品健康危害 GHS 分类为：急性毒性—吸入，类别 2；皮肤腐蚀/刺激，类别 1；严重眼损伤/眼刺激，类别 1；特异性靶器官毒性——次接触，类别 3(呼吸道刺激)。

大鼠经口 LD_{50} 为 2 830 μl/kg；大鼠吸入 LC_{50} 为 1 540.7 mg/(m^3 · 4 h)。

4. 人体健康危害

吸入导致剧烈呼吸道刺激。接触导致皮肤和眼剧烈烧灼。

乙基二氯硅烷

1. 理化性质

CAS 号：1789－58－8	外观与性状：无色液体
密度(g/cm^3)：1.088(25℃)	沸点(℃)：75.5
蒸气密度(空气=1)：4.45	易燃性：易燃液体

（续表）

分子量：129.07	腐蚀性：遇水具有腐蚀性
闪点(℃)：−1(闭杯)	爆炸极限范围：0.2%～58.0%

2. 用途和接触机会

又名二氯乙基硅烷，是用于生产硅酮的中间物，多为生产环境中的废气泄漏到环境，在空气中可以和氢氧基进行光化学反应而降解。所有的氯化硅都能和水迅速完全水和成甲基二羟基硅烷。

3. 毒性和中毒机理

本品健康危害 GHS 分类为：急性毒性—经口，类别 3；皮肤腐蚀/刺激，类别 1；严重眼损伤/眼刺激，类别 1；特异性靶器官毒性——次接触，类别 2。

4. 人体健康危害

低剂量可以对角膜和眼睑造成剧烈的烧灼痛。皮肤变白，起水泡。

急性吸入引起喷嚏、噎阻、喉炎、呼吸困难、呼吸道刺激、胸痛。大剂量接触导致肺水肿，甚至死亡。鼻和牙龈出血，鼻和口腔黏膜溃疡。眼接触导致刺激、疼痛、肿胀、角膜溃烂和失明。皮肤接触导致皮肤皮炎、剧烈烧灼、疼痛和休克。急性误服严重反应，可有流涎、极度口渴、吞咽困难、畏寒、疼痛和休克。常见口腔、食道、胃灼烧。

丙基三氯硅烷

1. 理化性质

CAS 号：141－57－1	外观与性状：无色液体，酸性气味
密度(g/cm^3)：1.195(20℃)	沸点(℃)：123.5
蒸气密度(空气=1)：6.15	易燃性：易燃液体
蒸气压(kPa)：3.83(20℃)	可溶性：可溶于水
分子量：177.53	腐蚀性：遇水具有腐蚀性
闪点(℃)：37(闭杯)	爆炸极限范围：3.4%～9.5%

2. 用途和接触机会

丙基二氯硅烷是用于生产硅酮的中间物。

3. 毒性和中毒机理

本品大鼠吸入 LC_{50} 为 10 715.2 mg/(m^3 · 1 h),健康危害 GHS 分类为: 急性毒性—吸入,类别 3;皮肤腐蚀/刺激,类别 1A;严重眼损伤/眼刺激,类别 1。

4. 人体健康危害

急性吸入引起喷嚏、噎阻、喉炎、呼吸困难、呼吸道刺激、胸痛。大剂量接触导致肺水肿,甚至死亡。鼻和牙龈出血,鼻和口腔黏膜溃疡。眼接触导致刺激、疼痛、肿胀、角膜溃烂和失明。皮肤接触导致皮肤皮炎、剧烈烧灼、疼痛和休克。急性误服严重反应,可有流涎、极度口渴、吞咽困难、畏寒、疼痛和休克。常见口腔、食道、胃灼烧。

二苯基二氯硅烷

1. 理化性质

CAS 号: 80-10-4	外观与性状: 无色液体,酸性辛辣气味
密度(g/cm^3): 1.204 (25℃)	沸点(℃): 305
燃烧热(cal/g): −6 200	熔点/凝固点(℃): −22
汽化热(cal/g): 59	表面张力(n/m): 0.026(20℃)
蒸气密度(空气=1): 8.45	溶解性: 易溶于乙醇、乙醚、丙酮、四氯化碳、苯
闪点(℃): 142(闭杯)	易燃性: 遇氨可自燃
爆炸极限范围: 3.4%~9.5%	

2. 用途和接触机会

又名二苯二氯硅烷,用于生产硅酮润滑剂和二甲基二氧烷低聚物。

3. 毒性和中毒机理

本品大鼠经皮 0.1 ml/kg,其健康危害 GHS 分类为: 急性毒性—经皮,类别 2;皮肤腐蚀/刺激,类别 1;严重眼损伤/眼刺激,类别 1;特异性靶器官毒性——次接触,类别 2。

4. 人体健康危害

急性吸入引起喷嚏、噎阻、喉炎、呼吸困难、呼吸道刺激、胸痛。大剂量接触导致肺水肿,甚至死亡。鼻和牙龈出血,鼻和口腔黏膜溃疡。眼接触导致刺激、疼痛、肿胀、角膜溃烂和失明。皮肤接触导致皮肤皮炎、剧烈烧灼、疼痛和休克。急性误服严重反应,可有流涎、极度口渴、吞咽困难、畏寒、疼痛和休克。常见口腔、食道、胃灼烧。

三氯乙烯硅烷

1. 理化性质

CAS 号: 75-94-5	外观与性状: 冒烟无色或淡黄色液体,刺激气味
密度(g/cm^3): 1.242 6 (20℃)	沸点(℃): 91.5
燃烧热(cal/g): −2 400	熔点/凝固点(℃): −95
汽化热(cal/g): 49	表面张力(n/m): 0.028(20℃)
蒸气密度(空气=1): 5.61	溶解性: 易溶于大部分有机溶剂
闪点(℃): 21	易燃性: 高度易燃,空气中自燃
蒸气压(kPa): 8.76(25℃)	自燃温度(℃): 263
爆炸极限范围: 3.4%~9.5%	

2. 用途和接触机会

又名乙烯基三氯硅烷,为用于生产硅酮的中间物。合成隔水材料,电绝缘树脂和高温度树脂共聚物的单体。

3. 毒性和中毒机理

本品健康危害 GHS 分类为: 急性毒性—经口,类别 3;急性毒性—经皮,类别 3;急性毒性—吸入,类别 3;皮肤腐蚀/刺激,类别 1;严重眼损伤/眼刺激,类别 1;特异性靶器官毒性——次接触,类别 3(呼吸道刺激)。

大鼠经口 LD_{50} 1 280 mg/kg,大鼠吸入 LC_{50} 11 614.3 mg/(m^3 · 1 h),大鼠吸入 LCL_0: 3 604.7 mg/(m^3 · 4 h);兔经皮肤 LD_{50} 680 μl/kg。

4. 人体健康危害

急性吸入导致喷嚏、噎阻、喉炎、呼吸困难、呼吸道刺激、胸痛。大剂量接触导致肺水肿(迟发数小时),甚至死亡。鼻和牙龈出血,鼻和口腔黏膜溃疡,肺水肿，慢性支气管炎，肺炎。眼接触导致刺激、疼痛、肿胀、角膜溃烂和失明。皮肤接触导致皮肤皮炎、剧烈烧灼、疼痛和休克。急性误服严重反应，可有流涎、极度口渴、吞咽困难、畏寒、疼痛和休克。常见口腔、食道、胃灼烧。

5. 风险评估

应急处理规章（ERPG 1）：无轻度暂时效应 3.6 mg/(m^3 · 1 h)；无重度不良反应 36 mg/(m^3 · 1 h)；无生命危险 360 mg/(m^3 · 1 h)。

WEEL 规定：STEL 为 7.2 mg/m^3。

环己烯基三氯硅烷

1. 理化性质

CAS 号：10137-69-6	外观与性状：冒烟无色液体，刺激气味
密度(g/cm^3)：1.263 (25℃)	沸点(℃)：202
闪点(℃)：93.3(开杯)	腐蚀性：具有腐蚀性
爆炸极限范围：3.4%～9.5%	

2. 用途和接触机会

从生产环境中的废气泄漏到环境。能和水迅速完全水和并释放氯化氢。

三氯乙烯硅烷是用于生产硅酮的中间物。

3. 毒性和中毒机理

本品健康危害 GHS 分类为：急性毒性—经皮，类别 3；皮肤腐蚀/刺激，类别 1；严重眼损伤/眼刺激，类别 1。

大鼠经口 LD_{50} 2 830 mg/kg；兔经皮肤 LD_{50} 630 μl/kg。

4. 人体健康危害

急性吸入导致喷嚏、噎阻、喉炎、呼吸困难、呼吸道刺激、胸痛。大剂量接触导致肺水肿（迟发数小时），甚至死亡。鼻和牙龈出血，鼻和口腔黏膜溃疡，肺水肿，慢性支气管炎，肺炎。眼接触导致刺激、疼痛、肿胀、角膜溃烂和失明。皮肤接触导致皮肤接触性皮炎、剧烈烧灼、疼痛和休克。急性误服严重反应，可有流涎、极度口渴、吞咽困难、畏寒、疼痛和休克。常见口腔、食道、胃灼烧。

三甲基氯硅烷

1. 理化性质

CAS 号：75-77-4	外观与性状：无色液体，刺激酸性气味
密度(g/cm^3)：0.854 (25℃)	沸点(℃)：57
燃烧热(Btu/LB)：−10 300	熔点(℃)：−58
气化热(Btu/LB)：126	溶解度：易溶于苯、醚，全氯乙烯
易燃性：易燃液体	腐蚀性：具有腐蚀性
表面张力：17.8	蒸气压(kPa)：31(25℃)
相对蒸气密度(空气＝1)：3.75	爆炸极限范围：1.8%～6.0%
闪点(℃)：−28(闭杯)	自燃温度(℃)：395

2. 用途和接触机会

又名氯化三甲基硅烷，蒸气能在空气中被光化学反应降解（半衰期 12 d）。能和水迅速完全水和并释放氯化氢。可从污染的干土中蒸发（蒸气压 31 kPa）。

三甲基氯硅烷是用于生产硅酮的中间物。合成隔水材料和环氧丙烷的催化剂。可通过吸入和皮肤吸收。

3. 毒性和中毒机理

本品健康危害 GHS 分类为：急性毒性—经口，类别 3；急性毒性—吸入，类别 3；皮肤腐蚀/刺激，类别 1；严重眼损伤/眼刺激，类别 1；特异性靶器官毒性——次接触，类别 2。

大鼠经口 LD_{50} 为 5 660 μl/kg(雄)，小鼠腹腔注射 LD_{50} 为 750 mg/kg，大鼠吸入 LC_{50} 为 12,900 mg/m^3/1 h；兔经皮 LD_{50} 为 1 780 μl/kg。

4. 人体健康危害

吸入蒸气导致黏膜和喉刺激，呼吸短促，导致肺损伤。接触眼和皮肤可导致严重灼伤、疼痛、水泡。误服导致口和胃的严重灼伤。

5. 风险评估

ERP：14.55 mg/(m^3 · 1 h)（无暂时或轻度损

害)；97 mg/(m^3 · 1 h)(无严重损害)；727.6 mg/(m^3 · 1 h)(无生命损害)。

六甲基二硅氮烷

1. 理化性质

CAS号：999-97-3	外观与性状：无色液体，氨气气味
密度(g/cm³)：0.774 1 (25℃)	沸点(℃)：125
辛醇-水分配系数：2.62	蒸气压(kPa)：20 (20℃)
黏度(cP)：0.90	闪点(℃)：27(闭杯)
易燃性：易燃液体	溶解度：易溶于苯、丙酮、乙醚、庚烷、全氯乙烯；不溶于水
自燃温度(℃)：325	

2. 用途和接触机会

六甲基二硅氮烷是用于生产硅氧烷聚合物的中间物，光阻材料的黏合促进剂，用于层析材料的失活。生产环境中可通过吸入和皮肤吸收。

3. 毒性

本品健康危害GHS分类为：急性毒性—经皮，类别3；急性毒性—吸入，类别3；皮肤腐蚀/刺激，类别1；严重眼损伤/眼刺激，类别1；特异性靶器官毒性—一次接触，类别1；特异性靶器官毒性—一次接触，类别3(呼吸道刺激)。

大鼠经口LD_{50}为850 mg/kg，小鼠经口LD_{50}为850 mg/kg，兔经口LD_{50}为1 100 mg/kg，大鼠吸入LC_{50}为8 700 mg/(m^3 · 4 h)，小鼠吸入LC_{50}为12 mg/L(2 h)；兔经皮LD_{50}为710 μl/kg。

经口导致小鼠镇静、呼吸困难、共济失调和过度兴奋，随后陷入昏迷，失去反射。经皮接触导致严重红斑，中到重度水肿和坏死。

4. 人体健康危害

具有导致眼睛灼伤和皮肤刺激的能力。尚未有报道因六甲基二硅氮烷导致的皮肤灼伤，可能是因为六甲基二硅氮烷具有高度挥发性。

5. 风险评估

本品对水生生物有害并具有长期持续影响，其环境危害GHS分类为：危害水生环境—长期危害，类别3。

六甲基二硅醚

1. 理化性质

CAS号：107-46-0	外观与性状：液体
密度(g/cm³)：0.763 8 (20℃)	沸点(℃)：99
辛醇-水分配系数：4.2	蒸气压(kPa)：5.59(25℃)
黏度(cP)：0.51	熔点：−66
闪点(℃)：−30	易燃性：易燃液体
溶解度：水0.93 mg/L；不溶于溶剂	

2. 用途和接触机会

作为生产硅酮液体、合成弹性材料和氟硅氧烷的中间物。用于化妆品和个人护理产品，作为黏附促进剂用于照相平版应用。可能在生产环境中通过吸入和皮肤接触。

3. 毒代动力学

小鼠皮下注射实验发现，环三硅醚类在肠系膜淋巴结、子宫、卵巢的含量最高。所有脏器均能被检测到。1年后，仍能检测到，最高含量在肠系膜淋巴结、腹部脂肪、卵巢中。

尿液是主要排泄方式。代谢物已被GC-MS识别到。

4. 毒性

4.1 急性毒作用

大鼠经口LD_{50}>5 000 mg/kg，大鼠吸入LC_{50}：115 695.2 mg/(m^3 · 4 h)；小鼠经腹腔LD_{50} 4 500 mg/kg。兔经皮LD_{50}：16 ml/kg

豚鼠致敏实验：阴性；兔皮肤致敏：阴性。

4.2 慢性毒作用

3月Fischer 344大鼠染毒实验：无明显毒性反应。雄性肾脏肾小管再生。乳头状矿化。1月Fischer 344大鼠吸入实验：肝身体比重增加，肺局部炎症反应。3月Fischer 344大鼠吸入实验：睾丸小管萎缩。阴道黏膜黏液化。

Fischer 344 大鼠 6 d 经鼻蒸气系统染毒：36 254.5 mg/m³ 造成雄性大鼠 α-2U-球蛋白肾病。28dSD 大鼠经口染毒：肾脏体积重量比增加。

5. 人体健康危害

蒸气对人非常低毒，对结膜有刺激但不影响角膜。慢性皮肤贴片测试没有发现致敏能力。

6. 风险评估

本品对水生生物毒性极大并具有长期持续影响，其环境危害 GHS 分类为：危害水生环境—急性危害，类别 1；危害水生环境—长期危害，类别 1。

磷及其化合物

白　　磷

1. 理化性质

CAS 号：12185-10-3	外观与性状：纯品为无色腊状固体，有臭味。受光或被空气氧化后，表面变为淡黄色。在黑暗中可见到淡绿色磷光
熔点/凝固点(℃)：44.1	临界温度(℃)：721
沸点(℃)：280.5	自燃温度(℃)：30
燃烧热(kJ/mol)：3 093.2	溶解性：不溶于水；微溶于苯、氯仿；易溶于二硫化碳
饱和蒸气压(kPa)：0.13 (76.6℃)	分子量：123.895
密度(g/cm³)：1.82	相对密度(水=1)：1.88
相对蒸气密度(空气=1)：4.42	

2. 用途和接触机会

亦称黄磷，在自然环境中易发生自燃，故自然环境中不存在纯磷。地球地壳中磷的含量约为 0.12%。磷在自然界中是不自由发生的。它在矿物中以磷酸盐的形式存在，在花岗岩中也有少量的磷酸盐。

磷的用途甚广，在制造火柴、焰火、爆竹、信号弹、某些合成染料、人造磷肥、杀虫剂、灭鼠药及医疗用药中，均应用磷。旧式火柴头药含有黄磷，剧毒。

3. 毒代动力学

可以通过皮肤、摄入和呼吸道吸收。一部分磷被氧化成磷酸盐，后随尿液排出；一部分可通过汗液及呼吸排出。

4. 毒性

急性毒作用：大鼠经口(Charles-River，雌)LD_{50} 为 3.03 mg/kg，大鼠经口(Charles-River，雄) LD_{50} 为 3.76 mg/kg，小鼠经口(Swiss，雌) LD_{50} 为 4.82 mg/kg，小鼠经口(Swiss，雄)LD_{50} 为 4.85 mg/kg。

健康危害 GHS 分类为：急性毒性—经口，类别 2；急性毒性—吸入，类别 2；皮肤腐蚀/刺激，类别 1A；严重眼损伤/眼刺激，类别 1

IARC 致癌性分类：D 组，不能归类为人类致癌物。NOAEL 为 0.015 mg/(kg·d)，LOAEL 为 0.075 mg/(kg·d)。

5. 人体健康危害

5.1　急性毒作用

主要表现为不同程度的肝脏损害，肝脏肿大伴压痛、厌食、全身无力，出现黄疸及肝功能异常。严重时可同时发生肾脏损害。其烟雾会刺激呼吸道，引起严重的眼部刺激。

5.2　慢性毒作用

多由于长期吸入低浓度磷及其化合物所致，可引起鼻炎、咽炎、支气管炎、牙龈肿痛、牙松动和脱落，严重时可导致下颌骨骨质疏松和坏死；消化系统症状可有口内蒜臭味、恶心、厌食、肝肿大、肝功能异常。

6. 风险评估

我国职业接触限值规定：PC-STEL 为 0.1 mg/m³，PC-TWA 为 0.05 mg/m³。

本品对水生生物毒性极大，其环境危害 GHS 分类为：危害水生环境—急性危害，类别 1。

红　　磷

1. 理化性质

CAS 号：7723-14-0	外观与性状：棕红色粉末
熔点/凝固点(℃)：590	爆炸下限[%(V/V)]：48～64 mg/m³

（续表）

闪点(℃)：30	饱和蒸气压(kPa)：4 357(590℃)
相对蒸气密度(空气=1)：4.77	引燃温度(℃)：240
密度(g/cm^3)：1.82	溶解性：微溶于水；略溶于乙醇、碱液；不溶于二硫化碳
相对密度(水=1)：2.20	

2. 用途和接触机会

磷有黄磷和红磷(亦称赤磷)之分。农药生产上采用黄磷，它是制备一切含磷农药中间体的母体原料，与硫反应得到五硫化二磷，与氯反应得到三氯化磷，进而可得一系列其他含磷中间体。此外，黄磷主要用于生产磷酸，少量用于生产赤磷和五氧化二磷，军事上用于制造燃烧弹、信号弹等，也用于生产磷铁合金以及医药、有机原料等行业。

用于制造火柴、农药，及用于有机合成。用于制备半导体化合物及用作半导体材料掺杂剂。本品可用于阻燃聚烃类、聚苯乙烯、聚酯、尼龙、聚碳酸酯、聚甲醛、环氧树脂、不饱和树脂、橡胶、纺织品等。而对聚对苯二甲酸乙二醇酯、聚碳酸酯以及酚醛树脂等含氧高聚物的阻燃尤为有效。与其他磷系阻燃剂相比，相同质量的红磷能产生更多的磷酸，磷酸既可覆盖于被阻燃材料表面，又可在材料表面加速脱水碳化，形成液膜和碳层可将外部的氧、挥发性可燃物和热与内部的高聚物基质隔开而使燃烧中断。由于红磷在达到同样的阻燃要求时用量较小，而且红磷的熔点高，溶解性差，因而以红磷阻燃的高聚物的某些物理性能比用一般阻燃剂制得的同类高聚物要好。红磷与卤系阻燃剂并用，可提高阻燃效率。

用于制造烟火，以及磷化铝、五氧化二磷、三氯化磷等。是生产有机磷农药的原料。冶金工业用于制造磷青铜片。还用于轻金属的脱酸及制药。

3. 人体健康危害

如制品不纯时可含少量黄磷，可致黄磷中毒。具体见黄磷。经常吸入红磷尘，可引起慢性磷中毒。

4. 风险评估

我国职业接触限值：PC-STEL为0.1 mg/m^3，PC-TWA为0.05 mg/m^3。

本品对水生生物有害并具有长期持续影响，其环境危害GHS分类为：危害水生环境—长期危害，类别3。

磷 化 氢

1. 理化性质

CAS号：7803-51-2	外观与性状：无色有大蒜臭味气体
pH值：溶液为中性	临界温度(℃)：51
熔点(℃)：−132.8	临界压力(atm)：64.6
沸点(℃)：−87.7	溶解性：溶于醇、醚、氯化亚铜溶液、冷水中；不溶于热水
分子量：33.998	饱和蒸气压(kPa)：4 357(590℃)
蒸气压(kPa)：3.9×10^3(25℃)	密度(g/cm^3)：1.185
相对密度(水=1)：2.20	相对蒸气密度(空气=1)：1.17

2. 用途和接触机会

由自然界中含磷有机物腐败形成。磷化氢是最常用的高效熏蒸杀虫剂，主要由磷化铝或磷化锌与水反应而产生。磷化氢广泛用于粮食、皮毛仓库和船舱的熏蒸杀虫，使用不当、防护不良或意外渗漏等，可致操作工人乃至周围居民发生急性中毒。磷的金属化合物的生产、贮存、运输过程中，若防潮不良，空气湿度过高时，吸收水分或遇酸时，亦可产生磷化氢，导致中毒。

在黄磷生产和使用过程中，只要有黄磷燃烧的烟雾就可有磷化氢的存在，这是由于磷的低价氧化物三氧化二磷(P_2O_3)与热水反应产生磷化氢。在赤磷生产过程中，有磷化氢的形成并聚积于转化锅内，开锅时可溢出，在通风不良的情况下可引起作业者中毒。在赤磷碱煮纯化过程中，赤磷中的微量黄磷与氢氧化钠反应，也可产生磷化氢。乙炔的生产和使用过程中，由于乙炔的原料碳化钙(CaC_2，俗称电石)中含有少量的磷化钙(Ca_3P_2)杂质，在加水反应时，有磷化氢混合于乙炔气体之中，可致急性磷化氢中毒。硅铁中含有少量磷的金属化合物，如磷化钙等，在车船运输或仓库储存时，如果受潮，可放出磷化氢，使仓内或周围人群中毒。含磷金属元件的酸洗，如有用磷掺杂的半导体元件的酸蚀过程，亦有磷化氢的产生。

3. 毒性

本品大鼠吸入 LC_{50} 为 16.7 mg/(m^3 · 4 h)，为 2015 版《危险化学品目录》所列剧毒品，其健康危害 GHS 分类为：急性毒性—吸入，类别 2；皮肤腐蚀/刺激，类别 1B；严重眼损伤/眼刺激，类别。

4. 人体健康危害

4.1 急性中毒

吸入：磷化氢不仅有刺激性而且是呼吸等多系统毒剂，症状包括流泪、刺激肺、气短、咳嗽、肺积水、头痛、青紫、头晕、疲劳、恶心、呕吐、严重的上腹疼痛、麻木、颤抖、痉挛、黄疸、肝脏及心脏功能紊乱、肾发炎甚至死亡。

皮肤接触：接触液体会造成刺激和冻伤。

4.2 慢性中毒

重复暴露在低浓度磷化氢中的症状包括支气管炎、厌食、神经系统问题，以及类似于急性中毒的症状如：黄疸、肝脏及心脏功能紊乱、肾炎。慢性暴露还会造成骨骼的变化。

5. 风险评估

我国职业接触限值规定：MAC 为 0.3 mg/m^3。苏联规定：MAC 为 0.1 mg/m^3。美国 ACGIH 规定：TLV - TWA 为 0.42 mg/m^3，TLV - STEL 为 1.4 mg/m^3。

本品对水生生物毒性极大，其环境危害 GHS 分类为：危害水生环境—急性危害，类别 1。

磷 化 钙

1. 理化性质

CAS 号：1305 - 99 - 3	外观与性状：红棕色结晶性粉末或灰色颗粒状物质
密度(g/cm^3)：2.51	溶解性：不溶于乙醇、乙醚和苯
熔点(℃)：1 600℃	

2. 用途和接触机会

磷化钙用于制磷化氢、信号和烟火等的制造。也用于净化铜和铜合金。金属的磷化物被用作杀鼠剂。鼠吃了金属的磷化物，就会与消化系统的酸产生反应，释出有毒气体磷化氢。

3. 毒性

与水或潮湿空气接触会分解释出自燃和剧毒的磷化氢气体。具体请见磷化氢。健康危害 GHS 分类为：急性毒性—经口，类别 2。

4. 风险评估

本品对水生生物毒性极大，其环境危害 GHS 分类为：危害水生环境—急性危害，类别 1。

磷 化 钾

1. 理化性质

CAS 号：20770 - 41 - 6	外观与性状：白色结晶或粉状固体

2. 毒性

与水或潮湿空气接触会分解释出自燃和剧毒的磷化氢气体，导致中毒，具体请见磷化氢。

健康危害 GHS 分类为：急性毒性—经口，类别 3；急性毒性—经皮，类别 3；急性毒性—吸入，类别 3。

3. 风险评估

本品对水生生物毒性极大，其环境危害 GHS 分类为：危害水生环境—急性危害，类别 1。

磷 化 铝

1. 理化性质

CAS 号：20859 - 73 - 8	外观与性状：浅黄色或灰绿色粉末
密度(g/cm^3)：2.42	熔点(℃)：2 000

2. 用途和接触机会

磷化铝是用赤磷和铝粉烧制而成。因杀虫效率高、经济方便而应用广泛。磷化铝通常是作为一种广谱性熏蒸杀虫剂，主要用于熏杀货物的仓储害虫、空间的多种害虫、粮食的储粮害虫、种子的储粮害虫、洞穴的室外啮齿动物等。磷化铝吸水后会立即产生高毒的磷化氢气体,通过昆虫(或者老鼠等动物)的呼吸系统进入体内,作用于细胞线粒体的呼吸链和细胞色素氧化酶,抑制其正常呼吸而致死。在无氧情况下磷化氢不易被昆虫吸入,无毒性表现,有氧情况下磷化氢可被吸入而使昆虫致死。昆虫在高浓度的磷化氢中会产生麻痹或保护性昏迷,呼吸降低。制剂产品可熏蒸原粮、成品粮、油料和薯干等。若熏蒸种子时,其水分因不同作物而要求不同。

3. 毒性

本品大鼠经口 LD_{50} 为 11.5 mg/kg,大鼠吸入 LC_{50} 为 15.5 mg/(m^3 · 4 h)。

健康危害 GHS 分类为:急性毒性—经口,类别 2;急性毒性—经皮,类别 3;急性毒性—吸入,类别 1。

4. 人体健康危害

4.1 急性中毒

吸入磷化氢气体引起头晕、头痛、乏力、食欲减退、胸闷及上腹部疼痛等。严重者有中毒性精神症状、脑水肿、肺水肿、肝肾及心肌损害、心律紊乱等。口服产生磷化氢中毒,有胃肠道症状,以及发热、畏寒、头晕、兴奋及心律紊乱,严重者有气急、少尿、抽搐、休克及昏迷等。

4.2 慢性中毒

慢性中毒主要表现为磷中毒症状,可对骨骼及牙齿造成损伤,患者会出现贫血、头晕及神经衰弱等症状。

5. 风险评估

本品对水生生物毒性极大,其环境危害 GHS 分类为:危害水生环境—急性危害,类别 1。

磷 化 镁

1. 理化性质

CAS 号:12057 - 74 - 8	外观与性状:硬而脆的浅黄色至黄绿色结晶
相对密度(水=1):2.055	溶解性:溶于酸,与水反应
分子量:134.87	

2. 毒性

又名二磷化三镁,遇水、潮湿空气或酸分解释出剧毒和自燃的磷化氢气体。与氟、氯、溴等卤素会剧烈反应。遇高热分解释出高毒烟气。

健康危害 GHS 分类为:急性毒性—经口,类别 2;急性毒性—经皮,类别 3;急性毒性—吸入,类别。

3. 风险评估

美国 NIOSH 规定:IDLH 为 282 mg/m^3。

本品对水生生物毒性极大,其环境危害 GHS 分类为:危害水生环境—急性危害,类别 1。

磷 化 钠

1. 理化性质

CAS 号:12058 - 85 - 4	外观与性状:红色晶体
相对密度(水=1):1.74	溶解性:与水反应
熔点(℃):650	

2. 用途和接触机会

用于许多化学反应,需要高反应的磷化阴离子;用作催化剂,如聚合物生产。禁配物为强氧化剂、水、潮湿空气。

3. 毒性和中毒机理

遇水、潮湿空气或酸分解释放出剧毒和自燃的磷化氢气体,具体请见磷化氢。

健康危害 GHS 分类为:急性毒性—经口,类别 3;急性毒性—经皮,类别 3;急性毒性—吸入,类别 3。

4. 风险评估

本品对水生生物毒性极大,其环境危害 GHS 分类为:危害水生环境—急性危害,类别 1。

磷化锶

1. 理化性质

CAS号：12504-13-1	外观与性状：棕色结晶
相对密度(水=1)：2.86	

2. 毒代动力学

与水反应生成磷化氢，具体请见磷化氢。健康危害GHS分类为：急性毒性—经口，类别3；急性毒性—经皮，类别3；急性毒性—吸入，类别3。

3. 风险评估

本品对水生生物毒性极大，其环境危害GHS分类为：危害水生环境—急性危害，类别1。

磷化锡

1. 理化性质

CAS号：25324-56-5	外观与性状：灰色硬质固体，有金属光泽
溶解性：溶于酸	

2. 用途和接触机会

健康危害GHS分类为：急性毒性—经口，类别3；急性毒性—经皮，类别3；急性毒性—吸入，类别3。

3. 风险评估

本品对水生生物毒性极大，其环境危害GHS分类为：危害水生环境—急性危害，类别1。

磷化锌

1. 理化性质

CAS号：1314-84-7	外观与性状：暗灰色结晶或粉末
熔点/凝固点(℃)：420	溶解性：不溶于水；微溶于二硫化碳、苯；几乎不溶于醇
沸点(℃)：1 100	密度(g/cm^3)：4.55

2. 用途和接触机会

适用于毒杀田鼠和家鼠等。常规使用以配制毒饵为主。防治家栖鼠种，宜选用1%～3%的有效成分含量；防治野栖鼠种，毒饵中有效成分含量可提高至2%～5%。在制备毒饵时，应选择鼠类喜食的饵料，以提高磷化锌毒饵的适口性。应避免在1年内重复使用，做到与其他杀鼠剂合理交替使用。配制毒饵时常用约3%的植物油作为黏着剂(油也有诱鼠的作用)。

3. 毒性

本品吸入、误服磷化锌可致磷化氢中毒，具体请见磷化氢。大鼠经口LD_{50}为12 mg/kg，小鼠经口LD_{50}为40 mg/kg，大鼠吸入LC_{50}为234 mg/m^3，兔经皮LD_{50}为2 mg/kg。

健康危害GHS分类为：急性毒性—经口，类别2。

4. 风险评估

本品对水生生物毒性极大并具有长期持续影响，其环境危害GHS分类为：危害水生环境—急性危害，类别1；危害水生环境—长期危害，类别1。

五氯化磷

1. 理化性质

CAS号：10026-13-8	外观与性状：淡黄色结晶，有刺激性气味，易升华
熔点/凝固点(℃)：148	相对密度(水=1)：1.6
沸点(℃)：160	相对蒸气密度(空气=1)：7.2
燃烧热(kJ/mol)：64.9	溶解性：溶于四氯化碳、二硫化碳
蒸气压(Pa)：1.6(20℃)	

2. 用途和接触机会

在有机合成中用作氯化剂、催化剂，是生产医药、染料、化学纤维的原料，也是生产氯化磷腈、磷酰氯的原料。

3. 毒性和中毒机理

本品大鼠经口LD_{50}为660 mg/kg，大鼠吸入

LC_{50}为 205 mg/m^3。

健康危害 GHS 分类为：急性毒性—吸入，类别 2；皮肤腐蚀/刺激，类别 1B；严重眼损伤/眼刺激，类别 1；特异性靶器官毒性—反复接触，类别 2。

4. 人体健康危害

五氯化磷的主要毒性，作用于皮肤、黏膜和呼吸道，可被眼及呼吸道内的水分解生成三氯氧磷、磷酸、盐酸。五氯化磷的蒸气和烟雾对呼吸道、眼、口腔的黏膜有极强的刺激作用，可引起灼痛、失音或吞咽困难，严重者可因喉水肿致窒息，并可引起支气管炎、化学性肺炎、肺水肿，胸部可闻干性及湿性罗音，这种作用与光气($COCl_2$)相似，毒性比三氯化磷强烈。

5. 风险评估

苏联车间空气中有害物质的 MAC 为 0.2 mg/m^3。

三氯化磷

1. 理化性质

CAS 号：7719－12－2	外观与性状：无色澄清发烟液体
沸点(℃)：76.1	临界温度(℃)：285.5
熔点/凝固点(℃)：－93.6℃	溶解性：与水、乙醇反应；可溶于苯、氯仿、乙醚
燃烧热(kJ/mol)：30.5	分子量：137.33
相对密度(水＝1)：1.574(21℃)	相对蒸气密度(空气＝1)：4.75

2. 用途和接触机会

主要用于制造敌百虫、甲胺磷和乙酰甲胺磷以及稻瘟净等有机磷农药的原料。医药工业用于生产磺胺嘧啶(S.D)、磺胺五甲氧嘧啶(S.M.D)。染料工业用于色酚类的缩合剂、催化剂等。

3. 毒性

本品大鼠经口 LD_{50}为 18 mg/kg，大鼠吸入 LC_{50}为 637.6 mg/(m^3·4 h)。

健康危害 GHS 分类为：急性毒性—经口，类别 2；急性毒性—吸入，类别 2；皮肤腐蚀/刺激，类别 1A；严重眼损伤/眼刺激，类别 1；特异性靶器官毒性—反复接触，类别 2。

4. 人体健康危害

三氯化磷在空气中可生成盐酸雾，对皮肤、黏膜有刺激腐蚀作用。短期内吸入大量蒸气可引起上呼吸道刺激症状，出现咽喉炎、支气管炎，严重者可发生喉头水肿致窒息、肺炎或肺水肿。皮肤及眼接触，可引起刺激症状或灼伤，严重眼灼伤可致失明。长期低浓度接触可引起眼及呼吸道刺激症状，可引起磷毒性口腔病。

5. 风险评估

我国职业接触限值规定：PC－STEL 为 2 mg/m^3，PC－TWA 为 1 mg/m^3。苏联规定 MAC 为 0.2 mg/m^3。美国 OSHA 规定：PEL－TWA 为 2.8 mg/m^3；ACGIH 规定：TLV－TWA 为 1.1 mg/m^3，TLV－STEL 为 2.8 mg/m^3。

五氧化二磷

1. 理化性质

CAS 号：1314－56－3	外观与性状：白色粉末，有蒜味
熔点/凝固点(℃)：562	相对密度(水＝1)：2.39
沸点(℃)：360	相对蒸气密度(空气＝1)：5
溶解性：不溶于丙酮、氨水；溶于硫酸	饱和蒸气压(kPa)：0.13/384℃

2. 用途和接触机会

用作气体和液体的干燥剂；有机合成的脱水剂、涤纶树脂的防静电剂、药品和糖的精制剂。是制取高纯度磷酸、磷酸盐、磷化物及磷酸酯的母体原料。还可用于五氧化二磷溶胶及以 H 型为主的气溶胶的制造。用于制造光学玻璃、透紫外线玻璃、隔热玻璃、微晶玻璃和乳浊玻璃等，以提高玻璃的色散系数和透过紫外线的能力。用作干燥剂、脱水剂、糖的精制剂，并用于制取磷酸、磷化合物及气溶胶等用作半导体硅的掺杂源、脱水干燥剂、有机合成缩合剂及表面活性剂。在初中化学中经常用来检验空气中氧气的质量分数。

3. 毒性

本品大鼠吸入 LC_{50}为 1 217 mg/(m^3·h)，小鼠吸入 LC_{50}为 271 mg/(m^3·h)。健康危害 GHS 分类为：皮肤腐蚀/刺激，类别 1A；严重眼损伤/眼刺

激，类别 1。

4. 人体健康危害

4.1 急性中毒

中毒表现与白磷相同。误服数小时内会发生恶心、呕吐、腹痛、腹泻，数日内出现黄疸及肝肿大，或出现急性肝坏死，最严重的病例数小时内患者由兴奋转入抑制、发生昏迷，循环衰竭，以致死亡。吸入：轻症患者有头痛、头晕、呕吐、全身无力，中度患者上述症状较重，上腹疼痛、脉快、血压偏低等；重度中毒引起急性肝坏死及昏迷。

4.2 慢性中毒

有呼吸道刺激症状、胃炎、肝炎、贫血、骨质疏松及坏死等。

5. 风险评估

我国职业接触限值规定：MAC 为 1 mg/(m^3·h)。

ERPG 规定：(1) 5 mg/(m^3·h)(没有轻微短暂的效果)；(2) 25 mg/(m^3·h)(没有严重不良反应)；(3) 100 mg/(m^3·h)(没有生命危险)。

三 硫 化 二 磷

1. 理化性质

CAS 号：12165-69-4	外观与性状：黄色或淡黄色结晶或粉末，无臭，无味，遇潮气分解
熔点/凝固点(℃)：290	溶解性：溶于水，溶于醇、醚
沸点(℃)：490	

2. 用途和接触机会

用作化学试剂。

3. 毒性和中毒机理

遇潮分解产生硫化氢，具体见硫化氢。

4. 风险评估

GHZB1—1999 地表水环境质量标准规定：Ⅰ类 0.05、Ⅱ类 0.1、Ⅲ类 0.2、Ⅳ类 0.5，Ⅴ类 1.0(硫化物，mg/L)；GB3097—1997 海水水质标准规定：Ⅰ类 0.02、Ⅱ类 0.05、Ⅲ类 0.10，Ⅳ类 0.25(硫化物，mg/L)；GB8978—1996 污水综合排放标准规定：一级 1.0、二级 1.0，三级 1.0(硫化物，mg/L)。

三 硫 化 四 磷

1. 理化性质

CAS 号：1314-85-8	外观与性状：黄绿色针状结晶
熔点/凝固点(℃)：172.5	溶解性：不溶于水；溶于硝酸、二硫化碳、苯
沸点(℃)：407.5	分子量：220.1
密度(g/cm^3)：2.03	相对密度(水=1)：2.03 (20℃/4℃)

2. 用途和接触机会

又名三硫化磷，用于制造火柴，也用于制火柴盒的摩擦面。

3. 毒性和中毒机理

本品兔经皮 LDL_0 为 95 mg/kg。

4. 风险评估

本品对水生生物毒性极大，其环境危害 GHS 分类为：危害水生环境—急性危害，类别 1。

五 硫 化 二 磷

1. 理化性质

CAS 号：1314-80-3	外观与性状：黄色固体
熔点/凝固点(℃)：285	沸点(℃)：515

2. 用途和接触机会

生产润滑油添加剂和农药，用作干燥剂等。

3. 毒性和中毒机理

本品兔经皮 LD_{50} 为 3.160 mg/kg，大鼠经口 LD_{50} 为 389 mg/kg。

4. 人体健康危害

遇水水解成磷酸和硫化氢，具体见磷酸和硫化氢。

5. 风险评估

本品对水生生物毒性极大，其环境危害 GHS 分类为：危害水生环境—急性危害，类别 1。

三氯氧磷

1. 理化性质

CAS 号：10025 - 87 - 3	外观与性状：透明至淡黄色液体
熔点/凝固点(℃)：1.25	溶解性：与水反应
沸点(℃)：105.8	分子量：153.33
密度（g/cm^3）：1.645 (25℃/4℃)	相对蒸气密度(空气=1)：5.3
相对密度(水=1)：1.675	

2. 用途和接触机会

三氯氧磷俗名氧氯化磷，在有机磷农药合成中主要用于合成另一类含磷中间体——磷酰氯或磷酰二氯，如合成 O,O-二乙基磷酰氯，进而合成农药乙基硫环磷，或合成 O-乙基磷酰二氯，进而合成农药灭线磷等。在其他方面，三氯氧磷可作为氯化剂、催化剂、塑料增塑剂、染料中间体等，也用于制药工业和有机合成。

3. 毒性和中毒机理

本品大鼠经口 LD_{50} 为 36 mg/kg。

健康危害 GHS 分类为：急性毒性—吸入，类别 2；皮肤腐蚀/刺激，类别 1A；严重眼损伤/眼刺激，类别 1；特异性靶器官毒性—反复接触，类别 1。

中毒机理是三氯氧磷水解产生磷酸和盐酸，具体见磷酸和盐酸。

4. 人体健康危害

遇水蒸气分解成磷酸与氯化氢，含磷可致磷中毒。对皮肤、黏膜有刺激腐蚀作用。毒性与光气类似。急性中毒：短期内吸入大量蒸气，可引起上呼吸道刺激症状、咽喉炎、支气管炎；严重者可发生喉头水肿窒息、肺炎、肺水肿、发绀、心力衰竭。亦可发生贫血、肝脏损害、蛋白尿。口服引起消化道灼伤。眼和皮肤接触引起灼伤。长期低浓度接触可引起口、眼及呼吸道刺激症状。

5. 风险评估

我国职业接触限值规定：PC - STEL 为 0.6 mg/m^3，PC - TWA 为 0.3 mg/m^3。

磷　酸

1. 理化性质

CAS 号：7664 - 38 - 2	外观与性状：纯净的磷酸是无色晶体
pH 值：1.5 (0.1 Naq soln)	相对蒸气密度(空气=1)：3.4
熔点/凝固点(℃)：42.3	沸点(℃)：261(分解)

2. 用途和接触机会

磷酸是许多水果和果汁的天然成分。是肥皂、洗涤剂、金属表面处理剂、食品添加剂、饲料添加剂和水处理剂等所用的各种磷酸盐、磷酸酯的原料。

3. 毒性和中毒机理

本品大鼠经口 LD_{50} 为 1 530 mg/kg，兔经皮 LD_{50} 为 2 740 mg/kg。健康危害 GHS 分类为：皮肤腐蚀/刺激，类别 1B；严重眼损伤/眼刺激，类别 1。

4. 人体健康危害

蒸气或雾对眼、鼻、喉有刺激性。口服液体可引起恶心、呕吐、腹痛、血便或休克。皮肤或眼接触可致灼伤。慢性影响：鼻黏膜萎缩、鼻中隔穿孔。长期反复皮肤接触，可引起皮肤刺激。

5. 风险评估

我国职业接触限值规定：PC - STEL 为 3 mg/m^3，PC - TWA 为 1 mg/m^3。

磷酸二乙基汞

1. 理化性质

CAS 号：2235 - 25 - 8	外观与性状：白色粉末，蒜味
溶解性：溶于水	分子量：326.64

2. 用途和接触机会

用作木材防腐剂、杀真菌剂等。

3. 毒性

本品大鼠经口 LD_{50} 为 48 mg/kg，小鼠经口 LD_{50}

为 48 mg/kg，小鼠皮下注射 LD_{50} 为 76 mg/kg。

健康危害 GHS 分类为：急性毒性—经口，类别 2；急性毒性—经皮，类别 1；急性毒性—吸入，类别 2；特异性靶器官毒性—反复接触，类别 2。

4. 人体健康危害

有机汞中毒的主要表现有：无论经任何途径侵入，均可发生口腔炎；口服引起急性胃肠炎；神经精神症状有神经衰弱综合征、精神障碍、谵妄、昏迷、瘫痪、震颤、共济失调、向心性视野缩小等；可发生肾脏损害，重者可致急性肾功能衰竭。此外尚可致心脏、肝脏损害。可致皮肤损害。

5. 风险评估

本品对水生生物毒性极大并具有长期持续影响，其环境危害 GHS 分类为：危害水生环境—急性危害，类别 1；危害水生环境—长期危害，类别 1。

磷 酸 亚 铊

1. 理化性质

CAS 号：13453-41-3	外观与性状：白色针状晶体
溶解性：难溶于水；不溶于醇；微溶于铵盐	

2. 毒性

健康危害 GHS 分类为：急性毒性—经口，类别 2；急性毒性—吸入，类别 2；特异性靶器官毒性—反复接触，类别 2。

3. 风险评估

本品对水生生物有毒并具有长期持续影响，其环境危害 GHS 分类为：危害水生环境—急性危害，类别 2；危害水生环境—长期危害，类别 2。

三(2-甲基氮丙啶)氧化膦

1. 理化性质

CAS 号：57-39-6	熔点/凝固点(℃)：91
沸点(℃)：25	

2. 毒性

本品大鼠经口 LD_{50}：136 mg/kg；小鼠经口 LD_{50}：292 mg/kg；大鼠经皮 LD_{50}：183 mg/kg。IARC 致癌性分类为组 3。

健康危害 GHS 分类为：急性毒性—经口，类别 3；急性毒性—经皮，类别 2。

三 苯 基 磷

1. 理化性质

CAS 号：603-35-0	外观与性状：白色固体
熔点/凝固点(℃)：80	沸点(℃)：377
闪点(℃)：180(开杯)	密度(g/cm^3)：1.1
相对密度(水=1)：1.32	相对蒸气密度(空气=1)：9.0
溶解性：不溶于水；微溶于乙醇；溶于苯、丙酮、四氯化碳	

2. 用途和接触机会

用于有机化合物、磷盐及其他磷化合物合成。

3. 毒性

本品大鼠经口 LD_{50} 为 700 mg/kg，大鼠吸入 LC_{50} 为 12 167 mg/m^3/4 h，小鼠经口 LD_{50} 为 800～1 600 mg/kg。

健康危害 GHS 分类为：皮肤腐蚀/刺激，类别 2；严重眼损伤/眼刺激，类别 2；皮肤致敏物，类别 1；特异性靶器官毒性——次接触，类别 3(呼吸道刺激)；特异性靶器官毒性—反复接触，类别 1。

4. 人体健康危害

对眼、上呼吸道、黏膜和皮肤有刺激性。有神经毒效应。

硫及其化合物

硫

1. 理化性质

CAS 号：7704-34-9	外观与性状：淡黄色脆性结晶或粉末，有特殊臭味

（续表）

熔点/凝固点(℃)：107～120	沸点(℃)：445
爆炸上限[%(V/V)]：2.003	爆炸下限[%(V/V)]：0.035
相对密度(水=1)：2.1	溶解性：不溶于水；微溶于乙醇、乙醚；易溶于二硫化碳、苯、甲苯

2. 用途与接触机会

硫磺是一种比较活泼的非金属元素，能与金属、氢、氧等反应生成硫的化合物。硫主要用于制造硫酸、硫化橡胶、黑色火药、火柴药料和杀虫农药等。在医药上主要用于治疗皮肤病，硫磺燃烧时发出有毒的二氧化硫气体。硫的化合价范围是从－2到＋6，这一特殊的价态致使地球上的硫物质处于动态的循环过程。日常生活中的硫主要来自硫污染，硫污染物融入硫循环的各个方面，大部分可溶性的硫物质随着地表径流进入海洋。硫污染物对自然生态系统会产生负面影响，其氧化产物挥发到大气中产生酸雨，会给生物体带来严重的健康风险且会腐蚀材料。

用于制造硫酸、液体二氧化硫、亚硫酸钠、二硫化碳、氯化亚砜、氧化铬绿等。在食品工业中用于防腐剂、杀虫剂、漂白粉等。我国规定只限于熏蒸品。硫磺是一种传统的无机硫杀菌剂，具有杀菌和杀螨作用。可与代森锰锌、多菌灵等农药复配使用。但不能与硫酸铜等金属盐类药剂混用，否则将降低药效。用于制造染料、农药、火柴、火药、橡胶、人造丝、药物等。

3. 毒代动力学

可吸入、误服、经皮吸收。硫在胃内无变化，但在肠内，尤其在大肠内能部分(约10%)转化为硫化氢而被吸收，故大量内服(10～20 g)可引起硫化氢中毒的临床表现。

4. 毒性

大鼠经口 LD_{50} ＞3 000 mg/kg。大鼠经口 LD：＞8 437 mg/kg。

5. 人体健康危害

5.1 急性毒作用

硫的毒性甚低，生产中不致引起急性中毒。因其能在肠内转化为硫化氢而被吸收，故大量口服可引起硫化氢中毒。急性硫化氢中毒的全身毒作用表现为中枢神经系统症状，有头痛、头晕、乏力、呕吐、共济失调、昏迷等。硫粉尘有时引起眼结膜炎，敏感者可引起皮肤湿疹。硫与皮肤分泌物接触，可形成硫化氢和五硫磺酸，故对皮肤有弱刺激作用，并能经无损皮肤吸收。

5.2 慢性毒作用

生产中长期吸入硫的粉尘一般无明显毒性作用，但国外曾有引起"硫尘肺"及支气管炎伴有肺气肿的报道。

胶 体 硫

1. 理化性质

胶体硫是分散度较高的硫黄粉剂。其微粒直径在1～2 μm之间，最大不超过5 μm。工业产品为黄褐色块状或粒状固体，含硫50%。其理化特性及毒性与普通硫黄相同。

2. 用途与接触机会

胶体硫主要用作医药，可用于治疗皮肤病，有局部杀菌作用。用于农业时作为杀虫剂和杀螨剂。

3. 毒性

胶体硫的毒性与普通硫磺相同，与皮肤或组织接触后能刺激毛孔开放，生成硫化氢与五黄酸。它在肠道中转化为硫化氢的量远超过粉末状硫，吸收速度亦快。据国外资料报道，人口服胶体硫500～750 mg/d，能完全被吸收并氧化为硫酸根而全部经尿排出，口服后2 h在尿中硫酸根含量显著上升。

4. 人体健康危害

同硫磺。

多 硫 化 钡

1. 理化性质

CAS号：12231-01-5	外观与性状：深灰色粉末

2. 用途与接触机会

农业上用作杀菌剂和杀螨剂。效用与石灰硫磺合剂相同。可用于防治小麦锈病、赤霉病、水稻的纹枯病和害虫红蜘蛛等。

3. 毒性

本品粉尘对上呼吸道黏膜和眼结膜具有强烈刺激作用。其溶液有强烈腐蚀性。本品附着在黏膜上分解而析出硫的微粒，进一步生成硫化氢被吸收。

四氧硫化碳

1. 理化性质

CAS 号：463-58-1	外观与性状：无色气体
熔点/凝固点(℃)：−138.8	临界压力(MPa)：61
沸点(℃)：−50.2	临界温度(℃)：105
爆炸上限[%(V/V)]：28.5	爆炸下限[%(V/V)]：11.9
溶解热(J/mol)：4 731.084	溶解性：易溶于水和有机溶剂

2. 用途与接触机会

又名羰基硫，是大气中最丰富的含硫气体之一，在大气中的含量也在不断增加，其主要来源于海洋、各种土壤(像小麦、水稻等农田)、火山爆发、沼泽地、生物质燃烧和一些工业废气。

为农药、医药和其他有机合成的重要原料，也可以作为重要的石化标准气原料和粮食熏蒸剂。近年来，发现高纯氧硫化碳可用作集成电路制造的蚀刻气、电子芯片制造、光伏、LED 等行业的原辅料气以代替难以降解并具有温室效应的氟化物蚀刻气。

3. 毒代动力学

本品在加热条件下能分解为一氧化碳和硫，在水中能发生水解反应，生成二氧化碳和硫化氢，在氢气中则还原成一氧化碳和硫化氢。

在鼠肝的代谢过程中，首先在脱氢酶的作用下形成硫代碳酸盐，最终形成酸式碳酸盐和硫化氢。兔子连续暴露在 1×10^{-6} mg/m^3 氧硫化碳下 49 d，血浆中胆固醇水平提高，但甘油三酸酯的浓度没有变化。四氧硫化碳在人体内的疏水性是有节制的，它是铜的螯合剂，在人体血浆中，它对多巴明-β-羟基酶的活性没有影响。

4. 毒性

本品大鼠吸入 LC_{50}：2 869.4 mg/(m^3·4 h)；大鼠腹注 LD_{50}：23 mg/kg。健康危害 GHS 分类为：急性毒性—吸入，类别 3。

5. 人体健康危害

四氧硫化碳对肺有轻微刺激作用，但主要作用于中枢神经系统，严重中毒时可引起抽搐，甚至发生呼吸麻痹而死亡。

对皮肤、眼睛、鼻子、咽喉、肺部有刺激作用。中低浓度容易导致咳嗽、打喷嚏、流泪甚至结膜炎和畏光，也能导致恶心、腹泻、头痛和精神混乱。高浓度可以导致突然虚脱、震颤、视力模糊和心动过速。长期接触会导致因呼吸麻痹而引起昏迷甚至死亡。

二氯化硫

1. 理化性质

CAS 号：10545-99-0	外观与性状：红棕色液体，有刺激性臭味
熔点/凝固点(℃)：−78	临界压力(MPa)：6.68
沸点(℃)：60	闪点(℃)：118(开杯)
相对蒸气密度(空气=1)：3.55	相对密度(水=1)：1.62
饱和蒸气压(kPa)：22.66(20℃)	引燃温度(℃)：234
溶解性：可混溶于醚、己烷、四氯化碳、苯	

2. 用途与接触机会

又名二氯化一硫，用作有机合成的氯化剂，制造酸酐或有机酸的氯化物，高压润滑剂和切削油的添加剂，处理植物油类(如玉米油、大豆油)的加工处理剂。还可用作消毒剂和杀菌剂。

3. 毒性

健康危害 GHS 分类为：皮肤腐蚀/刺激，类别 1B；严重眼损伤/眼刺激，类别 1；特异性靶器官毒性——次接触，类别 3(呼吸道刺激)。

4. 人体健康危害

对眼和上呼吸道黏膜有强烈的刺激性，并可致严重皮肤烧伤。少数严重者可引起肺水肿。

5. 风险评估

本品对水生生物毒性极大，其环境危害GHS分类为：危害水生环境—急性危害，类别1。

二氯硫化碳

1. 理化性质

CAS号：463-71-8	外观与性状：红色液体，有刺激性气味
沸点(℃)：73.5	相对密度(水=1)：1.508(15℃)
相对蒸气密度(空气=1)：4	溶解性：溶于乙醚

2. 用途与接触机会

又名硫光气，用于有机合成。

3. 毒性

本品大鼠经口LD_{50}：929 mg/kg；小鼠吸入LC_{50}：370 mg/m^3。

兔经皮：500 mg(24 h)，中度刺激；兔经眼：50 μg(24 h)，重度刺激。

健康危害GHS分类为：急性毒性—吸入，类别3；皮肤腐蚀/刺激，类别2；严重眼损伤/眼刺激，类别2；特异性靶器官毒性——一次接触，类别3(呼吸道刺激)。

4. 人体健康危害

对眼睛、皮肤及黏膜有刺激性。吸入后可致喉、支气管痉挛、炎症，化学性肺炎、肺水肿等；接触后可引起烧灼感、咳嗽、喉炎、气短、头痛、恶心和呕吐。

四氯化硫

1. 理化性质

CAS号：13451-08-6	外观与性状：白色固体
熔点/凝固点(℃)：−31	分解温度(℃)：−15
沸点(℃)：−20	溶解性：与水反应，生成盐酸与亚硫酸

2. 毒性

健康危害GHS分类为：皮肤腐蚀/刺激，类别1B；严重眼损伤/眼刺激，类别1；特异性靶器官毒性——一次接触，类别3(呼吸道刺激)。

3. 人体健康危害

吸入粉尘或烟雾(尤其是长期接触)可能引起呼吸道刺激，偶尔出现呼吸窘迫。腐蚀物能引起呼吸道刺激，伴有咳嗽、呼吸道阻塞和黏膜损伤。皮肤直接接触造成严重皮肤灼伤。通过割伤、擦伤或病变处进入血液，可能产生全身损伤的有害作用。眼睛直接接触本品能造成严重化学灼伤。如果未得到及时、适当的治疗，可能造成永久性失明。

4. 风险评估

本品对水生生物毒性极大，其环境危害GHS分类为：危害水生环境—急性危害，类别1。

二氧化硫

1. 理化性质

CAS号：7446-09-5	外观与性状：无色透明气体，带有刺激性气味
熔点/凝固点(℃)：−75.51	临界温度(℃)：157.8
沸点(℃)：−10.06	临界压力(MPa)：7.87
饱和蒸气压(kPa)：338.42(21℃)	气味阈值(mg/m^3)：0.001 5～0.003
密度(g/cm^3)：1.25(25℃)	相对密度(水=1)：1.4
相对蒸气密度(空气=1)：2.26	溶解性(mg/L)：与水混溶

2. 用途与接触机会

2.1 生活环境

由于二氧化硫的抗菌性，有时用作杏干、无花果干和其他干果防腐剂，也可以保持水果新鲜和防止腐烂。有水存在时，二氧化硫能够使物质脱色，特别用于纸张和衣物的漂白。在城市污水处理中，处理氯化废水之前投放二氧化硫可以减少游离氯和氯化物。

2.2 生产环境

大多数二氧化硫是由元素硫的燃烧产生的，也可通过焙烧黄铁矿和其他硫化物矿石而产生。二氧化硫主要用于制造硫酸、亚硫酸、硫酸盐、冶炼镁、精炼石油、有机化合物合成、熏蒸、消毒杀虫等；在烧制硫磺、燃烧含硫的镁、石油等燃料熔炼硫化矿石、还原物质作用于硫酸都可产生，是大气污染源之一。常因管道等设备泄漏、破裂等而危及职工及公众。

3. 毒代动力学

动物试验证明：二氧化硫从呼吸道吸收，在组织中分布量以气管为最高，肺、肺门淋巴结及食道次之，肝、脾、肾较少。同时发现二氧化硫可使动物的呼吸道阻力增加，可能是由于刺激支气管的神经末梢，引起反射性的支气管痉挛；也可能因二氧化硫直接作用于呼吸道平滑肌，使其收缩或因直接刺激作用使细胞坏死，分泌增加。吸入大量高浓度二氧化硫后，可使深部呼吸道和肺组织受损，引起肺部充血、肺水肿或产生反射性喉头痉挛而导致窒息致死。二氧化硫还能与血液中的硫胺素结合破坏酶，导致糖及蛋白质的代谢障碍，从而引起脑、肝、脾等组织发生退行性变。

吸入本品主要经上呼吸道尤其是鼻黏膜吸收。在 44 mg/m^{3}浓度下，人的鼻黏膜可以清除绝大部分吸入的本品，而呼气时又释放出吸入量的 15%，鼻黏膜实际约吸收了总量的 85%，此时只有不到 1%的本品进入呼吸道深部，但足以引起支气管的反射性收缩。用放射性同位素研究，狗吸入$^{35}SO_2$后，^{35}S迅速进入血流而分布全身，在气管、肺、肺门淋巴结和食道中含量最高，其次为肝、肾、脾等。本品在体内生成亚硫酸盐，最终可由肝、心、肾等组织中的亚硫酸氧化酶将其氧化为硫酸盐而经尿排出。

4. 毒性与中毒机理

刺激性气体，高浓度吸入，引起喉头痉挛、水肿而窒息。人的嗅觉阈值 0.001 5～0.003 mg/L、刺激阈值 0.01 mg/L；0.03 mg/L 浓度时只能耐受 1 min，过久则引起呼吸困难、青紫、呕吐甚至意识障碍；大量吸入时，由于窒息作用和细胞毒作用而致死。

4.1 急性毒作用

大鼠吸入 LC_{50}：6 600 mg/(m^3 · h)。

家兔经眼：17.16 mg/(m^3 · 4 h)，32 d，轻度刺激。IARC 致癌性分类为组 3。

健康危害 GHS 分类为：急性毒性—吸入，类别 3；皮肤腐蚀/刺激，类别 1B；严重眼损伤/眼刺激，类别 1。

4.2 慢性和其他毒作用

动物实验显示小鼠吸入 5.24 mg/m^3，半年后出现免疫反应受到抑制。长期吸入平均浓度 50 mg/m^3，可引起接触者慢性鼻炎和嗅觉迟钝、牙酸蚀症、肺通气功能下降、免疫功能受损等表现。长时间低浓度接触者尚可影响味觉，还可致咽炎、喉炎、慢性气管炎、支气管炎。有头晕、头痛、乏力等症状。合并炎症感染反复不愈，造成小气道狭窄、肺通气障碍、肺功能不全，严重者引起弥漫性间质纤维化和中毒性肺硬变。有些伴有气道反应性增高，类似哮喘样发作。

致突变性：DNA 损伤：人淋巴细胞 5 700 ppb。

生殖毒性：大鼠吸入(TCL_0)：4 mg/m^3，24 h(交配前 72 d)，引起月经周期改变或失调，对分娩有影响，对雌性生育指数有影响。小鼠吸入(TCL_0)：71.5 mg/(m^3 · 7 h)，(孕 6～15 d)，引起胚胎毒性。

二氧化硫 IARC 致癌性分类为Ⅲ类，但强无机酸雾，IARC 致癌性分类为Ⅰ类。

4.3 中毒机理

二氧化硫是一种刺激性气体，由于溶解性高在上呼吸道与水接触生成硫酸和亚硫酸，引起黏膜损伤。进入血液的二氧化硫，立即与血红蛋白结合，主要分布在血浆中，部分被红细胞吸收，血浆中蛋白或低分子物质的二硫化物键与 SO_3^{2-} 发生化学反应后，以 $R-S-SO_3$-形式存在于血浆中，并随血流分布于各器官，特别是肾脏。二氧化硫吸收后，进一步破坏糖与蛋白的代谢，抑制脑、肝、脾和肌肉的氧化解毒过程，抑制氨基酸的氧化脱氨基作用和丙酮酸的氧化作用。二氧化硫在体内生成亚硫酸，在细胞线粒体内存在亚硫酸氧化酶，该酶肝内最多，使亚硫酸与氧结合成硫酸盐，然后随尿排出。

由于二氧化硫水溶性相对较低，因此可以深达气管和肺泡。当浓度达到 0.03 mg/L 时只耐受 1 min，过久则引起呼吸困难、青紫、呕吐，甚至意识障碍。高浓度有窒息作用和细胞毒性作用，致使对其较为敏感的大脑基底节区变性坏死，包括苍白球、豆状核、尾状核均发生对称性坏死。二氧化硫成为硫酸离子后即成为强的亲核剂，能进行加成反应、置换反应、还原反应和氧生成自由基,还能引起 DNA 键断裂,对 DNA 造成损伤。

二氧化硫也可引起中毒性肺水肿,其机理与光气引起的中毒性肺水肿相似。

5. 生物监测

5.1 接触标志

蛋白尿或者尿沉渣:尿常规检查不少肾脏病变早期即可出现蛋白尿或者尿沉渣中可见有形成分。一旦发现尿异常,常是肾脏或尿路疾病的第一个指征,亦常是提供病理过程本质的重要线索。

胸腔积液检查:胸腔积液检查适用于胸腔积液、积脓、积血有压迫症状或中毒症状的患者。

其他辅助检查:胸部透视、钼靶 X 线检查,病情轻时胸片可正常,亦可表现为肺间质改变和(或)肺实质改变。

5.2 效应标志

血常规检查:二氧化硫中毒时,末梢血象显示白细胞计数增多。

6. 人体健康危害

6.1 接触反应及急性中毒

环境空气浓度 30～50 mg/m^3 以上,即有刺激症状及窒息感。吸入 125 mg/m^3,30 min 或 200 mg/m^3,5 min 就可发生急性中毒,1 000 mg/m^3 以上有生命危险,5 000 mg/m^3 以上即喉头痉挛、水肿窒息而死。

(1) 接触反应:仅有眼及上呼吸道刺激症状,肺部无阳性体征,X 线胸片未见异常。

(2) 轻度中毒:发生流泪、畏光、咳嗽、常为阵发性干咳。鼻、咽、喉部烧灼样痛,声音嘶哑,甚至呼吸短促、胸痛、胸闷等呼吸道症状。有时还出现恶心、呕吐、上腹部痛等消化道症状以及头痛、头昏、乏力等全身症状。检查可见:眼结膜、鼻黏膜明显充血,鼻中隔黏膜可有小块发白灼伤;肺部可闻弥漫性干湿啰音,胸部 X 线检查有炎症表现,血常规结果白细胞增多。患者经治疗,大多可在数日内痊愈。

(3) 严重中毒:可于数小时内发生肺水肿而出现胸闷、气急、烦躁不安、呼吸困难和发绀,伴发热、咳嗽、咯白色或粉红色泡沫样痰;胸部 X 线检查见两肺纹理增粗、紊乱,可有不同程度片状阴影;实验室检查可有白细胞计数增高,血气分析可示低氧血症、呼吸性酸中毒等;甚至合并细支气管痉挛而引起急性肺水肿。有的患者并发广泛化脓性细支气管炎,病情好转后可因细支气管周围纤维化而发生严重肺气肿,导致呼吸循环功能障碍。

(4) 窒息:吸入极高浓度 1 000～5 000 mg/m^3 时可立即引起反射性声门痉挛而窒息致死。

(5) 灼伤:液体二氧化硫可引起皮肤及眼灼伤,溅入眼内可立即引起角膜混浊,浅表细胞坏死,严重者可形成角膜疤痕。

6.2 慢性影响

长期吸入低浓度二氧化硫,可有头昏、头痛、乏力等全身症状,常有鼻炎、咽喉炎、支气管和细支气管炎、嗅觉和味觉减退等,个别易诱发支气管哮喘。10 年以上接触者,X 线检查有少数可见肺弥漫性对称性纤维组织增生,肺纹理增多、紊乱、支气管变形及不同程度肺气肿。较常见消化道影响为牙齿酸蚀症,也可有恶心、胃部不适或疼痛、食欲不振等症状。尿中硫酸盐增多和酸度增高。

有调查显示平均浓度在 50 mg/m^3 的长期接触者,慢性鼻炎的患病率较高,主要表现为鼻黏膜肥厚或萎缩、鼻甲肥大、或嗅觉减退等;其次为牙齿酸蚀症;肺通气功能明显改变,时间肺活量及最大通气量的均值降低;肝功能检查与对照组比较有显著差异,球蛋白升高,白、球蛋白比值降低;血常规无特殊变化。研究发现本品会妨碍肝脏合成蛋白质及胆红素的功能。

7. 风险评估

7.1 生产环境

工作场所职业接触限值,见表 7-1。

表 7-1 国际二氧化硫职业接触限值

国家或地区	OELs		
	TWA	STEL	IDLH
中国	5 mg/m^3	10 mg/m^3	
美国 OSHA PEL	13.5 mg/(m^3 · 8 h)	/	/

（续表）

国家或地区	OELs		
	TWA	STEL	IDLH
美国 NOISH REL	5.4 mg/m³	13.5 mg/m³	270 mg/m³
英国、澳大利亚、比利时、芬兰	5.4 mg/m³	13.5 mg/m³	/
埃及、菲律宾、泰国、土耳其	13.5 mg/m³	/	/
奥地利、德国	MAK 5.4 mg/m³	/	/
丹麦、挪威	5.4 mg/m³	/	/
法国	VME 5.4 mg/m³	VLE 10 mg/m³	/
匈牙利	3 mg/m³	6 mg/m³	/
荷兰	MAC - TGG 5.4 mg/m³	/	/
波兰	MAC 2 mg/m³	MAC 5 mg/m³	/
俄罗斯	/	10 mg/m³皮肤	/
瑞典	NGV 5.4 mg/m³	TKV 13.5 mg/m³	/
瑞士	MAK - W 5.4 mg/m³	KZG - W 10.4 mg/m³	/

*.“/”表示无对应限值

7.2 生活环境

GB 3095—2012《环境空气质量标准》对环境空气功能区进行分类和管理时提出了污染物二氧化硫浓度限值，见下表：

表 7 - 2 中国二氧化硫环境空气质量标准 μg/m³

平均时间	浓度限值		数据有效性规定
	一级	二级	
年平均	20	60	每年至少有 324 个日平均浓度值；每月至少有 27 个日平均浓度(二月至少有 25 个日平均浓度)
24 h 平均	50	150	每日至少有 20 h 平均浓度值或采样时间
1 h 平均	150	500	每小时至少有 45 min 的采样时间

三 氧 化 硫

1. 理化性质

CAS 号：7446 - 11 - 9	外观与性状：无色透明油状液体，具有强刺激性臭味
熔点/凝固点(℃)：16.9	分子量：80.06
沸点(℃)：44.8	分解温度(℃)：不稳定，加热即可分解
燃烧热(kJ/mol)：256.77	易燃性：可燃酸性腐蚀品，具有强氧化性，与有机物、还原剂、易燃物等接触或混合时有引起燃烧爆炸的危险
饱和蒸气压(kPa)：37.32	溶解性：任何比例溶于水
密度(g/cm³)：1.92	相对密度(水=1)：1.97
相对蒸气密度(空气=1)：2.8	

2. 用途与接触机会

用于制硫酸、氯磺酸、氨基磺酸、硫酸二甲酯、洗涤剂及用做有机合成磺化剂，主要用于有机化合物的磺化及硫酸盐化方面。在表面活性剂和离子交换树脂生产中广泛用作反应剂。也用于磺胺的合成。用于染料中间体的生产、石油润滑馏分的精制。

3. 毒性

人吸入 30 mg/m³ 表现为感官(嗅觉)异常、咳嗽。啮齿动物豚鼠吸入，30 mg/(m³ · 6 h)表现为肝炎相关症状，如肝细胞弥漫性坏死，气管或支气管炎性改变。

豚鼠吸入 LC_{50}：50 mg/m³。健康危害 GHS 分类为：皮肤腐蚀/刺激，类别 1A；严重眼损伤/眼刺激,类别1;特异性靶器官毒性——一次接触,类别3(呼吸道刺激)。

4. 人体健康危害

其毒性表现与硫酸同。对皮肤、黏膜等组织有强烈的刺激和腐蚀作用。可引起结膜炎、水肿。角膜混浊,以致失明;引起呼吸道刺激症状,重者发生呼吸困难和肺水肿;高浓度引起喉痉挛或声门水肿而死亡。误服后引起消化道的烧伤以至溃疡形成。严重者可能有胃穿孔、腹膜炎、喉痉挛和声门水肿、肾损害、休克等。慢性影响有牙齿酸蚀症、慢性支气管炎、肺气肿和肝硬变等。

5. 风险评估

我国职业接触限值规定：PC－STEL为1 mg/m^3,PC－TWA为1 mg/m^3(G1);苏联MAC为1 mg/m^3。

硫　　酸

1. 理化性质

CAS号：7664－93－9	外观与性状：纯品为无色透明油状液体,无臭
熔点/凝固点(℃)：10.5	溶解性：与水任意比互溶
沸点(℃)：330	密度(g/cm^3)：1.83
相对密度(水=1)：1.83	相对蒸气密度(空气=1)：3.4
饱和蒸气压(kPa)：0.13(145.8℃)	

2. 用途与接触机会

世界各地大多数酸性化学通渠用品均含有浓硫酸。这一类的通渠用品和碱性的通渠用品一样,可以溶解淤塞在渠道里的油污及食物残渣等。

广泛用于合成染料、炸药、药物等;用于蓄电池生产;用作分析试剂、磺化剂;具有强烈的脱水作用和氧化性,在有机合成中用作脱水剂;用于生产磷酸、磷肥、各种硫酸盐、二氧化钛等。也可用作强酸性清洗腐蚀剂,可与双氧水配合使用;用于医药、农药、塑料、化纤、制革。

3. 毒代动力学

硫酸经黏膜和皮肤迅速吸收。用标记$H_2{}^{35}SO_4$肌注,1～3 h后在大鼠的绝大多数器官中达最高浓度,6 h后肌肉和皮肤的含量最大。5 d中经尿排出64%,经粪排出19%。

4. 毒性与中毒机理

健康危害GHS分类为：皮肤腐蚀/刺激,类别1A;严重眼损伤/眼刺激,类别1。

4.1 急性毒作用

家兔经眼：1 380 μg,重度刺激。急性毒作用大鼠经口LD_{50}：2 140 mg/kg;大鼠吸入LC_{50}：510 mg/m^3(2 h);小鼠吸入320 mg/(m^3·2 h)。硫酸雾对呼吸道的刺激作用远较二氧化硫为强。豚鼠吸入40 mg/m^3硫酸雾引起肺通气阻力的增高与2 190 mg/m^3二氧化硫相同。同时发现吸入雾滴的大小不同,引起的毒性反应也不同。这是由于不同大小的雾滴沉着于呼吸道的不同部位所致。当吸入较高浓度时,7 μm的酸雾滴多为上呼吸道所阻留,故毒性反应最轻;2.5 μm者毒性最强,因它使较大的支气管发生炎症变化最明显;0.8 μm者虽能进入呼吸道深部,只引起单纯的支气管收缩;但当浓度很低时(接近2 mg/m^3),则0.8 μm者因能作用于呼吸道深部,它所引起的生理反应,相对比2.5 μm的酸雾明显。

人吸入硫酸雾浓度为0.35 mg/m^3时,即影响肺功能。2 mg/m^3浓度下即有鼻咽部刺激症状。吸入6～8 mg/m^3,5 min即引起严重呛咳。突然吸入3 mg/m^3左右即可引起窒息感,而习惯者在此浓度下不觉难受。有人建议吸入5、15、30 min的一次接触限值相应为8、6、4 mg/m^3。嗅觉阈为1 mg/m^3。

强无机酸雾,IARC致癌性分类为Ⅰ类。

4.2 中毒机理

硫酸对皮肤和黏膜具有很强的腐蚀性。主要是使组织脱水,凝固蛋白质使之成为不溶性酸性蛋白,以致形成局限性灼伤和坏死。

5. 人体健康危害

5.1 急性中毒

(1) 吸入中毒：吸入高浓度硫酸雾能引起上呼吸道刺激症状,严重者发生喉头水肿、支气管炎、支气管肺炎,甚至肺水肿。

(2) 皮肤及眼灼伤：皮肤接触浓硫酸后,局部后刺痛,如立即冲洗,皮肤仅现潮红,否则由潮红转为暗褐色，继而破溃。溃疡多较深，界限清楚，周围微肿，且感剧痛，愈后留瘢。眼溅入硫酸后可引起结膜炎和水肿，角膜混浊以至穿孔，严重者可引起全眼炎以至完全失明。

（3）口服中毒：误服硫酸后，口腔、咽部、胸骨和腹部立即有剧烈的灼热痛，唇、口腔、咽部均见灼伤以至溃疡形成。呕吐物中伴有大量棕褐色物（酸性血红蛋白）和食道与胃黏膜碎片。患者烦躁不安、嗜睡、吞咽困难、声音嘶哑、便秘或腹泻。严重者发生后喉痉挛、声门水肿、胃穿孔、腹膜炎、肾脏损害、休克以至窒息。口服浓硫酸 1 ml 即可致死。即使好转后也往往出现食道、幽门狭窄，腹膜黏连和消化功能紊乱等后遗症。

5.2 慢性中毒

长期接触硫酸雾的工人，可有鼻黏膜萎缩伴有嗅觉减退或消失，慢性支气管炎和牙齿酸蚀症等。新中国成立初期调查制酸厂的工人中有 23.3%～47.1%患牙齿酸蚀症。其症状为牙齿对冷、热和酸、咸、甜的食物敏感，咬嚼软弱无力。主要侵蚀外露部分的牙，下颌门牙较上颌门牙更易受损。开始损害釉质，出现黄褐色斑纹，进而脱钙软化，切端发生缺损，到达牙本质后，引起牙冠不断崩坏。牙齿着色斑纹的产生可能与空气中同时有硫酸亚铁存在有关。曾有人调查接触浓度为 13～35 mg/m³ 的工人，其慢性支气管炎的患病率略高于对照组，其他疾病的发病率无差别。长期接触高浓度硫酸雾的工人中，有时可见患支气管扩张、肺气肿、肺硬变的严重病例，出现胸痛、胸闷、气喘等症状。有些人皮肤对硫酸雾敏感，接触时感觉皮肤发痒、发紧，或有烧灼感，下班后即消失，未见皮肤病变。

6. 风险评估

6.1 生产环境

我国职业接触限值规定：PC－STEL 为 2 mg/m³，PC－TWA 为 1 mg/m³。国外硫酸的职业接触限值：美国 OSHA 现行的 PEL－TWA 为 1 mg/m³。美国 NIOSH 的 REL－TWA 为 1 mg/m³，IDLH 为 15 mg/m³。ACGIH 的 TLV－TWA 为 0.2 mg/m³（A2）。

6.2 生活环境

中国（TJ36－79）居住区大气中有害物质的最高容许浓度：0.30 mg/m³（一次值），0.10 mg/m³（日均值）。对环境有危害，对水体和土壤可造成污染。

硫　化　氢

1. 理化性质

CAS 号：7783－06－4	外观与性状：无色、有恶臭味的气体
熔点（℃）：－85.4	临界压力（MPa）：9.01
沸点（℃）：－60.3	自燃温度（℃）：260
闪点（℃）：－82.4	分解温度（℃）：900～1 400
爆炸上限[%（V/V）]：46	爆炸下限[%（V/V）]：4.0
饱和蒸气压（kPa）：2 026.5（25.5℃）	易燃性：易燃
密度（kg/m³）：1.539 2（0℃）	溶解性：溶于水（溶解比例 1∶2.6）、乙醇、二硫化碳、甘油、汽油、煤油等
相对蒸气密度（空气＝1）：1.19	

2. 用途与接触机会

日常生活中有不少可产生硫化氢气体的机会，如处理变质的鱼、肉、蛋制品，咸菜淹渍，开挖和整治沼泽地、沟渠、水井、下水道、潜涵、隧道，清除垃圾、污物、粪便等作业。

工业生产中很少使用硫化氢，接触的硫化氢一般是工业生产或生活中产生的废气，或是某些化学反应产物，或以杂质形式存在，或由蛋白质自然分解或其他有机物腐败产生。硫化氢中毒多由于含有硫化氢介质的设备损坏，输送含有硫化氢介质的管道和阀门漏气，违反操作规程、生产故障以及各种原因引起的硫化氢大量生成或逸出，含硫化氢的废气、废液排放不当，无适当个人防护情况下疏通下水道、粪池、污水池等密闭空间作业，硫化氢中毒事故时盲目施救等所致。

接触硫化氢较多的行业有石油天然气开采业、石油加工业、煤化工业、造纸及纸制品业、煤矿采选业、化学肥料制造业、有色金属采选业、有机化工原料制造业、皮革、皮毛及其制品业、污水处理（化粪池）、食品制造业（腌制业、酿酒业）、渔业、城建环卫等。

3. 毒代动力学

硫化氢主要经呼吸道吸收，皮肤也可吸收很少一部分。入血后可与血红蛋白结合为硫血红蛋白。体内的硫化氢代谢迅速，大部分被氧化为无毒的硫酸盐和硫代硫酸盐，随尿排出，小部分以原形态随呼气排出，无蓄积作用。

4. 毒性与中毒机理

4.1 急性毒作用

健康危害 GHS 分类为：急性毒性—吸入，类别 2。

大鼠吸入 LC_{50}：618 mg/m³。人吸入 300 mg/m³/1 h，6～8 min 出现眼急性刺激症状，稍长时间接触引起肺水肿。吸入硫化氢能引起中枢神经系统的抑制，有时由于刺激作用和呼吸的麻痹而导致最终死亡。在高浓度硫化氢中几秒内就会发生虚脱、休克，能导致呼吸道发炎、肺水肿，并伴有头痛、胸部痛及呼吸困难。

4.2 慢性毒作用

家兔吸入 0.01 mg/L，2 h/d，3 个月，引起中枢神经系统的机能改变，气管、支气管黏膜刺激症状，大脑皮层出现病理改变。小鼠长期接触低浓度硫化氢，有小气道损害。长期接触低浓度硫化氢可引起眼及呼吸道慢性炎症，如慢性结膜炎、角膜炎、鼻炎、咽炎、气管炎和嗅觉减退，甚至角膜糜烂或点状角膜炎等。全身症状可有类神经症、中枢性自主神经功能紊乱，如头痛、头晕、乏力、睡眠障碍、记忆力减退和多汗、皮肤划痕征阳性等。也可损害周围神经。至今未见慢性中毒病例报道。

4.3 中毒机理

硫化氢的中毒原理与氰化物中毒相似，与细胞色素氧化酶（$Cytaa_3$）之血红素的高价铁（Fe^{3+}）结合，$Cytaa_3$ Fe^{3+} 不能还原为 $Cytaa_3$ Fe^{2+}，细胞呼吸链电子传递于是中断，使细胞失去利用氧进行氧化磷酸化和产生能量的能力。

硫化氢经黏膜吸收快，皮肤吸收甚慢。人吸入 70～150 mg/m³ 硫化氢 1～2 h 出现呼吸道及眼刺激症状，2～5 min 后嗅觉疲劳，闻不到臭味。吸入 760～1 000 mg/m³ 硫化氢数秒钟后即出现急性中毒症状，呼吸加快，而后呼吸麻痹死亡。硫化氢对黏膜的局部刺激作用系由接触湿润黏膜后分解形成的硫化钠以及本身的酸性所引起。对机体的全身作用为阻断细胞内呼吸导致全身性缺氧。由于中枢神经对缺氧最敏感，因而首先受到损害。硫化氢引起急性中毒事故的特点是突发性、快速性和高度致命性。

硫化氢对中枢神经系统（CNS）的作用：小剂量兴奋 CNS，大剂量则抑制 CNS，引起呼吸中枢麻痹，造成“闪电样”死亡。硫化氢是细胞色素氧化酶的强抑制剂，能与氧化型细胞色素氧化酶中的 Fe^{3+} 结合而阻碍其还原为含 Fe^{2+} 的还原型细胞色素氧化酶，从而抑制电子传递和分子氧的利用，引起组织细胞缺氧，而 CNS 对缺氧敏感，最易受到损害。有分析表明，硫化氢使脑干中多巴胺、5-羟色胺水平上升。突触体和线粒体内硫的含量及酶抑制情况提示 MAO 抑制可能是硫化氢中毒后呼吸功能丧失的重要机制之一。HS^- 还能抑制突触传递。

硫化氢对呼吸系统的作用：硫化氢作用于呼吸系统的主要靶器官是肺脏，最突出的影响是呼吸道上皮脱落和肺水肿的发生。硫化氢对肺有强烈的细胞毒作用，因而导致肺各型细胞和肺组织严重损伤，并出现明显的肺水肿；硫化氢所致肺水肿是多种因素综合作用的结果；生化改变较之病理变化出现早、恢复快。

5. 人体健康危害

5.1 急性中毒

临床特征根据接触浓度的不同而不同：① 轻度中毒包括结膜充血，畏光流泪，异物感，明显头痛、头晕、无力等症状，出现轻度或中度意识障碍；急性气管-支气管炎或支气管周围炎；② 中度中毒包括咳嗽、喉部发痒、胸部压迫感、眼刺激症状强烈、刺痛、角膜小水泡或溃疡等症状，意识障碍表现浅-中度昏迷；急性支气管肺炎；③ 重度中毒包括意识障碍程度达深昏迷或植物人状态；肺水肿；猝死，引起急性循环、呼吸衰竭；多脏器衰竭；接触浓度＞1 064 mg/m³ 时，神经系统症状最为突出，表现为心音微弱，脉速、血压下降，呼吸减慢，结膜充血，瞳孔缩小，指甲、唇鼻发绀，肺部湿啰音，昏迷；接触浓度＞1 521 mg/m³ 时，出现电击样死亡；少数严重中毒或多次反复中毒者在急性症状消失后一周可出现后遗症，常见神经衰弱型或听神经损害型两类，后者表现为前庭平衡机能障碍，眼球振颤，头晕，呕吐，闭目难立；极少数患者中毒后发生持久蛋白尿，急性肾炎，锥体外系损害，多发性神经炎，中毒性神经病。

5.2 亚急性中毒

常见症状为眼刺激症状，如发痒、异物感、流泪和羞明甚或视力模糊；检查结果常见为结膜充血和角膜混浊等变化。

5.3 慢性影响

长期微量接触硫化氢的患者可致嗅觉减退，此外还有神经衰弱和植物神经功能障碍，如腱反射增强、多汗、手掌潮湿、皮肤划痕和偶有多发性神经炎等。

部分严重中毒患者经治疗后可留有后遗症，如头痛、失眠、记忆力减退、自主神经功能紊乱、紧张、焦虑、智力障碍、平衡和运动功能障碍、周围神经损伤等，头颅CT显示轻度脑萎缩等。

6. 风险评估

6.1 生产环境

我国职业接触限值规定：MAC为10 mg/m^3。美国NIOSH规定：10 min最高峰限值为15 mg/m^3；OSHA规定：PEL-TWA为14 mg/m^3，PEL-STEL为21 mg/m^3，IDLH为152.1 mg/m^3。

6.2 生活环境

中国（GB14554—93）恶臭污染物排放标准：0.33～21 kg/h；中国（GB14554—93）恶臭污染物厂界标准：一级0.03、二级0.06～0.10、三级0.32～0.60 mg/m^3。

本品对水生生物毒性极大，其环境危害GHS分类为：危害水生环境—急性危害，类别1。

硫 氢 化 钠

1. 理化性质

CAS号：16721-80-5	外观与性状：淡黄色晶体
熔点/凝固点（℃）：350	*n*-辛醇/水分配系数：−3.5
沸点（℃）：16.4	溶解性：与水混溶
相对密度（水=1）：1.8	

2. 用途与接触机会

染料工业用于合成有机中间体和制备硫化染料的助剂。制革工业用于生皮的脱毛及鞣革，还用于废水处理。化肥工业用于脱去活性炭脱硫剂中的单体硫。是制造硫化铵及农药乙硫醇半成品的原料。采矿工业大量用于铜矿选矿。人造纤维生产中用于亚硫酸染色等方面。

3. 毒性

本品大鼠腹注LD$_{50}$：14.6 mg/kg；小鼠腹注LD$_{50}$：18 mg/kg。

健康危害GHS分类为：急性毒性—经口，类别3；皮肤腐蚀/刺激，类别1；严重眼损伤/眼刺激，类别1；特异性靶器官毒性——一次接触，类别2；特异性靶器官毒性——一次接触，类别3（呼吸道刺激）。

4. 人体健康危害

对眼、皮肤、黏膜和上呼吸道有强烈刺激作用。吸入后，可引起喉、支气管的痉挛、炎症和水肿，化学性肺炎或肺水肿。中毒的症状可有烧灼感、喘息、喉炎、气短、头痛、恶心和呕吐。与眼睛直接接触可引起不可逆的损害，甚至失明。

5. 风险评估

本品对水生生物毒性极大，其环境危害GHS分类为：危害水生环境—急性危害，类别1。

二 硫 化 碳

1. 理化性质

CAS号：75-15-0	外观与性状：无色或淡黄色透明液体，有刺激性气味，易挥发
熔点/凝固点（℃）：−110.8	临界温度（℃）：279
沸点（℃）：46.5	临界压力（MPa）：7.90
闪点（℃）：−30（闭杯）	自燃温度（℃）：102
爆炸上限[%（V/V）]：60.0	爆炸下限[%（V/V）]：1.0
燃烧热（kJ/mol）：1 030.8	易燃性：极易燃
饱和蒸气压（kPa）：53.32（28℃）	*n*-辛醇/水分配系数：1.84
密度（g/cm^3）：1.266（25℃）	溶解性：不溶于水；溶于乙醇、乙醚等多数有机溶剂
相对密度（水=1）：1.26	相对蒸气密度（空气=1）：2.64

2. 用途与接触机会

2.1 生活环境

生活环境中关于二硫化碳（CS_2）水平的暴露数

据非常有限，仅限于在加拿大或美国少数地点进行的少数环境空气调查，以及饮用水和土壤中的一些调查结果。结果表明，CS_2大部分是通过空气被人接触吸收，吸烟可以增加CS_2的几倍摄入量。与空气相比，通过饮用水和土壤接触CS_2的水平很低。没有确定可靠的数据来评估食物中CS_2暴露水平，CS_2曾被用作储存谷物的熏蒸消毒剂，目前这种使用方法在大多数国家已取消。不过在植物和土壤中，某些杀虫剂的代谢过程中会产生CS_2，如二硫代氨基甲酸盐类。据现有结果推测，通过食物接触CS_2的量是微不足道的($<1\times10^{-6}\ \mu g/g$)。

在生产和使用CS_2的地区，CS_2在平流层中通过光化学反应被氧化成二氧化硫，导致酸雨的形成，对环境造成危害。

2.2 生产环境

CS_2是一种常见的有机溶剂和化工原料，工业上广泛用于生产玻璃纸、粘胶纤维、四氯化碳、农药和硫化橡胶等。有资料显示，我国每年生产的约一半以上的CS_2，用在了粘胶纤维和玻璃纸的生产上。在此过程中，CS_2与碱性纤维素反应，产生纤维素璜原酸酯和三硫碳酸钠。经纺丝槽生成粘胶丝，通过硫酸凝固为人造粘胶纤维，释放出多余的CS_2；同时，三硫碳酸钠与硫酸作用时，除CS_2外还可产生硫化氢。另外，在四氯化碳制造、橡胶硫化、石油精制、清漆、石蜡溶解以及有机溶剂提取油脂时也可接触到CS_2。我国工作场所中CS_2的平均浓度已经下降到10 mg/m^3左右。

3. 毒代动力学

3.1 吸收、摄入与贮存

CS_2主要经呼吸道吸入体内，也可由消化道和皮肤摄入。残留在体内的CS_2经血流分布到全身各处，然后因其与富含脂质的组织和器官的亲和力很快就从血中消失。CS_2首先在器官的网状内皮系统中蓄积，随后出现在肝脏、肾脏和大脑，随着时间增加，各组织中分布趋于均衡。

3.2 转运与分布

进入体内的CS_2，10%～30%以原形物由呼气中排出，70%～90%在体内转化，以代谢产物形式从尿中排出，只有不到1%以原形从尿排出。

3.3 排泄

CS_2经P-450活化与还原型谷胱甘肽结合形成特异性代谢物2-硫代噻唑烷-4-羧酸(2-Thioxothiazolidine-4-carboxylic Acid，TTCA)随尿排出，可作为CS_2的生物学监测指标，反映近期暴露情况。

CS_2可透过胎盘屏障，在CS_2接触女工胎儿脐带血中和乳母乳汁中可检测出CS_2。

4. 毒性与中毒机理

健康危害GHS分类为：急性毒性—经口，类别3；严重眼损伤/眼刺激，类别2；皮肤腐蚀/刺激，类别2；生殖毒性，类别2；特异性靶器官毒性—反复接触，类别1。

4.1 急性毒作用

大鼠经口LD_{50}：3 188 mg/kg；大鼠吸入LC_{50}：26 886.8 $mg/(m^3 \cdot 2\ h)$；小鼠吸入LC_{50}：10 756.8 $mg/(m^3 \cdot 2\ h)$。

4.2 慢性毒作用

慢性中毒动物会出现周围神经或脊髓神经传导速度的降低、神经损伤和后肢萎缩，并伴随有轴突的组织病理学损伤，如轴突肿胀和退化。空气中长期CS_2暴露会对动物的脂代谢产生影响，导致大鼠和家兔血清胆固醇水平显著升高。CS_2还会影响动物的视觉功能和视神经/视网膜细胞结构，导致肾脏结构和功能的损害和肝脏代谢紊乱。

4.3 远期毒作用

(1) 致突变作用

Ames试验，对五种菌株的nmol均<0.02，阴性。

染色体畸变：CS_2染毒可导致动物染色体畸变率增高，但接触工人和正常健康人精子X染色体双倍率无显著性差异(车间空气平均浓度为32.6±14 mg/m^3，高于国家最高容许浓度约两倍)。低浓度CS_2可以引起人体外周血淋巴细胞微核率增高。CS_2体外染毒对人外周血淋巴细胞DNA有一定损伤，但CS_2染毒达到一定浓度后，未见随剂量增加而DNA损伤程度加重的趋势。CS_2体外染毒小鼠精子，各剂量组引起DNA损伤程度与阴性对照组比较差异均有显著性，染毒剂量越高，精子DNA损伤越严重。

(2) 致癌作用

现有数据不足以作为评估CS_2致癌性的依据。

（3）发育毒性与致畸性

接触一定浓度的 CS_2 对男工和雄性动物的生殖系统可造成器质性或功能性损害。CS_2 对男性生殖系统的危害可造成受精抑制导致不孕；受精卵发育异常影响胚胎发育，引起自然流产率增高、胚胎死亡、先天缺陷儿增多等。

4.4 中毒机理

CS_2 中毒的发病机理，目前仍不完全清楚。CS_2 是以神经系统损伤为主的全身性毒物，可选择性地损伤中枢系统及周围神经，特别是脑干和小脑，引发急性血管痉挛。

目前认为，其在体内生物转化的氧化脱硫反应中生成的氧硫化碳可进一步释放出高活性的硫原子，其对靶细胞具有氧化应激效应。因此 CS_2 在体内生成的自由基是导致损伤的启动机制。CS_2 可抑制体内许多重要的代谢酶的活性进而产生多种毒作用。可通过与铜、锌、钴等离子络合反应而抑制多巴胺-β-羟化酶活性，体内多巴胺增加，去甲肾上腺素减少，出现儿茶酚胺代谢紊乱，进而导致锥体外系的损害。能直接与轴索中的骨架蛋白作用，导致神经丝蛋白分子内和分子间的交叉联结，从而破坏轴索的骨架结构，还可以破坏细胞能量代谢，导致轴浆运输障碍。可抑制单胺氧化酶活性，引起脑中 5-羟色胺堆积，这可能是引起精神行为障碍的可能机制。可以干扰维生素 B_6 的代谢，进而影响维生素 B_6 依赖酶的活性，这可能与多发性神经病、自主功能失调及神经轴索脱髓鞘改变有关联。还可通过损伤垂体促性腺激素细胞以及睾丸和卵巢的结构、功能等而导致生殖毒性。亦可通过影响体内脂质代谢平衡状态，尤其是干扰脂质的清除等而促进全身小动脉硬化的形成。

5. 生物监测

5.1 接触标志

（1）尿 TCCA。TCCA 是 CS_2 在体内与谷胱甘肽结合所生成的，它是 CS_2 的特异性代谢产物。CS_2 吸入后，大约有 0.7%～2.2%在体内转化为 TCCA。CS_2 的生物学监测指标很多，其中以 TCCA 的特异性及敏度较好，且在浓度低于 30 mg/m^3 时仍与接触浓度具有较好的相关性。目前多用肌酐校正 TCCA 的值。

（2）热应激蛋白 HSPs。多种化学物可激活热应激基因的启动子，启动热应激基因的转录、翻译，增强 HSPs 的合成。毕勇毅等对某化纤厂工人进行了流行病学横断面调查，结果表明低浓度 CS_2 接触是血清 HSP70 阳性检出率升高的独立危险因素。提示 HSP70 可作为低浓度 CS_2 接触致心血管系统毒性的生物标志。

5.2 效应标志

（1）肌电图检查。CS_2 中毒所致周围神经损伤在实验室中主要通过肌电图来进行检查：对 CS_2 接触者进行肌电图检测主要检测工人小指外展肌、拇对掌肌、胫前肌、腓肠肌等。肌电图异常大部分表现为静息时出现纤颤电位，小力收缩时运动单位时限延长，多相电位增多，大力收缩时运动单位数量减少，呈典型的神经元性损害。在脱离接触后，其恢复也是缓慢的。

（2）神经传导速度的测定。检查神经传导速度一般检查正中神经、尺神经、腓神经、胫神经运动传导速度及末梢潜伏期测定。大量实验表明，当短时间低浓度吸入 CS_2 时，神经传导速度减慢是短暂和可逆的。当长时间高浓度接触 CS_2，脱离接触后，异常的神经传导速度仅部分恢复。

（3）脑电图检查。脑电图检查是诊断 CS_2 中毒的另一有效的辅助方法之一。陶庭芬等观察了 140 名 CS_2 作业工人的脑电图发现异常率较高。其特征表现为调节调幅差，节律减少，波形不整，波幅偏低，阵发性活动或散在性波增长，为两侧同步高、中波弥漫性和阵发性活动，出现于中线部和双额，枕部、中央区为偶发波。

6. 人体健康危害

6.1 急性中毒

CS_2 急性中毒多见于生产安全事故，呈麻醉样作用。急性中毒时主要造成中枢神经系统损伤，精神失常症状是特征性表现。其中轻症者表现为似酒醉、头痛、眩晕、恶心、步态蹒跚以及精神方面的症状，重症者先呈现极度兴奋，随后出现谵妄、意识丧失、瞳孔反射消失，严重者甚至出现死亡。个别还会遗留有中枢及周围神经损害。短时间吸入高浓度 3 000～50 000 mg/m^3，可出现明显的精神症状和体征，如明显的情绪异常改变，出现谵妄、躁狂、易激怒、幻觉妄想、自杀倾向，以及记忆障碍、严重失眠、食欲丧失、胃肠功能紊乱、全身无力等，可进展为强直痉挛样抽搐、昏迷。

6.2 慢性中毒

长期接触低浓度 CS_2 可引起慢性中度,其症状是逐渐发生的。最常见的改变是末端感觉运动神经改变,研究认为在体内与蛋白质的氨基发生反应生成二硫代氨基甲酸酯等物质引起蛋白质分子内或分子间的共价交联有关。

(1) 神经系统:神经系统是 CS_2 作用的靶器官之一,长期接触高浓度 CS_2 可引起中枢神经系统和周围神经系统损伤,毒作用表现多样。中枢神经系统损伤:可表现为易疲劳、失眠、乏力、头晕、头痛、记忆力减退和严重的精神障碍。高艳华等发现 CS_2 可导致记忆力、注意力及反应速度下降。CS_2 对神经系统的影响还表现为四肢痛触觉、神经反射等略有增多、失眠、视觉症状相比未接触人群有差异等。周围神经系统:周围神经系统是 CS_2 毒作用的主要靶器官之一,特别是长期接触较低浓度的 CS_2,主要引起以肢体感觉障碍为主的轻度周围神经病。早期症状为手指和脚趾麻木,而后出现感觉异常,如蚁行感、痛觉减退。严重者可出现感觉缺乏、肌张力减退、行走困难、肌肉萎缩等。主要以感觉系统受损为主,表现为肢端麻木,呈对称性手套、袜套样分布的痛、触觉及音叉振动觉减退。CT 或 MRI 检查可显示有脑萎缩表现,肌电图检测可见外周神经病变,神经传导速度减慢。神经行为测试表明,长期接触 CS_2 可致警觉力、智力活动、情绪控制能力、运动速度及运动功能方面的障碍。

(2) 心血管系统:在心血管系统方面主要表现冠状动脉类似粥样硬化的损害,血液中胆固醇增高。研究发现 CS_2 会使高血压发生率升高,也可促使高脂血症和动脉粥样硬化的发生发展,并且与 CS_2 接触时间有效应关系。CS_2 接触者中冠心病发病率增高,与中毒性心肌炎、心肌梗死可能存在关系。

(3) 生殖系统:接触一定浓度 CS_2 对人体的生殖系统可造成器质性或功能性损害,引起女性月经周期异常,造成不孕、抑制胚胎发育、自然流产率高、胚胎死亡、先天缺陷儿增多等,但其损伤机制尚不清楚。

(4) 视觉系统:CS_2 对视觉系统的损害主要表现为眼底形态学改变,出现灶性出血、渗出性改变、视神经萎缩、球后视神经炎、微小动脉瘤和血管硬化等,另外,色觉、暗适应、瞳孔对光反射、视敏度,以及眼睑、眼球能动性等均有改变。其中微小动脉瘤和点状出血被可作为 CS_2 毒作用的早期检测指标。

(5) 泌尿系统:有研究显示长期接触 CS_2 可导致肾脏损害,且在脱离 CS_2 接触后,肾脏损害持续性进展,可能发展为终末期肾脏疾病。

7. 风险评估

7.1 生产环境

我国职业接触限值规定:PC-STEL 为 10 mg/m^3,PC-TWA 为 5 mg/m^3。美国 OSHA 规定 PEL-TWA 为 12 mg/m^3,PEL-STEL 为不得超过36 mg/m^3。NIOSH 规定:8 h REL-TWA 为 3 mg/m^3,并要求任何 30 min 采样时间内的上限为 30 mg/m^3。ACGIH 规定:TLV-TWA 为 30 mg/m^3。欧盟制定的 CS_2 约束性职业接触限值(BOELV)为 15 mg/m^3。

7.2 生活环境

目前,有关生活环境限值标准,GB/T18883—2002《室内空气质量标准》和 GB50325—2010《民用建筑工程室内环境污染控制规范》以及 GB3095—2012《环境空气质量标准》均未对 CS_2 限值作规定。

本品对水生生物有毒,其环境危害 GHS 分类为:危害水生环境—急性危害,类别 2。

二 硫 化 硒

1. 理化性质

CAS 号:7488-56-4	外观与性状:红色至黄色结晶
沸点(℃):分解	熔点(℃):<100
相对密度(水=1):2.99	溶解性:不溶于水、多数有机溶剂

2. 用途与接触机会

具有抗真菌、抗皮脂溢出作用。用于治疗花斑癣、头部脂溢性皮炎、头屑以及多色蛇皮癣。可作为洗发香波中的去头屑剂。

3. 毒性

本品大鼠经口 LD_{50}:138 mg/kg。健康危害 GHS 分类为:急性毒性—经口,类别 3;急性毒性—吸入,类别 3;特异性靶器官毒性—反复接触,类别 2。

4. 人体健康危害

对眼睛、皮肤、黏膜有强烈刺激作用,误服可引起中毒。

5. 风险评估

本品对水生生物毒性极大并具有长期持续影响，其环境危害GHS分类为：危害水生环境—急性危害，类别1；危害水生环境—长期危害，类别1。

硫　化　钡

1. 理化性质

CAS号：21109-95-5	外观与性状：无色晶体或白色至棕色粉末
熔点/凝固点(℃)：1 200	溶解性：不溶于水
相对密度(水=1)：4.25(15℃)	沸点(℃)：>35

2. 用途与接触机会

用于制钡盐和立德粉，也作橡胶硫化剂及皮革脱毛剂，在农业上用作杀螨剂及灭菌剂。

3. 毒性

大鼠经口LD_{50}：375 mg/kg。

4. 人体健康危害

急性中毒，主要由误服引起。中毒表现有恶心、呕吐、腹痛、腹泻、脉缓、进行性肌麻痹、心律紊乱、血钾明显降低等。可因心律紊乱和呼吸麻痹而死亡。肾脏可受损害。吸入粉尘可引起中毒，但消化道症状不明显。

长期接触钡化合物的工人，可有无力、气促、流涎、口腔黏膜肿胀糜烂、鼻炎、结膜炎、腹泻、心动过速、血压增高、脱发等症状。

5. 风险评估

苏联规定：MAC为0.5 mg/m^3(以Ba计)。

本品对水生生物毒性极大，其环境危害GHS分类为：危害水生环境—急性危害，类别1。

硫　化　镉

1. 理化性质

(续表)

CAS号：1306-23-6	外观与性状：黄色至橙色结晶粉末
熔点/凝固点(℃)：1 750	沸点(℃)：980
相对密度(水=1)：4.8	

2. 用途与接触机会

又名镉黄，主要用作颜料，通过加入不同分量的硒，可获得各种颜色。硫化镉和硒化镉用于制造光敏电阻、太阳能电池、光催化剂等。

3. 毒性

本品大鼠经口LD_{50}：7 080 mg/kg；小鼠经口LD_{50}：1 166 mg/kg。IARC致癌性分类为组1(镉及其化合物)。

健康危害GHS分类为：生殖细胞致突变性，类别2；致癌性，类别1A；生殖毒性，类别2；特异性靶器官毒性—反复接触，类别1。

4. 生物监测

生物限值：镉/尿：5 μmol/mol肌酐(5 μg/g肌酐)；镉/血：45 nmol/L(5 μg/L)。

5. 人体健康危害

5.1 急性中毒

吸入后引起呼吸道刺激症状，可发生化学性肺炎、肺水肿；误服后可引起急剧的胃肠刺激症状，有恶心、呕吐、腹泻、腹痛、里急后重、全身乏力、肌肉疼痛和虚脱等。

5.2 慢性中毒

慢性中毒以肺气肿、肾功能损害(蛋白尿)为主要表现；其次还有缺铁性贫血、嗅觉减退或丧失等。

6. 风险评估

我国职业接触限值规定：镉及其化合物(按Cd计)PC-STEL为0.02 mg/m^3，PC-TWA为0.01 mg/m^3。以下镉及其化合物参照执行。

硫　化　汞

1. 理化性质

CAS号：1344-48-5	外观与性状：红色或黑色晶体(或无定形固体)

（续表）

相对密度(水=1)：7.6	分子量：232.65
熔点(℃)：1 450	沸点(℃)：584
水溶性：难溶于水	

2. 用途与接触机会

又名硫化汞红，天然硫化汞是制造汞的主要原料，也用作生漆、印泥、印油、朱红雕刻漆器和绘画等的红色颜料。也用于彩色封蜡、塑料、橡胶和医药及防腐剂等方面。

3. 毒性

健康危害GHS分类为：急性毒性—经口，类别2；急性毒性—经皮，类别1；急性毒性—吸入，类别2；特异性靶器官毒性—反复接触，类别2。

4. 生物监测

生物限值：总汞/尿：20 μmol/mol 肌酐(35 μg/g 肌酐)。

5. 人体健康危害

在正常生产过程中，吸入硫化汞产生的粉尘或烟雾能导致严重的毒害作用，甚至可致命。意外误服本品可能对个体健康有害。皮肤接触可产生严重毒害作用，吸收后可产生全身影响，并可致命。通过割伤、擦伤或病变处进入血液，可能产生全身损伤的有害作用。眼睛直接接触本品可导致暂时不适。

6. 风险评估

本品对水生生物毒性极大并具有长期持续影响，其环境危害GHS分类为：危害水生环境—急性危害，类别1；危害水生环境—长期危害，类别1。

硫　化　钾

1. 理化性质

CAS号：1312－73－8	外观与性状：红色结晶，易潮解
相对密度(水=1)：1.80	熔点(℃)：840
溶解性：溶于水、乙醇、甘油；不溶于乙醚	

2. 用途与接触机会

用作分析试剂，用于染料、造纸、制革等工业。

3. 毒性

健康危害GHS分类为：皮肤腐蚀/刺激，类别1B；严重眼损伤/眼刺激，类别1。

4. 人体健康危害

该品粉尘对眼、鼻、喉有刺激性，接触后引起喷嚏、咳嗽和喉炎等。高浓度吸入引起肺水肿。眼和皮肤接触可致灼伤。

长期接触可发生鼻黏膜溃疡。

5. 风险评估

本品对水生生物毒性极大，其环境危害GHS分类为：危害水生环境—急性危害，类别1。

硫　化　钠

1. 理化性质

CAS号：1313－82－2	外观与性状：无色或微紫色的棱柱形晶体，有臭味
pH值：>=11.5(强碱)	熔点/凝固点(℃)：950
密度(g/cm^3)：1.86	溶解性：易溶于水
相对密度(水=1)：1.85(14℃)	

2. 用途与接触机会

染料工业中用于生产硫化染料，是硫化青和硫化蓝的原料。印染工业用作溶解硫化染料的助染剂。制革工业中用于水解使生皮脱毛，还用以配制多硫化钠以加速干皮浸水助软。造纸工业用作纸张的蒸煮剂。纺织工业用于人造纤维脱硝和硝化物的还原，以及棉织物染色的媒染剂。制药工业用于生产非那西丁等解热药。此外还用于制硫代硫酸钠、硫氢化钠、多硫化钠等。在铝及合金碱性蚀刻溶液中添加适量的硫化钠可明显改善蚀刻表面质量，同时也可用于碱性蚀刻液中锌等碱溶性重金属杂质的去除。硫化钠还可用于直接电镀中导电层的处理，通过硫化钠与钯反应生成胶体硫化钯来达到在非金属表面形成良好导电层的目的。

3. 毒性与中毒机理

3.1 急性毒作用

大鼠经口 LD_{50}：208 mg/kg；小鼠经口 LD_{50}：205 mg/kg。

健康危害 GHS 分类为：急性毒性—经皮，类别3；皮肤腐蚀/刺激，类别 1B；严重眼损伤/眼刺激，类别 1。

3.2 中毒机理

硫化钠中毒主要是对呼吸酶—细胞色素氧化酶的可逆性抑制，导致组织缺氧。遇酸生成有毒气体硫化氢，对皮肤和眼睛造成损伤。

4. 人体健康危害

腐蚀物能引起呼吸道刺激，伴有咳嗽、呼吸道阻塞和黏膜损伤。意外误服本品可能对个体健康有害。皮肤接触会中毒，吸收后可导致全身发生反应。皮肤直接接触造成严重皮肤灼伤。通过割伤、擦伤或病变处进入血液，可能产生全身损伤的有害作用。眼睛直接接触本品能造成严重化学灼伤。如果未得到及时、适当的治疗，可能造成永久性失明。

5. 风险评估

本品对水生生物毒性极大，其环境危害 GHS 分类为：危害水生环境—急性危害，类别 1。

硫　酸　镉

1. 理化性质

CAS 号：10124-36-4	外观与性状：粉末
熔点/凝固点(℃)：1 000	沸点(℃)：330
相对密度(水=1)：4.69(20℃)	溶解性：与水混溶

2. 用途与接触机会

供制镉电池和镉肥，并用作消毒剂和收敛剂。

3. 毒性

大鼠经口 LD_{50}：280 mg/kg；小鼠经口 LD_{50}：88 mg/kg。IARC 致癌性分类为组 1(镉及其化合物)。

健康危害 GHS 分类为：急性毒性—经口，类别3；急性毒性—吸入，类别 2；生殖细胞致突变性，类别 1B；致癌性，类别 1A；生殖毒性，类别 1B；特异性靶器官毒性—反复接触，类别 1。

4. 人体健康危害

吸入可引起呼吸道刺激症状，可发生化学性肺炎，肺水肿；误食后可引起急剧的胃肠道刺激症状，有恶心、呕吐、腹泻、腹痛、里急后重、全身乏力、肌肉痛疼和虚脱等。

慢性中毒以肺气肿、肾功能损害(蛋白尿)为主要表现，其次还有缺铁性贫血、嗅觉减退或丧失等。

5. 风险评估

本品对水生生物毒性极大并具有长期持续影响，其环境危害 GHS 分类为：危害水生环境—急性危害，类别 1；危害水生环境—长期危害，类别 1。

硫　酸　汞

1. 理化性质

CAS 号：7783-35-9	外观与性状：白色晶体或粉末
pH 值：<7(酸性)	熔点/凝固点(℃)：450(分解)
沸点(℃)：330 (100 kPa)	相对密度(水=1)：6.5
溶解性：溶于盐酸、热稀酸和浓的氯化钠溶液；不溶于丙酮和氨水	

2. 用途与接触机会

用于从黄铜矿中提取黄金及白银。用于乙炔制乙醛的催化剂。电池电解液。通用试剂，用于巴比妥及胱氨酸测定。也用于制药工业。用作分析试剂，如测定化学耗氧量时消除氯离子的干扰。定氮时用作催化剂。

3. 毒性

本品大鼠经口 LD_{50}：57 mg/kg；小鼠经口 LD_{50}：25 mg/kg；大鼠经皮 LD_{50}：625 mg/kg。

健康危害 GHS 分类为：急性毒性—经口，类别3；急性毒性—经皮，类别 3；皮肤致敏物，类别 1；特异性靶器官毒性——次接触，类别 1；特异性靶器官毒性—反复接触，类别 1。

4. 生物监测

生物限值：总汞/尿：20 μmol/mol 肌酐(35 μg/g 肌酐)。

5. 人体健康危害

吸入该物质可能会引起呼吸道不适。意外误服本品可能有害。皮肤接触可能导致皮肤过敏反应。皮肤接触会中毒，吸收后可导致全身发生反应。通过割伤、擦伤或病变处进入血液，可能产生全身损伤的有害作用。眼睛直接接触本品可导致不适。

长期慢性接触，可引起神经衰弱综合征。

6. 风险评估

本品对水生生物毒性极大并具有长期持续影响，其环境危害 GHS 分类为：危害水生环境—急性危害，类别 1；危害水生环境—长期危害，类别 1。

硫　酸　钴

1. 理化性质

CAS 号：10124 - 43 - 3	外观与性状：玫瑰红色单斜晶体
熔点/凝固点(℃)：735(分解)	沸点(℃)：420
相对密度(水=1)：3.71	

2. 用途与接触机会

用于陶瓷釉料和油漆催干剂，也用于电镀、碱性电池、生产含钴颜料和其他钴产品，还用于催化剂、分析试剂、饲料添加剂、轮胎胶粘剂、立德粉添加剂等。

3. 毒性

本品大鼠经口 LD_{50}：424 mg/kg；小鼠经口 LD_{50}：584 mg/kg。IARC 致癌性分类为 2(硫酸钴及其他可溶性二价钴盐)。

健康危害 GHS 分类为：呼吸道致敏物，类别 1；皮肤致敏物，类别 1；生殖细胞致突变性，类别 2；致癌性，类别 2；生殖毒性，类别 1B。

4. 人体健康危害

该品粉尘对眼、鼻、呼吸道及胃肠道黏膜有刺激作用。引起咳嗽、呕吐、腹绞痛、体温上升、小腿无力等。皮肤接触可引起过敏性皮炎、接触性皮炎。

5. 风险评估

本品对水生生物毒性极大并具有长期持续影响，其环境危害 GHS 分类为：危害水生环境—急性危害，类别 1；危害水生环境—长期危害，类别 1。

硫　酸　镍

1. 理化性质

CAS 号：7786 - 81 - 4	外观与性状：绿色结晶，正方晶系
pH 值：3.0～5.0(5%溶液)	熔点/凝固点(℃)：840(分解)
沸点(℃)：840(无水)	相对密度(水=1)：3.7
溶解性：易溶于水；微溶于乙醇、甲醇，其水溶液呈酸性，微溶于酸、氨水	

2. 用途与接触机会

主要用于电镀工业，是电镀镍和化学镍的主要镍盐，也是金属镍离子的来源，能在电镀过程中，离解镍离子和硫酸根离子。硬化油生产中，是油脂加氢的催化剂。医药工业用于生产维生素 C 中氧化反应的催化剂。无机工业用作生产其他镍盐如硫酸镍铵、氧化镍、碳酸镍等的主要原料。另外，还可用于生产镍镉电池等。

3. 毒性

健康危害 GHS 分类为：皮肤腐蚀/刺激，类别 2；呼吸道致敏物，类别 1；皮肤致敏物，类别 1；生殖细胞致突变性，类别 2；致癌性，类别 1A；生殖毒性，类别 1B；特异性靶器官毒性—反复接触，类别 1。IARC 致癌性分类为组 1(镍化合物)。

4. 人体健康危害

吸入后对呼吸道有刺激性。可引起哮喘和肺嗜酸性粒细胞增多症，可致支气管炎。对眼有刺激性。皮肤接触可引起皮炎和湿疹，常伴有剧烈瘙痒，称之为“镍痒症”。大量口服引起恶心、呕吐和眩晕。

5. 风险评估

我国职业接触限值规定：可溶性镍化合物 PC－TWA 为 0.5 mg/m^3。美国 ACGIH 规定：TLV－TWA 为 0.1 mg/m^3(以 Ni 计)。

本品对水生生物毒性极大并具有长期持续影响，其环境危害 GHS 分类为：危害水生环境—急性危害，类别 1；危害水生环境—长期危害，类别 1。

硫 酸 铍

1. 理化性质

CAS 号：13510－49－1	外观与性状：白色粉末或正方晶系结晶
熔点/凝固点(℃)：550(分解)	沸点(℃)：580℃(分解)
相对密度(水＝1)：2.44	溶解性：易溶于水；不溶于醇

2. 用途与接触机会

用于制氧化铍，并用作化学试剂。

3. 毒性

本品大鼠经口 LD_{50}：82 mg/kg。小鼠经口 LD_{50}：80 mg/kg。

健康危害 GHS 分类为：急性毒性—经口，类别 3；急性毒性—吸入，类别 1；皮肤致敏物，类别 1；致癌性，类别 1A；生殖毒性，类别 2；特异性靶器官毒性—反复接触，类别 1；特异性靶器官毒性——次接触，类别 1。IARC 致癌性分类为组 1，铍及其化合物属致癌物。

4. 人体健康危害

吸入可引起化学性支气管炎、化学性肺炎。皮肤接触可引起接触性皮炎、铍溃疡和皮肤肉芽肿。

5. 风险评估

我国职业接触限值规定：铍及其化合物(按 Be 计)PC－STEL 为 0.001 mg/m^3，PC－TWA 为 0.000 5 mg/m^3。以下铍及其化合物参照执行。

本品对水生生物有毒并具有长期持续影响，其环境危害 GHS 分类为：危害水生环境—急性危害，类别 2；危害水生环境—长期危害，类别 2。

硫 酸 铍 钾

1. 理化性质

CAS 号：53684－48－3	外观与性状：固体
溶解性：溶于水和浓硫酸钾溶液；几乎不溶于乙醇	

2. 用途与接触机会

镀铬和镀银。

3. 毒性

健康危害 GHS 分类为：急性毒性—经口，类别 3；急性毒性—吸入，类别 2；皮肤腐蚀/刺激，类别 2；严重眼损伤/眼刺激，类别 2；皮肤致敏物，类别 1；致癌性，类别 1A；特异性靶器官毒性——次接触，类别 3(呼吸道刺激)；特异性靶器官毒性—反复接触，类别 1。IARC 致癌性分类为组 1。(铍及其化合物)

4. 人体健康危害

吸入粉尘或烟雾(尤其是长期接触)可能引起呼吸道刺激，偶尔出现呼吸窘迫。意外误服本品可能引起毒害作用。皮肤直接接触可能导致皮肤过敏反应。通过割伤、擦伤或病变处进入血液，可能产生全身损伤的有害作用。眼睛直接接触可能会造成严重的炎症并伴随有疼痛。

5. 风险评估

本品对水生生物有毒并具有长期持续影响，其环境危害 GHS 分类为：危害水生环境—急性危害，类别 2；危害水生环境—长期危害，类别 2。

硫 酸 铅

1. 理化性质

CAS 号：7446－14－2	外观与性状：白色晶体或粉末
熔点/凝固点(℃)：1 170	相对密度(水＝1)：6.2

2. 用途与接触机会

用作草酸生产的催化剂，纤维增重剂，也可用于颜料、快干漆、铅丹及蓄电池等的生产中。用以制取金属铅及其化合物。也用于制造白色颜料。用于钴盐制造、颜料,也用作涂料催干剂。

3. 毒性

健康危害 GHS 分类为:皮肤腐蚀/刺激,类别 1;严重眼损伤/眼刺激,类别 1;致癌性,类别 1B;生殖毒性,类别 1A;特异性靶器官毒性—反复接触,类别 2。IARC 致癌性分类为组 2A(无机铅化合物)。

4. 人体健康危害

吸入该物质可能会引起呼吸道不适。意外误服本品可能有害。皮肤直接接触造成严重皮肤灼伤。通过割伤、擦伤或病变处进入血液,可能产生全身损伤的有害作用。眼睛直接接触本品能造成严重化学灼伤。如果未得到及时、适当的治疗,可能造成永久性失明。

5. 风险评估

本品对水生生物毒性极大并具有长期持续影响,其环境危害 GHS 分类为:危害水生环境—急性危害,类别 1;危害水生环境—长期危害,类别 1。

硫 酸 铊

1. 理化性质

CAS 号:7446-18-6	外观与性状:无色或白色斜方晶系结晶
熔点/凝固点(℃):632	溶解性:与水混溶
沸点(℃):632	相对密度(水=1):6.77

2. 用途与接触机会

用作杀鼠剂、分析试剂。

3. 毒性

本品大鼠经口 LD_{50} 为 16 mg/kg,小鼠经口 LD_{50} 为 23.5 mg/kg,大鼠经皮 LD_{50} 为 550 mg/kg,为 2015 版《危险化学品目录》所列剧毒品,其健康危害 GHS 分类为:急性毒性—经口,类别 2;皮肤腐蚀/刺激,类别 2;特异性靶器官毒性—反复接触,类别 1。

4. 人体健康危害

粉尘对眼睛、黏膜有刺激作用。吸入、摄入或经皮肤吸收均可引起中毒。同时尚可有心、肝、肾损害。全身毛发脱落是其特征,但眉毛内侧 1/3 常不受累。

5. 风险评估

我国职业接触限值:铊及其可溶性化合物(按 Tl 计)PC-STEL 为 0.1 mg/m^3,PC-TWA 为 0.05 mg/m^3。

本品对水生生物有毒并具有长期持续影响,其环境危害 GHS 分类为:危害水生环境—急性危害,类别 2;危害水生环境—长期危害,类别 2。

硫 酸 亚 汞

1. 理化性质

CAS 号:7783-36-0	外观与性状:无色单斜晶体或微白色至黄色粉末
溶解性:与水部分混溶	相对密度(水=1):7.56

2. 用途与接触机会

用作萘氧化为邻苯二甲酸催化剂及用于制造实验室电池组(如克拉克电池和惠斯顿电池)。

3. 毒性

本品大鼠经口 LD_{50}:205 mg/kg,大鼠经皮 LD_{50}:1 175 mg/kg。小鼠经口 LD_{50}:152 mg/kg。

健康危害 GHS 分类为:急性毒性—经口,类别 3。

4. 人体健康危害

吸入该物质可能会引起呼吸道不适。意外误服本品会中毒。通过割伤、擦伤或病变处进入血液,可能产生全身损伤的有害作用。眼睛直接接触本品可导致不适。

5. 风险评估

本品对水生生物毒性极大并具有长期持续影响,其环境危害 GHS 分类为:危害水生环境—急性危害,类别 1;危害水生环境—长期危害,类别 1。

硫酸氧钒

1. 理化性质

CAS 号：27774-13-6	外观与性状：蓝色晶体或粉末

2. 用途与接触机会

用于媒染剂、催化还原剂及陶瓷、玻璃的着色剂。

3. 毒性

本品兔经皮 LD_{50}：4 450 mg/kg。健康危害 GHS 分类为：急性毒性—经口，类别 3；皮肤腐蚀/刺激，类别 2；严重眼损伤/眼刺激，类别 2。

4. 人体健康危害

刺激眼、鼻、咽喉、肺，引起咳嗽、咳痰，吸入较高浓度导致肺炎或肺水肿，甚至死亡。

5. 风险评估

我国职来接触限值规定：PC-TWA 为 0.05 mg/m^3(五氧化二钒烟尘)。美国 ACGIH 规定：TLV-STEL 为 0.25 mg/m^3(五氧化二钒)；TLV-TWA 为 0.05 mg/m^3(五氧化二钒)。

本品对水生生物有毒并具有长期持续影响，其环境危害 GHS 分类为：危害水生环境—急性危害，类别 2；危害水生环境—长期危害，类别 2。

有 机 硫

二硫化二甲基

1. 理化性质

CAS 号：624-92-0	外观与性状：淡黄色透明液体，有恶臭
熔点/凝固点(℃)：−85	分解温度(℃)：390
沸点(℃)：110	爆炸下限[%(V/V)]：1.1
闪点(℃)：24(闭杯)	相对蒸气密度(空气＝1)：3.25
爆炸上限[%(V/V)]：16	n-辛醇/水分配系数：1.77
相对密度(水＝1)：1.06	饱和蒸气压(kPa)：3.8(25℃)
溶解性：不溶于水；可与乙醇、乙醚、醋酸混溶	引燃温度(℃)：300

(续表)

2. 用途与接触机会

又名二甲基二硫，用作溶剂和农药中间体，也是甲基硫酰氯及甲基硫酸产品的主要原料。常用作炼油加氢装置开工时催化剂的硫化剂。

3. 毒性

本品 unr-mam LD_{50}：138 mg/kg；大鼠吸入 LC_{50}：15.85 mg/m^3(2 h)；小鼠吸入 LC_{50}：12.3 mg/(m^3·2 h)。

健康危害 GHS 分类为：急性毒性—经口，类别 3；急性毒性—吸入，类别 3；皮肤腐蚀/刺激，类别 2；严重眼损伤/眼刺激，类别 2B；生殖毒性，类别 2；特异性靶器官毒性—反复接触，类别 1。

4. 人体健康危害

本品遇热或接触酸或酸雾能分解产生有毒硫氧化物气体。误服或吸入本品可引起中毒。接触后可引起头痛、恶心和呕吐。

5. 风险评估

本品对水生生物有毒并具有长期持续影响，其环境危害 GHS 分类为：危害水生环境—急性危害，类别 2；危害水生环境—长期危害，类别 2。

秋兰姆和二硫代氨基甲酸衍生物

1. 理化特性

别名二硫化四甲基秋兰姆；四乙基秋兰姆；福美联；福美锌；福美铁；代森锌；代森锰；代森铵；代森钠。

本类物质多为无臭无味的结晶或粉末。熔点在 100℃以上至 200℃上下。除个别品种外，皆不溶或微溶于水而溶于不同的有机溶剂中。大多数在不同的条件下(遇光、热、潮湿、酸、碱等)可分解，有些在分解时可释出二硫化碳。

2. 用途

此两类物质的毒性与无机硫农药相似。在农业生产上可以代替剧毒的铜、汞制剂防治多种植物病害,用于蔬菜、果树、麦类、烟草、豆类的病害防治。工业上广泛用于轮胎、内胎、胶鞋、医疗用品、电缆等工业制品。用作橡胶硫化促进剂;还可用作木材防腐剂、纺织品及毛皮的防蛀剂;作为化工原料,用于合成塑料、颜料、染料、药品等。此外,在医药上的用途,如四乙基秋兰姆可用作治疗慢性酒精上瘾等。

3. 毒代动力学

本类物质的多数品种可经呼吸道、消化道及皮肤吸收,脂肪和油类可促进其吸收。人口服四乙基秋兰姆 2 g,约有 80%~90%自肠道吸收。吸收后在体内一部分转化成二硫化碳主要经呼吸道排出,24 h 内约排出吸收量的 50%,尿中排出少量未分解的化合物及其还原产物。动物腹腔注射用^{35}S标记的四乙基秋兰姆,经 24 h 后,发现主要存在于肾上腺及脾中,较少量存在于肝及骨髓中。血中的未分解化合物及还原的中间产物二乙基二硫代氨基甲酸均存在于血浆中,而不进入红细胞内。6 d 后体内尚存留 20%。

4. 毒性

多数品种对大、小鼠的经口 LD_{50} 在 1 000 mg/kg 以上,甲基衍生物对大、小鼠的毒性较乙基衍生物为高,而二硫代氨基甲酸类对小鼠的毒性较秋兰姆类为高。

现以本类中常见的品种二硫化四甲基秋兰姆为例,将其毒性列于表 7-3。

表 7-3 二硫化四甲基秋兰姆毒性

动物	毒性指标	剂量(mg/kg)
小鼠	LD_{100}	4 000
小鼠	LD_{50}	1 250
大鼠	LD_{50}	870
兔	LD_{50}	210
小鼠	MLD	125

小鼠给予致死剂量后,出现明显的中枢神经系统功能抑制征象,有萎靡、嗜睡及上升性麻痹,而无抽搐,在 2 d 内死亡。病理检查可见肝、肾、脑等脏器损害。亚急性吸入实验,大鼠暴露于 150 mg/m^3 浓度下,2 h/d,经 4 个月后,动物体重减轻,白细胞减少,有呼吸道刺激征。曾比较了数个同类化合物对动物白细胞生成的影响,其中以四甲基秋兰姆的抑制作用最明显。40 mg/(kg·d)注入兔胃,连给 4 日,第 5 天即出现颗粒白细胞减少症。

4.1 主要毒作用

(1) 黏膜 对黏膜有明显的刺激作用。长期接触可引起眼及上呼吸道慢性炎症。

(2) 皮肤 对皮肤有弱刺激作用。一般只引起潮红,发痒。同时对皮肤还有致敏作用,尤其是秋兰姆类化合物更易引起一部分接触者发生湿疹样接触性皮炎。

(3) 消化道 口服中毒剂量时,主要引起胃肠道功能紊乱。慢性接触者可能有食欲减退等症状。动物实验经口给予狗四甲基秋兰姆 10~20 mg/kg,可使肝的胆汁分泌明显减少,胆酸含量降低。

(4) 神经系统 实验动物经口给予本类物质的致死剂量时,发生中枢神经系统的功能紊乱,导致昏迷而死亡。

(5) 血液 本类物质中有些品种可抑制白细胞生成,在急性与亚急性中毒实验中,可使动物发生颗粒细胞减少症。曾报告 1 例先天性红细胞内缺乏 6-磷酸葡萄糖脱氢酶者,接触代森锌后引起硫化血红蛋白血症及急性溶血性贫血。

(6) 甲状腺 本类物质中有几个品种(如代森锌、代森钠、代森锰、四乙基秋兰姆等)具有抗甲状腺的作用,慢性中毒实验能引起动物甲状腺代偿性肿大。

4.2 中毒机理

本类物质在体内代谢生成的产物二硫化碳被认为与神经系统的中毒表现有关。有人指出秋兰姆类化合物在体内亦能还原为二烃基二硫代氨基甲酸,因此本类物质在体内都能凭借其二硫代氨基甲酸功能基团易于和金属阳离子络合的特性,与一些必需微量元素相结合,致使有关的酶类活性受抑制。例如四乙基秋兰姆具有抑制去甲肾上腺素合成以及有时引起贫血的毒性作用。这两种毒性作用的机理都可以用铜离子受二乙基二硫代氨基甲酸所络合来解释。因为与去甲肾上腺素的合成有关的多巴胺β-羟化酶是含铜的酶,而卟啉代谢的过程也需要铜的参予。过去曾发现四甲基秋兰姆及二甲基二硫代氨基甲酸钠都是6-磷酸葡萄糖脱氢酶的强抑制剂,而认为这是本类物质干扰糖代谢的氧化过程的主要作用环节。后又发现秋兰姆化合物能抑制己糖激活酶的活性并氧化谷胱甘肽；而二硫代氨基甲酸化合物对α-酮戊二酸氧化酶、丙酮酸脱氢酶及琥珀酸脱氢酶都具有很强的抑制作用，这些物质是通过对需巯基激活的酶类的作用，而干扰三羧酸循环。

5. 人体健康危害

5.1 急性中毒(非职业性)

本类物质作为农用杀菌剂及硫化促进剂在生产和使用过程中，很少引起全身性急性中毒。误服大剂量后主要引起胃肠道症状如恶心、呕吐、腹痛、腹泻等。如剂量过大，则神经系统受累更为明显，起初出现神经系统兴奋现象，最后转入抑制和呼吸中枢麻痹。肝、肾损害亦可见到。国外用四乙基秋兰姆作为戒酒时给予治疗剂量(0.2～1 g/d)常出现神经、消化系统不良反应，如头痛、思睡、疲劳、食欲不振、口有异臭等。偶而还可引起暂时性精神失常。在口服四乙基秋兰姆治疗剂量的前后如饮酒，则引起强烈的全身性急性中毒反应，出现颜面潮红、血压下降、心率及呼吸加快、剧烈恶心及呕吐，甚至虚脱昏迷。引起饮酒反应的原理，曾解释为秋兰姆类化合物在体内使酒精生成的乙醛贮留之故，但亦有人认为上述症状与乙醛的贮留无关，而是秋兰姆类化合物与乙醇在体内相互作用所生成的某种有毒物质所致。

接触秋兰姆类化合物粉尘的橡胶工人及农业生产者亦可能发生对酒精的敏感，饮酒后可出现较轻的类似反应以及荨麻疹、皮炎等。

5.2 慢性影响

本类物质对慢性接触者的皮肤有致敏作用。曾调查接触四甲基秋兰姆粉尘的工人，约有60%患有或曾患过接触性皮炎，于皮肤的外露部位，如手背、前臂、面、颈等处发生瘙痒、潮红及斑丘疹，少数有水泡与糜烂，大多数患者在工作中经不同时间后可自行好转及痊愈。此外眼及上呼吸道刺激症状亦属常见，部分长期接触者可引起慢性鼻炎，检查可见鼻黏膜充血、鼻甲肥厚、嗅觉减退等；少数人可有慢性咽炎及结膜炎；有时伴有食欲减退等胃肠道症状。二硫代氨基甲酸类化合物对皮肤及黏膜的刺激作用及对皮肤的致敏作用一般较秋兰姆类化合物轻微。

本类物质的主要品种和性质见表7-4。

表7-4 秋兰姆和二硫代氨基甲酸衍生物

类　别	商品名及用途	学名及结构式	理化特性	毒　性
秋兰姆类(福美双类)衍生物	福美双、二硫代四甲基秋兰姆、福美双、促进剂TMTD-Ⅱ、TMTD、TT、秋兰姆、赛欧散(硫化促进剂、农用杀菌剂和杀虫剂，润滑油添加剂等)	四甲基二硫代秋兰姆；硫化促进剂TMTD  $C_6H_{12}N_2S_4$	分子量：240.433。白色至灰白色粉末。熔点：156～158℃。密度：1.43。不溶于水，不溶于稀碱液、汽油；溶于乙醇、苯、氯仿、二硫化碳等	小鼠经口LD_{50}为1 250 mg/kg；大鼠经口LD_{50}为870 mg/kg，对人的致死量估计为0.8 g/kg。对呼吸道、皮肤、胃肠道有明显刺激作用，接触本品后可提高对酒的敏感度
	四甲基硫代二碳二酰胺、TMTM、TS、四甲基一硫化秋兰姆(硫化促进剂)	硫化四甲基秋兰姆；四甲基一硫化秋兰姆 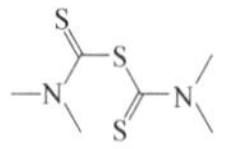 $C_6H_{12}N_2S_3$	分子量：208.35。黄色至褐色粉末。熔点：106～110℃。密度：1.255。不溶于水；溶于汽油，溶于乙醇、苯、丙酮、氯仿	大鼠经腹腔LD_{50}为383 mg/kg；小鼠经口LD_{50}为818 mg/kg
	四乙基秋兰姆、双(二乙基硫代氨基甲酰)二硫化物、戒酒硫、双硫仑、二磺法胺、TETD、二硫化四乙基秋兰姆(硫化促进剂及杀虫剂、杀菌剂)	四乙基二硫代双甲硫羰酰胺；二硫化四乙基秋兰姆 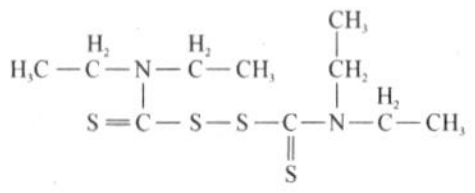 $C_{10}H_{20}N_2S_4$	分子量：296.539。黄色-白色晶体或灰色粉末。熔点：69～71℃。密度：1.27。不溶于水；微溶于丙酮；溶于苯、氯仿、二硫化碳	大鼠经口LD_{50}：8 600 mg/kg；家兔经眼：100 mg，轻度刺激。对黏膜、皮肤有刺激作用，对皮肤有致敏作用

(续表)

类 别	商品名及用途	学名及结构式	理化特性	毒 性
秋兰姆类(福美双类)衍生物	福美锌、硫化促进剂PZ、退菌特、锌来特(杀菌剂和杀虫剂,天然胶、合成胶以及乳胶用促进剂)	二甲基二硫代氨基甲酸锌 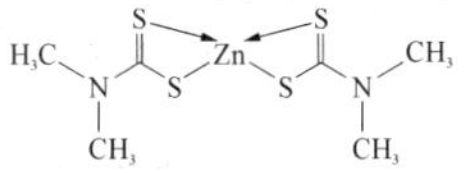 $C_6H_{12}N_2S_4Zn$	分子量:305.81。白色粉末,无气味。熔点:248～250℃。密度:2.0。不溶于水、汽油;溶于乙醇、丙酮、二氯甲烷,溶于苯、甲苯、氯仿	大鼠急性经口LD_{50}为1 400 mg/kg。对皮肤、鼻黏膜及喉头有刺激作用
	福美铁、福美特、N,N-二甲基二硫代氨基甲酸铁、二甲氨基荒酸铁(杀菌剂)	二甲基二硫代氨基甲酸铁 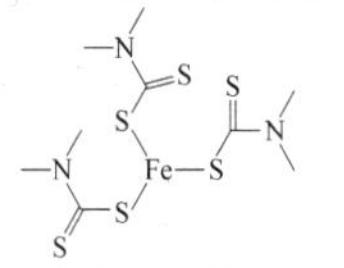 $C_9H_{18}FeN_3S_6$	分子量:416.51。黑色固体或粉末。熔点:180℃。微溶于水;溶于氯仿、吡啶、乙腈	大鼠经口LD_{50}为1 130 mg/kg;小鼠经口LD_{50}为3 400 mg/kg

表7-5 其他有机硫杀菌剂

商品名		学名及结构式	理化特性	毒 性
二硫代氨基甲酸类(福美类)	克菌丹(开普顿)	N-(三氯甲硫基)-环己-4-烯-1,2-二甲酰亚胺 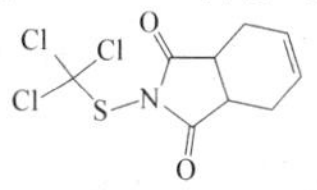	分子量300.59。白色粉末,工业品为带有刺激性气味的黄色无定型粉末,在中性酸性溶液中稳定,如升高温度(接近于它的熔点时)或增大pH值(碱性溶液时),水解速度加快,不溶于水及矿物油,易吸潮。熔点:178℃	大鼠经口LD_{50}:9 000 mg/kg,小鼠经口LD_{50}:7 000 mg/kg。对皮肤有刺激作用
	灭菌丹(费尔顿)	N-(三氯甲硫基)酞酰亚胺 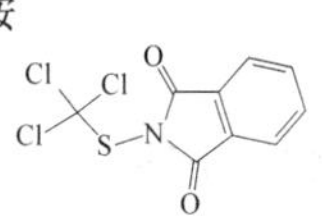	分子量296.558。白色结晶,在室温下不溶于水;易溶于有机溶剂。熔点:177℃	大鼠经口LD_{50}:1 g/kg,大鼠急性经皮LD_{50}:22 600 mg/kg,对黏膜有刺激作用
	敌锈钠	对氨基苯磺酸钠 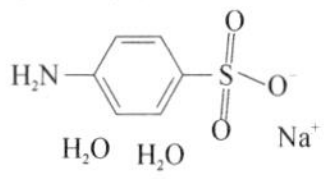	分子量195.17。白色至米色结晶固体。易溶于水;不溶于乙醇、乙醚及苯	小鼠急性经口LD_{50}:3 000 mg/kg;鲫鱼LC_{50}:7.57 mg/(L·48 h)
	敌克松(地可松)	对二甲氨基苯重氮磺酸钠 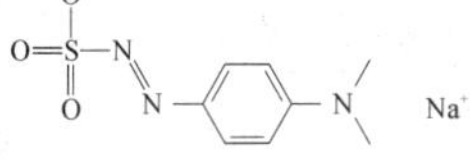	分子量251.24。棕黄色无臭粉末,易溶于水或乙醇,在水中的溶解度为2～3 g/100 ml(25℃),不溶于乙醚、苯、石油等,敌克松的水溶液呈深橙色,对光敏感。熔点:200℃	大鼠急性经口LD_{50}:60～75 mg/kg,豚鼠为50 mg/kg;大鼠急性经皮LD_{50}:100 mg/kg。鲫鱼LC_{50}:2 mg/L,鲤鱼LC_{50}:1.2 mg/L。对皮肤有刺激作用

甲硫醇

1. 理化性质

CAS号：74-93-1	外观与性状：无色气体，带有大蒜样气味
熔点/凝固点(℃)：-123	临界温度(℃)：197
沸点(℃)：6	临界压力(MPa)：7.23
闪点(℃)：-17.8(开杯)	爆炸下限[%(V/V)]：3.9
爆炸上限[%(V/V)]：21.8	溶解性：与水混溶
燃烧热(kJ/mol)：1 244.0	饱和蒸气压(kPa)：53.32(-7.9℃)
相对密度(水=1)：0.87	相对蒸气密度(空气=1)：1.66

2. 用途和接触机会

甲硫醇是硫醇类化合物的一种，硫醇是以硫原子取代氢氧基的氧原子，而具有氢硫基[—SH](巯基)的化合物，有脂肪族硫醇和芳香族硫醇。甲硫醇都属于脂肪族硫醇，由细菌引起的蛋白质腐败中，半胱氨酸分解成硫化氢过程的中间产物。

甲硫醇为一种重要的有机合成中间体，在农药、医药、食品添加剂、合成材料、饲料等方面也有广泛的应用。

3. 毒性

本品大鼠吸入 LC_{50}：1 449.7 mg/m^3；小鼠吸入 LC_{50}：6.5 mg/(m^3·2 h)。健康危害GHS分类为：急性毒性—吸入，类别3。

4. 人体健康危害

接触甲硫醇后立即出现明显的咽部不适、声嘶、胸闷、咳嗽、气急等症状，伴眼痛流泪，出现短暂意识丧失。皮肤接触可引起接触性皮炎。曾有急性重度甲硫醇中毒伴多脏器损害的报道，但多以有呼吸系统、中枢神经损害为主，对甲硫醇中毒引起周围神经系统损害鲜有报道。

5. 风险评估

我国职业接触限值规定：PC-TWA为1 mg/m^3。美国ACGIH和OSHA皆规定：TWA为1 mg/m^3。

本品对水生生物毒性极大并具有长期持续影响，其环境危害GHS分类为：危害水生环境—急性危害，类别1；危害水生环境—长期危害，类别1。

苄硫醇

1. 理化性质

CAS号：100-53-8	外观与性状：无色至淡黄色透明液体
熔点/凝固点(℃)：-30	*n*-辛醇/水分配系数：2.48
沸点(℃)：194	溶解性：不溶于水
饱和蒸气压(kPa)：0.063(25℃)	闪点(℃)：70(闭杯)
相对蒸气密度(空气=1)：4.28	相对密度(水=1)：1.058

2. 用途与接触机会

用于香精制造。

3. 毒性

本品大鼠经口 LD_{50}：493 mg/kg；小鼠吸入 LC_{50}：987 mg/(m^3·4 h)。健康危害GHS分类为：严重眼损伤/眼刺激，类别2。

4. 人体健康危害

蒸气或雾对眼、黏膜和上呼吸道有刺激性。接触后可引起烧灼感、咳嗽、喘息、喉炎、气短、头痛、恶心和呕吐；本品能造成严重眼刺激，眼睛直接接触可能会造成严重的炎症并伴随有疼痛。

5. 风险评估

本品对水生生物毒性极大，其环境危害GHS分类为：危害水生环境—急性危害，类别1。

2-丁基硫醇

1. 理化性质

CAS号：513-53-1	外观与性状：透明液体
熔点/凝固点(℃)：-140.1	溶解性：不溶于水
沸点(℃)：84.6	闪点(℃)：-23(闭杯)
相对密度(水=1)：0.83	相对蒸气密度(空气=1)：3.11

2. 用途与接触机会

用作有机合成中间体。

3. 毒性

健康危害 GHS 分类为：严重眼损伤/眼刺激，类别 2；皮肤致敏物，类别 1；特异性靶器官毒性——一次接触，类别 3（呼吸道刺激）。

4. 人体健康危害

本品能造成严重眼刺激，眼睛直接接触可能会造成严重的炎症并伴随有疼痛。接触可导致皮肤过敏。吸入蒸气（尤其是长期接触）可能引起呼吸道刺激，偶尔出现呼吸窘迫。

5. 风险评估

本品对水生生物有毒并具有长期持续影响，其环境危害 GHS 分类为：危害水生环境—急性危害，类别 2；危害水生环境—长期危害，类别 2。

己 硫 醇

1. 理化性质

CAS 号：111-31-9	外观与性状：透明液体，有恶臭
熔点/凝固点（℃）：−81	沸点（℃）：151
闪点（℃）：30	*n*-辛醇/水分配系数：5.35
爆炸上限[%(V/V)]：5.5	爆炸下限[%(V/V)]：0.7
饱和蒸气压（kPa）：0.16（40℃）	相对蒸气密度（空气=1）：5.04
溶解性：不溶于水	相对密度（水=1）：0.84

2. 用途与接触机会

通常用于掺入有害气体中作为报警嗅味剂。用于生产燃料添加剂、催化剂、农药、香料、溶剂和合成橡胶。

3. 毒性

本品大鼠经口 LD_{50}：1 254 mg/kg；大鼠吸入 LC_{50}：15 701.8 mg/(m^3 · 4 h)。小鼠吸入 LC_{50}：2 787.6 mg/(m^3 · 4 h)。

健康危害 GHS 分类为：急性毒性—吸入，类别 3；特异性靶器官毒性——一次接触，类别 1。

4. 人体健康危害

吸入本品在正常生产过程中生成的蒸气或气溶胶（雾、烟），可对身体产生毒害作用。意外误服本品可能对个体健康有害。通过割伤、擦伤或病变处进入血液，可能产生全身损伤的有害作用。眼睛直接接触本品可导致暂时不适。

正 辛 硫 醇

1. 理化性质

CAS 号：111-88-6	外观与性状：无色透明液体
相对蒸气密度（空气=1）：5.0	爆炸下限[%(V/V)]：0.8
熔点/凝固点（℃）：−49	沸点（℃）：199
闪点（℃）：68.89（开杯）	*n*-辛醇/水分配系数：4.21
密度（kg/m^3）：878～881（20℃）	相对密度（水=1）：0.84
溶解性：溶于乙醇、乙醚、丙酮和苯；不溶于水	饱和蒸气压（kPa）：0.06（25℃）

2. 用途与接触机会

该品在合成橡胶生产中用作聚合调节剂及硫化调节剂，也用于橡胶助剂、医药、染料、农药的生产。也可作表面活性剂和树脂的稳定剂。是有机合成试剂。

3. 毒性

本品大鼠经口 LD_{50}：2 000～2 450 mg/kg；大鼠经皮 LD_{50}：2 445 mg/kg；大鼠吸入 LC_{50}：4 290 mg/(m^3 · 4 h)。

健康危害 GHS 分类为：严重眼损伤/眼刺激，类别 2；皮肤致敏物，类别 1；特异性靶器官毒性——一次接触，类别 2；特异性靶器官毒性——一次接触，类别 3（麻醉效应）；特异性靶器官毒性—反复接触，类别 2。

4. 人体健康危害

吸入蒸气可能引起瞌睡和头昏眼花，可能伴随嗜睡、警惕性下降、反射作用消失、失去协调性并感到眩晕。意外误服本品可能对个体健康有害。皮肤直接接触可能导致皮肤过敏反应。通过割伤、擦伤或病变处进入血液,可能产生全身损伤的有害作用。眼睛直接接触可能会造成严重的炎症并伴随有疼痛。

5. 风险评估

本品对水生生物毒性极大并具有长期持续影响,其环境危害 GHS 分类为:危害水生环境—急性危害,类别 1;危害水生环境—长期危害,类别 1。

乙　硫　醇

1. 理化性质

CAS 号:75-08-1	外观与性状:透明液体,有强烈的蒜气味
熔点/凝固点(℃):−144.4	临界温度(℃):225.6
沸点(℃):35	临界压力(MPa):5.49
闪点(℃):−48.3	自燃温度(℃):299
爆炸上限[%(V/V)]:18.2	爆炸下限[%(V/V)]:2.8
蒸气压(kPa):58.9(20℃)	*n*-辛醇/水分配系数:1.5
相对密度(水=1):0.839(20℃)	相对蒸气密度(空气=1):2.14
溶解性:与水部分混溶	

2. 用途与接触机会

又名巯基乙烷,用作黏合剂的稳定剂和化学合成的中间体。

3. 毒性

本品大鼠经口 LD_{50}:682 mg/kg;大鼠吸入 LC_{50}:12 261.6 mg/(m^3 · 4 h)。小鼠吸入 LC_{50}:7 684.3 mg/(m^3 · 4 h)。

4. 人体健康危害

本品主要作用于中枢神经系统。较高浓度吸入出现麻醉作用,高浓度可引起呼吸麻痹致死。

吸入低浓度蒸气时可引起头痛、恶心;中毒者可发生呕吐、腹泻,尿中出现蛋白、管型及血尿。

5. 风险评估

我国职业接触限值规定:PC-TWA 为 1 mg/m^3。前苏联 MAC 为 1 mg/m^3。美国 ACGIH 规定:TLV-TWA 为 1 mg/m^3。

本品对水生生物毒性极大并具有长期持续影响,其环境危害 GHS 分类为:危害水生环境—急性危害,类别 1;危害水生环境—长期危害,类别 1。

正 丙 硫 醇

1. 理化性质

CAS 号:107-03-9	外观与性状:无色液体,有特殊气味
熔点/凝固点(℃):−113	闪点(℃):−20
沸点(℃):68	饱和蒸气压(kPa):20.7(25℃)
相对密度(水=1):0.84	*n*-辛醇/水分配系数:1.7
相对蒸气密度(空气=1):2.63	溶解性:微溶于醇和醚

2. 用途与接触机会

又名硫代正丙醇,可作有机合成原料,亦是农药杀虫剂的中间体。

3. 毒性

本品大鼠经口 LD_{50}:1 790 mg/kg;大鼠吸入 LC_{50}:24 823.3 mg/(m^3 · 4 h)。小鼠吸入 LC_{50}:13 635.8 mg/(m^3 · 4 h)。

健康危害 GHS 分类为:严重眼损伤/眼刺激,类别 2;特异性靶器官毒性——次接触,类别 3(呼吸道刺激)。

4. 人体健康危害

蒸气或雾对眼及上呼吸道有刺激性。对皮肤有刺激性。接触后出现头痛、恶心、呕吐。

5. 风险评估

本品对水生生物毒性极大并具有长期持续影响,其环境危害 GHS 分类为:危害水生环境—急性危害,类别 1;危害水生环境—长期危害,类别 1。

异 丙 硫 醇

1. 理化性质

CAS 号:75-33-2	外观与性状:无色液体,有极不愉快的气味

（续表）

熔点/凝固点(℃)：−131	闪点(℃)：−34
沸点(℃)：57	爆炸上限[%(V/V)]：13.7
饱和蒸气压(kPa)：60.52(37.8℃)	爆炸下限[%(V/V)]：2.1
相对密度(水=1)：0.82	相对蒸气密度(空气=1)：2.6
溶解性：微溶于水；溶于乙醇、乙醚等	

2. 用途与接触机会

又名异丙基硫醇，石油分析用的标准，也用于有机合成。

3. 毒性

本品小鼠吸入 LC_{50}：130 mg/(m^3 · h)。

健康危害 GHS 分类为：严重眼损伤/眼刺激，类别 2B；皮肤致敏物，类别 1；特异性靶器官毒性——一次接触，类别 3(麻醉效应)。

4. 人体健康危害

吸入后，引起嗅觉丧失、肌无力、惊厥、呼吸麻痹。口服引起恶心、呕吐。对眼和皮肤有刺激性。

5. 风险评估

本品对水生生物毒性极大并具有长期持续影响，其环境危害 GHS 分类为：危害水生环境—急性危害，类别 1；危害水生环境—长期危害，类别 1。

叔丁基硫醇

1. 理化性质

CAS 号：75-66-1	外观与性状：透明液体
熔点/凝固点(℃)：0	沸点(℃)：64
闪点(℃)：−26(闭杯)	溶解性：不溶于水
饱和蒸气压(kPa)：19(20℃)	相对蒸气密度(空气=1)：3.1
相对密度(水=1)：0.8	

2. 用途与接触机会

又名2-甲基-2-丙硫醇，用作有机合成中间体，制备合成橡胶。

3. 毒性

本品大鼠经口 LD_{50}：4 729 mg/kg；大鼠吸入 LC_{50}：89 394.6 mg/(m^3 · 4 h)。小鼠吸入 LC_{50}：66 442 mg/(m^3 · 4 h)。

健康危害 GHS 分类为：严重眼损伤/眼刺激，类别 2B；皮肤致敏物，类别 1；特异性靶器官毒性——一次接触，类别 3(麻醉效应)。

4. 人体健康危害

吸入蒸气可能引起瞌睡和头昏眼花，可能伴随嗜睡、警惕性下降、反射作用消失。对眼睛有刺激性，皮肤接触可引起过敏。

5. 风险评估

本品对水生生物有毒并具有长期持续影响，其环境危害 GHS 分类为：危害水生环境—急性危害，类别 2；危害水生环境—长期危害，类别 2。

1-戊硫醇

1. 理化性质

CAS 号：110-66-7	外观与性状：无色透明至淡黄色液体
熔点/凝固点(℃)：−75.7	闪点(℃)：18(开杯)
沸点(℃)：126.6(61.3 kPa)	饱和蒸气压(kPa)：1.84(25℃)
相对密度(水=1)：0.84	溶解性：不溶于水；可混溶于乙醇、乙醚等
相对蒸气密度(空气=1)：3.6	

2. 用途与接触机会

用于有机合成。

3. 毒性

本品大鼠吸入 LCL_0：9 306.3 mg/(m^3 · 4 h)。

健康危害 GHS 分类为：急性毒性—吸入，类别 3；皮肤腐蚀/刺激，类别 2；严重眼损伤/眼刺激，类别 2；皮肤致敏物，类别 1；特异性靶器官毒性——一次接触，类别 3(呼吸道刺激)。

4. 人体健康危害

因本品有恶臭味，吸入后可引起恶心。对眼和皮肤有轻度刺激性。口服引起恶心、呕吐。

吸入蒸气(尤其是长期接触)可能引起呼吸道刺激,偶尔出现呼吸窘迫。

十二烷基硫醇

1. 理化性质

CAS 号：112－55－0	外观与性状：无色至淡黄色液体,有特殊气味。
熔点/凝固点(℃)：－7	分解温度(℃)：＞350
沸点(℃)：163～169	溶解性：与水混溶
闪点(℃)：127(开杯)	饱和蒸气压(kPa)：0.33(25℃)
相对密度(水＝1)：0.85	相对蒸气密度(空气＝1)：7.0

2. 用途与接触机会

用作合成橡胶、合成纤维、合成树脂的聚合调节剂;还用于生产聚氯乙烯稳定剂、药物、杀虫剂、杀菌剂、去污剂等。

3. 毒性

健康危害 GHS 分类为：皮肤腐蚀/刺激,类别 1C;严重眼损伤/眼刺激,类别 1。

4. 人体健康危害

能引起呼吸道刺激,伴有咳嗽、呼吸道阻塞和黏膜损伤;眼睛直接接触本品能造成严重化学灼伤。如果未得到及时、适当的治疗,可能造成永久性失明。

5. 风险评估

本品对水生生物毒性极大并具有长期持续影响,其环境危害 GHS 分类为：危害水生环境—急性危害,类别 1;危害水生环境—长期危害,类别 1。

1,1,3,3－四甲基－1－丁硫醇

1. 理化性质

CAS 号：141－59－3	外观与性状：无色到淡黄色液体
沸点(℃)：154～166	闪点(℃)：46(开杯)
相对密度(水＝1)：0.85	相对蒸气密度(空气＝1)：5.0

2. 毒性

大鼠经口 LDL_0：50 mg/kg;大鼠吸入 LC_{50}：300 mg/(m^3 · 4 h)。

健康危害 GHS 分类为：急性毒性—经口,类别 3;急性毒性—吸入,类别 2。

3. 人体健康危害

在正常生产过程中,吸入本品的蒸气或气溶胶(雾、烟)可产生严重毒害作用,甚至可致命。意外误服本品可能对个体健康有害。通过割伤、擦伤或病变处进入血液,可能产生全身损伤的有害作用。眼睛直接接触本品可导致暂时不适。

其他有机含硫化合物

硫酸－2,4－二氨基甲苯

1. 理化性质

CAS 号：65321－67－7	外观与性状：无色液体
沸点(℃)：260	

2. 毒性

健康危害 GHS 分类为：急性毒性—经口,类别 3;严重眼损伤/眼刺激,类别 2A;皮肤致敏物,类别 1。

3. 人体健康危害

吸入该物质可能会引起呼吸道不适。意外误服本品可能有害。皮肤直接接触可能导致皮肤过敏反应。通过割伤、擦伤或病变处进入血液,可能产生全身损伤的有害作用。眼睛直接接触可能会造成严重的炎症并伴随有疼痛。

4. 风险评估

本品对水生生物有毒并具有长期持续影响,其环境危害 GHS 分类为：危害水生环境—急性危害,类别 2;危害水生环境—长期危害,类别 2。

硫酸-2,5-二氨基甲苯

1. 理化性质

CAS号：615-50-9	外观与性状：淡紫色粉末
熔点(℃)：300	沸点(℃)：273.7(100 kPa)
闪点(℃)：>250	

2. 用途与接触机会

又名2-甲基-1,4-苯二胺硫酸盐,用于染发剂及有机中间体。

3. 毒性

大鼠经口 LD_{50} 为98 mg/kg。

健康危害GHS分类为：急性毒性—经口,类别3;皮肤致敏物,类别1。

4. 人体健康危害

吸入该物质可能会引起呼吸道不适。意外误服本品可能有害。通过割伤、擦伤或病变处进入血液,可能产生全身损伤的有害作用。眼睛直接接触本品可导致暂时不适。

反复或长期接触可能引起皮肤过敏。

5. 风险评估

本品对水生生物有毒并具有长期持续影响,其环境危害GHS分类为：危害水生环境—急性危害,类别2;危害水生环境—长期危害,类别2。

硫酸-4,4′-二氨基联苯

1. 理化性质

CAS号：531-86-2	外观与性状：固体
沸点(℃)：358.7(100 kPa)	

2. 毒性

又名联苯胺硫酸盐,大鼠经口 LD_{50}：309 mg/kg;小鼠经口 LD_{50}：214 mg/kg。

3. 人体健康危害

吸入该物质可能会引起呼吸道不适。意外误服本品可能有害。通过割伤、擦伤或病变处进入血液,可能产生全身损伤的有害作用。眼睛直接接触本品可导致暂时不适。

4. 风险评估

本品对水生生物毒性极大并具有长期持续影响,其环境危害GHS分类为：危害水生环境—急性危害,类别1;危害水生环境—长期危害,类别1。

硫酸-4-氨基-N,N-二甲基苯胺

1. 理化性质

CAS号：536-47-0	外观与性状：米色至淡灰色至橙色或棕色粉末
熔点/凝固点(℃)：200	分解温度(℃)：200
沸点(℃)：495	溶解性：与水混溶

2. 用途与接触机会

用作测定微量硫的化学试剂。

3. 毒性

健康危害GHS分类为：急性毒性—经口,类别3;急性毒性—经皮,类别3;急性毒性—吸入,类别3;皮肤腐蚀/刺激,类别2;严重眼损伤/眼刺激,类别2;特异性靶器官毒性——次接触,类别3(呼吸道刺激)。

4. 人体健康危害

4.1 急性中毒

吸入该物质可能会引起呼吸道不适。意外误服本品可能引起有害作用。皮肤直接接触可造成皮肤刺激,会引起中毒,吸收后可导致全身反应。通过割伤、擦伤或病变处进入血液,可能产生全身损伤的有害作用。本品能造成严重眼刺激,如眼睛直接接触可能会造成严重的炎症并伴随有疼痛。

4.2 慢性中毒

吸入本品在正常生产过程中生成的粉尘可对身体产生有害作用,吸入粉尘或烟雾(尤其是长期接触)可能引起呼吸道刺激,偶尔出现呼吸窘迫。

硫 酸 苯 胺

1. 理化性质

CAS 号：542－16－5	外观与性状：白色至非常略黄色结晶粉末
沸点(℃)：184 (100 kPa)	闪点(℃)：70
密度：1.38	溶解性：与水混溶

2. 用途与接触机会

用作分析试剂，也用于有机合成。

3. 风险评估

本品对水生生物毒性极大，其环境危害 GHS 分类为：危害水生环境—急性危害，类别 1。

硫 酸 苯 肼

1. 理化性质

CAS 号：2545－79－1	外观与性状：液体
沸点(℃)：243 (100 kPa)	

2. 用途与接触机会

用作分析试剂，也用于有机合成。

3. 毒性

健康危害 GHS 分类为：急性毒性—经口，类别 3；急性毒性—经皮，类别 3；急性毒性—吸入，类别 3；皮肤腐蚀/刺激，类别 2；严重眼损伤/眼刺激，类别 2；皮肤致敏物，类别 1；生殖细胞致突变性，类别 2；特异性靶器官毒性—反复接触，类别 1。

4. 人体健康危害

吸入本品在正常生产过程中生成的蒸气或气溶胶可引起呼吸道不适；皮肤接触可能导致皮肤过敏反应；眼睛直接接触可能会造成严重的炎症并伴随有疼痛。怀疑可造成遗传性缺陷。长期或反复接触会对心、肝、肾等器官造成损害。

5. 风险评估

本品对水生生物毒性极大，其环境危害 GHS 分类为：危害水生环境—急性危害，类别 1。

硫酸对苯二胺

1. 理化性质

CAS 号：16245－77－5	外观与性状：灰色至灰白色粉末
熔点(℃)：＞300	

2. 风险评估

本品对水生生物毒性极大并具有长期持续影响，其环境危害 GHS 分类为：危害水生环境—急性危害，类别 1；危害水生环境—长期危害，类别 1。

硫 酸 二 甲 酯

1. 理化性质

CAS 号：77－78－1	外观与性状：透明油性液体
pH 值：＜7(酸性)	自燃温度(℃)：470
熔点/凝固点(℃)：－32	分解温度(℃)：＞180
沸点(℃)：188(分解)	爆炸下限[%(V/V)]：3.6
闪点(℃)：83.3(闭杯)	*n*-辛醇/水分配系数：0.16
爆炸上限[%(V/V)]：23.3	饱和蒸气压(kPa)：2(76℃)
蒸气压(Pa)：65(20℃)	相对蒸气密度(空气＝1)：4.4
相对密度(水＝1)：1.328 (20℃)	溶解性：与水部分混溶

2. 用途与接触机会

又名甲基硫酸酯，用于制造染料及作为胺类和醇类的甲基化剂。该物质可通过吸入其蒸气、经皮肤和经误服吸收到体内。

3. 毒性与中毒机理

本品健康危害 GHS 分类为：急性毒性—经口，类别 3；急性毒性—吸入，类别 2；皮肤腐蚀/刺激，类别 1B；严重眼损伤/眼刺激，类别 1；皮肤致敏物，类别 1；生殖细胞致突变性，类别 2；致癌性，类别 1B；特异性靶器官毒性——次接触，类别 3(呼吸道刺激)。IARC 致癌性分类为组 2A。

3.1 急性毒作用

大鼠经口 LD_{50}：205 mg/kg；大鼠吸入 LC_{50}：45 mg/(m^3 · 4 h)。小鼠经口 LD_{50}：140 mg/kg；小鼠吸入 LC_{50}：280 mg/m^3。

3.2 中毒机理

硫酸二甲酯遇水可缓慢水解成甲醇、硫酸及硫酸氢甲酯。硫酸对局部黏膜产生强烈的刺激和腐蚀作用，可引起呼吸道炎症、肺水肿；对皮肤和眼可致化学性灼伤或角膜溃疡、混浊等；高浓度可致反射性窒息，甚至死亡。本品吸收进入体内可影响氧化还原酶系统中甲基化反应，引起中枢神经系统及肝、肾、心肌损害等全身中毒表现。本品具有变态反应性损害作用，故可导致对机体的迟发性作用，包括眼、口腔、呼吸道炎症及全身性迟发性病变等。

4. 人体健康危害

接触硫酸二甲酯引起急性中毒常经过6～8 h的潜伏期后迅速发病，潜伏期越短症状越重。极高浓度可在几分钟内引起窒息，其主要症状表现在对眼、呼吸道、皮肤损害为主，常伴有头晕、头痛、烦躁、体温稍有升高等。人吸入10 min本品蒸气浓度500 mg/m^3时即可致死；成人的口服致死量约为1～5 g。主要临床表现：

(1) 眼部症状：轻症者仅有眼结膜刺激症状。重者经潜伏期后出现眼病、羞明、流泪、眼内异物感，并有眼睑水肿和痉挛，视物不清，结膜充血。经荧光染色可见角膜上皮有弥散性点状浸润，甚至角膜大片脱落，引起视觉减退或色觉障碍等。

(2) 呼吸系统：轻症者以上呼吸道黏膜刺激症状为主。有流涕、咽部烧灼感及声音嘶哑等，检查可见咽喉、会厌溃裂及声带充血肿胀等。重症者经潜伏后出现呼吸困难、脑部紧束感，喉头水肿和中毒性肺水肿，气管可有大片黏膜坏死、脱落，引起窒息，可继发支气管炎、支气管肺炎、肺气肿或偶见因支气管瘘而引起皮下气肿。极重者可发生休克，并发肝、肾及心肌损害等。

(3) 皮肤损害：皮肤接触硫酸二甲酯引起化学性灼伤，红肿、点状出血。能引起深度坏死和愈合缓慢的溃疡，其特征为数小时疼痛最剧，12 h后可发生大水疱，24 h内仍有进展，严重时发生坏死。结缔组织松软部位如阴囊处可因接触能造成损害，痊愈较慢。

(4) 口服中毒：吞服硫酸二甲酯后，咽喉立即引起烧灼性疼痛和胃肠道症状，随后出现呼吸困难，喉水肿、肺水肿及肝、肾损害。

5. 风险评估

我国职业接触限值规定：硫酸二甲酯 PC－TWA为0.5 mg/m^3(皮)。美国ACGIH规定：TLV－TWA为0.52 mg/m^3(皮)；OSHA 规定 PEL－TWA 为0.5 mg/m^3(皮)；NIOSH 规定：REL－TWA 为0.5 mg/m^3(皮)。

本品对水生生物有毒，其环境危害 GHS 分类为：危害水生环境—急性危害，类别2。

硫酸间苯二胺

1. 理化性质

CAS号：541－70－8	外观与性状：无色或浅灰色结晶或粉末
沸点(℃)：283.2 (100 kPa)	

2. 用途与接触机会

又名间苯二胺硫酸盐。用于检测溴酸、溴化铬酸、铜、重铬酸、金、次溴酸、铁、氧、臭氧和铂相关试剂。测定活性氢、铬、铱、亚硝酸和铯。制造染料。

3. 毒性

健康危害GHS分类为：急性毒性—经口，类别3；急性毒性—经皮，类别3；急性毒性—吸入，类别3；严重眼损伤/眼刺激，类别2。

4. 人体健康危害

吸入本品蒸气或气溶胶可引起呼吸道不适。眼睛直接接触可能会造成严重的炎症并伴随有疼痛。

5. 风险评估

本品对水生生物毒性极大并具有长期持续影响，其环境危害GHS分类为：危害水生环境—急性危害，类别1；危害水生环境—长期危害，类别1。

硫酸马钱子碱

1. 理化性质

CAS 号：4845－99－2	外观与性状：白色结晶固体
熔点/凝固点(℃)：180	溶解性：与水部分混溶

2. 毒性

健康危害 GHS 分类为：急性毒性—经口，类别 2；急性毒性—吸入，类别 2。

3. 风险评估

本品对水生生物有害并具有长期持续影响，其环境危害 GHS 分类为：危害水生环境—长期危害，类别 3。

硫 酸 羟 胺

1. 理化性质

CAS 号：10039－54－0	外观与性状：白色晶体或粉末
pH 值：3.6(30%溶液)	*n*-辛醇/水分配系数：−3.6
熔点/凝固点(℃)：170	沸点(℃)：56.5
密度(g/cm^3)：1.86(25℃)	相对密度(水＝1)：1.88
溶解性：溶于冷水、乙醇和甲醇	

2. 用途与接触机会

用作影片、相片洗印药。

该品是合成已内酰胺的重要原料。也是医药、农药的中间体，用于生产一系列异噁唑衍生物、磺胺药物和维生素 B_6、B_{12}。衍生物肟或羟肟酸衍生物可用来生产农药杀虫剂、杀菌剂和除草剂。还可用于高分子合成原料和化合物的精制、聚合催化剂及化学分析试剂等。

3. 毒性

大鼠经口 LD_{50}：842 mg/kg。小鼠吸入 LC_{50}：980 mg/kg。

健康危害 GHS 分类为：皮肤腐蚀/刺激，类别 2；严重眼损伤/眼刺激，类别 2；皮肤致敏物，类别 1；特异性靶器官毒性—反复接触，类别 2。

4. 人体健康危害

吸入该物质可能会引起呼吸道不适。意外误服本品可能有害。皮肤直接接触可能导致皮肤过敏反应。

5. 风险评估

本品对水生生物毒性极大，其环境危害 GHS 分类为：危害水生环境—急性危害，类别 1。

砷及其化合物

砷

1. 理化性质

CAS 号：7440－38－2	外观与性状：银灰色发亮的块状固体，质硬而脆，有灰、黄、黑褐三种同素异形体，具有金属性
熔点/凝固点(℃)：814℃	临界压力(MPa)：22.3
沸点(℃)：613℃	分解温度(℃)：800
饱和蒸气压(kPa)：0.13(372℃)	*n*-辛醇/水分配系数：0.68
密度(g/cm^3)：5.73(14℃)	相对密度(水＝1)：5.727(25℃)
溶解性：不溶于水、碱液、多数有机溶剂，溶于硝酸、热碱液	

2. 用途与接触机会

2.1 生活环境

自然界中的砷(arsenic，As)无处不在，以不同的形式广泛存在于地壳、土壤、矿物质、水、大气以及生物体内，目前共有数百种砷矿物已被发现。在我们日常生活环境中，砷及其化合物主要用于合金冶炼、农药医药、颜料等工业，还常常作为杂质存在于原料、废渣、半成品及成品中。其中，砷的化合物三氧化二砷被称为砒霜，是一种毒性很强的物质。

2.2 生产环境

砷在工业生产中有广泛的用途：① 作为合金材

料,用于生产铅制弹丸、印刷合金、黄铜(冷凝器用)、蓄电池栅板、耐磨合金、高强结构钢及耐蚀钢等。其中黄铜中含有重量砷时可防止脱锌;② 作为半导体材料,高纯砷是制取化合物半导体砷化镓、砷化铟等的原料,也是半导体材料锗和硅的掺杂元素,这些材料广泛用作二极管、发光二极管、红外线发射器、激光器等;③ 医药方面,砷具有生理和药理作用,也被广泛应用于医药卫生领域。有研究表明,一些含砷中药制剂不仅可抑制肿瘤组织生长,还具有抗病原微生物以及抗疟的作用。在2000年,美国食品药品监督管理局也同意把三氧化二砷应用于急性早幼粒细胞白血病并对维A酸有抗药性的患者。除上述之外,砷的化合物还曾用于制造农药、防腐剂、染料等方面。

3. 毒代动力学

3.1 吸收、摄入与贮存

人体砷暴露途径多样,砷及其化合物可以通过呼吸道、消化道、皮肤(经皮吸收慢)等进入人体。生产环境中的砷通常以砷化合物的烟雾或者粉尘形式存在,经由经呼吸道吸入或者经口摄入而使人长期暴露于高浓度砷,而砷污染地区(农田、工厂等)附近人群则多为呼吸道摄入或者食用被砷污染的农作物、饮用砷含量较高的水而导致砷暴露。食物和饮水是人体砷摄入的主要来源,占总砷摄入量的99%。砷在体内可以形成牢固的储存库,主要集中在头发、指甲、皮肤、骨骼等组织中。

3.2 转运与分布

进入体内的砷,90%~95%存在于红细胞中,与血红蛋白的珠蛋白结合,且在24 h之内随血液分布到全身的组织和器官,并沉积在在肝、肾、脾、骨骼、胃肠道、肌肉、指甲、毛发等处。

砷在体内的代谢有两个主要的反应类型:第一种类型,$As^{5+} \rightarrow As^{3+}$;第二种类型,氧化甲基化反应。即 $As^{5+} \rightarrow As^{3+} \rightarrow MMA^{5+} \rightarrow MMA^{3+} \rightarrow DMA^{5+} \rightarrow DMA^{3+}$(该过程主要在肝脏中进行)。五价砷化物在体内转化为三价砷后,在甲基转移酶(methyltransferase)的催化下利用5-腺苷甲硫氨酸(S-adenosyl methionine,SAM)作为甲基供体,在谷胱甘肽(glutathione,GSH)辅助下进行甲基化,经过一系列反应后,生成单甲基胂酸(monomethylarsonic acid,MMA)和二甲基胂酸(dimenthylarsinic acid,DMA)等代谢产物。

3.3 排泄

无机砷及其代谢物主要通过肾脏排泄,尿中四种代谢物为砷酸盐、亚砷酸盐、单甲基胂酸(monomethylarsonic acid,MMA)和二甲基胂酸(dimenthylarsinic acid,DMA)。其中二甲基胂酸占排出代谢物的55%~75%,单甲基胂酸占10%~20%。经口中毒者,粪便中排出的砷较多。实验发现,除了大鼠对砷的排泄速度较慢之外,其他动物摄入砷后,大部分均在24~72 h之内经尿排出体外。此外,少量的砷可经由粪便、指甲、毛发、汗腺、唾液及肺等方式排出。

3.4 转运模式(图7-1)

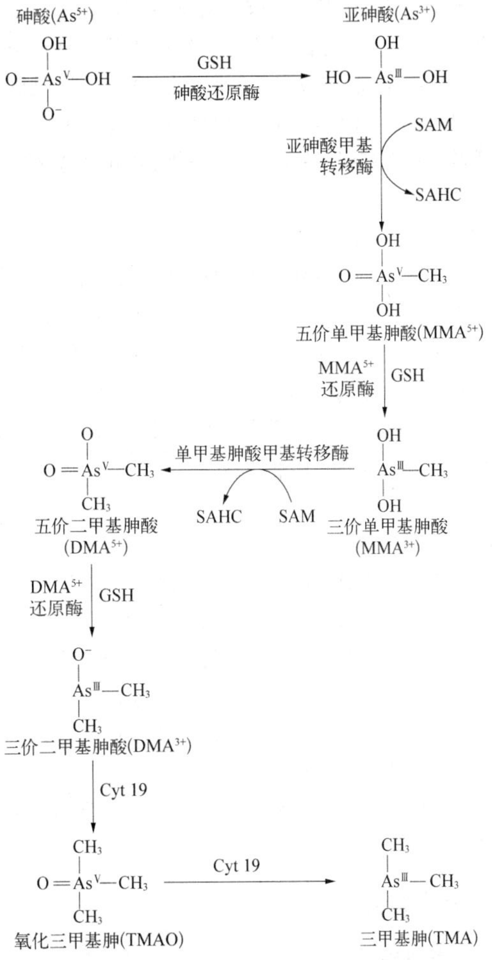

图7-1 无机砷的生物转化途径

4. 毒性与中毒机理

本品的健康危害GHS分类为:急性毒性—经口,

类别3；急性毒性—吸入，类别3；致癌性，类别1A。

4.1 急性毒作用

大鼠经口 LD_{50}：763 mg/kg；小鼠经口 LD_{50} 145 mg/kg。

4.2 迟发性周围神经病

急性砷中毒后1～3 w，早者可在发病后3 d出现肢体麻木或针刺样感觉异常，继之运动力弱，下肢比上肢受累较早而且较重，自肢体远端向近端对称扩展。因足部痛觉过敏，接触床单或抚摸脚底都可引起灼痛，数周或数月后四肢远端感觉减退或消失，呈手套、袜套样分布；肌力减退亦以远端显著；重者可见肌肉萎缩，垂足、垂腕。跟腱反射早期即可消失。腓肠肌往往有压痛。下肢可有牵引性疼痛，Lasegue征阳性，提示神经根亦被累及。肌电图显示受累肌群呈失神经电位，感觉与运动神经传导速度减慢。少数可累及到视神经和听神经，出现视力和听力障碍。

4.3 致癌作用

砷早在1888年就已经被研究证实具有致癌性，IARC将砷及其化合物列为I类致癌物质。其与多种癌症（肝癌、肺癌、皮肤癌、前列腺癌、膀胱癌及直肠癌等）的发生有密切关系。我国早已将砷所致肺癌及皮肤癌列为法定职业性肿瘤，且于2002年颁布了职业病肿瘤诊断标准。

4.4 中毒机理

砷是一种细胞原浆毒物，接触过量的砷会导致全身性的损害，其对机体的毒作用机理复杂，目前人类对其的认识尚不全面，有待进一步研究和阐明。砷毒性（包括致癌）的作用方式和具体方式在4个相互交叉的领域受到广泛关注：① 干扰酶活性；② 改变信号转导，调控细胞周期、分化与细胞凋亡；③ 诱导氧化应激；④ 诱导染色体畸变和基因突变，改变基因表达。

5. 生物监测

5.1 暴露标志

（1）尿砷。无机砷经机体吸收后，有60%～70%以原型或代谢物形式由尿中排出，因此尿砷能较好反应近期砷暴露水平。流行病学研究证实，尿砷与环境砷暴露量以及砷中毒的患病率呈正相关，尿砷被认为是反映机体砷暴露的重要指标，并可用于检测环境砷污染状况。

尿砷的检测包括总砷和形态砷两种形式。无机砷(As)进入机体后经甲基化代谢，最后以单甲基胂酸(MMA)和二甲基胂酸(DMA)的形式经尿排出体外。三价MMA、DMA都具有更强的细胞毒性和遗传毒性，人类细胞对MMA的细胞毒性效应也比亚砷酸盐更敏感。同时因为尿总砷的检测受饮食和测定方法等因素的影响较大，故尿中形态砷的测定更能准确反映砷的暴露量和砷中毒病情。目前，尿砷测定常用的方法有二乙氨基二硫代甲酸银分光光度法(DDC—Ag)（参照WS/T 28），电感耦合等离子体发射光谱法(ICP－OES)、原子吸收光谱法(AAS)、原子荧光光谱法(AFS)、高效液相-等离子体质谱联用(HPLC－ICP－MS)等，这些方法均可用于尿总砷或者尿砷的不同形态。此外，由于尿砷的影响因素比较多，故将尿总砷作为急慢性砷中毒及职业性砷暴露的生物暴露标志时，应注意排除其它因素的影响。

（2）发砷。头发是砷的富集场所之一，因为在毛发中含有大量的角质蛋白和含硫氨基酸，进入体内的砷可与其中的二硫键结合。发砷可来源于两个方面：被机体吸收的砷掺入到发根的生长部分和外界的砷污染。采取正确的清洗措施后，发砷可较好地反映机体的砷暴露情况。国内外研究从不同角度探讨环境砷含量与发砷含量、砷中毒病情及患病率的关系，证实发砷能较好地反映环境中砷的暴露和人体中砷的蓄积水平。

（3）指（趾）甲砷。富含巯基的指（趾）甲对三价砷有较强亲和力，是砷的富集场所，因此指（趾）甲砷和发砷一样能反映砷的慢性暴露和吸收，可作为慢性砷暴露的生物标志。目前已有许多关于指（趾）甲砷浓度与砷中毒病情相关的报道。与发砷相比，虽然二者砷含量均与砷暴露呈正相关，但在形态分析中，指（趾）甲砷较发砷与慢性砷中毒病情的相关性更好，且不易受外环境污染的干扰，因此被认为是砷暴露的较好生物标志。

（4）血砷。砷进人血液后大部分以较高速率从血浆中清除，血砷的生物半衰期虽然较短，但如果暴露持续而稳定，血中砷浓度可能达到一个稳定状态，也可有效反映暴露水平。有研究报道，饮用高砷水人群的血砷大大超过非砷暴露人群的血砷水平，且血砷浓度与肌酐校正过的尿砷浓度和水砷有较高的相关性，皮肤病损率的增加与血砷、尿砷、水砷浓度有关，提示血砷作为砷暴露生物学标志有一定参考价值。

(5) 卟啉。卟啉是生物体内的一种具有大共轭环状结构的金属有机化合物，在动物体内主要存在血红素(铁卟啉)和血蓝素(铜卟啉)中。大量研究表明砷可抑制血红素合成途径中某些酶的活性，导致卟啉堆积。研究发现砷致大鼠DNA损伤前就有卟啉变化。虽然目前卟啉在砷中毒人群方面的研究报道不多，但有学者已发现燃煤污染型砷中毒患者尿液中粪卟啉、尿卟啉水平明显升高，且与尿砷水平呈正相关，提示砷暴露对人体卟啉代谢具一定影响。

5.2 效应标志

(1) 生化酶学指标。砷对健康的危害是多方面、全身性的，许多学者一直致力于筛选砷致肝脏等损害的敏感特异的早期效应标志。在肝脏损害方面，特殊肝功能检测和肝功酶谱的检测能更加敏感地指出砷所致的损害。如血清总胆汁酸(TBA)可以在砷中毒早期反映肝损害情况，病情发展至中、晚期时γ-谷氨酰转移酶(γ-GT)、谷胱甘肽-S-转移酶(GST)、血管内皮素(ET)等会显示出异常，所以SBA、γ-GT、GST、ET联合应用在砷致肝损害的筛查及动态观察其病情发展中有重要参考价值。对砷中毒患者肾功能检测发现，在常规肾功能检查正常的情况下，可见血、尿β^2-微球蛋白(β^2-MG)、尿微量白蛋白(mALB)、尿N-乙酰-β-D-氨基葡萄糖苷酶(NAG)异常，提示砷可在早期致肾脏损害。而作为“肿瘤标志”的血清铁蛋白(FP)、唾液酸(SA)、岩藻糖苷酶(AFU)的改变在砷致癌进程中有一定预警意义。虽然上述效应生物标志缺乏特异性，但在明确砷暴露且排除其他病因的前提下，仍不失为有用的效应标志。

(2) 氧化损伤标志。氧化应激是指体内氧化、抗氧化两个系统的失衡而导致活性氧过量，引起分子、细胞和机体的损伤。研究表明，砷诱导机体氧化应激是砷中毒的重要机制之一。砷暴露可致人体内抗氧化物质，尤其是酶类，如超氧化物歧化酶(SOD)、谷胱甘肽过氧化物酶(GSH-Px)、巯基(—SH)活力或含量的代偿性增加或消耗性降低，而脂质过氧化代谢产物如丙二醛(MDA)含量明显增加。大量动物实验也证实砷中毒动物的肾脏、心肌细胞、心脏匀浆以及血清中抗氧化物质SOD、GSH-Px活力发生变化，GSH水平降低而致脂质过氧化产物MDA水平升高。有学者以砷暴露者发砷为暴露指标，氧化损伤标志为效应指标，采用基准剂量法筛选其敏感生物学标志时发现，上述氧化损伤标志的敏感顺序为-SH>GSH-Px>MDA>SOD，提出-SH是相对较好的评价砷致机体氧化损伤的早期敏感生物标志。

8-羟基-2脱氧鸟苷(8-OHdG)是一种较常用的DNA氧化损伤标志，能反映靶器官受氧化损伤程度，可在血、组织、尿中检出。砷暴露可使机体产生大量氧自由基(ROS)，导致DNA链断裂，最终导致8-OHdG生成增加。饮水型砷中毒研究发现砷暴露人群尿8-OHdG水平与全血总砷、尿总砷呈明显正相关关系。由于8-OHdG形成量大，影响因素较少，检测方法相对较灵敏，已是较多学者认同的最能代表DNA氧化损伤的生物标志。

(3) 细胞遗传学标志。微核(MN)、姐妹染色单体交换(SCE)和染色体畸变(CA)是外源化学物细胞遗传学效应最常用的3个检测终点。目前较实用且敏感的检测DNA损伤的指标是DNA单链断裂(SSB)，有研究报道检测SSB的彗星试验方法与ELISA相结合，是评估砷导致DNA损伤的最有效的研究手段。DNA-蛋白质交联物(DPC)是反映DNA严重损伤的分子遗传标志，它是DNA与蛋白质形成的稳定共价化合物，为一种不可逆的过程，其在DNA复制过程中可造成某些重要的基因丢失，在肿瘤的激发以及促进阶段起重要作用。

有研究指出，砷细胞遗传损伤的标志中，微核率(MNF)与尿中无机砷及其甲基化产物的浓度呈正相关；SSB、SCE及CA敏感性较好；DPC和细胞内砷浓度呈线型关系，其水平的增高可伴随染色体断裂的增多，特异性较强。研究提示，SSB、SCE、CA作为检测砷暴露致细胞遗传学改变的早期生物标志，有一定的实用价值；DPC与其他的DNA损伤相比，在细胞内持续时间长、损害稳定、易于检测，作为砷致细胞DNA损伤的分子生物标志。

(4) 分子遗传学标志。砷是已经被证实的一类致癌物，但目前为止。其致癌机制尚未得出清晰地解释。鉴于某些抑癌基因、癌基因、细胞周期调控基因等在多种癌症的发生发展过程中起重要作用，众多学者为了揭开砷致癌作用机制，开始对砷与这些基因的关系进行研究。将带有supF基因并能活跃增值的穿梭质粒载体pZ189导入人成纤维细胞作为实验模型，加入砷化物后发现5 μM/L的亚砷酸钠就能导致pZ189的基因发生移码，碱基颠换等基因变异的现象，提示砷化物能够直接引起基因变异。

5.3 易感性标志

(1) 代谢酶基因多态性。研究表明，在癌变的始动阶段，代谢酶的基因多态性对环境致癌物的致癌效应起着关键作用。体内的代谢酶可分为Ⅰ相代谢酶和相代谢酶。已有研究证实谷胱甘肽硫转移酶(GST)、三价单甲基胂酸的甲基化转移酶(CYT19)参与了砷的甲基化代谢。亚甲基四氢叶酸还原酶(MTHFR)的基因多态性可导致S-腺苷甲硫氨酸(SAM)缺乏，引起砷甲基化代谢能力降低；嘌呤核苷酸磷化酶(PNP)存在遗传多态性，在砷酸盐转化为亚砷酸盐过程中可以将5价砷还原为3价砷。

(2) DNA修复基因多态性。DNA修复在维持细胞遗传稳定性和细胞稳态等方面起重要作用。DNA的修复失常与多种疾病的发生有关，DNA修复酶基因的多态性常导致机体对某种疾病的易感性增加。细胞中主要存在碱基切除修复(BER)、核苷酸切除修复(NER)、错配修复(MMR)和DNA双链断裂修复(DSB)途径。在碱基切除修复途径中，人8-羟基鸟嘌呤糖苷酶(hOGGl)是一种DNA损伤修复酶，其功能为特异性识别并切除DNA双链中的氧化损伤主要产物8-羟基鸟嘌呤(oh8Gua)。该基因多态性与砷中毒关系的报道，国外仅见于孟加拉国饮水型砷中毒和我国燃煤型砷中毒，但均未发现其与砷中毒的易感性有关。基因多态性的研究是砷中毒研究的一个新兴领域，目前研究尚不够全面和深入，结果也不一致，这可能与地区、种族的差异、样本量的不足、研究方法不一、无有效的验证方法等有关；尚有部分研究忽略了环境因素的作用。

6. 人体健康危害

6.1 急性中毒

通常多为误服砷化合物污染的食物或者水，亦或自服可溶性砷化合物(如三氧化二砷)引起。口服后10 min至1.5 h即可出现中毒症状。

(1) 急性胃肠炎表现：食管烧灼感，口内有金属异味、恶心、呕吐、腹痛、腹泻、米汤样粪便(有时带血)，可致失水、电解质紊乱、肾前性肾功能不全甚至循环衰竭等。重症患者常出现休克，出现血压下降、心音低纯、脉细数、四肢厥冷、出汗。可伴有头晕、头痛、水肿、少尿、血压降低、尿砷升高等，抢救不及时，可出现死亡。

(2) 神经系统表现：头痛、头昏、乏力、口周围麻木、全身酸痛，重症患者烦躁不安、谵妄、妄想、四肢肌肉痉挛，意识模糊以至昏迷、呼吸中枢麻痹死亡。急性砷中毒2～3w后上述临床表现大多已缓解或恢复时，可出现多发性周围神经炎和神经根炎，表现为肌肉疼痛、四肢麻木、针刺样感觉、上下肢无力，症状有肢体远端向近端呈对称性发展的特点，以后感觉减退或消失。重症患者有垂足、垂腕，伴肌肉萎缩，跟腱反射消失。下肢可有牵引性疼痛，Lasegue征阳性，提示神经根亦被累及。中毒性周围神经病患者轻者经过数月治疗可逐渐恢复，重者会遗留肢体麻痹挛缩，对运动能力。

(3) 皮肤及附件改变：皮肤接触部位可有局部瘙痒和皮疹，一周后出现糠秕样脱屑，继之局部色素沉着、过度角化。急性中毒40～60 d，几乎所有患者的指、趾甲上都有1～2 cm宽的白色横纹(Mess纹)，随生长移向(指)趾尖，约5个月后消失。

(4) 其他器官损害：包括中毒性肝炎(肝大、肝功能异常或黄疸等)、心肌损害、肾损害、贫血和白细胞减少等。砷化氢中毒临床表现主要是急性溶血。

6.2 慢性中毒

慢性中毒可见于在防护条件不良的含砷矿石冶炼作业及三氧化二砷生产车间的工人，及其附近的居民中。长期吸入较低浓度的砷化合物的烟雾、蒸气和粉尘的工人以及长期受到大气或饮水污染的居民，可发生严重程度不同的慢性砷中毒，症状是逐渐发生的。慢性砷中毒的潜伏期及严重程度与剂量以及个体敏感性等因素有关，可从半年至数十年不等。慢性砷中毒是全身性疾病，临床表现多种多样。

(1) 皮肤损害表现：砷中毒皮肤损害包括皮炎、皮肤过度角化和皮肤色素沉着。

大多数的砷化合物对皮肤黏膜具有一定刺激性，砷化合物粉尘可引起刺激性皮炎，好发在胸背部、皮肤皱褶和湿润处，如口角、腋窝、阴囊、腹股沟等。表现为皮肤潮红、瘙痒、刺痛、丘疹、疱疹、脓疱等。边缘清楚，约1～3 mm。少数人有剥脱性皮炎，日后皮肤呈黑色或棕黑色的散在色素沉着斑。长期从事砷作业的工人，会出现毛发有脱落，手和脚掌有角化过度或蜕皮，典型的表现是手掌的尺侧缘、手指的根部有许多小的、角样或谷粒状角化隆起，俗称砒疔或砷疔，通常直径为0.4～1 cm，其可融合成疣状物或坏死，继发感染，形成经久不愈的溃疡，可转变为皮肤原位癌。

(2) 神经系统：长期接砷的作业工人常有头痛、

头昏、失眠、乏力、记忆力减退等神经衰弱综合征。长期低剂量接砷的作业工人或慢性砷中毒患者，其周围神经损害往往相对较轻，且症状不典型，一般以感觉障碍为主，运动障碍少见。可能与接触砷浓度、时间、年龄有关，与砷在体内蓄积量成正比。

(3) 血液及心血管系统：慢性砷中毒工人可发生贫血，白细胞、血小板或血红蛋白减少，骨髓细胞生成受抑制等。慢性砷作业工人循环系统的损害作用主要为心电图异常，一般为ST段下降，T波倒置或双相，QT时间延长，也可出现心律失常和心脏扩大。

(4) 肝脏损害：砷化合物是一种明显的肝脏毒物，人体摄入后会引起不同程度的肝损伤，长期慢性接触砷的工人出现肝损伤很常见。肝脏损害在临床上表现为肝肿大、腹痛、厌食、慢性消化不良并伴有门脉高压，血清转氨酶升高或不升高。对已确诊的78例职业性慢性砷中毒肝能异常的患者进行调查发现，出现了乏力、四肢麻木、头痛头昏、睡眠差、腹胀、皮肤瘙痒等临床症状。在肝功能异常中，以ALT(丙氨酸转氨酶)异常检出率最高，其次为AST(天冬氨酸转氨酶)，TBIL(总胆红素)和DBIL(直接胆红素)。天谷氨酰转移酶(GGT)损害程度最高。此外，对248例饮水型砷中毒患者调研发现，248例患者中的190例有肝脏肿大(76.6%)，69例患者做了肝组织病理检查，91.3%显示有非硬化性汇管区纤维化的改变。

(5) 致癌性：砷及其化合物明确具有致癌性，IARC确认其为I类致癌物质。砷及其化合物与多种癌症(肝癌、肺癌、皮肤癌、前列腺癌、膀胱癌及直肠癌等)的发生有密切关系。

(6) 生殖危害：砷会通过胎盘损及胎儿，脐带血中砷的浓度和母体内砷的浓度是一致的。曾智勇等对砷铅污染区产妇及其新生儿作了外周血淋巴细胞、姐妹染色单体交换(SEE)和微核试验，结果显示：砷铅污染不仅使产妇的SCE率明显增高。而且对下一代还造成了有害影响，使其SCE率增高。郭小娟等对内蒙古自治区巴彦淖尔盟地方性砷中毒病区的调查表明，病区成年男性中有51.2%发生性欲减退，病区男性外生殖器检查有色素沉着、脱失症状占65.3%。此外，中国科学院城市环境研究所完成的一项研究发现，在日常生活环境中，低剂量暴露的砷可能影响男性精子质量，并因此造成男性不育。

(7) 呼吸系统毒性：砷对呼吸系统的慢性影响有鼻炎、鼻黏膜溃疡、鼻中隔穿孔、咽炎、喉炎和慢性支气管炎等。

(8) 其他：慢性砷及其化合物接触可直接刺激外眼，引起炎症或灼伤。重者可发生剥脱性结膜炎，穿孔坏死，以致脓性全眼球炎，中毒时可发生结膜炎、角膜炎、角膜溃疡和角膜混浊，也可发生视网膜出血、神经萎缩和虹膜睫状体炎。

7. 风险评估

7.1 生产环境

我国职业接触限值规定：PC-STEL为0.02 mg/m^3，PC-TWA为0.01 mg/m^3。国外砷的职业接触限值：美国OSHA现行砷的PEL-TWA为0.01 mg/m^3，PEL-STEL为16.7 mg/m^3。美国NIOSH砷的REL为8 h PC-TWA为0.33 mg/m^3，并要求STEL为3.3 mg/m^3。ACGIH阈限值TLV-TWA为0.01 mg/m^3。欧盟制定的砷BOELV为未查到3.3 mg/m^3。日本砷的职业接触限值PC-TWA为3.3 mg/m^3。

7.2 生活环境

1988年FAO/WHO暂定砷每日允许最大摄入量为0.05 mg/kg体重，无机砷的每周允许摄入量建议为0.015 mg/kg体重。美国EPA于2001年1月公布了新饮水砷卫生标准10 μg/L的建议值，2006年1月将饮用水砷的标准从50 μg/L降低到10 μg/L。加拿大从1996年到目前，规定的过渡性饮水砷卫标准(interim maximum acceptable concentration, IMAC)为25 μg/L。由于各国生活水平和技术存在差异，因此饮用水中砷的安全标准也有所不同。1993年WTO将饮用水中砷的标准降低为10 μg/L。欧盟将饮用水中砷的标准定为20 μg/L，而发展中国家饮用水中砷的标准一般为50 μg/L。目前，我国饮用水砷的标准已经由原来的50 μg/L修订为10 μg/L。同时，GB3095—2012《环境空气质量标准》规定，环境中As的浓度参考限值为年平均0.006 10 μg/m^3。

砷的氧化物和盐类

三 氧 化 二 砷

1. 理化性质

CAS号：1327-53-3	外观与性状：白色粉末，无臭，无味

（续表）

熔点/凝固点(℃)：275～313	临界压力(MPa)：4
沸点(℃)：457.2	闪点(℃)：465
饱和蒸气压(kPa)：13.33(332.5℃)	易燃性：高温下可燃
密度(g/cm^3)：3.738	n-辛醇/水分配系数：−0.13
相对密度(水=1)：3.7～4.2	溶解性：微溶于水；溶于酸、碱；不溶于乙醇
水溶性(g/L)：37(20℃)	

2. 用途与接触机会

三氧化二砷是一种无机砷类杀虫剂，又称氧化亚砷、亚砷酸酐，俗称砒霜、信石、白砒。三氧化二砷是制备砷衍生物的主要原料，用于制造杀虫剂、除草剂、防腐剂，还用于提炼金属砷，制备砷合金、半导体材料、涂料和染料等。在玻璃工业中用作澄清剂、消色剂，还可用于制搪瓷、保存皮革以及制造各种含砷药物。对害虫有胃毒作用，在有机杀虫剂问世前，农业上用于配制毒饵，防治地下害虫及蝗虫，也可用作除草剂。对人、畜剧毒，农业上已停用。本品是烈性毒物，内服0.1克就可致死。但服用微量可作为补血药和强壮药，常制成极稀的 K_3AsO_3 溶液使用。它还可用于治疗慢性骨髓性白血病。在家畜饲料中加微量三氧化二砷可促进生长和体力增强。

3. 毒性

本品为2015版《危险化学品目录》所列剧毒品，其健康危害GHS分类为：急性毒性—经口，类别2；皮肤腐蚀/刺激，类别1B；严重眼损伤/眼刺激，类别1；致癌性，类别1A。

3.1 急性毒作用

大鼠经口 LD_{50}：10 mg/kg；小鼠经口 LD_{50}：20 mg/kg。

刺激性：家兔经眼：50 μg(24 h)，重度刺激。家兔经皮：5 mg(24 h)，重度刺激。

3.2 亚急性与慢性毒性

大鼠摄取三氧化二砷150 mg/(kg·d)，共6.5个月，对动物生长发育有轻度影响，肝肾重量明显增加，但肝肾功能及血常规均正常；30 mg/kg以下，动物各主要脏器无病理改变。

IARC致癌性分类为G1，确认人类致癌物。

4. 人体健康危害

三氧化二砷是烈性毒物，有致癌作用，致死量(人经口)60 mg。

急性中毒：口服中毒出现恶心、呕吐、腹痛、大便有时混有血液、四肢痛性痉挛、少尿、无尿昏迷、抽搐、呼吸麻痹而死亡。可在急性中毒的1～3 w内发生周围神经病。可发生中毒性心肌炎、肝炎。大量吸入亦可引起急性中毒，但消化道症状轻，指(趾)甲上出现M氏纹。

慢性中毒：胃肠功能紊乱，周期性结肠炎、慢性肝炎，重者可肝硬变；可致皮肤色素沉着、角化过度或疣状增生，以及多发性周围神经炎；对黏膜、神经系统、肾和心脏有损害；可致肺癌、皮肤癌。

5. 风险评估

我国职业接触限值规定：砷及其无机化合物(按As计)PC-STEL为0.02 mg/m^3，PC-TWA为0.01 mg/m^3。

本品对水生生物毒性极大并具有长期持续影响，其环境危害GHS分类为：危害水生环境—急性危害，类别1；危害水生环境—长期危害，类别1。

五氧化二砷

1. 理化性质

CAS号：1303-28-2	外观与性状：白色无定形固体，易潮解
熔点/凝固点(℃)：315℃(分解)	n-辛醇/水分配系数：0.68
沸点(℃)：160(半水合物)	溶解性：溶于水；溶于乙醇、酸、碱
相对密度(水=1)：4.32	

2. 用途与接触机会

五氧化二砷在环境和身体中自然存在的浓度很低。五氧化二砷用作砷酸盐、除草剂、金属黏合剂、杀虫剂、杀真菌剂、木材防腐剂和有色气体以及印染中的固体或溶液。五氧化二砷通过吸收空气中的水分(潮解性)而溶解并变成液体，并且是无味的。它可以作为浓缩水溶液运输。五氧化二砷的替代 CAS 号为 12044-50-7。五氧化二砷很容易通过食入，吸入和黏膜吸收到体内，经完整的皮肤吸收很少，但可通过破损的皮肤吸收眼睛接触五氧化二砷会引起刺激，但与全身毒性无关。

3. 毒性

本品为 2015 版《危险化学品目录》所列剧毒品，其健康危害 GHS 分类为：急性毒性—经口，类别 2；急性毒性—吸入，类别 3；致癌性，类别 1A。

3.1 急性毒作用

大鼠经口 LD_{50}：8 mg/kg；小鼠经口 LD_{50}：55 mg/kg。

3.2 慢性毒作用

慢性中毒动物精神萎靡、衰弱、食欲不振、体质量下降、脱毛和四肢溃疡等，造血系统初期白细胞可能增多，以后下降，血小板、红细胞也有减少，严重者骨髓呈再生不良。死亡动物尸检，以造血器官变化为主：骨髓再生不良，淋巴结和脾脏变性。还可见到内脏充血、脂肪变性；呼吸道黏膜刺激的改变、非特异性的上皮增生等。

IARC 将砷及其无机化合物列为 G1，确认人类致癌物。

4. 人体健康危害

急性五氧化二砷中毒，会出现大蒜或金属味、咳嗽、口腔黏膜有灼烧感。

接触后几分钟内出现口渴、恶心和呕吐。在几分钟到几小时内：循环血容量减少、低血压、腹泻、腹痛、血尿、呼吸急促、胸痛、肺部积液、退行性疾病或脑功能障碍和癫痫发作。

超过数小时：血便，水样便，中枢神经系统功能恶化，包括精神错乱和谵妄。

数小时到数天：尿液中的蛋白质和血液、肾功能衰竭。肝脏脂肪变性；中央肝坏死，由于肝脏损伤导致黄疸。

几周后：特定血细胞类型，感觉和运动神经病变以及皮肤变化的数量减少。

眼睛接触：五氧化二砷粉尘引起眼睛刺激、瘙痒、灼热、轻度暂时发红和/或眼结膜炎、流泪、暂时性复视、畏光、视力昏暗和其他短暂的眼睛损伤或形成溃疡。

皮肤接触：皮肤接触五氧化二砷可能导致毛细血管扩张、红斑、灼热感、疼痛、皮疹、肿胀和皮疹等引起的红肿。在潮湿环境，潮湿或皮肤出汗的情况下，这些效果可能会增加。

5. 风险评估

我国职业接触限值规定：砷及其无机化合物(按 As 计)PC-STEL 为 0.02 mg/m³，PC-TWA 为 0.01 mg/m³。

本品对水生生物毒性极大并具有长期持续影响，其环境危害 GHS 分类为：危害水生环境—急性危害，类别 1；危害水生环境—长期危害，类别 1。

三 氯 化 砷

1. 理化性质

CAS 号：7784-34-1	外观与性状：无色或淡黄色油状发烟液体
熔点/凝固点(℃)：−16	闪点(℃)：130.2
沸点(℃)：130.2	密度(g/cm³)：2.163
饱和蒸气压(kPa)：1.33 (23.5℃)	易燃性：高温下可燃
相对密度(水=1)：2.163	*n*-辛醇/水分配系数：1.61
相对蒸气密度(空气=1)：6.25	溶解性：溶于乙醇、乙醚、浓盐酸及多数有机溶剂

2. 用途与接触机会

三氯化砷是一种常见的砷化物，呈黄色油状液体。用于制造杀虫剂，也用于陶瓷工业，合成含砷的氯衍生物。高纯品用于半导体生产中的外延、扩散工序。可为碘、磷、碱金属的碘化物和油脂的溶剂。也可用三氧化二砷和浓盐酸反应制造，或用砷和干燥氯气进行反应制造。

3. 毒性

本品健康危害 GHS 分类为：急性毒性—经口，类别 2；急性毒性—经皮，类别 2；皮肤腐蚀/刺激，类别 2；严重眼损伤/眼刺激，类别 2A；生殖毒性，类别 2；致癌性，类别 1A；特异性靶器官毒性—一次接触，类别 1；特异性靶器官毒性—反复接触，类别 1。

3.1 急性毒作用

大鼠经口 LD_{50}：48 mg/kg；大鼠经皮 LD_{50}：80 mg/kg。

3.2 远期毒作用

怀疑本品可造成遗传性缺陷。

IARC将砷及砷化合物列为G1，确认人类致癌物。

4. 人体健康危害

三氯化砷为剧毒，具有较强的腐蚀性和刺激性，可引起喉水肿致窒息。大量接触可引起神经损害、食欲不振、恶心、呕吐、腹痛、腹泻，甚至死亡。由于有脂溶性，三氯化砷沾在黏膜及皮肤上时，不仅导致黏膜及皮肤损伤，且能通过损伤的黏膜及皮肤渗透到组织内部而产生水解的危险。

5. 风险评估

我国职业接触限值：砷及其无机化合物(按As计) PC－STEL为0.02 mg/m³，PC－TWA 为0.01 mg/m³。

本品对水生生物毒性极大并具有长期持续影响，其环境危害GHS分类为：危害水生环境—急性危害，类别1；危害水生环境—长期危害，类别1。

三 溴 化 砷

1. 理化性质

CAS号：7784－33－0	外观与性状：无色至微黄色结晶，易吸湿，在潮湿空气中发烟
熔点/凝固点(℃)：31	沸点(℃)：221
相对密度(水＝1，g/cm³)：3.54	易燃性：高温下可燃。
密度(g/cm³)：3.54	溶解性：溶于烃类，氯代烃，二硫化碳、油类和脂肪；遇水分解会散发出腐蚀性和有毒的溴化氢气体；能被水分解成三氧化二砷和溴化氢；能与乙醚、苯混溶

2. 用途与接触机会

三溴化砷是由砷和溴作用而得。用于制造有机砷化合物，催化剂、药品等。

3. 毒性

健康危害GHS分类为：急性毒性—经口，类别3；急性毒性—吸入，类别3；致癌性，类别1A。

4. 风险评估

我国职业接触限值规定：砷及其无机化合物(按As计)PC－STEL为0.02 mg/m³，PC－TWA为0.01 mg/m³。

本品对水生生物毒性极大并具有长期持续影响，其环境危害GHS分类为：危害水生环境—急性危害，类别1；危害水生环境—长期危害，类别1。

二 砷 化 三 锌

1. 理化性质

CAS号：12006－40－5	外观与性状：灰色金属状结晶
熔点/凝固点(℃)：1 015	易燃性：高温下可燃
密度(g/cm³)：5.53	相对密度(水＝1)：5.62
溶解性：不溶于水	

2. 用途与接触机会

砷化锌(Zn_3As_2)属于管制类化学品，用于半导体及光伏产业中所需的特种气体砷烷的制备原料。

3. 毒性

本品健康危害GHS分类为：急性毒性—经口，类别3；急性毒性—吸入，类别3；致癌性，类别1A。

4. 人体健康危害

4.1 急性毒性

吸入：可能引起黏膜和呼吸道刺激、金属味、咽炎、鼻血、鼻中隔穿孔。

误服：可能引起胃和肠的明显刺激，伴有呕吐、腹泻和恶心。在严重的情况下，呕吐物和粪便是血腥的，受害者会因为微弱、快速的脉搏，冷汗，昏迷而陷入崩溃和休克，甚至死亡。

对皮肤和眼睛有刺激性。

4.2 慢性毒性

长期接触可能导致食欲不振、痉挛、恶心、便秘、腹泻，以及对肝脏、血液、肾脏和神经系统的损害。可引起湿疹性皮炎、色素沉着、角化过度和皮肤癌变。

5. 风险评估

我国职业接触限值规定：砷及其无机化合物

(按 As 计)PC - STEL 为 0.02 mg/m^3，PC - TWA 为 0.01 mg/m^3。

本品对水生生物毒性极大并具有长期持续影响，其环境危害 GHS 分类为：危害水生环境—急性危害，类别 1；危害水生环境—长期危害，类别 1。

砷 化 氢

1. 理化性质

CAS 号：7784 - 42 - 1	外观与性状：常温常压下为无色气体，有大蒜气味
熔点/凝固点(℃)：−117	临界温度(℃)：99.95
沸点(℃)：−62.5	临界压力(MPa)：6.55
爆炸上限[%(V/V)]：100	闪点(℃)：−110
饱和蒸气压(kPa)：1 463 (20℃)	爆炸下限[%(V/V)]：4.5
相对密度(水＝1)：1.689 (84.9℃，液体)；2.69	易燃性：易燃气体
相对蒸气密度(空气＝1)：2.66	*n* - 辛醇/水分配系数：0.68
溶解性：溶于水；微溶于乙醇、碱液；溶于苯、氯仿	

2. 用途与接触机会

砷化氢在日常生活中直接接触机会不多，主要用于有机合成、军用毒气及应用于科研或某些特殊实验中。例如广泛使用在半导体工业中，以及各种有机砷化合物的合成等。有砷夹杂的金属矿石与工业硫酸或盐酸相遇可发生砷化氢。含砷的硅铁等冶炼和贮存时，接触潮湿空气或用水浇熄炽热含砷矿物的炉渣时，均可产生砷化氢。

3. 毒性

本品为 2015 版《危险化学品目录》所列剧毒品，其健康危害 GHS 分类为：急性毒性—吸入，类别 2；致癌性，类别 1A；特异性靶器官毒性—反复接触，类别 2。

3.1 急性毒作用

大鼠吸入，10 minLC_{50}：390 mg/m^3；小鼠吸入，10 min LC_{50}：250 mg/m^3。

人吸入 TCL_0：325 μg/m^3(男性)。

3.2 亚急性与慢性毒性

各种动物在反复吸入 12～36 mg/m^{3}时，可见血红蛋白和红细胞减少，其体征有溶血、贫血和黄疸。

3.3 远期毒作用

IARC 将砷及其无机化合物列为 G1，确认人类致癌物。

4. 人体健康危害

4.1 急性中毒

急性砷化氢中毒的严重程度与吸入量有明显的关系；潜伏期一般为半小时至数小时，起病急，依次出现急性溶血及急性肾功能损害为主的各种表现。常有头疼、头晕、乏力、四肢酸疼等，伴恶心、呕吐、腹疼，呼气中有大蒜臭味，溶血多在 3 h 内发生。有畏寒、发热、黄疸、尿呈暗红色(血尿)。重症患者多由于短时间内吸入高浓度砷化氢所致，半小时内发病，常以寒战、高烧、意识模糊、黄疸、尿呈酱油色、少尿或无尿、肾功能明显异常，血清尿素氮、肌肝增高，此外由于红细胞大量破坏，细胞内的钾释入血浆内，血钾迅速升高，而引起心肌损害，如心肌兴奋性降低、传导阻滞、心博骤停，此为少尿期的主要死因。另外还可有肝脏病变、肺水肿、心力衰竭、酸中毒。

4.2 慢性中毒

长期在低浓度环境中作业主要表现为头痛、乏力、恶心、呕吐，较重者可有多发性神经炎，常伴有贫血。

5. 风险评估

我国职业接触限值规定：MAC 为 0.03 mg/m^3。

本品对水生生物毒性极大并具有长期持续影响，其环境危害 GHS 分类为：危害水生环境—急性危害，类别 1；危害水生环境—长期危害，类别 1。

焦 砷 酸

1. 理化性质

CAS 号：13453 - 15 - 1	外观与性状：无色至白色透明斜方晶系细小板状结晶，具有潮解性
熔点/凝固点(℃)：35.5	易燃性：遇高热、明火会产生剧毒的蒸气

（续表）

溶解性：溶于水；溶于乙醇、碱液、甘油	相对密度(水=1)：2.0～2.5

2. 用途与接触机会

用于制造有机颜料，制备无机盐或有机砷酸盐，也用于制造杀虫剂、玻璃，并用于制药等。

3. 毒性

健康危害 GHS 分类为：急性毒性—经口，类别3；急性毒性—吸入，类别3；致癌性，类别1A。

大鼠经口 LD_{50}：8 mg/kg；小鼠经口 LD_{50}：55 mg/kg。

4. 风险评估

我国职业接触限值：砷及其无机化合物（按As计）PC-STEL 为 0.02 mg/m^3，PC-TWA 为 0.01 mg/m^3。

本品对水生生物毒性极大并具有长期持续影响，其环境危害 GHS 分类为：危害水生环境—急性危害，类别1；危害水生环境—长期危害，类别1。

偏砷酸

1. 理化性质

CAS 号：10102-53-1	

2. 用途与接触机会

遇金属产生剧毒砷化氢。

3. 毒性

健康危害 GHS 分类为：急性毒性—经口，类别3；急性毒性—吸入，类别3；致癌性，类别1A。

4. 风险评估

我国职业接触限值规定：砷及其无机化合物（按 As 计）PC-STEL 为 0.02 mg/m^3，PC-TWA 为 0.01 mg/m^3。

本品对水生生物毒性极大并具有长期持续影响，其环境危害 GHS 分类为：危害水生环境—急性危害，类别1；危害水生环境—长期危害，类别1。

偏砷酸钠

1. 理化性质

CAS 号：15120-17-9	

2. 用途与接触机会

用于制药、试剂、电子等。

3. 毒性

本品健康危害 GHS 分类为：急性毒性—经口，类别3；急性毒性—吸入，类别3；致癌性，类别1A。

4. 风险评估

我国职业接触限值规定：砷及其无机化合物（按 As 计）PC-STEL 为 0.02 mg/m^3，PC-TWA 为 0.01 mg/m^3。

本品对水生生物毒性极大并具有长期持续影响，其环境危害 GHS 分类为：危害水生环境—急性危害，类别1；危害水生环境—长期危害，类别1。

砷酸

1. 理化性质

CAS 号：7778-39-4	外观与性状：无色透明斜方晶系结晶，具有潮解性
熔点/凝固点(℃)：35	密度(kg/m^3)：2～2.5(25/4℃)
沸点(℃)：160(失水)	相对密度(水=1)：2.0～2.5
溶解性：易溶于水、乙醇和甘油。加热至150℃成为偏砷酸、160℃失去水分、300℃以上变为五氧化二砷	

2. 用途与接触机会

砷酸可用作木材防腐剂、广谱生物杀灭剂（砷酸钙，砷酸铅等）、玻璃和金属的整理剂，并可参与合成部分染料及一些有机砷化合物。但砷酸毒性强烈，故其商业应用受到了限制。

3. 毒性

本品大鼠经口 LD_{50}：48 mg/kg。健康危害 GHS 分类为：急性毒性—经口，类别 3；急性毒性—吸入，类别 3；致癌性，类别 1A。

4. 风险评估

我国职业接触限值规定：砷及其无机化合物（按 As 计）PC－STEL 为 0.02 mg/m^3，PC－TWA 为 0.01 mg/m^3。

对水生生物毒性极大并具有长期持续影响，其环境危害 GHS 分类为：危害水生环境—急性危害，类别 1；危害水生环境—长期危害，类别 1。

砷酸二氢钠

1. 理化性质

CAS 号：10103－60－3	外观与性状：无色斜方晶系结晶
相对密度（水＝1）：2.53	

2. 用途

用作试剂；用作制造其他砷盐。

3. 毒性

本品兔静脉 LDL_0：45 mg/kg。

健康危害 GHS 分类为：急性毒性—经口，类别 2；严重眼损伤/眼刺激，类别 2；致癌性，类别 1A；生殖毒性，类别 2；特异性靶器官毒性——次接触，类别 1；特异性靶器官毒性—反复接触，类别 1。

4. 风险评估

对水生生物毒性极大并具有长期持续影响，其环境危害 GHS 分类为：危害水生环境—急性危害，类别 1；危害水生环境—长期危害，类别 1。

砷 酸 钙

1. 理化性质

CAS 号：7778－44－1	外观与性状：无色无定形粉末
熔点/凝固点（℃）：1 455（分解）	相对密度（水＝1）：3.62
溶解性：微溶于水；溶于稀酸；不溶于有机溶剂	

2. 用途与接触机会

过去主要用于配制毒饵、毒土，防治蜗牛，也用于防治一些鳞翅目、鞘翅目害虫。因砷是在环境中容易积累、毒性较强的污染物，应尽量减少使用。由于其对人、畜高毒，杀虫活性低，加之极易对作物发生药害，中国已停止生产和使用。

3. 毒性

本品健康危害 GHS 分类为：急性毒性—经口，类别 3；严重眼损伤/眼刺激，类别 2；致癌性，类别 1A；生殖毒性，类别 2；特异性靶器官毒性——次接触，类别 1；特异性靶器官毒性—反复接触，类别 1。

大鼠经口 LD_{50}：20 mg/kg；小鼠经口 LD_{50}：794 mg/kg。

4. 人体健康危害

砷酸钙对人体有剧毒，具有致癌性且影响全身健康。人体可通过吸入、误服、经皮吸收。口服砷化合物致急性胃肠炎、严重的胃肠道损伤，导致呕吐、腹泻、休克、周围神经病、中毒性心肌炎、肝炎，以及抽搐、昏迷，甚至死亡。大量吸入亦可引起急性中毒，但消化道症状较轻。长期接触砷化合物引起消化系统症状，肝肾损害，皮肤色素沉着、角化过度或疣状增生，多发性神经炎等。

5. 风险评估

本品对水生生物毒性极大并具有长期持续影响，其环境危害 GHS 分类为：危害水生环境—急性危害，类别 1；危害水生环境—长期危害，类别 1。

砷 酸 钾

1. 理化性质

CAS 号：7784－41－0	外观与性状：白色粉末
熔点/凝固点（℃）：277～283	相对密度（水＝1）：2.867（25℃）

2. 用途与接触机会

又名砷酸二氢钾，用于农药、皮革防腐、试剂、光学、电子材料等。

3. 毒性

本品健康危害 GHS 分类为：急性毒性—经口，类别 2；皮肤腐蚀/刺激，类别 2；严重眼损伤/眼刺激，类别 2；致癌性，类别 1A；生殖毒性，类别 2；特异性靶器官毒性——次接触，类别 1；特异性靶器官毒性—反复接触，类别 1。

4. 风险评估

本品对水生生物毒性极大并具有长期持续影响，其环境危害 GHS 分类为：危害水生环境—急性危害，类别 1；危害水生环境—长期危害，类别 1。

砷　酸　镁

1. 理化性质

CAS 号：10103－50－1	外观与性状：白色粉末
溶解性：不溶于水	相对密度(水＝1)：2.60

2. 用途与接触机会

受热分解释出有毒的砷烟雾。主要用作杀虫剂。

3. 毒性

大鼠经口 LDL_0：280 mg/kg；小鼠经口 LD_{50}：315 mg/kg。

健康危害 GHS 分类为：急性毒性—经口，类别 3；急性毒性—吸入，类别 3；致癌性，类别 1A。

4. 人体健康危害

吸入、摄入中毒，引起吞咽困难、腹痛、突发性呕吐、休克、麻痹等症状。

5. 风险评估

本品对水生生物毒性极大并具有长期持续影响，其环境危害 GHS 分类为：危害水生环境—急性危害，类别 1；危害水生环境—长期危害，类别 1。

砷　酸　铅

1. 理化性质

CAS 号：3687－31－8	外观与性状：白色结晶粉末
熔点/凝固点(℃)：1 042 (分解)	相对密度(水＝1)：5.79
溶解性：不溶于水；溶于氨水、氢氧化钠水溶液	

2. 用途与接触机会

为胃毒杀虫剂，曾用防治果树虫害(现已不用)，也可作除草剂，但施用地不能放牧并禁止儿童、牧畜、鸡鸭等进入田中。大量用于制取其他砷化物。

3. 毒性

大鼠经口 LD_{50}：100 mg/kg。

亚急性和慢性毒性：对所有动物都有毒性作用，特别使神经系统、血液、血管发生改变。对蛋白代谢、细胞能量平衡及细胞的遗传系统有较大的影响。

4. 人体健康危害

同时具有铅和砷的毒性，但通常以砷的毒作用表现为突出。

急性中毒表现有恶心、呕吐、腹痛、腹泻、肌肉痉挛、兴奋、定向力障碍等。皮肤接触引起接触性皮炎。

慢性影响有厌食、体重减轻、全身无力、面色苍白、腹痛。可能发生肝、肾损害及鼻中隔穿孔。长期皮肤接触可引起弥漫性色素沉着及手、脚掌皮肤过度角化。

砷酸氢二钠

1. 理化性质

CAS 号：7778－43－0	外观与性状：白色或灰白色粉末
熔点/凝固点(℃)：57	相对密度(水＝1)：1.752
溶解性：溶于水、甘油；不溶于乙醚；微溶于乙醇	

2. 用途与接触机会

用作钢铁分析试剂、制药、试剂、电子等。

3. 毒性

本品大鼠腹腔 LDL_0：34.72 mg/kg。

健康危害 GHS 分类为：急性毒性—经口，类别 3；急性毒性—吸入，类别 3；皮肤腐蚀/刺激，类别 2；严重眼损伤/眼刺激，类别 2；致癌性，类别 1A；生殖毒性，类别 2；特异性靶器官毒性——次接触，类别 1；特异性靶器官毒性—反复接触，类别 1。

4. 风险评估

本品对水生环境毒性极大并具有长期持续影响，其环境危害 GHS 分类为危害水生环境—急性危害，类别 1；危害水生环境—长期危害，类别 1。

砷 酸 锑

1. 理化性质

CAS 号：28980 - 47 - 4	

2. 毒性

本品健康危害 GHS 分类为：急性毒性—经口，类别 3；急性毒性—吸入，类别 3；致癌性，类别 1A。

3. 风险评估

本品对水生生物毒性极大并具有长期持续影响，其环境危害 GHS 分类为：危害水生环境—急性危害，类别 1；危害水生环境—长期危害，类别 1。

砷 酸 铁

1. 理化性质

CAS 号：10102 - 49 - 5	外观与性状：绿色斜方晶系结晶或粉末
熔点/凝固点(℃)：加热后分解	相对密度(水=1)：3.18

2. 用途与接触机会

该物质主要用作杀虫剂、化学试剂。

3. 毒性

健康危害 GHS 分类为：急性毒性—经口，类别 3；急性毒性—吸入，类别 3；严重眼损伤/眼刺激，类别 2；致癌性，类别 1A；生殖毒性，类别 2；特异性靶器官毒性——次接触，类别 1；特异性靶器官毒性—反复接触，类别 1。

4. 人体健康危害

高毒。吸入、摄入会中毒，引起吞咽困难、腹痛、突发性呕吐、休克、麻痹等症状。接触或吸入的影响可能会延迟。

通过足够多的数据证明为人类致癌物，在暴露的多个人群中观察到死亡率增加。此外，在饮用无机砷含量高的饮用水的人群中，观察到多器官癌症（肝、肾、肺和膀胱）和皮肤癌发病率的增加。动物致癌性数据不充分。

5. 风险评估

本品对水生生物毒性极大并具有长期持续影响，其环境危害 GHS 分类为：危害水生环境—急性危害，类别 1；危害水生环境—长期危害，类别 1。

砷 酸 亚 铁

1. 理化性质

CAS 号：10102 - 50 - 8	

2. 毒性

本品健康危害 GHS 分类为：急性毒性—经口，类别 3；急性毒性—吸入，类别 3；致癌性，类别 1A。

3. 风险评估

本品对水生生物毒性极大并具有长期持续影响，其环境危害 GHS 分类为：危害水生环境—急性危害，类别 1；危害水生环境—长期危害，类别 1。

砷 酸 铜

1. 理化性质

CAS 号：10103 - 61 - 4	外观与性状：亮蓝、蓝或淡蓝绿色粉末
溶解性：不溶于水和醇；溶于稀酸及氨水	

2. 用途与接触机会

砷酸铜是木材防腐剂的重要原料，随着木材防腐业的开发，砷酸铜有广泛的应用前景，因此，对砷酸铜的制备工艺及制备过程的热力学行为进行研究具有重要意义。我国20世纪80年代开始使用砷剂处理木材，近几年发展很快，北京、成都、武汉、江西等铁路部门都先后建立了木材防腐厂及防腐剂生产厂，其产品除用于枕木和矿井坑木防腐外，还出口外销，砷酸铜的需求量也随之增长。

3. 毒性

本品健康危害GHS分类为：急性毒性—经口，类别3；急性毒性—吸入，类别3；严重眼损伤/眼刺激，类别2；致癌性，类别1A；生殖毒性，类别2；特异性靶器官毒性——次接触，类别1；特异性靶器官毒性—反复接触，类别1。

大鼠经口 LD_{50}：33.6 mg/kg；小鼠经口 LD_{50}：167 mg/kg。可刺激皮肤和黏膜。

IARC分类为第1A类，确认人类致癌物。

4. 人体健康危害

口服砷化合物引起急性胃肠炎、休克、周围神经病、中毒性心肌炎、肝炎，以及抽搐、昏迷等，甚至死亡。大量吸入亦可引起急性中毒，但消化道症状较轻。

长期接触砷化合物引起消化系统症状，肝肾损害，皮肤色素沉着、角化过度或疣状增生，多发性神经炎等。砷和砷化合物为对人致癌物，可引起肺癌、皮肤癌。

5. 风险评估

本品对水生生物毒性极大并具有长期持续影响，其环境危害GHS分类为：危害水生环境—急性危害，类别1；危害水生环境—长期危害，类别1。

砷　酸　锌

1. 理化性质

CAS号：1303－39－5	外观与性状：白色单斜晶系无臭粉末
溶解性：不溶于水；溶于酸、碱、氨水	相对密度：(水＝1) 3.309 (15℃)

2. 用途与接触机会

主要用作杀虫剂。

3. 毒性

本品健康危害GHS分类为：急性毒性—经口，类别3；急性毒性—吸入，类别3；严重眼损伤/眼刺激，类别2；致癌性，类别1A；生殖毒性，类别2；特异性靶器官毒性——次接触，类别1；特异性靶器官毒性—反复接触，类别1。

砷化合物属致癌物。

4. 人体健康危害

吸入、摄入会中毒，引起吞咽困难、腹痛、突发性呕吐、休克、麻痹等症状。灰尘可能会刺激眼睛。摄入或过量吸入粉尘会导致口腔灼热、腹痛、呕吐、腹泻伴出血、脱水、黄疸和麻痹。

5. 风险评估

本品对水生生物毒性极大并具有长期持续影响，其环境危害GHS分类为：危害水生环境—急性危害，类别1；危害水生环境—长期危害，类别1。

砷　酸　银

1. 理化性质

CAS号：13510－44－6	外观与性状：红色粉末
溶解性：难溶于水；溶于醇和氨水	相对密度(水＝1)：6.657
熔点/凝固点(℃)：150	

2. 用途与接触机会

主要用于通用试剂以及制药方面。

3. 毒性

本品健康危害GHS分类为：急性毒性—经口，类别3；急性毒性—吸入，类别3；致癌性，类别1A。

4. 风险评估

本品对水生生物毒性极大并具有长期持续影响，其环境危害GHS分类为：危害水生环境—急性危害，类别1；危害水生环境—长期危害，类别1。

亚砷酸锌

1. 理化性质

CAS号：10326-24-6	外观与性状：白色粉末
溶解性：不溶于水；溶于酸	

2. 用途与接触机会

用作木材防腐剂、杀虫剂。

3. 毒性

健康危害GHS分类为：急性毒性—经口，类别3；急性毒性—吸入，类别3；致癌性，类别1A。

4. 人体健康危害

吸入主要引起呼吸道及神经系统症状，常有咳嗽、胸痛、呼吸困难、头痛、眩晕、全身衰弱等，重者出现呼吸中枢和血管舒缩中枢麻痹而死亡；误服：主要表现为胃肠炎症状，严重者出现中枢神经系统症状，也可因呼吸中枢麻痹而死亡；属致癌物。皮肤接触会引起刺激、灼烧、瘙痒、增厚和变色，会刺激眼睛、鼻子和咽喉，高剂量或多次暴露可导致声音嘶哑或鼻内溃疡。亚砷酸锌可损害肝脏和肾脏，反复暴露会造成针刺感、灼烧感、手脚麻木和虚弱，损害神经。虽然亚砷酸锌尚未被确认为致癌物，但砷和某些化合物已被确定为人类致癌物，处理时应特别小心。

5. 风险评估

本品对水生生物毒性极大并具有长期持续影响，其环境危害GHS分类为：危害水生环境—急性危害，类别1；危害水生环境—长期危害，类别1。

亚砷酸钡

1. 理化性质

CAS号：125687-68-5	外观与性状：白色粉末
溶解性：溶于水、稀盐酸、硝酸和乙酸；但干燥的粒状，不溶于水，溶于砷酸溶液	

2. 用途与接触机会

主要用于分析试剂，杀虫剂制备。

3. 毒性

健康危害GHS分类为：急性毒性—经口，类别3；急性毒性—吸入，类别3；致癌性，类别1A。

4. 风险评估

本品对水生生物毒性极大并具有长期持续影响，其环境危害GHS分类为：危害水生环境—急性危害，类别1；危害水生环境—长期危害，类别1。

亚砷酸钙

1. 理化性质

CAS号：27152-57-4	外观与性状：白色粉末
溶解性：微溶于水；溶于酸	相对密度(水=1)：3.031

2. 用途与接触机会

主要用作杀虫剂、杀菌剂、杀软体动物药。遇高热、明火会产生剧毒的蒸气。遇酸产生剧毒的三氧化二砷。

亚砷酸钙的侵入途径为吸入、误服、经皮吸收。

3. 毒性

本品为2015版《危险化学品目录》所列剧毒品，其健康危害GHS分类为：急性毒性—经口，类别1；严重眼损伤/眼刺激，类别2；致癌性，类别1A；生殖毒性，类别2；特异性靶器官毒性——次接触，类别1；特异性靶器官毒性—反复接触，类别1。

大鼠经口 LD_{50}：20 mg/kg；小鼠经口 LD_{50}：794 mg/kg；大鼠经皮 LD_{50}：2 400 mg/kg。

IARC将砷及其化合物列为G1，确认人类致癌物。

4. 人体健康危害

4.1 急性中毒

口服致急性胃肠炎、休克、周围神经病、贫血及中毒性肝病、心肌炎等。可因呼吸中枢麻痹而死亡。短期内大量吸入可致咳嗽、胸痛、呼吸困难、头痛、头晕等。消化道症状较轻，其他症状似口服。重者可致死。

4.2 慢性中毒

长期接触较高浓度粉尘引起慢性中毒，主要有神经衰弱综合征、多发性神经病、肝损害、鼻炎、鼻中隔穿孔、支气管炎等。

5. 风险评估

本品对水生生物毒性极大并具有长期持续影响，其环境危害 GHS 分类为：危害水生环境—急性危害，类别 1；危害水生环境—长期危害，类别 1。

亚 砷 酸 钾

1. 理化性质

CAS 号：10124-50-2	外观与性状：无色针状结晶
溶解性：易溶于水；微溶于乙醇	熔点/凝固点(℃)：253.9

2. 用途与接触机会

用作分析试剂及还原剂。

侵入途径为吸入、误服、经皮吸收。砷及其化合物对体内酶蛋白的巯基有特殊亲和力。

3. 毒性

本品健康危害 GHS 分类为：急性毒性—经口，类别 2；急性毒性—经皮，类别 2；严重眼损伤/眼刺激，类别 2；生殖细胞致突变性，类别 2；致癌性，类别 1A；生殖毒性，类别 2；特异性靶器官毒性——次接触，类别 1；特异性靶器官毒性—反复接触，类别 1。

大鼠经口 LD_{50}：14 mg/kg；大鼠经皮 LD_{50}：150 mg/kg；兔皮下 LDL_0：6 mg/kg。

IARC 将砷及其化合物列为 G1，确认人类致癌物。

4. 人体健康危害

4.1 急性中毒

口服致急性胃肠炎、休克、周围神经病、贫血及中毒性肝病，心肌炎等。可因呼吸中枢麻痹而死亡。短期内大量吸入可致咳嗽、胸痛、呼吸困难、头痛、头晕等。消化道症状较轻，其他症状似口服。重者可致死。

4.2 慢性中毒

长期接触较高浓度粉尘引起慢性中毒，主要有神经衰弱综合征、多发性神经病、肝损害、鼻炎、鼻中隔穿孔、支气管炎等。

5. 风险评估

本品对水生生物毒性极大并具有长期持续影响，其环境危害 GHS 分类为：危害水生环境—急性危害，类别 1；危害水生环境—长期危害，类别 1。

亚 砷 酸 钠

1. 理化性质

CAS 号：7784-46-5	外观与性状：白色或灰白色粉末
溶解性：易溶于水：微溶于乙醇	熔点/凝固点(℃)：615
相对密度(水=1)：1.87	

2. 用途与接触机会

亚砷酸钠是一种灭生性除草剂，可杀死各种草本植物，常用作森林防火带之除草剂。由于其对植物毒性大，不能直接喷洒到作物上，而是用来配制毒饵防治地下害虫，或喷洒在荒地上防治飞蝗，多用于防治橡胶园之杂草。亚砷酸钠可用作皮革防腐剂，也可制成含砷肥皂作消毒之用，在有机反应中也可用作催化剂。

侵入途径为吸入、误服、经皮吸收。砷及其化合物对体内酶蛋白的巯基有特殊亲和力。

3. 毒性

本品健康危害 GHS 分类为：急性毒性—经口，类别 2；急性毒性—经皮，类别 2；严重眼损伤/眼刺激，类别 2；生殖细胞致突变性，类别 2；生殖毒性，类别 2；致癌性，类别 1A；特异性靶器官毒性——次接触，类别 1；特异性靶器官毒性—反复接触，类别 1。

急性毒性：LD_{50}：41 mg/kg(大鼠经口)；LD_{50}：150 mg/kg(大鼠经皮)。

致突变性：微生物致突变：大肠杆菌 160 μmol/L。微核试验：人淋巴细胞 3 μmol/L。DNA 损伤：人肺、肝 1 μmol/L。DNA 抑制：50 μmol/L。细胞遗传学分析：人淋巴细胞 1 mg/L。姐妹染色单体交换：人淋巴细胞 3 900 nmol/L。性染色体缺失或不分离：人淋巴细胞 1 pmol/L。

致畸性： 大鼠孕后 7 d、10 d 腹腔内给予 11 mg/kg，致中枢神经系统、肌肉骨骼系统、眼、耳发育畸形。小鼠交配前 15 d 至孕后 1～15 d 给予最低中毒剂量 300 mg/kg，致免疫和网状内皮组织系统发育畸形。小鼠孕后 9 d 腹腔内给予 10 mg/kg，致中枢神经系统、眼、耳、颅面部(包括鼻、舌)发育畸形。

致癌性： IARC 将砷及其化合物列为 G1，确认人类致癌物。

4. 人体健康危害

4.1 急性中毒

口服致急性胃肠炎、休克、周围神经病、贫血及中毒性肝病，心肌炎等。可因呼吸中枢麻痹而死亡。短期内大量吸入可致咳嗽、胸痛、呼吸困难、头痛、头晕等。消化道症状较轻，其他症状似口服。重者可致死。

4.2 慢性中毒

长期接触较高浓度粉尘引起慢性中毒，主要有神经衰弱综合征、多发性神经病、肝损害、鼻炎、鼻中隔穿孔、支气管炎等。

5. 风险评估

本品对水生生物毒性极大并具有长期持续影响，其环境危害 GHS 分类为：危害水生环境—急性危害，类别 1；危害水生环境—长期危害，类别 1。

亚 砷 酸 铅

1. 理化性质

CAS 号：10031 - 13 - 7	外观与性状：白色粉末
溶解性：不溶于水；溶于稀硝酸；易溶于碱液	相对密度(水＝1)：5.85

2. 用途与接触机会

主要用作杀虫剂。

3. 毒性

本品健康危害 GHS 分类为：急性毒性—经口，类别 3；急性毒性—吸入，类别 3；严重眼损伤/眼刺激，类别 2；致癌性，类别 1A；生殖毒性，类别 2；特异性靶器官毒性——次接触，类别 1；特异性靶器官毒性—反复接触，类别 1。

4. 人体健康危害

对皮肤、黏膜有刺激作用，吸入或误服会中毒。兼有铅和砷的毒性。受热分解释出砷和铅烟雾。皮肤、眼睛和呼吸道刺激物；可引起严重胃肠炎、色素沉着障碍、鼻中隔穿孔、贫血、心脏疾病、神经病、肝损伤、肾损伤；是确定的人类致癌物和疑似生殖毒物。

5. 风险评估

本品对水生生物毒性极大并具有长期持续影响，其环境危害 GHS 分类为：危害水生环境—急性危害，类别 1；危害水生环境—长期危害，类别 1。

亚 砷 酸 锶

1. 理化性质

CAS 号：91724 - 16 - 2	外观与性状：白色粉末
溶解性：微溶于水、醇；溶于稀酸	

2. 用途与接触机会

用作杀虫剂等。

3. 毒性

本品健康危害 GHS 分类为：急性毒性—经口，类别 3；急性毒性—吸入，类别 3；致癌性，类别 1A。

4. 人体健康危害

亚砷酸锶是一种致癌物质。它已经证明可引起肺癌、膀胱癌和皮肤癌。

接触会刺激和灼伤皮肤和眼睛。吸入亚砷酸锶会刺激鼻子、咽喉和肺。高剂量或多次接触可能导致食欲不振、恶心、呕吐、腹泻和腹痛。

亚砷酸锶可损害肝脏和肾脏，长期接触可能会影响心脏、骨髓和血细胞；亚砷酸锶可能损害神经系统引起手脚麻木、发麻或虚弱。暴露于亚砷酸锶持续数月或数年后可能导致癌症。

5. 风险评估

本品对水生生物毒性极大并具有长期持续影

响，其环境危害 GHS 分类为：危害水生环境—急性危害，类别 1；危害水生环境—长期危害，类别 1。

亚砷酸铁

1. 理化性质

CAS 号：63989-69-5	外观与性状：棕色或黄色粉末
溶解性：不溶于水	

2. 用途与接触机会

主要用于药物。

3. 毒性

健康危害 GHS 分类为：急性毒性—经口，类别 3；急性毒性—吸入，类别 3；致癌性，类别 1A。

4. 人体健康危害

亚砷酸铁可通过吸入气溶胶和摄入被人体吸收而出现咳嗽、咽喉痛。

短期接触的影响：这种物质对眼睛、皮肤和呼吸道有刺激性。该物质可能会对胃肠道、肝脏、皮肤和神经系统造成影响。这可能导致严重的胃肠炎、退行性肝损伤、皮炎、肾脏损害和神经病变。影响可能会延迟，需要进行医学观察。

长期接触的影响：反复或长期接触皮肤可引起皮炎、皮肤发灰和角化过度。该物质可能对神经系统、肝脏、心血管系统和呼吸道有影响。这可能导致神经病变、退行性肝损伤和皮肤损伤。这种物质对人是致癌的。

5. 风险评估

本品对水生生物毒性极大并具有长期持续影响，其环境危害 GHS 分类为：危害水生环境—急性危害，类别 1；危害水生环境—长期危害，类别 1。

亚砷酸银

1. 理化性质

CAS 号：7784-08-9	溶解性：不溶于水和乙醇；溶于硝酸、氨水和醋酸

2. 用途

用于制造染料和杀虫剂。

3. 毒性

本品健康危害 GHS 分类为：急性毒性—经口，类别 3；急性毒性—吸入，类别 3；致癌性，类别 1A。

4. 风险评估

本品对水生生物毒性极大并具有长期持续影响，其环境危害 GHS 分类为：危害水生环境—急性危害，类别 1；危害水生环境—长期危害，类别 1。

砷的有机化合物(胂)

甲胂酸

1. 理化性质

CAS 号：56960-31-7	

2. 毒性

本品健康危害 GHS 分类为：急性毒性—经口，类别 3；急性毒性—吸入，类别 3。

3. 风险评估

本品对水生生物毒性极大并具有长期持续影响，其环境危害 GHS 分类为：危害水生环境—急性危害，类别 1；危害水生环境—长期危害，类别 1。

丙基胂酸

1. 理化性质

CAS 号：107-34-6	外观与性状：白色固体
n-辛醇/水分配系数：−0.200	熔点/凝固点(℃)：134.5

2. 用途

用于锆的测定。

3. 毒性

本品健康危害 GHS 分类为：急性毒性—经口，

类别 3；急性毒性—吸入，类别 3。

4. 风险评估

本品对水生生物毒性极大并具有长期持续影响，其环境危害 GHS 分类为：危害水生环境—急性危害，类别 1；危害水生环境—长期危害，类别 1。

二甲胂酸

1. 理化性质

CAS 号：75－60－5	外观与性状：无色结晶，无臭
相对密度（水＝1）：＞1.1	熔点/凝固点（℃）：192～198℃
溶解性：溶于水；易溶于乙醇；溶于乙酸；不溶于乙醚	

2. 用途与接触机会

用作除草剂，也用于制药物、香料、染料等；用作采前干燥剂、土壤杀菌剂、化学战剂、木材稀释剂和甘蔗成熟剂；用作落叶和除草剂，用于控制非承重柑橘树下的杂草、建筑物周围和草坪翻新。受高热分解，放出高毒的烟气；遇明火、高热可燃；其粉体与空气可形成爆炸性混合物，遇火星会发生爆炸，有害燃烧产物为一氧化碳、二氧化碳、氧化砷。

3. 毒性

侵入途径为吸入、误服、经皮吸收。

大鼠经口 LD_{50}：644 mg/kg；大鼠吸入最低致死浓度 LCL_0：＞2 600 mg/(m^3 · 2 h)。

ATSDR，IARC 和美国 EPA 已经评估了二甲胂酸（二甲基胂酸，DMA）（有机砷）的吸入致癌性数据。美国 EPA 将这种化学品归类为 D－不归类为人类致癌性。癌症证据分类的权重是基于所有暴露途径的。根据实验动物中有关二甲基胂酸致癌性的充分证据，IARC 将二甲基胂酸（和单甲基胂酸）分类为对人类可能具有致癌性（2B 组）。IARC 评估考虑了人类和实验动物的致癌性证据以及与致癌性及其机制评估相关的其他数据。

本品为低毒除草剂。对眼睛和皮肤具刺激作用。有致突变作用。

健康危害 GHS 分类为：急性毒性—经口，类别 3；急性毒性—吸入，类别 3；致癌性，类别 1A。

4. 风险评估

本品对水生生物毒性极大并具有长期持续影响，其环境危害 GHS 分类为：危害水生环境—急性危害，类别 1；危害水生环境—长期危害，类别 1。

甲基胂酸锌

1. 理化性质

CAS 号：20324－26－9	外观与性状：纯品为白色有光泽的晶体，工业品为土黄色粉末
溶解性：不溶于水及多数有机溶剂。溶于氢氧化钠水溶液	

2. 用途与接触机会

用作农药、防虫药，有 20%可湿性粉剂。

侵入途径为吸入、误服、经皮吸收。

3. 毒性

本品小鼠经口 LD_{50} 为 349.7～446.9 mg/kg，其健康危害 GHS 分类为：急性毒性—经口，类别 2；急性毒性—经皮，类别 3。

大鼠，按 150 mg/(kg · d)以上喂养 6 个半月，主要引起肝、肾不同程度的病理改变（充血、浊肿变性等），组织含砷量明显增高。而剂量在 50 mg/kg 以下，主要脏器无病理变化。

本品毒作用机理及中毒表现与砷的无机化合物基本类似。在水稻区接触本品者患神经衰弱综合征者较多，尿砷及发砷量明显增加。

4. 风险评估

本品对水生生物毒性极大并具有长期持续影响，其环境危害 GHS 分类为：危害水生环境—急性危害，类别 1；危害水生环境—长期危害，类别 1。

乙基二氯胂

1. 理化性质

CAS 号：598－14－1	外观与性状：无色液体，接触空气或光照可变成黄色

（续表）

溶解性：溶于水、乙醇、苯、乙醚	熔点/凝固点(℃)：−65
饱和蒸气压(kPa)：305.2	沸点(℃)：156(分解)
相对密度(水＝1)：1.742	n-辛醇/水分配系数：2.340
相对蒸气密度(空气＝1)：6.03	

2. 用途与接触机会

主要用作军用毒剂或化学武器。经皮肤吸收。

3. 毒性

本品健康危害 GHS 分类为：急性毒性—经口，类别 3；急性毒性—吸入，类别 3。

小鼠吸入 LC_{50}：1 555 mg/m^3，10 min；猫吸入 LCL_0：50 mg/(m^3 · 40 min)；

猫皮下 LDL_0：1 mg/kg(1 mg/kg)；人吸入 LCL_0：109.3 mg/m^3，30M；大鼠经皮 LDL_0：20 mg/kg。

本品遇酸或酸雾会释出剧毒的胂和光气，遇水或水蒸气会产生有毒和腐蚀性烟雾。与氧化剂接触反应。

4. 人体健康危害

误服、皮肤接触或吸入会中毒。强烈刺激黏膜，引起呼吸困难及支气管炎。在高浓度时，可能因出血性肺水肿及化脓性支气管炎而死亡。一种强烈的刺激物，可引起肺水肿；与水反应释放盐酸；液体在暴露不到 1 min 后会产生水泡。

4. 风险评估

本品对水生生物毒性极大并具有长期持续影响，其环境危害 GHS 分类为：危害水生环境—急性危害，类别 1；危害水生环境—长期危害，类别 1。

硒及其化合物

硒

1. 理化性质

CAS 号：7782-49-2	外观与性状：暗红色-棕色至蓝黑色非晶形的固体或红色透明晶体或金属灰色至黑色晶体

（续表）

沸点(℃)：684.9	熔点/凝固点(℃)：217
饱和蒸气压(kPa)：0.1(344℃)	蒸气密度(空气＝1)：4.28(无定形)：4.46
相对密度(水＝1)：4.81(25℃)	溶解性：不溶于水、醇；溶于硫酸、硝酸、碱、二硫化碳
密度(kg/m^3)：4 810(25℃)	

2. 用途与接触机会

2.1 生活环境

硒(Selenium)作为机体必需微量元素，如摄入量不足可引发与硒缺乏有关的疾病；反之，摄入硒量过大，超出机体需要，也会导致一系列不良健康效应。现在普遍认为人类生存环境中的硒主要来自于地壳岩石，岩石中的硒通过火山活动而被带入地表，然后通过风化过程进入土壤，并经过雨水溶淋和土壤浓缩在环境中重新移动累积，土壤中的硒多以硒酸盐(Selenate)的形式存在，硒酸盐较易溶解，形成水溶性硒，可被植物根系吸收利用。所以人们日常环境中摄入硒主要通过饮食，如农作物、动物内脏等。

2.2 生产环境

硒由于其具有一些特殊性质，广泛应用于电子、光化学、通讯设备和冶金制造行业，硒通常存在于铜、金、银等硫化矿中，故在开采、冶炼过程中，工人常常可接触到含硒废气和含硒颗粒物，如早年有人报道硒精炼厂加热工区空气硒可以达到 20.6 mg/m^3。并报道到长期暴露于高硒环境的工人出现鼻衄、头痛、体重减轻、烦躁等中毒症状。但是职业性的硒中毒多为意外和罕见。

3. 毒代动力学

3.1 吸收、摄入与贮存

硒可以通过消化道、呼吸道、皮肤、皮下和静脉等进入人体，在生活环境中人主要通过消化道摄入硒，然后经胃肠道吸收。职业中毒主要是经过呼吸道吸收。一般来说，人对于硒的吸收程度取决于暴露剂量，但是当人硒缺乏时，吸收程度会上升，有数据表明，无论是在小剂量或相对大剂量的情况下，人对亚硒酸钠经吸收率可达 80%，对于硒的化合物来说，有研究表明人类可能吸收硒代蛋氨酸(selenomethionine)比亚硒酸钠更有效，动物实验表明，蓄积大量硒的肝脏即是硒毒性的靶器官,也是过量硒代谢,转化为排泄物的重要场所。

3.2 转运与分布

许多研究表明有机硒与无机硒在动物体内分布基本一致。硒经吸收后,分布于3种血浆蛋白,分别是含硒蛋白P(selenoprotein P)、谷胱甘肽过氧化物酶(glutathione peroxidase)、白蛋白(albumin)。硒可以在蛋白质合成期间以硒代蛋氨酸代替蛋氨酸(methionine)和/或通过硒-硫键与半胱氨酸(cysteine)残基结合。硒蛋白P作为一种抗氧化剂参与了硒的转运,但是其生化功能并没有确定。在人体内的体液或组织中,肝脏和肾脏的硒和亚硒酸盐(Selenite)浓度最高,其他经口染毒或静脉注射或皮下注射的动物也可同样如此。来自硒代蛋氨酸的硒比无机硒化合物在组织中蓄积浓度更高(约3~10倍)且时间更长。其蓄积浓度的增加不是由于硒代蛋氨酸的吸光度略高,而是由于硒形成的该蛋白质复合物消除作用较慢。达到毒性剂量的硒的代谢方式与微量硒的正常代谢途径没有差异,硒的代谢在肝脏中进行,且以还原和甲基化为主,硒在还原过程中,会消耗大量的以GSH为主的还原性巯基,同时大量形成包括GSSeSG和GSSeG在内的氧化型谷胱甘肽,这是硒的毒性机制之一,还原后的甲基化反应,是各种形式硒的主要终末代谢途径之一。现已证明,肝细胞微粒体中存在一种酶,与S-甲基转移酶完全相同。在Se-腺苷蛋氨酸(SAM)参与下,由该酶完成部分甲基化步骤中的限速过程。

值得注意的是硒在动物体内以甲基化形式进行代谢转化是一种解毒机制,二甲基硒的毒性仅是硒酸盐的1/500,三甲基硒的毒性则为硒酸盐的1/10,人与动物尿中除$TMeS^{+}$外,还有一些占相当比例的未知硒化合物。硒的代谢除甲基化外,可能还有其他解毒途径,因此,硒在组织水平的代谢机理尚未明确,有待进一步研究。

3.3 排泄

大量硒进入体内时,排泄是调节体内硒平衡的主要机制,主要经肾脏排出,约10%通过胆汁随粪排出,5%经肺呼出,微量从乳汁和汗液排出,硒能通过胎盘进入胎儿体内。正常人尿硒含量为0.127~1.90 μmol/L,而高硒地区人群中尿硒高达2.54~13.97 μmol/L,提炼和处理硒工人的尿中硒含量可高达63.50 μmol/L。但在硒摄入量持续升高,尿硒排出量达到一定水平后,不再随硒剂量的增加而成比例升高,尿硒与给硒量之比值反而下降。其原因可能是从肺呼出的硒或体内蓄积的硒增加所致,许多实验证明,在亚急性和急性中毒剂量下,挥发性硒的形成和经肺呼出的硒显著增加。

3.4 转运模式(图7-2)

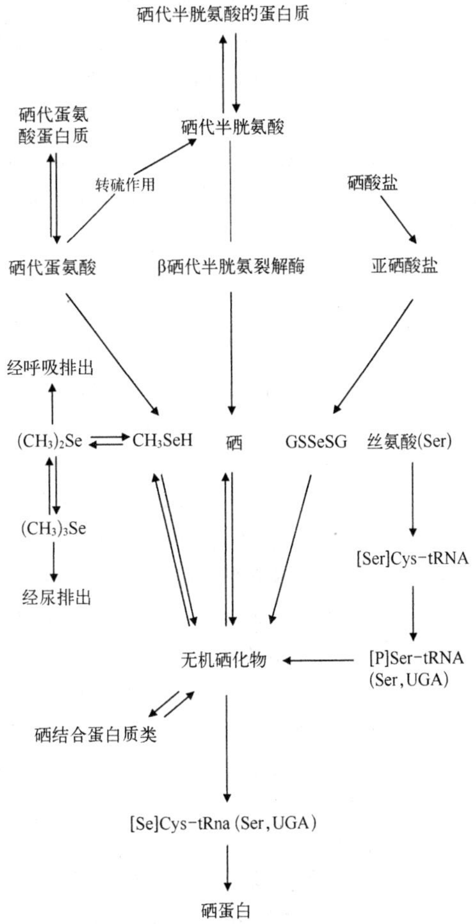

图7-2 硒的代谢途径

4. 毒性与中毒机理

健康危害GHS分类为:急性毒性—经口,类别3;急性毒性—吸入,类别3;特异性靶器官毒性—反复接触,类别2。

4.1 急性毒作用

大鼠经口LD_{50}:6 700 mg/kg。

皮肤刺激或腐蚀：小鼠，硒硫化物的局部染毒导致红斑和皮肤刺激 29 mg/kg，棘皮病为 143 mg/kg，严重皮肤损伤 714 mg/kg。

呼吸或皮肤过敏：暴露于硒粉尘（平均粒径 1.2 μm）的大鼠在 33 mg/m³ 的水平下，8 h 内出现严重的呼吸道问题，包括肺出血和肺水肿，还有部分动物死亡。

4.2 慢性毒作用

用含亚硒酸钠 0.9 mg/kg 饲料对老年大鼠进行慢性染毒，发现大鼠体内谷胱甘肽过氧化物酶（GSH-PX）活性降低，大鼠生存时间缩短。摄入过量的硒不仅会对动物及人体产生严重的毒性，还有明显的蓄积作用。在亚硒酸钠的蓄积性毒性实验中发现小鼠发生硒蓄积性中毒的主要靶器官是肝脏、心脏、脾脏和肾脏。

4.3 远期毒作用

（1）致突变作用。人体成纤维细胞体外培养研究硒的致畸作用结果表明当亚硒酸钠浓度为 $8\times10^{-5}\sim3\times10^{-3}$ mol/L 时，引起 DNA 断裂，DNA 修复合成，染色体畸变，有丝分裂受抑。

（2）致癌作用。1987 年，IARC 确定，硒和硒化合物不能被分类为它们在人类中导致癌症的能力。然而，从那时起美国 EPA 就已经确定了一种特定种类的硒，即二硫化硒（SeS_2、Se_2S_6），是一种可能的人类致癌物。二硫化硒是唯一一种能引起动物癌症的硒化合物。每天喂食大鼠与小鼠高剂量的二硫化硒可以导致癌症的发展。在食品中不存在含硒的硫化物，这是一种与食品和环境中有机和无机硒化合物非常不同的化学物质。

硒及其化合物 IARC 致癌性分类为组 3。

（3）发育毒性与致畸性。高剂量的硒染毒大鼠会导致其精子数量减少，精子异常，对雌性大鼠来说，会致生殖周期的发生变化，以及猴子月经周期的变化。硒暴露对动物的生殖毒性与其对人类的潜在生殖影响之间的相关性还不得而知。目前硒化合物没有被证明会导致人类或其他哺乳动物的出生缺陷。

4.4 中毒机理

有相当多的证据证明氧化应激是硒中毒生化损伤的关键事件，无机硒可以与体内蛋白硫醇产生氧化催化反应，来导致形成活性氧（O_2^-）。例如，亚硒酸盐是一种超氧化催化剂，与细胞内外的内源性谷胱甘肽（glutathione, GSH）反应，通过形成超氧化物和硒酸盐引起毒性。硫醇存在下，硒代胱胺（一种二硒化物）与氧催化形成过氧化物；该反应可能与二硒醚和烷基硒醇的毒性有关。硒化合物的毒性与其催化产生活性氧的能力有关。在硒浓度较高的情况下，产生的活性氧超过机体抗氧化能力或形成硒蛋白硒醚或单质硒时，则可能导致包括对蛋白酶活性的抑制和引起生物膜的脂质过氧化在内的机体氧化损伤。其有害产物如过氧化氢，或 ROOH 又将进一步促进硒催化产生活性氧从而造成恶性循环。

5. 生物监测

5.1 接触标志

硒能够在个体血液、粪便、尿液、头发和指甲中检测出来，但是对于发硒来说，个体使用含硒的洗发液，会导致硒和硒的硫化物吸附在头发上，从而导致发硒的增加，虽然使用了含硒的洗发液，但是头皮对其的吸收很小，所以对于血硒和尿硒没有产生意义的影响。

当全血和血浆中硒低于 0.1 mg/L 时候（比全美男性的全血硒水平最低水平还低），血硒水平与红细胞和全血中的谷胱甘肽过氧化物酶（glutathione peroxidase，GPX）活性呈现正相关。

当大于 0.1 mg/L 的时候，GPX 活性和全血硒水平无相关性，因此，GPX 只能作为硒缺乏的生物标志。有研究表明，尿硒和血硒与水硒的相关系数分别是 0.57（$P<0.01$）和 0.14（0.05），发硒与饮水硒的相关系数为 0.45（$P<0.01$）。在低剂量度范围内，尿中的三甲基硒离子和硒糖可作为硒暴露的生物标志，且存在剂量-效应关系。

在过多接触硒的临床患者中，都发现暴露与血、尿、头发中过多的硒含量有关，Glover（1967）在检查硒整流器厂工人时，发现从 1954 年到 1958 年尿硒从 0.076 mg/L 到 0.109 mg/L，高于工作前尿硒 0.034 mg/L±0.15 mg/L，口臭、皮疹、消化不良、倦怠、易怒都被发现，但死亡率没有增加。

5.2 效应标志

对于高暴露于硒的专一生物标志并没有被找到，大蒜味的口臭或许是衡量硒类化合物过度暴露的指标,但在其他类可致甲基化的金属(例如砷)中也会产生,所以大蒜味的口臭并不能作为评价硒中毒的唯一指标,同时硒中毒也会导致头发干燥、脆性、脱落,指甲会有白色斑点和纵向条纹,容易折断、脱落。综合上述指标,可以作为硒中毒的判定依据更准确有效。

5.3 易感性标志

个体易感性的研究可能包括基因组成、年龄、健康和营养状况,以及暴露于其他有毒物质。对于易感人群的研究,有研究表明哺乳期的妇女比普通人群对硒的摄入量要求更多,同时接触高浓度氟化物饮用水的人有可能在接触过量硒时会产生更大的健康危害。对缺碘或甲状腺缺陷的人群可能对硒暴露所产生的不良健康影响更为敏感。

6. 人体健康危害

6.1 急性中毒

急性吸入暴露于元素硒粉尘,如二氧化硒等,在职业环境中被证明会刺激鼻腔和咽喉的黏膜,产生咳嗽、鼻出血、嗅觉丧失等,严重暴露的工人可出现呼吸困难、支气管痉挛、支气管炎和化学性肺炎。急性经口暴露,会导致疼痛和易兴奋性。2006 年 Henry 报道 2 个急性硒中毒致死的案例,2 病例先后出现恶心、呕吐、腹泻、腹痛、顽固性低血压以及肺水肿。经验尸后表明体内较高的硒浓度是其主要死因。曾报道 1 名 48 岁的女性摄入 2 000 mg 二氧化硒后(相当于动物致死剂量的 10 倍),出现轻度意识改变和咯血,内窥镜检查显示整个口腔、食管和胃黏膜损伤,并出现严重的胃溃疡。

6.2 慢性中毒

长期暴露于硒、亚硒酸钠、硒酸钠、或硒可能导致苍白、舌苔、胃病、神经过敏、金属味和大蒜味的呼吸。动物模型和人类长期硒暴露的代谢途径和毒性作用既有相似之处,又有显著差异。在动物模型中,靶器官是肝脏,导致慢性肝硬化。在人体内,靶器官似乎是肺,表现为急性的“玫瑰花粉热”,是一种慢性肉芽肿性超敏症。不仅是动物模型所预测的不同的靶器官,而且在人体组织中硒的分布也有差异。长期硒的使用会导致二甲硒化物的产生,二甲硒化物由肺出,被认为是肺部毒物。

中国湖北恩施地区水土中含硒量高,以致生长的植物含大量硒,居民因平均每天从膳食中摄入硒 4.99 mg 而发生慢性硒中毒,其主要症状为头发或指甲脱落、指甲脆性、胃肠道紊乱、皮疹、呼出大蒜臭味以及神经系统异常等。

7. 风险评估

7.1 生产环境

工业生产过程(如重金属硫化物矿藏开采、硒冶炼等)可产生含硒废气和含硒的粉末状硒化物;煤炭石油燃烧;农业生产中的杀虫剂、硫酸铵肥料等亦可污染环境和商场。我国职业接触限值规定:硒及其化合物(按 Se 计)(不包括六氟化硒、硒化氢)8 h PC - TWA 为 0.1 mg/m^3。国外硒的职业接触限值:美国 OSHA 现行的硒容许接触限值(PEL) PC - TWA 为 0.2 mg/m^3,美国 NIOSH 的硒推荐接触限值(REL)为 8 h PC - TWA 为 0.2 mg/m^3,ACGIH 阈限值 TLV - TWA(8 h TWA)为 0.2 mg/m^3。

7.2 生活环境

美国 EPA 规定了饮用水中的硒含量,公共供水总硒不允许超过 50 ppb。目前关于硒推荐饮食量(RDAs),由食品和国家研究委员会营养委员会(国家科学院)(NAS 2000)颁布:成年男性:0.055 mg/d;成年女性:0.055 mg/d。

成人硒的推荐耐受性较高(UL)摄入量为 0.4 mg/d(NAS)。

目前由中华人民共和国国家卫生健康委员会颁布的《WS/T 578.3—2017 中国居民膳食营养素参考摄入量第 3 部分:微量元素》中所规定的硒:成年男性:EAR 50 μg/d RNI 60 μg/d UL400 μg/d;成年女性:EAR 50 μg/d RNI 60 μg/d UL400 μg/d。

二 氧 化 硒

1. 理化性质

CAS 号:7446 - 08 - 4	外观与性状:白色或微红色有光泽针状结晶性粉末
pH 值:2(10 g/L(H_2O,20℃)	沸点(℃):684.9
熔点/凝固点(℃):340	溶解性:溶于水、乙醇、丙酮、苯、乙酸

（续表）

饱和蒸气压(kPa)：0.13(157℃)	易燃性：本身不能燃烧。若遇高热，升华产生剧毒的气体
密度(g/cm^3)：4.81(25/4℃)	相对密度（水＝1）：3.954(15℃)
相对蒸气密度（空气＝1）：3.950	

2. 用途与接触机会

二氧化硒存在于大气中，与水结合形成亚硒酸气溶胶。环境中的二氧化硒多来源于工厂含硒化合物的燃烧。

工业上用作有机合成的氧化剂、催化剂、化学试剂及各种无机硒化合物的原料或含硒化合物的燃烧。

3. 毒性

健康危害 GHS 分类为：急性毒性—经口，类别 2；严重眼损伤/眼刺激，类别 2；特异性靶器官毒性——次接触，类别 1；特异性靶器官毒性—反复接触，类别 1。

大鼠经口 LD_{50}：68 100 μg/kg；小鼠经口 LD_{50}：23 300 μg/kg。

长期接触二氧化硒可能会导致面色苍白、舌苔被膜、胃部不适、神经紧张、金属味和呼吸中的大蒜味。皮肤长期接触二氧化硒可能引起皮肤敏感。

4. 人体健康危害

4.1 急性中毒

吸入二氧化硒蒸气可引起化学性支气管炎，严重者可发生肺炎或肺水肿。曾有记载以硝酸或硒制造本品，敞开操作 23 h 后发生咳嗽和胸闷，次日自觉气急，又继续上班 8 h，咳嗽加剧，气急不能平卧，皮肤发痒，咽充血，两肺散在哮喘音，胸透视两下肺纹理增深。据国外资料报道，37 人接触本品烟尘引起支气管痉挛和窒息症状，继而出现畏寒、发热、头痛和支气管炎，其中 5 人早期处理不当而发生化学性肺炎。

眼和皮肤损害：本品溶液接触皮肤会致灼伤，引起剧烈疼痛。从指甲的游离缘渗入甲下可引起甲床炎和甲沟炎。在含粉尘环境中工作可引起眼睑皮肤淡红色、浮肿，常有睑结膜炎，2～3 d 可消退，较重者眼痛、流泪，经治疗 6 h 后症状仍加剧，并有畏光和角膜斑点，再 6 h 后视力模糊。少数可致皮肤过敏，出现红色斑丘疹。

经口摄入：可能导致肾衰竭，可引起严重的消化道刺激，伴有腹痛、恶心、呕吐和腹泻。可能会导致头痛。可能引起中枢神经系统的影响。

4.2 慢性中毒

据国外资料报道，接触含硒的炼钢厂积泥或加工含硒钢铁的工人，有头痛、眩晕、疲倦、胸部紧迫感、食欲减退、口内金属味、恶心、呕吐、腹泻。呼出气有大蒜味，牙龈及硬腭黏膜上有独特的淡粉红至黄色斑点。尿和粪中可检测到硒，其含量通常与工龄及吸入浓度无平行关系。

5. 风险评估

5.1 生产环境

工业生产过程（如重金属硫化物矿藏开采 、硒冶炼等）可产生含硒废气和含硒的粉末状硒化物 ；煤炭石油燃烧；农业生产中的杀虫剂、硫酸铵肥料等亦可污染环境和商铺。我国职业接触限值规定：硒及其化合物（按 Se 计）（不包括六氟化硒、硒化氢）PC－TWA 为 0.1 mg/m^3。国外硒的职业接触限值：美国 OSHA 现行的硒容许接触限值(PEL) PC－TWA 为 0.2 mg/m^3，美国 NIOSH 的硒推荐接触限值(REL)为 8 h PC－TWA 为 0.2 mg/m^3，ACGIH 阈限值 TLV－TWA(8—h TWA)为 0.2 mg/m^3。

5.2 生活环境

GB 5749—2006《生活饮用水卫生标准》，规定硒的标准为 0.1 mg/L。美国环境保护局(EPA)规定了饮用水中的硒含量，公共供水总硒不允许超过 50 ppb。

硒 化 氢

1. 理化性质

CAS 号：7783－07－5	外观与性状：无色有恶臭的气体
熔点/凝固点(℃)：−65.73	闪点(℃)：<−50
沸点(℃)：−41.1	密度(g/L)：3.664
饱和蒸气压(kPa)：53.32(−53.6℃)	易燃性：易燃，与空气混合能形成爆炸性混合物，遇明火、高热能引起燃烧爆炸

（续表）

相对密度（水＝1）：2.12（－42℃）	溶解性：溶于水、二硫化碳

2. 用途与接触机会

硒化氢具有挥发性，不稳定且活性较高，易氧化分解为元素硒和水。

主要用于半导体的用料以及制作金属硒化物和含硒的有机化合物等，是 LED 和集成电路制造过程中重要的原材料、掺杂气体和还原气，是制备高性能红外光化学材料 ZnSe 的关键原材料。

3. 毒代动力学

3.1 吸收、摄入与贮存

硒化氢主要通过呼吸道吸入体内，硒化氢也会对皮肤和眼睛产生强刺激性，目前没有关于硒化氢的吸收及其相关资料，但是可以从关于硒的吸收、分布、代谢、排泄中了解到，在犬体内，吸入亚硒酸气溶胶吸收快且几乎完全，而金属气溶胶吸收慢。两种气溶胶中的硒在肝脏、肾脏、脾脏和心脏的分布相似，其生物半衰期为 30～40 d。

3.2 转运与分布

在血液中，硒被红细胞迅速吸收并代谢成一种与血浆蛋白结合的形式。摄入和释放谷胱甘肽，并依赖于谷胱甘肽，导致红细胞谷胱甘肽耗竭。当其他形式的硒被代谢时，硒化氢可以通过谷胱甘肽还原酶还原硒过硫化物而形成。硒代谢途径的简要回顾表明，硒化氢是无机硒的中间产物。以这种方式形成的硒化氢既可以结合到细胞硒蛋白中，也可以在消除前通过甲基化进一步代谢。硒的甲基化导致二甲基硒化物的形成，二甲基硒化物存在于呼出的空气中，可能导致了在暴露于空气中的人中普遍报道的大蒜呼吸气味。

3.3 排泄

硒主要通过尿液、粪便和呼出气排出。在硒化急性中毒以后，发现其主要通过尿液排出。

4. 毒性与中毒机理

健康危害 GHS 分类为：急性毒性—吸入，类别 3；严重眼损伤/眼刺激，类别 2；特异性靶器官毒性—反复接触，类别 1。

幼鼠暴露于硒或硒化合物气溶胶时，会在发育中产生缺陷，口服或注射时，会降低小鼠的出生率以及幼仔的大小；没有在仓鼠或猴子身上发现不良反应。

急性接触硒化氢中毒会导致肺水肿和明显体重减轻，但是目前机制尚不清楚。硒和硒化合物的毒性机制可能因化合物不同而异，硒中毒的一种可能机制是酶活性的改变，如含巯基酶或琥珀酸脱氢酶失活，干扰谷胱甘肽代谢，或在生物分子中硫的取代。在豚鼠动物实验中发现，短时间内暴露在高浓度的环境中会导致严重刺激引起肺水肿而死亡。相比之下，在持续时间较长且较低的浓度范围内的研究中，发现可能由于肝脏损伤而引起死亡且发现谷胱甘肽高浓度的消耗。

5. 生物监测

尿硒可作为暴露评估的检测指标。

6. 人体健康危害

6.1 急性中毒

硒化氢可引起肺炎、肺水肿、咳嗽、胸痛、呼吸困难和发绀。后遗症：持续性阻塞性和限制性肺病。

6.2 慢性中毒

龋齿，呼吸中有大蒜味，还有慢性硒化氢可产生金属味。

硒　化　铁

1. 理化性质

CAS 号：1310－32－3	外观与性状：空气中稳定的黑色固体，具有金属光泽
溶解性：不溶于水	密度（g/cm^3）：6.78（20℃）

2. 毒性

本品健康危害 GHS 分类为：急性毒性—经口，类别 3；急性毒性—吸入，类别 3；特异性靶器官毒性—反复接触，类别 2。

3. 风险评估

本品对水生生物毒性极大并具有长期持续影响，其环境危害 GHS 分类为：危害水生环境—

急性危害,类别 1;危害水生环境—长期危害,类别 1。

硒 化 锌

1. 理化性质

CAS 号：1315 - 09 - 9	外观与性状：黄色立方晶体,见光迅速变红,无气味
溶解性：不溶于水	相对密度(水=1)：5.42(25℃)
熔点/凝固点(℃)：>1 100	

2. 毒性

本品健康危害 GHS 分类为：急性毒性—经口,类别 3;急性毒性—吸入,类别 3;特异性靶器官毒性—反复接触,类别 2。

3. 风险评估

对水生生物毒性极大并具有长期持续影响,其环境危害 GHS 分类为：危害水生环境—急性危害,类别 1;危害水生环境—长期危害,类别 1。

硒 脲

1. 理化性质

CAS 号：630 - 10 - 4	外观与性状：白色或浅红色针状晶体
溶解性：易溶于热水;微溶于乙醇和乙醚	熔点/凝固点(℃)：200

2. 毒性

本品大鼠经口 LD_{50}：50 mg/kg。健康危害 GHS 分类为：急性毒性—经口,类别 2;急性毒性—吸入,类别 3;特异性靶器官毒性—反复接触,类别 2。

3. 风险评估

对水生生物毒性极大并具有长期持续影响,其环境危害 GHS 分类为：危害水生环境—急性危害,类别 1;危害水生环境—长期危害,类别 1。

硒 酸

1. 理化性质

CAS 号：7783 - 08 - 6	外观与性状：白色六方柱晶体,极易吸潮
溶解性：易溶于水;不溶于氨水;溶于硫酸	熔点/凝固点(℃)：58
沸点(℃)：260(分解)	闪点(℃)：>110
密度(g/cm^3)：2.951(15℃)	相对密度(水=1)：2.95
n-辛醇/水分配系数：−3.18	

2. 毒性

本品健康危害 GHS 分类为：皮肤腐蚀/刺激,类别 1;严重眼损伤/眼刺激,类别 1;特异性靶器官毒性——次接触,类别 1。

3. 风险评估

对水生生物毒性极大并具有长期持续影响,其环境危害 GHS 分类为：危害水生环境—急性危害,类别 1;危害水生环境—长期危害,类别 1。

硒 酸 钡

1. 理化性质

CAS 号：7787 - 41 - 9	外观与性状：白色斜方结晶
溶解性：溶于盐酸;不溶于硝酸	密度(g/cm^3)：4.75(25/4℃)

2. 毒性

本品健康危害 GHS 分类为：急性毒性—经口,类别 3;急性毒性—吸入,类别 3;特异性靶器官毒性—反复接触,类别 2。

3. 风险评估

对水生生物毒性极大并具有长期持续影响,其环境危害 GHS 分类为：危害水生环境—急性危害,类别 1;危害水生环境—长期危害,类别 1。

硒 酸 钾

1. 理化性质

CAS号：7790－59－2	外观与性状：无色、无臭的斜方晶系结晶或白色粉末
熔点/凝固点：900℃开始挥发，1 000℃熔化但不发生分解	密度(g/cm^3)：3.07(25℃)

2. 毒性

本品健康危害GHS分类为：急性毒性—经口，类别3；急性毒性—吸入，类别3；特异性靶器官毒性—反复接触，类别2。

3. 风险评估

对水生生物毒性极大并具有长期持续影响，其环境危害GHS分类为：危害水生环境—急性危害，类别1；危害水生环境—长期危害，类别1。

硒 酸 钠

1. 理化性质

CAS号：13410－01－0	外观与性状：白色结晶或粉末
相对密度(水＝1)：3.213	

2. 用途与接触机会

硒酸盐是植物吸收利用和在土壤中迁移的最主要形式。它主要存在于在氧化环境(pH＞7.3，Eh＞200 mV)，在pH＝8.9～9.0时，Eh＝450 mV的溶解可达最大值。SeO_4^{2-}是主要的存在形式。

在工业上用作非食用植物的杀虫剂中的添加剂，或用于电镀行业，玻璃制造业或用于控制动物疾病。

3. 毒代动力学

3.1 吸收、摄入与贮存

硒酸钠在实验动物(包括大鼠、小鼠、狗和猴子)中吸收良好(80%～100%)，吸收主要发生在十二指肠。硒酸盐的吸收主要在十二指肠，硒酸钠或亚硒酸钠静脉注射雄性AS2大鼠，发现在肝、肾和肾上腺有明显的蓄积，慢性给药在睾丸有蓄积。

3.2 转运与分布

硒酸盐与在人体血液中α球蛋白及β球蛋白的硫氢基(sulfhydryl groups)结合，例如：极低密度脂蛋白(VLDL)和低密度脂蛋白(LDL)。

3.3 排泄

主要通过肾脏排泄。

4. 毒性

本品为2015版《危险化学品目录》所列剧毒品，其健康危害GHS分类为：急性毒性—经口，类别1；急性毒性—吸入，类别3；特异性靶器官毒性—反复接触，类别2。

4.1 急性毒作用

本品大鼠经口LD_{50}：1 600 μg/kg，大鼠静脉LD_{50}：3～4 mg/kg；小鼠经口LD_{50}：9.1～11.9 mg/kg。

4.2 慢性毒作用

硒酸盐染毒大鼠，发现瘦弱、苍白，毛质较差，常见胸腔积液、腹水、心包水肿和黄疸，心肌充血肾上腺增大，胰腺水肿，慢性毒性肝炎，胰管增生、肠肾炎和心肌损伤等。

4.3 远期毒作用

(1) 致突变作用：喂食硒酸钠和亚硒酸钠的雄性小鼠骨髓细胞与未加处理的对照组相比，染色体断裂和干扰纺锤体明显增加。

(2) 发育毒性与致畸性：3 mg/kg硒酸盐(390 μg/kg/d)喂养CD小鼠4代。没有观察到母代的影响。F1代的死胎发生率上升，F1代到F3代的体型变小的数量也有所增加。到F3代，繁殖率也减少了。

5. 人体健康危害

长期暴露硒酸钠可引起面色苍白、舌苔、胃部不适、神经紧张、金属味和大蒜味的呼吸。摄入高硒酸钠水后，出现胃肠道不适，包括恶心、呕吐、腹泻和腹痛。

6. 风险评估

我国职业接触限值规定：硒及其化合物(按

Se 计)(不包括六氟化硒、硒化氢)PC-TWA 为 0.1 mg/m^3。

本品对水生生物毒性极大并具有长期持续影响,其环境危害 GHS 分类为:危害水生环境—急性危害,类别 1;危害水生环境—长期危害,类别 1。

溴 化 硒

1. 理化性质

CAS 号:7789-52-8	外观与性状:暗红色液体
沸点(℃):227(伴有分解)	密度(g/cm^3):3.604
溶解度:可溶于氯仿和二硫化碳	

2. 毒性

本品健康危害 GHS 分类为:急性毒性—经口,类别 3;急性毒性—吸入,类别 3;特异性靶器官毒性—反复接触,类别 2。

3. 风险评估

本品对水生生物毒性极大并具有长期持续影响,其环境危害 GHS 分类为:危害水生环境—急性危害,类别 1;危害水生环境—长期危害,类别 1。

氧 氯 化 硒

1. 理化性质

CAS 号:7791-23-3	外观与性状:无色或微黄色的透明发烟液体
沸点(℃):176.4~180	熔点(℃):8.5~16.9
溶解度:溶于氯仿、苯、四氯化碳、二硫化碳、甲苯	饱和蒸气压(kPa):0.13(34.8℃)
相对密度(水=1):2.43	相对蒸气密度(空气=1):5.7
临界压力(MPa):7.09	n-辛醇/水分配系数:-0.15

2. 毒性

本品兔经皮 LDL_0:2 mg/kg;兔皮下注射 LD_{50}:7 mg/kg。

健康危害 GHS 分类为:急性毒性—经口,类别 3;急性毒性—吸入,类别 3;特异性靶器官毒性—反复接触,类别 2。

3. 风险评估

对水生生物毒性极大并具有长期持续影响,其环境危害 GHS 分类为:危害水生环境—急性危害,类别 1;危害水生环境—长期危害,类别 1。

亚 硒 酸

1. 理化性质

CAS 号:7783-00-8	外观与性状:无色或白色易潮解结晶
闪点(℃):690	相对密度(水=1):3.004(15/4℃)
熔点/凝固点(℃):70	溶解性:溶于水;易溶于乙醇;不溶于氨水

2. 毒性

本品大鼠经口 LDL_0:25 mg/kg;大鼠腹腔 LDL_0:10 mg/kg;小鼠静脉 LD_{50}:11 mg/kg。

健康危害 GHS 分类为:急性毒性—经口,类别 3;急性毒性—吸入,类别 3;皮肤腐蚀/刺激,类别 1;严重眼损伤/眼刺激,类别 1;特异性靶器官毒性—反复接触,类别 1。

3. 风险评估

本品对水生生物毒性极大并具有长期持续影响,其环境危害 GHS 分类为:危害水生环境—急性危害,类别 1;危害水生环境—长期危害,类别 1。

亚 硒 酸 钠

1. 理化性质

CAS 号:10102-18-8	外观与性状:无色四方棱柱状结晶,无气味
熔点/凝固点(℃):320(分解)	溶解性:溶于水 950 g/L(20℃);不溶于乙醇
相对密度(水=1):3.1	

2. 毒性

本品大鼠经口 LD_{50}:7 mg/kg;小鼠经口 LD_{50}:

7 080 μg/kg。

健康危害 GHS 分类为：急性毒性—经口，类别 2；急性毒性—吸入，类别 3；皮肤致敏物，类别 1。

3. 风险评估

对水生生物毒性极大并具有长期持续影响，其环境危害 GHS 分类为：危害水生环境—急性危害，类别 1；危害水生环境—长期危害，类别 1。

亚硒酸钡

1. 理化性质

CAS 号：13718-59-7	外观与性状：粉红色粉末

2. 毒性

本品健康危害 GHS 分类为：严重眼损伤/眼刺激，类别 2；特异性靶器官毒性——一次接触，类别 3（呼吸道刺激）。

3. 风险评估

对水生生物毒性极大并具有长期持续影响，其环境危害 GHS 分类为：危害水生环境—急性危害，类别 1；危害水生环境—长期危害，类别 1。

亚硒酸钾

1. 理化性质

CAS 号：10431-47-7	外观与性状：白色晶体状粉末
熔点/凝固点(℃)：875	溶解性：可溶于水
相对密度(水=1)：2.851	

2. 毒性

本品健康危害 GHS 分类为：急性毒性—经口，类别 3；急性毒性—吸入，类别 3；特异性靶器官毒性—反复接触，类别 2。

3. 风险评估

对水生生物毒性极大并具有长期持续影响，其环境危害 GHS 分类为：危害水生环境—急性危害，类别 1；危害水生环境—长期危害，类别 1。

亚硒酸镁

1. 理化性质

CAS 号：15593-61-0	外观与性状：白色晶体状粉末
密度(g/cm^3)：2.09	溶解性：溶于水，溶于稀酸，也溶于亚硒酸

2. 毒性

本品健康危害 GHS 分类为：急性毒性—经口，类别 3；急性毒性—吸入，类别 3；特异性靶器官毒性—反复接触，类别 2。

3. 风险评估

本品对水生生物毒性极大并具有长期持续影响，其环境危害 GHS 分类为：危害水生环境—急性危害，类别 1；危害水生环境—长期危害，类别 1。

亚硒酸氢钠

1. 理化性质

CAS 号：7782-82-3	外观与性状：白色粉末
pH 值：6.0～7.0	溶解性：溶于水
熔点/凝固点(℃)：>350	相对蒸气密度(空气=1)：2.103

2. 用途与接触机会

亚硒酸盐可在酸性和中性(pH=4～8)土壤中广泛存在。土壤溶液中亚硒酸根的浓度和植物对它的利用及在土壤中的迁移与土壤的 pH、黏土含量、有机质、土壤溶液组分、铁铝氧化物等存在着密切关系。

在玻璃厂中作除色剂，陶瓷的装饰，也被作为缺硒地区的补硒剂。也作为饲料厂的饲料添加剂。

3. 毒代动力学

3.1 吸收、摄入与贮存

可以通过消化道、呼吸道、皮肤、皮下和静脉等进入人体，在生活环境中人主要通过消化道摄入硒，然后经胃肠道吸收。工业中毒主要是经过呼吸道吸收。

3.2 转运与分布

亚硒酸钠（2 mg/kg）单次口服或静脉给药Wistar大鼠，硒浓度最高的是肾脏或肝脏，其次是心脏、肺或脾脏；然后是血浆和大脑。在除肾脏外的所有器官中，口服比注射产生的硒量都要低，而肾脏和口服两种途径产生的硒量相当。

3.3 排泄

每日亚硒酸钠（1.0 mg/kg）的情况下，67%的亚硒酸盐示踪剂剂量通过尿液排出，而在硒缺乏时，同样剂量的亚硒酸盐摄入仅排出6%。

4. 毒性与中毒机理

本品为2015版《危险化学品目录》所列剧毒品，其健康危害GHS分类为：急性毒性—经口，类别1；急性毒性—吸入，类别3；特异性靶器官毒性—反复接触，类别2。

4.1 急性毒作用

大鼠经口 LD_{50}：7.0 mg/kg；豚鼠经口 LD_{50}：5.1 mg/kg。

4.2 慢性毒作用

用含亚硒酸钠0.9 mg/kg饲料对老年大鼠进行慢性染毒，发现大鼠体内谷胱甘肽过氧化物酶（GSH-PX）活性降低，大鼠生存时间缩短。摄人过量的硒不仅会对动物及人体产生严重的毒性，还有明显的蓄积作用。在亚硒酸钠的蓄积性毒性实验中发现小鼠发生硒蓄积性中毒的主要靶器官是肝脏、心脏、脾脏和肾脏。

4.3 远期毒作用

（1）致突变作用

喂食亚硒酸钠的雄性小鼠骨髓细胞与未加处理的对照组相比，染色体断裂和纺锤体紊乱明显增加。亚硒酸钠组染色体畸变数目随剂量增加而增加。亚硒酸钠会引起DNA损伤，特别是DNA链断裂和碱基损伤。

（2）发育毒性与致畸性

适量的亚硒酸钠对小鼠胎盘和胎儿的生长没有显著影响，而高剂量的亚硒酸钠会导致大量流产。在小鼠在妊娠第12 d注射亚硒酸钠的中观察到明显的剂量效应关系，死胎和胎儿生长迟缓。12 d流产率仅为58.8 μmol/kg，16 d流产率分别为27.2 μmol/kg和40.0 。

4.4 中毒机理

目前有关硒化合物的毒性作用机制还不十分清楚，但概括地讲可归纳为两方面，即自由基学说和对酶活性的影响。

5. 人体健康危害

5.1 急性中毒

硒尘暴露可引起眼睛发红和视力模糊，严重的眼睛刺激。吸入含硒粉尘可引起鼻分泌物、上呼吸道刺激、鼻出血和嗅觉疲劳。有鼻孔灼烧感和局部刺激，以及打喷嚏和鼻塞。急性喉咙痛、伴有泪流的科瑞扎样症状、口中有金属味和大蒜味是常见的症状。硒中毒可引起头晕、中枢神经系统抑郁、不安、瞳孔反射迟钝、感觉模糊和昏迷。胃肠道损害，恶心、呕吐、流涎、口腔金属味、大蒜样呼吸和胃肠道疼痛。有报道提示可导致肝硬化，与肝脂肪变性。

5.2 慢性中毒

慢性硒中毒类似于慢性砷中毒。慢性硒暴露可引起恶心、呕吐、指甲白纹、苍白、上呼吸道刺激、副甲、脱发、皮疹、易怒、疲劳、反射亢进、呼吸中有大蒜味、口腔有金属味。

二 甲 硒

1. 理化性质

CAS号：593-79-3	外观与性状：无色至浅黄色液体，有大蒜气味
沸点（℃）：57～58	相对密度（水=1）：1.41（14.6℃）
熔点/凝固点（℃）：−88.01	闪点（℃）：56～58
相对蒸气密度（空气=1）：3.75	

2. 毒性

大鼠经口 LD_{50}：2 100 mg/kg；小鼠经口 LD_{50}：4 mg/kg。

二乙基硒

1. 理化性质

CAS号：627-53-2	外观与性状：淡黄色液体
沸点(℃)：108	相对密度(水＝1)：1.232(25℃)
熔点/凝固点(℃)：55	闪点(℃)：22.2(闭杯)
爆炸下限(V/V)：2.5%	饱和蒸气压(kPa)：5.33(31.2℃)

2. 毒性

本品小鼠吸入 LCL_0：3 mg/(m^3·10M)。健康危害 GHS 分类为：急性毒性—经口，类别 3；急性毒性—经皮，类别 3；特异性靶器官毒性—反复接触，类别 2。

3. 风险评估

对水生生物毒性极大并具有长期持续影响，其环境危害 GHS 分类为：危害水生环境—急性危害，类别 1；危害水生环境—长期危害，类别 1。

二苯基二硒

1. 理化性质

CAS号：1666-13-3	外观与性状：黄色结晶粉末
沸点(℃)：377.3	相对密度(水＝1)：1.74(25/4℃)
熔点/凝固点(℃)：60～63	闪点(℃)：182
溶解性：溶于热乙醇、乙醚、二甲苯	

2. 毒性

本品小鼠静脉注射 LD_{50}：28 mg/kg。健康危害 GHS 分类为：急性毒性—经口，类别 3；急性毒性—吸入，类别 3；特异性靶器官毒性—反复接触，类别 2。

3. 风险评估

对水生生物毒性极大并具有长期持续影响，其环境危害 GHS 分类为：危害水生环境—急性危害，类别 1；危害水生环境—长期危害，类别 1。

碲及其化合物

碲

1. 理化性质

CAS号：13494-80-9	外观与性状：灰色粉末或银白色带金属光泽晶体
熔点/凝固点(℃)： 452(结晶碲) 449.5(无定型碲)	溶解性：不溶于冷水和热水、二硫化碳；溶于硫酸、硝酸、王水、氰化钾、氢氧化钾
沸点(℃)：1 390(结晶碲) 989.8(无定型碲)	饱和蒸气压(kPa)：0.13(520℃)
密度(g/cm^3)： 6.25(结晶碲) 6.00(无定型碲)	相对密度(水＝1)：6.11～6.27

2. 用途与接触机会

2.1 生活环境

碲是一种稀散元素，在地壳中含量约为 0.5～0.005 mg/m^3，可存在于土壤、水、植物和动物脂肪中。

2.2 生产环境

碲的独立矿床极少，主要伴生于与闪锌矿、黄铜矿等矿石中。主要分布在中国、美国、加拿大、秘鲁等国。

碲的主要产品包括：金属碲、二氧化碲、碲粉和高纯碲。碲在工农业生产中被广泛使用：① 冶金工业，碲可以增强钢的机械加工性能，提高不锈钢、低碳钢加工成品率。碲可以增强铁的耐热振、耐机械振动性能，提高钢材的强度，改善其抗酸蚀和抗疲劳性能；② 石油化学工业，碲作为催化剂和硫化剂用于橡胶合成，可以提高橡胶生产的效率，碲催化剂在石油裂化、煤的氢化等方面也可以应用。加碲还可以防止聚甲基硅氧化烷的氧化；在摄影、印刷业上用作调色剂和固体润滑剂等方面，碲也展现了良好的应用效果。③ 电子和电气工业，它主要用于感光器，碲铬汞化合物是用于军事和航天系统红外探测器的主要光敏材料，碲化镉(CdTe)则以其良好的吸光特性而被应用于光电系统，利用含碲化合物性能优良的光敏特性，在资源普查、卫星航测、激光制导等方面显示了突出的优势；④ 玻璃陶瓷和医药，加入碲的氧化物（TeO_2）可以制作某些特殊玻璃，碲可以用作玻璃和陶瓷的着色剂，通过添加含碲的物质能生产出不同颜色的玻璃和陶瓷，碲的有机化合物具有明显的抗肿瘤作用，还具有抑制白血病细胞增殖的效应。

3. 毒代动力学

3.1 吸收、摄入与贮存

亚碲酸钠易被哺乳动物胃肠道吸收，其他碲化合物可由皮肤、消化道或呼吸道吸收。碲主要蓄积在肾脏，尤其是肾皮质，其次为肝、脾、心、肺和脑。

3.2 转运与分布

二氧化碲和碲的盐类在体内首先还原为元素碲，一部分转变为二甲基碲和二乙基碲（具典型蒜臭），另一部分转变为溶解态。吸收后与血浆蛋白结合分布全身，肾及血液中含量较高，正常人血碲含量为 0.05%～0.16 mg%，尿及胆汁中碲浓度为血液中的 10 倍。碲在器官中含量在 24 h 末出现吸收高峰，后很快下降。碲主要蓄积分布在肾脏，尤其是肾皮质，其次为肝、脾、心、肺和脑。

3.3 排泄

亚碲酸钠主要从粪便排出，其他碲化合物可由皮肤、消化道或呼吸道吸收，从呼气、汗液、尿及粪便排出，碲在器官中含量经一段时间先出现吸收高峰，后很快下降，数日内经尿、粪排出 80%以上，由于体内约 90%以上碲与各组织中蛋白呈结合状态，故数日后碲排泄缓慢。

4. 毒性与中毒机理

碲是人体非必需的、有隐毒性的微量元素。碲的微粉、蒸气被人体吸入后造成出汗障碍，导致中毒者有怠倦和呕吐感，并持续数周口臭，这是碲中毒的明显症状。汗、尿、呼气的恶臭是碲中毒的特征。

4.1 急性毒作用

碲及其化合物的动物急性毒性主要损害消化系统、中枢神经系统、心血管以及呼吸系统。局限性肺炎和溶血性贫血是碲急性毒性的典型特征，常伴有血尿发生。碲及其化合物的经口 LD_{50}（mg/kg）值为：亚碲酸钠大鼠 83、小鼠 20、兔 67、豚鼠 45，碲酸钠大鼠 385、小鼠 165；最小致死量（MLD mg/kg）为：亚碲酸钠大鼠静脉注射 1.4、皮下注射 2.25～2.50、兔经口 31，碲酸盐大鼠静脉注射 30.5、皮下注射 20～30、兔经口 50；16 mg/m^3 的亚碲酸盐和碲酸盐对小鼠无可观察毒性。

4.2 慢性毒作用

碲及其化合物的动物慢性中毒表现为消化不良、生长停滞、消瘦、脱毛、呼气蒜臭和嗜睡。2 800 mg/m^3 的 TeO_2 经口给予大鼠可致四肢不全麻痹、水肿和体重下降；大鼠每天吸入 50 mg/m^3 的 TeO_2 气溶胶 2 h，13～15w 后除出现以上症状外，尸检发现肝、脾和肾增重，肝营养不良改变，间质增生，肾脏内肾小管上皮胞浆内空泡形成和肾小球瘀血。

4.3 远期毒作用

（1）致突变作用及致癌作用。Te（$Na_2H_4TeO_6$，$NaTeO_3$，$TeCL_4$）在重复修复试验（rec 试验）中显示阳性，说明其能损伤 DNA. 另外 Te（$NaTeH_4O_6$，$NaTeO_3$）能诱导回复突变，提示 Te 是潜在的致突变剂。

（2）致畸性。临产母鼠喂饲非中毒量（1%～1.25%）的碲，可诱发新生鼠脑积水、暂时性后肢瘫痪、脊髓神经根脱髓鞘病变和雪旺细胞退行性变，说明碲对胚胎期和初生动物的神经系统早期即可产生不良影响。

4.4 中毒机理

碲的毒作用机制尚未完全阐明。有人认为碲与巯基作用抑制酶系统的功能，亦有研究认为碲的活性代谢产物能导致组织细胞脂质过氧化损伤。长期接触碲化合物可引起下列组织器官功能性或器质性改变。

（1）对肺的影响。CdTe 处理的大鼠出现肺腺泡单位组织病理改变，炎症区域坏死的呼吸上皮沿终末支气管和肺泡管排列，严重损伤涉及大片隔膜。上皮细胞的损伤引起肺泡/毛细血管屏障通透性增加，血清蛋白渗漏至肺泡，细胞膜损伤引起胞液酶释放。

（2）对神经系统的作用。其作用机制为：（A）暴露于碲的外周神经脱髓鞘是胆固醇合成中角鲨烯环氧化受抑制的结果;(B) 脱髓鞘后裸露轴索对雪旺细胞分裂提供了一个刺激,引起雪旺细胞增生。

(3) 对血液的影响。Young 曾报告碲酸盐能减少红细胞中还原性谷胱甘肽(GSH)的浓度。GSH 保护红细胞免受氧化损害,当碲酸盐氧化了 GSH,那么双分子层的不稳定脂质衍生物就可能破坏膜的完整性,导致膜僵硬和渗漏。

亚碲酸盐引起膜损伤机制有两方面:一方面,直接而可逆的作用可能来自巯基组的改变,即三硫化碲形成并转变为稳定的二硫化物与蛋白交联。另一方面,亚碲酸盐与 GSH 经三硫化碲形成过硫化碲($GSTe^-$),后很快分解为高活性的碲化氢离子(HTe^-),HTe^-被氧化为碲,碲又与 GSH 反应生成过硫化物,这个循环消耗大量的巯基。

5. 生物监测

研究发现高剂量亚碲酸钠(Na_2TeO_3)染毒大鼠血中 BUN、尿中胆红素含量升高并出现红细胞;尿中 NAG(一种存在于肾小管溶酶体中的酸性水解酶)含量显著高于对照组。而正常情况下,NAG 无法从肾小管滤过,提示肾功能受影响。与此同时,有研究报道 Te 可引起肝脏中央管坏死、肝脏脂肪变性。

6. 人体健康危害

碲可与血浆中的蛋白和含巯基的酶结合。中毒症状与砷、硒相似,但毒性比砷、硒低。大量吸入,可刺激上呼吸道发生炎症;严重者发生化学性肺炎。患者呼气有蒜臭味。

人群对碲的易感性差异较大,有人口服 0.5 mg TeO_2即引起呼气蒜臭,有人口服 90 mg 碲方出现此症状。不引起呼气蒜臭的空气中的碲浓度为 0.01～0.02 mg/m^3,各种症状在脱离接触后可自行消失。

碲及其化合物在生产中很少引起严重急性中毒,大量吸入后,可刺激上呼吸道引起咽干、咽痛、咳嗽、咯痰、胸痛、气促、呼气蒜臭、汗闭、口内金属味、化学性肺炎、嗜睡、昏迷、痉挛和窒息等。有报道铁铸造厂接触浓密含碲白烟引起急性中毒。

长期接触低浓度碲,可有口干、呼气蒜臭味、恶心、食欲不振、无汗、皮肤干燥发痒、便秘,嗜睡、无力等表现。

7. 风险评估

国外接触阈限值:迄今为止,联合国、美国、苏联等其他国家和组织已提出了卫生标准的接触阈限值,如下:美国 ACGIH:TLV - STEL 为 0.1 mg/m^3。美国 OSHA:建议接触限值(REL - TWA)为 0.1 mg/m^3。NIOSH:REL - TWA 为 0.1 mg/m^3。澳大利亚:TWA 为 0.1 mg/m^3(1990)。瑞士:TWA 为 0.1 mg/m^3(1990)。联合国:TWA 为 0.1 mg/m^3(1991)。苏联:MAC 为 0.1 mg/m^3。

亚 碲 酸 钠

1. 理化性质

CAS 号:10102 - 20 - 2	外观与性状:白色斜方晶系结晶或粉末
溶解性:溶于水	

2. 用途与接触机会

该物质主要用于医药、细菌学。

3. 毒代动力学

注射的碲(静脉注射和腹腔注射如亚碲酸钠)主要通过尿液排出(24 h 内为 14%～27%;一周内为 33%)。粪便排泄在 24 h 内达到约 6%,在一周内达到 14%。碲通过胆汁排泄转移到肠道。大约 11%～16%的静脉注射碲(如雌性狗在 1 h 内排出钠碲酸盐,在 6 d 内排出 23%。大约 60%～80%的摄入的亚碲酸钠被大鼠和粪便中的猪快速消除。

亚碲酸盐的胃肠道吸收在 2 h 内完成,并且在大鼠中主要在十二指肠和空肠中发生。吸收估计值从 10%到 15%不等。

4. 毒性

急性毒性:大鼠经口 LD_{50}:83 mg/kg;兔经口 LD_{50}:53.6 mg/kg。

本品健康危害 GHS 分类为:急性毒性—经口,类别 3。

4.1 急性毒作用

亚碲酸钠在实验动物体内引起明显的低体温。在实验动物中观察到视网膜的变化。在接触这种化合物后,还发现口干和喉咙干。其中一例因食用受碲污染的肉类而急性中毒,导致脱发。吸入各种碲化合物的实验动物出现刺激、肺水肿、呼吸抑制和死亡。类似的效应在单独的人体接触中还没有发现。人类接触碲化合物后出现头痛和嗜睡。也出现了不适、虚弱、倦怠和头晕。暴露于碲化合物会引起厌食症、恶心、呕吐、大蒜味、金属味和便秘。大蒜的气味可能来自于摄入之外的其他接触途径。摄入碲导致大鼠睾丸呈黑色。碲化合物可导致溶血、血红蛋白水平下降或 MCV 升高。六氟化碲等酸性碲化合物对皮肤和黏膜具有高度刺激性。据报道，暴露于六氟化碲可引起皮炎和蓝黑色皮肤变色。据报道，摄入碲后秃头。这些影响尚未在亚碲酸钠暴露中有具体报道。六氟化碲暴露后出现嗜睡。据报道，摄入碲后头晕和疲劳。碲可能是一种免疫调节剂；体外刺激白介素-2 的产生。

4.2 慢性毒作用

职业性暴露引起嗜睡。实验动物的中枢神经系统影响包括不安、瘫痪、癫痫、困倦和昏迷。实验动物肾损伤已有报道，此外在动物实验中发现了对六氟化碲的耐受可能。

4.3 致畸性

碲化合物已证明在动物实验中致畸。

4.4 遗传毒性

亚碲酸钠在体外诱导细菌 DNA 修复和人类细胞染色体畸变。

5. 人体健康危害

有报道本品用作造影剂注入输尿管引起中毒，中毒症状有：呼气蒜臭味、恶心、呕吐、昏迷、呼吸困难、明显发绀等。6 h 后死亡。关于亚碲酸钠对人体影响的信息很少。有意外注射导致死亡。

第8章

碱性物质

本章讨论氨、钠、钾、钙和锂以及它们的化合物，除了氨是例外，这些都是常见碱金属和碱土金属。碱类是腐蚀性物质，它们溶解在水中形成 pH 值高于 7 的水溶液。这些碱类物质包括氨、氢氧化铵；氢氧化钙和氧化钙；钾、氢氧化钾和碳酸钾；钠、碳酸钠、氢氧化钠、氧化钠、过氧化钠和硅酸钠，以及磷酸钠。

(一) 用途与接触机会

氨是多种含氮化合物的重要来源。大量的氨用于生产化肥、硫酸铵和硝酸铵，氨进一步氧化可成为硝酸，硝酸用于生产合成尿素和苏打，氨制备的水溶液用于化学工业和制药工业。氨也用于炸药、医药和农业。在制冷业中，氨用于冷冻点以下的低温和制造人造冰。氢氧化铵用于纺织、橡胶、制药、陶瓷、照相、洗涤剂和食品等工业。它也用于金属的萃取，例如从铜、镍和钼等矿石中萃取金属。去污和漂白也用到氢氧化铵。氢氧化铵是种家用清洁剂和纸浆及造纸工业中用于干酪素的溶剂。磷酸氢二铵用于生产防火纺织品、纸张和木质产品，也用于化肥和金属焊剂。

氯化铵用于镀锌铁板的焊剂、安全爆破、医药、铁管用的油灰。另外，氯化铵还用于镀锡、染料、电镀和制革。

钙是世界上丰度排在第 5 位的元素，丰度排在第 3 位的金属元素。钙是以碳酸钙(石灰石和大理石)、硫酸钙(石膏)、氟化钙(萤石)和磷酸钙(磷灰石)等形式存在和分布于自然界。采石或开矿可得到钙的矿石，金属钙是通过电解熔融的氯化钙或氟化钙得到的。金属钙用于铀和钍的生产以及电子工业。金属钙还用作生产铜、铍和钢的还原剂，铝的硬化剂。另外，对于聚酯纤维，钙是一种工业催化剂。

氯化钙是 Solvay 氨-苏打生产工艺过程的废弃物。氯化钙用作铺路材料中的防冻剂、制冷剂，也作为空调系统的干燥剂。氯化钙用于生产氯化钡、金属钙和各种染料。氯化钙也用于道路建设中防止粉尘形成，加速混凝土固化，阻止煤矿中煤的自燃。硝酸钙在农业上用作肥料，在火柴生产中用作氧化剂，也用于爆破和烟火业。亚硫酸钙用作纤维素生产中的还原剂。碳化钙用于工业生产乙炔和制造氰氨化钙。碳化钙也用于烟火业和乙炔灯的乙炔发生器，用于氧乙炔焊接和切割。

石灰是石灰石煅烧产物的一个通用术语，例如氧化钙和氢氧化钙。氧化钙用于耐火材料、炼钢的熔剂、建筑工业的粘结剂，以及用作原料。氧化钙也用于纸浆和造纸业、精制糖、农业和皮革鞣制业。氢氧化钙在建筑和市政工程方面作为灰泥、腻子和水泥。氢氧化钙也用于土壤处理、皮革脱毛和防火。另外，氢氧化钙可用作润滑剂，也用于纸浆和造纸工业。

锂用于真空管中的“吸气剂”、焊料和铜焊合金的组分、反应器中的冷却剂或热交换剂、合成橡胶和润滑剂制造中的催化剂。锂用于制造聚烯烃塑料的催化剂，用于制造金属和陶瓷。锂还用于特殊的眼镜和航空火箭的燃料。氯化锂用于矿泉水的制造和铝焊接，也用于烟火业，在医药方面作为抗低压剂使用。碳酸锂用于陶瓷和电瓷上釉，以及氩弧焊电极表面的涂料。在火漆、清漆和染料里也有碳酸锂。在医药方面碳酸锂作为情绪稳定剂和抗低压剂。氢化锂是氢气的来源和核防护材料。

钾用于无机钾化合物的合成。在农业上钾是化肥的一种重要组分。钾用于钠钾合金，在核反应系统中为了传热，钠钾合金用于快读温度仪表中。

氢氧化钾用于液体肥皂的制造、二氧化碳的吸收、棉布的丝光处理，及生产其他的含钾化合物。氢氧化钾也用于电镀、石印业，并作为木料的媒染剂。氢氧化钾用作油漆和清漆的脱除剂，并用于印刷工业。

钾的其他化合物包括溴酸钾、氯酸钾、硝酸钾、高氯酸钾和高锰酸钾。它们作为氧化剂用于烟火、食品和炸药工业。氯酸钾是火柴头的组成部分，是皮毛、棉线和羊毛的漂白剂和染色剂。氯酸钾也用于染料和纸浆工业，并用于炸药、火柴、烟火和染料的生产制造。

溴酸钾是生面团调节剂、食品添加剂、氧化剂和恒波化合物。硝酸钾用于烟火、焊剂、火药粉以及玻璃、火柴、烟草和陶瓷等工业。硝酸钾也用于腌肉及制作蜡烛灯芯。硝酸钾在农业上作为一种肥料，在固体火箭推进剂中作为氧化剂。高氯酸钾用于炸药、烟火业和照相业。在汽车安全气囊袋中，高氯酸钾作为膨胀剂。高锰酸钾在皮革、金属和纺织工业中作为氧化剂、杀菌剂和漂白剂。高锰酸钾也用于金属清洗、采矿的分离和净化。另外，高锰酸钾在皮革工业中是一种鞣制剂。

钠用于制造钠的化合物和有机合成。钠是多种金属的还原剂，是核反应器的冷却剂。钠用于钠灯和电力电缆。氯酸钠是染料工业中的一种氧化剂，是造纸业的氧化剂和漂白剂。氯酸钠用于印染织物、鞣制和抛光皮革、铀的生产加工过程；也用作除草剂和火箭燃料氧化剂；在炸药制造、火柴制造和制药业中，氯酸钠还有其他用途。氢氧化钠用于人造丝、人造棉、肥皂、纸张、炸药、染料和化学等工业。

氢氧化钠用于金属清洗、锌的电解萃取、镀锡、漂洗和漂白。磷酸三钠用于照片清洗、洗涤剂助剂和造纸业、糖的澄清、锅炉除垢、水的软化、漂洗和鞣制。磷酸三钠也是一种水处理剂和加工奶酪过程中的乳化剂。磷酸氢二钠用于化肥、制药、陶瓷和洗涤剂，它还用于纺织工业的称丝和印染、木材和纸张的防火。磷酸氢二钠也是一种食品添加剂和皮革鞣制剂。次氯酸钠是一种家用和洗衣店用的漂白剂，也是纸张、纸浆和纺织业用的漂白剂，还是玻璃、陶瓷和水的杀菌剂，游泳池的清洁剂。氯化钠用于金属冶炼、养护皮革、高速公路除冰和食品保存。氯化钠在照相业、化学、陶瓷和肥皂业以及核反应器中也有许多用途。

碳酸盐是广泛存在于自然界中的矿物质。它们用于建筑、玻璃、陶瓷、农业和化学工业。碳酸氢铵用于塑料、陶瓷、染料和纺织工业。碳酸氢铵在发泡橡胶中作为发泡剂，在烤制食品的生产中作为发酵剂。碳酸氢铵还用于肥料和灭火剂。碳酸钙主要用于颜料，还用于油漆、橡胶、塑料、纸张、化妆品、火柴和铅笔工业。碳酸钙还用于制造波特兰水泥、抛光剂、陶瓷、墨水和杀虫剂等。碳酸钠广泛用于制造玻璃、苛性碱、碳酸氢钠、铝、洗涤剂、盐和油漆，它也用于生铁的脱硫、石油的净化。碳酸氢钠用于糖果业、制药、非酒精饮料、皮革和橡胶工业，也用于灭火剂和矿泉水的制造。碳酸钾广泛用作钾肥，在纺织业用于羊毛染色，碳酸钾也用于玻璃、肥皂和制药业等。

（二）毒性与中毒机理

碱性物质无论是固体、粉尘、浓溶液、雾滴或蒸气，对接触的组织都有腐蚀和刺激作用。可以吸收组织水份，使组织蛋白变性，并使组织脂肪皂化，破坏细胞膜结构，致使病变向纵深发展。所以碱性物质对组织的损害比酸性物质深而且严重。

高浓度碱可引起皮肤灼伤，所形成的软痂不能阻止碱继续浸润深层组织。其损害程度除与浓度有关外，尚和接触时间、液体温度等密切相关。

（三）健康危害

一般来说，不管是以固体形式还是以浓溶液形式存在的碱，对组织的破坏性都比大多数酸严重。游离的碱性粉末、雾滴和喷雾都可以引起对眼睛和呼吸道的刺激，对鼻中隔造成损害。强碱与组织结合形成变性蛋白，与天然脂肪皂化生成肥皂。它们使组织凝胶化，生成可溶性的化合物，可以导致组织深部的疼痛性破坏。氢氧化钾和氢氧化钠是碱类物质中最活泼的化合物。甚至连较强碱的稀溶液都有软化表皮和乳化或分解皮肤脂肪的倾向。初次暴露于被碱轻微污染的空气中也可能引起刺激，但这种刺激很快就变得不易察觉，在这样气体环境中工作的人常常没有任何反应，但对敏感人群会引起咳嗽、喉咙疼痛和鼻刺激。碱性物质造成的最大危害就是强碱性颗粒或溶液溅射或喷洒到眼睛里。

（四）诊断与治疗

1. 诊断依据

目前职业性碱性物质中毒的诊断国家标准有 GBZ14－2015《职业性急性氨中毒的诊断》，其他碱性物质的职业中毒无特定的国家职业病诊断标准，其诊断要符合职业病诊断的一般原则。应在职业史、现场职业卫生调查、相应的临床表现和必要的实验室检测的基础上，全面综合分析，并排除非职业性因素所致的类似疾病，才能做出切合实际的诊断。下面叙述 GBZ14－2015《职业性急性氨中毒的诊断》对职业性急性氨中毒的诊断原则。

2. 诊断原则

根据短时间内吸入较高浓度氨气的职业史，以急性呼吸系统损害为主的临床表现和胸部 X 射线影像学检查为主要依据，结合血气分析及现场职业卫生学调查结果，进行综合分析，排除其他病因所致类似疾病后，方可诊断。

接触反应：有短时间吸入氨气的职业史，出现眼和上呼吸道刺激症状，如呛咳、流泪、流涕、咽干等，肺部无阳性体征，胸部 X 射线检查无异常发现，48 h 内症状明显减轻或消失。

根据病情严重程度，职业性急性氨中毒分为轻、中、重三级：

(1) 轻度中毒：具有下列表现之一者：

① 咳嗽、咳痰、咽痛、声音嘶哑、胸闷，肺部出现干性啰音，胸部 X 射线检查显示肺纹理增强，符合急性气管-支气管炎表现；

② 一至二度喉阻塞。

(2) 中度中毒：具有下列表现之一者：

① 剧烈咳嗽、呼吸频速、轻度发绀，肺部出现干、湿啰音；胸部 X 射线检查显示肺野内出现边缘模糊伴散在斑片状渗出浸润阴影，符合支气管肺炎表现；

② 咳嗽、气急、呼吸困难较严重，两肺呼吸音减低，胸部 X 射线检查显示肺门阴影增宽、两肺散在小点状阴影和网状阴影，肺野透明度减低，常可见水平裂增厚，有时可见支气管袖口征或克氏 B 线，符合间质性肺水肿表现；血气分析常呈轻度至中度低氧血症；

③ 有坏死脱落的支气管黏膜咳出伴有呼吸困难、三凹症；

④ 三度喉阻塞。

(3) 重度中毒：具有下列表现之一者：

① 剧烈咳嗽、咯大量粉红色泡沫痰伴明显呼吸困难、发绀，双肺广泛湿啰音，胸部 X 射线检查显示两肺野有大小不等边缘模糊的斑片状或云絮状阴影，有的可融合成大片状或蝶状阴影，符合肺泡性肺水肿表现；血气分析常呈重度低氧血症；

② 急性呼吸窘迫综合征；

③ 四度喉阻塞；

④ 并发较重气胸或纵隔气肿；

⑤ 窒息。

氨及其他碱性液体中毒时，因腐蚀性强，除呼吸道损伤外，还常伴有眼及皮肤灼伤，故应注意眼及皮肤损伤的医学检查及处理。

此外在儿童中易发生误服碱性物质，可以造成消化道灼伤。表现为自口腔到上腹部疼痛，进食困难，呕吐血性物。早期死亡多因出血和休克所致，晚期可发生吸入性肺炎、咽喉部水肿而引起窒息。个别病例伴发肺坏疽和心包炎。

3. 治疗

迅速安全将患者移至空气新鲜处，给予保温；彻底冲洗污染的眼和皮肤，并给于相应的专科治疗措施。

保持呼吸道通畅：给予支气管解痉剂、去泡沫剂(如 10％二甲基硅油)、雾化吸入疗法；气管、支气管灼伤坏死的黏膜易在中毒后 3 d～7 d 左右脱落，如发现气道堵塞现象，应尽快设法应用喉镜或支气管镜取出堵塞物，必要时做气管切开，防止窒息。

防治肺水肿：可早期、足量、短程应用糖皮质激素，莨菪碱类、茶碱类、利尿剂等药物，尤应注意限制补液量，维持水、电解质及酸碱平衡。发生急性呼吸窘迫综合征(ARDS)时，按相应治疗原则处理。

合理氧疗，必要时给予机械通气。由于氨的强烈腐蚀性易引起气胸、纵隔气肿等，如使用机械通气正压给氧时应慎重且压力不宜过高。积极控制感染，及时、合理应用抗生素，防治并发症。

对灼伤的急救，强调自救互救、现场及时处理。必须就近及早采用流动水冲洗，至皂样物质消失为止。在治疗碱性物质灼伤过程中，特别是大面积灼伤，除局部处理外，尚应注意防止休克、感染和电解质紊乱。

在误服和吸入病例中如能及时处理，包括适当使用激素和抗生素，可使患者获救。同时也可减少误服者食道狭窄的后遗症。

灼伤往往是由于生产中意外事故所致，所以要加强设备管理、维修，杜绝跑、冒、滴、漏。建立或健全安全操作制度。还要加强安全教育，实行生产机械化和应用有效的个人防护用具，尽可能避免徒手直接接触。

氨

1. 理化性质

CAS 号：7664－41－7	外观与性状：无色气体或压缩液体(在自身压力下压缩)；强烈、甜腻、让人反胃、刺激、令人窒息的气味；非常刺鼻的气味(尿液干燥的特征)
pH 值：1％水溶液 11.7	临界温度(℃)：132.4
熔点(℃)：－77.7	易燃性：不易燃
沸点、初沸点和沸程(℃)：－33.35(100 kPa)	*n*-辛醇/水分配系数：－2.66(氢氧化铵的估计值，其为水中氨的形式)
燃烧热(kJ/mol)：382.8(气态)	溶解性：在 24℃水中，4.82×10^5 mg/L；在水中，0℃时为 47％；在 15℃时为 38％；20℃时为 34％；25℃时为 31％；30℃时 28％；50℃时为 18％；溶于水形成碱性溶液；溶于氧化溶剂。20℃95％酒精含量为 15％；30℃酒精中为 11％；0℃无水乙醇 20％；25℃时无水乙醇中 10％；25℃甲醇中 16％；溶于氯仿和乙醚
饱和蒸气压(kPa)：998(25℃)	爆炸上限[％V/V]：28
密度(kg/m^3)：0.696(液态)	爆炸下限[％V/V]：15
相对蒸气密度(空气=1)：0.5967	

2. 用途与接触机会

日常生活环境中氨的来源主要是家用清洁剂、染发剂。

氨是一种重要的化工原料，由氢和氮合成。在工业上氨主要用于生产硫酸铵和硝酸铵肥料；并用于制造硝酸、苏打水、合成尿素、合成纤维、染料和塑料。在制浆造纸、冶金、橡胶、食品饮料、纺织和皮革等行业也有应用。农业上用于棉花脱叶剂。

3. 毒代动力学

3.1 吸收、摄入与贮存

研究表明，氨可以通过吸入和口服途径吸收，但通过皮肤吸收的可能性较低，还可通过眼睛吸收。大部分吸入氨留在上呼吸道，随后在呼气中被消除。几乎所有肠内产生的氨都被吸收，外源性氨也容易被肠道吸收。进入体内的氨在肝脏首过代谢后，大量的氨转化为尿素和谷氨酰胺，剩余的广泛分布于身体各处。氨的主要排泄方式是尿素，少量在粪便和呼出的空气中排泄。

3.2 转运与分布

转氨基后生成的丙酮酸可经糖异生途径生成葡萄糖，葡萄糖由血液输送到肌组织，沿糖分解途径转变成丙酮酸，后者再接受氨基而生成丙氨酸。这一途径称为丙氨酸—葡萄糖循环。通过这个循环，即使肌肉中的氨以无毒的丙氨酸形式运输到肝。

谷氨酰胺的生成作用在脑、心脏及肌肉等组织中，谷氨酸与氨由谷氨酰胺合成酶催化生成谷氨酰胺。谷氨酰胺生成后可及时经血液运向肾、小肠及肝等组织，以便利用。在肾由谷氨酰胺酶水解为谷氨酸与氨，氨被释放到肾小管腔中和肾小管腔的 H’以增进机体排泄多余的酸。所以，谷氨酰胺是氨的解毒产物，也是氨的储存及运输的形式。

3.3 排泄

尿素合成是氨的主要代谢去路。肝是合成尿素最主要的器官，通过鸟氨酸循环过程完成的。首先 NH3 和 CO2 在 ATP、Mg2＋及 N－乙酰谷氨酸(AGA)存在时，合成氨基甲酰磷酸，氨基甲酰磷酸在线粒体中与鸟氨酸氨在鸟氨酸氨基甲酰基转移酶催化下，生成瓜氨酸，然后瓜氨酸与另一分子的氨结合生成精氨酸，最后在精氨酸酶的作用下，水解生成尿素和鸟氨酸。鸟氨酸再重复上述反应。

合成谷氨酰胺在脑和肌肉等组织中合成时，氨与谷氨酸合成谷氨酰胺，后者经血液循环运到肝和肾进一步处理。合成谷氨酰胺是体内储氨、运氨以及解毒的一种重要方式。

4. 毒性与中毒机理

氨急性毒性主要表现为上呼吸道刺激和腐蚀作用，浓度过高时尚可使中枢神经系统兴奋性增强，引起痉挛。大鼠吸入 LC_{50}：1 521.4 mg/(m^3·4 h)；大鼠经口 LD_{50}：350 mg/kg。其健康危害 GHS 分类为：急性毒性—吸入，类别 3；皮肤腐蚀/刺激，类别 1B；严重眼损伤/眼刺激，类别 1。

中毒机理主要是：氨在人体组织内遇水生成氨

水，可以溶解组织蛋白质，与脂肪起皂化作用。碱性烧伤比酸性物质烧伤更严重，因为碱性物质的穿透性较强，皮肤的氨水烧伤创面深、易感染、难愈合，与2度烫伤相似。氨水能破坏体内多种酶的活性，影响组织代谢。氨对中枢神经系统具有强烈刺激作用。吸入高浓度氨气，可以兴奋中枢神经系统，引起惊厥、抽搐、嗜睡和昏迷。吸入极高浓度的氨可以反射性引起心搏骤停、呼吸停止。氨水具有极强的腐蚀作用。氨气吸入呼吸道内遇水生成氨水，氨水会透过黏膜、肺泡上皮侵入黏膜下、肺间质和毛细血管，引起声带痉挛、喉头水肿、组织坏死，坏死物脱落可引起窒息，损伤的黏膜易继发感染；气管、支气管黏膜损伤、水肿、出血、痉挛等，影响支气管的通气功能；肺泡上皮细胞、肺间质、肺毛细血管内皮细胞受损坏，通透性增强，肺间质水肿。氨刺激交感神经兴奋，使淋巴总管痉挛，淋巴回流受阻，肺毛细血管压力增加。氨破坏肺泡表面活性物质。上述作用最终导致肺水肿。黏膜水肿、炎症分泌增多，肺水肿，肺泡表面活性物质减少，气管及支气管管腔狭窄等因素严重影响肺的通气、换气功能，造成全身缺氧。

5. 人体健康危害

由于氨是对呼吸道有刺激性的，对其他呼吸道刺激物有过敏反应或患有哮喘的人会更容易受到氨气吸入的影响。流行病学研究结果表明，吸入氨会加剧接触者现有症状，包括咳嗽、喘息、鼻腔疾病、眼睛刺激、喉咙不适和皮肤刺激。

6. 风险评估

我国职业接触限值规定：PC－TWA 为 20 mg/m^3；PC－STEL 为 30 mg/m^3。美国 NIOSH 规定：ST 为 27 mg/cm^3；TWA 为 18 mg/cm^3。

本品对水生物毒性极大，其环境危害 GHS 分类为：危害水生环境—急性危害，类别 1。

氨肥料[溶液，含游离氨>35%]

1. 理化性质

外观与性状：无色液体，有刺激性气味	熔点(℃)：−77.7

（续表）

沸点(℃)：−33.5	相对蒸气密度(空气＝1)：0.817

2. 用途与接触机会

用于制药工业、农业施肥等。

3. 毒性

本品健康危害 GHS 分类：急性毒性-吸入，类别 3；皮肤腐蚀/刺激，类别 1B；严重眼损伤/眼刺激，类别 1。

4. 人体健康危害

本品吸入对鼻、喉和肺具有刺激作用，重者发生喉头水肿、肺水肿等，对心、肝、肾有损害，溅入眼内可致灼伤。

5. 风险评估

本品对水生物毒性极大，其环境危害 GHS 分类为：危害水生环境—急性危害，类别 1。

氢 氧 化 钠

1. 理化性质

CAS 号：1310－73－2	外观与性状：白色正交晶体，无色至白色固体
pH 值：12(0.05%)	临界压力(MPa)：25
熔点(℃)：318.4	易燃性：不可燃
沸点(℃)：1 388	气味阈值：在水中：8.00×10^{-3} mol/L
饱和蒸气压：0.13 kPa (739℃)	溶解性：溶于水、酒精、甲醇、甘油
n-辛醇/水分配系数：−3.88	密度(g/cm^3)：2.13(25℃)

2. 用途与接触机会

用于造纸、纤维素浆粕的生产；用于肥皂、合成洗涤剂、合成脂肪酸的生产以及动植物油脂的精炼。纺织印染工业用作棉布退浆剂、煮炼剂和丝光剂。化学工业用于生产硼砂、氰化钠、甲酸、草酸、苯酚等。石油工业用于精炼石油制品，并用于油田钻井泥浆中。还用于生产氧化铝、金属锌和金属铜的表面处理以及玻璃、搪瓷、制革、医药、染料和农药方面。食品级产品在食品工业上用做酸中和剂，可作柑橘、桃子等的去皮剂，也可作为空瓶、空罐等容器的洗涤剂，以及脱色剂、脱臭剂。

广泛应用的基本分析试剂。配制分析用标准碱液。少量二氧化碳和水分的吸收剂。酸的中和。钠盐制造。在化妆品膏霜类中，本品和硬脂酸等皂化起乳化剂作用，用以制造雪花膏、洗发膏等。

3. 毒代动力学

碱性物质缓慢渗入皮肤。氢氧化铵穿透速度最快，其次是氢氧化钠、氢氧化钾，最后是氢氧化钙。

4. 毒性

本品兔经皮 LD_{50} 为 1 350 mg/kg；大鼠经口 LD_{50} 为 140～340 mg/kg；小鼠腹腔注射 LD_{50} 为 40 mg/kg。其健康危害 GHS 分类为：皮肤腐蚀/刺激，类别 1A；严重眼损伤/眼刺激，类别 1。

要特别注意本品对眼的损害，即使很少量的本品进入眼中也是很危险的。动物试验资料表明，本品溶液稀释到 0.02%也能损伤兔的角膜上皮。滴入 5—25%本品溶液可使兔眼角膜上皮很快凝固，出现白斑，其边缘有广泛性出血和水肿。如用较低浓度等渗的本品，角膜可见云雾，结膜囊内出现胶状物质。3 min 后，角膜内皮脱落；15 min 后，角膜呈云雾状和水肿，此时结膜水肿也很明显，并且前房液反光增强；5 h 内，角膜上皮脱落；3 d 后，结膜水肿开始消退，但整个角膜组织甚至未灼伤的部分也肿胀；10 d 时，上述反应减弱，但角膜产生新的毛细血管。由于细胞浸润，在第 4 w 出现角膜混浊。如果浓度较高(5%氢氧化钠)，兔眼角膜上皮大片脱落，结膜很快坏死，角膜广泛性坏死，白斑形成，甚至溃疡穿孔。

5. 人体健康危害

摄入碱液几乎可立即引起吞咽疼痛和困难，甚至引起休克、肺炎、食管穿孔或胃穿孔、纵隔炎。皮肤接触高浓度本品，特别是皮肤潮湿时，能引起比酸更深而广泛的灼伤。经常接触本品溶液的工人，可见有不同程度的慢性皮肤病，在前臂和手部患有深浅不一的"鸟眼状"溃疡，这种溃疡常易感染。即使和很稀的氢氧化钠溶液接触也能使指甲变薄、变脆。个别病例可有整个指甲损毁。

长时间暴露于高浓度可能会导致鼻腔不适和溃疡。

6. 风险评估

我国职业接触限值规定：MAC 为 2 mg/m³。美国 OSHA 规定：PEL - TWA 为 2 mg/m³，美国 ACGIH 推荐的 15 min TLV - C 为 2 mg/m³。

氢 氧 化 钾

1. 理化性质

CAS 号：1310 - 58 - 3	外观与性状：白色或无色，斜方晶系，潮解片，块状或棒状的结晶端口；白色或微黄色块状，棒状，粒状白色菱形晶体
pH 值：13.5(0.1 mol/L 水溶液)	溶解性：溶于乙醇、甲醇、甘油；微溶于乙醚
熔点(℃)：360	沸点(℃)：1 327
饱和蒸气压(kPa)：0.133(714℃)	密度(g/cm³)：2.044

2. 用途与接触机会

用作钾盐生产的原料，如高锰酸钾、碳酸钾等。在医药工业中，用于生产钾硼氢、安体舒通、沙肝醇、黄体酮和丙酸睾丸素等。在轻工业中用于生产钾肥皂、碱性蓄电池、化妆品(如冷霜、雪花膏和洗发膏)。

在染料工业中，用于生产还原染料，如还原蓝 RSN 等。在电化学工业中，用于电镀、雕刻等。在纺织工业中，用于印染、漂白和丝光，并大量用作制造人造纤维、聚酯纤维的主要原料。此外，还用于冶金加热剂和皮革脱脂等方面。

用作碱性剂、可可制品发色剂。用于制造复合肥料及制药、电镀工业。可用作生产聚醚、破乳剂、净洗剂、表面活性剂等的催化剂，也用于医药、染料、轻工等工业。

3. 毒代动力学

本品可经呼吸道吸入和经皮肤接触吸收。碱中毒可促进肾脏排 K+，且为防止高钾血症，细胞摄取细胞外钾离子以交换氢离子。K+的肾脏排泄可被提高，OH－离子被血液中的碳酸氢盐缓冲系统中和。

4. 毒性与中毒机理

本品大鼠经口 LD_{50} 273 mg/kg，兔经皮 50 mg (24 h)，重度刺激；兔经眼 1 mg(24 h)，中度刺激(用水冲洗)。本品健康危害 GHS 分类为：皮肤腐蚀/刺激，类别 1A；严重眼损伤/眼刺激，类别 1。

碱性皮肤烧伤的损伤机制是脂肪皂化，脂肪组织失去功能，热反应引起的损伤增加；由于碱的吸湿性，从细胞中提取大量的水；蛋白质的溶解，允许 OH－离子的更深入渗透并引起进一步的化学反应。

5. 人体健康危害

接触灰尘或雾可能会刺激眼睛和呼吸道以及引起鼻中隔损伤。皮肤接触固体或浓溶液将导致组织迅速破坏。眼睛接触浓碱会导致结膜水肿和角膜破坏。

摄入后会出现剧烈疼痛、呕吐、腹泻。呕吐物含有血液和脱落的黏膜衬里。如果在初始的 24 h 内没有发生死亡，患者病情可能会改善 2～4 d，然后突然发生剧烈腹痛，板状腹，血压迅速下降，表明出现延迟的胃或食道穿孔。食道狭窄可能发生在数周、数月甚至数年之后，导致吞咽困难。摄入碱会导致休克致死、食道穿孔、食管内容物吸入气管、肺炎、纵膈炎或虚弱和感染。

皮肤反复接触碱可导致慢性皮炎。食管碱液狭窄与食管鳞状细胞癌之间也有很强的关联。

6. 风险评估

我国职业接触限值规定：MAC 为 2 mg/m³。美国 NIOSH 规定：REL－TWA 为 2 mg/m³，美国 ACGIH 规定：TLV－C 为 2 mg/m³。

过 氧 化 钠

1. 理化性质

CAS 号：1313－60－6	外观与性状：黄白色颗粒状粉末；白色粉末在暴露于大气环境中时呈黄色；加热时黄白色粉末变黄；淡黄色固体
熔点/凝固点(℃)：460	溶解性：可溶于酸；不溶于碱；自由溶于水，形成氢氧化钠和过氧化氢，后者迅速分解成氧气和水

（续表）

沸点、初沸点和沸程(℃)：657	密度(kg/m³)：2.805(20℃)

2. 用途与接触机会

用作分析试剂，用作分解样品的碱性氧化性溶剂；用做氧化剂、防腐剂、除臭剂、杀菌剂、漂白剂等；也可用于制备过氧化氢；用作强氧化剂、漂白剂、去臭剂、消毒剂和防腐剂。化学工业中用于制备其他过氧化物等。用于医药、印染、漂白及用作分析试剂等。

可能会在钠火灾产生的气溶胶中遇到。

3. 毒性

成年大鼠和幼大鼠接触雾粒小于或等于 2.5 μm 的各种浓度 2 h，可见其咽部有轻度损伤。接触 4～7 d 后，尸剖未见明显损害。

本品健康危害 GHS 分类：皮肤腐蚀/刺激，类别 1A；严重眼损伤/眼刺激，类别 1。

4. 人体健康危害

接触本品，可造成化学性皮肤和黏膜的烧伤，通过吸入急性暴露于过氧化钠可能导致呼吸刺激和呼吸困难。慢性空气接触会导致眼睛、黏膜和皮肤严重刺激。急性或慢性皮肤接触可能导致严重的刺激、发红和疼痛，高浓度会烧伤皮肤。

氢 氧 化 铯

1. 理化性质

CAS 号：21351－79－1	外观与性状：白-黄色吸湿性晶体，无色或微黄色，熔融结晶
pH 值：强碱反应，已知最强的碱	溶解性：可溶于乙醇，可溶于约 25 份水中，产生热量更多；30℃时，溶解度为 300 g/100 g
熔点/凝固点(℃)：342.3	密度(g/cm³)：3.68

2. 用途与接触机会

多元醇是生产聚氨酯泡沫的重要原料，其合成需利用氢氧化铯作为碱催化剂。在多元醇合成中，起始原料环氧丙烷的异构化是一种不利的副反应，最终导致聚异氰酸酯聚合反应链终止。当使用氢氧化铯时，多元醇经历异构化的倾向被最小化，因为异构化倾向以 Li>Na>k>Cs 的顺序降低。推荐用作零下温度的碱性蓄电池中的电解液、硅氧烷的聚合催化剂。

3. 毒性

本品大鼠腹腔注射 LD_{50} 为 100 mg/kg；大鼠经口 LD_{50} 为 570 mg/kg。其健康危害 GHS 分类：急性毒性—吸入，类别 1；皮肤腐蚀/刺激，类别 1B；严重眼损伤/眼刺激，类别 1；特异性靶器官毒性——次接触，类别 3(呼吸道刺激)。

4. 人体健康危害

对眼睛、鼻、喉咙和皮肤有刺激性和腐蚀性。低于 5%氢氧化铯的溶液接触人体皮肤被认为是安全的；然而在与眼睛接触时，这种浓度的溶液引起极度的刺激和角膜腐蚀。浓度更高的氢氧化铯溶液会导致眼睛和皮肤灼伤，并可能造成永久性损伤。急性吸入氢氧化铯的症状和体征包括鼻、咽喉和上呼吸道的灼热感，流鼻涕，眼睛的疼痛、发红和撕裂，呼吸困难，以及皮肤的发红、疼痛和灼伤。

5. 风险评估

我国职业接触限值规定：PC - TWA 为 2 mg/m^3。美国 ACGIH 规定：TLV - TWA 为 2 mg/m^3。

氢 氧 化 铊

1. 理化性质

CAS 号：17026 - 06 - 1	外观与性状：只存在溶液中，固体至今尚未制得，溶液饱和浓度很大(284 g/100 ml，8.86 mol/L)，超过饱和浓度以 Tl_2O_3 沉淀的形式析出，加水不再溶解

2. 毒性

本品健康危害 GHS 分类：急性毒性—经口，类别 2；急性毒性—吸入，类别 2；特异性靶器官毒性-反复接触，类别 2。

3. 风险评估

本品对水生生物有毒并具有长期持续影响，其环境危害 GHS 分类为：危害水生环境—急性危害，类别 2；危害水生环境—长期危害，类别 2。

氧 化 钙

1. 理化性质

CAS 号：1305 - 78 - 8	外观与性状：白色无定形粉末，含有杂质时呈灰色或淡黄色，具有吸湿性
pH 值：在 25℃时饱和水溶液 pH 值约 12.8	溶解性：不溶于乙醇；溶于酸、甘油
熔点/凝固点(℃)：2 570	沸点、初沸点和沸程(℃)：2 850
相对密度(水=1)：3.2～3.4	

2. 用途与接触机会

用于建筑，并用于制造电石、液碱、漂白粉和石膏，也用于制革、冶金(助熔剂)工业，作为植物油脱色剂以及用于净化煤气等。

3. 人体健康危害

石灰粉尘或悬浮液滴，都能刺激黏膜而引起喷嚏和咳嗽。吸入大量石灰粉尘可能引起化学性肺炎。在接触者中，不引起尘肺。

生石灰溅落到皮肤上时，可引起碱性灼伤，特别接触湿皮肤，其灼伤更严重。人误落到消石灰池中，可造成大面积腐蚀性灼伤，如不及时处理可致死亡。接触消石灰的工人，可发生皮炎和皮肤溃烂。皮肤最初见有浅黑色痂的结节，然后形成溃疡，极痛，愈合较慢。多汗的工人，皮肤易生湿疹。石灰对皮肤慢性影响可有皮肤干燥、变硬、皲裂等，特别在冬季易发生。

石灰对眼组织损害较氢氧化钠的作用为慢，但石灰糊对眼组织作用较持久，而且石灰糊往往黏附在湿眼球上，因此对视力影响也就很大。即使微量石灰进入眼中，也往往引起结膜水肿和充血。角膜可变为混浊、呈现灰白色。除具有腐蚀作用外，温度增加可加重灼伤。此外，尚有人发现由石灰灼伤的角膜混浊中有钙沉积，因此认为钙离子对眼有一定的损害。

4. 风险评估

我国职业接触限值 PC - TWA 和美国 ACGIH 的 TLV - TWA 皆为 2 mg/m^3。

氢 氧 化 钙

1. 理化性质

CAS号：1305－62－0	外观与性状：白色粉末，有微苦碱味
熔点/凝固点(℃)：580(分解)	溶解性：溶于酸、甘油、蔗糖、氯化铵溶液；难溶于水；不溶于乙醇
沸点、初沸点和沸程(℃)：2 850	密度(g/cm^3)：2.24

2. 用途与接触机会

可作生产碳酸钙的原料；可用于刷墙和保护树干等方面；优质品主要用于生产环氧氯丙烷、环氧丙烷；可用在橡胶、石油化工添加剂中，如石油工业加在润滑油中，可防止结焦、油泥沉积、中和防腐；用于制取漂白粉、漂粉精、消毒剂、制酸剂、收敛剂、硬水软化剂、土壤酸性防止剂、脱毛剂、缓冲剂、中和剂、固化剂等。

3. 毒性

本品大鼠经口LD_{50}：7 340 mg/kg；小鼠经口LD_{50}：7 300 mg/kg。属强碱性物质，有刺激和腐蚀作用。吸入粉尘，对呼吸道有强烈刺激性，还有可能引起肺炎。眼接触亦有强烈刺激性，可致灼伤。其健康危害GHS分类：皮肤腐蚀/刺激，类别2；严重眼损伤/眼刺激，类别1；特异性靶器官毒性——一次接触，类别3(呼吸道刺激)。

漂 白 粉

1. 理化性质

CAS号：7778－54－3(次氯酸钙)	外观与性状：白色或灰白色粉末或颗粒
pH值：11.5(5%溶液)	*n*-辛醇/水分配系数：－2.460
熔点/凝固点(℃)：100(分解)	溶解性：溶于水
相对密度(水＝1)：2.35	相对蒸气密度(空气＝1)：6.9

2. 用途与接触机会

漂白粉是氢氧化钙、氯化钙、次氯酸钙的混合物，其主要成分是次氯酸钙[Ca(ClO)]，有效氯含量为30%～38%。我国食品行业广泛使用漂白粉作为杀菌消毒剂，价格低廉、杀菌力强、消毒效果好。如用于饮用水和果蔬的杀菌消毒，还常用于游泳池、浴室、家具等设施及物品的消毒，此外也常用于油脂、淀粉、果皮等食物的漂白。还可用于废水脱臭、脱色处理上。在食品生产上一般用于无油垢环境和设备的消毒。如操作台、墙壁、地面、冷却池、运输车辆、工作胶鞋等。

3. 毒性

本品大鼠经口LD_{50}：850 mg/kg；IARC致癌性分类为3类。健康危害GHS分类为：皮肤腐蚀/刺激，类别1B；严重眼损伤/眼刺激，类别1；特异性靶器官毒性——一次接触，类别3(呼吸道刺激)。

4. 人体健康危害

漂白粉作为杀菌消毒剂，正确使用对人体是安全的。但漂白粉具有漂白作用，外观与面粉近似，若混入面粉，很难鉴定。因此一些不法商贩在食品中非法使用漂白粉，如用漂白粉漂白面粉、蘑菇等食品。食用漂白粉漂白的面粉可引起食物中毒。

临床表现：首先胃部不适，接着出现恶心、腹痛，进而剧烈呕吐后腹痛逐渐加剧，少数人出现腹绞痛。重者在呕吐、腹痛时，便开始腹泻。本品粉尘对眼结膜及呼吸道有刺激性，可引起牙齿损害。皮肤接触可引起中至重度皮肤损害。

漂白粉水溶液对胃肠道黏膜有刺激腐蚀性作用。其分解产物次氯酸(或氯化氢气体)是腐蚀性很强的有毒物质，刺激呼吸道及皮肤，能引起咳嗽和影响视力。

5. 风险评估

本品对水生物毒性极大，且有长期持续影响，其环境危害GHS分类为：危害水生环境—急性危害，类别1；危害水生环境—长期危害，类别1。

漂 粉 精

1. 理化性质

CAS号：7778－54－3(次氯酸钙)	外观与性状：白色或灰白色粉末或颗粒
熔点/凝固点(℃)：100(分解)	溶解性：溶于水

（续表）

相对密度(水=1)：2.35	相对蒸气密度(空气=1)：6.9

2. 用途与接触机会

又名高效漂白粉，主要成分是次氯酸钙，根据生产工艺的不同，还含有氯化钙或氯化钠及氢氧化钙等成分，其有效氯含量大于 60%。

主要用于造纸工业纸浆的漂白和棉织物、麻织物、纸浆等的漂白。利用其消毒杀菌作用广泛用于饮水、游泳池水净化、养蚕等方面。还用于制造化学毒气和放射性的消毒剂。此外，也用于医药工业等。

3. 其他

参见漂白粉。

碳 酸 钠

1. 理化性质

CAS 号：497-19-8	外观与性状：灰白色粉末或块状，白色小晶体或单斜晶体粉末，吸湿性，无气味，碱味
pH 值(25℃)：质量百分比为 1%，5%和 10%碳酸钠溶液的 pH 值分别为 11.37，11.58 和 11.70	溶解性：在 0，10，20 和 30℃的水中溶解度分别为 6、8.5、17 和 28%(质量百分数)
熔点/凝固点(℃)：856	沸点、初沸点和沸程(℃)：1 600
密度(g/cm^3)：2.532	相对密度(水=1)：2.54

2. 用途与接触机会

本品溶液可用于浸泡衣物、洗碗、地面清洗和脱脂操作，也存在于大量消费品如化妆品、肥皂、洗涤粉、洗衣粉中。碳酸钠也是一种食品添加剂。用 3%浓度的热水溶液可消毒房屋和卡车。它将营养细菌在沸水中的杀菌时间减半，并且与亚硝酸钠一起抑制季铵消毒剂对金属仪器的腐蚀。

工业上，可用于生产玻璃、肥皂和洗涤剂以及其他化学品，金属和采矿行业以及纸浆和造纸行业也使用碳酸钠。碳酸钠在晶体技术中用于放射性表面的净化。碳酸钠也被用作许多农药产品中的惰性成分。

3. 毒性

本品大鼠经口 LD_{50} 为 4 090 mg/kg；大鼠吸入 LC_{50} 为 2 300 mg/(m^3 · 2 h)。其健康危害 GHS 分类：严重眼损伤/眼刺激，类别 2。

4. 人体健康危害

对皮肤、眼睛及呼吸道有刺激性，碳酸钠的粉尘或蒸气可能引起黏膜刺激，继而引发咳嗽和呼吸短促。水溶液呈强碱性，浓缩的溶液倾向于导致局部的黏膜坏死。大量摄入可能会导致胃肠道腐蚀、呕吐、腹泻、循环衰竭，甚至死亡。碳酸钠蒸气粉尘可能导致黏膜刺激，继而咳嗽和呼吸短促。浓度低于 15%时为主要刺激物；浓度高于约 15%时为腐蚀物，同时取决于接触时间，接触面积和其他因素。浓缩溶液倾向于导致局部黏膜坏死。

虽然碳酸钠已被广泛且长期使用，但在已发表的文献中未发现急性口服中毒的病例。碳酸钠的低口服毒性可以通过胃中碳酸钠的中和来解释。

磷 酸 三 钠

1. 理化性质

CAS 号：7601-54-9	外观与性状：无色晶体
pH 值：水溶液强碱性。0.1%溶液的 pH 值：11.5；0.5%溶液：11.7；1.0%溶液：11.9	易燃性：不燃
熔点/凝固点(℃)：1 583	溶解性：25℃时为 14.5 克/100 克水；20℃时为 25.8 g 溶胶/100 g 水；定性溶解性：溶于水
相对密度(水=1)：2.54	

2. 用途与接触机会

肥皂粉、洗涤剂和清洁剂中的重要成分，也可用作水软化剂、锅炉水处理剂、洗涤剂、金属清洁剂、纺织品、造纸、洗衣、制革、糖类净化、照相显影剂、脱漆剂、工业清洁剂、膳食补充剂、缓冲剂、乳化剂和食品添加剂。

3. 毒代动力学

在成人中，约三分之二的摄入磷酸盐被吸收，而吸收的磷酸盐几乎全部经尿液排出。成长中的孩子体内，磷酸盐的合成与利用旺盛。儿童血浆中磷酸盐的浓度高于成人。这种"高磷酸盐血症"会降低血红蛋白对氧气的亲和力，并被认为可以解释童年时期的生理"贫血症"。

4. 人体健康危害

本品大鼠经口 LD_{50} ＞2 000 mg/kg。为碱性物质，溶解在水中形成 pH 值高于 7.0 的溶液。无论是固体形式还是浓缩液体形式的碱都比大多数酸更具破坏性。它们可以导致组织渗出并造成更深的渗透，这取决于浓度、接触的持续时间和所涉及的身体的面积。一些高碱性磷酸盐，例如磷酸三钠，会产生类似于碱液的损伤。

急性暴露于磷酸三钠可能会导致呼吸系统刺激，继而引起咳嗽和疼痛。严重暴露可能会引起肺水肿。溅入眼睛中会造成轻微的短暂性伤害，也可导致永久性角膜混浊和血管形成等类似于氢氧化钠的效果。在后一种情况下，产生大量的热，这无疑会带来其有害影响。磷酸钠致死剂量估计为 50 克。腐蚀性可以造成强烈的刺激和红斑、起泡。

慢性暴露可导致口腔炎症或溃疡性改变，并可能导致胃肠道疾病。

硅　酸　钠

1. 理化性质

CAS 号：1344－09－8	外观与性状：无色、青绿色或棕色的固体或黏稠液体
熔点/凝固点(℃)：1 410	溶解性：与水合物相比，无水更难溶解。与初级醇类和酮部分混溶；与一些多元醇溶混
沸点、初沸点和沸程(℃)：2 355	相对密度(水＝1)：2.33

2. 用途与接触机会

主要用作版纸、木材、焊条、铸造、耐火材料等方面的黏合剂，制皂业的填充料，以及土壤稳定剂、橡胶防水剂。也用于纸张漂白、矿物浮选、合成洗涤剂。是无机涂料的组分，也是硅胶、分子筛、沉淀法白炭黑等硅系列产品的原料。

硅酸钠在水处理领域用作冷却水系统的缓蚀剂。现今主要用作自来水如高层建筑空调系统用水的处理剂。在工业冷却水系统的应用较少。有时利用硅酸钠的碱度中和水中的二氧化碳以提高 pH 值。硅酸盐不但可以抑制冷却水中钢铁的腐蚀，而且还可抑制非铁金属如铝和铜及其合金、铅、镀锌层的腐蚀，特别适宜于控制黄铜脱锌。硅酸盐能有效地防止 Cl^- 的侵蚀，因此可用于用海水作补充水或含高 Cl^- 的循环水系统。

3. 毒代动力学

部分吸收并在尿液中排泄。因此，在慢性接触中排泄可能会产生尿结石。

4. 毒性

本品大鼠经口 LD_{50} 为 1 960 mg/kg；大鼠经皮 LD_{50} ＞5 000 mg/kg；大鼠吸入 LC_{50} ＞2 060 mg/m³。

健康危害 GHS 分类：急性毒性—经口，类别 4；皮肤腐蚀/刺激，类别 2；严重眼损伤/眼刺激，类别 1。

5. 人体健康危害

非特异性刺激皮肤、角膜和黏膜，严重时有腐蚀性。如果吞咽会导致呕吐、腹泻吸入会导致上呼吸道刺激、发烧/热疗(金属烟雾热)、白细胞增多(金属烟雾热)。意外的溅入眼睛后，会损伤角膜上皮。

本品不要和结晶型硅酸盐相混淆，后者可引起尘肺。本品具有弱碱性，皮肤接触可发生皮炎。特别要注意熔化物流出时，可因热水玻璃飞溅，造成灼伤。本品几乎不溶于水，大量误服后除机械性损害消化道外，还有轻度碱性灼伤消化道的可能。

亚　氯　酸　钠

1. 理化性质

CAS 号：7758－19－2	外观与性状：白色结晶或粉末
熔点/凝固点(℃)：180～200(分解)	溶解性：微溶于醇 64 g/100 g 水中(17℃)
沸点(℃)：190	密度(g/cm³)：2.468

2. 用途与接触机会

用于纸浆、纤维、面粉、淀粉、油脂等的漂白，饮水净化和污水处理，皮革脱毛及制取二氧化氯水溶液等。为高效漂白剂和氧化剂，也可漂白砂糖、面粉、淀粉、油脂和蜡等。还用于皮革脱毛、某些金属的表面处理、饮水净化和污水处理等。用于饮水净化，不残留氯气味，处理污水具有杀菌、除酚、除臭作用。可用作阴丹士林染色的拔染剂。

3. 毒性

本品大鼠经口 LD_{50} 为 165 mg/kg；大鼠吸入 LC_{50} 为 230 mg/(m^3 · 4 h)。IARC 致癌性分类为 3 类。健康危害 GHS 分类为：急性毒性—经口，类别 3；急性毒性—经皮，类别 2；急性毒性—吸入，类别 2；皮肤腐蚀/刺激，类别 2；严重眼损伤/眼刺激，类别 2；生殖细胞致突变性，类别 2；特异性靶器官毒性——次接触，类别 2；特异性靶器官毒性—反复接触，类别 2。

4. 风险评估

本品对水生物毒性极大，其环境危害 GHS 分类为危害水生环境—急性危害，类别 1。

第9章

卤族元素及其无机化合物

卤族元素包括氟、氯、溴、碘。这些元素，特别是氟和氯能与很多元素及化合物起反应，应用非常广泛。在自然界中都以化合物状态存在。

卤族元素可与氢形成酸，与金属作用制备盐类。氟极活泼，是强烈氧化剂。从氟至氯、溴及碘，其原子量几乎成倍地增加，而水溶性则相应降低，其色泽也相应增深：氟为淡黄色，氯为黄绿色，溴为暗棕红色，碘为深紫色。

氟、氯、碘是正常人体中所必需的元素，且具有重要生理功能。日常饮水、食物中都有微量的氟。氟与钙有较强的亲和力，且具有类似的代谢特点。微量氟化物有防止龋齿作用。氯离子是保持人体细胞内外体液量、渗透压以及水和电解质平衡不可缺少的要素。碘参与甲状腺素的合成和调节脑垂体前叶内促甲状腺激素的分泌，以保持甲状腺的正常生理功能，溴化物很早用作镇静剂。在治疗上，为使溴离子在体内迅速达到较高水平，常适当限制氯化物的补充，以减少溴化物的排出，但当溴化物在体内过量蓄积时，又宜增给氯化物，以促使溴化物与氯化物一起排出。

卤素及其部分无机化合物主要呈刺激作用。吸入气态的卤族元素后常引起咳嗽、气急、胸闷、鼻塞、流泪、流涕等黏膜刺激症状；重者可发生支气管炎、支气管周围炎，甚至引起化学性肺炎及中毒性肺水肿。其水溶液接触皮肤、黏膜可引起灼伤，高浓度时有明显的腐蚀作用；其中以氢氟酸最严重，有时可深达骨膜、骨质。接触溴、碘后可能呈现过敏性皮炎，个别严重者可致过敏性休克。

急性中毒时应迅速脱离中毒环境，密切观察，积极预防喉头痉挛和水肿、中毒性肺水肿等。灼伤后应尽快冲洗，再用碱性液湿敷。眼部灼伤更须及早处理，用2%碳酸氢钠或清水冲洗。处理口服中毒患者洗胃要谨慎。

(一) 诊断

目前职业性卤族化学物中毒的国家诊断标准有GBZ 5－2016《职业性氟及其无机化合物中毒的诊断》，GBZ 65－2002《职业性急性氯气中毒诊断标准》。其他卤族化学物中毒无特定的国家职业病诊断标准，其诊断要符合职业病诊断的一般原则。应在包括职业史、现场职业卫生学调查、相应的临床表现和必要的实验室检测的基础上，全面综合分析，并排除非职业性因素所致的类似疾病，才能做出切合实际的诊断。

其中氟及其无机化合物可导致急性和慢性中毒，其职业性中毒的诊断按照GBZ 5－2016《职业性氟及其无机化合物中毒的诊断》标准进行：急性中毒是根据短期内接触较高浓度氟及其无机化合物的职业史，出现呼吸系统急性损害及症状性低钙血症为主的临床表现，结合实验室血(尿)氟及血钙等检查结果，参考作业现场职业卫生资料，经综合分析后诊断。根据呼吸系统损害、心脏损害及喉水肿等严重程度，职业性急性氟及其无机化合物中毒分为轻、中、重三级，严重者可出现急性呼吸窘迫综合征、窒息、低钙血症危象，甚至猝死。慢性中毒是根据5年及以上密切接触氟及其无机化合物的职业史，以骨骼系统损害为主的临床表现，结合实验室血(尿)氟检查结果，参考作业现场职业卫生资料，综合分析后诊断。根据病情严重程度，职业性慢性氟及其无机化合物中毒分为轻、中、重三级。

依据GBZ 65－2002《职业性急性氯气中毒诊断标准》，职业性急性氯气中毒是根据短期内吸入较大量氯气的接触史，结合迅速发生的眼、呼吸道损害的临床症状、体征、胸部X线表现，参考现场调查结果，综合分析，排除其他原因引起的呼吸系统疾病后可诊断。根据呼吸系统损伤的程度，急性氯气中毒分为轻、中、重三级。急性氯气中毒应与其他金属和刺激性气体所致的急性喉炎、化学性支气管炎、支气管炎、肺炎和肺水肿，以及呼吸道感染、细菌性或病毒性肺炎、心源性肺水肿等鉴别。

此外长期接触过量氯气的劳动者，出现慢性咳嗽、咳痰，伴进行性劳力性气短或呼吸困难，X线胸片示双肺纹理明显增多、增粗、紊乱，肺气肿征，肺功能异常等慢性呼吸系统损害的表现，可依据GBZ/T237－2011《职业性刺激性化学物致慢性阻塞性肺疾病的诊断》，根据长期刺激性化学物高风险职业接触史、相应的呼吸系统损害的临床表现和实验室检查结果，以及发病、病程与职业暴露的关系，结合工作场所动态职业卫生学调查、有害因素监测资料及上岗前的健康检查和系统的职业健康监护资料，综合分析做出诊断。

（二）治疗

无特效解毒剂，对急性中毒患者应立即脱离中毒现场，移至上风向或空气新鲜处，保持安静及保暖，保持呼吸道通畅。通过鼻导管或面罩给氧或机械通气等合理氧疗，使动脉血氧分压维持在8～10 kPa，O2SAT＞90％。必要时施行气管切开术。氟及其无机化合物中毒者应动态监测血氟、血钙、心肌酶谱及心电图。早期静脉补充足量的钙剂。急性中毒早期(吸入后即用)、足量(地塞米松每日10～80 mg)、短程使用糖皮质激素是重要的治疗手段，一般3～5 d，不超过7 d，用药时间的长短主要根据临床症状的改善和胸部X射线表现决定，并预防发生不良反应。采取其他对症及支持治疗，保护心肺等多脏器功能。当眼和皮肤损伤时，立即用清水或生理盐水彻底冲洗污染的眼和皮肤。氟化物灼伤皮肤吸收中毒者应早期行创面处理，创面使用钙镁混悬液及碳酸氢钠溶液湿敷或浸泡；深度灼伤创面，早期实施切(削)痂手术。

慢性氟及其无机化合物中毒者加强营养，补充维生素D等制剂，亦可适当补钙，并给予对症治疗及加强骨骼功能锻炼。

（三）预防

在预防原则上，生产设备尽可能密闭，经常检修，加强通风排气，有关设备和管道应使用耐腐蚀材料。工作时穿戴个人防护用品。车间内应有冲洗设备。在高浓度的特殊设备内检修时，应采用供氧呼吸器或隔绝式面具。定期进行预防性体格检查。

氟及其无机化合物

氟

1. 理化性质

CAS号：7782－41－4	外观与性状：淡黄色，双原子气体或液体，淡黄色至绿色气体
熔点/凝固点(℃)：−219.62	临界温度(℃)：−128.9
沸点(℃)：−188.2	临界压力(MPa)：5.215
密度(g/cm^3)：1.502 47(−188.2℃)	易燃性：助燃
相对蒸气密度(空气＝1)：1.31	溶解性：在水中分解，可溶于水分解形成氢氟酸

2. 用途与接触机会

氟气可作为氟化试剂用于无机含氟材料、有机含氟材料、半导体材料，被广泛应用于电子、激光技术、医药、塑料、石油化工、航空航天等领域，是化工领域的重要原料。是用于制造氟塑料、氟橡胶等含氟化合物的原料。在核能发电时用于制造六氟化铀，且在火箭高能燃料系统中与三氟化氯、三氟化氮和二氟化氧等用作氧化剂。

3. 毒性

3.1 急性毒性

元素氟是强氧化剂，在高浓度时有强腐蚀作用。小鼠、大鼠、豚鼠和兔对氟的敏感性相似，在15 000 mg/m^{3}浓度下接触5 min和310 mg/m^{3}浓度下接触3 h的范围内可致死。主要症状为眼和呼吸道的刺激、呼吸困难、嗜睡、体重下降。血像无特殊改变。尸检主要为肺部病变，如肺广泛充血、水肿、点状出血，肺泡充血性坏死，小支气管周围淋巴细胞浸润，肺不张。其次表现为肝和肾的充血、出血灶，细胞混浊肿胀，灶性坏死，局部淋巴浸润。存活动物也有类似病变，但程度轻微。

本品大鼠吸入LC_{50}：313.8 mg/m^3；小鼠吸入LC_{50}：254.5 mg/m^3；兔子吸入LC_{50}：458 mg/m^3；豚鼠吸入LC_{50}：288.4 mg/m^3。其健康危害GHS分类为急性

毒性—吸入,类别 2;皮肤腐蚀/刺激,类别 1A;严重眼损伤/眼刺激,类别 1。

3.2 慢性毒性

小鼠、豚鼠、兔和狗分别吸入 25、8、3、0.8 mg/m³,历时 35 d(共 170 h),动物死亡率未超过 4%。中毒症状为眼、鼻、鼻咽部黏膜刺激。尸检见支气管炎、支气管扩张、肺出血、肺水肿。大鼠、小鼠和兔的重复短时间(5~60 min)吸入量 70~500 mg/m³,间隔几小时到 7 d,也可致肺、肝和肾的损害。随着浓度降低和吸入时间缩短,肝和肾损害逐渐减轻,甚至正常,而主要损害肺脏。

4. 人体健康危害

对人的嗅觉阈为 0.15~0.30 mg/m³。大多数人接触氟 25~40 mg/m³,短时即刺激鼻、眼,75 mg/m³时使人不能忍受。浓度再增高或接触时间延长可致肺水肿、肺出血、喉和支气管痉挛以及上呼吸道和眼的强烈刺激症状。150~300 mg/m³,对皮肤有明显刺激。高浓度接触还伴发胃肠道症状。

急性中毒主要表现为眼、呼吸道和皮肤的刺激症状,重者可造成黏膜和皮肤灼伤、溃疡和坏死。慢性中毒,长期接触低浓度氟,可产生与氟化物相同的病变,主要表现为慢性鼻炎、咽炎、喉炎、气管炎、牙龈炎,以及植物神经功能紊乱和骨骼变化等。尿氟可能增加。

5. 风险评估

我国氟及其无机化合物的职业接触生物限值为:工作班前 4 mg/g 肌酐,工作班后 7 mg/g 肌酐,检测材料为尿,检测指标为氟。美国 ACGIH 规定:TWA 为 1.7 mg/m³,STEL 为 3.4 mg/m³;美国 NIOSH 规定:8 h-TWA 为 0.2 mg/m³。

氟 化 氢

1. 理化性质

CAS 号:7664-39-3	外观与性状:无色气体,在空气中呈烟雾状、强烈刺激的气味
熔点/凝固点(℃):−83.53	临界温度(℃):188
沸点(℃):19.51	临界压力(MPa):6.48
密度(kg/m³):1.002(0℃/4℃)	气味阈值(mg/m³):低气味阈值 0.033 3;高气味阈值 0.133 3,刺激浓度为 4.17
相对蒸气密度(空气=1):1.27(34℃)	溶解性:极易溶于水和乙醇,微溶于乙醚,易溶于多种有机溶剂。溶解度(wt% 在 5℃):2.54(苯)、1.80(甲苯)、1.28(间二甲苯)、0.27(四氢化萘)

2. 用途与接触机会

氟化氢是氟化学工业中的一种基本原料,用于制造各种无机和有机氟化物。无水氟化氢用于制造冷冻剂"氟利昂";作为高辛烷汽油的催化剂;清洗不锈钢,去除金属铸件上的型砂;提炼铋、铀等特种金属;也用作有机合成的催化剂。氢氟酸通常用作雕刻玻璃及陶器的腐蚀剂,也用于合成杀虫剂或杀菌剂等。

3. 毒性

3.1 急性毒性

本品属于高毒类,染毒动物表现为结膜、鼻腔刺激,结膜充血、流泪、搔鼻、流涕、喷嚏,甚至发生严重呼吸困难而死亡。未死者全身衰弱,体重减轻。尸检见肺部充血出血、水肿,肝、肾也有病损。皮肤重度灼伤处理不及时,亦可引起中毒,严重者可致死。

大鼠吸入 LC_{50}:1 139.9 mg/m³;小鼠吸入 LC_{50}:305.5 mg/m³;猴子吸入 LC_{50}:1 584.7 mg/m³。其健康危害 GHS 分类为急性毒性—经口,类别 2;急性毒性—经皮,类别 1;急性毒性—吸入,类别 2;皮肤腐蚀/刺激,类别 1A;严重眼损伤/眼刺激,类别 1。

3.2 慢性毒性

豚鼠、兔吸入 8 mg/m³,6 h/d,历时 30 d,均出现明显慢性病损;而在 2.5 mg/m³时受试动物未见病变。在 3.3~42 mg/m³ 的浓度下(平均 20 mg/m³)1~5.5 月,见黏膜刺激、体重迅减、食欲丧失、呼吸困难、部分动物死亡。豚鼠、兔、猴吸入 15 mg/m³,6~7 h/d,染毒 50 次,除不同中毒征象外,豚鼠生长稍迟缓,兔及猴红细胞有极微改变。以 2 只豚鼠继续染毒共 2.5~3 月后死亡,尸检发现肺、支气管上皮增生旺盛,肝脂肪浸润,肾小管上皮变性坏死。存活动物于染毒结束后几月，牙齿、骨骼中含氟量增多。还发现大鼠在妊娠后半期，给 10 mg/kg 剂量的氟化氢水溶液，饲养 7～9 d，产后出现乳液分泌减少。

4. 人体健康危害

人在氟化氢 400～430 mg/m^3浓度下，可引起急性中毒致死；100 mg/m^3 浓度下，能耐受 1 min；50 mg/m^3下感皮肤刺痛、黏膜刺激；26 mg/m^3下能耐受数分钟；嗅觉阈为 0.03 mg/m^3。眼接触高浓度氢氟酸后，局部剧痛，并迅速形成白色假膜样混浊，如处理不及时可引起角膜穿孔。氟化氢接触皮肤可致烧伤、坏死和骨组织脱钙；与眼睛接触导致灼伤；吸入后，导致肺水肿和支气管肺炎，可能会发生严重的肺损伤。

4.1 急性中毒

接触氟化氢 25 mg/m^3的浓度已使人感到刺激。在 5 mg/m^3时刺激眼结膜和鼻黏膜，产生流泪、流涕、喷嚏、鼻塞。吸入高浓度时引起鼻、喉、胸骨后烧灼感，嗅觉丧失，咳嗽，声嘶。严重时引起眼结膜、鼻黏膜、口腔黏膜顽固性溃疡，甚至产生鼻中隔穿孔、支气管炎或肺炎。有时有恶心、呕吐、腹痛、气急及中枢神经系统症状。吸入高浓度，甚至可引起反射性窒息和中毒性肺水肿等，或引起呼吸循环衰竭。氟化氢吸入致死的报告很少。据国外资料报道，因氢氟酸爆炸吸入其酸雾，出现上肢、前胸和腹部严重灼伤，入院当时无呼吸道症状，2.5 h 后突然呼吸困难，气管切开后 4 h 因严重呼吸道炎症和出血性肺水肿而死亡，尸检血液中含氟化物 0.20 mmol/L (0.4 mg/100 ml)。而另一人因支气管痉挛产生严重呼吸道症状，也有严重灼伤、抽搐，事故发生后 10 h 因心跳停止而死亡。尸检有肺炎及肺水肿，心脏扩大，心肌苍白。左心室后壁有炎性浸润。血液中含氟化物 0.15 mmol/L(0.3 mg/100 ml)。当氢氟酸溅到皮肤，25%左右可通过皮肤吸收引起肾功能异常，并出现呕吐、昏迷。文献还曾报道少量氢氟酸溅到胸背部(面积约 15 cm×15 cm)，3 h 后突然发生休克。因此，对于氢氟酸灼伤和吸入中毒者，必须严密观察。

4.2 慢性中毒

长期接触低浓度氟化氢气体可引起牙酸蚀症、牙龈出血、干燥性鼻炎、鼻衄、嗅觉减退及咽喉炎、慢性支气管炎等。骨胳 X 线摄片很少有异常表现。尿氟可能增高，但与氟对机体损害的程度无平行关系。

4.3 皮肤黏膜损害

接触低浓度的氢氟酸往往经过几小时始出现疼痛及皮肤灼伤，疼痛逐渐加剧至难以忍受，2～3 d 后始能缓解。接触较高浓度则疼痛立即发生。初期皮肤潮红，逐渐转暗红、干燥。创面苍白、坏死，继之呈紫黑色或灰黑色，也可形成水疱，内含咖啡色液体。不及时处理则造成溃疡，不易愈合。接触量多，处理不当时影响骨膜和骨质，可不伴有全身反应。氢氟酸蒸气可引起皮肤瘙痒及皮炎。大剂量时亦可造成灼伤。

5. 风险评估

我国职业接触限值规定：MAC 为 2 mg/m^3。美国 NIOSH 规定：8 h - TWA 为 2.5 mg/m^3，15 min STEL 为 5 mg/m^3，美国 OSHA 规定：8 h - TWA 为 2.8 mg/m^3。

二 氟 化 氧

1. 理化性质

CAS 号：7783 - 41 - 7	外观与性状：气态无色；液态黄褐色，特有的恶臭气味
熔点/凝固点(℃)：−233.8	临界温度(℃)：−58
沸点(℃)：−144.75	临界压力(MPa)：4.95
密度(g/cm^3)：1.90 (−224℃)	气味阈值(mg/m^3)：低气味阈值 0.2；高气味阈值 1.0
相对蒸气密度(空气＝1)：1.9	溶解性：易溶于水，可混溶于多数有机溶剂

2. 用途与接触机会

火箭燃料系统中的氧化剂。

3. 毒性

本品属高毒类，急性毒性比氟约大 50 倍。小鼠、大鼠、豚鼠、兔及狗于 0.24 mg/m^3下，接触 7 h/d，共 30 次，未见毒性影响，但于 4.8～12 mg/m^3的浓度则出现不同程度的刺激症状。成年小鼠的敏感性大于幼年小鼠。人于 0.24 mg/m^3 浓度下 60 min、0.48 mg/m^3下 30 min、1.2 mg/m^3下 10 min 短时间一次接触无明显反应，但于较高浓度接触一定时间，可发生迟发性刺激症状，表现头痛、头昏、胸闷、恶心、咳嗽、气急等。严重者导致肺水肿。高浓度本品在一定压力下接触皮肤可造成灼伤。

本品大鼠吸入 LC_{50}：6.27 mg/m^3；小鼠吸入 LC_{50}：3.62 mg/m^3；狗吸入 LC_{50}：62.7 mg/m^3；猴吸入 LC_{50}：62.7 mg/m^3。其健康危害 GHS 分类为急性毒性—吸入，类别 1；皮肤腐蚀/刺激，类别 1；严重眼损伤/眼刺激，类别 1。

4. 风险评估

我国职业接触限值规定：PC－TWA 为 2 mg/m^3（氟化物，不含氟化氢，按 F 计）。

美国 NIOSH 规定：TLV－C 为 0.1 mg/m^3，美国 OSHA 规定：8 h－TWA 为 0.1 mg/m^3。

三氟化氮

1. 理化性质

CAS 号：7783－54－2	外观与性状：无色气体
熔点/凝固点(℃)：－208.5	临界温度(℃)：－39.3
沸点(℃)：－129	临界压力(MPa)：4.46
相对密度(水＝1)：1.89(沸点，液体)	易燃性：助燃
相对蒸气密度(空气＝1)：2.44	溶解性：不溶于水

2. 用途与接触机会

三氟化氮的首要用途是电子工业中的氟源。此外三氟化氮还作为高能燃料的氧化剂，以及用于其他化学合成。三氟化氮还可作为氟化氢高能化学激光器的氟源。

3. 毒性

本品大鼠吸入 30 800 mg/m^3，1 h 死亡。吸入 3 080 mg/m^3，未死亡，但见高铁血红蛋白血症；于 7 700 mg/m^{3}浓度染毒后 4 h 死亡。大鼠腹腔注入 7.95 ml/kg 死 1/4，注入 12.6 ml/kg 死 4/4，LD_{50} 约 8.2 ml/kg。兔腹腔注入 15.8 及 20 ml/kg 均无死亡。

大鼠于 308 mg/m^{3}浓度吸入 7 h/d，共 4.5 个月，见肝、肾有轻度至中等度病理改变，脾肿大，未发现氟沉着于骨或牙齿。尿氟增高。

本品小鼠吸入 LC_{50}：6 340.2 mg/(m^3·4 h)；大鼠吸入 LC_{50}：7 900 mg/m^3；大鼠腹腔内 LD_{50}：26 mg/kg；狗吸入 LC_{50}：30 432.9 mg/m^3；猴子吸入 LC_{50}：23 775.7 mg/m^3。

其健康危害 GHS 分类为特异性靶器官毒性—反复接触，类别 2。

4. 风险评估

我国职业接触限值规定同二氟化氧(按 F 计)。

美国 NIOSH 规定：8 h－TWA 为29 mg/m^3，美国 OSHA 规定：8 h－TWA 为 29 mg/m^3。

二水合三氟化硼

1. 理化性质

CAS 号：13319－75－0	外观与性状：无色液体
熔点/凝固点(℃)：6	相对密度(水＝1)：1.636(25℃)
沸点(℃)：58～60	

2. 用途与接触机会

仅用于研发。不作为药品、家庭或其他用途。

3. 毒性

大鼠吸入 LC_{50}：1 210 mg/(m^3·4 h)。

其健康危害 GHS 分类为急性毒性—吸入，类别 2；皮肤腐蚀/刺激，类别 1A；严重眼损伤/眼刺激，类别 1。

4. 风险评估

我国职业接触限值规定同二氟化氧(按 F 计)。

三氟化砷

1. 理化性质

CAS 号：7784－35－2	外观与性状：无色油性液体
熔点/凝固点(℃)：－5.9	沸点(℃)：57.8
相对密度(水＝1)：2.67	

2. 用途与接触机会

三氟化砷用于离子注入(qv)以及合成五氟化砷。

3. 毒性

本品小鼠吸入 LCL_0：2 000 mg/(m^3 · 10 min)。

其健康危害 GHS 分类为严重眼损伤/眼刺激，类别 2；致癌性，类别 1A；生殖毒性，类别 2；特异性靶器官毒性——一次接触，类别 1；特异性靶器官毒性—反复接触，类别 1。

4. 风险评估

本品对水生物毒性极大并具有长期持续影响，其环境危害 GHS 分类为危害水生环境—急性危害，类别 1；危害水生环境—长期危害，类别 1。

我国职业接触限值规定同二氟化氧(按 F 计)。

美国 ACGIH 规定 TLV 为 2.5 mg/m^3(按 F 计)；美国 OSHA 规定 PEL 为 2.5 mg/m^3(按 F 计)；MAK 为 1 mg/m^3(可吸入部分，按 F 计)。另外我国三氟化砷职业接触限值按 As 计为 PC－TWA 为 0.01 mg/m^3，PC－STEL 为 0.02 mg/m^3(砷及其无机化合物)。另美国 ACGIH 规定 TLV 为 0.01 mg/m^3(按 As 计)；美国 OSHA 规定 PEL 为 0.01 mg/m^3(按 As 计)。

三 氟 化 溴

1. 理化性质

CAS 号：7787－71－5	外观与性状：无色液体；也报告为淡黄色。固体时呈长棱柱状。发烟液体
熔点/凝固点(℃)：8.77	沸点(℃)：125.75
相对密度(水＝1)：2.803 (25℃)	相对蒸气密度(空气＝1)：4.7

2. 用途与接触机会

三氟化溴是应用较广的一个卤素化合物，它还是一种很好的溶剂。用于离子反应的溶剂需要在高度氧化条件下进行。作为强力的氟化剂，可用于有机合成和无机氟化物的形成。

3. 毒性

本品健康危害 GHS 分类为：急性毒性—经口，类别 3；急性毒性—经皮，类别 3；急性毒性—吸入，类别 3；皮肤腐蚀/刺激，类别 1；严重眼损伤/眼刺激，类别 1。

4. 风险评估

我国职业接触限值规定同二氟化氧(按 F 计)。

美国 ACGIH 的 TLV 限值，TLV－C 限值及美国 OSHA 的 PEL－C 限值同三氟化砷(按 F 计)。

三 氟 化 磷

1. 理化性质

CAS 号：7783－55－3	外观与性状：无色气体，有刺激性臭味
熔点/凝固点(℃)：－152	临界温度(℃)：－2.0
沸点(℃)：－95.2	临界压力(MPa)：4.33
相对蒸气密度(空气＝1)：3.91	

2. 用途与接触机会

主要用于发生气体。

3. 毒性

本品小鼠吸入 LCL_0：1 900 mg/(m^3 · 10 min)。

其健康危害 GHS 分类为：急性毒性—吸入，类别 1；严重眼损伤/眼刺激，类别 2B；特异性靶器官毒性——一次接触，类别 3(呼吸道刺激)；特异性靶器官毒性—反复接触，类别 1。

4. 风险评估

我国职业接触限值规定同二氟化氧(按 F 计)。

美国 ACGIH 的 TLV 限值(按 F 计)，美国 OSHA 的 PEL 限值(按 F 计)及 MAK 限值(按 F 计)同三氟化砷(按 F 计)。

三 氟 化 氯

1. 理化性质

CAS 号：7790－91－2	外观与性状：无色至淡黄色气体；液体呈黄绿色；固体是白色的；甜性气味
熔点/凝固点(℃)：－76.34	临界温度(℃)：174
沸点(℃)：11.75	临界压力(MPa)：5.78
相对密度(水＝1)：1.8	相对蒸气密度(空气＝1)：3.29

2. 用途与接触机会

可用作氟化剂、燃烧剂、推进剂中的氧化剂，高温金属的切割油等。还可用于半导体工业中的无质清洗和蚀刻操作、核反应堆燃料处理等。

3. 毒性

本品小鼠吸入 LC_{50}：734.6 mg/m^3；大鼠吸入 LC_{50}：1 234 mg/m^3；猴吸入 LC_{50}：949.3 mg/m^3；人吸入 LCL_0：206.4 mg/m^3。

其健康危害 GHS 分类为：急性毒性—吸入，类别 2；皮肤腐蚀/刺激，类别 1；严重眼损伤/眼刺激，类别 1；特异性靶器官毒性——次接触，类别 1；特异性靶器官毒性—反复接触，类别 1。

4. 风险评估

我国职业接触限值规定：MAC 为 0.4 mg/m^3。

美国 ACGIH 规定，TLV - C 为 0.4 mg/m^3；美国 OSHA 规定 PEL - C 为 0.4 mg/m^3。

五 氟 化 氯

1. 理化性质

CAS 号：13637 - 63 - 3	外观与性状：黄色气体；刺激性臭味
熔点/凝固点(℃)：−102	临界温度(℃)：142.9
沸点(℃)：−13.2	临界压力(MPa)：5.268 9
相对蒸气密度(空气=1)：4.630 4	

2. 用途与接触机会

用于氟化剂、助燃剂、氟化物制备。

3. 毒性

本品小鼠吸入 LC_{50}：332 mg/m^3；大鼠吸入 LC_{50}：710.5 mg/m^3；猴吸入 LC_{50}：1 007.5 mg/m^3；狗吸入 LC_{50}：710.5 mg/m^3。

其健康危害 GHS 分类为：急性毒性—吸入，类别 1；皮肤腐蚀/刺激，类别 1；严重眼损伤/眼刺激，类别 1。

4. 风险评估

我国职业接触限值同二氟化氧(按 F 计)。

美国 ACGIH 的 TLV 限值(按 F 计)，美国 OSHA 的 PEL 限值(按 F 计)及 MAK 限值(按 F 计)同三氟化砷(按 F 计)。

五 氟 化 锑

1. 理化性质

CAS 号：7783 - 70 - 2	外观与性状：中等黏度液体，无色，刺激性气味
熔点/凝固点(℃)：7	沸点(℃)：149.4
相对蒸气密度(空气=1)：7.49	

2. 用途与接触机会

氟化反应的催化剂和原料，主要用途是作为氟化剂。氟可取代有机化合物中的氯，形成氟化双键和芳香环，是一种良好的氧化剂和氟化剂。

3. 毒性

本品小鼠吸入 LC_{50}：270 mg/m^3。

其健康危害 GHS 分类为：急性毒性—吸入，类别 1；皮肤腐蚀/刺激，类别 1；严重眼损伤/眼刺激，类别 1；特异性靶器官毒性——次接触，类别 2；特异性靶器官毒性—反复接触，类别 1。

4. 风险评估

本品对水生物有毒并具有长期持续影响，其环境危害 GHS 分类为：危害水生环境—急性危害，类别 2；危害水生环境—长期危害，类别 2。

我国职业接触限值规定同二氟化氧（按 F 计）。

美国 ACGIH 的 TLV 限值（按 F 计），美国 OSHA 和 PEL 限值（按 F 计）及 MAK 限值（按 F 计）同三氟化砷（按 F 计）。另我国五氟化锑职业接触限值按 Sb 计为 PC - TWA 规定为 0.5 mg/m^3（锑及其化合物）。

五 氟 化 溴

1. 理化性质

CAS 号：7789 - 30 - 2	外观与性状：无色至淡黄色液体具有刺激性气味

（续表）

熔点/凝固点(℃)：−60.5	易燃性：助燃
沸点(℃)：40.76	密度(g/cm³)：2.460 4
相对蒸气密度(空气=1)：6.05	

2. 用途与接触机会

主要用作氟化剂和火箭推进剂系统中的氧化剂。

4. 毒性

本品健康危害GHS分类为：氧化性液体，类别1；急性毒性—吸入，类别1；皮肤腐蚀/刺激，类别1；严重眼损伤/眼刺激，类别1；特异性靶器官毒性——次接触，类别1；特异性靶器官毒性—反复接触，类别2。

5. 风险评估

我国职业接触限值规定同二氟化氧(按F计)。美国NIOSH规定：8 h-TWA为0.7 mg/m³；美国ACGIH规定TLV为0.7 mg/m³。

四 氟 化 硅

1. 理化性质

CAS号：7783-61-1	外观与性状：无色气体，与氯化氢相似窒息性气味
熔点/凝固点(℃)：−90.2	临界温度(℃)：−1.5
沸点(℃)：−86	临界压力(MPa)：3.72
相对密度(水=1)：1.7(−95℃)	溶解性：遇水会分解；溶于无水乙醇；溶于氢氟酸；不溶于醚
相对蒸气密度(空气=1)：3.620 4	

2. 用途与接触机会

制造氟硅酸；在钻井过程中密封油井中的水；制造纯硅的中间体；可用于制造硅烷和光伏或电子硅。存在于炼钢炉的废气中，由萤石与石英砂作用生成。用冰晶石炼铝、制人造冰晶石及用氢氟酸刻玻璃等作业都可能接触。

3. 毒性

本品大鼠吸入LC_{50}：10 557.7 mg/m³。动物实验急性吸入后，主要见到有刺激症状，如抓鼻、喷嚏、痉挛样呼吸、闭眼、乱跑等。尸检见肺部充血、出血、水肿、气肿，小灶性支气管肺炎，肝、肾充血等。人吸入10 mg/m³的浓度，半数人有眼、鼻刺激感，喉痒，口内异味，有时见鼻黏膜溃疡。对人的刺激阈浓度为10 mg/m³。

其健康危害GHS分类为：急性毒性—吸入，类别3；皮肤腐蚀/刺激，类别1；严重眼损伤/眼刺激，类别1。

4. 风险评估

我国职业接触限值同二氟化氧(按F计)。

美国ACGIH的TLV限值(按F计)，美国OSHA的PEL限值(按F计)及MAK限值(按F计)同三氟化砷(按F计)。

四 氟 化 硫

1. 理化性质

CAS号：7783-60-0	外观与性状：无色的气体或液体，有一种像臭鸡蛋样的刺激性气味
熔点/凝固点(℃)：−121	临界温度(℃)：90.9
沸点(℃)：−40.4	溶解性：易溶于苯
相对密度(水=1)：1.95(−78℃)	相对蒸气密度(空气=1)：3.73

2. 用途与接触机会

四氟化硫被广泛用作选择性氟化剂，能够用氟取代许多有机、无机化合物和有机金属化合物中的氧。它还用于生产防水、防油料和润滑性改善剂。在精细化工、液晶材料和高端医药工业生产中具有无法取代的地位。

3. 毒性

本品大鼠吸入LCL_0：91.7 mg/(m³·4 h)。其健康危害GHS分类为：急性毒性—吸入，类别1；皮肤腐蚀/刺激，类别1；严重眼损伤/眼刺激，类别1；特异性靶器官毒性——次接触，类别1；特异性靶器官毒性——次接触，类别3(呼吸道刺激)；特异性靶器官毒性—反复接触，类别1。

4. 风险评估

我国职业接触限值规定同二氟化氧(按F计)。

美国 ACGIH 规定 TLV-C 为 0.48 mg/m^3。

氟　化　钠

1. 理化性质

CAS 号：7681-49-4	外观与性状：无色，立方或正方晶体；白色粉末；无臭味
pH 值：7.4（新制备的饱和溶胶）	易燃性：不燃
熔点/凝固点（℃）：993	溶解性：不溶于酒精；水溶性 4.0 g/100 ml 水在 15℃；水溶性 4.3 g/100 ml 水在 25℃；水溶性 5.0 g/100 ml 水在 100℃
沸点（℃）：1 704	密度（g/cm^3）：2.78

2. 用途与接触机会

用于木材、枕木及麻绳的防腐，并用于制造杀虫剂、电焊条（焊接剂）、瓷器、玻璃，用于轻金属电解、熔炼含铝合金等。可于饮水及牙龈中加入适量本品以预防龋齿。

3. 毒性

3.1　急性毒作用

猴中毒的早期表现为中枢神经抑制和血压降低，高剂量（1/2LD）则引起心动过缓、呼吸困难，并发现便血。心电图常示 R 波进行性下降，S-T 段抬高。脑电图出现高幅慢波。血钙、血镁均减少。用 2%本品溶液按 0.1～0.39 剂量给兔灌胃，发生中毒性脑炎者占 47.06%，肾小管广泛性钙化者占 83.8%。给狗 30～50 mg/m^3 一次静注或 10 mg/kg 反复静注，见血压显著降低。大鼠饮用含 4.76 mmol/L 本品的饮水 82 d，未见肝脏组织学改变，但肝脏混合功能氧化酶活性约降低 40%。实验表明，本品可抑制糖酵解，影响肝脏的糖代谢。

本品小鼠腹膜内注射 LD_{50}：38 mg/kg；小鼠静脉注射 LD_{50}：50.83 mg/kg；小鼠经口 LD_{50}：44 mg/kg；小鼠皮下注射 LD_{50}：0.115 mg/kg；小鼠经皮 LDL_0：300 mg/kg；大鼠腹膜内注射 LD_{50}：22 mg/kg；大鼠静脉注射 LD_{50}：26 mg/kg；大鼠经口 LD_{50}：31 mg/kg；大鼠经皮 LD_{50}：175 mg/kg；兔经口 LD_{50}：200 mg/kg；兔皮下注射 LD_{50}：100 mg/kg；猴静脉注射 LD_{50}：26.6 mg/kg。本品健康危害 GHS 分类为：急性毒性—经口，类别 3；皮肤腐蚀/刺激，类别 2；严重眼损伤/眼刺激，类别 2。

3.2　慢性毒作用：

大鼠以含氟化物 0.16～0.29 mg/kg 的饲料持续喂饲可引起牙钙化障碍，剂量增大则致骨骼改变。21.5 mg/kg 及以上，约数周死亡。据各个作者实验，动物对氟化物的最大耐受量为：乳牛 1～3 mg/(kg·d)，猪 5～12 mg/(kg·d)，大鼠 10～20 mg/(kg·d)，豚鼠12～20 mg/(kg·d)，鸡 35～70 mg/(kg·d)；给狗氟化钠（按氟计算 25 mg/d，约 3～5 mg/(kg·d)的剂量）喂饲，第 2 个月出现食欲消失，有时呕吐，共历时 5 年 5 个月，本品总量达 250 g，X 线检查未发现氟骨症，但骨灰中含氟量比对照组增加 10 倍，肺、肾的含氟量分别为 1.77 mg/g 和 3.01 mg/g。有人认为，给 10～15 mg/(kg·d)的剂量，可引起骨及肾的轻度病变，20～25 mg/kg，可出现明显的器质性改变；50～100 mg/kg 则导致无力、嗜睡，数天至数周内死亡。

4. 人体健康危害

本品急性中毒，常由误服所致。迅速出现剧烈恶心、呕吐、腹痛、腹泻等急性胃肠炎症状，吐泻物中常含血。严重中毒时伴有痉挛或陷入休克，如不及时抢救可致死亡。短时大量吸入本品粉尘，主要引起呼吸道刺激症状，如咽喉灼痛、咳嗽、咳血、胸闷、气急、鼻衄、声音嘶哑等。有时伴有头昏、头痛、无力以及食欲减退、恶心、呕吐、腹胀、腹泻等症状。

本品的粉尘、气溶胶和溶液对皮肤有刺激作用，可引起皮炎，感痛或痒，轻者局部出现针头大小的红色丘疹、疱疹或脓疱。重者可形成溃疡或大疱。

长期吸入较高浓度的氟化钠粉尘，可引起氟骨症的特有病变。患者常先出现神经衰弱综合征及不同程度的消化系统症状。尿中有蛋白，尿氟量显著增高。

5. 风险评估

我国职业接触限值规定同二氟化氧（按 F 计）。

美国 ACGIH 的 TLV 限值（按 F 计），美国 OSHA 的 PEL 限值（按 F 计）及 MAK 限值（按 F 计）同三氟化砷（按 F 计）。

氟　化　铵

1. 理化性质

CAS 号：12125-01-8	外观与性状：白色六角晶体或粉末，易潮解

（续表）

pH 值：水溶液为酸性	易燃性：不燃
密度（g/cm³）：1.015（20℃）	溶解性：可溶于水；稍溶于酒精

2. 用途与接触机会

蚀刻和磨砂玻璃，作为酿造啤酒的防腐剂；作为防蛀剂保存木材，印染纺织品等。

3. 毒性

本品大鼠腹膜内注射 LD_{50}：31 mg/kg；蛙皮下注射 LDL_0：280 mg/kg。

其健康危害 GHS 分类为：急性毒性—经口，类别 3；急性毒性—经皮，类别 3；急性毒性—吸入，类别 3。

4. 风险评估

我国职业接触限值同二氟化氧（按 F 计）。

美国 ACGIH 的 TLV 限值（按 F 计），美国 OSHA 和 PEL 限值（按 F 计）及 MAK 限值（按 F 计）同三氟化砷（按 F 计）。

氟　化　钡

1. 理化性质

CAS 号：7787－32－8	外观与性状：白色粉末或无色透明四方晶系结晶，无味
熔点/凝固点（℃）：1 353	溶解性：微溶于水，1.2 g/L 在 25℃
沸点（℃）：2 260	相对密度（水＝1）：4.89

2. 用途与接触机会

用于制造电机电刷、光学玻璃、光导纤维、激光发生器、助熔剂、涂料剂珐琅，还可作木材防腐剂及杀虫剂；用于制焊剂，搪瓷制造；用作尸体防腐剂，固体润滑剂。本品晶体可用作紫外或红外窗口和激光材料等。也用在低温制冷热成像系统和作为某些应用衬底。氟化钡分子中不含氧原子，被用来作为高炉锰铁脱硅溶剂，在高炉锰铁脱硅时取得高脱硅率和低的锰氧化损失率。

3. 毒性

本品小鼠腹膜内注射 LD_{50}：29.91 mg/kg；大鼠经口 LD_{50}：250 mg/kg；蛙皮下注射 LDL_0：1 540 mg/kg。

其健康危害 GHS 分类为：急性毒性—经口，类别 3；严重眼损伤/眼刺激，类别 2；生殖毒性，类别 2；特异性靶器官毒性——一次接触，类别 3（呼吸道刺激）；特异性靶器官毒性—反复接触，类别 1。

4. 风险评估

我国职业接触限值规定：PC－TWA 为 2 mg/m³（氟化物，不含氟化氢，按 F 计）。另我国氟化钡职业接触限值按 Ba 计，PC－TWA 为 0.5 mg/m³，PC－STEL 为 1.5 mg/m³（钡及其可溶性化合物）。

氟　化　镉

1. 理化性质

CAS 号：7790－79－6	饱和蒸气压（kPa）：0.133（291℃）
密度（g/cm³）：6.64	外观与性状：白色立方体结晶
熔点/凝固点（℃）：1 110	分子量：150.41
沸点（℃）：1 748	折射率：1.56
闪点（℃）：1 758	易燃性：不燃
溶解性：微溶于水（4.3 g/100 ml，25℃），溶于氢氟酸、无机酸；不溶于醇、液氨	

2. 用途与接触机会

氟化镉可用于玻璃、荧光粉、以及核反应堆控制系统中，也可以用于高温润滑剂或作为晶核制作激光器晶体。在掺入钇或其他特定稀土元素时，以及在高温环境下用镉蒸气处理时可以用作电导体。其主要接触途径为工作场所中通过颗粒物经呼吸系统或消化道吸收，经皮肤吸收较少。

3. 毒代动力学

3.1　吸收

氟化镉可通过呼吸道、消化道吸收，经皮肤吸收较少。

氟化镉经呼吸道的毒代动力学研究目前尚无报道，但其行为可参考氯化镉，其被吸入肺泡后，镉离子迅速被吸收入血，但之后吸收会持续几个星期才能完成。大颗粒的尘埃会沉积到上呼吸道中，若其不被直接吸收，将被黏膜的清洁机制转运至胃肠道系统。

根据氯化镉的研究表明，在实验室动物和人类只有微量部分的镉离子会通过皮肤吸收，对微量可溶的氟化镉来说情况类似。大约50%被吸收的氟化物在24 h内由成年人排出，主要通过尿排出。其余的则长期储存在体内(几乎全部储存在骨骼)。其中一部分可以在以后动员和排泄。

4. 毒性

本品健康危害GHS分类为：急性毒性—经口，类别3；急性毒性—吸入，类别2；生殖细胞致突变性，类别1B；致癌性，类别1A；生殖毒性，类别1B；特异性靶器官毒性—反复接触，类别1。

4.1 急性毒作用

本品大鼠经口LD_{50}：245 mg/kg。动物实验显示与氟化镉性质相近的氯化镉会引起严重的肺损伤，该损伤与工作场所常见的氧化镉导致的吸入性中毒相似。肺组织的炎症反应是镉盐特有的作用。在潜伏期过后，损伤会发展成严重的急性肺水肿和肺炎。中毒最初的症状可能类似呼吸道炎症或流感，易联想到金属烟热。晚期后遗症可以是肺功能紊乱和肺组织改变。

小剂量静脉注射染毒动物实验显示氟化镉对肝脏和肾脏有非常显著的毒性作用，较之氯化镉更甚，并会引起代谢紊乱(代谢性酸中毒、钙离子减少/血清钾增多)，这种效应常见于吸入或误食氟化镉后。在误食后，小剂量下会迅速出现胃肠道不适(恶心、呕吐、腹痛、腹泻)。早期摄入该品后迅速出现的呕吐对减少急性毒性作用有积极意义。随着剂量增大，炎性反应、胃肠道损伤、休克和其他器官损伤的可能性和严重程度将增强。口服350～8 900 mg镉通常被认为是对人类致命的。

氟化物可引起严重的代谢紊乱(如低钙血症、高钾血症)，导致心脏循环系统和各种器官损伤在内的不良健康效应。口服体重5 mg/kg氟化物被认为是最低的毒性剂量，而30～64 mg/kg被认为是致命的。

对于CdF_2，Cd和氟化物共同作用可导致各自毒性作用的加强。

4.2 慢性毒作用

根据氟化物和镉化合物资料，应考虑镉和氟引起的累积效应。

含镉尘埃引起的呼吸道暴露会引起肺水肿，继而导致肺功能障碍及阻塞性肺病。

不管接触途径如何，镉化合物都会对肾脏造成损害。第一个症状是肾小管功能障碍，伴随低分子量蛋白质、葡萄糖和电解质的排泄增加。基于对职业性接触镉的人和食物中镉负荷增加的人的研究，从尿中2 μg/g肌酐的Cd水平开始应该预期对肾脏的影响。

镉对骨的损伤(以骨质疏松为尤)是镉的慢性毒性中非常重要的部分。氟化物长期暴露亦可造成骨损伤，但机制与镉完全不一样，其可导致骨骼僵硬及骨骼氟中毒。

4.3 远期毒作用

有足够的迹象表明人类接触这种物质会导致遗传性疾病。在动物实验研究中，可溶性镉盐可使体细胞染色体发生断裂，且镉可以到达生殖细胞。在体外对轻度可溶性镉化合物也有致染色体断裂作用。对职业性接触镉(特别是镉氧化物)的人群研究也表明镉盐存在遗传毒性潜力。

IARC致癌性分类为组1；动物实验发现，用本品染毒，可导致实验动物生殖能力受损或对发育中的胚胎或胎儿造成损害。

5. 风险评估

我国职业接触限值规定同二氟化氧。美国ACGIH的TLV限值(按F计)；OSHA的PEL限值(按F计)及MAK限值(按F计)，同三氟化砷(按F计)。

另我国职业接触限值PC－TWA为0.01 mg/m^3(按Cd计)，PC－STEL为0.02 mg/m^3(按Cd计)。美国ACGIH规定TLV为0.01 mg/m^3(按Cd计，可吸入颗粒物)；OSHA规定PEL为0.005 mg/m^3(按Cd计)；NIOSH规定IDLH为9 mg/m^3(按Cd计)。

本品对水生生物毒性极大，并具有长期持续影响，其环境危害GHS分类为：危害水生环境—急性危害，类别1；危害水生环境—长期危害，类别1。

氟　化　汞

1. 理化性质

CAS号：7783－39－3	外观与性状：白色无味固体
密度(g/cm^3)：8.95	分子量：239.967

（续表）

熔点/凝固点(℃)：645	沸点(℃)：>650
易燃性：不燃	溶解性：在水中易水解

2. 用途与接触机会

可作为选择性氟化剂。

3. 毒代动力学

参见无机汞化合物及氟化氢。主要的吸收途径为消化道吸收，也可能通过皮肤吸收。

4. 毒性与中毒机理

参见无机汞化合物及氟化氢。主要表现为无机汞化合物的毒性。急性毒性通过腐蚀性造成的轻微激惹作用体现，可能造成皮肤过敏，会造成胃肠道不适及肾功能改变。慢性毒性通过接触性皮炎、胃肠道紊乱、肾功能改变直至肾损害体现。神经毒性症状可能由于体外实验显示无机汞化合物可导致染色体损伤，然而体内实验有多重不同结论，总体而言，偏向于认为无机汞化合物致突变作用不强。汞及其化合物的 IARC 致癌性分类为组 1。本品健康危害 GHS 分类为：急性毒性—经口，类别 2；急性毒性—经皮，类别 1；急性毒性—吸入，类别 2；特异性靶器官毒性—反复接触，类别 2。

5. 风险评估

本品对水生物毒性极大，且有长期影响，其环境危害 GHS 分类为危害水生环境—急性危害，类别 1；危害水生环境—长期危害，类别 1。

德国生物容许值汞及其无机化合物，为 25 μg/g 肌酐(采样时间不固定)。美国 BEIs 为总无机汞班前为 35 μg/g 肌酐，班前 15 μg/L。

我国职业接触限值同二氟化氧(按 F 计)。美国 ACGIH 的 TLV 限值(按 F 计)美国 OSHA 的 PEL 限值(按 F 计)及 MAK 限值(按 F 计)。

另外我国职业接触限制规定 PC－TWA 为 0.02 mg/m^3，PC－STEL 为 0.04 mg/m^3(以 Hg 计，汞蒸气)。美国 ACGIH 规定 TLV 为 0.02 mg/m^3(以 Hg 计)；OSHA 规定 PEL 为 0.02 mg/m^3(按 Hg 计)；NIOSH 规定 IDLH 为 10 mg/m^3(按 Hg 计)。

氟 化 钾

1. 理化性质

CAS 号：7789－23－3	外观与性状：无色立方体或白色粉末
密度(g/cm^3)：2.48	分子量：58.1
熔点/凝固点(℃)：858	易燃性：不燃
沸点(℃)：1 502	溶解性：易溶于水，溶解度 92 g/100 ml 水(18℃)

2. 用途与接触机会

氟化钾是生产氟化物的主要原料，在有机化学中，氟化钾可以通过芬克尔斯坦反应将氯碳转化成氟碳化合物。用于玻璃雕刻、食物防腐，也可以作焊接助熔剂、氟化剂、杀虫剂等。主要的接触途径为通过呼吸道或者皮肤吸收。

3. 毒代动力学

在常温下，氟化钾由易潮解晶体组成。可以以气溶胶形式被吸入呼吸道。该盐很容易溶于水，可被呼吸道完全吸收。在啮齿动物实验中发现与氟化钾性质相似的氟化钠的经皮 LD_{50} 较低，因此通过皮肤吸收水溶性氟化物需要引起重视。

氟化物被吸收后会迅速分布在各个器官中。对成年人来说，大部分排泄在 24 h 内通过尿液进行。少量通过其他途径(粪便、汗水、唾液)排泄。几乎所有(99%)留在体内的部分都储存在骨骼和牙齿中。在碳酸盐-磷灰石-结构中，氟化物与羟基交换。这里结合的氟化物的至少一部分可以被动员和排泄。

长期持续暴露于氟化物期间，尿氟和血液中的氟与当前暴露量有良好对应关系。在职业暴露停止之后，由于骨骼中氟的缓慢转运，体内的尿氟或血氟水平可能高于当前氟暴露水平。氟化物在骨组织中的半衰期长达 8～20 年。

4. 毒性

4.1 急性毒作用

氟化钾在水中的溶解度明显高于氟化钠，但具有相似的化学物理性质，因此可以合理推断氟化钾可以刺激黏膜和皮肤。类似的，氟化钾对眼睛的刺激应该有中等到强烈的刺激性(长时间接触后眼睛受损),对皮肤的刺激性根据推断也存在。没有迹象表明氟化钾有任何潜在的致敏作用。氟化钠对小鼠的皮肤毒性试验提供了相对低的 LD_{50} (330 mg/kg 体重),基于这个值,可以推断可溶性氟化物将在大量接触后引起急性全身反应,长期接触之后引起亚急性全身效应。来自溶液的氟化钾气溶胶预计会引起呼吸道刺激并可能引起全身效应。大量吸入可导致肺损伤。IDLH(立即危及生命和健康)被设定为氟化物 250 mg/m^3,尽管中毒临床表现与 NaF 相似,出现典型氟化物中毒表现,没有经验和动物实验来支持这一规定。氟中毒特异性症状表现为:代谢严重紊乱(低钙血症、高钾血症、酶活性紊乱),心脏循环系统严重紊乱(低血压心律失常、室颤),肌肉和神经系统(四肢疼痛、头痛、感觉异常、震颤、破伤风抽筋、呼吸麻痹的危险)。进一步的典型症状是流涎、口渴、呼吸困难、发绀。根据氟化钠中毒病例估计,氟化钾的最低中毒剂量约为氟化物 5 mg/kg。成人的致死剂量约为氟化物 30～64 mg/kg。由于氟化钾和氟化钠的动物实验中的 LD_{50} 值是相似的,因此上述对氟化钾的毒性估计也应该是合理的。

小鼠腹腔注射 LD_{50}:40.03 mg/kg,大鼠腹腔注射 LD_{50}:64 mg/kg,大鼠经口 LD_{50}:245 mg/kg。本品健康危害 GHS 分类:急性毒性—经口,类别 3;急性毒性—经皮,类别 3;急性毒性—吸入,类别 3。

4.2 慢性毒作用

经验表明,不管分子其余部分的组成如何,长期职业性过量暴露于氟化物造成的关键影响是氟化物在骨骼中的积累,导致骨骼氟中毒风险增加。这导致骨密度/硬度增加,因为机械弹性降低(骨折倾向增加)和骨骼硬化(骨硬化、肌腱钙化)。主诉类似于风湿病,伴有关节疼痛和僵硬。报告的职业性氟中毒病例主要是暴露于可溶性和气态氟化物的混合物后。接触浓度高于 2.4～6 mg/m^3 或 3.4 mg/m^3 的工人在 10 年或更长时间内出现氟骨症。根据流行病学研究,特别是对饮用水中含氟的人的知识,长期每天总摄取 14 毫克氟化物会导致骨骼氟中毒。骨骼发生变化的阈值被认为低于这个阈值。

5. 风险评估

本品对水生生物有毒,其环境危害 GHS 分类为:危害水生环境—急性危害,类别 2。

我国职业接触限值同二氟化氧(按 F 计)。

美国 ACGIH 的 TLV 限值(按 F 计),美国 OSHA 和 PEL 限值(按 F 计)及 MAK 限值(按 F 计)同三氟化砷(按 F 计)。

氟 化 锂

1. 理化性质

CAS 号:7789-24-4	外观与性状:白色粉末或细小颗粒,为 NaCl 型的立方晶系结晶
密度(g/cm^3):2.64	分子量:25.94
pH 值:6.0～8.5(25℃,0.01M 于水中)	折射率:1.391 5
熔点/凝固点(℃):845	易燃性:不燃
沸点(℃):1 681	溶解性:难溶于水:0.29 g/100 ml(20℃);不溶于醇;溶于酸
饱和蒸气压(kPa,60℃):0.133	闪点(℃):1 680

2. 用途与接触机会

氟化锂可作为助溶剂广泛用于搪玻璃、铜、铝焊接过程中和盐熔化学工艺中;也被推荐作为航天技术贮存太阳辐射热能的载热剂;还可用于铝的电解和冶金工业中。高纯氟化锂用于制氟化玻璃,也可用于制作分光计和 X 射线单色仪的棱镜。亦可用作干燥剂和助熔剂。在光电材料研究用于绝缘材料涂层、电极修饰层,是生产锂离子电池常用电解质六氟磷酸锂的关键原料之一。在工业接触人群中,氟化锂主要通过呼吸道吸收,也可通过皮肤吸收。

3. 毒代动力学

3.1 吸收

氟化锂可以呼吸性粉尘或气溶胶的形式吸入。用人类和啮齿动物中类似的锂盐或氟化物进行地观察表明通过这种暴露途径可有效吸收。与未接触者相比,多次经过皮肤接触氯化锂并不会显著增加接触者体内的锂血清浓度。由于氟化锂水溶性较差,其吸收率相应较低。锂组分在口服后几乎完全被吸收，然而，由于氟化锂的水溶性比易溶的锂盐（例如氯化锂）差，所以吸收缓慢。在胃的酸性环境中，氟离子可以被水解成氢氟酸，氢氟酸可被有效吸收。氟化锂的生物利用度受剂量、给药形式和其他条件（pH、矿物质的存在、胃的填充状态）影响较大。

3.2 转运与分布

HF和无机氟化物混合物中，50%的血清氟化物与有机分子结合，其余的50%在24 h内通过肾脏清除。吸收的氟化物大约有一半积聚在骨头里。在人和动物有机体中，99%的氟化物存在于骨骼和牙齿中。由于氟化物与钙的高亲和力以及生成氟磷灰石沉淀，机体的钙调控会受到强烈影响。从骨骼中清除氟化物大约需要8到20年，从血液中清除大约2到9 h。氟化物可能通过胎盘转运，且该物质可以进入母乳。

机体内锂离子的分布缓慢且不一致，而与血清相比，肾脏、骨骼、甲状腺、扣带回脑区和肌肉中的浓度较高。人体内的分布体积在0.7～0.9 L/kg之间，重复给药后4～7 d达到稳定状态。锂离子通过胎盘进入母乳（与母体血清水平相比，母乳中含有50%，相应地，婴儿体内水平为母体水平的10%至50%）。与血浆蛋白的相互作用只发生在很小的范围内。锂离子可以通过钠和钾的转运蛋白运输到细胞内部。

3.3 排泄

单次给药后，95%的吸收锂离子通过肾脏排出，4.5%通过汗液排出，小于1%通过粪便。消除遵循两阶段过程，其中1～2/3在施用后6～12 h内消除，剩余的锂在接下来的10～14 d内排出。消除半衰期为12～27 h（单次给药），对老年人或经常使用锂的人可延长至58 h。通过肾小球从血液中滤出的多达80%的游离锂离子在近端小管中重新吸收，因此锂的消除与肾小球滤过率之间存在相关性。

4. 毒性

大鼠经口LD_{50}：143 mg/kg，本品健康危害GHS分类：急性毒性—经口，类别3。

氟化锂的慢性毒性主要由锂离子决定，氟化锂在水溶液中溶解生成锂和氟离子，但氟离子的慢性毒性不容忽视。

长期暴露于氟化物所导致的全身毒性的特征为氟骨症。最初，氟中毒引起骨密度和骨硬度的增加，并伴有机械强度降低（骨折风险增加）和骨硬度增加（骨硬化、肌腱钙化）以及类风湿病样症状的主诉。

5. 人体健康危害

对人体急性毒性效应包括对眼睛的刺激作用，中枢神经系统功能障碍。口服摄入会导致出现氟中毒的典型症状，如胃肠道症状、代谢障碍、心血管系统损伤及神经系统损伤。慢性毒性包括神经精神系统障碍，心脏、肾脏、甲状腺、生殖系统异常及氟骨症。

6. 风险评估

我国职业接触限值同二氟化氧（按F计）。美国ACGIH的TLV值（按F计）美国OSHA的PEL限值（按F计）及MAK限值（按F计）同三氟化砷（按F计）。

另美国ACGIH规定MAK：0.2 mg/m^3（以Li计，可吸入部分）。

氟　化　铅

1. 理化性质

CAS号：7783-46-2	外观与性状：白色结晶或粉末
密度(g/cm^3)：8.445	分子量：245.2
熔点/凝固点(℃)：824	易燃性：不燃
沸点(℃)：1 293	溶解性：微溶于水（0.046 g/100 ml水，20℃）；不溶于氨、丙酮、乙酸、氢氟酸；溶于硝酸
闪点(℃)：1 290	

2. 用途与接触机会

氟化铅可用于制造低熔点玻璃、电视管用荧光粉，也可作为生产吡啶的催化剂、在玻璃涂层中反射红外线。在工作场所通过呼吸道或消化道吸收。

3. 毒性

本品大鼠经口LD_{50}：3 030 mg/kg。与其他无机铅化合物一样，氟化铅中毒的主要风险是长期暴露。铅的最重要的靶器官是血液或造血系统、外周和中枢神经系统以及肾脏。其健康危害GHS分类为：严重眼损伤/眼刺激，类别2；致癌性，类别1B；生殖毒性，类别1A；特异性靶器官毒性——一次接触，类别1、类别3（呼吸道刺激）；特异性靶器官毒性—反复接触，类别1。

4. 人体健康危害

急性毒性体现为胃肠道功能障碍、中枢神经系统功能障碍、血液系统及肝脏损伤。慢性毒性体现为对血液和造血系统损伤，外周神经系统和中枢神经系统异常，胃肠道功能障碍及肾脏损伤、肾衰竭。

5. 风险评估

本品对水生生物毒性极大并具有长期持续影响，其环境危害GHS分类为：危害水生环境—急性危害，类别1；危害水生环境—长期危害，类别1。

我国职业接触限值同二氟化氧（按F计）。美国ACGIH的TLV值（按F计）美国OSHA的PEL限值（按F计）及MAK限值（按F计）同三氟化砷（按F计）。

另美国ACGIH规定TLV为0.05 mg/m³（按Pb计）；OSHA规定PEL为0.05 mg/m³（按Pb计）。

氟 化 氢 铵

1. 理化性质

CAS号：1341－49－7	外观与性状：白色或无色透明斜方晶系结晶
密度（g/cm³）：1.5	分子量：57.04
pH值：2（5.7 g/L，水，20℃）	易燃性：不燃
熔点/凝固点（℃）：124.6	溶解性：630 g/L
沸点（℃）：230（分解）	

2. 用途与接触机会

可用作化学试剂、玻璃蚀刻剂（常与氢氟酸并用）、发酵工业消毒剂和防腐剂、由氧化铍制金属铍的溶剂，以及硅钢板的表面处理剂。还用于制造陶瓷、镁合金，锅炉给水系统和蒸气发生系统的清洗脱垢，以及油田砂石的酸化处理。也用作烷基化、异构化催化剂组分。职业接触中主要通过呼吸道和皮肤吸收。

3. 毒代动力学

氟化氢铵可在工作场所中以可吸入颗粒或溶液挥发而成的气溶胶形式而被呼吸道吸收，加热后可以氨气和氟化氢形式被吸收。可通过皮肤接触吸收，并造成严重的急性系统性损伤。

4. 毒性

本品健康危害GHS分类：急性毒性—经口，类别3；皮肤腐蚀/刺激，类别1B；严重眼损伤/眼刺激，类别1。在水溶液中，氟化氢铵释放酸性二氟化物离子并产生与氢氟酸类似的腐蚀作用。如果发生与眼睛的接触，结膜、角膜和眼睛内部可能发生严重且不可逆的损伤。与皮肤接触可导致深层腐蚀性伤口，此类伤口往往愈合不良，且危险的是其损伤和典型的深度疼痛仅在潜伏期之后才能变得明显。在以灰尘或气溶胶形式吸入氟化氢铵之后，鼻腔、口腔和喉咙以及更深层气道的黏膜会受到刺激和腐蚀。在大规模冲击性吸入之后，可能导致肺损伤。加热盐中的蒸气特别危险，因为它们可能含有HF。大量吸入也可能产生全身效应。无意吞咽含有氟化氢铵的产品导致严重中毒。

慢性毒作用，请参见其他无机氟化物引起的氟骨症。

5. 人体健康危害

急性毒性体现为对黏膜与皮肤的腐蚀作用，对消化道有刺激和损伤作用。引起心血管系统、神经肌肉系统功能紊乱及代谢紊乱。慢性毒性体现为对骨骼的损伤（氟骨症）。

6. 风险评估

我国职业接触限值同二氟化氧（按F计）。美国ACGIH的TLV值（按F计）美国OSHA的PEL限值（按F计）及MAK限值（按F计）同三氟化砷（按F计）。

氟 化 氢 钾

1. 理化性质

CAS号：7789－29－9	外观与性状：无色四方或立方结晶

（续表）

密度(g/cm³)：2.37	分子量：78.1
熔点/凝固点(℃)：239	溶解性：276 g/L(20℃，H_2O)
易燃性：不燃	

2. 用途与接触机会

用于制造无水氟化氢、纯氟化钾、元素氟生产的电解质。也用于制造光学玻璃、蚀绘玻璃。可用作银制品的焊接助熔剂、木材的防腐剂、掩蔽剂及苯烷基化的催化剂等。职业接触中主要通过呼吸道和皮肤吸收。

3. 毒代动力学

与氟化氢铵类似，请参见上章。

4. 毒性

本品健康危害 GHS 分类：急性毒性—经口，类别 3；皮肤腐蚀/刺激，类别 1B；严重眼损伤/眼刺激，类别 1。

5. 人体健康危害

本品粉剂对眼睛和皮肤有明显的刺激作用，对组织表面产生了类似于 HF 引起的腐蚀的损伤。其原因是在盐的水溶液中形成了具有腐蚀性的 HF，且损伤和典型的深度疼痛仅在深入组织并造成损伤的潜伏期之后才变得明显。

KHF_2被认为通过腐蚀口腔、喉咙、食管(灼烧感、疼痛、吞咽困难)和胃肠道(恶心、呕吐、疼痛、腹泻；胃炎、出血性胃肠炎)产生严重刺激。预计氟化物特异性全身效应的快速发作：显著的代谢紊乱(低钙血症、高钾血症、酶活性紊乱)，特别是心血管系统(低血压、心律失常、室颤)、肌肉和神经系统(四肢、头部疼痛)的严重紊乱。如感觉异常、震颤、强直性痉挛、破伤风抽筋、呼吸麻痹的危险。进一步的典型症状是：口渴、呼吸困难、发绀。根据氟化钠中毒病例，估计最低中毒剂量约为氟化物 5 mg/kg。成人的致死剂量约为氟化物 30～64 mg/kg。

慢性毒作用，参见其他无机氟化物引起的氟骨症。

6. 风险评估

我国职业接触限值同二氟化氧(按 F 计)。美国 ACGIH 的 TLV 值(按 F 计)美国 OSHA 的 PEL 限值(按 F 计)及 MAK 限值(按 F 计)同三氟化砷(按 F 计)。

氟化氢钠

1. 理化性质

CAS 号：1333－83－1	外观与性状：无色四方或立方结晶
密度(g/cm³)：2.08	分子量：61.99
熔点/凝固点(℃)：受热分解	易燃性：不燃
沸点(℃)：受热分解	溶解性：32.5 g/L 溶于水
闪点(℃)：受热分解	

2. 用途与接触机会

用作食物保护剂、动物标本及解剖标本保存剂和防腐剂。也用于蚀刻玻璃、锡版制造、纺织品的处理，去除铁锈、皮革防虫和马口铁生产等。与氟化氢钾混合可用作金属的焊接剂。还可用于生产无水氟化氢。

3. 毒代动力学

类似氟化氢钾，请参见上一节内容。

4. 毒性

本品健康危害环境危害 GHS 分类：急性毒性—经口，类别 3；皮肤腐蚀/刺激，类别 1B；严重眼损伤/眼刺激，类别 1。其他类似氟化氢钾，请参见上一节内容。

5. 人体健康危害

类似氟化氢钾，请参见上一节内容。

6. 风险评估

我国职业接触限值同二氟化氧(按 F 计)。美国 ACGIH 的 TLV 值(按 F 计)美国 OSHA 的 PEL 限值(按 F 计)及 MAK 限值(按 F 计)同三氟化砷(按 F 计)。

氟化铯

1. 理化性质

CAS 号：13400－13－0	外观与性状：无色立方结晶或粉末，有潮解性

（续表）

相对密度（水=1）：4.12	分子量：151.90
pH值：6.5～7.5（25℃，3M in H_2O）	易燃性：不燃
熔点/凝固点（℃）：682～703℃	溶解性：易溶于水；溶于甲醇；不溶于吡啶、二恶烷
闪点（℃）：1 251℃	沸点（℃）：1 251℃

2. 用途与接触机会

用于制含氟异氰酸酯、催化剂等；用作分析试剂，也用于光学晶体的制造；在 Suzuki 交叉偶联合成反应中，作为碱，用于联芳的正取代；也作为亲核试剂用于在质子介质诸如叔丁基或者叔戊基醇中伯卤化物以及磺酸酯的氟化作用；用于与羰基化合物发生硅烯醇醚反应的催化剂。

3. 毒性

本品大鼠经口 LD_{50}：2 600 mg/kg；小鼠经口 LD_{50}：2 306 mg/kg，其健康危害环境危害 GHS 分类为：急性毒性—经口，类别 3；急性毒性—经皮，类别 3；急性毒性—吸入，类别 3；皮肤腐蚀/刺激，类别 1；严重眼损伤/眼刺激，类别 1。

4. 风险评估

我国职业接触限值同二氟化氧（按 F 计）。美国 ACGIH 的 TLV 值（按 F 计）美国 OSHA 的 PEL 限值（按 F 计）及 MAK 限值（按 F 计）同三氟化砷（按 F 计）。

氟　化　铜

1. 理化性质

CAS号：7789－19－7	外观与性状：浅灰白色粉末，在潮湿空气中形成二水物，为兰色结晶
密度（g/cm^3）：4.23	分子量：101.54
熔点/凝固点（℃）：950℃	易燃性：不燃
沸点（℃）：950℃	溶解性：微溶于水；溶于醇、酸、丙酮、氨水

2. 用途与接触机会

用于有机合成反应催化剂，氟化剂和高浓度电池等；用于陶瓷及搪瓷业。

3. 毒性

本品健康危害 GHS 分类为：严重眼损伤/眼刺激，类别 2；特异性靶器官毒性——次接触，类别 3（呼吸道刺激）；特异性靶器官毒性—反复接触，类别 1；

4. 风险评估

对水生物毒性极大且有长期影响，其环境危害 GHS 分类为：危害水生环境—急性危害，类别 1；危害水生环境—长期危害，类别 1。

我国职业接触限值同二氟化氧（按 F 计）。美国 ACGIH 的 TLV 值（按 F 计）美国 OSHA 的 PEL 限值（按 F 计）及 MAK 限值（按 F 计）同三氟化砷（按 F 计）。

氟　化　锌

1. 理化性质

CAS号：7783－49－5	外观与性状：白色结晶粉末
相对密度（水=1）：4.84	分子量：103.405 8
熔点/凝固点（℃）：872℃	溶解性：微溶于水；溶于热酸、盐酸、硝酸和氢氧化铵；不溶于乙醇
饱和蒸气压（kPa）：0.13（970℃）	沸点（℃）：1 500℃

2. 用途与接触机会

用于陶瓷釉药、电镀；用作木材浸渍剂、钎剂和分析试剂。

3. 毒性

本品健康危害 GHS 分类为：严重眼损伤/眼刺激，类别 2B；特异性靶器官毒性——次接触，类别 3（呼吸道刺激）；特异性靶器官毒性—反复接触，类别 1。

4. 风险评估

对水生物毒性极大且有长期影响，其环境危害 GHS 分类为：危害水生环境—急性危害，类别 1；危害水生环境—长期危害，类别 1。

我国职业接触限值同二氟化氧(按F计)。美国ACGIH的TLV值(按F计)美国OSHA的PEL限值(按F计)及MAK限值(按F计)同三氟化砷(按F计)。

氟化亚钴

1. 理化性质

CAS号：10026-17-2	外观与性状：粉红色粉末
密度(g/cm^3)：4.46(25℃)	分子量：96.93
熔点/凝固点(℃)：1200	易燃性：不燃
沸点(℃)：1400	溶解性：微溶于水；溶于浓盐酸、硫酸、硝酸；溶于水、醇、丙酮

2. 用途与接触机会

用于有机反应催化剂；用作有机氟化剂和制三氟化钴。

3. 毒性

本品大鼠经口LD_{50}：150 mg/kg。钴及其化合物的IARC致癌性分类为组2B。健康危害GHS分类为：急性毒性—经口，类别3；致癌性，类别2。

4. 风险评估

我国职业接触限值同二氟化氧(按F计)。美国ACGIH的TLV值(按F计)美国OSHA的PEL限值(按F计)及MAK限值(按F计)同三氟化砷(按F计)。

另外美国ACGIH规定TLV为0.02 mg/m^3(以Co计)。

六氟化碲

1. 理化性质

CAS号：7783-80-4	外观与性状：无色有恶臭气体
相对密度(水=1)：(固体；−191℃) 4.006；(液体；−10℃) 2.499；相对密度(空气=1)7.2	分子量：241.59
熔点/凝固点(℃)：−37	溶解性：遇水分解有毒氟化氢气体和亚碲酸
沸点(℃)：−35.5	

2. 用途与接触机会

本品可用作化学药品。职业性接触多是通过呼吸道发生，经皮肤吸收相关报道很少，但不能完全排除相应的吸附作用，相关国际阈值，该物质被归类为"皮肤吸收性物质"。

3. 毒性

大鼠吸入LCL_0：54 mg/m^3，4 h；小鼠吸入LCL_0：54 mg/m^3，1 h。动物实验表明，本品急性风险可能与其强烈的肺损伤潜力有关，吸入该物质1 min后，呼吸速度加快。吸入54 mg/m^3，超过1 h会引起严重的呼吸道损伤(肺水肿)，若吸入54 mg/m^3，4 h则对所有动物都是致命的。本品健康危害GHS分类为：急性毒性—吸入，类别2。

4. 人体健康危害

工业上接触碲化合物所产生的典型的吸收效应包括头痛、头晕、无力、恶心、呕吐、呼吸困难、金属味、口干、食欲不振、恶心、嗜睡(嗜睡/明显疲劳)、汗液分泌减少以及呼出的空气、汗液和尿液中大蒜般的气味。严重时肝、肾受损。对皮肤、眼睛、黏膜有强烈刺激性。

本品是毒性最强的碲化合物之一，它的活性可能比碲化氢和硒化合物更强。人类接触该化学品会引起头痛、胸痛和呼吸急促。延迟出现的皮疹并不是本品引起的，但它可能是由碲的汗液抑制电位引起的。

5. 风险评估

我国职业接触限值同二氟化氧(按F计)。美国ACGIH的TLV值(按F计)美国OSHA的PEL限值(按F计)及MAK限值(按F计)同三氟化砷(按F计)。

另外美国ACGIH规定TLV为0.1 mg/m^3(按Te计)；OSHA规定PEL为0.1 mg/m^3(按Te计)；NIOSH规定IDLH为25 mg/m^3(按Te计)。

六 氟 化 钨

1. 理化性质

CAS 号：7783－82－6	外观与性状：无色气体或浅黄色液体，固体为易潮解的白色结晶
密度(kg/m^3)：3.44×10^3(15℃，液体)	分子量：297.8
熔点/凝固点(℃)：2.3	溶解性：溶于多数有机溶剂
沸点(℃)：17.5	

2. 用途与接触机会

本品为一种强氟化剂，用于气相沉积法制钨膜。在微电子工业中用作化学气相淀积硅化钨或钨，以制作低电阻、高熔点的互连线。

吸湿性强，易水解，在接触潮湿空气后，就会转化为 HF 和钨酸并作用于呼吸道和皮肤，并通过(过冷)液体的白雾或烟雾的形成而可见。

3. 毒代动力学

动物实验表明，钨(在很大程度上与被吸收化合物的种类无关)吸收后迅速分布于机体，最初主要分布于肝脏、肾脏和脾脏。一小部分在生物体中保留了很长一段时间，主要沉积在骨骼中。钨的消除有一定的延迟(测量人类的半衰期：大约 2 年)。氟化物也迅速地分布在器官中；但只有约 50%会被迅速排出，其中大部分在 24 h 内随尿液排出。在生物体中停留较长时间的部分几乎完全储存在骨骼和牙齿中。

4. 毒性

本品大鼠吸入 LC_{50}：1 430 mg/m^3，其健康危害 GHS 分类为：急性毒性—吸入，类别 2。

5. 人体健康危害

遇潮湿空气或水分解，散发剧毒和腐蚀性的氟化氢烟雾，能侵蚀几乎所有的金属，能迅速腐蚀湿的玻璃。该品对眼睛、皮肤和黏膜能引起非常严重的烧伤，高浓度暴露会引起恶心、呕吐、腹痛、抽搐、肾损伤，严重眼、肺损害的风险。

长时间暴露在低 HF 浓度下可能会引发肺功能障碍，甚至可能引发呼吸道的慢性疾病。慢性氟化氢暴露的关键系统性影响是氟在骨骼中的累积，过量暴露后可导致氟骨症。

6. 风险评估

我国职业接触限值同二氟化氧(按 F 计)。美国 ACGIH 的 TLV 值(按 F 计)美国 OSHA 的 PEL 限值(按 F 计)及 MAK 限值(按 F 计)同三氟化砷(按 F 计)。

另我国职业接触限值 PC－TWA 为 5 mg/m^3(按 W 计)，PC－STEL 为 10 mg/m^3(按 W 计)。美国 ACGIH 规定 TLV 为 3 mg/m^3(按 W 计)。

六 氟 化 硒

1. 理化性质

CAS 号：7783－79－1	外观与性状：无色带有气味的气体
密度(g/cm^3)：8.467；相对密度(水＝1)：3.25(－25℃)；相对密度(空气＝1)：7.1	分子量：192.95
熔点/凝固点(℃)：－39℃	易燃性：不燃
沸点(℃)：－34,5℃	溶解性：不溶于水
饱和蒸气压(kPa)：86.8(－48.7℃)	

2. 用途与接触机会

本品用作氟化剂；用作气体电绝缘体，主要可能在电弧焊条、整流器和半导体的制造过程中暴露。职业性接触，多经呼吸道发生。

3. 毒性

健康危害 GHS 分类为：急性毒性—吸入，类别 1；皮肤腐蚀/刺激，类别 2；严重眼损伤/眼刺激，类别 1；特异性靶器官毒性——次接触，类别 1；特异性靶器官毒性—反复接触，类别 1。

4. 人体健康危害

本品燃烧可能产生氟化氢，接触高浓度氟化氢，可引起眼及呼吸道黏膜刺激症状，严重者可发生支气管炎、肺炎，甚至产生反射性窒息。引起鼻、咽、喉慢性炎症，严重者可有鼻中隔穿孔。骨骼损害可引起氟骨病。氟化氢能穿透皮肤向深层渗透，形成坏死和溃疡，且不易治愈。

与其他硒化合物的影响类似，长期过度暴露后，除胃肠不适外，长期摄取硒的主要影响有：牙齿蛀坏、指甲受损、皮肤黄变、皮肤疹/发炎、皮下水肿及慢性关节炎。由于硒摄入量的增加，神经和精神障碍也被发现。

长期摄取 0.91 mg 硒/d(0.013 mg/kg)未引起中毒迹象。

5. 风险评估

我国职业接触限值同二氟化氧(按 F 计)。美国 ACGIH 的 TLV 值(按 F 计)美国 OSHA 的 PEL 限值(按 F 计)及 MAK 限值(按 F 计)同三氟化砷(按 F 计)。

另外美国 ACGIH 规定 TLV 为 0.4 mg/m^3(按 Se 计)；OSHA 规定 PEL 为 0.4 mg/m^3(按 Se 计)；NIOSH 规定 IDLH 为 1 mg/m^3(按 Se 计)。

氟锆酸钾

1. 理化性质

CAS 号：16923－95－8	外观与性状：无色或白色单斜晶系结晶
相对密度：3.48(水=1)	分子量：283.40
熔点/凝固点(℃)：840℃	易燃性：不燃
溶解性：微溶于冷水；溶于热水；不溶于氨水	

2. 用途与接触机会

用做生产金属锆和其他锆化合物的原料及镁铝合金。用于电器材料、耐火材料、电真空技术材料、陶瓷和玻璃的生产等。用于制金属锆及其他锆化合物，也用于铝镁合金、原子能工业、陶瓷及玻璃生产。用作催化剂和焊接剂，也用于光学玻璃、金属锆的制造。

3. 毒性

本品大鼠经口 LD_{50}：2 500 mg/kg，小鼠经口 LD_{50}：98 mg/kg，其健康危害 GHS 分类为：急性毒性—经口，类别 3；严重眼损伤/眼刺激，类别 1。

4. 人体健康危害

误服或吸入粉尘会中毒。氟化物对皮肤及黏膜有刺激及腐蚀作用。在人体内能干扰多种酶的活性，影响糖代谢、引起钙、磷代谢的紊乱及氟骨症。本品如溅到人的皮肤上，表现出明显的刺激作用，发生糜烂。

5. 风险评估

我国职业接触限值同二氟化氧(按 F 计)。美国 ACGIH 的 TLV 值(按 F 计)美国 OSHA 的 PEL 限值(按 F 计)及 MAK 限值(按 F 计)同三氟化砷(按 F 计)。

另我国职业接触限值 PC－TWA 为 5 mg/m^3，PC－STEL 为 10 mg/m^3(按 Zr 计)。美国 ACGIH 规定 TLV 为 5 mg/m^3(按 Zr 计)；OSHA 规定 PEL 为 5 mg/m^3(按 Zr 计)，MAK 为 1 mg/m^3(按 Zr 计，可吸入部分)；NIOSH 规定 IDLH 为 25 mg/m^3(按 Zr 计)。

氟硅酸铵

1. 理化性质

CAS 号：1309－32－6	外观与性状：无色结晶粉末，无臭
密度(g/cm^3)：2.011(α 型为等轴晶系)；2.152(β 型为三斜晶系)	分子量：178
溶解性：溶于醇和水；不溶于丙酮	

2. 用途与接触机会

用作酿造工业的消毒剂、玻璃蚀刻剂、纺织品的防蛀剂、木材防腐剂，也用于轻金属浇铸、电镀，还用于由绿砂中提钾及制取人造冰晶石和氯酸铵等。在化学分析中还用于测定钡盐。由萤石粉、硅砂与硫酸反应，再用氨中和而设得。用作酿造工业的消毒剂、玻璃蚀刻剂、纺织品的防蛀剂、木材防腐剂。也用于轻金属浇铸、电镀、由绿砂中提钾及制取人造冰晶石和氯酸铵等；在化学分析中还用于钡盐测定。镂刻玻璃，杀虫剂，热焊接助熔剂。用于消毒剂、防腐剂、杀虫剂等的制备。

主要摄入途径是通过呼吸道吸入。在工作场所以外，使用六氟硅酸盐二钠或氟硅酸作为饮用水的加氟剂、消毒剂或病虫害防治剂，可以通过胃肠道摄入非常少量的六氟硅酸盐。

3. 毒性

本品健康危害GHS分类为：急性毒性—经口，类别3；急性毒性—经皮，类别3；急性毒性—吸入，类别3。

4. 人体健康危害

本品可腐蚀黏膜和皮肤，明显引起皮肤发红和灼烧，有时形成溃疡和脓疱性皮疹，皮肤长时间接触会引起腐蚀。导致胃肠道紊乱、心循环系统和神经系统紊乱、代谢紊乱。对眼睛引起强烈刺激，即使在72 h后，仍然有严重的眼部损伤；

在吸入试验中，气溶胶在最高测试浓度为28.7 mg/m^{3}表明影响神经系统和肝脏。

误服可引起持续性头痛、胃肠道急性不适（胃炎、胃肠溃疡），严重时危及生命的心脏和循环系统紊乱：心律失常、心动过速、心室颤动、心电图异常（ST段抬高、QT间隔延长）。这些效应被认为与低钙血症密切相关，低钙血症也在中毒发生时被发现。

长期暴露在工作场所可能引起呼吸系统功能障碍（慢性刺激、阻塞性肺功能障碍，可能是尘肺病）和过度暴露于氟化物所带来的系统性影响，尤其是氟骨症的发展。

5. 风险评估

我国职业接触限值同二氟化氧（按F计）。

氟 硅 酸 钾

1. 理化性质

CAS号：16871-90-2	外观与性状：白色结晶或粉末，无臭无味
密度(g/cm^3)：2.665	分子量：220.26
易燃性：不燃	折射率(n20/D)：1.399
溶解性：溶解性微溶于水；可溶于盐酸，溶解度随温度的升高略有增加；不溶于醇	

2. 用途与接触机会

用于木材防腐、陶瓷制造、铝和镁冶炼、光学玻璃制造、合成云母及氟氯酸钾制造等；用作木材防腐剂、铝镁合金助熔剂、农业杀虫剂，也用于光学玻璃制造、合成云母及瓷釉制造等；木材工业中用作防腐剂；冶金工业中用作镁、铝冶炼的助剂；玻璃工业中用于制造钾玻璃、光学玻璃、不透明玻璃；农药工业中用于制造杀虫剂；有机工业中用于制造中间体；分析化学中用作分析试剂；化工生产中用于生产防腐蚀材料。还用于陶瓷、合成云母等方面；用作分析试剂和杀虫剂，也用于铝的冶炼、不透明玻璃的制造及瓷釉的配制。

3. 毒性

本品大鼠经口LD_{50}：156 mg/kg，小鼠经口LD_{50}：70 mg/kg，其健康危害GHS分类为：急性毒性—经口，类别3；急性毒性—经皮，类别3；急性毒性—吸入，类别3。

4. 人体健康危害

误服或吸入粉尘会中毒，误经口中毒者，会出现剧烈的胃肠道症状。粉尘能强烈刺激眼睛和呼吸系统。与酸反应，散发出刺激性和腐蚀性的氟化氢和四氟化硅气体。高毒，与酸反应放出有毒氟化氢气体。

5. 风险评估

我国职业接触限值同二氟化氧（按F计）。美国ACGIH的TLV值（按F计）美国OSHA的PEL限值（按F计）及MAK限值（按F计）同三氟化砷（按F计）。

氟 硅 酸 钠

1. 理化性质

CAS号：16893-85-9	外观与性状：白色结晶，结晶性粉末或无色六方结晶，无臭无味
密度(g/cm^3)：2.679 4	分子量：188.06
pH值：3	折射率(n20/D)：1.310
熔点/凝固点(℃)：未确定	易燃性：不燃
溶解性：有吸潮性；不溶于醇，可溶于乙醚等溶剂中；在酸中的溶解度比在水中大；冷水溶液呈中性，热水溶液呈碱性；在碱液中分解，生成钠及二氧化硅	

2. 用途与接触机会

用作玻璃和搪瓷乳白剂、助熔剂、农业杀虫剂、耐酸水泥的吸湿剂、凝固剂和某些塑料的填料。也用于木材防腐、制药及饮用水的氟化处理；熔融分解硅酸盐；铍和铝的合金；陶瓷器的釉料；制造乳白玻璃；羊毛制品防蛀和木材防腐；用作玻璃和搪瓷的乳白剂、助熔剂。天然乳胶制品中用作凝固剂，电镀锌、镍、铁三元镀层中用作添加剂，还用作塑料填充剂。此外，还用于制药和饮用水的氟化处理，及制造人造冰晶石和氟化钠；混凝土外加剂中用作缓凝剂。

3. 毒性

本品大鼠经口 LD_{50}：125 mg/kg，其健康危害 GHS 分类为：急性毒性—经口，类别 3；急性毒性—经皮，类别 3；急性毒性—吸入，类别 3。

4. 人体健康危害

吸入、皮肤接触及吞食有毒；对呼吸器官有刺激作用，误经口中毒者，会出现剧烈的胃肠道损害症状。致死量为 0.4～4 g。误服引起恶心、呕吐、腹痛、腹泻等急性胃肠炎样的急性中毒症状，吐泻物中常含血，严重者可发生抽搐、休克、急性心力衰竭等，可致死。皮肤接触可致皮炎或干裂。长期接触低尝试含氟气体则会造成慢性中毒，表现为鼻出血、齿龈炎、氟斑牙、牙齿变脆等症状，还可见持久性消化道、呼吸道疾病。本品 IARC 致癌性分类为组 3。

5. 风险评估

我国职业接触限值同二氟化氧(按 F 计)。美国 ACGIH 的 TLV 值(按 F 计)美国 OSHA 的 PEL 限值(按 F 计)及 MAK 限值(按 F 计)同三氟化砷(按 F 计)。

氟 硼 酸 镉

1. 理化性质

CAS 号：14486-19-2	外观与性状：无色结晶
密度(g/cm^3)：1.485	分子量：286.02
溶解性：易潮解；易溶于水、乙醇	易燃性：不燃

2. 用途与接触机会

用作有色金属焊剂和电镀液组分；有色金属焊接，电镀及分析试剂。

3. 毒性

本品大鼠经口 LDL_0 为：250 mg/kg，IARC 致癌性分类：组 1，其健康危害 GHS 分类为：致癌性，类别 1A。

4. 人体健康危害

刺激皮肤。误服或吸入粉尘会中毒。吸入可引起呼吸道刺激症状和肺水肿；误服会出现急性胃肠炎。慢性影响可损害肾、肺，影响钙、磷代谢，发生氟骨症等。

5. 风险评估

本品对水生物毒性极大且备长期影响，其环境危害 GHS 分类为危害水生环境—急性危害，类别 1；危害水生环境—长期危害，类别 1。

各国氟硼酸镉职业接触限值(按 Cd 计)规定同参照氟化镉(按 F 计)(按 Cd 计)。

氟 硼 酸 铅

1. 理化性质

CAS 号：13814-96-5	外观与性状：无臭，不挥发，淡黄色液体
密度(g/cm^3)：1.62(20℃)	分子量：380.81
溶解性：易溶于水	易燃性：不燃

2. 用途与接触机会

用于印刷线路的铅锡合金电镀及铅低温焊接。也用作分析试剂。还用于电镀，可作为电路板锡、铅合金的镀层。

3. 毒性

本品无机铅化合物的 IARC 致癌性分类为组 2A。本品健康危害 GHS 分类为：致癌性，类别 1B；生殖毒性，类别 1A；特异性靶器官毒性—反复接触，类别 2。

4. 风险评估

本品对水生物毒性极大且备长期影响，其环境危害 GHS 分类为危害水生环境—急性危害，类别1；危害水生环境—长期危害，类别1。

我国职业接触限值同二氟化氧(按 F 计)。

另美国 ACGIH 规 TLV 为 0.05 mg/m^3 (按 Pb 计)。美国 OSHA 规定 PEL 为 0.05 mg/m^3 (按 Pb 计)。

氟 铍 酸 铵

1. 理化性质

CAS 号：14874-86-3	易燃性：不燃
密度(g/cm^3)：1.32	溶解性：易水解
pH 值：3.5	

2. 毒性

本品属于铍及其化合物范畴，为确认人类致癌物，IARC 分类为1类。大鼠经口 LD_{50}：100 mg/kg，大鼠吸入 LC_{50}：213 mg/m^3，其健康危害 GHS 分类为：急性毒性—经口，类别3；皮肤腐蚀/刺激，类别2；严重眼损伤/眼刺激，类别2；皮肤致敏物，类别1；致癌性，类别1A；特异性靶器官毒性——一次接触，类别3(呼吸道刺激)；特异性靶器官毒性—反复接触，类别1。

3. 风险评估

本品对水生生物有毒，并具有长期持续影响，其环境危害 GHS 分类为：危害水生环境—急性危害，类别2；危害水生环境—长期危害，类别2。

我国职业接触限值同二氟化氧(按 F 计)。

美国 ACGIH 的 TLV 限值(按 F 计)及 MAK 限值(按 F 计)同三氟化碘。

另外我国职业接触限值 PC-TWA 为 0.000 5 mg/m^3，PC-STEL 为 0.001 mg/m^3 (按 Be 计)。美国 ACGIH 规定 TLV 为 0.000 05 mg/m^3 (按 Be 计，可吸入部分)；OSHA 规定 PEL 为 0.002 mg/m^3 (按 Be 计)；NIOSH 规定 IDLH 为 4 mg/m^3 (按 Be 计)。

氟 铍 酸 钠

1. 理化性质

CAS 号：13871-27-7	溶解性：可溶于水
性状：固体	

2. 毒性

本品属于铍及其化合物范畴，为确认的人类致癌物，IARC 致癌性分类：1类。其健康危害 GHS 分类为：急性毒性—经口，类别3；急性毒性—吸入，类别2；皮肤腐蚀/刺激，类别2；严重眼损伤/眼刺激，类别2；皮肤致敏物，类别1；致癌性，类别1A；特异性靶器官毒性——一次接触，类别3(呼吸道刺激)；特异性靶器官毒性—反复接触，类别1。

3. 人体健康危害

可引起中毒性肺炎和纤维化。与暴露于该物质相关的职业性疾病：慢性铍尘病，具体参考第5章中铍及其化合物、第9章中氟及其无机化合物章节。

4. 风险评估

各国氟铍酸钠职业接触限值规定同参照氟铍酸铵(按 F 计)(按 Be 计)。

本品对水生物有毒且有长期影响，其环境危害 GHS 分类为：危害水生环境—急性危害，类别2；危害水生环境—长期危害，类别2。

氟 钽 酸 钾

1. 理化性质

CAS 号：16924-00-8	性状：白色固体或粉末
密度(g/cm^3)：4.56(25℃)	溶解性：微溶于冷水；易溶于热水

2. 用途与接触机会

用于制金属钽和其他钽化合物，也用作催化剂、试剂。

3. 毒性

本品小鼠经口 LD_{50}：110 mg/kg；大鼠腹腔注射 LD_{50}：375 mg/kg；大鼠经口 LD_{50}：110 mg/kg。其健康危害 GHS 分类为：急性毒性—经口，类别 3。

4. 人体健康危害

该产品粉末对呼吸道黏膜有刺激作用。

长时间接触钽及其化合物，有资料报道可引起尘肺病，具体参考第 6 章中钽及其化合物、第 9 章中氟及其无机化合物章节。

5. 风险评估

各国氟钽酸钾职业接触限值规定同参照三氟化砷(按 F 计)。

六氟硅酸镁

1. 理化性质

CAS 号：16949－65－8	性状：固体，白色粉末

2. 用途与接触机会

用作纺织品的防蛀剂或用于制造其他物质。

3. 毒性

本品健康危害 GHS 分类为：急性毒性—经口，类别 3。

本品可能导致严重的眼部损伤；吸入可能对上呼吸道和肺产生腐蚀作用；可能导致氟骨症；大鼠约 300 mg/(kg・d)喂养 4 w 后，可见血液和临床生化指标变化，骨组织中矿物沉积，间质性肾炎，胃部过度角化，肝脏和肾脏相对重量增加，以及雄性大鼠睾丸和肾上腺重量增加。

4. 风险评估

各国六氟硅酸镁职业接触限值规定同参照三氟化砷(按 F 计)。

六氟合硅酸钡

1. 理化性质

CAS 号：17125－80－3	性状：固体，粉末

2. 用途与接触机会

用于生产四氟化硅和作为杀虫剂。

3. 毒性

本品大鼠经口 LD_{50}：175 mg/kg。其健康危害 GHS 分类为：急性毒性—经口，类别 3；严重眼损伤/眼刺激，类别 2；特异性靶器官毒性——次接触，类别 3(呼吸道刺激)；特异性靶器官毒性—反复接触，类别 1。

4. 风险评估

各国六氟合硅酸钡职业接触限值规定同参照三氟化砷(按 F 计)。

六氟合硅酸锌

1. 理化性质

CAS 号：16871－71－9	溶解性：易溶于水，可溶于无机酸，不溶于乙醇
沸点(℃)：50～70	

2. 用途与接触机会

用作混凝土快速硬化剂、木材防腐剂、熟石膏增强剂、洗涤后处理剂、防蛀剂、聚酯纤维生产的催化剂等，也用于配置锌的电解浴。

3. 毒性

本品青蛙皮下注射 LDL_0：280 mg/kg；大鼠经口 LDL_0：100 mg/kg。其健康危害 GHS 分类为：急性毒性—经口，类别 3；严重眼损伤/眼刺激，类别 2；特异性靶器官毒性——次接触，类别 3(呼吸道刺激)；特异性靶器官毒性—反复接触，类别 1。

4. 人体健康危害

对皮肤、眼、鼻和咽喉黏膜均有刺激作用，接触可能导致皮肤溃疡，吸入高浓度该物质可引起严重的肺部炎症；在一例自杀案例中，一名 35 岁男性喝下一玻璃杯 5%～10%浓度的市售六氟合硅酸锌溶液后出现呕吐和强直性惊厥症状，并于 5 h 内死亡；摄入 9 mg/kg 的六氟合硅酸锌可致死。其毒性参看氟和锌。

5. 风险评估

各国六氟合硅酸锌职业接触限值规定同参照三氟化砷(按F计)。

氯及其无机化合物

氯/液氯/氯气

1. 理化性质

CAS 号：7782－50－5	外观与性状：黄绿色气体，刺激性，漂白剂般呛人的气味
熔点/凝固点(℃)：－101.5	临界温度(℃)：144
沸点(℃)：－34.04	临界压力(MPa)：76.1
饱和蒸气压：510.5 kPa(10℃)	易燃性：大多数可燃物会在氯气中燃烧，形成刺激性和有毒气体
密度(g/cm^3)：2.898	气味阈值：0.002 0 mg/L
n-辛醇/水分配系数：0.85	溶解性：0℃时为 1.46 g/100cc 水；10℃时 310cc/100cc 水；30℃下 177cc/100cc 水；在 25℃水中形成 Cl_2(0.062M)，HOCl(0.030M)，氯离子(0.030M)的溶解度；总溶解度：0.092M

2. 用途与接触机会

广泛用于自来水消毒、纸浆及纺织品漂白、矿石精炼和有机无机氯化物合成等。冶金工业用于生产金属钛、镁；化学工业用于生产次氯酸钠、三氯化铝、三氯化铁、漂白粉、溴素、三氯化磷等无机化工产品，还用于生产氯乙酸、环氧氯丙烷、一氯代苯等有机氯化物，也用于生产氯丁橡胶、塑料及增塑剂。日用化学工业用于生产合成洗涤剂原料烷基磺酸钠和烷基苯磺酸钠等。农药工业用作生产高效杀虫剂、杀菌剂、除草剂、植物生长刺激剂的原料。

3. 毒代动力学

可以经过呼吸道、消化道或皮肤吸收进入体内。氯主要在尿液和粪便中消除，主要形式(摄入量的 81%)为氯离子。

4. 毒性

本品狗吸入 LCL_0：2 532 mg/m^3，30 min；豚鼠吸入 LCL_0：10 128.6 mg/m^3，3 h；人吸入 LCL_0：1 582.6 mg/m^3，5 min，2 530 mg/m^3，30 min；小鼠吸入 LC_{50}：433.6 mg/m^3，1 h；大鼠吸入 LC_{50}：927.4 mg/m^3，1 h。其健康危害 GHS 分类为：急性毒性—吸入，类别 2；皮肤腐蚀/刺激，类别 2；严重眼损伤/眼刺激，类别 2；特异性靶器官毒性——次接触，类别 3(呼吸道刺激)。

5. 人体健康危害

5.1 急性中毒

临床上分为刺激反应、轻度、中度和重度中毒。其表现为：

(1) 氯气刺激反应出现一过性的眼及上呼吸道刺激症状。肺部无阳性体征或偶有少量干性啰音，一般于 24 h 内消退。

(2) 轻度中毒主要表现为支气管炎或支气管周围炎，有咳嗽，可有少量痰、胸闷等。两肺有散在干性罗音或哮鸣音，可有少量湿性罗音。

胸部 X 线表现为肺纹理增多、增粗、边缘不清，一般以下肺野较明显。

(3) 中度中毒主要表现为支气管肺炎、间质性肺水肿或局限的肺泡性肺水肿。咳嗽、咯痰、气短、胸闷或胸痛，可有轻度发绀，两肺有干性或湿性罗音，或诉气短、于两肺有弥漫性哮喘音。

胸部 X 线表现为肺纹理增多、增粗，两下肺的内、中带沿肺纹理分布不规则斑片状模糊阴影，或见两肺野肺纹理模糊，有广泛网状阴影或散在性细粒状阴影，肺野透明度降低；或显示单个或多个局限性密度增高阴影。

(4) 重度中毒在临床表现或胸部 X 线所见中具有下列情况之一者，即属重度中毒。

① 临床上出现：a. 咳嗽、咯大量白色或粉红色泡沫痰，呼吸困难，胸部紧束感，明显发绀，两肺有弥漫性湿性罗音；b. 严重窒息；c. 中度、深度昏迷；d. 猝死；e. 出现严重并发症，如气胸、纵隔气肿等。

② 胸部 X 线表现：主要呈广泛、弥漫性肺炎或肺泡性肺水肿：有大片均匀密度增高阴影，大小与密度不一和边缘模糊的片状阴影，广泛分布两肺野，少数呈蝴蝶翼状。

皮肤接触液氯或高浓度氯，在暴露部位可有灼伤或急性皮炎。急性中毒还可引起哮喘。氯对人的急性毒性见下表：

浓度 mg / m^3	表　现
3 000	深吸少许可能危及生命
300	可能造成致命性损害
120～180	接触 30～60 min 可能引起严重损害
90	引起剧咳
18	刺激咽喉
3～9	有明显气味，刺激眼、鼻
1.5	略有气味
0.06	嗅觉阈浓度

5.2　慢性中毒

有人对长期接触低浓度（1～7.5 mg/m^3）氯的 55 名工人进行了肺功能检查，发现有早期气道阻塞性病变的倾向，经常接触一定浓度的氯气，可引起上呼吸道、眼结膜及皮肤方面的刺激症状；慢性支气管炎发病率较高，上海调查了长期接触氯气的 583 名工人中，慢性支气管炎患病率为 25.4%（对照组为 9.5%），且随专业工龄增加而增高，个别有哮喘发作。反复呼吸道继发感染后可能逐渐导致肺气肿。患者常诉有疲乏、头昏等神经衰弱综合征，并伴有类似胃炎的症状。皮肤暴露部位有烧灼发痒感，且往往发生痤疮样皮疹或疱疹。有的可见牙齿酸蚀现象。

6. 风险评估

我国职业接触限值规定 MAC 为 1 mg/m^3。美国 ACGIH 规定 MAC 为 3 mg/m^3）；OSHA 规定 8 h - TWA 为：1.6 mg/m^3，15 minSTEL 为：3 mg/m^3；NIOSH 规定 15 minTLV - C 为：1.45 mg/m^3。

本品对水生物毒性极大，其环境危害 GHS 分类为：危害水生环境—急性危害，类别 1。

二 氧 化 氯

1. 理化性质

CAS 号：10049 - 04 - 4	熔点(℃)：－59
外观与性状：室温下红黄色气，固体二氧化氯是黄红色结晶物质；液体呈红褐色，具有刺激性气味	饱和蒸气压(kPa)：100.8(20℃)
沸点(℃)：11	易燃性：不燃，可助燃
密度(g/cm^3)：1.642	溶解性：溶于碱和硫酸溶液中，2 000 cm^3（气体）/100 ml 冷水

2. 用途与接触机会

用于漂白纤维素、纸浆、面粉、皮革、脂肪和油、纺织品以及蜂蜡；医疗设备、水果蔬菜和肉类的消毒，以及市政供水的净化。生产和使用过程中可接触该物质。

3. 毒代动力学

本品可经皮肤和消化道接触吸收。大鼠每日用阿尔西德（一种亚氯酸钠和乳酸溶液，混合时产生二氧化氯）染毒，连续 10 d，测量 ^{36}Cl 的皮肤吸收。72 h 后达到 ^{36}Cl 的最大血浆水平，吸收速率常数和半衰期分别为 0.031 4/h 和 22.1 h。8 h 内血浆浓度达到峰值，144 h 后，血浆中的放射性最高，其次是肺、肾、皮肤、骨髓、胃、卵巢、十二指肠、回肠、脾脏、脂肪、脑、肝脏和胴体。亚细胞分布显示肝脏匀浆中 85% 的活性存在于胞质溶胶中；血浆总活性的 70% 位于三氯乙酸上清液中，30% 与沉淀的蛋白质部分结合。尿排泄物占 ^{36}Cl 消除的大部分。

4. 毒性

本品大鼠吸入 LCL_0：783 mg/(m^3 · 2 h)；大鼠经口 LD_{50}：292 mg/kg；小鼠吸入 LC_{50}：＞547 mg/m^3）。其健康危害 GHS 分类为：急性毒性—吸入，类别 2；皮肤腐蚀/刺激，类别 1B；严重眼损伤/眼刺激，类别 1；特异性靶器官毒性——次接触，类别 3（呼吸道刺激）。

大鼠在 27 mg/m^3 的二氧化氯浓度中，4 h/d 反复暴露，至第 14 d 死亡。尸检见化脓性支气管炎及支气管肺炎。大鼠于 2.7 mg/m^3 的二氧化氯中，5 h/d 持续暴露，历时 2 个月，对平均体重增长无影响，红细胞、白细胞无明显改变，也未见肺、肝实质损害。

5. 人体健康危害

5.1　急性中毒

人体暴露研究表明 15 mg/m^3 的二氧化氯对人

体可产生刺激，密闭容器中 57.2 mg/m³ 的二氧化氯气体足以导致 1 名工人死亡(暴露时长未知)。

急性暴露于二氧化氯的工作人员可出现反应性气道功能障碍综合征(RADS，一种职业性哮喘)和上呼吸道反应性障碍(称为反应性上呼吸道功能障碍综合征，RUDS)。发生 RUDS 的工作人员活检标本的病理检查显示鼻上皮细胞发生变化，研究者认为这些变化为患者的上气道窘迫、鼻炎、鼻窦炎和结膜炎持续综合征提供了依据。接触后主要引起咳嗽、喷嚏、气急、胸闷以及流涕、流泪等眼、鼻、咽喉部刺激症状及体征。吸入高浓度二氧化氯可发生肺水肿。

5.2 慢性中毒

职业暴露于低浓度二氧化氯气体的工作人员偶尔会感觉眼睛受到刺激，并看到光线晕；支气管镜检查和活检显示接触二氧化氯的 12 名工人中有 7 名患有轻度慢性支气管炎，但只有 2 名在检查前暴露的工作人员出现了呼吸系统的体征。在其中 1 个病例中，先前观察到的支气管炎消失了，表明在没有持续暴露的情况下该症状可逆。

有报告称一名化学家多年反复暴露于二氧化氯后，出现了支气管炎和明显的肺气肿，且呼吸困难和哮喘性支气管炎症状不断加重。

有报告称，在 13 名 5 年前由于水净化系统管道泄漏而意外接触到二氧化氯的个体(1 名男性和 12 名女性)中，观察到鼻腔异常(包括充血、毛细血管扩张、苍白、鹅卵石样征、水肿和稠黏液)。这些个体也表现出对呼吸刺激的敏感性。与 1/3 的对照个体相比，鼻活检显示 11/13 二氧化氯暴露的个体固有层存在慢性炎症。与对照组相比，二氧化氯暴露组炎症的严重程度显著增加。

6. 风险评估

我国职业接触限值规定 PC-TWA 为 0.3 mg/m³，PC-STEL 为 0.8 mg/m³。美国 ACGIH 规定 MAC 为：0.3 mg/m³；OSHA 规定 TLV 为：0.3 mg/m³；MAK 为：0.3 mg/m³；NIOSH 规定 IDLH 为：15 mg/m³。

本品对水生物毒性极大，其环境危害 GHS 分类为：危害水生环境—急性危害，类别 1。

氯 化 氢

1. 理化性质

CAS 号：7647-01-0	外观与性状：无色气体，有剧烈的刺激气味
临界温度(℃)：51.4	pH 值：1.0
熔点/凝固点(℃)：−114.22	沸点(℃)：−85.05 (100 kPa)
饱和蒸气压(kPa)：4 711.4	密度(kg/m³)：1.639
相对蒸气密度(空气＝1)：1.268	气味阈值(mg/m³)：空气：0.77 μl/L
溶解性：极易溶于水，在水中的溶解度为 0℃ 82.3 g/100 g 水；30℃ 67.3 g/100 g 水；40℃ 63.3 g/100 g 水；50℃ 59.6 g/100 g 水；60℃ 56.1 g/100 g 水	

2. 用途与接触机会

以盐酸形式出售，有多种家庭和建筑用途，如除垢剂；用于清洁、酸洗和电镀金属；也可用于油井活化、矿石还原、皮革制革、游泳池清洗和食用油精制；36%的 HCl 标准浓度溶液用作半导体制造中的湿蚀刻剂。生产和使用过程中可接触该物质。

3. 毒性

本品豚鼠吸入 LDL_0：7 183 mg/m³，30 min；人吸入 LC_{50}：18 035 mg/m³，1 h 呼吸道刺激；小鼠腹腔注射 LD_{50}：40.412 mg/kg；兔经口 LD_{50}：900 mg/kg；大鼠经口 LD_{50}：2 210 mg/kg；人吸入 LDL_0：4 883 mg/m³，5 min，2 116 mg/m³，30 min；人经口 LDL_0：2.857 mg/kg。其健康危害 GHS 分类为：急性毒性—吸入，类别 3；皮肤腐蚀/刺激，类别 1A，严重眼损伤/眼刺激，类别 1。

长期接触较高浓度，可造成慢性支气管炎、胃肠道功能障碍以及牙齿损害。对皮肤也有刺激作用，甚至灼伤。本品 IARC 致癌性分类为组 3。

4. 人体健康危害

氯化氢嗅阈为 1.5～7.5 mg/m³。浓度为 7.5～15 mg/m³时令人感到不快。急性中毒者可感到头痛、头昏、恶心、咽痛、眼痛、咳嗽、声音嘶哑、呼吸困难、胸闷、胸痛，有的有咯血。检查可见眼结膜、鼻及咽部黏膜红肿，角膜混浊。严重者可引起化学性肺炎、肺水肿、肺不张等病变。

长期在超过 15 mg/m^{3}浓度的环境下操作，会造成牙齿酸蚀症、慢性支气管炎等病变。

5. 风险评估

我国职业接触限值规定 MAC 为 7.5 mg/m^3。美国 OSHA 规定 PELs 为：MAC 为 8.1 mg/m^3，TLV－C 为 3.3 mg/m^3；NIOSH 规定 TLV－C 为：8.1 mg/m^3。

本品对水生物毒性极大，其环境危害 GHS 分类为：危害水生环境—急性危害，类别 1。

四 氯 化 硅

1. 理化性质

CAS 号：10026－04－7	外观与性状：无色，清澈，流动，发烟液体，窒息的气味
分子量：169.898	临界压力(atm)：36.8
熔点/凝固点(℃)：−70	沸点、初沸点和沸程(℃)：59
饱和蒸气压(kPa)：31.34(25℃)	易燃性：不燃
密度(kg/m^3)：1.52(0℃/4℃)	溶解性：与苯，乙醚，氯仿，石油醚混溶；可溶于四氯化碳、二硫化碳等非极性溶液中

2. 用途与接触机会

用于制备硅酸酯类、有机硅单体、有机硅油、高温绝缘漆、硅树脂、硅橡胶等，还用于生产四烷氧基硅烷和二氧化硅光导纤维波导。在用冰晶石制铝，磷灰石制取过磷酸钙肥料以及生产单晶硅过程中，常与氟化氢同时逸出。

3. 毒性

本品小鼠吸入 LCL_0：15 000 mg/m^3；大鼠吸入 LC_{50}：60 675 mg/m^3，4 h，其健康危害 GHS 分类为：皮肤腐蚀/刺激，类别 2；严重眼损伤/眼刺激，类别 2；特异性靶器官毒性——次接触，类别 3(呼吸道刺激)。

4. 人体健康危害

皮肤接触本品蒸气可引起接触性皮炎，接触液体可引起化学性灼伤。本品对眼、上呼吸道有直接刺激作用，轻者局部充血、支气管炎，重者可发生肺充血和肺水肿。

四 氯 化 硒

1. 理化性质

CAS 号：10026－03－6	外观与性状：白色或浅黄色结晶
分子量：220.772	临界压力(atm)：36.8
熔点(℃)：305	沸点(℃，常压)：288(分解)
密度(g/cm^3)：2.6(25℃)	溶解性：溶于三氯氧磷；微溶于二硫化碳；不溶于乙醇、乙醚和溴

2. 毒性

本品豚鼠皮下 LD_{50}：19 mg/kg，其健康危害 GHS 分类为：急性毒性—经口，类别 3；急性毒性—吸入，类别 3；特异性靶器官毒性—反复接触，类别 2。

3. 风险评估

本品对水生物毒性极大且有长期影响，其环境危害 GHS 分类为：危害水生环境—急性危害，类别 1；危害水生环境—长期危害，类别 1。

二 氯 亚 砜

1. 理化性质

CAS 号：7719－09－7	外观与性状：无色或黄色有刺激气味的液体
分子量：118.97	密度(g/cm^3)：1.634(20/4℃)
熔点(℃)：−104.5	沸点(℃)：78.8
蒸气压(kPa)：14.6(26℃)	相对蒸气密度(空气＝1)：4.1

2. 用途与接触机会

用于有机合成，制备酰基氯和有机酸酐，并用作催化剂、氯化剂、试剂。

3. 毒代动力学

本品遇水迅速分解生成氯化氢及二氧化硫，后续代谢与分布与此二种物质相同。二氧化硫吸入后可溶于体液，而后分布于全身；部分可停留在呼吸系统中达一周或更久；主要经尿液排出。氯化氢在鼻腔中即溶解，在体内不代谢，但呼吸道中吸收的氢离子和氯离子可分布于全身。参看氯、氯化氢相关章节。

4. 毒性

本品大鼠吸入 LC_{50}：2 655.4 mg/m^3，1 h；猫每日吸入 850 mg/m^{3}的二氯亚砜 20 min，10 日后死亡。

本品蒸气对呼吸道及眼结膜有明显刺激作用，皮肤接触液体可引起灼伤，其健康危害 GHS 分类为：皮肤腐蚀/刺激，类别 1A；严重眼损伤/眼刺激，类别 1；特异性靶器官毒性——次接触，类别 3(呼吸道刺激)。

5. 风险评估

美国 ACGIH 规定 TLV－C 为：1.1 mg/m^3。

二 氯 化 砜

1. 理化性质

CAS 号：7791－25－5	外观与性状：无色有刺激气味的液体
饱和蒸气压(kPa)：13.33(17.8℃)	相对蒸气密度(空气＝1)：4.7
熔点(℃)：－54.1	辛醇/水分配系数：1.04
溶解性：溶于乙酸、苯、氯仿、乙醚；遇水、强酸及醇类能分解	沸点(℃)：69.1

2. 用途与接触机会

又名磺酰氯，在化学工业中，用于芳香烃及脂肪链烃的氯化及磺化；用于处理羊毛、翻药、染料、橡胶、塑料以及有机氯化物的制造等。

3. 毒性

本品大鼠吸入 LC_{50}：958 mg/m^3，4 h，蒸气对呼吸道有刺激，约为氯气毒性的 1/6，接触液体可引起灼伤。其健康危害 GHS 分类为：皮肤腐蚀/刺激，类别 1B；严重眼损伤/眼刺激，类别 1；特异性靶器官毒性——次接触，类别 3(呼吸道刺激)。

4. 风险评估

本品对水生物有毒，其环境危害 GHS 分类为：危害水生环境—急性危害，类别 2。

氯 磺 酸

1. 理化性质

CAS 号：7790－94－5	外观与性状：无色或微黄色液体，刺鼻气味。
熔点(℃)：－80	沸点(℃)：151～152(100 kPa)；74～75(2.5 kPa)；60～64(0.26～0.53 kPa)
饱和蒸气压(kPa)：0.13(32℃)	易燃性：助燃
密度(g/cm^3)：1.753(20℃)	相对蒸气密度(空气＝1)：4.02
溶解性：不溶于二硫化碳、四氯化碳，溶于氯仿、乙酸、二氯甲烷	

2. 用途与接触机会

化工中用于合成染料、杀虫剂、杀菌剂、离子交换树脂、糖精；还用于合成药品，如磺胺类药物；还用于合成洗涤剂，如烷基硫酸酯类表面活性剂、烷基酚聚氧乙烯醚硫酸盐表面活性剂。

职业性接触主要途径为通过呼吸道吸入和皮肤接触。

3. 毒性

本品大鼠吸入 LD_{50}：38 500 μg/(m^3·4 h)；大鼠经口 LD_{50}：50 mg/kg。其健康危害 GHS 分类为：急性毒性—经口，类别 2；皮肤腐蚀/刺激，类别 1B；严重眼损伤/眼刺激，类别 1；特异性靶器官毒性——次接触，类别 3(呼吸道刺激)。

4. 人体健康危害

本品蒸气对呼吸道及黏膜有明显刺激作用，本品对眼睛、皮肤、黏膜有高刺激性和腐蚀性。临床表现有气短、咳嗽、胸痛、咽干痛以及流泪、流涕，痰中带血、恶心、无力等。吸入高浓度可引起化学性肺炎，甚至可发展为肺水肿。皮肤接触液体可致重度灼伤。本品蒸气在 158℃ 以上可分解为氯、二氧化硫及硫酸，遇水也起剧烈反应，生成硫酸及氯化氢，参看硫酸和氯化氢毒性部分。

5. 风险评估

本品对水生物有毒，其环境危害 GHS 分类为：危害水生环境—急性危害，类别 2。

氯　化　钡

1. 理化性质

CAS 号：10361－37－2	分子量：208.236
外观与性状：白色斜方晶体，白色固体，无味的	熔点(℃)：无色单斜晶体 962℃；α－氯化钡 963℃；β－氯化钡约 120℃
沸点(℃)：1 560	密度：无色单斜晶体：3.856；α－氯化钡/无色立方：3.917；β－氯化钡/白色单斜晶体：3.097；
饱和蒸气压(KPa)：基本上是 0	相对密度(水＝1)：3.9
溶解性：25℃溶解度为 37.0 g/100 g 水；在水中重量百分比：24%，0℃；26.3%，20℃；28.9%，40℃；31.7%，60℃；34.4%，80℃；26.2%，100℃。几乎不溶于乙醇	

2. 用途与接触机会

用于生产颜料、彩色水、玻璃和酸性染料的媒染剂；称重和染色纺织品；精炼铝；用作锅炉中水的软化剂；用于制革和加工皮革；处理填充床垫的羊毛；作为润滑油添加剂、制造钡盐的中间体、钢硬化剂的中间体；用于生产金属镁；用于化学分析中；作为“三元共晶盐”(由氯化钠、氯化钾和氯化钡组成，在 555℃完全熔化)中含量 5%的成分，可以有效扑灭铀和钚引起的火灾。

3. 毒性与中毒机理

本品豚鼠经口 LD_{50}：76 mg/kg；小鼠腹腔内注射 LD_{50}：39 mg/kg；小鼠静脉注射 LD_{50}：12 mg/kg；大鼠经口 LD_{50}：118 mg/kg；大鼠皮下注射 LD_{50}：178 mg/kg。其健康危害 GHS 分类为：急性毒性—经口，类别 3。

氯化钡主要中毒机理，是因其在心脏肌肉及其神经传导系统中具有类洋地黄活性使用。它的作用是引起肌肉(心脏、子宫)的强直性收缩。无论神经支配如何，钡都能刺激横纹肌、心肌和平滑肌。不论肌肉抑制剂的作用部位是神经还是肌肉，钡对所有肌肉抑制剂都有拮抗作用。意外或故意摄入可溶性钡盐(如碳酸钡，氯化钡)会产生低钾血症和急性高血压。

4. 人体健康危害

意外吸入生产过程中使用的可溶性氯化钡可导致严重的低钾血症，典型的临床表现是胃肠运动过度、反流、弛缓性麻痹和呼吸衰竭，严重时可导致死亡。

有意识地或意外地暴露于氯化钡可引起低钾血症，出现室性心动过速、高血压或低血压、肌无力和麻痹等；除与低钾血症相关的作用之外，胃肠道作用如呕吐、腹部绞痛和水样腹泻亦有报告。

本品可刺激眼睛、皮肤和呼吸道，并可能对神经系统造成影响。据报道，人体氯化钡致死剂量约为 0.8～0.9 g 或 550～600 mg 钡。

5. 风险评估

我国职业接触限值规定钡及其可溶性化合物(按 Ba 计)PC－TWA：0.5 mg/m^3；PC－STEL：1.5 mg/m^3。

美国 NIOSH 规定：10 h－TWA 为 0.5 mg/m^3 氯化钡(以 Ba 计)。

氯　化　镉

1. 理化性质

CAS 号：10108－64－2	外观与性状：无色单斜晶体
熔点(℃)：568	沸点(℃)：960
分子量：183.316	密度(g/cm^3)：4.08
饱和蒸气压(kPa)：1.33(656℃)	溶解性：溶于丙酮，几乎不溶于醚；微溶于乙醇。水中 25℃溶解度为 120 g/100 g 水

2. 用途

用于制造照相纸和复写纸的药剂、镉电池，还可用作陶瓷釉彩、合成纤维印染助剂和光学镜子的增光剂。做分析试剂用于分析硫化物时吸收硫化氢，检定吡啶基。

3. 毒性

本品大鼠经口 LD_{50}：88 mg/kg；大鼠腹腔注射 LD_{50}：1 800 μg/kg；小鼠经口 LD_{50}：60 mg/kg；小鼠标腹腔注射 LD_{50}：9 300 μg/kg；小鼠皮下注射 LD_{50}：3 200 μg/kg。本品为确认的人类致癌物，IARC分类为1类。其健康危害GHS分类为：急性毒性—经口，类别3；急性毒性—吸入，类别2；生殖细胞致突变性，1B；致癌性，类别1A；生殖毒性，1B；特异性靶器官毒性—反复接触，类别1。

4. 风险评估

我国职业接触限值规定镉及其化合物(按Cd计)PC-TWA为0.01 mg/m³；PC-STEL为0.02 mg/m³。

美国ACGIH规定TLV-TWA为：0.01 mg/m³(以Cd计)，0.002 mg/m³(可吸入部分，以Cd计)。生物接触限值规定尿镉为5 μg/g肌酐；血酐为5 μg/L。

本品对水生环境毒性极大且有长期影响，其环境危害GHS分类为：危害水生环境—急性危害，类别1；危害水生环境—长期危害，类别1。

氯 化 汞

1. 理化性质

CAS号：7487-94-7	外观与性状：无色菱形晶体或白色粉末。白色晶体或粉末
pH值：3.2(0.2 mol/L水溶液)	熔点(℃)：277
沸点(℃)：302	饱和蒸气压(kPa)：0.13(136.2℃)
密度(g/cm³)：5.6(20℃)	易燃性：不燃
相对蒸气密度(空气=1)：9.8(300℃)	溶解性：溶于醋酸；微溶于二硫化碳、吡啶、甲醇、丙酮、乙酸乙酯、可溶于甲酸、降低醋酸酯，以及其他极性有机溶剂

2. 用途

用作防腐剂、消毒剂、兽医药物和干电池电解质；用于染色和保存木材、防腐组织、冲洗照片、印花面料、晒黑皮革、处理毛皮、电镀铝、蚀刻钢、将黄金从铅中分离；过去曾用作杀虫剂和生产氯乙烯的催化剂。

3. 毒性

本品大鼠经口 LD_{50}：1 mg/kg，大鼠经皮 LD_{50}：41 mg/kg，蛙肌肉注射 LD_{50}：7.579 mg/kg。其健康危害GHS分类为：急性毒性—经口，类别2；皮肤腐蚀/刺激，类别1B；严重眼损伤/眼刺激，类别1；生殖细胞致突变性，2；生殖毒性，2；特异性靶器官毒性—反复接触，类别1。

4. 人体健康危害

对皮肤有腐蚀作用；摄入有高毒性，无机汞盐的致死剂量约为1 g；对皮肤和眼部有刺激作用；可能引起皮肤过敏反应；可引起肾脏、肝脏损害和感觉运动神经病变。参见汞章节。

5. 风险评估

本品IARC致癌性分类为组3。我国职业接触限值规定PC-TWA为0.025 mg/m³。美国ACGIH规定PC-TWA为0.025 mg/m³；OSHA规定TLV为：0.1 mg/m³(以Hg计)；MAK：0.02 mg/m³(以Hg计，可吸入部分)；NIOSH规定IDLH：10 mg/m³(以Hg计)。

本品对水生物毒性极大，且有长期影响，其环境危害GHS分类为危害水生环境—急性危害，类别1；危害水生环境—长期危害，类别1。

氯 化 钴

1. 理化性质

CAS号：7646-79-9	外观与性状：蓝色晶状固体
熔点(℃)：735	沸点(℃)：1 049
分子量：129.839	溶解性：溶于水，0℃时1.16 kg/L，20℃时586 g/L；可溶于醇、丙酮、醚、甘油和吡啶；38.5 g/100 ml甲醇；8.6 g/100 ml丙酮

2. 用途与接触机会

用于制造隐形墨水；硅胶干燥剂中的湿度指示剂；磨床中的温度指示剂；电镀；玻璃和瓷器上色；催化剂制备；肥料和饲料添加剂；啤酒泡沫稳定剂；作为军用毒气和氨的吸附剂；用于维生素 B_{12} 的生产。

职业性接触多为工作场所经呼吸道吸入。

3. 毒性

本品豚鼠经口 LD_{50}：55 mg/kg；大鼠腹腔注射 LD_{50}：49 mg/kg；大鼠静脉注射 LD_{50}：23.3 mg/kg；大鼠经口 LD_{50}：80 mg/kg；小鼠腹腔注射 LD_{50}：17.402 mg/kg；小鼠静脉注射 LD_{50}：4.3 mg/kg；小鼠经口 LD_{50}：80 mg/kg。

连续2～3个月每日暴露于氯化钴的大鼠和连续13 w每日暴露于氯化钴的小鼠出现睾丸变性和萎缩。以吸入方式暴露于氯化钴1～4个月的兔子可见呼吸道肺泡区域病变，表现为II型上皮细胞的结节积累和间质炎症。暴露于氯化钴4～5月的大鼠见肾脏损伤，如近端小管的组织学改变。

本品IARC分类：钴和钴化合物属2B组，对人类可能致癌。其健康危害GHS分类为：呼吸道致敏物，类别1；皮肤致敏物，类别1；致癌性，类别2；生殖细胞致突变性，类别2；生殖毒性，类别1B。

4. 人体健康危害

本品对黏膜有刺激性，对皮肤和呼吸道有致敏性。慢性接触，主要引起呼吸道过敏和刺激反应、肺损伤(纤维化)，皮肤过敏性疾病；大剂量可损伤心脏，影响造血过程和甲状腺功能。

5. 风险评估

美国ACGIH规定：TLV-TWA为0.02 mg/m³，以Co计。本品生物接触限值尿钴为15 μg/L(周末班末测)。

本品对水生物毒性极大，且有长期影响，其环境危害GHS分类为：危害水生环境—急性危害，类别1；危害水生环境—长期危害，类别1。

氯 化 镍

1. 理化性质

CAS号：7718-54-9	外观与性状：晶体或粉末，黄橙色(无水)，六水合氯化镍为绿色，无味。
裂解温度(℃)：1 001	溶解性：溶于乙醇和氢氧化铵；不溶于氨 20℃时水中溶解642 g/L(无水)，2 540 g/L(六水合)
密度(g/cm³)：3.55(无水)，1.92 g/cm³(六水合)	

(续表)

2. 用途与接触机会

用于镀镍锌、镍电解精炼、镍催化剂和镍盐的生产，呼吸器中氨气的吸收，镍的电镀、锡镍合金电镀和用作杀菌剂。

3. 毒性与中毒机理

本品小鼠腹腔注射 LD_{50}：11 mg/kg；小鼠静脉注射 LD_{50}：20 mg/kg；小鼠经口 LD_{50}：369 mg/kg；兔肌肉注射 LD_{50}：27 mg/kg；大鼠腹腔注射 LD_{50}：6.5 mg/kg；大鼠静脉注射 LD_{50}：68.1 mg/kg；大鼠经口 LD_{50}：681 mg/kg。本品的IARC分类为1组：镍化合物对人类有致癌作用。

其健康危害GHS分类为：急性毒性—经口，类别3；急性毒性—吸入，类别3；皮肤腐蚀/刺激，类别2；呼吸道致敏物，类别1；皮肤致敏物，类别1；特异性靶器官毒性—反复接触，类别1；致癌性，类别1A；生殖细胞致突变性，类别2；生殖毒性，类别1B。

中毒机理可能与氯化镍能减少甲状腺腺体对碘的吸收有关。氯化镍影响T细胞系统并抑制自然杀伤细胞的活性。细胞生长可被1～60 μm的氯化镍选择性的阻滞于S期。

4. 风险评估

我国职业接触限值规定，可溶性镍化合物PC-TWA为0.5 mg/m³。美国ACGIH规定：TLV-TWA为0.1 mg/m³(以Ni计，可吸入部分)；OSHA规定TLV为1 mg/m³，以Ni计；NIOSH规定IDLH为10 mg/m³。

本品对水生物毒性极大并具有长期持续影响，其环境危害GHS分类为危害水生环境—急性危害，类别1；危害水生环境—长期危害，类别1。

氯 化 铍

1. 理化性质

CAS号：7787-47-5	外观与性状：白色或黄色固体，有强烈刺鼻气味

（续表）

熔点(℃)：415	沸点(℃)：482
饱和蒸气压(kPa)：0.133(291℃)	溶解性：可溶于水，与水反应生成盐酸(产热)；溶于乙醇、乙醚、吡啶、二硫化碳；不溶于苯、甲苯
密度(g/cm^3)：1.899	

2. 用途与接触机会

本品用作催化剂，是合成铍化合物的中间产物。生产和使用过程有接触本品机会。

3. 毒性

本品豚鼠腹腔注射 LD_{50}：50 mg/kg；小鼠腹腔注射 LD_{50}：11.987 mg/kg；小鼠经口 LD_{50}：92 mg/kg；大鼠腹腔注射 LD_{50}：5.32 mg/kg；大鼠经口 LD_{50}：86 mg/kg，IARC 分类为 1 类，确认的人类致癌物。其健康危害 GHS 分类为：急性毒性—经口，类别 3；急性毒性—吸入，类别 2；皮肤腐蚀/刺激，类别 1；严重眼损伤/眼刺激，类别 1；皮肤致敏物，类别 1；致癌性，类别 1A；特异性靶器官毒性——次接触，类别 3(呼吸道刺激)；特异性靶器官毒性—反复接触，类别 1。

4. 风险评估

我国职业接触限值规定，铍及其化合物(按 Be 计)PC-TWA 为 0.000 5 mg/m^3，PC-STEL 为 0.001 mg/m^3。美国 ACGIH 规定 TLV 为：5.0×10^{-5} mg/m^3(以 Be 计)，可吸入部分；OSHA 规定 PEL 为：0.002 mg/m^3(以 Be 计)，MAC 为 0.005 mg/m^3(以 Be 计)，每 8 h 中 30 min 峰值 0.025 mg/m^3(以 Be 计)；NIOSH 规定 IDLH 为 4 mg/m^3(以 Be 计)。

本品对水生物有毒，其环境危害 GHS 分类为：危害水生环境—急性危害，类别 2；危害水生环境—长期危害，类别 2。

无水氯化铜

1. 理化性质

CAS 号：7447-39-4	外观与性状：黄色或黄褐色的、具有潮解性的结晶性粉末
pH 值：3.6	沸点(℃)：993
熔点(℃)：630	易燃性：不燃
分解温度(℃)：300	溶解性：溶于丙酮、热硫酸；水中溶解度为 706 g/L(0℃)，620 g/L(20℃)，1 079 g/L(100℃)；甲醇中溶解度为 680 g/L(15℃)
密度(g/cm^3)：3.386(25℃)	

2. 用途与接触机会

本品可作为有机化学反应和无机化学反应过程中的催化剂；在石油工业中可作为除臭剂、脱硫剂和净化剂，也可作为作为印染纺织品的媒染剂、苯胺染料的氧化剂；在冶金湿法中可回收矿石中的汞，亦可用于铁，锡着色浴和电镀铜或电镀铝的电镀浴中；在摄影中可作为定影剂、脱敏剂，也可为烟火组合物上色；在制造丙烯腈时，作为快速染黑的黑色素，可作为玻璃、陶瓷的颜料；可作为饲料添加剂、木材防腐剂、消毒剂。

3. 毒代动力学

铜主要通过胃肠道吸收。一经吸收，铜首先与血清白蛋白结合，并主要被输送到肝脏。在肝细胞中，铜与一种特定的蛋白质——金属硫氨酸结合。这个复合体是一种储存形式，铜以此形式被转移到另一种蛋白质血浆铜蓝蛋白中，然后被运送入血，再输送到各组织中被利用。过量的铜主要经胆汁通过粪便排泄。

4. 毒性与中毒机理

本品小鼠经口 LD_{50}：233 mg/kg；小鼠腹腔注射 LD_{50}：7.4 mg/kg；小鼠静脉注射 LD_{50}：17.5 mg/kg；大鼠经口 LD_{50}：584 mg/kg；大鼠腹腔注射 LD_{50}：14.7 mg/kg；大鼠静脉注射 LD_{50}：5 mg/kg。大鼠经皮 LD_{50}：12.24 mg/kg 其健康危害 GHS 分类为：急性毒性—经口，类别 3；皮肤腐蚀/刺激，类别 2；严重眼损伤/眼刺激，类别 2；生殖毒性。类别 2；皮肤致敏物，类别 1。

中毒机理主要为：当铜含量超过体内平衡控制时，它的生物化学毒性直接或通过氧自由基机制，影响生物分子如 DNA、膜和蛋白质的结构和功能。以还原型谷胱甘肽和 1-氯-2,4-二硝基苯作为底物，研究了有机铜化合物与大鼠肝脏谷胱甘肽 S-转移酶的体外相互作用。有机铜和无机铜都自发地与谷胱甘肽结合，通过与这些蛋白的直接结合而与谷胱甘肽 S-转移酶相互作用。

5. 人体健康危害

铜是人体必需的元素，对人体健康的不良影响与其在人体内的不足和过剩有关。铜缺乏症与贫血，中性粒细胞减少和骨异常相关；自杀或意外口服的单次暴露表现为金属味、上腹痛、头痛、恶心、头晕、呕吐和腹泻、心动过速、呼吸困难、溶血性贫血、血尿、大量消化道出血、肝肾衰竭和死亡。单次和反复摄入含有高浓度铜的饮用水也会造成胃肠道效应。皮肤暴露与全身毒性相关，但铜可能诱发敏感个体出现过敏反应。

6. 风险评估

美国 ACGIH 规定 TLV 为：1 mg/m^3（以 Cu 计）；OSHA 规定 PEL 为：1 mg/m^3（以 Cu 计）；MAK：0.01 mg/m^3（可吸入部分，无机铜化合物）；NIOSH 规定 IDLH 为：100 mg/m^3（以 Cu 计）。

本品对水生物毒性极大，且有长期影响，其环境危害 GHS 分类为危害水生环境—急性危害，类别 1；危害水生环境—长期危害，类别 1。

氯化硒/二氯化二硒

1. 理化性质

CAS 号：10025-68-0	外观与性状：暗棕色或红色液体
熔点(℃)：−85	沸点(℃)：127
密度(g/cm^3)：2.73(25℃)	溶解性：溶于氯仿、苯、四氯化碳、二硫化碳

2. 毒性

本品为腐蚀性物质，可对皮肤、眼和呼吸道造成损伤，吸入可能造成化学性肺炎，其健康危害 GHS 分类为：急性毒性—经口，类别 3；急性毒性—吸入，类别 3；特异性靶器官毒性—反复接触，类别 2。

3. 风险评估

我国职业接触限值规定硒及其化合物(按 Se 计)(不包括六氟化硒、硒化氢)PC-TWA 为 1 mg/m^3。

美国 ACGIH 规定 TLV 为：0.2 mg/m^3（以 Se 计）；OSHA 规定 PEL 为：0.2 mg/m^3（以 Se 计）；MAK：0.2 mg/m^3（可吸入部分，以 Se 计）；NIOSH 规定 IDLH 为：1 mg/m^3（以 Se 计）。

本品对水生物毒性极大，且有长期影响，其环境危害 GHS 分类为：危害水生环境—急性危害，类别 1；危害水生环境—长期危害，类别 1。

氯化锌，氯化锌溶液

1. 理化性质

CAS 号：7646-85-7	外观与性状：氯化锌为无色固体，无气味，有吸湿性；水溶液因发生反应呈酸性
熔点(℃)：293	沸点(℃)：732
密度(g/cm^3)：2.9(25℃)	溶解性：极易溶于水，浓度 851 g/L(25℃)

2. 用途与接触机会

本品可用作除草剂。可用作有机合成工业的脱水剂、缩合剂及生产香兰素、兔耳草醛、消炎止痛药物、阳离子交换树脂的催化剂。可作聚丙烯腈的溶剂。染织工业用作媒染剂、丝光剂、上浆剂。纺织工业用作生产棉条桶、梭子等材料的原料(棉纤维的助溶剂)，可提高纤维的黏合力。染料工业用作冰染染料显色盐的稳定剂，用于生产活性染料和阳离子染料。用作石油净化剂和活性炭的活化剂。用于浸渍木材使具有防腐性和阻燃性。用作硬纸板和布制品的阻燃剂。用于电镀，用作电焊条的焊药。冶金工业用于生产铝合金、轻金属脱酸、处理金属表面氧化层。用于晒图纸的生产。用作电池电解质。用于生产抗溶性泡沫灭火和生产氰化锌的原料。还用于医药和药的生产。

3. 毒代动力学

氯化锌的主要毒作用与锌有关。锌主要存储在红色和白色血细胞中，但也存储在肌肉、骨骼、皮肤、肾脏、肝脏、胰腺、视网膜和前列腺中。大约 20%～30%的膳食锌被吸收，主要来自十二指肠和回肠。吸收量取决于食物的生物利用度。吸收后，锌与蛋白质金属硫蛋白在肠中结合。内源性锌可以在回肠和结肠内重新吸收，产生锌的肠胰循环。锌 60%与白蛋白结合，30%～40%与α-2巨球蛋白或转铁蛋白结合，1%与氨基酸(主要是组氨酸和半胱氨酸)结合。

小鼠口服示踪剂量2 μg氯化锌1 w后，在骨组织中发现最高浓度，其次是肝脏和肾脏。对大鼠、小鼠、犬的动物实验表明，氯化锌进入机体后，主要通过粪便排泄，经尿液排泄的量很少。

4. 毒性

本品豚鼠经口LD_{50}：200 mg/kg；小鼠腹腔注射LD_{50}：24 mg/kg；小鼠静脉注射LD_{50}：9.09 mg/kg；小鼠经口LD_{50}：329 mg/kg；小鼠皮下注射LD_{50}：330 mg/kg；大鼠腹腔注射LD_{50}：58 mg/kg；大鼠静脉注射LD_{50}：3.69 mg/kg；大鼠经口LD_{50}：350 mg/kg；大鼠吸入LC_{50}：2 000 mg/m^3。

氯化锌和氯化锌溶液均有皮肤刺激或腐蚀性，均可刺激眼睛，造成严重眼损伤，其健康危害GHS分类为：皮肤腐蚀/刺激，类别1B；严重眼损伤/眼刺激，类别1。另氯化锌对呼吸道有刺激作用，其健康危害GHS分类为特异性靶器官毒性——一次接触，类别3(呼吸道刺激)。

5. 人体健康危害

人暴露于4.8 mg/m^{3}的氯化锌30 min可出现呼吸窘迫；暴露于80 mg/m^{3}氯化锌气雾中可导致轻微恶心和咳嗽，暴露于120 mg/m^{3}氯化锌气雾中2 min可致鼻子和上呼吸道刺激。

氯化锌可引起哮喘和中毒性肺炎，急性暴露可能造成肺水肿、肺纤维化/肺尘埃沉着病；0.1微米的氯化锌颗粒可沿支气管树沉积至呼吸细支气管，喉、气管和支气管黏膜可能发生水肿和溃疡并导致肺炎，也可损伤下气道，导致肺泡毛细血管膜的通透性增加。

氯化锌及其溶液可能造成皮肤和眼损伤。氯化锌在焊接中用作助焊剂，可能导致作业者手指、手和前臂的溃疡。含有30%氯化锌的焊膏偶然溅入水管工的眼睛，立即导致视力下降，眼部充血、出血，结膜肿胀，角膜混浊，大泡性角膜病和晶状体斑点；大多数症状在6 w后消失，但晶状体混浊在接触后持续了一年。

6. 风险评估

我国职业接触限值规定，氯化锌烟职业接触的PC-TWA为1 mg/m^3，PC-STEL为2 mg/m^3。美国ACGIH规定：TLV-TWA为1 mg/m^3，TLV-STEL为2 mg/m^3；OSHA规定PEL为：1 mg/m^3；MAK：0.1 mg/m^3(可呼吸性粉尘部分)，2 mg/m^3(可吸入部分)；NIOSH规定IDLH为：50 mg/m^3。

氯化锌和氯化锌溶液均对水生物毒性极大，且有长期影响，其环境危害GHS分类为危害水生环境—急性危害，类别1；危害水生环境—长期危害，类别1。

氯的其他无机化合物

过 氯 酸 铅

1. 理化性质

CAS号：13637-76-8	外观与性状：白色斜方结晶，有潮解性
熔点/凝固点(℃)：100(分解)	溶解性：易溶于冷水；溶于乙醇
相对密度(水=1)：2.6	

2. 用途与接触机会

用作涂料中的耐腐蚀颜料，制造蓄电池、化学药品。

3. 人体健康危害

急性暴露于过氯酸铅可产生眼和上呼吸道的刺激效应，如烧灼感、流泪，并刺激喉痉挛或喉水肿(窒息风险)和肺损伤。经口摄入后可产生严重的肝损伤以及明显的中枢神经系统损伤，出现黄疸、痉挛、麻痹、意识丧失等，并可能伴随胃肠道症状、尿潴留和血液损伤。

长时间接触过氯酸铅，可能会发生铅的吸收与蓄积。相对于其他可溶性铅盐，过氯酸铅存在较高的毒性风险。铅最重要的靶器官是血液、造血系统、神经系统以及肾脏。在初始阶段出现非特异性症状后，可出现以下影响：红细胞生成和血红素合成紊乱、红细胞增多、贫血；平滑肌痉挛收缩导致肠绞痛；外周神经系统症状如肌无力，特别是惯用手和手臂的肌肉麻痹；中枢神经系统症状如失眠、疲劳、眩晕、记忆丧失、震颤、视力受损等，严重的可出现抑郁、谵妄、兴奋、痉挛等；长期高剂量暴露后，可出现肾脏功能障碍如蛋白尿等。

本品 GHS 分类为：生殖毒性，类别 1A；致癌性，类别 1B；特异性靶器官毒性—反复接触，类别 2。

4. 风险评估

美国 ACGIH 规定 TLV 为 0.05 mg/m³（按 Pb 计）生物接触限值 BEI 血铅浓度为 200 μg/L。本品对水生物毒性极大，且有长期影响，其环境危害 GHS 分类为危害水生环境—急性危害，类别 1；危害水生环境—长期危害，类别 1。

过 氯 酰 氟

1. 理化性质

CAS 号：7616-94-6	外观与性状：无色气体；特有的甜气味
熔点/凝固点(℃)：−146	临界温度(℃)：95.2
沸点(℃)：−46.8	临界压力(MPa)：5.37
饱和蒸气压(kPa)：1 189 (25℃)	易燃性：助燃
相对密度(水＝1)：1.434	相对蒸气密度(空气＝1)：0.637
溶解性：0.6 g/L	

2. 用途与接触机会

用于有机合成、制药及国防工业中作为氟化剂、氧化剂。

3. 毒性

本品大鼠吸入 LC_{50}：1 761 mg/m³，4 h；小鼠吸入 LC_{50}：2 881.4 mg/m³，4 h。健康危害 GHS 分类：急性毒性—吸入，类别 2；严重眼损伤/眼刺激，类别 2A。

接触过冷的本品液化气体或压力缸释放的冷气体会造成局部冻伤。气态本品可能对眼和皮肤有刺激性，并可引起上呼吸道刺激症状。暴露在致死浓度下的大鼠和小鼠出现呼吸障碍、发绀、明显喘息和抽搐。尸检发现血液和内部器官变色，尤其是肺，显微镜下可见肺损伤（明显充血，肺泡出血）。血液中高铁血红蛋白（MetHb）含量明显升高，甲氧西林的含量超过 60%。

在对比格犬的试验中，分别用 2 只动物进行浓度测定。在 954 和 1 880 mg/m³ 浓度中暴露 4 h 动物存活。另一方面，在 1 921 mg/m³ 中暴露 4 h 或 2 650 mg/m³ 中暴露 1.5 h 是致命的。接受高铁血红蛋白解毒剂的存活了下来。

根据这些动物实验发现，本品可能对人体的上下呼吸道造成刺激，并形成甲基苯丙胺（MetHb）。

在一个为期 7 w 暴露试验中（暴露剂量：788 mg/m³，每日暴露 6 h，每周暴露 5 d，20 只雄性大鼠中有 18 只死亡，39 只雌性大鼠中 20 只死亡。所有动物均出现呼吸困难和发绀。血液检查发现，甲氧基乙酰胺形成增多，网状细胞增多，进一步表现为红细胞损伤（脾脏重量增加，脾、肝、肾含铁血黄素增多）、氟斑牙和肺损伤（斑片状实变区，肺泡水肿）。暴露于 788 mg/m³ 剂量 6 w 的大鼠出现发绀以及类似症状但程度较轻，20 只大鼠中只有 1 只死亡。

老鼠和狗暴露于 102 mg/m³，26 w(6 h/d，5 d/w)均存活。在 6 个月内，狗尿液中的氟化物浓度增加了 4 倍，但在停止暴露后，尿氟下降到对照组的水平。在暴露终点，大鼠骨骼中的氟化物含量被发现增加了约 300%，狗增加了 50%。尸检提示脾脏病变（充血、含铁色素沉积），这是红细胞损伤所致。在暴露的前 6 w 中，试验动物骨骼中的氟化物含量仅略有下降，但脾脏的变化不明显，肺部没有变化。

这些动物实验表明，反复暴露在中等浓度下的人类可能会出现呼吸道刺激和红细胞损伤（溶血性贫血）。另一方面，长期低水平接触氟化物后，可出现氟中毒。

4. 人体健康危害

急性中毒表现为黏膜、皮肤、肺和角膜刺激和发绀。男性暴露于未知浓度的化合物出现上呼吸道症状。引起高铁血红蛋白症，过氯酰氟对眼睛，黏膜和肺有很强的刺激性。高浓度时会产生肺水肿和高铁血红蛋白血症。皮肤接触液态可能会导致灼伤。临床症状包括头晕、头痛、发绀和晕厥。

5. 风险评估

美国 NIOSH 规定：10 h-TWA 为：14 mg/m³，15 min-STEL 为：28 mg/m³，IDLH 为：457.4 mg/m³。

氯 酸 铵

1. 理化性质

CAS 号：10192-29-7	外观与性状：白色结晶或块状
熔点/凝固点(℃)：102(爆炸)	溶解性：溶于水；微溶于乙醇
相对密度(水=1)：1.8	

2. 用途与接触机会

强氧化剂，易燃、易爆，用于制造炸药、火柴、烟火、药物、染料、印染、造纸及作为消毒剂等。

3. 毒性

本品兔经口 LD_{50}：2.0～2.5 g，狗经口 LD_{50}：1.2～1.25 g。具有很强的血液毒性(生成高铁血红蛋白)，口服 10 g 就可致死。口服急性中毒表现为高铁血红蛋白血症，胃肠炎、肝肾损伤和窒息。本品加热分解出高毒烟雾，吸入会中毒。粉尘可刺激眼睛、黏膜和皮肤。

氯 酸 钾

1. 理化性质

CAS 号：3811-04-9	外观与性状：无色，有光泽的晶体，或白色颗粒，或粉末，白色单斜晶体，清凉，有咸味。
熔点/凝固点(℃)：368	沸点(℃)：400(分解)
分解温度(℃)：370	易燃性：不可燃
密度(g/cm^3)：2.32	溶解性：溶于水和甘油，几乎不溶于酒精。微溶于液氨；不溶于丙酮；溶于碱金属
溶解度(水)：73 g/L(20℃)555 g/L(100℃)	

2. 用途与接触机会

作为原料用于氧化剂、爆炸物、火柴、氧气源、纺织印染、烟火、冲击帽、消毒剂、漂白剂；印染棉和羊毛为黑色；制造苯胺黑等染料；氧气来源；化学分析；用于制浆和造纸。欧盟(EU)批准氯酸盐可用于牙膏，用量为 5%及以下；或其他用途，用量为 3%及以下。在兽药中，氯酸钾被用作氧化剂，防腐剂和收敛剂。2%～4%的水溶液可用作口腔炎和阴道炎中的弱收敛剂防腐剂。氯酸钾是一种氧化剂，用于闪光粉。它也用于制造牙膏、除草剂、生物碱和酚类的试剂。氯酸钾也可用于确定屠宰后的猪和猪肉产品中小肠结肠炎耶尔森氏菌的存在。

3. 毒代动力学

工业条件下本品暴露的主要途径为呼吸道，吸收途径为消化道，摄入后分布在血液中，入血后本品可诱导甲基-ClO_3 复合物快速形成，缓慢分解为甲基、氯和氧自由基。本品经粪便和尿液排泄。一项对狗经口暴露的研究提示，本品通过肾脏的排泄率在第 2 h 达到最高。6 h 内可消除 55%～70%；24～48 h 内可消除 76%～99%。

4. 毒性与中毒机理

本品大鼠经口 LD_{50}：1 870 mg/kg。主要中毒机制为氯酸根诱导甲氧基形成。甲基-ClO_3 复合物快速形成，缓慢分解为甲基、氯和氧自由基。氧自由基通过蛋白质变性(交联)进一步参与血红蛋白氧化和膜破坏过程，同时氯离子和氧自由基会抑制甲氧基还原酶系统中酶(葡萄糖-6-pd 和甘油醛-3-pd)的活性。

5. 人体健康危害

大量暴露于粉尘后可出现以下症状：咽部黏膜炎症改变、咳嗽、头晕、意识丧失等。甲氧血红蛋白的产生以及血细胞的损伤(溶血和凝血障碍)可导致胃肠道不适(恶心、呕吐、疼痛)和缺氧(发绀、虚脱、痉挛)。溶血和甲基血红蛋白生成可产生肾毒性，出现少尿、无尿、肾炎、尿毒症。由于肾功能障碍引起的长期毒性过程涉及血栓形成或栓塞的风险。肾功能衰竭可能会发生死亡，一般在 4 d 内。估计致死剂量为 15～30 g。

皮肤接触：引起皮肤刺激。症状包括发红、瘙痒和疼痛。眼睛接触：引起刺激、发红和疼痛。氯酸钾的毒性剂量通常为 5 g，成人致死剂量为 15～35 g。有儿童摄入 1 g 氯酸钾后死亡的报告。

另使用 3%～5%的 PC 溶液作为治疗结膜炎的药物，患者耐受性较好。使用 7%的溶液作为漱口液表现出轻微的刺激效应。

6. 风险评估

本品对水生物有毒，且有长期影响，其环境危害GHS分类为：危害水生环境—急性危害，类别2；危害水生环境—长期危害，类别2。

氯　酸　钠

1. 理化性质

CAS号：7775－09－9	外观与性状：无色无味晶体。
熔点/凝固点(℃)：248	分解温度(℃)：255
密度(g/cm^3)：2.49	溶解性：易溶于水；微溶于乙醇；溶于液氨、甘油
溶解度(g/L)：916 水(20℃)	辛醇/水分配系数：－7.18

2. 用途与接触机会

强氧化剂，易燃、易爆。主要用于制造二氧化氯、亚氯酸钠、高氯酸盐及其他氯酸盐。苯胺染料印染时用作氧化剂和媒染剂。可用作纸和纸浆的漂白剂。无机工业用作氧化剂。医药工业用于制造药用氧化锌。还用于鞣革、烟火、印刷油墨制造、冶金矿石处理微生物培养基配置。用于二氧化硅的检定、营养剂、粘胶剂。用于炸药、皮革、火柴、电子仪表及冶金工业等。

用作灭生性除草剂。广泛用于非耕地和开垦荒地时的灭生性除草。多种植物均可被杀死，对菊科、禾本科植物有根绝的效果，对深根多年生禾本科杂草效果显著。一般在植物生长旺盛时期施药，用量视杂草种类、数量及大小而定。加水喷洒或直接撒粉，可与残留性有机除草剂如灭草隆、敌草隆、除草定等混用。

3. 毒代动力学

本品常以气溶胶形式通过呼吸道黏膜迅速吸收。同时，大量中毒病例证实氯酸盐离子可通过胃肠道迅速有效地吸收，且胃中的含量水平对吸收速率有重要影响(成反比)。吸收后本品主要分布于血液中，且动物试验表明入血后会发生定量重吸收。本品可诱导甲基-ClO_3复合物快速形成，缓慢分解为甲基、氯和氧自由基。本品经粪便和尿液排泄。一项对狗经口腔暴露的研究提示，本品通过肾脏的排泄率在第2 h达到最高。6 h内可消除55%～70%；24～48 h内可消除76%～99%。

4. 毒性与中毒机理

本品大鼠经口LD_{50}：1 200 mg/kg bw；兔经皮LD_{50}：>10 000 mg/kg bw；大鼠吸入LC_{50}：>28 g/m^3(1 h)。本品水溶液只对家兔眼结膜造成轻微刺激，且24 h内消退，角膜和虹膜未受影响。以2 000 mg/kg bw的剂量注射于家兔皮肤，4 h后无刺激作用；即使在闭塞条件下，24 h后也只有轻微刺激。豚鼠试验提示，80%的试验动物对5%的本溶液有过敏反应，30%的试验动物对2%的本溶液有过敏反应。

由于肾功能障碍引起的长期毒性过程涉及血栓形成或栓塞的风险。中毒机理见“氯酸钾”。

5. 人体健康危害

吸入可出现以下症状：咽部黏膜炎症改变、咳嗽、头晕、意识丧失等。甲氧血红蛋白的产生以及血细胞的损伤(溶血和凝血障碍)可导致胃肠道不适(恶心、呕吐、疼痛)和缺氧(发绀、虚脱、痉挛)。在一例意外吸入本品气溶胶的病例中，患者出现胃肠道疼痛、呕吐、高铁血红蛋白形成和发绀。

溶血和甲基血红蛋白生成可产生肾毒性，出现少尿、无尿、肾炎、尿毒症。由于肾功能障碍引起的长期毒性过程涉及血栓形成或栓塞的风险。

6. 风险评估

本品对水生物有毒，且有长期影响，其环境危害GHS分类为：危害水生环境—急性危害，类别2；危害水生环境—长期危害，类别2。

氯　酸　铊

1. 理化性质

CAS号：13453－30－0	外观与性状：白色针状结晶或粉末
溶解性：微溶于水；易溶于热水	

2. 用途与接触机会

铊被广泛用于电子、军工、航天、化工、冶金、通讯等各个方面，在光导纤维、辐射闪烁器、光学透位、辐射屏蔽材料、催化剂和超导材料等方面具有潜在应用价值。

在现代医学中，铊同位素铊[201]作为放射核元素被广泛用于心脏、肝脏、甲状腺、黑色素瘤以及冠状动脉类等疾病的检测诊断。目前有研究发现铊能延迟某些肿瘤的生长，同时减少肿瘤发生的频率。铊-201也被用于针对冠心病危险分层的负荷测试当中。

3. 毒性与中毒机理

3.1 急性毒作用

本品粉尘对眼睛、黏膜有刺激作用。吸入、摄入或经皮肤吸收后均可引起中毒。经口急性中毒者胃肠道症状非常明显，短期内可出现类似急性胃肠炎症状、恶心、阵发性腹绞痛、胃肠道出血。神经系统症状也十分明显，患者起初感觉下肢麻木酸疼，两腿无力，由脚底开始，逐渐扩展到两腿，以后涉及到躯干。当中枢神经受损时，患者陷入谵妄、惊厥或是昏迷状态，类似癫痫病样发作，出现痴呆及植物神经紊乱等症状。中毒后 10 d 左右开始出现脱发，起初为斑秃，以后逐渐发展为全秃。皮肤也可出现干燥脱屑并伴有皮疹出现。

健康危害 GHS 分类为：急性毒性—经口，类别 2；急性毒性—吸入，类别 2；特异性靶器官毒性—反复接触，类别 2。

3.2 慢性毒作用

慢性中毒者早期仅有轻度神经衰弱症状，口感有金属味，呼吸有蒜臭味，四肢无力，下肢麻木、食欲不振，伴有腹泻腹疼。随后出现慢性脱发，开始为斑秃，以后逐渐发展为全秃。脱发前头发有搔痒的灼热感。视力减退，严重者视物模糊不清，甚至失明。

3.3 中毒机理

铊可以与细胞膜表面的 Na－K－ATP(三磷酸腺苷)酶竞争结合进入细胞内，与线粒体表面含巯基团结合，抑制其氧化磷酸化过程，干扰含硫氨基酸代谢，抑制细胞有丝分裂和毛囊角质层生长。同时，铊可与维生素 B2 及维生素 B2 辅助酶作用，破坏钙在人体内的平衡。

4. 风险评估

本品对水生物有毒，且有长期影响，其环境危害 GHS 分类为：危害水生环境—急性危害，类别 2；危害水生环境—长期危害，类别 2。

我国职业接触限值规定：PC－TWA 为 0.05 mg/m^3，PC－STEL 为 0.1 mg/m^3（铊及其可溶性化合物，按 TI 计，经皮）。

氯 酸 锌

1. 理化性质

CAS 号：10361－95－2	外观与性状：无色到淡黄色晶体，吸湿
沸点(℃)：68～72 (0.4 kPa)	熔点/凝固点(℃)：60(分解)
密度(g/cm^3)：2.15	溶解性：易溶于水，溶于乙醇、乙二醇、乙醚
溶解度（mol/100 mol H_2O)：59.19(0℃)，66.52(18℃)，75.44(55℃)	

2. 用途与接触机会

本品用于催化剂、有机合成、黏合剂和染料的制造。

3. 毒性

本品对眼睛、皮肤和黏膜有刺激作用。吸入可引起支气管肺炎。误服可引起恶心、呕吐、腹痛、腹泻等急性胃肠炎的症状。

4. 人体健康危害

人淋巴细胞经各种可溶性锌盐预处理时，出现染色体片段化，二倍体，双中心化和染色单体间隙和断裂的细胞数量增加。后来的研究使用类似的治疗方案表明锌诱导淋巴细胞有丝分裂指数剂量依赖性下降。

5. 风险评估

本品对水生物有毒，且有长期影响，其环境危害 GHS 分类为：危害水生环境—急性危害，类别 2；危害水生环境—长期危害，类别 2。

一氯化碘

1. 理化性质

CAS 号：7790-99-0	外观与性状：黑色结晶或红棕色液体，存在 α、β 两种结晶形式。α 型为黑色针状，性稳定，光照下为宝石红色；β 型为黑色片状，性不稳定，光照下为棕红色；有刺激性气味
沸点：97.4℃（分解）	熔点(℃)：α 为 27.2；β 为 13.9
饱和蒸气压(kPa)：4.19	闪点(℃)：96～98
溶解性：溶于乙醇、乙醚、二硫化碳和乙酸；不溶于水，遇水分解生成次碘酸和氯化氢	相对密度(水=1)：3.182 2

2. 用途与接触机会

用于有机合成，并可用作强氧化剂；作为碘化剂，用于芳环上的碘代，油脂碘值的测定；用于制备农药增产灵；治疗用途：对口腔微生物的抑制作用，可用作局部抗感染抗菌剂。

3. 毒性

本品对眼睛、皮肤、黏膜和上呼吸道有强烈刺激作用和腐蚀性。受热分解放出氯和碘烟雾。本品大鼠经口 LDL_0 为 50 mg/kg。其健康危害 GHS 分类为：急性毒性—经口，类别 2；急性毒性—经皮，类别 3；皮肤腐蚀/刺激，类别 1A；严重眼损伤/眼刺激，类别 1；特异性靶器官毒性——一次接触，类别 3（呼吸道刺激）。

一氯化硫

1. 理化性质

（续表）

CAS 号：10025-67-9	外观与性状：浅琥珀色到带黄红色发烟油状液体，有窒息性、刺激性恶臭
熔点/凝固点(℃)：-80	临界温度(℃)：392
自燃温度(℃)：234	沸点(℃)：138
饱和蒸气压(kPa)：0.907(20℃)	闪点(℃)：130
相对蒸气密度(空气=1)：4.66	密度(g/cm^3)：1.688(25℃)
溶解性：气体溶于乙酸、苯、乙醚、二硫化碳、四氯化碳，油溶于乙酸戊酯；不溶于水	

2. 用途与接触机会

用于生产涂覆和浸渍纺织品的白色硫化油；在橡皮擦和橡胶制品中用作天然和合成橡胶增量剂和改性剂；与不饱和脂肪酸一起用于生产极压润滑剂和切削油的添加剂；在聚合物技术中用作交联催化剂；用于处理生产清漆、油墨、油漆和水泥的干性油；用作硫磺和硫化合物的溶剂。

中间体和氯化剂用于制造有机化学品、硫化染料、杀虫剂；合成橡胶；橡胶的冷硫化；作为植物油的聚合催化剂；用于硬化软木；用于生产切削油和高压润滑油添加剂；用于薄壁橡胶制品的冷硫化；用于生产有机硫化合物、药物和作物保护剂；作为氯化催化剂。

一氯化硫除了其良性用途外，还是化学武器（芥子气）的前驱体。

3. 毒性

本品大鼠经口 LD_{50}：132 mg/kg；大鼠吸入 LC_{50}：2 500 mg/(m^3 · 4 h)；小鼠吸入 LC_{50}：900 mg/m^3；有催泪性和刺激性。具有窒息性气味，对眼和上呼吸道黏膜有强烈的刺激性，并可致严重皮肤烧伤。少数严重者可引起肺水肿。

本品健康危害 GHS 分类：急性毒性—经口，类别 3；皮肤腐蚀/刺激，类别 1A；严重眼损伤/眼刺激，类别 1；特异性靶器官毒性——一次接触，类别 3（呼吸道刺激）。

4. 人体健康危害

氯化硫蒸气对眼、鼻和咽喉有腐蚀性和刺激性，会导致撕裂和抑制呼吸，声门水肿可能直接导致窒息死亡。与皮肤接触时，液体会导致化学烧伤。

误食本品后，会出现口腔、咽喉和食道黏膜的腐蚀，有直接的疼痛和吞咽困难。坏死区最初呈灰白色，但很快就会变色为黑色，有时会形成萎缩或出现纹理；该过程被称为“凝固性坏死”。腐蚀可能在几小时内或几天内导致胃穿孔和腹膜炎，出现上腹部疼痛、恶心、呕吐，呕吐物含有新鲜血液。

5. 风险评估

美国ACGIH规定STEL为：6 mg/m^3。

本品对水生物有毒，其环境危害GHS分类为：危害水生环境—急性危害，类别2。

溴及其无机化合物

溴

1. 理化性质

CAS号：7726-95-6	外观与性状：暗红褐色发烟液体，有刺鼻气味
熔点(℃)：−7.25	沸点(℃)：58.8
饱和蒸气压(kPa)：23.33(20℃)	临界压力(MPa)：10.3
相对密度(水=1)：3.12	相对蒸气密度(空气=1)：5.51
n-辛醇/水分配系数：1.03	溶解性：易溶于乙醇、乙醚、氯仿、二硫化碳、四氯化碳、浓盐酸和溴化物水溶液，可溶于水

2. 用途与接触机会

溴的化合物用途十分广泛的，溴化银被用作照相中的感光剂。溴可用于制备有机溴化物，可用于制备颜料与化学中间体。溴与氯配合使用可用于水的处理与杀菌。含溴阻燃剂的重要性与日俱增，当燃烧发生时，阻燃剂会生成氢溴酸，它会干扰在火焰当中所进行的氧化连锁反应。添加四溴双酚A可以制造聚酯与环氧树脂，用于印刷电路板(PCB)的环氧树脂通常是由阻燃剂制成的，并且在产品缩写中以FR来表示。医疗方面，药物合成常需要用到溴元素。

3. 毒代动力学

主要经呼吸道进入体内，在上呼吸道吸收。它可使部分组织发生溴化(取代C—H键中的H)，也可能氧化，两种反应均释放氢溴酸。吸收的溴在生物体内可部分取代氯和碘，并可从肾脏的原发性尿液中重吸收，在机体中可以发生溴离子的蓄积。溴主要通过肾脏排泄，也可通过汗液、唾液、泪液、母乳及其他体液排泄。溴的生物半减期约为10～12 d。

4. 毒性

本品大鼠经口LD_{50}：2 600 mg/kg；大鼠吸入LC_{50}：2 700 mg/m^3；小鼠经吸入LC_{50}：5 351 mg/m^3，9 min，1 242 mg/m^3，30 min，285 mg/m^3，3 h，143 mg/m^3，6 h。3 500 mg/m^{3}的浓度下可致试验动物死亡。家兔暴露于1 200 mg/m^{3}溴，出现角膜混浊、严重呼吸道刺激症状，部分兔迅速死亡。动物尸检可见气管及支气管黏膜出血、局灶性肺炎、肺出血等。豚鼠暴露于2 000 mg/m^3，3 h可造成中枢神经系统的紊乱，也很快死亡。豚鼠及猫暴露于150 mg/m^3 7 h，出现轻度呼吸困难及黏膜刺激症状，如结膜充血、流泪、咳嗽等。溴对动物的皮毛有破坏及腐蚀作用，可使兔毛黄染。溴的急性中毒症状通常呈现二阶段发展。在一个小鼠的急性毒性试验中观察到，第一批死亡发生在2～4 d后，原因是持续的支气管收缩/毒性肺水肿；幸存的动物暂时康复，但在10 d后仍死于肺损伤(支气管炎伴脓肿形成)。

其健康危害GHS分类为：急性毒性—吸入，类别2；皮肤腐蚀/刺激，类别1A；严重眼损伤/眼刺激，类别1。

对大鼠、小鼠和家兔的慢性暴露试验0.17 mg/m^3，1.5 mg/m^3，13.3 mg/m^3，6 h/d，5 d/w，17 w，低剂量组未出现效应，高剂量组中出现肺功能变化(呼吸频率下降)和肺组织损伤(下段)。此外，还发现甲状腺、神经系统、肝脏和肾脏功能受损。

5. 人体健康危害

5.1 急性中毒

在对志愿者的实验中，溴浓度达到0.04 mg/m^{3}时会开始出现眼刺激症状，达到3.6 mg/m^{3}时，症状则非常明显，1 ml被认为是人类可能致命的口服剂量。在一个病例报告中，摄入30 g溴后引起呕吐、腹痛、腹泻、呼吸频率增加、心脏/循环功能紊乱、冷汗、中枢神经紊乱和昏厥，于7.5 h后死亡。

吸入低浓度溴后可引起咳嗽、胸闷、黏膜分泌增加，易鼻衄，并有头痛、头昏、全身不适。部分人可引起胃肠道症状。吸入较高浓度后，鼻咽部和口腔黏膜可染成褐色；口中呼气有特殊的臭味，有流泪、畏光、剧咳、嘶哑、声门水肿或痉挛，甚至窒息；有的可出现支气管哮喘、支气管炎或肺炎。国外曾报告一例，吸入时间虽短，但呼吸道病变严重，因此临床上必须注意严密观察。少数人发生过敏性皮炎。接触高浓度溴可造成皮肤重度灼伤。对人急性毒性，参见见下表。

表 9-1　溴对人的急性毒性

浓度(mg/m^3)	表　现
0.066	嗅阈
0.132～0.33	轻度刺激症状
3.3～6.6	短时接触即有明显刺激
6.6	强刺激
11～13	严重窒息感
30～60	极危险
220	短时致命

5.2　慢性中毒

长期吸入，可有蓄积性。除表现黏膜刺激症状外，还会伴有神经衰弱综合征等。有报告指出，长期接触溴的工人出现皮肤损伤(脓疱、丘疹)。暴露于2.1～4.3 mg/m^3 溴 1 年的工人出现头痛、胸痛、神智不清、厌食症、关节疼痛和消化不良等症状；暴露5～6年，出现角膜反射丧失、咽喉黏膜炎症、营养紊乱、甲状腺肿大伴功能改变，同时还观察到心脏/循环系统功能紊乱和血象紊乱(白细胞增生或白细胞溶解、抑制)。

6. 风险评估

我国职业接触限值规定：PC-TWA 为 0.6 mg/m^3，PC-STEL 为 2 mg/m^3。美国 ACGIH 规定：TLV-TWA 为 0.66 mg/m^3，TLV-STEL 为 1.3 mg/m^3；欧盟：TWA 为 0.7 mg/m^3。

本品对水生物毒性极大，其环境危害 GHS 分类为：危害水生环境—急性危害，类别 1。

溴　化　氢

1. 理化性质

CAS 号：10035-10-6	外观与性状：无色透明至淡黄色发烟液体，具有刺激性酸味
熔点(℃)：−86(纯品)	沸点(℃)：−67(纯品)，126(47%)
闪点(℃)：40	分子量：80.91
相对密度(水=1)：1.49(47%)	相对蒸气密度(空气=1)：2.8
溶解性：易溶于氯苯、二乙氧基甲烷等有机溶剂；能与水、醇、乙酸混溶	

2. 用途与接触机会

制造各种无机溴化物如溴化钠、溴化钾、溴化锂和溴化钙等和某些烷基溴化物如溴甲烷、溴乙烷等的基本原料。医药上用以合成镇静剂和麻醉剂等。也是一些金属矿物的良好溶剂，用于高纯金属的提炼。石油工业用作烷氧基和苯氧基化合物的分离剂、脂环烃及链烃氧化为酮、酸或过氧化物的催化剂。也用于合成染料和香料等。用作分析试剂，如作掩蔽剂。

3. 毒代动力学

主要经呼吸道进入体内，在呼吸道吸收。吸收的溴在生物体内可部分取代氯和碘，并可从肾脏的原发性尿液中重吸收，在机体中可以发生溴离子的蓄积。溴主要通过肾脏排泄，也可通过汗液、唾液、泪液、母乳及其他体液排泄。溴的生物半减期约为10～12 d。

4. 毒性

本品大鼠经静脉 LD_{50}：76 mg/kg；大鼠吸入 LC_{50}：9 760 $mg/(m^3 \cdot h)$；小鼠吸入 LC_{50}：2 694 $mg/(m^3 \cdot h)$。其健康危害 GHS 分类为：皮肤腐蚀/刺激，类别 1A；严重眼损伤/眼刺激，类别 1；特异性靶器官毒性——次接触，类别 3(呼吸道刺激)。

长期接触表现慢性呼吸道刺激症状和消化功能障碍。中毒机理主要归因于溴对神经细胞的直接毒性作用，但溴化氢的毒性比溴元素的毒性弱 2～3 倍。

5. 人体健康危害

急性中毒表现为对眼睛有强烈的刺激作用，引起角膜结膜炎；皮肤直接接触会导致酸烧伤，类似于热烧伤(产生疼痛的溃疡和坏死)；出现神经反射减慢和运动能力减弱。对志愿者的测试显示嗅觉阈值为7 mg/m^3，刺激性阈值为 11 mg/m^3。浓度超过126 mg/m^3 会引起咽喉部肿胀和肺水肿。浓度在

4 696～7 225 mg/m³可致死。

慢性中毒表现为上呼吸道黏膜炎性改变、消化障碍、反射轻度改变和红细胞数量减少；嗅觉会严重受损；牙齿酸蚀，口腔炎；溴离子引起的神经功能进一步改变表现为：注意力不集中、定向障碍、失眠、易怒、记忆力差、震颤、头痛、动作不协调，直至无法动弹（麻木）。

6. 风险评估

我国职业接触限值规定，MAC 为 10 mg/m³。美国 ACGIH 规定：TLV－C 为 6.6 mg/m³；欧盟：PC－STEL 为 6.7 mg/m³。

氯　化　溴

1. 理化性质

CAS 号：13863－41－7	外观与性状：红黄色或橘红色挥发性不稳定的液体或气体
沸点（℃）：10（分解）	熔点（℃）：－54
相对密度（水＝1）：2.172	闪点（℃）：10（分解）
饱和蒸气压（kPa）：314.95（25℃）	相对蒸气密度（空气＝1）：5.2
溶解性：溶于水，溶于乙醚、二硫化碳	

2. 用途与接触机会

用于再循环和直通式冷却和工艺用水系统，传热系统，空气清洗机和工业洗涤系统，集装箱化的池塘和装饰喷泉，纸浆和造纸厂废水系统中的消毒剂、杀真菌剂、除藻剂和杀细菌剂。用于有机加成和取代反应。

3. 毒性

其健康危害 GHS 分类为：皮肤腐蚀/刺激，类别 1；严重眼损伤/眼刺激，类别 1。本品在 10℃时分解放出剧毒、腐蚀性的氯和溴烟雾。

4. 人体健康危害

本品对眼睛、皮肤和呼吸道有腐蚀性。吸入可能引起类似哮喘的反应，肺炎，甚至肺水肿。肺水肿的症状通常在数小时后才会变得明显，而且由于体力劳动而加重。

长期接触：该物质可能对呼吸道和肺有影响，导致慢性炎症和功能受损。

5. 风险评估

本品对水生物毒性极大，其环境危害 GHS 分类为：危害水生环境—急性危害，类别 1。

溴的其他无机化合物

溴　酸　钾

1. 理化性质

CAS 号：7758－01－2	外观与性状：无色三角晶体或白色结晶性粉末
熔点/凝固点（℃）：350	沸点（℃）：370（分解）
相对密度（水＝1）：3.27（17.5℃）	辛醇/水分配系数：－7.18
溶解性：溶于水；不溶于丙酮；微溶于乙醇	

2. 用途与接触机会

本品是常用的氧化剂，用作分析化学中的基准物质，以点滴分析测定镓。

食品工业中用作鱼肉罐头制品的品质改良添加剂、麦芽糖化处理剂；作为面粉品质改良剂，具有氧化性，使面粉漂白；能抑制蛋白质分解酶的活性，使面筋的性质得以改善。我国规定可用于小麦粉，最大使用量 0.03 g/kg，最终食品中不得检出；在水银精制中，其 3%水溶液可用于水银提纯；用作羊毛处理剂等。

3. 毒代动力学

职业条件下接触溴酸钾的主要途径为呼吸道，但中毒病例基本都是由口服引起的。溴酸钾通过胃肠道迅速被吸收，吸收后于各种组织中均有分布。给小鼠喂饲 50 或 75 mg/kg 溴酸钾处理的面包屑，可在脂肪组织中检测到 1 和 2 mg/kg 溴化物。大鼠灌胃给予 100 mg/kg 溴酸钾后，15 min 在血浆中检测到并达到峰值。给予溴酸钾 24 h 后，在以下器官中溴化物的量显著升高：肾脏（87.4 μg/g）、胰腺（32.1 μg/g）、胃（113.5 μg/g）、小肠（62.5 μg/g）、红细胞（289.0 μg/g）和血浆（187.1 μg/g）。

大鼠灌胃给予100 mg/kg溴酸钾2 h后，血浆中不再检测到溴酸盐；4 h后，在膀胱尿液及小肠中不再检测到溴酸盐。施用剂量≤ 2.5 mg/kg的溴酸钾24 h后，尿中未检测到溴酸盐。再吸收的溴酸盐在机体中(特别是在血浆中)是非常稳定的，只有少量的溴酸盐被还原。导致组织和红细胞中溴酸盐变性的活性成分可能是谷胱甘肽。溴酸盐通过肾脏排出。在对大鼠的研究中，溴酸盐通过活性氧在近端小管中以细胞内透明分泌的形式引起细胞增殖和微球蛋白沉积。大鼠灌胃给予100 mg/kg溴酸钾1 h后，尿液浓度达到峰值。

4. 毒性与中毒机理

本品小鼠经腹腔注射LD_{50}：177 mg/kg；大鼠经口LD_{50}：157 mg/kg。

长期接触溴酸钾固体会导致兔子皮肤表面的腐蚀(类似烧伤)，但几天后就会消退。一项大鼠饲喂毒性试验中(50～75 mg/kg面粉，104 w)，在雄性大鼠中出现呈剂量—反应关系的红细胞减少，雌性大鼠中出现血糖上升。对豚鼠进行腹腔注射(10～20 mg/kg，10～20 d)会导致严重的肾脏损伤(死亡率高)和内耳损伤。IARC分类：2B(可能对人类致癌)。其健康危害GHS分类为：急性毒性—经口，类别3；致癌性，类别2。

据推测，胃肠刺激可能是由于胃中溴酸盐转化为次溴酸所致；特征性肾损伤是由于溴酸盐的氧化性造成的。溴酸钾诱导的DNA氧化为可能的中毒机制。溴酸钾可以通过与细胞内分子的反应直接或间接产生活性氧。活性氧会引起与核膜相关的脂质过氧化，然后通过链式反应扩增脂质过氧化物和中间自由基。所观察到的谷胱甘肽水平的增加可能表明补偿性肾组织机制对抗由溴酸钾产生氧化反应物。

5. 人体健康危害

本品的溶液或粉尘对黏膜和皮肤有刺激和腐蚀作用。溴酸钾粉尘可能引起可逆的眼的中度刺激和轻微的角膜损伤，并可引起呼吸道刺激症状。

误食溴酸钾会产生急性毒性：主要表现为胃肠道损伤(症状为恶心、呕吐、胃痛、腹泻、黏膜出血)、肾脏损伤(症状为少尿至无尿、近管上皮坏死、间质水肿)。在极端情况下，这些症状会导致惊厥。少数病例还涉及肝损伤(肿胀和核溶解)、心脏损伤(轻微毒性心肌炎)和血液损伤(新月形红细胞、溶血、血小板减少等)。中毒的儿童还表现出神经精神症状(躁动继发嗜睡或冷漠、瘫痪甚至昏迷)。很少观察到的血液损伤似乎特别集中于红细胞(新月形或空泡或溶血细胞)，但也影响血小板(血小板减少)。溴酸钾的特异性效应是对耳朵的损害，导致部分可逆耳聋。

四溴化硒

1. 理化性质

CAS号：7789-65-3	外观与性状：黄色或红棕色结晶性粉末，有不愉快气味
熔点/凝固点(℃)：75	沸点(℃)：227
相对密度(水=1)：3.27(17.5℃)	相对蒸气密度(空气=1)：3.604
溶解性：可溶于二硫化碳、氯仿和溴乙烷	

2. 用途与接触机会

本品用作硫化剂、促进剂和电子元件制造。

3. 毒性

本品健康危害GHS分类为：急性毒性—经口，类别3；急性毒性—吸入，类别3；特异性靶器官毒性—反复接触，类别2。

4. 风险评估

本品对水生物毒性极大，且有长期影响，其环境危害GHS分类为：危害水生环境—急性危害，类别1；危害水生环境—长期危害，类别1。

溴酸锌

1. 理化性质

CAS号：14519-07-4	外观与性状：白色结晶或粉末，有潮解性
熔点/凝固点(℃)：100	沸点(℃)：200
相对密度(水=1)：2.57	溶解性：易溶于水

2. 用途与接触机会

本品用于医药工业，用作有机合成缩合剂、催化剂。

3. 毒性

本品可吸入、食入。粉尘对眼和呼吸道有刺激性。误服引起呕吐、腹泻、肾脏损害及高铁血红蛋白血症。

4. 风险评估

本品对水生物毒性极大，且有长期影响，其环境危害 GHS 分类为危害水生环境—急性危害，类别 1；危害水生环境—长期危害，类别 1。

溴 酸 银

1. 理化性质

CAS 号：7783-89-3	外观与性状：白色粉末，对光敏感
相对密度(水=1)：5.21	分子量：235.77
溶解性：不溶于冷水；微溶于热水；溶于氨水	

2. 用途与接触机会

本品用作氧化剂。

3. 毒性

本品可经吸入、食入。粉尘对眼和呼吸道有刺激性。口服刺激胃肠道，引起腹痛，甚至有呕吐、剧烈胃痛、出血性胃炎的表现。

碘及其无机化合物

碘

1. 理化性质

CAS 号：7553-56-2	外观与性状：带有金属光泽的紫黑色鳞晶或片晶；性脆，易升华，蒸气呈紫色；具有特殊刺激臭
熔点(℃)：113.7	沸点(℃)：184.35
饱和蒸气压(kPa)：0.031(25℃)	溶解性：难溶于水、硫酸，易溶于乙醇、醚、三氯甲烷、二硫化碳、苯和其他有机溶剂及碱金属的碘化物溶液
相对密度(水=1)：4.93(20℃)	

2. 用途与接触机会

碘及其相关化合物主要用于医药、照相及染料。它可作为示踪剂，进行系统地监测，例如用于地热系统监测。碘化银用作照相底片的感光剂，还可作人工降雨时造云的晶种。碘的酒精溶液即碘酒，是常用的消毒剂；碘仿(CHI_3)用作防腐剂。碘酸钠作为食品添加剂补充碘摄入量不足。放射性同位素碘-131 用于放射性治疗和放射性示踪技术。

3. 毒代动力学

职业环境下，碘蒸气可从肺部吸收。碘很难被完整的皮肤吸收，但可以被眼、伤口和黏膜吸收。口服的碘易于与胃肠道内容物结合，少量游离碘被肠道吸收。碘在体内转化为碘化物而灭活，约 20%～30%进入甲状腺，并在甲状腺中参与 T_4 和 T_3 激素的合成，然后与这些激素一起进入血液，在一段时间后被消除。呼吸道的清除发生非常快(几乎是整个吸入剂量，半衰期为 10 min)；口服碘能迅速从尿中排出，少量从唾液、乳汁、汗液、胆汁和其他分泌物中排出。健康成人排出生物可利用碘的整个半衰期为 31 d。

4. 毒性

本品大鼠经口 LD_{50}：14 000 mg/kg；小鼠经口 LD_{50}：22 000 mg/kg。其健康危害 GHS 分类为：急性毒性—经皮，类别 4；急性毒性—吸入，类别 4。

碘比氯和溴具有更强的对皮肤、黏膜的刺激性和腐蚀性。碘蒸气强烈刺激眼睛、皮肤和呼吸器官，长时间接触碘或吸入碘蒸气，可引起咳嗽、流鼻涕、流泪、发烧、头痛、结膜炎、腮腺肿大、支气管炎、鼻炎、复视、皮肤红斑、皮肤黏膜出现水泡。对家兔的试验中，用 2%的碘溶液涂眼，出现角膜的褐色变色和角膜上皮的自发脱落，有时伴有疼痛和感染，但愈合迅速；而 7%的碘溶液会导致严重的角膜损伤。

慢性中毒，表现为甲状腺功能紊乱。家兔口服暴露于碘(15 mg/kg)30 d 后受孕，出现新生儿低体重和活力降低。

5. 人体健康危害

5.1 急性中毒

碘的蒸气对黏膜有明显刺激性，在 1.03 mg/m^3 的低浓度时，即可引起结膜刺激感；浓度增加，出现结膜炎、鼻炎、支气管炎等。由于碘制剂的腐蚀性强，可引起喉头水肿，甚至窒息，重症还可出现精神症状、昏迷，如不能及时抢救，可引起大脑严重缺氧，损害中枢神经系统。皮肤接触碘片，发生强刺激作用，甚至灼伤。可能引起过敏性哮喘和皮炎。

如误服较高浓度的碘剂，对胃肠道有强烈的刺激和腐蚀作用，吸收后与组织中蛋白反应引起全身中毒病状。口腔内有碘味，口腔、食道和胃部有烧灼热和疼痛，口腔和咽喉部有水肿，呈棕色，病愈后可引起食管和胃的疤痕和狭窄。还可出现头晕、头痛、口渴、恶心、呕吐、腹泻、发热等症状，粪便中可带血。中毒严重者面色苍白、呼吸急促、发绀、四肢震颤、意识模糊、定向力丧失、感觉障碍、言语杂乱，甚至昏迷、休克，或有中毒性肾炎，出现血尿、蛋白尿，严重者引起急性肾功能衰竭。人口服碘的致死量约 2～3 g。

5.2 慢性中毒

少量的碘对机体是必不可少的，长期摄入过多的碘会导致甲状腺功能紊乱(甲状腺功能低下和/或甲状腺功能亢进，可能伴有甲状腺炎)，出现失眠、震颤、脉搏加快、体重减轻腹泻等症状。在空气中含碘 12.1～61.0 mg/m^3 的环境中接触 4～5 个月，出现黏膜、皮肤刺激症状；接触 6～8 个月，多数工人有食欲亢进、腹泻、心率增速等；1 年后表现中枢神经系统抑制现象。过量接触可致甲状腺功能紊乱。

6. 风险评估

我国职业接触限值规定：MAC 为 1 mg/m^3。美国 ACGIH 规定：TWA 为 0.1 mg/m^3；TLV - STEL 为 0.1 mg/m^3。

本品对水生物毒性极大，其环境危害 GHS 分类为：危害水生环境—急性危害，类别 1。

二 碘 化 汞

1. 理化性质

CAS 号：7774 - 29 - 0	外观与性状：有两种变体，一种是红色四角晶体；加热至 127℃转变为黄色，为正交晶体，冷却时再变为红色。
熔点(℃)：259	沸点(℃)：354
饱和蒸气压(kPa)：0.13(157℃)	相对密度(水=1)：6.09
溶解性：不溶于水、酸；微溶于无水乙醇	

2. 用途与接触机会

配制纳氏试剂和密勒氏试剂，测定钯；分析化学上用于制备奈斯勒试剂及梅耶生物碱试剂，用以定性检出铵离子和氨；用于半导体材料和室温下运作的伽马射线或 X 射线检测或显像设备；医药上，用来治疗梅毒；在兽医学中，治疗骨刺、黏液囊肿大的软膏中含有碘化汞。

3. 毒代动力学

本品可吸入、食入、经皮吸收，主要经尿液排出。

4. 毒性

本品大鼠经口 LD_{50}：18 mg/kg；小鼠经口 LD_{50}：17 mg/kg；大鼠经皮 LD_{50}：75 mg/kg。

本品健康危害 GHS 分类为：急性毒性—经口，类别 2；急性毒性—经皮，类别 2；皮肤腐蚀/刺激，类别 2；严重眼损伤/眼刺激，类别 2A；皮肤致敏物，类别 1。

大鼠对暴露于 0.025 mg/m^3 (Hg)、0.003 1 mg/m^3 (Hg)、0.000 38 mg/m^3 (Hg) 4 个月，在这 2 个高暴露组中，出现血液参数、肝脏和肾脏酶的变化和许多器官的病理形态学变化。雌性大鼠吸入最低中毒剂量 450 ng/(m^3 · 24 h)导致胎儿毒性，出现死胎、发育障碍等。

5. 人体健康危害

急性中毒，对眼、呼吸道黏膜和皮肤有强烈刺激性。汞及其化合物主要引起中枢神经系统损害及口腔炎，引起中毒性肾病。口服引起腐蚀性胃肠炎。可引起接触性皮炎。

长期接触汞的无机化合物可导致唾液分泌、炎症改变以及牙龈变深。一个病例报告反复服用二碘化汞 2 w，出现下列症状：躯干和下肢肌肉出现了束状、远端伴有血管运动障碍的疼痛感觉异常，大量出汗，掌跖红斑，波动性高血压，体重逐渐减轻，失眠伴易怒。解毒剂治疗 2 个月后，患者尿汞的排泄量显著增加，最终恢复正常。

6. 风险评估

美国 ACGIH 规定 TLV 为 0.02 mg/m^3（按 Hg 计），OSHA 规定 PEL 为 0.1 mg/m^3（按 Hg 计），MAK 为 0.02 mg/m^3（按 Hg 计）。NIOSH 规定 IDLH 为 10 mg/m^3（按 Hg 计）。

本品对水生物毒性极大，且有长期影响，其环境危害 GHS 分类为：危害水生环境—急性危害，类别 1；危害水生环境—长期危害，类别 1。

三 碘 化 砷

1. 理化性质

CAS 号：7784-45-4	外观与性状：橙红色鳞状或粉状结晶
熔点/凝固点(℃)：140.9	沸点(℃)：424
相对密度(水=1)：4.69(25℃)	溶解性：溶于水、乙醇、乙醚、苯、氯仿、二硫化碳、二甲苯等

2. 用途与接触机会

本品用于化学分析、医药工业等。

3. 毒代动力学

本品可吸入、食入、经皮吸收。卤化砷在机体内水解，释放的亚砷酸盐离子与其他砷化合物一样在机体内分布和代谢。三价砷代谢通常通过甲基化快速进行，形成甲基松香酸和二甲基松香酸，它们主要随尿液排出。除了这些代谢物，尿液中还含有无机砷化合物。少量的砷可以通过母乳、皮肤、头发和指甲排出。而碘则主要通过生理代谢途径代谢，并在甲状腺中积累。

4. 毒性

本品健康危害 GHS 分类为：急性毒性—经口，类别 3；急性毒性—吸入，类别 3；致癌性，类别 1A。

慢性中毒表现为消化系统症状、肝肾损坏、皮肤色素沉着、角化过度或疣状增生、多发性神经炎等。

IARC 评估砷及其无机化合物致癌性分类为组 1，确认人类致癌物。

5. 人体健康危害

三价砷化合物对皮肤有腐蚀性；含砷烟尘对上呼吸道和有刺激性可导致眼睛发痒、灼烧和流泪，而水解产生的碘和碘化氢可能增强这种效果。口服砷化合物致急性胃肠炎、休克、中毒性肝炎、心肌炎，以及抽搐昏迷等，甚至死亡。可在急性中毒的 1～3 w 内发生周围神经病。大量吸入亦可引起急性中毒。对人类的致死剂量为 70～180 mg。

长期全身过度暴露于砷还会引起皮肤色素沉着、角化过度（主要发生在手掌和脚底）以及外周血管损伤（雷诺现象）。此外，与砷暴露有关的高血压和心血管疾病（尤其是心脏缺血）、糖尿病、周围神经损伤以及（在个别病例中）脑血管损伤和脑病的发生率也有所增加。

6. 风险评估

我国职业接触限值规定：砷及其无机化合物（按 As 计）PC-TWA 为 0.01 mg/m^3，PC-STEL 为 0.02 mg/m^3。

美国 ACGIH 规定 TLV 为 0.01 mg/m^3（按 As 计），OSHA 规定 PEL 为 0.01 mg/m^3（按 As 计），NIOSH 规定 IDLH 为 5 mg/m^3（按 As 计）。

本品对水生物毒性极大，其环境危害 GHS 分类为：危害水生环境—急性危害，类别 1；危害水生环境—长期危害，类别 1。

三 碘 化 铊

1. 理化性质

CAS 号：13453-37-7	外观与性状：棕色针状晶
溶解性：可溶于水、醇和醚	

2. 用途与接触机会

用于制造药物、光谱分析、热定位的特种过滤器等。

3. 毒性与中毒机理

本品健康危害 GHS 分类为：急性毒性—经口，类别 2；急性毒性—吸入，类别 2；特异性靶器官毒性—反复接触，类别 2。

中毒机理可能与本品加热分解为碘化铊和碘有关。铊及其化合物为强烈的神经毒剂。引起中枢神经损害及周围神经病，对肝、肾有损害。铊可以与细胞膜表面的 Na－K－ATP(三磷酸腺苷)酶竞争结合进入细胞内,与线粒体表面含巯基团结合,抑制其氧化磷酸化过程,干扰含硫氨基酸代谢,抑制细胞有丝分裂和毛囊角质层生长。同时,铊可与维生素 B_2 及维生素 B_2 辅助酶作用,破坏钙在人体内的平衡。

4. 风险评估

美国 ACGIH 规定：TLV 为 0.3 mg/m^3,可吸入部分和蒸气(碘化物)。

本品对水生物有毒,且有长期影响,其环境危害 GHS 分类为：危害水生环境—急性危害,类别 2;危害水生环境—长期危害,类别 2。

五 氟 化 碘

1. 理化性质

CAS 号：7783－66－6	外观与性状：发烟的无色液体
熔点/凝固点(℃)：9.43	沸点(℃)：100.5
临界温度(℃)：300.7	临界压力(MPa)：5.16
相对密度(水＝1)：3.19	溶解性：与水剧烈反应

2. 用途与接触机会

本品是一种稳定地、可储存的液体氟源,可作为一种氟中间体来使用;本品作为一种通用的氟化剂和强氧化剂,在有机合成中具有重要的作用;在无机氟化方面,本品现今最大的用途为含氟表面活性剂和防油防水纺织品处理剂生产中的原料,用于合成含氟表面活性剂和含氟织物整理剂的原料,也作为温和、易于操作的氟化剂,氟化某些金属。

3. 毒性

本品豚鼠吸入 LC_{50}：550 mg/m^3;小鼠吸入 LC_{50}：760 mg/m^3;小鼠经口 LD_{50}：63 mg/kg;家兔经皮 LD_{50}：330 mg/kg;大鼠吸入 LC_{50}：890 mg/m^3;大鼠经口 LD_{50}：146 mg/kg;大鼠经皮 LD_{50}：129 mg/kg。其健康危害 GHS 分类为：急性毒性—经口,类别 3;急性毒性—经皮,类别 2;急性毒性—吸入,类别 2;皮肤腐蚀/刺激,类别 1;严重眼损伤/眼刺激,类别 1。

4. 人体健康危害

本品遇热分解释出高毒的氟、碘烟雾,对皮肤、眼睛和黏膜有强烈的刺激性和腐蚀性;与水或潮湿空气剧烈反应,放出剧毒和腐蚀性烟雾,吸入会中毒。

5. 风险评估

美国 ACGIH 规定：TLV 为 2.5 mg/m^3(以 F 计);OSHA 规定：PEL 为 2.5 mg/m^3(以 F 计)。

第 10 章

氧、氮、碳的无机化合物

氧

1. 理化性质

CAS 号：7782－44－7	外观与性状：无色气体，在－183℃为略带蓝色的液体
临界温度(℃)：－118.95	临界压力(MPa)：5.08
熔点/凝固点(℃)：－218.4	沸点(℃)：－182.96
饱和蒸气压(kPa)：506.62(－164℃)	辛醇/水分配系数：0.65
密度：1.429 g/L(气・0℃) 1.419 g/cm^3(液・－183℃)	相对密度(水＝1)：1.14(－183℃)
相对蒸气密度(空气＝1)：1.43	溶解性：溶于水、乙醇

2. 用途与接触机会

氧是动物生存和植物燃烧所必需的气体。工业上用于金属的焊接和切割；钢铁的熔炼和轧钢，强化硝酸和硫酸生产过程。医疗上用于氧气疗法，治疗肺炎、煤气中毒等缺氧症，液态氧可制液氧炸药。

3. 毒代动力学

3.1 吸收、摄入与贮存

呼吸的生理过程是从外界空气吸进氧气，同时排出体内二氧化碳。氧气进入血液后，到达身体各组织内进行气体交换，氧被释出供细胞利用，细胞的代谢产物二氧化碳被血液带走，氧气和二氧化碳在肺泡和肺毛细血管之间进行的气体交换，动脉血液使约 95％的肺部氧饱和。

血中的 O_2绝大部分与红细胞中的血红蛋白结合，形成氧和血红蛋白，这种结合称为氧和，其结合或解离取决于 O_2分压的大小。在足够的氧分压下，每克血红蛋白最多可结合 1.34 ml 的 O_2。在相同或类似的 pH 和温度条件下，胎儿血红蛋白比母体血红蛋白对氧的亲和力更强。

3.2 转运与分布

O_2主要通过肺进入人体。O_2由外界进入肺泡，肺泡扩散进入血液，与血红蛋白结合并且溶解在血浆中。当血液流经肺毛细血管时，O_2从肺泡扩散入血液。当血液流经组织毛细血管时，O_2即由血液向组织细胞扩散。

总之，当血液流经肺时，不断获得 O_2；而流经组织时，则不断放出 O_2。

4. 毒性与中毒机理

4.1 毒性作用

动物实验证明，常压下，在 80％氧中生活 4 d，大鼠开始陆续死亡；兔的视细胞全部损毁。在纯氧中，兔 48 h 视细胞全部损毁；狗 60 h 有死亡；猴 3 d 出现呼吸困难，6～9 d 死亡。300 kPa(3 ATA，atmospheres absolute，绝对大气压)以上氧中，动物可在 30 min 至数小时死亡。

4.2 中毒机理

组织内的氧供给生物氧化需要外界部分产生自由基 O－2、H、HO－和 HO－2。正常情况下少量自由基可被辅酶 Q、维生素 E 和巯基化物所捕获或通过超氧化物歧化酶、过氧化氢酶、过氧化物酶和谷胱甘肽还原酶等反应降解灭活。当组织内氧大量增加时，产生自由基的速率和数量大大增加，超过体内灭活能力，多余的自由基与生物膜产生脂质过氧化反应，可造成膜的网状结构孔隙变大，使膜通透性增加，同时，各种膜结合酶、核糖核蛋白体等均因膜脂质过氧化而受损，膜上大分子蛋白质的活性基团如巯基酶等因氧化而失活，从而造成细胞代谢障碍。实验发现 400 kPa(4 ATA)氧时鼠脑细胞膜钠泵作用显著下降，导致膜外 K＋和谷氨酸聚集，使膜兴奋性增加。实验还发现体内大多数与氧化还原有关的酶与辅酶的活性被高分压氧所抑制，造成细胞能量代谢障碍，使体内代谢旺盛的脑、心、肺和内分泌细胞首先遭受损伤，发生所谓"多氧性缺氧症"；500 kPa (5 ATA)氧使大鼠脑细胞葡萄糖分解作用显著下降，大鼠心肌三磷酸腺苷含量减少，使心脏收缩力减弱。此外，高分压氧抑制脑内谷氨酸脱羧酶、多巴脱羧酶等活性，影响神经递质合成，使脑内 γ-氨基丁酸浓度下降，脑氨浓度上升，易发生惊厥。

在肺部，纯氧吸入后肺泡内的氧可被完全吸收，影响肺泡膨胀，造成吸收性肺不张。高分压氧引起呼吸频率减低、通气量下降，并使肺动脉和小动脉收缩，肺泡血流减少，肺泡内透明膜形成，通透性增加，肺泡表面张力发生变化，最后发展成肺组织充血、水肿和出血，造成气体交换障碍。氧中毒时内分泌腺也受到严重干扰，尤其是甲状腺和肾上腺的应激反应可加重机体对氧的中毒反应。

视觉受影响的主要原因是视网膜动、静脉的痉挛、闭塞，视网膜下积液，引起视网膜剥离，以及高分压氧抑制视网膜细胞一系列酶的活性，使网膜细胞代谢障碍，可造成视网膜萎缩。

5. 人体健康危害

5.1 急性中毒

氧在人体内参与生物氧化的能量代谢过程，是生命活动必不可少的元素之一。但高分压氧对人有害。人对高分压氧的耐受性较动物稍高，可在一定限度内[21～40 kPa(0.21～0.4 ATA)]适应氧分压的变化。吸入大于 60 kPa，即 0.6ATA(相当于常压下 60%浓度)的氧一定时间后，轻者干扰生理生化功能，重者引起病理改变。随吸入氧的分压不同，引起中毒的时程不同，氧中毒的类型也不同。一般说，氧分压愈高，发病愈急，中毒症状愈重。当氧分压 60～100 kPa(0.6～1 ATA)时，主要影响视觉系统，长时间吸入可使视网膜血管收缩、视野缩小，甚至视细胞坏死、丧失视力；当氧分压 100～200 kPa(1～2 ATA)时，主要影响呼吸系统，开始有胸骨后疼痛、咳嗽，继之呼吸困难，最后可因肺充血、水肿、出血，导致呼吸衰竭；当氧分压超过 300 kPa(3 ATA)以上时，可在短时间内引起中枢神经系统损伤，出现惊厥、抽搐、中毒性休克，如不及时抢救可很快死亡。实验证明，脑组织内氧分压必须达到阈限张力才会引起氧惊厥，此时吸入的氧分压称为临界氧压。人的阈限张力为 188 kPa(1.88 ATA)，临界氧压为 300～400 kPa(3～4 ATA)。

液态：刺激皮肤和组织。在 1 个大气压下，吸入 80%O_2超过 12 h 会刺激呼吸道。接触液体氧会导致冻伤。短期接触浓度过高的氧会刺激呼吸道并且可能会对肺部和眼睛造成影响。

肺型氧中毒：主要发生于氧分压为 100～200 kPa (1～2 ATA)时，呈急性或亚急性过程。最初有轻微咳嗽，胸骨后不适。渐发展至吸气时胸骨后烧灼感，咳嗽加剧，肺活量显著减少。进而出现难忍的咳嗽和吸气时有剧痛。最后可发生呼吸困难，以至窒息。

脑型氧中毒：发生于氧分压为 3 ATA 以上时，呈急性过程。多数先出现口唇或面部肌束颤动，面色苍白、大汗、视野缩小、幻视、眩晕、恶心、幻听、心悸等先驱症状(往往只出现其中几个症状)。也有少数可发生虚脱，随即出现全身强直性或阵发性痉挛。以后则转入昏迷以至死亡。如及时改吸空气，在短时间内痉挛可以停止，严重患者也可能还会发作 1～2 次，但一般将有持续 1～2 h 的嗜睡和意识模糊等状态。

5.2 慢性中毒

长期处在氧分压为 60～100 kPa(0.6～1 ATA)环境时可发生眼型氧中毒，呈慢性发病过程。先出现周边视野编小，继而中心视力及色觉减退。严重时双目失明。

缺　氧

缺氧按原因分为供氧不足性缺氧、呼吸性缺氧、循环性缺氧、血液性缺氧和组织中毒性缺氧。本文只讨论供氧不足性缺氧。

1. 接触机会

空气中的氧分压低于 16 kPa(或 0.16 ATA)时可发生缺氧。在一些不通风的密闭环境内，如地窖、坑道、矿山巷道、大桶、油槽、船底、货舱大型贮罐和反应塔釜内等，由于生物或化学物质的耗氧或空气被某些气体所替代时都会发生氧浓度降低。

各类潜水作业，可因供气不足而发生缺氧，也可因上升时随环境气压的下降而氧分压降至 16 kPa 以下，以致缺氧。

高原、登山、高空飞行等情况，气压较低，氧分压也相应降低，如低过一定限度也有发生缺氧的可能。

基建工程的地下作业工地，在地质层有吸收氧或稀释氧的物质（如甲烷等）的地点，送入的压缩空气中氧的浓度可降低，造成缺氧事故。

2. 毒性与中毒机理

氧是人的生命活动不可缺少的物质，成人的耗氧量至少 250 ml/min（静息状态）。但人体内氧贮量极少，有赖于外环境空气中氧的不断补充。当空气中氧分压过低时引起乏氧性缺氧症，导致机体功能和病理损害。机体对于缺氧有相当的代偿能力。血液中氧分压降低时，可以刺激颈动脉窦、主动脉体等的化学感受器，发出冲动传导至延髓的心血管和呼吸中枢，经反射引起迷走神经抑制，交感神经兴奋，肾上腺髓质分泌活动增加等反应。造成心率加速、心搏增强、呼吸加快加深、脑血管和冠状血管扩张、身体其他部位血管收缩，使血液重新分配，储藏在脾脏等处的红细胞进入血流参加循环，循环血量增加，血压升高。于是机体重要器官——心、脑的血流量增加，借以维持其供氧。

机体缺氧时全身各组织细胞都有一定的变化，但以神经细胞最为敏感。有的神经细胞在完全缺氧后仅十几秒钟，细胞电位就有变化。神经活动的能量来源主要由三磷酸腺苷分解所提供，最终又由葡萄糖氧化产生能量使二磷酸腺苷等转化为三磷酸腺苷以不断供给能量。脑组织内三磷酸腺苷储量有限，在完全缺氧的状态下，很快就失掉了能量供应，使神经细胞功能丧失。神经细胞膜中的钠离子载体也因无能量供应不能把细胞内的钠离子输送到细胞外，即“钠泵”的功能停顿，引起细胞内水肿。其中尤以脑内微血管周围的星状胶质细胞最为敏感，它的细胞膜渗透性较高，缺氧后更易水肿。有人用电子显微镜观察到，在缺氧 1 min，星状胶质细胞就开始肿胀，从而压迫微血管，使缺氧进一步加重。随之，可见微血管内皮细胞产生大小不一的肥皂泡样“泡疹”，有时甚至脱落在血管内梗阻通道。内皮细胞本身有时也肿胀，其线粒体也有肿胀现象。

严重缺氧，呼吸失调，微循环受阻后，组织二氧化碳累积，pH 值降低，都会抑制神经细胞的活动，并影响血脑屏障，使通透性增加，因而又产生细胞间水肿。氧分压下降至 9.33 kPa 时意识丧失、昏迷。下降至 6.67 kPa 以下时中枢神经系统深度抑制，直至中枢麻痹、呼吸停止。

其他器官，如心肌、肝脏等也相继出现充血、出血、水肿、细胞变性等变化。心电图示 T 波和 ST 段压低。

缺氧能否代偿取决于缺氧的程度。缺氧严重时，延髓活动受到明显抑制，心血管和呼吸中枢反应迟钝，不能接受化学感受器的冲动，呼吸和循环功能失调。两者相互影响，造成恶性循环。最后，一般先发生呼吸停止，随之心跳也停止而死亡。

在地窖、坑道、井下和密闭空间发生的缺氧常与二氧化碳浓度增加同时存在，能相互加重其有害作用（参见二氧化碳）。

3. 人体健康危害

不同程度缺氧的主要症状见下表。

表 10-1　不同程度缺氧主要症状

常压时氧浓度(%)	氧分压(kPa)	症　　状
14～16	13.3～16.0	呼吸加深加快，脉搏加强，脉率加快，血压升高，肢体协调动作稍差
10～14	9.3～13.3	疲劳，精细动作失调，注意力减退，反应迟钝，思维紊乱似酒醉者
6～10	6.0～9.3	头痛、眼花、恶心、呕吐、耳鸣，全身发热，不能自主运动和说话，发绀，可很快意识丧失
<6 以下	<6.0	心跳微弱、血压下降、抽搐、张口呼吸，很快呼吸停止，继而心跳停止，死亡

但缺氧的症状和体征并不一定如上表所列逐步加重，有时在进入严重缺氧的环境中可在没有明显先驱症状的情况下，突然发生昏迷、死亡。

对缺氧的耐受性由于各人的呼吸、心血管系统等代偿功能不一而有个体差异。此外，如劳动强度大、甲状腺机能亢进等，可增加耗氧量，对缺氧就比较敏感。反之，如在休息状态、甲状腺机能减退等，可减少耗氧量，对缺氧的耐受性也就大一些。

轻症患者，在纠正缺氧原因后可以很快自行恢复。缺氧较久，由于有脑水肿等病变发生，会出现一段时间的头痛、恶心、呕吐、幻觉、表情淡漠或兴奋等程度不一的症状。严重患者，会造成大脑皮质、基底节等的永久性病变，发生瘫痪、遗忘和意识丧失等症状。

臭　氧

1. 理化性质

CAS 号：10028－15－6	外观与性状：无色或蓝色气体，具有刺激性的气味
熔点/凝固点(℃)：－193	沸点(℃)：－111.9
密度(g/m^3)：1.658	溶解性：100 ml 水中溶解 49 ml(0℃)

2. 用途与接触机会

2.1　生活环境

正常空气中也含有极微量臭氧。臭氧是光化学烟雾的主要成分，在大气污染方面也有意义。15 000～25 000 m 的高空空气中氧在紫外线作用下形成臭氧，故臭氧是高空空气的正常组分。由于空气的流动，在地球表层空气中也可测到 0.04～0.1 mg/m^3 的臭氧。已证实大城市的大气污染物“光化学烟雾”，是在紫外线的作用下，臭氧参于烃类和氮氧化物的光化学反应，形成具有强烈刺激作用的有机化合物。

2.2　生产环境

在生产中，高压电器放电过程，强大的紫外光灯，炭精棒电弧，电火花，光谱分析发光等，都生成一定量的臭氧。焊接切割过程中，也产生臭氧。等离子切割的温度较高(＞6 000℃)，氩弧焊产生大量紫外线，除产生氮氧化物外，臭氧的生成量也较多，特别在电流较强(例如 300A)、温度较高以及有短波段紫外线时，生成更多。如果是在密不通风的桶体内电焊，或者在不通风的场所操作，臭氧积累过多，就可能引起危害。

如用臭氧消毒饮水，处理污水、漂白纸张及用作“净化空气”等，均可直接接触。

此外臭氧还可用作食品加工保鲜；作为强氧化剂，可用于农业上防治病虫、消除农药残留等。

3. 毒代动力学

在狗、兔和豚鼠身上发现的超过一半的臭氧被鼻咽黏膜吸收，接触不到 4.3 mg/m^3。在猴子体内，臭氧似乎被整个呼吸道吸收，深入到周围的非纤毛的气道中，引起呼吸细支气管和肺泡管明显病灶。

4. 毒性与中毒机理

臭氧有强氧化能力，其健康危害 GHS 分类为：皮肤腐蚀刺激，类别 2；严重眼损伤/眼刺激，类别 2；生殖细胞致突变性，类别 2；特异性靶器官毒性—一次接触，类别 3；特异性靶器官毒性—反复接触，类别 2。

4.1　急性毒作用

本品大鼠吸入 LC_{50}：0.009 4 mg/L/(4 h)；家兔吸入 LC_{50}：77 mg/(m^3 · 3 h)。

小动物短时暴露于较高浓度(＞4 mg/m^3)臭氧可致肺水肿、出血和死亡。较低浓度 0.4～2 mg/m^3 即可引起终末细支气管和近侧肺泡上皮层的损害，电镜见细胞线粒体肿胀和退化改变。大鼠暴露于 1 mg/m^3，6 h 后肺灌洗液中蛋白水平明显增加；吸入 0.4 mg/m^3，2 h 引起Ⅰ型肺泡细胞破坏。

4.2　慢性毒作用

长期暴露于臭氧可引起肺部广泛的损伤，包括肺气肿、肺不张、局灶坏死、支气管肺炎和肺纤维化。兔暴露于 0.8 mg/m^3，6 h/d，5 d/w，10 个月，引起肺气肿。狗暴露于 2 mg/m^3，8 h/d，18 个月，终末气道上皮层和近侧肺泡受到严重损害。怀疑可能造成遗传性缺陷。

4.3　中毒机理

臭氧可通过自由基氧化，导致细胞膜氧化损伤。臭氧引起肺损伤的生化机制可能是由活性自由基中间体的形成引起的。臭氧诱导的自由基可能与巯基基团的相互作用或不饱和脂肪酸的氧化分解有关，亦或者两者都有。有证据表明，臭氧的生物作用之一是与不饱和脂肪酸的反应。这些脂肪酸与臭氧反应基本上相当于脂质过氧化。

臭氧引起整个纤毛通气道中上皮细胞的脱落，并产生Ⅰ型细胞的退行性变化，以及肺泡中毛细血管内皮细胞的肿胀或破裂。Ⅰ型细胞后来被 II 型细胞所取代。

5. 人体健康危害

5.1　急性中毒

短时间吸入高浓度臭氧对黏膜的直接刺激作

用，没有氯气、氨水那样剧烈迅速，因此，在吸入较高浓度（10 mg/m^{3}左右）臭氧后，大量滞留在肺泡内，经一段时间逐步发生作用，可引起中毒性肺水肿。在吸入臭氧当时，有一些黏膜刺激症状，以后经过几小时的潜伏期，再逐步发生肺水肿的表现。病情发展过程和光气、氮氧化物的中毒相似。

短时间吸入低浓度臭氧，主要症状是口腔、咽喉干燥，胸骨下紧束感，咳嗽、咯黏痰等。胸痛持续约2 d，但咳嗽要2 w左右痊愈。此外，有嗜睡感，思想不集中，分析能力减退，味觉异常，当天食欲减退，当夜很不舒服，睡眠不安等。疲劳无力的感觉可存在十多天之久。

一般情况下，0.4 mg/m^{3}的臭氧还不致引起黏膜刺激，1 mg/m^{3}是肯定可以引起黏膜刺激的有害浓度。

据国外资料报道，几例焊工臭氧中毒病例，因焊接作业区紫外线辐射增加使空气中臭氧浓度增高。0.6～1.6 mg/m^{3}时很多焊工主诉胸部紧束感和咽喉刺激症状，而浓度下降至0.5 mg/m^{3}以下时急性症状消失。

短时间吸入臭氧可致肺功能改变，一般24 h后恢复。据报道1.2～1.6 mg/m^3，2 h使FEV0.75以及静息弥散量降低；2 mg/m^3，1 h使气道阻力增加；0.74～1.5 mg/m^3，2 h使肺活量、FEV1（第一秒用力呼出量）和MMFR（中段最大呼气流速）均明显降低。甚至0.2 mg/m^3，2 h也见气道阻力和肺泡动脉氧压差增加。

5.2 慢性中毒

一般认为长时间吸入很低浓度，与其他刺激性气体相似，引起支气管炎、细支气管炎，甚至并发肺硬化、肺气肿。国外报告过氧化氢生产工人接触0.08～1 mg/m^{3}臭氧，见支气管炎和肺气肿发病增加，并伴呼气流率降低。1 mg/m^3，3 h/d，6 d/w，共12 w，FEV1显著降低。7名氩弧焊工人（接触臭氧0.4～0.6 mg/m^3）进行肺功能检查，肺活量、功能残气量、MMFR、FEV0.75和弥散功能等均无显著改变。吸入臭氧后周围血管扩张，血压下降、呼吸次数减少以至心率略为缓慢。吸入0.4～1 mg/m^{3}臭氧后视力的精确度和暗适应能力减退。有报告制造过氧化氢的工人接触0.5～0.8 mg/m^{3}臭氧7～10年。出现头痛、乏力、肌肉刺激感应性增加以及记忆力减退等症状。

低浓度（0.4 mg/m^3）下，一定时间，能引起视力降低，眼外肌平衡障碍，辐凑、辐散和暗视障碍等。此外还可以引起头痛、头昏、发音及言语障碍等。

6. 风险评估

我国职业接触限值规定：MAC为0.3 mg/m^3。GB－T18883－2002《室内空气质量标准》规定室内空气中臭氧标准值为1 h均值0.16 mg/m^3。

本品对水生生物毒性极大，其环境危害GHS分类为：危害水生环境—急性危害，类别1。

过氧化合物

过氧化物的化学结构特征是分子中存在通过一个单独的由共价单键相连在一起的两个氧原子。这一结构本质上是不稳定的。过氧化物是容易分解成极为活泼的自由基，带有负电荷的过氧化离子，是许多化学反应的引发剂。这一反应活性是过氧化物在工业中应用的一个主要原因，也是可能产生危险的一个主要原因。

本类物质分为无机和有机两类。无机的以过氧化氢（H_2O_2）和过氧化钠（Na_2O_2）为代表；有机过氧化物是过氧化氢的一个或二个氢原子被有机基团取代的物质。本节主要介绍几种有机过氧化物的品种。

1. 用途

有机过氧化物大多是低挥发性、强烈的氧化剂，故在合成化学中用作引入有机基团的助剂。在高分子化合物的聚合中，用作引发剂。广泛应用于化学工业、塑料工业和橡胶工业中。它们常作为自由基引发剂，用于单体聚合生成热塑性聚合物，用于热固性聚酯树脂的固化剂和交联弹性体与聚乙烯的交联剂。有机过氧化物也用于很多有机合成中，作为自由基的来源。

2. 毒性

大部分过氧化物的主要毒性是侵蚀皮肤、黏膜和眼睛。

过氧化物的致癌性正在研究之中，但是研究结果还没有明确的结论。IARC将部分过氧化物定为3级致癌物（致癌性尚不能分类）。

3. 人体健康危害

长时间或高浓度的皮肤接触或溅射入眼，可能引起严重伤害。吸入高浓度的过氧化物可能会引起肺水肿。

过乙酸叔丁酯

1. 理化性质

CAS 号：107－71－1	外观与性状：无色透明苯或矿油溶液
熔点/凝固点(℃)：－20	沸点、初沸点和沸程(℃)：27
闪点(℃)：37.2	饱和蒸气压(kPa)：6.65(26℃)
密度(g/cm^3)：0.828(25℃)	溶解性：不溶于水；溶于多数有机溶剂

2. 用途和接触机会

用作氟呋尿嘧啶的中间体，也可作氧化剂，聚合反应引发剂。也用作不饱和聚酯的交联剂。

3. 毒性

本品健康危害 GHS 分类为：急性毒性—吸入，类别 3；严重眼损伤/眼刺激，类别 2；特异性靶器官毒性——一次接触，类别 3(呼吸道刺激)。

大鼠经口 LD_{50}：675 mg/kg；大鼠吸入 TCL_0：20 mg/m^3。兔经眼 100 mg，1 min 冲洗，造成中度眼刺激。

4. 人体健康危害

对眼睛、皮肤、黏膜有强烈刺激作用，可引起皮炎。一次接触，造成呼吸道刺激。受热分解释出有腐蚀性的烟雾。

过氧草酸乙基特丁酯

1. 理化特性

以 30.8%重量比保存于溶剂汽油(沸点 150～190℃的饱和脂肪烃)中。

2. 用途与接触机会

本类物质多是低挥发性、强烈的氧化剂，在合成化学中用作引入有机基团的助剂；在高分子化合物的聚合中，用作引发剂。

3. 毒性

用大鼠吸入其饱和浓度 7.77 mg/m^3，6 h，15 次，无中毒征象，解剖见内脏正常。

4. 人体健康危害

由于本类物质低挥发性，同时由于使用量较小，尚未见吸入而引起中毒的报告。生产中所遇到的危害常是液体溅入眼内。皮肤接触可发生原发性刺激或过敏性皮炎。

过氧化氢叔丁基

1. 理化性质

CAS 号：75－91－2	外观与性状：水白色乳液
熔点/凝固点(℃)：－8	沸点(℃)：89
闪点(℃)：26.7	引燃温度(℃)：238
饱和蒸气压(kPa)：2.27(35～37℃)	相对蒸气密度(空气＝1)：2.07
相对密度(水＝1)：0.896(20℃)	溶解性：可溶于水；易溶于乙醇、乙醚等多数有机溶剂
辛醇/水分配系数＝0.94	

2. 用途与接触机会

用作洗涤类产品、洗发液、橡胶行业、柴油添加剂、厌氧胶等胶水的引发剂；用于棉、粘胶、蚕丝、绵纶等纤维及其织物的染色和印花，也用于涤棉混纺织物染色；用作催化剂、漂白粉和除臭剂；用作不饱和三聚氰胺树脂涂料等各种涂料的干燥剂、聚合引发剂，亦广泛用作合成其他有机过氧化物的原料。

3. 毒性

本品健康危害 GHS 分类为：急性毒性—经皮，类别 3；急性毒性—吸入，类别 3；皮肤腐蚀/刺激，类别 1；严重眼损伤/眼刺激，类别 1；生殖细胞致突变性，类别 2；特异性靶器官毒性——一次接触，类别 3(呼吸道刺激)(含量≤80%，含 A 型稀释剂≥20%)；特异性靶器官毒性——一次接触，类别 2；特异性靶器官毒性—反复接触，类别 1(含量≤79%，含水＞14%或含量≤72%，含水≥28%)。

本品小鼠经口 LD_{50}：320 mg/kg；大鼠经皮 LD_{50}：

790 mg/kg；大鼠吸入 LC_{50}：1 408 mg/(m^3 · 4 h)。

本品直接擦在兔子皮肤上，不会立即产生明显不适感，但其延迟性反应极为严重；2～3 d 内会产生红斑、水肿及囊泡形成。对兔子不会造成刺激的最高浓度为 35%。动物研究结果显示若直接给予，会广泛影响角膜虹膜与结膜。滴注 2 滴 75%鄰苯二甲酸二甲酯溶液于兔子眼睛，会造成 5 级伤害(分为 0～7 级)；其液体对眼睛具有高度腐蚀性，能造成严重伤害及失明。

长期接触，怀疑本品可造成遗传性缺陷。

4. 人体健康危害

4.1 急性中毒

经口摄入有机过氧化物可能降低脉搏及温度，造成呼吸困难及麻木、恶心、呕吐腹痛、中毒、发绀与严重的中枢神经系统抑制；也可能引发毒性心肌炎。其液体具有高度腐蚀性与毒性，可能造成恶心、疼痛、呕吐；若呕吐物倒吸入至肺中可能造成潜在致命的化学性肺炎。

皮肤接触可能造成皮肤刺激、红及灼伤。其液体会腐蚀皮肤，可能造成起泡或灼伤，若被皮肤吸收或先前曾有过暴露经验的人，可能引发过敏性皮肤炎，包括起疹、痒或四肢水肿。

吸入本品蒸气会造成极度不适感，可能刺激呼吸道。温度增高会提高其危害性。若吸入高浓度的某些蒸气会造成头痛、类似酒精中毒以及肺水肿。若大量吸入其液体雾滴可能极危险，甚至可能因痉挛、极度刺激喉咙及支气管、化学性肺炎及肺水肿而致命；其反应可能在数小时后才产生。

4.2 慢性中毒

皮肤长期或反复接触可能造成过敏性皮肤炎，皮肤快速干燥、漂白及化学性灼伤。眼睛长期接触可能造成结膜炎，眼睛表面不透明、红肿及灼伤。

5. 风险评估

本品对水生生物有毒并具有长期持续影响，其环境危害 GHS 分类为：危害水生环境—急性危害，类别 2；危害水生环境—长期危害，类别 2。

过氧化氢四氢化萘

1. 毒性

本品 CAS 号为：771 - 29 - 9。其健康危害 GHS 分类：皮肤腐蚀/刺激，类别 1B；严重眼损伤/眼刺激，类别 1；特异性靶器官毒性——一次接触，类别 3(呼吸道刺激)。

2. 风险评估

本品对水生生物毒性极大并具有长期持续影响，其环境危害 GHS 分类为：危害水生环境—急性危害，类别 1；危害水生环境—长期危害，类别 1。

过氧化氢异丙苯

1. 理化性质

CAS 号：80 - 15 - 9	外观与性状：无色至浅黄色液体
沸点、初沸点和沸程(℃)：153	闪点(℃)：79(闭杯)
辛醇/水分配系数 = 2.16	相对密度(水=1)：1.03(20℃)
溶解性：微溶于水；易溶于乙醇、丙酮、酯类、烃类和氯烃类	

2. 用途与接触机会

用于乙烯裂解汽油脱砷和 ABS 接枝聚合引发剂；聚合催化剂，制备丙酮与酚。埃索美拉唑中间体聚合催化剂。

3. 毒性

本品大鼠经口 LD_{50}：382 mg/kg；大鼠经皮 LD_{50}：500 mg/kg；大鼠吸入 LC_{50}：1.37 mg/(L · 4 h)。其健康危害 GHS 分类为急性毒性—吸入，类别 3；皮肤腐蚀/刺激，类别 1B；严重眼损伤/眼刺激，类别 1；特异性靶器官毒性—反复接触，类别 2。

4. 人体健康危害

皮肤接触或溅入眼睛可能会导致严重的皮肤灼伤和眼损伤；吸入可引起呼吸道刺激症状；吞咽进入呼吸道可能致命。长期反复接触可能损害呼吸道等器官。

5. 风险评估

本品对水生生物有毒并具有长期持续影响，其

环境危害 GHS 分类为：危害水生环境—急性危害，类别 2；危害水生环境—长期危害，类别 2。

过氧化叔丁基异丙基苯

1. 理化性质

CAS 号：3457-61-2	外观与性状：透明至黄色液体，有微弱气味
熔点/凝固点(℃)：5	溶解性：与水混溶
自燃温度(℃)：>400	闪点(℃)：72

2. 毒性

本品健康危害 GHS 分类：皮肤腐蚀/刺激，类别 2。

3. 风险评估

本品对水生生物有毒并具有长期持续影响，其环境危害 GHS 分类为：危害水生环境—急性危害，类别 2；危害水生环境—长期危害，类别 2。

α-氢过氧化枯烯

1. 理化特性

以 41.5%重量比溶于枯烯中。分子量 152.1。

2. 用途与接触机会

本类物质大多是低挥发性、强烈的氧化剂，故在合成化学中用作引入有机基团的助剂。在高分子化合物的聚合中，用作引发剂。

3. 毒性

用大鼠吸入其饱和浓度(31.1 mg/m^3)9 h，3 次，发现动作不协调、震颤、麻醉，2 只中死 1 只，解剖后镜检肺和肾脏充血；吸入 19.6 mg/m^3，5 h，7 次，出现流涎，呼吸困难，震颤，耳和尾充血，体重减轻，解剖后镜检肺气肿和肺泡壁增厚；吸入 9.95 mg/m^3，4.5 h，12 次，流涎，鼻刺激，解剖内脏正常。

4. 人体健康危害

由于本类物质低挥发性，同时由于使用量较小，尚未见吸入而引起中毒的报告。生产中所遇到的危害常是液体溅入眼内。皮肤接触可发生原发性刺激或过敏性皮炎。

二丙酰过氧化物

1. 理化特性

本品 CAS 号为：3248-28-0。以 22.7%重量比溶于溶剂汽油中。分子量 146。

2. 用途与接触机会

本类物质大多是低挥发性、强烈的氧化剂，故在合成化学中用作引入有机基团的助剂。在高分子化合物的聚合中，用作引发剂。

3. 急性毒性

用 3 只大鼠吸入其饱和浓度 1.5 h，见鼻和眼的刺激症状，呼吸困难，1 h 后全部死亡，尸检见肺出血；吸入浓度 597 mg/m^3，5 h，2 次，见鼻眼刺激，呼吸困难，嗜睡，体重减少，4 只大鼠中死亡 1 只，但尸检内脏正常；吸入浓度 179 mg/m^3，5 h，4 次，出现鼻刺激症状，解剖内脏正常；吸入 59.7 mg/m^3，5 h，19 次，出现嗜睡，体重增长滞缓，解剖内脏正常；吸入浓度 41.8 mg/m^3，5 h，14 次，未见中毒征象，解剖内脏正常。

4. 人体健康危害

由于本类物质低挥发性，同时由于使用量较小，尚未见吸入而引起中毒的报告。生产中所遇到的危害常是液体溅入眼内。皮肤接触可发生原发性刺激或过敏性皮炎。

过氧化二苯甲酰

1. 理化性质

CAS 号：94-36-0	外观与性状：白色颗粒状晶体，微有苦杏仁味
熔点/凝固点(℃)：104.5	沸点：分解(爆炸)
自燃温度(℃)：80	辛醇/水分配系数：3.46
溶解性：微溶于水	相对密度(水=1)：1.334(25℃)

2. 用途与接触机会

本品为小麦粉增白剂，具有杀菌作用和较强的氧化作用。我国规定仅用于小麦粉，最大使用量 0.06 g/kg。

过氧化二苯甲酰是在胶粘剂工业应用最广泛的引发剂，用作丙烯酸酯、醋酸乙烯溶剂聚合，氯丁橡胶、天然橡胶、SBS 与甲基丙烯酸甲酯接枝聚合。不饱和聚酯树脂固化，有机玻璃胶粘剂等的引发剂。还可作为硅橡胶和氟橡胶的硫化剂、交联剂。也可用作漂白剂和氧化剂。

3. 毒代动力学

在灵长类前臂局部涂抹后，大约一半剂量的过氧化苯甲酰在一定程度上被吸收。碳标记的过氧化苯甲酰离体(切除的人类皮肤)和在体(恒河猴)渗透和代谢研究表明，过氧化二苯甲酰可穿透皮肤层并转化为苯甲酸，并吸收进入血。在恒河猴体内，苯甲酸代谢产物在肾脏清除速度非常快，足以阻止其与肝脏中甘氨酸的结合。

碳标记的 10% 过氧化二苯甲酰溶液在无毛大鼠皮肤中分布和溶解情况研究中，研究者对无毛大鼠的皮肤按照解剖结构进行了处理，研究结果表明，9%～14%剂量时，大量的过氧化二苯甲酰蓄积在角质层中，且转化率降低，只有少量透过表皮扩散至真皮。接触皮肤后 3～24 h 内，过氧化二苯甲酰分布于皮肤的所有组织结构中，且具有稳定的放射性和转化率的分布梯度，并以苯甲酸形式进行解离和血液再吸收。苯甲酸是主要的代谢产物。

4. 毒性

本品健康危害 GHS 分类：严重眼损伤/眼刺激，类别 2；皮肤致敏物，类别 1。

本品小鼠经口 LD_{50}：5 700 mg/kg；哺乳动物经皮 LC_{50}>1 000 mg/kg。

兔经眼，500 mg/24 h，造成轻度眼刺激。IARC 致癌性分类为 3 类致癌物。本品可能导致皮肤过敏反应。

5. 人体健康危害

暴露后短时间内引发刺痛或烧灼感；持续暴露，这些效果几乎消失。暴露 1～2 w 后，皮肤变得过于干燥并且脱皮。过氧化二苯甲酰可引起接触性皮炎。

6. 风险评估

我国职业接触限值规定 PC－TWA 为 5 mg/m^3。

本品对水生生物毒性极大，其环境危害 GHS 分类为：危害水生环境-急性危害，类别 1。

过氧化二异丙苯

1. 理化性质

CAS 号：80－43－3	外观与性状：淡黄色至白色颗粒状固体
熔点/凝固点(℃)：40	闪点(℃)：110
相对密度(水＝1)：1.02	n-辛醇/水分配系数：5.50
溶解性：25℃时，水溶解度 0.4 mg/L	

2. 用途与接触机会

天然橡胶和合成橡胶的硫化剂；聚乙烯交联剂；聚苯乙烯泡沫阻燃剂协同助剂；硅橡胶聚合催化剂和硫化剂的固化剂。

3. 毒性

本品大鼠经口 LD_{50}：4 100 mg/kg。其健康危害 GHS 分类为皮肤腐蚀/刺激，类别 2；严重眼损伤/眼刺激，类别 2。

4. 风险评估

本品对水生生物毒性极大并具有长期持续影响，其环境危害 GHS 分类为：危害水生环境—急性危害，类别 1；危害水生环境—长期危害，类别 1。

过氧化新戊酸叔丁酯

1. 理化特性

CAS 号：927－07－1	外观与性状：无色液体
熔点/凝固点(℃)：<－19	沸点、初沸点和沸程(℃)：182
闪点(℃)：65～71	密度(g/cm^3)：0.854
溶解性：不溶于水和乙二醇；溶于大多数有机溶剂	

2. 用途和接触机会

本类物质多用作聚合反应(如聚乙烯、聚氯乙烯、氯乙烯、丙烯酸酯类)的高效低温引发剂,不饱和聚酯和硅橡胶的交联剂。

3. 毒性和中毒机理

大鼠经口 LD_{50}:4 300 mg/kg,大鼠吸入浓度 1,424 mg/m³,5 h,出现鼻刺激症状、呼吸困难、嗜睡、体重下降,解剖内脏正常;吸入浓度 356 mg/m³,6 h,20 次,无中毒征象,解剖内脏正常。

1,1,3,3-过氧新戊酸四甲叔丁酯

1. 理化性质

本品 CAS 号为:22288-41-1,为易燃液体。

2. 用途和接触机会

本类物质多用作聚合反应(如聚乙烯、聚氯乙烯、氯乙烯、丙烯酸酯类)的高效低温引发剂,不饱和聚酯和硅橡胶的交联剂。

3. 毒性和中毒机理

本品健康危害 GHS 分类为皮肤腐蚀/刺激,类别 2;严重眼损伤/眼刺激,类别 1。

4. 风险评估

本品对水生生物有毒并具有长期持续影响,其环境危害 GHS 分类为:危害水生环境—急性危害,类别 2;危害水生环境—长期危害,类别 2。

过氧二碳酸双-3-甲基丁酯

1. 理化特性

以 20%重量比溶于溶剂汽油中。分子量 262。

2. 用途和接触机会

本类物质多用作聚合反应(如聚乙烯、聚氯乙烯、氯乙烯、丙烯酸酯类)的高效低温引发剂,不饱和聚酯和硅橡胶的交联剂。

3. 毒性和中毒机理

用大鼠吸入其饱和蒸气(18.2 mg/m³)6 h,2 次,除了由于汽油所致轻微鼻刺激外,无中毒征象,解剖内脏正常。用大鼠吸入其雾,浓度 14 mg/m³,4 h,3 次,出现鼻眼刺激,呼吸困难,体重减少,解剖见有肺炎;吸入雾 44 mg/m³,5 h,8 次,眼和鼻刺激,呼吸困难,嗜睡,解剖见肺泡壁增厚,支气管四周白细胞反应。

4. 人体健康危害

由于本类物质低挥发性,同时由于使用量较小,尚未见吸入而引起中毒的报告。生产中所遇到的危害常是液体溅入眼内。皮肤接触可发生原发性刺激或过敏性皮炎。

氮

1. 理化性质

CAS 号:7727-37-9	外观与性状:常温下无色无味的气体;在-196℃为无色液体。
临界温度(℃):-147.1	临界压力(MPa):3.40
熔点/凝固点(℃):-210.01	沸点、初沸点和沸程(℃):-195.79
饱和蒸气压(KPa):在 1 Pa 时-236℃(固体);在 10 Pa 时-232℃(固体);在 100 Pa 时-226.8℃(固体);在 1 kPa 时-220.2℃(固体);在 10 kPa 时-211.1℃(固体);在 100 kPa 时-195.9℃(N2)	密度(g/m³):0.967
辛醇/水分配系数:0.67	相对蒸气密度(空气=1):0.97
溶解性:微溶于水;溶于氨水	相对密度(水=1):0.804

2. 用途与接触机会

工业上用于反应塔釜、贮罐、钢瓶等容器和管道的气相冲洗,以排除其中氧或其他易燃易爆气体。化工生产用作合成氨的原料,食品和其他工业用氮气充入密闭包装中以防物品氧化变质,压缩氮气和氧气、氦气的混合气用于深海潜水作业。此外,液氮广泛用于科学研究,如冷却金属以改变物理特性,速

冻及低温保存器官组织和微生物种系等。

3. 毒代动力学

接触氮的主要途径是通过吸入途径。吸入和呼出的人类呼吸之间的氮浓度没有显著差异。气体和蒸气状态的氮气可被皮肤吸收(或排泄)。正常情况下,血液与肺泡空气处于平衡状态,肺泡空气中含有接近80%的氮。

4. 毒性与中毒机理

常压下为单纯窒息作用氮的化学性质极不活泼,进入机体内不起化学变化,也不改变体内其他物质的结构。因此,常压下氮气无毒,也无特殊的生理作用,只起到稀释空气中氧浓度并维持肺泡膨胀的作用。当空气中氮含量增高时(>84%)可排除空气中氧,引起吸入气氧分压过低(<0.16 ATA),人感觉呼吸不畅,窒息感。高浓度氮(>90%)可引起单纯性窒息,表现头痛、恶心、呕吐、胸部紧束感、胸痛、四肢麻木、肌张力增高、阵发性痉挛、发绀、瞳孔缩小,对光反应减弱等缺氧症状,严重时迅速昏迷。及时给予呼吸新鲜空气可较快恢复。

高气压下可致减压病和氮麻醉氮被机体吸入后机体不能代谢利用,仅以物理状态溶解于组织内。当机体进入高气压环境时,吸入气中氮分压升高,溶解于组织的氮逐渐增加,直至组织氮张力与吸入气中氮分压平衡(饱和)为止。饱和后当机体回到较低气压环境时,吸入气中氮分压降低,组织里的氮张力比外界氮分压高,氮便由组织向外弥散,直至与吸入气中氮分压平衡为止(脱饱和)。由于已溶解于组织内的氮的量超过较低气压条件下完全饱和时所能够溶解的氮量,即过饱和,降压太快,则多余的氮游离为气相,形成气泡,后者引起血管栓塞和组织压迫,导致组织缺氧,水肿和损伤,造成"减压病"。潜水中伴发二氧化碳潴留等因素时易发减压病。当吸入气中氮分压超过3.2 ATA时可产生氮麻醉,主要影响神经系统,产生精神活动障碍和神经-肌肉协调障碍。

其中毒机理主要源于它取代氧气的能力,从而引起窒息。氮也有直接毒性作用,影响大脑功能,导致昏迷或兴奋。氮麻醉是由高氮压力对神经传导的直接毒性作用,产生与酒精中毒类似的效果。这种状态通常是可逆的。氮麻醉的机理目前认为是氮的脂/水溶比较大,高分压氧易溶解于含有丰富类脂质的神经细胞膜,进入细胞膜类脂质双层分子的疏水层,使细胞膜膨胀,进而改变膜蛋白的功能结构,使Na+通道缩小,三磷酸腺苷合成受干扰,抑制钠泵作用,造成神经细胞膜的兴奋障碍。

5. 人体健康危害

高浓度氮(>90%)可引起单纯性窒息,表现头痛、恶心、呕吐、胸部紧束感、胸痛、四肢麻木、肌张力增高、阵发性痉挛、发绀、瞳孔缩小,对光反应减弱等缺氧症状,严重时迅速昏迷。高气压下可致减压病和氮麻醉。液态氮具有深度低温作用,皮肤接触即使很少量液氮能引起严重冻伤。

氮的氧化物

氮氧化物指的是只由氮、氧两种元素组成的化合物。常见的氮氧化物有一氧化氮(NO,无色)、二氧化氮(NO_2,红棕色)、一氧化二氮(N_2O)、五氧化二氮(N_2O_5)等,作为空气污染物的氮氧化物(NOx)常指NO和NO_2。

1. 理化性质

氮氧化物因氧化程度不同而具有不同的颜色(黄至深棕)和比重。氮氧化物中除二氧化氮外均极不稳定。一氧化氮遇水汽和氧即转化为二氧化氮;五氧化二氮遇光分解成三氧化二氮、二氧化氮遇湿则分解成二氧化氮和一氧化氮;四氧化二氮是二氧化氮的二聚物,在较高温度下分解为两分子二氧化氮,两者共处于平衡状态。因此空气中常见的氮氧化物为NO及NO2 N2O4的形式,且以二氧化氮为主。它们的理化特性见下表:

表10-2 常见氮氧化物理化特性

	氧化亚氮(笑气)	一氧化氮	二氧化氮	三氧化二氮(亚硝酐)	四氧化二氮	五氧化二氮(硝酐)
分子式	N_2O	NO	NO_2	N_2O_3	N_2O_4	N_2O_2
分子量	44.02	30.01	46.01	76.02	92.02	108.2

（续表）

	氧化亚氮（笑气）	一氧化氮	二氧化氮	三氧化二氮（亚硝酐）	四氧化二氮	五氧化二氮（硝酐）
常温常压下形态	无色气体，略有香甜味	无色气体	红棕色刺鼻气体或黄色液体	深蓝色气体是NO_2的二聚集，易分解，常与NO_2混合存在，在$-9.3\sim-11.2$℃以下时为无色晶体，随着温度升高，形态和颜色改变，并部分转变为NO_2，10℃时为无色液体，10～15℃时为黄色或黄红色，20℃时为红棕色液体，22℃时为红棕色蒸气，40℃时为深棕色蒸气，此时约30% N_2O_4变为NO_3，135～140℃时为黑色蒸气，此时N_2O_4全部分解为NO_2		白色晶体
熔点（℃）	−90.8	−163.6	−11.2	−102		30
沸点（℃）	−88.46	−151.6	21.2	3.5		47
密度（g/L）	1.53	1.04	1.58			1.642（18℃）
液态密度（g/cm^3）	1.226（−89℃）		1.442（20℃）	1.447（2℃）		
蒸气压（kPa）	101.31（−88.5℃）	101.31（−151.7℃）	101.31（21℃）		53.32（24.4℃）	
溶解性	溶于水、乙醇、乙醇和浓硫酸，水中溶解度60%（25℃）	溶于乙醇、二硫化碳，微溶于水和硫酸，水中溶解度4.7%（20℃）	溶于碱、二硫化碳和氯仿，微溶于水			微溶于水和氯仿
化学特性		在空气中易氧化 $2NO+O_2\longrightarrow 2NO_2$	较稳定 $2NO_2\rightleftharpoons N_2O_4$	易分解 $N_2O_3\rightleftharpoons NO+NO_3$ 溶于水生成亚硝酸	$N_2O_4\rightleftharpoons 2NO_2$	易分解 $2N_2O_5\longrightarrow O_2+4NO_3$ 溶于热水生成硝酸

2. 用途和接触机会

氧化亚氮用作吸入麻醉剂，在工业生产中很少接触，其他氮氧化物以硝气形式在生产中广泛接触，并是大气污染的主要危害之一。产生硝气的生产过程主要有：① 制造硝酸和使用硝酸浸洗金属时，如不密闭，可逸出大量硝气；② 制造硝基炸药、硝化纤维、苦味酸等硝基化合物、苯胺染料的重氮化过程，以及有机物（如木片、纸屑）接触浓硝酸时；③ 硝基炸药的爆炸、含氮物质和硝酸燃烧时；④ 电焊、电弧焊、气焊、气割及电弧发光时，产生的高温能使空气中的氧和氮结合成氮氧化物；⑤ 某些青饲料和谷物内含有硝酸钾，储藏在不通风的仓内，在缺氧下发酵，可生成亚硝酸钾和氧，因植物中存在有机酸类，使亚硝酸钾成为亚硝酸，当仓内发酵温度增高时，亚硝酸即分解成氮氧化物和水，造成所谓"谷仓气体中毒"；⑥ 汽车内燃机排出的废气中含有氮氧化物，纸烟燃烧产生的二氧化氮可造成污染。这些也是大气污染的来源之一。

3. 毒性和中毒机理

氮氧化物在水中溶解度很小，故对上呼吸道和眼黏膜作用较小。主要作用于深呼吸道。到达深呼吸道后，缓慢地溶于肺泡表面的液体及含水蒸气的肺泡气中，逐渐与水作用，形成硝酸及亚硝酸，对肺组织产生剧烈的刺激与腐蚀作用，使肺毛细血管通透性增加，导致肺水肿。毒物吸收入血后，可逐步转变为亚硝酸盐和硝酸盐，前者引致高铁血红蛋白血症和血管扩张等，出现发绀、呼吸困难、血压下降及中枢神经损害。症状按氮氧化物的种类、浓度和暴露时间而有所不同。一般以二氧化氮为主时，以肺的损害明显，以一氧化氮为主时，高铁血红蛋白血症和中枢神经损害明显。长期接触时、虽浓度不高，久之亦能发生肺的慢性炎症改变。二氧化氮对肺泡的作用起始于肺泡表面活性物质的过氧化与随后对肺泡细胞的损害。二氧化氮能与肺泡表面活性物质中卵磷脂发生过氧化反应。大鼠暴露于 1.9 mg/m^3 浓度的二氧化氮下 4 h 后，肺泡脂蛋白的类脂部分发生过氧化，产生过氧化的多烯脂肪酸。此作用并非立即产生，而是在暴露后 24～48 h 逐渐增加的。过氧化作用可为抗氧剂(维生素 E)所防止。故维生素 E 缺乏时，机体对二氧化氮的毒性更敏感。当二氧化氮进入肺泡，肺泡表面活性物质首先遭受破坏，其下层黏浆状脂蛋白被溶解、破坏，甚至消失，随后侵害肺泡细胞，出现肺泡扩大，上皮细胞更新停止，细胞浆分泌泡沫减少，纤毛减少或消失等改变。此种改变可能由于 3 种因素造成：① 肺泡上皮细胞的酶受到抑制甚至失活，其中包括含巯基的 G-6-PD、琥珀酸脱氢酶、膜结合酶(5′-核甘酶和肺细胞色素 P450)和 LDH，以致扰乱正常的细胞代谢；② 细胞膜的改变，细胞膜的脂蛋白包含比重较大的不饱和磷脂和功能性蛋白质两个部分。磷脂是支架，受到过氧化作用后，可以影响附着的蛋白质部分(即胶原纤维和弹性纤维)，使它们的组成发生改变；③ 影响胶原纤维和弹性纤维的形成。此外，NO_2 还通过对肺内糖分解系酶的影响干扰肺的能量代谢进而引起肺脏损害。

理论上，氮氧化物可与体内氨基反应生成亚硝胺。将离体肺组织直接暴露于较高浓度氮氧化物后，可在肺组织中检测到亚硝胺。但将小鼠暴露于二氧化氮 75 mg/m^3，1.5 年，虽见终末细支气管出现增生性改变，但未见肺部肿瘤。故目前尚无证据表明氮氧化物有致癌性。

4. 人体健康危害

氮氧化物急性吸入可致急性肺水肿、化学性肺炎和化学性支气管炎。发病随硝气的组分及个体不同差异很大。有人仅吸入少量即发生肺水肿，而有人吸入量较多却无特殊表现。在同一事故的病员中，一部分人发生肺水肿，也有少数人仅发生支气管炎而不出现肺水肿。

长期接触较低浓度氮氧化物，可有上呼吸过黏膜刺激症状，引起慢性咽喉炎、支气管炎和肺气肿，有人还有神衰症状，例如头昏、头痛、无力、失眠、食欲减退等。

二 氧 化 氮

1. 理化性质

CAS 号：10102-44-0	外观与性状：21.1℃以上时为棕红色气体；21.1℃以下为棕色液体；约 −11℃为无色固体。有刺激性气味
熔点/凝固点(℃)：−9.3	临界温度(℃)：157.8
沸点(℃)：21.15	临界压力(MPa)：10.13
饱和蒸气压(kPa)：101.32(22℃)	气味阈值(mg/m^3)：低气味阈值 2.0；高气味阈值 10.0；刺激性阈值：20.0
密度：在 20℃/4℃时密度为 1.448(液体)；在 21.3℃时比重为 3.3 g/L(气体)	相对密度(水=1)：1.45
相对蒸气密度(空气=1)：3.2	溶解性：可与水反应，可溶于浓硫酸和硝酸

2. 用途与接触机会

机动车尾气排放，固体燃料、天然气、煤气燃烧均可产生二氧化氮。闪电、吸烟也可产生少量二氧化氮。

二氧化氮在工业中可用作制造硝酸、无水金属盐和硝基配位络合物的原料。在有机化学中用作氧化剂、硝化剂和丙烯酸酯聚合的抑制剂。在航天和军事工业中，用作火箭燃料推进剂和制取炸药。

3. 毒代动力学

二氧化氮经口吸入后在整个呼吸道中均匀分布，由于二氧化氮在水中溶解度很小，故对上吸呼道和眼黏膜作用较小，主要作用于深呼吸道。到达深呼吸道后，逐渐与水作用，形成硝酸及亚硝酸，吸收入血后，可逐步转变为亚硝酸盐和硝酸盐，最后从尿液和粪便排出。

4. 毒性

本品健康危害 GHS 分类为：急性毒性—吸入，类别 2；皮肤腐蚀/刺激，类别 1B；严重眼损伤/眼刺激，类别1；特异性靶器官毒性——次接触，类别3（呼吸道刺激）。

4.1 急性毒作用

二氧化氮的生物活性大，毒性为一氧化氮的4～5倍。视接触浓度、时间和接触方式的不同，实验动物种属的不同以及有无感染因素存在而异，二氧化氮可致实验动物可逆与不可逆性多种损害，主要影响肺部终末细支气管和肺泡上皮。急性毒性主要引起肺水肿，可致死亡，慢性作用可引起肺气肿。二氧化氮对动物的吸入毒性见表10-3。

从表中可见190～1 880 mg/m³可使动物窒息死亡，有肺水肿94～190 mg/m³，短期可致死；94 mg/m³以下无死亡；长期在15～47 mg/m³下，导致肺气肿。

表10-3 二氧化氮对动物的吸入毒性

动物种类	浓度（mg/m³）	接触时间（h）	反　应
多种动物	>1 880	迅速	窒息死亡、肺水肿
	1 140～1 520	30 min	窒息死亡、肺水肿
	380～760	45～60 min	窒息死亡、肺水肿
	280	1.5	窒总死亡、肺水肿
	190	5.5	窒息死亡、肺水肿
狗	122～141	4	死亡
大鼠	122	15 min	中毒阈浓度
豚鼠	58	3	无立即作用
小鼠	47	2	无死亡，但肺血管扩张充血
豚鼠	28～38	2	轻度肺水肿和可逆性变化
大鼠	94	长期	20 d死于急性肺炎（1/9只），48～68 d死亡（6/9只），78 d尚存活、肺气肿（2/9只）
	47	13 w	肺气肿
	23	26 w	肺气肿
兔	15～23	3～4个月	肺气肿

4.2 慢性毒作用

低浓度二氧化氮的毒性影响不可忽视，接触0.47～1.9 mg/m³即可造成实验动物支气管炎、支气管肺炎、肺不张、蛋白漏入肺泡、肺内胶原弹性纤维和肥大细胞改变，纤毛减少以及腺体增生等。3.8～47 mg/m³时上述影响更显著，纤毛细支气管和Ⅰ型肺泡上皮细胞受到破坏，并分别由无纤毛细胞和Ⅱ型细胞的增生所取代。延长暴露可因呼吸道上皮渗出、基底膜肿胀，造成小气道直径缩小。大鼠暴露于38 mg/m³浓度二氧化氮中共90 d，可见轻度的呼吸困难，尸检用电镜检查肺的终末细支气管和呼吸性细支气管，可见胶原纤维变粗，约比对照组粗8倍（对照组胶原纤维直径约300 m），横切面呈星芒状。细支气管立方上皮细胞下的基底膜显著增厚，以呼吸性细支气管远端和肺泡管近端为甚。肺泡隔的内皮及上皮所共有的基底膜也增厚，在基底膜中还可见异常的颗粒状物质。反复暴露于32 mg/m³浓度二氧化氮共610 d后的大鼠，以上改变更显著，胶原纤维直径可达对照组的12倍。暴露于3.8 mg/m³浓度二氧化氮中约2年的大鼠，其胶原纤维和基底膜也出现类似的亚微结构改变，但程度较轻。动物肺功能影响研究，大鼠暴露于1.5 mg/m³引起呼吸率增加。犬每天暴露于1.21 mg/m³二氧化氮和0.31 mg/m³一氧化氮的混合气体中61个月引起肺弥散能力和最大呼气流率减低。长期暴露于低浓度二氧化氮还可致肺组织生化改变，包括肺内谷胱甘肽过氧化物酶、谷胱甘肽还原酶和NAD(P)H等活力增高，细胞脂质成分和肺表面活性物质稳定性以及肺中谷胱甘肽水平的改变，并认为可作组织损伤的敏感指标。低浓度二氧化氮引起实验动物的其他效应还有组织氧耗增加，循环红细胞数目、血清酶活力和抗体滴度的改变，以及对中枢神经系统条件反射、内分泌和生殖系统的影响。

二氧化氮能增加实验动物对细菌和病毒致呼吸道感染的易感性，此效应与剂量相关，在浓度时间乘积相同时，浓度的影响比时间大。实验还表明二氧化氮通过对肺巨噬细胞和纤毛上皮细胞的吞噬功能和酶作用的影响来干扰肺脏清除异物颗粒的能力。此外，大鼠暴露于7.6 mg/m³二氧化氮时发生眼角膜上皮破坏、晶体混浊，有引起白内障的危险，认为是二氧化氮溶解于泪水变成强酸溶液破坏角膜所致。

4.3 中毒机理

二氧化氮细胞损伤机制分别为脂质过氧化，产生自由基和蛋白质的氧化。二氧化氮可在炎症过程中通过ONOO—的分解或通过过氧化物酶催化的反应形成活性氮物质(RNS)。通过自由基诱导的氧化反应可以被维生素E或其他自由基清除剂所减弱。

二氧化氮进入深呼吸道与水作用形成硝酸及亚硝酸,对肺组织产生剧烈的刺激与腐蚀作用,使肺毛细血管通透性增加,导致肺水肿。二氧化氮可引起肺上皮细胞的损伤,表现为气道剥落,并可代偿性增殖。持续性损伤和修复过程可能导致气道重塑,包括纤维化。

5. 人体健康危害

5.1 急性中毒

氮氧化物急性吸入可致急性肺水肿、化学性肺炎和化学性支气管炎。发病随硝气的组分及个体不同差异很大。有人仅吸入少量即发生肺水肿,而有人吸入量较多却无特殊表现。在同一事故的病员中,一部分人发生肺水肿,也有少数人仅发生支气管炎而不出现肺水肿(详见表10-4)。

表10-4 不同浓度对人的急性影响

浓度(mg/m^3)	结 果
1.3~3.8	气道阻力增加
7.5~9.4	除气道阻力增加外,还见肺一氧化碳弥散功能降低和动脉血氧分压降低
70	黏膜刺激作用,能耐受几小时
140	只能支持半小时,可引起支气管炎和肺炎
220~90	立刻发生危险,可致肺水肿
440~30	危险的程度很快增加
560~40	致命性肺水肿、窒息
1 460	很快致死

(1) 急性肺水肿常伴有化学性肺炎,其发病过程可区分为3期。

① 刺激期和症状缓解期如硝气浓度较高和NO_2含量较多,在吸入当时就感咽喉部不适伴有刺激性咳嗽,甚至痉挛性阵咳而引起呕吐。如果浓度不高,刺激症状可较轻,经过适当的休息和治疗,病情趋于好转。部分重症病员刺激期后病情继续发展,经过几小时到几十小时的症状缓解期后出现肺水肿。症状缓解期中可有头昏、无力、食欲减退、烦躁、失眠等,也有完全无症状而继续劳动的。症状缓解期的长短与吸入毒物的量有关。

② 肺水肿期有胸闷、胸骨下痛或压迫感和呼吸急促等症状,咳嗽,痰量不一定多,呈柠檬色、棕黄色或者粉红色,不一定是泡沫状。检查时可见病员静卧而反应较慢,重者呼吸浅而快,脉搏增加,体温升高。听诊检查,早期呼吸音降低而粗糙,呼气时在背部有小水泡音,以后,则在胸部不同部位有湿罗音。可合并有植物神经功能紊乱,例如脉搏缓慢,并出现期外收缩,夜间入睡时更显著,此外,还有出汗、皮肤红热(血管扩张)等。缺氧可引起心肌损害,病重时心电图可见ST段压低、T波平坦等。如吸入硝气中NO浓度较高,可引起高铁血红蛋白血症。白细胞计数及中性粒细胞增多。部分病例的嗜酸性细胞增加,红细胞及血红蛋白可稍偏高。

X线胸片表现早期有肺野透亮度稍降低和纹理紊乱,发展成肺水肿时X线片上呈相应改变。

③ 恢复期在积极的有效治疗后24 h内,绝大多数病例的病情可以好转,一般在5 d左右可以基本痊愈。X线胸片表现常在1 w左右好转;至于全身无力等症状和肺泡弥散功能减退等,约需一两个月才能完全恢复。

(二) 急性化学性肺炎部分病员不出现肺水肿的典型征象,仅表现为化学性肺炎,患者可有咳嗽、胸痛等呼吸系统刺激症状,肺部听诊呼吸音粗糙,可闻少量干、湿罗音,白细胞总数常增高。经治疗,可以吸收好转。

(三) 并发症

1. 早期的并发症有自发性气胸、纵膈气肿与皮下气肿,由于细支气管或肺泡的上皮细胞脱落形成破裂而引起,大多在第3~5 d左右发生。

2. 后期的并发症包括继发性疾病,例如细支气管炎、支气管肺炎、支气管扩张、肺不张等,少数患者可发生支气管哮喘。

5.2 慢性中毒

主要表现为神经衰弱综合征及慢性呼吸道炎证。个别病例出现肺纤维化。可引起牙齿酸蚀症。

6. 风险评估

我国职业接触限值规定:PC-STEL为10 mg/m^3;PC-TWA为5 mg/m^3。我国GB/T18883-2002《室内空气质量标准》规定二氧化氮1 h平均浓度为0.24 mg/m^3。

一 氧 化 氮

1. 理化性质

CAS号：10102-43-9	外观与性状：无色芳香味气体
熔点/凝固点(℃)：-163.6	临界温度(℃)：-92.9
沸点(℃)：-151.74	临界压力(MPa)：6.48
饱和蒸气压(kPa)：6 079.2(-94.8℃)	密度(g/cm^3)：-150；2℃时为1.27(液体)
相对密度(水=1)：1.27(-151℃)	相对蒸气密度(空气=1)：1.04
气味阈值(mg/m^3)：0.360 0～1.200 0	n-辛醇/水分配系数：0.1
溶解性：微溶于水；溶于乙醇、二硫化碳	

2. 用途与接触机会

本品可用于制造硝酸、硝酸酯类药物，作为人造丝漂白剂、丙烯及二甲醚的安定剂。在医疗上用作支气管扩张剂、自由基清除剂、血管扩张剂。除此之外，一氧化氮实验性地已被成功地使用于持续胎儿循环，肺动脉高压继发于心脏功能障碍或手术，或成人呼吸窘迫综合征。

3. 毒代动力学

主要通过呼吸道吸入，经肺吸收。七名志愿者吸入 0.44 mg/m^3、0.67 mg/m^3、1.34 mg/m^3 及 6.7 mg/m^3 一氧化氮时，85%至93%的成分被吸收。

大部分吸入的一氧化氮最终以硝酸盐的形式从体内排出。

4. 毒性

本品大鼠吸入 LC_{50}：154 mg/m^3。一氧化氮作用于动物的中枢神经系统可引起瘫痪和惊厥，它还与血红蛋白结合导致高铁血红蛋白血症。小鼠暴露于 3 075 mg/m^3 一氧化氮的空气中 6～7 mim 会麻醉，并在 12 min 死亡。但把麻醉了的小鼠放回到新鲜空气中能迅速恢复。小鼠能耐受 370 mg/m^3 的浓度而不显可见的中毒征象。本品健康危害 GHS 分类为：急性毒性—吸入，类别 3；皮肤腐蚀/刺激，类别 1；严重眼损伤/眼刺激，类别 1；特异性靶器官毒性——次接触，类别 1。

5. 人体健康危害

一氧化氮不稳定，在空气中很快转变为二氧化氮产生刺激作用。氮氧化物主要损害呼吸道。吸入初期仅有轻微的眼及呼吸道刺激症状，如咽部不适、干咳等。常经数小时至十几小时或更长时间潜伏期后发生迟发性肺水肿、成人呼吸窘迫综合征，出现胸闷、呼吸窘迫、咳嗽、咯泡沫痰、发绀等。可并发气胸及纵隔气肿。肺水肿消退后两周左右可出现迟发性阻塞性细支气管炎。一氧化氮浓度高可致高铁血红蛋白血症。慢性影响：主要表现为神经衰弱综合征及慢性呼吸道炎症。个别病例出现肺纤维化。可引起牙齿酸蚀症。

6. 风险评估

我国职业接触限值规定：PC-TWA 为 15 mg/m^3。

一氧化氮和四氧化二氮混合物

本品健康危害 GHS 分类为急性毒性-吸入，类别 3；皮肤腐蚀/刺激，类别 1；严重眼损伤/眼刺激，类别 1。

其他毒性分别参见一氧化氮、四氧化二氮的介绍。

四 氧 化 二 氮

1. 理化性质

CAS号：10544-72-6	外观与性状：无色气体或液体
熔点/凝固点(℃)：-9.3	临界温度(℃)：157.8
沸点(℃)：21.15	临界压力(MPa)：10.1
饱和蒸气压(kPa)：85.9(25℃)	密度(g/cm^3)：1.45
相对密度(水=1)：1.45	n-辛醇/水分配系数：0.43
相对蒸气密度(空气=1)：1.58	溶解性：与水反应

2. 用途与接触机会

在硝酸和硫酸生产中处于中间状态；用于有机化

合物和炸药的硝化；制造氧化纤维素化合物（止血棉）；用于漂白面粉；常用作火箭推进剂组分中的氧化剂。

3. 毒性

本品大鼠吸入 LC_{50}：105 mg/m^3；家兔吸入 LC_{50}：1 294 mg/m^3(15 min)（注：本研究涉及二氧化氮和四氧化二氮的混合物）。

其健康危害 GHS 分类为急性毒性—吸入，类别 2；皮肤刺激或腐蚀，类别 1B；严重眼损伤/眼刺激，类别 1；特异性靶器官毒性——一次接触，类别 3（呼吸道刺激）。

4. 人体健康危害

四氧化二氮是二氧化氮的二聚物，在较高温度下分解为两分子二氧化氮，两者共处于平衡状态。吸入初期仅有轻微的眼及呼吸道刺激症状，如咽部不适、干咳等。经数小时至十几小时或更长时间潜伏期后发生迟发性肺水肿、成人呼吸窘迫综合征，出现胸闷、呼吸窘迫、咳嗽、咯泡沫痰、发绀等。可并发气胸及纵隔气肿。肺水肿消退后 2 w 左右可出现迟发性阻塞性细支气管炎。慢性影响：主要表现为神经衰弱综合征及慢性呼吸道炎症，个别病例出现肺纤维化。可引起牙齿酸蚀症。

硝　　酸

1. 理化性质

CAS 号：7697－37－2	外观与性状：无色发烟液体
熔点/凝固点(℃)：－41.6	临界压力(MPa)：6.89
沸点：83	饱和蒸气压(kPa)：6.4(20℃)
饱和蒸气压(kPa)：8.39(25℃)	易燃性：不燃，能助燃
密度(g/cm^3)：1.512(20℃)	气味阈值(mg/m^3)：气味低：0.75；气味高：2.50；刺激性浓度：155.0
相对密度(水＝1)：1.5	*n*-辛醇/水分配系数：－0.21
相对蒸气密度(空气＝1)：2～3	溶解性：与水混溶，溶于乙醚

2. 用途与接触机会

用于制造氮肥、炸药、硝化纤维、硝酸盐等许多硝基化合物，用于机械工业中作酸洗液，一般化验室中也经常使用。

3. 毒性

本品健康危害 GHS 分类为皮肤腐蚀/刺激，类别 1A；严重眼损伤/眼刺激，类别 1。大鼠吸入 LC_{50}：130 mg/(m^3 · 4 h)。浓硝酸在空气中放出五氧化二氮，即硝酐，与空气中的水汽形成酸雾，不久即分解，其中最主要的是二氧化氮，浓硝酸加热时有硝酸蒸气挥发，密度 2.2 g/cm^3，不久也分解，主要成为二氧化氮，因此，硝酸烟气中毒就是上面所说的氮氧化物中毒。

4. 人体健康危害

接触硝酸表现双重损害，即硝酸液对局部组织的腐蚀性和硝酸气雾的吸入毒性。硝酸液体与皮肤或其他组织局部接触引起腐蚀。腐蚀程度随硝酸的浓度、接触时间和该处皮肤上原来有否伤口而不同。伤口痊愈后，一部分人的局部疤痕组织异常增生，形成肉芽增生，特别是皮肤接触后没有立刻彻底清洗者。如果发生，可以用组织疗法或肾上腺皮质激素等治疗。

硝酸蒸气可以引起牙酸蚀症，情况与硫酸相同。急性吸入硝酸气雾可引起急性肺水肿，长期吸入可致慢性阻塞性肺病，一般认为急、慢性肺部损害主要由硝酸气雾中的二氧化氮所致。

5. 风险评估

美国 NIOSH 规定：REL－TWA(10 h)为 5 mg/m^3，15 min STEL 为 10 mg/m^3。

亚 硝 酸 钾

1. 理化性质

CAS 号：7758－09－0	外观与性状：白色或微黄色棱柱状或条状结晶
沸点(℃)：537℃(爆炸)	熔点/凝固点(℃)：441℃(在350℃时开始分解)
溶解性：易溶于水；不溶于丙酮；微溶于乙醇；溶于热乙醇；易溶于液氨	相对密度(水＝1)：1.92

2. 用途与接触机会

人们可通过食用含有亚硝酸钾的加工肉制品而接触本品。

工业上本品主要用于制造苯胺染料及偶氮染料。用作分析试剂，用于医药及有机合成。在肉制品加工中用作发色剂。

3. 毒代动力学

本品经口通过消化道吸收进入体内。在胃肠道细菌的作用下，亚硝酸盐可被直接氧化为硝酸盐，或与胺类等反应生成亚硝基化合物，与抗坏血酸等反应生成氮氧化物；同时，亚硝酸盐经胃黏膜吸收，入血后很快与血红蛋白结合成高铁血红蛋白，或被氧化为硝酸盐。之后硝酸盐会迅速分布在尿液、唾液、胃液、汗液等体液中。动物实验证明亚硝酸盐能够穿过胎盘屏障，在胎儿中产生高铁血红蛋白。

生成的大部分硝酸盐从尿液中排出，未吸收的可通过粪便排出。在人类粪便中也检测到低浓度的亚硝酸盐。

4. 毒性与中毒机理

本品家兔经口 LD_{50}：200 mg/kg，小鼠吸入 LC_{50}：85 g/(m^3 · 2 h)。本品健康危害 GHS 分类为急性毒性—经口，类别 3。

本品的主要急性毒性效应是发生高铁血红蛋白血症，超过 10% 的血红蛋白会转化为高铁血红蛋白。当转换超过 70% 时，可致命。亚硝酸盐由于其血管舒张特性也可能导致血压突然下降。

5. 人体健康危害

本品中毒的症状包括严重的发绀、恶心、眩晕、呕吐、腹痛、心动过速、呼吸急促、昏迷、抽搐和痉挛。血压迅速下降。头痛持续、悸动、伴有心悸和视力障碍。皮肤潮红、出汗。

6. 风险评估

本品对水生生物毒性极大，其环境危害 GHS 分类为：危害水生环境—急性危害，类别 1。

GB 2760－2014《食品安全国家标准食品添加剂使用标准》中规定亚硝酸钾使用范围以及最大使用量或残留量如下：

表 10－5　食品中亚硝酸钾使用范围以及最大使用量或残留量

亚硝酸钠，亚硝酸钾　　sodium nitrite，potassium nitrite
CNS 号　09.002，09.004　　INS 号　250，249
功能　护色剂、防腐剂

食品分类号	食 品 名 称	最大使用量/(g/kg)	备　注
08.02.02	腌腊肉制品类(如咸肉、腊肉、板鸭、中式火腿、腊肠)	0.15	以亚硝酸钠计，残留量≤30 mg/kg
0.8.03.01	酱卤肉制品类	0.15	以亚硝酸钠计，残留量≤30 mg/kg
0.8.03.02	熏、烧、烤肉类	0.15	以亚硝酸钠计，残留量≤30 mg/kg
08.03.03	油炸肉类	0.15	以亚硝酸钠计，残留量≤30 mg/kg
08.03.04	西式火腿(熏烤、烟熏、蒸煮火腿)类	0.15	以亚硝酸钠计，残留量≤70 mg/kg
08.03.05	肉灌肠类	0.15	以亚硝酸钠计，残留量≤30 mg/kg
08.03.06	发酵肉制品类	0.15	以亚硝酸钠计，残留量≤30 mg/kg
0.8.03.08	肉罐头类	0.15	以亚硝酸钠计，残留量≤50 mg/kg

亚 硝 酸 钠

1. 理化性质

CAS 号：7632－00－0	外观与性状：白色或淡黄色细结晶，微咸

(续表)

pH 值：9(水溶液)	沸点(℃)：320
熔点/凝固点(℃)：271	溶解性：易溶于水；适度溶于甲醇；微溶于乙醚，乙醇；极易溶于氨
相对密度(水＝1)：2.17	

2. 用途与接触机会

人们可通过食用含有亚硝酸钠的加工肉制品而接触本品。

亚硝酸钠在工业中的用途很多。可用作普通分析试剂、氧化剂和重氮化试剂,还用于亚硝酸盐和亚硝基化合物的合成。在肉类制品加工中用作发色剂,可用于肉类罐头、肉类制品。用作丝绸和亚麻的漂白,织物染色的媒染剂。用于染料和有机颜料生产。用作金属热处理剂和电镀缓蚀剂。医药上用作血管扩张剂,并作为循环(血压)抑制剂缓解平滑肌痉挛。还可用于氰化物解毒剂。还可制造乙胺嘧啶、氨基吡啉等药物。

3. 毒代动力学

亚硝酸钠经口通过消化道吸收进入体内。在胃肠道细菌的作用下,亚硝酸钠可被直接氧化为硝酸钠,或与胺类等反应生成亚硝基化合物,与抗坏血酸等反应生成氮氧化物;同时,亚硝酸钠经胃黏膜吸收,入血后很快与血红蛋白结合成高铁血红蛋白,或被氧化为硝酸钠。之后硝酸钠会迅速分布在尿液、唾液、胃液、汗液等体液中。动物实验证明亚硝酸钠能够穿过胎盘屏障,在胎儿中产生高铁血红蛋白。

生成的大部分硝酸钠从尿液中排出,未吸收的可通过粪便排出。在人类粪便中也检测到低浓度的亚硝酸钠。

4. 毒性

本品大鼠经口 LD_{50}：180 mg/kg,大鼠吸入 LC_{50}：5.5 mg/(L·4 h)。其健康危害 GHS 分类为急性毒性—经口,类别 3。

亚硝酸钠的主要急性毒性效应是发生高铁血红蛋白血症,超过 10%的血红蛋白会转化为高铁血红蛋白。当转换超过 70%时,可致命。亚硝酸钠由于其血管舒张特性也可能导致血压突然下降。

5. 人体健康危害

亚硝酸钠中毒的症状包括严重的发绀、恶心、眩晕、呕吐、腹痛、心动过速、呼吸急促、昏迷、抽搐和痉挛。血压迅速下降。头痛持续,悸动,伴有心悸和视力障碍。皮肤潮红,出汗。

6. 风险评估

本品对水生生物毒性极大,其环境危害 GHS 分类为：危害水生环境—急性危害,类别 1。

亚 硝 酸 镍

1. 理化性质

CAS 号：17861-62-0	外观与性状：微红色黄色晶体
溶解性：溶于水	

2. 用途与接触机会

用于制染料、药物及用作试剂等。

3. 毒性

本品健康危害 GHS 分类为：致癌性,类别 1A。IARC 将镍化合物分类为 G1 类确定的人类致癌物。

4. 风险评估

我国职业接触限值规定：可溶性镍化合物 PC-TWA 为 0.5 mg/m^3。美国 ACGIH 规定以镍计算 TLV-TWA 为：0.1 mg(Ni)/m^3(吸入)。

本品对水生生物毒性极大并具有长期持续影响,其环境危害 GHS 分类为：危害水生环境—急性危害,类别 1;危害水生环境—长期危害,类别 1。

三 氯 化 氮

1. 理化性质

CAS 号：10025-85-1	外观与性状：黄色油状液体,有刺激性气味
熔点/凝固点(℃)：−40	沸点(℃)：71
密度(g/cm^3)：1.65	饱和蒸气压(kPa)：20(20℃)
溶解性：溶于氯仿、四氯化碳、苯和二硫化碳;不溶于冷水,在热水中分解	相对蒸气密度(空气=1)：4.2

2. 用途与接触机会

低浓度的三氯化氮用来漂白面粉,也用于柠檬等水果的熏蒸处理。在氯气的生产和使用中,铵盐、氨及含铵化合物等杂质与氯气接触可能产生三氯化氮。

3. 毒性

本品大鼠吸入 LC_{50}：602 mg/(m^3 · 1 h)。

4. 人体健康危害

三氯化氮对皮肤、眼和呼吸道黏膜有强烈的刺激性。在接触高浓度三氯化氮时，可发生黏膜充血、声哑、呼吸道刺痛直至窒息，恢复过程较慢。

皮肤病患者、心脏及肺部疾患者不宜从事本品作业。

亚 硝 酰 氯

1. 理化性质

CAS 号：2696－92－6	外观与性状：红褐色液体或黄色气体，具有刺鼻恶臭味，遇水和潮气分解
熔点/凝固点(℃)：－64.5	临界温度(℃)：167
沸点(℃)：－5.5	临界压力(MPa)：9.36
相对密度(水＝1)：1.417	饱和蒸气压(kPa)：10.1(－50℃)
相对蒸气密度(空气＝1)：2.3	n-辛醇/水分配系数：0.1
溶解性：溶于浓硫酸	

2. 用途与接触机会

本品是强氧化剂。在制造和使用王水的时候都可能产生。

3. 毒性

本品健康危害 GHS 分类为：急性毒性—吸入，类别 3；皮肤腐蚀/刺激，类别 1；严重眼损伤/眼刺激，类别 1。

猫一次暴露于 270 mg/m^3 浓度下 20 min 可致死，并有肺出血表现。而小鼠在 500 mg/m^3 浓度下能耐受 20 min，没有明显损害。

4. 人体健康危害

本品对眼、皮肤黏膜有强刺激作用，吸入后可引起肺水肿或出血。

三 氧 化 二 氮

1. 理化性质

CAS 号：10544－73－7	外观与性状：红棕色气体，低温时为深蓝色液体或固体
熔点/凝固点(℃)：－102	临界压力(MPa)：6.99
沸点(℃)：3.5	饱和蒸气压(kPa)：＞110
相对密度(水＝1)：1.45(2℃)	相对蒸气密度(空气＝1)：2.6
溶解性：溶于苯、甲苯、乙醚、氯仿、四氯化碳、酸、碱	

2. 用途与接触机会

本品为酸性氧化物，可用作火箭燃烧系统中的助燃剂，也可用于制取纯亚硝酸。

3. 毒性

本品 GHS 分类为：急性毒性—吸入，类别 2；皮肤腐蚀/刺激，类别 1B；严重眼损伤/眼刺激，类别 1。

4. 人体健康危害

本品对眼、皮肤黏膜有强刺激作用，严重时可导致灼伤。

碳

1. 理化性质

CAS 号：7440－44－0	外观与性状：黑色粉状或颗粒状多孔结晶
熔点/凝固点(℃)：3 642	沸点(℃)：4 827
闪点(℃)：＞230	密度(g/cm^3)：1.8
溶解性：不溶于水	

2. 用途与接触机会

碳有多种同素异形体，常见的碳的自然形式有金刚石、石墨、炭等。

金刚石是自然界最硬的矿石，俗称钻石，除用作装饰品外，主要用于制造钻探用的钻头和磨削工具。

石墨能导电，具有化学惰性，耐高温，易于成型和机械加工，常用于制作电极、高温热电偶、坩埚、电刷、润滑剂和铅笔芯。

碳六十是迄今发现的第三种同素异形体，具有超导、强磁性、耐高压、抗化学腐蚀等特性，能进行加成反应而广泛应用在光、电、磁等领域。

另外，无定形碳包括活性炭等，有很强的吸附能力，可用于脱硫、净化水或空气、回收溶剂等。

3. 毒性

本品大鼠经口 LD_{50}：>10 000 mg/kg；小鼠静脉注射 LD_{50}：440 mg/kg。

4. 人体健康危害

本品灰尘可对眼、皮肤黏膜有刺激作用。

一 氧 化 碳

1. 理化性质

CAS号：630－08－0	外观与性状：无色无味气体
熔点/凝固点(℃)：－205.02	临界温度(℃)：－140.2
沸点(℃)：－191.5	临界压力(MPa)：3.5
闪点(℃)：<－50	爆炸上限[%(V/V)]：74.2
燃烧热(cal/g)：－2 412	爆炸下限[%(V/V)]：12.5
相对蒸气密度(空气＝1)：0.968	相对密度(水＝1)：1.25(0℃)
溶解性：微溶于水，0℃时100 ml水中溶解3.5 ml，20℃时溶解2.3 ml；溶于氨水、乙醇、苯、氯仿等多数有机溶剂	

2. 用途与接触机会

汽车尾气、煤气发生炉以及所有含碳物质(包括家庭用煤炉)不完全燃烧均可产生一氧化碳气体。吸烟者可吸入一氧化碳含量高达4%的空气，此外，二卤代甲烷等化合物可在体内代谢产生。

接触一氧化碳的工作有冶金工业的炼焦、炼钢、炼铁，矿井放炮，化学工业的合成氨、合成甲醇、甲醛和光气，制造羰基金属等，碳素厂石墨电极制造。

3. 毒代动力学

3.1 吸收、摄入与贮存

一氧化碳随空气吸入后，通过肺泡进入血液循环，与血液中的血红蛋白(Hb)和血液外的其他某些含铁蛋白质(如肌红蛋白、二价铁的细胞色素等)形成可逆性的结合。其中90%以上一氧化碳与Hb结合成碳氧血红蛋白(HbCO)，约7%的一氧化碳与肌红蛋白结合成碳氧肌红蛋白，仅少量与细胞色素结合。实验表明一氧化碳在体内不蓄积，动物吸入250 mg/m^3一氧化碳持续1个月，停毒后24 h一氧化碳已完全排出，其中98.5%是以原形经肺排出，仅1%在体内氧化成二氧化碳。

3.2 转运、分布

鼻咽和大气道的上皮细胞是一氧化碳扩散的重要屏障。因此，即使在高一氧化碳浓度下，组织的扩散和气体吸收也将非常缓慢；大部分一氧化碳仅溶解在气道黏膜中。

除了外源性一氧化碳，人类还暴露于内源产生的少量一氧化碳。在血红蛋白自然降解为胆汁色素的过程中，与微粒体还原型烟酰胺腺嘌呤二核苷酸磷酸(NADPH)细胞色素P－450还原酶一起，两种血红素加氧酶同工酶HO－1和HO－2催化血红素四吡咯环的α-亚甲基桥的氧化分解，导致胆绿素和一氧化碳的形成。血红素分解的主要部位是肝脏，这也是内源性一氧化碳产生的主要器官。脾脏和红细胞生成系统是一氧化碳的其他重要分解代谢器官。其他血红素蛋白，如肌红蛋白、细胞色素、过氧化物酶和过氧化氢酶贡献了所产生的一氧化碳总量的约20%～25%。由血红蛋白分解代谢形成的一氧化碳大约为0.4 ml/h，来自非血红蛋白来源的大约为0.1 ml/h。

任何导致红细胞破坏及加速其他血红素蛋白分解的情形都会增加一氧化碳的产生。血肿、红细胞血管内溶血、输血和无效红细胞生成都会提高血液中的一氧化碳浓度。在贫血(溶血，铁粒幼红细胞，镰状细胞)、地中海贫血、伴有溶血的吉尔伯特综合征和其他血液疾病等病理条件下，红细胞的降解也会加速一氧化碳的产生。

内源性一氧化碳的产生源于血红蛋白分解代谢期间，原卟啉环中α-甲烷碳原子在血红素加氧酶作用下的代谢，并导致血中的碳氧血红蛋白水平达到0.4%～0.7%。

3.3 排泄

一氧化碳吸收与排出，取决于空气中一氧化碳的分压和血液中HbCO的饱和度(即Hb总量中被一氧化碳结合的百分比)。次要的因素为接触时间和肺通气量,后者与劳动强度直接有关,人接触一氧化碳的浓度和时间相同时,静坐者形成的 HbCO 全要比活动者少得多,走与坐之比为 2:1,活动与静止之比为 3:1。在不同空气浓度下,到达吸收与排出的平衡状态(即一氧化碳吸收量和排出量相等)时,血液中 HbCO 的百分比如表 10-6 所示。

表 10-6 吸收与排出平衡时血液中 HbCO 的百分比

空气中 CO 浓度		HbCO%		
(mg/m³)	(ppm)	1 h	8 h	到达平衡状态时
115	100	3.6	12.9	12～13
70	60	2.5	8.7	10.0
35	30	1.3	4.0	5.0
23	20	0.8	2.8	3.3
12	10	0.4	1.4	1.7

血液中 HbCO 在平衡状态的饱和度,以及达到此饱和度的速度,主要取决于空气中一氧化碳浓度,浓度越高,则 HbCO 饱和度的百分比愈高,到达此饱和度的时间愈短。如图 10-1 所示。

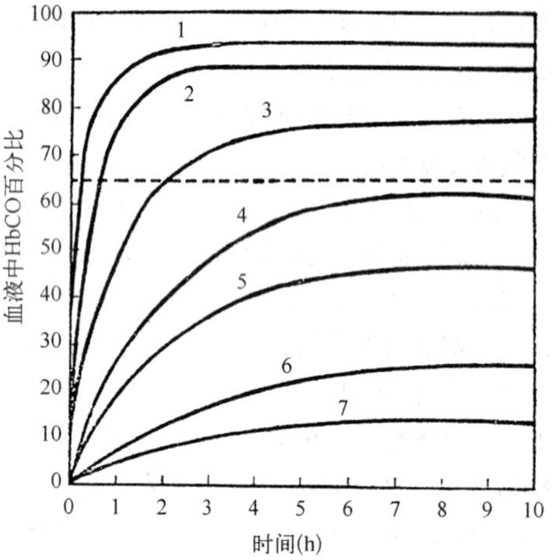

HbCO 的饱和速度

曲线号	空气中一氧化碳浓度
1	11 500 mg/m³(1%)
2	5 700 mg/m³(0.5%)
3	2 300 mg/m³(0.2%)
4	1 150 mg/m³(0.1%)
5	570 mg/m³(0.05%)
6	285 mg/m³(0.025%)
7	115 mg/m³(0.01%)

图 10-1 血液中 HbCO 在平衡状态的饱和度,以及达到此饱和度的速度

如一氧化碳浓度在 115 mg/m³ 时,达到平衡状态需 7～8 h,HbCO 的饱和浓度约 12%～13%若接触 1 h,HbCO 只达到 4%左右。这个现象说明在评价一氧化碳危害时,时间因素是一个考虑的依据。如在一个隧道内一氧化碳浓度为 115～230 mg/m³,乘车通过该隧道,如接触 10 min,血中 HbCO 约为 2%左右,即使是一个有贫血者,也能耐受。

当周围空气中一氧化碳浓度低于血液中平衡状态时的一氧化碳浓度,则一氧化碳排出多于吸收。如一个不吸烟者,正常本底的 HbCO 大约占 Hb 总量的 0.5%(0.4%～0.8%),此微量的一氧化碳是内源性的,来自血红蛋白和非血红蛋白含铁血红素的分解,每小时可达 0.42 ml 一氧化碳。吸烟者 HbCO 平均有 5%(最高可达 15%)。若周围空气中一氧化碳浓度为 35 mg/m³,不吸烟者在连续接触此浓度时,血中 HbCO 将由 0.5%最终升至 5%,而吸烟者 HbCO 高于 5%,接触上述低浓度的一氧化碳时,已不能再吸收空气中的一氧化碳而提高 HbCO 量。相反,如果停止吸烟,则一氧化碳将从体内排出,直至血液中 HbCO 达 5%的平衡浓度为止。血中碳氧血红蛋白含量是一氧化碳中毒的标志。

空气中氧分压也影响一氧化碳的吸收与排出。饱和潜水中提高氧分压有助于对抗一氧化碳的毒性影响。一氧化碳中毒治疗时提高氧分压能加速一氧化碳排出。实验表明,停止接触后吸入气体的氧分压与半排出期呈反比关系,如用 1atm 的纯氧吸入,平均半排出期为 80.3 min,而 3 个大气压的纯氧吸入,半排出期则缩短到 23.3 min。此现象是采用高压氧治疗一氧化碳中毒的理论依据。

4. 毒性与中毒机理

本品健康危害 GHS 分类为:急性毒性—吸入,类别 3;生殖毒性,类别 1A;特异性靶器官毒性—反复接触,类别 1。本品大鼠吸入 LC_{50}:2 260 mg/(m³·4 h);野生鸟类吸入 LC_{50}:1 668 mg/m³。

长期来对于慢性中毒是否存在,分歧很大。一种意见是一氧化碳的吸收,只要不引起急性中毒,当人脱离接触后,HbCO 可以逐渐分解,从而消除了一氧化碳的作用,故认为慢性毒性不存在。随着实验方法的改进,慢性动物实验积累了大量资料,见到慢性中毒的迹象。用恒河猴、狒狒、狗、大鼠和小鼠进行吸入试验,初 71 d 吸入的一氧化碳浓度为 460 mg/m³，以后 97 d 吸入浓度为 575 mg/m³。动物血中 HbCO 的浓度：暴露在一氧化碳浓度 460 mg/m³ 下的猴为 32%，狗为 33%；575 mg/m³ 时，猴为 38%，狗为 39%，发现动物周围血象中红细胞数及网织细胞数明显高于对照组。期终处死动物的脏器系数，心脏和脾脏明显地大于对照组。

一氧化碳慢性毒性以心血管损害最引人注目，主要造成心肌损害和动脉粥样硬化。家兔实验吸入 225 mg/m³，2 w 引起心肌细胞变性和水肿，电镜见心肌收缩带肌原纤维变性、髓磷脂体形成和间板断裂等。猕猴暴露于 313 mg/m³，2 w 后冠状动脉内皮下水肿，出现充满脂质的细胞及脂肪条层。将兔暴露于使血中 HbCO 达 15%或出现缺氧的一氧化碳浓度下，共 8～10 w，血管壁见到胆固醇沉积，与血管硬化所见的病理改变相同。如以胆固醇直接饲动物，则见到接触一氧化碳的动物，比不接触者血管壁的胆固醇沉积量多 4 倍。本品可能对生育能力或胎儿造成伤害。

早在 1857 年由 Bernard 阐明是一氧化碳与 Hb 可逆性结合引起缺氧所致。一般认为一氧化碳与 Hb 的亲和力比氧与 Hb 的亲和力大 230～270 倍，故把血液内氧合血红蛋白（HbO_2）中的氧排挤出来，形成 HbCO；又由于 HbCO 的离解比 HbO_2 慢 3 600 倍，故 HbCO 较之 HbO_2 更为稳定。

HbCO 不仅本身无携带氧的功能，它的存在还影响 HbO_2 的离解，于是组织受到双重的缺氧作用。图 10－1 是在血液中存在不同 HbCO%时，HbO_2 所能释放氧的曲线（氧离解曲线）。从该图中可以看到，当 HbCO 逐渐增加时，此曲线发生左移，阻碍氧合血红蛋白离解和组织内二氧化碳的输出，最终导致组织缺氧和二氧化碳潴留，产生中毒症状。据此，人们长期以来把 HbCO 作为一氧化碳中毒的主要指标，认为血 HbCO 饱和度与中毒程度成正相关。

5. 人体健康危害

5.1 急性中毒

急性一氧化碳中毒以中枢神经系统症状为主，轻者头痛、眩晕，重者昏迷，呈去皮质综合征和痴呆等。接触者血液中 HbCO 的含量与空气中一氧化碳浓度成正比关系，可以血中 HbCO 量推测中毒程度。其间关系参见表 10－7。

表 10－7 接触者血液中 HbCO 的含量与空气中一氧化碳浓度及中毒程度关系

吸入一氧化碳分压（kPa）	相当于常压下一氧化碳浓度（mg／m³）	吸收半量时间（min）	平衡状态时 HbCO%	人体反应
0.005 1	57	150	7	轻度头痛或无明显症状
0.01	115	120	12	中度头痛、眩晕，轻度中毒
0.025	285	120	25	严重头痛、眩晕，轻度中毒
0.051	570	90	45	恶心、呕吐、可能虚脱，中度中毒
0.01	1 150	60	60	昏迷，重度中毒
0.1	11 500	5	90	死亡

紧张的体力劳动、疲劳、贫血、饥饿、营养不良等，均可提高机体对一氧化碳的感受性，高温或在有氮氧化物、二氧化碳、氰化物、苯、汽油等有害气体同时存在时，也能增高机体对一氧化碳的敏感性。

据临床表现，急性中毒可分 3 级。

（1）轻度中毒。表现为头痛、眩晕、耳鸣、眼花、颈部压迫及搏动感，并可有恶心、呕吐、心前区疼痛或心悸、四肢无力等，甚至有昏厥。血 HbCO10%～30%。脱离中毒环境，吸入新鲜空气，症状可迅速消失。

（2）中度中毒。除上述症状外，初期尚有多汗、烦躁、步态不稳、皮肤黏膜樱红，可出现意识模糊，甚至可进入昏迷状态。血 HbCO30%～50%。及时抢救，一般数小时苏醒，数日恢复，可无明显并发症，少有神经系统继发症。

（3）重度中毒。除具有中度中毒的全部或部分症状外，患者可迅速进入不同程度的昏迷。昏迷可持续十数小时，甚至几昼夜以上。可出现阵发性和强直性痉挛，生理反射消失，有病理反射出现。皮肤、黏膜可由樱红色转呈苍白或发绀。部分患者电子计算机体层扫描可显示大脑皮质下白质（包括半卵圆形中心与脑室周围白质）密度减低或显示苍白球对称性密度减低，后期可见脑室扩大、皮质萎缩。重度中毒有心肌损害、肺炎、肺水肿及水电解质紊乱等严重并发症。少数急性一氧化碳中毒患者经救治清醒后，经过数天至数周的“假愈期”，突又再发生精神神经障碍，称为神经精神迟发症或迟发性脑病。主要表现为：

1. 精神异常：可有幻视、幻听、迫害妄想、忧郁、烦躁不安、激动、木僵等，一部分患者在持续相当时间后可逐渐恢复，少数发展至进行性痴呆综合征。

2. 锥体外系症状：在缺氧后不久或经过一段时间可发生震颤麻痹综合征，经过数月至数年也可恢复，少数则病情持续加重，个别表现手足徐动症或舞蹈病。

3. 其他脑部症状：可有单瘫、偏瘫、截瘫、四肢瘫、发音含糊、吞咽困难、运动性失语、偏盲、皮质性失明，甚至去皮质综合征、惊厥、再度昏迷等。

4. 周围神经炎：在中毒后数天内发生肢体瘫痪，皮肤感觉缺失，有的发生球后视神经炎或其他颅神经麻痹。

迟发症又称双相型一氧化碳中毒脑病，如能及时正确治疗，预后较单相型脑病为好。

急性一氧化碳中毒虽以中枢神经系统损害为主，但中毒致心肌缺氧，进而导致急性循环衰竭，常为一氧化碳中毒死亡的原因，对原有心脏病患者更易受损。此外，急性一氧化碳中毒还可造成肺、肾、皮肤和前庭功能的损害。国内最近报告发现急性一氧化碳中毒患者双眼周边视野缩小，尤其是中毒当时昏迷 5 h 以上的患者视野缩小更显著。一氧化碳中毒死亡者尸检见到皮肤黏膜呈樱桃红色，血液呈流动性，色鲜红。咽、气管、食道均有充血现象。心脏呈樱桃红色，偶有冠状动脉血栓形成。肺显著充血、水肿，有时可发现肺炎。腹腔脏器均呈樱桃红色、充血或出血。中枢神经系统充血、出血、水肿，继发变性、坏死或软化。苍白球常呈双侧软化或坏死。在大脑白质中有增生性神经胶质细胞和内皮细胞的弥漫性浸润，脑室中可有血性渗出液。在伴有神经炎的病例中，可发现神经细胞退行性变。

5.2 慢性中毒

长期反复吸入一定量的一氧化碳可致神经和心血管系统损害，出现以下主诉和体征：

（一）神经系统最常见者为神经综合征，如乏力、头痛、眩晕、顽固性失眠、记忆力减退，对精细工作及时间、距离的定向力减退。一氧化碳可影响植物神经功能，出现皮肤划痕症阳性、收缩血压升高和皮温改变等。

（二）心血管系统有时见心肌损害。心电图变化可有心律不齐、低电压、S－T 段压低、心室综合波时间延长，特别是 Q－T 时间延长。也有报道有右束支传导阻滞。伴有胆固醇代谢障碍时血总胆固醇和游离胆固醇增加，低密度脂蛋白-胆固醇显著高于对照人群，且与接触一氧化碳工龄有关。国内最近报告接触低浓度一氧化碳的化肥工人除心电图改变外，全血黏度增加，但血浆黏度正常，认为是红细胞荷电性变化所致。流行病学调查发现，不论是生活性或职业性长期接触一氧化碳可导致心血管病发病率和死亡率增加。原有冠心病者接触一氧化碳危险性增加，平板试验时心绞痛出现时间缩短、持续时间延长。

6. 风险评估

我国职业接触限值规定：PC－TWA 为 20 mg/m^3，PC－STEL 为 30 mg/m^3。

一氧化碳和氢气混合物

又名水煤气。由蒸气和炽热的无烟煤或焦炭在煤气发生炉中作用而产生的煤气。或用蒸气和空气轮流吹入的间歇法，或用蒸气和氧气一起吹入的连续法。可用作燃料，或用作制造合成氨、合成汽油、合成甲醇的原料，也用于羰基合成等。

本品健康危害 GHS 分类为：急性毒性—吸入，类别 3；生殖毒性，类别 1A；特异性靶器官毒性—反复接触，类别 1。其他毒性参见一氧化碳章节。

二 氧 化 碳

1. 理化性质

CAS 号：124－38－9	外观与性状：无色无味气体
熔点/凝固点(℃)：−56.6	临界温度(℃)：31.3
沸点(℃)：−78.5	临界压力(MPa)：7.39
饱和蒸气压(kPa)：1 013.25(−39℃)	相对密度(水＝1)：1.56(−79℃)
n－辛醇/水分配系数：0.83	相对蒸气密度(空气＝1)：1.53
溶解性：溶于水，溶于烃类等多数有机溶剂	

2. 用途与接触机会

本品大多从天然来源产生，如天然气、煤和石油的燃烧，细菌发酵过程以及生物的呼吸都产生二氧化碳。本品是动物呼气中的成分之一，人们肺泡气中约有5.6%，呼气中约有4%～5%。正常大气中含有0.03%。在人多、有明火燃烧、并且通风不好的房间内含量较高。

职业性接触二氧化碳的生产过程有：① 长期不开放的各种矿井(主要是煤矿)、油井、船舱底部及下水道等处，② 利用植物发酵制糖、酿酒，用玉米制造丙酮以及制造酵母等生产过程。通常，为了保持一定温度以利发酵，存放发酵桶、发酵池的车间常常密闭隔离，因此空气中可以含有较高浓度；③ 在不通风的地窖和密闭仓库中储藏蔬菜、水果和谷物等可产生高浓度二氧化碳；④ 啤酒、汽水等饮料的碳酸化一般采用充二氧化碳气体的方法；⑤ 灌装及使用二氧化碳灭火器；⑥ 化学工业中制造碳酸钠、碳酸氢钠、尿素、碳酸氢铵等多种化学品；⑦ 利用干冰和液体二氧化碳制造低温用于食品冷冻、实验降温和低温测试；⑧ 亚弧焊作业；⑨ 在细菌学和细胞生物学实验中用于控制各种生物系统的pH值；⑩ 潜水作业时因装具故障或使用不当以及在密闭空间作业人数时间超限，均可造成二氧化碳的积累。

3. 毒代动力学

二氧化碳由肺部排出，以碳酸氢根离子形式由肾、肠和皮肤排泄。二氧化碳是通过代谢产生的，与消耗O_2的速度大致相同。静息时，每分钟大约3毫升/公斤，但是在剧烈运动的时候可能会增加。二氧化碳容易从细胞扩散到血液中，在血液中部分以碳酸氢根离子(HCO_3^-)形式存在，部分与血红蛋白和血浆蛋白化学结合，部分在约6 kPa(46 mmHg)的溶液中，在混合的静脉血液中。二氧化碳被输送到肺部，通常以产生的速度呼出，在肺泡和动脉血液中留下约5.2 kPa(40 mmHg)的分压。二氧化碳可通过皮肤进行吸收或排泄。

4. 毒性

其健康危害GHS分类为：特异性靶器官毒性——一次接触，类别3(麻醉效应)

低氧能引起窒息死亡，但动物实验证明，纯二氧化碳引起动物死亡较纯低氧所致的死亡更为迅速。用含11%二氧化碳的低氧(5%)气体使实验动物于60 min内全部死亡，而单纯低氧(5%)的气体则仅致1/10动物死亡。在正常含氧(20%)的气体中，随二氧化碳浓度升高，动物的死亡率亦随着增加。

5. 人体健康危害

本品是人体内有氧氧化和脱羧反应的产物，在血液中贮存于碳酸盐、碳酸氢盐和碳酸血红蛋白内，是一个经常不断产生并需要经常不断排出的废气。体内二氧化碳蓄积可致呼吸性酸中毒。低浓度时是一种快作用的急性呼吸兴奋剂，而高浓度时影响中枢神经系统，产生头痛、眩晕、肌肉痉挛，甚至可能丧失知觉和造成死亡。人类短暂接触3%浓度(54 g/m^3)对中枢神经系统无明显毒性损害，因此，有人建议这一浓度可作为10 min以下接触的最高限值。中等活动量时长时间接触1%(18 g/m^3)浓度除引起肾脏和呼吸代偿性变化外，不造成明显病理改变。

高浓度二氧化碳可抑制呼吸中枢甚至起麻痹作用。以往报告的病例主要发生在上述①、②和③种作业环境。人们进入储藏蔬菜的地窖或密封的谷仓中，在几秒钟内迅速昏迷倒下，假如在中毒后没有及时救出，很容易发生危险。救出的病员，常出现昏迷、反射消失、瞳孔扩大或缩小、大小便失禁、呕吐等，更严重者还出现呼吸停止及休克等。经过抢救，较轻的病员在几小时内逐渐苏醒，但仍感头痛、头昏、无力等，要两三天才恢复。较重的病员，大多是没有及时抢出现场呼吸已停止者。可昏迷很长时间，出现高热、电解质紊乱、糖尿、肌肉痉挛强直或惊厥等。

一般生产场所的二氧化碳急性中毒，常常同时还有缺氧问题，而且在诊断中常容易含混。二氧化碳透过肺泡膜的能力较氧大25倍。当空气中二氧化碳浓度增高时，必将造成体内二氧化碳滞留。不少重症急性二氧化碳中毒是在大量接触后短短几秒钟内，几乎像触电般迅速昏迷。单纯缺氧一般人可以进气停止呼吸四五十秒或更久而无异常，但当人吸入浓度约8%～10%的二氧化碳，除了头昏、头痛、眼花、耳鸣外，还有气急、脉搏增加、无力、血压升高、精神兴奋、肌肉抽搐等表现，时间延长时还引起肌肉痉挛、神智丧失等，与单纯缺氧不同。

未见慢性中毒病例报告。固态(干冰)和液态二氧化碳在常压下迅速汽化能造成－43～－80℃低温，可引起皮肤和眼严重的冻伤。

6. 风险评估

我国职业接触限值规定：TLV－TWA为9 000 mg/m^3，PC－STEL为18 000 mg/m^3。美国NIOSH推荐接触本品10 h/d、每周40 h以内的

TWA 标准为 1%。

GB/T18883－2002《室内空气质量标准》规定二氧化碳日平均值 0.1%。

光　　气

1. 理化性质

CAS 号：75－44－5	外观与性状：无色气体
熔点/凝固点(℃)：－118	临界温度(℃)：182
沸点(℃)：8.2	临界压力(MPa)：5.67
闪点(℃)：4	易燃性：不燃
饱和蒸气压(kPa)：161.6 (20℃)	气味阈值(mg/m^3)：2.2
相对密度(水=1)：1.4	n-辛醇/水分配系数：－0.71
相对蒸气密度(空气=1)：3.4	溶解性：微溶于水；溶于苯，芳烃、四氯化碳、氯仿、乙酸等多数有机溶剂

2. 用途与接触机会

光气主要用于聚氨酯工业生产聚异氰酸酯。还可用于生产塑料、农药和化学试剂、氯化剂，中间体，用于制备聚合物。在冶金方面，它用于金属氧化物的氯化分离矿石。用作战争毒剂，受化学武器公约管制。

3. 毒代动力学

光气吸入后，主要由呼吸道排出。当光气吸入到上呼吸道时，可被滞留一部分。如兔和猴平均滞留 25%，滞留的气体中，70%左右可经呼气排出。进入的光气主要作用于肺部，逐渐水解，而对其他器官无直接的中毒性损害。实验证明，反复短时接触，无相加作用，也无蓄积作用。

4. 毒性与中毒机理

本品为剧毒品，其健康危害 GHS 分类为：急性毒性—吸入，类别 1；皮肤腐蚀/刺激，类别 1B；严重眼损伤/眼刺激，类别 1。

4.1　急性毒性

本品为刺激性气体，毒性约比氯气大 10 倍。大鼠吸入 LC_{50}：84 mg/(m^3·3 min)，大鼠吸入 LC_{50}：49 mg/(m^3·60 min)。

吸入 0.5～2 g/m^3 浓度数小时，可引起一般动物(猫除外)的间质性肺水肿，吸入 5～7 mg/m^3 时，常引起肺泡水肿。狗一次吸入 10 min，发生灶性肺水肿的阈浓度为 115～430 g/m^3。浓度越高，症状缓解期越短。小鼠和豚鼠中毒后肺重与体重之比呈进行性增加，并与吸入剂量呈对数线性相关。中毒兔呼出气氚水浓度曲线低平、高峰时间延迟，表明肺水量增加。另外，中毒豚鼠肺密度下降，示肺水肿同时伴有肺气肿。中毒动物动脉血氧分压下降与中毒程度相平行。在出现肺水肿之前，早期已有间质水肿和其他肺部病理改变。大鼠实验吸入 4 000 g/(m^3·min)光气，30 min 发生肺泡壁间质水肿，电镜见高度水肿间质推压内皮细胞胞浆层，连同基底膜形成"大疱"状突入毛细血管腔内。细支气管纤毛细胞和分泌细胞出现胞浆空泡。兔中毒后立即活杀见肺间质水肿，电镜示毛细血管内皮细胞胞饮小泡数目增加，认为小泡可通过内皮细胞将液体输送至间质引起间质水肿。还见支气管黏膜上皮下水肿，黏膜皱襞高度宽厚、突起，细支气管分泌细胞下方有液体积聚，上皮细胞基底膜消失等。

大鼠非致死中毒实验，观察到肺的气体交换量随光气浓度和作用时间乘积之对数(log Ct)的增大而减少。引起气体交换量改变的最小乘积为 123 mg/(m^3·1 min)，当乘积为 738 mg/(m^3·1 min)时，气体交换量减少到正常时的 50%，动物可能死亡。但实验报告的个体差异很大。有人报告，大鼠在 2 mg/(cm^3·120 min)，见到肺泡的上皮细胞已有反应，而 12 mg/m^3，5 min 即发生典型的肺水肿。但另有人报告，大鼠在 2～20 mg/(m^3·30 min)，仅见肺功能改变，并未见到肺部病理学方面的改变。

4.2　中毒机理

光气毒作用主要是对呼吸系统的损害。吸入光气发生典型的刺激症状，而无吸收作用。较低浓度[20 mg/(m^3·1 min)]时对支气管黏膜和肌层无局部刺激作用，需经一段症状缓解期后，方因直接损害肺泡-毛细血管膜，出现肺水肿，较高浓度[>40 g/(cm^3·1 min)]时，对支气管黏膜和肌层有局部刺激作用，引起支气管痉挛，因此可在肺水肿之前就发生窒息。

光气所致肺水肿，是光气对肺组织直接作用的结果。其水肿液蛋白浓度与血浆相似，严重者红细胞也可漏出，表明肺毛细血管通透性增加和管壁损伤。过去认为是由于光气水解产生氯化氢的作用所致，近来认为可能是其分子中的羟基同肺组织细胞内的蛋白质、酶等结合(酸化反应)，从而阻扰了细胞的正常代谢，使细胞膜损坏，肺泡上皮和肺毛细血管受损，通透性增加，导致化学性炎症和水肿。同时由于肺泡壁上由脂蛋白组成的表面活性物质破坏，使表面张力增加，导致肺泡萎陷，加之间质水肿，使肺组织氧的弥散面积减小，弥散间距增加，导致缺氧。而低氧状态时，肺毛细血管床淤血和淋巴回流障碍等因素又进一步加剧肺水肿(参见"氮氧化物"节)。严重缺氧还可导致心肌损害、脑病、水和电解质紊乱以致发生休克。大鼠实验证明光气损伤与肺内酶活性抑制或丧失有联系。肺细胞亚微结构组分中的对硝基苯磷酸酶(溶酶体指标酶)活性降低，线粒体细胞色素C乳化酶活性降低。存在于肺Ⅱ型细胞内的LDH可因细胞损伤释入血清，使血清LDH活性升高，后者与中毒性肺水肿的程度相关。

动物实验性治疗证明，乌洛托品能与光气的羰基结合，阻断光气与肺组织细胞的酰化反应，从而起到解毒作用。但必须在吸入光气之前给药才有效，而吸入光气后给药的动物均告失败。另一方面，乌洛托品对光气造成的肺损伤无任何修复作用，因而不能阻断中毒后肺水肿的发生与发展。此外，用安定治疗不仅能使中毒动物安静，还能降低肺重体重比值并增加动物耐缺氧能力。中毒早期给予氨茶碱能使肺密度回升，减轻可能发生的肺气肿。

5. 人体健康危害

5.1 急性中毒

根据经验，人短时间接触不同浓度光气的反应见表10-8。

表10-8 人短时间接触不同浓度光气的反应

浓度(mg/m^3)	反　应
40	几秒钟可致呼吸道刺激
20	短时间吸入，主观上已不能忍受
19	刺激引起咳嗽
16	立即眼刺激
12	立即咽喉刺激
8	较强的臭气，对眼和鼻有轻刺激
0.4～4	嗅阈

急性中毒的临床经过分为4期：

(1) 刺激期(立即反应期)。吸入光气当时即出现呛咳、胸闷、气促和眼结膜刺激症状，还可有头晕、头痛、恶心等。但阳性体征常不明显。一般在脱离现场后症状可减轻。吸入量不多者，数日内逐渐痊愈。

(2) 症状缓解期。吸入光气后一般可有3～24 h的症状缓解期，这时刺激期表现的症状可缓解或消失，但肺部病变仍在发展。一般说来吸入量愈多，缓解期愈短，病情愈重，预后愈差；中等剂量吸入时缓解期为6～15 h。但不能绝对以缓解期的时间来划分病情轻重。临床见有缓解期长的轻度中毒和缓解期短的重度中毒的病例，应予警惕。

(3) 症状再发期症状缓解期中肺部病变经过一个由量变到质变的过程，发展为肺水肿，临床症状复又出现并很快加剧。可有怕冷、发热、头昏、烦躁不安、胸闷、气急、呼吸困难、发绀、咳嗽、咯粉红色泡沫样痰，甚至出现休克。

X线胸片显示肺纹理增粗、紊乱。中度以上中毒两肺有不同程度的散在片状或絮状阴影，提示肺泡性水肿改变。有的病例表现间质性肺水肿，X线片示肺野透亮度减低，呈薄纱、晨雾样，可有弥散性、大小不等、轮廓模糊的点或斑状阴影。实验室检查，白细胞计数增高至$10～20×10^{-9}$/L(10 000～20 000/mm^3)，可有血清LDH升高、血浆pH降低、尿素氮增高和电解质紊乱。

早期发现肺水肿，以便及早救治，阻止肺水肿的发展是使患者渡过此期，转危为安的关键。很多人对早期诊断进行研究均告失望。动物实验中一氧化碳弥散量降低虽有意义，但难用于临床。目前可行的早期诊断方法是定时X线摄片比较。中度吸入后4～8 h(约缓解中期)见肺门模糊、扩大，肺中央区斑点及带状阴影。有人认为，在出现肺泡水肿之前，有一个肺间质水肿的过渡阶段，并观察到肺水肿患者在出现典型的湿罗音之前，闻及干罗音及哮鸣音，可能与间质水肿和细支气管反射性痉挛有关。也有认为X线片上肺野背景模糊，纹理增粗、外延及紊乱，常提示肺间质水肿之可能。呼气状态肺容积增大或深呼吸横膈活动度减小亦预示肺水肿的发生。

此期一般持续1～3 d，积极救治，病情可趋好转。轻度中毒患者不发生肺水肿，此期表现不明显。

(4) 恢复期经积极救治，肺水肿逐渐吸收，8～4 d后基本恢复。在恢复期中可出现植物神经功能紊乱。肺功能影响可延至数周或数月才恢复。

急性中毒痊愈后，一般无后遗症。据国外资料报进，重度中毒者偶见慢性支气管炎、支气管扩张，或肺炎、肺脓肿、肺纤维化等改变。但国内尚无此报道。

5.2 慢性中毒

迄今未见慢性中毒。据国外报道某车间光气浓度连续 240 d 监测，基本在 0～0.4 mg/m³之间，少数时间高至 2 mg/m³，没有发生中毒，也无肺功能损害。国内对光气作业工人（平均专业工龄 4.9 年，车间光气浓度 0～0.67 mg/m³，中位数 0.02 mg/m³），进行肺功能测试，包括 FVC、FEV1、PEF、V50、V25、V50/V25，MVV 等，结果无明显改变。4 年后对留在原岗位的 17 名工人随访，未见肺通气功能和弥散功能受损。

6. 风险评估

我国职业接触限值规定：PC－TWA 为 0.5 mg/m³。

氟 光 气

1. 理化性质

CAS 号：353－50－4	外观与性状：无色气体，有刺激性气味
熔点/凝固点(℃)：−111.26	沸点(℃)：−84.57
密度(g/L)：2.9	相对密度(水=1)：1.14(−114℃)
溶解性：溶于水和乙醇	相对蒸气密度(kPa)：5 933(25℃)

2. 用途与接触机会

本品为聚四氟乙烯加热到 500～650℃热解物的主要成分（最高比例可达 63%，空气中浓度可达 963 mg/m³），聚三氟氯乙烯加热至 540℃时也大量生成。本品是氟塑料生产中毒性较高的气体之一。

3. 毒性

本品大鼠吸入 LC_{50}：270 mg/(m³·4 h)；大鼠吸入 LC_{50}：972 mg/(m³·h)。其健康危害 GHS 分类为：急性毒性-吸入，类别 2；皮肤腐蚀/刺激，类别 2；严重眼损伤/眼刺激，类别 2；特异性靶器官毒性——一次接触，类别 1。

本品引起的中毒是由于本品水解时，释出 2 个分子的 HF 所致。中毒鼠大多在 24～48 h 内死亡，尸检见肺出血和水肿（狗、兔、小鼠、豚鼠等病理学改变与此相似）。存活动物，48 h 后肺泡水肿液可逐渐吸收，但毛细血管出血吸收缓慢（（6～7 d 才见恢复），两肺残留有局灶性肺气肿和间质纤维化。

135 mg/m³浓度，动物吸入 lh/d，共 3～5 d，处死后见肺泡壁细胞萎缩，小血管周围炎症细胞浸润，局灶性肺气肿，肝细胞核肿胀和细胞脂肪变性。生化检查见尿氟及肺组织琥珀酸脱氢酶活力增高等。

4. 人体健康危害

本品毒作用类似碳酰氯（光气），对呼吸道黏膜具有强烈的刺激作用。急性中毒可致化学性肺炎和肺水肿。

由于本品常和氟烃的其他热裂解气共存，故很少见到以碳酰氟中毒方式报告的中毒病例。但可以推测，在热裂解气中毒所致呼吸道损害中，碳酰氟是个重要的致毒因子，应引起注意。

5. 风险评估

我国职业接触限制规定：PC－TWA 为 5 mg/m³，PC－STEL 为 10 mg/m³。

第11章

脂肪族开链烃类

具有脂肪族化合物基本属性的碳氢化合物叫做脂肪烃。分子中碳原子间连结成链状的碳架，两端张开而不成环的烃，叫做开链烃，简称链烃。因为脂肪具有这种结构，所以也叫做脂链烃。有些环烃在性质上不同于芳香烃，而十分类似脂链烃，这类环烃叫脂环烃。这样，脂肪烃便成为除芳香烃以外的所有烃的总称。脂链烃和它的衍生物总称为脂肪族化合物，脂环烃及它的衍生物总称脂环族化合物。根据碳原子间键的种类——单键、双键、叁键，可分为烷烃或石蜡烃、烯烃、二烯烃、炔烃。含有双键或三键的叫作不饱和烃。碳链是直的叫做直链烃，有侧链的叫作侧链烃。烷烃的分子通式为 C_nH_{2n+2}、烯烃为 C_nH_{2n}、炔烃和二烯烃为 C_nH_{2n-2}。

脂肪烃的物理性质，例如沸点、熔点、相对密度等，随分子中碳原子数的递增而呈现出有规律的变化，常温下的状态则由气态逐渐变成液态、固态。主要化学性质为碳原子上的氢原子和其他活泼原子发生置换反应、高温下断链、脱氢生成较低碳数的烷烃，以及烯烃的裂解反应。C_6～C_8 直链烷烃可经脱氢环化生成苯系芳烃。烯烃、二烯烃、炔烃的化学性质活泼，可以进行加成、置换、齐聚、共聚、聚合、氧化等多种反应，工业上最有用的是加成反应及聚合反应。

常见的烃类有机溶剂在常温常压下多为无色液体，易挥发、易燃、易爆；烃类有机溶剂的沸点、密度、闪点等随相对分子质量的增加而升高或逐渐增大；异构体中，支链增多，沸点、密度渐低。一般来说，都比水轻，比空气重；一般不溶或微溶于水，易溶于乙醇、乙醚、丙酮等有机溶剂。由于化学结构的特点，化学性质较稳定，尤其是直链烷烃，其化学性质很不活泼，在常温下即使与强酸、强碱、强氧化剂、强还原剂、金属钠等都不起作用；但是，在高温、光照或催化剂等的影响下可发生一些化学反应，甚至可与强氧化剂发生激烈反应，发生燃烧或爆炸。

(一) 用途与接触机会

自然界中的脂肪烃较少，但其衍生物则广泛存在，而且与制药行业密切相关。如：樟脑常用于驱虫剂、麝香常用于中草药和冰片。

脂肪烃一般都是石油和天然气的重要成分。C_1～C_5 低碳脂肪烃是石油化工的基本原料，尤其是乙烯、丙烯和 C_4、C_5 共轭烯烃，在石油化工中应用最多、最广。

(二) 毒性

脂肪烃和脂环烃类有机溶剂主要经呼吸道吸入进入人体，也可少量经皮肤吸收，通常具有一定程度的麻醉和刺激作用。

烷烃类有机溶剂多属低毒或微毒，毒性随碳原子数的增加而增强，但高级烷烃因难以蒸发、溶解度小、化学性质不活泼，因此中毒的可能性反而减少。在化学结构上，支链烷烃麻醉性大于相应的直链烷烃，不饱和烃毒性大于相应的饱和烃。长期接触辛烷以下的烷烃可发生多发性神经炎、接触性皮炎等。

(三) 人体健康影响

中、低碳烃类有机溶剂更易挥发、燃烧、爆炸，潜在安全危害更明显。事故通常是由于有机溶剂泄漏（如跑、冒、漏、滴等）后遇明火或高热等引起的燃烧、爆炸。烃类有机溶剂燃爆事故现场一般有较高浓度的烷烃、脂环烃或芳烃，以及燃烧后生成的一氧化碳或二氧化碳等气体，短时间内大量吸入可引起麻醉、中枢神经系统抑制和窒息等，致人或动物在短期内死亡。

(四) 诊断

职业性溶剂汽油中毒的诊断可参照 GBZ 27 -

2002《职业性溶剂汽油中毒诊断标准》，职业性正己烷中毒的诊断可参照 GBZ 84－2017《职业性慢性正己烷中毒的诊断》。其他脂肪烃类化学物的职业中毒无相应的国家职业病诊断标准，其诊断要符合职业病诊断的一般原则，包括职业接触史、现场职业卫生调查、相应的临床表现和必要的实验室检测等，经全面综合分析，才能做出切合实际的诊断。

GBZ 27－2002《职业性溶剂汽油中毒诊断标准》对职业性溶剂汽油中毒的诊断分为急性中毒和慢性中毒。急性溶剂汽油中毒是根据短时间吸入高浓度汽油蒸气，出现以中枢神经受损为主的临床表现，或者汽油液体被吸入呼吸道后，引起吸入性肺炎，出现剧烈咳嗽、胸痛、咯血、发热、呼吸困难、发绀及肺部啰音；或者 X 线检查，肺部可见片状或致密团块阴影；白细胞总数及中性粒细胞可增加等表现。结合现场卫生学调查和空气中汽油浓度的测定，并排除其他病因引起的类似疾病后，方可诊断为职业性急性溶剂汽油中毒。

慢性溶剂汽油中毒是根据长期吸入汽油蒸气以及皮肤接触汽油的职业史，出现以周围神经受损为主的临床表现，神经-肌电图显示神经源性损害，严重者甚至出现中毒性脑病、中毒性精神病等，结合现场卫生学调查和空气中汽油浓度的测定，并排除其他病因引起的类似疾病后，方可诊断职业性急性溶剂汽油中毒。

GBZ 84－2017《职业性慢性正己烷中毒的诊断》对职业性正己烷中毒诊断是根据较长时间接触正己烷的职业史，出现以肢体远端疼痛、下肢沉重感，肢体远端出现对称性分布的麻木，痛觉、触觉或振动觉障碍，跟腱反射减弱甚至消失，肌力减退等多发性周围神经损害为主的临床表现，结合神经-肌电图检查结果及工作场所职业卫生学资料，经综合分析进行诊断。

脂肪烃类化学物所致皮肤损害的诊断可参照 GBZ 18－2013《职业性皮肤病的诊断 总则》、GBZ 20－2002《职业性接触性皮炎诊断标准》、GBZ 21－2002《职业性光接触性皮炎诊断标准》、GBZ 22－2002《职业性黑变病诊断标准》等国家职业病诊断标准进行诊断。

（五）治疗

脂肪烃类中毒无特效解毒剂，急性中毒时应迅速脱离现场，清除皮肤污染及安静休息。以对症治疗为主，急救原则与内科相同。慢性中毒者，根据病情进行综合对症治疗。治疗方法与神经、精神科相同。对汽油吸入性肺炎可给予短程糖皮质激素治疗及对症处理。

事故现场的急救处置应在条件许可的前提下，尽量充分做好准备工作，包括：① 抢救者的个人防护，佩戴自供正压式呼吸器和化学防护服。② 急救，立即转移患者至安全区新鲜空气处，及时呼叫急救医疗服务中心，告知事故涉及的有关物质。同时做好现场急救，首先应尽快清理污染衣物、清除口鼻残留物，保持呼吸道通畅，然后清洗污染皮肤和眼部，注意保暖、安静；有条件的应及时给予吸氧，必要时进行人工呼吸。皮肤污染的可用肥皂水和清水冲洗，至少 15 min。眼部接触的先提起眼睑，然后用慢速流动清水或生理盐水冲洗，至少 15 min。③ 现场疏散，根据事故现场的实际情况，结合当时的风向判断出涉险隔离区、四周疏散隔离，尤其是下风向的撤离，尽量安排停留在上风向安全区域。④ 火灾或泄漏处理时，及时堵漏，尽可能远距离或以遥控水枪等灭火，注意防止容器爆炸和灭火消防用水污染（防流入下水道、地下室、容器罐内等）引起二次燃爆。

饱和脂肪烃类

甲　　烷

1. 理化性质

CAS 号：74－82－8	外观与性状：无色气体
熔点/凝固点（℃）：－182.6	临界压力（MPa）：4.59
沸点、初沸点和沸程（℃）：－161.50	自燃温度（℃）：537
闪点（℃）：－188	爆炸下限［%（V/V）］：5.3
爆炸上限［%（V/V）］：14.0	易燃性：易燃气体
燃烧热（kJ/mol）：－890.8	临界温度（℃）：－82.25
饱和蒸气压（kPa）：53.32（－168.8℃）	n－辛醇/水分配系数：1.09
密度（g/L）：0.42（－164℃）	溶解性：微溶于丙酮；溶于乙醇、乙醚、苯、甲苯、甲醇
相对蒸气密度（空气＝1）：0.554	

2. 用途与接触机会

天然气（通常甲烷体积分数大于85%）是最常见的居民生活燃气之一，天然气泄漏可能导致人群暴露于甲烷中。

天然气在工业中用于制造乙醛、乙炔、氨、炭黑、乙醇、甲醇、氢化油、甲醇、硝酸、合成气、氯乙烯等化学物的原料。在生产、储存或使用甲烷的工作场所，吸入这种化合物可能会引起职业暴露。

3. 急性毒性

本品小鼠吸入 LC_{50}：326 g/(m^3·2 h)。甲烷是单纯性窒息性气体，短期暴露于甲烷中，由于减少了空气中的氧含量，可产生头晕、呼吸困难，皮肤带有蓝色和失去知觉等症状。

4. 人体健康危害

87%甲烷浓度使小鼠窒息，90%时致呼吸停止。因其与蛋白质结合的能力极低，故麻醉作用较弱。

液态甲烷大量泄漏时，可能导致接触者冻伤。

乙　　烷

1. 理化性质

CAS 号：74-84-0	外观与性状：无色气体
n-辛醇/水分配系数：1.81	临界温度(℃)：32.2
熔点/凝固点(℃)：−182.8	临界压力(MPa)：4.87
沸点、初沸点和沸程(℃)：−88.6	自燃温度(℃)：472
闪点(℃)：−135	爆炸下限[%(V/V)]：3.0
爆炸上限[%(V/V)]：12.5	易燃性：易燃气体
燃烧热(kJ/mol)：−1 558.3	溶解性：不溶于水；溶于乙醇、乙醚、丙酮、苯
饱和蒸气压(kPa)：3 850(20℃)	相对蒸气密度(空气=1)：0.45(0℃)

2. 用途与接触机会

天然气中含一定量的乙烷，通常含量在9%左右。天然气泄漏可能导致人群暴露于乙烷中。

乙烷最重要的工业用途是裂化生产乙烯，也可作为生产相对较低温度的一些两级制冷系统中的制冷剂。

3. 毒性

乙烷可看作是一种窒息剂。大鼠吸入 LC_{50}：658 mg/L/4 h。

4. 人体健康危害

与甲烷类似，液化乙烷泄漏可能造成冻伤，乙烷气体大量取代空气可能造成氧含量降低引发窒息，临床表现有不同程度的缺氧症状。

乙烷体积分数在5%以下，无危害作用。15%～19%乙烷与氧气混合时为心脏致敏剂。

丙　　烷

1. 理化性质

CAS 号：74-98-6	外观与性状：无色气体
熔点/凝固点(℃)：−189.7	临界温度(℃)：96.81
沸点(℃)：−42.1	临界压力(MPa)：4.25
闪点(℃)：−104	自燃温度(℃)：450
燃烧热(kJ/mol)：−2 217.8	爆炸上限[%(V/V)]：9.5
饱和蒸气压(kPa)：840(20℃)	爆炸下限[%(V/V)]：2.1
相对密度(水=1)：0.58(−44.5℃)	易燃性：易燃
相对蒸气密度(空气=1)：1.6	*n*-辛醇/水分配系数：2.36
溶解性：微溶于丙酮；溶于乙醇；极易溶于乙醚、苯、氯仿	

2. 用途与接触机会

液化石油气是常用居民燃料之一，其中丙烷的体积分数约20%。液化石油气还常用作气雾剂(如剃须泡沫等)的抛射剂，在使用过程中可能接触少量的丙烷。

本品是制造乙烯和丙烯的原料。也用作燃料、冷冻剂。可用于制备含氧化合物和低级硝基烷。

3. 毒代动力学

吸入是丙烷吸收的主要途径。人体志愿者的研究表明，暴露于492～1 969 mg/m^{3}后可在血液中检测到丙烷。

4. 毒性

本品为单纯麻醉剂。对皮肤及眼无刺激。直接接触液化产物可引起冻伤。

4.1 急性毒作用

本品大鼠吸入 LC_{50}：＞1 574 643 mg/m³，15 min。空气浓度＜1 968 mg/m³ 时无明显生理作用。极高浓度时有麻醉及窒息作用。1%浓度引起狗的血液动力学改变，3.3%降低心肌收缩力、平均主动脉压和心搏量，心输出量减少，肺血管阻力增加。对灵长类，10%浓度产生某些心肌影响，20%浓度时影响加剧及呼吸抑制。小于 50 g/m³（以丙烷为主的混合气体，丙烷占 50.15%，乙烷占 19.3%，丙烯占 15.1%）大鼠和小鼠均无中毒症状，50～65 g/m³ 动物条件反射出现异常；110～126 g/m³ 动物出现轻度麻醉；400～500 g/m³ 动物表现麻醉状态，有的动物出现深度麻醉状态，均无死亡。

4.2 慢性毒作用

暴露于以丙烷为主的混合气 8.5～12.16 g/m³，2 h/d，连续 6 个月，动物一般状况尚好，体重略低于对照组，浮游试验时间缩短，神经活动最初两个月以抑制过程为主，后期以兴奋过程为主，体温调节有轻度改变（早期倾向于体温降低，后期正常），血红蛋白轻度减少等，接触停止后可以恢复。组织学上只有轻微改变，如肺少量出血，肝和肾不明显的蛋白变性。

5. 人体健康危害

人在 10%浓度下无刺激症状，只有轻度头晕。在较高浓度的丙烷和丁烷混合气体中毒时，有头晕、头痛、兴奋或嗜睡、恶心、呕吐、流涎、血压轻度降低、脉缓、生理反射减弱，无病理反射，严重者表现为麻醉状态、意识丧失。

长期接触低浓度 100～300 mg/m³ 的 C3－4 烷烃和烯烃的工人，有头痛、头晕、睡眠不佳、易疲倦、情绪不稳定、植物神经功能障碍，如皮肤划痕症、多汗、竖毛肌反射增强、脉搏不稳定及四肢远端感觉减退等。

6. 风险评估

美国 NOISH 和 OSHA 规定本品 TWA 为 1 800 mg/m³。

丁　烷

1. 理化性质

CAS 号：106－97－8（正丁烷）；75－28－5（异丁烷）	外观与性状：无色无臭气体
熔点/凝固点（℃）：－138.4	临界温度（℃）：153.2
沸点（℃）：－0.5	临界压力（MPa）：3.79
闪点（℃）：－60	自燃温度（℃）：287
燃烧热（kJ/mol）：－2 637.8	爆炸上限[%（V/V）]：8.5
饱和蒸气压（kPa）：213.7（21.1℃）	爆炸下限[%（V/V）]：1.9
相对密度（水＝1）：0.6	易燃性：易燃
相对蒸气密度（空气＝1）：2.1	*n*－辛醇/水分配系数：2.89
溶解性：不溶于水；溶于乙醇、乙醚、氯仿	

2. 用途与接触机会

液化石油气是常用居民燃料之一，其中丁烷的含量约 40%。液化石油气还常用作气雾剂（如剃须泡沫等）的抛射剂，在使用过程中可能接触少量的正丁烷。

正丁烷主要用于制造丁二烯以及其他有机合成。异丁烷主要用作石油化工的原料、烟雾剂、发射剂的成分，为制造丙烯己二醇及氧化物、聚氨酯泡沫塑料和树脂的原料，亦用作工业载体及燃料。

3. 毒代动力学

大鼠吸收丁烷后转移至脑、肾、肝、脾及胃周脂肪组织。已发现微粒体酶系能氧化丁烷成醇。由于其挥发性，可以预期丁烷可通过呼气被消除。

吸入正丁烷的小鼠，其代谢产物为异丙醇和丙酮。据推测，烃首先通过微粒体酶系统转化成（ω－1）-醇，然后通过醇脱氢酶转化为相应的酮。

微粒体酶系统将丁烷氧化成其母体醇。丁烷的羟基化发生在大鼠肝微粒体中，代谢生成 2－丁醇。正丁烷是分子量最低的烷烃，被证实与细胞色素 P450 发生底物结合。如果 2－丁醇是哺乳动物中形成的主要代谢物，预计它会在呼气中被排出。2－丁醇也可以与葡萄糖醛酸结合或被氧化成甲基乙基酮,然后被排出。

4. 毒性

两种丁烷毒性相似,毒性作用主要是麻醉作用。眼和皮肤直接接触液化产物可引起冻伤。正丁烷大鼠吸入 LC_{50}：658 g/m³(4 h),小鼠吸入 LC_{50}：680 g/(m³·2 h);异丁烷大鼠吸入 LC_{50}：1 479 455 mg/m³,15 min;小鼠吸入 LC_{50}：680 g/(m³·2 h)。

正丁烷 13% 25 min,22% 1 min 使小鼠麻醉,2.1%~5.6%使豚鼠出现嗅鼻及咀嚼运动,伴呼吸加速,停止接触后迅速恢复。对狗,丁烷为弱的心脏致敏剂。丁烷对兔子的皮肤有轻微到中等程度的刺激作用。异丁烷对小鼠,22%~27%浓度,8.7 min引起麻醉,15 min 引起呼吸停止;45% 10 min引起狗麻醉。可被大鼠肝微粒体酶氧化代谢成异丁醇。

5. 人体健康危害

人在 23.73 g/m³浓度下,停留 10 min 有嗜睡反应,但无其他反应。很高的浓度方能引起窒息和麻醉作用。急性中毒症状主要是头晕、头痛、嗜睡和酒醉状态,严重者可昏迷。移到新鲜空气中,可迅速恢复。

志愿者接触异丁烷 649~2 596 mg/m³,1 min~8 h及 1 298 mg/m³,1~8 h/d,共 10 d,无不良影响。

接触以丁烷为主的工人,有头晕、头痛、睡眠不佳、易疲倦等症状。

6. 风险评估

美国 NOISH 规定本品的 TWA 为 1 900 mg/m³。

2,3-二甲基丁烷

1. 理化性质

CAS号：79-29-8	外观与性状：无色透明液体
熔点/凝固点(℃)：−128.8	临界温度(℃)：226.85
沸点(℃)：58	临界压力(MPa)：3.15
爆炸上限[%(V/V)]：7	闪点(℃)：−29(闭杯)
密度(g/cm³)：0.66	爆炸下限[%(V/V)]：1.2

(续表)

相对蒸气密度(空气=1)：3.0	溶解性：不溶于水;溶于醇、醚、三氯甲烷,可混溶于苯和丙酮
饱和蒸气压(kPa)：31.3(25℃)	

2. 用途与接触机会

本品用作航空汽油和车用汽油的添加剂,也用于有机合成及用作气相色谱对比试样。

3. 毒性

本品大鼠经口 TDL_0：10 g/kg,喂养 4 周,造成肾小管的变化(包括急性肾功能衰竭、急性肾小管坏死),肽酶抑制以及死亡。其健康危害 GHS 分类为：皮肤腐蚀/刺激,类别 2;特异性靶器官毒性——一次接触,类别 3(麻醉效应);吸入危害,类别 1。

4. 风险评估

本品对水生生物有毒并具有长期持续影响,其环境危害 GHS 分类为：危害水生环境—急性危害,类别 2;危害水生环境—长期危害,类别 2。

2,2,3′,3′-四甲基丁烷

1. 理化性质

CAS号：594-82-1	外观与性状：固体
熔点/凝固点(℃)：94~97	沸点(℃)：106~107
闪点(℃)：4(闭杯)	爆炸下限[%(V/V)]：1
饱和蒸气压(kPa)：2.78	易燃性：液体易燃
密度(g/cm³)：0.82(20℃)	溶解性：不溶于水

2. 用途

主要用作化学试剂、色谱分析对比样品。

3. 毒性

本品健康危害 GHS 分类为皮肤腐蚀和刺激,类别 2;特异性靶器官毒性——一次接触,类别 3;吸入危害,类别 1。

4. 风险评估

本品对水生生物毒性极大并具有长期持续影响，其环境危害 GHS 分类为危害水生环境—急性危害，类别 1；危害水生环境—长期危害，类别 1。

2,2,3-三甲基丁烷

1. 理化性质

CAS 号：464-06-2	外观与性状：透明无色液体
熔点/凝固点(℃)：−25	临界温度(℃)：197
沸点(℃)：80.9	临界压力(MPa)：3.37
闪点(℃)：−19(闭杯)	燃点(℃)：450
饱和蒸气压(kPa)：13.57 (25℃)	易燃性：易燃液体
相对蒸气密度(空气＝1)：3.46	密度(g/cm³)：0.69(20℃)
溶解性：不溶于水，25℃时，水中溶解度为 5.7 g/L，可混溶于多数有机溶剂	

2. 用途

主要用作高辛烷值航空燃料油添加剂，也用于有机合成。

3. 毒性

本品健康危害 GHS 分类为：皮肤腐蚀/刺激，类别 2；特异性靶器官毒性——一次接触，类别 3；吸入危害，类别 1。

4. 风险评估

本品对水生生物毒性极大并具有长期持续影响，其环境危害 GHS 分类为：危害水生环境—急性危害，类别 1；危害水生环境—长期危害，类别 1。

正　戊　烷

1. 理化性质

CAS 号：109-66-0	外观与性状：无色液体
熔点/凝固点(℃)：−129.67	沸点(℃)：36.06
闪点(℃)：−49(闭杯)	燃点(℃)：260
爆炸上限[%(V/V)]：7.8	爆炸下限[%(V/V)]：1.5
燃烧热(kJ/mol)：−3 245 (液体)	蒸发速率(乙酸丁酯＝1)：28.6
饱和蒸气压(kPa)：53.32 (18℃)	易燃性：极易燃
密度(g/cm³)：0.63(20℃)	*n*-辛醇/水分配系数：3.39
相对蒸气密度(空气＝1)：2.48	溶解性：20℃时，水中溶解度为 39 mg/L；与乙醇、乙醚、丙酮、苯、氯仿混溶；可溶于四氯化碳

2. 用途与接触机会

正戊烷为发动机和航空燃料的组成部分，汽车、航空和农业燃料的添加剂，可作为一般的实验室萃取溶剂，聚合反应的介质溶剂，生产烯烃、氢、氨和其他工业化学品如戊酰氯的原料。此外，正戊烷可用于人工制冰、制作低温温度计、塑料发泡剂(如可膨胀聚苯乙烯)、农药等，也是轻质液体和喷灯燃料组件。戊烷的基本化学反应是磺化反应，从而形成磺酸，氯化后可形成氯化物，硝化后可形成硝基戊烷，氧化形成各种化合物，并通过裂解形成自由基。

职业暴露正戊烷主要通过吸入和皮肤接触。

3. 毒代动力学

肺对正戊烷有明显的吸收效果。液体正戊烷可迅速从皮肤上蒸发，因此无法经皮吸收。在动物实验中，封闭条件下，正戊烷以 2.2 μg/(cm² · h)的速率穿过全层鼠皮，进入组织和血液。正戊烷在血液中的溶解度比正己烷或正庚烷小，它们的血/空气分配系数分别为 0.38、0.80 和 1.9。而且，正戊烷在脂肪组织中表现出最高的溶解度，其次是大脑、肝脏、肌肉、肾脏、肺和心脏。

脂肪族羟基化是正戊烷代谢的主要途径。正戊烷及其异构体被吸入摄取后，在人和动物体内被氧化，形成的二氧化碳被呼出。体外实验中，正戊烷在大鼠肝微粒体上进行生物转化，形成的主要代谢产物为 2-戊醇(占 83%～89%)，次要代谢产物为 3-戊醇(占 11%～16%)，最终经尿液或呼气排出。

4. 毒性

本品大鼠吸入 LC_{50} 为 364 mg/(L · 4 h)，大鼠

经口 LD_{50} ＞2 000 mg/kg，小鼠静脉注射 LD_{50} 为 446 mg/kg。其健康危害 GHS 分类为：特异性靶器官毒性——次接触，类别 3(麻醉效应)；吸入危害，类别 1。

迄今为止，几乎所有相关研究表明，正戊烷沸点低，使其在皮肤停留时间短，所以对皮肤只有短暂和非常轻微的刺激作用。还有一些关于正戊烷吸入毒性的研究报道，小鼠 2 h 的 LC_{50} 约为 322 098 mg/m³，而且在暴露后 1.3 min 即出现麻醉效应。在其他动物实验中，以上浓度还引起动物肌肉震颤，而且最终都观察到麻醉引起的呼吸停止。此外，在最近的大鼠和小鼠动物实验中，在相对低浓度(6 764 mg/m³ 和 75 693 mg/m³)下即观察到正戊烷的嗜神经性。高浓度可引起麻醉症状，甚至意识丧失。有记录的最低致死浓度为 418 728 mg/m³，最低中毒浓度为289 888 mg/m³，麻醉与致死作用之间的剂量差距较小。而目前为止，尚无明确证据表明正戊烷经口摄入危害人体。但是，由于正戊烷沸点低，其经口摄入后因呕吐引起的误吸，可诱发化学性肺炎。

正戊烷的慢性毒作用主要是对眼和呼吸道的轻度刺激。由于正戊烷与石蜡具有类似的结构，其与皮肤长期或反复接触也可导致皮肤干燥和脱脂等炎症反应。对于正戊烷的神经毒性，动物实验结果表明，正戊烷与其同系物正己烷类似，仅引起中枢神经系统的麻醉作用，而对周围神经系统无毒作用。

5. 人体健康危害

正戊烷是中枢神经系统抑制剂，高浓度可引起麻醉效应，但不如 C1—C4 烷烃类。正戊烷的吸入危害远小于煤油、辛烷、壬烷和癸烷。观察 5 名志愿者暴露于正戊烷蒸气后的皮肤效应，发现皮肤出现红斑、充血、肿胀和色素沉着等现象，同时有持续灼烧感，伴有瘙痒，并在接触 5 h 后出现疱疹。5 h 后除去正戊烷，仍然会引起 15 min 的疼痛。而且，正戊烷液体接触皮肤也会引起水泡，但尚无证据表明正戊烷对皮肤具有麻醉作用。此外，若人体长期暴露于正戊烷可导致缺氧，吸入和静脉途径的暴露甚至可引起中度中毒。

6. 风险评估

我国职业接触限值规定戊烷所有异构体 PC - TWA 为 500 mg/m³，PC - STEL 为 1 000 mg/m³。OSHA 的允许接触极限值(PEL)为 3 221 mg/m³；NIOSH 的对生命健康即刻危险极限(IDLH limits)为 4 831 mg/m³。

本品对水生生物有毒，其环境危害 GHS 分类为：危害水生环境—急性危害，类别 2。

异 戊 烷

1. 理化性质

CAS 号：78 - 78 - 4	外观与性状：汽油味无色液体或气体
熔点/凝固点(℃)：−159.77	临界温度(℃)：187.8
沸点(℃)：27.8	临界压力(MPa)：3.38
闪点(℃)：＜−51(闭杯)	燃点(℃)：420
爆炸上限[%(V/V)]：7.6	爆炸下限[%(V/V)]：1.4
饱和蒸气压(kPa)：79.31 (21.1℃)	燃烧热(kJ/mol)：−3 405.1
密度(g/cm³)：0.62(20℃)	易燃性：易燃液体
相对蒸气密度(空气＝1)：2.48	*n*-辛醇/水分配系数：2.3
溶解性：不溶于水，25℃时在水中溶解度为 48 mg/L	

2. 用途与接触机会

主要作为溶剂，用于氯化衍生物的制造，如氯化戊酯。另外还具有一定治疗用途，如作为麻醉剂，虽然麻醉效力不如短链烷烃，但它的代谢活性更高。

3. 毒代动力学

本品易挥发，主要经呼吸道进入人体、极少量可经消化道和皮肤吸收。异戊烷被吸入后，在人和动物体内被氧化代谢，形成二氧化碳被呼出。在大鼠肝微粒体上进行异戊烷生物转化的体外研究显示，异戊烷被吸收后，肝微粒体将其羟化，生成 2-甲基-2-丁醇、3-甲基-2-丁醇、2-甲基-1-丁醇和 3-甲基-1-丁醇等主要代谢物。

4. 毒性

本品健康危害 GHS 分类为：特异性靶器官毒

性—一次接触，类别3(麻醉效应)；吸入危害，类别1。

4.1 急性毒作用

异戊烷的毒性低于正戊烷，大鼠经呼吸道 $LC_{50}>$ 20 mg/L。在一项小鼠实验中，吸入 12 964 mg/m^3 异戊烷并未引起呼吸道刺激作用。异戊烷对皮肤没有明显的刺激性，但由于其快速蒸发导致皮肤局部冷却，可能会产生轻至中度的刺激。异戊烷的口服毒性很低，大鼠经口 $LD_{50}>$2 000 mg/kg，口服异戊烷后，可能会出现恶心、呕吐、胃痛和腹泻，而且呕吐后的误吸可能还会引起吸入性肺损伤。

4.2 慢性毒作用

反复或长期接触异戊烷会导致皮肤干燥、脱脂和龟裂。持续接触，甚至引起皮肤疱疹。在动物研究中，大鼠管饲法暴露于 1 000 mg/kg(体重)，每天的异戊烷后，仅显示出轻微的一般毒性作用，如大鼠体重减轻、肾脏和肾上腺重量增加、雄性大鼠肾脏出现轻微的组织病理学改变。然而，较低剂量 300 mg/kg(体重)，每天的异戊烷，对大鼠没有任何作用。对于异戊烷的吸入毒性研究，主要是异戊烷和其异构体混合物，研究显示，接触异戊烷、正戊烷、正丁烷和异丁烷(总量为25%)的蒸气混合物，浓度高达 14 292 mg/m^3 (6 h/d，5 d/w，持续 3 w)，不会引起中毒症状以及血液学或临床指标的改变。对吸入50%异戊烷和50%异丁烷混合物的大鼠进行为期 90 d 的研究，暴露浓度高达 14 494 mg/m^3，结果显示，雄性动物仅在暴露期间有肾脏损伤，但暴露结束时损伤已恢复。

5. 人体健康危害

异戊烷吸入毒性主要有咽喉痛、咳嗽、头痛、头晕、昏昏欲睡、呼吸急促、不规则心跳；皮肤接触毒性主要有皮肤干燥、发红改变；眼接触毒性主要症状有眼睛发红、疼痛；食入毒性主要有腹痛、恶心、呕吐。吞咽异戊烷液体可能会引发化学性肺炎。异戊烷的短期接触还可使中枢神经系统和心脏功能受损。其浓度在 270～400 mg/L 范围内不仅可引起中枢神经系统抑制，并可能伴随着兴奋、头晕、头痛、食欲不振、恶心、共济失调等症状，甚至引起意识丧失。此外，异戊烷还是一种弱的心脏致敏物。液态异戊烷与肺组织直接接触会导致肺炎、肺水肿和出血。

6. 风险评估

各国职业接触限值参见正戊烷。本品对水生生物有毒并具有长期持续影响，其环境危害 GHS 分类为：危害水生环境—急性危害，类别2；危害水生环境—长期危害，类别2。

新　戊　烷

1. 理化性质

CAS 号：463-82-1	外观与性状：无色气体或易挥发液体
熔点/凝固点(℃)：−16.37	临界温度(℃)：160.6
沸点(℃)：9.5	临界压力(MPa)：3.20
闪点(℃)：<−7(闭杯)	燃点(℃)：450
爆炸上限[%(V/V)]：7.5	爆炸下限[%(V/V)]：1.3
饱和蒸气压(kPa)：146.3(20℃)	易燃性：易燃气体
密度(g/cm^3)：0.614(20℃)	*n*-辛醇/水分配系数：3.11
相对蒸气密度(空气=1)：2.49	溶解性：不溶于水，25℃时在水中溶解度为 33.2 mg/L，溶于乙醇和乙醚等有机溶剂

2. 用途与接触机会

新戊烷主要作为制造丁基橡胶的原料，少量存在石油和天然气中，可由氯化叔丁基与甲基氯化镁反应制得。在生产或使用新戊烷的工作场所，工人通过吸入或者皮肤接触新戊烷发生职业暴露。一般人群主要通过吸入含新戊烷的空气或经口食入含新戊烷的食物暴露。

3. 毒代动力学

新戊烷主要通过呼吸道、消化道、皮肤黏膜接触造成机体损伤。新戊烷进入人体后经肝微粒体羟化，产生唯一代谢产物2,2-二甲基丙醇。

4. 毒性

小鼠腹腔注射 LD_{50} 为 100 mg/kg 体重，小鼠吸入 LC_{40} 为 1 095 134 mg/(m^3·2 h)。目前新戊烷的局部毒性作用尚无非常明确的结论。快速蒸发的新戊烷液体因其温度过低可引起眼睛暂时性疼痛和皮肤寒冷刺激。新戊烷的吸入毒性相对较低，多在远超过其最小火灾和爆炸危险浓度时出现。新戊烷具有脂肪族化合物的典型特点，在非常高浓度时，可对中枢神经系统产生抑制作用，如嗜睡、麻醉、昏迷和死亡等表现。在小鼠实验中，644 196 mg/m^3 的新戊烷持续 30 min 可引起轻度麻醉，869 665 mg/m^3 持续 3 min 也能引起麻醉效应，1 095 134 mg/m^3 持续 2 h 可引起 40%的小鼠死亡。总体上，新戊烷比异戊烷和正戊烷对中枢神经系统的麻醉作用更弱，因为化学品的毒性会随着其碳主链上支链的增加而降低。而新戊烷与其他异构体不同，其在麻醉诱导效应出现之前会引起更多的兴奋和一般抽搐样反应。不仅如此，新戊烷液化后快速蒸发会降低空气中的氧含量导致缺氧。此外，经口摄入新戊烷还可导致胃肠道紊乱，如恶心、呕吐、腹痛和腹泻，同时若误吸新戊烷还可引起肺损伤。对于新戊烷的慢性毒作用，有证据表明，经常接触新戊烷会导致皮肤脱脂和皮炎。

5. 人体健康危害

新戊烷经口摄入可能会引起恶心、呕吐、腹痛和腹泻。又由于其表面张力低、黏度低，新戊烷在吞咽时还可能造成吸入危害。而且新戊烷一旦进入呼吸系统，就会导致支气管系统痉挛、水肿、出血，从而引起化学性肺炎发生。化学性肺炎的主要症状和体征包括：咳嗽、喘气、甚至窒息或死亡。吸入低浓度的新戊烷蒸气对机体无有害影响，但浓度超过可燃性下限(45 094 mg/m^3)会引起中枢神经系统抑制，出现嗜睡、麻醉等症状，甚至昏迷和死亡。关于新戊烷的长期毒性，现有的资料显示，皮肤反复或长时间接触新戊烷可能会引起皮炎。

6. 风险评估

各国职业接触限值参见正戊烷。本品对水生生物有毒并具有长期持续影响，其环境危害 GHS 分类为：危害水生环境—急性危害，类别 2；危害水生环境—长期危害，类别 2。

3-甲基戊烷

1. 理化性质

(续表)

CAS 号：96-14-0	外观与性状：无色液体
熔点/凝固点(℃)：−118	临界温度(℃)：231.2
沸点(℃)：63	临界压力(MPa)：3.12
闪点(℃)：≤−20(闭杯)	燃点(℃)：300
饱和蒸气压(kPa)：25.3(25℃)	爆炸下限[%(V/V)]：1.2
爆炸上限[%(V/V)]：7	易燃性：易燃液体
燃烧热(kJ/mol)：−4 155.5	n-辛醇/水分配系数：3.6
相对蒸气密度(空气=1)：2.97	密度(g/cm^3)：0.66(20℃)
溶解性：不溶于水，25℃时在水中溶解度为 17.9 mg/L；溶于乙醇，四氯化碳；可与醚、丙酮、苯、庚烷混溶	

2. 用途与接触机会

主要用于有机合成，可与不饱和烃或芳香族化合物混合，用作热燃料、汽车燃料和润滑油，也可作为生产炭黑的原料。在聚烯烃、合成橡胶和一些药物的制造中，还可用作溶剂和反应介质。

监测数据表明，在产生或使用 3-甲基戊烷的工作场所，通过吸入和皮肤接触可发生职业性暴露。一般人群也主要通过吸入和皮肤接触暴露。

3. 毒代动力学

3-甲基戊烷可以蒸气的形式被机体吸入吸收。3-甲基戊烷难溶于血液，一部分经呼吸排出，另一部分分布在脂肪组织中，3-甲基戊烷经机体氧化代谢产生 3-甲基-2-戊醇、3-甲基-3-戊醇，最后主要通过肾脏作为葡糖醛酸结合物被排出。而其中 3-甲基-2-戊醇可以通过尿液检测，作为职业暴露的生物标志物。

4. 毒性

本品健康危害 GHS 分类为：皮肤腐蚀/刺激，类别 2；特异性靶器官毒性——次接触，类别 3(麻醉效应)；吸入危害，类别 1。

动物反复暴露于 3-甲基戊烷后，没有产生任何类似正己烷异构体暴露后产生的周围神经系统损伤。例如，大鼠暴露于 5 771 mg/m^3 的 3-甲基戊烷 4 w(9 h/d，5 d/w)，没有显示任何神经病变的临床症状和组织学损伤。同样，大鼠吸入暴露 3-甲基戊烷 1 924 mg/m^3 长达 6 个月(22 h/d)也得到了类似的结果，其食入毒性也不及正己烷。

5. 人体健康危害

3-甲基戊烷的急性毒性主要是对眼睛、呼吸道、皮肤刺激作用，以及对中枢神经系统的抑制作用。基于一些研究，3-甲基戊烷等己烷异构体浓度在高达 1 924 mg/m³ 下不会引起任何刺激作用，随着浓度的继续增加，可能会引起对眼睛和咽喉刺激，并且浓度超过 3 847 mg/m³ 甚至引起预麻醉作用，如头痛、眩晕、恶心。浓度在 5 771 mg/m³ 以上麻醉作用更加明显。

3-甲基戊烷的食入毒性低，较高剂量主要引起恶心、呕吐、腹痛、腹泻以及中枢神经系统抑制作用。尽管 3-甲基戊烷的全身毒性较低，但由于其易于食入的特点，因而经口摄入风险最高。而吸入暴露主要引起感觉异常、中枢神经系统抑制和麻醉效应，也是职业暴露的主要危害。如果 3-甲基戊烷液体到达肺部，可能引起严重组织炎症，如出血性汽油肺炎、中毒性肺水肿、支气管痉挛、呼吸麻痹和心脏骤停。

6. 风险评估

德国 Aas 规定 TWA 为 1 924 mg/m³，STEL 为 3 847 mg/m³。

本品对水生生物有毒并具有长期持续影响，其环境危害 GHS 分类为：危害水生环境—急性危害，类别 2；危害水生环境—长期危害，类别 2。

3-乙基戊烷

1. 理化性质

CAS 号：617-78-7	外观与性状：无色液体
熔点/凝固点(℃)：−118.55	易燃性：易燃液体
沸点(℃)：94	临界温度(℃)：−5.7
闪点(℃)：−18(闭杯)	临界压力(MPa)：2.89
爆炸上限[%(V/V)]：7	爆炸下限[%(V/V)]：1
饱和蒸气压(kPa)：7.7(25℃)	溶解性：不溶于水
密度(g/cm³)：0.7(25℃)	相对蒸气密度(空气=1)：3.46
相对密度(水=1)：0.7	

2. 用途与接触机会

主要作为溶剂使用。

3. 毒性

本品健康危害 GHS 分类为：皮肤腐蚀/刺激毒性，类别 2；特异性靶器官毒性——一次接触，类别 3(麻醉效应)；吸入危害，类别 1。

4. 风险评估

芬兰作业场所接触限值推荐规定：8 h-TWA 为 1 342 mg/m³，15 min-STEL 为 2 237 mg/m³。

对水生生物毒性极大并具有长期持续影响，其环境危害 GHS 分类为危害水生环境—急性危害，类别 1；危害水生环境—长期危害，类别 1。

2,2-二甲基戊烷

1. 理化性质

CAS 号：590-35-2	外观与性状：无色液体
熔点/凝固点(℃)：−123	燃点(℃)：337
沸点(℃)：79	闪点(℃)：−9.44
爆炸上限[%(V/V)]：8.3	爆炸下限[%(V/V)]：1.0
饱和蒸气压(kPa)：99.04(78℃)	易燃性：易燃
密度(g/cm³)：0.67(20℃)	溶解性：不溶于水，25℃时在水中溶解度为 4.4 mg/L
相对蒸气密度(空气=1)：3.46	

2. 用途与接触机会

主要作为溶剂使用。

3. 毒性

本品健康危害 GHS 分类为皮肤腐蚀/刺激毒性，类别 2；特异性靶器官毒性——一次接触(麻醉效应)，类别 3；吸入危害，类别 1。

4. 风险评估

芬兰作业场所接触限值推荐规定：TWA 为 1 342 mg/m³，STEL 为 2 237 mg/m³。

本品对水生生物毒性极大并具有长期持续影响，其环境危害 GHS 分类为：危害水生环境—急性危害，类别 1；危害水生环境—长期危害，类别 1。

2,3-二甲基戊烷

1. 理化性质

CAS 号：565-59-3	外观与性状：液体
熔点/凝固点(℃)：-135	燃点(℃)：330
沸点(℃)：90	闪点(℃)：-6.67(闭杯)
爆炸上限[%(V/V)]：7	爆炸下限[%(V/V)]：1
饱和蒸气压(kPa)：16.2(37.7℃)	易燃性：易燃
密度(g/cm^3)：0.7(20℃)	溶解性：25℃时在水中溶解度为 5.3 mg/L
相对蒸气密度(空气=1)：3.46	

2. 用途与接触机会

主要用于色谱分析标准物质以及有机合成。

3. 毒性

本品健康危害 GHS 分类为皮肤腐蚀/刺激，类别 2；特异性靶器官毒性——一次接触，类别 3(麻醉效应)；吸入危害，类别 1。

4. 风险评估

芬兰作业场所接触限值推荐规定：8 h-TWA 为 1 342 mg/m^3，15 min-STEL 为 2 237 mg/m^3。

本品对水生生物毒性极大并具有长期持续影响，其 GHS 分类为：危害水生环境—急性危害，类别 1；危害水生环境—长期危害，类别 1。

2,4-二甲基戊烷

1. 理化性质

CAS 号：108-08-7	外观与性状：无色液体
熔点/凝固点(℃)：-123.4	沸点(℃)：80
闪点(℃)：-12.22	易燃性：易燃
爆炸上限[%(V/V)]：6.9	爆炸下限[%(V/V)]：1

(续表)

饱和蒸气压(kPa)：22.7(37.7℃)	溶解性：25℃时在水中溶解度为 4.4 mg/L
密度(g/cm^3)：0.67(20℃)	相对蒸气密度(空气=1)：3.46

2. 用途与接触机会

主要用于有机合成。

3. 毒性

本品健康危害 GHS 分类为皮肤腐蚀/刺激毒性，类别 2；特异性靶器官毒性——一次接触，类别 3(麻醉效应)；吸入危害，类别 1。

4. 风险评估

芬兰作业场所接触限值推荐规定：8 h-TWA 为 1 342 mg/m^3，15 min-STEL 为 2 237 mg/m^3。本品对水生生物毒性极大并具有长期持续影响，其环境危害 GHS 分类为：危害水生环境—急性危害，类别 1；危害水生环境—长期危害，类别 1。

3,3-二甲基戊烷

1. 理化性质

CAS 号：562-49-2	外观与性状：无色液体
熔点/凝固点(℃)：-135	临界压力(MPa)：2.95
沸点(℃)：86～87	自燃温度(℃)：320
闪点(℃)：-6.67	临界密度(g/cm^3)：0.242
爆炸上限[%(V/V)]：7.0	爆炸下限[%(V/V)]：1.0
燃烧热(kJ/mol)：4 794.5	易燃性：易燃
饱和蒸气压(kPa)：2.54(37.7℃)	*n*-辛醇/水分配系数：3.670
相对密度(水=1)：0.693(20℃)	溶解性：不溶于水；溶于乙醇、乙醚

2. 用途与接触机会

用作气相色谱对比样品以及用于有机合成。吸入是人类暴露于 3,3-二甲基戊烷最可能的途径。

3. 毒性

本品 GHS 分类为：皮肤腐蚀/刺激，类别 2；特异性靶器官毒性——一次接触，类别3(麻醉效应)；吸入危害，类别1。

4. 人体健康危害

本品属烃类，吸入高浓度烃类化合物蒸气可引起轻度呼吸道刺激、头晕、欣快感、精神错乱、恶心和呼吸困难；极高浓度吸入可致昏迷甚至死亡。液体进入肺部，可引起吸入性肺炎或肺水肿。高浓度蒸气对眼有轻度刺激性；液体可引起眼部暂时性红肿和疼痛。液体对皮肤有轻度刺激性；反复接触可致皮炎。口服引起恶心、呕吐、腹胀和头痛等。

5. 风险评估

芬兰作业场所接触限值推荐规定：8 h-TWA为1 342 mg/m^3，15 min-STEL为2 237 mg/m^3。

本品对水生生物毒性极大并有长期持续影响，其环境危害GHS分类为：危害水生环境—急性危害，类别1；危害水生环境—长期危害，类别1。

2-甲基-3-乙基戊烷

1. 理化性质

CAS号：609-26-7	外观与性状：无色液体
临界密度(g/cm^3)：0.258	临界温度(℃)：293.95
熔点/凝固点(℃)：−114.9	临界压力(MPa)：2.70
沸点(℃)：115.6	自燃温度(℃)：460
闪点(℃)：7	相对密度(水=1)：0.72(20℃)
相对蒸气密度(空气=1)：3.94	易燃性：易燃
饱和蒸气压(kPa)：10.97(50℃)，20.9(65℃)	溶解性：不溶于水；溶于乙醇、乙醚、丙酮、苯

2. 毒性

本品健康危害GHS分类为：皮肤腐蚀/刺激，类别2；特异性靶器官毒性——一次接触，类别3(麻醉效应)；吸入危害，类别1。

3. 风险评估

芬兰作业场所接触限值推荐规定：8 h-TWA为1 530 mg/m^3，15 min-STEL为2 550 mg/m^3。本品对水生生物有害，且有长期影响，其环境危害GHS分类为：危害水生环境—急性危害，类别1；危害水生环境—长期危害，类别1。

2,2,3-三甲基戊烷

1. 理化性质

CAS号：564-02-3	外观与性状：无色液体
临界压力(MPa)：2.73	临界密度(g/cm^3)：0.262
熔点/凝固点(℃)：−112.27	自燃温度(℃)：430
沸点(℃)：109.84	相对密度(水=1)：0.72(20℃)
闪点(℃)：−3	燃烧热(kJ/mol)：5 500.53
爆炸上限[%(V/V)]：5.6	爆炸下限[%(V/V)]：1.0
饱和蒸气压(kPa)：3.99(23.69℃)	易燃性：易燃
n-辛醇/水分配系数：4.09	溶解性：不溶于水；微溶于乙醇；溶于乙醚

2. 毒性

本品雄性大鼠经口LD_{50}：大于2 500 mg/kg。其健康危害GHS分类为：皮肤腐蚀/刺激，类别2；特异性靶器官毒性——一次接触，类别3(麻醉效应)；吸入危害，类别1。

目前没有适当的研究证据证明其潜在的急性毒性，其急性毒性可能在真皮和吸入暴露后较低。有可能引起中枢神经系统紊乱和吸入液体后的肺损伤。

3. 风险评估

芬兰作业场所接触限值推荐规定：8 h-TWA为：1 530 mg/m^3，15 min-STEL为1 938 mg/m^3。本品对水生生物毒性极大并具有长期持续影响，其GHS分类为危害水生环境—急性危害，类别1；危害水生环境—长期危害，类别1。

2,3,4-三甲基戊烷

1. 理化性质

CAS号：565-75-3	外观与性状：无色液体
熔点/凝固点(℃)：−110	临界压力(MPa)：2.73
沸点(℃)：113～114	自燃温度(℃)：427

(续表)

闪点(℃)：5	饱和蒸气压(kPa)：6.75 (37.7℃)
爆炸上限[%(V/V)]：6.0	爆炸下限[%(V/V)]：1.0
临界密度(g/cm³)：0.248	易燃性：易燃
相对密度(水=1)：0.719 (20℃)	*n*-辛醇/水分配系数：4.05
相对蒸气密度(空气=1)：3.94	溶解性：不溶于水；溶于乙醚、氯仿、苯

2. 用途与接触机会

用作溶剂及气相色谱对比样品。吸入是人类暴露于2,3,4-三甲基戊烷最可能的途径。

3. 毒代动力学

吸入是2,3,4-三甲基戊烷被吸收的最可能途径。研究结果表明，2,3,4-三甲基戊烷在肝脏和肾脏有暂时性的中等程度积累，新陈代谢相对较快。2,2,4-三甲基戊烷和2,3,4-三甲基戊烷这两种异构体的代谢都是在相应的醇或醛和羧酸的协助下，通过中心和末端C原子的氧化转化代谢。然而，2,3,4-三甲基戊烷转化为戊酸衍生物的比例大于2,2,4-三甲基戊烷。普遍认为，2,3,4-三甲基戊烷代谢中较高的产酸量对肾脏造成了更明显的损害。2,3,4-三甲基戊烷代谢物(部分作为共轭物)主要通过尿液排出体外。

4. 毒性与中毒机理

本品小鼠吸入 LC_{50}：80 mg/m³，2 h。本品健康危害GHS分类为：皮肤腐蚀/刺激，类别2；特异性靶器官毒性一次接触，类别3(麻醉效应)；吸入危害，类别1。

反复的皮肤接触2,3,4-三甲基戊烷可能导致刺激和皮炎，使得皮肤脱脂，导致皮肤干燥开裂，进而增加炎症的风险。大量吸入含三甲基戊烷异构体的无铅汽油会增加小鼠肝肿瘤的发病率，本品可能通过诱导不同的激素代谢酶来促进肿瘤生长。三甲基戊烷异构体包括2,3,4-三甲基戊烷及其混合物对诱导相关激素代谢酶的有丝分裂作用已被证实，可能存在剂量依赖的致癌潜力。

5. 风险评估

芬兰作业场所接触限值推荐规定：8 h-TWA为1 530 mg/m³，15 min-STEL为1 938 mg/m³。

本品对水生生物毒性极大并具有长期持续影响，其环境危害GHS分类为：危害水生环境—急性危害，类别1；危害水生环境—长期危害，类别1。

正 己 烷

1. 理化性质

CAS号：110-54-3	外观与性状：高度挥发性无色液体，有汽油味
熔点/凝固点(℃)：−95.35	临界温度(K)：507.50
沸点(℃)：68.73	临界压力(MPa)：3.09
闪点(℃)：−22	自燃温度(℃)：230
爆炸上限[%(V/V)]：8.9	爆炸下限[%(V/V)]：1.1
燃烧热(kJ/mol)：4 159.1	蒸发速率：0.377
饱和蒸气压(kPa)：20.35	易燃性：易燃
密度(g/cm³)：0.659	气味阈值(mg/L)：0.006 4
相对密度(水=1)：0.660 6	*n*-辛醇/水分配系数：3.90
相对蒸气密度(空气=1)：2.97	溶解性：难溶于水；可溶于乙醇；易溶于乙醚、氯仿、酮类等有机溶剂

2. 用途与接触机会

在化妆品中用作溶剂，主要用作指甲油等化妆品用纤维素的溶剂。工业上，主要作溶剂，如丙烯等烯烃聚合时的溶剂、食用植物油的提取剂、橡胶和涂料的溶剂以及颜料的稀释剂，谱分析参比物质。主要用于大气监测以及配制标准气、校正气。用于折射率的测定，甲醇中水分的测定。用作溶剂、化学试剂、涂料稀释剂、聚合反应的介质等。此外，它还是高辛烷值燃料。

吸入是正己烷暴露的主要途径。在正己烷生产或使用的工作场所，职业性暴露于正己烷主要通过吸入和皮肤接触发生。

3. 毒代动力学

3.1 吸收、分布及清除

正己烷能经呼吸道、皮肤及胃肠道吸收。在体内的分布与器官的脂肪含量有关，可分布于血、脑、肾、脾。人接触正己烷335～469 mg/m³及其他溶剂，测定呼出气表明，平均吸收27.8±5.3%，呼吸道存留5.6±5.7%。人皮肤1 h能吸收16～27 mg。正己烷在肝脏中被氧化，通过肺呼出和肾脏排泄，排泄量与吸收剂量有关。

许多研究表明人体在吸入正己烷蒸气和摄入正己烷之后，本品可以很容易地被人体吸收。吸收后，正己烷广泛分布于整个身体中，并且在具有最高脂质含量的那些组织中达到最高浓度，血液是唯一的例外。在怀孕大鼠中，其胎儿组织中发现的正己烷浓度与母血中的相同。

在一家鞋厂的十名工人中研究了正己烷的肺吸收和排泄情况。根据实验数据，吸入正己烷的肺泡潴留率约为25%，相当于约17%的肺吸收量。暴露后的肺泡排泄量约占总摄取量的10%。

3.2 代谢机制及代谢产物

生物转化主要在肝脏，微粒体细胞色素 P450 及细胞色素 C 参加其氧化代谢。

大鼠在一次或反复接触 3 847 mg/m³后 4～8 h 从组织内消除。以原形从肺排出。人接触 300 和 430 mg/m³，4 h 后，半衰期分别为 13 min 和 2.5 h，亦以原形及其代谢物从肾脏排出。正己烷在人体和实验动物中都可被代谢，并且主要代谢物是 2,5-己二酮。

比较大鼠和人吸入正己烷的药代动力学。在大鼠中，代谢是饱和的。人体吸入量达 1 154 mg/m³ 时，代谢率与大气中的浓度成正比，达到 47 umol/(h·kg)，只有17%的正己烷通过肺呼出。吸入量在1 154 mg/m³以上，体内正己烷的量随着大气浓度的增加从 1.6 增加到 9.6 的极限值，这对应于生物体和大气之间的正己烷的热力学分配系数。吸入量高达 11 541 mg/m³，新陈代谢率增加到 245 umol/(h·kg)；发现只有进一步缓慢增加到 26 931 mg/m³[285 umol/(h·kg)]，人体中正己烷的稳态浓度约为 3.8 mg/m³，正己烷在生物体中累计到 2.3 倍，热力学分布系数计算为 12，体内正己烷 20%通过肺呼出，低浓度正己烷的代谢速率在两种物种中通过酶系统转运都是有限的，在这些条件下，正己烷的代谢速率不应该受到诱导正己烷代谢酶系统的外源物质的影响。

4. 毒性

本品健康危害 GHS 分类为：皮肤腐蚀/刺激，类别 2；生殖毒性，类别 2；特异性靶器官毒性一次接触，类别 3(麻醉效应)；特异性靶器官毒性反复接触，类别 2；急性毒性—吸入，类别 1。

本品大鼠经口 LD_{50}：25 000 mg/kg；兔经皮 LD_{50}：3 000 mg/kg；大鼠吸入 LC_{50}：184 671 mg/(m³·4 h)。兔经眼 10 mg，造成轻度眼刺激。

正己烷除烷烃共有的慢性作用外，尚能引起多发性神经病。大鼠吸入 2.76 g/(m³·d)，历时143 d，夜间活动减少，但体重、血象和血清蛋白等指标与对照组无明显差别，处死后组织学检查发现网状内皮系统轻度异常反应，末梢神经有髓鞘退行性变、轴突轻度变性，和腓肠肌肌纤维轻度萎缩等。小鼠吸入 385 mg/m³，6 d/w，历时 1 年，不引起神经病，962 mg/m³引起轻度神经病，1 924 mg/m³出现肌萎缩。大鼠连续吸入 1 539～2 308 mg/m³，7 周后发生神经病的病理改变；间断接触 1 924 mg/m³，30 周无改变。

某些离体体外哺乳动物细胞基因突变试验中得到阳性结果。动物试验发现：在怀孕的大鼠中，胎儿中正己烷的血液浓度与孕鼠血液中的浓度相等。小鼠经口 TDL_0：238 g/kg(孕 6～15 d)，造成除胚胎死亡的胚胎毒性；大鼠吸入 TCL_0：385 mg/m³(孕 1～20 d)，造成内分泌系统、泌尿生殖系统和其他发育畸形。大鼠吸入 TCL_0：3 847 mg/m³，每天吸入 4 h，间歇性吸入 59 周，造成睾丸肿瘤。

正己烷引起的多发性周围神经病可能由于其代谢产物 2,5-己二酮(HD)所致，暴露于 2,5-己二酮或其前体导致缓慢进展的周围性多神经病和睾丸损伤。能量代谢障碍为毒作用的关键机理。有研究提出具神经毒性的六碳化合物在神经纤维内与糖酵解酶结合，引起轴突全长的酶活性抑制，并有剂量依赖关系。由于神经远端酶缺乏，使能量供应减少，引起轴突运输障碍和神经纤维变性。亦有研究提出六碳化合物与神经微丝结合而影响其正常功能。

正己烷可引起睾丸萎缩。代谢物 HD 通过改变睾丸微管蛋白产生性腺毒性。HD 睾丸毒性是由 Sertoli 细胞微管的改变以及由吡咯依赖性交联引起的微管改变所致。HD 毒性起效缓慢，最初，HD 影响细胞骨架元件的交联，使得 Sertoli 细胞蛋白质分泌和运输改变。因此导致 Sertoli 细胞-生殖细胞接触的改变和生殖细胞的 Sertoli 细胞旁分泌支持的丧失。

5. 人体健康危害

5.1 急性中毒

人体接触靶器官是中枢神经系统、周围神经系统、呼吸系统、心脏、皮肤和眼睛。急性暴露于高浓度正己烷，可能引起惊厥、昏迷等中枢神经系统抑制，甚至死亡。吸入正己烷通常会导致眼、鼻、喉和呼吸系统的刺激，当停止接触时可快速恢复正常。急性接触相当浓度的正己烷可能导致咳嗽、喘息、血性泡沫痰、头痛、头晕、心动过速和发烧，可能导致胃肠道症状。呼吸系统症状为呼吸缓慢和浅，正己烷误吸可能引起肺水肿和化学性肺炎。心血管系统症状为心动过速和心室节律失常。周围神经系统症状为慢性暴露可能产生严重的周围神经病(运动感觉)和中枢神经系统异常。胃肠道症状为恶心、呕吐和厌食。

急性吸入高浓度的正己烷可出现眼和上呼吸道刺激及麻醉症状，包括困倦、疲劳、眩晕、头痛、视力模糊、食欲不振、远端肢体感觉异常、肌肉无力、肢体寒冷和多发性神经痛发作等。人吸入空气中含单纯的正己烷 1 924 mg/m^3，3～5 min，无影响；3 078 mg/m^3，15 min有眼及上吸呼道刺激；5 386～7 695 mg/m^3有恶心、头痛、眼及咽部刺激；19 237 mg/m^3，10 min引起头晕及轻度麻醉。经口中毒可出现恶心、呕吐、支气管及胃肠道刺激。以及中枢神经系统受影响，出现急性呼吸损害。人摄食约 50 g 可致死。

5.2 慢性中毒

长期职业性接触低浓度正己烷可引起多发性周围神经病，其特点为起病隐匿及进展缓慢。轻症患者表现为远端感觉神经病，为对称性的指及趾端麻木感，手及足部触觉、痛觉和振动觉减退。感觉减退水平很少高至膝部，可有跟腱反射减弱。较重患者出现运动神经病，常先有无力及体重减轻，伴食欲减退。常先有下肢远端无力，肌肉疼痛或痉挛。腱反射消失较少见，常仅限于跟腱反射。上肢较少受累，一般亦仅有手部肌肉无力。感觉运动型周围神经病亦以运动障碍为主，痛、触觉消失常限于手及足部，振动觉及位置觉仅轻度减退。严重者可有下肢瘫痪及肌肉萎缩，主要见于嗅含本品胶水的成瘾者，并可伴有植物神经功能障碍。有报道 1 662 名工人接触工作环境空气中正己烷浓度为 1 800～9 000 mg/m^3，历时 9 年，其中 93 人有周围神经病。在停止接触后病情仍可进展 1～4 个月，一般轻度或中度感觉运动神经病常在停止接触后 10 个月内完全恢复，部分严重病例有肌萎缩者，肌力常不能完全恢复。

在职业接触或娱乐滥用正己烷后，可能会对周围和中枢神经系统产生神经毒性作用。最初的临床表现包括脚趾、手指麻木和刺痛感，其次是进行性肌无力和无反射，特别是在四肢远端。慢性低剂量正己烷暴露，通常在工业工作者中观察到，显然导致轴突损失和感觉障碍。亚急性高剂量正己烷暴露通常在胶嗅探仪中观察到，可导致轴索肿胀和继发性脱髓鞘，伴随肌肉消瘦和无力。电生理研究表明，远端潜伏期明显延长，神经传导速度减慢，传导阻滞伴随时间分散，特别是在严重中毒的患者中。病理标志包括伴有继发性脱髓鞘的巨大轴索肿胀和大型有髓神经纤维的相对损失。临床过程往往是双相的，"惯性"持续 2～3 个月，随后在停止接触正己烷后约 1～2 年缓慢恢复。预后通常较好，但中毒症状严重的患者可能会出现肌肉萎缩和痉挛的后遗症。职业工作者对正己烷神经毒性的认识，以及使用安全溶剂和充足的通风系统对预防正己烷中毒非常重要。

6. 风险评估

我国职业接触限值规定本品 PC－TWA 为 100 mg/m^3，PC－STEL 为 180 mg/m^3(经皮)；美国 ACGIH 规定 TLV－TWA 为 192 mg/m^3，BEIs：尿液中 2,5－己二酮(无水解)为 0.4 mg/L；德国 MAK 委员会推荐的生物容许值为 3.5 mg/L(尿)。

本品对水生生物有毒并具有长期持续影响，其环境危害 GHS分类为：危害水生环境—急性危害，类别 2；危害水生环境—长期危害，类别 2。

异 己 烷

1. 理化性质

CAS 号：107－83－5	外观与性状：无色透明液体，微味
熔点/凝固点(℃)：−153.7	临界温度(℃)：224.3
沸点(℃)：60.3	临界压力(MPa)：3.10
闪点(℃)：−7(闭杯)	自燃温度(℃)：264
爆炸上限[%(V/V)]：7.0	爆炸下限[%(V/V)]：1.0
燃烧热(kJ/mol)：4 153.7	易燃性：易燃
饱和蒸气压(kPa)：53.32(41.6℃)	n－辛醇/水分配系数：3.21

（续表）

相对密度（水＝1）：0.65	溶解性：不溶于水；溶于乙醇、乙醚、苯等多数有机溶剂
相对蒸气密度（空气＝1）：3.0	

2. 用途与接触机会

又称2-甲基戊烷，用作有机合成，溶剂。气相色谱分析标准品。用作溶剂、有机合成中间体、化学试剂。吸入是人类暴露于异己烷的最可能途径，其次是经皮吸收。

3. 毒代动力学

主要通过呼吸道进入人体，生物转化通过氧化途径进行，代谢产物主要为2-甲基-2-戊醇和2-甲基戊烷-2,4-二醇，1,4-二酮作为代谢物从未被检测到，这和本品无正己烷类神经毒性可能有关。

4. 毒性

本品健康危害GHS分类为：皮肤腐蚀/刺激，类别2；特异性靶器官毒性——一次接触，类别3（麻醉效应）；吸入危害，类别1。

大鼠暴露于5 771 mg/m^3，2个月，14 w时（9 h/d，5 d/w）只引起体重延迟增加，而非类似条件下正己烷引起神经细胞（轴突变性）病理（光镜检查）改变。在一项亚慢性口服研究中，大鼠每天暴露于橄榄油浸泡的2-甲基戊烷环境中6～8周，且剂量递增（0.4～1.2 ml）的环境中。观察周围神经系统的功能变化，最高剂量（约2 264 mg/kg·体重·d）开始8周后传导速度略有下降，但效果明显低于正己烷。

5. 人体健康危害

研究发现，2-甲基戊烷蒸气对人眼的刺激仅为中度，2-甲基戊烷液体会引起皮肤脱脂和干燥，从而产生刺激。吸入性暴露于2-甲基戊烷后的主要急性反应是感觉刺激和中枢神经麻醉作用。暴露浓度较高时，眼睛和喉咙可能受到刺激，浓度在3 847 mg/m^{3}以上时，会出现麻醉前效应（如头痛、眩晕和恶心）。麻醉效果只有在浓度显著高于5 771 mg/m^{3}时才会出现。2-甲基戊烷液体进入呼吸道会引起肺损伤（出血性汽油肺炎、肺水肿）和急性窒息发作，甚至可能导致死亡。

反复、长期皮肤接触2-甲基戊烷，可能会导致严重的皮炎。

6. 风险评估

美国ACGIH规定：TLV-TWA为1 800 mg/m^3，TLV-STEL为3 500 mg/m^3。德国MAK委员会推荐的工作场所化学物质最高容许浓度MAK值为1 924 mg/m^3。

本品对水生生物有毒并具有长期持续影响，其环境危害GHS分类为：危害水生环境—急性危害，类别2；危害水生环境—长期危害，类别2。

新　己　烷

1. 理化性质

CAS号：75-83-2	外观与性状：无色液体，常温下微有异臭味
熔点/凝固点（℃）：－99.9	临界温度（℃）：216.2
沸点（℃）：49.7	临界压力（MPa）：3.1
闪点（℃）：－47.8（闭杯）	自燃温度（℃）：405
爆炸上限[%（V/V）]：7.0	爆炸下限[%（V/V）]：1.2
燃烧热（kJ/mol）：4 159.5	临界密度（g/cm^3）：0.241（25℃）
饱和蒸气压（kPa）：42.43（25℃）	易燃性：易燃
相对密度（水＝1）：0.649	*n*-辛醇/水分配系数：3.82
相对蒸气密度（空气＝1）：3.0	溶解性：不溶于水；溶于乙醇、乙醚、丙酮、苯；易溶于石油醚、四氯化碳

2. 用途与接触机会

新己烷又名2,2-二甲基丁烷，广泛存在于汽车尾气和汽油蒸气中。监测数据显示，由于处理汽油，一般人群可能通过吸入环境空气而暴露于2,2-二甲基丁烷。

作为航空汽油和车用汽油的添加剂，也用于有机合成及用作气相色谱对比样品。气相色谱分析标准品。农业化学用中间体。

职业性暴露主要通过在生产或使用2,2-二甲基丁烷的工作场所吸入和皮肤接触而发生。

3. 毒代动力学

广泛的研究表明，2,2-二甲基丁烷，2-和3-甲基戊烷以与正戊烷和正己烷分布在人体组织中的方式非常相似，脂肪组织对所有的C6烷烃具有很高的亲和力。根据分子结构，2,2-二甲基丁醇-3-醇有可能是其主要代谢物，很可能是在共轭作用之后，通过肾脏排出。

4. 毒性

本品健康危害GHS分类为：皮肤腐蚀/刺激，类别2；特异性靶器官毒性——次接触，类别3(麻醉效应)；吸入危害，类别1。

到目前为止，动物实验研究只进行了己烷异构体混合物，而不是单纯的2,2-二甲基丁烷单质。实验中其毒性作用的大小取决于混合物中正己烷的含量，正己烷会引起神经毒性作用(周围神经病变)。大鼠6个月(22 h/d，7 d/w)连续暴露于1 924 mg/m^{3}己烷异构体混合物但不含正己烷，未导致任何中毒症状或对神经和肌肉的形态学的明显损害。

5. 人体健康危害

本品液体或浓缩蒸气/气溶胶接触会刺激眼睛。对皮肤的作用特点主要是刺激性，促进炎症的发生。在吸入暴露后，中枢神经系统的感觉刺激和麻醉效应是显著的急性效应。在高剂量接触后，眼睛和喉咙可能受到刺激，超过3 847 mg/m^{3}暴露剂量可能出现前麻醉效应(如头痛、眩晕和恶心)。麻醉效应只有在暴露浓度显著高于5 771 mg/m^{3}时才会出现。由于口服摄入而发生误吸入呼吸道，即使是少量的吸入液体也会对肺部造成损害(“化学肺炎”、肺水肿)，或导致支气管痉挛和窒息发作。

6. 风险评估

美国ACGIH规定本品的TLV-TWA为1 924 mg/m^3，TLV-STEL为3 847 mg/m^3；德国MAK委员会推荐的工作场所化学物质最高容许浓度MAK值为1 924 mg/m^3。

本品对水生生物有毒并具有长期持续影响，其环境危害GHS分类为危害水生环境—急性危害，类别2；危害水生环境—长期危害，类别2。

3-甲基己烷

1. 理化性质

CAS号：589-34-4	外观与性状：无色可燃液体，有刺激性。
熔点/凝固点(℃)：−119.4	临界温度(℃)：262.05
沸点(℃)：92	临界压力(MPa)：2.81
闪点(℃)：−3	自燃温度(℃)：280
爆炸上限[%(V/V)]：7.0	爆炸下限[%(V/V)]：1.0
燃烧热(kJ/mol)：4 849.84	易燃性：易燃
饱和蒸气压(kPa)：255(50℃)	相对密度(水=1)：0.69(20℃)
密度(g/cm^3)：0.687(25/4℃)	溶解性：能与乙醚、丙酮、苯、氯仿混溶；溶于乙醇；不溶于水
相对蒸气密度(空气=1)：3.46	

2. 用途与接触机会

用于有机合成。油类溶剂。气相色谱分析标准品。吸入是人类暴露于3-甲基己烷的最可能途径。

3. 毒性

本品健康危害GHS分类为：皮肤腐蚀/刺激，类别2；特异性靶器官毒性——次接触，类别3(麻醉效应)；吸入危害，类别1。

4. 风险评估

美国ACGIH规定本品的TLV-TWA为1 789 mg/m^3，STEL为2 237 mg/m^3。

本品对水生生物毒性极大并具有长期持续影响，其环境危害GHS分类为：危害水生环境—急性危害，类别1；危害水生环境—长期危害，类别1。

3-乙基己烷

1. 理化性质

CAS号：619-99-8	外观与性状：无色液体
熔点/凝固点(℃)：118.6	闪点(℃)：10.4

（续表）

沸点(℃)：92	自燃温度(℃)：280
爆炸上限[%(V/V)]：7.0	爆炸下限[%(V/V)]：1.0
燃烧热(kJ/mol)：4 794.5	易燃性：易燃
饱和蒸气压(kPa)：2.66(25℃)	相对蒸气密度(空气=1)：3.46
相对密度(水=1)：0.69(20℃)	

2. 毒性

本品健康危害 GHS 分类为：皮肤腐蚀/刺激，类别 2；特异性靶器官毒性——一次接触，类别 3(麻醉效应)；吸入危害，类别 1。

3. 风险评估

芬兰作业场所接触限值推荐规定：8 h - TWA 为 1 523 mg/m^3，15 min - STEL 为 1 938 mg/m^3。本品对水生生物毒性极大并具有长期持续影响，其环境危害 GHS 分类为：危害水生环境—急性危害，类别 1；危害水生环境—长期危害，类别 1。

2-甲基己烷

1. 理化性质

CAS 号：591-76-4	外观与性状：无色油状澄清易挥发液体
熔点/凝固点(℃)：-118.2	燃烧热(kJ/mol)：4 810(液)
沸点(℃)：90	饱和蒸气压(kPa)：5.33(14.9℃)
爆炸上限[%(V/V)]：6.0	爆炸下限[%(V/V)]：1.0
相对密度(水=1)：0.678 9	易燃性：极易燃
相对蒸气密度(空气=1)：3.45	*n*-辛醇/水分配系数：3.71
溶解性：可混溶于醇、醚、酮、苯等	

2. 用途与接触机会

用作气相色谱对比样品，用于有机合成。职业性接触主要通过吸入和皮肤接触发生。

3. 毒性

大鼠吸入 LCL_0 为 87 228 mg/(m^3 · 4 h)；会引起震颤和呼吸困难。小鼠吸入 LCL_0 为 70 000 mg/(m^3 · 2 h)。本品健康危害 GHS 分类：皮肤腐蚀/刺激，类别 2；吸入危害，类别 1；特异性靶器官系统毒性——一次接触，类别 3。

大鼠经口 LDL_0 为 10 g/kg，喂养 4 周，造成肾小管功能改变(包括急性肾功能衰竭和急性肾小管坏死)。

4. 人体健康危害

本品蒸气对眼睛、皮肤、黏膜和上呼吸道有刺激作用。吸入或误服对身体有害。接触后可引起头痛、恶心、呕吐、喉炎、气短等。本品具有麻醉作用，吸入高浓度可引起中枢神经系统的影响，可能造成昏昏欲睡或眩晕。

5. 风险评估

美国 ACGIH 规定本品阈限值 TLV - TWA 为 1 789 mg/m^3，STEL 为 2 237 mg/m^3。

本品对水生生物有毒并具有长期持续影响，其环境危害 GHS 分类为：危害水生环境—急性危害，类别 1；危害水生环境—长期危害，类别 1。

2,2-二甲基己烷

1. 理化性质

CAS 号：590-73-8	外观与性状：无色澄清液体、高度挥发性
熔点/凝固点(℃)：-121.2	临界温度(℃)：282
沸点(℃)：106.8	临界压力(MPa)：2.61
闪点(℃)：-3.33	引燃温度(℃)：337
爆炸上限[%(V/V)]：5.5	爆炸下限[%(V/V)]：0.98
燃烧热(kJ/mol)：4 810(液)	易燃性：易燃
饱和蒸气压(kPa)：8.4(37.7℃)	*n*-辛醇/水分配系数：4.16
相对密度(水=1)：0.693	溶解性：不溶于水；易溶于乙醇；可混溶于乙醚、丙酮、氯仿、苯
相对蒸气密度(空气=1)：3.9	

2. 毒性

本品健康危害 GHS 分类为皮肤腐蚀/刺激，类别 2；特异性靶器官系统毒性——一次接触，类别 3；吸入危害，类别 1。

3. 人体健康危害

本品吸入或误服对身体有害。蒸气对眼睛、皮肤、黏膜和上呼吸道有刺激作用。吸入可能引起肺损伤。本品具有麻醉作用，吸入高浓度可引起中枢神经系统的影响，可能造成昏昏欲睡或眩晕。

4. 风险评估

美国 ACGIH 规定本品阈限值 TLV-TWA 为 1 530 mg/m^3。

本品对水生生物毒性极大并具有长期持续影响，其环境危害 GHS 分类为危害水生环境—急性危害，类别 1；危害水生环境—长期危害，类别 1。

2,3-二甲基己烷

1. 理化性质

CAS 号：584-94-1	外观与性状：无色澄清易挥发液体
熔点/凝固点(℃)：−91.46	临界温度(℃)：290.35
沸点(℃)：115.6	临界压力(MPa)：2.63
闪点(℃)：5.3	引燃温度(℃)：438
爆炸上限[%(V/V)]：5.9	爆炸下限[%(V/V)]：0.9
饱和蒸气压(kPa)：6.4(34℃)	易燃性：易燃
相对密度(水=1)：0.72	*n*-辛醇/水分配系数：4.12
相对蒸气密度(空气=1)：4.1	溶解性：不溶于水；溶于乙醇、乙醚、丙酮、苯等

2. 毒性

本品健康危害 GHS 分类为皮肤腐蚀/刺激，类别 2；特异性靶器官系统毒性——一次接触，类别 3；吸入危害，类别 1。

3. 人体健康危害

本品蒸气对眼睛、皮肤、黏膜和上呼吸道有刺激作用。吸入可能引起肺损伤。吞咽并进入呼吸道可能致命。本品具有麻醉作用，吸入高浓度可引起中枢神经系统的影响，可能造成嗜睡或眩晕。

4. 风险评估

本品对水生生物毒性极大并具有长期持续影响，其环境危害 GHS 分类为危害水生环境—急性危害，类别 1；危害水生环境—长期危害，类别 1。

2,4-二甲基己烷

1. 理化性质

CAS 号：589-43-5	外观与性状：无色澄清易挥发液体
熔点/凝固点(℃)：−91.46	临界温度(℃)：282
沸点(℃)：108～109	临界压力(MPa)：2.61
闪点(℃)：10(开杯)	引燃温度(℃)：307
爆炸上限[%(V/V)]：5.9	爆炸下限[%(V/V)]：0.98
饱和蒸气压(kPa)：6.4(34℃)	易燃性：易燃
相对密度(水=1)：0.71	*n*-辛醇/水分配系数：4.12
相对蒸气密度(空气=1)：3.9	溶解性：不溶于水；溶于醇、乙醚

2. 毒性

本品健康危害 GHS 分类为皮肤腐蚀/刺激，类别 2；特异性靶器官系统毒性——一次接触，类别 3；吸入危害，类别 1。

3. 人体健康危害

本品蒸气对眼睛、皮肤、黏膜和上呼吸道有刺激作用。吸入可能引起肺损伤。吞咽并进入呼吸道可能致命。本品具有麻醉作用，吸入高浓度可引起中枢神经系统的影响，可能造成嗜睡或眩晕。

4. 风险评估

美国 ACGIH 规定本品阈限值 PLV-TWA 为 1 530 mg/m^3。

本品对水生生物毒性极大并具有长期持续影响，其环境危害 GHS 分类为危害水生环境—急性危害，类别 1；危害水生环境—长期危害，类别 1。

3,3-二甲基己烷

1. 理化性质

CAS 号：563-16-6	外观与性状：无色澄清液体、高度挥发性
熔点/凝固点(℃)：−91.46	临界温度(℃)：282
沸点(℃)：108～109	临界压力(MPa)：2.61
闪点(℃)：10	引燃温度(℃)：337
爆炸上限[%(V/V)]：5.9	爆炸下限[%(V/V)]：0.98
燃烧热(kJ/mol)：4 810(液)	易燃性：易燃
饱和蒸气压(kPa)：6.4(34℃)	*n*-辛醇/水分配系数：4.12
相对密度(水=1)：0.71	溶解性：不溶于水；溶于醇、乙醚
相对蒸气密度(空气=1)：3.9	

2. 毒性

本品健康危害 GHS 分类：皮肤腐蚀/刺激，类别 2；特异性靶器官系统毒性——一次接触，类别 3；吸入危害，类别 1。

3. 人体健康危害

本品蒸气对眼睛、皮肤、黏膜和上呼吸道有刺激作用。吸入可能引起肺损伤，吞咽并进入呼吸道可能致命。本品具有麻醉作用，吸入高浓度可引起中枢神经系统的影响，可能造成嗜睡或眩晕。

4. 风险评估

本品对水生生物毒性极大并具有长期持续影响，其环境危害 GHS 分类为：危害水生环境—急性危害，类别 1；危害水生环境—长期危害，类别 1。

3,4-二甲基己烷

1. 理化性质

CAS 号：583-48-2	外观与性状：无色至淡黄色澄清易挥发液体
沸点(℃)：118	临界温度(℃)：295.65
闪点(℃)：6	临界压力(MPa)：2.69

(续表)

饱和蒸气压(kPa)：10(50℃)	引燃温度(℃)：337
相对密度(水=1)：0.72	易燃性：易燃
相对蒸气密度(空气=1)：3.94	溶解性：能与乙醇、丙酮、苯混溶；溶于乙醚；不溶于水

2. 毒性

本品健康危害 GHS 分类为皮肤腐蚀/刺激，类别 2；特异性靶器官系统毒性——一次接触，类别 3；吸入危害，类别 1。

3. 人体健康危害

本品蒸气对眼睛、皮肤、黏膜和上呼吸道有强烈刺激作用。吞咽并进入呼吸道可能致命。吸入可能引起肺损伤。本品具有麻醉作用，吸入高浓度可引起中枢神经系统的影响，可能造成嗜睡或眩晕。

4. 风险评估

本品对水生生物毒性极大并具有长期持续影响，其环境危害 GHS 分类为：危害水生环境—急性危害，类别 1；危害水生环境—长期危害，类别 1。

2,2,4-三甲基己烷

1. 理化性质

CAS 号：16747-26-5	外观与性状：无色澄清液体、辛辣刺鼻气味
沸点(℃)：126	相对密度(水=1)：0.72
闪点(℃)：13(闭杯)	溶解性：不溶于水；易溶于乙醇
易燃性：易燃	

2. 用途与接触机会

用于有机合成。

3. 人体健康危害

本品蒸气对眼睛、皮肤、黏膜和上呼吸道可能有刺激作用。吸入可能引起肺损伤。

4. 风险评估

本品对水生生物毒性极大并具有长期持续影

响，其环境危害 GHS 分类为：危害水生环境—急性危害，类别 1；危害水生环境—长期危害，类别 1。

2,2,5-三甲基己烷

1. 理化性质

CAS 号：3522-94-9	外观与性状：无色液体、辛辣刺鼻气味
熔点(℃)：-106	临界压力(MPa)：2.37
沸点(℃)：123.6	引燃温度(℃)：350
闪点(℃)：12.8	易燃性：易燃
饱和蒸气压(kPa)：1.72(21℃)	相对蒸气密度(空气=1)：4.4
相对密度(水=1)：0.71	辛醇/水分配系数：4.58
溶解性：不溶于水，易溶于乙醇	

2. 用途与接触机会

作为发动机燃料，也用于有机合成。

3. 毒性

在一项 4 w 间断的大鼠经口实验，TDL_0 为 10 g/kg/4 w-I，发现本品可造成大鼠肾脏肾小管的变化以及体重减轻。

4. 人体健康危害

本品蒸气对眼睛、皮肤、黏膜和上呼吸道有刺激作用。吸入可能引起肺损伤。

5. 风险评估

本品对水生生物有毒且具有长期持续影响，其环境危害 GHS 分类为：危害水生环境—急性危害，类别 1；危害水生环境—长期危害，类别 1。

庚　　烷

1. 理化性质

CAS 号：142-82-5	外观与性状：无色澄清易挥发液体，轻微汽油气味
熔点/凝固点(℃)：-90.5	临界温度(℃)：266
沸点(℃)：98.5	临界压力(MPa)：2.74
闪点(℃)：-4	引燃温度(℃)：215
爆炸上限[%(V/V)]：6.7	引燃温度(℃)：223.0
燃烧热(kJ/mol)：-4 806.6	爆炸下限[%(V/V)]：1.05
饱和蒸气压(kPa)：6.36(25℃)	蒸发速率：5.1[乙酸(正)丁酯以 1 计]
相对密度(水=1)：0.68	易燃性：易燃
相对蒸气密度(空气=1)：3.45	溶解性：不溶于水；溶于乙醇、四氯化碳；可混溶于乙醚、氯仿、丙酮、苯

2. 用途与接触机会

用作分析试剂，汽油机爆震试验标准，色谱分析参比物质，溶剂。该品能刺激呼吸道，高浓度时有麻醉作用。易燃，在空气中形成爆炸混合物的极限浓度为 1.0%～6.0%(体积)。可用作动植物油脂的萃取溶剂，快干性橡皮胶合剂。橡胶工业用溶剂。还用于涂料、清漆、快干性油墨及印刷工业中作清洗溶剂。纯品用作测定汽油辛烷值的标准燃料。用作辛烷值测定的标准、溶剂，以及用于有机合成，实验试剂的制备。

3. 毒代动力学

庚烷为类脂溶剂，易经皮肤吸收，可有与己烷相似的全身作用。这种物质在全身迅速分布，并在脂肪组织中暂时累积。在生物体内，庚烷被单氧酶氧化。超过 157 mg/m^3 时，这种代谢途径的动力学会因饱和而改变。庚烷被代谢为庚醇(主要是 2-庚醇和 3-庚醇，其次是 1-庚醇和 4-庚醇)。庚醇代谢物是由葡萄糖醛酸或硫酸盐结合而成，随后在尿液中排出。

4. 毒性与中毒机理

本品小鼠静脉注射 LD_{50}：222 mg/kg；小鼠吸入 LD_{50}：75 g/(m^3 · 2 h)；大鼠吸入 LC_{50}：103 g/(m^3 · 4 h)。小鼠接触正庚烷 40 g/m^3 影响翻正反射，致死量为 70 g/m^3，浓度 1%～1.5%，30～60 min 内发生麻醉。可引起强直性痉挛，可使动物在轻度麻醉发生前，突然发生强直性痉挛而死亡。健康危害 GHS 分类为皮肤腐蚀/刺激，类别 2；特异性靶器官系统毒性——次接触，类别 3；吸入危害，类别 1。

大鼠吸入 TCL_0：420 mg/(m^3 · 12 h)，间歇性吸入 2 w，造成大脑其他退行性变，影响细胞色素氧化酶功能。大鼠经口 TDL_0：260 g/kg，间歇性喂养 13 w，造成膀胱重量降低，总体重降低和低血糖。

庚烷在转化成相应的酮体之前，通过羟基化以相对高的速率进一步代谢。被认为是造成神经毒性的二酮代谢产物，由庚烷生成的程度低于己烷。这一发现与庚烷具有较小的神经毒性的发现相一致。体外研究表明，至少有三种细胞色素 P450 同工酶参与了庚烷的肝脏代谢。研究发现：正庚烷的代谢主要是在 ω-1 碳原子上的羟基化，在 ω-2 碳原子上的代谢较低。2-庚醇、6-羟基-2-庚酮、3-庚醇是主要的代谢物，并以硫酸盐和葡聚糖的形式被排出。作为神经毒剂的 2,5-庚二酮是在尿中含量最低的代谢产物。

5. 人体健康危害

5.1 急性中毒

轻微眼和呼吸道的刺激，长时间接触后造成皮肤刺激作用，可能引起皮肤干燥，皮肤疼痛、烧灼和瘙痒，频繁的接触可造成皮肤的脱脂。可能造成嗜睡或眩晕。吸入液体可能引起化学性肺炎。吞咽及进入呼吸道可能致命。

神经毒性：暴露于 0.1%庚烷的人类志愿者在 6 min 内出现轻微眩晕；暴露于 0.2%庚烷，4 min 内晕眩；暴露于 0.5%庚烷，中枢神经系统在 7 min 内会出现抑制。在暴露后的几个小时内，汽油味仍残留不散。浓度为 4.8%的庚烷在 3 min 内可导致呼吸停止。幸存者表现出明显的眩晕和不协调，30 min 后方可恢复；他们也表现出黏膜刺激，轻微的恶心和倦怠症状。在中枢神经系统抑制或抽搐、心脏敏感和恢复或死亡之间有一个狭窄的分界。

肺毒性：用于皮革保护的气溶胶喷剂被重新配制以去除三氯乙烷。新配方中含有异丁烷、正庚烷、乙酸乙酯和氟脂化合物。39 名患者向当地的毒物中心报告症状，呼吸症状在暴露后数小时内出现，大多数症状在两天内就痊愈了。4 名接受测试的患者中，有 3 名患者肺功能测试异常，包括阻塞性疾病或扩散能力减弱。肺毒性的机制尚未确定。

5.2 慢性中毒

神经系统：潜在的过度暴露的症状是头晕、眼花、昏厥、眩晕、不协调；食欲不振、恶心；意识不清。在暴露于含有戊烷、己烷和庚烷的溶剂混合物的工人中，观察到多神经症，包括厌食症、衰弱、感觉异常、疲劳和腿部双侧对称肌肉麻痹的体征。多神经症状可能由石油馏分的其他成分引起。有报道称，在长期接触以各种庚烷异构体作为主要成分的石油馏分后，出现了大量的多神经炎病例。

造血系统：在一家橡胶轮胎工厂，接触庚烷的工人出现血液学效应，包括轻度贫血，轻微的白细胞减少和轻微的中性粒细胞减少。

6. 风险评估

我国职业接触限值规定：PC-TWA 为 500 mg/m^3，PC-STEL 为 1 000 mg/m^3。美国 NOISH 规定本品推荐接触限值(REL)为 8 h-TWA 为 350 mg/m^3，MAC 为 1 800 mg/m^3。OSHA 现行的本品容许接触限值(PEL)规定：TWA 为 2 000 mg/m^3。

本品对水生生物毒性极大并具有长期持续影响，其环境危害 GHS 分类为：危害水生环境—急性危害，类别 1；危害水生环境—长期危害，类别 1。

2-甲基庚烷

1. 理化性质

CAS 号：592-27-8	外观与性状：无色澄清液体
熔点/凝固点(℃)：-108.9	临界温度(℃)：286.55
沸点(℃)：116	临界压力(MPa)：2.5
闪点(℃)：4	易燃性：易燃
密度(g/cm^3)：0.698	饱和蒸气压(kPa)：9.5(50℃)
相对密度(水=1)：0.68	相对蒸气密度(空气=1)：3.94

2. 毒性

本品健康危害 GHS 分类为皮肤腐蚀/刺激，类别 2；特异性靶器官系统毒性——一次接触，类别 3；吸入危害，类别 1。

3. 人体健康危害

轻微眼和呼吸道的刺激，长时间接触后造成皮肤刺激作用，可能引起皮肤干燥，皮肤疼痛、烧灼和瘙痒。可能造成昏昏欲睡或眩晕。吸入液体可能引起化学性肺炎。吞咽及进入呼吸道可能致命。

4. 风险评估

美国 ACGIH 规定 TLV - TWA 为 1 235 mg/m^3。

本品对水生生物毒性极大并具有长期持续影响,其环境危害 GHS 分类为:危害水生环境—急性危害,类别 1;危害水生环境—长期危害,类别 1。

3 -甲基庚烷

1. 理化性质

CAS 号:589 - 81 - 1	外观与性状:无色澄清易挥发液体
熔点/凝固点(℃):−121	临界温度(℃):290.45
沸点(℃):118	临界压力(MPa):2.55
闪点(℃):7	饱和蒸气压(kPa):9.5(50℃)
密度(g/cm^3):0.71	易燃性:易燃
相对蒸气密度(空气=1):3.94	溶解性:不溶于水;溶于乙醇、乙醚、氯仿等有机溶剂

2. 用途与接触机会

仅用于研发。不作为药品、家庭或其他用途。

3. 毒性

本品健康危害 GHS 分类为皮肤腐蚀/刺激,类别 2;特异性靶器官系统毒性——次接触,类别 3;吸入危害,类别 1。

4. 人体健康危害

轻微眼和呼吸道的刺激,长时间接触后造成皮肤刺激作用,可能引起皮肤干燥,皮肤疼痛、烧灼和瘙痒。可能造成昏昏欲睡或眩晕。吸入液体可能引起化学性肺炎。吞咽及进入呼吸道可能致命。

5. 风险评估

美国 ACGIH 规定本品的阈限值 TLV - TWA 为 1 235 mg/m^3。

本品对水生生物毒性极大并具有长期持续影响,其环境危害 GHS 分类为:危害水生环境—急性危害,类别 1;危害水生环境—长期危害,类别 1。

4 -甲基庚烷

1. 理化性质

CAS 号:589 - 53 - 7	外观与性状:无色澄清易挥发液体
熔点/凝固点(℃):−121	临界温度(℃):288.55
沸点(℃):117	临界压力(MPa):2.54
闪点(℃):6(闭杯)	易燃性:易燃
饱和蒸气压(kPa):9.5(50℃)	溶解性:不溶于水;溶于乙醇、乙醚、氯仿等有机溶剂
密度(g/cm^3):0.71	相对蒸气密度(空气=1):3.94

2. 毒性

本品健康危害 GHS 分类为皮肤腐蚀/刺激,类别 2;特异性靶器官系统毒性——次接触,类别 3;吸入危害,类别 1。

3. 人体健康危害

轻微眼和呼吸道的刺激,长时间接触后造成皮肤刺激作用,可能引起皮肤干燥,皮肤疼痛、烧灼和瘙痒。可能造成昏昏欲睡或眩晕。吸入液体可能引起化学性肺炎。吞咽及进入呼吸道可能致命。

4. 风险评估

本品对水生生物毒性极大并具有长期持续影响,其 GHS 分类为:危害水生环境—急性危害,类别 1;危害水生环境—长期危害,类别 1。

正　辛　烷

1. 理化性质

CAS 号:111 - 65 - 9	外观与性状:无色透明液体,汽油味
熔点/凝固点(℃):−56.8	临界温度(℃):296
沸点(℃):125.6	临界压力(MPa):2.49
闪点(℃):13(闭杯)	引燃温度(℃):206

（续表）

爆炸上限[%(V/V)]：6.5	爆炸下限[%(V/V)]：1.0
燃烧热(kgcal/g)：1 302.7	易燃性：易燃
饱和蒸气压(kPa)：1.33 (20℃)	气味阈值(mg/m^3)：下限：725；上限：1 208
密度(g/cm^3)：0.70	*n*-辛醇/水分配系数：5.18
相对蒸气密度(空气＝1)：3.94	溶解性：不溶于水；溶于乙醚；与乙醇、丙酮、苯混溶；与苯、石油醚、汽油混溶；微溶于酒精

2. 用途与接触机会

用作石油工业中的溶剂，化学原料和重要的化学试剂。辛烷为高压缩发动机燃料提供了理想的混合值，达到一定的抗爆和燃烧性能。在制造聚合物时作为工业溶剂，漆类稀释剂和载体溶剂。也用于有机合成，色谱分析校准物质。

职业暴露正辛烷可能通过在生产或使用的工作场所吸入和皮肤接触，呼吸道吸入是辛烷暴露的主要途径。

3. 毒代动力学

目前还没有人类通过呼吸道吸收正辛烷蒸气的确切数据。根据对同系物碳氢化合物(正己烷和正庚烷)的研究，可以假定肺内滞留量约为20%。

体外经皮研究发现：正辛烷通过皮肤吸收不良，在脂肪组织中的亲和力较强。

辛烷通过细胞色素P450氧化酶系统代谢成羟基衍生物，但可能不会像短链烯烃那样广泛地发生。形成的1-辛醇与葡萄糖醛酸结合或进一步氧化成辛酸。正辛烷的代谢发生在末端碳原子上以产生1-辛醇，后者是大鼠肝微粒体中的主要生物转化产物。似乎正辛烷的ω-1羟基化不像广泛地发生在短链烷烃(例如正庚烷和正己烷)上。所形成的1-辛醇进一步与葡萄糖醛酸共轭或经历进一步氧化成辛酸(辛酸)。目前研究未发现正辛烷染毒可导致肾脏损伤。

4. 毒性与中毒机理

本品大鼠吸入的LC_{50}为118 g/(m^3·4 h)。另一研究，研究人员调查了吸入急性水平的正辛烷的毒性作用。在一个急性吸入试验中，大鼠于含0、2.34、11.68和23.36毫克/升/次的正辛烷暴露4 h(N＝5只/组/性别)，确定正辛烷的急性吸入毒性的LC_{50}超过23.36 mg/L。急性毒性正辛烷经口毒性比其低碳同系物高。如吸入肺，可由于心跳停止、呼吸麻痹和窒息而迅速死亡。麻醉强度与庚烷相似，但不产生中枢神经系统损害。小鼠2 h吸入致死浓度，正辛烷为80 g/m^3，异辛烷为50 g/m^3，异辛烷毒性略大于正辛烷。吸入正辛烷30～60 g/m^3(30～90 min)使小鼠麻醉，经口0.2 ml几秒钟发生惊厥、呼吸麻痹或心脏停搏而死亡。尸检见肺泡及肺间质出血和水肿。嗅阈为2.335 g/m^3。

健康危害GHS分类为皮肤腐蚀/刺激，类别2；特异性靶器官系统毒性——一次接触，类别3(麻醉效应)；吸入危害，类别1。

正辛烷浓度达每立方米数克，4个月连续接触后，大鼠甲状腺和肾上腺皮质功能发生可逆性减退。

5. 人体健康危害

本品可造成轻微眼和呼吸道的刺激。反复或长时间接触液体可能引起脱脂，导致皮肤干燥，龟裂和刺激。液体辛烷应用于前臂1 h和大腿5 h引起红斑，充血，炎症和色素沉着。人类志愿者也反应在使用部位的皮肤上有灼热和瘙痒的感觉。5 h的皮肤暴露明显引起一些水泡形成，并且与辛烷接触3 h后停止疼痛。人皮肤暴露于未稀释的辛烷5 h导致起泡形成，但没有麻醉；暴露1 h引起弥漫性烧灼感。

吸入液体可能引起化学性肺炎。吞咽及进入呼吸道可能致命。直接吸入C6-16碳链烷烃的肺部可能引起化学性肺炎，肺水肿和出血。

可能造成昏昏欲睡或眩晕。暴露于辛烷有眩晕、头痛和麻醉的表现。可能有惊厥表明脑刺激或呼吸暂停缺氧。

急性暴露于辛烷也可能导致急性癫痫样发作。致命病例组织的病理检查发现广泛的微出血现象。辛烷并未显示出引起与正己烷相关的周围神经病变的类型。辛烷的健康效应应与正庚烷的健康效应相似，只是正辛烷的毒性大约是其毒性的1.22倍。辛烷对人体的CNS抑制浓度为50 991 mg/m^3，而另一研究估计CNS抑制浓度为40 793 mg/m^3，致死浓度为68 838 mg/m^3。

6. 风险评估

我国职业接触限值规定：PC-TWA为500 mg/

m³。美国 NOISH 推荐本品的接触限值(REL)为 8 h-TWA 350 mg/m³, MAC 为 1 800 mg/m³。OSHA 规定 TWA 为 2 350 mg/m³。

本品对水生生物毒性极大并具有长期持续影响,其环境危害 GHS 分类为:危害水生环境—急性危害,类别 1;危害水生环境—长期危害,类别 1。

异 辛 烷

1. 理化性质

CAS 号: 540-84-1	外观与性状: 无色透明易挥发液体,有汽油味
熔点/凝固点(℃): −107.4	临界压力(MPa): 2.57
沸点(℃): 99.2	引燃温度(℃): 417
闪点(℃): 4.5(开杯)	爆炸下限[%(V/V)]: 1.1
爆炸上限[%(V/V)]: 6	易燃性: 易燃
饱和蒸气压(kPa): 5.1 (20℃)	*n*-辛醇/水分配系数: 4.09
密度(g/cm³): 0.69	溶解性: 不溶于水;溶于苯、甲苯、二甲苯、氯仿、醚、二硫化碳、四氯化碳、DMF
相对蒸气密度(空气=1): 3.93	

2. 用途与接触机会

本品用于测定燃料油的辛烷值;用于检测的标准物质;作为溶剂和稀释剂。有机合成。

3. 毒性

本品小鼠 2 h 吸入致死浓度 LD_{50}: 50 g/m³,正辛烷为 80 g/m³,异辛烷毒性大于正辛烷。吸入异辛烷 20～30 g/m³,2 h,40%小鼠死亡。兔在 1～2 g/m³浓度下,屈肌反射和中枢神经系统有功能性改变。其健康危害 GHS 分类为皮肤腐蚀/刺激,类别 2;特异性靶器官系统毒性——一次接触,类别 3;吸入危害,类别 1。

4. 人体健康危害

人接触异辛烷 1 g/m³,5 min 后有眼和呼吸道黏膜刺激症状。异辛烷无烷烃的麻醉作用,而具有明显的致痉挛作用。长时间接触后,可能引起皮肤干燥,皮肤疼痛,烧灼和瘙痒。高浓度接触可能造成昏昏欲睡或眩晕的中枢神经系统症状。吸入液体可能引起化学性肺炎。吞咽及进入呼吸道可能致命。

5. 风险评估

芬兰作业场所接触限值推荐规定: 8 h-TWA 为 1 400 mg/m³,STEL 为 1 800 mg/m³。本品对水生生物毒性极大并具有长期持续影响,其 GHS 分类为:危害水生环境—急性危害,类别 1;危害水生环境—长期危害,类别 1。

正 壬 烷

1. 理化性质

CAS 号: 111-84-2	外观与性状: 无色透明不易挥发液体
熔点/凝固点(℃): −51	临界温度(℃): 321
沸点(℃): 150.8	临界压力(MPa): 2.28
闪点(℃): 31(闭杯)	自燃温度(℃): 205
爆炸上限[%(V/V)]: 2.9	爆炸下限[%(V/V)]: 0.8
燃烧热(kJ/mol): −6 125.2	易燃性: 易燃
密度(g/cm³): 0.72	*n*-辛醇/水分配系数: 5.46
饱和蒸气压(kPa): 0.42 (20℃)	溶解性: 不溶于水;极易溶于乙醇和乙醚;与丙酮、苯、氯仿、过氧化氢混溶
相对蒸气密度(空气=1): 4.41	

2. 用途与接触机会

用于色谱分析的标准物质;溶剂、有机合成等;为汽油的重要成分。

通过吸入和皮肤接触可发生职业性暴露。普通人群接触正壬烷最可能的途径是吸入,因为该物质可从汽油和其他石油产品中释放出来,也可能通过摄入食物和饮用水而暴露。

3. 毒代动力学

3.1 吸收、分布及清除

吸入是壬烷进入体循环的主要途径。壬烷的皮肤生物利用度预计很低。脂肪组织、肝脏和大脑似乎对长链烷烃如壬烷具有最大的亲和力。动物实验表明,该化合物一旦被吸收,最初主要分布在脑组织中。此外，它在脂肪组织和肝脏中也有很高的含量。在大鼠长时间高剂量暴露后，脂肪组织中脂肪的积累持续进展，此时脂肪组织中脂肪的浓度最高。即使在暴露 3 w 后，仍未达到稳定状态。停止接触后，血液和大脑中的浓度迅速下降，但脂肪组织中的浓度下降缓慢。由于脂肪组织释放缓慢，可重新分布到大脑，这可以解释神经递质浓度受到的长期影响。

3.2 代谢机制及代谢产物

研究证实，壬烷可以被人肝微粒体（HLM）和许多细胞色素 P450（CYP）同工型代谢。根据对混合功能氧化酶系细胞色素 P450 的测定，壬烷在转化成酮之前，在大鼠体内更高效代谢为羟基衍生物。

通过饲喂成年雄性 Fischer 344 大鼠烃化物研究壬烷的尿的代谢产物，包括 γ-戊内酯、δ-己内酯、2,5-己二酮、δ-庚内酯、1-庚醇、2-壬醇、3-壬醇、4-壬醇、4-壬酮和 5-甲基-2-(3-氧代丁基)呋喃。代谢产生大量的一元醇和内酯，一元醇和内酯是羟基羧酸取代产物。高压液相色谱法（HPLC）可检测正壬烷给药的大鼠尿液中的二羧酸丙二酸和戊二酸含量。

4. 毒性

小鼠静脉注射 LD_{50}：218 mg/kg；大鼠吸入 LC_{50}：17 000 mg/(m^3 · 4 h)。大鼠吸入试验，NOAEL 和 MEL 分别为为 1.9 及 3.2 g/m^3，6 h/d，5 d/w；8.1 g/m^3引起轻度震颤，共济失调和眼刺激。在动物实验中，大于 13 125 mg/m^3 的吸入可导致不可逆的中枢神经系统影响。大鼠经皮 300 μl/4d，开放式试验，造成中度皮肤刺激。

大鼠经口 TDL_0：90 g/kg，间歇性 90 d，造成肾上腺、卵巢重量改变。大鼠吸入 TDL_0：8 400 mg/m^3，6 h，间歇性吸入 13 w，造成唾液腺功能改变，体重降低。大鼠吸入 65 d(6 h/d，4 d/w)，无作用水平为 3.2 g/m^3，慢性吸入壬烷蒸气可引起中性粒细胞改变，未发现肺损害。

5. 人体健康危害

密集接触可刺激皮肤、眼、呼吸道，吞咽并进入呼吸道可能致命。低浓度吸入可导致头痛、头晕，高浓度吸入可导致昏昏欲睡等中枢神经系统影响。重复暴露可能导致皮肤干燥或龟裂。

6. 风险评估

我国职业接触限值规定：PC－TWA 为 500 mg/m^3。美国 NOISH 规定推荐接触限值（REL）为 8 h－TWA 为 1 050 mg/m^3。

本品对水生生物毒性极大并具有长期持续影响，其环境危害 GHS 分类为：危害水生环境—急性危害，类别 1；危害水生环境—长期危害，类别 1。

正 癸 烷

1. 理化性质

CAS 号：124－18－5	外观与性状：无色液体，汽油味
熔点/凝固点(℃)：－29.7	临界温度(℃)：344.6
沸点(℃)：174.2	临界压力(MPa)：2.11
闪点(℃)：46.0(闭杯)	自燃温度(℃)：210
爆炸上限[%(V/V)]：5.4	燃烧热(kJ/mol)：－6 778.29
饱和蒸气压(kPa)：0.17 (25℃)	爆炸下限[%(V/V)]：0.8
密度(g/cm^3)：0.725 5	易燃性：易燃
相对蒸气密度(空气＝1)：4.90	气味阈值(mg/m^3)：11
n－辛醇/水分配系数：5.01	溶解性：不溶于水；与乙醇混溶；溶于乙醚；微溶于四氯化碳

2. 用途与接触机会

可用于有机合成，溶剂，标准化碳氢化合物，喷气燃料研究。航空发动机燃料油的主要组分之一。

职业暴露于正癸烷可能通过在生产或使用癸烷的工作场所吸入和皮肤接触这种化合物而发生。监测数据表明，一般人群可能通过吸入环境空气，摄入食物和饮用水以及与含有正癸烷的消费品皮肤接触而暴露于正癸烷。

3. 毒代动力学

3.1 吸收、分布及清除

吸入的癸烷很快地从血液分布到不同的器官和组织，特别是脂质含量高的组织。暴露于癸烷 635 mg/m^3，12 h/d，3 d 的大鼠脑中的癸烷浓度为

$60.2\ \mu mol/kg$。血液中的相应数字是 6.8 umol/kg，肝脏中是 45.9 umol/kg，肾脏是 77.7 umol/kg，脂肪是 1 230 umol/kg。在暴露结束 2 h 后，正癸烷浓度在血液中降至约 25%，在脑中降至约 50%。在暴露 3 w 期间，脂肪组织中正癸烷浓度仍在增加。说明正癸烷在脂肪组织中达到稳态浓度的时间超过 3 w。

3.2 代谢机制及代谢产物

正癸烷在肝脏中首先被羟基化，形成羟基衍生物。再经过细胞色素 P450 -微粒体氧化酶氧化形成正癸酮。

4. 毒性与中毒机理

小鼠吸入 LC_{50}：72.3 mg/(L·2 h)。估计其麻醉作用较己烷或辛烷略低。

猪经皮 1 200 μl/4 d，间歇性，造成轻度皮肤刺激。

大鼠吸入 3 430 mg/m^3，18 h，7 d/w，历时 57 d，对体重有明显影响，白细胞总数明显下降，但无骨髓或其他明显的病理改变。大鼠 30 昼夜连续吸入 500 mg/m^3，发现血中过氧化氢酶、胆碱酯酶、二羟基核糖核酸酶活性降低，巯基含量也降低，且随染毒时间而愈显著。连续吸入 90 昼夜的阈浓度为 50 mg/m^3。癸烷具有脂溶性，故吸入对肺有影响。

5. 人体健康危害

可能造成轻微的眼刺激和皮肤刺激，可引起皮肤脱脂。蒸气对呼吸道有刺激作用，高浓度吸入可引起中枢神经症状。

6. 风险评估

丹麦职业接触限值规定 8 h - TWA 为 250 mg/m^3，PC - STEL 500 mg/m^3。本品对水生生物毒性极大并具有长期持续影响，其环境危害 GHS 分类为：危害水生环境—急性危害，类别 1；危害水生环境—长期危害，类别 1。

十 二 碳 烷

1. 理化性质

CAS 号：112 - 40 - 3	外观与性状：无色液体，汽油味
闪点(℃)：71	临界温度(℃)：384.85

（续表）

熔点/凝固点(℃)：−9.6	临界压力(MPa)：1.82
沸点(℃)：216.3	引燃温度(℃)：200
相对密度(水=1)：0.748 7	溶解性：易溶于乙醇、乙醚、丙酮、氯仿和四氯化碳；不溶于水
相对蒸气密度(空气=1)：5.96	饱和蒸气压(kPa)：0.017

2. 用途与接触机会

用于有机合成。用作溶剂和气相色谱对比样品。为汽油的成分之一。

3. 毒代动力学

通过对啮齿类动物的动力学研究，发现短链同源物正壬烷、正癸烷和正十一烷被吸收后主要分布于脂质含量高的器官，包括大脑，在肝内转化为醇，进一步代谢后经尿排出。十二碳烷的的分布和消除也有类似的过程。

4. 毒性

兔经皮：50 ul/24 h，中等皮肤刺激；兔吸入 LC_{50}：>1 080 $mg/(m^3 \cdot 8\ h)$。造成皮肤损害，重复接触可能造成皮肤干燥或龟裂。大于 0.02% 阈剂量对某些致癌剂有增强作用。小鼠涂皮实验，50% 十二碳烷和 50% 十氢化萘的混合物为强致癌剂苯并芘提供了合适的载体。

5. 人体健康危害

吸入、摄入或经皮肤吸收后对身体有害。对呼吸道黏膜有轻度刺激性，高浓度吸入有麻醉作用。对眼和皮肤有轻度刺激作用。

十三烷和 C_{13} 以上同系物

1. 理化性质

十二烷烃及以上同系物主要的理化性质见表 11 - 1。

2. 用途

C_{13} 以上同系物主要用于气相色谱分析标准，有机合成，溶剂。

表 11-1　十二烷烃及以上同系物主要的理化性质

化合物	沸点（℃）	密度（g/cm³）（20/4℃）	分子式	闪点（℃）	熔点（℃）	分子量	溶解度*（w/al/et）	蒸气相对密度**（空气=1）	饱和蒸气压（kPa）（℃）
十二烷	216.278	0.748 7	$C_{12}H_{26}$	73.89	−9.55	170.337	i/v/v	5.96	0.133(47.8)
十三烷	235.44	0.756 4	$C_{13}H_{28}$	79.44	−5.39	184.362	i/v/v		0.133(59.4)
十四烷	253.57	0.762 8	$C_{14}H_{30}$	100	5.86	198.392	i/v/v	6.83	0.133(76.4)
十五烷	270.63	0.768 5	$C_{15}H_{32}$		9.93	212.418	i/v/v		0.133(91.6)
十六烷	286.793	0.773 4	$C_{16}H_{34}$	135	18.17	226.444	i/d/v	7.8	0.133(105.3)
十七烷	301.82	0.778 0	$C_{17}H_{36}$	148.89	21.98	240.471	i/d/v		0.133(115)
十八烷	316.12	0.781 9	$C_{18}H_{38}$	165.56	28.18	254.498	i/d/v		0.133(119)
十九烷	329.7	0.785 5	$C_{19}H_{40}$	168.33	32.1	268.525	i/d/s		0.133(133.2)
姥鲛烷	296.0	0.782 7	$C_{19}H_{40}$			268.525	i/-/s		
二十烷	342.7	0.798 7	$C_{20}H_{42}$	182.22	36.8	282.552	i/-/s		

* 在三种溶液中的溶解度，w/al/et=水/乙醇/乙醚；v=易溶；s=可溶；d=微溶；i=不溶。
** 在 101.3 kPa(100 kPa)，25℃。

3. 毒性和人体危害

C_{13}—C_{16}以上同系物化学性质相似，对眼、皮肤和呼吸道黏膜有轻度刺激作用。吸入危害Ⅰ级(GHS)，在动物实验中发现与强致癌剂苯并芘联合运用可能促进癌症的发生。C_{16}以上对呼吸系统刺激性降低以至无危害。

4. 环境危害

对环境有危害，对水体可能造成污染。

不饱和脂肪烃类

不饱和脂肪烃可分为：烯烃类，分子通式 C_nH_{2n}；二烯烃类，分子通式 C_nH_{2n-2}；炔烃类，分子通式 C_nH_{2n-3}。和二炔烃类，分子通式 C_nH_{2n-6}。

1. 理化性质

本类物质物理性质与烷烃相似，但沸点比相应的烷烃低，密度和水中溶解度大于相应烷烃(见表 11-2)。

表 11-2　不饱和脂肪烃主要的理化性质

化合物	沸点（℃）	相对密度（水=1）（20/4℃）	分子式	爆炸极限（%）下限—上限	闪点[℃(℉)]	熔点[℃(℉)]	分子量	溶解度a（w/al/et）	蒸气密度（空气=1）	饱和蒸气压（kPa）
乙　烯	−103.71	0.567 4	C_2H_4	2.7—36	−136.11(−213)	−169.15(−272.47)	28.054	i/d/s	0.987	5.33(1.5℃)
丙　烯	−47.4	0.513 9	C_3H_6	2.0—11.0	−108(−102)	−185.25(−301.45)	42.08	i/v/a	1.46	1.33(19.8℃)
1-丁烯	−6.26	0.596 1	C_4H_8	1.6—10	−112(−170)	−185.35(−301.65)	56.11	i/v/v	1.93	463.88(21℃)
2-顺丁烯	3.72	0.021 3	C_4H_8	1.7—9.0	−73.3(−100)	−138.81(−218.0)	56.11	i/v/v	1.9	101.31(3.7℃)
2-反丁烯	0.88	0.604 2	C_4H_8	1.8—9.7	−73.3(−100)	−105.550	56.11		1.9	101.31(0.9℃)
异丁烯	−6.90	0.594 2	C_4H_8	1.8—9.6	−76.11(−112)	−140.3(−220.54)	56.11	i/v/v	2.01	53.32(21.6℃)
戊　烯	29.97	0.640 5	C_5H_{10}	1.5—8.7	−51.11(−60)	−166.22(−263.39)	70.134	i/v/v	2.42	53.32(12.8℃)
1-顺戊烯	36.94	0.655 6	C_5H_{10}			−151.39(−240.50)	70.134	i/v/v	2.4	

（续表）

化合物	沸点(℃)	相对密度(水=1)(20/4℃)	分子式	爆炸极限(%)下限—上限	闪点[℃(℉)]	熔点[℃(℉)]	分子量	溶解度(w/al/et)	蒸气密度(空气=1)	饱和蒸气压(kPa)
2-反戊烯	36.35	0.648 2	C_5H_{10}			−140.244(−220.43)	70.134	i/v/v	2.4	
1-己烯	63.485	0.673 2	C_5H_{12}	1.2—6.9	−26.11(−15)	−139.82(−219.69)	84.161	i/a/s	3.0	41.32(35℃)
2-顺己烯	68.84	0.686 9	C_6H_{12}		−20.6(−5)	−141.13(−222.04)	84.161	i/a/s	2.9	
2-反己烯	67.87	0.678 4	C_6H_{12}		−17.8(0)	−132.97(−207.35)	84.161	i/s/s	3.0	
2-异己烯	67.29	0.688 3	C_6H_{12}			−135.07(−211.13)	84.161	i/s/—		
1-庚烯	93.64	0.693 0	C_7H_{14}		−3.89(25)	−119.03(−182.15)	98.188	i/s/s	3.39	13.5(21.1℃)
2-顺庚烯	97.95	0.701 2	C_7H_{14}		−2.2(28)	−109.48(−165.5)	98.188	i/s/s	3.34	
3-反庚烯	95.67	0.698 1	C_7H_{14}		−6.1(21)	−136.63(−213.93)	98.188	i/s/s	3.38	
辛　烯	121.28	0.714 9	C_8H_{16}		21.11(70)	−101.74	112.21	i/v/s	3.9	4.8(36℃)
壬　烯	146.67		C_9H_{18}		26(78)	−81.11	126.24		4.35	1.6(38℃)
癸　烯	170.50	0.740 8	$C_{10}H_{20}$		48.89(118.89)	−66.3	140.288	i/v/v	4.84	0.133(95.7℃)
十二烯	213.4	0.758 4	$C_{12}H_{21}$		<100(212)	−35.23	168.312	i/s/s	5.81	0.133(47.2℃)
十六烯	284.4	0.781 1	$C_{16}H_{32}$			4.1	224.429	i/s/s		
十八烯	179 (15 mmHg)	0.789 1	$C_{18}H_{36}$		>100(>212)	17.5	252.482	i/—/—	0.71	1.3
丙二烯	−34.5	1.787	C_3H_4	2.1—13.0	−136.6(−213.8)		40.064 6	i/d/v	1.40	101.31(33℃)
1,2-丁二烯	10.85	0.652	C_4H_6	2—12	(−105)	−136.90	54.091 4	i/v/v	1.9	18.5
1,3-丁二烯	−4.413	0.621 1	C_4H_6	2.0—11.5	(−105)	−108.92	54.091 4	i/s/s	1.87	245.3(21℃)
异戊二烯	34.07	0.681 0	C_5H_8	1.5—8.9	−54(−65)	−145.94	68.118	i/v/v	2.35	0.27(15.3℃)
1,3-己二烯	73.0	0.705 0	C_6H_{10}	−2.0—6.1	−21(−6)		82.145	i/s/s	~2.8	
1,5-己二烯	59.5	0.692 3	C_6H_{10}	−2.0—6.1	−21(−6)	−140.68	82.145	i/s/s	~2.8	
1,4-庚二烯	93	0.727 0	C_7H_{12}				96.172	i/—/s		
1,7-辛二烯			C_8H_{14}				110.199			
角鲨烯	280	0.858 4	$C_{30}H_{50}$			<−20	410.725	i/d/s		
番茄红素			$C_{40}H_{56}$			175	536.882	i/d/s		
α-叶红素		1.00	$C_{40}H_{56}$			188	536.882	i/d/s		
乙　炔	−84.00	0.620 8	C_2H_2	2.5—100		−81.0	26.038	d/d/—	0.919	5.3(16.8℃)
丙　炔	−23.22	0.706 2	C_3H_4	2.4—11.7		−102—7	40.065	d/v/—	1.38	516.7(20℃)
1-丁炔	8.07	0.650	C_4H_6		−28.9(>−20)	−125.72	54.091	i/s/s		101.31(2.4℃)
2-丁炔	27.0	0.691 0	C_4H_6	1.4(下限)	>−20	−32.26	54.091	i/s/s	1.91	101.31(8.7℃)
戊　炔	40.18	0.690 1	C_5H_8			−105.7	68.118	i/v/v		
异戊炔	26.35	0.666	C_5H_8			−89.7	68.11	i/v/v		
癸　炔	174.10	0.765 5	$C_{10}H_{18}$			−44.0	138.252	i/s/s		
丁二炔	10.3	0.736 4	C_4H_2				50.057	i/s/v		
1,6-庚二炔	112.0	0.816 4	C_7H_8			−85.0	92.140	i/—/—		

w/al/et=水/乙醇/乙醚，v=易溶，s=可溶，d=微溶，i=不溶

各种不饱和烃的沸点和熔点依次增加，二炔烃<炔烃<二烯烃<烯烃；密度和溶解度依次降低，二炔烃>炔烃>二烯烃>烯烃。

本类物质化学性质活泼，易与氧、卤族元素和酸等起反应。易氧化，在弱氧化剂存在下烯烃可形成醇或多元醇；在强氧化剂存在下不饱和双键断裂形成酸或醛或酮。在一定条件下可以聚合以及与其他烃共聚。与空气混合，在一定浓度下可发生爆炸。

2. 用途与接触机会

是有机合成，尤其是合成塑料、合成橡胶和合成纤维的主要单体或原料。乙炔还用于气焊。

3. 毒代动力学

本类物质进入人体后，分布到所有组织，浓度以脂肪含量高的组织最高，脑内以白质多的部位较多，延脑高于小脑和大脑皮质。本类物质在体内几乎不变化，以原形排出体外。

4. 毒性

低碳不饱和烃(C_{2-4})是单纯窒息性和弱麻醉性的气体。随着碳原子数增加，其麻醉作用相应增强(见表11-3)。

表 11-3 低碳不饱和烃(C_{2-4})麻醉作用表

化合物	侧倒		死亡	
	(%)	(g/m³)	(%)	(g/m³)
乙　烯	80～90	104～350		
丙　烯	40～50	690～860	70～80	1 200～1 400
丁　烯	20	350～460	35～40	600～915
1,3-丁二烯	9～14	200～300	25*	203
异戊二烯		100		150
己　烯				130～150
庚　烯		60		
乙　炔	60～80	640～850		

* 免吸入 23 min

对粘胶刺激及心脏的毒性影响亦增加，虽然丙烯三聚物及较高分子量的衍生物在室温下不会大量挥发形成蒸气危害。其麻醉强度弱于相同碳数的烷烃，但由于不饱和烃水溶性大于相同碳数的烷烃，所以当吸入不饱和烃时，其实际麻醉作用大于相同碳数的烷烃。加入甲基，麻醉作用也随之增强。中碳不饱和烃，除麻醉作用外，尚有痉挛作用和轻度呼吸道与眼黏膜的刺激作用。侧链降低 C_3 烯烃类的毒性，对 C_4 及 C_5 烯烃类的影响不明显，而增加 C_6—C_{18} 烯烃类的毒性。烯烃类不具有神经毒性。动物反复接触高浓度的低碳烯烃引起肝损害及骨髓增生，但对人未报道有相似影响。α-烯烃比β异构体的活性及毒性大。烯烃与烷烃相似，其液态能吸入大鼠的肺，由于化学性肺炎而死亡。二烯烃作用略强于烯烃和烷烃，炔烃和二烯烃的作用相似。无急性局部毒性。低碳品种为麻醉剂，对皮肤实际无刺激，很高浓度引起肺部刺激及肺水肿。

4.1 急性毒作用

急性毒性小鼠吸入高浓度本类物质后，由于对神经系统的抑制作用，发生呼吸麻痹或心脏停搏或单纯性窒息作用。熔点较高的和不易挥发的液态本类物质，如直接吸入液体多引起肺水肿、肺出血、化学性肺炎，有的品种可引起抽搐。吸入非致死浓度时有呼吸道黏膜刺激症状，共济失调等。动物吸入不饱和烃混合气体 400～500 g/m³ 发生深度麻醉，110～126 g/m³ 发生浅麻醉，50～65 g/m³ 发生条件反射的改变。

5. 人体健康危害

人吸入本类物质混合气体(主要为 C_2—C_4)时出现头痛、头晕、酩酊感、嗜睡或兴奋等症状。短时间意识丧失者，醒后有头痛和其他不适，一般 1～3 d 后可恢复。

慢性毒性主要是神经和心血管系统的改变，内脏实质性器官病变不明显。常见的临床表现有神经衰弱综合征、植物神经功能障碍和血管神经症，如头痛、头晕、睡眠不佳、乏力、震颤、精神萎靡或兴奋、脉速、多汗、皮肤划痕症，血压和皮肤温度不对称，肢端发绀或苍白，肢端疼痛、蚁走感和感觉减退；可有骨硬化和骨质疏松，以指趾骨末端为多见，骨硬化比疏松多见，上述病变在脱离接触后大多可恢复。此外尚有慢性呼吸道刺激症状，如鼻、咽和支气管刺激症状，嗅觉减退、发音嘶哑等。皮肤损害与烷烃相似，但比烷烃轻。

曾有报道本类物质对造血功能有刺激作用和引

起轻度贫血等血液系统的改变，以及肝脂肪浸润，多发性神经病等。

乙　　烯

1. 理化性质

CAS 号：74－85－1	外观与性状：无色气体，淡甜味
熔点/凝固点(℃)：－169.4	临界温度(℃)：9.6
沸点、初沸点和沸程(℃)：－104	临界压力(MPa)：5.07
闪点(℃)：－135	自燃温度(℃)：450
爆炸上限[%(V/V)]：32	爆炸下限[%(V/V)]：3.1
燃烧热(kJ/mol)：－1 411.2	*n*－辛醇/水分配系数：1.13
饱和蒸气压(kPa)：4 083.4(0℃)	易燃性：易燃
相对蒸气密度(空气＝1)：0.978	溶解性：不溶于水；微溶于乙醇；溶于乙醚、丙酮、苯

2. 用途与接触机会

乙烯是石油化工基本原料之一，应用非常广泛。在合成材料方面，大量用于生产聚乙烯、氯乙烯及聚氯乙烯，乙苯、苯乙烯及聚苯乙烯，以及乙丙橡胶等。在有机合成方面，广泛用于合成乙醇、环氧乙烷及乙二醇、乙醛、乙酸、丙醛、丙酸及其衍生物多种基本有机合成原料；经卤化可制氯代乙烯、氯代乙烷、溴代乙烷；经齐聚可制 α-烯烃，进而生产高级醇、烷基苯等，为发展合成树脂、合成纤维、合成橡胶、基本有机合成原料以及精细化学品，如农药、医药、染料、涂料、助剂、表面活性剂、香料以及离子交换树脂等，提供丰富的基本化工原料。

农业上用作果实催熟剂，但乙烯也可以加快叶绿素的分解，使水果和蔬菜转黄，促进果蔬的衰老和品质下降。因此，用乙烯作果实催熟剂，必须是在果实成熟之前，而且处理浓度及时间要恰当。为了减缓果蔬采后的成熟和衰老，还需控制贮藏环境中果实产生的乙烯量。

3. 毒代动力学

乙烯在工业生产条件下，主要从呼吸道侵入机体，并经肺泡扩散后，极小部分溶解于血液中。在温度 37.5℃时，溶解度为 0.140；而肺泡内乙烯与血液内乙烯的分布比例是 1.2∶1，溶解于血液内的乙烯约有 70%～80%分布在红细胞内，血浆内仅占 20%～30%。由于组织中乙烯的含量很小，因而迅速引起麻醉，苏醒也很快。乙烯物理性溶解于血液，很难被机体内存在的酶分解。所以，吸收后乙烯的极大部分通过肺泡随呼气排出。如停止麻醉 2 min 后，即在血液内消失。只有在极高浓度(80%～90%)时，乙烯在血液内消失后，在组织中还能存在数小时。乙烯特定的烷基化产物(红细胞中羟乙基缬氨酸)可作为生物监测标志物。

4. 毒性与中毒机理

本品小鼠吸入 LC_{50}：120 mg/(m^3·2 h)。具有较强的麻醉作用。各种动物对乙烯的敏感性基本一致。乙烯与氧混合后，对小鼠、大鼠、兔、猫和狗的麻醉浓度均为 80%～90%(容量)，动物苏醒后未发现实质性脏器的明显损害。健康危害 GHS 分类为特异性靶器官毒性——一次接触，类别 3(麻醉作用)。

长期吸入一定浓度的乙烯，只引起动物实质性脏器的轻微损害。大鼠吸入 1%(11.5 g/m^3)的浓度，历时 1 年，生长发育与对照组无差别。大鼠接触 3 mg/(m^3·d)，历时 90 d，出现低血压，胆碱脂酶活性抑制，无血液学改变。

IARC 致癌性分类为 III 类，无法判断为人体致癌性；ACGIH 将之列为 A4，无法判断为人体致癌性。

目前，全身麻醉药被认为通过使神经细胞膜中的脂质(临界体积假说)流体化而起作用，这干扰了膜的正常生理功能。

5. 人体健康危害

乙烯气体对皮肤无刺激性，但皮肤接触液态乙烯能发生冻伤。人接触 37.5%乙烯，15 min 可引起明显记忆障碍；含 50%乙烯的空气，使含氧全降至 10%，引起人意识丧失，含氧 8%时可因窒息迅速死亡。乙烯为 25%～45%时，有痛觉消失现象，而意识未受影响。

长期接触乙烯的工人，常有头晕、全身不适、乏力、注意力不集中，个别人有胃肠道功能紊乱，体征无特殊发现。对长期接触低浓度乙烯者能否引起白细胞总数下降或肝功能异常尚无肯定结论。据报道，长期接触石油及其衍生物的人，发现血清 6-磷酸葡萄糖脱氢酶最早升高，其后血清葡萄糖磷酸异构酶和血清鸟氨酸甲酸氨基转移酶也随之升高，认为这些变化可能是石油裂解气对人体的慢性毒性作用。

6. 风险评估

美国 ACGIH 规定本品阈限值 TLV - TWA 为 250 mg/m^3。

丙　　烯

1. 理化性质

CAS 号：115 - 07 - 1	外观与性状：无色气体
熔点/凝固点(℃)：−185	临界温度(℃)：91.9
沸点(℃)：−48	临界压力(MPa)：4.62
闪点(℃)：−108	自燃温度(℃)：460
爆炸上限[%(V/V)]：10.3	爆炸下限[%(V/V)]：2.4
燃烧热(kJ/mgol)：−1 927.26	易燃性：易燃
饱和蒸气压(kPa)：1 158 (25℃)	气味阈值(mg/m^3)：39.6～116.27
相对蒸气密度(空气=1)：1.5	*n* - 辛醇/水分配系数：1.77
溶解性：微溶于水；溶于乙醇、乙醚。	

2. 用途与接触机会

在生产或使用丙烯的工作场所可能发生丙烯吸入的职业暴露。丙烯是石油化工基本原料之一。可用以生产多种重要有机化工原料，如丙烯腈、环氧丙烷、异丙苯、环氧氯烷、异丙醇、丙三醇、丙酮、丁醇、辛醇、丙烯醛、丙烯酸、丙烯醇、丙酮、甘油、聚丙烯等；在炼油工业上是制取叠合汽油的原料；还可以生成合成树脂、合成纤维、合成橡胶及多种精细化学品等。

3. 毒代动力学

在密闭暴露仓中研究雄性 Sprague - Dawley 大鼠和 CBA 小鼠吸入丙烯后的药代动力学，测量单剂量丙烯注入后的大气浓度—时间过程，发现大鼠体内的丙烯摄入量很低。大多数吸入肺部的丙烯被再次呼出，无法进入血液循环系统。在稳定状态下，约 58% 的丙烯被代谢消除，42% 被作为原型呼出。

4. 毒性与中毒机理

本品大鼠吸入 LC_{50}：658 mg/L(4 h)。小鼠吸入 LC_{50}：680 mg/L(2 h)。健康危害 GHS 分类为特异性靶器官毒性-一次接触，类别 3(麻醉效应)。

吸入丙烯浓度为 40%～50%时，小鼠、大鼠、猫和狗均引起麻醉，其特点是麻醉作用的产生和消失都很迅速。丙烯对心血管系统的毒性较乙烯稍强，当浓度为 20～50%时，猫和狗均能引起室性早搏和心动过速。猫吸入 65%丙烯和 35%氧的混合气体时，引起血压降低。在浓度 70%～80%时，猫、狗都能因血压下降，心力衰竭，呼吸停止而迅速死亡。嗅觉阈为 17.3 mg/m^3，近 1 mg/m^3 时眼轻度敏感。

大鼠吸入浓度为 1%的丙烯，历时 1 年，其生长发育情况与对照组相同。小鼠在 58 d 内，用 35%的丙烯反复麻醉 20 次后，只引起肝脏轻微的脂肪浸润。而猫在 20 d 中受到 7 次丙烯麻醉后，仍保持正常食欲，体重未减轻，也未见到呼吸系统疾病和尿常规检查的变化。IARC 致癌性分类为 3 类。

5. 人体健康危害

人接触 6.4%浓度时，历时 2.25 min，有感觉异常、注意力不集中，记忆无损害；12.8%，1 min 同样的症状较明显；24%～33%，3 min，意识丧失。两名受试者在实验期间或之后接触了 35%和 40%的丙烯，其中一人陈述有严重的眩晕。暴露于 40%，50%和 75%的浓度几分钟会引起眼睑变红，面部潮红，流泪，咳嗽，有时还会腿部弯曲。没有记录呼吸或脉率或心电图的变化。50%的浓度 2 min 促使麻醉，随后完全康复，没有任何生理不适症状。

丙烯通常以液体形式处理，当与皮肤或眼睛接触时会导致冻伤。大量吸入可能导致血压降低和心律紊乱。

6. 风险评估

美国 ACGIH 规定本品阈限值 TLV - TWA 为 939 mg/m^3。

丁　　烯

1. 理化性质

CAS 号：106－98－9	外观与性状：无色气体，微弱芳香气味
熔点/凝固点(℃)：－185.3	临界温度(℃)：146.6
沸点、初沸点和沸程(℃)：－6.47	临界压力(MPa)：4.023
闪点(℃)：－80	自燃温度(℃)：385
爆炸上限[%(V/V)]：9.3	爆炸下限[%(V/V)]：1.6
燃烧热(kJ/mol)：－2 719.1	易燃性：高度易燃
饱和蒸气压(kPa)：299.3(25℃)	n－辛醇/水分配系数：2.40
密度(g/cm^3)：0.595 1(20/4℃)	溶解性：不溶于水；微溶于苯；易溶于乙醇、乙醚。
相对密度(水＝1)：0.577(25℃)	相对蒸气密度(空气＝1)：1.93

2. 用途与接触机会

丁烯是落叶混交林自然产生的植物排放物，也存在于大豆、油菜、花生、菜籽油加热过程中挥发性有机组分中。石油、汽油催化或热裂解后排出的废气中也含有丁烯。普通人群可能通过吸入周围空气、摄入某些食用油和使用含有丁烯的汽油产品而暴露于本品。

丁烯为重要的基础化工原料之一。1－丁烯是合成仲丁醇、脱氢制丁二烯的原料；顺、反 2－丁烯用于合成 C4、C5 衍生物及制取交联剂、叠合汽油等；异丁烯是制造丁基橡胶、聚异丁烯橡胶的原料，与甲醛反应生成异戊二烯，可制成不同分子量的聚异丁烯聚合物以用作润滑油添加剂、树脂等，水合制叔丁醇，氧化制有机玻璃的单体甲基丙烯酸甲酯。此外异丁烯还是抗氧剂叔丁基对甲酚和环氧树脂及有机合成原料。在生产或使用 1－丁烯的工作场所，可能通过吸入和皮肤接触而发生职业暴露。

3. 毒性

本品小鼠吸入 LC_{50}：420 000 mg/(m^3 · 2 h)；小鼠吸入 TCL_0：56.9 mg/(m^3 · 10 M)。

丁烯浓度在易燃范围为麻醉剂，麻醉作用比乙烯强 5 倍。小鼠在 2 h 内吸入丁烯，绝对麻醉浓度为 350 g/m^3，绝对致死浓度为 600 g/m^3，LC_{50} 为 420 g/m^3。浓度 40 g/m^3 时，兔屈肌反射受抑制。小鼠吸入 15% 浓度时出现共济失调、骚动及过度兴奋，作用可逆；吸入 20% 浓度时，在 2～15 min 内深度麻醉，2 h 后呼吸衰竭；吸入 40% 浓度 30s 时出现深度麻醉，无其他中枢神经系统症状，但 10～15 min 死亡。小鼠吸入 6%本品，20 次，处死后尸检见支气管、骨髓等呈刺激性病变。大鼠吸入 100 mg/m^3，140 d(连续)，血胆碱酯酶活性下降，白细胞总数减少。

4. 人体健康危害

人体在密闭空间内吸入丁烯，可引起麻醉作用，失去知觉。高浓度下引起窒息。眼及皮肤直接接触液态丁烯可引起灼伤及冻伤。

人接触丁烯 25 g/cm^3，5 min 出现上呼吸道刺激症状。接触浓度为 805～989 mg/m^3(92.9%为 2－丁烯的不饱和烃混合气体)2 h 出现黏膜刺激症状、嗜睡、血压稍升高，有时有脉速等。高浓度可造成昏迷。

长期接触以丁烯为主的混合气体的工人，有头晕、头痛、嗜睡或失眠、易兴奋、易疲倦、全身乏力和记忆减退等症状，有时有黏膜慢性刺激症状。

5. 风险评估

我国制定了丁烯各异构体混合物的职业接触限值，TWA 为 100 mg/m^3。美国 ACGIH 规定本品 TLV－TWA 为 626 mg/m^3。比利时和加拿大规定丁烯的 PC－TWA 为 626 mg/m^3。

2－乙基－1－丁烯

1. 理化性质

CAS 号：760－21－4	外观与性状：无色液体
熔点/凝固点(℃)：－131.5	易燃性：易燃
沸点、初沸点和沸程(℃)：64	密度(kg/m^3)：687(20℃)
闪点(℃)：－26.11	饱和蒸气压(kPa)：25.8(25℃)
燃烧热(kJ/mol)：－3 988.94	

2. 毒性

过敏性反应：可引起皮肤刺激或过敏。

4-苯基-1-丁烯

1. 理化性质

CAS号：768-56-9	外观与性状：无色液体
熔点/凝固点(℃)：-70	沸点、初沸点和沸程(℃)：175～177
密度(kg/m^3)：880(20℃)	闪点(℃)：60

2. 用途与接触机会

用作医药中间体，是福新普利钠中间体。

3. 毒性

本品大鼠经口 TDL_0：10 ml/kg。其健康危害GHS分类为：皮肤腐蚀/刺激，类别2。

4. 风险评估

本品对水生生物有毒并具有长期持续影响，其环境危害GHS分类为：危害水生环境—急性危害，类别2；危害水生环境—长期危害，类别2。

1-戊烯

1. 理化性质

CAS号：109-67-1	外观与性状：无色液体，有恶臭
熔点/凝固点(℃)：-165.2	临界温度(℃)：201
沸点、初沸点和沸程(℃)：29.9～30.1	临界压力(MPa)：3.56
闪点(℃)：-18	自燃温度(℃)：275
爆炸上限[%(V/V)]：8.7	爆炸下限[%(V/V)]：1.4
燃烧热(kJ/mol)：-3 347.2	易燃性：易燃液体
饱和蒸气压(kPa)：70.7(20℃)	n-辛醇/水分配系数：2.66
相对蒸气密度(空气=1)：2.42	溶解性：不溶于水；可溶于乙醇、乙醚；混溶于苯
相对密度(水=1)：0.64	

2. 用途与接触机会

普通人群可通过吸入汽油或柴油来暴露1-戊烯，特别是在加油站加油的时候，以及摄入含有1-戊烯的食物。

工业上，本品用于有机物合成和制取异戊二烯，用作高辛烷值汽油的添加剂，农药制剂。在涉及1-戊烯或含有1-戊烯的燃料产生或使用工作场所，可通过吸入和皮肤接触发生职业性暴露。

3. 毒性

本品大鼠吸入 LC_{50}：175 000 mg/m^3(4 h)。小鼠吸入 LC_{50}：180 g/m^3(2 h)。健康危害GHS分类为特异性靶器官毒性——次接触，类别3(麻醉效应)；吸入危害，类别1。

动物实验出现呼吸及心脏抑制。吸收的戊烯经代谢，在双键处氧化，以醇或其结合物的形式排出。嗅觉阈为0.54～6.6 mg/m^3。大鼠昼夜吸入戊烯0.01 g/m^3，2.5个月，出现先兴奋继而抑制，条件反射障碍，血清胆碱酯酶活性降低，尿内卟啉增多，同时还见肺支气管炎、间质炎。

4. 人体健康危害

吸入或接触戊烯可能刺激或灼伤皮肤和眼睛，蒸气会引起眩晕或窒息。毒性似丁烯，麻醉作用比乙烯强15倍，麻醉前有较明显的早期兴奋。6%的浓度15～20 min引起麻醉。其活性及心脏毒性较低碳同系物大。

5. 风险评估

本品对水生生物有害，其环境危害GHS分类为：危害水生环境—慢性危害，类别3。

β-异戊烯

1. 理化性质

CAS号：513-35-9	外观与性状：无色易挥发液体，难闻气味
熔点/凝固点(℃)：-133.61	临界温度(℃)：197.8
沸点、初沸点和沸程(℃)：35～38	临界压力(MPa)：3.44
闪点(℃)：-45.6	自燃温度(℃)：365

（续表）

爆炸上限[%(V/V)]：8.7	爆炸下限[%(V/V)]：1.6
燃烧热(kJ/mol)：−3 355.69(气相) −3 328.62(液相)	易燃性：易燃
饱和蒸气压(kPa)：96.3(37.8℃)	n-辛醇/水分配系数：2.67
密度(kg/m³)：660(15/4℃)	相对蒸气密度(空气=1)：2.4
相对密度(水=1)：0.66	溶解性：不溶于水；溶于乙醇、乙醚等多数有机溶剂

2. 用途与接触机会

普通人群可能通过吸入含该物质的环境空气和含有戊烯的汽油产品而暴露于戊烯。

工业上，主要用于脱氢制取异戊二烯。也作为合成橡胶、树脂和有机合成的中间体。也用于提高汽油辛烷值的添加剂。

3. 毒性

本品健康危害 GHS 分类为：生殖细胞致突变性，类别 2；特异性靶器官毒性——一次接触，类别 3(麻醉效应)。

5.4%浓度的 2-异戊烯吸入引起小鼠共济失调，明显过度兴奋，20 min 引起轻度麻醉，有抽搐倾向，6.12%浓度，历时 6～15 min 深度麻醉，30～45 min 抽搐、死亡。小鼠吸入的最小麻醉浓度为 112 g/m³，最小致死浓度为 212 g/m³。有作者将 β-异戊烯归类为纤毛毒素，在呼吸麻痹中起作用。

动物实验：怀疑可造成遗传性缺陷。

4. 人体健康危害

吸入气体或皮肤和眼睛接触可引起刺激或灼伤。燃烧可产生刺激性、腐蚀性和/或有毒的气体。吸入蒸气可引起头晕或窒息。

曾报道急性异戊烯中毒 1 例，因含异戊烯约 70%的精馏残液流失地面，患者在下风侧吸入其蒸气，当时感咽干、轻咳、多汗、胸闷、气急，约 20 min 后渐感头晕、恶心、心悸、乏力、步态蹒跚，呕吐 3 次，第 3 d 右侧上下肢有肉跳感。体检发现咽部充血，股四头肌、腓肠肌偶见肌束颤动，叩击腓肠肌亦可引起。血、尿常规及肝功能检查在正常范围，尿酮体阴性。经对症处理半月后痊愈。

5. 风险评估

本品对水生生物有毒并具有长期持续影响，其环境危害 GHS 分类为危害水生环境—急性危害，类别 2；危害水生环境—长期危害，类别 2。

2,4,4-三甲基-1-戊烯

1. 理化性质

CAS 号：107-39-1	外观与性状：无色透明挥发性液体，有特殊臭味
熔点/凝固点(℃)：−93.5	临界温度(℃)：286.7
沸点、初沸点和沸程(℃)：101.4	临界压力(MPa)：2.6
闪点(℃)：−5	自燃温度(℃)：274
爆炸上限[%(V/V)]：5.5	爆炸下限[%(V/V)]：0.9
燃烧热(kJ/mol)：−5 288.41	易燃性：易燃
饱和蒸气压(kPa)：3.35(25℃)	n-辛醇/水分配系数：4.06
密度(kg/m³)：715(20℃)	溶解性：不溶于水；溶于乙醚、苯、四氯化碳
相对密度(水=1)：0.72(15.5℃)	相对蒸气密度(空气=1)：3.8

2. 用途与接触机会

本品用作制取合成橡胶增黏剂；各种表面活性剂；酚树脂和环氧树脂的改性剂；紫外线吸收剂；阻聚剂；聚氯乙烯稳定剂；增塑剂等，也用来生产对辛基酚；异壬基醇等有机合成中间体。

职业性接触多通过呼吸道吸入和皮肤接触发生。

3. 毒性

本品为中枢神经系统抑制剂，对皮肤、眼及呼吸道有刺激作用。本品大鼠吸入 LC_{50}：34 449 mg/(m³·4 h)。

4. 人体健康危害

2,4,4-三甲基-1-戊烯是皮肤、眼睛和呼吸道刺激物；吸入高浓度的该物质可引起中枢神经系统抑制，在高蒸气浓度时可导致窒息。

5. 风险评估

美国工业卫生协会委员会(AIHA)规定的工作

场所环境暴露水平(WEEL)为 1 500 mg/m³。罗马尼亚规定：PC－TWA 为 2 000 mg/m³，PC－STEL 为 2 500 mg/m³。

本品对水生生物有毒并具有长期持续影响，其环境危害 GHS 分类为：危害水生环境—急性危害，类别 2；危害水生环境—长期危害，类别 2。

2,4,4－三甲基－2－戊烯

1. 理化性质

CAS 号：107－40－4	外观与性状：无色透明挥发性液体
熔点/凝固点(℃)：－106	临界温度(℃)：282
沸点、初沸点和沸程(℃)：104.9	临界压力(MPa)：2.68
闪点(℃)：2℃(闭杯)	自燃温度(℃)：305
燃烧热(kJ/mol)：－5 292.34	易燃性：高度易燃
饱和蒸气压(kPa)：11.0(25℃)	溶解性：不溶于水；溶于乙醚、苯、氯仿
密度(kg/m³)：721(20℃)	相对蒸气密度(空气＝1)：3.8
相对密度(水＝1)：0.72	

2. 用途与接触机会

汽油和二异丁烯含有本品，可挥发或扩散至环境空气，导致普通人群暴露。燃烧时 2,4,4－三甲基－2－戊烯可释放至周围空气中，可导致人群吸入性暴露。

本品可用于有机合成；异辛烷值燃料(前期使用)；汽油成分；用于配置香料。职业性接触多通过呼吸道吸入和皮肤接触发生。

3. 毒性

本品健康危害 GHS 分类为特异性靶器官毒性—一次接触，类别 3(麻醉效应)；吸入危害，类别 1。

对皮肤、眼睛及呼吸道有刺激性。高浓度下为中枢神经系统抑制剂。吸入高浓度可导致肺损伤。动物实验表明，口服高剂量主要引起中枢神经系统功能紊乱。

使用含有 15% 2,4,4－三甲基－2－戊烯和 75% 2,4,4－三甲基－1－戊烯的异构体混合物进行动物亚急性口服试验，在大鼠实验中，混合物对肝脏造成了损害。

4. 人体健康危害

本品对皮肤、眼睛及呼吸道有刺激性。高浓度下为中枢神经系统抑制剂。志愿者吸入含有 75% 2,4,4－三甲基－1－戊烯和 15% 2,4,4－三甲基－2－戊烯的混合物，浓度为 279 mg/m³ 不会引起任何刺激作用，但可以闻到气味；在浓度为 465 mg/m³ 时感觉鼻喉黏膜受到刺激。一般认为 2,4,4－三甲基－1－戊烯的吸入毒性较低。

5. 风险评估

本品对水生生物有毒并具有长期持续影响，其环境危害 GHS 分类为：危害水生环境—急性危害，类别 2；危害水生环境—长期危害，类别 2。

己　烯

1. 理化性质

CAS 号：592－41－6	外观与性状：无色挥发性液体
熔点/凝固点(℃)：－139.7	临界温度(℃)：243.5
沸点、初沸点和沸程(℃)：63.49	临界压力(MPa)：3.14
闪点(℃)：－26.11	自燃温度(℃)：253
爆炸上限[%(V/V)]：6.9	爆炸下限[%(V/V)]：1.2
燃烧热(kJ/mol)：－3 981.9	易燃性：易燃
饱和蒸气压(kPa)：41.32(35℃)	*n*－辛醇/水分配系数：3.39
密度(kg/m³)：673.2(20℃)	溶解性：不溶于水；可溶于苯、醚、乙醇
相对密度(水＝1)：0.67	相对蒸气密度(空气＝1)：3.0

2. 用途与接触机会

本品常在聚合物、表面活性剂和洗涤剂工业中使用。

石油馏分的裂解和 C_6 烯烃的分离过程可以生产己烯。本品可用于树脂、香料和染料的合成，用于有机合成及燃料中。还可用作聚乙烯的共聚单体，以及制造染料、洗涤剂、药剂及杀虫剂等的原料，还可作为油类添加剂和高辛烷值燃料。

职业性接触多通过呼吸道吸入和皮肤接触

发生。

3. 毒性

本品大鼠经口 LD_{50}：28 710 mg/kg；小鼠吸入 LC_{50}：150 286 mg/m³，大鼠吸入 LC_{50}：120 229 mg/(m³·4 h)。对皮肤及眼为弱到中度刺激剂。小鼠吸入较高浓度时，可引起中度呼吸道损害。对小鼠，最小麻醉浓度为 100 g/m³(2.9%)，最小致死浓度为 140 g/m³(4.08%)。异己烯归类为对呼吸道的纤毛毒素。在饱和浓度下(554 000 mg/m³)暴露 5 min 后引起麻醉。

健康危害 GHS 分类为：特异性靶器官毒性——一次接触，类别 3(呼吸道刺激、麻醉效应)；吸入危害，类别 1。

4. 人体健康危害

人吸入 1-己烯约 0.1%浓度可引起麻醉，伴中枢神经系统影响，黏膜刺激、眩晕、呕吐及发绀。

5. 风险评估

美国 ACGIH 规定的阈限值 TLV-TWA 为 188 mg/m³。

本品对水生生物有毒，其环境危害 GHS 分类为：危害水生环境—急性危害，类别 2。

1-庚烯

1. 理化性质

CAS 号：592-76-7	外观与性状：无色透明液体
熔点/凝固点(℃)：−119.7	临界压力(MPa)：2.82
沸点、初沸点和沸程(℃)：93.6	自燃温度(℃)：260
闪点(℃)：−3.89	爆炸下限[%(V/V)]：0.8
爆炸上限[%(V/V)]：8	易燃性：易燃
燃烧热(kJ/mol)：−4 653.1	*n*-辛醇/水分配系数：3.99
饱和蒸气压(kPa)：13.4(37.7℃)	溶解性：不溶于水；溶于乙醚、乙醇、丙酮等多数有机溶剂
密度(kg/m³)：697(20℃/4℃)	相对蒸气密度(空气=1)：0.7
相对密度(水=1)：0.697	

2. 用途与接触机会

本品可用于香料、药物、染料、油类、树脂等的有机合成，用于制异辛醇，经加氢后成高辛烷值汽油的调制组分。职业人群可能在生产或使用 1-庚烯的工作场所吸入或皮肤接触本品。

3. 毒性

本品小鼠吸入 LC_{50}>200 g/m³。小鼠吸入 60 g/m³，引起翻正反射丧失，最小麻醉浓度 60 g/m³。健康危害 GHS 分类为：特异性靶器官毒性——一次接触，类别 3(麻醉效应)；吸入危害，类别 1。

1-壬烯

1. 理化性质

CAS 号：124-11-8	外观与性状：无色液体
熔点/凝固点(℃)：−81.4	临界温度(℃)：327.8
沸点、初沸点和沸程(℃)：146.9	临界压力(MPa)：2.48
闪点(℃)：26(开杯)	自燃温度(℃)：244
爆炸上限[%(V/V)]：4.0	爆炸下限[%(V/V)]：0.9
燃烧热(kJ/mol)：−5 573	易燃性：高度易燃
饱和蒸气压(kPa)：1.46(37.7℃)	*n*-辛醇/水分配系数：5.15
相对密度(水=1)：0.743 3	溶解性：不溶于水；溶于乙醇
相对蒸气密度(空气=1)：4.35	

2. 用途与接触机会

本品用于有机合成，生产润滑剂、润滑油添加剂和聚合物汽油；用于制造异癸醇、壬基苯和壬基酚。

职业性接触多通过呼吸道吸入和皮肤接触发生。

3. 毒性

本品健康危害 GHS 分类为：皮肤腐蚀/刺激，类别 2；严重眼损伤/眼刺激，类别 2；特异性靶器官毒性——一次接触，类别 3(麻醉效应)；吸入危害，类别 1。

4. 人体健康危害

本品蒸气，对眼睛、鼻和咽喉有刺激作用。吸入会引起眩晕或昏迷。高浓度 1-壬烯蒸气可作为麻醉剂。液态本品，如果洒在衣服上未除去，可能会造成皮肤的刺痛和发红。

1-辛烯

1. 理化性质

CAS号：111-66-0	外观与性状：无色液体
熔点/凝固点(℃)：−101.7	临界压力(MPa)：2.68
沸点、初沸点和沸程(℃)：121.2	自燃温度(℃)：230
闪点(℃)：21(开杯)	爆炸下限[%(V/V)]：0.7
爆炸上限[%(V/V)]：6.8	易燃性：易燃
燃烧热(kJ/mol)：−5 306.2	n-辛醇/水分配系数：4.57
饱和蒸气压(kPa)：4.8(38℃)	溶解性：不溶于水；溶于乙醇、乙醚、丙酮、石油醚等有机溶剂
密度(kg/m³)：714.9(20℃/4℃)	相对蒸气密度(空气=1)：3.87
相对密度(水=1)：0.72	

2. 用途与接触机会

环境中的1-辛烯可能来源于：生产过程中的废物排放；汽车尾气、涡轮机和酿造过程；汽油中含有并挥发排放等。普通人群可因吸入环境空气、摄入含有本品的食物或因含有本品的汽油导致暴露。

工业上，本品可用于有机合成，增塑剂、表面活性剂的制备；作为生产高密度聚乙烯和线性低密度聚乙烯的共聚单体；使用1-辛烯的添加来改变聚合物的密度和其他性质。职业性接触多通过呼吸道吸入和皮肤接触发生。

3. 毒性

本品大鼠经口 LD_{50}：>5 000 mg/kg；兔经皮 LD_{50}：>2 000 mg/kg；大鼠吸入 LC_{50}：37.6 mg/L/4 h。辛烯对黏膜、皮肤和眼睛刺激性大于其较低的同系物。动物实验中，急性吸入引起中枢神经系统抑郁。

健康危害GHS分类为：严重眼损伤/眼刺激，类别2；特异性靶器官毒性——次接触，类别3(麻醉效应)；吸入危害，类别1。

动物实验中，亚慢性喂养后有肝、肾损伤证据。

4. 人体健康危害

吸入高浓度辛烯引起头痛、注意力不能持久集中、眩晕、恶心及麻醉。辛烯对黏膜和皮肤的刺激较低碳同系物为强。辛烯一旦被吸入，会迅速被吸入肺里，可能引发窒息。

5. 风险评估

本品对水生生物有毒并具有长期持续影响，其环境危害GHS分类为：危害水生环境—急性危害，类别2；危害水生环境—长期危害，类别2。

2-辛烯

1. 理化性质

CAS号：111-67-1	外观与性状：无色液体
熔点/凝固点(℃)：−94.04	易燃性：易燃
沸点、初沸点和沸程(℃)：124～127	n-辛醇/水分配系数：4.06
闪点(℃)：21(开杯)	溶解性：不溶于水；溶于乙醇、乙醚、丙酮
饱和蒸气压(kPa)：4.12(37.7℃)	相对蒸气密度(空气=1)：3.9
相对密度(水=1)：0.72	

2. 用途与接触机会

本品用于有机合成或用作润滑剂。

3. 毒性

本品健康危害GHS分类为：严重眼损伤/眼刺激，类别2；特异性靶器官毒性——次接触，类别3(麻醉效应)；吸入危害，类别1。

4. 风险评估

本品对水生生物有毒并具有长期持续影响，其环境危害GHS分类为：危害水生环境—急性危害，类别2；危害水生环境—长期危害，类别2。

1-癸烯

1. 理化性质

CAS号：872-05-9	外观与性状：无色液体
熔点/凝固点(℃)：−66.3	临界温度(℃)：344.05
沸点、初沸点和沸程(℃)：170.6	临界压力(MPa)：2.17

(续表)

闪点(℃)：47.8	自燃温度(℃)：235
爆炸上限[%(V/V)]：5.4	爆炸下限[%(V/V)]：0.5
燃烧热(KJ/mol)：−6 223.9	易燃性：高度易燃
饱和蒸气压(kPa)：0.23(20℃)	n-辛醇/水分配系数：5.70
密度(kg/m³)：740.8	溶解性：不溶于水；溶于乙醇、乙醚
相对密度(水=1)：0.74	相对蒸气密度(空气=1)：4.84

2. 用途与接触机会

工业上，主要用于生产高密度聚乙烯和线性高密度聚乙烯的共聚单体、高级增塑剂、高级脂肪酸。用于香精、香料、药品、燃料、油脂、树脂的有机合成。

职业性接触多通过呼吸道吸入和皮肤接触发生。餐馆如使用花生油和菜籽油，可能存在潜在的1-癸烯暴露源。

3. 毒性

本品大鼠经口 LD_{50}：>10 g/kg；大鼠吸入 LC_{50}：>8 500 mg/m³(1 h)。其健康危害GHS分类为：皮肤腐蚀/刺激，类别2；严重眼损伤/眼刺激，类别2B；吸入危害，类别1。

具有刺激及麻醉作用。动物喂饲癸烯及十二碳烯时亦可出现吸入危害。可造成动物短暂嗜睡，但动物暴露于约12 524 mg/m³的环境4 h并未死亡。

4. 人体健康危害

对皮肤、眼睛和呼吸道有刺激作用，并具有中枢神经系统抑制的特性。当吸入本品时，可能会引起皮肤脱脂、损害呼吸道。

5. 风险评估

本品对水生生物毒性极大并具有长期持续影响，其环境危害GHS分类为：危害水生环境—急性危害，类别1；危害水生环境—长期危害，类别1。

异 辛 烯

1. 理化性质

CAS号：5026-76-6	外观与性状：液体
熔点/凝固点(℃)：102～107	易燃性：高度易燃
沸点、初沸点和沸程(℃)：112.4	密度(kg/m³)：719(20℃)
闪点(℃)：10	相对密度(水=1)：0.72(15.5℃)
饱和蒸气压(KPa)：3.36(25℃)	

2. 毒性

吸入高浓度引起头痛、注意力不能持久集中、眩晕、恶心及麻醉。辛烯对黏膜和皮肤的刺激较低碳同系物为强。喂饲辛烯可迅速吸收入肺。

过度接触可能导致皮肤和眼睛发炎；可能有麻醉作用(嗜睡、头晕、头痛)。

3. 风险评估

本品对水生生物有毒并具有长期持续影响，其环境危害GHS分类为：危害水生环境—急性危害，类别2；危害水生环境—长期危害，类别2。

丙 二 烯

1. 理化性质

CAS号：463-49-0	外观与性状：无色气体，略带甜味
熔点/凝固点(℃)：−136	临界压力(MPa)：5.25
沸点、初沸点和沸程(℃)：−34.5	爆炸下限[%(V/V)]：2.1
闪点(℃)：<30	易燃性：易燃
爆炸上限[%(V/V)]：13.0	n-辛醇/水分配系数：1.45
饱和蒸气压(kPa)：817(21℃)	溶解性：不溶于水；微溶于乙醇；溶于苯、石油醚；易溶于乙醚
密度(kg/m³)：1.787(20℃)	相对蒸气密度(空气=1)：1.42
相对密度(水=1)：1.79	

2. 用途与接触机会

石油裂解过程中会产生少量丙二烯。丙二烯可用于聚丁二烯产品中的链转移试剂；与丙炔混合用作金属加工行业的燃料气体；可能用作烯丙基聚合物单体；化学引发剂，用于产生其同分异构体，丙炔，甲基烯烃的聚合物，可能用于硼氢化反应。用作化学中间体，与丙烯和单体混合时焊接用的燃料气体。

3. 毒性

本品健康危害 GHS 分类为：特异性靶器官毒性——一次接触，类别 3(麻醉效应)

全身毒性低，很高浓度时可有麻醉作用。小鼠吸入 20%，11 min 出现不安、麻醉，30%，3 min 麻醉，40%，1～2 min 麻醉。

4. 人体健康危害

本品主要是一种麻醉剂，对人体有单纯窒息，但也有轻微的刺激性和肝毒性。吸入高浓度丙二烯时可引起头晕和晕厥；丙二烯液化气可能引起冻伤。

1,3-丁二烯

1. 理化性质

CAS 号：106-99-0	外观与性状：轻微芳香味无色气体
熔点/凝固点(℃)：−108.9	临界温度(℃)：161.8
沸点(℃)：−4.5	临界压力(MPa)：4.33
闪点(℃)：−76	自燃温度(℃)：415
爆炸上限[%(V/V)]：16.3	爆炸下限[%(V/V)]：1.4
燃烧热(kJ/mol)：−2 541.5	易燃性：易燃气体
饱和蒸气压(kPa)：245.27(21℃)	*n*-辛醇/水分配系数：1.99
相对密度(以水 1 计)：0.62	溶解性：不溶于水；溶于丙酮、苯、乙酸、酯类等多数有机溶剂
相对蒸气密度(空气=1)：1.87	

2. 用途与接触机会

普通人群可能通过吸入周围空气(特别是在车辆拥挤的地区附近)、吸入烟草烟雾、摄入食物和饮用水以及与这种化合物的皮肤接触而发生 1,3-丁二烯暴露。

世界范围内生产的丁二烯主要用于制造合成橡胶的单体或共聚物，最重要的是苯乙烯-丁二烯橡胶和乳胶(SBR)、聚丁二烯橡胶(BR)、丙烯腈-丁二烯橡胶和乳胶(NBR)，以及氯丁橡胶(CR)。

3. 毒代动力学

通过吸入进入体内的 C-1,3-丁二烯，代谢丁二烯的速度很快，其中 77%至 99%的初始组织负荷被消除，半衰期为 2 至 10 h。研究表明脂肪可能是 1,3-丁二烯的储存库，在染毒大鼠的体内发现，肾上腺脂肪 1,3-丁二烯的含量是脑、肝、肾或脾脏等器官的 3～4 倍。进入体内的 1,3-丁二烯代谢速度很快，主要代谢产物随尿液排出体外。详细代谢途径见图 11-1。

4. 毒性

4.1 急性毒性

本品大鼠经口 LD_{50}：5 480 mg/kg；小鼠经口 LD_{50}：3 210 mg/kg；大鼠吸入 LC_{50}：285 g/m^3(4 h)；小鼠吸入 LC_{50}：270 g/m^3(2 h)。

动物短时间麻醉作用的浓度，小鼠为 9%～14%，兔为 20%～25%。大鼠与兔急性中毒表现有上呼吸道黏膜充血、眼结膜充血、流泪、流涕、白细胞增加(中性粒细胞减少、淋巴细胞增加)，血清蛋白组成改变等。50 g/m^3 的浓度可引起小鼠神经活动抑制状态，负重量减少，浮游试验时间缩短。

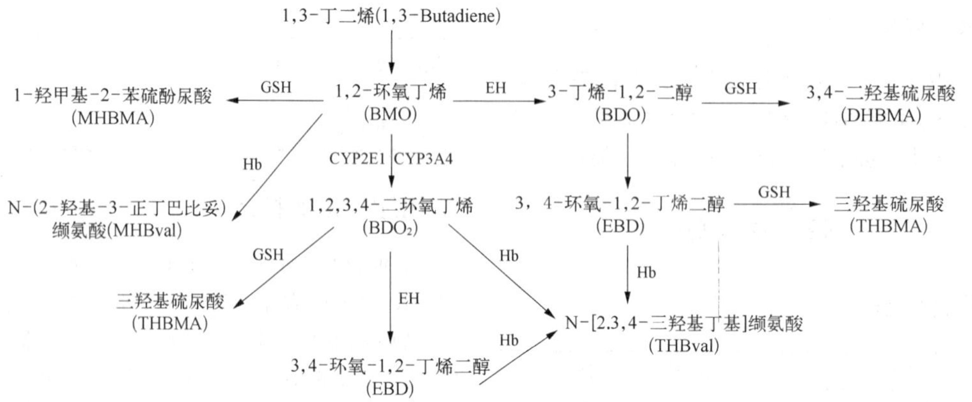

图 11-1　1,3-丁二烯的代谢途径

4.2 慢性毒性

大鼠、豚鼠、兔和狗吸入低于 14.7 g/m³，7.5 h/d，6 d/w，历时 8 个月，未发现任何病变；14.7 g/m³ 时，有些动物表现轻度生长迟缓和不明显的肝细胞浊肿。用 20%～25% 的麻醉浓度，每天将兔麻醉 8～10 min，每周 4～5 次，历时 2～3 w，未发现病变。小鼠分别吸入 2 200、100、10 mg/m³，4 h/d，历时 6 个月，动物一般状况和体重没有受影响。100 mg/m³ 以上时，动物拮抗肌时值比值改变，条件反射潜伏期延长，白细胞轻度减少，血红蛋白轻度减少，血沉稍快，白细胞吞噬反应降低，血清胆碱酯酶活性降低等。处死后组织学检查有肺充血、肺气肿、支气管周围细胞浸润，心肌染色不匀，肾脏和肝脏有轻度细胞浸润和充血，网状内皮系统功能轻度亢进。小鼠吸入 30 mg/m³，81 d 出现造血功能亢进，吞噬反应增强，心肌和肾脏轻度退行变性等。国内实验大鼠动式吸入 744±120 mg/m³ 本品 6 h/d，6 d/w，104 d 后坐骨神经运动传导速度比对照组降低。病理检查见坐骨神经脱髓鞘改变。

本品有生殖细胞致突变性。大鼠孕后 6～15 d 吸入 TCL_0 19 318 mg/m³，6 h，致肌肉骨骼系统发育畸形。在人类和动物中有充分的证据证明 1,3-丁二烯可引起淋巴器官肿瘤。IARC 致癌性分类为 G1，确认人类致癌物。

其健康危害 GHS 分类为：致癌性，类别 1A；生殖细胞致突变性，类别 1B；特异性靶器官毒性——一次接触，类别 3(麻醉效应)。

5. 人体健康危害

5.1 急性中毒

暴露于高浓度 1,3-丁二烯暴露后，对眼睛、鼻腔、喉咙和肺部可导致刺激作用。人过量接触，开始出现特征性的视物模糊，恶心，口、咽、鼻刺激及干燥，后有疲乏、头痛、眩晕、恶心、血压及脉率下降、意识丧失及呼吸麻痹，但无血液改变。人在 30%～35%浓度下，很快出现头痛、头晕、咽喉痛、耳鸣、全身无力、口有甜味、恶心，有时有呕吐、醉酒状态、皮肤苍白、胸闷、呼吸困难和表浅、脉速，后转入意识丧失和抽搐。脱离接触后迅速恢复，头痛和嗜睡有时可持续一段时间。1%可引起头晕、恶心、头痛、上呼吸道刺激症状、嗜睡、口干和脉速。17.6 g/m³，8 h 接触，除眼和上呼吸道刺激症状外，无其他症状。5.5 g/m³，8 h 和 11 g/m³，6 h 除对眼有轻度刺激外，无其他不适。人刺激阈浓度为 0.5 g/m³。

5.2 慢性中毒

对人的慢性影响有头痛、头晕、全身无力、易激动或表情淡漠、失眠、记忆力减退、注意力不能集中、鼻咽喉不适感觉、恶心、吸气、胃烧灼感、心悸、嗅觉减退等。也常有角膜反射减弱，腱反射亢进及眼睑、舌和手震颤。长期接触本品蒸气 100 mg/m³ 左右的橡胶工人有神经衰弱综合征，血压偏低，血沉偏快，血红蛋白偏低，血液中性粒细胞吞噬活动减低，C-蛋白反应阳性，眼和鼻咽黏膜轻度刺激症状等。

有报告女性作业者，运动神经传导速度降低。也有报道本品引起多发性神经病。皮炎偶见，常由于其他化学物如添加剂、促进剂或抑制剂的作用所致。某些混合物有相加的刺激性。例如，玩丁二烯矿物或黏土混合物的儿童在接触后几天发生皮炎或特殊的皮疹。皮肤直接接触液体丁二烯可发生灼伤或冻伤。

许多流行病学研究显示暴露于 1,3-丁二烯后白血病或其他淋巴造血系统癌症的风险升高。

6. 风险评估

我国规定的 1,3-丁二烯职业接触限值为 PC-TWA 为 5 mg/m³。美国 OSHA 现行的 1,3-丁二烯容许接触限值(PEL)为 TWA 2.21 mg/m³，短时接触限值(STEL)为任何 15 min 采样时间内不得超过 11.05 mg/m³。美国 NIOSH 的 1,3-丁二烯立即威胁生命和健康浓度(IDLH)为 4 829 mg/m³。美国 ACGIH 阈限值 TLV-TWA 为4.4 mg/m³。

有关本品生物接触限值，我国孙凡岭等的研究建议班末尿中 3,4-二羟基硫尿酸(DHBMA)可作为 1,3-丁二烯接触的生物标志物，建议将其生物接触限值定为 2.9 mg/g 肌酐。ACGIH 规定：班末尿中 1,2-二羟基-4-(N-乙酰半胱氨酸)丁烷为 2.5 mg/L，血中 N-1 和 N-2-(羟丁烯基)缬氨酸血红蛋白加合物的混合物为 2.5 pmol/g 血红蛋白。

异 戊 二 烯

1. 理化性质

CAS 号：78-79-5	外观与性状：无色挥发性液体

（续表）

熔点/凝固点(℃)：−146	临界温度(℃)：211.1
沸点(℃)：34	临界压力(MPa)：3.79
闪点(℃)：−54(闭杯)	自燃温度(℃)：427
爆炸上限[%(V/V)]：10.0	爆炸下限[%(V/V)]：1.5
燃烧热(cal/g)：−10 471	易燃性：易燃
饱和蒸气压(kPa)：62.1(20℃)	*n*-辛醇/水分配系数：2.42
相对密度(水=1)：0.68	溶解性：不溶于水；与乙醇、乙醚、丙酮、苯混溶
相对蒸气密度(空气=1)：2.35	

2. 用途与接触机会

用于制造丁基橡胶，合成橡胶，塑料和各种其他化学品异戊二烯单元是脂质，类固醇，萜类化合物和各种天然产物的最重要的组成部分，包括乳胶，天然橡胶的原料。职业性接触多通过呼吸道吸入和皮肤接触发生。

3. 毒代动力学

吸入的异戊二烯约75%的代谢产物在尿中排泄。低浓度异戊二烯吸入和短时间暴露时，血液中代谢物的相对含量最高。身体脂肪可能是异戊二烯代谢产物和异戊二烯的储库。各种啮齿动物(小鼠、大鼠、兔和仓鼠)的肝微粒体将异戊二烯(2-甲基-1,3-丁二烯)代谢成相应的单环氧化物3,4-环氧-3-甲基-1-丁烯和3,4-环氧-2-甲基-1-丁烯，环氧基-2-甲基-1-丁烯。其中3,4-环氧-3-甲基-1-丁烯(半衰期为85 min)是主要代谢物。

通常推测异戊二烯的毒理学性质与丁二烯的毒理学性质相似。事实上，异戊二烯的急性毒性与丁二烯非常相似，并且生物转化成单环和双环氧化物的性质也是相似的。但是有一个区别，异戊二烯是不对称的，因此可能存在更多的代谢物。

4. 毒性

本品健康危害GHS分类为：生殖细胞致突变性，类别2；致癌性，类别2。

4.1 急性毒性

高浓度时为麻醉剂及窒息剂，亦有刺激作用。毒性比丁二烯大2～3倍。

大鼠经口LD_{50}：2 043～2 210 mg/kg，大鼠经皮LD_{50}：>2 000 mg/kg。小鼠急性吸入无作用水平为60 821 mg/m^3，106 438～136 848 mg/m^{3}深度麻醉，152 054 mg/m^{3}死亡。小鼠吸入LC_{50}为150 g/m^3，大鼠为180 g/m^3(4 h)。小鼠在死前出现上呼吸道刺激症状、共济失调、侧倒、深度麻醉状态。如死前停止吸入可恢复，但肌肉活动能力(浮游试验)需2 d方可完全恢复。100 g/m^3，小鼠有共济失调，50%的动物侧倒。1.5～30 g/m^{3}小鼠综合阈下刺激能力下降，活动减弱。4.1 g/m^{3}下40 min，兔的条件反射活动紊乱。0.4～0.7 g/m^{3}吸入30 min，猫阳性条件反射消失，分化抑制消失、潜伏期延长，停止吸入后5～14 d可完全恢复。大鼠大脑皮质电兴奋阈浓度为0.3～0.5 g/m^3。急性中毒死亡动物尸检可见内脏、脑实质和脑膜充血，而无特异性病变。

4.2 慢性毒作用

16.7 g/m^3，6 h/d，历时6 d和4.6 g/m^3，6 h/d，历时15 d，大鼠无中毒表现，解剖内脏正常。2.2～4.9 g/m^3，4 h/d，历时4个月，小鼠、大鼠和兔出现中枢神经系统功能改变，兔直立试验恢复期延长，浮游试验时间减少，红细胞数减少和白细胞增多。0.2～0.6 g/m^3，5 h/d，2个月时，尿中马尿酸排出量减少，其后恢复，血象正常，肾功能无异常，说明肝脏能发生暂时性功能改变；历时6个月，动物体重和神经功能均无明显异常，6个月后处死动物尸检发现卡他-剥脱性支气管炎，有的为化脓性支气管炎、支气管血管周围淋巴滤泡增生、小局灶性肺气肿；肝小叶中心脂肪性变、网状内皮细胞增生和肿胀，肾间质细胞浸润；个别动物肾小管内蛋白聚积；脾-网状内皮系统有含铁色素沉积。兔心肌细胞浸润和部分横纹消失。大鼠有甲状腺功能亢进反应。

本品具有生殖毒性，可能造成遗传性缺陷，体外试验表明有致突变效应。

长时间吸入异戊二烯后，在实验动物的多个部位形成了肿痛，包括肺、肝、肾、心脏、脾、垂体、睾丸、血管和血液生成系统，IARC致癌性分类为：2B，可能对人类致癌。

5. 人体健康危害

人吸入浓度2 300 mg/m^{3}时，不发生急性中毒。在10名人类志愿者中，平均气味感觉发生在5～

10 mg/m³。吸入 160 mg/m³，1 min，出现眼、鼻和咽喉黏膜的轻度刺激症状。高浓度时可能导致中枢神经系统抑制剂和窒息。

长期接触异戊二烯橡胶生产工人观察到上呼吸道的卡他性炎症，鼻腔组织的患病和病变以及嗅觉恶化。患病率和程度与工龄有关。

6. 风险评估

德国 MAK 委员会推荐的本品工作场所化学物质最高容许浓度 MAK 值为 8.4 mg/m³；美国工业卫生协会委员会(AIHA)规定的工作场所环境暴露水平(WEEL)为 6 mg/m³。

本品对水生生物有毒并具有长期持续影响，其环境危害 GHS 分类为：危害水生环境—急性危害，类别 2；危害水生环境—长期危害，类别 2。

双 戊 烯

1. 理化性质

CAS 号：138－86－3	外观与性状：无色液体，有类似柠檬的香味
熔点/凝固点(℃)：－95.5	自燃温度(℃)：237
沸点、初沸点和沸程(℃)：175.5～176.5	爆炸下限[%(V/V)]：0.7
闪点(℃)：45(闭杯)	蒸发速率：5.1[乙酸(正)丁酯以 1 计]
爆炸上限[%(V/V)]：6.1	易燃性：易燃
燃烧热(kJ/m)－6 184.8	n-辛醇/水分配系数：4.57
饱和蒸气压(kPa)：0.13(14℃)	溶解性：不溶于水；可混溶于乙醇、乙醚
相对密度(水＝1)：0.842	相对蒸气密度(空气＝1)：4.66

2. 用途与接触机会

又叫柠檬烯，广泛存在于天然的植物精油中。其中主要含右旋体的有蜜柑油、柠檬油、香橙油、樟脑白油等。

工业上，用作磁漆、假漆和各种含油树脂、树脂蜡、金属催干剂和溶剂；用于制造合成树脂合成橡胶；用于调合橙花香精、柑橘油香精等；也可制成柠檬系精油的代用品。柠檬烯定向氧化生成香芹酮；在无机酸存在下，柠檬烯与水加成反应生成 α-松油醇和水合萜二醇；在铂或钯催化剂作用下加氢生成对烷，脱氢则生成对伞花烃。还用作油类分散剂、橡胶添加剂、润湿剂等。用涂料溶剂，可防止漆膜结皮、胶化和初期硬化。柠檬烯还用作食品、家用清洁产品和香水中的香精和香料添加剂。

职业性接触多通过呼吸道吸入和皮肤接触发生。

3. 毒代动力学

经口喂饲实验发现：大鼠和兔子尿液中的主要代谢产物为紫苏酸 8，9-二醇(perillic acid 8，9-diol)，仓鼠为紫苏-β-d-吡喃葡糖苷糖酸，狗主要为对-薄荷-1-烯-8，9-二醇；在豚鼠和人体中代谢物主要为 8-羟基-对-甲-1-烯-9-基-β-d-吡喃葡萄糖醛酸。研究表明单萜烯类在胃肠道中的吸收很差。被吸收后的烃类蓄积在体脂内，并经肾脏代谢后排出。

4. 毒性

大鼠经口 LD_{50} 为 5 300 mg/kg。柠檬烯是实验动物的皮肤刺激物，兔经皮 500 mg/kg(24 h)，造成中度皮肤刺激。能引起皮肤过敏反应。动物口服或腹膜内给药后的毒作用的靶器官为肝脏(雄性大鼠除外)。暴露于柠檬烯会影响肝代谢酶的活性、肝脏重量、胆固醇水平以及胆汁流量。其健康危害 GHS 分类为：皮肤腐蚀/刺激，类别 2；皮肤致敏物，类别 1。

5. 人体健康危害

柠檬烯对人体有皮肤刺激作用。已知氧化形式的柠檬烯会引起过敏性接触性皮炎。据报道，柠檬烯会刺激眼睛，摄入会引起胃肠道刺激。如果摄取过多，可能会出现白蛋白尿和血尿。

6. 风险评估

本品对水生生物毒性极大，且有长期持续影响，其环境危害 GHS 分类为：危害水生环境—急性危害，类别 1；危害水生环境—长期危害，类别 1。

四 聚 丙 烯

1. 理化性质

CAS 号：6842－15－5	外观与性状：无色液体
熔点/凝固点(℃)－33.6	溶解性：不溶于水；溶于醇、醚、丙酮、石油醚

（续表）

沸点(℃)：213	饱和蒸气压（kPa）：304.6 (25℃)
闪点(℃)：77	相对蒸气密度(空气=1)：5.81

2. 用途与接触机会

生产中主要用于生产石油添加剂、表面活性剂、洗涤剂、抗辐射润滑脂及增塑剂等。职业暴露可能在其生产、配制、运输或使用过程中通过吸入或皮肤接触而发生。

3. 毒性

本品大鼠经口 LD_{50}：>5 000 mg/kg；大鼠经皮 LD_{50}：>2 000 mg/kg；大鼠吸入 LC_{50}：>5 060 mg/(m^3·4 h)。

4. 风险评估

本品对水生物毒性极大，且有长期持续影响，其环境危害 GHS 分类为：危害水生环境—急性危害，类别 1；危害水生环境—长期危害，类别 1。

2,5-二甲基-1,5-己二烯

1. 理化性质

CAS 号：627-58-7	外观与性状：无色液体
熔点/凝固点(℃)：-75	易燃性：高度易燃
沸点(℃)：114.3	溶解性：不溶于水
闪点(℃)：13	相对密度(水=1)：0.742

2. 用途与接触机会

化学试剂、精细包装品、医药中间体、材料中间体。

3. 人体健康危害

皮肤和强烈的眼睛刺激；摄入引起的吸入危害可能导致肺损伤。吞咽并进入呼吸道可能致命。

4. 风险评估

本品对水生生物有毒并具有长期持续影响，其环境危害 GHS 分类为：危害水生环境—急性危害，类别 2；危害水生环境—长期危害，类别 2。

2,5-二甲基-2,4-己二烯

1. 理化性质

CAS 号：764-13-6	外观与性状：无色液体
熔点/凝固点(℃)：14	易燃性：易燃
沸点(℃)：134.5	溶解性：不溶于水；溶于醇、苯等有机溶剂
闪点(℃)：29	相对密度(水=1)：0.761 5
饱和蒸气压(kPa)：2.34 (25℃)	相对蒸气密度(空气=1)：3.8

2. 用途与接触机会

为制备第一菊酸的重要中间体。其制备方法是由 2,5-二甲基-2,4-己二醇脱水而制得。

3. 人体健康危害

可造成皮肤刺激、严重眼刺激，引起呼吸道刺激。

4. 风险评估

本品对水生环境有毒并具有长期持续影响，其环境危害 GHS 分类为：危害水生环境—急性危害，类别 2；危害水生环境—长期危害，类别 2。

D-苎烯

1. 理化性质

CAS 号：5989-27-5	外观与性状：无色液体，有柠檬香味。
闪点(℃)：48	溶解性：不溶于水
相对蒸气密度(空气=1)：0.841 1	沸点(℃)：177.6
熔点(℃)：-74	

2. 用途与接触机会

本品是用途十分广泛的有机化工原料和化工产品，主要用于替代含氯碳氢化物的溶剂，用于制造调味品、香精、化妆品及溶剂、润湿剂；也用于制造树脂、杀虫剂、驱虫剂和动物驱虫剂。

3. 毒性

本品大鼠经口 LD_{50}：4 400 mg/kg；兔经皮 LD_{50}：

>5 g/kg。对眼睛和皮肤接触会产生刺激作用。兔经皮 10%/24 h,造成轻度皮肤刺激。健康危害 GHS 分类为:皮肤腐蚀/刺激,类别 2,皮肤致敏物,类别 1。

大鼠经口 TDL_0:2 925 mg/kg,持续性喂养 13 w,造成肝脏、肾脏重量改变。IARC 致癌性分类为 G3 类致癌物。

4. 风险评估

德国 MAK 委员会推荐的本品工作场所化学物质最高容许浓度 MAK 值为 30 mg/m³。

本品对水生生物毒性极大并具有长期持续影响,其环境危害 GHS 分类为:危害水生环境—急性危害,类别 1,危害水生环境—长期危害,类别 1。

乙　炔

1. 理化性质

CAS 号:74-86-2	外观与性状:无色无味气体
闪点(℃):−17.8(闭杯)	溶解性:不溶于水
相对蒸气密度(空气=1):0.91	

2. 用途与接触机会

合成橡胶、乙醛、乙烯、氯乙烯、氯乙烷和丙烯腈等有机合成的重要原料。也用于气焊和照明及催熟水果等。

3. 毒性

本品大鼠吸入 LC_{50}:200 mg/L。纯乙炔具有弱麻醉和阻止细胞氧化的作用。高浓度时排挤空气中的氧,引起单纯性窒息作用。乙炔中常混有磷化氢、硫化氢等气体,故常伴有此类毒物的毒作用。人接触 100 mg/m³ 能耐受 30~60 min,20%引起明显缺氧,30%时共济失调,35%下 5 min 引起意识丧失,含 10%乙炔的空气中 5 h,有轻度中毒反应。

动物长期吸入非致死性浓度该品,出现血红蛋白、网织细胞、淋巴细胞增加和中性粒细胞减少。尸检有支气管炎、肺炎、肺水肿、肝充血和脂肪浸润。

4. 风险评估

美国 NIOSH 要求任何 15 min 采样时间内乙炔的上限为 2 662 mg/m³。

丙　　炔

1. 理化性质

CAS 号:74-99-7	外观与性状:无色无味气体
熔点/凝固点(℃):−102.6	溶解性:微溶于水;溶于乙醇、乙醚等多数有机溶剂
沸点(℃):−23.3	相对蒸气密度(空气=1):1.38
相对密度(水=1):0.71(−50℃)	

2. 用途与接触机会

丙炔是 MAPP 气体(风焊气体)的其中一种成分。

3. 毒性

对眼睛和皮肤接触会产生刺激作用。本品大鼠吸入 LD_{50}:13 500 mg/m³。

4. 风险评估

美国 ACGIH 阈限值 TLV-TWA 1 650 mg/m³;TVL-STEL 为 2 040 mg/m³。

混 合 烃 类

石　脑　油

1. 理化性质

CAS 号:8030-30-6	外观与性状:常温、常压下为无色透明或微黄色液体
闪点(℃):<18(闭杯)	溶解性:不溶于水
相对蒸气密度(空气=1):0.838~0.880	

2. 用途与接触机会

可分离出多种有机原料,如汽油、苯、煤油、沥青等。石脑油是一种轻质油品,由原油蒸馏或石油二次加工切取相应馏分而得。其沸点范围依需要而定，通常为较宽的馏程，如 30～220℃。石脑油是管式炉裂解制取乙烯，丙烯，催化重整制取苯，甲苯，二甲苯的重要原料。作为裂解原料，要求石脑油组成中烷烃和环烷烃的含量不低于 70%(体积)；作为催化重整原料用于生产高辛烷值汽油组分时，进料为宽馏分，沸点范围一般为 80～180℃，用于生产芳烃时，进料为窄馏分，沸点范围为 60～165℃。国外常用的轻质直馏石脑油沸程为 0～100℃，重质直馏石脑油沸程为 100～200℃；催化裂化石脑油有<105℃，105～160℃及 160～200℃的轻、中、重质三种。

3. 毒性

本品大鼠经口 LD_{50}：>5 000 mg/kg；兔经皮 LD_{50}：>3 000 mg/kg。对眼睛和皮肤接触会产生刺激作用。兔经皮 500 μl，造成中度皮肤刺激。兔经眼 100 μl，造成轻度眼刺激。

大鼠经口 TDL_0：450 g/kg，喂养 90 d，造成肝脏、肾上腺重量降低，总体重降低。大鼠吸入 TCL_0：3 487 mg/m^3，6 h，13W，造成肾上腺、膀胱重量改变。

健康危害 GHS 分类为：生殖细胞致突变性，类别 1B；吸入危害，类别 1。

4. 风险评估

美国 ACGIH 规定阈限值 TLV - TWA 为 1 046 mg/m^3；NIOSH 现行的容许接触限值(PEL)为 TWA 349 mg/m^3。

本品对水生生物有毒并具有长期持续影响，环境危害 GHS 分类为：危害水生环境—急性危害，类别 2；危害水生环境—长期危害，类别 2。

石 油 醚

1. 理化性质

CAS 号：8032 - 32 - 4	外观与性状：无色或淡黄色液体，有芳香味
熔点/凝固点(℃)：<—73	溶解性：不溶于水
闪点(℃)：<—20	相对蒸气密度(空气＝1)：2.5
相对密度(水＝1)：0.73～0.76	

2. 用途与接触机会

主要用作溶剂及作为油脂的抽提。用作有机溶剂及色谱分析溶剂；用作有机高效溶剂、医药萃取剂、精细化工合成助剂等；也可用于有机合成和化工原料，如制取合成橡胶、塑料、锦纶单体、合成洗涤剂、农药等，亦是很好的有机溶剂，也用作发泡塑胶的发泡剂，药物、香精的萃取剂。

3. 毒性

本品大鼠吸入 LC_{50}：29 650 mg/(m^3 · 4 h)。对眼睛和皮肤接触会产生刺激作用。

大鼠吸入 2.76 g/(m^3 · d)，230 d，夜间活动减少，网状内皮系统轻度异常反应，末梢神经有髓鞘退行性变，轴突轻度变化腓肠肌肌纤维轻度萎缩。其在人体内也有蓄积性，为神经性毒剂。

健康危害 GHS 分类为：生殖细胞致突变性，类别 1B；吸入危害，类别 1。

4. 人体健康危害

急性中毒：对眼睛和皮肤接触会产生刺激作用。其蒸气或雾对眼睛、黏膜和呼吸道有刺激性。中毒表现可有烧灼感、咳嗽、喘息、喉炎、气短、头痛、恶心和呕吐，可引起周围神经炎。

5. 风险评估

本品对水生生物有毒并具有长期持续影响，环境危害 GHS 分类为：危害水生环境—急性危害，类别 2；危害水生环境—长期危害，类别 2。

汽 油

1. 理化性质

CAS 号：86290 - 81 - 5	外观与性状：具有特有气味的液体
沸点(℃)：32～210	熔点/凝固点(℃)：—90.5～—95.4
饱和蒸气压(kPa)：304～684(37.8℃)	易燃性：易燃
密度(g/cm^3)：0.7～0.8	溶解性：不溶于水；在无水乙醇、乙醚、氯仿、苯中完全溶解

（续表）

相对蒸气密度(空气=1)：3～4	

2. 用途与接触机会

作为火花点火的内燃机的燃料。香精油的燃料、脂肪、萃取剂或稀释剂；为橡胶胶粘剂溶剂；精密仪器的洗涤剂；人造皮革涂饰剂。

3. 毒性

本品大鼠经口 LD_{50}：13.6 g/kg；小鼠经口 LD_{50}：60 ml/kg。

大鼠吸入 TCL_0：5 283 μg/m³/24 h，持续吸入 15 w，造成肌肉收缩或痉挛。可能造成遗传性缺陷。大鼠吸入 TCL_0：300 mg/m³(1～19D preg)，造成骨骼肌肉系统畸形，影响新生大鼠行为。IARC 分类为 2B，可能对人体有致癌作用。

健康危害 GHS 分类为生殖细胞致突变性，类别 1B；致癌性，类别 2；吸入危害，类别 1。

4. 人体健康危害

4.1 急性中毒

据推测，吸入高浓度汽油蒸气后的死亡原因是由于窒息导致中枢神经系统抑制，进而引起呼吸衰竭。将人类志愿者暴露于汽油蒸气中表明在空气中浓度为 420 mg/m³ 时基本上没有眼部刺激，但是在 810～2 700 mg/m³ 时可以检测到对眼睛和喉咙的刺激感。志愿者随后会结膜充血。志愿者在空气中浓度为约 600、1 500 和 3 000 mg/m³ 的汽油蒸气暴露 30 min 感受到眼睛刺激；最高的浓度具有最严重的影响。

所有汽油的急性毒性是相似的。它们通常作为麻醉剂并且是黏膜刺激物。由于其有害浓度容易达到，所以危险性高。吸入是最重要的职业接触途径。据报道，对汽油蒸气的反应是：480～810 mg/m³ 在几个小时内引起眼睛和喉咙疼痛；1 500～2 700 mg/m³ 在 1 h 内会导致眼、鼻、喉刺激和头晕；6 000 mg/m³ 在 30 min 内产生轻度麻醉。更高的浓度在 4～10 min 内使人中毒。即刻轻微毒性效应的阈值 2 700～3 000 mg/m³。在人类中，吸入汽油蒸气可能导致醉酒症状，严重者可导致昏迷，表现为瞳孔缩小、散瞳和眼球震颤。摄入汽油和煤油中毒类似于摄入乙醇。体征和症状包括不协调、不安、兴奋、困惑、定向障碍、共济失调、谵妄和最后的昏迷，这可能会持续几个小时或几天。暴露于低浓度可能会导致脸部潮红、步态蹒跚、言语不清、精神混乱。高浓度时，汽油蒸气可能导致意识不清、昏迷，并可能因呼吸衰竭而死亡。其他迹象也可能在急性暴露后出现。这些征象是胰腺早期急性出血，肝小叶中心混浊肿胀和脂肪变性，近曲小管和肾小球脂肪变性以及脾被动充血。成人摄入 20～50 g 汽油可能会产生中毒症状。一名成年人偶然从汽水瓶中吸入汽油即刻导致咽部和胃部严重烧伤。

4.2 慢性中毒

反复或慢性皮肤接触可能导致皮肤干燥、损伤和其他皮肤病症状。

神经系统的影响也与长期暴露于汽油中(即那些因为其欣快效果和幻觉效应而习惯吸入汽油的人和那些职业性暴露于汽油中的人)有关。慢性汽油吸入所致的多发性神经病据报道是一种渐进性、对称性、感觉运动性多发性神经病。据报道，一个 14 岁女性嗅到无铅汽油，引起了周围神经病变。与先前报道的汽油吸入周围神经病变相反，一患者在感觉运动性多神经病的基础上发展出多个单神经病变。该病例说明汽油嗅神经病可能出现急性多发性单神经病，类似单神经炎多发性，可能与周围神经对汽油神经毒性成分易感性增加有关。在现代汽油混合物中不再存在的四乙基铅显然不是吸入汽油者神经病变的必要因素。

一名有嗅含铅汽油蒸气史的 18 岁男性两次因为肌肉无力和疼痛而入院。他自称在过去一年里不定期地嗅到了 1～1.5 L。两次入院的神经系统检查均正常，但血清肌酸激酶明显升高，尿肌红蛋白阳性。此外，他的血液和尿液铅水平也升高。

5. 风险评估

我国职业接触限值规定：溶剂汽油 PC－TWA 为 300 mg/m³。新加坡、加拿大等规定：TWA 为 890 mg/m³；STEL 为 1 480 mg/m³。

本品对水生生物有毒并具有长期持续影响，其环境危害 GHS 分类为：危害水生环境—急性危害，类别 2，危害水生环境—长期危害，类别 2。

甲醇汽油

1. 理化性质

闪点(℃)：48	外观与性状：淡黄色液体
溶解性：不溶于水	

2. 用途与接触机会

作为火花点火的内燃机的燃料。香精油的燃料、脂肪、萃取剂或稀释剂；为橡胶胶粘剂溶剂；精密仪器的洗涤剂；人造皮革涂饰剂。

3. 毒性

本品健康危害GHS分类为：生殖细胞致突变性，类别1B；致癌性，类别2；特异性靶器官毒性——一次接触，类别1；吸入危害，类别1。

IARC将溶剂汽油分类为2B，可能对人体有致癌作用。

4. 风险评估

本品对水生生物有毒并具有长期持续影响，其环境危害GHS分类为：危害水生环境—急性危害，类别2；危害水生环境—长期危害，类别2。

乙醇汽油

1. 理化性质

外观与性状：液体	溶解性：不溶于水

2. 用途与接触机会

乙醇汽油是用90%的普通汽油与10%的燃料乙醇调和而成。作为火花点火的内燃机的燃料。香精油的燃料、脂肪、萃取剂或稀释剂；为橡胶胶粘剂溶剂；精密仪器的洗涤剂；人造皮革涂饰剂。

3. 毒性

本品健康危害GHS分类为：生殖细胞致突变性，类别1B；致癌性，类别2；吸入危害，类别1。IARC分类为2B，可能对人体有致癌作用。

4. 风险评估

本品对水生生物有毒并具有长期持续影响，环境危害GHS分类为：危害水生环境—急性危害，类别2；危害水生环境—长期危害，类别2。

煤　油

1. 理化性质

CAS号：8008-20-6	外观与性状：无色至微黄色油状液体，具有强烈的特征气味
沸点(℃)：175～325	自燃温度(℃)：210
闪点(℃)：≥38	易燃性：易燃
爆炸上限[%(V/V)]：5.0	爆炸下限[%(V/V)]：0.7
燃烧热(kJ/mol)：-431.24×10^5 J/kg	溶解性：与其他石油溶剂混溶；不溶于水
饱和蒸气压(kPa)：0.064(20℃)	密度(g/cm^3)：0.8～1.0
相对蒸气密度(空气=1)：4.5	

2. 用途与接触机会

煤油和相关化合物被用作照明燃料，加热燃料，机动车燃料，许多杀虫剂和杀真菌剂，清洁剂和油漆稀释剂。

3. 毒性

本品健康危害GHS分类为：吸入危害，类别1。

大鼠经口LD_{50}：>5 000 mg/kg；兔经口LD_{50}：28 ml/kg。兔经皮LD_{50}：>2 000 mg/kg。大鼠吸入LC_{50}：>5 280 mg/(m^3·4 h)。兔经皮500 mg，造成严重皮肤刺激；兔经皮0.5 ml，造成中度皮肤刺激；兔经皮100%/24 h，造成中度皮肤刺激。

大鼠经口TDL_0：450 g/kg，90 d，造成肝脏、肾上腺重量改变，抗利尿作用。兔经皮TDL_0：24 000 g/kg，持续性喂养28 d，造成嗜睡、血液红细胞数改变。大鼠吸入TCL_0：300 mg/m^3，间歇性吸入12 w，造成正常红细胞性贫血、白细胞减少症。IARC将石油溶剂分类为G3类。

4. 人体健康危害

液体刺激皮肤和眼睛；蒸气引起眼睛和鼻子的

轻微刺激。在沸点177～316℃的煤油产品的皮肤斑贴试验中，大多数人产生刺激性反应，有时程度很严重；刺激与煤油含量有关。童年时期煤油中毒通常发生在1岁至3岁的儿童中，最常见于男孩。大多数病例是轻微的。在那些受到更严重影响的患者中，最初有咳嗽和不自主地深呼吸，其次是加剧的呼吸急促、心动过速和发绀，经常伴有自发呕吐、恶心和腹痛。支气管肺炎经常发生。胸部X线显示为包括多个小而阴沉的肺部渗透物，这些渗透物可能会聚集形成小叶或肺叶浸润，大部分在肺底。双侧肝门血管标记也被发现。肺炎和X线改变通常在几天内恢复。并发症包括胸腔积液、肺气肿、水肿，更少见纵隔和软组织肺气肿。少数患者可见中枢神经系统抑制，可能发展为昏迷和惊厥。死亡率达10%。死亡的个体通常具有迅速的休克和肺部改变发作并且可能伴有抽搐。尸检显示肺部有广泛的出血性水肿，并可能在肝脏中出现细胞变性。

5. 风险评估

美国NIOSH规定TLV-TWA为100 mg/m³。

本品对水生生物有毒并具有长期持续影响，其环境危害GHS分类：危害水生环境—急性危害，类别2，危害水生环境—长期危害，类别2。

天 然 气

1. 理化性质

CAS号：8006-14-2	外观与性状：无色气体

2. 用途与接触机会

可做燃料，也用作制造炭黑、合成氮、合成石油、甲醇以及其他有机化合物的原料。

3. 毒性

小鼠吸入TCL_0：200 g/m³。

4. 人体健康危害

有报道天然气急性中毒150例(包括接触燃烧不完全天然气者5例，余均无燃烧)，昏迷者占75.3%，常见症状有头晕、头痛、恶心、呕吐、乏力、畏寒、口吐白沫等。部分病例有发热、血压增高、心动过速、血白细胞数增商，7例心律失常者心电图示多发性室性过早搏动、心房颤动、I度或II度房室传导阻滞等，经对症处理，均较快恢复。

柴 油

1. 理化性质

外观与性状：液体	熔点/凝固点(℃)：煤油与润滑油之间
沸点(℃)：轻柴油(沸点范围约180～370℃)和重柴油(沸点范围约350～410℃)	溶解性：不溶于水

2. 用途与接触机会

主要作为拖拉机、大型汽车、内燃机车及土建、挖掘机、装载机、渔船、柴油发电机组和农用机械的动力，是柴油汽车、拖拉机等柴油发动机燃料。

3. 人体健康危害

对眼睛和皮肤接触会产生刺激作用。

柴油为高沸点成分，故使用时由于蒸气所致的毒性机会较小。柴油的雾滴吸入后可致吸入性肺炎。皮肤接触柴油可致接触性皮炎。多见于两手、腕部与前臂。柴油废气，内燃机燃烧柴油所产生的废气常能严重污染环境。废气中含有氮氧化物、一氧化碳、二氧化碳、醛类和不完全燃烧时的大量黑烟。黑烟中有未经燃烧的油雾、碳粒，一些高沸点的杂环和芳烃物质，并有些致癌物如3.4-苯并芘。

4. 风险评估

美国ACGIH规定的TLV-TWA 为100 mg/m³。

乳 香 油

1. 理化性质

CAS号：8016-36-2	外观与性状：无色至淡黄色液体
相对密度(水=1)：0.865～0.917	溶解性：不溶于水
闪点(℃)：35	

2. 用途与接触机会

为 GB2076－2011 规定的允许使用的食品用天然香料，可用于调配辛香、药草香、热带水果、姜香等食用香精；也用于花香型、果香型、古龙型、东方型、木香型等日用香精。

汽油废气和柴油废气

1. 理化性质

外观与性状：气体	溶解性：不溶于水

2. 用途与接触机会

沿公路(特别是经常发生交通阻塞的道路周围)居住的人们、交通管理人员和驾驶员，都是汽车排出废气的直接受害者。

3. 毒性

汽车在大量消耗资源的同时，其排放的尾气会严重影响人类健康。汽车尾气中的一氧化碳与血液中的血红蛋白结合的速度比氧气快 250 倍。所以，即使有微量一氧化碳的吸入，也可能给人造成可怕的缺氧性伤害。轻者眩晕、头痛，重者脑细胞将受到永久性损伤；氮氧、氢氧化合物会使易感人群出现刺激反应，患上眼病、喉炎，尾气中氮氢化合物所含苯并芘是致癌物质，它是一种高散度的颗粒，可在空气中悬浮几昼夜，被人体吸入后不能排出，积累到临界浓度便激发形成恶性肿瘤。

润　滑　油

1. 理化性质

外观与性状：淡黄色到褐色的黏稠液体，无气味或略带异味	溶解性：不溶于水

2. 用途与接触机会

用于喷气发动机、柴油机、仪表、轴承和精密机床等，起润滑、冷却和密封作用。根据用途和要求加入一种或几种不同量添加剂，如清洁分散、黏度、降凝、抗氧化、抗腐蚀、极压加防锈等添加剂。

3. 毒性

润滑油的毒性，因产地、油品和添加剂种类、数量的不同而有差异。一般毒性较低。

3.1 急性毒性

啮齿动物经口 LD_{50} 一般大于 10 g/kg，经皮 LD_{50} 大于 15 g/kg。除非发生雾滴，一般不易吸入。大鼠用三种中黏稠度车床冷却润滑油(均不含硫和添加剂)一次经口 12 g/kg，观察 2 w，均无中毒和死亡。小鼠分别经口吸入(油注入口腔后，自然吸入)无溶剂直馏曲轴润滑油、矿物油、自动传送用油和摩托车润滑油等，0.2 ml 均无死亡；经口吸入低黏稠度摩托车润滑油和高去垢添加剂发动机润滑油 0.2 ml，5 只小鼠死亡 1 只，死因为化学性肺炎。

添加剂多具有一定毒性，如兰 101 和兰 102 润滑油添加剂，小鼠经口 LD_{50} 分别为 2.51 g/kg 和 4.24 g/kg。中毒症状为静卧、拒食、毛莲松、呼吸慢而浅、全身衰竭死亡，而无兴奋、痉挛和侧倒。尸检见胃肠道黏膜水肿，肝、心肌和肾小管细胞浊肿，脑轻度水肿和脑血管轻度瘀血。

大鼠吸入含有磺酸钠、硝酸钠、磷酸钠和碳酸氢钠等添加剂的冷却润滑油雾 200 mg/m^3，4 h，观察 3.5 个月，动物无死亡，但有轻度肝和肾的病变，血清球蛋白增加和白蛋白减少。70 mg/m^3，4 h 无影响。

3.2 慢性毒性

大鼠吸入车床冷却润滑油雾 300、50、5 mg/m^3，6 h/d，6 d/w，历时 6 个月，无死亡。300 和 50 mg/m^3 两组动物体重增加迟缓或停止，血红蛋白降低，红细胞减少和白细胞增加。尸检有轻度支气管扩张，小泡性肺气肿。300 mg/m^3 引起油脂性肺炎，尸检见肺泡腔内大量油滴集聚，吞噬细胞浆内也有油滴，肺泡壁增厚，卡他性支气管炎。5 mg/m^3 时初期肺有不良反应，后正常。大鼠分别吸入两种切削油各 12、30 和 60 mg/m^3，历时 3～6 个月，见血清白蛋白减少，α1、α2 球蛋白增加，血清凝集素减少，白细胞吞噬机能下降和血内中性氨基酸含量增加，上述指标的改变随浓度增加而加重。其他如体量、呼吸功能、白细胞数等改变不明显。尸检见脾和淋巴结内网状和淋巴样组织增生，停止接触后 1 个月，30 和 60 mg/m^3 组可恢复正常。大鼠和豚鼠分别吸入中黏稠度润滑油10、60、75和125 mg/m³，4 h/d，历时5个月，各浓度对动物免疫机能均有抑制作用。

大鼠吸入含添加剂（磺酸钠、硝酸钠、磷酸钠和碳酸氢钠）的冷却润滑油42 mg/m³，4 h/d，历时6个月，动物体重不增，氧消耗减少，血清白蛋白减少，球蛋白增加，肝合成马尿酸量减少，出现高铁血红蛋白和赫恩小体等。尸检见心肌水肿，灶性间质性肺炎，小动脉和毛细血管的通透性增加，肝和肾变性。3～5 mg/m³无影响。兔吸入含添加剂（14%环烷酸、1.5%乙二醇和1%氢氧化钠）的锭子油乳化润滑油雾10～40万个颗粒/cm³，4 h/d，历时100 d，6只兔死亡4只，存活兔体重减轻。尸检见心肌、肝和脾变性，部分动物肺水肿和肺气肿以及油脂性肺炎。而吸入凡士林同上浓度和时间，却无影响。小鼠、大鼠、兔和猴分别吸入汽车润滑油雾63～132 mg/m³，30 min/d，历时100～365 d，除肺间质及淋巴结内有少量油滴沉积外，无病理改变。

润滑油对皮肤黏膜有不同程度的刺激作用。轻稠和可溶性润滑油多有轻度刺激作用。中、高稠品种刺激作用极微或无。有添加剂的润滑油一般比无添加剂的刺激作用大。因抗氧化防腐剂、清净分散剂和极压剂对皮肤黏膜有中度或轻度的刺激作用，而致敏作用很少见。只某些防锈剂（如苯基二胺类，对苯二胺节）可引起接触过敏性皮炎。光感皮炎也罕见。

4. 人体健康危害

吸入润滑油的油雾、挥发物和皮肤接触对人有一定的不良影响。可引起全身乏力、恶心、头晕、头痛等症状。严重者可发生油脂性肺炎。

慢性疾患，主要表现在皮肤疾病，其次是神经衰弱综合征。呼吸道和眼结膜的刺激症状以及油脂性肺炎等。

润滑油所致皮肤疾患中，最常见的是刺激性接触性皮炎。暴露部位出现不同程度性接触刺性皮炎征象，与未受累皮肤分界清晰。主要由润滑油中各种成分、添加剂和（或）杂质引起。机械性刺激、轻微外伤在本病发生过程中也可能起作用。也可因添加剂（如某些防老剂等）过敏：发生变应性接触性皮炎，其时皮损呈多形性，并有播散到不直接接触部位的倾向。变应性接触性皮炎可能在刺激性接触性皮炎之后发生，系继发过敏作用所致。

油性痤疮颇为多见。其特征是黑头、毛囊角化丘疹、毳毛折断和毛囊炎。位于接触最密切的部位。衣服、油液与皮肤间的摩擦以及不注意个人卫生是发病的主要诱因。接触含氯萘等添加剂的润滑油工人，可发生氯痤疮。接触含某些蒽馏分的润滑油后，可能发生光毒性皮炎。国内尚未见润滑油所致癌前期变化与皮肤癌报道。

神经衰弱综合征与呼吸道和眼黏膜的刺激症状主要是润滑油分解产物和添加剂所致。临床表现为咽喉和眼结膜烧灼感、流泪、头晕、头痛、全身不适、睡眠不佳、口苦、食欲减退。

油脂性肺炎。吸入润滑油的液体、气溶胶或雾可发生急性或慢性油脂性肺炎。吸入的油滴或雾引起肺的炎症反应，如吞噬细胞吞噬油滴，但不能消化而存于细胞浆内，肺泡壁增厚，纤维组织增生，肺间质含多量淋巴细胞和油滴。病变可分为局限型和弥没型两种，前者表现为边缘清楚的或纤维包裹的油脂肉芽肿；后者为弥漫性网状的细胞纤维性反应。临床表现在急性者似煤油性肺炎，但极少见。慢性者也少见，一般无症状，X线检查时无多发现；有时可有全身不适，胸闷和胸痛少见，轻咳，痰中有油滴，可有肺活量下降，最大通气量减低，X线检查多为网状阴影，多见于肺下叶和肺底，小结节或似肿瘤样的油性肉芽肿少见。

溶剂油［闭杯闪点≤60℃］

1. 理化性质

外观与性状：无色透明液体	溶解性：不溶于水

2. 毒性

本品健康危害GHS分类为生殖细胞致突变性，类别1B；吸入危害，类别1。IARC将石油溶剂分类为G3类，现有的证据不能对人类致癌性进行分类。

3. 风险评估

本品对水生生物有毒并具有长期持续影响，其环境危害GHS分类为：危害水生环境—急性危害，类别2；危害水生环境—长期危害，类别2。

沥　青

1. 理化性质

CAS 号：8052-42-4	外观与性状：半固体或液体状态
熔点/凝固点(℃)：485	溶解性：不溶于水
沸点(℃)：<470℃	闪点(℃)：204.04

2. 用途与接触机会

用于特殊涂料，电子层压板和热熔胶组合物中的黏合剂，低等级橡胶制品中的稀释剂，油井水力压裂中的漏水处理，放射性废物处理介质，管道和地下电缆涂层，防锈热浸涂层，人工草皮基底层，沙质土壤保水隔层，细菌快速生长过程中石油成分转化为蛋白质的支持层，作为低级橡胶制品中的稀释剂和作为油基钻井液中的增稠剂；由于其防水和耐大气腐蚀的特性而用作保护膜，作为黏合剂用于建筑产品纤维，砖砌墙板和纤维土管；热沥青用于道路封闭作业或覆盖作业中土壤稳定；沥青乳液复合材料用于路面、机场和停车场；沥青混凝土或沥青块主要用于道路和机场铺路，用于液压环境（如大坝、蓄水池和海防工程）、屋顶、地板和保护金属防腐蚀。超过80%的沥青用于各种道路建设和维护。沥青是有机物质储存和长期分解的结果，自古以来就被用于化妆品、艺术品和船只填缝剂。

3. 毒性

本品大鼠经口 LD_{50} >5 000 mg/kg；兔经皮 LD_{50} >2 000 mg/kg；大鼠吸入 LC_{50} >94.4 mg/(m^3 · 4.5 h)。IARC 致癌性分类为 2B（沥青，职业接触直馏沥青，以及道路铺设过程中的排放物）。

接触标志物为尿中 1-羟基芘。通过测量尿中硫醚和 1-羟基芘的含量来监测工人暴露于沥青烟气情况。沥青工人可能暴露于多环芳烃(PAHs)，部分多环芳烃属于致癌物质，所以对该类物质的职业暴露评估对于预防毒性效应至关重要。

4. 人体健康危害

热沥青的烟雾刺激皮肤和眼睛。由于加热这种材料而产生的烟雾可造成眼睛和呼吸道短暂的炎症和刺激。

在处理沥青的工人中比在没有沥青暴露的对照组中更多出现异常疲劳，食欲减少，咽喉刺激和眼睛刺激。挥发性化合物的症状与总量之间没有相关性，但症状与某些物质呈显著正相关，其中 1,2,4-三甲基苯的相关性最高。随着沥青温度的增加和沥青烟雾浓度的增加，症状增加。胺的暴露增加没有加重症状，软沥青似乎比硬沥青毒性更低。

5. 风险评估

我国职业接触限值规定石油沥青（按苯溶物计）PC-TWA 为 5 mg/m^3

松 节 油

1. 理化性质

CAS 号：8006-64-2	外观与性状：色至微黄色的澄清液体，有特异臭味
溶解性：不溶于水	

2. 用途与接触机会

松节油用途广泛。该药品为镇痛类非处方药药品。稀释油画颜料用油之一，其成分从松木中提炼所得，易挥发、可溶解油画颜料，以药用松节油质量最优，油画家作画起轮廓和开始铺底色时，常用大量松节油调色，它是近代画家作画不可缺少的材料。

松节油可用于制造合成樟脑、合成薄荷片、松油醇及合成香料等。在油漆工业、农药工业、造纸工业和纺织工业等部门中也有广泛的应用。

3. 毒性

大鼠经口 LD_{50}：3 956 mg/kg；兔经皮 LD_{50} > 2 000 mg/kg；大鼠吸入 LC_{50}：11 700 mg/(m^3 · 6 h)。对呼吸道和皮肤接触会产生刺激作用。人经皮 0.1%，造成严重皮肤损伤；兔经皮 500 μl，造成严重皮肤损伤。其健康危害 GHS 分类为皮肤腐蚀/刺激，类别 2；严重眼损伤/眼刺激，类别 2；皮肤致敏物，类别 1；吸入危害，类别 1。

大鼠吸入 TCL_0：4 800 mg/m^3，间歇性吸入 90D，造成包括心肌梗塞在内的心肌病、慢性肺水肿。本品可能导致皮肤过敏反应。

4. 风险评估

我国职业接触限值规定：PC－TWA 为 300 mg/m^3。美国 ACGIH 规定 TLV－TWA 为 247 mg/m^3。

本品对水生生物有毒并具有长期持续影响，其环境危害 GHS 分类为：危害水生环境—急性危害，类别 2；危害水生环境—长期危害，类别 2。

煤 焦 沥 青

1. 理化性质

CAS 号：65996－93－2	外观与性状：棕色或黑色黏稠液体
分子量：136.24	溶解性：不溶于水
相对蒸气密度(空气＝1)：0.838～0.880	

2. 毒性

本品大鼠经口 LD_{50} ＞5 000 mg/kg；兔经皮肤 LD_{50} ＞2 000 mg/kg；大鼠吸入 LC_{50} ＞94.4 mg/(m^3 · 4.5 h)。其健康危害 GHS 分类为生殖细胞致突变性，类别 1B，致癌性，类别 1A，生殖毒性，类别 1B 物。

3. 风险评估

我国职业接触限值规定：PC－TWA 为 0.2 mg/m^3。美国 ACGIH 规定本品阈限值 TLV－TWA 为 0.2 mg/m^3。

本品对水生生物毒性极大并具有长期持续影响，其环境危害 GHS 分类为：危害水生环境—急性危害，类别 1；危害水生环境—长期危害，类别 1。

煤 焦 油

1. 理化性质

CAS 号：8007－45－2	外观与性状：黑色黏稠液体，有特殊臭味
闪点(℃)：207	溶解性：不溶于水

2. 用途与接触机会

煤焦油由于其可用性、低硫含量和高热值，适合作为钢铁工业中的平炉和高炉燃料。美国生产的原煤焦油大部分(88%)被蒸馏成精制化学品和散装产品它也用作乙醇和燃料的变性剂。一部分(11%)在钢铁工业中作为燃料煤焦油也是其他有毒化学品的来源，包括 1－戊烯、环己烯、苯、甲苯、二甲苯、萘、蒽、菲、苯并[a]蒽、1,7－二甲基、二苯并[a,h]蒽、三甲基苯、苯酚、杂酚油、吡咯、吡啶、甲硫醇、乙硫醇。蒸馏产生挥发性物质和沥青；作为燃料直接燃烧；治疗皮肤病产品的组分；乙醇脱脂剂；表面涂层中的黏合剂和填充剂；环氧树脂表面涂层中的改性剂。

3. 毒性与中毒机理

本品健康危害 GHS 分类为：致癌性，类别 1A。兔经皮 LD_{50} ＞7 950 mg/kg。人经皮 15 μg/3 d，间歇性，造成轻度皮肤刺激；兔经皮 5%/3 d，造成轻度皮肤刺激。IARC 分类为 A1，确认人类致癌物。

煤焦油及其衍生物中毒机理，和光毒性和光过敏作用有关，其中光毒性是两种类型中最常见的，如果辐射剂量或光敏剂的剂量足够高，该现象发生在最初的损伤中，且不依赖于免疫反应，光过敏反应较不常见，是由抗原抗体或细胞介导的过敏性引起的暴露皮肤中的获得性改变的反应性。两者涉及的机制不同，但其基本原理是相同的，光子能量被光敏剂吸收并转移到目标分子上，导致响应增加或响应阈值降低。

4. 风险评估

我国职业接触限值规定 PC－TWA 为 0.2 mg/m^3。

本品对水生生物有毒并具有长期持续影响，其环境危害 GHS 分类为：危害水生环境—急性危害，类别 2；危害水生环境—长期危害，类别 2。

米许合金[浸在煤油中的]

本品 GHS 分类为危害水生环境—急性危害，类别 2；危害水生环境—长期危害，类别 2。

第12章

脂肪族环烃类

脂肪族环烃类简称脂环烃，是具有脂肪族化合物性质的闭链烃。可分为饱和的环烷烃与不饱和的环烯烃。环烷烃，如环戊烷、环已烷及它们的烃基衍生物，是石油产品的组分，液体燃料和溶剂中所含的环烷烃分子量较小，而润滑剂中所含的分子量较大。在化工生产中，环烷烃作为原料和溶剂；环烯烃主要用作化工原料，其中环戊二烯是重要的品种。植物中含有的脂环烃称为萜，部分萜为开链烃，工业上常用的松节油是萜的混合物。

(一) 用途与接触机会

本类物质主要用作溶剂和有机合成的原料，还可以作为润滑剂和液体燃料。

(二) 毒性

脂环烃的毒理学与相应的开链脂烃相似。一般而言，脂环烃是一种麻醉剂和中枢神经抑制剂。环烷烃的吸入麻醉作用较相应的开链烷烃为强。低碳环烷烃呈气体，常用作麻醉剂。5个碳原子以上的环烷烃呈液体，也有麻醉作用。但从6碳开始，麻醉作用与致死作用之间的安全系数很小，有一定危险性。环烯烃的活性较环烷烃大，其麻醉作用随分子结构中双键数目的增多而增强。4～7个碳原子的环烯烃，随分子量的增大其吸入毒性也增强。环烯烃与臭氧或其他小分子化合物反应，可形成光化学烟雾。脂环烃的急性毒性较低。由于脂环烃可以原形或转化成水溶性代谢物迅速排出，一般不会在体内蓄积而引起慢性中毒。但人和动物吸入高浓度脂环烃，可引起兴奋，失去平衡和昏迷等症状。动物经口摄入脂环烃，可引起严重的腹泻，出现心、肺、脑的病变。本类物质对水生生物具有较大危害，存在明显的生态毒性。

(三) 诊断

诊断主要依据接触史和临床症状，本类物质很少有特异性的生物标志。脂环烃多为工业用途，中毒事件多发生于职业场所；但由于用途广泛，不排除生活环境下发生中毒的情况。此外，脂环烃多可以作为溶剂，且挥发性较强，吸入被污染的空气也会导致中毒。脂环烃是一种麻醉剂和中枢神经抑制剂，脂环烃中毒多以急性中毒为主，症状表现为兴奋，头晕，意识错乱，昏迷和呼吸衰竭。经皮接触可能导致不同程度的刺激症状，吸入也会对呼吸道和肺造成刺激和损伤，眼睛接触则同样多为刺激症状，食入则可能会引起胃肠道刺激，导致恶心、胃痛和呕吐等。

职业脂环烃类中毒无特定的国家职业病诊断标准，其诊断要符合职业病诊断的一般原则。包括职业接触史、现场职业卫生调查、相应的临床表现和必要的实验室检测等，经全面综合分析，才能做出诊断。

(四) 治疗

脂环烃类中毒没有特效解毒剂，而中毒症状也以中枢神经系统的紊乱和刺激作用为主，因此治疗上以对症治疗为主，根据中毒严重程度，在充分洗消，消除毒物污染的基础上，应积极消除中枢神经系统的抑制作用，保护心脏循环系统功能，防止进一步恶化和死亡。需要强调并注意的是，脂环烃导致的麻醉作用与死亡的剂量之间差异很小。

急救：迅速脱离现场，立即脱去污染衣物，彻底清洗污染皮肤。吸氧，镇静，休息。具体操作上根据暴露途径的不同，如眼睛和皮肤接触时应用大量流动的水冲洗污染部位，脱掉污染的衣服，可以使用肥皂水彻底清洁皮肤；而经呼吸道吸入者应转移至通风处，呼吸困难者应给氧，昏迷但仍有呼吸应保持侧卧，而对于严重中毒已经停止呼吸者给予心肺复苏，并保持呼吸道通畅。经口摄入者应漱口、饮水稀释污染物，不要诱导中毒者呕吐，防止吸入性中毒的发生；当发生自发性呕吐时应俯卧低头，避免误吸。此外，对于气体脂环烃（如环丙烷）暴露应注意防止冻伤，可用快速加温技术治疗冻伤。

基本治疗：注意保证呼吸道的通常，保证呼吸功能的正常，必要时给予氧气，同时监测呼吸系统症状体征，防治肺水肿，必要时进行对症治疗。经口中毒者可以给予活性炭口服和盐性泻药，防止胃肠道进一步吸收毒物。

治疗初始阶段，应谨慎使用儿茶酚胺，化学物可能与其发生反应。对于严重中毒患者，早期进行对症治疗和支持治疗是救治急性中毒的重要手段之一。密切监测患者的各项生命体征，保证平稳。检查酸碱平衡、肾脏和肝脏的功能、血液参数和肺功能。当出现严重并发症，如心律失常、肺水肿、中毒性脑病和脑水肿的患者，应及时予以对症支持疗法。

（五）预防

本类化学物的接触方式包括吸入、皮肤和经口摄入，其中以吸入和皮肤污染导致的中毒为主，预防中毒时应以源头和危险人群两处考虑。此外，本类物质多为易燃液体，常温下脂环烃蒸气在空气中可达到爆炸浓度，应予注意，远离火源，严禁吸烟并采取措施防止静电。

一、工程控制　按照良好的工业卫生和安全规范进行操作，更新维护作业场所的防护设施。

二、个体防护　作业人员应做好个体防护，包括防护眼镜，防护服，手套等。禁止在工作场所进食和饮水，下班后应做好清洁工作，饭前洗手等。

三、改善设备、革新工艺　密闭操作，保证工作场所的通风，防止跑冒滴漏现象的发生，使用低毒或者无毒的物质作为替代物。

四、定期检查、加强管理　严格按照要求进行存储，保持干燥和通风，防止泄露等。应定期检查操作设备和制度、环境的污染情况、污染物的来源、可能引起的潜在危害，还应有就业前和定期的体检。

环　丙　烷

1. 理化性质

CAS号：75－19－4	外观与性状：无色气体，有石油醚样气味
熔点(℃)：－127.4	临界温度(℃)：125.1
沸点(℃)：－32.8	临界压力(MPa)：5.57
燃烧热(kJ/mol)：－2 076.3	自燃温度(℃)：497
爆炸上限[%(V/V)]：10.3	爆炸下限[%(V/V)]：2.4
饱和蒸气压(kPa)：719.53(25℃)	易燃性：易燃气体
相对密度(水＝1)：1.879	闪点(℃)：－94
相对蒸气密度(空气＝1)：1.88	*n*－辛醇/水分配系数：1.72
分子量：42.08	溶解性：稍溶于水；可溶于苯；极易溶于乙醇、乙醚等有机溶剂

2. 用途与接触机会

工业上用于有机合成，医药上可作麻醉剂。几乎没有实验室、商业或工业用途。在生产或使用环丙烷的工作场所，可通过吸入和皮肤接触导致职业性接触。

3. 毒性与中毒机理

进入机体的环丙烷迅速以原形被呼出体外，只有大约 0.5%的环丙烷在体内代谢，转化为 CO_2 和水。经肺吸收快，对中枢神经系统有抑制作用。作为麻醉剂，可获得良好的深麻醉。麻醉时对血压和呼吸无明显影响，血液生化改变也不大。麻醉作用与毒性作用之间虽有较大的安全系数，但麻醉剂量能使心肌对肾上腺素的感受性提高。麻醉浓度，兔为 240～258 g/m^3，猫为 172～206 g/m^3，狗为 258～292 g/m^3。当浓度超过 430～516 g/m^3 时麻醉动物血压急剧降低，可因呼吸麻痹而死亡。狗的 MLC 为 516 g/m^3。小鼠吸入 309.6 g/m^3，39 min 致死。在工业生产或使用中，本品一般无明显危害。

动物实验研究结果显示，所有麻醉药都可干扰丘脑网状核对丘脑腹基底核的正常调节机制，而丘脑网状核对这些药物的作用非常敏感。

4. 人体健康危害

环丙烷是一种气味芳香的易燃气体，中毒可能性很小。如遇中毒，处理方法与其他挥发性麻醉剂相同。

环丙烷对呼吸道的刺激性极小，仅在高浓度范围内会触发中枢神经系统的全身效应，即明显的抑郁。人体吸入后可能出现多种心律失常，包括窦性心动过缓、房性外收缩、房颤、A－v节段节律异常、室性早搏和二联律。通常在吸入后10 min内迅速恢复，与暴露时间无关。过量吸入会导致呼吸停止、心脏骤停。作为麻醉性镇痛药物使用时，随着麻醉深度的加深，通气会逐渐减少。没有证据表明环丙烷具有肝毒性。

5. 风险评估

本品对水生生物有害并具有长期持续影响。其环境危害GHS分类为：对水生环境的危害—长期危害，类别3。

环 戊 烷

1. 理化性质

CAS号：287－92－3	外观与性状：无色液体，甜的、温和的气味
熔点(℃)：−93.4	临界温度(℃)：238.6
沸点(℃)：49.2	临界压力(MPa)：4.52
燃烧热(kJ/mol)：−3 287.8	自燃温度(℃)：20.18
爆炸上限[%(V/V)]：8.7	爆炸下限[%(V/V)]：1.1
饱和蒸气压(kPa)：45(20℃)	易燃性：极易燃
相对密度(水＝1)：0.75	闪点(℃)：−37(闭杯)
相对蒸气密度(空气＝1)：2.42	*n*－辛醇/水分配系数：3.00
分子量：70.13	溶解性：微溶于水，156 mg/L(25℃)；溶于乙醇、乙醚、苯、四氯化碳、丙酮等多数有机溶剂

2. 用途与接触机会

本品工业上用于裂炼芳香族化合物，可用作纤维素酯的溶剂，发动机燃料和共沸蒸馏剂。医药上用于生产止痛药、镇静药、安眠药、抗肿瘤药、中枢神经抑制药、前列腺素、杀虫剂等许多产品。它还存在于一些家庭建筑用品中。

环戊烷是一种广泛存在的大气污染物，存在于汽油中，使用汽油时汽车尾气中的环戊烷可能会导致吸入暴露。操作汽油装卸处理设施的工人暴露于占总烃0.7%的体积含量的环戊烷蒸气中。环戊烷亦存在于烟草烟雾中。

环戊烷会在空气中分解，也可通过土壤转移并微量溶解于水中，或从水和土壤中挥发。不会被土壤或水中的微生物降解，会在水生生物体内聚积。

3. 毒代动力学

生产或使用环戊烷的工作场所，吸收途径多为吸入和经皮接触吸收。吸入和局部皮肤暴露后，环戊烷可被吸收并在体内快速分布。进入人体的环戊烷可以通过母乳分泌出，或呼出。

环戊烷通过环烷醇代谢成为偶联代谢产物，部分是以原型通过呼气排出，部分作为偶联物经尿液排除。

4. 毒性

本品大鼠经口LD_{50}：11 400 mg/kg；小鼠经口LD_{50}：12 800 mg/kg；大鼠吸入LC_{50}：106 000 mg/m^3。

对中枢神经系统有抑制作用。暴露于高浓度的环戊烷，可能会出现的症状包括兴奋、平衡失调、昏迷、麻醉→昏迷，有迅速发生呼吸麻痹的风险。当应用于豚鼠皮肤时，未稀释的脂环族烃引起形态变化(表皮增厚)和表皮可溶性精氨酸酶活性的改变。人吸入环戊烷29～43 mg/m^{3}可以忍受。小鼠实验表明，最小麻醉浓度与致死剂量间无安全系数，两者均为110 mg/m^3。

大鼠吸入环戊烷39～397 mg/m^3，6 h/d，共3 w，无有害影响。吸入2.328 g/m^3，6 h/d，共12 w，发现雌性大鼠体重增长减少。吸入8 110 mg/L，6 h/d，持续12 w，导致雌性大鼠体重增加下降。

5. 人体健康危害

接触蒸气/液体，可刺激眼睛，引起灼烧感、流泪、结膜发红。与液体接触会刺激眼睛和皮肤。皮肤暴露于商业溶剂，在20 min的限制性接触后，引起持续的疼痛、烧灼感和皮肤起泡。去除戊烷后15 min内疼痛消退。暴露于高浓度环戊烷可引起兴奋、头晕、意识错乱、昏迷和呼吸衰竭。摄入可能会引起胃肠道刺激,导致恶心和呕吐。意大利制鞋业的 122 名工人因胶粘剂溶剂暴露引起多发性神经病变。

有关长期或反复暴露于环戊烷的影响的研究不多。有研究报道:制鞋行业工人因使用含有环戊烷(高达 18%)、正己烷和其他化学品的胶溶剂,导致几处组织发生神经性损伤。此外,皮肤长时间接触含有环戊烷和其他化学品的工业溶剂会引起疼痛的烧灼感和起泡。在短时间内吸入高浓度环戊烷后,实验室动物中观察到兴奋,失去平衡,麻木,昏迷和罕见的呼吸衰竭等体征或症状。

6. 风险评估

美国 OSHA 和 NIOSH 规定 TWA 皆为 1 878 mg/m^3。本品对水生生物有害并具有长期持续影响。其环境危害 GHS 分类为:对水生环境的危害—长期危害,类别 3。

环 己 烷

1. 理化性质

CAS 号:110-82-7	外观与性状:无色液体,溶剂气味;非单一的刺激性辛辣的石油样气味,温和的甜味,气味类似于氯仿
熔点(℃):6.47	临界温度(℃):280.3
沸点(℃):80.7 (100 kPa)	临界压力(MPa):4.07
燃烧热(kJ/mol):−3 919.6 (25℃)	自燃温度(℃):245
爆炸上限[%(V/V)]:8.4	爆炸下限[%(V/V)]:1.3
饱和蒸气压(kPa):164 (30℃)	易燃性:易燃
相对密度(水=1):0.78	闪点(℃):−18(闭杯)
相对蒸气密度(空气=1):2.98	*n*-辛醇/水分配系数:3.44
分子量:84.159	溶解性:微溶于水,25℃水中溶解度 55 mg/L;溶于乙醇、乙醚、丙酮、苯、石油醚等多数有机溶剂

2. 用途与接触机会

本品可用于有机合成,超过 98%的环己烷生产用于制造尼龙中间体。被用作漆、树脂和合成橡胶的溶剂,也可用作油漆和清漆去除剂、精油的提取剂。存在于所有原油中。可以在火山排放物、烟草烟雾和植物挥发物中释放。

主要摄入途径是经呼吸道吸收。在环己烷产生或者使用的工作场所的工作人员具有最高的接触量。尼龙行业的工人最有可能被暴露,其他行业包括鞋厂、皮革厂、印刷厂、家具和机械行业。一般人群可能接触到来自烟草烟雾、汽油烟雾或烟尘的环己烷。在地表、地面和饮用水中均发现低水平的环己烷。环己烷也存在于空气中,它通过与其他化学物质反应而在空气中分解。环己烷可从土壤和水表面迅速蒸发,残留在土壤或水中的环己烷可能被微生物缓慢分解。它有可能在水生生物体内蓄积。

3. 毒代动力学

环己烷可以通过经口和吸入途径吸收,但是没有足够的数据显示通过真皮途径吸收。在呼吸道被吸收之后,大部分都以原形经呼出气排出。另一部分排泄在尿液中,其余部分通过肝和肾系统排泄。

机体吸收的环己烷经肝、肾代谢,氧化为环己醇,与硫酸盐或葡萄糖醛酸苷结合经尿排出。本品可诱导肝微粒体羟化酶,但对细胞色素 P450 单氧化酶系统无作用。同位素示踪研究表明,给兔注射 350~400 mg/kg 环己烷,35%~45%以原形和 10%以二氧化碳形式从肺部呼出,50%以葡萄糖醛酸结合物形式从尿中排出(35%~50%是环已醇葡萄糖苷酸和 3%~8%是反式环已烷-1,2-二醇类)。同时尿中硫酸盐指数降低。已知环己烷经历氧化代谢产生环己醇(主要代谢物)、环己酮以及可能的其他氧化产物(1,2-或 1,4-二羟基环己烷及其相应的酮类似物)。醇产物可形成 2 相共轭物(硫酸盐和葡糖苷酸)。有研究者研究了四种已知的或可疑的环己烷代谢物(环己醇,环己酮,1,4-环己二醇和 1,4-环己二酮)的肾效应,这些化合物以 0.5 g/kg 的日剂量(每 w5 次 IP 注射 2 w)施用。结果显示只有环己醇增加 β-2-微球蛋白,这表明这种代谢物为环己烷在肾脏的代谢物。

环己烷暴露的生物监测包括测量肺泡空气样品中的环己烷或尿液中的环己醇(游离或结合)。通过测定 156 名在制鞋和皮革工厂工作的员工不同工作日尿液中 1,2-环己二醇(1,2-二醇)和 1,4-二醇含量进行环己烷职业暴露的生物和环境监测。将基于生理学药代动力学(PBPK)模型建立的尿中1,2-二醇动力学曲线与工人获得的结果进行比较。从PBPK模型和工人的数据之间比较表明,1,2-二醇和1,4-二醇是适合生物监测环己烷职业暴露的尿代谢物。

4. 毒性

本品大鼠经口LD_{50}：12 700 mg/kg;小鼠经口LD_{50}：813 mg/kg;兔经口LD_{50}：5.5 mg/kg;兔经皮LD_{50}＞2 000 mg/kg;大鼠吸入LC_{50}＞35 693 mg/m^3,4 h;哺乳动物吸入LC_{50}：70 g/m^3。本品健康危害GHS分类为：皮肤腐蚀/刺激,类别2;特异性靶器官毒性-一次接触,类别3(麻醉效应);吸入危害,类别1。

动物吸入实验表明,本品急性毒性较低。高浓度蒸气会引起兔产生惊厥。兔口服中毒剂量导致严重的腹泻、循环衰竭和死亡,没有显著的中枢神经抑制或麻醉。尸检显示血管损伤广泛,但对血液形成没有影响。

将大鼠和小鼠暴露于0、1 879 mg/m^3、7 514 mg/m^3、26 300 mg/m^3环己烷蒸气6 h/d,5 d/w,共14 w。在暴露期间,暴露于26 300 mg/m^3的小鼠表现出中毒的临床症状,包括活动过度、盘旋、跳跃、后踢腿、站立在前腿上以及偶尔的翻转行为。

雌性大鼠5 d/w以0.375、0.75、1.5 g/kg的剂量腹腔注射环己烷2 w。高剂量的1.5 g/kg环己烷引起肾近端肾小管功能障碍,导致β2-微球蛋白增加。β2-微球蛋白的增加归因于代谢物环己醇。

5. 人体健康危害

过度暴露于环己烷的潜在症状是刺激眼睛、皮肤和呼吸系统,表现出嗜睡、皮炎类症状。尽管环己烷急性毒性通常较低,但是会引起麻醉和昏迷。1 127 mg/m^3环己烷对眼睛和黏膜有刺激。职业暴露于19～793 mg/m^3的环己烷1.2年,对周围神经系统无不良影响。对某行李厂18名暴露于环己烷环境中的工人进行神经传导研究,结果显示个人空气中的环己烷暴露与尿环己醇之间有很强的相关性,环己烷职业接触对周围神经系统无不良影响。

6. 风险评估

我国职业接触限值规定PC-TWA为250 mg/m^3。本品对水生生物毒性极大,其环境危害GHS分类为：危害水生环境—急性危害,类别1。

甲基环己烷

1. 理化性质

CAS号：108-87-2	外观与性状：无色液体,有芳香味
熔点(℃)：−126.6	临界温度(℃)：300
沸点(℃)：100.9(100 kPa)	临界压力(MPa)：3.471
爆炸上限[%(V/V)]：6.7	自燃温度(℃)：250℃
饱和蒸气压(kPa)：0.8(25℃)	爆炸下限[%(V/V)]：1.2
相对密度(水=1)：0.77	易燃性：高度易燃
相对蒸气密度(空气=1)：3.39	闪点(℃)：−4(闭杯)
分子量：98.19	*n*-辛醇/水分配系数：3.61
溶解性：溶于乙醇、乙醚、丙酮、苯;用石油醚、四氯化碳混溶;水中溶解度为14.0 mg/L(20℃/25℃)	

2. 用途与接触机会

在商业上用作纤维素衍生物的溶剂,特别是与其他溶剂,作为有机合成中的有机中间体。这是喷气燃料中的组成部分之一。主要通过呼吸道吸收进入人体。

3. 毒代动力学

甲基环己烷通过吸入吸收。一小部分被呼出,一部分经尿原型排泄。大部分进入血液经代谢,形成葡萄糖酸或硫酸的共轭物经尿排泄。

犬类尿液中未发现任何原型及代谢产物。只有经4%～5%剂量的甲基环己烷处理的兔子会排泄葡糖醛酸酯络合物。成年南美栗鼠口服剂量为2.1—2.4 mmol/kg甲基环己烷。给药60 h后,65%经尿排泄,15%经呼气排泄(10%为甲基环己烷原型,5%为二氧化碳),0.5%经粪便排泄,4%～5%保留在体内。总计42%的剂量以葡糖苷酸聚合物的形式排泄,2%以硫酸盐络合物形式排泄。反式-4-甲基环己醇的葡糖苷酸聚合物是主要的尿代谢物,大概占15%。在尿液中发现另外5种甲基环己醇葡萄糖醛酸结合物，分别占0.5%～11.5%，没有发现1-甲基环己醇。然而，少量(1.9%)芳构化成苯甲酸，以马尿酸的形式排泄。

进入血液的本品，大部分转运到肝、肾，由肝微粒体酶作用羟化为反式-4-甲基环己醇，最后与葡萄糖苷酸或硫酸盐结合经尿排出；另一部分以原形从尿排出。NADPH强化的大鼠肝微粒体会发生甲基环己烷羟基化。用苯巴比妥羟基化甲基环己烷预处理的大鼠制备的微粒体比对照组高4～5倍；苯巴比妥预处理也导致"1型"底物结合差异谱增加4至5倍。甲基环己烷的羟基化反应不是线性的，这可能是由于反应产物的竞争性抑制，因为醇类产物对细胞色素P-450上的底物结合位点有强烈的竞争。

对大鼠体内甲基环己烷的代谢进行研究。雄性费希尔344大鼠每隔一天通过口服灌胃给予0或0.8 g/kg甲基环己烷2 w。在给药的第一个48 h期间收集尿液样品。首先分析用葡萄糖醛酸酶和硫酸酯酶处理的代谢产物。最后一次给药后24 h处死大鼠，取出肾脏，切片并检查组织病理学变化。尿中经葡萄糖醛酸酶和硫酸酯酶水解产生的甲基环己烷代谢产物有2(t)-羟基-4(c)-甲基环己醇，2(c)-羟基-4(t)-甲基环己醇，反式-3-甲基环己醇，2(c)-羟基-4(c)-甲基环己醇，反式-4-甲基环己醇，环己基甲醇。其中2(t)-羟基-4(c)-基环己醇的量最大。未经葡萄糖醛酸酶和硫酸酯酶处理的尿样中未检测到代谢物。肾组织病理切片只显示轻微的肾毒性。得出的结论是，甲基环己烷主要在大鼠中代谢为二羟基代谢物。甲基环己烷的低肾毒性可能是由于环结构上缺少支链。

4. 毒性

本品小鼠经口LD_{50}：2 250 mg/kg，小鼠吸入LC_{50}：41 500 mg/(m^3·2 h)。兔经眼100 μl/24 h，造成轻度眼刺激；兔经皮500 μl/24 h，造成轻度皮肤刺激。

本品健康危害GHS分类为：皮肤腐蚀/刺激，类别2；特异性靶器官毒性——一次接触，类别3(麻醉效应)；吸入危害，类别1。毒性类似于环己烷，但麻醉作用比环己烷强。兔吸入本品的无作用浓度约为4.22～4.67 g/m^3；吸入11.35 g/m^3，引起肝、肾细胞极轻微损害；浓度达60 g/m^3时，出现抽搐、呼吸困难、流涎及结膜充血，70 min死亡。小鼠吸入30 g/m^3浓度时侧卧，40～50 g/m^3引起死亡，死亡前发生全身强直性痉挛。给猴致死浓度引起黏膜分泌增加、流泪、流涎、呼吸缓慢、腹泻等症状。兔经口MLD为4.0～4.5 g/kg，在给药后1～1.5 h内出现腹泻；LD_{100}为4.5～10 g/kg。

反复接触可引起皮肤干燥，甚至导致皮炎。在动物实验中，本品显示出轻微的慢性毒性：兔子暴露在14 465 mg/m^3浓度300 h显示出对肝脏和肾脏的边缘损伤；暴露于5 260 mg/m^3的浓度中无毒性症状；在进一步的实验中，将猴暴露于1 622 mg/m^3，6 h/d，50 d，未显示任何毒性作用或显微镜下可检测到的器官损伤；在对暴露于1 753 mg/m^3或8 767 mg/m^3(6 h/d，5 d/w，1年)，观察期后一年的大鼠、小鼠和仓鼠进行的吸入性研究中，只对高度暴露的雄性大鼠的肾脏造成显著损害；连续两w口服800 mg/kg体重本品对大鼠肾脏也有轻微损害。综上所述，肾毒性是动物实验中的关键作用。

5. 人体健康危害

吞咽及呼吸道吸入本品可能致命，皮肤接触可造成皮肤刺激和脱脂。单次接触本品可能引起昏昏欲睡或眩晕，蒸气会引起类似于环己烷作用的中枢神经系统衰弱。无全身毒性的报告。

6. 风险评估

美国NIOSH规定本品TWA为1 600 mg/m^3，OSHA规定本品TWA为2 000 mg/m^3。

本品对水生生物有毒且有长期持续影响，其环境危害GHS分类为：危害水生环境—急性危害，类别2；危害水生环境—长期危害，类别2。

乙基环己烷

1. 理化性质

CAS号：1678-91-7	外观与性状：无色液体
沸点(℃)：131.9	熔点/凝固点(℃)：-111
相对蒸气密度(空气=1)：3.9	相对密度(水=1)：0.79
爆炸上限[%(V/V)]：6.6	临界压力(MPa)：3.17
闪点(℃)：18	爆炸下限[%(V/V)]：0.9
饱和蒸气压(kPa)：1.7(25℃)	水溶性：6.3 mg/L

（续表）

引燃温度(℃)：260	辛醇/水分配系数(Kow)：4.56
分子量：112.21	溶解性：微溶于水；可混溶于醇、酮、醚、苯和石油醚
易燃性：易燃	

2. 用途与接触机会

用作化学中间体，气相色谱对比样品，用于有机合成。

3. 毒性

本品健康危害 GHS 分类为：吸入危害，类别1。急性毒性主要以刺激性症状和中枢神经系统紊乱为主。本品液体或者蒸气可引起呼吸道的刺激症状，但是与环己烷和甲基环己烷类似，导致刺激症状的可能性较低。高浓度乙基环己烷蒸气可以引起麻醉前驱症状如困倦、头痛和虚弱，并可能快速进展为无意识状态和呼吸麻痹。动物实验数据显示，16 381 mg/m³乙基环己烷可以使小鼠丧失姿势反射；38 196 mg/m³时致死。而经口暴露时，高浓度乙基环己烷可能导致胃肠功能的紊乱（尤其是腹泻）和严重的循环系统反应（包括潜在的器官损害的可能，心脏骤停）。与其他环烷烃类似，长期接触本品会导致皮肤脱脂，出现炎症反应和结构组织损伤。

4. 风险评估

本品对水生生物有毒且有长期持续影响，其环境危害 GHS 分类为：危害水生环境—急性危害，类别1；危害水生环境—长期危害，类别1。

二甲基环己烷

1. 理化性质

（1）1,1-二甲基环己烷

CAS号：590-66-9	外观与性状：无色液体
沸点(℃)：119.6	熔点/凝固点(℃)：−33.3
相对蒸气密度(空气=1)：3.02	相对密度(水=1)：0.78
爆炸上限[%(V/V)]：6.1	临界压力(MPa)：2.93
闪点(℃)：11(闭杯)	爆炸下限[%(V/V)]：0.95
饱和蒸气压(kPa)：3(25℃)	水溶性(mg/L)：10.9
易燃性：易燃	辛醇/水分配系数(Kow)：4.05
分子量：112.21	溶解性：微溶于水，溶于乙醇、乙醚等多数有机溶剂

（2）1,2-二甲基环己烷

CAS号：583-57-3	外观与性状：透明液体
沸点(℃)：127～130	熔点/凝固点(℃)：−50.1(顺式)
相对蒸气密度(空气=1)：3.88	相对密度(水=1)：0.79
闪点(℃)：9(闭杯)	溶解性：不溶于水；溶于乙醇、乙醚等多数有机溶剂
饱和蒸气压(kPa)：1.9(25℃)	辛醇/水分配系数(Kow)：4.01
引燃温度(℃)：304	易燃性：高度易燃液体
分子量：112.21	

（3）1,3-二甲基环己烷

CAS号：591-21-9	外观与性状：液体
沸点(℃)：122.5	相对密度(水=1)：0.767
易燃性：高度易燃液体	水溶性(mg/L)：11.7
闪点(℃)：9	溶解性：微溶于水，溶于乙醇、乙醚等多数有机溶剂
饱和蒸气压(kPa)：2.85	辛醇/水分配系数(Kow)：4.01
分子量：112.21	

（4）1,4-二甲基环己烷

CAS号：589-90-2	外观与性状：无色液体，微甜芳香气味
沸点(℃)：120	熔点/凝固点(℃)：−87
相对蒸气密度(空气=1)：3.87	相对密度(水=1)：0.78(20℃)
闪点(℃)：7(闭杯)	爆炸下限[%(V/V)]：0.9
饱和蒸气压(kPa)：8(50℃)	水溶性(mg/L)：4.5
引燃温度(℃)：304	辛醇/水分配系数(Kow)：4.01

（续表）

易燃性：高度易燃	溶解性：微溶于水；溶于乙醇、乙醚等多数有机溶剂
分子量：112.21	

2. 用途与接触机会

用作化学中间体、分析试剂，用于有机合成。通常仅用于科研或者研发，不作为药品、家庭或其他用途。

3. 毒性

有关二甲基环己烷及其异构体的毒性数据较少，实验数据表明1,4-二甲基环己烷危害相对较大，其健康危害GHS分类为：皮肤腐蚀/刺激，类别2；特异性靶器官毒性——一次接触，类别3(麻醉效应)；吸入危害，类别1。

高浓度长时间接触可能对黏膜产生刺激症状，出现烧灼感和咳嗽。对中枢神经系统具有抑制作用，高浓度蒸气吸入暴露时可导致麻醉前驱症状，如困倦、头痛和虚弱，并可能快速进展为无意识状态和呼吸麻痹。动物实验发现21 841 mg/m³到27 301 mg/m³浓度下可导致小鼠姿势反射丧失；5 450到32 761 mg/m³浓度下可导致小鼠的死亡。而经口暴露时，高浓度二甲基环己烷可能导致胃肠功能的紊乱(尤其是腹泻)和严重的循环系统反应(包括潜在的器官损害的可能，心脏骤停)。

4. 风险评估

二甲基环己烷及其异构体均对水生生物有毒，且有长期持续影响，其环境危害GHS分类为：危害水生环境—急性危害，类别2；危害水生环境—长期危害，类别2。

二甲氨基环己烷

1. 理化性质

CAS号：98-94-2	外观与性状：无色透明液体
沸点(℃)：161	熔点/凝固点(℃)：<-77
相对蒸气密度(空气=1)：4.39	相对密度(水=1)：0.85
爆炸上限[%(V/V)]：6.1	爆炸下限[%(V/V)]：0.85

（续表）

闪点(℃)：40	临界压力(MPa)：2.93
饱和蒸气压(kPa)：3.59(20℃)	水溶性(g/L)：13.4
引燃温度(℃)：215	辛醇/水分配系数(Kow)：2.31
易燃性：易燃	溶解性：微溶于水；可混溶于乙醇、丙酮、苯
分子量：127.23	

2. 用途与接触机会

用作聚氨酯泡沫催化剂，橡胶促进剂的中间体以及用于织物处理。

3. 毒性

本品对皮肤和黏膜具有刺激作用，刺激作用的强弱依赖于剂量或溶液浓度。动物实验发现，高剂量接触可能导致大鼠、豚鼠死亡，中毒症状为皮肤炎症，震颤，肌肉强直和痉挛，蹒跚步态、共济失调等。不同种类的动物LD_{50}不同，分布于38到650 mg/kg之间。大鼠经皮LD_{50}：370 mg/kg，大鼠经口LD_{50}：348 mg/kg，小鼠经口LD_{50}：320 mg/kg，小鼠吸入LC_{50}：1 100 mg/(m³·2 h)。此外，动物实验发现在停止接触并置于通风设施内数小时后，实验动物仍出现了死亡，解剖发现出现肺水肿，肢端腐蚀和角膜浑浊等症状；而大鼠在557 mg/m³浓度暴露下出现肝脏功能的变化，但是未见组织学的变化。经口暴露(600 mg/kg)的实验大鼠出现组织学的变化，比如脂肪肝，肾脏病变和心肌局灶性萎缩—营养不良损伤。

其健康危害GHS分类为：急性毒性—经皮，类别3；急性毒性—吸入，类别2；皮肤腐蚀/刺激，类别1；严重眼损伤/眼刺激，类别1；特异性靶器官毒性——一次接触，类别1；特异性靶器官毒性——一次接触，类别3(呼吸道刺激)。

动物实验发现，大鼠每天按照0.5 ml/kg的剂量接触12次可以导致中等程度的皮损，如变红，皲裂和结痂。停止暴露后，经治疗可以快速恢复。但并未发现系统性的影响。有研究发现高浓度暴露组的大鼠和小鼠出现上呼吸道刺激症状，增加肌肉张力，改变肝脏的酶活性，降低心率；组织学也发现支气管炎和心肌毛细血管的扩大。中剂量暴露组则出现了心律不齐和可逆转的转氨酶活性变化。

4. 风险评估

本品对水生生物毒性极大并具有长期持续影响,其环境危害 GHS 分类为:危害水生环境—急性危害,类别 1;危害水生环境—长期危害,类别 1。

1,3 -环戊二烯

1. 理化性质

CAS 号:542 - 92 - 7	外观与性状:无色液体
沸点(℃):41	熔点/凝固点(℃):−95.54
相对蒸气密度(空气=1):2.28	相对密度(水=1):0.80
闪点(℃):25(开杯)	水溶性(mg/L):1 800
饱和蒸气压(kPa):57.8(25℃)	辛醇/水分配系数(Kow):2.25
引燃温度(℃):640	溶解性:可溶于醇、醚、苯、四氯化碳、二硫化碳等
分子量:66.1	易燃性:易燃

2. 用途与接触机会

一般人群可通过吸入周围空气,饮用污染的饮用水和皮肤接触暴露于 1,3 -环戊二烯。

可用于树脂的制造;还可以作为前列腺素、氯化杀虫剂的起始原料。在有机合成中,在二烯反应中产生倍半萜,合成生物碱、樟脑;以螯合物形成夹层化合物,例如,环戊二烯基铁二羰基二聚体。职业环境下可能通过吸入和皮肤接触 1,3 -环戊二烯。

3. 毒性

本品健康危害 GHS 分类为:急性毒性—经口,类别 3;急性毒性—吸皮,类别 3;严重眼损伤/眼刺激,类别 2;特异性靶器官毒性——次接触,类别 3(呼吸道刺激);特异性靶器官毒性—反复接触,类别 2。

对皮肤及黏膜有强烈的刺激作用。暴露于 1,3 -环戊二烯蒸气后,10 min 内即可引起青蛙体内中枢神经系统抑制,但是 70 min 内完全恢复。大鼠经口 LD_{50}:113 mg/kg,兔经皮 LD_{50}:430 mg/kg;大鼠吸入 LC_{50}:39 mg/(L·h);小鼠吸入 LC_{50}:15 mg/(L·h)。

动物实验表明,1,3 -环戊二烯的平均浓度为 1 476 mg/m^3 的情况下,大鼠重复 35 d、7 h/d 的暴露,可以导致肝和肾脏的轻度损伤,表现为肝小叶中心肝细胞浑浊肿胀和肾小管上皮浑浊空泡化。家兔皮下注射 3 ml 可以导致中枢神经系统抑制,并伴有可能致命的抽搐;而注射 0.5~1.0 ml 并未导致上述症状。中枢神经系统抑郁期间的体征和症状则包括原发性运动障碍和死前间歇性呼吸频率下降。此外,本品引起明显的局部刺激,胸膜和腹膜腔内渗出,以及肾脏充血。但是亦有研究表明,27 w 内重复日常暴露于 738 mg/m^3 的 1,3 -环戊二烯,兔、大鼠、豚鼠和犬未见任何变化。在 1.5 g/m^3 浓度下暴露 2.5 个月,大鼠中毒表现为体重下降、血红蛋白和红细胞数减少。病理见到实质性器官的脂肪性或颗粒性变。常温下会形成二聚体(二聚环戊二烯),二聚体含量的增加会伴随液体颜色变暗,毒性较本品大。

4. 人体健康危害

对眼睛、皮肤和呼吸道有刺激性。眼睛接触会引起红肿和疼痛,皮肤接触会引起烧灼感和皮疹,大量吸入可引起咳嗽和喉咙疼痛。发生事故时,吸入可造成急性中毒。首先出现呼吸道刺激症状及兴奋症状,继而转入麻醉期,患者进入沉睡状态,经过抢救治疗,意识可以恢复,2~3 d 痊愈。

长期或反复接触本品可能损害肝脏和肾脏。暴露会引起皮肤过敏。如果导致过敏,即使是低暴露也会引起症状。

5. 风险评估

美国 OSHA 规定:8 h- TWA 为 221 mg/m^3。NIOSH 规定:10 h- TWA 为 221 mg/m^3;IDLH 为 2 214 mg/m^3。

二聚环戊二烯

1. 理化性质

CAS 号:77 - 73 - 6	外观与性状:无色结晶
沸点(℃):170	熔点/凝固点(℃):32.5
相对蒸气密度(空气=1):4.55	相对密度(水=1):0.94
爆炸上限[%(V/V)]:6.3	爆炸下限[%(V/V)]:0.8
闪点(℃):32(开杯)	水溶性(mg/L):20

（续表）

饱和蒸气压（kPa）：0.3（25℃）	辛醇/水分配系数（Kow）：2.78
引燃温度（℃）：503	溶解性：微溶于水；易溶于乙醇、乙醚、丙酮等有机溶剂
分子量：132.22	易燃性：易燃

2. 用途与接触机会

环戊二烯和二聚环戊二烯的工业最终用途有两大类：(1) 商品树脂和聚合物，包括烃类树脂，不饱和聚酯树脂和三元乙丙橡胶；(2) 特种聚合物和精细化学品，包括环烯烃共聚物，阻燃剂，农用化学品，特种降冰片烯，香料和香料中间体。此外，冬季或夏季可用作野兔和鹿等动物的驱避剂，在落叶和针叶树上以浸渍条的形式施用，或者通过在观赏植物和灌木周围喷洒。一般人群可通过吸入周围空气，饮用污染的饮用水和皮肤接触暴露于二聚环戊二烯；职业环境下可能通过吸入和皮肤接触二聚环戊二烯。

3. 毒代动力学

本品经呼吸道吸入和经口摄入后会被迅速吸收，脂肪组织、肾上腺、膀胱和胆囊中浓度较高。其中一部分会以原形呼出，但大部分吸收后在肝脏中羟基化，与葡萄糖醛酸结合后通过尿排泄。双键发生环氧化，随后环氧化物水解成二醇并与葡萄糖醛酸结合。二聚环戊二烯的尿代谢物没有特别明确，但实验数据表明，小鼠和大鼠的尿都有七种组分。在犬的尿液中发现了六种成分。放射性元素标记试验中，代谢物中只有1%～3%的放射性来源于未代谢的C_{14}-二环戊二烯。

4. 毒性

本品大鼠经口LD_{50}：353 mg/kg，小鼠经口LD_{50}：190 mg/kg，兔经皮LD_{50}：5 080 mg/kg；大鼠吸入LC_{50}：1 676 mg/m^3 · 6 h，大鼠吸入LC_{50}：610 mg/m^3/4 h，小鼠吸入LC_{50}：856 mg/m^3 · 4 h。健康危害GHS分类为：皮肤腐蚀/刺激，类别2；严重眼损伤/眼刺激，类别2；特异性靶器官毒性——一次接触，类别3(呼吸道刺激)。动物实验表明，本品对眼睛、皮肤和呼吸道有不同程度的刺激作用。兔经皮20 mg/24 h，造成中度皮肤刺激；兔经皮9 300 μg/24 h，开放式环境下，造成严重皮肤刺激。此外，本品还可以导致中枢神经系统障碍，症状表现为震颤、协调障碍、麻醉作用和痉挛等，中毒动物还表现出反射丧失、行为和运动障碍、呼吸急促等。根据受试动物物种不同，本品表现出中等至高等毒性，还可能导致肺和肝脏的损伤，表现为出血等。

亚慢性研究中，低剂量暴露时未见显著异常，高剂量时可能导致死亡，表现为肺损伤，研究人员认为可能原因是呼吸道发生的刺激反应。雄性小鼠肾脏出现变化，主要表现为肾小管扩张或者变性。部分实验动物肺部发生变化，则表现为慢性肺炎和支气管扩张。小鼠吸入暴露，7 h/d，5 d/w，持续10 d，剂量分别为277 mg/m^3、425 mg/m^{3}和862 mg/m^3，862 mg/m^{3}组所有小鼠在暴露的第一天惊厥性死亡；425 mg/m^{3}组在暴露10 d期间，不同性别的6只小鼠中有5只发生了死亡；277 mg/m^{3}组没有发生死亡，也没有观察到其他效果。

大鼠经口最低中毒剂量TDL_0：182 mg/kg，持续26 w染毒，表现为抑制多种酶活性。大鼠经口TDL_0：1 120 mg/kg，间歇性染毒28 d，表现为膀胱重量降低，胆红素、胆固醇等血清成分变化，抑制转氨酶活性。大鼠吸入TCL_0：20 mg/(m^3 · 4 h)，间歇性染毒26 w，可以导致行为兴奋，产生蛋白尿。

5. 人体健康危害

本品对皮肤、眼睛和呼吸道有刺激性。吸入后可导致咳嗽、喉咙疼痛和头痛，皮肤和眼睛接触则会导致发红和疼痛，误食则会导致腹痛和恶心。

人类对二环戊二烯气味阈值低至0.02 mg/m^3。受试者分别在5.9 mg/m^{3}和32.5 mg/m^{3}的情况下进行了30 min的测试，其中一名受试者在7 min后出现了轻微的眼睛和喉咙刺激，而另一名受试者在24 min后报告了嗅觉疲劳。10 min后报告眼睛刺激，但在32.5 mg/m^{3}的测试受试者中没有发现嗅觉疲劳。

6. 风险评估

我国职业接触限值规定：PC-TWA为25 mg/m^3。1989年废止的美国OSHA规定：PEL-TWA为30 mg/m^3，但仍在一些州实施。英国规定本品TWA为30 mg/m^3。

本品对水生生物有毒且有长期持续影响，其环境危害GHS分类为：危害水生环境—急性危害，类别2；危害水生环境—长期危害，类别2。

环　己　烯

1. 理化性质

CAS 号：110－83－8	外观与性状：无色液体
沸点(℃)：83	熔点/凝固点(℃)：－103.5
相对蒸气密度(空气＝1)：2.8	相对密度(水＝1)：0.81
爆炸下限[%(V/V)]：1.09	爆炸上限[%(V/V)]：7.7
闪点(℃)：－11.7(闭杯)	水溶性(mg/L)：213
饱和蒸气压(kPa)：11.8(25℃)	辛醇/水分配系数(Kow)：2.86
引燃温度(℃)：265	溶解性：可混溶于甲醇、醚、苯和石油醚
分子量：82.14	易燃性：高度易燃

2. 用途与接触机会

本品用于有机合成，如合成赖氨酸、环己酮、苯酚、聚环烯树脂、氯代环己烷、橡胶助剂、环己醇原料等，也用作溶剂；另外还可用作催化剂溶剂和石油萃取剂，高辛烷值汽油稳定剂。此外，本品是烷基化组分，可用于实验室制备丁二烯。在环己烯产生或使用的工作场所，环己烯职业接触可能是通过吸入和皮肤接触。

3. 毒代动力学

动物实验发现，大鼠经口摄入本品后尿液中主要为顺式和反式的 3－羟基环己基巯基酸，以及微量的环己基巯基酸和 2－羟基环己基巯基酸；同样的，兔经口摄入后尿液中主要代谢物也为 3－羟基环己基巯基酸。代谢物多数为羟基化的，与谷胱甘肽结合后转化为巯基酸。此外，一部分会以原型的形式经呼出气排出体外。

4. 毒性

本品大鼠经口 LD_{50}：2.4 ml/kg；小鼠经口 LD_{50}：＞3.2 ml/kg；豚鼠经口 LD_{50}：＞20 ml/kg。健康危害 GHS 分类为：严重眼损伤/眼刺激，类别 2；吸入危害，类别 1；特异性靶器官毒性——一次接触，类别 3(呼吸道刺激、麻醉效应)。

持续接触时，本品对皮肤、眼睛和黏膜具有刺激作用，并可能导致肺功能障碍或损伤高浓度接触时会导致中枢神经系统紊乱。反复接触可能皮肤的脱脂和刺激。动物实验研究发现长期接触可以导致碱性磷酸酶水平增加，其他血液学参数未见异常。

5. 人体健康危害

环己烯对眼睛、皮肤和呼吸道有刺激作用，吸入可能会导致化学性肺炎。吞咽本品有害，进入呼吸道可能致命。皮肤接触会中毒会导致刺激症状，高浓度接触可能造成呼吸道刺激，造成昏睡或晕眩。它是一种麻醉剂和中枢神经系统抑制剂，可能也会对中枢神经系统产生影响。可诱发肺损伤、短暂的中枢神经系统抑制或兴奋、继发性缺氧、感染、肺气肿和慢性肺功能障碍，心脏并发症少见。

6. 风险评估

美国 ACGIH 规定：TLV－TWA 为 1 100 mg/m^3；OSHA 规定：PEL－TWA 为 1 100 mg/m^3；NIOSH 规定：IDLH 为 7 334 mg/m^3。

本品对水生生物有毒且有长期持续影响，其环境危害 GHS 分类为：危害水生环境—急性危害，类别 2；危害水生环境—长期危害，类别 2。

4－乙烯－1－环己烯

1. 理化性质

CAS 号：100－40－3	外观与性状：无色液体
沸点(℃)：128	熔点/凝固点(℃)：－109
相对蒸气密度(空气＝1)：3.73	相对密度(水＝1)：0.83
爆炸上限[%(V/V)]：9.1	爆炸下限[%(V/V)]：0.8
闪点(℃)：16(闭杯)	水溶性：50 mg/L
饱和蒸气压(kPa)：2(25℃)	辛醇/水分配系数(Kow)：3.93
引燃温度(℃)：265	溶解性：微溶于水；可混溶于甲醇、醚、苯和石油醚
分子量：108.18	易燃性：易燃

2. 用途与接触机会

用于生产二氧化乙烯环己烯的中间体和环氧树

脂的活性稀释剂；还作为乙基环己基甲醇增塑剂的前体，硫氰酸酯杀虫剂的中间体和抗氧化剂。

3. 毒代动力学

小鼠染毒后，会诱导细胞色素酶 P450、细胞色素酶 B5、NADPH－细胞色素 C 还原酶、氨基比林－N－去甲基化酶和环氧化物水解酶；此外，会大量消耗肝还原型谷胱甘肽，表明谷胱甘肽可能参与代谢过程。经孵育，小鼠肝微粒体产生的代谢物主要是 4－乙烯环己烷－1，2－二醇，以及 4－乙烯－1，2－环氧环己烷和 4－乙烯－1－环己烯二氧化物。

小鼠单次口服，24 h 内排出 95％的摄入量；大鼠则在 48 h 内经尿液排出 50％～60％，经呼出气排出 30％～40％。而 24 h 内，小鼠组织的分布不足总剂量的 1％；大鼠脂肪组织、骨骼肌和皮肤分别会潴留 3.4％、1.1％和 1.1％（占总剂量）。4－乙烯－1－环己烯的浓度在脂肪组织中最高，是肝脏、皮肤和卵巢等组织的 10 倍左右。

4. 毒性

本品小鼠经口 LD_{50}：3.08 ml/kg；大鼠经口 LC_{50}：27 000 mg/kg；兔经皮 LD_{50}：20 ml/kg。健康危害 GHS 分类为：皮肤腐蚀/刺激，类别 2；严重眼损伤/眼刺激，类别 1；致癌性，类别 2；生殖毒性，类别 2；特异性靶器官毒性—反复接触，类别 1。

对眼、皮肤和呼吸道具有刺激作用，直接接触可以导致皮肤脱脂化。此外，本品具有麻醉作用，抑制中枢神经系统，导致眩晕、头痛、困倦等症状，并进一步发展为痉挛或深度昏迷，呼吸麻痹、心脏骤停。经口摄入可能会刺激黏膜引起胃肠道功能紊乱，如胃痛和腹泻。小鼠暴露在蒸气浓度为 12～20 g/m³，2 h，均出现眼及黏膜刺激现象，部分动物发生痉挛。20～25 g/m³ 时反射消失。大鼠暴露于饱和蒸气 15 min 死亡，兔暴露于 38 636 mg/m³，4 h，4/6 动物死亡，在 60 g/m³ 浓度下只见黏膜刺激及部分姿势反射减弱。小鼠暴露在 5 g/m³ 浓度下，4 h/d，共 45 d，有 1 只小鼠在受毒 16 次后因肺部出血和炎症而死，其余动物均存活。对存活动物剖检见到造血器官刺激和红细胞数增加。

IARC 将其列为 2B 类致癌物。

5. 风险评估

美国 ACGIH 规定：8 h－TWA 为 0.5 mg/m³。

本品对水生生物有毒且有长期持续影响，其环境危害 GHS 分类为：危害水生环境—急性危害，类别 2；危害水生环境—长期危害，类别 2。

1，2－环氧环己烷

1. 理化性质

CAS 号：286－20－4	外观与性状：无色液体，具有强烈气味
沸点(℃)：130	熔点/凝固点(℃)：＞－10
相对蒸气密度(空气＝1)：3.38	相对密度(水＝1)：0.97
爆炸上限[％(V/V)]：9.0	爆炸下限[％(V/V)]：1.5
闪点(℃)：24(闭杯)	辛醇/水分配系数(Kow)：1.66
饱和蒸气压(kPa)：1.2(20℃)	溶解性：几乎不溶于水；可混溶于甲醇、醚、苯和石油醚
引燃温度(℃)：345	易燃性：易燃
分子量：98.14	

2. 用途与接触机会

用作化学中间体，比如环氧树脂和光反应聚合物。

3. 毒代动力学

动物实验发现环己烯氧化物会在兔肝脏微粒体中被氧化，同时环氧化合物是烯烃在肝脏微粒体中氧化成糖醇的中间体。

4. 毒性

本品大鼠吸入 LCL_0：549 mg/kg；兔经皮 LD_{50}：0.63 ml/kg，大鼠经口 LD_{50}：1.09 ml/kg，大鼠腹腔注射 LD_{50}：549 mg/kg，小鼠肌注 LD_{50}：1 000 mg/kg。健康危害 GHS 分类为：急性毒性—经皮，类别 3。

动物实验发现本品可以导致轻微的皮肤刺激症状和角膜腐蚀，与其他环氧化合物类似，在高浓度暴露后，可能导致神经毒性，有可能出现震颤等症状。目前认为，本品对人体呼吸道纤毛具有毒性作用。

1,3,5-环庚三烯

1. 理化性质

CAS号：544-25-2	外观与性状：无色液体
沸点(℃)：116	熔点/凝固点(℃)：−80
闪点(℃)：5(闭杯)	相对密度(水=1)：0.885
饱和蒸气压(kPa)：3.13(25℃)	水溶性(mg/L)：620
溶解性：几乎不溶于水；可混溶于甲醇、醚、苯和石油醚	辛醇/水分配系数(Kow)：2.63
易燃性：易燃	分子量：92.14

2. 用途与接触机会

作为有机金属化学的配体和有机化学合成的基础。

3. 毒性

本品大鼠经口 LD_{50}：57 mg/kg，大鼠经皮 LD_{50}：422 mg/kg，小鼠经口 LD_{50}：171 mg/kg。对呼吸道黏膜、眼睛、皮肤具有导致刺激作用，经口和皮肤接触可能导致毒性作用。此外，有报道本品具致突变作用。健康危害GHS分类为：急性毒性—经皮，类别3；急性毒性—经口，类别3。

4. 风险评估

本品对水生生物有害且有长期持续影响，其环境危害GHS分类为：危害水生环境—长期危害，类别3。

环 辛 烯

1. 理化性质

CAS号：931-87-3	外观与性状：无色液体
沸点(℃)：145～146	熔点/凝固点(℃)：−16
爆炸上限[%(V/V)]：7.9	相对密度(水=1)：0.846
闪点(℃)：25(闭杯)	爆炸下限[%(V/V)]：0.6
饱和蒸气压(kPa)：0.8(25℃)	辛醇/水分配系数(Kow)：3.93
引燃温度(℃)：280	溶解性：几乎不溶于水；可混溶于甲醇、醚、苯和石油醚
分子量：110.199	易燃性：易燃

2. 用途与接触机会

环辛烯可以通过开环聚合合成聚辛烯酯，此外还常用作有机金属化学的配体。环辛烯具有顺式和反式两种结构，是最小的可以分为顺式和反式异构体的环烯烃。

3. 毒性

本品相关毒性资料很少，一般认为通过呼吸道，皮肤接触和经口接触可能导致急性和慢性毒性，甚至死亡。健康危害GHS分类为：吸入危害，类别1。

4. 风险评估

本品对水生生物毒性极大并具有长期持续影响，其环境危害GHS分类为：危害水生环境—急性危害，类别1；危害水生环境—长期危害，类别1。

1,3-环辛二烯

1. 理化性质

CAS号：3806-59-5	外观与性状：无色液体
沸点(℃)：150.1(100 kPa)	熔点/凝固点(℃)：−53～−51
闪点(℃)：25.1(闭杯)	相对密度(水=1)：0.841
饱和蒸气压(kPa)：0.66(25℃)	辛醇/水分配系数(Kow)：3.52
易燃性：易燃	溶解性：不溶于水；可混溶于有机溶剂
分子量：108.183	

2. 用途与接触机会

通常用于研发和生产其他化学物的原料，如用于生产1-氯-4-三氯甲基-环辛烯。

3. 毒性

本品对眼睛、皮肤和黏膜有强烈刺激作用，误服可能导致肺部损伤。

4. 风险评估

本品对水生生物有毒并具有长期持续影响，其环境危害 GHS 分类为：危害水生环境—急性危害，类别 2；危害水生环境—长期危害，类别 2。

1,5 -环辛二烯

1. 理化性质

CAS 号：111 - 78 - 4	外观与性状：无色恶臭味液体
沸点(℃)：150	熔点/凝固点(℃)：−70
相对蒸气密度(空气=1)：3.73	相对密度(水=1)：0.88
闪点(℃)：31(闭杯)	水溶性(mg/L)：64.1
饱和蒸气压(kPa)：0.66 (25℃)	辛醇/水分配系数(Kow)：3.55
易燃性：易燃	溶解性：几乎不溶于水；可溶于苯和四氯化碳
分子量：108.19	

2. 用途与接触机会

树脂合成的中间体，如作为三元乙丙橡胶的第三个单体。主要接触途径是经呼吸道，皮肤毒性实验表明可以经皮肤少量吸收。

3. 毒代动力学

1,5 -环辛二烯接触后，大鼠和兔体内代谢后生成二羟基环辛酯酸。

4. 毒性

本品健康危害 GHS 分类为：急性毒性—吸入，类别 4；急性毒性—经口，类别 4；皮肤腐蚀/刺激，类别 2；严重眼损伤/眼刺激，类别 2；皮肤致敏物，类别 1；特异性靶器官毒性——次接触，类别 3(麻醉作用)。

大鼠经口 LC_{50} 为：1 900 mg/kg。动物实验表明本品可以导致严重的接触性皮炎，并容易诱导致敏作用，可以导致结膜炎。研究发现本平可以导致表皮细胞精氨酸酶活性。经口暴露的动物实验发现本品毒性相对较低，所有动物在剂量达到 1 250 mg/kg 时会出现中毒症状(45 min 后出现皮肤褶皱，随后出现呼吸紊乱，平衡障碍，震颤，步态异常，镇静等)，尤其以中枢神经系统紊乱症状明显。死亡小鼠解剖后可见消化道上皮损伤和肝脏改变(斑点)，而存活小鼠处死后解剖则未见异常。

慢性毒性的数据目前主要来源于动物实验。大鼠在两周内经吸入接触不同浓度的 1,5 -环辛二烯后，高浓度组(2 415 mg/m^3)在 6 h/d 暴露结束后，表现出反应力下降，整个暴露期结束后，检查发现鼻黏膜损伤(嗅觉上皮细胞变性和坏死)，肾脏重量增加、透明滴富集，尿液参数变化(pH 值降低)。亦有研究发现为期 4 w 的经口染毒后，所有剂量组均出现剂量依赖性的临床症状(嗜睡，部分个体出现共济失调、毛发褶皱、步态异常)，并迅速消退。而暴露期结束后，最高剂量组(450 mg/kg)出现体重减轻、肝脏重量增加和肝细胞增大、雌性个体肾脏重量增加。但是肝脏的变化被认为是一种适应性反应。皮肤接触本品可能导致过敏反应。

5. 风险评估

本品对水生生物毒性极大并具有长期持续影响，其环境危害 GHS 分类为：危害水生环境—急性危害，类别 1；危害水生环境—长期危害，类别 1。

萘　　烷

1. 理化性质

CAS 号：91 - 17 - 8	外观与性状：无色透明液体
沸点(℃)：155.5	熔点/凝固点(℃)：−43
相对蒸气密度(空气=1)：4.76	相对密度(水=1)：0.896
爆炸上限[%(V/V)]：6.3	爆炸下限[%(V/V)]：0.6
闪点(℃)：55.5(闭杯)	水溶性：0.889 mg/L
饱和蒸气压(kPa)：0.3 (25℃)	辛醇/水分配系数(Kow)：4.2
引燃温度(℃)：235	溶解性：微溶于水；易溶于甲醇、乙醇、醚、氯仿
分子量：138.25	易燃性：易燃

2. 用途与接触机会

用作油脂、树脂、橡胶等的溶剂和除漆剂，润滑剂。在生产或使用本品的工作场所，职业性接触十氢萘可通过吸入和皮肤接触这种化合物而发生。一般人群可能通过吸入周围空气和煤油空间加热器附近的空气、摄入受污染的饮用水和通过使用含有本品的消费品导致暴露。

3. 毒代动力学

实验动物体内经代谢转化后与葡萄糖醛酸结合经尿液排出。给予十氢化萘的雄性大鼠，血液中可以检查到十氢化酮，尿液中可以检查到十氢化醇，并可能以原型蓄积于肾脏内。

4. 毒性

本品大鼠吸入 LC_{50}：4 382 mg/m^3 · 4 h；兔经皮 LD_{50}：5.9 ml/kg，大鼠经口 LD_{50}：4.17 g/kg。健康危害 GHS 分类为：急性毒性—吸入，类别 3；皮肤腐蚀/刺激，类别 1C；严重眼损伤/眼刺激，类别 1；吸入危害，类别 1。对皮肤、黏膜和眼睛有腐蚀性，具有刺激作用。动物实验发现，急性蒸气暴露可以导致豚鼠和兔发生白内障。经口摄入可能导致豚鼠肝脏萎缩和肾脏炎症，而连续对豚鼠经皮暴露两日，10 日内导致实验动物死亡，机体损伤情况与经口暴露一致。

十氢化萘可能诱导雄性大鼠肾脏改变，增加肾脏重量、尿液分析参数变化、肾近曲小管上皮细胞增殖；显微病变则包括透明液滴和肾髓质颗粒形成。超微结构上发现肾近曲小管上皮细胞吞噬体和透明液体显著增加和增大。而雌性大鼠则未见变化。

5. 人体健康危害

本品对皮肤、眼睛和黏膜有腐蚀性，严重时可导灼伤。吸入接触可能导致麻痹，恶性、头痛和呕吐，还可能导致刺激症状，以及不明的嗅觉和肺部改变，甚至导致肾脏损伤，经口摄入可能导致胃肠道紊乱。人吸入最低有害浓度为 617 mg/m^3。少数工人在密切接触部位如前臂发生小水疱湿疹，有瘙痒感。此外，有文献报道接触工人出现棕绿色尿液。长期重复接触可能导致皮炎。

6. 风险评估

我国职业接触限值规定：PC－TWA 为 60 mg/m^3。

本品对水生生物有毒并具有长期持续影响，其环境危害 GHS 分类为：危害水生环境—急性危害，类别 2；危害水生环境—长期危害，类别 2。

1－甲基萘

1. 理化性质

CAS 号：90－12－0	物理状态(颜色/形态)：无色油状液体
沸点(℃)：244.7	熔点(℃)：－30.43
相对蒸气密度(空气＝1)：4.91	相对密度(水＝1)：1.020 2
爆炸上限[%(V/V)]：5.3	爆炸下限[%(V/V)]：0.8
饱和蒸气压(25℃,kPa)：0.009	水溶性(mg/L)：25.8(25℃)
临界压力(MPa)：3.56	溶解性：极易溶于乙醇和乙醚；溶于苯
临界温度(℃)：498	闪点(℃)：82(闭杯)
辛醇/水分配系数(Kow)：3.87	引燃温度(℃)：529
分子量：142.20	易燃性：易燃

2. 用途与接触机会

一般人群可能通过吸入周围空气和香烟烟雾、摄入食物和饮用水以及与含有 1－甲基萘的产品接触导致暴露。

本品一般作为溶剂。用作测定柴油燃料十六烷值的测试物质和染料载体。还用于 1－萘乙酸的合成，以及与 2－甲基萘的混合物作为溶剂和导热油。也可用于杀虫剂、邻苯二甲酸酐的制造；溶剂有机合成；沥青和石脑油成分。生产或使用 1－甲基萘的工作场所，吸入和皮肤接触可能会发生 1－甲基萘的职业性接触。

3. 毒性

本品健康危害 GHS 分类为：急性毒性—经口，类别 4；皮肤腐蚀/刺激，类别 2；严重眼损伤/眼刺激，类别 2；特异性靶器官毒性——次接触，类别 3(呼吸道刺激、麻醉效应)。

对眼睛和皮肤有刺激刺激作用，还可引起皮肤光敏感。兔经皮 LDL_0 为：7 500 mg/kg；大鼠经口 LD_{50} 为：1 840 mg/kg。皮肤刺激作用比 2－甲基萘轻，兔经皮 0.05 ml/24 h，造成中度皮肤刺激。中毒症状主要是由于植物神经系统和中枢神经系统紊乱，如肌肉震颤、嗜睡、共济失调、腹泻和泪液增多。而死亡实验动物经解剖可见内脏器官的充血和出血。

大鼠经口最低中毒剂量 TDL_0：15 g/kg，2 周，导致体重降低。此外，与萘相似，长期接触甲基萘也可能导致白内障。

4. 人体健康危害

本品造成眼、皮肤刺激，一次接触本品可能造成呼吸道刺激，可能造成昏睡或晕眩，长期或反复接触本品可能损害下呼吸道和肺。与萘相比，甲基萘对人体的唯一影响是皮肤刺激和皮肤光敏化。

5. 风险评估

美国 ACGIH 规定本品 8 h - TWA 为 3.2 mg/m^3（经皮）。

本品对水生生物有毒并具有长期持续影响，其环境危害 GHS 分类为：危害水生环境—急性危害，类别 2；危害水生环境—长期危害，类别 2。

2-甲基萘

1. 理化性质

CAS 号：91-57-6	物理状态（颜色/形态）：芳香味白色结晶
沸点（℃）：241.1	熔点（℃）：34.6
饱和蒸气压（25℃，kPa）：0.007	相对密度（水=1）：1.006
临界压力（MPa）：3.37	水溶性（mg/L）：24.6
临界温度（℃）：488	溶解性：混溶于乙醇和乙醚
辛醇/水分配系数（Kow）：3.86	闪点（℃）：98（闭杯）
引燃温度（℃）：488	易燃性：易燃
分子量：142.20	

2. 用途与接触机会

普通人群可以通过吸入周围空气和香烟烟雾，摄入食物和饮用水，以及与含有 2-甲基萘的产品接触发生暴露。

用于有机合成、杀虫剂、染料载体。用于纺织助剂、表面活性剂和乳化剂烷基甲基萘磺酸盐的制造。2-甲基萘是生产 2-甲基-1,4-萘醌（58-27-5）（甲萘醌，维生素 K3）的原料，与 1-甲基萘的混合物用作溶剂和传热油，纯 2-甲基萘是生产维生素 K 制剂的原料。在生产或使用 2-甲基萘的工作场所，可通过吸入和皮肤接触而发生职业性暴露。

3. 毒代动力学

动物数据表明 2-甲基萘在摄入后被快速吸收（24 h 内约 80%）。吸收后广泛分布在组织中，在 6 h 内达到峰值浓度，并很快被肝脏、肺和其他组织代谢。2-甲基萘排泄迅速（在豚鼠 48 h 内大约 70%～80%，大鼠 55%），主要作为尿代谢物被排出。大鼠口服 24 h 后，80%随尿排出，10%随粪便排出。虽然肺是唯一的毒性作用部位，但是 2-甲基萘不优先在肺中积累，所有组织中的结合都是剂量依赖性的，肝脏和肾脏中的结合浓度比肺中（发现损伤的唯一组织）的浓度更高。组织学检查发现，在所有暴露的小鼠中（单次 400 mg/kg），可诱导细支气管坏死（如通过光学显微镜查见细支气管腔内衬细胞脱落）。在任何时间点，暴露小鼠的肝脏或肾脏中均未发现损害，注射后 4 h 达到峰值且与肺组织浓度一致，直到注射后 8 h，仍未观察到有明显损伤。2-甲基萘重复暴露，未观察到显著的全身累积。2-甲基萘在血液中的半衰期为 10.4 h。萘在其他组织中的衰减被描述为双相。在暴露的第一或第二小时内血液 2-甲基萘浓度迅速增加。从血液中消除 2-甲基萘遵循开放的二室模型。

参与萘或 2-甲基萘代谢活化的主要酶是细胞色素 P-450 单氧酶。共价结合萘或 2-甲基萘代谢物的生成依赖于还原型辅酶 II，且受到还原性谷胱甘肽的抑制。采用放射性元素标记并进行染毒，从大鼠肝微粒悬浮液中提取 2-甲基萘的氧化性代谢产物，主要有：3,4-二氢二醇、5,6-二氢二醇和 7,8-二氢二醇 2-甲基萘。2-甲基萘在豚鼠体内（体内和体外实验）的代谢，其尿液中的主要代谢物是 2-甲基萘的甲基组（萘酸及其甘氨酸和葡萄糖醛酸偶联剂）的氧化产物，占前 24 h 尿总放射性的 76%。其他次要的代谢产物（占尿总放射性的 18%）：S-（7-甲基-1-萘基）半胱氨酸、葡萄糖醛酸、硫酸共轭物 7-甲基萘酚。在豚鼠肝匀浆上清液中检出 S-（7-甲基-1-萘基）谷胱甘肽。

4. 毒性

4.1 急性毒作用

雄性小鼠，2-甲基萘单剂量 0 或 300 mg/kg 腹腔注射，24 h 后处死。组织学检查暴露组均发生细支气管坏死，而对照组没有发生病变。2-甲基萘急性吸入，对大鼠的呼吸速率有抑制作用。小鼠静脉注射萘和 2-甲基萘，产生同样的毒性作用。第一个细胞毒性作用的证据出现在细支气管上皮 Clara 细胞中，并且在最高剂量时，在邻近的纤毛细胞中发现了毒性作用。暴露 6 h 后，所有剂量暴露组均检出超微结构变化。对其他类型细胞仅有轻微的影响。其他研究表明，小鼠 2-甲基萘肺毒性剂量(400 mg/kg，i.p)，肝脏、肺和肾脏中谷胱甘肽水平均显著减少。对皮肤有刺激性，兔经皮 0.05 ml/24 h，造成严重皮肤刺激。中毒症状与 1-甲基萘相似。大鼠经口 LD_{50}：1 630 mg/kg。

健康危害 GHS 分类为：急性毒性—经口，类别4；皮肤腐蚀/刺激，类别 2；严重眼损伤/眼刺激，类别 2；特异性靶器官毒性——一次接触，类别 3(呼吸道刺激、麻醉效应)。

4.2 慢性毒作用

与萘类似，长期接触甲基萘也可能导致白内障。健康危害 GHS 分类为：特异性靶器官毒性—反复接触，类别 2。

4.3 远期毒作用

人淋巴细胞体外暴露于 2-甲基萘研究其染色体的变化，实验组有哺乳动物代谢活化系统，对照组没有哺乳动物代谢活化系统。在没有代谢活化系统的情况下，均没有显示出任何显著的细胞遗传效应。2-甲基萘 4 mmol/L 时，随着代谢活化作用开始出现明显的染色体断裂效应；增加 2-甲基萘剂量，姐妹染色单体交换频率明显增加，但是交换频率明显低于对照组 2 倍。目前研究结论尚不能证明 2-甲基萘应被归类为潜在的基因毒性物质。

5. 人体健康危害

本品造成眼、皮肤刺激，一次性高浓度接触本品可能造成呼吸道刺激，可能造成昏睡或晕眩，长期或反复接触本品可能损害下呼吸道和肺。与萘相比，甲基萘对人体的唯一影响是皮肤刺激和皮肤光敏化。

6. 风险评估

美国 ACGIH 规定：8 h- TWA 为 3.2 mg/m^3(经皮)。

本品对水生生物有毒并具有长期持续影响，其环境危害 GHS 分类为：危害水生环境—急性危害，类别 2；危害水生环境—长期危害，类别 2。

苊(萘嵌戊烷/萘己环)

1. 理化性质

CAS 号：83-32-9	外观与性状：白色针状结晶
沸点(℃)：279	熔点/凝固点(℃)：93.4
相对蒸气密度(空气=1)：5.32	相对密度(水=1)：1.22
爆炸下限[%(V/V)]：0.8	爆炸上限[%(V/V)]：5.3
闪点(℃)：125(闭杯)	水溶性(mg/L)：3～4
饱和蒸气压(kPa)：2.86×10^{-4}(25℃)	辛醇/水分配系数(Kow)：3.92
引燃温度(℃)：>450	溶解性：微溶于水；易溶于醇、苯、冰醋酸和氯仿
分子量：154.21	易燃性：易燃

2. 用途与接触机会

苊存在于石油和煤焦油中。汽油和柴油废气、香烟烟雾以及石油、煤炭和木材燃烧都会产生苊。因此，普通人群可能通过吸入周围空气、吸入烟草烟雾、摄取食物和饮用水、以及使用含苊消费品等而接触。

从煤焦油中提取，用作染料、塑料、杀虫剂、杀菌剂和药品生产的化学中间体。在生产或使用苊的工作场所，可通过吸入和皮肤接触导致职业性暴露。

3. 毒代动力学

实验数据表明，苊在真菌、细菌和哺乳动物中代谢相似，酶的主要靶点是五元环的两个碳(1 和 8)。苊可以被人类细胞色素 P450 酶系(P450s)2A6、2A13 以及其他 P450s 氧化，形成多个单氧和双氧化产物。在大鼠体内代谢为萘-1,8-二羧酸。将苊和苊烯以 50 μM 浓度与人 P450s 2A6、2A13、1B1、1A2、2C9、3A4 按照标准反应混合孵育，苊被转化为多种单氧和二氧化产物，P450s 氧化苊的主要产物为 1-苊醇。

4. 毒性

本品健康危害 GHS 分类为：皮肤刺激，类别 2；

严重眼损伤/眼刺激，类别 2；特殊性靶器官毒性——一次接触，类别 3。对皮肤、黏膜和皮肤有刺激作用。大鼠腹腔注射 LD_{50}：600 mg/kg。长期接触可能导致肾脏和肝脏的损伤。动物实验结果表明，大鼠（32 日以上）染毒后导致体重减少和外周血的变化，增加血清中的氨基转移酶水平，并对肝脏和肾脏产生轻微的形态学损伤。此外，观察到支气管上皮发生增生和化生。动物实验表明本品毒性远大于萘。

5. 风险评估

本品对水生生物毒性极大并具有长期持续影响，其环境危害 GHS 分类为：危害水生环境—急性危害，类别 1；危害水生环境—长期危害，类别 1。

莰　　烯

1. 理化性质

CAS 号：79－92－5	外观与性状：松节油气味无色晶体
沸点(℃)：160	熔点/凝固点(℃)：51.2
闪点(℃)：34(闭杯)	相对密度(水＝1)：0.85
饱和蒸气压(kPa)：0.33(25℃)	水溶性(mg/L)：4.2
引燃温度(℃)：265	辛醇/水分配系数(Kow)：4.22
易燃性：易燃固体	溶解性：溶于乙醚；微溶于乙醇
分子量：136.24	

2. 用途与接触机会

莰烯的主要用途是作为制备各种香料化合物的原料，用作香料化学成分合成的中间体，也用于合成樟脑丸制造，樟脑替代品；或树脂和漆的增塑剂。在生产或使用莰烯的工作场所，可能会通过吸入和皮肤接触发生暴露。

3. 毒代动力学

莰烯在吸入，摄入或者经皮接触后容易吸收。吸收的莰烯可以部分呼出，另一部分转化为二羟基化合物，然后以共轭形式随尿液排出。猪经皮或静脉注射 0.6 μg/kg（0.05 ml 莰烯溶于 2.5 ml 的 1，2－丙二醇中），3 h 内 3.6％经呼出气被排至空气中。皮肤吸收的莰烯在也可通过呼出气部分排出。

与大多数萜烯不同，莰烯在兔子体内形成甘醇。排出的化合物是莰烯乙二醇单葡糖苷酸，其被分离为左旋钾盐。用酸水解后，化合物分解成葡萄糖醛酸和莰烯乙二醇，其本身进一步生成为苯甲醛。

4. 毒性

本品大鼠经口 LD_{50}：＞5 000 mg/kg，兔经皮 LD_{50}：＞2 500 mg/kg。其健康危害 GHS 分类为：严重眼损伤/眼刺激，类别 2A。动物实验表明，本品对眼睛、黏膜和呼吸道具有刺激作用，对皮肤也有微弱的刺激性。啮齿类动物中发现莰烯可以引发类似于樟脑的毒效应，症状表现为中枢神经系统和心血管系统的刺激或抑郁症状，如恶心、呕吐、肝脏损伤和癫痫。但是作用明显较后者弱。

动物实验研究发现，莰烯暴露剂量 1％，观察 14 天，表现为出体重稍微降低。大鼠染毒 8 周，剂量为 350～1 000 mg/kg，8 周后观察到脂代谢发生变化。

5. 人体健康危害

本品可以导致眼和呼吸道刺激症状。人类接触中毒病例尚未见报道，但是摄入过量可能导致类似已知其他萜类的毒性效应，如中枢神经系统和胃肠道紊乱，还可能导致肝肾的损伤。

6. 风险评估

本品对水生生物有毒并具有长期持续影响，其环境危害 GHS 分类为：危害水生环境—急性危害，类别 2；危害水生环境—长期危害，类别 2。

其他脂环烃

脂环烃类包含数目众多，除上述物质之外，还有一些脂环烃在生产生活中也会应用到，但脂环烃的毒性主要还是刺激作用和导致中枢神经系统紊乱。下面将其中几个常见的脂环烃作简单介绍。

1. 环庚烷

CAS 号：291－64－5	外观与性状：无色液体
沸点(℃)：118.48	熔点/凝固点(℃)：－8
相对蒸气密度(空气＝1)：3.3	相对密度(水＝1)：0.809 8
爆炸上限[％(V/V)]：7.1	爆炸下限[％(V/V)]：1.1

（续表）

闪点(℃)：6(闭杯)	水溶性(mg/L)：30
饱和蒸气压(kPa)：2.87(25℃)	辛醇/水分配系数(Kow)：4
引燃温度(℃)：155	溶解性：易溶于乙醇、乙醚；溶于苯和氯仿
分子量：98.19	易燃性：高度易燃

在生产和使用本品的作业场所会发生职业接触，普通人群可能接触烟草烟雾发生暴露。本品的毒性主要表现为对眼睛、皮肤和呼吸道的刺激作用，而高浓度接触时会抑制中枢神经系统，导致其紊乱，表现为抽搐，意识丧失等。其健康危害GHS分类为：特异性靶器官毒性—一次接触，类别3(麻醉效应)。

2. 环辛烷

CAS号：292-64-8	外观与性状：无色液体
沸点(℃)：149～151	熔点/凝固点(℃)：14.8
相对蒸气密度(空气=1)：3.87	相对密度(水=1)：0.834
爆炸上限[%(V/V)]：6	爆炸下限[%(V/V)]：0.95
闪点(℃)：28(闭杯)	水溶性(mg/L)：7.9
饱和蒸气压(kPa)：0.55(20℃)	辛醇/水分配系数(Kow)：4.45
引燃温度(℃)：157	溶解性：溶于苯
分子量：112.21	易燃性：易燃

3. 环庚烯

CAS号：628-92-2	外观与性状：无色至浅黄油状液体
沸点(℃)：114.7	熔点/凝固点(℃)：−56
相对蒸气密度(空气=1)：3.32	相对密度(水=1)：0.82
闪点(℃)：9(闭杯)	水溶性：50 mg/L(20℃)
饱和蒸气压(kPa)：2.62(25℃)	辛醇/水分配系数(Kow)：3.45
分子量：96.17	溶解性：溶于乙醇、乙醚
易燃性：高度易燃	

毒性与环己烯类似，吸入高浓度本品可能导致麻醉作用，此外，可能导致刺激作用。

本品对水生生物有害且有长期持续影响，其环境危害GHS分类为：危害水生环境—长期危害，类别3。

4. α-蒎烯

CAS号：80-56-8	外观与性状：无色液体
沸点(℃)：156(100 kPa)	熔点/凝固点(℃)：−62.5
相对蒸气密度(空气=1)：4.7	相对密度(水=1)：0.86
爆炸上限[%(V/V)]：7.1	临界压力(MPa)：2.76
闪点(℃)：33(闭杯)	爆炸下限[%(V/V)]：0.8
饱和蒸气压(kPa)：0.63(25℃)	水溶性(mg/L)：2.49
引燃温度(℃)：255	辛醇/水分配系数(Kow)：4.83
分子量：136.24	溶解性：微溶于水；溶于乙醇、乙醚、氯仿、冰醋酸等多数有机溶剂
易燃性：易燃	

本品对皮肤、眼睛和呼吸道黏膜具有刺激性，高浓度下会抑制中枢神经系统，会导致皮肤过敏，潜在危害可能导致肾脏的损伤。

本品大鼠经口LD_{50}：3 700 mg/kg，兔经皮LD_{50}：>5 000 mg/kg(24 h)。其健康危害GHS分类为：皮肤腐蚀/刺激，类别2；皮肤致敏物，类别1；吸入危害，类别1。

本品对水生生物毒性极大并具有长期持续影响，其环境危害GHS分类为：危害水生环境—急性危害，类别1；危害水生环境—长期危害，类别1。

5. 松节油

本品CAS号为：8006-64-2，无色至浅黄色液体。萜烯类混合物，主要成分为蒎烯和莰烯。从活松树蒸馏所得的是“树脂松节油”，含α-蒎烯58—65%，β-蒎烯33%及单环萜烯2%；从松木蒸馏所得的是“木馏松节油”，含α-蒎烯80%，β-蒎烯微量，单环萜烯15%及萜烯1.5%；在制备硫酸盐纸浆时所得的副产品为“硫酸盐松节油”，其组成与其他松节油相仿，但含有大量的含硫化合物。

本品无色或微带黄色的液体，具有特殊臭味。分子量约133。沸点范围153～175℃。凝固点−50～−60℃。密度0.854～868 g/cm^3(25/25℃)。相对蒸气密度4.6 g/L。在空气中很容易氧化。当松节油蒸气在空气中的浓度达到0.73%体积时，能因火焰而发生爆炸。闪点33℃。不溶于水，能与醇、油类、苯、氯仿、醚、二硫化碳等混溶。

本品大鼠经口LD_{50}：5 760 mg/kg。其健康危害GHS分类为：皮肤腐蚀/刺激，类别2；严重眼损伤/眼刺激，类别2；皮肤致敏物，类别1；吸入危害，类别1。短期吸入高浓度的松节油蒸气（如在密闭环境下操作）可能引起麻醉作用，如酒精中毒样症状，平衡失调及四肢痉挛性抽搐。同时对眼及上呼吸道有刺激作用，引起流泪、咳嗽等。此外还有流涎、头痛、眩晕、膀胱刺激征及膀胱炎。有时损害肾脏，引起中毒性肾炎，出现血尿、蛋白尿等症状。

本品对皮肤既是原发性刺激物，又是致敏物质。不管何种松节油，与皮肤接触一定时间后，都有刺激作用。可使皮肤脱脂、干燥、发红及干裂，多数人偶而接触不会发生皮炎。个别人长期反复接触，发展为对本品非常敏感，基至接触到0.001%浓度即可出现皮肤反应。发生过敏性皮炎者表现为红斑或丘疹，有瘙痒感，重者可发展为水疱或脓疱。特别敏感者可发生全身性皮炎。长期反复接触可使皮炎转变为湿疹。在1 000例本品引起的皮炎中，约14.8%为湿疹。一般讲，木馏松节油比树脂松节油对皮肤的刺激性大，因其中含有甲酸、甲醛及酚等杂质。

慢性毒作用：据报告，长期暴露在浓度较高的环境下，容易发生呼吸道刺激症状及乏力、嗜睡、头痛、眩晕、食欲减退等。此外还可能有尿频及蛋白尿。对周围血象无影响。

风险评估：ACGIH规定TLV为：247 mg/m^3；NIOSH规定LDLH为：9 867 mg/m^3。本品对水生生物毒性极大并具有长期持续影响，环境危害GHS分类为：为危害水生环境—急性危害，类别2；危害水生环境—长期危害，类别2。

第 13 章

脂肪胺和脂环胺类

胺是氨的烃基衍生物。氨分子中的氢原子被开链烃基取代即为脂肪胺，被脂环烃基取代即为脂环胺。根据代入烃基的数目可分为伯胺(NH_2R)、仲胺(NHR_2)，叔胺(NR_3)；根据分子中氨基的数目可分为单胺(一元胺)、二胺(二元胺)、多胺(多元胺)。脂肪胺中烃基的氢原子被羟基取代者称为醇胺(氨基醇)。

常温下低碳胺呈气态或液态，C_8 以上的胺呈固态。胺有支链者沸点降低；有羟基取代者沸点增高。低碳胺具有难闻的鱼腥气，极易溶于水；高碳胺挥发性小，无嗅。其水溶性随分子量增大而降低。低碳单胺的闪点低，易燃、易爆炸。

胺类溶液均呈碱性。通常伯胺的碱性强于氨，仲胺强于叔胺。当链长增至 C_4—C_5 时，碱性减弱。二胺类如乙二胺仍为强碱。醇胺类较相应胺的碱性弱。

胺与酸结合成无嗅的固体盐。胺盐易溶于水，但和胺不同，不溶于烃类溶剂。由于这种性质，胺类经常制成盐，以便使用和携带。

(一) 用途与接触机会

本类化学品多用于生产农药、医药、合成染料、离子交换树脂、橡胶硫化促进剂、乳化剂、塑料单体、表面活性剂、杀菌剂、杀虫剂、除草剂、炸药、火箭喷气燃料、防腐蚀剂和高分子化合物的固化剂等，还用于照相显影、皮革鞣制和作为溶剂。

(二) 毒代动力学

若干脂肪胺包括甲胺、二甲胺、三甲胺、乙醇胺、乙胺、异戊胺和儿茶酚胺类(羟基酪胺、去甲肾上腺素)、哌啶、组胺均为哺乳动物和人体尿液中的正常成分。人排出的挥发性烷基胺氮平均为 10 mg/d。用纸层析法在 24 h 人尿中找到 8 种脂肪族和环取代的伯胺总量可达 100 μg。胺类的来源尚不完全清楚，儿茶酚胺和环取代的乙胺、组胺、乙醇胺是机体代谢的产物，而伯胺可能由氨基酸在肠细菌酶的作用下脱羧基生成。

人口服 2～10 g 不同种类的胺盐，它们在尿中的排出率各不相同。甲胺、正丁胺、正丙胺的排出率为 1.85%～9.5%；乙胺和异丁胺为 32.0、14.9%；而二甲胺和二乙胺的排出率分别高达 91.5、86.2%。这可能由于甲胺和三甲胺在体内能转变为二甲胺的缘故。上述实验结果与体内胺的代谢和胺氧化酶的脱氨基作用一致。

广泛存在于动物和人体组织细胞的线粒体和微粒体中的单胺氧化酶和二胺氧化酯在胺类的代谢中起重要作用，前者在肝、肾和各种腺体中含量高，在脑和心肌中次之；后者在肠黏膜、肾、肝和人体胎盘中含量高。

(三) 毒性与中毒机理

1. 急性毒作用

胺类易经肠道和呼吸道黏膜吸收。简单的脂肪胺也易经皮肤吸收，其经皮的 LD_{50} 往往和经口 LD_{50} 接近。胺类结构与毒性强弱的关系是：其急性经口毒性和对皮肤、眼的毒作用与碳链的长短关系不大；从伯胺到仲、叔胺，毒性有增加的趋势；分子量较高的单胺通常蒸气毒性高些；胺类带有羟基者毒性较弱，而有不饱和链者(如烯丙胺)则比相应的胺毒性强。豚鼠和兔对大多数胺类比大鼠敏感。70%一乙胺 0.1 ml 贴敷豚鼠皮肤 24 h，可引起广泛的坏死和深疤。70%一乙胺溶液滴于豚鼠皮肤，迅速引起坏死性灼伤，滴入兔眼，1 滴即能引起严重刺激。二乙胺对人体皮肤、黏膜有刺激作用。据报道，液体误溅眼内致严重灼伤、角膜水肿；污染皮肤致水疱、坏死。一乙胺的局部刺激作用比二乙胺弱。

2. 慢性毒作用

动物实验证明胺类物质具有慢性毒作用，例如：家兔暴露于 100 mg/m³ 或 201 mg/m³ 乙胺 6 w(7 h/d,5 次/w)的角膜出现点状侵蚀和水肿；进一步暴露会造成肺损伤（支气管炎周围出血，肺血管增厚），部分心脏局部肌肉变性，高暴露组肾脏组织出现改变。暴露于 20 mg/m³ 或 201 mg/m³ 的大鼠 24 w(6 h/d,5 次/w)，没有发现阳性结果，但暴露 1 004 mg/m³ 后，会导致体重下降和鼻腔黏膜的炎症变化。在接触 502 mg/m³ 或 2 009 mg/m³ 的空气 10 d 后，大鼠鼻腔的炎症已经可以检测。

兔以三乙胺染毒 6 w,5 次/w,每次 7b,暴露结束后尸检。在 210 mg/m³ 染毒兔中，见支气管周围浸润，淋巴细胞灶性集聚，肝轻度损害，角膜点状糜烂和水肿。在 420 mg/m³ 染毒兔中，见肺充血、出血，支气管周围炎，心肌变性，肝、肾充血、变性、坏死。

家兔吸入 184 mg/m³，每次 7 h,5 次/w,6 w 见肺大量出现，支气管周围炎及肾实质不同程度变性。从染毒 2 w 开始，兔眼呈现上皮细胞糜烂和角膜水肿。

3. 远期毒作用

(1) 致突变作用

对少数胺类（如环已胺）的致畸、致突变作用尚有争议。

(2) 致癌作用

许多食物含脂肪胺。从新鲜蔬菜、腌菜、泡菜、鱼和鱼制品、面包、乳酪、兴奋剂（咖啡等）、动物饲料、地面水的样品中测出 40 种伯胺和仲胺。未见胺类本身有致癌作用的报道，但仲胺在体内能与硝酸盐或亚硝酸盐作用形成对动物有致癌作用的亚硝胺。

(3) 发育毒性与致畸性

(4) 过敏性反应

部分脂肪胺对皮肤和肺有致敏作用，如环已胺、乙二胺、正-羟乙基二乙撑三胺；而有些脂肪胺如二丙胺、丁胺、正己胺和二庚胺对豚鼠未见致敏作用。

4. 中毒机理

单胺氧化酶能催化单胺和长链二胺的氧化脱氨基；二胺氧化酶能催化单胺、二胺或多胺的氧化脱氨基，其反应通式如下：

$$RCH_2NH_2 + O_2 + RCHO \rightarrow RCHO + NH_3 + H_2O_2$$（R 代表烃基或烃氨基）

反应中生成的氨转化为尿素；过氧化氢在过氧化氢酶的作用下分解；而醛可能被醛氧化酶作用，转化为相应的羧酸。

单胺类的氧化速度以直链胺较支链胺为快；又随碳链长度而异，甲胺全然不被单胺氧化酶作用，乙胺能被缓慢氧化；当链长增至 C_5 和 C_6 时，氧化速度最快，再继续增长，氧化速度又减慢。链较长的胺，如十八胺，还有抑制该酶的作用。C_{2-10} 的二胺类能被二胺氧化酶氧化，随碳链增长，氧化速度减低，至 C_{18} 左右最慢。这可能是由于氧化的中间产物是由 2 个氯基附在二胺氧化酶上构成一种环状化合物。当二胺碳链增长，2 个氨基相隔过远，以致难以构成环状化合物而氧化困难。C_6 以上的二胺类又能被单胺氧化酶作用，氧化速度随链的延长而增快，至 C_{13} 最快。这些二胺中，2 个氨基相距基远，犹如各自存在于一个单胺中接受单胺氧化酶的作用。单胺氧化酶对短链二胺缺乏亲和力。

脱氨氧化虽是胺类重要的代谢途径，但不是唯一的途径。甲胺虽不能被脱氨氧化，但能被甲基化形成二甲胺。三甲胺部分代谢产生氨，也有部分被三甲胺氧化酶氧化成三甲胺氧化物。由赖氨酸分解产生的尸胺（戊二胺），被环化形成哌啶而排出。组胺的代谢可经脱氨、乙酰化和甲基化等过程。乙醇胺可经脱氨基作用转变为尿素，也可经甲基化形成一、二甲基乙醇胺，继而形成胆碱，再转化为丝氨酸和甘氨酸。而后者是构成生物膜的要素。人体注射二乙基乙醇胺 1 g,33%以原形排出，其余大部分可能脱去乙基转化为乙醇胺，进入正常的代谢途径。人口服 3 mg/kg[1—14C]环已胺盐酸盐，14C 主要自尿排出，1%～7%自粪排出。其中 90%以上以原形排出，仅有 1%～2%脱去氨基代谢为环已醇和反-环已烷。许多生物学和药理学重要的仲胺、叔胺，可能由肝细胞微粒体另一种酶系的作用脱去烷基。

(四) 人体健康危害

报道较多的是胺类对人体的局部刺激作用。接触胺的蒸气对眼产生刺激，如结膜炎、角膜水肿等。胺类液体溅入眼内，可立即引起灼伤、局部组织坏死，严重者影响眼球深部组织致永久性损伤。蒸气也能引起原发性皮肤刺激和皮炎。皮肤直接接触高浓度液体，可出现灼伤，其损伤和碱灼伤相似。某些胺类能引起皮肤过敏。吸入胺类蒸气引起鼻、咽黏膜和肺刺激，产生呼吸困难、咳嗽等症状。某些多胺能引起哮喘。胺类经皮肤、呼吸道或胃肠道吸收也能引起全身症状，如头痛、头晕、恶心、呕吐。多数胺类引起的全身症状属暂时性。

1. 局部刺激

液体胺在室温下对皮肤和黏膜有刺激性。伯、仲胺的刺激作用较叔胺强，脂肪胺又比脂环胺强。多数胺1次涂于兔皮能致深度坏死；1滴能引起兔眼角膜严重损害，甚至全眼损毁。

这种局部作用与胺的碱度有关，胺类的急性经口毒性，有些是由于碱对胃肠道的局部腐蚀作用所致。如胺盐对大鼠的急性经口毒性仅为相应胺的1/2～1/16，其水溶液对皮肤和眼的刺激也较相应的胺弱。液体胺有挥发性，其蒸气和液体一样，对皮肤（尤其是面部和眼睑）和黏膜（结膜、上呼吸道）也有刺激作用。以接近致死浓度一次染毒或低于致死浓度反复染毒，还能引起气管炎、支气管炎、肺炎和肺水肿。胺类是皮肤致敏剂，偶而也引起哮喘。

2. 拟交感神经作用

胺类在结构上和肾上腺素有关，有拟交感神经的作用，如血压升高、平肌滑收缩、流涎、瞳孔散大等，因而被称为拟交感胺。给动物静脉注射胺类的氯化物，能引起血压升高。其增压作用随链的延长而增强，但至C_7以上增压作用反降低，而心脏抑制作用增强。伯胺的增压作用较仲、叔胺略强；直链胺较支链胺强；分子链上第2个胺的作用强，而胺上第2个碳的增压作用最强。当反复给动物胺类时，心脏兴奋可转为血管扩张和心脏抑制。如给猫静脉注射环己胺，适当剂量能致血压升高、心动加速、心肌收缩增强；而较高剂量作用相反。

拟交感胺的作用机理有二。一是与效应器官上的α或β型肾上腺素能受体的直接作用；二是通过释放体内储存的儿茶酚胺的间接作用。

3. 对中枢神经系统的作用

胺类对中枢神经系统有明显的作用。在动物实验中往往见到致死或接近致死的剂量引起惊厥、头部震颤、四肢抽搐而后死亡。中毒时中枢神经系统先兴奋后抑制，条件反射和非条件反射均进到破坏。

4. 释放组胺

胺类有释放和加强组胺的作用。一定浓度的单胺能使人体皮肤出现典型的类组胺反应。单胺盐酸盐中释放组胺作用最大的是C_{10}。直链二胺从C_6开始，释放组胺的作用逐渐增加，至C_{14}最强。人体静脉注射辛胺或化合物48/80（甲氧苯基乙基甲胺与甲醛的缩合物）等组胺释放剂，能引起血压降低、心动过速、头痛、瘙痒、红斑、荨麻疹、面部浮肿，如同组胺引起的作用一样。吸入乙撑胺类引起的支气管收缩和哮喘等过敏反应，可能由于组胺释放所致。

5. 内脏器官损害

中毒动物的肺、肝、肾和心脏可见病理变化。个别报道，兔反复吸入乙胺类产生肺水肿，肺出血，支气管肺炎，肾炎，肝脏和心肌变性。动物用乙二胺染毒，肺、肝、肾出现类似的病变。动物吸入烯丙胺蒸气。心肌进受损害。精胺对肾脏有强烈的毒作用，乙二胺、丙二胺引起的蛋白尿和肾小管损害较精胺轻，而单胺（C_{1-10}）、二胺（C_{4-10}）、二乙撑三胺、三乙撑四胺、四乙撑五胺对肾脏的作用很小。

（五）诊疗

1. 诊断

职业性一甲胺中毒的诊断可参照GBZ 80—2002《职业性进行一甲胺中毒诊断标准》，其他脂肪胺和脂环胺类化学物的职业中毒无相应的国家职业病诊断标准，其诊断要符合职业病诊断的一般原则。包括职业接触史、现场职业卫生调查、相应的临床表现和必要的实验室检测等，经全面综合分析，才能做出切合实际的诊断。

2. 治疗

紧急措施：确保充分去污。如患者没有呼吸，需进行人工呼吸，最好使用需求瓣膜复苏器，袋式瓣膜面罩或口袋面罩。如有必要执行CPR。立即用流水冲洗污染的眼睛，不要催吐。如果发生呕吐，请将患者向前倾斜或放置在左侧（如果可能的话，应使患者头向下倾斜）以保持气道开放，防止误吸。保持患者安静，并保持正常的体温。有机碱和胺及相关化合物。

基础治疗：建立人工气道（经口咽或鼻腔）。必要时进行呼吸道抽吸。监视呼吸功能不全症状，必要时给予辅助通气。用呼吸面罩给氧，氧气流速控制在10～15 L/min。监视肺水肿必要时进行治疗。监视休克必要时进行治疗。预防癫痫发作必要时给予治疗。眼睛被污染，立即用清水冲洗，运送过程中应用0.9%的生理盐水持续冲洗眼睛。不要使用催吐药。如摄入，患者可能吞咽，有强烈的咽喉反射，并且不流涎，应用水漱口5 mg/kg加水稀释至200 ml。去污后，用干燥无菌敷料覆盖灼伤的皮肤。

进一步治疗：对于无意识的患者，患有严重的肺水肿，或严重的呼吸困难时，应进行经口气管插管或经鼻气管插管。袋式阀面罩-正压通风设备的使用对患者有益。考虑药物治疗肺水肿。监测心律并根据需要治疗心律失常。5%葡萄糖溶液静脉输液，持续、小流量输液。血容量不足，给予0.9%生理盐水(NS)或乳酸林格氏液(LR)治疗。低血压伴有低血容量，输液需谨慎。治疗处理后患者仍不见好转，可考虑使用血管加压药。注意监视液体过载。严重缺氧、发绀、心脏缺氧，则给予1%亚甲蓝溶液治疗。用地西泮或劳拉西泮治疗癫痫发作。使用盐酸丙美卡因辅助眼部冲洗。有机碱和胺及相关化合物。

(六) 预防

胺类属易燃、易爆物质，在生产和使用中必须注意安全。要注意防止胺类的蒸气、烟尘和液体的吸入和沾染。

改善设备使有害物质的生产过程密闭化、管道化。加强生产设备的管理、清洁和维修。车间内加强通风，装设排气装置。工作场所内，发生点源排放或污染物扩散的区域，应采取局部通风排气措施。污染物排风控制系统设置在污染源区域是减少个体对空气污染物暴露风险最经济、最安全的方法。

建立安全操作制度、注意个人防护给接触毒物的工人配备必要的个人防护用具，防止蒸气或液体溅污眼睛和皮肤。设备检修时，以及在生产中投料、出料时更须注意防护。车间环境应经常清扫，以减少沾染的机会。工人下班时应更衣、淋浴。洗澡时水温不宜过高，不宜用毛巾用力擦洗皮肤；肥皂以弱碱性或中性的较好。接触毒物的工人应进行就业前及定期的休格检查。对胺类有严重的过敏者宜调换工作。在一些特殊情况下，不应佩戴隐形眼镜。无论如何，即使戴隐形眼镜，也应佩戴常用的眼部保护设备。

急救治疗避免蒸气吸入，停留上风向，避免与化学物接触。除非佩戴适当的个人防护设备，否则不要处理破损的包装。用大量的水或肥皂水进行身体清洗。如果预先掌握化学物暴露，应穿戴好适当的化学防护服。胺类沾染皮肤或眼睛必须立即进行处理。因为胺对组织的侵蚀可急剧进展。要使组织的损伤最少，争取时间是急救中的一个重要关键。可用2.5%～3%硼酸溶液或生理盐水冲洗，也可用自来水或其他清洁水冲洗。偶因不慎吸入中毒时，应立即将中毒者搬离现场，使呼吸新鲜空气，对症治疗。

脂肪单胺类和脂环单胺类

甲　胺　类

1. 理化性质(以一甲胺为例)

CAS号：74-89-5	外观与性状：无色液化气体，有特殊气味(商品：40%水溶液)
沸点(℃)：-6.4	自燃温度(℃)：430
饱和蒸气压(kPa)：202.65(25℃)	爆炸极限：爆炸下限4.9[%(V/V)]；爆炸上限20.8[%(V/V)]
熔点(℃)：93.42	油水分配系数：-0.173
相对密度：0.66(水=1)	溶解性：易溶于水；溶于乙醇、乙醚等

2. 用途与接触机会

甲胺是一种有机化合物，是重要的有机化工原料，属低毒类，与空气混合能形成爆炸性混合物，其水溶液是一种强碱。它是氨中的一个氢被甲基取代后所形成的衍生物，有很强烈的鱼腥味。甲胺被用作合成很多其他化合物的原材料。

甲胺主要用于橡胶硫化促进剂、染料、医药、杀虫剂、表面活性剂的合成等。一甲胺和二甲胺用于制农药、医药(非那根、磺胺、咖啡因等)、橡胶硫化促进剂、染料、炸药和制革等。三甲胺用以制造表面活性剂、离子交换树脂、胆碱盐、促进动植物生长的激素。甲胺多用于制造二甲基肼和二甲基甲酰胺。一甲胺和三甲胺还用作石油、脱漆剂、涂料和添加剂。

化学家伍兹通过水解异氰酸甲酯和其相关化合物第一次制得甲胺。工业上常用氨气和甲醇在硅铝酸盐催化下反应来制取甲胺，这个反应的副产物有二甲胺和三甲胺。实验室中，甲胺的盐酸盐很容易通过盐酸和六亚甲基四胺或甲醛和氯化铵反应得到。无色的盐酸盐也可以通过加入强碱反应得到甲胺。

3. 毒代动力学

可经皮肤、眼、呼吸道、消化道等途径侵入机体，侵入体内一甲胺能被甲基化形成二甲胺，直接自尿中排出，排出率高达91.5%，无明显蓄积作用。

4. 毒性与中毒机理

4.1 急性毒作用

甲胺吸入毒性相对危害较低。小鼠甲胺类 LC_{50}：一甲胺为 5.7 g/m^3，二甲胺为 8.28 g/m^3；三甲胺为 11.56 g/m^3，甲胺类染毒的动物出现骚动不安、步态不稳，随后侧卧，呼吸先快后慢转为困难，腹部膨胀，1 h 开始出现死亡。三甲胺组尚见鼠毛松散、呈深度麻醉状态，4 h 开始出现死亡。尸检见各组动物呼吸道淤血、渗血、轻度肺水肿或伴有灶性肺炎。其中以二甲胺组病变出现率较高，且部分动物肝脏有轻度变性。

兔以 300 mg/m^{3}一甲胺染毒，非条件反射特征改变，以 130 mg/m^{3}染毒，呼吸节律改变；以 50 mg/m^{3}染毒 40 min，条件反射活动破坏。小鼠吸入二甲胺蒸气 5 mg/m^3，2 h，浮游试验时间缩短，大鼠吸入二甲胺 5 mg/m^3，2 h，条件反射发生暂时性改变。三甲胺的毒性较一、二甲胺低，兔静脉注射的 MLD 为 400 mg/kg，皮下注射的 MLD 为 800 mg/kg。

小鼠吸入 LD_{50}为 2 400 mg/(m^3 · 2 h)，大鼠经口 LD_{50}为 100 mg/kg。兔以 300 mg/m^{3}染毒，非条件反射特征改变；以 130 mg/m^{3}染毒，呼吸声律改变；以50 mg/m^{3}染毒 40 min，条件反射活动破坏。小鼠以 250 mg/m^{3}染毒 4 h/d，30 d 动物体重减轻，浮游时间缩短，肺、肝、肾有组织学改变。一甲胺对皮肤、眼、呼吸道黏膜有刺激作用，猫接触 200 mg/m^{3}一甲胺，数分钟即出现上呼吸道刺激体征。40%一甲胺水溶液 0.1 ml 可使兔皮坏死、角膜损伤。一甲胺低于12.7 mg/m^{3}时仅有微臭味，长期接触对人无刺激；浓度增加 2～10 倍时，气味加重，有浓烈的鱼腥臭；浓度增加 10～50 倍时，有难闻的氨气味。一甲胺的溴觉阈为 0.5～1 mg/m^3、刺激阈为 10 mg/m^3。

无水甲胺类(包括一甲胺、二甲胺、三甲胺)的健康危害 GHS 分类均为：皮肤腐蚀/刺激，类别 2；严重眼损伤/眼刺激，类别 1；特异性靶器官毒性——一次接触，类别 3(呼吸道刺激)。但其水溶液的皮肤腐蚀/刺激类别均为 1B。

4.2 慢性毒作用

豚鼠先吸入 0.25 mg/L，93 d，后吸入 0.5 mg/L，30 d，开始时出现一过性刺激现象，最终出现衰竭、肝凝血酶原形成功能障碍。

小鼠以 250 mg/m^3(实测浓度低很多)一甲胺染毒，4 h/d，30 d 动物体重减轻，浮游试验时间缩短，肺、肝、肾有组织学改变。豚鼠以 250 mg/m^3(实验 4 h结束时浓度低很多)一甲胺染毒 93 d，4 h/d，然后再以 50 mg/m^{3}浓度染毒 30 d，见动物体重减轻，肝脏制造凝血酶元的功能破坏，肝细胞有脂肪浸润，肾也有损害。

大鼠、豚鼠、兔、小鼠、猴暴露于二甲胺 336.7 mg/m^{3}和 178.5 mg/m^3，7 h/d，5 d/w，共 18～20 周。豚鼠和兔 9 d 后见角膜损伤，大鼠、豚鼠、兔、小鼠肝脏中心小叶脂肪变性和实质细胞坏死。高浓度下的雄兔和低浓度下的雄猴出现睾丸小管变性。

大鼠、豚鼠、兔、猴、狗吸入 9 mg/m^3 二甲胺 90 d，见所有动物肺脏都有轻度炎症变化，兔、猴有支气管扩张。

大鼠以 2～4 mg/m^3 二甲胺染毒 3 w，3 h/d，见大脑皮质活动障碍。大鼠以 2～7 mg/m^3 二甲胺染毒 7 个月，6 d/w，3b/d，引起可逆性机能障碍和肺、肝、肾轻度损害。

各种甲胺对皮肤、眼、呼吸道黏膜有不同程度的刺激作用。猫接触 200 mg/m^3 一甲胺，数分钟即出现上呼吸道刺激体征。40%一甲胺水溶液 0.1 ml 使兔皮坏死，40%水溶液使角膜损伤。20%二甲胺溶液对鼠尾皮肤有强烈刺激。将鼠尾浸入 6%二甲胺溶液，2 h 后充血，1～2 w 发生干性坏疽，2～4 w 鼠尾毁损脱落。6%二甲胺溶液涂于兔皮，引起发红，随着见色素沉着、硬结和溃疡。3%二甲胺水溶液滴入兔眼，引起眼睑严重水肿、巩膜血管扩张、角膜暂时性视浊。

一甲胺低于 12.7 mg/m^3、二甲胺低于 18.4 mg/m^3、三甲胺低于 24.2 mg/m^{3}时仅有微臭，长期接触对人无刺激；浓度增加 2～10 倍时，气味加重，有浓烈的鱼腥臭；尤以三甲胺为甚，片刻接触有眼、鼻、咽喉的刺激症状；浓度增加 10～50 倍时，有难闻的氨气味。一甲胺的嗅觉阈为 0.5～1 mg/m^3、刺激阈为 10 mg/m^3；甲胺的嗅觉阈为 2.5 mg/m^3、刺激阈为 50 mg/m^3。嗅觉适应很易发生。然而据报道约有 7%的人闻不出三甲胺的气味。

胺类本身并无致癌作用。但值得注意的是仲胺易与亚硝酸盐作用，形成亚硝胺。实验证明部分亚硝胺对动物具有强烈的致癌作用。自然界的仲胺与亚硝酸盐随着食物、饮水、空气进入体内，一般在酸性条件下合成亚硝胺。仲胺的碱性愈弱，愈易亚硝化。叔胺与仲胺有类似作用，只是合成亚硝胺的速率比仲胺慢约200倍。

4.3 中毒机理

中毒机制：甲胺是氨的烃基衍生物，属碱性物质。其主要毒作用是：① 局部刺激：② 中枢神经系统，可引起先兴奋后抑制，当致死剂量时，可引起惊厥、震颤、抽搐而后死亡；③ 拟交感神经作用，脂肪胺被称为拟交感胺，可致心跳加快，血压升高等；④ 释放组胺，引起哮喘等过敏反应。一甲胺在一般情况下，对皮肤黏膜仅为刺激作用，只有在高浓度吸入时，才可能作用到呼吸道深部致使发生肺水肿，同时由于碱性作用造成呼吸道黏膜破坏。

5. 风险评估

欧洲河流中甲胺的浓度范围为1～20.6 μg/kg，沼泽中甲胺浓度为6.2 μg/kg。在瑞典南部雨水中检测到甲胺，浓度在10～280 nmol。

我国职业接触限值规定：PC-TWA为5 mg/m³，PC-STEL为10 mg/m³(一甲胺、二甲胺)。

美国OSHA规定：PEL-TWA为14 mg/m³；ACGIH建议的TLV-TWA为7 mg/m³，TLV-STEL为21 mg/m³；NIOSH规定IDLH为139 mg/m³。

乙 胺 类

1. 理化性质(以一乙胺为例)

CAS号：75-04-7	外观与性状：无色、有强烈氨味的液体或气体
沸点(℃)：16.5	引燃温度(℃)：385
闪点(℃)：−17(CC)；<−6.7(OC)	爆炸极限：爆炸上限[%(V/V)]：14.0；爆炸下限[%(V/V)]：3.5
相对密度(水=1)：0.70	临界温度(℃)：182.9
燃烧热(kJ/mol)：−1 713.3	辛醇/水分配系数：−0.13
溶解性：溶于水、乙醇、乙醚等	临界压力(MPa)：5.62
熔点(℃)：−81	饱和蒸气压(kPa)：121(20℃)
相对蒸气密度(空气=1)：1.56	

2. 用途与接触机会

用于制造药品、染料、橡胶硫化剂和杀菌剂等，也用于石油精炼。工业生产是由乙醇、氨、氢气三者作用，或由氯乙烷与氨反应生成。还用于生产农药三嗪类除草剂，包括莠去津和西玛津等。乙胺也用于染料、橡胶促进剂、表面活性剂、抗氧剂、离子交换树脂、飞机燃料、溶剂、洗涤剂、润滑剂、冶金选矿剂，以及化妆品和医药品等的生产。

3. 毒性

3.1 急性毒性

乙胺大鼠经口 LD_{50} 为400 mg/kg；家兔经皮 LD_{50} 为340 μl/kg；大鼠吸入MEA 4 h的 LCL_0 为4 170 mg/m³。

兔以一乙胺蒸气染毒6 w，5次/w，7 h/次，暴露结束后作解剖。在184 mg/m³染毒兔中，见肺少量出血、支气管周围炎及肾脏实质不同程度的变性；在92 mg/m³染毒兔中，见支气管周围炎、肺炎，部分动物有心肌变性。从染毒2 w开始，兔眼呈现上皮细胞糜烂和角膜水肿。其健康危害GHS分类为：严重眼损伤/眼刺激，类别2。乙胺水溶液(浓度50%～70%)健康危害GHS分类为：皮肤腐蚀/刺激，类别1；严重眼损伤/眼刺激，类别1；特异性靶器官毒性——一次接触，类别3(呼吸道刺激)。

小鼠二乙胺蒸气吸入的MLC为300 mg/m³，LCL_0 为1 500～2 000 mg/m³中毒表现先兴奋后抑制并有强烈的刺激症状。染毒期间死亡的小鼠，尸检见肺充血、水肿，脑、肝、脾充血；染毒后若干天死亡者，除肺充血、水肿、脑充血外，支气管上皮细胞肿大，肝细胞呈弥漫性脂肪变性和小灶性渐进性坏死，有时软脑膜水肿。大鼠在二乙胺500～1 000 mg/m³浓度下染毒1 h条件反射和非条件反射明显破坏，条件反射的破坏持续1个月；在300 mg/m³浓度下染毒1 h出现分化暂时性的破坏。染毒后若干天死亡的兔，尸检见肺水肿、急性化脓性支气管炎、灶性支气管肺炎、血管周围组织出血和急性肺气肿。兔以二乙胺蒸气染毒6 w，5次/w，每次7 h，暴露结束后尸检。在150 mg/m³染毒兔中，见支气管肺炎及淋巴细胞灶性染集聚，心、肝脏不同程度变性，角膜点状糜烂和水肿，在300 mg/m³染毒兔中，尚有肾炎和肾小管轻度病变。二乙胺健康危害GHS分类为：皮肤腐蚀/刺激，类别1A；严重眼损伤/眼刺激，类别1；特异性靶器官毒性——一次接触，类别3(呼吸道刺激)。

三乙胺大鼠吸入 LD_{50} 为 460 mg/kg，兔经皮 LD_{50} 为 420 mg/kg。小鼠吸入三乙胺蒸气 2 h 的 LC_{100} 为 3 540 mg/m³。为 1 900 mg/m³，LCL_0 为 1 400 mg/m³。中毒表现为眼及上呼吸道刺激、呼吸困难、骚动不安、协调动作破坏、阵发性强直性痉挛，最后死亡。死亡动物尸检见轻度肺水肿，心肌蛋白变性，肝、脾部分脂肪变性。三乙胺蒸气在 180 mg/m³ 时，仍可破坏条件反射。三乙胺健康危害 GHS 分类为：皮肤腐蚀/刺激，类别 1A；严重眼损伤/眼刺激，类别 1；特异性靶器官毒性——一次接触，类别 3（呼吸道刺激）。

3.2 慢性毒性

兔以三乙胺染毒 6 w，5 次/w，每次 7 h，暴露结束后尸检。在 210 mg/m³ 染毒兔中，见支气管周围浸润，淋巴细胞灶性集聚，肝轻度损害，角膜点状糜烂和水肿。在 420 mg/m³ 染毒兔中，见肺充血、出血，支气管周围炎，心肌变性，肝、肾充血、变性、坏死。

70%一乙胺 0.1 ml 贴敷豚鼠皮肤 24 h，可引起广泛的坏死和深疤。70%一乙胺溶液滴于豚鼠皮肤，迅速引起坏死性灼伤，滴入兔眼，1 滴即能引起严重刺激。

二乙胺对人体皮肤、黏膜有刺激作用。据报道，液体误溅眼内致严重灼伤、角膜水肿；污染皮肤致水疱、坏死。一乙胺的局部刺激作用比二乙胺弱。

家兔吸入 184 mg/m³，每次 7 h，5 次/w，6 w 见肺大量出现支气管周围炎及肾实质不同程度变性。从染毒 2 w 开始，兔眼呈现上皮细胞糜烂和角膜水肿。

4. 人体健康危害

脂肪族胺的气体、蒸气或液体具有高度刺激性，可对眼睛或皮肤造成严重伤害。呼吸道的刺激会导致鼻漏、咳嗽和呼吸困难。可能出现喉痉挛和肺水肿（呼吸短促、发绀和咳痰）。对于大多数接触的人来说，症状会在几周或几个月后消失。严重吸入性损伤的幸存者，特别是胸部 x 线和肺功能异常相关的幸存者，可能患有残余的慢性肺疾病。在与液体脂肪胺接触的情况下，可导致永久性损伤的视力损害。乙胺已被报道可引起肾上腺皮质坏死。肾上腺髓质、肾小球带和束/网带三个区域中，最后一个区域对毒性损伤最为敏感，乙胺就是一例。内分泌腺对乙胺毒性损伤的敏感性依次为肾上腺、睾丸、甲状腺、卵巢、胰腺、垂体、甲状旁腺。

5. 风险评估

我国职业接触限值规定：PC - TWA 为 9 mg/m³（经皮），PC - STEL 为 18 mg/m³（经皮）。

美国 OSHA 规定：PEL - TWA 为 20 mg/m³；ACGIH 规定 TLV - TWA 为 10 mg/m³，TLV - STEL 为 30 mg/m³（经皮）。NIOSH 规定 10 h - TWA 为 18 mg/m³，IDLH 为 1 208 mg/m³。

丙 胺 类

1-氨基丙烷

1. 理化性质

CAS 号：107 - 10 - 8	性状：无色透明液体。有强烈氨气味
熔点(℃)：—83	沸点(℃)：47.2
折射率：13 885	闪点(℃)：—37(开杯)
密度(g/cm³)：0.719(20℃)	自燃点(℃)：317.78
气化热(kJ/mol)：31.36(25℃)	爆炸极限[%(V/V)]：2～10
表面张力：22.4(dyne/cm，20℃)	燃烧热(kJ/mol)：2 365.3(25℃)(液体)
饱和蒸气压(kPa)：41.23(25℃)	醇水分配系数：0.15
相对蒸气密度：2.0(空气＝1)	溶解性：能溶于水；极易溶于乙醇、丙酮；溶于苯、氯仿；微溶于四氯化碳

2. 用途与接触机会

非职业人群生活接触多是通过呼吸道、消化道或皮肤接触而暴露 1-氨基丙烷，例如吸入被污染的空气、摄入被污染的食物和饮用水、使用烟草制品，或者与该化合物和其他含丙胺的产品进行皮肤接触而发生暴露。

1-氨基丙烷是化学合成物的中间体，是化学实验的试剂。在工业中，主要用于制造橡胶助剂、染料、药品、农药、腐蚀抑制剂、纺织和皮革涂饰树脂；还用于制造药物、涂料、农药、橡胶、纤维、纺织物处理剂、石油添加剂和防腐剂，也用作化学试剂。

3. 毒代动力学

给予 SD 大鼠酸中毒和碱中毒处理，同时腹腔注射游离正丙胺。采集尿液样品，可检测到脂肪胺、排泄的化学物质和尿肌酐。酸中毒大鼠的排泄物中正丁胺含量较高。

4. 毒性

本品大鼠吸入 LC_{50} 为 6 096 mg/m^3，4 h；小鼠吸入 LC_{50} 为 2 500 mg/m^3，2 h；家兔经皮 LD_{50} 为 400 mg/kg；大鼠经口 LD_{50} 为 370 mg/kg。

其健康危害 GHS 分类为：急性毒性—经皮，类别 3；急性毒性—吸入，类别 3；皮肤腐蚀/刺激，类别 1；严重眼损伤/眼刺激，类别 1。

5. 人体健康危害

1-氨基丙烷蒸气对眼睛和呼吸道具有损害作用。测定人乳汁和羊水中挥发性脂肪胺的存在和评估其在新生儿高胃泌素血症中的作用。这些挥发性含氮氨基酸代谢物先前已经被证实在体内和体外实验室制剂中刺激胃泌素释放。目前的研究表明，在分娩后的头几周羊水中，这些促胃酸分泌刺激性挥发性胺在母乳中浓度明细增高。人乳和羊水样品定性分析胺类包括：甲胺，二甲胺，乙胺，三甲胺，丙胺，异丁胺和丁胺。相关研究表明，胎儿和新生儿在出生前后一段时间内患有高胃泌素血症，可能或部分原因是由于摄入含有高浓度的胃泌素刺激胺的饮品。

3-氨基丙烯

1. 理化性质

CAS 号：107-11-9	相对蒸气密度(空气=1)：2
沸点(℃)：53.3	溶解性：与水、酒精、氯仿、乙醚混溶
熔点(℃)：−88.2	饱和蒸气压(kPa)：31.2 (25℃)
物理状态(颜色/形态)：无色液体或淡黄色液体	亨利定律常数(25℃，atm-m^3/mol)：1.82×10^{-5}
临界温度(℃)：232	羟基自由基反应速率常数(25℃，cu cm/molecule-sec)：5.6×10^{-11}

(续表)

密度和比重(20℃/20℃)：0.76	爆炸极限[%(V/V)]：下限：2.2；上限：22
辛醇/水分配系数(Kow)：0.03	闪点(℃)：−29(−20℉)(闭杯)

2. 用途与接触机会

本品可用于汞利尿剂制造，医药合成中间体，有机合成。合成离子交换树脂，用于水净化和絮凝剂的水分散性共聚物的合成。酸洗钢缓蚀剂。职业性暴露多是经呼吸道吸入和皮肤接触吸收。

3. 毒代动力学

相关研究表明，烯丙基胺或它的代谢物容易在弹性和肌肉动脉中积聚，如主动脉和冠状动脉。这种相对特殊的心血管毒素作为一种极性高水溶性物质，从胃肠道迅速吸收，在大多数组织中半衰期很短，在尿液中迅速排泄。

3-羟丙基巯基嘌呤酸为体内代谢物，烯丙胺在体内也代谢为高反应醛，通过 GSH 共轭途径转化为巯基酸。大鼠主动脉、肺、骨骼肌和心脏匀浆孵育，检测到丙烯醛。

4. 毒性与中毒机理

4.1 急性毒性

本品大鼠经口 LD_{50} 为 102 mg/kg；大鼠吸入 LC_{50} 为 451 mg/(m^3 · 8 h)；小鼠腹腔注射 LD_{50} 为 49 mg/kg；小鼠经口 LD_{50} 为 57 mg/kg；家兔经皮 LD_{50} 为 35 mg/kg；小鼠经脉注射 LD_{50} 为 49 mg/kg；该物质对皮肤、眼睛和呼吸系统有强烈的刺激作用。浓度在 6.4 mg/m^3 时，可闻及其气味且胸部和黏膜表现不适症状，36 mg/m^3 时无法忍受。

本品健康危害 GHS 分类为：急性毒性—经口，类别 3；急性毒性—经皮，类别 1；急性毒性—吸入，类别 3。

4.2 中毒机理

烯丙基胺(3-氨基丙烯)是一种特殊的心脏毒物，在许多物种中可引起主动脉、瓣膜和心肌损害。一次给药后 24 小时可观察到心肌坏死。急性毒性被认为丙烯基胺代谢为高反应性的丙烯醛(2-丙烯醛)所致。相关研究发现，烯丙基胺可与主动脉和心脏的线粒体结合，这表明损伤的亚细胞部位位于或靠近线粒体。

5. 风险评估

本品对水生生物有毒且有长期持续影响，其环境危害 GHS 分类为：危害水生环境—急性危害，类别 2；危害水生环境—长期危害，类别 2。

急性暴露指南 Acute Exposure Guideline Levels(AEGLs)

暴露时间	AEGL 1 不适(Discomfort)	AEGL 2 受损(Impaired Escape)	AEGL 3 生命威胁或死亡(Life Threatening / Death)
10 min	0.42	3.3	150
30 min	0.42	3.3	40
1 h	0.42	3.3	18
4 h	0.42	1.8	3.5
8 h	0.42	1.2	2.3

丁 胺 类

异 丁 胺

1. 理化性质

CAS 号：78－81－9	临界压力(MPa)：4.2
外观与性状：无色液体	自燃温度(℃)：378
熔点(℃)：－85.5	相对蒸气密度(空气＝1)：2.5
沸点、初沸点和沸程(℃)：68～69	爆炸下限[%(V/V)]：2
闪点(℃)：－9(15℉)(闭杯)	*n*-辛醇/水分配系数：0.73
爆炸上限[%(V/V)]：12	溶解性：易溶于乙醇，乙醚；溶于丙酮
饱和蒸气压(kPa)：13.33(18.8℃)	相对密度：0.724(25℃/4℃)

2. 用途与接触机会

可用于有机合成，杀虫剂，脱毛剂等。在生产或使用异丁胺的工作场所，可能通过吸入和皮肤接触而发生职业接触。一般人口可能因摄入食物和使用烟草制品而暴露于异丁胺。

3. 毒性

本品大鼠经口 LD_{50} 为 224 mg/kg。其健康危害 GHS 分类为：急性毒性—经口，类别 3；皮肤腐蚀/刺激，类别 1；严重眼损伤/眼刺激，类别 1；特异性靶器官毒性——一次接触，类别 3(呼吸道刺激)。

4. 人体健康危害

对皮肤，眼睛和黏膜有强刺激性，严重时可导致灼伤。吸入可引起头痛，鼻和喉的干燥灼烧感、咳嗽、呼吸急促、呼吸困难，且症状可能会延迟。皮肤接触会出现疼痛、发红、起泡或皮肤灼伤。眼睛接触会发生眼红和疼痛。口服 40 mg/kg 时会引起人恶心或流涎，过多摄入会引腹痛、燃烧的感觉、休克。异丁胺被也被称为交感神经、心脏抑制剂，惊厥剂。

仲 丁 胺

1. 理化性质

CAS 号：13952－84－6	临界温度(℃)：241
熔点/凝固点(℃)：－104	临界压力(MPa)：4.20
沸点、初沸点和沸程(℃)：63	自燃温度(℃)：378
闪点(℃)：19(闭杯)	外观与性状：胺味道氨味无色液体
密度(kg/m^3)：0.724(20℃)	易燃性：易燃
n-辛醇/水分配系数：0.74	溶解性：与大多数有机溶剂混溶；与乙醇，乙醚混溶；非常溶于丙酮在水中，20℃时 1.12×10^5 mg/L

2. 用途与接触机会

用作保鲜剂，我国规定可用于水果的保鲜，按生产需要适量使用，荔枝、柑橘、苹果(果肉)的残留量分别为≤0.009 g/kg、0.005 g/kg、0.001 g/kg。也可用作有机原料，用于合成药物、染料和农药地乐胺除草剂等。用作有机合成的中间体、化学试剂、抑真菌剂。

3. 毒性

本品大鼠经口 LD_{50} 为 157.5 mg/kg(雄)，146.8 毫克/公斤(雌)；犬经口 LD_{50} 为 225 mg/kg；家兔经皮 LD_{50} 为 2 500 mg/kg。

健康危害 GHS 分类为：急性毒性—经口，类别3；急性毒性—经皮，类别 5；皮肤腐蚀/刺激，类别1A；严重眼损伤/眼刺激，类别 1。

4. 人体健康危害

患有慢性呼吸系统、皮肤或眼睛疾病的人会增加丁胺暴露的风险。吸入会引起呼吸系统的刺激或灼伤，暴露在浓蒸气中会导致窒息。摄入会导致口腔和胃灼伤。与眼睛接触导致流泪、结膜炎、烧伤、角膜水肿。接触皮肤会引起皮炎、过敏或烧伤。短时间皮肤接触仲丁胺会引起二度和三度烧伤。由于胺类是碱性物质，可能会形成强碱性溶液，如果溅到眼睛，会造成伤害。

5. 风险评估

本品对水生生物毒性极大，其环境危害 GHS 分类为：危害水生环境—急性危害，类别 1。

N-甲基正丁胺

1. 理化性质

CAS 号：110-68-9	溶解性：易溶于水
物理状态(颜色/形态)：液态	相对蒸气密度(空气=1)：3
沸点(℃)：91	饱和蒸气压(kPa)：6.65 (25℃)
熔点(℃)：−75	亨利定律常数(25℃，atm-m^3/mol)：3.9×10^{-5}
密度(g/cm^3)：0.763 7 (15℃)	氢氧自由基反应速率常数(25℃，cu cm/molec-sec)：7.8×10^{-11}
辛醇/水分配系数(Kow)：1.33	皮肤、眼睛及呼吸道刺激：对皮肤和眼睛有强烈的刺激性
闪点(℃)：13(开杯)	

2. 用途与接触机会

化工合成的中间体，在生产或使用丁基甲胺的工作场所，经吸入和皮肤而导致职业性暴露。监测数据表明，一般人群可能通过摄入淡炼乳(脱水牛奶)和使用烟草制品而暴露本品。

3. 毒性和中毒机理

对皮肤和眼睛有强烈的刺激性。大鼠经口 LD_{50} 为 420 mg/kg；小鼠腹腔注射 LD_{50} 为 471 mg/kg；小鼠静脉注射 LD_{50} 为 122 mg/kg；家兔经皮 LD_{50} 为 1 260 mg/kg。

其健康危害 GHS 分类为：急性毒性—经皮，类别 3；皮肤腐蚀/刺激，类别 1；严重眼损伤/眼刺激，类别 1。

4. 人体健康危害

由于胺类是碱性物质，可能会形成强碱性溶液，因此如果溅到眼睛或污染皮肤，可能会造成强烈刺激，严重时可导致灼伤。它们不具有特定的毒性，由于低级脂族胺是机体组织的组分，因此它们存在于大量的食物中，特别是鱼类中，并且赋予鱼类一种特有的气味。目前一个值得关注的问题是，一些脂肪胺可能与体内的硝酸盐或亚硝酸盐反应形成亚硝基化合物，其中许多已知对动物机体具有致癌作用。

1,3-二甲基丁胺

1. 理化性质

CAS 号：108-09-8	性质：无色、芳香味，高度易燃液体
沸点(℃)：106～109	密度(g/cm^3)：0.75
闪点(℃)：12.78	相对蒸气密度(空气=1)：3.5

（续表）

饱和蒸气压（kPa）：145（50℃）	溶解性：易溶于水，高度不稳定

2. 用途与接触机会

主要用途是合成医药、农药等的中间体。用于有机合成。主要接触于生产活动。

3. 毒性

本品小鼠吸入 LCL_0 为 5 773 mg/m^3，15 个月；小鼠静脉注射 LD_{50} 为 80 mg/kg；小鼠经口 LD_{50} 为 470 mg/kg；兔经皮 LD_{50} 为 600 mg/kg；大鼠经口 LDL_0 为 600 mg/kg。

其健康危害 GHS 分类为：急性毒性—经皮，类别 3；皮肤腐蚀/刺激，类别 1；严重眼损伤/眼刺激，类别 1。

二 异 丁 胺

1. 理化性质

CAS 号：110－96－3	熔点(℃)：－73.5
物理状态（颜色/形态）：无色透明液体，有氨气或鱼腥味	密度和比重(20℃)：0.745
气味：有胺的气味	饱和蒸气压（kPa）：0.97（25℃）
沸点(℃)：139.6	闪点：29℃(闭杯)
溶解性：溶胺在乙醇、乙醚、丙酮、苯中；在水里溶解度为 2 200 mg/L(25℃)	

2. 用途与接触机会

主要用途是合成医药、农药等的中间体。用于有机合成。主要接触于生产活动。在生产或使用二异丁胺的工作场所，可能会通过吸入和皮肤接触发生职业性暴露。

3. 毒性

本品大鼠经口 LD_{50} 为 258 mg/kg。；小鼠经口 LD_{50} 为 629 mg/kg；豚鼠经口 LD_{50} 为 620 mg/kg；豚鼠经皮 LD_{50} 0.25 ml/kg；家兔经皮 LD_{50} 为 0.25 ml/kg。

其健康危害 GHS 分类为：急性毒性—经口，类别 3；急性毒性—经皮，类别 2；急性毒性—吸入，类别 1。

4. 人体健康危害

有腐蚀性，可对皮肤、眼睛和呼吸道造成伤害；吸入可能引起急性肺水肿，可透过皮肤吸收，引起急性中毒。

二 正 丁 胺

1. 理化性质

CAS 号：111－92－2	外观与性状：无色液体，似氨的气味
熔点/凝固点(℃)：－60/－59	临界压力(MPa)：4.92
沸点、初沸点和沸程(℃)：159～160	易燃性：易燃
闪点(℃)：57/51.6(开杯)	*n*－辛醇/水分配系数：2.83
密度(kg/m^3)：760.1（20℃）	溶解性：易溶于水，25℃)；极易溶于乙醚和乙醇；易溶于丙酮
相对密度(水＝1)：0.76	相对蒸气密度(空气＝1)：4.46

2. 用途与接触机会

二正丁胺可用作腐蚀抑制剂、乳化剂、杀虫剂、阻聚剂，可用于合成医药、农药、染料、浮选剂、抗腐蚀剂、增塑剂、橡胶硫化促进剂等。

3. 毒性与中毒机理

具有急性刺激性和腐蚀性作用膜，主要针对眼睛和呼吸道的黏膜，慢性毒性作用主要是皮肤炎症改变。目前认为二正丁胺蒸气具有明显的亲脂性，可在角膜表面形成可逆的黏液性水肿，从而可能引起青光眼，但该反应在人身上尚未被检测到。

本品大鼠经口 LD_{50} 为 220 mg/kg；家兔经皮 LD_{50} 为 1 010 mg/kg；其健康危害 GHS 分类为：急

性毒性—经皮，类别 3；急性毒性—吸入，类别 2；皮肤腐蚀/刺激，类别 1A；严重眼损伤/眼刺激，类别 1；特异性靶器官毒性——次接触，类别 1。

4. 人体健康危害

具有腐蚀性，可严重灼伤眼睛和皮肤。蒸气会刺激眼睛，导致严重的眼泪，结膜炎和角膜水肿。吸入可能刺激呼吸系统，会引起咳嗽、恶心和肺水肿等。

5. 风险评估

美国 AIHA 规定：工作环境暴露上限 TWA 为 29 mg/m^3(经皮)。

本品对水生生物有毒，其环境危害 GHS 分类为：危害水生环境—急性危害，类别 2。

戊 胺 类

二 正 戊 胺

1. 理化性质

CAS 号：2050－92－2	外观与性状：无色至浅黄色液体，有胺味。
比热容(KJ/(kg·K)，定压)：2.26	体膨胀系数(K^{-1}，20～60℃)：0.001 02
熔点/凝固点(℃)：−7.85	沸点(℃)：202.5
黏度(mPa·s，20℃)：1.264	相对蒸气密度(空气＝1)：5.4
密度(g/cm^3)：0.777 1 (20℃/4℃)	蒸发热(kJ/kg)：347.4
闪点(℃)：51(闭杯)	溶解性：溶于丙酮；极易溶于乙醇；溶于乙醚；微溶于水
蒸气压(kPa 体膨胀系数(K^{-1})：)：1.20	相对蒸气密度(空气＝1)：5.4

2. 用途与接触机会

本品主要的暴露途径是经呼吸道吸入、经皮吸收。

与同源衍生物相比，口服 LD_{50} 值相对较低，表明其经口吸收也非常迅速。

3. 毒性与中毒机理

该化学物主要可引起眼睛和皮肤严重灼伤。对皮肤强烈的刺激性。眼睛、皮肤刺激物，作为一种碱性腐蚀剂，可以引起组织细胞液化坏死。它可使细胞膜中的脂肪皂化，破坏细胞并允许深入渗透黏膜组织。在胃肠组织中，起初是炎症反应，后期会继发组织坏死(有时甚至导致穿孔)，后期可继发肉芽肿形成狭窄。

本品大鼠经口 LD_{50} 为 270 mg/kg，兔子经皮 LD_{50} 为 350 mg/kg。其健康危害 GHS 分类为：急性毒性—经口，类别 3；急性毒性—经皮，类别 3；皮肤腐蚀/刺激，类别 1C；严重眼损伤/眼刺激，类别 1。

己 胺 类

2－乙基己胺

1. 理化性质

CAS 号：104－75－6	外观与性状：无色透明液体
熔点/凝固点(℃)：−76	饱和蒸气压(kPa)：0.16 (20℃)
沸点(℃)：169.2	相对密度(水＝1)：0.79
闪点(℃)：52	溶解性：溶于水，溶于乙醇、丙酮
相对蒸气密度(空气＝1)：4.45	水溶性(g/L)：2.5(20℃)
折射率：1.429 5～1.431 5	爆炸极限[%(V/V)]：0.8～6
储存条件：易燃物区域	*n*－辛醇/水分配系数：2.82
敏感性：空气敏感	

2. 用途与接触机会

用作医药、染料、杀虫剂、硫化促进剂、抗氧剂、浮选剂、乳化剂等的原料。主要用于生产(2－乙基己胺)－1－异丙基－4－甲基－二环(2,2,2)辛氯－2,3－二羟酰亚胺。作为杀虫剂增效剂，与胡椒基丁醚的增效效果相同。可经呼吸道、经口、皮肤吸收。

3. 毒性

本品大鼠经口 LD_{50}：450 mg/kg；兔子皮肤接触 LD_{50}：600 μl/kg；家兔经皮：750 μg(24 h)，重度刺激；家兔经眼：50 μg(24 h)，重度刺激。其健康危害 GHS 分类为：急性毒性—经皮，类别 3；急性毒性—吸入，类别 3；皮肤腐蚀/刺激，类别 1；严重眼损伤/眼刺激，类别 1。

4. 人体健康危害

具有强烈的刺激性。高浓度接触严重损害黏膜、上呼吸道、眼睛和皮肤。接触后出现烧灼感、咳嗽、喘息、喉炎、气短、头痛、恶心和呕吐。人体大量吸入可导致支气管炎、毒性肺水肿、循环障碍、痉挛。

庚 胺 类

正 庚 胺

1. 理化性质

CAS 号：111－68－2	外观与性状：无色液体
熔点/凝固点(℃)：−23	临界压力(MPa)：2.85
沸点(℃)：155	相对密度(水＝1)：0.777
闪点(℃)：35	辛醇/水分配系数：2.57
相对蒸气密度(空气＝1)：4.0	溶解性：微溶于水，溶于乙醇、乙醚
折射率：1.424 5	引燃温度(℃)：267
离解常数(25℃)：4.6×10^{-4}	

2. 用途与接触机会

用作溶剂及用于有机合成。生产及使用时可接触。可经呼吸道、经口、皮肤吸收。

3. 毒性

属中等毒类。能刺激眼、皮肤和黏膜。本品小鼠腹腔注射 LD_{50}：庚胺-[1]为 100 mg/kg，庚胺-[2]为 60 mg/kg，庚胺-[3]为 70 mg/kg，庚胺-[4]为 110 mg/kg。庚胺硫酸盐的大鼠腹腔注射 LD_{50} 为 42 mg/kg。庚胺能使狗的血压持续性升高，反复给予则出现抑制作用和血管扩张。

二庚胺经口粗略的 LD_{50}：大鼠为 0.2～0.4 g/kg(原液)，小鼠为 0.2～0.4 g/kg(5%玉米油溶液)。动物出现呼吸困难和惊厥后，数分钟死亡。二庚胺对皮肤和眼有强烈的刺激性，一滴原液能强烈刺激眼和眼睑以及永久性的角膜损伤。

4. 人体健康危害

庚胺对人有全身作用，对皮肤、黏膜有刺激作用。人口服 2 mg 即出现心悸、口干、头痛、四肢麻木、血压略有增高。

5. 风险评估

本品对水生生物急性有毒，其环境危害 GHS 分类为：危害水生环境—急性危害，类别 2。

高碳烷基胺类

十 八 烷 基 胺

1. 理化性质(以十八烷基胺为例)

CAS 号：124－30－1	外观与性状：白色蜡状固体结晶，具有碱性
熔点(℃)：50～52	凝固点(℃)：53.1
沸点(℃)：347	密度(g/cm³)：0.861 8
闪点(℃)：149	饱和蒸气压(kPa)：1.33(72℃)
酸度系数(pKa)：10.65(25℃)	溶解性：易溶于氯仿；溶于乙醇、乙醚和苯；微溶于丙酮；不溶于水
折射率：1.452 2	

2. 用途与接触机会

用于制彩色照片的成色剂，用作树脂、乳化剂、杀菌剂、表面活性剂的原料及纺织助剂；用作有机合成的中间体，用于生产十八烷季胺盐及多种助剂，例如阳离子润滑脂的稠化剂、选矿药剂、农药和沥青乳化剂、织物抗静电剂、柔软剂、湿润剂和防水剂、表面活性剂、杀菌剂、彩色胶片的成色剂、炼油装置的缓蚀剂。将十八胺与环氧乙烷以1∶2的摩尔比配合，在150～190℃反应，可以近80%的收率得到十八烷基二乙醇胺。十八烷基二乙醇胺是非离子型抗静电剂，可用于聚丙烯、聚苯乙烯、ABS树脂、有机合成缓蚀剂、乳化剂、杀菌剂。

3. 毒性

C8—23烷基胺对皮肤、眼、黏膜有强烈的刺激。它们的沸点较高，在室温下挥发性较小，蒸气吸入机会少。

辛胺-[2](氨基辛烷-[2])1 mg/kg使狗血压上升。小鼠的MLD为135 mg/kg。致死量可使动物呼吸困难、兴奋、惊厥、呼吸麻痹而死。

大鼠暴露于饱和壬胺(C9)蒸气2 g/m^3，35 min，出现眼鼻刺激、流涎、震颤、解剖未见异常。浓度在0.097 g/m^{3}时，无中毒症状出现。吸入饱和二壬胺蒸气0.16 g/m^3，14次，6 h/次，动物仅表现稍有不安，解剖无异常发现。吸入饱和三壬胺蒸气0.08 g/m^3，8次，6 h/次，无任何中毒症状及病理组织学发现。

小鼠吸入十一胺蒸气出现中枢神经系统功能改变及上呼吸道刺激、肺水肿。将十一胺液体滴加兔耳壳上，lmin即出现强烈刺激反应。

大鼠喂以含十八胺0.5 g/kg的饲料2年，未发现动物的生长、摄食量、血象和病理组织学检查有任何异常；喂以含3 g/kg的饲料，动物出现厌食、体重减轻以及胃肠、肝脏某些组织学改变。小鼠和大鼠的急性经口LD_{50}均为1 g/kg左右。十八胺还是一种原发性的皮肤刺激物。

长链脂肪胺类化合物N-1923(C17-23)、N-1517(C15-17)均属低毒类物质，N-1923具有高度蓄积性。小鼠经口LD_{50}：N-1517为912 mg/kg，N-1923为2 056 mg/kg，两种化合物中毒症状相似。高剂量组动物表现烦躁不安、偶有咳嗽、活动减少、后肢无力、呼吸浅促，最后呼吸困难、瘫痪，一般24 h内死亡；低剂量组动物略呈兴奋，活动减少，24 h恢复。但以后动物进食量减少，被毛失去光泽。病理组织学检查N-1923剂量高于1 715 mg/kg的中毒动物，肝细胞有不同程度的坏死；N-1517各剂量组中毒动物，肝细胞稍呈肿胀。各组动物肾、肺均未见异常。两种化合物的原液以及10% N-1923煤油稀释液均为强烈的皮肤刺激物。10% N-1923煤油溶液对兔眼产生的严重刺激需10 d后才能痊愈。

4. 人体健康危害

人误服辛胺，引起头痛、血压下降、脉速及出现荨麻疹。十二胺能使皮肤发生水疱和严重灼伤。

用十七胺盐酸盐处理氯化钾防止结块，在胺盐0.09～1.6 mg/m^3(最高34 mg/m^3)浓度下，操作者感到气味难闻、恶心、头痛。临床及生化检查见植物神经系统有若干改变，血红蛋白和红细胞减少，网织红细胞增多，血小板减少，并有皮炎。

烯丙胺类

二烯丙基胺

1. 理化性质

CAS号：124-02-7	外观与性状：无色液体，有氨臭
熔点(℃)：−88.4	凝固点(℃)：−100
沸点(℃)：111(10 kPa)	折射率：1.438 7
闪点(℃)：16	密度(g/cm^3)：0.788 9
相对蒸气密度(空气=1)：3.35	溶解性：溶于水、醇、醚、苯
溶解度(g/L)：86	饱和蒸气压(kPa)：2.69(25℃)
pH值：11.5(9.7 g/L, H_2O)	

2. 用途与接触机会

主要用作有机合成中间体，还可用作离子净水剂、聚合物单体、制药中间体等。生产和使用过程可接触。可通过吸入、经口、经皮吸收。

3. 毒性

兔子皮肤刺激实验：100 μg/24 h对皮肤有轻微的刺激作用；兔子眼睛用水清洗：50 mg/24S对眼睛有严重的刺激作用；男性吸入TCL_0：122 mg/m^3，5M；大鼠经口LD_{50}：578 mg/kg；大鼠吸入LC_{50}：

3 448 mg/m³,8 h;小鼠经口 LD_{50}：355 mg/kg;小鼠经腹膜 LD_{50}：187 mg/kg;兔子皮肤 LD_{50}：280 μl/kg;大鼠吸入 TCL_0：868 mg/m³,7 h/50D-I。其健康危害GHS分类为：急性毒性—经皮,类别3;皮肤腐蚀/刺激,类别1;严重眼损伤/眼刺激,类别1;特异性靶器官毒性——一次接触,类别2;特异性靶器官毒性——一次接触,类别3(呼吸道刺激)。

4. 人体健康危害

吸入本品蒸气或雾对呼吸道有刺激性,高浓度吸入可致肺水肿。液体、雾或蒸气对眼有刺激性,由于本品的腐蚀性,严重者可致永久性重度眼损害。对皮肤有刺激性,重者可致灼伤。能经皮肤吸收引起中毒。摄入引起口腔、咽喉和消化道烧灼感,并有恶心和头痛等症状。

5. 风险评估

本品对水生生物有毒且有长期持续影响,其环境危害GHS分类为：危害水生环境—急性危害,类别2;危害水生环境—长期危害,类别2。

二烯丙基代氰胺

1. 理化性质

CAS号：538-08-9	外观与性状：无色液体
熔点(℃)：<-70	折光率：(20℃)：1.468
沸点(℃)：140～145(12 kPa)	相对密度(水=1)：0.902 1
闪点(℃)：90.5	溶解性：不溶于水;溶于一般有机溶剂(如乙醇,乙醚,丙酮,苯)
相对蒸气密度(空气=1)：4.1	

2. 用途与接触机会

用于有机合成、聚合物合成。生产和使用时可接触。可通过吸入、经口、经皮吸收。

3. 毒性

本品小鼠吸入 LDL_0：125 mg/kg,其健康危害GHS分类为：急性毒性—经口,类别3。

环己胺类

二环己胺

1. 理化性质

CAS号：101-83-7	外观与性状：无色透明油状液体,有刺激性氨味
熔点(℃)：-0.1	折射率：1.482 3
沸点(℃)：255.8(100 kPa)	密度(g/cm³)：0.910 4(25℃)
闪点(℃)：96	蒸气压(kPa)：4.5×10^{-3}(25℃)
蒸气密度(空气=1)：6.25	溶解性：微溶于水;与有机溶剂混溶
pH值：11(1 g/L,H_2O,20℃)	

2. 用途与接触机会

广泛用作有机合成中间体,可用于制取染料中间体、橡胶促进剂、硝化纤维漆、杀虫剂、催化剂、防腐剂、气相缓蚀剂及燃料抗氧化添加剂等。也用作萃取剂。二环已胺的脂肪酸盐和硫酸盐具有肥皂的去污性能,用于印染和纺织工业。其金属络合物用作油墨、油漆的催化剂。用于有机合成,也用作杀虫剂、酸性气体吸收剂和钢铁防锈剂。还可用于制造橡胶硫化促进剂、杀虫剂、催化剂、防腐剂等。生产和使用时可接触。

3. 毒代动力学

主要摄入途径为呼吸道和皮肤。在动物实验中,可检测到通过皮肤的吸收。将两只兔各一只耳朵浸入纯二环已胺3小时,在短时间间隔内对来自颈动脉的血液进行取样和分析,虽然没有检测到本品积累,但尿中胺浓度有所增加,大约一半通过肾脏被清除。

4. 毒性

本品大鼠口服 LD_{50}：373 mg/kg;小鼠腹腔 LD_{50}：500 mg/kg;兔子皮肤2 mg/24 h重度;兔子眼0.75 mg/24 h重度。其健康危害GHS分类为皮肤腐蚀/刺

激，类别1B；严重眼损伤/眼刺激，类别1。

5. 人体健康危害

吸入蒸气可能刺激呼吸道。蒸气对上呼吸道造成不适，吸入具危害性。长期过度暴露可能引起头痛、恶心、呕吐、腹泻、口渴、衰弱和虚脱；严重过度暴露可能导致失去意识、昏迷和死亡。吸入高浓度蒸气于数小时后可能引起发肺水肿；吸入胺蒸气可能引起鼻子、喉咙和肺部的刺激性而呼吸困难和咳嗽；严重情况，呼吸道会发炎和浮肿而头痛、恶心、衰弱、焦虑和喘息。

与皮肤接触可能引起带有灼伤的严重刺激；可能经由皮肤吸收而中毒；直接接触液体可能产生全身性影响，包括恶心、呕吐、焦虑、不安和嗜睡；暴露于本品可能产生过敏；本品挥发性蒸气产生刺激性和皮肤发炎，直接接触会引起灼伤；可能经由皮肤吸收引起类似于食入的影响，导致死亡；皮肤可能呈现变白、红和水疱。

与眼睛接触可能引起带有的灼伤的严重刺激；本品会腐蚀眼睛，可能引起疼痛和严重结膜炎；如果没有立即和适当处理，角膜损伤可能发展成永久的视觉损害；本品蒸气对眼睛会造成高度不适，引起流泪、角膜炎和轻微角膜浮雕导致"光晕"现象，但此影响是暂时性的，仅持续数小时；直接接触可引起永久性眼损伤。

吞食本品会腐蚀肠胃道，可能引起严重黏膜损伤；食入可引起嘴、喉咙和胃部灼伤，伴随胃痛、胸痛、恶心、呕吐、腹泻、口渴、衰弱和虚脱；吞食或呕吐时倒吸可能导致肺部损伤。

6. 风险评估

本品对水生生物毒性极大且有长期影响，其环境危害GHS分类为：危害水生环境—急性危害，类别1；危害水生环境—长期危害，类别1。

单氟烃胺类

1. 理化性质

物　质	分子式	沸点(℃)
3-氟丙胺	$F(CH_2)_3NH_2$	88.5～89
4-氟丁胺	$F(CH_2)_4NH_2$	35～35.5
N-4-弗丁基乙酰胺	$F(CH_2)_4NHCOOCH_3$	148～149
5-氟戊胺	$F(CH_2)_5NH_2$	61～61.5
6-氟己胺	$F(CH_2)_6NH_2$	54～55
7-氟庚胺	$F(CH_2)_7NH_2$	67.5～68
8-氟辛胺	$F(CH_2)_8NH_3$	93～94

2. 毒代动力学

常温下呈液体状态。在体内先转化为相应的醛类，然后再生成酸。

3. 毒性

单氟烃胺类经皮吸收的毒性和注射给药相近，如6-氟己胺小鼠腹腔注射LD_{50}为0.9 mg/kg，而经皮LD_{50}为兔0.25 mg/kg，大鼠1.5 mg/kg，猫0.9 mg/kg，豚鼠1.4 mg/kg；某些单氟烃胺还具有皮肤刺激作用，故操作中应注意皮肤防护。

	小鼠腹腔注射LD_{50}(mg/kg)
3-氟丙胺	46
4-氟丁胺	—
N-4-弗丁基乙酰胺	16.5
5-氟戊胺	50
6-氟己胺	0.9
7-氟庚胺	50
8-氟辛胺	0.76

乙基-3-氯苯基甲亚胺

1. 理化性质

分子量：183.5	性状：液体
沸点(℃)：120(2.0 kPa)	

2. 毒性

大鼠吸入248 mg/m^3(饱和浓度)9次，6 h/次，出现鼻、眼刺激，嗜睡，呼吸困难，体重减轻。解剖见肺变色，有肺实变和萎缩区，伴有支气管周围淋巴反应。吸入 165 mg/m³(用乙醇溶解)11 次,6 h/次,动物出现轻微嗜睡和呼吸困难。解剖见脏器正常。

脂肪二胺类和脂肪多胺类

乙　二　胺

1. 理化性质

CAS 号：107－15－3	外观与性状：无色透明的黏稠液体,有氨臭
熔点/凝固点(℃)：8.5	折射率：1.456 5
沸点(℃)：116～117	密度(g/cm³)：0.898(25℃)
相对蒸气密度：2.07(空气＝1)	溶解性：能溶于水和乙醇,微溶于乙醚,不溶于苯
pH 值：11.9(25%,H_2O,25℃)	易燃性：易燃液体
闪点(℃)：34	

2. 用途与接触环境

本品可作为药物润肤乳的稳定剂。用作酪蛋白、白蛋白、虫胶和硫磺的溶剂,乳化剂,稳定胶乳,用作防冻液中的抑制剂,纺织机器润滑剂,药物辅助剂(如：氨茶碱注射液稳定剂)。制备染料、合成蜡、树脂、杀虫剂和沥青润湿剂。用于除草剂制造业,用于活性剂、乳化剂、润湿剂、分散剂、缓蚀剂、清洁剂和织物表面处理剂制造业。兽用药物。用于杀菌剂,螯合剂(EDTA)制造业,二甲基乙烯基脲树脂制造。聚氨酯增链剂,无电极镍涂层试剂。

在乙二胺生产或使用的工作场所,通过吸入和皮肤接触可发生职业性暴露。

3. 毒代动力学

雄性大鼠通过口服,气管内和静脉内途径给予(14)C-乙二胺,剂量为 550 或 500 mg/kg。尿排泄是主要的消除途径,占总放射剂量的 42%～65%。粪便排泄量为 5%～32%,以 CO_2形式排出可消除 6%～9%。在 48 h,11%～21%的放射性剂量保留在各器官中,其中甲状腺、骨髓、肝脏和肾脏相对较高。

4. 毒性

本品大鼠经口 LD_{50}：1 200 mg/kg;豚鼠经口 LD_{50}：470 mg/kg;兔经皮 LD_{50}：730 μl/kg;大鼠腹腔注射 LD_{50}：76 mg/kg;大鼠皮下注射 LD_{50}：300 mg/kg;小鼠腹腔注射 LD_{50}：200 mg/kg;小鼠皮下注射 LD_{50}：424 mg/kg。对皮肤、眼睛和呼吸系统有刺激作用。兔经眼 750 μg/24 h,造成严重眼刺及;兔经皮 10 mg/24 h,开放式试验,造成严重皮肤刺激;兔经皮 450 mg,开放式试验,造成中度皮肤刺激。

其健康危害 GHS 分类为：急性毒性经口,类别 4;急性毒性吸入,类别 4;皮肤腐蚀/刺激,类别 1B;严重眼损伤/眼刺激,类别 1;呼吸道致敏物,类别 1;皮肤致敏物,类别 1。

大鼠经口 TDL_0：540 mg/kg,喂养 6 w,间歇性,造成肺脏重量改变,肝功能受损,尿液成分改变。大鼠经口 TDL_0：3 500 mg/kg,持续性喂养 7 d,造成肝脏、膀胱重量改变,体重降低。大鼠吸入 TCL_0：700 μg/m³,17 w,间歇性,造成大脑退行性变,血液磷酸酶水平改变,脾脏功能改变。

5. 人体健康危害

吞咽本品有害,皮肤接触会中毒。造成严重皮肤灼伤和眼损伤。可能造成皮肤过敏反应。吸入可能导致过敏或哮喘病症状或呼吸困难。志愿者吸入 5～10 s,污染物浓度 500 mg/m³时可引发面部和鼻黏膜刺激症状,1 000 mg/m³时可引发更加严重的鼻黏膜刺激症状。有报道一名男性患者在职业性暴露乙二胺试验后发生哮喘。对 1 158 名成年志愿者进行了观察性研究。斑贴实验后,0.43%对乙二胺有阳性反应。乙二胺衍生物的敏化抗组胺药可以引起使用肌凝乳膏的患者发生过敏反应。100 名局部用药患者被怀疑患有接触性皮炎,其中 18%对乙二胺盐酸盐(1%)过敏。有报道一名 44 岁的男性在过去几个月持续性手部湿疹。斑片实验发现为对乙二胺阳性反应,怀疑和其工作接触的金属抛光器有关,其含有超过 1%的乙二胺作为溶剂。

另有研究报道：一位 33 岁患急性皮炎的服用氨茶碱女护士,皮炎位于左拇指、食指和中指的中间和远端趾骨,以及右手食指和中指。对患者进行了斑贴实验,患者对乙二胺、戊二醛、氨茶碱和二乙基三胺有阳性反应。她对乳化剂、手套或茶碱不敏感。氨茶碱是茶碱和乙二胺的混合物。斑贴试验证实，接触性皮炎是由于乙二胺所致，而不是茶碱。结果表明，对乙二胺过敏的患者应避免使用乙二胺、哌嗪或其他与乙二胺有关的胺类衍生物，如二乙基三胺和三乙基四胺。

6. 风险评估

本品对水生生物有毒且有长期影响，其环境危害 GHS 分类为：危害水生环境—急性危害，类别 2；危害水生环境—长期危害，类别 3。

我国职业接触限值 PC－PWA 为：4 mg/m^3，PC－STEL 为：10 mg/m^3，可经完整的皮肤吸收。美国 NIOSH 规定 PC－TWA：25 mg/m^3。

N,N－二乙基乙撑二胺

1. 理化性质

CAS 号：100－36－7	外观与性状：无色液体在－100℃时呈玻璃状
熔点(℃)：<－70℃	折射率：1.436
沸点(℃)：145.2	相对密度(水＝1)：0.82
闪点(℃)：31	溶解性：能与水混溶，溶于乙醇、乙醚及一般有机溶剂

2. 用途

在医药上用于合成盐酸普鲁卡因胺、盐酸氯普鲁卡因、辛可卡因、盐酸硫必利。也用来生产助剂产品，例如，用于制取色必明 BCH。生产和使用过程中可接触。

3. 毒性

本品大鼠经口 LD_{50}：2 830 mg/kg；小鼠腹腔 LD_{50}：300 mg/kg；兔经皮 LD_{50}：820 μl/kg。兔子皮肤 5 mg/24 h，兔子眼 50 μg 重度刺激。其健康危害 GHS 分类为：急性毒性—经皮，类别 3；皮肤腐蚀/刺激，类别 1；严重眼损伤/眼刺激，类别 1。

4. 人体健康危害

吸入可能导致严重刺激，引起呼吸困难和咳嗽；系统性症状包括头痛、恶心、晕眩和焦虑；本品蒸气会造成上呼吸道和肺部高度不适，且单一急性暴露即可能造成毒性反应；吸入大量液体雾滴可能造成极大危害，甚至可能导致痉挛、喉头及支气管严重刺激、化学性肺炎和肺水肿等发生；吸入本品蒸气可能造成鼻及咽喉黏膜刺激、肺部刺激而引起呼吸道不适、咳嗽；严重者会造成呼吸道肿大和发炎，伴随著头痛、恶心、虚弱和焦虑等症状，也可能引起气喘。

本品经皮肤吸收后可能导致毒性反应；接触易挥发的胺蒸气会造成皮肤刺激和灼热感。直接接触会造成皮肤灼伤。经由皮肤吸收后，可能造成与吞食相似的健康效应和导致死亡；长期或重复暴露该物质会造成皮肤刺激，并可能引起皮肤发红、肿胀、起水泡、鳞片化和皮肤增厚及溃疡。可能造成眼睛严重刺激引起泪、结膜炎和角膜浮肿，导致形成光晕；该液体对眼睛具有腐蚀性，并可能造成疼痛和严重结膜炎。对逐渐产生的角膜伤害，未及时且适当地进治疗，可能造成永久性的视损伤。

1,3－丙二胺

1. 理化性质

CAS 号：109－76－2	外观与性状：无色液体
熔点(℃)：－12	折射率：1.458
沸点(℃)：140	密度(g/cm^3)：0.888(25℃)
酸度系数(pKa)：10.94(10℃)	pH 值：>12(100 g/L，H_2O，20℃)
闪点(℃)：49	溶解性：能与醇、醚混溶；溶于水
爆炸极限[%(V/V)]：2.8～15.2	蒸气压(kPa)：<0.11(20℃)

2. 用途与接触机会

可用作净化剂、有机合成中间体。用于医药、农药的合成，是造纸、纺织、皮革工业的辅助原料，还用于环氧树脂固化剂的合成。还可用于溶剂、乳化剂、抗氧化剂、橡胶硫化剂、净化剂、有机合成中间体，KAPA 制备的起始材料，分子末端异构化用强碱基等。生产及使用过程中可接触。职业性接触主要经呼吸道吸入。

3. 毒性

本品大鼠口服 LD_{50}：350 mg/kg；小鼠腹注 LD_{50}：296 mg/kg。兔子皮肤 50 mg 重度；兔子眼 1 mg 重度。其 GHS 分类为：急性毒性—经口，类别 3；急性毒性—经皮，类别 2；皮肤腐蚀/刺激，类别 1；严重眼损伤/眼刺激，类别 1。

4. 人体健康危害

本品与眼睛直接接触会引起强烈的腐蚀作用，重复少量接触可触发皮肤炎症。误服或经皮接触会中毒，严重时可致命。

1,4-丁二胺

1. 理化性质

CAS 号：110-60-1	辛醇/水分配系数（Kow）：−3.42
物理状态（颜色/形态）：无色油；无色晶体	溶解性：易溶于水，能吸收二氧化碳。
气味：强烈的哌啶样气味	蒸气压(kPa)：0.31(25℃)
沸点(℃)：158.5	皮肤、眼睛及呼吸道刺激：刺激眼睛、呼吸系统和皮肤
熔点(℃)：27.5	密度(g/cm³)：0.877(25℃)

2. 用途与接触机会

本品又名腐胺，非职业性人群，可通过摄入某些肉类接触本化学物。工业上主要作为生物化学研究的工具，化学中间体，络合剂，树脂技术中的催化剂，合成季铵化合物。

职业性接触多通过呼吸道吸入和经皮接触。

3. 毒性

本品大鼠经口 LD_{50}：463 mg/kg；小鼠经口 LD_{50}：1 600 mg/kg；兔经皮 LD_{50}：1 576 mg/kg；大鼠吸入 LC_{50}：877～1 297 mg/(m^3 · 4 h)。可刺激眼睛、呼吸系统和皮肤。其健康危害 GHS 分类为急性毒性—经皮，类别 3；急性毒性—吸入，类别 2；皮肤腐蚀/刺激，类别 1B；严重眼损伤/眼刺激，类别 1。

4. 人体健康危害

皮肤接触本品会中毒，吸入致命，造成严重皮肤灼伤和严重眼损伤。

己 二 胺

1. 理化性质

CAS 号：124-09-4	外观与性状：白色片状结晶体，有氨臭
熔点(℃)：42	折射率：1.439
沸点(℃)：205	密度(g/cm³)：0.89(25℃)
闪点(℃)：71(开杯)	溶解性：溶于酒精
pH 值：12.4(100 g/L，H_2O，25℃)	爆炸极限[%(V/V)]：0.9～7.6
相对蒸气密度：4.01(空气=1)	酸度系数(pKa)：11.857(0℃)
水溶解性(g/L)：490(20℃)	

2. 用途与接触机会

本品可用于合成尼龙 66 和 610 树脂，也用以合成聚氨酯树脂、离子交换树脂和亚己基二异氰酸酯，以及用作脲醛树脂、环氧树脂等的固化剂，有机交联剂等，还用作纺织和造纸工业的稳定剂、漂白剂，铝合金的抑制腐蚀剂和氯丁橡胶乳化剂等。已二胺与盐酸在 28℃以下成盐得到 1,6-已二胺盐酸盐，可用来生产杀菌剂洗必泰乙酸盐。已二胺在黏接剂、航空涂料和橡胶硫化促进剂等生产中也有一些应用。生产中工人接触本品的机会以吸入蒸气和气溶胶为主，经皮也可吸收。

3. 毒性

本品大鼠口服 LD_{50}：750 mg/kg；小鼠吸入 LCL_0：750 mg/(m^3 · 10 min)。经口可引起神经系统、血管张力和造血功能等的改变；也可经皮肤吸收。大鼠在 1～10 mg/m^3 浓度下，暴露 4 h/d，历时 6 个月，大鼠体重增长缓慢，神经系统兴奋性低下，血红蛋白降低，胆碱酯酶活力轻度受抑制。大鼠在 7 mg/m^3 浓度下染毒 3 个半月，见肺、肝、肾血管有组织学改变。反复给豚鼠己二胺，引起贫血、体重减轻，镜下见肾、肝变性及心肌轻度变性。

本品健康危害 GHS 分类为皮肤腐蚀/刺激,类别 1B;严重眼损伤/眼刺激,类别 1;特异性靶器官毒性——一次接触,类别 3(呼吸道刺激)。

4. 人体健康危害

人对本品的嗅阈,最敏感者为 0.003 2 mg/m^3。本品可引起眼结膜和上呼吸道刺激症状。吸入较高浓度的本品,可引起剧烈头痛。对两个工厂 20 名接触本品 2～32.7 mg/m^3 和 5.5～131.5 mg/m^3 的工人进行检查,见其中 8 人存在眼结膜和上呼吸道黏膜刺激症状,1 人有皮炎随后又出现急性肝炎。工人中未见有贫血患者。

某厂长期接触本品(工龄 8～9 年)的工人主诉头昏、失眠等症状,但体征和血象无阳性发现,车间浓度未测定。有两名工人不慎将 58%本品酒精溶液溅入眼内,虽立即用清水冲洗,仍引起眼睑红肿、结膜充血,症状持续 7～10 d。国外尚有本品溅入眼内引起失明的报道。

N,N′-六甲撑己二酰二胺

1. 理化性质

熔点(℃):250	性状:固体

2. 毒性

大鼠暴露于本品烟雾(加热产生)18 g/m^3 下,15 次,每次 6 h。未见中毒体征,血、尿化验无异常发现。尸检见肝细胞空泡化和坏死。大鼠吸入烟雾 15 g/m^3,15 次,每次 6 h,解剖见脏器正常。

3,3′-二氨基二丙胺

1. 理化性质

CAS 号:56-18-8	分子量:131.22
分子式:$C_6H_{17}N_3$	折射率:1.481
熔点(℃):−14	密度(g/cm^3):0.938(25℃)
沸点(℃):151(6.65 kPa)	溶解性:溶于水和极性有机溶剂
闪点(℃):118	

2. 用途与接触机会

用于合成生物吸附分离材料,涂料助剂,环氧树脂固化剂。生产和使用时可接触。职业性暴露途径为皮肤和呼吸道。

3. 毒性

本品大鼠经口 LD_{50}:738 mg/kg;小鼠经口 LD_{50}:435 mg/kg;兔经口 LD_{50}:210 mg/kg;兔经皮 LD_{50}:110 μl/kg;大鼠皮下 LDL_0:200 mg/kg;豚鼠经口 LD_{50}:258 mg/kg。兔经皮,开放式试验,470 mg,中度刺激反应;兔经眼,47 mg,强烈反应。其 GHS 分类为急性毒性—经皮,类别 3*;急性毒性—吸入,类别 2*;皮肤腐蚀/刺激,类别 1A;严重眼损伤/眼刺激,类别 1;皮肤致敏物,类别 1。

二乙撑三胺、三乙撑四胺、四乙撑五胺、多乙撑多胺

1. 理化性质

化合物	CAS 号	分子式	分子量	熔点 ℃	沸点 ℃	密度 g/ml (20℃)	蒸气密度(空气=1)	蒸气压 kPa (20℃)	折射率	闪点 (℃)	性 状	溶解性
二乙撑三胺	111-40-0	$C_4H_{13}N_3$	103.17	−39	207	0.958 6	3.56	0.01	1.481 0	90	黄色具有吸湿性的透明黏稠液体,有刺激性氨臭。	溶于水、丙酮、苯、乙醚、甲醇等,难溶于正庚烷
三乙撑四胺	112-24-3	$C_6H_{18}N_4$	146.23	12	266～267	0.981 8	5.04	<0.01	1.497 1	143	具有强碱性和中等黏性的黄色液体	溶于水和乙醇,微溶于乙醚
四乙撑五胺	112-57-2	$C_8H_{23}N_5$	189.3	−30	340.30	0.998 0	6.53	<0.01	1.505	185	黏稠液体,具有吸湿性	溶于水和多数有机溶剂
多乙撑多胺	29320-38-5	$(C_2H_4Cl_2H_3N)x$	0	250	—	1.08 (25℃)	—	1.197	1.529 0	>110	—	—

2. 用途与接触机会

二乙撑三胺：主要用作溶剂和有机合成中间体，用于制取气体净化剂（脱 CO_2 用）、润滑油添加剂、乳化剂、照相用化学品、表面活性剂、织物整理剂、纸张增强剂、氨羧络合剂、无灰添加剂、金属螯合剂、重金属湿法冶金及无氰电镀扩散剂、光亮剂、固色剂、氨羧络合剂、硫磺、酸性气体、染料及各种树脂的溶剂，酸性物质的皂化剂，气体净化剂、树脂固化剂、离子交换树脂及聚酰胺树脂等。

三乙撑四胺：用于溶剂、环氧树脂固化剂、添加剂、织物整理剂、橡胶助剂、橡胶促进剂、乳化剂、表面活性剂、润滑油添加剂、燃料油清净分散剂、气体净化剂、无氰电镀扩散剂、光亮剂、去垢剂、软化剂、络合试剂、碱性气体脱水剂、染料中间体、树脂的溶剂、金属螯合剂以及合成聚酰胺树脂和离子交换树脂等。

四乙撑五胺：用于电流终点法的络合滴定铜、锌和镍，酸性物质的皂化，合成橡胶和树脂气体提纯脱水剂。也用作添加剂、固化剂、促进剂等。

这类脂肪族多胺具有水溶性，蒸气压较高，对操作人员的皮肤有刺激作用。

3. 毒代动力学

主要通过呼吸道和皮肤摄入。

呼吸道：在对大鼠进行的动力学研究中，将该类物质作为中和水溶液（50 mg/kg 体重）引入气管，在血液中几乎完全吸收（90%）。

皮肤：将二乙撑三胺（LD_{50} 值）H 标记后注射于真皮可观察到的明显的全身效应，且随着稀释度的增加，吸收速率明显降低。

4. 毒性

二乙撑三胺：

本品大鼠经口 LD_{50}：2.08 g/kg；豚鼠经皮 LD_{50}：0.17 ml/kg。兔经皮 10 mg/24 h，重度刺激；兔经眼，750 μg 重度刺激。对皮肤、黏膜、眼睛和呼吸道有刺激性，能引起皮肤过敏和支气管哮喘。吸入或接触时能引起结膜炎、角膜炎、皮肤炎、气管炎、气喘、恶心、呕吐等。经口最大致死量 LD_{50} 为 1.8 mg/kg 体重。其健康危害 GHS 分类为皮肤腐蚀/刺激，类别 1B；严重眼损伤/眼刺激，类别 1；皮肤致敏物，类别 1。

三乙撑四胺：

本品大鼠经口 LD_{50}：4 340 mg/kg；兔经皮 805 mg/kg；家兔经皮：5 mg（24 h），重度刺激；家兔经眼：49 mg，重度刺激。长期接触皮肤，引起严重损害至溃疡、坏死。其健康危害 GHS 分类为皮肤腐蚀/刺激，类别 1B；严重眼损伤/眼刺激，类别 1；皮肤致敏物，类别 1。

四乙撑五胺：

大鼠经口 LD_{50}：205 mg/kg；兔经皮 LD_{50}：660 mg/kg；兔经皮，5 mg/24 h 重度刺激；兔经眼，100 mg/24 h 中度刺激。可刺激皮肤、黏膜而引起皮肤过敏和支气管哮喘等症。长期接触会引起白血球减少、血压降低、支气管扩张等。其健康危害 GHS 分类为皮肤腐蚀/刺激，类别 1B；严重眼损伤/眼刺激，类别 1；皮肤致敏物，类别 1。

同时动物实验发现，大鼠，经皮，亚急性试验，每日剂量约 10～20 mg/kg，发现肝脏毒性，肾和中枢神经系统功能障碍的迹象。

多乙撑多胺：

本品健康危害 GHS 分类为皮肤腐蚀/刺激，类别 1；严重眼损伤/眼刺激，类别 1。

5. 风险评估

我国职业接触限值规定：二乙撑三胺 PC－TWA 为 4 mg/m^3（皮）。

三乙撑四胺环境危害 GHS 分类为：危害水生环境—长期危害，类别 3。

四乙撑五胺环境危害 GHS 分类为：危害水生环境—急性危害，类别 2；危害水生环境—长期危害，类别 2。

氨基醇类和烷基醇胺类

一 乙 醇 胺

1. 理化性质

CAS 号：141－43－5	外观与性状：无色透明的黏稠液体，有吸湿性和氨臭
熔点（℃）：10.4	折射率：1.454 1
沸点（℃）：170.3	密度（g/cm^3）：1.018 0（20℃）

（续表）

闪点(℃)：85(闭杯)	相对蒸气密度：2.1(空气=1)
蒸气压(kPa)：0.05(25℃)	溶解性：能与水、乙醇和丙酮等混溶；微溶于乙醚和四氯化碳
pH值：12.1(100 g/L，H_2O，20℃)	

2. 用途与接触机会

主要用作合成树脂和橡胶的增塑剂、硫化剂、促进剂和发泡剂、以及农药、医药和染料的中间体。也是合成洗涤剂、化妆品的乳化剂等的原料。纺织工业作为印染增白剂、抗静电剂、防蛀剂、清净剂。也可用作二氧化碳吸收剂、油墨助剂、石油添加剂。一乙醇胺广泛用作从各种气体(如天然气)中提取酸性组分的净化液。由一乙醇胺盐酸盐环合、中和可制得六水合哌嗪。一乙醇胺盐酸盐经氯化亚砜氯代，再被硫代硫酸钠取代，可制得β-氨基乙基硫代硫酸盐。这是一种染料中间体，用于生产缩聚翠蓝13G。

3. 毒代动力学

主要通过呼吸道摄入，也可通过皮肤摄入。在少数动物实验中显示，呼吸道大剂量暴露可迅速导致全身效应。

一乙醇胺是人体正常代谢物，由丝氨酸脱羧形成，并在尿中部分消除。尿中一乙醇胺含量在肝损伤后升高，而在肾损伤后降低。一乙醇胺可部分脱氨基并经乙二醇醛转移到草酸中。另有一部分一乙醇胺被氧化后以CO_2形式呼出。

4. 毒性

本品大鼠经口LD_{50}：1 720 mg/kg；兔经皮LD_{50}：1 012 mg/kg；兔经皮505 mg，中度刺激；兔经眼760 μg，重度刺激。

本品健康危害GHS分类为：皮肤腐蚀/刺激，类别1B；严重眼损伤/眼刺激，类别1；特异性靶器官毒性——一次接触，类别3(呼吸道刺激)。

5. 人体健康危害

严重刺激对黏膜和皮肤有腐蚀作用，以不同的暴露浓度和暴露时间与黏膜直接接触后，可引起轻微刺激到严重化学烧伤。3例化学工作者意外暴露于一乙醇胺，引起眼睛被化学烧伤，但通过及时冲洗和去除受损的角膜和结膜细胞层，在48小时内实现了完全可逆性。据报道，人皮肤与未稀释的一乙醇胺接触1.5小时仅引起明显的红肿(形成水肿)。在封闭的工作场所，高浓度的一乙醇胺蒸气可引起单次吸入性中毒，从而导致急性肝损伤并引发慢性肝炎。

长时间接触会引起皮肤炎症(接触性皮肤病、过敏性皮炎、湿疹)、哮喘、结膜炎。

6. 风险评估

我国职业接触限值规定：PC-TWA为8 mg/m^3；PC-STEL为15 mg/m^3。

对水生物有毒，其环境危害GHS分类为：危害水生环境—急性危害，类别2。

二 乙 醇 胺

1. 理化性质

CAS号：111-42-2	外观与性状：液体
熔点(℃)：−7.9	折射率：1.476 6
沸点(℃)：268.8	密度(g/cm^3)：1.096 6(20℃)
闪点(℃)：138	相对蒸气密度：3.65(空气=1)
蒸气压(kPa)：3.7×10^{-5}(25℃)	溶解性：易溶于水、乙醇，不溶于乙醚、苯
pH值：11.0～12.0(25℃，1M in H_2O)	

2. 用途与接触机会

主要用作CO_2、H_2S和SO_2等酸性气体吸收剂、非离子表面活性剂、乳化剂、擦光剂、工业气体净化剂、润滑剂。亚氨基二乙醇又称二乙醇胺，是除草剂草甘膦的中间体。用作气体的净化剂，也用作合成药物及有机合成的原料。在洗发剂和轻型去垢剂内用作增稠剂泡沫改进剂，在合成纤维和皮革生产中用作柔软剂。二乙醇胺在分析化学上用作试剂和气相色谱固定液，可选择性地保留和分离醇、二醇、胺、吡啶、喹啉、哌嗪、硫醇、硫醚和水。二乙醇胺是重要的缓蚀剂，可用于锅炉水处理、汽车引擎的冷却剂，钻井和切削油以及其他各类润滑油中起缓蚀作用。

还在天然气中用作净化酸性气体的吸收剂。在各种化妆品和药品中用作乳化剂。在纺织工业中作润滑剂，还可作润湿剂和软化剂以及其他的有机合成原料。用作镀银、镀镉、镀铅、镀锌络合剂等。用作分析试剂，酸性气体吸收剂，软化剂和润滑剂，以及用于有机合成。

在职业环境中，二乙醇胺主要通过呼吸道和皮肤摄入。

3. 毒代动力学

可通过呼吸道、皮肤和经口吸收。二乙醇胺参与磷脂代谢，对正常细胞膜结构形成干扰，并引起细胞膜功能障碍。动物实验中发现一定量的二乙醇胺被吸收后通过尿液排出（大鼠 16%～28%），另一部分会分配给组织，吸收后肝脏和肾脏的浓度在 48 h 达到最高。

4. 毒性

本品豚鼠经口 LD_{50}：2 000 mg/kg；小鼠经口 LC_{50}：3 300 mg/kg；大鼠经口 LD_{50}：1 820 mg/kg；兔子经口 LD_{50}：2 200 mg/kg；兔子经皮 LD_{50}：1 220 mg/kg；小鼠腹腔注射 LC_{50}：2 300 mg/kg。兔子经皮：500 mg/24 h轻微刺激；兔子经眼：750 μg/24 h 严重刺激；家兔经皮：500 mg（24 h），轻度刺激；家兔经眼：5 500 mg，重度刺激。其健康危害 GHS 分类为皮肤腐蚀/刺激，类别 2；严重眼损伤/眼刺激，类别 1；特异性靶器官毒性—反复接触，类别 2。本品 IARC 致癌性分类为 2B。

5. 风险评估

对水生物有毒且有长期持续影响，其环境危害 GHS 分类为：危害水生环境—急性危害，类别 2；危害水生环境—长期危害，类别 3。

三 乙 醇 胺

1. 理化性质

CAS 号：102-71-6	外观与性状：无色油状液体，有氨的气味，易吸水，露置空气中及在光线下变成棕色
熔点(℃)：21.5	折射率：1.485 2
沸点(℃)：350	密度(g/cm³)：1.124 2(20℃)

（续表）

闪点(℃)：185	相对蒸气密度：5.1（空气=1）
蒸气压（kPa）：4.77×10^{-7}(25℃)	溶解性：能与水、甲醇、丙酮混溶；溶于苯、醚；微溶于四氯化碳、正庚烷
pH 值：10.5～11.5(25℃，1M in H_2O)	

2. 用途与接触机会

用作增塑剂、中和剂、润滑剂的添加剂或防腐蚀剂以及纺织品、化妆品的增湿剂和染料、树脂等的分散剂。用作环氧树脂的固化剂，还可用合成表面活性剂、洗涤剂、稳定剂及织物柔软剂的原料。在化妆品配方中用于与脂肪酸中和成皂，与硫酸化脂肪酸中和成胺盐。废气处理中用作脱除硫化氢及二氧化碳等酸性气体的洗净液。也可用于天然橡胶、合成胶的硫化活化剂，丁腈橡胶聚合活化剂，还可用作润滑油和抗腐蚀添加剂等。

3. 毒代动力学

主要通过皮肤摄入。从大鼠血液中清除三乙醇胺分两个阶段进行。第一阶段的半衰期为 0.3 小时，随后是缓慢阶段，半衰期为 10 小时。在啮齿动物的各种研究中检测代谢物，但没有发现。这种物质主要通过尿排出，通过粪便排出的程度较低。

4. 毒性

本品大鼠口服 LD_{50}：8 000 mg/kg；小鼠口服 LD_{50}：5 846 mg/kg；兔子皮肤 LD_{50}：>22 500 mg/kg；兔子皮肤 560 mg/24 h 轻度刺激；兔子眼 20 mg 重度刺激。

本品 IARC 致癌性分类为 3。

2-氨基丁醇

1. 理化性质

CAS 号：5856-63-3	折射率：1.452
熔点(℃)：−2	沸点(℃)：172～174
密度(g/cm³)：0.943(20℃)	闪点(℃)：82
pH 值：11.1(8.9 g/L，H_2O，20℃)	

2. 用途与接触机会

用作制备乳化剂、表面活性剂、树脂化剂、擦光蜡、硫化促进剂、医药的原料;酸性气体吸收剂,用于脱除硫化氢、二氢化碳。本产品的衍生物广泛用作各种试剂,反应助剂。其右旋体用作制备医药用生产抗结核药乙胺丁醇;本品的 d-体还可用作抗菌剂、子宫收止血剂的原料。

3. 毒性

大鼠暴露于饱和蒸气(0.3 g/m^3)16 次,6 h/次,出现血细胞增加和高氮血症。尿常规和脏器检查无异常发现。吸入浓度在 0.18 g/m^3 时,未出现中毒症状。

1-二乙胺基戊酮-[2]

大鼠暴露于饱和蒸气,6 h/次,10 次,出现眼刺激体征、流涎,体重未见增加。解剖见肺泡壁轻度增厚。吸入浓度在 0.58 g/m^3 时,6 h/次,共 14 次,见轻度鼻刺激,镜检肺泡间隔呈轻度增厚。

第14章

脂肪族硝基化合物，硝酸酯类，亚硝酸酯类

脂肪族硝基化合物、硝酸酯和亚硝酸酯三类化合物的分子结构均具氮-氧基团，多具爆炸性，多数可引起高铁血红蛋白血症。

脂肪族硝基化合物对皮肤、黏膜和呼吸道有刺激作用，尤以氯化硝基烷烃和硝基烯烃最为明显。动物试验表明，此类化合物除引起呼吸道损害外，肝、肾亦可能累及。

硝酸酯和亚硝酸酯，其氮原子通过氧与碳连接，两者作用相似，都能扩张血管、降低血压，导致头痛，但作用短暂，与脂肪族硝基化合物中的硝基烷烃一样，可引起高铁血红蛋白血症，但对黏膜等无刺激作用。大剂量可致病理改变，一般为非特异性和可逆性。硝酸酯还能生成赫恩兹小体，而亚硝酸酯则不能。

本类物质主要用作溶剂和有机合成的原料，并用于医药、燃料和炸药等工业。除少数化合物外，未见职业中毒报告。

脂肪族硝基化合物

脂肪族硝基化合物是硝基的氮原子和脂肪烃的碳原子连接的化合物，具有$-C-NO_2$键。脂肪族硝基化合物包括硝基烷烃、氟化硝基烷烃、氯代硝基烷烃和硝基烯烃。本类物质为近于无色、高沸点的油状液体，微溶于水，可与醇、醚等有机溶剂混溶。通常由脂肪烃类经硝化作用而制得。

硝基烷烃的通式为$C_nH_{2n+2-m}(NO_2)_m$。依硝基的数目分为一硝基烷烃（m=1，如硝基甲烷等）和多硝基烷烃（m=2，3，4……，如四硝基甲烷）。主要用作纤维素酯、树脂、脂肪、油、蜡和染料的溶剂，也是某些药物、染料、杀虫剂等有机合成的中间体，亦用于燃料和炸药工业。其中2-硝基丙烷日益广泛地被用作溶剂，且国外曾有数例工人中毒的报道，应予重视。氯化硝基烷烃主要用于有机合成，1，1-二氯-1-硝基乙烷和三氯硝基甲烷（又名氯化苦）可用作熏蒸剂。硝基烯烃通常以烟雾状态存在于工业区的大气中，是氮的氧化物与不饱和烃的反应产物，是大气污染物之一。

本类物质的毒性主要表现为刺激作用和高浓度下的麻醉作用。染毒动物呈现呼吸道刺激征、流泪、流涎和躁动不安，继而出现异常活动和惊厥等中枢神经系统症状。吸入高浓度硝基烷烃可引起肺水肿导致死亡。就刺激性而言，2-硝基丙烷大于硝基乙烷，后者又较硝基甲烷明显。多硝基烷烃，在硝基数目增多时，其刺激性似亦加大。氯代硝基烷烃的刺激作用大于硝基烷烃，尤以氯化苦为甚。碳链的不饱和性可增大刺激作用，如硝基乙烯大于硝基乙烷。如经口进入，氯代硝基烷烃和硝基烯烃可产生胃肠道的刺激和损害。一氯硝基烷对皮肤和眼睛的刺激不甚明显，但二氯硝基烷和硝基烯烃则很强。此外，本类物质尚可形成高铁血红蛋白，但较芳香族硝基化合物为弱。吸入2-硝基丙烷可出现赫恩兹小体和全身血管内皮细胞损害。部分硝基烷烃还可能损害肝、肾。

硝基烷烃和氯代硝基烷烃主要经呼吸道和胃肠道进入体内，不易经皮吸收。硝基烯烃可从一切途径包括皮肤吸收，且吸收速度极快。经口中毒，除胃肠道症状外，其他与经呼吸道者相同。无论经呼吸道或经口进入，脂肪族硝基化合物都可迅速从体内消失。以原形随呼气排出极少，大部分经分解、氧化，形成亚硝酸盐、硝酸盐及相应的醛和有机酸。硝酸盐主要随尿排出。吸入硝基乙烷、硝基丙烷、硝基丁烷后，血中可出现亚硝酸盐，但吸入硝基甲烷、2-硝基-2-甲基丙烷则不会出现。

硝基烷烃类

本类物质除刺激黏膜外,对中枢神经系统亦有损害。动物试验表明,尚有损害肝脏的可能。不经皮吸收。

硝 基 甲 烷

1. 理化性质

CAS号:75-52-5	外观与性状:无色透明油状液体,具有微弱的芳香气味。
pH值:6.12	临界温度(℃):315
熔点(℃):−28.7	临界压力(MPa):6.30
沸点(℃):101.1	自燃温度(℃):418
燃烧热(kJ/mol):−709(25℃)	闪点(℃):35℃(闭杯)
爆炸上限[%(V/V)]:63.0	爆炸下限[%(V/V)]:7.3
饱和蒸气压(kPa):3.71(20℃)	易燃性:易燃
密度(g/cm^3):1.137 1(20℃)	*n*-辛醇/水分配系数:−0.35
相对蒸气密度(空气=1):2.11	溶解性(mg/L):1.11×10^5(25℃),溶于乙醇,乙醚,丙酮,四氯化碳和碱

2. 用途与接触机会

本品可用于稳定其他化学品和气溶胶推进剂。它有助于防止脱脂剂中化学物质的腐蚀。它可用作燃料添加剂,是燃料包括火箭燃料的中间体,也是模型飞机燃料和拖曳比赛燃料的组成部分。它用于制造农业熏蒸剂和杀虫剂。它在采矿、石油钻井和地震勘探中用作炸药。

在生产或使用硝基甲烷的工作场所,通过吸入和皮肤接触可能会导致职业性硝基甲烷暴露。一般人群可能通过吸入环境空气和香烟烟雾暴露于硝基甲烷。

3. 毒性

本品大鼠经口LD_{50}:940 mg/kg,兔经皮LD_{50} >2 000 mg/kg,小鼠经口LD_{50}:950 mg/kg,小鼠腹腔注射LD_{50}:110 mg/kg。最常见的急性毒性征兆是中枢神经系统(CNS)抑郁症和呼吸道轻度刺激。组织病理学改变主要发生在肝脏和肾脏,肝脏损伤最明显,即包膜下损伤,局灶性坏死,脂肪浸润,充血和水肿。

亚慢性或慢性前暴露/硝基甲烷可引起大鼠组氨酸血症。近交断奶雄性SD大鼠每隔一天皮下注射硝基甲烷(1.2 mol/L,0.4 ml/100 g体重),持续1、3、6、12和18 d。染毒6 d后,组织内组氨酸浓度逐渐升高,达到高峰;18 d后,血浆组氨酸浓度增加4.7倍,脑组氨酸浓度增加2.7倍,肝组氨酸浓度增加3.0倍,肾组氨酸浓度增加1.7倍。在同一株大鼠中,每天皮下注射硝基甲烷(1.8 mol/L,0.8 ml/100 g体重)6 d,61%的大鼠出现肢体麻痹,15%的大鼠偶尔发作。硝基甲烷处理对肝脏重量和总蛋白无明显影响。与对照组相比,硝基甲烷处理的大鼠肝脏组织酶活性显著降低,血浆、肝脏和脑中的组氨酸浓度相应增加约3—3.5倍。没有检测到大脑不同区域的5-羟色胺含量或血浆中游离氨基酸浓度的显著变化。这些结果与硝基甲烷作为组织酶抑制剂是一致的。在雄性Wistar大鼠(30天龄)中,24 h内腹腔注射硝基甲烷(730 mg/kg体重)3次,导致组氨酸酶活性抑制90%和血清组氨酸升高。

基于增加的硬化腺瘤和癌症的发生率,雄性小鼠中硝基甲烷的致癌活性有明显证据。基于肝肿瘤(主要是腺瘤)和硬化腺瘤和癌的发病率增加,雌性小鼠有明显的致癌活性证据。暴露于硝基甲烷的雄性和雌性小鼠中肺泡/细支气管腺瘤和癌的发病率增加也被认为与化学给药有关。本品IARC致癌性分类为2B。本品健康危害GHS分类为:致癌性,类别2。

对雌性大鼠的生殖影响进行的研究显示:处理组和对照组在交配成功率、产仔数、幼仔死亡率、出生体重或母性行为方面没有差异;幼仔在2.5个月大时进行迷宫学习装置测试,与对照相比,处理组大鼠的后代显示出迷宫学习受损。在另一项发育研究中,雄性大鼠的尾重、附睾和睾丸重量下降,精子数量下降;附睾精子活力有剂量反应下降;雌性小鼠在平均发情周期长度上显示剂量相关的增加。

4. 人体健康危害

吸入的症状包括咳嗽、困倦、头痛、恶心、喉咙痛、昏迷和呕吐。

接触时刺激皮肤、眼睛和呼吸道，吸入硝基甲烷会刺激鼻子和喉咙，引起轻微的肺部刺激，伴有咳嗽和喘息。是确认的动物致癌物，与人类的关联性未知。

5. 风险评估

我国职业接触限值规定 PC－TWA 为 50 mg/m^3。

美国 OSHA 规定 PEL－TWA 为 250 mg/m^3；TLV－TWA 为 54.5 mg/m^3。NIOSH 规定：IDLH 为 2 044 mg/m^3。

四硝基甲烷

1. 理化性质

CAS 号：509－14－8	外观与性状：无色至淡黄色油性液体或固体（低于57℉），明显的刺鼻气味
熔点(℃)：13.8	临界温度(℃)：267.1
沸点(℃)：126(100 kPa)	临界压力(MPa)：3.99
饱和蒸气压(kPa)：1.12(25℃)	闪点(℃)：<110
密度(g/cm^3)：1.622 9 (20℃/4℃)	n-辛醇/水分配系数：−2.05
相对蒸气密度(空气＝1)：0.8	溶解性：溶于乙醇、乙醚和四氯化碳；完全溶于氢氧化钾醇溶液；水中溶解度为 900 mg/L(25℃)

2. 用途与接触机会

本品被用作火箭推进剂中的氧化剂。它也被作为柴油的添加剂以增加辛烷值，并作为蛋白质和多肽中酪氨酸硝化剂。用作炸药，该化学物-烃类混合物是比三硝基甲苯(TNT)更强的炸药，而且对震动非常敏感。本品被用来杀死革兰氏阴性和革兰氏阳性菌、细菌内生孢子和真菌。这种抗菌活性可能与其对关键细菌膜蛋白的硝化作用有关。四硝基甲烷被用作试剂以检测有机化合物中双键。

在生产或使用四硝基甲烷的工作场所，可能通过吸入和皮肤接触而发生职业性接触。它也是 TNT 中的一种杂质，因此 TNT 生产的员工也可能暴露于四硝基甲烷中。

3. 毒性

本品健康危害 GHS 分类为：剧毒；氧化性液体，类别 1；急性毒性—经口，类别 3；急性毒性—吸入，类别 1；严重眼损伤/眼刺激，类别 2A；致癌性，类别 2；特异性靶器官毒性——次接触，类别 3(呼吸道刺激)；特异性靶器官毒性—反复接触，类别 1。

3.1 急性毒作用

本品大鼠经口 LD_{50}：130 mg/kg；小鼠经口 LD_{50}：375 mg/kg；大鼠静脉注射 LD_{50}：12.6 mg/kg；小鼠静脉注射 LD_{50} 63.1 mg/kg；大鼠吸入 LC_{50}：153 mg/m^3，4 h；小鼠吸入 LC_{50}：476 mg/m^3，4 h；大鼠吸入 LC_{50}：9 840 mg/m^3，36 min；大鼠吸入 LC_{50}：2 400 mg/m^3，60 min；大鼠吸入 LC_{50}：264 mg/m^3，5.8 h。

动物急性暴露表现出相似的症状，主要是呼吸道刺激。最初的症状是呼吸模式改变、眼睛发炎；接着是鼻漏、喘息、唾液分泌增加；在较高的浓度下进展为发绀、兴奋和死亡。猫暴露于四硝基甲烷中出现高铁血红蛋白血症；26～79 mg/m^3 暴露 1～3 天的动物出现肺水肿；低浓度(0.9～3.5 mg/m^3)只产生轻微的刺激。急性接触致死的动物病理检查结果都相似：气肿伴气管炎和支气管肺炎，在一些动物中观察到肝脏和肾脏的非特异性改变。

3.2 慢性毒作用

使用本品对雄性大鼠进行为期两周的连续暴露研究，吸入浓度分别为 31 mg/m^3、44 mg/m^3、66 mg/m^3。在所有浓度下均可观察到嗜睡、呼吸困难和肺重量增加。高铁血红蛋白浓度没有高于内源值。死亡发生于>44 mg/m^{3}组，死亡率与肺水肿程度直接相关。卡他性毛细支气管炎、支气管炎和气管炎也与本品接触有关。暴露于 44 mg/m^3 或 66 mg/m^{3}的大鼠气管内观察到局灶性鳞状上皮化生。长期暴露的体征和症状包括伴随呼吸困难的肺损伤、胸痛和肺功能下降。

本品 IARC 致癌性分类为 2B。

4. 人体健康危害

四硝基甲烷对眼睛、皮肤和呼吸道有严重的刺激作用。吸入蒸气可能导致肺水肿。这种物质可能会对血液产生影响，从而形成高铁血红蛋白，也可能会对肾脏、肝脏和肺产生影响。肺水肿的症状通常在几个小时后才显现出来,而且会由于体力劳动而加重。处理粗 TNT 的男性中出现鼻部刺激、眼睛烧灼感、呼吸困难、咳嗽、胸闷和头晕等体征和症状,归因于四硝基甲烷的暴露。头痛、肌红蛋白血症和一些死亡也被归因于类似的暴露。人类吸入的最低致死剂量 LDL_0 为 500 mg/kg。

慢性暴露的症状和体征包括肺部损伤,表现为呼吸困难、胸痛和肺功能下降。

5. 风险评估

美国 OSHA 规定:PEL - TWA 为 8 mg/m^3;TLV - TWA 为 0.04 mg/m^3。

NIOSH:10 h - TWA:8 mg/m^3;IDLH 为:35 mg/m^3。

三(羟甲基)硝基甲烷

1. 理化性质

CAS 号:126 - 11 - 4	外观与性状:在醋酸乙酯和苯的混合液中结晶为白色晶体,无臭
pH 值:4.5(0.1 mol/L 水溶液)	n-辛醇/水分配系数:-1.66(25℃)
熔点(℃):214	沸点(℃):273.1
饱和蒸气压(kPa):4.26×10^{-8}(25℃)	溶解性:2.20×10^6 mg/L(在20℃水中);易溶于醇;难溶于苯;溶于极性溶液;不溶于非极性溶剂

2. 用途与接触机会

本品可用作有机合成中间体、增塑剂以及火药原料。

在生产或使用三(羟甲基)硝基甲烷的工作场所中,可能通过皮肤接触而发生职业接触。

3. 毒性作用

3.1 急性毒作用

本品大鼠经口 LD_{50}:1 900 mg/kg;小鼠经口 LD_{50}:1 900 mg/kg;小鼠腹腔 LD_{50}:4 000 mg/kg;兔子经口 LDL_0:250 mg/kg。

本品低毒类,急性毒性作用主要表现为对黏膜和皮肤的刺激,但是现有数据显示,刺激作用似乎很小甚至没有。

3.2 慢性毒作用

对暴露于最大浓度为 4 700 mg/m^{3}本品的气雾剂中的大鼠测定其吸入毒性,发现 4 h - LC_{50} 约为 2 400 mg/m^3。存活的动物患有呼吸困难和共济失调,并表现出对黏膜刺激的迹象(从鼻子排泄黏液,鼻子周围有血脓和鼻子)。尸检显示肾脏受损(肾小管性肾病、肾乳头炎症、肾盂炎)。在口腔实验中观察到的症状主要表明对中枢神经系统的影响:大鼠表现出震颤(持续 7 d)和共济失调,此外毛发粗糙和脱发。在一项较老的兔子试验中,观察到共济失调、虚弱、呼吸频率变化、虚脱和昏迷。

硝 基 乙 烷

1. 理化性质

CAS 号:79 - 24 - 3	外观与性状:无色油状液体,中度至强烈难闻的气味
pH 值:6.0(0.01 mol/L 水溶液)	临界温度(℃):388
沸点(℃):114.1	临界压力(MPa):4.98
熔点(℃):-89.42	自燃温度(℃):414.5
燃烧热(kJ/mol):-1 362(25℃)	闪点(℃):28(闭杯)
爆炸上限[%(V/V)]:17.3	爆炸下限[%(V/V)]:3.4
饱和蒸气压(kPa):2.77(25℃)	n-辛醇/水分配系数:0.18
密度(g/cm^3):1.044 8(25℃)	溶解性:水中溶解度 4.8×10^4 mg/L(25℃);与甲醇,乙醇,乙醚混溶;溶于氯仿和碱水溶液;溶于丙酮
相对蒸气密度(空气=1):2.58	

2. 用途与接触机会

本品对硝基纤维素、醋酸纤维素、聚醋酸乙烯酯等有良好的溶解能力,用作硝化纤维素、醋酸纤维素、树脂、蜡、脂肪和染料等的溶剂和火箭染料,也用于有机合成,是一种重要的合成农药、医药和染料的中间体。

在生产或使用硝基乙烷的工作场所,可能通过吸入和皮肤接触而发生职业接触。普通人群可能通过吸入受烟草烟雾污染的空气和皮肤接触含有硝基苯的消费品而接触到硝基乙烷。

3. 毒代动力学

家兔吸入和口服硝基乙烷后，血液中本品的浓度迅速增加。在暴露过程中，血液中亚硝酸盐和硝酸盐的浓度也迅速上升，这表明硝基乙烷通过亚硝酸盐的分解而迅速分解。当它被吸入时，几乎全部吸收的硝基乙烷剂量在 30 h 内从生物体中消除。很大一部分通过肺被清除。

体外葡萄糖氧化酶将硝基乙烷转化为乙醛、亚硝酸盐、硝酸盐、过氧化氢和二硝基乙烷。然而，这种酶在体内的作用尚不清楚。用硝基乙烷给药，兔尿液中回收了少量巯基酸代谢物。

4. 毒性

本品系麻醉剂，急性暴露对眼睛和气道有轻微刺激，可能导致血液功能障碍(高铁血红蛋白的形成)。在较高浓度下，动物表现出对黏膜刺激的迹象和中枢神经系统紊乱的症状，包括：不安、呼吸困难、呼吸道罗音、结膜刺激、眼睛发红和泪水；浓度增加导致抽搐、痉挛、昏迷和麻醉。浓度 16 086 mg/m³ 及以上为致死浓度。小鼠腹腔注射 LD_{50}：310 mg/kg；小鼠口服 LD_{50}：860 mg/kg；大鼠口服 LD_{50}：1 100 mg/kg。

在一项为期 13 w 的对吸入浓度为 335 mg/m³、1 173 mg/m³ 和 3 351 mg/m³ (6 h/d，5 d/w) 硝基乙烷的大鼠和小鼠的研究中，高剂量组的动物显示体重增加减少，形成 MetHb 伴发发绀，红细胞损伤(形成 Heinz 体)和相关后果(网织红细胞计数增加，脾充血，脾脏造血功能增强)。进一步影响涉及嗅上皮、肝脏、肾脏和唾液腺。在低浓度下，对小鼠唾液腺、肝脏、嗅上皮及精母细胞均有轻度毒性作用。对于最低剂量组的小鼠来说，效果不明显。

5. 人体健康危害

人类接触硝基乙烷所产生的不良反应最初是通过儿童意外摄入人工指甲清除剂产品发现的。肌红蛋白血症是由于偶然的口腔暴露引起的，可以用静脉注射亚甲基蓝疗法治疗。皮肤接触可能会引起皮肤疼痛和发红。吸入会引起咳嗽或呼吸困难。误食会引起口腔和胃部不适。

职业暴露于本品，像其他硝基烷烃一样可引起脱脂，在与皮肤反复接触后对皮肤产生刺激。

6. 风险评估

我国职业接触限值规定 PC－TWA 为 300 mg/m³。

美国 OSHA 规定 PEL－TWA 为 310 mg/m³。

NIOSH 规定：10 h－TWA 为：310 mg/m³；IDLH 为：3 100 mg/m³。

1－硝基丙烷

1. 理化性质

CAS 号：108－03－2	外观与性状：无色透明液体，温和的果香
pH 值：6.0(0.01 mol/L 水溶液，25℃)	临界温度(℃)：402
沸点(℃)：131.2	临界压力(MPa)：4.35
熔点(℃)：－104.3	自燃温度(℃)：421
燃烧热(kcal/mol)：481.363	易燃性：易燃
爆炸上限[%(V/V)]：13.8	爆炸下限[%(V/V)]：2.2
饱和蒸气压(kPa)：1.34(25℃)	闪点(℃)：36(闭杯)
密度(g/cm³)：0.996 1	n－辛醇/水分配系数：0.87
相对蒸气密度(空气＝1)：3.06	溶解性：1.50×10⁴ mg/L (25℃，水中)微溶于水；溶于氯仿；混溶于乙醇和乙醚等有机溶剂

2. 用途与接触机会

本品可用于醋酸纤维素、乙烯树脂、漆器、合成橡胶、脂肪、油、染料及其他有机材料的溶剂的合成；也可用于化学合成、汽油添加剂、火箭推进剂等。临床上，可用于抗结核药物乙胺丁醇的合成。相对少量的 1－硝基丙烷被用于杀菌剂的制备。

主要暴露途径是通过呼吸道吸入。由于其高挥发性，即使在室温下也能产生高浓度的蒸气。在生产或使用 1－硝基丙烷的工作场所，可通过吸入和皮肤接触发生职业性暴露。

3. 毒代动力学

可以被消化道和肺部吸收，以硝酸盐形式随尿液排出，部分以原型随尿液排出。1－硝基丙烷是肝微粒体细胞色素 P-450 依赖的混合功能氧化酶系统的底物。苯巴比妥诱导大鼠微粒体 1-硝基丙烷反硝化作用的速率为 0.6 nmol/(mg·min)蛋白质，比 2-硝基丙烷速率慢。细胞色素 P-450 系统在体内 1-硝基丙烷代谢中的作用尚不清楚。兔子 1-硝基丙烷暴露后尿液中分离出少量的硫醇酸代谢物。

4. 毒性

本品大鼠口服 LD_{50}：455 mg/kg；大鼠吸入 LD_{50}：12 329 mg/(m^3·8 h)。

急性暴露毒性主要表现为结膜刺激、流泪、呼吸缓慢、部分罗音、肌肉不协调、共济失调和虚弱。动物尸检显示肝脏脂肪浸润严重，肾脏损害中等。

持续接触本品，可导致皮肤脱脂并导致刺激。在对大鼠口服本品(每根胃管 10、30 或 100 mg/kg 体重)的 28 d 研究中，最高剂量导致体重轻微减轻和肾脏重量增加。

5. 人体健康危害

对眼睛和呼吸道有刺激作用，蒸气浓度超过 360 mg/m^3 时对眼睛有刺激作用。过度暴露的潜在症状有：眼睛刺激作用、头痛、恶心、呕吐和腹泻。本品暴露可能导致人体肝脏和肾脏损伤，高浓度也可能产生高铁血红蛋白血症伴发发绀。1-硝基丙烷蒸气也对肺部造成损害。

6. 风险评估

我国职业接触限值规定 PC-TWA 为 90 mg/m^3。

美国 OSHA 规定 PEL-TWA 为 90 mg/m^3；NIOSH 规定：10 h-TWA 为：90 mg/m^3。

2-硝基丙烷

1. 理化性质

CAS 号：79-46-9	外观与性状：无色透明液体，温和的果香
沸点(℃)：120.2	临界温度(℃)：344.7
熔点(℃)：−91.3	临界压力(MPa)：4.45
燃烧热(kcal/mol)：477.60(25℃)	自燃温度(℃)：428

(续表)

爆炸上限[%(V/V)]：11.0	易燃性：易燃
饱和蒸气压(kPa)：1.72(25℃)	爆炸下限[%(V/V)]：2.6
密度(g/cm^3)：0.982 1(25℃)	闪点(℃)：24(闭杯)
相对蒸气密度(空气=1)：3.06	*n*-辛醇/水分配系数：0.93
溶解性：1.70×10^4 mg/L(25℃，水中)，微溶于水；混溶于芳香烃、酮类、酯类、醚类等有机溶剂	

2. 用途与接触机会

本品可用作纤维素酯、树脂、蜡、脂肪、漆釉等的溶剂，研磨颜料的润湿剂，以及棉织品的清洗与媒染剂。

在生产或使用 2-硝基丙烷的工作场所，吸入和经皮接触可导致职业性接触。

3. 毒代动力学

本品经胃肠道和肺部吸收后，部分以原形从呼气中排出，部分以亚硝酸盐和硝酸盐的形式从尿液中排出。没有证据表明皮肤吸收会引起全身损伤。在对大鼠的吸入研究中，2-硝基丙烷从血液中清除的过程分为两个阶段，半衰期分别为 1 h 和 13～16 h。

2-硝基丙烷在人体内通过呼气和新陈代谢的转变而迅速消失。已知的含碳代谢物丙酮和异丙醇被迅速排出，并转化为对人体正常的化合物，进入一般的中间代谢。硝基部分主要代谢产物亚硝酸盐的研究较少。在大鼠体内，大部分亚硝酸盐会随尿液被排泄出来。没有证据表明 2-硝基丙烷或其代谢产物在任何器官或组织中过度积累。

4. 毒性

本品大鼠口服 LD_{50}：720 mg/kg；大鼠吸入 LC_{50}：1 591 mg/(m^3·6 h)。

急性毒作用主要表现为：蒸气对眼睛、鼻子和喉咙有刺激性，液体对皮肤和眼睛有刺激性，可能会导致肝损伤、血液功能紊乱(高铁血红蛋白的形成)和中枢神经系统功能受损。

在动物实验中，该化学品主要引起肝脏的损伤(肥大、增生、坏死、脂肪变性、AAT 活性增加)。在大鼠吸入浓度为 360 mg/m^3 以上 18 个月时，发现了类似的作用。在对大鼠口服的长期研究中，250 mg/kg 体重以上的剂量导致肝脏损伤(体重增加和组织严重变化)、血液损伤(贫血)、心脏影响(体重增加)和非特异性影响(体重减轻)。对于相对低的剂量(50 mg/kg 体重),贫血是最显著的症状。

本品 IARC 致癌性分类为 2B。其健康危害 GHS 分类为:致癌性,类别 2。

5. 人体健康危害

2-硝基丙烷主要作用于呼吸和中枢神经系统。

人体暴露研究:暴露于 2-硝基丙烷 80～179 mg/m^3 对工人的急性影响是厌食、恶心、呕吐、腹泻和重度枕叶头痛。一夜后可完全恢复。

长时间反复暴露在浓度为 73～164 mg/m^3 的 2-硝基丙烷中会产生恶心、呕吐、腹泻、厌食和严重头痛。

据文献报道:在密闭空间中处理含有本品的溶剂导致一些严重的中毒病例,包括 7 人死亡。症状表现为头痛、厌食、恶心、头晕、呕吐、腹泻和颈部、胸部和腹部疼痛,部分症状数小时或数天后开始缓解,然后恢复。严重者,出现黄疸、尿量减少、血便,以及混乱、不安、反射丧失和对肺功能参数的影响。死亡病例发生在 4～26 d 内,主要死亡原因是急性肝衰竭。进一步的发现是肺水肿、胃肠道出血、肾衰竭和呼吸麻痹。尸检显示肝脏严重受损(坏死,有时还有组织的脂肪变性)。

6. 风险评估

我国职业接触限值规定 PC-TWA 为 30 mg/m^3。

美国 OSHA 规定:PEL-TWA 为 90 mg/m^3,1989 年 OSHA PEL-TWA:35 g/m^3,仍在一些州执行;TLV-TWA 为 40 mg/m^3。

NIOSH 认为 2-硝基丙烷是一种潜在的职业致癌物。IDLH 为:3 977 mg/m^3。

硝基丁烷类

1. 1-硝基丁烷

CAS 号:627-05-4	外观与性状:无色液体
沸点(℃):152.8	临界压力(MPa):3.6
熔点(℃):−81.3	自燃温度(℃):344
闪点(℃):47(闭杯)	易燃性:易燃
相对密度(水=1):0.97	*n*-辛醇/水分配系数:1.47
溶解性:微溶于水;可混溶于乙醇、乙醚、碱液	

用作溶剂、有机合成中间体。1-硝基丁烷具有较低的挥发性,但即使在室温下也能够获得较高的蒸气浓度。在生产或使用 1-硝基丁烷的工作场所可通过吸入和皮肤接触导致职业性暴露。本品兔经口 LDL_0:500 mg/kg。急性毒性包括对眼睛和气道的刺激以及系统性影响(通常具有非特异性症状,如恶心、头痛、眩晕、头晕等)。硝基烷烃通常被认为能够根据其明显的溶解能力引起局部效应(皮肤脱脂及损害),尤其在重复接触之后。1-硝基丁烷蒸气对黏膜的刺激作用是职业接触的主要危害表现。

2. 2-硝基丁烷

CAS 号:600-24-8	外观与性状:黄色液体
沸点(℃):139.65	闪点(℃):<−16.9(闭杯)
熔点(℃):−132	易燃性:易燃
相对密度(水=1):0.960 4	溶解性:不溶于水;与乙醇、乙醚混溶
燃烧热(kJ/mol):25 725	

用作溶剂、有机合成中间体。遇明火、高温、氧化剂易燃;燃烧产生有毒氮氧化物烟雾。在生产或使用 2-硝基丁烷的工作场所可通过吸入和皮肤接触导致职业性暴露。本品兔经口 LDL_0:500 mg/kg。

氯代硝基烷烃类

氯代硝基烷烃即在一硝基烷烃分子中引入氯原子的化合物,主要用于有机化学合成及消毒和杀虫。其刺激性(特别是对肺)和经口的毒性远较一硝基烷烃大。除氯化苦外,在常温下均不易挥发,故工业应用时除偶然误服中毒外,一般不易引起吸入中毒。

1,1-二氯-1-硝基乙烷

1. 理化性质

CAS 号:594-72-9	外观与性状:无色液体,难闻的气味。
沸点(℃):124	闪点(℃):76(开杯)

（续表）

饱和蒸气压（kPa）：2.13（25℃）	溶解性：0.25 ml/100 ml 水（20℃）
相对密度（水＝1）：1.427（20℃）	相对蒸气密度（空气＝1）：5.0

2. 用途与接触机会

主要用于有机化学合成及消毒和杀虫。其刺激性（特别是对肺）和经口的毒性远较一硝基烷烃大。在常温下不易挥发，故工业应用时除偶然误服中毒外，一般不易引起吸入中毒。

3. 毒性

本品大鼠经口 LD_{50}：410 mg/kg。兔经口半数致死剂量在 150～200 mg/kg 体重之间。据报道，体重减轻后的恢复相当缓慢。暴露于这些浓度的动物显示胃壁溃疡和不同程度的肺水肿。染毒致死的动物发现：胃黏膜浅层糜烂，充血、出血、渗出性炎症；广泛而普遍的血管损害，血管周围积液和频繁的静脉血栓；肺水肿、充血、萎缩和肺泡细胞脱落；心肌变性；严重的肝细胞变性坏死；广泛的肾小球管改变等。

本品 GHS 分类为：急性毒性—经口，类别 3；急性毒性—经皮，类别 3；急性毒性—吸入，类别 3。

4. 人体健康危害

吸入蒸气或吸入液体可能会产生严重的肺水肿以及皮肤刺激。

5. 风险评估

我国职业接触限值规定 PC－TWA 为 12 mg/m^3。

美国 OSHA 规定 PEL－TWA 为 60 mg/m^3；TLV－TWA 为 10 mg/m^3。

NIOSH 规定：10 h－TWA：10 mg/m^3；IDLH 为：150 mg/m^3。

氯 化 苦

1. 理化性质

CAS 号：76－06－2	外观与性状：无色至淡黄色油状液体，强烈刺激的催泪瓦斯气味

（续表）

熔点（℃）：－64（－69.2℃ 校正）	n－辛醇/水分配系数：2.09
沸点（℃）：112（100 kPa）	溶解性：0.19 g/100 ml（20℃），溶于乙醇、苯、二硫化碳等多数有机溶剂
饱和蒸气压(kPa)：3.2(25℃)	相对密度（水＝1）：1.644 8（20℃/4℃）
相对蒸气密度（空气＝1）：5.7	

2. 用途与接触机会

本品是一种有警戒性的薰蒸剂，可以杀虫、杀菌、杀鼠，也可用于粮食害虫薰蒸，还可用于木材防腐、房屋、船舶消毒，土壤、植物种子消毒等。用于有机合成，制造染料、杀虫剂、杀真菌剂等。

具有高挥发性，即使在室温下也能产生高浓度的蒸气。在生产或使用氯化苦的工作场所中，职业接触可能通过吸入和皮肤接触发生。

3. 毒代动力学

本品对水解非常稳定。因此，假定该物质不经水解被吸收，并且当它分布到组织和器官中时保持不变。然而，在体外对人球蛋白或肝细胞底或肝微粒体的试验中可以看出，本品与谷胱甘肽形成加合物，并可通过该途径反应形成二氯或一氯衍生物。另一方面，初级谷胱甘肽加合物可以进一步反应形成更稳定的衍生物。此外还有少量亚硝酸盐的释放。小鼠腹腔注射本品后，其脱氯和加合物的形成也得到了证实。挥发性的产物是二氯衍生物（$CHCl_2NO_2$）和少量 CO_2。大部分氯化苦作为加合物暂时结合在肝脏中。尿中排出的主要代谢物尚未被鉴定，但已知它们是非挥发性的，具有明显的极性。

4. 毒性

本品为剧毒品，其健康危害 GHS 分类为：急性毒性—吸入，类别 2；皮肤腐蚀/刺激，类别 2；严重眼损伤/眼刺激，类别 2；特异性靶器官毒性——次接触，类别 3（呼吸道刺激）。

本品大鼠经口 LD_{50}：250 mg/kg；经口中毒动物表现为初兴奋，继而安静，最后痉挛、抽搐而死亡。本品是一种催泪剂，又是肺部刺激剂，主要由呼吸道进入机体。对呼吸道的损害也介于氯气和光气之间，主要损害中、小支气管及肺泡，导致中毒性肺炎和肺水肿。

在 13 w 的大鼠吸入性研究中（暴露于 2.7～21.9 mg/m^3，6 h/d，5 d/w），观察到显著的呼吸道的改变（增生）和一般毒性作用（对体重的影响），暴露于 21.9 mg/m^3 的大鼠出现血液学改变（红细胞计数、血红蛋白和血细胞压积增加）和呼吸道严重损伤（主要是支气管和小支气管上皮变性和坏死）。在对口服剂量 2、8 或 32 mg/kg 体重的大鼠进行 90 d 的研究中，最高剂量组的动物显示胃局部损伤（包括慢性炎症、棘皮病、角化过度）、体重减轻、胸腺重量减轻、血液损伤（血红蛋白和血细胞比容降低）。大多数动物由于肺损伤（可能由于抽吸）而过早死亡。

考虑到动物实验数据，对眼睛和气道的局部损伤被认为是职业暴露以及重复暴露的关键影响。

5. 人体健康危害

氯化苦是一种感官刺激物，刺激三叉神经介导鼻、眼、喉和上呼吸道的感觉。

对眼睛有强烈的刺激性，具有催泪瓦斯样的作用。急性轻度中毒时，主要为眼及咽喉部刺激症状，流泪、流涕、咽干、喉头发痒、胸闷、干咳，颜面和周身皮肤潮红、干燥等，一般经 3—5 d 后可以恢复。吸入浓度稍高时，除上述症状外，还有头痛、恶心、呕吐、腹痛、呼吸困难、心悸、气促、胸背压迫感等。体检时，可发现眼睑、结膜水肿，分泌物增多，角膜炎，虹膜炎，瞳孔缩小，鼻黏膜和咽部水肿、充血，肺部有散在性的干性或湿性罗音，呼吸快，脉搏加快，体温稍高，白细胞稍增加，嗜酸粒细胞增多，血沉快。严重者可有肺炎或肺水肿发生。个别中毒者伴有可逆性的肝脏肿大。

对于即使习惯于氯化苦的人，暴露于 110 mg/m^3 的浓度，不能容忍超过一分钟；稍高的水平会导致流泪和呕吐，最终导致支气管炎和肺水肿死亡；29 mg/m^3 水平持续几秒钟会使人不适合活动，而 110 mg/m^3 水平持续同一时间则导致呼吸道损伤。人体暴露研究显示，暴露的水平和持续时间对眼睛的影响比对鼻子和喉咙的影响更强，但对所有三个参数的影响都达到显著水平。

较长时间接触较低浓度（稍高于 1 mg/m^3）的氯化苦气体可致中毒。症状与急性中毒相似，但较轻微，往往伴有皮下出血。经对症治疗，容易恢复。

6. 风险评估

本品对水生物毒性极大，其环境危害 GHS 分类为：危害水生环境-急性危害，类别 1。

我国职业接触限值规定 MAC 为 1 mg/m^3。

美国 OSHA 规定：PEL－TWA 为0.7 mg/m^3；TLV－TWA 为 0.7 mg/m^3。

NIOSH 规定：10 h－TWA：0.7 mg/m^3；IDLH 为 14.6 mg/m^3。

硝酸酯类

对人的主要作用为扩张血管及形成高铁血红蛋白。血管扩张导致血压降低和头痛。血管扩张还带来心率加快，心搏出量增加，以及血液重分配，肺动脉血郁积和压力升高等反应。反复接触可产生暂时耐受性，其原因可能与硝酸酯能诱导肝脏产生某些酶而加速硝酸酯的代谢以及血中儿茶酚胺浓度增高有关。动物经口或其他途径给予有效剂量，出现血压明显下降、震颤、运动失调、嗜睡、呼吸改变（通常增强）、发绀、衰竭和惊厥等。如发生死亡，多因呼吸或心脏衰竭；如能渡过急性中毒期，则可很快恢复。动物急性中毒死后解剖，未见或只略呈非特异性病理变化，如内脏器官充血。

各种硝酸酯的扩张血管、降低血压作用的强度不一致，以硝化甘油最强，乙二醇二硝酸酯次之，赤藓醇四硝酸酯更次，季戊四醇四硝酸酯最弱。某些硝酸酯水解成醇和亚硝酸根的程度与其降低血压的作用是平行的，但不起变化的硝酸酯分子，例如异甘露醇二硝酸酯也具有降低血压的直接作用。此外，当血中未检出亚硝酸根或其量不足以起作用时，亦可见到血管扩张。可见，本类物质的降血压作用似不完全取决于亚硝酸根的释放。至于硝酸酯形成高铁血红蛋白的特性，一般推测与其在体内形成的亚硝酸根有关。根据动物试验，本类物质形成高铁血红蛋白的能力，以乙二醇二硝酸酯较强，硝化甘油次之，硝酸乙酯较弱。

不少硝酸酯可使动物生成赫恩兹小体。生成能力以乙二醇二硝酸酯最大，硝化甘油次之，硝酸乙酯较弱。

本类物质都可从消化道吸收，其中季戊四醇四硝酸酯吸收较慢。乙二醇二硝酸酯和硝化甘油可经皮吸收，但赤藓糖四硝酸酯、季戊四醇四硝酸酯经皮吸收较慢或不吸收。一元醇的硝酸酯可迅速由肺吸收；多元醇由肺吸收速度以乙二醇二硝酸酯较快，赤藓糖四硝酸酯和硝化甘油次之，季戊四醇四硝酸酯则较慢。本类化合物可被肝脏所代谢（解毒），但机体还可通过其他途径将它们清除。

硝 酸 甲 酯

1. 理化性质

CAS号：589-58-3	外观与性状：无色液体
熔点(℃)：−83	溶解性：微溶于水；可溶于乙醇和乙醚中
沸点(℃)：65(爆炸)	相对密度(水=1)：1.206
相对蒸气密度(空气=1)：2.66	

2. 毒性

本品大鼠经口 LD_{50}：344 mg/kg，小鼠经口 LD_{50}：1 820 mg/kg，豚鼠经口 LD_{50}：548 mg/kg。12.5 mg/kg 剂量时，对兔的血压和心率无作用，52 mg/kg 时作用轻微且短暂。

硝 酸 乙 酯

1. 理化性质

CAS号：625-58-1	外观与性状：无色液体，具欣快气味。
熔点(℃)：−94.6	闪点(℃)：10(闭杯)
沸点(℃)：87.2(100 kPa)	爆炸下限[%(V/V)]：4
燃烧热(kJ/mol)：322.4	*n*-辛醇/水分配系数：1.25
饱和蒸气压(kPa)：8.51(25℃)	溶解性：水中溶解度1.3%(55℃)；溶于醇和醚
爆炸上限[%(V/V)]：10	相对蒸气密度(空气=1)：3.1
相对密度(水=1)：1.11	

2. 用途与接触机会

主要用于药物、香料和染料的有机合成，也用作液体火箭推进剂。

3. 毒性

本品猫腹腔内注射 LD_{50}：300 mg/kg。

动物经口或其他途径给予有效剂量，出现血压明显下降，震颤，运动失调，嗜睡，呼吸改变（通常增强），发绀，衰竭和惊厥等。如发生死亡，多因呼吸或心脏衰竭；如能渡过急性中毒期，则可很快恢复。动物急性中毒死后解剖，未见或只略呈非特异性病理变化，如内脏器官充血。

硝 酸 丙 酯

1. 理化性质

CAS号：627-13-4	外观与性状：白色至淡黄色液体，有类似醚的气味
熔点/凝固点(℃)：−100	自燃温度(℃)：175
沸点(℃)：110	闪点(℃)：20(闭杯)
爆炸上限[%(V/V)]：100.0	爆炸下限[%(V/V)]：2.0
饱和蒸气压(kPa)：3.13(25℃)	易燃性：易燃
相对密度(水=1)：1.053 8(20℃/4℃)	*n*-辛醇/水分配系数：1.74
相对蒸气密度(空气=1)：3.62	溶解性：溶于乙醇和乙醚；在25℃水中3 290 mg/L

2. 毒性

2.1 急性毒性

本品大鼠吸入 LC_{50}：42 224～46 915 mg/m^3，4 h；小鼠吸入 LC_{50}：28 149～32 841 mg/m^3，4 h；犬吸入 LC_{50}：9 383～11 729 mg/m^3，4 h；兔子静脉注射 LD_{50}：0.2～0.25 g/kg。

刺激皮肤，眼睛和呼吸系统。动物在本品高水平急性暴露后的毒性体征包括发绀、高铁血红蛋白血症和尿毒症、溶血性贫血、呕吐、惊厥和狗的死亡，以及啮齿动物的发绀、嗜睡、惊厥和死亡。

本品健康危害GHS分类为：特异性靶器官毒性——一次接触，类别1。

2.2 慢性毒作用

慢性接触引起的体征和症状在种类和程度上根

据物种易感性而不同。对啮齿动物的主要影响是缺氧，由高铁血红蛋白的产生引起。狗出现血红蛋白尿和溶血性贫血，以及高铁血红蛋白的产生；狗的血液水平在持续暴露后恢复正常或接近正常，没有显示出每天持续暴露在4 222 mg/m^{3}以下的水平中所导致的高铁血红蛋白，这一事实清楚地表明了对慢性低水平影响的耐受性的发展。对反复暴露的狗和啮齿动物的组织检查显示，除了脾脏和肝脏中的色素增加外，没有病理损伤，可能是由于溶血和造血活性增加。

2.3 中毒机理

硝酸丙酯对血管平滑肌有直接作用，心脏毒性和呼吸抑制是导致低血压的原因。

3. 人体健康危害

在生产或使用硝酸丙酯的工作场所，通过吸入和皮肤接触硝酸丙酯。主要刺激皮肤，眼睛和呼吸系统。

4. 风险评估

美国OSHA规定PEL-TWA为110 mg/m^3；TLV-TWA为110 mg/m^3，15 min TLV-STEL：170 mg/m^3。NIOSH规定：10 h-TWA为：105 mg/m^3，15 min TLV-STEL：170 mg/m^3；IDLH为2 346 mg/m^3。

硝 酸 戊 酯

1. 理化性质

CAS号：1002-16-0	外观与性状：淡黄色液体有醚味
熔点(℃)：−123.2	闪点(℃)：48(开杯)
沸点(℃)：150(不稳定)	n-辛醇/水分配系数：2.72
相对密度(水=1)：0.99	溶解性：360 mg/L(25℃)，不溶于水
饱和蒸气压(kPa)：0.67(25℃)	易燃性：易燃

2. 用途与接触机会

用作柴油燃料的添加剂，也用于有机合成。在生产或使用硝酸戊酯的工作场所，可能会发生职业性硝酸戊酯暴露。人在实验室接触硝酸戊酯，除恶心、呕吐外，别无其他不适。未见本品引起职业中毒的报告。

3. 毒性

本品对小鼠、大鼠和豚鼠的急性和亚急性吸入毒性比硝酸丙酯大。

猫对硝酸戊酯的耐受性最大，小鼠对其反应则有个体差异。一般出现震颤、运动失调、呼吸改变、嗜睡、发绀、惊厥、昏迷以至死亡。动物暴露于1.43 g/m^{3}浓度，除猫、豚鼠和大鼠出现症状外，也观察到兔和小鼠有呼吸改变。猫于3.20 g/m^{3}浓度下经7次，9 h/次暴露之后，高铁血红蛋白高达59.5%；9.25～20.13 g/m^{3}浓度下赫恩兹小体形成达到最多，在1～3月内缓慢消失。

死于暴露期的动物，可有肝、肾、脑的弥漫性变性，肺部充血和肺水肿。

乙二醇二硝酸酯

1. 理化性质

CAS号：628-96-6	外观与性状：无色至黄色，无味，油状液体。
熔点(℃)：−22.3	闪点(℃)：215(闭杯)
沸点(℃)：198.5	n-辛醇/水分配系数：1.16
燃烧热(kJ/g)：7.38	溶解性：水中溶解度6 800 mg/L(20℃)；溶于稀碱溶液；溶于四氯化碳，苯，甲苯，丙酮；极易溶于乙醚，乙醇；在一般醇类中，溶解度有限
饱和蒸气压(kPa)：9.5×10^{-3}(25℃)	相对蒸气密度(空气=1)：5.25
密度(g/cm^3)：1.491 8(20℃)	

2. 用途与接触机会

本品可用于增塑剂(硝化纤维素炸药)、液体炸药，低温炸药等制造。

因乙二醇二硝酸酯(EGDN)的高挥发性，在生产或使用其的工作场所，可能通过吸入和皮肤接触而发生职业性接触。

3. 毒代动力学

体内的 EGDN 主要代谢成乙二醇单硝酸酯，然后转化为无机亚硝酸盐、无机硝酸盐和乙二醇。无机硝酸盐是 EGDN 降解产生的尿液中的主要代谢产物。

4. 毒性

本品大鼠经口 LD_{50}：460 mg/kg；大鼠经皮 LD_{50}：3 800 mg/kg。在实验中发现 EGDN 只对皮肤造成轻微的刺激。

EGDN 引起的慢性效应比硝酸甘油引起的慢性效应更为明显，主要是因为 EGDN 的高蓄积性。慢性效应表现为：以血管收缩形式出现的急性效应的补偿性反应，舒张压逐渐升高，脉搏频率增加，伴有头痛减轻和其他急性中毒症状减少。这种耐受在接触停止后是可逆的，甚至可能导致戒断症状。还观察到心动过缓、影响心脏和外周血管的循环障碍（冠状动脉缺血、雷诺综合征）和脑血管疾病。

5. 人体健康危害

乙二醇二硝酸酯急性中毒表现为：头痛，头晕，恶心，呕吐，腹痛，并可能影响心血管系统，导致血压下降。高浓度会干扰血液携带氧的能力（高铁血红蛋白血症），接触可能会导致死亡，影响可能会有延迟。

经皮接触会导致皮疹或烧灼感。通过皮肤接触，吸入或吞咽少量乙二醇二硝酸酯和/或硝酸甘油可能导致严重的悸动性头痛。大量暴露时，可能会发生恶心，呕吐，发绀，心悸，昏迷，呼吸停止和死亡。对头痛的暂时耐受可能会进一步发展，在停止暴露几天后会丧失。在某些情况下，工人可能会在停止每日重复暴露几天后出现心绞痛。

长期接触会损伤心脏，导致胸部疼痛、心率加快或导致心律失常（心律不齐），严重时可致命。高浓度暴露可能会影响神经系统，也可能会损害红细胞导致贫血。

6. 风险评估

我国职业接触限值规定 PC - TWA 为 0.3 mg/m^3（皮）。

美国 OSHA 规定 PEL - TWA 为1 mg/m^3，经皮；TLV - TWA 为 0.25 mg/m^3，经皮。

NIOSH 规定 TLV - C 为：0.1 mg/(m^3 · 20 min)；15 minTLV - STEL 为 0.1 mg/m^3（皮肤）；IDLH 为：75 mg/m^3。

二乙二醇二硝酸酯

1. 理化性质

CAS 号：693 - 21 - 0	外观与性状：无色到微黄色，油状液体
熔点/凝固点(℃)：−11.3	易燃性：易燃
沸点(℃)：161	n -辛醇/水分配系数：0.98
饱和蒸气压(kPa)：7.8×10^{-4}(25℃)	溶解性：水中溶解度为 3.9×10^3 mg/L(25℃)；微溶于酒精；溶于醚
密度(g/cm^3)：1.377 (25℃/4℃)	相对蒸气密度（空气＝1）：6.76

2. 用途与接触机会

本品可用于固体火箭推进剂中的增塑剂；用于低温炸药和一些允许的爆炸物；低能量火药推进剂中的高能量成分。

职业性接触，多因皮肤接触而导致。

3. 毒性

本品大鼠经口 LD_{50}：753 mg/kg。

本品 GHS 分类为：急性毒性—经口，类别 2＊；急性毒性—经皮，类别 1；急性毒性—吸入，类别 2＊；特异性靶器官毒性—反复接触，类别 2＊。

4. 人体健康危害

急性接触，可能对心血管系统，中枢神经系统和血液造成影响，导致功能受损和高铁血红蛋白的形成。慢性中毒则可能对心血管系统有影响，导致头痛、血压下降、心前区疼痛。

5. 风险评估

本品对水生物有害且有长期影响，其环境危害 GHS 分类为：危害水生环境-长期危害，类别 3。

硝基二乙醇胺二硝酸酯

1. 理化性质

CAS号：4185－47－1	外观与性状：白色固体
熔点(℃)：51.1	沸点(℃)：382.83

2. 用途与接触机会

本品可用以代替硝化甘油塑化纤维素，作为火药的增塑剂。

3. 毒性

本品大鼠经口 LD_{50}：350 mg/kg，豚鼠静注 LD_{50}：25 mg/kg。

染毒动物几分钟内死亡。本品作用与硝化甘油相同。有人给麻醉的狗和兔静注 0.5 mg/kg 本品，血压先迅速下降至 8～9.3 kPa，随后可恢复并升高 3.3～4 kPa，持续 1～2 h。经口给予本品也有相同作用。本品主要扩张周围血管，不易形成高铁血红蛋白，不引起心动过速，但见呼吸幅度增大。

硝 酸 甘 油

1. 理化性质

CAS号：55－63－0	外观与性状：白色或淡黄色黏稠液体，低温易冻结
燃烧热(cal/g)：1 580	临界压力(MPa)：3
饱和蒸气压(kPa)：0.005(30℃)0.015(50℃)	引燃温度(℃)：270(T3)
密度(g/cm³)：1.600 9(15℃/4℃)	*n*－辛醇/水分配系数：1.62
相对密度(水＝1)：1.6	溶解性：少量溶于石油醚、液体凡士林、甘油；与冰醋酸，硝基苯，吡啶，溴化乙烯，二氯乙烯，乙酸乙酯混溶
相对蒸气密度(空气＝1)：7.8	熔点/凝固点(℃)：以不稳定形式存在时为2.8℃；以稳定形式存在时为13.5℃

2. 用途与接触机会

本品为黄色的油状透明液体，可因震动而爆炸，用于制造炸药和其他爆炸物，用于制作火箭推进剂。同时硝化甘油也可用作心绞痛的缓解药物。职业性接触主要是经皮接触。

3. 毒代动力学

硝酸甘油(nitroglycerine，NG)很容易通过黏膜、呼吸道和皮肤吸收。硝酸甘油血浆浓度在 50 和 500 ng/cm³之间与血浆蛋白的结合率为 60％。单硝酸酯和二硝酸酯代谢物被葡萄糖醛酸化经尿液和胆汁排泄。硝酸甘油广泛分布于人体内。在大鼠中的一项研究中，碳－14 标记的硝酸甘油主要分布于肝脏和胴体，心脏、肺、肾脏和脾脏分布较少。硝酸甘油的清除超过肝血流量。肝外代谢部位包括红血球和血管壁。

由于油性液体的蒸气压相对较低，因此蒸气的吸入不是主要的吸入途径。但硝化甘油可有效通过皮肤吸收，引起血管扩张。采用生理模型，通过经皮给药，计算硝化甘油的生物利用度为 68％～76％。但是在动物实验中，硝化甘油的胃肠道吸收率还是相当高的。

本品容易从口腔黏膜吸收，但迅速被代谢，因此只有短暂的作用时间。它也易于从胃肠道吸收，但由于在肝脏中广泛的首过代谢，其生物利用度降低。

4. 毒性

本品健康危害 GHS 分类为：皮肤致敏物，类别 1；生殖毒性，类别 2；特异性靶器官毒性——一次接触，类别 1；特异性靶器官毒性—反复接触，类别 1。

4.1 急性毒作用

急性：对黏膜和皮肤的轻微刺激，影响心血管系统，扩张血管。

大鼠经口 LD_{50} 为 105 mg/kg；小鼠经口 LD_{50} 为 115 mg/kg；家兔经皮 LD_{50} 为 280 mg/kg；家兔经皮 500 mg(24 h)，可发生轻度刺激。

据报道，本品中毒病例是通过真皮途径发生的，而不是通过吸入。吸入中毒更有可能是由毒理学上类似的二硝酸乙二醇引起的，二硝酸乙二醇是混合物的组成部分，这可能是没有关于 NG 吸入毒理学相关报道的原因所在。但不管摄入途径是什么，首次接触 NG 都可以出现剧烈的搏动性头痛和血压下降，再次暴露会更为严重。高浓度会导致所有血管扩张，而低剂量主要导致下肢静脉和胃肠道区域充血，从而导致血压下降，反过来又引起了反射性的心脏活动增加。

4.2 慢性毒作用

慢性毒性可发生皮肤损害，或影响和干扰系统性身体健康。

炸药工业的工人接触浓度为 0.1 mg/m³ 或 0.3 mg/m³ 的 NG 或 NG 与乙二醇混合物时，会发生头痛、胸痛和头晕。一些研究记录了工人在处理或吸入 NG 后猝死，死亡大多是由心绞痛引起的，发生在暴露时间中断几天后。心肌梗死也被列为死亡原因。在一家武器制造工厂，12 名工人连续 2 d 暴露于 0.01～0.04 ng/L 的浓度为 0.04 至 519 ng/L 的硝酸甘油，发生脉搏频率的增加、血压的下降但与血液中 NG 的浓度无关。

4.3 中毒机制

硝酸甘油可通过对体循环的影响来减少心肌需氧量。它们主要的全身作用是降低静脉张力，这导致外周血管中的血液积聚，静脉回流减少，心室体积和心肌张力降低。硝酸甘油主要影响血管平滑肌、支气管、胃肠道(包括胆管系统)，输尿管和子宫也受到影响。

5. 人体健康危害

人体暴露 NG 毒性的症状包括：血压迅速下降、耳鸣、头痛持续、悸动，伴有眩晕；一般性的刺痛感、心悸和视觉障碍；皮肤潮红、出汗，后来出现发冷和发绀，恶心和呕吐。摄入亚硝酸盐也可能引起绞痛和腹泻、晕厥，特别是在试图站直的时候，可出现高铁血红蛋白血症，伴有发绀和缺氧，随后出现呼吸困难和呼吸缓慢，脉搏可能缓慢、重博和间歇；眼内张力和颅内压增高，出现昏迷和晕倒，随后出现阵挛性惊厥。据报道，没有明显血管疾病的工作人员在脱离工作环境 24 至 72 h 内，急性冠状动脉综合征的发病率增加。一则病例记录了在工业硝酸甘油停药期间，一名 45 岁黑人雇员出现急性透壁前壁心肌梗死，血管造影显示患者冠状动脉正常，推测梗死直接归因于"工业硝酸甘油戒断综合征"引起的冠状动脉血管痉挛。据报道，一名 28 岁的军火工人早晨突然意外死亡。尸检时发现主要心外膜冠状动脉呈弥漫性同心增厚，管腔横截面积减少至少 90%，光学显微镜检查显示广泛的内膜平滑肌增生，无动脉粥样硬化形成。

NG 对几乎所有血管床的血管平滑肌具有扩张作用。治疗剂量的有益作用和过量的作用可归因于全身静脉和小动脉血管舒张的生理学后果。心脏前负荷，全身血压和全身血管阻力均呈现逐渐下降的趋势，可能导致低血压和循环衰竭和休克状态。高铁血红蛋白血症可能发生在过量或治疗后的患者身上。

6. 风险评估

本品对水生物有毒且有长期影响，其环境危害 GHS 分类为：危害水生环境—急性危害，类别 2；危害水生环境—长期危害，类别 2。

我国硝化甘油的职业接触限值为 MAC：1 mg/m³。

美国 OSHA 规定规定 PEL－TWA 为 2 mg/m³；TLV－TWA 为 0.5 mg/m³经皮。

NIOSH 规定，15 Min 经皮 TLV－STEL 为 0.1 mg/m³；IDLH 为 75 mg/m³。

赤藓醇四硝酸酯

1. 理化性质

CAS 号：7297－25－8	密度(g/cm³)：1.721 9 (±0.002 5)
熔点/凝固点(℃)：61	性质：固体
沸点、初沸点和沸程(℃)：160	溶解性：不溶于水，溶于乙醚、乙醇、硝基

2. 毒性

主要作用为降低血压。与硝酸甘油比较，本品(ETN)的降血压作用慢，所需剂量要大。硝酸甘油使血压降至最低约需 4 min 而 ETN 则需 20 min 左右。ETN 的作用较季戊四醇四硝酸酯(PETN)更强，如人口服 ETN 45 mg，可致头痛，而口服 PETN 64 mg 则无。有人报告给幼龄大鼠以大剂量 ETN 数月，心、肾、肺、脑和睾丸实质和血管有变性病灶。其原因，可能与血管扩张带来器官血液供给的停滞、缺氧，导致组织营养不良有关。但小剂量的 ETN 不致引起这些病变。亦未见人接触 ETN 产生上述器官损害的报道。

季戊四醇四硝酸酯

1. 理化性质

CAS 号：78－11－5	密度(g/cm³)：1.77
熔点/凝固点(℃)：140.5	性状：白色结晶固体
沸点、初沸点和沸程(℃)：180 (356℉；453 K)(decomposes above 150℃	爆燃点(℃)：202
溶解性：不溶或微溶于水，部分溶于乙醇，可溶于丙酮	爆轰气体体积(L/kg)：780
爆热(KJ/kg)：5 895	摩尔体积(cm³/mol)：187.6
爆速(m/s)：8 400	表面张力(dyne/cm)：68.0
摩尔折射率：56.25	极化率(10～24 cm³)：22.29
等张比容(90.2 K)：539.0	

2. 用途与接触机会

用于制造爆炸的引信(导爆索)，一种防水织物；也可用作血管舒张药(冠状动脉)，预防心绞痛的发作。

3. 毒性

大鼠经口 LD_{50} 为 1 660 mg/kg；经静脉 926 mg/kg，小鼠经口 LDL_0 为 7 000 mg/kg。

小鼠经腹内膜 5 000 mg/kg。

大鼠经口给本品 2 mg/kg，历时 1 年，对生长无影响，亦未见血液学和病理学上的改变。一般认为本品对皮肤无刺激作用，亦不引起皮肤过敏；个别报道本品可致皮炎。

亚硝酸酯类

本类物质主要用作治疗药物，工业上用作有机合成的中间体。亚硝酸正丁酯用于稀土族叠氮化物的生产。亚硝酸正丙酯、亚硝酸异丙酯以及亚硝酸叔丁酯用作燃料。其理化特性，除亚硝酸甲酯为气体外，其余均为挥发性液体。一般不溶于或极微溶于水。大部分可溶或混溶于乙醇和乙醚。在光和热的作用下，可分解为氮氧化物。易燃，且具有潜在爆炸性。

亚硝酸酯的作用主要使血管扩张，引起血压降低及心动过速。大剂量可产生高铁血红蛋白。这些作用和无机的亚硝酸盐(亚硝酸钠)、硝酸酯均相类似。人吸入亚硝酸酯，可使平滑肌松弛，血管扩张，心率加快，血压下降，导致意识丧失、休克和发绀。突出的症状是头痛，可能由于血管扩张和脑膜充血所致。在使用亚硝酸异戊酯治疗心绞痛的过程中可提高人对它的耐受性，但如停止服药，1 w 左右耐受性即可消失。

关于降血压的作用，其支链化合物较直链化合物强，如亚硝酸异丙酯的降血压作用大于亚硝酸正丙酯。亚硝酸甲酯较亚硝酸乙酚、丙酯强，亚硝酸戊酯亦较乙酯强。从降血压作用的维特时间看，亚硝酸甲酯、乙酯较长，亚硝酸正丙酯最短；亚硝酸丙酯、丁酯的异构体较亚硝酸正丙酯、正丁酯为长。但总的来看，本类化合物的降血压作用都很短暂。如亚硝酸戊酯，其作用快，却只能维持数分钟。给狗气管内分别注入以下化合物的蒸气 0.3 ml，结果表明，亚硝酸正己酯降血压 58%，亚硝酸正庚酯 47%，亚硝酸正辛酯 30%，亚硝酸正癸酯 16%。在这种给药方式下，链上有 11—18 个碳原子的亚硝酸酯没有或略有降血压作用；如为注射给药，则仍可引起血压降低。如其链较亚硝酸正辛酯长，则作用维持较短。亚硝酸环己酯的降血压作用与亚硝酸乙酯、戊酯相当；但维持时间较长。对人可引起严重头痛，其主要作用是松弛平滑肌，机理尚不清楚。

本类物质可致高铁血红蛋白血症，它的作用是使血红蛋白直接氧化。在适宜的条件下，1 分子的亚硝酸酯和 2 分子血红蛋白可生成 2 分子高铁血红蛋白。在猫体内形成高铁血红蛋白的量直接与静脉注射亚硝酸酯的剂量平行。本类化合物的分子链愈长，形成高铁血红蛋白的能力也愈强。高铁血红蛋白血症是亚硝酸酯的一个突出的作用，但它对血管系统的作用仍占主导。

低碳烃的亚硝酸酯可经肺迅速吸收。亚硝酸戊酯可在消化道内破坏，故经口给药不起作用；其吸入作用较注射作用强。亚硝酸辛酯不能经黏膜吸收，故放舌下无作用。亚硝酸酯在体内水解生成亚硝酸盐和相应的醇，后者部分氧化，部分以原形呼出。

无机的亚硝酸盐，特别是亚硝酸钠经常发生生活性中毒。亚硝酸酯职业中毒却不多见。本类物质的毒性，除亚硝酸乙酯、异戊酯外，均为动物实验资料。亚硝酸乙酯、异戊酯在亚硝酸酯类化合物中具有代表性。

亚硝酸甲酯

1. 理化性质

CAS号：624-91-9	外观与性状：气体
摩尔质量(g/mol)：61.04	爆炸下限[%(V/V)]：5.3%，134 g/m^3
熔点/凝固点(℃)：−17	沸点(℃)：−12
饱和蒸气压(kPa)：219	n-辛醇/水分配系数：0.88
密度(g/cm^3)：0.991	溶解性：溶于乙醇和乙醚；在25℃水中为2.4×10^{-4} mg/L
相对蒸气密度(空气=1)：2.107	

2. 毒性

本品大鼠吸入 LC_{50}：480 mg/(m^3 · 4 h)。

健康危害 GHS 分类为：急性毒性—吸入，类别2；特异性靶器官毒性——次接触，类别 1。

亚硝酸乙酯

1. 理化性质

CAS号：109-95-5	溶解性：微溶于水；在水中分解；可溶于醇、醚
物理状态(颜色/形态)：无色或微黄色	表面张力(20℃)：30 DYNES/CM= 0.030 N/M
气味：味甜，朗姆酒般的气味	相对蒸气密度(空气=1)：2.6
味觉：水果味；燃烧后有甜美的味道	氢氧自由基速率常数(25℃，cu-cm/molc sec)：1.75×10^{-12}
沸点(℃)：17℃	皮肤、眼睛及呼吸道刺激：对眼睛和皮肤有刺激性
熔点(℃)：−50	可燃极限(V/V，%)：下限：4.0；上限：50.0
密度(g/cm^3)(15℃)：0.9	闪点(℃)：−35(−31℉)(闭杯)
燃烧热：−7 800 btu/lb=−4 300 cal/g=−180×10^5 j/kg	自燃温度(℃)：90(分解)
气化热：229 btu/lb=127 cal/g=5.32×10^5 j/kg	爆炸极限(V/V，%)：下限：3.01，上限：50

2. 用途与接触机会

2.1 用途

用于制备亚硝酸乙酯的酒精溶液；在农药生产上用于合成有机磷杀虫剂辛硫磷的中间体 α-肟钠苯乙腈；用于医药工业有机合成的中间体，例如可用于制备氯磷定药物；用于制备调味品，如制备朗姆酒、白兰地、水果中调味等。

2.2 暴露途径

在生产或使用亚硝酸乙酯的工作场所，可能会通过吸入和皮肤接触发生职业性暴露。一般人群可以通过吸入酒精燃料汽车的汽车尾气和摄入亚硝酸乙酯作为合成香料的食物发生暴露。

3. 毒性与中毒机理

大鼠吸入 LD_{50}：536 mg/(m^3 · 4 h)，对眼睛和皮肤有刺激性。

健康危害 GSH 分类为：急性毒性—吸入，类别 2。

在无氧的条件下，人类血红蛋白与亚硝酸钠和亚硝酸乙酯动力学反应已被详细的研究。亚硝酸乙酯与血红蛋白的反应速率比亚硝酸盐速率慢 10 倍，而亚硝酸盐的水解与血红蛋白的氧化没有竞争关系。可能是亚硝酸酯与血红蛋白结合，发生电子转移，生成一氧化氮和醇酸(或氢氧化物)。质子转移发生于限速后，同一氧化碳与血红蛋白反应的原理相同。

亚硝酸乙酯可将两个等量的血红蛋白转为氧合血红蛋白，同时生成氧、硝酸盐离子和乙醇。

4. 人体健康危害

可能会导致高铁血红蛋白血症和低血压、中枢神经系统抑制。

职业中毒临床特点为：头痛、心动过速和肌红蛋白血症。亚硝酸盐和高铁血红蛋白血症症状均明显。此外，在巩膜血管上有血管扩张作用，产生一种特殊的红眼，但未见海因茨小体。

亚硝酸正丙酯

1. 理化性质

CAS 号：543-67-9	溶解性：微溶于水；溶于乙醇、乙醚
相对密度(水=1)：0.89	辛醇/水分配系数：1.86
物理状态(颜色/形态)：无色液体	表面张力(20℃)：31.0
沸点(℃)：48	

2. 用途与接触机会

用于有机合成，用作溶剂。

3. 毒性

本品大鼠吸入 LC_{50}：1 193 mg/(m^3 · 4 h)。健康危害 GHS 分类为：急性毒性—吸入，类别 2。

亚硝酸正丁酯

1. 理化性质

CAS 号：544-16-1	溶解性：不溶于水；可混溶于乙醇、乙醚
相对密度(水=1)：0.88(20℃)	辛醇/水分配系数：2.35
物理状态(颜色/形态)：无色或浅黄色油状液体，有特殊气味	相对蒸气密度(空气=1)：3.5
沸点(℃)：78	饱和蒸气压(kPa)：101.08(78℃)
闪点(℃)：−13.33	

2. 用途与接触机会

用于有机合成，用作溶剂。制备稀土叠氮化物，用于有机合成。

3. 毒性

本品大鼠吸入 LC_{50} 为 1 934 mg/(m^3 · 4 h)；大鼠经口 LD_{50} 为 83 mg/kg；小鼠经口 LD_{50} 为 171 mg/kg；小鼠经吸入 LC_{50}：2 610 mg/(m^3 · 1 h)；小鼠经腹腔 LD_{50}：158 mg/kg。

本品健康危害 GHS 分类为：急性毒性—经口，类别 3；急性毒性—吸入，类别 3。

亚硝酸异戊酯

1. 理化性质

CAS 号：110-46-3	溶解性：不溶于水；溶于乙醇、乙醚、氯仿、汽油
相对密度(水=1)：0.87(25℃)	辛醇/水分配系数：2.77
物理状态(颜色/形态)：淡黄色透明液体，有水果香味，具有挥发性。	相对蒸气密度(空气=1)：4.0
引燃温度(℃)：208.9	饱和蒸气压(kPa)：101.08(78℃)
闪点(℃)：−3	爆炸限制：1.50 vol.%(下限)，17.6 vol.%(上限)

2. 用途与接触机会

在有机合成中用作亚硝化剂和氧化剂，用于制备药物，也用于治疗氰化物和一氧化碳中毒。

3. 毒性

本品大鼠经口 LD_{50} 为 505 mg/kg；大鼠吸入 LC_{50} 为 3 745 mg/m^3，4 h；小鼠吸入 LC_{50} 为7 479 mg/m^3，30M；小鼠腹腔 LD_{50} 为 130 mg/kg；小鼠静脉 LD_{50} 为 51 mg/kg；狗静脉 LDL_0 为167 mg/kg。

4. 人体健康危害

人吸入大剂量亚硝酸异戊酯后，颜面潮红，搏动性头痛，心动过速，发绀(高铁血红蛋白血症)，软弱，昏厥，虚脱(特别当站立时)。这些症状通常持续不久。未见职业中毒的报告。

第15章

脂肪族卤代烃类

脂肪族卤代烃类是指开链烃中的氢原子被卤族元素取代的衍生物，即氟代、氯代、溴代和碘代衍生物。根据烃基结构可分为饱和卤代烃（卤代烷烃）和不饱和卤代烃（如卤代烯烃）。根据分子中所含卤原子数目而分为一卤代物、二卤代物和多卤代物。脂肪族卤代烃类物质品种极多，化学活性相差悬殊，在常温下，一般低级卤代烃（C_1～C_4）是气体，高级卤代烃（>C_{16}）是固体，中间的是液体，工业上常用的卤代烃大多数是易挥发的液体。

本类物质的化学活性及其对机体的作用远较脂肪族烃类为强，以碘化物的化学活性最大，溴化物次之，氯化物较弱，氟化物最稳定。但是，卤代烯烃类和在代谢中能产生氟乙酸的物质，其生物学活性却恰恰相反，以氟化物的毒性最大。许多氯代烃化合物如直接与火焰或灼热的金属表面接触能生成光气，危害更大。

（一）用途与接触机会

由于其中许多品种具有良好的溶剂性能，又不易燃烧和爆炸，故在工业生产中用作各种溶剂、萃取剂、熏蒸剂、灭火剂、冷冻剂、干洗剂和有机化工合成的原料，医学上尚可用作麻醉剂。

（二）毒性

本类物质各品种间毒性差异较大。短期内大量吸收大都有一定的麻醉作用，主要抑制中枢神经系统。一般而言，在同一类的脂肪族卤代烃中，毒性与碳原子数有关，碳原子数少的化合物毒性比含碳原子数多的要强，如溴甲烷毒性比溴乙烷强三倍。此外，卤素原子数增加时，毒性亦增强，例如脂肪族氯代烃类化合物，其毒性是随氯原子数的递增而逐渐加强的：$CH4 < CH_3Cl < CH_2Cl_2 < CHCl_3 < CCl_4$。

大部分氟代烃化合物C-F键的化学性能是稳定的。故一般认为，氟代烃化合物，特别是多氟烷烃，毒性较其他卤代烃小。但是氟代烃化合物的毒性还受其他因素的影响，因此有例外情况，如单氟乙酸，可在体内转化为单氟柠檬酸，阻断三羧酸循环；八氟异丁烯可能由于在体内生成具有强烈刺激作用的氟光气和氟化氢，同时又具有对体内亲核物的特异敏感性，因而毒性极大。一般说来，在氟代烃中单氟化合物的毒性大于多氟化合物，而氟烯烃因有化学活性大的不饱和键，故其毒性也比氟烷烃大，但其氟化程度与毒性不呈规律性关系。

（三）人体健康影响

除上述毒性影响外，本类物质对人体的影响，报道较多的是对人体的局部刺激作用、皮肤和其他全身毒性作用。碘代烃类及溴代烃类的全身毒性作用颇大。氯代烃类对肝、肾、心均有特殊毒作用。已肯定对肝脏有害的物质有四氯化碳、氯仿、二氯甲烷、氯乙烷、二氯乙烯、碘仿、氯甲烷、碘乙烷、二氯乙烷、四氯乙烷、五氯乙烷和三氯乙烯。所有的液态化合物对皮肤均有脱脂作用。

近年来，本类物质中一些主要化合物的代谢，致突变性，致畸性和致癌性研究资料迅速增多。人们对其毒作用和作用机理的认识不断深入。氯乙烯已确认为人的致癌剂，在高浓度长期接触人群中可造成肝血管肉瘤发病率明显增高。动物实验中，氯乙烯可引起多器官肿瘤。此外，四氯化碳（IARC为2B类），氯仿（IARC为2B类）等已显示是动物的致癌剂，因而可能是人的潜在致癌剂。但职业流行病学调查，由于样本小，在统计学处理上可信性不足。

致突变测试结果表明，许多本类化学物质具有致突变作用。但对这些资料的应用需特别谨慎，不仅要考虑到实际接触水平，也应考虑到这些测试大部分是在非哺乳类细胞中进行，且在离体条件下，缺乏整体的代谢与防御机制参与活动。如 1,3-二氯丙烯在离体致突变测试中为阳性致突变剂,但在整体条件下,它在体内迅速代谢,加上有足够量的谷胱甘肽存在下,可防止其致突变作用。

(四) 诊疗

4.1 诊断

脂肪族卤代烃类化合物中毒的诊断需符合职业病诊断的一般原则,应具备明确的职业接触史,在现场职业卫生调查资料、相应靶器官损害的临床表现和必要的实验室检测的基础上,经综合分析,并排除非职业性因素所致的类似疾病,才能做出切合实际的诊断。目前部分本类化学物中毒已制定相应的诊断国家标准,包括 GBZ 6《职业性慢性氯丙烯中毒诊断标准》、GBZ 10《职业性急性溴甲烷中毒诊断标准》、GBZ 32《职业性氯丁二烯中毒的诊断》、GBZ 38《职业性急性三氯乙烯中毒诊断标准》、GBZ 39《职业性急性 1,2-二氯乙烷中毒的诊断》、GBZ 42《职业性急性四氯化碳中毒诊断标准》、GBZ 66《职业性急性有机氟中毒诊断标准》、GBZ 90《职业性氯乙烯中毒的诊断》、GBZ 185《职业性三氯乙烯药疹样皮炎诊断标准》、GBZ 258《职业性急性碘甲烷中毒的诊断》、GBZ 289《职业性溴丙烷中毒的诊断》等。其他脂肪族卤代烃类化合物的职业性中毒尚无特定的国家诊断标准。由于本类物质的急性毒作用主要表现为高浓度下的中枢神经系统抑制作用、眼及呼吸系统刺激作用和肝脏损害等,其职业中毒的诊断可依据 GBZ/T265—2014《职业病诊断通则》、GBZ 71《职业性急性化学物中毒的诊断 总则》、GBZ 76—2002《职业性急性化学物中毒性神经系统疾病诊断标准》、GBZ 73—2009《职业性急性化学物中毒性呼吸系统疾病诊断标准》、GBZ 59—2010《职业性中毒性肝病诊断标准》等国家标准。

4.2 治疗

治疗方面,目前尚无特殊解毒剂,主要采取一般急救措施和对症治疗。急性中毒者,应注意预防肺水肿和脑水肿,保护肝和肾。对于氟烷烃类、卤代氟烷烃类、不饱和的氟烯烃类,以及它们的聚合物、热裂解产物等有机氟化合物,接触后常有 0.5～24 h 的潜伏期(有时长达 72 h)才出现中毒症状。其中毒症状出现的早晚及病情的严重程度,与吸入气体种类、浓度和时间有关,早期中毒症状可以不明显,容易导致误诊、漏诊,因此凡有确切的有机氟气体意外吸入史者,不论有无自觉症状,必须立即移离现场,绝对卧床休息,减少氧耗,吸氧,并接受严密的医学观察 72 h,监测患者基本生命体征,观察有无咳嗽、胸闷、呼吸困难等呼吸道症状,有条件者行血常规、心电图、胸片等检查,出现呼吸道症状体征者应及时送医。必要时可预防性用药,可选地塞米松 10～20 mg＋25%葡萄糖液 40 ml 静脉缓慢注射或相当剂量的甲基强的松龙静脉缓慢注射。由于氯代烃类以及部分氟代烃类能增强心肌对肾上腺素类药物的感受性,而发生心室颤动,因此治疗时应特别注意。

职业接触三氯乙烯可致敏感者发生三氯乙烯药疹样皮炎,一般认为其发病机制以Ⅳ型变态反应的可能性大,治疗成功的关键是糖皮质激素的合理使用,治疗过程中,遵循"及早、足量、适量维持、规则减量"的原则,效果明显。同时,加强护肝治疗,做好消毒隔离和皮肤、黏膜损伤的治疗和护理。由于患者机体常处在高度过敏状态,为避免抗生素和解热镇痛药等诱发药疹,使病情复杂化,用药时力求简单。

凡有中枢神经系统器质性疾病,癫痫,明显的精神疾患,肝脏、肾脏、肺脏或心脏器质性疾病等,一般不宜从事接触本类化合物的工作。但在确定禁忌证的范围时,还应结合接触品种、工作性质、防护条件以及病情等具体情况加以全面考虑。

氟代烃类

氟代烃是一类种类多,用途广的有机氟化物。包括饱和及不饱和的单氟烃、多氟烃、卤氟烃、以及它们的聚合物等。氟代烃与其他有机氟化物如氟羧酸、氟醇、氟酯类等构成一族化合物,总称为氟碳化合物。在常温下,多为无色气体,少数为气体。

1. 用途与接触机会

化工上用作氟塑料及氟橡胶单体、氟化剂、氧化剂及萃取剂;农业上用作杀虫剂、杀菌剂;医药上用作麻醉剂、利尿剂、甾体类制剂、脑血管显影剂以及制造人工心脏瓣膜、人造血细胞;宇宙航行上用作高能燃料、高温润滑油和"携氧剂";其他方面还用作致冷剂、灭火剂等。在制造和使用氟代烃单体、加工氟聚合体材料,以及处理氟烃裂解反应残液时,均可接触到有关毒物。主要行业工种:

(1) 塑料制造业:二氟一氯甲烷裂解、三氟氯乙烯制备等。

（2）合成橡胶制造业：氟橡胶合成、氟硅橡胶合成等。

（3）合成纤维单（聚合）体制造业：聚四氟乙烯裂解、精馏、聚合等。

2. 毒代动力学

2.1 吸收、贮存与排泄

一般常见氟烷烃及氟烯烃主要经呼吸道进入机体，但某些氟烃如单氟烃胺类、全氟丙酮等，还能通过完整皮肤进入体内。单氟烷烃及其饱和衍生物，多属高沸点液体或固体，经呼吸道吸入机会极少，故实际危害性较小。

氟烷烃及烯烃经呼吸道吸入后，在肺泡的吸收率有差异（详见表15－1）。

表15－1 兔肺泡对四种氟烃（1%）的吸收率

化合物	平均吸收率（%）
六氟丙烯	12.46
四氟乙烯	6.76
三氟氯乙烯	5.80
二氟一氯甲烷	3.15

氟代烃类的吸收与其脂溶性及分压有关，低分压与低脂溶性的，不易被肺泡吸收，仍从肺以原形排出。一般说来，氟烯烃通过肺泡的能力大于氟烷烃，这可能是氟烯烃主要损害肺部的原因之一。

本类物质吸收后在体内分布有明显的选择性，其中以肺、肝、肾最多，中性脂肪内有大量蓄积。而某些代谢产物无机氟化物则大部集中于骨组织。详见表15－2。

表15－2 兔吸入六氟丙烯（1%）后各器官氟化物含量（μg/10 mg干重）

器官	无机氟化物		有机氟化物		总氟量	
	中毒	对照	中毒	对照	中毒	对照
肾	5.9	0.17	2.4	0.35	8.3	0.52
肝	0.5	0.18	0.6	0.15	1.1	0.33
心	1.1	0.35	0.2	0.09	1.3	0.44
肺	1.2	0.78	1.9	0.04	2.1	0.82
脑	2.9	1.38			1.0	0.60
肌肉	0.3	0.03	0.7	0.35	1.0	0.38
骨	4.09	2.18	0.61	0.03	4.7	2.22

本类物质及其代谢物在体内的排泄途径主要为呼吸道和泌尿道。挥发性氟烃，如氟苯及气溶胶性氟烷烃二氟一氯甲烷（F_{22}），在正常体温和气压下可经毛细血管渗入肺泡腔，随呼气排出体外。原形物排出较快，一般在停止吸入后1～2 h基本消失。经泌尿道排出持续时间较长，如兔慢性吸入二氟一氯甲烷裂解气后，尿中氟化物含量，无机氟离子浓度在停止吸入后12 d恢复正常；不挥发性有机氟化物，在停止染毒后7 d恢复正常。因此，测定尿中氟化物浓度可作为氟烃过量吸收的指标。

2.2 转运与分布

本类物质和其他毒物一样，主要在肝脏代谢。代谢过程包括第一阶段的氧化、还原、水解及脱卤化反应等和第二阶段与葡萄糖醛酸、硫酸等的结合。单氟烃类的代谢过程中间产物，往往成为本类物质的致毒因子，即与其能否产生氟乙酸有关。多氟烷烃及多氟卤烷类，化学性能较稳定，大多数低毒品种不在体内代谢，以原形式经肺及肾排出。少数品种代谢过程较复杂，除少数麻醉剂外，对工业上所用多氟烃类的代谢过程，了解不多。氟烯烃的代谢资料更少。一般推测认为，具强烈刺激作用的氟烯烃，如八氟异丁烯，在体内大都能氧化生成氟光气（COF_2）和氟化氢。曾有报道，六氟二氯丁烯（$CF_3CCl—CClCF_3$）及三氟乙醇（CF_3CH_2OH）等中毒的动物组织中，发现有代谢产物三氟乙酸（CF_3COOH）。这提示，具有CF_3基团的化合物，有可能代谢生成三氟乙酸。

国内曾有报告，兔分别吸入1%六氟丙烯、四氟乙烯、三氟氯乙烯和二氟一氯甲烷后，约15 min在血液中发现三种分解产物，并也在尿中测得。详见表15－3。

表15－3 尿中四种单体分解物的含量（μg/mg）

代谢化解物	六氟丙烯	四氟乙烯	三氟氯乙烯	二氟一氯甲烷
无机氟化物	44.0	2.94 *	8.5 *	3.0 *
酸解氟化物	44.2	—	—	—
不挥发性有机氟化物	428.1	1.39	14.4	2.0
总氟量	516.3	4.33	22.9	5.0

* 无机氟化物和酸解氟化物之和

3. 毒性

一般讲，单氟烃毒性高于多氟烃，氟烯烃毒性较氟烷烃高。而它们的有机氟聚物因化学性质稳定、生物活性极低，本身基本无毒；但在加热裂解过程中，产生的裂解、残液气和热解气有不同程度的毒性作用。

大部分本类物质的 C—F 键，化学性能较其他卤碳键（如 C—Br、C—Cl 键）稳定，故一般生物活性较低。一般认为，氟烷烃是属于“惰性的”，毒性较其他卤代烃小。而且本类物质结构中再加入氟原子，可增加 C—F 键的稳定性，而降低其毒性。但本类物质的毒性，除与 C—F 键的稳定性有关外，还受到其他结构及体内转化等因素的影响。

3.1 单氟烃类

许多单氟化物，如氟羧酸、氟醇及其衍生物等，具有一个共同的毒性规律，即其主要致毒因子，都与单氟乙酸有关。凡能在体内经过转化生成氟乙酸的单氟化物，毒性大；反之毒性小。进一步研究发现，单氟化物在体内是否生成氟乙酸与分子结构中所含碳原子数有关。若碳原子总数为偶数，则毒性大，并具有类似氟乙酸的毒性作用；而奇数的，毒性小。这现象可用β-氧化理论解释，因为大部分单氟羧酸及其衍生物，也和其他脂肪酸一样，在体内氧化或水解代谢时，总是在β位置的碳原子上断裂，称为β-氧化作用。因此，凡羧酸部分含有偶数碳原子的化合物，均能生成氟乙酸；而奇数的则生成氟丙酸或其他低毒衍生物。

$$FCH_2CH_2O\overset{\beta}{H_2}\overset{\alpha}{CH_2}COOH\text{(低毒)}$$

$$\xrightarrow{[O]} FCH_2CH_2CO \vdots CH_2COOH + H_2$$

$$\xrightarrow{HOH} FCH_2CH_2COOH + CH_3COOH + H_2$$

氟丙酸（低毒）

$$FCH_2CH_2CH_2\overset{\beta}{CH_2}\overset{\alpha}{CH_2}COOH\text{(高毒)}$$

$$\xrightarrow{[O]} FCH_2CH_2CH_2CO \vdots CH_2COOH + H_2$$

$$\xrightarrow{HOH} FCH_2\overset{\beta}{CH_2}\overset{\alpha}{CH_2}COOH + CH_3COOH + H_2$$

$$\xrightarrow{[O]} FCH_2CO \vdots CH_2COOH + CH_3COOH + 2H_2$$

$$\xrightarrow{HOH} FCH_2COOH + 2CH_3COOH + 2H_2$$

氟乙酸（高毒）

图 15－1　单氟化物 β-氧化作用

3.2 多氟烃类

一般说来，多氟烃类的毒性比单氟烃类小。多氟烷烃毒性常随分子结构中氟原子增多而降低。除氟烯烃外，在毒性强度及作用速度方面，多氟烃类几乎都不能与单氟烃类相比。

3.3 氟聚合物

氟聚合物本身化学性能稳定，生物活性极低，基本无毒；聚合物加温裂解，可产生多种有毒热解物。

4. 人体健康危害

本类物质的毒作用各不相同。急性吸入中毒常表现为对某个器官或系统的特异损害为主，同时伴有其他方面的全身中毒症状。

4.1 中枢神经系统

几乎所有本类物质中毒都有中枢神经系统症状，但具特异作用的是含氟麻醉剂（如“氟烷”）及挥发性多氟烷烃或氟卤烷烃（如含氟灭火剂、致冷剂、气雾剂等）。临床表现为头昏、酩酊感、嗜睡、思维及动作障碍，严重者可致知觉丧失。某些品种，如三氟溴甲烷（$CBrF_3$），可引起癫痫样发作。

4.2 心血管系统

某些氟烷烃及氟卤烷烃，如“氟里昂”和其他卤代烃类（如氯仿、三氯乙烯等）一样，也能提高心肌对肾上腺素或去甲肾上腺素的感受性，使心肌应激性增强，诱发心律紊乱，促使室性心动过速或心室颤动发生，以至心动骤停。这类氟烃还能刺激迷走神经，抑制心脏传导系统和心血管运动中枢，引起房室传导阻滞和 T 波改变，故临床上也常有心动过缓。缺氧可加重上述心律紊乱。

在大量吸入情况下，上述作用发生快，持续时间长，严重者可致突然死亡。

4.3 呼吸系统

某些氟烯烃，如八氟异丁烯、某些氟卤烷及氟聚合物的热解物，如氟光气、氟化氢等，对呼吸道具有强烈的刺激作用。轻者可引起眼及上呼吸道黏膜的刺激症状。较重者发生化学性支气管炎和化学性肺炎，患者还可有剧烈咳嗽、气急、发热等，X 线检查可见两肺有散在分布的小片阴影，伴有白细胞升高。严重者经一定潜伏期后（一般为几小时至 10 几小时，有些品种可长达数天以至 10 余天），发生肺水肿和肺坏死性病变及纤维化现象。

4.4 其他

除上述各系统外,某些本类物质还可表现为对肝、肾的特异损害。

(1) 肝脏。一般说来,本类物质对肝脏的损害不如氯代烃类(如氯仿、四氯化碳等)严重。但少数本类物质,如麻醉剂氟烷,对肝脏具有特异的毒作用,损害特点为急性广泛性肝细胞坏死和脂肪变性。临床特征为手术后数天,突然出现不明原因的发热(38～39℃),继之出现黄疸。同时伴有恶心、厌食,严重者可迅速发展至肝昏迷。检查可发现肝脏轻度肿大,稍有压痛,质地比正常充实。血清天门冬氨酸转氨酶、丙氨酸转氨酶及胆红素升高以及凝血酶元时间延长。

其他氟烃类,如六氟二氯丁烯、六氟丙烯、三氟氯乙烯以及某些其他氟烷烃,仅在高浓度或长期反复接触一定浓度下,可见到对肝脏的非特异性损害,如肝细胞肿胀及退行性变等。

(2) 肾脏。本类物质某些对肾脏具有特异毒性,如四氟乙烯、六氟丙烯和三氟氯乙烯等,均具有肾毒作用,其中尤以三氟氯乙烯为甚(见三氟氯乙烯节)。

接触聚四氟乙烯裂解气工人,曾发现有泌尿系统反应,主要表现为尿频、尿急、尿痛等膀胱刺激症状,尿液检查发现有红细胞、白细胞及蛋白质。

4.5 聚合物烟雾热

氟聚合物热解气及烟尘,可引起发热和上呼吸道刺激为主的症候群,称聚合物烟雾热(见四氟乙烯及其聚合物节)。

4.6 化学性肺水肿及间质纤维化疾患

(见四氟乙烯及其聚合物节)。

4.7 皮肤致癌影响

1974年,Molina和Rowla-nd提出,某些氟碳化合物进入大气,可造成大气臭氧层耗竭,引起国际舆论的震动和争论。近年研究认为,某些含氯的氟碳化物进入大气同温层后,经光解作用释放出游离氯,后者与臭氧作用生成氧,从而破坏了大气的臭氧层。由于减弱了臭氧层固有的屏蔽作用,使紫外线及宇宙线对地球表面的辐射作用增强。专家们预测,这可能导致人类黑色素瘤以及皮肤基底细胞癌和鳞状上皮癌发病率的增高。

大多数作者认为一氟三氯甲烷(F_{11})及其他非氢化氟碳化物可稳定地逸入同温层,易于对臭氧产生耗竭作用;而氢化氟碳化物较不稳定,难以到达臭氧层。

5. 防治

5.1 长链单氟烷烃类

长链单氟烷烃类多为高沸点液体,挥发性小,通过呼吸道吸入机会极少,主要防止误吸。低毒的多氟烷烃及卤烷烃,高浓度时使空气中氧分压降低,有造成窒息危险,在通风不良的环境下作业(如清除反应锅等),应注意局部通风排气及个人防护。

5.2 氟烯烃

氟烯烃毒性较大,某些品种对肺组织有强烈刺激作用,可引起急性肺水肿及肺部坏死性损害,应特别注意通风、密闭及呼吸道防护。

5.3 氟烃单体及聚合物

某些氟烃单体及聚合物裂解产物的防护原则同氟烯烃,同时还可采用隔离式烧结炉,控制裂解温度等技术革新措施。

5.4 控制对臭氧层的耗竭作用

美国及西欧许多国家自1979年以来致力于限制以至禁止生产和使用非氢化氟碳化物(特别是含氯氟碳化物),而代之以已在使用的氢化氟碳化物,并发展新品种氢化氟碳化物,特别是不含氯的氢化氟碳化物(因"氯原子"可增加与臭氧作用的机会,且与心脏毒性也有关),例如:二氟甲烷(F32) CH_2F_2,五氟乙烷(F125)$CHF_2—CF_3$)四氟乙烷(F134a)$CH_2F—CF_3$,及三氟乙烷(Fl43a)$CH_3—CF_3$。

5.5 对高挥发性品种应积极研究、制订空气中最高容许浓度标准

某些低毒多氟烷烃及卤烷烃,国外建议标准为5 000～10 000 mg/m³;毒性较大的品种,如二溴二氟甲烷(CBr_2F_2)、二溴二氟乙烷($CH_2Br—CBrF_2$),分别为860及916 mg/m³;一氟二氯甲烷($CHCl_2F$)为40 mg/m³。

5.6 急救治疗措施

除可生成氟乙酸的单氟烃及少数双氟烃,可采用抗氟乙酸的解毒剂外,其他均为对症处理,主要是纠正缺氧窒息,改善呼吸循环功能和积极防治肺水肿。

单氟烷烃类

单氟烷烃类常为无色液体，化学性质稳定。

1. 毒性

单氟烷烃类物质其毒性与是否在体内生成单氟乙酸有关。碳原子为偶数，则毒性大。

单氟烷烃在体内可能需要先经过ω-氧化，生成含相同碳原子数的ω-氟羧酸，进而进行β-氧化。其毒性与变化规律，与相应的氟羧酸相似，如小鼠腹腔注射 LD_{50}(mg/kg)，氟己烷[$F(CH_2)_5CH_3$]为 1.7，氟己酸[$F(CH_2)_5COOH$]为 1.35，氟庚烷[$F(CH_2)_6CH_3$]为 35，氟庚酸[$F(CH_2)_6COOH$]为 40。其他单氟烷烃的急性毒性见表 15-4。

表 15-4 单氟烷烃毒性

化合物名称	分子式	沸点(℃)	小鼠腹腔注射 LD_{50}(mg/kg)
1-氟己烷	$F(CH_2)_5CH_3$	91～92	1.7
1-氟庚烷	$F(CH_2)_6CH_3$	119～121	35
1-氟辛烷	$F(CH_2)_7CH_3$	144～146	2.7
1-氟壬烷	$F(CH_2)_8CH_3$	166～169	21.7
1-氟癸烷	$F(CH_2)_9CH_3$	186～188	1.7
1-氟十一烷	$F(CH_2)_{10}CH_3$	70～71.5/(0.4 kPa)	15.5
1-氟十二烷	$F(CH_2)_{11}CH_3$	93～95/(0.4 kPa)	2.5

2. 人体健康危害

对眼睛、皮肤、黏膜和上呼吸道有刺激作用。对人能引起恶心、呕吐、上腹痛、视力障碍、低血压、心律紊乱、肌痉挛、抽搐、昏迷等。

双氟烷烃类

双氟烷烃类物质在二十碳以上为固体，二十碳以下为高沸点液体。

毒性

从理论上说，双氟烷烃类的 C—F 键稳定且不易断裂。但动物实验发现，此类化合物的毒性很高，毒性变化规律也与碳原子数有关(详见表 15-5)。也认为与代谢生成氟乙酸有关，代谢途径为氧化断裂，生成两个分子的氟羧酸：

$$F(CH_2)_nCH_2CH_2(CH_2)_mF \longrightarrow$$
$$F(CH_2)_nCOOH + F(CH_2)_mCOOH$$

表 15-5 双氟烷烃的毒性

化合物名称	分子式	沸点(℃)/(mmHg)	小鼠腹腔注射 LD_{50}(mg/kg)
1,4-二氟丁烷	$F(CH_2)_4F$	77.8	3.4
1,5-二氟戊烷	$F(CH_2)_5F$	105.5	18
1,7-二氟庚烷	$F(CH_2)_7F$	48/(10)	21.3
1,8-二氟辛烷	$F(CH_2)_8F$	75～75.5/(13)	1.6
1,10-二氟癸烷	$F(CH_2)_{10}F$	98/(12)	2.1
1,12-二氟十二烷	$F(CH_2)_{12}F$	120/(10)	2.5
1,14-二氟十四烷	$F(CH_2)_{14}F$	148/(11)	2.3
1,16-二氟十六烷	$F(CH_2)_{16}F$	138/(2.7)	10.9
1,18-二氟十八烷	$F(CH_2)_{18}F$	163～164/(9)	10
1,20-二氟二十烷	$F(CH_2)_{20}F$	固体，熔点 46～46.5	10.2

呈 $F_2(CH_2)_n \cdot CH_3$ 结构的双氟烃，一般不易经上述 $F(CH_2)_nF$ 的代谢方式而生成两个分子的氟羧酸，故多属低毒类。2,2-二氟丙烷以下为气体，化学性能稳定，吸入后易经肺排出，几乎不在体内代谢，毒性低。如二氟甲烷(CH_2F_2)，豚鼠连续吸入 20%浓度，未致死亡。1,1-二氟乙烷(CH_3CHF_2)，10%浓度，大鼠吸入 16 h/d，共二个月，无中毒征象，部分动物肺有淋巴细胞浸润；45%浓度，大鼠吸入 30 min，出现深麻醉；50%～55%为近似 LC。

单氟烯烃类

短链的单氟烯烃为气体，其余多为液体，沸点较单氟烷烃低。

1. 毒性

单氟烯烃绝对毒性很大，但是挥发毒性低，经呼吸道吸入机会少，毒性规律不明显，职业危害相对较小，详见表 15-6。

表 15-6 单氟烯烃的毒性

化合物名称	分子式	沸点(℃)	小鼠腹腔注射 LD_{50}(mg/kg)
5-氟-1-戊烯	$F(CH_2)_3CH{=}CH_2$	61~62	5.4
6-氟-1-己烯	$F(CH_2)_4CH{=}CH_2$	91.5	2.8
11-氟-1-十一烯	$F(CH_2)_9CH{=}CH_2$	84~85/(1.5 kPa)	9.3
1,4-二氟-2-丁烯	$FCH_2CH{=}CHCH_2F$	73	6.1

短链单氟烯烃多毒性较低，如氟乙烯 80%浓度，大鼠吸入 4 h，未致死。

单氟炔烃类

单氟炔烃类物质常为液体。

毒性

单氟炔烃类化合物因其挥发性低，吸入机会少，职业危害相对不大。

氟炔烃的炔烃键在体内可经水解断裂，生成相应的氟酮，然后按氟酮代谢方式转化成氟羧酸，引起动物体内柠檬酸堆积：

$$F(CH_2)_nC{\equiv}CH \xrightarrow{H_2O} F(CH_2)_nCOCH_3$$

氟炔烃的毒性多比相应的氟酮低，并且偶数碳和奇数碳化合物都能引起动物体内柠檬酸的蓄积。但以偶数碳明显，说明上述水解生成相应的氟甲基酮反应是主要的代谢方式。详见表 15-7。

表 15-7 氟炔烃的毒性

化合物名称	分子式	沸点(℃)	小鼠腹腔注射 LD_{50}(mg/kg)
6-氟-1-己炔	$F(CH_2)_4C{\equiv}CH$	106~106.5	5.7
7-氟-1-庚炔	$F(CH_2)_5C{\equiv}CH$	131~131.5	53
8-氟-1-辛炔	$F(CH_2)_6C{\equiv}CH$	77~78/(6.65 kPa)	7.5
9-氟-1-壬炔	$F(CH_2)_7C{\equiv}CH$	66~66.5/(1.6 kPa)	79

单氟卤烷烃类

单氟卤烷烃类多为液体。常见用于医药(如抗哮喘气雾剂)及化妆品(如去臭剂、喷发剂等)生产等。

1. 毒性

四碳以上的长链单氟卤烷烃类在体内可能经过水解脱卤化、氧化及β-氧化等过程，生成氟羧酸，而引起毒作用：

$$F(CH_2)_nX \xrightarrow{HOH} F(CH_2)_nOH \xrightarrow{[O]}$$
$$F(CH_2)_{n-1}COOH \xrightarrow{\beta\text{-氧化}}$$
$$FCH_2COOH \text{ 或 } FCH_2CH_2COOH$$

短链单氟卤烷烃类较相应的长链化合物稳定，毒性小。毒性变化规律与其他氟代烃相似，但有例外情况。如氟戊烷卤化物也可引起体内柠檬酸的蓄积，属高毒性。说明，除上述水解、氧化及β-氧化等代谢过程外，还可能有链的直接断裂。此外，氯化氟烷烃的毒性大于溴化氟烷烃。详见表 15-8。

表 15-8 氟卤烷烃的毒性

化合物名称	分子式	沸点(℃)/(mmHg)	小鼠腹腔注射 LD_{50}(mg/kg)
氯化-2-氟乙烷	$F(CH_2)_2Cl$	53.5~54	>100
溴化-2-氟乙烷	$F(CH_2)_2Br$	70~71	>100
碘化-2-氟乙烷	$F(CH_2)_2I$	89~91	28
溴化-3-氟丙烷	$F(CH_2)_3Br$	100~101	>100
氯化-4-氟丁烷	$F(CH_2)_4Cl$	114~114.5	1.2
溴化-4-氟丁烷	$F(CH_2)_4Br$	134~135	8.2
碘化-4-氟丁烷	$F(CH_2)_4I$	52.5~53.5/(13)	5.2
氯化-5-氟戊烷	$F(CH_2)_5Cl$	143~143.5	32
溴化-5-氟戊烷	$F(CH_2)_5Br$	54.5~55/(13)	10.5
碘化-5-氟戊烷	$F(CH_2)_5I$	71~72/(11)	8.5
氯化-6-氟己烷	$F(CH_2)_6Cl$	61.5~62/(15)	5.8
溴化-6-氟己烷	$F(CH_2)_6Br$	67~68/(11)	12.8
碘化-6-氟己烷	$F(CH_2)_6I$	89~89.5/(13)	4.5
氯化-7-氟庚烷	$F(CH_2)_7Cl$	70~71/(10)	>100
溴化-7-氟庚烷	$F(CH_2)_7Br$	85~86/(11)	>100
氯化-8-氟辛烷	$F(CH_2)_8Cl$	87~87.5/(10)	2.3
溴化-8-氟辛烷	$F(CH_2)_8Br$	118~120/(22.5)	20
氯化-9-氟壬烷	$F(CH_2)_9Cl$	102~102.5/(11)	>100
氯化-10-氟癸烷	$F(CH_2)_{10}Cl$	115~115.5/(9)	5.0
溴化-10-氟癸烷	$F(CH_2)_{10}Br$	131~132/(11)	20

（续表）

化合物名称	分子式	沸点(℃)/(mmHg)	小鼠腹腔注射 LD_{50}(mg/kg)
溴化-11-氟十一烷	$F(CH_2)_{11}Br$	95～96/(0.6)	>100
溴化-12-氟十二烷	$F(CH_2)_{12}Br$	85～86/(0.15)	16
氯化-13-氟十三烷	$F(CH_2)_{13}Cl$	160～161/(14.5)	40

从上表看出，短链氟卤烷烃较相应的长链化合物稳定，而不易被水解生成单氟醇，故毒性小。如氯化及溴化-2-氟乙烷属低毒类，而丁烷以上具偶数碳的相应长链化合物，则属高毒类。

单氟卤甲烷，室温下为气体或液体，毒性更低。如一氟二氯甲烷($CHCl_2F$)，1.5%～52%浓度，豚鼠吸入5～120 min未死亡，近似LC为10.2%；一氟三氯甲烷(CCl_3F)，大鼠吸入4 h近似LC为6.6%，狗、豚鼠、大鼠、猫每天吸入l/3～l/2 h，共20 d，无影响。

多氟卤烷烃类（俗称“氟里昂”）多呈液体或气体，毒性较不含卤元素的多氟烷烃类高，大多数纯品仍属低毒类，常见有：二氟一氯甲烷、一氟三氯甲烷等。

一氟三氯甲烷(F11)

1. 理化性质

CAS号：75-69-4	外观与性状：无色液体或气体，有醚味
熔点/凝固点(℃)：−110.44	临界温度(℃)：198
沸点、初沸点和沸程(℃)：23.7	临界压力(atm)：43.2
饱和蒸气压(kPa)：88.91(20℃)	气味阈值(mg/m³)：28.0
密度(kg/m³)：1.494(20℃)	*n*-辛醇/水分配系数：2.53
相对密度(水=1)：1.48	溶解性：几乎不溶于水；溶于醇、醚和大多有机溶；25℃时水中溶解度为1 100 mg/L

2. 用途与接触机会

2.1 用途

一氟三氯甲烷(F11)曾是使用最广的氟碳化合物之一，鉴于其对臭氧层的破坏作用，自70年代末期以来，全球各国已逐步减少或禁止使用该物质，但目前仍用于药物（如抗哮喘气雾剂）和化妆品生产（如去臭剂、喷发剂等）。

2.2 接触机会

职业性暴露通过吸入和皮肤暴露发生。监测数据显示，公众可能通过吸入环境空气、摄入饮用水或与该化合物或其他含F11的产品进行皮肤接触而暴露于一氟三氯甲烷。

3. 毒代动力学

本品可通过呼吸道或皮肤进入身体。本品在肺中吸收不充分，大部分吸入的蒸气被呼出。吸入本品30 min后，潴留在肺部的量约为呼出的23%。动物实验显示，兔子通过肺吸入27 597～30 663 mg/m³的一氟三氯甲烷，在暴露后5秒内血液浓度达到峰值，20 min达到稳定状态。消除相对较快。狗暴露于30 663 mg/m³的一氟三氯甲烷，6至20 min，1 h内呼出几乎所有一氟三氯甲烷。在实验动物的血液，脑脊髓液，胆汁和尿液中检测到吸入的一氟三氯甲烷。

4. 毒性与中毒机理

本品健康危害GHS分类为：生殖毒性，类别2；特异性靶器官毒性——一次接触，类别1；特异性靶器官毒性——一次接触，类别3（呼吸道刺激、麻醉效应）。

4.1 急性毒作用

动物吸入本品蒸气30 min，小鼠和大鼠LC_{50}为10%(517 g/m³)，豚鼠和兔为25%(1 427.5 g/m³)。大鼠和豚鼠吸入5%蒸气2 h出现轻度麻醉状态；豚鼠有轻度刺激症状，震颤、呼吸缓慢而不规则，运动协调障碍，后昏睡，停止吸入后迅速恢复。豚鼠吸入0.9%～1.2%蒸气时有轻度刺激症状，无麻醉作用。

高浓度本品可诱发心律不齐。诱发心律不齐的浓度，小鼠、大鼠和猴分别为10%、2.5%和2.5%。在注射肾上腺素条件下较易诱发心律不齐，如狗吸入0.3%蒸气就可出现心律不齐、心动过速、心肌收缩力减弱和低血压。

一些因素可增加心脏对F11所致心律紊乱的敏感性，例如：① 注射肾上腺素；② 冠脉缺血或心肌坏死灶；③ 实验性支气管炎或肺血栓形成。这些因素可直接地使心脏产生异位兴奋灶，或间接地因肺部损伤所致缺氧，而导致心脏对肾上腺素敏感性增强。反之，另一些因素则可抑制心脏对F11诱发心律紊乱的敏感性，例如，肾上腺切除、肾上腺素能神经阻断、以及全身麻醉。因此均可提高F11引起心律紊乱的阈值。

高浓度F11还可抑制呼吸运动、降低肺顺应性，并引起支气管痉挛。引起小鼠、大鼠、狗和猴通气量降低的最低浓度分别为2.5%、2.5%、2.5%和5%。部分动物毒性实验结果如下：LD_{50}几内亚猪吸入1 533 147 321 mg/m^3，30 min；LD_{50}大鼠吸入797 237 mg/m^3，15 min；LC_{50}兔子吸入1 533 147 321 mg/m^3，30 min；LD_{50}小鼠腹腔注射1 743 mg/kg；LC_{50}小鼠吸入613 259 mg/m^3，30 min；LC_{50}仓鼠吸入571 g/(m^3·4 h)。

4.2 慢性毒作用

大鼠、豚鼠、狗和猴吸入1.02%浓度，8 h/d，每周5 d，历时6 w，在实验期间和实验后，动物体重增长，血象和酶活力均无异常改变。小鼠、大鼠、豚鼠和兔吸入1.2%浓度，3.5 h/d，共20 d，小鼠无异常，大鼠有肺泡刺激现象，但无肺水肿。

动物吸入本品和二氟二氯甲烷的1∶1或1∶9的混合蒸气，浓度为0.5%、1.5%和5%三种，2 h/d，历时100 d，小鼠、大鼠和豚鼠均未见麻醉现象，体重增长和血象也无异常。

本品40%和胡麻油60%(容积比)，以气溶胶方式喷于兔皮肤，16 h内喷12次，未引起皮肤损害和刺激现象。

本品0.1 ml直接滴于兔眼结膜胜内，11 d内滴9次，未见损害。

人接触5%浓度，出现眼刺激症状和轻度神经系统症状，如头晕等。

4.3 中毒机理

一氟三氯甲烷对中枢神经系统产生抑制作用。通过对呼吸道的刺激，可导致每分呼吸量下降，最终发生呼吸停止，同时可对心率产生抑制作用。

5. 人体健康危害

暴露于高浓度(20%)的一氟三氯甲烷蒸气可导致呼吸道刺激、震颤，甚至发生昏迷。通常为一过性症状，未见迟发反应或后遗症。

6. 风险评估

本品可破坏高层大气中的臭氧，危害公共健康和环境，其环境危害GHS分类为：危害臭氧层，类别1。

美国OSHA规定：8 h PEL－TWA为5 600 mg/m^3；ACGIH规定：TLV－C为5 600 mg/m^3；NIOSH规定：REL－TWA为5 600 mg/m^3。ACGIH致癌性分类为：A4，不可归类为人类致癌物。

多氟烷烃类

多氟烷烃类是烷烃类化合物分子中的氢被多个氟取代，常用于致冷剂、溶剂、润滑剂、绝缘材料、红外检波管的冷却剂。也用于制作低温液体压力计或作为惰性气体，或用于各种集成电路的等离子刻蚀工艺(集成电路的等离子干法蚀刻技术)和激光气体。

多氟烷烃的毒性比多氟卤烷烃及多氟烯烃小。多氟烷烃的毒性常随分子结构中氟原子数增加而降低。多氟卤烷烃的吸入、经口、经皮毒性及对眼的作用均属低毒类。麻醉作用也随氟化程度增高而降低。

含氟高分子化合物本身的化学性质是惰性的，生物活性也很低。有研究指出，口服PTEE(聚四氟乙烯)和PCTEE(聚三氟氯乙烯)，均未发生中毒。但是少数品种由于经体内生物转化等因素影响，毒性很大，如六(全)氟环丁烯和八(全)氟异丁烯具有相当于或高于光气的高毒性。当使用和加工温度超过一定限度时，随着聚合物的裂解，可产生对人体有毒的热解产物。

常见的多氟烷烃类化合物及其毒性详见表15－9。

表15－9 常见的多氟烷烃类化合物及其毒性

化合物	分子式	物态及沸点(℃)	毒性			
			动物	浓度或剂量	接触时间	反应
三氟甲烷	CHF_3	气体/－82.1	豚鼠	50%～80%(20%为O_2)	连续吸入	未死亡
四氟甲烷	CF_4	气体/－130	豚鼠	20%	4 h	未死亡
五氟乙烷	CHF_2CF_3	气体/－48.5	大鼠	10%		未死亡
六氟乙烷	CF_3CF_3	气体/－78	大鼠	80%(20%为O_2)		未死亡

（续表）

化合物	分子式	物态及沸点(℃)	毒性			
			动物	浓度或剂量	接触时间	反应
十氟丁烷	C_4F_{10}	气体/－1.7	大鼠	80%(20%为 O_2)	4 h	轻微呼吸道刺激，病理(－)
八氟环丁烷	$CF_2CF_2CF_2CF_2$	气体/－6.06	大鼠	80%(20%为 O_2)	4 h	未死亡，无麻醉现象
八氟环己烷	$C_6H_4F_8$	液体/125	大鼠	6～33 mg/kg	经口	LD_{50}
			大鼠	15～32 mg/kg	皮下	LD_{50}
九氟环己烷	$C_6H_3F_9$	液体/124	大鼠	25 mg/kg	经口	LD_{50}
			大鼠	24 mg/kg	皮下	LD_{50}
十氟环己烷	$C_6H_2F_{10}$	液体	大鼠	2 820 mg/kg	经口	未死亡
			兔	1 410 mg/kg	腹腔	未死亡

多氟卤烷烃类

多氟卤烷烃的毒性较氟烷烃大，且毒性随氯、溴、碘原子数的增加而升高，毒性顺序是 CBr_2F_2＞$CBrClF_2$＞$CBrF_3$。

多氟卤烷烃化学性能较稳定，其中低毒品种多数不在体内代谢，以原形从肺或肾排出。氟卤烷烃对中枢神经具有抑制作用。某些氟卤烷烃能提高心肌对肾上腺素或去甲肾上腺素的感受性，使心肌应激性增强，诱发心律紊乱，甚至心动骤停。此外，还能兴奋迷走神经，抑制心脏传导系统和心血管运动中枢，引起心动过缓，心电图上表现出房室传导阻滞和T波改变。吸入三氯氟甲烷、二氟二氯甲烷等氟烷烃气雾剂时，可造成致命性心律紊乱和心动骤停。

某些氟卤烷及氟聚合物的热裂解物对眼、呼吸道及黏膜有强烈的刺激作用。严重者发生化学性肺炎、肺水肿和肺纤维化。氟聚合物热裂解气及烟尘可引起以发热和上呼吸道刺激为主的综合征，称聚合物烟尘热。

二氟一氯甲烷(F22)

1. 理化性质

CAS 号：75-45-6	外观与性状：无色气体
熔点/凝固点(℃)：－157.42	临界温度(℃)：96

（续表）

沸点、初沸点和沸程(℃)：－40.8	临界压力(atm)：48.7
燃烧热(kJ/mol)：－65.7	自燃温度(℃)：632
饱和蒸气压(kPa)：964(25℃)	n-辛醇/水分配系数：1.08
密度(g/cm³)：1.194(25℃)	相对蒸气密度(空气＝1)：3
溶解性：水中溶解度2 770 mg/L(25℃)；可溶于乙醚、丙酮和氯仿	

2. 用途与接触机会

2.1 用途

二氟一氯甲烷主要用作空调、冰箱等制冷剂。在650～700℃的高温下可产生氟碳单体四氟乙烯，可用于合成其他含氯氟烃聚合物。

2.2 接触机会

在生产或使用二氟一氯甲烷的工作场所，可能会通过吸入和皮肤接触暴露于本品。监测数据表明，一般人群可通过吸入环境空气或接触含有二氟一氯甲烷的制冷装置而暴露于该物质。生产过程中，在罐区灌装或槽罐车灌装作业时，可能暴露于高浓度的二氟一氯甲烷，且可能产生高温热分解产物，并导致中毒事故发生。维修操作员、实验室分析人员和管理人员也可能暴露于低浓度的二氟一氯甲烷。

3. 毒代动力学

实验动物(小鼠和兔子)血液中的二氟一氯甲烷浓度与吸入量成正比,并可很快清除。长时间吸入后,脂肪中本品的浓度大于其他组织;而短时间吸入时,脂肪中的浓度低于其他组织。与血液中浓度水平相比,大脑、肝脏和肺部组织有显著碳氟化合物累积,表明碳氟化合物的组织分布类似于氯仿。经口暴露,碳氟化合物的吸收较吸入后低得多(35～48倍),肺部尸检时氟碳化合物浓度一般最高。在大鼠实验中,二氟一氯甲烷很少发生组织分布或代谢,在15—24 h从呼出气中以二氧化碳为代谢产物排出。

人体暴露研究结果显示,两组各三名男性志愿者暴露于空气浓度为327或1 833 mg/m^{3}的二氟一氯甲烷4 h,在暴露期间和之后采集血液、尿液和呼气样品,并分析其含量,尿样还检测了氟离子浓度。在暴露期间,二氟一氯甲烷的血液浓度接近平稳水平,血液浓度的平均峰值为0.25和1.36 mg/cm^3,与剂量成正比。呼出气中的浓度与暴露浓度相似。静脉血与呼气浓度在接触期结束时的平均比值为0.77,这与体外评估的分配系数的结果一致。在暴露本品后,代谢过程分为三个阶段,预计半衰期分别为0.005,0.2和2.6 h。在暴露后,尿液中检测到二氟一氯甲烷,尿液中氟离子浓度几乎不变,表明本品代谢程度较低。吸入暴露后,二氟一氯甲烷经呼吸道吸收程度较低,并迅速从体内排出。

4. 毒性与中毒机理

本品健康危害GHS分类为:严重眼损伤/眼刺激,类别2B;生殖毒性,类别1B;特异性靶器官毒性——次接触,类别3(麻醉效应)。

4.1 急性毒作用

16%浓度,豚鼠吸入55 min,发生肌肉颤动、痉挛,停止接触后恢复;40%吸入150 min,除上述中毒征象外,还见有麻醉现象;58%,8 min,动物死亡。估计LC_{50}约为50%,其急性毒性约为F11的1/3。对心脏毒性约为F11的1/8～1/10。F22为高压力氟碳化物,与同类氟碳化物F12(二氟二氯甲烷)比较,该两化合物在5%～10%浓度下均引起豚鼠及大鼠呼吸抑制、支气管收缩、心动过速、心脏抑制及低血压,引起小鼠心肌对肾上腺素敏感性增高,但不引起猴的心律紊乱。

4.2 慢性毒作用

0.2%浓度,兔、大鼠、小鼠吸入6 h/d,共10个月,均无毒性反应;1.4%浓度,小鼠体重减轻,血清白蛋白降低、球蛋白升高。剖检肺泡间质增厚、肺水肿,心、肝、肾及神经系统退行性变。

F22曾在沙门氏菌属的回复诱变测试中得到阳性结果,但尚未在其他类型的诱变测试中得到证实。致畸试验结果,认为"作用极弱,且不典型",采用ACGIH建议的TLV(3 860 mg/m^3),足以保护怀孕妇女不受致畸作用的影响。

F22本身毒性较低,但用F22制备四氟乙烯所发生的裂解气毒性较大。

4.3 致癌性

二氟一氯甲烷对人类的致癌性证据不足,对实验动物的致癌性证据有限。IARC致癌性分类为3类,现有的证据不能对人类致癌性进行分类。ACGIH致癌性分类为A4:不可归类为人类致癌物。

5. 人体健康危害

吸入较高浓度的二氟一氯甲烷蒸气可能引起头晕、肺部刺激、震颤,甚至昏迷,但这些影响通常是短时的,没有迟发性后遗症。吸入高浓度氯氟烃可能发生急性呼吸停止而导致死亡。

6. 风险评估

本品可破坏高层大气中的臭氧,危害公共健康和环境,其环境危害GHS分类为:危害臭氧层,类别1。

我国职业接触限值规定:PC-TWA为:3 500 mg/m^3。美国ACGIH规定:TLV-TWA为3 860 mg/m^3。

二氟二氯甲烷(F12)

1. 理化性质

CAS号:75-71-8	外观与性状:无色气体,几乎无臭,高浓度有微弱的类似乙醚的气味
熔点/凝固点(℃):−157.1	临界温度(℃):<111.75
沸点、初沸点和沸程(℃):−29.8	临界压力(MPa):4.12
饱和蒸气压(kPa):645(25℃)	n-辛醇/水分配系数:2.16

（续表）

密度(kg/m³)：1.486(−29.8℃，液体)	相对蒸气密度(空气=1)：4.1
溶解性：水中溶解度 280 mg/L(25℃)；可溶于乙醇、乙醚、乙酸	

2. 用途与接触机会

可用于制冷剂、发泡剂、制备冷冻组织切片等。职业人群可能在生产或使用二氟二氯甲烷的工作场所通过吸入和皮肤接触本品。由于二氟二氯甲烷在大气中的停留时间长，一般人群可能因吸入环境空气而暴露于本品。

3. 毒代动力学

3.1 半衰期

普通碳氟化合物的分布半衰期平均为 13 至 14 秒；由于脂肪储存的释放较慢，消除半衰期较长(1.5 h)。

3.2 吸收、分布及清除

从体内清除二氟二氯甲烷的速度很快。狗在 43 182～64 773 mg/m³ 暴露 6～20 min 期间，吸入的所有二氟二氯甲烷能在 1 h 内基本呼出。麻醉家兔和狗吸入二氟二氯甲烷后，在其血液，胆汁，脑脊髓液和尿中迅速被检出。未麻醉狗暴露于 5 398 mg/m³ 至 539 777 mg/m³ 本品，10 min 后显示二氟二氯甲烷的血液浓度在最初的 3 至 5 min 内迅速上升，5 min 后迅速下降。基于动物实验分析的药代动力学模型估计，二氟二氯甲烷通过呼吸道的吸收率为 55%。

碳氟化合物是脂溶性的，影响碳氟化合物吸收的主要因素是体内脂肪，在脂肪中化合物缓慢释放到血液中。碳氟化合物在人体组织中的分布类似于氯仿，与血液水平相比，碳氟化合物在脑、肝脏和肺脏等部位更容易蓄积。口服摄入后碳氟化合物的吸收远低于呼吸道吸入(35～48 倍)。在尸检中，肺部的氟碳化合物浓度通常最高。无论何种进入体内的途径，氯氟烃几乎全部通过呼吸道被清除。

4. 毒性与中毒机理

本品健康危害 GHS 分类为：特异性靶器官毒性—反复接触，类别 1。

4.1 急性毒作用

大鼠吸入 20%浓度 30 min～6 h，出现震颤、流泪、流涎等；30%～40%出现肌肉痉挛及颤动；50%～60%出现轻度麻醉；70%～80%出现深度麻醉，未死亡。

本品对猴可引起心律不齐、心动过速、心肌收缩力减弱和低血压。大鼠暴露于 F12，可产生肺气肿、心肌坏死或肺动脉血栓而发展成心律不齐。大鼠、豚鼠、猫及狗，吸入 10%浓度 3.5 h/d，共 20 d，无影响。

人吸入 10%浓度 F12 可在几分钟内知觉丧失；更高浓度可导致突然死亡。吸入浓度为 1%，历时 2.5 h，可使心理行为测验得分降低 7%。浓度为 0.25%～0.35%时，有倦怠感、注意力不集中、指尖感觉减退、气道阻力增高及心电图改变。

4.2 慢性毒作用

狗、猿及豚鼠，每天吸入 20%，7～8 h，共 12 w，出现震颤、运动失调、呼吸困难、流涎、流泪等症状，病理学检查无异常。另有报道，4 000 mg/m³ 大鼠及豚鼠连续吸入 90 d 以上，15 只动物死亡 1～2 只，病理学检查，肝脏脂肪变性、局灶性坏死和肺的非特异性变性。

纯 F12 液体喷于兔眼 5～10 s 引起角膜上皮损伤，6 w 后角膜呈雾状；喷射 30 s，引起角膜混浊及眼球损害。

人接触浓度为 5 398 mg/m³，8 h/d，每周 5 d，连续 17 w，未见有主观不适及肺或心的异常生理反应。F12 与 F11 相仿，对大鼠及兔的致畸作用均为阴性。

5. 风险评估

本品可破坏高层大气中的臭氧，危害公共健康和环境，其环境危害 GHS 分类为：危害臭氧层，类别 1。

我国职业接触限值规定：PC-TWA 为：5 000 mg/m³。美国 ACGIH 规定：TLV-TWA 为 5 398 mg/m³。

ACGIH 致癌性分类为：A4，不可分类为人类致癌物。

三氟溴甲烷

1. 理化性质

CAS 号：75-63-8	外观与性状：在常温常压下为无毒无臭气体，液化后呈无色透明液体
熔点/凝固点(℃)：−167.78	临界温度(℃)：67

（续表）

沸点、初沸点和沸程(℃)：-57.75	临界压力(KPa)：3 964
相对蒸气密度(空气=1)：5.31	气味阈值(mg/m^3)：4.68
饱和蒸气压(kPa)：1.62×10^3(25℃)	n-辛醇/水分配系数：1.86
密度(液体 g/cm^3)：1.58(20℃)	密度(气体 kg/m^3)：6.219(25℃，101.325 kPa)
溶解性：几乎不溶于水；溶于丁烷、苯、甲苯等碳氢化合物，四氯化碳等氯化物溶剂，乙醇、酮、酯和一些有机酸；部分地溶解于制冷工业用润滑油；不溶解于正二醇、甘油、酚和蓖麻油	

2. 用途与接触机会

用于蚀刻、制冷剂、灭火剂、空调和有机合成。作为食品加工和储存的制冷剂用。用于油类、电器设备、有机溶剂、天然气及多种有机物的灭火，特别适用于有人工作及重要的军事、民用场所的灭火。

作业人员在使用含有三氟溴甲烷作为成分的灭火器可能会发生职业暴露。一般人群可能通过吸入环境空气和含有三氟溴甲烷的灭火产品暴露于本品。由于其对臭氧层有破坏作用，其使用正在减少。

3. 毒性与中毒机理

本品健康危害 GHS 分类为：严重眼损伤/眼刺激，类别 2；特异性靶器官毒性——一次接触，类别 3(麻醉效应)。

本品主要作用于中枢神经及心血管系统。大鼠近似 LC 为 83%；2.3%浓度吸入 6 h/d，共 90 d，无中毒征象及病理学改变。

中枢神经系统：在某些动物表现兴奋为主，麻醉作用较弱。狗暴露于 50%～80%浓度 3～12 min，引起癫痫样发作，抽搐特征为全身僵直、呼吸暂停、发绀，每次发作持续 10～30 s，发作后见有抽搐所致体温升高和疲乏。20%浓度，1～2 min 内引起狗骚动不安，随后有肌肉颤动，可持续数秒钟。

心血管系统：本品有增高心脏对肾上腺素敏感性的作用，引起类似"烃-肾上腺素-诱发性心律不齐"反应，严重者可致心室颤动和心动骤停。如狗暴露于 10%浓度下，并给予注射 10 ug/kg 肾上腺素，可引起心室颤动和心动停止。而不注射肾上腺素(或剂量较小)，单纯暴露于 10%与 5%浓度下，只引起非致死性心律不齐。

除此，还见到对心率及血压的影响。如狗暴露于 20%～30%浓度下，心率可增加 10%～15%；50%～80%浓度下，伴有收缩压下降 2.67～8.0 kPa，脉压也有所下降。脱离接触后恢复。心电图见 T 波改变，室性心律不齐，以及二联律、三联律等。心律紊乱，影响心脏动力学功能，可能是造成血压波动的原因。

4. 人体健康危害

本品对皮肤有刺激作用，对眼睛、黏膜和上呼吸道有刺激作用。

三氟溴甲烷主要作用于中枢神经系统及心血管系统。人吸入 10%～16.9%浓度的气体时，大多数人有酩酊感及痛觉消失；吸入浓度为 20%～25%时，大多数人知觉丧失。从上面的数据中看出，CF_3Br 在 800℃裂解后产生氟化氢等，使其毒性增加。但是在通常使用状态下，几乎不引起窒息、麻醉和肝脏障碍等。尽管如此，要避免直接吸入其蒸气，以防因缺氧引起窒息。

5. 风险评估

本品可破坏高层大气中的臭氧，危害公共健康和环境，其环境危害 GHS 分类为：危害臭氧层，类别 1。

美国 ACGIH 规定：TLV-TWA 为 6 648 mg/m^3。

1,1,2-三氯-1,2,2-三氟乙烷(F113)

1. 理化性质

CAS 号：76-13-1	外观与性状：无色气体，或无色、无味、挥发性液体
熔点/凝固点(℃)：-36.22	临界温度(℃)：214.3
沸点、初沸点和沸程(℃)：47.7	临界压力(MPa)：3.40
饱和蒸气压(kPa)：48.3(25℃)	自燃温度(℃)：680
密度(g/cm^3)：1.563 5(25℃)	蒸发速率：>1(乙酸丁酯=1)，1.3(醚=1)，170(四氯化碳=100)

（续表）

相对蒸气密度（空气＝1）：6.5	*n*-辛醇/水分配系数：3.16
溶解性：几乎不溶于水；溶于醇、醚及大多数有机溶剂	

2. 用途与接触机会

用作制冷剂、发泡剂、萃取剂及溶剂等。作为化学中间体，用于与锌反应生产三氟氯乙烯单体。

1,1,2-三氯-1,2,2-三氟乙烷的职业暴露可能是通过在使用本品的工作场所吸入或皮肤接触这种化合物而发生的。

3. 毒代动力学

人体主要是通过吸入暴露本品，大部分通过呼气快速排出体外。

动物实验表明，本品更易蓄积于脂肪丰富的组织，在豚鼠和大鼠吸入4%～5% CFC-113的空气中1 h，本品主要积累在脂肪组织中，依次为脑＞肝＞肾＞心脏＞肺＞肌肉和血液。暴露后的24 h内，几乎所有组织中的本品被全部清除。

该化合物与大鼠细胞色素P-450结合，通过苯巴比妥诱导可增加其结合，但胡椒基丁醚对CFC-113毒性无影响，主要是由于本品在体内的生物转化极为有限。

4. 毒性与中毒机理

本品健康危害GHS分类为：特异性靶器官毒性—一次接触，类别3(呼吸道刺激、麻醉效应)；特异性靶器官毒性—反复接触，类别1。本品毒性大于F12，小于F11。

4.1 急性毒作用

1.1%浓度，豚鼠吸入2 h，引起轻度麻醉。1.7%浓变，大鼠吸入2 h，兴奋和轻度肝、肾充血；8.7%浓度，吸入4 h，死亡。大鼠经口LD_{50} 43 g/kg。兔经口近似LD 17 g/kg，经皮近似LD＞11 g/kg。

F113、F12及F11均具心脏毒性，但毒作用较后两者为弱。例如，F113引起狗血压降低的浓度为F11的10倍；引起心动过速的浓度为F11的2.5倍。此外，该三种化合物对猴呼吸系统的作用也有差异。例如F11引起早期呼吸抑制，F12引起支气管收缩，而F113不影响呼吸活动和气道阻力。

1.25%～2.5%浓度，大鼠；豚鼠、猫及狗吸入3.5 h/d，共20 d，无生化及组织学改变。兔经皮给毒，5 g/(kg·d)，连续5 d，体重波动很小，皮肤损害和肝脏轻微损害。

0.1 ml原液滴于兔眼，见轻度结膜炎和角膜混浊，48 h内恢复。

4.2 慢性毒作用

0.25%浓度，大鼠每天吸入，共30 d，无明显作用；0.50%浓度，7 h/d，30 d，体重增长减慢，并有肝脏轻度影响。

5. 人体健康危害

本品可能会刺激眼睛和呼吸道黏膜。长时间或反复接触皮肤可能引起皮肤过敏。

在肯尼迪宇航中心50名工人接触本品浓度350～35 567 mg/m^3，平均工龄2.77年，体检时未见有任何主诉，也未发现生化指标异常。认为该浓度条件下，对接触工人无明显影响。

6. 风险评估

本品对水生生物毒性极大，且有长期持续影响，其环境危害GHS分类为：危害水生环境—急性危害，类别2；危害水生环境—长期危害，类别2。本品可破坏高层大气中的臭氧，危害公共健康和环境，其环境危害GHS分类为：危害臭氧层，类别1。

美国ACGIH规定：TLV-TWA为8 365 mg/m^3，TLV-STEL为10 456 mg/m^3。

ACGIH致癌性分类为：A4，不可归类为人类致癌物。

1,2-二氯-1,1,2,2-四氟乙烷(F114)

1. 理化性质

CAS号：76-14-2	外观与性状：无色气体，在高浓度下有微弱的醚状气味
熔点/凝固点(℃)：−92.53	临界温度(℃)：145.6
沸点、初沸点和沸程(℃)：3.5	临界压力(MPa)：3.25

（续表）

饱和蒸气压（KPa）：267.8（25℃）	
密度（g/cm³）：1.455（25℃）	*n*-辛醇/水分配系数：2.82
相对蒸气密度（空气=1）：5.9	溶解性：融于酒精，乙醚0.013%在水中，25 mg/L，130 mg/L

2. 用途与接触机会

用作发泡剂、制冷剂、气雾剂、泡沫聚合体起泡剂以及介电气体等。

生产工人和麻醉工作者可能发生职业暴露，通过吸入和皮肤接触这种化合物。

3. 毒代动力学

研究表明，吸入本品的速度很快。本品脂溶性较低，不能在体内代谢，吸入的1.2-二氯-1,1,2,2-四氟乙烷气体大部分被呼出而不被吸收，仅有一小部分物质存在于血流中。

4. 毒性与中毒机理

本品对动物的致死毒性及心脏毒性较F11小，而与F12相近。F114可引起猴和狗的心律不齐、心动过速和低血压。对呼吸系统作用随不同动物而异，如对猴的呼吸是抑制对大鼠则是刺激呼吸，而对狗则无明显作用，一般说来，F114降低肺应力，而增加气道阻力。小鼠、大鼠、兔吸入30 min的LC_{50}为4 973～5 328 g/m³（70%～75%）。

10%浓度，猫、狗、大鼠、豚鼠吸入3.5 h/d，共20 d以上，一般情况及血象无改变，也无功能损害。14%～20%浓度，狗、豚鼠吸入8 h/d，共2～21 d，震颤及痉挛，少数动物死亡，剖检见肝脏轻度脂肪变性，其他脏器充血。

动物局部皮肤涂F114原液，由于致冷作用，可引起皮肤Ⅰ度冻伤。

5. 人体健康危害

将十名受试者暴露于F11、F12、F114、F11和F12的混合物以及F12和F114的混合物，暴露时长分别为15、45和60秒。暴露前和暴露后1 h，记录最大呼气流量（MEF）曲线和心电图。通过气相色谱法测定暴露期间的呼吸水平浓度。所有的氟利昂引起吸入通气能力双相降低。第一次下降发生在几分钟内，第二次降低发生于暴露后13～30 min。混合物的作用大于个别氟利昂的作用。MEF 75%的相对下降比MEF 50%更为明显。心电图未发现明确的病理改变。然而，大多数受试者暴露后的心率变化超过了暴露前的指标。在少数情况下T波反转，并观察到一例房室传导阻滞。

6. 风险评估

本品可破坏高层大气中的臭氧，危害公共健康和环境，其环境危害GHS分类为：危害臭氧层，类别1。

美国ACGIH规定：TLV-TWA为7 630 mg/m³。

ACGIH致癌性分类为：A4，不可归类为人类致癌物。

2-溴-2-氯-1,1,1-三氟乙烷

1. 理化性质

CAS号：151-67-7	外观与性状：无色，挥发性液体
沸点、初沸点和沸程（℃）：50.2	*n*-辛醇/水分配系数：2.30
饱和蒸气压（kPa）：40（25℃）	溶解性：与石油醚及其他脂肪溶剂混溶，在25℃水中4 070 mg/L
密度（kg/m³）：1.871（20℃）	

2. 用途与接触机会

本品为常用的全身吸入麻醉药。麻醉作用较乙醚强而迅速，诱导期很短，但镇痛和肌肉松驰作用不强，用量少，无刺激性。可用于小手术或复合麻醉。该品的缺点是抑制心脏和扩张血管，能使血压下降，脑血管扩张导致颅内压升高和对呼吸中枢有抑制作用。

3. 毒代动力学

本品进入人体后，60%～80%通过呼气排出通过呼气排出，约20%通过肝脏中的细胞色素P450进行氧化代谢成为三氟乙酸，并可能导致肝毒性。

在吸入氟烷后的几天内可以在尿液中检测到代谢物三氟乙酸。研究提示，氟烷储存在脂肪组织中，

并在暴露后 2 w 内在肥胖患者的呼气中检测到。在 14 名氟烷暴露者中，有 6 人检测到尿草酸盐结晶。吸入麻醉剂可通过胎盘屏障。

4. 毒性与中毒机理

大鼠经口 LD_{50} 为 5 680 mg/kg。1%～2%浓度足以导致麻醉。麻醉剂量对心脏功能有抑制作用，表现为血压下降，心搏出量减少；1.8%～2.3%浓度，心肌收缩力降低至正常的 70%。还可提高心肌对儿茶酚胺类的敏感性，导致室性心律不齐，以至心室颤动。

氟烷对肝脏的毒作用，已被许多临床资料所证实。有人统计，多次接受氟烷麻醉的手术患者，伴发肝脏坏死性病变的发病率达 7.1/10 000，远比其他麻醉剂为高。目前认为，对肝脏的毒性与氟烷在体内的代谢产物，如三氟乙醇、三氟乙醛水合物以及终末代谢产物三氟乙酸有关。肝脏损害多见于重复使用氟烷的人，此现象与机体对氟烷的免疫反应有关。

不合格的氟烷可能含有少量杂质六氟二氯丁烯，可加剧对肝和肾的损害。

5. 人体健康危害

本品可导致眼睛、皮肤和呼吸系统的刺激症状。

考虑到本品的肝毒性，肝脏疾病患者、长期服用可能诱导参与氟烷代谢的酶的药物的患者、具有高过敏性的患者以及进行肝循环手术的患者应该避免使用氟烷。

6. 风险评估

美国 ACGIH 规定：TLV - TWA 为 8 812 mg/m^3。

ACGIH 致癌性分类为：A4，不可归类为人类致癌物。

其他多氟卤烷烃类

常见的多氟卤烷烃类化合物的毒性详见表 15 - 10。

表 15 - 10　常见的多氟卤烷烃类化合物及其毒性

化合物	分子式	物态及沸点(℃)	毒性			
			动物	浓度或剂量	接触时间(min)	反应
一溴二氟一氯甲烷	$CBrClF_2$	气体，- 4	大鼠	32.6	15	近似 LC
				0.8(800℃裂解气)		近似 LC，轻度肺部刺激
				30.0	15	未死亡
				10.0	7 h	未死亡
二溴二氟甲烷	CBr_2F_2	气体或液体，23	大鼠	5.5	15	近似 LC
				0.19(800℃裂解气)		近似 LC
				0.40	15	明显肺损伤、刺激和水肿
			狗，大鼠	3 000 mg/m^3	6 h/d，7 个月	无影响
二溴二氟乙烷	$CH_2Br—CBrF_2$	液体，93	大鼠	0.5 及以上	18 h	死亡
				0.25 及以下	18 h	未死亡，但有震颤及反射消失
				1.0	4 h	死 1/3，肺部损害
二溴二氟乙烷	$CH_2Br—CBrF_2$	液体，93	大鼠	2.3	15	近似 LC
				1.2(800℃裂解气)	15	近似 LC
一溴二氟乙烷	$CH_2Br—CBrF_2$		小鼠	4.6	10	近似 LC

（续表）

化合物	分子式	物态及沸点（℃）	毒性			
			动物	浓度或剂量	接触时间（min）	反应
一溴三氟乙烷	CH_2BrCF_3		小鼠	11.7	10	近似 LC
四氯二氟乙烷（不对称体）	CCl_3CClF_2	固体，91.5	大鼠	1.0	1.5 h	轻度中毒征像
				1.5	1.5 h	角膜反射消失
				2 - 3	1～2.5 h	死亡，肺病理（−）
				0.1	18 h/d，17 d	病理（−）
四氯二氟乙烷（对称体）	CCl_2FCCl_2F	液体或固体，92.8	大鼠	1.5	1.5 h	麻醉，肺明显损伤
				3.0	40～60	肺出血
				0.1	18 h/d，16 d	无影响
				0.5		麻醉，4～36 h后死亡，肺严重损伤
一氯二氟乙烷	CH_3CClF_2	气体，−9.6	大鼠	15	30	轻微中毒表现
				20	30	行动不稳
				30	30	麻醉，上呼吸道刺激
				50	30	死亡
				10	16 h/d，9 d	死亡，肺实变
				1.0	16 h/d，2个月	外观正常，肺浆细胞浸润
	CH_2ClCHF_2	气体	小鼠	7.5	10	近似 LC
二氯二氟乙烷	$CH_2ClCClF_2$	液体，46.8	小鼠	1.3		麻醉
				4.3		LD_{50}
一氯三氟乙烷	CH_2ClCF_3		小鼠	25.0	10	近似 LC
一氯四氟乙烷	$CClF_2CHF_2$	气体，−10.2	小鼠	2.0	2 h	无明显中毒征象
			豚鼠	0.9—20.7	2 h	未死亡，病理（−）
				>20	2 h	近似 LC
一氯五氟乙烷	$CClF_2CF_3$		大鼠	>80	4 h	近似 LC
				10	6 h/d，90 d	无影响
二氯四氟丙烷	$H(CF_2)_2CHCl_2$		小鼠	0.5	10	麻醉
				2.0	10	近似 LC
一氯五氟丙烷	HCF_2CF_2CHClF		小鼠	2.5	10	麻醉
				3.0	10	近似 LC
	$CClF_2CF_2—CH_2F$			10.0	10	麻醉
				15.0	10	近似 LC

（续表）

化合物	分子式	物态及沸点(℃)	毒性			
			动物	浓度或剂量	接触时间(min)	反应
一氯六氟丙烷	$CClF_2CF_2CHF_2$		小鼠	10.0	10	麻醉
				20.0	10	近似 LC
	$HCF_2CF_2CClF_2$			10.0	10	麻醉
				20.0	10	近似 LC
一溴六氟丙烷	$HCF_2CF_2—CBrF_2$		小鼠	4.0	10	麻醉
				10.0	10	近似 LC

多氟烯烃类

含氟烯烃是烯烃的含氟衍生物。其中，氟原子连接在双键的碳原子上，如 RCH＝CHF 或 RCH＝CF2。由于氟原子具最强的电负性、较小的半径，形成的 C—F 键极性强且稳定性好，易引发均聚或共聚反应，因此含氟烯烃广泛应用于有机氟化物的合成反应中。

1. 用途

多氟烯烃是非常有经济价值的中间体，具有一定的化学活性，能派生出许多种含氟有机物，是生产含氟精细化学品和高分子材料的基本原料。

2. 毒性

多数含氟烯烃是有毒的。个别含氟烯烃的毒性差异又非常大。氟乙烯和偏氟乙烯毒性甚为轻微。四氟乙烯、三氟氯乙烯和六氟丙烯属于中等毒性，动物试验表明这些化合物除对呼吸道刺激外，还会损坏肾脏和肝脏。毒性最强的八氟异丁烯会引起急性肺水肿和损伤其他组织。

一般分子结构中氟原子增多或加入氯原子，有使毒性增高的趋势。

3. 人体健康危害

多氟烯烃对人体健康的影响主要为对肺的剧烈刺激作用，常由于肺泡及肺间质的广泛水肿、细胞坏死和随之急速发生的纤维化现象，而造成严重的呼吸衰竭。

八氟异丁烯

1. 理化性质

CAS 号：382－21－8	外观与性状：无色无味气体
熔点/凝固点(℃)：－130	易燃性：不易燃
沸点、初沸点和沸程(℃)：7	溶解性：吸湿
饱和蒸气压(kPa)：231.4(25℃)	相对密度(水＝1)：0.002
密度(kg/m^3)：1.592(0℃)	相对蒸气密度(空气＝1)：6.3

2. 用途与接触机会

2.1 生活环境

一般人群可通过接触含有八氟异丁烯的产品发生非常少量的暴露，在聚四氟乙烯(例如特氟隆)的高温热分解附近(例如车辆起火)也可通过吸入环境空气而暴露于八氟异丁烯。

2.2 生产环境

八氟异丁烯用于制造其他化学品和半导体。使用或生产八氟异丁烯的工人可能吸入蒸气或直接接触皮肤。在工业上用于制造氟烃化物，如全氟异丁基碘、全氟丙酮和全氟叔丁胺(人造红细胞成分)等。

本品易氧化生成氟光气(COF_2)及氟化氢。二氟一氯甲烷(F22)裂解制造四氟乙烯(CF2＝CF2)时，在裂解气及残液气相部分中含本品，一般为0.5%～3.0%。四氟乙烯单体经高温(800℃)裂解提取六氟丙烯单体时，会生成八氟异丁烯及其他高沸物，其中本品约50%～80%不等。在氟聚合物高温烧结加工(450℃以上)时也有本品作为副产物。

3. 毒代动力学

3.1 吸收,摄入与贮存

氟化物主要通过消化道进入人体,也可通过呼吸道和皮肤吸收。进入人体的氟化物主要集中在骨骼、甲状腺、主动脉和肾脏等部位。氟化物主要沉积在骨骼和牙齿上,而骨骼储存的程度与摄入量和年龄有关。

在工业环境中,吸入气态和微粒态氟化物是主要的暴露途径。根据空气动力学特性,含氟的微粒将会沉积在鼻咽、气管支气管和肺泡中。

3.2 转运与分布

可溶性氟化物可通过胃肠道迅速吸收,吸收率超过97%,之后通过血液分布到身体的各个组织。暴露数个小时后,软组织中的氟化物浓度会下降到暴露前的水平。氟化物与羟基磷灰石的羟基自由基交换形成氟羟基磷灰石。未保留的氟化物在尿液中迅速排出。成人在摄入量稳定的状态下,尿中氟化物的浓度接近于饮用水中氟的浓度。这反映了随着年龄的增长,氟化物(主要是骨骼)的滞留量在减少。在骨头和牙齿中残留的氟化物浓度是摄入氟化物的浓度和暴露时间共同作用的结果。周期性地暴露于过量的氟化物会导致骨骼中的滞留量增加。然而,当过量的暴露被消除时,骨氟化物浓度会降低到一定浓度,再次反映其摄入水平。低于10%的氟化物被通过粪便排泄。与钙离子同时存在时,氟的吸收将减少。患者服用含铝抗酸剂时,对氟的吸收率降低到40%左右。

3.3 排泄

人体研究表明,在应用氟化物半小时内血清水平达到峰值,之后迅速下降,在4 h内尿液中排除20%的剂量。

其主要的排泄途径是通过肾脏;部分通过汗液和粪便排泄,也会出现在唾液中。氟化物能穿过胎盘;很少会随乳汁大量分泌。肾小球滤过的氟离子约90%重新被肾小管吸收。

4. 毒性与中毒机理

本品是氟塑料制造和加工过程中产生的一种毒性最大的气体。急性毒性约为光气的10倍。本品为2015版《危险化学品目录》中所列剧毒品,其健康危害GHS分类为:急性毒性—吸入,类别1;特异性靶器官毒性——次接触,类别1;特异性靶器官毒性—反复接触,类别1。

本品动物实验中的LC_{t50}约为18～27 mg/m^3·h,即吸入2～3 h的LC_{50}约为13～8.9 mg/m^3,吸入1 h的LC_{50}为22 mg/m^3。国内实验研究表明:小鼠2 h吸入MLC为7 mg/m^3,LC_{100}为17 mg/m^3。大鼠吸入2 h,LC1oo为22 mg/m^3,LCo为15.6 mg/m^3。可见本品毒作用带极窄,危险性极大。

在一项急性毒性研究中,大鼠暴露于2.2 mg/m^3的八氟异丁烯,持续4 h。在暴露的过程中,一些实验动物表现出呼吸过度,而在暴露后,半数实验动物发生呼吸困难。一些动物还会有充血、打喷嚏、呼吸困难等记录。持续4 h吸入浓度为2.1 mg/m^3或4.4 mg/m^3的大鼠,在条件反射方面发生了变化,同时伴有血清中谷氨酸草酰乙酸和谷氨酸转氨酶活性的增加。在暴露5 min内,观察到其对细支气管和支气管肺泡的改变,表现为其纤毛结构的改变,胞饮作用和电子透明度的增加,偶尔会产生肺泡上皮细胞的囊泡形成。在肺泡间隙中,发现细胞间渗漏。随后肺水肿逐渐发生,在2～3 h后从组织学上可见,在7 h后发生死亡。

对皮肤和眼睛,有强烈刺激作用。未见皮肤过敏的报道。

5. 人体健康危害

本品对上呼吸道刺激症状不明显,吸入后可有头晕、恶心、胸闷、咳嗽等感冒样症状。无明显黏膜刺激症状。一般在吸入后4～6 h发生急性肺水肿症状及成人呼吸窘迫征(ARDS)。急性中毒时临床表现轻重取决于接触本品的浓度和时间,以及接触后有无及时处理。X线胸片可根据病情轻重分别示化学性支气管炎、支气管周围炎、化学性肺炎、肺间质水肿、肺泡型肺水肿。心电图示T波变化、ST段降低或抬高等心肌损害和(或)心律紊乱等。血气分析示低氧血症,血氧分压<8.0 kPa。血白细胞增高至12～50×10^9/L(1.5～5万/mm^3),中性粒细胞>95%。尿常规偶有蛋白,红、白细胞。尿氟偶有增高。

八氟异丁烯会刺激眼睛、皮肤、鼻子、喉咙和肺部,即使是短时吸入,也可导致严重中毒。吸入高浓度的八氟异丁烯蒸气可引起严重的肺水肿伴喘息,呼吸困难,咳痰和皮肤发青的症状。咳嗽和胸痛可能最先出现，严重的肺水肿症状可能会延迟数小时，然后迅速恶化，甚至可导致死亡。

除了肺损伤外，吸入了非致死浓度的八氟异丁烯后，一些实验动物也出现了血液学改变，以及肝肾损伤。

6. 风险评估

我国职业接触限值规定：PC－STEL 为：0.8 mg/m³。美国 ACGIH 规定：TLV－STEL 为 0.09 mg/m³。各国职业接触限值详见表 15－11。

表 15－11　各国八氟异丁烯的职业接触限值

国家或地区 \ 限值名称	TWA		STEL	
	ppm	mg／m³	ppm	mg／m³
澳大利亚	—	—	0.01	0.08
比利时	—	—	0.01	0.08
加拿大—安大略	—	—	0.01	—
加拿大—魁北克	—	—	0.01	0.08
丹麦	0.01	0.08	0.01	0.08
爱尔兰	0.01	0.08	0.01	0.08
中国	—	—		0.08
新加坡	—	—	0.01	0.08
西班牙	0.01	0.08	—	—
荷兰	—	—	—	0.08

＊“—”，表示无相应限值

六氟－2,3－二氯－2－丁烯

1. 理化性质

CAS 号：303－04－8	外观与性状：无色液体
熔点/凝固点(℃)：－67 ℃	密度(g/cm³)：1.605(25 ℃)
沸点、初沸点和沸程(℃)：67.78	相对密度(水＝1)：1.61
饱和蒸气压(kPa)：0.588(20℃)	相对蒸气密度(空气＝1)：8.0
溶解性：微溶于水；易溶于有机溶剂	

2. 用途与接触机会

用作生产有机化合物的中间体。受高热分解，放出有毒的氟化物和氯化物气体。

3. 毒性与中毒机理

本品为肺部的强烈刺激剂，引起肺组织的广泛坏死，间质纤维化；对肝、肾及神经系统也具有毒作用。本品为 2015 版《危险化学品目录》中所列剧毒品，其健康危害 GHS 分类为：急性毒性—吸入，类别 1。

大鼠吸入 LC_{50} 为 166 mg/(m³ · 4 h)。动物急性中毒主要征象为窒息性呼吸衰竭，严重症状及死亡出现时间较晚，可自数小时，数天以至 10 余天。生化检查见谷草转氨酶升高；脑电图提示频发性抽搐，常伴有血压下降。病理组织学检查见肺广泛性坏死、间质性肺炎、肺水肿和“肝样化”实变现象，伴有肺泡壁水肿、增厚、出血。此外，还见到肾小管变性、坏死，肝小叶中央坏死，神经元变性、萎缩和染色质溶解。

4. 人体健康危害

国外曾有生产性急性中毒病例报告，患者在吸入本品后 6 h，出现明显的窒息性呼吸功能障碍，伴消化系统功能紊乱及腰骶部神经根疼痛。其中 3 例因呼吸衰竭死亡。病理解剖见肺呈肝样变，肺泡渗出，伴有广泛性间质纤维化、细支气管炎和坏死性支气管炎。治愈者残留肺部纤维化病变。

三氟－2－氯乙烯

1. 理化性质

CAS 号：79－38－9	外观与性状：无色气体，微弱的乙醚气味
临界温度(℃)：106.2	临界压力(MPa)：4.07
熔点/凝固点(℃)：－158.2	易燃性：易燃
沸点、初沸点和沸程(℃)：－27.8	*n*－辛醇/水分配系数：1.65
饱和蒸气压(kPa)：611(25℃)	密度(g/cm³)：1.54(－60℃)
相对蒸气密度(空气＝1)：4.13	溶解性：溶于苯，氯仿；在水中，4.01×10^3 g/L(25℃)

2. 用途与接触机会

用于制备聚三氟氯乙烯树脂及氟橡胶。三氟氯乙烯聚合成聚三氟氯乙烯，具有优良的电性能，耐热和耐化学性能次于聚四氟乙烯，但加工容易，可制成塑料、薄膜、涂料等制品，工作温度为－196～199℃。也是氟塑料、氟橡胶、致冷剂、氟氯润滑油、氟烷麻醉剂的原料。用于以氟取代甾体、碳水化合物中的羟基用作防腐剂。

3. 毒代动力学

在对三氟氯乙烯暴露于 0.1%后，肺泡吸收率为 5.80%。在血液和尿液中检测到三氟氯乙烯。肾脏、骨骼和肺等器官中分布最广。

4. 毒性与中毒机理

本品主要急性毒作用为对呼吸道的刺激和肾脏损害。本品健康危害 GHS 分类为：急性毒性—吸入，类别 3；特异性靶器官毒性——次接触，类别 2；特异性靶器官毒性—反复接触，类别 2。

大鼠 4 h LC_{50} 为 4 740 mg/m^3，小鼠 2 h LC_{50} 为 26 066 mg/m^3。小鼠吸入 474 mg/m^3 已见有肾功能障碍，剖见肾脏病变。吸入 1 422 mg/m^3，30 min，肾脏细胞线粒体受到损害，如吸入时间延长，很快引起坏死性肾病，血非蛋白氮大量升高，最后因尿毒症致死。此外，高浓度时还可见到肝糖元及核糖核酸下降，血清丙氨酸转氨酶等升高，肝细胞空泡变性，情况与四氯化碳相似，但较轻。

大鼠暴露于 587.5、1 128、1 598 及 2 162 mg/m^3 浓度下 4 h，前三组浓度动物全部存活，最后一组部分死亡。存活动物体重减轻，尿量明显增多，尿比重降低，引起离子渗透力明显下降与肾浓缩功能损害。

动物实验数据如下：大鼠吸入 LC_{50} 5 200 mg/m^3，4 h；大鼠吸入 LC_{50} 26 206 mg/m^3，2 h；小鼠口服 LD_{50} 268 mg/kg；小鼠腹腔注射 LD_{50} 175 ml/kg；小鼠吸入 LC_{50} 15 599 mg/m^3，7 h；小鼠吸入 LC_{50} 41 596 mg/m^3，3 h 兔子吸入 LC_{50} 26 206 mg/m^3，2 h；豚鼠吸入 LC_{50} 4 300 mg/m^3，4 h。

5. 人体健康危害

人接触高浓度本品，感头昏、乏力、眩晕、恶心，当晚睡眠不安，次日消失，较重者 4～5 d 恢复。曾有某厂一工人，因盛放液态纯本品的钢瓶破裂，大量吸入本品气体约 3 min，衣服及皮肤也有大量污染，当即有轻度头昏、头痛、打嚏、流涕、恶心等症状，继之呕吐一次，但不久就正常进食。观察多天，没有肺水肿或支气管炎症状和体征。直接溅及液体的皮肤因本品的致冷作用，有冻伤现象，约一周后痊愈。但微量蛋白尿持续多年。该厂生产本品 10 余年，未发现因过量吸入而引起气急、发绀、呼吸困难及呛咳等严重呼吸功能障碍症状。对接触本品的工人，应注意泌尿系统就业体检和动态观察。

六 氟 丙 烯

1. 理化性质

CAS 号：116－15－4	外观与性状：无色无味气体
熔点/凝固点(℃)：－156.5	临界温度(℃)：86
沸点、初沸点和沸程(℃)：－29.6	临界压力(MPa)：2.75
饱和蒸气压(kPa)：788.16 (27℃)	易燃性：不燃
相对密度(水＝1)：1.58	*n*-辛醇/水分配系数：2.12
相对蒸气密度(空气＝1)：5.18	溶解性：微溶于乙醇、乙醚

2. 用途与接触机会

本品用作含氟合成材料的中间体。可制备多种含氟精细化工产品、药物中间体、灭火剂等，还可制得含氟高分子材料。本品还作为制备氟磺酸离子交换膜、氟碳油和全氟环氧丙烷等的原料。工业上通常在加压条件下液体贮存和运输。

职业性接触通过吸入和皮肤接触发生，主要途径为经呼吸道吸收。

3. 毒性

本品大鼠吸入 LC_{50}：11 200 mg/m^3，4 h；小鼠吸入 LC_{50}：5 023 mg/m^3，4 h。急性毒性以呼吸道刺激为主，兼有肾毒作用，但较三氟氯乙烯弱；高浓度时引起肝脏损害。小鼠吸入后半小时出现呼吸急促、烦躁不安，继之呼吸困难、发绀。高浓度下，多数动物在中毒后 3 h 内死亡；低浓度多在 1～7 d 内死亡，死前有全身痉挛及四肢抽动，死亡原因为呼吸衰竭。剖见肺、肝、肾等不同程度病变，主要为肺充血、出血和水肿；部分动物肝细胞混浊肿胀，肾小管变性、坏死。以 36 600 及 61 000 mg/m^3 浓度给大鼠吸入 1 h，观察 1 h 后处死，取肝组织作电子显微镜观察，见肝细胞核、细胞膜及毛细管皆正常，主要病变在线粒体。表现为线粒体增多、变形、肿胀、空泡化,直至细胞内出现髓样纤维性结构,即"髓样变性"。

本品健康危害 GHS 分类为: 特异性靶器官毒性——一次接触,类别 1;特异性靶器官毒性—反复接触,类别 1。

4. 风险评估

我国职业接触限值规定: PC - TWA 为 4 mg/m^3。

四氟乙烯及其聚合物

1. 理化性质

CAS 号: 116 - 14 - 3	外观与性状: 无色无味气体
熔点/凝固点(℃): −131.15	临界温度(℃): 33.3
沸点、初沸点和沸程(℃): −75.9	临界压力(MPa): 3.82
闪点(℃): −60	爆炸下限[%(V/V)]: 11
爆炸上限[%(V/V)]: 60	易燃性: 极易燃
饱和蒸气压(kPa): 211 (15℃)	n-辛醇/水分配系数: 1.21
相对密度(水=1): 1.519(−76℃)	溶解性: 不溶于水
相对蒸气密度(空气=1): 3.87	

2. 用途与接触机会

本品主要用于制造聚四氟乙烯、六氟丙烯及其他氟塑料、氟橡胶和全氟丙烯。主要用于塑料、树脂工业,在农药上也是氟铃脲的中间体。可用作制造新型的热塑料、工程塑料、耐油耐低温橡胶、新型灭火剂和抑雾剂的原料。

其聚合物-聚四氟乙烯俗称"塑料王"。本品以二氟一氯甲烷(F_{22})裂解制造,生产过程中可接触到裂解气、裂解残液以及高温加工、焊接、切割时产生的热解物。本品职业性接触通过吸入和皮肤接触发生。

3. 毒性

小鼠吸入本品 1 585 138 mg/m^3,1 h,7 d 内全部死亡;吸入 1 227 924 mg/m^3,1 h,7 d 内尚存活 50%。动物中毒症状不明显,有短暂的活动过多,接着出现麻醉状态。死亡也有迟发的特点,在吸入后的 5～7 d 为高峰。剖检: 肺充血,肝、肾细胞变性。大鼠吸入 4 465～17 861 mg/m^3,5 h/d,计 49 d,体重增加,与对照组相似,也未见到任何病理改变。见肝糖元储存量降低。

本品 IARC 致癌性分类为 2A,对人很可能致癌;聚四氟乙烯的 IARC 致癌性分类为 3,现有的证据不能对人类致癌性进行分类。其健康危害 GHS 分类: 严重眼损伤/眼刺激,类别 2B;致癌性,类别 2;特异性靶器官毒性——一次接触,类别 2;特异性靶器官毒性—反复接触,类别 2。

3.1 裂解气毒性

用 F_{22} 制备本品所发生的裂解气,毒性较大。在整个工艺流程内的不同操作点,裂解气的组分复杂;剩下的残液(以 20℃为界,沸点大于 20℃为气态的含氟化合物称残液的气相部分;小于 20℃为液态的含氟化合物称残液的液相部分,或称高残液),其量占本品生产的 15%。残液内约含八氟环丁烷 50%、四氟一氯乙烷 10%、六氟丙烯和二氟一氯甲烷 20%,剧毒的八氟异丁烯 0.1%～0.5%及若干未知成分。

(一) 急性毒性

国内曾报道,从生产聚四氟乙烯车间四个有代表性的操作点收集裂解气分别给动物吸入染毒 2 h。猴暴露于碱洗后裂解气可致中毒,并吐出血性泡沫状分泌物,死亡后剖检见急性化学性肺水肿。猴暴露于 20%浓度的裂解残液气相部分中,20 min 出现嗜睡及频发性呕吐,30 min 见呼吸急促(100 次/min),60 min 后呼吸深而慢(1～2 次/min)。心电图见 T 波明显倒置,室性节律,1.5 h 后死亡。2%浓度暴露 60 mim 时,无明显中毒征象。12 h 后 X 线胸片见散在性炎症表现及肺纹理增强;呼吸增快,心电图 T 波倒置。36 h 后 X 线胸片见明显肺水肿。50 h 后肺水肿更趋典型,并伴有支气管肺炎,但肺部体征不明显。实验室检查: 尿氟增高,无机氟 600 μmol/L (11.4 μg/ml),对照 189.4 μmol/L(3.6 μg/ml);有机氟 1 894 μmol/L (36 μg/ml),对照 789 μmol/L (15 μg/ml);乳酸脱氢酶同功酶(LDH_5)30%,对照 16%。病理学特点为肺弥漫性间质水肿,肺泡渗出不多。

家兔中毒后,有一过性兴奋,活动增多、烦躁不安,步态蹒跚、肌肉震颤,继之痉挛、抽搐、呼吸急促、发绀。严重者出现角弓反张,以呼吸衰竭致死。蛋白电泳见白蛋白降低,α、β增高;血氧含量、氧饱和度、氧分压降低明显；尿氟增高，达 290 μmol/L(5.6 μg/ml)，尿蛋白总量大增，酚红排泄率则显著降低。家兔X线胸片见两肺纹理增多，紊乱，肺野密度增高、模糊，呈面纱样。心电图有心动过速及L波变化。病理检查证实两肺示中毒性肺炎伴肺水肿，心、肝、肾有不同程度充血、浊肿，肾组织可见管型和心肌损害。

（二）亚急性毒性

猴暴露于0.5%裂解气2.5 h/d，计6 d。以心电图改变较突出，第一次暴露后就出现T波改变。暴露5～6 d后出现呼吸困难，胸背部可闻散在性干湿罗音。实验室检查：暴露第4次后，外周血液见嗜酸粒细胞由1%～2%上升到12%～14%，中性粒细胞右移、胞浆出现毒性颗粒，空泡变性，核退行性变。剖检证明有化学性肺炎和肺水肿。肝、肾也见病变。兔吸入高沸残液0.2%，1 h，在吸入时及1～2 d内均无明显中毒征象。生化指标出现改变早于胸部X线改变，17 h后血清乳酸脱氢酶同功酶(LDH_5)活力由0%～5.6%升高到20%～32%；红细胞糖酵解力也升高到143%。血浆氟化物331 μmol/L(0.29 μg/ml)[中毒前为8.4 μmol/L(0.16 μg/ml)]；尿中氟化物226 μmol/L(4.3 μg/ml)，比中毒前18 μmol/L(0.35 μg/ml)增高了12倍。中毒48 h后X线胸片显示在6/8兔中有明显肺水肿征象。中毒后第5 d剖检：两肺呈细支气管性亚急性化学性损害，肺间质水肿且有轻度间质纤维增生。狗(13.5 kg)暴露于18 888 mg/m^3，1 h，中毒后第1 d安静、进食，次日呼吸较深，进食减少，第3～9 d，呼吸困难、神萎、不进食，第10 d死亡。解剖见肺严重郁血，质地较实，气管充满泡沫状暗红色分泌液，肝郁血。国内用兔、狗分别吸入浓度为4 465～13 396 mg/m^3的残液气1 h。实验表明有机氟残液气一次吸入即可致明显的呼吸组织损害，早期有毛细血管损害，恢复期主要为增生性反应，而间质广泛纤维化乃是造成气体弥散障碍的主要因素。染毒后1～3个月，可见心肌损害，并有心肌间质中纤维结缔组织增生，电镜下见心肌细胞线粒体与心肌间盘损害，并见心肌溶酶体增多，心肌损害可能由于有机氟的直接毒性和继发于缺氧双重因素所致。

（三）慢性毒性

兔暴露于浓度为0.01%的裂解气，4 h/d，共计30 d，出现食物性运动条件反射的抑制。暴露于浓度为0.03%～0.04%的裂解气，4 h/d，共计115 d，主要表现为高级神经活动的抑制，潜伏期延长和条件反射紊乱。动物体重减轻，早期血清乳酸脱氢酶同功酶增高；晚期血清总脂量、丙种球蛋白增高。尿中无机氟及有机氟化物含量增高，肾细胞病变。

国内兔慢性实验研究表明，动物骨氟含量增高，骨骼病理改变与无机氟有相似之处，如骨膜增厚，其表面有骨样组织形成，骨皮质表面粗糙，骨基质混浊，可见到正常板层状结构紊乱，哈佛氏管内成骨和破骨细胞反应，骨小梁排列紊乱等。这些现象支持了长期低浓度接触有机氟可致骨骼损害。

3.2 热解物毒性

聚四氟乙烯(PTFE)加工时烧结炉等自控温度失灵及电焊工用氧-乙炔电弧焊等高温切割、焊接含氟塑料的管道、阀门、垫圈、垫衬时产生热解物。热解物组分、含量和毒性常随着加热温度的升高而增加和增高。PTFE在250℃以下无明显热解现象；300℃时产生极微量热解物，无明显刺激作用；315～375℃时热解物开始对呼吸道有刺激作用；400℃以上4 h，失重0.04%，生成可水解性氟化物，如氟化氢和氟光气，对肺部有强烈的刺激作用；450℃以上，失重4%，可检出四氟乙烯、六氟丙烯及八氟环丁烷；475℃时出现微量的八氟异丁烯；480～500℃时八氟异丁烯浓度急剧上升，可高达40.90 mg/m^3；500℃以上八氟异丁烯可氧化生成氟光气；500～650℃时，占优势的产物为氟光气，比例可达63%，浓度可高达963 mg/m^3。此后，氟光气可重新排列生成四氟化碳及二氧化碳，或遇水生成氟化氢和二氧化碳等。一般认为除八氟异丁烯外，氟光气是热解物中的主要致毒成分。除气态热解物外，有报告尚含有氟固体白色微粒，是发生氟聚合物烟尘热的病因。

雌兔按高低浓度的热解物进行吸入实验，3 h/d每周6 d，共68次。高浓度组3.3 mg/m^3，兔食量明显低于对照组($P<0.01$)，体重下降，动物有3/7一度出现心电图异常，血生化指标见血清谷丙转氨酶在染毒后1—2个月有降低趋势，心、肺绝对重量和脏器系数均增高($P<0.05$)。高、低浓度两组动物尿氟明显高于对照组，病理学检查主要有小支气管及细支气管破坏性改变。

4. 人体健康危害

4.1 急性中毒

国内报道由于裂解残液设备管道泄漏，管道割断,残液处理不当,热加工温度失控,高温切割,焊接含有四氟材料的管道、阀门及违反操作规程等原因,造成多起急性有机氟裂解残液气及热解物中毒。裂解残液气中毒的死亡病例时有发生。轻者仅有一般刺激症状,如咳嗽、胸闷、头晕、乏力、恶心等症状,X线胸片示化学性支气管炎或支气管周围炎。较重者出现化学性肺炎或间质型肺水肿。严重者出现明显的化学性肺水肿及心肌损害等症象,其病程大致可分三期:

1. 潜伏期　吸入当时可无明显刺激症状。其潜伏期长短与吸入气体组分、浓度、时间及个体差异有关,自接触至出现症状约 0.5～24 h。

2. 前驱期　最初为头晕、头胀、乏力等感冒样症状,继后出现恶心、咳嗽、胸闷、气短、胸部紧束感,部分病例有低热,可持续 12～72 h 后症状加剧,呼吸道症状渐显。

3. 典型中毒期　重度裂解气中毒者,在潜伏期和前驱期后发生,以呼吸系统表现最为突出,并可累及心肌及共他实质脏器。其临床经过大致又可分为三期。

(1) 中毒性肺水肿期:表现为咳嗽、气急、胸闷、呼吸困难、心悸、烦躁不安。体征为口唇、指甲发绀,呼吸加快(>30 次/min),心率加快(>100 次/min),肺部呼吸音低和(或)散在干湿罗音。胸部X线显示两肺多数肺野出现许多边缘模糊、密度不深、直径约 3 mm 的斑点阴影及网织样间质性改变,肺野透亮度减退或两肺中、下野有大小不等团块状、云絮状阴影,肺纹理增强、紊乱。实验室检查:白细胞总数增高,有的可高达 30×10^9/L(3 万/mm^3)以上,中性粒细胞高达 95%以上。此期可持续 2～5 d。心电图示 T 波变化及心律紊乱。

(2) 急性成人呼吸窘迫综合征期(ARDS):若肺水肿期未能控制,则出现严重呼吸困难,明显低氧血症,肺顺应性降低,出现呼吸衰竭。患者极度烦躁不安,面色呈灰白色,唇、指甲明显发绀,甚至肋间肌和辅助肌都借以维持呼吸动作,呼吸达 40～60 次/min,鼻翼扇动,颈静脉怒涨,胸部呈三凹现象。有血丝痰,并偶可咳出丝状坏死组织。心率达 120～160 次/min 或奔马律。血气分析示明显低氧血症,血氧分压<8.0 kPa,血二氧化碳分压基本正常或增高,示代谢性酸中毒、呼吸性碱中毒。

本期可发生多种并发症,如纵隔气肿和自发性气胸,肝、肾功能减退等。此期病程可持续 3～10 d。

(3) 肺纤维化期:自病程第三周开始,临床表现为供氧不足,呼吸困难,稍事活动肢端发绀明显加重,左前胸有摩擦音。血气分析发现,虽吸入 80%以上的氧,氧分压仍显著降低,血氧饱和度在 80%以下。肺功能示弥散功能严重障碍。胸部X线摄片见片状阴影大部分吸收,代之以广泛性肺纹理增强,并间有广泛性点状结节与代偿性肺气肿交织存在。

尸检病理变化:两肺病变弥漫,质实如肝,一为毛细血管损伤引起的渗出性变化,肺泡内渗出物机化和间质纤维化。二为肺泡上皮细胞的破坏和增生,形成腺瘤样结构,肺泡壁增厚。心肌纤维弥漫变性,间质水肿,左心室扩大。肾曲管上皮变性,间质充血水肿。肝细胞有轻度弥漫性脂肪变。

本品可引发聚合物烟尘热。其病程经过似重金属铸造热,主要表现为发热,"流感样"症状和体征,国内外相继有报道,此症非轻,在严重或反复发作时可致化学性肺水肿和(或)肺间质纤维化。后者相继由尸解所证实,并可用肺功能测定为佐证。

4.2　慢性中毒

慢性有机氟中毒是长期低浓度接触有机氟分解产物所致,主要为四氟乙烯(4F),六氟丙烯(6F)和二氟一氯甲烷(F_{22})及其残液气、热解物、裂解物。1984 年全国调查发现,接触者以头痛、头昏、失眠、恶梦、记忆力减退、乏力及腰酸背痛等症状为常见,高工龄工人的脑电图观察表明,异常率(以出现成段低幅度为特征)占 25%,高于正常成年人群的异常率(10%～15%),且有随着工龄增长的趋势。近年来国内报道有机氟接触者 426 例X线骨骼检查(骨盆、腰椎、前臂),发现 80 例有异常改变,示骨密度增高,骨纹增粗,骨周增生等。其中X线骨胳损害部位与无机氟致工业氟病虽有相同之处,但损害程度明显轻微,未见重症中毒病例。

5. 风险评估

美国 ACGIH 规定:TLV-TWA 为 8.9 mg/m^3。

氯、溴、碘代烷烃类

1. 理化性质

烷烃类化合物分子中的氢原子被一个或多个卤原子(氯、溴、碘)取代,得到的一类化合物,即氯、溴、碘代烷烃类。通常,氯、溴、碘代烷烃类的沸点随着分子量的增加而增大，而且随着卤化作用进一步增大。氯甲烷、二氯甲烷、氯乙烷、溴甲烷在常温下是气体，大部分的其他同系物都是液体，高度卤化的氯代烃以及四溴甲烷、碘仿等都是固体。一氯代烃一般比水轻，溴代烃、碘代烃及多卤代烃多较水重。绝大多数卤代烷烃不溶于水或在水中溶解度很小，但能溶于很多有机溶剂，有些可以直接作为溶剂使用。经过卤化的烷烃的气味得到加强，大都具有一种特殊气味，挥发性的卤代烷烃类多具有明显的甜味，例如氯仿和较重的氯代乙烷和氯代丙烷等。多卤代烷烃一般都难燃或不燃。卤代烷烃类是一类重要的有机合成中间体，是许多有机合成的原料，它能发生许多化学反应。

2. 用途与接触机会

氯、溴、碘代烷烃类化合物的工业用途非常广泛，最重要的是作为溶剂、化学中间体、灭火剂、金属清洗剂等使用。在橡胶、塑料、金属加工、涂料和制漆、医疗卫生和纺织等行业中也有广泛应用。其中还有的卤代烷烃类可作为土壤的熏蒸剂和杀虫剂、橡胶的硫化剂等。职业性接触通过吸入和皮肤接触发生。

3. 毒性

此类化合物虽然具有简单的结构，但是它们的毒性变化非常大，结构和中毒作用的相关性不是必然的。卤代烷烃一般比母体烃类的毒性大。一般来说，碘代烷烃毒性最大，溴代烷烃、氯代烷烃毒性依次降低。低级卤代烃比高级卤代烃毒性强；多卤代烃比含卤素少的卤代烃毒性强。

此类化合物都具有许多的局部和全身的中毒作用，最严重的包括致癌性和致诱变性，对中枢神经系统作用并且损坏体内主要器官，特别是肝脏。由于此类化合物都是很好的溶剂，通过脱脂作用可损坏皮肤。

4. 人体健康危害

此类化合物的使用和生产涉及严重的和潜在的健康问题，很早就发现了某些卤代烷烃类具有致癌性的实验证据。此类化合物最明显的急性作用是中枢神经系统抑制，从醉状和兴奋到麻醉是典型的临床反应。其他神经病学作用导致的症状包括头痛、恶心、共济失调、震颤等。通常此类化合物都对肝、肾和其他器官具有作用，只是程度有所差别。它们还可使皮肤变干燥、损坏、开裂等。

氯 甲 烷

1. 理化性质

CAS号：74－87－3	外观与性状：无色气体，压缩到无色液体，有醚样微甜气味
熔点/凝固点(℃)：－97.6	临界温度(℃)：143.8
沸点、初沸点和沸程(℃)：－23.7	临界压力(MPa)：6.68
闪点(℃)：－46	自燃温度(℃)：632
爆炸上限[%(V/V)]：17.4	爆炸下限[%(V/V)]：8.1
燃烧热(kJ/mol)：－620.27	易燃性：易燃
饱和蒸气压(kPa)：506.62(22℃)	气味阈值(mg/m^3)：21
相对密度(水＝1)：0.92	n-辛醇/水分配系数：0.91
相对蒸气密度(空气＝1)：1.8	溶解性：微溶于水；溶于乙醇、氯仿、苯、四氯化碳、冰醋酸等

2. 用途与接触机会

又名一氯甲烷，为一种重要的化工原料，主要用来生产甲基氯硅烷、四甲基铅、甲基纤维素等。还广泛用作化学工业中的溶剂、甲基化剂、氯化剂、提取剂、推进剂、致冷剂、局部麻醉剂，也用作生产季铵化合物、农药、医药、香料等。全世界生产的氯甲烷中，约80%用来生产甲基氯硅烷和四甲基铅，但由于汽油中的抗爆化合物正逐渐由无铅物代替，因此四甲基铅的消费逐渐下降。在生产或使用氯甲烷的工作场所，职业人群可能通过吸入或皮肤接触到本品。

3. 毒代动力学

本品经呼吸道吸收后广泛分布于全身，进入体内的本品很快进入组织，在脑、心、肝、肾、胃、脾，肌肉和血中可以查得少量本品。体内血液和呼气中的一氯甲烷水平与其暴露浓度成正比。

本品在体内先水解为甲醇和氯化氢，再经氧化为甲醛和甲酸。大鼠吸入$^{14}C—CH_3Cl$后，以原形从肺部排出的极少($t_{1/2}$为 0.33 h),60%以二氧化碳的形式排出,半排期较长,35%从尿排出;进入体内的一氯甲烷在血液中迅速消失,均匀分布于各器官及组织中(脑、心、肝、肾、胃、脾等),血液/组织的分配系数接近 1。本品经代谢产生甲醇和甲醛,未变化的氯甲烷随呼出气而排出,最初几分钟内较多,1 h 的排出量为人体的 29%,少量随尿及胆汁排出。

4. 毒性与中毒机理

4.1 急性毒作用

本品是无嗅味的气体,生产条件下主要经呼吸道吸收。一氯甲烷对眼睛、呼吸道和皮肤有刺激作用,刺激阈值:1 050 mg/m^3。本品大鼠经口 LC_{50} 为 1 800 mg/kg;大鼠吸入 LD_{50}:5 770 mg/m^3 (4 h)。所有动物在短期内吸入浓度为 309～618 g/m^3 均死亡。41.2～82.4 g/m^3 在 30～60 min 内造成严重损伤;14.42 g/m^3 接触 1 h 无严重作用;1 030～2 060 mg/m^3 接触 8 h 可无反应。

中毒死亡的动物有肺充血、水肿和出血。脑、肝、肾、肾上腺、睾丸均有严重病损,包括小脑颗粒层细胞灶性坏死;肝细胞退行性变和坏死,肾近曲小管上皮细胞变性和坏死;肾上腺皮质细胞脂肪变性,以及睾丸和副睾损伤,表现为细精管中成熟的精细胞数大量减少,副睾尾部炎症细胞浸润等。健康危害 GHS 分类为:特异性靶器官毒性—反复接触,类别 2。

4.2 慢性毒作用

动物慢性中毒的表现为:食欲丧失,消瘦,咳嗽,四肢瘫痪。对呼吸道的刺激作用豚鼠较兔及小鼠敏感。在 2.09 g/m^3 浓度下,接触 6 h/d,共 175 d,豚鼠、小鼠、兔、狗、大鼠均有中毒反应;1.05 g/m^3 时,除大鼠外,其他动物(包括猴)均有中毒反应;0.63 g/m^3 下,所有动物均无任何反应。

本品是弱的致突变剂(细菌和哺乳类细胞)。大鼠和小鼠吸入 2 080 mg/m^3 的一氯甲烷,6 h/d,每周 5 d,共 24 个月。雄性小鼠发生肾脏肿瘤和睾丸萎缩,雌性小鼠小脑病变重于雄性小鼠。大鼠病变较轻,也无肿瘤发生。近年研究报道本品具有生殖毒性。小鼠和大鼠无论是亚急性或慢性吸入一氯甲烷均出现睾丸和副睾病变。大鼠显性致死性突变试验阳性。目前认为本品可能不是直接促使精细胞突变的基因毒,而是由于副睾炎症反应损伤了精子。

有实验在啮齿动物中观察到发育迟缓的出生缺陷。怀孕小鼠在妊娠 6～18 d 通过吸入暴露于 1 127 mg/m^3 或 1 691 mg/m^3 的一氯甲烷导致心脏畸形的发生率显著增加。而类似暴露的大鼠其后代并未显示出致畸作用。浓度为 1%(22 540 mg/m^3)的一氯甲烷,体外对 TK6 人类淋巴细胞具有致突变性,并引起姐妹染色单体交换和 DNA 链断裂的发生率增加。IARC 致癌性分类为:3 类,现有的证据不能对人类致癌性进行分类。

4.3 中毒机理

本品中毒有一定的潜伏期,而此时血和组织中本品已极少。吸收的 70%的本品很快进入代谢转化过程,因而发挥毒作用的可能是其代谢物。氯甲烷进入一碳库,在依赖叶酸酶类的作用下进一步代谢为甲醛或甲酸酯。过去认为氯甲烷的毒作用与其代谢为甲醇有关,现经实验表明本品并不经过转化为甲酸这一中间过程。代谢产物甲醛和甲酸酯在氯甲烷中毒机制中的作用,近年工作也趋向于否定。

在接触本品时,各靶器官中谷胱甘肽水平均下降。实验给予动物谷胱甘肽合成抑制剂,可减轻中毒症状和靶器官病损,故认为本品代谢的主要途径涉及到谷胱甘肽。细胞毒性是一氯甲烷的主要作用。一氯甲烷可导致细胞代谢的破坏,并可改变呼吸链的电子传递过程。与一氯甲烷反应的最可能的非蛋白质巯基成分是还原型谷胱甘肽。与肝脏、肾脏或肺脏非蛋白质巯基相反,血液非蛋白质巯基不受影响,推断一氯甲烷和巯基基团之间的组织特异性反应,其中组织酶谷胱甘肽-S-烷基转移酶可能发挥作用。

5. 人体健康危害

5.1 急性中毒

人类急性暴露的症状包括头痛、恶心、皮肤和眼睛刺激、中枢神经系统抑制、肺水肿、溶血等,皮肤接触可因一氯甲烷在体表迅速蒸发而造成冻伤。人吸入>1 000 mg/m^3 本品可能发生急性中毒。工业中毒一般有数分钟至数小时的潜伏期。中毒症状出现前,可先有眩晕和嗜眠现象,然后逐步出现头痛、眩晕、恶心、呕吐、视力模糊、步态蹒跚、精神紊乱等。严重病例则出现谵妄、烦躁不安、抽搐、肌肉震颤、血压升高、昏迷、呼出气中有酮体味。尿中可以出现蛋白及红、白细胞，甚至有尿少或尿闭。轻者经数小时乃至一二日康复，重者可持续数周。可能后遗头痛、头晕、易激动和注意力不能集中等症状。偶见症状消失后 2～3 w 出现迟发症状。

5.2　慢性中毒

低浓度长期接触，可以发生困倦、嗜睡、头晕、头痛、感觉异常、精神错乱、言语不清、双重视力、情绪不稳定、易激动等症状。较重者可有步态蹒跚、视力障碍及震颤等症状。国外报道从事制造泡沫塑料的工人中发生的慢性中毒，起病缓慢，常无特殊体征，除无发热外，临床表现可与流行性感冒或其他病毒性疾病混淆，严重者可被误诊为病毒性脑炎或重金属中毒性脑病。体检和神经科检查常无特征发现，症状的发展常集中在中枢神经系统方面。长期低浓度接触一氯甲烷所导致的症状通常会延迟发作，其恢复过程可能较为缓慢。

6. 风险评估

我国职业接触限值规定：PC－TWA 为 60 mg/m^3，PC－STEL 为 120 mg/m^3。

美国 ACGIH 规定：TLV－TWA 为 103.5 mg/m^3，TLV－STEL 为 207 mg/m^3。OSHA 规定：8 h－TWA 为 225 mg/m^3；15 min－STEL 为 451 mg/m^3。

溴　甲　烷

1. 理化性质

CAS 号：74－83－9	外观与性状：无色透明易挥发液体，有甜味
熔点/凝固点(℃)：－93.7	临界温度(℃)：194
沸点、初沸点和沸程(℃)：3.4	临界压力(MPa)：8.45
闪点(℃)：－44	自燃温度(℃)：537
爆炸上限[%(V/V)]：16.0	爆炸下限[%(V/V)]：10.0
燃烧热(kJ/mol)：－787.0	易燃性：易燃
饱和蒸气压(kPa)：215.5 (25 ℃)	气味阈值(mg/m^3)：80
相对密度(水＝1)：1.73	n-辛醇/水分配系数：1.19
相对蒸气密度(空气＝1)：3.27	溶解性：不溶于水；能溶于醇和醚等多数有机溶剂

2. 用途与接触机会

本品最普遍的使用是作为土壤熏蒸剂，可用作杀螨剂、抗菌剂、杀菌剂、除草剂、杀虫剂、杀线虫剂和脊椎动物防治剂。此外，溴甲烷还可用作制冷剂、灭火器、植物提取溶剂、合成许多药物和精细化学品，如甲基化剂、格氏试剂溴甲烷化镁。

职业性接触通过吸入和皮肤接触发生。一般人群可能通过吸入环境空气而暴露于溴甲烷。

3. 毒代动力学

本品很容易通过肺吸收，可经肺、消化道和皮肤进入机体。吸收后，残余非挥发性溴化物的血液浓度增加，表明本品或其代谢物迅速吸收。本品一部分以原形经肺排出；一部分可随血流迅速分布到全身组织，以在脂质丰富的组织中含量较多，在脑、心、肺、脾、肝、肾上腺及肾中可发现甲醇及甲醛。本品在体内水解形成无机溴化物随尿排出。在严重的溴甲烷中毒案例中，溴化血红蛋白水平要显著低于无机溴化物中毒的水平。推测这可能是由于溴化甲基丙烯酰胺具有更大的溶解度，并且能够更好地渗入到大脑中。同时，近年实验表明，暴露于溴甲烷后形成的蛋白质加合物可能是更好的暴露测量指标。S-甲基半胱氨酸加合物有可能用于确定暴露后 10 周的急性溴甲烷毒性。

4. 毒性与中毒机理

健康危害 GHS 分类为：急性毒性—经口，类别 3；急性毒性—吸入，类别 3；皮肤腐蚀/刺激，类别 2；严重眼损伤/眼刺激，类别 2；生殖细胞致突变性，类别 2；特异性靶器官毒性——次接触，类别 3(呼吸道刺激)；特异性靶器官毒性—反复接触，类别 2。

4.1　急性毒作用

本品大鼠经口 LD_{50}：214 mg/kg；大鼠经皮(皮下注射)LD_{50}：135 mg/kg；大鼠吸入 LC_{50}：1 280 mg/(m^3 · 8 h)。本品为神经毒物，急性毒作用带窄。本品为加压气体，易挥发，在空气中迅速达高浓度而不易被发觉，故有高度危险性。极高浓度时可迅速引起人或动物麻醉或呼吸衰竭致死，高浓度时引起神经系统损害，融合性的支气管肺炎或肺水肿，其次影响肝、肾；较低浓度时发病的潜伏期较长。长期或反复低浓度吸入主要引起神经系统损害。急性中毒死亡病例尸检可见脑膜充血、脑水肿、出血、神经节细胞变性等，神经系统损害的主要部位在大脑皮层、基底节（苍白球）、小脑及周围神经等；肺充血、水肿；肾小管变性、坏死；肝小叶中央坏死或浊肿、脂肪变性等；尚有出血性胃十二指肠炎。

4.2 慢性毒作用

有实验显示，人淋巴细胞培养物暴露于4.3%溴甲烷100秒，姐妹染色单体交换频率从10.0%上升到16.8%。有研究收集32名从事溴甲烷熏蒸的工人的血液和口咽细胞，与没有溴甲烷接触史的对照组相比，接触工人的口咽细胞中微核发生率增加，并且在淋巴细胞中次黄嘌呤-鸟嘌呤磷酸核糖转移酶基因（hprt）突变的频率增加。IARC致癌性分类为3，现有的证据不能对人类致癌性进行分类。

4.3 中毒机理

本品的中毒机理不能单以其在体内形成甲醇及无机溴化物引起毒作用来解释。主要由于本品为强烷化剂，可使含巯基的酶甲基化而被抑制，如琥珀酸脱氢酶、己糖激酶、丙酮酸氧化酶对神经组织的代谢均重要；本品还具有直接毒作用，是非特异性原浆毒，可使蛋白质变性。

溴甲烷的毒性由溴甲烷分子本身及其与组织的反应（临界细胞蛋白质和酶中的巯基的甲基化）介导，而不是由母体化合物分解产生的溴离子残基介导。溴甲烷容易穿透细胞膜，而溴离子不能。细胞内溴甲烷反应和分解导致细胞内代谢过程失活，功能紊乱，以及刺激性，产生不可逆转或麻痹性的后果。

此外，溴甲烷是一种延迟性肺部刺激物，在水解时产生甲醇和氢溴酸。甲醇代谢可能损伤神经和视觉，酶中巯基的甲基化是可能的作用机制。大鼠连续24 h或3 w暴露于溴甲烷，在暴露后测定脑区域中的诺啡啡（NE），多巴胺（DA）、血清素、乙酰胆碱（ACH）、环状AMP和环GMP含量。结果表明，暴露在424 mg/m^3或更高的溶液24 h，及暴露在42.4 mg/m^3浓度3 w后，海马区的这些物质含量显著降低。溴甲烷可能增强多巴胺受体的刺激作用，减弱脑内乙酰胆碱受体的刺激作用。

5. 人体健康危害

5.1 急性中毒

接触本品蒸气可出现眼及上呼吸道刺激症状，脱离接触后可逐渐消退。眼或皮肤接触液体溴甲烷可引起灼伤，皮肤还可出现皮炎、搔痒；亦可在几小时后出现疼痛，红斑；严重者有水疱或大疱。

除吸入高浓度时，可于数分钟内因呼吸抑制而猝死外，多数病例有数小时的潜伏期（0.5～48 h不等，偶有3～5 d者，个别亚急性中毒时可更长）。潜伏期中，可无明显症状体征，或有轻度头昏、头痛、乏力、恶心等症状。在致命的情况下，惊厥伴随意识的时期可能变得更加激烈和频繁。死亡可能发生在几小时内，从肺水肿或循环衰竭可能一至三天。病理学改变常包括充血，水肿和肺部和脑部的炎症。肾脏、肝脏、胃部或脑部可能发生退行性改变。

轻度中毒病例可能仅限于轻度神经系统和胃肠道紊乱，并在几天内恢复。中度病例进一步影响中枢神经系统，神经症状和或功能紊乱的恢复可能会持续数周或数月。症状体征主要为：头晕、头痛、全身乏力、嗜睡、食欲减退、恶心、呕吐、口吃、发音不清、酒醉感、步态不稳、视物模糊、复视等。亦可有轻度肾损害。

重度中毒病例还涉及潜伏期和类似的初始症状，伴随着言语和步态的紊乱，不协调，可能发展为惊厥的震颤，精神障碍。症状体征主要为：头晕、头痛等症状加重；可发生脑水肿，出现昏迷、抽搐、甚至癫痫持续状态、中枢性呼吸衰竭；小脑性共济失调；精神症状如淡漠、谵妄、躁狂、幻觉、妄想、定向障碍、行为异常等。部分病例可有多发性周围神经病。亦可同时发生肺水肿；少数病例的神经系统症状较轻，而主要表现为肺水肿。部分病例可发生肾功能衰竭。

有报道90人接触148 mg/m^3的溴甲烷，2 w后31人出现症状，有食欲减退、恶心、呕吐、头痛、头晕、视力障碍、嗜睡及晕厥，无肺部损害。上述症状在血清溴离子12.51～18.75 mmol/L（10～15 mg/100 ml）时易于发生，正常人则为＜1.25 mmol/L（1 mg/100 ml）。如近期接触本品，血溴12.51 mmol/L（10 mg/ 100 ml）时可能有影响，18.75 mmol/L（15 mg/100 ml）时有中毒症状。但血溴量与中毒严重程度不完全平行。如食物、水或药物中含溴化物，血中浓度可达6.25 mmol/L（5 mg/100 ml），尤其服含溴药物，则血溴可更高。故测定血溴以估计接触量不很可靠。有人认为，患者血二氧化碳结合力可降低。

急性中毒根据接触史及临床表现等，确诊并不困难。早期检验血溴及二氧化碳结合力有参考价值。有时需与一氧化碳中毒、乙醇中毒、某些药物如士的宁中毒、中枢神经系统感染、癫痫、精神病等相鉴别。

5.2 慢性中毒

本品引起的慢性毒性通常限于中枢神经系统。车间中本品浓度在 9.4～47.3 mg/m^3(同时有甲醇 13.9 mg/m^3,硫酸 1.8 mg/m^3),平均接触 4.5～7.5 h/d,工龄 3 个月～7 年(多数在 2 年以下),部分工人中有明显神经衰弱综合征,主要表现为头晕、头痛、乏力、记忆力减退及性格改变。症状在开始时一般较轻,以后逐渐加重,个别工人以头晕和下肢软弱更为突出,并可同时出现视神经萎缩。

6. 风险评估

本品对水生生物毒性极大,其环境危害 GHS 分类为：危害水生环境—急性危害,类别 1。本品可破坏高层大气中的臭氧,危害公共健康和环境,其环境危害 GHS 分类为：危害臭氧层,类别 1。

我国职业接触限值规定：PC-TWA 为 2 mg/m^3。美国 ACGIH 规定：TLV-TWA 为 3.89 mg/m^3。OSHA 规定：STEL 为 80 mg/m^3。

碘 甲 烷

1. 理化性质

CAS 号：74-88-4	外观与性状：无色透明液体,见光变成棕色,有特臭
熔点/凝固点(℃)：−66.5	临界温度(℃)：254.8
沸点、初沸点和沸程(℃)：42.5	临界压力(MPa)：7.36
燃烧热(kJ/mol)：−813.8	易燃性：可燃
饱和蒸气压(kPa)：53.3 (25℃)	*n*-辛醇/水分配系数：1.51～1.69
相对密度(水=1)：2.3	溶解性：微溶于水;溶于乙醇、乙醚、四氯化碳
相对蒸气密度(空气=1)：4.9	

2. 用途与接触机会

普通人群可能会通过吸入环境空气或摄入食物(主要是海产品)而暴露于本品。职业性接触通过吸入和皮肤接触发生。

本品主要用于甲基化反应,在有机合成上作甲基化剂合成碘仿;可以用来进行碳、氧、氮、硫以及三价磷的甲基化。在医药工业用于碘甲基蛋氨酸(维生素 u)、镇痛药、解毒药磷敌等药物的生产;此外还用于显微镜检查,灭火剂等。

3. 毒代动力学

本品吸收后在体内的分布,以血液、甲状腺、肺和肾为最高,肝、脾和心次之,脑组织最少。经尿排泄为主,亦经粪排出。暴露后 12 d,尿中仍有大量的碘,故推测碘甲烷从体内排出较慢。

4. 毒性与中毒机理

4.1 急性毒作用

本品大鼠经口 LD_{50}：150～200 mg/kg;小鼠经口 LD_{50}：76 mg/kg;大鼠吸入致死浓度为 22 g/m^3(接触 15 min)。健康危害 GHS 分类为：急性毒性—经口,类别 3;急性毒性—经皮,类别 3;急性毒性—吸入,类别 2;皮肤腐蚀/刺激,类别 2;呼吸过敏-类别 1;皮肤过敏-类别 1;特异性靶器官毒性—一次接触,类别 3(呼吸道刺激)。

对神经系统,尤其对中枢神经系统有一定的抑制作用,对呼吸道及皮肤黏膜有刺激作用,且可引起肾脏损害。动物吸入本品蒸气后,首先出现抓鼻、闭眼、流涎、流涕等黏膜刺激表现;高浓度组出现侧卧、四肢无力、倦伏、呼吸困难,反射消失而死亡。未死的在 2～3 w 内恢复。死亡动物尸检有明显的肺郁血、出血或气肿,胃肠胀气、出血;豚鼠并有肾和肾上腺充血。观察期满再处死的动物大部分有脑膜充血和肺郁血。豚鼠内脏镜检见脑组织水肿,肝和肾小管细胞浊肿,肺有炎症细胞浸润。

4.2 中毒机理

大鼠经口服摄入碘甲烷后,本品在肝脏迅速转化为 S-甲基谷胱甘肽并在胆汁中被激活,其在肾脏匀浆降解为 S-甲基酪氨酸。皮下注射本品的大鼠其尿液中可检测到 S-甲基半胱氨酸,N-乙酰基-S-甲基半胱氨酸,S-甲基硫代乙酸和 N-(甲基硫代乙酰基)乙酸的尿液代谢物。

5. 人体健康危害

5.1 急性中毒

本品导致急性中毒的原因大多为反应过程中漏气或出料时未注意防护所致。中毒途径均为呼吸道侵入。症状于开始时常不严重，以头晕、头痛、酩酊感为主，但一般经 12～36 h 症状可逐渐加重或突然恶化。其临床表现大致可分为：

（1）神经系统　可有头痛、头晕、乏力、睡眠障碍、记忆力减退等，严重者有视力减退、复视、黄视、绿视、言语困难、表情淡漠、定向障碍，甚至发生幻觉、抽搐、瘫痪、昏迷。体检可见精神萎靡、神志模糊、瞳孔散大、腱反射亢进、手套袜子型感觉障碍、握力减小、手指震颤、步态蹒跚，闭目难立试验阳性、指鼻试验阳性等表现。严重者精神障碍可持续数周，且经治疗后可留有神经衰弱综合征，恢复较慢。国外报道 1 例，在发生神经系统症状后，一周内死亡，尿中碘定性阳性。

（2）代谢性酸中毒　部分中毒患者在临床症状不明显情况下已可有二氧化碳结合力轻度降低。但下降程度和中毒严重程度不一定呈明显平行关系，极少数患者的临床表现以代谢性酸中毒为主，是值得注意的。

（3）皮肤　被本品液体或其蒸气污染后，可有潮红、水肿、局部烧灼麻木感，并伴有丘疹、水疱形成，经处理后，1 周内可消退、脱屑，无色素沉着。

（4）其他　患者可有恶心、呕吐、四肢酸痛、胸闷等。

轻度和中度中毒经治疗后症状可消失，一般无后遗症。重度中毒经治疗后，恢复较慢，头晕、头痛持续时间较长，个别患者记忆力减退持可续较久时间。

5.2 慢性中毒

本品导致的慢性中毒尚未见报道。但长期或反复接触可能对中枢神经系统产生影响；长期接触的工人，可有不同程度的神经衰弱症状，应进一步注意。

6. 风险评估

本品对水生物有毒，且有长期影响，其环境危害 GHS 分类为，危害水生环境—急性危害，类别 2；危害水生环境—长期危害，类别 3。

我国职业接触限值规定：PC－TWA 为 10 mg/m^3。

美国 ACGIH 规定：TLV－TWA 为 12 mg/m^3；NIOSH 规定：8 h－TWA 为 10 mg/m^3；OSHA 规定：8 h－TWA 为 28 mg/m^3。

二碘甲烷

1. 理化性质

CAS 号：75－11－6	外观与性状：无色澄清至淡黄色液体
熔点/凝固点(℃)：5～6	临界压力(MPa)：5.47
沸点、初沸点和沸程(℃)：181(分解)	易燃性：可燃、助燃
闪点(℃)：110(闭杯)	*n*-辛醇/水分配系数：2.3
燃烧热(kJ/mol)：－745.7	溶解性：不溶于水；溶于乙醇、乙醚、苯、氯仿等多数有机溶剂
相对密度(水＝1)：3.32	相对蒸气密度(空气＝1)：9.25

2. 用途与接触机会

本品是有机合成原料、化学试剂和药品中间体，可用于制造 X 光造影剂，测定矿物密度和折射率，以及分离矿物等。本品是一种亚甲基转移试剂，可以与不同的金属或者烷基金属反应，与烯烃发生环丙烷化反应，也可以与羰基发生亚甲基化反应。

职业性接触通过吸入和皮肤接触发生。

3. 毒性

本品大鼠经口 LD_{50}：403 mg/kg；大鼠经皮 LD_{50}：830 mg/kg。大鼠腹腔注射血中可产生碳氧血红蛋白。本品对皮肤、眼睛、上呼吸道有刺激性。其健康危害 GHS 分类为：皮肤腐蚀/刺激，类别 2；严重眼损伤/眼刺激，类别 2A；特异性靶器官毒性——一次接触，类别 3(呼吸道刺激)。

4. 人体健康危害

一次接触本品可能造成呼吸道刺激，高浓度时有麻醉和刺激作用，较二溴甲烷的麻醉性弱。吸入本品后可引起头痛、呼吸困难。

二 氯 甲 烷

1. 理化性质

CAS号：75-09-2	外观与性状：无色透明易挥发的液体，有芳香气味
熔点/凝固点(℃)：−95	临界温度(℃)：237
沸点、初沸点和沸程(℃)：39.75	临界压力(MPa)：6.35
闪点(℃)：−4	自燃温度(℃)：556
爆炸上限[%(V/V)]：22	爆炸下限[%(V/V)]：14
燃烧热(kJ/mol)：−604.9	易燃性：易燃
饱和蒸气压(kPa)：46.5(20℃)	*n*-辛醇/水分配系数：1.25
相对密度(水=1)：1.33	溶解性：微溶于水；溶于乙醇、乙醚、四氯化碳
相对蒸气密度(空气=1)：2.93	

2. 用途与接触机会

本品主要用于代替石油醚或乙醚，作为油脂的萃取剂。也用作纤维素酯、树脂和橡胶的溶剂，还用作冷冻剂和灭火剂，其水溶液有防腐作用。主要用作工业溶剂和脱漆剂，存在于一些气雾剂和汽车维修产品中，也可用于软质聚氨酯泡沫的发泡剂、制造照相胶片。此外，本品还可用于制造类固醇、抗生素、维生素和片剂涂层的加工溶剂，香料油树脂，啤酒花和咖啡因的提取溶剂，以及谷物熏蒸剂。职业人群主要接触途径是吸入含有二氯甲烷的产品蒸气。

3. 毒代动力学

本品主要经肺吸收，经消化道吸收也较快，也可通过人体皮肤吸收，吸收的量取决于身体的体重和脂肪含量。在达到稳定状态之前，由于体力活动的增加，通气速率和心输出量增加，可促进肺组织二氯甲烷的吸收。

吸收后大部分以原形经肺排出，仅小部分在体内经去卤转化。动物实验发现在恒定浓度下吸入1～1.5 h后血液中二氯甲烷达到饱和。37℃时，本品的血/气分配系数约为8～10；脂/气分配系数约为150～160。各器官内的分布几乎相同。在低浓度下(1.74～3.48 g/m^3)大鼠吸入1 h后可滞留30.7%，人吸入3 h后可滞留40.6%。根据对人的观察，肺泡气到呼出气的半排出期<2 min；血液到肺泡气约5 min；体液到血液约1 h；体脂肪到体液约7 h。

本品在体内转化为一氧化碳而使血中碳氧血红蛋白含量增高。由本品所致的碳氧血红蛋白的生物半减期比之由一氧化碳所致的碳氧血红蛋白长2倍，这是由于本品在体内经生物转化不断地释出一氧化碳之故。

本品在体内无蓄积，主要经呼吸道及肾排泄。它也可以穿过血脑屏障并转移穿过胎盘，少量从乳汁中排泄。测定呼出气、血液及尿中本品浓度，或测定非吸烟者接触本品后血中碳氧血红蛋白浓度和(或)肺泡气中一氧化碳浓度可望作为生物监测指标。

4. 毒性与中毒机理

4.1 急慢性毒作用

本品健康危害GHS分类为：皮肤腐蚀/刺激，类别2；严重眼损伤/眼刺激，类别2A；致癌性，类别2；特异性靶器官毒性——次接触，类别1；特异性靶器官毒性——次接触，类别3(麻醉效应)；特异性靶器官毒性—反复接触，类别1。

本品大鼠经口LD_{50}：>2 000 mg/kg；大鼠经皮LD_{50}：>2 000 mg/kg；大鼠吸入LC_{50}：88 mg/(L·30 min)。本品是四种氯代甲烷中毒性最小的一种。主要毒作用是造成组织坏死，对中枢神经系统具麻醉作用，其作用小于氯仿3.5倍。吸入致死浓度可发生呼吸和循环中枢麻痹。高浓度对呼吸道的刺激作用比氯仿强；可引起肺水肿。

本品对肝和肾的毒性，是氯甲烷衍生物中较小的一种，未见中毒性肾病发生，对肝的毒性作用也较轻微。但须指出，极少使用纯的本品，常因与其他化学物混合而具有肝毒作用。本品的麻醉作用虽低于氯仿，但其麻醉浓度和致死浓度间相距甚近。

Ames试验(Salmonella typhimurium TA 98和TA100)，本品呈阳性反应。大鼠反复吸入1 896 mg/m^3、5 687 mg/m^3或13 270 mg/m^3二氯甲烷6个月，骨髓细胞畸变率未见增加。妊娠第6～15 d的大鼠和小鼠吸入4 645 mg/m^3本品7 h/d，未

导致畸胎发生。大鼠在怀孕前 3 w 内及怀孕期 17 d 中，持续吸入 17 062 mg/m^3 本品也无致畸作用。如吸入本品后，血中碳氧血红蛋白含量达 7%～10%，胎儿体重降低，母鼠肝重增加。本品的 IARC 致癌性分类为 2A，对人类很可能是致癌物。

4.2 中毒机理

本品诱导大鼠乳腺腺瘤的发病率增加可能是由于血液中催乳素水平增高而引起的间接结果。另外本品浓度的增加可能降低人血红蛋白的氧亲和力，本品可在四个不同位点与血红蛋白弱结合，但仅与一个位点结合导致血红蛋白的氧亲和力下降。

5. 人体健康危害

本品能使皮肤脱脂、干燥、脱屑和皲裂，对眼和上呼吸道有刺激作用，造成剧痛、结膜炎和化学性支气管炎，严重者可引起肺水肿。人的经口致死量为 100～150 ml，20～50 ml 引起轻度中毒。

二氯甲烷主要作用于中枢神经系统，暴露水平较低时，出现醉行、头痛、头晕、乏力、烦躁和恶心，而暴露于较高水平会导致眩晕、头痛、呕吐，以及眼和上呼吸道黏膜刺激症状，严重者可出现昏迷等深度麻醉症状，如迅速移离现场，可完全恢复正常。长期接触主要表现为无力、头痛、眩晕、食欲消失、动作迟钝、嗜眠，常可因"酩酊"感而造成判断能力的下降。本品刺激皮肤和眼睛，长时间接触可能会导致化学灼伤。

6. 风险评估

我国职业接触限值规定：PC - TWA 为 200 mg/m^3。美国 ACGIH 规定：TLV - TWA 为 174 mg/m^3；OSHA 规定：8 h - TWA 为 95 mg/m^3；15 min - STEL 为 474 mg/m^3。

二 溴 甲 烷

1. 理化性质

CAS 号：74 - 95 - 3	外观与性状：无色透明液体
熔点/凝固点(℃)：−52.5	临界温度(℃)：309.8
沸点、初沸点和沸程(℃)：97	临界压力(MPa)：7.15
饱和蒸气压(kPa)：5(20 ℃)	易燃性：不易燃烧
密度(g/cm^3)：2.496 9(20 ℃)	n-辛醇/水分配系数：1.70
相对密度(水＝1)：2.48	溶解性：微溶于水；可混溶于乙醇、乙醚、丙酮、氯仿
相对蒸气密度(空气＝1)：6.05	

2. 用途与接触机会

本品常用作有机合成溶剂和化学中间体。还作为有机合成原料，可作溶剂、制冷剂、阻燃剂和抗爆剂组分；在医药上用作消毒剂和镇静剂；还用于农药腈菌唑和其他有机合成等。职业人群可能在生产或使用二溴甲烷的工作场所通过吸入和皮肤接触本品。

3. 毒代动力学

本品不易被吸收，与大多数二卤代烃相似，均经生物转化最终产生一氧化碳。大鼠经腹腔注射 520 mg/kg 后 5 h，可形成 14%碳氧血红蛋白。离体研究发现：在微粒体酶和还原型辅酶Ⅱ存在下，本品与氧作用形成一氧化碳和溴离子。卤化甲烷，特别是溴化的同系物，包括二溴甲烷和三溴甲烷，在体外通过细胞色素 p450 富集的单氧酶肝脏系统进行生化分解。二卤甲烷的生物转化导致脱卤，最终产物是一氧化碳，甲酰卤化物为中间体，可以与细胞蛋白或脂质共价结合。测定血中碳氧血红蛋白和溴可作为接触指标。

4. 毒性

本品毒性作用在许多方面与溴仿相似，但比二氯甲烷和氯溴甲烷毒性大。本品口服急性毒性较低，本品大鼠经口 LD_{50}：＞4 000 mg/kg；家兔经皮 LD_{50}：＞4 g/kg；大鼠吸入 LC_{50}：40 mg/(m^3 · 2 h)。大鼠吸入 17～20 g/m^3 可引起中枢神经系统症状。兔在 73 d 内，反复吸入 7 g/m^3 本品，共 54 次，未见异常，但尸检发现肝、肾有退行性病变。大鼠比兔敏感。微生物诱变检测呈弱阳性。尚未见致畸或致癌报道。

5. 人体健康危害

本品蒸气具有麻醉性，并可能导致心律不齐。反复接触可造成肝、肾损伤，并产生嗜中性粒细胞增多症，伴有淋巴细胞增多和维生素C缺乏症。

6. 风险评估

本品对环境有害，且有长期持续影响，其环境危害GHS分类为：危害水生环境—长期危害，类别3。

三 氯 甲 烷

1. 理化性质

CAS号：67-66-3	外观与性状：透明无色重质液体，极易挥发，有特殊气味
熔点/凝固点(℃)：−63.47	临界温度(℃)：263.2
沸点、初沸点和沸程(℃)：61.12	临界压力(MPa)：5.47
饱和蒸气压(kPa)：21.2(20℃)	易燃性：不易燃烧
相对密度(水=1)：1.5	*n*-辛醇/水分配系数：1.97
相对蒸气密度(空气=1)：4.12	溶解性：不溶于水；溶于乙醇、乙醚、苯、石油醚等

2. 用途与接触机会

又名氯仿，可存在于饮水和大气中。饮水中的氯仿大部分是经过有机物氯化而形成。大气中的氯仿部分是由于三氯乙烯在光化作用下降解而成。一般人群可能通过吸入环境空气、摄入食物和饮用水以及皮肤接触该化合物或其他含有氯仿的产品而暴露。

主要用途是生产氟氯烃-22(HCFC-22)，其占欧盟使用量的90%～95%。HCFC-22用于家用空调或大型超市冷冻机的制冷剂以及生产含氟聚合物，如聚四氟乙烯(PTFE)。虽然HCFC-22在制冷剂应用中正在减少，但HCFC-22作为原料制造含氟聚合物(如聚四氟乙烯)的使用量增加意味着对三氯甲烷的需求保持相对稳定，它还被用作脂类、树脂、橡胶、油漆、磷和碘的溶剂和萃取剂，并用于合成纤维、塑料、杀虫剂、干洗剂、地板蜡的制造等。其也被用作灭火器中的传热介质，以及制备染料和杀虫剂的中间体。氯仿曾用作麻醉剂，由于它对肝脏和心脏的损害，目前作为麻醉剂的使用已经停止。在某些牙科手术中，三氯甲烷仍然用作局部麻醉剂和溶剂。职业性接触通过吸入和皮肤接触发生。

3. 毒代动力学

本品能迅速从肺部吸收并广泛分布到全身，也可经消化道或无损的皮肤吸收。动物暴露在73.35 g/m³浓度下，血中氯仿含量迅速升高，动脉血中含量大于静脉血。器官和脂肪中的含量又大于血中的2～3倍。氯仿的血/气分配系数约为10～12，脂/气分配系数约为400～425。

本品吸入后大部分以原形及二氧化碳形式从肺排出，30%～50%的氯仿在15 min内排出，但完全排尽需相当长时间。部分氯仿可进入乳汁，并能通过胎盘进入胎儿体内。一小部分氯仿在体内分解。用^{14}C标记的氯仿实验表明，^{14}C与肝和肾组织共价结合。氯仿在体内生物转化的最初产物是三氯甲醇，它可能进一步脱氯形成光气。中间产物还可能有二氯甲烷、一氯甲烷和甲醛。

4. 毒性与中毒机理

本品健康危害GHS分类为：急性毒性—吸入，类别3；皮肤腐蚀/刺激，类别2；严重眼损伤/眼刺激，类别2；致癌性，类别2；生殖毒性，类别2；特异性靶器官毒性—反复接触，类别1。

4.1 急性毒作用

本品大鼠经口LD_{50}：450～2 000 mg/kg；家兔经皮LD_{50}> 3 980 mg/kg；大鼠吸入LC_{50}：9.2 mg/L/6 h。主要作用于中枢神经系统，具麻醉作用，并可造成肝、心、肾损害。

4.2 慢性毒作用

慢性毒性实验报道不多。大鼠、豚鼠和狗吸入11 mg/m³氯仿，7 h/d，每周5 d，共6个月，有肝和肾组织病理学改变。表现为肝小叶中央带脂肪浸润和坏死，伴有血清酶改变和肾曲小管上皮细胞变性，有蛋白尿和糖尿发生。小鼠每天短时间反复吸入5 mg/m³，可致肝脏严重损害。而给子兔吸入9 000 mg/m³，吸入7 h/d，2～4 d死亡。猫吸入同上浓度17 d，出现消瘦和呕吐。

4.3 远期毒作用

本品具有高的胚胎毒性和轻度致畸性。Sprague-Dawley大鼠于妊娠6～15 d期间，7 h/d，吸入160 mg/m³、533 mg/m³和1 599 mg/m³氯仿。

1 599 mg/m³组有胚胎着床率降低，胚胎吸收率增加，发育迟缓和仔鼠体重降低，533 mg/m³组有胚胎发育迟缓和少数缺尾无肛门畸形；160 mg/m³组胎鼠发育迟缓和体重降低。实验结果显示氯仿具高度胚胎毒性而不是一种高度致畸剂。CF－1小鼠吸入533 mg/m³氯仿的致畸实验同样表现为受孕率降低，但无明显致畸性。用中国仓鼠肺纤维母细胞培养检测氯仿的致突变性为阴性。

IARC致癌性分类为2B，本品为可能的人类致癌物。

4.4 中毒机理

高浓度致死量氯仿能使肝脏坏死、发生急性黄色或红色肝萎缩。肝细胞坏死主要发生在肝小叶的中心区，同时可见肝细胞脂肪浸润病变。其他如肾、心也可发生坏死和脂肪性变。研究表现：三氯甲烷通过细胞色素P450依赖性途径在人和动物中被代谢。在有氧(氧化代谢)情况下，主要产物是三氯甲醇，其脱氯化氢形成光气(CCl_2O)；在缺氧(还原代谢)情况下，主要代谢产物是二氯甲基自由基。几乎所有身体组织都能够代谢三氯甲烷，但在肝脏、肾皮质和鼻黏膜中新陈代谢速度最快。

5. 人体健康危害

急性中毒初期，患者颜面和体表有温度升高感，兴奋激动，欣快感，呼吸浅表，在数分钟内进入麻醉状态，反射消失，严重者可发生呼吸麻痹、心室颤动和心力衰竭。迟发症状有肝、肾功能损害。氯仿对皮肤有刺激作用，先呈烧灼感。继后发生红斑、水肿、起泡。和其他脂肪性溶剂一样，氯仿也可引起皮肤干燥、皲裂，但无永久性损害。

长期接触氯仿，主要引起肝脏损害。此外，可有消化不良、乏力、头痛、失眠等症状。少数病员有肾脏损害。也可引起嗜氯仿癖。工人接触0.11～0.35 g/m³氯仿1～2年，未见肝功能损害。饮酒可增加氯仿的肝毒性。

6. 风险评估

我国职业接触限值规定：PC－TWA为20 mg/m³。美国ACGIH规定：TLV－TWA为48.9 mg/m³；NIOSH规定：60 min－STEL为：9.78 mg/m³；OSHA规定：STEL为240 mg/m³。

三溴甲烷

1. 理化性质

CAS号：75－25－2	外观与性状：无色重质液体，有似氯仿气味
熔点/凝固点(℃)：6～9	临界压力(MPa)：6.09
沸点、初沸点和沸程(℃)：149.2	易燃性：不燃，受高热分解
饱和蒸气压(kPa)：0.75(25℃)	n-辛醇/水分配系数：2.38
相对密度(水＝1)：2.89	溶解性：微溶于水；溶于乙醇、乙醚和苯
相对蒸气密度(空气＝1)：8.7	

2. 用途与接触机会

又名溴仿，本品主要用作有机合成的中间体和消毒防腐剂。本品可用作染料中间体、消毒剂、镇痛剂、麻醉剂、制冷剂、选矿剂、沉淀剂、溶剂和抗爆液组分等，也用作折射率液和比重液。

职业性接触通过吸入和皮肤接触发生。

3. 毒性

本品大鼠经口LD_{50}：933 mg/kg。主要抑制中枢神经系统，具麻醉作用。健康危害GHS分类为：急性毒性—吸入，类别3；皮肤腐蚀/刺激，类别2；严重眼损伤/眼刺激，类别2。

溴仿的空气饱和浓度为72.4 g/m³。有报道使狗接触580 g/m³，8 min，出现麻醉症状，1 h死亡。大鼠(雄性)经口LD_{50}为2.5 g/kg；小鼠经口LD_{50}为1.4 g/kg(雄性)和1.55 g/kg(雌性)。未稀释的溴仿对兔眼有中等刺激性，皮肤反复接触有中度刺激反应。兔吸入2.5 g/m³溴仿，共10 d，发现有中枢神经系统、肝和肾功能性改变。Ames试验本品属阳性致突变剂。IARC致癌性分类为G3，对人及动物致癌性证据不足。

4. 人体健康危害

本品刺激眼睛、皮肤和呼吸道。人体吸入低浓度可引起流泪、流涎、咽喉发痒、脸部发红。蒸气可能对中枢神经系统和肝有影响，导致功能损伤。对皮肤的作用弱于氯仿，反复或长期与皮肤接触可能引起皮炎。

急性中毒以神经系统、呼吸系统两个主要靶器官的临床表现最为突出。轻度中毒有流泪、咽痒、头晕、头痛、无力。严重者可有恶心、呕吐、昏迷、抽搐等，可致死。除神经、呼吸系统的临床表现外，肾脏损害较常见，轻者尿中可见有蛋白、管型及红、白细胞，严重者可发生肾功能衰竭，亦可死于尿毒症；肝脏损害亦较常见；个别病例出现心肌损害，重病例亦可发生周围循环衰竭。潜伏期 2 min 至 48 h，多为 4～6 h，个别达 5 d。因此，接触反应者至少观察 48 h。

5. 风险评估

本品对水生生物有毒并具有长期持续影响，其环境危害 GHS 分类为：危害水生环境—急性危害，类别 2；危害水生环境—长期危害，类别 2。

美国 ACGIH 规定：TLV - TWA 为 5 mg/m^3；NIOSH 和 OSHA 皆规定：8 h - TWA 为 5 mg/m^3，5 mg/m^3。

三 碘 甲 烷

1. 理化性质

CAS 号：75 - 47 - 8	外观与性状：黄色晶体或粉末，有特殊气味
熔点/凝固点(℃)：119	易燃性：不燃
沸点、初沸点和沸程(℃)：218	*n*-辛醇/水分配系数：3.03
闪点(℃)：129	溶解性：难溶于水；溶于乙醇、乙醚、丙酮
相对蒸气密度(空气＝1)：13.6	相对密度(水＝1)：4.01

2. 用途与接触机会

又名碘仿，用作化学中间体。医药上曾用作消毒剂和防腐剂。职业性接触通过吸入和皮肤接触发生。

3. 毒性

本品大鼠经口 LD_{50}：355 mg/kg；大鼠经皮 LD_{50}：1 184 mg/kg；大鼠吸入 LC_{50}：2 900 mg/m^3，7 h。健康危害 GHS 分类为：严重眼损伤/眼刺激，类别 2；特异性靶器官毒性——一次接触，类别 3(麻醉效应)。经人体吸收后，可造成中枢神经系统抑制及心、肝、肾的损害。引起肝脏组织学损伤的剂量为 504 mg/kg；232 mg/kg 引起苯巴比妥睡眠时间改变。

4. 人体健康危害

4%～6%碘仿溶液浸泡的纱布可用于伤口包扎。少数人用后可产生皮炎。大面积长时间应用，可吸收中毒。久置于日光下，可渐被空气氧化生成二氧化碳、碘与水。遇碱类、氧化剂、醋酸铅、银盐与汞盐即分解。作为药用时，人体吸收大量碘仿，能造成中枢神经系统抑制及心、肝、肾的损害。轻度中毒表现不安和头痛。较重者则抑制，言语错乱，记忆力减退，谵妄，发作性躁狂，软弱，脉搏快而不规则。病理检查可见肝、心和肾脏脂肪变性。皮肤长期接触可致湿疹。

5. 风险评估

本品对水生生物有毒并具有长期持续影响，其环境危害 GHS 分类为：危害水生环境—急性危害，类别 2；危害水生环境—长期危害，类别 2。

我国职业接触限值规定：PC - TWA 为 10 mg/m^3。美国 ACGIH 规定：TLV - TWA 为 10 mg/m^3；NIOSH 规定：8 h - TWA 为 10 mg/m^3。

四 氯 化 碳

1. 理化性质

CAS 号：56 - 23 - 5	外观与性状：无色透明液体，易挥发，微甜，芳香气味
熔点/凝固点(℃)：−22.2	临界温度(℃)：283.15
沸点、初沸点和沸程(℃)：76.7	临界压力(MPa)：4.56
燃烧热(kJ/mol)：258.24(25℃液体)	易燃性：不燃
饱和蒸气压(kPa)：13.33(23℃)	*n*-辛醇/水分配系数：2.83
密度(g/cm^3)：1.594(20 ℃/4 ℃)	溶解性：微溶于水；易溶于多数有机溶剂
相对密度(水＝1)：1.594	相对蒸气密度(空气＝1)：5.3

2. 用途与接触机会

本品主要用于制造二氯二氟甲烷和三氯氟甲烷，用来合成氟里昂、尼龙7、尼龙9的单体，还可用于制造氯仿和药物，生产肥皂香水和杀虫剂等。本品曾广泛用作溶剂、灭火剂、有机物的氯化剂、香料的浸出剂、纤维的脱脂剂、粮食的蒸煮剂、药物的萃取剂、有机溶剂、织物的干洗剂，但是由于毒性及破坏臭氧层的关系现甚少使用并被限制生产，很多用途也被二氯甲烷等所替代。

职业人群可能通过吸入途径接触本品。

3. 毒代动力学

3.1 吸收、摄入与贮存

本品可经呼吸、消化、皮肤三个主要途径吸收。肺的吸收率随着吸入时间的延长而下降，此与本品的低水溶性有关。其在血液中的浓度与在肺泡气中的浓度之比（分配系数）为3.6～5.2（20℃）和1.8～2.5（37℃）。本品蒸气和液体均可经皮肤吸收，有人以^{14}C标记的本品作实验，发现皮肤接触蒸气7.23 g/m^{3}后，血中^{14}C浓度仅相当于吸入0.29 g/m^{3}本品的水平。口服的第1 h内，剂量的34.7%从肠道吸收，胃内吸收较少。乙醇可以促进本品的吸收，并能起增毒作用。

3.2 转运与分布

本品在体内代谢较迅速，吸入后48 h即不能在血中查出。它在体内的分布较广泛。接触高浓度后，一般在组织中的含量比血液中高。脑、肺、心、肾和脾中含量最多，肝、肌肉和皮肤次之（豚鼠）。也有报告给狗口服本品后，以骨髓中含量最高，约为脑、脾和肝的5倍。又有以^{14}C标记的本品289 mg/m^{3}给猴吸入，研究其在体内的吸收和分布，发现吸收率为1.34 mg/(kg·h)。分布比例（以血中含量为1）：脂肪组织为7.86，肝3.0，骨髓2.97，骨、肺、肌肉、脾、心、肾和脑0.14～0.96。

3.3 排泄

肺脏是主要的排出途径，吸收量的50%以原形从肺排出，少量从尿和粪排出。20%在体内氧化，部分代谢为二氧化碳而排出。组织中的本品排出缓慢，这可能是反复少量吸入本品引起中毒反应的原因。用$^{14}CCl_4$作动物实验研究其排泄，除在尿素及尿的碳酸盐中发现少量^{14}C外，大部分^{14}C存在于一种尚不明其性质的代谢产物中。在试管中，当本品加入到小鼠的肝、心、肾、肺、脑和骨骼肌匀浆中，能得到少量氯仿，该作者在给狗吸入实验中，也曾在狗的呼出气中测得少量氯仿。

4. 毒性与中毒机理

本品健康危害GHS分类为急性毒性—经口，类别3；急性毒性—经皮，类别3；急性毒性—吸入，类别3；致癌性，类别2；特异性靶器官毒性—反复接触，类别1。

4.1 急性毒作用

大鼠经口LD_{50}：2 350 mg/kg；大鼠经皮LD_{50}：5 070 mg/kg；大鼠吸入LC_{50}：54 936 mg/(m^3·4 h)。本品急性吸入最初表现有黏膜刺激症状，继后出现神经系统症状。其麻醉作用较氯仿发展为慢，但消退也较慢，后作用较氯仿显著。本品的毒性靶器官主要是肝脏和肾脏，其对肝脏的损害发生较早，肾脏的病变发展较慢。

大鼠一次吸入，存活的最大时间—浓度为75.48 g/(m^3·15 min)；2.89 g/(m^3·1.5 h)；1.88 g/(m^3·8 h)。无不良反应的最大时间-浓度为5.03 g/(m^3·6 min)；1.88 g/(m^3·30 min)；0.31 g/(m^3·7 h)。各种动物急性实验表明，兔和豚鼠对本品的耐受性大于大鼠。对本品的肾毒作用动物比人耐受性高。纯本品原液对小鼠的LD_{50}为12.8 g/kg，而溶解于油或脂肪中的本品对小鼠的LD_{50}为13.59 g/kg，油或脂肪似有延缓吸收的作用，但它们并不降低本品的肝毒作用。本品接触火焰或高热物质表面可形成光气等有毒物质，毒性大为增加。有报道在此条件下，大鼠吸入15 min，致死浓度从原来的180.02 g/m^{3}降至2.01 g/m^3。死亡动物有明显的肺水肿病变。

人口服本品数毫升即可发生中毒。国外曾有口服29.5 ml而死亡的病例报告，死者发生呕血、支气管炎、肺炎、肝脏和肾脏损害。

4.2 慢性毒作用

长期低剂量接触本品主要损害肝和肾。豚鼠对本品极为敏感，中毒动物常死于肺炎。猫较不敏感，在浓度15 g/m^{3}下，吸入8 h/(d·3 w)，尚能耐受。猴的耐受力也大于小动物，在0.16 g/m^{3}下，吸入7 h/d，经半年而无中毒现象。饲料中缺乏蛋白质可提高动物的感受性，尤其是高脂肪低蛋白情况下，特别易感。

4.3 远期毒作用

本品的IARC致癌性分类为2B，对人类可能是致癌物。给予妊娠第6～15 d大鼠吸入2.08 g/m³或6.29 g/m³四氯化碳，7 h/d，仔鼠体重及身长均低于对照组，但无畸形发现。大鼠三代致畸测试，吸入0.31 g/m³或2.52 g/m³，也未发现致畸作用，故认为本品具胚胎毒，无致畸作用。根据现有数据，四氯化碳可被视为无遗传毒性的化合物。

5. 人体健康危害

5.1 急性中毒

本品的嗅觉阈约为0.5 g/cm³。吸入大量极高浓度本品，因中枢神经系统受抑制，可立即有意识不清、抽搐、昏迷或迅速死亡。心室颤动和呼吸中枢衰竭常为猝死的原因。病程较长者，则常由于肝、肾功能的严重损害而死亡。

一般吸入较高浓度的本品，最初出现鼻、眼、咽喉和呼吸道黏膜刺激症状，脱离接触后数小时即可减轻。随后可出现中枢神经系统抑制和胃肠道刺激等症状，表现为头痛、头晕、抑郁、精神恍惚、步态蹒跚、恶心、呕吐、腹痛和腹泻，继之可出现肝和肾损害、食欲明显减退、发热、右季肋部疼痛、肝肿大伴有压痛、黄疸和肝功能异常。严重者发生急性肝坏死、肝昏迷和肝肾综合征。部分病例可以急性肾功能衰竭为主要表现：少尿、无尿，进而呈现尿毒症。吸入中毒者有时可引起肺水肿。口服中毒则肝脏损害较显著。少数病例尚可有末梢神经炎，球后视神经炎的表现。

本品中毒急性期的病理变化以肝和肾最为显著。肝脏有广泛的局灶性坏死，以肝小叶中央区最为明显。在中央静脉附近，许多肝细胞发生肿胀、坏死，它的病变发展次序一般为：① 肝细胞脂肪变性和中心性肝细胞坏死；② 肝小叶中央区出血和急性炎症细胞浸润；③ 坏死区组织细胞浸润；④ 肝小叶中央萎缩；⑤ 肝细胞再生。以上病变常可有交叉并存的现象。肾脏病变以肾小管上皮细胞肿胀、坏死为突出。肾脏的过滤和分泌功能都能遭到破坏。其他可有肺炎、肺水肿、间质性心肌炎等病变存在。

5.2 慢性中毒

本品慢性中毒常表现为进行性的神经衰弱综合征，如头昏、眩晕、倦怠无力、记忆力减退、胃肠功能紊乱等症状。常伴有肝、肾损害，严重者可发展到肝硬化。肾脏受损害时有蛋白尿、血尿和管型尿出现，酚磺肽试验排泄减少。慢性中毒的病理变化可以发生门脉性肝硬化。少数病例报告认为肝肿瘤的发生与本品引起肝硬化有关。

本品对皮肤有脱脂干燥作用，可引起接触性皮炎。长期接触，皮肤因脱脂而干燥、脱屑和皲裂。对黏膜有刺激作用，眼接触引起暂时性的刺激感，不引起严重损害，但中毒患者可有视觉损害。

6. 风险评估

本品对环境有害，且具有长期持续影响，其环境危害GHS分类为：危害水生环境—长期危害，类别3；本品可破坏高层大气中的臭氧，危害公共健康和环境，其环境危害GHS分类为：危害臭氧层，类别1。

我国职业接触限值规定：PC-TWA为15 mg/m³，PC-STEL为25 mg/m³（经皮）。美国ACGIH规定：TLV-TWA为31.5 mg/m³，TLV-STEL为63 mg/m³；NIOSH规定：60 min-STEL为12.6 mg/m³；OSHA规定：8 h-TWA为69 mg/m³；STEL为172 mg/m³。

四溴化碳

1. 理化性质

CAS号：558-13-4	外观与性状：白色固体
熔点/凝固点(℃)：90.1	易燃性：不燃
沸点、初沸点和沸程(℃)：189.5	n-辛醇/水分配系数：3.42
饱和蒸气压(kPa)：5.32(96.3℃)	溶解性：不溶于水；溶于乙醇、乙醚和氯仿
相对蒸气密度(空气=1)：11.6	相对密度(水=1)：3.42

2. 用途与接触机会

本品主要用于有机合成。用于制造医药（麻醉剂）、制冷剂，可作农药原料、染料中间体、分析化学试剂，用于合成季铵类化合物。

职业性接触通过吸入和皮肤接触发生。

3. 毒代动力学

本品可经呼吸道、皮肤、消化道吸收。主要靶器官为呼吸系统、中枢神经系统、肝、肾。本品在体内经水解或代谢形成溴离子；离体条件下，可转化生成一氧化碳，但在整体实验中此过程未经证实。

4. 毒性

本品大鼠经口 LD_{50} 为 1.8 g/kg。大鼠吸入 0.01—1 g/m^3，4 h/d，4 个月，造成肝代谢障碍。高于此浓度则引起生长不良和肝脏脂肪性退行性变。本品急性高浓度对眼和上呼吸道刺激性强，可引起角膜永久性损害，并损害肺、肝和肾。慢性低浓度中毒以肝脏损害为主。对皮肤刺激较轻。

健康危害 GHS 分类为：皮肤腐蚀/刺激，类别 2；严重眼损伤/眼刺激，类别 1；特异性靶器官毒性——一次接触，类别 1；特异性靶器官毒性——一次接触，类别 3(麻醉效应)；特异性靶器官毒性—反复接触，类别 1。

5. 人体健康危害

本品对眼和上呼吸道刺激性强，患者有流泪、咳嗽、咽痛，并可造成角膜溃疡。吸入高浓度可导致支气管炎、肺炎和肺水肿，可引起角膜永久性损害，也可伴有肝、肾损害。在低浓度时有明显的催泪作用，可借以报警。

6. 风险评估

我国职业接触限值规定：PC-TWA 为 1.5 mg/m^3；PC-STEL 为 4 mg/m^3。美国 ACGIH 规定：TLV-TWA 为 1.4 mg/m^3，TLV-STEL 为 4.1 mg/m^3；NIOSH 规定：8 h-TWA 为 1.4 mg/m^3；15 min-STEL 为：4 mg/m^3。

氯溴甲烷

1. 理化性质

CAS 号：74-97-5	外观与性状：透明无色液体，有类似氯仿的特殊气味
熔点/凝固点(℃)：−87.9	临界温度(℃)：297
沸点、初沸点和沸程(℃)：68.0	临界压力(MPa)：6.08
饱和蒸气压(kPa)：15.3(20 ℃)	易燃性：不燃
密度(g/cm^3)：1.934 4(20℃)	气味阈值(mg/m^3)：2 100
相对密度(水=1)：1.93	*n*-辛醇/水分配系数：1.41
相对蒸气密度(空气=1)：4.46	溶解性：不溶于水；溶于乙醇、乙醚、苯、丙酮与四氯化碳等多数有机溶剂

2. 用途与接触机会

本品的主要用途是用作小型灭火剂。也可用作防爆剂、溶剂，有时用作有机化学合成的中间体，用于生产多溴代芳族化合物和聚合物。

职业性接触通过吸入和皮肤接触发生。

3. 毒代动力学

本品通过吸入和皮肤吸收。本品吸收后，有部分分解为无机溴盐，每日重复染毒，溴可在血中蓄积。尿中溴化物在每天染毒时增加，不染毒时即下降。有机溴化物不蓄积在组织中。生物监测可考虑测定血清和尿液中的无机溴化物。

4. 毒性

本品大鼠经口 LD_{50}：5 000 mg/kg。健康危害 GHS 分类为：皮肤腐蚀/刺激，类别 2；特异性靶器官毒性——一次接触，类别 3(麻醉效应)。

高浓度为麻醉剂，后作用颇大。对皮肤有去脂作用，对眼有轻度刺激。本品原液敷贴动物皮肤可引起灼伤，滴入兔眼，引起角膜一时性刺激和结膜肿胀。

5. 人体健康危害

人皮肤接触液状氯溴甲烷，引起刺痛感，继续接触可引起皮炎。吸入蒸气，能引起中枢神经系统的抑制。本品也可能导致短暂的角膜上皮损伤，对黏膜、上呼吸道、眼睛和皮肤组织具有一定损害。

6. 风险评估

我国尚未对本品的接触限值作出规定。美国 ACGIH 规定：TLV-TWA 为 1 050 mg/m^3；NIOSH 和 OSHA 皆规定：8 h-TWA 为 1 050 mg/m^3。

氯 乙 烷

1. 理化性质

CAS号：75-00-3	外观与性状：无色气体，有乙醚样气味
熔点/凝固点(℃)：−138.7	临界温度(℃)：187
沸点、初沸点和沸程(℃)：12.3	临界压力(MPa)：5.23
闪点(℃)：−50(闭杯)	自燃温度(℃)：510
爆炸上限[%(V/V)]：14.8	爆炸下限[%(V/V)]：3.6
燃烧热(kJ/mol)：−1 323.8	易燃性：易燃
饱和蒸气压(kPa)：133.3(20℃)	*n*-辛醇/水分配系数：1.43
相对密度(水=1)：0.92	相对蒸气密度(空气=1)：2.22
溶解性：微溶于水；可溶于多数有机溶剂	

2. 用途与接触机会

用于制造四乙铅、乙基纤维素，并可用作磷、硫、油脂、树脂、蜡等的溶剂，有机合成的乙基化剂。也可作烟雾剂、冷冻剂、局部麻醉剂、烯烃聚合溶剂、汽油抗震剂等。还用作聚丙烯的催化剂，农药、染料、医药及其中间体的合成。

职业性接触通过吸入和皮肤接触发生。

3. 毒代动力学

本品主要经肺吸收，也容易经皮肤吸收。大部分以原型经肺排出，其中一些化合物也在尿液、粪便和汗水中排泄。少量可能留在血液中一段时间。

4. 毒性

本品蒸气具有比较弱但极为迅速的麻醉作用。且有刺激性。大鼠吸入 LC_{50} 为 152 g/(m^3 · 2 h)。

IARC致癌性分类为3，现有的证据不能对人类致癌性进行分类。

5. 人体健康危害

皮肤接触本品液体能迅速降温并可能造成冻伤。人短时间接触一般浓度尚能耐受，无严重影响。但浓度在 50.26～57.12 g/m^3 时，引起麻醉症状，出现明显中枢抑制，易引起操作事故。可能会造成肝脏和肾脏损害。本品比氯甲烷和许多其他低氯化脂肪烃毒性小得多，但对肝脏有潜在的危害。一些职业接触一氯乙烷的工人在交感神经系统中表现出一些病理学改变，并且白细胞的吞噬细胞活性降低。

6. 风险评估

本品能爆炸和燃烧，接触火焰产生光气。工业上主要的问题是爆炸和起火。本品对水生物有害，且有长期持续影响，其环境危害GHS分类为：危害水生环境—长期危害，类别3。

我国尚未对本品的接触限值作出规定。美国ACGIH规定：TLV-TWA 为 288 mg/m^3；OSHA规定：8 h-TWA 为 2 600 mg/m^3。

溴 乙 烷

1. 理化性质

CAS号：74-96-4	外观与性状：无色易挥发液体
熔点/凝固点(℃)：−119	临界温度(℃)：776.8
沸点、初沸点和沸程(℃)：38.2	临界压力(MPa)：6.23
闪点(℃)：−23	自燃温度(℃)：511
爆炸上限[%(V/V)]：11.3	爆炸下限[%(V/V)]：6.7
燃烧热(kJ/mol)：−1 423.3	易燃性：易燃
饱和蒸气压(kPa)：53.2(20℃)	*n*-辛醇/水分配系数：1.61
密度(g/cm^3)：1.461 2(20 ℃/4 ℃)	溶解性：不溶于水；溶于乙醇、乙醚、氯仿等多数有机溶剂
相对密度(水=1)：1.46	相对蒸气密度(空气=1)：3.76

2. 用途与接触机会

本品是有机合成的重要原料。农业上用作熏蒸剂。常用于汽油的乙基化，冷冻剂和麻醉剂。

职业性接触通过吸入和皮肤接触发生。

3. 毒代动力学

本品可通过皮肤或呼吸道进入身体。本品经肺吸收较快。在体内水解形成无机溴化物。未改变的溴乙烷在灌胃的大鼠的呼气中约占70%的剂量。测定血中溴离子浓度可作为接触指标。

4. 毒性

本品毒作用与溴甲烷相似，但毒性较小。具麻醉作用，能引起肺部刺激和肝、肾、心损害。本品大鼠经口 LC_{50}：1 350 mg/kg；小鼠吸入 LC_{50}：78 955 mg/(m³ · 1 h)。

IARC致癌性分类为3，现有的证据不能对人类致癌性进行分类。尚无本品致畸性的资料。在微生物检测系统中，本品具阳性致突变性。给Strain A小鼠腹腔注射55 mmol/kg溴乙烷引起肺腺瘤。

5. 人体健康危害

本品在光线或火焰下，易分解产生溴化氢、碳酰溴，后者有似光气样剧毒作用。本品导致的健康问题主要是潜在的神经毒性、呼吸道刺激、血液毒性和肝毒性。接触本品可能会刺激肺部、眼睛和皮肤。导致眩晕，失去平衡，说话含糊不清，失去知觉，甚至死亡。过度暴露可能也会对肝脏、肾脏和心脏造成损害。

急性中毒表现为：脸部发红，瞳孔散大，脉搏加速以及头痛、眩晕等症状。严重者有四肢震颤、呼吸困难、青紫、虚脱，甚至引起呼吸麻痹。对人的麻醉浓度为1.34～4.46 g/m³。

慢性中毒早期表现为：头痛、嗜睡、眩晕、下肢无力。少数严重中毒可出现下肢进行性无力，步态蹒跚，腱反射增强，伸肌张力升高，肌力降低，偶有痉挛性轻瘫。严重者可有言语障碍、眼球和手指震颤，出现病理反射。脱离接触后症状可缓慢消失而恢复。

6. 风险评估

我国尚未对本品的接触限值作出规定。美国ACGIH规定：TLV－TWA为24 mg/m³；OSHA规定：8 h－TWA为890 mg/m³。

碘乙烷

1. 理化性质

CAS号：75－03－6	外观与性状：无色澄清重质液体，有似醚的气味
熔点/凝固点(℃)：－108	临界压力(MPa)：5.99
沸点、初沸点和沸程(℃)：72.2	易燃性：可燃
闪点(℃)：61(闭杯)	*n*－辛醇/水分配系数：2.0
燃烧热(kJ/mol)：－1 490.6	溶解性：微溶于水；溶于乙醇、乙醚等多数有机溶剂
饱和蒸气压(kPa)：18.26(25℃)	密度(g/cm³)：1.92(25/4℃)
相对密度(水＝1)：1.93	相对蒸气密度(空气＝1)：5.38

2. 用途与接触机会

本品用作医药、化工原料。在有机合成中广泛用作乙基化试剂。用作化学分析试剂，如用于测定折射率；医药工业中用作助诊剂(测定心血液输出量)、甲状腺肿治疗药，植物生长激素等。

职业性接触通过吸入和皮肤接触发生。

3. 毒性

本品健康危害GHS分类为：皮肤腐蚀/刺激，类别2；严重眼损伤/眼刺激，类别2。

小鼠吸入本品1.87 g/m³，3 h，或吸入0.94 g/m³，24 h，可致死亡。

应用微生物致突变检测系统，本品具阳性反应。给Strain A小鼠腹腔注射本品，于24 w内注射2～4次，总剂量为38.4 mmol/kg，未见肺腺瘤发病增加。

4. 人体健康危害

吸入本品对呼吸道有强烈刺激性，并出现麻醉作用，可有肝、肾损害。眼和皮肤接触引起强烈刺激，甚至引起灼伤。可经皮肤迅速吸收。口服灼伤消化道。

大部分碘乙烷的毒性资料来自临床应用本品治疗真菌感染。患者因治疗需要吸入本品可导致周围神经病。

二 氯 乙 烷

1. 理化性质(以1,2-二氯乙烷为例)

CAS号：107-06-2	外观与性状：透明无色的油状液体，氯仿样气味
熔点/凝固点(℃)：−35.7	临界温度(℃)：290
沸点、初沸点和沸程(℃)：83.5	临界压力(MPa)：5.36
闪点(℃)：13～18(闭杯)	自燃温度(℃)：413
爆炸上限[%(V/V)]：15.9	爆炸下限[%(V/V)]：6.2
燃烧热(kJ/mol)：−1 243.9	易燃性：易燃
饱和蒸气压(kPa)：13.33(29.4℃)	气味阈值(mg/m^3)：下限24；上限440
相对密度(水=1)：1.26	n-辛醇/水分配系数：1.48
相对蒸气密度(空气=1)：3.42	溶解性：微溶于水；可与乙醇、乙醚、氯仿和多数有机溶剂混溶

2. 用途与接触机会

本品包括1,2-二氯乙烷和1,1-二氯乙烷。用于脂肪、油、蜡、树胶、树脂，特别是橡胶的溶剂；大量用于制造氯乙烯。本品为化学合成的中间体，是生产乙二醇、乙二酸、乙二胺、四乙基铅、多乙烯多胺及联苯甲酰的原料。本品用作谷物或粮仓的薰蒸剂和土壤消毒剂。也用作干洗剂、萃取剂、湿润剂、浸透剂、石油脱蜡、抗震剂，还用于含氯消毒剂、农药制造以及药物的原料。可用于乙酰纤维素、烟草等的提取。可作为化妆品(指甲油)和食品添加剂中的成分，用于提取香料，如胭脂红、辣椒红和姜黄。本品曾用作麻醉剂，现已废弃。

职业性接触通过吸入和皮肤接触发生。

3. 毒代动力学

本品主要经呼吸道和消化道吸收，亦可经皮肤吸收。^{14}C-二氯乙烷给小鼠腹腔注射后，10%～42%以原形从呼吸道排出，12%～15%以二氧化碳形式呼出，51%～73%放射活性出现于尿中，粪便中排出极少，约0.6%～1.3%存留于体内。二氯乙烷易于在体内代谢，主要代谢途径是混合功能氧化(MFO)和谷胱甘肽结合。氧化产物包括氯乙醛、2-氯乙醇和2-氯乙酸，尿中主要代谢物为硫二醋酸和硫二醋酸氧硫基。谷胱甘肽在二氯乙烷生物转化中起重要作用。

4. 毒性与中毒机理

本品健康危害GHS分类为：皮肤腐蚀/刺激，类别2；严重眼损伤/眼刺激，类别2；致癌性，类别2；特异性靶器官毒性——一次接触，类别3(呼吸道刺激)。

4.1 急性毒作用

本品小鼠经口LD_{50}：413 mg/kg；家兔经皮LD_{50}：2 800 mg/kg；猴子吸入LC_{50}：13 254 mg/m^3。对眼及呼吸道有刺激作用，其蒸气可使动物角膜混浊。吸入可引起肺水肿。并能抑制中枢神经系统、刺激肠胃道和引起肝、肾和肾上腺损害。慢性中毒表现为中枢神经系统、胃肠道和肝、肾损害，皮肤接触后可致皮炎。

吸入40.500 g/m^3，可使猫、兔和豚鼠发生深麻醉，使猫发生四肢瘫痪，比吸入同浓度四氯化碳或氯仿的麻醉作用深而长，但恢复较快；对肝功能损害比四氯化碳轻。大鼠、豚鼠、兔对本品毒性比较敏感，狗的耐受性较高。动物实验病理解剖：在急性中毒时，可见肺水肿，肝和肾损害以及偶有肾上腺皮质坏死和出血。其次尚可见肠系膜和肠黏膜出血以及心肌退行性变。

4.2 慢性毒作用

可知小动物对1,2-二氯乙烷的敏感性高于大动物。敏感的动物大鼠和豚鼠能耐受吸人0.416 g/m^3几个月而无中毒症状。慢性动物实验中毒尸检可见有心脏扩大，肺充血和水肿，心肌和肝脏有脂肪浸润、脂性肾病和肾上腺脂质堆积等改变。

本品的IARC致癌性分类为2B，对人类可能是致癌物。

5. 人体健康危害

本品是一种中枢神经系统抑制剂，具麻醉作用。吸入、摄入或经皮肤吸收后对身体有害，吸入一定的浓度可致肾损害，反复吸入可造成肝损害。对皮肤有刺激作用，引起干燥、脱屑和皮炎，其蒸气或烟雾对眼睛、黏膜和呼吸道有刺激作用。由于1,2-二氯乙烷(对称体)的用途较广，故临床报道的中毒事故，多数由于吸入对称体所致，经皮吸收的中毒则少见。

本品中毒后表现为：首先是头痛、恶心、兴奋和激动，严重者很快发生中枢神经系统抑制，神志丧失乃至死亡。第二期以胃肠道症状为主，频繁的呕吐、上腹痛、偶有血性腹泻，发生肝脏损害，严重者可发生肝坏死和肾病变。有报告因口服本品而中毒者，其显著的临床特征为低血糖和高血钙。吸入中毒者病理解剖可有肺水肿，口服者以肝、肾病变为主，表现有肝灶性坏死，肾小管坏死和肾上腺灶性变性和坏死。有报道当人接触浓度为 0.1 g/m³时，有易倦、头痛、失眠、植物神经系统功能紊乱症状；0.3～0.5 g/m³时，上述症状加重。人口服 15～20 ml 可致死。吸入可耐受 810 mg/(m³・7 h)，4 050 mg/(m³・1 h)，12 150 mg/(m³・6 min)。嗅觉阈为 12.15～24.3 mg/m³。亦有报道吸入 300～600 mg/m³发生轻度中毒。

本品导致的慢性中毒症状主诉有乏力、头痛、失眠、恶心、腹泻、呼吸道刺激症状，有时可有胃肠道、呼吸道出血。浓度高时可见到肝和肾损害。此外尚可见肌震颤和眼球震颤。

6. 风险评估

我国职业接触限值规定：PC-TWA 为 7 mg/m³，PC-STEL 为 15 mg/m³。美国 ACGIH 规定：TLV-TWA 为 40 mg/m³；NIOSH 规定：8 h-TWA 为 4 mg/m³；15 min-STEL 为 8 mg/m³；OSHA 规定：8 h-TWA 为 221 mg/m³，STEL 为 442 mg/m³。

1,2-二溴乙烷

1. 理化性质

CAS 号：106-93-4	外观与性状：无色重质液体，有氯仿样气味
熔点/凝固点(℃)：9.8	临界压力(MPa)：7.15
沸点、初沸点和沸程(℃)：131.3	易燃性：不燃
燃烧热(kJ/mol)：1 217.9	*n*-辛醇/水分配系数：1.96
饱和蒸气压(kPa)：2.32 (30℃)	溶解性：微溶于水；溶于乙醇和乙醚等多数有机溶剂
相对密度(水=1)：2.17	相对蒸气密度(空气=1)：6.48

2. 用途与接触机会

本品用作溶剂，用于有机合成、杀虫剂、医药等。用作汽车、航空燃料添加剂，用于汽油抗震液中铅的消除剂。车用汽油采用二溴乙烷与二氯乙烷的混合物以降低成本，而航空汽油，则用纯二溴乙烷。还用作熏蒸剂和谷物、水果的杀菌剂以及木材的杀虫剂，阻燃剂、金属表面处理剂和灭火剂等。

职业性接触通过吸入和皮肤接触发生。

3. 毒代动力学

本品可经呼吸道、皮肤、胃肠道吸收。本品吸收入体广泛分布于全身。豚鼠腹腔注射 0.03 g/kg 二溴乙烷后，12%以原形呼出。血中可测得溴离子。由于在接触阈值水平，血中溴离子浓度极低，故无生物监测意义。

4. 毒性与中毒机理

本品大鼠经口 LD_{50} 为 108 mg/kg；大鼠和兔经皮 LD_{50} 为 300 mg/kg。健康危害 GHS 分类为：急性毒性—经口，类别 3；急性毒性—经皮，类别 3；急性毒性—吸入，类别 3；皮肤腐蚀/刺激，类别 2；严重眼损伤/眼刺激，类别 2；致癌性，类别 1B；特异性靶器官毒性—一次接触，类别 3(呼吸道刺激)。本品 IARC 致癌性分类为 G2A，对人类很可能是致癌物。

本品具中度麻醉作用，对心脏和呼吸有抑制作用，能使肝、肾发生病变。本品引起的中毒症状随侵入途径而异。液体对皮肤有刺激作用，长期接触可造成红肿、水疱甚至溃烂。吸入主要损伤呼吸道，有肺充血、水肿和炎症，尚可有中枢神经系统抑制，常死于心肺衰竭。动物或人经口中毒，造成肝、肾损伤，常死于肝病。

5. 人体健康危害

本品对眼睛、皮肤、呼吸系统有刺激作用，可致肝、肾损坏。吸入可导致灼痛感、咳嗽、呼吸费力等；经皮肤吸收可导致疼痛、发红、水疱；还可导致眼睛疼痛、灼伤、胃痛、精神错乱等。

人体急性中毒有耳鸣、全身无力、苍白、呕吐，可死于心力衰竭。曾报告 1 例口服 4.5 ml(约 0.14 g/kg)致死病例，尸检见有肝脂肪性变及肺郁血。人皮肤接触后会产生皮炎，有人建议用尼龙和氯丁橡胶混合制造的防护用品。

本品对黏膜有刺激作用，眼睛受刺激后会有明显的痛感以及结膜发炎，在接触此毒物时要注意眼睛防护。有研究对制造二溴乙烷工厂的297名男工调查，未发现对生育功能有不良影响。仅一工厂中，子代出生比预期数略低。

6. 风险评估

本品对水生生物有毒并具有长期持续影响，其环境危害GHS分类为：危害水生环境—急性危害，类别2；危害水生环境—长期危害，类别2。

美国NIOSH规定：8 h-TWA为0.4 mg/m^3；15 min-STEL为1.1 mg/m^3；美国OSHA规定：8 h-TWA为168 mg/m^3，STEL为252 mg/m^3。

1,1,1-三氯乙烷

1. 理化性质

CAS号：71-55-6	外观与性状：无色液体，有甜的气味
熔点/凝固点(℃)：-30.4	临界温度(℃)：311.5
沸点、初沸点和沸程(℃)：74.0	临界压力(MPa)：4.48
爆炸上限[%(V/V)]：12.5	自燃温度(℃)：537
饱和蒸气压(kPa)：16.5(25℃)	爆炸下限[%(V/V)]：7.5
相对密度(水=1)：1.337 6(20 ℃)	易燃性：可燃
相对蒸气密度(空气=1)：4.63	*n*-辛醇/水分配系数：2.49
溶解性：不溶于水；溶于乙醇、乙醚、丙酮、苯、甲醇、四氯化碳等	

2. 用途与接触机会

本品主要用作生产热塑性高分子材料的溶剂，也是化学合成的中间体。本品可用作脱脂剂和清洗剂。职业性接触通过吸入和皮肤接触发生。

3. 毒代动力学

本品吸入后可迅速被人体吸收。停止吸入暴露后，迅速从血液中消除；暴露后2 h内消除60%～80%，50 h内消除超过95%～99%。本品在体内代谢转化量极小。用同位素^{14}C-三氯乙烷研究，显示97.6%以原形经肺排出；0.85%从尿中排出。人和动物吸入研究表明，仅极少量以三氯醋酸和三氯乙醇形式从尿中排出。离体实验，本品在大鼠肝微粒体存在情况下，脱氯反应极微，在氧的存在下细胞色素P-450可催化此反应。整体实验，吸入麻醉浓度数小时后，发现肝细胞中微粒体的氯化酶系统受影响。人体志愿者的研究结果表明，尿中1,1,1-三氯乙烷的浓度可以作为本品生物暴露指标。

4. 毒性与中毒机理

本品对中枢神经系统有抑制作用，稍逊于氯仿而与三氯乙烯相同。高浓度时引起典型的麻醉、遗忘症、痛觉和反射消失。致死浓度则能导致延髓呼吸中枢或循环中枢麻痹。引起深麻醉的浓度约为5.460 g/m^3。与其他麻醉剂相比，它抑制循环的作用要强得多。本品狗经口LD_{50}：750 mg/kg；小鼠经皮LD_{50}：16 g/kg；小鼠吸入LC_{50}：23 295 mg/(m^3·2 h)。

本品IARC致癌性分类为3，现有的证据不能对人类致癌性进行分类。

5. 人体健康危害

本品经无损皮肤吸收很少，接触后对皮肤有脱脂和轻度刺激作用。本品对中枢神经系统有抑制作用。由于人反复接触2.73 g/m^{3}数小时后，仍可见轻度的亚麻醉(镇静)作用，对工作效率有一定影响，故需加强预防。

慢性毒作用的早期症状可能包括轻度眼部和鼻部不适以及平衡和协调障碍。长期接触本品可能会导致倦怠和头痛增加，严重中毒会导致进行性中枢神经系统紊乱疾病的发生。

6. 风险评估

本品可破坏高层大气中的臭氧，危害公共健康和环境，其环境危害GHS分类为：危害臭氧层，类别1。

我国职业接触限值规定：PC-TWA为900 mg/m^3。美国ACGIH规定：TLV-TWA为1 910 mg/m^3；NIOSH规定：15 min-STEL为1 910 mg/m^3；OSHA规定：8 h-TWA为1 900 mg/m^3。

1,1,2-三氯乙烷

1. 理化性质

CAS号：79-00-5	外观与性状：无色透明液体，芳香氯仿样气味
熔点(℃)：−35	临界压力(MPa)：4.83
沸点、初沸点和沸程(℃)：114	自燃温度(℃)：460
爆炸上限[%(V/V)]：13.3	爆炸下限[%(V/V)]：8.4
燃烧热(kJ/mol)：−1 097.2	易燃性：可燃
饱和蒸气压(kPa)：2.5(20℃)	*n*-辛醇/水分配系数：1.89
密度(g/cm³)：1.44(20/4℃)	溶解性：不溶于水；与乙醇、醚等有机液体混溶
相对密度(水=1)：1.44	相对蒸气密度(空气=1)：4.55

2. 用途与接触机会

本品用作化学合成的中间体，用于合成1,1-二氯乙烯、四氯乙烯、偏二氯乙烯的原料。还用作醋酸纤维、天然橡胶、氯化橡胶的溶剂。用作脂肪、油、蜡和树脂的溶剂，染料、香料的萃取剂，树脂和橡胶等的中间体，农业上的杀虫剂、熏蒸剂。

职业性接触通过吸入和皮肤接触发生。

3. 毒代动力学

本品经吸入和皮肤暴露后可迅速被吸收，广泛吸收进入血液中。本品易于分布并保留在动物和人类的脂肪、肝脏和脑中。大多吸入剂量经肺以原形排出。经肾脏排泄的少量被代谢为三氯乙酸和三氯乙醇。小鼠腹腔注射^{14}C-1,1,2-三氯乙烷，3 d内，73%～87%的放射活性存在于尿中，呼出气占16%～22%(其中60%以二氧化碳形式，40%为原形)，1%～3%存留于动物体内，不会发生体内累积。本品在体内经过氧化、脱氯生成三氯醋酸和相应的酸类。在生物转化中，细胞色素P-450可能介入脱氯过程。

4. 毒性与中毒机理

本品对皮肤、眼睛、上呼吸道和胃有刺激性。本品有麻醉作用，具有强烈的毒性，其肝毒性远大于1,1,1-三氯乙烷。本品大鼠经口LD_{50}为836 mg/kg；兔经皮LD_{50}为3.7 ml/kg。小鼠吸入2 h，引起侧倒的最低浓度为10 g/m³；最低麻醉浓度为15 g/m³；当浓度大于50 g/m³时，动物在实验期内死亡。大鼠急性吸入LC_{50}为10.92 g/m³。健康危害GHS分类为：急性毒性—吸入，类别3。

大鼠、豚鼠和兔吸入0.82 g/m³本品，7 h/d，每周5 d，共6个月，动物生长、发育、体重、血液及实验室检验未发现异常。组织病理学检查也无特殊发现。吸入1.6 g/m³，雌性大鼠有轻度的肝脏脂肪变性和肝细胞混浊肿胀。

无致畸研究资料。微生物致突变检测阴性。大鼠每天喂饲0.092和0.046 g/kg，小鼠每天喂饲0.390和0.195 g/kg，共78 w，然后观察35 w(大鼠)和13 w(小鼠)。小鼠中发生肝细胞癌和嗜铬细胞瘤。IARC致癌性分类为3，现有的证据不能对人类致癌性进行分类。

5. 人体健康危害

本品急性中毒主要损害中枢神经系统。轻者表现为头痛、眩晕、步态蹒跚、共济失调、嗜睡等；重者可出现抽搐，甚至昏迷。本品对皮肤、眼睛和上呼吸道有刺激性。可对眼睛有损伤，对皮肤有轻度脱脂和刺激作用，导致皮肤开裂和红斑。此外，长时间暴露可造成胃肠道疾病、肾脏脂肪变性和肺损伤。

6. 风险评估

本品对水生物有害，其环境危害GHS分类为：危害水生环境—长期危害，类别3。

我国尚未对本品的接触限值作出规定。美国ACGIH规定：TLV-TWA为45 mg/m³；NIOSH和OSHA皆规定：8 h-TWA为45 mg/m³。

四 氯 乙 烷

1. 理化性质

CAS号：79-34-5	外观与性状：无色透明液体、微甜、似氯仿或樟脑样气味
熔点(℃)：42.3	临界压力(kPa)：4 000
沸点、初沸点和沸程(℃)：146	蒸发速率：[乙酸(正)丁酯以1计]0.65
闪点(℃)：不燃	*n*-辛醇/水分配系数：2.39

（续表）

临界温度(℃)：388	溶解性：0.29 g/100 g 水(20℃)难溶于水；与苯、二硫化碳、四氯化碳、氯仿、二甲基甲酰胺、乙醇、甲醇混溶
燃烧热(J/kmol)：-8.3464×10^{8}	密度(g/cm^3)：1.595 3(20℃)
饱和蒸气压(kPa)：0.67(21℃)	相对密度(水=1)：1.596
相对蒸气密度(空气=1)：5.79	

2. 用途与接触机会

四氯乙烷的职业暴露主要来源于① 油漆、清漆和除锈剂的生产和使用；② 土壤杀菌剂、除草剂和杀虫剂的生产和使用；③ 化学制造：三氯乙烯、四氯乙烯、二氯乙烯的生产；④ 机械清洁去污、油漆清除；⑤ 废弃物处理业。职业性接触通过吸入和皮肤接触发生。

3. 毒代动力学

在体内吸收和代谢迅速。大鼠和小鼠经口喂饲染毒，约80%的剂量在48至72 h内代谢和排出。小鼠腹膜内给药时，大约50%通过C^{14}标记的氧被回收。28%通过尿液排出体外，三 d 后，16%残留在体内，不到4%以原型排出。

四氯乙烷在体内代谢为三氯乙醇，三氯乙酸和二氯乙酸，然后分解成乙醛酸和草酸。鼻黏膜，特别是嗅部的鼻黏膜，具有对该物质进行分解转化的活性。对于人类而言，单次吸入给药时，97%的本品被吸收，只有很少(3.3%)原型从呼出气排出；尿液排泄速率为0.015%/min。

4. 毒性

是氯代烃类中毒性较高的一种，其毒性约为氯仿的3.5倍；四氯化碳的9倍。对中枢神经系统有麻醉和抑制作用，并对实质脏器有广泛的损害。对胃肠道有刺激作用。严重者有肺水肿和呼吸衰竭。亚急性或慢性中毒引起肝脏肿大和压痛，可发生肝脏脂肪变性、坏死和肝硬化。肾脏和心肌也能受害。

4.1 急性毒作用

本品大鼠经口 LD_{50}：250 mg/kg，小鼠吸入 LC_{50}：4 500 mg/(m^3 · 2 h)。其GHS危害分类为：急性毒性—经皮，类别1；急性毒性—吸入，类别2。

动物中毒首先出现强烈的刺激，有流泪、喷嚏。其后强烈地躁动不安、抽搐、痉挛、麻痹和麻醉。中毒动物恢复缓慢，症状常延至次日。部分动物在几 d 内由于实质器官损害而死亡。尸检可见肝脂肪性变和坏死，部分有肾和脑的损害。

健康危害GHS分类为：急性毒性—经皮，类别1；急性毒性—吸入，类别2。

4.2 慢性毒作用

中毒死亡的动物，肝脏明显肿大，呈黄色；大肠和小肠黏膜肿胀充血和出血；肾高度充血。

四氯乙烷是可疑人类致癌物，IARC致癌性分类为2B。在怀孕期间给予剂量低于导致某些母体动物死亡的剂量的怀孕实验室动物中未发现后代的流产或体重减轻。给妊娠大鼠腹腔注射0.3，0.4或0.7 g/kg 本品造成胚胎毒，但无致畸作用。用 Salmonella Strains TA1535 和 TA1538 检测系统，本品呈弱的致突变作用。

5. 人体健康危害

5.1 急性中毒

短时期吸入可表现为呼吸道黏膜刺激症状并有头痛、恶心、上腹部不适、眩晕等症状。急性或亚急性中毒主要表现胃肠道和神经系统症状，其发展大致可分四期：第一期，食欲减退，疲乏，头痛，呕吐和腹绞痛；第二期，出现黄疸，并有土色大便和便秘，体温升高，极度疲乏，呕吐，出现蛋白尿和下肢水肿；第三期，肝肿大和压痛，黄疸剧增，并可能出现肝昏迷；第四期，腹水期。尸检证明基本损害是肝脏的急性坏死，表现为红色或黄色肝萎缩；脑水肿和出血；心脏扩大；肺郁血、水肿，胸膜出血；肾水肿和脂肪变性。

人短期内吸入有呼吸道黏膜刺激症状，当浓度为0.02 g/m^3时已可察觉明显的气味。0.09 g/m^3下可耐受10 min。吸入大约1 g/(m^3 · 30 min)，或吸入2～3 g/(m^3 · 10 min)，有极明显的气味，发生呼吸道黏膜刺激和倦怠、眩晕、头重等症状。

5.2 慢性中毒

长期吸入本品，可有疲乏、头痛、失眠、食欲减退、恶心、呕吐、便秘或腹泻等神经系统和胃肠道症状。血中单核细胞数增多，有认为单核细胞数超过12%有诊断参考价值。轻微的贫血倾向。病情发展可出现肝脏损害症状。有人将慢性本品中毒分为两种临床类型：① 胃肠型。以消化系统的症状为主，特别是肝功能障碍的症状；② 神经型。主要以神经系统症状为主，表现为多发性神经炎。有手指或脚趾麻木及蚁走感，触觉减退，四肢屈肌和伸肌无力。有时有手震颤，步态不稳，腱反射减退或消失等症状。这一型比较少见，在以皮肤接触为主的病例中常以此型为多见。

患者在脱离接触后，在一定时期内症状尚能继续发展，而黄疸可延续数周至数月。

6. 风险评估

我国尚未对本品的接触限值作出规定。美国ACGIH和NIOSH皆规定：TLV-TWA为6.9 mg/m^3；OSHA规定：8 h-TWA为35 mg/m^3，德国DFG规定：MAK为7 mg/m^3，STEL为14 mg/m^3。日本规定：TWA为6.9 mg/m^3。各国职业接触限值详见表15-12。

表15-12 各国1,1,2,2-四氯乙烷的职业接触限值

国家或地区	8 h-TWA		15 min-STEL	
	ppm	mg/m^3	ppm	mg/m^3
澳大利亚	1	6.9	—	—
奥地利	1	7	—	—
比利时	1	7.0	—	—
加拿大—渥太华	1	—	—	—
加拿大—魁北克	1	6.9	—	—
丹麦	1	7	2	14
芬兰	1	7	3	21
法国	1	7	5	35
德国(AGS)	1	7	2	14
德国(DFG)	1	7	2	14
匈牙利	—	7	—	—
爱尔兰	1	6.9	—	—
日本	1	—	—	—
日本—JSOH	1	6.9	—	—
拉托维亚	—	5(所有异构体)	—	—
新西兰	1	6.9	—	—
波兰	—	5	—	35
罗马尼亚	3	20	4	30
新加坡	1	6.9	—	—
韩国	1	7	—	—
西班牙	1	7	—	—
瑞士	1	7	2	14
美国—NIOSH	1	7	—	—
美国—OSHA	5	35	—	—
美国—ACGIH	1	6.9	—	—

* "—",表示无相应限值

本品对水生生物有毒并具有长期持续影响，其环境危害GHS分类为：危害水生环境—急性危害，类别2；危害水生环境—长期危害，类别2。

1,1,2,2-四溴乙烷

1. 理化性质

CAS号：79-27-6	外观与性状：黄色重质液体，有刺鼻气味
熔点(℃)：0	临界压力(MPa)：4.6
沸点、初沸点和沸程(℃)：243.5	自燃温度(℃)：335
闪点(℃)：-18℃(闭杯)	易燃性：不燃液体
饱和蒸气压(kPa)：2.0(119℃)	*n*-辛醇/水分配系数：2.8
密度(g/cm^3)：2.97(20℃)	溶解性：不溶于水；溶于醇、醚、丙酮等多数有机溶剂
相对密度(水=1)：2.96	相对蒸气密度(空气=1)：11.9

2. 用途与接触机会

作为仪表流体(主要用作汞的代用品)，用于量具及光学仪器的制造。也用于萃取某些矿物和蜡类；用于显微镜技术；有时用作特殊溶剂。

3. 毒代动力学

F-344大鼠口服灌胃法给予1.17、13.6和123 mg/kg ^{14}C标记的四溴乙烷，发现作为挥发性代谢物呼出组份随着剂量的增加而增加，而尿液排泄组份随着剂量的增加而减少。主要的呼出代谢物是1,2-二溴乙烯和三溴乙烯。主要的尿液代谢物是二溴乙酸,乙醛酸和草酸。

4. 毒性与中毒机理

4.1 急性毒作用

本品大鼠经口 LD_{50}：1 200 mg/kg;大鼠吸入 LC_{50}：549 mg/(m^3 · 4 h);大鼠经皮 LD_{50}：5 250 mg/kg;小鼠经口 LD_{50}：269 mg/kg;小鼠腹腔注射 LD_{50}：443 mg/kg;豚鼠经口 LD_{50}：400 mg/kg;兔子经口 LD_{50}：400 mg/kg。

本品对中枢神经系统有抑制作用,大剂量造成麻醉和昏睡,有肺部刺激症状和肝、肾病理改变,最后死于呼吸衰竭。小鼠吸入 0.5 g/m^3 的本品,3 h 后发生麻醉。在饱和浓度下(静式中毒柜中),兔直至 2.5 h 无死亡;大鼠 3 h 和豚鼠 0.5 h 均无死亡,见有眼、鼻黏膜刺激,然后发生震颤、运动失调。2～3 h 后麻醉,脱离暴露后麻醉作用消失得很快,但在 1～5 d 内死亡。死亡动物见到肝和肾有变性病变。狗吸入 9～36 g/m^3,引致呼吸困难、呕吐、运动失调。第 5 d 死亡。尸检见有肺和其他内脏出血。

兔经皮 500 mg/24 h,中度刺激。兔眼部染毒 100 mg,轻度刺激。实验用本品涂于绷带上,包扎皮肤 1 h,出现轻度发红,24 h 有水肿和水疱。沾污皮肤后,如立即清洗,则无任何反应。

本品的气溶胶给大鼠吸入 2 h,当浓度为 3.7～4.2 g/m^3 时,仅见轻度中毒症状;5.9～7.2 g/m^3 下,表现兴奋症状;每 d 重复接触 3.7～4.2 g/m^3,动物死亡。本品的热解产物也有毒。在 765L 容积的小室中加热 108 g 本品,使小鼠和兔吸入 90 min,发生死亡。同容积小室中加热本品 54 g,使大鼠吸入,30 min 后死亡。以上实验条件,有本品蒸气及其热解产物的作用。

其 GHS 危害分类：急性毒性—吸入,类别 2;严重眼损伤/眼刺激,类别 2。

4.2 慢性毒作用

在本品饱和浓度(1.12 g/m^3)下,小鼠、大鼠、兔和豚鼠每 d 吸入 15 min/d,共 47～92 d,未见任何改变。在 0.198 g/m^3 下,吸入 7 h/d,每周 5 d,共 100～106 d,所有动物(大鼠、豚鼠、兔和猴)均存活,豚鼠生长缓慢,所有动物肝重都增加,肝、肾有病理改变。0.056 g/m^3 下,肝有轻度病变。0.014 g/m^3 下则无病理变化发现。

值得注意的是本品对人的毒性较动物实验结果所推想的大,可引起肝脏的严重损害,肾小管轻度损害和血液中单核细胞增多(>12%),麻醉作用较弱。本品在体内有一部分发生分解,在尿、血、脊髓液中曾发现无机的含溴化合物,其毒性可能与此种分解产物有关。

5. 人体健康危害

急性中毒 据报道,四溴乙烷对暴露工人的眼睛和皮肤有刺激作用。直接接触皮肤会引起水疱。

在一例近乎致命的四溴乙烷中毒病例中,主要是肝脏损伤。患者是一名化学家,工作中使用四溴乙烷将近一天,四溴乙烷浓度平均为 31 mg/m^3,约 10 min 达到峰值暴露,约为 247 mg/m^3。患者最初的症状是头痛、厌食、呕吐和胃痛。然而,该工艺过程也涉及其他化学品。同工作区域的其他工作人员眼睛和鼻子轻微刺激,随后头痛、乏力。患者与工友的症状差异,可能是因为工友们的暴露浓度被低估,也可能是因素其他化学物质,或者患者存在皮肤吸收。

正电子发射断层扫描(PET),地形脑电图(EEG)和神经行为评估评估这位急性四溴乙烷暴露者,结果表明广泛的中枢神经系统功能障碍,这一结果与溶剂诱发的脑病一致。

6. 风险评估

我国尚未对本品的接触限值作出规定。美国 ACGIH 规定：TLV-TWA 为 1.4 mg/m^3;OSHA 规定：8 h-TWA 为 14 mg/m^3。各国职业接触限值详见表 15-13。

表 15-13 各国 1,1,2,2-四溴乙烷的职业接触限值

国家或地区	8 h-TWA		15 min-STEL	
	ppm	mg/m^3	ppm	mg/m^3
澳大利亚	1	14		
奥地利	1	14	4	56
比利时	0.1	1.4	—	—
加拿大—渥太华	0.1(1)	—	—	—

（续表）

国家或地区	8 h - TWA		15 min - STEL	
	ppm	mg / m³	ppm	mg / m³
加拿大—魁北克	1	14	—	—
丹麦	1	14	2	28
芬兰	0.5	7	3	43
法国	1	15	—	—
爱尔兰	0.1(1)	—	—	—
新西兰	1	14	—	—
波兰	—	4	—	—
罗马尼亚	—	10	—	15
新加坡	1	14	—	—
南韩	1	15	—	—
西班牙	1	14	—	—
瑞典	1	14	2	30
瑞士	1	14	2	28
美国—OSHA	1	14	—	—
英国	0.5	7.2	—	—
美国—ACGIH	0.1（吸入，蒸气）	1.4	—	—

* 1. 吸入气溶胶或蒸气；2. "—"，表示无相应限值

本品对水生物有害，且有长期影响，其环境危害GHS分类为：危害水生环境—长期危害，类别3。

五 氯 乙 烷

1. 理化性质

CAS号：76-01-7	外观与性状：无色液体，类似氯仿的气味
熔点/凝固点(℃)：−28.78	临界温度(℃)：373.0
沸点、初沸点和沸程(℃)：162.0	临界压力(MPa)：3.68
燃烧热(kJ/mol)：−860.6	蒸发速率：0.03（当乙醚为1时）
蒸气压(kPa)：0.47(25℃)	*n*-辛醇/水分配系数：3.22
密度(g/cm³)：1.679 6 (20 ℃/4 ℃)	溶解性：不溶于水；可溶于醇类、醚类、二甲基亚砜、苯、丙酮

（续表）

相对密度(水=1)：1.68	相对蒸气密度(空气=1)：7.0

2. 用途与接触机会

主要用作矿石浮选剂和制备四氯乙烯的原料，也用作醋酸纤维素的溶剂。

3. 毒代动力学

给小鼠皮下注射14C-五氯乙烷，剂量为1.1～1.8 g/kg，测定3 d的排泄量。大约1/3(12%～51%)以原形呼出；16%～32%以2,2,2-三氯乙醇、9%～18%以三氯乙酸从尿液中排出。呼出气也含有三氯乙烯(3%～9%)，表明发生了脱氯和脱氯化氢反应。职业性接触通过吸入和皮肤接触发生。

4. 毒性

本品大鼠口服LD_{50}：920 mg/kg；大鼠吸入LC_{50}：35 600 mg/(kg·2 h)。

狗吸入1 g/m³，每天8～9 h，共3 w，出现肝、肾和肺的损害。反复或长期接触该物质可能导致皮肤炎。眼睛重复接触低浓度蒸气可能导致结膜炎。

微生物致突变：大肠杆菌25 814 μmol/L。姐妹染色单体互换：仓鼠卵巢100 mg/L。性染色体缺失和不分离：人肺80 mg/L。IARC致癌性分类：不能分类的人类致癌物(Group3)。健康危害GHS分类为：特异性靶器官毒性—反复接触，类别1。

5. 人体健康危害

吸入该蒸气会刺激呼吸道，且可能造成人类轻微昏迷。该物质所造成的中枢经系统抑制现象比氯仿更为严重。吸入该蒸气会对上呼吸道和肺造成高度不适。高温下会加剧该物质所造成的吸入性危害。暴露于含氯溶剂会产生麻木和麻醉效应(造成感觉及味觉迟钝)。个体暴露该物质后所产生效应非常多样化。其气味并不会造成令人不愉快的感觉，但却能迅速引起中枢神经系统反应；暴露高浓度则会让人感到愉悦，结果可能使反应能力降低，甚至在快速失去意识之后，造成呼吸停止而导致死亡。中枢神经系统抑制是卤化脂肪族碳氢化合物所造成最明显的效应，典型的反应是从酩酊、兴奋逐渐变成麻醉。严重急性暴露可能因对儿茶酚安(肾上腺素)易感受性而

造成呼吸停止或心搏停止，进而导致死亡危险。

经皮肤接触，可能造成刺激，长期暴露可能引起皮肤干燥而导致皮肤炎。经眼睛接触，可能造成刺激流泪和灼热感，可能引起暂时性的视觉损伤和眼睛暂时性发炎/溃疡。误服，可能造成中枢神经系统抑制。造成肠胃道高度不适，导致恶心、腹部刺激、疼痛、呕吐等症状。

6. 风险评估

我国尚未对本品的接触限值作出规定。德国DFG规定：MAK为42 mg/m^3，STEL为84 mg/m^3。各国五氯乙烷的职业接触限值如表15－14：

表15－14 各国五氯乙烷的职业接触限值

国 家	8 h－TWA		15 min－STEL	
	ppm	mg/m^3	ppm	mg/m^3
奥地利	5	40	20	160
丹麦	5	40	10	80
芬兰	5	42	10	84
德国(DFG)	5	42	10	84
罗马尼亚	—	40	—	60
瑞士	5	40	10	80

＊“—”,表示无相应限值

本品对水生生物有毒并具有长期持续影响，其环境危害GHS分类为：危害水生环境—急性危害，类别2；危害水生环境—长期危害，类别2。

六 氯 乙 烷

1. 理化性质

CAS号：67－72－1	外观与性状：无色晶体结构，樟脑味
熔点/凝固点(℃)：186	n－辛醇/水分配系数：4.14
沸点、初沸点和沸程(℃)：186	溶解性：不溶于水；溶于乙醇，苯，氯仿，乙醚，油类
闪点(℃)：不可燃	密度(g/m^3)：2.091(20℃)
燃烧热(kJ/mol)：110.0千卡(20℃)	相对密度(水＝1)：2.1
饱和蒸气压(kPa)：0.05(20℃)	相对蒸气密度(空气＝1)：8.2

2. 用途与接触机会

主要用作有机溶剂、樟脑代用品和橡胶硫化促进剂。用于制造塑料。用作防腐剂、杀虫剂。兽医用作肠驱虫剂。

3. 毒代动力学

经口喂饲染毒，广泛分布于全身，其中脂肪中浓度最高，肌肉中最低。

通过皮肤吸收。经静脉内注射、中等剂量口服、腹膜内注射和皮肤途径时具有高毒性。肾脏是主要的靶器官，且雄性大鼠比雌性大鼠更敏感。

给予兔0.5 g/kg体重的剂量，本品缓慢代谢，其中约5％3 d内出现在尿液中，14％至24％出现在呼出气中。给予一组雄性大鼠62 mg/(kg·d)本品，持续8W，发现该化学品以明显的一级方式从脂肪，肝脏，肾脏和血液中清除，半衰期约为2.5 d。

4. 毒性与中毒机理

健康危害GHS分类为：严重眼损伤/眼刺激，类别2B；致癌性，类别2；特异性靶器官毒性—反复接触，类别2。

4.1 急性毒作用

本品雌性大鼠经口LD_{50}：4 460 mg/kg(稀释剂：玉米油,)；雄性豚鼠经口LD_{50}：4 970 mg/kg(稀释剂：玉米油)；雄兔经皮LD_{50}＞或＝32 000 mg/kg(稀释剂：水糊)；小鼠腹腔注射LD_{50}：4 500 mg/kg。

本品抑制中枢神经系统，主要为麻醉作用。高剂量时影响肝、肾及中枢神经系统；抑制神经系统、引起虚弱、蹒跚，肌肉突发性收缩。

因其为固体，且蒸气压较低，工业上由蒸气吸入所致的危害机会较少。大部分毒性资料是由用作动物杀虫剂而得。猫和狗经皮下注射或经口给本品4～6 g/kg，2～3 h后发现软弱、嗜睡、步伐不稳、后肢轻瘫，这些症状在几d后可消失。有时可见有痉挛、瞳孔散大、心率加快、昏睡、腹泻、食欲下降、体温降低等症状。狗口服LD_{50}为5.9 g/kg。静脉给予325 mg/kg引起死亡，毒性低于其他乙烷的氯衍生物(狗静脉注射LD：五氯乙烷为100 mg/kg，氯仿为90 mg/kg)。死亡动物有肝细胞脂肪变性。

4.2 慢性毒作用

本品的亚急性和慢性毒性过去文献报道认为属低毒性。近年的实验材料表明，给予大鼠经口本品0.001 5、0.002、0.008 g/kg·d，共110 d，在后二剂量作用下，引起肝脏和肾脏损伤；所有剂量均引起尿中尿卟啉、肌酸酐和δ-氨基乙酰丙酸排出量增高。给大鼠、狗、豚鼠和鹌鹑吸入本品2.52 g/m^3，6 h/d，每周5 d，共6 w，除鹌鹑外，其他动物均发生严重损害，甚至死亡。0.15 g/m^{3}为无作用浓度。

分析大鼠慢性喂饲本品后，肝、肾、血和脂肪组织中含量，发现雄性大鼠肾脏中本品含量明显高于雌性大鼠，肾脏毒性反应也重于雌鼠。本品吸收后有14%～24%从肺呼出，5%从尿中排泄。用层析法和同位素示踪法研究尿中代谢物各成分所含比例为：三氯乙醇1.3%、二氯乙醇0.4%、三氯乙酸1.3%、二氯乙酸0.8%、一氯乙酸0.7%、草酸0.1%。呼出气中除本品外，尚有四氯乙烷。

六氯乙烷是可疑人类致癌物，IARC将其列为Group2B。

5. 风险评估

我国职业接触限值规定：PC-TWA为10 mg/m^3（经皮）。各国六氯乙烷职业接触限值如表15-15：

表15-15 各国六氯乙烷的职业接触限值

国家或地区	8 h-TWA		15 min-STEL	
	ppm	mg/m^3	ppm	mg/m^3
澳大利亚	1	9.7		
奥地利	1	10 可吸入气溶胶	—	—
比利时	1	9.8	—	—
加拿大—渥太华	1	—	—	—
加拿大—魁北克	1	9.7	—	—
丹麦	1	10 可呼入气溶胶	2	20 可呼入气溶胶
芬兰	1	9.8	3	29
法国	1	—	10	—
德国(AGS)	1	9.8	2	19.6
德国(DFG)	1	9.8	2	19.6
爱尔兰	1	10	—	—
新西兰	1	9.7	—	—
中国	—	10	—	—
波兰	—	10	—	30
罗马尼亚	0.5	5	0.8	8
新加坡	1	9.7	—	—
南韩	1	10	—	—
西班牙	1	9.8 可吸入气溶胶	—	—
瑞士	1	10	2	20
美国-NIOSH	1	10	—	—
美国-OSHA	1	10 蒸气	—	—
英国	5	10 可吸入气溶胶 49 蒸气 4 可呼入气溶胶	—	—
美国-ACGIH	1	9.7	—	—

* 1 "—"，表示无相应限值

本品对水生生物毒性极大并具有长期持续影响，其环境危害GHS分类为：危害水生环境—急性危害，类别1；危害水生环境—长期危害，类别1。

1-氯-2-溴乙烷

1. 理化性质

CAS号：107-04-0	外观与性状：无色液体，有类似氯仿的气味
熔点/凝固点(℃)：−16.7	n-辛醇/水分配系数：1.92
沸点、初沸点和沸程(℃)：107	溶解性：难溶于水；能与乙醇、乙醚、四氯化碳、庚烷等有机溶剂混溶；能溶解纤维素酯及纤维素醚
蒸气压(kPa)：4.4(25℃)	密度(g/cm^3)：1.739 2 (20℃/4℃)

2. 用途与接触机会

用于有机合成，溶剂，熏蒸剂。用作农药、医药中间体。

3. 毒性

大鼠经口LD_{50}：64 mg/kg。其健康危害GHS

分类为：急性毒性—经口，类别 3。慢性毒作用，与 1,2-二氯乙烷相同，对肝、肾有害。接触皮肤、口服和吸入蒸气均能造成中毒。

4. 人体健康危害

吸入而导致中毒所引起的病症可能相似于四氯化碳(已被视为典型的大含氯碳氢化合物溶剂)；而吸入四氯化碳可能造成中枢神经系统抑制。人对该物质的易感性呈现多样化，但大多数人在饮酒情况下会增加其易感性。本品蒸气会造成上呼吸道不适。高温下会加剧该物质所造成的吸入性危害。吸入高浓度蒸气的急性效应可能造成胸、鼻刺激，引起咳嗽、打喷嚏、头痛甚至恶心。

多数暴露卤化脂肪族碳氢化合物最显著的健康效应是中枢神经系统抑制。典型反应是从酩酊、兴奋逐渐变成麻醉。严重急性暴露可能因对儿酚安(肾上腺素)易感性而造成呼吸停止或心搏停止，进而导致死亡危险。在暴露含碘和溴成分的案例中所造成的健康效应绝不止于上述中枢神经抑制的简单描述，可出现头痛、恶心、运动失调(肌肉失去协调性)、颤抖、说话困难、视力混乱、抽搐、麻痹、狂躁和冷淡等都属于其副作用。

可经由未受损伤的皮肤吸收，导致皮炎及化学性灼伤等皮肤反应，严重时可造成中毒而导致肝脏及肾脏坏死。经眼睛接触，可引起结膜暂时性轻微的发红、暂时性视力损伤和/或其他短暂性的眼睛损伤/溃疡。

误服，可能相似于四氯化碳，造成肠胃道恶心、疼痛及呕吐、肝脏及肾脏损伤，严重时导致坏死，若呕吐物倒吸至肺部很可能会导致潜在致命的化学性肺炎。

1-氯丙烷

1. 理化性质

CAS 号：540-54-5	外观与性状：无色液体，有氯仿味
熔点/凝固点(℃)：−122.8	自燃温度(℃)：520
沸点、初沸点和沸程(℃)：46.6	爆炸下限[%(V/V)]：2.6
闪点(℃)：<−18(闭杯)	易燃性：易燃
爆炸上限[%(V/V)]：11.1	n-辛醇/水分配系数：2.04

(续表)

燃烧热(kcal/mol)：−483.0(25℃)(液体)	溶解性：水溶解度 0.271%，与乙醇，乙醚混溶；溶于苯，氯仿
蒸气压(kPa)：45.8(25℃)	蒸气密度(空气=1)：2.7
密度(g/cm³)：0.889 9	临界温度：230℃
临界压力：45.18 atm	

2. 用途与接触机会

1-氯丙烷的生产和作为化学中间体的使用可能导致其通过各种废物流释放到环境中。1-氯丙烷是商业烯丙基氯中的杂质，因此，烯丙基氯的生产和使用可导致通过各种废物流将 1-氯丙烷释放到环境中。职业性接触通过吸入和皮肤接触发生。

3. 毒代动力学

大鼠皮下注射混在花生油中的 40% wt/vol 的 1-氯丙烷溶液，在大鼠尿液中发现羟丙基巯基尿酸。来自苯巴比妥诱导的大鼠的肝微粒体可产生多种代谢物：丙烯、1,2-环氧丙烷、1,2-丙二醇、丙酸和一种与蛋白质结合的不明物质。

4. 毒性

本品大鼠经口 LD_{50} > 2 mg/kg。高浓度下抑制中枢神经系统，长期过量接触对肝和肾有损害。小鼠在 81 g/m³ 浓度下，暴露 1.3 h 引致侧倒，未发生死亡。使大鼠吸入 128.4 g/m³，1 h/d，共 4 d，有轻度肺充血和肝脏小灶性坏死。大鼠皮下注射 40%1-氯丙烷，在尿中发现有 2-羟丙基硫醚氨酸排出。

大鼠每 d1 h 暴露在 140 250 mg/m³ 下 4 d，出现轻微的肺泡出血及坏疽，肝脏明显局部坏疽，也可能造成肝脏及肾脏损伤。

2-氯丙烷

1. 理化性质

CAS 号：75-29-6	外观与性状：无色透明液体，有愉快的气味
熔点/凝固点(℃)：−117.2	临界温度(℃)：212
沸点、初沸点和沸程(℃)：35.7	临界压力：46.6 atm
闪点(℃)：−32(闭杯)	自燃温度(℃)：593

（续表）

爆炸上限[%(V/V)]：10.7	爆炸下限[%(V/V)]：2.8
燃烧热(kcal/mol)：−482.0(25℃)	n-辛醇/水分配系数：1.9
蒸气压(kPa)：68.5(25℃)	溶解性：微溶于水；溶于甲醇、乙醚、苯
密度(g/cm³)：0.861 7(20℃)	蒸气密度(空气=1)：2.7

2. 用途与接触机会

用作脂肪和油类的溶剂，也用于有机合成。职业性接触通过吸入和皮肤接触发生。

3. 毒性

本品小鼠经口 LD_{50}：1 300 mg/kg；小鼠吸入 LC_{50}：119 g/m³。

豚鼠经口 LD_{50} 为 10 g/kg；3 g/kg 存活。大鼠、兔、小鼠、豚鼠和猴在 3.21 g/m³ 浓度下，吸入 7 h/d，每周 5 d，共暴露 127 次(在 181 d 内)，动物均存活，生长及外观无异常。有些动物见有肝、肾病理学改变。

4. 人体健康危害

具有很强的麻醉作用。对皮肤、黏膜刺激作用很轻；溅入眼睛引起疼痛等刺激症状，如立即洗去未见严重损害。

有报道称长期接触本品可引起呕吐和心脏心律不齐，并可引起肝、肾损害。

5. 风险评估

我国尚未对本品的接触限值作出规定。目前仅罗马尼亚规定：8 h-TWA 为 400 mg/m³，15 min-STEL 为 500 mg/m³。

1-溴丙烷

1. 理化性质

CAS 号：106-94-5	外观与性状：无色至淡黄色液体，具有强烈的特征性甜味
熔点/凝固点(℃)：−110	临界压力(Pa)：5.39×10^6(est)
沸点、初沸点和沸程(℃)：71	自燃温度(℃)：490
闪点(℃)：−10(闭杯)	爆炸下限[%(V/V)]：4.6

（续表）

临界温度(℃)：270.8	n-辛醇/水分配系数：2.1
燃烧热(J/kmol)：-1.89×10^9(est)	溶解性：难溶于水(20℃时 2.45 mg/L)；溶于丙酮，乙醇，乙醚，苯，氯仿和四氯化碳
蒸气压(kPa)：13.3(18℃)	相对密度(水=1)：1.35
密度(g/cm³)：1.353(20℃)	相对蒸气密度(空气=1)：4.3

2. 用途与接触机会

本品具有化学性质稳定、不易燃烧、低沸点、易挥发等与氟利昂类似优点，且同时不破坏大气臭氧层，被美国 EPA 确定为氟利昂类替代品。目前主要用于生产喷雾黏合剂、精密仪器清洗剂等，也常作为合成中间体用与制药、杀虫剂、季胺类化合物的生产。职业性接触通过吸入和皮肤接触发生。

3. 毒代动力学

代谢过程较为复杂。Johes AR 等人采取对大鼠腹腔注射染毒发现：大部分化学品以原型随呼吸或尿液排出。腹腔注射 2 h 后，呼出气中原型的量占到总量的 56%，4 h 后则达到 60%，之后呼出气中原型含量明显降低，不易检出。腹腔注射 100 h 后，1/4 的本品以原型形式经尿液排出。Ichlharan 等人研究了班后尿中本品原型作为职业暴露作业人员生物监测指标。结果显示尿中原型同暴露浓度水平高度线性相关，表明尿中原型可以作为暴露监测生物标志。

动物实验发现，本品进入机体后可通过多种途径排出体外，主要途径包括以原形、脱溴或经 P450 氧化后与谷胱甘肽结合等。

4. 毒性

健康危害 GHS 分类为：皮肤腐蚀/刺激，类别 2；严重眼损伤/眼刺激，类别 2。

生殖毒性，类别 1B；特异性靶器官毒性——一次接触，类别 3(呼吸道刺激、麻醉效应)；特异性靶器官毒性—反复接触，类别 2。

大鼠经口 LD_{50}：3 600 mg/kg；大鼠经皮 LC_{50}：> 2 000 mg/kg；大鼠腹腔 LD_{50}：2 900 mg/kg；小鼠腹腔注射 LD_{50}：2 500 mg/kg；大鼠吸入 LC_{50}：253 mg/m³/30 min；大鼠吸入 LC_{50}：19 700 mg/m³。

本品对中枢神经系统有抑制作用。对皮肤和眼有刺激作用。动物接触麻醉浓度可引起肺、肝损害。

小鼠接触浓度 50 g/m³，30 min 侧倒，一昼夜后死亡。尸检见肝脏有脂肪浸润性病变。

在 28 d 的大鼠动物实验中指出，吸入该物质会降低体重增加。高剂量所造成动物的目标器官效应包括鼻道、膀胱炎、膀胱扩大、神经系统的灰白质形成空泡。可能造成肾脏及肝脏损伤。动物实验结果指出摄食本品会影响其生殖系统。

1-溴丙烷为可疑人类致癌物，IARC 致癌性分类为 Group2B。

5. 人体健康危害

我国台湾于 2013 年 5 月发生首例 1-溴丙烷溶剂清洗作业造成多发性神经病变案例。某高尔夫球杆头制造公司多名员工，作业时于近乎密闭的作业环境使用 1-溴丙烷溶剂清洗高尔夫球杆头，因通风不良导致过量暴露，造成腰部麻木、走路不稳、容易跌倒、双下肢肌肉痉挛疼痛、以及尿频和便秘等症状，经诊断确诊为多发性神经病变。

在人体健康效应会出现如步履蹒跚，严重时不能行走、运动协调障碍、对灼热感反应迟钝、体重下降、四肢及下背麻痹，碰触会感觉刺痛，其疼痛状态可能会持续较长，相关研究表明：本品对周围神经系统及中枢神经系统有不良影响的结果一致，可导致下肢疼痛或感觉异常，还有行走困难、痉挛性瘫痪、远程感觉减退和反射亢进等，亦伴随着恶心和头痛，这些患者的血液中也被检验出 1-溴丙烷的浓度超过一般人的标准值。而随着暴露浓度上升，会延长胫神经感觉表现，减少感觉神经传导速度，降低认知测试分数，男性员工的尿素氮增加。其中影响最大的是神经方面、内分泌相关及血液毒性方面的危害，且以女性较为严重。而最低可引起这些反应的 1-溴丙烷空气中浓度约为 65 mg/m³。

慢性毒性远比急性毒性高，长期暴露具有明确的神经毒性，会出现头痛、眩晕、言语含糊、意识丧失或失常、行走困难、肌肉抽搐等现象，有的会出现手臂或腿知觉丧失，这些中毒症状在停止暴露之后还可能持续存在。

6. 风险评估

我国职业接触限值规定：PC-TWA 为 21mg/m³。美国 ACGIH 规定：TLV-TWA 为 0.5 mg/m³。日本规定：TWA 为2.5 mg/m³。各国职业接触限值见表 15-16。

表 15-16　各国 1-溴丙烷的职业接触限值

国家或地区	8 h-TWA		15 min-STEL	
	ppm	mg/m³	ppm	mg/m³
比利时	10	51	—	—
加拿大—渥太华	0.1	—	—	—
芬兰	10	50	50	250
日本—JSOH	0.5	2.5	—	—
波兰	—	42	—	—
韩国	25	125	—	—
西班牙	10	—	—	—
美国—ACGIH	0.1	0.5	—	—
中国	—	21	—	—

*“—”，表示无相应限值

1,2-二溴丙烷

1. 理化性质

CAS 号：78-75-1	外观与性状：无色液体
熔点/凝固点(℃)：−55.49	临界压力(kPa)：4 083
沸点、初沸点和沸程(℃)：141.9	n-辛醇/水分配系数：2.43
闪点(℃)：<−75℃	溶解性：不溶于水；可混溶于乙醇、乙醚、氯仿，微溶于四氯化碳
蒸气压(kPa)：1.04(25℃)	临界温度：371℃
密度(g/cm³)：1.932 4(20 ℃)	

2. 用途与接触机会

以往本品的主要用途是作为含铅汽油的添加剂，与含铅残余物反应过后，就会生成易挥发的溴化铅，达到清除发动机表面的铅的目的。在美国，当 1,2-二溴-3-氯丙烷被强制停用以后，本品即取代成为泥土及各种农作物的杀虫剂。

作为含铅汽油的添加剂已遭停用，且不再是主流杀虫剂。目前，该化学品是一种广泛使用而又有时带争议性的熏蒸剂，用作木材的熏蒸剂以防受到白蚁及鞘翅目影响，且用作准备染料及蜡的材料。另外，养蜂场亦用以抑制场中飞蛾。

3. 毒性

本品大鼠经口 LD_{50}：741 mg/kg；大鼠吸入 LC_{50}：

12 000 mg/m³(4 h);小鼠经口 LD_{50}: 676 mg/kg。

动物实验表明,短时间吸入高剂量会使该动物抑郁及虚脱,表明它对脑部产生了一定的影响。动物实验中,老鼠在短时间吸入高剂量后死亡,低剂量则引起肝肾受损。

无论时间长短,当老鼠吸入含 1,2-二溴乙烷的空气和食物后,生殖力下降并出现异常精子。当幼鼠的父代有吸入过 1,2-二溴乙烷,其行为及脑部结构均有所变异。而当受孕过程中有吸入 1,2-二溴乙烷,幼鼠亦会出现先天缺陷。

4. 人体健康危害

迄今为止仍未知道吸入高剂量的 1,2-二溴乙烷对人体的影响。大量吞服则可构成发红及发炎,包括皮肤起水泡,口部及胃部溃疡。曾有一名女性因意外吞服 1,2-二溴乙烷而死亡,然而接触低剂量的 1,2-二溴乙烷并不会构成巨大的死亡风险。

虽然目前对于长期吸入 1,2-二溴乙烷的影响知悉不多,不过一些男工会因精子受之损害而丧失其生殖能力。

5. 风险评估

国内外尚未对本品的接触限值作出规定。

本品对水生生物有毒并具有长期持续影响,其环境危害 GHS 分类为: 危害水生环境—急性危害,类别 2;危害水生环境—长期危害,类别 2。

1,2-二氯丙烷

1. 理化性质

CAS 号: 78-87-5	外观与性状: 无色液体,似氯仿味
熔点/凝固点(℃): −100	自燃温度(℃): 557
沸点、初沸点和沸程(℃): 96.4	爆炸下限[%(V/V)]: 3.4
闪点(℃): 16(闭杯)	*n*-辛醇/水分配系数: 1.98
爆炸上限[%(V/V)]: 14.5	溶解性: 不溶于水;能与乙醇、乙醚、苯、四氯化碳等大多数有机溶剂混溶;20℃时在水中的溶解度为 0.26 g/100 ml
燃烧热(J/kg): 170×10⁵ (est)	相对蒸气密度(空气=1): 3.9
相对密度(水=1): 1.16	

2. 用途与接触机会

用作杀霉菌剂或杀菌剂,也是油脂和石蜡等的溶剂。

作为有机溶剂,主要用于清洗、去污和去斑(包括油漆、清漆的清除),还用作防爆液中的添加剂和铅清除剂,以及橡胶合成和硫化,脂肪、油脂、乳酸和石油蜡的提炼,四氯乙烯和氧化丙烯的生产;也广泛用作土壤烟熏剂,以防治线虫对水果、坚果及大田作物、甜菜和烟草的侵害。

3. 毒性与中毒机理

3.1 急性毒作用

对中枢神经系统有抑制作用。对皮肤和眼有轻度刺激作用。对动物的急性起毒性初起表现为兴奋,继后抑制,共济失调,麻醉,豚鼠经口 LD 为 2~4 g/kg。

本品的蒸气毒性比二氯甲烷、四氯化碳强,弱于 1,2-二氯乙烷。其麻醉毒性,肝毒性及致死性与四氯化碳相仿。但根据实验,当浓度为 3.3 g/m³ 时,引起小鼠半数麻醉的有效时间(ET_{50})为 350 min;引起谷丙转氨酶(SGPT)增高的 ET_{50} 为 186 min,ET_{50}-麻醉/ET50-SGPT 为 1.9,而四氯化碳的 ET_{50}-麻醉/ET_{50}-SGPT 为 136。如以半数致死时间(LT_{50})与 ET_{50}-SGPT 比,四氯化碳为 5 480,而二氯丙烷为 2.7。因此,本品所致的肝毒性比四氯化碳要低。

3.2 慢性毒作用

慢性动物实验可引致肝、肾和肾上腺损害。长期暴露亦会损害肝、肾及脑部。可使皮肤干燥、脱屑、红肿。10~50 mg/培养皿浓度下,可诱发鼠伤寒沙门菌菌株 TA1 535、TA1 978 和 TA100 突变。

IARC 致癌性分类将 1,2-二氯丙烷归为 Group1(确认人类致癌物)。

4. 人体健康危害

在使用含有本品的溶剂混合物的工人中有导致皮炎和皮肤过敏的报道。

由于偶然或故意(自杀)过度暴露于1,2-二氯丙烷引起的急性中毒,影响主要集中在中枢神经系统,肝脏和肾脏,有报道出现溶血性贫血和弥散性血管内凝血。此外,还报道由谵妄发展为不可逆的休克,心脏衰竭和死亡。

低浓度吸入本品刺激呼吸道,引起咳嗽和打喷嚏,高浓度引起急性麻醉。有关该化合品对人体毒性作用及死亡资料主要来自事故、服毒和作为兴奋剂使用的鼻吸(sniffing)嗜好。有报道,接触含60~98%本品的溶剂(主要是家用去污剂)中毒病例的主要靶器官是肝脏和肾脏,其毒作用从血清SGPT的暂时性升高,至严重肝损而导致死亡。肾小管坏死、肾衰竭、溶血性贫血和弥漫性血管内凝血也有报道。Conner报道,在一次装有3 000加仑的DOW421(内含二氯丙烷、二氯乙烯和邻位二氯苯混合剂,比例为2∶1∶4)铁路油槽车泄漏事故中,有7人在24 h内死亡,另外6人有上、下呼吸道上皮细胞坏死、肺水肿、肺气肿、支气管肺炎和心动过速而入院治疗,最后6人中又有3人也死亡。DiNucci报道,一名71岁男性口服180 ml含90%本品和10%1,1,1-三氯乙烯干洗剂,1 h后昏迷,并发展为急性肝、肾衰竭,严重的凝血障碍、代谢性酸中毒、弥漫性血管内凝血、休克和心肌衰竭,入院48 h后死亡。

该化学品也能通过皮肤吸收,并可引起过敏性接触性皮炎。Grzywa等报道,塑料厂工人接触含7.4%~12.7%本品商品制剂,发生过敏性接触性皮炎。Baruffini等报道10例机械制造业油漆工和金属制造工的过敏性接触性皮炎,与接触含10%~14%本品有关。

5. 风险评估

5.1 生产环境

我国职业接触限值规定:PC-TWA为350 mg/m³,PC-STEL为500 mg/m³。各国职业接触限值如表15-17。

表15-17 各国1,2-二氯丙烷的职业接触限值

国家或地区	8 h-TWA		15 min-STEL	
	ppm	mg/m³	ppm	mg/m³
澳大利亚	75	347	110	508
比利时	10	47	—	—
加拿大—渥太华	10	—	—	—
加拿大—魁北克	75	347	110	508
丹麦	75	350	150	700
芬兰	10	46	20	92
法国	75	350	—	—
匈牙利	—	50	—	50
爱尔兰	10	46	—	—
日本—JSOH	1	4.6	—	—
新西兰	75	347	110	508
波兰	—	50	—	—
罗马尼亚	22	100	44	200
新加坡	75	347	110	508
韩国	75	350	110	510
西班牙	10	47	—	—
瑞士	75	350	—	—
美国—OSHA	75	350	—	—
美国—ACGIH	10	46	—	—
中国	—	350	—	500

* "—"代表无对应限值

1,2-二溴-3-氯丙烷

1. 理化性质

CAS号:96-12-8	外观与性状:纯净物为无色液体,有刺激气味
熔点/凝固点(℃):5	*n*-辛醇/水分配系数:2.96
沸点、初沸点和沸程(℃):196(分解)	溶解性:微溶于水;溶于乙醇、丙酮、烃类等;与油类、二氯丙烷、异丙醇混溶
闪点(℃):77	相对蒸气密度(空气=1):8.16
蒸气压(kPa):0.08(20℃)	相对密度(水=1):2.1
密度(g/cm³):2.08(20℃)	

2. 用途与接触机会

本品为人造化学品,自然环境中不存在。是杀线虫剂的活性成分。它是一种于以前美洲农业上使用的土壤熏蒸剂。在发现它对人类健康造成不良影响之后，此化合物于1979年被禁止及限制其使用。

3. 毒代动力学

经口给予大鼠同位素标记的本品后，98.8%从消化道吸收，仅0.04%的本品以原形从呼吸道排出。在最初的24 h中，从尿、粪及呼出气中分别排出49%、14%和16.5%。在呼出气中主要以二氧化碳形式排出。在脂肪组织可有少量的蓄积。

4. 毒性

4.1 急性毒作用

本品大鼠经口LD_{50}：170 mg/kg；大鼠吸入LC_{50}：1 087 mg/(m^3 · 8 h)；兔(雄性)经口LD_{50}：100 mg/kg；大鼠(Long - Evans 雄性和雌性)LC_{50}：1 480 mg/(m^3 · h)；兔经皮LD_{50}：1 400 mg/kg；小鼠腹腔注射LD_{50}：123 mg/kg。

兔经皮，10 g重度刺激；兔经眼，1%轻度刺激。

4.2 慢性毒作用

细菌诱变检测为阳性。显性致死作用实验表明本品是哺乳类的致突变剂。

IARC致癌性分类为Group2B(可疑人类致癌物)。美国卫生与人群服务部(Department of Health and Human services，DHHS)已将本品列在推测对人类为致癌物清单项目之一。本品具有内分泌干扰作用。

本品对男性生殖系统有明显的毒作用。使用二溴氯丙烷作熏蒸剂的工人，在高浓度接触下，男工睾丸体积减小，促卵泡成熟激素水平增高。脱离接触后，精子数可恢复正常，对生育力不受影响，子女也正常。动物实验表明，大鼠妊娠第6～15 d，经口给予本品50和25 mg/kg可引起母鼠和胎仔的毒作用，但无致畸发生。喂饲10 mg/kg，4～5月可引起母鼠动情周期的紊乱，引起卵巢激素分泌降低。二溴氯丙烷对雄性生殖系统的毒作用具有明显的种属差异。兔比大鼠敏感。个体差异也较大。迄今，动物和人的观察表明，本品的生殖毒性作用是可逆的，一旦脱离接触，功能可恢复。

5. 人体健康危害

劳动者暴露于二溴氯丙烷造成的慢性症状包括不孕、肾功能萎缩、肝功能退化及硬化。

6. 风险评估

我国尚未对本品的接触限值作出规定。各国家对本品的职业卫生限值如表15 - 18。

表15 - 18 各国1,2 -二溴- 3 -氯丙烷的职业接触限值

国 家	8 h - TWA		15 min - STEL	
	ppm	mg / m^3	ppm	mg / m^3
丹麦	0.001	0.01	0.002	0.02
匈牙利	—	—	—	0.01
美国—OSHA	0.001	—	—	—

* “—”代表无对应限值

2 -氯- 1 -溴丙烷

1. 理化性质

CAS号：3017 - 96 - 7	外观与性状：无色液体
n -辛醇/水分配系数：2.34	密度(g/cm^3)：1.542(20℃)
沸点、初沸点和沸程(℃，常压)：118℃	闪点(℃)：27.5 ± 8.5℃，Calc.

2. 用途与接触机会

又称1 -溴2 -氯丙烷。作为医药中间体。

3. 毒性

本品健康危害GHS分类为：急性毒性—吸入，类别3。

1 -氯- 2 -溴丙烷

1. 理化性质

CAS号：3017 - 95 - 6	外观与性状：无色无味液体
熔点/凝固点(℃)：58.9	n -辛醇/水分配系数：2.34
沸点、初沸点和沸程(℃)：118	溶解性：水溶性为2 240 mg/L(25℃)不溶于水；溶于丙酮、苯；易溶于乙醇、乙醚、氯仿
蒸气压(kPa)：1.5(25℃)	

2. 用途与接触机会

医药中间体。

3. 毒性

本品健康危害 GHS 分类为：急性毒性—吸入，类别 3。

1-氯-3-溴丙烷

1. 理化性质

CAS 号：109-70-6	外观与性状：无色液体
熔点/凝固点(℃)：−58.9	*n*-辛醇/水分配系数：2.18
沸点、初沸点和沸程(℃)：143.3	溶解性：−224 g/100 ml (25℃)，极易溶于醚、氯仿，溶于甲醇、氧化和氧化溶剂
闪点(℃)：57℃	爆炸下限[%(V/V)]：3.2
爆炸上限[%(V/V)]：8.6	相对密度(水=1)：1.6
蒸气压(kPa)：0.85 (25℃)	相对蒸气密度(空气=1)：5.4
密度(g/cm^3)：1.596 9 (20℃/4℃)	

2. 用途与接触机会

用于制造三氟拉嗪盐酸盐及有机合成。

3. 毒性

本品大鼠经口 LD_{50}：930 mg/kg；大鼠吸入 LC_{50}：5 668 mg/m^3；小鼠经口 LD_{50}：1 290 mg/kg。

本品具有神经毒性，动物经口给药 900 mg/kg 后出现呕吐、嗜睡、肌肉衰弱等症状。未发现睾丸毒性。灌胃法给予雄性白化 Wistar 大鼠 1-氯-3-溴丙烷，剂量为 40 或 160 mg/(kg·h)，持续 14 d，未发现处理组和对照组之间在睾丸病理、体重增加，睾丸重量，形态学，或肾脏，睾丸，附睾，输精管和输精管的详细肉眼和显微镜检查存在显著差异。

其健康危害 GHS 分类为：急性毒性—吸入，类别 3；特异性靶器官毒性——次接触，类别 2；特异性靶器官毒性—反复接触，类别 2。

4. 人体健康危害

误服、与皮肤接触或吸入蒸气对身体有害。对眼睛、皮肤和黏膜有强烈的刺激性，可引起化脓性结膜炎。长期接触后，可引起头痛、头晕、恶心及麻醉作用。

长期接触，本品可能对中枢神经系统和肝脏造成影响，导致功能受损。

5. 风险评估

我国尚未对本品的接触限值作出规定。2003 年俄罗斯提出职业卫生限值：STEL 为 3 mg/m^3。

1-碘丁烷

1. 理化性质

CAS 号：542-69-8	外观与性状：淡黄色透明液体
熔点/凝固点(℃)：−103	爆炸下限[%(V/V)]：1.4
沸点、初沸点和沸程(℃)：130	*n*-辛醇/水分配系数：3.08
闪点(℃)：31(闭杯)	溶解性：不溶于水(0.2 g/L)；溶于乙醇、乙醚、氯仿
蒸气压(KPa)：1.849	相对蒸气密度(空气=1)：6.35
密度(g/cm^3)：1.62	相对密度(水=1)：1.62

2. 用途与接触机会

用作分析试剂、溶剂，也用于有机合成等。

3. 毒性

本品大鼠吸入 LD_{50}：6 100 mg/(m^3·4 h)；小鼠腹腔注射 LD_{50}：101 mg/kg；大鼠腹腔注射 LD_{50}：692 mg/kg。其健康危害 GHS 分类为：急性毒性—吸入，类别 3。

4. 人体健康危害

具有刺激性，可引起严重的眼部刺激和皮肤刺激。对上呼吸道黏膜亦有强烈的刺激性，少数严重者可引起肺水肿。可致皮肤严重灼伤。

1-碘-2-甲基丙烷

1. 理化性质

CAS号：513-38-2	外观与性状：透明至淡黄色液体，见光变棕色
熔点/凝固点(℃)：-93	易燃性：高度易燃
沸点、初沸点和沸程(℃)：121.1	n-辛醇/水分配系数：2.990
闪点(℃)：12.8	溶解性：不溶于水，可混溶于乙醇、乙醚
蒸气压(kPa)：2.08	相对蒸气密度(空气=1)：6.0
相对密度(水=1)：1.6	

2. 用途与接触机会

又名碘代异丁烷。可用作电子化学品中间体，精细化工行业等。

3. 毒性

本品小鼠腹腔注射 LD_{50}：594 mg/kg；大鼠腹腔注射 LD_{50}：1 241 mg/kg；大鼠吸入 LC_{50}：6 700 mg/(m^3·4 h)。健康危害GHS分类为：急性毒性—吸入，类别3。

吸入或皮肤吸收本品可能会产生毒性作用。吸入或接触本品可能会刺激或烧伤皮肤和眼睛。燃烧会产生刺激性、腐蚀性和/或有毒气体。蒸气可能引起头晕或窒息。

1-碘-3-甲基丁烷

1. 理化性质

CAS号：541-28-6	外观与性状：无色至淡黄色液体，见光或置于空气中易变棕色
沸点、初沸点和沸程(℃)：147	易燃性：易燃
闪点(℃)：40	n-辛醇/水分配系数：3.480
密度(g/cm^3)：1.5(20℃)	溶解性：不溶于水；溶于乙醇、乙醚

2. 用途与接触机会

又名碘代异戊烷，用作溶剂、有机合成中间体等。

3. 毒性

本品小鼠腹腔注射 LD_{50}：503 mg/kg；大鼠腹腔注射 LD_{50}：948 mg/kg；大鼠经口 LD_{50}：1 424 mg/kg。

4. 风险评估

本品对水生生物有毒并具有长期持续影响，其环境危害GHS分类为：危害水生环境—急性危害，类别2；危害水生环境—长期危害，类别2。

短链氯化石蜡(C_{10-13}氯代烃)

1. 理化性质

CAS号：85535-84-8	外观与性状：无色或淡黄色黏稠液体，且有轻微的脂芳香味
溶解性：不溶于水(<0.075 mg/L)	

2. 用途与接触机会

氯化石蜡(CPs)是正构烷烃经氯化衍生之后的一种工业合成品，其氯含量在30%～72%之间。根据碳链长度，氯化石蜡被分为短链氯化石蜡(SCCPs，$C_{10\sim13}$)，中链氯化石蜡(MCCPs，$C_{14\sim17}$)，长链氯化石蜡(LCCPs，$C_{18\sim30}$)。

短链氯化石蜡的最大用途是作为金属切削和金属成型操作中润滑剂和冷却剂的组分。其次是塑料中的二次增塑剂和阻燃剂，尤其是PVC。此外，短链氯化石蜡用途是作为增塑剂和各种产品的阻燃添加剂，包括：橡胶配方，油漆和其他涂料，以及黏合剂和密封剂。出于安全原因，欧盟和加拿大已允许短链氯化石蜡用作地下采矿输送带(橡胶配方)中的阻燃剂和大坝密封剂中的阻燃剂。

3. 毒代动力学

短链氯化石蜡通过口服(高达60%)显著吸收，但通过皮肤吸收较差。氯化程度影响短链氯化石蜡的吸收、分布和排泄。

4. 毒性和中毒机理

本品急性毒性较低。在一些动物研究中观察到轻度皮肤和眼睛刺激。

Wyatt 等通过强饲法将雄性大鼠暴露在两种 SCCPs(氯含量 58%和 56%)中 14 d，发现每 d 喂食 58%的 SCCPs100 mg/kg 及以上时，和每 d 喂食 56%的 SCCPs50 mg/kg 及以上时，雄性大鼠的肝脏重量随剂量的增加而增大。欧盟委员会在一项为期 13W 的研究中，对大鼠分别喂食 5 000 和 2 000 mg/kg/d SCCPs 后并未观察到其生殖器官发生改变。在 2 000 mg/kg/d 浓度下会导致雌鼠严重的孕育中毒，并对发育产生影响，但在较低剂量下并未观察到此现象。过去对 SCCPs 的健康风险评估大多是基于对模式动物的毒理学暴露试验，最近 Geng 等研究了不同环境水平的 SCCPs 暴露(0、1.0、10.0 和 100.0 μg/L；C_{13} - CPs，55.5%Cl)对人体肝癌细胞 HepG2 小分子代谢物的影响，研究发现经 SCCPs 暴露后，HepG2 细胞小分子代谢物与对照组相比有明显的变化，细胞在糖代谢、氨基酸代谢和脂肪酸代谢方面发生不同程度的紊乱。SCCPs 的低剂量(1.0 μg/L)暴露可明显刺激 HepG2 细胞对氨基酸的吸收，而高剂量(100.0 μg/L)SCCPs 暴露抑制了细胞对氨基酸和葡萄糖吸收，从而不可避免的影响蛋白质的合成，同时 SCCPs 的暴露使饱和脂肪酸代谢紊乱，使不饱和脂肪酸水平上调。

IARC 将氯化石蜡(平均碳链长度为 12，平均氯含量为 60%)归为 Group2B(可疑人类致癌物)。NCI 根据实验动物致癌性的充分证据，将氯化石蜡(C12，60%氯)列为合理预期为人类致癌物。动物的致癌性研究表明，主要的肿瘤部位是肝脏，甲状腺和肾脏。其健康危害 GHS 分类为：致癌性，类别 2。

5. 人体健康危害

反复暴露于短链氯化石蜡($C_{10\text{-}13}$)可能导致皮肤干燥或龟裂，且会刺激眼睛，但总体上被认为对人体的毒性较低。

6. 风险评估

国内外尚未对本品的接触限值作出规定。

2017 年 5 月第 8 次《关于持久性有机污染物的斯德哥尔摩公约》缔约方大会上，短链氯化石蜡(C10 - 13)最终被列入了《公约》附件 A 受控 POPs 清单。

本品对水生生物毒性极大并具有长期持续影响，其环境危害 GHS 分类为：危害水生环境—急性危害，类别 1；危害水生环境—长期危害，类别 1。

氯代烯烃类

氯代烯烃类化合物是一组含氯不饱和脂肪烃类化合物，多为液体或可液化的气体，在工业上最为广泛使用的六种氯代烯烃类化合物为：氯乙烯(VC)、1,2 -二氯乙烯(VDC)、顺式 1,2 -二氯乙烯(cis - 1,2 - DCE)，反式 1,2 -二氯乙烯(trans - 1,2 - DCE)、三氯乙烯(TCE)、四氯乙烯(TTCE)。工业上作为溶剂和化工原料。

氯代烯烃类化合物对人体和动物可能表现两方面的危害：① 致癌作用研究表明 VC、VDC、TCE 和 TTCE 对人体和实验动物有致癌作用。其主要致癌机理是它们的活性代谢产物与 DNA 的烷化作用。现已鉴定出 VC 的代谢产物与 DNA 形成两种加成物。其终致癌物为环氧化物、乙酰氯和氯乙醛。氯乙烯化氧可诱发小鼠皮肤癌。其次，即所谓后生机制(epigenetic mechanism)。由于活性代谢产物与细胞生物大分子的大量共价结合，使得组织破坏。为了再生新的组织，大量 DNA 的合成，诱发自发突变和癌的形成。在研究 TTCE 对小鼠的致癌作用时证实了这一假设。但其确切的机制还待进一步研究。② 膜损伤研究表明 VC 的脂质过氧化可能是活性代谢产物诱发膜的不饱和脂肪酸的过氧化作用，导致膜的损伤。此点有待进一步证实。

依据氯代烯烃类化合物的代谢特点，对于接触者给予半胱氨酸(谷胱甘肽前身)，以升高体内的谷胱甘肽含量，加速其活性代谢产物——环氧化物，乙酰氯和氯乙醛的排出。阻止它们与体内生物大分子的共价结合。

已证实 VC 有脂质过氧化作用，对于接触者给予亚硒酸钠，以升高体内需硒的抗氧化——谷胱甘肽过氧化物酶的活性。催化还原由膜脂质过氧化作用生成的脂质氢过氧化物为羟基酸而保护生物膜的完整性。在制定它们的卫生标准时，主要根据呼出气中 CO_2 和尿中硫代二乙酸的排出量，与车间空气中这类化合物的浓度进行相关分析.推算体内可能残存的毒物量，预测最高容许浓度。

从它们的代谢特点表明，谷胱甘肽过氧化物酶、血清总硫基、血清乳酸脱氢醇同功酶、乙醇脱氢酶可能作为早期诊断指标；尿中硫代二乙酸的测定可作为接触指标。

氯 乙 烯

1. 理化性质

CAS 号：75-01-4	外观与性状：无色压缩液化气体，有特殊气味
熔点/凝固点(℃)：−153.84	临界温度(℃)：151.5
沸点、初沸点和沸程(℃)：−13.37	临界压力(MPa)：5.75
闪点(℃)：−77.8(闭杯)	自燃温度(℃)：472
爆炸上限[%(V/V)]：33.0	分解温度(℃)：在特定情况下，该物质可形成过氧化物并引发爆炸聚合。该物质在燃烧时分解产生有毒和腐蚀性烟雾(氯化氢，光气)
蒸气压(kPa)：396(25℃)	爆炸下限[%(V/V)]：3.6
密度(g/cm³)：0.910 6(20℃)	易燃性：易燃、易爆
相对密度(水=1)：0.9(作为液体)	*n*-辛醇/水分配系数：1.46
相对蒸气密度(空气=1)：2.15	溶解性：微溶于水(25℃时 2.7 g/L)；溶于乙醇；极易溶于乙醚、四氯化碳和苯

2. 用途与接触机会

主要用于生产聚氯乙烯的单体，也能与丙烯腈、醋酸乙烯酯、丙烯酸酯、偏二氯乙烯等共聚制得各种树脂，还可用于合成三氯乙烷及二氯乙烯等。有时为化学中间体，或用作溶剂。氯乙烯合成过程中，在转化器、分馏塔、贮槽、压缩机及聚合反应的聚合釜、离心机处都可能接触到氯乙烯单体，特别是进入聚合釜内清洗或抢修和意外事故时，接触浓度最高。

3. 毒代动力学

小鼠吸入 10 min 的最低麻醉浓度为 199.7～286.7 g/m³ (7.8%～112%)，MLC(最小致死浓度)为 573.4～691.2 g/m³ (22.4%～27%)。人的麻醉阈浓度为 182 g/m³。

主要通过呼吸道吸入其蒸气而进入人体，液体氯乙烯污染皮肤时可部分经皮肤吸收。经呼吸道吸入的氯乙烯主要分布于肝、肾，其次为皮肤、血浆，脂肪最少。其代谢物大部分随尿排出。

氯乙烯代谢与浓度有关。低浓度吸入后，主要经醇脱氢酶途径在肝脏代谢，先水解为 2-氯乙醇，再形成氯乙醛和氯乙酸；吸入高浓度氯乙烯时，在醇脱氢酶的代谢途径达到饱和后，主要经肝微粒体细胞色素 P450 酶的作用而环氧化，生成高活性的中间代谢物环氧化物-氧化氯乙烯，后者不稳定，可自发重排(或经氧化)形成氯乙醛，这些中间活性产物在谷胱甘肽 S-转移酶催化下，与谷胱甘肽结合形成 S-甲酰甲基谷胱甘肽，随后进一步经水解或氧化生成 S-甲基甲酰半胱氨酸和 N-乙酰-S(2-羟乙基)半胱氨酸由尿排出。氯乙醛则在醛脱氢酶作用下生成氯乙酸经尿排出。

肺泡气中的氯乙烯，尿中亚硫基二乙酸可以作为接触标志物。氯乙烯加合物 CEO 和 CAA 是氯乙烯代谢中产生的主要活性中间产物，可作为氯乙烯的生物有效剂量标志物。

4. 毒性

4.1 急性毒作用

本品豚鼠吸入 LC_{50}：595 mg/(L·2 h)；兔子吸入 LC_{50}：295 mg/(L·2 h)；小鼠吸入 LC_{50}：294 mg/(L·2 h)；大鼠吸入 LC_{50}：390 mg/(L·2 h)；大鼠经口 LD_{50}：500 mg/kg；大鼠吸入 LC_{50}：50 mg/m³，15 min。

长期以来认为氯乙烯通过急性吸入具有非常低的毒性。Schauman 认为氯乙烯是一种潜在的麻醉剂，但即使多次将狗暴露于麻醉浓度后，病理变化也很小。进一步研究表明，氯乙烯在狗中用作麻醉剂是不安全的。对于人类而言，由于氯乙烯具有可燃性，麻醉效力差，且在麻醉剂浓度下可引起心脏不规则的性质，因此不适合用作人类的麻醉剂。

4.2 慢性毒作用

当氯乙烯浓度范围为 140～1 400 mg/m³ 时，中等持续时间的吸入研究已显示明显的致死率。据报道，暴露于 1 400 mg/m³ 氯乙烯，6 h/d，5 d/w，持续 6 个月，37/70 雄性和 23/70 雌性小鼠死亡；140 mg/m³ 氯乙烯中，6 h/d，5 d/w，持续 1 至 10 个月，17/26 大鼠和 15/16 小鼠死亡。暴露于以下浓度和持续时间的大鼠中，出现与亚慢性吸入暴露于氯乙烯相关的肝毒性：28 mg/m³，6 h/d，6 d/w，持续 6 个月(增加相对肝脏重量)；140 mg/m³，5 h/d，5 d/w，持续 10 个月(脂肪变化)；279 mg/m³，0.5 至 7 h/d，5 d/w，持续 6 个月(相对肝脏重量增加)；1 400 mg/m³，7 h/d，

7 d/w，持续4.5个月；55 804 mg/m³ 至 139 509 mg/m³，8 h/d，持续19 d（肝细胞肥大，大量不规则空泡，压缩血窦，相对肝脏重量升高）。暴露于2 790～6 975 mg/m³，5～6 h/d，5 d/w，1～6个月的小鼠，和暴露于558 mg/m³ 7 h/d，7 d/w，持续6个月的兔子出现肝毒性（增生和肝脏重量减轻）。8 371 mg/m³ 氯乙烯，6 h/d，6 d/w，持续3个月；或1 395 mg/m³，5 h/d，5 d/w，持续10个月，大鼠肾脏重量增加。140 mg/m³，7 h/d，持续6个月，或279 mg/m³ 至558 mg/m³，1 h/d，持续6个月，大鼠，兔子，豚鼠或狗的肝脏或肾脏未观察到不良反应。

大鼠和小鼠吸入暴露于140 mg/m³ 氯乙烯，6 h/d，5 d/w，持续6个月，或口腔灌注氯乙烯1.7 mg/kg/d，12个月后寿命减少。吸入140 mg/m³～27 902 mg/m³ 氯乙烯，大鼠肝脏出现组织病理学变化，包括肝细胞和窦状细胞的增生和肥大，出现正弦扩张区域。暴露于83 705 mg/m³，4 h/d，5 d/w，持续10个月，大鼠的反应性降低，平衡出现紊乱。组织病理学检查显示灰质和白质的弥漫性变性、浦肯野细胞层退化、周围神经末梢的纤维组织浸润。

Viola将大鼠暴露于83 705 mg/m³（3%）氯乙烯蒸气，4 h/d，5 d/w，发现骨中出现化生改变，类似于人类肢端溶骨症。这也是首个在人类或动物中氯乙烯致癌的报告。Viola的研究存在不足之处，如氯乙烯蒸气中存在大量杂质，暴露室中存在食物和被褥，暴露浓度过高，以及不适当的统计评估和对病变的解释。然而，该报告引起了严重关注，并引发进行一系列全面的动物研究。

本品的诱变作用有大量的实验研究。大鼠吸入0.15、0.4或10 mg/m³ 本品可引起染色体畸变率增高。氯乙烯是明确的人类致癌物，IARC致癌性分类为Group1（确认的人类致癌物）。其GHS危害分类：致癌性，类别1A。

5. 人体健康危害

5.1 急性中毒

急性中毒检修设备或意外事故大量吸入氯乙烯所致，多见于聚合釜清釜过程和泄漏事故。主要是对中枢神经系统呈现麻醉作用。轻度中毒者有眩晕、头痛、乏力、恶心、胸闷、嗜睡、步态蹒跚等。及时脱离接触，吸人新鲜空气，症状可减轻或消失。重度中毒可出现意识障碍，可有急性肺损伤（Acute lung injury，ALI）甚至脑水肿的表现，严重患者可持续昏迷甚至死亡。皮肤接触氯乙烯液体可引起局部损害、表现为麻木、红斑、水肿以及组织坏死等。

5.2 慢性中毒

长期接触氯乙烯，对人体健康可产生多系统不同程度的影响，如神经衰弱综合征、雷诺综合征、周围神经病、肢端溶骨征、肝脏肿大、肝功能异常、血小板减少等。有人将这些症状称为“氯乙烯病”或“氯乙烯综合征”。

（1）神经系统：以类神经症和自主神经功能紊乱为主，其中以睡眠障碍、多梦、手掌多汗为常见。有学者认为，神经、精神症状是慢性氯乙烯中毒的早期症状，精神方面主要表现为抑郁。清釜工可见皮肤瘙痒、烧灼感、手足发冷发热等多发性神经炎表现，有时还可见手指、舌或眼球震颤。神经传导和肌电图可见异常。

（2）消化系统：有食欲减退、恶心、腹胀、便秘或腹泻等症状。可有肝、脾不同程度肿大，也可有单纯肝功能异常。后期肝脏明显肿大、肝功异常，并有黄疸、腹水等。一般肝功能指标改变不敏感、而静脉色氨酸耐量试验（ITTT）、肝胆酸（CG）、γ-谷氨酰转肽酶（γ-GT）、前白蛋白（PA）相对较为敏感。此临床表现对诊断慢性氯乙烯中毒极有意义。

（3）肢端溶骨症（acroosteolysis，AOL）：多发生于工龄较长的清釜工，发病工龄最短者仅一年。早期表现为雷诺综合征：手指麻木、疼痛、肿胀、变白或发绀等。随后逐渐出现末节指骨骨质溶解性损害。X线常见一指或多指末节指骨粗隆边缘呈半月状缺损，伴有骨皮质硬化，最后发展至指骨变粗变短，外形似鼓槌（杵状指）。手指动脉造影可见管腔狭窄、部分或全部阻塞。局部皮肤（手及前臂局限性增厚、僵硬，呈硬皮病样损害，活动受限。目前认为，肢端溶骨征是氯乙烯所致全身性改变在指端局部的一种表现。肢端溶骨症的发生常伴有肝、脾大，对诊断有辅助意义。

（4）血液系统：有溶血和贫血倾向，嗜酸性粒细胞增多，部分患者可有轻度血小板减少，凝血障碍等。这种现象与患者肝硬化和脾功能亢进有关。

（5）皮肤：经常接触氯乙烯可有皮肤干燥、皲裂、丘疹、粉刺或手掌皮肤角化、指甲变薄等症状，有的可发生湿疹样皮炎或过敏性皮炎，可能与增塑剂和稳定剂有关。少数接触者可有脱发。

（6）肿瘤：1974年Creech首次报道氯乙烯作业工人患肝血管肉瘤（hepatic angiosarcoma），国内首例报道于 1991 年。肝血管肉瘤较为罕见，其发病率约为 0.014/10 万。英国调查证实职业性接触氯乙烯工人原发性肝癌和肝硬化的发病危险性增高。另外，还发现氯乙烯所致肝损害似与乙型肝炎病毒具有协同作用；国内调查发现，氯乙烯作业男工的肝癌发病率、死亡率明显高于对照组，发病年龄较对照组显著提前，且与作业工龄相关，并具有剂量—效应关系，说明了氯乙烯的致肝癌作用。国内外另有报道，氯乙烯作业者造血系统、胃、呼吸系统、脑、淋巴组织等部位的肿瘤发病率增高，值得重视，但对此问题尚需进一步研究。

(7) 生殖系统：氯乙烯作业女工和作业男工配偶的流产率增高，胎儿中枢畸形的发生率也有增高，作业女工妊娠并发症的发病率也明显高于对照组，提示氯乙烯具有一定的生殖毒性。

(8) 其他：对呼吸系统主要可引起上呼吸道刺激症状；对内分泌系统的作用表现为暂时性性功能障碍；部分患者可致甲状腺功能受损。

6. 风险评估

我国职业接触限值规定：PC-TWA 为 10 mg/m^3。美国 ACGIH 规定：TLV-TWA 为 2.6 mg/m^3；OSHA 规定：8 h-TWA 为 2.6 mg/m^3，15 min-STEL 为 14 mg/m^3；日本规定：TWA 为 5.6 mg/m^3。各国氯乙烯的职业接触限值如表 15-19。

表 15-19　各国氯乙烯的职业接触限值

国家或地区	8 h-TWA		15 min-STEL	
	ppm	mg/m^3	ppm	mg/m^3
澳大利亚	5	13	—	—
奥地利	2	5	4	10
比利时	3	7.77	—	—
加拿大—渥太华	1	—	—	—
加拿大—魁北克	1	2.6	—	—
丹麦	1	3	2	6
欧盟	1	2.6	—	—
芬兰	3	7.7	—	—
法国	1	2.59	—	—
德国(AGS)	3	7.7	—	—
匈牙利	—	—	—	7.77
爱尔兰	3	7.77	—	—
以色列	1	3	—	—

(续表)

国家或地区	8 h-TWA		15 min-STEL	
	ppm	mg/m^3	ppm	mg/m^3
	0,75	2	—	—
意大利	3	7.77	—	—
日本	2	—	—	—
日本—JSOH	2,5	6.5	—	—
拉脱维亚	3	7.77	—	—
新西兰	1	2.6	—	—
波兰	—	5	—	30
罗马尼亚	3	7.77	—	—
新加坡	5	13	—	—
韩国	1	—	—	—
西班牙	3	7.8	—	—
瑞典	1	2.5	5	13
瑞士	2	5.2	—	—
荷兰	—	7.77	—	—
土耳其	3	7.77	—	—
美国—OSHA	1	—	5	—
美国—ACGIH	1	2.6	—	—
英国	3	—	—	—
中国	—	10	—	—

* “—”代表无对应限值

溴　乙　烯

1. 理化性质

CAS 号：593-60-2	外观与性状：无色气体或液体，刺激性气味
熔点/凝固点(℃)：−137.8	临界温度(℃)：190.36
沸点(℃)：15.8	临界压力(MPa)：6.86
闪点(℃)：−7.78	自燃温度(℃)：530
爆炸上限[%(V/V)]：15	爆炸下限[%(V/V)]：9
燃烧热(kJ/mol)：−1 294.1 (25℃，气体)	易燃性：高度易燃
饱和蒸气压(kPa)：137.4 (25 ℃)	n-辛醇/水分配系数：1.57
密度(g/cm^3)：1.493 3 (20 ℃)	溶解性：可溶于氯仿、乙醇、乙醚、丙酮和苯；不溶于水
相对密度(水=1)：1.49	相对蒸气密度(空气=1)：3.7

2. 用途与接触机会

在织物和织物混纺产品的生产中，使用少量溴乙烯与丙烯腈一起作为单体，用于睡衣（主要用于儿童）和家居用品。与醋酸乙烯和马来酸酐共聚，产生颗粒状产物，用于皮革和金属成品。溴乙烯被用作一种有机合成的中间体，通过聚合和共聚来制备塑料。可作为丙烯酸纤维的阻燃剂。

职业性接触通过吸入和皮肤接触发生。

3. 毒代动力学

在亚急性吸入研究中，大鼠暴露于空气浓度为44 g/m^3的溴乙烯，7 h/d，持续5 d，或大鼠、兔子和猴子暴露于1.1或2.2 g/m^3溴乙烯，6 h/d，5 d/w，连续6个月，三个物种血液中的非挥发性溴化物随着暴露持续而增高，并与吸入的溴乙烯成正比。对大鼠的卤化乙烯基氟乙烯、溴乙烯、全氯乙烯（PER）和三氯乙烯（TRI）的吸入药代动力学进行了比较研究，发现沸点低的化合物在组织中的富集程度程度比沸点高的少，反之亦然。

用大鼠吸入暴露法对氟乙烯、偏氟乙烯、氯乙烯和溴乙烯进行比较药代动力学研究，对卤化乙烯的代谢清除具有饱和性，并呈剂量依赖性，如果动物暴露于超过饱和的卤代乙烯的大气浓度，清除速率取决于零级定律。相反，在不饱和状态下，清除速率取决于一级动力学。溴乙烯在大鼠吸入后迅速吸收，并且与气相浓度相比，在大鼠体内表现11倍的累积。在暴露浓度大于250 mg/m^3的情况下，代谢是可饱和的。在大鼠、兔子和猴子的溴乙烯吸入后，非挥发性溴化物的血浆浓度随暴露时间的增加而升高，且在苯巴比妥预处理的大鼠中则升高得更快。

美国环保署计算溴乙烯通过人体皮肤的渗透系数为5.5×10^{-3} cm/hr。

4. 毒性

4.1 急性毒作用

本品大鼠经口LD_{50}为0.5 g/kg。高浓度吸入可造成麻醉，甚至致死。急性吸入437.64 g/m^3可引起深昏迷，并在15 min内死亡。大鼠吸入218.82 g/m^3溴乙烯后，尸检发现有轻度至中度的肝、肾损伤。

4.2 慢性毒作用

大鼠吸入43.8 g/m^3，每天7 h，连续4 w，动物不爱活动，体重增长下降，但内脏无明显变化。Sprague-Dawley大鼠暴露于48 mg/m^3，239 mg/m^3，1 194 mg/m^3或5 968 mg/m^3的溴乙烯，6 h/d，5 d/w，持续2年，在所有暴露水平体重明显减轻。累积死亡率与239 mg/m^3，1 194 mg/m^3和5 968 mg/m^3呈浓度相关。

在存在或不存在大鼠、小鼠或人代谢活化系统的情况下，溴乙烯对鼠伤寒沙门氏菌菌株TA1530和TA100以及紫露草属菌株具有诱变作用。来自人肝脏样本的S9制剂在将鼠伤寒沙门氏菌菌株TA1530或TA100中的溴乙烯转化为诱变剂方面也具有活性。此外，溴乙烯在体外系统中引起鼠伤寒沙门氏菌突变和与4-(4-硝基苄基)吡啶(NBP)形成加合物的作用比氯乙烯更有效。这些研究结果表明，溴乙烯可能是比氯乙烯更有效的致癌物质。

IARC致癌性分类为Group2A（可能人类致癌物）。其健康危害GHS分类为：致癌性，类别1B。

5. 人体健康危害

吸入高浓度的溴乙烯蒸气可能会导致头晕和中枢神经系统抑制，如定向障碍和嗜睡。该液体会刺激眼睛或皮肤，会因快速蒸发而引起刺激和冻伤。

6. 风险评估

我国尚未对本品的接触限值作出规定。各国溴乙烯的职业接触限值如表15-20。

表15-20 各国溴乙烯的职业接触限值

国家或地区	8 h-TWA		15 min-STEL	
	ppm	mg/m^3	ppm	mg/m^3
澳大利亚	5	22	—	—
比利时	0.5	2.2	—	—
加拿大—渥太华	0.5		—	—
加拿大—魁北克	5	22	—	—
丹麦	5	20	10	40
欧盟[1]	1	4.4	—	—
芬兰	1	4.4	—	—
匈牙利	—	—	—	22
爱尔兰	0.5	2.2	—	—
新西兰	0.3	1.3	—	—
波兰	—	0.4	—	—
罗马尼亚	5	22	—	—

（续表）

国家或地区	8 h-TWA		15 min-STEL	
	ppm	mg/m³	ppm	mg/m³
新加坡	5	22	—	—
韩国	0.5	2.2	—	—
西班牙	0.5	2.2	—	—
瑞士	5	22	—	—
荷兰	—	0.012	—	—
美国—ACGIH	0.5	2.2	—	—

注：1. 表示欧盟职业接触限值和 BOELV 职业暴露的限值；2. "—"表示无对应限值

1,1-二氯乙烯

1. 理化性质

CAS 号：75-35-4	外观与性状：无色易挥发液体。有似氯仿的气味
熔点/凝固点(℃)：−122.5	临界温度(℃)：220.8
沸点(℃)：31.6	临界压力(MPa)：5.21
闪点(℃)：−15(OC)	自燃温度(℃)：570
爆炸上限[%(V/V)]：16	爆炸下限[%(V/V)]：5.6
燃烧热(kJ/mol)：−1 095.9	易燃性：极易燃
饱和蒸气压(kPa)：66.5(20℃)；78.78 kPa(25℃)	*n*-辛醇/水分配系数：2.13
相对密度(水=1)：1.21	溶解性：不溶于水；溶于有机溶剂
相对蒸气密度(空气=1)：3.3	

2. 用途与接触机会

用作化学中间体，特别在塑料制造中作为单体。与氯乙烯或丙烯腈等共聚，制造合成纤维。职业性接触通过吸入和皮肤接触发生。

3. 毒代动力学

本品经呼吸道吸入可迅速吸收。在体内的代谢量与剂量有关。吸入 0.039 g/(m³·6 h)，约 98%在体内代谢为非挥发性化合物；吸入 0.794 g/m³，则仅 92%～96%被代谢。迅速大量吸入可很快使机体代谢能力饱和而引起肝和肾损伤。本品主要在肝脏代谢，在肝脏与谷胱甘肽结合而解毒。尿中的主要代谢产物为 N-醋酸-S-(2-乙二醇)半胱胺和亚硫基二乙酸。

4. 毒性

4.1 急性毒作用

本品大鼠经口 LD_{50}：1 800 mg/kg；大鼠吸入 LC_{50}：866 mg/(m³·4.1 h)；小鼠经口 LD_{50}：200 mg/kg；小鼠吸入 LC_{50}：390～420 mg/(m³·22～23 h)。

对眼有中度刺激作用，引起疼痛、结膜刺激和短暂的角膜损害。对皮肤有刺激。高浓度引起灼伤样反应。本品是弱麻醉剂，但后作用较严重，用远低于麻醉浓度的本品作用于动物，也可引起死亡。接触高浓度引起中枢神经系统抑制，严重者发生昏迷。慢性接触主要引起肝、肾损害。

4.2 慢性毒作用

动物在 0.397 g/m³ 和 0.199 g/m³ 浓度下，接触 8 h/d，每周 5 d，数月后，有肝和肾损害。低于 0.099 g/m³，也见有轻度的肝、肾病变。

对肝、肾的毒性与四氯化碳相似。慢性实验中，对未见显著毒作用反应的动物进行剖验，也可见肝脏有轻度营养不良性改变和肾小管上皮细胞肿胀，脾髓滤泡增大等改变。

妊娠大鼠和兔在器官形成期吸入 0.079、0.318、0.635 g/m³，未导致畸胎发生，但高剂量组动物有体重降低，进食量减少，饮水量增加和肝脏重量增加等变化。本品是弱的诱变剂，对肾脏有特殊毒性，慢性实验中，曾有诱发雄性小鼠肾肿瘤的报告。IARC 致癌性分类为 2B。

5. 人体健康危害

在空气中暴露于高至极高水平的 1,1-二氯乙烯后，出现了醉酒，头晕，头痛，恶心，呼吸困难和昏厥等症状。据报道，一些接触 1,1-二氯乙烯及相关化学品的工人随着接触时间的增加可导致肝功能下降。

6. 风险评估

我国职业接触限值规定：PC-TWA 为 800 mg/m³。美国 ACGIH 规定：TLV-TWA 为 20 mg/m³。澳大利亚、新加坡及新西兰等国家规定：TWA

为 20 mg/m^3，STEL 为 79 mg/m^3。欧盟制定的 1，1-二氯乙烯约束性职业接触限值（BOELV）TWA 为 8 mg/m^3；STEL 为 20 mg/m^3。德国（DFG）规定：TWA 为 8 mg/m^3；STEL 为 16 mg/m^3。

1，2-二氯乙烯

1. 理化性质

CAS 号：540-59-0（顺式）	外观与性状：无色液体；有似氯仿的气味
熔点/凝固点（℃）：−57	临界温度（℃）：271
沸点（℃）：55	临界压力（MPa）：5.87
闪点（℃）：2	自燃温度（℃）：460
爆炸上限[%（V/V）]：12.8	爆炸下限[%（V/V）]：5.6
燃烧热（cal/g）：−2 692.9	*n*-辛醇/水分配系数：1.86
饱和蒸气压（kPa）：14.7（10℃）；	溶解性：微溶于水；溶于乙醇、乙醚
相对密度（水＝1）：1.28	相对蒸气密度（空气＝1）：3.4
CAS 号：156-60-5（反式）	外观与性状：无色液体；有似氯仿的气味
熔点/凝固点（℃）：−49.4	临界温度（℃）：243.3
沸点（℃）：47.7	临界压力（MPa）：5.53
闪点（℃）：3.9	溶解性：微溶于水；能与乙醇、乙醚等多种有机溶剂混溶
燃烧热（kJ/mol，18.7℃）：1 095.39	密度（g/cm^3）：1.256 5（20/4℃）
相对密度（水＝1）：1.250 2	

2. 用途与接触机会

用作低温萃取剂、冷冻剂，并用于配制清漆和橡胶溶液等。

3. 毒性

工业上常用的是二种异构体的混合物。二种异构体对中枢神经系统均有抑制作用，主要为麻醉作用。动物中毒后初期表现为兴奋；继后失去协调、呼吸不规则，0.5 h 后半昏迷，呼吸慢而不规则，抽搐和痉挛；2 h 失去知觉，偶伴有抽搐。脱离接触后慢慢恢复。一般认为，从引起麻醉、破坏平衡、引致痉挛的作用来看，顺式本品比反式或混合的本品稍强。

本品引起小鼠麻醉的最小浓度为 39.5 g/m^3（0℃）和 99.7 g/m^3（20℃）；MLC 为 54.2 g/m^3（4 h）。在大部分动物（兔、猫、狗、猴）实验中，未见（或极轻度）对肝、肾有损害。本品二种异构体在微生物诱变测试中呈阴性反应。

本品顺式大鼠经口 LD_{50}：770 mg/kg；小鼠腹腔 LD_{50}：2 000 mg/kg。兔经皮，100 mg（24 h），中度刺激。反式大鼠经口 LD_{50}：1 235 mg/kg；大鼠吸入 LC_{50}：104 308 mg/m^3。

4. 人体健康危害

急性暴露于 1，2-二氯乙烯（顺式）引起包括中枢神经系统和呼吸抑制等临床症状，眼睛和上呼吸道刺激，恶心，呕吐，虚弱，震颤和上腹痉挛，但所有这些症状在停止接触后迅速减退。人在反式本品 3.3 g/m^3浓度下，吸入 15 min，引致中度眩晕；在 3.8～4.8 g/m^3下，可发生中度的眼烧灼感；6.8～8.8 g/m^3下，2～3 min 发生恶心，在脱离接触后 80 min 内仍有恶心感。

国外文献曾报道 2 例吸入本品而致死的中毒病例，吸入浓度不详。患者有恶心、呕吐、酩酊状，数天后突然死亡。尸检见有脑水肿和充血。心外膜和心肌脂肪变性。肺水肿和支气管肺炎。肝脂肪变性、浊肿和灶性淤胆。肾脏浊肿和充血。脾脏明显充血。国外曾使用 1∶2 或 1∶3 的顺式本品和乙醚混合物作为麻醉剂，在某些使用者中造成声门痉挛，肺部刺激，支气管炎和支气管肺炎。

本品对眼和呼吸道有刺激作用，并可致接触性皮炎。

5. 风险评估

我国职业接触限值规定：PC-TWA 为 800 mg/m^3。美国 ACGIH 规定：1，2-二氯乙烯（包含所有异构体）TLV-TWA 为 790 mg/m^3。德国（DFG）规定：TWA 为 800 mg/m^3，STEL 为 1 600 mg/m^3。

1，2-二氯乙烯对水生物有害，其环境危害 GHS 分类为：危害水生环境—长期危害，类别 3。

三 氯 乙 烯

1. 理化性质

CAS号：79-01-6	外观与性状：无色液体；有似氯仿的气味
熔点/凝固点(℃)：)：-84.7	临界温度(℃)：299
沸点(℃)：87.2	临界压力(MPa)：5.02
闪点(℃)：32	引燃温度(℃)：420
爆炸上限[%(V/V)]：90	爆炸下限[%(V/V)]：12.5
燃烧热(kJ/mol)：-961.4	易燃性：易燃
饱和蒸气压(kPa)：7.87(25℃)	n-辛醇/水分配系数：2.61
相对密度(水=1)：1.46(20℃)	溶解性：不溶于水；溶于乙醇、乙醚等有机溶剂
相对蒸气密度(空气=1)：4.54	

2. 用途与接触机会

三氯乙烯是在电子、五金、电镀和印刷等行业中广泛使用的有机溶剂，也是一种重要的工业原料，常用于衣服干洗剂和制冷剂等的生产。也用作金属的脱脂剂和脂肪、油、石蜡等的萃取剂，用于农药的制备和有机合成工业，用作油脂、橡胶、树脂和生物碱等的溶剂。过去医学上曾用作麻醉剂。并可用作冷冻剂和杀菌剂等

由于生产使用量大，广泛应用及其所具有的挥发性和微量溶水性，废弃物处理不当，使之已成为全球最重要的有机污染物之一，广泛存在于大气、土壤和地下水中。有广泛的职业和环境暴露人群。

3. 毒代动力学

3.1 吸收、摄入与贮存

可经呼吸道、消化道和皮肤吸收。经肺排出的本品约占吸收总量的19%。在接触后24～48 h内为排出高峰。以原形从尿中排出极少。代谢物主要经肾脏排泄。本品在肺部的吸收和排出，根据它的脂溶度、水溶度等理化性能以及空气中浓度和通气量决定。就最常见的工作场所条件而言，吸入本品的50%～60%贮留在体内，红细胞中含量大于血浆，其比率约为15.6～16.0∶1；24 h后比率下降为6∶1；48 h后降至1.6∶1；4 d后血中仅存微量。在生产接触时如果空气中本品浓度较低，则其排出速度与前阶段接触时间长短有关。慢性吸入时，半排出时间为47.5 h，短时间的麻醉下，则只有43 min。

3.2 转运与分布

由于本品的高度脂溶性，它的饱和及从脂肪组织中排出都缓慢，因此属于蓄积性麻醉剂。长时间吸入以脂肪、脑和肾上腺中的含量最高。已证明本品可通过胎盘。

进入体内后主要代谢途径经细胞色素P450(CYP450)和谷胱甘肽(GSH)氧化。经CYP450途径代谢后的终产物主要为水合氯醛，后者可进一步被氧化成三氯乙酸(TCA)，或被还原成三氯乙醇；另外，TCE还可以在此代谢途径中经过分子重排后，脱氯生成少量的二氯乙酸(DCA)。作用的靶器官主要是肝脏和肺脏。另一条代谢途径是在谷胱甘肽-S-转移酶(GST)的作用下与谷胱甘肽结合，形成S-(1,2二氯乙烯)谷胱甘肽(DCVG)，后者被进一步代谢成S-(1,2二氯乙烯)-L-半胱氨酸(DCVC)等中间产物，其作用的主要靶器官是肾脏，DCVC在肾脏中经β-裂解酶作用后生成丙酮酸、氨和一种亲电子活性反应物质，可与大分子结合，或使细胞上的巯基断裂，或引起脂质过氧化。

3.3 排泄

无论是人或动物在接触本品后，尿中均可测得三氯乙酸、三氯乙醇和少量一氯乙酸。大约占吸收总量的19%～31%在体内转化为三氯乙酸；35%～45%转化为三氯乙醇，部分三氯乙醇在体内与葡糖醛酸结合成葡糖醛酸三氯乙酯；少量转化为一氯乙酸和氯仿。三氯乙酸和三氯乙醇在尿中的排出量和排泄速度与吸入的浓度和时间、动物种属、性别和接触的具体情况有关。由于本品各种代谢产物的排泄情况不同，事实上单一测定三氯乙酸的排泄量并不能作为接触本品多少和判断影响健康程度的指标，而代谢产物总排泄量则具有更大的代表性。代谢产物开始时排泄少而逐步增加，一直到平衡为止。这一事实对于判断本品的慢性接触有特殊意义。

4. 毒性与中毒机理

健康危害 GHS 分类为：皮肤腐蚀/刺激，类别 2；严重眼损伤/眼刺激，类别 2；生殖细胞致突变性，类别 2；致癌性，类别 1B；特异性靶器官毒性——一次接触，类别 3(麻醉效应)。本品属于蓄积性麻醉剂。对中枢神经系统有强烈抑制作用，并有一定的后作用。其麻醉作用稍次于氯仿。急性过量应用时，出现典型的延髓呼吸中枢或循环中枢的麻痹。引起深麻醉的吸入浓度约为 26.9 g/m^3，引起镇静作用(亚麻醉)的浓度约为 1.1 g/m^3。本品有致瘾及精神依赖性。

本品和其他许多有麻醉作用的链状氯烃类一样，亦可损及实质脏器，首先影响肝、肾和心脏。本品能使交感神经反应性及其递质的生成增加，从而增加了心脏对刺激的敏感性，给予肾上腺素可引起心室颤动。相比之下，肝、肾实质的损害较轻，在急性或慢性中毒时很少发生，也不显著。慢性接触，报告有心脏功能障碍，以及中枢神经系统损害和多发性神经病。

4.1 急性毒作用

本品口服急性属中等至低毒类。大鼠口服 LD_{50} 为 4.92 g/kg；狗、猫和兔的最低致死量为 6～7 g/kg。给狗经口 5 mg/kg，狗发生恶心、呕吐、流涎、轻度动作不协调等症状，次日恢复正常。狗静脉注射 30 min 内的致死剂量为 150 mg/kg。本品对皮肤、眼睛有刺激作用，家兔经皮：500 mg(24 h)，重度刺激。家兔经眼：20 mg(24 h)，中度刺激。其健康危害 GHS 分类为皮肤腐蚀/刺激，类别 2；严重眼损伤/眼刺激，类别 2。

4.2 慢性毒作用

有大量的实验研究报道，慢性接触 6 个月的 LC：猴为 2.15 g/m^3；大鼠和兔为 1.08 g/m^3；豚鼠为 0.54 g/m^3。死亡动物的病理变化：主要表现有各内脏的充血。肝小叶中央区肝细胞脂肪变性和空泡形成，肝窦淤血。严重中毒可导致黄色肝萎缩。肾充血和肾小管浊肿，肺充血、气肿、肺泡上皮细胞变性，支气管上皮细胞脱落，个别有肺实变。脑的病变范围较普遍，但主要以小脑为主，特别是浦肯野细胞层受累最显著，表现为浦肯野细胞固缩、溶解或消失。大脑皮质神经细胞有轻度退行性变。白质髓鞘肿胀。口服致死者消化道病变比较突出，有充血和炎症反应。

IARC 和美国 EPA 将其列为 I 类致癌物。

致畸性：大鼠孕后 1～20 d 吸入最低中毒剂量(TCLo)10 558 mg/m^3，24 h，致肌肉骨骼系统、泌尿生殖系统发育畸形。雄性、雌性小鼠交配前 4 w 至孕后 3 w 吸入最低中毒剂量(TCLo)880 mg/m^3，24 h，致中枢神经系统发育畸形。大鼠多代经口给予最低中毒剂量(TDLo)156 mg/kg，致泌尿生殖系统发育畸形。小鼠多代经口给予最低中毒剂量(TDLo)700 mg/kg，致肝胆管系统和泌尿生殖系统发育畸形。大鼠孕后 6～15 d 经口染毒最低中毒剂量(TDLo)1 010 mg/kg，致眼、耳发育畸形。小鼠多代经口给予最低中毒剂量(TDLo)致免疫和网状内皮系统发育畸形。

生殖毒性：Kumar 等对雄性大鼠进行三氯乙烯吸入染毒后与不染毒雌鼠交配，发现雌鼠生育率明显降低，组织检查发现附睾的精子生成量降低了 40%，精子动力也下降了 30%。吴德生等发现经腹腔注射染毒三氯乙烯雄性 SD 大鼠 5 d 后，精子运动活力下降，而精子头尾异常、断裂等畸形率则显著升高，而且病理切片检查发现睾丸生精细胞层变薄，间质增厚，表明三氯乙烯抑制了 SD 大鼠的生精功能。Xu 等发现雄性小鼠经三氯乙烯吸入染毒 2 到 6 周后，精子与卵子结合的能力以及卵子受孕率均下降，此外，三氯乙烯的代谢物 CH 和 TCOH 在体外也能显著抑制精子与卵子结合。

4.3 中毒机理

EPA 报告中提出了三氯乙烯引起肾癌发生的致突变作用模式。研究表明，三氯乙烯的细胞色素氧化途径是其肝毒性的关键，谷胱甘肽结合途径是其肾毒性的关键。在大鼠的血液、肾脏或尿液中均检测到三氯乙烯的谷胱甘肽结合代谢物，包括 S-二氯乙烯基-L-谷胱甘肽、S-二氯乙烯基-L-半胱氨酸和 N-乙酰-S-(1,2-二氯乙烯)-L-氨酸，在人的尿液中也检测到 NAcDCVC。DCVG 在细菌诱变试验中表现出强致突变性，大多数体外试验(包括 Ames 试验)也表明 DCVC 和 NAcDCVC 具有遗传毒性。DCVC 还可引起大鼠和人原代肾细胞的 DNA 断裂及微核形成。

另有多项研究发现谷胱甘肽-S-转移酶代谢途径的多态性影响三氯乙烯对肾癌的致癌能力。三氯乙烯引起肾癌的另一项证据是 VHL 基因突变。VHL 是一种众所周知的肿瘤抑制基因，在肾细胞的生长和分化过程中起着重要的调节作用。肾癌患者多存在 VHL 基因突变和杂合性缺失,表明三氯乙烯可能通过遗传毒性机制引起肾癌。但动物实验发现三氯乙烯在大鼠中引发肾癌,而在小鼠中引发肝癌,这种物种和器官特异性提示表观遗传等非遗传途径对三氯乙烯致癌起重要作用。

另三氯乙烯对雄性生殖系统的毒性作用可能与其对激素水平的改变有关。

5. 人体健康危害

5.1 急性中毒

急性中毒主要表现为中枢神经系统的损害,肝、肾、心脏等亦可累及。在极高浓度下(53.8 g/m^3),迅速昏迷而无前驱症状。26.9 g/m^3 下可发生昏醉、恶心、呕吐、知觉丧失、麻醉,如继续停留在有毒环境中可导致死亡。

一般急性中毒的症状往往在接触数小时以后才开始,有头痛、眩晕、耳鸣、酩酊感、步伐不稳、疲乏、易激动、嗜睡、肢体发麻、震颤、肌肉和关节疼痛、恶心、呕吐等症状。重者出现幻觉、谵妄、抽搐、神志不清或昏迷,并可能出现在昏迷清醒后再度昏迷的情况。高浓度能引起心脏功能失调,患者常有心电图方面的改变,表现为心房异位节律,室性早搏,窦性心动过速和传导阻滞。本品中毒常可引起中毒性肝炎。

本品对三叉神经有选择性麻醉作用,早年曾用以治疗三叉神经痛。急性中毒严重者三叉神经感觉枝受到损害的症状较明显(一般不波及运动枝),呈味觉和嗅觉障碍,面部和舌前部感觉缺失。可继发角膜炎,失去深部感觉而致咀嚼障碍等。三叉神经麻痹症状一般恢复较慢。少数患者尚可有视觉障碍,视神经乳头水肿和色觉紊乱。严重者可有脊髓损害和周围神经炎。

口服中毒者,胃肠道症状严重,对肝、肾损害较突出。

5.2 慢性中毒

(1) 神经症状:症状表现类似急性中毒,但程度稍轻。患者往往主诉疲乏无力、头痛、眩晕、易激动、睡眠障碍、食欲不振、胃肠功能紊乱、心悸、胸部压迫感、心律不齐、周围神经炎、植物神经功能障碍和肝脏损害等。三叉神经麻痹的特点和急性中毒后所见相同。视神经病变尤为突出。停止接触,视觉可恢复。对心血管的损害如动脉硬化、心肌损害等应引起注意。

(2) 肿瘤:三氯乙烯可引起肾脏肿瘤,国际癌症研究中心(IARC)已确认三氯乙烯为人类致癌物。有多项三氯乙烯引起职业接触人群肝损伤的报道,但是其引起肝癌的流行病学证据仍不充分。

(3) 药疹样皮炎:皮肤接触本品能引起皮炎、湿疹或大疱。由于其去脂作用,容易造成皮肤干裂和继发性感染。对结膜和角膜有刺激作用。

接触 TCE 后,皮肤形态比较特殊,根据皮疹的表现形式,临床大致可分为三种类型:① 全身性弥漫性暗红色肿胀伴层层鳞屑脱落色剥脱性皮炎;② 在红斑基础上出现巨形松弛性大疱性表皮坏死松解症;③ 在红斑基础上出现的紧张性水疱和大疱,并伴口、眼、会阴部黏膜损害的重症多形红斑,酷似药疹。对 TCE 及其代谢产物过敏的个体一般在接触 TCE 2～5 周起病,发热、头痛、头晕、畏寒等感冒症状为发病的开始,接着出现脸、四肢、颈、躯干等处皮肤红肿、瘙痒,出现弥漫性红斑,1～4 天内皮疹、红斑遍及全身。

TCE 所致皮损常伴有发热及单脏器或多脏器损害,按发生频率、损害严重程度排序,受累脏器以肝脏最为多见,次为肾脏、心脏、脑组织、肺脏、胃肠和血液系统。重症中毒多表现为多器官功能不全综合征。继皮疹出现后,迅速出现消化系统症状:乏力,纳差,皮肤、巩膜黄疸,肝区叩痛明显,严重的出现低蛋白血症或肝性脑病。

(4) 其他:流行病学研究和动物学实验发现三氯乙烯的暴露可对生殖系统产生显著的毒性作用,长期暴露会导致雄性精子质量的下降,雌性受孕率降低和自然流产风险增高,并增加胎儿患心脏畸形的风险。

6. 风险评估

我国职业接触限值规定:PC－TWA 为 30 mg/m^3,并以尿中三氯乙酸浓度 0.3 mmol/L(50 mg/L)(工作周末或班末)作为生物限值。美国 OSHA 规定:PEL－TWA 为 550 mg/m^3,15 min－STEL 为 1 173 mg/m^3;NIOSH 规定 8 h－TWA 为147 mg/m^3,并要求作为麻醉气体中的废气限值为12 mg/m^3;ACGIH 规定 TLV－TWA 为 59 mg/m^3,STEL 为 147 mg/m^3,BEI 为尿中三氯乙酸 15 mg/L(工作周末班末尿)。日本规定:TWA 为 135 mg/m^3。

本品对水生物有害,其环境危害 GHS 分类为:

危害水生环境—长期危害,类别3。

四 氯 乙 烯

1. 理化性质

CAS号:127-18-4	外观与性状:无色液体,有氯仿样气味
熔点/凝固点(℃):−22.3	临界温度(℃):347.1
沸点(℃):121.2	临界压力(MPa):9.74
燃烧热(kJ/mol):−679.3	易燃性:高度易燃
饱和蒸气压(kPa):2.11(20℃)	*n*-辛醇/水分配系数:2.6~3.4
相对密度(水=1):1.63	溶解性:不溶于水,可混溶于乙醇、乙醚、氯仿等多数有机溶剂
相对蒸气密度(空气=1):5.83	

2. 用途与接触机会

四氯乙烯是一种重要的有机氯产品,主要用作干洗剂和化学助剂,还可用作金属清理和萃取工艺,少量用于纺织洗涤溶剂熏蒸消毒剂、去污剂、脱漆剂和传热介质成分等的制备。此外,也可用作驱肠虫药及兽药。约有80%的四氯乙烯用作干洗剂,可用来洗涤一切天然的和合成的织物。另外,四氯乙烯可用作脂肪类萃取剂以及制冷剂HFC-123、HFC-124、HFC-125、HFC-134a的中间体。

3. 毒代动力学

主要吸收途径为呼吸道和皮肤,以呼吸道为主。易于通过呼吸道吸收,开始暴露时,呼吸道的吸收率超过90%,暴露8 h后则降至50%;运动可增加吸收。

体内代谢十分缓慢,并以原形在脂肪组织中蓄积。由于其亲脂性,在脂肪组织中发现四氯乙烯的浓度最高。在人体中,脂肪与血液的浓度比估计高达90∶1。在肝脏和脑中也观察到相对较高的浓度。无论何种暴露途径,进入体内的该化学品绝大多数以原形通过呼出气排到体外(约95%),很小程度上被代谢成尿液中排泄的三氯乙酸。

在体内的代谢,是一个可饱和过程,其路径主要是通过细胞色素P450的环氧化反应,已确认人类PCE的主要尿代谢物是三氯乙酸,代表吸入剂量的1%~3%。用^{14}C标记的四氯乙烯蒸气给小鼠吸入,尿中含放射活性物质52%为三氯乙酸,11%为草酸。另一条次要途径是PCE与谷胱甘肽直接结合,此外还有一种为途径独立于β-裂解酶:TCVC通过乙酰化和磺化氧化反应进一步加工。详细见图15-2。

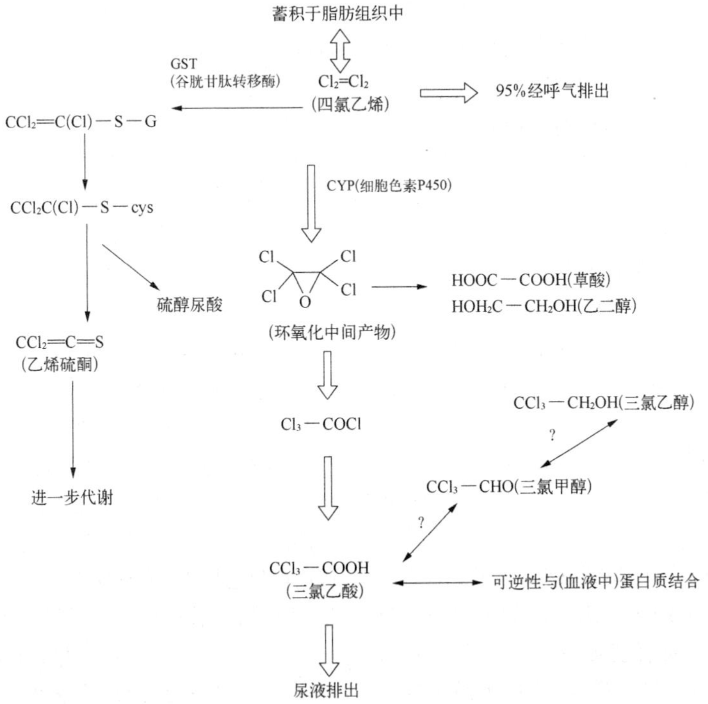

图15-2 四氯乙烯体内代谢过程

4. 毒性

大鼠经口：LD_{50} 为 3.005 mg/kg；大鼠吸入：LC_{50} 为 28 mg/L，6 h；兔子经皮 LD_{50}：5 000 mg/kg；大鼠吸入浓度 40.8 g/m^3，几分钟后出现麻醉作用，5～8 h 死亡；猫吸入浓度 15 g/m^3，首先出现刺激症状，4.5 h 后轻度麻醉。

动物实验研究证明 PCE 具有上呼吸道和嗅觉黏膜刺激作用。狗暴露于 68 900 mg/m^3，10 min，出现呼吸道刺激症状，而 34 450 mg/m^3，则未出现呼吸道刺激症状。小鼠暴露于 2 069 mg/m^3，6 h/d，持续 5 d，出现嗅觉黏膜上皮退化，且嗅觉黏膜上皮损伤比呼吸道黏膜损伤更严重且更早。引起动物麻醉的浓度与致死浓度相距甚近，常见接触后不久死亡，恢复也较慢，毒作用带比较窄。吸入中毒后，经一段时间才死亡的动物其肝脏重量和类脂含量略有增加，肝细胞轻度浊肿。一般中毒动物中主要见到肝脏充血，肝细胞中糖原减少，肝细胞浊肿和轻度脂肪浸润。肾充血，轻度浊肿，肾小管上皮细胞脱落。脾淤血，色素沉着增加等。

有研究表明，PCE 具有微生物致突变性：鼠伤寒沙门氏菌 50ul/皿/微粒体致突变：鼠伤寒沙门氏菌 200ul/皿。IARC 致癌性分类为 2A，即人类可疑致癌物；给妊娠第 6～15 d 的大鼠和小鼠吸入本品 2.034 g/m^3，7 h/d，引起小鼠的胎仔体重降低；大鼠胚胎吸收率增高；极少数小鼠的胎仔骨骼发育迟缓，与对照组相比未见明显畸形。无证据表明 PCE 与先天畸形有关。健康危害 GHS 分类为：类别 1B。

5. 人体健康危害

本品对人体有刺激和麻醉作用。急性吸入主要表现为眼、鼻、喉黏膜刺激症状，有眼灼痛、流涎、流涕、口干、口内金属甜味、头痛和头部压迫感、眩晕、运动失调，甚至昏醉状态，一般于脱离接触后可以恢复，并无后遗症。

口服中毒症状有头晕、头痛、倦睡、恶心、呕吐、腹痛、视力模糊、四肢麻木，甚至兴奋不安，抽搐、昏迷，可致死。

人吸入 0.34 g/m^3，可嗅到气味；人吸入 0.5～0.54 g/m^3，轻度眼刺激和烧灼感，数分钟适应；人吸入 0.7～0.8 g/m^3，喉部轻度刺激和干燥感；人吸入 13.6 g/m^3，数分钟内轻度麻醉；高浓度本品主要抑制中枢神经系统，对眼、鼻、喉有刺激，可引起恶心和消化道不适；过量接触引起肝、肾病变。

为人类皮肤刺激物，偶然接触皮肤不引起严重损害，皮肤反复接触可致皮炎和湿疹。可引起红肿和水泡。严重皮肤接触症状可持续数月。

6. 风险评估

我国职业接触限值规定：PC－TWA 为 200 mg/m^3，推荐的职业接触生物限值为血中四氯乙烯：0.3 mg/L(工作周末的班前)。国外四氯乙烯的职业接触限值见下表：

表 15－20 国外四氯乙烯职业接触限值

国家及组织	工作场所职业接触限值			
	8 h－TWA		15 min－STEL	
	ppm	mg/m^3	ppm	mg/m^3
欧盟—SCOEL	20	138	40	275
美国—OSHA	100	—	200	—
美国—ACGIH	25	—	100	—
英国	50	345	100	689
瑞典	10	70	25	170
瑞士	20	138	40	275
比利时	25	172	100	695
丹麦	10	70	20	140
法国	20	138	40	275
匈牙利	—	50	—	50
波兰	—	85	—	170
西班牙	25	172	100	680
澳大利亚	50	340	150	1 020
新西兰	50	335	150	1 005
日本	50			
德国(DGF)	10	69	20	138

美国 ACGIH 规定四氯乙烯的生物接触限值(BEIs)，提出班前(即暴露停止后 16 h)劳动者末段呼出气中四氯乙烯和血中四氯乙烯的生物限值分别为 20.7 mg/L 和 0.5 mg/L。下一个工作班开始血中四氯乙烯为 1 mg/L；下一个工作班开始末段呼出气中四氯乙烯为 9.5 ml/m^3；德国 BAT(生物接触耐受量)中四氯乙烯的 BAT 为等同于致癌物的暴露量。

本品对水生生物有毒并具有长期持续影响，其环境危害 GHS 分类为：危害水生环境—急性危害，类别 2；危害水生环境—长期危害，类别 2。

3-氯丙烯-[1]

1. 理化性质

CAS 号：107-05-1	外观与性状：无色透明液体，有不愉快的刺激性气味
熔点/凝固点(℃)：−134.5	临界温度(℃)：241
沸点、初沸点和沸程(℃)：44～45	临界压力(MPa)：4.76
闪点(℃)：−31.7(CC)	引燃温度(℃)：392
爆炸上限[%(V/V)]：11.2	爆炸下限[%(V/V)]：2.9
燃烧热(kJ/mol)：−1 842.5	易燃性：高度易燃
饱和蒸气压(kPa)：45.2(20℃)	气味阈值(mg/m^3)：78
密度(g/cm^3)：0.938 2(20/4℃)	n-辛醇/水分配系数：1.45～1.93
相对密度(水＝1)：0.94	溶解性：不溶于水；可混溶于乙醇、乙醚、氯仿、石油醚等多数有机溶剂
相对蒸气密度(空气＝1)：2.64	

2. 用途与接触机会

又叫 α-氯丙烯，烯丙基氯。主要用于制备丙烯醇、环氧氯丙烷、甘油和树脂等。职业性接触通过吸入和皮肤接触发生。监测数据表明，普通人群可以通过呼吸道吸入烯丙基氯，从而产生接触效应。

3. 毒代动力学

烯丙基氯给雄鼠服用被代谢成丙基硫酸钠、s-丙基半胱氨酸和 s-丙基半胱氨酸。

有研究表明烯丙基氯可代谢生成丙烯醇，后者可以通过两种途径代谢形成丙烯醛或甘氨酸，由此产生各种代谢物。在大鼠尿液中发现的代谢物是 3-羟基丙硫醇、丙烯硫酸钠及其亚砜。在给药大鼠的胆汁中检测到烯丙基谷胱甘肽和 s-烯丙基半胱氨酸。烯丙基氯的体外代谢可破坏微体细胞色素 P450 中的血红蛋白。

有研究采用 AC 静脉给药，剂量为 66～590 umol/kg，alpha-CH 排泄在使用剂量范围内为线性，排泄量为 AC 剂量 0.13 +/−0.02%，提示其可能为氯化烯丙基生物标志物。

4. 毒性

本品健康危害 GHS 分类为严重眼损伤/眼刺激，类别 2；皮肤腐蚀/刺激，类别 2；生殖细胞致突变性，类别 2；特异性靶器官毒性——一次接触，类别 3(呼吸道刺激)；特异性靶器官毒性—反复接触，类别 2。

4.1 急性毒作用

本品是卤代脂肪烃类物质中刺激性较强的一种。是弱的麻醉剂，但属危险的肾脏毒物。

急性接触的主要反应是眼、肺刺激和肾脏损害；大鼠吸入 LC_{50} 为 11 000 mg/(m^3 · 2 h)；大鼠经口 LD_{50} 为 460 mg/kg，兔经皮 LD_{50} 为 2 066 mg/kg。小鼠一次吸入最大接触时间—浓度为 3 h，0.92 g/m^3；1 h，9.2 g/m^3；15 min，91.71 g/m^3。豚鼠为 8 h，0.92 g/m^3；3 h，9.2 g/m^3；0.5 h，91.71 g/m^3。

家兔经眼，500 mg，中度刺激。家兔经皮开放性刺激试验，10 mg/24 h，引起刺激。

4.2 慢性毒作用

慢性接触主要损害肾和肝。大鼠、豚鼠、兔在 0.025 g/m^3 浓度下，吸入 7 h/d，每周 5 d，共 28 次，动物均存活，无可见的中毒反应，但组织学检查均见有肾和肝的病理改变，表现为肾脏充血，出血和实质变性，以肾小球病变最为明显，肾小管上皮细胞部分发生核固缩和退行性变。肺部病变有肺炎、肺水肿和出血，细支气管壁增厚和细支气管炎。

大鼠吸入 0.939 g/m^3 具有胚胎毒，吸入 0.093 9 g/m^3 则为阴性。在器官形成期，使大鼠和兔吸入 0.093 9 或 0.939 g/m^3 氯丙烯，未发现导致兔胚胎毒或大鼠畸胎。在高剂量下，母体有肝、肾损害。大鼠孕后 6～15 d 吸入 TCLo，900 mg/m^3 (7 h)，致肌肉骨骼系统发育畸形。IARC 致癌性评论：G3，对人及动物致癌性证据不足。

5. 人体健康危害

人对本品的嗅觉阈为 78 mg/m^3 (半数人可为 9.4～19 mg/m^3)。引起眼刺激的浓度为 156～313 mg/m^3。783 mg/m^3 可引起鼻和肺部不适。从事用本品生产环氧氯丙烷的工人中，接触原料和成品，均能发生周围神经炎，其病理过程，在动物实验中亦证实。高浓度本品可引起眼部严重的刺激和疼痛。液体溅入眼内可引起严重刺激，应立即冲洗。

6. 风险评估

我国职业接触限值规定：PC－TWA 为 2 mg/m^3，PC－STEL 为 4 mg/m^3。美国 OSHA 和 NIOSH 皆规定：8 h－TWA 为 3 mg/m^3；NIOSH 规定：15 min 的 TLV－C 为 6 mg/m^3；ACGIH 规定 TLV－TWA 为 3 mg/m^3。

本品对水生物毒性极大，其环境危害 GHS 分类为：危害水生环境—急性危害，类别 1

1,3－二氯丙烯

1. 理化性质

CAS 号：542－75－6	外观与性状：琥珀色液体，有类似氯仿的气味
熔点/凝固点(℃)：－84	爆炸下限[%(V/V)]：5.0
沸点(℃)：108	易燃性：易燃
闪点(℃)：25(闭杯)	*n*－辛醇/水分配系数：2.06(顺式)，2.03(反式)
爆炸上限[%(V/V)]：14.5	溶解性：不溶于水；溶于乙醇、乙醚、苯等多数有机溶剂
燃烧热(kJ/mol)：－1 775.5	饱和蒸气压(kPa)：34.3(顺式)，23.0(反式)(25℃)
相对密度(水＝1)：1.22	相对蒸气密度(空气＝1)：3.8

2. 用途与接触机会

是农民在种植前添加到土壤中的杀虫剂，用于杀死食用植物根部的害虫，也被用来制造其他农药。在工业上用于：有机合成，杀线虫剂，制造农药等。有效成分 1,3－二氯丙烯(1,3－D 或 Telone)是一种土壤熏蒸剂，用于植物前期防治根结线虫和其他土壤害虫和疾病。生产或使用 1,3－二氯丙烯的工人可能会吸入气雾或与皮肤直接接触。

3. 毒代动力学

人和大鼠的吸入研究表明，二氯丙烯(DCP)容易被吸收，通过谷胱甘肽 S－转移酶(GST)与谷胱甘肽(GSH)结合，并迅速作为 N－乙酰－S－(顺式－3－氯丙－2－烯基)－半胱氨酸(3CNAC)，一种巯基酸代谢物排泄。

大鼠和人类的血液清除半衰期和巯基酸代谢物的排泄半衰期相似。一项研究发现暴露第一个小时呼出气和血液中的 DCP 浓度平稳，并在暴露后不到一个小时的时间内迅速下降到无法检测的水平。

雄性 F344 大鼠和 B6C3F1 小鼠分别口服给予 1 或 50 mg/kg(大鼠)，1 或 100 mg/kg(小鼠)，(14)C－1,3－二氯丙烯((14)C－DCP)被快速吸收和消除。它在两个物种中被广泛代谢。尿排泄是主要消除途径，分别占大鼠和小鼠给药剂量的 50.9%～61.3% 和 62.5%～78.6%。尿消除半衰期为 5～6 h(大鼠)和 7～10 h(小鼠)。通过粪便或呼出气(14)CO_2 的消除分别占给药剂量的 14.5%～20.5%和 13.7%～17.6%。由谷胱甘肽结合产生的代谢物分别占大鼠和小鼠分泌的给药剂量的 36%～55%和 48%～50%。DCP 的 3－氯基部分的水解分别占大鼠和小鼠的给药剂量的 24%～37%和 29%。还发现了两种新的二巯基巯酸偶联物，其浓度很低，可能是通过 DCP 的初始水解或 DCP－谷胱甘肽偶联物的环氧化或 DCP 本身的环氧化而产生。

4. 毒性

本品大鼠经口 LD_{50}：470～710 mg/kg；小鼠经口 LD_{50}：640 mg/kg；大鼠经皮 LD_{50}：775 mg/kg；兔经皮 LD_{50}：504 mg/kg。大鼠吸入 LC_{50}：2 500 mg/kg；小鼠吸入 LC_{50}，4 650 mg/(m^3 · 2 h)。

92%纯度的顺式、反式本品给予大鼠的经口 LD_{50} 为 710(雄性)和 470 mg/kg(雌性)。动物有肝肾和肺损伤。蒸气对眼有刺激作用引起流泪。涂布于兔皮肤可造成皮肤坏死和水肿。可经皮肤吸收。大鼠吸入本品 1.816 g/m^3，可引起体重减轻，8 d 后才恢复，而肺部损伤仍存在。豚鼠吸入同样浓度 7 h，引起死亡。大鼠吸入 0.227 g/m^3，7 h/d，共 19 次，引起肝、肾损伤。

其健康危害 GHS 分类：急性毒性—经口，类别 3；急性毒性—经皮，类别 3；皮肤腐蚀/刺激，类别 2；严重眼损伤/眼刺激，类别 2；皮肤致敏物，类别 1。特异性靶器官毒性——次接触，类别 3(呼吸道刺激)；吸入危害，类别 1。

IARC 致癌性评论：G2B，人类可疑致癌物。

5. 人体健康危害

5.1 急性中毒

接触后，会立即出现眼睛和上呼吸道黏膜的刺激。皮肤暴露可引起严重的皮肤刺激。吸入可能导致严重的中毒体征和症状,较低水平的暴露可导致中枢神经系统抑制和呼吸系统刺激。以往发生过一些中毒事件,其住院患者出现有黏膜刺激,胸部不适,头痛,恶心,呕吐,头晕以及偶尔意识丧失和性欲降低的症状和体征。意外摄入引起胃部刺激,腹泻,溃疡和出血。在意外摄入大量1,3-二氯丙烯后,出现严重毒性,多器官系统损害,甚至死亡。

5.2 慢性中毒

持续性症状包括头痛,腹部不适,胸部不适,心神不安,疲倦,烦躁,注意力不集中,性欲降低。皮肤接触可能导致水肿,红斑和皮肤坏死。

暴露于1,3-二氯丙烯农药后出现血液肿瘤病例报告进行了检查。两名消防员,在化学品泄漏现场同时暴露,几年后,同时出现淋巴瘤,对于这两个病例,标准治疗方案治疗无效,并且受试者在几个月内相继死亡。

6. 风险评估

我国职业接触限值规定：PC-TWA为4 mg/m^3。美国NIOSH规定：10 h-TWA为5 mg/m^3；ACGIH规定TLV-TWA为5 mg/m^3。澳大利亚规定：TWA为45 mg/m^3。

本品对水生生物毒性极大并具有长期持续影响,其环境危害GHS分类为：危害水生环境—急性危害,类别1;危害水生环境—长期危害,类别1。

二 氯 丁 烯

1,3-二氯-2-丁烯

1. 理化性质

CAS号：926-57-8	外观与性状：无色透明至浅黄色液体
沸点(℃)：131	易燃性：易燃
闪点(℃)：26.7(闭杯)	溶解性：不溶于水;溶于最常见的有机溶剂;溶于丙酮,苯,乙醚和乙醇
密度(g/cm^3)：1.161 (25/4℃)	相对蒸气密度(空气=1)：4.31

2. 用途与接触机会

杀虫剂,DDB;生产19-去甲睾酮类固醇作为合成性激素的中间体;大量的1,3-二氯-2-丁烯被纯化,从高沸物中收集并且在氯丁二烯生产中仍然残留,并转化为2,3-二氯丁二烯以用作氯丁二烯聚合中的共聚单体;用作合成2,3-二氯-1,3-丁二烯的中间体。

职业性接触通过吸入和皮肤接触发生。

3. 毒性

本品小鼠吸入LD_{50}：4 400 mg/kg/2 h;大鼠吸入LD_{50}：3 930 mg/(m^3·4 h)。其健康危害GHS分类：急性毒性—经口,类别3;急性毒性—吸入,类别3;皮肤腐蚀/刺激,类别1B;严重眼损伤/眼刺激,类别1。

4. 人体健康危害

吸入高蒸气吸收：喘息,拒绝呼吸,咳嗽,胸骨下疼痛,以及超过8 371 mg/m^3的蒸气时极度呼吸窘迫。眼睛和上呼吸道黏膜在暴露于浓缩蒸气后立即出现刺激性。泪液过多,头痛突出。可能会很快发生昏迷。吸入低蒸气吸收：中枢神经抑制和呼吸系统中度刺激;头痛很常见。

皮肤接触会造成严重的皮肤刺激,表皮和底层组织有明显的炎症反应。

急性摄入胃肠窘迫伴肺充血水肿;甚至在没有缺氧的情况下发生中枢神经抑郁。

经任何途径吸收后,肝脏、肾脏和心脏可能受到晚期损伤。长期吸入暴露后,不适、头痛、胸腹不适和烦躁感可能会持续数周甚至几年。

5. 风险评估

本品对水生生物有毒并具有长期持续影响,其环境危害GHS分类为：危害水生环境—急性危害,类别2;危害水生环境—长期危害,类别2。

1,4-二氯-2-丁烯

1. 理化性质

CAS号：764-41-0	外观与性状：无色液体
熔点/凝固点(℃)：3.5	临界温度(℃)：372.8

(续表)

沸点(℃)：158	爆炸下限[%(V/V)]：1.5%
爆炸上限[%(V/V)]：4%	易燃性：易燃
燃烧热(cal/g)：－9,720	溶解性：溶于乙醇、乙醚、丙酮、苯；溶于氯仿，有机溶剂
相对密度(水＝1)：1.185 8	饱和蒸气压(kPa)：0.4(25℃)

2. 用途与接触机会

己二胺和氯丁二烯的化学中间体；发生在氯丁橡胶生产中的中间体；是生产己二腈、丁烷-1,4-二醇和四氢呋喃的起始原料。

职业性接触通过吸入和皮肤接触发生。

3. 毒性

本品大鼠经口 LD_{50}：89 mg/kg；兔子经皮 LD_{50}：620 mg/kg；大鼠吸入 LC_{50} 480 mg/(m^3·4 h)。

吸入蒸气会刺激鼻子和喉咙。与眼睛接触会引起强烈的刺激。短时间暴露于 162 mg/m^3 或更高浓度会造成雄性大鼠呼吸速率大量下降、流泪及鼻子流出清澈液体。

其健康危害 GHS 分类：急性毒性—经口，类别3；急性毒性—经皮，类别3；急性毒性—吸入，类别2；皮肤腐蚀/刺激，类别1B；严重眼损伤/眼刺激，类别1；特异性靶器官毒性——一次接触，类别3(呼吸道刺激)

4. 人体健康危害

吸入高蒸气浓度：蒸气浓度超过 8 371 mg/m^3，喘气，咳嗽，胸骨下疼痛和极度呼吸窘迫。暴露于浓蒸气后，立即出现眼睛和上呼吸道黏膜的刺激。流泪和头痛是突出的。中枢神经抑制，昏迷可能会迅速发生。吸入低蒸气浓度：中枢神经抑制和呼吸系统中度刺激。头痛很频繁。

皮肤接触有严重的皮肤刺激与表皮和下层组织的显著炎症反应。食入引起严重的口腔和胃部刺激。液体和蒸气对皮肤，眼睛，肺脏和内部器官高度危险。

重复或长期暴露可能会引起口腔炎、溃疡，也可造成支气管及胃肠道不适。吸入暴露后，据报道，可引起不适和头痛，胸闷和腹部不适以及烦躁不安可能持续数周，也可能持续数年。

5. 风险评估

美国 ACGIH 规定 TLV-TWA 为 0.038 mg/m^3。日本规定：TWA 为 0.01 mg/m^3。新加坡规定：TWA 为 0.025 mg/m^3。

本品对水生生物毒性极大并具有长期持续影响，其环境危害 GHS 分类为：危害水生环境—急性危害，类别1；危害水生环境—长期危害，类别1。

氯化异丁烯

1. 理化性质

CAS 号：563-47-3	外观与性状：无色透明液体，具有特殊气味
熔点/凝固点(℃)：<－80	爆炸上限[%(V/V)]：8.1
沸点(℃)：71—72	易燃性：高度易燃
闪点(℃)：－12(闭杯)	溶解性：不溶于水；溶于乙醇、四氯化碳等有机溶剂
爆炸下限[%(V/V)]：3.2	饱和蒸气压(kPa)：13.53(20℃)
密度(g/cm^3)：0.916 5(20/4℃)	相对蒸气密度(空气＝1)：3.1

2. 用途与接触机会

又称 3-氯-2-甲基丙烯，农药中间体。该产品是一种重要的有机中间体，可广泛用于医药、农药、香料、合成材料等领域。是合成克百威、苯丁锡等杀虫杀螨剂的主要原料。职业性接触通过吸入和皮肤接触发生。

3. 毒性

本品大鼠经口 LD_{50} 为 848 mg/kg。大鼠吸入 LC_{50}：34 000 mg/m^3(30 min)。

本品可造成皮肤刺激和严重眼刺激，皮肤接触本品可能造成过敏反应。本品健康危害 GHS 分类皮肤腐蚀/刺激，类别1B；严重眼损伤/眼刺激，类别1；皮肤致敏物，类别1。

本品怀疑可造成遗传性缺陷。IARC 致癌性分类为 Group2B(可疑人类致癌物)。

4. 人体健康危害

吸入高蒸气浓度：蒸气浓度超过 6 064 mg/m^3，

喘气，咳嗽，胸骨下疼痛和极度呼吸窘迫。暴露于浓蒸气后，眼睛和上呼吸道黏膜的刺激会立即出现。流泪和头痛是突出的。中枢神经抑制，昏迷可能会迅速发生。吸入低蒸气浓度：中枢神经抑制和呼吸系统中度刺激。头痛很频繁。

皮肤接触有严重的皮肤刺激与表皮和下层组织的显著炎症反应。

5. 风险评估

本品对水生生物有毒并具有长期持续影响，其环境危害GHS分类为：危害水生环境—急性危害，类别2；危害水生环境—长期危害，类别2。

氯 丁 二 烯

1. 理化性质

CAS号：126-99-8	外观与性状：无色有刺鼻气味的易挥发液体
熔点/凝固点(℃)：-130	临界压力(MPa)：4.36
沸点(℃)：59.4	引燃温度(℃)：320
闪点(℃)：-20(开杯)	爆炸下限[%(V/V)]：4.0
爆炸上限[%(V/V)]：20.0	易燃性：高度易燃
饱和蒸气压(kPa)：28.65(25℃)	*n*-辛醇/水分配系数：2.53
密度(g/cm³)：0.958(20/4℃)	溶解性：稍溶于水；易溶于乙醇、乙醚、苯、氯仿等有机溶剂
相对密度(水=1)：0.96	相对蒸气密度(空气=1)：3.0

2. 用途与接触机会

又称2-氯-1,3-丁二烯[稳定的]。主要用作制造氯丁橡胶。在制造氯丁橡胶的合成、聚合及后处理过程中，如敞口操作或设备滴漏，可有较多量的本品逸出。特别是本品工段的中和干燥塔、精制、贮槽等处，在搅动、清理或检修时，聚合釜的加料、清釜，以及断链槽、凝聚槽的清洗、抢修操作中逸出量最多。凝聚后的长网成型、水洗、烘干、炼胶等岗位，以及氯丁橡胶加工时的烘胶、素炼、混炼、硫化等过程中均有接触的机会。

3. 毒性

本品健康危害GHS分类：皮肤腐蚀/刺激，类别2；严重眼损伤/眼刺激，类别2；致癌性，类别2；特异性靶器官毒性——一次接触，类别3(呼吸道刺激)；特异性靶器官毒性—反复接触，类别2。

3.1 急性毒作用

小鼠经口LD_{50}为146 mg/kg，LC_{50}为2 300 mg/m³，LC_{100}为3 000 mg/m³(吸入1 h)或600 mg/m³(吸入8 h)，经皮MLD为958 mg/kg。猫的LC_{100}为2 500 mg/m³，(吸入8 h)。兔于7 500 mg/m³、大鼠于17 500 mg/m³吸入8 h均死亡。给兔静脉注射48 mg/kg的剂量，立即发生气急、呼吸频浅及心动过速等；给96 mg/kg的剂量则致死。不同实验所得结果差别较大，主要由于所用的本品的纯度不同所致。氧化本品毒性比纯品大4倍。

动物吸入高浓度的本品蒸气，最初出现流涎，眼、鼻刺激症状，逐渐出现进行性中枢神经和呼吸抑制；步态蹒跚、共济失调、反应迟钝、瞳孔逐渐扩大，最后抽搐而死亡。存活动物有咳嗽、鼻黏膜卡他症状和支气管肺炎。氧化本品所致的呼吸道刺激症状更为明显。

对循环系统影响，早期有血压上升，以后进行性下降，主要由于对心肌的损害所致。急性死亡动物尸检，见有肺郁血、水肿和灶性出血；肝、肾和其他脏器充血。迟延死亡者，实质脏器有退行性变，表现为肝细胞脂肪变性和广泛的出血性坏死，肾小管上皮细胞退行性变和坏死，偶见肾小球囊内出血性病变。

3.2 慢性毒作用

大鼠吸入200 mg/m³的浓度，8 h/d，历时13 w，无死亡；但于1 200 mg/m³的环境下，染毒6 w即引起死亡。小鼠比大鼠的耐受性低。给兔注射0.7 ml/kg的剂量，每隔5～8 d一次，共3次，除见脱毛、体重减轻及一时性的蛋白尿外，未发现其他毒性影响。

用本品涂于动物皮肤，可使毛变黑色、脆而易断落，但不损及毛囊，脱毛后能再生。曾以纯的本品涂皮，使动物发生严重中毒而死亡，但未见引起脱毛。因此，关于脱毛问题，有人认为二聚氯丁二烯的环状化合物(即β-聚合物)及一些短链低聚物的毒性和刺激作用，比本品本身更显著。以此种低聚物滴于小鼠背部，2滴/d，经4～10 d局部全脱毛。经测定，皮肤内琥珀酸脱氢酶的活性和巯基总含量都明显降低，故认为脱毛原因为不饱和键与巯基结合所致。

鼠孕后11～12 d经口给予最低中毒剂量(TDLo)1 mg/kg，致中枢神经系统发育畸形。IARC致癌性分类为：G2B，可疑人类致癌物。

4. 人体健康危害

4.1 急性中毒

不多见，主要由于设备事故或操作事故所引起；在清洗断链槽、聚合釜等处的操作易发生。一般见眼、鼻及上呼吸道黏膜刺激症状，有轻咳、胸痛、气急、恶心等；吸入高浓度，见步态不稳、震颤、呕吐、面色苍白、四肢厥冷、血压下降，甚至意识丧失等。一般停止接触，恢复较快。

4.2 慢性中毒

患者常诉头晕、头痛、乏力、失眠或嗜睡、记忆力减退、食欲不振、喉干、胸闷、心悸及四肢酸痛等，部分患者伴有恶心、呕吐、盗汗、尿频及体重减轻等。有时血压偏低，或有贫血。肝脏肿大、肝区痛及肝功能异常者明显地高于对照组。有人认为β-球蛋白低于8%有助于诊断。

毛发脱落较为突出。多见于头部，有时眉毛、睫毛、腋毛或阴毛也脱落，个别工人在操作数周后甚至发展成全颅顶秃发。胡须一般不脱落。秃发前，头皮局部常有痒感，大多于颅顶部开始，再波及其他部位。镜检发现毛干本身完整，多系从根部脱落，且毛囊本身无损。多数在脱离接触后数周至数月毛发重新生长。少数工人发生接触性皮炎。皮疹为针头大至绿豆大红色丘疹，常融合成片状，自感瘙痒。皮疹消退后，局部有暂时性色素沉着，有时指(趾)甲呈灰褐色。国外还有血糖降低(60～70 mg%)的报告。

5. 风险评估

我国职业接触限值规定：PC-TWA为4 mg/m^3(皮，G2B)。美国OSHA规定：TWA为90 mg/m^3。美国NIOSH规定：15 min TLV-C为3.6 mg/m^3；ACGIH规定：TLV-TWA为36 mg/m^3。

英国规定：OELV为37 mg/m^3。新加坡规定：TWA为36 mg/m^3。

六氯丁二烯

1. 理化性质

CAS号：87-68-3	外观与性状：无色液体。稍有特殊气味
熔点/凝固点(℃)：-21	自燃温度(℃)：610
沸点(℃)：215	易燃性：高温下可燃
饱和蒸气压(kPa)：0.03(25℃)	n-辛醇/水分配系数：4.78
密度(g/cm^3)：1.682 0 (20/4℃)	溶解性：不溶于水；溶于乙醇和乙醚；能与多种树脂和塑料混溶
相对密度(水=1)：1.554	相对蒸气密度(空气=1)：8.99

2. 用途与接触机会

合成橡胶溶剂，热载体，变压器和液压油，用于清除4碳和更高级烃的洗涤液。用于含氟润滑剂、橡胶合成，陀螺仪润滑液。可用于葡萄根瘤的熏蒸剂。紫外线照射六氯丁二烯单体已用于光聚合无针孔的薄膜。

为四氯乙烯制造的副产品。在一项研究中，城市生活垃圾堆肥设施的工作场所空气中该化学品的最大浓度为4 μg/m^3。半导体等离子体蚀刻工艺工人可能接触较高浓度的本品副产化学物。职业性接触通过吸入和皮肤接触发生。

3. 毒代动力学

大鼠单次注射后，在肺、血、肝、脑、肾、脾、肠系膜等组织上检出六氯丁二烯，7 d后随尿液排出。肾脏中，最高的浓度发现于邻近肾单位部位。人体尸检，样品组织中检出六氯丁二烯，浓度范围为0.8～13.7 ug/kg(湿组织)。大鼠每日慢性六氯丁而烯给药，在组织中浓度顺序为：脂肪组织＞小肠和大肠＞胃＞骨骼＞肝肾＞脑＞肺＞脾。

在体内的主要代谢物为S-(五氯丁二烯基)谷胱甘肽，尿代谢产物主要包括S-(五氯丁二烯基)-L-半胱氨酸，N-乙酰基-S-(五氯丁二烯基)-L-半胱氨酸和1,1,2,3-四氯丁烯酸。

4. 毒性

本品可刺激眼睛、鼻子、喉咙、呼吸道，吞食可能会造成腹痛或恶心，可能造成肾、脾及神经系统损害。IARC 致癌性分类为 3 类。

豚鼠、小鼠、大鼠经口 LD_{50} 分别为 90、87～116、200～350 mg/kg。本品健康危害 GHS 分类：急性毒性—经口，类别 3；急性毒性—吸入，类别 1；皮肤致敏物，类别 1；生殖细胞致突变性，类别 2；生殖毒性，类别 2；特异性靶器官毒性——次接触，类别 1；特异性靶器官毒性—反复接触，类别 1。

5. 人体健康危害

205 名工人，季节性暴露于六氯丁二烯和聚氯丁二烯-80（污染物浓度：0.8～30 MG/m^3 和 0.12～6.7 MG/m^3，化学物熏蒸的区域）后引起低血压、心脏疾病、慢性支气管炎、神经功能紊乱和慢性肝炎多种毒性作用。对在雇佣于同一家工厂生产六氯丁二烯的工人的细胞遗传学研究，观察到外周血淋巴细胞染色体畸变频率的增加。工人们接触的六氯丁二烯浓度范围为 1.6～16.9 mg/m^3。

6. 风险评估

我国职业接触限值规定：PC-TWA 为 0.2 mg/m^3（皮）。美国 NIOSH 规定：10 h-TWA 为 TWA 0.24 mg/m^3；ACGIH 规定：TLV-TWA 为 0.21 mg/m^3。德国 DFG 规定：MAK 为 0.22 mg/m^3，STEL 为 0.44 mg/m^3。日本规定：TWA 为 0.12 mg/m^3。

本品对水生生物毒性极大并具有长期持续影响，其环境危害 GHS 分类为：危害水生环境—急性危害，类别 1；危害水生环境—长期危害，类别 1。

六氯环戊二烯

1. 理化性质

CAS 号：77-47-4	外观与性状：黄色至琥珀色油状液体，有刺激性气味
熔点/凝固点（℃）：−9	易燃性：不易燃
沸点（℃）：239（100 kPa）	气味阈值（mg/m^3）：1.7
饱和蒸气压（kPa）：0.008（25℃）	n-辛醇/水分配系数：5.04
密度（kg/m^3）：1.701 9（25℃/4℃）	溶解性：不溶于水；溶于乙醚、四氯化碳等多数有机溶剂
相对蒸气密度（空气=1）：9.4	

2. 用途与接触机会

主要用于制造防震塑料，酸，酯，酮和碳氟化合物。六氯环戊二烯/（HCCPD）的主要终端用途是氯化环二烯类杀虫剂生产中的关键中间体（包括艾氏剂，狄氏剂，异狄氏剂，氯丹，七氯，十氯酮，硫丹，除螨灵，异艾氏剂和灭蚁灵）。据报道，工业级氯丹含有高达 1% 的 HCCPD 杂质；据报道，HCCPD 作为几种环二烯农药中的污染物存在，浓度高达 1%。它还可用作阻燃剂的生产中间体，如环辛烷和氯菌酸酐，其次用于制造不燃树脂，聚酯树脂，药物，不易分解的塑料、酸、酯、酮、碳氟化合物以及染料和杀菌剂。

职业性接触通过吸入和皮肤接触发生。

3. 毒代动力学

研究发现：吸入（14）C-六氯环戊二烯主要从尿中排出；经口喂饲染毒（14）C-六氯环戊二烯主要从粪便中消除。在吸入暴露的大鼠中，气管和肺具有最高的残留物积累。在接受口服剂量的动物中，肾脏和肝脏是积累的主要部位。

使用体内和体外系统研究淡水鱼中六氯环戊二烯的代谢发现：胆汁排泄是六氯环戊二烯及其代谢物主要消除途径。

4. 毒性

本品为 2015 版《危险化学品目录》中所列剧毒品，其大鼠经口 LD_{50} 为 315 mg/kg。兔经皮 LD_{50}：430 mg/kg。兔吸入 LC_{50}：19 483 mg/m^3，4 h。兔经皮，500 mg（4 h），造成严重刺激；兔经眼，20 mg（24 h），中毒刺激。

本品健康危害 GHS 分类为急性毒性—经皮，类别 3；急性毒性—吸入，类别 2*；皮肤腐蚀/刺激，类别 1B；严重眼损伤/眼刺激，类别 1。

5. 人体健康危害

吸入蒸气会引起咳嗽、呼吸困难、胸闷、头痛、支气管炎、细支气管炎及肺水肿。也可造成记忆混乱及丧失。有对污水处理厂员工的研究指出，先会造成刺激感、头痛、数日后产生蛋白尿，并可能会伤害肝、肾及心脏。眼睛接触会引起结膜炎。

长期接触，可能会伤害肝、肺及神经系统。可能会造成氯疮。

6. 风险评估

我国职业接触限值规定：PC - TWA 为 0.1 mg/m^3。美国 NIOSH 规定：10 h - TWA 为 0.1 mg/m^3。ACGIH 规定：TLV - TWA 为 0.11 mg/m^3。新加坡规定：TWA 为 0.11 mg/m^3。

本品对水生生物毒性极大并具有长期持续影响，其环境危害 GHS 分类为：危害水生环境—急性危害，类别 1；危害水生环境—长期危害，类别 1。

二 氯 乙 炔

1. 理化性质

CAS 号：7572 - 29 - 4	外观与性状：油状液体，令人不悦的甜味
熔点/凝固点(℃)：－66～－64	易燃性：可燃
相对密度(水＝1)：1.26(20℃)	溶解性：不溶于水，溶于有机溶剂

2. 用途与接触机会

本品是三氯乙烯在脱氯化氢时的副产品。

3. 毒代动力学

研究发现：雄性 Wistar 大鼠经 1 h 吸入 14(C)二氯乙炔(浓度分别 78 或 156 mg/m^3)后的的代谢情况。在接下来的 96 h 内，经尿液排出 60%～68%和粪便排泄 27%～28%，约 3.5%留在体内。

大鼠吸入染毒后，尿中代谢物为 N -乙酰- S -(1,2 -二氯吡啶基)- L -半胱氨酸、二氯乙醇、二氯乙酸、草酸和氯乙酸。在粪便中只发现半胱氨酸结合物。由于胆汁中仅发现 S -(1,2 -二氯吡啶基)谷胱甘肽，故代谢物主要在肾脏中形成。胆道插管对半胱氨酸结合物的肾排泄无影响。

二氯乙炔在体内有两种代谢途径：主要途径是生物合成有毒的谷胱甘肽结合物，另细胞色素 P 450 依赖的氧化，和 1,1 -二氯化合物的形成有关。二氯乙炔的器官特异性毒性和致癌性是由于 γ -谷氨酰转肽酶主要集中在大鼠肾脏所致。

4. 毒性

具高毒性，小鼠吸入 LC_{50} 为 526 mg/(m^3 · 1 h)；大鼠吸入 LC_{50}：928 mg/(m^3 · 4 h)。另一些毒性报告是使动物接触本品和三氯乙烯混合物。大鼠反复吸入 0.038 g/m^3 和 0.061 g/m^3 表现为毛发蓬乱和呼吸道症状，持续吸入 0.11 g/m^3 虽未见明显毒性反应，但动物有后肢无力现象。

IARC 将其列为 3 组，无法判断为人类致癌物。

5. 人体健康危害

二氯乙炔吸入会引起头痛，头晕，恶心，呕吐，眼睛刺激，黏膜刺激，以及几种颅神经麻痹和神经痛等神经系统疾病，以及肝、肾损害，可死于肾脏损害。在低浓度下会恶心。暴露在浓度低至 2～4 mg/m^3 的二氯乙炔的人群会极度恶心。高浓度暴露可能造成肺水肿，甚至死亡。

长期慢性吸入可能损伤神经系统、肝、肾，造成虚弱。

6. 风险评估

我国职业接触限值规定：MAC 为 0.4 mg/m^3。美国 ACGIH 规定：TLV - C 为 0.4 mg/m^3。

第16章

芳香族烃类

苯及其同系物统称为芳香烃，在结构上都具有一个或几个苯环。按苯环的数目和连接方式，芳香烃可分为：单环芳香烃即苯及其同系物(烷基苯)，如苯、甲苯、二甲苯、三甲苯及乙苯等；苯基取代的不饱和脂烃，如苯乙烯、苯乙炔等；多环芳香烃：多苯代脂烃，如二苯甲烷、四苯乙烯等；联苯及联多苯，如联苯、联三苯等；稠环芳香烃：稠苯烃，如萘、蒽、菲等；苯并脂环烃和稠苯并脂环烃，如茚、芴、苊等。

芳香烃大多数为芳香味液体，少部分为固体，几乎不溶于水，而溶于脂肪、醇类、醚类、氯仿及其他有机溶剂中。芳香烃在酒精中的溶解度，随侧链上碳原子数的增多而降低，但沸点却随分子量的增加而升高，同分异构体的沸点颇相接近。

(一) 用途与接触机会

本类物质在工业上广泛应用于染料、制药、印刷、橡胶、炸药、涂料、鞋油、油墨、农药、塑料等化学工业。如苯可作为原料和萃取剂制造各种有机物，二乙烯苯可作为一种良好的交联剂，用于制造各种树脂。

本章节物质部分为环境污染物，广泛分布于环境中。如苯并(a)芘，主要来源包括工业燃烧与生活燃烧、交通污染与烟草、烟气污染等；苯则来源于一些低档的地毯、沙发、衣柜等家具等，其原因是生产中使用了含苯量高的胶粘剂。

在生产条件下，本类化合物主要以液体和固体的形式存在，可经过呼吸道和完整皮肤吸收，也可经消化道吸收。

(二) 毒代动力学

本类物质挥发或加热时，蒸气可经呼吸道进入人体，液态物质接触人体后可经完整皮肤吸收。有研究发现，由呼吸道吸入的苯乙烯蒸气，当鼻吸气、口呼气时，在肺内的滞留率平均为66%；而口吸气、口呼气则为59%，表明鼻道可阻留一部分苯乙烯。到达肺泡内的本品约占吸入量的5.5%～6.2%，但当停止接触1 min后，呼气中已检测不出，苯乙烯经人体皮肤的吸收速度为9～15 mg/(cm^2·h)，较苯、苯胺、硝基苯和二硫化碳为快，如浓度增高则吸收率增加。苯主要以蒸气形态经呼吸道吸入体内，经皮肤吸收很少，胃肠道虽吸收完全，但实际意义不大。吸收后，苯主要分布在含类脂质较多的组织和器官中，一次大量吸入高浓度的苯，以大脑、肾上腺与血液中的含量最高；中等量或少量长期吸入时，骨髓、脂肪和脑组织中含量较多。直接接触本类物质也会出现炎症与中毒症状，如将小鼠尾浸入二乙烯苯溶液中2—4 h，会产生皮炎和全身中毒症状。苯并(a)芘为一种环境污染物，其分子内基本上没有极性基团和可解离基团，因此能较易地穿透哺乳动物细胞的脂蛋白膜，可经胃肠道、呼吸道和皮肤吸收，当其吸附在其他碳氢化合物颗粒上，在肺内的滞留时间较纯品气溶胶长20倍。

本类物质进入人体经由肝脏、肾脏代谢。如进入体内的苯，40%～60%以原形物由呼气中排出，约10%以原形贮存于体内各组织，40%左右在肝脏代谢，经肾排出极少(0.1%～0.2%)。苯乙烯吸收后，在脑、肝脏、肾脏、肾周围脂肪组织及脾脏内的含量高于其他组织，注入后的第1 h分别占注入量的4.62%及1.82%，而至24 h则迅速分别降低为0.11及0.01%。至于血液中的苯乙烯量也极微，至第24 h仅占总剂量的0.01%。

吸入本类物质可经由呼气排出部分，也有部分是经过肾脏代谢随尿液排出体外。如进入体内的苯，经肾排出极少，其酚类代谢物都可经由尿苷葡萄糖醛酸转移酶(UDP - glucuronosyltransferase, UDP - GT)或苯酚磺基转移酶(Phenol sulfotransferase,

PST)生成葡萄糖醛酸结合物或硫酸盐类随尿排出。一般在几天后体内基本消失;反复多次吸入后,苯在体内有蓄积作用,蓄积量越大,则完全排出的时间越长,可达数月或甚至更长。

(三) 毒性与中毒机理

芳香烃中毒一般由于吸入其蒸气所致,经胃肠道吸收较速,经皮肤吸收极微,不易达到中毒的程度。

1. 急性毒作用

液态芳香烃有刺激性,高浓度蒸气尚对中枢神经系统有麻醉作用,急性毒性与其分子结构间并无明显规律性,不同种类与不同接触方式的本类物质对机体的毒性相差较大,如苯大鼠经口 LD_{50} 范围为 810～10 016 mg/kg,苯乙烯大鼠经口 LD_{50} 为 5 000 mg/kg;大鼠吸入 LC_{50} 为 2 400 mg/m^3;苯并(a)芘大鼠皮下注射 LD_{50} 为 50 mg/kg,丁苯大鼠经口的 LD_{50} 为 2 240 mg/kg。

2. 慢性毒作用

(1) 致癌作用

部分本类物质具有致癌性,如苯可导致急性的白血病。

(2) 发育毒性与致畸性

部分本类物质具有发育毒性与致畸性,如甲苯具有发育毒性,大鼠吸入后可致肌肉发育异常。

(3) 过敏性反应

部分本类物质具有过敏性反应,经常接触苯的2人,可出现皮肤脱脂、干燥及过敏性湿疹等临床表现。

3. 中毒机理

本类物质主要中毒机理尚不是很明确,主要以贫血、肝肾损害、神经系统损伤为主。

(四) 生物监测

生物监测是指监测其主要的代谢产物,本类物质进入机体后可引起生理、生化、免疫和遗传等多方面的分子水平的改变。如苯的生物监测物质指标与物质有尿苯、反-反式黏糠酸、S-苯巯基尿酸、8-羟基脱氧尿苷(8-OHdG)、染色体畸变、代谢酶基因多态性、DNA 修复基因多态性等。

(五) 人体健康危害

1. 急性中毒

本类物质的急性中毒一般是由于短时间吸入大量气体引起。一般见于意外事故或在通风不良的环境下进行作业,而又缺乏有效的个人防护等。主要表现为中枢神经系统的抑制作用。

轻度中毒一般表现为神经系统症状,如头晕、头痛、眩晕、神志恍惚、四肢乏力、步伐不稳、轻度意识模糊,有时可有嗜睡、手足麻木、表情淡漠、视力模糊等症状;部分物质可出现消化系统症状与黏膜刺激症状,如腹痛、腹泻、流泪、结膜充血、咽痛或咳嗽等。

重度中毒表现为神志模糊加重可进入深昏迷状态,部分物质中毒还可出现震颤、谵妄、昏迷、强直性抽搐、失明,严重者导致中毒性脑病与神经元损伤,极严重者可因心跳停止、呼吸中枢麻痹而死亡。

血液系统损害,少数患者可出现全身皮肤瘀点的症状,还可伴发溶血性黄疸。

呼吸系统损害,部分患者在接触本类物质后会有肺水肿症状,部分物质可直接损害肺组织。

循环系统损害,短期内大量接触本类物质可出现心肌酶谱异常、心电图异常。

2. 慢性中毒

长期低浓度接触本类物质可引起慢性中毒,其症状是逐渐发生的。中毒情况的个体差异性较大,即使外暴露剂量相同,也可出现症状不一样的情况。一般症状发生在工作三至五年之后。

神经系统:一般会出现类神经症和自主神经紊乱的症状,部分物质可出现皮肤划痕阳性。

造血系统:部分本类物质可引起骨髓象的改变,导致造血系统功能障碍。

致癌性:部分本类物质可引起癌症,如苯可导致白血病。

生殖系统:接触本类物质的部分女工月经异常,黄体分泌黄体酮的能力下降,妊娠期贫血、先兆流产、早产、自然流产与死产率均不同程度升高。

皮肤黏膜系统:皮肤接触部分液体类本物质可致慢性皮炎、湿疹、皲裂等。

消化系统:部分物质可导致消化系统症状,如腹痛、腹泻、恶心等。

视觉系统:部分物质如萘可导致晶状体浑与浊角膜炎等症状。

呼吸系统:可出现胸闷、咳嗽、支气管炎与肺水肿等症状。

（六）诊疗

1. 诊断

目前职业性芳香烃族化学物中毒的诊断国家标准有 GBZ 68—2013《职业性苯中毒的诊断》、GBZ 16—2014《职业性急性甲苯中毒的诊断》。此外，苯所致白血病的诊断标准有 GBZ 94《职业性肿瘤的诊断》。

其他芳香烃族化学物中毒无特定的国家职业病诊断标准，其诊断要符合职业病诊断的通用准则。应具有明确的职业危害接触史、结合职业卫生现场调查与相应的临床表现及必要的实验室检测，对其进行全面综合分析，并排除非职业性因素所致的类似疾病，才能做出切合实际的诊断。

2. 治疗

（1）急救和急性中毒的治疗

迅速将中毒患者移至空气新鲜处，保持患者呼吸道通畅，如有被污染的衣物应立即脱去，注意保暖，如有需要应给予患者吸氧或高压氧治疗。

本类物质急性中毒后预防和治疗脑水肿是治疗的关键，根据病情轻重程度，可给予不同剂量糖皮质激素、速尿、高渗葡萄糖、甘露醇等，并可应用奥美拉唑、纳洛酮、维生素 C、葡萄糖醛酸等其他对症治疗，忌用肾上腺素。如患者有明显的烦躁或出现抽搐，可给副醛、水合氯醛或安定等。

病情恢复后，轻度中毒一般休息 3～7 d 可恢复原工作；重度中毒的病人原则上调离原工作岗位。

如若本类物质不慎溅入眼内，应立即用清水彻底冲洗，局部可用金霉素眼膏进行处理。如患者感到视力减退、模糊、复视或局部出血等，应及时给予眼科处理。

（2）慢性中毒的治疗

本类物质无特效解毒药，主要是根据症状给予对症支持治疗，治疗原则同内科治疗相同；也可参考中医辨证治疗的方法进行用药，注意预防并发症。

（七）预防

就政府而言，积极推进对芳香族类物质治理体系的建立，提高治理能力，对于落后或不合时宜的条例和法规，应予以完善、修订或废止；协调多个部门联动。加强对本类物质在生产、使用、贮存和销售等多个环节的管理，对污染重、生产工艺落后的企业加大监督管理力度，从源头上对本类物质进行治理；对于经常接触本类物质、流动性强且无法长期追踪其职业健康状况的工人，可通过建立互联网职业防治平台加以解决。

就企业而言，应积极响应国家号召，加大研发力度，尽可能采用先进的技术和工艺流程，改造现有设备，改进落后的操作方法，淘汰落后产能，尽可能采用自动化、密闭化与程序化生产，使工人尽量远距离操作机械，避免开放式生产；合理通风排毒，降低空气中毒物浓度，对生产中逸散出的毒物，根据具体情况设置局部或全面机械通风设备。有毒气逸散的地方，如出料口、加料口、喷漆台、皮鞋刷胶、封口等操作处，都应设置排气罩或通风柜。对大型产品如汽车、机床等进行喷漆时，可采用机械式全面通风。同时对排出气体采取必要的净化措施，避免对环境造成影响。企业要落实职业病防治主体责任，建立自身职业病防治组织体系，明确主要负责人为职业病防治第一负责人，制定年度职业病防治计划，完善职业病防治管理制度，落实各项职业卫生应急救援措施，依法与劳动者签订劳动合同并建立详细的职业健康档案，规范为劳动者提供合格的个人防护用品，设置符合卫生规范的洗手池、更衣室、盥洗室等。

就劳动者自身而言，主动学习职业病相关知识，提高自身防护意识，对于违规作业和不提供个人防护用品的企业可拒绝作业；养成良好的工作习惯，严格遵守企业规章制度，正确佩戴个人防护用品；在生产车间中杜绝饮食、吸烟等行为，工作服与相关个人防护用品要与生活用品分开，下班后必须洗澡、更换干净衣物后方可离开。

苯

1. 理化性质

CAS 号：71－43－2	外观与性状：无色透明液体，有强烈芳香味
熔点/凝固点(℃)：5.5	临界温度(℃)：288.9
沸点(℃)：80.1	临界压力(MPa)：4.92
闪点(℃)：－11(闭杯)	自燃温度(℃)：498
爆炸上限[%(V/V)]：8.0	爆炸下限[%(V/V)]：1.2
燃烧热(kJ/mol)：3 264.4	蒸发速率：5.1[乙酸(正)丁酯以 1 计]
饱和蒸气压(kPa)：9.95(20℃)	易燃性：高度易燃

（续表）

密度(kg/m^3)：878～881(20℃)	气味阈值(mg/m^3)：15
相对密度(水=1)：0.88	n-辛醇/水分配系数：2.13
相对蒸气密度(空气=1)：2.77	溶解性：不溶于水，溶于醇、醚、丙酮等多数有机溶剂

2. 用途与接触机会

日常生活环境中苯的来源主要是室内装修材料，如各种黏合剂、油漆、涂料、填料、墙纸等。一些低档的地毯、沙发、衣柜等家具可释放大量的苯，主要原因是生产中使用了含苯高的胶粘剂。此外，烟草燃烧产物、图文传真机和打印机喷墨中也有苯的存在。

苯的产量和生产的技术水平是一个国家石油化工发展水平的标志之一。我国纯苯年均生产和消费能力正分别以 9.82%和 7%的速度递增，预计到 2020 年，我国纯苯的年生产能力将达到 1 800 万吨，年产量达 1 600 万吨，年需求量将达到 1 800 万吨。苯在工农业生产中被广泛使用：① 作为有机化学合成中常用的原料，如制造苯乙烯、苯酚、合成橡胶、合成洗涤剂、合成药物、合成染料、合成纤维、化肥、炸药以及农药六六六、二二三等；② 作为溶剂、萃取剂和稀释剂，用于生药的浸渍、提取、重结晶，以及油漆、树脂、人造革、粘胶和油漆等制造；③ 苯的制造，如焦炉气、煤焦油的分馏、石油的裂化重整与乙炔合成苯；④ 用作燃料，如工业汽油中苯的浓度可高达 10%以上。

3. 毒代动力学

苯主要以蒸气形态经呼吸道吸入体内。经皮肤吸收很少，虽经胃肠道吸收完全，但实际意义不大。吸收后，苯主要分布在含类脂质较多的组织和器官中，一次大量吸入高浓度的苯，大脑、肾上腺与血液中的含量最高；中等量或少量长期吸入时，骨髓、脂肪和脑组织中含量较多。

进入体内的苯，40%～60%以原形物由呼气中排出，约 10%以原形贮存于体内各组织，40%左右在肝脏代谢，经肾排出极少(0.1%～0.2%)。

苯在人体的代谢过程十分复杂。进入人体后，苯主要在肝脏进行代谢，动物器官离体实验证实肺脏也是苯代谢场所之一。骨髓作为苯代谢物的靶器官之一，也是苯进行二次代谢的场所。肝微粒体上的细胞色素 P450(CYP)至少有六种同工酶，其中 2E1 和 2B2 与苯代谢有关。在 CYP 作用下，苯被氧化生成苯氧化物；苯氧化物(BO)向 4 个方向转化：(1) 自发转化为苯酚；(2) 在谷胱甘肽 S-转移酶(GST)作用下与谷胱甘肽结合，生成苯硫醇尿酸(S-phenylmercapturic acid S-PMA)；(3) 苯环打开形成反，反式黏糠醛，再转化成反，反式-黏糠酸(trans，trans-muconic acid，tt-MA)经肾脏由尿排出；(4) 在微粒体环氧化物水解酶(microsoma，epoxide hydrolase，mEH)作用下生成邻苯二酚(catechol，CAT)。苯形成酚的另一条途径是，CYP 作为还原型辅酶 II(NADPH)的氧化酶，产生过氧化氢，由此形成羟基自由基，后者将苯羟化为酚。苯酚进一步经 CYP2E1 代谢成为苯的多羟基化合物，包括氢醌(hydroquinone，HQ)、CAT、1，2，4-三羟基苯(1,2,4-benzenetriol,1,2,4-THB)；后三者可被转运至骨髓，在髓性过氧化物酶(myeloperoxidase，MPO)作用下生成苯醌(benzoquinones，BQ)、醛类或者半醌类物质，能够直接与 DNA 等生物大分子结合，并通过氧化还原循环生成氧自由基，对骨髓细胞具有高度毒性。特别是骨髓中氢醌向苯醌转化的过程可能是导致苯遗传毒性的重要环节，进而引起骨髓毒性作用甚至白血病。一部分 BQ 在醌类氧化还原酶(NAD(P)H：quinone oxidoreductase I，NQO 1[609])作用下还原成为 HQ 或者 CAT。

上述苯的任何一种酚类代谢物都可经由尿苷葡萄糖醛酸转移酶(UDP-glucuronosyltransferase，UDP-GT)或苯酚磺基转移酶(Phenol sulfotransferase，PST)生成葡萄糖醛酸结合物或硫酸盐类随尿排出。尿中还含有两种开环的苯代谢产物：反，反式黏糠酸和 6-羟基-t，t-2，4-己二烯酸；以及巯基尿酸如苯 S-PMA、2，5-二羟基苯巯基尿酸。

短期内吸入大量苯后，经上述代谢和排出，几天后一般在体内基本消失。反复多次吸入后，苯在体内有蓄积作用，蓄积量越大，则完全排出的时间越长，可达数月或甚至更长。

4. 毒性与中毒机理

本品健康危害 GHS 分类为：皮肤腐蚀/刺激，类别 2；严重眼损伤/眼刺激，类别 2；生殖细胞致突

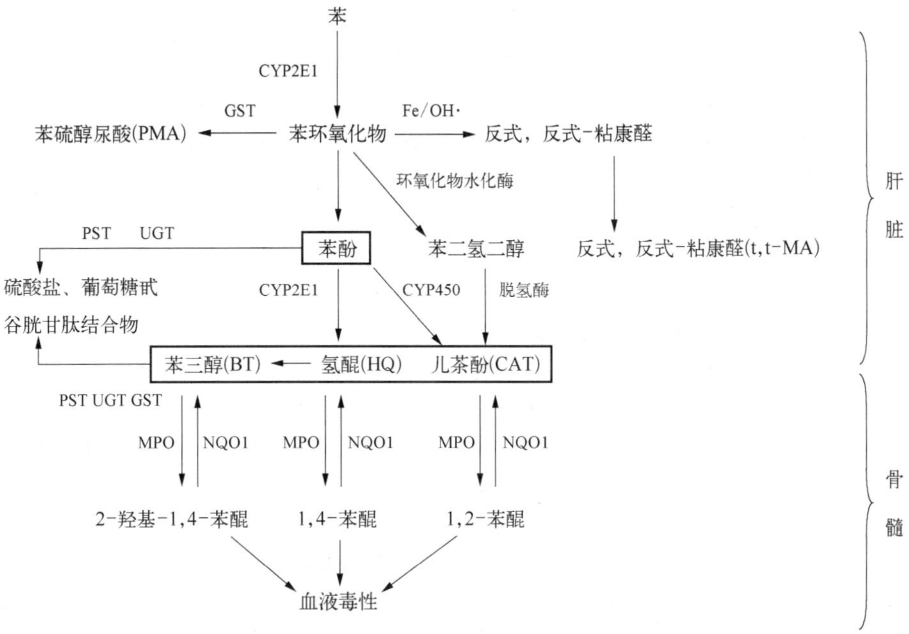

图 16-1　苯的代谢模式图

变性，类别 1B；致癌性，类别 1A；特异性靶器官毒性-反复接触，类别 1；吸入危害，类别 1。

大鼠经口 LD_{50} 为 930 mg/kg。小鼠经口 LD_{50}：4 700 mg/kg；兔经皮 LD_{50}：≥8 200 mg/kg；大鼠吸入 LC_{50}：44.6 mg/L(4 h)。

皮肤刺激或腐蚀：德瑞兹试验表明 20 mg(24 h)，中度皮肤刺激；兔皮肤刺激试验，15 mg(24 h)，轻度刺激。

眼睛刺激或腐蚀：德瑞兹试验表明 2 mg(24 h)，严重刺激。

慢性中毒动物精神萎靡、衰弱、食欲不振、体质量下降、脱毛和四肢溃疡等，造血系统初期白细胞可能增多，以后下降，血小板、红细胞也有减少，严重者骨髓呈再生不良。死亡动物尸检，以造血器官变化为主：骨髓再生不良，淋巴结和脾脏变性。还可见到内脏充血、脂肪变性；呼吸道黏膜刺激的改变、非特异性的上皮增生等。

可能造成遗传性缺陷。苯是明确的人类致癌物，IARC 致癌性分类：I 类确认的人类致癌物。苯所致白血病已列入《职业病目录》，属职业性肿瘤。

亚慢性苯吸入暴露可导致实验雄性小鼠的精子浓度降低、活力下降，睾丸组织出现核溶解、细胞脱落坏死等病理改变，雌性小鼠孕后 6～15 d 吸入最低中毒剂量 0.016 mg/L，可抑制胎盘和胎仔生长发育，致血和淋巴系统发育畸形（包括脾和骨髓），死胎发生率增加。

苯中毒的发病机理，目前仍不完全清楚。苯代谢产物被转运到骨髓或其他器官，可能表现为骨髓毒性和致白血病作用。苯的细胞毒性作用表现为骨髓和外周血淋巴细胞、粒细胞和红细胞数量减少，可能与苯的代谢产物可诱导细胞凋亡有关；还表现在其对细胞周期和细胞间通讯功能的影响上。同时苯具有遗传毒性，能造成 DNA 损伤、染色体畸变、激活癌基因和表观遗传学改变。苯暴露会引起免疫功能缺陷，损害机体的免疫监视功能。职业性苯暴露不仅引起血液毒性，还会改变免疫细胞的亚群构成比例。

5. 生物监测

5.1　接触标志

（1）尿苯。苯进入人体后，大部分经机体代谢酶的作用形成不同的代谢产物随尿排出体外，但仍有一小部分以原形随尿排出体外。有人认为作业后尿苯高于作业前，即被吸收的苯若以原型从尿中排出，至多只需要 8 h，因而尿苯只能是反映近期的苯接触水平，可作为苯接触工人生物样品常规监测手段之一。由于尿中苯含量低，衰减快，不易保存和运输，因此需要较敏感的检测方法，目前常用热解吸气相色谱法和顶空固相微浸出法。

（2）苯的环羟化代谢产物。苯进入人体后大部分转化为代谢中间产物，如酚、HQ、CAT 和 1，2，4－THB 等环羟化合物。这些环羟化代谢产物一般在 24～48 h 之内经尿液排出。因此，必须在苯接触后 24～48 h 之间收集尿样进行生物学监测。多年来人们采用尿酚质量浓度作为职业性苯接触的生物监测指标，但是由于尿酚的本底值较高，在苯接触浓度小于 16 mg/m^3 时缺乏特异性，因而在低浓度苯暴露水平下，苯酚的监测已无实际意义。目前国内外学者已鲜有采用测定尿酚质量浓度来评价作业环境苯暴露情况。由于它可以由其他酚类化合物代谢生成，因此作为苯接触的生物标志特异性不高。

（3）反-反式黏糠酸（t，t－MA）。进入机体的苯可通过体内代谢酶的作用转化为 t，t－MA，半减期为 13.7 h，其代谢转化速率与苯接触水平呈一定的相关关系。虽然其他因素诸如暴露于甲苯、代谢酶的多态性以及食物防腐剂中山梨酸的摄入都可能影响体内 t，t－MA 本底值，但在严格控制采样时间和条件的情况下，尿 t，t－MA 浓度与空气中苯浓度有着良好的相关关系。尿中 t，t－MA 作为评价苯暴露的生物标志具有特异性好、灵敏性高以及便于分析等优势。如 ACGIH 将班末尿 t，t－mA 限值（以 Cr 在尿中质量分数计，下同）定为 500 μg/g，推荐采用高效液相色谱法测定。

（4）S-苯巯基尿酸（S－PMA）。S－PMA 是环氧化苯与谷胱甘肽在 GST 作用下形成的 GSH 结合物。S－PMA 与苯的其他代谢物相比，具有更长的生物半减期（12.8 h）和更高的特异性，迄今为止尚未发现有其他的化学物或食物有类似代谢产物的存在。在职业低水平苯暴露时，暴露人群尿 S－PMA 与环境苯浓度之间具有较好的相关性，因而是低浓度苯接触敏感的生物标志，其生物监测的应用价值明显优于苯酚和 t，t－MA。ACGIH 将班末尿 S－PMA 限值（以 Cr 在尿中质量分数计）定为 25 μmg/g，采用气相色谱/质谱测定法。

（5）DNA 加合物。苯及其代谢产物与 DNA 共价结合形成 DNA 加合物，在核酸内切酶的作用下进行切除修复，增加了 DNA 的不稳定性，导致 DNA 单链断裂、基因突变和染色体畸变。苯对小鼠 DNA 加合物的形成和致细胞毒性均呈剂量—反应关系，提示 DNA 加合物可作为苯暴露生物作用剂量标志。

（6）血红蛋白/蛋白质加合物。苯氧化物（BO）可与血红蛋白（Hb）和血清蛋白（Alb）中的半胱氨酸结合形成蛋白质加合物，即苯氧化物蛋白质加合物（BO－Alb）。1，4－苯醌蛋白质加合物（1，4－BQ－Alb）有相对较长的半衰期，分别为 21 d 和 13.5 d，由于在人体内排泄较慢，苯的蛋白质加合物可能适合于评价长期苯暴露，但目前未作定论。

（7）热应激蛋白 HSPs。多种化学物可激活热应激基因的启动子，启动热应激基因的转录、翻译，增强 HSPs 的合成。陈胜等认为血浆 HSP 70 水平能反应工人接触苯的水平及反应能力，作为苯作业工人生物监测指标有一定价值。

5.2 效应标志

（1）血象分析。苯可引起白细胞计数减少、血红蛋白减少、淋巴细胞相对值增加、血小板计数减少以及淋巴细胞微核率增加。由于外周血象分析既简便又快速，因此目前已成为基层卫生单位苯接触人群最常用的检测指标之一。

（2）8-羟基脱氧尿苷（8－OHdG）。DNA 氧化损伤是苯诱导肿瘤形成的重要原因。8－OHdG 是主要的 DNA 氧化产物之一，是高度致突变物质，也是评价 DNA 氧化损伤的通用指标。有多种检测方法如高效液相色谱-电化学法（HPLC－ECD 法）、P 后标记-薄层色谱法、酶联免疫吸附法、PY 共振光散射法、高效毛细管电泳 HPCE 等。虽然 8－OHdG 不是苯暴露的特异性标志，但可以通过 8－OHdG 反映 DNA 损伤情况来间接评价苯暴露情况。

（3）DNA 损伤。可采用单细胞凝胶电泳试验或称彗星试验进行检测。有研究发现苯暴露导致外周血细胞 DNA 断裂损伤加重，且呈明显剂量—反应关系，同时累积接苯浓度比单纯苯浓度更能反映苯暴露水平。

（4）染色体畸变。苯是已被确定的致癌物，能导致外周血淋巴细胞染色体畸变并改变细胞的正常分化过程，最终导致癌变发生。因此染色体畸变可作为苯接触的效应生物标志。夏昭林课题组发现经胞质分裂阻滞微核试验后，苯接触工人外周血淋巴细胞微核率增加，且呈剂量—反应关系，并且上述指标的改变早于白细胞的异常，在职业性苯中毒的早期诊断中具有一定意义。

(5) 碱性磷酸酶。苯作业工人血液中性粒细胞的碱性磷酸酶活力可出现不同程度的抑制，认为血液粒细胞碱性磷酸酶的活力可作为苯的早期骨髓毒性效应的生物标志。

5.3 易感性标志

现多集中在基因型的研究，苯代谢活性及解毒代谢酶的基因多态性目前成为研究慢性苯中毒易感性的焦点。

6. 人体健康危害

6.1 急性中毒

短时间吸入大量苯蒸气引起。一般见于意外事故如爆炸、燃烧等或在通风不良的环境下进行苯作业，而又缺乏有效的个人防护等。主要表现为中枢神经系统的麻醉作用。

一般可分为轻度和重度中毒两种类型：

(1) 轻度中毒：患者感到头晕、头痛、眩晕、欣快感、神志恍惚、舌头发麻、四肢乏力、步伐不稳、轻度意识模糊，有时可有嗜睡、手足麻木、表情淡漠、视力模糊，也可出现消化系统症状如恶心、呕吐等。亦可有轻度黏膜刺激症状如流泪、结膜充血、咽痛或咳嗽等。轻度中毒患者，一般经脱离现场，及时对症处理，在短期内即可逐渐好转，无后遗症。

(2) 重度中毒：患者神志模糊加重，除有以上神经系统等症状如严重头痛、复视、神志模糊等外，由浅昏迷进入深昏迷状态，还可出现震颤、谵妄、昏迷、强直性抽搐、失明等症状，严重者导致呼吸、心跳停止，极严重者可因呼吸中枢麻痹而死亡。

少数患者可有全身皮肤瘀点，可能与血小板降低有关，表明急性中毒亦可引起造血系统的损害。部分患者伴有肺水肿症状，可能系高浓度苯对肺组织的直接损伤有关。血清心肌酶可升高，心电图可示心律失常，房早、室早、室速、室颤、ST－T改变、心肌缺血、房室传导阻滞者均有文献报道。苯中毒性脑病患者的脑CT可示大脑急性缺氧及脑水肿。部分文献报道急性苯中毒可伴溶血性黄疸，或并发下肢神经元损伤。

不论轻度或重度中毒，在急性期都可出现自主神经系统功能失调症状，如多汗、心动过速或心动过缓，以及血压波动等，这些症状持续1 w左右或稍长后，逐渐消失。少数患者出现四肢远端皮肤感觉减退，经治疗后可以恢复。

轻度中毒，一般白细胞计数正常或轻度增高，但数日内即恢复正常。重度中毒患者，急性期粒细胞可增高，以后可降低，并有中毒性颗粒；血小板亦可有下降趋势，这些经治疗后，短期内可逐渐恢复，一般无持续性血象改变。无论轻度还是中毒急性中毒，实验室检查均可发现尿酚和血苯浓度升高。

6.2 慢性中毒

长期接触低浓度苯可引起慢性中度，其症状是逐渐发生的。中毒情况因工作环境、个人健康状况及对毒物的敏感性等而不同，且与性别、年龄等亦有一定关系，故工种、工龄相同的人，中毒情况并不一致。车间平均浓度在50 mg/m^3左右，偶尔波动在120 mg/m^3左右，或浓度波动在极微量至466 mg/m^3之间，观察工人中几乎每年有血象改变的新病例发生，工龄以3～5年者为多见。一般有以下一些临床表现：

(1) 神经系统：多数患者表现为头痛、头晕、失眠、记忆力减退、乏力、失眠或多梦、性格改变、记忆力减退等类神经征，有的伴有自主神经功能紊乱，如心动过速或过缓，皮肤划痕反应阳性，个别病例有肢端麻木和痛觉减退表现。开始时经休息后可改善，以后则持续存在。根据临床观察，慢性苯中毒的神经衰弱综合征，比其他有机溶剂引起的相对较轻。

(2) 造血系统：慢性苯中毒主要损害造血系统。有近5%的轻度中毒者无自觉症状，但血象检查发现异常。血象异常是慢性苯中毒的特征，但其变化多端，缺乏规律性。最早和最常见的血象异常表现是持续性白细胞计数减少，主要是中性粒细胞减少，白细胞分类中淋巴细胞相对值可增加到40%左右。血液涂片可见白细胞有较多毒性颗粒、空泡、破碎细胞等，提示细胞有成熟障碍及退行性病变，极个别有Pelger－Huet畸形。电镜检查可见血小板形态异常。中度中毒者可见红细胞计数偏低或减少。重度中毒者红细胞计数、血红蛋白、白细胞(主要是中性粒细胞)、血小板、网织细胞都明显减少，淋巴细胞百分比相对增高，幼红细胞成熟障碍，发生再生障碍性贫血。少数病例可先呈血小板或红细胞减少，极个别有红细胞增多。

重度中毒者常因感染而发热，齿龈、鼻腔、黏膜与皮下常见出血，眼底检查可见视网膜出血。

骨髓象与早期血象变化并不一致。慢性苯中毒的骨髓象主要表现为：1)不同程度的生成降低，前期细胞明显减少；轻者限于粒细胞系列，较重者涉及巨核细胞，重者3个系列都减低，骨髓有核细胞计数明显减少，呈再生障碍性贫血表现。2)细胞形态异常，粒细胞见到毒性颗粒、空泡、核质疏松、核浆发育不平衡，中性粒细胞分叶过多、破碎细胞较多等；红细胞有嗜碱颗粒、嗜碱红细胞、核浆疏松、核浆发育不平衡等；巨核细胞减少或消失，成堆血小板稀少。3)分叶中性粒细胞由正常的10%增加到20%～30%，结合外周血液中性粒细胞减少，表明骨的释放功能障碍。此外，约有15%的中毒患者，一次骨髓检查呈不同程度的局灶性增生活跃。

一般地说，早期以正常骨髓象和增生骨髓象较多见，而晚期则以再生不良性骨髓象较多见。但其规律性尚未完全掌握。不同程度的苯中毒，虽可产生不同骨髓象，但程度相同的中毒，也可以产生不同骨髓象；同一患者，在不同时期也可有不同的骨髓象，而且末梢血液改变和骨髓象也不完全符合。所以骨髓象变化的意义，应结合其他临床表现综合考虑。

(3) 致癌性：苯主要与急性髓性白血病密切相关。

(4) 生殖系统：苯可损害生殖系统。苯接触女工月经血量增多，经期延长，黄体期长度缩短，黄体分泌黄体酮的能力下降。苯系混合物可使接触组的妊高征、妊娠期贫血及先兆流产发生率均高于对照组，差异显著，说明苯系物对女工的影响不仅是月经机能方面，而且对妊娠过程也有影响。研究报道苯作业女工自然流产、早产、死产率升高，自然流产胎儿畸形率增高。苯接触工人的精子数量下降，异常形态精子比例增加，精子DNA损伤，非整倍体和染色体结构畸变精子的比率增加。

(5) 免疫系统：苯对免疫系统也有影响，有文献报道接苯工人血IgG、IgA降低，而IgM增高。但也有研究结果显示苯作业工人IgA降低，而IgG、IgM均增高，C_3下降。

(6) 其他：长期接触苯，皮肤可脱脂，变干燥、发红、脱屑以致皲裂，有时出现疱疹，严重者可出现过敏性湿疹、脱脂性皮炎和毛囊炎等。此外，职业性苯接触工人染色体畸变率和DNA损伤率可明显增高。

7. 风险评估

我国1956年苯职业接触的MAC为50 mg/m³，1979年降低至40 mg/m³。2002年修订PC-STEL为10 mg/m³，PC-TWA为6 mg/m³，并将以呼吸带空气监测方法更改为以个体采样监测方法。2007年，GBZ 2.1—2007《工作场所有害因素职业接触限值第1部分化学有害因素》，仍维持2002年相关标准限值。国外苯的职业接触限值：美国OSHA现行的苯PELPC-TWA为为3.2 mg/m³，STEL为任何15 min采样时间内不得超过16 mg/m³。美国NIOSH的苯REL为8 h PC-TWA为为0.32 mg/m³，并要求任何15 min采样时间内的上限为3.2 mg/m³。美国ACGIH阈限值TLV-TWA为为0.3 mg/m³。欧盟制定的BOELV为3.2 mg/m³。日本规定：PC-TWA为3.2 mg/m³。

但目前就苯接触阈限值在3.2 mg/m³是否安全，国际学术界仍有争议。2004年12月的《科学》期刊由中美科学家共同撰文指出：即使工人暴露在含有低剂量苯(3.2 mg/m³)的工作环境中，仍有造血毒性。这表明该职业接触限值是否安全尚无定论。

GB/T18883—2002《室内空气质量标准》规定：苯生活环境中接触限值为0.11 mg/m³(1 h均值)。

苯对水生生物有毒，并具有长期持续影响，其环境危害GHS分类为：危害水生环境-急性危害，类别2；危害水生环境-长期危害，类别3。

2-苯基丙烯

1. 理化性质

CAS号：98-83-9	外观与性状：具有刺激性臭味的无色液体
熔点/凝固点(℃)：−23.21	临界温度(℃)：384
沸点(℃)：165.38	临界压力(MPa)：4.36
闪点(℃)：45	自燃温度(℃)：494
爆炸上限[%(V/V)]：3.4	易燃性：易燃
燃烧热(kJ/mol)：−5 041.18	爆炸下限[%(V/V)]：0.7

（续表）

密度(g/cm³)：0.910 6(20℃)	饱和蒸气压(kPa)：4.1
相对蒸气密度(空气＝1)：4.1	相对密度(水＝1,25℃)：0.904 6
溶解性：不溶于水；与乙醇、丙酮、四氯化碳、苯、氯仿混溶	

2. 用途与接触机会

可用于生产涂料、增塑剂，也用作溶剂，有机合成。本品用作聚合物单体，如丁甲苯橡胶和耐高温塑料。也可用以制取涂料、热熔胶、增塑剂以及合成麝香等。在日本，90%的2-苯基丙烯用作ABS树脂的改性剂，其余用作溶剂和有机合成的原料。

3. 毒性

本品健康危害GHS危险性分类：严重眼损伤/眼刺激，类别2；特异性靶器官毒性——一次接触，类别3(呼吸道刺激)。

大鼠经口的LD_{50}为4 900 mg/kg；小鼠经口的LD_{50}为4 500 mg/kg；大鼠吸入LCL_0：15 828 mg/m³；兔经皮LDL_0：16 ml/kg。

皮肤腐蚀或刺激：兔经皮100%中度刺激；眼睛刺激或腐蚀：兔经眼：91 mg，轻度刺激。

大鼠和豚鼠按照5 d/w，7 h/d的接触时间，暴露在浓度4 221 mg/m³的2-苯基丙烯环境中，持续27 d，出现了轻微肝肾损害，部分伴有体重减轻。

大鼠、小鼠、兔子、豚鼠、猴子等按照5 d/w，7 h/d的接触时间，暴露在浓度1 055 mg/m³的2-苯基丙烯环境中，持续5个月，没有发现明显健康损害。

IARC致癌性分类为组2B。

4. 人体健康危害

本品对皮肤、眼睛、黏膜和上呼吸道有刺激作用；接触后引起烧灼感、咳嗽、眩晕、喉炎、气短、头痛、恶心和呕吐。严重时引起肝、肾损害。3 166 mg/m³浓度下，对人体造成严重的眼睛和鼻黏膜刺激症状。

5. 风险评估

美国：NOISH规定REL-TWA为240 mg/m³，STEL 485 mg/m³；OSHA规定：PEL为485 mg/m³。

本品对水生生物有毒并具有长期持续影响，其环境危害GHS分类为危害水生环境—急性危害，类别2；危害水生环境—长期危害，类别2。

二 乙 烯 苯

1. 理化性质

CAS号：1321-74-0(异构体混合物) CAS号：108-57-6(1,3-二乙烯苯) CAS号：105-06-6(1,4-二乙烯苯)	外观与性状：无色液体，有特臭
熔点/凝固点(℃)：-66.9	自燃温度(℃)：470
沸点(℃)：199.5	易燃性：可燃液体
闪点(℃)：74	饱和蒸气压(kPa)：0.13
爆炸上限[%(V/V)]：6.2	爆炸下限[%(V/V)]：1.1
密度(g/cm³,20℃)：0.919 相对蒸气密度(空气＝1)：4.5	溶解性：溶于甲醇、乙醚，25℃水中的溶解度0.002 5 g/100 g水
相对密度(水＝1)：0.918(25℃)	

2. 用途与接触机会

用作树脂、油漆及特种橡胶的原料。二乙烯苯具有两个乙烯基，共聚时能生成三维结构的不溶不熔性聚合物，是一种十分有用的交联剂，广泛用于离子交换树脂、离子交换膜、ABS树脂、聚苯乙烯树脂、不饱和聚酯树脂、合成橡胶、木材加工、碳加工等。

3. 毒代动力学

可经吸入、食入和皮肤吸收，可使动物经皮肤吸收中毒，如将小鼠尾浸入本品溶液中2～4 h，发生皮炎和全身中毒症状。

吸收后部分经呼气排出，大部分在体内氧化成苯基乳酸随尿排出。

4. 毒性

二乙烯苯(异构体混合物)健康危害GHS分类为：皮肤腐蚀/刺激，类别2；严重眼损伤/眼刺激，类别2；特异性靶器官毒性——一次接触，类别3。

大鼠经口 LD_{50}：4 040 mg/kg；兔经皮 8 000 mg/kg。

中毒表现为胃肠黏膜刺激症状，烦躁不安，麻醉状态，强直性痉挛，呼吸困难，发绀，后肢瘫痪，以至死亡；眼睛刺激或腐蚀：兔经眼：91 mg，轻度刺激。

表 16-1　二乙烯苯吸入毒性作用表现

动　物	浓度(g/m³)	时　间	反　　应
小鼠	10～15	2 h	萎靡状态
大鼠、豚鼠、兔、猴	2.9	6 个月	体重低于对照组，肝和肾的重量增加等轻度改变
猴	0.7～2.9	7 h/d，6 d/w，197～212 d	未中毒
大鼠、兔	0.5	4 h/d，6 d/w，4 个月	体重略低于对照组；肝功能，肝糖原，肝脂肪等无异常
小鼠	0.4～0.42	2 h/d，14 d	无中毒，尸检见肝肾轻度改变
大鼠	0.05	2 h/d，6 d/w，5 个月	呼吸道黏膜刺激症状，拮抗肌时值增加，不明显的正常血色素性贫血，尸检见间质性肺炎，慢性支气管炎，肺水肿，肾小管上皮退行性变，肝小叶周围纤维组织增加，肝糖原减少
	0.005	同上	同上，但程度轻，停止染毒 2 个月，恢复正常
	0.001	同上	无作用

动物慢性实验发现对肝肾有损害，实验动物出现生长停滞的现象。

5. 生物监测

本品在体内大部分被氧化成苯基乳酸随尿排出，可测定尿中苯基乳酸量作为接触本品程度的指标。

6. 人体健康危害

6.1　急性中毒

本品对皮肤、眼睛、黏膜和上呼吸道有刺激作用。接触后可引起烧灼感、咳嗽、眩晕、喉炎、气短、头痛、恶心和呕吐。严重时引起肝、肾损害。

6.2　慢性中毒

接触本品的工人有下列慢性影响：神经系统的症状：如头晕、头痛、乏力、腱反射亢进、手震颤、睡眠不佳等；眼和呼吸道刺激症状：皮肤可有烧灼感、皲裂、发红等；其他：对肝脏的影响少见，如有也很轻微；血液系统的不良影响也少见而轻微，且是可恢复的。

7. 风险评估

我国职业接触限值规定：PC-TWA 为 50 mg/m³。美国 NIOSH 规定：REL-TWA 为 50 mg/m³。

本品对水生生物有毒并具有长期持续影响，其环境危害 GHS 分类为：危害水生环境—长期危害，类别 2。

苯并(α)芘(BaP)

1. 理化性质

CAS 号：50-32-8	外观与性状：无色至淡黄色、针状、晶体
沸点(℃)：496	相对密度(水=1)：1.35
熔点/凝固点(℃)：179	*n*-辛醇/水分配系数：6.04
溶解性：不溶于水；微溶于乙醇、甲醇；溶于苯、甲苯、二甲苯、氯仿、乙醚、丙酮等	

2. 用途与接触机会

空气中 BaP 的来源主要是：

(1) 工业锅炉和家用炉灶燃煤：我国主要为燃煤型污染。山西大同由于直接燃煤，造成了空气中 BaP 污染严重，日均值高达 330 ng/m³。云南宣威出现高发癌症，与生活燃料和室内燃煤空气污染密切联系，其室内空气BaP的浓度高达6 269 ng/m^3。

（2）工业生产：焦化和石油化工的兴起，极大地增加了BaP对人类环境的污染。焦化厂是排放BaP最严重的工厂，离焦炉作业区500 m处的浓度比一般工业城市高出500～1 000倍。

（3）交通：随着机动车数量的增加，在一些公路交通路口BaP污染也日趋严重。此外，在公路隧道中，由于空气污染扩散，致癌性BaP浓度相当高。例如浙江某公路隧道内BaP的浓度均值为1 700 ng/m^3。喷气式飞机排气也是BaP主要来源。

（4）垃圾焚烧和森林失火。

（5）烹调：动物蛋白烹炸过程可以产生BaP，并多以气态形式污染厨房空气，更易进入人体肺泡，这可能也是导致炊事人员呼吸道肺癌发病率增高的主要原因。

（6）烟草烟气：研究表明，吸烟严重的家庭室内空气中BaP浓度比不吸烟的家庭要高10倍以上。国际癌症研究机构已确定烟草烟气中BaP的含量为10～50 mg/m^3。吸烟、采暖、烹调是室内BaP主要污染源。

本品在工业上无生产和使用价值，一般只作为生产过程中形成的副产物随废气排放。

3. 毒代动力学

本品分子内基本上没有极性基团和可解离基团，因此能较易地穿透哺乳动物细胞的脂蛋白膜，可经胃肠道，呼吸道和皮肤吸收。吸附在其他碳氢化合物颗粒上的本品，在肺内的滞留时间较纯品气溶胶长20倍。

本品吸收进入或直接注入血循环，即分布全身器官，血中半减期不超过1 min，一般在10 min左右本品在血内基本消除。乳房和脂肪组织是重要的贮存库。

肝脏是主要的代谢器官，并通过胆汁随粪便排出。胆汁内的原形物一般少于1%，本品的主要代谢模式见图16-2。小鼠皮下注射后6 d内，经尿排出4%～12%，随粪便排出占70%～75%。用苯巴比妥或其他的多环芳烃预处理，可增强芳烃羟化酶的活性，促进本品的代谢和排泄。

4. 毒性与中毒机理

本品健康危害GHS分类为：皮肤致敏物，类别1；生殖细胞致突变性，类别1B；致癌性，类别1；生殖毒性，类别1B。

本品是环境中微量分布的物质，故它的一般毒性无实际意义。

大鼠皮下注射LD_{50}为50 mg/kg；小鼠腹腔注射LD_{50}为500 mg/kg。小鼠皮下注射含本品35 g的粉尘颗粒，除注射部位产生肿瘤外，尚见明显的肝脏损害；大鼠一次腹腔注射10 mg，即产生持久的生长抑制；用1%溶液0.05 ml在裸鼠背部斑贴，诱发局部上皮细胞有丝分裂增加。皮肤刺激半数效应剂量为1.4 μg/耳。

本品可能造成遗传性缺陷，导致细胞的DNA结合障碍，影响DNA修复系统；还可以导致姐妹染色单体交换、染色体畸变、点突变等，导致哺乳动物与果蝇等突变。

本品被IARC确定分类为组1人类致癌物。本

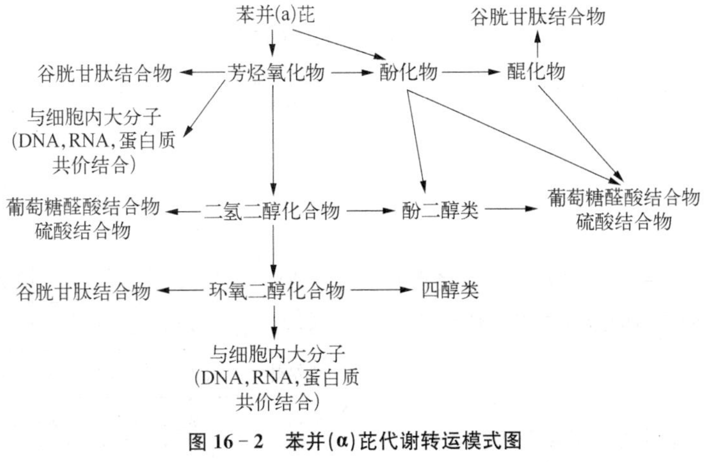

图16-2 苯并(α)芘代谢转运模式图

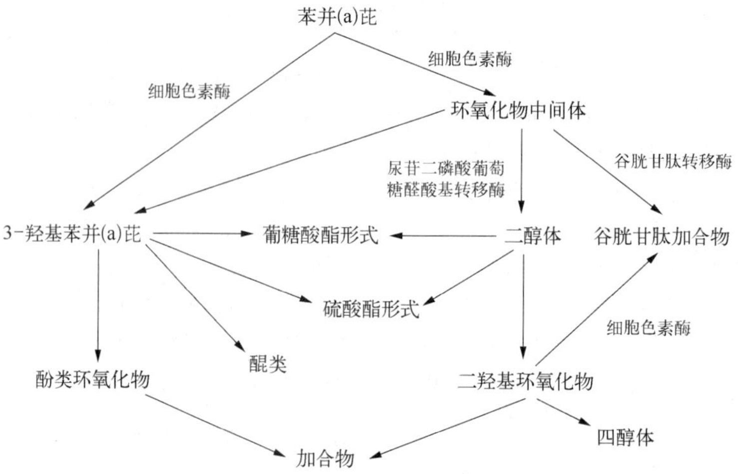

图 16-3　苯并(α)芘代谢路径图

品能通过胎盘进入子体，产生胚胎毒作用或导致子代肿瘤发生率增高。可能对生育能力或胎儿造成伤害。

本品是一种广泛存在且具有内分泌干扰效应的环境污染物。

可能导致皮肤过敏反应。

本品在体内的代谢过程非常复杂.进入体内的本品必须经细胞微粒体中的 P450 混合功能氧化组酶激活才具有致癌性，该混合功能氧化组酶是非特异性组酶主要存在于肝脏以及肺中。活化后形成的环氧化物是一种强烈的亲电子体，能进入细胞核与 DNA 的碱基如鸟嘌呤的 N-7，O-6 等反应，使碱基烷化而导致 DNA 碱基配对错误或密码序列改变等基因突变，由此转录合成的蛋白质就完全丧失原来功能，从而扰乱了细胞的正常功能，为细胞的异常分裂和生长创造了条件。

5. 生物监测

3-OHB[a]P 是本品的主要代谢产物。通过检测尿液中的 3-OHB[a]P 可以更直接反映 B[a]P 的暴露情况和致癌风险。

6. 人体健康危害

长期生活在含 BaP 的空气环境中，会造成肺癌。空气中的 BaP 是导致肺癌的最重要的因素之一。

7. 风险评估

中国和美国并未制定 B[a]P 职业接触限值。苏联规定：MAC 为 0.000 15 mg/m^3。

1996 年制定的《环境空气质量标准》(GB3095—1996)规定，环境空气中 B[a]P 年平均浓度限值 0.01 μg/m^3，24 h 平均浓度限值 7 μg/m^3。

2012 年修订的《环境空气质量标准》(GB3095—2012)规定，环境空气中 B[a]P 年平均浓度限值 0.001 μg/m^3，24 h 平均浓度限值 0.002 5 μg/m^3。空气中 B[a]P 容许浓度大幅降低，这说明我国对 B[a]P 的危害认识不断加强，这与美国 ACGIH 提出的空气中 B[a]P 浓度应当尽可能降低的目标是一致的。

本品对水生生物毒性极大并具有长期持续影响，其环境危害 GHS 分类为：危害水生环境—急性危害，类别 1；危害水生环境—长期危害，类别 1。

苯　乙　烯

1. 理化性质

CAS 号：100-42-5	外观与性状：无色透明油状液体
熔点/凝固点(℃)：−30.6	临界温度(℃)：369
沸点(℃)：146	临界压力(MPa)：3.81
闪点(℃)：31	自燃温度(℃)：490
爆炸上限[%(V/V)]：6.8	爆炸下限[%(V/V)]：0.9
燃烧热(kJ/mol)：−4 376.9	易燃性：易燃
饱和蒸气压(kPa)：0.7(20℃)	*n*-辛醇/水分配系数：3.2

（续表）

相对密度(水=1)：0.91	溶解性：不溶于水；溶于乙醇及乙醚
相对蒸气密度(空气=1)：3.6	

2. 用途与接触机会

用于制作聚苯乙烯、合成橡胶、离子交换树脂等。是制造磺化苯乙烯与马来酸酐共聚物钻井液高温降黏剂的原料，也是医药、农药和香料合成的重要中间体。

3. 毒代动力学

本品可经呼吸道、皮肤和胃肠道吸收。有研究发现，由呼吸道吸入的本品蒸气，当鼻吸气、口呼气时，在肺内的滞留率平均为66%；而口吸气、口呼气则为59%，表明鼻道可阻留一部分本品。到达肺泡内的本品约占吸入量的5.5%～6.2%，但当停止接触后1 min内，呼气中已测不出。本品经人体皮肤的吸收速度为9～15 mg/(cm^2 · h)，较苯、苯胺、硝基苯和二硫化碳为快；如浓度增高则吸收率增加。

本品吸收后，在脑、肝脏、肾脏、肾周围脂肪组织及脾脏内的含量高于其他组织，注入后的第1 h分别占注入量的4.62及1.82%，而至24 h则迅速分别降低为0.11及0.01%。血液中的苯乙烯量也极微，至第24 h仅占总剂量的0.01%。

本品在大鼠体内的排泄路径可能是由苯乙烯转变为马尿酸，其中间产物有氧化苯乙烯、苯乙二醇、苯酰甲酸、扁桃酸、苯甲醇、苯甲酸。

用^{14}C标记的本品注入大鼠皮下，发现本品在体内的代谢较快，约有85%于24 h内排出体外，其中72.7%随尿排出，11.8%随呼气中的二氧化碳排出，2.9%无变化地经肺呼出，2.6%随粪排出。给豚鼠皮下注入50～500 mg/kg剂量的本品，约其量的20%呈扁桃酸由尿排出，平均排出时间为1～3 d。兔吸入50 mg/m^{3}的苯乙烯，4 h/d，历时30 d，每天约有吸收量的30%以扁桃酸由尿排出，在停止染毒后的3 d内基本排完，经尿排出的扁桃酸量共约1 mg。

4. 毒性

本品健康危害GHS分类：皮肤腐蚀/刺激，类别2；严重眼损伤/眼刺激，类别2；致癌性，类别2；生殖毒性，类别2；特异性靶器官毒性-反复接触，类别1。

毒性低于苯，唯刺激作用略高于苯；

大鼠经口LD_{50}为2 650 mg/kg；大鼠吸入LC_{50}为12 mg/(m^3 · 4 h)；

原液滴兔眼可造成中度结膜刺激及轻度角膜损害；家兔经眼：100 mg，重度刺激；家兔经皮开放性刺激试验：500 mg，轻度刺激。

对实验动物的急性吸入毒性见下表。

表16-2 苯乙烯动物急性吸入毒性实验表

动物种属	浓度(g/m^3)	时间(h)	反应
小鼠	34.5	2	LC_{50}
	21.3	2	MLC
	10.0	2	侧倒
	5.8	4	眼和耳发红，部分动物肺充血、水肿和肝损害
	2.77～5.5	12—30	乏力，共济失调，步态不稳等
大鼠	2.4(经口)	4	LC_{50}
	21.3	1	昏迷、死亡、肺组织损害
	10.65	10	昏迷死亡
	1.38		活动受抑制
	0.02		眼对光反射受抑制
	0.005		脑电波改变
	0.003		无作用
豚鼠	22.0	4	LC_{50}
猫	0.5～1.0	1	无刺激作用

大鼠、兔、豚鼠和猫吸入 3 g/m^{3}浓度，历时 1～3 个月，未发现全身性改变。大鼠、豚鼠、兔、猴分别暴露于 6.3～9.3 g/m^3 浓度中，7 h/d。历时 6～12 个月，共 130～264 次，除见有眼、鼻刺激症状外，无其他影响。

豚鼠较敏感，在 5.5 g/m^3 的浓度，有 10%以上实验动物暴露 7～8 h 后，发生化学性肺炎死亡。大鼠暴露于 50 mg/m^3，5 h/d，共 6 个月，肝糖原平均降低到 0.8 g%（对照组为 2.3 g%），血清球蛋白升高，肝重增加及血压偏低倾向。啮齿类动物慢性吸入苯乙烯后，发现胆碱酯酶活力增加，幼鼠脾脏中维生素 C 含量下降，并有免疫功能的改变。

IARC 将本品分类为 2A 类致癌物。本品也为内分泌干扰物。

5. 生物监测

人体吸收本品后的两种主要代谢产物是扁桃酸和苯酰甲酸，各占本品在体内储留量 85%及 10%，由尿排出，吸入量的 2%以原形自呼出气排出。故认为测定人尿中苯酰甲酸和扁桃酸含量可做为接触本品程度的指标。接触本品工人尿中马尿酸变化不明显，可能因人体使扁桃酸转化为苄醇的能力较差。

《职业接触苯乙烯的生物限值》（WS/T241—2004）指出，尿中苯乙醇酸和苯乙醛酸是接触苯乙烯者体内代谢的主要产物，进入人体的苯乙烯约 90%代谢为苯乙醇酸和苯乙醛酸由尿排出，故尿中苯乙醇酸和苯乙醛酸作为生物监测指标是较合适而具有良好的代表性，并与空气中苯乙烯的浓度有一定的相关关系。对职业接触苯乙烯劳动者进行生物监测时，使用尿苯乙醇酸和苯乙醛酸之和作为限值，能更好地作出接触评价。

生物监测指标和接触限值见表 16－3：

表 16－3　苯乙烯职业接触生物限值表

生物监测指标	职业接触生物限值	采样时间
尿中苯乙醇酸加苯乙醛酸	295 mmol/mol 肌酐（400 mg/g 肌酐）	工作班末
	120 mmol/mol 肌酐（160 mg/g 肌酐）	下一个工作班前

美国 ACGIH 规定苯乙烯职业接触限值为班末尿中苯乙醇酸与苯乙醛酸之和 400 mg/g 肌酐；或班末静脉血苯乙烯 0.2 mg/L。

6. 人体健康危害

6.1　急性中毒

有研究报道，当浓度达 3 400 mg/m^3 时，立即引起黏膜刺激症状。患者有眼部刺痛、流泪、结膜充血、流涕、喷嚏、咳嗽、易疲乏、眩晕等。较重时出现头痛、恶心、呕吐、食欲减退、步态蹒跚等。

眼部受本品液体污染可致灼伤。

6.2　慢性中毒

长期接触本品会对神经系统具有致痉挛作用和麻醉作用，本品还会导致消化系统、血液和皮肤黏膜等方面的改变。

（1）神经系统

常有头晕、头痛、头胀、乏力、失眠或嗜睡、四肢酸痛等症状，并可能伴有多汗、忧郁、健忘、手指震颤和腱反射亢进等。

（2）消化系统

有恶心、胃纳差、腹胀、上腹痛等。曾有报道关于接触本品而造成肝、胆疾病的增加，但缺乏现场的调查。

（3）造血系统

一般认为本品对血象无明显影响。但有人认为有白细胞总数、淋巴细胞和单核细胞增多的趋势，也有人发现白细胞轻度减少，淋巴细胞相对增多，血小板减少与网织细胞增多。

（4）皮肤黏膜

经常在 100～200 mg/m^3 的本品浓度下操作，多数工人有结膜、咽喉的刺激感，有时鼻出血，或者轻度皮肤刺激感。在 800 mg/m^3 的浓度环境中，刺激作用更明显。经常接触本品液体，皮肤表现粗糙或干裂。

（5）致癌作用

由于本品与氯乙烯的结构和体内代谢方式相似，故其致癌性引起了注意，但对人的致癌性尚有争议。

7. 风险评估

我国职业接触限值规定：PC－STEL 为 100 mg/m^3，PC－TWA 为 50 mg/m^3。美国 NOISH 规定：REL－TWA 为 215 mg/m^3，STEL425 mg/m^3；OSHA 规定：PEL－TWA 为 425 mg/m^3。

本品对水生生物有毒，其环境危害 GHS 分类为：危害水生环境—急性危害，类别 2。

丙烯基苯

1. 理化性质

CAS号：300-57-2	外观与性状：无色液体
相对密度(水=1)：0.892	易燃性：易燃
熔点/凝固点(℃)：-40	溶解性：溶于乙醇、乙醚、苯；不溶于水
沸点(℃)：156	闪点(℃)：33

2. 用途与接触机会

可用于制备树脂、塑料、橡胶和涂料等。

3. 毒性

本品健康危害GHS分类为：吸入危害，类别1。

急性毒作用：小鼠经口LD_{50}为2 900 mg/kg；大鼠经口LD_{50}：5 540 mg/kg。

4. 人体健康危害

本品具有神经毒性。

丁　苯

1. 理化性质

CAS号：104-51-8	外观与性状：无色透明芳香液体
熔点/凝固点(℃)：-87.9	临界温度(℃)：446.85
沸点(℃)：183.3	临界压力(MPa)：3.65
闪点(℃)：59.4	自燃温度(℃)：410
爆炸上限[%(V/V)]：5.8	饱和蒸气压(kPa)：0.14(25℃)
燃烧热(kJ/mol)：-5 872.5	爆炸下限[%(V/V)]：0.8
相对密度(水=1)：0.86	易燃性：易燃
相对蒸气密度(空气=1)：4.6	*n*-辛醇/水分配系数：4.38
溶解性：不溶于水；溶于乙醇等多数有机溶剂	

2. 用途与接触机会

主要用于溶剂以及有机合成。

3. 毒代动力学

经口、经皮或吸入进入人体后，通过支键羟化，形成异丙基儿茶酚类产物经尿排出。

4. 毒性

大鼠经口LDL_0：10 ml/kg；小鼠经皮的LD_{50}为1 995 mg/kg；

大鼠经口摄入0.075 ml本品后，造成不可逆的前肢麻痹；本品具有刺激性。

5. 人体健康危害

长期接触本品具有神经毒作用，可引起血管损伤进而导致脊髓出血。

6. 风险评估

本品对水生生物毒性极大并具有长期持续影响，其环境危害GHS分类为：危害水生环境—急性危害，类别1；危害水生环境—长期危害，类别1。

邻二乙苯

1. 理化性质

CAS号：135-01-3	外观与性状：无色液体
熔点/凝固点(℃)：-31	沸点(℃)：183
闪点(℃)：57(闭杯)	密度(g/cm^3)：0.88(25℃)
溶解性：不溶于水；溶于乙醇、苯等多数有机物	

2. 用途与接触机会

主要用作溶剂及有机合成中间体。

3. 毒性

本品大鼠经口LDL_0：5 mg/kg。其健康危害GHS分类为：严重眼损伤/眼刺激，类别2；特异性靶器官毒性—反复接触，类别2。

4. 风险评估

本品对水生生物有害并具有长期持续影响，其环境危害GHS危险性分类为：危害水生环境—长期危害，类别3。

间二乙苯

1. 理化性质

CAS号：141-93-5	外观与性状：无色具有芳香气味的液体
熔点/凝固点(℃)：−83.9	临界温度(℃)：389.8
沸点(℃)：181.1	临界压力(MPa)：2.88
闪点(℃)：56	自燃温度(℃)：430
燃烧热(kJ/mol)：5 862.41	易燃性：易燃
饱和蒸气压(kPa)：1.33(61.4℃)	n-辛醇/水分配系数：4.44
相对密度(水=1)：0.864	相对蒸气密度(空气=1)：4.6
溶解性：不溶于水；溶于乙醇、乙醚、苯、四氯化碳等多数有机溶剂	

2. 用途与接触机会

主要用于生产二乙烯基苯。

3. 毒性

本品健康危害GHS分类为：严重眼损伤/眼刺激，类别2。大鼠经口LDL_0：5 mg/kg。

大鼠、豚鼠、兔和猴吸入2.61～9.5 g/m³，7 h/d，共103～138 d，发现肝脏、肾脏和睾丸发生轻度病理改变。

4. 人体健康危害

蒸气或雾对眼、黏膜和上呼吸道有刺激性。对皮肤有刺激性。

5. 风险评估

前苏联规定：MAC为10 mg/m³。

本品对水生生物有毒并具有长期持续影响，其环境危害GHS危险性分类：危害水生环境—急性危害，类别2；危害水生环境—长期危害，类别2。

对二乙苯

1. 理化性质

CAS号：105-05-5	外观与性状：无色、透明、易挥发、有芳香气味的液体
熔点/凝固点(℃)：−42.8	临界压力(MPa)：2.8
沸点(℃)：183.7	自燃温度(℃)：430
闪点(℃)：55(闭杯)	饱和蒸气压(kPa)：1.33(62.8℃)
爆炸上限[%(V/V)]：6.0	爆炸下限[%(V/V)]：0.8
燃烧热(kJ/mol)：−5 866.5	易燃性：易燃
相对密度(水=1)：0.862	n-辛醇/水分配系数：4.45
相对蒸气密度(空气=1)：4.6	溶解性：不能溶于水；可溶于乙醇、醚、苯、丙酮等有机溶剂

2. 用途与接触机会

主要用途是在分子筛吸附分离对二甲苯过程中用作解吸剂、溶剂。脱氢生产对二乙烯基苯，用于生产离子交换树脂、交联剂、涂料等生产的原料。

3. 毒性

本品兔经口的LD_{50}为3 g/kg。其健康危害GHS分类为：皮肤腐蚀/刺激，类别2；严重眼损伤/眼刺激，类别2。

大鼠、豚鼠、兔和猴吸入2.61～9.5 g/m³，7 h/d，共103～138 d，发现肝脏、肾脏和睾丸发生轻度病理改变。

4. 人体健康危害

蒸气或雾对眼、黏膜和上呼吸道有刺激性。对皮肤有刺激性。

5. 风险评估

本品对水生生物有毒并具有长期持续影响，其环境危害GHS危险性分类：危害水生环境—急性危害，类别2；危害水生环境—长期危害，类别2。

二乙苯混合物

1. 理化性质

CAS号：25340-17-4	外观与性状：无色具有芳香气味的液体
沸点(℃)：180～182	闪点(℃)：56.7(闭杯)
饱和蒸气压(kPa)：)0.132	相对蒸气密度(空气=1)：4.6
相对密度(水=1)：0.865(25℃)	溶解性：溶于苯、四氯化碳、醇、醚；不溶于水

2. 用途与接触机会

用于生产苯乙烯、医药及溶剂等。

3. 毒性

本品大鼠经口 LDL_0：5 mg/kg；大鼠吸入 LCL_0：3 mg/m³；小鼠吸入 LCL_0：3 mg/m³；兔经口 LD_{50}：3 mg/kg。其健康危害GHS分类为：皮肤腐蚀/刺激，类别2；吸入危害，类别1。

4. 风险评估

本品对水生生物毒性极大并具有长期持续影响，其环境危害GHS分类为：危害水生环境—急性危害，类别1；危害水生环境—长期危害，类别1。

4-叔丁基甲苯

1. 理化性质

CAS号：98-51-1	外观与性状：无色具有芳香气味的液体
熔点/凝固点(℃)：-52.4	沸点(℃)：192.8
相对密度(水=1)：0.861	饱和蒸气压(kPa)：0.087(25℃)
闪点(℃)：54(闭杯)	易燃性：易燃
溶解性：不溶于水；溶于乙醇、乙醚	

2. 用途与接触机会

又名对叔丁基甲苯、对特丁基甲苯。用作有机合成中间体。是杀螨剂哒螨灵的中间体。用于溶剂制造树脂以及用于有机合成。

3. 毒代动力学

经口摄入的本品95%从尿中以2,2-二甲基-2-苯乙醇形式与葡萄糖醛酸结合排出，一部分以2,2-二甲基-2-二苯基醋酸形式排出。代谢物的排出量与接触浓度有关。

4. 毒性

大鼠经口 LD_{50} 为1 500 mg/kg；大鼠吸入的 LC_{50} 为5 650 mg/kg，吸入1 h会出现抽搐、呼吸困难、瘫痪等症状；小鼠经口的 LD_{50} 为900 mg/kg；小鼠吸入的 LC_{50} 为1 800 mg/kg，1 h；兔经口的 LD_{50} 为1 728 mg/kg；兔经皮的 LD_{50} 为16 934 mg/kg；本品对皮肤黏膜有轻度刺激反应。

大鼠9 927 mg/m³ 1次吸入本品引起鼻腔分泌增加及流涎。397 mg/m³时眼及呼吸道已出现刺激症状。全身中毒表现有四肢痉挛及中枢神经系统抑制作用。以0.75 ml本品与橄榄油等量混合经口1次灌胃后，出现前肢永久性麻痹，可能是由于颈、胸脊段脊髓灰白质出血所致。

大鼠暴露于150～300 mg/m³，2～7 h/d，共26 w，表现有轻度体重降低，红、白细胞减少。亦有报道同样染毒方式，300 mg/m³浓度连续吸入59 d，出现前肢痉挛，吸入71 d后肌张力低下，病理检查发现全身性出血、肺水肿、肺出血、脑和脊髓白质坏死及肝、肾脂肪变性。

5. 人体健康危害

吸入、口服或经皮肤吸收对身体有害，有刺激性。本品对神经系统具有致痉挛作用和麻醉作用。

对接触本品的33名工人进行调查，主诉有鼻黏膜刺激、恶心、不适、头痛、乏力等症状。体检发现血压下降、脉率快，停止接触后症状可以消失。

有报道称接触浓度在30～960 mg/m³，5 min后有鼻、咽部刺激，恶心，口中金属味；480 mg/m³，出现眼刺激症状；960 mg/m³时，呼吸困难。嗅觉阈为30 mg/m³。

6. 风险评估

我国职业接触限值规定：PC-TWA为6 mg/m³。美国NOISH规定：REL-TWA为60 mg/m³、STEL为120 mg/m³；OSHA规定PEL-TWA为

60 mg/m³。

对异丙基甲苯

1. 理化性质

CAS 号：99－87－6	外观与性状：无色透明液体，有芳香气味，有刺激性
饱和蒸气压(kPa)：0.2(25℃)	临界温度(℃)：380
熔点/凝固点(℃)：－67.937 5	临界压力(MPa)：2.84
沸点(℃)：177.1	自燃温度(℃)：436.1
闪点(℃)：47.2(闭杯)	爆炸下限[%(V/V)]：0.7
爆炸上限[%(V/V)]：5.6	易燃性：易燃
相对密度(水＝1)：0.86(20℃/4℃)	溶解性：与醇、醚混溶，不溶于水，溶于乙醇、乙醚、丙酮、氯仿
相对蒸气密度(空气＝1)：4.7	

2. 用途与接触机会

又名甲基异丙基苯、伞花烃。生活中可作祛痰止咳的药物，可用于食用香精香料。

工业生产中广泛用作溶剂，也用于制金属搽光剂、合成树脂、对苯二甲酸、甲苯酚、丙酮，作为生产染料、医药、香料的中间体。还可作为有机合成的原料，与乙醇、丁醇、丙酮的混合物是涂料、清漆、硝基喷漆、油脂、树脂的溶剂和稀释剂。

3. 毒性

本品健康危害 GHS 分类为：特异性靶器官毒性－一次接触，类别 3(麻醉效应)；吸入危害，类别 1。

大鼠经口 LD_{50} 为 1 400 mg/kg；兔经皮 LD_{50} 为 >5 000 mg/kg 小鼠吸入 LC_{50}：24 000 mg/(m³·2 h)。家兔皮肤/眼睛刺激性：500 mg(24 h)，中度刺激。

4. 人体健康危害

具有刺激作用，吸入液体可致化学性肺炎。对皮肤有原发性刺激损害。低浓度长期接触可致皮肤干燥、脱脂和红斑。

5. 风险评估

本品对水生生物有毒并具有长期持续影响，其环境危害 GHS 危险性分类：危害水生环境—急性危害，类别 2；危害水生环境—长期危害，类别 2。

二　甲　苯

1. 理化性质

CAS 号：95－47－6(邻二甲苯) CAS 号：108－38－3(间二甲苯) CAS 号：106－42－3(对二甲苯) CAS 号：1330－20－7(三种混合物)	外观与性状：无色透明液体，有芳香气味
密度(g/m³)：0.86(25℃)	临界温度(℃)：357.2
熔点/凝固点(℃)：－34	饱和蒸气压(kPa)：1.33(32.11℃)
沸点(℃)：137～140	自燃温度(℃)：463.8
闪点(℃)：25(闭杯)	相对密度(水＝1)：0.86
爆炸上限[%(V/V)]：7.6	爆炸下限[%(V/V)]：1.1
相对蒸气密度(空气＝1)：3.7	易燃性：易燃
溶解性：不溶与水；能与乙醇、乙醚、三氯甲烷等多种有机溶剂相混溶	

2. 用途与接触机会

存在于某些塑料、橡胶以及各种胶粘剂与防水材料中，还可以来源于燃料和烟叶的燃烧气体。

广泛用于涂料、树脂、染料、油墨等行业做溶剂；用于医药、炸药、农药等行业做合成单体或溶剂；也可作为高辛烷值汽油组分，是有机化工的重要原料。还可以用于去除车身的沥青。医院病理科主要用于组织、切片的透明和脱蜡。

3. 毒代动力学

可经呼吸道、皮肤和消化道吸收。50 mg/m³ 时经肺吸收 60%。易经皮肤吸收，但达到中毒量的可能性很小。经消化道可完全吸收，吸收后主要分布以脂肪组织和肾上腺中最多，其次为骨髓、脑、血液、肾和肝脏。

吸收的本品(60%～88%)在肝脏内氧化主要成为水溶性甲基苯甲酸，其次为二甲基苯酚、羟基苯甲酸等。甲基苯甲酸主要与甘氨酸结合为甲基马尿酸，约 10%～15%与葡萄糖醛酸结合，6%与硫酸结合。

在人和动物体内，吸入的二甲苯除3%～6%被直接呼出外，二甲苯的三种异构体都有代谢为相应的苯甲酸（60%的邻-二甲苯、80%～90%的间、对-二甲苯），然后这些酸与葡萄糖醛酸和甘氨酸起反应。在这个过程中，大量邻-苯甲酸与葡萄糖醛酸结合，而对-苯甲酸必乎完全与甘氨酸结合生成相应的甲基马尿酸而排出体外。与此同时，可能少量形成相应的二甲苯酚（酚类）与氢化2-甲基-3-羟基苯甲酸（2%以下）。

4. 毒性

本品混合物大鼠经口LD_{50}为4 300 mg/kg，但三种异构体的毒性以间位毒性较大；兔经皮LD_{50}为>1 700 mg/kg；大鼠吸入LC_{50}为20 523～28 363 mg/m^3，6 h。对皮肤、眼睛具有刺激作用。其健康危害GHS分类为：急性毒性—经口，类别4；皮肤腐蚀/刺激，类别2。

慢性毒性试验发现能造成实验动物轻度白细胞减少、红细胞、血小板减少，部分骨髓增生，无结构变化。

IARC将本品分类为3类致癌物。

5. 生物监测

研究表明尿中甲基马尿酸是二甲苯进入人体的特征代谢产物，且尿中甲基马尿酸浓度与接触二甲苯浓度高度相关，可作为职业接触二甲苯的特异生物标志物。美国ACGIH和德国DFG都将甲基马尿酸作为二甲苯接触者的生物监测指标，并制定了相关卫生标准，分别规定其生物接触限值为1.5 g/g肌酐（BEI）和2.0 g/L（BAT）。

有研究人员建议我国职业接触二甲苯班后尿中甲基马尿酸的生物限值为0.3 g/g肌酐。

6. 人体健康危害

6.1 急性中毒

短时间内吸入高浓度后，出现头痛、头晕、无力、面潮红，酒醉状态，恶心、呕吐、呼吸困准、眼和呼吸道刺激症状和四肢麻木等。严重时可出现抽搐、昏迷、心室纤颤，呼吸停止而即刻死亡。

6.2 慢性中毒

以二甲苯为主且混杂少量甲苯和苯的接触工人，主诉可有头痛、头晕、乏力、睡眠障碍、食欲减退、鼻衄、龈衄、脱发、皮肤瘀斑等。长期接触可有角膜炎、慢性皮炎等。

有研究显示与未接触二甲苯的作业人员相比，接触二甲苯的作业人员女工月经功能异常改变发生率和SOD活力差异均有显著性（$P<0.05$）。提示长期在低浓度二甲苯或混苯环境下作业可对作业人员身体健康造成损害，其SOD活力含量明显升高。

7. 风险评估

7.1 生产环境

我国职业接触限值规定：PC-STEL为100 mg/m^3，PC-TWA为50 mg/m^3。美国NOISH规定：REL-TWA为435 mg/m^3、STEL为655 mg/m^3；OSHA规定：PEL-TWA为435 mg/m^3。

7.2 生活环境

我国《室内空气质量标准》（GB18883—2002）规定，室内空气二甲苯浓度限值0.2 mg/m^3（1 h平均值）。

本品对水生生物有毒，其环境危害GHS危险性分类：危害水生环境—急性危害，类别2。

二异丙基苯

1. 理化性质

CAS号：25321-09-9（混合物） CAS号：100-18-5（对二异丙基苯） CAS号：99-62-7（间二异丙基苯）	外观与性状：无色液体
熔点/凝固点（℃）：-17（对位）-63.1（间位）	沸点（℃）：203.2（间位）210.5（对位）
相对蒸气密度（空气=1）：5.6	自燃温度（℃）：449
闪点（℃）：76	相对密度（水=1）：0.86
饱和蒸气压（kPa）：0.25（20℃）	易燃性：高温下可燃

2. 用途与接触机会

用于有机合成。

3. 毒性

二异丙基苯（混合物）健康危害GHS分类为：

皮肤腐蚀/刺激,类别2。

二异丙基苯(混合物)大鼠经口 LD_{50}:6 500 μl/kg;大鼠吸入 LCL_0:5 300 mg/(m^3 · 4 h);兔经皮 LD_{50}:16 ml/kg。小鼠经口 LD_{50} 为2 400 mg/kg。

大鼠经5.0 ml/kg间位异构体灌胃后,10只动物中出现1只死亡。对位、邻位在相同剂量下作用,不引起动物死亡。

大鼠、兔暴露于200 mg/m^3,90 min/d,历时5 w,引起多种主要脏器充血、出血,肝、肾、心组织中脂肪、蛋白质代谢障碍,骨髓增生等反应。

4. 人体健康危害

急性吸入、摄入或经皮肤吸收可引起头痛。蒸气或雾对眼、黏膜和上呼吸道有刺激作用。对皮肤有刺激性。低浓度长期接触可致脱脂性皮炎。

5. 风险评估

本品可能对水生生物造成长期持续有害影响,其环境危害GHS分类为:危害水生环境—长期危害,类别4。

甲　　苯

1. 理化性质

CAS号:108-88-3	外观与性状:无色透明液体,有类似苯的芳香气味
饱和蒸气压(kPa):3.8(25℃)	临界温度(℃):318.6
熔点/凝固点(℃):−94.9	临界压力(MPa):4.11
沸点(℃):110.6	自燃温度(℃):480
闪点(℃):4(闭杯)	爆炸上限[%(V/V)]:7.1
爆炸下限[%(V/V)]:1.1	易燃性:高度易燃
燃烧热(kJ/mol):−3 910.3	*n*-辛醇/水分配系数:2.73
相对密度(水=1):0.87	溶解性:不溶于水;可混溶于苯、乙醇、乙醚、氯仿等多种有机溶剂
相对蒸气密度(空气=1):3.14	

2. 用途与接触机会

甲苯衍生的一系列中间体,广泛用于染料;医药;农药香料等精细化学品的生产。如甲苯氧化得到苯甲酸,是重要的食品防腐剂(主要使用其钠盐),此外,吸烟也可以直接接触甲苯。

甲苯大量用作溶剂和高辛烷值汽油添加剂,也是有机化工的重要原料。在医药;农药;染料,特别是香料合成中应用广泛。甲苯的环氯化产物是农药、医药、染料的中间体。甲苯及苯衍生物经磺化制得的中间体,包括对甲苯磺酸及其钠盐;CLT酸;甲苯-2,4-二磺酸;苯甲醛-2,4-二磺酸;甲苯磺酰氯等,用于洗涤剂添加剂,化肥防结块添加剂;有机颜料;医药;染料的生产。甲苯硝化制得大量的中间体。可衍生得到很多最终产品,其中在聚氨酯制品;染料和有机颜料;橡胶助剂;医药;炸药等方面最为重要。

3. 毒代动力学

甲苯可经呼吸道、皮肤和消化道吸收。在职业性接触中,甲苯主要经呼吸道进入身体。人在0.27~1.18 g/m^3浓度下5 h经肺吸收41%~63.5%,易经皮肤吸收,吸收率可达14~23 mg/(cm^2 · h)。经消化道可完全吸收。吸收后主要分布于富含脂的组织,肾上腺、脑、骨髓和肝最多;血液、肾、脾和肺较少;甲状腺和脑垂体最少。

进入体内的甲苯80%~90%氧化成苯甲酸,并与甘氨酸结合形成马尿酸随尿排出,少量的(10%~20%)苯甲醛与葡萄糖醛酸结合随尿排出。当短时间吸收较大量的甲苯时,少量可在苯环上经氧化形成甲苯酚,后者主要与硫酸及葡萄糖醛酸结合随尿排出。以甲苯原形经肺排出,一般只占吸收量的3.8%~24.8%,经尿排出的甲苯极少,只占0.06%。人体对甲苯解毒能力很强,如人在266~828 mg/m^3,5 h,停止接触后12~16 h体内已无甲苯,尿中也无马尿酸增加。

甲苯在体内的分布非常迅速,经呼吸道或经口摄入后在体内的分布类似。因为甲苯是脂溶性的,所以很快分布到脂肪组织及脂肪含量高的器官如脑、肝、肾,因此在暴露数分钟之内造成神经毒性。在血液流量高的器官中甲苯的半衰期为数分钟,而在脂肪组织中甲苯的半衰期则超过1 h。

正常人尿中马尿酸的含量,因膳食品种和摄入量不同而变化较大(0.3~2.5 g/d),且有个体差异,因此不能采用尿中马尿酸含量以推测甲苯吸收量,也不能作为诊断指标;但在群体的调查中,对于判别有否甲苯的吸收时，有一定意义。

甲苯在肝脏迅速被微粒体混合功能氧化酶系转化为苯甲醇、苯甲酸，后者与甘氨酸或葡萄糖醛酸结合，以马尿酸或苯甲酰葡萄糖苷酸的形式从尿中排出。亦有少量甲苯代谢后生成甲酚。在肺内，有部分被吸收的甲苯不经代谢以原形排出。在人和动物体内，吸入的甲苯除3%～6%被直接呼出外，约有48%在体内被代谢，其代谢终产物是马尿酸，经过肾排出体外。代谢的主要器官是肝脏，其次在脑、肺和肾等部位，甲苯在代谢过程中产生活性氧物质(ROS)，脑区检测可发现海马等部位产生大量自由基，而谷胱甘肽等还原性物质减少。

在职业性接触中，甲苯的残留和蓄积并不严重。甲苯可以在人体的NADP(转酶Ⅱ)和NAD(转酶Ⅰ)存在下生成甲基苯甲酸，然后与甘氨酸结合形成甲基马尿酸在18 h内几乎全部排出体外。即使是吸入后残留在肺部的3%～6%的甲苯，也在接触后的3 h内(半衰期为0.5～1 h)全部被呼出体外。因为甲苯是由肝脏代谢，肝脏有疾病时甲苯的毒性会增加。而饮酒或服用水杨酸类的药物会因为跟甲苯竞争代谢的酶而增加甲苯的毒性。评价接触甲苯的残留试验，主要是测定尿内甲基马尿酸的含量，也可以测定呼出气体中或血液中甲苯的含量，但后者的结果往往并不准确。由于甲基马尿酸并不天然存在于尿中，又由于它几乎是全部滞留的甲苯代谢物，因而测定它的存在是最好的甲苯接触试验的确证。

4. 毒性

健康危害GHS分类为：皮肤腐蚀/刺激，类别2；生殖毒性，类别2；特异性靶器官毒性——次接触，类别3(麻醉效应)；特异性靶器官毒性—反复接触，类别2；吸入危害，类别1。

大鼠经口LD_{50}为5 580 mg/kg；大鼠吸入LC_{50}：49 g/m^3(4 h)；小鼠吸入LC_{50}：30 g/m^3(2 h)；兔经皮LD_{50}为5 000 mg/kg。

人吸入71.4 g/m^3，短时致死；人吸入3 g/m^3，1～8 h，急性中毒；人吸入0.2～0.3 g/m^3，8 h，中毒症状出现；皮肤刺激或腐蚀：家兔经皮：500 mg，中度刺激；眼睛刺激或腐蚀：家兔经眼：1 234 mg/m^3，引起刺激。

甲苯的慢性毒作用主要表现对血细胞、肾脏与心肌细胞的损伤。

5. 生物监测

5.1 接触标志

(1) 呼出气中甲苯：吸入的甲苯在肺泡与毛细血管间形成动态平衡，对于血/气分配系数>10的甲苯，当肺泡与肺混合静脉血中的分压处于动态平衡时，肺泡气中甲苯浓度与血中浓度有较好的相关性。接触后即刻采样可反映近期暴露水平。由于甲苯可跨过血脑屏障，呼出气中甲苯是间接反映中枢神经系统靶组织浓度的特异标志物。呼出气采样虽方便，但难以获得可重复的测量结果。

(2) 血中甲苯：血中甲苯是灵敏和特异的接触标志，与靶组织浓度具有高度的相关性。血中甲苯不仅与高浓度甲苯接触的相关性好，也与低浓度甲苯接触有较好的相关性，该指标被公认为是评价低浓度甲苯接触最好的生物监测指标。甲苯接触后即刻采样的血中甲苯浓度最高，血中甲苯的半减期为12.3 h，接触后16 h的血中甲苯浓度为最高浓度的2%。这是脂肪组织中甲苯缓慢释放入血的结果。美国ACGIH建议的BEI为工作周末的班前血中甲苯0.02 mg/L。

(3) 尿中甲苯可间接反映血中甲苯的负荷水平，采集尿样比针刺采血更易为被检者所接受。有学者提出，在TWA为205.5 mg/m^{3}时，尿中甲苯生物限值定为75 μg/L。可以作为邻甲酚的替代标志，其依据是班后尿中甲苯与空气中甲苯浓度的相关性高于邻甲酚。

(4) 唾液中甲苯的测定：近年有学者提出唾液中化学物浓度能反映血浆水平，可将唾液作为一种生物材料，代替血浆进行药代动力学研究和生物监测。采样方法是将无菌棉球放置口腔内咀嚼2 min，使唾液浸泡于棉球，用玻璃注射器将棉球内唾液吸出，置于小瓶内直至2 ml。该方法简洁、方便，采样不受时间限制，避免了尿样采集过程中的污染和血样采集的损伤性，特别适合于大样本人群的生物监测。

(5) 尿中马尿酸：马尿酸是甲苯的主要代谢物，长期作为甲苯的接触生物标志。美国ACGIH制定的TWA为205.5 mg/m^{3}时，班末尿中马尿酸为1.6 g/(g·Cr)。马尿酸与空气中甲苯浓度的相关性较好。

(6) 尿中邻甲酚：邻甲酚是甲苯的微量代谢物。虽然尿中排出量仅为吸入甲苯的0.31%，但与马尿酸、间甲酚、对甲酚相比，邻甲酚的背景干扰最低。德国和美国分别制定了生物限值，德国 BAT 规定，长期接触后的班末或接触末尿中邻甲酚 3.0 mg/L（对应 MACMAK 为 205.5 mg/m^3），美国提出 BEI 为班末尿中邻甲酚 0.5 mg。

（7）尿中 BMA：BMA 是甲苯代谢物中特异性标志。不会受到食品中苯甲酸的影响，在非接触者尿中没有该物质存在。BMA 不受吸烟及苯、二甲苯共暴露的影响，其在尿中的浓度变化仅与空气中甲苯暴露水平相关，在低暴露水平下，比马尿酸、邻甲酚更具特异性。

5.2 效应标志

（1）神经生理及生化指标：由于甲苯有神经行为毒作用，脑电图、神经行为学检测也可作为甲苯作业工人的监测指标。

（2）遗传毒性的指标：甲苯的致突变性目前尚不肯定。有学者研究发现，与对照组相比，甲苯接触组外周血淋巴细胞的 DNA 损伤有统计学意义，观察到接触甲苯的制鞋工人染色体和核异常发生率明显高于对照组，从而提示甲苯有明显的遗传毒性效应。

6. 人体健康危害

6.1 急性中毒

甲苯急性中毒表现为中枢神经系统功能障碍和皮肤黏膜的刺激症状。71.4 g/m^3 短时接触可危及生命。3.76 g/m^3 浓度吸入 1 h 和 3 g/m^3，7～8 h 引起中毒。200～380 mg/m^3，吸入 8 h 产生头晕、不适、疲倦和嗜睡等不良影响。

中毒患者轻者表现眩晕、无力、步态蹒跚、兴奋或酩酊状态，以及轻度呼吸道和眼结膜的刺激症状；重者有恶心、呕吐、意识模糊、抽搐和昏迷等。呼吸道和眼结膜明显刺激症状。直接吸入液体甲苯可有肺炎、肺水肿、肺出血、以及麻醉症状。

6.2 慢性中毒

文献报道的慢性作用均非纯甲苯，而是混有少量的苯或其他杂质所致。接触本品的工人常见有头晕、头痛、乏力、睡眠不佳、恶心、上腹不适和胃纳差等症状。骨髓可有轻度的血细胞计数波动（如白细胞轻度增加或减少）发生；慢性接触本品还会引起心肌灶性坏孔、心肌病，诱发严重心律失常；长期吸入甲苯蒸气还可引起肾损伤，导致远端肾小管功能障碍。此外甲苯还可引起横纹肌溶解，导致肌红蛋白尿、急性肾功能障碍等。

皮肤接触液体甲苯可致慢性皮炎和皲裂等。眼角膜可有小泡性角膜炎症状如羞明，早晨起床后感眼痛等。停止接触后可痊愈。

7. 风险评估

我国职业接触限值规定：PC－STEL 为 100 mg/m^3，PC－TWA 为 50 mg/m^3。美国 NOISH 规定：REL－TWA 为 375 mg/m^3、STEl 为 560 mg/m^3；美国 OSHA 规定：PEL－TWA 为 750 mg/m^3。

我国对新扩改建项目严格要求，其无组织排放监控浓度限值为 2.40 mg/m^3，环境空气质量标准限值建议采用一次采样浓度限值为 0.6 mg/m^3。

《室内空气质量标准》规定室内空气甲苯浓度限值 0.2 mg/m^3（1 h 平均值）。

对水生生物有毒并具有长期持续影响，其环境影响 GHS 危险性分类为：危害水生环境—急性危害，类别 2；危害水生环境—长期危害，类别 3。

精　　蒽

1. 理化性质

CAS 号：120－12－7	外观与性状：浅黄色针状结晶，有蓝色荧光
饱和蒸气压（kPa）：0.13（145℃）	临界温度(℃)：596.1
熔点/凝固点(℃)：217	临界压力(MPa)：3.03
沸点(℃)：345	自燃温度(℃)：540
闪点(℃)：121(闭杯)	易燃性：易燃
爆炸上限[%(V/V)]：5.2	爆炸下限[%(V/V)]：0.6
燃烧热(kJ/mol)：－7 156.2	蒸发速率：0.055 3 h(15℃纯水)
相对密度(水＝1)：1.24	*n*-辛醇/水分配系数：4.45
相对蒸气密度(空气＝1)：6.15	溶解性：不溶于水；溶于乙醇、乙醚

2. 用途与接触机会

目前蒽最广泛用途是制备蒽醌。高纯蒽（含量大于 99.99%）可用来制取单晶蒽，蒽和镁的加成物可以作为特种催化剂。蒽还可作为很多合成物的单体原料。

3. 毒代动力学

1,2-二羟基-1,2-二氢蒽是蒽的主要代谢产物,它与葡糖醛酸或巯基尿酸结合后经尿排出。此外在鼠尿中,还可检测到9,10-蒽醌;9,10-二羟基-9,10-二氢蒽和2,9,10-三羟基蒽等代谢产物。

4. 毒性

本品健康危害GHS分类为:严重眼损伤/眼刺激,类别2;皮肤致敏物,类别1;特异性靶器官毒性——一次接触,类别3(呼吸道刺激)。

本品的纯品基本无毒。工业品因含有菲、咔唑等杂质,毒性会明显增大;大鼠经口 LD_{50} 为4 900 mg/kg;小鼠静脉注射的 LD_{50} 为430 mg/kg。小鼠经口灌服纯蒽17 g/kg,未见死亡。

本品中毒的主要症状为萎靡、乏力,多在6~12 h内死亡。尸检见肝充血和肝细胞脂肪浸润。小鼠皮肤(耳)的半数刺激剂量为0.1 mg,裸鼠皮肤用含蒽0.1%的甲醇溶液40 μl涂敷面积为20cm²,经紫外线(>290 nm)照射,局部出现光敏反应;家兔经眼:250 μg,重度刺激。家兔经皮:10 mg(24 h),轻度刺激。

本品具有轻度的蓄积性,小鼠隔天口服蒽油1.47或2.44 g/kg,累积 LD_{50} 分别为12.2或8.5 g/kg。小鼠腹腔注射500 mg/(kg·d),历时7 d,死亡1/10。小鼠腹腔500 mg/kg/d×7 d,1/10死亡,体质增长减慢;大鼠经口6 mg/d×33个月,9/31死亡,未见肿瘤;大鼠皮下5 mg/w×4个月,1/5死亡。小鼠口服2 g/(kg·d),连续10 d,未见死亡。

蒽能缓慢地经皮吸收。含蒽40%的羊毛酯混悬液,小鼠涂皮半年,死亡55%。用10%的丙酮溶液涂皮,3次/w,10~20月全部死亡。尸检可见心和肝的退行性变,心肌胞浆出现颗粒、横纹消失、细胞核减少、变形和肝脏脂肪变性等。一般工业品所致的病变较纯品严重。

可能导致皮肤过敏反应。IARC致癌性分类为组3。

5. 人体健康危害

由于其蒸气压很低,经皮吸收缓慢,故因吸入或经皮吸收中毒的可能性很小;皮肤接触的情况下,尤其在日光照射下接触可引起局部皮肤损害;皮肤斑贴试验表明,0.25%浓度并接受紫外线(320~400 nm)照射,可诱发光敏性皮炎。

6. 风险评估

本品对水生生物毒性极大并具有长期持续影响,其环境危害GHS危险性分类:;危害水生环境—急性危害,类别1;危害水生环境—长期危害,类别1。

联　　苯

1. 理化性质

CAS号:92-52-4	外观与性状:白色或略带黄色鳞片状结晶,尖刺气息,稀释后有类似玫瑰的香气
相对密度(水=1):1.04	临界温度(℃):515.7
熔点/凝固点(℃):69	临界压力(MPa):3.38
沸点(℃):255.2	自燃温度(℃):540
闪点(℃):113(闭杯)	相对蒸气密度(空气=1):5.3
爆炸上限[%(V/V)]:5.8	爆炸下限[%(V/V)]:0.6
燃烧热(kJ/mol):−6 250.7	易燃性:可燃
密度(g/cm³):0.866(20/4℃)	溶解性:不溶于水、酸及碱,溶于醇、醚、苯等有机溶剂

2. 用途与接触机会

本品是重要的有机原料,广泛用于医药、农药、染料、液晶材料等领域。可以用来合成增塑剂、防腐剂,还可以用于制造燃料、工程塑料和高能燃料等。

3. 毒代动力学

本品进入人体内随血液进入肝脏,部分以原形经胆道排出,部分在肝脏羟化酶作用下,形成水溶性的羟基代谢物,随尿排出。大鼠喂含本品1%的饲料,在其尿中可检出4-羟基联苯(30%)、联苯葡糖苷酸(18.4%)、4,4-二羟基联苯(5.3%)、3,4-二羟基联苯(3.1%)和联苯硫醇尿酸(1.3%)。

4. 毒性

本品健康危害GHS分类为：皮肤腐蚀/刺激，类别2；严重眼损伤/眼刺激，类别2；特异性靶器官毒性——一次接触，类别3(呼吸道刺激)。

大鼠经口的 LD_{50} 为 2 140 mg/kg；小鼠经口 LD_{50}：1 900 mg/kg；兔经口的 LD_{50} 为 2 410 mg/kg；兔经皮 LD_{50}：>5 010 mg/kg。25%溶液涂于兔的表皮，其 LD_{50} 为 2 500 mg/kg。兔经眼 100 mg，造成轻度刺激；兔经皮 500 μl/24 h，造成严重刺激。

大鼠吸入本品粉尘 40～300 mg/m³，7 h/d，连续 64 d，出现呼吸道刺激症状、吸呼困难和部分动物死亡。死后解剖可见肝、心、肾细胞变性。小鼠吸入本品 5 mg/m³，7 h/d，连续 62 d 产生与上述相似的症状。但同时染毒的大鼠，未见明显的毒性反应。大鼠经口摄入本品 50～100 mg/d，连续 2 个月，出现中等程度的肝细胞变性，持续 13 个月，肝细胞变性加剧，并见甲状腺和甲状旁腺功能改变，部分动物出现胃乳头状瘤或鳞状细胞癌。小鼠皮下注射本品 46 mg/kg，部分动物出现肿瘤。

兔以 500 mg/(kg·d)剂量涂皮，每周涂 5 d，连续 8 次，局部出现刺激症状，并在 8 只兔中死亡 1 只；连续涂 20 次，死亡 3 只。

5. 人体健康危害

本品急性中毒主要表现为神经系统和消化道症状，如头晕、头痛、眩晕、嗜睡、恶心、呕吐等，有时可出现肝功能障碍；高浓度接触本品，对呼吸道和眼黏膜有明显刺激。

人吸入本品小于 1 mg/m³ 时无症状，未见心、肝、肾损害；

人吸入本品小于 28～800 mg/m³，5～15 年腹痛、头痛，心、肝、肾损害，中枢神经系统及周围神经异常，1 例死亡；

人吸入本品 9.1 mg/m³ 出现神衰症候群，皮肤脱屑、过敏，喉干、咽充血，其他未见异常。随着接触本品的工龄增加，症状增多。

长期接触可引起头痛、乏力、失眠等以及呼吸道刺激症状。

6. 风险评估

我国职业接触限值规定：PC-TWA 为 1.5 mg/m³。美国 NOISH 规定：REL-TWA 为 1 mg/m³；OSHA 规定：PEL-TWA 为 1 mg/m³。

本品对水生生物毒性极大并具有长期持续影响，其环境危害GHS危险性分类：危害水生环境—急性危害，类别1；危害水生环境—长期危害，类别1。

萘

1. 理化性质

CAS号：91-20-3	外观与性状：白色易挥发晶体，光亮有温和芳香气味
相对蒸气密度(空气=1)：4.42	临界温度(℃)：457.2
熔点/凝固点(℃)：80.1	临界压力(MPa)：4.05
沸点(℃)：217.9	自燃温度(℃)：526
闪点(℃)：78.9(闭杯)	爆炸下限[%(V/V)]：0.9(蒸气)
爆炸上限[%(V/V)]：5.9(蒸气)	易燃性：易燃
燃烧热(kJ/mol)：−5 156.30	*n*-辛醇/水分配系数：3.01～3.59
饱和蒸气压(kPa)：0.13(25℃)	溶解性：不溶于水，溶于无水乙醇、乙醚、苯等
相对密度(水=1)：1.16	

2. 用途与接触机会

吸烟、烹饪以及室外污染物的侵入。既往卫生球有使用萘为原料制作，但由于萘的毒性，现已禁止使用萘作为成分。

萘广泛用于生产邻苯二甲酸酐、染料中间体、橡胶助剂和杀虫剂等。萘的用途分配，各国有所不同，大致用于生产邻苯二甲酸酐约占 70%，染料中间体(如β-萘酚)和橡胶加工助剂约占 15%，杀虫剂约占 6%，鞣革剂约占 4%，染料生产较少的国家，如美国则用于生产杀虫剂的比例较大。

3. 毒代动力学

主要为吸入萘的蒸气和粉尘，也可经皮肤和消化道吸收。萘经呼吸道的吸收很快，但经皮肤和消化道的吸收较差，油脂对其吸收有明显的促进作用。

萘吸收后在肝微粒体混合功能氧化酶的作用下氧化，一部分氧化为1-萘酸、2-萘酚、萘醌、二羟基萘等。

萘为两环多环芳烃，进入体内的萘首先在肝微粒体内经细胞色素P-450(CYP)代谢为萘的1,2位环氧化物(NPO)，NPO进一步代谢有两条途径，一条为经环氧化物水化酶、脱氢酶和CYP催化生成1,2-NPQ(1,2-萘醌)，另一条为经非酶催化的重排生成1-萘酚和2-萘酚，在尿中可检测到这两种代谢产物。萘酚可经CYP催化生成1,2-NPQ，也可经CPY催化并重排生成1,4-萘醇，进一步生成1,4-NPQ。1,2-NPQ及1,4-NPQ均可与白蛋白共价结合形成加合物。萘的代谢产物萘酚、1,2-萘醌、1,4-萘醌可对呼吸系统、眼等造成损害。

大部分以萘硫醇尿酸经肾排出，使尿液呈暗褐色，也可与葡萄糖醛酸和硫酸结合随尿排出。

4. 毒性与中毒机理

本品健康危害GHS分类为：急性毒性—经口，类别4；致癌性，类别2。

大鼠经口的LD_{50}为490 mg/kg；小鼠经口LD_{50}：316 mg/kg；兔经皮LD_{50}：>20 mg/kg；大鼠经皮LD_{50}：>2 500 mg/kg；小鼠皮下注射的LD_{50}为969 mg/kg；小鼠腹腔注射的LD_{50}为150 mg/kg；小鼠静脉注射的LD_{50}为100 mg/kg；大鼠吸入LC_{50}>340 mg/(m^3·h)。

大鼠腹腔注射1 000 mg/kg死亡率为68%；小鼠吸入萘的饱和蒸气24 h，10只死亡6只；大鼠口服lg/kg，连续2次，眼球晶状体和玻璃体呈棕色，并伴有睫状体功能障碍和抗坏血酸穿透血—水样液屏障能力的抑制；狗一次灌服3 g，呈现明显的中毒症状和中度贫血。

小鼠吸入浓度60～500 mg/m^3，历时5个月，条件反射发生紊乱，尸检见支气管黏膜损害，肺泡上皮增生，淋巴细胞浸润和血管周围水肿；小鼠灌服27、53、267 mg/(kg·d)，连续14 d，高剂量组动物体重下降且有少量动物死亡。但一些常用的免疫反应指标如体液免疫反应，迟发性过敏反应，腘窝淋巴结反应和骨髓干细胞计数等均无明显改变。

兔吸入饱和蒸气2 h/d，历时2～3个月，红细胞先增多后减少，并见红细胞大小不均，或具有多染色性及嗜碱性颗粒等异形红细胞；兔吸入400—500 mg/m^3，4 h/d，连续5个月，部分动物出现晶体混浊；兔经口1 g/(kg·d)，3 d，见晶状体浑浊，20 d后形成白内障；兔吸入饱和蒸气2 h/d，2～3个月，红细胞先增多后减少；400～500 mg/m^3，4 h/d，5个月，见晶状体浑浊。小鼠吸入60～500 mg/m^3，5个月，条件反射紊乱，尸检见呼吸系统损害。

兔经口摄入lg/kg·d，3 d后晶体出现轻度浑浊和周边水肿。20 d后形成白内障，并伴有眼内氨基酸、抗坏血酸、蛋白质和碳水化物的代谢障碍及草酸钙结晶存在。晶体病变的原因可能是由萘或其代谢产物引起晶体营养代谢障碍所致。有研究报道，白内障形成前的晶体棕色变与萘的代谢产物萘醌和蛋白质的结合有关。

本品对于血液系统与呼吸系统都有不良的作用：

血液系统：用大鼠进行了吸入毒性研究发现萘可导致动物血象改变，染毒60 d后，高浓度组(161.04 mg/m^3)白细胞总数、淋巴细胞数呈现升高，而单核细胞数、嗜酸性细胞数则下降；低浓度组(39.97 mg/m^3)动物白细胞总数、单核细胞数、淋巴细胞数三项指标与对照组比较，也有类似改变，还发现高浓度组大鼠经萘吸入染毒后出现肝脏肿大。

呼吸系统：用大鼠进行的萘吸入毒性研究，发现萘对呼吸系统损伤的特点为：靶细胞是Clara细胞，具有高度选择性；在细末支气管对Clara细胞的损伤具有剂量—效应关系；小鼠的敏感性比大鼠、仓鼠高。

IARC致癌性分类为组2B。

本品系原发性刺激物，其毒性为代谢依赖性的细胞毒性。萘的毒理作用为对局部具有刺激作用；吸收后可使肝脏呈胆小管阻塞性“肝炎病变”。同时也可直接损害肝脏，引起局灶性肝组织坏死。本品还可以可直接作用于红细胞，使之破坏，发生急性溶血。近几年国外学者发现，萘的代谢产物能与体内的某些细胞膜上的蛋白以共价键结合，产生细胞毒性。

5. 生物监测

1,2-萘醌与白蛋白的加合物1,2-NPQ-Alb可较好地反映个体中长期暴露于气态多环芳烃的内剂量，有可能作为生物标志用于焦炉工的生物监测。

6. 人体健康危害

6.1 急性中毒

吸入高浓度萘蒸气，可引起眼和呼吸道刺激、头痛、恶心，呕吐、多汗、食欲减退、腰痛、尿频等症状。严重者可引起血管内溶血，其溶血作用主要是由代谢产物萘醇和萘醌所致。

较大量的经口摄入也可引起类似上述症状。成人致死剂量约为5～10 g。曾有儿童在2 d内服2 g致死的报道。患有先天性红细胞6-磷酸葡糖脱氢酶缺乏者，易引起溶血性贫血，对萘尤为敏感。

本品对于人的皮肤系统、呼吸系统、消化系统、造血系统、神经系统、视觉系统以及肾脏等都有损害：

皮肤系统：体表沾染萘粉尘，大浓度的可发生溃疡；

呼吸系统：极低浓度的萘蒸气(尚未嗅到气味)即能引发嗅觉障碍、黏膜细胞增生、肥厚性鼻炎。高浓度的萘蒸气能引起喉、气管、肺水肿，直至窒息；

视觉系统：长期暴露在含萘空气中，可引发角膜溃疡、晶体混浊、视野受限、视神经萎缩、视网膜出血、双眼白内障等一系列眼部疾患；

消化系统：恶心、呕吐、胃痉挛和腹泻；血液中免疫血清上升、黄疸、肝脾肿大和肝坏死；

造血系统：血液中血红细胞遭到破坏，血色素和血球总数减少，血清胆色素、网状细胞增多；溶血性贫血。俗称黄萎病；

神经系统：神情冷漠或烦躁不安、对外界刺激反应迟钝；头痛、肌肉抽搐痉挛，甚至出现性情改变或脑水肿、脑昏迷等危重症；

肾脏：血检尿素氮和肌氨酸酐升高，血尿、肾小管坏死、肾衰竭。

急性中毒的临床表现

吸入中毒：眼和呼吸道黏膜刺激症状；头痛、乏力、恶心、呕吐、视神经炎等；腰痛、尿频、血尿、蛋白尿等；重症患者有黄疸、血红蛋白尿和肝脏损害表现，甚至有抽搐和昏迷等。

口服中毒：恶心、呕吐、腹痛、腹泻、肝肿大；寒战、发热、腰痛、酱油色尿、溶血性贫血和黄疸；重症有急性肾功能衰竭、肝坏死。

6.2 慢性中毒

反复长期接触萘蒸气，可产生乏力、头痛、恶心、呕吐和血色素过低，红细胞出现多染色性及嗜碱性颗粒等。

皮肤接触可引起皮炎和湿疹样表现。曾有儿童使用以卫生球保藏的尿布和衣服而引起皮疹和全身中毒的报道。

眼部会出现眼角膜溃疡、晶状体混浊、视神经炎、视网膜脉络膜炎等。

对29名慢性萘接触工人的外周血淋巴细胞染色体畸变和微核进行分析发现，萘的平均接触水平为26 mg/m^3(相应工作岗位还进行了苯浓度检测，均未检出)，平均接触工龄11.5a的接触组，其淋巴细胞染色体异常检出率、染色体畸变率显著高于对照组，染色体结构畸变类型以染色体断片为主，其次是染色体裂隙；外周血淋巴细胞微核阳性检出率和微核率也显著高于对照组。

7. 风险评估

我国职业接触限值规定：PC-STEL为75 mg/m^3，PC-TWA为50 mg/m^3。

美国NOISH规定：RE-TWA为50 mg/m^3，STEL为50 mg/m^3；OSHA规定：PEL-TWA为50 mg/m^3。

影响家庭室内外空气中萘浓度的主要因子为卫生球的挥发、吸烟、烹饪和室外污染物的侵入。城区家庭室内空气的抽样调查显示室内空气中萘的浓度高于室外空气；油烟烟气及烤制食品提高了厨房空气萘的浓度。

本品对水生生物毒性极大并具有长期持续影响，其环境危害GHS危险性分类：危害水生环境—急性危害，类别1；危害水生环境—长期危害，类别1。

萘　　满

1. 理化性质

CAS号：119-64-2	外观与性状：无色或浅黄色透明液体，有类似薄荷醇的气味
熔点/凝固点(℃)：−35.8	临界温度(℃)：417.5
沸点(℃)：207.6	临界压力(MPa)：3.65
闪点(℃)：71.6	自燃温度(℃)：385
爆炸上限[%(V/V)]：5.0(150℃)	易燃性：高温下可燃燃
燃烧热(kJ/mol)：−5 621.54	爆炸下限[%(V/V)]：0.8(100℃)
密度(g/cm^3)：0.973	相对密度(水=1)：0.97
溶解性：不溶于水；能与乙醇、丁醇、丙酮、苯、乙醚、氯仿、石油醚、十氢化萘等大多数有机溶剂混溶	相对蒸气密度(空气=1)：4.55

2. 用途与接触机会

常用作溶剂、内燃机燃料，也可作为上光剂和涂料中松节油的代用品。

3. 毒性

本品健康危害 GHS 分类为：急性毒性—经口，类别 4；皮肤腐蚀/刺激，类别 2；严重眼损伤/眼刺激，类别 2。

大鼠经口的 LD_{50} 为 1 620 μl/kg；兔经皮的 LD_{50} 为 17 300 μl/kg；豚鼠吸入 LC_{50}：1 623 mg/m^3。

兔经皮开放性刺激试验：500 mg，重度刺激；兔经眼：500 mg，开放性刺激试验，眼睛刺激。

4. 人体健康危害

该品对皮肤、眼、黏膜有刺激性，可致皮炎。高浓度有麻醉作用。摄入引起胃肠道刺激，肝、肾损害及绿色尿。长期接触有头痛、不适及上呼吸道刺激。

5. 风险评估

本品对水生生物有毒并具有长期持续影响，其环境危害 GHS 分类为：危害水生环境—长期危害，类别 2。

芘

1. 理化性质

CAS 号：129-00-0	外观与性状：淡黄色片状晶体或带淡蓝色荧光的单斜、棱柱状晶体
熔点/凝固点(℃)：150.2	沸点(℃)：404
燃烧热(kJ/mol)：−7 875.77	易燃性：可燃
闪点(℃)：210	相对密度(水=1)：1.271
溶解性：不溶于水，溶于苯、甲苯、二硫化碳、乙醚、乙醇、丙酮等有机溶剂	

2. 用途与接触机会

本品可能存在于某些杀虫剂内，也可见与煤、香烟等燃烧的烟雾中。

作为有机合成的原料，可直接氧化成芘醌，还可以经氧化可制取 1,4,5,8-萘四甲酸。本品可经酰化后可制还原染料艳橙 GR 及其他多种染料。还可制杀虫剂、增塑剂等。

3. 毒代动力学

本品进入体内后，通过肝脏微粒体酶的作用，被氧化成 1-羟基或 4,5-二氢-4,5-二羟基芘和 1,6-或 1,8-芘醌。与鼠肝组织温孵，可分离出三羟基衍生物。

4. 毒性

本品健康危害 GHS 分类为：皮肤腐蚀/刺激，类别 2；严重眼损伤/眼刺激，类别 2；特异性靶器官毒性-一次接触，类别 3。大鼠吸入的 LC_{50} 为 170 mg/m^3；大鼠经口的 LD_{50} 为 2 750 mg/kg；大鼠腹腔注射的 LD_{50} 为 514 mg/kg，小鼠较大鼠敏感；小鼠经口的 LD_{50} 为 800 mg/kg。

皮肤吸收毒性较低，小鼠一次涂皮 10 g/kg，仅见轻度毒性症状。

吸入染毒时，除见眼和呼吸道刺激症状外，初期常呈现兴奋，后转抑制，并出现运动协调障碍和不完全瘫痪等；尸检可见肺弥漫性出血，肺泡、小支气管和肺泡间质红细胞聚积；肝脂肪变性；肾小管上皮细胞浊肿、部分脱落和灶性坏死，肠、胃道黏膜出血等。大鼠吸入 3.6 mg/m^3，历时 4 个月，也可产生类似上述改变。吸入 0.3 mg/m^3，历时 4 个月，未见明显变化。

大鼠摄入含本品 18 059 mg/m^3 的饲料，历时 100 d，生长抑制并未见肝肿大和脂肪变性；经口摄入 270～540 mg/(kg·d)，历时 45 d，血红蛋白和红细胞减少，白细胞增多，后肢屈肌反射时值延长，肝糖原增加，血清白蛋白和球蛋白比值下降；

IARC 致癌性分类为组 3。

5. 健康危害

本品对皮肤和眼、上呼吸道黏膜有轻度刺激性。

长期接触 3～5 mg/m^3，可见头痛、乏力、睡眠不佳、易兴奋、食欲减退、白细胞增加，血沉增速等。低于 0.1 mg/m^3，未见不良影响。

6. 风险评估

本品对水生生物毒性极大并具有长期持续影响，其环境危害 GHS 分类为：危害水生环境—急性危害，类别 1；危害水生环境—长期危害，类别 1。

三　甲　苯

1. 理化性质

CAS 号：108-67-8(均甲苯) CAS 号：95-63-6(偏甲苯) CAS 号：526-73-8(连甲苯)	外观与性状：无色液体，有特殊气味
密度(g/cm^3)：0.86～0.87	临界温度(℃)：364.1
熔点/凝固点(℃)：−45	临界压力(MPa)：3.127
沸点(℃)：162～164	自燃温度(℃)：531
闪点(℃)：43	饱和蒸气压(kPa)：1.33 (48.2℃)
爆炸上限[%(V/V)]：13.1	爆炸下限[%(V/V)]：1.3
燃烧热(kJ/mol)：−5 193.14	相对密度(水=1)：0.86
易燃性：易燃	*n*-辛醇/水分配系数：3.42
相对蒸气密度(空气=1)：4.1	溶解性：难溶于水；溶于乙醇；能以任意比例溶于苯、乙醚、丙酮

2. 用途与接触机会

均三甲苯用于有机化工原料，制取合成树脂，M酸，均三甲苯胺抗氧剂 330，高效麦田除草剂，聚酯树脂稳定剂，醇酸树脂增塑剂，还可以用于生产活性艳蓝，酸性染料，K-3R 等染料中间体。

3. 毒代动力学

本品可经消化道、呼吸道和皮肤缓慢吸收，在体内氧化成酚类和甲酸类化合物，前者主要与硫酸结合，少量与葡糖醛酸结合；后者主要与甘氨酸结合。与甘氨酸结合的三甲苯随尿排出；少量原形自肺和肾排出。

4. 毒性

1,2,3-三甲基苯健康危害 GHS 分类为：特异性靶器官毒性——一次接触，类别 3(呼吸道刺激)。

1,2,4-三甲基苯健康危害 GHS 分类为：皮肤腐蚀/刺激，类别 2；严重眼损伤/眼刺激，类别 2；特异性靶器官毒性——一次接触，类别 3(呼吸道刺激)。

1,3,5-三甲基苯健康危害 GHS 分类为：特异性靶器官毒性——一次接触，类别 3(呼吸道刺激)。均甲苯大鼠吸入 LC_{50}：24 mg/(m^3 · 4 h)；

偏甲苯大鼠经口 LD_{50}：6 mg/kg；大鼠吸入 LC_{50}：18 mg/(m^3 · 4 h)；连甲苯大鼠经口 LDL_0：10 ml/kg。对眼，鼻，喉均有刺激性。

家兔皮下注射溶于橄榄油的偏三甲苯 2～3 g/kg/d，引起局部渗出及坏死。3 周后出现红细胞减少，并有暂时性白细胞减少或增多。

大鼠分别吸入均三甲苯 1.5、3.0 和 6.0 g/m^3，6 h，随浓度的增高，中性粒细胞增多而淋巴细胞减少。

大鼠长期吸入 3.0 mg/L，6 h/d，历时 5 周，并不影响血象，但可使血清碱性磷酸酶和天门冬氨酸转氨酶活力升高；大鼠吸入浓度 8.3 mg/L，8 h/d，4 个月后出现中性粒细胞上升和淋巴细胞减少，因中枢神经系统深度抑制和呼吸衰竭死亡。尸检见肺毛细血管充血，肺泡壁增厚，肝脂肪浸润，肾小管上皮细胞浊肿和肥大、腔内有蛋白管型，脾细胞增生。大鼠吸入混合三甲苯 1 mg/L，4 h/d，6 个月后引起白细胞吞噬力抑制。

慢性接触可引起暂时性白细胞降低或升高，但不似苯所具有的对造血组织的明显的毒性。

5. 人体健康危害

急性中毒表现为对中枢神经系统的麻醉作用，出现乏力、恶心、头痛、头晕、意识模糊、步态蹒跚；重症者有躁动、抽搐、昏迷；眼和呼吸道刺激症状，可出现眼结膜咽部充血。直接吸入可出现肺水炎、肺水肿、肺出血。

长期高浓度接触，会出现食欲减退，疲劳，白血球减少，贫血。

6. 风险评估

美国 NOISH 规定：RE-TWA 为 125 mg/m^3。

1,2,3-三甲基苯、1,2,4-三甲基苯、1,3,5-三甲基苯均对水生生物有毒并具有长期持续影响，三者的环境危害 GHS 危险性分类均为：危害水生环境—急性危害，类别 2；危害水生环境—长期危害，类别 2。

四　甲　苯

1. 理化性质

CAS 号：95-93-2(1,2,4,5-四甲基苯) CAS 号：527-53-7(1,2,3,5-四甲基苯) CAS 号：488-23-3(1,2,3,4-四甲基苯)	外观与性状：白色或无色结晶，有类似樟脑的气味

（续表）

燃烧热(kJ/mol)：−5 837.27	临界温度(℃)：402.5
熔点/凝固点(℃)：79.24	临界压力(MPa)：2.9
沸点(℃)：196.8	饱和蒸气压(kPa)：13.3(128.1℃)
闪点(℃)：73	相对密度(水＝1)：0.84(81℃)
相对蒸气密度(空气＝1)：4.6	易燃性：可燃
溶解性：溶于乙醇、乙醚、苯、丙酮；不溶于水	

2. 用途与接触机会

四甲苯是重要的精细化工原料，经氧化得到的均苯四甲酸二酐与二胺类化合物聚合可制成耐高温、绝缘性能好的聚酰亚胺工程塑料，它是微电子、航天及军工等高科技工业的重要材料。四甲苯也可作为医药、染料的中间体。副产的高级芳烃溶剂油广泛应用于农药、轻工、机械等行业，萘和甲基萘是农药、医药及染料等工业的重要原料。

3. 毒性

1,2,3,4-四甲基苯的健康危害 GHS 分类为：皮肤腐蚀/刺激，类别 2；严重眼损伤/眼刺激，类别 2；特异性靶器官毒性——一次接触，类别 3。

1,2,4,5-四甲基苯：大鼠经口 LD_{50}：6 989 mg/kg；小鼠静脉 LD_{50}：180 mg/kg；1,2,3,5-四甲基苯：大鼠经口 LD_{50}：5 157 mg/kg；1,2,3,4-四甲基苯：大鼠经口 LD_{50}：6 408 mg/kg。

四甲苯可使动物精神萎靡、中枢神经系统兴奋性受到抑制；四甲苯对皮肤的刺激极弱，并未导致过敏，也未见经皮肤吸收的征象。

4. 人体健康危害

急性中毒表现为刺激黏膜和中枢神经系统。慢性中毒能引起中枢神经障碍，皮肤出血性贫血及支气管炎，肺水肿等。

5. 风险评估

1,2,4,5-四甲基苯可能对水生生物造成长期持续有害影响，其环境危害 GHS 分类为：危害水生环境，类别 4。

五　甲　苯

1. 理化性质

CAS 号：700-12-9	外观与性状：白色至淡黄色结晶粉末
熔点/凝固点(℃)：54	密度(g/cm^3)：0.917
沸点(℃)：232	相对密度(水＝1)：0.917
闪点(℃)：91	溶解性：不溶于水，易溶于醇、苯

2. 用途与接触机会

用于制造杀菌剂等。

3. 人体健康危害

本品对眼睛、黏膜和上呼吸道有刺激作用。

乙　　苯

1. 理化性质

CAS 号：100-41-4	外观与性状：无色液体，有芳香气味
熔点/凝固点(℃)：−94.9	临界温度(℃)：344.1
沸点(℃)：136.2	临界压力(MPa)：3.60
闪点(℃)：12.8(闭杯)	自燃温度(℃)：432
爆炸上限[%(V/V)]：6.7	气味阈值(mg/m^3)：29
燃烧热(kJ/mol)：−4 390.1	爆炸下限[%(V/V)]：1.0
饱和蒸气压(kPa)：0.9(20℃)	相对蒸气密度(空气＝1)：3.66
相对密度(水＝1)：0.87	易燃性：高度易燃
溶解性：不溶于水；可混溶于乙醇、醚、苯等多数有机溶剂	*n*-辛醇/水分配系数：3.15

2. 用途与接触机会

主要用于生产苯乙烯，少量用于生产苯乙酮、乙基蒽醌、对硝基苯乙酮、甲基苯基甲酮等。在医药上用作合霉素和氯霉素的中间体。也用于香料。此外，还可作溶剂使用。

3. 毒代动力学

可经消化道、呼吸道及皮肤吸收，皮肤可吸收少量，经肠胃道虽可完成完全吸收，但实际意义不大。

吸入人体内的乙苯，首先转化为苯乙醇，第二步转化为酚，大多数是对乙基苯酚，少部分为邻乙基苯酚，所形成的乙基苯酚与硫酸根和葡萄糖醛酸结合，小部分乙苯直接与谷胱甘肽结合。还有一小部分被积蓄在体内含脂肪较多的组织内。

本品在人体组织内的分布情况是：若以血液中含量为 1，则骨髓为 18，腹腔脂肪中为 10，心脏为 15，脑组织内 2.5，红细胞中的乙苯浓度比血浆中的含量大 2 倍。

进入人体内的乙苯，有 40%～60%未经转化即由呼气排出体外，经肾排出的不到 2%；剩余约 40%左右在体内被氧化，最终由尿排出，而蓄积在脂肪组织内的乙苯以缓慢的速度随尿排出。当一次性吸入或接触乙苯后，大部分代谢物在 2 h 内被排出，少部分代谢物约在 48 h 后排出，在体内残留和蓄积较少；反复多次吸入时，则随蓄积量的增加，排出的时间也就更长。

4. 毒性

本品健康危害 GHS 分类为：致癌性，类别 2；特异性靶器官毒性—反复接触，类别 2；吸入危害，类别 1。大鼠经口的 LD_{50} 为 3 500 mg/kg；大鼠吸入 LCL_0 为 18 957 mg/m^3，4 h；兔经皮 LD_{50} 为 17.8 g/kg；小鼠吸入 LC_{50} 为 50 g/(m^3 · 2 h)。

大鼠经口摄入 13.6～136 mg/kg · d，共 182 d，无何反应；将大鼠经口的剂量增加到 408～680 mg/(kg · d)，共 182 d，出现肝、肾重量增加并轻度病理损害；

大鼠吸入 2.61 或 9.5 g/m^3，7 h/d，138 d 后可引起肾、肝、睾丸轻度损害；大鼠吸入 1.7～9.5 g/m^3，7 h/d，144～210 d，高浓度组动物肝、肾重量轻度增加，并有轻微病理改变；兔、豚鼠、猴吸入 1.7～2.6 g/m^3，7 h/d，186～214 d，轻微或无反应。

刺激性：以原液反复涂兔皮后局部出现中等度刺激及坏死。家兔经皮 15 mg(24 h)，轻度刺激；家兔经眼 500 mg，重度刺激。

IARC 致癌性分类为 G2B，本品为可疑致癌物。

文献报道的毒性作用试验数据见表 16－4：

表 16－4　文献、期刊报道的乙苯毒性作用试验数据

毒性类型	测试方法	测试对象	使 用 剂 量	毒 性 作 用
急性毒性	吸入	人类	474 mg/(m^3 · 8 h)	1. 眼毒性——未报告 2. 行为毒性——睡眠 3. 肺部、胸部或者呼吸毒性——其他变化
急性毒性	吸入	大鼠	18 957 mg/(m^3 · 4 h)	详细作用没有报告除致死剂量以外的其他值
急性毒性	吸入	小鼠	50 mg/(m^3 · 2 h)	详细作用没有报告除致死剂量以外的其他值
急性毒性	腹腔注射	小鼠	2 624 μl/kg	详细作用没有报告除致死剂量以外的其他值
急性毒性	皮肤表面	兔	17 800 μl/kg	详细作用没有报告除致死剂量以外的其他值
急性毒性	吸入	豚鼠	47 393 mg/m^3	1. 嗅觉毒性——未报告 2. 眼毒性——流泪 3. 行为毒性——震颤
慢性毒性	吸入	大鼠	3 507 mg/(m^3 · 6 h) 92D－I	1. 肺部、胸部或者呼吸毒性——肺重量发生变化 2. 肝毒性——肝重量发生变化 3. 肾、输尿管和膀胱毒性——膀胱重量发生变化
慢性毒性	吸入	大鼠	3 706 mg/(m^3 · 6 h) 4W－I	1. 肝毒性——肝重量发生变化 2. 血液毒性——白细胞计数发生变化 3. 血液毒性——血小板计数发生变化
慢性毒性	吸入	小鼠	4 621 mg/(m^3 · 6 h) 97D－I	1. 肝毒性——肝重量发生变化 2. 肾、输尿管和膀胱毒性——膀胱重量发生变化
慢性毒性	吸入	小鼠	3 706 mg/(m^3 · 6 h) 4W－I	肝毒性——肝重量发生变化

（续表）

毒性类型	测试方法	测试对象	使用剂量	毒性作用
慢性毒性	吸入	兔	100 mg/(m³ · 4 h) 30W－I	1. 血液毒性——血清成分发生变化(如 TP、胆红素、胆固醇) 2. 血液毒性——其他变化 3. 血液毒性——白细胞计数发生变化
眼部毒性	皮肤表面	兔	15 mg/24 h	作用较轻
眼部毒性	入眼	兔	500 mg	作用严重
突变毒性		人类淋巴细胞	10 mmol/L	暂无资料
突变毒性		小鼠淋巴细胞	80 mg/L	暂无资料
突变毒性		仓鼠胚胎	25 mg/L	暂无资料
致癌性	吸入	大鼠	3 554 mg/m³， 6 h,2Y－I	1. 致癌性—致癌(根据 RTECS 标准) 2. 肾、输尿管和膀胱毒性—肿瘤
致癌性	吸入	小鼠	3 554 mg/m³， 6 h,2Y－I	1. 致癌性—致癌(根据 RTECS 标准) 2. 肺部、胸部或者呼吸毒性—支气管癌 3. 肝毒性—肿瘤
生殖毒性	吸入	大鼠	460 mg/m³，7 h， 雌性受孕 15 d 前	生殖毒性—雌性生育能力下降
生殖毒性	吸入	大鼠	4 668 mg/m³，7 h， 雌性受孕 1～19 d 后	生殖毒性—胎儿毒性(如胎儿发育不良，但不至死亡)
生殖毒性	吸入	大鼠	455 mg/m³，7 h， 雌性受孕 1～19 d 后	生殖毒性—肌肉骨骼系统发育异常
生殖毒性	吸入	大鼠	600 mg/(m³ · 24 h)， 雌性受孕 7～15 d 后	1. 生殖毒性—植入后死亡率增加 2. 生殖毒性—胚胎或胎儿死亡 3. 生殖毒性—肌肉骨骼系统发育异常
生殖毒性	吸入	大鼠	2 400 mg/(m³ · 24 h)， 雌性受孕 7～15 d 后	生殖毒性—胎儿毒性(如胎儿发育不良，但不至死亡)
生殖毒性	吸入	兔	469 mg/m³，7 h， 雌性受孕 1～18 d 后	生殖毒性—影响产仔数
生殖毒性	吸入	兔	500 mg/(m³ · 24 h)， 雌性受孕 7～20 d 后	生殖毒性—胎儿毒性(如胎儿发育不良，但不至死亡)
生殖毒性	吸入	兔	1 mg/(m³ · 24 h)， 雌性受孕 7～20 d 后	生殖毒性—流产

5. 生物监测

乙苯在体内主要通过 α-羟基化代谢形成 1-苯基乙醇，经苯乙酮、1-苯基乙二醇一系列中间产物，进一步羧化形成苯乙醇酸(又名扁桃酸)及苯乙醛酸自尿中排出。目前国内外通常使用高效液相色谱法测定生物体尿中扁桃酸及苯乙醛酸水平，这两个指标可反映乙苯暴露后机体接触量及体内负荷，故可以测定尿中的扁桃酸和苯乙醛酸作为接触乙苯的生物监测指标。美国 ACGIH 规定乙苯的职业接触生物限值为暴露周末的班末尿中苯乙醇酸与苯乙醛酸之和 0.7 g/g 肌酐。

6. 人体健康危害

急性吸入 4.92～9.84 g/m³，6 h 后出现眼部严重刺激反应，灼痛、流泪，继而感到乏力、头昏、头晕、胸闷。在 24.6 g/m³ 浓度下难以忍受。严重者恶心、呕吐、步态蹒跚、昏迷，可有脑病和中毒性肝病。直接吸入本品液体可致肺水肿、出血和化学性肺炎。

长期暴露于 492 mg/m^3 环境中，8 h/d 可有呼吸道刺激，白细胞减少和淋巴细胞增加等反应。皮肤持续接触可发生水肿、脱皮和皲裂。

7. 风险评估

我国职业接触限值规定：乙苯 PC－STEL 为 150 mg/m^3，PC－TWA 为 为 100 mg/m^3。

美国 NOISH 规定：REL－TWA 为 435 mg/m^3，STEL 为 545 mg/m^3；OSHA 规定：PEL－TWA 为 435 mg/m^3。

中国饮用水源中有害物质的 MAC 为 0.03 mg/m^3；中国污水综合排放标准一级为 0.4 mg/L；二级为 0.6 mg/L；三级为 1.0 mg/L。

本品对水生生物有毒并具有长期持续影响，其环境危害 GHS 危险性分类：危害水生环境—急性危害，类别 2。

乙烯基甲苯

1. 理化性质

CAS 号：622－97－9(4－甲基苯乙烯) CAS 号：611－15－4(2－甲基苯乙烯) CAS 号：100－80－1(3－甲基苯乙烯) CAS 号：25013－15－4(混合物)	外观与性状：无色或黄色透明液体
燃烧热(kJ/mol)：－4 822.9	临界温度(℃)：391.9
熔点/凝固点(℃)：－34.2	临界压力(MPa)：3.36
沸点(℃)：172.8	自燃温度(℃)：515
闪点(℃)：46	密度(g/cm^3)：0.897(20℃)
爆炸上限[%(V/V)]：5.3	爆炸下限[%(V/V)]：1.1
饱和蒸气压(kPa)：<0.13(20℃)	易燃性：易燃
相对密度(水＝1)：0.917	*n*－辛醇/水分配系数：3.35
相对蒸气密度(空气＝1)：4.1	溶解性：不溶于水；溶于乙醇、乙醚、苯

2. 用途与接触机会

本品主要用于生产高等级的不饱和聚酯树脂、改性型醇酸树脂、乙烯基树脂等，用其生产的树脂广泛应用于浸渍型绝缘漆、涂料及复合材料工业中。

3. 毒性

乙烯基甲苯异构体混合物健康危害 GHS 危险性分类：皮肤腐蚀/刺激，类别 2；严重眼损伤/眼刺激，类别 2A；生殖细胞致突变性，类别 2；特异性靶器官毒性——次接触，类别 3(呼吸道刺激、麻醉效应)；特异性靶器官毒性—反复接触，类别 1。

4－甲基苯乙烯：大鼠经口 LD_{50}：2 255 mg/kg；小鼠经口 LD_{50}：1 072 mg/kg；

兔经皮 LD_{50}：>5 ml/kg。乙烯基甲苯异构体混合物：大鼠经口的 LD_{50} 为 2 255 mg/kg；小鼠经口的 LD_{50} 为 3 160 mg/kg；小鼠吸入 LC_{50}：3 020 mg/(m^3·4 h)。

中毒症状为初兴奋、后抑制，运动障碍、痉挛、麻醉、死亡；猫耐受性较大，吸入 20～80 g/m^3 无中毒症状。大鼠、豚鼠、兔、猴吸入 2.8～6.5 g/m^3，6 h/d，历时 100 d 和 7 h/d，历时 139 d，均未见明显中毒现象；部分大鼠吸入 6.5 g/m^3 时死亡，尸检见肝和肾重量增加，肾脏有细胞浸润和轻度出血。

乙烯基甲苯异构体混合物 IARC 致癌性分类为组 3

4. 人体健康危害

本品对人的危害主要是黏膜及皮肤刺激；在 2.13 g/m^3 引起人的鼻黏膜和眼结膜的刺激症状；浓度在 528 mg/m^3 以下，无臭味感觉；浓度在 106 mg/m^3 时感觉有臭气，有黏膜刺激症状；浓度在 1 055～1 583 mg/m^3 时感觉有较强的臭气；浓度在 2 110 mg/m^3 以上，有眼及鼻黏膜刺激症状。本品嗅阈为 0.000 3～0.01 g/m^3。

接触本品蒸气可出现眼和鼻黏膜刺激症状，急性中毒表现与苯乙烯中毒相似。皮肤接触液体可引起局部发红、水疱、脱屑等表现。

长期慢性接触具有神经毒性。

5. 风险评估

美国 NOISH 规定：REL－TWA 为 480 mg/m^3；OSHA 规定：PEL－TWA 为 480 mg/m^3。

乙烯基甲苯异构体混合物对水生生物有害并具有长期持续影响，其环境危害 GHS 危险性分类：危害水生环境—长期危害，类别 3。

异 丙 苯

1. 理化性质

CAS号：98－82－8	外观与性状：无色有特殊芳香气味的液体
饱和蒸气压(kPa)：2.48	临界温度(℃)：362.7
熔点/凝固点(℃)：－96.0	临界压力(MPa)：3.21
沸点(℃)：152.4	自燃温度(℃)：423.9
闪点(℃)：31(闭杯)	*n*-辛醇/水分配系数：3.66
爆炸上限[%(V/V)]：6.50	爆炸下限[%(V/V)]：0.9
燃烧热(kJ/mol)：－5 215.44	易燃性：易燃
相对密度(水＝1)：0.86	相对蒸气密度(空气＝1)：4.1
溶解性：不溶于水；溶于乙醇、乙醚、丙酮、四氯化碳和苯等有机溶剂	

2. 用途与接触机会

主要用于制作苯酚、丙酮的原料。其他用途包括制作过氧化物、氧化促进剂的原料，硝基喷漆稀释剂，也可用作提高燃料油辛烷值的添加剂、合成香料和聚合引发剂的原料。

3. 毒性

本品健康危害GHS分类为：特异性靶器官毒性——次接触，类别3(呼吸道刺激)；吸入危害，类别1。

大鼠经口的 LD_{50} 为 1 400 mg/kg；兔经皮的 LD_{50} 为 12 300 μl/kg；小鼠吸入 LC_{50} 为 24 700 mg/(m^3 · 2 h)。

兔经皮，100 mg(24 h)，中度刺激；兔经眼，500 mg(24 h)，轻度刺激。

大鼠吸入 2.5 g/m^3，8 h/d，6 d/w，共 150 d，可见肺、肝、肾明显充血。IARC致癌性分类为组2B。

4. 人体健康危害

急性中毒表现与苯、甲苯相似，但麻醉作用出现较慢而持久。表现有黏膜刺激症状以及头晕、头痛、恶心、呕吐、步态蹒跚等。严重中毒可发生昏迷、抽搐等。本品对造血系统影响不明显。

长期接触能引起结膜炎、皮肤炎，并对脾脏和肝脏有害。由于排泄缓慢，可产生积累作用。

5. 风险评估

美国NOISH规定：REL－TWA为245 mg/m^3；OSHA规定：PEL－TWA为245 mg/m^3。

人的嗅觉阈浓度0.039 mg/m^3。

本品对水生生物有毒并具有长期持续影响，其环境危害GHS危险性分类：危害水生环境—急性危害，类别2；危害水生环境—长期危害，类别2。

异 丁 苯

1. 理化性质

CAS号：538－93－2	外观与性状：无色液体
饱和蒸气压(kPa)：0.13	临界温度(℃)：377
熔点/凝固点(℃)：－52	临界压力(MPa)：3.05
沸点(℃)：173	自燃温度(℃)：427
闪点(℃)：55	燃烧热(kJ/mol)：－5 866.14
爆炸上限[%(V/V)]：6.0	爆炸下限[%(V/V)]：0.8
相对密度(水＝1)：0.85	易燃性：易燃
溶解性：不溶于水；溶于乙醇、乙醚	

2. 用途与接触机会

主要用于有机合成。是生产镇痛解热药布洛芬中间体的原料；也用于生产涂料、增塑剂、表面活性剂；还也可用作溶剂。

3. 毒性

本品健康危害GHS分类为：皮肤腐蚀/刺激，类别2。大鼠经口 LD_{50} 为 2 240 mg/kg。

4. 人体健康危害

吸入、口服或经皮肤吸收对身体有害，有刺激性。

5. 风险评估

本品对水生生物毒性极大并具有长期持续影响，其环境危害GHS危险性分类：危害水生环境—急性危害，类别1；危害水生环境—长期危害，类别1。

萤 蒽

1. 理化性质

CAS 号：206－44－0	外观与性状：无色或黄绿色针状结晶
闪点(℃)：198	相对密度(水＝1)：1.252
熔点/凝固点(℃)：109	相对蒸气密度(空气＝1)：6.1
沸点(℃)：384	易燃性：可燃固体
溶解性：不溶于水；稍溶于乙醇；可溶于二硫化碳、醋酸；易溶于苯、乙醚	

2. 用途与接触机会

又名荧蒽。用于制造染料、合成树脂和工程塑料等。

3. 毒性

本品健康危害 GHS 分类为：急性毒性—经口，类别 4。大鼠经口 LD_{50} 为 2 000 mg/kg；兔经皮 LD_{50} 为 3 180 mg/kg。

IARC 致癌性分类为组 3。

4. 风险评估

本品对水生生物毒性极大并具有长期持续影响，其环境危害 GHS 危险性分类：危害水生环境—急性危害，类别 1；危害水生环境—长期危害，类别 1。

正 丙 苯

1. 理化性质

CAS 号：103－65－1	外观与性状：无色透明液体
饱和蒸气压(kPa)：1.33(43.4℃)	临界温度(℃)：365.6
熔点/凝固点(℃)：－99.5	临界压力(MPa)：3.24
沸点(℃)：159.2	自燃温度(℃)450
闪点(℃)：30(闭杯)	相对密度(水＝1)：0.862
爆炸上限[%(V/V)]：6.0	爆炸下限[%(V/V)]：0.8
燃烧热(kJ/mol)：－5 218.24	易燃性：易燃
相对蒸气密度(空气＝1)：4.14	溶解性：不溶于水；可混溶于乙醇、乙醚、丙酮等多数有机溶剂

2. 用途与接触机会

在化工生产中可做用作溶剂或有机合成中间体，也可用于纺织染料和印刷，作醋酸纤维溶剂等。

3. 毒性

本品健康危害 GHS 分类为：特异性靶器官毒性—一次接触，类别 3(麻醉效应)；吸入危害，类别 1。大鼠经口 LD_{50} 为 6 040 mg/kg；大鼠吸入 LC_{50} 为 348 766 mg/(m^3 · 2 h)。

4. 风险评估

本品对水生生物有毒并具有长期持续影响，其环境危害 GHS 危险性分类：危害水生环境—急性危害，类别 2；危害水生环境—长期危害，类别 2。

甲 基 乙 基 苯

1. 理化性质

CAS 号：622－86－8(4－乙基甲苯) CAS 号：611－14－3(2－乙基甲苯) CAS 号：620－14－4(3－乙基甲苯)	外观与性状：无色液体
熔点/凝固点(℃)：－62	沸点(℃)：161—163
闪点(℃)：43	易燃性：易燃
相对密度(水＝1)：0.861	

2. 毒性

又名甲乙苯，有两种异构体。

2－乙基甲苯健康危害 GHS 分类为：严重眼损伤/眼刺激，类别 2；生殖毒性，类别 2。大鼠经口 LDL_0：5 mg/kg；猫吸入 LC_{50}：50 mg/(m^3 · 4 h)。

3－乙基甲苯：小鼠吸入 LC_{50}：54 000 mg/(m^3 · 4 h)。

3. 风险评估

2-乙基甲苯对水生生物有毒并具有长期持续影响，其环境危害 GHS 分类为：危害水生环境—长期危害，类别 2。

六 甲 苯

1. 理化性质

CAS 号：87-85-4	外观与性状：无色片状结晶
燃烧热(kJ/mol)：-6 525.8	临界温度(℃)：484.85
熔点/凝固点(℃)：164	易燃性：可燃固体
沸点(℃)：264	相对密度(水＝1)：1.063 0(25/4℃)
溶解性：不溶于水；易溶于乙醇和苯；溶于乙醚、丙酮和乙酸	

2. 用途与接触机会

用于有机合成，无实际工业用途。

3. 毒性

大鼠经口 LD_{90}：5 ml/kg；大鼠经口 LDL_0：10 ml/kg。

其他有机物

理化性质及人体健康危害见表 16-5。

表 16-5 其他芳香族烃类用途、理化性质及人体健康危害

化合物	分子式	用途	理化性质					反应
			状态	分子量	熔点(℃)	沸点(℃)	溶解度	
二苯甲烷	$(C_6H_6)_2CH_2$	制造染料和香料，也用作溶剂	液体	168.24	26.5	265.5	溶于水，乙醇等	高浓度时对皮肤、黏膜有刺激性，可引起大鼠中枢神经系统及肝肾损害
1,2-二苯乙烷	$C_6H_5(CH_2)C_6H_5$		固体	182.3	52	284	溶于乙醚、二硫化碳、热乙醇	
1,1-二苯乙烷	$CH_3CH(C_6H_5)_2$		液体	182.3	-20	272		同二苯甲烷
1.3-二本丙烷	$C_6H_5(CH_2)_3C_6H_5$	制造环氧树脂，酚树脂，人造革和离子交换树脂。也用作橡胶的起泡剂和抗氧化剂	液体	196	6	295		同二苯甲烷
1,2-二苯乙烯又名芪反式	$C_6H_5CH—CHC_6H_x$	制造染料和荧光增白剂	有特殊气味的晶体	180.25	124	305	不溶于水；溶于醇、苯	最低毒类，对皮肤和黏膜有刺激性
圆甲基苯(杜烯)	$(CH_3)_4C_6H_2$ 另有二种异构体	制造塑料和树脂的原料之一	白色无嗅固体	134.21	79.2	195	不溶于水；溶于醇、苯	属低毒类，大鼠经口 $LD_{50}>5$ g/kg。对皮肤、黏膜有刺激作用
茚	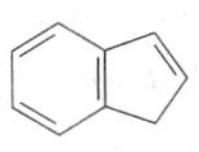	塑料，聚酯纤维，杀虫剂和制药的原料	液体	116.13	-2	181	不溶于水；溶于苯	属低毒性，动物实验中发现对胃肠道，肝和肾等脏器的损害。对人的皮肤、黏膜有刺激作用
2,2-双对苯酚乙烷	$(CH_3)_2C(C_6H_4—OH—P)_2$		固体	228	152～165			

第 17 章

芳香族氨基和硝基化合物

苯或其同系物(如甲苯、二甲苯、酚)的苯环上氢原子被不同数量的氨基(NH_3)或硝基(NO_2)以及卤素或烷基替代,生成多种衍生物,即为芳香族氨基或硝基化合物。不同数量的氨基、硝基、卤素(主要为氯)或烃基(主要为甲基、乙基)可在苯环上的任何位置作不同替代,形成种类繁多的衍生物,比较常见的有苯胺类有苯胺、氯苯胺、3-氯-2甲基苯胺、邻乙基苯胺、三氟苯胺、二氟苯胺、苯胺基乙腈、对异丙基苯胺、亚甲基双苯胺、氟氯苯胺、苯二胺、邻甲苯胺、双乙酰苯胺、4-甲氧基苯胺等;硝基苯类有硝基苯、二硝基苯(间二硝基苯、对二硝基苯、邻二硝基苯)、硝基氯苯、3-氯-2,4-二氟硝基苯、对硝基苯甲酰胺等;硝基苯胺类有硝基苯胺、2-甲基-4-硝基苯胺、对硝基邻甲苯胺、5-硝基邻甲苯胺、2,6-二氯-4硝基苯胺等。

本类物质多数沸点高、挥发性低,在常温下多为固体或液体,多难溶或不溶于水,易溶于脂肪、醇、醚、氯仿及其他有机溶剂,本节以苯胺和硝基苯为例概述其一般毒理学。

(一) 用途与接触机会

本类物质广泛应用于染料、制药、印刷、橡胶、炸药、涂料、鞋油、油墨、香料、农药、塑料等工业。如苯胺常用于制造染料和作为橡胶促进剂、抗氧化剂、光学白涂剂、照相显影剂等;联苯胺常用于制造偶氮染料和作为橡胶硬化剂,也用来制造塑料薄膜等;三硝基甲苯主要在国防工业、采矿、筑路等工农业生产中使用较多。

在生产条件下,本类化合物主要以粉尘或蒸气或液体的形态存在,可经呼吸道和完整皮肤吸收,也可经消化道吸收。开放性生产或设备维护不善而引起的跑、冒、滴、漏,使毒物污染地面而再挥发而导致经呼吸道吸收。由冒锅而使热料直接喷到工人头面,虽经及时处理,但仍可经皮肤吸收而引起严重中毒。混于废渣或废水中未反应的硝基苯或苯胺,可使回收利用的工人发生中毒。曾有报告在洗锅炉时,使用苯胺软化锅垢,以后饮用该锅所煮的水而发生集体中毒;搬运工人,坐在这种渗漏的苯胺筒上经皮肤吸收而中毒。有的毒物以粉尘形态或同时兼有粉尘和蒸气而污染环境,生产中直接或间接污染皮肤是引起中毒的主要原因,劳动者常因热料喷洒到身上或在搬运及装卸过程中外溢的液体经浸湿的衣服、鞋袜沾染皮肤而吸收;工作服上沾染的毒物可使家庭成员或洗涤工作服者被染中毒,如洗涤不净,在再穿用时还可污染皮肤。

(二) 毒代动力学

1. 吸收

对液态化合物,经皮肤吸收途径更为重要,当本类物质挥发或加热时,其蒸气可经呼吸道吸入,如有研究者在吸入硝基苯的工人尿中检测到的硝基苯代谢产物,提示硝基苯从肺部吸收后在体内形成了代谢产物。本类物质多数品种可经皮肤吸收,影响吸收的因素与一般经皮肤吸收的毒物一样,基团的改变使吸收的性能改变,如盐酸苯胺是结晶固体,仅具水溶性,不溶于一般有机溶剂,因而就没有皮肤吸收的危险,其经口毒性则与苯胺相同。多种化学物可经过胃肠道吸收,如有研究表明,近三分之二的口服硝基苯是通过胃肠道吸收的。

2. 转运与分布

本类化学物进入人体后,在肝脏代谢,经氧化还原代谢后,大部分代谢最终产物经肾脏随尿排出。如苯胺经氧化,硝基苯经还原,最后两者都成为氨基酚,但苯胺的转化快,而硝基苯慢(图 17-1)。

苯胺在机体内的转化物,主要为对氨基酚和邻氨基酚,其吸收量的28%与硫酸结合,10%~15%与

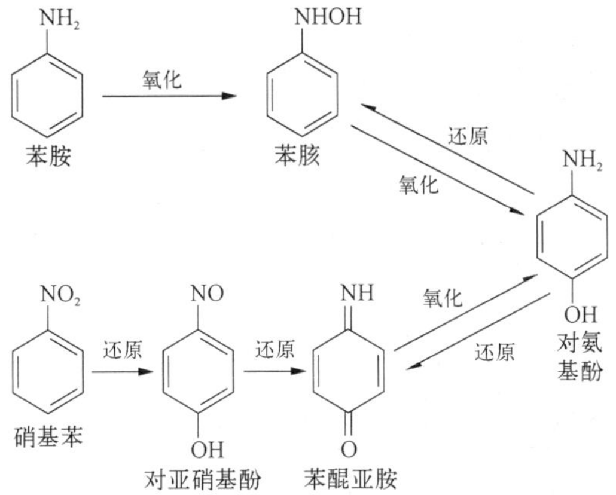

图 17-1 苯胺和硝基苯在肝脏中的代谢

葡糖醛酸结合，再经肾脏排出而完成解毒。在开始接触后的 6～8 h，排泄量与吸收量就可达到固定的比。由于氨基酚在体内不能蓄积。故前一天的吸收量可予不计。正常人尿内有微量的对氨基酚，平均约为 3.7 mg/L。当服用一些苯胺为原料的合成药后，尿中对氨基酚的量则可增加。

硝基苯的转化物主要为对氨基酚，还有少量间硝基酚与对硝基酚，和邻与间氨基酚，在人体内的转化比大鼠慢。生化转化所产生的中间物质，其毒性常比其母体强。如苯基羟胺的高铁血红蛋白形成作用比苯胺约大 10 余倍。硝基苯或其代谢物在主要器官和组织中分布广泛。

3. 排泄

在人类和动物中的主要消除途径是尿液。经呼吸道吸入的苯胺，90%可在体内滞留，经氧化后可形成毒性更大的中间代谢产物苯基羟胺，然后再氧化成对氨基酚，与硫酸和葡萄糖醛酸结合，经尿液排出体外，少量苯胺以原形由呼吸道排出。硝基苯在体内经转化后，水溶性较高的转化物即可经肾脏排出体外。对硝基酚是人体接触硝基苯类同系物后产生的主要代谢产物(对硝基酚与少量对氨基酚共存于尿中)，硝基苯类同系物接触量越多，则尿液中对硝基酚排出量越大，因此尿液中对硝基酚水平的测定被认为是生物学监测和职业病诊断的重要指标。

(三) 毒性作用

本类物质的不同品种对动物的毒性相差极大，如苯胺的大鼠经口 LD_{50} 为 442 mg/kg，豚鼠经皮 LD_{50} 为 1 060 mg/kg，大鼠吸入 LC_{50} 为 774.2 mg/(m^3 · 4 h)。硝基苯的小鼠经口 LD_{50} 为 590 mg/kg，大鼠经腹腔 LD_{50} 为 640 mg/kg，兔经皮 LD_{50} 为 2 100 mg/kg，兔经皮最小致死剂量为 500 mg/24 h，兔经眼睛最小致死剂量 500 mg/24 h。对人的致死量推测为 1 g(如氯苯胺，硝基氯苯，三硝基甲苯)或 10 g(如苯胺，β-萘胺，联苯胺)。

本类物质主要引起血液、肝脏、肾脏等损害，由于各类衍生物结构不同，其毒性也不尽相同，如苯胺形成高铁血红蛋白(MHb)较快；硝基苯对神经系统作用明显；三硝基甲苯对肝脏和眼晶状体损害明显；邻甲苯胺可引起血尿；联苯胺和萘胺可致膀胱癌等。虽然如此，本类物质的主要毒作用仍有不少共同或者相似之处，其主要毒作用如下。

1. 形成高铁血红蛋白(MHb)

在正常生理情况下，红细胞内血红蛋白(Hb)中的铁离子呈亚铁(Fe^{2+})状态，能与氧结合或分离。当 Hb 中的 Fe^{2+} 被氧化成高铁(Fe^{3+})时，即形成高铁血红蛋白(MHb)，这种 Hb 不能与氧结合。除一些例外，大多能氧化血红蛋白为高铁血红蛋白。正常生理条件下，体内只有少量 MHb，一般不超过血红蛋白总量的 2%，并与氧合血红蛋白保持一定的平衡。高铁血红蛋白含三价铁，在分子内铁与羟基牢固地结合，故已失去携带氧的功能。高铁血红蛋白经生理性还原作用后，即恢复其带氧功能。此作用与葡萄糖的氧化密切相关。红细胞内还有可使 MHb 还原的酶还原系统和非酶还原系统。

在红细胞中葡萄糖经过无氧分解成丙酮酸和乳酸，总量的 90%经这一途径分解，其余 10%则经过戊糖单磷酸旁路分解。这条旁路对保持红细胞的正常功能起重要作用。经过这条旁路分解的 6-磷酸葡萄糖(G-6-P)脱下的氢，在 6-磷酸葡萄糖脱氢酶(G-6-PD)的催化下，传递给辅酶Ⅱ(TPN 或 NADP)，生成还原型辅酶Ⅱ(TPNH 或 NADPH)，后者是使小量高铁血红蛋白生理还原的主要物质(图 17-2)。当苯胺等物质进入人体后，大量高铁血红蛋白产生，上述平衡状态被破坏，即发生高铁血红蛋白血症。

高铁血红蛋白形成剂可分为直接作用和间接作用两种。前者有亚硝酸盐、苯肼、硝酸甘油、苯醌等；后者需要经过体内的转化，才能成为具有氧化性能的物质，如摄入硝酸盐后，经肠道内细菌的作用而产生亚硝酸盐。苯的氨基和硝基化合物大多是间接的高铁血红蛋白形成剂，这些化合物经体内代谢后产

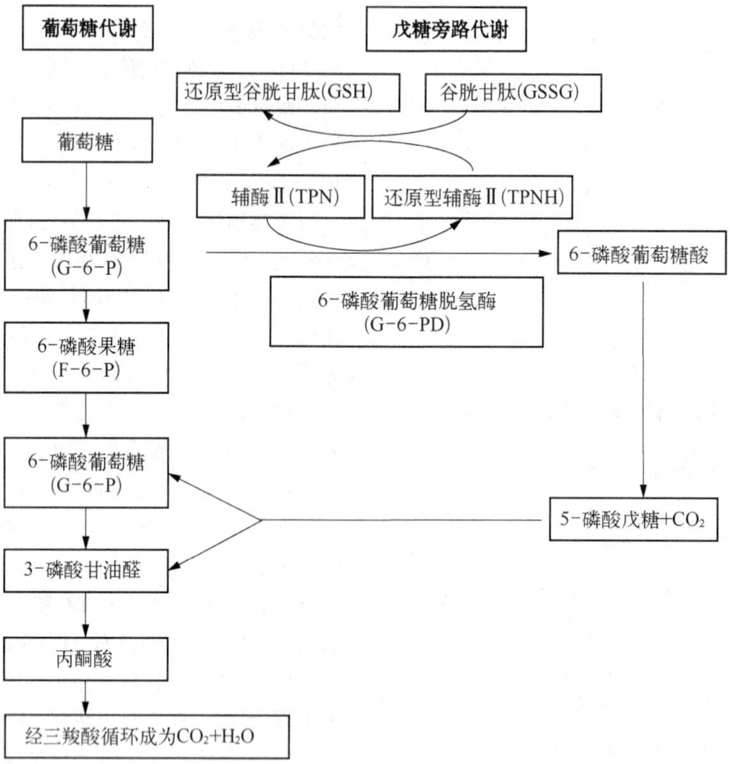

图 17-2　葡萄糖代谢过程

生强氧化剂如苯基羟胺和苯醌亚胺等中间代谢产物，具有很强的高铁血红蛋白形成能力。各类苯的氨基硝基化合物致高铁血红蛋白的能力也强弱不等，如对硝基苯、间位二硝基苯、苯胺、邻位二硝基苯和硝基苯的高铁血红蛋白形成能力依次由强到弱。此外，也有些苯的氨基硝基化合物不形成高铁血红蛋白，如二硝基酚、联苯胺等。

各类动物对高铁血红蛋白形成剂的敏感性也不同。猫最敏感，如以猫对乙酰苯胺的敏感性为 100；则人为 56；狗为 29；大鼠为 5；兔为 0；猴为 0，

形成高铁血红蛋白的效应，可用分子比（即一分子的试验物所形成高铁血红蛋白分子数）作比较（表 17-1）。

表 17-1　各类苯的氨基硝基化合物 MHb 形成分子比

序号	化合物(1 个分子)	形成高铁血红蛋白分子数
1	苯胺	2.5～2.7
2	乙酰苯胺	1.0
3	乙酰乙氧基苯胺	0.14

（续表）

序号	化合物(1 个分子)	形成高铁血红蛋白分子数
4	间苯二胺	1.4
5	邻氨基酚	6.8
6	对氨基酚	1.3～3.6
7	亚硝基苯	8.6
8	苯基羟胺	34.0
9	硝基苯	0.86
10	邻二硝基苯	1.9～3.7
11	间二硝基苯	6.4～7.8
12	对二硝基苯	55～198
13	三硝基苯	4.8
14	邻硝基甲苯	0.05
15	间硝基甲苯	0.04
16	对硝基甲苯	—
17	2,4-二硝基甲苯	1.4
18	2,6-二硝基甲苯	0.55

（续表）

序号	化合物(1个分子)	形成高铁血红蛋白分子数
19	2,4,6-三硝基甲苯	1.7
20	间氯硝基苯	2.3
21	间氨基硝基苯	3.0
22	2,4-二硝基氯苯	0.6
23	对硝基邻甲苯胺	3.7

从表可看出各种物质在猫体内形成高铁血红蛋白的能力有较大差别，如对氨基酚、亚硝基苯和苯基羟胺都是硝基苯和苯胺的转化产物，其形成高铁血红蛋白的能力比其母体大得多；对二硝基苯为最大。造成这种差别的原因，目前认为是由于转化过程的中间产物的氧化能力的大小所决定，如间氨基酚无氧化性，故不能形成高铁血红蛋白，而其邻位和对位异构体则有此性能。

本类物质在体内经过转化以后，水溶性较高的转化产物即可经肾脏排出体外，完成其解毒过程。在解毒的同时，已形成的高铁血红蛋白，得以逐渐还原。所以高铁血红蛋白在体内形成后，少量可自然还原，即使达到引起缺氧的程度，在经过适当急救处理后而消退较快，往往由于采取血样的时间较迟，就不能在血液中检出高铁血红蛋白。

2. 溶血作用

本类物质又有溶血的作用，其机理与形成高铁血红蛋白的毒性有密切联系。正常红细胞在循环内约120天，红细胞的生存需要不断供给还原型谷胱甘肽(GSH)。后者有下列三个作用：① 保持细胞膜的正常功能；② 与还原型辅酶Ⅱ一起，防止血红蛋白氧化或使高铁血红蛋白还原；③ 使红细胞内产生的过氧化物分解(解毒作用)。还原型谷胱甘肽完成其功能后，即转化为氧化型谷胱甘肽(GSSG)，后者又从NADPH取得氢而成为GSH。GSH与GSSG保持着平衡，主要依赖戊糖旁路代谢不断产生的NADPH，任何使NADPH来源减少的因素，都能直接或间接引起GSH的减少，从而导致红细胞破裂，即溶血现象。

当苯的氨基硝基化合物进入体内后引起高铁血红蛋白血症，机体可能因此消耗大量的还原性物质，包括GSH和NADPH等，导致红细胞破裂。苯的氨基硝基化合物的溶血作用与高铁血红蛋白的形成关系很密切，但又不完全平行。硝基苯、邻硝基氯苯、对硝基氯苯、邻硝基甲苯等形成高铁血红蛋白的作用较强，而间二硝基苯、间硝基苯胺、对硝基苯胺形成变性珠蛋白小体的作用较强，更易发生溶血。变性珠蛋白小体通常于中毒后7～24 h检出，24～72 h达高峰，>25%易发生溶血，重度中毒常>50%。如以几种芳香族硝基化合物的毒性作比较，则可见其不平行性(表17-2)。

表17-2 各类芳香族硝基化合物毒性比较

化合物	形成MHb(致发绀)作用	溶血作用	毒性总评价
硝基苯	3	1	2
O-硝基甲苯	5	3	5
p-硝基甲苯	5	3	5
O-硝基氯苯	4	2	3
p-硝基氯苯	4	2	3
m-二硝基苯	1	4	1
二硝基苯	5	6	5
m-硝基苯胺	2	5	4
P-硝基苯胺	2	5	4
1-硝基苯胺	6	6	6
硝基氯甲苯	6	5	6

苯的氨基硝基化合物进入人体后经过转化而形成的毒性物质还可直接作用于珠蛋白分子中的巯基使珠蛋白变性，致使红细胞膜脆性增加和功能变化等，也可能是其引起溶血的机制之一。在初期，仅二个巯基被结合，其变性是可逆性的，最后其余四个巯基全部被结合，则变性的珠蛋白成为沉着物，使红细胞出现包涵体，称为赫恩小体(Heinz body)，即“变性珠蛋白小体”，含有这种小体的红细胞大多在单核-巨噬细胞系统内被吞噬和破坏，造成血管外溶血，故而成为红细胞破裂的另一原因。

赫恩小体呈圆形，或椭圆形，直径0.3～2 μm，具有折光性，多为1～2个，位于细胞边缘或附着于红细胞膜上。当大量红细胞有赫恩小体时，是将出现溶血性贫血的先兆。也有人认为赫恩小体可能是血红蛋白的分解产物，主要为胆绿蛋白所组成，是血红蛋白分解至胆红素过程的中间体。赫恩小体的形成略迟于高铁血红蛋白，中毒后约2～4天可达高峰，1～2周左右才消失。但高铁血红蛋白形成和消失的速度、溶血作用的轻重等与赫恩氏小体的形成和消失均不相平行。

动物实验见到当每日给予产生赫恩小体的毒物量，经一短的潜伏期，几天内赫恩小体逐渐出现，随后迅速增多达50%高峰；如继续维持一定毒物量，赫恩小体出现率则逐渐下降，维持在一个较低的水平。在试管内将毒物加于人血内观察，可于5 h内在40%～90%的红细胞内发现赫恩小体。但在慢性中毒的人，检出的机会则较少。

有先天性葡萄糖-6-磷酸脱氢酶缺陷者，更容易引起溶血，葡萄糖-6-磷酸脱氢酶缺乏症不稳定血红蛋白溶血性贫血的患者平均达67.8%(45%～92%)。患者葡萄糖-戊糖旁路代谢不能进行，因而TPNH的来源减少或断绝，则红细胞容易受到氧化性物质的作用而发生溶血。此现象在苯氨基和苯硝基化合物中毒亦有一定意义。

一些高铁血红蛋白形成剂能同时产生赫恩小体而引致溶血作用，但有不少能产生赫恩小体的物质，却不能形成高铁血红蛋白，如萘、抗坏血酸、某些偶氮染料、砷化氢等。也有能产生高铁血红蛋白的毒物，而不能形成赫恩小体的，如亚硝酸钠。正常的猫、其他动物或人在切除脾脏后，血液中可见到赫恩小体。此外，高铁血红蛋白的形成和消失速度与同赫恩小体也并非在任何情况下都是平行。

3. 形成硫血红蛋白

若每个血红蛋白中含有一个或以上的硫原子，即为硫血红蛋白。正常情况下，硫血红蛋白含量约占0%～2%。苯的氨基硝基类化合物大量吸收也可致血中硫血红蛋白升高。通常硫血红蛋白含量高于0.5 g%即可出现发绀。一般认为，可致高铁血红蛋白形成者，多可致硫血红蛋白形成，但是其形成能力低得多，故比较少见。然而，硫血红蛋白的形成过程不可逆，故因其引起的发绀症状可以持续数月之久。

4. 贫血

长期接触较高浓度的某些苯的氨基硝基化合物(如2,4,6-三硝基甲苯)可能导致贫血，出现点彩红细胞、网织红细胞增多，骨髓象显示增生不良，呈进行性发展，甚至出现再生障碍性贫血。

5. 肝脏损害

有些苯的族氨基化合物可直接损害肝细胞，引起中毒性肝病，以硝基化合物所致肝脏损害较为常见，如三硝基甲苯、硝基苯、二硝基苯、2-甲基苯胺和4-硝基苯胺等。肝脏病理改变主要为肝实质改变，早起出现脂肪变性，晚期可发展为肝硬化，严重的可发射急性、亚急性黄色肝萎缩。严重的急性中毒者肝脏的损害可为继发性的，此由于大量红细胞破坏后，血红蛋白及其分解物沉积于肝脏而继发，较易恢复。

6. 肾脏和膀胱的损害

某些苯的氨基和硝基化合物本身及其代谢产物可直接作用于肾脏，引起肾实质性损害，出现肾小球及肾小管上皮细胞发生变性、坏死。接触氨基化合物者部分人早期可出现急性化学性膀胱炎。急性中毒者还有肾损害的表现，此种损害也可能继发于溶血。邻和对甲苯胺可引起一时性血尿，而5-氯-邻甲笨胺则可引起更严重的出血性膀胱炎。

7. 神经系统损害

本类化合物多易溶于脂肪，在人体内易与含有大量类脂质的神经细胞发生作用，引起神经系统的损害。重度中毒患者可有神经细胞脂肪变性，视神经区可受损害，发生视神经炎、视神经周围炎等。

8. 皮肤损害

有些化合物具有强烈的皮肤刺激性和致敏作用，引起过敏性皮炎。一般在接触后数日至数周后发病，脱离接触并进行适当治疗后多可痊愈。皮肤长期接触小量本类物质不仅有毒物的吸收，而且可引起皮肤红斑、上皮坏死或角化。而这些皮损，又可成为促进皮肤吸收的原因。

9. 眼晶状体损害

有些化合物，如三硝基甲苯、二硝基酚和二硝基邻甲酚可有迟发性对眼的作用，引起眼晶状体混浊，最终发展为白内障。中毒性白内障多发生于慢性职业接触者，一旦发生，即使脱离接触，多数患者病变仍然可继续发展。中毒性白内障的发病机制仍然不清楚，曾有以下几种观点：氨基或者硝基与晶状体组织或膝部成分结合和反应的结果；高铁血红蛋白形成后，因缺氧促使眼局部糖酵解增多、晶状体乳酸堆积所致；自由基的形成或机体还原性物质的耗竭导致眼晶状体细胞氧化损伤。

10. 致癌作用

本类化合物在德国和英国的染料厂广泛使用约40年后，才有学者发现芳香胺对人体膀胱的致癌性。经过大量流行病学调查，目前本类化合物中已经公认能引起职业性膀胱癌的毒物主要为联苯胺、β-萘胺和4-氨基联苯等。其中，在我国2013年版的《职业病分类和目录》中，将联苯胺所致膀胱癌和

β-萘胺所致膀胱癌列入我国法定职业病。

研究结果表明，即使工作场所条件改善，暴露量比原始染料工人低得多，工人发生膀胱癌的风险仍然增加。受影响的实际器官因物种和品种而异，如β-萘胺靶向人、猴、狗和仓鼠的膀胱，但对兔子的效果很小。用接触芳香族氨基化合物的工人膀胱癌发病率，与一般居民的作比较，发现接触β-萘胺者高出61倍，接触联苯胺者高出19倍，接触α-萘胺者高出16倍。动物实验也证明了β-萘胺和联苯胺的致癌作用。在单纯接触甲萘胺的工人中也有膀胱癌发生，但工业品α-萘胺含有5%～7%的β-萘胺，故致癌作用疑为夹杂物所致；在有的国家，曾提出将α-萘胺的纯度提高，以前限制含1% β-萘胺，后又提出再降低到0.01%～0.005%，作为预防措施。α-萘胺的代谢物有1-氨基-2-萘酚和1-氨基-4-萘酚，前者是致癌物，而后者无此作用。因而目前认为α-萘胺也有致癌作用，其作用较β-萘胺为弱，特别是含有β-萘胺的α-萘胺，应明确为致癌物质。

其他芳香族氨基物中还有金胺，在动物实验中证明是致肝癌物质，品红的危害性也大，4-氨基联苯能致肝和膀胱肿瘤。联苯胺的三个衍生物联甲苯胺、二氯联苯胺和联(二)茴香胺在动物实验中都已证明能致膀胱癌，但在对人的观察中，仅有少数调查。据报道，接触金胺和4-氨基联苯的人群中膀胱癌的发病率较高。

2-硝基萘、乙硝基联苯都有致癌性。杀鼠药甲萘硫脲(安妥)，可能也属于致癌物。用苯胺为原料合成许多偶氮染料，其中有些用作食用色素。有些物质经动物实验证明有致肝癌作用，如邻氨基偶氮甲苯和4-二甲氨基偶氮苯(奶油黄)。

11. 生殖毒性

动物实验表明，硝基苯可能造成生殖或发育毒性，影响大鼠精子生成，以及对睾丸、附睾和输精管产生损害作用。国外学者发现，硝基苯达到职业接触限值的30倍时可对男性生殖系统产生毒性。1,3-二硝基苯也产生睾丸毒性，影响睾丸支持细胞，其他硝基芳烃如2,4-和2,6-二硝基甲苯对睾丸有毒性。调查显示，300 mg/kg的硝基苯和30 mg/kg的1,3-二硝基苯抑制了通常在精子发生过程中分泌的蛋白质的形成。

12. 过敏性反应

有些化合物具有强烈的皮肤刺激性和致敏作用，引起过敏性皮炎。对苯二胺和对氨基酚暴露于潮湿空气中，可被氧化为红色、棕色最后为黑色的化合物，氧化过程的中间体都是皮肤致敏物。个别过敏体质者，接触对苯二胺和二硝基氯苯后，可发生支气管哮喘。

13. 其他损害作用

特异质反应　目前无相关资料，未见文献报道。

内分泌干扰作用　目前无相关资料，未见文献报道。

本类物质还可影响神经系统和心脏的功能，使中毒者出现各种神经症状并有心肌损害的心电图改变，死亡病例的尸检亦见到神经组织的病理改变。这种改变可能部分由于形成高铁血红蛋白而引起缺氧症的结果，但还不能单纯用高铁血红蛋白血症来解释，有可能是毒物对这些组织器官的直接作用的结果。如用对氨基苯丙酮($NH_2C_6H_4—COC_2H_5$)给大鼠注射，高铁血红蛋白达到95%时，才引起动物的死亡，而用乙酰苯胺给小鼠注射，则高铁血红蛋白达60%～70%时，即引起动物死亡，可见死亡原因，还有其他因素。另外，对新陈代谢的影响主要由硝基酚类化合物引起，它们不是高铁血红蛋白形成剂，而能促进新陈代谢，同时抑制磷酰化过程，而使体温升高。

(四) 生物监测

理想的生物标志可以反映工人接触情况，评价预防措施效果，有利于减少中毒事件的发生；同时可以辅助临床疾病的诊断，从而降低毒物的危害程度。苯的氨基硝基化合物主要的生物标志物有如下几种。

1. 尿中对氨基酚

苯的氨基硝基化合物进入体内经氧化还原代谢形成对氨基酚，如苯胺经皮肤或呼吸道进入体内，在肝脏迅速氧化为毒性较大的中间产物苯基羟胺(苯胲)，再氧化生成对氨基酚，以游离形式或与葡萄糖醛酸结合的方式存在于尿液中；硝基苯进入体内后，部分可经过还原作用形成亚硝基酚，转化为苯醌亚胺，最终生成对氨基酚经尿液代谢。因此尿液中对氨基酚可作为衡量本类化合物接触的生物标志物。对于急性苯的氨基硝基化合物中毒患者，应及时进行尿对氨基酚的测定；对于长期低剂量接触的作业人员应在班后或班末留取尿样检测上述指标。国家职业卫生标准规定尿液中对氨基酚的测定方法有盐酸萘乙二胺分光光度法和高效液相色谱法(HPLC)。ACGIH 规定的苯胺接触者尿液中对氨基酚的生物接触限值为 50 mg/g 肌酐。

2. 尿中对硝基酚

对硝基酚是人体接触硝基苯类同系物后产生的主要代谢产物(对硝基酚与少量对氨基酚共存于尿中),硝基苯类同系物接触量越多,则尿液中对硝基酚排出量越大。对于硝基苯类化合物接触工人,测定尿液中对硝基酚较尿液中对氨基酚更有意义。国家职业卫生标准规定的尿液中对硝基酚的测定方法有分光光度法和 HPLC。ACGIH 规定的硝基苯接触者尿液中对硝基酚生物接触限值为 5 mg/g 肌酐。

3. 高铁血红蛋白(MHb)

苯的氨基和硝基化合物大多是间接的高铁血红蛋白形成剂,其在体内的代谢产物具有很强的高铁血红蛋白形成能力,体内高铁血红蛋白的含量也作为苯的氨基硝基化合物中毒的诊断依据之一。有学者收集近 20 年公开发的对 MHb 检测的急性苯的氨基硝基化合物中毒的病例报道,高铁血红蛋白血症发生率高达 98.7%(235/238)。然而,并不是所有的苯的氨基硝基化合物均可引起高铁血红蛋白血症,如 5-硝基邻甲苯胺、2-甲基-4-硝基苯胺和 3-氯-2-甲基苯胺较少引起此类改变。急性中毒患者入院后如不及时检测 MHb 水平,可影响中毒程度的判断。由于 MHb 不稳定,使用保存时间较长的血液样品进行检测,其结果不可靠,因此测定 MHb 时应在采血后 1.0 h 内完成。高铁血红蛋白测定方法主要有仪器法、分光光度法、等吸收点法、氰化物法等。

4. 变性珠蛋白小体

苯的氨基硝基化合物进入人体后形成的代谢产物可使珠蛋白变性,形成赫恩小体,其出现的时间与中毒种类及中毒程度有关,其出现越早越多,表示病情越严重,故可作为临床中毒程度的辅助指标。同时,赫恩小体的出现也是溶血性贫血的先兆,当其检出率>50.0% 时,应及早进行换血治疗,以防止溶血的发生。赫恩小体的检测采用奈尔兰活体染色方法,变性珠蛋白小体染色后呈蓝色或绿色并有折光性。虽然赫恩小体的检测灵敏性不高,不是中毒诊断的必须指标,但是一旦检出,表明病情较重。

5. 血红蛋白加合物

对芳香胺的研究通常强调活性代谢中间体与脱氧核糖核酸(DNA)的加合物可作为遗传损伤的指标。国内外学者已经认识到代谢物也形成血红蛋白加合物,其存在量比 DNA 加合物大得多。这些加合物不像 DNA 加合物那样被修复,并且它们具有有限的半衰期。使用气相色谱/质谱法,可以很容易地测量血红蛋白-芳族胺加合物。这些类型的研究表明,芳香胺包括苯胺衍生物和致癌物质 4-氨基联苯,2-萘胺和 2-氨基芴存在于烟草烟雾中并形成血红蛋白加合物。虽然看起来有基线水平,但吸烟者血液中加合物水平增加 3—10 倍,并且可在暴露于子宫内烟草烟雾的胎儿中测出。慢乙酰化的人加合物水平比那些快速乙酰化的人要高,这意味着游离胺对启动血红蛋白结合是必需的。胺比硝基芳烃结合程度更高。高度取代的硝基芳烃 2,4-二甲基-,3,4-二甲基-,2,6-二甲基-和 2,4,6-三甲基硝基苯和 2,3,4,5,6-五氯硝基苯则不与血红蛋白结合。所有相应的胺,除了五氯苯胺外,都与血红蛋白结合,其结合是由于结构干扰,硝基还原酶被阻止作用于这些硝基芳烃,因此血红蛋白结合被阻断。

(五) 人体健康危害

1. 急性中毒

苯的氨基硝基化合物种类很多,但急性毒性差异很大,其共同的作用是形成高铁血红蛋白,可伴有溶血、肝脏损害、肾脏损害。但 2-甲基-4 硝基苯胺、5-硝基邻甲苯胺、对亚硝基二甲苯胺及 3-氯-2-甲基苯胺不引起高铁血红蛋白血症,临床表现前两者以严重的肝脏损害为主,对亚硝基二甲苯胺对皮肤具有明显刺激和致敏作用,3-氯-2-甲基苯胺以化学性膀胱炎为主要表现。空腹上工、热水淋浴和饮酒等都能诱发中毒或使中毒加重。毒物所引起的高铁血红蛋白血症是急性中毒表现的主要病理基础。短时间内吸入大量苯胺,可引起急性苯胺中毒,以夏季多见。当血中脱氧血红蛋白达 50 g/L,即可出现发绀,其色调与一般缺氧所见发绀不同,呈现蓝灰色,称为化学性发绀。轻微发绀:暴露毒物早期患者出现口唇、鼻尖、耳垂等末梢部位的青紫,可无明显不适症状;明显发绀:患者全身皮肤、黏膜明显呈紫色,可伴有血氧饱和度降低,患者伴有乏力、头晕、气短等症状;重度发绀:全身性皮肤黏膜呈铅灰色,常伴有呼吸困难、恶心、呕吐等症状。

肾脏受到损害时,出现少尿、蛋白尿、血尿等症状,严重者甚至无尿。

苯胺类较易发生化学性膀胱炎，主要是该类毒物及代谢产物经膀胱排泄过程中，对膀胱黏膜的刺激作用。临床症状明显，有尿频、尿急、尿痛、血尿、尿失禁、膀胱痉挛等，应与尿路感染相鉴别。

红细胞出现赫恩小体的百分比高者，可出现溶血性贫血，红细胞计数可于3～4 d内迅速降低，但经积极治疗，在1～2周后逐渐回升。

中毒性肝病常在中毒后2—3 d左右出现，肝肿大、压痛、消化障碍、黄疸、肝功能异常。

硝基苯中毒的神经系统症状更明显，严重者可有高热，并有多汗、脉缓、初期血压升高、瞳孔扩大等植物神经系统紊乱症状。二硝基苯中毒发病比硝基苯慢，但表现的毒性作用大于后者。

2. 慢性中毒

患者常有类神经症，如头痛、头晕、疲乏无力、失眠、多梦、记忆力减退、食欲减退等，并出现轻度发绀、贫血和肝脾肿大等体征，红细胞中可出现赫恩小体。有时有心动过缓或过速，多汗、消化障碍等，有的还可有周围神经的损害，出现感觉异常、肢端麻木等。也有报道可发生慢性溶血性贫血，硝基化合物还能引起中毒性肝病。皮肤经常接触苯胺等蒸气后，可发生湿疹和皮炎等。

（六）诊疗

1. 诊断

目前职业性急性苯的氨基硝基化合物中毒的诊断国家标准为GBZ 30—2015《职业性急性苯的氨基、硝基化合物中毒的诊断》，除三硝基甲苯有制定GBZ69—2011《职业性慢性三硝基甲苯中毒的诊断》和GBZ45—2010《职业性三硝基甲苯白内障诊断标准》外，其他类别苯的氨基硝基化合物的慢性中毒目前尚无诊断标准。GBZ 30—2015《职业性急性苯的氨基、硝基化合物中毒的诊断》对本类化学物急性职业中毒的诊断如下：

根据短期内接触较大量苯的氨基、硝基化合物的职业史，以高铁血红蛋白血症、血管内溶血及肝脏、肾脏损害为主要临床表现，结合现场职业卫生学调查和实验室检查结果，进行综合分析，排除其他原因所引起的类似疾病后，方可诊断。

接触反应：短期内接触较大量苯的氨基、硝基化合物后，出现轻微头晕、头痛、乏力、胸闷症状，高铁血红蛋白低于10%，脱离接触后48 h内可恢复。

根据严重程度分为轻、中、重三级。

轻度中毒：口唇、耳廓、指（趾）端轻微发绀，可伴有头晕、头痛、乏力、胸闷等轻度缺氧症状，血中高铁血红蛋白浓度≥10%。

中度中毒：皮肤、黏膜明显发绀，出现心悸、气短、恶心、呕吐、反应迟钝、嗜睡等明显缺氧症状，血中高铁血红蛋白浓度≥10%，且伴有以下任何一项者：

a) 轻度溶血性贫血，变性珠蛋白小体可升高；

b) 急性轻中度中毒性肝病；

c) 轻中度中毒性肾病；

d) 化学性膀胱炎。

重度中毒：皮肤黏膜重度发绀，可伴意识障碍，血中高铁血红蛋白浓度≥10%，且伴有以下任何一项者：

a) 重度溶血性贫血；

b) 急性重度中毒性肝病；

c) 重度中毒性肾病。

接触苯的氨基、硝基化合物引起的单纯肝脏损害，按照GBZ59诊断；苯的氨基、硝基化合物可引起接触部位皮炎或全身过敏性皮炎，高浓度可引起化学性灼伤，可按照GBZ18、GBZ51进行诊断处理。

诊断分级应主要依据临床高铁血红蛋白血症、溶血及肝、肾损害程度综合判定。一般高铁血红蛋白10%以上出现中毒症状，但高铁血红蛋白形成后可部分自然还原，药物治疗后恢复较快，所以不宜把高铁血红蛋白浓度作为唯一诊断分级指标。

鉴别诊断：本病需与能够导致高铁血红蛋白血症的其他疾病相鉴别，如：肠源性发绀、某些药物中毒等。常见的可导致高铁血红蛋白的药物或其他化学品有：扑疟喹、亚硝酸盐、亚硝酸乙酯、伯氨喹啉、氯酸钾、次硝酸铋、磺胺类、非那西丁、苯丙砜、多粘菌素B、醚类、氮氧化物、硝基甲烷等。急性亚硝酸盐中毒导致的高铁血红蛋白血症通常不伴有溶血性贫血及中毒性肝损害，应结合病史排除。硫化物中毒产生硫化血红蛋白，与高铁血红蛋白血症临床表现相似，应注意鉴别。变性珠蛋白小体的出现亦可由其他疾病引起，如不稳定血红蛋白病、6-磷酸葡萄糖脱氢酶缺陷症等。

2. 治疗

(1) 急救和急性中毒的治疗

迅速脱离现场，立即脱去污染衣物，彻底清洗污染皮肤。吸氧，镇静，休息。中毒性高铁血红蛋白血症给予小剂量亚甲蓝(1 mg/kg～2 mg/kg),并辅以维生素C等治疗。亚甲蓝小剂量治疗时为还原作用,大剂量时为氧化作用。高铁血红蛋白血症应使用小剂量亚甲蓝治疗,疗效不明显时,应积极寻找原因,而不应盲目反复应用。轻度中毒可仅用葡萄糖、维生素C及对症支持治疗。患有6-磷酸葡萄糖脱氢酶缺乏症者,不宜采用亚甲蓝治疗。中毒性溶血性贫血可采取碱化尿液的方法,早期应用适量糖皮质激素,特别是变性珠蛋白小体明显升高者,注意保护肾脏功能;重度贫血患者可输注红细胞悬液或洗涤红细胞。必要时选择适宜的血液净化疗法,轻、中度患者一般不需要,重度中毒患者伴有严重溶血性贫血或肝、肾功能损害时,可根据病情及早选择适宜的血液净化疗法。化学性膀胱炎,宜多饮水,碱化尿液,适量给予糖皮质激素,防治继发感染。

(2) 慢性中毒的治疗

主要针对神经衰弱综合征、溶血性贫血和中毒性肝病等给予处理。可进行抗贫血、"保肝"和对症治疗。

对中毒者是否调离原工作,可根据病情、劳动条件的具体情况而定。慢性中毒者,应调离原工作,给予休息和治疗,病情好转后可适当安排力所能及的工作,但不再接触相关的有害物质。

(七) 预防

对本类物质中毒的预防,应同时注意防止呼吸道吸入和皮肤污染所引起的中毒。

1. 改善设备,改革工艺

凡使用苯胺的生产,用抽气泵加料代替手工操作,可杜绝由于倾倒液体而沾污皮肤所致的中毒。车间的建筑要有充分的通风和便于清洗的条件,地面要选用不吸附毒物的材料。以无毒或低毒物代替剧毒物,或不使用毒物。如染化行业中用固相反应法,代替使用硝基苯作热载体的液相反应工艺,遂摒弃剧毒的硝基苯,杜绝了中毒。又如制造苯胺的工艺中,用氢还原法代替铁屑还原法,则可以避免工人进入反应锅挖掘铁泥渣而引起中毒。

2. 重视检修制度,遵守操作规程

在日常操作和检修时应严格遵守安全操作规程,做好个人防护。对搬运和装卸操作,应建立制度,加强个人防护,避免在烈日下进行。并随时检查和处理渗漏的盛桶。参加生产者都应穿紧袖工作服、长统胶鞋、胶手套等。检修时要戴活性炭防毒面具。工作服被毒物污染后应及时更换,并清洗局部皮肤。工作前后不饮酒,用温水(不用热水)洗澡。经常维修局部机械通风的设备。测定空气中毒物的浓度,并寻找超过最高容许浓度的原因而予以纠正。

3. 加强调查研究

除调查操作设备和制度、环境的污染情况、污染物的来源、可能引起的潜在危害外,还应有就业前和定期的体检,包括化验血常规和赫恩兹小体。接触硝基化合物者,应定期检验肝功能。接触萘胺等毒物者应有尿常规检验。高铁血红蛋白不作常规检验。遇下列疾病不适宜参加接触本类毒物的工作:某些特殊过敏性体质和患有血液病、肝病、内分泌病、心血管病、严重皮肤病等。如工人中有患红细胞6-磷酸葡萄糖脱氢酶缺乏症者,应当列为接触苯的氨基和硝基化合物一类物质的职业禁忌证。

4. 其他

使用或生产本类物质的工厂,"三废"往往是极为严重的,应予以妥善处理。食用色素的使用应严加管理。我国现在准许使用的五种食用色素中(苋菜红,胭脂红,肼黄,苏丹黄、靛蓝),前4种属于芳香族偶氮化合物。

苯　　胺

1. 理化性质

CAS号:62-53-3	外观与性状:无色油状液体,有油状液体,特殊臭气,有烧灼味
pH值:8.1	临界温度(℃):425.6
熔点/凝固点(℃):−6.0	临界压力(MPa):5.63
沸点(℃):184.1	自燃温度(℃):615
爆炸上限[%(V/V)]:11.0	爆炸下限[%(V/V)]:1.2
燃烧热(kJ/mol):3 394	蒸发速率:<1(乙酸丁酯=1)
相对密度(水=1):1.02	n-辛醇/水分配系数:0.94
相对蒸气密度(空气=1):3.2	溶解性:与氯仿,其他有机溶剂混溶;与乙醇,乙醚,苯和丙酮混溶;与脂质混溶溶于稀盐酸;与植物油基本油不相溶
分子量:93.12	

2. 用途与接触机会

2.1 用途

又名氨基苯，是用途十分广泛的有机化工原料和化工产品，其化工产品和中间体有 300 多种，在印染、染料制造、硫化橡胶、照相显影剂、溶剂、生产树脂、制药等行业中得到广泛应用：① 在染料工业中可用于制造酸性墨水蓝 G、酸性媒介 BS、酸性嫩黄、直接橙 S、直接桃红、靛蓝、分散黄棕、阳离子桃红 FG 和活性艳红 X-SB 等；② 在有机颜料方面又用于制造金光红、金光红 g、大红粉、酚菁红、油溶黑等；③ 在印染工业中用于染料苯胺黑；④ 在农药工业中用于生产许多杀虫剂、杀菌剂如 DDV、除草醚、毒草胺等；⑤ 橡胶助剂的重要原料，用于制造防老剂甲、防老剂丁、防老剂 RD 及防老剂 4010、促进剂 M、808、D 及 CA 等；⑥ 作为医药磺胺药的原料，同时也是生产香料、塑料、清漆、胶片等的中间体；⑦ 作为炸药中的稳定剂、汽油中的防爆剂以及用作溶剂。

2.2 接触机会

环境中的苯胺来源于有机化工厂、焦化厂及石油冶炼厂等生产苯胺的企业和使用苯胺的染料合成、制药业、印染工业、橡胶促凝剂和防老化剂、打印油墨、2,4,6-三硝基苯甲硝胺、光学白涂剂、照相显影剂、树脂、假漆、香料、轮胎抛光剂及其他有机化学品的制造，在这些生产和使用苯胺的行业中以及在储运过程中的意外事故。此外苯胺还来源于一些建筑材料、家具日常用品和个人活动等。

3. 毒代动力学

3.1 吸收

本品可经呼吸道、消化道及皮肤吸收，皮肤接触吸收是主要中毒途径。吸收后的苯胺有 15%～60% 氧化为对氨基酚，并约有 10%～15% 与葡萄糖醛酸结合，28% 与硫酸结合而经尿排出，以原形从尿排出少于 1%。少量经呼吸道以原形排出(<0.5%)。

3.2 排泄

动物实验证明，苯胺的代谢(主要是在肝脏中)通过三种代谢途径，N-乙酰化、5 芳香化羟基化和 N-羟化。从苯胺到乙酰苯胺的 N-乙酰化作用是由肝 N-乙酰转移酶催化的。苯胺转化到对-氨基苯酚的芳香羟基化反应则涉及细胞色素-450(混合功能氧化酶)酶系统(苯胺羟化酶)。通过细胞色素 P-450(混合功能氧化酶)酶系统代谢途径，苯胺被 N-羟化，产生 N-苯基羟胺。人们认为 N-乙酰化途径是苯胺被解毒的重要途径，而 N-羟化作用是苯胺在动物(和人类)中产生毒性作用的主要途径。

根据肝酶、各种组织中大分子有关的放射性活度、及尿液中苯胺代谢物的定量分析结果，得出的结论是，在小鼠中，苯胺的代谢(通过 N-乙酰化)和解毒作用比大鼠更大，它的新陈代谢并不局限于高水平的暴露水平(与大鼠相比)，而且有数量较少的"活性代谢物"形成。大鼠的研究结果也表明，在雄性和雌性的苯胺代谢中存在着数量差异，这可能与雄性老鼠对苯胺有更大的敏感性有关。

在人类中，和实验室动物一样，苯胺的代谢(主要在肝脏)有三种代谢途径，N-乙酰化、芳香化羟基化和 N 羟化。

肝 N-乙酰转移酶存在两种基因型，即"慢速乙酰化器"表现型或"快速乙酰化器"表现型。据认为，"快速乙酰化物"主要以 N-乙酰化(产物为乙酰氨基酚)进行代谢，伴随着芳香化的羟基化(产物为 N-乙酰氨基酚)，随后结合葡糖醛酸或硫酸酯。与"快速乙酰酯"相比，具有"慢乙酰化"表现型的个体，通过 N-乙酰化来代谢苯胺的能力降低。

在这些个体中，苯胺的主要代谢途径被认为是通过芳香化的羟基化(产物为对氨基苯酚)，伴随着葡糖醛或硫酸盐的结合。

4. 毒性与中毒机理

4.1 急性毒作用

急性吸入人体高浓度的苯胺可对肺有明显不良影响，如上呼吸道刺激和充血。苯胺被认为是人类的剧毒物质，人类的口服致死剂量可能在 50～500 mg/kg。大鼠的短期动物实验表明，苯胺被认为具有很高的急性毒性。苯胺对黏膜有严重的刺激作用，并影响人类眼睛、皮肤和上呼吸道。大量的苯胺可以通过皮肤吸收。动物实验研究表明红细胞数量、血红蛋白水平、红细胞含量都有下降。

本品大鼠经口 LD_{50}：250 mg/kg；兔经皮 LD_{50}：254 mg/kg；小鼠呼吸道吸入 LC_{50}：728 mg/(m^3·7 h)。

4.2 慢性毒性作用

4.2.1 人体长期吸入苯胺的主要影响是形成高铁血红蛋白，可导致发绀(干扰血液的携氧能力)。

4.2.2　基于大鼠脾脏毒性，苯胺的参考浓度(RfC)为 0.001 mg/m^3。RfC 是对人群(包括敏感亚群)的持续吸入暴露的估计(其可能具有一个数量级的不确定性)，其在一生中可能没有明显的有害的非癌症影响的风险。它不是一个直接的估计量风险而是衡量潜在影响的参考点。在风险越来越大于 RfC 的情况下，不良健康影响的可能性会增加。在 RfC 之上的终生暴露并不意味着一定会产生有害的健康影响。但美国 EPA 目前研究尚未确定苯胺的参考剂量(RfD)。

4.3　远期毒作用

(1) 致癌作用

IARC 致癌性分类为 III。对化学染料工业中接触苯胺和其他化学品的工人的相关研究发现，并没有足够的证据表明苯胺本身是膀胱肿瘤的原因。但动物研究表明，暴露在盐酸苯胺的老鼠体内脾脏肿瘤数增加。而 EPA 认为苯胺可能是一种致癌物质，并将其列入 B2 组，该评价主要是基于人类或动物研究的数学模型来估计人类摄入含有特定浓度化学品的水的癌症发病率而作出的。EPA 计算出口腔癌的斜率因子为 $5.7\times10^{-3}[mg/(kg\cdot d)]^{-1}$，口服单位风险估计为 $1.6\times10^{-7}(g/L)^{-1}$。EPA 估计，如果一个人在他的一生中连续摄入平均含有 6 μg/L 苯胺的水，这个人理论上患癌症的概率不会超过百万分之一。同样，EPA 估计，含有 60 μg/L 的饮用水将不会超过百万分之一的概率增加患癌症的概率，而含有 600 μg/L 的水将不会超过万分之一的概率患上癌症。加利福尼亚环境保护局则确定了苯胺的吸入单位风险估计值为 $1.6\times10^{-6}(\mu g/m^3)^{-1}$。

(2) 发育毒性与致畸性

动物灌胃染毒研究发现，受试动物子代有出生缺陷现象。在喂食苯胺的小鼠染毒组中，小鼠染毒组的后代总数比对照组的后代要低。然而，一些怀孕鼠类经苯胺染毒后死亡。苯胺染毒组的后代生存率也明显低于对照组。

4.4　中毒机理

苯胺在 Ames 试验测试中不具有诱变性。在哺乳动物细胞的体外实验中，结果并不一致，但在染色体效应、SCE 等遗传毒性方面均有阳性结果。在大鼠和小鼠骨髓细胞中观察到微核的诱导。急性摄取苯胺后，关键的毒性作用是形成脱氧核糖核酸(MHb)。根据 MHb 的浓度不同，甲蛋白酶血症可能具有严重的急性健康影响。在反复实验暴露于苯胺后，关键的毒性作用是红细胞对脾脏的毒性。

5. 生物监测

5.1　接触标志

高铁血红蛋白血(MHb)；在尿液中苯胺浓度；苯胺血液中血红蛋白加合物。

5.2　效应标志

尿中苯胺在暴露于 2 mg/L 苯胺(毒性动力学)6 h 后的时间过程显示尿中苯胺的平均浓度为 170 μg/L。考虑到 8 小时的轮班，建议使用苯胺 0.2 mg 苯胺/L 尿(水解后测量)的 BLV。根据 Lewalter 和比德尔曼(1994)测定尿液中苯胺的检测极限是 1 μg/L。对于苯胺的血红蛋白加合物，检测限为 1 ng/L 血液。

5.3　易感性标志

STEL 是一种首选的方法，可以限制短期暴露于可能的甲基化血红蛋白的形成。考虑到苯胺的半衰期很短，而且美肌红蛋白迅速减少，2 的偏移因子将提供足够的保护。因此，应用 SCOEL 的优选值方法，建议采用浓度为 5 mg/L 的 STEL。男性大鼠脾脏肿瘤以肿瘤为主，肿瘤发生率明显呈非线性。

6. 人体健康危害

6.1　急性中毒

苯胺对人类的急性(短期)和慢性(长期)影响主要是对肺的影响，如上呼吸道刺激和充血。长期暴露也会对血液产生影响。人类癌症数据尚不足以得出结论，苯胺是导致膀胱肿瘤的一个因素，而动物研究表明苯胺会引起脾脏肿瘤。

6.2　慢性中毒

液状苯胺极易经无损皮肤吸收，常由于污染衣服、手套和鞋袜间接接触而致中毒。其蒸气主要经肺吸收，但也可能经皮肤吸收。吸收后的苯胺有 15%～60%氧化为对氨基酚，并与葡萄糖醛酸和硫酸酯结合而经尿排出。代谢的中间产物苯基羟胺是引致溶血作用的主要物质。吸收的苯胺不经过呼气排出，而从尿液以原形排出的则少于 1%，在接触苯胺的工人中，尿中对氨基酚浓度，常与血中高铁血红蛋白有直接相关(如表 17－3)。

表 17-3 尿中对氨基酚浓度与血中高铁血红蛋白的关系

血中高铁血红蛋白量		尿对氨基酚量(mg/L)		接触程度
g%	占血红蛋白总量的%*	范围	平均值	
<0.5	<3.5(男) <4.1(女)	2.08~2.7	—	轻微
0.5~2.0	3.5~16.3	8.0~62.5	39.5	较多
>2.0	>14.2(男) >16.3(女)	27~630	236.0	严重

* 血红蛋白含量以 14.05 g%(男)和 12.21 g/%(女)为正常平均值

故尿中对氨基酚常作为接触苯胺工人的生物监测指标：8 h 接触浓度 5 mg/m^3 苯胺时，可在 24 h 内排出对氨基酚 35 mg，在下班前或后 2 h 的尿样，尿中对氨基酚量浓度约为 10 mg/L；8 h 接触浓度 19 mg/m^2 者，24 h 内可排出对氨基酚 150 mg；在以上两种接触水平下，对氨基酚的排出率，第 4 小时为 1.5 mg/h，第 6 小时为 13 mg/h。但也要注意，用对氨基酚作为生物监测方法时，应当注意其他芳香胺化学物的干扰，服用药物非那西汀等，尿中可排出对氨基酚。

7. 风险评估

我国职业接触限值为 PC-TWA 3 mg/m^3。

表 17-4：苯胺的现有 OELs[参考 GESTIS 数据库(GESTIS,2015)]

国家和地区	8 h-TWA		15 min-STEL		参考文献
	ppm	mg/m^3	ppm	mg/m^3	
奥地利	2	8	10	40	GKV(2011)
比利时	2	7.7	/	/	Royal decision(2014)
丹麦	1	4	2	8	BEK(2011)
欧盟	2	7.74	5	19.35	SCOEL(2014)
芬兰	2	7.7	4	15	MOSH(2012)
法国	2	10	/	/	INRS(2012)
德国(AGS)	2	7.7	4	15.4	BAUA(2006)**
德国(DFG)	2	7,7	4	15.4	DFG(2015)
匈牙利	/	8	/	32	MHSFA(2000)
爱尔兰	1	3.8	/	/	HSA(2011)
拉脱维亚	/	0.1	/	/	GESTIS(2015)
波兰	/	5	/	20	MLSP(2002)**
西班牙	2	7.7	/	/	INSHT(2011)
瑞典	1	4	2	8	SWEA(2011)
英国	1	4	/	/	GESTIS(2015)
非欧盟国家	/	/	/	/	
澳大利亚	2	7.6	/	/	Safe Work Australia(2011)
加拿大(安大略)	2	/	/	/	Ontario Ministry of Labour(2013)
加拿大(魁北克)	2	7.6	/	/	IRSST(2010)
中国		3	/	/	GESTIS(2015)
日本	1	3.8	/	/	JSOH(2014)
新西兰	1	4	/	/	HS(2013)

（续表）

国家和地区	8 h-TWA		15 min-STEL		参考文献
	ppm	mg/m³	ppm	mg/m³	
挪威	1	4	/	/	GESTIS(2015)
新加坡	2	7.6	/	/	GESTIS(2015)
韩国	2	10	/	/	GESTIS(2015)
瑞士	2	8	4	16	SUVA(2015)
美国(NIOSH)	LFC*	/	/	/	NIOSH(2007)
美国(OSHA)	5	19	/	/	OSHA(2006)

* 可行的最低浓度

** 更新显示没有苯胺数据，因此该值仍然被认为是有效的

除了上述OELs之外，以下国家还确定了生物阈值限值：如EU：生物限值(BLV)：30 mg/L，以每升尿中对氨基苯酚的毫克为标准，暴露结束后或换班后0～2小时为标准(SCOEL，2010)；德国：以下BAT值(职业暴露的生物耐受值)，定义为一种化学物质或其代谢产物的最大容许量，或这些物质在暴露的人体中所诱导的生物参数的最大允许偏差，建立了DFG(2015)，BAUA(2013)，分别为BAT = 500 μg/L衡量μg苯胺(水解)每升的尿液，对长期暴露量的测量：经过数变化；BLW = 100 μg/L衡量μg苯胺(从苯胺-血红蛋白结合物中释放)；西班牙：生物限值(BLV)：30 mg/L，以每升尿中对氨基苯酚的毫克为标准，暴露结束后或经过数个变化后0～2小时为标准；美国：测定尿中对氨基酚的生物暴露指数(BEI)为50 mg/L由ACGIH(2013)建立的；根据Drexler和Greim(2008)的研究，德国研究基金会的参议院化合物健康危害调查委员会(MAK Commission)也考虑了轮班后血样中5%-hb的限制，但没有正式确定BAT值。

N,N-二甲基苯胺

1. 理化性质

CAS号：121-69-7	外观与性状：黄色油状液体
熔点/凝固点(℃)：2.5	*n*-辛醇/水分配系数：2.3
沸点(℃)：192～194	溶解性：溶于乙醇、氯仿、乙醚、丙酮、苯等有机溶剂
闪点(℃)：62(闭杯)	爆炸上限[%(V/V)]：7
爆炸下限[%(V/V)]：1	相对蒸气密度(空气=1)：4.2
相对密度(水=1)：0.96(20/4℃)	分子量：121.18

2. 用途与接触机会

又名N,N-二甲苯胺，有刺激臭味。可用于制造香料、农药、染料、炸药等。为重要的染料中间体，用作分析试剂。在医药工业中，该品可用于制造头孢菌素V、磺胺-b-甲氧嘧啶、磺胺邻二甲氧嘧啶、氟胞嘧啶等。还可作为溶剂、橡胶硫化促进剂、炸药及某些有机中间体的原料。

在香料工业中可用于制造香兰素等。它也用于制备碱性三苯甲烷染料、偶氮染料和香草醛等。其次，它可用作环氧树脂、聚酯树脂及厌氧胶的固化促进剂，使厌氧胶快速固化。N,N-二甲基苯胺还用作溶剂，并用于有机合成。除此之外还可用作染料中间体、稳定剂、分析试剂。

3. 毒性与中毒机理

本品大鼠经口LD_{50}：951 mg/kg；兔经皮LD_{50}：1 770 mg/kg。刺激性：家兔经皮开放性刺激试验：10 mg/24 h，轻度刺激。其健康危害GHS分类为：急性毒性—经口，类别3；急性毒性—经皮，类别3；急性毒性—吸入，类别3。

IARC致癌性分类为3类。

中毒机理：与苯胺相似，但中枢神经系统的抑制可能更为显著。是强烈的高铁血红蛋白形成

剂，有溶血作用。经皮吸收会产生高铁血红蛋白血症。皮肤接触可发生溃疡。长期大量接触也可致肝损害。

4. 风险评估

美国ACGIH规定：TLV－TWA为5 mg/L，TLV－STEL为10 mg/L(经皮)。

对水生物有毒，且有长期持续影响，其环境危害GHS分类为：危害水生环境—急性危害，类别2；危害水生环境—长期危害，类别2。

4－氨基－N，N－二甲基苯胺

1. 理化性质

CAS号：99－98－9	外观与性状：红紫色晶体
分子量：136.22	溶解性：极易溶于乙醇、乙醚、苯；溶于水、氯仿

2. 用途与接触机会

又名二甲基对苯二胺，可用于染料、农药和显影剂的生产；用于检测丙酮、尿酸、金属盐、硫化氢、过氧化氢等的试剂；可作为水中氯胺素检测分析试剂。

3. 毒性

对皮肤和眼睛有刺激作用，其蒸气被人体吸入会导致中毒。大鼠经口LD_{50}：50 mg/kg。其健康危害GHS分类为：急性毒性—经口，类别3；急性毒性—经皮，类别3；急性毒性—吸入，类别3。

草酸－4－氨基－N，N－二甲基苯胺

1. 理化性质

CAS号：24631－29－6	外观与性状：白色结晶粉末
沸点(℃)：262	饱和蒸气压(kPa)：$1.489\,6\times10^{-3}$
闪点(℃)：88.6	分子量：226.229 2

2. 毒性

又名N，N－二甲基对苯二胺草酸盐。本品小鼠经口LD_{50}：25 mg/kg，健康危害GHS分类为：急性毒性—经口，类别3；急性毒性—经皮，类别3；急性毒性—吸入，类别3；特异性靶器官毒性—反复接触，类别2。

N－乙基苯胺

1. 理化性质

CAS号：103－69－5	外观与性状：无色液体
pH值：5.6	临界温度(℃)：698.55
熔点(℃)：－63	临界压力(MPa)：3.58
沸点(℃)：205	自燃温度(℃)：480
爆炸上限[%(V/V)]：9.5	爆炸下限[%(V/V)]：1.6
相对蒸气密度(空气＝1)：4.2	溶解性：溶于水、酒精和有机溶剂；极易溶于丙酮
分子量：121.18	闪点(℃)：85(开杯)

2. 用途与接触机会

本品可用于有机合成；作为爆炸性稳定剂，作为环状中间体的染料制造；用于制造燃染料和稳定剂的原料。

3. 毒性

N－乙基苯胺具有高度毒性，可通过皮肤、呼吸道吸入，吸入后会导致嘴唇发青或指甲发青，皮肤发青，意识模糊，惊厥，头晕，头痛，恶心，神志不清。除此之外过度接触会引起反应分离。大鼠经皮LD_{50}：4 700 mg/kg，大鼠吸入$LC_{50}>1\,130\ mg/(m^3\cdot 4\ h)$。健康危害GHS分类为：急性毒性—经口，类别3；急性毒性—经皮，类别3；急性毒性—吸入，类别3；特异性靶器官毒性—反复接触，类别2。

4. 风险评估

对水生物有毒，且有长期持续影响，其环境危害GHS分类为：危害水生环境—急性危害，类别2；危害水生环境—长期危害，类别2。

N,N-二乙基苯胺

1. 理化性质

CAS 号：91-66-7	外观与性状：无色至黄色液体
熔点/凝固点(℃)：−38	自燃温度(℃)：630
沸点(℃)：216.3	*n*-辛醇/水分配系数：3.31
闪点(℃)：79(闭杯)	密度(g/cm³)：0.94(20/4℃)
相对密度(水=1)：0.93	溶解性：溶于酒精、丙酮；微溶于氯仿和乙醚
相对蒸气密度(空气=1)：5.1	分子量：149.24

2. 用途与接触机会

本品可用于药物合成；用于制造染料、中间体和其他有机合成。

3. 毒性

毒性小于苯胺，易经无损皮肤吸收，同时应严防蒸气吸入。在氧化代谢过程中，以N-二甲基苯胺为例，更大比例的二乙基苯胺被释放，而不是形成一个N-氧化物。大鼠吸入 LC_{50}：1 920 mg/(m³·4 h)。

健康危害 GHS 分类为：急性毒性—经口，类别3；急性毒性—经皮，类别3；急性毒性—吸入，类别3；特异性靶器官毒性—反复接触，类别2。

4. 风险评估

本品对水生生物有毒并具有长期持续影响，其环境危害 GHS 分类为：危害水生环境—急性危害，类别2；危害水生环境—长期危害，类别2。

对甲苯胺

1. 理化性质

CAS 号：106-49-0	外观与性状：无色薄片，有芳香气味
熔点/凝固点(℃)：44～45	临界温度(℃)：394
沸点(℃)：200	临界压力(MPa)：2.4
闪点(℃)：87(闭杯)	自燃温度(℃)：480
爆炸上限[%(V/V)]：6.6	爆炸下限[%(V/V)]：1.1
密度(g/cm³)：0.961 9(20℃)	*n*-辛醇/水分配系数：1.39
相对密度(水=1)：1.05	溶解性：极易溶于乙醇；溶于乙醚、丙酮、四氯化碳、甲醇等
相对蒸气密度(空气=1)：3.7	分子量：107.15

2. 用途与接触机会

又名4-氨基甲苯。本品专用于化学工艺中的中间体；少量用于制造间硝基对甲苯胺、乙酰乙酸酯-对甲苯胺等颜料生产中的中间体；用作农药和医药的中间体。

3. 毒性

对甲苯胺容易导致暴露人群的高铁血红蛋白血症和血尿；它引起小鼠肝脏肿瘤，但对大鼠无效。本品大鼠经口 LD_{50}：336 mg/kg，兔经皮 LD_{50}：890 mg/kg，鸟类经口 LD_{50}：42 mg/kg。健康危害 GHS 分类为：急性毒性—经口，类别3；急性毒性—经皮，类别3；急性毒性—吸入，类别3；严重眼损伤/眼刺激，类别2；皮肤致敏物，类别1。

4. 风险评估

美国 AVGIH 规定：TLV-TWA 为 9.6 mg/m³(经皮)；A3(确认的动物致癌物，但未知与人类相关性)。皮肤致敏剂，致癌物类别3B(德国，2009年)。

对水生物毒性极大，其环境危害 GHS 分类为危害水生环境—急性危害，类别1。

邻甲苯胺

1. 理化性质

CAS 号：95-53-4	外观与性状：无色液体，有芳香族气味。遇到空气和光变成浅红棕色
熔点/凝固点(℃)：−16(β形式)，24.4(α形式)	临界温度(℃)：421
沸点(℃)：200	临界压力(MPa)：3.75
闪点(℃)：85(闭杯)	自燃温度(℃)：480
爆炸上限[%(V/V)]：7.5	爆炸下限[%(V/V)]：1.5

(续表)

密度(g/cm³)：0.998 4(20℃)	*n*-辛醇/水分配系数：1.43
相对密度(水=1)：1.00	溶解性：易溶于稀酸；溶于乙醇、乙醚、四氯化碳
相对蒸气密度(空气=1)：3.7	分子量：107.153

2. 用途与接触机会

又名2-氨基甲苯。可用于制备偶氮染料、三苯甲烷染料；用作合成橡胶和橡胶硫化化学品，还用作药物和农药的中间体；主要用途适用于制备6-乙基邻甲苯胺，这是制造两种非常大量除草剂异丙甲草胺和乙草胺的中间体；用作纺织印花染料，用作硫化促进剂；次要用途是作为有机合成中的中间体，并作为葡萄糖分析临床实验室试剂中的成分。

3. 毒性

大鼠经口 LD_{50}：520 mg/kg；兔经皮肤 LD_{50}：3.25 ml/kg；大鼠经吸入 LC_{50}：4 124 mg/(m³·4 h)。健康危害GHS分类为：急性毒性—经口，类别3；急性毒性—吸入，类别3；严重眼损伤/眼刺激，类别2；致癌性，类别1A。

4. 风险评估

IARC致癌性分类为Ⅰ。美国ACGIH规定：TLV-TWA为2 mg/L(经皮)，A3(确认的动物致癌物，但未知与人类相关性)。致癌物类别1，致生殖细胞突变物类别3(德国，2009年)。

对水生物毒性极大，且有长期持续影响，其环境危害GHS分类为：危害水生环境—急性危害，类别1，危害水生环境—长期危害，类别2。

间甲苯胺

1. 理化性质

CAS号：108-44-1	外观与性状：无色油状黏性液体
熔点/凝固点(℃)：−30	临界压力(MPa)：4.15
沸点(℃)：203	自燃温度(℃)：480
闪点(℃)：85(闭杯)	爆炸下限[%(V/V)]：1.1
爆炸上限[%(V/V)]：6.6	燃烧热(kJ/mol)：−4 035.0

(续表)

饱和蒸气压(kPa)：0.13(41℃)	相对蒸气密度(空气=1)：3.7
相对密度(水=1)：0.99	*n*-辛醇/水分配系数：1.40 溶解性：微溶于水；溶于醇、醚、稀酸
分子量：107.15	

2. 用途与接触机会

又名3-甲基苯胺，可用作聚酯树脂的溶剂，聚氨基甲酸乙酯泡沫塑料的添加剂，金属的防腐剂等。也用作偶氮染料的原料，同时可用作制造还原染料的中间体。

3. 毒性

M-甲苯胺在暴露人群中引起血红蛋白血症，相关研究表明在动物体内即使是高剂量也不致癌。大鼠经口 LD_{50}：450 mg/kg；兔经皮 LD_{50}：3 250 mg/kg。健康危害GHS分类为：急性毒性—经口，类别3；急性毒性—经皮，类别3；急性毒性—吸入，类别3；特异性靶器官毒性—反复接触，类别2。

4. 风险评估

美国ACGIH规定：TLV-TWA为2 mg/L(经皮)，A4(不能分类为人类致癌物)。

对水生物毒性极大，且有长期持续影响，其环境危害GHS分类为：危害水生环境—急性危害，类别1，危害水生环境—长期危害，类别2。

N-甲基苯胺

1. 理化性质

CAS号：100-61-8	外观与性状：无色或浅黄色油状液体
熔点/凝固点(℃)：−57	临界温度(℃)：428
沸点(℃)：194～196	密度(g/cm³)：0.989(20℃/4℃)
闪点(℃)：79.5(闭杯)	相对密度(水=1)：0.99
相对蒸气密度(空气=1)：3.7	*n*-辛醇/水分配系数：1.7
分子量：107.15	溶解性：溶解于乙醇、乙醚、四氯化碳

2. 用途与接触机会

又名胺基甲苯，主要用作染料中间体；用作有机合成的中间体、酸吸收剂和溶剂；也用作有机反应溶剂和氮氧化物。

3. 毒性

健康危害 GHS 分类为：急性毒性—经口，类别 3；急性毒性—经皮，类别 3；急性毒性—吸入，类别 3；特异性靶器官毒性—反复接触，类别 2。同时有明显的蓄积效应；可形成高铁血红蛋白，造成组织缺氧；引起中枢神经系统及肝、肾损害。急性中毒表现为口唇、指端、耳廓发绀，出现恶心、呕吐、手指麻木、精神恍惚；重者皮肤、黏膜严重青紫，出现呼吸困难、抽搐等，甚至昏迷、休克。可出现溶血性黄疸、中毒性肝炎和肾损害。慢性中毒：患者有神经衰弱综合征表现，伴有轻度发绀、贫血和肝脾肿大。

4. 风险评估

美国 ACGIH 规定：TLV - TWA 为 0.5 mg/L(经皮)。MAC 为 0.5 mg/L，2.2 mg/m^3(皮肤吸收)，最高限值种类 II(2)，妊娠风险等级 D(德国，2007 年)。

对水生物毒性极大，且有长期持续影响，其环境危害 GHS 分类为：危害水生环境—急性危害，类别 1，危害水生环境—长期危害，类别 1。

间甲氧基苯胺

1. 理化性质

CAS 号：536 - 90 - 3	外观与性状：淡黄色油状液体
熔点/凝固点(℃)：-1	自燃温度(℃)：515
沸点(℃)：251	闪点(℃)：>112
密度(g/cm^3)：1.1	n-辛醇/水分配系数：0.93
相对密度(水=1)：1.10	溶解性：微溶于四氯化碳；溶于乙醇、乙烯、丙酮、苯
分子量：123.15	

2. 用途与接触机会

又名间氨基苯甲醚。本品可用于制造偶氮染料或染料的中间体；用作药物或纺织加工化学品。

3. 毒性

鹌鹑经口 LD_{50}：562 mg/kg。健康危害 GHS 分类为生殖细胞致突变性，类别 2。

4. 风险评估

本品对水生生物有毒并具有长期持续影响，其环境危害 GHS 分类为：危害水生环境—急性危害，类别 2；危害水生环境—长期危害，类别 2。

对甲氧基苯胺

1. 理化性质

CAS 号：104 - 94 - 9	外观与性状：无色至棕色晶体
熔点/凝固点(℃)：57	沸点(℃)：243
闪点(℃)：122	自燃温度(℃)：515
密度(g/cm^3)：1.07	n-辛醇/水分配系数：0.95
相对密度(水=1)：1.09	溶解性：极易溶于乙醚、乙醇；溶于丙酮、苯
相对蒸气密度(空气=1)：4.3	分子量：123.15

2. 用途与接触机会

又名对氨基茴香醚。本品可用作染料和医药中间体，主要用于染料工业，制取冰染染料和偶氮染料。也可用作测定高铁的络合指示剂，也用于有机合成。

3. 毒性

对甲氧基苯胺的毒性不大，大鼠经口 LD_{50}：1 320 mg/kg；小鼠经口 LD_{50}：11 400 mg/kg；大鼠经皮 LD_{50}：3 200 mg/kg；兔经口 LD_{50}：2 900 mg/kg。当在饮食中喂食(如盐酸盐)，浓度为 5 000 或 10 000 mg/kg，当 103 周时，小鼠在体内表现出一些抑郁症、体重增加但肿瘤发病率没有增加的情况。在 3 000 或 6 000 mg/kg 经饮食中喂食，虽然大鼠的肿瘤发病率没有增加体重增加，但也受到抑制。值得注意的是沙门氏菌致突变试验测试呈阳性。健康危害 GHS 分类为：特异性靶器官毒性——次接触，类别 1；特异性靶器官毒性—反复接触，类别 1。

4. 风险评估

美国 ACGIH 规定：TLV - TWA 为 0.5 mg/L

(经皮),A4(不能分类为人类致癌物)。皮肤吸收致癌物类别 3B(德国,2008 年)。

对水生物毒性极大,其环境危害 GHS 分类为危害水生环境—急性危害,类别 1。

邻乙氧基苯胺

1. 理化性质

CAS 号:94-70-2	外观与性状:深红色液体
沸点(℃):231~233	闪点(℃):80
分子量:137.18	熔点/凝固点(℃):<-4

2. 毒性

又名 2-氨基苯乙醚。该化合物及其蒸气可能会刺激眼睛、皮肤和黏膜。健康危害 GHS 分类为:急性毒性—经口,类别 3;急性毒性—经皮,类别 3;急性毒性—吸入,类别 3;特异性靶器官毒性—反复接触,类别 2。

间乙氧基苯胺

1. 理化性质

CAS 号:621-33-0	闪点(℃):235
沸点(℃):248	分子量:137.18

2. 毒性

又名 3-氨基苯乙醚。当加热分解时,该化合物会释放有毒烟雾。本品健康危害 GHS 分类为:急性毒性—经口,类别 3;急性毒性—经皮,类别 3;急性毒性—吸入,类别 3;特异性靶器官毒性—反复接触,类别 2。

对乙氧基苯胺

1. 理化性质

(续表)

CAS 号:156-43-4	外观与性状:无色油状液体
沸点(℃):253~255	闪点(℃):120(闭杯)
自燃温度(℃):425	熔点/凝固点(℃):2.4
密度(g/cm^3):1.065(25℃)	n-辛醇/水分配系数:1.24
相对蒸气密度(空气=1):4.7	溶解性:不溶于水而溶于醇及乙醚
分子量:137.18	

2. 用途与接触机会

又名胺苯乙醚。本品可用作医药和染料中间体,医药工业用于制取非那西汀,安痨息,利凡诺等药品,染料工业用于制取酸性染料,饲料工业中用作制取抗氧化剂,橡胶工业用于制取橡胶防老剂等。

3. 毒性与中毒

大鼠经口 LD_{50}:为 540 mg/kg,兔经皮 LD_{50}:为 540 mg/kg。健康危害 GHS 分类为:严重眼损伤/眼刺激,类别 2;急性毒性—吸入,类别 3;皮肤致敏物,类别 1,和生殖细胞致突变性,类别 2。

4. 风险评估

对水生物有毒,其环境危害 GHS 分类为危害水生环境—急性危害,类别 2。

邻硝基苯胂酸

1. 理化性质

CAS 号:5410-29-7	闪点(℃):85
熔点/凝固点(℃):225	沸点(℃):542.2
分子量:247.04	

2. 毒性

又名(2-硝基苯基)胂酸。本品健康危害 GHS 分类为:急性毒性—经口,类别 3;急性毒性—吸入,类别 3。

3. 风险评估

本品对水生生物毒性极大并具有长期持续影响,其环境危害 GHS 分类为:危害水生环境—急性危害,类别 1;危害水生环境—长期危害,类别 1。

间硝基苯胂酸

1. 理化性质

CAS号：618-07-5	闪点(℃)：238.2

2. 毒性

本品健康危害GHS分类为：急性毒性—经口，类别3；急性毒性—吸入，类别3。

3. 风险评估

本品对水生生物毒性极大并具有长期持续影响，其环境危害GHS分类为：危害水生环境—急性危害，类别1；危害水生环境—长期危害，类别1。

对硝基苯胂酸

1. 理化性质

CAS号：98-72-6	分子量：247.04
沸点(℃)：540.9	

2. 毒性

本品小鼠静脉注射染毒 LD_{50}：18 mg/kg。健康危害GHS分类为：急性毒性—经口，类别3；急性毒性—吸入，类别3。

3. 风险评估

本品对水生生物毒性极大并具有长期持续影响，其环境危害GHS分类为：危害水生环境—急性危害，类别1；危害水生环境—长期危害，类别1。

二 甲 苯 胺

1. 理化性质

(1) 2,3-二甲基苯胺

CAS号：87-59-2	外观与性状：淡黄色液体，有特殊气味
熔点/凝固点(℃)：<−15	自燃温度(℃)：545

(续表)

沸点(℃)：221.5	爆炸下限[%(V/V)]：1
闪点(℃)：96(闭杯)	*n*-辛醇/水分配系数：2.17
爆炸上限[%(V/V)]：2.7	溶解性：溶于氧化溶剂；溶于乙醇、乙醚、四氯化碳；稍微溶于水
相对密度(水=1)：0.99	分子量：121.18

(2) 2,4-二甲基苯胺

CAS号：95-68-1	外观与性状：无色至棕褐色，油状液体
pH值：7.5	自燃温度(℃)：520
熔点/凝固点(℃)：−14.3	爆炸下限[%(V/V)]：1.1
沸点(℃)：214	爆炸上限[%(V/V)]：7.0
闪点(℃)：90	分子量：121.18
相对密度(水=1)：0.97	*n*-辛醇/水分配系数：1.68
相对蒸气密度(空气=1)：4.19	溶解性：溶于乙醇、乙醚、苯和有机溶剂；微溶于水

(3) 2,5-二甲基苯胺

CAS号：95-78-3	外观与性状：淡黄色至橙色液体，有特殊气味
熔点/凝固点(℃)：15.5	自燃温度(℃)：520
沸点(℃)：214	闪点(℃)：93
相对密度(水=1)：0.98	*n*-辛醇/水分配系数：1.83
相对蒸气密度(空气=1)：4.19	溶解性：溶于乙醚，四氯化碳和氧化溶剂
分子量：121.18	

(4) 2,6-二甲基苯胺

CAS号：87-62-7	外观与性状：黄色液体
熔点/凝固点(℃)：11.2	自燃温度(℃)：520
沸点(℃)：215	闪点(℃)：91
爆炸上限[%(V/V)]：6.9	爆炸下限[%(V/V)]：1.3
相对密度(水=1)：0.98	*n*-辛醇/水分配系数：1.84
相对蒸气密度(空气=1)：4.2	溶解性：极易溶于乙醇、乙醚；溶于含氧芬香族溶剂
分子量：121.18	

(5) 3,4-二甲基苯胺

CAS 号：95-64-7	外观与性状：白色各种形态固体
熔点/凝固点(℃)：51	沸点(℃)：228
闪点(℃)：98	自燃温度(℃)：580
相对密度(水=1)：1.07	n-辛醇/水分配系数：1.84
相对蒸气密度(空气=1)：4.19	溶解性：极易溶于石油英；溶于乙醚、石油醚；微溶于氯仿和水
分子量：121.18	

(6) 3,5-二甲基苯胺

CAS 号：108-69-0	外观与性状：淡黄色液体
熔点/凝固点(℃)：9.8	自燃温度(℃)：590
沸点(℃)：220	闪点(℃)：93
相对密度(水=1)：0.97	相对蒸气密度(空气=1)：4.19
分子量：121.18	溶解性：溶于乙醚、四氯化碳；微溶于水

2. 用途与接触机会

2,3-二甲基苯胺可用作化妆品的中间体，用作合成甲芬那酸的化学中间体

2,4-二甲基苯胺可用作农药和药物的中间体，用作合成乙酰乙酰-2,4-二甲苯胺的化学中间体；同时可用作合成酸橙 24、酸性红 26、双甲脒、3-羟基-2-萘 2′l、4′-二甲基苯胺、伏草胺、溶剂橙 7；也用作摄影化学品和染料的中间体；还可用作直接紫 14 的化学中间体。

2,5-二甲基苯胺可用于合成化学染料溶剂红 26、直接紫 7、直接黄 51、溶剂红 22，也用于制造对木酚。

2,6-二甲基苯胺可用作农药、药物、染料、抗氧化剂、合成树脂、香料等产品的化学中间体；用作苯菌灵、布比卡因、呋霜、利多卡因、利多氟嗪、甲哌卡因、甲霜灵、吡草胺、呋酰胺、恶霜灵、希帕胺等合成中的化学中间体。

3,4-二甲基苯胺可用作于合成核黄素的化学中间体。

3,5-二甲基苯胺可用作合成颜料红 149 的化学中间体。

3. 毒性

2,3-二甲基苯胺

本品小鼠经口 LD_{50}：836 mg/kg，LD_{50}：大鼠吸入 LC_{50}：240 mg/(m^3 · 6 h)。健康危害 GHS 分类为急性毒性—经皮，类别 3；特异性靶器官毒性-反复接触，类别 2

2,4-二甲基苯胺

本品 LD_{50}：大鼠经口 430 mg/kg，大鼠经皮 LD_{50}：>2 000 mg/kg，小鼠经口 LD_{50}：250 mg/kg。猫经静脉注射染毒，LD_{50}：30 mg/kg，几乎导致高铁血红蛋白水平比相同剂量的苯胺低 10 倍。大鼠反复经口 7 天的剂量会导致肝损伤。该化合物通过猫的皮肤吸收引起高铁血红蛋白血症和肝损伤。2,4 异构体在导致肝损伤和诱导 P450 蛋白质方面毒性最强。健康危害 GHS 分类为严重眼损伤/眼刺激，类别 2；特异性靶器官毒性——次接触，类别 1；特异性靶器官毒性—反复接触，类别 1。

2,5-二甲基苯胺

大鼠经口 LD_{50}：1 297 mg/kg，小鼠经口 LD_{50}：841 mg/kg。

2,5-二甲苯胺作为形成活性高铁血红蛋白的前体，但仍比苯胺其他异构体活性低很多。在饮食中给予(如盐酸盐)18 个月时，2,5-二甲苯胺在雄性大鼠中不致癌但重复剂量会造成肝损伤。根据类似的方法，雄性小鼠显示出血管肿瘤增加。大鼠将 2,5-二甲苯胺转化为 4-羟基-2,5-二甲基苯胺及少量其共轭物 4-甲基-2 和 3-氨基苯甲酸。口服剂量 200 mg/kg 会抑制雄性小鼠中睾丸 DNA 的合成。其健康危害 GHS 分类为：特异性靶器官毒性—反复接触，类别 2。

2,6-二甲基苯胺

本品大鼠经口 LD_{50}：840 mg/kg，小鼠经口 LD_{50}：710～750 mg/kg。

2,6-二甲苯胺形成活性高铁血红蛋白与 2,4-异构体相似。雄性大鼠在脾中给予 20 天 157 mg/kg 会发生含血黄素病。继续给药 30 天导致肝脏重量增加，但 P450 微粒体蛋白没有增加。在饮食中给予 CD 大鼠 2,6-二甲苯胺，剂量为 300，1 000 或 3 000 mg/L 两年后；获得雄性与雌性相同水平腺瘤、鼻腔癌、上皮下纤瘤和纤维肉瘤。大鼠中 2,6-二甲苯胺的主要代谢产物是 4-羟基-2,6-二甲基苯胺和 3-甲基-

2-氨基苯甲酸，动物酸是次要代谢物。其他代谢产物被初步确定在人肝切片中二甲苯胺是利多卡因的代谢物。IARC 致癌性分类为 2B。其健康危害 GHS 分类为皮肤腐蚀/刺激，类别 2；致癌性，类别 2；特异性靶器官毒性——一次接触，类别 3(呼吸道刺激)。

3,4-二甲基苯胺

大鼠经口 LD_{50}：707 mg/kg，大鼠吸入 LC_{50}：34 000 mg/(m^3 · 2 h)。其健康危害 GHS 分类为特异性靶器官毒性—反复接触，类别 2。

3,5-二甲基苯胺

大鼠经口 LD_{50}：421 mg/kg。其健康危害 GHS 分类为严重眼损伤/眼刺激，类别 2B；特异性靶器官毒性——一次接触，类别 1；特异性靶器官毒性—反复接触，类别 2。

4. 风险评估

致癌物类别 3A(德国，2006 年)。

上述化学品对水生生物有毒并具有长期持续影响，其环境危害 GHS 分类为：危害水生环境—急性危害，类别 2；危害水生环境—长期危害，类别 2。

二甲基苯胺异构体混合物

1. 理化性质

CAS 号：1300-73-8	外观与性状：淡黄色至棕色液体
沸点(℃)：216～228	自燃温度(℃)：520～590
闪点(℃)：90～98(闭杯)	爆炸下限[%(V/V)]：1
爆炸上限[%(V/V)]：2.7	相对蒸气密度(空气=1)：4.2
相对密度(水=1)：0.97～1.07	*n*-辛醇/水分配系数：1.8～2.2(估计值)
分子量：121.2	

2. 用途与接触机会

二甲基苯胺混合异构体主要包含的是 2,4/-2,5/-2,6-异构体。主要用于制造染料，药物和其他化合物。本类化学品可通过呼吸道吸入、经皮肤和经口吸收。

3. 毒性

二甲基苯胺通过皮肤吸收，可引起高铁血红蛋白血症，但在这方面它比苯胺活性低。不同异构体的毒性以及代谢模式存在物种差异。本品健康危害 GHS 分类为：急性毒性—吸入，类别 2；严重眼损伤/眼刺激，类别 2；特异性靶器官毒性——一次接触，类别 2；特异性靶器官毒性—反复接触，类别 2。

4. 风险评估

美国 ACGIH 规定：TLV-TWA 为 0.5 mg/L(经皮)，A3(确认的动物致癌物，但未知与人类相关性)。致癌物类别 3A(德国，2006 年)。

对水生生物有毒并具有长期持续影响，其环境危害 GHS 分类为：危害水生环境—急性危害，类别 2；危害水生环境—长期危害，类别 2。

5-氯-邻甲苯胺

1. 理化性质

CAS 号：95-79-4	外观与性状：灰白色固体
熔点/凝固点(℃)：26	*n*-辛醇/水分配系数：2.58
沸点(℃)：237	溶解性：溶于热酒精；易溶于乙醚等有机溶
分子量：141.6	

2. 用途与接触机会

又名 5-氯-2-甲基苯胺。本品可用作合成有机染料，用于棉花、丝绸、尼龙等染色，也用于制作化学染料：颜料红、颜料黄和色酚。

3. 毒性

当给大鼠和小鼠饲喂该化合物长达两年时，该化合物在大鼠中是不致癌的，但是它对雄性和雌性小鼠有致癌性。大鼠经口 LD_{50}：64 mg/kg。

4. 风险评估

本品对水生生物毒性极大并具有长期持续影响，其环境危害 GHS 分类为：危害水生环境—急性危害，类别 1；危害水生环境—长期危害，类别 1。

对 氯 苯 胺

1. 理化性质

CAS 号：106－47－8	外观与性状：无色至黄色晶体
pH 值：7.4	熔点/凝固点(℃)：69～72.5
沸点(℃)：232	自燃温度(℃)：685
闪点(℃)：120～123(开杯)	相对密度(水＝1)：1.4
相对蒸气密度(空气＝1)：4.4	*n*－辛醇/水分配系数：1.8
分子量：127.57	溶解性：溶于乙醇、乙醚、丙酮、二硫化碳等

2. 用途与接触机会

又名 4－氯苯胺。本品可用作染料化学中间体，如还原红、颜料绿；用作农药和药品；用作化学中间体偶氮联剂 5 和 8。

该物质可通过呼吸道吸入，经皮肤和经口吸收。

3. 毒性

4－氯苯氨对肝脏和肾脏的毒性略低于 2－氯苯氨，但是在乙酰化时它具有更高的肾毒性潜力。大鼠经口 LD_{50}：300 mg/kg；小鼠经口 LD_{50}：100 mg/kg；兔子皮肤 LC_{50}：500 mg/24 h；小鼠经呼吸道 240 mg/(m^3 · 4 h)。本品健康危害 GHS 分类为：急性毒性—经口，类别 3；急性毒性—经皮，类别 3；急性毒性—吸入，类别 3；皮肤致敏物，类别 1；致癌性，类别 2。

4. 风险评估

本品对水生生物毒性极大并具有长期持续影响，其环境危害 GHS 分类为：危害水生环境—急性危害，类别 1；危害水生环境—长期危害，类别 1。

邻 氯 苯 胺

1. 理化性质

CAS 号：95－51－2	外观与性状：无色至黄色液体，遇空气时变暗
熔点(℃)：－2	沸点(℃)：209
闪点(℃)：98	自燃温度(℃)：＞500
密度(g/cm^3)：1.213(20/4℃)	*n*－辛醇/水分配系数：1.92
相对蒸气密度(空气＝1)：4.41	溶解性：溶于酸和大多数有机溶剂；可溶于乙醇、乙醚、苯和丙酮
分子量：127.57	

2. 用途与接触机会

该物质可通过呼吸道吸入，经皮和经口吸收。可用作橡胶化学品、颜料、农药和染料的中间体；还可用作比色仪标准以及制造石油溶剂、杀真菌剂。

3. 毒性

本品小鼠经口 LD_{50}：256 g/kg；鼠经皮肤接触 LD_{50}：222 mg/kg；猫经呼吸道 LC_{50}：797 mg/(L · 4 h)；容易被皮肤吸收，具有溶血作用。能损害肝脏和肾脏，引起膀胱癌。中毒症状和苯胺相似。2－氯苯氨是异构氯代苯胺中对大鼠肾毒性和肝毒性毒性作用最大的。相反，当氯苯氨被乙酰化时，毒性大大降低，2－氯-乙酰苯胺是异构体中毒性最低的。健康危害 GHS 分类为：急性毒性-经皮，类别 3；严重眼损伤/眼刺激，类别 2B；生殖细胞致突变性，类别 2；生殖毒性，类别 2。

4. 风险评估

本品对水生生物毒性极大并具有长期持续影响，其环境危害 GHS 分类为：危害水生环境—急性危害，类别 1；危害水生环境—长期危害，类别 1。

间 氯 苯 胺

1. 理化性质

CAS 号：108－42－9	外观与性状：淡黄色液体
熔点/凝固点(℃)：－10	引燃温度(℃)：＞540
沸点(℃)：230(分解)	闪点(℃)：118(闭杯)
相对密度(水＝1)：1.216	*n*－辛醇/水分配系数：1.9
相对蒸气密度(空气＝1)：4.4	溶解性：不溶于水，溶于多数有机溶剂

2. 用途与接触机会

又名 3 -氯苯胺。本品是除草剂氯苯胺灵的中间体，也是医药利尿降压药双氢氯噻嗪的中间体，并可用于生产偶氮染料。其盐酸盐为冰染料色基，用于棉、麻、粘胶织物的染色和印花的显影剂，在医药上可制抗精神病药物盐酸氯丙嗪及奋乃静等。

该物质可通过呼吸道吸入，经皮和经口吸收。

3. 毒性

大鼠经口 LD_{50} (mg/kg)：256；小鼠经口 LD_{50} (mg/kg)：334；大鼠吸入 LC_{50} (mg/m^3)：500(4 h)；小鼠吸入 LC_{50} (mg/m^3)：550(4 h)。健康危害 GHS 分类为严重眼损伤/眼刺激，类别 2；急性毒性—经皮，类别 3；急性毒性—吸入，类别 3。

4. 风险评估

可能皮肤致敏(德国，2004 年)。

本品对水生生物毒性极大并具有长期持续影响，其环境危害 GHS 分类为：危害水生环境—急性危害，类别 1；危害水生环境—长期危害，类别 1。

二 氯 苯 胺

1. 理化性质

(1) 2,3 -二氯苯胺

CAS 号：608 - 27 - 5	外观与性状：无色晶体或液体
熔点/凝固点(℃)：24	沸点(℃)：252
闪点(℃)：112(闭杯)	*n* -辛醇/水分配系数：2.78
相对密度(水=1)：1.383	溶解性：溶于乙醇、丙酮；微溶于石油醚、苯甲醚；不溶于水
相对蒸气密度(空气=1)：5.6	分子量：162

(2) 2,4 -二氯苯胺

CAS 号：554 - 00 - 7	外观与性状：无色晶体，有特殊气味
熔点/凝固点(℃)：63～64	闪点(℃)：115
沸点(℃)：245	密度(g/cm^3)：1.57
相对蒸气密度(空气=1)：5.6	*n* -辛醇/水分配系数：2.91
分子量：162	溶解性：微溶于水、乙醇和乙醚

(3) 2,5 -二氯苯胺

CAS 号：95 - 82 - 9	外观与性状：无色至棕色针状晶体或薄片状
熔点/凝固点(℃)：50	闪点(℃)：139(闭杯)
沸点(℃)：251	自燃温度(℃)：540
密度(g/cm^3)：1.54	*n* -辛醇/水分配系数：2.75
相对蒸气密度(空气=1)：5.6	溶解性：溶于热酒精，不溶于水
分子量：162	

(4) 2,6 -二氯苯胺

CAS 号：608 - 31 - 1	外观与性状：无色晶体
熔点/凝固点(℃)：39	闪点(℃)：112
相对蒸气密度(空气=1)：5.6	溶解性：溶于乙醇、乙醚等多数有机溶剂
分子量：162	

(5) 3,4 -二氯苯胺

CAS 号：95 - 76 - 1	外观与性状：浅棕色晶体
熔点/凝固点(℃)：72	闪点(℃)：166(开杯)
沸点(℃)：272	自燃温度(℃)：269
爆炸上限[%(V/V)]：7.2	爆炸下限[%(V/V)]：2.8
密度(g/cm^3)：1.57	*n* -辛醇/水分配系数：2.69 溶解性：极易溶于酒精、乙醚；微溶于苯
相对蒸气密度(空气=1)：5.6	分子量：162

(6) 3,5 -二氯苯胺

CAS 号：626 - 43 - 7	外观与性状：白色至淡黄色针状结晶
熔点/凝固点(℃)：51～53	闪点(℃)：133
沸点(℃)：260	*n* -辛醇/水分配系数：2.90
分子量：162	溶解性：溶于乙醇、乙醚、苯、氯仿

2. 用途与接触机会

该类物质可通过呼吸道吸入、经皮和经口吸收。2,3-二氯苯胺可用作制造染料、农药和药品。2,4-二氯苯胺可用于制作化学染料颜料黄16;用作实验室试剂;还可用作农药中间体。2,5-二氯苯胺可用作染料中间体;还可用于处理染色纤维,在染料耗尽后通过与直接染料偶联使其变色更快。2,6-二氯苯胺可用作研究化学品。还用于制造染料、农药和药品。3,4-二氯苯胺可用作染料和农药的化学中间体。3,5-二氯苯胺可用于生产农药、染料和药品;用于乙烯菌核利杀菌剂和异菌脲杀真菌剂的化学中间体;用于有机合成的化学中间体;

3. 毒性

2,3-二氯苯胺健康危害GHS分类为:皮肤腐蚀/刺激,类别2;急性毒性—经口,类别3;急性毒性—经皮,类别3;急性毒性—吸入,类别3和特异性靶器官毒性—反复接触,类别2。

2,6-二氯苯胺健康危害GHS分类为:急性毒性—经口,类别3;急性毒性—经皮,类别3;急性毒性—吸入,类别3。

3,4-二氯苯胺健康危害GHS分类为:严重眼损伤/眼刺激,类别1;急性毒性—经口,类别3;急性毒性—经皮,类别3;急性毒性—吸入,类别3;皮肤致敏物,类别1。

3,5-二氯苯胺健康危害GHS分类为:急性毒性—经口,类别3;急性毒性—经皮,类别3;急性毒性—吸入,类别3;特异性靶器官毒性——次接触,类别2。

4. 风险评估

2,5-二氯苯胺和3,4-二氯苯胺为皮肤致敏剂。2,3-二氯苯胺对水生生物毒性极大并具有长期持续影响,其环境危害GHS分类为:危害水生环境—急性危害,类别1;危害水生环境—长期危害,类别1。

2,4-二溴苯胺

1. 理化性质

(续表)

CAS号:615-57-6	外观与性状:无色长针状晶体
熔点/凝固点(℃):87~88	溶解性:易溶于氯仿、苯、乙醚、乙醇
沸点(℃):156(3.2 kPa)	

2. 毒性

本品健康危害GHS分类为:急性毒性—经口,类别3;皮肤腐蚀/刺激,类别2;严重眼损伤/眼刺激,类别2;特异性靶器官毒性——次接触,类别3(呼吸道刺激)。

N-苄基-N-乙基苯胺

1. 理化性质

CAS号:92-59-1	外观与性状:浅黄色至棕色油状液体,有特殊气味
分解温度(℃):28℃下的轻质分解(94 kPa)	自燃温度(℃):点火温度低于500
熔点(℃):34	相对密度:1.034(19/4℃)
沸点(℃):313(分解)	折射率:1.593 8
闪点(℃):140	相对蒸气密度(空气=1):7.2
蒸气压(Pa):129(20℃)	辛醇/水分配系数的对数值:4.5
溶解性:不溶于水;溶于乙醇及其他有机溶剂	

2. 用途与接触机会

又名乙基苄基苯胺。主要用于制造染料。在合成和使用过程中会有较多机会接触该物质。

3. 毒性

本品健康危害GHS分类为:急性毒性-经口,类别3。

二 苯 胺

1. 理化性质

CAS号:122-39-4	外观与性状:无色晶体,有特殊气味
熔点(℃):53	自燃温度(℃):634
沸点(℃):302	表面张力(N/m):0.039 3

（续表）

闪点(℃)：153(闭杯)	n-辛醇/水分配系数：3.5
蒸气压力(kPa)：8.9×10^{-5}	燃烧热(J/kg)：-379×10^5
密度(g/cm^3)：1.2	溶解性：1克溶于2.2毫升的酒精，4毫升丙醇；自由溶于苯、乙醚、冰醋酸、二硫化碳
相对蒸气密度(空气=1)：5.8	

2. 用途与接触机会

又名氨基二苯，主要用于制造染料；作为工业抗氧化剂；杀菌剂、抗螨虫药。控制气候斑点病在烟草和抑制藻类形成，延长金鱼草清新的外观，保护水稻免受除草剂的毒性作用。

也可用于橡胶防老剂和促进剂，固体火箭推进剂、农药、染料、医药、苹果贮藏保鲜，稳定剂(甲醛共聚物稳定剂，聚烯烃、环氧树脂、聚氯乙烯等稳定剂聚氧乙烯)，硝化纤维素等等。

该物质可通过呼吸道吸入，经皮肤和经口吸收到体内。

3. 毒性

本品健康危害GHS分类为：急性毒性—经口，类别3；急性毒性—经皮，类别3；急性毒性—吸入，类别3；特异性靶器官毒性—反复接触，类别2。

豚鼠经口LD_{50}为300 mg/kg；大鼠经口LD_{50}为1 165 mg/kg；小鼠经口LD_{50}：1 750 mg/kg。大鼠(雌，受精前)经口TDL_0为7 500 mg/kg

4. 风险评估

我国职业接触限值规定：PC-TWA为10 mg/m³。本品对水生生物毒性极大并具有长期持续影响，其环境危害GHS分类为：危害水生环境—急性危害，类别1；危害水生环境—长期危害，类别1。

4-氨基二苯胺

1. 理化性质

CAS号：101-54-2	外观与性状：紫色晶体粉末或针状
闪点(℃)：193	临界温度(℃)：593.9

（续表）

熔点(℃)：75	临界压力(Pa)：3.19×10^6
沸点(℃)：354	蒸气压(kPa)：0.76(20℃)
燃烧热(kJ/mol)：-6.29×10^9	蒸发热(kJ/mol)：9.26×10^7(25℃)
n-辛醇/水分配系数：2.4	密度(g/cm^3)：1.09
表面张力(N/m)：3.08×10^{-2}(25℃)	

2. 用途与接触机会

又名对氨基二苯胺。本品主要用于作为染料中间体、药物、偶氮染料、橡胶添加剂；还可用于染发剂中的氧化染料颜色。在生产和使用过程中有较多的接触机会。该物质可通过呼吸道吸入和经口吸收。

3. 毒性

对眼睛有刺激作用，可导致皮肤过敏。大鼠经口LD_{50}：336 mg/kg；小鼠经口LD_{50}：250 mg/kg；兔经皮LC_{50}：>5 000 mg/kg。

亚甲基双苯胺

1. 理化性质

CAS号：101-77-9	外观与性状：无色至淡黄色片状，有特殊气味，遇空气时变暗
pH值：弱碱	密度(g/cm^3)：1.070(103℃)
熔点(℃)：91.5～92	相对蒸气密度(空气=1)：6.8
沸点(℃)：398～399(102 kPa)	n-辛醇/水分配系数：1.55(25℃)
闪点(℃)：220(闭杯)	溶解性：在冷水中稍微溶解；溶于乙醚、苯、醚
蒸发热(kJ/mol)：95.4	蒸气压(Pa)：6(20℃)

2. 用途与接触机会

又名4,4′-二氨基二苯甲烷，主要作为聚氨酯泡沫制备的异氰酸酯和多异氰酸酯的化学中间体，氨纶纤维；作为环氧树脂和聚氨酯弹性体的固化剂；用于聚酰胺的生产；测定钨和硫酸盐，偶氮染料的制备；作为缓蚀剂。

在生产和使用过程中有较多的接触机会。该物质可通过吸入其气溶胶，经皮肤和经口吸收到体内。

3. 毒性

豚鼠经口 LD_{50}：260 mg/kg，大鼠经口 LD_{50}：517 mg/kg，小鼠经口 LD_{50}：264 mg/kg，兔经皮 LD_{50}：200 mg/kg。健康危害 GHS 分类为：皮肤致敏物，类别 1；生殖细胞致突变性，类别 2；致癌性，类别 2；特异性靶器官毒性——一次接触，类别 1；特异性靶器官毒性—反复接触，类别 2。

4. 风险评估

美国 ACGIH 规定：TLV - TWA 为 0.1 mg/L（经皮）。IARC 致癌性分类为 2B；可导致皮肤过敏。

本品对水生生物有毒并具有长期持续影响，其环境危害 GHS 分类为：危害水生环境—急性危害，类别 2；危害水生环境—长期危害，类别 2。

4,4′-二氨基-3,3′-二氯二苯基甲烷

1. 理化性质

CAS 号：101 - 14 - 4	外观与性状：无色晶体或浅棕色片状
熔点(℃)：110	

2. 用途与接触机会

又名亚甲基二氯苯胺，微有吸湿性。溶于酮和芳香烃。加热变黑色。用作浇注型聚氨酯橡胶的硫化剂、聚氨酯涂料和胶粘剂的交联剂，也可用于固化环氧树脂。液体莫卡可用于聚氨酯常温固化剂和喷涂聚脲固化剂。

在生产和使用过程中有较多的接触机会。该物质可通过呼吸道吸入其气溶胶、经皮肤和经口吸收到体内。

3. 毒性

大鼠经口 LD_{50}：1 140 mg/kg，行为毒性—共济失调，肺部、胸部或者呼吸毒性—发绀。大鼠经皮 LD_{50}：1 mg/kg，行为毒性—肌肉无力，肺部、胸部或者呼吸毒性—发绀，肾、输尿管和膀胱毒性—尿量增加。

本品 IARC 致癌性分类为 1。

4. 风险评估

本品对水生生物毒性极大并具有长期持续影响，其环境危害 GHS 分类为：危害水生环境—急性危害，类别 1；危害水生环境—长期危害，类别 1。

1,2-苯二胺

1. 理化性质

CAS 号：95 - 54 - 5	外观与性状：棕色至黄色晶体，遇光时变暗
熔点(℃)：103～104	饱和蒸气压(kPa)：0.001 3(20℃)
沸点(℃)：256～258	*n*-辛醇/水分配系数：0.15
闪点(℃)：156(闭杯)	溶解性：微溶于冷水；溶于热水
爆炸下限[%(V/V)]：1.5	相对蒸气密度(空气＝1)：3.73

2. 用途与接触机会

又名邻苯二胺。该物质可通过呼吸道吸入和经口吸收。

3. 毒性

1,2-二苯胺是 3 个同分异构体中致突变活性最高的，它也是唯一显示致癌活性的苯二胺。豚鼠经口 LD_{50}：360 mg/kg；大鼠经口 LD_{50}：442 mg/kg；小鼠经呼吸道 LC_{50}：3.6 mg/(L·4 h)；兔经皮 LD_{50}：820 mg/kg。本品健康危害 GHS 分类为：严重眼损伤/眼刺激，类别 2；急性毒性—经口，类别 3；皮肤致敏物，类别 1；生殖细胞致突变性，类别 2。

4. 风险评估

美国 ACGIH 规定：TLV - TWA 为 0.1 mg/m^3，A3(确认的动物致癌物，但未知与人类相关性)。皮肤致敏剂，过敏(德国，2002 年)。

本品对水生生物毒性极大并具有长期持续影响，其环境危害 GHS 分类为：危害水生环境—急性危害，类别 1；危害水生环境—长期危害，类别 1。

1,3-苯二胺

1. 理化性质

CAS号：108-45-2	外观与性状：白色晶体，遇空气时变红色
熔点(℃)：62～63	自燃温度(℃)：560
沸点(℃)：284～287	闪点(℃)：187(闭杯)
饱和蒸气压(Pa)：133(99.8℃)	n-辛醇/水分配系数：−0.33
密度(g/cm^3)：1.14	溶解性：溶于水、乙醚和乙醇
相对密度(水=1)：0.88	相对蒸气密度(空气=1)：3.7

2. 接触机会

又名间苯二胺。该物质可通过呼吸道吸入，经皮和经口吸收。

3. 毒性

本品大鼠经口 LD_{50}：280 mg/kg；虽然 1,3-苯二胺是一种增敏剂，但在动物实验中并不是致畸物或致癌物。它比植物系统中的 1,2-苯二胺异构体更少突变。

健康危害 GHS 分类为：严重眼损伤/眼刺激，类别 2；急性毒性—经口，类别 3；急性毒性—经皮，类别 3；急性毒性—吸入，类别 3；皮肤致敏物，类别 1 和生殖细胞致突变性，类别 2。

4. 风险评估

美国 ACGIH 规定：TLV-TWA 为 0.1 mg/m^3；皮肤致敏剂，致癌物类别 3B(德国，2009 年)。

本品对水生生物毒性极大并具有长期持续影响，其环境危害 GHS 分类为：危害水生环境—急性危害，类别 1；危害水生环境—长期危害，类别 1。

1,4-苯二胺

1. 理化性质

CAS号：106-50-3	外观与性状：白色至浅红色晶体，遇空气变暗
熔点(℃)：139～147	闪点(℃)：156(闭杯)
沸点(℃)：267	自燃温度(℃)：400
爆炸极限[%(V/V)]：1.5～9.8	蒸气压(Pa)：144(100℃)
相对蒸气密度(空气=1)：3.7	溶解性：溶于水、乙醇、乙醚、氯仿和苯
相对密度(水=1)：1.1	

2. 接触机会

又名乌尔丝 D。该物质可通过呼吸道吸入、经皮肤和经口吸收。

3. 毒性与中毒机理

1-4 苯二胺是一种增敏剂，对人体有毒性作用。对 1-4 苯二胺和衍生物的诱变性的研究发现，诱变和毒性与氧化电位没有相关性。另一项对大量 1-4 苯二胺衍生物的诱变性研究得出结论：1-4 苯二胺的诱变性取决于取代基和它们在分子中的位置。

大鼠经口 LD_{50}：80 mg/kg；大鼠经呼吸道 LC_{50}：920 mg/m^3/4 h。

本品健康危害 GHS 分类为：严重眼损伤/眼刺激，类别 2；急性毒性—经口，类别 3；急性毒性—经皮，类别 3；急性毒性—吸入，类别 3；皮肤致敏物，类别 1。

4. 风险评估

美国 ACGIH 规定：TLV-TWA 为 0.1 mg/m^3；A4(不能分类为人类致癌物)。最高容许浓度：0.1 mg/m^3(可吸入粉尘)，H(皮肤吸收)，致癌物类别 3B，妊娠风险等级 D(德国，2004 年)。

本品对水生生物毒性极大并具有长期持续影响，其环境危害 GHS 分类为：危害水生环境—急性危害，类别 1；危害水生环境—长期危害，类别 1。

2,4-甲苯二胺

1. 理化性质

CAS号：95-80-7	外观与性状：无色晶体，遇空气变暗
熔点(℃)：99	沸点(℃)：292
闪点(℃)：149	饱和蒸气压(kPa)：0.13(106.5℃)

（续表）

相对蒸气密度（空气＝1）：4.2	100℃时液体相对密度（水＝1）：1.045
n-辛醇/水分配系数：0.35	蒸气、空气混合物的相对密度（20℃，空气＝1）：1
溶解性：溶于水、醚、苯	

2. 用途与接触机会

又名2,4-二氨基甲苯。用作照相显影剂；用于制备甲苯异氰酸酯（主要用途），染料，冲击树脂，具有优异丝线涂布性能的聚酰亚胺，苯并咪唑硫醇（抗氧化剂），液压油，氨基甲酸酯泡沫和杀真菌剂稳定剂。

该物质可通过呼吸道吸入其气溶胶或蒸气（熔融状态时），经皮肤和经口吸收。

3. 毒性

本品健康危害GHS分类为：急性毒性—经口，类别3；皮肤致敏物，类别1；生殖细胞致突变性，类别2；致癌性，类别2；生殖毒性，类别2；特异性靶器官毒性—反复接触，类别2。

大鼠经口LD_{50}：590 mg/(kg・24 h)，兔经皮LD_{50}：650 mg/kg/24 h；大鼠经腹腔LD_{50}：325 mg/kg，小鼠经腹腔LD_{50}：480 mg/kg。

IARC致癌性分类为：2B。

4. 风险评估

本品对水生生物有毒并具有长期持续影响，其环境危害GHS分类为：危害水生环境—急性危害，类别2；危害水生环境—长期危害，类别2。

2,5-甲苯二胺

1. 理化性质

CAS号：95-70-5	外观与性状：无色结晶
熔点（℃）：64	沸点（℃）：273.5
n-辛醇/水分配系数：0.25	溶解性：溶于水，乙醇，乙醚；在苯中轻微溶解，但溶于热苯中

2. 用途与接触机会

又名对甲苯二胺。主要用作生产两种染料，CI碱性红2和酸性棕103；在染发剂中，主要用于染发剂配方。

3. 毒性

本品大鼠经口102 mg/kg，兔子皮下注射LDL_0：222 mg/kg。

2.5-甲苯二胺的硫酸盐对大鼠和小鼠均无致癌性。同样，它与芳香烃受体没有结合，诱导细胞色素P-448，或具有明显的诱变活性。IARC致癌性分类：III。

健康危害GHS分类为：急性毒性—经口，类别3；皮肤致敏物，类别1。

4. 风险评估

本品对水生生物有毒并具有长期持续影响，其环境危害GHS分类为：危害水生环境—急性危害，类别2；危害水生环境—长期危害，类别2。

2,6-甲苯二胺

1. 理化性质

CAS号：823-40-5	外观与性状：无色晶体，遇空气时变棕色
熔点/凝固点（℃）：105～106	沸点（℃）：289
饱和蒸气压（kPa）：2.13（150℃）	易燃性：可燃的

2. 用途与接触机会

又名2,6-二氨基甲苯，主要用于医药、染料的中间体。明火可燃；高热分解有毒氮氧化物烟雾。应与氧化剂、食品添加剂、酸类分开存放。该物质可通过呼吸道吸入、经皮肤和经口吸收。

3. 毒性与中毒机理

健康危害GHS分类为：皮肤致敏物，类别1；生殖毒性，类别2。2,6-甲苯二胺可诱导高铁血红蛋白形成，在给予F344大鼠时未形成DNA加合物。同样地，它在转基因小鼠的体内也没有形成DNA加合物。然而，在大鼠肝脏微粒体代谢活化系统条件下，2,6-甲苯二胺是一种有效的诱变剂，但它没有诱导CYP1A或与Ah受体结合。

4. 风险评估

本品对水生生物有毒并具有长期持续影响，其

环境危害 GHS 分类为：危害水生环境—急性危害，类别 2；危害水生环境—长期危害，类别 2。

六硝基二苯胺

1. 理化性质

CAS 号：131－73－7	外观与性状：黄色固体
熔点(℃)：244	*n*－辛醇/水分配系数：3.35
蒸气压力(kPa)：8.4×10^{-15}(25℃)	溶解性：溶于碱，冰醋酸；不溶于丙酮，醇，醚；不溶于苯，四氯化碳；非常易溶于吡啶；溶于硝酸

2. 用途与接触机会

又名氯苯那敏，主要用于重量测定钾的试剂。在生产和使用过程中有较多的接触机会，可经呼吸道吸入，经皮和经口吸收。

3. 毒性

健康危害 GHS 分类为急性毒性—经口，类别 2；急性毒性—经皮，类别 1；急性毒性—吸入，类别 2；特异性靶器官毒性—反复接触，类别 2。

4. 风险评估

本品对水生生物有毒并具有长期持续影响，其环境危害 GHS 分类为：危害水生环境—急性危害，类别 2；危害水生环境—长期危害，类别 2。

六硝基二苯胺铵盐

1. 理化性质

CAS 号：2844－92－0	

2. 毒性

本品健康危害 GHS 分类为急性毒性—经口，类别 2；急性毒性—经皮，类别 1；急性毒性—吸入，类别 2；特异性靶器官毒性—反复接触，类别 2。

3. 风险评估

本品对水生生物有毒并具有长期持续影响，其环境危害 GHS 分类为：危害水生环境—急性危害，类别 2；危害水生环境—长期危害，类别 2。

3－氨基苯酚

1. 理化性质

CAS 号：591－27－5	外观与性状：白色晶体
蒸气压(kPa)：2.47×10^{-4}(25℃)	临界温度(℃)：288.9
熔点(℃)：123	临界压力(MPa)：4.92
沸点(℃)：164	自燃温度(℃)：498
密度(g/cm^3)：1.195	*n*－辛醇/水分配系数：0.21
溶解性：溶于戊醇和热水；极微溶于石油醚；溶于甲苯；极易溶于乙醇，乙醚；微溶于苯，二甲基亚砜；溶于碱；微溶于石油英；微溶于苯，甲苯，氯仿	

2. 用途与接触机会

又名间氨基酚。本品可用作染料中间体，对氨基水杨酸的制备，合成化学中间体：7－氨基－3－苯基香豆素、对氨基水杨酸甜菜安、氟酰胺、甲酸盐酸盐；日本染发剂中的应用；还可用于制备含有角蛋白的其他物质。

3. 毒性

大鼠经口 LD_{50}：924 mg/kg，小鼠经口 LD_{50}：401 mg/kg；兔经眼，100 mg/24 h，兔经皮 12 500 μg/24 h，呈轻微刺激。

4. 风险评估

本品对水生生物有毒并具有长期持续影响，其环境危害 GHS 分类为：危害水生环境-急性危害，类别 2；危害水生环境-长期危害，类别 2。

4－氨基苯酚

1. 理化性质

CAS 号：123－30－8	外观与性状：白色或微红色的黄色结晶，在曝光后变紫色
蒸气压(kPa)：5.3×10^{-6}(25℃)	*n*－辛醇/水分配系数：0.04

（续表）

溶解性：微溶于甲苯，乙醚，乙醇，三氟乙酸，冷水；溶于乙腈，乙酸乙酯，丙酮，碱，热水；非常易溶于二甲基亚砜、乙醇；不溶于苯，氯仿	

2. 用途与接触机会

又称对氨基苯酚、对羟基苯胺、4-氨基-1-羟基苯、4-羟基苯胺，是目前在我国常用的一种精细化工产品中间体，在染料工业上用于合成弱酸性黄6G、弱酸性嫩黄5G、硫化深蓝3R、硫化蓝CV、硫化艳绿GB、硫化红棕B3R、硫化还原黑CLG等。在医药工业上用于合成扑热息痛、安妥明等。也用于制备显影剂、抗氧剂和石油添加剂等产品。

主要用于染色纺织品、毛发、毛皮、羽毛；显影剂；制药；抗氧化剂，油添加剂；用作中间制造硫和偶氮染料；可作为涂料中的缓蚀剂和二冲程发动机燃料中的防腐润滑剂；也用作木纹，赋予木材玫瑰色。

在生产和使用过程中有较多的接触机会。该物质可通过呼吸道吸入其气溶胶，经皮肤和经口吸收。

3. 毒性

本品大鼠经腹腔注射 LD_{50}：465 mg/kg，小鼠经腹腔注射 LD_{50}：100 mg/kg，兔经口 LD_{50}：10 mg/kg；兔经皮最小致死剂量(MLD)为12 500 μg/24 h。

健康危害GHS分类为生殖细胞致突变性，类别2。对生殖力的影响：胚胎着床率降低(包括着床数减少和/或吸收胎数增加)；对胚胎或胎儿的影响：胎儿死亡。

4-氨基苯酚是三种异构体中毒性最强的，是苯胺和药物乙酰氨基酚的肾毒性代谢物，对4-氨基苯酚的作用机理的研究结果不一，甚至互相矛盾。4-氨基苯酚引起肾脏近端小管的选择性坏死，但抗坏血酸可降低氨基苯酚的氧化程度和毒性作用。毒作用机制假设4-氨基酚自由基形成，转化为苯醌胺，与细胞大分子结合。然而，4-氨基酚对培养肾小管造成的影响相对较小，提高与肾中谷胱甘肽结合而非自身氧化。

4. 风险评估

本品对水生生物毒性极大并具有长期持续影响，其环境危害GHS分类为：危害水生环境—急性危害，类别1；危害水生环境—长期危害，类别1。

萘　胺

1. 理化性质

α-萘胺(1-萘胺，甲萘胺)

CAS号：134-32-7	外观与性状：无色针状晶体
pH值：7.1(1 g/L，H_2O，20℃)	沸点(℃)：301
闪点(℃)：157(闭杯)	熔点/凝固点(℃)：47～50
密度(g/cm³)：1.122 9(25℃)	溶解性：微溶于热水；溶于乙醇、乙醚等有机溶剂
相对蒸气密度：4.93(空气=1)	

β-萘胺(2-萘胺，乙萘胺)

CAS号：91-59-8	外观与性状：白色至淡红色叶片状晶体
沸点(℃)：306.0	闪点(℃)：157
熔点/凝固点(℃)：111～113	气味阈值(mg/m³)：15
饱和蒸气压(kPa)：0.13(108℃)	*n*-辛醇/水分配系数：2.13
密度(kg/m³)：878～881(20℃)	溶解性：溶于热水；溶于乙醇、乙醚等有机溶剂
相对密度(水=1)：1.061 4	相对蒸气密度(空气=1)：4.93

2. 用途与接触机会

该类化学品是直接染料、酸性染料、冰染染料和分散染料等的中间体，也是橡胶防老剂、农药的原料，也用作分析试剂、荧光指示剂及气相色谱固定液，也用于有机合成。由α-萘胺生产的1-萘酚是农药甲萘威的重要中间体，α-萘胺也是杀鼠剂安妥的中间体，还是重要的染料中间体，可以生产很多染料。β-萘胺常用于制造染料和有机合成，也用作有机分析试剂和荧光指标剂。

β-萘胺可由含氮有机物的热解形成。职业暴露发生在生产过程中，在染料的制造过程中，以及在橡胶生产中用作抗氧化剂的污染物。在主要暴露于苯胺和4-氯苯胺的工人中，吸烟者和非吸烟者中β-

萘胺的尿量均高于非吸烟未接触的工人。橡胶抗氧化剂n-苯基β-萘胺可被β-萘胺污染，也可被代谢为β-萘胺。普通人群暴露的主要来源是环境暴露中β-萘胺和2-硝基萘、烟草烟雾和食用油的烟雾。

3. 毒代动力学

本品可经呼吸道吸入，也可经口和经皮吸收。萘胺进入人体后，小部分以原形由尿排出，绝大部分转变为有致癌作用的羟基衍生物及醌亚胺（NH：C6H4：O）类衍生物。

4. 毒性与中毒机理

4.1 急性毒作用

大鼠经口 LD_{50}：727 mg/kg。急性吸入可能引起发绀，液体对眼有刺激性，对皮肤有弱刺激作用。急性中毒可以导致高铁血红蛋白血症或急性出血性膀胱炎。动物研究报告急性吸入萘胺的影响，对肝脏、肺、膀胱的影响。α-萘胺健康危害GHS分类为急性毒性—经皮，类别3。

4.2 慢性毒作用

α-萘胺IARC致癌性分类：III；β-萘胺IARC致癌性分类：I。动物在经口给予β-萘胺后，它在猴子、狗和仓鼠中诱发膀胱肿瘤，并在小鼠体内诱发肝癌。人类长期接触β-萘胺的主要危害为发生膀胱肿瘤，诱发期平均15～20年。小部分接触者可在调离工作后几年才发病。多为恶性膀胱癌，起病缓慢，早期症状为突然发生无痛性血尿或呈显微镜下血尿。

4.3 中毒机理

2-萘胺的主要中毒作用机理有：

（1）形成高铁血红蛋白的作用

急性吸入、口服和皮肤接触硝基苯会产生高铁血红蛋白血症，由于血红蛋白（血液中携带氧气）转化为高铁血红蛋白，从而降低释放到身体组织的氧气量。这种低氧程度与疲劳、虚弱、呼吸困难、头痛和头晕有关。

（2）膀胱癌

国际癌症研究机构的结论是，有足够的证据证明β-萘胺对人类的致癌性。实验动物的癌症研究有充分的证据证明β-萘胺对实验动物的致癌作用。经口摄入β-萘胺可导致仓鼠、小鼠、狗、恒河猴和良性肝肿瘤（肝细胞腺瘤）。由于β-萘胺是首先从事苯胺染料生产的工人中发现的，因此对啮齿类动物进行了进一步的研究。β-萘胺对大鼠的口服给大鼠尿膀胱癌（恶性肿瘤）发生率低，腹腔内注射对小鼠引起良性肺肿瘤（腺瘤）。β-萘胺在各种测试系统中造成了遗传损伤，包括细菌、酵母、昆虫、植物、人工培养的人类和其他哺乳动物细胞，以及实验动物。在这些系统中观察到的遗传损伤包括基因突变、DNA链断裂、染色体畸变、微核形成、非整倍体、姐妹染色单体交换和细胞转化。β-萘胺的致癌机理，目前认为它首先需在肝脏经羟化反应为活性代谢物2-氨基-1-苯酚，该代谢物可与DNA形成共价结合物导致遗传损伤；也可在肝脏与葡萄糖醛酸结合而解毒。但它在与葡萄糖醛酸结合后又可在膀胱内2-葡糖苷酸酶作用下重新降解为2-氨基-1-苯酚，进而吸附于膀胱黏膜导致遗传损伤引起膀胱癌。因此，从暴露的狗（IARC 1987）的膀胱和肝细胞中发现了β-萘胺DNA加合物。

5. 生物监测

（1）高铁血红蛋白

血液中的高铁血红蛋白水平可以用于评估β-萘胺的近期暴露程度。但这种方法并没有特异性，因为很多有毒化学物质暴露后人体都会产生高铁血红蛋白。高铁血红蛋白测定方法主要有仪器法、分光光度法、等吸收点法、氰化物法等。

（2）血尿监测

人类长期接触β-萘胺的主要危害为发生膀胱肿瘤，诱发期平均15～20年。接触者可在调离工作后几年才发病。多为恶性膀胱癌，起病缓慢，早期症状为突然发生无痛性血尿或呈显微镜下血尿。

6. 人体健康危害

β-萘胺在使用和运输装卸过程中，若没有很好的安全防护措施，一旦泄漏，可造成急性中毒，中毒途径可经皮肤和呼吸道，主要临床表现为头痛，嘴唇发青或指甲发青，皮肤发青，头晕，恶心，虚弱，意识模糊，惊厥，神志不清。轻者表现为一过性高铁血红蛋白血症致缺氧、发绀等，重者还可致溶血和肝肾损害，甚至昏迷、死亡。

毒物所引起的高铁血红蛋白血症是急性中毒临床表现的主要病理基础。急性硝基苯中毒可在工作接触时或工作后经几小时的潜伏期发病。高铁血红蛋白达10%～15%时患者黏膜和皮肤开始出现发绀。最初，口唇、指（趾）甲、面颊、耳壳等处呈蓝褐色；舌部的变化最明显。高铁血红蛋白达30%以上时，其他神经系统症状随着发生，头部沉重感、头晕、头痛、耳鸣、手指麻木、全身无力等相继出现。高铁血红蛋白升至50%时，可出现心悸、胸闷、气急、步态蹒跚、恶心、呕吐，甚至昏厥等。如高铁血红蛋白进一步增加到60%～70%时患者可发生休克、心律失常、惊厥，以至昏迷。经及时抢救，一般可在24小时内意识恢复，脉搏和呼吸逐渐好转，但头昏、头痛等可持续数天。血高铁血红蛋白的致死浓度在85%～90%。

人类长期接触β-萘胺的主要危害为发生膀胱肿瘤，诱发期平均15～20年。接触者可在调离工作后几年才发病。多为恶性膀胱癌，起病缓慢，早期症状为突然发生无痛性血尿或呈显微镜下血尿。

7. 风险评估

美国ACGIH：经皮，A1（确认人类致癌物质）。法国（2007）规定其限值为：8 h-TWA为0.005 mg/m^3。匈牙利（2007）规定其限值为：STEL为0.005 mg/m^3。意大利（2007）规定其限值为：STEL为0.001 mg/m^3。

α-萘胺IARC和β-萘胺对水生物有毒，且有长期持续影响，其环境危害GHS分类为：危害水生环境—急性危害，类别2；危害水生环境—长期危害，类别2。

N-苯基-2-萘胺（N-苯基-β-萘胺，N-(2-Naphthyl)aniline）

1. 理化性质

CAS号：135-88-6	外观与性状：白色至灰色各种形态固体
熔点（℃）：108	沸点（℃）：395.5
密度（g/cm^3）：1.2	气味阈值（mg/m^3）：15
n-辛醇/水分配系数：4.38	溶解性：溶于乙醇、苯甲酸、乙醚

2. 用途与接触机会

本品主要用于橡胶防老剂、润滑剂、抑制剂（丁二烯）、有机硅瓷漆稳定剂、热稳定剂、硫化促进剂、催化剂和阻聚剂；用作火箭燃料成分；还可用于外科膏药。

在生产和使用过程中有较多的接触机会。该物质可通过呼吸道吸入和经口吸收。

3. 毒性

大鼠经口LD_{50}：8 730 mg/kg，小鼠经口LD_{50}：1 450 mg/kg。

4. 风险评估

为皮肤过敏物。ACGIH：A4（不能分类为人类致癌物）。致癌物类别：3B（德国，2002年）。

14，N-二乙基-1-萘胺

1. 理化性质

CAS号：947-02-4	外观与性状：无色到黄色固体
熔点（℃）：36.5	溶解性：溶于水；溶于乙腈，苯，环己烷，乙醇，丁醇

2. 用途与接触机会

本品可作为系统性杀虫剂。在生产和使用过程中有较多的接触机会，可经口和经皮吸收。

3. 毒性

为剧毒品。大鼠经口LD_{50}：8 900 μg/kg，小鼠经口LD_{50}：12 mg/kg，兔经皮LD_{50}：23 mg/kg，大鼠经皮LD_{50}：100 mg/kg；健康危害GHS分类为：急性毒性—经口，类别2；急性毒性—经皮，类别1。

联　苯　胺

1. 理化性质

CAS号：92-87-5	外观与性状：无色或微红色晶体粉末，遇空气和光变暗
熔点（℃）：120	易燃性：可燃
沸点（℃）：401	*n*-辛醇/水分配系数：1.34
闪点（℃）：203.5	溶解性：不溶于水，溶于醇、醚、丙酮等多数有机溶剂

（续表）

密度(g/cm³)：1.3	相对蒸气密度(空气＝1)：≤6.36
相对密度(水＝1)：1.250	

2. 用途与接触机会

又名4,4′-二氨基联苯，联苯胺及其衍生物可用于制造染料（直接染料、酸性染料、还原染料等）是重要的染料中间体；用作聚氨酯橡胶与纤维生产中的扩链剂；用于医药，氰化物及血液的检测；用作化学试剂，薄层色谱法测定单醛糖和硫酸铵的试剂；用于定量测定尼古丁和作为糖的喷雾试剂。

在生产和使用过程中有较多的接触机会。该物质可通过吸入其气溶胶，经皮肤和食入吸收到体内。对皮肤可引起接触性皮炎；对黏膜有刺激作用；长期接触可引起出血性膀胱炎，膀胱复发性乳头状瘤和膀胱癌。

3. 毒性与中毒机理

3.1 急性毒作用

联苯胺急性毒性作用不大，但大剂量中毒时也可导致死亡，如3,3-二甲基联苯胺大鼠经口半数致死剂量(LD_{50})404 mg/kg，3,3-二氯联苯胺大鼠经口LD_{50}为4.64 g/kg。据观察联苯胺急性中毒时患者出现疲倦、食欲不振、恶心、呕吐、手脚肿胀等症状。动物实验表明：小鼠、大鼠、兔子和狗急性经口给予联苯胺可导致体重减轻，肝脏浑浊肿胀和肝硬化，肾小管变性以及胸腺和脾脏中的骨髓成分和淋巴细胞增生。

研究表明短期（急性）接触联苯胺会导致呼吸急促，疲劳，膀胱炎和皮炎。

3.2 慢性毒作用

动物实验表明：小鼠、大鼠、兔子和狗经皮下慢性注射联苯胺或经口/吸入联苯胺会产生肝癌、膀胱癌、肠癌、肺癌、皮肤癌和乳腺癌等。研究表明工人长期（慢性）接触联苯胺会导致尿液中出现血尿，并且尿频，疼痛或排尿困难，并增加膀胱癌的发病率。

3.3 免疫毒性

国内外对联苯胺免疫毒性方面的研究较少。国内高永等通过邻甲苯胺经口给小鼠染毒，发现小鼠脾脏增大，抗体形成细胞数及外周血T淋巴细胞数降低，表明邻甲苯胺可影响小鼠的免疫系统，具有一定的免疫毒性。

3.4 生殖毒性

据报道，目前国内外大多数染料如直接黑、直接蓝、刚果红等，其原料大多仍为联苯胺物质。有人曾对纺织品进行检测，发现含有4-氨基联苯、3,3-二氯联苯胺、3,3-二甲基联苯胺、邻甲苯胺、2,4-二氨基甲苯等20多种芳香胺化学物质。

研究表明联苯胺可以损伤生殖系统。王玉梅等通过用DCB给A/J系小鼠经口染毒146 d，发现精子畸形率明显增高，并呈现剂量反应关系，细胞学检测还发现小鼠精原细胞受到损伤.Gray LEJr通过一些染料的小鼠经口毒性实验发现，对氨基联苯类染料，如刚果红等能够干扰小鼠睾丸的发育并在成年期影响精子的形成，DM与DMO在这方面的作用相对较弱.目前有关联苯胺生殖损害机制的研究尚不多见，目前认为主要通过两种途径产生生殖毒性，一是通过下丘脑-垂体-性腺轴，干扰神经内分泌系统，导致性激素的分泌失调，进而影响性器官以及精子与卵子的发育；二是直接对生精过程产生影响，通过损害间质细胞、支持细胞以及精子而导致生殖障碍。Semak TG研究发现，给予大鼠对氨基联苯等可以导致睾丸抗氧化酶-谷胱甘肽过氧化物酶浓度降低，易发生脂质过氧化。因此，毒物导致的脂质过氧化对精子的损伤也可能是其产生生殖毒性的一个可能机制。

3.5 遗传毒性

有关联苯胺对机体的遗传毒性国内外研究较多。周永贵等通过对目前上海正在使用的以22种联苯胺及其衍生物为原料的染料进行检测，经细菌回复突变实验发现，绝大部分细菌突变率高于对照组，具有致突变性。Rod rigo等用沙门菌回复突变实验和大鼠体外实验发现，联苯胺类染料污染的饮用水具有诱发突变的潜力，人类如果长期饮用这种水，则对健康的危害甚大。遗传毒性机制的研究，国内外也进行了有益的探索，Claxton LD等使用沙门菌回复突变实验研究发现，联苯胺、DM以及DMo等，可以引起移码突变。吴青等使用单链探针依赖随机化末端连接物聚合酶链反应技术检测，发现联苯胺对大鼠p53基因具有损伤作用，为联苯胺的遗传毒性机制研究提供了线索。李贵兰采用染色体 G 带分析技术研究发现，联苯胺职业接触工人，其染色体的畸变率较高，并与膀胱癌的发病率呈正相关，从染色体水平上对突变的机制进行了探讨。联苯胺遗传毒性的研究有助于其致癌性机制的探索。

3.6 致癌性

ACGIH TLV -确认人类致癌物质；IARC 致癌性分类为 1。国内外对联苯胺的致癌性关注比较早，早期人们发现染料行业工人膀胱癌的发病率较高，经调查发现工人在工作中经常接触一些联苯胺类物质。毒理学实验发现，主要成分为 DM 及 DMo 的酸性红和直接蓝等染料，可以诱发雌雄大鼠多组织肿瘤。Elberger AJ 等通过大鼠致癌实验发现，接触联苯胺染料，如酸性红等，可以导致肿瘤的发病率升高，如皮肤癌、乳腺癌、肾上腺癌、肝癌、肺癌等。Klaus Golka 发现联苯胺类染料引起的肿瘤与染料的水溶性、生物利用度密切相关。Schieferstein GJ 等对雌雄小鼠分别饮水染毒，并在 13、26、39、52、78、116 d 时处死小鼠，结果发现 DM 可以导致 BALB/C 雄性小鼠肺上皮细胞肿瘤病变，而对雌性小鼠无影响，说明 DM 的致癌性可能存在性别差异。还有人研究发现，包括 DM、DMO 在内的 9 种化合物能够导致大鼠脑部肿瘤发生率增高。

其诱发癌症的机制，目前国内外的研究较少。主要集中在两个方面。① 外源化学物质对靶分子的损害，如产生 DNA 加合物、DNA 断裂等，最终导致基因突变；② 外源化合物对癌基因与抑癌基因的影响，主要是导致癌基因的激活和抑癌基因的失活。Carreon T 等通过调查发现联苯胺职业接触人群膀胱癌的发病率与 NAT2 基因型的多态性有关，NAT2 慢乙酰化型是膀胱癌的高发人群。戴捷通过鱼类毒性实验发现，联苯胺在低剂量时，激活鱼类肝脏线粒体抗体氧化酶谷胱甘肽过氧化物酶(glutathione peroxidase，GSH - Px)和超氧化物歧化酶(superoxide dimutases，SOD)的活性，在高剂量时抑制这两种酶的活性。这表明联苯胺损害机体细胞的抗氧化系统，导致细胞脂质过氧化，可能是肿瘤发生的一个促进因素。Reynolds SH 等从癌基因的激活方面探讨肿瘤的发生机制，发现在联苯胺导致的大鼠肿瘤中，其细胞 Ras 癌基因的表达明显高于对照组，表明在 DM 和 DMO 导致肿瘤的发生过程中 Ras 基因起了重要作用。Piyatilake Adris 等发现联苯胺类化合物如 4 -氨基联苯等进入人体后并不直接产生致癌作用，而是在肠道菌群的作用下变成终致癌剂作用。

4. 人体健康危害

联苯胺在使用和运输装卸过程中，若没有很好的安全防护措施，一旦泄露，可造成中毒，中毒途径可经皮肤和呼吸道吸收。加热时或燃烧时该物质分解，生成含有氮氧化物的有毒烟雾。与强氧化剂，尤其硝酸发生剧烈反应。

5. 风险评估

本品对水生生物毒性极大并具有长期持续影响，其环境危害 GHS 分类为：危害水生环境—急性危害，类别 1；危害水生环境—长期危害，类别 1。

3,3′-二甲基联苯胺(4,4′-二氨基-3,3′-二甲基联苯)

1. 理化性质

CAS 号：119 - 93 - 7	外观与性状：无色或红色晶体
熔点(℃)：131～132	自燃温度(℃)：526
沸点(℃)：300	n -辛醇/水分配系数：2.34
闪点(℃)：244	燃烧热(kg/cal)：964.3(液体)

2. 用途与接触机会

本品主要用于检测金的高敏感试剂；用于染色纺织品，皮革和纸张；用作生产染料和颜料，邻联甲苯胺及其盐广泛用于染料工业和一些分析化学。

可经皮肤和经口吸收。

3. 毒性

本品狗经口 LD_{50}：600 mg/kg，小鼠经腹腔 LD_{50}：125 mg/kg；大鼠经口 LD_{50}：1 230 mg/kg。

美国 ACGIH 确认的动物致癌物。IARC 致癌性分类为：2B。

4. 风险评估

我国职业接触限值规定：MAC 为 0.02 mg/m^3，G2B(经皮，可疑人类致癌物)。本品对水生生物有毒并具有长期持续影响，其环境危害 GHS 分类为：

危害水生环境—急性危害，类别 2；危害水生环境—长期危害，类别 2。

对硝基联苯

1. 理化性质

CAS 号：92-93-3	外观与性状：白色至黄色晶体，有特殊气味
熔点(℃)：114	*n*-辛醇/水分配系数：3.77
沸点(℃)：340(100 kPa)	闪点(℃)：143(闭杯)
溶解性：难溶于水；溶于醚、苯、氯仿、乙酸	

2. 用途与接触机会

又名 4-硝基联苯，主要用于制备对氨基联苯。该物质可通过呼吸道吸入、经皮和经口吸收。

3. 毒性

本品大鼠经口 LD_{50}：2 230 mg/kg，小鼠经腹腔 LD_{50}：347 mg/kg，兔经口 LD_{50}：1 970 mg/kg。

美国 ACGIH TLV：怀疑人类致癌物；IARC 致癌分分类为：III。

4. 风险评估

本品对水生生物有毒并具有长期持续影响，其环境危害 GHS 分类为：危害水生环境—急性危害，类别 2；危害水生环境—长期危害，类别 2。

硝 基 苯

1. 理化性质

CAS 号：98-95-3	外观与性状：淡黄色油状液体，有特殊气味
分子量：123.11	临界温度(℃)：447
熔点(℃)：5	临界压力(MPa)：4.824
沸点(℃)：211	自燃温度(℃)：480
闪点(℃)：88(闭杯)	爆炸上限[%(V/V)]：40
爆炸下限[%(V/V)]：1.8	易燃性：可燃的

（续表）

燃烧热(J/kg)：-242.5×10^5	相对蒸气密度(空气=1)：4.2
蒸气压(Pa)：20(20℃)	*n*-辛醇/水分配系数：1.86
密度(g/cm^3)：1.199(25℃/4℃)	溶解性：微溶于水(1.90 g/L)；微溶于四氯化碳；在乙醇、乙醚、丙酮、苯；易溶于乙醇、苯、乙醚、油；易溶于大多数有机溶剂
相对密度(水=1)：1.2	蒸气、空气混合物相对密度(20℃，空气=1)：1

2. 用途与接触机会

又名米耳班油，主要可用于制造苯胺；纤维素醚类溶剂；金属抛光剂成分；联苯胺、喹啉、偶氮苯等制造；肥皂、鞋油；用于精炼润滑油、焦油化合物的制备；用于生产联苯胺和偏苯胺酸以及二硝基苯和染料，如黑线和洋红色；用于生产异氰酸酯，农药，橡胶化学品和药品(欧托咪啶)；用于异氰酸酯，生产农药、橡胶化工和制药(对乙酰氨基酚)；用作合成对氨基苯酚的化学中间体；苯胺；碱性紫 14；间硝基氯苯；3,3′-二氨基二苯砜；用于黑色素的生产(CI 溶剂黑 5)。

该物质可通过呼吸道吸入、经皮肤和经口吸收。环境中的硝基苯主要来自化工厂、染料厂的废水废气，尤其是苯胺染料厂排出的污水中含有大量硝基苯。贮运过程中的意外事故，也会造成硝基苯的严重污染。

3. 毒代动力学

3.1 吸收

硝基苯可经呼吸道吸入、胃肠道和皮肤快速吸收。

3.1.1 胃肠道吸收早在 1956 年，Parke 等就通过实验动物证明了硝基苯可经肠广泛吸收。曾有个人因意外或故意摄入硝基苯而导致中毒的病例报道，该报道提供了本化学品可穿过肠吸收屏障的佐证。另 Myslak 等在 1971 年曾报道一名 19 岁女性，在出现症状前约 30 分钟摄入约 50 毫升硝基苯，尿液检测发现硝基苯代谢物对氨基硝基苯酚和对硝基苯酚的存在，也证明了胃肠道的吸收。Albrecht 等的研究则表明，近三分之二的口服硝基苯是通过胃肠道吸收的。

3.1.2 呼吸道吸收 Ikeda 和 Kita 在 1964 年分析了 47 岁女性因吸入而接触硝基苯的情况，与 Myslak 等人的口服暴露案例研究相似，尿中检测到的硝基苯代谢产物，这表明硝基苯可从肺部吸收后在体内形成了代谢产物。Beauchamp 等通过一系列的研究发现，人体暴露于空气中浓度高达 10 mg/m^3 的硝基苯 6 个小时，可通过肺部吸收 19.2～24.7 mg 硝基苯。

3.1.3 皮肤吸收 多项研究表明，硝基苯能够穿透人体真皮屏障吸收，不论是高浓度还是低浓度硝基苯都具有很强的皮肤渗透能力。冯峰等采用 Franz 扩散池进行体外透皮试验和手套透过试验，以完整小鼠腹皮、手套为渗透屏障，HPLC 法测定硝基苯的透过量。高、低浓度硝基苯透皮均为零级动力学过程，其 24 h 累计透过率分别达 48.94% 和 43.97%；实验室常用的一次性手套和乳胶手套都未能阻止硝基苯的透过，其 24 h 累计透过率可达 10% 左右。Feldmann 等调查了包括硝基苯在内的 21 种有机化合物渗透真皮屏障的能力，他们将[^{14}C]-标记化合物（4 $\mu g/cm^2$）涂抹在 6 个受试者腹侧前臂表面积为 13cm^2 的圆形区域。该部位的皮肤无任何保护，且受试者 24 小时内不得洗涤该区域。5 天内在尿中测量的放射性标记的累积量约为负载的 1.53±0.84%。作者还研究了静脉内给药后硝基苯的消除作为皮肤吸收和清除研究的比较。在静脉内给予[^{14}C]-硝基苯之后，在给药后 20 小时在尿中检测到 60.5% 的放射性标记物。纠正静脉注射后尿液中硝基苯时，硝基苯的总体真皮吸收系数约为 2.6%。

3.2 转运与分布

硝基苯的转化物主要为对氨基酚，还有少量间硝基酚与对硝基酚，和邻与间氨基酚。生物转化所产生的中间物质，其毒性常比其母体为强。

Albrecht 等将雌性 Wistar 大鼠通过管饲法暴露于丙二醇中 25 mg/kg（0.20 mmol/kg）[^{14}C]-硝基苯，给药 1 d 和 7 d 后，放射性标记主要出现在血液、肝脏、肾脏和肺脏，表明硝基苯或其代谢物在主要器官和组织中分布广泛。

3.3 排泄

硝基苯在人类和动物中的主要消除途径是尿液。硝基苯在体内经转化后，水溶性较高的转化物即可经肾脏排出体外，完成其解毒过程。硝基苯进入体内后，部分可经过还原作用形成亚硝基酚，其后转化为苯醌亚胺，最后生成对氨基经尿液代谢，因此尿液中对氨基酚可作为衡量该类化合物接触的生物标志物。对硝基酚是人体接触硝基苯类同系物后产生的主要代谢产物（对硝基酚与少量对氨基酚共存于尿中），硝基苯类同系物接触量越多，则尿液中对硝基酚排出量越大，因此尿液中对硝基酚水平的测定被认为是生物学监测和职业病诊断的重要指标。硝基苯及其代谢产物大部分在 48 小时内消除。例如，Myslak 等报道，摄入约 50 ml 硝基苯的受试者尿液中硝基苯代谢物（对氨基苯酚和对硝基苯酚）大量排泄，摄入后第二天对于对氨基苯酚（198 mg/d）和第三天对于对硝基苯酚（512 mg/d）达到最高水平。

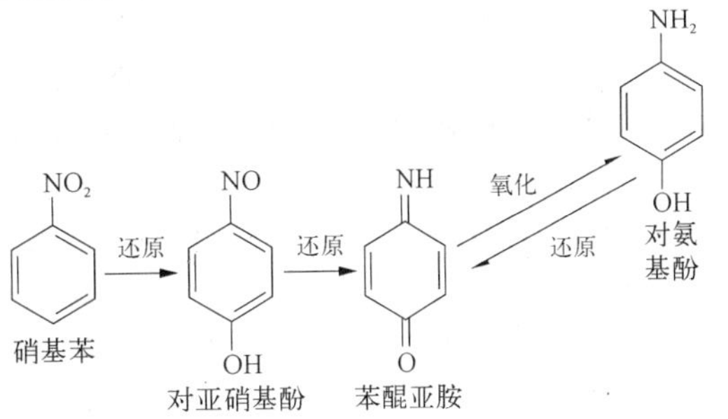

图 17-3 3.4 硝基苯转运模式

4. 毒性与中毒机理

健康危害 GHS 分类为：急性毒性—经口，类别 3；急性毒性—经皮，类别 3；急性毒性—吸入，类别 3；致癌性，类别 2；生殖毒性，类别 1B；特异性靶器官毒性—反复接触，类别 1。

4.1 急性毒作用

大鼠经口 LD_{50}：349 mg/kg；大鼠经皮 LD_{50}：2 100 mg/kg；大鼠吸入 LC_{50}：3 056 mg/(m^3 · 4 h)。

急性吸入可能导致头痛，嘴唇发青或指甲发青，皮肤发青，头晕，恶心，虚弱，意识模糊，惊厥，神志不清。硝基苯经皮接触，可导致刺激或过敏，或皮炎。动物研究发现：急性吸入对硝基苯，可对肝脏、肾脏、脾脏和中枢神经系统产生不良影响。

4.2 慢性毒作用

为可能的人类生殖毒物。动物实验发现，长期吸入硝基苯会导致高铁血红蛋白血症,并对肝脏和肾脏产生影响。人类长期接触硝基苯也会导致高铁血红蛋白血症。也有研究发现,慢性吸入硝基苯后人类肝脏可能受损。硝基苯对血液系统、肝脏、脾脏和神经系统的影响可能出现迟发性作用。

IARC 致癌性分类:2B。

4.3 中毒机理

硝基苯的主要毒作用机理有:

(1) 形成高铁血红蛋白的作用

硝基苯在体内生物转化所产生的中间产物对氨基酚、间硝基酚等,可导致高铁血红蛋白的形成。急性吸入、口服和皮肤接触硝基苯会产生高铁血红蛋白血症,血红蛋白(血液中携带氧气)转化为高铁血红蛋白。

(2) 溶血作用

硝基苯进入人体后,经过转化产生的中间产物,可使维持细胞膜正常功能的还原型谷胱甘肽减少,从而引起红细胞破裂,发生溶血。发生机制与形成高铁血红蛋白的毒性有密切关系,确切的机理尚不完全清楚,可能是通过苯基羟胺的氧化还原氧化还原反应,在 Hb 中氧化 Fe^{2+} 至 Fe^{3+},从而形成甲基,进而导致红细胞的破坏,导致溶血,贫血和脾充血。

(3) 肝脏损害

硝基苯可直接作用于肝细胞致肝实质病变。引起中毒性肝病、肝脏脂肪变性。严重者可发生亚急性肝坏死。

(4) 肾脏损害

急性中毒者还有肾脏损害的表现,此种损害也可继发于溶血。

5. 生物监测

(1) 高铁血红蛋白

血液中的高铁血红蛋白水平可以用于评估对硝基苯的近期暴露程度。但这种方法并没有特异性,因为很多有毒化学物质暴露后人体都会产生高铁血红蛋白。高铁血红蛋白测定方法主要有仪器法、分光光度法、等吸收点法、氰化物法等。

(2) 变性珠蛋白小体

苯的氨基硝基化合物进入机体后,其中间产物苯基羟胺可消耗红细胞膜上的谷胱甘肽而发生溶血。这些中间产物还可作用于珠蛋白分子的巯基,使珠蛋白变性成为直径 1～2 μm、圆形或椭圆形有折光性的小体,称 Heinz 小体。Heinz 小体采用奈尔兰活体染色方法,变性珠蛋白小体染色后呈蓝色或绿色并有折光性。

(3) 尿中对氨基酚

长期接触硝基苯,可以使用其在尿液中的分解产物作为硝基苯暴露的标志。硝基苯进入体内后,部分可经过还原作用形成亚硝基酚,其后转化为苯醌亚胺,最后生成对氨基酚经尿液代谢,因此尿液中对氨基酚可作为衡量该类化合物接触的生物标志。国家职业卫生标准规定的尿液中对氨基酚的测定方法有盐酸萘乙二胺分光光度法和高效液相色谱法(HPLC)。ACGIH 规定的苯胺接触者尿液中对氨基酚的生物接触限值为 50.00 mg/g 肌酐。

(4) 尿中对硝基酚

对硝基酚是人体接触硝基苯类同系物后产生的主要代谢产物(对硝基酚与少量对氨基酚共存于尿中),硝基苯类同系物接触量越多,则尿液中对硝基酚排出量越大,因此尿液中对硝基酚水平的测定被认为是生物学监测和职业病诊断的重要指标。对于硝基苯类化合物接触工人,测定尿液中对硝基酚较尿液中对氨基酚更有意义。国家职业卫生标准规定的尿液中对硝基酚的测定方法有分光光度法和 HPLC。ACGIH 规定的硝基苯接触者尿液中对硝基酚生物接触限值为 5.00 mg/g 肌酐。

6. 人体健康危害

经皮肤和呼吸道吸收,导致的急性中毒主要临床表现为头痛,嘴唇发青或指甲发青,皮肤发青,头晕,恶心,虚弱,意识模糊,惊厥,神志不清。轻者表现为一过性高铁血红蛋白血症致缺氧、发绀等,重者还可致溶血和肝肾损害,甚至昏迷、死亡。

毒物所引起的高铁血红蛋白血症是急性中毒临床表现的主要病理基础。急性硝基苯中毒可在工作接触时或工作后经几小时的潜伏期发病。高铁血红蛋白达 10%～15%时患者黏膜和皮肤开始出现发绀。最初,口唇、指(趾)甲、面颊、耳壳等处呈蓝褐色;舌部的变化最明显。高铁血红蛋白达 30%以上时,其他神经系统症状随着发生,头部沉重感、头晕、头痛、耳鸣、手指麻木、全身无力等相继出现。高铁血红蛋白升至 50%时,可出现心悸、胸闷、气急、步态蹒跚、恶心、呕吐,甚至昏厥等。如高铁血红蛋白进一步增加到60%～70%时患者可发生休克、心律失常、惊厥，以至昏迷。经及时抢救，一般可在24小时内意识恢复，脉搏和呼吸逐渐好转，但头昏、头痛等可持续数天。血高铁血红蛋白的致死浓度在85%～90%。

肾脏受到损害时，出现少尿、蛋白尿、血尿等症状，严重者可无尿。

血红细胞出现赫恩滋小体的百分比高者，可出现溶血性贫血，红细胞计数可于3～4天内迅速降低，但经积极治疗，在1～2周后逐渐回升。

急性肝病常在中毒后2～3天左右出现肝脏肿大、压痛、消化障碍、黄疸、肝功能异常，中毒性肝损害恢复较慢，且部分患者病情反复。

急性硝基苯中毒的神经系统症状较明显，中枢神经兴奋症状出较早，严重者可有高热，并有多汗、缓脉、初期血压升高、瞳孔扩大等植物神经系统紊乱症状。

硝基苯对眼有轻度刺激性。对皮肤由于刺激或过敏可产生皮炎。

据短期内经皮肤吸收或吸入大量硝基苯的蒸气的职业接触史，以及出现高铁血红蛋白血症、溶血性贫血或肝脏损害为主要病变的临床表现，结合现场卫生学调查及空气中硝基苯浓度测定资料，排除硫化血红蛋白血症、肠原性青紫症、NADH - MHb还原酶缺乏症、血红蛋白M病、各种原因的缺氧性发绀症等其他病因后，可诊断为急性硝基苯中毒。

7. 风险评估

我国职业接触限值规定：PC - TWA为2 mg/m^3，G2B(经皮，可疑人类致癌物)。美国ACGIH规定：TLV - TWA为5.5 mg/m^3；A3(经皮，确认动物致癌物质)。

本品对水生生物有毒并具有长期持续影响，其环境危害GHS分类为：危害水生环境—急性危害，类别2；危害水生环境—长期危害，类别2。

2,4-二硝基氯苯

1. 理化性质

CAS号：97-00-7	外观与性状：淡黄色晶体，有特殊气味
熔点(℃)：54	自燃温度(℃)：432

（续表）

沸点(℃)：315	爆炸上限[%(V/V)]：22
闪点(℃)：179(闭杯)	n-辛醇/水分配系数：2.17
爆炸下限[%(V/V)]：2.0	溶解性：不溶于水，溶于乙醚，苯和二硫化碳
饱和蒸气压(kPa)：可忽略不计(20℃)	相对蒸气密度(空气＝1)：6.98
密度(g/cm^3)：1.7(20℃)	

2. 用途与接触机会

又名1-氯-2,4-二硝基苯，主要用于制造偶氮染料；作为检测和测定烟酸，烟酰胺等吡啶的试剂；空调系统冷却水中的杀藻剂。

可通过呼吸道吸入、经皮和经口吸收。

3. 毒性

健康危害GHS分类为：急性毒性—经皮，类别2；皮肤腐蚀/刺激，类别2；严重眼损伤/眼刺激，类别1；皮肤致敏物，类别1；生殖细胞致突变性，类别2；特异性靶器官毒性——次接触，类别1；特异性靶器官毒性——次接触，类别3(呼吸道刺激)；特异性靶器官毒性—反复接触，类别1。

急性毒性

大鼠经口LD_{50}：640 mg/kg，兔经皮LD_{50}：130 mg/kg。

这是一种化合物异位增敏剂，在许多实验中都被使用。该化合物会消耗肝脏谷胱甘肽水平，并不可逆地抑制了硫氧还蛋白还原酶。

4. 风险评估

本品对水生生物毒性极大并具有长期持续影响，其环境危害GHS分类为：危害水生环境—急性危害，类别1；危害水生环境—长期危害，类别1。

邻二硝基苯

1. 理化性质

CAS号：528-29-0	外观与性状：白色至黄色晶体
熔点/凝固点(℃)：118	n-辛醇/水分配系数：1.69
沸点(℃)：319	溶解性：微溶于水，溶于苯、氯仿

（续表）

闪点(℃)：150(闭杯)	密度(g/cm^3)：1.6
饱和蒸气压(kPa)：0.1(20℃)	相对蒸气密度(空气=1)：5.8

2. 用途与接触机会

又名邻二硝基苯，主要用于染料、染料中间体和炸药的制造，在制造赛璐珞用作樟脑的代替品。接触途径：该物质可通过呼吸道吸入、经皮肤和经口吸收。

3. 毒性与中毒机理

本品健康危害GHS分类为：急性毒性—经口，类别2；急性毒性—经皮，类别1；急性毒性—吸入，类别2；特异性靶器官毒性—反复接触，类别2。

强烈的高铁血红蛋白形成剂，毒性远大于苯胺和硝基苯，急性中毒恢复较慢。易经皮肤吸收。长期接触能致肝损害。1,2-DNB是三种异构体中毒性最小的，但它被皮肤吸收，并能引起肌红蛋白血症。它并没有导致大鼠的睾丸损伤，在剂量为1时，3-硝基苯产生了这样的效果。

4. 风险评估

我国职业接触限值规定：PC-TWA为1 mg/m^3。美国ACGIH：TLV-TWA为1.13 mg/m^3(经皮)。致癌物类别：3B(德国，2004年)。

本品对水生生物毒性极大并具有长期持续影响，其环境危害GHS分类为：危害水生环境—急性危害，类别1；危害水生环境—长期危害，类别1。

对二硝基苯

1. 理化性质

CAS号：100-25-4	外观与性状：白色至淡黄色晶体
熔点/凝固点(℃)：174	n-辛醇/水分配系数：1.46～1.49
沸点(℃)：299	溶解性：不溶于水；溶于丙酮，苯；微溶于氯仿，乙酸乙酯
闪点(℃)：150	密度(g/cm^3)：1.6
饱和蒸气压(kPa)：0.1(20℃)	相对蒸气密度(空气=1)：5.8

2. 用途与接触机会

又名1,4-二硝基苯同，主要用于有机合成染料、樟脑硝酸纤维素替代品。

可经呼吸道吸入、经皮和经口吸收。

3. 毒性

大鼠经腹腔LD_{50}：56 mg/kg，大鼠经口LD_{50}：50 mg/kg。其健康危害GHS分类为：急性毒性—经口，类别2；急性毒性—经皮，类别1；急性毒性—吸入，类别2；特异性靶器官毒性—反复接触，类别2。

4. 风险评估

我国职业接触限值规定：PC-TWA为1 mg/m^3。美国ACGIH规定：TLV-TWA为1.13 mg/m^3(经皮)。经皮，致癌物类别：3B(德国，2004年)。

本品对水生生物毒性极大并具有长期持续影响，其环境危害GHS分类为：危害水生环境—急性危害，类别1；危害水生环境—长期危害，类别1。

邻硝基甲苯(2-硝基甲苯)

1. 理化性质

CAS号：88-72-2	外观与性状：黄色至无色液体，有特殊气味
熔点/凝固点(℃)：−10	自燃温度(℃)：420
沸点(℃)：222	爆炸上限[%(V/V)]：8.8
闪点(℃)：95(闭杯)	n-辛醇/水分配系数：2.3
爆炸下限[%(V/V)]：1.47	溶解性：溶于乙醇，苯，石油醚；溶于四氯化碳；在乙醇和乙醚中混溶
饱和蒸气压(kPa)：0.02(20℃)	密度(g/cm^3)：1.163(20/4℃)
相对密度(水=1)：1.16	相对蒸气密度(空气=1)：4.73

2. 用途与接触机会

本品主要用于生产甲苯胺，托吡啶，品红和各种合成染料；用于合成偶氮染料，硫化染料，橡胶化学品和农药的中间体；用于有机合成各种化合物，包括石油化工，农药和药品。

该物质可通过呼吸道吸入其气溶胶，经皮和经口吸收。

3. 毒性

大鼠经口 LD_{50}：891 mg/kg。其健康危害 GHS 分类为生殖细胞致突变性，类别 1B；生殖毒性，类别 2。

4. 风险评估

我国职业接触限值规定：PC-TWA 为 10 mg/m³。美国 ACGIH 规定：TLV-TWA 为 12.2 mg/m³（经皮）。IARC 致癌性分类为 2A。

本品对水生生物有毒并具有长期持续影响，其环境危害 GHS 分类为：危害水生环境—急性危害，类别 2；危害水生环境—长期危害，类别 2。

邻硝基乙苯

1. 理化性质

CAS 号：612-22-6	外观与性状：无色或淡黄色到绿色油状液体
熔点/凝固点(℃)：−13～−10	自燃温度(℃)：498
沸点(℃)：227～228	溶解性：不溶于水；溶于醇、醚等多数有机溶剂
闪点(℃)：108.9	密度(g/cm³)：1.127(25℃)
饱和蒸气压(kPa)：9.95(20℃)	

2. 用途与接触机会

又名 2-硝基乙基苯，该品为染料、农药、医药的中间体。如用以制取邻氨基苯甲酸。亦可作矿山及农用炸药。用于 ICP-AES、AAS、AFS、ICP-MS、离子色谱等。滴定分析用标准溶液。

3. 毒性

用家兔吸入本品浓度 87～132 mg/m³，染毒 1 周或 2 周后，动物出现血尿，系由肾脏营养不良性病理改变所致，输尿管和膀胱未见异常。无发绀，不出现赫恩兹小体，但有轻度贫血，停止接触容易恢复。中毒动物尿中可检出少量原形物质，未检出氨基酚。接触本品的工人中，从发生急性中毒，大多（约占 92%）接触者在一周后出现血尿，其他临床表现基本符合动物实验所见。

二硝基甲苯

1. 理化性质

CAS 号：25321-14-6	外观与性状：黄色晶体粉末，有特殊气味
熔点/凝固点(℃)：71	自燃温度(℃)：400
沸点(℃)：低于沸点在 250～300 分解	*n*-辛醇/水分配系数：2.0
闪点(℃)：207(闭杯)	溶解性：难溶于水；溶于乙醇和乙醚
饱和蒸气压(Pa)：2.4(20℃)	相对蒸气密度(空气=1)：6.28
密度(g/cm³)：1.52(固体)	相对密度(水=1)：1.3(液体)

2. 用途与接触机会

主要用于生产二异氰酸酯，制造炸药；用作推进剂中的增塑剂；作为中间体生产甲苯二异氰酸酯。

该物质可通过呼吸道吸入、经皮和经口吸收。

3. 毒性

绝对毒性与三硝基甲苯相似，但职业中毒极少见。小鼠经口 LD_{50}：750 mg/kg。

4. 风险评估

我国职业接触限值规定：PC-TWA 为 0.2 mg/m³（经皮）。美国 ACGIH 规定：A3（确认的动物致癌物，但未知与人类相关性）。经皮，致癌物类别 2（德国，2004 年）。

2,4-二硝基甲苯

1. 理化性质

CAS 号：121-14-2	外观与性状：黄色晶体，有特殊气味
熔点/凝固点(℃)：71	*n*-辛醇/水分配系数：1.98
沸点(℃)：>250(分解)	相对蒸气密度(空气=1)：6.28
闪点(℃)：169 闭杯)	溶解性：难溶于水；溶于乙醇和乙醚；非常溶于丙酮

（续表）

饱和蒸气压(Pa)：0.02(25℃)	腐蚀性：液体二硝基甲苯会侵蚀某些形式的塑料，橡胶和涂料
密度(g/cm^3)：1.52	

2. 用途与接触机会

本品主要用于通过催化氢化进行光气化制备2,4-甲苯二异氰酸酯；应用于弹药工业，用作无烟粉末的改性剂；用作爆炸物中间体，橡胶化学和塑料制造。

该物质可通过呼吸道吸入、经皮和经口吸收。

3. 毒性

健康危害GHS分类为：急性毒性—经口，类别3；急性毒性—经皮，类别3；急性毒性—吸入，类别3；生殖细胞致突变性，类别2；致癌性，类别2；生殖毒性，类别2；特异性靶器官毒性—反复接触，类别2。大鼠经口LD_{50}：268 mg/kg；豚鼠经皮LD_{50}：>1 000 mg/kg。

4. 风险评估

美国ACGIH规定：TLV-TWA为0.2 mg/m^3(经皮)，致癌物A3。IARC致癌性分类为2B。

本品对水生生物毒性极大并具有长期持续影响，其环境危害GHS分类为：危害水生环境—急性危害，类别1；危害水生环境—长期危害，类别1。

2,6-二硝基甲苯

1. 理化性质

CAS号：606-20-2	外观与性状：黄色，棕色至红色晶体，有特殊气味
熔点/凝固点(℃)：66	*n*-辛醇/水分配系数：2.05
沸点(℃)：285℃(分解)	溶解性：难溶于水，溶于乙醇和氯仿
闪点(℃)：207(闭杯)	相对蒸气密度(空气=1)：2.77
燃烧热(kJ/mol)：-188.3×10^5	相对密度(水=1)：1.283(液体)
饱和蒸气压(Pa)：2.4(20℃)	

2. 用途与接触机会

本品主要用作推进剂、二硝基甲苯增塑剂、爆炸胶凝剂和防水剂；用于合成TNT，聚氨酯聚合物，柔性和刚性泡沫，表面涂料和染料。

该物质可通过呼吸道吸入、经皮和经口吸收。

3. 毒性

本品大鼠经口LD_{50}：177 mg/kg；大鼠吸入LD_{50}：240 mg/(m^3·6 h)。健康危害GHS分类为：急性毒性—经口，类别3；急性毒性—经皮，类别3；急性毒性—吸入，类别3；生殖细胞致突变性，类别2；致癌性，类别2；生殖毒性，类别2；特异性靶器官毒性-反复接触，类别2。

4. 风险评估

美国ACGIH规定：TLV-TWA为0.2 mg/m^3(经皮)，A3(确认的动物致癌物，但未知与人类相关性)；IARC致癌性分类为2B。

对水生物有害，且有长期持续影响，其环境危害GHS分类为危害水生环境-长期危害，类别3。

2,4,6-三硝基甲苯

1. 理化性质

CAS号：118-96-7	外观与性状：无色至黄色晶体
熔点/凝固点(℃)：81.8	闪点(℃)：240
沸点(℃)：280(爆炸)	饱和蒸气压(Pa)：14(100℃)
密度(g/cm^3)：1.65	*n*-辛醇/水分配系数：1.6
相对蒸气密度(空气=1)：7.85	溶解性：微溶于乙醇；溶于乙醚；极易溶于苯，甲苯，吡啶

2. 用途与接触机会

又名2-甲基-1,3,5-三硝基苯(2,4,6-Trinitrotoluene，TNT)。生产中，主要通过用硝酸和硫酸的混合物硝化甲苯来制备2,4,6-三硝基甲苯酸。本品主要用作军事和工业应用中的高爆炸品。

目前，在职业条件下皮肤是TNT主要进入途径之一。TNT为亲脂性，很容易经完整的人体皮肤渗透，且接触时间愈长皮肤渗透量愈大，渗透量与时间相关。非职业性接触时，也可经呼吸，或饮用受本品污染的水源而吸收。

3. 毒代动力学

当人体呼吸空气或饮用受此本品污染的水时，2,4,6-三硝基甲苯可迅速进入人体，经肝脏代谢，可分解成几种不同的代谢物质，最终终肾脏排泄。动物研究表明，几乎所有进入人体的2,4,6-三硝基甲苯都会在24小时内分解并排出。

4. 毒性

大鼠经口 LD_{50}：607 mg/kg，小鼠经口 LD_{50}：660 mg/kg，兔经皮最小致死剂量 500 mg/24 h。相关健康危害 GHS 分类为：急性毒性—经口，类别3；急性毒性—经皮，类别3；急性毒性—吸入，类别3；特异性靶器官毒性—反复接触，类别2。

急性中毒表现为接触三硝基甲苯后局部皮肤染成桔黄色，约一周左右在接触部位发生皮炎，表现为红色丘疹，以后丘疹融合并脱屑。大部分人继续接触中皮疹消退，少数人病情加重。短期内吸入高浓度三硝基甲苯粉尘，可在数天后发生发绀、胸闷、呼吸困难等高铁血红蛋白的血症。

慢性中毒临床表现为：全身症状表现为面色苍白，口唇和耳壳呈青紫色的"三硝基甲苯面容"，有为肤色掩盖，不易显露。还可能出现气急、头痛、乏力、纳减及晨起呕吐等表现。临床上可分为下列四种类型：① 中毒性胃炎：患者胃纳差，上腹部剧痛，恶心、呕吐及便秘，与进食无关。胃镜发现单纯性胃炎。② 中毒性肝炎：接触量多者多在3个月以上发生肝肿大伴压痛，肝功能异常。如发生黄疸，预后不佳。脱离接触，好转较快。③ 贫血：为低色素性贫血，可伴网状细胞增多、尿胆原和尿胆红素阳性、赫恩兹小体阳性、点形红细胞增加等。严重者可发展至再生障碍性贫血，表现为进行性贫血，全血细胞减少以及骨髓增生不良。④ 中毒性白内障：发生率最高，发病与工龄一般成正比。个别接触高浓度不足一年亦可发病。初起时晶状体周边部环形暗影，随病情发展可出现中央部环形或圆盘状混浊。由于白内障呈环状分布，故对中央视力影响不大。

5. 生物标志物

在血液和尿液中检测2,4,6-三硝基甲苯是最直接的证据，表明已发生2,4,6-三硝基甲苯暴露。但是，由于2,4,6-三硝基甲苯代谢迅速，导致难以检测血液或尿液中痕量未改变的化合物。TNT血红蛋白加合物含量是反映TNT职业接触水平的一个有意义的生物标志物，而测定4A-Hb可以反映TNT作业工人的接触量。另尿中主要2,4,6-三硝基甲苯代谢物如4-ADNT和2-ADNT的检测可用作暴露的指标，相关文献表明这两种代谢物在接触后17天仍可于接触工人的尿液中检出。2,4,6-三硝基甲苯暴露的另一个早期征兆是尿液颜色的变化，人类的尿液颜色从异常的琥珀变为深红色。

进入体内的本品及其代谢物以尿排泄为主，尿粪排泄比为5∶1，24 h内排出量为7 d的总排出量90%。尿中排出的DNAT多于本品。尿中本品可用乙醇-氢氧化钾比色法检出，DNAT可用偶氮比色法、极谱法、气相色谱法检出。故尿中本品或DNAT可作为对职业接触者的生物监测指标。

6. 人体健康危害

急性毒作用表现为：头痛，嘴唇或手指发青，皮肤发青，咳嗽，咽喉痛，呼吸困难，呕吐，胃痉挛，神志不清。症状可能推迟显现。短期接触的影响：该物质刺激眼睛、皮肤和呼吸道。该物质可能对血液有影响，导致溶血、形成正铁血红蛋白。接触可能导致死亡。影响可能推迟显现。需进行医学观察。

慢性毒作用表现为：反复或长期与皮肤接触可能引起皮炎。该物质可能对肝、血液和眼睛有影响，导致黄疸、贫血和白内障。对人急性致死量估计为1～2 g。经口进入量达1 mg/kg时，连续4 d，未见到血液方而改变。在工业接触中，当空气中浓度达2 mg/m^{3}时，引起血红蛋白水平和血象的轻度改变。主要职业危害是通过吸入及经皮肤途径引起的慢性中毒。尤其在复季，气温高、湿度大，工人暴露的皮肤面积增加，经皮肤吸收更容易。由于硝酸铵有吸湿性，故加工后的混合物比纯的本品更易经皮肤吸收。现有的清洗剂均不能完全消除皮肤污染的本品，沾染时间愈长愈难清洗。手和脸的皮肤有时被染成橘黄色。

慢性中毒的全身症状主要有面部轻度发绀，"三硝基甲苯面容"，即面色苍白，口唇和耳壳呈青紫色常为肤色所掩盖，不易显露，尤其在灯光更不易见到。早期还可有气急，于上梯时明显，头痛，疲倦，胃纳减退，无味，早晨呕吐。尿色改变先出现淡棕色，后现深棕色。随病情的发展，可分为下列四种类型：(1) 中毒性胃炎。患者消瘦，上腹部剧痛，食欲不振，恶心，呕吐，便秘。症状与饮食无关。胃镜检查，可见到单纯性胃炎。(2) 中毒性肝病。其表现与一般中毒性肝病相同。接触量多者 3 个月以上可发生，肝大有压痛。血清丙氨酸转氯酶活性增高。脱离接触，好转较快。有时有一些前驱症状如嗜睡、眩晕、深色尿、或伴有中毒性胃炎症状。近 20 年来，由于肝功能试验的发展，可早期诊断肝脏病变，防止了严重肝损的发生。(3) 贫血。检查接触者的血象，常见低血色素性贫血，伴有网织红细胞增多，尿中有时可出现尿胆素或尿胆原，证明有红细胞破坏过盛。还可见点彩红细胞增加、赫恩兹小体及红细胞大小不等。个别重者可发展为再生障碍性贫血，其潜伏期较长，临床表现主要为进行性贫血、全血细胞减少以及骨髓增生不良。(4) 中毒性白内障。主要病损在晶状体。用彻照法可见晶状体周边部环形暗影，重者中央部亦出现环形或圆盘状混浊；裂隙灯下可见此等混浊为多数浅棕色小点聚积而成，多位于前皮质与成人核之间。整个皮质部透明度降低。典型者周边部环状混浊形成花瓣状，系由多个尖端指向中央的楔形混浊体连接而成。发病一般与工龄成正比，但个别人接触高浓度不足 1 年可发病。由于白内障呈环状分布，故对中央视力影响不大。

以上 4 种类型，各成为独立的病症，可以单独存在，也可见 2 种或 2 种以上同时存在。以中毒性白内障患病率最高，而再生障碍性贫血最为少见。短期内吸入高浓度本品的粉尘，可以出现亚急性中毒，患者在接触三四天后发生发绀、胸闷、呼吸困难等高铁血红蛋白血症。但这种情况罕见。

7. 风险评估

我国职业接触限值规定：PC - TWA 为 0.2 mg/m^3、PC - STEL 为 0.5 mg/m^3。美国 ACGIH 规定：TLV - TWA 为 0.1 mg/m^3(经皮)，皮肤致敏剂；IARC 致癌性分类为 3。

本品对水生生物有毒并具有长期持续影响，其环境危害 GHS 分类为：危害水生环境—急性危害，类别 2；危害水生环境—长期危害，类别 2。

2,4,6 -三硝基苯(替)甲硝胺

1. 理化性质

CAS 号：479 - 45 - 8	外观与性状：无色至黄色晶体，无气味
熔点/凝固点(℃)：130～132	临界压力(MPa)：2.61
沸点(℃)：187(爆炸)	自燃温度(℃)：257
闪点(℃)：187(爆炸)	相对密度(水＝1)：1.57 (19℃)
饱和蒸气压(kPa)：＜0.1 (20℃)	n -辛醇/水分配系数：1.64
相对蒸气密度(空气＝1)：9.92	溶解性：不溶于水；溶于冰醋酸，苯，极易溶于乙醚

2. 用途与接触机会

又名特屈儿。本品由于毒性较大，已逐渐被太安、黑索今等炸药取代，但仍作为传爆药柱的装药。有良好引爆能力，用于引爆药及猛烈炸药。

2,4,6 -三硝基苯(替)甲硝胺可通过吸入其气溶胶、经皮肤和经口吸收。

3. 毒性

主要危害由粉尘引起。接触后皮肤被黄染，眼结膜发生刺激症状。在开始接触 2～3 周内颈、胸、背和前臂内侧可发生皮炎，最先为红斑，后脱屑；能继续工作者，可产生耐受性。亦有在严重接触，或对皮肤卫生习惯差者，或皮肤柔嫩者，皮炎可加剧，散布到全身，呈丘疹、疱疹和湿疹表现。如粉尘浓度高，则接触 3～4 d 后可发生头痛、鼻衄、干咳、支气管痉挛等症状，偶见腹泻和月经异常。严重长期接触，能致慢性影响，有胃肠道症状如胃纳减退，腹痛，呕吐，体重减轻；中枢神经系统兴奋如失眠、反射亢进等。也可见到白细胞增多和轻度贫血。

本品健康危害 GHS 分类为：急性毒性—经口，类别 3；急性毒性—经皮，类别 3；急性毒性—吸入，类别 3；特异性靶器官毒性—反复接触，类别 2。

大鼠经口 LD_{50}：5 mg/kg，小鼠经口 LD_{50}：5 mg/kg，兔经皮 LD_{50}：＞2 mg/kg

4. 风险评估

美国 ACGIH 规定：TLV - TWA 为 1.5 mg/m^3。经皮，致癌物类别：3B(德国，2008 年)。

甲基苄基亚硝胺

1. 理化性质

CAS 号：937-40-6	闪点(℃)：134.1
沸点(℃)：298.2	密度(g/cm^3)：1.03(20℃)
分子量：150.17	

2. 毒性

大鼠经口 LD_{50}：>5 000 mg/kg。健康危害 GHS 分类为：急性毒性—经口，类别 2。

2,4-二硝基苯酚

1. 理化性质

CAS 号：51-28-5	外观与性状：黄色晶体
pH 值：2.6 无色，4.4 黄色	熔点/凝固点(℃)：112
相对密度(水=1)：1.68	n-辛醇/水分配系数：1.67
相对蒸气密度(空气=1)：6.36	溶解性：溶于乙醇，乙醚，苯，甲醇、碱性水溶液

2. 用途与接触机会

本品主要用作生产偶氮染料的化学中间体，用于染料和二氨基苯酚的制造，木材防腐剂和杀虫剂；作为检测钾离子和铵离子的试剂；用于保护金属切割油乳液的杀真菌剂；用于苯乙烯生产中的聚合抑制剂；用作铁路绑带，木杆/柱，木桩和木材压力处理中的杀菌剂，以防止木腐烂/腐烂真菌；用作家庭住宅(户外)的杀虫剂和杀螨剂等。

可通过呼吸道吸入、经皮和经口吸收。

3. 毒性

急性危害：恶心，呕吐，心悸，虚脱，出汗，发红，粗糙，皮肤黄斑。长期或反复接触的影响：反复或长期与皮肤接触可能引起皮炎。该物质可能对末梢神经系统有影响。可能对眼睛有影响，导致白内障。

健康危害 GHS 分类为：急性毒性—经口，类别 3；急性毒性—经皮，类别 3；急性毒性—吸入，类别 3；特异性靶器官毒性—反复接触，类别 2。小鼠经口 LD_{50}：30 mg/kg，兔经口 LD_{50}：30 mg/kg，兔经皮(MLD)最小致死剂量为 300 mg/(4W-I)。

4. 风险评估

对水生物毒性极大，其环境危害 GHS 分类为危害水生环境—急性危害，类别 1。

2,5-二硝基苯酚

1. 理化性质

CAS 号：329-71-5	外观与性状：黄色结晶
pH 值：4.0 无色，5.4 黄色	n-辛醇/水分配系数：1.75
熔点/凝固点(℃)：108	溶解性：溶于乙醚，苯；微溶于冷酒精；溶于热乙醇，固定碱金属氢氧化物

2. 用途与接触机会

本品主要用作制造染料和有机化学品，作为指示剂。

3. 毒性

大鼠腹腔注射染毒 LD_{50}：150 mg/kg。健康危害 GHS 分类为：急性毒性—经口，类别 3；急性毒性—经皮，类别 3；急性毒性—吸入，类别 3；特异性靶器官毒性—反复接触，类别 2。

4. 风险评估

本品对水生生物有毒并具有长期持续影响，其环境危害 GHS 分类为：危害水生环境—急性危害，类别 2；危害水生环境—长期危害，类别 2。

2,6-二硝基苯酚

1. 理化性质

CAS 号：573-56-8	外观与性状：浅黄色结晶
pH 值：2.0 无色；4.0 黄色	相对蒸气密度(空气=1)：6.35
熔点/凝固点(℃)：63.5	n-辛醇/水分配系数：1.37
溶解性：微溶于冷水或冷酒精、四氯化碳，二硫化碳；易溶于氯仿，乙醚，沸腾醇，固定碱氢氧化物溶液；溶于乙醇，丙酮，乙醚、苯	

2. 用途与接触机会

本品主要用于制造染料和有机化学品时，作为指标；用作染料，特别是硫色；用于制造照相显影剂；用于炸药制造。

3. 毒性

大鼠腹腔注射染毒 LD_{50}：38 mg/kg，小鼠经腹腔 LD_{50}：45 mg/kg。健康危害 GHS 分类为：急性毒性—经口，类别 3；急性毒性—经皮，类别 3；急性毒性—吸入，类别 3；特异性靶器官毒性—反复接触，类别 2。

4. 风险评估

本品对水生生物有毒并具有长期持续影响，其环境危害 GHS 分类为：危害水生环境—急性危害，类别 2；危害水生环境—长期危害，类别 2。

二硝基苯酚，二硝基苯酚溶液

1. 理化性质

CAS 号：25550 - 58 - 7	外观与性状：黄色结晶
相对密度(水=1)：1.68	相对蒸气密度(空气=1)：6.35
溶解性：微溶于乙醇，乙醚；易溶于氯仿和苯	

2. 用途与接触机会

本品主要用作染料，特别是硫色；用于照相显影剂二氨基苯酚盐酸盐的制造；用于爆炸品制造。

3. 毒性

大鼠经口 LD_{50}：30 mg/kg，小鼠经皮下注射 LD_{50}：22.1 mg/kg。健康危害 GHS 分类为：急性毒性—经口，类别 3；急性毒性—经皮，类别 3；急性毒性—吸入，类别 3；特异性靶器官毒性—反复接触，类别 2。

4. 人体健康危害

主要直接作用于能量代谢过程，吸收后基础代谢率明显增加，可使体温增加到 40℃，其原理是使细胞氧化过程受到刺激，而磷酰化过程则被抑制，故氧化过程受刺激所增加的能量，不能通过磷酰化转变为三磷酸腺苷或磷酸肌酸的形式得以贮存，而以热能散发。由于磷酰化过程发生障碍，身体所产生的能量无法提供肌肉收缩之用，致肌肉对刺激反应迟钝，并很快陷于完全抑制而呈僵直状态。由于新陈代谢亢进和高热，可造成中枢神经系统、肝、肾等损害。

二硝基苯酚易在体内被还原为氨基酚，使毒性减小，并能经尿排出。故无长时间接触者不发生慢性中毒。在炎夏季节要与热射病相区别。尿中检出氨基酚或硝基酚，可资参考。本类物质引起高铁血红蛋白的作用不明显。

急性中毒时，症状可在数小时内出现，有皮肤潮红、大汗、口渴、烦躁不安、全身乏力、心率和呼吸加快，高热可达 40℃以上，抽搐、肌肉强直、昏迷，最后血压下降而死亡。长期皮肤接触者，皮肤有黄染、红斑、丘疹或荨麻疹，且有搔痒(约占 23%)，剥脱性皮炎少见。报告有周围神经炎的占 18%，常影响小腿或足部。晶体白内障发生率不到 1%。此外，有极少数经口中毒病例发生肝炎，颗粒细胞缺乏症，心律紊乱，口腔黏膜肿胀，影响味觉。

有认为接触者测定血浓度不可超过 20 $\mu g/cm^3$ 在此血浓度已可刺激新陈代谢率，出现过度的兴奋，若再继续吸收毒物，则产生疲乏、多汗、口渴、激动、烦躁不安、体重减轻、巩膜黄染。中毒加重，有呼吸增快和加深，心动过速，体温升高，此为严重之临床症状，数小时后常导致死亡。

5. 风险评估

本品对水生生物毒性极大并具有长期持续影响，其环境危害 GHS 分类为：危害水生环境—急性危害，类别 1；危害水生环境—长期危害，类别 1。

二　硝　酚

1. 理化性质

CAS 号：534 - 52 - 1	外观与性状：黄色晶体
熔点/凝固点(℃)：87.5	沸点(℃)：312
饱和蒸气压(Pa)：0.016(25℃)	自燃温度(℃)：340
密度(g/cm^3)：1.58	n-辛醇/水分配系数：2.56

（续表）

相对蒸气密度(空气=1)：6.8	溶解性：溶于甲醇、乙酸乙酯、丙酮等有机溶剂

2. 用途与接触机会

又名2-甲基-4,6-二硝基酚，主要用于预先吸收磷虾和黑麦种子的农作物；用作杀虫剂，杀菌剂，除草剂、落叶剂。

该物质可通过呼吸道吸入、经皮和经口吸收。

3. 毒性

大鼠经口LD_{50}：7 mg/kg；小鼠经皮LD_{50}：200 mg/kg；兔经皮最小致死剂量为105 mg/kg。健康危害GHS分类为急性毒性—经口，类别2；急性毒性—经皮，类别1；急性毒性—吸入，类别2；皮肤腐蚀/刺激，类别2；严重眼损伤/眼刺激，类别1；皮肤致敏物，类别1；生殖细胞致突变性，类别2。

接触本品，急性危害表现为多汗、发烧或体温升高、恶心、气促、呼吸困难。头痛、惊厥、神志不清。黄色斑点、发红；疼痛、腹部疼痛、呕吐。

短期接触的影响：该物质腐蚀眼睛和刺激皮肤。皮肤黄色斑。该物质可能对代谢速率有影响。接触高浓度时，可能导致死亡。

4. 风险评估

美国ACGIH规定：TLV-TWA为0.2 mg/m^3(经皮)。

2,4-二硝基苯酚钠

1. 理化性质

CAS号：1011-73-0	沸点(℃)：142.8
分子量：206.09	

2. 毒性

又名抗氧剂DNP。健康危害GHS分类为急性毒性—经口，类别3；急性毒性—经皮，类别3；急性毒性—吸入，类别3；特异性靶器官毒性—反复接触，类别2。

3. 风险评估

本品对水生生物有毒并具有长期持续影响，其环境危害GHS分类为：危害水生环境—急性危害，类别2；危害水生环境—长期危害，类别2。

二硝基邻甲酚钾

1. 理化性质

CAS号：5787-96-2	

2. 毒性

本品健康危害GHS分类为急性毒性—经口，类别3；急性毒性—经皮，类别3；急性毒性—吸入，类别3；特异性靶器官毒性—反复接触，类别2。

3. 风险评估

本品对水生生物毒性极大并具有长期持续影响，其环境危害GHS分类为：危害水生环境—急性危害，类别1；危害水生环境—长期危害，类别1。

重氮二硝基酚

1. 理化性质

CAS号：2312-76-7	外观与性状：黄色片状晶体

2. 用途与接触机会

本品主要用于制造炸药、用作染料中间体、杀虫剂、除草剂。

3. 毒性

大鼠经口LD_{50}：26 mg/kg；大鼠经皮LD_{50}：200 mg/kg。健康危害GHS分类为急性毒性—经口，类别2；急性毒性—经皮，类别2；急性毒性—吸入，类别3；特异性靶器官毒性—反复接触，类别2。

现场调查接触本品粉尘的工人，常同时接触黑索金。对接触者的体检可发现消化系统的症状和血液系统的影响，主要有恶心、呕吐、食欲不振、胃痛、肝功能损害，红细胞和血红蛋白下降，少数人白细胞减少。眼球水晶体亦有混浊现象。皮肤接触可发生皮炎。以上资料由一次体检所见，无动态观察。这些影响与接触三硝基甲苯有相似之处，但发病较少，程度也较轻。预防措施主要在于防尘。

4. 风险评估

本品对水生生物毒性极大并具有长期持续影响,其环境危害 GHS 分类为:危害水生环境-急性危害,类别 1;危害水生环境-长期危害,类别 1。

苦味酸(2,4,6-三硝基酚)

1. 理化性质

CAS 号:88-89-1	外观与性状:黄色晶体
熔点/凝固点(℃):122	引燃温度(℃):300(爆炸)
沸点(℃):>300 时(爆炸)	腐蚀性:侵蚀普通金属,铝和锡除外
闪点(℃):150(闭杯)	相对蒸气密度(空气=1):7.9
密度(g/cm^3):1.8	n-辛醇/水分配系数:2.03
相对密度(水=1):1.76	溶解性:微溶于水;溶于醇、乙醚、苯、氯仿;易溶于丙酮

2. 用途与接触机会

本品主要用于合成染料;爆炸物,火柴;用于制造彩色玻璃和纺织媒染剂;也常用于临床血液分析中的衍生化。在火箭燃料中感光乳剂的致敏;用于去除明胶图像中的明胶;用于生产苦味酸和氯化苦。苦味酸被用作从人体组织中提取胰岛素的溶剂。

该物质可经口吸收。

3. 毒性

大鼠经口 LD_{50}:200 mg/kg,小鼠经腹腔 LD_{50}:56 300 μg/kg。健康危害 GHS 分类为急性毒性—经口,类别 3;急性毒性—经皮,类别 3;急性毒性—吸入,类别 3。

另本品可引起皮肤损害,皮肤常被黄染,固态本品对皮肤的刺激很强,水溶液仅使过敏者发生皮炎。常累及面部,特别是唇和鼻的四周,出现水肿、丘疹、水疱,最后脱皮。亦能引起结膜炎和支气管炎。长期接触可引起头痛、头晕、恶心、呕吐、食欲减退、腹泻等症状。有时可引起末梢神经炎和膀胱刺激症状,尿中有蛋白。

4. 风险评估

我国职业接触限值规定:PC-TWA 为 0.1 mg/m^3。美国 ACGIH 规定:TLV-TWA 为 0.1 mg/m^3。

2,4-二硝基苯胺

1. 理化性质

CAS 号:97-02-9	外观与性状:黄色针状晶体或浅绿黄色片状或亮黄色固体,有特殊气味
熔点/凝固点(℃):187~188	闪点(℃):222~224(闭杯)
沸点(℃):56.7	n-辛醇/水分配系数:1.84(估计值)
密度(g/cm^3):1.62	溶解性:不溶于水,溶于乙醇
相对蒸气密度(空气=1):6.31	

2. 用途与接触机会

又名 1-氨基-2,4-二硝基苯,主要用于制备偶氮染料、油墨中的调色剂颜料、缓蚀剂。

该物质可通过呼吸道吸入其气溶胶,经皮肤和经口吸收。

3. 毒性

大鼠经口 LD_{50}:285 mg/kg,小鼠经口 LD_{50}:370 mg/kg,兔经眼最小致死剂量 LD_{50}:500 mg/24 h。健康危害 GHS 分类为急性毒性—经口,类别 2;急性毒性—经皮,类别 1;急性毒性—吸入,类别 2;特异性靶器官毒性—反复接触,类别 2。

4. 风险评估

本品对水生生物有毒并具有长期持续影响,其环境危害 GHS 分类为:危害水生环境—急性危害,类别 2;危害水生环境—长期危害,类别 2。

2,6-二硝基苯胺

1. 理化性质

CAS 号:606-22-4	外观与性状:橙黄色针状结晶
熔点/凝固点(℃):177~180	闪点(℃):224

（续表）

溶解性：溶于乙醚、热苯、乙醇；不溶于水和石油醚	相对密度（水=1）：1.615

2. 用途与接触机会

该品用作有机合成中间体、用作染料中间体、合成染料中间体。

该物质呼吸道吸入、经口、经皮吸收。

3. 毒性

本品小鼠静脉注射染毒 LD_{50}：180 mg/kg；大鼠口服 LD_{50}：418 mg/kg；小鼠口服 LD_{50}：370 mg/kg。

健康危害 GHS 分类为急性毒性—经口，类别 2；急性毒性—经皮，类别 1；急性毒性—吸入，类别 2；特异性靶器官毒性—反复接触，类别 2。

4. 风险评估

前苏联规定：MAC 为 0.2 mg/m^3。

本品对水生生物有毒并具有长期持续影响，其环境危害 GHS 分类为：危害水生环境—急性危害，类别 2；危害水生环境—长期危害，类别 2。

3,5-二硝基苯胺

1. 理化性质

CAS 号：618-87-1	外观与性状：黄色或棕黄色粉末状
熔点/凝固点（℃）：160～162	

2. 用途与接触机会

本品可经呼吸道吸入、经口、经皮吸收。

3. 毒性

健康危害 GHS 分类为急性毒性—经口，类别 2；急性毒性—经皮，类别 1；急性毒性—吸入，类别 2；特异性靶器官毒性—反复接触，类别 2。

4. 风险评估

本品对水生生物有毒并具有长期持续影响，其环境危害 GHS 分类为：危害水生环境—急性危害，类别 2；危害水生环境—长期危害，类别 2。

对氯邻硝基苯胺

1. 理化性质

CAS 号：89-63-4	外观与性状：橙色晶体
pH 值：7（0.5 g/L，H_2O，20℃）	熔点/凝固点（℃）：116.5
密度（g/cm^3）：1.37	n-辛醇/水分配系数：2.72
溶解性：极易溶于乙醇、乙醚、乙酸；微溶于丙酮；不溶于水	

2. 用途与接触机会

又名 4-氯-2-硝基苯胺，主要用作染料和颜料中间体，作为重氮组分。

3. 毒性

大鼠经口 LD_{50}：400 mg/kg，小鼠经口 LD_{50}：800 mg/kg。其健康危害 GHS 分类为特异性靶器官毒性-反复接触，类别 2。

4. 风险评估

本品对水生生物有毒并具有长期持续影响，其环境危害 GHS 分类为：危害水生环境—急性危害，类别 2；危害水生环境—长期危害，类别 2。

邻氯对硝基苯胺

1. 理化性质

CAS 号：121-87-9	外观与性状：黄色针状晶体
熔点/凝固点（℃）：108	闪点（℃）：205
沸点（℃）：200	自燃温度（℃）：522
饱和蒸气压（Pa）：0.000 46（25℃）	n-辛醇/水分配系数：2.3
密度（g/cm^3）：1	溶解性：（25℃）不溶于水；极易溶于乙醚，乙醇，乙酸；溶于乙醇，苯，乙醚；微溶于水和强酸
相对密度（水=1）：0.88	相对蒸气密度（空气=1）：2.77

2. 用途与接触机会

又名 4-硝基-2-氯苯胺，本品主要作为中间体制造染料；用于聚酯或用于丙烯酸纤维的改性碱性染料的分散染料中的重氮组分。

该物质可通过呼吸道吸入吸收。

3. 毒性

大鼠经口 LD_{50}：6 430 mg/kg，小鼠经口 LD_{50}：1 250 mg/kg。

4. 风险评估

本品对水生生物有毒并具有长期持续影响，其环境危害GHS分类为：危害水生环境—急性危害，类别2；危害水生环境—长期危害，类别2。

硝基氯苯

1. 理化性质

(1) 2,3-二氯硝基苯

CAS号：3209-22-1	外观与性状：无色至黄色晶体
熔点/凝固点(℃)：61.5	饱和蒸气压(kPa)：可忽略不计(20℃)
沸点(℃)：257～258	*n*-辛醇/水分配系数：3.05
闪点(℃)：123	溶解性：不溶于水；极易溶于有机溶剂；溶于乙醇，乙醚，丙酮，苯，石油醚；微溶于氯仿
密度(g/cm^3)：1.7	相对蒸气密度(空气=1)：6.6

(2) 2,4-二氯硝基苯

CAS号：611-06-3	外观与性状：黄色晶体或液体
熔点/凝固点(℃)：30～33	自燃温度(℃)：500
沸点(℃)：258.5	闪点(℃)：112
饱和蒸气压(Pa)：1(20℃)	*n*-辛醇/水分配系数：3.1
密度(g/cm^3)：1.479(80.4℃)	溶解性：溶于乙醇和乙醚；微溶于氯仿
相对蒸气密度(空气=1)：6.6	

(3) 2,5-二氯硝基苯

CAS号：89-61-2	外观与性状：黄色薄片
熔点/凝固点(℃)：55	闪点(℃)：135
沸点(℃)：261	自燃温度(℃)：465
爆炸下限[%(V/V)]：2.4	爆炸上限[%(V/V)]：8.5
饱和蒸气压(Pa)：0.5(25℃)	蒸气、空气混合物的相对密度(20℃，空气=1)：1
密度(g/cm^3)：1.67	*n*-辛醇/水分配系数：2.93
相对蒸气密度(空气=1)：6.6	溶解性：难溶于水

(4) 3,4-二氯硝基苯

CAS号：99-54-7	外观与性状：无色到褐色像针状晶体
饱和蒸气压(Pa)：2(25℃)	临界温度(℃)：484.85
熔点/凝固点(℃)：39～41	临界压力(Pa)：3.6×10^6
沸点(℃)：255	自燃温度(℃)：420
闪点(℃)：124(闭杯)	*n*-辛醇/水分配系数：3.12
密度(g/cm^3)：1.56(15℃)	相对蒸气密度(空气=1)：6.6
溶解性：不溶于水；溶于乙醚，酒精；微溶于四氯化碳	

2. 用途与接触机会

2,3-二氯硝基苯主要用于研究化学工业中的中间试剂；用于农药；抗菌和抗原虫药，可经口吸收。

2,4-二氯硝基苯主要用于二氧化钛的化学中间体(抗真菌剂)；用作氯霉素合成的化学中间体；2,4-二氟苯胺。将1,3-二氯-4-硝基苯还原成中间体2,4-二氯苯胺，可经口，经皮肤接触。

2,5-二氯硝基苯主要用于染料中间体，可用于合成弱酸性染料红B等，亦可用作氮肥增效剂，可经口和经皮肤吸收到体内。

3,4-二氯硝基苯主要用途：作为CHEM中间体(EG，丙酰胺)和杀虫剂及染料中间体；1,2-还原1,2-二氯-4-硝基苯得到3,4-二氯苯胺，是重要的农药中间体，胺化产生2-氯-4-硝基苯胺，它是重要的重氮组分和中间体，可经口吸收。

3. 毒性

2,5-二氯硝基苯：豚鼠经口 LD_{50}：800 mg/kg；大鼠经口 LD_{50}：1 000 mg/kg，兔经皮最小致死剂量为500 mg/(kg・24 h)。

3,4-二氯硝基苯：大鼠经口 LD_{50}：953 mg/kg；大鼠经呼吸道 LC_{50}：10 000 mg/(m^3・4 h)；小鼠经

腹腔 LD_{50}：400 mg/kg；兔经皮 LD_{50}：>200 mg/kg。

2,3-二氯硝基苯健康危害 GHS 分类为：皮肤腐蚀/刺激，类别 2；特异性靶器官毒性——一次接触，类别 1；特异性靶器官毒性—反复接触，类别 2。2,4-二氯硝基苯其健康危害 GHS 分类为急性毒性—经皮，类别 3；皮肤致敏物，类别 1；生殖毒性，类别 2；特异性靶器官毒性—反复接触，类别 2。2,5-二氯硝基苯其健康危害 GHS 分类为：生殖毒性，类别 2；特异性靶器官毒性——一次接触，类别 1；特异性靶器官毒性——一次接触，类别 3（麻醉效应）；特异性靶器官毒性—反复接触，类别 1。3,4-二氯硝基苯其健康危害 GHS 分类为生殖毒性，类别 2；特异性靶器官毒性——一次接触，类别 3（麻醉效应）；特异性靶器官毒性—反复接触，类别 1。

4. 风险评估

本类化学品多对水生物有毒，且有长期持续影响，如 2,3-二氯硝基苯、2,4-二氯硝基苯和 3,4-二氯硝基苯对水生生物有毒并具有长期持续影响，其环境危害 GHS 分类为：危害水生环境—急性危害，类别 2；危害水生环境—长期危害，类别 2。2,5-二氯硝基苯对水生生物毒性极大并具有长期持续影响，其环境危害 GHS 分类为：危害水生环境—急性危害，类别 1；危害水生环境—长期危害，类别 1。

第18章

卤代环烃类

本类物质是卤族元素取代苯环上的氢原子而形成的化合物，多数为高沸点的液体或固体物质。密度大于水，一般不溶于水或难溶于水，但易溶于醇、醚、苯。一卤衍生物具有强烈的特殊气味。

(一) 用途与接触机会

本类物质是常用的基本化工原料，广泛应用于有机合成、制药、染料、电器工业以及农业等。其中有机氯农药(chlorinated hydrocarbon pesticide)是19世纪三四十年代合成、六七十年代广泛使用的杀虫剂。主要应用于农业及卫生杀虫。该合成原料大体分成两大类：一类是以苯为基本原料的氯化苯系，如六六六、滴滴涕、林丹等；另一类是以石油裂解产物为基本原料的氯化亚甲基捺制剂，如氯丹、七氯化茚、狄氏剂、艾氏剂等。另外还有氯化莰烯，即毒杀芬。该类农药残留期长，对人类及生态环境构成严重危害。我国已于1983年停止生产和进口此类农药。

本类物质主要以液体、固体结晶或粉末状形态存在，可经呼吸道、胃肠和皮肤进入人体。人类主要在生产过程中经职业接触，有机氯农药一般通过空气、食物和饮水途径接触。

(二) 毒代动力学

本类物质不同品种毒代动力学有所不同。其中有机氯农药主要经呼吸道、皮肤与消化道侵入人体。吸收后随血液到达各器官组织，最后通过大便排出体外。在体内贮存量最多的是脂肪组织，特别是肾周脂肪、大网膜脂肪、皮下脂肪等，其次是骨髓、肾上腺、卵巢、脑、肝、肾等器官。

(三) 毒性与中毒机理

本类物质不同品种对动物的毒性相差较大，如氯苯的大鼠经口 LD_{50} 为 1 100 mg/kg，大鼠吸入 LC_{50} 为 14 899 mg/m^3。单氟化苯的大鼠经口 LD_{50} 为 4 399 mg/kg，大鼠吸入 LC_{50} 为 115 440 mg/m^3。

(1) 对神经系统的影响　对神经系统的毒作用包括中枢神经系统和周围神经系统的感觉神经，主要作用部位是大脑运动中枢和小脑，使其兴奋性增高，甚至发生惊厥，同时伴有皮质及自主神经功能紊乱。研究表明，部分有机氯农药可激活某些与糖异生作用有关的酶，致糖代谢紊乱，使中枢神经、周围神经和脊髓的神经细胞水肿，形成空泡，并出现斑状溶解等改变，从而干扰神经细胞的正常功能。

(2) 对消化系统的影响　对胃肠道黏膜有刺激作用，口服可出现恶心、呕吐、腹痛、腹泻等症状。其消化道作用可能与本品在含脂肪的组织内蓄积有关。本类物质是肝微粒体酶系统的诱导剂，并可降低肝脏 GSH 的含量。由于此种作用，它改变了体内某些生物化学过程，加速了许多药物、毒物的降解代谢。有报道，林丹可抑制肝脏线粒体、微粒体膜的流动性。

(3) 对血液系统的影响　慢性有机氯农药中毒危害骨髓，严重影响造血功能，甚至引起再生障碍性贫血及急性白血病。林丹染毒还可致动物白细胞酸性磷酸酶和碱性磷酸酶活性增加。

(4) 对内分泌系统的影响　有机氯农药通过诱导作用，影响体内各种类固醇激素的水平，如滴滴涕可降低血清孕激素水平，而林丹则可使血清雄性激素水平降低。

(5) 对泌尿生殖系统的影响　六六六对生殖具有明显的毒性作用。实验表明，六六六染毒可使大鼠肾小管上皮细胞浊肿、变性，肾近曲小管内可见大小不等、着色不一的玻璃样小体，电镜下可见线粒体肿胀、嵴扩张等病理改变。林丹还能抑制肾小管上皮细胞膜内流动性。有研究表明，林丹可透过血睾屏障，使睾丸重量减轻、间质细胞破坏等。滴滴涕可使大鼠子宫收缩频率增加，且这种改变不依赖于前列腺素 E2 的释放。

(6) 皮肤损害　六六六、林丹可引起接触性皮炎。接触部位发生红斑、丘疹，伴有剧痒，重者出现水疱。少数对六六六过敏者，可出现湿疹样损害。

(7) 致癌、致畸、致突变作用　越来越多的研究表明，有机氯农药的某些品种，如滴滴涕、林丹等可诱发动物肝脏及消化道肿癌。动物实验证实，滴滴涕还具有明显的致突变作用，长期摄入此类农药，对小鼠有致癌作用。

目前国际上对该类物质不同品种致癌性划分不同，如 IARC 将氯化联苯定为 1 类致癌物，将氯化苄、二氯化苄、DDT、林丹、狄氏剂定为 2A 类致癌物，将对二氯苯、1-氯化萘、3，3′-二氯联苯胺、六氯环己烷、六六六、氯丹、七氯化茚、毒杀芬定为 2B 类致癌物，将间二氯苯、邻二氯苯、异狄氏剂定为 3 类致癌物。

(四) 人体健康危害

卤代环烃类均具有一定程度的麻醉作用及明显的局部刺激作用，临床表现主要是抑制中枢神经系统引起的症状。不同种类物质对人体危害有差异，其中有些种类可损害肝、肾功能，部分种类对皮肤、眼部和呼吸道具有刺激作用，对造血系统和中枢神经系统也有一定影响。

(五) 诊疗

1. 诊断

目前我国暂无对本类物质中毒的诊断标准。职业中毒的诊断要符合职业病诊断的一般原则。应包括职业史、现场职业卫生学调查、相应的临床表现和必要的实验室检测，在综合分析的基础上，并排除非职业性因素所致的类似疾病，才能做出切合实际的诊断。

2. 治疗

对于急性中毒的患者，应首先脱离接触将患者移到空气新鲜处，脱去被污染的衣服与鞋袜，彻底清洗被污染的皮肤，口服中毒者要反复洗胃，接触眼部应用流动清水冲洗并及时就医。该类物质无特效解毒药；慢性中毒患者主要采取对症与支持治疗，注意保护肝、肾功能。

(六) 预防

该类物质的储存容器应严加密闭，防止蒸气泄漏到工作场所空气中。储存场所应使用防爆型的通风系统和设备，配备紧急冲淋和洗眼设备。操作人员必须经过专业培训，严格遵守操作规程。必要时，在工作过程中操作人员应佩戴自吸过滤式防毒面具(半面罩)和化学安全防护眼镜，穿戴防毒物渗透工作服，戴橡胶耐油手套。工作现场禁止吸烟、进食和饮水。被毒物污染的衣服应单独存放，洗后备用。

六溴环十二烷

1. 理化性质

CAS 号：3194-55-6	外观与性状：白色结晶粉末
熔点/凝固点(℃)：168～196	易燃性：不易燃
密度(g/cm^3)：2.36	n-辛醇/水分配系数：5.4～5.8
溶解性：不溶于水；可溶于丙酮、酯等有机溶剂	

2. 用途与接触机会

六溴环十二烷(HBCD)是一种高溴含量的脂环族添加型阻燃剂，主要用于建筑物和汽车中经处理的聚苯乙烯保温板、高抗冲聚苯乙烯电气和电子设备，也用于聚丙烯、苯乙烯树脂、涤纶织物和合成橡胶涂层等，具有用量少、阻燃效果好、对材料物理性能影响小等特点，因此，市场需求量很大。此外，它适用于对针织物、丁苯胶、黏合剂和涂料，以及不饱和聚酯树脂进行阻燃处理。

3. 毒代动力学

HBCD 混合物含有三种主要立体异构体，α(a)，β(b)和 γ(g)，其典型比例为 1.2∶0.6∶8.2。a 和 g 异构体的毒代动力学性质不同。例如，α-六溴环十二烷比 g-六溴环十二烷具有更高的生物利用度和潜在的小鼠蓄积量。研究结果表明，在雌性 C57BL/6 小鼠中单次口服剂量为 3 mg/kg ^{14}C 标记的 b-HBCD 被快速吸收(≥85%的总剂量)。注射后 3 h 观察到除脂肪之外的组织中源自 b-HBCD 的放射性达到峰值。大约 90%的给药剂量在 24 h 内在尿液和粪便中排泄，主要为b-HBCD的代谢物。一部分剂量(大约9%)作为g-六溴环十二烷在粪便中排泄。口服30或100 mg/kg b-六溴环十二烷导致 ^{14}C 消除率降低，但累积排泄数据在给药后4 d的给药范围内是相似的。脂肪和肝脏组织中 ^{14}C 的残留浓度最高。雌性C57BL/6小鼠中b-HBCD的代谢和排泄程度与g-六溴环十二烷类似。大部分组织中b-HBCD衍生物质的累积似乎低于α-六溴环十二烷。

4. 毒性与中毒机理

本品大鼠经口 LD_{50} >10 g/kg；兔经皮 LD_{50} >8 g/kg。动物研究显示六溴环十二烷对兔眼或皮肤没有刺激性。在大鼠的急性经口毒性研究中，在14天观察期间观察到以下非致死毒性征兆。雌性：1/5出现腹泻，1/5出现活动减退；雄性：3/5出现活动减退，3/5出现角膜混浊和3/5出现上睑下垂；但没有一只动物死亡。在吸入研究中，暴露4 h结束后，90 min内大鼠表现出轻微的呼吸困难。

其健康危害GHS分类为：生殖毒性，类别2。影响哺乳或通过哺乳产生危害。在大鼠的发育研究中，HBCD显示可使甲状腺功能明显减退，甲状腺重量增加，甲状腺滤泡细胞肥大和血清促甲状腺激素浓度增加，以及断奶后子代的血清T3浓度降低。低剂量的HBCD可能会破坏甲状腺激素介导的反式激活作用并损害浦肯野细胞树突产生，表明HBCD可能干扰包括发育中大脑在内的靶器官的甲状腺激素作用。

5. 人体健康危害

毒性作用的主要靶器官是肝脏，其次是神经系统、内分泌系统和生殖与发育系统，其中以对甲状腺激素的影响最为明显。由于HBCD的广泛应用及其持久性、生物累积性和远距离传输能力，现已被普遍认为对人类健康具有潜在的危险性。

6. 风险评估

我国2016年发布了关于《〈关于持久性有机污染物的斯德哥尔摩公约〉新增列六溴环十二烷修正案》生效的公告。自2016年12月26日起，禁止HBCD的生产、使用和进出口。但根据《关于持久性有机污染物的斯德哥尔摩公约》，以下情形除外：用于建筑物中发泡聚苯乙烯和挤塑聚苯乙烯的(主要作为阻燃剂)，在特定豁免登记的有效期内(2016年12月26～2021年12月25日)，可生产、使用和进出口；用于实验室规模的研究或用作参照标准的，可生产、使用和进出口。

本品对水生生物毒性极大并具有长期持续影响，其环境危害GHS分类为对水生环境的危害—急性危害，类别1；对水生环境的危害—长期危害，类别1。

对氯邻硝基甲苯

1. 理化性质

CAS号：89-59-8	外观与性状：黄色至浅褐色针状结晶
熔点/凝固点(℃)：38	易燃性：不易燃
沸点(℃)：240(96 kPa)	密度(g/cm³)：1.255 9
闪点(℃)：98.1	溶解性：溶于热乙醇、乙醚；不溶于水

2. 用途与接触机会

在染料合成中是冰染染料红色基KB和色酚AS-KB的重要原料。

3. 人体健康危害

吸入、摄入或经皮肤吸收后对身体有害，对呼吸道和皮肤具有刺激作用，对眼具有严重的刺激作用。进入人体内，可形成高铁血红蛋白致发生发绀。

4. 风险评估

本品对水生生物有毒并具有长期持续影响，其环境危害GHS分类为对水生环境的危害—急性危害，类别2；对水生环境的危害—长期危害，类别2。

单 氟 化 苯

1. 理化性质

CAS号：462-06-6	外观与性状：无色液体。具有和苯相似的气味
熔点/凝固点(℃)：-42	临界温度(℃)：286.6
沸点(℃)：85	临界压力(Mpa)：4.52
爆炸上限[%(V/V)]：9.1	闪点(℃)：-15

（续表）

燃烧热(kJ/mol)：$-$3 123.3	爆炸下限[%(V/V)]：1.6
饱和蒸气压(kPa)：19.92 (39.4℃)	易燃性：易燃
相对密度(水=1)：1.024	密度(g/cm^3)：1.024
相对蒸气密度(空气=1)：3.31	n-辛醇/水分配系数：2.27
溶解性：不溶于水；能与乙醇、乙醚、丙酮、苯混溶	

2. 用途与接触机会

该品主要用于制抗精神病特效药物氟呱丁醇、达罗呱丁苯、三氟哌啶醇、三氟哌啶苯、五氟利多、喹诺酮类药物-环丙沙星等主要原材料。同时还用于农药杀虫剂和杀卵剂及塑料和树脂聚合物的鉴定。氟苯与γ-氯代丁酰氯缩合可制得γ-氯代对氟苯丁酮，用于合成氟哌啶醇，是丁酰苯类抗精神病药中最常用的药物。

3. 毒性

本品大鼠经口 LD_{50}：4 399 mg/kg；大鼠吸入 LC_{50}：26 908 mg/m^3。其健康危害 GHS 分类为：急性毒性—经口，类别 5；严重眼损伤/眼刺激，类别 2A。

4. 人体健康危害

吞咽单氟化苯可能有害。皮肤接触单氟化苯可造成轻微皮肤刺激。眼睛接触单氟化苯可造成严重眼刺激。氟苯可通过皮肤和呼吸道吸收，会对肝脏及肾脏产生危害，反复接触会伤害肺及神经系统。

5. 风险评估

本品对水生生物有毒并具有长期持续影响，其环境危害 GHS 分类为对水生环境的危害—急性危害，类别 2；对水生环境的危害—长期危害，类别 2。

氯　　苯

1. 理化性质

CAS 号：108-90-7	外观与性状：无色液体。具有和苯相似的气味
熔点/凝固点(℃)：$-$45.2	临界温度(℃)：358.8
沸点(℃)：131.6	临界压力(Mpa)：4.50

（续表）

闪点(℃)：28	爆炸上限[%(V/V)]：7.1
燃烧热(kJ/mol)：3 100.0	爆炸下限[%(V/V)]：1.3
饱和蒸气压(kPa)：1.33 (20℃)	密度(g/cm^3)：1.058
相对密度(水=1)：1.024	易燃性：易燃
相对蒸气密度(空气=1)：3.88	n-辛醇/水分配系数：2.84
溶解性：不溶于水；可溶于乙醇、乙醚；溶于苯、四氯化碳	

2. 用途与接触机会

氯苯类化合物多用于化工材料、人工板材和复合板材等，作为溶剂、胶粘剂和染料等的添加剂；用于制造氯硝基苯、氧化物、滴滴涕和硅酮的中间体；作为亚甲基二异氰酸酯的加工溶剂；黏合剂、抛光剂、蜡、医药产品中间体；作为降解溶剂；传热介质；在纺织加工中作为和焦油和油脂去除剂。室内环境中多种材料中残留的氯苯会通过空气释放出来，对人体造成不同程度的危害。

3. 毒代动力学

大鼠通过腹膜内注射氯苯，33%的给药剂量通过尿液排泄，以对氯苯酚作为主要代谢物。其他代谢物包括 4-氯邻苯二酚，邻氯苯酚和间氯苯酚。

4. 毒理学资料

本品大鼠经口 LD_{50}：1 100 mg/kg；大鼠吸入 LC_{50}：14 899 mg/m^3。其健康危害 GHS 分类为：急性毒性-经口，类别 4；皮肤腐蚀/刺激，类别 2；严重眼损伤/眼刺激，类别 2。

家兔暴露于 5 mg/L 或更高浓度的氯苯 2 h，出现肌肉痉挛，随后中枢神经系统抑制。皮肤接触导致中度皮肤和眼睛刺激(分别在豚鼠和兔子中测试)。大鼠单次静脉注射氯苯导致时间和剂量依赖性肝毒性，包括肝脏坏死，肝脏重量增加和血清酶活性增加和小叶中心坏死。单次静脉注射氯苯的系统效应还包括对肾脏的损害，对胆汁和胰腺分泌的影响。通过灌胃给予氯苯导致剂量依赖性的肝脏损伤(小叶中心肝细胞变性和坏死)，肾脏(近端肾小管上皮坏死)，骨髓(髓样消耗)，脾脏(淋巴消耗或坏死)。雌性小鼠每天暴露于 2 500 mg/m^3 氯苯，7 d/w，显示出食欲不振,消瘦,显着嗜睡和体重减轻;5只动物死亡。尸检显示肝脏脂肪变性,导致急性黄色萎缩。大多数小鼠的白细胞数量减少,嗜中性粒细胞相对减少,淋巴细胞相对增多。小鼠长期接触氯苯100 mg/m^3 3个月,表现运动性增加,白细胞计数下降,嗜中性粒细胞相对减少,淋巴细胞相对增加。在大鼠两代生殖研究中,浓度高达1 931 mg/m^3的氯苯不会对生殖能力或生育能力产生不利影响。

5. 人体健康危害

吸入、食入、皮肤接触可引起中毒,对中枢神经系统有抑制和麻醉作用,对皮肤和黏膜有刺激性,可引起眼部的严重刺激。接触高浓度可引起麻醉症状,甚至昏迷。脱离现场,积极救治后,可较快恢复,但数日内仍有头痛、头晕、无力、食欲减退等症状。液体对皮肤有轻度刺激性,但反复接触,则起红斑或有轻度表浅性坏死。慢性中毒:常有眼痛、流泪、结膜充血;早期有头痛、失眠、记忆力减退等神经衰弱症状;重者引起中毒性肝病,个别可发生肾脏损害。

皮肤暴露于氯苯1 h会导致灼痛,充血,糜烂和接触部位出现红斑。暴露12 h后,发现最小的局部水泡。持续接触一周可能导致中度红斑和轻微的浅表性坏死。临床症状包括呼吸过度,共济失调,呼吸困难,虚脱和呼吸麻痹并导致死亡。在高于限值水平的情况下,间歇性接触氯苯达2年,表现出神经毒性迹象,包括麻木,发绀(呼吸中枢抑制),感觉过敏和肌肉痉挛。

6. 风险评估

我国职业接触限值规定:PC-TWA为50 mg/m^3。

2012年德国研究基金会公布氯苯的生物接触限值为班前尿中4-氯邻苯二酚为25 mg/g肌酐,暴露末或班末尿中4-氯邻苯二酚为150 mg/g肌酐。

本品对水生生物有毒并具有长期持续影响。其环境危害GHS分类为对水生环境的危害—急性危害,类别2;对水生环境的危害—长期危害,类别2。

间 二 氯 苯

1. 理化性质

CAS号:541-73-1	外观与性状:无色液体,有刺激性气味。
熔点/凝固点(℃):−24.8	临界温度(℃):415.3

(续表)

沸点(℃):173	临界压力(Mpa):4.86
爆炸上限[%(V/V)]:7.8	爆炸下限[%(V/V)]:1.8
燃烧热(kJ/mol):2 957.72	闪点(℃):72
饱和蒸气压(kPa):0.13(12.1℃)	易燃性:易燃
相对密度(水=1):1.29	n-辛醇/水分配系数:3.53
相对蒸气密度(空气=1):5.08	溶解性:不溶于水;溶于乙醇、乙醚;易溶于丙酮

2. 用途与接触机会

间二氯苯用于有机合成。间二氯苯与氯乙酰氯经Friedel-Crafts反应,得2,4,ω-三氯苯乙酮,用作广谱抗真菌药物咪康唑的中间体。在存在氯化铁或铝汞的条件下进行氯化反应,主要生成1,2,4-三氯苯。存在催化剂的条件下,于550~850℃水解生成间氯苯酚和间苯二酚。以氧化铜为催化剂,在加压下150~200℃与浓氨水反应生成间苯二胺。

还可用于染料制造,有机合成中间体,溶剂。

3. 毒理学资料

大鼠经口LD_{50}:1 100 mg/kg。其健康危害GHS分类为:急性毒性—经口,类别4。毒性稍低于邻二氯苯,可经皮肤和黏膜吸收。可引起肝、肾损害。嗅觉阈浓度0.2 mg/L(水质)。

IARC致癌性分类为组3。

4. 人体健康危害

本品可能对肾和肝有影响,其蒸气对眼睛、皮肤和呼吸道有刺激性。

5. 风险评估

澳大利亚规定:MAC为20 mg/m^3。

本品对水生生物有毒并具有长期持续影响,其环境危害GHS分类为:对水生环境的危害—长期危害,类别2。

邻 二 氯 苯

1. 理化性质

CAS号:95-50-1	外观与性状:无色至淡黄色液体,有芳香气味

（续表）

燃烧热(kJ/mol)：−2 725.38	临界温度(℃)：417.2
熔点/凝固点(℃)：−16.7	临界压力(MPa)：4.03
沸点(℃)：180.1	闪点(℃)：66(闭杯)
爆炸上限[%(V/V)]：9.2	爆炸下限[%(V/V)]：2
饱和蒸气压(kPa)：0.133(20℃)	易燃性：不易燃
密度(g/cm^3)：1.305 9	n-辛醇/水分配系数：3.43
相对密度(水=1)：1.30	溶解性：不溶于水；溶于乙醇、乙醚、苯等多数有机溶剂
相对蒸气密度(空气=1)：5.05	

2. 用途与接触机会

本品用作溶剂、烟熏剂、杀虫剂和化学合成中间体，在生产和使用中均有可能接触。

可作蜡、树胶、树脂、焦油、橡胶、油类和沥青等的溶剂，在染料士林黑和士林黄棕、高档颜料、药物洗必泰、聚氨酯原料TDI生产中用作溶剂。本品可用于白蚁、蝗虫、穿孔虫的杀虫剂，用于三氯杀虫酯、苏灭菌酯、新燕灵的生产，也可用于合成邻苯二酚、氟氯苯胺、3,4-二氯苯胺和邻苯二胺。作为抗锈剂、脱脂剂，可除去发动机零件上的碳和铅，脱除金属表面的涂层而不腐蚀金属，可脱除照明气体中的硫；染料工业上还用于制造还原蓝CLB和还原蓝CLG等。

3. 毒性

本品大鼠经口LD_{50}：500 mg/kg；兔经皮LD_{50}：>10 mg/kg；大鼠吸入LC_{50}：8 150 mg/(m^3·4 h)。兔经眼100 mg/30s冲洗，造成轻度眼刺激。其健康危害GHS分类为：急性毒性—吸入，类别3；皮肤腐蚀/刺激，类别2；严重眼损伤/眼刺激，类别2；特异性靶器官毒性 一次接触，类别3(呼吸系统)。

大鼠经口给予邻二氯苯30～50 mg/kg，5 d/w，共计13 w，结果表明，50 mg/kg染毒组，大鼠体重下降，尿卟啉排泄增加，肝脏/体比值升高。病理可见，肝脏中央小叶变性和坏死，肾上管上皮变性。

本品IARC致癌性分类为组3。

4. 人体健康危害

吸入本品可引起中毒，对眼睛、皮肤和呼吸道有刺激性。该物质可能对中枢神经系统和肝有影响，接触能够造成意识降低。本品有诱发人染色体畸变的潜在可能。长期或反复接触可引起皮肤脱脂。

5. 风险评估

我国职业接触限值规定：PC-TWA为50 mg/m^3，PC-STEL为100 mg/m^3。

德国规定邻二氯苯的生物接触限值为暴露末或班末血中邻二氯苯含量140 μg/L，暴露末或班末尿中3,4-二氯儿茶酚和4,5-二氯儿茶酚含量150 mg/g肌酐。

本品对水生生物毒性极大并具有长期持续影响，其环境危害GHS分类为：对水生环境的危害—急性危害，类别1；对水生环境的危害—长期危害，类别1。

对 二 氯 苯

1. 理化性质

CAS号：106-46-7	外观与性状：无色或白色结晶固体，具有独特的芳香气味
饱和蒸气压(kPa)：0.23，25℃	临界温度(℃)：407.5
熔点/凝固点(℃)：53.09	临界压力(MPa)：4.109
沸点(℃)：174(100 kPa)	闪点(℃)：65.6(闭杯)
爆炸上限[%(V/V)]：5.9	爆炸下限[%(V/V)]：1.7
汽化热(J/g)：297.4	密度(g/cm^3)：1.247 5，20℃/4℃时
相对蒸气密度(空气=1)：5.08	n-辛醇/水分配系数：3.44
溶解性：极易溶于乙醇和丙酮；溶于乙醚	

2. 用途与接触机会

对二氯苯最主要的用途是制造防蛀防霉剂，对二氯苯对氨、胺类有强烈的吸附转化作用，可以达到去除臭味、消毒杀虫以及净化空气的目的，所以可作为消毒除臭剂，广泛用于汽车停车场、影剧院、厕所、候机厅、浴室等公共场所的消毒除臭以及净化空气，也可直接用于卫生间、便池的消毒除臭。

在工程塑料方面，对二氯苯是生产世界上第6大工程塑料聚苯硫醚(PPS)的主要原料。在农药方面，对二氯苯可用于制造杀虫剂和杀菌剂；在染料工业中，对二氯苯可用作染料、色基、颜料的中间体和原料；在造纸工业中可作为纤维组织的打浆部分。还可用于黏合剂、溶剂、特压润滑剂和腐蚀抑制剂等。

3. 毒代动力学

以 0.5 g/kg 经口给兔，30%氧化为 2,5-二氯酚后经与葡萄糖醛酸和硫酸结合后排出，6%形成 2,5-二氯醌醇，缓慢排出，6 d 后仍在尿中测出，可能与脂肪组织有关。

4. 毒性

本品健康危害 GHS 分类为：急性毒性—经口，类别 4；急性毒性—经皮，类别 4；急性毒性—吸入，类别 3；严重眼损伤/眼刺激，类别 2；致癌性，类别 2。

大鼠经口 LD_{50}：500 mg/kg；兔经皮 LD_{50}：2 000 mg/kg；大鼠吸入 LC_{50}：5 000 mg/(m^3 · 4 h)。

大鼠、豚鼠和兔接触 5.23 g/cm^3 几次至 69 次后，出现颤抖、虚弱、减重、眼刺激和毛蓬乱，其中有的失去知觉。组织病理学方面，肝脏出现浊肿和小叶中央性坏死。有的动物肾小管上皮也有轻度浊肿。在 0.63 g/m^3 下暴露 6～7 个月，无任何不良影响。以 20%本品橄榄油溶液喂饲大鼠，1 g/kg 时存活，4 g/kg 时全部死亡。用 50%溶剂喂饲豚鼠，1.6 g/kg 时存活，2.8 g/kg 时则死亡。长期经口给予 376 mg/(kg · d)，共 138 次，可观察到大鼠肝脏重量增加，肾脏重量稍增；188 mg/(kg · d)时，肝和肾重量都只是稍微增加，而 18.8 mg/(kg · d)时，则无任何影响。

对眼和鼻有刺激作用。固体对皮肤刺激很小。长时间接触热蒸气对皮肤有轻微刺激作用，产生烧灼感，不经皮吸收。

IARC 将对二氯苯致癌性定为 2B 类。

5. 生物监测

用比色法或者电子捕获气相色谱法，检测血液和尿液中 2,5-二氯苯酚、对二氯苯的浓度，可以作为对二氯苯暴露的接触生物标志。

6. 人体健康危害

食入本品有害，本品可能对生育能力或胎儿造成伤害，长期或反复接触本品会对肝脏、肾脏等器官造成损害。本品可能对血液有影响，导致溶血性贫血。

本品主要损害肝脏，其次是肾脏。只有当浓度达到使人感觉有很强的气味和对眼鼻刺激时，才引起中枢神经系统抑制现象。人在接触高浓度后，可表现虚弱、眩晕、呕吐。严重时损害肝脏，出现黄疸，肝损害可发展为肝硬化以至坏死。

对二氯苯蒸气或烟雾，可对皮肤、咽喉和眼睛产生刺激，长期高浓度暴露可能导致虚弱，头晕，体重减轻和肝损伤。固体对二氯苯对皮肤的影响非常小，但短时间内密切接触会产生烧灼感。

据国外报道，58 个工人连续或间歇接触对二氯苯平均 4.75 年，浓度 0.33～1.12 g/m^3，平均为 0.69 g/m^3 时，诉述有眼鼻刺激感。当平均浓度为 0.30 g/m^3 时无影响。在家庭中使用后出现头痛、眩晕、恶心、呕吐、无力、腿烧灼感和麻木感，有贫血征象，停用后恢复。

7. 风险评估

我国职业接触限值规定：PC-TWA 为 30 mg/m^3，PC-STEL 为 60 mg/m^3。

美国 ACGIH 规定：TLV-TWA 为 65.6 mg/m^3。

本品对水生生物毒性极大并具有长期持续影响，其环境危害 GHS 分类为对水生环境的危害—急性危害，类别 1；对水生环境的危害—长期危害，类别 1。

邻 氯 甲 苯

1. 理化性质

CAS 号：95-49-8	外观与性状：无色透明液体，有芳香气味
熔点/凝固点(℃)：−35.59	临界温度(℃)：381.1
沸点(℃)：158.97	闪点(℃)43～47(闭杯)
爆炸上限[%(V/V)]：12.6	爆炸下限[%(V/V)]：1.0
燃烧热(kJ/mol)：−3 747	饱和蒸气压(kPa)：0.46(25℃)
密度(kg/m^3)：878～881(20℃)	易燃性：易燃
相对密度(水=1)：1.082 6	n-辛醇/水分配系数：3.42
相对蒸气密度(空气=1)：4.4	溶解性：能与酒精、丙酮、乙醚、苯、四氯化碳混溶；微溶于水和正庚烷

2. 用途与接触机会

邻氯甲苯主要用于制造农药、医药、染料及过氧化物的中间体和溶剂。

3. 毒性

本品大鼠经口 LD_{50}：3 900 mg/kg。其健康危害 GHS 分类为：急性毒性—经口，类别 5。

4. 人体健康危害

吸入本品有害，对眼睛、皮肤和呼吸道有刺激作用，接触液体邻氯甲苯可使皮肤脱脂。

5. 风险评估

美国 ACGIH 规定：TLV－TWA 为 259 mg/m^3。

本品对水生生物有毒并具有长期持续影响。其环境危害 GHS 分类为对水生环境的危害—急性危害，类别 2；对水生环境的危害—长期危害，类别 2。

间 氯 甲 苯

1. 理化性质

CAS 号：108－41－8	外观与性状：无色透明液体
熔点/凝固点(℃)：－47.8	沸点(℃)：161.8
闪点(℃)：50.6	易燃性：易燃
爆炸上限[%(V/V)]：8.3%	爆炸下限[%(V/V)]：1.3%
饱和蒸气压(kPa)：9.95(20℃)	密度(g/cm^3)：1.072(25℃)
相对密度(水=1)：0.88	n－辛醇/水分配系数：3.28
相对蒸气密度(空气=1)：3.68	溶解性：不溶于水；溶于醇、醚、丙酮等多数有机溶剂

2. 用途与接触机会

又名 3－氯甲苯。用于制造农药、医药、染料及过氧化物的中间体和溶剂。

3. 毒性

本品小鼠经口 LD_{50}：3 400 μl/kg。其健康危害 GHS 分类为：急性毒性—经口，类别 4。

4. 风险评估

本品对水生生物有毒并具有长期持续影响，其环境危害 GHS 分类为对水生环境的危害—长期危害，类别 2。

2,3－二氯－5,6－二氰基对苯醌

1. 理化性质

CAS 号：84－58－2	外观与性状：黄色至橙色粉末
熔点/凝固点(℃)：214.5	沸点(℃)：301.8
闪点(℃)：136.3	溶解性：能溶于苯、二氧六环、乙酸；微溶于氯仿、二氯甲烷；微溶于水
n－辛醇/水分配系数：3.89	

2. 用途

用作对有机化合物选择性的氧化剂、脱氢剂和分析试剂。

3. 毒性

本品小鼠经口 LD_{50}：86 mg/kg。其健康危害 GHS 分类为：急性毒性—经口，类别 3。

4. 人体健康危害

吞咽本品会引起中毒。

1－氯化萘

1. 理化性质

CAS 号：90－13－1	外观与性状：无色或浅黄色油状液体
熔点/凝固点(℃)：－20	自燃温度(℃)：>558
沸点(℃)：259.3	引燃温度(℃)：557
闪点(℃)：121(闭杯)	易燃性：不易燃
饱和蒸气压(kPa)：0.13(80.6℃)	气味阈值(mg/m^3)：0.01
相对密度(水=1)：1.193 82	n－辛醇/水分配系数：4.0
相对蒸气密度(空气=1)：5.6	溶解性：溶于苯、石油、醇和醚

2. 用途与接触机会

被用作卫生球和煤焦油，也是石油的一个组成

部分，用于染料、树脂、燃料和溶剂的制造。

3. 毒代动力学

1-氯萘在猪血清中的浓度随时间下降，其代谢产物3-氯苯酚，6 h后在脑、肾、肝、肺、骨骼肌、脑和脂肪中检测含量较高，心脏和肾浓度最高。

氯代萘在肝脏中代谢为α-萘酚，导致氧化应激，导致亚铁血红蛋白亚铁(亚铁)转变为高铁血红蛋白(三价铁)结果导致高铁血红蛋白血症。氧化应激也能引起血红素组和珠蛋白组解离，沉淀在红细胞，从而形成海因茨体产生溶血。

4. 毒性

本品大鼠经口LD_{50}：1 540 mg/kg；兔经皮LD_{50}：880 mg/kg；大鼠吸入LC_{50}>420 mg/m^3/1 h。其健康危害GHS分类为：急性毒性—经口，类别4；皮肤腐蚀/刺激，类别2；严重眼损伤/眼刺激，类别2；特异性靶器官毒性——次接触，类别2；特异性靶器官毒性—反复接触，类别2。

一个含萘卫生球(200～500 mg)可引起葡萄糖-6-磷酸脱氢酶(G6PD)缺乏的儿童溶血。儿童摄入剂量在80～100 mg/kg之间，成人摄入5～15 g之间是致命的。暴露于空气中的浓度为109 mg/m^3可能导致眼睛刺激；暴露于1 816 mg/m^3危害生命健康。

IARC将本品分类为2B类致癌物。

5. 生物监测

尿中1-萘酚或硫醚氨酸有助于确定诊断。尿酚水平可用于监控工业杂酚油暴露。

6. 人体健康危害

在长期接触氯化萘工人中，常发生氯痤疮。该品有光敏作用。大量吸收可引起中毒性肝病。易经皮肤吸收。

暴露可能引起眼睛、皮肤和黏膜的刺激。眼睛接触可能导致结膜炎，视力减退。皮肤暴露可能引起过敏性皮炎。

轻度毒性会引起恶心，呕吐，腹泻，以及头痛、烦躁。

严重毒性可导致嗜睡，溶血，溶血性贫血、高铁血红蛋白血症，高钾血症、肝肿大、脾肿大、排尿困难，血尿和血红蛋白尿。严重的病例可出现癫痫发作，昏迷，代谢性酸中毒，肾功能衰竭和急性肺损伤。重度中毒患者可发生低血压和休克。

慢性暴露的眼科症状包括视神经神经炎、晶状体混浊(白内障)，和脉络膜视网膜炎。

7. 风险评估

我国职业接触限值规定：PC－TWA为0.5 mg/m^3。

本品对水生生物毒性极大并具有长期持续影响，其环境危害GHS分类为对水生环境的危害—急性危害，类别1；对水生环境的危害—长期危害，类别1。

二 氯 萘 醌

1. 理化性质

CAS号：117-80-6	外观与性状：黄色针状结晶。
熔点/凝固点(℃)：195	沸点(℃)：275
饱和蒸气压(kPa)：1.47×10^{-7}，25℃	易燃性：可燃
n-辛醇/水分配系数：2.65	溶解性：可溶于乙酸乙酯、乙酸，二甲基甲酰胺；微溶于醇、醚、苯；不溶于水
相对蒸气密度(空气＝1)：7.8	

2. 用途与接触机会

二氯萘醌以前用作种子消毒剂，树叶和纺织品杀菌剂或杀虫剂，直接释放导致其对环境的污染。

3. 毒性与中毒机理

本品大鼠经口LD_{50}：160 mg/kg；兔经皮LD_{50}：500 mg/kg。其健康危害GHS分类为：急性毒性—经口，类别3；急性毒性—经皮，类别3；皮肤腐蚀/刺激，类别2；严重眼损伤/眼刺激，类别2。

二氯萘醌改变细胞膜的通透性，通过直接同细胞膜相互作用，有可能是通过建立一个电子转移旁路，使二氯萘醌快速进入细胞内，促进氧的吸收，从而造成成纤维细胞损伤的一个可能机制。二氯萘醌可以抑制葡萄糖、乙酸、丙酮酸和α-酮戊二酸的主要氧化。二氯萘醌与硫醇酶反应，产生中枢神经系统抑制作用。是一种有效的烷化剂与胺发生取代反应。醌类化合物的抑制作用可能是由于一个特定的半胱氨酸残基共价修饰。

4. 人体健康危害

二氯萘醌对皮肤和黏膜有刺激性，对眼有严重刺激作用。

职业暴露于空气中浓度在0.7～6 mg/m³，引起眼睛刺激症状、胸闷，鼻道烧灼感、皮炎及红细胞减少。大剂量时，对中枢神经系统有抑制作用。受热分解放出有毒的氯气/氯化氢烟雾。

急性暴露，中枢神经系统的抑郁可能伴随着昏迷，也可造成胃肠口腔黏膜刺激，呕吐和腹泻。

5. 风险评估

俄罗斯职业接触限值STEL为0.5 mg/m³。

本品对水生生物毒性极大并具有长期持续影响，其环境危害GHS分类为：对水生环境的危害—急性危害，类别1；对水生环境的危害—长期危害，类别1。

多 氯 联 苯

1. 理化性质

CAS号：1336-36-3	外观与性状：流动的油状液体或白色结晶固体或非结晶性树脂
熔点/凝固点(℃)：−19～33	密度(g/cm³)：1.44(30℃)
沸点(℃)：340～375	溶解性：不溶于水；溶于醇、醚、丙酮等多数有机溶剂
闪点(℃)：141～196(开杯)	

2. 用途与接触机会

本品用于蓄电池、电容器和变压器的绝缘、合成树脂的增塑剂等。有时与氯化萘混合使用。

3. 毒代动力学

多氯联苯(polychlorinated biphenyls，PCB)，又名氯化联苯，可通过哺乳动物的胃肠道、肺和皮肤很好地被吸收。PCB进入机体后，广泛分布于全身组织，以脂肪和肝脏中含量较多。母体中的PCB能通过胎盘转移到胎儿体内，而且胎儿肝和肾中的PCB含量往往高于母体相同组织中的含量。PCB在体内的代谢速率随氯原子的增加而降低。在哺乳动物体内的PCB，部分以含酚代谢物的形式从粪便中排出。所有羟基代谢物都通过胆汁经胃肠道从粪便排出。PCB含氯量愈高，羟基化反应发生的可能性越小。在人奶中亦能排出少量PCB，但均以原形化合物存在。

4. 毒性与中毒机理

本品健康危害GHS分类为：急性毒性—经口，类别5；特异性靶器官毒性—反复接触，类别2。

大鼠经口LD_{50}：4 000 mg/kg；小鼠经口LD_{50}：1 900 mg/kg。

IARC将氯化联苯定为1类致癌物。本品为内分泌干扰物。

肝脏是PCB中毒的主要靶器官之一，表现为肝大、肝功能的多项化验指标为阳性，如包括SGPT的多项肝脏酶活性指标呈现阳性，且与血液中PCB含量正相关。此外，血浆中安替比林半减期显著缩短(提示肝脏混合功能氧化酶活性被诱导)。很多PCB中毒患者的呼吸道与皮肤容易感染传染性疾病，这表明中毒患者免疫系统可能受抑制。

5. 人体健康危害

本品可经呼吸道、胃肠道和皮肤吸收。长期接触能引起肝脏损害和痤疮样皮炎。中毒症状有恶心、呕吐、腹痛、水肿、黄疸等。PCB可经胎盘进入胎儿体内，故中毒的母亲所生婴儿体重较轻，皮肤色素沉着。

在工业上接触虽未形成重要问题，但环境中的本品可通过食物链而蓄积于人体脂肪、血和奶中。日本曾发生由食用受多氯联苯污染的米糠油几个月，使1 000多人中毒，主要表现为恶心、昏睡，皮肤和指甲色素沉着，脸面浮肿，皮肤上多处座疮，毛囊界限分明，胃肠功能紊乱。

6. 风险评估

本品对水生生物毒性极大并具有长期持续影响，其环境危害GHS分类为对水生环境的危害—急性危害，类别1；对水生环境的危害—长期危害，类别1。

3,3′-二氯联苯胺

1. 理化性质

CAS 号：91-94-1	外观与性状：灰色至紫色结晶体
熔点(℃)：132.5	饱和蒸气压(kPa)：5.45×10^{-7}(25℃)
沸点(℃)：402	相对蒸气密度(空气＝1)：8.73
溶解度：3.1 mg/L(水中25℃)；中度溶于酒精；易溶于乙醚；溶于乙酸、苯和乙醇；略溶于稀盐酸	

2. 用途与接触机会

3,3′-二氯联苯胺(3,3′-dichlorobenzidine dihydrochloride，DCB)，主要用于油墨、纺织品、纸张、油漆、橡胶和塑料用颜料的制造，并用作含异氰酸酯聚合物和固体聚氨酯塑料的固化剂，在上述行业的生产过程中可能导致其通过各种废物流释放到环境中。

3. 毒代动力学

大鼠单剂量口服 20 mg/kg 的 DCB 后发现，DCB 与肝脂质共价结合，其中超过 70%的脂质 DCB 加合物进入微粒体。在体外研究(肝微粒体)中，在抗 P 450 特异性同工酶抗体和化学抑制剂存在下进行体外研究，以确定激活 DCB 与脂质结合的酶系，发现细胞色素 P 450 有助于 DCB 与微粒体脂类的结合。结果表明，DCB 和微粒体脂质之间形成加合物可能会是其代谢的主要途径。

4. 毒性及危害

本品健康危害 GHS 分类为：致癌性，类别 2；皮肤致敏物，类别 1。

大鼠经口 LD_{50} 为 4 740 mg/kg。IARC 将 DCB 定为 2B 类致癌物。本品可能导致皮肤过敏反应。

5. 人体健康危害

DCB 皮肤暴露可造成过敏反应，引起作业工人皮炎；仅暴露于 DCB 的染料制造工人中，血细胞癌症(主要是白血病)显著增加。

呼吸道暴露可引起呼吸困难，胸痛，咳嗽和支气管痉挛，大量吸入可能导致上呼吸道水肿和烧伤，缺氧，肺炎，气管支气管炎，罕见急性肺损伤或持续肺功能异常。

6. 风险评估

作为饮用水，美国亚利桑那州规定，饮用水中 DCB 不得超过 0.020 μg/L，佛罗里达州州规定，不得超过 7.5 μg/L，明尼苏达州规定不得超过 0.8 μg/L，新罕布什尔州规定不得超过 0.021 μg/L。

本品对水生生物毒性极大并具有长期持续影响。其环境危害 GHS 分类为对水生环境的危害—急性危害，类别 1；对水生环境的危害—长期危害，类别 1。

氯 化 苄

1. 理化性质

CAS 号：100-44-7	外观与性状：无色液体或淡黄色液体，有令人讨厌的刺激性气味
相对密度(水＝1)：1.100 4	腐蚀性：有很强的腐蚀性，能溶解很多金属
熔点/凝固点(℃)：−39.4	临界压力(MPa)：3.91
沸点(℃)：179.4	临界温度(℃)：411
闪点(℃)：67(闭杯)	自燃温度(℃)：585
爆炸上限[%(V/V)]：14	爆炸下限[%(V/V)]：1.1
燃烧热(kJ/mol)：3 708	汽化热(kJ/mol)：50.1
饱和蒸气压(kPa)：2.93(78℃)	相对蒸气密度(空气＝1)：4.36
表面张力(d/cm)：37.46(20.6℃)	介电常数：7.0(13℃)
折射指数：1.539 1(20℃)，1.541 5(15℃)	辛醇/水分配系数：2.30
溶解性及溶解度：难溶于水；可混溶于乙醇、氯仿、乙醚等多数有机溶剂，在水的溶解度为 525 mg/L(25℃)	

2. 用途与接触机会

多为职业性接触，在氯化苄的生产和用于制造苄基化合物、香水、医药产品、染料、合成单宁和人造树脂，以及照相显影剂、青霉素前体、汽油胶抑制剂、四元化合物和中间体的生产和使用中，可能导致氯化苄通过各种废物流向环境释放。在职业接触中，多为经呼吸道吸入、皮肤、眼睛、黏膜接触进入人体。

3. 毒代动力学

氯化苄进入啮齿动物体内后可与组织蛋白反应，并通过侧链共轭生成N-乙酰基-S-苄基半胱氨酸(苄基巯基)，并合成苯甲酸和苯甲酸(马尿酸)甘氨酸结合物。

4. 毒性

本品健康危害GHS分类为：急性毒性—经口，类别4；急性毒性—吸入，类别3；皮肤腐蚀/刺激，类别2；严重眼损伤/眼刺激，类别1；致癌性，类别1B；特异性靶器官毒性——次接触，类别3(呼吸道刺激)；特异性靶器官毒性 反复接触，类别2。

大鼠经口LD_{50}：1 231 mg/kg；大鼠吸入LC_{50}：778 mg/(m^3 · 2 h)。

本品被IARC分类为2A类致癌物。亦有生殖毒性，动物实验表明，该物质可能对人类生殖或发育造成毒作用。

5. 人体健康危害

吸入本品会中毒，接触本品对皮肤、黏膜具有刺激作用，可造成严重眼损伤。

轻度呼吸道暴露可能会引起呼吸困难，胸痛，咳嗽和支气管痉挛，严重吸入可能导致上呼吸道水肿和烧伤，缺氧，肺炎，气管支气管炎，罕见急性肺损伤或持续肺功能异常。

眼睛暴露会产生角膜结膜刺激和化学性病变，如：上皮缺损，角膜缘缺血。

轻微皮肤暴露会引起皮肤刺激症状，更长或更高浓度暴露会导致烧伤。

长期低剂量接触氯化苄工人会出现神经系统症状：易怒、头痛、虚弱、易怒、失眠和震颤等。

6. 风险评估

美国ACGIH规定TLV-TWA为5.7 mg/m^3，佛罗里达州规定水中氯化苄的排放标准为0.5 μg/L。

我国职业接触限值规定：MAC为5 mg/m^3。

本品对水生生物有毒，其环境危害GHS分类为对水生环境的危害-急性危害，类别2。

二 氯 化 苄

1. 理化性质

CAS号：98-87-3	外观与性状：无色油状液体、有刺激性气味
熔点/凝固点(℃)：-16.4	闪点(℃)：92(闭杯)
沸点(℃)：205	饱和蒸气压(kPa)：0.04(20℃)
密度(g/cm^3)：1.26	*n*-辛醇/水分配系数：3.217
相对密度(水=1)：	溶解性：不溶于水；溶于乙醇、乙醚

2. 用途与接触机会

二氯化苄是有机合成中间体，用于生产苯甲醛、肉桂酸以及肉桂苯哌嗪等。

3. 毒性

本品健康危害GHS分类为：急性毒性—经口，类别4；急性毒性—吸入，类别3；皮肤腐蚀/刺激，类别2；严重眼损伤/眼刺激，类别1；致癌性，类别1B；特异性靶器官毒性——次接触，类别3(呼吸道刺激)。

大鼠经口LD_{50}：3 249 mg/kg；小鼠吸入LC_{50}：230 mg/(m^3 · 2 h)。IARC将二氯化苄定为2A类致癌物。

4. 人体健康危害

吸入本品会中毒，接触本品对皮肤、黏膜具有刺激作用，可造成严重眼损伤。

5. 风险评估

本品对水生生物有害并具有长期持续影响。其环境危害GHS分类为对水生环境的危害-长期危害，类别3。

4-氯苄基氯

1. 理化性质

CAS号：104-83-6	外观与性状：无色针状结晶液体
熔点/凝固点(℃)：31	*n*-辛醇/水分配系数：3.18

（续表）

沸点(℃)：223	溶解性：溶于乙醚、醋酸、二硫化碳和苯，尚易溶于冷乙醇
闪点(℃)：97	密度：1.27～1.28

2. 用途与接触机会

用于医药工业，也用作农药杀灭菊酯的中间体。

3. 毒性

本品健康危害GHS分类为：急性毒性—经口，类别4；严重眼损伤/眼刺激，类别2；皮肤致敏物，类别1；特异性靶器官毒性——一次接触，类别3(麻醉效应)。

大鼠经口LD_{50}：1 287 mg/kg；大鼠经皮LD_{50}：1 287 mg/kg。

4. 人体健康危害

皮肤接触本品可能造成皮肤的过敏反应。

4-氯苄基氯具有麻醉效应，一次接触本品可能造成昏昏欲睡或晕眩。

5. 风险评估

本品对水生生物有毒并具有长期持续影响。其环境危害GHS分类为对水生环境的危害—急性危害，类别2；对水生环境的危害—长期危害，类别2。

3,4-二氯苄基氯

1. 理化性质

CAS号：102-47-6	外观与性状：无色液体
熔点/凝固点(℃)：-3	相对蒸气密度(空气=1)：6.76
闪点(℃)：110	溶解性：不溶于水；溶于醇、丙酮、醚
相对密度(水=1)：1.411 0	

2. 用途与接触机会

用作杀虫剂、有机合成中间体。

3. 人体健康危害

接触可造成严重皮肤灼伤和眼损伤。吸入可能造成呼吸道刺激。该物质对黏膜组织和上呼吸道、眼睛和皮肤破坏巨大。可引起咳嗽，呼吸短促，头痛，恶心。

4. 风险评估

本品对水生生物有毒并具有长期持续影响。其环境危害GHS分类为对水生环境的危害—急性危害，类别2；对水生环境的危害—长期危害，类别2。

溴苯

1. 理化性质

CAS号：108-86-1	外观与性状：无色油状液体，具有特殊芳香气味
燃烧热(kJ/mol)：-3 124.6	临界温度(℃)：397
熔点/凝固点(℃)：-30.6	临界压力(MPa)：4.52
沸点(℃)：156.2	闪点(℃)：51(闭杯)
爆炸上限[%(V/V)]：36.5	爆炸下限[%(V/V)]：6
饱和蒸气压(kPa)：1.33(40℃)	相对密度(水=1)：1.49(20/4℃)
密度(g/cm^3)：1.5	溶解性：不溶于水；溶于苯、醇、醚、氯苯等有机溶剂
相对蒸气密度(空气=1)：5.41	

2. 用途与接触机会

用作压敏和热敏染料的原料；二苯醚系列香料的原料；农药原料，生产杀虫剂溴螨酯；医药原料，生产镇痛解热药和止咳药。亦用作溶剂、汽车燃料、有机合成原料等。

3. 毒代动力学

家兔给予溴苯时，约80%氧化为酚，以此形式随尿排出，20%以下以溴苯基巯基酸形式排出；6%以下为原形式。

4. 毒性

本品健康危害GHS分类为：急性毒性—经口，类别5；皮肤腐蚀/刺激，类别2。

大鼠经口LD_{50}：2 383 mg/kg；大鼠吸入LC_{50}：20 411 mg/m^3。

大鼠吸入 20 mg/m^3，4 个半月，见生长抑制，抑制神经系统功能；肝功能紊乱，血清和肝脏匀浆中巯基基团下降，血清白蛋白浓度降低。

5. 人体健康危害

本品具有皮肤刺激性，高浓度蒸气有麻醉作用。长期或反复接触该物质可能对肝和肾有影响，导致功能损伤。

6. 风险评估

俄罗斯职业接触限值：TWA 为 3 mg/m^3，STEL 为 10 mg/m^3。

本品对水生生物有毒并具有长期持续影响。其环境危害 GHS 分类为对水生环境的危害—急性危害，类别 2；对水生环境的危害—长期危害，类别 2。

1,2-二溴苯

1. 理化性质

CAS 号：583-53-9	外观与性状：无色或淡黄色液体
熔点/凝固点(℃)：7.1	易燃性：可燃
沸点(℃)：224	密度(g/cm^3)：1.956(25℃)
闪点(℃)：91	溶解性：溶于乙醇；易溶于乙醚、丙酮、苯和四氯化碳；不溶于水
相对蒸气密度(空气=1)：8.2	

2. 用途与接触机会

又名邻二溴苯，用于有机合成，染料中间体。

3. 毒性

本品健康危害 GHS 分类为：皮肤腐蚀/刺激，类别 2。

4. 人体健康危害

接触对皮肤有刺激性，对眼有严重刺激作用。吸入可引起呼吸道刺激。

5. 风险评估

本品对水生生物有毒并具有长期持续影响。其环境危害 GHS 分类为对水生环境的危害—急性危害，类别 2；对水生环境的危害—长期危害，类别 2。

2-苯氧乙基溴

1. 理化性质

CAS 号：589-10-6	外观与性状：无色透明液体
熔点/凝固点(℃)：31～34	沸点(℃)：144
闪点(℃)：65	溶解性：易溶于乙醇和乙醚；不溶于水
密度(g/cm^3)：1.45	

2. 用途与接触机会

用于萘法唑酮、苯氧哌咪酮等原料药合成。

3. 毒性

本品健康危害 GHS 分类为：皮肤腐蚀/刺激，类别 2；严重眼损伤/眼刺激，类别 2A；特异性靶器官系统毒性——次接触，类别 3。

甲基苄基溴

1. 理化性质

CAS 号：89-92-9	外观与性状：无色液体
熔点/凝固点(℃)：21	闪点(℃)：82
沸点(℃)：217	相对密度(水=1)：1.381(23℃)
相对蒸气密度(空气=1)：	溶解性：不溶于水；溶于醇、醚

2. 用途与接触机会

用于有机合成，在军用毒气配方中用于有机合成催泪瓦斯。

3. 毒性

本品健康危害 GHS 分类为：急性毒性—吸入，类别 2；皮肤腐蚀/刺激，类别 2；严重眼损伤/眼刺激，类别 2。

4. 人体健康危害

吸入本品会致命。造成严重皮肤灼伤和眼损

伤。对眼睛、黏膜有强烈而持久的刺激作用，当浓度高时可引起肺水肿，严重者可致死。受热分解放出有毒的溴气体。

2,4-二氯甲苯

1. 理化性质

CAS 号：95-73-8	外观与性状：无色透明液体，有刺激性气味
熔点/凝固点(℃)：−14	自燃温度(℃)：>500
沸点(℃)：200	n-辛醇/水分配系数：4.24
闪点(℃)：79	爆炸下限[%(V/V)]：1.9
爆炸上限[%(V/V)]：4.5	易燃性：可燃
饱和蒸气压(kPa)：0.4 (50℃)	溶解性：不溶于水；可混溶于乙醇、乙醚、苯
密度(kg/m^3)：1.246	相对蒸气密度(空气=1)：5.56
相对密度(水=1)：1.25	

2. 用途与接触机会

用作农药、染料、医药中间体，用于生产 2,4-二氯苯甲醛，药物阿的平、腹安酸，杀菌剂烯唑醇和苄氯三唑醇等。2,4-二氯甲苯可能通过吸入或经皮途径进入人体，主要发生在职业活动场所，包括那些使用高沸点溶剂和有机合成中间体的生产场所。

3. 毒性

本品大鼠经口 LD_{50}：2 400 mg/kg。其健康危害 GHS 分类为：皮肤腐蚀/刺激，类别 2。

4. 人体健康危害

本品对皮肤有刺激作用。

5. 风险评估

奥地利制定的职业接触限制：STEL 为 30 mg/m^3；俄罗斯制定的职业接触限值：TWA 为 10 mg/m^3，STEL 为 30 mg/m^3。

本品对水生生物有毒并具有长期持续影响。其环境危害 GHS 分类为对水生环境的危害—急性危害，类别 2；对水生环境的危害—长期危害，类别 2。

2,5-二氯甲苯

1. 理化性质

CAS 号：19398-61-9	外观与性状：无色透明液体，有刺激性气味
熔点/凝固点(℃)：5.0	饱和蒸气压(kPa)：102.64 (200℃)
沸点(℃)：201.8	密度(g/cm^3)：1.25
闪点(℃)：79	n-辛醇/水分配系数：3.97
相对密度(水=1)：1.25	溶解性：不溶于水；溶于苯；可混溶于乙醇、乙醚、氯仿

2. 用途与接触机会

2,5-二氯甲苯主要用作溶剂及用于有机合成。

3. 风险评估

本品对水生生物有毒并具有长期持续影响。其环境危害 GHS 分类为对水生环境的危害—急性危害，类别 2；对水生环境的危害—长期危害，类别 2。

2,6-二氯甲苯

1. 理化性质

CAS 号：118-69-4	闪点(℃)：82
外观与性状：淡黄澄清液体，有刺激气味	密度(kg/m^3)：1.242
熔点/凝固点(℃)：2.6	相对密度(水=1)：1.25
沸点(℃)：198	溶解性：不溶于水；溶于氯仿

2. 用途与接触机会

2,6-二氯甲苯是一种重要的有机合成原料，是杀菌剂、杀虫剂、除草剂、燃料和颜料、医药及其他化工产品的重要精细化工原料。

3. 毒性

本品健康危害 GHS 分类为：生殖毒性，类别 2。怀疑对生育能力或胎儿造成伤害。

4. 风险评估

本品对水生生物有毒并具有长期持续影响。其环境危害 GHS 分类为对水生环境的危害—急性危害，类别 2；对水生环境的危害—长期危害，类别 2。

3,4-二氯甲苯

1. 理化性质

CAS 号：95-75-0	外观与性状：无色液体
熔点/凝固点(℃)：−15.2	密度(kg/m^3)：1.251
沸点(℃)：209	自燃温度(℃)：>450
闪点(℃)：85	n-辛醇/水分配系数：3.95
饱和蒸气压(kPa)：0.000 2(25℃)	易燃性：可燃
溶解性：溶于水，溶解度 26 mg/L(30℃)	

2. 用途与接触机会

3,4-二氯甲苯是医药、农药、染料和有机合成的中间体。其氧化产物 3,4-二氯苯甲醛，用于抗疟新药硝座的生产；其侧链氟代的衍生物 α,α,α-三氟-3,4-二氯甲苯可用于合成除草剂乙氧氟草醚、三氟梭草醚和氟黄胺草醚；3,4-二氯甲苯也用于生产防腐剂、杀虫剂和润滑剂，且是一种良好的高沸点溶剂。

3. 风险评估

本品对水生生物有毒并具有长期持续影响。其环境危害 GHS 分类为对水生环境的危害—急性危害，类别 2；对水生环境的危害—长期危害，类别 2。

二甲基氯苯

二甲基氯苯共有 6 种同分异构体，其中 3,5-二甲基氯苯(CAS 号：556-97-8)和 2,6-二甲基氯苯(CAS 号：6781-98-2)较为常见。下面以 2,6-二甲基氯苯为例，介绍这类物质的特征。

1. 理化性质

CAS 号：6781-98-2	密度(g/cm^3)：1.064
熔点/凝固点(℃)：−35	n-辛醇/水分配系数：3.370
沸点(℃)：186	溶解性：一般不溶于水或难溶于水；溶于醇、醚、苯

2. 用途与接触机会

该类物质是常用的基本化工原料，广泛应用于有机合成、制药、染料以及电器工业等。

3. 人体健康危害

该类物质由于苯环上的卤素具有较强的活性，因而对皮肤、黏膜等组织具有明显的刺激作用。全身毒作用主要是抑制中枢神经系统和具麻醉作用，并能损害肝、肾，对血液系统和造血器官影响较苯为轻。

对氯苯乙烯

1. 理化性质

CAS 号：1073-67-2	外观与性状：无色具有强烈气味的液体
熔点/凝固点(℃)：−16	密度(g/cm^3)：1.155
沸点(℃)：192	自燃温度(℃)：450
闪点(℃)：60	相对密度(水=1)：1.16
饱和蒸气压(kPa)：0.09(20℃)	溶解性：不溶于水；溶于苯、汽油、四氯化碳、丙酮等

2. 用途与接触机会

对氯苯乙烯用于制造聚氯苯乙烯，是一种透明，无色塑料，具有良好的起泡，热变形和阻燃性能。工人在生产和使用对氯苯乙烯的工作场所中，可能通过吸入和皮肤接触暴露于该物质。

3. 毒性

大鼠经口 LD_{50}：5 200 mg/kg；兔经皮 LD_{50}：20 000 mg/kg。

家兔经皮开放性刺激试验，10 mg/24 h，引起刺激。家兔经眼，500 mg，开放性刺激试验，引起刺激。

4. 人体健康危害

接触本品可造成皮肤刺激，造成严重眼刺激。吸入可引起呼吸道刺激。

5. 风险评估

俄罗斯制定的职业接触限值为：TWA 为

50 mg/m^3，STEL 为 150 mg/m^3。

三　氯　苯

三氯苯有 3 种同分异构体，分别为 1,2,3 -三氯苯（CAS 号 87 - 61 - 6）、1,2,4 -三氯苯（CAS 号 120 - 82 - 1）和 1,3,5 -三氯苯（CAS 号 108 - 70 - 3），其中在工农业生产中 1,2,4 -三氯苯使用最为广泛。下面以 1,2,4 -三氯苯为例介绍这类物质的特征。

1. 理化性质

CAS 号：120 - 82 - 1	外观与性状：无色透明液体
熔点/凝固点（℃）：17	闪点（℃）：105（闭杯）
沸点（℃）：213.5	饱和蒸气压（kPa）：45.3
相对密度（水＝1）：1.454	n -辛醇/水分配系数：3.89
相对蒸气密度（空气＝1）：6.26	溶解性：不溶于水；微溶于乙醇；与乙醚、苯、二硫化碳等可互溶

2. 用途与接触机会

1,2,4 -三氯苯用作染料、农药的原料及有机溶剂，医药；染料；也是用途很广的高沸点溶剂，变压器内电阻液的原料。用作高熔点物质重结晶用溶剂、电器设备冷却剂、润滑油添加剂、脱脂剂、油溶性染料溶剂、白蚁驱除剂等，也用作制造 2,5 -二氯苯酚的原料。1,2,3 -三氯苯用作溶剂，医药中间体，用于制农药、染料、变压器油、电解液、润滑油、传热介质以及用于有机合成。1,3,5 -三氯苯可作为溶剂，用以制取农药、染料、医药、电解液、润滑油等。用于有机合成，杀虫剂及染料合成。

3. 毒代动力学

1,2,4 -三氯苯经呼吸道、消化道及皮肤进入人体，先形成中间产物环氧化物，进一步形成其他代谢产物，包括 2,3,5 -及 2,4,5 -三氯酚。含量较低的代谢产物包括三氯二酚、三氯硫醇苯酚及其他三氯酚。1,2,4 -三氯苯主要以代谢物的形式经尿液排出，其次是粪便，呼吸道也可少量排出。

4. 毒性与中毒机理

1,2,3 -三氯苯健康危害 GHS 分类为：严重眼损伤/眼刺激，类别 2B；特异性靶器官毒性——一次接触，类别 2、3（呼吸道刺激）；特异性靶器官毒性—反复接触，类别 2。1,2,4 -三氯苯健康危害 GHS 分类为：皮肤腐蚀/刺激，类别 2。1,3,5 -三氯苯健康危害 GHS 分类为：严重眼损伤/眼刺激，类别 2B；特异性靶器官毒性——一次接触，类别 3（呼吸道刺激）；特异性靶器官毒性—反复接触，类别 2。

1,2,3 -三氯苯：大鼠经口 LD_{50}：1 830 mg/kg。

1,2,4 -三氯苯：大鼠经口 LD_{50}：300 mg/kg；大鼠经口 LD_{50}：756 mg/kg；大鼠经皮 LD_{50}：6 139 mg/kg；昆明种小鼠经皮 LD_{50}：5 956.6 mg/kg；

1,3,5 -三氯苯：大鼠经口 LD_{50}：800 mg/kg；小鼠经口 LD_{50}：2 260 mg/kg。

1,2,4 -三氯苯：家兔皮肤刺激试验，1 950 mg/13 w - I，中度刺激；

1,3,5 -三氯苯：家兔皮肤刺激试验，500 mg/24 h，轻度刺激；家兔眼刺激试验，100 mg，轻度刺激。

实验动物长期吸入 1,2,4 -三氯苯可引起肝肾损伤，主要表现为肝肾重量增加、肝细胞空泡样变性、肝实质肉芽肿形成、肾皮质玻璃样变。大鼠的 NOAEL 为 22.3 mg/m^3，兔和猴的无作用剂量（NOEL）为 742 mg/m^3，狗的 NOEL 为 223 mg/m^3。

1,2,4 -三氯苯可诱导肝脏对外源物的代谢，并对多种酶具诱导作用。在大鼠体内 1,2,4 -三氯苯主要对 NADPH 细胞色素 C 还原酶、乙酰苯胺酯酶、芳香酯酶及普鲁卡因酯酶起诱导作用。1,2,4 -三氯苯还可以对禽类动物肝内卟啉含量产生影响，导致肝内卟啉含量升高且具有剂量反应关系。同时 ALA - S 活性亦相应升高。

5. 人体健康危害

1,2,3 -三氯苯对眼有刺激作用，吸入可引起呼吸道刺激。长期接触可引起头痛、恶心、上腹和心前区疼痛，部分工人肝大，上呼吸道及眼黏膜刺激。

1,2,4 -三氯苯对眼、上呼吸道、黏膜、皮肤有刺激作用。工人长期暴露于 1,2,4 -三氯苯的生产环境中可引起机体自主神经功能紊乱，出现神经衰弱的症状，对血液系统也有一定损害作用，导致红细胞数减少、白细胞数下降、淋巴细胞总数升高。可导致眼部刺激症状，如流泪、角膜点状损伤、结膜炎、结膜充血。可导致皮肤损伤，表现为皮肤粗糙、黑头粉刺、毛细血管扩张和色素沉着，好发部位为面颊、前额、耳垂前后、阴囊及前壁。还可能导致齿龈炎。

1,3,5-三氯苯有刺激性,可引起结膜炎、鼻炎。对中枢神经系统有抑制作用。可能引起肝肾损害。皮肤长时间接触,可致灼伤。

6. 风险评估

1,2,3-三氯苯德国MAC为38 mg/m³;1,2,4-三氯苯美国ACGIH推荐的TLV-TWA为37 mg/m³;1,3,5-三氯苯德国MAC为38 mg/m³。

本品对水生生物毒性极大并具有长期持续影响。其环境危害GHS分类为对水生环境的危害—急性危害,类别1;对水生环境的危害—长期危害,类别1。

四 氯 苯

四氯苯包括3中同分异构体,1,2,3,4-四氯苯(CAS号:634-66-2),1,2,3,5-四氯苯(CAS号:634-90-2),1,2,4,5-四氯苯(CAS号:95-94-3)。下面以1,2,3,4-四氯苯为例,介绍这类物质的特征。

1. 理化性质

CAS号:634-66-2	外观与性状:固体
熔点/凝固点(℃):47.5	饱和蒸气压(kPa):7.18×10⁻⁴
沸点(℃):254	密度(kg/m³):1.858
闪点(℃):>110	溶解性:不溶于水
相对密度(水=1):1.7	*n*-辛醇/水分配系数:4.60
相对蒸气密度:7.4	

2. 用途与接触机会

主要用于有机合成和农药中间体、阻燃剂等。

3. 毒代动力学

1,2,3,4-和1,2,3,5-四氯苯均代谢产生2,3,4,5-和2,3,4,6-四氯苯酚。1,2,3,5-四氯苯的其他代谢产物包括2,3,5,6-四氯苯酚。1,2,4,5-四氯苯的唯一代谢产物为2,3,5,6-四氯苯酚。

4. 毒性

1,2,3,4-四氯苯健康危害GHS分类为:生殖毒性,类别1;特异性靶器官毒性—一次接触,类别2、3;特异性靶器官毒性—反复接触,类别2。

1,2,3,4-四氯苯大鼠经口LD_{50}:1 167 mg/kg。大鼠经口LD_{50}:1 035~1 500 mg/kg引起全身麻醉剂样反应,表现为嗜睡、抽搐或对癫痫阈值的影响。兔吸入含20%本品(浓度为4~5 g/cm³或8~10 g/cm³)的粉尘,在11~17 d导致红细胞和血红蛋白降低。淋巴细胞增高。重复涂皮(lg/kg)引起局部变红,且有全身作用。

5. 人体健康危害

人体接触1,2,3,4-四氯苯可能引起眼、皮肤、消化道的刺激作用;升高皮肤、肝脏、肾脏和慢性呼吸道疾病的发病风险。

6. 风险评估

本品对水生生物毒性极大并具有长期持续影响。其环境危害GHS分类为对水生环境的危害—急性危害,类别1;对水生环境的危害—长期危害,类别1。

六 氯 苯

1. 理化性质

CAS号:118-74-1	外观与性状:白色粉末
熔点/凝固点(℃):231	燃烧热(kJ/mol):-2 372
沸点(℃):323~326	饱和蒸气压(kPa):0.13
闪点(℃):242(闭杯)	密度(kg/m³):2.044
相对密度(水=1):1.26	*n*-辛醇/水分配系数:5.73
相对蒸气密度(空气=1):9.83	溶解性:4.7×10⁻³ mg/L(水);微溶于乙醇;溶于热的苯、氯仿、乙醚

2. 用途与接触机会

六氯苯是有机氯杀菌剂,主要用于小麦、大麦等谷类作物种子外膜防治真菌危害。环境污染的主要来源是农业生产和化工污染,六氯苯已成为全球型的环境污染物,在水、空气和土壤中均可检出。

在生产加工六氯苯的工作场所中,工人可以通过吸入和经皮肤接触暴露于六氯苯。此外在生产加工氯化烃类化合物的工作场所中,六氯苯常作为副产物而被工人接触。监测数据显示,一般人群可能通过呼吸、饮水、食物、皮肤暴露于六氯苯，其中食物是主要的暴露途径，例如食用来自污染区的鱼类，摄入含六氯苯的乳汁等。

3. 毒代动力学

六氯苯产生的主要代谢产物为五氯苯酚、四氯苯对二酚、五氯硫酚，随尿液排出。六氯苯可以在脂肪含量高的组织中聚集，例如脂肪组织、肾上腺皮质、骨髓、皮肤和一些内分泌器官，也可通过胎盘和母乳传给子代。美国等地区的研究表明，六氯苯可以在95%的人体脂肪组织中检出。

4. 毒性与中毒机理

本品健康危害 GHS 分类为：致癌性，类别 1B；特异性靶器官毒性—反复接触，类别 1。

大鼠经口 LD_{50}：3 500 mg/kg；大鼠吸入 LC_{50}：3 600 mg/m^3。动物实验中六氯苯慢性暴露主要引起卟啉症，也可以对肝脏、肺、肾脏、甲状腺、皮肤、神经和免疫器官产生影响，导致神经毒性症状，肝、肾重量增加等。

IARC 将六氯苯定为 2B 类致癌物（可疑人类致癌物）。本品可能导致皮肤过敏反应，也是内分泌干扰物。

六氯苯可以干扰亚铁血红素的生物合成通路，研究发现六氯苯可以导致卟啉及其前体在肝脏等器官和排泄物中的水平升高。六氯苯还是一种混合型细胞色素 P450 生成剂，也可以结合芳香烃受体发挥毒性。

5. 人体健康危害

本品有内分泌干扰作用。人体接触六氯苯可导致眼睛、皮肤的刺激作用；可引起消化道刺激症状，导致恶心、呕吐和腹泻；可导致呼吸道刺激作用。长期接触可能引起肝脏、肾脏功能损伤，甲状腺、淋巴结肿大，毛发异常生长等，还可能导致皮肤灼伤或光敏作用。

6. 风险评估

美国 ACGIH 规定：TLV－TWA 为 0.002 mg/m^3（皮）。

本品对水生生物毒性极大并具有长期持续影响。其环境危害 GHS 分类为对水生环境的危害—急性危害，类别 1；对水生环境的危害—长期危害，类别 1。

多氯三联苯

多氯三联苯是一组三联苯的氯化物，根据氯原子数目和取代在苯环上的位置不同，多氯三联苯理论上拥有庞大数目的同分异构体。在实际应用中，多氯三联苯基本没有以单一形态出现过，主要以几种商品混合配方出现，常见的种类包括 Aroclor 5432（CAS 号：63496－31－1）、5442（CAS 号：12642－23－8）和 5460（CAS 号：11126－42－4）。

1. 理化性质

CAS 号：61788－33－8	外观与性状：黄色树脂样
沸点（℃）：332	闪点（℃）：153.1
密度（kg/m^3）：1.046	溶解性：不溶于水

2. 用途与接触机会

该类物质在物理和化学性质上和多氯联苯相似，具有低导电性、耐热性和耐强酸强碱等，一般可用作农药增量剂、密封剂、无碳复写纸、工业用油、涂料、黏合剂、塑料、阻燃剂，也可用作变压器、电容器（大型工业用电容器、家用电器用小型电容器等）、传热和液压系统等电气设备中的介电流体。考虑到环保和安全，各国都出台了各种政策措施，逐步淘汰多氯三联苯的生产和使用。

多氯三联苯几乎在所有的环境介质（室内和室外，地表水和地下水，土壤和食物）中都能检出，包括远离制造或使用地点的全球各个角落。

3. 毒代动力学

有限的多氯三联苯的毒代动力学资料表明该物质耐生物降解和光降解，结合其亲脂性和稳定性，该物质可以在生物体内持续存在并富集，较难被代谢和降解。

4. 毒性与中毒机理

本品健康危害 GHS 分类为：特异性靶器官毒性-反复接触，类别 2。

小鼠经口 LD_{50} 为 2 100 mg/kg。

多氯三联苯可以诱导大鼠产生混合作用氧化酶，产生低水平的雌激素效应，诱导肝脏内质网延伸和胃黏膜增生。

5. 人体健康危害

职业急性暴露后几小时可能出现皮疹，大剂量可导致面部水肿，麻木，和四肢无力，肝脏功能异常，免疫抑制性改变，一过性刺激黏膜症状，非特异性神经系统影响，如头痛，头晕，抑郁，睡眠和记忆力减退，紧张和疲劳。

6. 风险评估

本品对水生生物毒性极大并具有长期持续影响。其环境危害GHS分类为对水生环境的危害—急性危害，类别1；对水生环境的危害—长期危害，类别1。

二氯二苯三氯乙烷

1. 理化性质

CAS号：50－29－3	外观与性状：呈无色结晶或灰白色粉状
熔点/凝固点(℃)：108.5	闪点(℃)：72～77(闭杯)
沸点(℃)：260	易燃性：可燃
饱和蒸气压(kPa)：2.53×10^{-8}(20℃)	密度(g/cm³)：0.98～0.99
相对密度(水＝1)：1.55(25℃)	n－辛醇/水分配系数：6.91
溶解性：可溶于丙醇、醚、苯、四氯化物、煤油、二恶烷和吡啶；不溶于水、稀酸和碱液	

2. 用途与接触机会

二氯二苯三氯乙烷又称为滴滴涕(DDT)，曾作为防害农业病虫害的有效杀虫剂，为减轻疟疾伤寒等蚊蝇传播的疾病危害起到了不小的作用，但由于其对环境污染过于严重，已被大部分国家地区禁止生产使用。目前根据世界卫生组织的建议和指导方针，如果本地区无法使用安全、有效和可负担的替代方案时，可生产滴滴涕用于疾病病媒的控制，并推荐在室内喷洒使用。

3. 毒代动力学

当DDT溶于油、脂肪或脂类溶剂时很容易被吸收，但作为粉状或悬浮液体则不容易被人体吸收。DDT被人体吸收后会集中于脂肪组织中，DDT储存于脂肪中会减少其对脑部的损害，对于人体会起到一定的保护作用。当以恒定量摄入DDT一段时间后，其浓度在脂肪组织中达到稳态值并保持相对稳定状态。当停止接触后，DTT开始缓慢排除，大约每天排除1%的量。

4. 毒性与中毒机理

本品健康危害GHS分类为：急性毒性—经口，类别3；致癌性，类别2；特异性靶器官毒性—反复接触，类别1。

大鼠经口LD_{50}：87 mg/kg；兔经皮LD_{50}：300 mg/kg。大鼠经口最小致死剂量TDL_0为0.1 mg/kg，主要的影响是酶的抑制、诱导以及血液或组织中肝微体混合氧化酶(脱基、羟基化等)的水平。

本品具有蓄积作用。

以含不同剂量本品的饲料喂饲大鼠2年，在200 mg/kg时极个别动物有震颤，400 mg/kg时偶有震颤，600 mg/kg和800 mg/kg时有中等度震颤，特别是在早期。在400 mg/kg和更高剂量时死亡率稍高于正常。400 mg/kg时肝重增加，600 mg/kg或800 mg/kg时肾重增加，但病理组织学检查在200 mg/kg或更高剂量时已有中度肝脏损害，100 mg/kg时也有轻微肝损。肝脏损害表现为肝细胞退行性改变，脂肪浸润和凝固性坏死，并常可见到含铁血黄素沉着，肾脏病变限于近曲小管，其上皮细胞浆色淡，呈粗粒状，往往见到许多细小泡沫状空胞。也有人指出，食物中只含本品1 mg/kg时已可在脂肪内蓄积，5 mg/kg时即可见肝细胞变性。

IARC将DDT定为2A类致癌物(对人类可能致癌)。本品为内分泌干扰物。

5. 人体健康危害

食入本品可引起中毒。

急性中毒多由误服引起。轻度中毒时，患者表现为头痛、头晕、恶心、呕吐、易激动、出汗、失眠和视物模糊，舌、唇和面部有麻木感，严重时波及四肢。偶见不自主的肌肉抽搐和震颤。重度中毒时，危重病例1～2 h即可死亡。除轻度中毒症状外，尚有高热、多汗、腹泻、视觉障碍，肢体和面部肌肉呈强直性抽搐，有的发生癫痫样抽搐或反复发作的惊厥。后期出现无力性麻痹、严重肝肾损害，甚至尿闭。实验室检查有血红蛋白减少、中性粒细胞及嗜酸性粒细胞增多，肝功异常。尿中可出现蛋白、红细胞和颗粒管型等。

滴滴涕落入眼内，可引起结膜充血、水肿、流泪和剧痛。皮肤接触者还可发生皮炎，局部皮肤红肿，有痒感和灼烧感，有时可产生水疱。吸入性急性中毒可有明显的呼吸道黏膜刺激症状，表现为咳嗽及呼吸困难。

慢性中毒不多见。有食欲不振、失眠、易疲倦等，并可出现四肢痉挛性疼痛及肢端麻木感等神经衰弱综合征表现。少数患者出现贫血及肝脏、心血管和呼吸系统疾病等。接触者体内脂肪组织中滴滴涕含量较正常人高。

6. 风险评估

我国职业接触限值规定：PC-TWA 为 0.2 mg/m³。美国 ACGIH 规定：TLV-TWA 为 1 mg/m³。

本品对水生生物毒性极大并具有长期持续影响。其环境危害 GHS 分类为对水生环境的危害—急性危害，类别 1；对水生环境的危害—长期危害，类别 1。

六氯环己烷

1. 理化性质

CAS 号：319-84-6	外观与性状：呈晶体状
熔点/凝固点(℃)：157.4	*n*-辛醇/水分配系数：3.8
沸点(℃)：288	溶解性：水中可溶解 2 mg/L(25℃)；乙醇中可溶解 1.8 g/100 g；乙醚中可溶解 6.2 g/100 g
密度(g/cm³)：1.87(20℃)	

2. 用途与接触机会

又名 α-六氯环己烷，是六氯化苯的组成部分，主要用于制造六氯化苯，是作用于昆虫神经的广谱杀虫剂，兼有胃毒、触杀、熏蒸作用，一般加工成粉剂或可湿性粉剂使用。

3. 毒性

本品健康危害 GHS 分类为：急性毒性—经口，类别 3；急性毒性—经皮，类别 3；生殖毒性，类别 2；特异性靶器官毒性—反复接触，类别 2。

大鼠经口 LD_{50}：177 mg/kg。IARC 将六氯环己烷定为 2B 类致癌物。怀疑对生育能力或胎儿造成伤害。有研究发现六氯环己烷可能会导致男性不育以及不良的生育结果如早产、胎儿神经管畸形等。

4. 人体健康危害

短期接触的该物质可能对中枢神经系统造成影响，导致抽搐。长期或反复接触该物质可能对中枢神经系统、肾和肝脏有影响。

5. 风险评估

本品对水生生物毒性极大并具有长期持续影响。其环境危害 GHS 分类为对水生环境的危害—急性危害，类别 1；对水生环境的危害—长期危害，类别 1。

林　丹

1. 理化性质

CAS 号：58-89-9	外观与性状：白色到黄色，晶状粉末
熔点/凝固点(℃)：112.5	*n*-辛醇/水分配系数：3.72
沸点(℃)：311	溶解性：25℃下在水中可溶 7.3 mg/L；易溶于丙酮、苯
饱和蒸气压(kPa)：5.58×10⁻⁶(20℃)	密度(g/cm³)：1.85

2. 用途与接触机会

主要用于杀灭植物和土壤中的害虫、公共卫生害虫和动物寄生虫，并广泛用于作物和种子的处理。在生产过程中，主要是通过吸入和皮肤接触，一般人群主要通过食物接触。

3. 毒代动力学

林丹进入人体后，在脂肪组织中最高，其次是大脑、肾脏、肌肉、肺、心脏、脾脏、肝脏和血液。

4. 毒性

本品健康危害 GHS 分类为：急性毒性—经口，类别 3；生殖毒性，附加类别；特异性靶器官毒性—反复接触，类别 2。

本品大鼠经口 LD_{50}：76 mg/kg；兔经皮 LD_{50}：50 mg/kg。

IARC 将林丹定为 1 类确定的人类致癌物。可能对母乳喂养的儿童造成伤害。动物实验表明，该物质可能造成人类生殖或发育毒性。本品为内分泌干扰物。

5. 人体健康危害

短期接触林丹可能对中枢神经系统有影响，导致抽搐，重者可能死亡。

长期或反复接触林丹可能对神经系统、骨髓和肝脏有影响。可能对母乳喂养的儿童造成伤害，也是确定的人类致癌物。

6. 风险评估

我国职业接触限值规定：PC-TWA 为 0.05 mg/m^3(皮)，PC-STEL 为 0.1 mg/m^3(皮)。美国 ACGIH 规定：TLV-TWA 为 0.5 mg/m^3(皮)。

本品对水生生物毒性极大并具有长期持续影响。其环境危害 GHS 分类为对水生环境的危害—急性危害，类别 1；对水生环境的危害—长期危害，类别 1。

六氯环己烷

1. 理化性质

CAS 号：608-73-1	外观与性状：白色结晶状粉末
密度(g/cm^3)：1.675	溶解性：可溶于水、100%酒精、氯仿、乙醚

2. 用途与接触机会

又名六六六，主要用于杀虫剂的生产，主要用于控制苍蝇、蟑螂、蚜虫、蚱蜢、线虫、黑虫等。由于目前六氯环己烷已经停产，所以经职业暴露接触该物质的机会很小，但由于六氯环己烷曾被大量用作杀虫剂以及其同分异构体的生物积累，一般人群仍然可能从食物、水和空气途径接触到。

3. 毒代动力学

该物质可通过完整的皮肤以及经口吸收入人体。在大鼠试验中，六氯环己烷以橄榄油作为溶剂时经口可被吸收 80%，以水悬浮液状态经口只有 6%被吸收。吸收后在脂肪组织中浓度最高，血液和肌肉中浓度最低。

4. 毒性

本品健康危害 GHS 分类为：急性毒性—经口，类别 3；急性毒性—经皮，类别 3；急性毒性—吸入，类别 3；致癌性，类别 2；生殖毒性，类别 2；特异性靶器官毒性——次接触，类别 1；特异性靶器官毒性—反复接触，类别 1。

本品大鼠经口 LD_{50}：100 mg/kg；兔经皮 LD_{50}：900 mg/kg；大鼠吸入 LC_{50}：690 mg/m^3/4 h。

IARC 将其定为 2B 类致癌物。怀疑对生育能力或胎儿造成伤害。动物实验表明，该物质可能造成人类生殖或发育毒性。

5. 人体健康危害

本品可经吸入、食入、皮肤吸收引起中毒，但急性中毒极少见。主要表现为对中枢神经系统造成影响，导致惊厥。

反复或长期与皮肤接触可能引起皮炎。工龄较长的工人，可能对神经系统、骨髓、肾和肝脏有影响。表现为神经衰弱综合征如全身乏力、头痛、头晕、多汗及鼻出血、消瘦、食欲不振、四肢远端感觉减退，以及低血压、心动过速等症状较常见。少数患者可有慢性胃炎、慢性肝病等，血沉可稍增快。

6. 风险评估

我国职业接触限值规定：PC-TWA 为 0.3 mg/m^3(皮)，PC-STEL 为 0.5 mg/m^3(皮)。

本品对水生生物毒性极大并具有长期持续影响。其环境危害 GHS 分类为对水生环境的危害—急性危害，类别 1；对水生环境的危害—长期危害，类别 1。

氯　　丹

1. 理化性质

CAS 号：57-74-9	外观与性状：无色黏性液体，几乎无臭
沸点(℃)：175(0.26 kPa)	饱和蒸气压(kPa)：1.29×10^{-6}(25℃)
闪点(℃)：107.2(开杯) 55.6(闭杯)	密度(g/cm^3)：1.59～1.63(25℃)
相对蒸气密度(空气=1)：14	n-辛醇/水分配系数：6.16
溶解性：可与脂肪族和芳族烃类溶剂混合，在水中可溶解 0.056 mg/L	

2. 用途与接触机会

主要用以害虫的控制，如白蚁、黏虫、毛虫等。职业性接触主要是在氯丹的使用和生产场所，通过皮肤接触。一般人群的接触主要是通过空气、食物和饮用水途径。

3. 毒代动力学

氯丹进入人体后，肝脏和肾脏的初始分布比脂肪组织更迅速，再分配后脂肪组织的含量则高于其他组织，氯丹的排泄途径主要通过胆汁。

4. 毒性

本品健康危害 GHS 分类为：急性毒性—经皮，类别 3；致癌性，类别 2。

本品大鼠经口 LD_{50}：200 mg/kg；兔经皮 LD_{50}：780 mg/kg。

IARC 将氯丹定为 2B 类致癌物。本品为内分泌干扰物。

5. 人体健康危害

氯丹是一种持续的中枢神经系统兴奋剂，可通过吸入、经口、皮肤或经眼部接触。氯丹中毒可出现恶心、呕吐、腹泻、厌食、胃炎、腹痛、无尿、咳嗽、兴奋、易怒、困惑、谵妄、肌肉痉挛、头晕、虚弱、共济失调、震颤、剧烈抽搐、癫痫、肺水肿以及中枢神经系统的抑郁、昏迷和呼吸停止。

6. 风险评估

美国 ACGIH 规定：TLV - TWA 为 0.5 mg/m^3（皮）。

本品对水生生物毒性极大并具有长期持续影响。其环境危害 GHS 分类为对水生环境的危害—急性危害，类别 1；对水生环境的危害—长期危害，类别 1。

七 氯 化 茚

1. 理化性质

CAS 号：76 - 44 - 8	外观与性状：白色或浅棕色蜡状固体或晶体
熔点/凝固点(℃)：95～96	*n*-辛醇/水分配系数：6.10
沸点(℃)：145	相对密度(水=1)：1.57
饱和蒸气压(kPa)：0.533×10^{-4}(25℃)	易燃性：不易燃
密度(kg/m^3)：1 570(9℃)	溶解性：难溶于水；易溶于丙酮、苯、乙醇等有机溶剂中

2. 用途与接触机会

本品在许多农业作物上被广泛用作杀虫剂，用于白蚁控制、种子/种子沟处理、木材处理等方面，该产品的生产和使用过程中都可直接被释放到环境中，通过呼吸接触。

3. 毒代动力学

一般人群可能通过吸入环境空气（尤其是室内空气中含有七氯胺），摄入食物（如鱼）和饮用水，以及含有七氯胺的产品；职业性接触可通过吸入其粉尘颗粒或在生产或使用的工作场所的皮肤接触。对于婴儿而言，最早的接触可能是源于母乳，另有研究发现胎盘转移可能是七氯转移给婴儿的一种方式

主要贮存在脂肪组织中，也存在于肝脏、肾脏和肌肉中。

4. 毒性

本品健康危害 GHS 分类为：急性毒性—经口，类别 3；急性毒性—经皮，类别 3；致癌性，类别 2；特异性靶器官毒性—反复接触，类别 2。

大鼠经口 LD_{50}：40 mg/kg；兔经皮 LD_{50}：500 mg/kg；大鼠经皮 LD_{50} 为 119 mg/kg。

IARC 将七氯定为 2B 类致癌物。本品为内分泌干扰物。

5. 人体健康危害

食入或经皮吸收可能会引起中毒。临床表现为：

1. 神经系统头痛、头晕、无力、失眠、眼球震颤，重者可发生阵挛性强直性抽搐或癫痫样发作性抽搐、昏迷、脑水肿和呼吸抑制，并可出现精神症状。

2. 消化系统 恶心、呕吐、腹痛、腹泻。重者可有肝脏肿大、肝功能异常。

3. 其他肾功能障碍、心肌炎等。

6. 风险评估

美国 ACGIH 规定：TLV－TWA 为 0.05 mg/m^3(皮)。

本品对水生生物毒性极大并具有长期持续影响。其环境危害 GHS 分类为对水生环境的危害—急性危害，类别 1；对水生环境的危害—长期危害，类别 1。

艾 氏 剂

1. 理化性质

CAS 号：309－00－2	外观与性状：无色或白色至深棕色结晶固体
熔点/凝固点(℃)：104	饱和蒸气压(kPa)：0.16×10^{-4}(25℃)
沸点(℃)：145(0.27 kPa)	密度(kg/m^3)：1 600(20℃)
相对密度(水＝1)：1.6	*n*－辛醇/水分配系数：6.50
溶解性：25℃水中，170 mg/L，易溶于乙醇、乙醚、丙酮和石蜡等有机溶剂；中度溶解于石油中	

2. 用途与接触机会

艾氏剂主要是用作杀虫剂，用来控制白蚁、玉米根虫、种子玉米甲虫和蛆虫、丝虫、米水象虫、蚱蜢和日本甲虫，职业环境中主要是该类农药生产过程中的接触。生活中一般很少接触到艾氏剂，主要是通过环境中水、食品中农药残留接触。

3. 毒代动力学

艾氏剂在肝脏中被迅速地转化为狄氏剂。因此，在血液或组织中发现了很少的艾氏剂。但在在大脑、肝脏和脂肪组织中可发现其肝脏代谢产物狄氏剂。

艾氏剂主要是通过粪便排泄，9－羟狄氏剂是其主要的代谢产物。

4. 毒性

本品是剧毒品，其健康危害 GHS 分类为：急性毒性—经口，类别 2；急性毒性—经皮，类别 3；特异性靶器官毒性—反复接触，类别 1。

大鼠经口 LD_{50}：38 mg/kg；兔经皮 LD_{50}：15 mg/kg；大鼠经皮 LD_{50}：98 mg/kg。

IARC 将艾氏剂定为 2A 类致癌物。

5. 人体健康危害

艾氏剂中毒主要造成神经系统症状，患者可出现颤抖、头晕、兴奋、癫痫和昏迷，尚可引发心血管并发症包括血压波动和心动过速。急性摄入可致死亡。

艾氏剂代谢产物狄氏剂具有蓄积性，可能有累积影响。长期接触艾氏剂流行病学研究没有显示任何致癌风险，人类致癌的证据不足；部分动物实验中，肝脏肿瘤的发生率增加，包括肝细胞腺瘤，动物致癌性的证据有限。艾氏剂是可能的人类致癌物。

6. 风险评估

2001 年 5 月 22 日，包括中国在内的 90 个国家的环境部长在瑞典斯德哥尔摩签署了《关于持久性有机污染物的斯德哥尔摩公约》决定禁止或限制使用 12 种持久性有机污染物之一。

美国 ACGIH 规定：TLV－TWA 为 0.05 mg/m^3(吸入、蒸气、皮肤)；美国 OSHA 认为艾氏剂是一种潜在职业致癌物质，PEL－TWA 为 0.25 mg/m^3。

FAQ 和 WHO 建议可接受的每日摄取量 0.000 1 mg/kg(食品中农药残留)。

本品对水生生物毒性极大并具有长期持续影响。其环境危害 GHS 分类为对水生环境的危害—急性危害，类别 1；对水生环境的危害—长期危害，类别 1。

异 艾 氏 剂

1. 理化性质

CAS 号：465－73－6	外观与性状：晶体
熔点/凝固点(℃)：240～242	*n*-辛醇/水分配系数：6.75
饱和蒸气压(kPa)：0.59×10^{-4}(25℃)	溶解性：25℃水，0.014 mg/L

2. 用途与接触机会

监测数据表明，一般人群可能通过摄入食物(如鱼类)和皮肤吸收而引起中毒。

职业暴露在异艾氏剂的工作环境中或在生产或使用该化合物的工作场所，可能是通过吸入其粉尘和皮肤吸收等方式引起中毒。

3. 毒性

本品是剧毒品，大鼠经口 LD_{50} 为 7 mg/kg，大鼠经皮 LD_{50} 为 23 mg/kg，小鼠经口 LD_{50} 为 8.8 mg/kg。健康危害 GHS 分类为：急性毒性—经口，类别 2；急性毒性—经皮，类别 1；急性毒性—吸入，类别 2。

4. 人体健康危害

经皮肤接触、食入、吸入异艾氏剂可致命。在摄入后 20 min 至 12 h 内出现症状包括：不适、头痛、恶心、呕吐、头晕和颤抖；阵发性和紧张性痉挛；惊厥发作有可能与严重的中枢神经抑制交替出现；惊厥后可出现昏迷，可能会持续几天，昏迷中可能会发生呼吸骤停，危及生命；有惊厥病史的人接触会增加患病危险。急性期可发现白细胞增多、血压升高、心动过速、心率失常、代谢性酸中毒和发热，血尿和白蛋白尿。

异艾氏剂是一种皮肤刺激剂，可通过皮肤进入机体；对眼睛和呼吸道黏膜均有刺激作用。

5. 风险评估

本品对水生生物毒性极大并具有长期持续影响。其环境危害 GHS 分类为对水生环境的危害—急性危害，类别 1；对水生环境的危害—长期危害，类别 1。

狄　氏　剂

1. 理化性质

CAS 号：60－57－1	外观与性状：无色至浅棕色晶体
熔点/凝固点(℃)：175.5	n-辛醇/水分配系数 5.40
饱和蒸气压(kPa)：0.785×10^{-6}(25℃)	溶解性：微溶于矿物油；适度溶解于丙酮溶于芳香烃溶剂；适度溶解于丙酮溶于甲醇、脂肪烃和苯；20℃时，二氯乙烷中溶解度为 48 g/100 ml；25℃水中溶解度为 0.195 mg/L
密度(kg/m^3)：1 750	相对密度(水＝1)：1.75

2. 用途与接触机会

狄氏剂是一种广泛使用的杀虫剂，通过土壤注入以及对非食物的种子和植物的处理方式来控制白蚁。在热带国家，狄氏剂被用于在室内的墙壁和天花板上喷洒，以控制疾病病媒，主要是疟疾。口服摄入食物是一般人群接触的主要来源；摄入受污染的饮用水，吸入受污染的空气和皮肤接触污染的土壤表面也是人类接触的可能途径。

3. 毒代动力学

狄氏剂可通过皮肤、黏膜和胃肠道吸收，被储存在脂肪组织、肝脏、大脑中，哺乳动物的肌肉，鱼和鸟类、藻类、浮游生物、昆虫以及蚯蚓的卵中。

狄氏剂储存在肝脏和脂肪组织中，在其他疾病期间，如体重减轻或高烧时，可以被转运到血浆中进行代谢。

动物实验(老鼠)发现，狄氏剂主要是通过粪便和尿液排泄。

4. 毒性

本品为剧毒品，大鼠经口 LD_{50} 为 38 mg/kg，兔经皮 LD_{50} 为 250 mg/kg，大鼠吸入 LC_{50} 为 13 mg/(m^3 · 4 h)。其健康危害 GHS 分类为：急性毒性—经口，类别 3；急性毒性—经皮，类别 1；特异性靶器官毒性—反复接触，类别 1。

IARC 将狄氏剂定为 2A 类致癌物。本品为内分泌干扰物。

5. 人体健康危害

狄氏剂中毒主要损害神经系统，患者可出现颤抖、头晕、兴奋、癫痫和昏迷，尚可引发心血管并发症包括血压波动和心动过速。急性摄入可致死亡。

狄氏剂具有蓄积性，可能有累积影响。狄氏剂是可能的人类致癌物，也可干扰人体内分泌。

6. 风险评估

FAQ/WHO 规定：ADI 为 0.000 1 mg/kg。

美国 ACGIH 规定：TLV－TWA 为 0.1 mg/m^3(吸入、蒸气、皮肤)；美国 OSHA 认为艾氏剂是一种潜在职业致癌物质，PEL－TWA 为 0.25 mg/m^3。

本品对水生生物毒性极大并具有长期持续影响。其环境危害 GHS 分类为对水生环境的危害—

急性危害，类别1；对水生环境的危害—长期危害，类别1。

异狄氏剂

1. 理化性质

CAS号：72-20-8	外观与性状：白色固体结晶无色至棕色结晶状固体
熔点/凝固点(℃)：约200	n-辛醇/水分配系数：5.20
饱和蒸气压(kPa)：0.40×10^{-6}(20℃)	溶解性：25℃：丙酮17 g/100 ml，苯138 g/100 ml，四氯化碳3.3 g/100 ml，己烷7.1 g/100 ml，二甲苯183 g/100 ml，25℃水中，0.25 mg/L，淡水中的溶解度为200 μg/L
密度(kg/m³)：1 700(20℃)	相对密度(水=1)：1.7

2. 用途与接触机会

异狄氏剂是非系统性的持久性杀虫剂，主要用于田间作物。它是无植物毒性的杀虫剂，但被怀疑对玉米能造成伤害。经口摄入食物是一般人群接触的主要来源。摄入受污染的饮用水、吸入受污染的空气以及与受污染的土壤表面接触，也是人类接触的可能途径。

3. 毒代动力学

与其他有机氯杀虫剂相比，异狄氏剂在体内几乎不存储。异狄氏剂经胆道排泄效率较高，在血浆中相对于狄氏剂更易被清除。

4. 毒性

本品为剧毒品，大鼠经口LD_{50}为3 mg/kg，兔经皮LD_{50}为60 mg/kg。其健康危害GHS分类为：急性毒性—经口，类别2；急性毒性—经皮，类别3。

IARC将异狄氏剂定为3类致癌物。

5. 人体健康危害

吞咽或皮肤接触可致命。急性中毒症状主要有：不适、头痛、恶心、呕吐、头晕和颤抖；阵发性和紧张性抽搐；惊厥发作有可能与严重的中枢神经抑郁症交替出现；惊厥后可发生昏迷，持续数天，昏迷中会发生呼吸骤停，危及生命。

慢性接触会显著影响人体肝微粒体酶的活性，癫痫性痉挛和脑损伤也可能是中毒表现，脑电图一般在停止接触的3至6个工作日恢复。

6. 风险评估

FAQ/WHO规定：ADI为0.000 2 mg/kg。

美国ACGIH规定：TLV-TWA为0.1 mg/m³(皮肤)；美国OSHA认为异狄氏剂是一种潜在职业致癌物质，PEL-TWA为0.1 mg/m³(皮肤)。

本品对水生生物毒性极大并具有长期持续影响。其环境危害GHS分类为对水生环境的危害—急性危害，类别1；对水生环境的危害—长期危害，类别1。

毒杀芬

1. 理化性质

CAS号：8001-35-2	外观与性状：黄色蜡状固体，琥珀色蜡状固体
熔点/凝固点(℃)：65～90	密度(kg/m³)：1 650(25℃)
饱和蒸气压(kPa)：0.892×10^{-6}(20℃)	n-辛醇/水分配系数：5.90
相对密度(水=1)：1.65	溶解性：易溶于芳香烃类溶剂中；易溶于有机溶剂中
相对蒸气密度(空气=1)：14.3	

2. 用途与接触机会

用于棉花、豌豆、大豆、花生、玉米和小麦的杀虫剂，是一种条件限制使用的杀虫剂，还可以用于牛羊疥疮的治疗。

3. 毒代动力学

毒杀芬可通过完整的皮肤、呼吸道和消化道吸收。根据剂量的不同，长期摄入的毒物可能会导致毒物的积累，主要是在脂肪组织中发现其代谢产物。实验室动物研究表明，毒物易被肠道吸收，可能被肺部吸收。与其他暴露路径相比，皮肤吸收是很低的。一旦被吸收，毒物就会遍布全身。

排泄的主要途径是通过粪便，但毒物也会在尿液中排泄。

4. 毒性

本品大鼠经口 LD_{50}：50 mg/kg；兔经皮 LD_{50}：1 025 mg/kg。其健康危害 GHS 分类为：急性毒性—经口，类别 3；皮肤腐蚀/刺激，类别 2；致癌性，类别 2；特异性靶器官毒性——一次接触，类别 3。

本品具有轻微皮肤刺激作用。IARC 将毒杀芬定为 2B 类致癌物。本品为内分泌干扰物。

5. 人体健康危害

皮肤短期接触毒杀芬有轻微刺激皮肤。食入或吸入毒杀芬对中枢神经系统有影响，导致震颤和惊厥，接触高浓度时可导致死亡。

4 例儿童食用毒杀芬而死亡的病例报告，肺部充血和水肿，心脏扩张，以及大脑中有大量的出血；2 名使用过毒杀芬的工人中观察过敏性支气管肺炎；短期接触，会对眼睛产生刺激作用。其他接触症状主要有：反射性兴奋，表现为震颤，唾液分泌，呕吐，皮肤接触后有轻微刺激。

6. 风险评估

美国 OSHA 规定：PEL - TWA 为 0.5 mg/m^3（皮肤），STEL 为：1 mg/m^3。

NIOSH 认为毒杀芬是潜在的职业致癌物，建议职业暴露于可能致癌物的范围被限制在最低可行的浓度范围内。

本品对水生生物毒性极大并具有长期持续影响。其环境危害 GHS 分类为对水生环境的危害—急性危害，类别 1；对水生环境的危害—长期危害，类别 1。

碳　氯　灵

1. 理化性质

CAS 号：297 - 78 - 9	外观与性状：浅棕色粉末
熔点/凝固点(℃)：120～122	n - 辛醇/水分配系数：4.51
饱和蒸气压(kPa)：0.389×10^{-6}(20℃)	密度(kg/m^3)：1 870
相对密度(水=1)：1.87	溶解性：溶于甲醚，丙酮，苯，二甲苯，重芳香石脑油

2. 用途与接触机会

碳氯灵是一种杀虫剂。用于农业生产，主要是在制造和应用时接触该类化合物，但是由于碳氯灵不再生产或使用，因此职业暴露和普通人群接触不存在或相对较少。

3. 毒代动力学

碳氯灵可通过皮肤、呼吸道和胃肠道吸收。碳氯灵易通过胃肠道壁吸收，并且在未发生代谢或形态改变的情况下在血液中进行运输。碳氯灵在体内的代谢产物其中一种被鉴定为异位苯酯，动物实验发现其在体内的分布主要是脂肪、肝脏和肌肉组织中，其次为大脑和血液中。

有研究表明，碳氯灵主要是通过尿液排出，其次为胆汁排泄进入胃肠道通过粪便排出。

4. 毒性

本品为剧毒品，，大鼠经口 LD_{50} 为 3 mg/kg，兔经皮 LD_{50} 为 12 mg/kg。大鼠经静脉注射 LD_{50} 为 3.56 mg/kg。其健康危害 GHS 分类为：急性毒性—经口，类别 2；急性毒性—经皮，类别 1。

本品为内分泌干扰物。

5. 人体健康危害

本品经皮肤、食入吸收可致命。

碳氯灵中毒症状包括感觉、协调和精神状态的干扰。厌食、不适、头痛、肌肉痉挛、昏睡、震颤、过度兴奋、运动超兴奋、口腔感觉异常（摄食后），高浓度摄入还可能增加心肌应激性以及导致心律失常。与其他有机氯农药类毒物不同之处是症状主要以头痛、头晕、嗜睡、易怒为主，有时还伴有疼痛，尤其是腿部。

6. 风险评估

本品对水生生物毒性极大并具有长期持续影响。其环境危害 GHS 分类为对水生环境的危害—急性危害，类别 1；对水生环境的危害—长期危害，类别 1。

1.1-双(对氯苯)-2,2,2-三氯乙醇

1. 理化性质

CAS号：115-32-2	外观与性状：无色固体
熔点/凝固点(℃)：77.5	n-辛醇/水分配系数：5.02
沸点(℃)：180	溶解性：在水中可溶解1.2 mg/L(24℃)；在丙酮、乙酸乙酯和甲苯中可溶解400 g/L(25℃)；甲醇中可溶解36 g/L(25℃)；在六烷和异丙醇可溶解30 g/L(25℃)
密度(g/cm^3)：1.13(20℃)	

2. 用途与接触机会

主要用于对农作物、农业或居住建筑中螨虫的控制。职业性的接触可能发生于生产或使用1.1-双(对氯苯)-2,2,2-三氯乙醇的场所中，一般通过呼吸道和皮肤接触，有监测数据表明一般人群可能会通过摄入含有该物质残留物的食物而接触。

3. 毒代动力学

1.1-双(对氯苯)-2,2,2-三氯乙醇主要在肠道中被人体吸收，吸收后主要储存于脂肪、肾上腺、甲状腺和肝脏组织中。

4. 毒性

本品健康危害GHS分类为：急性毒性—经口，类别4；急性毒性—经皮，类别4；皮肤腐蚀/刺激，类别2；皮肤致敏物，类别1。

大鼠经口 LD_{50}：575 mg/kg；兔经皮 LD_{50}：1 870 mg/kg。小鼠经口 LD_{50}：420 mg/kg；大鼠经皮 LD_{50}：100 mg/kg；大鼠吸入 LC_{50} 为>5 g/(m^3·4 h)。

IARC将其定为3类。本品为内分泌干扰物。

5. 人体健康危害

短期接触该物质对眼睛和皮肤有刺激性。该物质可能对中枢神经系统，肝和肾有影响。反复或长期与皮肤接触可能引起皮炎。吸入可能导致过敏或哮喘病症状或呼吸困难，也可能导致皮肤过敏反应。

6. 风险评估

本品对水生生物毒性极大并具有长期持续影响。其环境危害GHS分类为对水生环境的危害—急性危害，类别1；对水生环境的危害—长期危害，类别1。

第19章

酚　类

酚类是指一类由一个或多个羟基置换苯环上的等量氢原子而形成的有机化合物。酚类化合物种类繁多，常见的有苯酚、甲酚、氯酚、溴酚、萘酚、碘酚等，而以苯酚、甲酚污染最突出。

(一) 理化性质

纯净酚类多为无色晶体，难溶或微溶于水，易溶于乙醇和乙醚。有酸性，能溶于碱性水溶液。多数能与三氯化铁溶液作用而显出特殊颜色。酚类一般有毒。

(二) 用途与接触机会

酚类是重要的化工原料，主要用于生产和制造各种化学物质，包括染料、药物、酚醛树脂、石油产品、胶粘剂等。许多酚类化合物还有杀菌能力，可用作消毒杀菌剂，各种甲基酚异构体的混合物统称为甲酚，甲酚与肥皂溶液的混合物俗称为来苏儿，是医院内常用的杀菌剂。苯酚还是衡量各种杀虫剂活性剂的标准，一种杀菌剂的杀菌效力与苯酚的杀菌效力之比被称为苯酚系数，该数值越大表示杀菌能力越强，某些酚类衍生物也可用于食物防腐。

(三) 毒性

酚类化合物是一种细胞原浆毒物，对一切生物个体都有毒杀作用。低浓度酚能使蛋白变性，高浓度能使蛋白沉淀，故对各种细胞有直接损害。对皮肤、黏膜有强烈的腐蚀作用，并能经无损皮肤和黏膜吸收，吸收后导致的毒性与经口中毒相同，也可抑制中枢神经系统或损害肝、肾功能。水溶液比纯酚易经皮肤吸收，而乳剂更易吸收。吸入的酚大部分滞留在肺内，停止接触很快排出体外。吸收的酚大部分以原形或与硫酸、葡萄糖醛酸或其他酸结合随尿排出，一部分经氧化变为邻苯二酚和对苯二酚随尿排出，使尿呈棕黑色(酚尿)。由于挥发性低，工业上因吸入酚蒸气而引起的中毒较少见，而由皮肤污染所致中毒较多。

酚类的水溶液很易通过皮肤引起全身中毒；其蒸气由呼吸道吸入，对神经系统损害更大。长期吸入高浓度酚蒸气或饮用酚污染的水可引起慢性积累性中毒；吸入高浓度酚蒸气、酚液或被大量酚液溅到皮肤上可引起急性中毒。如不及时抢救，可在3～8 h内因神经中枢麻痹而残废。慢性酚中毒常见有呕吐、腹泻、食欲不振、头晕、贫血和各种神经系病症。国外报道酚液污染皮肤面积为25%，10 min即死亡，血酚为0.74 mmol/L。人对酚的口服致死量为530 mg/kg体重。

误服酚可引起口腔和咽喉强烈的灼伤和腹痛，呕吐血性液体，呼出气味带酚，面色苍白浅发绀，全身冷汗，瞳孔收缩或扩大。有可能引起胃肠穿孔。有的患者误服酚后，数分钟内即出现中毒症状，表现为脉微弱、缓慢或快速，体温早期有波动，后升高。中毒数小时内，主要危险为休克。以后死亡原因多为呼吸衰竭、肺水肿或支气管肺炎。肾脏损害出现较晚，48 h内可出现少尿、蛋白尿。经抢救脱险患者，膀胱黏膜有溃疡发生；愈合期食道可有瘢痕形成，口唇黏膜变色。

酚溅入眼内，立即引起结膜和角膜灼伤、坏死。若吸入高浓度酚蒸气，可迅速发生头痛、眩晕、无力、虚脱。体温、脉搏、血压降低，并可引起呼吸衰竭。长期吸入低浓度的酚，可有消化道症状，如呕吐、吞咽困难、唾液分泌增加、腹泻与胃纳减退等；神经症状有头痛、眩晕等。尿和血中酚的测定，有助于了解酚吸收情况。长期接触酚或使用含酚的药物可引起褐黄病。这是一种罕见的色素沉着症，表现为眼巩膜和耳壳上色素沉着，色素为棕褐色或黑色，也可沉着于关节和肋骨的软骨部分。尿呈黑色，常伴发关节炎和肝功能异常(ALT,AST,LDH 均可升高)。酚具有原发刺激及致敏作用,可引起皮炎及哮喘。人吸入一定浓度的酚发现有 60%～88%的酚滞留在肺中,在接触之末达最高峰,但停止接触很快就排出体外,在 24～48 h 内回到生理水平。吸入的酚有 99%以上从尿中排出。正常人尿中也有少量酚,但其含量波动小。外来的酚在人体内滞留的时间很短,当尿中排出的酚量突然增加,可以反映人接触酚的情况(需排除同时接触其他芳香族化合物,如苯等)。非致死量的酚吸收后,大部分以原形态的"游离"酚或与硫酸,葡糖醛酸或其他酸结合而随尿排出。相当一部分则被氧化,变为邻苯二酚和对苯二酚,然后随尿排出,使尿成棕黑色,在临床上称为"酚尿",将此尿放置片刻,可变为黑褐色。

此外,酚对水生物和微生物、农作物都有一定的毒害。水中含酚 0.1～0.2 mg/L 时,鱼肉即有臭味不能食用;6.5～9.3 mg/L 时,能破坏鱼的鳃和咽,使其腹腔出血、脾肿大甚至死亡。含酚浓度高于 100 mg/L 的废水直接灌田,会引起农作物枯死和减产。

(四) 诊疗

1. 诊断

酚类职业中毒的诊断要符合职业病诊断的一般原则。应在职业史、现场职业卫生调查、相应的临床表现和必要的实验室检测的基础上,全面综合分析,并排除非职业性因素所致的类似疾病,才能做出切合实际的诊断。

目前职业性酚中毒的诊断国家标准为 GBZ 91—2008《职业性急性酚中毒诊断标准》,五氯酚中毒尚有 GBZ 34—2002《职业性急性五氯酚中毒诊断标准》。GBZ 91—2008《职业性急性酚中毒诊断标准》对职业性急性酚中毒的诊断如下。

诊断原则:

根据短期内有大量酚的职业接触史,出现以中枢神经系统、肾脏、心血管、血液等一个或多个器官系统急性损害为主的临床表现,结合实验室检查结果和职业卫生学资料,综合分析并排除其他原因所引起的类似疾病,方可诊断。

接触反应:

短期接触酚后,出现头痛、头晕、恶心、乏力、烦躁不安等症状,可伴有一过性血压升高,并于脱离接触后短时间内(通常 2～3 d)恢复。

根据病情严重程度,职业性急性酚中毒分为轻、中、重三级

轻度中毒:

具备下列表现之一者:

① 轻度意识障碍;② 轻度中毒性肾病;③ 急性血管内溶血;④ 心电图显示 ST-T 轻度异常改变或轻度心律失常如频发过早搏动、室上性心动过速。

中度中毒:

具备下列表现之一者:

① 中度意识障碍或反复抽搐;② 中度中毒性肾病;③ 心电图出现心肌缺血或较重的心律失常如心房颤动或扑动。

重度中毒:

具备下列表现之一者:

① 重度意识障碍;② 重度中毒性肾病;③ 休克;④ 重度心律失常如心室颤动或扑动。

鉴别诊断:酚中毒需与其他中枢神经系统、肾脏、心脏疾病相鉴别,如:急性脑血管病、颅脑感染、癫痫、高温中暑、急性肾炎以及其他可导致神经系统、肾脏、心脏损害的化学物中毒等,根据接触史一般不难诊断。

2. 治疗

皮肤接触酚类后应迅速脱离现场,立即脱去污染衣物,用大量流动清水彻底冲洗污染创面,同时使用浸过聚乙烯乙二醇(PEG400 或 PEG300)的棉球或浸过 30%～50%酒精棉球擦洗创面至无酚味为止,但注意不能将患处浸泡于清洗液中,随后可继续用 4%～5%碳酸氢钠溶液湿敷创面。凡皮肤被酚灼伤后,不论面积大小,均需医学观察 24～48 h。

呼吸道吸入者应立即脱离现场,保持呼吸道通畅,可给予氧疗、解痉平喘、止咳化痰等对症处理,必要时行气管切开术。

对酚吸收量大或存在较严重肾损害患者,可尽早采用血液净化治疗,可选用血液透析或血液灌流等方式,尽早清除体内的酚,并有助于防治急性肾衰竭。

积极给予对症支持处理,重点保护中枢神经、肾脏功能,防治血管内溶血,其原则与内科治疗相同。

口服中毒者还应口服植物油催吐,温水或牛奶洗胃,直至洗出液无酚味为止。洗胃插管时务必谨慎,以免食管穿孔。

个别酚类化合物中毒有其独特表现,如在职业活动中由于接触五氯酚及五氯酚钠所引起的急性中毒,常起病急,病情发展快,体温可在 1～2 h 内突然升高至 40℃以上,伴有出汗、乏力、食欲减

退、恶心、呕吐等症状，严重患者常有明显的心、肝、肾、脑损害，甚至昏迷、猝死，可依据 GBZ 34—2002《职业性急性五氯酚中毒诊断标准》进行诊治。并应注意与中暑、流行性感冒等发热疾病和急性消化系统疾病相鉴别。五氯酚中毒轻者一般 24 h 可以缓解，故对接触反应者应密切观察病情变化，积极进行对症治疗。五氯酚中毒无特效解毒剂，以控制发热为主，可采用物理降温、冬眠疗法等，并合理补液，维持电解质平衡，必要时给予肾上腺糖皮质激素，供给能量，保护主要脏器。因阿托品可抑制出汗散热而加重病情，巴比妥类药对本毒物有增毒作用，应禁用。

（五）预防

1. 个体防护

加强工人的职业安全卫生培训和个人防护，提高工人的自我保护意识。① 呼吸系统防护：佩戴过滤式防毒面具（半面罩）。紧急事态抢救或撤离时，应该佩戴携气式呼吸器。② 手防护：戴橡胶耐油手套。③ 眼睛防护：戴化学安全防护眼睛。④ 皮肤和身体防护：穿防毒物渗透工作服。

2. 工程控制

① 作业场所建议与其他作业场所分开。② 密闭操作，防止泄漏。③ 加强通风。④ 设置自动报警装置和事故通风设施。⑤ 设置应急撤离通道和必要的泻险区。⑥ 设置红色区域警示线、警示标识和中文警示说明，并设置通讯报警系统。⑦ 提供安全淋浴和洗眼设备。

3. 储存防护

① 储存于阴凉、通风的库房，库温不宜超过37℃。② 应与氧化剂、食用化学品分开存放，切忌混储。③ 保持容器密封，远离火种、热源，库房必须安装避雷设备，排风系统应设有导除静电的接地装置。④ 禁止使用易产生火花的设备和工具。⑤ 储区应备有泄漏应急处理设备和合适的收容材料。

4. 泄露时保护措施

① 少量泄漏时尽可能将泄漏液体收集在可密闭的容器中。用沙土、活性炭或其他惰性材料吸收，并转移至安全场所，禁止冲入下水道。② 大量泄漏时构筑围堤或挖坑收容，封闭排水管道，用泡沫覆盖，抑制蒸发，用防爆泵转移至槽车或专用收集器内，回收或运至废物处理场所处置。收容泄漏物，避免污染环境，防止泄漏物进入下水道、地表水和地下水。

5. 健康体检和健康宣教

① 做好就业前和每年一次的定期健康检查工作。② 开展预防酚类中毒的健康宣教。

酚，苯酚

1. 理化性质

CAS 号：108-95-2	外观与性状：白色结晶，有特殊气味
pH 值：6.0（水溶液）	临界温度（℃）：421.05
熔点/凝固点（℃）：40.9	临界压力（MPa）：6.13
沸点（℃）：181.75	自燃温度（℃）：715
闪点（℃）：79（闭杯），85（开杯）	分解温度（℃）：715
爆炸上限[%(V/V)]：8.6%	爆炸下限[%(V/V)]：1.7%
燃烧热（kJ/mol）：−3 053.5（固体 25℃）	易燃性：可燃
饱和蒸气压（kPa）：0.13（40.1℃）	*n*-辛醇/水分配系数：1.46
密度（g/cm^3）：1.072（25℃）	相对密度（水=1）：1.07
相对蒸气密度（空气=1）3.24	溶解性：溶于水（1 g/15 ml）、苯（1 g/12 ml）；与乙醇、乙醚、乙酸、氯仿、丙酮和二硫化碳互溶

2. 用途与接触机会

苯酚是一种重要的有机化工原料，主要用于制造酚醛树脂、双酚 A、农药杀菌剂、除草剂、炸药、苦味酸等。另外本品也是制造尼龙、环氧树脂、涂料、油漆、香料、药物（如阿斯匹林）、合成洗涤剂及增塑剂等的原料。

2.1 生活环境

苯酚（也称为石炭酸和苯基酸），可用于治疗局部皮肤疾病和作为局部麻醉剂。动物，落叶和其他有机废物可分解产生苯酚。家禽粪便中苯酚的含量随着降解时间的增加而增加。

2.2 生产环境

苯酚是煤焦油的主要分馏产物之一。且苯酚在生产双酚 A、酚醛树脂、己内酰胺、苯胺、烷基酚和其他化学品以及作为消毒剂和防腐剂的生产中作为化学中间体的生产和使用可能导致苯酚排放。来自壁炉和柴炉的木烟含有高浓度的苯酚，预计将成为北方城市冬季空气中苯酚的主要来源，汽油和柴油发动机尾气中也含较大量的酚。实验表明，苯酚可能来自轮胎沥出液。当加热时它也从一些塑料中释放出来(例如，当加热到280℃时微粒排放34%苯酚)。同时，也存在于香烟烟雾中，以及垃圾燃烧，酿造，铸造，木浆，塑料制品，漆器制造和玻璃纤维制造过程中。苯酚还是苯的光氧化产物，并且将在苯排放的环境中生产。

3. 毒代动力学

3.1 吸收、摄入与贮存

苯酚可通过皮肤和呼吸道进入人体，接触后发病急，潜伏期短，对皮肤黏膜有强烈的腐蚀作用。可经皮肤和呼吸道吸收，而致人体中毒。

人体吸入一定浓度的酚时，有60%～88%滞留在肺中，在接触之末达最高峰，但停止接触很快就排出体外，在24～48 h内回到生理水平。吸入的酚有99%以上从尿中排出。正常人尿中也有少量酚，但其量波动小。外来的酚在人体内滞留的时间很短，当尿中排出的酚量突然增加，可以反映人接触酚的情况，但需排除同时接触其他芳香族化合物如苯等。

3.2 转运与分布

非致死量的酚吸收后，大部分以原形态的"游离"酚或与硫酸、葡糖醛酸或其他酸结合而随尿排出。相当一部分则被氧化，变为邻苯二酚和对苯二酚，然后随尿排出，使尿成棕黑色，在临床上称为"酚尿"，将此尿放置片刻，可变为黑褐色(可用溴水试剂法或三氯化铁试剂法鉴定)。

3.3 排泄

苯酚主要经代谢后以硫酸盐或葡萄糖醛酸盐排泄，一些苯酚可以原形形式排泄，特别是在高剂量时。其他报道的代谢物包括氢醌，其他醌和儿茶酚。

3.4 转运模式(图)

给兔喂饲非致死量(0.3 g/ kg)酚与致死量(0.5 g/kg)酚，在体内代谢情况见图19-1。

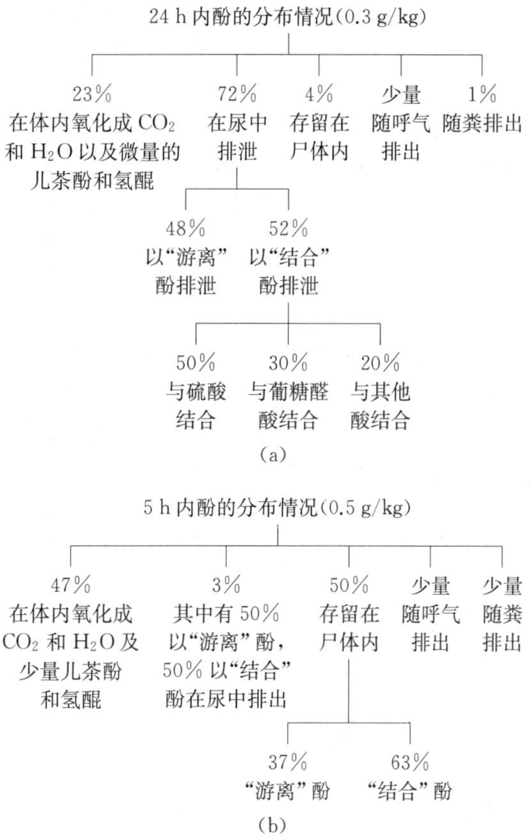

图19-1 给兔喂饲非致死量(0.3 g/kg)酚(a)与致死量(0.5 g/kg)酚(b)在体内代谢情况

4. 毒性

对皮肤和黏膜有强烈腐蚀作用，并能经无损皮肤和黏膜吸收，吸收后的毒性与经口中毒相同。酚蒸气可经呼吸道吸收，但由于其挥发性低，工业上因吸入酚蒸气而引起的中毒较少见，而由皮肤污染所致中毒的可能性则较大。苯酚健康危害GHS分类为：急性毒性—经口，类别3；急性毒性—经皮，类别3；急性毒性—吸入，类别3；皮肤腐蚀/刺激，类别1B；严重眼损伤/眼刺激，类别1；生殖细胞致突变性，类别2；特异性靶器官毒性—反复接触，类别2。

4.1 急性毒作用

本品大鼠经口LD_{50}：317 mg/kg；兔经皮LD_{50}：630 mg/kg；小鼠吸入LC_{50}：177 mg/m^3。酚对动物的毒性以猫为大，口服LD_{50}为80 mg/kg。

其余动物的差别不大，口服LD_{50}范围为250～500 mg/kg。其中，实验大鼠急性口服致死剂量为414 mg/kg。中毒症状包括震颤，肌肉无力，活动减退，痉挛，失去正位反射，虚脱，阵挛性惊厥和死亡。

家兔急性眼刺激评分为89.7/110，主要皮肤刺激评分为8.00/8.00。家兔急性皮肤致死剂量为1 120 mg/kg。中毒症状包括发声，兴奋，活动减退和死亡。以严重化学灼伤的形式观察到皮肤刺激，导致坏死。在死亡的兔中，观察到肺部充血。

大鼠急性吸入致死剂量大于1.20 mg/L。中毒症状包括普遍的不活动和流泪。在使用苯酚进行亚急性毒性研究期间未观察到死亡或中毒症状，并且在尸体解剖时在大鼠中未发现明显的病理损伤。

另外，苯酚对水生生物和青蛙也有很高的毒性。

4.2 慢性毒作用

有人报道雌性大鼠吸入含酚0.5～5 mg/m^{3}的空气3个月，引起卵巢功能紊乱。长期吸入酚，轻者表现为喉咙痛、厌食症、体重减轻、头痛、眩晕、流涎、肌肉酸痛、虚弱、腹泻、口咽溃疡和暗胆红素尿。重者能引起肝炎和实质性肾炎，肾小球和皮质充血、浊肿，肾小管退行性变。动物长期吸入酚蒸气(115.2～230.4 mg/m^3)可引起呼吸困难、肺损害、体重减轻和瘫痪。

IARC致癌性分类：3类。

文献报道了酚和酚的50多个衍生物，如羟基、羰基、羧基、硝基、β-萘已酸、酚醋酸酯、苯甲醚和甲酚等对动物的致癌实验。显示酚本身可诱发乳头瘤和癌，但必须用75 mg的9,10-二甲基-1,2-苯并蒽(DMBA)进行预处理，否则致肿瘤作用所需时间较长。其中10%酚溶液致癌作用最强，5%酚溶液致瘤作用较弱，20%以上的酚溶液在未产生肿瘤以前，已由于全身中毒而引起死亡(所用酚为试剂级纯酚)。从酚的衍生物试验结果，可得出肿瘤形成与化学结构关系的某些推论。一卤代酚、甲基酚或二甲基酚与酚一样可促使乳头瘤发生(2,6-二甲基酚除外，因它不活泼)。加上硝基、羰基，羧基或第二个酚基团后，可失去致癌性。但雷琐辛(间苯二酚)尚有某些致癌活性。在酚基团的邻位上至少有一个位置不置换(指酚的邻位氢不与其他化合物置换)时可促使乳头瘤生长。

有些报道提出了焦油、煤烟、石油、雪茄烟及茶叶中含有酚的化合物，通过动物实验证实它们具有肿瘤促进作用。至今未见酚及其衍生物可使人致癌的报道。

同时，苯酚还是一种致敏物质，接触过的皮肤出现皮疹，在其浓度低时出现过敏，而浓度高时可出现灼伤。

4.3 中毒机理

苯酚中毒的发病机理，目前仍不完全清楚。文献资料报道称，当接触苯酚浓度为5%或更高时，接触的所有蛋白质可迅速变性。一些酚类，特别是二硝基苯酚或氢醌引起高铁血红蛋白血症。另有报道称苯酚可能会导致乙酰胆碱释放、增加神经肌肉接头引起中枢神经刺激作用。

苯酚为细胞原浆毒物，低浓度能使蛋白质变性，高浓度能使蛋白质沉淀，故对各种细胞有直接损害，对心肌、肝、肾和神经系统的致毒作用较强。

5. 生物监测

尿酚质量浓度可作为职业性苯酚接触的生物监测指标，典型表现为黑尿。近年来，气相色谱法、气相-固相色谱法及高效液相色谱法(HPLC)的应用大大提高了生物材料中酚浓度测定的灵敏度和特异性。

6. 人体健康危害

6.1 急性中毒

人体可能的口服致死剂量为50～500 mg/kg。有些个体可能在极低的暴露下具有致命性或严重的效应。任何皮肤暴露途径均可发生快速吸收和严重全身毒性。死亡和严重中毒通常是由于对中枢神经系统、心脏、血管、肺和肾脏的损害。然而，不同个体中毒的表现可能有所不同。观察到的急性中毒临床表现包括：口腔和喉咙烧灼疼痛，口腔、食道和胃白色坏死病变，皮肤苍白、出汗、虚弱以及出现不同程度的头晕、头痛、耳鸣、咽部异物感、腹痛、呕吐及尿呈浅棕色，可伴有蛋白及管型。严重时可见谵妄、昏迷、肺窘迫、休克、虚弱不规则的脉搏、低血压、浅呼吸、发绀、苍白，以及体温的大幅下降。可有短暂的兴奋和困惑，接着是无意识，有时会出现呼吸困难、黏液性啰音、鼾音、鼻子和嘴的泡沫和肺水肿的其他征象。苯酚在呼吸中的特有气味。出现稀/暗尿表明出现中度严重肾功能不全。最终死于呼吸、循环衰竭。

苯酚有皮肤黏膜和胃肠道腐蚀作用。如果溅到皮肤上，会出现疼痛、麻木。皮肤变白，烧伤后形成干燥不透明的焦痂。当焦痂脱落时，留下褐色的污渍。人体口服摄入和皮肤大面积接触可引起全身毒性，表现为暂时的中枢神经系统刺激，然后是中枢神经系统和心血管功能抑制，癫痫发作、昏迷、心动过速、室性心律失常、低血压、低温、代谢性酸中毒和急性肾小管坏死，严重时可导致死亡。

6.2 慢性中毒

长期或慢性暴露通常会对肝脏、肾脏和眼睛造成损害。可出现头痛、头晕、失眠、易激动、恶心、呕吐、食欲不振、唾液分泌增多等。饮用苯酚污染的水会导致腹泻、口腔溃疡、口腔烧灼和黑尿。

7. 风险评估

7.1 工作环境

我国职业接触限值规定：PC - TWA 为 10 mg/m^3(经皮)。

美国 OSHA 规定：8 h - TWA：21 mg/m^3，经皮。

NIOSH 建议：15 min 推荐暴露上限值为 60 mg/m^3，经皮暴露。10 h 推荐暴露限值的 PC - TWA 为 19 mg/m^3。IDLH 为 950 mg/m^3。

7.2 生活环境

酚对水生生物有毒并具有长期持续影响，环境危害 GHS 分类为：危害水生环境—急性危害，类别 2；危害水生环境—长期危害，类别 2。

酚也成为大气和水的重要污染物。含酚污水是“三废”处理中的重要问题，主要防止废水污染水源，因用氯消毒时可生成氯酚，该化学品具有使人讨厌的气味。因此，应根据地表水中酚的最高容许浓度(我国为 0.01 mg/L)严格处理。大气中的最高容许浓度为 0.02 mg/m^3(1 次)。美国 EPA 规范的饮用水标准是 2 000 μg/L。

酚在水中可产生不愉快气味，水中的嗅觉阈浓度为：酚 25 mg/L；氯酚 0.001～0.000 5 mg/L；甲酚 0.002 5 mg/L；氯化甲酚 0.001～0.000 2 mg/L；麝香草酚 0.05 mg/L；雷琐辛 40 mg/L；杂酚油 0.125 mg/L；氯化杂酚油 0.01 mg/L；茶酚铋 mg/L；氢化萘酚铋 0.5 mg/L；氢醌在水中没有气味。

甲　　酚

1. 理化性质

CAS 号：1319 - 77 - 3	外观与性状：无色或呈黄棕色液体，有苯酚气味。
pH 值：中性或弱酸性	临界温度(℃)：424.4～432.6
熔点/凝固点(℃)：11～35	临界压力(MPa)：4.56～5.15
沸点(℃)：191～203	自燃温度(℃)：559
闪点(℃)：80(闭杯)	爆炸上限[%(V/V)]：≤1.35(149℃)
燃烧热(kJ/mol)：−3 696～−3 706	易燃性：可燃
饱和蒸气压(kPa)：0.015～0.04(25℃)	密度(g/cm^3)：1.030～1.047(20℃)
相对密度(水＝1)：1.030～1.038(25℃)	相对蒸气密度(空气＝1)：3.72
n-辛醇/水分配系数：1.94～1.96	溶解性：微溶于水；溶于乙醇、乙二醇和稀碱液

2. 用途与接触机会

2.1 生活环境

天然甲酚是含 20%邻甲酚、40%间甲酚、30%对甲酚以及少量的苯酚和二甲苯酚等芳香族化合物的混合物。日常生活环境中甲酚的来源主要是杀菌剂、防腐剂、消毒剂的使用，如臭药水、苏来乐(粗甲酚的肥皂液)、药肥皂等均有甲酚的存在。甲酚的杀菌力比苯酚约大四倍。

2.2 生产环境

甲酚在工农业生产中被广泛使用：① 用于酚醛树脂、电器绝缘漆、磷酸三甲酚酯的制造过程等。② 作为制造表面活性剂、润滑油、合成材料助剂、染料中间体的原料。③ 作为染料、杀菌消毒液、杀虫剂、抗氧化剂、芳香剂、表面活性剂、水溶性木材防腐剂、浮选剂、润滑油添加剂、磁漆溶剂、防寒塑料增塑剂、裂解分散剂及癸二酸生产过程中的溶剂等。

3. 毒代动力学

3.1 吸收，摄入与贮存

甲酚可以通过皮肤、呼吸道和消化道吸收进入体内。使用甲酚制造其他化学物质或工业溶剂或木材防腐剂的工人主要通过皮肤接触甲酚,甲酚很容易被皮肤吸收且其渗透性较苯酚大。而暴露于汽车尾气、香烟、木材或煤烟的人群则经呼吸道吸入体内。此外,人类日常生活的也会通过很多食物摄入途径经消化道暴露于低剂量甲酚异构体。吸收后,甲酚最初集中分布在血液、肝脏和大脑中,但随后快速扩散至肺部、肾脏以及其他器官中。

3.2 转运与分布

吸收进入体内的甲酚,大部分在肝脏中被代谢,其代谢物主要通过肾脏排泄,极微量以原形物经肺呼吸道排出。

经肾脏排泄的尿液中发现甲酚的主要代谢产物是硫酸盐和葡糖醛酸盐。其中60%～72%的甲酚转化为乙醚葡糖苷酸,10%～15%的甲酚转化为乙醚硫酸。像甲酚这类简单的酚类,其共轭的比例随暴露剂量和种类的变化而不同。邻甲酚和对甲酚代谢后发生小部分(3%)羟化形成共轭 2-5-二羟基甲苯。而对甲酚代谢后并未发现羟化,但在尿液中检测到游离的和共轭的对羟基苯甲酸。只有大约1%～2%的游离的非共轭甲酚在尿液中被检测到。

3.3 排泄

甲酚的主要排泄途径是经肾脏后从尿排出,吸收的65%～84%的甲酚在暴露 24 h 后会经尿液排泄。关于玛红点鲑鱼类研究发现,约 28.9%的甲酚由鱼鳃排出,而大部分甲酚在泄殖腔内恢复为甲酚原形物。

4. 毒性与中毒机理

4.1 急性毒作用

本品大鼠经口 LD_{50}:1 454 mg/kg;小鼠经口 LD_{50}:760 mg/kg;兔经皮 LD_{50}:2 000(700～5 900)mg/kg。甲酚在兔、大鼠和小鼠等实验动物中均表现出很强的皮肤和眼睛刺激性。短期接触邻甲酚气溶胶和蒸气的混合物会刺激呼吸道,导致肺部轻微出血,体重减轻,心脏肌肉、肝脏、肾脏和神经细胞退化。短期口服暴露会导致体重下降,器官重量变化,以及大鼠的呼吸和胃肠道的组织病理学变化。在小鼠中,高剂量暴露于邻甲酚、间甲酚以及对甲酚时,最严重时可引起死亡,但暴露于同分异构体的混合物中未观察到此现象。

健康危害 GHS 分类为:急性毒性—经口,类别3;急性毒性—经皮,类别 3;皮肤腐蚀/刺激,类别1B;严重眼损伤/眼刺激,类别 1。

4.2 慢性毒作用

长期暴露在邻甲酚、间甲酚以及对甲酚的蒸气中会导致体重下降,运动活动减少,鼻黏膜和皮肤发炎以及肝脏的变化。口腔暴露于甲酚 13 周以上的小鼠、大鼠和仓鼠会出现死亡、震颤、体重减轻、器官重量增加、鼻上皮细胞和前胃上皮细胞增生。口服和吸入对甲酚异构体会导致大鼠和小鼠的动情周期延长、子宫和卵巢的组织病理变化。没有观察到对精子形成的不良影响。据报道,甲酚有轻微的胎儿毒性作用。此外,体外进行的同分异构体的混合物研究还发现一些遗传毒性的证据。

另在一项促癌研究中发现,动物大鼠的皮肤乳头瘤在不同异构甲酚暴露后发病率增加。甲酚的同分异构体无论是单独的还是结合的在动物遗传毒性研究中取得了阳性的结果。人类中致癌性的证据不足,在实验动物中致癌证据有限。

4.3 中毒机理

甲酚中毒的发病机理,目前仍不完全清楚。

(1) 多器官毒性损伤

急性暴露腐蚀胃肠道和口腔是由于甲酚暴露与苯酚暴露类似的影响。在口腔损伤、肾小管损伤、结节性肺炎、肝细胞充血和肝细胞坏死后,可见肝细胞的充血。急性暴露会导致肌肉无力、胃肠功能紊乱、严重抑郁、精神崩溃和死亡。

(2) 遗传毒性

在所有的 Ames 毒性检测中,甲酚成分是非基因毒性的;在果蝇中,混合的甲酚是没有基因毒性的,两项体外细胞 SCE 试验呈阴性结果;体外哺乳动物细胞正向突变试验在有代谢活化系统下呈阳性,但只有在高剂量组是阳性的。

对程序外 DNA 合成的诱导研究表明,在肝 sq 存在的情况下,人肺成纤维细胞呈阳性,三种同分异构体在大鼠肝细胞中呈弱阳性,而 O 型甲酚在大鼠肝细胞中呈阴性。

5. 生物监测

甲酚进入人体后,大部分经机体代谢酶的作用形成不同的代谢产物随尿排出体外，但仍有一小部分以原形随尿排出体外。尿甲酚可以反映近期的甲酚接触水平，可作为甲酚接触工人生物样品常规监测手段之一；甲酚进入人体后经尿液排出的主要代谢产物是硫酸盐和葡糖醛酸盐。其中 60%～72% 的甲酚转化为乙醚葡糖苷酸，10%～15%的甲酚转化为乙醚硫酸。因此，尿乙醚葡糖苷酸和乙醚硫酸也可作为甲酚的生物标志。

6. 人体健康危害

6.1 急性中毒

人类摄入甲酚后会会导致口腔喉咙灼烧，腹痛以及呕吐。甲酚摄入机体后的主要靶器官或组织是血液和肾脏，肺、肝、心脏和中枢神经系统的影响也不容忽视。在严重的情况下，还会引起昏迷，甚至可能导致死亡。皮肤暴露甲酚会导致严重的皮肤灼伤、疤痕、全身毒性以及死亡。而职业暴露甲酚通常是由皮肤接触引起的，职业急性暴露会导致严重烧伤、无尿、昏迷和死亡。

6.2 慢性中毒

在通常情况下，环境中发现的甲酚不会对普通人群造成任何重大风险。关于生殖影响的数据很少，也没有关于人类致癌性的数据。然而，对于肾功能不全或特定酶缺乏的患者以及在高暴露条件下，可能出现不良的健康影响。甲酚的吸收可以发生在整个呼吸系统和胃肠道以及皮肤。胃肠和皮肤的吸收是迅速而广泛的。长期或反复职业接触可引起食欲减退、消化功能障碍及皮疹。

7. 风险评估

7.1 生产环境

中国职业接触限值标准，PC - TWA 为 10 mg/m^3(经皮)。国外甲酚的职业接触限值：美国 OSHA 现行的甲酚 8 h PC - TWA 为 22 mg/m^3。ACGIH 8 h TLV - TWA 为 20 mg/m^3。并要求工人在一个工作日短期暴露浓度达到 TLV - TWA 3 倍的时间不超过 30 min，但是在任何情况下短期暴露都不应超过 TLV - TWA 的 5 倍。美国 NIOSH10 h PC - TWA 为 10 mg/m^3，并指出 IDLH 为 1 207 mg/m^3。澳大利亚和英国针对皮肤毒性规定的接触限值是 22 mg/m^3；德国针对皮肤毒性规定的接触限值是 22 mg/m^3，短期(5 min 内)接触水平为 44 mg/m^3，且每班不大于 8 次。

7.2 生活环境

美国 EPA 规定生活饮用水甲酚含量标准为 30 μg/L。此外，研究发现血液中致死浓度为 120 μg/cm^3。本品对水生生物有毒，其环境危害 GHS 分类为：危害水生环境—急性危害，类别 2。

2 -甲酚，邻甲酚

1. 理化性质

CAS 号：95 - 48 - 7	外观与性状：白色晶体，有芳香气味
pH 值：无资料	临界温度(K)：424.5
熔点/凝固点(℃)：31.0	临界压力(MPa)：5.01
沸点(℃)：191.0	自燃温度(℃)：599
闪点(℃)：81(闭杯)	爆炸极限[%(V/V)]：1.4—7.6
燃烧热(kJ/mol)：−3 696	易燃性：可燃
饱和蒸气压(kPa)：0.13 (38.2℃)	*n* -辛醇/水分配系数：1.95
密度(g/cm^3)：1.048(25℃)	相对密度(水=1)：1.027 3
相对蒸气密度(空气=1)：3.72	溶解性：微溶于水；溶于醇、醚、氯仿等多数有机溶剂

2. 用途与接触机会

2.1 生活环境

邻甲酚(o-Cresol)，又名 2 -甲酚、邻苯甲酚，是甲酚的一种异构体。常年暴露于空气和光线中会由液体形成结晶体。日常生活环境中接触到的邻甲酚主要来源是油漆、石油、杀虫剂、环氧树脂、染料和药物等，同时消毒剂和清洁剂中也含有邻甲酚。

2.2 生产环境

邻甲酚在工农医疗业生产中被广泛使用：① 是农药除草剂的重要中间体，用于合成农药；② 也用于合成香豆素，生产抗凝血药物；③ 还可用作消毒剂、防腐剂、癸二酸生产中的稀释剂；④ 作为染料、塑料抗氧剂、阻聚剂及香料等重要的精细化工中间体。

3. 毒代动力学

3.1 吸收

邻甲酚主要以蒸气经呼吸道吸入体内。此外，经皮肤吸收途径也较为重要。

3.2 转运与分布

吸收后，邻甲酚分布并作用于皮肤、眼睛以及呼吸系统并对其造成损伤。吸收进入体内的邻甲酚，大部分在肝脏中被代谢，其代谢物主要通过肾脏排泄。在实验动物兔体内邻甲酚可产生邻甲基-β-D-葡糖苷酸、邻氨基硫酸盐、甲苯氢醌、邻甲基苯甲醚以及3-甲基邻苯二酚。邻甲酚在大鼠体内可转化产生邻甲酚硫酸盐和邻甲基甲酚。而在豚鼠和小鼠体内可转化为邻甲基苯甲醚。其代谢过程主要是葡萄糖醛酸的结合和原化合物的硫酸化。通过兔灌胃给予邻甲酚对尿进行检测发现，其中72%为醚葡萄糖醛酸、15%为醚硫酸钠、1%为游离甲酚，约3%为2,5-二羟基甲苯。此外，邻甲酚发生氧化形成二羟基苯酚和苯甲酸。

3.3 排泄

邻甲酚的主要排泄途径是代谢后由尿液排出，吸收的邻甲酚约38%能以未改变的原形物经尿液排泄。

4. 毒性

4.1 急性毒作用

本品大鼠经口 LD_{50}：1.35 g/kg；小鼠经口 LD_{50}：344 mg/kg。大鼠经皮 LD_{50}：620 mg/kg；小鼠经皮 LD_{50}：620 mg/kg；猫皮下注射 LD_{50}：55 mg/kg。

小鼠腹腔注射 LD_{50}：1 470 mg/kg。小鼠吸入 LC_{50}：179 mg/m^3(2 h)。

兔经耳缘静脉注射 LD_{50}：0.18 g/kg。兔经口服20%水乳剂 LD_{50}：0.94 g/kg。兔经口服10%溶液 LD_{50}：1.8 g/kg。

皮肤刺激或腐蚀：兔单次经皮渗透腐蚀 LD_{50}：890(460～1 690)mg/kg。

健康危害GHS分类为：急性毒性—经口，类别3；急性毒性—经皮，类别3；皮肤腐蚀/刺激，类别1B；严重眼损伤/眼刺激，类别1。

4.2 慢性毒作用

慢性邻甲酚中毒的动物首先累及呼吸系统，包括上呼吸道的炎症和刺激、肺水肿、以及肺出血和血管周围硬化。长期暴露中初期的临床症状仅表现为呼吸刺激迹象，随后出现包括心脏肌肉、肝脏、肾脏、神经细胞以及中枢神经系统胶质细胞的病变，动物表现出活动度降低、快速呼吸作用、过度分泌唾液和颤抖等神经毒性结果。此外，雌性大小鼠的动情周期被延长。在孕鼠邻甲酚中毒的情况下，发现对仔鼠有发育毒性。

5. 生物监测

邻甲酚进入人体后，大部分经机体代谢酶的作用形成不同的代谢产物随尿排出体外，但仍有一小部分以原形随尿排出体外。尿邻甲酚苯可以反映职业工人近期的邻甲酚接触水平，可作为邻甲酚接触工人生物样品常规监测手段之一。

邻甲酚进入人体后经尿液排出的主要代谢产物是硫酸盐和葡糖醛酸盐。其中72%为醚葡萄糖醛酸、15%为醚硫酸钠、约3%为2,5-二羟基甲苯。因此，尿醚葡萄糖醛酸和醚硫酸钠等也可作为邻甲酚的生物标志。

6. 风险评估

6.1 生产环境

中国职业接触限值，PC-TWA为10 mg/m^3。国外甲酚的职业接触限值：美国OSHA现行的邻甲酚8 h PC-TWA为22 mg/m^3。美国ACGIH 8 h TLV-TWA为20 mg/m^3。并要求工人在一个工作日短期暴露浓度达到TLV-TWA 3倍的时间不超过30 min，但是在任何情况下短期暴露都不应超过TLV-TWA的5倍。美国NIOSH的甲酚推荐接触限值(REL)为10 h PC-TWA为10 mg/m^3，并指出IDLH为1 207 mg/m^3。澳大利亚和英国针对皮肤毒性规定的接触限值是22 mg/m^3；德国针对皮肤毒性规定的接触限值是22 mg/m^3，短期(5 min内)接触水平为44 mg/m^3，且每班不大于8次。

6.2 生活环境

美国EPA规定生活饮用水甲酚含量标准为30 $\mu g/L$。此外，研究发现血液中致命浓度为120 $\mu g/cm^3$。本品对水生生物有毒，其环境危害GHS分类为：危害水生环境—急性危害，类别2。

3-甲酚，间甲酚

1. 理化性质

CAS号：108-39-4	外观与性状：无色透明液体，有芳香气味
熔点/凝固点(℃)：12.2	临界温度(℃)：342.6
沸点(℃)：202.2	临界压力(MPa)：4.4
闪点(℃)：86(闭杯)	自燃温度(℃)：558
燃烧热(kJ/mol)：−3 706(25℃)	燃烧极限[%(V/V)]：1.1—7.6
饱和蒸气压(kPa)：0.015(52℃)	易燃性：可燃
密度(g/cm^3)：1.034(25℃)	气味阈值：水中：0.037 mg/L，空气中：0.002 8 μl/L
相对密度(水=1)：1.034(20℃)	n-辛醇/水分配系数：1.96
相对蒸气密度(空气=1)：3.72	溶解性：微溶于水；溶于醇、醚、氢氧化钠水溶液等

2. 用途与接触机会

2.1 生活环境

间甲酚(m-Cresol)，又名3-甲酚、间苯甲酚，是甲酚的一种异构体。无色或淡黄色可燃液体，有苯酚气味。日常生活环境中接触到的邻甲酚主要来源是杀菌剂、杀虫剂和杀螨剂。间甲酚常被用于家庭、病房、医院、兽医诊所和兽医医院的动物致病性细菌杀菌剂、用于治疗虱子和跳蚤的杀螨剂以及用于水果和坚果树的杀虫剂。

2.2 生产环境

间甲酚在工农医疗业生产中被广泛使用：① 用于合成树脂；② 用于咳嗽/感冒药、合成拟除虫菊酯杀虫剂、3-甲基-6-丁基苯酚、三硝基甲酚类炸药和酚醛树脂的化学中间体；③ 农药除草剂的重要中间体，用于合成农药；④ 拟除虫菊酯杀虫剂的前体；⑤ 许多香精和香精化合物，如(−)-甲醇和麝香、黄葵，都是由间甲酚衍生而来的；⑥ 一些重要的抗氧化剂，包括合成维生素E的原料；⑦ 用于摄影剂的生成；⑧ 被用作局部的口腔防腐剂，也用于胰岛素制剂。

3. 毒代动力学

3.1 吸收、摄入与贮存

同其他异构体形态的甲酚。间甲酚主要以蒸气经呼吸道吸入体内。此外，经皮肤吸收途径也较为重要。吸收后，间甲酚可对眼睛和皮肤产生轻微的腐蚀。经肝脏肾脏代谢后由尿液排出体内。

3.2 转运与分布

吸收进入体内的间甲酚，大部分在肝脏中被代谢，其代谢物主要通过肾脏经尿液排泄。在实验动物兔体内间甲酚可产生间甲基-β-D-葡糖苷酸、间氨基硫酸盐、甲苯氢醌、间甲基苯甲醚以及4-甲基邻苯二酚。间甲酚在大鼠体内可转化产生间甲酚硫酸盐和间甲基甲酚。而在豚鼠和小鼠体内可转化为间甲基苯甲醚。在母鸡中可代谢转化为间甲基-β-D-葡糖苷酸。其代谢过程主要是葡萄糖醛酸的结合和原化合物的硫酸化。通过兔灌胃给予间甲酚对尿进行检测发现，其中60%为醚葡萄糖醛酸、1%为游离甲酚，约3%为2,5-二羟基甲苯以及微量的3,4-二羟基甲苯。

3.3 排泄

间甲酚的主要排泄途径是代谢后溶于尿液，研究发现豚鼠吸收的间甲酚约20%能以未改变的原形物经尿液排泄。

4. 毒性与中毒机理

4.1 急性毒作用

本品大鼠经口 LD_{50}：242 mg/kg。小鼠经口 LD_{50}：828 mg/kg。大鼠经皮 LD_{50}：1 100 mg/kg。兔经皮 LD_{50}：2 050 mg/kg。猫皮下注射 LD_{50}：180 mg/kg。

大鼠吸入 LC_{50}：58 mg/(m^3·8 h)。小鼠腹腔注射 LD_{50}：168 mg/kg。

小鼠静脉注射 LD_{50}：2 010 mg/kg。兔耳缘静脉注射 LD_{50}：0.28 g/kg。

兔经口服20%水乳剂 LD_{50}：1.4 g/kg。兔经口服10%溶液 LD_{50}：2.02 g/kg。

皮肤刺激或腐蚀：兔单次经皮渗透腐蚀 LD_{50}：2 830 mg/kg。

健康危害GHS分类为：急性毒性—经口，类别

3;急性毒性—经皮,类别 3;皮肤腐蚀/刺激,类别 1B;严重眼损伤/眼刺激,类别 1。

4.2 慢性毒作用

慢性间甲酚染毒动物出现饮食下降、体重减轻,重要脏器如肝脏和肾脏等脏器系数增加。动物骨髓增生以及子宫、卵巢和乳腺萎缩。此外,慢性间甲酚中毒动物还表现出一系列神经毒性,如活动减退,唾液分泌增加、震颤、泪光、排尿频率增加、眼睑闭合和呼吸加速。中毒动物在神经行为测试中也表现出异常的模式。

4.3 中毒机理

间甲酚中毒的发病机理,目前仍不完全清楚。目前研究证据主要表现在细胞线粒体呼吸功能和血凝聚相关毒性作用。

(1) 线粒体呼吸链毒作用

间甲酚暴露影响线粒体生物能系统。间甲酚降低了大鼠肝脏线粒体的 3 级呼吸链速率。间甲酚在肝脏线粒体中影响了烟酰胺腺嘌呤二核苷酸(Nicotinamide Adenine Dinucleotide, NAD)与琥珀酸有关的呼吸链作用,并且在此过程中呼吸控制率出现浓度依赖性下降。体外培养的细胞发现在没有钙离子的情况下,间甲酚能加速了肝脏线粒体的肿胀。这些研究表明,间甲酚能抑制肝线粒体呼吸,诱导或加速肝线粒体的肿胀,导致线粒体呼吸链功能异常。

(2) 血凝聚异常毒作用

研究发现长期职业暴露间甲酚可能会通过抑制血小板聚集、血栓素 B(thromboxane B, TXB)的产生和环氧合酶(cyclooxygenase, COX)酶活性等抑制血凝块形成并导致组织出血。

5. 生物监测

间甲酚进入人体后,大部分经机体代谢酶的作用形成不同的代谢产物随尿排出体外,但仍有一小部分以原形随尿排出体外。尿间甲酚可以反映职业工人近期的间甲酚接触水平,可作为间甲酚接触工人常规生物监测手段之一。

间甲酚进入人体代谢后经尿液排出,主要代谢产物是硫酸盐和葡糖醛酸盐。其中 60% 为醚葡萄糖醛酸、约 3% 为 2,5-二羟基甲苯以及微量的 3,4-二羟基甲苯。因此,尿中上述代谢产物如醚葡萄糖醛酸等也可作为间甲酚的生物标志。

6. 人体健康危害

间甲酚急性暴露可引起严重的眼部和皮肤灼伤,对皮肤、眼睛和都有刺激作用。症状包括严重刺激眼睛流泪、结膜炎、角膜水肿以及喉咙刺激。间甲酚可以作为皮肤敏化剂。研究发现间甲酚可提高人肺成纤维细胞膜的渗透能力。此外,间甲酚对人牙髓 D824 细胞具有细胞毒性。

7. 风险评估

7.1 生产环境

中国职业接触限值标准规定,间甲酚的职业 PC-TWA 为 10 mg/m^3。国外间甲酚的职业接触限值:美国 OSHA 现行的 8 h PC-TWA 为 22 mg/m^3。美国 ACGIH 8 h TLV-TWA 为 20 mg/m^3。美国 NIOSH 推荐甲酚的 10 h PC-TWA 为 10 mg/m^3,并指出 IDLH 为 1 207 mg/m^3。澳大利亚和英国针对皮肤毒性规定的接触限值是 22 mg/m^3;德国针对皮肤毒性规定的接触限值是 22 mg/m^3,短期(5 min 内)接触水平为 44 mg/m^3,且每班不大于 8 次。

7.2 生活环境

美国 EPA 规定生活饮用水甲酚含量标准为 30 μg/L。此外,研究发现血液中致死浓度为 120 μg/cm^3。本品对水生生物有毒,其环境危害 GHS 分类为:危害水生环境—急性危害,类别 2。

4-甲酚,对甲酚

1. 理化性质

CAS 号:106-44-5	外观与性状:无色结晶,有芳香气味
熔点/凝固点(℃):34.77	临界温度(℃):431.6
沸点(℃):201.9	临界压力(MPa):5.51
闪点(℃):86(闭杯)	自燃温度(℃):558
燃烧热(kJ/mol):-3 701 (25℃)	爆炸下限[%(V/V)]:1.47 (150℃)
饱和蒸气压(kPa):0.015 (25℃)	*n*-辛醇/水分配系数:1.94

（续表）

相对密度（水＝1）：1.018 5(40℃)	溶解性：微溶于水；溶于醇、醚、氯仿、碱液等
相对蒸气密度(空气＝1)：3.7	

2. 用途与接触机会

2.1 生活环境

对甲酚(p-Cresol)，又名4-甲酚、对苯甲酚，是甲酚的一种异构体。在95℃下为无色结晶固体。日常生活环境中接触到的对甲酚主要来源是杀菌剂、防霉剂、食品香料等。GB 2760—1996规定为允许使用对甲酚为食用香料。

2.2 生产环境

对甲酚在工农医疗业生产中被广泛使用：① 胶黏剂中主要用于制造酚醛树脂；② 用于有机合成，也是制造抗氧剂2,6-二叔丁基对甲酚和橡胶防老剂的原料，同时，又是生产医药TMP和染料可利西丁磺酸的重要基础原料。③ 合成磺胺药物增效剂三甲氧基苯甲醛等；④ 用于摄影剂、涂料和炸药的生成；⑤ 还可用于制造油漆、增塑剂、浮选剂、甲酚酸染料和农药等。

3. 毒代动力学

3.1 吸收、摄入与贮存

同其他异构体形态的甲酚。对甲酚主要以蒸气形式经呼吸道和皮肤进入体内。吸收后，对甲酚可对眼睛、皮肤以及呼吸道产生的腐蚀。经肝脏肾脏代谢后由尿液排出体内。

3.2 转运与分布

吸收进入体内的对甲酚，大部分在肝脏中被代谢，其代谢物主要通过肾脏经尿液排泄。在实验动物兔体内间甲酚可产生对甲基-β-D-葡糖苷酸、对甲苯基硫酸盐、对苯甲醇、4-甲基邻苯二酚以及对甲基苯甲醚。对甲酚在大鼠体内可转化产生间对甲基苯甲醚和对甲苯基硫酸盐。在小鼠体内可转化为对甲基苯甲醚和对苯甲醇。在豚鼠中可代谢转化为对甲基苯甲醚。而在人体内可代谢转化为对甲苯基硫酸盐。其代谢过程主要是葡萄糖醛酸的结合和原化合物的硫酸化。通过兔灌胃给予间甲酚对尿进行检测发现，其中60%为醚葡萄糖醛酸、15%为硫酸盐、10%氧化为对羟基苯甲酸以及微量的3,4-二羟基甲苯。

3.3 排泄

正常人类每天通过尿大约排出50 mg对甲酚，对甲酚是由胃肠道中的厌氧菌作用酪氨酸而产生的。而对甲酚暴露的大鼠尿液中对甲酚含量是正常大鼠的3倍。

4. 毒性与中毒机理

4.1 急性毒作用

本品大鼠经口 LD_{50}：207 mg/kg。大鼠使用数量较大试验结果显示经口 LD_{50}：1 800 mg/kg。小鼠经口 LD_{50}：344 mg/kg。

大鼠经皮 LD_{50}：750 mg/ kg。兔经皮 LD_{50}：301 mg/kg。猫皮下注射 LD_{50}：80 mg/kg。

小鼠腹腔注射 LD_{50}：25 mg/kg。小鼠静脉注射 LD_{50}：1 460 mg/kg。兔耳缘静脉注射 LD_{50}：0.18 g/kg。

兔经口服20%水乳剂 LD_{50}：0.62 g/kg。兔经口服10%溶液 LD_{50}：1.80 g/kg。

皮肤刺激或腐蚀：兔单次经皮渗透腐蚀 LD_{50}：300(130～910)mg/kg。

健康危害GHS分类为：急性毒性—经口，类别3；急性毒性—经皮，类别3；皮肤腐蚀/刺激，类别1B；严重眼损伤/眼刺激，类别1。

4.2 慢性毒作用

慢性对甲酚染毒动物出现食欲不振、体量下降、毛发粗糙、嗜睡、活动度下降、过量的唾液分泌、快速的呼吸作用、共济失调，严重时出现呼吸困难、震颤、抽搐以及昏迷等。动物还出现肝脏和肾脏等脏器系数增加，骨髓增生以及子宫、卵巢和乳腺萎缩。本品具有内分泌干扰作用。

4.3 中毒机理

对甲酚中毒的发病机理，目前仍不完全清楚。

(1) 脂质过氧化毒性

在雄性Wistar大鼠模型研究发现，对甲酚暴露导致大鼠脑组织脂质过氧化增加，同时，钠钾-ATP酶和总ATP酶也均出现异常。研究揭示间甲苯可能会增加脂质过氧化反应，从而引起膜流动性的变化。

(2) 线粒体呼吸链毒作用

间甲酚暴露影响线粒体生物能系统。间甲酚降低了大鼠肝脏线粒体的3级呼吸链速率。间甲酚在肝脏线粒体中影响了烟酰胺腺嘌呤二核苷酸(Nicotinamide Adenine Dinucleotide, NAD)与琥珀酸有关的呼吸链作用,并且在此过程中呼吸控制率出现浓度依赖性下降。体外培养的细胞发现在没有钙离子的情况下,间甲酚能加速了肝脏线粒体的肿胀。这些研究表明,间甲酚能抑制肝线粒体呼吸,诱导或加速肝线粒体的肿胀,导致线粒体呼吸链功能异常。

(3) 免疫毒性

有文献认为,异常的免疫调节与对甲酚中毒的发生有关。研究发现,对甲酚降低了细胞因子诱导的细胞间粘附分子-1(intercellular adhesion molecule-1, ICAM-1)和血管细胞粘附分子-1(vascular cell adhesion molecule-1, VCAM-1)表达。此外,对甲酚还显著降低了细胞因子诱导的单核内皮细胞粘附力。这些研究说明,对甲酚通过抑制细胞因子诱导的内皮粘附分子的表达和内皮细胞的附着,对尿路患者的免疫缺陷起着一定的作用。

5. 生物监测

对甲酚进入人体后,大部分经机体代谢酶的作用形成不同的代谢产物随尿排出体外,但仍有一小部分以原形随尿排出体外。尿对甲酚可以反映职业工人近期的对甲酚接触水平,可作为对甲酚接触工人常规生物监测手段之一。

对甲酚进入人体代谢后经尿液排出,主要代谢产物是硫酸盐和葡糖醛酸盐。其中60%为醚葡萄糖醛酸、15%为硫酸盐、10%氧化为对羟基苯甲酸以及微量的3,4-二羟基甲苯。因此,尿中上述代谢产物如醚葡萄糖醛酸和硫酸盐等也可作为对甲酚的生物标志物。

6. 人体健康危害

6.1 急性毒性

类似于甲酚的其他异构体。间甲酚急性暴露可引起严重的眼部和皮肤灼伤。如果通过皮肤吸收或呼吸系统吸入均可能是有害的。间甲酚对皮肤、眼睛和呼吸系统都刺激作用。症状包括严重刺激眼睛流泪、结膜炎、角膜水肿以及喉咙刺激。间甲酚可以作为皮肤敏化剂。在尿毒症患者中,对甲酚可能会导致动脉粥样硬化和血栓形成。急性对甲酚中毒和重度尿毒症患者长期暴露于甲酚中,对甲酚可能会抑制血凝块形成,并通过抑制血小板聚集导致出血性疾病。

6.2 慢性毒性

慢性肾脏疾患者群中对甲酚的血清水平升高与心血管死亡率的增加有关。对甲酚降低心肌细胞自发性收缩速率,并引起不规则的心肌细胞跳动。一项前瞻性队列研究发现,间甲酚与慢性肾功能衰竭有关。而这可能是间甲酚引起患者白细胞和血清白蛋白异常引起的。

7. 风险评估

7.1 生产环境

中国职业接触限值标准规定,对甲酚PC-TWA为10 mg/m³。国外对甲酚的职业接触限值:美国OSHA现行的对甲酚8 h PC-TWA为22 mg/m³。美国ACGIH 8 h TLV-TWA为20 mg/m³。美国NIOSH的甲酚推荐接触限值(REL)为10 h PC-TWA为10 mg/m³,并指出IDLH为1 207 mg/m³。澳大利亚和英国针对皮肤毒性规定的接触限值是22 mg/m³;德国针对皮肤毒性规定的接触限值是22 mg/m³,短期(5 min内)接触水平为44 mg/m³,且每班不大于8次。

7.2 生活环境

美国EPA规定生活饮用水甲酚含量标准为30 μg/L。此外,研究发现血液中致命浓度为120 μg/cm³。本品对水生生物有毒,其环境危害GHS分类为:危害水生环境—急性危害,类别2。

2,3-二甲基苯酚

1. 理化性质

CAS号:526-75-0	外观与性状:无色结晶固体/浅褐色晶体
沸点(℃):218	熔点/凝固点(℃):75
饱和蒸气压(kPa):0.012(25℃)	闪点(℃):93(闭杯)
密度(g/cm³):1.164(25℃)	气味阈值(mg/m³):0.03 mg/L(味觉阈值)0.5 mg/L(水)

（续表）

相对密度(水＝1)：1.164(25℃)	n-辛醇/水分配系数：2.61
溶解性：可溶于水；溶于乙醇、乙醚、苯等多种有机溶剂	

2. 用途与接触机会

2.1 生活环境

日常生活环境中2,3-二甲基苯酚的来源主要是汽车尾气、烟草烟雾。此外，松柏类香精油、茶叶、烘焙咖啡及各种烟熏食物中也含有2,3-二甲基苯酚。

2.2 生产环境

2,3-二甲基苯酚在工农业生产中被广泛使用：① 作为有机化学合成中常用的原料，用于煤焦油消毒剂、人造树脂等的制备；② 作为溶剂、化学中间体，用于汽油、润滑油和弹性体的抗氧化；③ 在煤焦油的制造工艺中，作为煤焦油焦油的组成成分；④ 酿酒工业的副产品。此外，高纯度2,3-二甲基苯酚还用于电子材料中间体使用。

3. 毒代动力学

2,3-二甲基苯酚通过呼吸道、皮肤和胃肠道途径进入人体，但在体内转运与分布相关方面资料相对较少。在家兔体内，2,3-二甲基苯酚代谢产生3,4-二甲基儿茶酚，2,3-二甲苯基-β-D-葡萄糖酸酐和2,3-二甲苯基硫化物。

4. 毒性

2,3-二甲基苯酚具有腐蚀性，接触可导致皮肤、眼、和呼吸道损害，如喉头痉挛、支气管水肿以及化学性肺炎，同时还可导致肝肾损害(作用同苯酚)。急性暴露于2,3-二甲基苯酚饱和蒸气压4 h并不会导致大鼠死亡，大鼠经口LD_{50}：562 mg/kg，兔经皮LD_{50}：1 040 mg/kg，大鼠吸入LC>85.5 mg/(m^3·4 h)。小鼠静脉注射LD_{50}：56 mg/kg。本品健康危害GHS分类为：急性毒性—经口，类别3；急性毒性—经皮，类别3；皮肤腐蚀/刺激，类别1B；严重眼损伤/眼刺激，类别1。

5. 风险评估

对水生生物有毒并具有长期持续影响，其环境危害GHS分类为：危害水生环境—急性危害，类别2；危害水生环境—长期危害，类别2。

2,4-二甲基苯酚

1. 理化性质

CAS号：105-67-9	外观与性状：半固体融化到溶液，棕色澄清
熔点(℃)：26	沸点(℃)：211.5
闪点(℃)：大于112(闭杯)	爆炸上限[%(V/V)]：6.4
饱和蒸气压(kPa)：0.014(20℃)	气味阈值(mg/m^3)：0.001
密度(g/cm^3)：0.965(20/4℃)	n-辛醇/水分配系数：2.30
溶解性：微溶于水；可以与乙醚、乙醇等有机试剂混合；易溶于苯、三氯甲烷	爆炸下限[%(V/V)]：1.1

2. 用途与接触机会

日常生活环境中2,4-二甲基苯酚的来源主要有烟草、大麻烟雾以及红茶。此外，汽车及柴油尾气中也有2,4-二甲苯酚的存在。

2,4-二甲基苯酚常作为原料应用于煤焦油消毒剂、人工制造树脂、消毒剂、溶剂、杀虫剂、杀菌剂、增塑剂、橡胶助剂、润滑油添加剂、汽油、润湿剂和染料的制备。

3. 毒代动力学

2,4-二甲苯酚在动物体内的代谢与甲酚非常相似，可以通过消化道、皮肤、呼吸道进入人体，但在体内转运与分布相关方面资料相对较少。

2,4-二甲苯酚在体外可经皮肤快速渗透进入小鼠体内，应用气相色谱分析分析静脉滴注和推注6 h后2,4-二甲基苯酚在动物体内的分布，发现2,4-二甲基苯酚可迅速分布至脑、肝，且在脑、肝和脂肪中有较高的组织—血浆浓度比，但2,4-二甲基苯酚在30 min可迅速形成结合物，以葡萄糖苷结合物(53%)和硫酸盐形式经尿液排出体外。值得注意的是由于2,4-二甲基苯酚的代谢特性，其一般不会在组织中蓄积，但研究发现血浆，肝脏和脂肪中2,4-二甲基苯酚在染毒后1 h之内消失，而在脑中却会持续存在。

4. 毒性与中毒机理

4.1 急性毒作用

2,4-二甲基苯酚具有腐蚀性，可以通过消化道、皮肤、呼吸道进入机体。2,4-二甲基苯酚具有明显皮肤毒性，小鼠经皮 LD_{50} 为 1 040 mg/kg。

大鼠经口 LD_{50}：2 300 mg/kg；小鼠经口 LD_{50}：809 mg/kg；小鼠腹腔注射 LD_{50}：150 mg/kg；小鼠静脉注射 LD_{50}：100 mg/kg。其健康危害 GHS 分类为：急性毒性—经口，类别 3；急性毒性—经皮，类别 3；皮肤腐蚀/刺激，类别 1B；严重眼损伤/眼刺激，类别 1。

4.2 慢性毒作用

给予大鼠 90 d 慢性染毒，高剂量组(540 mg/kg)大鼠致死原因是 2,4-二甲苯酚对食管的腐蚀作用，其他剂量组无中毒症状。高剂量组体重可明显降低体重，雌性绝对肺重量和相对肝重量增加，雄性相对脑、肾、睾丸重量增加，雄性血清肌酸浓度和 AST 活性明显降低，血清胆固醇、甘油三酯和镁浓度增加，雌性大鼠胆固醇浓度明显升高。同时雄性和雌性大鼠 180 和 540 mg/kg 2,4-二甲苯酚组诱发角化过度和上皮增生。

2,4-二甲基苯酚可能是典型的辅助致癌物，但是其作为致癌剂的作用是不确定的。2,4 二甲基苯酚本身具有促进小鼠乳头状瘤的能力。

4.3 中毒机理

对 2,4-二甲苯酚相关毒理学研究较少，目前毒作用机制仍不清楚，未见有人群中毒机理研究资料。采用滤纸片法测定 2,4-二甲基苯酚对蛋白质和 DNA 合成的抑制作用，研究表明，细胞暴露于 2,4-二甲基苯酚(40 $\mu g/cm^3$)，可抑制人类新生儿的成纤维细胞蛋白及 DNA 合成；同时也可结合水分子和羟基，并与组氨酸残基 His-E7 结合，导致脱氧血红蛋白难以转化成氧合血红蛋白。

5. 生物监测

在六个不同的工作场所，35 名油漆工人尿中 2,4-二甲基苯酚平均浓度为 3.8 毫克/升，并且与暴露剂量有较好的相关性，但酚是油漆苯及烷基苯代谢物，因此该指标特异性较差。

6. 人体健康危害

由于 2,4-二甲基苯酚是腐蚀性物质，会严重损伤皮肤，眼睛和呼吸道，引起肺水肿和皮肤过敏；腐蚀组织、喉痉挛、支气管水肿、化学性肺炎，同时还可导致高铁血红蛋白血症及肝脏和肾脏损害。

7. 风险评估

本品对水生生物有毒并具有长期持续影响，其环境危害 GHS 分类为：危害水生环境—急性危害，类别 2；危害水生环境—长期危害，类别 2。

2,5-二甲基苯酚

1. 理化性质

CAS 号：95-87-4	外观与性状：无色至白色固体
沸点(℃)：211.5	熔点(℃)：74.5
密度：0.965(80℃)	闪点(℃)：85
饱和蒸气压(kPa)：0.02(25℃)	气味阈值(mg/m^3)：2.0～2.3
易燃性：可燃	n-辛醇/水分配系数：2.33
溶解性：微溶于水；溶于乙醇；易溶于乙醚、三氯甲烷等	

2. 用途与接触机会

2.1 生活环境

日常生活环境中 2,5-二甲基苯酚的来源主要是烟草烟雾、汽车尾气，研究表明 2,5-二甲基苯酚是香烟烟雾中的一种成分，香烟中的浓度范围为 0.7～2.1 mg/100 支。2,5-二甲基苯酚同时还存在于天然食物红茶、日本风味鱼中，也可作为食物添加剂加入食物中。

2.2 生产环境

2,5-二甲基苯酚广泛应用于工农业生产：① 作为原料用于煤焦油消毒剂、人工制造树脂的制备；② 在煤焦油的制造工艺中，作为煤焦油焦油的组成部分；③ 作为一个在抗氧化剂，应用于汽油和橡胶行业；④ 作为添加剂和化学中间体，应用于药物、杀虫剂、杀菌剂、增塑剂、橡胶助剂、润滑油添加剂、汽油、润湿剂和染料的制备。

3. 毒代动力学

2,5-二甲基苯酚通过呼吸道、皮肤和胃肠道途径进入人体,但在体内转运与分布相关方面资料相对较少。在兔体内,代谢生成2,5-二甲基苯酚的β-D-葡萄糖结合物和硫酸盐结合物。

4. 毒性与中毒机理

4.1 急性毒作用

2,5-二甲基苯酚具有腐蚀性,吸入可导致喉部痉挛、支气管水肿和化学性肺炎,引起高铁血红蛋白血症。

大鼠经口 LD_{50}: 444 mg/kg;小鼠经口 LD_{50}: 383 mg/kg;兔经口 LD_{50}: 938 mg/kg。其健康危害GHS分类为: 急性毒性—经口,类别3;急性毒性—经皮,类别3;皮肤腐蚀/刺激,类别1B;严重眼损伤/眼刺激,类别1。

4.2 慢性毒作用

慢性2,5-二甲苯酚染毒可以引起肝肾损害,具体症状同苯酚。

2,5-二甲基苯酚自身无致癌作用,但与苯酚一样具有促进乳头状瘤的生长(除2,6-二甲基苯酚),同时研究也表明2,5-二甲基苯酚是小鼠鳞状细胞癌促进剂。

4.3 中毒机理

对2,5-二甲苯酚相关毒理学研究较少,目前毒作用机制仍不清楚,未见有人群中毒机理研究资料。研究发现: 用鸡气管组织培养细胞细胞研究烟草气相和半挥发相(包括2,5-二甲基苯酚)物质的纤毛毒性,5 mmol浓度2,5-二甲基苯酚使纤毛停滞,烷基化酚较苯酚表现出更强的纤毛毒性;兔离体肺动脉注射ATP引起的血管收缩(50微克)可以由2,5-二甲苯酚抑制;2,5-二甲基苯酚可以显著抑制大鼠肺7-乙氧基去甲芬醇-O-脱乙基酶(EROD)和7-苄氧基甲苯磺酸脱苄酶(BROD),进而影响肺微粒体的代谢;2,5-二甲基苯酚降低人前列腺癌PC3细胞活力,诱导的胞内钙浓度升高,依赖于PKC通路的钙通道开放以及PLC依赖的胞内内质网钙释放途径,这可能是2,5-二甲苯酚的细胞毒性机制之一。

5. 生物监测

通过对焦炭厂工人二甲苯酚暴露标志进行研究,发现二甲苯酚的经呼吸道吸收和尿排泄相关性较大,二甲苯酚的生物监测可作为测量焦炭厂工人暴露的一种手段。

6. 人体健康危害

2,5-二甲基苯酚具有腐蚀性,急性暴露可引起共济失调和抽搐,过量吸入可导致喉部痉挛、支气管水肿和化学性肺炎,还可引起高铁血红蛋白血症。

7. 风险评估

本品对水生生物有毒并具有长期持续影响,其环境危害GHS分类为: 危害水生环境—急性危害,类别2;危害水生环境—长期危害,类别2。

2,6-二甲苯酚

1. 理化性质

CAS号: 576-26-1	外观与性状: 无色叶片状固体或针状结晶
熔点/凝固点(℃): 45.8	临界温度(℃): 427.85
沸点(℃): 203	临界压力(MPa): 4.3
闪点(℃): 73(闭杯)	自燃温度(℃): 555
爆炸上限[%(V/V)]: 6.4	爆炸下限[%(V/V)]: 1.4
燃烧热(kJ/mol): −3 260	易燃性: 可燃
饱和蒸气压(kPa): 0.032 8 (25℃)	气味阈值(mg/m^3): 空气0.000 2 mg/m^3,水中0.4 mg/L
密度(g/cm^3): 1.132 (25℃)	溶解性: 溶于热水中;溶于乙醇、乙醚、苯、四氯化碳等有机溶剂
n-辛醇/水分配系数: 2.36	

2. 用途与接触机会

2.1 生活环境

大麻烟和红茶中天然存在2,6-二甲苯酚,如果释放到空气中,2,6-二甲苯酚在环境空气中将完全以蒸气的形式存在。煤焦油杂酚成分,农药原料以及汽车和柴油废气中亦含有2,6-二甲苯酚，其通过各种废物流流向环境释放，人群可以通过吸入环境空气(即烟草烟雾和汽车尾气)、摄取食物、与含有2,6-二甲苯酚的产品接触而暴露于2,6-二甲苯酚。

2.2 生产环境

职业暴露于2,6-二甲苯酚多通过在生产或使用2,6-二甲苯酚的工作场所吸入此化合物而发生。2,6-二甲苯酚是二甲苯酚的异构体之一，从经济学的观点来看，2,6-二甲苯酚是其最重要的异构体，具有很广的工业用途：① 2,6-二甲苯酚是重要的有机化工中间体，是合成五大工程塑料之一聚苯醚(PPO)的重要单体和塑料改性剂，被广泛应用于汽车、印刷线路板等多个行业；2,6-二甲苯酚氧化产生的2,6-二甲苯酚二聚体，是一种用于封装先进半导体的环氧树脂的特种单体；通过2,6-二甲苯酚与丙酮的缩合获得的2,2-双(4-羟基-3,5-二甲基苯基)丙烷可用作聚碳酸酯的中间体(四甲基双酚A)，其性能类似于PPO树脂；② 2,6-二甲苯酚用氨处理以产生2,6-二甲基苯胺，可用于农药制造。例如甲霜灵(Ridomil)和制备药物(例如局部麻醉剂利多卡因)；③ 较小量的2,6-二甲苯酚用于制造消毒剂以及抗氧化剂。目前，合成二甲苯酚现在主要通过在催化剂存在下进行苯酚与甲醇的甲基化而合成的技术路线，2,6-二甲苯酚几乎全部通过这种方法生产。

3. 毒代动力学

2,6-二甲苯酚可以通过呼吸道、消化道及皮肤等途径进入人体，聚集于细胞质内和胞外中，2,6-二甲苯酚转运与分布相关方面资料相当少，常在体内作为某些芳香族的羟基代谢产物而存在，在豚鼠中转化成2,6-二甲基苯甲醚，在小鼠中转运成2,6-二甲基苯基硫酸酯。二甲苯酚主要排泄方式主要是通过肾脏，成年男性二甲苯酚皮肤接触后的消除半衰期约为14 h。研究表明，尿中二甲苯酚的排泄值与二甲苯酚异构体暴露测量值之间存在显着的正相关。

4. 毒性与中毒机理

4.1 急性毒作用

2,6-二甲苯酚蒸气对眼、皮肤及呼吸道黏膜有刺激作用，对皮肤具有腐蚀性。

大鼠经口 LD_{50}：296 mg/kg；大鼠经皮 LD_{50}：2 325 mg/kg；小鼠经口 LD_{50}：450 mg/kg；小鼠经皮 LD_{50}：920 mg/kg；兔经口 LD_{50}：700 mg/kg；兔经皮 LD_{50}：1 000 mg/kg；小鼠腹腔注射 LD_{50}：150 mg/kg；小鼠静脉注射 LD_{50}：80 mg/kg；眼刺激实验—标准Draize测试(啮齿动物兔)：100 mg。

2,6-二甲苯酚对哺乳动物毒性实验数据是有限的。据报道，大鼠急性吸入 LC_{50} 在接触4 h>270 mg/m^3，2,6-二甲苯酚是强烈的皮肤和眼睛刺激物，但豚鼠皮肤致敏研究中表现为阴性。本品健康危害GHS分类为：急性毒性—经口，类别3；急性毒性—经皮，类别3；皮肤腐蚀/刺激，类别1B；严重眼损伤/眼刺激，类别1。

4.2 慢性毒作用

通过2,6-二甲苯酚对大鼠灌胃毒性试验中发现，对于短期暴露(28 d)，大鼠未观察到有害作用水平(NOAEL)的数值是100 mg/(kg·d)(雄性)、20 mg/(kg·d)(雌性)；有关二甲苯酚生殖毒性研究的报道很少，通过对大鼠的经口灌胃发育毒性研究表明，基于胎儿重量的减少，2,6-二甲苯酚造成发育毒性的NOAEL为180 mg/(kg·d)；基于体重增加抑制和食物消耗减少，2,6-二甲苯酚造成母体毒性NOAEL为60 mg/(kg·d)。

用V79细胞进行的体外细胞遗传学试验观察到可诱发染色体畸变，但体内试验结果显示(大鼠骨髓，经口灌胃)染色体效应为阴性，一般认为，2,6-二甲酚在细菌和哺乳动物细胞测定中的基因突变是阴性的。但也有Ames试验显示：2,6-二甲苯酚对组氨酸营养缺陷型鼠伤寒沙门氏菌TA98菌株具有致突变性，为直接致突变剂。对其余三组氨酸营养缺陷型鼠伤寒沙门氏菌TA97、TA100和TA102指示菌株未见阳性结果，提示其突变机理是移码突变，而非碱基置换，随着甲基取代基数量的增加，突变率可能有增高的趋势。

4.3 中毒机理

对2,6-二甲苯酚相关毒理学研究较少，目前仍不清楚，未见有人群中毒机理研究资料。

研究表明，前列腺素内过氧化物的合成是血小板释放反应和聚集中的基本事件，2,6-二甲苯酚可以抑制花生四烯酸引起的血小板中血清素的释放、聚集和前列腺素合成，同时 2,6 -二甲苯酚是成纤维细胞的有效抑制剂；通过烟草烟雾化合物（包括 2,6 -二甲苯酚）对体外鸡胚气管纤毛活动的影响的研究发现，烷基酚类化合物显示比酚类自身更大的抗纤维化作用；通过分析各种酚对 ATP 诱导的离体灌流兔肺血管收缩的抑制作用，发现 2,6 -二甲苯酚物质对 ATP 诱导的肺血管收缩的具有很强的抑制作用。

5. 生物监测

在对 2,4 -、2,5 -、3,4 -和 3,5 -二甲苯酚的生物测量表明二甲苯酚异构体分散在焦炭生产环境中，并且所有工人在工作转换期间都或多或少的暴露于这些化合物中。尿中二甲苯酚排泄值与二甲苯酚异构体暴露测量值之间呈显著正相关。这些结果提示尿中二甲苯酚异构体可用作二甲苯酚暴露的生物标志。

6. 人体健康危害

口服二甲苯酚中毒的临床表现伴有肠鸣音，恶心呕吐，严重代谢性酸中毒，低血压和心，肾功能衰竭，与其他酚中毒相似。2,6 -二甲苯酚蒸气能刺激眼睛、皮肤和呼吸系统，误服或经皮肤吸收能导致头痛、眩晕、恶心、呕吐、腹痛、衰竭、昏迷等，对皮肤可造成腐蚀性灼伤；严重时会导致行为改变、减少运动功能、永久性的眼睛损伤（甚至失明）；长期或反复接触会造成器官（肾，肝，脾）的损害。

7. 风险评估

本品对水生生物有毒并具有长期持续影响，其环境危害 GHS 分类为：危害水生环境—急性危害，类别 2；危害水生环境—长期危害，类别 2。

3,4 -二甲苯酚

1. 理化性质

CAS 号：95 - 65 - 8	外观与性状：无色至浅褐色针状结晶粉末或固体
熔点（℃）：62.5	临界温度（℃）：455.6
沸点（℃）：225	临界压力（MPa）：9.8
闪点（℃）：61	n -辛醇/水分配系数：2.23

（续表）

燃烧热（kJ/mol）：−4 338	气味阈值（mg/m^3）：0.003（空气中检测）；1.2 mg/L（水中检测）
饱和蒸气压（kPa）：0.004 7（25℃）	溶解性：溶于乙醇，乙醚；非常溶于苯，氯仿
密度（g/cm^3）：1.138（25℃）	

2. 用途与接触机会

2.1 生活环境

3,4 -二甲苯酚作为二甲基苯酚异构体的存在于各种针叶树、茶和烟草烟雾以及烘焙咖啡和各种烟熏食品中。3,4 -二甲苯酚还作为煤焦油酚成分，汽车和柴油机尾气的组分和植物材料（栗子提取物，丹宁酸，水果和蔬菜）的燃烧产物，以及某些杀虫剂成分而存在于环境中。3,4 -二甲苯酚污染在环境中多以蒸气的形式，一般人群可能通过环境空气（即，烟草烟雾和汽车尾气等），食物和饮用水以及使用含有 3,4 -二甲苯酚的产品而暴露于 3,4 -二甲苯酚。

2.2 生产环境

3,4 -二甲苯酚用于生产制备煤焦油消毒剂，制造人造树脂，生产杀虫剂原料。3,4 -二甲苯酚可能通过在生产或使用 3,4 -二甲苯酚的工作场所吸入该化合物而发生职业暴露。

3. 毒代动力学

吸收，摄入与贮存 3,4 -二甲苯酚主要通过呼吸道、消化道及皮肤等途径进入人体，聚集于细胞质内和胞外中，在豚鼠中可转运成 3,4 -二甲基苯甲醚，在霉菌中可能会生成 4,5 -二甲基儿茶酚，在微生物中可能生成 4 -羟基- 2 -甲基苄醇。苯酚的排泄方式主要是通过肾脏，尿中二甲苯酚的排泄值与二甲苯酚异构体暴露测量值之间存在显著的正相关。

4. 毒性与中毒机理

本品大鼠经口 LD_{50}：400 mg/kg；兔经口 LD_{50}：800 mg/kg；小鼠腹腔 LD_{50}：50 mg/kg；大鼠腹腔 LD_{50}：200 mg/kg。健康危害 GHS 分类为：急性毒性—经口，类别 3；急性毒性—经皮，类别 3；皮肤腐

蚀/刺激，类别 1B；严重眼损伤/眼刺激，类别 1。

中毒机理 对 2,6-二甲苯酚相关毒理学研究较少，目前仍不清楚，未见有人群中毒机理研究资料。

通过烟草烟雾化合物(包括 3,4-二甲苯酚)对体外鸡胚气管纤毛活动的影响的研究发现，烷基酚类化合物显示比酚类自身更大的抗纤维化作用。研究发现，苯并芘和红茶(分析发现含有含有 3,4-二甲苯酚)处理的小鼠表现出癌症发展的不同阶段。说明癌症的产生，引发剂和促进剂都不必存在于相同的产品中，他们可能是完全独立的来源，提示 3,4-二甲苯酚可能是作为癌症的促进剂而存在。通过分析各种酚对 ATP 诱导的离体灌流兔肺血管收缩的抑制作用，发现 3,4-二甲苯酚物质对 ATP 诱导的肺血管收缩的具有抑制作用。

5. 生物监测

在对 2,4-,2,5-,3,4-和 3,5-二甲苯酚的生物测量表明二甲苯酚异构体分散在焦炭生产环境中，并且所有工人在工作转换期间都或多或少的暴露于这些化合物中。尿中二甲苯酚排泄值与二甲苯酚异构体暴露测量值之间呈显著正相关关系，这些结果表明尿中二甲苯酚异构体可作为二甲苯酚暴露的生物标志物。

6. 人体健康危害

3,4-二甲苯酚蒸气能刺激眼睛、皮肤和呼吸系统。误服或经皮肤吸收能导致头痛、眩晕、恶心、呕吐、腹痛、衰竭、昏迷等。对皮肤可造成腐蚀性灼伤。

7. 风险评估

本品对水生生物有毒并具有长期持续影响，其环境危害 GHS 分类为：危害水生环境—急性危害，类别 2；危害水生环境—长期危害，类别 2。

3,5-二甲苯酚

1. 理化性质

CAS 号：108-68-9	外观与性状：白色的针状结晶固体
熔点/凝固点(℃)：64	临界温度(℃)：442.4

（续表）

沸点(℃)：219.5	临界压力(MPa)：5.39
闪点(℃)：80(闭杯)	燃烧热(kJ/mol)：−4 336
饱和蒸气压(kPa)：0.005 3(25℃)	气味阈值(mg/m^3)：4.10×10^{-5}
密度(g/cm^3)：1.115(25℃)	n-辛醇/水分配系数：2.35
相对蒸气密度(空气=1)：4.2	溶解性：微溶于水；溶于乙醇；非常溶于苯，氯仿，乙醚

2. 用途与接触机会

2.1 生活环境

本品是汽车尾气的组成部分，其存在于各种针叶树的精油、茶叶、烟草和烟雾中，一些家用黏合剂和密封剂、清洁和家具护理产品、油漆和涂料中也含有 3,5-二甲苯酚，该品还被确定为鹰嘴豆种子、猪肉、培根和日本干燥食品鲣的挥发性组分。其可通过各种废物流向环境释放，如果释放到空气中，将完全以蒸气形式存在。一般人群可能通过吸入即汽车尾气，摄入食物以及接触其他含有 3,5-二甲苯酚的产品而暴露于 3,5-二甲苯酚。

2.2 生产环境

3,5-二甲苯酚的职业暴露可能是通过在生产或使用 3,5-二甲苯酚的工作场所吸入该化合物而发生的。3,5-二甲基苯酚是重要的工业中间体，主要用于制备抗氧化剂、抗生素、树脂黏合剂和维生素 E 等的生产，具有很广的工业用途。① 3,5-二甲苯酚用于生产各种农药(例如甲硫威)、广谱杀虫剂、杀螨剂和杀软体动物剂；② 通过胺化得到的 3,5-二甲苯胺特别用于花系颜料；③ 用甲醇进行烷基化得到 2,3,5-三甲基苯酚，其可用于生产维生素 E；④ 使用 3,5-二甲苯酚氯化成 4-氯-和 2,4-二氯-3,5-二甲苯酚后，作为消毒剂和工业防腐剂。

3. 毒代动力学

3.1 吸收、摄入与贮存

该物质可通过呼吸道、消化道及皮肤等途径进入体内，聚集于细胞质内和胞外中。

3.2 转运与分布

在摄入、皮肤暴露和吸入后，3,5-二甲苯酚蒸气迅速被吸收。有报道腰交感神经阻滞或胸交感神经阻滞的患者暴露后血浆峰值浓度分别约为 20 min 和 1 h。3,5-二甲苯酚转运与分布相关方面资料相当少,在人类中可以转化成 3,5-二甲基苯基硫酸酯,在豚鼠中可以产生 3,5-二甲基苯甲醚,而在微生物中可以转运成 3-羟基-5-甲基苄醇。

3.3 排泄

苯酚主要代谢转化成水溶性硫酸盐和葡萄糖醛酸,排泄方式主要是通过肾脏,成年男性苯酚皮肤接触后的消除半衰期约为 14 h。研究表明,尿中二甲苯酚的排泄值与二甲苯酚异构体暴露测量值之间存在显著的正相关。

4. 毒性与中毒机理

4.1 急性毒作用

3,5-二甲苯酚吞咽口服具有急性毒性;皮肤接触可造成严重的灼伤;还会造成导致严重的眼刺激损伤。

小鼠腹腔内注射 LD_{50}:156 mg/kg;小鼠经口 LD_{50}:477 mg/kg;兔经口 LD_{50}:1 313 mg/kg;大鼠经口 LD_{50}:608 mg/kg;灌胃雄性小鼠 LD_{50}:620 mg/kg。本品健康危害 GHS 分类为:急性毒性—经口,类别 3;急性毒性—经皮,类别 3;皮肤腐蚀/刺激,类别 1B;严重眼损伤/眼刺激,类别 1。

4.2 中毒机理

对 3,5-二甲苯酚相关毒理学研究较少,目前仍不清楚,未见有人群研究资料。

研究发现:4 mg/m^3 的 3,5-二甲基苯酚可造成小鼠黏膜的刺激。3,5-二甲苯酚是 3T3 细胞培养物中前列腺素合成的有效可逆抑制剂。取代苯酚也抑制花生四烯酸引起的血小板中血清素的释放,聚集和前列腺素合成。通过烟草烟雾化合物(包括 3,5-二甲苯酚)对体外鸡胚气管纤毛活动的影响的研究发现,烷基酚类化合物显示比酚类本身更大的抗纤维化作用,但在静态条件下测定大型蚤的苯酚、邻甲酚、间甲酚、对甲酚、六种二甲苯酚和三种三甲基苯酚的 24 hIC_{50}值显示甲酚比苯酚毒性更大,二甲苯酚没有显示出比甲酚更高的毒性,并且三甲酚的毒性小于甲酚,认为苯酚核上甲基的数量和位置与其对水蚤的急性毒性之间没有直接的关系。研究发现,通过使用苯并芘和茶(含有 3,4-二甲苯酚)皮肤处理的小鼠表现出癌症发展的不同阶段,表明癌症的产生,引发剂和促进剂都不必存在于相同的产品中,它们可能是完全独立的来源。

5. 生物监测

在对 2,4-,2,5-,3,4-和 3,5-二甲苯酚的生物测量表明二甲苯酚异构体分散在焦炭生产环境中,并且所有工人在工作转换期间都或多或少的暴露于这些化合物中。尿中二甲苯酚排泄值与二甲苯酚异构体暴露测量值之间呈显着正相关,这些结果表明尿中二甲苯酚异构体可用作二甲苯酚暴露的生物标志。

6. 人体健康危害

3,5-二甲苯酚蒸气能刺激眼睛、皮肤和呼吸系统,眼睛、皮肤的接触将会导致严重的眼睛刺激症状和皮肤的灼热感,呼吸系统的刺激会引起头晕、胃痛、筋疲力尽、昏迷。误食摄入会造成头痛,恶心和呕吐的症状。严重的可以损害肾脏、肝脏、胰腺和脾脏,并引起肺水肿。由于喉咙和支气管的痉挛,炎症和水肿,吸入可能是致命的。慢性接触可能导致消化紊乱,神经紊乱。

二叔丁基对甲酚

1. 理化性质

CAS 号:128-37-0	外观与性状:白色或淡黄色结晶
熔点(℃):70	沸点(℃):265
闪点(℃):126.7	自燃温度(℃):470
饱和蒸气压(kPa):0.69×10^{-4}(25℃)	n-辛醇/水分配系数:5.10
密度(g/cm^3):0.893 7(75℃)1.03(20℃)	相对蒸气密度(空气=1):7.6
相对密度(水=1):1.048(20℃)	溶解性:不溶于水;溶于甲醇、乙醇、苯、石油醚等

2. 用途与接触机会

2.1 生活环境

二叔丁基对甲酚是一种重要的商业化学品,用于食品、化妆品和个人护理产品、油漆、墨水、动物饲料和许多商业产品。一般人群可能会通过蒸气、皮肤接触以及食物摄入等途径暴露。

2.2 生产环境

二叔丁基对甲酚在工农业生产中被广泛使用：① 用作橡胶、塑料的防老剂。二叔丁基对甲酚是常用的橡胶防老剂，对热、氧老化有一定的防护作用，也能抑制铜害。单独使用没有抗臭氧能力，但与抗臭氧剂及蜡并用可防护气候的各种因素对硫化胶的损害。② 各种石油产品和食品、饲料、动植物油、肥皂的抗氧剂。它的油溶性良好，加入后不影响油品色泽，广泛使用于变压器油、透平油等。③ 在丁苯胶中亦可作为胶凝抑制剂。本品挥发性较大。在橡胶中易分散，可以直接混入橡胶或作为分散体加入胶乳中。广泛用于天然胶，各种合成胶及其胶乳中。本品不变色，亦不污染。用于制造轮胎的白色侧壁，白色、艳色和透明的各种橡胶及其胶乳制品，以及日用、医疗卫生、胶布、胶鞋等橡胶制品。在橡胶中一般用量 0.5～3 份。当用量增至 3～5 份时亦不会喷霜。④ 本品还可做为合成橡胶后的处理和贮存时的稳定剂，可用于丁苯橡胶、顺丁橡胶、乙丙橡胶、氯丁橡胶等胶种。

3. 毒代动力学

3.1 吸收、摄入与贮存

二叔丁基对甲酚主要以蒸气形态经呼吸道进入体内，或者直接经皮肤吸收。一般人群亦可通过摄入食物经消化道吸收。吸收后，主要分布在胃、肠、肝和肾中。进入机体的二叔丁基对甲酚表现为快速积累和缓慢的清除。二叔丁基对甲酚往往在多次剂量的情况下储存在身体组织中，倘若每天的接触，将会出现超过 16 倍的积累的可能。

3.2 转运与分布

进入体内的二叔丁基对甲酚 69％由呼气中排出，41％～65％经粪便以及 26％～50％经尿液中排泄，总回收率为 96％～98％。

在包括兔、大鼠、小鼠和人类在内的不同物种中，均对二叔丁基对甲酚的新陈代谢进行了广泛的研究。二叔丁基对甲酚代谢的主要途径包括甲基和叔丁基取代基的氧化反应。并且，这两种机制并不是相互排斥的。甲基的氧化作用是经肝脏中一系列酶等催化作用进行的，主要包括微体酶、二叔丁基对甲酚-氧化酶、以及喹酮-甲酰亚胺、2,6-二叔丁基-甲基-2,5-环己酮、4-羟基-4-甲基-2,6-二-叔-丁基-2,5-环己二烯酮等衍生物。而对位甲基取代基的氧化是主要的代谢途径，其中二叔丁基对甲酚-酸约占 30％的量，涉及一个或两个叔丁基氧化代谢物而排泄占 30％～40％。

3.3 排泄

二叔丁基对甲酚的快速处理期半衰期约为 1 h，而缓慢的处理阶段半衰期为 11 d。人类对二叔丁基对甲酚的排泄主要是通过尿液，而啮齿动物对二叔丁基对甲酚的排泄 50％～80％是通过粪便。这被认为是由于在胆道排泄的分子量阈值上的物种差异造成的。

二叔丁基对甲酚的排泄主要出现在 24 h 内。即大部分的排泄出现在服药后的第一天，随后逐渐减少的轻微排泄需要持续相当长的一段时间。

4. 毒性与中毒机理

4.1 急性毒作用

大鼠经口 LD_{50}：890 mg/kg，大鼠经口 LD_{50}：＞6 000 mg/kg体重(24 h)。大鼠(使用数量较大)试验结果显示经口 LD_{50}：＞2 930 mg/kg。小鼠经口 LD_{50}：650 mg/kg。小鼠(使用数量较大)试验结果显示经口 LD_{50}：2 000 mg/kg。豚鼠经口 LD_{50}：10 700 mg/kg。

大鼠经皮吸收 LD_{50}：＞2 000 mg/kg。小鼠腹腔注射 LD_{50}：138 mg/kg。小鼠静脉注射 LD_{50}：180 mg/kg。

4.2 慢性毒作用

人体暴露和毒性：过度暴露的潜在症状是眼睛和皮肤的刺激。动物实验：大剂量二叔丁基对甲酚染毒的大鼠，在两性中均显示血清胆固醇升高。将二叔丁基对甲酚与油脂混合后加入饲料中给断奶大鼠，其生长速度降低，尤其是雄性。二叔丁基对甲酚还增加了肝脏的绝对重量和相对重量(脏器系数)。在雄性大鼠中，二叔丁基对甲酚增加左肾上腺脏器系数，但对雌鼠没有一致的影响。大鼠暴露于二叔丁基对甲酚 68～82 d 处理，可导致体重增加，肝脏脂肪浸润。而小鼠的饲料中给予 3 000 mg/kg 或 6 000 mg/kg 的二叔丁基对甲酚，在 105～108 周暴露的小鼠中均未发现肿瘤。此外,目前的研究也未发现二叔丁基对甲酚可引起胎儿异常。

本品IARC致癌性分类为组3。

5. 生物监测

二叔丁基对甲酚进入人体后,大部分经机体代谢酶的作用形成不同的代谢产物随尿排出体外,但仍有一小部分以原形随尿排出体外。尿二叔丁基对甲酚可以反映职业工人近期的接触水平,可作为二叔丁基对甲酚接触工人生物样品常规监测手段之一;二叔丁基对甲酚新陈代谢的主要途径包括甲基和叔丁基取代基的氧化反应。甲基的氧化作用代谢产物包括微体酶、二叔丁基对甲酚-氧化酶、以及喹酮-甲酰亚胺、2,6-二叔丁基-甲基-2,5-环己酮、4-羟基-4-甲基-2,6-二-叔-丁基-2,5-环己二烯酮等衍生物。而对位甲基取代基的氧化代谢产物主要包括二叔丁基对甲酚酸和一个或两个叔丁基氧化代谢物。因此,尿中上述代谢产物也可能为二叔丁基对甲酚的生物标志物之一。

6. 人体健康危害

6.1 急性中毒

意外或故意摄入大量二叔丁基对甲酚可能会导致原本不过敏的人出现短暂的头晕、不稳定、口齿不清或意识丧失;并没有观察到永久性的影响。过度暴露的潜在危害是主要是眼睛和皮肤的刺激。

6.2 慢性中毒

在食品中2,6-二丁基对甲酚未发现任何毒性反应。它是被美国食品和药物管理局的"GRAS"(通常被认为是安全的)认证的食品添加剂。一些敏感的人有轻微的过敏反应(流鼻涕、头痛、脸红、哮喘症状加重)。没有其他关于吸入2,6-二丁基对甲酚的潜在毒性的数据。在怀孕前和/或怀孕期间暴露于二叔丁基对甲酚的实验动物中没有发现不孕不育、流产或发育异常的证据。在实验室中没有发现致癌性的证据。美国环境保护署的IRIS计划或美国国家毒理学计划第14次关于致癌物的报告没有评估2,6-二丁基对甲酚在人类中致癌的可能性。国际癌症研究机构认定,根据缺乏人类数据和实验室动物的有限证据,2.6-二丁基对甲酚对人类的致癌性是不可归类的。

7. 风险评估

7.1 生产环境

美国OSHA标准:1989年撤销的PC-TWA为10 mg/m^3。ACGIH阈限值8 h TLV-TWA为2 mg/m^3。峰值接触建议:瞬态增加工人暴露可超过TLV-TWA水平的3倍水平一次接触不超过15 min,在一个工作日期间不超过4次间距为1 h的接触。并且在任何情况下都不应该接触超过5倍的TLV-TWA水平。此外,8 h的TWA不会超过8 h的工作时间。美国NIOSH推荐:REL为10 h TWA为10 mg/m^3。

7.2 生活环境

目前,我国有关生活环境限值标准,主要为GB/T18883—2002《室内空气质量标准》和GB50325—2010《民用建筑工程室内环境污染控制规范》。同时,GB3095—2012《环境空气质量标准》也对部分限值作了规定。生活环境接触限值均未涉及抗氧化剂二叔丁基对甲酚。

美国FDA要求:当抗氧化剂的总含量不超过脂肪或油含量的0.02%时,这种物质通常被认为是安全的,包括食物中必需的(挥发性的)油含量,只要这种物质是按照良好的生产或喂养方式使用的。抗氧化剂的物质当从食品包装材料中迁移时(添加到食物的限制为0.005%)应包括:二丁基羟基甲苯。该物质每人可接受摄入量为0.5 mg/kg。

本品对水生生物毒性极大,其环境危害GHS分类为:危害水生环境-长期危害,类别1。

邻异丙基苯酚

1. 理化性质

CAS号:88-69-7	外观与性状:无色至琥珀色液体
熔点/凝固点(℃):15.5	沸点(℃):209
闪点(℃):88	饱和蒸气压(kPa):0.13(56.6℃)
密度(g/cm^3):1.012(25℃)	易燃性:可燃
相对密度(水=1):0.99(25℃)	n-辛醇/水分配系数:2.88

（续表）

溶解性：不溶于水；溶于乙醇、甲苯等	

2. 用途与接触机会

邻异丙基苯酚(o-isopropylphenol)，又称为2-异丙基苯酚、邻异丙基酚。生活环境中邻异丙基苯酚的来源主要是调味剂、增塑剂、表面活性剂、香料等。邻异丙基苯酚被用于增塑剂、表面活性剂的生成过程。此外，也是香料生成的合成中间体。

本品在工农业生产中均有被使用：① 用于合成农药和某些精细化工产品，是氨基甲酸酯类杀虫剂叶蝉散的关键中间体；② 用于合成制作增塑剂、表面活性剂；③ 是香料的合成中间体。

3. 毒性与中毒机理

小鼠静脉注射 LD_{50}：100 mg/kg。呼吸或皮肤过敏：未见其对皮肤和呼吸系统有致敏作用的报道。IARC致癌性分类为3。本品健康危害GHS分类为：皮肤腐蚀/刺激，类别1；严重眼损伤/眼刺激，类别1。

研究发现，邻异丙基苯酚毒性与2-异丙酚激活雌激素受体(ER)、雄激素受体(AR)、孕酮受体(PR)和雌激素相关受体(ERR)的功能有关。

4. 人体健康危害

邻异丙基苯酚对眼睛、皮肤、黏膜以及上呼吸道均有强烈的刺激作用。吸入后可引起喉咙、支气管的炎症、水肿、痉挛等，以及化学性肺炎或肺水肿。接触后可引起咳嗽、灼烧感、喘息、气短、头痛、恶心和呕吐等症状。长时间接触可引起眼灼烧。

5. 风险评估

本品对水生生物有毒并具有长期持续影响，其环境危害GHS分类为：危害水生环境—急性危害，类别2；危害水生环境—长期危害，类别2。

对 壬 基 酚

1. 理化性质

CAS号：104-40-5	外观与性状：浅黄色黏稠液体，略有苯酚气味

（续表）

沸点(℃)：293～297	凝固点(℃)：−10
相对密度(水＝1)：0.95(25℃)	闪点(℃)：149(开杯)；141(闭杯)
溶解性：不溶于水；溶于苯、醇	n-辛醇/水分配系数：5.990

2. 用途与接触机会

2.1 生活环境

日常生活环境中对壬基酚的来源主要是抗氧化剂、洗涤剂、清洁剂以及杀虫剂等。壬基酚是一种重要的商业化学物质，主要用作制造洗涤剂和清洁剂中表面活性剂的起始原料(壬基苯酚乙氧基)。此外，壬基酚还被用来制造抗氧化剂，以保护塑料、橡胶和润滑油。壬基酚还是一些非食品类杀虫剂的成分。

2.2 生产环境

我国壬基酚一直依赖进口，国内产量难以满足需求，进口量较大。

本品在工农业生产中被广泛使用：① 用于生成抗氧剂，纺织印染助剂，造纸助剂，润滑油添加剂，农药乳化剂，硬化剂，树脂改性剂，树脂及橡胶稳定剂等；② 油田及炼厂化学品，石油制品洁净分散剂和铜矿及稀有金属浮选择剂；③ 用于环氧乙烷缩合剂制非离子表面活性剂，用作洗涤剂、乳化剂、分散剂、湿润剂等；④ 以及进一步加工成硫酸脂和磷酸脂，制成阴离子表面活性剂；⑤ 用于制作除垢剂，抗静电剂，发泡剂等。

3. 毒代动力学

3.1 吸收、摄入与贮存

对壬基酚在生产环境中主要通过蒸气吸入和皮肤接触的形式进入体内。一般人群也可能出现低水平的接触，包括呼吸周围空气、摄入食物或饮用水，以及与含有壬基酚产品的皮肤接触后吸收。吸收后，对壬基酚主要分布在在含类脂质较多的组织和器官、循环系统以及脑组织中。

3.2 转运与分布

灌胃给药的对壬基酚主要分布在胃肠道和胆汁。通过水接触的鱼体内的对壬基酚在器官中分布更均匀，在肠道内、肝、肾、鳃、皮肤、腹部脂肪和大脑中都有观察到。人类口服对壬基酚的生物利用度约是20%。灌胃暴露对壬基酚后的血清毒代动力学表现出快速的吸收(半衰期为0.8 h)和消除(半衰期为3.5 h)。此外，孕鼠暴露对壬基酚后，还可将其穿过胎盘屏障和血脑屏障转运到仔鼠血液和大脑。吸收进入体内后，对壬基酚会在血液中出现大量的葡萄糖醛化反应，且组织中出现对壬基酚糖苷配基积累。对壬基酚在体内代谢主要转化生成葡糖苷酸和羟化酸。

3.3 排泄

对壬基酚在体内的主要排泄途径是胆汁。

4. 毒性与中毒机理

4.1 急性毒作用

大鼠经口 LD_{50}：1 620 mg/kg。呼吸或皮肤过敏：在20只受试动物中有18只出现皮肤过敏。本品健康危害GHS分类为：皮肤腐蚀/刺激，类别1B；严重眼损伤/眼刺激，类别1；生殖毒性，类别1B；特异性靶器官毒性—反复接触，类别2。

4.2 慢性毒作用

研究发现，大鼠通过饮食暴露200 mg/kg、650 mg/kg、2 000 mg/kg对壬基酚3个月后，只有最高2 000 mg/kg剂量组大鼠出现体重和食物摄入的小幅下降。对包括内分泌器官、发情周期或精子测量在内的其他指标及相关的临床或组织病理学变化均未产生影响。通过饮食摄入对壬基酚的NOAEL被认为均是50 mg/(kg·d)。

(1) 发育毒性与致畸性

孕鼠对壬基酚暴露会导致其雄性仔鼠的睾丸、附睾、精囊和腹侧前列腺的大小减少，并增加了隐睾症的频率。这项研究的结果表明，对壬基酚可能会对生殖发育有害，并影响它们的繁殖能力。此外，新生儿壬基酚暴露会导致雌性大鼠的青春期后生殖功能紊乱，以及雄性和雌性大鼠性腺的发育紊乱。

(2) 内分泌干扰作用

对壬基酚是公认的环境激素，具有内分泌干扰效应。

4.3 中毒机理

对壬基酚中毒的发病机理，目前仍不完全清楚。目前研究证据主要表现在细胞增殖、细胞毒性及其内分泌干扰相关毒性作用。

5. 生物监测

对壬基酚进入人体后，大部分经机体代谢酶的作用形成不同的代谢产物随尿排出体外，但仍有一小部分以原形随尿排出体外。尿对壬基酚可以反映职业工人近期的对壬基酚接触水平，可作为对壬基酚接触工人生物监测手段之一。对甲酚进入人体代谢后经尿液排出，在体内代谢主要转化生成葡糖苷酸和羟化酸。因此，尿中上述代谢产物葡糖苷酸和羟化酸等也可作为对壬基酚的生物标志。

6. 人体健康危害

呼吸和皮肤接触对壬基酚中毒症状包括灼烧感、咳嗽、呼吸困难、喉咙痛、无意识、皮肤刺激和烧伤。误服对壬基酚则会引起腹痛、腹泻、恶心、喉痛。此外，蒸气还会引起眼部刺激。对壬基酚短时间暴露会引起皮肤的一度烧伤，而长时间暴露会引起皮肤的二度烧伤。

7. 风险评估

本品对水生生物毒性极大并具有长期持续影响，其环境危害GHS分类为：危害水生环境—急性危害，类别1；危害水生环境—长期危害，类别1。

邻苯基苯酚

1. 理化性质

CAS号：90-43-7	外观与性状：白色或浅黄色或淡红色粉末、薄片或块状物，具有微弱的酚味
pH值：6.1(22.7℃)	熔点(℃)：59
沸点(℃)：286	自燃温度(℃)：大于520
闪点(℃)：138(闭杯)	爆炸下限[%(V/V)]：1.4
爆炸上限[%(V/V)]：9.5	相对密度(水=1)：1.2
饱和蒸气压(kPa)：2.666×10^{-4}(25℃)	n-辛醇/水分配系数：3.09
密度(g/cm³)：1.213(25℃)	溶解性：微溶于水；易溶于氢氧化钠、碱金属氢氧化物、有机溶剂

2. 用途与接触机会

2.1 生活环境

日常生活环境中的邻苯基苯酚来源主要是防腐剂、染料等。它广泛应用于杀菌防腐、可用于木材、皮革、化妆品的杀菌、防腐,水果蔬菜的防霉保鲜,特别适用于柑桔类的防霉。它是一种普通的表面消毒剂,用于家庭、医院、疗养院、农场、洗衣店、理发店和食品加工厂。它被用于消毒医院和兽医设备。其他用途包括橡胶工业和实验室试剂。它还用于制造其他杀菌剂、染料、树脂和橡胶制品。它还用于染料制作的载体、显影剂以及印染助剂等。

2.2 生产环境

邻苯基苯酚(OPP)是一种有机化工产品,广泛用于表面活性剂、杀菌防腐,新型塑料、树脂合成等领域。将邻苯基苯酚作为原料能合成含磷阻燃中间体,并进一步合成阻燃环氧树脂。聚合物材料燃烧期间表面会形成炭化膜,使空气、聚合物处于隔绝状态,增强阻燃效果。邻苯基苯酚在工农业生产中被广泛使用:① 合成纤维的染色载体,邻苯基苯酚及其水溶性钠盐可作聚酯纤维的染料载体,也可用作疏水性合成纤维氯纶、涤纶等采用载体染色时的载体;② 合成新型含磷阻燃材料,如合成阻燃聚酯、合成阻燃环氧树脂、改进高聚物有机溶解性、作为合成抗氧剂的中间体、合成高分子材料的稳定剂、合成发光母体;③ 作为合成新型高聚物的单体;④ 合成新型药物。

3. 毒代动力学

3.1 吸收、摄入与贮存

邻苯基苯酚能以蒸气的形式通过呼吸道吸入、皮肤接触和经口摄入。

3.2 转运与分布

进入体内的本品和其代谢物都通过肝脏和肾脏被排泄到尿液中。

3.3 排泄

在低剂量的情况下,邻苯二酚的磺化是主要的代谢途径。但硫酸盐是主要的代谢产物,占代谢物的69%,而2-苯基对苯二酚的共轭量占15%。少量或无游离的邻苯二酚存在于尿液中;未发现游离的2-苯基对苯二酚或2-苯基-1,4-苯醌。

3.4 转运模式

邻苯基苯酚在机体内的代谢途径见图19-2。

4. 毒性与中毒机理

4.1 急性毒作用

大鼠经口 LD_{50}:2 mg/kg;小鼠经口 LD_{50}:1 050 mg/kg,小鼠腹腔注射 LD_{50}:50 mg/kg;豚鼠经口 LD_{50}:3 500 mg/kg;兔经皮 LD_{50}:>5 000 mg/kg;大鼠吸入 LC_{50}:>36 mg/(m^3·4 h)。本品健康危害GHS分类为:皮肤腐蚀/刺激,类别2;严重眼损伤/眼刺激,类别2;特异性靶器官毒性——一次接触,类别3(呼吸道刺激)。

4.2 慢性毒作用

慢性中毒动物出现血红蛋白浓度降低所致轻微贫血,乳头状或结节性增生。皮肤也会产生一定的刺激,具体表现为红斑、鳞屑、棘皮和角化。在发育小鼠的肾脏组织中,表现出轻微的发育迟缓、组织病理的肾脏管状扩张。膀胱组织的上皮细胞容易受到损伤。

本品IARC致癌性分类为组3。亚慢性邻苯基苯酚的暴露可致小鼠发育迟缓,成年后体重普遍较轻。但并未出现其他发育毒性以及致畸作用。本品可诱导雌激素受体的基因表达下降,并导致孕酮受体的时间依赖性增加。

4.3 中毒机理

本品中毒机理,可能与对造血微环境毒作用、细胞毒性、DNA损伤有关。

5. 生物监测

本品进入人体后,部分经机体代谢作用形成不同的代谢衍生物(详见图19-2)随尿排出体外,部分以原形随尿排出体外。因此这可作为接触工人生物样品常规监测手段之一。目前常用高效液相色谱法/紫外光检测法检测尿样中的邻苯二酚。邻苯基苯酚进入人体后转化为代谢中间产物,如对羟基联苯、对羟基O-葡萄苷酸联苯等。目前常用的是高效液相色谱法分离和测定联苯及其羟化衍生物。在环境中,部分邻苯二酚会转化为一些酚类化合物。因此会用高效液相色谱法和气相色谱法检测生活中易

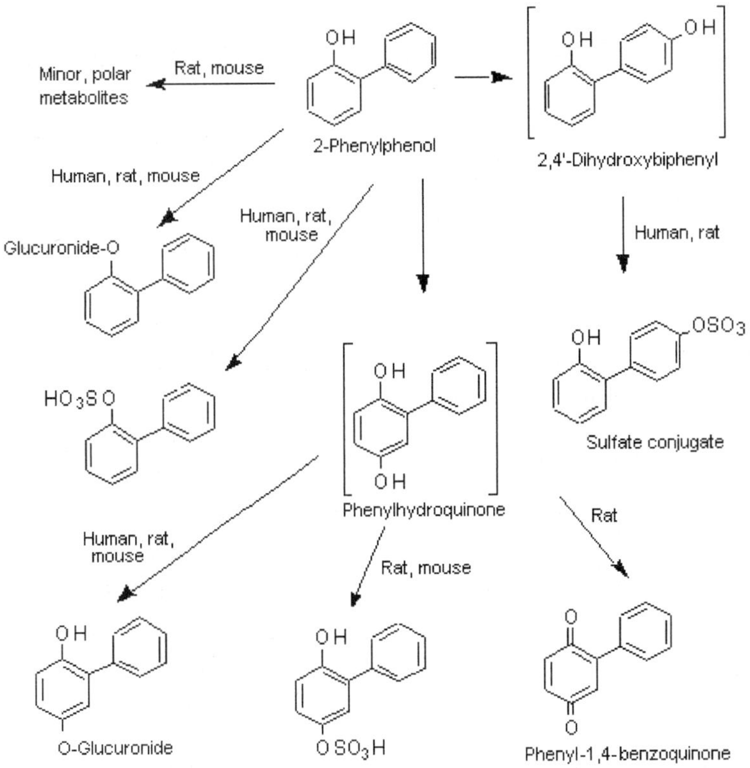

图 19-2 邻苯基苯酚在小鼠、大鼠及人类体内的代谢路径

接触到邻苯二酚的区域的邻苯二酚的残留物或者苯酚和氯酚。

6. 人体健康危害

6.1 急性中毒

本品基本很少引起急性中毒。误食误饮、误吸及误触大量邻苯二酚会致人急性中毒。具体表现为,对眼,皮肤等的刺激作用;肝脏和肾功能损害,严重的肺损伤和急性呼吸窘迫综合征以及随后的严重肺纤维化。且肺活检显示弥漫性肺泡损伤。

经口致死剂量为 10 g,具体毒性表现为对膀胱尿道上皮的毒性作用。

6.2 慢性中毒

从目前的研究来看,邻苯二酚对人类未发现致癌作用。但对于长期吸入、接触此物质的人群而言,皮肤病和排泄功能(具体在于膀胱尿道)的损伤尤为明显。

7. 风险评估

7.1 生产环境

我国未制定邻苯二酚(OPP)的职业接触限值。美国 ACGIH 对于 OPP 的车间空气有害物质接触限值(TLVTN)中规定,以 3.8 mg/m^3 的标准对含 OPP 的农药进行稀释,且皮肤接触限值为 23 mg/m^3。

7.2 生活环境

WHO/FAO 在食物农药残留规定中明确邻苯基苯酚的 ADI 为 0.02 mg/kg · bw。而美国国家饮用水指南指出,佛罗里达州标准为 18 μg/L。

本品对水生生物毒性极大,其环境危害 GHS 分类为:危害水生环境—急性危害,类别 1。

邻 苯 二 酚

1. 理化性质

CAS 号:120-80-9	外观与性状:无色或白色晶体,呈片状或菱形,遇空气和光变色,酚醛气味
熔点/凝固点(℃):105	临界温度(℃):527
沸点(℃):245.5	临界压力(MPa):6.24

（续表）

闪点(℃)：127(闭杯)	自燃温度(℃)：510
燃烧热(kJ/mol)：−2 854.9	分解温度(℃)：240～245
饱和蒸气压(kPa)：1.33(118.3℃)	爆炸极限[%(V/V)]：1.6～9.8
密度(g/cm³)：1.34(4℃)	气味阈值(mg/m³)：8
相对密度(水=1)：1.34	相对蒸气密度(空气=1)：3.79
n-辛醇/水分配系数：0.88	溶解性：溶于水、丙酮、吡啶、乙醇、乙醚、苯、四氯化碳、氯仿等溶剂；其在碱性水溶液中迅速成为茶黑色

2. 用途与接触机会

用于照相、染料、涂料、农药、抗氧化剂、光稳定剂，并为重要的医药中间体。

用于合成香草醛、乙基香草醛、胡椒醛等。药物合成中的重要中间体，用于生产黄连素和异丙肾上腺素等，也可用于生产4-叔丁基邻苯二酚。还用作苯乙烯、丁二烯、氯乙烯的阻聚剂。也用于制造抗氧剂、显影剂、杀菌剂、防腐剂、促进剂、电镀添加剂、特种墨水、光稳定剂、染料、香料等。

3. 毒代动力学

3.1 吸收，摄入与贮存

经胃肠道和皮肤吸收后，部分本品被多酚氧化酶氧化成邻苯醌，另一部分在体内与葡萄糖醛酸、硫酸及其他的酸结合，少量以“游离”形式从尿排出。“结合”部分容易在尿中水解放出“游离”化合物，被氧化形成为暗黑色，使尿变成“烟色”。从人尿中邻苯二酚衰减曲线来看，生物半衰期为3～7 h。

3.2 转运与分布

邻苯二酚与邻苯二醌是通过人血清白蛋白转运进入人体各器官的，可以和DNA碱基形成加合物，对人体危害极大。

4. 毒性与中毒机理

毒性比酚大，动物的经口近似致死量：狗0.3 g/kg，猫0.1 g/kg、兔0.2 g/kg、豚鼠0.16 g/kg。给小鼠和豚鼠一次皮下注射0.22 g/kg时，绝大部分死亡。给狗静注0.04 g/kg可致死。

大鼠经口LD_{50}：260 mg/kg，小鼠经口LD_{50}：260 mg/kg，兔经皮LD_{50}：800 mg/kg。大鼠吸入阈浓度为2～2.8 g/m³，无反应浓度为1.5 g/m³。给动物中毒或致死剂量引起的症状除了对皮肤刺激比酚小以外，其余均与酚相似。给动物大剂量时能使中枢神经系统明显抑制和血压持久上升。重复给小剂量可出现高铁血红蛋白血症、淋巴细胞减少和贫血。本品引起的急性病理变化有肾小管退行性变，管腔内有红细胞和纤维蛋白凝块。经小鼠的胃肠道和皮肤吸收后，部分本品被多酚氧化酶氧化成邻苯醌，另一部分在体内与已糖醛酸（葡糖醛酸是其中的一种）、硫酸及其他的酸结合，少量以“游离”形式从尿排出。“结合”部分容易在尿中水解放出“游离”化合物，后者被氧化后形成黑色物质。本品作用原理与酚相似。因周围血管收缩而出现血压升高。本品IARC致癌性分类为组2B。

本品健康危害GHS分类为：皮肤腐蚀/刺激，类别2；严重眼损伤/眼刺激，类别2；致癌性，类别2。

5. 人体健康危害

皮肤接触邻苯二酚后会引起湿疹性皮炎。邻苯二酚能很好地经皮肤吸收，与皮肤直接接触会引起的强烈刺激，尤其是引起眼部和深层皮肤的灼烧。与酚类的全身毒性相似，但邻苯二酚可能更易引起惊厥和高血压。在高剂量时，会引起肾脏和肝脏损伤。通过皮肤吸收后，在少数情况下引起更明显的中枢作用（抽搐），大多数导致类似于由苯酚引起的中毒症状。邻苯二酚致死是由呼吸衰竭引起的。邻苯二酚在人体血细胞中是一种比苯酚更有害的毒素，因为即使在低剂量下，邻苯二酚也会引起红细胞功能的变化。邻苯二酚氧化导致半醌自由基的形成，进而可诱导人外周血淋巴细胞DNA损伤和人T淋巴细胞增殖。

6. 风险评估

6.1 生产环境

中国职业接触限值标准规定，PC-TWA为20 mg/m³（经皮）。

NIOSH建议：推荐暴露极限：10 h时间加权平均值：20 mg/m³，经皮暴露。

本品对水生生物有毒，其环境危害GHS分类为：危害水生环境—急性危害，类别2。

间苯二酚,1,3-苯二酚

1. 理化性质

CAS号：108-46-3	外观与性状：白色针状结晶
pH值：5.2	临界温度(℃)：810
熔点/凝固点(℃)：109.8	临界压力(MPa)：7.49
沸点(℃)：280	自燃温度(℃)：608
闪点(℃)：127.2(闭杯)	爆炸上限[%(V/V)]：9.8
燃烧热(kJ/mol)：−2 710(25℃)	爆炸下限[%(V/V)]：1.4
饱和蒸气压(kPa)：0.13(108.4℃)	气味阈值(mg/L)：6.0
密度(g/cm³)：1.278(20℃)	*n*-辛醇/水分配系数：0.80
相对密度(水=1)：1.72	相对蒸气密度(空气=1)：3.79
溶解性：易溶于水(72 g/L,25℃)、乙醇、乙醚；溶于氯仿、四氯化碳；不溶于苯	

2. 用途与接触机会

间苯二酚主要用于硝皮、照相、制造炸药、染料、化妆品、防腐剂、空气杀菌剂、皮肤外用药。

间苯二酚是一种重要的精细化工原料和有机中间体,主要用于生产橡胶帘子布的浸胶剂、染料、医药、杀虫剂、除草剂、聚烯烃的紫外线稳定剂、木材的特殊防水黏合剂、合成树脂及炸药、防腐剂、塑料、感光材料、化妆品、农药以及电子化学品等领域。间苯二酚合成过程的萃取、精馏工艺。

3. 毒代动力学

3.1 吸收、摄入与贮存

能刺激皮肤、黏膜,可被皮肤迅速吸收,生成高铁血红蛋白而引起发绀、昏睡和致命的肾脏损伤。有皮肤过敏或变态反应症的人吸入其蒸气或粉尘时,常常可引起危险的中毒。

3.2 排泄

本品可通过人的胃肠道、皮肤迅速吸收,在体内以游离状态或与葡萄糖醛酸、硫酸及其他的酸结合从尿中排出。

3.3 转运模式

至少50%的化合物以原型从尿液中排出,大部分以四种代谢产物从尿液排出,10%—20%是硫酸盐结合物,5%—10%是葡糖醛酸和硫酸盐结合物形式。

4. 毒性

急性中毒的表现类似酚,毒性比邻苯二酚小。大鼠经口 LD_{50}：202 mg/kg;小鼠经口 LD_{50}：200 mg/kg;兔经皮 LD_{50}：3 360 mg/kg;。中毒后可引起头痛、头昏、烦躁、嗜睡、发绀(由于高铁血红蛋白血症)、抽搐、心动过速、呼吸困难、体温及血压下降,甚至死亡。本品3%～25%的水溶液或油膏涂在皮肤上引起皮肤损害,并可吸收中毒引起死亡。动物的病理改变有肝脏脂肪变性和贫血,肾脏退行性变,心肌脂肪变性,脾中等度增大和色素沉着,肺水肿和肺气肿。

本品能刺激皮肤及黏膜,可经皮肤迅整吸收引起中毒症症。大鼠皮下注射的最低致死量为450 mg/kg。皮肤和黏膜刺激试验：皮肤原发刺激指数是2～3,为中等强度。眼黏膜是强刺激。家兔经皮：20 mg(24 h),中度刺激。家兔经眼：100 mg,重度刺激。本品健康危害GHS分类为：皮肤腐蚀/刺激,类别2;严重眼损伤/眼刺激,类别2。

长期低浓度接触,可引起呼吸道刺激症状及皮肤损害。兔、豚鼠接触34 mg/m³,6 h/d,2周,肝、肾、心肌、脾、肺均发生病理改变。IARC致癌性分类：3类。

5. 人体健康危害

浓度为3%～25%的间苯二酚溶液涂在皮肤上可引起发红、瘙痒、皮炎、水肿或局部皮肤腐蚀。过度暴露的潜在危险是眼睛、皮肤、鼻子、喉咙以及上呼吸系统刺激、皮炎、高铁血红蛋白血症、发绀、抽搐、烦躁不安、心率增加、呼吸困难、头晕、嗜睡、体温过低、血红蛋白尿、肝肾损伤等。

6. 风险评估

6.1 生产环境

中国职业接触限值标准规定,间苯二酚职业接触的PC-TWA为20 mg/m³。美国ACGIH推荐

8 h TLV-TWA 为 45 mg/m³，STEL 为 90 mg/m³。

NIOSH 建议：10 h TLV-TWA 为 45 mg/m³。STEL 为 90 mg/m³。

本品对水生生物毒性极大，其环境危害 GHS 分类为：危害水生环境—急性危害，类别 1。

对苯二酚，1，4-苯二酚

1. 理化性质

CAS 号：123-31-9	外观与性状：白色结晶
pH 值：4.0～7.0	临界温度(℃)：549
熔点/凝固点(℃)：170～171	临界压力(MPa)：7.45
沸点(℃)：285～287	自燃温度(℃)：516
闪点(℃)：165(闭杯)	爆炸下限[%(V/V)]：1.6
爆炸上限[%(V/V)]：15.3	燃烧热(kJ/mol)：−2 849.8
饱和蒸气压(kPa)：0.13(132.4℃)	n-辛醇/水分配系数：0.59
密度(g/cm^3)：1.330(20℃)	相对蒸气密度(空气=1) 3.81
相对密度(水=1)：3.81	溶解性：溶于水；易溶于乙醇、乙醚

2. 用途与接触机会

2.1 生活环境

对苯二酚，又称氢醌(HQ)。主要用作电影胶片、照相、X 射线片的显影剂，洗涤剂、化妆品的染发剂和指甲油中也含有对苯二酚。HQ 在自然界许多植物的茎、叶和汁内均存在，在人类吸烟的烟雾中也含有约 110～300 μg/支。

2.2 生产环境

对苯二酚在工农业生产中被广泛使用：① 橡胶防老剂和单体阻聚剂、食品稳定剂和涂料、清漆油抗氧化剂、石油抗凝剂、合成氨催化剂；② 作为染料、药物合成原料及中间体，如制造蒽醌染料、偶氮染料、某些药物及染发剂等；③ 对苯二酚的制造，如苯胺和对二异丙苯氧化法、苯酚和丙酮合成法、苯酚过氧化还原法等；④ 作为锅炉水的除氧剂，在锅炉水预热除氧时将对苯二酚加入其中，可除去残余溶解氧。

3. 毒代动力学

3.1 吸收、摄入与贮存

HQ 经消化道、呼吸道和皮肤吸收，广泛分布于各脏器组织，主要在肝内代谢，大部分 HQ 与葡萄糖醛酸或硫酸盐形成结合物，经尿排出而解毒。部分 HQ 富集于骨髓组织，再进一步代谢生成对苯半醌和对苯醌。这是两种高活性的亲电化合物，易与体内生物大分子(DNA)及低分子量分子(巯基和核苷酸)发生反应。两种 HQ 氧化产物对苯醌和对苯半醌与 HQ 毒性有关，共价结合和氧化应激反应是 HQ 产生毒性的机理。

3.2 排泄

本品在大鼠的胃肠道中吸收比酚快，进入体内后可氧化成更毒的醌，部分以氢醌和醌的形式排泄，另部分与己糖醛酸、硫酸及其他的酸结合形式排出。

4. 毒性与中毒机理

4.1 急性毒作用

大鼠经口 LD_{50}：302 mg/kg；大鼠腹腔注射 LD_{50}：170 mg/kg；大鼠静脉注射 LD_{50}：115 mg/kg；大鼠经皮吸收 LD_{50}：900 mg/kg；小鼠经口 LD_{50}：245 mg/kg；小鼠腹腔注射 LD_{50}：100 mg/kg；小鼠皮下注射 LD_{50}：182 mg/kg；兔经口 LD_{50}：540 mg/kg；兔腹腔注射 LD_{50}：125 mg/kg；猫经口 LD_{50}：70 mg/kg；狗经口 LD_{50}：299 mg/kg；小型猪经口 LD_{50}：550 mg/kg；小型猪经皮吸收 LD_{50}：1 000 mg/kg。本品健康危害 GHS 分类为：严重眼损伤/眼刺激，类别 1；皮肤致敏物，类别 1；生殖细胞致突变性，类别 2。

4.2 慢性毒作用

长期摄入 HQ 对大鼠和小鼠产生骨髓毒性，肝、肾损害，引发肾小管细胞腺瘤和肝细胞腺瘤等，而且 HQ 有轻度蓄积作用。采用 HQ 剂量定期递增法给小鼠经口染毒，蓄积系数大于 5.0，小鼠对 HQ 小剂量未出现耐受性。长期使用含浓度高于 3%的 HQ 的化妆品，可导致严重的不可逆的皮肤斑片状色素沉着和凹凸不平，即外源性黄褐病。IARC 致癌性分类为 3 类。本品有致敏效应。

4.3 中毒机理

(1) 遗传毒性

已有研究表明，肿瘤的发生与细胞凋亡有关。一方面氢醌能引起细胞凋亡，氢醌引起细胞内谷胱甘肽酶(GSH)和蛋白巯基耗竭，改变细胞内氧化还原状态而诱发凋亡。另一方面氢醌及其代谢物会引起 Bcl2 的过表达，Bcl2 的表达会抑制 Bax 的活性，而 Bax 在细胞凋亡方面发挥着重要作用。有研究发现，由于 Bcl2 蛋白含量的增加、DNA 修复机制的减弱以及细胞正常凋亡受到抑制均可引发细胞突变或癌变。长期接触氢醌可导致肝、肾损害并导致肿瘤的形成。氢醌也可加剧其他化合物如 N-甲基-N-硝基-N-亚硝基胍的致癌效应。

(2) 免疫毒性

有文献认为，对苯二酚是影响免疫细胞反应的潜在毒性物质。可通过增加白细胞介素(IL)-4 的产生和免疫球蛋白 E(IgE)水平来增加过敏性免疫反应。

5. 生物监测

血液系统是氢醌毒作用的靶系统，血小板计数和血红蛋白定量是氢醌毒作用较为敏感的指标。以血小板计数为毒效应指标，氢醌亚慢性毒作用的阈剂量约为 50 mg/kg。

6. 人体健康危害

6.1 急性中毒

因事故性或自杀服用 HQ 或含 HQ 的照相显影液，可引起急性中毒。据报道，经口摄入含 HQ 总量达 3～12 g(80～200 mg/kg)的显影液可发生死亡。HQ 急性中毒主要表现震颤、腹痛、呕吐、头痛、心动过速、抽搐、反射丧失、深色尿、呼吸困难、发绀和昏迷。

6.2 慢性中毒

长期使用浓度高于 3%HQ 的化妆品，可导致严重的不可逆的皮肤斑片状色素沉着和凹凸不平，即外源性黄褐病。职业接触含 HQ 的照相显影液，还可引起皮肤白斑病、皮肤刺激或接触过敏反应。长期接触生产车间空气中的高浓度 HQ 粉尘，可引起眼刺激、对光过敏、结膜和角膜染色，角膜混浊和视力障碍，也有个别病例出现角膜溃疡。近年有人报道，在职业接触 HQ 及其衍生物的工人中呼吸道症状的发生率增加，肺功能值低于对照组。但迄今未见职业接触 HQ 工人引起全身毒性的报告。

7. 风险评估

中国职业接触限值标准规定，对苯二酚职业接触的 PC-TWA 为 1 mg/m^3，PC-STEL 为 2 mg/m^3。

美国 OSHA 标准：允许暴露限值：8 h-TWA：2 mg/m^3；阈限值：8 h-TWA：1 mg/m^3，皮肤过敏；NIOSH 建议：推荐暴露限值：15 min 上限值为 2 mg/m^3。IDLH：50 mg/m^3。

本品对水生生物毒性极大并具有长期持续影响，其环境危害 GHS 分类为：危害水生环境—急性危害，类别 1；危害水生环境—长期危害，类别 1。

醌，苯醌

1. 理化性质

CAS 号：106-51-4	外观与性状：黄色、单斜、菱形晶体
pH 值：4(1 g/L，H_2O，20℃)	熔点/凝固点(℃)：115.7
沸点(℃)：293(升华)	临界压力(MPa)：5.96
闪点(℃)：38～93(闭杯)	自燃温度(℃)：560
爆炸上限[%(V/V)]：13.5	爆炸下限[%(V/V)]：1.7
燃烧热(kcal/mol)：656.6(25℃)	易燃性：可燃
饱和蒸气压(kPa)：0.013(25℃)	气味阈值(mg/m^3)：-0.400 0
密度(kg/m^3)：1.318(20/4℃)	n-辛醇/水分配系数：0.20
相对密度(水=1)：1.32	相对蒸气密度(空气=1)：3.7
溶解性：微溶于水；溶于热水、乙醇、乙醚、碱液	

2. 用途与接触机会

在商业生产过程中，苯醌能被释放到生活环境中，但是其在环境中能挥发或降解。在生产生活环境中，苯醌主要有以下用途：① 用作毒芹碱、吡啶、氮杂茂、酪氨酸和对苯二酚的定性检定，也用于氨基酸测定，也作为脱氢剂、氧化剂、制造染料；② 用作阻聚剂，用于制造对苯二酚及染料中间体、橡胶防老剂、丙烯腈和醋酸乙烯聚合引发剂以及氯化剂等；③ 用作苯乙烯、乙酸乙烯酯、甲基丙烯酸甲酯、不饱和聚酯树脂等单体的阻聚剂，其阻聚性、耐热性均优于对苯二酚；同时也是丙烯腈和乙酸乙烯聚合的引发剂；也用作天然橡胶、合成橡胶、食品及其他有机物的抗氧剂；还用作皮革鞣制剂、照相显影剂及制造染料、医药及化妆品原料；④ 苯醌是一种常用的氧化试剂或脱氢试剂，因为它很容易被其他化合物还原为对苯二酚，从而能表现出氧化活性，并且其自身的氧化电位决定了1,4-苯醌能够在多种醇化合物共存的情况下选择性地氧化共轭一级烯丙醇；此外，采用1,4-苯醌作为脱氢试剂和水合氧化锆作为催化剂还能实现一级醇的氧化反应；⑤ 1,4-苯醌的代表性用途是作为醋酸钯催化反应的共氧化剂，将还原消除后产生的Pd(0)重新氧化为Pd(II)进入催化循环；⑥ 1,4-苯醌和醋酸钯氧化体系还能实现甲基硅烷烯醇醚向共轭烯酮的转换，反应具有非常好的区域选择性和立体选择性；1,4-苯醌的另一类重要反应是作为亲二烯试剂。因为羰基的吸电子效应，所以1,4-苯醌是很好的亲电试剂，在电负性的二烯底物存在下可以很容易实现 Diels-Alder 反应；⑦ 1,4-苯醌的另外一个重要用途是用于5-羟基吲哚衍生物的合成；⑧ 用作染料中间体，分析中用于测定氨基酸。

在职业环境中，苯醌作业人员是苯醌中毒的高危人群，工人在工作过程中接触苯醌的岗位有氧化、分离（蒸馏）、结晶、离心、干燥、包装和仓库，其中分离（蒸馏）、结晶、离心和干燥岗位均为密闭作业。

3. 毒代动力学

目前，尚无关于苯醌在人体内的吸收、分布、转运与排泄的相关资料，但是在动物实验中发现，1,4-苯醌很容易从胃肠道和皮下组织中吸收进入动物血液中，仅有一部分的苯醌能从体内排出，其主要是通过与酸形成酸配合物氢醌，从而以氢醌和葡萄糖醛酸和其他酸的结合物的形式排出体外。

4. 毒性与中毒机理

4.1 急性毒作用

大鼠经口 LD_{50}：130 mg/kg，大鼠经静脉注射 LD_{50}：25 mg/kg，大鼠经腹腔注射 LD_{50}：30 mg/kg。小鼠经口 LD_{50}：25 mg/kg，小鼠经腹腔注射 LD_{50}：8.5 mg/kg。本品健康危害 GHS 分类为：急性毒性—经口，类别3；急性毒性—吸入，类别3；皮肤腐蚀/刺激，类别2；严重眼损伤/眼刺激，类别2；特异性靶器官毒性——一次接触，类别3（呼吸道刺激）。

动物经胃肠道、皮下组织吸收大剂量醌可引起局部变化和全身性反应，如尖叫、阵挛性抽搐、呼吸困难、血压降低、延髓中枢麻痹而死亡。中毒后期的症状主要由于窒息引起，这是由于醌排泄到肺泡导致肺部损害和对血红蛋白的某种作用所致。急性中毒动物的尿含有蛋白、红细胞、管型以及"游离"和与葡萄糖醛酸、硫酸和其他酸结合的氢醌。

4.2 中毒机理

中毒症状主要由于组织细胞的呼吸受到抑制引起，这是由于醌排泄到肺泡导致肺部损害和对血红蛋白的某种作用所致。另外，苯醌类的接触能导致DNA损伤，DNA合成抑制，微生物和哺乳动物体细胞突变，姐妹染色单体交换等，微核试验阳性。本品可直接作用于延髓及血液的携氧能力，能够直接与DNA等生物大分子结合，并通过氧化还原循环生成氧自由基，对骨髓细胞具有高度毒性。它还会使细胞形态学改变和性染色体缺失/不分离，并在细胞遗传学分析、微核测试和基因转换/有丝分裂重组方面呈阳性。

5. 生物监测

尿液中氢醌含量：正常人体中并不存在，氢醌暴露者可能会发现绿色或棕绿色的尿液。

6. 人体健康危害

6.1 急性中毒

人体皮肤接触固态苯醌能产生严重的过敏反应，苯醌蒸气对眼睛具有较强的刺激作用，吸入会引起呼吸道刺激。人体一次短暂高浓度的接触，或反复接触中等浓度的本品蒸气，都可造成角膜溃疡。停止接触后，很快自行恢复，几乎完全痊愈。

没有全身性作用的表现。苯醌可通过呼吸道、消化道进入人体。苯醌具有强烈的刺激性，可对呼吸道、眼睛和皮肤产生刺激作用。急性作用：短时间吸入较高水平苯醌蒸气时，可导致咽痛、咳嗽、气促、呼吸困难等症状，甚至可导致呼吸衰竭和死亡；眼睛接触苯醌蒸气可出现异物感、烧灼感、流泪、视物模糊等症状，可发生结膜、角膜变色和炎症等，大量接触可产生视觉干扰；皮肤接触可导致皮炎，皮肤可出现疼痛、发红、肿胀、褪色、红斑、丘疹和水疱等，经口误服会导致高铁血红蛋白血症、延髓中枢麻痹等。

6.2 慢性中毒

长期接触苯醌可使皮肤局部有色素减退、红斑、肿胀、丘疹和水疱，甚至坏死。长期接触苯醌蒸气，会引起严重的视力障碍。损害通常表现为结膜炎和角膜溃疡，损害可延及整个结膜层，其特点是色素沉着，由弥漫的棕色至棕黑色的圆点，严重者损害可从眼角延伸到角膜边缘，然后造成角膜损害。

7. 风险评估

生产环境

本品 IARC 致癌性分类为组 3。前苏联规定车间空气中有害物质的 MAC 0.05 mg/m^3；美国、德国和澳大利亚制定的工作场所空气中苯醌的职业接触限值均为 0.40 mg/m^3。苯醌生产企业中，苯醌作业工人接触的苯醌 PC－TWA 为 0.10 mg/m^3；工作场所空气中苯醌的 PC－STEL 为 0.16 mg/m^3。美国 NIOSH：IDLH 为 100.00 mg/m^3。我国目前尚没有对苯醌在生产环境中的职业接触限值作出规定，但是已经有研究根据 GBZ/T 210.1－2008 有关要求建议我国工作场所空气中苯醌的 PC－TWA 为 0.40 mg/m^3。美国 ACGIH 8 h TLV－TWA 为 0.5 mg/m^3。

本品对水生生物毒性极大，其环境危害 GHS 分类为：危害水生环境—急性危害，类别 1。

焦　棓　酚

1. 理化性质

CAS 号：87－66－1	外观与性状：白色、针状、叶状晶体或晶体粉末

（续表）

熔点(℃)：133	沸点(℃)：309
闪点(℃)：164.3±16.9	燃烧热(kcal/mol)：638.9
饱和蒸气压(kPa)：1.33(167.7℃)	密度(g/cm^3)：1.453(4℃)
相对密度(水＝1)：1.45	n-辛醇/水分配系数：0.97
相对蒸气密度(空气＝1)：4.4	溶解性：易溶于水(1：1.7)、醇(1：1.3)、乙醚(1：1.6)；微溶于苯，氯仿，二硫化碳

2. 用途与接触机会

焦棓酚(Pyrogallol，PG)又称邻苯三酚、连苯三酚、焦棓酸或焦酚，是芳香族化合物之一，分子式为 $C_6H_6O_3$。它是很强的还原剂。第一个做出它的人是卡尔·威廉·舍勒，1786 年他加热没食子酸而得。连苯三酚在碱性溶液内会吸收水分，由无色转成紫色。它亦可以吸收氧气。它的用途包括摄影底片的显影剂、染发、染色、在气体分析和实验中吸收氧气、杀菌剂。

在生产生活环境中，焦棓酚也称为焦性没食子酸，主要用于以下几个方面：① 用于制备金属胶状溶液，皮革着色，毛皮、毛发等的染色，蚀刻等；并可用作电影胶片的显影剂、红外线照相热敏剂、苯乙烯及聚苯乙烯阻聚剂、医药及染料的中间体以及分析用试剂等。焦性没食子酸在气体分析中用作氧的吸收剂，在化妆品方面用于扑粉、护发剂、染发剂等。② 用作称量法测定金的还原剂，吸收体积法测定气体时氧气的吸收剂，光度法测定 NbO_3^- TaO_3^- 的显色剂。还用于定性检验、Bi^{3+}、La^{3+}、Co^{2+}、Ce^{4+} 等。③ 广泛用于医药、染料、化工和食品等工业。在化妆品工业中，可用于染发用的氧化着色剂，有毒物质，易致畸和致突变，其最大允许含量为 5%，但不能染睫毛和眉毛。与眼睛接触后要立即冲洗。还可用于扑粉和护发剂中。④ 用于制造偶氮染料、蒽醌染料等。

在职业环境中，工人通过在产生或使用焦性没食子酸的工作场所吸入粉尘和皮肤接触焦棓酚。在生活中，焦棓酚在普通人群中的暴露可能是使用含有焦性没食子酸的抗银屑病药物(SRC)。

3. 毒代动力学

本品经胃肠道能迅速吸收。通过无损的皮肤

吸收很少。吸收后迅速与葡萄糖醛酸、硫酸或其他的酸结合，在 24 h 内经过肾脏排出。一部分以原形物排出。如反复使用含本品的软膏，可引起皮肤局部色素减退或过敏性湿疹等。在一次皮肤暴露的情况下，一名成年男性 90% 焦棓酚暴露的半衰期约为 14 h。

4. 毒性与中毒机理

本品健康危害 GHS 分类为：急性毒性—经口，类别 4；急性毒性—经皮，类别 4；急性毒性—吸入，类别 4；生殖细胞致突变性，类别 2。

4.1　急性毒作用

人类经口可能的致死剂量：50～500 mg/kg（80 kg 体重）。

大鼠经皮下注射 LD_{01}：650 mg/kg；大鼠经口 LD_{50}：789 mg/kg。

小鼠经口 LD_{50}：300 mg/kg；小鼠经腹腔注射 LD_{50}：400 mg/kg；小鼠经皮注射 LD_{50}：566 mg/kg。

兔经口 LD_{50}：1 600 mg/kg，兔经皮下注射 LD_{01}：1 000 mg/kg。

狗经静脉注射 LD_{01}：80 mg/kg；狗经口 LD_{01}：25 mg/kg；狗经皮下注射 LD_{01}：300 mg/kg。

青蛙经皮下注射 LD_{01}：200 mg/kg。

皮肤刺激：兔皮肤刺激（Draize）试验结果表明，焦棓酚能导致严重的皮肤刺激（24 h）；

眼刺激试验：兔眼刺激（Draize）试验结果表明，焦棓酚能导致中度眼睛刺激（24 h）；

本品经胃肠道能迅速吸收。通过无损的皮肤吸收很少。动物试验发现，焦棓酚中毒的表现有呕吐、体温过低、肌束颤动、软弱、共济失调、腹泻、反射消失、昏迷和窒息。焦棓酚与氧具有很大的亲和力。给兔静注 0.3 g/kg，发现有大量的焦棓酚与血中的氧结合，大量的红细胞破坏和碎裂，造成动物死亡。给动物重复给予非致死的剂量能导致严重的贫血、黄疸、肾炎和尿毒症。中毒动物的尿含有管型、糖、血红蛋白、高铁血红蛋白、尿胆素和其他引起尿变色的化合物。

4.2　慢性毒作用

动物试验发现，动物病理变化有肺水肿和充血，及肝中等度脂肪变性、圆细胞浸润和坏死。肾脏充血、上皮坏死、粒状色素沉着和肾小球肾炎。肌肉纹理消失、胞浆肿胀、凝固及分解，细胞核消失。肌纤维间出血、心内膜细胞浸润、内膜损害及瓣膜上有纤维蛋白沉着。长时期给药后在脾脏中有显著的髓细胞样改变，骨髓也有变化。

慢性焦棓酚暴露会导致肝脏和肾脏损伤，也可能影响胰腺和心肌。慢性接触的其他症状包括：头痛、眩晕、昏厥、咳嗽、疲劳、肌肉疼痛、缺乏食欲、吞咽困难、流涎、腹泻、恶心、呕吐、失眠、神经过敏、体重减轻、面色苍白、部分瘫痪、排尿、白蛋白尿和黑尿，皮肤长时间接触会导致皮炎。动物实验发现慢性或慢性接触以及反复吸入有毒但亚致死浓度的焦棓酚，可引起严重贫血、黄疸、肾炎和尿毒症。

4.3　中毒机理

焦棓酚作为多酚诱导细胞凋亡。对内皮细胞（EC）生长和死亡的研究发现，PG 剂量依赖性地抑制小牛肺动脉内皮细胞（CPAEC）和人脐静脉内皮细胞（HUVEC）的生长。PG 还在两种细胞中诱导细胞凋亡并且伴随着线粒体膜电位的消失（DeltaPsi（m））。CPAEC 比 HUVEC 对细胞生长和死亡更敏感。有研究发现 Caspase 抑制剂（泛半胱天冬酶）显着降低 PG 处理的 CPAEC 中的凋亡和 DeltaPsi（m）的损失。也有研究发现 PG 降低了 CPAEC 中的 ROS 水平并增加了 GSH 消耗的细胞数量，虽然 Caspase 抑制剂增加 PG 处理的 CPAEC 中的 ROS 水平，但它减少了 GSH 消耗的细胞数量。总之，PG 通过 caspase 依赖的细胞凋亡和 GSH 耗竭抑制 ECs 的生长，尤其是 CPAEC。也有研究表明 PG 以剂量和时间依赖性方式降低人肺腺癌 Calu-6 细胞的活力。

也有研究评估了 PG 对人胃癌 SNU-484 细胞的细胞周期和细胞凋亡的影响发现，在用 PG 处理 72 h 后，在 SNU-484 细胞中观察到剂量依赖性的细胞生长抑制，IC50 约为 50 μM。用 PG 处理也诱导 SNU-484 细胞中线粒体膜电位（Delta psim）的消失，PG 处理的细胞中的细胞内活性氧（ROS）水平显著增加。此外，在用 50 或 80 μMPG 处理的细胞中观察到细胞内谷胱甘肽（GSH）含量的降低，总之，PG 通过诱导细胞周期停滞以及触发细胞凋亡来抑制人胃癌 SNU-484 细胞的生长。

5. 人体健康危害

5.1　急性中毒

人体吸入焦棓酚能引起呼吸道刺激，主要临床表现为咳嗽，呼吸困难；误吞会出现胃肠道损害症状，临床表现为头痛，恶心，呕吐，严重者能引起严重的消化器官、肝、肾的损伤，引起高铁血红蛋白血症，造成溶血、昏睡、虚脱，甚至死亡；皮肤和眼睛接触能造成皮肤和眼睛刺激症状，直接接触眼睛可能会导致从发红、疼痛、视物模糊到严重烧伤等症状，可能导致视力部分甚至完全丧失。皮肤反复接触能导致皮肤过敏，一定浓度后引起苍白病，一般2～4 h或更长时间后发作。

5.2 慢性中毒

慢性焦棓酚暴露会导致肝脏和肾脏损伤，也可能影响胰腺和心肌。慢性接触的其他症状包括：头痛、眩晕、昏厥、咳嗽、疲劳、肌肉疼痛、缺乏食欲、吞咽困难、流涎、腹泻、恶心、呕吐、失眠、神经过敏、体重减轻、面色苍白、部分瘫痪、白蛋白尿和黑尿，皮肤长时间接触会导致皮炎。

6. 风险评估

本品对水生生物有害并具有长期持续影响，其环境危害GHS分类为：危害水生环境—长期危害，类别3。

愈 创 木 酚

1. 理化性质

CAS号：90－05－1	外观与性状：淡黄色、清澈、油性液体或黄色晶体
熔点(℃)：32	沸点(℃)：205
闪点(℃)：82.22(开杯)	自燃温度(℃)：375(101.48 kPa)
饱和蒸气压(kPa)：0.013(25℃)	易燃性：可燃
密度(g/cm^3)：1.128 7(21℃)	相对密度(水＝1)：1.129(25℃)
相对蒸气密度(空气＝1)：4.27	n－辛醇/水分配系数：1.32
溶解性：微溶于水和苯；易溶于甘油；可以和乙醇、乙醚、氯仿、冰醋酸及大多数有机溶剂混溶	

2. 用途与接触机会

愈创木酚是一种天然有机物，分子式为$C_6H_4(OH)(OCH_3)$，分子量为124.14，又称为邻甲氧基苯酚，有特殊芳香气味。这种无色芳香油状化合物是木馏油的主要成分，可从愈创木树脂、松油等制取。常见的愈创木酚因暴露在空气中或光照下而呈现深色。由于木质素的分解，木柴燃烧时产生的烟雾中含有愈创木酚。许多食物因含有愈创木酚而具有特殊气味，例如烤制的咖啡豆。熏制食物的特殊风味主要属愈创木酚与紫丁香醇的作用。愈创木酚遇三氯化铁变为蓝色。

在生产环境中，愈创木酚在烃类溶剂中作抗胶化剂，在表面涂膜时作为抗结痂剂，印刷油中作抗氧化剂，也用作化工生产的中间体。

在生活环境中，愈创木酚主要用于以下几个方面：① 可用于配制食用、日化、香烟用香精等，在医药上也很有用，又是合成香料及合成药物的中间体。② 化妆品抗氧剂。属酚类抗氧剂，具有较强的抗氧化作用，但一般添加量不宜过多，且通常需与增效剂、金属离子螯合剂等协同使用。③ 是合成香兰素的重要原料。④ 在医药上有祛痰和防止肠胃内异常发酵的作用。

在生产或使用愈创木酚的工作场所中，该物质可通过吸入和皮肤接触进入人体。有监测数据表明，一般人群可能通过吸入含愈创木酚的烟尘、摄入食物和饮用水、以及与含有愈创木酚的消费产品接触到愈创木酚。在一般人群中，愈创木酚的直接接触也可能发生在那些服用祛痰药的患者身上，另外，也可通过使用含有这种化合物的香料或香水而接触到愈创木酚。

3. 毒代动力学

愈创木酚主要从皮肤及消化道吸收进入人体，并储存在血液，肾脏和呼吸器官中，通过与硫酸盐(15%)和葡萄糖醛酸(72%)结合的形式分泌排出体外。动物试验中发现在大鼠口服给药5 min后，愈创木酚被迅速吸收并在血液中被检出，约10 min内其在血浆中的浓度达到其峰值，但是愈创木酚从血液中消除速度很快。

4. 毒性与中毒机理

4.1 急性毒性

本品大鼠经口LD_{50}：520 mg/kg；由Mercks实验室提供的愈创木酚大鼠经口LD_{50}为725 mg/kg；大鼠经皮LD_{01}为900 mg/kg。

小鼠经口 LD_{50}：621 mg/kg，小鼠经皮 6.25～12.5 μg/40 g，小鼠经静脉 LD_{50}：170 mg/kg，小鼠吸入 LC_{50}：7 570 mg/m^3。

兔经皮 LD_{50}：4 600 mg/kg，兔经口 LD_{01}：2 000 mg/kg，兔经静脉 LD_{01}：400 mg/kg。

豚鼠经口 LD_{01}：900 mg/kg。猫经口 LD_{50}：1 500 mg/kg。鸽子经口 LD_{01}：400 mg/kg。

未稀释的本品可严重地损伤兔眼，1滴即引起角膜坏死和结膜的严重损害。10%愈创木酚溶液仅引起轻度刺激。24 h内反复几次接触兔皮肤可致严重刺激。

本品健康危害GHS分类为：急性毒性—经口，类别4；皮肤腐蚀/刺激，类别2；严重眼损伤/眼刺激，类别2A。

4.2 中毒机理

愈创木酚具有细胞毒性：在Hoechst 33258荧光测定法中发现，愈创木酚抑制细胞DNA的合成具有浓度依赖性，愈创木酚降低细胞DNA合成所需的半抑制浓度为9.8 mmol/L。但是愈创木酚对体外人类髓浆成纤维细胞没有遗传毒性作用。

愈创木酚影响细胞增殖：愈创木酚抑制2-硫代巴比妥酸(2-thiobarbituric acid，TBA)反应物质(TBA-RS)的形成具有剂量依赖性，其半抑制浓度为0.005 μM，在该反应体系中，愈创木酚不与亚铁离子发生螯合反应，也不直接与 H_2O_2 反应。另外，愈创木酚是活性氧自由基的有效清除剂，其自由基清除活性可能与其对细胞增殖的影响有关。

5. 人体健康危害

其毒性约为苯酚的1/3，毒理作用与苯酚十分相似，可引起肌无力，心血管衰竭和血管运动中枢的麻痹。长期接触愈创木酚可引起神经系统、血液动力学系统(休克)、呼吸系统、代谢系统(代谢性酸中毒)、肾(急性肾小管坏死)、消化和血液学不良反应，严重者能导致多器官功能衰竭，进而引发急性肺水肿，甚至死亡。正常情况下，愈创木酚易经皮肤吸收进入人体，其对皮肤并没有很强的刺激性，但是长时间接触依然能对皮肤造成损害，引起皮炎、溃疡，尤其是在皮肤出现破损的情况下。

人口服时可引起胃肠道刺激、烧灼感和呕吐、腹泻，有时可呈血性。反复小剂量给予可造成耐受。人皮肤接触引起烧灼感。若与不纯制剂接触，可引起皮炎及水疱。在兔皮肤上反复涂本品不能达到急性中毒剂量，但人若经皮吸收2 g以上可引起寒颤、体温突然下降、软弱、衰竭，甚至因呼吸衰竭而死亡。

杂 酚 油

1. 理化性质

CAS号：8001-58-9	外观与性状：无色或黄色油状液体，有烟焦气味。
熔点/凝固点(℃)：20	沸点(℃)：203～220
闪点(℃)：74(闭杯)	自燃温度(℃)：336
燃烧热(kJ/g)：-28.88	密度(kg/m^3)：1.00～1.17(25℃)
相对密度(水=1)：1.00～1.17	易燃性：可燃
n-辛醇/水分配系数：1	溶解性：微溶于水；可溶于甘油、碱金属氢氧化物溶液；易与醇、醚、挥发油类混合

2. 用途与接触机会

日常生活环境中杂酚油来源于木质家具、儿童玩具，原因是其主要用于制造木材的防腐剂、防水剂，此外，杂酚油还可以用于制造灭菌剂、祛痰剂、止血剂等，并曾用作内服药物。此外，居住在杂酚油生产和木材保存仓库区域附近的人以及食用受杂酚油污染的食物(如鱼类)的人也可能增加杂酚油的接触机会。婴儿可通过母乳暴露杂酚油，因其是亲脂类物质，但具体含量尚未进行评估。

杂酚油在工农医药业生产中被广泛使用：在医药行业，杂酚油可以用于制造灭菌剂、祛痰剂、止血剂等；木匠、铁路工人、农民、煤焦油蒸馏、冶炼工人等工作时易接触杂酚油。

3. 毒代动力学

3.1 吸收、摄入与贮存

杂酚油主要经呼吸道吸入和皮肤接触进入体内。虽也可经胃肠道吸收，但实际意义不大。目前对于尚未有研究探索杂酚油在人体内分布情况，但因其含有多种多环芳烃，可间接反映出杂酚油可能主要分布在含类脂质较多的组织和器官中，全身各处也均有分布。

3.2 转运与分布

杂酚油中的多种多环芳烃主要分布于脂肪组

织、肺和肝脏，研究表明，脂肪组织中的苯并[a]蒽含量是其他组织的10倍。

3.3 排泄

无论代谢途径如何，杂酚油都可以排泄到胆汁、粪便、尿液和母乳中。杂酚油组分中的任何一种多环芳烃和烷基化多环芳烃都可代谢生成1-羟基芘和1-羟基萘随尿排出。

4. 毒性与中毒机理

本品大鼠经口 LD_{50}：725 mg/kg；小鼠经口 LD_{50}：433 mg/kg；小鼠腹腔注射 LD_{50}：470 mg/kg；大鼠经皮 LD_{50}：≥2 000 mg/kg；兔经皮 LD_{50}：≥7 950 mg/kg。

有研究表明，杂酚油在紫外线的照射下对皮肤产生致敏作用。IARC致癌性分类为2A。

杂酚油因其组成成分复杂，其中多环芳烃和烷基化多环芳烃占90%以上，故其中毒机理主要体现为多环芳烃的毒作用，如光致毒效应、致突变作用，其致癌性则可能与细胞色素P450混合功能氧化酶(CYP450s)代谢活化、原癌基因和抑癌基因的改变，谷胱甘肽硫转移酶和环氧化物水解酶活性降低等有关。

5. 生物监测

杂酚油中的多环芳烃进入人体内，在外源性化学物代谢酶如CYP1A1的作用下产生的代谢产物，作为多环芳烃内剂量的一种特异性较强的生物标志物，尿中1-OH-Pyr与多环芳烃接触有剂量—反应关系。

杂酚油中多环芳烃代谢活化后产物能与靶细胞DNA亲核位点鸟嘌呤外环氨基末端共价结合形成的加合物，引起DNA损伤，因此多环芳烃-DNA加合物可以作为效应标志物用于多环芳烃的生物监测。

6. 人体健康危害

6.1 急性中毒

杂酚油经口暴露急性中毒可出现流涎，呕吐，呼吸困难，眩晕，头痛，瞳孔反射消失，体温过低，发绀以及轻度惊厥。皮肤接触杂酚油蒸气或杂酚油粉可引起皮肤轻度至严重刺激或损伤，如红斑，皮炎，丘疹和水疱疹，灰黄色到青铜色素沉着或疣以及良性皮肤病变。也观察到可通过额外暴露于UV光(太阳光)诱导的光毒性/光致变应性反应。眼部主要损伤结膜和角膜，可引起角膜、结膜炎，包括角膜上皮脱落、角膜浑浊、瞳孔缩小、过敏和畏光，随后出现视物模糊和浅表性角膜炎。高剂量摄入杂酚油(成人约7克，儿童约1～2克)可导致循环衰竭而死亡。

6.2 慢性中毒

杂酚油中组分多环芳烃和烷基化多环芳烃具有致癌作用。可增加肺癌、肝癌、皮肤癌、胃癌、鼻咽癌的发生率。

7. 风险评估

美国NIOSH的杂酚油REL为8 h PC-TWA为0.1 mg/m³。美国OSHA现行的杂酚油的PC-TWA为0.2 mg/m³。

苯　硫　酚

1. 理化性质

CAS号：108-98-5	外观与性状：无色透明液体，有强烈大蒜样味
pH值：6.6	临界压力(MPa)：4.74
熔点(℃)：−14.87	沸点(℃)：169.1
闪点(℃)：50	爆炸下限[%(V/V)]：1.2
溶解热(kJ/mol)：11.48	饱和蒸气压(kPa)：0.257(25℃)
密度(kg/m³)：1.078(20℃)	易燃性：易燃
相对密度(水=1)：1.078	气味阈值：水0.000 28 mg/L，空气0.000 94 μl/L
相对蒸气密度(空气=1)：3.80	*n*-辛醇/水分配系数：2.52
溶解性：不溶于水；极易溶于醇；可与苯、醚、二硫化碳混合	

2. 用途与接触机会

日常生活环境中苯硫酚来源于有色塑料制品、涤纶或者混纺织物，原因是其可用于制造染料溶剂黄189，此外，苯硫酚还可以用于制造食品用香料。

目前国内年产苯硫酚约1 000～1 200吨，苯硫酚在工农医药生产行业中被广泛使用，用作医药、农药、高分子材料等精细化学品的中间体。例如苯硫酚用于合成有机磷农药克瘟散、杀菌磺胺、敌锈酸，还可用作生产杀虫剂“三硫磷”“氰苯硫醚”“增效滴”“甲基芬硫磷”以及“三氯苯硫酚”“二苯基硫”等。医药原料方面，用于生产局部麻醉剂及甲砜霉素等。高分子材料领域用于合成高分子树脂硫化剂、共聚剂、橡胶再生剂、聚氯乙烯稳定剂、乳液聚合引发剂、黏接剂、感光剂等。

3. 毒代动力学

苯硫酚主要经呼吸道吸入和皮肤接触进入体内。虽也可经胃肠道吸收，但实际意义不大。

4. 毒性与中毒机理

本品大鼠经口 LD_{50}：46 mg/kg；小鼠经口 LD_{50}：266 mg/kg；兔经皮 LD_{50}：134 mg/kg；大鼠吸入 LC_{50}：162 mg/(m^3 · 4 h)；小鼠吸入 LC_{50}：138 mg/(m^3 · 4 h)。

皮肤刺激或腐蚀：兔皮肤刺激试验，500 mg (24 h)，重度刺激。

眼睛刺激或腐蚀：家兔标准德瑞兹试验，5 mg (24 h)，重度刺激。

Ames 试验结果阳性表明苯硫酚具有致突变作用。鼠伤寒沙门氏菌试验菌株 TA100 和 TA98，表现出相对诱变反应，但并没有发生代谢激活。

研究表明给予 F0 代雄性 SD 大鼠苯硫酚 18—35 mg/kg 后，精子活力下降 5%～6%，而暴露于 F1 代雄性大鼠时，则是抑制其精液排出。大鼠妊娠后接触苯硫酚可引起活产仔数降低、胎儿体重下降，并在高剂量组出现外观畸形率增加，而在兔发育毒性试验中发现其最大无作用剂量是≥40 mg/kg/d。

健康危害 GHS 分类为：急性毒性—经口，类别 2；急性毒性—经皮，类别 2；急性毒性—吸入，类别 1；皮肤腐蚀/刺激，类别 2；严重眼损伤/眼刺激，类别 2A；生殖毒性，类别 2；特异性靶器官毒性— 一次接触，类别 2；特异性靶器官毒性— 一次接触，类别 3(呼吸道刺激)；特异性靶器官毒性—反复接触，类别 1。

苯硫酚中毒的发病机理，目前仍不完全清楚。苯硫酚作为苯的代谢产物，其毒性机制与部分苯的同系物相似，可能和对血液系统毒作用，呼吸系统毒作用有关。

5. 人体健康危害

急性中毒

短时间摄入、吸入、皮肤吸收大量苯硫酚引起急性中毒。一般见于意外事故如在通风不良的环境下接触大量苯硫酚，而又缺乏有效的个人防护等。主要表现为中枢神经系统的兴奋/抑制作用。皮肤黏膜、眼接触苯硫酚可出现严重炎症损伤，吸入苯硫酚的蒸气可出现咳嗽、喘息、呼吸困难、肺水肿等呼吸系统损伤。轻度中毒者出现兴奋、烦躁不安等中枢神经系统兴奋表现；中度中毒者出现头痛、头晕、呼吸困难、恶心、呕吐；重度中毒者出现共济失调、肌肉无力、骨骼肌麻痹、发绀、嗜睡、昏迷和死亡。此外还可引起肝、肾损伤，孕妇流产等。

6. 风险评估

美国 OSHA 现行的苯硫酚的 PC－TWA 为 0.5 mg/m^3。美国 NIOSH 的苯硫酚推荐短时接触限值(STEL)为任意 15 min 采样时间内不得超过 0.5 mg/ m^3。ACGIH 现行 8 h PC－TWA 为 0.5 mg/m^3。

本品对水生生物毒性极大并具有长期持续影响，其环境危害 GHS 分类为：危害水生环境—急性危害，类别 1；危害水生环境—长期危害，类别 1。

2－氨基硫代苯酚

1. 理化性质

CAS 号：137－07－5	外观与性状：淡黄色液体或针状晶体，有刺激性臭味
熔点(℃)：26	沸点(℃)：234
闪点(℃)：79.4	密度(kg/m^3)：1.17(25℃)
相对蒸气密度(空气＝1)：4.3	易燃性：可燃
溶解性：不溶于水；可溶于大多数有机溶剂，如乙醇、醚等	

2. 用途与接触机会

在生活中，某些特定药物中含有 2－氨基硫代苯酚，若服用过量，可引起 2－氨基硫代苯酚中毒。

在生产过程中，用邻硝基氯苯与硫化钠反应，生成的二硫化物经还原制得该品。2－氨基硫代苯酚用作染料原料、功能色素原料和医药原料。在医药业生产中被广泛使用，是钙离子拮抗剂磷地尔的中间体；也可以制备噻唑类化合物用于抗溃疡和治疗肝病。

3. 毒代动力学

2-氨基硫代苯酚主要经胃肠道吸收进入体内。虽也可经呼吸道吸入和皮肤接触吸收，但实际意义不大。

4. 毒性

本品大鼠经口 LDL_0：500 mg/kg。小鼠腹腔注射 LD_{50}：25 mg/kg。小鼠静脉注射 LD_{50}：100 mg/kg。

研究表明，2-氨基硫代苯酚可引起全身过敏和出现接触性皮炎。

5. 人体健康危害

2-氨基硫代苯酚是一种强烈的刺激物，吸入后可直接与接触的上呼吸道和黏膜组织造成损伤，也可引起皮肤出现过敏和接触性皮炎。全身接触性皮炎主要表现为全身疹、湿疹、或罕见的红斑或血管炎。可伴有头痛、发烧、恶心、呕吐、肝硬化或不适。

6. 风险评估

本品对水生生物毒性极大并具有长期持续影响，其环境危害 GHS 分类为：危害水生环境—急性危害，类别 1；危害水生环境—长期危害，类别 1。

邻 氯 苯 酚

1. 理化性质

CAS 号：95-57-8	外观与形状：无色至淡棕色液体
pH 值：弱酸性	临界压力(MPa)：5.3
熔点/凝固点(℃)：9.8	沸点(℃)：174.9
闪点(℃)：64(闭杯)	燃烧热(kJ/mol)：2 790.0
爆炸上限[%(V/V)]：8.8	爆炸下限[%(V/V)]：1.7
饱和蒸气压(kPa)：0.34 (25℃)	易燃性：可燃
密度(g/cm^3)：1.265(20/4℃)	气味阈值(mg/m^3)：0.18
相对密度(水=1)：1.24	n-辛醇/水分配系数：2.15
相对蒸气密度(空气=1)：4.4	溶解性：易溶于苯；可溶与水，氢氧化钠，乙醇及乙醚；微溶于氯仿

2. 用途与接触机会

邻氯苯酚主要存在于丙溴磷杀虫剂中，而在农业上被广泛使用。此外，邻氯苯酚还作为消毒剂、防腐剂及杀菌剂而用于家居场所、病房设备、游泳池，工业厂房及水箱等。

邻氯苯酚可用于农药生产，染料的有机合成以及合成高级氯化酚的中间体，也可作为溶剂或消毒剂。

3. 毒代动力学

邻氯苯酚可通过呼吸道，消化道及皮肤吸收，工人通过工作场所氯酚的生产和使用过程中吸入和皮肤接触该化合物。一般人可以通过饮用水和鱼摄食摄入邻氯苯酚。

邻氯苯酚进入人体后，在体内迅速分布，经肝脏和肾脏代谢后，大部分可经尿液排出体外。一些对于家兔研究表明，单氯酚的代谢主要是通过共轭作用。有研究表明，给家兔灌胃邻氯苯酚，24 h 尿分析结果显示 78.1%～88.3%的给药剂量以葡萄糖醛酸结合物形式排除，12.8%～20.6%的给药剂量以硫酸乙酯形式排出。

4. 毒性与中毒机理

本品大鼠经口 LD_{50}：40 mg/kg；大鼠皮下注射 LD_{50}：950 mg/kg；小鼠经口 LD_{50}：345 mg/kg；家兔经皮 LD_{50}：1 000～1 580 mg/kg。经皮接触，可造成严重的眼睛及皮肤灼伤。

本品健康危害 GHS 分类为：急性毒性—吸入，类别 2。

长期口服或经皮摄入邻氯苯酚会导致神经及消化系统紊乱，伴随着视物模糊、眩晕、心智改变、皮疹、黄疸、少尿及尿毒症等。

邻氯苯酚中毒机理可能与氧化磷酸化的解偶联有关。研究表明，长期慢性暴露于邻氯苯酚会阻碍肝脏线粒体呼吸抑制，同时减少细胞色素 P450 含量。

5. 人体健康危害

5.1 急性中毒

邻氯酚对组织有腐蚀性，急性接触大量邻氯苯酚可造成严重的眼睛及皮肤的灼伤。经口中毒可出现恶心、呕吐、胃肠道功能紊乱。吸入中毒可引起呼吸道的严重损伤甚至肺水肿。此外，邻氯苯酚急性中毒还可导致肌无力等。

5.2 慢性中毒

长期慢性接触邻氯苯酚可出现类神经症，如头痛、头晕、虚弱、精神变化等症状，并出现视觉反应时间的减缓、呼吸障碍、震颤、阵发性抽搐和心血管反应（心动过速、心脏骤停的风险），严重时还可导致少尿、膀胱功能障碍、尿毒症及肝功能障碍等。皮肤长期接触邻氯苯酚可导致皮炎、氯痤疮等。

6. 风险评估

美国能源部2008年公布了邻氯苯酚的临时紧急暴露极限（Temporary Emergency Exposure Limits，TEEL），目前又被称为保护措施准则（Protective Action Criteria，PAC），TEELs分为4个等级，分别为TEEL－0为2.3 mg/m^3；TEEL－1为7.2 mg/m^3；TEEL－2为43 mg/m^3；TEEL－3为287 mg/m^3。

本品对水生生物有毒，其环境危害GHS分类为：危害水生环境—急性危害，类别2；危害水生环境—长期危害，类别2。

间氯苯酚

1. 理化性质

CAS号：108－43－0	外观与性状：白色晶体
pH值：3.5(20℃)	临界温度(℃)：455.85
熔点/凝固点：33.5	临界压力(MPa)：5.32
沸点(℃)：214	闪点(℃)：大于112(闭杯)
爆炸上限[%(V/V)]：8.8	爆炸下限[%(V/V)]：1.7
燃烧热(kJ/mol)：2 760	密度(g/cm^3)：1.245(45℃)
饱和蒸气压(kPa)：0.133(44℃)	气味阈值(mg/m^3)：0.18
相对密度(水＝1)：1.245	n－辛醇/水分配系数：2.5
溶解性：易溶于苯；可溶于乙醇、乙醚；微溶于氯仿	

2. 用途与接触机会

间氯苯酚常用于有机合成，也可作为防腐剂应用于兽医领域。

3. 毒代动力学

在生产和使用间氯苯酚的工作场所，工人可通过蒸气和皮肤接触这种化合物，一般人群可通过皮肤接触和摄入受污染的水源接触到间氯苯酚。有研究表明，间氯苯酚在豚鼠体内产生间氯苯甲醚，在兔体内产生4－氯邻苯二酚。最终以硫酸和葡萄糖醛酸结合物的形式排出体外。

4. 毒性中毒及机理

本品大鼠经口LD_{50}：570 mg/kg；大鼠腹腔注射LD_{50}：355 mg/kg。

慢性中毒的大鼠出现肾脏损伤，表现为红细胞管型，同时还有肝脏脂肪浸润及肠出血。

5. 人体健康危害

5.1 急性中毒

间氯苯酚与其他同分异构体对人体的健康影响类似，急性接触对眼睛、呼吸道和皮肤造成刺激和腐蚀，同时还有头痛、头晕、恶心、呕吐等症状。另外，间氯苯酚还可能引起烦躁不安，呼吸频率增加，运动无力，震颤及阵发性抽搐等。

6. 风险评估

美国能源部2008年给出了间氯苯酚的TEEL，其TEEL－0为0.3 mg/m^3，TEEL－1为0.75 mg/m^3，TEEL－2为6 mg/m^3，TEEL－3为250 mg/m^3。

本品对水生生物有毒，其环境危害GHS分类为：危害水生环境—急性危害，类别2；危害水生环境—长期危害，类别2。

对氯苯酚

1. 理化性质

CAS号：106－48－9	外观与性状：白色至淡黄色的针状晶体
熔点：42.8	临界温度(℃)：465
沸点(℃)：220	临界压力(MPa)：5.32
闪点(℃)：121	爆炸下限[%(V/V)]：1.7
爆炸上限[%(V/V)]：8.8	燃烧热(kJ/mol)：－2 790
饱和蒸气压(kPa)：1.16×10^{-2}(25℃)	气味阈值(mg/m^3)：0.03(水中，30℃)
密度(g/cm^3)：1.31(20℃)	n－辛醇/水分配系数：2.39
相对蒸气密度(空气＝1)：4.43	溶解性：易溶于乙醇、苯、甘油、乙醚；可溶与碱

2. 用途与接触机会

生活中，对氯苯酚主要作为杀虫剂和消毒剂而用于家庭，医院及农场等场所，此外，对氯苯酚还作为根管治疗的局部抗菌药物而用于医疗领域，同时，在兽医领域也应用对氯苯酚作为局部杀菌药物及外用防腐剂。

我国对对氯苯酚的生产始于80年代中期，多用于医药、染料的中间体，主要用于生产粉锈宁、双氯酚、杀螨醚、毒鼠磷等杀菌剂及杀虫剂，此外工业上对氯苯酚还可作为酒精变性剂、精炼矿物油选择性溶剂以及附着力促进剂等。

3. 毒代动力学

职业暴露于对氯苯酚主要通过皮肤及呼吸道吸收，一般人群主要通过饮用受污染的水源而摄入对氯苯酚。

与邻氯苯酚类似，对氯苯酚进入体内经肝脏和肾脏代谢后，大部分经尿液排出，一项狗的研究表明，摄入体内的对氯苯酚，有87%是在尿液中以硫酸盐和葡糖苷酸的形式排泄出来的。

4. 毒性与中毒机理

本品大鼠腹腔注射 LD_{50}：281 mg/kg；大鼠经皮 LD_{50}：1 500 mg/kg；大鼠经口 LD_{50}：670 mg/kg；大鼠皮下 LD_{50}：1 030 mg/kg；小鼠经口 LD_{50}：367 mg/kg；大鼠吸入 LC_{50}：11 mg/m^3。本品健康危害GHS分类为：急性毒性—经口，类别3。

慢性中毒动物表现出神经肌肉兴奋度和耐力降低（在游泳测试中），也导致体重增加缓慢，同时，观察到有肝毒性，肝酶活性变化，肝脏的脂肪浸润及明显的肾脏损伤。动物尸检报告显示对氯苯酚慢性中毒的动物肺泡发生纤维化改变。

5. 人体健康危害

5.1 急性中毒

当暴露在对氯苯酚蒸气或气溶胶中，对眼睛、呼吸道和皮肤有刺激和腐蚀作用，高浓度会导致呼吸道严重损伤（有肺水肿的危险）。除此之外，急性中毒的病例还表现为头痛、头晕、虚弱、恶心、呕吐、感觉异常以及黏膜发炎。也有一些病例发现了膀胱功能障碍，呼吸系统损害以及肝脏肿大。

5.2 慢性中毒

对氯苯酚慢性暴露工人表现出中枢神经系统症状，如睡眠障碍、情绪波动频繁、易怒、疲劳等。

6. 风险评估

美国能源部2008年给出了间氯苯酚的TEEL，其TEEL－0为250 mg/m^3，TEEL－1为400 mg/m^3，TEEL－2为400 mg/m^3，TEEL－3为400 mg/m^3。

本品对水生生物有毒并具有长期持续影响，其环境危害GHS分类为：危害水生环境—急性危害，类别2；危害水生环境—长期危害，类别2。

2,3-二氯苯酚

1. 理化性质

CAS号：576－24－9	外观与性状：棕色晶体（来自石油英和苯）。受热分解放出有毒的气体
熔点（℃）：58.0	沸点（℃）：206.0
闪点（℃）：115（闭杯）	蒸气压（kPa）：0.008（25℃）
味觉阈值：0.04 μg/L	气味阈值（mg/m^3）：30
解离常数（pKa）：7.70	n-辛醇/水分配系数：2.84
溶解性：在25℃水中3.6 mg/cm^3；溶于乙醇，乙醚，苯，石油醚	

2. 用途与接触机会

2,3-二氯苯酚（2,3－DCP）主要由工业上产生，通过各种废物流释放到环境中。2,3－DCP还是邻二氯苯和农药林丹的代谢产物，它还可以通过土壤真菌或利用腐殖酚的真菌衍生的酶的直接合成天然存在于土壤中，在森林火灾期间，也可能通过燃烧生物质而释放到环境中，但其受阳光易于光解。一般人群可能通过摄入饮用水和皮肤接触2,3－DCP。目前已在地下水，地表水和工业废水中检测到2,3－DCP。

工业水处理和木浆漂白以及各种焚化过程中的氯化过程会产生2,3－DCP，因此在木材处理厂，制革厂，纺织厂，制浆造纸厂以及农药喷雾操作工中工作的工人可能会接触到2,3－DCP。还可用作气相色谱对比样品、分析试剂等。

3. 毒代动力学

由于在生理 pH 下的高脂溶性和低离子化，二氯酚在摄入后容易吸收。主要从消化道和皮肤以及静脉吸收入体内，其中，消化道及静脉非常易于吸收，但静脉较为少见。尿中含量可作为接触生物标志。

4. 毒性与中毒机理

动物实验发现急性暴露 2,3－DCP 会导致轻微至中度的急性口服毒性，可能会引起强烈刺激作用。此外，也有实验对小鼠禁食 18 h，急性暴露于 2,3－DCP，观察 14 d，发现毒性的主要体征是增加呼吸，震颤和轻微惊厥，随后引起中枢抑制征象。大多数小鼠的平均死亡时间少于 24 h。

本品小鼠经口 LD_{50}：2 376 mg/kg。健康危害 GHS 分类为：皮肤腐蚀/刺激，类别 2；严重眼损伤/眼刺激，类别 2。

2,3－DCP 导致的中毒机制尚不确定，但已知这种氯化酚和其他氯化酚可使氧化磷酸化解偶联。在线粒体水平上解偶联氧化磷酸化会导致能量产生的严重干扰，并可能导致快速死亡。

5. 人体健康危害

2,3－二氯苯酚受热可分解释放出有毒气体，短时间大量接触会引起中毒。一般见于意外事故如管道爆炸等。对眼睛、皮肤、黏膜和上呼吸道有刺激作用。持续接触可能会出现厌食，恶心，呕吐和胸痛的症状。轻中度中毒表现为患者头痛，头晕和呕吐，眼睛、对皮肤或呼吸道具有刺激作用，持续可能会出现厌食，恶心，呕吐和胸痛的症状；重度中毒表现为肌无力，肌肉痉挛，高热以及烦躁，紧接着会出现嗜睡的迹象，持续发展会出现震颤，癫痫发作和呼吸窘迫或急性肺损伤，进而演变成脑水肿，瘫痪，昏迷和甚至死亡。二氯酚大量摄入会导致多器官损害，包括食管和胃黏膜损伤，意识错乱，过度腹泻，低血压，电解质紊乱，肝酶升高，横纹肌溶解症以及急性肾功能衰竭。

6. 风险评估

美国国家饮用水指南，佛罗里达州执行标准为 10 μg/L。

本品对水生生物有毒并具有长期持续影响，其环境危害 GHS 分类为：危害水生环境—急性危害，类别 2；危害水生环境—长期危害，类别 2。

2,4－二氯苯酚

1. 理化性质

CAS 号：120－83－2	外观与性状：无色晶体或针状体，有酚臭，对组织有强烈刺激加热充分时可产生大量剧毒的氯化氢气体
熔点(℃)：45.0	沸点(℃)：210.0
闪点(℃)：113(开杯)，114(闭杯)	自燃温度(℃)：500
饱和蒸气压(kPa)：0.012(25℃)	气味阈值(mg/m^3)：1.400 7
密度(kg/m^3)：1 400(15℃)	n－辛醇/水分配系数：3.06
相对密度(水＝1)(60℃)：1.383	相对蒸气密度(空气＝1)：5.62
汽化热(kJ/mol)：13.230 4	熔化热(kJ/mol)：20.091
解离常数(pKa)：7.89	溶解性：在 20℃水中 4.5 mg/cm^3；溶于乙醇，苯，氯仿，四氯化碳和乙醚

2. 用途与接触机会

2.1 生活环境

环境中 2,4－二氯苯酚(2,4－DCP)的来源主要是苯氧基除草剂 2,4－二氯苯氧乙酸的降解。城市固体废物，煤炭，木材和泥炭燃烧的大气排放物中也含 2,4－DCP。含有机物质的水的氯化也可形成 2,4－DCP。一般人群可能通过吸入环境空气，摄入饮用水，摄入鱼类和蔬菜以及与含有 2,4－DCP 的蒸气和其他产品进行皮肤接触而暴露于 2,4－DCP。

2.2 生产环境

2,4－DCP 作为有机合成的重要中间产物，在工农业生产中被广泛使用，被广泛用于驱虫剂、木材防腐剂、杀菌消毒剂、除草剂以及染料的生产，同时也是染料以及 2,4－二氯苯氧乙酸(2,4－D)和 2,4,5－三氯苯氧乙酸(2,4－DP)除草醚、噁草酮、伊比磷(EPBP)、毒克散、格螨酯及药物硫双二氯酚原料合成的中间体。2,4－DCP 具有强毒性且不易降解，已被我国列入水环境优先控制污染物名单之一，同时也是美国环保局优先的126种控制污染之一。在木材处理厂,制革厂,纺织厂,制浆造纸厂以及农药喷雾操作人员中工作的工人均可能会接触到2,4-DCP。

3. 毒代动力学

二氯苯酚异构体可通过皮肤和肠道吸收。大鼠静脉注射10 mg/kg 2,4-DCP后,发现在肾脏中组织/血浆比值较高,说明其对肾脏具有较大亲和力。由于2,4-DCP在生理pH下的高脂溶性和低离子化,在摄入后容易吸收。吸收入体后在肾脏中浓度最高,其次是肝脏,脂肪和脑。2,4-DCP及其结合物在血浆,脂肪,脑,肝脏和肾脏中的半衰期为4至30 min,可以很快从体内消除。

经胃肠道进入体内的2,4-DCP,超过80%的剂量在尿中排泄,5%~20%在粪便中排泄。代谢因氯含量而有所不同,低氯物质倾向于以葡糖苷酸和硫酸盐共轭物的形式排泄。

4. 毒性与中毒机理

2,4-DCP易挥发,腐蚀性强。人皮肤急性暴露于2,4-DCP时,会导致化学灼伤。需要注意的是,若暴露于含有2,4-DCP的蒸气时,会导致呼吸道以及肺部灼伤,甚至是肺水肿等,进而导致死亡。

动物实验中,大鼠急性摄入、皮下和腹腔注射致死剂量的氯酚会产生相似的中毒迹象。然而,与皮下注射给药相比,口服给药即使在小剂量和短时间内也会导致致命中毒。在给予邻氯和间氯苯酚几分钟后出现烦躁不安和呼吸速率增加,持续会出现迅速发展的运动无力。震颤,阵挛性惊厥,呼吸困难和昏迷,并持续至死亡。对氯苯酚产生类似的症状,但痉挛更加严重。2,4-DCP也会产生这些症状,但是活动减少和运动无力进展得非常迅速。

大鼠经口LD_{50}:47 mg/kg;大鼠腹腔注射LD_{50}:430 mg/kg;大鼠皮下注射LD_{50}:1 730 mg/kg;小鼠静脉注射LD_{50}:153 mg/kg;小鼠经口LD_{50}:1 276 mg/kg。本品健康危害GHS分类为:急性毒性—经皮,类别3;皮肤腐蚀/刺激,类别1B;严重眼损伤/眼刺激,类别1。

有体外实验证明2,4-DCP有一定的致突变作用。

有研究表明2,4-二氯苯氧乙酸(2,4-D)及其代谢物2,4-DCP对睾酮雄激素具有协同作用,因此被怀疑具有潜在的内分泌干扰物活性。

2,4-DCP导致中毒的机制尚不确定,但已知这种氯化酚和其他氯化酚可使氧化磷酸化解偶联。在线粒体水平上解偶联氧化磷酸化会导致能量产生的严重干扰,并可能导致快速死亡。

5. 人体健康危害

见2,3-二氯苯酚。

6. 风险评估

中国工业污水综合排放标准规定:一级标准为0.6 mg/L;二级标准为0.8 mg/L;三级标准为1.0 mg/L(GB8978—1996)。

中国地表水环境质量标准规定(Ⅰ、Ⅱ、Ⅲ类水域)为0.093 mg/L(GHZB1—1999)。

本品对水生生物有毒并具有长期持续影响,其环境危害GHS分类为:危害水生环境—急性危害,类别2;危害水生环境—长期危害,类别2。

2,5-二氯苯酚

1. 理化性质

CAS号:583-78-8	外观与性状:棱柱状(来自苯和石油醚),白色针状晶体,有特殊臭味
熔点(℃):59.0	沸点(℃):211.0
闪点(℃):100	蒸气压(kPa):0.007 2(25℃)
解离常数(pKa):7.51	气味阈值(mg/m³):33 μg/L(30℃)30 ug/L(20~22℃)(水中)
辛醇/水分配系数:3.06	溶解性:极易溶于乙醇、乙醚;溶于苯、石油醚,在水中为2 000 mg/L(25℃)

2. 用途与接触机会

自来水的标准氯化处理可以产生二氯酚。因此,一般人群可能会通过摄入或者皮肤接触而暴露于2,5-二氯苯酚(2,5-DCP)。同时家庭厕所解脂剂和驱虫剂中1,4-二氯苯的代谢也可以产生2,5-DCP。也是除草剂麦草畏中间体、氮肥增效剂、皮革防霉剂。

在木材处理厂,制革厂,纺织厂,制浆造纸厂以及农药喷雾操作人员中工作的工人会接触到氯酚以及其杂质，进而接触到2,5-二氯苯酚。

3. 毒代动力学

由于在生理pH下的高脂溶性和低离子化，二氯酚在摄入后容易吸收。主要从消化道和皮肤以及静脉吸收入体内，其中，消化道及静脉非常易于吸收，但静脉较为少见。

4. 毒性与中毒机理

动物急性吸入实验显示：当大鼠暴露于50 000 mg/m^{3}的2,5-DCP时，其活动异常(增加或者减少)，眼睛斜视，出现红斑，眼鼻分泌物增加，轻微呼吸困难，暴露24 h后，大鼠的症状消失；当大鼠185 000 mg/m^3，2,5-DCP时，出现上述相同症状，但会有更加显著的呼吸困难，同时还会出现角膜混浊，共济失调，镇静等。暴露后72 h症状才消失。解剖死亡大鼠发现肺部和肝脏有淤血，角膜轻微混浊。也有动物急性口服发现2,5-DCP可能会引起强烈刺激作用。实验显示：与腹腔注射给药相比，口服给药在小剂量和短时间内可导致致命中毒。

大鼠经口LD_{50}：580 mg/kg。大鼠吸入LC_{50}：＞185 000 mg/m^3/4H。兔经皮LD_{50}：＞8 000 mg/kg bw；小鼠经口LD_{50}：946 mg/kg。本品健康危害GHS分类为：皮肤腐蚀/刺激，类别2；严重眼损伤/眼刺激，类别2。

2,5-DCP导致中毒的机制尚不确定，但已知这种氯化酚和其他氯化酚可使氧化磷酸化解偶联。在线粒体水平上解偶联氧化磷酸化会导致能量产生的严重干扰，并可能导致快速死亡。

5. 生物监测

实验显示：暴露于二氯酚后尿中2,5-DCP的量能反映暴露于二氯酚的量，因此，尿2,5-DCP可作为监测普通人群中二氯酚低水平暴露的指标。

6. 人体健康危害

见2,3-二氯苯酚

7. 风险评估

美国国家饮用水指南，弗罗里达标准为10 μg/L。本品对水生生物有毒并具有长期持续影响，其环境危害GHS分类为：危害水生环境—急性危害，类别2；危害水生环境—长期危害，类别2。

2,6-二氯苯酚

1. 理化性质

CAS号：87-65-0	外观与性状：白色至灰白色结晶固体
熔点/凝固点(℃)：65	气味阈值(mg/m^3)：0.003
沸点(℃)：218～220	n-辛醇/水分配系数：2.75
闪点(℃)：218～220	溶解性：溶于水；易溶于乙醇、乙醚；溶于苯和石油醚
燃烧热(kJ/mol)：56.392	饱和蒸气压(kPa)：0.53 (80℃)
密度(g/cm^3)：1.653	

2. 用途与接触机会

2.1 生活环境

监测数据表明，一般人群可通过摄入饮用水、皮肤接触到2,6-二氯苯酚。在地下水、地表水、海水、雨水、污水、工业废水、城市/郊区和农村地区的大气中检测到2,6-二氯苯酚。有实验在成人和儿童的尿液中发现了2,6-二氯苯酚。

2.2 生产环境

2,6-二氯苯酚是生产2,4,6-三氯苯酚过程中产生的一种化学中间体，作为2,4-二氯苯酚和除草剂2,4-二氯苯氧乙酸(2,4-d)的商业化生产过程中产生的杂质，可能会通过各种各样的废液释放到环境中。2,6-二氯苯酚作为重要的有机化学中间体，它是合成非甾体解热镇痛药双氯灭痛和农药除草剂的原料，在实际应用中极为广泛，目前已扩展到了医药、农药、染料等领域，而我国2,6-二氯苯酚是为配套生产医药双氯灭痛而发展起来的。在工作场所中生产或使用2,6-二氯苯酚以及纸浆和木材的漂白是常见的。

3. 毒代动力学

3.1 吸收，摄入与贮存

由于其在生理pH下的高脂溶性和低离子化，二氯酚在摄入后容易吸收。较低剂量的氯代酚口服和皮肤吸收良好，迅速分布。症状通常在30 min到1 h内发生；毒性可持续超过6 h，并且可能在老年人和肝病患者中持续更长时间。二氯苯酚异构体通过皮肤和肠道吸收。

3.2 排泄

将2,6-二氯苯酚以100 mg/kg的单剂量口服给予雄性Wistar大鼠。7 d后,64%以原形从尿液排泄,21%为羟化代谢物,15%为氯化代谢物(累积尿排泄)。甲基化尿液提取物的气相色谱/质谱显示2,6-二氯苯酚脱氯成2-氯苯酚,然后脱氯成苯酚。

4. 毒性与中毒机理

4.1 急性毒作用

大鼠经口LD_{50}：2 940 mg/kg;小鼠经口LD_{50}：2 120 mg/kg;大鼠腹腔LD_{50}：390 mg/kg;兔皮肤试验：2 mg/24 h;兔眼睛试验：250 μg/24 h。大鼠口服、皮下和腹腔内注射致死剂量的氯酚会产生类似的中毒迹象。然而,与皮下给药相比,口服给药在小剂量和短时间内导致致命中毒。在给予邻氯和间氯苯酚几分钟后出现躁动和呼吸速率增加,随后几分钟后出现快速发展的运动无力。震颤、阵挛性惊厥(可能由噪音或触觉诱发)、呼吸困难和昏迷,并持续至死亡。2,4-和2,6-二氯苯酚和2,4,6-和2,4,5-三氯苯酚也会产生这些症状,但是活动减少和运动无力并不那么迅速。震颤不那么严重,但在这种情况下,它们也持续到死亡前几分钟。

CD-1小鼠禁食18 h后给药。每组各10只,观察小鼠14 d。所有死亡的小鼠都进行尸体解剖。毒性的主要症状是呼吸、震颤和轻微痉挛,其次是中枢神经系统(CNS)的抑郁,除了五氯酚以外的所有化合物都引起CNS抑制的症状。大多数组的平均死亡时间少于24 h。雄性和雌性急性口服LD_{50}分别为2 198 mg/kg和2 120 mg/kg。

本品健康危害GHS分类为：皮肤腐蚀/刺激,类别2;严重眼损伤/眼刺激,类别2;特异性靶器官毒性——一次接触,类别2。

4.2 慢性毒作用

研究了二氯酚对大鼠的毒性作用,2,6-二氯苯酚抑制大鼠生长,引起肝脏重量与体重的比值增加。二氯酚给药可降低大鼠血液中血红蛋白含量、红细胞压积比和白蛋白/球蛋白比值。血清和肝组织中碱性磷酸酶、乳酸脱氢酶和谷草转氨酶活性在1周或2周后暂时增加,随后降低。二氯酚治疗在体内和体外试验中抑制了肝脏线粒体呼吸。二氯酚给药可降低肝微粒体细胞色素P450。肝组织退行性变为充血、萎缩、肿胀、空泡化、粗面内质网扩张和线粒体颗粒变性、肿胀、二氯酚给药破坏嵴。1周或2周给药后,观察大鼠骨髓染色体畸变和丝裂原抑制。

使用体外方法评价二氯苯酚的发育或生殖毒性/生殖效应。卵细胞和精子悬液分别由雌性CB6F1小鼠和雄性CD1小鼠制备。将制剂与2,6-二氯苯酚或3,4-二氯苯酚一起孵育,浓度为0.1、0.3、或1 mmol/L。光镜下观察精子暴露前后精子活力。孵育后,在光学相差器件下进行精子穿透评分。然后制备精子并进行体外卵母细胞的渗透试验。用0.001摩尔浓度的3,4-二氯苯酚在1 h内孵育精子,观察精子顶体完整性。3,4-二氯苯酚使精子顶体减少了45%,显著抑制试管内精子的穿透。

4.3 中毒机理

2,6-二氯酚降低大多数中毒组的血红蛋白含量,随后用羊红细胞免疫,红细胞比容也下降。此外,2,6-二氯苯酚的染毒减少了大鼠脾细胞中绵羊红细胞溶血斑的数量。因此,用2,6-二氯酚染毒能降低大鼠脾细胞产生红细胞的能力和免疫应答能力。

5. 生物监测

将2,6-二氯苯酚以100 mg/kg的单剂量口服给予雄性Wistar大鼠。7 d后,64%以原形经尿液排泄,21%为羟化代谢物,15%为氯化代谢物(累积尿排泄)。甲基化尿液提取物的气相色谱/质谱显示2,6-二氯苯酚脱氯成2-氯苯酚,然后脱氯成苯酚。提示尿液中2,6-二氯苯酚可以作为接触标识。

6. 人体健康危害

吸入、摄入或经皮肤吸收对身体有害。对眼睛、黏膜、呼吸道及皮肤有刺激作用,严重者可引起灼伤。

6.1 急性中毒

轻中度中毒会产生头痛、头晕、和眼睛、皮肤或呼吸道的刺激,厌食、恶心、呕吐和胸痛等症状。严重急性中毒情况下,第一个信号是嗜睡、肌肉无力、肌肉收缩、高温和易怒;进一步可能会发展为震颤、协调性丧失、癫痫、呼吸窘迫和急性肺损伤。最终可能会导致脑水肿、麻痹、瘫痪或死亡。双氯酚摄入会导致多器官损害，包括腐蚀食管和损伤胃黏膜、电解质紊乱、腹泻、低血压、肝脏酶升高、横纹肌溶解和急性肾衰竭。

6.2 慢性中毒

长时间高剂量暴露会产生严重皮炎（氯痤疮）。常见症状为盗汗、神经系统失调、支气管炎、体重减轻、头痛、疲劳。肝肾损害和免疫应答抑制可能和长期高剂量接触氯酚有关。

7. 风险评估

国家饮用水指南，美国弗罗里达标准为 4 μg/L。

本品对水生生物有毒并具有长期持续影响，其环境危害 GHS 分类为：危害水生环境—急性危害，类别 2；危害水生环境—长期危害，类别 2。

3,4-二氯苯酚

1. 理化性质

CAS 号：95-77-2	外观与性状：淡黄色至棕色晶体
熔点(℃)：68	爆炸上限[%(V/V)]：8.0
沸点(℃)：253	燃烧热(kJ/mol)：−3 264.4
闪点(℃)：109.1	饱和蒸气压(kPa)：0.002(25℃)
密度(g/cm^3)：1.5±0.1	气味阈值(mg/m^3)：100(水中)
相对密度(水=1)：0.88	*n*-辛醇/水分配系数：3.33
相对蒸气密度(空气=1)：2.77	溶解性：在水中 9 260 mg/L；易溶于乙醇，乙醚；可溶于苯、石油醚

2. 用途与接触机会

在产生或使用 3,4-二氯苯酚的工作场所，通过与该化合物皮肤接触可能会发生职业性的 3,4-二氯酚暴露。由于水处理，木浆加工和各种焚化过程，3,4-二氯酚的形成可能导致其通过各种废物流向环境释放，监测数据表明，一般人群可能通过摄入饮用水而暴露于 3,4-二氯苯酚。自来水的标准氯化处理可以产生二氯酚。因此，普通人群可能会通过口服或与氯化自来水皮肤接触而暴露于 3,4-二氯苯酚。

在木材处理厂，制革厂，纺织厂，制浆造纸厂以及农药喷洒操作中工作的工人有可能接触到氯酚和氯酚产品中的杂质。

3. 毒代动力学

本品在生理 pH 下具高脂溶性和低电离性，故在摄取后很容易被吸收。二氯苯酚异构体通过皮肤和肠道吸收。从胃肠道和静脉注射部位容易吸收。

研究了 3,4-二氯苯酚对牛晶状体中碳水化合物代谢和酶活性的影响。在 10^{-3} mol/L 浓度下，3,4-二氯酚降低 ATP 和 ADP 水平，同时增加 AMP 水平。降低苹果酸脱氢酶、葡萄糖-6-磷酸脱氢酶和丙酮酸激酶活性。还可引起晶状体肿胀。

气相色谱法测定血、尿中微量 3,4-二氯苯酚可作为接触二氯苯酚的标志。在从成人采集的 10 个尿液样品中检测到 3,4-二氯苯酚中的 8 个，浓度范围为 12 至 96 μg/cm^3，平均浓度为 47 μg/cm^3。

4. 毒性与中毒机理

4.1 急性毒作用

本品雄性和雌性大鼠的急性经口 LD_{50} 分别为 1 685 mg/kg 和 2 046 mg/kg。本品健康危害 GHS 分类为：特异性靶器官毒性-一次接触，类别 2。呼吸兴奋。急性暴露给药前 CD-1 小鼠禁食 18 h，观察小鼠 14 d 并对所有死亡的小鼠均进行尸体解剖。毒性的主要体征是呼吸增加，震颤和轻微惊厥，随后会出现中枢神经系统(CNS)抑制，除五氯苯酚外所有化合物均能引起中枢抑制现象。

使用体外方法评价二氯苯酚的发育或生殖毒性/生殖效应。卵细胞和精子悬液分别由雌性 CB6F1 小鼠和雄性 CD1 小鼠制备。将制剂与 2,6-二氯苯酚或 3,4-二氯苯酚一起孵育，浓度为 0.1、0.3、或 1 mmol/L。光镜下观察精子暴露前后精子活力。孵育后，在光学相差器件下进行精子穿透评分。然后制备精子并进行体外卵母细胞的渗透试验。用 0.001 摩尔浓度的 3,4-二氯苯酚在 1 h内孵育精子，观察精子顶体完整性。3,4-二氯苯酚使精子顶体减少了 45%，显著抑制试管内精子的穿透。

含氯苯酚中毒可能和其氧化磷酸化解偶联剂作用有关，体外实验表明本品可以在不影响电子转移的情况下阻止无极磷酸盐掺入ATP中，从而使细胞持续呼吸而随后造成用于维持细胞生长的ATP缺乏。

5. 人体健康危害

对人体的健康损害同2,6-二氯苯酚。接触后可出现为咳嗽、呼吸短促、头痛、恶心、呕吐、发抖、中枢神经系统抑制，长期或频繁接触会导致眼睛损害。潜在的健康影响是吸入可能刺激呼吸道，摄入误吞对人体有害，通过皮肤吸收可能造成皮肤刺激、引起眼睛灼伤。

6. 风险评估

国家饮用水指南：美国佛罗里达州为10 μg/L。

本品对水生生物有毒并具有长期持续影响，其环境危害GHS分类为：危害水生环境—急性危害，类别2；危害水生环境—长期危害，类别2。

五氯酚和五氯酚钠

五　氯　酚

1. 理化性质

CAS号：87-86-5	外观与性状：白色针状晶体
沸点(℃)：310	熔点(℃)：174
密度(g/cm³)：1.978(25℃)	闪点(℃)：11
气味阈值(mg/m³)：857 (30℃)	饱和蒸气压(kPa)：1.46×10^{-5}(25℃)
相对密度(水=1)：1.98	*n*-辛醇/水分配系数：5.12
溶解性：微溶于石油醚；可溶于二乙醚；可溶于大部分有机溶剂	相对蒸气密度(空气=1)：9.2

五　氯　酚　钠

CAS号：131-52-2	外观与性状：工业品呈伐黄色鳞片状晶体
熔点/凝固点(℃)：190～191	闪点(℃)：133.7
沸点(℃)：309	燃烧热(kJ/mol)：3 264.4

(续表)

饱和蒸气压(kPa)：211.2	蒸发速率：5.1[乙酸(正)丁酯以1计]
密度(g/cm³)：1.804	*n*-辛醇/水分配系数：5.097 40
溶解性：易溶于水、乙醇、甲醇、丙酮；微溶于四氯化碳和二硫化碳	

2. 用途与接触机会

2.1 生活环境

五氯苯酚的职业暴露可能通过在产生或使用五氯苯酚的工作场所吸入和皮肤接触这种化合物而发生，主要是在工人使用这种化合物作为防腐剂或与经过处理的木材产品接触的情况下。一般人群可通过吸入环境空气，摄入食物和饮用水以及与该化合物皮肤接触而暴露于五氯苯酚。

2.2 生产环境

主要用作水稻田除草剂，纺织品、皮革、纸张和木材的防腐剂和防毒剂。并用于杀灭真菌、白蚁、钉螺等。其钠盐可用作落叶树休眠期喷射剂，以防治褐腐病。因其广泛应用，人可通过日常生活环境与其接触。具体应用如下。有机合成：农药残留量分析标准、控制白蚁的杀虫剂、除草剂、木材保存剂。用于有机合成，稻田防除稗草及木材防腐。也是广泛使用的防霉剂，灭菌效力高，适用于聚氯乙烯等塑料、涂料、皮革、黏合剂、橡胶、纤维、纸张等，一般用量0.1%～0.5%。用于防治白蚁钉螺等亦有效；杀菌剂：与某些阴离子表面活性复合使用，能够显著降低其用量，提高杀菌效果。但不宜与阳离子药剂(如季铵盐等)共用。五氯酚钠使用质量浓度一般为50 mg/L；是最为廉价而广泛应用的防菌剂：对白蚁、穿孔虫等也有杀害功效。常用作木材、纤维制品、淀粉胶黏剂、皮革的防霉剂。但不宜用于电气设备的电缆或电线中，因其挥发物或分解生成的含氯化物对设备有腐蚀作用。也是拌种剂和土壤杀菌剂，用于防治棉花立枯病、猝倒病，小麦、高粱腥黑穗病，马铃薯痂疮病等。

3. 毒代动力学

3.1 吸收、摄入与贮存

已有报道证实，五氯酚及其钠盐经口腔，皮肤或吸入暴露后，啮齿动物、猴子和人类五氯苯酚快速吸收。主要的组织沉积物在物种间有所不同。死因与五氯苯酚暴露无关的人类中,肝脏(含五氯苯酚残留0.067 μg/g)、肾脏、脑、脾脏和脂肪(0.013 μg/g)是主要的沉积部位。在小鼠中胆囊是主要的储存部位。在大鼠体内的主要沉积部位是肾脏。

3.2 转运与分布

摄入1.0 mg/kg后,人体吸收半衰期为1.3±0.4 h。在4 h峰值血浆浓度为0.248 mg/L。在人类中,PCP容易通过皮肤以及呼吸道和胃肠道吸收。从尿液中消除五氯苯酚和五氯苯酚-葡萄糖醛酸苷的半衰期分别为33.1±4.5和12.7±5.4 h。猕猴排泄的生物半衰期:雄性和雌性分别为41 h和92 h。被水中的金鱼吸收并迅速排泄为硫酸盐结合物,生物半衰期约10 h。

3.3 排泄

给兔经口染毒后,24 h内尿中排出70%,经胃肠道排出4%~7%,认为染毒量的1/3~2/3在24 h内由尿排出。经皮或经口给五氯酚后,尿中毒物浓度较血中高15~30倍。因此测定尿中五氯酚,可推测其接触量。如人摄入0.1 mg/kg五氯酚4 h,其血浆浓度达到最高值,此后则呈线性下降,消除半衰期为30.2±4.0 h,从血浆的线性消除表明为一级一室动力学模式。90%的量在8 d内排出,其中74%以原形、12%以五氯酚葡糖苷酸形式从尿中排出,其余4%以上述的两种形式从粪中排出。尿中以葡糖苷酸形式排泄较快,其半衰期为12.7±5.4 h,而五氯酚原形排泄较慢,其半衰期为33.1±4.5 h。

3.4 转运模式

五氯酚的肠肝循环发生在猴子和小鼠中。人、猴及大、小鼠摄入五氯酚后,经肝脏转化,其代谢产物在大、小鼠体内主要有四氯对氢醌(TCH);尚有微量三氯对氢醌,受微粒体酶的调节,但人或猴体内无此产物。部分TCH在大鼠体内以结合状态存在。另一种转化结合物为五氯酚葡糖苷酸。此物在人及大、小鼠体内均有发现。人和动物体内五氯苯酚的生物转化通过结合(共轭),水解脱氯和还原脱氯进行。其他物种依赖反应是氧化和甲基化。与谷胱甘肽的反应导致偶联物的形成并且甘氨酸和谷氨酸的裂解产生半胱氨酸缀合物。哺乳动物中半胱氨酰部分的氨基的乙酰化产生巯基酸。由于N-乙酰基-S-(五氯苯基)半胱氨酸的存在表明导致脱氯衍生物的代谢途径可以通过与谷胱甘肽的反应介导。

4. 毒性

4.1 急性毒作用

五氯酚:大鼠经口 LD_{50}:27 mg/kg;大鼠经皮 LD_{50}:96 mg/kg;小鼠吸入 LC_{50}:255 mg/m^3。本品健康危害GHS分类为:急性毒性—经口,类别3;急性毒性—经皮,类别3;急性毒性—吸入,类别2;皮肤腐蚀/刺激,类别2;严重眼损伤/眼刺激,类别2;致癌性,类别2;特异性靶器官毒性——次接触,类别3(呼吸道刺激)。为《危险化学品目录(2015版)》中剧毒品。

五氯酚钠:大鼠经口 LD_{50}:126 mg/kg;小鼠经口 LD_{50}:197 mg/kg;小鼠经皮 LD_{50}:124 mg/kg;小鼠吸入 LC_{50}:240 mg/(m^3·2 h)。本品健康危害GHS分类为:急性毒性—经口,类别3;急性毒性—经皮,类别3;急性毒性—吸入,类别2;皮肤腐蚀/刺激,类别2;严重眼损伤/眼刺激,类别2;特异性靶器官毒性——次接触,类别3(呼吸道刺激)。

此外用五氯酚钠的5%水溶液浸鼠尾,8 h/d持续8 d,小鼠死亡率达70%以上。2.5 mg以上的粉剂置于剃毛后的鼠腹,小鼠在2 h内全部死亡。吸入粉尘,大鼠的MLC为144 mg/m^3,LC_{100}为196 mg/m^3,LC_{50}为152 mg/m^3;小鼠MLC为210 mg/m^3,LC_{100}为324 mg/m^3,LC_{50}为229 mg/m^3。不同物种有显著差异。吸入粉尘对大鼠食饵运动条件反射影响的阈浓度为131 mg/m^3;猫刺激阈<1.1 mg/m^3。

用兔实验证明,五氯酚引起的皮肤刺激和局部损害,在很大程度上取决于所使用的溶剂,以石油溶剂的作用为最明显,对兔经皮应用50~150 mg/kg五氯酚石油溶液,皮肤发生程度不等的水肿,1周后变干燥,并起皱纹,有些处理部位还有轻度皮肤干裂和脱毛,但经6周后完全恢复。

动物急性中毒表现为体温上升,全身血管扩张亡后很快出现尸僵。有暂时性嗜酸粒细胞增多,尿糖上升(可能因五氯酚可促进肝糖原合成酶的活性所致)。尿蛋白阳性,沉渣中有红细胞等。

4.2 慢性毒作用

连续给兔五氯酚钠水溶液14 mg/kg时,半数有体重减轻;70 mg/kg时,平均7.8 d死亡。表现为体重减轻，死亡前出现急性中毒症状。豚鼠经口以25 mg/kg连续给药8 d，死亡的动物有血糖上升，未死亡的血糖不高。而另有报告每天给兔30～50 mg/kg，2～3周后，无毒性影响。隔天给27.5 mg/kg和70 mg/kg，经1年观察，未见有死亡，而大剂量组有体重减轻。

如给兔以40 mg/kg · d涂皮时，出现全身症状。用10～50 mg/kg，每周涂皮1～2次，6～61周内体温、体重和血糖无异常，但20只中有8只死亡。涂皮后局部刺激和全身作用与接触时间和剂型有关。

用100 $\mu g/cm^3$五氯酚(分商品、纯品和对照三组)分别饲喂雌、雄大鼠8个月，结果除喂商品五氯酚组的动物肝脏有轻度改变外，其余组的各脏器(睾丸、肝、肺、心、脾、脑、肾等)均属正常。又用500 $\mu g/cm^3$五氯酚(分组同上)喂饲90 d，商品五氯酚组的动物肝脏有明显的变性坏死。纯品组的动物肝脏除增加重量外，并未伴有明显的组织病理学改变。

五氯酚IARC致癌性分类为组1。

五氯酚和其钠盐都有明显的致畸作用。五氯酚致畸作用表现为性别比例反常，胚胎重吸收发生率增高，骨骼畸形，皮下水肿等。其NOAEL为5.8 mg/kg，六氯二噁英(商品五氯酚中的混夹物)为0.1 μg/kg。五氯酚钠的致畸作用表现为流产、胚胎早期吸收及死胎、胚胎发育不良和畸形等。其明显致畸作用剂量为30 mg/kg，NOAEL为10 mg/kg。

5. 生物监测

5.1 接触标志

尿五氯酚：给兔经口染毒后，24 h内尿中排出70%，经胃肠道排出4%～7%，染毒量的1/3～2/3在24 h内由尿排出。经皮或经口给五氯酚后，尿中毒物浓度较血中高15～30倍。因此测定尿中五氯酚，可推测其接触量。

血浆五氯酚：对209名职业接触过含该化合物的木材防腐剂的工人和101名未接触五氯酚的工人进行了血浆和尿五氯酚的测定。所有职业暴露组均表现出五氯酚吸收的证据；木材处理工人中发现最高平均浓度(6 mmol/L血浆和274 nmol/mmol尿肌酐)。因此检测血浆中五氯酚，可作为接触五氯酚的证据。

五氯酚作为棕榈酸酯存在于人体脂肪组织中。人脂肪组织中五氯酚的含量在4～25 ppb范围内。五氯苯酚和棕榈酰五氯酚的提取和同时监测的新方法或在五氯苯酚萃取前水解棕榈酰五氯酚的程序将准确地评估五氯苯酚的暴露。

5.2 效应标志

血象分析：白细胞总数和中性粒细胞百分比升高，血糖增高。工人慢性接触导致胆红素和肌酸激酶升高。血清中γ微量蛋白和C-反应蛋白的流行率较高。

6. 人体健康危害

该化合物的全身毒性与五氯苯酚解偶联氧化磷酸化的能力有关。这可能会导致体温过高，出汗，肝毒性，精神状态改变和癫痫发作。其他损伤包括结膜急性炎症和特征性角膜混浊，角膜反射消失和轻微散瞳，中毒的幸存者视力会受到损害和闪辉性暗点。

6.1 急性中毒

未接触过五氯苯酚的人接触浓度大于1.0 mg/m^3的粉尘和烟雾会导致上呼吸道疼痛。急性全身中毒的临床表现是：头痛、大量出汗、抑郁、恶心、乏力、高热，心动过速、呼吸急促、胸部疼痛，口渴、腹痛、意识模糊，进展为昏迷，肌肉强有性痉挛或抽搐。如不及时抢救，可在数小时内死于循环衰竭。刺激皮肤，黏膜和呼吸道(包括鼻腔疼痛刺激和五氯苯酚吸入时剧烈喷嚏)，接触性皮炎和氯痤疮。

6.2 慢性中毒

慢性接触会导致：迟发性卟啉病，体重减轻，基础代谢率增加，肝脏和肾脏功能改变，失眠和眩晕也有报道。

7. 风险评估

中国职业接触限值标准规定，五氯酚及其钠盐职业接触限值PC-TWA为0.3 mg/m^3(皮)。美国ACGIH 8 h TLV-TWA为0.5 mg/m^3(皮)。美国NIOSH的五氯酚REL为10H TWA 0.5 mg/m^3(Sk)。

五氯酚对水生生物毒性极大并具有长期持续影响，其环境危害GHS分类为：危害水生环境—急性危害，类别1；危害水生环境—长期危害，类别1。

4-碘苯酚

1. 理化性质

CAS号：540-38-5	外观与性状：无色针状晶体
熔点(℃)：93.5	临界压力(MPa)：3.93
沸点(℃)：138(0.67 kPa)	蒸气压(kPa)：8.19×10^{-4}
闪点(℃)：102	密度(g/cm^3)：1.95
相对密度(水=1)：1.857 3	n-辛醇/水分配系数：2.91
溶解性：微溶于水；易溶于乙醇、乙醚等有机溶剂	

2. 用途与接触机会

一般人群可通过皮肤接触或误食摄入4-碘苯酚。日常生活中4-碘苯酚的来源主要是一些环境消毒剂、动植物的生长调节剂以及生物合成的过程。

4-碘苯酚的主要用于：① 可用做消毒剂或有机合成的中间体。② 该品与氯乙酸缩合得到对碘苯氧乙酸。这是一种植物生长调节剂，也称增产灵；它也用于生猪的催肥增膘，因此又称肥猪灵。对碘酚还用于其他有机合成。

3. 毒代动力学

以蒸气或粉尘的形式通过呼吸道吸入体内、通过皮肤接触和经口误食摄入体内。

4. 毒性

小鼠经口LD_{50}：600 mg/kg；兔经皮LD_{50}：14 mg/kg；大鼠经口LC_{50}：1 500 mg/kg；大鼠吸入LC_{50}：19 388 mg/(m^3·4 h)；皮肤刺激或腐蚀：刺激皮肤和黏膜；眼睛刺激或腐蚀：相当于强碱刺激作用。

5. 人体健康危害

与五氯酚急性中毒相似。皮肤接触可产生严重的皮肤刺激性甚至灼伤，严重眼睛刺激，视力损伤。

6. 风险评估

本品对水生生物有毒并具有长期持续影响，其环境危害GHS分类为：危害水生环境—急性危害，类别2；危害水生环境—长期危害，类别2。

丁子香酚

1. 理化性质

CAS号：97-53-0	外观与性状：无色至淡的黄色液体带有一种强烈的丁香的气味
熔点/凝固点(℃)：−12～−10	饱和蒸气压(kPa)：0.066
沸点(℃)：255.0	密度(g/cm^3)：1.1±0.1
闪点(℃)：约104	相对密度(水=1)：1.067 2
溶解性：微溶于水；溶于乙醇、丙酮、乙酸乙酯、乙醚、氯仿等有机溶剂	

2. 用途与接触机会

本品主要经口和皮肤接触进入体内。为我国规定允许使用的食用香料，主要用于配制薄荷、坚果、辛香型食品香精和烟用香精。主要用于配制烟熏火腿、坚果和香辛料等香精。

工业生产中，主要用于配制康乃馨型香精及制异丁香酚和香兰素等，也用作杀虫剂和防腐剂。是调配香石竹花香的体香。广泛用于香薇等香型，可作为修饰剂和定香剂。丁子香酚具有浓郁的石竹麝香气味，是康及謦系香精的调合基础，在化妆、皂用、食用等香精的调合中均有使用。

3. 毒性

大鼠经口LD_{50}为1.93 g/kg，观察到有后肢及下腭瘫痪，前肢不受影响，由于循环衰竭而死亡。小鼠、豚鼠经口LD_{50}分别为3 000和2 130 mg/kg。急性中毒存活的动物有衰弱、肾脏损害，表现为尿失禁和血尿，后肢行动不便可延续数天。大鼠经口染毒900 mg/kg·d，4 d后出现肝脏损害，而染毒量为79.3 mg/kg·d，连续12周，未见有害作用。以0.2 g/kg的剂量在3周内喂狗10次，未见不良反应。一次喂饲0.25 g/kg，有时可引起呕吐，0.5 g/kg可引起狗的死亡，表现的症状和大鼠类同。狗静脉给药时，表现为肺水肿、血压下降、心肌收缩力减弱及唾液分泌增加。

大鼠吸入LC_{50}>5 mg/L/4 h；致死剂量皮下注射为5 g/kg，腹腔注射为0.8～1.0/kg。

兔经皮100 mg/24 h，造成严重皮肤刺激；豚鼠经皮 40 mg/48 h，造成中度皮肤刺激；人经皮 40 mg/48 h，造成轻度皮肤刺激。

本品被 IARC 分类为第 3 类致癌物。吸入本品可能导致过敏或哮喘病症状或呼吸困难，可能导致皮肤过敏反应。

异丁子香酚

1. 理化性质

CAS号：97-54-1	外观与性状：淡黄色-绿色黏性液体
熔点/凝固点(℃)：−10	饱和蒸气压(kPa)：0.093
沸点(℃)：266.6±20.0	密度(g/cm^3)：1.1±0.1
闪点(℃)：122.9±6.7	溶解性：微溶于水；溶于乙醇、乙醚、氯仿、丙二醇

2. 用途与接触机会

本品主要经口和呼吸道吸入进入体内。主要用以配制火腿、熏烟和香辛料等型香精。工业中，主要用作香精中间体，亦为合成香兰素的原料。是配香石竹型的主要原料，亦用于木樨及东方香型香精。可用于依兰、黄水仙、白兰、玫瑰等型中，与麝香、灵猫香共用于东方香型效果甚佳。可用于悬钩子、桃子、肉豆蔻、桂皮、杏子、坚果、辛香基或丁香型等食用香精中。丁香酚的代替品。除用于医药外。又可作为合成香料的原料，也可用于配制康乃馨香型日用香精，亦可作食用香料。

3. 毒性

经口 LD_{50}，大鼠为 1 560 mg/kg，豚鼠为 1 410 mg/kg；小鼠腹腔注射 LD_{50} 为 600 mg/kg.急性中毒表现为昏迷、体温下降、后肢瘫痪。大鼠摄食含本品 10 000 mg/kg 的饲料 16 周，未见生长与血液异常和组织学改变。动物实验表明不易经皮吸收。

标准德来塞实验：兔皮肤接触，100 mg/24 h，强烈反应；标准德来塞实验：豚鼠皮肤接触，100 mg/24 h，强烈反应。

第 20 章

醇　　类

醇类化学物，主要用作溶剂以及用于制造树脂、塑料、纤维和橡胶等制品。高碳醇用于制造表面活性剂、增塑剂、洗涤剂、香料等。

(一) 理化性质

低碳醇为无色挥发性液体，自十六碳醇起为固体。沸点随碳原子数目的增加而升高，伯醇较异构的仲醇为高，仲醇较叔醇为高，正链醇较支链醇的沸点高。醇类易溶于多种有机溶剂。甲、乙、丙醇可与水混溶。自丁醇起，在水中的溶解度有一定限度，随碳原子数目的增加而降低，高碳醇则几乎不溶于水，如十六醇的沸点为 344℃，且不溶于水。卤代脂肪族醇类为无色挥发性的黏稠液体，具醚臭，溶于水、醇和醚。

(二) 毒性

醇对各种不同动物的毒性相差较大，如猴对甲醇的耐受性比豚鼠、兔和狗为低，主要作用于神经系统，对视神经有特殊的选择作用。醇类具有显著的麻醉性，其麻醉作用随碳原子数目的增多而加强；其顺序大致如下：叔丁醇＞正丁醇＞丙醇＞乙醇＞甲醇。醇类蒸气在水及体液中的溶解度极高，能不断地处于吸收状态；经肺的排出则很缓慢。因而进入体内的醇，其含量降低的速度，大部分决定于其氧化的速度。如乙醇在体内氧化最快，异丙醇也很快，而甲醇的氧化却极慢。醇类对黏膜有刺激作用，以烯丙醇的刺激性较强。一般可经无损皮肤吸收，并具轻度刺激。卤代脂肪族醇类属高毒类，引起神经系统及新陈代谢的严重疾患，且具明显的刺激作用；本类中氟代脂肪族醇类的毒理学参见氟乙酸节。

在工业应用中，多数醇类化合物尚未见对人有明显影响的报道。

一般临床症状为头痛、眩晕、乏力、恶心、呕吐和黏膜刺激等。

(三) 诊断

目前职业性醇类化学物中毒的诊断国家标准有 GBZ 53—2017《职业性急性甲醇中毒的诊断》。其他醇类化合物的职业中毒无特定的国家职业病诊断标准，诊断要符合职业病诊断的一般原则，应在职业史、现场职业卫生调查、相应的临床表现和必要的实验室检查的基础上，全面综合分析，并排除非职业性因素所致的类似疾病，才能做出切合实际的诊断。由于醇类对人体的损害主要表现为对中枢神经系统的抑制作用，以及对皮肤、黏膜的刺激作用，职业中毒的诊断可依据 GBZ/T 265—2014《职业病诊断通则》、GBZ 76—2002《职业性急性化学物中毒性神经系统疾病诊断标准》、GBZ 73—2009《职业性急性化学物中毒性呼吸系统疾病诊断标准》等国家标准。

GBZ 53—2017《职业性急性甲醇中毒的诊断》对职业性急性甲醇中毒的诊断如下：

诊断原则：根据短期内较大剂量甲醇的职业接触史，以中枢神经系统、代谢性酸中毒和视神经与视网膜急性损害为主的临床表现，结合实验室检查结果和现场职业卫生学调查资料综合分析排除其他原因所致类似疾病，方可诊断。

接触反应

在接触甲醇后，出现头痛、头晕、乏力、视物模糊等症状和眼、上呼吸道黏膜刺激表现，并于脱离接触后 72 h 内恢复。

急性甲醇中毒根据中枢神经系统损害、代谢性酸中毒和视力障碍程度，分为轻度、重度两级：

轻度中毒

出现头痛、头晕、视物模糊等症状，且具备以下任何一项者：

① 轻度、中度意识障碍；

② 轻度代谢性酸中毒；

③ 视乳头及视网膜充血、水肿，视网膜静脉充盈；或视野检查有中心或旁中心暗点；或图形视觉诱发电位异常。

重度中毒

具备以下任何一项者：

① 重度意识障碍；

② 中度、重度代谢性酸中毒；

③ 视乳头及视网膜充血水肿并有视力急剧下降，或伴有闪光视觉诱发电位(F－VEP)异常。

鉴别诊断：根据接触史或饮入史以及神经精神症状，视神经炎，酸中毒等典型的临床表现，急性甲醇中毒一般容易确诊。必要时可做血或尿中甲醇测定。对慢性中毒则尚缺乏特异检查方法，视力减退和尿中甲醇测定可辅助诊断。此外，氯甲烷和乙二醇的急性中毒可与甲醇中毒相似，但氯甲烷中毒仅有一时性眼损害，尿中可出现甲醇和甲酸，而二乙醇中毒有严重酸中毒和肾脏损害，尿中无甲醇而有草酸，诊断上可资鉴别。

(四) 治疗

在职业活动中，呼吸道是甲醇中毒主要的吸收途径，中毒者应立即脱离工作现场，有皮肤甲醇污染者立即彻底洗消。眼睛接触者立即提起眼睑，用大量流动清水或生理盐水彻底冲洗至少 15 min。对经口中毒者，如意识清醒，可用 1%碳酸氢钠溶液洗胃，硫酸钠导泻以排除甲醇。患者即使无视力改变，也应事先用软纱布遮盖双目以防光刺激。

出现代谢性酸中毒时，可予碳酸氢钠进行纠正；对于中、重度代谢性酸中毒或伴有阴离子间隙增高的轻度代谢性酸中毒，血液透析能够清除已吸收的甲醇及其代谢产物甲酸，是急性甲醇中毒时的重要治疗手段，应及早进行血液透析治疗。针对中毒性脑病、脑水肿、视神经损伤、视网膜损伤等进行对症支持治疗。可用甘露醇静脉滴注和地塞米松静脉注射等措施以减轻颅内压，改善眼底血循环，并加速甲醇排泄，防止视神经发生持久性病变。

急性甲醇中毒时可采用解毒治疗。注射足量乙醇可制止甲醇在体内氧化，促使甲醇排出；但对此疗法有不同看法，如患者已呈明显抑制状态，则禁忌使用乙醇，以避免增强麻醉作用，促使病情恶化。此外叶酸可促进甲酸氧化成二氧化碳和水，4－甲基吡唑可抑制醇脱氢酶，阻止甲醇代谢成甲酸，因此认为在甲醇中毒时可应用叶酸和 4－甲基吡唑。

对慢性甲醇中毒者，予以对症处理，并注意眼部症状和病变。

其他醇类化合物急性中毒的治疗以一般急救措施和对症为主。

(五) 预防

对接触甲醇等醇类化合物的工人，予以必要的防毒知识，严格遵守操作规程，防止事故。加强生产中的密闭通风措施，防止生产设备出现跑、冒、滴、漏。在不能密闭的工艺过程中，应考虑尽可能采用其他溶剂代替甲醇。此外，要严格遵守保管制度和严防误将甲醇作为酒类饮料。凡患有视神经，神经系统其他器质性病变和内分泌疾病的人，都是从事甲醇作业的禁忌人群。

甲　　醇

1. 理化性质

CAS号：67－56－1	外观与性状：无色液体
沸点(℃)：64.7	熔点(℃)：－97.8
密度(g/cm^3)：0.791 8	闪点(℃)：8(CC)；12(OC)
相对密度(水＝1)：0.79	临界温度(℃)：240
相对蒸气密度(空气＝1)：1.1	饱和蒸气压(kPa)：12.3(20℃)
自燃温度(℃)：436	爆炸上限[%(V/V)]：36.5
溶解性：溶于水；可混溶于醇类、乙醚等多数有机溶剂	爆炸下限[%(V/V)]：6
蒸发热(KJ/mol，b.p.)：35.32	

2. 用途与接触机会

甲醇的主要应用领域是生产甲醛、醋酸，可用于制造氯甲烷、甲胺、甲酸甲酯、丙二醇和硫酸二甲酯等多种有机产品。也是农药(杀虫剂、杀螨剂)、医药(磺胺类、合霉素等)的原料，合成对苯二甲酸二甲酯、甲基丙烯酸甲酯和丙烯酸甲酯的原料之一。甲醇还可用作清洗去油剂，用作分析试剂，如用作溶剂、甲基化试剂、色谱分析试剂。

作为一种比乙醇更好的溶剂，可以溶解许多无机盐。亦可掺入汽油作替代燃料使用。甲醇可作为性能优良的能源和车用燃料。

3. 毒代动力学

由于甲醇蒸气在水和体液中的溶解度极高，故吸收后可迅速分布在机体各组织内，且其含量与该组织的含水量成正比。脑脊液、血、泪、胆汁和尿中甲醇含量最高，骨髓和脂肪组织中最低。甲醇与其他醇类不同，它在体内氧化缓慢，仅为乙醇的 1/7，且排泄也慢，故甲醇有明显的蓄积作用。因蓄积所致的毒性作用大于乙醇。未被氧化的甲醇经肺和肾脏，部分也经胃肠黏膜缓慢地排出体外。

4. 毒性与中毒机理

本品健康危害 GHS 危险性分类为：急性毒性—经口，类别 3；急性毒性—经皮，类别 3；急性毒性—吸入，类别 3；特异性靶器官毒性——次接触，类别 1。

大鼠经口 LD_{50}：5 628 mg/kg；兔经皮 LD_{50}：15 800 mg/kg；小鼠吸入 LC_{50}：50 g/(m^3 • 2 h)。

各种动物对甲醇的反应极不一致。一般吸入中毒后出现呼吸加速、黏膜刺激、运动失调。局部瘫痪、烦躁、虚脱、深度麻醉、痉挛、体温下降、体重减轻，并由呼吸衰竭致死。甲醇的麻醉浓度与致死浓度之间相差不大。反复接触中等浓度甲醇可导致暂时或永久性视力障碍和失明。吸入甲醇蒸气的致死浓度因动物种类不同而差异很大。根据大量动物吸入中毒试验的结果，推论人在甲醇蒸气浓度达 39.3～65.5 g/m^3 的空气中停留 30～60 min 是危险的。

甲醇主要作用于神经系统，具有明显的麻醉作用，但其作用较乙醇为弱。对视神经和视网膜则有特殊的选择作用。因眼中房水和玻璃体内含水量达 99%以上，故中毒后当中的甲醇含量很高。主要由于醇脱氢酶的作用，使甲醇在视网膜上转化为甲醛，而视网膜中缺乏将甲醛转化为甲酸的酶，致使甲醛的聚积抑制了视网膜的氧化磷酸化过程，使膜内不能合成三磷酸腺苷，细胞发生退行性变化，最后可产生视神经萎缩，严重者可致双目失明。在中毒过程中出现程度不一的血氧减低和酸中毒，曾有血浆二氧化碳结合力降至零者。酸中毒是由于甲醇在体内抑制某些氧化酶系统，抑制糖的需氧分解，机体代谢受到障碍，使乳酸和其他有机酸积聚所致；甲醇在体内的转化物如甲酸的蓄积，也是引起酸中毒的另一原因。此外，甲醇蒸气对呼吸道和黏膜有强烈的刺激作用。

关于甲醇的毒性，一般认为是由于其本身或其代谢产物的固有性质所致。近年，多数人曾认为甲醛是造成甲醇中毒及病理变化的主要作用物。甲醛抑制氧的利用和产生二氧化碳的能力要比甲酸酯强 25～75 倍，比甲醇强 1 000～30 000 倍。故有人报告主要是甲醛、甲酸引起酸中毒和视网膜病变。但单纯甲醛中毒时却未见产生类似甲醇中毒的表现。因而对甲醇中毒的原理还应考虑甲醇本身的毒作用。且极少量的甲醇即可引起失明；同时有些毒物，在体内和甲醛一样参与一碳化合物代谢，却不产生类似的病变。甲醇的中毒原理尚待进一步研究。

5. 人体健康危害

根据不同浓度，有一定潜伏期，中毒者以神经系统症状、酸中毒和视神经炎为主，可伴有黏膜刺激症状。

经口摄入甲醇造成的中毒严重程度不一定与剂量成正比，有仅饮入 5 ml 甲醇即致死者，也有饮入大量甲醇后而未死者。一般误饮 5～10 ml，可致严重中毒，15 ml 可致失明，30 ml 左右可致死（也有报道 70～100 ml 才致死者）。潜伏期常为 8～36 h，如有饮酒史，则潜伏期更长。也有饮入后立即发病者。中毒症状有倦怠、头痛、眩晕、肌无力、恶心、呕吐、上腹痛和腹泻，或迅速转入半昏迷，谵妄或昏迷状态。眼部变化可有眼球疼痛，视力模糊，以致失明。据国内外资料报道，眼部变化都在饮入甲醇后 48 h 内开始出现。有的出现视网膜点，伴有明显视网膜水肿，可发展为视神经萎缩，或水肿消退后视力改善；也有由球后视神经炎发展为视网膜炎，最后发展为继发性视神经萎缩者；个别病例眼部仅出现短暂的中心暗点，随后消失。中毒者产生昏迷后，可因中枢神经系统的严重损害和呼吸衰竭而死亡。国外曾报道，饮甲醇中毒而致死的 5 例化验资料，见表 20－1。有人发现人口服非致死估计剂量 10～20 ml 甲醇后，血和尿中的甲醇或甲酸没有明显增加，而服入量约 50～80 ml，48 h 后，甲酸在尿中的排泄量增加 54～205 mg%，同时血中也能测出甲酸 2.6～7.6 mg%。

表 20－1　甲醇中毒死亡者甲醇与甲酸在体内的含量

	甲醇(mg%)	甲酸(mg%)
血	74～110	9～68
尿	140～240	216～785
肝	106	60～99

国外有人认为若浓度维持在上限 260 mg/m^3 以内，则工业接触不一定十分有害。如对 19 名反复接触 29～33 mg/m^3 甲醇和 96～108 mg/m^3 丙酮的工人进行眼科和血液学检查，都未见明显异常。对 36 名制造甲醇的工人和 24 名用甲醇做防冻合剂的卡车司机进行调查，亦未见有害影响。另有人测定了 3 个工厂空气中的甲醇平均浓度和定期检验了工人尿中的甲醇含量，见表 20-2。但若经常在甲醇蒸气超过国家最高容许浓度的环境中工作而又缺乏适当防护条件时，可逐渐发展为慢性中毒。其表现以神经衰弱症状和植物神经功能失调为主，也可有黏膜刺激和视力减退等。

表 20-2　甲醇在空气中的浓度与尿中含量

空气中甲醇浓度(mg/m^3)	尿中甲醇量(mg%)
164	0.3～0.6
576	0.35～0.9
3 668	1.6～4.4

皮肤接触可引起发痒、湿疹和皮炎等。国外另有在防止吸入中毒的情况下，用甲醇反复摩擦皮肤，造成人的视觉障碍和失明的报告。这些资料提示应避免皮肤长时间或经常接触甲醇。

6. 风险评估

我国职业接触限值规定甲醇 PC-STEL 为 50 mg/m^3，PC-TWA 为 25 mg/m^3。

2012 年美国 ACGIH 制订的甲醇 BEIs 为 15 mg/L(班末尿)。

乙　醇

1. 理化性质

CAS 号：64-17-5	外观与性状：无色液体
沸点(℃)：78.4	熔点(℃)：−114.3
密度(g/cm^3)：0.789(20℃)	闪点(℃)：13(闭杯)
相对密度(水=1)：0.79	临界温度(℃)：243.1
相对蒸气密度(空气=1)：1.59	饱和蒸气压(kPa)：5.33(19℃)
爆炸上限[%(V/V)]：19.0	爆炸下限[%(V/V)]：3.3
溶解性：与水混溶；可混溶于醚、氯仿、甘油等多数有机溶剂	

2. 用途与接触机会

乙醇作为重要的有机溶剂，广泛用于医药、涂料、卫生用品、化妆品、油脂等各个方面，占乙醇总耗量的 50%左右。

乙醇是重要的基本化工原料，用于制造乙醛、乙二烯、乙胺、乙酸乙酯、乙酸、氯乙烷等，并衍生出医药、染料、涂料、香料、合成橡胶、洗涤剂、农药等产品的许多中间体，其制品多达 300 种以上，但目前乙醇作为化工产品中间体的用途正在逐步下降，许多产品例如乙醛、乙酸、乙基乙醇已不再采用乙醇作原料而用其他原料代替。

与甲醇类似，乙醇可作能源使用。有的国家已开始单独用乙醇作汽车燃料或掺到汽油(10%以上)中使用以节约汽油。

75%的乙醇水溶液具有强杀菌能力，是常用的消毒剂。

可用作制饮料酒、抽提溶剂、载色剂、香料溶剂、增香剂、防腐剂，GB 2760—96 规定为食品加工助剂等，用于食品工业。

3. 毒代动力学

乙醇能透过动物的皮肤，但其渗透率不足以引起严重的反应。乙醇也能通过肺吸收。人在含有乙醇的空气中工作亦可由于吸入乙醇而中毒。

饮入的乙醇约 80%由十二指肠和空肠吸收，其余由胃吸收。空腹饮酒时，饮入量的 60%于第 1 h 内吸收；1.5 h 内吸收达 90%以上；2.5 h 内则全部被吸收。胃内有无食物、胃壁的情况，饮料含醇量等均可影响吸收的快慢。

吸收的乙醇通过血流遍及全身(包括大脑)组织，按照各组织含水量的比例分布，血浆中的浓度略较红细胞高。乙醇尚可通过胎盘进入胎儿循环。研究^{14}C 标记的乙醇急性中毒时的体内分布情况，结果发现其含量按以下顺序递减：肝、脾、肺、肾、心、脑和肌肉。1 h 内以血液含量最高，以后很快减少。各脏器组织中含量的高峰在 6～13 h 之间。

绝大部分乙醇在体内先氧化为乙醛，再氧化为二氧化碳和水。乙醇的氧化率与它在体内的量成适当比例。体重 70 kg 的成年人，每小时约能代谢 10 ml 乙醇(9～15 ml)。乙醇可由两种不同的酶作用产生乙醛，即乙醇脱氢酶和过氧化氢酶。乙醇氧化为乙醛的速度要比乙醛氧化为乙酸的速度慢得多。由于乙醛氧化迅速快，所以体内只能发现极微量。肝和肾是氧化乙醇的重要器官。

乙醇进入体内后，由尿液、呼吸、汗、唾液排泄的乙醇不到10%，也有少量可经乳汁排出。例如，狗按4 g/kg的剂量经口灌入后，在8 h内随呼气排出的量相当于摄入总量的4%。尿排出量共为0.7～4.3%。利尿剂对乙醇由尿排出有很大影响。

人在饮酒后，由尿液排出的醇，其总量不超过饮量的3%。饮酒后8 h尿内即无乙醇。

4. 毒性与中毒机理

4.1 急性毒作用

大鼠经口 LD_{50}：7 000 mg/kg；小鼠经口 LD_{50}：3 450 mg/kg；兔经口 LD_{50}：7 060 mg/kg；兔经皮 LD_{50}：7 430 mg/kg；大鼠吸入 LC_{50}：5 900 mg/(m^3 · 6 h)。

4.2 刺激性

家兔经皮：20 mg(24 h)，中度刺激；家兔经眼：500 mg(24 h)，重度刺激。

4.3 亚急性与慢性毒作用

大鼠经口10.2 g/(kg · d)，12 w，体重下降，脂肪肝。

4.4 致突变性

微生物致突变：鼠伤寒沙门菌11%。显性致死试验：小鼠经口1～1.5 g/(kg · d)，2 w，阳性。细胞遗传学分析：人淋巴细胞2.5%(24 h)。姐妹染色单体交换：人淋巴细胞940.7 mg/m^3(72 h)。DNA抑制：人淋巴细胞220 mmol/L。微核试验：狗淋巴细胞400 μmol/L。

4.5 致畸性

猴孕后2～17 w经口给予最低中毒剂量(TDLo)32 400 mg/kg，致中枢神经系统和颅面部(包括鼻、舌)发育畸形。大鼠、小鼠、豚鼠、家畜孕后不同时间经口、静脉内、腹腔内途径给予不同剂量，致中枢神经系统、泌尿生殖系统、内分泌系统、肝胆管系统、呼吸系统、颅面部(包括鼻、舌)、眼、耳发育畸形。雄性大鼠交配前30 d经口给予240 g/kg，致泌尿生殖系统发育畸形。

4.6 致癌性

IARC将酒精饮料中的乙醇分类为1类确定的人类致癌物。

4.7 中毒机理

动物吸入乙醇蒸气后，出现轻微的黏膜刺激、兴奋、运动失调、嗜睡、衰竭、麻醉、全身瘫痪，偶尔呼吸衰竭致死。乙醇的麻醉作用比甲醇大。在同样条件下，乙醇中毒致死的含量要比甲醇中毒致死的动物组织中甲醇的含量为低，说明乙醇在体内蓄积较少，其危险性要比甲醇低得多。

大鼠组织内含乙醇量与反应的关系见表20-3。

表20-3 大鼠组织含乙醇量与反应的关系

组织内乙醇的浓度(g/kg)	反　应
3.1～5.8	死亡
1.0	麻醉
0.16～0.27	兴奋性降低

大鼠慢性酒精中毒时，可呈肝细胞核、细胞质的变性，肝小叶周围有脂肪颗粒弥漫性沉着。

至于对中枢神经系统的作用，一般认为进入体内的乙醇首先作用于大脑皮质的活动，表现为兴奋。当乙醇的作用进一步加强时，皮质下中枢和小脑活动受累，患者表现步态蹒跚、共济失调等运动障碍，最后由于延髓血管运动中枢和呼吸中枢受到抑制，出现虚脱，呼吸浅表等症状。呼吸中枢麻痹是重症患者致死的主要原因。

近年来，有人提出乙醇促进睡眠的可能原因是其降解产物乙醛抑制了醛脱氢酶，使参与睡眠生理活动的重要神经递质5-羟色胺代谢异常所致。

对造血系统的作用，以往把乙醇引起的贫血归因于胃炎和肝损害引起的出血所致。最近发现乙醇对造血有损害作用，特别是影响红细胞和血小板的生成。并有人认为贫血是由于乙醇对血红蛋白合成的直接作用。

此外，慢性乙醇中毒可见肾上腺明显萎缩、硬化、重量减轻。在急性乙醇中毒时，则见肾上腺皮质变薄、充血，皮质细胞中类脂含量局灶性减少，并发现皮质球状带细胞的胞浆中磷脂含量增高，提示了肾上腺皮质机能减退。

5. 人体健康危害

5.1 急性中毒

乙醇为中枢神经系统抑制剂。首先引起兴奋，随后抑制。急性中毒多发于口服。一般可分为兴奋、催眠、麻醉、窒息四个阶段。患者进入第三或第四阶段，出现意志丧失、瞳孔扩大、呼吸不规律、休克、心力循环衰竭及呼吸停止。严重者深昏迷，呼吸浅表或呈陈-施氏呼吸。血中乙醇浓度深达0.6%以上可致死亡。

5.2 慢性中毒

长期接触含较高浓度乙醇的空气，可引起头痛、头晕、易激动、乏力、震颤、恶心等，并可伴有轻度黏膜刺激症状。

长期酗酒者可见到面部血管扩张，皮肤营养障碍，腓肠肌压缩，多发性神经病，慢性胃炎，脂肪肝，肝硬化，心肌损害以及器质性精神病等表现。人长期口服中毒量的乙醇，可见到肝、心肌脂肪浸润，慢性软脑膜炎和慢性胃炎。

乙醇尚可引起肌肉损害，产生所谓“乙醇肌病”。对慢性酒精中毒的患者，用肌电图可描写到缓慢的腿部肌束颤动。皮肤反复接触可引起干燥、脱屑皲裂和皮炎。

正 丙 醇

1. 理化性质

CAS号：71-23-8	外观与性状：无色液体
沸点(℃)：97.1	熔点(℃)：−127
密度(g/cm^3)：0.803 6	闪点(℃)：15
相对密度(水=1)：0.80	临界温度(℃)：263.6
相对蒸气密度(空气=1)：2.07	饱和蒸气压(kPa)：1.33(14.7℃)
引燃温度(℃)：392	爆炸上限[%(V/V)]：13.7
溶解性：与水混溶，可混溶于醇、醚等多数有机溶剂。	爆炸下限[%(V/V)]：2.0
蒸发热(KJ/mol，b.p.)：680.8	

2. 用途与接触机会

正丙醇直接用作溶剂或合成乙酸丙酯，用于涂料溶剂、印刷油墨、化妆品等，用于生产医药、农药的中间体正丙胺，用于生产饲料添加剂、合成香料等。

丙醇在医药工业中用于生产丙磺舒、丙戊酸钠、红霉素、癫健安、黏合止血剂BCA、丙硫硫胺、2，5-吡啶二甲酸二丙酯等。

正丙醇合成的各种酯，用于食品添加剂、增塑剂、香料等许多方面；也作为萃取溶剂、食品加工助剂。

正丙醇的衍生物，特别是二正丙胺在医药、农药生产中有许多应用，用来生产农药胺磺灵、菌达灭、异丙乐灵、灭草猛、磺乐灵、氟乐录等。

用作溶剂，在很多情况下可代替沸点比较低的乙醇。植物油类、天然橡胶、树脂类和纤维素酯的溶剂、清洗剂。用作色谱分析试剂、溶剂及清洗剂。

3. 毒性与中毒机理

本品健康危害GHS危险性分类为：严重眼损伤/眼刺激，类别1；特异性靶器官毒性——一次接触，类别3(麻醉效应)。

本品的毒性作用与乙醇相似(较异丙醇为大)，在相同的蒸气浓度下，作用较乙醇剧烈。大鼠经口LD_{50}为1 870 mg/kg；兔经皮LD_{50}为4 060 mg/kg；小鼠吸入LC_{50}为48 000 mg/m^3。

吸入高浓度的本品是危险的，动物吸入其蒸气后，表现黏膜刺激、运动失调、昏睡、衰竭、深度麻醉以至死亡。但因其挥发度较小(挥发度为乙醚的1/11，不到乙醇的2/5)，吸入其蒸气的机会较小。

本品可增加大鼠神经肌肉接头递质的量，并提高突触后膜对递质的敏感性。

经口给狗16.1 g本品，275 min后在狗的血液里可测出。而经口给狗15.8 g正丙醇，540 min后在狗的血液里可测出由其分解来的丙酮。根据血液中的浓度，认为本品在狗体内的氧化和排泄比乙醇要快得多。

致癌性：大鼠18只经口0.3 ml/kg，总剂量50 ml，存活时间570 d。除了重度肝损伤和造血实质增生外，见5只有恶性肿瘤(2只髓细胞白血病，2只肝肉瘤，1只肝细胞癌)。另一组大鼠31只皮下注射0.06 mg/kg，总剂量6 ml，存活时间666 d，见13只有恶性肿瘤(5只肝肉瘤，4只髓细胞白血病等)。对照组及用乙醇做同样实验，未出现恶性肿瘤。

4. 人体健康危害

接触高浓度蒸气出现头痛、倦睡、共济失调以及眼、鼻、喉刺激症状。口服可致恶心、呕吐、腹痛、腹泻、倦睡、昏迷甚至死亡。长期皮肤接触可致皮肤干燥、皲裂。

5. 风险评估

我国职业接触限值规定正丙醇 PC－STEL 为 300 mg/m^3，PC－TWA 为 200 mg/m^3。

异　丙　醇

1. 理化性质

CAS号：67－63－0	外观与性状：无色液体
沸点(℃)：82.4	熔点(℃)：−87.9
密度(g/cm^3)：0.786 3	闪点(℃)：12(闭杯)
相对密度(水＝1)：0.786 3	临界温度(℃)：234.9
相对蒸气密度(空气＝1)：2.1	燃烧热(kJ/mol)：−318.78
自燃温度(℃)：455.6	爆炸上限[%(V/V)]：7.99
溶解性：能与醇、醚、氯仿和水混溶；能溶解生物碱、橡胶、虫胶、松香、合成树脂等多种有机物和某些无机物，与水形成共沸物；不溶于盐溶液	爆炸下限[%(V/V)]：2.02
蒸发热(KJ/mol，b.p.)：40.06	

2. 用途与接触机会

异丙醇是农药生产的重要中间体，可以生产杀菌剂稻瘟灵、异稻瘟净等，杀虫杀螨剂胺丙畏、水胺硫磷、甲基异柳磷、残杀威、氰戊菊酯等，以及除草剂异丙草胺，并可制备溴代异丙烷和氯代异丙烷，也是农药的重要中间体。作为化工原料，可生产丙酮、过氧化氢、甲基异丁基酮、二异丁基酮、异丙胺、异丙醚、异丙醇醚、异丙基氯化物，以及脂肪酸异丙酯和氯代脂肪酸异丙酯等。在精细化工方面，可用于生产硝酸异丙酯，黄原酸异丙酯、亚磷酸三异丙酯、三异丙醇铝。作为溶剂，可用于生产涂料、油墨、萃取剂、气溶胶剂、防冻剂等。作为杂酚油、虫胶、树脂、树胶、硝基纤维素的溶剂。酯化分析测定植物油的溶剂，萃取生物碱，农药分析等。有机合成。抗冻液组合。用于沉淀 DNA。

用作实验用化学试剂及色谱分析试剂。用于测定钡、钙、铜、镁、镍、钾、钠和锶。稀土金属的萃取、分离。亚硝酸钴钠-异丙醇法测定土壤及植株含钾量。还可用作清洁剂、调和汽油的添加剂、颜料生产的分散剂、印染工业的固定剂、玻璃和透明塑料的防雾剂、GB 2760—2007 暂时允许使用的食品用香料等。

3. 毒性

3.1　急性毒作用

本品大鼠经口 LD_{50}：5 000 mg/kg；小鼠经口 LD_{50}：3 600 mg/kg；兔经口 LD_{50}：6 410 mg/kg；兔经皮 LD_{50}：12 800 mg/kg。

健康危害 GHS 危险性分类为：严重眼损伤/眼刺激，类别 2；特异性靶器官毒性——次接触，类别 3(麻醉效应)。

3.2　刺激性

家兔经皮：500 mg，轻度刺激；经眼：100 mg (24 h)，中度刺激。

3.3　致突变性

细胞遗传学分析：酿酒酵母菌 200 mmol/管。

3.4　致癌性

IARC 致癌性分类为组 3。

4. 生物标志物

美国 ACGIH 规定本品生物接触限值为周末班末尿丙酮为 40 mg/L。

5. 人体健康危害

本品中毒事例，未见报道。人在 980 mg/m^3 浓度下，3～5 min 引起眼、鼻和喉部轻度刺激。经口摄入本品可引起流涎、面红、胃黏膜刺激、头痛、呕吐、低血压、昏迷和不同程度的休克等症状。接触高浓度蒸气出现头痛、倦睡、共济失调以及眼、鼻、喉刺激症状。长期皮肤接触可致皮肤干燥、皲裂。

据国外资料报道，人一次经口摄入 22.5 ml，立即出现头晕、面红；2～3 h 后，出现头痛、恶心以及呕吐。人经口摄入本品 2.6 mg/kg・d 或 6.4 mg/kg・d，历时 6 w，未见血、尿和全身状况改变。有 2 例病儿，在不通风室内，因使用本品擦身以降低体温，而引起吸入性急性中毒。仅见报道一例女性患者，因使用 70%本品作注射前的皮肤消毒，而发生过敏性湿疹样接触性皮炎，并经封闭斑贴试验证实。

6. 风险评估

我国职业接触限值规定异丙醇 PC－STEL 为

700 mg/m³，PC－TWA 为 350 mg/m³。

正 丁 醇

1. 理化性质

CAS 号：71－36－3	外观与性状：无色液体
沸点(℃)：117.25	熔点(℃)：－88.9
密度(g/cm³)：0.808 9(20/4℃)	闪点(℃)：37(闭杯)
相对密度(水＝1)：0.809 8	临界温度(℃)：287
自燃温度(℃)：365	饱和蒸气压(kPa)：0.82(25℃)
溶解性：微溶于水；溶于乙醇、醚等多数有机溶剂	爆炸上限[%(V/V)]：11.3
爆炸下限[%(V/V)]：1.8	

2. 用途与接触机会

主要用于制造邻苯二甲酸、脂肪族二元酸及磷酸的正丁酯类增塑剂，用于生产三聚氰胺树脂、丙烯酸、环氧清漆等，它们广泛用于各种塑料和橡胶制品中。也是有机合成中制造丁醛、丁酸、丁胺和乳酸丁酯等的原料。还是油脂、药物(如抗生素、激素和维生素)和香料的萃取剂，醇酸树脂涂料的添加剂等。又可用作有机染料和印刷油墨的溶剂，脱蜡剂。

作为除草剂 2,4－滴丁酯、丁草胺、吡氟禾草灵(稳杀得)和精吡氟禾草灵的中间体。

正丁醇是我国规定允许使用的食品香料，主要用于配制香蕉、奶油、威士忌和干酪等型食用香精。亦用作萃取用溶剂、色素稀释剂。

3. 毒性

本品健康危害 GHS 危险性分类为：皮肤腐蚀/刺激，类别 2；严重眼损伤/眼刺激，类别 1；特异性靶器官毒性-一次接触，类别 3(呼吸道刺激、麻醉效应)

大鼠经口 LD_{50} 为 790 mg/kg，小鼠经腹腔 LD_{50} 为 603 mg/kg；兔经皮 LD_{50} 为 3 400 mg/kg；大鼠吸入 LC_{50}：＞26 471 mg/(m³·4 h)。

家兔经皮：20 mg(24 h)，中度刺激；家兔经眼：2 mg(24 h)，重度刺激。

本品与正丙醇的毒性比较，其麻醉作用较正丙醇为强，且皮肤多次接触可导致出血和坏死。

动物吸入本品后，可出现躁动、黏膜刺激、运动失调、虚脱和麻醉。兔长期暴露在蒸气中，出现轻度支气管刺激，支气管淋巴结稍肿大。本品在兔组织内的氧化较乙醇快。

4. 人体健康危害

对人的毒性较其他低碳醇为强，较乙醇约大 3 倍；但由于其具有相对的低挥发性，因此在常温下，工业生产及使用时的实际危害不大。症状为眼、鼻、喉部刺激，在角膜浅层形成半透明的空泡，头痛、眩晕和嗜睡，手和指部可发生接触性皮炎。对接触本品的工人进行了 10 年观察，发现在平均浓度为 303 mg/m³ 时，除少数人有刺激症状或嗅到不愉快的气味外，均无全身影响。当浓度为 606 mg/m³ 或以上时，红细胞数稍降低，并偶见角膜炎，角膜、结膜轻度水肿，有烧灼感、视力模糊、流泪、羞明等。本品经口具有轻度毒性。

5. 风险评估

我国职业接触限值规定正丁醇 PC－TWA 为 100 mg/m³。

2012 年德国研究基金会公布的生物容许值：检测尿 2 mg/g 肌酐/班前；10 mg/g 肌酐/暴露末或班末。

仲 丁 醇

1. 理化性质

CAS 号：78－92－2	外观与性状：无色液体
沸点(℃)：99.5	熔点(℃)：－114.7
密度(g/cm³)：0.81	闪点(℃)：8(CC)；12(OC)
相对密度(水＝1)：0.81	饱和蒸气压(kPa)：1.6(20℃)
相对蒸气密度(空气＝1)：2.6	爆炸上限[%(V/V)]：10.9
溶解性：略溶于水，可与水形成共沸物；可混溶于醇类、醚等多数有机溶剂	爆炸下限[%(V/V)]：1.7

2. 用途与接触机会

生产甲乙酮、丁酮、乙酸仲丁酯的主要原料，用于制醋酸丁酯、仲丁酯等。用作溶剂及萃取剂，增塑剂、选矿剂、除草剂的原料、色谱分析试剂等。还可用于香料、食用香料、着色剂、润湿剂的合成，油漆清洗剂及许多天然树脂、亚麻油及蓖麻油的溶剂等。

3. 毒代动力学

以本品 2 ml/kg 经口或静脉注射给兔，见易经胃肠道吸收，其排出不迅速；少量以原形自呼气(3.3%)和尿(2.6%)中排出，大量代谢为甲基乙基甲酮自呼气(22.3%)和尿(4.0%)中排出。

4. 毒性

本品健康危害 GHS 危险性分类为：严重眼损伤/眼刺激，类别 2；特异性靶器官毒性-一次接触，类别 3(呼吸道刺激、麻醉效应)。

仲丁醇急性毒性参数：大鼠经口 LD_{50}：6 480 mg/kg；小鼠经静脉 LD_{50}：764 mg/kg。刺激数据：家兔经眼：100 mg(24 h)，中度刺激；家兔经皮：500 mg(24 h)，轻度刺激。

5. 人体健康危害

本品与正丁醇的毒性比较，其麻醉作用较正丁醇稍强。

本品为中枢神经抑制剂，其抑制作用为乙醇的 4.4 倍。

本品具有刺激和麻醉作用。大量吸入对眼、鼻、喉有刺激作用，并出现头痛、眩晕、倦怠、恶心等症状。

异 丁 醇

1. 理化性质

CAS 号：78－83－1	外观与性状：无色透明液体
熔点/凝固点(℃)：－108	临界温度(℃)：265
沸点(℃)：107.9	临界压力(MPa)：4.86
闪点(℃)：28	自燃温度(℃)：426.6
爆炸上限[%(V/V)]：10.6	爆炸下限[%(V/V)]：1.7
饱和蒸气压(kPa)：1.33(21.7℃)	易燃性：易燃
密度(g/cm³)：0.802	相对密度(水＝1)：0.81
相对蒸气密度(空气＝1)：2.55	辛醇/水分配系数的对数值：0.65/0.83

(续表)

溶解性：异丁醇 15℃在水中溶解度 10%(质量)；能与乙醇、乙醚、苯、氯仿、甘油等混溶	

2. 用途与接触机会

主要用途是生产乙酸异丁酯，也用于工业上的合成异丁酯类增塑剂，应用范围有限，绝不能用来制作农用塑料，因为异丁醇能引起农作物的死亡。用作有机合成的原料、高级溶剂、分析试剂、色谱分析试剂、溶剂及萃取剂。可用作油漆、墨水等的溶剂和清漆的清理剂。在农药上主要用于合成二嗪磷的中间体异丁腈。

3. 毒性

本品健康危害 GHS 危险性分类为：皮肤腐蚀/刺激，类别 2；严重眼损伤/眼刺激，类别 1；特异性靶器官毒性——次接触，类别 3(呼吸道刺激、麻醉效应)。

大鼠经口 LD_{50} 2 460 mg/kg；兔经皮 LD_{50} 3 400 mg/kg；大鼠吸入 LC_{50} 19 200 mg/(m³·4 h)。

微生物致突变，鼠伤寒沙门氏菌阳性。大鼠经口，0.21 ml/次，2 次/w，总剂量 29 ml，观察 495 d，致肿瘤(3/19)。

4. 人体健康危害

较高浓度蒸气对眼睛、皮肤、黏膜和上呼吸道有刺激作用。眼角膜表层形成空泡，还可引起食欲减退和体重减轻。涂于皮肤，引起局部轻度充血及红斑。

叔 丁 醇

1. 理化性质

CAS 号：75－65－0	外观与性状：无色透明液体或无色结晶
沸点(℃)：82.42	临界温度(℃)：236
熔点/凝固点(℃)：25.7	临界压力(MPa)：3.972
闪点(℃)：11.1(闭杯)	自燃温度(℃)：470
爆炸上限[%(V/V)]：8	爆炸下限[%(V/V)]：2.35
饱和蒸气压(kPa)：5.33	气味阈值(mg/m³)：2.21
密度(g/cm³)：0.775	易燃性：易燃

（续表）

相对蒸气密度(空气=1)：2.55	相对密度(水=1)：0.79
溶解性：能与水、醇、酯、醚、脂肪烃、芳香烃等多种有机溶剂混溶	辛醇/水分配系数的对数值：0.37

2. 用途与接触机会

常代替正丁醇作为涂料和医药的溶剂。用作内燃机燃料添加剂(防止化油器结冰)及抗爆剂。作为有机合成的中间体及生产叔丁基化合物的烷基化原料。用作工业用洗涤剂的溶剂、药品萃取剂、杀虫剂、蜡用溶剂、纤维素酯、塑料和油漆的溶剂，还用于制造变性酒精、香料、果子精、异丁烯等。可作为测定分子量用的溶剂及色谱分析参比物质。

用于香料合成。

3. 毒性

本品健康危害 GHS 危险性分类为：严重眼损伤/眼刺激，类别 2；特异性靶器官毒性——一次接触，类别 3(呼吸道刺激)。

叔丁醇大鼠经口 LD_{50}：2 743 mg/kg。兔经皮>2 000 mg/kg；大鼠吸入 LC_{50}>30 314.93 mg/(m^3·4 h)。与其他丁醇相比有较高的毒性和麻醉性。

4. 人体健康危害

吸入对身体有害，对眼睛、皮肤、黏膜和呼吸道有刺激作用，中毒表现可有头痛、恶心、眩晕。

戊　　醇

1. 理化性质

CAS 号：71-41-0	外观与性状：无色液体
熔点/凝固点(℃)：−78.2～79	临界温度(℃)：313
沸点(℃)：137.5	临界压力(MPa)：3.86
闪点(℃)：33(闭杯)	自燃温度(℃)：300
爆炸上限[%(V/V)]：10.5	爆炸下限[%(V/V)]：1.2
饱和蒸气压(kPa)：0.13(20℃)	易燃性：易燃

（续表）

相对密度(水=1)：0.82	辛醇/水分配系数的对数值：1.40～1.51
相对蒸气密度(空气=1)：3.04	溶解性：微溶于水；溶于丙酮；可混溶于乙醇、乙醚等多数有机溶剂

2. 用途与接触机会

用于制造乙酸戊酯，也用于有机合成涂料溶剂、医药等的原料，与其他溶剂组成的混合物可用作硝基喷漆的助溶剂。

3. 毒性

本品健康危害 GHS 危险性分类为：皮肤腐蚀/刺激，类别 2；特异性靶器官毒性——一次接触，类别 3(呼吸道刺激)。

3.1 急性毒作用：大鼠经口 LD_{50}：370 mg/kg；兔经皮 LD_{50}：>3 200 mg/kg。

3.2 刺激性：家兔经皮：20 mg(24 h)，中度刺激；兔经皮 3 200/ 24 h，重度刺激。家兔经眼：81 mg，重度刺激；兔经眼 5 μl/24 h，重度刺激。

3.3 亚急性与慢性毒作用：兔多次经口染毒后，引起肺、肾和肝脏损伤。

4. 人体健康危害

吸入、口服或经皮肤吸收对身体有害，其蒸气或雾对眼睛、皮肤、黏膜和上呼吸道有刺激作用。还可引起头痛、眩晕、呼吸困难、咳嗽、恶心、呕吐、腹泻等；严重者有复视、耳聋、谵妄，有时出现高铁血红蛋白血症。

5. 风险评估

我国职业接触限值规定戊醇 PC-TWA 为 100 mg/m^3。

甲基戊醇

1. 理化性质

CAS 号：626-93-7	外观与性状：无色液体
熔点/凝固点(℃)：−23	闪点(℃)：41.7
沸点(℃)：139	自燃温度(℃)：319

（续表）

爆炸上限[%(V/V)]：8.03	爆炸下限[%(V/V)]：1.29
饱和蒸气压（kPa）：0.13（14.6℃）	易燃性：易燃
相对密度（水＝1）：0.81	密度（g/cm³）：0.81
溶解性：不溶于水；可混溶于乙醇、乙醚	相对蒸气密度（空气＝1）：3.53

2. 用途与接触机会

可用作溶剂和乳化剂。也可用来制己二酸、增塑剂、洗涤剂等。

3. 毒性

甲基戊醇稳定性较好，具有刺激性、腐蚀性。

4. 人体健康危害

可通过吸入、食入、经皮吸收。其蒸气或雾对眼睛、皮肤、黏膜和上呼吸道有刺激作用。

2-乙基丁醇

1. 理化性质

CAS号：97-95-0	外观与性状：无色透明液体，有特臭气味
熔点/凝固点（℃）：15	气味阈值（mg/m³）：无资料
沸点（℃）：146.5	自燃温度（℃）：58
闪点（℃）：54	分解温度（℃）：无资料
爆炸上限[%(V/V)]：7	爆炸下限[%(V/V)]：1.1
饱和蒸气压（kPa）：0.12（20℃）	易燃性：易燃
密度（g/cm³）：0.83	相对密度（水＝1）：0.83
相对蒸气密度（空气＝1）：3.4	溶解性：微溶于水，可混溶于乙醇、乙醚等大多数有机溶剂；能溶解油类、蜡、橡胶、染料和天然树脂等

2. 用途与接触机会

用作硝基喷漆、合成树脂清漆的助溶剂或稀释剂、印刷油墨溶剂。还用于香料、表面活性剂、增塑剂的制造和润滑油添加剂的合成等。

3. 毒性

3.1 急性毒作用：大鼠经口 LD_{50}：1 850 mg/kg；兔经皮 LD_{50}：1 260 μl/kg；大鼠腹腔 LD_{50}：800 mg/kg；兔经口 LD_{50}：1 200 mg/kg；豚鼠腹腔 LD_{50}：450 mg/kg。

3.2 刺激毒性：家兔经皮试验，415 mg/24 h 呈轻度刺激。皮肤有刺激作用，对眼睛也有损害。

4. 人体健康危害

可通过吸入、摄入或经皮肤吸收，对皮肤有刺激性。对眼有强烈刺激作用，接触后引起眼损害。

2-乙基己醇

1. 理化性质

CAS号：104-76-7	外观与性状：无色有特殊气味的可燃性液体
pH值：7（1 g/L，H_2O，20℃）	易燃性：可燃液体
熔点/凝固点（℃）：−76	沸点（℃）：184.8
闪点（℃）：81.1	饱和蒸气压（kPa）：0.207（25℃）
密度（g/cm³）：0.83	相对密度（水＝1）：0.83
相对蒸气密度（空气＝1）：4.49	溶解性：能与醇、醚、氯仿混溶；溶于约720倍的水，20℃时在水中的溶解度仅0.1%

2. 用途与接触机会

主要用于生产增塑剂，可用作白乳胶的消泡剂，是优良的溶剂，可用于纸张上浆、胶乳及照相等方面；还用于生产表面活性剂、分散剂、润滑剂、乳化剂、抗氧化剂、选矿剂、丝光处理剂和石油添加剂等；作为允许使用的食用香料，还常用于烘烤食品、冰冻乳制品及布丁中。

3. 毒性

本品健康危害GHS分类为：皮肤腐蚀/刺激，类别2；严重眼损伤/眼刺激，类别2；特异性靶器官毒性——一次接触，类别3。

大鼠经口 LD_{50}：3 730 mg/kg；小鼠经口 LD_{50}：2 500 mg/kg；兔经皮 LD_{50}：1 970 mg/kg。

兔经皮 500 mg/24 h，中度刺激；兔经眼 20 mg/24 h，中度刺激。

4. 人体健康危害

摄入、吸入或经皮肤吸收后对身体有害。对眼睛有强烈刺激作用，眼睛接触本品，可损伤眼睛。

2-辛醇

1. 理化性质

CAS 号：123-96-6	外观与性状：无色有芳香气味的易燃油状液体
沸点(℃)：179～180	熔点/凝固点(℃)：−38
爆炸上限[%(V/V)]：7.4	闪点(℃)：76
饱和蒸气压(kPa)：0.25 (20℃)	爆炸下限[%(V/V)]：0.8
密度(g/cm³)：0.819	易燃性：可燃液体
溶解性：1.12 g/L(水，25℃)	

2. 用途与接触机会

用作聚乙烯塑料增塑剂、合成纤维油剂、农药乳化剂的原料；也用作溶剂、消泡剂、香料中间体、有机合成、石油添加剂、润湿剂；作为香料可安全用于食品。

3. 毒性

本品健康危害 GHS 分类为：严重眼损伤/眼刺激，类别 1。

大鼠经口 LD_{50}：200 mg/kg；小鼠经口 LD_{50} > 1.795 g/kg。大鼠吸入本品 0.18～0.35 mg/L，2 h/d，每周 6 d，经 4.5 个月，可引起轻度可恢复的中枢神经系统症状，血红蛋白和血细胞数减少，肝、肾心机轻度病变。豚鼠经皮 LD_{50} > 0.5 g/只，对皮肤有轻度刺激。本品液体对兔眼有明显刺激，可致角膜浑浊。

4. 人体健康危害

高浓度吸入本品可能会引起中枢神经系统的影响，包括头痛、头晕和昏迷。可能会引起呼吸道发炎。本品可以通过皮肤吸收，可能会引起皮肤过敏。眼睛接触会引起短暂的刺激。本品能引起肠胃不适，恶心、呕吐和腹泻。可能引起中枢神经系统的抑制，以兴奋为特征，接着是头痛、头晕、嗜睡和恶心。由于呼吸衰竭，晚期可能导致昏迷、昏迷、昏迷和可能的死亡。肺里的物质吸入会引起化学性肺炎。

壬　醇

1. 理化性质

CAS 号：143-08-8	外观与性状：无色液体，微有玫瑰香味
熔点/凝固点(℃)：−5	沸点(℃)：214～216
闪点(℃)：73.9	爆炸下限[%(V/V)]：0.8
爆炸上限[%(V/V)]：6.1	易燃性：可燃液体
饱和蒸气压(kPa)：0.04 (20℃)	相对密度(水=1)：0.83 (20℃)
密度(g/cm³)：0.827	溶解性：不溶于水；溶于乙醇、乙醚；可混溶于醇、醚、氯仿
相对蒸气密度(空气=1)：5	

2. 用途与接触机会

本品有玫瑰和橙的愉快香气，天然品以游离或酯化状态存在于甜橙、苦橙、柚和橡苔等精油中。

用作溶剂，用于制造增塑剂、表面活性剂、稳定剂、消泡剂。

我国 GB2760—86 规定为允许使用的食用香料，主要用于本制奶油、桃、橙、柠檬、白柠檬和菠萝等型香精，用量极微，用于制造人造玫瑰香精、炼制真玫瑰油。

3. 毒性

本品健康危害 GHS 分类为：严重眼损伤/眼刺激，类别 2。

小鼠经口 LD_{50} 为 6.4～12.8 g/kg；大鼠经口 LD_{50} 为 3 560 mg/kg；兔经皮 LD_{50} 为 5.66 ml/kg；小鼠吸入 LC_{50} 为 5 500 mg/(m³ · 2 h)。对兔皮肤有一定刺激作用：500 mg/24 h 产生轻度刺激。

4. 人体健康危害

本品对黏膜有刺激作用，经口有轻度毒性。

5. 风险评估

本品对水生生物有毒并具有长期持续影响，其

环境危害 GHS 分类为：危害水生环境-长期危害，类别 2。

癸　醇

1. 理化性质

CAS 号：112－30－1	外观与性状：无色粘稠液体，有类似脂肪的气味
熔点/凝固点(℃)：7	沸点(℃)：231
闪点(℃)：82(开杯)	易燃性：可燃液体
饱和蒸气压(kPa)：0.13(69.5℃)	相对密度(水＝1)：0.83(20℃)
密度(g/cm^3)：0.829	溶解性：微溶于水，水中溶解度 2.8%(重量)；溶于冰醋酸、乙醇、苯、石油醚；极易溶于乙醚
相对蒸气密度(空气＝1)：4.5	

2. 用途与接触机会

本品是制造表面活性剂、增塑剂、合成纤维、消泡剂、除草剂、润滑油添加剂和香料等的原料，配制香皂、日用化妆品香精，也用作配制油墨等的溶剂。

我国 GB 2760—2007 规定为允许使用的香料。主要用于配制橙子、柠檬、椰子和什锦水果等型香精。

3. 毒性

本品健康危害 GHS 分类为：皮肤腐蚀/刺激，类别 2；严重眼损伤/眼刺激，类别 2。

大鼠经口 LD_{50} 为 4 720 mg/kg。兔经皮 LD_{50} 为 3 560 mg/kg。小鼠经口 LD_{50} 为 6.4～12.8 g/kg。大鼠吸入 LC_{50} ＞71 000 mg/(m^3 · h)；小鼠吸入 LC_{50} ＞4 000 mg/m^3(2 h)；哺乳动物 LC_{50}：3 000 mg/m^3。

对兔子皮肤和眼睛有一定刺激作用，兔经皮 20 mg/24 h 时对皮肤呈中度刺激，兔经眼 83 mg/24 h对眼睛呈重度刺激。

致癌性：本品具有促瘤作用，可促使已涂敷二甲基苯并蒽的小鼠皮肤发生癌变；每周涂 3 次本品，在 25～36 周时，30 只小鼠中有 6 只出现肿瘤，其中 2 只为鳞状细胞癌。

4. 人体健康危害

本品吸入、摄入或经皮肤吸收后对身体有害。有强烈刺激作用，接触后可引起烧灼感、咳嗽、喉炎、气短、头痛、恶心和呕吐。接触时间长能引起麻醉作用。

5. 风险评估

本品对水生生物有毒并具有长期持续影响，其环境危害 GHS 分类为：危害水生环境—长期危害，类别 2。

十　二　醇

1. 理化性质

CAS 号：112－53－8	外观与性状：淡黄色油状液体或固体，有刺激性气味
沸点(℃)：255～259	熔点/凝固点(℃)：24
饱和蒸气压(kPa)：0.133(91℃)	闪点(℃)：126.7(闭杯)
密度(g/cm^3)：0.833	相对密度(水＝1)：0.820 1(24℃)
相对蒸气密度(空气＝1)：7.4	溶解性：不溶于水、甘油；溶于乙醇、乙醚、苯、氯仿、丙二醇

2. 用途与接触机会

用于制造高效洗涤剂、表面活性剂、包泡剂、乳发剂、乳选剂、纺织油剂、杀菌剂、化妆品、增塑剂、植物生长调节剂、润滑油添加剂和其他一些特种化学品，广泛用于轻工、化工、冶金、医药等工业品。

我国 GB 2760—2007 规定为允许使用的食用香料。主要用以配制柠檬、橙子、椰子和菠萝等型香精。

3. 毒性

本品健康危害 GHS 分类为：严重眼损伤/眼刺激，类别 2。

大鼠经口 LD_{50} ＞12.8 g/kg，腹腔注射 LD_{50} 为 0.8～1.6 g/kg。豚鼠经皮 LD_{50} ＞10 ml/kg，对皮肤无刺激。人经皮 75 mg/3 d(连续)，重度刺激。

致癌性：本品具有弱促瘤作用，可促使已涂敷二甲基苯并蒽的小鼠皮肤发生乳头状瘤。

4. 人体健康危害

本品为可疑致癌物，具刺激性。本品的蒸气或(烟)雾对眼睛、皮肤、黏膜和上呼吸道有刺激作用。

5. 风险评估

本品对水生生物毒性极大，其环境危害GHS分类为：危害水生环境-急性危害，类别1。

十 六 醇

1. 理化性质

CAS号：36653-82-4	外观与性状：有玫瑰香气的白色叶片状结晶
熔点/凝固点(℃)：49～51	沸点(℃)：344
闪点(℃)：135	爆炸下限[%(V/V)]：1.0
爆炸上限[%(V/V)]：8.0	相对密度(水=1)：0.817 6 (50/4℃)
密度(g/cm^3)：0.818	溶解性：不溶于水；溶于乙醇、乙醚、氯仿
相对蒸气密度(空气=1)：8.34	

2. 用途与接触机会

主要用作洗涤剂、表面活性剂、润滑剂、医药中间体、香料及日用化学品原料、稻田保温剂、分析化学试剂，还用作气相色谱固定液等。

3. 毒性

本品健康危害GHS分类为：皮肤腐蚀/刺激，类别2；严重眼损伤/眼刺激，类别2。

大鼠经口 LD_{50} ＞2 mg/kg，小鼠经口 LD_{50} 为3.2 g/kg。兔经皮 LD_{50}：＞2 600 mg/kg；豚鼠经皮 LD_{50}＜10 g/kg。

人经皮0.2%，重度刺激；人经皮75 mg/3 d，间歇染毒，轻度刺激；兔经皮100 mg/24 h，重度刺激。兔经眼1.25 g，轻度刺激。兔经眼82 mg，轻度刺激。

致癌性：本品具有弱促瘤作用，可促使已涂敷二甲基苯并蒽的小鼠皮肤发生乳头状瘤。

4. 人体健康危害

本品具刺激性，对眼睛、皮肤、黏膜和上呼吸道有刺激作用。

5. 风险评估

本品可能对水生生物有害，并造成长期持续影响，其环境危害GHS分类为：危害水生环境—长期危害，类别4。

双 丙 酮 醇

1. 理化性质

CAS号：123-42-2	外观与性状：白色或微黄色透明液体，具有芳香味
熔点/凝固点(℃)：-44	沸点(℃)：164(167.9℃)，72℃ (2.67 kPa)，63 ～ 64 (1.47 kPa)
闪点(℃)：13(开杯)	易燃性：易燃
饱和蒸气压(kPa)：＜0.13(20℃)	密度(g/cm^3)：0.938 7 (20℃)
相对密度(水=1)：0.94	相对蒸气密度(空气=1)：4.00
溶解性：能与水混溶，并同多种有机溶剂混溶	

2. 用途与接触机会

用作硝基纤维、醋酸纤维、环氧树脂、烃类、油类、树脂、树胶和染料的溶剂。又可用以制造照相胶片、人造丝和人造皮革。从事相关行业的工作人员易引起接触。

3. 毒性

本品健康危害GHS危险性分类为：严重眼损伤/眼刺激，类别2。

3.1 急性毒作用

大鼠经口 LD_{50}：2 520 mg/kg；小鼠经口 LD_{50}：3 950 mg/kg；兔经皮 LD_{50}：13 500 mg/kg；小鼠腹腔 LD_{50}：933 mg/kg。小鼠、大鼠、兔和猫吸入9 954 mg/m^3，1～3 h可出现不安，黏膜刺激，兴奋，最后嗜睡。大鼠吸入饱和蒸气8 h可存活。大鼠经口 LD_{50}：4.0 g/kg。大鼠经口1 880 mg/kg可引起一时性肝损害，大鼠皮下注入0.075 g/kg可引起嗜睡、后可恢复。

兔经口2.26～3.76 g/kg可引起麻醉。兔经口4.7 g/kg可致死。兔经皮 LD_{50}：14.5 g/kg。兔肌肉2.82～3.76 g/kg可引起MLD。兔静脉注入0.94～1.41 g/kg可引起麻醉。兔静脉3.069 g/kg可引起MLD。

人吸入 1.896 mg/m³ ×15 min 可引起胸部不适，眼、鼻、喉刺激。人吸入 470 mg/m³ 引起较剧烈眼、喉刺激反应。人吸入 237 mg/m³ 无中毒征象发生。

3.2 亚急性毒作用和慢性毒作用

大鼠吸入 232 mg/m³ ×6 h/d×30 d 未见异常。大鼠吸入 1 035 mg/m³ ×6 h/d×30 d 引起肝脏肿大。大鼠吸入 4 494 mg/m³ ×6 h/d×30 d 引起体重减轻，肝肾重量增加，尿糖阳性。大鼠经口 10 mg/kg×30 d 未见任何反应。大鼠经口 40 mg/kg×30 d 器官有病变。

4. 人体健康危害

有明显的黏膜刺激作用，皮肤反复接触产生皮炎，吸入高浓度可引起麻醉、血压下降、肝肾损害。

5. 风险评估

我国职业接触限值规定双丙酮醇 PC - TWA 为 240 mg/m³。

烯 丙 醇

1. 理化性质

CAS 号：107 - 18 - 6	外观与性状：具有强烈的刺激性芥子气味和催泪性的无色刺激液体
熔点/凝固点(℃)：−129	临界温度(℃)：271.9
闪点(℃)：22.2(闭杯)	沸点(℃)：96.9
爆炸上限[%(V/V)]：18.0	易燃性：易燃
饱和蒸气压(kPa)：1.33/10.5℃	爆炸下限[%(V/V)]：2.5
相对密度(水＝1)：0.852 0(20/4℃)	密度(kg/m³)：847.5(25/4℃)
相对蒸气密度(空气＝1)：2.00	

2. 用途与接触机会

用于制备甘油、树脂、增塑剂，配制成药。从事这些行业的劳动者易于接触。

3. 毒性

本品为剧毒品，其健康危害 GHS 危险性分类为：急性毒性—经口，类别 3；急性毒性—经皮，类别 1；急性毒性—吸入，类别 2；皮肤腐蚀/刺激，类别 2；严重眼损伤/眼刺激，类别 2；特异性靶器官毒性—一次接触，类别 3(呼吸道刺激)。

3.1 急性毒性作用

大鼠经口 LD_{50} 为 99～105 mg/kg；兔经皮 LD_{50} 为 89 mg/kg；大鼠吸入 LC_{50} 为 1 037 mg/(m³ · h)；大鼠吸入 LD_{50} 为 0.39 g/(m³ · 4 h)。小鼠经口 LD_{50} 为 96 mg/kg。大鼠吸入 0.1 g/m³ ×1～2 h 出现流涎。兔吸入 2 593 mg/m³ ×4 h 可致死。猴吸入 2 370 mg/m³ ×4 h 出现死亡，可见呕吐及腹泻。人吸入 100～300 mg/m³ ×1 min 可出现鼻、眼黏膜刺激，人吸入 1.85 mg/m³ 可出现鼻刺激阈，人吸入＞65 mg/m³ 可出现胸部不适感。

兔经皮 0.5 ml，轻度刺激。兔经眼 20 mg，重度刺激；人经眼 65 mg/m³，重度刺激。

3.2 亚急性和慢性毒作用

大鼠吸入 LC_{50}：0.14 g/m³ ×7 h/d×60 d，可有眼刺激症状，最初几次出现气喘。大鼠吸入 0.24 g/m³ ×7 h/d×55 d 在染毒 46 天时 6/10 死亡。大鼠吸入 47.4 mg/m³ ×7 h/d×60 d 未见毒性反应。大鼠吸入 355 mg/m³ ×7 h/d×60 d 全部死亡。大鼠经口 12 mg/kg 置饮水中×90 d 未见毒性反应，大鼠经口 29 mg/kg 置饮水中×90 d 肝肾重量增加，大鼠经口 42～70 mg/kg/d×90 d 体重减轻，肝肾重量增加。兔经口 0.05 mg/kg/d 置饮水中 8 个月未见内脏有病理组织形态的改变，兔经口 0.05 mg/kg/d 置饮水中 8 个月后肝肾组织出血及细胞变性坏死。

4. 人体健康危害

4.1 刺激作用

对黏膜如鼻，特别是眼黏膜有强烈的刺激作用，并有较强的全身毒性。亦有微弱的麻醉作用。眼沾染本品后可引起严重的化学灼伤。刺激症状可有一定潜伏期，本品蒸气的浓度较低时，接触者可在下班回家时感到眼刺激。严重病例可致急性结膜炎，明显的羞明和眼调节障碍，病程一般为数日。据记载有点状角膜炎病例，并可使角膜迟发性坏死。

浓度为 14.81 mg/m³ 时，可见轻度眼刺激。鼻刺激阈低于 1.85 mg/m³。浓度为 100～300 mg/m³ 时，暴露 1 min 即可使鼻黏膜和眼结膜受到明显的甚至剧烈的刺激。皮肤接触本品时，经 1 h 甚至更长的潜伏期后疼痛，约 1 d 后发生水疱。

本品滴入兔眼的结膜囊，引起原发性刺激，表现为结膜刺激、角膜受损及虹膜炎，一周内不能痊愈。

4.2 肝肾损害作用

国外报道一例长时间皮肤接触而致死，此为一工人将本品溅至裤子上，未及时换去和清洗，在 24 h 内死于肾功能衰竭。在一组从事本品工作 10 年的工作人员中未发现肝脏损害或肾功能障碍。

5. 风险评估

我国职业接触限值规定烯丙醇 PC - STEL 为 3 mg/m^3，PC - TWA 为 2 mg/m^3。

本品对水生生物毒性极大，其环境危害 GHS 分类为：危害水生环境—急性危害，类别 1。

丙 炔 醇

1. 理化性质

CAS 号：107 - 19 - 7	外观与性状：无色，中等挥发性液体，易燃，微含老鹳草气味
沸点(℃)：114～115	熔点/凝固点(℃)：−53
爆炸下限[%(V/V)]：3.4	闪点(℃)：36(开杯)
饱和蒸气压(kPa)：1.55/20℃	爆炸上限[%(V/V)]：70
相对密度(水=1)：0.949	易燃性：易燃
溶解性：可溶于水及多种有机溶剂	

2. 用途与接触机会

在医药行业中，丙炔醇是合成磷霉素钠、磷霉素钙、磺胺嘧啶的重要中间体，也用于生产丙烯醇、丙烯醛、维生素 A 等医药产品。在农药行业中，用于合成克螨特农药。

丙炔醇的衍生物因其具有良好的整平性和光亮性，在镀镍过程中作为一种优良的镀镍快光剂使用。

丙炔醇及其下游化合物能抑制乙酸、磷酸、硫酸、盐酸等酸性物质对铁、铜、镍等金属的腐蚀，被广泛应用在钢铁行业中。

作为油气井中高温高压、高浓盐酸下的高效酸化缓蚀剂的关键有效组份被广泛应用在石油开采行业中。

可用作溶剂、氯代烃类的稳定剂、除草剂、杀菌剂等。

3. 毒性

本品为剧毒品，其健康危害 GHS 危险性分类为：急性毒性—经口，类别 2；急性毒性—经皮，类别 1；急性毒性—吸入，类别 2；皮肤腐蚀/刺激，类别 1B；严重眼损伤/眼刺激，类别 1。

3.1 急性毒作用

大鼠经口 LD_{50}：20 mg/ kg；兔经皮 LD_{50}：16 mg/kg；大鼠吸入 LC_{50}：2 002.01 mg/(m^3 · 2 h)。小鼠吸入 2 mg/L×2 h 致死。

3.2 亚急性和慢性毒作用

大鼠吸入 201.81 mg/m^3 ×7 h/d×5 d/w×89 d 可致肝肾肿大，细胞退行性变。兔经皮 10 mg/kg/d×63 次未见异常；兔经皮 20 mg/kg/d×28 次也未见异常。

4. 人体健康危害

有强烈的皮肤黏膜刺激作用，并抑制中枢神经系统活动。

5. 风险评估

本品对水生生物有毒并具有长期持续影响，其环境危害 GHS 分类为：危害水生环境—急性危害，类别 2；危害水生环境—长期危害，类别 2。

己 炔 醇

1. 理化性质

CAS 号：105 - 31 - 7	外观与性状：淡黄色液体
沸点(℃)：142	饱和蒸气压(kPa)：0.23(25℃)
密度(g/cm^3)：0.882 (20/20℃)	溶解性：与多种有机溶剂混溶

2. 毒性

大鼠经口 LD_{50}：126 mg/kg；兔经皮 LD_{50}：15.8 mg/kg。大鼠吸入 LC_{50} >20 mg/L×1 h，大鼠吸入饱和浓度×12 min 后存活，大鼠吸入饱和浓

度×30 min 可致死亡，有肺、肝、肾损害。兔经皮252 mg/kg×1 h可致死。

3. 人体健康危害

本品的经皮毒性大于经口毒性。对眼和皮肤有中等刺激作用。在室温下，吸入浓蒸气1 h能危及生命。人的皮肤长期接触本品会导致死亡。

1-丁炔-3-醇

1. 理化性质

CAS号：2028-63-9	外观与性状：无色或者浅黄色液体
沸点(℃)：108～111	闪点(℃)：34
密度(g/cm³)：0.958	易燃性：易燃
相对密度(水=1)：0.894～0.895	

2. 毒性

本品健康危害GHS危险性分类为：急性毒性—经口，类别3。小鼠经口LD_{50}：30 mg/kg。

丁炔二醇

1. 理化性质

CAS号：110-65-6	外观与性状：白色至淡棕色固体或褐色至黄色水状的溶液
熔点/凝固点(℃)：54	沸点(℃)：238.0±8.0(100 kPa)
闪点(℃)：152.2±0.0(闭杯)	燃点：248℃
爆炸上限[%(V/V)]：35.7	引燃温度：410℃。
饱和蒸气压(kPa)：0.133(102℃)	爆炸下限[%(V/V)]：2.3
密度(g/cm³)：1.2±0.1	*n*-辛醇/水分配系数：−0.93
溶解性：易溶于水、甲醇、乙醇；不溶于乙醚、苯、氯仿	相对密度(水=1)：1.07～1.2

2. 用途与接触机会

丁炔二醇可以制造丁烯二醇、丁二醇、正丁醇、二氢呋喃、四氢呋喃、γ-丁内酯、吡咯烷酮等一系列重要的有机产品，进一步可以制造合成塑料、合成纤维(尼龙-4)、人造革、医药、农药、溶剂(N-甲基吡咯烷酮)和防腐剂。

丁炔二醇可用于有机合成，用作电镀光亮剂，还可用作电镀镍的次级光亮剂，与初级光亮剂配合可以获得全光亮、整平性和延展性良好的镀层。

3. 毒性

本品健康危害GHS危险性分类为：急性毒性—经口，类别3；急性毒性—吸入，类别3；皮肤腐蚀/刺激，类别1B；严重眼损伤/眼刺激，类别1；皮肤致敏物，类别1；特异性靶器官毒性—反复接触，类别2。

3.1 急性毒作用

大鼠经口LD_{50}：100 mg/kg；大鼠经皮LD_{50}：659 mg/kg；大鼠吸入LC_{50}：0.669 mg/m³/4 h。

3.2 生殖毒性

大鼠经口实验显示，丁炔二醇具有一定的致畸性，可引发肌肉骨骼系统发育异常。

4. 人体健康危害

丁炔二醇对黏膜和上呼吸道破坏力强，具有较强呼吸道刺激性；摄入误吞会引致消化道灼伤，引发呕吐；若被皮肤吸收会引起皮肤过敏性反应，严重时会引起皮肤烧伤；接触眼睛引起眼部烧伤；长期或频繁接触会导致中枢神经系统机能降低。

4-己烯-1-炔-3-醇

1. 理化性质

CAS号：10138-60-0	外观与性状：常温下为液体
熔点/凝固点(℃)：−26.12	沸点(℃)：156.5±0.0(100 kPa)
闪点(℃)：46.4±14.1	易燃性：易燃，燃烧性可释放毒性烟雾
饱和蒸气压(kPa)：0.139(25℃)	相对密度(水=1)：0.934
溶解性(25℃)：8.657×10⁴	

2. 用途与接触机会

4-己烯-1-炔-3-醇为液体，仅用于工业生产。

3. 毒性

本品为剧毒品，其健康危害GHS危险性分类为：急性毒性—经口，类别2；急性毒性—经皮，类别2。

大鼠经口 LD_{50}：34 mg/kg；兔经皮，9.09 mg/24 h开放式，轻度刺激。

4. 人体健康危害

4-己烯-1-炔-3-醇有一定的呼吸道刺激性，经呼吸道吸入后会引起不适；若一次大量吸入，迅速脱离现场至空气新鲜处，保持呼吸道通畅；若出现呼吸困难，给予输氧治疗；如患者食入或吸入该物质，不可进行人工呼吸，迅速就医。摄入误吞可致命；量皮肤黏膜接触可产生严重的毒性作用，皮肤吸收可产生全身影响，并可致命；眼睛接触引起眼部不适；通过割伤、擦伤等开放性创伤处进入血液，可产生全身损害作用。

苯 甲 醇

1. 理化性质

CAS号：100-51-6	外观与性状：无色液体，有微弱的蜜甜水果香气
熔点/凝固点(℃)：−15.3	临界温度(℃)：441.85
闪点(℃)：93(闭杯)	临界压力(MPa)：4.3
沸点(℃)：205.45 (101.3 kPa)	自燃温度(℃)：436
爆炸上限[%(V/V)]：13	爆炸下限[%(V/V)]：1.3
饱和蒸气压(kPa)：0.13 (58℃)	引燃温度：436.1℃
密度(g/cm³)：1.0±0.1	溶解性：溶于水(33 g/L在20℃下)；易溶于醇、醚和芳烃
相对蒸气密度(空气=1)：3.72	相对密度(水=1)：1.4 (25℃)
n-辛醇/水分配系数：lg Pow：1.1 lg Pow：1.5 (20℃)	

2. 用途与接触机会

苯甲醇在工业化学品生产中用途广泛。用于涂料溶剂、照相显影剂、聚氯乙烯稳定剂、医药、合成树脂溶剂、维生素B注射液的溶剂、药膏或药液的防腐剂。可用作尼龙丝、纤维及塑料薄膜的干燥剂，染料、纤维素酯、酪蛋白的溶剂，制取苄基酯或醚的中间体。同时，广泛用于制笔(圆珠笔油)、油漆溶剂等。

可用于调配葡萄、樱桃、浆果、坚果、甜橙等食用香精。

苯甲醇是一种有用的定香剂，可作为茉莉、月下香、依兰等香精调制时的香原料。用于配制香皂、日用化妆香精，以及供药用和合成化学工业用。

3. 毒性

本品健康危害GHS分类为：急性毒性—经口，类别4；急性毒性—经皮，类别4。

3.1 急性毒作用

大鼠经口 LD_{50}：1.23 g/kg；兔经皮 LD_{50}：2 g/kg。

3.2 亚急性和慢性毒作用

大鼠经口450 mg/kg×10次，出现体重减轻，未见病理组织学改变；人吸入300 mg/m³×30～45 d，出现剧烈头痛、眼花、恶心、呕吐等。

4. 人体健康危害

具有神经系统麻醉作用，对上呼吸道、眼部、皮肤有刺激性作用。一次大量吸入可引发头痛、恶心、呕吐、胃肠道刺激、惊厥和昏迷。

α-甲基苄醇

1. 理化性质

CAS号：98-85-1	外观与性状：无色液体，有花香味，香气类似栀子花、玫瑰和紫丁香等
闪点(℃)：85±0.0	临界温度(℃)：426.85
熔点/凝固点(℃)：20	临界压力(MPa)：3.8
沸点(℃)：203.4(99.3 kPa)	自燃温度(℃)：436.11
易燃性：可燃，96℃以上其蒸气与空气混合物具有爆炸性	相对蒸发速率(乙醚=1)：1 700

（续表）

饱和蒸气压(kPa)：0.013 3 (20℃)	溶解性：水溶解性为 29 g/L(20℃)；溶于丙二醇、醇、醚、氯仿；易溶于甘油
密度(g/cm^3)：1.0±0.1	相对蒸气密度(空气＝1)：3.7
相对密度(水＝1)：1.013	

2. 用途与接触机会

用于有机合成，用作香料的原料。主要用于制取乙酸苏合香酯和丙酸苏合香酯。

3. 毒性

本品健康危害 GHS 危险性分类为：急性毒性—经口，类别 3。大鼠经口 LD_{50}：400 mg/kg；小鼠经口 LD_{50}：558 mg/kg；小鼠腹腔 LD_{50}：200 mg/kg；豚鼠经皮 LD_{50}：5 000 mg/kg；豚鼠腹腔 LD_{50}：400 mg/kg；兔经皮 LD_{50}：790 mg/kg；人经口 MLD：500 mg/kg。

4. 人体健康危害

呼吸道吸入、消化道摄入或经皮肤吸收后对身体有害。对眼睛、皮肤、黏膜和上呼吸道有刺激作用，接触后可引起头痛、头晕、恶心、呕吐、咳嗽、气短等。

β-苯乙醇

1. 理化性质

CAS 号：60-12-8	外观与性状：透明无色液体
熔点/凝固点(℃)：−27	临界温度(℃)：426.85
沸点(℃)：218.2±8.0 (100 kPa)	比重：1.023 5(15/15℃)
饱和蒸气压(kPa)：0.133 (58℃)	闪点(℃)：102.2±0.0
密度(g/cm^3)：1.0±0.1	相对密度(水＝1)：1.020(20℃下)
相对蒸气密度(空气＝1)：4.21	溶解性：可溶于水；与乙醇、乙醚和甘油任意混溶；在水中的溶解度是 1∶50

2. 用途与接触机会

用于制造香料、化妆品、防腐剂等原料。调配玫瑰香型花精油和各种花香型香精，几乎可以调配所有的花精油。

是我国食品添加剂使用卫生标准规定允许使用的食用香料

3. 毒性

本品健康危害 GHS 分类为：急性毒性—经口，类别 4；严重眼损伤/眼刺激，类别 2。具有麻醉作用，对皮肤有轻度刺激性。

3.1 急性毒性

大鼠经口 LD_{50}：1.79 g/kg；兔经皮 LD_{50}：2 535 mg/kg；大鼠吸入 LC_{50}：＞500 mg/m^3；大鼠吸入 LC_{50}：＞4 630 mg/m^3/4h。豚鼠经皮 LD_{50}：5～10 ml/kg，皮肤出现轻度刺激性；兔经皮 100 mg/24 h，中度刺激；兔经眼 750 μg/24 h，重度刺激。

3.2 生殖毒性

大鼠经口对胚胎或胎儿的影响，可致胎儿死亡。可引起肌肉骨骼系统、泌尿生殖系统发育异常。

4. 人体健康危害

呼吸道吸入、消化道摄入或经皮肤吸收后对身体有害。对眼睛、皮肤、黏膜和上呼吸道有刺激作用，大量接触后可引起头痛、头晕、恶心、呕吐、咳嗽、气短等，具有中枢神经系统麻醉作用。

环 戊 醇

1. 理化性质

CAS 号：96-41-3	外观与性状：无色黏性液体，有令人愉快的气味，有点像薄荷
闪点(℃)：51.5(CC)	临界温度(℃)：288.9
熔点/凝固点(℃)：−19	临界压力(MPa)：4.92
沸点(℃)：140.4	自燃温度(℃)：498
爆炸上限[%(V/V)]：8.0	爆炸下限[%(V/V)]：1.2
饱和蒸气压(kPa)：252.2 (25℃)	易燃性：易燃，遇明火、高热及氧化剂有引起燃烧爆炸的危险
密度(g/cm^3)：0.949(25℃)	溶解性：轻微溶于水；溶于乙醇、丙酮、乙醚

（续表）

相对密度（水＝1）：0.947 8(20℃)	n-辛醇/水分配系数：0.71
相对蒸气密度(空气＝1)：2.97	饱和蒸气压（kPa）：251.6(25℃)

2. 用途与接触机会

自然界中环戊醇仅存在于接骨木果汁和中国槟栌油中，且含量较低，提取较困难。日常生活中常用于食品添加剂、调味剂，以食品添加剂为主。一般人群可通过吸入香料或摄入含有该化合物的食物暴露于环戊醇。

环戊醇是环戊烯最重要的下游产品之一，主要用于生产医药中间体和香料香精等，是制备环戊酮、溴代环戊烷、氯代环戊烷、治疗水肿及高血压的药物环戊甲噻嗪及新型非巴比妥静脉麻醉药开他敏不可缺少的原料。

3. 毒性

本品健康危害 GHS 危险性分类为：急性毒性—经口，类别 3；急性毒性—经皮，类别 2；严重眼损伤/眼刺激，类别 2；特异性靶器官毒性-反复接触，类别 2。

急性皮肤毒作用：将测试物质一次施用于雄性新西兰白兔的修剪完整的皮肤上 24 h，LD_{50} 测定为 0.14 ml/kg。

原发性皮肤刺激：将测试物质以 0.01 ml 的量施用或 10%，1.0%，0.1%或 0.01%溶剂的稀释后施用于未处理的 5 只兔子，在 4 只兔子上没有发现有刺激作用，在一只兔子上注意到中度毛细血管扩张。

4. 人体健康危害

吸入或口服对身体有害。高浓度下可能有麻醉作用，且具有刺激性。

环 己 醇

1. 理化性质

CAS 号：108-93-0	外观与性状：无色针状结晶（吸湿晶体）或黏性液体；有樟脑气味，有吸湿性；高于 25℃为无色至浅黄色液体

（续表）

闪点(℃)：62.8(闭杯)	临界温度(℃)：377.1
熔点/凝固点(℃)：25.93	临界压力(MPa)：4.26
沸点(℃)：161.84	自燃温度(℃)：300
饱和蒸气压（kPa）：0.13(21℃)	n-辛醇/水分配系数：1.23
密度(kg/m^3)：0.962 4(20℃)	易燃性：本品可燃，具刺激性
相对密度(水＝1)：0.949 3	气味阈值(mg/m^3)：0.20
溶解性：溶于水(20℃时，在水中溶解度为 36 g/L)；溶于乙醇、乙醚、丙酮，与苯混溶；微溶于氯仿；在水中，在 30℃下 4.3 g/100 g(4.3×10+4 mg/L)；在 10℃下 4.2 g/100 g(4.2×10+4 mg/L)；可与乙酸乙酯、亚麻子油、石油溶剂混溶	相对蒸气密度(空气＝1)：3.45

2. 用途与接触机会

用做醇酸树脂、甘油三松香酸酯、贝壳松脂、马尼拉树脂、乳香、虫胶、金属皂、酸性染料、精油、矿物油等的溶剂。也用做乳胶稳定剂、涂料及清漆的脱漆剂，还用于香料、增塑剂等方面。

用作织物的整理剂，橡胶、醇酸树脂、乙基纤维素及硝化棉的溶剂，也用来生产。

3. 毒代动力学

给动物本品后，兔、狗及鼠的尿内葡萄糖醛酸结合物排出量均有增加。结合性硫酸物排出量与空气中本品浓度的增高是相关的。兔隔日吸入蒸气 10～15 min 21 d 后，血液内谷胱甘肽减少 1%～2%。曾用放射性同位素研究其代谢，兔经口给 0.26 g/kg 后，58%～64%以环己基葡萄糖醛酸酯形式和 6%～7%以邻环己醇形式排出。

本品中毒时，尿中无机硫与总硫之比值下降，葡萄糖醛酸量增高，兔尿中葡萄糖醛酸含量的增加可作为环己醇及甲基环己醇进入机体数量上的参考指标。

在体内与葡萄糖醛酸和硫酸结合，随尿排出。

4. 毒性

本品健康危害 GHS 分类为：急性毒性—经口，

类别 4；急性毒性—吸入，类别 4；皮肤腐蚀/刺激，类别 2；特异性靶器官毒性——一次接触，类别 3。

大鼠经口 LD_{50} 为：1 400 mg/kg；大鼠吸入 LC_{50} 为>3 630 mg/m^3。

高浓度能引起皮肤黏膜的刺激作用吸入环己醇蒸气时略有麻醉性。动物吸入高浓度时，对中枢神经系统有抑制作用，对皮肤、眼和上呼吸道有刺激作用。对皮肤、黏膜的刺激比环己烷强。反复吸入动物实验发现能引起肝、肾、血管的病变。

人吸入 TCLo：307.24 mg/m^3，对感觉器官及呼吸系统有影响。给兔 2.6 g/kg 或更高剂量的本品，可引起严重血管损害及心肌、肺、肝、肾及脑的严重毒性作用及大块的凝固性坏死，稍低剂量时出现中毒性退行性损害及较轻微的血管损害。

以环己醇制成的软膏 5 g 涂敷在兔的脱毛皮肤上 1 h/d，连续 15 d，引起表皮脱落及红斑。使用 10 ml 环己醇涂抹兔表皮，1 h/d，连续 10 d，皮肤有坏死、渗出、溃疡及增厚。

本品在空气中浓度达 409 mg/m^3 时，对人的眼、鼻及咽喉呈刺激作用，液态的本品对皮肤有刺激作用，但经皮吸收很慢，经口摄入毒性小。

5. 人体健康危害

5.1 急性中毒

人吸入高浓度本品时，可出现眼及上呼吸道刺激症状。

在正常生产条件下，吸入蒸气引起急性中毒可能性小。本品在空气中浓度达 40 mg/m^3 时，对人的眼、鼻、咽喉有刺激作用。液态的本品对皮肤有刺激作用，接触可引起皮炎，但经皮肤吸收很慢。经口摄入毒性小。

人体暴露研究：在使用含 4%环己醇的凡士林进行 48 h 封闭贴剂试验中，受试者中出现有红斑或水肿的皮肤反应。

5.2 慢性中毒

在一组 174 名女性和 279 名男性中，每天暴露于低于“允许”浓度的环己醇，114 名患者在 2 年内表现出非自主神经系统的非特异性紊乱，而非暴露对照组只有 8 名患者具有相似的情况。

6. 风险评估

我国职业接触限值规定环己醇 PC-TWA 为 100 mg/m^3。2012 年美国 ACGIH 制订的 BEIs 为班末尿 8 mg/L。

甲基环己醇

1. 理化性质

CAS 号：25639-42-3	外观与性状：无色黏稠或稻草色液体，有芳香、薄荷醇般气味，微弱的椰子油味
熔点/凝固点(℃)：−50	沸点(℃)：155～180
闪点(℃)：67(闭杯)	易燃性：可燃液体
饱和蒸气压(kPa)：0.16(反式-2-甲基环己醇，25℃)，0.193(顺式-2-甲基环己醇，25℃)	溶解性：溶于水(在水中溶解度为 31～41.7 g/L)；能与一般溶剂、增塑剂、橡胶溶液、甲醇和甲醚混溶
密度(g/cm^3)：0.92(25/4℃) 0.913(20℃)	*n*-辛醇/水分配系数：1.82
相对密度(水=1)：0.924	相对蒸气密度(空气=1)：3.93

2. 用途与接触机会

甲基环己醇为同分异构体混合物。包括 1-甲基环己醇，2-甲基环己醇，3-甲基环己醇，4-甲基环己醇四种同分异构体。常用于橡胶、油、树脂、蜡及喷漆等溶剂、有机合成中间体。用作纤维素酯的溶剂、润滑剂的抗氧剂，也用于去垢剂的制造。

3. 毒代动力学

本品进入体内后，其代谢物与葡萄糖醛酸及硫酸结合，故尿中葡萄糖醛酸量增加，其排出量与空气中本品浓度是直接相关的。

4. 毒性

本品健康危害 GHS 危险性分类为：皮肤腐蚀/刺激，类别 2；特异性靶器官毒性——一次接触，类别 3(麻醉效应)。

大鼠经口 LD_{50}：1 660 mg/kg；人—吸入 TCL_0：2 335 mg/m^3。有抑制精神的作用，对呼吸系统及泌尿系统也有影响。

兔经口 2.0 g/kg 或更高，心、肝、肾急性病变及血管变化，肺内血管损害；经口 2.0 g/kg 为 MLD；经口低于致死剂量可引起肝弥漫性退行性变。

小鼠吸入饱和蒸气 2 d 出现不安，萎靡；兔吸入饱和蒸气 2 d 出现鼻黏膜刺激；狗吸入饱和蒸气 7 d 未见特殊病变；兔吸入 2.3 g/m^3，6～8 h，共 300 h，出现流涎、结膜刺激、萎靡；兔吸入 2.34 g/m^3，6 h/d，10w，出现流涎、结膜充血、刺激嗜睡；兔吸入 0.56～1.08 g/m^3，重复吸入，无明显作用；兔吸入 1.0～0.56 g/m^3，6～8 h/d，共 300 h，肝、肾显微镜下病变；兔经皮 6.8～9.4 g/kg，出现虚弱、震颤、麻醉、皮肤瘀点、舌血及增厚。兔长期经皮、经口活吸入低浓度或低剂量的本品，仍能引起肝、肾及皮肤黏膜等病变。

动物实验表明以邻位本品的毒性为最大。

5. 人体健康危害

人接触过高的浓度，可引起头痛、眼及上呼吸道黏膜的刺激，空气中本品浓度达到 2 330 mg/m^3 时可引起上呼吸道的刺激。液体对皮肤有刺激作用，经皮吸收很慢，经口摄入毒性较小。

糠　　醇

1. 理化性质

CAS 号：98－00－0	外观与性状：无色至黄色易流动液体，可燃。有特殊的苦辣味，具微弱的燃烧气味。暴露在光线和空气中变成棕色或深红色
pH 值：6(300 g/L，H_2O，20℃)	熔点/凝固点(℃)：－14.6
沸点(℃)：171(97 kPa)	自燃温度(℃)：490
闪点(℃)：65(闭杯)	爆炸下限[%(V/V)]：1.8
爆炸上限[%(V/V)]：16.3	易燃性：可燃
饱和蒸气压(kPa)：0.133(32℃)	*n*-辛醇/水分配系数：0.28
密度(g/cm^3)：1.135(25℃)，1.129 6(20℃)	溶解性：溶于氯仿、水和苯；极易溶于乙醇、乙醚；与大多数油不混溶，与水可混溶
相对密度(水＝1)：1.129 6(20℃)	相对蒸气密度(空气＝1)：3.4

2. 用途与接触机会

用作溶剂、火箭燃料、有机合成原料，也可用于乙酰丙酸、呋喃树脂、酚醛树脂和增塑剂的制备。

是树脂、清漆、颜料的良好溶剂和火箭燃料，还可用于合成纤维、橡胶、农药及铸造行业；用作合成各种呋喃型树脂的原料、防腐涂料，亦是良好的溶剂；GB 2761—1997 规定为允许使用的食品用香料。

3. 毒性与中毒机理

本品健康危害 GHS 危险性分类为：急性毒性—经口，类别 3；急性毒性—经皮，类别 3；急性毒性—吸入，类别 2；严重眼损伤/眼刺激，类别 2；特异性靶器官毒性——次接触，类别 3(呼吸道刺激)；特异性靶器官毒性—反复接触，类别 2。

大鼠经口 LD_{50}：275 mg/kg；大鼠腹腔 LD_{50}：650 mg/kg；小鼠经口 LD_{50}：160 mg/kg；兔经皮 LD_{50}：406 mg/kg；大鼠吸入 LC_{50}：934 mg/m^3。

小剂量对人及兔的呼吸起刺激作用，较大剂量可抑制呼吸，降低体温，引起眩晕、呕吐、流涎、腹泻及多尿。对神经系统有抑制及麻醉作用。

小鼠重复吸入 76.19 mg/m^3(48.12～116.29 mg/m^3)，6 h，各 30 及 15 次，最初 5 或 10 min 呈现烦躁，继之睡眠，呼吸道有中等度的渗出及充血。兔静脉注射 LD_{50} 为 0.65 g/kg；经皮 LD_{50} 为 0.60 g/kg；狗吸入 958.39 mg/m^3，6 h/d，共 20 d，未显示任何行为改变，组织病理示支气管有慢性炎症；而猴吸入同样浓度连续 3 d，无明显刺激作用或毒性变化，当吸入 1 042.6 mg/m^3，6 h，有轻度眼刺激症状。

IARC 致癌性分类为 2B。

本品使兔的心脏收缩减弱，但不影响其节律，这可能是直接对心肌的作用，而不影响其传导系统。本品又能降低兔小肠平滑肌的紧张力及收缩力，也能抑制兔的中枢神经系统，引起脑电图变化，类似某些麻醉剂所致的改变。给兔或猫静脉注射糠醇 0.5～0.6 g/kg 时，引起血压急剧下降和呼吸暂停，注入 0.8～1.4 g/kg 时，引起呼吸麻痹而致死。由本品致死剂量所引起的中枢抑制作用，可用戊撑四唑、苯异丙胺及麻黄素有效地制止。

4. 人体健康危害

本品高浓度持续吸入可引起咳嗽、气短和胸部紧束感。极高浓度可引起死亡。蒸气对眼有刺激性，液体可引起眼部炎症和角膜混浊。皮肤接触其液体，引起皮肤干燥和刺激。口服出现头痛、恶心，口腔和胃刺激。曾有本品的生产工人发生皮炎及呼吸道刺激症状的报道。

5. 风险评估

我国职业接触限值规定糠醇 PC－TWA 为 40 mg/m^3；PC－STEL 为 60 mg/m^3。

四氢糠醇

1. 理化性质

CAS 号：97－99－4	外观与性状：无色透明液体，微有气味，无臭；其蒸气与空气形成爆炸性混合物，遇明火、高热或与氧化剂接触，有引燃烧爆炸危险；遇无机酸和某些有机酸可能引起爆炸；若遇高热，容器内压增大，有开裂和爆炸的危险
熔点/凝固点(℃)：＜－80	闪点(℃)：74(开杯)
沸点(℃)：178/99.06 kPa	自燃温度(℃)：282
爆炸上限[%(V/V)]：9.7	爆炸下限[%(V/V)]：1.5
饱和蒸气压(kPa)：0.31(39℃)，0.11(25℃)	密度(kg/m^3)：1 054(20℃)
相对密度(水＝1)：1.054	易燃性：可燃，具有强烈的刺激性。
溶解性：可与水、乙醇、乙醚、丙酮、氯仿和苯混溶；不溶于石蜡烃。有吸湿性	相对蒸气密度(空气＝1)：3.522

2. 用途与接触机会

用作纤维素、聚苯乙烯、酚醛树脂等的溶剂，用于制造脂类、增塑剂和作为化学中间体。用作溶剂，也用作制取二氢呋喃、赖氨酸等的原料，其酯类用作增塑剂。

用于制备丁二酸、戊二醇、四氢呋喃、吡喃等，也用作涂料、树脂和油脂的溶剂。在印染工业中用作润滑剂、分散剂，药品的脱色、脱臭剂，还用作增塑剂、除草剂、杀虫剂等有机合成的原料。

GB2760—2007 规定为允许使用的食用香料。

3. 毒性

本品健康危害 GHS 分类为：严重眼损伤/眼刺激，类别 2。

豚鼠经口 LD_{50} 800 mg/kg，豚鼠经皮 LD_{50} 5 g/kg。大鼠经口 LD_{50} 1 600 mg/kg，小鼠经口 LD_{50} 2 300 mg/kg。

兔经眼，20 mg/ 24 h，中度刺激；大鼠吸入 2 731.35 mg/(m^3·6 h)，出现共济失调，血管舒张及衰竭。吸入 52.75 g/m^3(计算浓度)，3 只中有 2 只死亡。

4. 人体健康危害

对眼睛有强烈的刺激作用，对皮肤和黏膜有刺激作用。接触后可引起头痛、头晕、恶心等。

高浓度持续吸入引起咳嗽、气短和胸部紧束感。对眼有刺激性，液体可引起眼部炎症和角膜混浊。口服出现头痛、恶心、口腔和胃刺激。

卤代脂肪族醇类

氟代醇类[1,3－二氟－2－丙醇]

1. 理化性质

CAS 号：453－13－4	外观与性状：无色或微黄色透明液体
沸点(℃)：54～55(45 hPa－lit)	易燃性：易燃
闪点(℃)：42	*n*－辛醇/水分配系数：无资料
密度(g/cm^3)：1.24(25℃)	溶解性：溶于水，在酸性溶液中化学性质稳定，在碱性溶液中能分解，高温时易挥发失去毒性
相对密度(水＝1)：3(25℃)	

2. 用途与接触机会

1,3－二氟－2－丙醇是一种代谢毒物，与氟乙酸钠类似，能中断三羧酸循环。是高毒、速效氟醇类杀鼠剂。主要用于野外灭鼠，控制鼠患，尤其适用于草原牧区。

3. 毒性

本品健康危害 GHS 危险性分类为：急性毒

性—经口，类别2。

急性毒性：静注—小鼠 LD_{50} 为178 mg/kg，除致死剂量外无详细说明。

对褐家兔急性经口 LD_{50} 为30.0 mg/kg，达乌里鼠兔 LD_{50} 为38 mg/kg，草原黄鼠 LD_{50} 为4.5 mg/kg，长爪沙土鼠 LD_{50} 为10.0 mg/kg，中华姗鼠 LD_{50} 为2.8 mg/kg，豚鼠4.0 mg/kg。对家禽较安全，鸡 LD_{50} 为1 500 mg/kg，鸭 LD_{50} 为2 000 mg/kg，对家畜毒性高。Ames试验、小鼠骨髓细胞微核试验、小鼠睾丸原细胞染色体畸变试验均为阴性，无明显蓄积性。

4. 人体健康危害

对眼睛、呼吸道和皮肤有刺激作用。

2-氯乙醇

1. 理化性质

CAS号：107-07-3	外观与性状：无色或淡黄色液体
熔点/凝固点(℃)：−63	闪点(℃)：40(开杯)
沸点(℃)：129	自燃温度(℃)：425
爆炸上限[%(V/V)]：15.9	爆炸下限[%(V/V)]：4.9
饱和蒸气压(kPa)：1.33(30.3℃)	易燃性：易燃
相对密度(水=1)：1.2	密度(g/cm³)：1.25～1.27
溶解性：溶于水、酸、乙醚	相对蒸气密度(空气=1)：2.78

2. 用途与接触机会

用作纤维素酯、涂料、树脂等的溶剂。也用于乙二醇、环氧乙烷、丙烯腈、医药、农药、染料等的制造以及用作甘蔗催芽剂等。

用作溶剂，用于染料、农药、杀虫剂等有机合成。用于制药、制革、合成表面活性剂、破乳剂及乳化剂中，还可生产环氧乙烷、乙二醇。

3. 毒性

本品为剧毒品，健康危害GHS危险性分类为：急性毒性—经口，类别2；急性毒性—经皮，类别1；急性毒性—吸入，类别2。

急性毒性：大鼠经口 LD_{50}：71 mg/kg；兔经皮 LD_{50}：67 mg/kg；小鼠经皮18 mg/kg；大鼠吸入 LC_{50}：290 mg/m³。

4. 人体健康危害

高浓度蒸气对眼、上呼吸道有刺激性。

急性中毒：开始为头痛、头晕和消化道症状；数小时后转入狂躁兴奋状态，随即进入抑制状态，并出现昏迷，重者发生脑和肺水肿。可因循环和呼吸衰竭而死亡。

慢性中毒：有头痛、头晕、嗜睡、恶心、呕吐、乏力、黏膜刺激、食欲不振、消瘦等症状。

5. 风险评估

我国职业接触限值规定MAC为2 mg/m³(氯乙醇)，美国ACGIH制定的TLV-C为16 mg/m³。

本品对水生生物有毒，其环境危害GHS分类为：危害水生环境—急性危害，类别2。

氯 丙 醇

1. 理化性质

CAS号：127-00-4	外观与性状：无色液体，有微弱气味
相对密度(水=1)：1.112 8	沸点(℃)：126～127
闪点(℃)：51	密度(g/cm³)：1.115(20℃)
饱和蒸气压(kPa)：0.65/20℃	易燃性：易燃
相对蒸气密度(空气=1)：3.26	溶解性：溶于水、乙醇和乙醚

2. 用途与接触机会

有机合成中间体。主要用于制造环氧丙烷和丙二醇。广泛用于聚氨基甲酸酯和其他不饱和聚酯树脂等生产；医药上用于合成氯丙嗪；也用于有机合成，作氧化丙烯的原料和羟丙基化试剂等。

氯丙醇类化合物是植物蛋白质在酸水解过程中产生的污染物。如果不采取特殊的生产工艺，凡是以酸水解植物蛋白质为原料生产的食品都会存在不同水平的氯丙醇，包括酱油、醋、"鸡精"调料等调味品。

3. 毒性

本品健康危害 GHS 危险性分类为：急性毒性—经口，类别 3；急性毒性—经皮，类别 3；急性毒性—吸入，类别 2。

大鼠经口 LD_{50}：220 mg/kg；兔经皮 LD_{50}：430 mg/kg；大鼠吸入 LC_{50}：1 550 mg/(m^3 · 4 h)。氯丙醇的毒性很久以来就有报道，包括急、慢性毒性作用；遗传毒性、生殖毒性、神经毒性、致癌性。动物实验研究表明可引起肾体比增大、肾小管增生和变性，肾肿瘤增加，生殖能力下降等，但缺乏人体毒性资料，而且上述毒性也不适合用作人群氯丙醇暴露对健康影响的评价指标。

4. 人体健康危害

对眼有强烈刺激作用。还具有急、慢性毒性作用、遗传毒性、生殖毒性、神经毒性、致癌性。如果在生产酱油中用了添加盐酸的方法来加速生产，这会导致产品中氯丙醇含量偏高，对人体有害，会影响人的健康。

2-氯-1-丙醇

1. 理化性质

CAS 号：78-89-7	外观与性状：稍带醚臭的无色液体
沸点(℃)：133	闪点(℃)：52(闭杯)
饱和蒸气压(kPa)：0.49(25℃)	易燃性：易燃
密度(g/cm^3)：1.11	溶解性：可混溶于多数有机溶剂

2. 用途与接触机会

2-氯-1-丙醇是重要的化学品，可用于合成左氟沙星的重要中间体(s)-(+)-2-氨基丙醇等，也是制造环氧丙烷的重要中间体，广泛用于聚酯树脂生产。

3. 毒性

本品健康危害 GHS 分类为：急性毒性—经口，类别 3；急性毒性—经皮，类别 3；急性毒性—吸入，类别 2。

大鼠经口 LD_{50}：218 mg/kg；兔经皮 LD_{50}：430 mg/kg；大鼠吸入 LC_{50}：1 550 mg/m^3/4h。兔经皮 500 mg 开放式，轻度刺激。兔经眼 2 mg，重度刺激。

4. 人体健康危害

对眼、呼吸系统和皮肤有刺激性，吸入、皮肤接触和吞食对人体有害。

3-氯-1-丙醇

1. 理化性质

CAS 号：627-30-5	外观与性状：无色透明液体
pH 值：3～4(100 g/L，H_2O，20℃)	熔点/凝固点(℃)：−20
沸点(℃)：160～162	闪点(℃)：73
饱和蒸气压(kPa)：1.5	易燃性：可燃液体
密度(g/cm^3)：1.1	相对密度(水＝1)：1.131(25℃)
溶解性：可溶于水、乙醇、乙醚	

2. 用途与接触机会

3-氯-1-丙醇是一种重要的精细化工中间体，可用于合成氯甲酸-3-氯丙酯等医药，以及多种化工原料。还可用作溶剂、增塑剂、表面活性剂等。

3. 毒性

本品健康危害 GHS 危险性分类为：急性毒性—经口，类别 3；皮肤腐蚀/刺激，类别 2；严重眼损伤/眼刺激，类别 2；特异性靶器官毒性——次接触，类别 3(呼吸道刺激)。

大鼠经口 LD_{50}：2 300 mg/kg；小鼠经口 LD_{50}：2 300 mg/kg。

4. 人体健康危害

本品蒸气或雾对眼、黏膜和上呼吸道有刺激性，对皮肤也有刺激性。

二 氯 丙 醇

1. 理化性质

CAS 号：616-23-9	外观与性状：无色液体，微有氯仿气味
沸点：174℃	分子量：129

（续表）

相对饱和蒸气密度（空气=1）：4.45	比重（20/4℃）：1.367
蒸气压（kPa）：0.133（28℃）	溶解性：不溶于水；溶于乙醇、乙醚、丙酮等多数有机溶剂

2. 用途与接触机会

用作醋酸纤维、乙基纤维的溶剂；也用于制造环氧树脂、离子交换树脂等。

3. 毒性作用

以急性毒性为主。大鼠经口：LD_{50} 90 mg/kg；兔经皮：LD_{50} 200 mg/kg。

兔经眼 20 mg，重度刺激。

4. 人体健康危害

对皮肤、黏膜有强刺激性。吸入后，损害呼吸道和胃肠道，可致咽峡炎、支气管炎；严重者可致肺水肿、胃黏膜出血。直接接触可损害眼及皮肤。

1,3-二氯异丙醇

1. 理化性质

CAS号：96-23-1	外观与性状：无色液体，微有氯仿气味
熔点（℃）：−4	分子量：128.99
沸点（℃）：174.3	折射率（17℃）：1.48
闪点（℃）：73.9（开杯）	溶解性：不溶于水；溶于乙醇、乙醚、丙酮等多数有机溶剂
相对密度（水=1）：1.37	相对蒸气密度（空气=1）：4.4

2. 用途与接触机会

氯丙醇类化合物是目前国际上广为关注的食品污染物。其中1,3-二氯异丙醇是食品中脂质与氯离子在加工烹饪和储藏过程中发生反应而形成的。根据食品添加剂联合专家委员会的统计1,3-二氯异丙醇的评价饮食暴露量为0.008～0.080 μg/kg bw/d，其中肉及肉制品占54%～72%。

二氯丙醇又名二氯甘油，主要以1,3-二氯异丙醇为主，并存在同分异构体1,2-二氯-3-丙醇，主要用作溶剂及用于有机合成。可用作醋酸纤维、乙基纤维的溶剂。也用于制造环氧树脂、离子交换树脂等。可用作合成抗病毒药物"更昔洛韦"（用于治疗器官移植病毒感染、艾滋病等）、1,3-二氯丙酮（法莫替丁、高效低毒深部抗真菌药氟康唑的原料）、环氧氯丙烷、交联剂、水处理剂等多种化工产品的原料。

3. 毒性

本品健康危害GHS危险性分类为：急性毒性—经口，类别3。与一般氯代烃类所具有的麻醉、局部刺激和一直循环系统等作用相似。

大鼠经口：LD_{50} 110 mg/kg；兔经皮：LD_{50} 1 080 mg/kg。

兔经皮10 mg/24 h开放式，轻度刺激。

IARC致癌性分类为2B。

4. 人体健康危害

1,3-二氯丙醇蒸气急性中毒时，根据临床症状其毒性作用可分为：

① 对中枢神经呈显著抑制作用，使中毒患者早期有醉感及嗜睡现象，晚期呈昏迷。有文献认为二氯丙醇能溶于脂质，因此对类脂质神经细胞亲和。② 肾损害作用，二氯丙醇可直接侵犯肾脏，致使肾脏组织大量破坏而造成严重肾小球单位肾病。③ 肝损害作用中毒患者体检结果发现肝肿大情况，肝脏组织病理切片可见肝细胞脂肪变性。④ 破坏毛细血管，中毒患者可出现黏膜出血及皮下出血斑。⑤ 中毒性胃炎，中毒患者早期出现明显剧烈恶心、呕吐类似急性胃炎症状。⑥ 呼吸系统损害，该化学物对黏膜有强烈刺激性，吸入后损害呼吸道，可引起肺炎、肺水肿。

5. 风险评估

我国职业接触限值规定1,3-二氯异丙醇PC-TWA为5 mg/m^3。

其他醇类

三羟甲基丙烷

1. 理化性质

CAS号：77-99-6	性状 白色片状结晶
熔点/凝固点（℃）：58	分子量：134.2

（续表）

沸点(℃)：159～161℃(0.67 kPa)	相对蒸气密度：4.8
闪点(℃)：172℃(闭杯)	饱和蒸气压(kPa)：<0.133(20℃)

2. 生产接触及用途

本品是一种重要的精细化工产品，也是树脂行业常用的扩链剂。可与有机酸反应生成单酯或多酯，与醛、酮反应生成缩醛、缩酮，与二异氰酸酯反应生成氨基甲酸酯等。主要用于醇酸树脂、聚氨酯、不饱和树脂、聚酯树脂、涂料等领域。也用于合成航空润滑油、增塑剂、表面活性剂、润湿剂、炸药、印刷油墨等；用作纺织助剂和聚氯乙烯树脂的热稳定剂。

3. 毒性

大鼠经口 LD_{50}：14 100 mg/kg；小鼠经口 LD_{50}：13 700 mg/kg。

季 戊 四 醇

1. 理化性质

CAS 号：115-77-5	外观与性状：无嗅白色结晶或粉末
pH 值：14.10	分子量：136.15
熔点(℃)：258	生成热(KJ/kg)：948
沸点(℃,4.0 kPa)：276	升华热(KJ/kg)：131.5
闪点(℃)：240	熔化热(KJ/kg)：约 21
燃点(℃)：约 370	蒸发热(KJ/kg)：约 92
自燃点或引燃温度(℃)：450(粉尘)	n-辛醇/水分配系数：−1.69
饱和蒸气压(kPa,276℃)：4.0	折射率(20℃)：1.54～1.56
燃烧热(KJ/kg)：2 765	溶解性：可溶于乙醇、甘油、乙二醇、甲酰胺；不溶于丙酮、苯、石蜡、醚、四氯化物、乙醚、苯
相对密度(25℃,5℃)：1.399	

2. 用途与接触机会

用于制造季戊四醇四硝酸酯炸药、醇酸树脂，也用作热稳定剂、增塑剂等。大量用于合成高级润滑剂、增塑剂、表面活性剂以及医药、炸药等原料。

是重要的多元醇化合物。它广泛用于醇酸树脂、阻燃涂料、聚氨酯、干性油的生产；用作清漆、色漆和油墨生产松香酯的原料，并可作阻燃剂、干性油、航空润滑油。

3. 毒性

本品健康危害 GHS 分类为：严重眼损伤/眼刺激，类别 2。

3.1 急性毒作用

大鼠经口：LD_{50}：18 500 mg/kg；小鼠经口：LD_{50}：18 500 mg/kg；大鼠吸入：LC_0：11 g/m³/6 h，未发现毒性作用；兔经皮：LD_0：10 g/kg，未见局部刺激和全身作用。

3.2 亚急性和慢性毒作用

大鼠经口：1.6 g/d×105 d，未见损害；大鼠经口：5%掺与干饲料中×90 d，严重腹泻；大鼠经口：0.2%和 1%掺与干饲料中×90 d，未见损害；大鼠吸入：8 g/m³×6 h/d×90 d，未见反应；豚鼠吸入：8 g/m³×6 h/d×90 d，未见反应；狗吸入：8 g/m³×6 h/d×90 d，未见反应。

4. 人体健康危害

季戊四醇对人体基本无毒。在人体内不产生代谢变化，但服用高剂量时，会出现高血糖或腹泻现象。皮肤和眼睛与季戊四醇的饱和溶液接触也不发生刺激或炎症。

2-异丙氧基乙醇

1. 理化性质

CAS 号：109-59-1	外观与性状：无色液体
密度(g/cm³)：0.903(25℃)	分子量：104.15
沸点(℃)：144(98.8 kPa)	闪点(℃)：45.5
熔点(℃)：−60	溶解度：>100 g/L
爆炸极限值：1.6%～13.0%(V/V)	折射率：1.41
溶解性：能溶于水和各种有机溶剂	

2. 生产接触及主要用途

主要用作树胶、喷漆、颜料、清漆、染料、油墨、印刷浆糊、清洁剂和液体肥皂的溶剂、也作为稀释剂和某些化学中间产物。

3. 毒性

本品健康危害 GHS 危险性分类为：严重眼损伤/眼刺激，类别 2。

大鼠经口：LD_{50} 5 660 μl/kg；小鼠经口：LD_{50} 4 900 mg/kg；兔经皮 LD_{50}：1 600 ul/kg；大鼠吸入：LC_{50}：3 100 mg/(m^3 · 4 h)；小鼠吸入：LC_{50}：8 221.25 mg/(m^3 · 7 h)。

4. 人体健康危害

2-异丙氧基乙醇属于中毒物质。由于暴露有限，目前未见 2-异丙氧基乙醇中毒的相关文献报道资料。

2-叔丁氧基乙醇

1. 理化性质

CAS 号：7580-85-0	外观与性状：挥发性无色液体，具有醚味
沸点(℃)：152	分子量：118.17
溶解性：能溶于水和各种有机溶剂	蒸气压(kPa)：0.08(20℃)
比重(20/4℃)：0.903	

2. 用途及接触机会

主要用作硝酸纤维、喷漆、快干漆、清漆、搪瓷和脱漆的溶剂。也可作纤维润湿剂、农药分散、树脂增塑剂、有机合成中间体。还可作测定铁和钼的试剂。改进乳化性能和将矿物溶解在皂液中的辅助溶剂。

3. 毒性

3.1 急性毒作用

大鼠经口：LD_{50} 1 480 mg/kg；小鼠经口：LD_{50} 1 230 mg/kg；豚鼠经皮：LD_{50} 230 mg/kg；兔经皮：LD_{50} 410 mg/kg；大鼠吸入：MLC 2 638 mg/m^3；小鼠吸入：LC_{50} 3 690 mg/(m^3 · 7 h)；小鼠腹腔：LD_{50} 536 mg/kg；小鼠静脉：LD_{50} 1 130 mg/kg；大鼠腹腔：LD_{50} 550 mg/kg；大鼠静脉：LD_{50} 340 mg/kg；豚鼠经口：LD_{50} 1 200 mg/kg；兔经口：LD_{50} 320 mg/kg；兔经静脉：LD_{50} 280 mg/kg；人经口：MLD 50 mg/kg。

3.2 亚急性和慢性毒作用

大鼠吸入：1.34 g/m^3 ×6 h/d×4 d 出现蛋白血红尿，嗜睡，体重减轻；大鼠经口：0.11 g/m^3 ×6 h/d×15 d 未见毒性反应及病理形态变化。

4. 人体健康危害

关于 2-叔丁氧基乙醇急性、慢性中毒的病例报道极少。有文献资料显示急性中毒可表现为神经系统和呼吸系统症状，如头晕、胸闷、手脚和躯干麻木、严重者可出现呼吸困难、肢体僵直、肌张力增高。

第21章

二醇类和二醇的衍生物

(一) 理化性质

本类物质为略带粘滞的液体或蜡状固体，挥发性低，可溶于水、醇类和酮类，难溶于烃类及其相似化合物。工业生产中皮肤接触的可能性较大，但在有些情况下吸入蒸气和雾是主要的接触方式。一般而言，二醇类相对毒性较低，有些基本无毒。

(二) 诊断

目前二醇类化合物的职业中毒无特定的国家职业病诊断标准，其诊断要符合职业病诊断的一般原则。根据短时间内大量接触史，现场职业卫生调查，肾、脑、心、肺等多脏器损害的临床表现和必要的实验室检测结果，全面综合分析，并排除非职业性其他因素所致的类似疾病，才能做出切合实际的诊断。职业中毒的诊断可依据GBZ/T265—2014《职业病诊断通则》、GBZ 76—2002《职业性急性化学物中毒性神经系统疾病诊断标准》、GBZ 73—2009《职业性急性化学物中毒性呼吸系统疾病诊断标准》等国家标准。

鉴别诊断的疾病主要有甲醇和其他化学物中毒。虽然甲醇和乙二醇中毒均可引起代谢性酸中毒伴血清阴离子和渗透压差额增高，但前者眼部损害突出，后者肾脏损害明显。血清乙二醇浓度测定和尿草酸钙结晶检查有助于鉴别诊断。中毒的早期尚应与乙醇中毒相鉴别，后者呼气中酒味较重。

(三) 治疗

目前二醇类化合物中毒主要采取一般急救措施和对症、支持治疗。误服者应尽快洗胃。严重中毒者，尤其是血清乙二醇浓度>8.06 mmol/L或发生急性肾功能衰竭时，及早应用血液透析治疗。有学者认为二醇类中毒可用乙醇和4-甲基吡唑解毒，两者均可延迟和阻止乙二醇有毒代谢产物的形成，使之以原形排出或经血液透析清除。此外可给予维生素B1 100 mg和维生素B_6 50 mg肌内注射，每6 h一次，连用2～3 d，前者可促使乙醇酸代谢成无毒的α羟基-β-酮己二酸，后者可促进乙醇酸代谢为甘氨酸。

给予对症和支持疗法，包括纠正酸中毒和低血钙，维持水和电解质平衡，积极防治急性肾功能衰竭、脑水肿、心力衰竭、循环衰竭和肺水肿等措施。

二 醇 类

乙 二 醇

1. 理化性质

CAS号：107-21-1	外观与性状：无色无臭、有甜味、黏稠液体
熔点/凝固点(℃)：−12.9	临界温度(℃)：372.0
沸点(℃)：197.3	临界压力(MPa)：7.70
闪点(℃)：111.1(闭杯)	自燃温度(℃)：418
饱和蒸气压(kPa)：0.008(20℃)	蒸发速率：1/2 625[乙醚以1计]
密度(kg/m^3)：1 113.3(20℃)	相对密度(水=1)：1.11
溶解性：与水、乙醇、丙酮、醋酸甘油吡啶等混溶；微溶于醚类；不溶于烃类，能够溶解氯化钙、氯化锌、氯化钠等无机物	相对蒸气密度(空气=1)：2.14

2. 用途与接触机会

别名甘醇，主要用于制聚酯涤纶，聚酯树脂、吸湿剂，增塑剂，表面活性剂，合成纤维、化妆品和炸药，并用作染料、油墨等的溶剂、配制发动机的抗冻剂，气体脱水剂，制造树脂、也可用于玻璃纸、纤维、皮革、黏合剂的湿润剂。可生产合成树脂 PET(pdyethylene terephthalate)聚对苯二甲酸乙二醇酯，纤维级 PET 即涤纶纤维，瓶片级 PET 用于制作矿泉水瓶等。还可生产醇酸树脂、乙二醛等，也用作防冻剂。除用作汽车用防冻剂外，还用于工业冷量的输送，一般称呼为载冷剂，同时，也可以与水一样用作冷凝剂。

3. 毒代动力学

乙二醇可经胃肠道、呼吸道和皮肤吸收。因其不易挥发，在常温下经呼吸道大量吸入的可能性不大。吸收的乙二醇可分布到机体组织和体液中，并迅速代谢。在人体中主要经肝脏代谢。肝内醇脱氢酶将乙二醇氧化为乙酸醛，然后在醛脱氢酶作用下氧化成乙醇酸，继之部分经乙醇酸氧化酶氧化为乙醛酸，并进一步转化为草酸和甲酸。后者可氧化代谢成二氧化碳和水。在乙二醇氧化成乙醛酸和继之转化为草酸的代谢过程中，需要将 NAD 转化为 NADH。NAD/NADH 比例改变导致柠檬酸循环受抑制，致使丙酮酸转化成乳酸。

乙二醇在血浆中半减期约为 3～5 h。由于乙醇与醇脱氢酶的结合力比乙二醇高 100 倍，因此，当血液中乙酸浓度达 21.7～32.6 mmol/L(1 000～1 500 mg/L)时，乙二醇半减期将延长至 17 h 左右。

在摄入乙二醇开始数小时内，尿中乙二醇原形排出量可达吸收量 20%左右。在尿中可检出的代谢产物主要为乙醇酸和草酸，尿乙醇酸排出量相当于摄入量的 34%～44%，而草酸仅为 3%～10%，甚至 1%以下(与摄入量有关)。尿中检不出的另两个中间代谢产物乙醇酸和乙醛酸可能与它们在体内代谢迅速、半减期极短有关。

4. 毒性与中毒机理

4.1 急性毒作用

本品健康危害 GHS 分类为：急性毒性—经口，类别 4。

人急性中毒多系误服或自杀。大鼠经口 LD_{50}：>2 g/kg，小鼠为经口 LD_{50}：8.4～15.4 g/kg；兔经皮 LD_{50}：9 530 mg/kg；大鼠吸入 LC_{50}：10 876 mg/kg。人一次口服致死剂量约为 1.6 g/kg，即总量为 70～84 ml，说明人对乙二醇的毒作用较动物敏感。乙二醇的急性毒性主要为对神经系统、肺、肾、肝的毒性，大致分为三个阶段。第一阶段主要为中枢神经系统症状，在服后 0.5～12 h 发生，表现为言语不清、共济失调、头昏嗜睡等。第二阶段心肺症状趋于明显，表现为呼吸急促、心动过速、轻度高血压和发绀，严重者可有肺水肿、心肺扩大和充血性心力衰竭。第三阶段为不同程度的肾功能衰竭表现。

兔经眼 500 mg/ 24 h，轻度眼刺激；兔经眼 1 440 mg/6 h，中度眼刺激；兔经皮 555 mg，开放性，造成轻度皮肤刺激。

4.2 慢性毒作用

肾脏是乙二醇的重要靶器官，无论是对人体或实验动物研究，也无论是急性、慢性接触乙二醇，都能观察到不同程度的肾脏损害。这种损害在不同实验动物的种属和性别之间表现出差异，大鼠比小鼠敏感，且不同种属、性别的大鼠敏感性也不同。例如 SD 大鼠和 Wister 大鼠比 Fischer344 大鼠敏感，而 Fischer344 大鼠又比 CD-1 小鼠敏感。在所有种属中雄性大鼠对乙二醇最敏感。肾毒性表现有肾组织炎性样改变、退行性变、坏死、草酸钙结晶沉积以及肾小管损害，出现血尿、蛋白尿、管型尿，甚至少尿或无尿。

乙二醇的毒性机制研究在国内始于 20 世纪 70 年代，国外研究则更早，研究结果一致认为乙二醇本身毒性较低，而其代谢产物毒性较高，对肾脏的毒性主要是由乙二醇氧化代谢物所致，阻止乙二醇代谢可以有效地阻止其毒性，如临床上用乙醇、Fomepizole 或 4-甲基吡唑等解毒就是为了与其竞争醇脱氢酶，从而阻碍本品的氧化、减少毒性更大的中间代谢产物的形成。Gordon 列举出乙二醇的主要三种代谢产物乙醛酸、草酸和乳酸的毒性。乙醛酸能抑制糖酵解和三羧酸循环，刺激大脑；草酸可引起肾损伤和代谢性酸中毒，还可与 Ca^{2+} 结合形成草酸钙结晶，导致低钙血症，并沉积于肾、脑等处，造成肾、脑功能障碍；乳酸进一步加重酸中毒。乙二醇的中间产物乙醇酸和乙醛酸在肾脏损伤中起着十分重要的作用。乙二醇能引起高草酸盐尿和草酸钙结晶沉积于肾，一直被看作是肾损伤和肾结石的重要致病机制。综合国内外乙二醇与肾脏结石形成关系的研究，肾结石形成的可能机制是：自由基和抗氧化酶共同作用机制；结石基质蛋白和蛋白簇表达抑制剂共同作用机制；单核-巨噬细胞趋化因子诱导草酸盐和草酸钙结晶致肾损伤机制。

有学者相继发现乙二醇在导致肾损伤和肾结石的同时伴有一些过氧化合物酶及过氧化产物的增高，如脂质过氧化物酶、MDA(丙二醛)、半乳糖苷酶以及中性肽链内切酶。在乙二醇致大鼠肾结石形成过程中存在着氧化-抗氧化系统的失衡。乙二醇代谢产物早期随血液循环进入肾脏，产生活性氧，后期浸润到白细胞而使抗氧化酶活性水平减低，肾脏后期处于过氧化应激状态下，加重肾脏的损伤程度。总之，乙二醇代谢物引起的急、慢性酸中毒和组织中草酸钙结晶沉积是乙二醇重要的毒性基础。

5. 生物监测

(1) 血清和尿中乙二醇浓度在中毒当天往往明显增高，当血清乙二醇浓度>8.06 mmol/L(500 mg/L)时提示中毒严重。

(2) 血清阴离子间隙和渗透压差额(anionandosmolargaps)增加，血气分析示代谢性酸中毒，出现高阴离子间隙的酸中毒。

(3) 尿比重低，可有蛋白尿、血尿和管型尿，并可检出大量草酸钙结晶，尤其是出现八面的或帐蓬形状的二水合钙结晶时，提示尿钙和草酸盐浓度很高。

(4) 血钙降低，血尿素氮和肌酐可增高。肌痛患者血清磷酸肌酸激酶可增高。严重中毒者外周血白细胞计数增高。

6. 人体健康危害

急性中毒多由误服所致。成人口服致死量约为1.6 g/kg。但也有口服2 L者因抢救及时而存活。经口中毒的典型临床过程可分为三个阶段。第一阶段在服后0.5～12 h发生，主要表现为类似乙醇中毒的中枢神经系统症状，出现短暂的兴奋，但呼出气无酒味，可有恶心、呕吐等胃肠道症状，以及代谢性酸中毒，低血钙所致肌阵挛；重症患者因脑水肿很快昏迷、抽搐，甚至死亡。第二阶段在服后12～24 h，心肺损害明显，表现为呼吸急促、心动过速、血压下降、发绀，严重病例发生心力衰竭、循环衰竭和肺水肿。有些病例第二阶段的临床表现不明显。第三阶段在服后24～72 h，比如出现不同程度的肾损害，可开始于中毒之初，但在24 h左右症状明显，有两侧腰痛、蛋白尿、少尿或无尿，重者可因急性肾功能衰竭而死亡。加热本品而致吸入中毒时，可出现短暂的意识模糊，眼球震颤等，脱离接触后一般很快恢复正常。曾有大量用含本品的药物治疗湿疹引起经皮吸收中毒的报道，患者昏迷、瞳孔缩小、脉搏缓慢。

国内曾对生产乙二醇的两个乡镇企业进行调查，提示长期接触乙二醇工人可能存在亚临床肾近曲小管功能障碍。乙二醇对人体健康尤其是肾脏的慢性影响应进一步深入研究。

7. 风险评估

我国职业接触限值规定乙二醇PC-STEL为40 mg/m^3，PC-TWA为20 mg/m^3。

二 乙 二 醇

1. 理化性质

CAS号：111-46-6	外观与性状：无色、无臭、透明，具有吸湿性的黏稠液体，有辛辣气味，无腐蚀性
熔点/凝固点(℃)：-6.5	临界温度(℃)：408
沸点(℃)：245.0	临界压力(MPa)：4.7
闪点(℃)：143	爆炸下限[%(V/V)]：1.6
爆炸上限[%(V/V)]：10.8	易燃性：非易燃
饱和蒸气压(kPa)：<0.001 3(20℃)	溶解性：能与水、乙醇、乙二醇、丙酮、氯仿、糠醛等混溶；与乙醚、四氯化碳、二硫化碳、直链脂肪烃、芳香烃等不混溶
密度(kg/m^3)：1.115 5～1.117 5	相对密度(水=1)：1.12
相对蒸气密度(空气=1)：3.66	

2. 用途与接触机会

二乙二醇又名二甘醇，外观为无色透明、无机械杂质的液体。

主要用作气体脱水剂和芳烃萃取溶剂。也用作硝酸纤维素、树脂、油脂、印刷油墨等的溶剂，纺织品的软化剂、整理剂，以及从煤焦油中萃取香豆酮和茚等。此外，二乙二醇还用作刹车油配合剂、赛璐珞柔软剂、防冻剂和乳液聚合时的稀释剂等。还用于橡胶及树脂增塑剂；聚酯树脂；纤维玻璃；氨基甲酸酯泡沫；润滑油粘度改进剂等产品的生产。

3. 毒代动力学

主要经胃肠道进入机体。本品虽然蒸气压极

低，在加热或搅动时仍可蒸发而经呼吸道吸入。经完整皮肤吸收量甚少，但在皮肤损伤或接触时间延长时，可经皮吸收引起中毒。大鼠经灌胃摄入的二乙二醇约40%～70%以原形从尿中排出，部分在醇脱氢酶作用下氧化为2(羟基)乙氧基-乙醛，然后在醛脱氢酶作用下氧化成2(羟基)乙氧基-乙酸，后者是大鼠摄入二乙二醇后主要的代谢产物，从尿中排出量约占摄入量的10%。

4. 毒性与中毒机理

本品健康危害GHS分类为：急性毒性—经口，类别4。

4.1 急性毒作用

二乙二醇的经口 LD_{50} 物种差异较大，小鼠、大鼠、豚鼠、兔、狗、猫分别为26.5，16.6，13.2，26.9，9.0和3.3 g/kg，其中以猫最为敏感。兔经皮 LD_{50}：11 890 mg/kg。大鼠吸入4 400 mg/m^3，4 h，无动物死亡。二乙二醇对皮肤黏膜和眼无明显刺激作用。大鼠腹腔染毒试验，一次剂量分别为2.5，5.0和7.5 ml/kg体重(1 ml相当于1.116 g)，结果发现二乙二醇主要产生肾毒性，表现为蛋白尿、少尿、氢离子增高，上述改变与剂量有关。5 ml/kg剂量组，在腹腔注射后4～8 d，肾毒作用最为明显，出现肾小管混合性损害，随后因肾曲小管肿胀和阻塞而致急性肾功能衰竭。此外也可损害肝脏，各种属动物的急性中毒表现相似。兔经皮：500 mg轻度刺激；兔子眼：50 mg轻度刺激。

4.2 慢性毒作用

Freundt等用二乙二醇作了90 d喂饲试验，收集大鼠24 h尿样，对15个指标进行了检测。结果发现，0.2 g/kg剂量组未见任何改变，最小作用剂量为0.7 g/kg，实验最大剂量为8.0 g/kg，相当于1/2LD_{50}。实验发现乳酸脱氢酶(LDH)最敏感，尿中排出增加，其次是亮氨酸氨肽酶(LAP)和β-半乳糖苷酶(GAL)，在尿中的含量也增高，上述3个指标与二乙二醇间均存在剂量-效应关系。这说明肾的近曲小管和远曲小管均有一定损害。必须指出，上述二乙二醇剂量1次染毒，上述尿酶的变化仅持续1 d，随即恢复正常。这提示在受试剂量下肾的损害是可逆的。有实验报道，20 d连续给大鼠灌胃，剂量为每天3.1 g/kg，未见明显毒作用，提示二乙二醇无明显蓄积作用。

4.3 远期毒作用

受精后6～15 d内经口染毒，最低生殖毒性总剂量雌性大鼠为40～70 g/kg，雌性小鼠为50～100 g/kg。Hellwing报道，用孕兔作毒性试验，从受精后7～19 d经口染毒，每天剂量为100，400和1 000 mg/kg，对照组给双蒸水，结果显示，孕兔在饲料消耗、体重、体重增长、一般状况和尸解观察结果与对照组无差别。孕兔外表、软组织和骨骼检查，按畸形、变异和迟缓分级，其频率在染毒组与对照组及实验室历史对照相比均相类似。每天最高剂量1 000 mg/kg，二乙二醇对母兔无毒性作用，对仔兔无胚胎毒性和致畸作用。大鼠经口染毒每天剂量为1 000 mg/kg对繁殖力无影响，小鼠每天剂量达10.43 g/kg，见生殖力下降。

4.4 中毒机理

尚不清楚。由于在人体中毒的尿中检不出草酸钙结晶，推测与乙二醇中毒机制不完全相同。肾脏组织学检查可见肾小管腔阻塞系实质细胞吸水后肿胀所致。二乙二醇诱发严重肾毒性的原因至今尚未阐明，但至少有以下几点共识：首先不是原形所致，是由其代谢产物诱发；其次，代谢产物主要是2(羟基)乙氧基乙酸，排除了乙醇酸、乙醇醛、乙二醛或草酸钙；再次，2(羟基)乙氧基乙酸不仅损伤肾细胞还损伤脑细胞，但详细病理机制仍未明确。

5. 人体健康危害

二乙二醇在室温下不易挥发，目前尚未见工业生产中吸入蒸气引起的职业中毒报道。1937年美国曾发生百余例口服含本品的磺胺配剂(含磺胺10%、二乙二醇72%)致死事件。死者在一日内多次服用该药，合计用45～180 ml，估计人口服致死量为1 ml/kg。1995年10月～1996年7月西印度群岛的海地发生109例小儿急性肾功能衰竭，其中88例死亡(81%)，原因是在所服用的对乙酰氨基酚糖浆中，平均含有14.4%二乙二醇。据参与调查的美国国家感染疾病中心的专家报告，经测定二乙二醇的中毒剂量平均为1.34 ml/kg。从第1次服药至出现少尿、无尿症状平均是6 d(范围1～12 d)，多数病例在服后24 h出现恶心、呕吐、腹痛、腹泻等胃肠道症状，并有头晕、头痛、嗜睡，起初尿多，继之尿少、腰痛、面部浮肿等。部分患者出现轻度黄疸。继而无尿及陷入昏迷，于2～7 d内死亡。此外，在病程中患者体温低于正常，脉搏减慢。血非蛋白氮最高达 143 mmol/L，肌酐最高达到 1.06 mmol/L。尸检肾脏病变最重，并有肝损害。

三 乙 二 醇

1. 理化性质

CAS 号：112-27-6	外观与性状：无色、无臭、有甜味的黏稠无色透明或微带黄色液体
熔点/凝固点(℃)：−7	临界压力(MPa)：3.30
沸点(℃)：285	自燃温度(℃)：371
闪点(℃)：176.7	临界温度(℃)：506.85
爆炸上限[%(V/V)]：9.20	爆炸下限[%(V/V)]：0.89
饱和蒸气压(kPa)：0.000 18 (25℃)	易燃性：非易燃
密度(kg/m^3)：1.125 4(20℃)	相对密度(水=1)：1.126
溶解性：与水、醇、丙醇、苯等混溶。在 100 ml 三甘醇中可溶解 40.6 g 四氯化碳，20.4 g 乙醚，17.7 g 四氯乙烯，33.0 g 甲苯。此外，三甘醇尚可溶解邻二氯苯、苯酚、硝酸纤维素、醋酸纤维素、糊精等，但不能溶解石油醚、树脂和油脂等	相对蒸气密度(空气=1)：5.2

2. 用途与接触机会

别名三甘醇，可作为芳烃抽提的溶剂，空调系统的消毒剂及树脂的溶剂，橡胶、硝酸纤维的溶剂以及柴油添加剂、火箭燃料。此外在医药、涂料、纺织、印染、食品、造纸、化妆品、制革、照相、印刷、金属加工等行业中都有着广泛的用途。常用来做纺织助剂、溶剂、橡胶与树脂的增塑剂，润滑油黏度的改进剂以及重整液的芳烃抽提剂。

3. 毒代动力学

主要经胃肠道侵入机体，因蒸气压低，大量吸入中毒可能性不大。动物实验显示，本品并不代谢成草酸，大部分以原形从尿中排出。

4. 毒性

本品健康危害 GHS 分类为：急性毒性—经口，类别 4。对眼和皮肤无刺激。长期接触可致皮肤浸渍。大鼠经口 LD_{50} 为 16.8 ml/kg，小鼠为 18.7 ml/kg，兔为 8.4 g/kg；兔经皮肤 LD_{50} >20 ml/kg。大鼠和猴长期吸入作为空气消毒剂的三乙二醇饱和蒸气未见中毒反应。

四 乙 二 醇

1. 理化性质

CAS 号：112-60-7	外观与性状：无色至浅稻草色黏稠液体
pH 值：8.5～9.0(500 g/L，H_2O，20℃)	熔点/凝固点(℃)：−6
沸点(℃)：327.3	闪点(℃)：174
爆炸上限[%(V/V)]：3.4	爆炸下限[%(V/V)]：0.5
饱和蒸气压(kPa)：<0.001 3(20℃)	易燃性：非易燃
密度(kg/m^3)：1.125(20℃)	相对密度(水=1)：1.12
相对蒸气密度(空气=1)：6.7	溶解性：可混溶于水、甲醇；溶于乙醇、乙醚、四氯化碳等

2. 用途与接触机会

别名四甘醇、三缩四乙二醇，主要用作新型芳烃抽提溶剂，化妆品溶剂、飞机发动机的润滑油、刹车油掺合剂。

3. 毒性

大鼠经口 LD_{50} 为 28.9 ml/kg，兔经皮 LD_{50} 为 20.0 ml/kg。用含本品 5%的饲料喂小鸡，27 d，无明显危害。大鼠接触本品饱和的空气，8 h，无明显危害。对眼和皮肤无明显刺激作用，兔经眼 500 mg，轻度眼刺激；兔经皮 550 mg，开放式，轻度皮肤刺激。

聚 乙 二 醇

1. 理化性质

CAS 号：25322-68-3	外观与性状：黏稠液体至蜡状固体。
熔点/凝固点(℃)：64～66	沸点(℃)：>250
闪点(℃)：270	易燃性：非易燃
密度(kg/m^3)：1.27(20℃)	溶解性：溶于水；易溶于芳烃；微溶于脂肪烃

2. 用途与接触机会

聚乙二醇类系列产品具有优良的润滑性、保湿性、分散性，可用作黏接剂、抗静电剂及柔软剂等，在化妆品、制药、化纤、橡胶、塑料、造纸、油漆、电镀、农药、金属加工及食品加工等行业中均有着极为广泛的应用。

相对分子质量低的聚乙二醇（Mr＜2 000）适于用作润湿剂和稠度调节剂，用于膏霜、乳液、牙膏和剃须膏等，也适用于不清洗的护发制品，赋予头发有丝状光泽。相对分子质量高的聚乙二醇（Mr＞2 000）适用于唇膏、除臭棒、香皂、剃须皂、粉底和美容化妆品等。在清洗剂中，聚乙二醇也用作悬浮剂和增稠剂。在制药工业上，用作油膏、乳剂、软膏、洗剂和栓剂的基质。市售符合食品和药物使用的聚乙二醇更适于化妆品使用。甲氧基聚乙二醇和聚丙二醇的应用与聚乙二醇相近。

3. 毒性

本品健康危害 GHS 分类为：特异性靶器官毒性--一次接触，类别 3。

经口毒性随分子量的增高而减低。平均分子量 200 的聚乙二醇经口 LD_{50}：小鼠 34 g/kg、大鼠 28 g/kg、豚鼠 17 g/kg、兔 14 g/kg。平均分子量＞1 000 的聚乙二醇上述四种动物的急性经口 LD_{50}＞45 g/kg。兔经皮 LD_{50}＞20 000 mg/kg。慢性毒性也很低，以含 2%平均分子量为 400、1 540 和 4 000 的聚乙二醇的食料分别喂狗 1 年无毒作用。本类物质对眼和皮肤均无明显刺激。

1,2-丙二醇

1. 理化性质

CAS 号：57-55-6	外观与性状：无色黏稠稳定的吸水性液体
闪点（℃）：99（闭杯），107（开杯）	临界温度（℃）：351.0
熔点/凝固点（℃）：−59	临界压力（MPa）：5.90
沸点（℃）：188.2	爆炸下限[%(V/V)]：2.6
爆炸上限[%(V/V)]：12.5	易燃性：非易燃
饱和蒸气压（kPa）：0.19（20℃）	相对密度（水=1）：1.03
密度（kg/m^3）：1.035（20℃）	溶解性：能与水、乙醇、乙醚、氯仿、丙酮等多种有机溶剂混溶；对烃类、氯代烃、油脂的溶解度虽小，但比乙二醇的溶解能力强

2. 用途与接触机会

丙二醇是不饱和聚酯、环氧树脂、聚氨酯树脂、增塑剂、表面活性剂的重要原料，这方面的用量约占丙二醇总消费量的 45%左右，这种不饱和聚酯大量用于表面涂料和增强塑料。丙二醇的黏性和吸湿性好，并且无毒，因而在食品、医药和化妆品工业中广泛用作吸湿剂、抗冻剂、润滑剂和溶剂。在食品工业中，丙二醇和脂肪酸反应生成丙二醇脂肪酸酯，主要用作食品乳化剂；丙二醇是调味品和色素的优良溶剂。由于毒性低，在食品工业中用作香料、食用色素的溶剂。丙二醇在医药工业中常用作制造各类软膏、油膏的溶剂、软化剂和赋形剂等，在医药工业中用作调合剂、防腐剂、软膏、维生素、青霉素等的溶剂。由于丙二醇与各类香料具有较好互溶性，因而也用作化妆品的溶剂和软化剂等。丙二醇还用作烟草增湿剂、防霉剂，食品加工设备润滑油和食品标记油墨的溶剂。丙二醇的水溶液是有效的抗冻剂。也用作烟草润湿剂、防霉剂、水果催熟防腐剂、防冻液和热载体等。

3. 毒代动力学

主要经胃肠道摄入侵入机体，经完整皮肤吸收甚微，但国外曾有用含本品外用药（磺胺嘧啶银）治疗婴儿中毒性上皮坏死松解症引起呼吸和心跳停止的报道。本品吸收后，约 45%以原形经肾脏从尿中排出，其余经肝脏醇脱氢酶作用，代谢成乳酸盐、乙酸和丙酮酸盐。其体内排出的半减期为 11～31 h，平均为 19 h。动物经不同途径给予丙二醇后，暴露量呈剂量依赖性增加。成人与儿童体内的代谢行为基本相似，其清除呈一级动力学特征，末端半衰期 2～3 h，部分以原形自尿液排出，部分代谢为乳酸与丙酮酸，也可与葡萄糖醛酸结合。

4. 毒性

本品健康危害 GHS 分类为：急性毒性—吸入，类别 2。

大鼠经口 LD_{50}：20 g/kg；兔经皮 LD_{50}：20.8 g/kg；大鼠吸入 LC_{50}：>44.9 mg/(m^3·4 h)。在重复给药毒性试验中，犬经口给药达 5 g/(kg·d)，连续给药 2 年，毒性主要表现为血液系统轻微改变，NOAEL 为2 g/(kg·d)。猴重复吸入给予丙二醇连续1年，仅可见肺部肺螨感染及巨噬细胞浸润。丙二醇单次给药的皮肤刺激性、眼刺激性较小，兔经眼 100 mg，轻度眼刺激；兔经眼 500 mg/24 h，轻度眼刺激。

3-氯-1,2-丙二醇

1. 理化性质

CAS 号：96-24-2	外观与性状：无色至淡黄色液体，放置后逐渐变成微绿色的黄色液体
熔点/凝固点(℃)：−40	闪点(℃)：135
沸点(℃)：213(分解)	密度(kg/m^3)：1.32(20℃)
溶解性：溶于水、乙醇、乙醚、丙酮；微溶于甲苯；不溶于苯、四氯化碳、石油醚	

2. 用途与接触机会

3-氯-1,2-丙二醇(3-MCPD)，又名 3-氯甘油。主要用作醋酸纤维等的溶剂，还用于制备增塑剂、表面活性剂、染料中间体和药物等。食品中 3-MCPD 主要存在于利用酸水解蛋白(即含蛋白质的植物，或某些动物性原料如动物毛发，经盐酸高温高压下的水解产物)加工而成的酱油、蚝油等调味汁，复合调味料和方便食品中。

3. 毒代动力学

3-MCPD 经过消化道吸收后，随血液循环，广泛分布于机体各组织和脏器中，并可通过血睾屏障和血脑屏障分布于睾丸和大脑组织。3-MCPD 在体内有两条代谢途径：一是产生甘油或与谷胱甘肽结合，形成硫醇尿酸，在该代谢途径会产生一种中间产物，即缩水甘油，这是一种已知的体内、外具有诱变性和遗传毒性的复合物；二是通过氧化代谢生成草酸盐，并伴有一种主要的中间产物，即 β-氯代乳酸的产生，在 3-MCPD 对大鼠的毒性作用中，睾丸毒性和肾毒性分别与氧化代谢过程中产生的 β-氯代乳酸和草酸盐有关。

4. 毒性

健康危害 GHS 危险性分类为：急性毒性—经口，类别 3；急性毒性—吸入，类别 2；严重眼损伤/眼刺激，类别 2A；致癌性，类别 2；生殖毒性，类别 1B；特异性靶器官毒性——次接触，类别 1；特异性靶器官毒性——次接触，类别 3(呼吸道刺激)；特异性靶器官毒性—反复接触，类别 1。

大鼠经口 LD_{50} 为 26 mg/kg；兔经皮 LD_{50} 为 800 μl/kg。

在大、小鼠的亚急性毒性试验中发现，肾脏是 3-MCPD的毒性作用靶器官。一项大鼠 4 周喂养试验表明，在摄入剂量达到 30 mg/(kg·d)时，受试动物肾脏相对重量增加。3-MCPD 的代谢产物草酸盐晶体沉积于肾小管内膜造成大鼠肾脏的损伤，引起大鼠多尿和糖尿。慢性毒性试验发现，大鼠从饮水中摄入 3-MCPD 后(3-MCPD 的浓度分别为 0、90、452 和 904 mg/cm^3)，试验组大鼠随着 3-MCPD 的摄入量的增加，肾脏的绝对重量显著增加，组织学检查发现有肾小管增生。

兔经眼，100 mg，造成严重损伤。

IARC 致癌性分类为 2B 类。可能对生育能力或胎儿造成伤害。

1,3-丙二醇

1. 理化性质

CAS 号：504-63-2	外观与性状：无色、无臭，具咸味、吸湿性的黏稠液体。
熔点/凝固点(℃)：−27	沸点(℃)：210.5
闪点(℃)：79	饱和蒸气压(kPa)：0.13(20℃)
密度(kg/m^3)：1.05(20℃)	相对密度(水=1)：1.05
相对蒸气密度(空气=1)：2.6	溶解性：与水混溶；可混溶于乙醇、乙醚

2. 用途与接触机会

1,3-丙二醇系丙二醇的异构体在工业生产中作为有机溶剂被广泛应用。可用于多种药物、新型聚酯 PTT、医药中间体及新型抗氧剂的合成。

3. 毒性

大鼠经口 LD_{50} 14.9 ml/kg；大鼠经皮 LD_{50} > 4 200 mg/kg；大鼠吸入 LC_{50} > 5 mg/(L·4 h)。猫对本品特别敏感，估计经口 LD_{50} < 1 ml/kg。以本品5%的食料喂食大鼠15周无明显毒作用。含12%可致大鼠生长不良。给予10 ml/kg每天，5周内大鼠全部死亡。

二丙二醇

1. 理化性质

CAS号：110-98-5	外观与性状：无嗅、无色、水溶性和吸湿性液体，有辛辣甜味
熔点/凝固点(℃)：−40	闪点(℃)：118
沸点(℃)：233	自燃温度(℃)：310
爆炸上限[%(V/V)]：12.7	爆炸下限[%(V/V)]：2.9
饱和蒸气压(kPa)：0.13(74℃)	易燃性：非易燃
密度(kg/m^3)：1.025 2(20℃)	相对密度(水=1)：1.025 2
相对蒸气密度(空气=1)：4.63	溶解性：二丙二醇是水溶性和吸湿性黏稠液体；溶于水和甲苯；可混溶于甲醇、乙醚

2. 用途与接触机会

又名双丙甘醇，是诸多香精香料和化妆品中应用最理想的溶剂。这种原料具有很好的水分，油分和碳氢化合物共溶能力，而且气味轻微，对皮肤刺激性很小，毒性很低。同分异构体分布均匀一致，品质极佳。

还用于不饱和树脂及饱和树脂生产中，由其生产的树脂具有优越的柔软性、耐龟裂。也用作乙酸纤维素；硝酸纤维素；虫胶清漆；蓖麻油的溶剂。也可用于制增塑剂，熏蒸剂，合成洗涤剂等。

3. 毒性

本品健康危害GHS危险性分类为：皮肤腐蚀/刺激，类别2；严重眼损伤/眼刺激，类别2。

大鼠经口 LD_{50} 为14.85 g/kg；兔经皮 LD_{50} > 20 ml/kg。本品通常对皮肤无明显刺激作用。兔经皮500 μl/24 h，中度皮肤刺激；兔经眼500 mg，轻度眼刺激。

三丙二醇

1. 理化性质

CAS号：24800-44-0	外观与性状：无色、无臭、略呈黏稠的液体
熔点/凝固点(℃)：<−30	沸点(℃)：271
饱和蒸气压(kPa)：0.13(20℃)	闪点(℃)：140(闭杯)
密度(kg/m^3)：1.025 2(20℃)	相对密度(水=1)：1.02
相对蒸气密度(空气=1)：6.63	溶解性：与水混溶；可混溶于乙醇、乙醚

2. 用途与接触机会

又名二缩三丙二醇，是UV光固化单体二缩三丙二醇二丙烯脂的主要原料。也可做为聚氨脂弹性体、涂料的黏合剂。广泛用于隧道、水坝、矿坑的防水堵漏及建筑物的地基加固。

3. 毒性

本品健康危害GHS分类为：皮肤腐蚀/刺激，类别2；严重眼损伤/眼刺激，类别2；特异性靶器官毒性-一次接触，类别3。

大鼠经口 LD_{50} 为3 g/kg，对兔眼和皮肤无刺激。

聚丙二醇

1. 理化性质

CAS号：25322-69-4	外观与性状：无色到淡黄色的黏性液体。
熔点/凝固点(℃)：−40	沸点(℃)：197.5
闪点(℃)：230	密度(g/cm^3)：1.01(20℃)
饱和蒸气压(kPa)：20℃时小于0.001	溶解性：<0.01%(w/w)at 25℃，较低分子量聚合物能溶于水；较高分子量聚合物仅微溶于水；溶于油类、许多烃以及脂肪族醇、酮、酯等

2. 用途与接触机会

本类物质溶于甲苯、乙醇、三氯乙烯等有机溶剂，聚丙二醇类 200、400、600 可溶于水，具有润滑、增溶、消泡、抗静电性能。PPG－200 可用于颜料的分散剂。化妆品中，聚丙二醇类 400 用作润肤剂、柔软剂、润滑剂。用作涂料中和液压油中防泡剂，合成橡胶和胶乳加工中防泡剂，传热流体的冷冻剂和冷却剂，粘度改善剂。用作酯化、醚化和缩聚反应的中间体。用作脱模剂，增溶剂，合成油品的添加剂，用于水溶性切削液、辊子油、液压油的添加剂，高温润滑剂，橡胶的内部润滑剂和外部润滑剂。聚丙二醇类 2 000～8 000 具有极佳的润滑、抗泡、耐热耐冻等性能；聚丙二醇类 3 000～8 000 主要用作组合聚醚的组分，生产聚氨酯泡沫塑料；3 000～8 000 可直接或经酯化后用于生产增塑剂、润滑剂；本品还可用作日化、医药、油剂的基料。

3. 毒性

本品健康危害 GHS 分类为：急性毒性—经口，类别 3。

小鼠经口 LD_{50} ＞10 g/kg。低分子量的聚丙二醇(相对分子质量 400～1 200)能迅速经肠胃道吸收，为强烈的中枢神经兴奋剂，且易致心律紊乱。动物摄入几分钟内即出现兴奋与抽搐。高分子量的聚丙二醇(相对分子质量≥2 000)经各种途径毒性都很低。

丁 二 醇 类

丁二醇是一种重要的有机化工和精细化工原料，是生产聚对苯二甲酸丁二醇酯(PBT)工程塑料和 PBT 纤维的基本原料；PBT 塑料是最有发展前途的五大工程塑料之一。丁二醇是生产四氢呋喃的主要原料，四氢呋喃是重要的有机溶剂，聚合后得到的聚四亚甲基乙二醇醚(PTMEG)是生产高弹性氨纶(莱卡纤维)的基本原料。氨纶主要用于生产高级运动服、游泳衣等高弹性针织品。

丁二醇的下游产品 γ－丁内酯是生产 2－吡咯烷酮和 N－甲基吡咯烷酮产品的原料，由此而衍生出乙烯基吡咯烷酮、聚乙烯基吡咯烷酮等一系列高附加值产品，广泛用于农药、医药和化妆品等领域。

主要包括：1,2－丁二醇、1,3－丁二醇和 1,4 丁二醇。

1,2－丁二醇

1. 理化性质

CAS 号：584－03－2	外观与性状：液体
沸点(℃)：191	闪点(℃)：104(闭杯)
饱和蒸气压(kPa)：20℃时小于 0.001	易燃性：可燃液体，与热或火焰可燃
密度(g/cm³)：1.002 3(20℃)	溶解性：溶于水、乙醇和丙酮

2. 用途与接触机会

主要用于有机合成，制备 2－氨基丁醇等。用于有机合成，制备 2－氨基丁醇等。

1,2－丁二醇(1,2－BD)主要用途是用做聚酯和聚氨酯树脂改性的二醇单体和用做 PVC 树脂的增塑剂生产原料。1,2－丁二醇用于醇酸树脂中可改善其耐水性、柔软性、耐冲击性等。

1,2－丁二醇可用做化妆品保湿剂，农药稳定剂，医药、农药、其他精细化学品的生产原料。

3. 毒性

本品健康危害 GHS 分类为：严重眼损伤/眼刺激，类别 2。

大鼠经口 LD_{50}：16 000 mg/kg；小鼠经口 LD_{50}：3 720 mg/kg；小鼠腹腔 LD_{50}：4 190 mg/kg。

1,3－丁二醇

1. 理化性质

CAS 号：107－88－0	外观与性状：无色、黏稠液体
熔点/凝固点(℃)：＜—54	沸点(℃)：207℃(100 kPa)
闪点(℃)：121(开杯)	密度(g/cm³)：1.001(20℃)
饱和蒸气压(kPa)：20℃时小于 0.001	溶解性：溶于水、丙酮、甲基·乙基(甲)酮、乙醇、邻苯二甲酸二丁酯、蓖麻油；几乎不溶于脂肪族烃、苯、甲苯、四氯化碳、乙醇胺类、矿物油、亚麻子油；热时能溶解尼龙，也能部分溶解虫胶和松脂
相对密度(水＝1)：1.01	

2. 用途与接触机会

主要用于制备聚酯树脂、聚氨基甲酸酯树脂、增塑剂等，也用作纺织品、纸张和烟草的增湿剂和软化剂等，乳酪或肉类的抗菌剂，可用于化妆品中作为保湿剂，可用于妆水、膏霜、乳液、凝胶、牙膏等产品中。

3. 毒性

大鼠经口 LD_{50}：18 610 mg/kg；小鼠经口 LD_{50}：12 980 mg/kg；兔经皮 LD_{50} >20 000 g/kg。

1,4-丁二醇

1. 理化性质

CAS 号：110-63-4	外观与性状：无色黏稠油状液体
熔点/凝固点(℃)：20.2	沸点(℃)：230（101.3 kPa）
闪点(℃)：121(开杯)	易燃性：非易燃
密度(g/cm^3)：1.001(20℃)	溶解性：能与水混溶；溶于甲醇、乙醇、丙酮；微溶于乙醚
相对密度(水=1)：1.01	

2. 用途与接触机会

主要用于制备聚酯树脂、聚氨基甲酸酯树脂、增塑剂等，也用作纺织品、纸张和烟草的增湿剂和软化剂等。

是生产四氢呋喃的主要原料，四氢呋喃是重要的有机溶剂，聚合后得到的聚四亚甲基乙二醇醚(PTMEG)是生产高弹性氨纶(莱卡纤维)的基本原料。氨纶主要用于生产高级运动服、游泳衣等高弹性针织品。

1,4-丁二醇的下游产品 γ-丁内酯是生产 2-吡咯烷酮和 N-甲基吡咯烷酮产品的原料，由此而衍生出乙烯基吡咯烷酮、聚乙烯基吡咯烷酮等一系列高附加值产品，广泛用于农药、医药和化妆品等领域。

3. 毒性

本品健康危害 GHS 分类为：急性毒性—经口，类别 4；特异性靶器官毒性——次接触，类别 3。

大鼠经口 LD_{50} 为 1 525 mg/kg。

4. 人体健康危害

吸入可能有害。可能引起呼吸道刺激。蒸气可引起睡意和眩昏。

误服对人体有害。有资料指出，摄入该物质可以短时间促进多种激素的释放，并在国外作为一种药物出售。

如果通过皮肤吸收可能是有害的。可能引起皮肤刺激。可能引起眼睛刺激。

1,5-戊二醇

1. 理化性质

CAS 号：111-29-5	外观与性状：无色黏稠状液体。
熔点/凝固点(℃)：−16℃	沸点(℃)：239(101.3 kPa)
闪点(℃)：135	燃烧热(kJ/mol)：3 158.9
爆炸上限[%(V/V)]：13.1	爆炸下限[%(V/V)]：1.2
饱和蒸气压(kPa)：20℃时小于 0.001	易燃性：非易燃
密度(g/cm^3)：1.01(20℃)	相对密度(水=1)：0.994
相对蒸气密度(空气=1)：3.59	溶解性：能与水、低分子醇、丙酮混溶；对苯、二氯甲烷、石油醚不溶；25℃时在乙醚中溶解 11%。

2. 用途与接触机会

用作切削油、特殊洗涤剂、乳胶漆的溶剂，油墨的溶剂或润湿剂。也用于制造增塑剂、刹车油、醇酸树脂、聚氨酯树脂等。

3. 毒性

本品健康危害 GHS 分类为：急性毒性—经口，类别 4。

大鼠经口 LD_{50}：2 000 mg/kg；小鼠经口 LD_{50}：6 300 mg/kg；小鼠腹腔 LD_{50}：2 250 mg/kg；兔经口 LD_{50}：6 300 mg/kg；兔经皮 LD_{50}：>20 ml/kg；豚鼠经口 LD_{50}：4 600 mg/kg。

兔经皮肤开放性刺激试验：495 mg 轻度刺激。

2,2,4-三甲基-1,3-戊二醇

1. 理化性质

CAS 号：144-19-4	外观与性状：白色结晶固体
熔点/凝固点(℃)：49～51	沸点(℃)：234(98 kPa)

（续表）

闪点(℃)：113(开杯)	自燃温度(℃)：346
相对密度(水=1)：0.94(15℃)	密度(g/cm^3)：0.937(15℃)
溶解性：微溶于水；溶于醇、丙酮、苯、醚	易燃性：非易燃

2. 用途与接触机会

本品是一种重要的精细化工中间体。常用于不饱和树脂、醇酸树脂、聚氨基甲酸乙酯、多酯增塑剂、印刷油墨、合成香料、表面活性剂、纤维柔软剂，以及驱虫剂等产品的合成中。用来合成非结晶性树脂由于水解稳定性，可用于高稳定性水性聚酯树脂配方。由于其相容性，在合成树脂过程中可以很好地对丙烯酸树脂和氨基树脂进行改性。分子式中不对称结构带来良好的极性，对极性底材的附着力明显提高，适用于胶粘剂的配方改善。

3. 毒性

大鼠经口 LD_{50} 为 2 g/kg；兔经皮 LD_{50} 为 6 300 μl/kg；大鼠吸入 LC_{50}：>4 500 mg/m^3。

兔经眼 9 370 μg/24 h，开放式，造成轻度眼刺激。

以含本品 2%的饲料喂食大鼠 60 d，适食量减少，生长受抑制，肝、肾上腺、肾重量略增加。

4. 人体健康危害

本品基本无毒害。对眼基本无刺激，对皮肤有轻至中度刺激作用。

2-甲基-2,4-戊二醇(己二醇)

1. 理化性质

CAS 号：107-41-5	外观与性状：略带臭味的液体
pH 值：6～8(25℃，1M in H_2O)	临界温度(℃)：400
熔点/凝固点(℃)：−40	临界压力(MPa)：3.43
沸点(℃)：198(101.31 kPa)	自燃温度(℃)：579 k
闪点(℃)：93(开杯)	爆炸下限[%(V/V)]：1.3(计算)
爆炸上限[%(V/V)]：7.4(估算)	易燃性：可燃液体

（续表）

饱和蒸气压(kPa)：0.007(20℃)	气味阈值(mg/m^3)：241.5
密度(g/cm^3)：0.923 4	n-辛醇/水分配系数：−0.14
相对密度(水=1)：0.92(20℃)	溶解性：能与水、低级醇、醚、各种芳香烃、脂肪烃等混溶；溶于多数有机溶剂
相对蒸气密度(空气=1)：4.1	

2. 用途与接触机会

是一种用途很广的二元醇，无色无味有毒，与水完全混溶，溶解性特强的高级有机溶剂，可用于金属表面处理剂生产除锈除油的添加剂，也可用于纺织助剂，也可用于涂料和乳胶漆里，也可用于化妆品里，用作农药稳定剂外，还可用于日化保湿剂、香精香料原料、液压油、高温润滑油、刹车油、干洗剂、印刷油墨、颜料分散剂、木材防腐剂等方面。作渗透剂，乳化剂以及防冻剂。

3. 毒性

本品健康危害 GHS 分类为：皮肤腐蚀/刺激，类别 2；严重眼损伤/眼刺激，类别 2。

大鼠经口 LD_{50}：3 700 mg/kg；小鼠 LD_{50}：3 097 mg/kg；兔经口 LD_{50}：3 200 mg/kg；兔经皮 LC_{50}：8 560 μl/kg；豚鼠 LC_{50}：2 800 mg/kg；大鼠吸入 LD_{50}：>310 mg/(m^3·h)。

对兔眼和皮肤有刺激作用，兔经皮 465 mg 开放式，造成轻度皮肤刺激；兔经皮 465 mg/24 h，造成中度皮肤刺激。大鼠暴露在饱和浓度 8 h，全部存活。本品对肺和大肠有刺激，但对肾、脑或心未见明显作用。

4. 人体健康危害

本品对眼、皮肤和黏膜有刺激作用，大量经口摄入可产生麻醉作用。绝大部分人在接触本品空气浓度 240 mg/m^3，接触 15 min，能察觉臭味，少数人感到眼刺激。浓度 527 mg/m^3 时，臭味明显，感觉到呼吸道刺激。达 5 275 mg/m^3 时，眼、呼吸道均有刺激症状。在加温作业条件下，眼部刺激尤为明显。

长时间与皮肤接触有刺激作用，能经皮肤吸收。大量饮用时刺激中枢神经，引起呕吐、疲倦、昏睡、呼吸困难、肾脏充血和出血、肝脏的脂肪性病变、尿闭、支气管炎、肺炎以致死亡。

5. 风险评估

我国职业接触限值标准本品规定 MAC 为 100 mg/m^3。

2-乙基-1,3-己二醇

1. 理化性质

CAS 号：94-96-2	外观与性状：无色无臭略有黏性的液体
熔点/凝固点(℃)：−40	密度(g/cm^3)：0.932 5
沸点(℃)：244.2(101.31 kPa)	自燃温度(℃)：360
饱和蒸气压(kPa)：<0.001 3 (20℃)	闪点(℃)：127
相对密度(水=1)：0.940 5	相对蒸气密度(空气=1)：5
溶解性：微溶于水；溶于乙醇、乙醚、氯仿	

2. 用途与接触机会

用于有机合成，可制取聚酯树脂、聚酯增塑剂、聚氨酯树脂等。该品对蚊蝇是有效的驱虫剂，也可用于生产化妆品或作为油墨溶剂。用于硼酸络合剂、医药、涂料的载色剂和溶剂以及化妆品、驱虫剂等。

3. 毒性

本品健康危害 GHS 分类为：严重眼损伤/眼刺激，类别 1。

大鼠经口 LD_{50}：1 400 mg/kg；兔经皮 LD_{50}：2 000 mg/kg；小鼠经口 LD_{50}：1 900 mg/kg，豚鼠经口 1 900 mg/kg，小鸡 1 400 mg/kg；兔经口 LC_{50}：1 400 mg/kg。常温时蒸气压低，吸入蒸气造成中毒的可能性不大。大剂量可致深麻醉而引起死亡。兔经皮 500 mg，轻度皮肤刺激。兔经眼 20 mg 严重眼刺激。

以含本品 2.0%、4.0%、8.0%的饲料喂大鼠 2 年，见生长全部减慢。8.0%组动物于 18 周内全部死亡，死因为营养不良。4.0%和 2.0%组动物全部存活，尸检未见异常。

苯乙二醇

1. 理化性质

CAS 号：16355-00-3	外观与性状：白色单斜晶体、近于无臭的固体
熔点/凝固点(℃)：67～68	沸点(℃)：221(101.3 kPa)
闪点(℃)：272～274	溶解性：易溶于沸热冰乙酸(1 份溶于 11.5 份)；沸苯(1 份溶于 26 份)；极易溶于甲醚、乙醚、二硫化碳、氯仿

2. 用途与接触机会

工业上主要用作化学中间体。

3. 毒性

动物大量经口摄入可见轻度肝脏损害，对皮肤刺激性小。

兔长期多次接触 20%本品的丙二醇溶液，无皮肤损害，也未见经皮吸收中毒。

二醇的衍生物

乙二醇、二乙二醇、三乙二醇醚类

乙二醇单甲基醚(2-甲氧基乙醇)

1. 理化性质

CAS 号：109-86-4	外观与性状：无色液体、略有醚味
熔点/凝固点(℃)：−85.1	临界压力(MPa)：5.285Mpa
沸点(℃)：124.1	自燃温度(℃)：285
闪点(℃)：42(闭杯)	密度(g/cm^3)：0.964 7(20℃)
饱和蒸气压(kPa)：0.62(20℃) 0.97(25℃)	蒸发速率：0.5
相对蒸气密度(空气=1)：2.62	易燃性：易燃，蒸气能与空气形成爆炸性混合物，遇明火，高温或接触氧化剂，有燃烧爆炸危险
溶解性：与水、乙醇、乙醚、甘油、丙酮、烃类混溶	

2. 用途与接触机会

又称乙二醇单醚，是除草剂醚磺隆的中间体，也是各种油脂类硝基纤维素和合成树脂的溶剂。分析化学中用作测定铁、硫酸盐和二硫化碳的试剂及溶剂。用于玻璃纸的包装封口、快干清漆和瓷漆中。也可用作染料工业的渗透剂和匀染剂，或作增塑剂、光亮剂。作为有机化合物生产的中间体，乙二醇单甲醚主要用于醋酸酯及乙二醇二甲醚的合成。也是生产二(2-甲氧乙基)苯二甲酸酯增塑剂的原料。乙二醇单甲醚与甘油和混合物(醚：甘油=98：2)是军用喷气燃料添加剂，可防结冰和抗细菌腐蚀。

3. 毒代动力学

本品经口、皮肤和呼吸道进入体内，很快分布全身，并在体内蓄积。进入体内的乙二醇单甘醚主要通过氧化生成甲基丙烯酸和醚链断裂生成乙二醇和CO_2两条途径代谢。另外，尿中尚能发现<5%的EGMC原形及葡萄酸苷。

4.毒性

本品健康危害GHS分类为：急性毒性—经口，类别4；急性毒性—经皮，类别4；急性毒性—吸入，类别4；生殖毒性，类别1B。大鼠经口LD_{50}为2 370 mg/kg；兔经皮LC_{50}：1 280 mg/kg；兔经口LC_{50}：890 mg/kg。大鼠吸入LC_{50}：7 239 mg/(m^3·7 h)。

兔经皮483 mg/24 h，造成轻度皮肤刺激。兔经眼500 mg/24 h，造成轻度眼刺激。

可能对生育能力或胎儿造成伤害。

5. 生物监测

在体内代谢为乙二醇。实验室检查可见尿中乙二醇甲醚增高，尿酸增高，肝、肾功能异常。

6. 人体健康危害

大量接触或口服可导致急性中毒，表现为神经系统损害为主的头痛、乏力、反应迟钝、失眠、嗜睡、谵妄、遗忘、焦虑、恍惚、发声困难、定向障碍、幻觉、肌张力增高、僵直、震颤、运动失调、痉挛步态、瞳孔扩大、对光反射迟钝、腹壁反射消失、膝反射亢进或减退等。严重者昏迷、肝、肾损害，消化道出血，甚至死亡。有报告2名工人在空气浓度21.88 mg/m^3下工作几个月后出现神经症状。1名工人在平均浓度108.85 mg/m^3(55.98～180.38 mg/m^3)下工作20个月，出现巨细胞贫血，停止接触后恢复。9名工人接触乙二醇乙醚和其他溶剂，见到细胞免疫反应改变。7名志愿者吸入16 mg/m^3/4 h，未见症状和体征。

长期慢性接触表现为中毒性神经症、巨细胞性贫血、白细胞减少等。

7. 风险评估

我国职业接触限值规定本品PC-TWA为15 mg/m^3。丹麦的职业接触限值PC-TWA为14.48 mg/m^3。

乙二醇单乙基醚

1. 理化性质

CAS号：110-80-5	外观与性状：无色油状液体，特殊气味
熔点/凝固点(℃)：-70	溶解度：能与水、乙醇、乙醚、丙酮和液体酯类混溶；能溶解多种油类；树脂及蜡等
沸点(℃)：135	闪点(℃)：44(闭杯)
爆炸上限[%(V/V)]：15.6	爆炸下限[%(V/V)]：1.7
密度(g/cm^3)：0.93(20℃)	易燃性：易燃

2. 用途与接触机会

本品主要用于硝基纤维素漆和飞机翼涂料的溶剂，还可用作清漆的涂膜剂，净化液、染料浴、水溶性颜料和染料溶液，精炼皮革的溶剂，并能增加乳胶的稳定性。

3. 毒性

本品健康危害GHS危险性分类：急性毒性—吸入，类别3；生殖毒性，类别1B。

大鼠经口LD_{50}：2 125 mg/kg；小鼠经口LD_{50}：2 451 mg/kg；豚鼠经口LD_{50}：2 790 mg/kg；兔经口LD_{50}：1 275 mg/kg；兔经皮LD_{50}：3 300 mg/kg；大鼠吸入LC_{50}>22 266 mg/(kg·4 h)；小鼠吸入LC_{50}：10 131 mg/(kg·7 h)。重复经口，以0.1 ml/kg喂兔，第7 d出现暂时性蛋白尿；0.25 ml/kg，第7 d后出现蛋白尿和血尿，当增加到1 ml/kg，动物于第8 d因肾损害而死亡。当本品在0.75%氯化钠溶液内浓度超过18%，给兔静脉注射，3.3 g/kg本品长

时间反复接触兔皮肤，未见刺激性。但中毒剂量可通过皮肤吸收。

对眼有一定刺激性，可产生疼痛、结膜刺激和轻微的暂时性角膜刺激，于 24 h 内消退。兔经皮 500 mg 开放式，轻度皮肤刺激；兔经眼 50 mg，中度眼刺激；兔经眼 500 mg/24 h，轻度眼刺激。

大鼠暴露于本品蒸气平均浓度 1.49 g/m^3 下，7 h/d，5 d/w，染毒 5w，见血液细胞成分有轻微影响。

本品可能对生育能力或胎儿造成伤害。

4.风险评估

我国职业接触限值规定本品 PC－TWA 为 18 mg/m^3，PC－STEL 为 36 mg/m^3，经皮吸收。

乙二醇单正丙基醚

1. 理化性质

CAS 号：2807－30－9	外观与性状：具有轻微乙醚和苦味的挥发性液体；无色液体
临界温度(℃)：341.85	临界压力(MPa)：3.65
沸点(℃)：150～152/101.3 kPa	闪点(℃)：53(开杯)
饱和蒸气压(kPa)：0.4	易燃性：易燃
密度(g/cm^3)：0.911 2(20℃)	相对密度(水＝1)：0.909(25℃)

2. 用途与接触机会

主要用作农药合成的原料。还可用作硝酸纤维、涂料工业中的溶剂，亦用于油墨等工业。

3. 毒性

本品健康危害 GHS 分类为：急性毒性—经皮，类别 4；严重眼损伤/眼刺激，类别 2。

大鼠经口 LD_{50}：3 089 mg/kg；兔经皮 LC_{50}：960 mg/kg；小鼠吸入 LD_{50}：6 508 mg/(kg·7 h)。

液体滴入兔眼内，可引起眼睑、结膜红肿，角膜损害以及虹膜炎。通常接触时，对皮肤无明显刺激性，但大量毒物长时间接触皮肤，可产生明显刺激甚至灼伤。兔经眼 750 μg/24 h，严重眼刺激。兔经皮 500 mg/24 h，轻度皮肤刺激。

兔暴露于 9.28 g/m^3 浓度下，1～3 h，出现轻微黏膜刺激。大鼠暴露于本品饱和空气，每次 7 h，可出现血尿，并伴有肺肝和肾的损害。

4. 人体健康危害

误服、吸入或经皮肤接触会引起中毒。通常接触时，对皮肤无明显刺激性，但大量毒物长时间接触皮肤，可产生明显刺激甚至灼伤。

乙二醇单异丙基醚

1. 理化性质

CAS 号：109－59－1	外观与性状：透明无色液体
熔点/凝固点(℃)：－60	闪点(℃)：45.6±0.0
沸点(℃)：142～144	相对密度(水＝1)0.91
饱和蒸气压(kPa)：0.80(20℃)	易燃性：易燃
密度(g/cm^3)：0.9±0.1	

2. 毒性

本品健康危害 GHS 危险性分类：急性毒性—经皮，类别 4；急性毒性—吸入，类别 4；严重眼损伤/眼刺激，类别 2。

大鼠经口 LD_{50}：5 660 μl/kg；小鼠经口 LD_{50}：为 4 900 mg/kg；大鼠吸入 LC_{50}：3 100 mg/(m^3·4 h)；小鼠吸入 LC_{50}：8 209 mg/(kg·7 h)。可引起严重肾脏和肝脏损害以及大量血尿。当毒物滴入兔眼内可引起显著的结膜刺激、角膜损伤以及虹膜炎，约 7 d 内可痊愈。对皮肤刺激不明显，但长时间接触皮肤，可引起明显刺激甚至灼伤。致死剂量可通过皮肤迅速吸收。兔经皮 20 mg/24 h，中度皮肤刺激。兔经眼 500 mg/24 h，轻度眼刺激。

乙二醇单丁基醚

1. 理化性质

CAS 号：111－76－2	外观与性状：无色透明液体
闪点(℃)：62(闭杯)	临界温度(℃)：370
熔点/凝固点(℃)：－70	临界压力(MPa)：3.27
沸点(℃)：171	相对密度(水＝1)：0.901 5
爆炸下限[%(V/V)]：1.1	爆炸上限[%(V/V)]：10.6
相对蒸气密度(空气＝1)：4.1	

2. 用途与接触机会

本品主要用作油漆特别是硝基喷漆、快干漆、清漆、搪瓷和脱漆剂的高沸点溶剂，可以防雾、防皱、提高漆膜的光泽性、流动性。也用作胶黏剂非活性稀释剂、金属洗涤剂、脱漆剂、纤维润湿剂、农药分散剂、药物萃取剂、树脂增塑剂、有机合成中间体。测定铁和钼的试剂。改善乳化性能和将矿物油溶解在皂液中的辅助溶剂。

3. 毒性

本品健康危害 GHS 分类为：急性毒性—经皮，类别 3；急性毒性—吸入，类别 2；皮肤腐蚀/刺激，类别 2；严重眼损伤/眼刺激，类别 2。

大鼠经口 LD_{50}：250 mg/kg；；豚鼠经口 LD_{50}：1 414 mg/kg；兔经皮 LD_{50}：220 mg/kg；大鼠吸入 LC_{50}：2.174 mg/(m^3 · 4 h)。毒物的麻醉作用，是引起动物死亡的主要原因。尸检见肺充血，严重肾脏充血和血红蛋白尿。以含有 2.0%和 0.5%本品的食物重复喂饲大鼠，发现生长停滞，肾脏和肝脏重量增加。未经稀释的溶液，给大鼠、小鼠和兔静脉注射时，其 LD_{50}：分别为 380、1 100 和 500 mg/kg。给猫、兔和豚鼠吸入蒸气浓度为 2.74 g/m^3，8 h/d，8～12 d 动物均死亡。

本品滴入动物眼内，可引起疼痛、结膜刺激和角膜的轻微暂时性损伤，几天内可恢复。兔皮肤长时间反复接触本品仅引起轻微单纯的刺激。兔经皮 500 mg，开放式，造成轻度皮肤刺激。兔经眼 100 mg/24 h，中度眼刺激。

IARC 致癌性分类为组 3。

4. 人体健康危害

吸入本品蒸气后，导致呼吸道刺激及肝肾损害。蒸气对眼有刺激性。皮肤接触可致皮炎。

乙二醇二乙基醚

1. 理化性质

CAS 号：629－14－1	外观与性状：无色液体，微有醚味
熔点/凝固点(℃)：－74	临界温度(℃)：268.85
沸点(℃)：121.4	闪点(℃)：27
密度(g/cm^3)：0.84(20℃)	相对密度(水＝1)：0.841 7

（续表）

相对蒸气密度(空气＝1)：6.56	溶解性：能与水和有机溶剂相混溶；20℃时在水中溶解 21.0%；水在乙二醇二乙醚中溶解 3.4%

2. 用途与接触机会

用作硝化纤维素、橡胶、树脂等的溶剂以及有机合成的反应介质。用作硝化纤维素、橡胶、树脂等的溶剂及有机合成介质。用作溶剂。

乙二醇二乙醚可用于丙烯酸树脂、甲基丙烯酸树脂、环氧树脂及硝基、乙基纤维素等溶剂，还可用于制药工业的抽提剂，润滑油添加剂、脱漆剂、油漆涂料的溶剂；以及毛织品印染的油水溶剂、铀矿的萃取剂，在有机合成中可作溶剂。

3. 毒性

本品健康危害 GHS 危险性分类：严重眼损伤/眼刺激，类别 2；生殖毒性，类别 1A。

大鼠经口 LD_{50}：2 350 mg/kg；豚鼠经口 LD_{50}：2 440 mg/kg。

对皮肤刺激不明显。对眼有明显刺激性，可产生疼痛，引起结膜刺激和轻微的暂时性角膜损害，几天内可恢复。兔经眼 100 mg，严重眼刺激。

小鼠、豚鼠、兔和猫暴露于 2.63 g/m^3，8 h/d，2 只猫和 2 只兔中各死亡 1 只，2 只死亡动物经组织学检查，均显示明显的肾损害，而小鼠、豚鼠则未见肾损害。

可能对生育能力或胎儿造成伤害。

4. 人体健康危害

吸入、摄入或经皮肤吸收对身体有害。对眼睛、皮肤有刺激作用。

乙二醇单苯基醚

1. 理化性质

CAS 号：122－99－6	外观与性状：略有芳香气味的无色液体
pH 值：6±0.5	熔点/凝固点(℃)：13
沸点(℃)：240～248	闪点(℃)：121(开杯)

（续表）

密度（g/cm³）：1.109 4（20/20℃）	相对密度（水=1）：1.11
溶解性：易溶于醇、醚和氢氧化钠溶液；微溶于水	

2. 用途与接触机会

用作乙酸纤维素、树脂、染料和墨水的溶剂，也用于合成增塑剂、杀菌剂、香料和药物等。可由环氧乙烷与苯酚缩合而成。

3. 毒性

本品健康危害 GHS 分类为：急性毒性—经口，类别 4；严重眼损伤/眼刺激，类别 2。

大鼠经口 LD_{50} 约为 1 850 mg/kg。兔经皮 LD_{50} 约为>2 000 mg/kg。

对无损皮肤刺激不明显，也不易通过皮肤吸收。对兔眼有一定刺激。兔经皮 500 mg/24 h，轻度刺激。兔经眼 6 mg，中度刺激；兔经眼 250 μg/24 h，严重刺激。

加热至 100℃的饱和蒸气并冷却至室温，暴露大鼠于其中 7 h，未见不良作用。

二乙二醇单甲基醚

1. 理化性质

CAS 号：111-77-3	外观与性状：无色透明液体
pH 值：4～7（200 g/L，H_2O，20℃）	熔点/凝固点（℃）：<-84
沸点（℃）：193	闪点（℃）：96（开杯）
爆炸上限[%（V/V）]：22.7（167℃）	爆炸下限[%（V/V）]：1.38（135℃）
饱和蒸气压（kPa）：0.03（20℃）	易燃性：可燃液体
密度（g/cm³）：1.04（20℃）	相对密度（水=1）：1.035（20/4℃）
相对蒸气密度（空气=1）：4.14	溶解性：能与水、乙醇、甘油、乙醚、丙酮、二甲基乙酰胺等混溶

2. 用途与接触机会

主要用作油墨、染料、树脂、纤维素及涂料的高沸点溶剂，加入涂料中能使之易于流动、涂刷和流平，可用作烃的萃取剂，有机合成工业中用于制备酯类衍生物的中间体，刹车液，以及分析化学中用作化学试剂等。

3. 毒性

本品健康危害 GHS 分类为：生殖毒性，类别 2。

大鼠经口 LD_{50} 4 ml/kg；豚鼠经口 LD_{50}：4 160 mg/kg；兔经皮 LC_{50}：650 mg/kg。动物死亡多因深度麻醉和肾脏损害所致。

眼接触有时可引起疼痛和暂时性损害。皮肤刺激不明显。兔经眼 500 mg，中度刺激。

二乙二醇单乙基醚

1. 理化性质

CAS 号：111-90-0	外观与性状：具有微弱芳香气味和苦味的无色液体
熔点/凝固点（℃）：-76	闪点（℃）：94（开杯）
沸点（℃）：201.9	自燃温度（℃）：235
饱和蒸气压（kPa）：0.017（25℃）	易燃性：非易燃液体
相对密度（水=1）：0.99（20℃）	*n*-辛醇/水分配系数：-0.540
相对蒸气密度（空气=1）：4.62	溶解性：可混溶于丙酮、苯、氯仿、乙醇、乙醚

2. 用途与接触机会

主要用于油漆、油墨中的互溶剂。用于纤维素、树脂、树胶、涂料、印刷用油墨、染料的溶剂，矿物油—皂和矿物油—硫化油混合物的互溶剂，非油漆着色剂，纤维印染剂，清漆和油漆的稀释剂。

3. 毒性

本品健康危害 GHS 分类为：严重眼损伤/眼刺激，类别 2。

大鼠经口 LD_{50}：5 500 μl/kg；兔经口 LD_{50}：3 620 mg/kg；兔经口 LD_{50}：3 620 mg/kg；兔经皮 LD_{50}：4 200 μl/kg；大鼠吸入 LC_{50}：>5 240 mg/(m³·4 h)。

眼刺激不明显，但可引起轻微疼痛。皮肤刺激亦不明显，即使长时间或反复接触兔皮肤也不引起刺激。兔经皮 500 mg/24 h，轻度刺激；兔经眼 125 mg，轻度刺激；兔经眼 500 mg，中度刺激。

二乙二醇单丁基醚

1. 理化性质

CAS 号：112-34-5	外观与性状：无色液体，微具有丁醇气味
熔点/凝固点(℃)：−68.1	沸点(℃)：230.6
闪点(℃)：77.8(闭杯)	相对密度(水=1)：0.955 3
爆炸上限[%(V/V)]：9.4	爆炸下限[%(V/V)]：0.4
饱和蒸气压(kPa)：0.266×10^2(20℃)	易燃性：可燃液体
相对蒸气密度(空气=1)：5.58	溶解性：溶于水、油类，易溶于醇、醚

2. 用途与接触机会

用作溶剂和塑料中间体。

3. 毒性

本品健康危害 GHS 分类为：严重眼损伤/眼刺激，类别 2。

大鼠经口 LD_{50}：4 500 mg/kg；兔经皮 LD_{50}：2 700 mg/kg。

对眼可引起中等度刺激及短时间的角膜损害。兔经皮肤长时间或反复接触本品，刺激轻微。兔经眼 20 mg，严重眼损伤。

三乙二醇单乙基醚

1. 理化性质

CAS 号：112-50-5	外观与性状：无色或近似无色液体
熔点/凝固点(℃)：−18.7	沸点(℃)：255.8
闪点(℃)：135(开杯)	密度(g/cm^3)：1.005
饱和蒸气压(kPa)：0.001 3(20℃)	易燃性：非易燃
相对密度(水=1)：1.02(20℃)	溶解性：能与水、乙醇混溶

2. 用途与接触机会

用作溶剂，也作为稀释剂和某些化学中间产物。

3. 毒性

大鼠经口 LD_{50}：7 750 mg/kg，兔经皮 LD_{50} 8 ml/kg。

对眼、皮肤无刺激性。兔经眼 500 mg，轻度刺激。

含本品 0.18～3.30 g/kg 水溶液连续喂大鼠 30 d，在较高剂量时，动物摄入食物减少，生长变慢，未见其他明显影响。

丙二醇、二丙二醇、三丙二醇和聚丙二醇醚类

丙二醇单甲基醚

1. 理化性质

CAS 号：107-98-2	外观与性状：无色透明液体，无强刺激性气味
闪点(℃)：33(闭杯)	临界温度(℃)：275.2
熔点/凝固点(℃)：−96	临界压力(MPa)：4.76
沸点(℃)：118～119	自燃温度(℃)：270
爆炸上限[%(V/V)]：11.5	爆炸下限[%(V/V)]：1.7
饱和蒸气压(kPa)：4.4(20℃)	相对密度(水=1)：0.79
密度(g/cm^3)：0.924(20/4℃)	易燃性：与空气混合可爆；易燃
相对蒸气密度(空气=1)：2.07	溶解性：溶解性强，能与水和多种有机溶剂混合

2. 毒性

本品健康危害 GHS 分类为：特异性靶器官毒性——一次接触，类别 3。

大鼠经口 LD_{50}：>4 016 mg/kg；兔经皮 LD_{50}：13 g/kg；大鼠经皮 LD_{50}：>2 000 mg/kg；大鼠吸入 LD_{50}：25.8 g/(m^3·6 h)。动物中毒后主要表现为抑制和不完全麻醉。大鼠和豚鼠暴露于 20.09 g/m^3 蒸气浓度，一次 7 h，动物均存活；大鼠暴露于 40.18 g/m^3 浓度 5～6 h，半数死亡，而豚鼠 7 h 以上才出现半数死亡。

未经稀释溶液反复滴入兔眼内，仅引起眼睑轻

微暂时性刺激。对皮肤刺激不明显，但中毒剂量可通过皮肤吸收。兔经皮 500 mg 开放式，轻度刺激。兔经眼 500 mg/24 h，轻度刺激。

丙二醇单乙基醚

1. 理化性质

CAS 号：1569－02－4	外观与性状：无色透明液体
熔点/凝固点(℃)：－90	沸点(℃)：132.2
闪点(℃)：43(闭杯)	相对密度(水＝1)：0.90
饱和蒸气压(kPa)：0.96 (25℃)	易燃性：易燃
溶解性：溶于水、乙醚、乙醇	

2. 毒性

本品健康危害 GHS 危险性分类：特异性靶器官毒性-一次接触，类别 3(麻醉效应)。

大鼠经口 LD_{50}：4 400 mg/kg；兔经皮 LD_{50} 约为 8 100 mg/kg；大鼠吸入 LC_{50}＞46 496 mg/(m^3 · 4 h)。

以 2.14 mg/(kg · d)剂量喂饲大鼠 30 d，可引起生长迟缓及肾脏损害。连续 5 d 用商品溶液滴兔眼，可引起结膜刺激和暂时性角膜混浊。兔经眼 100 mg/24 h，中度刺激。对皮肤刺激不明显，但可通过皮肤吸收。动物中毒表现以中枢神经系统抑制为多见。小鼠、豚鼠和兔暴露于 32.5 g/(m^3 · h)，未见其影响；暴露 2 h，引起眼和呼吸器官较大刺激及兔出现暂时性血尿和蛋白尿等肾损害征象。

丙二醇单异丙基醚

1. 理化性质

CAS 号：110－48－5	外观与性状：无色液体，略有气味
沸点(℃)：139～141	饱和蒸气压(kPa)：0.71(25℃)
相对密度(水＝1)：0.875	

2. 毒性

大鼠经口 LD_{50} 约为 4 g/kg；兔经皮 LD_{50} 为 9 ml/(kg · 48 h)。可引起兔眼结膜刺激，轻微角膜损害和虹膜炎，1 周内可恢复。长时间反复接触无损皮肤，刺激也很轻微。大鼠一次暴露于饱和空气 7 h 仍存活，出现嗜睡、呼吸困难、暂时性体重减轻。解剖发现轻度肾损害。

丙二醇单正丁基醚

1. 理化性质

CAS 号：10215－33－5	外观与性状：无色透明液体，具有轻微气味和苦味
熔点/凝固点(℃)：－100	沸点(℃)：169
闪点(℃)：58	相对密度(水＝1)：0.88
饱和蒸气压(kPa)：0.19 (25℃)	易燃性：易燃液体
密度(g/cm^3)：0.879	溶解性：溶于乙醇、乙醚、甲苯、二氯甲烷；难溶于水

2. 毒性

大鼠经口 LD_{50} 为 5 950 μl/kg；兔经皮 LD_{50} 为 1 590 μl/kg。对眼有明显刺激，滴入兔眼可引起显著结膜刺激和角膜混浊，1w 内可恢复。兔经皮 500 mg，开放式，轻度刺激。兔经眼 2 mg/24 h，重度刺激。以 2 ml/kg 剂量涂兔皮肤，所有 5 只动物均存活，若剂量增至 5 ml/kg，动物均死亡。

二丙二醇单甲基醚

1. 理化性质

CAS 号：34590－94－8	外观与性状：无色透明液体，有微弱醚味
熔点/凝固点(℃)：－80	沸点(℃)：190
闪点(℃)：85(闭杯)	密度(g/cm^3)：0.950(25/4℃)
饱和蒸气压(kPa)：7.98×10^{-3}(25℃)	易燃性：可燃液体
相对密度(水＝1)：0.960 8	溶解性：与水和多种有机溶剂混溶

2. 毒性

本品健康危害 GHS 分类为：严重眼损伤/眼刺激，类别 2。

大鼠经口 LD_{50}：5.4 ml/kg；小鼠经皮 LD_{50}：

10 ml/kg。动物中毒表现以中枢神经系统抑制为主，死于呼吸衰竭。

兔经皮 500 mg 开放式，轻度刺激；兔经眼 500 mg/24 h，轻度刺激。对眼刺激不明显，连续刺激可引起轻微暂时性角膜刺激。本品涂兔皮肤 90 d，仅引起轻微脱屑。经皮吸收不会引起动物死亡，但可致暂时性麻醉。

二丙二醇单乙基醚

1. 理化性质

CAS 号：15764－24－6	外观与性状：挥发性较低无色液体。有轻微醚味
沸点(℃)：193～195	闪点(℃)：96.11(开杯)
饱和蒸气压(kPa)：0.04(25℃)	密度(g/cm³)：0.927

2. 毒性

大鼠经口 LD_{50}：3 710 mg/kg。对结膜、皮肤有刺激作用。用 15 ml/kg 紧密贴敷皮肤 24 h，对 5 只兔均死亡；敷较小剂量者，出现体重减轻及麻醉状态。

二丙二醇单正丁基醚

1. 理化性质

CAS 号：29911－28－2	外观与性状：轻微挥发性的无色液体
沸点(℃)：214～217	分子量：190.2
饱和蒸气压(kPa)：0.008(25℃)	

2. 用途与接触机会

用作油漆、树脂、燃料、油类和润滑油的溶剂。也用作偶合和分散剂。

3. 毒性

本品健康危害 GHS 分类为：严重眼损伤/眼刺激，类别 2。

大鼠经口 LD_{50}：1 620 μl/kg。兔经皮 LD_{50}：5 860 μl/kg。对眼结膜有刺激作用。反复涂兔皮肤仅产生轻微单纯刺激。

三丙二醇单甲基醚

1. 理化性质

CAS 号：20324－33－8	外观与性状：无色、挥发性较低液体
沸点(℃)：242.4	密度(g/cm³)：0.965
饱和蒸气压(kPa)：0.003(25℃)	分子量：206.32

2. 毒理

大鼠经口 LD_{50}：3 300 mg/kg；兔经皮 LD_{50}：16 ml/kg。

对皮肤刺激不明显，但中毒剂量可通过皮肤吸收。兔经眼 100 μl/24 h，中度刺激。

大鼠暴露于 25℃接近饱和蒸气 7 h，未见不良反应。中毒表现为中枢神经系统和麻醉状态。

三丙二醇单乙基醚

1. 理化性质

CAS 号：20178－34－1	外观与性状：无色、挥发性较低液体，具轻微醚类气味和苦味。
沸点(℃)：250℃左右	分子量：220.3
饱和蒸气压(kPa)：0.002(25℃)	

2. 用途与接触机会

用作真漆、油漆、树脂、染料、油类和润滑油的溶剂。也用作偶合和分散剂。

3. 毒性

大鼠经口 LD_{50}：2 ml/kg。

三丙二醇单正丁基醚

1. 理化性质

CAS 号：55934－93－5	外观与性状：无色、挥发性较低液体，具有轻微醚类气味和苦味
沸点(℃)：255 左右	分子量：248.36
饱和蒸气压(kPa)：0.001(25℃)	

2. 用途与接触机会

主要用作油漆、树脂、染料、油类和润滑油的溶剂，也用作偶合剂和分散剂。

3. 毒性

大鼠经口 LD_{50}：1 840 mg/kg，对皮肤刺激性小，反复接触可致轻微脱屑，目前暂未发现人类急、慢性中毒病例报道。

丁二醇醚类

丁二醇单甲基醚

1. 理化性质

CAS号：111－32－0	沸点(℃)：136
饱和蒸气压(kPa)：0.1(25℃)	密度(g/cm^3)：0.983
溶解性：混溶于水；混溶于油类和多数有机溶剂	

2. 毒性

大鼠经口 2 g/kg 而存活，4 g/kg 则均死亡。存活动物剖检，未见脏器病理学改变。

本品长时间反复接触兔皮肤，仅引起轻微刺激。

未经稀释溶液滴入兔眼内，可产生疼痛、轻微角膜结膜刺激和部分虹膜炎，可于一周内消退。

3 只大鼠暴露于 27.85～32.5 g/m^2 饱和蒸气 3 h，未见死亡，但出现嗜睡、不安、暂时新体重减轻和轻微肝、肾损害。6 只大鼠暴露于含有雾滴的过饱和蒸气 7 h，均出现嗜睡、不能站立和呼吸困难，其中 4 只死亡。检查存活动物脏器，未见明显病理学改变。

丁二醇单乙基醚

1. 理化性质

CAS号：111－73－9	沸点(℃)：147
饱和蒸气压(kPa)：0.40(25℃)	密度(g/cm^3)：0.888
溶解性：混溶于水和多数有机溶剂	

2. 毒性

大鼠经口 LD_{50}：4 g/kg。未经稀释溶液长时间反复接触兔皮肤，刺激不明显，中毒剂量不易经皮肤迅速吸收。

液体滴入兔眼内，可以起疼痛，显著角膜结膜损害和轻微巩膜炎。

大鼠暴露于 15.8～21.07 g/m^3 饱和蒸气 7 h，未见严重影响。6 只大鼠暴露于含雾蒸气 7 h，虽未出现死亡，但出现眼鼻刺激征、嗜睡、不能站立和呼吸困难。解剖动物，发现肺、肝和肾损害。

丁二醇单正丁基醚

1. 理化性质

沸点(℃)：180～187	密度(g/cm^3)：0.877
饱和蒸气压(kPa)：0.035	

2. 毒性

含本品 20%的玉米油喂大鼠，2.0 g/kg 时均存活，4.0 g/kg 则均死亡。大剂量可引起衰竭和呼吸困难。存活动物剖检发现肾损害。

本品对皮肤几乎没有刺激性，当用绷带敷上本品 48 h，可引起灼伤。急性中毒剂量不易经皮肤迅速吸收。

本品滴入兔眼内，可引起疼痛，显著的角膜结膜损伤和轻微虹膜炎。

大鼠暴露于 100℃饱和而降至室温的蒸气 7 h，未见明显影响，解剖发现肾损害。

二醇酯、二醇二酯和二醇醚酯类

聚丙二醇丁基醚

1. 理化性质

CAS号：68554－64－3	饱和蒸气压(kPa)：<0.013
密度(g/cm^3)： 丁基 400 约 0.973 丁基 800 约 0.990	

2. 毒性

对分子量约为 400 和 800 两个品种的此类物质进行毒性研究，前者经口 LD_{50} 雄性大鼠为 5.84 g/kg，雄豚鼠和雄兔分别为 2.46 和 3.30 g/kg；后者分别为 9.16、6.8 和 23.7 g/kg。大剂量经口时主要引起胃肠刺激、内脏充血和死亡。死亡多在 24 h 内发生，超过此时间的死亡概率极低。两个品种对皮肤、眼的刺激较轻，急性中毒剂量不易通过皮肤吸收。兔重复经皮染毒 30 d，毒性均较低。分子量为 400 者易通过胃肠道迅速吸收，大剂量喂饲大鼠 30 d，体内并无蓄积。一般情况下，本品无吸入危险。

乙二醇单醋酸酯

1. 理化性质

CAS 号：542－59－6	外观与性状：无色液体
沸点(℃)：182	闪点(℃)：102(闭杯)
密度(g/cm^3)：1.11	饱和蒸气压(kPa)：0.03(25℃)

2. 用途及接触机会

用作去漆剂、醋酸纤维素溶剂以及化妆品香料溶剂。

3. 毒性

本品健康危害 GHS 分类为：严重眼损伤/眼刺激，类别 1。

大鼠经口 LD_{50} 为 8 250 mg/kg；豚鼠 LD_{50}：3 800 mg/kg。对动物和人的皮肤刺激不明显，豚鼠皮下注射 0.5 或 1.0 ml/kg，7 次，未见损害。兔经眼 100 mg，严重眼刺激。豚鼠、猫和小鼠暴露于室温和饱和蒸气 12 次，每次 8 h 而存活，但出现肺刺激和轻微肾损伤。

乙二醇二醋酸酯

1. 理化性质

CAS 号：111－55－7	外观与性状：无色液体
熔点/凝固点(℃)：－31	沸点(℃)：190～191
闪点(℃)：88(闭杯)	饱和蒸气压(kPa)：0.01(25℃)
密度(g/cm^3)：1.083	

2. 用途及接触机会

本品为优良、高效、安全无毒的有机溶剂。广泛用于制药工业；铸造树脂有机酯固化剂；也作为各种有机树脂特别是硝化纤维素的优良溶剂，和皮革光亮剂的原料；在油漆涂料中作为硝基喷漆、印刷油墨、纤维素酯、荧光涂料的溶剂。

3. 毒性

本品健康危害 GHS 分类为：严重眼损伤/眼刺激，类别 2。

大鼠经口 LD_{50} 为 6 860 mg/kg；豚鼠经口 LD_{50}：4 940 mg/kg；兔经皮 LD_{50}：8 480 μl/kg。兔经眼 500 mg，轻度刺激。

大鼠和兔长时间饲含本品的水溶液，发现浓度在 1%～3%时，有时观察到肾脏内草酸钙晶体；浓度在 5%时，可引起大量结晶沉积并致死亡。

乙二醇单甲基醚醋酸酯

1. 理化性质

CAS 号：629－38－9	外观与性状：无色液体

2. 毒性

大鼠经口 LD_{50} 为 11 960 mg/kg。兔经皮 LD_{50} 约 5.25 ml/kg。0.5 或 1.0 ml/(kg・d)剂量喂饲兔 3 次后均死亡，显示肾损害和尿中出现蛋白和颗粒管型。给豚鼠皮下注射 0.5 ml，7 次及 1.0 ml 4 次，1～5 d 内死亡，尸检见肾脏明显损害。兔经眼 100 mg/24 h，中度刺激。小鼠和兔一次暴露于饱和蒸气(22 g/m^3)可耐受 3 h，仅出现轻微黏膜刺激。豚鼠暴露 1 h 均存活，但数天后死亡。

乙二醇单乙基醚醋酸酯

1. 理化性质

CAS 号：112－15－2	外观与性状：无色液体

（续表）

熔点/凝固点(℃)：−25	沸点(℃)：221.8
闪点(℃)：107	密度(g/cm^3)：0.996
爆炸上限[%(V/V)]：19.4	爆炸下限[%(V/V)]：1.0
饱和蒸气压(kPa)：0.014(25℃)	性状：无色低挥发性液体，具轻微气味和苦味

2. 用途及接触机会

乙二醇单乙基醚醋酸酯是具有多官能团的非公害溶剂，广泛应用于轿车漆、电视机漆、冰箱漆、飞机漆等高档油漆中；主要作为乳胶漆的助聚结剂，由于本品有着优良的溶解性和缓慢的蒸发速度，因而在生产缓慢干燥的硝基纤维素漆、天然漆或喷漆工艺中，是十分理想的溶剂。

3. 毒性

本品健康危害 GHS 分类为：严重眼损伤/眼刺激，类别 2。

大鼠经口 LD_{50} 为 5 100 和 1 910 g/kg；豚鼠经口 LD_{50}：3 930 mg/kg；兔经皮 LD_{50}：15.1 ml/kg。对皮肤刺激不明显，除非长时间反复接触。虽能经皮肤吸收，但致死量很大。对兔眼刺激轻微。兔经皮 500 mg 开放式，轻度刺激。兔经眼 500 mg，中度刺激。

二乙二醇单丁基醚醋酸酯

1. 理化性质

CAS 号：124 - 17 - 4	外观与性状：无色液体
熔点/凝固点(℃)：−32.2	饱和蒸气压(kPa)：<0.001 3(20℃)
沸点(℃)：247	密度(kg/m^3)：0.98(20℃)
闪点(℃)：115(闭杯)	

2. 用途与接触机会

可用作油墨油剂及烤焙的釉油，尤其适用于丝网油墨、轿车漆、电视机漆、冰箱漆、飞机漆等高档油漆中。用作感光化学品等。

3. 毒性

本品健康危害 GHS 分类为：皮肤腐蚀/刺激，类别 2；严重眼损伤/眼刺激，类别 2；皮肤致敏物，类别 1；特异性靶器官毒性——一次接触，类别 3。

大鼠经口 LD_{50} 6 500 mg/kg；兔经口 LD_{50}：2 260 mg/kg；兔经皮 LD_{50}：14 500 mg/kg。

兔经皮 500 mg 开放式，轻度刺激；兔经眼 500 mg，中度刺激。

含本品 50% 的乳状液喂饲动物，其毒性较大。稍低于致死剂量时，可引起明显麻醉。

兔和人的皮肤长时间反复接触本品，可引起轻微红斑和脱屑，可能导致皮肤过敏反应。

第22章

环氧化合物

(一) 理化性质

环氧化合物是一类具有三元环醚结构的化合物,是由环氧乙烷环(可以是一个环也可以是多个环)组成的。一个环氧乙烷环实质上是由一个氧原子与两个碳原子连接而成的。这些环氧化合物与氨基、羟基和羧基以及无机酸反应生成相对稳定的化合物。本类物质在常温下除环氧乙烷外大部分是液体,小部分是固体,易溶于一般有机溶剂,分子量范围大,从最低分子量为44.05的环氧乙烷到最高分子量接近4 000的环氧树脂单体。

(二) 用途

环氧化合物作为化学中间体被广泛用于工业生产,用作各种表面活性剂、溶剂、合成树脂、黏合剂,也用作熏蒸杀虫和杀菌剂。环氧树脂用作胶合剂、增塑剂、稳定剂、纺织品处理剂、固化剂、稀释剂、涂料及用于模具浇铸、密封线圈、层压板等。

环氧树脂,当被固化剂改变后,生成多用途的热固性材料。并被用于包括表面涂层、电子学(封装化合物)、薄片制品和各种材料的黏合等各个方面。丁基氧环(1,2-环氧丁烷和2,3一环氧丁烷)被用于制造丁二醇和丁二醇的衍生物。也用于生产表面活性剂。氯甲代氧丙烷(表氯醇、3-氯-1,2-环氧丙烷)可做化学中间体,杀虫剂、熏蒸消毒剂和用于涂料、清漆、瓷漆和天然漆的溶剂。缩水甘油(2,3-环氧丙醇)是原油和乙烯基聚合物的稳定剂、均染剂和乳化剂。环氧乙烷用于消毒外用器械和医疗设备、纺织品、纸制品、被单及清洁设备。它还是粮食和纺织品的熏蒸剂、火箭推进剂及烟叶的生长促进剂。环氧乙烷被用作生产乙二醇、聚乙烯基对苯二酸聚酯膜和纤维,及其他有机化合物的中间体。氧化丙烯或1,2一环氧丙烷用于袋装食品和其他材料消毒用熏剂,它是生产聚醚多元醇的高活性中间体。乙烯基氧环已烯可作为其他双环氧化合物和用表氯醇和双酚A合成树脂时的反应稀释剂。

(三) 毒理

环氧化合物的毒性差别很大。低分子环氧化合物如脂肪族一环氧、二环氧和缩水甘油醚类化合物生物活性较高,随着环氧化合物分子量增加,其生物活性则降低;而已固化的环氧树脂类化合物,它们基本上是惰性化合物,含有少量游离环氧基团。本类物质大部分可经皮肤吸收,其蒸气也可通过呼吸道吸收。其主要毒理作用可归纳为以下列三个方面:

1. 中枢神经系统:低分子量烃类一环氧化物是一种弱麻醉剂,但由于这些化合物有较强的刺激作用,故此活性往往被掩盖;有些一环氧醚类化合物有较明显的中枢神经系统作用,苯基取代的一些环氧化物,可阻断神经元间的联系。大多数一环氧化物大剂量时能引起非特异性抑制,反复吸入环氧乙烷可导致某些动物下肢可逆性瘫痪。

2. 刺激作用:大多数低分子量的脂肪族环氧化物、二环氧化物及在分子另外部位有活性基团的一环氧化物对黏膜和皮肤有强烈的刺激作用。

(1) 呼吸道:吸入大量蒸气或易挥发的本类物质,如环氧乙烷、环氧丙烷和环氧氯丙烷等,可引起化学性肺炎及急性肺水肿。但在大多数情况下,由于蒸气在低浓度时已有特殊的气味,故可避免急性中毒。

(2) 皮肤:本类物质无论原液或稀释液均对皮肤有刺激作用,轻者红肿,重者甚至坏死。重要的本类物质对皮肤刺激程度见表22-1。本类物质也可引起皮肤过敏,但仅限于环氧基团在分子末端的环氧化物。

(3) 眼:本类物质的多数对眼有刺激性,可引起眼睑水肿、结膜充血,少数并可致角膜损伤。重要的商品本类物质对眼刺激情况见表 22-1。

表 22-1 重要的商品环氧化合物对皮肤和眼刺激程度

环氧化合物	对皮肤刺激程度	对眼刺激程度
烯丙基缩水甘油醚	中等	重度
环氧丁烷	纯品涂皮肤后密封有明显刺激；稀释液重复涂皮，有刺激性	中等
双酚 A 二缩水甘油醚	一次涂皮无刺激；重复涂皮，轻度或中度刺激	轻度或中度
环氧氯丙烷	强烈刺激；重复涂皮，发生坏死	重度
环氧乙烷	纯品蒸发引起冻伤；稀释液刺激，引起水疱	中等
苯缩水甘油醚	一次涂皮无刺激；重复涂皮，轻度或中度刺激	轻度
环氧丙烷	纯品敞开涂皮，无刺激；稀释液有刺激性	中等
间苯二酚二缩水甘油醚	重复涂皮，严重刺激	中等
环氧乙基苯	纯品或稀释液中等度刺激	轻度或中等

3. 拟放射线作用有些二环氧化合物具有与化疗药物和电离辐射相似的效应，故可能在生物体内有烷化作用。但一环氧化合物的这种作用不明显。动物实验表明，一些较活泼的环氧化物可引起骨髓有核细胞、周围白细胞减少，但这些改变在数周内可恢复。因此，本类物质的此类作用较烷化剂和电离辐射弱得多。

本类物质的致癌性和致突变性问题曾作过大量研究。Patty 毒理学 1983 年版列出 86 种环氧化合物动物致癌试验结束，其中 35 种定为可致癌，大部是根据小鼠涂皮试验确定的。此结果只表明这些环氧化合物经特定途径对受试的某种属动物有致癌作用。实验证明，二环氧化合物的致癌性较一环氧化合物为强，而致突变性则反之。至于人体接触本类物质怀疑患肿瘤的病例则很少，此可能与人的防御能力和接触量少等有关。一般地说，低分子量二环氧化合物对动物具致癌性；而大部分一环氧化合物则无致癌作用，多种致突变试验也已证实。如 Ames 试验发现缩水甘油、缩水甘油醛、二缩水甘油醚、烯丙基甘油醚、丁二烯二环氧化合物、己烯基环己烷二环氧化合物、EPON 812、丁基缩水甘油醚等具诱变作用，但其程度不一，环氧乙基苯和 1,2,7,8-二环氧辛烷是强诱变剂，而 1,2-环氧丁烷则为弱诱变剂。9 种缩水甘油醚用 Ames 试验测得的诱变活性由强到弱依次为：异丙基缩水甘油醚和烯丙基缩水甘油醚、丁基缩水甘油醚、苯基缩水甘油醚、新戊基乙二醇二缩水甘油醚、双戊缩水甘油醚、二苯酚丙烷二缩水甘油醚、C12-C14 烷基缩水甘油醚。据报道，4 种二环氧化合物如丁二烯和乙烯环己烷二环氧化合物、二缩水甘油醚和 EPON828 对大鼠和鸡有胚胎毒性及致畸胎作用。

有证据表明某些环氧化合物具有诱变的潜在性。一项研究 51 种环氧化合物中有 39 种 Ames 沙门氏菌测定诱发了阳性反应。

某些固化剂、硬化剂和用于生产最终化合物的其他试剂与毒性有关。尤其是一种与肝毒相联系并对视网膜有伤害的 4,4-亚甲基代二苯胺(MDA)，已经被发现是动物的致癌物，另一种是苯偏三酐(TMA)。1,2,3,4-二环氧丁烷短时间(4 h)的大鼠吸入研究发现，大鼠出现流泪、角膜模糊不清、呼吸困难和肺充血的症状。对其他动物系列的实验证实，二环氧丁烷类像其他许多环氧化合物一样，会引起眼部受刺激、皮肤灼伤、起水疱和刺激肺器官。对人来说，事故性的"最少量"暴露会造成眼睑肿胀、上呼吸道刺激，并且暴露刺激 6 h 后眼睛变得疼痛。右、左型和内消旋型的 1,2,3,4-二环氧丁烷在皮肤用药中引发皮肤肿瘤，包括在鼠身上出现扁平细胞皮肤癌。右型和左型同分异构体在鼠的皮下和腹膜内分别注射，会产生局部肉瘤。

已有报道一种环氧化合物—表氯醇(环氧氯丙烷)在暴露的工人中肺癌发病率显著增加。这种化学物质被 IARC 分类为 2A 组化合物，即可能的人类致癌物。一项长期的流行病学研究报告显示，美国壳牌化学品公司的两个工厂中暴露于表氯醇环境中的工人由呼吸道癌死亡人数在统计学意义上是增加的。同其他环氧化合物一样，表氯醇个体暴露会刺激眼睛、皮肤和呼吸道。人和动物的实验表明，皮肤接触表氯醇会诱发严重的皮肤损伤和系统性中毒，还有报道，表氯醇会引起动物不育，损害肝脏和肾脏。

此外，还有极少数本类物质对肾脏有一定的毒性作用。大鼠长期吸入环氧氯丙烷蒸气 60.48 mg/m^3，90 d 后发现肾脏大小有明显的变化。

(四) 对人体影响

1. 急性中毒少见　大量吸入后有剧烈的头痛、眩晕、步态不稳、恶心、呕吐、腹泻、咳嗽和呼吸困难等，严重者可致昏迷和酸中毒。病程中尚可出现暂时性视网膜血管痉挛、肝功能异常和淋巴细胞增多等。

2. 慢性影响　长期接触环氧树脂可引起手部皮肤干燥和皲裂，有些环氧化合物如环氧乙烷尚可有头晕、头痛、乏力等神经衰弱症状和植物神经系统功能紊乱。

另外，本类物质的少数对人可能是潜在的致癌物。

3. 局部作用

(1) 眼：蒸气对眼有刺激性，可引起眼痛、流泪、畏光、结膜充血，甚至角膜损害。

(2) 皮肤：皮肤接触环氧乙烷迅速发生红肿，数小时起泡，反复接触可致敏。环氧树脂对皮肤有弱的原发性刺激作用，还可引起变态反应，甚至有些在空气中已干燥的树脂，仍可引起某些变态反应。皮肤接触环氧树脂后，极少数人立即出现皮炎，部分人约历时 1 周后发病，出疹前并有头晕、乏力等前驱症状。皮疹多见于颜面及其他暴露部位，也可累及非暴露部位，初以潮红、水肿为主，伴剧痒，进而可出现伴疹、丘疱疹。脱离接触后 5～6 d，红肿逐渐消退而自愈；若病情继续发展，则可出现水疱、渗液以至糜烂。皮疹愈后再接触，可再发，但一般较初发为轻。

(五) 诊断

职业性环氧化合物中毒的诊断按照职业病诊断的一般原则。目前职业性急性环氧化合物中毒的诊断国家标准为 GBZ 245—2013《职业性急性环氧乙烷中毒的诊断》，对环氧乙烷急性职业中毒的诊断如下：

诊断原则

根据短期内接触较大量环氧乙烷的职业史，出现以中枢神经系统、呼吸系统损害为主的临床表现，结合现场职业卫生学调查和实验室检查结果，综合分析，并排除其他原因所致类似疾病，方可诊断。

接触反应

短期内接触环氧乙烷后，出现头晕、头痛、恶心、呕吐、乏力症状，可伴有眼部不适、咽干等眼部及上呼吸道刺激症状，在脱离接触后 72 h 内症状消失或明显减轻。

根据病情严重程度，职业性急性环氧乙烷中毒分为轻、中、重三级：

轻度中毒

头晕、头痛、恶心、呕吐、乏力、眼部不适、咽干等症状加重，并伴有下列表现之一者：

a) 步态蹒跚或意识模糊；

b) 急性气管-支气管炎。

中度中毒

在轻度中毒的基础上，具有下列表现之一者：

a) 谵妄或混浊状态；

b) 急性支气管肺炎或急性间质性肺水肿。

重度中毒

在中度中毒的基础上，具有下列表现之一者：

a) 肺泡性肺水肿；

b) 重度中毒性脑病。

急性环氧乙烷中毒主要损害中枢神经系统和呼吸系统，还可出现其他器官功能的异常，如心肌损害、肝、肾功能异常等，但这些异常均不如中枢神经系统和呼吸系统损害出现得早，或为一过性，因此不作为诊断和分级的指标。

鉴别诊断：急性环氧乙烷中毒需与上呼吸道感染、支气管感染、肺炎、心源性肺水肿、中枢神经系统感染、脑外伤、脑血管意外等疾病鉴别，结合职业接触史诊断并不困难。

(六) 治疗

1. 急性中毒按一般急性中毒原则处理。用肥皂和水清洗皮肤、去除污染衣服(阻止继续吸收)，合理氧疗，严密预防脑水肿和肺水肿，可早期、足量、短程应用糖皮质激素、脱水剂及利尿剂和改善脑细胞代谢治疗。极少数患者在中毒后第 4～11 d，由意识清楚到出现嗜睡或躁动不安，定向障碍、幻觉、妄想、忧郁、焦虑、精神运动性兴奋或攻击行为等。故中毒者临床治疗应密切观察半个月。

2. 慢性影响主要对症处理。

3. 局部损害眼内溅入立即用清水或 3%碳酸氢钠溶液冲洗，疼痛明显者可用 1%地卡因溶液滴眼，并用抗菌素和可的松眼药水滴眼，以防止继发感染和改善炎症刺激现象。皮肤损害早期可用炉甘石洗剂等，渗液多时宜湿敷，以后按病情可用糊剂或软膏类；病程中尚可给适当的抗过敏药内服或静脉注射。

(七) 预防

应同时注意皮肤污染和呼吸道吸入引起的危害，除一般性预防措施外，还应注意加强个人防护，如操作者应穿紧袖工作服、长裤，戴手套，操作中若有头痛、恶心等，应及时离开现场到通风良好地方休息；药液偶而溅到皮肤应立即用肥皂和水彻底洗清；工作完毕后，清洗暴露部位。

环 氧 乙 烷

1. 理化性质

CAS号：75－21－8	外观与性状：无色带有醚刺激性气味的气体
分子式：C_2H_4O	临界温度(℃)：195.8
熔点/凝固点(℃)：－112.2	临界压力(MPa)：7.19
沸点(℃)：10.8	自燃温度(℃)：571
闪点(℃)：－17(开杯)	爆炸上限[%(V/V)]：100
饱和蒸气压(kPa)：145.91 (20℃)	爆炸下限[%(V/V)]：3
分子量：44.052	黏度[Pas]：0.03
相对密度(水＝1)：0.871 1	易燃性：高度易燃
相对蒸气密度(空气＝1)：1.52	*n*－辛醇/水分配系数：－0.30
溶解性：与水可以任何比例混溶；能溶于醇、醚	

2. 用途与接触机会

环氧乙烷是重要的一种有机合成原料，用于制造乙二醇作为涤纶纤维的原料，是食品添加剂牛磺酸的原料，用来合成洗涤剂、非离子型活性剂，也用来作为消毒剂、杀虫剂、谷物熏蒸剂、乳化剂、缩乙二醇类产品，也还用于生产增塑、润滑剂、橡胶和塑料等。环氧乙烷有杀菌作用，对金属不腐蚀，无残留气味，可杀灭细菌(及其内孢子)、霉菌及真菌，因此可用于消毒一些不能耐受高温消毒的物品以及材料的气体杀菌剂。被广泛用于消毒医疗用品诸如绷带、缝线及手术器具。由于环氧乙烷易燃及在空气中有广阔的爆炸浓度范围，被用作燃料气化爆弹的燃料成分。

3. 毒代动力学

环氧乙烷在正常环境中多以气态形式经呼吸道吸收，液态可经皮肤和消化道吸收。在体内分布和转化情况目前不完全明了。可能通过血液循环被细胞吸收，而后转化成甲醛或乙二醇，再氧化为草酸从尿中排出。

4. 毒性与中毒机理

环氧乙烷为强麻醉剂，是一种中枢神经抑制剂、刺激剂和原浆毒物，具麻醉性、刺激性、致敏性和腐蚀性。对人的毒性高于四氯化碳和氯仿。本品健康危害GHS分类为：急性毒性—吸入，类别3；皮肤腐蚀/刺激，类别2；严重眼损伤/眼刺激，类别2；生殖细胞致突变性，类别1B；致癌性，类别1A；特异性靶器官毒性——一次接触，类别3。

4.1 急性毒作用

(1) 急性经口、经皮与吸入毒性：大鼠经口LD_{50}：72 mg/kg；大鼠吸入LC_{50}：1 571 mg/m^3。高浓度蒸气吸入对黏膜有明显刺激，并出现中枢神经系统抑制。初见有眼泪、流涕、多涎，进而喘气和呼吸困难，豚鼠尚可出现角膜浑浊；以后可见有恶心、呕吐、腹泻、肺水肿、瘫痪(特别是后肢)、惊厥，最后可死亡。动物急性死亡原因通常是由于肺水肿，延期死亡则常因肺部继发性感染，但全身中毒也是一个因素。有人用大鼠吸入1.35 g/m^3浓度的本品蒸气，染毒50 min后动物出现爬笼、躁动、张口呼吸和呼吸不规则现象。于70 min取出动物，发现其呼吸时有水泡声，其中1只后肢瘫痪。取出后2 h左右动物已呈濒死现象。病理检查发现心、肺、肝、脾、肾、肾上腺和脑血管明显扩张淤血，其中1只伴有轻度血管周围炎和肺气肿，血象，肝功能均无异常。

本品造成皮肤刺激。大量涂皮由于蒸发，可引起冻疮；兔涂皮密封，一次短期接触，甚至稀溶液也可产生刺激、水肿、有时灼伤。一次接触本品可能造成呼吸道刺激。本品亦可引起皮肤过敏。

本品造成严重眼刺激。高浓度蒸气对眼有刺激性。液体本品可产生严重刺激和角膜损害。兔经眼18 mg/6 h，造成中度眼刺激。

4.2 慢性毒作用

5只刚成年雌性大鼠一组，用本品橄榄油溶液灌胃，每周5次，30 d内共22次，剂量分别为0.003、0.03、0.01及0.1 g/kg，以体重、血尿素氮、血象、器官重量和组织病理学为指标，发现0.1 g/kg可导致体重减轻、胃刺激和轻度肝脏损害，0.03 g/kg对动物无影响。用6只兔置于生产现场，每次15～30 min，6个月内共58次，现场浓度平均为310±60 mg/m^3，病理检查未见异常。

4.3 远期毒作用

(1) 可能造成遗传性缺陷。

(2) 本品被IARC分类为1类确定的人类致癌物。

环氧乙烷在体内可与蛋白质的氨基作用，或与三甲胺结合形成乙酰胆碱，从而干扰神经功能出现神经系统抑制；其代谢产物乙二醇在体内可抑制氧化磷酸化，影响葡萄糖代谢和蛋白质合成，从而引起细胞功能失调。代谢产物中甲醛和甲酸能凝固蛋白质产生细胞原浆毒作用，并对皮肤黏膜产生强烈刺激作用。环氧乙烷的活性基因环氧基(—C—O—C—)是直接烷化剂，无需代谢活化即可引起遗传损伤。

5. 人体健康危害

主要经呼吸道和皮肤吸收。可致中枢神经系统、呼吸系统损害，重者引起昏迷和肺水肿，可出现心肌损坏和肝损害，可致皮肤和眼灼伤，是人类确认致癌物。

5.1 急性中毒

人体吸入后，产生呕吐、恶心、腹泻、头痛、眩晕、中枢抑制、呼吸困难，严重者产生肺水肿、脑水肿、肝肾损害、溶血。皮肤接触会产生灼热感、出现水疱、皮炎等。

(1) 呼吸系统：初期主要表现为上呼吸道刺激症状。出现流泪、流涕、咳嗽、胸闷、气急、眼结膜及咽部充血；X线胸片显示肺纹理增强，临床酷似感冒表现，故早期易误诊。病情进一步发展，出现呼吸困难和发绀，肺部湿啰音。X线胸片显示支气管炎、支气管周围炎或肺炎。严重时也可出现肺水肿。血气分析可有低氧血症、呼吸性酸或碱中毒。

(2) 神经系统：初期头晕、搏动性头痛、乏力、萎靡不振。随后出现全身肌束震颤、出汗、手足无力、步态不稳、四肢感觉减退、跟腱反射减弱或消失。严重时出现语言障碍、谵妄、共济失调、意识障碍，乃至昏迷不醒。个别病例于意识清醒后72～96 h出现中枢性肢体瘫痪、膝反射亢进、锥体束征阳性、脑电图轻度异常，或出现暂时性精神失常。

(3) 循环系统：初期心动过缓，以后可出现各种心率失常。心电图可有T波、ST段改变、QT间期延长，或提示心肌损害。

(4) 消化系统：常出现恶心、频繁呕吐、腹痛、腹泻、腹部压迫感或沉重感，重症病例可出现肝损害或一过性肝功能障碍。

(5) 皮肤损害：皮肤直接接触可出现红肿、水疱或渗出，自觉疼痛。皮肤接触本品可能造成过敏反应。蒸气对眼结膜有强烈刺激，高浓度可引起结膜和角膜损害，严重时可发生角膜灼伤。

5.2 慢性中毒

(1) 神经系统：长期接触可引起神经衰弱综合征和自主神经功能紊乱。有报道环氧乙烷消毒工，低浓度长期接触后发生手足活动不灵、共济失调和震颤等周围神经病表现。

(2) 晶体混浊和白内障：从事环氧乙烷消毒的工人晶体混浊和白内障发生率明显上升。

(3) 致癌作用：环氧乙烷能引起腹膜癌、白血病、非霍奇金病等。

(4) 生殖系统：接触环氧乙烷女工自然流产率升高，可能因胚胎毒性，导致早期胚胎死亡而流产。

6. 风险评估

我国职业卫生标准规定，环氧乙烷的PC-TWA为2 mg/m^3。

美国ACGIH规定本品TLV-TWA为2.0 mg/m^3；NIOSH规定本品REL-TWA为0.18 mg/m^3；OSHA规定本品PEL-TWA为1.8 mg/m^3。

EU规定本品职业接触限值(TWA)为1.8 mg/m^3。

二氧化丁二烯

1. 理化性质

CAS号：298-18-0	外观与性状：白色水样液体
分子式：$C_4H_6O_2$	熔点/凝固点(℃)：-19
沸点(℃)：138	闪点(℃)：40
饱和蒸气压(kPa)：0.52 (20℃)	分子量：86.09
相对密度(水=1)：0.96	

2. 用途与接触机会

用作化学中间体、交联体，也用于制备丁四醇和药物。

3. 毒性与中毒机理

本品健康危害GHS分类为：急性毒性—经口，类别3；急性毒性—经皮，类别2；急性毒性—吸入，类别2。

大鼠经口 LD_{50}：210 mg/kg；兔经皮 LD_{50}：800 mg/kg；大鼠吸入 LC_{50}：215 mg/(m^3 · 4 h)。大鼠吸入4 h，LC_{50}为0.32 g/m^3，并观察到流泪、角膜浑浊、呼吸困难和肺充血，动物常因严重局部刺激后肺水肿和休克而死亡。残存者在恢复阶段见有胸腺萎缩、脾脏退行性变化和体重减轻。

原液涂兔皮，可引起灼伤和水泡。在事故性少量接触后6 h，出现眼睑水肿、眼痛和上呼吸道刺激症状。

本品为一种强烈的化学性眼损伤剂。人吸入17.6 mg/m^{3}的蒸气5 min，即能察觉本品的存在，浓度达到35.2 mg/m^{3}可引起明显的眼、鼻刺激。

本品全身毒作用机制研究甚少。动物实验所见的皮肤黏膜和支气管、肺损伤多为原发刺激所致。此外本品有拟放射线作用可引起白细胞减少和诱发肿瘤。

4. 人体健康危害

吞咽本品会中毒，吸入本品会致命。暴露该物质可导致眼睑肿胀，眼睛刺激疼等症状。为肺的强烈刺激剂。长期暴露可导致多器官性损伤。

1,2-环氧丙烷

1. 理化性质

CAS号：75-56-9	外观与性状：无色液体，有类似乙醚的气味
分子式：C_3H_6O	临界温度(℃)：209.1
熔点/凝固点(℃)：−104.4	临界压力(MPa)：4.93
沸点(℃)：33.9	引燃温度(℃)：420
闪点(℃)：−35(闭杯)	爆炸上限[%(V/V)]：36.0
饱和蒸气压(kPa)：75.86 (25℃)	爆炸下限[%(V/V)]：1.9

（续表）

分子量：58.08	易燃性：极易燃
相对密度(水=1)：0.83	n-辛醇/水分配系数：0.03
溶解性：溶于水、乙醇、乙醚等多种有机溶剂	相对蒸气密度(空气=1)：2.0

2. 用途与接触机会

主要用于生产丙二醇及其衍生物，也用作制备羟丙基类纤维素、糖和表面活化剂、异丙醇胺等。还可用作熏蒸剂、防锈剂、防腐剂和工业溶剂。

3. 毒代动力学

环氧丙烷在工业生产过程中主要经呼吸道吸收，液态也可以经皮肤吸收。有关环氧丙烷在体内代谢与分布研究甚少。有专家体外实验研究指出环氧丙烷在体内代谢经过两种途径：其一是通过谷胱甘肽环氧化合物转移酶作用转化为S-(2-羟基-1-丙基)谷胱甘肽，然后生产半胱氨酸衍生物及硫醚氨酸，而后排除体外。其二是它通过化氧化物脱氢酶的催化作用和非酶促作用将环氧丙烷转化为丙二醇而排出体外，或进一步氧化成乳酸和丙酮酸参与体内代谢，但这一反应率较低。

4. 毒性与中毒机理

本品为一种原发性刺激剂，轻度中枢神经系统抑制剂和原浆毒，其健康危害GHS分类为：皮肤腐蚀/刺激，类别2；严重眼损伤/眼刺激，类别2；生殖细胞致突变性，类别1B；致癌性，类别2；特异性靶器官毒性——一次接触，类别3。

4.1 急性毒作用

(1) 急性经口、经皮与吸入毒性：大鼠经口 LD_{50}：380 mg/kg；兔经皮 LD_{50}：1.5 ml/kg；大鼠吸入 LC_{50}：10 350 mg/m^3。在急性吸入过程中，动物主要有呼吸道和眼的刺激症状。开始有流泪、流涕、多涎，继之所有动物出现呼吸急促和呼吸困难，狗还出现呕吐。肺部的严重刺激可持续几天，少数尚可导致肺炎。其他器官如肝、肾未见明显损害。本品还有较弱的麻醉作用，当吸入9.50 g/m^{3}或大于此值时尤为明显。

兔经皮415 mg，开放式，造成中度皮肤刺激；兔经皮50 mg/6 h，造成严重皮肤刺激。蒸气对眼有刺激性，液体及其溶液可引起兔眼严重的局部损害。兔经眼 20 mg/24 h，造成中度刺激。

4.2 慢性毒作用

用灌胃法每天喂饲大鼠本品橄榄油溶液，每周 5 次，共 18 次，发现 0.1 g/kg、0.2 g/kg 剂量无影响，0.3 g/kg 剂量可引起大鼠体重减轻、胃刺激和肝脏轻微损害。0.1 g/kg 剂量血液指标未见明显变化。大鼠吸入本品蒸气浓度 238 mg/m^3，7 h/d，每周 5 d，历时 104 周，动物体重减轻、死亡率增高；相同条件吸入 713 mg/m^3，还会出现骨骼萎缩。

4.3 远期毒作用

（1）致癌作用：研究表明，环氧丙烷对啮齿类动物有致癌作用。Dunkelberg 用环氧丙烷以 15.0、60.0 mg/kg 对大鼠灌胃，每周 2 次，共 112 周，可观察到胃前部鳞状细胞癌。有报道，对 Fisher 大鼠和 B6C3F 小鼠以 470、970 mg/m^3 染毒 103 周，在高浓度组，出现鼻腔血管瘤和血管内皮肉瘤，与对照组相比均具有显著性差异。研究发现以 940 mg/m^3 对大鼠染毒 2 年，出现鼻黏膜下血管瘤和血管内皮肉瘤，与对照组相比有显著性差异。IARC 将本品分类为 2B 类可疑人类致癌物。

（2）过敏性反应：皮肤接触本品可能造成过敏反应。

4.4 中毒机理

本品可与 DNA 共价结合，在鸟嘌呤 N7 -、N3 -位和腺嘌呤 N6 -位联接上一个羟丙基，改变 DNA 结构，产生细胞突变性遗传学效应，也可与蛋白质结合形成蛋白加合物而产生毒性作用。

5. 生物监测

近年来已有人在环氧丙烷接触工人的体内，检测到红细胞加合物。环氧丙烷接触水平与血红蛋白加合物水平呈时间剂量—效应关系，血红蛋白加合物可望作为健康监护的接触指标。

6. 人体健康危害

6.1 急性中毒

（1）呼吸系统：轻者出现上呼吸道刺激症状，表现为眼痛、流泪、眼结膜及咽部充血、胸闷、气急，严重者呼吸困难、肺部干湿性啰音。X 线胸片显示支气管炎或肺炎改变。

（2）神经系统：轻者头痛、头晕、头胀。重者步态不稳、共济失调、烦躁不安、多语或昏迷。

（3）循环系统：可出现血压升高、心率不齐或心肌损害。

（4）消化系统：可出现恶心、频繁呕吐、中毒性肠麻痹、消化道出血和肝损害。

（5）泌尿系统：中毒者可出现肾功能损害，甚至肾功能衰竭。

（6）皮肤黏膜损害：皮肤直接接触可发生局部刺激、疼痛和红肿，严重者出现水疱和坏死。眼直接接触，可引起角膜和结膜不同程度灼伤。

6.2 慢性中毒

长期低浓度环氧丙烷接触工人的暴露部位皮肤粗糙，个别可发生皮炎，双手皮肤干燥、皲裂。长期反复接触可能致癌。

7. 风险评估

我国职业卫生标准规定，环氧丙烷的 PC - TWA 为 5 mg/m^3。

美国 ACGIH 规定本品 TLV - TWA：4.8 mg/m^3；OSHA 规定本品 PEL - TWA：240 mg/m^3。

EU 规定本品职业接触限值(TWA)：2.4 mg/m^3。

环 氧 丁 烷

1. 理化性质

CAS 号：106 - 88 - 7	外观与性状：无色液体
分子式：C_4H_8O	熔点/凝固点(℃)：−150
沸点(℃)：63.3	自燃温度(℃)：439
闪点(℃)：−22(闭杯)	易燃性：易燃
密度(g/cm^3)：0.829 7	相对密度(水=1)：0.83
相对蒸气密度(空气=1)：2.2	溶解性：溶于水；可溶于多种有机溶剂

2. 用途与接触机会

用于制造中间体和聚合物，例如用来生产 1，2 -丁二醇。还用来代替丙酮作为硝基漆的稀释剂，1，2 -环氧丁烷也可作为色谱分析的标准物质，还可以用于制造泡沫塑料、合成橡胶、非离子型表面活性剂等。

工业上，环氧丁烷来源于环氧丙烷生产的副产品回收，在用裂解尾气经次氯酸化生产环氧乙烷、环氧丙烷过程中，可得环氧丙烷塔釜残液，其中含环氧丁烷 74.6%，环氧丙烷 16.7%，环氧乙烷 0.7%，水 3.1%，还有少量高沸物。

3. 毒性

本品健康危害 GHS 分类为：皮肤腐蚀/刺激，类别 2；严重眼损伤/眼刺激，类别 2；致癌性，类别 2；特异性靶器官毒性——次接触，类别 3。

3.1　急性毒作用

大鼠经口 LD_{50}：500 mg/kg；兔经皮 LD_{50}：2.1 ml/kg；大鼠吸入 LC_{50}：6 300 mg/(m^3 · 4 h)。皮肤吸收量不能引起全身中毒。吸入饱和蒸气，在室温几分钟产生麻醉作用，持续 12 min 即致死；吸入 6 min有些动物较迟死亡。动物死亡原因开始系肺刺激和肺水肿；迟死者则主要是继发性肺部感染。

密闭涂皮，可引起兔皮明显刺激；敞开涂皮，因挥发较快，未见刺激。兔经皮 500 mg/24 h，造成轻度皮肤刺激。

液体滴入兔眼有严重刺激。兔经眼 100 mg/24 h，造成中度眼刺激。

3.2　慢性毒作用

大鼠、豚鼠、兔反复吸入 1 180 mg/m^3蒸气，7 h/d，能长期耐受。本品被 IARC 分类为 2B 类可疑人类致癌物。

4. 人体健康危害

本品因挥发性低、气味较大、有一定的警告性、且毒性较小，故对健康的危害较环氧乙烷和环氧丙烷轻。未见中毒病例报道。人眼接触可有眼痛、结膜刺激和暂时性角膜损害。皮肤一次短暂接触，呈轻度刺激；反复或长期接触，可引起水疱和坏死。

5. 风险评估

德国 AGS 规定本品职业接触限值 TWA：3 mg/m^3，PC－STEL：6 mg/m^3。

本品对水生生物有害并具有长期持续影响，其环境危害 GHS 分类为对水生环境的危害—长期危害，类别 3。

二　噁　烷

1. 理化性质

CAS 号：123－91－1	外观与性状：无色透明液体，有清香的酯味。能与水及多数有机溶剂混溶。当无水时易形成爆炸性过氧化物
熔点/凝固点(℃)：11.80	沸点(℃)：101.32℃(100 kPa)
闪点(℃)：12	爆炸上限[%(V/V)]：15.6
爆炸下限[%(V/V)]：1.7	密度(g/cm^3)：0.93
相对密度(水＝1)：1.033 6(20/4℃)	

2. 用途与接触机会

该品在医药、化妆品、香料等特殊精细化学品制造，以及科学研究中作为溶剂、反应介质、萃取剂使用。在日本，该品主要用作 1,1,1－三氯乙烷的稳定剂，添加量为 2.5%～4%；其次，应用较多的是作为聚氨酯合成革、氨基酸合成革等的反应溶剂。该品溶解能力强，与二甲基甲酰胺相近，比四氢呋喃强。其他用途：与三氧化硫形成配位化合物，可用作许多化合物合成时的硫酸化剂；用于医药、农药的提取，石油产品的脱蜡等；用作染料分散剂、木材着色剂的分散剂以及油溶性染料的溶剂；用作高纯度金属表面处理剂等。

3. 毒性

本品健康危害 GHS 分类为：严重眼损伤/眼刺激，类别 2；致癌性，类别 2；特异性靶器官毒性一次接触，类别 3。

大鼠经口 LD_{50}：4 200 mg/kg；兔经皮 LD_{50}：7.6 ml/kg；大鼠蒸气吸入 48 500～54 300 mg/(m^3·4 h)。

本品被 IARC 分类为 2B 类可疑人类致癌物。皮肤接触本品可能造成过敏反应。

4. 人体健康危害

该品有麻醉和刺激作用，在体内有蓄积作用。接触大量蒸气引起眼和上呼吸道刺激，伴有头晕、头痛、嗜睡、恶心、呕吐等。严重中毒时可致肝、肾损害，甚至发生尿毒症。皮肤接触本品可能造成过敏反应。

5. 风险评估

我国职业卫生标准规定，二噁烷 PC－TWA 为 70 mg/m³。

美国 ACGIH 规定本品 TLV－TWA：72 mg/m³；OSHA 规定本品 PEL－TWA：360 mg/m³。

EU 规定本品职业接触限值 TWA：73 mg/m³。

1,2－3,4－二环氧丁烷

1. 理化性质

CAS 号：1464－53－5	外观与性状：白色水样液体，低黏滞性。
熔点/凝固点(℃)：－19	沸点(℃)：138
闪点(℃)：45	饱和蒸气压(kPa)：0.52(20℃)
密度(g/cm³)：0.962(25/4℃)	溶解性：溶于水、乙醇

2. 用途与接触机会

用作化学中间体，交联剂，也用于制备丁四醇和药物。

3. 毒性

本品健康危害 GHS 分类为：急性毒性—经口，类别 3；急性毒性—经皮，类别 3；急性毒性—吸入，类别 2；皮肤腐蚀/刺激，类别 1B；生殖细胞致突变性，类别 1B；致癌性，类别 1B。

3.1 急性毒作用

大鼠经口 LD_{50}：78 mg/kg；兔经皮 LD_{50}：0.089 ml/kg；大鼠吸入 LC_{50}：346 mg/(m³·4 h)，并观察到流泪，角膜混浊，呼吸困难和肺充血，动物常因局部刺激后肺水肿和休克而死亡。残存者在恢复阶段见有胸腺萎缩，脾脏退行性变化和体重减轻。兔经皮 5 mg/24 h，造成严重眼刺激。

3.2 慢性毒作用

小鼠每周涂皮 3 次，连续 1 年，可引起皮脂腺抑制，明显的皮肤角化过度和增生，并有相当数量的皮肤肿瘤增生。大鼠小鼠反复多次皮下和胸腔内注射，可致肉瘤。大鼠每次肌注 25 mg/kg，6 次后出现粒细胞降低和淋巴细胞相对减少。可能造成遗传性缺陷。IARC 将本品分类为 1 类致癌物。皮肤接触本品可能造成过敏反应。

4. 人体健康危害

本品为肺的强烈刺激剂，也是一种活泼的拟放射性物质。人吸入 17 mg/kg 的蒸气 5 min 后，即能察觉本品的存在。人吸入 35.2 mg/kg 的蒸气 5 min 后，出现眼睑水肿、眼痛和上呼吸道刺激症状。皮肤接触本品可能造成过敏反应。

一氧化二戊烯

1. 理化性质

外观与性状：无色液体，有特殊气味	熔点/凝固点(℃)：＜－6.0
沸点(℃)：74～76	密度(g/cm³)：0.929，20/4℃
相对密度(水＝1)：0.3	相对蒸气密度(空气＝1)：4.45
溶解性：部分溶于己烷；溶于甲醇、苯、四氯化碳等	

2. 用途与接触机会

用作稳定剂、增塑剂、润滑剂添加料。也用作表面活性物质，防腐剂和醇酸树脂的改良剂。

3. 毒性

大鼠经口能耐受 2.4 ml/kg。腹腔注射能耐受 0.64 ml/kg。吸入 3.9 g/m³ 致死。对眼有中度刺激。涂兔皮 24 h 后对皮肤、眼睛有轻度刺激。

4. 人体健康危害

本品蒸气有特殊气味，可作为现场的一种警告。

二氧化二戊烯

1. 理化性质

CAS 号：96－08－2	外观与性状：无色液体，有轻微薄荷醇样气味
熔点/凝固点(℃)：－100	沸点(℃)：228
饱和蒸气压(kPa)：2.66×10^{-3}(20℃)	密度(g/cm³)：1.03

（续表）

相对蒸气密度(空气=1)：7.40	溶解性：微溶于水；溶于甲醇、苯、四氯化碳等

2. 用途与接触机会

用作环氧树脂稀释剂，是制备醇酸树脂的中间体，也用作增塑剂、润滑剂添加料和化学中间体。

3. 毒性

大鼠经口 LD_{50}：5 630 mg/kg；兔经皮 LD_{50}：1.77 ml/kg；大鼠 1 h 吸入 LC_{50}：60 mg/m^3；大鼠经腹腔 LD_{50}：400 mg/kg；小鼠经肌内注射 LD_{50}：600 mg/kg；兔经皮肤接触 LD_{50}：1 770 μl/kg。标准的 Draize 试验，兔皮肤接触：10 mg/24h，反应的严重程度为轻度。

小鼠 TDL_0：6 700 mg/kg 可致慢性中毒，进一步发展致癌。

4. 人体健康危害

本品由于蒸气压极低，一般不易达到危害的浓度。对眼有中度刺激性。未见因从事接触本品作业而致作业工人职业中毒或皮肤过敏性疾病的病例报道。

1,2-环氧十二烷

1. 理化性质

CAS 号：2855-19-8	外观与性状：透明无色液体
熔点/凝固点(℃)：-10～12	沸点(℃)：215
闪点(℃)：105	密度(g/cm^3)：0.836
相对蒸气密度(空气=1)：5.09	溶解性：不溶于水，溶于烃类物质和大多数溶剂

2. 用途与接触机会

1,2-环氧十二烷在工业生产中主要用作溶剂、稳定剂、增塑剂、润滑剂、添加剂；也用作表面活性剂、防腐剂和环氧树脂活性稀释剂。

3. 毒性

本品为一种中枢神经系统抑制剂。大鼠经口能耐受 2.8 ml/kg(2.34 g/kg)，腹腔注射能附受 0.7 ml/kg(0.59 g/kg)。2 ml(1.67 g)涂兔皮，6 d 内出现红斑、焦痂、裂纹和坏死。

眼少量接触本品后有中度充血、眼睑水肿和血管翳，在 72 h 内可消失。

4. 人体健康危害

人接触本品未见中毒报道。吸入可能有害，引起呼吸道刺激。通过皮肤吸收可能有害，造成皮肤刺激。会造成严重眼刺激。

1,2-环氧十六烷

1. 理化性质

CAS 号：7320-37-8	外观与性状：无色液体
熔点/凝固点(℃)：23.7～24.5	沸点(℃，常压)：196～198
闪点(℃)：93	密度(g/cm^3)：0.846(20℃)
n-辛醇/水分配系数：6.946	溶解性：不溶于水；溶于醇、醚、丙酮等多数有机溶剂

2. 用途与接触机会

用于表面活性剂、织物柔软剂、化妆品成分、织物整理剂和合成蜡。用于有机合成，并用作溶剂、稳定剂、增塑剂和润滑剂添加剂；也作为一种表面活性物质及用于合成改良醇酸树脂。

3. 毒性与中毒机理

本品与 1,2-环氧十八烷的混合物大鼠经口能耐受 7.5 ml/kg(6.3 g/kg)，腹腔注射能耐受 2.4 ml/kg(2.02 g/kg)，2 ml(1.68 g)涂兔皮，5 d 后有明显的皮肤裂纹、坏死和皮下出血，并可能引起死亡。

ICR/HA 小鼠经皮 10 mg 丙酮溶液，每周 3 次，持续 472 d，2/41 出现乳头状瘤，1/41 鳞状病变。

4. 人体健康危害

吸入可能引起呼吸道刺激。人接触本品未见皮炎或者过敏反应，但可造成皮肤和眼刺激。

二氧化二聚环戊二烯

1. 理化性质

CAS 号：81-21-0	外观与性状：白色固体，有轻微萜烯样气味

（续表）

熔点/凝固点(℃)：185～189	沸点(℃，常压)：196～198
闪点(℃)：134.4±12.8	密度(g/cm³)：0.909 0(25/4℃)
溶解性：微溶于水；溶于甲醇、丙酮、乙醚、苯	

2. 用途与接触机会

用在改性醇酸树脂的改良上，作为增塑剂和化学合成的中间体。用作橡胶添加剂，如防裂和助粘。适用于高温度、高性能胶粘剂。

3. 毒性

本品大鼠经口 LD_{50}：210 mg/kg；兔经皮 LD_{50}：8 000 mg/kg；大鼠腹腔 LDL_0：11 mg/kg；小鼠静脉 LD_{50}：56 mg/kg；大鼠吸入饱和蒸气 8 h 未死亡，吸入 10 g/m³，1 h，6 只动物中有 5 只死亡。

兔经皮 500 mg，开放式试验造成轻度皮肤刺激，豚鼠皮肤敏感试验阴性。

用 50 mg 放入兔眼，有轻度刺激，但无角膜损害，40%的溶液是刚可引起能察觉损害的最小浓度。

大鼠 17 周连续染毒，吸入 TCL_0 为 1 100 μg/m³，观察的毒作用包括肾脏、输尿管、膀胱的病变以及尿液成分的改变。

环氧氯丙烷

1. 理化性质

CAS 号：106-89-8	外观与性状：无色液体，有类似氯仿的气味
临界温度(℃)：309	临界压力(MPa)：4.9
熔点(℃)：−57	沸点(℃)：115～117
闪点(℃)：31(闭杯)	爆炸下限[%(V/V)]：3.8
饱和蒸气压(kPa)：1.84(21.1℃)	易燃性：易燃
密度(g/cm³)：1.183(25℃)	爆炸上限[%(V/V)]：21
相对蒸气密度(空气=1)：3.2	相对密度(水=1)：1.181 2
溶解性：微溶于水；可混溶于醇、醚、四氯化碳、苯	

2. 用途与接触机会

环氧氯丙烷是一种重要的有机合成原料与中间体。用于生产环氧树脂及用作环氧树脂的稀释剂。也用于制造甘油、硝化甘油炸药、玻璃钢、甲基丙烯酸甘油酯、氯醇橡胶、缩水甘油衍生物、表面活性剂、电绝缘制品等。也是制造多种胶黏剂、医药、农药、增塑剂及离子交换树脂等产品的常用原料。还用作胶黏剂、涂料、油漆、橡胶、树脂、纤维素酯及纤维素醚等的溶剂。以环氧氯丙烷与双酚 A 为主要原料制取的各类环氧树脂具有黏合性高、收缩性小、耐化学腐蚀、稳定性好等特点，广泛用作涂料、黏合剂、增强材料和浇铸材料等。此外，3-氯-1,2-环氧丙烷还可用作增塑剂、纤维处理剂、稳定剂、杀虫杀菌剂、医药原料等。

3. 毒性

本品健康危害 GHS 分类为急性毒性—经口，类别 3；急性毒性—经皮，类别 3；急性毒性—吸入，类别 3；皮肤腐蚀/刺激，类别 1B；严重眼损伤/眼刺激，类别 1；皮肤致敏物，类别 1；致癌性，类别 1B。

3.1 急性毒作用

急性经口、经皮与吸入毒性：大鼠经口 LD_{50}：90 mg/kg；兔经皮 LD_{50}：515 mg/kg；大鼠 4 h 吸入 LC_{50}：1 026 mg/m³。动物死亡时间多在中毒后 24 h，死亡原因由于中枢神经系统抑制，特别是呼吸中枢。未死亡动物除失明外，在两周内逐渐好转。人吸入 82.14 mg/m³，最小中毒浓度(对眼刺激)；人经口 50 mg/kg，最小致死剂量。较高浓度时，有麻醉作用。

刺激皮肤和黏膜，并可经皮肤吸收。反复涂皮，可引起动物皮肤广泛坏死。液体对眼有显著刺激性。兔经眼，100 mg，造成严重眼刺激。

3.2 慢性毒作用

兔皮下注射环氧氯丙烷花生油溶液，用分阶段逐渐增加给药剂量法。隔天给药，第一阶段 10.2 mg/kg，以后逐步加大，至第 4 阶段达 51.4 mg/kg，全程历时 49 d，累积剂量为 918.7 mg/kg。观察到体重明显降低，于染毒后第 2 周开始下降，至第 6 周降低 13.9%。血清巯基也在染毒后 2 周下降，至第 4 周较前下降了 42%。肌电图检查，显示周围神经损害。在染毒过程中，并见有动物肌肉松弛、四肢无力；进而动物呈抑制状态(活动减少)，毛发粗糙而篷松。血象和血清一般生化检查均未见异常。动物尸检发现主要危害脊髓前角运动神经元和周围神经纤维，尼氏小体消失或部分消失，部分细胞有核溶解或消失，骨胳肌少数肌纤维萎缩和退行性变。在停止接触后2个月，上述现象均可消失。大鼠昼夜吸入200 mg/m^3，共98 d，见动物行为及全身状况的改变，体重增长减慢，运动防御反射潜伏期延长，血中核酸含量减少，尿棕色素排出量增加，以及有中枢神经系统和内脏（肺、心、肾）形态学改变。大鼠吸入120 mg/m^3，7 h/d，历时90 d，出现体重增加阻滞。吸入60 mg/m^{3}浓度，可引起肾明显增大和尿棕色素增加。在生产本品的过程中，空气中也存在原料氯丙烯的蒸气，两种毒物的毒性相类似。曾用蟾蜍坐骨—排神经，观察中毒后神经动作电位的影响，见到两种毒物均直接作用于周围神经纤维，使其传导速度减慢，以致丧失传导能力，表现在锋电位减弱、消失和总潜伏期延长。对较粗的Aα纤维的即时性毒害更为明显。此现象与临床和整体动物实验所见生要侵犯运动神经元的结果基本一致。

本品被IARC分类为2A类可能人类致癌物。本品为内分泌干扰物。可能导致皮肤过敏反应。

4. 人体健康危害

4.1 急性中毒

蒸气对呼吸道有强烈刺激性。高浓度吸入致中枢神经系统抑制可致死。蒸气对眼有强烈刺激性，液体可致眼灼伤。皮肤直接接触液体可致灼伤。口服引起肝、肾损害，可致死。本品造成皮肤刺激，造成严重眼刺激；皮肤接触本品可能造成过敏反应。

4.2 慢性中毒

长期少量吸入可出现神经衰弱综合征和周围神经病变，出现四肢酸痛、腿软乏力、运动不灵活、腓肠肌压痛和一般神经衰弱症。反复和长时间吸入能引起肺、肝和肾损害，可能致癌。

5. 风险评估

我国职业卫生标准规定，环氧氯丙烷PC-TWA为1 mg/m^3，PC-STEL 2 mg/m^3。

美国ACGIH规定本品TLV-TWA：1.9 mg/m^3；OSHA规定本品PEL-TWA：19 mg/m^3。

澳大利亚规定本品职业接触限值TWA：7.6 mg/m^3。

环氧辛烷

1. 理化性质

CAS号：2984-50-1	外观与性状：无色至淡黄色液体，有水果味
沸点(℃)：156	闪点(℃)：37
饱和蒸气压(kPa)：2.71(25℃)	易燃性：易燃
密度(g/cm^3)：0.830(25/4℃)	相对密度(水=1)：0.83
相对蒸气密度(空气=1)：3.78	溶解性：微溶于水；溶于烃类及大多数溶剂

2. 用途与接触机会

用作溶剂稳定剂、增塑剂、润滑剂添加料等，也用于有机合成。

3. 毒性

腹腔注射大鼠能耐受1.33 g/kg，吸入17.7 g/m^3，大鼠未产生不良作用。0.05 ml(42 mg)滴兔眼无明显变化。2 ml(1.66 g)一次涂兔皮，9 d后出现显著的焦痂和裂纹。

4. 人体健康危害

吞咽、皮肤接触或者吸入本品有害，对皮肤、黏膜有刺激作用，可以造成严重眼刺激。未见人接触本品引起健康损害的报道。

5. 风险评估

美国NIOSH的环氧辛烷推荐接触限值REL-TWA为266 mg/m^3。

一氧化乙烯基环己烯

1. 理化性质

CAS号：106-86-5	外观与性状：无色不稳定液体
熔点/凝固点(℃)：−100	闪点(℃)：46
沸点(℃)：169	易燃性：易燃
饱和蒸气压(kPa)：0.27(20℃)	密度(g/cm^3)：0.959 8(20℃)

（续表）

相对密度（水＝1）：0.96（20℃）	相对蒸气密度（空气＝1）：3.75
溶解性：不溶于水；易和含有活泼氢的水、醇、酚及其他试剂结合	

2. 用途与接触机会

作为一种化学中间体，和其他环氧化物聚合成聚二醇物，仍保持不饱和性以供进一步反应。

3. 毒性

大鼠经口 LD_{50} 1.92 g/kg。兔经皮 LD_{50} 2.83 g/kg。大鼠吸入饱和蒸气 2 h 存活，吸入 4 h 后 6 只中 3 只死亡，死亡原因系呼吸中枢抑制。眼刺激不明显，对皮肤有中度刺激。兔经眼 20 mg/24 h，中度眼刺激。兔经皮 10 mg/24 h 开放式，轻度皮肤刺激。

4. 人体健康危害

对中枢神经系统有抑制作用，对肺有刺激性。

5. 风险评估

我国暂无一氧化乙烯基环己烯的职业接触限值，美国 NIOSH 推荐接触限值 REL－TWA 为 50.7 mg/m^3。

二氧化乙烯基环己烯

1. 理化性质

CAS 号：106－87－6	外观与性状：透明水溶性液体，有微弱烯烃气味
熔点/凝固点（℃）：－55	沸点（℃）：230～232
闪点（℃）：107.2	易燃性：非易燃
溶解性：溶于水	密度（g/cm^3）：1.094（25℃）

2. 用途与接触机会

作为一种化学中间体，以及用作制备含不活泼环氧基团的聚乙二醇的单体。

3. 毒性

本品健康危害 GHS 分类为：急性毒性—经口，类别 3；急性毒性—经皮，类别 3；急性毒性—吸入，类别 3；致癌性，类别 2。

3.1 急性毒作用

大鼠经口 LD_{50} 2 130 mg/kg。兔经皮 LD_{50} 620 μl/kg。大鼠吸入 LC_{50}：5 006 mg/（m^3 · 4 h）。吸入饱和蒸气 8 h，大鼠能存活，吸入 4 h LC_{50} 4.58 g/m^3，出现血管扩张，步态不稳，在吸入期间或吸入后不久因呼吸中枢抑制和急性肺刺激而致死。病理检查见有肺、肝充血，偶有睾丸萎缩。

原液可引起兔皮肤红肿，类似一度烫伤；兔反复涂皮 20 次，可产生剧烈刺激。兔经皮 500 mg，造成严重皮肤刺激。对眼有高度刺激。

3.2 慢性毒作用

大鼠肌注 400 mg/（kg · d），连续 3 d，停 4 d，再注射 3 d，于第 12 d 杀死，发现白细胞显著下降，多形核细胞、骨髓有核细胞数、粒系和红系细胞的比例及体重较对照组均有显著差异。尸检见胸腺、脾脏、睾丸和肝脏有变化。小鼠反复涂皮可产生皮肤肿瘤和癌。大鼠反复皮下注射可引起肉瘤。

IARC 分类为 2B 类致癌物。

4. 人体健康危害

有中枢拟放射性作用，可引起中枢神经系统抑制。可能致癌。

5. 风险评估

美国 NIOSH 的推荐接触限值 8 h REL－TWA 为 343.8 mg/m^3。

1,2－环氧乙基苯

1. 理化性质

CAS 号：96－09－3	外观与性状：无色至淡黄色液体，有芳香味
熔点/凝固点（℃）：－37	自燃温度（℃）：497.8
沸点（℃）：194.2～195	闪点（℃）：74（开杯）
爆炸上限[%（V/V）]：22.0	爆炸下限[%（V/V）]：1.1
饱和蒸气压（kPa）：0.048（20℃）	易燃性：可燃
密度（g/L）：4.30	相对密度（水＝1）：1.054 0

（续表）

相对蒸气密度(空气=1)：4.34	溶解性：微溶于水；可混溶于甲醇、醚、四氯化碳、苯、丙酮

2. 用途与接触机会

主要应用于合成香料、医药，制备高级涂料等，也可作环氧树脂稀释剂、UV吸收剂、增香剂、稳定剂，还用作苯代乙二醇及其衍生物生产的中间体。

3. 毒代动力学

本品可通过呼吸道吸入，食入或经皮吸收，经皮肤吸收缓慢。

有研究通过给雄性大鼠注射带有放射性标记物的本品(460 μmol)，其在体内分布并不均匀，在肝、脑、肾的含量明显高于血液、肺脏、脊髓。

该物质主要通过肾脏排除，经口摄入约80%以上通过尿排除。

4. 毒性

本品健康危害GHS分类为：严重眼损伤/眼刺激，类别2；致癌性，类别1B。

急性全身毒性很低，大鼠经口 LD_{50}：2 000 mg/kg；兔经皮 LD_{50}：0.89 ml/kg。大鼠吸入饱和蒸气2 h存活，但吸入4 h后，6只中有3只死亡；吸入4.91 g/m³蒸气4 h，6只中2只死亡。

对皮肤有中度刺激，在严重局部皮肤损害或广泛的皮肤病变时，能经皮缓慢吸收。原液可引起眼睛较严重刺激和疼痛，或灼伤，1%稀溶液对眼也有刺激性。

本品被IARC分类为2A类，可能是人体致癌物。

皮肤接触本品可能造成过敏反应，有高度敏感的人接触蒸气或液体，反应较重。吸入可能导致过敏或哮喘病症状或呼吸困难。

5. 人体健康危害

最大危害是对皮肤、眼睛的刺激和致敏作用。一次或多次接触原液或稀释到1%浓度均有此作用。短期大剂量暴露可能造成呼吸道刺激症状、肺水肿、恶心呕吐以及中枢神经系统的抑制。可能致癌。

6. 风险评估

美国加州环境保护署制定参考剂量(RFO为0.006 mg/m³，低于此剂量观察不到有害效应)。

本品对水生生物有毒，其环境危害GHS分类为对水生环境的危害—急性危害，类别2。

缩水甘油

1. 理化性质

CAS号：556-52-5	外观与性状：无色并近于无臭的液体
熔点/凝固点(℃)：-54	沸点(℃)：160～161
闪点(℃)：71	自燃温度(℃)：415
饱和蒸气压(kPa)：0.12(25℃)	分解温度(℃)：166
密度(g/m³)：1.115(20℃)	*n*-辛醇/水分配系数：-0.95
相对密度(水=1)：1.143	溶解性：能与水、低碳醇、酯、酮、乙醚、苯、甲苯、苯乙烯、氯苯、氯甲烷、氯仿、三氯乙烯、二甲基甲酰胺、二甲亚砜及乙腈完全互溶；部分溶于二甲苯、四氯乙烯、1,1,1-三氯乙烷；几乎不溶于脂肪族和脂环族烃类
相对蒸气密度(空气=1)：2.15	

2. 用途与接触机会

一种重要的精细化工原料，合成甘油、缩水甘油醚(胺等)的中间体。可用于表面涂料、化学合成、医药、医药化工和固体燃料的凝胶剂等。主要用作环氧树脂稀释剂、塑料和纤维改性剂、卤代烃类的稳定剂、食品保藏剂、杀菌剂、制冷系统干燥剂和芳烃萃取剂，也用作天然油和乙烯基聚合物、破乳剂、染色分层剂的稳定剂。其衍生物是树脂、塑料、医药、农药和助剂等工业的原料。

3. 毒代动力学

本品可通过消化道、皮肤和肺进入体内，给大鼠灌胃染毒，约87%～92%吸收入体内。

在大鼠体内分布主要以血细胞、甲状腺、肝、肾和脾脏为主，脂肪组织、肌肉骨骼和血浆中浓度较低。

大鼠肾脏、胃肠道和肺中均可排出本品，其中肾脏72 h内排出量约占摄入量的40%～48%。

4. 毒性与中毒机理

本品健康危害GHS分类为：急性毒性—经口，

类别 4；急性毒性—经皮，类别 4；皮肤腐蚀/刺激，类别 2；严重眼损伤/眼刺激，类别 2；生殖细胞致突变性，类别 2；致癌性，类别 1B；生殖毒性，类别 1B；特异性靶器官毒性——次接触，类别 3。

大鼠经口 LD_{50}：420 mg/kg。兔经皮 LD_{50}：1 980 mg/kg，死前仅见轻度抑制。蒸气吸入有明显的肺刺激，表现严重呼吸困难，并有流泪、流涎和流涕，小鼠吸入 4 h，LC_{50} 为 1 360 mg/m³，大鼠吸入 8 h，LC_{50} 为 1 760 mg/m³。动物死亡通常由于肺水肿。

本品对皮肤有刺激性，一次涂皮中度刺激，每天涂皮，4 d 后可产生局限性的甚至深部皮肤组织坏死。兔经皮 100 mg/24 h，造成中度刺激。兔经皮 558 mg/3 d，造成中度刺激。本品造成严重眼刺激。兔经眼 2 mg/24 h，造成重度刺激。

大鼠吸入 1.21、1.86、2.80、4.19 g/m³，蒸气浓度，7 h/d，共 50 次，见动物体重异常，不同程度的支气管肺炎，严重肺气肿，支气管扩张，偶有肾上腺肿大。在 1.86 g/m³ 时，还出现肾脏/体重比值增加，血红蛋白明显下降，于 2.80 和 4.19 g/m³ 浓度，动物死亡率显著增加。在 1.86 及 1.86 g/m³ 以上时，尚见有相当剧烈的眼刺激和呼吸困难。大鼠吸入 1.40 g/m³ 浓度，7 h/d，每周 5 d，共 50 d，发现 10 只中 5 只睾丸萎缩，1 只睾丸很小。

本品被 IARC 分类为 2A 类可能人类致癌物。本品可能造成遗传性缺陷，可能对生育能力或胎儿造成伤害。

5. 人体健康危害

5.1 急性中毒

刺激眼睛、皮肤和呼吸道。暴露在蒸气中会损害视力。接触会刺激眼睛、鼻子、喉咙和肺部。较高的暴露可导致肺水肿，延迟数小时的医疗紧急救助，可能会导致死亡。高水平接触可能会影响中枢神经系统，导致头晕、头晕目眩、困惑、兴奋、昏厥、甚至死亡。

5.2 慢性中毒

反复或长时间接触可能导致皮肤过敏。它会刺激肺部，可能会发展成支气管炎。也可能导致性格改变，抑郁、焦虑或烦躁。可能对人类致癌。可能会导致男性不育。国际癌症研究中心将其归为可能人类致癌物。

6. 风险评估

美国 ACGIH 规定本品 TLV－TWA 为 6.6 mg/m³；OSHA 规定本品 PEL－TWA 为 150 mg/m³；NIOSHA 规定本品 REL－TWA 为 75 mg/m³。

澳大利亚规定本品职业接触限值 TWA 为 76 mg/m³。

烯丙基缩水甘油醚

1. 理化性质

CAS 号：106－92－3	外观与性状：无色液体，特殊气味
熔点/凝固点(℃)：－100	沸点(℃)：154
闪点(℃)：57(开杯)	饱和蒸气压(kPa)：0.37(20℃)
密度(g/cm³)：0.969 8(20℃)	气味阈值(mg/m³)：44
相对密度(水＝1)：0.96	相对蒸气密度(空气＝1)：3.9
溶解性：溶于水，与丙酮、甲苯和辛烷混溶	

2. 用途与接触机会

烯丙基缩水甘油醚是一种具有烯丙基和环氧基双重反应活性官能团的化合物，可以与多种单体进行共聚，也可以与硅氢键发生加成反应，广泛用作合成偶联剂、纤维改性剂、氯化有机物的稳定剂、合成树脂反应性稀释剂。作为烯丙或环氧功能具有差别反应性能，用于弹性体、环氧树脂、黏合剂及纤维、涂层反应性中间体、玻璃纤维表面补残剂、阻垢剂、作为不饱和聚酯的风干剂，还可用作电子涂层有机硅中间体。

3. 毒性

本品健康危害 GHS 分类为：皮肤腐蚀/刺激，类别 2；严重眼损伤/眼刺激，类别 1；皮肤致敏物，类别 1；生殖细胞致突变性，类别 2；生殖毒性，类别 2；特异性靶器官毒性-一次接触，类别 3。

3.1 急性毒作用

急性经口、经皮与吸入毒性：大鼠经口 LD_{50} 为 1.6 g/kg。小鼠经口 LD_{50}：0.39 g/kg。在给药 15～

19 min内出现中度抑制和呼吸困难，4 h至5 h死亡。尸检见肠道张力减退及胃壁和邻近组织显著广泛黏连，显微镜下检查无特殊发现。

兔经皮 LD_{50}：2.55 g/kg。在涂皮7 h期间出现进行性抑制，尸检见有肾和脾收缩。大鼠、小鼠蒸气吸入引起眼和呼吸道严重刺激，流泪、多涎、呼吸困难、严重喘息和腹部胀气，大鼠并见有角膜混浊。

大鼠吸入 LC_{50} 为 3.12 g/(m^3·8 h)，小鼠吸入 LC_{50} 为 1.26 g/(m^3·4 h)。动物死亡原因因经口或经皮给药主要由于中枢神经系统抑制，蒸气吸入常因呼吸道严重刺激，引起肺水肿或继发性肺炎。

本品造成皮肤刺激。兔经皮 2 mg/24 h，造成重度皮肤损伤。

对眼有严重刺激，本品滴入兔眼可引起剧烈的可逆性的结膜炎、虹膜炎和角膜浑浊。兔经眼，750 μg/24 h，造成重度眼损伤。

3.2 慢性毒作用

怀疑对生育能力或胎儿造成伤害，怀疑可造成遗传性缺陷。皮肤接触本品可造成致过敏反应。

4. 人体健康危害

4.1 急性中毒

暴露于烯丙基缩水甘油醚会导致皮肤中度刺激，严重眼和呼吸道刺激症状，可导致急性肺水肿。常见的接触方式是皮肤接触，但雾化的液滴也会对眼睛和呼吸道造成伤害。

4.2 慢性中毒

长期暴露于烯丙基缩水甘油醚会引起皮炎，伴有瘙痒，肿胀和水疱。也会发生对烯丙基缩水甘油醚的皮肤敏感和与其他环氧试剂的交叉敏化。

5. 风险评估

美国ACGIH规定烯丙基缩水甘油醚TLV－TWA为 4.4 mg/m^3；NIOSH规定本品REL－TWA为 22 mg/m^3，15 min STEL为 44 mg/m^3。

澳大利亚规定本品职业接触限值TWA为 23 mg/m^3，STEL为 47 mg/m^3。

本品对水生生物有害并具有长期持续影响，其环境危害GHS分类为对水生环境的危害—长期危害，类别3。

二缩水甘油醚

1. 理化性质

CAS号：2238－07－5	外观与性状：无色液体，有显著刺激气味
沸点(℃)：260	闪点(℃)：64
饱和蒸气压(kPa)：0.012(25℃)	气味阈值(mg/m^3)：25
密度(g/cm^3)：1.262(25℃)	n－辛醇/水分配系数：－0.85
相对密度(水＝1)：0.96	溶解性：与水混溶
相对蒸气密度(空气＝1)：3.78	

2. 用途与接触机会

用作化学中间体，也用作环氧树脂活性稀释剂、有机氯化物的稳定剂和纺织品处理剂。

3. 毒性

本品健康危害GHS分类为：急性毒性—经皮，类别3；急性毒性—吸入，类别1；皮肤腐蚀/刺激，类别2；严重眼损伤/眼刺激，类别2A；特异性靶器官毒性——次接触，类别1；特异性靶器官毒性—反复接触，类别1。

3.1 急性毒作用

急性经口、经皮和吸入毒性：大鼠经口 LD_{50} 为 0.45 g/kg。小鼠经口 LD_{50}：0.17 g/kg。兔经皮 4 h LD_{50}：1.5 g/kg，大鼠经皮 4 h LD_{50}：1.0 g/kg，大鼠吸入 LC_{50}：1 162 mg/(m^3·4 h)。经口及经皮吸收后，均见有以运动失调和运动活力低下为特征的中枢神经系统抑制。吸入蒸气后少见及时反应，但在24 h内动物出现抑制、角膜浑浊、鼻分泌增加、眼睑和下肢肿胀，并可出现急性肺水肿和化学性肺炎。兔一次静脉注射 100 mg/kg，于第14 d周围血液白细胞总数和多形和细胞比例下降，与对照组比较有显著差异。大鼠一次涂皮 0.5 和 1.0 g/kg，于第3 d也见有周围血液白细胞总数明显下降。

本品对皮肤、黏膜有显著刺激，且有一定的拟放射性。可出现明显的红斑、水肿和焦痂。兔经皮 20 mg/24 h，造成中度皮肤刺激；兔经皮 563 mg/3 d，造成严重皮肤损伤。

对眼有严重刺激但未出现角膜、晶状体或虹膜永久性缺损和失明。兔经眼 750 μg/24 h，造成严重眼损伤。

3.2 慢性毒作用：

0.2 ml(0.25 g)涂鼠皮，反复 5 次见有坏死为特征的明显皮肤刺激，小鼠每周 3 次涂皮，连续 1 年，可引起皮脂腺抑制、角化过度、上皮增生。大鼠反复涂皮对造血系统有抑制作用。

不同剂量反复涂皮(大鼠)、吸入(大鼠)和静注(狗)，证实对动物造血系统有拟放射性作用。

4. 人体健康危害

急性暴露于二缩水甘油醚可能导致皮肤灼伤和严重刺激皮肤，眼睛和呼吸道的刺激症状，吸入高浓度的蒸气可导致肺水肿，肝、肾损伤、无意识等症状。有文献报道 18 人在密闭空间作业 6 h，皮肤接触本品 1 h，18 人均出现接触性皮炎，主要表现为出现搔痒、灼痛，继而皮肤出现潮红、丘疹，10 h 后出现水泡、糜烂、渗出，或在水肿性红斑基础上密布丘疹、水疱，水疱破溃后，糜烂、渗出、结痂。结膜及咽部充血 12 例(占 67%)，肺纹理增强 5 例(占 28%)。

长期暴露于二缩水甘油醚会导致皮炎和皮肤过敏及神经系统症状。吸入症状：呼吸急促、喉咙痛、神志不清、衰弱。皮肤接触症状包括皮肤干燥、发红、粗糙、皮肤灼伤、疼痛、水泡等慢性皮炎表；眼睛接触症状包括发红、疼痛、视线模糊。摄入症状：恶心、呕吐。

5. 风险评估

我国规定本品职业接触 PC - TWA 为 0.5 mg/m³。

美国 ACGIH 规定二缩水甘油醚 TLV - TWA 为 0.05 mg/m³；OSHA 现行的 15 min - STEL 为 2.8 mg/m³；NIOSH 的推荐接触限值 REL - TWA 为 0.5 mg/m³。

澳大利亚规定本品职业接触限值 TWA 为 0.53 mg/m³。

正丁基缩水甘油醚

1. 理化性质

CAS 号：2426 - 08 - 6	外观与性状：无色透明液体，刺激性气味
沸点(℃)：164～166	闪点(℃)：55.5
饱和蒸气压(kPa)：0.43(25℃)	密度(g/cm³)：0.91(25℃)
相对密度(水=1)：0.96	相对蒸气密度(空气=1)：3.78
溶解性：水中溶解 2%(20℃)	

2. 用途与接触机会

用作一般环氧树脂的降黏剂和化学中间体，也用作氯化的溶剂稳定剂。广泛用于电子、电器、机电、机械行业中，降低环氧树脂黏度，改进工艺性，适于灌封、浇铸、层压、浸渍等应用工艺，用作绝缘材料、黏接材料，也用于无溶剂涂料、胶粘剂中。

3. 毒代动力学

大鼠和兔经口染毒 C_{14} 标记的正丁基缩水甘油醚，本品在动物体内快速吸收并代谢、排泄，24 h 内大鼠和兔分别从尿排除染毒量的 87% 和 78%。

4. 毒性

本品为中枢神经抑制剂，对呼吸道有轻度刺激。

本品健康危害 GHS 分类为：急性毒性—经口，类别 4；皮肤腐蚀/刺激，类别 1；生殖细胞致突变性，类别 2；致癌性，类别 2；特异性靶器官毒性——一次接触，类别 3。

4.1 急性毒作用

大鼠经口 LD_{50}：1 660 mg/kg；兔经皮 LD_{50}：2.52 ml/kg；大鼠吸入 LC_{50}：5 987 mg/(m³ · 8 h)。大鼠腹腔注射 LD_{50}：1.14 g/kg，小鼠 0.70 g/kg 出现类似经口中毒的表现。病理检查可见肝中央区区局灶性炎症和中度充血。动物死亡原因由于呼吸中枢麻痹和急性肺水肿。

本品造成皮肤刺激。兔经皮 20 mg/24 h，造成中度皮肤刺激；兔经皮 454 mg/3 d，造成轻度皮肤刺激。对兔眼有轻度刺激。兔经眼 750 μg/24 h，严重眼刺激；兔经眼 91 mg，轻度眼刺激。

反复接触有中度蓄积作用。雄性大鼠吸入 0.20 或 400 mg/m³ 蒸气，7 h，共 50 次，未见毒性反应；在 800 mg/m³ 时，生长明显抑制；1 600 mg/m³ 时，且有死亡率增加，外观蓬乱、肾/体重和肺/体重的比值增加。大体检查见睾丸萎缩(0.40 g/m³ 10 只中 1 只，0.80 g/m³ 9 只中 1 只，1.60 g/m³ 5 只中 4 只)。

4.2 慢性毒作用

怀疑可造成遗传性缺陷。皮肤接触本品可能造成过敏反应。怀疑致癌。

5. 人体健康危害

经常接触本品者，见有皮肤刺激和过敏，尚未发现其他危害的报道。

6. 风险评估

我国规定本品职业接触 PC－TWA 为 60 mg/m^3。美国 ACGIH 规定 TLV－TWA 为 16 mg/m^3；OSHA PEL－TWA 为 270 mg/m^3；NIOSH 的推荐 15 min 暴露上限 REL－C 为 30 mg/m^3。

澳大利亚规定本品职业接触限值 TWA 为 133 mg/m^3。

本品对水生生物有害并具有长期持续影响，其环境危害 GHS 分类为对水生环境的危害—长期危害，类别 3。

异丙基缩水甘油醚

1. 理化性质

CAS 号：4016－14－2	外观与性状：无色液体
pH 值：7	熔点/凝固点(℃)：－5
沸点(℃)：131～132	闪点(℃)：33(闭杯)
密度(g/cm^3)：0.924 (25℃)	易燃性：易燃
相对密度(水＝1)：0.924(25℃)	溶解性：水中溶解 18.8%、溶于酮、乙醇
相对蒸气密度(空气＝1)：4.15	饱和蒸气压(kPa)：1.25(25℃)

2. 用途与接触机会

用作环氧树脂反应的稀释剂，有机化合物的稳定剂及醚和酯合成的中间体。

3. 毒性

本品大鼠经口 LD_{50}：4 200 mg/kg；兔经皮 LD_{50}：9 650 mg/kg；大鼠吸入 LC_{50}：5 280 mg/m^3/8 h。

小鼠蒸气吸入 4 h，LC_{50} 与 7 110 mg/m^3，大鼠吸入 8 h 为 5 210 mg/m^3，超过 2 370 mg/m^3，可产生典型的化学性肺炎。急性中毒可见共济失调、运动抑制，进而呼吸抑制。死亡原因为呼吸中枢麻痹。

本品造成皮肤刺激，459 mg/3 d，中度刺激；皮肤 1 h 反复接触可导致一些耐受性，如 20 次涂皮后刺激反见减轻。本品造成严重眼刺激，兔 92 mg，中度刺激。

大鼠吸入 1 900 mg/m^3 蒸气浓度每次 7 h，50 次后对体重增加有轻度抑制，但未见其他蓄积毒性。大鼠反复肌注对造血系统无影响。

4. 人体健康危害

造成皮肤刺激和严重眼刺激。可引起呼吸道刺激。可造成头晕、嗜睡。

5. 风险评估

美国 ACGIH 规定本品 TLV－TWA 为 240 mg/m^3，15 min－STEL 为 360 mg/m^3；NIOSH 规定本品 REL－C 为 240 mg/m^3；OSHA 规定本品 PEL－TWA 为 240 mg/m^3。

澳大利亚规定本品职业接触限值 TWA 为238 mg/m^3。

间苯二酚二缩水甘油醚

1. 理化性质

CAS 号：101－90－6	外观与性状：黄色至红棕色黏稠液体，略带酚气味
熔点/凝固点(℃)：33～35	易燃性：非易燃
沸点(℃)：364.3±12.0 (100 kPa)或 150～160 (0.007 kPa)	闪点(℃)：176(开杯)
密度(g/cm^3)：1.121 8	溶解性：不溶于水
相对密度(水＝1)：1.21	相对蒸气密度(空气＝1)：7.95

2. 用途与接触机会

用作环氧树脂有机化合物的稳定剂，聚硫橡胶和蛋白胶黏剂的固化剂。还用作胶黏剂、密封剂和涂料、电器灌封料和活性稀释剂等。可做为酚醛树脂的黏度改进剂。

3. 毒性

本品健康危害 GHS 分类为：急性毒性—经口，

类别4；皮肤腐蚀/刺激，类别2；严重眼损伤/眼刺激，类别2；皮肤致敏物，类别1；生殖细胞致突变性，类别2；致癌性，类别2。

大鼠、小鼠、兔经口 LD_{50} 分别为 2.57、0.98、1.24 g/kg，腹腔注射 LD_{50}，大鼠、小鼠分别为 0.18 和 0.24 g/kg。大鼠、小鼠吸入饱和蒸气 8 h 无毒作用。

本品造成皮肤刺激，皮肤一次接触中度刺激；反复涂皮严重刺激，皮肤可呈皮革状。兔经皮 500 mg/24 h，造成中度刺激。本品造成严重眼刺激。

大鼠吸入饱和蒸气 7 h，共 50 次，未见毒性反应。总量 1 ml 反复涂兔皮，可引起兔死亡。猴每月1次静注 0.1～0.2 g/kg，发现白细胞总数进行性下降。

本品被 IARC 分类为 2B 类，为可疑人类致癌物。怀疑可造成遗传性缺陷。

皮肤接触本品可能造成过敏反应。

4. 人体健康危害

人接触后，局部发生严重灼伤，少数病例有过敏的反应，血液中的白细胞总数可见下降，并有典型的单核细胞出现。

5. 风险评估

本品对水生生物有害并具有长期持续影响，其环境危害 GHS 分类为：对水生环境的危害—长期危害，类别3。

苯缩水甘油醚

1. 理化性质

CAS号：122-60-1	外观与性状：无色透明液体
熔点/凝固点(℃)：3.5	易燃性：非易燃
沸点(℃)：245～247	闪点(℃)：120(闭杯)
饱和蒸气压(kPa)：0.001 3 (20℃)	*n*-辛醇/水分配系数：1.12
密度(g/m³)：1.109(25℃)	溶解性：易溶于乙醚、苯，水溶解度为 2.4 g/L(20℃)，能随水蒸气挥发
相对密度(水=1)：1.11	相对蒸气密度(空气=1)：4.37

2. 用途与接触机会

本品用作环氧树脂胶粘剂的活性稀释剂，有机合成的中间体。也用作卤素化合物的稳定剂。

3. 毒代动力学

吸入、食入、经皮吸收，经皮吸收速率在大鼠和兔分别每小时为 13.5 mg/cm^2 和 4.2 mg/cm^2。其代谢产物主要经尿液排出。

4. 毒性

本品健康危害 GHS 分类为：皮肤腐蚀/刺激，类别2；皮肤致敏物，类别1；生殖细胞致突变性，类别2；致癌性，类别2；特异性靶器官毒性——次接触，类别3。

大鼠经口 LD_{50}：3 850 mg/kg，，观察到肝脏的结节形成和肝坏死。兔经皮 LD_{50}：1.5 ml/kg。经皮染毒可观察到皮肤坏死、上皮细胞增生以及皮炎。大、小鼠饱和蒸气暴露 8 和 4 h，尽管观察到肺部刺激症状，但无死亡。

本品造成皮肤刺激，对呼吸道也可造成严重刺激性。兔子 10 mg/24 h，重度刺激。一次涂皮刺激不大，但反复涂皮则刺激增强，在涂皮 4 d 后出现红斑和水肿。

对眼有轻度刺激，可造成严重眼损伤。兔子111 mg，轻度眼刺激。兔经眼 250 μg/24 h，重度刺激。

大鼠吸入约 920 mg/m^3 的过饱和蒸气 7 h/d，共50 d，用死亡率、体重、器官/体重比值及病理检查为指标，未见毒性反应。大鼠反复肌注，对造血系统无影响。

本品被 IARC 分类为 2B 类可疑人类致癌物。对皮肤有致敏作用，皮肤接触本品可能造成过敏反应。

5. 人体健康危害

主要为对眼和皮肤有刺激性症状以及对呼吸道的刺激症状。长期反复接触可致皮炎，对皮肤有致敏作用，已有多起职业人群接触造成皮肤过敏反应的报道。

6. 风险评估

美国 ACGIH 规定本品 TLV-TWA 为 0.6 mg/m^3；NIOSH 规定本品 15 min REL-C 为 6 mg/m^3；OSHA 规定本品 PEL-TWA 为 60 mg/m^3。

澳大利亚规定本品职业接触限值(TWA)为6.1 mg/m^3。

本品对水生生物有害并具有长期持续影响。

其GHS分类为对水生环境的危害—长期危害，类别3。

α-氧化蒎烯

1. 理化性质

CAS号：1686-14-2	外观与性状：无色液体
熔点/凝固点(℃)：-60	易燃性：可燃
沸点(℃)：61(1.33 kPa)、188.6(100 kPa)	相对密度(水=1)：1.027
闪点(℃)：65.6	相对蒸气密度(空气=1)：4.25
密度(g/cm^3)：0.936(20/4℃)	溶解性：不溶于水；溶于甲醇、己烷、苯、四氯化碳及丙酮

2. 用途与接触机会

用作香料中间体，也用作表面活性物质、有机合成的中间体及润滑剂。

3. 毒性

大鼠经口 LD_{50}：2.4 ml/kg；大鼠吸入 LC_{50}：3 900 mg/m^3。本品对眼有剧烈刺激，对兔皮仅见轻度刺激。

4. 人体健康危害

人接触本品未见明显影响，由于对眼有强烈刺激，故生产现场要重视眼的防护措施。

缩水甘油醛

1. 理化性质

CAS号：765-34-4	外观与性状：无色不稳定液体，有刺鼻气味。
熔点/凝固点(℃)：-61.8	易燃性：易燃
沸点(℃)：112～113	闪点(℃)：29.9(开杯)
饱和蒸气压(kPa)：10.13(57～58℃)	密度(g/cm^3)：1.140 3
相对密度(水=1)：1.14(20℃)	溶解性：不溶于石油醚；易溶于多数有机溶剂
相对蒸气密度(空气=1)：2.58	

2. 用途与接触机会

又名2,3-环氧丙醛，用作在棉织品处理、皮革、鞣革和蛋白凝固中双官能的化学中间体和交联剂。

3. 毒性与中毒机理

本品健康危害GHS分类为：急性毒性—经口，类别3；急性毒性—经皮，类别3；急性毒性—吸入，类别2；皮肤腐蚀/刺激，类别2；严重眼损伤/眼刺激，类别2A；生殖细胞致突变性，类别2；致癌性，类别2；特异性靶器官毒性——次接触，类别3；特异性靶器官毒性-反复接触，类别1。

兔经皮 LD_{50}：249 mg/kg。大鼠蒸气吸入可引起明显的呼吸道刺激和流泪，LC_{50}为0.74 g/(m^3·4 h)，大鼠吸入 LC_{50}：811 mg/(m^3·9 h)，动物死因系肺水肿和休克。小鼠4 h吸入 LC_{50}为1 448 mg/m^3。兔一次静注0.1 g/kg对中枢有严重的兴奋作用，动物惊厥发作，立即死亡。

蒸气可造成皮肤和黏膜的刺激，造成呼吸道刺激性症状。兔经皮100 mg/24 h，造成中度皮肤刺激。本品造成严重眼刺激。人经眼3.22 mg/(m^3·5 m)，造成中度眼刺激。

本品怀疑可造成遗传性缺陷。IARC分类：2B类可疑人类致癌物。

4. 人体健康危害

蒸气对眼及呼吸道有刺激性。人吸入16 mg/m^3，最小中毒浓度，对皮肤有明显刺激作用，愈合缓慢，愈合呈表铜色。少数病例有过敏反应。长期反复接触可对器官造成损害。

双酚A二缩水甘油醚

1. 理化性质

CAS号：1675-54-3	外观与性状：无色或淡黄色棕色液体
熔点/凝固点(℃)：40～44	饱和蒸气压(kPa)：4.86×10^{-10}(25℃)
沸点(℃)：210	密度(g/cm^3)：1.17
闪点(℃)：148.5	

2. 用途与接触机会

用作黏合剂；广泛用于制备各种涂料，如粉末涂料、溶剂型涂料、防腐涂料等；用于层压制品、浇铸、密封、黏合剂、涂料等；用于配制防腐蚀涂料及绝缘漆、层压制品。

3. 毒性

本品健康危害 GHS 分类为：皮肤腐蚀/刺激，类别 2；严重眼损伤/眼刺激，类别 2；皮肤致敏物，类别 1。

大鼠经口 LD_{50}：11.3 ml/kg；兔经皮 LD_{50}：2 000 mg/kg。

本品为内分泌干扰物。可能导致皮肤过敏反应。IARC 将本品分类为 3 类致癌物。

4. 人体健康危害

造成皮肤刺激。造成严重眼刺激。可能导致皮肤过敏反应。

其他环氧化物

2-甲基呋喃

1. 理化性质

CAS 号：534-22-5	外观与性状：无色液体，有醚样气味，在空气中或阳光照射下变黄至黑色
熔点(℃)：−88.7	易燃性：易燃
沸点(℃)：63～66	闪点(℃)：−22
凝固点(℃)：−88.68	密度(g/cm^3)：0.91(25℃)
蒸气压(kPa)：10.13 (57～58℃)	溶解性：微溶于水，可溶于乙醇、乙醚、丙酮等

2. 用途与接触机会

用于制取维生素 B1、磷酸氯喹和磷酸伯氨喹等药物，合成菊酯类农药及香精香料，是一种较好的溶剂。

3. 毒性

本品健康危害 GHS 分类为：急性毒性—经口，类别 3；急性毒性—吸入，类别 2。

大鼠经口 LD_{50} 为 167 mg/kg，大鼠吸入 LC_{50}：1 832.59 mg/(m^3 · 4 h)。兔经眼 500 mg/24 h，造成轻度刺激。

4. 人体健康危害

本品具麻醉作用，能使血液循环、肠、胃、肝脏功能出现异常。对眼睛有刺激作用。

第23章

醚 类

醚类(Ethers)是由一个氧原子连接两个烷基或芳基所形成,是具有 R－O－R′,或 Ar－O－R,或 Ar－O－R′结构的烃的氧化物。醚类化合物可看作是醇或酚羟基上的氢被烃基所取代的化合物,常为两分子醇脱去一分子水而成,可视为醇的衍生物,但醚的化学性质较为稳定。除分子量最小的甲醚为气体,大分子量的醚(如氢醌醚类、纤维素醚类)为固体外,绝大多数的醚为液体,具有挥发性,微溶于水而多数易溶于乙醇、丙酮、苯等有机溶剂及各种动植物油脂。

醚类常用作溶剂和化学合成的中间体,如合成橡胶、塑料、油漆、冷冻剂生产和制药,亦见于化妆品、食品生产。卤代醚用于离子交换树脂生产,芳香烃醚是香料工业的主要原料。高分子纤维素醚类用作增稠剂和黏合剂,以及包装薄膜的生产。

烃基醚和卤代醚均可经呼吸道、消化道和皮肤吸收。低沸点的烃基醚挥发性大,易经呼吸道吸入。醚类化合物对皮肤和黏膜都具有一定的刺激作用,其中以卤代醚的刺激性最为显著,且随着卤素和不饱和度增加,其毒性和刺激性均增加。有些卤代醚甚至有催泪作用。芳香烃醚的刺激性和毒性均相对较小。在对称醚类中,随着烃链的增加,醚的毒性降低;多数开链烃基醚对中枢神经系统具有不同程度的麻醉作用,一般毒性不大。醚类的慢性毒作用并不明显。但近年来,通过动物实验和人群流行病学调查发现,氯甲醚类化合物(氯甲甲醚和二氯甲醚)有较强的致癌作用。高分子纤维素醚类多为粉末状或颗粒状,经口毒性很小,无经呼吸道和皮肤吸收的危险,因而无明显危害。

(一) 用途

醚类中最典型的化合物是乙醚,它常用于有机溶剂与医用麻醉剂。醚类化合物的应用常见于有机化学和生物化学,它们还可作为糖类和木质素的连接片段。

甲醚在工农业生产中被广泛使用:① 主要用途是作为气溶胶、气雾剂和喷雾涂料的推动剂;② 由于甲醚具有优良的燃料性能,方便、清洁、十六烷值高、动力性能好、污染少,稍加压即为液体,易贮存,作为车用柴油的替代燃料,有液化气、天然气、甲醇、乙醇等不可比拟的综合优势;③ 由于甲醚的性质与液化气相近,易贮存、易压缩,因而可替代天然气、煤气、LPG 作民用燃料;④ 由于其具有良好的易压缩、冷凝、汽化特性,在制药、燃料、农药等化学工业中有许多独特的用途。

乙醚是在外科手术中常用的麻醉剂,其作用不是化学性质的,而是溶于神经组织脂肪中引起的生理变化。这种麻醉作用决定于醚在脂肪相和水相中的分配系数。乙醚主要用作油类、染料、生物碱、脂肪、天然树脂、合成树脂、硝化纤维、碳氢化合物、亚麻油、石油树脂,松香脂、香料、非硫化橡胶等的优良溶剂;医药工业用作药物生产的萃取剂;毛纺、棉纺工业用作油污洁净剂;火药工业用于制造无烟火药。

乙烯基醚也是一种麻醉剂,其麻醉性能比乙醚强 7 倍,而且作用极快,但有迅速达到麻醉程度过深的危险,因而限制了它在这方面的实际应用。

(二) 毒理

醚类物质大部分可经皮肤吸收,其蒸气也可通过呼吸道吸收。其主要毒理作用可归纳为以下三个方面:

(1) 中枢神经系统:甲醚的毒性很低,对中枢神经系统有抑制作用,麻醉作用弱;吸入后可引起麻醉、窒息感;对皮肤有刺激性。气体有刺激及麻醉作用的特性,通过吸入或皮肤吸收过量的此物品,会引起麻醉,失去知觉和呼吸器官损伤。乙醚若急性大量接触,早期出现兴奋,继而嗜睡、呕吐、面色苍白、脉缓、体温下降和呼吸不规则，而有生命危险。急性接触后的暂时作用有头痛、易激动或抑郁、流涎、呕吐、食欲下降和多汗等。

(2) 刺激作用：醚类物质对呼吸道和皮肤有强烈的刺激作用。

(3) 致突变、致癌作用：部分醚类物质具有致突变和致癌作用。

(三) 对人体影响

(1) 急性中毒：吸入后对中枢神经系统有抑制作用、麻醉作用。

(2) 慢性影响：长期低浓度吸入乙醚，有头痛、头晕、疲倦、嗜睡、蛋白尿、红细胞增多症。长期皮肤接触，可发生皮肤干燥、皲裂。

另外，少数本类物质对人可能是潜在的致癌物。

(3) 局部作用：其蒸气或烟雾对眼睛、黏膜和上呼吸道有刺激作用，可引起咳嗽、恶心、呕吐等。

(四) 治疗

目前醚类化合物的职业中毒无特定的国家职业病诊断标准，其诊断要符合职业病诊断的一般原则。应包括职业史、现场职业卫生调查、相应的临床表现和必要的实验室检测，在此基础上，全面综合分析，并排除非职业性因素所致的类似疾病，才能做出切合实际的诊断。

醚类对中枢神经系统具有抑制作用，对皮肤、黏膜有一定的刺激作用。乙醚具有麻醉作用，多数开链烃基醚对中枢神经系统具有程度不等的麻醉作用。卤代醚的刺激作用最为明显，且随着卤素和不饱和程度的增加，其毒性和刺激性均增加，个别卤代醚有催泪作用。芳香烃醚的刺激性和毒性均相对较小。职业中毒的诊断可依据 GBZ/T265—2014《职业病诊断通则》、GBZ 76—2002《职业性急性化学物中毒性神经系统疾病诊断标准》、GBZ 73—2009《职业性急性化学物中毒性呼吸系统疾病诊断标准》等国家标准。

目前醚类化合物中毒尚缺乏急性中毒特效解毒剂，主要采取一般急救措施和对症、支持治疗。

(五) 预防

密闭操作，全面通风。操作人员必须经过专门培训，严格遵守操作规程。建议操作人员佩戴过滤式防毒面具(半面罩)，戴化学安全防护眼镜，穿防静电工作服，戴橡胶耐油手套。远离火种、热源，工作场所严禁吸烟。使用防爆型的通风系统和设备。防止蒸气泄漏到工作场所空气中。避免与氧化剂接触。灌装适量，应留有5%的空容积。配备相应品种和数量的消防器材及泄漏应急处理设备。倒空的容器可能残留有害物。

甲　醚

1. 理化性质

CAS号：115-10-6	外观与性状：无色气体，有醚类特有的气味
熔点/凝固点(℃)：−141.5	临界温度(℃)：127
沸点(℃)：−24.9	临界压力(MPa)：5.33
闪点(℃)：−41(闭杯)	自燃温度(℃)：350
爆炸上限[%(V/V)]：27	爆炸下限[%(V/V)]：3
饱和蒸气压(MPa)：0.53(20℃)	易燃性：易燃
密度(g/L)：1.617	n-辛醇/水分配系数：0.10
相对密度(水=1)：0.66	溶解性：溶于水及醇、乙醚、丙酮、氯仿等多种有机溶剂
相对蒸气密度(空气=1)：1.62	

2. 用途与接触机会

可作为溶剂和气雾剂的推动剂，并作为一种新型、清洁的民用和车用燃料，已经被掺入天然气中进行使用。在日常使用环节均可能造成生活接触。

甲醚是一种新兴的基本化工原料，由于其具有良好的易压缩、冷凝、汽化特性，在制药、燃料、农药等化学工业中有许多独特的用途。在下列各项工业生产中均可造成甲醚的暴露，主要包括：① 气溶胶、气雾剂和喷雾涂料的推动剂的生产；② 车用替代燃料的生产；③ 天然气、煤气等替代燃料生产；④ 在制药、燃料、农药等化学工业中使用。

3. 毒代动力学

主要以气体形态经呼吸道吸入体内。

4. 毒性

4.1 急性毒作用

(1) 本品急性经口、经皮与吸入毒性指标为：

大鼠吸入 LC_{50} 为 308 g/(m³ · 4 h)；小鼠吸入 LC_{50} 为 225.72 g/m³。猫吸入 1 658.85 g/m³ 深度麻醉，并可使呼吸逐渐停止。麻醉 50 min 后停止接触，约需 20 min 可完全恢复。人吸入 154.24 g/(m³ · 30 min)轻度麻醉；人吸入 940.50 g/m³ 有极不愉快的感觉，即使同时吸入高浓度的氧气，仍有显著的窒息感。

(2) 皮肤腐蚀/刺激性：甲醚对皮肤有刺激作用，引起发红、水肿、起疱，长期反复接触，可使皮肤敏感性增加。

4.2 慢性毒作用

Wistar 大鼠按照剂量为 2 057 mg/m³、10 283 mg/m³、20 567 mg/m³ 和 41 134 mg/m³ 吸入染毒 13 周(5 d/周，6 h/d)，没有观察到体重和行为方面的改变，仅观察到了中性粒细胞的改变，但无剂量-反应关系，大鼠 NOAEL 为 20 567 mg/m³。大鼠两年试验(全暴露，吸入剂量为 4 113 mg/m³、20 567 mg/m³ 和 51 417 mg/m³，6 h/d，5 d/周)，在 20 567 mg/m³ 和 51 417 mg/m³ 剂量组，雄鼠体重增加和存活率减少较对照组差异明显，但雌鼠无差异；雌雄大鼠两年试验结束没有观察到血常规和血生化方面的改变，仅在实验期间高剂量组观察到了短暂的血液学方面的改变，包括红细胞减少、脾肿大及充血；51 417 mg/m³ 剂量组乳腺肿瘤发生率高于对照组，没有发现其他肿瘤相关的病变。

4.3 发育毒性与致畸性

大鼠吸入 TCL_0：41 134 mg/m³(6—15 d preg)，造成除胚胎死亡外的胚胎毒性。

5. 人体健康危害

对中枢神经系统有抑制作用，麻醉作用弱。吸入后可引起麻醉、窒息感。对皮肤有刺激性。甲醚的毒性很低，气体有刺激及麻醉作用的特性，通过吸入或皮肤吸收过量的此物品，会引起麻醉，失去知觉和呼吸器官损伤。

6. 风险评估

澳大利亚规定：TWA 为 760 mg/m³。德国 AGS 规定：TWA 为 1 900 mg/m³，15 分钟 PEL 为 15 200 mg/m³。EU 规定：BOELV 为 1 920 mg/m³。

乙　醚

1. 理化性质

CAS 号：60-29-7	外观与性状：无色透明液体，有芳香气味，极易挥发
熔点/凝固点(℃)：−116	临界温度(℃)：193.55
沸点(℃)：34.6	临界压力(kPa)：3 637.6
闪点(℃)：−45(闭杯)	自燃温度(℃)：160～180
爆炸上限[%(V/V)]：36.5	爆炸下限[%(V/V)]：1.9
饱和蒸气压(kPa)：58.93 (20℃)	易燃性：易燃
密度(g/cm³)：0.7±0.1	气味阈值(mg/m³)：0.99
相对密度(水=1)：0.71	*n*-辛醇/水分配系数：0.89
相对蒸气密度(空气=1)：2.56	溶解性：溶于乙醇、苯、氯仿、溶剂石脑油等有机溶剂；微溶于水 60.4 g/L(25℃)

2. 用途与接触机会

乙醚可用于医疗上的麻醉剂。主要用途为油类、染料、生物碱、脂肪、天然树脂、合成树脂、硝化纤维、碳氢化合物、亚麻油、石油树脂，松香脂、香料、非硫化橡胶等的优良溶剂。医药工业用作药物生产的萃取剂。毛纺、棉纺工业用作油污洁净剂。火药工业用于制造无烟火药。

3. 毒代动力学

本品可经皮肤接触、食入以及吸入体内。吸入乙醚，该物质可以快速通过肺泡细胞进入血液，进而进入脑内和脂肪组织。狗吸入染毒实验发现，经 2.5 h 后，动脉血、脑、肾上腺、脂肪组织、肌肉骨骼组织、肝脏、肾脏组织中乙醚的含量分别为 1.025、1.140、1.945/6.700/0.853、0.940 和 2.420 mg/g。

在另一项狗吸入染毒试验中，有 79%～92%的乙醚从肺排除。也有报道 90%经呼出气排除，另一小部分经尿液、汗液及其他体液排除，乙醚可轻松通过血脑屏障。在大鼠的放射性核素示踪实验中，吸入的乙醚有 1%～5%代谢降解为 CO_2。

4. 毒性与中毒机理

健康危害 GHS 分类为：急性毒性—经口，类别 4；特异性靶器官毒性——次接触，类别 3(麻醉效应)。

4.1 急性毒作用

（1）急性经口、经皮与吸入毒性指标为：大鼠经口 LD_{50} 为 1 215 mg/kg；兔经皮 LD_{50} ＞20 ml/kg；大鼠吸入 LC_{50}：221.19 g/(m^3 · 2 h)；小鼠吸入 LC_{50}：93.98 g/(m^3 · 0.5 h)。C_3 H 小鼠动式染毒 2 小时 LC_{50} 雌雄小鼠分别为 98 mg/L 和 95 mg/L，而对于 C57BL 小鼠，雌雄分别为 199 mg/L 和 182 mg/L。大鼠吸入麻醉，发现可增加血糖浓度，主要是减少葡萄糖的利用造成。

（2）麻醉作用：动物的麻醉浓度：小鼠 65～120 g/m^3，大鼠 100 g/m^3，兔 65～300 g/m^3，猫 65～240 g/m^3，狗 125～140 g/m^3。

（3）皮肤腐蚀/刺激：兔经皮 360 mg，造成轻度皮肤刺激；豚鼠 50 mg 皮肤刺激，24 h 后出现严重皮肤刺激；兔经皮 360 mg，开放式试验，造成轻度皮肤刺激。

（4）严重眼损伤/眼刺激：兔经眼 100 mg，造成中度眼刺激；兔经眼 100 mg/24 h，造成中度眼刺激。

4.2 慢性毒作用

豚鼠和 ICR 小鼠的 35 天吸入染毒表明，其 NOAEC 为 3.0 mg/L，LOAECW 为 30 mg/L，豚鼠中毒表现为体重增重减少，肝体比增加，而 ICR 小鼠没有表现出类似的毒性。SD 大鼠 35 天吸入染毒，NOAEC 为 30 mg/L，没有观察到体重、肝体比及血液、组织方面的有意义的改变。一项 90 天大鼠灌胃试验中，3 500 mg/kg 剂量组动物体重增重和摄食量减少，血红蛋白和血细胞降低，SGPT 和血胆固醇水平升高，LOAEL 为 2 000 mg/kg。

4.3 中毒机理

乙醚麻醉作用的机理，一般认为，可能是干扰了神经细胞的氧化代谢过程，受累靶分子可能是细胞色素还原酶或与磷酸核苷酸脱氢酶结合的黄素蛋白，这些酶的失活是可逆性的。

5. 人体健康危害

5.1 急性中毒

该品的主要作用为全身麻醉。急性大量接触，早期出现兴奋，继而嗜睡、呕吐、面色苍白、脉缓、体温下降和呼吸不规则，而有生命危险。急性接触后的暂时后作用有头痛、易激动或抑郁、流涎、呕吐、食欲下降和多汗等。液体或高浓度蒸气对眼有刺激性。一次接触本品可能造成昏昏欲睡或晕眩。吞咽本品有害。

5.2 慢性中毒

长期低浓度吸入，有头痛、头晕、疲倦、嗜睡、蛋白尿、红细胞增多症。长期皮肤接触，可发生皮肤干燥、皲裂。

6. 风险评估

我国职业接触限值规定：PC - TWA 为 300 mg/m^3，PC - STEL 为 500 mg/m^3。

美国 ACGIH 规定：TLV - TWA 为 3 668 mg/m^3，TLV - STEL 为 1 520 mg/m^3；OSHA 规定：PEL - TWA 为 1 200 mg/m^3。澳大利亚规定：REL -TWA 为 1 210 mg/m^3。EU 规定：BOELV - TWA 为 308 mg/m^3。

异 丙 醚

1. 理化性质

CAS 号：108 - 20 - 3	外观与性状：无色液体，有醚味
熔点/凝固点(℃)：−85.5	临界温度(℃)：226.8
沸点(℃)：68.3	临界压力(MPa)：2.88
闪点(℃)：−28(闭杯)	自燃温度(℃)：443
爆炸上限[%(V/V)]：7.9	爆炸下限[%(V/V)]：1.4
饱和蒸气压(kPa)：13.69 (20℃)	易燃性：易燃
密度(g/L)：0.725 8(20.4℃)	气味阈值(mg/m^3)：0.07
相对密度(水=1)：0.73	n -辛醇/水分配系数：1.56
相对蒸气密度(空气=1)：3.52	溶解性：水中 0.2～0.9 (20℃)，可混溶于醇、醚、苯、氯仿等多数有机溶剂

2. 用途与接触机会

二异丙醚具有高辛烷值及抗冻性能，可用为汽油掺合剂。

异丙醚是动物、植物及矿物性油脂的良好溶剂，可用于从烟草中抽提尼古丁；也是石蜡及树脂的良好溶剂，工业上常将二异丙醚和其他溶剂混合应用于石蜡基油品的脱蜡工艺。作为溶剂也应用于制药、无烟火药、涂料及油漆清洗等方面。用作溶剂，用于乙酸或丁酸的稀溶液的浓缩回收，在湿法腈纶工艺中用作硫氰酸钠的萃取溶剂；用作色谱分析标准物质、溶剂及萃取剂。

3. 毒代动力学

主要以蒸气形式经呼吸道吸入体内，误服及皮肤接触均可吸收进入体内。吸入后大部分随呼气排出，在体内不代谢。

4. 毒性

本品健康危害 GHS 分类为特异性靶器官毒性——一次接触，类别 3(麻醉效应)。

4.1 急性毒作用

(1) 急性经口、经皮与吸入毒性

大鼠经口 LD_{50}：8.47 g/kg；兔经皮 LD_{50}>2 g/kg；大鼠吸入 LC_{50}：66.67 g/(m^3 · 4 h)。猴、兔、豚鼠暴露于 250 g/m^3本品下，所有动物均因呼吸衰竭而死亡；125 g/m^3下暴露 lh，动物全部存活，而表现为麻醉症状，尤以猴最为敏感；12.5 g/m^3接触 2 d，没有出现麻醉作用。本品经口最小致死剂量：兔 5～6.5 g/kg，死于呼吸衰竭；大鼠 LD_{50}，幼鼠为 4.6 g/kg，成年鼠为 11.4～11.8 g/kg。兔吸入 250 g/m^3，均因呼吸衰竭死亡。人接触 2.1 g/m^3共 15 min 没有刺激作用，然而在 1.25 g/m^3时，有 1/3 的人感到有不愉快的味觉，3.34 g/m^3接触 5 min，大多数人都有眼和鼻的刺激感觉。

(2) 皮肤腐蚀/刺激性

本品造成轻微皮肤刺激，本品液体与兔皮肤一次接触 1 h，不引起毒害作用，反复接触 10 d 可引起皮炎。兔经皮 363 mg，开放性试验，造成轻度皮肤刺激。

(3) 严重眼损伤/刺激性

本品造成严重眼刺激。对兔的眼睛可引起刺激和轻度的损害。

4.2 慢性毒作用

动物在 42 g/m^3浓度中，接触 l h/d，在连续接触的 20 d 中及以后，虽有中毒和抑制症状，但无明显的体重和血液方面的变化。12.5 g/m^3，接触 2 h/d 和 4.2 g/m^3，接触 3 h/d，共 20 d，没有见到损害作用。浓度在 125 g/m^3接触几周后存活的动物，其肝脏呈现严重的毒性变化，并有红细胞数和血红蛋白的下降。

4.3 发育毒性与致畸性

生殖发育毒性研究表明，给予大鼠 12 934 mg/m^3和 10 000 mg/m^3剂量的异丙醚，观察到胎仔的骨骼畸形，胚胎发育不良，每窝数量的减少等毒性。

5. 人体健康危害

蒸气或雾对眼睛、黏膜、皮肤和上呼吸道有刺激性。接触后能引起恶心、头痛、呕吐和麻醉作用。皮肤反复接触，可引起接触性皮炎。

6. 风险评估

美国 ACGIH 规定：TLV－TWA 为 1 044 mg/m^3，TLV－STEL 为 310 mg/m^3；NIOSH 规定：REL－TWA 为 2 100 mg/m^3；OSHA 规定：PEL－TWA 为 2 100 mg/m^3。

澳大利亚规定：REL－TWA 为 1 040 mg/m^3，REL－STEL 为 1 300 mg/m^3。

对水生生物有害并具有长期持续影响，其环境危害 GHS 分类为危害水生环境—长期危害，类别 3。

正　丁　醚

1. 理化性质

CAS 号：142－96－1	外观与性状：无色液体、带有醚味的液体
熔点/凝固点(℃)：－95	临界压力(MPa)：2.46
沸点(℃)：141	自燃温度(℃)：194.4
闪点(℃)：37(闭杯)	爆炸下限[%(V/V)]：0.9
爆炸上限[%(V/V)]：8.5	易燃性：易燃
饱和蒸气压(kPa)：0.64 (20℃)	气味阈值(mg/m^3)：0.37
密度(g/cm^3)：0.796 4 (20℃)	n-辛醇/水分配系数：3.08～3.21
相对密度(水＝1)：0.77	溶解性：水中 0.03～0.05 (20℃)，溶于丙酮、二氯丙烷、汽油；可混溶于乙醇、乙醚

（续表）

相对蒸气密度（空气=1）：4.48	

2. 用途与接触机会

用作溶剂、电子级清洗剂及用于有机合成；用作测定铋的试剂、溶剂及萃取剂；在醚类中，正丁醚的溶解力强，对许多天然及合成油脂、树脂、橡胶、有机酸酯、生物碱等都有很强的溶解力。用作树脂、油脂、有机酸、酯、蜡、生物碱、激素等的萃取和精制溶剂；和磷酸丁酯的混合溶液可用作分离稀土元素的溶剂。由于丁醚是惰性溶剂，还可用作格氏试剂、橡胶、农药等的有机合成反应溶剂。

3. 毒性

主要以吸入、食入形式进入体内。本品健康危害GHS分类为皮肤腐蚀/刺激，类别2；严重眼损伤/眼刺激，类别2；特异性靶器官毒性——一次接触，类别3。

3.1 急性毒作用

（1）经口、经皮与吸入毒性

小鼠在浓度为10 g/cm^{3}时接触本品30 min引起共济失调，60 g/cm^{3}时接触本品40 min至2 h，动物发生死亡。浓度低时，动物有一兴奋期的表现。在高浓度时动物立即抑制、呼吸失常、后肢瘫痪并发生痉挛。大鼠经口LD_{50}：7.4 g/kg，吸入LC_{50}：16 g/m^3。兔经皮LD_{50}：10.08 ml/kg。

（2）皮肤腐蚀/刺激性

本品造成皮肤刺激，对皮肤有中度的刺激，家兔经皮380 mg，轻度刺激。

（3）严重眼损伤/刺激性

本品造成严重眼刺激。发现大多数人在1.06 g/cm^{3}时有眼部的刺激，但即使浓度达1.6 g/cm^{3}时，其气味还不使人感到不愉快。

3.2 发育毒性与致畸性

大鼠吸入TCL_0：17 994 mg/(m^3 · 6 h)(6～15 d preg)，造成除胚胎死亡外的胚胎毒性，造成新生大鼠肌肉骨骼系统畸形。

4. 人体健康危害

吸入可致咳嗽、呼吸困难、头痛、头晕、恶心、疲乏和四肢无力。眼和皮肤接触可致灼伤。

5. 风险评估

本品对水生物有害并具有长期持续影响，其环境危害GHS分类为对水生环境的危害—长期危害，类别3。

二异戊醚

1. 理化性质

CAS号：544-01-4	外观与性状：无色液体，有愉快的水果香味
熔点/凝固点(℃)：-69.3	易燃性：易燃
沸点(℃)：172.5	n-辛醇/水分配系数：4.25
闪点(℃)：45.56	溶解性：不溶于水；可混溶于乙醇、乙醚、氯仿、丙酮等多数有机溶剂
饱和蒸气压(kPa)：0.19(25℃)	相对密度(水=1)：0.778
密度(g/cm^3)：0.777 7(20℃)	相对蒸气密度(空气=1)：5.46

2. 用途与接触机会

香料原料、格氏反应溶剂，采用萃取法制备有机合成用的金属催化剂时的溶剂，异味气体吸收剂，橡胶再生溶剂，生物碱溶剂。并用作油脂、生物碱的萃取剂及用于制漆和再生橡胶工业。

3. 毒性

主要以吸入、口服或经皮肤吸收的形式进入体内。本品小鼠经口LD_{50}：>10 g/kg。可对皮肤和黏膜、眼睛造成刺激性。皮肤接触本品可能造成过敏反应。

4. 人体健康危害

具有麻醉作用及刺激性。

5. 风险评估

本品对水生生物有毒并具有长期持续影响，其环境危害GHS分类为：危害水生环境—急性危害，类别2；危害水生环境—长期危害，类别2。

二 乙 烯 醚

1. 理化性质

CAS 号：109-93-3	外观与性状：无色易挥发的液体，带有特殊不舒适气味。无抗聚剂存在时，它易聚合成固体玻璃样物质
熔点/凝固点(℃)：−101	自燃温度(℃)：360
沸点(℃)：28.3	爆炸下限[%(V/V)]：1.7
爆炸上限[%(V/V)]：27	易燃性：易燃
饱和蒸气压(kPa)：57.32(20℃)	*n*-辛醇/水分配系数：1.68
密度：(g/cm³)0.774(20℃)	溶解性：溶于醇、醚、油及其他有机溶剂，水中0.4(20℃)
相对密度(水=1)：0.769	相对蒸气密度(空气=1)：2.4

2. 用途与接触机会

又名二乙烯基醚，是一种吸入性全身麻醉剂，主要经呼吸道吸入。本品是一种重要的高聚物单体和有机合成中间体。其聚合物主要用作黏合剂、涂料、油类粘度改进剂，增塑剂等；作为中间体合成四甲氧基丙烷、γ-甲基吡啶，2-氨基嘧啶及戊二醛等。

3. 毒性

3.1 急性毒作用

吸入有麻醉作用，对肝有损害。大鼠 3 h 吸入 LC_{50} 为 38.6 g/m³，小鼠吸入 LC_{50} 为 329 g/(m³ · 15 min)。本品黏膜刺激作用比乙醚小。

3.2 慢性毒作用

长时间或短期频繁给药麻醉，可致肝小叶中央坏死。本品还可使狗的胆汁分泌急剧增加，这是乙醚所没有的现象。

4. 人体健康危害

具有麻醉作用。引起麻醉的血浓度远比乙醚低。人吸入 0.2%(V/V)本品即可产生麻醉作用；2%～4%，意识不清；10%～12%，呼吸抑制、心律失常。

乙基烯丙基醚

1. 理化性质

CAS 号：557-31-3	外观与性状：无色液体
沸点(℃)：65	临界温度(℃)：245.0
闪点(℃)：−20	易燃性：易燃
饱和蒸气压(kPa)：24.58±0.1(25℃)	溶解性：不溶于水；可混溶于乙醇、乙醚
密度(g/cm³)：0.76(25℃)	相对密度(水=1)：0.76

2. 用途与接触机会

主要用作合成其他化学物质。

3. 毒性

主要以吸入、食入和经皮吸收的形式进入体内。大鼠经口 LD_{50} 为 19 000 mg/kg。本品特别易燃，无论是液体还是其蒸气均易燃。

4. 人体健康危害

对眼和皮肤有刺激性，一次接触本品可能造成呼吸道刺激。对黏膜有刺激作用。大剂量摄入可能致命。

二 烯 丙 基 醚

1. 理化性质

CAS 号：557-40-4	外观与性状：无色液体，有萝卜气味
熔点/凝固点(℃)：−6	易燃性：易燃
沸点(℃)：94.3	*n*-辛醇/水分配系数：0.7
闪点(℃)：−7(闭杯)	溶解性：不溶于水；可混溶于乙醇、乙醚、丙酮等多数有机溶剂
饱和蒸气压(kPa)：5.79(20℃)	相对密度(水=1)：0.80
密度(g/cm³)：0.905(25℃)	相对蒸气密度(空气=1)：3.38

2. 用途与接触机会

主要用于有机合成。主要以吸入、口服或经皮肤吸收的形式进入体内。

3. 毒性

大鼠急性经口 LD_{50} 为 320 mg/kg；小鼠腹腔注射 LD_{50} 为 250 mg/kg；兔经皮 LD_{50} 为 600 mg/kg。兔子皮肤刺激试验 500 mg(24 h)为轻度刺激性，眼刺激试验 100 mg(24 h)为中度刺激。本品可造成皮肤刺激，造成严重眼刺激，一次接触本品可能造成呼吸道刺激。其健康危害 GHS 分类为：急性毒性—经皮，类别 3；严重眼损伤/眼刺激，类别 2；特异性靶器官毒性——一次接触，类别 3(麻醉效应)。

4. 人体健康危害

蒸气或雾对眼和上呼吸道有刺激性，对皮肤有刺激性，长期反复皮肤接触可引起皮肤脱脂，造成皮肤干燥和皲裂。急性接触可导致头晕、嗜睡、神志不清等中枢神经系统症状。

乙烯(2-氯乙基)醚

1. 理化性质

CAS 号：110-75-8	外观与性状：无色液体
熔点/凝固点(℃)：−70.3	易燃性：易燃
沸点(℃)：109(98.64 kPa)/228(100 kPa)	溶解性：易溶于醇和醚类；微溶于氯仿，水中 429 mg/L(25℃)
闪点(℃)：16	相对密度(水=1)：1.05
饱和蒸气压(kPa)：98.64(109℃)	相对蒸气密度(空气=1)：3.67
密度(g/cm³)：1.052 5(25℃)	

2. 用途与接触机会

本品主要用于聚合物单体、药品及纤维素酯的制造。可经呼吸道吸入、经口或经皮肤吸收。

3. 毒性

大鼠经口 LD_{50} 为 210 mg/kg，大鼠 4 h 吸入 LC_{50} 为 1 189 mg/m³，2 378 mg/m³ 吸入染毒 4 小时，6 只大鼠有 1 只死亡；兔经皮 LD_{50} 为 3.2 ml/kg。兔子皮肤开放性刺激实验 525 mg，为严重刺激性；本品对兔子眼刺激试验发现，可造成严重眼刺激性，主要损伤眼角膜。本品造成皮肤刺激，造成严重眼刺激，一次接触本品可能造成呼吸道刺激。其健康危害 GHS 分类为：急性毒性—经口，类别 3；严重眼损伤/眼刺激，类别 2B。

4. 人体健康危害

吸入、摄入或经皮肤吸收后对身体有害。其蒸气或烟雾对眼睛、黏膜和上呼吸道有刺激作用，接触后引起烧灼感、咳嗽、喘息、气短、头痛、恶心和呕吐等症状。

氯甲基甲醚

1. 理化性质

CAS 号：107-30-2	外观与性状：无色或微黄色液体，带有刺激性气味
熔点/凝固点(℃)：−103.5	易燃性：易燃
沸点(℃)：59.5	溶解性：溶于乙醇、乙醚、氯仿、丙酮等多数有机溶剂，遇水分解
闪点(℃)：−17.8(开杯)	相对密度(水=1)：1.06
饱和蒸气压(kPa)：21.3(20℃)	相对蒸气密度(空气=1)：2.8
密度(g/cm³)：1.0±0.1	

2. 用途与接触机会

用作溶剂、活泼的有机中间体、氯甲基化剂，主要用于生产阴离子交换树脂，还用于生产磺胺嘧啶药物、美容产品的中间体等。氯甲基化试剂，可用在芳环上引入氯甲基。甲氧甲基化试剂，可用于在醇(酚)羟基上和β一酮酸酯分子中引入甲氧甲基。也是醇(酚)和羧酸的保护试剂。可经呼吸道吸入、经口或经皮肤吸收。

3. 毒性

本品健康危害 GHS 分类为：急性毒性—经口，类别 1；致癌性，类别 1A。

3.1 急性毒作用

大鼠 0.3 g/kg 一次经口，可存活，1.0 g/kg 就引起死亡。大鼠经口 LD_{50} 约为 223 mg/kg，腹腔注射 LD_{50}

为 97.5 mg/kg,大鼠接触 6.58 g/m^3 蒸气浓度 30 min 时,可致死亡。大鼠吸入 LC_{50} 为 179.8 mg/(m^3 · 7 h)。兔经皮 LD_{50} 为 280 mg/kg。人接触 3.29 g/cm^3 浓度的本品,不发生症状;9.87 g/m^3 对眼和咽喉有轻度刺激;达 98.7 g/m^3 时,不能忍受。对皮肤和眼睛有强烈的刺激性,兔皮肤刺激试验主要表现为严重的皮肤充血、水肿、变性甚至溃疡。任何浓度的蒸气对黏膜都有高度的刺激性。吸入本品蒸气可发生肺水肿,继发肺炎而致死,死亡可发生在接触后几天以至数周以后。

3.2 慢性毒作用

兔吸入 3 mg/m^3,每天吸入 5h,90 天间歇性吸入,造成体重降低;大鼠吸入 3.27 mg/m^3,持续性吸入 130 周,造成气管或支气管结构或功能改变及皮肤肿瘤。

本品被 IARC 分类为 1 类确定的人类致癌物。

4. 人体健康危害

4.1 急性中毒

本品为剧毒品,蒸气对呼吸道有强烈刺激性。吸入较高浓度后立即发生流泪、咽痛、剧烈呛咳、胸闷、呼吸困难并有发热、寒战,脱离接触后可逐渐好转。但经数小时至 24 小时潜伏期后,可发生化学性肺炎、肺水肿,抢救不及时可死亡。眼及皮肤接触可致灼伤。在工业上曾有人接触较高浓度时发生上呼吸道刺激,出现流汗、咽干、剧烈咳嗽等症状,脱离接触减轻,表现为头晕、胸闷,24 h 后病情突然加重出现咯大量泡沫样痰、呼吸困难、恶心呕吐等症状,如不立即治疗,容易导致死亡。

4.2 慢性中毒

长期接触本品可引起支气管炎,工业上有报道工人长期低剂量接触导致化学性肺炎的报道,其临床症状较轻。本品可致肺癌,近年来,国内外的人群流行病学调查均证实了本品对人的致癌作用。本品导致的肺癌组织学类型为小细胞肺癌为主,潜伏期可达 10～24 年,因此,要控制本品在生产中的使用和接触。

5. 风险评估

我国职业接触限值规定：MAC 为 0.005 mg/m^3。

双(氯甲基)醚

1. 理化性质

CAS 号：542－88－1	外观与性状：无色液体,有刺激性(窒息)气味
熔点/凝固点(℃)：－41.5	易燃性：易燃
沸点(℃)：104	n－辛醇/水分配系数：1.04
饱和蒸气压(kPa)：3.9(25℃)	溶解性：可混溶于乙醇、乙醚等多数有机溶剂,遇水分解
密度(g/cm^3)：1.315(20℃)	相对蒸气密度(空气＝1)：4.0
相对密度(水＝1)：1.32	闪点(℃)：<19(闭杯)

2. 用途与接触机会

本品在塑料和离子交换树脂生产中用作烷基化剂。可经呼吸道吸入、经口或经皮肤吸收。

3. 毒性

本品健康危害 GHS 分类为：急性毒性—经皮,类别 3;急性毒性—吸入,类别 2;致癌性,类别 1A。

3.1 急性毒作用

双(氯甲基)醚毒作用与氯甲醚相似,但吸入毒性较高,其蒸气对眼和呼吸道黏膜有刺激作用,高浓度可致肺水肿。大鼠吸入 7 h 的 LC_{50} 为 33 mg/kg,吸入 2 h 的 LC_{50} 为 14 mg/kg,经口 LD_{50} 为 210 μl/kg。兔经皮 LD_{50}：280 μl/kg。动物实验观察到本品造成兔眼角膜浑浊。

3.2 慢性毒作用

小鼠慢性吸入暴露观察到了呼吸窘迫。人类长期暴露观察到了慢性支气管炎、支气管哮喘以及呼吸功能降低等症状。

IARC 致癌性分类为组 1。

4. 人体健康危害

急性中毒,主要表现为对眼睛、皮肤的刺激症状以及呼吸道的刺激症状,吸入可导致肺炎,表现为头昏、头痛、眼结膜充血、流泪、畏光、鼻塞、流涕、咽痛、频繁咳嗽,两肺听诊呼吸音粗糙,右下肺闻及干性啰音；皮肤红，烧灼感及灼伤。高浓度暴露可导致死亡。

5. 风险评估

我国职业接触限值规定：MAC 为 0.005 mg/m^3。

美国 ACGIH 规定：TLV－TWA 为 0.005 mg/m^3。澳大利亚规定：REL－TWA 为 0.005 mg/m^3。

对称二氯二乙醚(2,2－二氯二乙醚)

1. 理化性质

CAS 号：111－44－4	外观与性状：无色液体，有辣味和水果味样气味
熔点/凝固点(℃)：－52	自燃温度(℃)：369
沸点(℃)：178.5	易燃性：易燃
闪点(℃)：55	气味阈值(mg/m^3)：90～2 160
饱和蒸气压(kPa)：0.087(20℃)	*n*-辛醇/水分配系数：1.29
密度(g/cm^3)：1.22(25℃)	溶解性：不溶于水(1.1%)；可混溶于醇、醚、丙酮、苯等多数有机溶剂
相对密度(水＝1)：1.22(20℃)	相对蒸气密度(空气＝1)：4.93

2. 用途与接触机会

本品主要用作油漆、树胶、树脂、石蜡、蓖麻、亚麻子油、松节油和乙烯纤维素等的溶剂，同时用于有机合成和制涂料。也可用于土壤熏蒸杀虫剂。

3. 毒代动力学

主要以呼吸道吸入、经口或经皮吸收。用 C_{14} 标记的本品以 40 mg/kg 染毒雄性大鼠实验发现：48 h 内均可在呼出气中检出含有 C_{14} 标记的 CO_2 及尿中含 C_{14} 标记的代谢物，本品体内的半衰期为 12 h，通过呼吸道以 CO_2 形式排除的比例为 11.5%，尿中代谢物排除为 64.7%，另 2.4%从粪便排除。

4. 毒性与中毒机理

本品健康危害 GHS 分类为：急性毒性—经口，类别 3；急性毒性—经皮，类别 3；急性毒性—吸入，类别 1；皮肤腐蚀/刺激，类别 2；严重眼损伤/眼刺激，类别 2B；特异性靶器官毒性——次接触，类别 1；特异性靶器官毒性——次接触，类别 3(麻醉效应)。

本品的结构式与芥子气有相似之处，但其结构“O”原子代替了芥子气中的“S”原子，因此就失去了如芥子气对皮肤的糜烂作用，而仍然保留对呼吸道的强烈刺激作用。较低浓度可引起麻醉，高浓度时则因对支气管的强烈刺激，反射性地引起呼吸抑制而导致死亡。动物尸检可见肺气钟、肺水肿和充血，有时有肺实变。鼻道和气管、支气管、脑、肝、肾也有充血现象。

4.1 急性毒作用

大鼠经口 LD_{50} 为 75 mg/kg，小鼠经口 LC_{50} 为 140 mg/kg。兔经皮 LD_{50} 为 90 mg/kg；豚鼠经皮 LD_{50} 为 300 mg/kg。大鼠吸入 LC_{50} 为 330 mg/(m^3·4 h)。大鼠以 4 094 mg/m^3 吸入染毒 6 h，5 只全部死亡；吸入浓度 2.93～5.85 g/cm^3 可引起豚鼠的眼睛和鼻的强烈刺激，表现为流泪和抓鼻；接触 1.5～3 h 可出现呼吸机能障碍，接触 5 h 后就发生死亡，其主要损害表现在呼吸器官。人短暂接触 3.2 g/m^3 以上浓度时，眼睛、鼻腔有明显刺激，并有难以忍受的感觉，发生咳嗽、恶心、呕吐。经皮和吸入大量本品可致命。

本品可造成皮肤刺激性。兔经皮 500 mg，开放性试验，造成轻度皮肤刺激。

本品可造成严重眼刺激。兔经眼 100 mg，造成严重眼刺激。

4.2 慢性毒作用

大鼠和豚鼠接触平均浓度为 0.41 g/cm^3 共 937 h(每周 5 d，共 130 d)，动物的行为、死亡率、血液学指标、大体解剖和组织学的检查，均未发现有害作用，仅见不同程度的生长抑制。其他动物研究表明，本品长期低剂量暴露可造成增重减少。

IARC 致癌性分类为组 3。

5. 人体健康危害

接触本品对眼睛、呼吸道黏膜有明显刺激作用，并有难以忍受的感觉，发生咳嗽、恶心、呕吐。对皮肤和眼睛有强烈的刺激性。本品对人体危害较明显，对人致死剂量约为 50～500 mg/kg，1 茶勺或 1 盎司的量就可导致一个约 68 kg 的人中毒死亡。

6. 风险评估

美国ACGIH规定：TLV－TWA为30 mg/m³，TLV－STEL为60 mg/m³；OSHA规定：PEL－TWA为90 mg/m³；NIOSH规定：REL－TWA为30 mg/m³，15分钟REL－STEL为60 mg/m³。澳大利亚规定：REL－TWA为29 mg/m³，REL－STEL为58 mg/m³。

二氯异丙醚

1. 理化性质

CAS号：108－60－1	外观与性状：无色至棕色油状液体
熔点/凝固点(℃)：－97～102	易燃性：可燃
沸点(℃)：187.8	气味阈值(mg/m³)：200
闪点(℃)：87(开杯)	溶解性：水中溶解度0.17，可混溶于多数有机溶剂
饱和蒸气压(Pa)：74.6(20℃)	相对密度(水＝1)：1.11
密度(g/cm³)：1.113 5(20℃)	相对蒸气密度(空气＝1)：6.0

2. 用途与接触机会

本品属于低毒杀线虫剂，在农业生产中可能接触。工业上主要用作脂、蜡、润滑脂的溶剂和去漆剂、去垢剂、萃取剂，也可作为生产染料、树脂及制药工业的中间体。

3. 毒代动力学

本品主要经呼吸道、经口和经皮吸收。雌性大鼠和猴经口给予放射性核素标记的本品染毒实验发现：2 h后血液内含量达到高峰，猴和大鼠的半减期2 d。本品在猴和大鼠肝脏分布不一致，经口一次给予30 mg/kg，7 d后，猴肝和鼠肝含量分别为28.8 μg/g和3.2 μg/g。经口一次染毒大鼠和猴后，大鼠尿、粪便和呼出气中排除量分别占63.36%、5.87%和15.96%，而猴分别为28.61%、1.19%和0%。

4. 毒性

本品健康危害GHS分类为：急性毒性—吸入，类别2；特异性靶器官毒性——次接触，类别1；特异性靶器官毒性——次接触，类别3(呼吸道刺激)。

4.1 急性毒作用

大鼠一次经口LD_{50}为0.24 g/kg，0.8 g/kg为绝对致死量。豚鼠经口LD_{50}为0.45 g/kg。小鼠4 h吸入LC_{50}为12.8 mg/L。大鼠经皮LD_{50}大于2 000 mg/kg，兔经皮吸收LD_{50}为3.0 ml/kg。本品溶解在橄榄油中剂量为0.01 g/kg，大鼠生长缓慢，但未见脏器重量和血液学方面的变化，给以0.20 g/kg时，发现肝、肾、脾的重量增加，亦无血液学指标的改变。大鼠吸入7 g/m³浓度4 h后，在14 d中有1只大鼠死亡。10只大鼠接触2.5 g/m³，6 h，动物全部存活，接触8 h，5只动物死亡2只，死亡动物有中等度的肺充血和肝脏的一些坏死；1.2 g/m³接触8 h，4只动物死亡1只。液体及高浓度蒸气可引起眼和呼吸道黏膜的刺激作用。

4.2 慢性毒作用

大鼠经口TDL_0：2 340 mg/kg，喂养26周，影响血液白细胞数量，影响转氨酶水平。大鼠经口TDL_0：228 mg/kg，喂养152 d，造成经典条件反射改变。

本品被IARC分类为3类致癌物。

5. 人体健康危害

对眼和黏膜有刺激作用，对皮肤几无原发性刺激性。可造成肝、肾损害而不是肺部。未见人体中毒报告。

6. 风险评估

本品对水生生物有害并具有长期持续影响，其环境危害GHS分类为危害水生环境—长期危害，类别3。

全氟正丙基乙烯基醚

1. 理化性质

CAS号：1623－05－8	外观与性状：无色透明液体
熔点/凝固点(℃)：－70	临界温度(℃)：150.3
沸点(℃)：35	自燃温度(℃)：157
闪点(℃)：－20	分解温度(℃)：200

（续表）

爆炸上限[%(V/V)]：47.0	爆炸下限[%(V/V)]：1.1
饱和蒸气压(kPa)：110.8 (37℃)	易燃性：易燃
密度(g/cm³)：1.53	溶解性：难溶于水和一般有机溶剂

2. 用途与接触机会

主要由呼吸道吸入蒸气而进入人体，本品不经皮肤吸收。本品是一种含氟乙烯基醚的共聚用单体，用于合成氟塑料。本品可有效地破坏以TFE基础的共聚体的结晶度，广泛应用于合成含氟聚合物（如PFA、改性聚四氟乙烯等），同时还可用来将氟官能团引入有机分子中，用于农业及制药行业。

3. 毒性

3.1 急性毒作用

小鼠2 h吸入本品蒸气的LC_{50}为189 mg/L，LC_0为112 mg/L，LC_{100}为1 088 mg/L。大鼠吸入112 mg/L，4 h无死亡，而252 mg/L组，4只大鼠中死亡1只。中毒动物表现步态不稳、侧卧、抽搐、潮式呼吸等。动物并不立即死亡，而多在染毒停止后0.5 h至数天致死。病理检验见肺泡部分扩张不全、泡壁增厚、间质出血、肝细胞浊肿、空泡变性，肾小管上皮细胞肿胀变性、管腔内蛋白渗出以及脑神经胶质细胞轻度增生等。表明本品除刺激和麻醉作用外，对全身实质脏器未造成明显损害。给大鼠一次腹腔注射2 g/kg，无死亡和明显中毒表现，1周后腹腔内注入的本品仍原形存在。

3.2 慢性毒作用

大鼠吸入10.94±1.14 mg/L浓度，4 h/d，每周6 d，共4周，体重增长无明显影响，大鼠心电图Ⅱ导联S－T段压低，合并T波低平，血清谷丙转氨酶升高。尿总氟和无机氟、血清氟、肝组织氟和骨氟含量都比对照组显著升高。心电图检查部分大鼠Ⅱ导联S－T段压低，T波低平。病理检查见间质性肾病、浊肿，脑细胞变性伴胶质细胞增生，部分尼氏小体消失以及轻度肺炎和肝浊肿等。本品可使仓鼠骨髓细胞染色体畸变率增加，可见断裂、双着丝点、末端缺失、断片等。

4. 人体健康危害

尚未见职业中毒的临床报告。急性高剂量接触可导致严重眼刺激。部分生产工人有神经衰弱综合征。虽然本品动物的急性毒性很低，但急性和亚急性中毒可引起多种实质脏器的损害，提示本品并非单纯的刺激和麻醉剂。而且高浓度吸入中毒动物死亡潜伏期较长，表明本品需经体内缓慢吸收和代谢后使毒作用增强（已测出的代谢产物有三氟醋酸和氟化氢），因此一旦遇有中毒患者，应给予较长时间的密切观察和随访。

其他卤素烷基醚类

本类物质中2－氯乙基乙烯醚属中等毒性。大鼠经口LD_{50}为0.25 g/kg，对兔的皮肤和眼睛几乎无损害。当大鼠暴露在2.88 g/m³的蒸气浓度4 h后，6只大鼠死去1只。此化合物在化学工业中作为中间体和制造聚合物之用。

ω－单氟烷基醚类及ω,ω′－二氟烷基醚类多为沸点较高的液体。体内代谢主要是醚键断裂为氟醇，故毒性主要取决于相应的氟醇的毒性，毒性变化规律也与之相似。如4－氟－4′－氯代二丁基醚及4－氟－4′氧代二丁基醚的毒性，都与氟丁醇[$F(CH_2)_6OH$，小鼠腹腔注射LD_{50} 0.9 mg/kg]相近。4,4′－二氟二丁基醚，从理论上说，可水解生成双倍的氟丁醇，故毒性较相应的单氟醚高；而不含氟的4,4′－二氯二丁基醚不能生成相应的氟丁醇，故属低毒。

某些单氯及二氟烷基醚的急性毒性见表23－1。

多氟化醚不会燃烧，多用作麻醉剂，属低毒或中等毒。氟异丁基化合物的毒性大于相应的氟丙基化合物，多氟醚的毒性比相应的氟酯为小，不饱和结构中加入溴或置换了氢，毒性降低。

某些多氟醚的急性毒性见表23－2。

卤素烷基醚类动物中毒征象主要为体温降低、全身抑制、呼吸急促及震颤等。心脏有短暂抑制、心率减慢、心律不齐、心电图示QRS增宽及T波变形。心率减慢程度与毒性大小有关。推测急性致死原因可能与心力衰竭有关。对心脏作用认为是由于迷走神经兴奋所致，可被阿托品所拮抗。此外，有些氟醚如麻醉剂1,1－二氟－2,2－二氯乙基甲醚，吸入纯品8～10 min即有麻醉作用。吸入后，部分可以原形经

表 23-1 某些单氯及二氟烷基醚的急性毒性

序号	化 合 物	分 子 式	沸点(0℃)	小鼠腹腔注射 LD_{50}(mg/kg)
1	2-氟乙基甲醚	FCH,CH_2OCH_3	56～57	15
2	3-氟丙基-1′,2′,2′,2′-四氯乙基醚	$F(CH_2)_3OCHClCCl$	101～102/(1.6 kPa)	>100
3	4-氟-4′-氯代二丁基醚	$F(CH_2)_4O(CH_2)_4Cl$	100.5～101/(1.33 kPa)	1.32
4	4-氟-4′-氰代二丁基醚	$F(CH_2)_4O(CH_2)_4CN$	134.5～135/(1.33 kPa)	1.5
5	4.4′-二氟二丁基醚	$F(CH_2)_4O(CH_2)_4F$	73.5～74/(1.33 kPa)	0.82
6	5-氟戊基甲醚	$F(CH_2)_5OCH_3$	127～128	90
7	6-氟己基甲醚	$F(CH_2)_6OCH_3$	150～151	4.0
8	4.4-二氯二丁基醚(供比较)	$Cl(CH_2)_4O(CH_2)_4Cl$	128～130/(1.73 kPa)	>100

表 23-2 某些多氟醚的急性毒性

序号	化 合 物	小鼠 LD_{50}(mg/kg)		
		腹腔注射	静 注	经 口
1	八氟异丁基甲醚	180 (160—200)	—	>1 000
2	六氟丙基甲醚	30 000	—	—
3	七氟异丁烯基甲醚	66 (50～87)	58 (52～65)	1 070 (910～1 260)
4	六氟异丁酸甲酯(供比较)	17 (15～19)	15 (13～17)	300 (254～354)
5	四氟丙酸甲酯(供比较)	2 750(2 480～3 180)	—	10 000
6	二溴七氟异丁基甲醚	140 (125～160)	—	1 150 (965～1 370)
7	六氟-2-溴异丁酸甲酯(供比较)	33 (30～35)	26 (25～28)	980
8	全氟异丁烯酸甲酯(供比较)	17 (15.5～18.5)	20 (18～23)	220 (165～285)

肺排出,但可在机体脂肪内大量蓄积。除对中枢神经及心血管系统作用外,有明显的肾毒作用,引起多尿、尿比重降低、体重剧烈下降、脱水、高尿素氮血症、血清肌酐及尿酸亦增高。此等毒作用认为与其代谢产物无机氟化物及草酸(主要为氟化物)有关,临床上发现血清和尿中代谢物含量与肾功能衰竭成比例关系。

随着二乙醚氟化程度的增加,其麻醉作用减弱,如全氟乙醚无麻醉作用;另外,像2,2,2-三氧乙醚除具有麻醉作用外,还是一种剧烈的促惊厥剂。因此曾企图用此化合物代替电休克疗法。

2-氯-1,1,2-三氟乙基甲醚的经口毒性很低,大鼠 LD_{50} 为 5.13 g/kg,虽然它对兔皮肤没有原发刺激,然而可以经皮肤吸收,经皮 LD_{50} 为 0.2 ml/kg,且可伤害兔的眼睛。当大鼠接触浓的蒸气时,最长存活时间只有 5 min。从这些材料表明,此化合物易经呼吸道和皮肤吸收,而不易通过胃肠道产生毒作用。

许多氟化醚也曾作为杀虫剂试用。如2-氟-1′,2′,2′,2′-四氯二乙醚是一种高活性的内吸杀虫剂,小鼠腹腔注射的 LD_{50} 为 48 mg/kg。

茴　香　醚

1. 理化性质

CAS号：100－66－3	外观与性状：无色液体，有芳香气味
熔点/凝固点(℃)：－37.3	自燃温度(℃)：475
沸点(℃)：153.8	爆炸下限[%(V/V)]：0.3
闪点(℃)：41	易燃性：易燃
爆炸上限[%(V/V)]：6.3	相对密度(水＝1)：1.00
饱和蒸气压(kPa)：1.33(42.2℃)/0.47(25℃)	相对蒸气密度(空气＝1)：3.72
密度(g/cm³)：0.989(25℃)	溶解性：水中1.04 mg/ml(25℃)，于乙醇、乙醚等多数有机溶剂

2. 用途与接触机会

本品是JECFA认可的食品添加剂(香料)。工业上主要用于有机化工原料及中间体，用于有机合成，也用作溶剂、香料、驱虫剂、抗氧化剂和络合剂。

3. 毒代动力学

本品可经皮肤接触，也可经口以及呼吸道吸入吸收。茴香醚的主要代谢产物是对羟基苯甲醚，2%以未结合形式排泄，48%与葡萄糖醛酸结合，29%与硫酸结合从尿中排出。

4. 毒性

本品健康危害GHS分类为：皮肤腐蚀/刺激，类别2；严重眼损伤/眼刺激，类别2。

4.1　急性毒作用

大鼠的致死剂量皮下给药为3 500～4 000 mg/kg；腹腔注射为100～900 mg/kg。豚鼠经口急性LD_{50}为3～10 g/kg。大鼠经口LD_{50}为3 700 mg/kg；小鼠经口LD_{50} 2 800 mg/kg，2 h吸入LC_{50}为3 021 mg/m³。大鼠吸入LC_{50}为8 949 mg/(m³·2 h)。兔皮肤刺激试验500 mg/24 h，中等刺激性。人暴露于200 mg/m³的蒸气出现眼刺激，喉烧灼感、咳嗽等症状。本品可造成皮肤刺激，严重眼刺激。

4.2　慢性毒作用

大鼠经口31 740 mg/kg，喂养30天，肝脏重量减低；大鼠吸入200 mg/m³，间歇性吸入122天，造成肝炎(肝细胞坏死)、肾小管改变(包括急性肾功能衰竭、急性肾小管坏死)，体重降低。

5. 人体健康危害

反复与人的皮肤接触，可引起细胞组织脱脂、脱水而刺激皮肤。具有刺激性。暴露于蒸气可造成眼及皮肤的刺激症状。

苯　乙　醚

1. 理化性质

CAS号：103－73－1	外观与性状：无色油状液体，有特殊气味
熔点/凝固点(℃)：－30	临界温度(℃)：374.0
沸点(℃)：170	临界压力(MPa)：3.4
闪点(℃)：63(开杯)	易燃性：易燃
饱和蒸气压(kPa)：0.23(25℃)	溶解性：不溶于水；溶于醇、醚
密度(g/cm³)：0.966	相对密度(水＝1)：0.97(20℃)
相对蒸气密度(空气＝1)：4.2	

2. 用途与接触机会

本品主要用作合成原料和有机反应的助溶剂。用于合成香料和杀虫剂等。

3. 毒代动力学

主要经口及呼吸道吸收。代谢类同茴香醚，也是在对位上发生羟化，然后以葡糖醛酸酯和硫酸酯形式排出。

4. 毒性

豚鼠的经口染毒剂量为3 g/kg时，动物均存活，10 g/kg时则全部死亡。给大鼠皮下注射时，其最小致死剂量介于3.5～4.0 g/kg。对兔的皮肤仅有很轻微的刺激作用。小鼠经口LD_{50}为2 000 mg/kg，豚鼠经口LD_{50}为3.0～10.0 g/kg；急性毒性很低，对皮肤有轻微刺激性。

5. 人体健康危害

除皮肤有刺激作用外，未见对人体有其他不良作用的报告。

氢 醌 单 甲 醚

1. 理化性质

CAS 号：150－76－5	外观与性状：粉红色晶体或白色蜡质固体
熔点/凝固点(℃)：56	自燃温度(℃)：420
沸点(℃)：243.0±0.0 (100 kPa)	密度(g/cm^3)：1.1±0.1
闪点(℃)：120.8±4.8	相对密度(水=1)：1.55
饱和蒸气压(kPa)：<0.001 3	相对蒸气密度(空气=1)：4.3
溶解性：水：40 g/L(25℃)；易溶于乙醇、醚、丙酮、苯和乙酸乙酯，微溶于水	

2. 用途与接触机会

本品主要经皮、经口以及呼吸道吸入吸收。乙烯基型塑料以及合成食用油脂和化妆品中可能会有本品挥发产生。工业上主要用作苯乙烯、丙烯酸酯类、丙烯腈、醋酸乙烯及其他烯烃类单体的阻聚剂。本品在低温是有效的阻聚剂，但在高温时会分解失去阻聚作用，因此是单体储存时的良好阻聚剂，聚合前又不需脱除。主要用于乙烯基型塑料单体的阻聚剂、紫外线抑制剂、染料中间体及用于合成食用油脂和化妆品抗氧化剂 BHA(3－特丁基－4－羟基苯甲醚)等。用作乙烯基型塑料单体的阻聚剂、紫外线抑制剂、染料中间体及用于合成食用油脂和化妆品的抗氧化剂 BHA 等。用作乙烯基型塑料单体的阻聚剂、紫外线抑制剂、染料中间体及用于合成食用油脂和化妆品的抗氧化剂 BHA 等。它最大的优点是添加本品后的单体和其他单体共聚时不必除去，可三元直接共聚，还可用作防老剂、抗氧剂等。用作纺织润滑油的稳定剂和化工中间体。

3. 毒性

本品健康危害 GHS 分类为：急性毒性—经口，类别 4；皮肤腐蚀/刺激，类别 1；严重眼损伤/眼刺激，类别 2。

3.1 急性毒作用

大鼠经口 LD_{50} 为 1 600 mg/kg，小鼠腹腔 LD_{50} 为 250 mg/kg。

本品对眼睛、皮肤、黏膜和上呼吸道有刺激作用。长时间的接触对眼有损害，有强烈的刺激作用或可引起灼伤。

3.2 慢性毒作用

大鼠经口 0.735 mg/kg，持续性喂养 7 周，造成体重降低或体重增加幅度减少。

3.3 发育毒性与致畸性

大鼠经皮 4 440 mg/kg(6～20 d)，可影响新生儿生存能力指数和行为。

4. 人体健康危害

本品对眼睛、皮肤、黏膜和上呼吸道有刺激作用。长时间的接触对眼有损害，有强烈的刺激作用或可引起灼伤。

氢醌二甲基醚(1,4－二甲氧苯)

1. 理化性质

CAS 号：150－78－7	外观与性状：白色片状结晶，具丁香气味
熔点/凝固点(℃)：54～56	饱和蒸气压(kPa)：0.04±0.05
沸点(℃)：212.6±0.0 (100 kPa)	密度(g/cm^3)：1.0±0.1
闪点(℃)：73.5±19.4	相对密度(水=1)：1.053
溶解性：水：0.8 g/L；溶于乙醇、乙醚和苯；不溶于水	

2. 用途与接触机会

本品主要经皮、经口以及呼吸道吸入吸收。洗涤用品中可能挥发产生本品。主要用作萘类染料及涂料和塑料的中间体，也用作肥皂、洗涤剂和油膏的香料。

3. 毒性

大鼠经口 LD_{50}：3 600 mg/kg；小鼠经口 LD_{50}：2 300 mg/kg；小鼠腹腔 LD_{50}：100 mg/kg。

4. 人体健康危害

本品对眼睛、皮肤、黏膜和上呼吸道有刺激作用。

丁化羟基苯甲醚(BHA)

1. 理化性质

CAS 号：25013－16－5((1,1－二甲基乙基)－4－甲氧基苯酚)/121－00－6(3－叔丁基－4－羟基茴香醚)	外观与性状：白色或微黄色蜡样结晶性粉末，可带有酚类的特异臭气和有刺激性的气味
熔点/凝固点(℃)：48～64	溶解性：不溶于水。在醇和油中溶解度为：乙醇(25 g/100 ml，25℃)、甘油(1 g/100 ml，25℃)、猪油(50 g/100 ml，50℃)、玉米油(30 g/100 ml，25℃)、花生油(40 g/100 ml，25℃)和丙二醇(50 g/100 ml，25℃)
沸点(℃)：264～270(97 kPa)	闪点(℃)：130℃

2. 用途与接触机会

本品主要用作食品的抗氧化剂，主要包括 3－BHA 和 2－BHA，添加于食品中的 3－BHA 比 2－BHA 抗氧化作用强 1.5～2 倍，两者混合有一定的协同作用，因此，含有高比例 3－BHA 的混合物，其效力几乎与纯 3－BHA 相仿。BHA 能与油脂氧化过程产生的过氧化物作用，使油脂自动氧化的连锁反应切断，防止油脂继续氧化。BHA 与其他抗氧剂混合与增效剂柠檬酸等并用，其抗氧化作用更显著。除抗氧化作用外 BHA 还具有相当强的抗菌力，具有抗霉效果。

另外可作为饲料抗氧化剂，也有抗菌作用。BHA 用量 250 mg/kg 可以抑制黄曲霉毒素的产生，200 mg/kgBHA 可完全抑制食品及饲料中生长如毒酶、黑曲霉等的孢子生长。

作为食品添加剂，用于油脂、猪油、鱼贝盐腌品、鱼贝干制品、椒盐饼干、炸马铃薯薄片、方便面、油炸点心等的油的抗氧化剂。也用作饲料添加剂和汽油添加剂。3－叔丁基－4－羟基苯甲醚(2－BHA)还用作生化试剂。

3. 毒性与中毒机理

主要经口吸收。给大鼠 2 g/kg 经口染毒发现：0.15～24 h 内均可检出本品，1 h 在体内达到高峰。

本品健康危害 GHS 分类为：皮肤腐蚀/刺激，类别 2；严重眼损伤/眼刺激，类别 2。

3.1 急性毒作用

大鼠经口 LD_{50} 为 4 000 mg/kg，小鼠经口 LD_{50} 为 1 100 mg/kg。本品接触可对皮肤造成刺激，造成严重眼刺激。

3.2 慢性毒作用

大鼠经口染毒 500 mg/(kg·d)，连续 6 d，肝脏肿大、尿抗坏血酸含量增高，肾上腺重量增加。小鼠腹腔注射 5～500 mg/kg 可引起神经系统损害。

3.3 远期毒作用

(1) 致突变作用

Ames 试验、CHL 细胞染色体畸变试验及微核试验检测叔丁基－4 羟基茴香醚(BHA)的致突变性，结果是 Ames 试验为阴性，CHL 细胞染色体畸变试验属可疑阳性，BHA 各剂量组对小鼠骨髓嗜多染红细胞微核诱发率均未见明显增加，试验结果为阴性。

(2) 生殖毒性与致畸性：恒河猴、大鼠、小鼠、兔的致畸试验均为阴性结果。大鼠经口 35 g/kg(4w)，影响交配性能，造成新生大鼠泌尿生殖系统畸形和延迟效应。

(3) 致癌作用：给大鼠 160 929 mg/m^3 的本品终身喂养，观察到大鼠前胃细胞增生和肿瘤形成，但是在 40 232 mg/m^3 组，该效应明显降低。而以 500 mg/kg 给猴染毒 12 周，并没有诱发猴胃和食管的肿瘤发生，尽管发现肝脏增大，但是没有观察到对 P450 酶及其他酶系的影响。但本品被 IARC 分类为 2B 类可疑人类致癌物。还有报道认为本品具有抗肿瘤作用。有研究 BHA 对醋氨酚所致肝损伤的保护效果，发现具有保护作用，并认为其作用机制可能与加强自由基的清除和抗脂质过氧化有关。另有研究发现 BHA 对乙醇诱发大鼠胃黏膜损伤有保护作用，其作用机制可能与 BHA 诱导抗氧化酶活性增高和抗脂质过氧化作用有关。

(4) 其他作用

本品具有致敏作用，可引起接触过敏性皮炎。

本品也有内分泌干扰作用。

5. 人体健康危害

接触该物质导致皮肤、黏膜及呼吸道刺激症状及眼结膜刺激症状，出现脸部潮红、哮喘、全身严重出汗、头疼、嗜睡等症状。另外本品可能导致过敏性皮炎，甚至发生全身超敏反应。

6. 风险评估

中华人民共和国国家标准《食品安全国家标准 食品添加剂使用标准》(GB2760—2014)规定可用于脂肪油和乳化脂肪制品、油炸面制品、饼干、方便米面、杂粮粉、即食谷物、坚果与仔类罐头及油炸品、干水产品、鸡肉粉、腌腊肉制品和膨化食品，最大使用量 0.2 g/kg(最大使用量以脂肪计)，胶基糖果最大使用量为 0.4 g/kg。本品在欧盟地区作为抗氧化食品添加剂广泛使用，FAO/WHO 食品添加剂联合专家委员会(JECFA)规定：ADI 值为 0.5 mg/(kg・d)。

2,4-二硝基苯甲醚

1. 理化性质

CAS 号：119-27-7	外观与性状：无色至黄色针状结晶体
熔点/凝固点(℃)：94～96	n-辛醇/水分配系数：1.71
沸点(℃)：206～207 (1.6 kPa)	溶解性：微溶于热水；溶于乙醇、乙醚、丙酮、苯等多数有机溶剂
闪点(℃)：180.5±24.3	相对蒸气密度(空气=1)：6.83
相对密度(水=1)：1.34	

2. 用途与接触机会

本品可经皮、经口和呼吸道吸入吸收。为杀虫卵剂，对于蛾类、虱、蟑螂、家具有地毯内虫卵或甲虫等均有效。工业上主要用于替代 TNT 作为熔铸炸药，广泛用于各国军事上；用作染料中间体，生产大红色基 RC(2-甲氧基-5-硝基苯胺盐酸盐)。

3. 毒性

本品健康危害 GHS 分类为：急性毒性—经口，类别 3。

3.1 急性毒作用

对大鼠经口 LD_{50} 为 109.36 mg/kg(95% CI：99.07～120.71 mg/kg)。对皮肤、眼睛有轻微刺激性，对家兔皮肤刺激后 72 h 内有不同程度的红斑和水肿，对家兔眼睛刺激后出现结膜充血、水肿、角膜受损，72 h 后症状消失。

3.2 慢性毒作用

大鼠按 5.5、11.0 和 22.0 mg/kg 连续灌胃染毒 28 d，结果表明本品对大鼠的肝、肺、脾脏、肾脏、附睾具有一定的损伤作用。大鼠按 5.5、15.0 和 45.0 mg/kg 连续灌胃染毒 90 d，结果显示本品可影响大鼠的血液系统和呼吸系统的功能，同时对肝、肾、附睾有一定的损伤作用。雄性大鼠高剂量组附睾脏器系数降低，肝、肾、脾脏器系数升高，雌性大鼠高剂量组肝、肾脏器系数升高；染毒组的血液学指标出现不同程度的改变；染毒组钠、离子钙、总钙值、氯、pH 值等电解质指标均出现异常；雌雄大鼠脑、心、肺、肝、脾、肾、胃、肾上腺、子宫、卵巢在各剂量组均出现轻度炎细胞浸润、水肿、充血等。

3.3 致突变作用

Ames 试验结果显示，在每皿 200～2 500 μg 剂量范围引起 TA98 菌株(加 S9)回变菌落数显著增加，存在剂量-效应关系；微核试验结果显示在 6～22 mg/kg 剂量范围内不引起小鼠骨髓嗜多染红细胞微核率增加。

4. 人体健康危害

食入本品会中毒，吸收进入体内后，可引起高铁血红蛋白血症，出现发绀。具有皮肤和眼睛刺激性。

香 兰 素

1. 理化性质

CAS 号：121-33-5	外观与性状：白色至浅黄色针状结晶或结晶状粉末，具有甜香味
熔点/凝固点(℃)：81～83	自燃温度(℃)：>400
沸点(℃)：285	溶解性：11.02 g/L(25℃)，溶于热水；易溶于醇、氯仿、醚、二硫化碳、冰乙酸和吡啶；溶于油类和碱金属氢氧化物溶液

(续表)

闪点(℃)：147	相对密度(水=1)：1.056
饱和蒸气压(kPa)：0.000 29	相对蒸气密度(空气=1)：5.3
密度(g/cm^3)：1.06	

2. 用途与接触机会

香兰素是重要的食用香料之一，是食用调香剂，具有香荚兰豆香气及浓郁的奶香，是食品添加剂行业中不可缺少的重要原料，广泛运用在各种需要增加奶香气息的调香食品中，如蛋糕、冷饮、巧克力、糖果、饼干、方便面、面包以及烟草、调香酒类、牙膏、肥皂、香水、化妆品、冰淇淋、饮料以及日用化妆品中起增香和定香作用。还可用于香皂、牙膏、橡胶、塑料、医药品。

香兰素在国外的应用领域很广，大量用于生产医药中间体，也用于植物生长促进剂、杀菌剂、润滑油消泡剂、电镀光亮剂、印制线路板生产导电剂等。国内香兰素主要用于食品添加剂，近几年在医药领域的应用不断拓宽，已成为香兰素应用最有潜力的领域。目前国内香兰素消费：食品工业占 55%，医药中间体占 30%，饲料调味剂占 10%，化妆品等占 5%。

3. 毒代动力学

本品主要经口吸收。给兔喂食 2 g 本品后，14% 以葡萄糖醛酸香兰素排出，50%以香兰酸形式排出，另有 20%的香兰酸则与葡糖醛酸和硫酸结合后随尿排出。给大鼠喂饲本品 100 mg/kg，其主要代谢产物在 24 h 内随尿排除，48 h 排除量占 94%。

4. 毒性

本品健康危害 GHS 分类为：严重眼损伤/眼刺激，类别 2。

4.1 急性毒作用

本品经口 LD_{50}，兔为 3 g/kg，大鼠为 1 580 mg/kg，豚鼠为 1 400 mg/kg；腹腔注射大鼠 LD_{50} 为 1.5 g/kg，小鼠 0.78 g/kg，豚鼠 1.19 g/kg。兔经皮 $LD_{50}>$ 5 010 mg/kg。大鼠一次皮下注射香兰素 LD 为 1.8 g/kg，狗缓慢静注 LD 为 1.32 g/kg。引起的典型中毒症状为呼吸加快、流泪、呼吸困难、衰竭、昏迷而死亡，未见抽搐。用巴比妥麻醉兔后，腹腔注射致死剂量香兰素引起血压突然下降，呼吸次数增加 1 倍，随后呼吸很快恢复，而血压继续下降直至死亡。人体封闭斑贴试验没有发现对皮肤的刺激作用，也没有发现致敏作用。

4.2 慢性毒作用

用本品 300 mg/kg 给大鼠灌胃，每周 2 次共 14 周，未发现病态。给予 20 mg/(kg・d)共 126 d，未表现出不良作用，但 64 mg/kg/d 计 70 d，动物表现仍活泼，但生长抑制，病理检查发现心肌、肾、肝、肺、脾和胃有不同程度的损害。有人用鼠龄为 4～6 周的大鼠(雌、雄各 10 只)，以 3 000 mg/kg 相当于 150 mg/kg/d 剂量喂饲 91 d，未发现有不良作用，10 000 mg/kg 时有轻度不良作用，剂量达 50 000 mg/kg 时则表现为生长抑制，肝、肾、脾肿大。

4.3 远期毒作用

(1) 致突变作用

多项研究表明，香兰素具有减少染色体断裂，降低微核率、抗突变和抗癌作用。

(2) 致癌作用

小鼠腹腔注射剂量 3.6～18.0 g/kg 共 24 周，没有观察到超额肿瘤发生。

5. 人体健康危害

大剂量应用可导致头痛、恶心、呕吐、呼吸困难，甚至损伤肝肾等。

近年来研究发现香兰素具有抗突变和抗致畸效应及抗癌效应，同时研究发现香兰素及其衍生物具有广泛的抗菌作用。

6. 风险评估

本品被多家机构认可为食品添加，包括中国 CFSA、美国 FDA 及 FAO/WHO 的 JECFA 等机构。其中 JECFA 确定本品的 ADI 为≤10 mg/kg 体重。

GB 2760—2014《食品安全国家标准食品添加剂使用标准》规定较大婴儿和幼儿配方食品中可以使用香兰素、乙基香兰素和香荚兰豆浸膏(提取物)，最大使用量分别为 5 mg/100 ml、5 mg/100 ml 和按照生产需要适量使用，其中 100 ml 以即食食品计，生产企业应按照冲调比例折算成配方食品中的使用量；婴幼儿谷类辅助食品中可以使用香兰素，最大使用量为 7 mg/100 g，其中 100 g 以即食食品计，生产企业应按照冲调比例折算成谷类食品中的使用量；凡使用范围涵盖 0 至 6 个月婴幼儿配方食品不得添加任何食品用香料。

乙基香兰素

1. 理化性质

CAS 号：121-32-4	外观与性状：白色至微黄色鳞片结晶性粉末，有强烈的香荚兰香气
熔点/凝固点(℃)：77～78	溶解性：微溶于水(2.82 mg/cm³，25℃)；溶于乙醇、乙醚、氯仿、甘油和苛性碱溶液
沸点(℃)：285	闪点(℃)：146

2. 用途与接触机会

属广谱型香料，是当今世界上最重要的合成香料之一，是食品添加剂行业中不可缺少的重要原料，其香气是香兰素的 3～4 倍，且留香持久。广泛用于食品、巧克力、冰淇淋、饮料以及日用化妆品中起增香和定香作用。

广泛应用于香料、化妆品、食品添加剂、医药等行业。另外还可做饲料的添加剂、电镀行业的增亮剂，制药行业的中间体。

3. 毒代动力学

本品主要经口吸收。动物实验发现：SD 大鼠经口给予剂量分别为 50、100、200 mg/kg C14 标记的乙基香兰素，本品快速吸收入体内并 2 h 后达最高值，然后其浓度逐渐降低并在 96 h 降低到难检测的水平，5 d 后有超过 99%的从体内排出。本品在 SD 大鼠体内主要经尿液排出，经尿排除超过给药量的 94%，只有 1%～5%经粪便排出。

4. 毒性

4.1 急性毒作用

大鼠经口 LD_{50} 为 1 590～2 000 mg/kg，小鼠腹腔注射 LD_{50} 为 750 mg/kg。兔经皮 LD_{50} >7 940 mg/kg。一般公认是安全的。典型中毒症状为呼吸加快、流泪、呼吸困难、衰竭、昏迷而死亡，未见抽搐。本品能造成严重眼刺激，可造成皮肤和呼吸道的刺激作用。人经皮，10 mg/48 h，造成轻度皮肤刺激。健康危害 GHS 分类为：严重眼损伤/眼刺激，类别 2。

4.2 慢性毒作用

以 49 mg/kg(甘油溶解，10%)灌胃染毒家兔 43 d，观察到动物贫血、腹泻及增重减少。但 41 mg/kg 染毒 26 d 没有观察到类似的毒性。大鼠喂饲染毒剂量为 500、1 000、2 000 mg/kg，持续 13 周，仅在高剂量组观察到 ALAT、ALP、胆固醇和总蛋白的增高，组织病理学检查在中、高剂量组均观察到胆管炎，并分别有 1/20 和 4/20 只大鼠见小胆管扩张，同时观察到脾脏及淋巴结的一些病理改变。大鼠经口灌胃 300 mg/kg 每周两次，共 14 周，没有观察到有害作用。另一项实验每天按 20 mg/kg 经口染毒大鼠 18 周，也没有观察到有害作用，但 64 mg/kg 连续染毒 10 周，观察到影响体重增长，并对心肌、肝、肾、肺、脾和胃的损伤。

5. 人体健康危害

对眼睛、呼吸道和皮肤有刺激作用，过量食用有害。

6. 风险评估

本品被多家机构认可为食品添加，包括中国 CFSA、美国 FDA 及 FAO/WHO 的 JECFA 等机构。其中 JECFA 确定本品的 ADI 为≤3 mg/kg 体重。我国对本品的食品添加使用标准见“香兰素”一节。

苯基醚

1. 理化性质

CAS 号：101-84-8	外观与性状：无色结晶或淡黄色液体，具有桉叶油气味
熔点/凝固点(℃)：69—71	沸点(℃)：257
闪点(℃)：115	爆炸下限[%(V/V)]：0.8
爆炸上限[%(V/V)]：5.8	临界压力(Pa)：3.13×10^6
自然温度(℃)：610	相对密度(水=1)：1.075
临界温度(℃)：489.8	溶解性：水中溶解度为 18 mg/L(25℃)，可混溶于醇、醚等多数有机溶剂
饱和蒸气压(kPa)：0.002 8(25℃)	相对蒸气密度(空气=1)：5.86

2. 用途与接触机会

2.1 生活环境

苯基醚常被用作香水和肥皂的香味剂。一般人员使用含苯基醚的香水或肥皂，可经呼吸道吸入含苯基醚的空气或皮肤直接接触苯基醚。

2.2 生产环境

苯基醚是一种重要的商业化学品，用作热载体和制造表面活性剂及高温润滑剂，也用于香料。生产工人可经呼吸道或皮肤直接接触苯基醚而发生中毒。

3. 毒代动力学

主要经口摄入，大鼠和兔经口染毒吸收大于90%。也可吸入、经皮吸收。给大鼠腹腔注射本品染毒后发现：本品可快速吸收并进入机体各器官和组织，1 h在肝脏、肺、肾脏和脾脏达最高峰。苯基醚主要代谢产物为对-羟基醚，其次为双(羟苯基)醚，代谢物主要由尿排出。

4. 毒性

苯基醚经口毒性很低，对皮肤刺激不明显，兔经皮长期、反复接触可引起轻微的刺激。本品可造成严重眼刺激。其不适气味可使人感到恶心。大鼠经口 LD_{50} 为2 450 mg/kg，兔经皮 LD_{50} >7 940 mg/kg。大鼠、豚鼠一次经口 4.0 g/kg，可引起死亡；1 g/kg给豚鼠、2 g/kg给大鼠灌胃，所有动物全部存活，解剖时可见动物肝、脾、肾、甲状腺和肠道有损害。兔经皮，500 mg/24 h，造成轻度皮肤刺激。本品健康危害GHS分类为：严重眼损伤/眼刺激，类别2。

5. 人体健康危害

由于苯基醚蒸气压低，在室温下吸入较高浓度蒸气的可能性很小。该化学物除难闻的气味外，未见对人有明显危害。

6. 风险评估

我国职业接触限值规定：PC-TWA为7 mg/m³，PC-STEL为14 mg/m³。

美国ACGIH规定：TLV-TWA为7 mg/m³，TLV-STEL为14 mg/m³；OSHA规定：PEL-TWA为7 mg/m³；NIOSH规定：REL-TWA为7 mg/m³。欧盟规定：BOELV-TWA为7 mg/m³，BOELV-STEL为14 mg/m³。

本品被多家机构认可为食品添加，包括中国CFSA、美国FDA及FAO/WHO的JECFA等机构。我国确定本品用作防腐剂，主要用于经表面处理的鲜水果(仅限柑橘类)，其最大使用量为3.0 g/kg，残留量≤12 mg/kg。

本品对水生生物有毒并具有长期持续影响，其环境危害GHS分类为：对水生环境的危害—长期危害，类别2。

苯醚-联苯低共熔混合物

1. 理化性质

CAS号：8004-13-5	外观与性状：无色至稍黄色液体，有刺鼻的特殊臭味
沸点(℃)：256	熔点/凝固点(℃)：12.3
闪点(℃)：115	自燃温度(℃)：620
爆炸下限[%(V/V)]：0.6(121℃)	爆炸上限[%(V/V)]：6.2(160℃)
临界温度(℃)：528	溶解性：不溶于水；易溶于乙醇、乙醚和苯等
密度(g/cm³)：1.062(20℃)	饱和蒸气压(kPa)：0.011(25℃)

2. 用途与接触机会

本品主要经呼吸道吸入及经口和经皮吸收。主要用作加热加压装置中液相或气相的载热体。

3. 毒性

3.1 急性毒作用

大鼠经口 LD_{50}：2 460 mg/kg，致死剂量范围为2.0～4.4 g/kg，豚鼠为0.3～4.4 g/kg；以25%橄榄油溶液对大鼠灌胃染毒，其 LD_{50} 为5.66±1.28 g/kg，在存活动物的肝、肾中可见充血性改变。苯醚-联苯低共溶混合物对皮肤有刺激作用，可造成严重眼刺激及呼吸道刺激症状。用该化学物每天敷兔耳，兔耳出现轻度刺激作用，表现为充血、水肿、脱屑、脱毛、毛孔变大的改变；与兔眼接触可引起疼痛和结膜刺激，但无溃疡发生。有文献报道某事故性高剂量急性暴露65人，造成头昏、头疼、恶心、胸闷、乏力、呕吐、咳嗽、心悸分别占接触人群的比例为85.52%、

47.54%、67.21%、32.78%、32.78%、11.47%、9.80%和6.55%，胸片检查造成支气管炎6人，心电图异常9人，B超、大小便常规、肾功能检查无特殊异常，检查发现急性暴露导致血小板降低、前白蛋白升高、球蛋白降低和丙氨酸转移酶升高病例数分别为13、13、34和4例。有报道在生产事故下风向居民点实测浓度50.5和36.1 mg/m^3，在居民点247名居民有78%的居民出现头晕(75.6%)、恶心(62.2%)、头疼(12.4%)、咽痛(9.8%)、胸闷(8.3%)和呕吐(5.7%)。

兔经皮，500 mg/24 h，造成轻度皮肤刺激。兔经眼500 mg/24 h，造成轻度眼刺激。

3.2 慢性毒作用

以0.5 g/kg剂量每周5 d，共132次连续给大鼠灌胃染毒，大鼠的生长稍微抑制，肝、肾重量略增，但无组织学改变；1.0 mg/kg连续灌胃，大鼠生长中度抑制，肾脏有轻到中等的组织学改变，肾小管变性，形成透明管型，肝、脾的改变较轻，肝脏增大，但无形态异常变化，血液检查无改变，也无胃肠道刺激症状；1.5 mg/kg连续灌胃，4周即发生死亡。大鼠、豚鼠和猴在182 mg/m^{3}浓度下接触8 h/d，大多数动物都有中毒表现，当接触到第22次到34次时，多数死亡，其余动物接触到第37次后由于拒食而消瘦。解剖见动物器官的重量都相应增加，每100 g体重肝脏重量约增加1 g。大鼠的血象无明显变化。值得注意的是猴接触的头几次发生呕吐，并有恶心，未见血压变化。

4. 人体健康危害

急性中毒主要为消化道和神经系统症状，表现为呼吸道剧烈刺激、喉灼痛感、头痛、眩晕、干咳，呼吸困难等，高剂量暴露可导致支气管炎及其他脏器的损害。在正常操作情况下，可引起人体皮肤的轻度刺激，气味给人体带来不适感。极少数人接触本化学品出现皮肤过敏反应。

长期低浓度接触可引起头痛、乏力、失眠以及呼吸道刺激症状。

5. 风险评估

美国OSHA规定：PEL－TWA为7 mg/m^3；NIOSH规定：REL－TWA为7 mg/m^3。

二(苯氧基苯)醚

1. 理化性质

CAS号：10469－81－5/10469－83－7/748－30－1	外观与性状：混合异构体为透明黏状液体，无特殊气味，二(对苯氧基苯)醚为晶状固体
密度(g/cm^3)：1.179	溶解性：不溶于水，在醇中可溶解3%；溶于苯和其他非极性溶剂
沸点(℃)：443～444	

2. 用途与接触机会

用作合成高温润滑剂和液力传动系统用流体。

3. 毒性

3.1 急性毒作用

二(苯氧基苯)醚的2%玉米油溶液给大鼠灌胃4 g/kg染毒，24 h后不发生死亡，但可引起腹泻和肝脏的轻微损害。利用未稀释的混合异构体滴兔眼，仅有轻微疼痛，但很快消失。兔皮肤接触混合异构体14天，没有引起任何刺激，结晶型的对位异构体接触48 h也未见刺激反应，对人体皮肤也无原发刺激或致敏作用。

3.2 慢性毒作用

分别用含混合异构体0.1%、0.3%、1%、3%、10%喂饲大鼠染毒31 d，0.1%组的雌鼠未见异常，而雄鼠肝小叶中央区有浊肿和轻度坏死；0.3%组的雌鼠表现有轻度的生长抑制，而雄鼠有肝脏损害；随着剂量的增加，雌雄二组动物都表现有生长抑制，肝、肾、脾和睾丸损害，而血液学检查均未发现异常。

4. 人体健康危害

正常使用情况下，尚未见产生不良作用的报道。

二(苯磺酰肼)醚

1. 理化性质

CAS号：80－51－3	外观与性状：白色粉末，无味
熔点/凝固点(℃)：130	分解温度(℃)：150～160

（续表）

沸点(℃)：140	闪点(℃)：159
密度(g/cm^3)：1.52	溶解性：不溶于冷水和苯、二氯乙烷和汽油；微溶于醇和热水；能溶于丙酮
相对密度(水=1)：1.52	

2. 用途与接触机会

本品可经口、呼吸道吸入和经皮吸收。可用于发泡密封胶及油漆、发泡橡胶等物品，作橡胶、塑料工业用发泡剂。可用于聚氯乙烯、聚乙烯、聚丙烯及ABS树脂等，也可用作橡胶与合成树脂的共混物及各种合成橡胶的发泡剂。

3. 毒性

本品健康危害GHS分类为：严重眼损伤/眼刺激，类别2B；特异性靶器官毒性——一次接触，类别2；特异性靶器官毒性—反复接触，类别1。

小鼠急性经口 LD_{50} 大于5 000 mg/kg。其分解残渣经口 LD_{50} 大于16 000 mg/kg。大鼠经口 LD_{50} 2 300 mg/kg。吞咽和吸入有害，甚至造成死亡。可造成皮肤刺激，能导致皮肤过敏反应，造成严重眼刺激。怀疑会导致遗传性缺陷。重复长期接触可能造成器官损害。一次接触本品可能造成呼吸道刺激。

4. 人体健康危害

食入有害，也造成皮肤刺激，可能导致皮肤过敏反应，造成严重眼刺激。怀疑会导致遗传性缺陷。

5. 风险评估

美国ACGIH规定：可吸入颗粒物的TLV-TWA为0.1 mg/m^3。

本品对水生生物有毒并具有长期持续影响，其环境危害GHS分类为：对水生环境的危害—急性危害，类别2；对水生环境的危害—长期危害，类别2。

一氯化苯醚

1. 理化性质

CAS号：55398-86-2	外观与性状：水样的黏稠液体。
熔点/凝固点(℃)：-8	易燃性：易燃

（续表）

沸点：153(1.1 kPa)	密度(g/cm^3)：1.19
饱和蒸气压(kPa)：1.1(153℃)	相对密度(水=1)：1.19
溶解性：不溶于水；溶于甲醇	闪点(℃)：128.1

2. 毒性

本品可经呼吸、消化道、皮肤吸收。急性毒性，大鼠经口的致死剂量大于0.5 g/kg。

3. 人体健康危害

长期、反复、过量与皮肤接触引起皮肤发生痤疮样变且奇痒。

4. 风险评估

芬兰规定：OEL：TWA为0.5 mg/m^3，STEL为1 mg/m^3。

纤维素醚类

甲基纤维素

1. 理化性质

CAS号：9004-67-5	密度(g/cm^3)：0.3～0.7
熔点/凝固点(℃)：280～300	相对密度(水=1)1.26～1.31
溶解性：能溶于冰醋酸；缓溶于冷水并膨胀成透明黏性胶状溶液；不溶于醇、醚、氯仿及热水	观外与性状：白色或浅黄或浅灰色小颗粒(95%过40目筛)、纤丝状或粉末，无臭无味，有吸湿性

2. 用途与接触机会

甲基纤维素广泛应用于各种口服和局部用制剂中，也被广泛应用于化妆品和食品中，主要用作稳定剂、乳化剂和增稠剂。因其在体内不消化，能保持数倍水分，造成饱腹感，可用于梳打饼干、华夫饼干等制成疗效食品，亦用于蛋黄酱、起酥油及其他某些食品。EEC(欧洲经济共同体)准用于冷冻发泡制品、土豆片、软饮料、特殊膳食食品、焙烤品馅料、发泡顶端料、沙司、调味酱。

该品广泛用于建筑业。如用水泥、灰浆、接缝胶泥等的混合剂，可使涂料有良好的耐磨性、流动性、均涂性和稳定性，在建筑材料、陶瓷工业中作为胶黏剂和悬浮剂，具有降低絮凝、改善黏度和保水作用。在化妆品、医药、食品工业中用作成膜剂的黏合剂，也用作纺织印染上浆剂。在合成树脂和塑料工业中可作为悬浮剂和分散剂等。甲基纤维是很稳定的物质，能耐酸、碱、微生物、热等的作用。

3. 毒代动力学

本品在人体内，可以母体形式完全不发生变化而排泄出体外。口服后甲基纤维素不能被消化或吸收，因此是一种无热量材料。过量摄取甲基纤维素可能会暂时性增加肠胃气胀，若饮水量不足还会引起食道阻塞，但甲基纤维素具有通便作用。

狗和家兔多次静脉注射染毒发现：除了对血液循环系统有一定的影响外，由于本品在体内不会代谢，可造成本品在肝脏、脾脏、淋巴结、肾脏和血管壁的集聚。

4. 毒性

本品健康危害 GHS 分类为：特异性靶器官毒性——一次接触，类别 3。

4.1 急性毒作用

小鼠腹腔注射染毒，LD_{50} 为 275 g/kg，除了死亡，无其他毒作用报道。人一次口服 5～10 g，基本上能随大便全部排出，因此胃肠道对本品不吸收。有人给狗注射低黏滞度（15cp）的本品，观察到严重的反应，表现为尿量下降，尿中有蛋白、管型和红、白细胞，血非蛋白氮急剧上升及广泛的血管坏死，最后死于肾功能衰竭，血压未见升高。经口或与皮肤和黏膜接触无害。但静脉或腹腔注射时具有较强的毒性。

4.2 慢性毒作用

给大鼠喂饲 0.44 g/d，共 8 个月，未见不良反应。6.2 g/kg·d 喂大鼠 6 个月，也无不良作用。含本品 5%食饵连续喂三代大鼠，也未发现有害影响。大鼠腹腔注射高黏滞度（400cp）本品，每周 2 次，共 15 周，动物有脾脏肿大，骨髓及血液细胞成分的改变，腹水，脾、肝、肾巨噬细胞浸润；如果动物预先切脾后再注射本品，未见上述血液学的改变。

5. 人体健康危害

甲基纤维素能吸收水分，与水混合形成体积大的亲水胶状物，增加粪便容积，使之软化，并能刺激肠蠕动，而促进排便。而在腹泻患者，本品因能吸收水分，降低粪便在肠道内流动性，而起止泻作用。口服 1～4 g/d，并同时多量饮水，可作为容积性泻药，用于治疗便秘。另外，本品可造成肠梗阻，皮肤致敏和化学性肺炎，也可造成眼刺激。

6. 风险评估

中华人民共和国国家标准《食品安全国家标准　食品添加剂使用标准》（GB2760—2014）对本品作为食品添加剂规定为可在各类食品中按生产需要适量使用。

FAO/WHO 食品专家委员会（JECFA）规定：可作为食品添加剂的乳化剂、稳定剂和增稠，对 ADI 不做限量规定。

羟丙基甲基纤维素

1. 理化性质

CAS 号：9004-65-3	外观与性状：白色至灰白色纤维状或颗粒粉末，无臭
熔点/凝固点（℃）：151	沸点（℃）：140
闪点（℃）：159	分解温度（℃）：150～160
密度（g/cm^3）：1.39	溶解性：溶于冷水；不溶于乙醇、乙醚、丙酮
相对密度（水=1）：1.52	

2. 用途与接触机会

羟丙基甲基纤维素具有多种优异性能，可用于烘焙食品、糊状食品、营养食品、牛乳搅拌饮料、馅饼、馅料、色拉装饰配料和快餐等。利用其热凝胶性能制造油炸食品，不但可大量节约炸油，且制品具有外酥内软的独特口味；利用其对酸、碱稳定，抗酶，不参与代谢，增强肠胃蠕动的特点，还可用于制造各种保健食品。

在建筑业上用作水泥砂浆的保水剂、缓凝剂使砂浆具有泵送性；在抹灰浆、石膏料、腻子粉或其他的建材作为黏合剂和粘贴增强剂。在陶瓷产品制造中广泛用作黏合剂。在涂料业作为增稠剂、分散剂和稳定剂，在水或有机溶剂中都具有良好相溶性。在油墨业作为增稠剂、分散剂和稳定剂，在水或有机溶剂中都具有良好相溶性。在塑料工业上用作成形脱模剂、软化剂、润滑剂及聚氯乙烯生产中做分散剂等。在医药行业上用作包衣材料、膜材、缓释制剂的控速聚合物材料、稳定剂、助悬剂、片剂黏合剂等。另外，本品还广泛用于皮革、纸制品业、果蔬保鲜和纺织业等。

3. 毒性

3.1 急性毒作用

大鼠腹腔注射 LD_{50} 为 5 200 mg/kg。哺乳动物经口 LD_{50} 为 10 g/kg。本品可造成严重眼刺激。

3.2 慢性毒作用

当饲料中含 20%喂大鼠时，发现生长迟缓。含量在 1%和 5%的二组则无此现象。以 0.1、0.3、1.0 和 3.0 g/(kg · d)喂狗 1 年，未见任何不良作用。以 25 g/(kg · d)喂狗 30 d，也未发现有害影响，而以 50 g/kg 喂饲时，发生腹泻、体重下降、红细胞数减少，但无组织学改变。

4. 人体健康危害

本品的生理效应与甲基纤维素类同，直接接触和经口是无害的。人口服本品，在 96 h 内基本上完全排出。

5. 风险评估

中华人民共和国国家标准《食品安全国家标准 食品添加剂使用标准》(GB2760—2014)规定：本品可在各类食品中按生产需要适量使用。

FAO/WHO 食品专家委员会(JECFA)规定：可作为食品添加剂的乳化剂、稳定剂和增稠，对 ADI 不作特殊规定。

羧甲基纤维素

1. 理化性质

CAS 号：9000-11-7	外观与性状：白色或微黄色絮状纤维素粉末或白色粉末/颗粒，无臭无味

(续表)

沸点(℃)：527.1 (100 kPa)	密度(g/cm^3)：1.450
闪点(℃)：286.7	溶解性：易溶于水；不溶于乙醇等有机溶剂

2. 用途与接触机会

羧甲基纤维素可形成高黏度的胶体、溶液、有黏着、增稠、流动、乳化分散、赋形、保水、保护胶体、薄膜成型、耐酸、耐盐、悬浊等特性，且生理无害，因此在食品、医药、日化、石油、造纸、纺织、建筑等领域生产中得到广泛应用。

本品在石油钻探中可用于保护油井作为泥浆稳定剂、保水剂，每口油井的用量为浅井 2～3 t，深井 5～6 t。在纺织工业中用作上浆剂、印染浆的增稠剂、纺织品印花及硬挺整理。用于上浆剂能提高溶解性及黏变，并容易退浆；作为硬挺整理剂，其用量在 95%以上；用于上浆剂，浆膜的强度，可弯曲性能明显提高。还可用于纺织品的整理剂，特别是永久性的抗皱整理，给织物带来耐久性的变化。另外，本品在建筑上的内墙喷涂，造行仿瓷、灰浆增黏、砼性增强、耐火纤维、陶瓷生产的成型黏结等方面均有应用。用作涂料的防沉剂、乳化剂、分散剂、流平剂、黏合剂，能使涂料的固体份均匀地分布于溶剂中，使涂料长期不分层，还大量应用于油灰中。本品用作絮凝剂在除去钙离子方面比葡萄糖酸钠更有效，用作阳离子交换时，其交换容量可达 1.6 ml/g。在造纸行业用作纸张施胶剂，可明显提高纸张的干强度和湿强度及耐油性、吸墨性和抗水性。

3. 毒代动力学

摄入后以原型随大便排出。给大鼠以钠盐，90%左右可从粪中排出。

4. 毒性

4.1 急性毒作用

口服毒性很低。对皮肤和黏膜亦无刺激作用。注射后产生不良作用，能沉积在各种器官和血管壁。大剂量反复皮下注射可引起肉瘤。经口给大鼠、豚鼠、兔以本品的钠盐或铝盐，剂量很大也不致引起疾患。大鼠和豚鼠的 LD_{50} 分别为 27、16 g/kg，大鼠 4 h 吸入 LC_{50} >5 800 mg/m^3，兔经皮 LD_{50} >2 000 mg/

kg。有人试验摄入量达到 10 g/kg 也未有毒性反应。兔长期皮肤接触未见不良变化。对人的皮肤与黏膜也无刺激。

4.2 慢性毒作用

以 1.0 g/(kg·d)剂量喂大鼠 25 个月,未引起不良作用,也未引起肿瘤。有 3 人服本品 20～30 g/d,发现蛋白质消化受抑而脂肪消化增强。

5. 风险评估

中华人民共和国国家标准《食品安全国家标准 食品添加剂使用标准》(GB2760—2014)规定:本品可作为增稠剂和稳定剂在食品生产中按需使用。

FAO/WHO 食品专家委员会(JECFA)规定:可作为食品添加剂的稳定剂和增稠剂使用。

乙基纤维素

1. 理化性质

CAS 号:9004-57-3	外观与性状:白色至淡灰色塑性颗粒或粉末,无嗅无味
熔点/凝固点(℃):165～185	自燃温度(℃):370
密度(g/cm³):1.14(25℃)	溶解性:几乎不溶于水、甘油和丙二醇;但不同程度地溶于某些有机溶剂(视乙氧基含量而定);能溶于树脂,油脂和增塑剂
相对密度(水=1):1.07～1.18	

2. 用途与接触机会

乙基纤维素广泛应用于口服和外用制剂中,用作片剂黏合剂、薄膜包衣材料、骨架缓蚀剂及防潮剂等;用于食品包装、冷冻食用包装、化学药品及化妆品包装等。

广泛用于各种涂料,如金属表面涂料、纸制品涂料、橡胶涂料及热熔涂料等;用于油墨、耐寒材料、特种塑料和特种沉淀,如火箭推进剂包覆带;用于高分子悬浮聚合分散剂、绝缘材料和电缆涂料、硬质金属陶瓷黏合剂及印染等行业。

3. 毒性

口服乙基纤维素后人体不代谢,人体不能代谢注射的乙基纤维素。

本品健康危害 GHS 分类为:急性毒性—经口,类别 4;急性毒性—经皮,类别 4;皮肤腐蚀/刺激,类别 2;严重眼损伤/眼刺激,类别 2;特异性靶器官毒性——次接触,类别 3。

3.1 急性毒作用

大鼠经口 LD_{50} >5 g/kg,家兔经皮 LD_{50} >5 g/kg。大剂量吞咽本品可能有害,皮肤大剂量接触也可能有害。兔经皮 500 mg/24 h,造成轻度皮肤刺激。可导致皮肤刺激、呼吸道刺激症状及严重眼刺激。注射本品可能对肾有害。

3.2 慢性毒作用

以 1.2%食饵喂 80 只大鼠 8 个月,平均剂量每鼠 182 mg/d。从外观、活动、生长和大体及显微病理检查来看,都未发现不良作用。大鼠皮下注射 500 mg 粉状本品,肿瘤发生率未见升高。

羟乙基纤维素

1. 理化性质

CAS 号:9004-62-0	外观与性状:白色至淡黄色纤维状或粉状固体,无毒、无味
pH 值:6.0～8.5	自燃温度(℃):380
熔点/凝固点(℃):288～290(分解)	分解温度(℃):205～210
密度(g/cm³):0.75(25℃)	易燃性:可燃
相对蒸气密度(空气=1):0.55～0.75	溶解性:易溶于水;不溶于一般有机溶剂

2. 用途与接触机会

日化用品上主要用于洗涤剂、液体肥皂、护发香波、发乳、营养性乳液及脂、霜、膏等产品。用于牙膏中,能保证牙膏膏体的稳定性。在食品、医药领域主要用作增稠剂、胶体保护剂、黏合剂、分散剂、稳定剂、助悬剂、成膜剂及缓释材料,可用于局部用药的乳剂、软膏、滴眼液等。

涂料是本品另外的应用领域,乳胶涂料生产过程中用作分散剂、增稠剂、和颜料助悬剂,使用颜料、填料等加剂均匀分散,稳定并提供增稠作用和提高流平性能。也可用于苯乙烯、丙烯酸脂、丙烯等悬浮聚合物作分散剂。在建材方面本品还作为墙料、混凝土、粘贴瓷砖和嵌缝料等材料的添加剂，提高其保水性、黏结强度和润滑性等特性。在石油钻井方面主要用作增稠稳定剂，使钻井、定井、固井和压裂操作所需要的各种泥浆获得良好的流动性和稳定性。在钻井中提高悬砂稳定性和减少流体流失等方面起作用，并防止大量水分从泥浆进入油层，稳定了油层的生产能力。另外，本品还用于油墨、纺织、印染、造纸等行业。

3. 毒性

3.1 急性毒作用

经口毒性很低，但注射可引起不良反应。本品可造成皮肤刺激、呼吸道黏膜刺激及严重眼刺激。

3.2 慢性毒作用

给大鼠喂饲 5.0%的本品 2 年，观察动物的生长状况、进食、生命期、体重、肝肾重量、胎仔状况、血液学和许多器官的组织学检查，都未发现不良作用，感染性疾病和肿瘤发病率也未增加。给狗静脉注射 55 次，所见反应和其他纤维素醚的作用类似。有短暂的血象变化和血管内膜有该物质的沉积。

3.3 发育毒性与致畸性

小鼠腹腔注射 500 mg/kg(3～7 d)，造成胚胎植入后死亡。

4. 人体健康危害

吸入可导致咳嗽，可造成机械性眼睛、呼吸系统和皮肤刺激症状。

冠 状 醚 类

12 -冠醚- 4

1. 理化性质

CAS 号：294 - 93 - 9	外观与性状：透明液体
密度(g/cm^3)：1.089	沸点(℃)：61～70
熔点(℃)：16	折射率：1.463
蒸气压(kPa)：3.58×10^{-3}	闪点(℃)：113

2. 毒性

本品健康危害 GHS 分类为急性毒性-吸入，类别 3。

2.1 急性毒作用

大鼠经口的 LD_{50} 为 2 830 mg/kg；兔经皮 LD_{50} 为 4.53 ml/kg；大鼠吸入 LC_{50} 为 195 mg/(m^3 · 4 h)。

兔经皮 100 mg/24 h，造成轻度皮肤刺激；兔经眼 50 mg，造成轻度眼刺激。

2.2 慢性毒作用

大鼠吸入 72 mg/m^3，每天吸入 6 h，间歇性吸入 4 周，造成呼吸困难，体重减少。

2.3 发育毒性与致畸性

雄性大鼠吸入 7 mg/(m^3 · 15 d)，每天吸入 7 h，实验发现可导致前列腺、尿道球腺、附属腺等功能受损。

15 -冠醚- 5

1. 理化性质

CAS 号：33100 - 27 - 5	外观与性状：无色透明黏稠液体
密度(g/cm^3)：1.113	沸点(℃)：93～96
闪点(℃)：113	溶解性：与水互溶；溶于乙醇、苯、氯仿、二氯甲烷等有机溶剂
折射率：1.465	

2. 用途与接触机会

在有机合成、光学拆分、重金属螯合、分离、分析以及生理活性的医药、生物化学等方面得到广泛的应用。例如，用作相转移催化剂，使许多在传统条件下难以反应，甚至不发生的反应，能顺利地进行。

3. 毒性

本品健康危害 GHS 分类为：急性毒性—经口，类别 4；皮肤腐蚀/刺激，类别 2；严重眼损伤/眼刺激，类别 2。大鼠经口的 LD_{50} 为 1 410 mg/kg；小鼠经口的 LD_{50} 为 1 020 mg/kg。兔经皮 LD_{50} 为 2 520 mg/kg。对眼睛、皮肤有刺激性。兔经皮 100 mg/24 h，造成轻度皮肤刺激；兔经眼 50 mg，造成轻度眼刺激。

18-冠醚-6

1. 理化性质

CAS号：17455-13-9	外观与性状：白色晶体
密度(g/cm^3)：1.175	沸点(℃)：116
熔点(℃)：42—45	闪点(℃)：>110
折射率：1.458 0	溶解性：可溶于水

2. 用途与接触机会

主要用途为精细有机合成用高效相转移催化剂、络合剂、贵金属和稀土元素分离提取用萃取剂。在化学分析中可用于离子的富集、分离和掩蔽，还可用于医药、生物化学领域以及电子工业中用作离子导电材料、液晶显示元件制作材料。

3. 毒性

本品健康危害 GHS 分类为：急性毒性—经口，类别 3；皮肤腐蚀/刺激，类别 2；严重眼损伤/眼刺激，类别 2。

3.1 急性毒作用

大鼠经口 LD_{50} 为 255 mg/kg；兔经皮 LD_{50} 为 3 888 mg/kg。对眼睛、皮肤有刺激性。兔经皮 100 mg/24 h，造成轻度皮肤刺激；兔经眼 50 mg，造成轻度眼刺激。

3.2 慢性毒作用

大鼠经口 10 g/kg，间歇性喂养 15 w，造成震颤，睾丸肿瘤改变。

4. 风险评估

本品对水生生物有毒并具有长期持续影响，其环境危害 GHS 分类为：对水生环境的危害—长期危害，类别 2。

烯丙基羟乙基醚

1. 理化性质

CAS号：111-45-5	外观与性状：无色液体
密度(g/cm^3)：0.955	沸点(℃)：159
闪点(℉)：65.5	折射率：1.436

2. 用途与接触机会

用于氟碳树脂、不饱和聚酯树脂、超吸水性树脂、紫外光(UV)固化涂料等。

3. 毒性

3.1 急性毒作用

大鼠经口 LD_{50} 为 3 050 mg/kg；小鼠经腹腔 LD_{50} 为 250 mg/kg。兔皮肤染毒 500 mg，24 h 出现中毒损伤；兔经皮 20 mg/24 h，造成中度皮肤刺激；兔经眼睛刺激 0.75 mg，24 h 出现重度眼睛刺激反应。

3.2 慢性毒作用

大鼠经口 18 mg/kg，喂养 30 d，造成睡眠时间改变(包括翻正反射改变)，白细胞数改变。

第 24 章

酮类

酮类是羰基与两个烃基相连而成的化合物。根据分子中烃基的不同，酮类可分为芳香酮、脂肪酮、脂环酮、饱和酮和不饱和酮。芳香酮的羰基直接连在芳香环上，按羰基数目又可分为一元酮、二元酮和多元酮。羰基嵌在环内的，称为环内酮，酮分子间不能形成氢键，其沸点低于相应的醇，但羰基氧能和水分子形成氢键，所以低碳数酮(低级酮)溶于水。低级酮是液体，具有令人愉快的气味，高碳数酮(高级酮)是固体。

(一) 工业应用

酮类物质用作有机化学合成的原料和中间物，主要的用途是作为溶剂，其中丙酮、环己酮是最重要的化工原料。酮类物质可用于火药、炸药、涂料、塑料、橡胶、皮革、润滑油、化妆品、药品、香料、油脂、柏油、合成树脂、明胶、麻醉药和橡皮膏等生产中。

(二) 理化特性和毒理

酮类物质的化学性能十分稳定，都具有可燃性。酮类物质易与氢氰酸、格利雅试剂、羟胺、醇等发生亲核加成反应，可还原成醇。受羰基的极化作用，有α-H 的酮可发生卤代反应；在碱性条件下，具有甲基的酮可发生卤仿反应。由仲醇氧化、芳烃的酰化和羧酸衍生物与有机金属化合物反应制备。

酮类物质在工业生产中对人的危害主要是经呼吸道吸入和皮肤、眼的接触。由于酮类物质均具有使人难以耐受的强烈气味，容易警戒，造成人的健康危害报道较少。脂肪族的饱和酮蒸气一般有麻醉作用，但其浓度已超过对眼和呼吸道的刺激水平。刺激性和麻醉作用一般随其分子量的增加而增加。液态的酮类对眼有刺激。长期反复的皮肤接触可造成皮炎。由于酮类的去脂作用而造成皮肤皲裂，使皮肤易受感染或损害。一般酮类经皮肤吸收的危害不大，不易引起中毒。

酮类物质可因麻醉作用而造成呼吸中枢抑制。动物吸入后最初出现眼、鼻、喉的刺激，接着嗜睡，失去控制直至昏迷死亡。将中毒而深昏迷的动物放在新鲜空气中都能恢复，说明了酮类的代谢和排出是很快的。排出的途径主要通过肺和肾。由于脂肪族酮类很快被排出，故吸入所造成的全身反应比较轻微。在动物实验中可见到肺水肿，肝、肾和脑组织充血，也有报道对肠道有刺激作用。反复接触酮类蒸气的人可出现头痛、恶心、呕吐、眩晕、嗜睡、感觉迟钝和情绪急躁等情况。

在饮食和内分泌失常等因素下，体内的酮类物质可以积蓄。血酮测定多采用硝普盐法，目前比较公认的是血酮<0.6 mmol/L 为正常，血酮>5 mmol/L 有诊断意义。酮体包括丙酮、乙酰醋酸、β-羟丁酸。在消耗性疾病、妊娠毒血症、持久的呕吐和糖尿病患者中丙酮浓度显著升高，严重的糖尿病患者，其血中丙酮值可高达 300 mg/100 g。

(三) 诊治

诊断

目前酮类化合物的职业中毒无特定的国家职业病诊断标准，其诊断要符合职业病诊断的一般原则。应包括职业接触史、现场职业卫生学调查、黏膜刺激和中枢神经系统抑制症状等相应的临床表现和必要的实验室检测，全面综合分析，并排除非职业性因素所致的类似疾病，才能做出切合实际的诊断。

职业中毒的诊断可依据 GBZ/T265—2014《职业病诊断通则》、GBZ 76—2002《职业性急性化学物中毒性神经系统疾病诊断标准》、GBZ 73—2009《职业性急性化学物中毒性呼吸系统疾病诊断标准》等国家标准。

酮类化合物的职业性急性中毒应与其他有机溶

剂中毒和糖尿病酮症酸中毒等相鉴别。

治疗

目前酮类化合物中毒无特效解毒剂，主要采取一般急救措施和对症、支持治疗。

1) 皮肤接触：脱去污染的衣着，用肥皂水或大量清水彻底冲洗皮肤 15～20 min。

2) 眼睛接触：提起眼睑，用流动清水或生理盐水冲洗 15～20 min，对症治疗。

3) 呼吸道吸入：迅速脱离现场至空气新鲜处，保持呼吸道通畅，如呼吸困难，给输氧；如呼吸停止，立即进行心肺复苏术；如出现酸中毒，可使用碳酸氢钠溶液纠正酸中毒。

4) 误服：及时洗胃，饮足量温水，补充液体以减少体内吸收和促进丙酮的排出。

丙　酮

1. 理化性质

CAS 号：67－64－1	外观与性状：常温下无色液体，易挥发，有特殊气味
熔点(℃)：－94.9	易燃性：高度易燃
密度（g/cm^3）：0.789 9 (20℃)	沸点(℃)：56.53
闪点(℃)：－20(闭杯)	溶解性：可与水混溶

2. 用途与接触机会

又名二甲基酮、二甲基甲酮，二甲酮，醋酮、木酮，可以以游离状态存在于自然界中，在植物界主要存在于精油中，如常见的茶油、松脂精油、柑橘精油等；日常生活中丙酮主要用于脱脂，脱水，固定等。

丙酮是重要的有机合成原料，是制造醋酐、双丙酮醇、氯仿、碘仿、环氧树脂、聚异戊二烯橡胶、甲基丙烯酸甲酯等的重要原料，用于生产环氧树脂、聚碳酸酯、有机玻璃、医药、农药等；亦是良好溶剂，用于涂料、染料、油墨、粘结剂、钢瓶乙炔等；也用作稀释剂，清洗剂，萃取剂。

3. 毒代动力学

丙酮主要以蒸气形态经呼吸道吸入体内，以液态形式经皮肤、胃肠道吸收，经呼吸道、胃肠道吸收较快且完全，经皮肤吸收较慢且量少。

由于丙酮水溶性高，易溶解于血液中迅速分布于全身。机体排泄方式主要取决于吸入剂量，大剂量时以原形经肺和肾排出为主，少量经皮肤排出；低剂量吸入时约 75%经代谢后随尿排泄，约 20%以原形经肺排出。

4. 毒性与中毒机理

本品健康危害 GHS 分类为：严重眼损伤/眼刺激，类别 2；特异性靶器官毒性——一次接触，类别 3（麻醉效应）。

（1）急性毒作用

本品大鼠经口 LD_{50}：5 800 mg/kg；兔经皮 LD_{50}：＞7 400 mg/kg；大鼠吸 LC_{50}：76 000 mg/(m^3·4 h)。

人吸入：1 296～2 593 mg/m^3 之间会刺激鼻、喉，2 593 mg/m^3 时可致头痛并有头晕出现。5 186～25 929 mg/m^3 时可产生头晕、醉感、倦睡、恶心和呕吐，高浓度可导致昏迷。眼睛接触：浓度在 2 593 mg/m^3 会有轻度、暂时性刺激。

（2）慢性毒作用

大鼠吸入 4.5 g/m^3，3 h/d，5 d/w，8 w 后检测血清乳酸脱氢酶、门冬氨酸转氨酶和尿素氮均未见异常，肺、肝、脑、肾心脏组织病理学检查也未见损害，仅见脑和肾的绝对重量减轻。大鼠吸入 2 840 mg/m^3 或 3 790 mg/m^3，可产生共济失调，但第二天染毒时，可出现耐受性，而未见共济失调。

（3）中毒机理

主要对神经系统有麻醉作用和对黏膜有刺激作用。

5. 生物监测

血浆丙酮和尿丙酮可作为接触指标。日本 JSOH 制订的职业接触生物限值(2012—2013)：尿丙酮为 40 mg/L(班末前 2 小时)；美国 ACGIH 制订的生物接触指数(2012)：尿丙酮为 50 mg/L(班末)；因丙酮是人体内正常的内生性物质，健康人在非禁食状态下，血浆丙酮均值为 0.41～4.35 mg/L 和尿丙酮均值为 0.31～3.02 mg/L，在糖尿病、发热患者和饥饿、剧烈运动时体内均可增加，故作为接触指标应与上述状态相鉴别。

6. 人体健康危害

（1）急性中毒

急性中毒主要表现为对中枢神经系统的麻醉作

用，吸入可出现乏力、恶心、头痛、头晕、易激动，对眼、鼻、喉、皮肤有刺激性；重者发生呕吐、气急、痉挛，甚至昏迷。口服后，先有口唇、咽喉有烧灼感，后出现口干、呕吐、昏迷、酸中毒和酮症。有几例丙酮中毒性脑病报道，因泄漏短时间大量吸入而出现中枢神经系统损害症状，符合中毒性脑病临床特征且血液丙酮可检出。

(2) 慢性中毒

长期接触该品出现眩晕、灼烧感、咽炎、支气管炎、乏力、易激动等。皮肤长期反复接触可致干燥、红肿和皲裂。

有报道指出接触浓度为 732～2 176 mg/m^3 的蒸气，3 h/d，工龄 7～15 年的工人自诉有眼和咽喉刺激症和头痛、头晕、乏力症状；另有一例因长期接触丙酮而出现中毒性脑病的报道，临床表现为中枢神经系统损害症状且血液丙酮可检出，但该病例同时有接触甲苯、甲醇、乙丙醇等，应否归因为丙酮引起值得商榷。

7. 风险评估

我国职业接触限值分别为 PC－TWA：300 mg/m^3；PC－STEL：450 mg/m^3。

生活环境：本品一次最高容许浓度为 0.80 mg/m^3(按 TJ36－79)。

注：一次最高容许浓度，指任何一次测定结果的最大容许值；日平均最高容许浓度，指任何一日的平均浓度的最大容许值。

2－丁酮

1. 理化性质

CAS 号：78－93－3	外观与性状：无色液体，有类似丙酮的气味
熔点/凝固点(℃)：－86.64	临界温度(℃)：262.5
沸点(℃)：79.59	临界压力(MPa)：4.207
闪点(℃)：－9(闭杯)	自燃温度(℃)：404
密度(g/cm^3)：0.825 5 (0℃/4℃)；0.805 (20℃/4℃)；0.799 7(25℃/4℃)	蒸气压(kPa)：12.05 (25℃)
相对蒸气密度(空气＝1)：2.41	蒸发速率：2.7(Ether＝1)
溶解性：溶于水、乙醇、乙醚、丙酮、苯；可混溶于油类	易燃性：易燃；蒸气与空气能形成爆炸性混合物，遇明火、高热或接触氧化剂，有燃烧爆炸危险

2. 用途与接触机会

常用作树脂、乙烯基树脂、硝酸纤维、醋酸纤维和涂料的溶剂，也用作化学中间体，制润滑油的脱蜡剂，及漆、胶和除漆剂的组分，并用于制药、化妆品和合成橡胶等工业。在用仲丁醇经脱氢制造丁酮和上述应用过程中，工人可有职业接触。由于丁酮在工业应用中通常作为混合溶剂的组分之一，因此，作业工人在接触丁酮时，也常接触其他有机化合物。

3. 毒代动力学

可经呼吸道、胃肠道和皮肤迅速吸收。人体从呼吸道吸入的丁酮约 40%～55%被吸收，并经血液循环迅速输送到其他组织。

体内丁酮主要在肝脏代谢。大部分先氧化为 3－羟基－2－丁酮，继之还原为 2，3－丁二醇。少量丁酮可还原为 2－丁醇，但 2－丁醇又可氧化为丁酮。在人体尿中可检出的代谢产物主要为 3－羟基－2－丁酮。

体内摄取的丁酮，一部分以原形经肺由呼气排出，另一部分则以代谢产物形式经肾由尿排出。在职业接触工人中约 0.1%的肺泡吸收量以丁酮原形从尿中排出。工人尿中丁酮原形和代谢产物 3－羟基－2－丁酮浓度与接触车间环境空气中丁酮浓度密切相关。

4. 毒性

本品大鼠经口 LD_{50}：2 737 mg/kg；兔经皮 LD_{50}：6 480 mg/kg；大鼠吸入 LC_{50}：23 500 mg/kg。

健康危害 GHS 分类为：严重眼损伤/眼刺激，类别 2；特异性靶器官毒性——次接触，类别 3(麻醉效应)。

5. 生物监测

日本 JSOH 制订的职业接触生物限值(2012—2013)：尿甲乙酮为 5 mg/L(班末或高暴露数小时后)。

6. 人体健康危害

对眼、鼻、喉黏膜有刺激性。长期接触可致皮炎。

7. 风险评估

我国职业接触限值规定：PC－TWA 为 300 mg/m^3，PC－STEL 为 600 mg/m^3。

2－戊酮

1. 理化性质

CAS 号：107－87－9	外观与性状：无色液体，有丙酮气味。微溶于水，混溶于乙醇、乙醚
熔点/凝固点(℃)：－76.8	临界温度(℃)：290.8
沸点(℃)：102.26	临界压力(MPa)：3.89
闪点(℃)：7.0(闭杯)	自燃温度(℃)：452
爆炸上限[%(V/V)]：8.2	爆炸下限[%(V/V)]：1.5
蒸气压(kPa)：2.13(25℃)	易燃性：易燃；其蒸气与空气混合能形成爆炸性混合物，遇明火、高热易燃烧或爆炸
密度(g/cm^3)：0.809(20℃/4℃)	n－辛醇/水分配系数：0.91
相对密度(水＝1)：0.81	溶解性：微溶于水；溶于醇、乙醚
相对蒸气密度(空气＝1)：2.96	

2. 用途与接触机会

接触含有 2－戊酮的香料。见于生产 2－戊酮和用其作为溶剂的工人。

3. 毒代动力学

可经呼吸道、胃肠道和皮肤吸收。吸收后，约一半以原形经肺排出，部分还原成醇后，以葡萄糖醛酸酯从尿中排出。

4. 毒性

本品大鼠-经口 LD_{50}：1 600 mg/kg；兔子—经皮 LD_{50}：6 500 mg/kg。

健康危害 GHS 分类为：急性毒性—吸入，类别 3；严重眼损伤/眼刺激，类别 2；特异性靶器官毒性——次接触，类别 3(呼吸道刺激、麻醉效应)。

5. 人体健康危害

对黏膜具有刺激作用，高浓度可致麻醉。吸入后引起上呼吸道刺激、头痛、头晕、恶心、呕吐、嗜睡、昏迷。对眼及皮肤有刺激性。人吸入 5 280 mg/m^3 感到强烈气味和眼鼻刺激。无中毒病例报告。皮肤反复接触可致皮炎。

2－己酮

1. 理化性质

CAS 号：591－78－6	外观与性状：无色液体，有丙酮的气味
熔点/凝固点(℃)：－57	自燃温度(℃)：423
沸点(℃)：127.2	闪点(℃)：23(闭杯)
爆炸上限[%(V/V)]：8.0	爆炸下限[%(V/V)]：1.2
饱和蒸气压(kPa)：1.33(38.8℃)	蒸发速率：1.0(乙酸正丁酯＝1)
密度(g/cm^3)：0.83(20℃)	易燃性：易燃
相对密度(水＝1)：0.8	气味阈值(mg/m^3)：0.28～0.35
相对蒸气密度(空气＝1)：3.5	n－辛醇/水分配系数：1.38
溶解性：微溶于水；混溶于乙醇、甲醇、丙酮、乙醚、苯	

2. 用途与接触机会

用作溶剂和有机合成中间体。在生活中使用到时均可接触。此外，该物质有报道在空气、水体及肉类(鱼、肉、奶等)有测出，在水栖生物的生物富集作用较低。

常作溶剂用于印染业及硝基纤维、树脂、油脂、制醋等工业中。也用作油漆类的脱漆剂。

3. 毒代动力学

可通过吸入、食入和经皮吸收，吸入是主要的暴露途径。经皮暴露能导致皮肤刺激，该途径与慢性暴露及多发性神经病有关。

经口服 200 mg/kg 后，在肝脏和血中分布最高，在肝脏、脑与肾脏的亚细胞定位分析中提示分布高低与粗脂质分数及蛋白有关，在空气、水、血和油性混合物中的分配系数提示其由空气易分配性依次为油、血和水。

大鼠动物实验经口摄入后，经呼吸道排泄约 45%(40%为 CO_2，5%为原体)，35%经肾脏，1.5%由排泄物，约有 15%潴留体内。猎兔犬动物实验通过吸入暴露在 224 mg/m^3 或 447 mg/m^3 6 小时，约有 32%或 35%的由呼吸道排除，暴露后未检测到原体，经呼吸道以碳氧化物排除是其主要的机体清除途径。

4. 毒性与中毒机理

本品健康危害 GHS 分类为：生殖毒性，类别 2；特异性靶器官毒性——一次接触，类别 3(麻醉效应)；特异性靶器官毒性—反复接触，类别 1。

具有黏膜刺激和麻醉作用，引起眼和上呼吸道的刺激症状。本品大鼠经口 LD_{50}：2 590 mg/kg；吸入 LC_{50}：35 771 mg/m^3/4 h；小鼠经口 LD_{50}：2 430 mg/kg；兔经皮 LD_{50}：4 800 mg/kg。其急性毒作用机制为进行性抑制中枢神经系统而导致昏迷与心肺功能丧失。

5. 生物监测

美国 ACGIH 规定：BEI 为工作周末班后测量尿 2,5 已二酮：0.4 mg/L。德国研究基金会规定 BAT 为暴露末或班末尿 2,5 已二酮+4,5 二羟基-2-己酮：5 mg/L。

6. 人体健康危害

(1) 急性中毒

人接触蒸气 4 000 mg/m^3 可以发生眼睛和上呼吸道刺激症状，浓度更高时可致麻醉。由于 2-已酮在低浓度时的气味已能使人察觉，所以吸入中毒的可能性很小，但在工作中最好戴防护口罩。

(2) 慢性中毒

长期接触本品的人，可有肢端麻木和刺痛，部分人足跟有烧灼感和寒冷感；上下肢呈进行性无力。神经系统检查可发现四肢对称性感觉减弱，以远端为甚，严重时可累及大腿。重症者呈轻度肌萎缩，上下肢腱反射可减弱或消失。肌电图见插入性电位，正锐波及纤颤波，神经传导潜伏期延长，传导刺激减慢，停止接触 2-已酮后，大多数病例能逐渐好转和恢复。皮肤接触本品可能造成过敏反应。

7. 风险评估

我国的职业接触限值分别为 PC-TWA：20 mg/m^3(皮)；PC-STEL：40 mg/m^3(皮)。美国 NIOSH 与 OSHA 推荐 REL-TWA 为：4 mg/m^3；PEL-TWA 为：410 mg/m^3。ACGIH 推荐 TLV-TWA 为：22 mg/m^3；15 min-STEL 为 45 mg/m^3。NIOSH 建议的 IDLH 为 7 154 mg/m^3。

对频繁或是潜在高暴露于 2-已酮后的人员，建议开展神经系统功能检查，并与工作前的历史检查相对照，便于早期发现健康损害。

2-庚酮

1. 理化性质

CAS 号：110-43-0	外观与性状：为无色液体，有特殊果香气味
熔点/凝固点(℃)：−35.5	自燃温度(℃)：393
沸点(℃)：151.5	闪点(℃)：39(开杯)
爆炸上限[%(V/V)]：7.9	爆炸下限[%(V/V)]：1.1
饱和蒸气压(kPa)：0.285(20℃)	蒸发速率：17.4(乙醚=1)
密度(g/cm^3)：0.83(0℃)	易燃性：易燃
相对密度(水=1)：0.8	气味阈值(mg/m^3)：0.76～1.78
相对蒸气密度(空气=1)：3.94	n-辛醇/水分配系数：1.98
溶解性：几乎不溶于水；溶于乙醇、乙醚等有机溶剂	

2. 用途与接触机会

食入到含该成分香精食物或是饮品时可接触。微量适用于香石竹或其他辛香型，在药草香型中可与草蒿或罗勒、海索油共用，形成新的头香香韵。与辛香、果香类香料能协调和合得好。在食用香精中，用于香蕉型食用香精中可增加乳脂香味，也适用于椰子、奶油、乳酪香味的食用香精。在上述生产和使用过程中，均可接触。GB 2760—2014 规定为允许使用的食用香料。主要用于配制干酪、香蕉、奶油和椰子等型香精。用作工业溶剂和香料的合成，如用于制石竹油之组分等。广泛用于工业溶剂、纤维、医药、农药、香料化工等领域中。

3. 毒性

其主要的靶器官为眼、皮肤、呼吸系统、中枢及外周神经系统。本品大鼠经口 LD_{50}：1 670 mg/kg；小鼠经口 LD_{50}：730 mg/kg；豚鼠经口 LD_{50}：1 140 mg/kg；兔经皮 LD_{50}：1 300 mg/kg。

4. 人体健康危害

急性作用主要为对眼、皮肤和呼吸系统的刺激，对皮肤有轻度到中度的刺激作用，接触后可出现皮肤发干、发红，眼部可出现发红，吸入后可引起咳嗽、头晕、头痛、昏迷或是视觉模糊等。也可影响中枢神经系统，当暴露远高于职业接触限值时可引起意识降低。

长期接触可使皮肤脱脂，引起皮肤的干枯或破裂。

5. 风险评估

美国 NIOSH 与 OSHA 制定的 REL - TWA_{10}：465 mg/m^3；PEL - TWA_8：465 mg/m^3。ACGIH 制定的 TLV - TWA_8：255 mg/m^3；短时限制建议以每工作日 30 min 可超过 TLV - TWA 三倍，但在五倍以下，规定 TLV - TWA 不被超过。NIOSH 建议 IDLH 值为 4 078 mg/m^3。

甲基异丁基甲酮

1. 理化性质

CAS 号：108 - 10 - 1	外观与性状：为无色液体，有特殊酮样气味
熔点/凝固点(℃)：−84.7	临界温度(℃)：298.3
沸点(℃)：117.0～118.0	临界压力(MPa)：3.270
闪点(℃)：14℃(闭杯)	自燃温度(℃)：460
爆炸上限[%(V/V)]：8	爆炸下限[%(V/V)]：1.2
蒸气压(kPa)：2.65(25℃)	蒸发速率：5.6(乙醚=1)
密度(g/cm^3)：0.801(25℃)	易燃性：高度易燃
相对密度(水=1)：0.80	n -辛醇/水分配系数：1.38

（续表）

相对蒸气密度(空气=1)：3.45	溶解性：微溶于水；易溶于多数有机溶剂；水溶解性 1.91 g/100 ml(20℃)

2. 用途与接触机会

接触污染的环境如水体、空气等可接触到，此外在农产品(橘汁、葡萄)、污染水体的水栖生物、腌制的肉类等中也有检出。

大量应用于涂料、脱漆剂、各种合成树脂的溶剂；用作 DDT/2，4 - D、除虫菊酯、青霉素、四环素、黏合剂、橡胶胶水的溶剂。也作用于选矿剂、油脂脱蜡剂以及彩色影片的成色剂。本品是一些无机盐的有效分离剂，可用于从核分裂物质中回收轴，从轴中分离钚，从钽中分离铌等。对有机金属化合物有优良的溶解能力。此外尚可用作原子吸收分光光度分析用溶剂。它的过氧化物是聚酯类树脂聚合反应中非常重要的引发剂。也用于有机合成工业。还可用作乙烯型树脂的抗凝剂和稀释剂。

3. 毒代动力学

经呼吸道、消化道和皮肤吸收。易于从体内排出，主要是代谢为相应的醇及与葡萄糖醛酸结合而由尿排出。

4. 毒性

本品健康危害 GHS 分类为：严重眼损伤/眼刺激，类别 2；特异性靶器官毒性——一次接触，类别 3(呼吸道刺激)。

(1) 急性毒作用

具有麻醉作用和刺激作用。本品大鼠经口 LD_{50}：2 080 mg/kg，；小鼠经口 LD_{50}：4 680 mg/kg；豚鼠经口 LD_{50}：1 600 mg/kg；小鼠腹腔注射 LD_{50}：>20 ml/kg；小鼠吸入 LC_{50}：23 300 mg/(m^3 · 4 h)。小鼠暴露于 80 000 mg/m^3 30 min 可致麻醉，当移到新鲜空气之中时，可很快恢复意识；超过 82 000 mg/m^3时，大多数动物呈深度麻醉状态，其后死亡。死亡的小鼠尸检未见病理变化。0.1 ml 本品原液滴入兔眼 10 min 即可引起刺激，8 h 后出现炎症及肿胀，24 h 后有渗出物。

(2) 慢性毒作用

兔皮肤一次接触引起短暂的红斑，每日涂抹

10 ml共7 d,引起皮肤干燥和鳞状化。人类慢性暴露可引起恶心、头痛、眼部烧灼感、失眠、肠道疼痛及轻微的肝区肿大等。动物实验表明肝脏与肾脏重量增加可在经口、呼吸道慢性染毒的大鼠中观察到。

(3) 远期毒作用

吸入暴露动物实验表明该物质对其生殖与发育有影响,EPA将该物质分类到D组,不能分类为人类致癌组。2017年10月27日,IARC把甲基异丁基甲酮纳入2B类致癌物清单中。

5. 生物监测

日本JSOH制订的职业接触生物限值(2012—2013)为:尿甲基异丁基酮1.7 mg/L(班末);美国ACGIH制订的生物接触指数(2012):尿甲基异丁基酮1 mg/L(班末)。

6. 人体健康危害

该物质的蒸气对眼、皮肤及呼吸道有刺激作用,如液体经口吞咽或是吸入肺中可引起局部化学性肺炎。在高浓度下可影响中枢神经系统,产生麻醉作用。

反复或是长期皮肤接触可引起皮炎。

7. 风险评估

美国NIOSH规定:REL-TWA为205 mg/m^3,STEL为300 mg/m^3;OSHA规定PEL-TWA为410 mg/m^3。ACGIH制定的8 h TLV-TWA为89 mg/m^3,15 min-STEL为335 mg/m^3。NIOSH提示的IDLH为2 236 mg/m^3。

EPA建议RfC为0.08 mg/m^3,该参考接触浓度不作为直接评估,但可作为潜在健康效应的参考点,EPA也计算了RfD为0.08 mg/(kg·d)。

甲基叔丁基甲酮

1. 理化性质

CAS号:75-97-8	外观与性状:无色液体,樟脑及薄荷样气味
熔点/凝固点(℃):−52.5	临界温度(℃):291
沸点(℃):106.1	临界压力(MPa):3.32
闪点(℃):17	易燃性:高度易燃
蒸气压(kPa):4.19(25℃)	n-辛醇/水分配系数:1.20
密度(g/cm^3):0.722(25℃)	溶解性:微溶于水;溶于醇、醚、丙酮

2. 用途与接触机会

又名3,3-二甲基-2-丁酮,可用作溶剂和萃取剂。也可用于有机合成。与次氯酸反应可生成三甲基乙酸;与碱性高锰酸钾水溶液反应,被氧化成三甲基丙酮酸。与醛、酮、乙酸酐都容易发生缩合反应。用于生产农药杀菌剂苄氯三唑醇、三唑酮、三唑醇、双苯三唑酮、烯唑酮、辛唑酮,以及植物生长调节剂多效唑、烯效唑、抑芽唑、缩株唑、甲基抑霉唑等。职业暴露于上述环境均可能接触。

3. 毒代动力学

在一项对职业接触对象的呼出气检测研究中发现浓度范围约0.12到2 ng/L,在针对54名接触工人对象的387份呼出气样本检测中,发现有8.3%的样本检出浓度均数为0.184 ng/L。

4. 毒性

吸入、口服或经皮肤吸收对身体有害,对眼睛、皮肤、呼吸系统具有刺激性。本品大鼠经口LD_{50}:610 mg/kg;小鼠经口LD_{50}:1 625 mg/kg;兔经口LD_{50}:900 mg/kg;小鼠吸入LC_{50}:5 700 mg/m^3。

本品健康危害GHS分类为:急性毒性—吸入,类别3。

5. 人体健康危害

吸入、口服或经皮肤吸收对身体有害。具有刺激性。急性吸入可引起呼吸道刺激、头晕或窒息,皮肤和眼接触其蒸气会有刺激症状,消化道可引起刺激症状。

3-庚酮

1. 理化性质

CAS号:106-35-4	外观与性状:无色液体,具有强烈果香味(丙酮样气味)
熔点/凝固点(℃):−39	临界压力(MPa):2.92
沸点(℃):147.6	引燃温度(℃):410
闪点(℃):46(开杯)	黏度(mPa·s):0.76(20℃)

（续表）

爆炸上限[%(V/V)]：8.8	爆炸下限[%(V/V)]：1.4
稳定性：稳定，不聚合；禁配物为强氧化剂、强还原剂、强碱	易燃性：易燃
临界密度(g/cm³)：0.264	饱和蒸气压(kPa)：0.187(25℃)
相对密度(水=1)：0.816 4	*n*-辛醇/水分配系数：1.73
相对蒸气密度(空气=1)：3.93	溶解性：不溶于水；溶于乙醇、乙醚

2. 用途与接触机会

又名乙基正丁基甲酮，为稳定的高沸点溶剂，用作硝化纤维素的溶剂，也用于有机合成，还用于制混合溶剂及有机溶胶的分散剂。本品对人一般被认为是安全的，并可用于食品香精。

3. 毒性

大鼠经口 LD_{50}：2 761 mg/kg；兔子经皮肤接触 LD_{50}>20 ml/kg；大鼠吸入 9 320 mg/m³ 蒸气，4 h 无死亡；吸入 1 864 mg/m³，4 h 全部死亡；吸入 1 398 mg/m³，6 h，可见运动失调，卧倒和麻醉，但无死亡。大鼠和豚鼠吸入 1 860～2 330 mg/m³，6 h/d，共 10 d，可见竖毛、血管扩张和流泪，但未见肺、肝和肾的病理学改变。大鼠吸入 3 262 mg/m³ 蒸气 24 w，未见产生全身毒性和神经毒性作用的表现，除白细胞总数减少外，体重、临床化学、组织病理学检查均未见明显变化。未见神经毒性的原因，推测与动物血清中本品代谢产物 2,5-庚二酮的浓度不高有关。

本品健康危害 GHS 分类为：严重眼损伤/眼刺激，类别 2。

4. 人体健康危害

蒸气对眼和皮肤黏膜有刺激性，对皮肤有脱脂作用，长期接触可导致皮炎。

4-庚酮

1. 理化性质

CAS 号：123-19-3	外观与性状：无色透明具有香味的低挥发性液体，呈强烈醚香和果香，有乳酪、菠萝蜜等的香气

（续表）

蒸气压：0.16 kPa(25℃)	临界温度(℃)：328.85
熔点/凝固点(℃)：-33	蒸发热(kJ/kg,b.p.)：317
沸点(℃)：145	相对密度(水=1)：0.817 4
闪点(℃,ASTM,开口)：48.89	易燃性：易燃
稳定性：遇高热、明火或强氧化剂易引起燃烧。禁配物：强氧化剂、强还原剂、强碱	溶解性：微溶于水；易溶于多数有机溶剂；能与醇、醚等多种有机溶剂混溶；能溶解生胶、硝酸纤维素、油脂、天然树脂及各种乙烯类合成树脂；20℃时在水中溶解 0.43%；水在 4-庚酮中溶解 0.87%
折射率(21.7℃)：1.407	黏度(mPa·s)：0.685(25℃)
生成热(KJ/mol,气体)：298.52	比热容(KJ/(kg·K)定压)：2.310(20～40℃)
体膨胀系数(K^{-1})：0.001 073(20℃)	体膨胀系数(K^{-1})：0.001 115(55℃)
常温折射率(n^{20})：1.406 7	常温折射率(n^{25})：1.404 5
临界密度(g/cm³)：0.263	临界体积(cm³/mol)：434

2. 用途与接触机会

又名乳酮、二丙基甲酮、二正丙基甲酮、二丙基酮，主要用作硝酸纤维素、硝酸纤维素漆及合成树脂等的溶剂以及有机合成原料，也用于油漆工业。

3. 毒性

本品大鼠经口 LD_{50}：3 047 mg/kg，小鼠>3.2 g/kg；小鼠经静脉 LD_{LO}：271 mg/kg；兔子皮肤 LD_{50}：4 624 mg/kg。大鼠吸入 6 h 的 LC_{50} 为 1 254 mg/m³；吸入 5 120 mg/m³ 时，呼吸频率减慢一半；吸入 7 460 mg/m³，可出现麻醉。大鼠吸入 5 590 mg/m³，6 h/d，5 d/w，共 2 w，在染毒期间对刺激反应略为迟钝，染毒 2 w 结束时，肝脏轻微肿大，但血液学、临床化学和病理学检查未见变化。给 8 只大鼠每天灌胃 2 g/kg，5 d/w，可见中枢神经系统明显抑制，体重增加迟缓，其中 1 只大鼠染毒 1 w 后死于心肺功能衰竭。如将灌胃剂量降至 1 g/kg，在 12 w 染毒期间未见明显的中毒表现，除血糖降低外，其他血液学和临床化学检查未见异常，但组织病理学检查可见肝肾重量增加，肝细胞增大。

其他多剂量毒性：大鼠经口 TDL_0：30 mg/kg/3W－I；大鼠经口 TDL_0：130 mg/kg/13W－I

4. 人体健康危害

口或经皮肤吸收引起的毒性较低，但对黏膜有刺激。本品对眼仅引起轻微的刺激。尚未见有职业性急性中毒报道。高浓度可致麻醉，反复接触可引起肝脏肿大和血糖降低。

2－辛酮

1. 理化性质

CAS号：111－13－7	外观与性状：无色至淡黄色液体，低挥发性，具有苹果样的香味和樟脑样气味的液体
熔点/凝固点(℃)：－16	临界温度(℃)：359.55
沸点(℃)：173.5	蒸气压(kPa)：0.16(20℃)
闪点(℃)：52(闭杯)	相对蒸发速度(乙醚＝1)：65
密度(g/cm^3)：0.819 2(20℃)	溶解性：微溶于水，20℃在水中溶解度为0.09%，水在2－辛酮中溶解度为0.6%；能与醚、醇等有机溶剂混溶
相对蒸气密度(空气＝1)：4.4	折射率(n)：1.413 3(25℃)
折射率(n^{20}_D)：1.415	液相标准热熔(J/mol·K)：274.7
黏度(mPa·s)：1.02(20℃)	临界体积(cm^3/mol)：497
临界密度(g/cm^3)：0.258	稳定性：低挥发性，常温常压不分解，禁止与强氧化剂、强还原剂、强碱接触
溶度参数$(J/cm^3)^{0.5}$：19.152	

2. 用途与接触机会

又名仲辛酮、甲基己基酮、正己基甲基酮、甲己酮，用于纤维、医药、农药、香料化工等领域，用作合成纤维油剂、消沫剂及制取表面活性剂，煤矿用浮选剂等。用作乙烯基化合物和染料的溶剂，水中萃取酚类，铝中分离镓的溶剂，特别用于分散染料的印刷油墨。

用于调制硝基漆和作为化学试剂，也用作构成一种像杏、梅、桃等的甜味香精或香草样的苦味香精。也可用于人造精油。

3. 毒性

本品大鼠经口 LD_{50}：3 089 mg/kg；大鼠吸入 LC_{50}：＞12 203 mg/(m^3·6 h)；大鼠腹腔 LD_{50}：800 mg/kg；小鼠经口 LD_{50}：3 824 mg/kg；小鼠腹腔 LD_{50}：800 mg/kg；兔子皮肤 LD_{50}：1 337 mg/kg。大鼠经口 LD_{50} 为 3.2～9.2 g/kg。兔经皮 LD_{50}＞5 g/kg。大鼠吸入蒸气浓度 8.9 g/m^3，6 h，出现轻度眼刺激。豚鼠吸入 6 812 mg/m^3 饱和蒸气浓度，很快发生眼和鼻刺激表现；1 h 内不会出现严重障碍，10 h 后出现中枢神经系统抑制；12 h 后陷入昏迷。

兔子经皮标准德雷兹染眼试验：500 mg/24 h，可产生轻度刺激。

4. 人体健康危害

对人皮肤及眼仅引起轻微刺激，直接接触可引起脱脂。吸入低浓度蒸气可引起轻微的眼、鼻、喉刺激症状，高浓度可致麻醉。至今尚未见到职业性急性中毒病例报道。

3－辛酮

1. 理化性质

CAS号：106－68－3	外观与性状：无色易流动易燃液体，低挥发性，有水果香味
熔点/凝固点(℃)：－18.5	临界温度(℃)：354.55
沸点(℃)：167.5	密度(g/cm^3)：0.822(25℃)
闪点(℃)：46	蒸气压(kPa)：0.27(20℃)
溶解性：几乎不溶于水；溶于大多数有机溶剂	易燃性：为高闪点液体，遇高温、明火、氧化剂有引起燃烧危险
相对密度(水＝1)：0.822 1	水溶解性(g/L)：0.7
临界体积(cm^3/mol)：497	临界密度(g/cm^3)：0.258

2. 用途与接触机会

又名乙基戊基酮、乙戊酮，醛类合成香料。主要用作薰衣草型香精的调合香料。

3. 毒性

大鼠经口 LD_{50}：>5 g/kg，小鼠经腹腔 LD_{50}：406 mg/kg。皮肤/眼睛刺激性：一般情况下对眼无刺激。标准的 Draize 试验：兔子，皮肤接触：500 mg/24 h，反应的严重程度：中度。

本品健康危害 GHS 分类为：皮肤腐蚀/刺激，类别 2。

4. 人体健康危害

由于可经皮吸收，反复接触可致皮肤脱脂。

乙基戊基甲酮

1. 理化性质

CAS 号：541－85－5	外观与性状：无色液体，带有水果香味
相对密度(水＝1)：0.820～0.824	沸点(℃)：157—162
折射率：1.419 5(20℃)	闪点(℃)：59
临界温度(℃)：345.85	易燃性：易燃
溶解度：微溶于水；混溶于醇、酮、醚等有机溶剂	

2. 用途与接触机会

由 5－甲基庚醇脱氢获得。用作硝基纤维素和乙烯树脂的溶剂。

3. 毒性

本品的毒性主要为刺激性，高浓度时有麻醉作用，气味可使人恶心头痛。在少数情况下，可能出现严重的全身反应。

大鼠经口 LD_{50}：3 500 mg/kg；大鼠吸入 LC_{50}：19 941 mg/m^3；小鼠经口 LD_{50}：3 800 mg/kg；小鼠吸入 LC_{50}：17 171 $mg/(m^3 \cdot 4\ h)$；兔经皮 LD_{50}：>16 mg/kg；豚鼠经口 LD_{50}：2 500 mg/kg。

标准 Draize 测试，兔直接接触皮肤：500 mg，轻度。

4. 风险评估

我国职业接触限值规定：PC－TWA 为 130 mg/m^3。

二异丁基甲酮

1. 理化性质

CAS 号：108－83－8	外观与性状：透明液体，略有气味
密度(g/cm^3)：0.808(25℃)	熔点(℃)：－46
沸点(℃)：168	闪点(℉)：120
折射率(n^{20})：1.412	蒸气压(kPa)：0.31(25℃)
相对密度(空气＝1)：4.9	水溶解性：微溶于水，0.05 g/100 ml；与多数有机溶剂混溶
稳定性：稳定，易燃，与强氧化剂不相容	

2. 用途与接触机会

主要用作有机溶剂，也可用于有机合成。能溶解乙酸纤维素、硝化纤维素、聚苯乙烯、乙烯树脂、蜡、清漆、天然树脂和生胶等。由于沸点高，蒸发速度慢，可用作硝基喷漆、乙烯树脂涂料以及其他合成树脂涂料的溶剂。用作有机合成中间体，也是某些药物、杀虫剂的中间体。食品用香料。主要用于配制菠萝蜜、香蕉、橙汁、鸡蛋果、热带水果、朗姆酒和康酿克酒所用香精。使用限量(mg/kg)如下：焙烤制品 5.0；冷饮 2.0；软糖 5.0；布丁类 1.1；无醇饮料 0.8；含醇饮料 1.1。

3. 毒性

二异丁基甲酮蒸气对眼、鼻有轻度刺激性；高浓度时造成麻醉、呼吸中枢抑制。反复接触发生恶心、眩晕。对肝、肾可有轻度影响。本品大鼠经口 LD_{50}：5 750 mg/kg；小鼠经口 LD_{50}：1 416 mg/kg。兔经皮，10 mg/24 h，轻度刺激；兔经眼，500 mg，轻度刺激。

本品健康危害 GHS 分类为：特异性靶器官毒性——一次接触，类别 3(呼吸道刺激)。

4. 风险评估

我国职业接触限值规定：PC－TWA 为 145 mg/m^3。

2,6,8-三甲基-4-壬酮

1. 理化特性

CAS号：123-18-2	外观与性状：无色液体
气味：有水果香味	沸点(℃)：219
闪点(℃)：63.1(开杯)	饱合蒸气压(kPa)：0.016(25℃)
密度(g/cm³)：0.819	溶解性：不溶于水，能与醇、醚等相混
熔点(℃)：-75.15	

2. 用途与接触机会

用作聚乙烯树脂的分散剂，合成树脂稳定剂的溶剂等。

3. 毒性

人如果经常反复的接触或间接从衣鞋接触，能引起轻度皮炎。

兔经皮 LD_{50} 为 8 982 mg/kg；大鼠经口 LD_{50} 为 8 470 mg/kg。家兔经皮开放性刺激实验，500 mg，属于轻度刺激。

丙 酮 基 丙 酮

1. 理化特性

CAS号：110-13-4	性状：水样、透明、低挥发性液体，会逐渐转变为黄色
熔点(℃)：-9	沸点(℃)：188
相对密度(水=1)：0.97(20℃)	相对蒸气密度(空气=1)：3.94
饱和蒸气压(kPa)：0.21(25℃)	闪点(℃)：78
引燃温度(℃)：400	溶解性：易溶于水；易溶于多数有机溶剂

2. 用途与接触机会

用作各种物质的溶剂，也用作化学合成的中间产物。用作合成树脂、硝基喷漆、着色剂、印刷油墨等的高沸点溶剂、皮革鞣制剂、橡胶硫化促进剂以及制造杀虫剂、医药品等的原料。

3. 毒性

本品眼接触后能引起刺激和损害。可以引起皮炎，皮肤染色的现象。本品大鼠经口 LD_{50}：2 700 mg/kg。

本品健康危害 GHS 分类为：皮肤腐蚀/刺激，类别 2；严重眼损伤/眼刺激，类别 2；特异性靶器官毒性—反复接触，类别 2。

5-壬酮

1. 理化性质

CAS号：502-56-7	外观与性状：无色透明至黄色液体
熔点(℃)：-4.8	临界温度(℃)：368.25
沸点(℃)：188.4	临界压力(MPa)：2.32
闪点(℃)：60(闭杯)	易燃性：易燃
相对密度(水=1)：0.826 0	溶解性：不溶于水，易溶于乙醇、乙醚
密度(g/cm³)：0.826(25℃)	

2. 用途与接触机会

用作溶剂、有机合成中间体。

3. 毒代动力学

实验发现，本品从大鼠胃肠道吸收。在体内转化生成甲基正丁基甲酮和 2,5-已二酮，经尿排出。

4. 毒性

慢性接触具有神经毒性。大鼠经口 LD_{50} 为 2 000 mg/kg，小鼠静脉为 1 379 mg/kg。大鼠给予 1 和 2 000 mg/(kg·d)，5 d/w，历时 4 w，神经系统病变与甲基正丁基甲酮所致难以区别。经口 233 mg/kg，5 d/w，历时 13 w，产生轻度神经毒性症状。

如用本品工业品，因含有 11%5-甲基-2-幸酮，出现神经毒性的时间<90 d，表现为周围神经、脊髓、脑干和小脑的轴索病变。反复接触本品可致睾丸生殖细胞损伤，皮肤反复接触可致皮炎。

甲基异丙烯基甲酮

1. 理化性质

CAS号：814-78-8	外观与性状：无色、透明液体，有一种辛辣的气味
闪点(℃)：9(闭杯)	易燃性：易燃
熔点(℃)：−53.7	沸点(℃)：97.7
饱和蒸气压(kPa)：5.6	密度(g/cm^3)：0.852 7(20℃)
相对密度(水＝1)：0.86	溶解性：微溶于水；易溶于多数有机溶剂

2. 用途与接触机会

用作溶剂，也用作一些聚合物的单体。

3. 毒性

大鼠经口 LD_{50} 为 180 mg/kg。豚鼠经口致死量为 60～250 mg/kg。对兔皮肤呈中度刺激作用，经皮肤 LD_{50} 为 230 mg/kg。液体甲基异丙烯基甲酮对兔眼可以造成严重的眼刺激和损害。大鼠吸入其蒸气 10 000 mg/m^3 几分钟即危及生命；5 000 mg/m^3，30 min 危及生命，有强烈的刺激；1 800 mg/m^3，90 min，6 只大鼠死亡 5 只。

动物吸入高浓度本品后很快出现发绀而死于抽搐。大鼠、豚鼠和兔重复吸入 103 mg/m^3，7 h/d，历时 20～30 d，全部动物有显著的眼鼻刺激症状，大鼠发生死亡或体重减轻，豚鼠生长抑制，大鼠的肺部发生严重病变，肝和脾也有变化，还有不同程度的白细胞增多；51.6 mg/m^3，7 h/d，历时 100～140 d，大鼠发生死亡、白细胞增多和轻度肾损害。此外，未死动物正常或有眼鼻的刺激，低于 51.6 mg/m^3，动物没有异常表现。

本品健康危害 GHS 分类为：急性毒性—经口，类别 3；急性毒性—经皮，类别 3；急性毒性—吸入，类别 1；皮肤腐蚀/刺激，类别 2；严重眼损伤/眼刺激，类别 1；特异性靶器官毒性——次接触，类别 1；特异性靶器官毒性—反复接触，类别 1。

4. 人体健康危害

本品误服，经皮和吸入会中毒，具有鲜明的警觉的气味，它能使人流泪和上呼吸道刺激。对眼也有刺激性。对呼吸道的刺激浓度高于对眼的刺激浓度。人皮肤的接触可以发生水泡。短暂的接触不致有痛感，如出现几分钟后可消失。一般皮肤局部接触所致的反应发展缓慢(详见表 24-1)。

表 24-1　甲基异丙烯基甲酮对人的毒性作用

浓度(mg/m^3)	反　应
50	很快感到强烈气味，2 min 后出现眼刺激，并即刻变得很强烈(眼睛不由自主地闭合)
10	很快嗅到气味并感不愉快，6～8 min 后发生眼刺激
5.0	很快嗅到气味，眼睛发生明显刺激，整天接触可能较严重
2.5	很快嗅到气味，尚无不快感，几分钟后眼睛觉察到，但无刺激
1.0	可疑气味，无刺激

异丙叉丙酮

1. 理化性质

CAS号：141-79-7	外观与性状：无色透明有强烈气味的油状液体
凝点(℃)：−46.4	自燃温度(℃)：344
沸点(℃)：129.55	易燃性：易燃易爆
闪点(℃)：31(闭杯)	相对密度(水＝1)：0.85(20℃)
饱和蒸气压(kPa)：1.3(25℃)	溶解性：微溶于水；易溶于有机溶剂
密度(g/cm^3)：0.865 32(20℃)	相对蒸气密度(空气＝1)：3.38

2. 用途与接触机会

又名 4-甲基-3-戊稀-2-酮，该品为中沸点强溶剂，用作硝酸纤维素和多种树脂，尤其是乙烯基树脂以及喷漆等的溶剂，也是生产甲基异丁基(甲)酮和甲基异丁醇的原料，是制造聚氯乙烯、高分子聚合树脂、染料、油墨时的溶剂和矿物浮选，也用作有机化学产品的中间体和防虫剂。

3. 毒性

大鼠经口 LD_{50} 为 1 120 mg/kg，小鼠经口 LD_{50} 为 710 mg/kg。小鼠腹腔 LD_{50} 为 354 mg/kg。兔皮下注射 LD_{50} 为 5 150 mg/kg。大鼠吸入 LC_{50} 为 9 000 $mg/(m^3 \cdot 4\ h)$。豚鼠吸入 9 246 $mg/(m^3 \cdot$

8 h)发生麻醉。其中毒症状依次出现呼吸道刺激、体温下降、呼吸率和心率减慢、反射消失、昏迷和死亡。大鼠和豚鼠吸入毒性反应见表 24－2。

表 24－2　异丙叉丙酮对大鼠和豚鼠的作用

浓度(mg/m^3)	时　间	反　应
52 260(饱和)	几分钟	死亡
20 100	30—60 min	危及生命
4 020	60 min	没有严重障碍
804	几小时	没有严重障碍
402	几小时	轻度或没有症状

大鼠和豚鼠吸入 2 010 mg/m^3，8 h，历时 10 d，发现有肾脏充血和浊肿以及肺和肝的损害，402～1 005 mg/m^3，8 h，历时 30 d 有轻度损害，低于 200 mg/m^3 未出现反应。

本品的液体对眼能造成明显的刺激和角膜损害。偶尔短暂的皮肤接触不造成刺激，皮肤经常接触可造成皮炎。过量或中量频繁的皮肤接触可致吸收中毒而造成全身性损害。小鼠皮肤接触本品 0.5 ml 几分钟后既有明显的刺激，15 min 发生共剂失调和麻醉状态，3～9 h 全部死亡。每鼠涂 0.1 ml，10 只小鼠仅一只死亡。高浓度蒸气有麻醉性，并可造成肺、肝和肾的损害，但此浓度有强烈的气味和对眼鼻造成不可忍耐的刺激。长期反复接触较低浓度蒸气也能造成黏膜刺激。

4. 人体健康危害

48 mg/m^3 半数人可嗅到气味。105 mg/m^3 时全部人能嗅到，半数人感到鼻刺激和胸部不适，对眼亦有刺激。

5. 风险评估

美国 ACGIH 规定：TLV－STEL 为 100 mg/m^3；TLV－TWA 为 60 mg/m^3。

3－丁炔－2－酮

1. 理化性质

CAS 号：1423－60－5	外观与性状：水样透明液体。有浓重气味
沸点(℃)：83	相对密度(水＝1)：0.88
闪点(℃)：－1	折射率：1.404 5～1.409 5

2. 用途与接触机会

主要用作化工原料，也是一些化学反应的中间体。广泛用于塑料、橡胶、合成纤维、染料等行业。易挥发，因此在工作场所可接触本品蒸气。

3. 毒性

大鼠经口 0.3%植物油溶液 LD_{50} 为 6.3～12.6 mg/kg，出现震颤、腹泻和萎靡状态后死亡。未经稀释的本品能使兔眼损害和疼痛甚至死亡。1%的本品的丙二醇溶液也能造成视力丧失。未稀释的该酮和 10%的溶液都能损害皮肤，几小时吸收致死，即使 1%溶液也很危险，特别是接触到被擦伤皮肤。本品经皮肤吸收很快。以本品 10%丙二醇溶液对兔经皮 LD_{50} 为 40～50 mg/kg，几小时出现典型的症状后死亡。

大鼠吸入 556、278、139、70、27.8 mg/m^3 的不同浓度，不同时间；吸入 4 h 每种浓度均可致死亡，其他暴露时间的死亡数见表 24－3。上述浓度均可致即时的严重的眼和呼吸道刺激，并见肺充血。短时间接触，未引起肝和肾的损害，但时间稍长存活的动物亦有明显损害。对人的敏感性至少是相等的。

本品毒性大于甲基异丙烯甲酮。因此应当重视工业防护措施，如安全操作，避免呼吸道吸入和皮肤、眼睛包括衣着等的接触。

表 24－3　大鼠吸入 3－丁炔－2－酮蒸气毒性

蒸气浓度(mg/m^3)	吸入时间(h)	死亡数／试验鼠数
556	0.5	4/4
	0.05	1/4
278	1.0	4/4
	0.5	0/4
139	2.0	4/4
	0.5	2/4
	0.2	0/4
70	1.0	4/4
	0.2	0/4
27.8	7.0	4/4
	2.0	0/4

4. 人体健康危害

表现为明显的眼睛、皮肤和呼吸道强烈刺激作用,可见肺充血,长期接触可致肝、肾损害。未经稀释的3-丁炔-2-酮能造成眼损害、甚至因疼痛致死。

3-戊炔-2-酮

1. 理化性质

CAS号:7299-55-0	外观与性状:水样的透明液体
沸点(℃):133	凝固点(℃):-28.7
相对密度(水=1):0.910	

2. 用途与接触机会

为有机溶剂,也用于制造高分子聚合树脂。也是化工中间体。生产过程可以接触本品。

3. 毒性

经皮属高毒类。经口属中毒类。大鼠经口0.126%植物油溶液LD_{50}为63~126 mg/kg,多数是在出现震颤和抽搐后2 d内死亡。存活的动物尸检见严重的肝和肾损害和胃黏膜的明显刺激反应。10%溶液对皮肤造成严重的刺激。兔经皮LD_{50}为6~12 mg/kg。

4. 人体健康危害

对黏膜、皮肤有明显的刺激作用。对眼睛损害严重,甚至可以导致失明。解剖检查可见明显的肝、肾损害和胃黏膜的明显刺激反应。

苯 乙 酮

1. 理化性质

CAS号:98-86-2	外观与性状:无色晶体,或浅黄色油状液体
熔点(℃):19.6	密度(g/cm^3):1.026 6
沸点(℃):202	临界温度(℃):456
燃点(℃):571	闪点(℃):82(开杯)
相对密度(水=1):1.028 1	溶解性:不溶于水;易溶于多数有机溶剂;不溶于甘油

2. 用途与接触机会

又名1-苯乙酮、乙酰苯、甲基苯甲酮、安眠酮。用于制造香皂和纸烟。用于调配樱桃、见过、番茄、草莓、杏等食用香精,也可用于烟用香精中。

用于有机化学合成的中间体、纤维树脂等的溶剂和塑料的增塑剂。用作纤维素醚、纤维素酯、树脂、防腐剂、橡胶、医药、染料等的溶剂。

3. 毒代动力学

本品的代谢极大多数(91.9%)转变成苯甲酸,与甘氨酸结合成马尿酸经尿排出。

4. 毒性

大鼠经口LD_{50}为740 mg/kg。给小鼠腹腔注射400或500 mg/kg,很快发生催眠作用;在700 mg/kg能存活;LD_{50}为1 070 mg/kg。由于蒸气压低,故吸入毒性很少研究。大鼠在饱和蒸气中8 h没有死亡。

5. 人体健康危害

对动物可产生暂时性的角膜损害。人吞服该品可发生麻醉和止痛作用。皮肤接触能产生明显的刺激,甚至局部灼伤。长期眼接触可致暂时性的角膜损害。除了加热的蒸气外,一般吸入和在工业操作过程中不会引起中毒危害。而主要的危害是眼和皮肤的接触。

6. 风险评估

美国ACGIH规定:TLV-TWA为54 mg/m^3。

异 佛 尔 酮

1. 理化性质

CAS号:78-59-1	外观与性状:水样透明、低挥发性的液体;有一种薄荷香味和凉味感
密度(g/cm^3):0.922 9(20℃)	沸点(℃):215.2
闪点(℃):84.4(闭杯)	溶解性:微溶于水;溶于醇、乙醚和丙酮;易溶于多数有机溶剂

2. 用途与接触机会

又名,三甲基环己烯酮。用作油漆、油墨、涂料、树胶、树脂、硝基纤维的溶剂及化学合成中间体等,特别适用于乙烯基树脂。主要用于农药、涂料和罐头涂层等方面。是硝基喷漆、合成树脂类涂料的高沸点溶剂。特殊涂料用作稀释剂。与甲基异丁基酮混合使用可溶解酚醛树脂和环氧树脂。

3. 毒性

大鼠经口 LD_{50} 为 2 000 mg/kg，腹腔注射为 400 mg/kg；大鼠经口为 2 370 mg/kg，腹腔注射为 400～800 mg/kg。大鼠吸入 LG_{100} 为 10 380 mg/m^3。大鼠和豚鼠吸入 564～2 720 mg/m^3，8 h/d，5 d/w，持续6 w引起动物体重减轻，3 085 mg/m^3 组引起慢性眼结膜炎及肺部炎症。高浓度时可出现肾脏损伤。人接触有烦躁感觉，当蒸气浓度 141 mg/m^3 以上有眼鼻的刺激。

4. 人体健康危害

人接触后有烦躁感。当蒸气浓度达 141 mg/m^3 以上时，对眼、鼻有刺激。脱脂作用强，应避免与皮肤接触。由于本品的沸点比较高，挥发量少，在生产中实际还没有见到严重中毒或慢性中毒的报道。

5. 风险评估

我国的职业接触限值规定：MAC 为 30 mg/m^3。美国 ACGIH 规定：TLV－C 为 28 mg/m^3；OSHA 规定：8H PEL－TWA 为 140 mg/m^3。

环　己　酮

1. 理化性质

CAS 号：108－94－1	熔点(℃)：－45
沸点(℃)：155.6	相对密度(水＝1)：0.947 8
爆炸上限%(V/V)：9.4	爆炸下限%(V/V)：1.1
闪点(℃)：43(闭杯)	引燃温度(℃)：420
溶解性：微溶于水；混溶于醇，醚，苯，丙酮等多数有机溶剂	化学品类别：有机物-烃的含氧衍生物

2. 用途与接触机会

环己酮是重要有机化工原料，是制造尼龙、己内酰胺和己二酸的主要中间体。

作为重要的工业溶剂，如用于油漆及稀释剂、油墨及其稀释剂等。在医药方面也有特殊贡献，如喹磺环己酮(又称-环甲苯脲)，克罗龙糖适平等医药产品，对乙酰氨基环已酮等医药中间体；还可以用于玻璃钢等复合材料的辅料、助剂、或溶剂，有机磷杀虫剂及许多类似物等农药的优良溶剂。另外，染料的溶剂、活塞型航空润滑油的黏滞溶剂、脂、蜡及橡胶溶剂也有赖于它的参与。亦可以在染色和褪光丝的均化剂、擦亮金属的脱脂剂，木材着色涂漆等制作上作贡献。

3. 毒代动力学

当高剂量时尿中有机硫酸酯和葡萄糖醛酸的排泄量增加。

4. 毒性

大鼠经口 LD_{50} 为 1 620 mg/kg，兔经皮 LD_{50} 为 948 mg/kg。吸入＞6.2 mg/L/4 h，10 只豚鼠 3 只死亡，其他出现深度麻醉和可逆性角膜混浊。慢性实验，12 390 mg/m^3 吸入 6 h/d，历时 3 w，4 只兔中 2 只死亡；5 680 mg/m^3 历时 10 w，出现假死和黏膜刺激；3 110 mg/m^3，10 w，轻度黏膜刺激；1 240 mg/m^3，10 w，仅有很轻微的黏膜刺激；760 mg/m^3，10 w，兔无症状，可以忍受，未见特殊的病理组织学改变，亦无血液损害，只造成轻度的肝和肾的改变，故把这一浓度看作是兔可以忍受的上限浓度。小鼠经腹腔注射 LD_{50} 为 1 350 mg/kg。小鼠经口 MLD 为 1 300～1 500 mg/kg。小鼠在死前表现为肢体轻度瘫痪、麻醉和深而慢的呼吸。大鼠经口 LD_{50} 是 1 620 mg/kg，皮下注射致死量为 1 300～1 500 mg/kg。兔的一次经口致死量是 1 600～1 900 mg/kg。本品对中枢神经系统起抑制作用，在高浓度时起麻醉作用。其蒸气具有明显的黏膜刺激作用，它的液体在较长时间作用时能引起皮肤刺激和对眼黏膜的明显刺激作用。本品 IARC 致癌性分类为 3。

5. 生物监测

美国 ACGIH 制订的 BEI(2012)：尿 1,2－环己二醇为 80 mg/L(周末的班末)，尿环己醇为 8 mg/L(班末)。

6. 人体健康危害

人短时间吸入本品蒸气 200 mg/m^3 时可闻到气

味，300 mg/m³时有明显的眼鼻喉刺激感。100 mg/m³，8 h极大多数人都感觉良好。在工业操作情况下皮肤和眼的接触和蒸气吸入是常发生的，由于本品具有强烈的气味，在一般情况下不会吸入大量，误服的可能更小，因此尚无急性和慢性中毒的报告。

本品进入身体后的作用主要是刺激和麻醉作用，可引起呼吸衰竭。当高剂量时尿中有机硫酸酯和葡萄糖醛酸的排泄量增加。

高浓度的环己酮蒸气有麻醉性，对中枢神经系统有抑制作用，且高浓度的环己酮发生中毒时会损害血管，引起心肌，肺，肝，脾，肾及脑病变，发生大块凝固性坏死。通过皮肤吸收引起震颤麻醉、降低体温、终至死亡。环己酮的代谢产物(己二酸和环己醇)55%～86%经肾脏排出，其余由肺呼出。动物实验吸入高浓度环己酮气体后轻者嗜睡继之全身血管扩张、低血压，重者呼吸及循环衰竭，呼吸衰竭是致死的主要原因。

7. 风险评估

我国职业接触限值规定：PC-TWA为50 mg/m³(皮)。美国ACGIH规定：TLV-TWA为219 mg/m³；TLV-STEL为350 mg/m³。

甲基环己酮

1. 理化性质

CAS号：583-60-8	熔点(℃)：-14
沸点(℃)：163.7	相对蒸气密度(空气=1)：3.86
闪点(℃)：45.9	饱和蒸气压(kPa)：1.33(55℃)
折射率(n^{20})：1.446	密度(g/cm³)：0.914(20℃)
溶解性：微溶于水，溶于乙醇、乙醚	

2. 用途与接触机会

又名2-甲基环己酮，是一种优良的有机溶剂和重要的合成中间体，常用于硝基喷漆、杀虫剂等的溶剂，皂用香精的调制，医药、橡胶黏合剂以及染料与树脂的制备等。

3. 毒性

大鼠经口LD_{50}为2 140 mg/kg；小鼠腹腔注入LD_{50}为200 mg/kg；兔经皮LD_{50}为1 635 mg/kg，LD_{100}为4.9～7.2 g/kg。吸入高浓度蒸气可造成麻醉和死亡，但因该品气味强烈，一般不会高浓度吸入。液体溅入眼内可致眼损害，高浓度蒸气对眼也有刺激性。长期反复接触可造成皮肤损害。

本品健康危害GHS分类为：皮肤腐蚀/刺激，类别2；严重眼损伤/眼刺激，类别2；特异性靶器官毒性——一次接触，类别3(呼吸道刺激、麻醉效应)。

4. 人体健康危害

其蒸气对眼睛和呼吸系统有刺激作用。

5. 风险评估

美国ACGIH规定本品接触限值为：TLV-TWA为2 003 mg/m³。

3-甲基-2-丁酮

1. 理化性质

CAS号：563-80-4	熔点(℃)：-92
沸点(℃)：94.2	相对密度(水=1)：0.81
闪点(℃)：6(闭杯)	饱和蒸气压(kPa)：1.33(55℃)
折光率：1.388 2	密度(g/cm³)：0.803
溶解性：极易溶于水，易溶于醇与醚	

2. 用途与接触机会

又名1,1-二甲基丙酮、异丙基甲基甲酮、3-甲-2-丁酮、甲基异丙基甲酮、甲基异丙基酮。主要用作染料中间体，并可用于医药、农药、纺织、油漆、选矿等行业。用作溶剂，也用于塑料及有机合成。

3. 毒性

3-甲基-2-丁酮蒸气或雾对眼、黏膜及上呼吸道有刺激性。对皮肤有刺激作用。小鼠经口LD_{50}为2 572 mg/kg；大鼠腹腔注射LD_{50}为800 mg/kg兔经皮LD_{50}为6 350 mg/kg。本品蒸气或雾对眼、黏膜及上呼吸道有刺激性。

4. 人体健康危害

其蒸气对眼睛和呼吸系统有刺激作用。

甲基异戊基甲酮

1. 理化性质

CAS 号：110－12－3	熔点(℃)：－73.9
沸点(℃)：144	相对密度(水＝1)：0.81
闪点(℃)：43(开杯)	饱和蒸气压(kPa)：0.6(20℃)
折射率：1.406 9	自燃温度(℃)：191
溶解性：微溶于水；易溶于多数有机溶剂	凝固点(℃)：－73.9

2. 用途与接触机会

又名异庚酮、5－甲基－2－已酮、甲基异戊基甲酮、异丁基丙酮、异庚酮、5－甲基－2－已酮、5－甲－2－己酮、甲基異戊基甲酮。主要用于喷漆、醋酸纤维素、丙烯酸树脂、樟脑、油脂、天然和合成橡胶的溶剂；也用于有机合成。在酸、碱催化作用下发生缩合等。当加热至分解时，它会发出刺鼻的浓烟和刺激性烟雾。

3. 毒性

对眼睛和皮肤有刺激作用。大鼠经口 LD_{50} 为 3 200 mg/kg，小鼠经口 LD_{50} 为 3 200～6 400 mg/kg。小鼠每天吸入剂量 82 000 mg/m^3 近 20 min，连续吸入 15 d，近九分之四实验对象死亡；大鼠连续吸入 20 389 mg/m^3 约 15 个月，可致死。

4. 人体健康危害

其蒸气对眼睛和皮肤有刺激作用。

5. 风险评估

美国 ACGIH 规定：TLV－STEL 为 255 mg/m^3；TLV－TWA 为 102 mg/m^3。TLV 制订依据为：上呼吸道刺激；中枢神经系统损害。

2,4－戊二酮

1. 理化性质

CAS 号：123－54－6	外观与性状：无色或微黄色液体，有酯的气味
熔点/凝固点(℃)：－23	自燃温度(℃)：340
沸点(℃)：140.5	爆炸下限[%(V/V)]：2.4
闪点(℃)：34(闭杯)	易燃性：易燃
爆炸上限[%(V/V)]：11.6	饱和蒸气压(kPa)：0.93(20℃)
相对密度(水＝1)：0.98	相对蒸气密度(空气＝1)：3.45
溶解性：微溶于水；溶于醇、氯仿、醚、苯、丙酮等多数有机溶剂	

2. 用途与接触机会

用作有机合成中间体，用于制药、香料、农药等工业。用于醋酸纤维素的溶剂，其金属络合物也作溶剂。汽油、润滑油的添加剂，涂料和清漆干燥剂。用作分析试剂，如作萃取剂、溶剂比色法测定铁、氟的试剂。在二硫化碳存在下测定铊。测定铬、钴、铪、锰、锆。制备乙酰丙酮酸盐。钨、钼中铝的萃取剂。也用于配制汽油添加剂、润滑剂、杀霉菌剂、杀虫剂、染料。

3. 毒性

本品大鼠(经口)LD_{50}：750 mg/kg；兔(经皮)LD_{50}：775 mg/kg；LC_{50}：(吸入)5.1 mg/(m^3 · 4 h)。高浓度可引起呼吸困难，严重者引起中枢神经系统抑制，甚至死亡。存活的动物中出现中枢神经系统病变，胸腺坏死萎缩，肝、肾重量增加。眼及皮肤仅有轻微刺激。

乙　烯　酮

1. 理化性质

CAS 号：463－51－4	外观与性状：无色气体，具有类似氯气的刺激性气味
熔点/凝固点(℃)：－150	易燃性：极度易燃
相对蒸气密度(空气＝1)：1.4	沸点(℃)：－56
溶解性：溶于水；微溶于乙醚、芳香烃、卤代烃、酮和酯类	

2. 用途与接触机会

是有机合成的重要中间体，主要用于化工基本原料及试剂的合成。

3. 毒性

属高毒类。毒作用类似光气，对黏膜有刺激。对动物先是暂时性兴奋，短时期内转变为抑制、嗜睡、呼吸不规则而困难。高浓度吸入时，动物在一段兴奋期后出现猝倒。尸检肺部剧烈膨胀、水肿，鼻、气管支气管黏膜苍白而光滑，在气管和支气管腔内有带泡沫的液体，心腔中有血块和少量暗红色血液。显微镜检查见到大多数肺泡间隙都充满水肿液体，肺泡气肿扩大，泡壁变薄或破裂，血管充血。死亡较晚的有炎症改变。在支气管腔内有白细胞与巨噬细胞组成的渗出物。其他器官充血。肺水肿达到相当程度者有脑神经细胞变性。

4. 风险评估

我国职业接触限值规定：PC-TWA 为 0.8 mg/m^3；PC-STEL 为 2.5 mg/m^3。

3-丁烯-2-酮

1. 理化性质

CAS 号：78-94-4	外观与性状：无色液体
熔点/凝固点(℃)：-7	爆炸下限[%(V/V)]：2.1
沸点(℃)：81	闪点(℃)：-7(闭杯)
爆炸上限[%(V/V)]：15.6	易燃性：易燃
饱和蒸气压(kPa)：11(25℃)	溶解性：溶于水，溶于乙醇等
相对密度(水=1)：0.86	相对蒸气密度(空气=1)：2.4

2. 用途与接触机会

作为聚合用单体，制造离子交换树脂、胶片乳化剂；用作烷基化剂和合成甾族化合物及维生素 A 等的中间体。

3. 毒性

本品大鼠经口 LD_{50}：23.1 mg/kg；大鼠吸入 LC_{50}：7 mg/(m^3·4 h)。

对眼睛、皮肤、黏膜及上呼吸道有强烈刺激性。吸入后可因喉部及支气管的痉挛、水肿，炎症，化学性肺炎，肺水肿而致死，接触后可引起烧灼感、咳嗽、哮喘、喉炎、气短、头痛、恶心和呕吐。吸入、口服或经皮吸收后，严重中毒者均可能死亡。

健康危害 GHS 分类为：急性毒性—经口，类别 2；急性毒性—经皮，类别 1；急性毒性—吸入，类别 1；皮肤腐蚀/刺激，类别 1A；严重眼损伤/眼刺激，类别 1；皮肤致敏物，类别 1；特异性靶器官毒性——一次接触，类别 1；特异性靶器官毒性——一次接触，类别 3(麻醉效应)；特异性靶器官毒性—反复接触，类别 1。

4. 风险评估

苏联规定：MAC 为 0.1 mg/m^3。

本品对水生生物毒性极大并具有长期持续影响，其环境危害 GHS 分类为：危害水生环境—急性危害，类别 1；危害水生环境—长期危害，类别 1。

二乙烯酮

1. 理化性质

CAS 号：674-82-8	外观与性状：无色或微黄色透明液体
熔点/凝固点(℃)：-7	沸点(℃)：127.4
闪点(℃)：33(闭杯)	自燃温度(℃)：310
爆炸上限[%(V/V)]：11.7	易燃性：易燃
饱和蒸气压(kPa)：1(20℃)	爆炸下限[%(V/V)]：2
相对密度(水=1)：1.09	相对蒸气密度(空气=1)：2.9
溶解性：不溶于水；可溶于多数有机溶剂	

2. 用途与接触机会

用作制造染料、油墨、木材漆和乙烯树脂的增塑剂及合成药品、农药。

3. 毒性

本品蒸气对眼、呼吸道和组织黏膜有强烈的刺激作用，具有催泪性，中毒严重者能引起肺气肿、肺水肿，甚至肺出血。长期接触高浓度，可能会发生肺硬化。其液体与皮肤直接接触，能引起皮炎或溃疡；与眼接触，能引起角膜化学灼伤，但可以治愈。

本品大鼠经口 LD_{50}：0.56 mg/kg，兔经皮 LD_{50}：

2.83 mg/kg，健康危害 GHS 分类为：急性毒性—吸入，类别 2。

环 己 烯 酮

1. 理化性质

CAS 号：930-68-7	外观与性状：无色透明液体，略带酮样甜味
熔点/凝固点(℃)：-53	沸点(℃)：168
闪点(℃)：34	易燃性：易燃
饱和蒸气压(kPa)：0.24	密度(g/cm^3)：0.993(25℃)
相对密度(水=1)：0.99	相对蒸气密度(空气=1)：3.3
溶解性：溶于水、苯、乙醇	

2. 用途与接触机会

是一种有机合成中重要的中间体，广泛用于医药、农药、香精香料等精细化工产品的合成中，如用于合成甾族化合物、环己烯酮类除草剂、消炎镇痛药卡洛芬等。

3. 毒性

本品大鼠经口 LD_{50}：220 mg/kg；兔经皮 LD_{50}：70 mg/kg；大鼠吸入 LC_{50}：1 073 mg/(m^3 · 4 h)。小鼠 100 mg/kg 腹腔注射，出现痉挛、腹泻、角弓反张、缩瞳；300 mg/kg，在 15 min 内死亡。

皮肤刺激或腐蚀：本品易经皮肤吸收，局部刺激强，皮肤涂敷可致中枢神经系统损害而死亡。用致死量的 1/10，5 d/w，给兔涂肤，共 90 d，出现局部红肿，表皮肥厚坏死，胶元变性，炎细胞浸润。局部出血。剖检未见脏器病变。

眼睛或呼吸道刺激或腐蚀：对眼睛、上呼吸道具有刺激作用。

健康危害 GHS 分类为：急性毒性—经口，类别 3；急性毒性—经皮，类别 2；急性毒性—吸入，类别 2。

酮的卤代化合物

单 氟 酮 类

单氟取代酮类化合物上的一个氢原子，组成一类化合物简称氟酮，其中最简单的为氟甲基酮($FCH_2 \cdot COR$)。本类物质都为液体，在体内的转化，可能先在最后一个甲基位置上，进行 ω-氧化，生成相应的氟甲基烷基酮酸。后者再经过 β-氧化生成氟丙酮酸（毒性与氟丙酸相似，属低毒类）或氟丁酮酸（毒性与氟丁酸相似，属高毒类），如 1-氟-2-庚酮（低毒）及 1-氟-2-癸酮（高毒）的代谢为：

$FCH_2CO(CH_2)_4CH_3$(1-氟-2-庚酮)$\xrightarrow{\omega\text{-氧化}}$

$FCH_2CO(CH_2)_4COOH$(氟甲基己酮酸)$\xrightarrow{\beta\text{-氧化}}$

$FCH_2COCOOH$(氟丙酮酸，低毒)

$FCH_2CO(CH_2)_7CH_3$(1-氟-2-癸酮)$\xrightarrow{\omega\text{-氧化}}$

$FCH_2CO(CH_2)_7COOH$(氟甲基壬酮酸)$\xrightarrow{\beta\text{-氧化}}$

FCH_2COCH_2COOH(氟丁酮酸，高毒)

但也有少量直接氧化断裂，生成氟乙酸，如：

$FCH_2CO(CH_2)_4CH_3$(1-氟-2-庚酮)$\longrightarrow$

FCH_2COOH(氟乙酸)$+CH_3(CH_2)_3COOH$(戊酸)

本类毒性与结构关系同氟羧酸相似（见表 24-4）。

表 24-4　氟甲基酮的毒性

化合物	分子式	沸点(℃)	小鼠腹腔注射 LD_{50}(mg/kg)
氟丙酮	FCH_2COCH_3	78～79	低毒
1-氟-2-庚酮	$FCH_2CO(CH_2)_4CH_3$	54/(1.73 kPa)	60
1-氟-2-辛酮	$FCH_2CO(CH_2)_5CH_3$	70/(1.47 kPa)	8
1-氟-2-癸酮	$FCH_2CO(CH_2)_7CH_3$	99/(1.47 kPa)	7.5

氟取代在其他多碳烃基上的氟酸，多为高沸点（100℃左右或更高些）液体，不易挥发。本类化合物在体内的代谢更为复杂，可能有下列两种方式同时存在：

(1) 生成乙酸的代谢：

$$F(CH_2)_nCO\,CH_3 \longrightarrow F(CH_2)_{n-1}COOH+CH_3COOH$$

(2) 生成甲酸的代谢：

$$F(CH_2)_nCO\,CH_3 \longrightarrow F(CH_2)_n\,COOH+HCOOH$$

两种方式中，以第一种为主。故当通式 $F(CH_2)_n \cdot COR$ 中的"n"为偶数时，代谢生成氟乙酸，毒性大，奇数时生成氟丙酸，毒性小(见表 24－5)。但后者也具有一定程度类似氟乙酸的毒性。这是因为“n”为奇数的化合物，也有少部分经第二种方式的代谢途径，生成氟乙酸。

单氟烃基苯基酮类多属低毒，这可能由于苯基抑制了氟烃基酮的氧化过程。

多 氟 酮 类

多氟酮类包括许多化合物，其中含氟全卤丙酮类多为高比重液体，作为溶剂、聚合物单体以及药物的中间体等。

此类多氟酮属中等度毒，其中以二氯四氟及一氯五氟丙酮毒性较大，三氯三氟丙酮毒性较小(见表 24－6)。

急性中毒动物表现为中枢神经系统抑制状态，后肢步态不稳，复位反射消失，可持续数小时到数天，多数在 2～6 d 后死亡。

狗吸入 34 000 mg/m³ 浓度六氟丙酮 30 min，1/3 动物死亡；45 min 半数动物死亡。中毒动物呼吸深度及频率均受抑制，血压降低 50％。心电图除暴露时见 T 波改变外，无持续性变化。

大多数水合物涂皮试验均见局部刺激作用：水肿、充血、破溃、结痂，2 w 后长出新毛。六氟丙酮水合物对眼结膜及角膜有严重损害，给药 2 个月后角膜完全浑浊，对光反射消失。

病例解剖见二氯四氟丙酮、一氯五氟丙酮及六氟丙酮中毒有肺部充血、出血及水肿等损害。心、肝、脾、肾一般未见有特殊损害；仅高浓度的全氟丙酮中毒，见有肝细胞肿胀，肝窦挤压及玻璃变性等改变。

表 24－5　单氟烃基酮的毒性

化合物	分子式	沸点(℃)	小鼠腹腔注射 LD_{50}(mg/kg)
8-氟-2-辛酮	$F(CH_2)_6COCH_3$	87～88/(1.47 kPa)	3
9-氟-2-壬酮	$F(CH_2)_7COCH_3$	98～98.5/(1.2 kPa)	16
10-氟-2-癸酮	$F(CH_2)_8COCH_3$	113～113.5/(1.2 kPa)	1.2
11-氟-2-十一酮	$F(CH_2)_9COCH_3$	126～126.5/(1.27 kPa)	11.8
12-氟-2-十二酮	$F(CH_2)_{10}COCH_3$	138～138.5/(1.27 kPa)	1.5
12-氟-6-十二酮	$F(CH_2)_6CO(CH_2)_4CH_3$	138.5～139/(1.73 kPa)	4.5
ω-氟乙酰基苯	$FCH_2COC_6H_5$	90～91/(1.6 kPa)	＞225
6-氟己基苯酮	$F(CH_2)_6COC_6H_5$	171～172/(1.73 kPa)	＞100
8-氟辛基苯酮	$F(CH_2)_8COC_6H_5$	134～137/(0.093 kPa)	100
9-氟壬基苯酮	$F(CH_2)_9COC_6H_5$	固体，熔点 36～36.5	90

表 24－6　某些含氟全卤丙酮及水合物对大鼠的毒性

化合物	分子式	物态	沸点(℃)	密度(g/cm³)	LD_{50}(mg/kg)或LC_{50}(mg/m³)			
					经皮	经口	吸入	
							0.5 h	3 h
三氯三氟丙酮	$CClF_2COCClF$	液	86～90	1.713(21℃)	770±80(兔)	277±35	21 875	10 080
二氯四氟丙酮	$CClF_2COCClF_2$	液	44	1.52(21℃)	91±15 或 146±5	61±5	3 483	729
一氯五氟丙酮	$CClF_2COCF_3$	气	7.8	1.602(25℃)	—	—	4 612.8	930
一氯五氟丙酮水合物	$CClF_2COCF_2 \cdot 3.5H_2O$	液	106	1.61(25℃)	81±16(兔)	85±6	—	—
六氟丙酮	OCF_3COCF_3	气	−27.28	1.537(25℃)	—	191	6 120	1 870
六氟丙酮水合物	$CF_3COCF_3 \cdot 3H_2O$	液	105	1.60(25℃)	113(兔)	190	—	—

六 氟 丙 酮

1. 理化性质

CAS 号：684 - 16 - 2	外观与性状：无色气体，有发霉气味
熔点/凝固点(℃)：−125.45	沸点(℃)：−27.28
饱和蒸气压(kPa)：602(21.1℃)	溶解性：溶于卤代烃
相对密度(水=1)：1.32	

2. 用途与接触机会

曾用作除草剂，主要通过吸入或皮肤接触。

主要用于有机合成，是生产六氟异丙醇的主要化学中间体，与环氧乙烷共聚可得到耐高温、耐腐蚀涂料及粘着剂，可用作缩醛树脂、聚酰胺、聚乙交酯、聚缩醛、多元醇的有机溶剂，还是合成医药、农药、高分子材料及有机化学品的原料。在使用过程中均可接触。

3. 毒性

主要通过吸入接触本物质，对皮肤、眼睛和呼吸道有刺激性。靶器官主要有：眼睛、皮肤、呼吸系统、肾脏和生殖系统。

动物试验表明：大鼠吸入 LC_{50} 为 2 038 mg/m^3，3 h，大鼠经口 LD_{50} 为 191 mg/kg，出现中枢神经系统抑制、肺部有郁血、水肿及出血；狗吸入浓度 30.6 mg/m^3 六氟丙酮 30 min 即处于麻醉状态，如作用时间为 45 min，2 只狗中有 1 只在虚脱(血压下降)症状下死亡，解剖见肺出血及水肿。本品无致癌性，但有明显的致畸作用[大鼠经皮 MLD 为 11 mg/kg(妊娠期 6～16 d)阳性]。

本品健康危害 GHS 分类为：急性毒性—吸入，类别 2；皮肤腐蚀/刺激，类别 2；严重眼损伤/眼刺激，类别 2；生殖毒性，类别 2；特异性靶器官毒性——次接触，类别 1；特异性靶器官毒性—反复接触，类别 1。

4. 人体健康危害

对眼睛、皮肤、黏膜和呼吸道有强烈的刺激作用，主要症状为咽喉部有烧灼感、咳嗽、喘息、气短、头痛、恶心和呕吐。吸入后可能因咽喉、支气管痉挛、水肿、化学性肺炎、肺水肿而致死。工人短时间吸入较多六氟丙烯，出现头昏、无力、睡眠欠佳等症状。

5. 风险评估

我国职业接触限值规定：PC - TWA 为 0.5 mg/m^3（皮）；美国 ACGIH 规定：TLV - TWA 为 0.68 mg/m^3。

其他卤代酮化合物

几种酮的其他卤代酮化合物的理化特性及毒性见表 24 - 7。

表 24 - 7　酮的其他卤代酮化合物的理化特性及毒性

化合物	分子式	分子量	理 化 特 性	用 途	毒 理
氯丙酮（CAS 号 78 - 95 - 5）	C_3H_5ClO 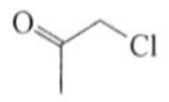	92.52	无色液体，有刺激性气味。沸点：120℃，熔点：−45℃，相对密度相对密度(水=1)：1.1，相对蒸气密度(空气=1)：3.2，闪点：35℃C，自动点火温度：610℃，溶于水，溶于乙醇、乙醚、氯仿。遇明火、高热易燃。与氧化剂接触猛烈反应。受热分解能放出剧毒的光气	广泛用于有机合成原料、制药、染料、酶激活剂，制备四乙基铅的催化剂、催泪性毒气等	1. 急性毒性：急性毒性—经口，类别 3；急性毒性—经皮/吸入，类别 2；LD_{50}（经口）= 100 mg/kg（大鼠），LD_{50}（经皮）= 140 mg/kg（兔）；LD_{50} =80 mg/kg（大鼠腹腔）；LD_{50}（经口）=127 mg/kg（小鼠）；LD_{50}（经皮）=100 μl/kg（猪）；LC_{50}（经口）= 1 082 mg/(m^3 · h)（大鼠） 2. 致畸性：沙门氏菌：6 mg/m^3； 3. 皮肤腐蚀/刺激、严重眼损伤/眼刺激，类别 1；有极强的刺激性气味及催泪性，主要刺激人的眼睛，浓度 18 mg/m^3 时使人流泪，浓度 100 mg/m^3 时不能忍受，对人体呼吸道也有刺激作用 4. GHS 危害分类为：急性毒性—经口，类别 3；

（续表）

化合物	分子式	分子量	理化特性	用途	毒理
					急性毒性—经皮，类别2； 急性毒性—吸入，类别2； 皮肤腐蚀/刺激，类别1； 严重眼损伤/眼刺激，类别1； 特异性靶器官毒性——次接触，类别1； 危害水生环境—急性危害，类别1； 危害水生环境—长期危害，类别1； 5. 我国的职业接触限值MAC：4 mg/m^3（皮）
3-氯丁酮（CAS号4091-39-8）	C_4H_7ClO 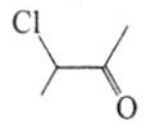	106.55	黄色液体，易燃，沸点：139℃，密度：1.055 g/cm^3（25℃），饱和蒸气压：1.33 kPa(20℃)，不溶于水，遇明火、高热或与氧化剂接触，有引起燃烧爆炸的危险。受高热分解，放出腐蚀性、刺激性的烟雾	主要用于有机合成	急性毒性：LD_{50}=810 mg/kg(小鼠)。有催泪性毒剂，毒性比氯丙酮略高。对皮肤有刺激性作用，其蒸气或雾对眼睛、黏膜和上呼吸道有刺激作用
溴丙酮（CAS号598-31-2）	C_3H_5BrO 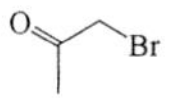	136.98	无色液体，有刺激性臭味，接触空气转变成紫色。沸点：137℃，熔点：−36.5℃，相对密度相对密度(水=1)：1.63，闪点：51.4℃，微溶于水，溶于乙醇、丙酮、苯、乙醚。具强刺激性，具强烈催泪性；遇高热、明火或氧化剂可燃，类别2；受热分解有毒溴化物气体	用于有机合成，也用作化学武器	1. LC_{Lo}（吸入）=3 498 mg/m^3（人，10 min）；兔吸入500 mg/m^3，30 min，24 h内死亡；人吸入1.5 mg/m^3，流泪；吸入2.8 mg/m^3，几秒钟，失去工作能力 2. 有强烈的催泪性，毒性比一氯丙酮强，对眼睛有刺激性，对上呼吸道刺激性强烈。皮肤直接接触其液体，可引起水疱，皮炎及荨麻疹 3. GHS分类为急性毒性—吸入，类别1；皮肤腐蚀/刺激，类别2；严重眼损伤/眼刺激，类别2；特异性靶器官毒性——次接触，类别3(呼吸道刺激)
溴丁酮（CAS号：814-75-5）	C_4H_7BrO 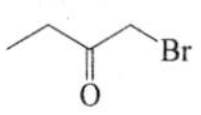	151.01	无色液体，有刺激性气味，沸点：143℃，密度：1.479 g/cm^3（25℃），饱和蒸气压：1.20 kPa(20℃)，常温常压下稳定，遇明火、高热可燃，与氧化剂可发生反应。受高热分解放出有毒的气体，其蒸气比空气重，能在较低处扩散到相当远的地方，遇火源会着火回燃	主要用于有机合成；也是医药中间体	急性毒性：LD_{50}（吸入）=500 mg/m^3/10M(小鼠) 吸入、摄入或经皮肤吸收后对身体有害，对眼睛、皮肤和黏膜有刺激作用。接触后可引起头痛、恶心、呕吐、咳嗽、气短等
二溴丁酮(CAS号25109-57-3)	$C_4H_6Br_2O$ 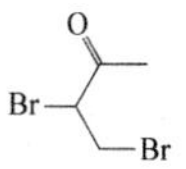	222.91	液体，沸点：80℃，密度：1.97 g/cm^3（25℃），饱和蒸气压：8.0 g/cm^3，不溶于水，遇明火、高热可燃，类别3。受热分解有毒溴化物气体	主要用于有机合成	有毒，具强烈催泪性。人在本品18.8 mg/m^3环境下，几秒钟内失去工作能力；1～2秒可致显著呼吸道疾患
碘丙酮	C_3H_5IO	183.97	淡黄色液体。沸点62℃(1.6 kPa)。相对密度：2.17。溶于乙醇。有强烈的催泪性、刺激性、挥发性	用作有机合成试剂	有强烈的催泪性、刺激性
溴乙酰苯（CAS号70-11-1）	C_8H_7BrO 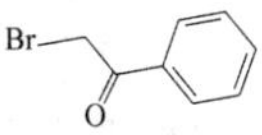	199.05	从乙醇中析出的白色针状结晶。熔点：51℃，沸点：135℃(2.4 kPa)，折射率：1.709(15℃)，相对密度：1.65。易溶于乙醚、苯和氯仿，溶于乙醇中和热石油醚，不溶于水。与高锰酸作用生成苯甲酸，明火可燃，受热分解有毒溴化物气体，有极强催泪性	用作有机合成原料，医药、染料的中间体。在医药工业用于制止血速等，与硫脲作用可合成α-氨基-4-苯基噻唑，还可用于检定羟基酸	1. 吸入、摄入或经皮肤吸收后对身体有害，对眼睛、皮肤、黏膜和上呼吸道有强烈刺激作用。吸入可引起喉、支气管炎症、痉挛，化学性肺炎、肺水肿等 2. GHS分类为：急性毒性—经口，类别3；急性毒性—经皮，类别3；急性毒性—吸入，类别3；皮肤腐蚀/刺激，类别1；严重眼损伤/眼刺激，类别1

5-溴戊烷-2-酮

1. 理化性质

CAS号：3884-71-7	外观与性状：无色液体
沸点(℃)：77(1.86 kPa)	闪点(℃)：76.1
饱和蒸气压(kPa)：0.07(25℃)	密度(g/cm³)：1.359

2. 用途与接触机会

化工、医药中间体；由乙酰丙醇溴化而得。将溴化钠加入水中搅拌溶解。加入硫酸，控制75℃1 h加完。再于75～85℃加入乙酰丙醇，升温至90℃保持半小时。冷至35℃，加水至20℃，静置，分取有机相，用碳酸钠溶液中和至pH为7，静置分去水层后即得5-溴-2-戊酮。在生产、使用过程中均可接触。

3. 毒性

大鼠接触饱和蒸气7 h，共9次，有眼刺激症状，并有流涎、轻度麻醉和呼吸困难。病理示肺脏充血、出血。大鼠吸入140 mg/m³雾滴6 h，共15次，除见轻度困倦外，无明显其他异常。

1,1-二氯丙酮

1. 理化性质

CAS号：513-88-2	外观与性状：透明至淡黄色液体
沸点(℃)：120(常压)	易燃性：易燃
闪点(℃)：24.4	*n*-辛醇/水分配系数：0.20(EST)
饱和蒸气压(kPa)：3.59(25℃)	相对密度(水=1)：1.304
密度(g/cm³)：1.327	溶解性：溶于乙醇，混溶于乙醚

2. 用途与接触机会

可用做杀虫剂；除草剂的解毒剂；有机合成中间体。

3. 毒性

可通过皮肤、误吞接触。皮肤接触是主要暴露途径，可导致皮肤刺激，眼睛不慎污染会引起严重的眼睛刺激。本品健康危害GHS分类为：急性毒性—经口，类别3。

3.1 急性毒作用

小鼠经口LD_{50}：250 mg/kg，大鼠经口LD_{50}：360 mg/(kg·90 d)，肝脏重量变化，血清成分(如茶多酚，胆红素，胆固醇)变化，生化-酶抑制，诱导或改变血液或组织中转氨酶水平；

3.2 慢性毒作用

每10只雄性和10只雌性SD大鼠为一组，分别给予添加1,1-二氯丙酮的玉米油灌胃，分为0、10、20、40、80 mg/(kg·d)五个剂量组，连续喂养90 d。对食物和水的消耗，身体和器官的重量，器官重量比，血液学和临床生化指标进行测定，并对大鼠进行病理解剖。在研究过程中没有观察到死亡，但肝、胃、肾毒性明显。肝脏改变包括细胞质蚀变、细胞核增大和胆管增生。上述结果在雌、雄性剂量10 mg/(kg·d)及以上组别中均有统计学差异($p \leqslant 0.5$)。在40、80 mg/(kg·d)剂量组中，雌雄大鼠均出现前胃角化过度和上皮增生，80 mg/(kg·d)组发生胃溃疡。此外，慢性进行性肾病的发病率和严重程度在高剂量雄性大鼠中最为明显。肝和肾脏的脏器体重比增加，在雌性大鼠80 mg/(kg·d)组和雄性大鼠40、80 mg/(kg·d)组中尤为明显。血清酶(ALT，AST，LDH)在雌性组中升高，雄性组降低。

1,3-二氯丙酮

1. 理化性质

CAS号：534-07-6	外观与性状：无色针状或片状结晶
熔点/凝固点(℃)：45	沸点(℃)：173.4
饱和蒸气压(kPa)：0.93(55℃)	相对蒸气密度(空气=1)：4.38
相对密度(水=1)：1.382 6	溶解性：溶于水、乙醇和乙醚

2. 用途与接触机会

该物质是重要的医药、农药中间体，目前主要用于喹诺酮类抗菌药环丙氟哌酸的合成。用于有机合成，也用作催泪性毒剂。

3. 毒性

经呼吸道、消化道和皮肤、黏膜吸收。本品健康危害GHS分类为：急性毒性—经口，类别2；急性毒性—经皮，类别2。

3.1 急性毒作用

小鼠经口 LD_{50}：18.9 mg/kg，影响感觉器官和特别感官(眼)，嗜睡(普通抑郁活动)，兔子经皮肤 LD_{50}：53 mg/kg，影响感觉器官和特别感官(嗅觉)，感官(眼)-虹膜炎，嗜睡(普通抑郁活动)。小鼠 LC_{50}(吸入)：27 mg/(m^3 · 2 h)。本品受热分解放出高毒的氯化物烟雾。有催泪性、刺激性。误服、皮肤接触、吸入粉尘会中毒。

3.2 慢性毒作用

对皮肤、眼睛和黏膜具刺激作用。刺激性：家兔经皮，500 mg，重度刺激；家兔经眼，100 mg，重度刺激。致突变性：微生物致突变：鼠伤寒沙门菌1 250ng/皿。性染色体缺失和不分离：酿酒酵母菌100%/8 min。

4. 人体健康危害

有催泪性、刺激性。误服、皮肤接触、吸入粉尘会中毒。对皮肤、眼睛和黏膜具刺激作用。

反复或是长期皮肤接触可引起皮肤炎。

六氯丙酮

1. 理化性质

CAS号：116-16-5	外观与性状：淡黄色液体
熔点/凝固点(℃)：-2.0	沸点(℃)：203.6
饱和蒸气压(kPa)：0.05	易燃性：遇明火、高热可燃
相对密度(水=1)：1.444	相对蒸气密度(空气=1)：9.2
溶解性：溶于水、酮	

2. 用途与接触机会

用于生产医药、农药(除草剂、干燥剂)中间体。

3. 毒性

属剧毒类。经呼吸道、消化道和皮肤、黏膜吸收。本品大鼠 LD_{50}(经口)：240 mg/kg；大鼠 LC_{50}(吸入)：4 255 mg/(m^3 · 6 h)；兔 LD_{50}(经皮)：2 980 mg/kg。

4. 风险评估

苏联规定：MAC为0.5 mg/m^3。

本品对水生生物有毒并具有长期持续影响，其环境危害GHS分类为：危害水生环境—急性危害，类别2；危害水生环境—长期危害，类别2。

酮的其他化合物

表24-8 酮的其他化合物的毒性

化合物	大鼠经口粗略 LD_{50} (g/kg)	兔经皮吸收粗略 LD_{50} (ml/kg)	大鼠吸入饱和蒸气无死亡的最长时间	大鼠吸入结果		
				浓度 (mg/m^3)	时间 (h)	14 d的死亡比数
甲基苯乙烯基苯基甲酮(缩二安眠酮)	3.6	6.3	—	—	—	—
苯基二甲苯基甲酮	4.92	20.0	8 h	—	—	—
3-硝基苯乙酮	3.25	3.0	8 h	—	—	—
3-戊酮	2.14	20.0	15 min	30 761	4	4/6
5-乙基-3-壬烯-2-酮	8.12	8.48	8 h	—	—	—
4-己烯-1-炔-3-酮	0.071	0.10	5 min	55	4	2/6
5-甲基-2-己酮	4.76	10.0	—	152 192	4	0/6

第25章

醛和缩醛类

醛类(aldehyde)是由烃基与醛基相连而构成的化合物，是有机化合物的一类，化学结构式为R—CHO，其中R可以是氢原子，或是被取代或未被取代的碳氢基团。醛能参与多种化学反应，如氧化生成羧酸；还原生成醇；醛醇缩合生成羟基醛等。醛类分子的结构特点是含有醛基。醛类催化加氢还原成醇，易为强氧化剂甚至弱氧化剂所氧化，醛基既有氧化性，又有还原性。

(一) 工业用途

甲醛用于合成树脂、醇酸和其他化学物质的中间体；也用于橡胶、鞣酸、造纸、制药、染料、香料等生产；甲醛可作为除臭剂、消毒剂及蛋白质硬化剂。此外可作为工业溶剂，如糠醛用于矿物精油制剂及各种树脂的溶剂，亦可作为化学中间体。

(二) 理化特性

一些低分子醛为气体，而高分子的芳香醛则为高熔点固体，但绝大多数脂肪醛为液体，易溶于水，具有特殊的气味。低分子的饱和脂肪醛沸点在30～40℃，较相应的醇的沸点低。开链醛极易挥发，芳香醛则不易挥发。醛的另一重要特点是易聚合，故在应用时需先加抑制剂。同时，多数醛类是易燃易爆品。

(三) 毒性与中毒机理

醛为刺激性物质，其毒性作用随分子量大小而异；不饱和醛则比饱和醛的毒性大。芳香族醛如苯醛在肝脏内可氧化为相应的酸，一般作用缓慢而完全，但如有羟基存在时，则其代谢产物即与硫酸或葡萄糖醛酸结合而排出体外。一般情况下脂肪族醛和芳香族醛在体内代谢迅速。

醛类的主要毒性作用：

3.1 对皮肤、眼和呼吸道黏膜的刺激作用

几乎所有的醛都具有程度不等的刺激作用，其刺激程度的大小则随碳原子数的增多而减弱。同时，刺激作用的主要部位也随之改变。一般来说，低碳醛类易溶于水，主要损伤上呼吸道；高碳醛的溶解度较小，主要损害深部呼吸道。开链不饱和脂肪醛和一些卤代醛的刺激作用比饱和醛的大。在某些情况下，二醛类浓溶液对皮肤和眼可产生强烈刺激。一般缩醛和芳香族醛的刺激作用相当微弱，但亦有例外，如糠醛有刺激性，但不及丙烯醛或甲醛那样强。醛对组织的刺激作用可能与醛作用于蛋白质和氨基酸有关。例如，脂肪醛与氨基作用可形成羟甲基衍生物：

$$R-NH_2+HCHO \longrightarrow R-NHCH_2OH$$
$$R-NH_2+2HCHO \longrightarrow R-N(CH_2OH)_2$$

其后的反应为形成环状化合物，例如甘氨酸与甲醛作用形成三羧酸甲基丙撑三胺。蛋白质虽与醛或二醛产生不同的交联反应，但均导致本身结构的改变。不饱和醛类的催泪作用，可能与其对神经末梢中酶的巯基结合有关。醛氧化时，在脱氢过程中可能与酶的巯基结合。不饱和醛和卤代醛的刺激作用较强。

3.2 过敏反应

接触甲醛溶液可发生过敏反应，但接触其蒸气过敏的则属少见，加成物如甲醛亚硫酸氢盐几乎无此作用，二醛在理论上可称为致敏原，但实际上很少见。

不饱和醛可致过敏反应，但一般难与刺激作用相鉴别。缩醛和芳香族的过敏作用少见。用醛作原料的树脂类及含甲醛的聚合物都可引起过敏反应，这可能与存在过量甲醛或分解释放甲醛有关。过敏反应主要发生在皮肤，呈哮喘样发作的呼吸道过敏

反应则较罕见。

3.3 麻醉作用

醛蒸气的麻醉作用随碳原子数的增多而加强。芳香族醛挥发性小,其危害性亦不显著。具有肯定麻醉特性的四种物质为水合氯醛、副醛、二甲氧基甲醛及乙醛缩二乙醇。水合氯醛在体内转化为三氯乙醇;副醛、乙醛缩二乙醇解聚为乙醛,乙醛对大鼠具有麻醉及酒精样作用。当动物实验经口摄入大量脂肪醛时可产生麻醉症状,但在实际情况下,由于毒物的直接刺激作用,防止了大量吸入,而少量吸入后则被迅速分解破坏。

3.4 器质性病变

实验动物接触醛蒸气的主要病理变化为呼吸道损伤和肺水肿,但其程度多数远比光气为轻。乙烯酮、丙烯醛、丁烯醛、氯醛等的作用与光气、氯气等相似。接触高浓度的甲醛、丙烯醛、甲缩醛和糠醛等时,在动物肝、肾和中枢神经系统中可发生各种病变。

醛类可引起心率加快和血压升高,是由于肾上腺髓质和其他组织释放出儿茶酚胺,产生拟交感反应的结果。当高浓度醛进入动物体内时,则产生心动过缓,推测此时产生了迷走神经刺激作用,其拟交感反应被迷走神经的兴奋作用所抵消。此时仍见血压升高,是由于儿茶酚胺对血管周围的阻力所致。

3.5 远期效应(诱变、致癌和致畸作用)

IARC已经将甲醛、与酒精饮料消费有关的乙醛列为1类致癌物,乙醛、缩水甘油醛列为2B类致癌物,丙二醛、巴豆醛、3-丙醛列为3类致癌物。李谦等人研究甲醛、乙醛、丙醛、丁醛、己醛、戊醛对脱细胞核DNA的影响发现,甲醛和乙醛均可与DNA断片形成加合物和/或交联物而使断片在电场中无法迁移。用彗星试验检测受试物对DNA断片的影响,试验发现甲醛和乙醛组分别表现为尾部无DNA和尾部DNA减少,其他醛类均无明显影响,这种结果提示醛类与DNA形成加合物的能力随着烷基数量增加而减弱。另有试验证明,甲醛对所有哺乳动物细胞均有损伤作用。

甲醛、乙醛、巴豆醛、水合氯醛、丙醛及丙烯醛在数种细菌、霉菌和果蝇的诱变短期测试中具有诱变性。醛类对动物的致癌性很大程度上取决于给药剂量、途径和方式。

(四) 对人体影响

在正常情况下,人接触低浓度醛类时,经呼吸道可吸收大部分,甲醛、乙醛、丙醛或丙烯醛均可吸收60%～100%。三聚乙醛在体内约80%可解聚为乙醛,约20%经肺排出体外,只有极少量随尿液排出。三聚乙醛的解聚作用在肝脏内进行。水合氯醛在人体内能转化为三氯乙醇和三氯醋酸。某些醇的衍生物则以葡萄苷酸形式排出体外。

有人报告了空气中醛浓度与眼刺激作用两者之间呈对数直线关系,空气浓度为7.86 mg/m^3时,30%的接触者产生眼刺激作用,当15.7 mg/m^3时,有45%～50%的接触者感觉有刺激性。

一般说来,虽然工业上大量使用醛化合物,但当感觉器官反复受到刺激、呼吸道和肺部产生病理反应与接触性皮炎等以后,一般不至于造成肯定的蓄积性组织损害。

职业接触亦不至于发生麻醉。曾有报道接触高浓度异戊醛者发生恶心、呕吐、头痛和软弱无力等,但这些症状都不能确定属于麻醉作用。

因3,4,6-三甲氧基肉桂醛存在于木质素中,所以木工鼻腔癌发病率的增高可能与木材的不饱和醛有关。

美国NIH将甲醛列为已知致癌物(Known to be carcinogens)。生产乙缩醛的工人鼻腔、口腔及支气管肿瘤的发病率远远高于化工厂同龄对照组,提示醛类对人的可能致癌作用。然而,一般情况下此类化合物强烈的刺激性防止了大量接触的发生,加之进入体内后迅速代谢转化成无毒的物质也限制了其致癌的始发作用,但如果有其他始发剂的存在,即使是低浓度也可能仍具有促癌作用。因此,必须加以重视并进行深入的流行病学研究以明确实际存在的危险度。

(五) 诊疗

本节急性醛类中毒的诊疗适用于急性甲醛中毒及其他醛类化合物中毒,特别是低分子醛和开链醛,如乙醛、丙烯醛等。

5.1 诊断

目前职业性醛类化合物中毒的诊断国家标准有GBZ33—2002《职业性急性甲醛中毒诊断标准》,其他醛类化合物中毒无特定的国家诊断标准,可根据职业中毒诊断的一般原则诊断。GBZ33—2002《职业性急性甲醛中毒诊断标准》对职业性急性甲醛中毒的诊断如下：

诊断原则

根据短期内接触较高浓度甲醛气体的接触史，眼和呼吸系统急性损害的临床表现及胸部X射线所见，参考接触现场的卫生学调查结果，综合分析，并排除其他病因所致的类似疾病方可诊断。

接触反应

表现为一过性的眼及上呼吸道刺激症状，肺部无阳性体征，胸部X射线检查无异常发现。

根据病情严重程度，急性甲醛中毒可分为轻、中、重三级：

轻度中毒

有下列情况之一者：

a) 具有明显的眼及上呼吸道黏膜刺激症状，体征有眼结膜充血、水肿，两肺呼吸音粗糙，可有散在的干、湿性啰音，胸部X射线检查有肺纹理增多、增粗。以上表现符合急性气管——支气管炎；

b) 一至二度喉水肿。

中度中毒

具有下列情况之一者：

a) 持续咳嗽、咯痰、胸闷、呼吸困难，两肺有干、湿性啰音，胸部X射线检查有散在的点状或小斑片状阴影。以上表现符合急性支气管肺炎；

b) 三度喉水肿；

c) 血气分析是轻度至中度低氧血症。

重度中毒

具有下列情况之一者：

a) 肺水肿；

b) 四度喉水肿；

c) 血气分析呈重度低氧血症。

急性甲醛中毒时还可伴有眼灼伤或皮肤损害，其诊断和处理可参照GBZ18—2013《职业性皮肤病的诊断》、GBZ54—2017《职业性化学性眼灼伤诊断标准》。此外甲醛引起的哮喘，属过敏性疾病，可参照GBZ57《职业性哮喘诊断标准》诊断和处理。

鉴别诊断：需与急性醛类中毒鉴别的疾病主要为上呼吸道感染、感染性支气管炎、肺炎以及其他刺激性气体引起的眼和呼吸系统损害。因工业级甲醛溶液中往往含有甲醇，要注意排除甲醇的毒性影响。

5.2 治疗

醛类中毒的处理原则：无特殊解毒剂，主要为对症和支持治疗。

(1) 迅速将患者移离现场至空气新鲜处，及时脱去被污染的衣物，用肥皂水和大量清水彻底冲洗污染的皮肤。溅入眼内需立即用大量的流动清水冲洗，并用荧光素染色检查有无角膜损伤。

(2) 静卧、保暖，合理氧疗。

(3) 保持呼吸道通畅，雾化吸入5%碳酸氢钠溶液可中和甲醛的酸性以减轻其毒性，并可湿化气道和稀释痰液，1次/4 h，10～15 ml/次，同时给予消除气道炎症和支气管解痉药物雾化吸入，其常用配方为：地塞米松5 mg，爱全乐2 ml，奈替米星0.1 g，与5%碳酸氢钠每4 h交替使用。肺水肿出现大量泡沫液阻塞气道时可雾化吸入二甲基硅油(消泡剂)，以降低泡沫表面张力，使泡沫迅速破灭而成为液体便于吸引，疗效可靠，但作用时间短，需反复应用。

(4) 早期、足量、短期使用糖皮质激素。

(5) 防治继发感染和其他并发症。

(6) 误服后，尽快插入适当较细的洗胃软管，谨慎洗胃。洗胃后可给3%碳酸铵或15%醋酸铵溶液100 ml，使甲醛变成毒性较小的六亚甲基四胺(乌洛托品)，并饮用牛奶和豆浆，以保护胃黏膜。其他对症治疗包括补液、保持水和电解质平衡、纠正酸中毒、抗休克、防治肝肾损害和使用抗生素防治继发感染。

(7) 忌用磺胺类药物，以防止在肾小管形成不溶性甲酸盐而导致尿闭。

(六) 预防控制

6.1 泄漏应急处理

迅速撤离泄漏污染区人员至安全区，并进行隔离，严格限制出入。切断火源。建议应急处理人员戴自给正压式呼吸器，穿防毒服。不要直接接触泄漏物。尽可能切断泄漏源，防止进入下水道、排洪沟等限制性空间。小量泄漏：用砂土或其他不燃材料吸附或吸收。也可以用大量水冲洗，洗液稀释后放入废水系统。大量泄漏：构筑围堤或挖坑收容；用泡沫覆盖，降低蒸气灾害；用防爆泵转移至槽车或专用收集器内。回收或运至废物处理场所处置。

6.2 个人防护

呼吸系统防护：可能接触时，必须佩戴过滤式防毒器、过滤式防毒面具。紧急事态抢救或撤离时，佩戴空气呼吸器。

眼睛防护：带安全防护眼镜。

身体防护：穿防腐蚀工作服。

手防护：戴防化学品手套。

其他防护：工作场所禁止吸烟、进食和饮水，饭前要洗手，保持良好的卫生习惯。实行就业前和定期的体检。

饱和脂肪醛类

饱和脂肪醛是醛基与饱和脂肪烃基(或氢原子)连接的醛类化合物。通式 R—CHO。常温下甲醛为气体，乙醛为低沸点液体，C_3－C_{11}醛为液体，高碳醛为固体。饱和脂肪醛溶于有机溶剂，在水中的溶解度随碳原子数增加而减小，C_5醛以上匀难溶于水。其毒性随碳原子数的增多而减弱；同时刺激作用的主要部位也随之改变，因而所见的疾患的性质也有所不同：低碳醛较易溶于水，对上呼吸道的作用较强；高碳醛的溶解度较小，进入较深，主要损害呼吸道的深部。毒性作用主要为：一是对皮肤黏膜的刺激作用；二是长期吸入具有呼吸毒性、免疫毒性、神经毒性等一般毒性；三是具有致癌性、生殖毒性、遗传毒性等特殊毒性。

甲　　醛

1. 理化性质

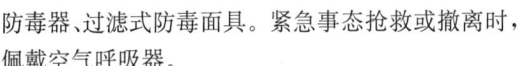

CAS号：50－00－0	外观与性状：无色气体，有刺激性气味
pH值：2.8～4.0	临界温度(℃)：137.2～141.2
熔点/凝固点(℃)：－92	临界压力(MPa)：6.784～6.637
沸点(℃)：－19.5	自燃温度(℃)：424
闪点(℃)：85(闭杯)	分解温度(℃)：300
爆炸上限[%(V/V)]：73	爆炸下限[%(V/V)]：7.0
饱和蒸气压(kPa)：13.33(－53.7℃)	易燃性：可燃
密度(kg/m³)：815(20℃)	气味阈值(mg/m³)：0.5～1.0
相对密度(水＝1)：0.8	n-辛醇/水分配系数：0.35
相对蒸气密度(空气＝1)：1.067	溶解性：易溶于水、乙醚、丙酮和苯；溶于乙醇和氯仿
黏性：0.142 1cP(25℃)	蒸发热(kJ/mol)：23.3(19℃)
腐蚀性：水溶液对碳钢有腐蚀	表面张力(dyn/cm)：27.379 7(25℃)
解离常数 pKa：13.27(25℃)	

2. 用途与接触机会

日常生活环境中甲醛的来源主要有室内外的空气污染。室外如汽车尾气、工业废气、光化学烟雾等在一定程度上均可排放或产生一定量的甲醛。在居室中，则主要以建筑材料、装修物品、家具及生活用品等化工产品在室内的使用为主。目前市场上的各种刨花板、中密度纤维板、胶合板中主要使用以甲醛为主要成分的脲醛树脂作为黏合剂，该类产品可能会有甲醛的释放，对室内环境造成危害。

工业上，甲醛是一种重要的有机原料，主要用于塑料工业(如制酚醛树脂、脲醛塑料—电玉)、合成纤维(如合成维尼纶—聚乙烯醇缩甲醛)、皮革工业、医药、染料等。福尔马林具有杀菌和防腐能力，可浸制生物标本，其稀溶液(0.1%～0.5%)农业上可用来浸种，给种子消毒。甲醛可与银氨溶液产生银镜反应，使试管内壁上附着一薄层光亮如镜的金属银(化合态银被还原，甲醛被氧化)；与新制的氢氧化铜悬浊液反应生成红色沉淀氧化亚铜。

甲醛的用途非常广泛，合成树脂、表面活性剂、塑料、橡胶、皮革、造纸、染料、制药、农药、照相胶片、炸药、建筑材料以及消毒、熏蒸和防腐过程中均要用到甲醛。① 木材工业：用于生产脲醛树脂及酚醛树脂，由甲醛与尿素按一定摩尔比混合进行反应生成。② 纺织业：服装在树脂整理的过程中要涉及甲醛的使用。服装的面料生产，为了达到防皱、防缩、阻燃等作用，或为了保持印花、染色的耐久性，或为了改善手感，在助剂中添加甲醛。纯棉纺织品容易起皱，使用含甲醛的助剂能提高棉布的硬挺度。③ 防腐溶液：35%～40%的甲醛水溶液俗称福尔马林，具有防腐杀菌性能，可用来浸制生物标本，给种子消毒等。④ 食品行业：利用甲醛的防腐性能，可加入水产品等不易储存的食品中。

3. 毒代动力学

甲醛易经呼吸道和胃肠道吸收，经皮肤吸收微量。吸收的甲醛在体内很快被氧化成甲酸，大部分进一步氧化成二氧化碳后经呼吸道排出，少量以甲酸盐形式经肾脏由尿排出。此外进入体内的甲醛还可在侵入部位的细胞内，与谷胱甘肽等含亲核基团的巯基反应形成加合物，并可与组织中蛋白质和核酸共价结合。甲醛也是人体内蛋白质和氨基酸正常的代谢产物及体内一些物质的生物合成原料。由于甲醛代谢迅速，职业接触工人从呼吸道吸收甲醛后往往检测不出血中甲醛浓度增高。

4. 毒性与中毒机理

健康危害 GHS 分类为：急性毒性—经口，类别 3；急性毒性—经皮，类别 3；急性毒性—吸入，类别 3；皮肤腐蚀/刺激，类别 1B；严重眼损伤/眼刺激，类别 1；皮肤致敏物，类别 1；生殖细胞致突变性，类别 2；致癌性，类别 1A；特异性靶器官毒性——一次接触，类别 3（呼吸道刺激）。

4.1 急性毒作用

大鼠经口 LD_{50}：800 mg/kg，大鼠吸入 590 mg/m^3：99.49 mg/m^3，兔经皮 LD_{50}：2 700 mg/kg；人吸入 60～120 mg/m^3，发生支气管炎、肺部严重损害；人吸入 12～24 mg/m^3，鼻、咽黏膜严重灼伤、流泪、咳嗽；人经口 10～20 ml，致死。

4.2 慢性毒作用

大鼠吸入 50～70 mg/m^3，1 h/d，3 d/w，35 w，发现气管及支气管基底细胞增生及生化改变；人长时间吸入 20～70 mg/m^3，食欲丧失、体重减轻、无力、头痛、失眠；人长时间吸入 12 mg/m^3，嗜睡、无力、头痛、手指震颤、视力减退。甲醛有刺激性气味，低浓度即可嗅到，人对甲醛的嗅觉阈通常是 0.06～0.07 mg/m^3。但有较大的个体差异性，有人可达 2.66 mg/m^3。

4.3 远期毒作用

（1）微生物致突变

鼠伤寒沙门氏菌 4 mg/L。哺乳动物体细胞突变：人淋巴细胞 130 μmol/L。姊妹染色体交换：人淋巴细胞 45.44 mg/kg。甲醛能引起哺乳动物细胞核的基因突变、染色体损伤、断裂。甲醛与其他多环芳烃有联合作用，如与苯并芘的联合作用会使毒性增强。

（2）致癌性

IARC 致癌性分类为 1 类。Hauptman 等发现随着甲醛平均暴露水平、累积暴露水平、一次最高浓度和暴露工龄的增加，鼻咽癌的 RR（相对危险度）升高。Marsh 等发现接触甲醛的作业工人患鼻咽癌死亡的风险是其他作业岗位工人的 6 倍。动物研究显示，除了可引起鼻咽癌，甲醛还可引起肺癌、消化系统癌、白血病、口腔癌及脑癌等癌症。

（3）遗传毒性

大量关于各种终点效应的实验显示，甲醛可以引起 DNA 损伤（包括 DNA 分子单链断裂、DNA－DNA 和 DNA－蛋白质分子交联、DNA 加合物、RNA－甲醛加合物等）、基因突变、染色体断裂、姐妹染色单体互换、微核、细胞转化以及通过破坏基因组抑制 DNA 的修复等。

（4）生殖毒性

长时间较大剂量染毒可导致受试动物血清检测血睾酮水平下降，可能是染毒引起睾丸间质细胞结构和功能的损伤从而导致血睾酮合成受阻。

周党侠等对成熟大鼠进行染毒后发现，睾丸质量明显下降，生精小管直径变小，生精上皮层数减少，曲细精管萎缩，且高剂量染毒可引起大量初级精母细胞脱落并堆积在管腔，成熟精子细胞和管腔内精子数目明显减少。薛庆於等发现，性成熟期小鼠注射甲醛后，第一极体的释放受抑制，受精率下降，同时对卵母细胞质量也有明显的破坏作用。

（5）免疫毒性

低浓度甲醛能引起细胞轻度的脂质过氧化，而不影响其功能。但高浓度的甲醛可引起脂质、蛋白质及 DNA 等大分子损伤，最终导致细胞凋亡或坏死。

（6）神经毒性

甲醛会对神经系统有损害，可以引起神经系统的变性坏死，DNA、RNA 合成减少。调查资料显示长期接触甲醛还可引起工人外周神经炎和神经衰弱，对其短时记忆力、注意力、视感知、感知运动速度、手运动速度准确度均有不良影响。

（7）对内分泌系统的影响

甲醛对内分泌系统的影响研究较少，Sorg 等研究了重复甲醛暴露对大鼠血浆皮质酮水平的影响，结果表明低水平甲醛重复暴露，可引起下丘脑-垂体-肾上腺轴功能改变，这可能与甲醛能引起人体多重化学物敏感综合征的机理有关。

4.4 中毒机理

甲醛对组织的刺激性可能与其作用于蛋白质和氨基酸有关，例如与甘氨酸作用形成三羧酸甲基亚丙基三胺，导致蛋白质的改变。甲醛作为半抗原可与表皮中蛋白质结合激活 T 淋巴细胞，当再次接触时可引起Ⅳ型超敏反应，表现为变应性接触性皮炎。大量甲醛经口后出现的酸中毒与其在体内迅速代谢为甲酸有关。此外，工业甲醛中存在甲醇等稳定剂，要注意同时存在的甲醇产生的毒性作用。近年对甲醛致突变性及致癌性的研究表明，甲醛易与细胞内亲核物质反应形成加合物，并可引起 DNA 蛋白质交联。由于 DNA-蛋白质交联剂修复困难，在 DNA 复制过程中，可造成某些重要基因(如抑癌基因)丢失，导致 DNA 损伤。目前仅在动物直接接触高浓度或高剂量甲醛的侵入部位(如吸入染毒的鼻腔或灌胃染毒时的胃和小肠)检出 DNA-蛋白质交联物，这可部分解释吸入甲醛可导致鼻腔和鼻咽部癌发生率增高。

5. 人体健康危害

甲醛对皮肤和黏膜有强烈的刺激作用，皮肤反复直接接触甲醛可引起过敏性皮炎、色斑、坏死，吸入高浓度甲醛时可诱发支气管哮喘。甲醛蒸气可以在空气中直接接触皮肤，引起皮炎、皮肤发红、剧痛、裂化以及水疱反应。反复刺激可以引起指甲软化、黑褐色变。职业接触条件下，甲醛更是引起工作人员皮肤损害的重要原因。

5.1 急性中毒

短时间吸入大量甲醛蒸气引起。一般见于意外事故如爆炸、燃烧等或在通风不良的环境下进行甲醛作业，而又缺乏有效的个人防护等。主要危害表现为对皮肤黏膜的刺激作用。

一般可分为轻度、中度和重度中毒三种类型：

(1) 轻度中毒：明显的眼部及上呼吸道黏膜刺激症状。主要表现为眼结膜充血、红肿，呼吸困难，呼吸声粗重，喉咙沙哑、讲话或干涩暗哑或湿腻。中毒者还能感受到自己呼吸声音加粗。轻度甲醛中毒症状的另一个具体表现为一至二度的喉咙水肿。

(2) 中度中毒：咳嗽不止、咯痰、胸闷、呼吸困难及干湿性破锣音。胸透 X 光时肺部纹理实质化，转变为散布的点状小斑点或片状阴影，即为医学上的急性支气管肺炎；喉咙水肿增重至三级。进行血气分析之时会伴随着轻、中度的低氧血症。

(3) 重度中毒：肺部及喉部情况出现恶化，出现肺水肿与四度喉水肿的病症，血气分析亦随之严重，为重度低氧血症。

5.2 慢性中毒

长期接触低浓度甲醛蒸气，可有头痛、软弱无力等症状。国外报告 14%～16%的工人接触甲醛后出现消化障碍、兴奋、震颤、视力障碍。在甲醛浓度达到 20～70 mg/m^3 的车间内，工人有食欲丧失、体重减轻、乏力、头痛、心悸和失眠等现象。据报告，甲醛还可引起触觉、痛觉和温觉障碍(感觉过敏最常见，常局限于身体的一侧或某些局部)，身体一侧(常为右侧)排汗过多，身体两侧皮肤温度不等。有报道，长期接触低浓度甲醛工人眼和咽部刺激症状及胸部压迫感的比例要显著高于对照组，并且肺功能可受到影响。一部分工人可出现头晕、头痛、乏力、嗜睡、食欲减退、体重减轻、视力下降等。

6. 风险评估

6.1 生产环境

我国职业接触限值规定 MAC 为 0.5 mg/m^3。国际上其他国家和地区甲醛的职业接触限值见表 25-1。

表 25-1 甲醛国际职业接触限值

国家／地区	职业接触限值(8 h)		职业接触限值(短时间)	
	ppm	mg/m^3	ppm	mg/m^3
美国-OSHA	0.75	—	2	—
韩国	0.5	0.75	1	1.5
爱尔兰	2	2.5	2	2.5
德国(DFG)	0.3	0.37	0.6	0.74
丹麦	0.3	0.4	0.3	0.4
澳大利亚	1	1.2		

6.2 生活环境

我国 GB50325—2010《民用建筑工程室内环境污染控制规范(2013 版)》规定Ⅰ类民用建筑工程室内空气中甲醛的限值为 0.08 mg/m^3，Ⅱ类民用建筑工程室内空气中甲醛的限值为 0.10 mg/m³。Ⅰ类民用建筑工程包括：住宅、医院、老年建筑、幼儿园、学校教室等民用建筑工程；Ⅱ类民用建筑工程包括：办公楼、商店、旅馆、文化娱乐场所、书店、图书馆、展览馆、体育馆、公共交通等候室、餐厅、理发店等民用建筑工程。

本品对水生生物有毒，其环境危害 GHS 分类为：危害水生环境—急性危害，类别 2。

乙 醛

1. 理化性质

CAS 号：75－07－0	外观与性状：无色透明液体或气体，有刺激性气味
临界温度(℃)：181.5	临界压力(MPa)：6.40
熔点(℃)：－123.4	自燃温度(℃)：175
沸点(℃)：20.8	分解温度(℃)：400
闪点(℃)：－38.89(闭杯)	爆炸下限[%(V/V)]：4
爆炸上限[%(V/V)]：60	易燃性：高度易燃
饱和蒸气压(kPa)：100(20℃)	气味阈值(mg/m³)：0.21
密度(kg/m³)：783.4(20℃)	n-辛醇/水分配系数：－0.34
相对密度(水＝1)：0.78	溶解性：能与水以及多种常见有机溶剂以任意比例混溶，微溶于氯仿
相对蒸气密度(空气＝1)：1.52	蒸发热(kJ/mol)：25.73(20.2℃)
黏度(MPa·s)：0.21(20℃)	

2. 中毒机理

乙醛风险的主要来源在一般人群是与通过乙醛代谢乙醇诱导的肝损伤相关。

3. 用途与接触机会

乙醛主要是用于制造其他化学品。用于纸、化妆品、一些染料、塑料和橡胶生产过程中，也用于皮革鞣制和镀银镜。乙醛能安全用于食品、调味品和保存鱼和水果。

4. 毒性

健康危害 GHS 分类为：严重眼损伤/眼刺激，类别 2；致癌性，类别 2；特异性靶器官毒性——一次接触，类别 3(呼吸道刺激)。

4.1 急性毒作用

大鼠经口 LD_{50}：661 mg/kg；兔经皮 LD_{50}：3.54 g/kg；大鼠吸入 LC_{50}：23 961.76 mg/(m³·4 h)。

4.2 刺激性

兔经皮：500 mg，轻度刺激(开放性刺激试验)；兔经眼：40 mg，重度刺激。

4.3 慢性毒作用

大鼠、豚鼠经口给予 100 mg/kg 可以耐受 6 个月，出现反射活动障碍，动脉压升高；经口给予 10 mg/kg，2～3 个月也可引起同样的改变。

4.4 远期毒作用

(1) 致突变性

微生物致突变：鼠伤寒沙门菌 7.9 mg/L。姐妹染色单体交换：人淋巴细胞 40 μmol/L。DNA 损伤：人淋巴细胞 1 560 μmol/L。DNA 抑制：人 HeLa 细胞 10 mmol/L。姐妹染色单体交换：人淋巴细胞 1.2 μmol/L。

(2) 致畸性

大、小鼠孕后不同时间经口或腹腔内给予最低中毒剂量(TDLo)，致呼吸系统、肝胆管系统、中枢神经系统、内分泌系统、泌尿生殖系统、肌肉骨骼系统、颅面部(包括鼻、舌)发育畸形。

(3) 致癌性

IARC 致癌性分类为 2B 类。WHO 所属 IARC 的致癌物清单中：与酒精饮料摄入有关的乙醛在 1 类致癌物清单中，即人类确认致癌物；普通乙醛在 2b 类致癌物清单中，即人类可疑致癌物。

(4) 其他

小鼠静脉最低中毒剂量(TDLo)：120 mg/kg(孕后 7～9 d 用药)，胚泡植入后死亡率增高，对胎鼠有毒性。

5. 人体健康危害

低浓度引起眼、鼻及上呼吸道刺激症状及支气管炎。高浓度吸入尚有麻醉作用。表现有头痛、嗜睡、神志不清及支气管炎、肺水肿、腹泻、蛋白尿、肝和心肌脂肪性变，可致死。误服出现胃肠道刺激症状、麻醉作用及心、肝、肾损害。对皮肤有致敏性。反复接触蒸气引起皮炎、结膜炎。慢性中毒：类似酒精中毒。表现有体重减轻、贫血、谵妄、视听幻觉、智力丧失和精神障碍。

6. 风险评估

我国职业接触限值规定：MAC 为 45 mg/m^3；美国 ACGIH 规定：TLV－STEL 为 45.04 mg/m^3。

高碳脂肪醛

高碳脂肪醛(C_8及以上)C_{12}以下为液体，以上高碳脂肪醛为固体；溶于有机溶剂，有较愉快气味，性质活泼；可进行醛基加成反应、a 氢原子反应、氧化反应等，一般由醇氧化、烯烃氢甲酰化、醇醛缩合等方法制取；经口全身毒作用较低，吸入尚可耐受，但对皮肤和眼刺激作用仍相当明显，也可发生致敏作用，但较甲醛为轻。

正 丁 醛

1. 理化性质

CAS 号：123－72－8	外观与性状：无色液体，有酸味
熔点(℃)：－96.86	临界温度(℃)：263.95
沸点(℃)：74.8	临界压力(MPa)：4.0
闪点(℃)：－22(闭杯)	自燃温度(℃)：218
爆炸上限[%(V/V)]：12.5	爆炸下限[%(V/V)]：1.9
饱和蒸气压(kPa)：14.76 (25℃)	易燃性：易燃
密度(kg/m^3)：801.6 (20℃)	气味阈值(mg/m^3)：0.009
相对密度(水＝1)：0.798	n-辛醇/水分配系数：0.88
相对蒸气密度(空气＝1)：2.5	溶解性：易溶于乙醇、乙醚、乙酸乙酯、苯、甲苯、丙酮以及其他有机和油性物；溶于水和微溶于氯仿

2. 用途与接触机会

2.1 生活环境

一般人群可通过呼吸环境空气，摄入食物和水，以及通过皮肤接触含有正丁醛的消费品等途径接触到正丁醛。多种植物(如蜂香薄荷，山胡椒、保加利亚鼠尾草、白千层、柠檬桉、蓝桉树等)的花、果实、叶子以及树皮提取出来的精油中含有正丁醛，盛开的芸苔含有正丁醛，连苹果和草莓的香气中都含有正丁醛。微生物的降解过程中也会向大气释放出正丁醛。木材焚烧的过程中可能会释放出正丁醛，柴油车和汽油车的尾气中夹杂有正丁醛，家畜粪便堆肥会挥发出正丁醛。正丁醛是经美国食品及药物管理局批准的合成香料，也可能作为黏合剂成分而成为间接的食品添加剂。

2.2 生产环境

正丁醛用于生产增塑剂、橡胶硫化加速剂、各种溶剂以及合成树脂等高分子材料。用于生产正丁醇、2-乙基己醇、聚乙烯醇缩丁醛、2-乙基己醛、三羟甲基丙烷、甲基戊基酮和正丁酸等。

3. 毒性与中毒机理

大鼠吸入 LC_{50}：18 875.42 mg/(m^3·4 h)；大鼠经口 LD_{50}：2 490 mg/kg；大鼠腹腔注射 LD_{50}：800 mg/kg；小鼠腹腔注射 LD_{50}：1 140 mg/kg；兔经皮 LD_{50}：3 560 μl/kg。暴露在 29.49～58.99 mg/m^3 正丁醛中雄性兔呼吸和心跳加速。吸入大于 17 695.71 mg/m^3 正丁醛引起啮齿动物的支气管和肺泡水肿，并引发某些种类的死亡。皮肤和眼部的接触引起轻微到强烈的刺激。小鼠豚鼠和兔吸入高浓度的正丁醛后均发生致命的肺水肿。基因毒性：与氯化铜共同作用使 PM2 基因断链。对小鼠进行正丁醛的腹腔注射，使其精子生成时产生染色体异常。

4. 人体健康危害

正丁醛对皮肤、眼睛和呼吸系统具有刺激性。经接触可使皮肤和眼部产生灼伤，可能造成永久性的伤害。长时间反复的接触可引起皮肤病。对黏膜和上呼吸道组织极具破坏力，也会损伤皮肤和眼部组织。吸入正丁醛可引起喉部和支气管的痉挛，发炎甚至水肿，引起化学性肺炎和肺积水甚至死亡。过度暴露在正丁醛中会有灼烧感，或引发咳嗽、气促、喉炎、头痛、恶心呕吐，持续的接触或会使情况恶化。

5. 风险评估

我国职业接触限值规定：PC－TWA 为 5 mg/

m^3，PC－STEL 为 10 mg/m^3。

异 戊 醛

1. 理化性质

CAS 号：590－86－3	外观与性状：无色透明液体，带强烈酸性气味
熔点(℃)：−51	自燃温度(℃)：240
沸点(℃)：92.5	爆炸下限[%(V/V)]：1.7
闪点(℃)：−5	易燃性：易燃
爆炸上限[%(V/V)]：6.8	*n*-辛醇/水分配系数：1.23
饱和蒸气压(kPa)：6.65(约 25℃)	溶解性：溶于乙醇和乙醚；微溶于水
密度(kg/m^3)：797.7(20℃)	相对密度(水=1)：0.798
相对蒸气密度(空气=1)：2.96	

2. 用途与接触机会

一般人群可通过呼吸环境空气，摄入食物和水，以及通过皮肤接触含有异戊醛的消费品等途径接触。异戊醛亦存在于柑橘，柠檬，薄荷等精油中。内燃机废气中也含有异戊醛。各种芝士、腌肉、熏肉等食物中都检出异戊醛。异戊醛可被用作直接食物添加剂。

异戊醛可作为调味剂使用，它用于香水制造，制药工业，人工合成树脂。

3. 毒性

健康危害 GHS 危险性分类为：皮肤腐蚀/刺激，类别 2；严重眼损伤/眼刺激，类别 2；特异性靶器官毒性——一次接触，类别 3(呼吸道刺激)

兔经皮 LD_{50}：3 180 ml/kg；小鼠经口 LD_{50}：4 750 mg/kg；大鼠经口 LD_{50}：5 600 mg/kg；豚鼠经口 LD_{50}：2 950 mg/kg；小鼠吸入 LC_{50}：约 6.2 mg/(L·10 h)；大鼠吸入 LC_{50}：42 700 mg/(m^3·4 h)；兔经吸入 LC_{50}：>6.2 mg/(L·10 h)。

对豚鼠有轻微的皮肤刺激。

4. 人体健康危害

使鼻腔和口腔黏膜以及上呼吸道产生灼烧感，使支气管收缩，产生气哽咳嗽。

5. 风险评估

本品对水生生物有毒，其环境危害 GHS 分类为：危害水生环境—急性危害，类别 2。

正 己 醛

1. 理化性质

CAS 号：66－25－1	外观与性状：无色液体，有强烈青草味
pH 值：10.0	临界温度(K)：592
熔点/凝固点(℃)：−58.2	临界压力(MPa)：3.4
沸点(℃)：129.6	爆炸下限[%(V/V)]：1
闪点(℃)：32(开杯)	易燃性：易燃
爆炸上限[%(V/V)]：7.5	*n*-辛醇/水分配系数：1.78
饱和蒸气压(kPa)：1.5(25℃)	溶解性：易溶于乙醇、乙醚、丙二醇和大多数混合油；溶于丙酮、苯
密度(kg/m^3)：833.5(20℃)	蒸发热(kJ/kg)：316(25℃)
相对蒸气密度(空气=1)：3.45	相对密度(水=1)：0.833 5

2. 用途与接触机会

正己醛可以用于增塑剂，橡胶、树脂、杀虫剂的有机合成，还可以用于气相色谱分析试剂以及按照 GB 2760—96 规定的食用香料。

3. 毒性

本品大鼠经口 LD_{50}：4 890 mg/kg。健康危害 GHS 危险性分类为：皮肤腐蚀/刺激，类别 2；严重眼损伤/眼刺激，类别 2A；特异性靶器官毒性——一次接触，类别 3(呼吸道刺激)。

4. 人体健康危害

正己醛的蒸气或雾对眼睛、黏膜和上呼吸道有刺激作用，会引起咳嗽、流泪、流涎，个别人会出现恶心、头痛、胸骨后疼痛和呼吸困难等现象。

5. 风险评估

本品对水生生物有毒，其环境危害 GHS 分类为：危害水生环境—急性危害，类别 2。

正 癸 醛

1. 理化性质

CAS号：112-31-2	外观与性状：无色至淡黄色液体，带柑橘类果实气味
熔点(℃)：-3.9	临界温度(℃)：100.8
沸点(℃)：212	临界压力(MPa)：2.6
闪点(℃)：83(闭杯)	易燃性：可燃
饱和蒸气压(kPa)：0.014(25℃)	n-辛醇/水分配系数：3.76
密度(kg/m^3)：830(15℃)	相对密度(水=1)：0.83
溶解性：溶于乙醇、乙醚、丙酮；微溶于四氯化碳。	

2. 毒性

本品大鼠经口 LD_{50}：3.73 ml/kg，兔经皮 LD_{50}：5.04 ml/kg。兔经皮，开放性刺激试验，14 372 μg/24 h，严重刺激。兔经皮，德雷兹染眼试验，500 mg/24 h，轻度刺激。致突变实验发现：枯草杆菌 DNA 修复，5 mg/disc。动物研究也发现：葵醛表现出抗真菌和杀菌特性。同时对 Hela 细胞具有细胞毒性，IC_{50}低于 20 μg/cm^3。

健康危害 GHS 危险性分类为：严重眼损伤/眼刺激，类别 2。

3. 风险评估

对水生生物有害并具有长期持续影响，其环境危害 GHS 分类为：对水生环境的危害—长期危害，类别 3。

卤代及其他取代醛类

4-硫代戊醛

1. 理化性质

CAS号：3268-49-3	外观与性状：无色液体，有刺激性气味
熔点/凝固点(℃)：-75	沸点(℃)：165
闪点(℃)：61	自燃温度(℃)：255
爆炸上限[%(V/V)]：21.6	爆炸下限[%(V/V)]：1.3
饱和蒸气压(kPa)：100	易燃性：可燃
相对密度(水=1)：1.03	n-辛醇/水分配系数：-0.16
相对蒸气密度(空气=1)：3.60	

(续表)

2. 用途与接触机会

4-硫代戊醛，别称3-甲硫基丙醛，是医药蛋氨酸的中间体，用于配制食用香精，GB 2760—2007 规定为允许使用的食品用香料，用于烘烤食品、调味品、软饮料、糖果。

3. 毒性

大鼠经口 LD_{50}：700 mg/kg，行为—嗜睡(普通抑郁活动)行为—肌肉无力胃肠道—改建胃分泌；小鼠皮肤涂抹 LD_{50}：2 500 mg/kg，行为—嗜睡(普通抑郁活动)行为—刺激肺部，胸部或呼吸—呼吸困难。大鼠吸入 LC_{50}：5 820 mg/(m^3·4 h)；小鼠经口 LD_{50}：1 620 mg/kg。

健康危害 GHS 分类为：急性毒性—经皮，类别 3；急性毒性—吸入，类别 3；皮肤腐蚀/刺激，类别 2；严重眼损伤/眼刺激，类别 1；皮肤致敏物，类别 1；特异性靶器官毒性——次接触，类别 2；特异性靶器官毒性—反复接触，类别 2。

4. 人体健康危害

本品经皮接触和吸入会中毒。中毒患者特征为虚弱、易倦、头痛、眩晕、易愤、失眠、多汗、呼吸困难、咳嗽。

5. 风险评估

本品对水生生物毒性极大，其环境危害 GHS 分类为：危害水生环境—急性危害，类别 1。

不饱和脂肪醛类

不饱和脂肪醛类是醛基(—CHO)和不饱和脂肪烃基连接成链状的一种醛，呈开链状。通式为 R—CHO，—CHO 为醛基。代表物有丙烯醛、巴豆醛、柠檬醛等。分子中含有12个碳原子以下的脂肪醛为液体，高级的醛为固体；分子中含有9个碳原子和分子中含有10个碳原子的醛具有花果香味，因此常用于香料工业。不饱和脂肪醛主要产生于有机物的不完全燃烧，如工业生产、香烟烟雾、机动车尾气、和烹饪油烟等。因而，人类可通过多种途径暴露于不饱和醛类化合物。同时，机体自身的生物化学作用过程也可产生内源性的不饱和醛类。在生物分子中，能够与很多生物分子直接发生加合。在氧化应激过程中，不饱和脂肪醛类化合物是脂质过氧化的中间产物。

不饱和醛类的毒性作用和健康效应主要体现在如下方面：(1) 不饱和醛类与肿瘤发生的关系：研究发现一些不饱和醛，与DNA之间能够加合，其加合物能够引起基因突变，还可能诱发致癌物质，如人吸烟和厨房油烟而导致的肺癌等。(2) 与心血管系统疾病有关。研究发现丙烯醛可引起心肌氧化应激、相关蛋白修饰、心肌肥厚和炎症进而导致心功能下降，严重时出现休克、心力衰竭甚至死亡。(3) 多不饱和醛类与神经退行性系统疾病的关系：在对阿尔兹海默症的患者的研究发现，在临床前期的阿尔茨海默病患者的海马旁回(HPG)上、中颞脑回(SMTG)和小脑(CER)的丙烯醛水平明显增加。离体实验则提示丙烯醛可抑制抗氧化能力、诱导神经细胞的凋亡和坏死，因而可能是阿尔兹海默症的重要致病机制之一。(4) 暴露于高浓度丙烯醛时，会诱发氧化应激和迟发性肺损伤，包括哮喘、充血、肺功能下降等；暴露于极低浓度丙烯醛时，虽然具体影响不明显，但已证明会抑制细胞的增殖和凋亡。丙烯醛可由吸入、食入、经皮肤吸收等途径被人体吸收，人体感官如眼睛和鼻腔会有强烈的刺激感，呼吸道也会受到严重影响，大量吸入可导致肺炎。2001年，美国环境总局将丙烯醛列为一种危险的空气污染物。

丙　烯　醛

1. 理化性质

CAS号：107-02-8	外观与性状：无色透明液体，有辛辣臭气
熔点/凝固点(℃)：−87.7	临界温度(℃)：233
沸点(℃)：52.5	临界压力(MPa)：5.07
闪点(℃)：−26(闭杯)	自燃温度(℃)：220
爆炸上限[%(V/V)]：31.0	爆炸下限[%(V/V)]：2.8
饱和蒸气压(kPa)：28.53(20℃)	易燃性：高度易燃
密度(kg/m^3)：878～881(20℃)	气味阈值(mg/m^3)：0.21
相对密度(水=1)：0.84	n-辛醇/水分配系数：0.008 6
溶解性：易溶于水、乙醇、乙醚、石蜡烃(正己烷、正辛烷、环戊烷)、甲苯、二甲苯、氯仿、甲醇、乙二醚、乙醛、丙酮、乙酸、丙烯酸和乙酸乙酯	相对蒸气密度(空气=1)：1.94

2. 用途与接触机会

又名烯丙醛、败脂醛，是一种重要的化工中间体，可用于甲基吡啶、吡啶、戊二醛和丙烯酸等重要化工产品的合成。国外用作油田注水杀菌剂，以抑制水中细菌的生长，防止细菌在地层造成腐蚀及堵塞。

本品常通过汽车尾气、煤炭和烟草燃烧排放到环境空气中来。在工业生产中，工人常常因丙烯醛的挥发气化，被动吸入到呼吸系统或直接进入皮肤。但该化合物被排放到环境中，很快被阳光或微生物分解，很少会在鱼类身上积聚。

3. 毒性与中毒机理

本品健康危害GHS分类为：急性毒性—经口，类别2；急性毒性—经皮，类别3；急性毒性—吸入，类别1；皮肤腐蚀/刺激，类别1B；严重眼损伤/眼刺激，类别1。

大鼠经口LD_{50}：26 mg/kg；兔经皮LD_{50}：200 mg/kg；大鼠吸入LC_{50}：18 mg/(m^3·4 h)。兔经眼：1 mg，重度刺激；兔经皮：5 mg，重度刺激。

动物实验发现：大鼠经空气短时间吸入229.28—91 713.7 mg/m^3(<1 h)，可导致支气管堵塞、肺水肿等，于数分钟到11 d之内死亡。当人体接触丙烯醛浓度到达1.6 mg/m^3且接触时间大于8 h，肺部可能受到严重损害。IARC致癌性分类为3类。

丙烯醛是一种细胞毒性物质，经呼吸道和皮肤进入人体，刺激黏膜和组织器官，作用于硫化蛋白和非蛋白硫化物，体外细胞毒性为0.1 mg/L。丙烯醛气态化合物通过呼吸道进入人体，将刺激上呼吸道和下呼吸道，从而引起炎症反应和组织损害。动物实验表明，丙烯醛细胞毒作用为耗尽大鼠和兔的谷胱甘肽，抑制酶促反应的进行。丙烯醛在动物肝脏和肺中被代谢为糖醛。它还可以与谷胱氨酸、半胱氨酸和/或n-乙酰半胱氨酸形成共轭，这可能是最重要的解毒机制。

4. 生物监测

丙烯醛主要由尿液排出，大鼠经消化道摄入丙烯醛后，52%～63%由尿液排出，12%～15%由粪便排出。

5. 人体健康危害

该品有强烈刺激性。吸入蒸气损害呼吸道，出现咽喉炎、胸部压迫感、支气管炎；大量吸入可致肺炎、肺水肿，还可出现休克、肾炎及心力衰竭，可致死。液体及蒸气损害眼睛；皮肤接触可致灼伤。经口引起口腔及胃刺激或灼伤。急性暴露损伤呼吸道、眼及皮肤，并引起肺和气管水肿，而且还会导致人体内脂肪代谢失常，致使大量的脂肪堆积在皮下组织中。亚慢性和慢性暴露曾引起猴、狗等试验动物气管和鼻腔内细胞质增生，但未见致癌现象。

丙烯醛与尼古丁、一氧化碳是香烟中的三大有害成分，可以导致细胞基因突变，并降低细胞修复损伤的能力，是损害视网膜的主要因素。在香烟中，丙烯醛的含量比多环芳烃类致癌物质的含量要高1万倍。作为焦油成分之一，丙烯醛的毒性比甲醛还强千百倍，而且沸点只有50℃左右，香烟一点立即气化，侵入视网膜色素上皮细胞，造成其氧化损伤，并阻止细胞内的"能量工厂"线粒体制造能量。

6. 风险评估

我国职业接触限值规定：MAC为0.3 mg/m^3；美国ACGIH规定：TLV-C为0.23 mg/m^3。

本品对水生生物毒性极大并具有长期持续影响，其环境危害GHS分类为：危害水生环境—急性危害，类别1；危害水生环境—长期危害，类别1。

巴 豆 醛

1. 理化性质

CAS号：4170-30-3(顺) 123-73-9(反)	外观与性状：无色透明液体，窒息性刺激气味

（续表）

熔点/凝固点(℃)：−76℃	沸点(℃)：102.2℃
闪点(℃)：13(闭杯)	自燃温度(℃)：232.2
爆炸上限[%(V/V)]：15.5	爆炸下限[%(V/V)]：2.1
饱和蒸气压(kPa)：4.0(20℃)	易燃性：高度易燃
密度(kg/m^3)：851.6(20℃)	气味阈值(mg/m^3)：2.10×10^{-2}
相对密度(水=1)：0.85	*n*-辛醇/水分配系数：0.6
相对蒸气密度(空气=1)：2.41	溶解性：易溶于水；可与乙醇、乙醚、苯、甲苯、煤油和汽油等以任何比例互混

2. 用途与接触机会

又名2-丁烯醛、β-甲基丙烯醛，有机合成原料，用于制取丁醛、丁醇、2-乙基己醇、山梨酸、3-甲氧基丁醛、3-甲氧基丁醇、丁烯酸、喹哪啶、顺丁烯二酸酐及吡啶系产品。另外，丁烯醛与丁二烯反应可制得环氧树脂原料及环氧增塑剂。与季戊成四醇反应可得到耐热树脂原料。丁烯醛还可用于制取选矿用发泡剂；染料及橡胶抗氧化剂、杀虫剂及军用化学品。工业级丁烯醛实际上是反式异构体和顺式异构体组成的混合物。但顺式异构体不稳定，含量不到1%。

因对眼睛产生刺激的作用，常被用作催泪装置。

3. 毒性与中毒机理

健康危害GHS分类为：急性毒性—经口，类别3；急性毒性—经皮，类别3；急性毒性—吸入，类别2；皮肤腐蚀/刺激，类别2；严重眼损伤/眼刺激，类别1；生殖细胞致突变性，类别2；特异性靶器官毒性—一次接触，类别3(呼吸道刺激)；特异性靶器官毒性—反复接触，类别2。

大鼠经口LD_{50}：80 mg/kg；兔经皮LD_{50}：0.38 ml/kg；大鼠吸入LC_{50}：300 mg/(m^3·4 h)。

巴豆醛为α,β不饱和羰基化合物，其致癌主要功能为直接作用于DNA，影响DNA双链的整合，导致单核苷酸的配位不均。目前没有足够的证据证明该物质具有致癌作用。IARC致癌性分类为3类。

其中毒机理可能和加速1,3丁二烯的氧化，造成NADPH的代谢整合，导致糖代谢的功能异常，及抑制乙醛脱氢酶的抑制剂有关。

4. 人体健康危害

吸入、摄入或通过皮肤吸收，可能致命。由于巴豆醛极易着火，着火后会产生刺激性、腐蚀性和/或有毒气体，损伤呼吸道和黏膜屏障。对眼结膜和上呼吸道黏膜有强烈刺激作用。长期接触会引起慢性鼻炎与神经系统机能障碍。在该化合物空气浓度大于 11.45 mg/m^3 的环境下，接触超过 15 min 即可导致上呼吸道刺激损伤和流泪。实验发现巴豆醛刺激性非常强。

5. 风险评估

我国职业接触限值规定：MAC 为 12 mg/m^3；美国 ACGIH 和 OSHA 分别规定 TVL - TWA 和 REL - TWA 皆为 6 mg/m^3。

本品对水生生物毒性极大并具有长期持续影响，其环境危害 GHS 分类为：危害水生环境—急性危害，类别 1；危害水生环境—长期危害，类别 1。

2-甲基丙烯醛

1. 理化性质

CAS 号：78 - 85 - 3	外观与性状：无色液体
熔点(℃)：−81	临界温度(℃)：257
沸点(℃)：68.4	临界压力(MPa)：4.36
闪点(℃)：2(开杯)	自燃温度(℃)：295
爆炸上限[%(V/V)]：15.5	爆炸下限[%(V/V)]：2.1
饱和蒸气压(kPa)：20.6(25℃)	易燃性：易燃
相对蒸气密度(空气＝1)：2.4	密度(kg/m^3)：847
溶解性：微溶于水；可与乙醇、乙醚等以任意比例互溶	相对密度(水＝1)：0.847
n-辛醇/水分配系数：0.63	

2. 用途与接触机会

又名异丁烯醛，用于共聚物和树脂制造，是甲基丙烯酸的生产原料和热塑性塑料单体原料。可能从汽车尾气、液体地板蜡、钢防护漆和树木排放到大气中去；可能不会吸附在悬浮的固体或河流的沉淀物上，可能从水表面挥发出来。

3. 毒性

健康危害 GHS 分类为：急性毒性—经口，类别 3；急性毒性—经皮，类别 3；急性毒性—吸入，类别 2；皮肤腐蚀/刺激，类别 1；严重眼损伤/眼刺激，类别 1；特异性靶器官毒性——次接触，类别 3(呼吸道刺激)。

LD_{50} 大鼠经口 140 mg/kg，LD_{50} 兔经皮 0.43 ml/kg。吸入染毒实验发现：兔暴露在环境浓度为 716.67 mg/m^3 的环境下 4 h 发生呼吸道损伤，5 h 即可引起死亡。同时监测兔的眼部黏膜损伤情况，把损伤按照 0—10 级划分，其眼睛的损伤情况可评定为 9—10 级的损伤水平。

微生物实验发现，2 - 甲基丙烯醛可诱导 TA1535/pSK1002 基因突变。

4. 人体健康危害

本品误服，或经呼吸道和皮肤吸收可中毒。有强烈的刺激作用，导致黏膜损伤，主要以呼吸道和皮肤组织为主，眼睛黏膜也是受害部位。

柠 檬 醛

1. 理化性质

CAS 号：5392 - 40 - 5	外观与性状：淡黄色液体，有强烈柠檬味
pH 值：5.0	沸点(℃)：229
熔点/凝固点(℃)：<−10	自燃温度(℃)：225
闪点(℃)：91(闭杯)	饱和蒸气压(kPa)：1.2×10^{-2}(25℃)
爆炸上限[%(V/V)]：9.9	爆炸下限[%(V/V)]：4.3
密度(kg/m^3)：891～897(15℃)；885～891(25℃)	*n*-辛醇/水分配系数：3.45
相对密度(水＝1)：0.889 8	溶解性：溶于乙醇、苯甲酸苄酯、邻苯二甲酸二乙酯、丙三醇、丙二醇、矿物油、混合油
相对蒸气密度(空气＝1)：5.3	

2. 用途与接触机会

一般人群可能通过吸入空气、摄入食物以及皮肤接触含有柠檬醛的消费品而暴露在柠檬醛中。许多植物如柠檬草、马鞭草、柠檬和橙的精油中含有柠檬醛。柠檬醛是我国规定允许使用的食用香料，可用于配制草莓、苹果、杏、甜橙、柠檬等水果型食用香精。

柠檬醛用于香料，化学合成工业。GB 2760—2007 规定为允许使用的食用香料。主要用于配制柠檬、柑橘和什锦水果型香精，亦为合成紫罗兰酮的主要原料。

3. 毒性

本品小鼠雄性经口 LD_{50}：2 007 mg/kg；大鼠经口 LD_{50}：4 960 mg/kg；经皮 LD_{50}：2 250 mg/kg；小鼠腹腔注射 LD_{50}：140～210 mg/kg。通过消化道摄入柠檬醛，可能导致胃窦炎症反应。

健康危害 GHS 分类为：皮肤腐蚀/刺激，类别 2；皮肤致敏物，类别 1。

4. 人体健康危害

柠檬醛对皮肤有刺激和过敏作用，而且其刺激性强弱与柠檬醛的浓度以及温度有关。

5. 风险评估

美国 ACGIH 规定：TLV－TWA 为 31.13 mg/m^3。

丙 炔 醛

1. 理化性质

CAS 号：624－67－9	外观与性状：液体
沸点(℃)：60	n-辛醇/水分配系数：－0.450

2. 毒代动力学

丙炔醛参与丙酸代谢系统，在醛脱氢酶的作用下转化为丙酸。

3. 毒性

蒸气对眼、鼻、喉黏膜有强烈的刺激作用。接触时间为 10 min 时，引起轻度眼刺激的最低浓度大致为 24 mg/m^3。吸入一次立即发现鼻黏膜刺激的浓度为 24 mg/m^3。嗅觉阈约为 0.35 mg/m^3，浓度为 2.2 mg/m^{3}时，产生强烈的刺激性臭味。

脂肪族二醛类

脂肪族二醛类是有两个醛基和脂肪烃基连接而成的一种醛类化合物。通式为 $C_2H_2O_2$或者 R—$(CHO)_2$，—CHO 为醛基。代表物有乙二醛。脂肪族二醛类主要用于医药、纺织、建材、造纸、日用化工、涂料和黏接材料等方面。职业性接触可通过在产生或使用的工作场所吸入和皮肤接触这种化合物而发生。乙二醛对皮肤、眼部和黏膜组织等有刺激作用，可致敏。摄入可引起恶心呕吐等反应。在急性和慢性经口后，有全身吸收的证据，分布到红细胞，肝，肺，肾，胰腺和肾上腺。有一些定性证据表明乙二醛在皮肤暴露后被吸收。已经观察到肝脏，肾脏和胰腺中的颗粒和液泡变性以及皮肤接触后血糖水平的显著增加。

乙 二 醛

1. 理化性质

CAS 号：107－22－2	外观与性状：淡黄色到黄色晶体或无色到淡黄色液体，带轻微酸味，蒸气呈青色
pH 值：2.1～2.7(40%乙二醛水溶液)	临界温度(℃)：222
熔点/凝固点(℃)：15	临界压力(kPa))：5.88×10^3
沸点(℃)：51(100 kPa)	自燃温度(℃)：285
闪点(℃)：220	饱和蒸气压(kPa)：2.4 (20℃)
密度(g/cm^3)：1.14 (20℃)	相对蒸气密度(空气＝1)：2.0
溶解性：20℃下与水可以任意比例混溶；溶于无水溶剂	n-辛醇/水分配系数：－1.66

2. 用途与接触机会

30%～50%乙二醛溶液，用于制药、染料的中间产物、高分子材料的交联剂、生产免烫面料等纺织品、有机合成、胶粘剂中使用的交联剂以及杀菌剂、消毒剂等。可作为多羟基化合物的增溶剂(聚乙烯醇、淀粉和纤维素类物质)，蛋白质的增溶剂(酪蛋白、明胶和动物胶），并用于防腐剂中作为甲醛的替代品，皮革鞣制加工，纺织品染色的还原剂。

用在造纸业的施胶工序，可洗墙纸，信封胶面处理，是明胶动物胶、乳酪、聚乙烯醇和淀粉等的不溶性黏合剂。乙二醛主要用于纺织工业，作为耐久性压烫整理剂。

发酵食品和发酵饮料中常含有乙二醛，啤酒、葡萄酒和茶、燃烧的木头、汽车尾气，还有大气当中烯烃类和芳香烃类物质的降解过程当中也会产生乙二醛。乙二醛是芳香烃和烯烃的光化学降解产物。环戊烯与臭氧在大气中的反应导致乙二醛的形成。乙二醛已被确定为用二氧化氯和臭氧处理的饮用水中的消毒副产物。

3. 毒性与中毒机理

健康危害 GHS 分类为：急性毒性—经口，类别 4；皮肤腐蚀/刺激，类别 2；严重眼损伤/眼刺激，类别 2A；皮肤致敏物，类别 1；生殖细胞致突变性，类别 2。

3.1 急性毒作用：

大鼠吸入 LC_{50}：2 440 mg/(m^3 · 4 h)(40%乙二醛)；豚鼠经口 LD_{50}：760 mg/kg；雄鼠经口 LD_{50}：2 g/kg(80%乙二醛)；大鼠经口 LD_{50}：200 mg/kg；小鼠腹腔注射 LD_{50}：200 mg/kg；小鼠腹腔注射 LD_{50}：638 mg/kg（40% 乙二醛）；大鼠腹腔注射 LD_{50}：622 mg/ kg（40% 乙二醛）；小鼠经口 LD_{50}：4 064 mg/kg(40%乙二醛)；豚鼠经皮 LD_{50}：6 600 mg/kg；兔经皮 LD_{50}：12 700 mg/kg(40%乙二醛)。

乙二醛在实验动物中的急性毒性为低至中等，取决于化学物质的浓度。吸入暴露后，眼睛和呼吸道的局部刺激以及肺部的充血和泡沫分泌占主导地位。经口暴露于乙二醛后，肉眼可观察到包括对胃肠道的刺激和肺、肾和肾上腺的刺激。在显著的靶器官、胰腺和肾脏中，乙二醛的毒性作用导致严重的类似糖尿病诱导的退行性改变。

3.2 远期毒作用

乙二醛刺激黏膜并作为实验动物的致敏剂。只有在导致母体毒性的乙二醛剂量下才会出现胎儿毒性作用。在细菌和哺乳类动物细胞中，乙二醛具有直接的遗传毒性。可以形成 DNA 加合物、诱发 DNA 突变、染色体畸变、基因修复、姐妹染色单体互换以及 DNA 单链断裂等。

3.3 中毒机理

乙二醛以高活性羰基攻击蛋白质，核苷酸和脂质的氨基。乙二醛被认为是晚期糖基化终产物(AGEs)形成的重要中间体。AGE 修饰改变蛋白质功能并使酶失活，导致细胞代谢障碍、蛋白水解受损以及抑制细胞增殖和蛋白质合成。

在细菌致突变性试验中的抑制研究证实了由乙二醛产生活性氧超氧化物、过氧化氢和单线态氧。乙二醛的致突变活性与单线态氧以及细胞内 GSH 水平有关。羟基自由基在乙二醛诱导的 DNA 切割中起着突出的作用。

4. 人体健康危害

乙二醛对皮肤、眼部和黏膜组织等有刺激作用，可致敏。摄入可引起恶心呕吐等反应。在急性和慢性经口后，分布到红细胞、肝、肺、肾、胰腺和肾上腺。证据表明乙二醛在皮肤暴露后被吸收，且已经观察到肝脏，肾脏和胰腺中的颗粒和液泡变性以及皮肤接触后血糖水平的显著增加。

5. 风险评估

美国 ACGIH 规定：TLV - TWA 为 0.1 mg/m^3。

缩 醛 类

缩醛类是醛与醇的反应产物，通式为 RCH · $(OR)_2$，又称醛缩醇。结构上与酮缩醇相同，故也可称为缩酮。缩醛通常具有令人愉快的香味。工业上作为溶剂、化学中间体、增塑剂或在酸性条件下用来制取醛的原料。这类物质具有醚的某些特性，在中性或弱碱性条件下是稳定的，但在酸性条件下易水解产生醛。此反应可使胶水或干酪素等天然黏合剂硬化。

单纯缩醛所具有的麻醉作用与醚类相似，但起效慢且维时短，刺激作用较其原醛类为轻。应用姊妹染色单体交换试验和 Ames 试验测试缩醛化合物的致突变性显示双(2,2 -二硝基丙基)甲缩醛和双(2,2 -二硝基丙基)乙缩醛未见明显致突变作用。

甲 缩 醛

1. 理化性质

CAS号：109-87-5	外观与性状：无色透明液体
熔点(℃)：−105	临界温度(℃)：215
沸点(℃)：41.6	闪点(℃)：−18(开杯)
爆炸下限[%(V/V)]：1.6	爆炸上限[%(V/V)]：17.6
饱和蒸气压(kPa)：53.2(25℃)	蒸发热(kJ/kg)：376
密度(kg/m^3)：859.3(20℃)	自燃温度(℃)：237
相对密度(水=1)：0.8593	易燃性：易燃
溶解性：与乙醇、乙醚等可以任意比例混溶；易溶于水；溶于丙酮和苯	相对蒸气密度(空气=1)：2.6

2. 用途与接触机会

又名二甲氧基甲烷、二甲醇缩甲醛、甲撑二甲醚，在日常生活中，甲缩醛主要作为溶剂和各种气雾剂产品中的添加剂，添加在杀虫剂、化妆品、香水香精、油墨、油漆和涂料、皮革上光剂、各种气雾剂以及黏合剂等日常用品中，比如汽车的内部装修等。甲缩醛外用可用作药膏，内用作麻醉剂和安眠药。

在工业中甲缩醛主要作为溶剂和合成原料、中间体，被广泛用于化妆品、制药、家居用品、汽车用品、杀虫剂、清洁剂、橡胶工业等行业。甲缩醛用于人造树脂的生产、香料制造、有机合成的原料中间体和反应介质，可用于特种燃料和燃料添加剂、黏合剂和密封剂。甲缩醛可作为溶剂添加剂，用于油漆配方、胶水、油墨和气雾剂产品，以增强产品的均相性。

3. 毒性

健康危害GHS分类为：皮肤腐蚀/刺激，类别2；严重眼损伤/眼刺激，类别2A；特异性靶器官毒性——一次接触，类别3(呼吸道刺激、麻醉效应)。

豚鼠LD_{50}：3013 mg/kg；兔经口LD_{50}：5708 mg/kg；小鼠吸入LC_{50}：57 g/(m^3·7 h)。

4. 人体健康危害

吸入甲缩醛对呼吸系统有刺激作用，对中枢神经系统有抑制作用。可引起咳嗽、头晕、嗜睡、头痛、喉咙痛和失去知觉等。甲缩醛的溶液对眼部有刺激作用，残留在皮肤上会对皮肤产生刺激，引起泛红和皮肤刺痛。摄入可引起腹痛，恶心，呕吐等。有与醚类相类似的麻醉作用，与其缩合前的醛相比，直接刺激性较低。

甲缩醛中毒的症状以及视网膜和视神经的典型损伤与甲醇中毒所见相同。

5. 风险评估

美国ACGIH和OSHA皆建议：工作场所空气中浓度TWA为3100 mg/m^3。

二乙醇缩甲醛

1. 理化性质

CAS号：462-95-3	外观与性状：无色透明气味宜人的液体
熔点/凝固点(℃)：−66.5	沸点(℃)：88
闪点(℃)：−5(闭杯)	爆炸下限[%(V/V)]：1.5
饱和蒸气压(kPa)：4.54	易燃性：高度易燃
密度(g/cm^3)：0.831(25℃)	*n*-辛醇/水分配系数：0.84
相对蒸气密度(空气=1)：3.6	溶解性：溶于水、丙酮、苯和氯仿；极易溶于乙醇、乙醚等

2. 用途与接触机会

又名甲醛酯、甲醛缩二乙醇、二乙氧基甲烷，用于有机合成、医药业以及化妆品制造。作为工业中间体，用于合成甲苯基甲醛树脂、香料等，也用作溶剂。可用作食品添加剂、调味剂。

3. 毒性

本品兔经口LD_{50}：2604 mg/kg。接触到眼部和皮肤会产生刺激作用，使皮肤和眼部产生灼烧感，对黏膜产生刺激作用，吸入会对鼻子、喉咙以及肺部产生刺激和晕眩。

健康危害GHS分类为：急性毒性—经皮，类别3。

甲缩醛乙二醇

1. 理化性质

CAS号：646-06-0	外观与性状：无色透明液体
pH值：8.2	熔点(℃)：−95

（续表）

沸点(℃)：78	闪点(℃)：2(开杯)
爆炸上限[%(V/V)]：20.5	爆炸下限[%(V/V)]：2.1
饱和蒸气压(kPa)：10.5(20℃)	易燃性：高度易燃
密度(kg/m^3)：1 060	相对密度(水=1)：1.06
相对蒸气密度(空气=1)：2.6	*n*-辛醇/水分配系数：−0.37(log kow)
蒸发热(kJ/mol)：35.6	溶解性：溶于乙醇、乙醚和丙酮；可与水以任意比混溶

2. 用途与接触机会

又名1,3-二氧戊环，为一种优良的溶剂，主要用作油和脂肪的溶剂和提取剂，也是共聚甲醛的共聚单体，也是丝绸整理剂及封口用胶。用于油漆和涂料中，以及塑料和橡胶制品等。

甲缩醛乙二醇在工业中的主要应用包括作为替代能源、无水溶剂、医药中间体以及化学中间体，并作为优良的油和脂肪溶剂以及油脂、蜡、染料和纤维衍生物的萃取剂等广泛用于化学试剂生产、有机合成、材料科学等等领域。可作为有机单体用于生产共聚甲醛，作为酚醛树脂的交联剂。甲缩醛乙二醇还是氯基溶剂的稳定剂和锂电池的电解溶剂。

职业性甲缩醛乙二醇接触，可经呼吸道吸入和经皮导致吸收。

3. 毒性

大鼠经口 LD_{50}：3 000 mg/kg；小鼠经口 LD_{50}：3 200 mg/kg；小鼠腹腔注射 LD_{50}：2 100 mg/kg；兔经皮 LD_{50}：8.48 ml/kg；小鼠吸入 LC_{50}：10 500 mg/(m^3 · 2 h)；大鼠吸入 LC_{50}：68.4 mg/(m^3 · 4 h)；豚鼠吸入 LC_{50}：166 mg/(m^3 · 4 h)。

二对氯苯氧基甲烷

1. 理化性质

CAS号：555-89-5	外观与性状：白色结晶
熔点/凝固点(℃)：70.5	溶解性：不溶于水

2. 毒性

又名杀螨醚，小鼠腹腔注射 LD_{50}：500 mg/kg；小鼠经口 LD_{50}：5 800 mg/kg；大鼠经口 LD_{50}：5 800 mg/kg。

2,2,2-三氯-1-乙氧基乙醇

1. 理化性质

CAS号：515-83-3	熔点/凝固点(℃)：56.5
沸点(℃)：115.5	闪点(℃)：48.9
密度(g/cm^3)：1.454(20℃)	

2. 毒性

本品大鼠经口 LD_{50}：880 mg/kg。对皮肤、黏膜、眼睛具有刺激性。

其他缩醛

乙缩醛

1. 理化性质

CAS号：105-57-7	外观与性状：无色、易挥发有刺激气味液体
熔点/凝固点(℃)：−100	自燃温度(℃)：230
沸点(℃)：102.7	爆炸下限[%(V/V)]：1.6
闪点(℃)：−21(闭杯)	易燃性：(极易燃)
爆炸上限[%(V/V)]：10.4	*n*-辛醇/水分配系数：0.84
饱和蒸气压(kPa)：3.67(25℃)	溶解性：易溶于乙醇、乙醚，溶于庚烷、甲基环己烷、乙酸乙酯、丙烷基、异丙基、丁基醇、水、氯仿、丙酮
密度(kg/m^3)：825.4(20℃/4℃)	相对蒸气密度(空气=1)：4.08
相对密度(水=1)：0.83	

2. 用途与接触机会

乙缩醛产品作为合成调味品、溶剂、安眠药中的成分在有机合成、香料和化妆品中以废液的形式向环境释放。乙缩醛在稀酸中易降解，但在碱中稳定性较好。释放到大气中的乙缩醛存在于气相中，在光化学的作用下降解为羟基自由基，半衰期为 19.6 h。

3. 毒性和中毒机理

健康危害 GHS 分类为：皮肤腐蚀/刺激，类别2；严重眼损伤/眼刺激，类别 2。

大鼠经口 LD_{50}：4.6 g/kg；大鼠腹腔 LD_{50}：0.9 g/kg；兔经皮 LD_{50}：10 g/kg；小鼠经口 LD_{50}：3 500 mg/kg。

乙缩醛具有麻醉作用，能在胃内迅速水解，产生半缩醛或乙醇和乙醛。

对兔的皮肤和眼有轻度刺激作用；上呼吸道刺激物；高浓度吸入会造成中枢神经系统毒性，主要症状为抑郁。

1,1-二甲氧基乙烷

1. 理化性质

CAS 号：534-15-6	外观与性状：无色液体，强芳香气味
熔点(℃)：−113.2	沸点(℃)：64.5
饱和蒸气压(kPa)：22.77(25℃)	易燃性：易燃
密度(kg/m³)：850.15	相对蒸气密度(空气=1)：3.1
溶解性：易溶于丙酮；能与水、乙醇、氯仿、乙醚等以任意比例混溶	闪点(℃)：<26

2. 用途与接触机会

可用于医药，有机合成和混合物中(2 体积 1,1-二甲基氧乙烷和 1 体积氯仿)，作为调味品的成分之一，以各种废物流形式释放到环境中。本品存在于覆盆子和黑莓，草莓，啤酒花油，咖啡，茶中，也是牛肉中挥发性成分的一种。

3. 毒性

大鼠经口 LD_{50}：6.5 g/kg；兔经口 LD_{50}：4.5 g/kg；兔经皮 LD_{50}：20 g/kg；大鼠经口 LC_{50}：11 057.67 mg/(m³ · 4 h)。

4. 风险评估

使用限量 FEMA：无醇饮料、冷饮、布丁、凝胶、蜜饯，小于 3.0 mg/kg；糖果、焙烤制品，小于 6.0 mg/kg。

氯乙缩醛

1. 理化性质

CAS 号：621-62-5	外观与性状：无色液体
沸点(℃)：157.4	闪点(℃)：29
饱和蒸气压(kPa)：0.66	易燃性：易燃
密度(g/cm³)：1.026	*n*-辛醇/水分配系数：1.46
相对密度(水=1)：1.03	相对蒸气密度(空气=1)：5.3
溶解性：微溶于水	

2. 毒性

本品具有刺激和麻醉作用。大鼠经口 LD_{50} 范围为 50～400 mg/kg；豚鼠经皮 LD_{50}：>10 ml/kg；豚鼠皮肤刺激试验显示有严重刺激性；能抑制 DNA 合成，具有遗传毒性。

酮缩醛

1. 理化性质

CAS 号：5436-21-5	外观与性状：液体
密度(g/L)：4.5	溶解性：可溶于水

2. 用途与接触机会

又名 4,4-二甲氧基-2-丁酮，在食品中用作调味剂。化学品生产的中间体。

3. 毒性

大鼠经口 LD_{50} 为 6.2 g/kg，在大鼠经口致死剂量研究中引起嗜睡和惊厥；小鼠经口 LD_{50} 范围为 1.6～3.2 mg/kg；豚鼠经皮肤 LD_{50} 范围为>5 mg/kg；豚鼠皮肤刺激：轻度刺激。

酮缩醛通常蓄积于细胞质、细胞外基质、细胞膜。

芳香醛和杂环醛类

芳香醛(Phenylpropane)之所以称之为“芳香”，是因为它是芳香族化合物，芳香族化合物的标识是苯环，羰基上的两个单键，一个与芳烃基连接，一个与氢连接的化合物叫做芳香醛，如苯甲醛 C_6H_5CHO。芳香醛一般是液体或固体，有非常浓烈的气味。但是芳香醛的刺激性也是非常高的。芳香醛非常接近于酚类，但是官能基不同。酚类是羟基- OH 连苯环；醛基是碳基 C=O，另一头接氢基。化学性质活泼，能与亚硫酸氰钠、氢、氨等起加成反应，芳香醛易被弱氧化剂氧化成相应的羧酸。芳香醛具有较大工业价值，是重要的有机化工原料，其中食用芳香醛类香料是一类重要的食用香料，有强效抑菌、抗真菌、抗寄生虫、抗痉挛、免疫刺激、镇痛、暖身和心脏补药的特性，其中水杨醛、苯丙醛、肉桂醛、2-呋喃丙烯醛的抑菌效果最明显，对大肠杆菌、铜绿假单胞菌、金黄色葡萄球菌和枯草芽孢杆菌都有明显的抑菌作用。

苯　醛

1. 理化性质

CAS 号：100-52-7	外观与性状：无色或淡黄色带苦杏仁味液体
熔点(℃)：−26	临界温度(℃)：422
沸点(℃)：178.7	临界压力(MPa)：4.65
闪点(℃)：63(闭杯)	自燃温度(℃)：192
饱和蒸气压(kPa)：0.017(96℃)	爆炸下限[%(V/V)]：1.4
密度(kg/m³)：1 050	易燃性：可燃
相对蒸气密度(空气=1)：3.66	*n*-辛醇/水分配系数：1.48
黏度(cp)：1.321(25℃)	溶解性：微溶于水；可与乙醇、乙醚等以任意比例混溶
蒸发热(kJ/mol)：42.5(179.0℃)	

2. 用途与接触机会

又名苯甲醛，是重要的化工原料，用于制月桂醛、月桂酸、苯乙醛和苯甲酸苄酯、品绿、苄叉苯胺、苄叉丙酮等；另外是除草剂野燕枯、植物生长调节剂抗倒胺的合成中间体；也用作香料合成，GB2760—2014 规定的允许使用的食品用合成香料，可用于制备樱桃、可可、香子兰、杏仁香精。还可用作溶剂、增塑剂和低温润滑剂等。

3. 毒代动力学

苯甲醛通过皮肤和肺吸收，分布到所有灌注良好的器官，没有特定的蓄积靶器官。皮肤接触的苯甲醛在皮肤中迅速代谢成苯甲酸。吸入或摄入的苯甲醛可在肝脏代谢，肝脏含有许多将醛转化成相应羧酸的醛氧化酶。例如，钼黄素蛋白醛氧化酶和黄嘌呤氧化酶催化苯甲醛的代谢，使其转化为酸，然后在尿液中排泄。

4. 毒性与中毒机理

苯甲醛毒性较弱，在各种动物物种中的 LD_{50} 变化很大，例如大鼠和小鼠的 LD_{50} 分别是 2 850 mg/kg 和 800 mg/kg(经口)；兔经皮 LD_{50}：2 000 g/kg，兔 LC_{50} 3 746.01 mg/m³。人类病例中估计的致死剂量约为 58 ml。

苯甲醛对眼睛、呼吸道黏膜有一定的刺激作用，2 497.34 mg/m³ 浓度的苯甲醛挥发物可以刺激兔眼结膜。高剂量的蒸气会刺激眼睛和呼吸道。惊厥和死亡可以在非常高的经口剂量下发生。苯甲醛在“人类已建立的接触性过敏原”名单中，可导致人接触性皮炎及荨麻疹。苯甲醛对实验室动物是中等程度的皮肤刺激性和轻微的眼睛刺激性。

在暴露于中等空气水平的苯甲醛的实验室动物中观察到体重减轻和轻度肺部刺激。中等剂量可导致中枢神经抑郁症。在高浓度时观察到运动活性降低，呼吸频率降低，体温过低和血液变化。在重复暴露于高剂量经口剂量后，在实验室动物中观察到体重减轻和对脑、胃、肝和肾的损害甚至死亡。

终生经口暴露于苯甲醛后，在实验室小鼠中观察到增加的良性肿瘤。在实验室大鼠中没有诱导肿瘤。没有苯甲醛引起不孕、流产或出生缺陷的可能性数据。反复经口暴露后，实验动物未观察到生殖器官受损。美国 EPA IRIS 计划，IARC 或 NPT 第十三次致癌物报告尚未评估苯甲醛在人体内致癌的可能性。

在对母体无毒作用的剂量下，苯甲醛及代谢产物苯甲酸未见生殖和发育毒性，在 NPT 评估中，未发现苯甲醛对大鼠有致癌性的证据，但有证据认为苯甲醛对小鼠有致癌性，有研究认为苯甲醛还有抑癌可能。在来自健康非吸烟供体的人淋巴细胞的姊妹染色单体交换测试中结果显示阳性。发现苯甲醛在培养的人淋巴瘤细胞中诱导形成稳定的 DNA-蛋白质交联。发现苯甲醛对大多数测试的人肿瘤细胞缺乏显著的活性。

3,4-亚甲二氧苯醛

1. 理化性质

CAS 号：120-57-0	外观与性状：无色，有光泽的晶体
熔点(℃)：37	临界温度(K)：无资料
沸点(℃)：263	闪点(℃)：>110
饱和蒸气压(kPa)：1.3×10^{-3}(25℃)	n-辛醇/水分配系数：1.05
密度(kg/m^3)：1 337	溶解性：溶于水、乙醇、乙醚、丙酮等

2. 用途与接触机会

3,4-亚甲二氧苯醛又可名胡椒醛，洋茉莉醛，天然品少量存在于甜瓜、香胡椒、刺槐属等花油和香荚兰豆等中。为 GB2760—2014 规定的允许使用的食品用合成香料，属于花香型香精，可用于制备香子兰、樱桃香精，也可衍生出多种精华化工产品，用于各种用途的调香；在制药中可用于制备黄连素、多巴胺，也是合成生物碱的主要原材料。

3. 毒性

胡椒醛通过摄入和腹腔途径产生中等毒性。小鼠 LD_{50} 腹腔注射 0.5 g/kg；大鼠 LD_{50} 经口 2.7 g/kg；人经口致死剂量估计为 0.5～5 g/kg。可能导致中枢神经系统抑制。对人体皮肤有刺激性。健康危害 GHS 分类为：皮肤敏物，类别 1B。

胡椒醛转化为胡椒基醇，并代谢为其葡糖苷共轭物。

糠　醛

1. 理化性质

CAS 号：98-01-1	外观与性状：无色油状液体，遇光和空气变棕色
熔点(℃)：-38.1	临界温度(℃)：397
沸点(℃)：161.7	临界压力(MPa)：5.89
闪点(℃)：60(闭杯)	自燃温度(℃)：316
爆炸上限[%(V/V)]：19.3	爆炸下限[%(V/V)]：2.1
饱和蒸气压(kPa)：0.29(25℃)	易燃性：易燃
相对密度(水=1)：1.159 4	气味阈值(mg/cm^3)：1.0
蒸发热(kJ/mol)：38.6	n-辛醇/水分配系数：0.41
黏度(mPa·s)：1.587(25℃)	相对蒸气密度(空气=1)：3.3
溶解性：溶于苯、氯仿和水；易溶于乙醇、丙酮；可与乙醚以任意比例混溶	

2. 用途与接触机会

糠醛是一种具有刺激性杏仁味的液体。它在许多饮食来源中都有微量存在。糠醛作为天然产物或作为添加剂存在于许多食品中，糠醛存在于各种植物的精油中，GB2760—2014 规定为允许使用的食品用香料。主要用于配制各种热加工型香精，如面包、奶油硬糖、咖啡等香精。另外据报道，饮用水和母乳中可以检测到糠醛存在。糠醛在日常用品生产中主要作为溶剂使用，也是呋喃衍生物和合成树脂的化学原料，含有糠醛的润湿剂和调香/调味成分可以通过各种途径放到环境中。糠醛也可以从燃烧木材或壁炉的烟雾，烟草烟雾和汽车尾气排放物里释放到环境中。

糠醛的职业暴露来自于工作场所中生产或使用该化学物，通过蒸气形式吸入并由肺部吸收，由皮肤暴露途径吸收率较高。另外火灾现场的烟气中也含有糠醛。

糠醛是制备许多药物和工业产品的原料，呋喃经电解还原，还可制成丁二醛，为生产药物阿托品的原料。糠醛的一些衍生物具有很强的杀菌能力，抑菌谱宽广。

3. 毒代动力学

糠醛很容易通过吸入和皮肤接触途径吸收。以及经肺部吸收蒸气很快进入循环，暴露终止后受试者的呼出气中残留糠醛比例极低(少于 1%)，半衰期为 2 至 2.5 h。糠醛主要通过大鼠和小鼠中醛功能的氧化代谢。氧化产生糠酸，其作为辅酶 A(CoA)硫酯与甘氨酸偶联并与乙酰辅酶 A 分离或缩合形成链延长的代谢物2-呋喃丙烯酰辅酶A，随后主要在尿液中排泄。在大鼠和小鼠中，糠酸似乎通过氧化呋喃环而产生二氧化碳，从而使其脱羧到极小程度(约1%)。

糠醛除了直接排出体外外，在人体中主要代谢产物为糠酰甘氨酸，经尿排出。其他次要代谢物包括糠酸和呋喃丙烯酸；动物实验中还有其他代谢产物，比如尿中游离糠酸，而志愿者实验中未发现。它代谢非常迅速。

4. 毒性

健康危害GHS分类为：急性毒性—经口，类别3；急性毒性—吸入，类别3；皮肤腐蚀/刺激，类别2；严重眼损伤/眼刺激，类别2；特异性靶器官毒性——一次接触，类别3(呼吸道刺激)。

大鼠经口 LD_{50}：65 mg/kg；大鼠吸入 LC_{50}：687.69 mg/(m^3 · 6 h)。

总的来说，这种化合物通过吸入和经口途径是有毒的，没有关于经皮途径的明确信息。在经口暴露103 w后，在大鼠和小鼠中观察到恶性和良性肿瘤。2-糠醛在哺乳动物细胞中明显具有遗传毒性；虽然对体内2-糠醛的遗传毒性潜力没有确切的结论，但遗传毒性导致致癌过程的可能性不容小觑。

动物的急性毒性数据变化较大。大鼠和小鼠在经口染毒103 w后，可观察到糠醛引起的恶性和良性肿瘤。在哺乳动物细胞体外实验中糠醛是具有遗传毒性的；尽管尚未有体内实验证明糠醛的遗传毒性，人类致癌作用也证据不足，在动物实验中致癌作用的证据有限，但其遗传毒性及可能的致癌性仍不容小觑。美国ACGIH将糠醛归类为对动物具有致癌作用(A3)。

糠醛对皮肤，眼睛和黏膜有刺激性，刺激性较强，但由于液体糠醛挥发性较低，因此工作场所中几乎不可能发生大量吸入糠醛引起中毒。7.86～55.02 mg/m^3浓度的糠醛可以引起眼、喉部刺激，具体症状包括眼部瘙痒，灼痛，流泪和发红。液体糠醛经皮肤吸收可以导致皮炎和痤疮。

其他芳香醛

1. 苯乙醛

CAS号122-78-1，人造香精化学品有机物，无色或淡黄色液体，具有类似风信子的香气，稀释后具有水果的甜香气，难溶于水，但溶于大多数有机溶剂。以1∶2溶于80%乙醇。性质不稳定，放置能聚合变稠，能被氧化成苯乙酸，也能被还原成苯乙醇。能与醇(如甲醇、乙醇)缩合成缩醛。存在于烤烟烟叶、白肋烟烟叶、香料烟烟叶中。天然存在于鸡肉、西红柿、面包、玫瑰油、柑橘油里。

皮肤/眼睛刺激：人的皮肤标准德雷兹染眼实验：2%/48 h。

大鼠经口 LD_{50}：1 550 mg/kg；小鼠经口 LD_{50}：3 890 mg/kg；小鼠吸入 LC_{50}：2 g/m^3；兔经口 LD_{50}：>200 mg/kg；兔皮肤 LD_{50}：>5 g/kg；豚鼠经口 LD_{50}：3 890 mg/kg。

在小鼠急性吸入研究中引起嗜睡；在大鼠的经口致死剂量研究中引起嗜睡和共济失调；在小鼠的3 d间歇性皮肤研究中引起皮肤过敏；有刺激性，是一种中度过敏原；在食品中用作调味剂时是安全的。

2. 苯丙醛

CAS号104-53-0。由肉桂醛催化氢化而制得。广泛用于配制各种花香型香精，特别是紫丁香、茉莉和玫瑰花香型香精。

毒性：小鼠静脉注射 LD_{50}：56 mg/kg；兔皮肤 LD_{50}：>5 g/kg；大鼠经口 LD_{50}：>5 g/kg。

其他醛类

丁醛肟

1. 理化性质

CAS号：110-69-0	外观与性状：无色、透明、油状液体
熔点/凝固点(℃)：−29.5	沸点(℃)：152
闪点(℃)：58(闭杯)	易燃性：易燃
密度(g/cm^3)：0.89(20℃)	相对蒸气密度(空气=1)：3.01
相对密度(水=1)：0.92	溶解性：不溶于水，易溶于醇、醚

2. 用途与接触机会

用作有机试剂，用作油漆，油墨和类似产品中的挥发性防结皮剂。

3. 人体健康危害

误服、吸入或皮肤接触，可能会产生毒性作用。吸入或接触可能会刺激或烧伤皮肤和眼睛。其蒸气可能导致头晕或窒息。

小鼠腹腔注射 LD_{50}：200mg/kg。健康危害GHS分类为：急性毒性—经皮，类别 3；严重眼损伤/眼刺激，类别 2。

第 26 章

有机酸、酐及酰胺类化合物

有机酸类化合物均含有羧基(—COOH),故亦称羧酸,其中又以脂肪酸及其衍生物为主。“脂肪酸”是因本族最早发现的一些化合物,因其存在于动植物脂肪中而得名。其性状类似弱的无机酸,遇碱能中和并生成盐类。由于酸分子中的羧基数不同,这类酸可以是一元、二元或多元的。

(一) 理化特性

饱和脂肪族一元酸结构通式为 $C_nH_{2n}O_2$,其命名基本上以所含的碳原子数而定为甲酸、乙酸、丙酸、丁酸等,但也常用俗名,如蚁酸、醋酸等。10 个碳原子以下的饱和羧酸在常温下为液态,可溶于水,但溶解度随链长而降低,10 个碳原子以上者则几乎不溶于水。

自然存在的不饱和脂肪酸(烯酸),常温下亦为液体,一般不溶于水,不饱和键的位置和数目对熔点有影响。这类酸由于存在羧基及不饱和键两个活性基团,故活性很高,在化学工业中用途很广。

多元酸含一个以上的羧基,在工业上也常用。二羧酸类在室温下为晶体。与同分子量的单羧酸相比熔点较高。脂肪酸类还有异构体,理化特性及毒性也各不相同,例如延胡索酸(反丁烯二酸)与马来酸(顺丁烯二酸)是丁烯二酸的两种几何异构体,理化特性不尽相同,后者的毒性也比前者大得多。

酐是两分子羧酸或多元酸脱水的产物,易水解毒性与相应酸相似,刺激作用更大。

酰胺是羧酸和氨(胺)缩合反应的产物,其熔点和沸点高于相应羧酸,而刺激作用一般低于相应酸和胺。

(二) 工业用途

脂肪族单羧酸可用于制造纤维素树脂、各种溶剂用酯,用于食品工业及化工中间产品等。二羧酸类的某些酸如柠檬酸等用于食品工业,也有的用于合成树脂。磺酸类用于制造洗涤剂和染料,酰基卤化物被用作中间体,酰胺则用于制造树脂,用作溶剂,并用以制造化疗药物。

工业中接触可由于酸的挥发或加热时形成蒸气或酸雾,经呼吸道吸入,亦可由于运输或使用过程中溅污皮肤。某些固体形式的酸或酐也可以粉尘形态散放。

(三) 毒性

毒性一般较小,大鼠经口 LD_{50} 多在数百到数千 mg/kg,少数有机酸或衍生物毒性较大,如卤代乙酸类,LD_{50} 在数十 mg/kg。

某些天然的不饱和脂肪酸在营养上有特别作用,因为多数动物都不能自行合成这些脂肪酸,故称为“必需”脂肪酸,包括 18 碳的亚油酸、18 碳的亚麻酸和 20 碳的花生四烯酸等,它们都具有特殊的生理作用。

单羧脂肪酸入体后,主要通过 β-氧化而代谢。首先形成脂肪酰辅酶 A,后经转化、分解可生成乙酰辅酶 A,使脂肪酸脱去 2 个碳原子。乙酰辅酶 A 大部分进入三羧酸循环,过剩的可缩合为乙酰乙酸,进入其他合成代谢。奇数碳原子数时,最后形成丙酰辅酶 A,丙酰基被转化成琥珀酸,然后也在三羧酸循环中被氧化。如果 β-氧化被阻断,就可能被氧化成二羧酸,例如 2,2-二甲基硬脂酸就形成二甲基己二酸,从尿排出。二羧酸中除琥珀酸和戊二酸能被氧化外,余均为惰性,在体内很少转化。

酸酐及酰基卤很易与水反应生成原来的酸,在体内的转归与相应的酸相同。脂肪族酰胺较不活跃,一般水解成与其相应的酸和氨,例如乙酰胺、丙酰胺、硬脂酰胺等。

芳香族羧酸的代谢主要受环上取代基团的种类和位置的影响。一般说来,单羧酸类或者与甘氨酸结合,如苯甲酸转化为马尿酸;或者与葡萄糖醛酸结合形成葡萄糖苷酸,如苯甲酸转化为苯酰葡萄糖苷酸;或者以原形排出。芳香族二羧酸类如酞酸、异酞酸等，可能是以原形排出。脂环酸类，如环己乙酸，能脱氢成为苯甲酸，以马尿酸形式从尿中排出。如果酸根不直接接在苯环上，如环己丙酸，就能与甘氨酸结合。芳香族酰胺一般水解为其相应的酸。

脂肪族及芳香族磺酸或硫酸，倾向于以原形排出。磺酰胺与羟酰胺不同，在体内较为稳定，如磺胺类化合物。硫氧酸的代谢尚不清楚。

有机酸的毒作用可以概括为以下3种：

3.1 原发性刺激作用

持续接触一定浓度的脂肪酸时，可引起对皮肤和黏膜的刺激，如引起结膜炎、角膜水肿、流泪、畏光等，上呼吸道分泌物增加，肺水肿，皮肤可有灼伤或腐蚀。刺激作用的强度与酸的离解度、水溶性、蒸气压及对皮肤和黏膜穿透力等因素有关。由甲酸、乙酸、草酸及其他短链酸所造成的灼伤类似无机酸，其蒸气也很易经肺吸收。

在未取代的单羧脂肪酸中，甲酸的电离常数最高，具有最强的局部刺激作用，其次是乙酸，而丙酸和丁酸则较不严重。一般饱和脂肪酸从乙酸到十八烷酸（硬脂酸）的电离常数大致相同，8个碳以上的羧酸由于水溶性变小就使酸性不明显，刺激性也大为减低。在碳链上有了取代基团时，一般都使离解度增大而局部刺激作用就比未取代的相应酸更强，如三氯乙酸比乙酸强，α-氯丙酸及乳酸（α-羟基丙酸）比丙酸强。草酸由于存在二个羧基，也增大其酸性而增强了腐蚀作用，但因其水溶性不大而抵消了一部分刺激作用。水杨酸的溶解度也很小，但由于其对皮肤的穿透力较强且电离常数大，故能引起局部较严重的灼伤。

如果存在有不饱和键、醛、酮、羟基及硝基，也能增加对局部组织刺激的机会。酰基卤在水中能离解成相应的有机酸和氢卤酸，因此引起严重的局部刺激。酸酐也易水解成原来的酸而产生与该酸相等甚至更大的局部刺激。

有人用酸对实验动物黏膜的致水肿作用来衡量各种有机酸的刺激作用强弱，发现在单羧酸类，随分子量的增加，致水肿作用有增高趋势（甲酸除外）；不饱和的单羧酸和二羧酸的致水肿作用也有增高趋势。盐酸的致水肿作用并不比电离作用较弱的单羧酸大。应当指出，这些实验结果与酸的溶解度有关。

3.2 致敏作用

羧酸、酰胺等很少有致敏作用，而在酸酐、酰基卤及某些取代的有机酸（如碘乙酸）则有此作用。

3.3 抑制酶的作用

某些酸或其衍生物有对酶的抑制作用，最突出的例子是碘乙酸和氟乙酸。碘乙酸能与磷酸丙糖脱氢酶中的巯基结合（例如：$RSH + ICH_2COOH \rightarrow RSCH_2COOH + HI$），而使释放能量的肌肉收缩的糖酵解过程不能正常进行。氟乙酸则能与辅酶A结合成氟乙酰辅酶A，并与草酰乙酸缩合而成氟柠檬酸，能抑制乌头酸酶，阻断三羧酸循环。

（四）诊疗

4.1 诊断

有机酸、酐及其衍生物中毒主要以急性中毒为主，表现为急性呼吸系统损害，化学性皮肤灼伤、化学性眼灼伤，其诊断需符合职业病诊断的一般原则，包括职业史、现场职业卫生调查、相应的临床表现和必要的实验室检测的基础上，全面综合分析，并排除非职业性因素所致的类似疾病，才能做出切合实际的诊断。

目前针对部分职业性有机酸、酐及其衍生物等化学物中毒已制定相应的诊断国家标准，如急性氯乙酸中毒根据GBZ 239《职业性急性氯乙酸中毒的诊断》，二甲基甲酰胺和二甲基乙酰胺中毒根据GBZ 85《职业性急性二甲基甲酰胺中毒的诊断》，丙烯酰胺中毒根据GBZ 50《职业性丙烯酰胺中毒的诊断》进行诊断。其他有机酸、酐及其衍生物等化学物的职业性中毒无特定的国家诊断标准，可依据职业病诊断国家标准GBZ/T265《职业病诊断通则》、GBZ 71《职业性急性化学物中毒的诊断总则》标准等进行诊断。职业接触有机酸、酐及其衍生物等化学物引起的皮肤灼伤和眼灼伤的诊断依据GBZ54《职业性化学性眼灼伤诊断标准》、GBZ51《职业性化学性皮肤灼伤诊断标准》进行诊断。

职业性急性氯乙酸中毒的诊断需依据GBZ 239—2011《职业性急性氯乙酸中毒的诊断》，其诊断原则是根据短期内接触较大量的氯乙酸的职业史，出现以中枢神经系统、心血管系统、肾脏等一个或多个器官系统急性损害为主的临床表现，结合实验室检查结果和及现场职业卫生学资料，综合分析，排除其他病因所致类似疾病后方可诊断。

职业性急性二甲基甲酰胺中毒的临床特点，是以消化系统尤其是肝脏损害为主，可伴有急性糜烂性胃炎或急性出血性胃肠炎，皮肤直接接触可出现皮肤黏膜刺激症状和体征，依据 GBZ 85—2014《职业性急性二甲基甲酰胺中毒的诊断》，其诊断原则是根据短期内接触较大量二甲基甲酰胺的职业史，出现以肝脏损害为主的临床表现及有关实验室检查结果为主要依据，结合现场职业卫生学调查资料，经综合分析并排除其他原因引起的类似疾病后方可诊断。临床上，职业性二甲基甲酰胺中毒以亚急性发病较为常见，起病隐匿，多在接触二甲基甲酰胺 14～60 d 出现乏力、食欲下降、肝功能异常等为主的临床表现，亚急性二甲基甲酰胺中毒的诊断和处理可参照该标准执行。二甲基乙酰胺在化学结构和理化性质上与二甲基甲酰胺类似，两者均易通过皮肤和呼吸道吸收，对人体造成相似的临床损害。因此职业性接触二甲基乙酰胺所引起的急性中毒的诊断及处理可参照该标准。

丙烯酰胺可以起中枢神经及周围神经系统病变，急性中毒表现为中枢神经系统损害，慢性中毒表现为周围神经系统损害，可依据 GBZ50—2015《职业性丙烯酰胺中毒的诊断》进行诊断。其中，职业性急性丙烯酰胺中毒的诊断原则是根据短期内接触大量丙烯酰胺的职业史，出现以中枢神经系统功能障碍为主的临床表现，结合实验室检查结果及工作场所职业卫生学调查，进行综合分析，排除其他类似疾病后，方可诊断。长期接触过量丙烯酰胺亦可造成慢性中毒，其诊断原则为根据长期接触丙烯酰胺的职业史，出现多发性周围神经损害的症状、体征及神经-肌电图改变，结合工作场所职业卫生学调查，排除其他病因引起的周围神经疾病后，方可诊断。

部分有机酸、酐及其衍生物具有致敏作用，如偏苯三酸酐、四氯苯酐、邻苯二甲酸酐等，敏感人群接触后还可导致支气管哮喘，目前可依据 GBZ 57—2008《职业性哮喘的诊断》进行诊断，其诊断原则是根据确切的职业性变应原接触史和哮喘病史及临床表现，结合特异性变应原试验结果，参考现场职业卫生学调查资料，进行综合分析，排除其他病因所致的哮喘或呼吸系统疾患后，方可诊断职业性哮喘。

4.2 治疗

对原发性刺激作用，主要采用一般急救措施如冲洗、对症治疗，如有灼伤可参照无机酸灼伤的治疗。如发现有致敏作用，应消除接触致敏原，并给以抗过敏药物。

(1) 迅速、安全脱离现场，脱去被污染衣物，立即用流动清水彻底冲洗污染的眼及皮肤。对出现刺激症状者，应严密观察 24～48 h，观察期应避免活动，卧床休息，保持安静。给予对症治疗，以控制病情进展，预防喉水肿及肺水肿的发生。

(2) 保持呼吸道通畅可给予雾化吸入疗法。支气管解痉剂，去泡沫剂(如二甲基硅油)，必要时行气管切开术。

(3) 合理氧疗。

(4) 早期、足量、短程应用糖皮质激素。

(5) 预防感染，防治并发症，维持水及电解质平衡。

(6) 眼、皮肤灼伤治疗，参照 GBZ54 或 GBZ51 执行。

(7) 中毒性肝病者，还应给予保护肝脏等对症及支持治疗。

(8) 丙烯酰胺、氯乙酸急性中毒，还应给予神经营养药物治疗，如有明显意识障碍者可短期使用糖皮质激素治疗、防止脑水肿；慢性中毒，可给与 B 族维生素、神经营养药物及中医中药，并辅以康复治疗及对症治疗。

(9) 有机酸、酐及其衍生物中毒除氟乙酰胺外，均无特效解毒剂。乙酰胺(解氟灵)是氟乙酰胺中毒的特效解毒剂，成人每次用 0.5～5.0 g，每日 2～4 次肌注，首次量为全日量的一半。重症患者一次可给 5～10 g，一般给药 5～7 d。

4.3 预防

与有机酸有关的操作工人应尽量避免与酸直接接触。有机酸、酐及其衍生物的预防，应加强车间通风排毒，发生酸雾、蒸气或粉尘的设备应加以密闭，工作场所应有足够的吸出式通风。加强设备维护检修及个人防护。企业应定期对作业环境中的浓度进行监测，确保浓度低于国家卫生标准。严格开展上岗前、在岗期间职业健康检查，避免有职业禁忌证的人员接触本品。

脂肪族单羧酸类

甲　　酸

1. 理化性质

CAS 号：64-18-6	外观与性状：无色而有刺激性气味的液体

（续表）

pH 值：1.214	临界温度(℃)：306.8
熔点/凝固点(℃)：8.3	临界压力(MPa)：8.63
沸点(℃)：101	闪点(℃)：69(闭杯)
爆炸上限[%(V/V)]：57	爆炸下限[%(V/V)]：12
饱和蒸气压(kPa)：5.33 (24℃)	蒸发速率(乙酸丁酯=1)：2.1
n-辛醇/水分配系数：−0.54	密度(g/cm^3)：1.22 (20/4℃)
溶解性：易溶于水、酒精、丙酮、乙酸乙酯等；部分溶解于苯	相对蒸气密度(空气=1)：1.03

2. 用途与接触机会

甲酸是一些水果、坚果和乳制品中的天然成分，蜜蜂、蚂蚁体内可产生甲酸。甲酸是大气酸性污染物中含量最多的有机酸之一，在住宅区的室内、外也存在低浓度的甲酸。

工业上，可用于毛皮、橡胶加工的酸化剂、还原剂；对酸性染料有促染和固色作用；用于制备甲酸盐、甲酸酯类、甲酰胺等。

3. 毒代动力学

3.1 吸收、摄入与贮存

甲酸很容易以游离形式迅速经呼吸道、完整的皮肤、消化道黏膜吸收。

3.2 转运与分布

吸收后的甲酸主要在肝脏代谢，部分在肠黏膜、肺、肾脏等代谢，最终代谢产物为二氧化碳和水。甲酸盐在哺乳动物体内氧化为二氧化碳主要通过四氢叶酸依赖途径：甲酸盐结合四氢叶酸形成 10-甲酰-四氢叶酸，通过甲酰-四氢叶酸脱氢酶进一步氧化为二氧化碳。

甲酸的解毒有两个途径：其一是通过过氧化氢酶过氧化系统，其二通过一碳单位池氧化。

3.3 排泄

甲酸的生物半衰期为 15 min～1 h，约 18%～25%从尿中以原形排出。有报道 12 名男性暴露于甲酸浓度 0.007 3±0.002 2 mg/L 的空气中，在暴露 15～30 h 后尿中甲酸含量明显增加，且随暴露浓度呈线性改变。

4. 毒性与中毒机理

健康危害 GHS 危险性分类为：皮肤腐蚀/刺激，类别 1A；严重眼损伤/眼刺激，类别 1。

4.1 急性毒作用

甲酸能以羧基(—COOH)或以醛(HO—CH═O)的形式起作用，故与其他同族酸相比毒性较大。甲酸的主要急性毒作用是对皮肤、眼睛、黏膜的严重损伤，与其他的强酸作用类似。

大鼠经口 LD_{50}：730 mg/kg；小鼠经口 LD_{50}：700 mg/kg；狗经口 LD_{50}：3～4 g/kg；大鼠吸入 LC_{50}：7.4 mg/(L·4 h)；小鼠吸入 LC_{50}：6 200 mg/(m^3·15 min)；小鼠经腹腔注射 LD_{50}：940 mg/kg；小鼠经静脉注射 LD_{50}：142 mg/kg。

兔经眼，122 mg，造成严重眼刺激。兔经皮，610 mg 开放式试验，造成中度皮肤刺激。

4.2 慢性毒作用

大鼠和豚鼠的慢性毒性试验发现氧耗量减少，尿蛋白增加，睡眠持续时间延长；饮水中给予 0.01%～0.25%浓度的甲酸 2～4 个月对成长期大鼠无毒性，而 0.5%的溶液可影响其食欲并使生长缓慢。

4.3 远期毒作用

(1) 致突变作用

60 年代有人采用大肠杆菌非常规致突变实验检测其诱变性，发现 3%～15%浓度的甲酸有诱变性。还有报道甲酸对果蝇生殖细胞也有诱变性。

(2) 发育毒性与致畸性

已证明甲酸在体内对大、小鼠均有发育毒性。在体外对发育中的胚胎无作用剂量是 3.74 mol/L，在 18.66 mol/L 有严重的胚胎毒性。较高剂量组胚胎有生长和发育减慢的趋向，死胎和畸胎增加。用 CD-1 小鼠胎儿大脑皮层进行的甲酸盐神经毒性试验观察到对神经细胞有时间和浓度依赖的中毒反应。

4.4 中毒机理

甲酸可引起原发性代谢性酸中毒，同时甲酸是一种线粒体细胞色素氧化酶抑制剂，干扰细胞内呼吸，引起组织中毒性缺氧，造成继发性乳酸依赖性酸中毒，组织缺氧又可以进一步加重酸中毒。最终，可以减低呼吸中枢的兴奋性，导致呼吸性酸中毒。

由于甲酸导致组织缺氧，耗氧量高的器官（大脑、心脏、肾）都是可能的靶器官。血管内溶血通常在中毒的早期就出现，被认为是由于严重的酸中毒和甲酸盐对红细胞的直接细胞毒作用。灌流不足性损伤和甲酸盐对肾脏的直接毒性都可能造成急性肾衰。

5. 生物监测

5.1 接触标志

尿甲酸：可作为甲酸接触指标。甲酸暴露者较对照组尿甲酸含量明显增高（$P<0.01$），但接触剂量与尿甲酸的剂量反应关系尚不确定。

5.2 效应标志

血常规白细胞计数多升高，并可出现蛋白尿、血尿和管型尿，酸中毒指标。

6. 人体健康危害

6.1 急性中毒

甲酸对人体的急性损害与无机强酸类似，主要是对皮肤和黏膜的刺激，造成严重皮肤灼伤和眼损伤。人在接触浓度为 0.02～0.11 mg/L 的甲酸时，接触者出现流泪、流涕、喷嚏、口咽部不适、声音嘶哑、咳嗽、胸痛及压迫感等表现。当空气浓度达到 0.75 mg/L 时，15 秒后即可产生强烈的刺激。

甲酸中毒主要是由职业性接触和意外事故引起的。经消化道摄入和经皮灼伤是最常见的中毒途径。任何途径大剂量接触均可引起严重的全身毒性伴严重的代谢性酸中毒。甲酸对接触途径的组织和器官有刺激和腐蚀作用。

经口摄入引起的表现有：流涎、呕吐、口腔和咽部烧灼感、黏膜溃疡、呕血、腹泻和难忍的疼痛。遭侵蚀的组织和黏膜出现溃疡，酸液浓度较高时，短则数小时内，长则数日内可出现胃穿孔、腹膜炎等危症。严重中毒病例出现脉搏快而弱、皮肤湿冷、血压下降等休克表现，有时可能伴随蛋白尿、血尿，以及随后的无尿，最终死于呼吸、循环、肾功能衰竭。

吸入甲酸蒸气可导致反应性气道功能不全综合征。

眼睛接触甲酸可引起结膜充血、水肿，角膜永久性瘢痕。皮肤接触 7% 的溶液即可引起灼伤，出现红斑、水泡。愈合后可留有瘢痕。

6.2 慢性中毒

有报道慢性长期接触者，可出现蛋白尿、血尿。

7. 风险评估

我国职业接触限值规定：PC－TWA 为 10 mg/m^3，PC－STEL 为 20 mg/m^3。美国 ACGIH 规定：TLV－TWA 为 10 mg/m^3，TLV－STEL 为 20 mg/m^3；NIOSH 规定：REL－TWA 为 10 mg/m^3。

乙　　酸

1. 理化性质

CAS 号：64－19－7	外观与性状：无色、有酸味液体
pH 值：2.4（1.0 molar）；2.9（0.1 molar）	临界温度（℃）：319.56
熔点/凝固点（℃）：16.6	临界压力（MPa）：5.786
沸点（℃）：117.9	爆炸下限[%（V/V）]：4
爆炸上限[%（V/V）]：16	蒸发速率（乙酸丁酯＝1）：0.97
饱和蒸气压（kPa）：1.52（20℃）	易燃性：易燃
密度（g/cm^3）：1.044 6（25℃）	n-辛醇/水分配系数：−0.17
相对蒸气密度（空气＝1）：2.07	溶解性：易溶于水、甘油、乙醇、乙醚、丙酮、苯；可溶于四氯化碳
闪点（℃）：39（闭杯）	

2. 用途与接触机会

2.1 生活环境

人可以通过食物、葡萄酒和果汁等摄入。皮肤接触雨水也可能是暴露的途径。也可通过含有醋酸的家用清洁产品进行接触。吸入的暴露可能来自香烟烟雾和空气中含有的来自于汽油、柴油废气中的乙酸蒸气。

生活接触可通过消化道、呼吸道和皮肤接触。

2.2 生产环境

工业上，主要用于制备醋酐、醋酸乙烯、乙酸酯类、金属醋酸盐、氯乙酸、醋酸纤维素等；常用作分析试剂、通用溶剂和非水滴定溶剂及色层分析试剂等。

乙酸作酸味剂，可用于复合调味料，配制醋、罐头、果冻和干酪，还可作曲香酒的增香剂等。

职业环境暴露途径多为经皮肤、呼吸道接触。

3. 毒代动力学

乙酸很容易被大部分组织代谢，可作为中间体产生酮体。小鼠^{14}C标记的醋酸盐的代谢与血浆和大部分组织蛋白组分有关。在体内，乙酸部分被转化为甲酸。

狗给予大量醋酸钠(1～2 g/kg 经腹腔注射或经皮)后，只有少量以原形从尿排泄，说明乙酸在体内被快速利用。

4. 毒性与中毒机理

健康危害 GHS 危险性分类为：皮肤腐蚀/刺激，类别 1A；严重眼损伤/眼刺激，类别 1。

4.1　急性毒作用

大鼠经口 LD_{50}：3 310 mg/kg；小鼠经口 LD_{50}：4 960 mg/kg；大鼠吸入 LC_{50}：11.4 mg/(L・4 h)；小鼠经静脉注射 LD_{50}：525 mg/kg；兔经皮 LD_{50}：1.060 ml/kg。

兔经皮 50 mg/24 h，造成皮肤轻度刺激；兔经皮 525 mg，开放式试验，造成严重皮肤刺激。兔经眼 5 mg/30 s 冲洗，造成轻度眼刺激。

在豚鼠实验中，皮肤接触 10%以下浓度乙酸，未发现皮肤明显损伤，10%～50%产生轻度皮肤烧伤，50%～80%产生中度烧伤，>80%产生严重烧伤。

动物实验发现醋酸对膀胱平滑肌有刺激的作用。

4.2　慢性毒作用

大鼠通过胃内插管暴露于 3 ml 1%乙酸溶液 90 d，发现红细胞计数和血红蛋白浓度降低。动物实验中，用 3%乙酸溶液胃内暴露 6 个月，出现食管黏膜慢性炎症。

4.3　远期毒作用

(1) 致癌作用

有报道接触乙酸和乙酸酐的工人出现前列腺癌的异常增多($SMR = 330.4$；95%$CI = 121.3-719.1$)

(2) 发育毒性与致畸性

通过填喂法使大鼠、小鼠、兔暴露于 1 600 mg/kg 的乙酸 6～19 d，未发现对着床、母婴存活产生作用。

4.4　中毒机理

实验证明乙酸可以诱导酵母细胞凋亡，但确切机制尚不清楚，GAAC 和 TOR 通路(Tor1p)可能参与了诱导细胞凋亡的信号传递。

5. 人体健康危害

5.1　急性中毒

本品造成严重皮肤灼伤和严重眼损伤。

(1) 对眼的损害。可对眼产生刺激作用，人眼接触 4%～10%乙酸，可立即造成疼痛、结膜充血，甚至角膜上皮损伤。接触 100%冰醋酸，可造成角膜永久性混浊。有报道两名患者眼接触乙酸后，立即出现角膜混浊，几天后出现严重的虹膜炎和虹膜黏连导致的小瞳孔。几个月后角膜上皮修复，但角膜感觉消失和混浊持续存在。

(2) 皮肤损害。皮肤接触能产生灼痛、红斑，严重者引起化学灼伤，出现水泡。预后不良的可能性很大，包括炎症、增生性瘢痕形成和与色素沉着。

(3) 吸入中毒。可出现咳嗽、喉咙痛、鼻分泌物增加、头痛、胸痛、支气管痉挛、呼吸困难，甚至支气管肺炎甚至肺水肿。国外有报道在误服冰醋酸后，造成了可逆气道阻塞和类固醇反应性间质性肺炎和渐进性的运动呼吸困难。胸部 X 线片显示双侧网状结节性浸润，支气管镜显示广泛的支气管炎。经支气管肺穿刺活检发现弥漫性(主要是单核细胞)间质性肺炎。在接受了高剂量的支气管扩张剂和皮质类固醇治疗后，得到了快速和持续的改善。

(4) 口服中毒。乙酸其腐蚀性取决于其浓度。一般可致口腔和消化道溃疡、糜烂。如果摄入 30%以上的醋酸，可能会严重损害上消化道并导致血管内溶血，从而导致严重的肾功能和肝功能紊乱，以及弥散性血管内凝血、休克而死亡。有报道两名患者摄入了 80%的醋酸，均出现肾小管性蛋白尿，其中一人出现轻度血管内凝血和少尿性肾功能不全。一例儿童因误食 80%乙酸而导致的上气道梗阻，经气管切开得以最终痊愈。另有一个案例报告了摄入了 200 ml 的 80%的醋酸溶液，由于心肌梗死和大量肠道出血引起的反复休克，导致了器质性脑综合征，最终通过血液透析等治疗得以存活。

其他病例包括患者在用醋酸盐透析治疗时，出现频繁的血压下降和心律失常。一名 5 岁男孩在用 50 ml 9%的醋酸直肠给药后，出现结肠坏死、急性肾衰竭、急性肝功能障碍、弥散性血管内凝血病(DIC)

和脓毒症。

5.2 慢性中毒

有报道常年暴露于乙酸蒸气的工人可有眼睑水肿、淋巴结肿大、结膜充血、慢性咽炎、卡他性支气管炎、过敏性支气管炎，有些病例还有鼻前庭区和牙齿的腐蚀。手掌皮肤干裂、角化过度。

反复和长期的接触，可造成皮炎、皮肤色素沉着、胃肠道功能失常(包括胃部灼热、便秘)，牙釉质损害、慢性呼吸道炎症。

6. 风险评估

我国职业接触限值规定：PC－STEL 为 20 mg/m^3，PC－TWA 为 10 mg/m^3。

己　　酸

1. 理化性质

CAS 号：142－62－1	外观与性状：油状液体
pH 值：4 (1 g/L，H_2O，20℃)	闪点(℃)：104
熔点/凝固点(℃)：−3.4	易燃性：高温下可燃
沸点(℃)：205.8	*n*-辛醇/水分配系数：1.92
饱和蒸气压(kPa)：0.024 (20℃)	相对蒸气密度(空气＝1)：4.01
密度(g/cm^3)：0.929(20℃)	溶解性：微溶于水；易溶于乙醇
爆炸下限[%(V/V)]：1.3	爆炸上限[%(V/V)]：9.3

2. 用途与接触机会

己酸是一种食用香料，主要用于干酪、奶油和水果香精中，被列入 GB2760—2014《食品安全国家标准食品添加剂使用标准》允许使用的食品用合成香料。生活接触主要经食物和水摄入。

一种基本有机原料，可用于生产各种己酸酯类产品。医药中用于制备己雷琐辛。也可作香料、润滑油的增稠剂、橡胶加工助剂、清漆催干剂等。

职业暴露主要通过皮肤和呼吸道途径。

3. 毒代动力学

己酸在线粒体通过β-氧化迅速代谢，不会转化为高级脂肪酸。氧化发生在肝、肾和心脏线粒体，但只有肝线粒体会产生酮体。

4. 毒性

健康危害 GHS 危险性分类为：急性毒性—经皮，类别 3；皮肤腐蚀/刺激，类别 1；严重眼损伤/眼刺激，类别 1。

大鼠经口 LD_{50}：2 050 μl/kg；小鼠吸入 LC_{50}：4 100 mg/(m^3 · 2 h)；小鼠经口 LD_{50}：5 ml/kg；兔经皮 LD_{50}：630 μl/kg；；小鼠经静脉注射 LD_{50}：1 725 mg/kg。

兔经皮 10 mg/24 h 开放式，造成轻度皮肤刺激；兔经皮 465 mg，造成轻度皮肤刺激。兔经眼 750 μg，造成严重眼刺激。

高浓度己酸可造成严重皮肤灼伤和眼损伤。己酸可造成组织水肿、凝固性坏死，皮肤红疹、溃疡和疤痕。

5. 人体健康危害

急性中毒

经皮接触本品会中毒，可造成严重皮肤灼伤和严重眼损伤。

一般如果酸 pH＞3.0，较少发生严重的灼伤，如果酸浓度高，或者摄入量大(通常是故意的)，则灼伤严重。

(1) 经口摄入中毒：轻者可能出现口咽不适、恶心、呕吐和腹泻等症状，黏膜组织浅表充血水肿；中度患者可发展为黏膜水泡、腐蚀和溃疡，继发狭窄形成，尤其是胃出口和食管狭窄。部分患者(特别是幼儿)可发展上气道水肿。严重者可引起胃肠黏膜深度烧伤和坏死。并发症通常包括穿孔(食管，胃)，瘘管形成(气管—食管，主动脉—食管)和胃肠出血。

(2) 经呼吸道中毒：轻微接触可引起呼吸困难、胸痛、咳嗽、支气管痉挛。严重者可引起上气道水肿、喘鸣、气管支气管炎甚至肺炎。很少引起持续性肺功能异常，有报道肺功能异常表现类似于哮喘发作。

(3) 眼部接触可造成球结膜水肿、充血，角膜上皮缺损、角膜缘缺血，甚至永久性的视力丧失。

(4) 皮肤接触轻者造成刺激和表层灼伤，持续或高浓度接触可造成皮肤全层损害，严重的并发症可能包括蜂窝组织炎、挛缩等。皮肤反复接触可能出现接触性皮炎。

不饱和脂肪族单羧酸类

异丁烯酸

1. 理化性质

CAS号：79-41-4	外观与性状：无色透明液体或晶体
pH值：2.0～2.2(100 g/L，H_2O，20℃)	临界温度(℃)：370
熔点/凝固点(℃)：16	临界压力(Pa)：4.70
沸点(℃)：163	饱和蒸气压(kPa)：0.13(25℃)
密度(g/cm^3)：1.015 3(20℃)	相对蒸气密度(空气=1)：2.97
n-辛醇/水分配系数：0.93	溶解性：易溶于热水；溶于乙醇、氯仿、乙醚

2. 用途与接触机会

2.1 生活环境

一般人群可能通过吸入和皮肤接触含这种化合物的消费品接触异丁烯酸(甲基丙烯酸)。部分指甲制品中含有甲基丙烯酸，接触后可引起损害。

2.2 生产环境

本品为重要的有机化工原料和聚合物的中间体。用于制造涂料、绝缘材料、黏合剂和离子交换树脂。其最重要的衍生产品甲基丙烯酸甲酯生产的有机玻璃可用于飞机和民用建筑的窗户，也可加工成纽扣、太阳滤光镜和汽车灯透镜等；制成的粘结剂可用于金属、皮革、塑料和建筑材料的黏合；甲基丙烯酸酯聚合物乳液用作织物整理剂和抗静电剂。

3. 毒代动力学

3.1 吸收、摄入与贮存

易通过肺黏膜、胃肠道和皮肤被吸收，并迅速分布到所有主要组织。

3.2 转运、分布和排泄

异丁烯酸主要通过丙酸代谢的B12依赖途径代谢。异丁烯酸是缬氨酸通路的生理底物，乙酰辅酶a激活后，转化为甲基丙二醇辅酶a和琥珀酰辅酶a，进入柠檬酸循环，最终代谢成二氧化碳和水。

将异丁烯酸钠一次性经口染毒，Wistar大鼠(540 mg/kg bw)，用HPLC检测血清中甲基丙烯酸钠。10 min后发现最大浓度，60 min后检测不到甲基丙烯酸。

4. 毒性与中毒机理

健康危害GHS危险性分类为：皮肤腐蚀/刺激，类别1A；严重眼损伤/眼刺激，类别1；特异性靶器官毒性——一次接触，类别3(呼吸道刺激)。

4.1 急性毒作用

小鼠经口LD_{50}：1 250 mg/kg；大鼠经口LD_{50}：1 060 mg/kg；兔经皮LD_{50}：500 mg/kg；豚鼠经皮LD_{50}：1 000 mg/kg；小鼠腹腔注射LD_{50}：48 mg/kg；大鼠吸入LC_{50}：7.1 mg/(L·4 h)。

对8只雄性ICR小鼠进行为期三周的实验，观察到甲基丙烯酸在稀释丙酮(4.8、9.6和19.2%)中会导致浓度相关的刺激。在所有被处理动物的皮肤上观察到的病变包括干燥、增厚、焦痂形成、红疹、坚硬。显微病变包括棘突、甲状旁腺增生、溃疡、上皮坏死和亚急性皮炎。在两个高剂量的小鼠的皮肤中可以看到真皮纤维化和角蛋白包体。在大剂量动物中观察到皮下组织亚急性炎症和肌炎。

应用0.5 ml甲基丙烯酸对6只兔完整的皮肤进行2 h的处理，在24 h和72 h后均出现严重的红斑和水肿。

用甲基丙烯酸(不指定剂量)纱布贴在剃毛兔皮肤上15、30 min或24 h。15～30 min后出现严重的红斑、变色、轻微至严重的皮下出血和轻微的脂质化，其中1只出现中度红斑，另1只在24 h后出现严重的变色、水肿和溃疡。

在豚鼠的皮肤上涂抹1.5或10 ml的甲基丙烯酸后，在封闭贴敷24 h后，造成了严重刺激。豚鼠背部应用10 d产生坏死。

将甲基丙烯酸(0.1 ml)注入两只新西兰白兔的一只眼睛，在灌注后4秒钟用20 ml温水冲洗眼睛。10秒钟后，用检眼镜检查眼睛，发现甲基丙烯酸引起明显的眼部损伤和严重的角膜混浊。

大鼠暴露于4.3、5.9、7.3和8.2 mg甲基丙烯酸4 h。临床症状包括呼吸道明显刺激，包括鼻分泌物、喘息、呼吸不规律、肺部异常声音以及角膜混浊。

4只Alderley Park SPF大鼠(2只雄性，2只雌

性)5次5 h吸入4 996 mg/m³的甲基丙烯酸蒸气中，临床体征包括鼻、眼刺激和体重减轻。血液和尿液测试和大体尸检结果均正常。

4.2 慢性毒作用

用填喂法大鼠每天接触5～10 mg/(kg·d)的甲基丙烯酸。轻度至中度肺泡出血，肺脂质肉芽肿，肝细胞质粒度中至重度。观察对饲料摄取量、体重增加、血液学、血清临床化学及大体病理无不良影响。

100只雄性Sprague-Dawley大鼠每天吸入446 mg/m³甲基丙烯酸蒸气8 h，持续6个月，可显著降低体脂水平和肠道运输功能。

4.3 远期毒作用

发育毒性与致畸性

10 d大鼠胚胎/体外暴露于0、103 μg/cm³、129 μg/cm³、155 μg/cm³、181 μg/cm³浓度甲基丙烯酸24～26 h。与对照组相比，在129、155和181 μg/cm³时，观察到的畸形率显著增加。甲基丙烯酸处理的胚胎也有异常发育，表现为神经异常、神经管扩张等。一些胚胎有前脑发育不全、广泛性水肿、心脏畸形、屈曲异常和膨大的小泡。还观察到甲基丙烯酸导致中枢神经系统和邻近间质细胞死亡的增加。

在Sprague-Dawley大鼠吸入6 h/d、妊娠6～20 d内，研究甲基丙烯酸的发育或生殖毒性。甲基丙烯酸的暴露浓度为0、192、384、769或1 153 mg/m³，胚胎/胎儿死亡率或胎儿畸形没有显著增加。

4.4 中毒机理

异丁烯酸对皮肤、眼睛有严重的刺激作用，随着浓度的降低，刺激性迅速减小。

5. 人体健康危害

急性中毒

(1) 经口摄入中毒：一般情况下如果酸pH>3.0，较少发生严重的灼伤，如果酸浓度高，或者摄入量大(通常是故意的)，则灼伤严重。

轻者可能出现口咽不适、恶心、呕吐和腹泻等症状，黏膜组织浅表充血水肿；中度患者可发展为黏膜水泡、腐蚀和溃疡，继发狭窄形成，尤其是胃出口和食管的狭窄；严重者可引起胃肠黏膜深度烧伤和坏死。内窥镜检查黏膜损伤程度是全身和胃肠道并发症以及死亡率预测最有力的指标。

有报道一个21个月大的男孩误服了3到5 ml含有98%甲基丙烯酸的产品。之后不久，大量的流口水。三十分钟后，开始不由自主地呕吐。经检查发现嘴唇、下巴和颈部出现红斑，颊黏膜、软腭和舌头灰白色。肺部无明显异常。上消化道内窥镜显示食管呈弥漫性灰色，食管下端括约肌和胃有红斑，胃小弯处有深度溃疡。一名27岁的妇女，她摄取了一种含有甲基丙烯酸(确切剂量不详)和甲基乙基酮的人造指甲产品。经检查发现口咽红斑，摄食12 h后进行上消化道内窥镜检查，发现口腔黏膜、近端食管部位溃疡，水肿，假性膜形成。远端食管和胃充血。7 d后再次内镜检查显示食管近端持续溃疡。

(2) 经呼吸道中毒：轻微接触可引起咳嗽、呼吸困难、胸痛、支气管痉挛。严重者可引起上气道水肿、喘鸣、气管支气管炎甚至肺炎。

(3) 眼部接触：可造成球结膜水肿、充血，角膜上皮缺损、角膜缘缺血，甚至永久性的视力丧失。

(4) 皮肤接触轻者造成刺激和表层灼伤，持续或高浓度接触可造成皮肤全层损害。

6. 风险评估

我国职业接触限值规定：PC－TWA为70 mg/m³。

丙 烯 酸

1. 理化性质

CAS号：79－10－7	外观与性状：无色具有挥发性、刺激性气味液体
pH值：2.1(72.06 g/L, H_2O, 20℃)	临界温度(℃)：342
熔点/凝固点(℃)：12.5	临界压力(kPa)：5 757
沸点(℃)：141	闪点(℃)：54.4
爆炸上限[%(V/V)]：8.0	爆炸下限[%(V/V)]：2.4
密度(g/cm³)：1.051(25℃)	*n*-辛醇/水分配系数：0.35
相对蒸气密度(空气=1)：2.5	溶解性：易溶于水、乙醇、乙醚、氯仿；可溶于丙酮、苯、四氯化碳

2. 用途与接触机会

2.1 生活环境

一般人群可能通过家庭用品如水性涂料、牙科用品和吸烟而接触，接触途径包括主要是经皮肤、呼吸道。

2.2 生产环境

丙烯酸及其酯类可用于有机合成和高分子合成，大多数是用于后者，并且更多地是与其他单体，如乙酸乙烯、苯乙烯、甲基丙烯酸甲酯等进行共聚，制得各种性能的合成树脂、功能高分子材料，广泛应用于涂料、塑料、纺织、皮革、造纸、建材，以及包装材料等众多领域。还可用作凝集剂、水质处理剂、分散剂、增稠剂、食品保鲜剂、耐酸碱干燥剂、软化剂等各种高分子助剂。

3. 毒代动力学

职业暴露途径主要是经皮肤、呼吸道接触。无论经何种途径摄入，丙烯酸都迅速被吸收和代谢，主要代谢产物为羟基丙酸、二氧化碳和硫醇酸，主要经呼气和尿排出。

4. 毒性

健康危害 GHS 危险性分类为：急性毒性—经皮，类别 3；急性毒性—吸入，类别 3；皮肤腐蚀/刺激，类别 1A；严重眼损伤/眼刺激，类别 1；特异性靶器官毒性——次接触，类别 3(呼吸道刺激)。

4.1 急性毒作用

兔非致病作用水平(no-ill-effect-level)经口剂量为 0.025 mg/kg。

大鼠经口 LD_{50}：33.5 mg/kg；大鼠吸入 LCL_0：12 868 mg/(m^3 · 4 h)；小鼠经口 LD_{50}：2 400 mg/kg；小鼠吸入 LC_{50}：5 300 mg/(m^3 · 2 h)；兔经皮 LD_{50}：280 μl/kg。

皮肤腐蚀和刺激作用：兔经皮，5 mg/24 h，造成严重皮肤刺激；兔经皮，500 mg 开放式，造成严重皮肤刺激。

眼腐蚀和刺激作用：兔经眼，250 μg/24 h，造成严重眼刺激；兔经眼 1 mg，造成严重眼刺激。

丙烯酸对皮肤和眼以及呼吸道均有刺激和腐蚀作用。丙烯酸在体内迅速代谢并排出，半衰期很短(数分钟)，故没有蓄积毒性。

4.2 慢性毒作用

大鼠暴露于丙烯酸浓度为 700 mg/m^3 的环境中，每天 4 h，5 w 后出现肾脏损害。动物长期经吸入暴露，可造成昏睡、体重减轻、肾脏异常、胚胎毒性以及上呼吸道黏膜炎症。

4.3 远期毒作用

(1) 致突变作用

在小鼠实验中，丙烯酸可导致细胞基因突变和染色体畸变。

(2) 致癌作用

本品被 IARC 致癌物分类为组 3，动物和人群研究的致癌证据都不充分，或动物实验证据充分，但人群研究则明确无致癌作用。

(3) 发育毒性与致畸性

169 g/kg(13W male/13W pre－3W post)，影响雄性大鼠睾丸、附睾、输精管，影响新生儿发育统计数据。大鼠吸入 TCL_0 965 mg/m^3(6～20 d preg)，造成胚胎毒性。

(4)过敏性反应

有报道对皮肤有致敏作用，可能由于含杂质所致。

5. 人体健康危害

5.1 急性中毒

吞咽本品有害，皮肤接触或吸入可致中毒。造成严重皮肤灼伤和眼损伤。对眼、皮肤黏膜、消化道、呼吸道有强烈的刺激和腐蚀作用。

口服中毒：轻者仅有口咽部、食管和胃的轻度烧伤(表皮充血、水肿)、腹痛，严重者可出现消化道黏膜水疱、溃疡、穿孔、出血，有消化道狭窄风险，甚至休克和意识障碍。儿童可出现上气道水肿。

吸入中毒：轻者可出现咳嗽、喉咙痛、胸痛、支气管痉挛、呼吸困难；严重者可造成上气道水肿、缺氧、气管支气管炎、肺炎，甚至迟发型肺水肿，很少造成持续的肺功能障碍。

眼接触后出现结膜充血、水肿，甚至角膜上皮缺损、混浊、角膜缘缺血以及持续的视力损失。

皮肤接触者可产生接触性皮炎、灼伤。有报道接触丙烯酸和丙烯酸盐混合物后出现荨麻疹，敏感性测试显示对 2%丙烯酸产生局部明显的阳性反应。

5.2 慢性中毒

有报道长期接触可能造成皮肤过敏、肺和肾脏损害。

在一项为期 8 年前瞻性研究中，观察一个化工厂暴露于丙烯酸，丙烯酸酯和丙烯酸酯分散体对人体的健康影响。平均暴露年限 13±5 年，工作场所化学物空气浓度普遍很低，偶尔超过 MAC 或建议接触限值。结果显示暴露组（n＝60）和对照组（n＝60）在健康检查项目（包括一般体格检查、血液生化检查、血清免疫指标、肿瘤标志物和肺活量测定等）未发现存在差异。

6. 风险评估

我国职业接触限值规定：PC－TWA 为 6 mg/m^3。

本品对水生生物毒性极大，其环境危害 GHS 分类为：危害水生环境—急性危害，类别 1。

2－丁烯酸

1. 理化性质

CAS 号：3724－65－0	外观与性状：无色针状晶体
熔点/凝固点(℃)：72	*n*-辛醇/水分配系数：0.72
沸点(℃)：185	饱和蒸气压（kPa）：0.025（20℃）
密度（g/cm^3）：1.026 7（顺式异构体，20℃）	相对蒸气密度（空气＝1）：2.97
溶解性：易溶于水；可溶于乙醚、丙酮和热石油醚	

2. 用途与接触机会

生活中，可能因饮用受污染的饮用水和食物而接触到丁烯酸。

工业上，本品主要用于涂料、共聚体、医药、农药等重要的有机化工中间体；反式丁烯酸主要用于制合成树脂、增塑剂、药物，也用于其他有机合成。

3. 毒代动力学

丁烯酸通过在肝脏和其他组织的巴豆酸酶烯酰辅酶 A 水合物转化为 β-羟基丁酸酰基-辅酶 A。

4. 毒性与中毒机理

健康危害 GHS 危险性分类为：急性毒性—经皮，类别 3；皮肤腐蚀/刺激，类别 1；严重眼损伤/眼刺激，类别 1。

大鼠经口 LD_{50}：1 000 mg/kg；小鼠经口 LD_{50}：4 800 mg/kg；兔经皮 LD_{50}：600 mg/kg。

5. 人体健康危害

急性中毒

皮肤接触本品有害，本品造成严重皮肤灼伤和严重眼损伤，丁烯酸对皮肤、眼睛有严重的刺激作用，随着浓度的降低，刺激性迅速减小。

一般情况下如果酸 pH＞3.0，较少发生严重的灼伤，如果酸浓度高，或者摄入量大（通常是故意的），则灼伤严重。

（1）经口摄入中毒：

轻者可能出现口咽不适、恶心、呕吐和腹泻等症状，黏膜组织浅表充血水肿；中度患者可发展为黏膜水泡、腐蚀和溃疡，继发狭窄形成，尤其是胃出口和食管的狭窄。部分患者（特别是幼儿）可发展上气道水肿。严重者可引起胃肠黏膜深度烧伤和坏死。并发症通常包括穿孔（食管，胃），瘘管形成（气管-食管，主动脉-食管）和胃肠出血。上气道水肿很常见，常危及生命。其他表现包括低血压、心动过速、呼吸急促，很少出现发热。其他罕见的并发症包括代谢性酸中毒，溶血，肝功能异常等。

（2）经呼吸道中毒：

轻度中毒可引起咳嗽、呼吸困难、胸痛、咳嗽、支气管痉挛。严重者可引起上气道水肿、喘鸣、气管支气管炎甚至肺炎。很少引起持续性肺功能异常。

（3）眼部接触：可造成球结膜水肿、充血，角膜上皮缺损、角膜缘缺血，甚至永久性的视力丧失。

（4）皮肤接触轻者造成刺激和表层灼伤，持续或高浓度接触可造成皮肤全层损害，严重的并发症可能包括蜂窝组织炎、挛缩等。皮肤反复接触可能出现接触性皮炎。

丙　炔　酸

1. 理化性质

CAS 号：471－25－0	外观与性状：醋酸气味样液体或晶体
熔点/凝固点(℃)：16～18	沸点(℃)：144
闪点(℉)：138	易燃性：易燃
饱和蒸气压（kPa）：0.47（25℃）	密度(g/cm^3)：1.138（20℃）
n-辛醇/水分配系数：−0.19	溶解性：易溶于水、醚、乙醇、氯仿

2. 用途与接触机会

一般人群可能通过皮肤、消化道接触。

用于有机合成。可用于制取丙酸、卤代丙烯酸、二卤代丙烯酸、丙炔酸乙酯、吡唑啉酮、二溴巴豆酸，乙氧基巴豆酸等。丙炔酸与硫酸、甲醇加热回流可制得丙炔酸甲酯，是抗病毒药物碘苷的原料。

3. 毒性

健康危害 GHS 危险性分类为：急性毒性—经口，类别 3；急性毒性—经皮，类别 2；皮肤腐蚀/刺激，类别 1；严重眼损伤/眼刺激，类别 1。

大鼠经口 LD_{50}：100 mg/kg；小鼠经口 LD_{50}：100 mg/kg；大鼠腹腔注射 LD_{50}：25 mg/kg。

对动物皮肤、眼、呼吸道、消化道黏膜有强烈刺激、腐蚀作用。

4. 人体健康危害

吞咽本品会中毒，皮肤接触本品会致命，本品造成严重皮肤灼伤和眼损伤。对上呼吸道、消化道、眼睛和皮肤组织有刺激、腐蚀性。

（1）经口摄入中毒：轻者可能出现口咽不适、恶心、呕吐和腹泻等症状，黏膜组织浅表充血水肿；严重者可造成黏膜水泡、溃疡，甚至穿孔。内窥镜检查对于评估黏膜损伤程度非常重要。

（2）经呼吸道中毒：可引起呼吸困难、胸痛、咳嗽、支气管痉挛。严重者可引起上气道水肿、喘鸣、气管支气管炎甚至肺炎、肺水肿。

（3）眼部接触：可造成球结膜水肿、充血，角膜上皮缺损、角膜缘缺血，甚至永久性的视力丧失。

（4）皮肤接触轻者造成刺激和表层灼伤，持续或高浓度接触可造成皮肤全层损害。经皮肤吸收严重者可致命。

卤代羧酸类

氯　乙　酸

1. 理化性质

CAS 号：79-11-8	外观与性状：无色或白色晶体，易潮解

（续表）

熔点/凝固点(℃)：α 形式 63，β 形式 55～56，γ 形式 50	沸点(℃)：189.3
临界温度(℃)：412.8	临界压力(MPa)：5.78
饱和蒸气压(kPa)：0.13	蒸发速率(乙酸丁酯=1)：
密度(g/cm³)：1.58(20℃)	*n*-辛醇/水分配系数：0.22
溶解性：易溶于甲醇、乙醇、丙酮、二乙醚、苯、氯仿；微溶于四氯化碳	相对蒸气密度(空气=1)：3.26

2. 用途与接触机会

氯乙酸是生产羧甲基纤维素、苯氧乙酸、巯基乙酸、甘氨酸、靛染料等的中间体，是制取硫乙二醇酸、甘醇酸等的原料，制药工业中制取咖啡因、巴比妥类等也广泛使用氯乙酸。同时也用于制造香料、增塑剂、除莠剂及表面活性剂等。

生产、应用、装卸和运输氯乙酸液体和熔化物的劳动者，常因意外污染皮肤引起急性中毒。

3. 毒代动力学

3.1　吸收、摄入与贮存

可经呼吸道、消化道或皮肤接触吸收。用 ^{14}C 标记的氯乙酸涂抹在大鼠皮肤上，15 min 后在涂抹部位检测到只有大约 2% 的氯乙酸，其余的快速吸收到染毒部位的皮层深部，这些氯乙酸会在随后的一小段时间内缓慢释放。4 h 后在染毒部位的真皮层可以检测到 20%～50% 的氯乙酸。32 h 后仍可以检测到 7%。同时在染毒部位可以观察到化学性灼伤。^{14}C-氯乙酸从皮肤染毒部位快速吸收，经皮生物利用度>90%。

3.2　转运与分布

皮肤染毒后 45 min，血中浓度达到高峰，2 h 后心脏、肺脏、肌肉中氯乙酸浓度达到高峰，其他大部分组织在染毒后 4 h 达到高峰。浓度最高的是肾脏，其次是脂肪、肝脏和胸腺。肝脏在 15 min 和 45 min 时 ^{14}C-氯乙酸的浓度明显高于其他组织。16 h 后除了脑和胸腺外，每克其他组织中 ^{14}C-氯乙酸浓度小于 0.1%。4 h 内有 11%～16% 氯乙酸从胃肠清除，大部分被小肠重吸收，只有少量随粪便排出体外。也有实验证明，氯乙酸可能从血液通过肠壁逆向运输到大肠。

成年雄性大鼠分别以亚中毒剂量(10 mg/kg)和中毒剂量(75 mg/kg)经静脉注射^{14}C标记的氯乙酸，很快吸收入组织，浓度在血浆、肝、心脏、肺和褐色脂肪中平行分布。在中毒剂量下，清除率常数(K10)和分布率常数(K12)明显减小，这是由于在大部分组织的平均滞留时间增加。氯乙酸在胃肠道的比例很高，试图用活性炭或消胆胺抑制肝肠循环从而减轻中毒无效。两种剂量下氯乙酸经尿排出的比例分别为73%和59%。氯乙酸中毒的程度是关键在于肝脏的解毒作用。

3.3 排泄

氯乙酸经皮染毒后可以迅速排出体外。染毒后2 h约有8%出现在尿中，4 h经尿排出达到21%，32 h后大约排出总量的64%。氯乙酸随粪便排出很小一部分，约占总量的1%。血浆中氯乙酸清除半减期为(3.7±0.2)h，机体总清除率是(267.5±16.7)ml/(h·kg)。氯乙酸到达脑部的速度比到达心脏的速度快，但从脑部清除的速度很慢，在染毒后较长时间内氯乙酸在脑部仍保留较高的浓度。肾脏吸收和排出氯乙酸的速度常数几乎相同，说明肾脏能有效清除氯乙酸且无重吸收。

生物半衰期结果不一。大鼠经口以中毒剂量(225 mg/kg)染毒后，血浆半衰期为2 h，经尿排泄最初很缓慢，8 h后加速。经口非神经组织半衰期不超过12 h，在中枢神经系统为26 h。

4. 毒性与中毒机理

健康危害 GHS危险性分类为：急性毒性—经口，类别3；急性毒性—经皮，类别3；急性毒性—吸入，类别2；皮肤腐蚀/刺激，类别1B；严重眼损伤/眼刺激，类别1；特异性靶器官毒性——次接触，类别3(呼吸道刺激)。

4.1 急性毒作用

人呼吸道刺激阈值为5.7 mg/m^3。大鼠经口LD_{50}：55 mg/kg(10%溶液)、76 mg/kg(固体盐)；小鼠经口LD_{50}：165 mg/kg；豚鼠经口LD_{50}：80 mg/kg；大鼠吸入LC_{50}：180 mg/m^3；大鼠经静脉注射LD_{50}：55 mg/kg；小鼠经皮LD_{50}：250 mg/kg；兔(A-H)LD_{50}：250 mg/kg(50%溶液)。

兔经眼24 h急性眼腐蚀/刺激性试验，腐蚀性；兔经皮24 h急性皮肤腐蚀/刺激性试验，腐蚀性。

4.2 远期毒作用

(1) 致突变作用

目前有关氯乙酸的致突变效应说法不一。Mcgrego等用L5178YTK+TK-小鼠淋巴细胞致突变方法于小鼠淋巴细胞和卵巢细胞、仓鼠卵巢细胞SCE和小鼠淋巴瘤两项中检测，均获得阳性结果。鼠伤寒沙门氏菌Ames试验，结果为阴性。

(2) 发育毒性与致畸性

Johnson等实验证明氯乙酸可致心脏畸形。

4.3 中毒机理

动物病理学实验结果表明，氯乙酸灼伤可引起多脏器损害。氯乙酸进入体内，破坏了血脑屏障和神经元细胞的代谢，造成脑缺氧，导致脑肿胀、脑水肿等。对氯乙酸灼伤大鼠解剖后进行电镜观察，可见脑毛细血管内皮细胞肿胀，吞饮泡增加，血管栓塞。脑细胞出现线粒体空化或嵴断裂，说明氯乙酸可阻断三羧酸循环，使ATP合成受阻，致使细胞的合成、分解、运输等生命活动停止，最终导致细胞和整个机体的死亡。氯乙酸灼伤后也可引起肝肾损害，电镜观察发现：肝细胞核异形，核膜溶解，核仁外逸，有的出现核萎缩，肝细胞质内出现大量空泡和致密颗粒，线粒体畸变，肝血窦内充满大量血细胞，窦腔栓塞；肾毛细血管内皮细胞增生，管腔栓塞，基膜区段性不匀，脏层上皮细胞坏死，毛细血管内有炎性细胞。血清生化检查天冬氨酸转氨酶、丙氨酸转氨酶和线粒体天冬氨酸转氨酶均明显增高。有报道大鼠皮肤涂搽氯乙酸面积达5%，2 h后测定发现心肌酶活力显著升高，病理检查发现大鼠心肌细胞肌节不清，肌丝排列紊乱，线粒体外膜溶解，内嵴排列紊乱，肌浆网肿胀。细胞核不规整呈锯齿状，核周隙不均匀部分增宽，异染色质凝聚趋边。Kato等研究还发现氯乙酸经皮进入体内后除导致实验动物出现严重的多脏器损害外，还出现了血糖降低和乳酸增多。

氯乙酸中毒的机制尚不清楚。一些研究者认为，氯乙酸与其他含二碳原子乙酸盐一样可进入三羧酸循环，最初被转化为氯化柠檬酸酯，后者因不能被酶代谢而留于体内，引起中毒。氯化柠檬酸酯还可通过抑制乌头酸酶系统而阻断三羧酸循环，从而引起一些耗能多的重要脏器如心脏、中枢神经系统和骨骼肌的损伤。也有研究表明氯乙酸可使肝肾等组织中的巯基含量减少，从而使含巯基的组织活性降低，体内能量代谢发生障碍，导致中毒。实验发现氯乙酸中毒大鼠肝、肾中的巯基含量减少。

大鼠实验发现，氯乙酸抑制心肌线粒体丙酮酸脱氢酶和酮戊二酸脱氢酶，主要影响细胞能量生成，细胞恢复无氧糖酵解，导致乳酸积聚。

在体外实验中，氯乙酸造成ATP生成和蛋白合成减少，补充三羧酸循环中间体和乙酰供体不能减轻这种作用。

5. 人体健康危害

氯乙酸可经呼吸道、胃肠和完整的皮肤吸收而中毒。吞咽、皮肤接触本品会中毒，吸入本品会致命。一次接触本品可能造成呼吸道刺激。国内外均有急性氯乙酸中毒的病例报道。中毒症状一般在接触后1～3.5 h出现，重者可快速出现一系列的中毒表现。中枢神经系统兴奋症状往往出现最早，表现为定向力障碍、谵妄和惊厥等，随后出现中枢抑制和昏迷。也有报道氯乙酸中毒后中枢兴奋和抑制交替出现。所有中毒病例中均出现不同程度的心脏损害，包括心律不齐、心动过速、心动过缓、室性早搏、室颤、非特异性心肌损害等。大多数病例还出现了心源性休克。肾功能衰竭在12 h内出现，这可能系氯乙酸的毒性作用，也可能是因为横纹肌溶解所致肌红蛋白和草酸盐在肾小管沉积。严重的代谢性酸中毒在中毒后几小时内出现。低血钾常见，偶可出现低血钙。血清ALT、AST和肌酸激酶升高提示有广泛的组织损伤。

由于接触氯乙酸的途径不同，其中毒表现也有所差异。吸入中毒：吸入氯乙酸的酸雾或粉尘可引起上呼吸道刺激症状，经休息和对症处理数小时至数日内即可恢复。吸入高浓度氯乙酸可迅速发生严重中毒，出现咳嗽、恶心、呕吐、意识不清、嗜睡甚至昏迷、休克，数小时后出现严重的肺水肿。

皮肤接触中毒：氯乙酸可以经完整的皮肤迅速吸收，造成严重皮肤灼伤和严重眼损伤。中毒早期表现为呕吐、腹泻、视力模糊、定向力障碍，随后意识不清、烦躁、谵妄、抽搐及血压下降，继而昏迷。同时可伴有低血钾、代谢性酸中毒及肾功能衰竭。文献报道受污染的皮肤面积超过5%即可引起中毒，甚至导致死亡。

经口中毒：根据服入量的多少，可在服后1～4 h内出现中毒症状。患者首先出现呕吐和腹泻，随后出现中枢神经系统紊乱。重度中毒可出现严重的难治性代谢性酸中毒，常于4～7 d内因休克、肾功能衰竭和脑水肿而死亡。低钙血症可能在1～2 d后出现，也可能出现肌红蛋白尿和白细胞增多。Nayak等还报道口服氯乙酸后出现溶血性尿毒症而致死的病例。

皮肤接触后创面表现：可出现紫红色、肿胀、水疱，伴有剧痛、瘙痒，水疱吸收后出现过度角化，经数次脱皮后痊愈。

氯乙酸溅入眼内，可引起灼痛、流泪、结膜充血，严重时可引起角膜组织损害。

6. 风险评估

我国职业接触限值规定：MAC为2 mg/m^3。美国ACGIH规定：TLV-TWA为2 mg/m^3；英国职业接触限值规定：PC-TWA为1.2 mg/m^3。

本品对水生生物毒性极大，其环境危害GHS分类为：危害水生环境—急性危害，类别1。

二氯乙酸

1. 理化性质

CAS号：79-43-6	外观与性状：无色有刺激气味的液体
pH值：1.2(129 g/L，H_2O，20℃)	饱和蒸气压(kPa)：0.024(25℃)
熔点/凝固点(℃)：9～11	沸点(℃)：194
闪点(℃)：>110	相对蒸气密度(空气=1)：4.45
密度(g/cm^3)：1.563 4(20℃)	n-辛醇/水分配系数：0.92
溶解性：易溶于水、乙醇、乙醚；溶于丙酮；微溶于四氯化碳	

2. 用途与接触机会

一般人群可能通过饮用氯化饮用水接触二氯乙酸(dichloroacetic acid，DCA)，也可能将DCA用作治疗药物。

工业上，主要用作有机合成中间体、制药工业如二氯乙酸甲酯(氯霉素中间体)和医药尿囊素及阳离子染料等。

3. 毒代动力学

3.1 吸收、摄入与贮存

可经呼吸道、消化道或皮肤接触吸收。

3.2 转运与分布

DCA 被给予健康成人受试者,剂量为 2.5 μg/kg(口服或静脉注射)。血浆中 DCA 浓度在静脉或口服给药后分别在 10 min 和 30 min 达到峰值。血浆动力学参数随剂量和持续时间的变化而变化。

DCA 的主要代谢途径是氧化脱氯形成乙二醇酸。这种反应已经被证明是 NADPH 和 GSH 依赖的,主要发生在细胞溶胶中。最新的研究确认一种大鼠肝细胞胞质酶,即谷胱甘肽-S-转移酶 Zeta(GST Zeta),它能催化 DCA 转化为乙二醇酸盐。GST Zeta 是酪氨酸分解代谢途径的一部分,被称为马来酰乙酰乙酸异构酶(MAAI),对 DCA 的生物转化是人类的主要消除途径。

在一项研究中对大鼠用 50 mg/kg/d 处理 5 d,测定了 DCA 的动力学和生物转化及其对酪氨酸代谢的影响,检测肝 GSTz1/MAAI 的活性和表达。所有年龄组均发现抑制肝 GSTz1/MAAI 特异性活性,而随着年龄的增长,这种酶的天然底物马来酰丙酮在血浆和尿中水平也会增加。结果提示,年龄是体内代谢和 DCA 消除的一个重要变量。

在一项研究中,四名志愿者(26~52 岁,未注明性别),经静脉注射 DCA(10 或 20 mg/kg)。在给予 10 mg/kg DCA 的受试者中,平均血浆半衰期为 0.34 h(0.33~0.36 h),平均体积为 337 ml/kg(308~366 ml/kg),平均血浆清除率为 11.31 ml/(min·kg)[10.86~11.76 ml/(min·kg)];在给予 20 mg/kg DCA 的受试者中,平均血浆半衰期为 0.51 h(0.41~0.61 h),平均体积为 190 ml/kg(范围 186~195 ml/kg),平均血浆清除率为 4.55 ml/(min·kg)[范围 3.53~5.58 ml/(min·kg)]。

3.3 排泄

草酸是 DCA 的主要肾脏代谢物;它是由乙醛酸氧化形成的。在人类和动物的尿液中发现了大量的乙醛酸、乙醇酸、一氯乙酸。人和啮齿动物 DCA 的血浆半衰期为 0.5~2 h。

动物实验中,大鼠被给予 5、20 或 100 mg/kg bw(^{14}C)DCA,23.9%~29.3%的剂量被转化为二氧化碳,19.6%~24.4%在尿液中排泄。大鼠经尿排泄的主要代谢物为乙醛酸、草酸和乙醇酸,占 10.5%~15.0%,硫代二乙酸占 6.3%~6.8%。小鼠通过灌胃给予 20 和 100 mg/kg DCA,分别有 2.2 和 2.4%转化为二氧化碳排出,2.2%~2.3%以原形排出。

DCA 的代谢存在着显著的物种差异。100 mg/kg·bw 剂量下狗的 DCA 半衰期为在 17.1 到 24.6 h 之间,同样剂量的大鼠的半衰期为 2.1~4.4 h。

4. 毒性与中毒机理

健康危害 GHS 危险性分类为:皮肤腐蚀/刺激,类别 1A;严重眼损伤/眼刺激,类别 1;致癌性,类别 2。

4.1 急性毒作用

大鼠经口 LD_{50}:2 820 mg/kg;兔经皮 LD_{50}:0.51 ml/kg。

兔经皮 2 mg/24 h,造成严重皮肤刺激;兔经眼 1%,造成严重眼刺激。

4.2 慢性毒作用

过氧化物酶体的诱导增殖已被证明与 DCA 对肝脏的慢性毒性和致癌性有关。它可以诱导小鼠和大鼠肝脏的过氧化物酶的增殖,如棕榈酰辅酶 A、氧化酶和肉碱乙酰转移酶活性的增加。

B6C3F1 小鼠和 Sprague-Dawley 大鼠饮用含有 6~31 mm(1~5 g/L)的三氯乙酸(TCA)和 8—39 mm(1~5 g/L)的 DCA 的水 14 d。TCA 和 DCA 以剂量依赖性的方式增加了小鼠的肝脏重量以及增强了过氧化物酶体的增殖,只有高 DCA 浓度(39 mm)增加了大鼠肝脏过氧化物酶体的增殖。

雄性 SD 大鼠在饮用水中加入浓度为 80.5 mmol/L(10 g/L)的 DCA,每天摄入约 1 100 mg/kg 体重。90 d 后,发现体重下降,肝脏重量增加 11%,睾丸重量减少 34%以及肝脏和肺组织病理改变。

雄性和雌性小猎犬每天服用二氯醋酸盐(经明胶胶囊口服)90 d,剂量分别为 0、12.5、39.5 和 72 mg/kg/d。从第 30 d 开始,中、高剂量犬的红细胞总数和血红蛋白水平下降。在 72 mg/kg/d 浓度下,雌犬 LDH 的血清浓度在第 30 d 和 45 d 升高,雄犬第 75 d 升高。在高剂量下,许多犬只观察到后肢部分瘫痪，大脑、小脑和/或脊髓有髓鞘的空泡化、化脓性支气管肺炎和慢性胰腺炎。所有剂量组的雄犬都有睾丸上皮的退化和合胞体巨细胞的形成。

4.3 远期毒作用

(1) 致突变作用

对小鼠原癌基因的研究比较了DCA处理小鼠和未处理小鼠肝肿瘤中H-ras原癌基因密码子61的诱变。与对照组相比，从CAA到CGA，从CAA到CTA的突变频率增加。在雌鼠中，DCA导致的肝肿瘤中，6号染色体上的杂合性没有减少。

(2) 致癌作用

IARC致癌性分类将本品分类为组2B，可能的人类致癌物。分类依据：基于缺乏人类致癌性数据，以及在雄性和雌性小鼠中增加了肝细胞腺瘤和癌的发病率。在大鼠和小鼠中，预期会发展成肝细胞腺瘤和癌的增生性肝结节增多。人类致癌性数据不足。

大剂量DCA暴露与其致癌性和基因毒性作用相关性最强，此时DCA代谢被抑制。当谷胱甘肽S-转移酶Zeta(GSTZ)通路的有效性受限时产生的DCA或代谢物是毒性最强的化合物。DCA主要的尿代谢产物为乙醇酸、乙醛酸和草酸，其中乙醛酸是诱变剂，可能对DCA的致癌性有关。

对雄性费希尔344和B6C3F1小鼠进行了TCA和DCA的生物转化研究。小鼠通过饮水暴露于三氯乙酸盐(TCA)和二氯乙酸盐(DCA)被证明是可引起肝癌的。DCA对肝脏的病理作用比TCA更为明显。在由n-甲基-n-亚硝基脲启动的肝脏肿瘤中，DCA和TCA促进了c-jun和c-myc基因的低甲基化和过度表达，DNA MTase活性增加。

DCA最近被证实能显著增加雄性B6C3F1小鼠肝腺瘤(has)和肝癌(HCs)的发生率。在饮用水中长期摄入这种化合物，首先会导致在出现HAs和HCs之前出现增生性结节(HNs)。检测5种不同肿瘤标志物的表达：p21 ras、p39 c-jun、磷酪氨酸、肿瘤相关醛脱氢酶和甲胎蛋白，在肿瘤肝病变中比在正常肝脏中表达更频繁。

(3) 发育毒性与致畸作用

DCA被认为与胎儿大鼠的眼部畸形有关，主要是微眼/无眼。

用1 900 mg/kg DCA处理6～8 d长埃文斯大鼠，无心脏畸形，但9～11 d和12～15 d处理组有心脏畸形，12～15 d发生率较高。

雄性长埃文斯大鼠，用0、31.25、62.5或125 mg二氯乙酸钠(DCA)/kg/d，灌胃10 w。与对照相比，包皮腺和附睾的重量在31.25 mg/kg时减少；62.5 mg/kg和125 mg/kg剂量下附睾精子数量减少，精子形态受影响。睾丸和附睾的组织学检查显示，在125 mg/kg剂量水平下，睾丸中的精子受到抑制。计算机辅助精子运动分析显示，在62.5 mg/kg和125 mg/kg剂量水平下，运动精子的百分比、曲线和直线速度、线性度和侧头位移幅度均有所下降。

采用大鼠全胚培养系统进行体外研究，将Sprague-Dawley大鼠妊娠第10 d的胚胎移植到DCA环境中培养46个h，产生浓度依赖的生长和分化减少，形态异常胚胎的发生率增加。

4.4 中毒机理

DCA通过不可逆地使谷胱甘肽转移酶zeta(GSTzeta)失活来抑制自身的代谢。参与其代谢的酶GSTZ1-1，也被称为马来酰乙酰乙酸异构酶(MAAI)，将马来酰乙酰乙酸转化为延胡索酰乙酰乙酸盐，马来酰酮转化为延胡索酰酮。这种酶是酪氨酸降解途径的一部分，对酪氨酸的干扰引起人类疾病，包括肝细胞癌的发展。每天4 mg/kg bw，给予大鼠5 d，即可显著抑制该酶；每天200 mg/kg bw的剂量抑制率为90%。后一种剂量明显增加了尿中马来酰酮的排泄。

5. 人体健康危害

5.1 急性中毒

本品造成严重皮肤灼伤和严重眼损伤，可能致癌。

(1) 经口摄入中毒　轻者可能出现口咽不适、恶心、呕吐和腹泻等症状，黏膜组织浅表充血水肿；中度患者可发展为黏膜水泡、腐蚀和溃疡，继发狭窄形成。严重者可引起胃肠黏膜深度烧伤和坏死。并发症通常包括穿孔(食管，胃)，瘘管形成(气管-食管，主动脉-食管)和胃肠出血。如出现上气道水肿，常危及生命。

(2) 经呼吸道中毒　轻微接触可引起呼吸困难、胸痛、咳嗽、支气管痉挛。严重者可引起上气道水肿、喘鸣、气管支气管炎甚至肺炎。很少引起持续性肺功能异常。

（3）皮肤损伤　轻者造成刺激和表层灼伤，持续或高浓度接触可造成皮肤全层损害。本品还具有强烈的角质剥脱作用。

（4）眼损伤　可造成眼痛、异物感、畏光、流泪及视物模糊，结膜混合充血、角膜上皮点状、片状缺损，甚至完全脱失。

5.2　慢性中毒

DCA因其具有的降低乳酸和胆固醇作用而作为乳酸酸中毒和高脂血症的治疗药物。嗜睡是DCA的一种常见副作用，在健康的志愿者、I型糖尿病患者和乳酸酸中毒患者中都有发现。

DCA的作用包括短暂的中枢神经病变（镇静），周围神经病变（手指和脚趾刺痛和神经传导改变）。有报道一个家族性高胆固醇血症的患者，在4个月的时间内，每天接受50 mg/kg bw的DCA治疗，发展为可逆转的周围神经病变，其特点是反射丧失和肌肉无力，这种影响在停止使用几个星期后消失。

对27例先天性乳酸血症患者的神经传导速度进行了研究，这些患者接受DCA治疗1年。10名男性和4名女性患者在治疗开始后的3至6个月内出现神经传导速度和振幅异常。运动神经元比感觉神经元变化更为明显。

有报道用二氯乙酸酯（DCA）治疗一名患有线粒体疾病的女孩，每天口服DCA 50 mg/kg，降低乳酸水平至正常范围以下，但引起肝肿大、活性降低等不良反应，减少或停用DCA后改善。

6. 风险评估

本品对水生生物毒性极大，其环境危害GHS分类为：危害水生环境—急性危害，类别1。

三　氯　乙　酸

1. 理化性质

CAS号：76-03-9	外观与性状：无色或白色晶体，易潮解
pH值：1.2（0.1摩尔溶液）	临界压力（MPa）：4.81
熔点/凝固点（℃）：57.5	饱和蒸气压（kPa）：0.13（51℃）
沸点（℃）：195.5	相对蒸气密度（空气＝1）：5.65
密度（g/cm³）：1.62（25℃）	溶解性：易溶于水、乙醇、乙醚；微溶于四氯化碳
n-辛醇/水分配系数：1.33	

2. 用途与接触机会

本品为生活饮用水氯化消毒副产物之一，在居民经氯化消毒的生活饮用水中可存在微量本品。

三氯乙酸可用作医药原料、除草剂（三氯乙酸钾及三氯乙酸钠等）、纺织品染色助剂、金属表面处理剂及酰氯、酸酐、酰胺、聚酯、有机金属盐等原料。此外，在医药方面还可用作腐蚀剂及角蛋白溶解剂、胆色素的试剂、蛋白质的沉淀试剂等特殊用途。

职业接触通常经皮肤和呼吸道途径。

3. 毒代动力学

3.1　吸收、摄入与贮存

可经呼吸道、消化道或皮肤接触吸收。

3.2　转运与分布

动物实验中，三氯乙酸被染毒动物迅速吸收，1 h内达到最高肝脏血浆浓度。在志愿者试验中，给予志愿者3 mg/kg口服剂量，平均血浆半衰期约50 h，分布体积约115 ml/kg。

3.3　排泄

动物实验中，在经口5、20或100 mg/kg剂量下，三氯乙酸通过肾脏以原形排泄比例均超过50%。

4. 毒性与中毒机理

健康危害GHS危险性分类为：皮肤腐蚀/刺激，类别1A；严重眼损伤/眼刺激，类别1；特异性靶器官毒性—一次接触，类别3（呼吸道刺激）。

4.1　急性毒作用

对皮肤黏膜，特别是对眼具有腐蚀性和强烈的刺激性。

大鼠经口LD_{50}：3 300 mg/kg；小鼠经口LD_{50}：5 640 mg/kg；狗经口LD_{50}：1 590～2 000 mg/kg；小鼠经腹腔注射LD_{50}：500 mg/kg；大鼠经皮LD_{50}：>2 000 mg/kg。

兔经皮 210 μg，造成皮肤轻度刺激；兔经眼 3 500 μg/5 s，造成严重眼刺激。

4.2 慢性毒作用

在动物试验中，狗 NOEL 约 30 mg/(kg·d)，90 d，大鼠 NOEL 为约 365 mg/(kg·d)，4 个月和约 80 mg/(kg·d)，2 年。大鼠以 32 mg/kg 剂量经口染毒 90 d 后，发现肝和膀胱重量发生改变；小鼠经口染毒1 420 mg/kg，10 w 后，发现肝重量改变、抑制肝微粒体混合功能氧化酶(脱烷基化，羟基化等)以及影响辅酶 A 等作用。

4.3 远期毒作用

(1) 致突变作用

在动物遗传毒性实验中存在不一致的结果。点突变结果大都为阴性，高剂量负荷动物的染色体突变结果多为阳性，小鼠染色体 SCE 试验为阴性，

(2) 致癌作用

IARC 致癌性分类将三氯乙酸列为组 2B。

(3) 发育毒性与致畸性

在大鼠实验中，内脏畸形具有剂量依赖性，尤其是在心血管系统中。大鼠孕后 1～22 d 经口染毒最低中毒剂量(TDLo)6 402 mg/kg，致心血管系统发育畸形。

软组织畸形的平均发生率从低剂量的 9%[330 mg/(kg·d)]到高剂量的 97%[1 800 mg/(kg·d)]。

雄性小鼠在配种 5 d 前腹腔注射 125 mg/kg，发现雄性生精功能异常(包括遗传物质，精子形态，精子活力和计数)。对大鼠的生殖毒理学研究显示，在 330 mg/kg 剂量下对母体和胚胎都有毒性，在 880 mg/kg 剂量下甚至会发生胚胎致死。

4.4 中毒机理

三氯乙酸具有过氧化物酶增殖剂的作用，小鼠肝脏肿瘤的产生过程中发现棕榈酰辅酶 A 氧化酶和乙酰肉碱转移酶活性增强。三氯乙酸与谷胱甘肽结合，其产物在肾脏通过 β-裂解酶转换为活性代谢物，从而导致明显的肾毒性，包括 β2-微球蛋白积聚，进而可导致发生率低但明确的肾肿瘤的发生。

小鼠实验中发现，TCA 诱导的肝细胞结节和增殖损伤的雄性小鼠中存在线性剂量反应关系(饮用水中含 6 700～13 400 mg/m^3，1 年)，出现肝细胞肥大伴随细胞内糖原和脂褐素的显著积累(指示大量细胞内脂质过氧化)，结果表明，在体内生物转化过程中，TCA 诱导小鼠的肝毒性与自由基生成有关。

5. 生物监测

尿中三氯乙酸常作为三氯乙烯职业接触的生物标志，但无特异性。

6. 人体健康危害

6.1 急性中毒

本品是一种强酸，可造成严重皮肤灼伤和眼损伤，一次接触可能造成呼吸道刺激。吸入含三氯乙酸的尘粒可对鼻腔和咽喉部黏膜产生强烈刺激。经口摄入产生口咽部、腹部强烈的烧灼痛，随后出现呕血、便血，血压迅速下降。经呼吸道吸入，可出现咳嗽、头晕、声门水肿甚至窒息，6～8 h 后可进展为肺水肿，咳泡沫痰、发绀、肺部湿啰音并伴随低血压、脉速等。

皮肤直接接触易产生严重的组织灼伤，严重者可致死。有报道一名女性患者，四肢、躯干接触面积 30%，深度Ⅰ°～Ⅱ°，创面呈深红色，入院 2 h 后出现头晕、呕吐、视物模糊、烦躁不安，4 h 后症状加重并出现抽搐、昏迷，入院约 6 h 后死亡；同时入院另一名女性接触面积 70%，深度浅Ⅱ°，经抢救，3 d 后病情稳定，皮肤呈褐色并有渗出，17 d 后结痂，30 d 痊愈。

6.2 慢性中毒

长期接触可出现牙齿侵蚀、下颌骨坏死。支气管刺激症状包括慢性咳嗽、经常性支气管肺炎等。

7. 风险评估

国外职业接触限值：韩国 2006 年规定 PC-TWA 为 7 mg/m^3，澳大利亚 2008 年规定 PC-TWA 为 6.7 mg/m^3。

本品对水生生物毒性极大并具有长期持续影响，其环境危害 GHS 分类为：危害水生环境—急性危害，类别 1；危害水生环境—长期危害，类别 1。

溴 乙 酸

1. 理化性质

CAS 号：79-08-3	外观与性状：六边形或菱形具有吸湿性的晶体

（续表）

熔点/凝固点(℃)：49	沸点(℃)：208
闪点(℃)：>110	
饱和蒸气压(kPa)：0.016(25℃)	n-辛醇/水分配系数：0.41
密度(g/cm^3)：1.933 5 (50℃)	溶解性：易溶于乙醇，乙醚；溶于丙酮、苯、甲醇；微溶于氯仿

2. 用途与接触机会

一般人群可能会因摄入氯化消毒的饮用水而接触到溴乙酸，特别是当水源中含有高浓度的溴化物时。接触途径主要是经消化道、皮肤接触。

为有机合成中间体。用于农药和医药的生产，是制备ω-溴-2,4-二氯苯乙酮的原料，还可生产其酯类。

3. 毒代动力学

以溴乙醛和溴乙酸为原料，对2-溴乙醇进行了氧化代谢途径的研究，n-乙酰-s-(羧甲基)半胱氨酸被证明是一种常见的尿中代谢物。

4. 毒性

健康危害GHS危险性分类为：急性毒性—经口，类别3；急性毒性—经皮，类别3；急性毒性—吸入，类别3；皮肤腐蚀/刺激，类别1A；严重眼损伤/眼刺激，类别1；皮肤致敏物，类别1。

4.1 急性毒作用

大鼠经口 LD_{50}：50 mg/kg；大鼠经皮 LD_{50}：100 mg/kg；兔经皮 LD_{50}：59.9 mg/kg。

兔通过静脉注射溴乙酸钠时，眼睛会受到损害。猪反复经口染毒后死亡，发现肝、心、肾脏和骨骼肌损害，存活者则发现运动障碍。

在成年雄性大鼠中，单溴乙酸(MBAA)的急性口服毒性为二溴乙酸(DBAA)的10倍(LD_{50} 177vs 1 737 mg/kg)。

4.2 远期毒作用

(1) 致突变作用

溴化的卤乙酸在诱导点突变的能力上比它们的氯化类似物强大约10倍。

(2) 致癌作用

IARC未将本品列入确定的或可能的人类致癌物。

(3) 发育毒性与致畸性

重复口服溴乙酸后，对怀孕大鼠造成胎儿畸形，并造成减缓胎儿生长。

(4) 过敏性反应

皮肤接触本品可能造成过敏反应。

(5) 生殖毒性

饮用水的氯化反应产生了消毒副产物(DBPs)，这些副产品被证明在大剂量时会破坏啮齿动物的精子产生，这提示DBPs可能会对男性造成生殖风险。

在大鼠实验中，单溴乙酸单次剂量100 mg/kg，或25 mg/(kg・d)，14 d后未出现生殖相关的指标的影响。但反复皮下注射可导致不育。在经口插管喂饲100 mg/(kg・d)条件下，2-溴乙酸具有发育毒性，其毒性水平与氯乙酸相似。

5. 生物监测

以溴乙醛和溴乙酸为原料，对2-溴乙醇进行了氧化代谢途径的研究，n-乙酰-s-(羧甲基)半胱氨酸被证明是一种常见的尿中代谢物。

6. 人体健康危害

急性中毒

吞咽、皮肤接触或吸入本品会中毒，本品造成严重皮肤灼伤和严重眼损伤，本品对眼、皮肤黏膜、消化道、呼吸道有强烈的刺激和腐蚀作用。可导致皮肤过敏。

口服中毒：轻者仅有口咽部、食管和胃的轻度烧伤(表皮充血、水肿)、腹痛，严重者可出现消化道黏膜水疱、溃疡、穿孔、出血，有消化道狭窄风险，甚至休克和意识障碍。儿童可出现上气道水肿。

吸入中毒：轻者可出现咳嗽、喉咙痛、胸痛、支气管痉挛、呼吸困难；严重者可造成上气道水肿、气管支气管炎、肺炎，甚至肺水肿。

眼接触后出现结膜充血、水肿，角膜上皮缺损、混浊、角膜缘缺血甚至持续的视力损失。

皮肤接触者可产生接触性皮炎、红斑、水疱、甚至焦痂。

7. 风险评估

本品对水生生物毒性极大，其环境危害GHS分类为：危害水生环境—急性危害，类别1。

碘乙酸

1. 理化性质

CAS号：64－69－7	外观与性状：无色或白色结晶
熔点/凝固点(℃)：82～83	沸点(℃)：262.1
溶解性：溶于水和乙醇；微溶于乙醚和氯仿	

2. 用途与接触机会

一般人群可能通过皮肤、消化道接触。用于有机合成、染料工业，巯基测定，也用于植物资源的研究。

3. 毒性与中毒机理

健康危害 GHS 危险性分类为：急性毒性—经口，类别3；皮肤腐蚀/刺激，类别1A；严重眼损伤/眼刺激，类别1。

3.1 急性毒作用

大鼠皮下 LD_{50}：60 mg/kg；大鼠腹腔内 LD_{50}：75 mg/kg；大鼠吸入 LCL_0：94 mg/(m^3 · 30 h)；狗静脉注射 LD_{50}：45 mg/kg。

在大鼠膝关节内注射碘乙酸盐后，关节软骨发生变化，类似骨关节炎。它导致许多氧化酶的完全丧失，这表明主要的氧化途径受到抑制。

兔子或猫静脉碘乙酸盐注射后，由于视觉细胞的损伤，导致视网膜电活动电位立即下降。还会导致蛋白质和细胞出现在房水中，并在五天内诱导细胞渗出进入玻璃体。在角膜内皮和纤毛上皮内可见组织学变化。

3.2 慢性毒作用

大鼠口饲碘乙酸 50～70 mg/(kg · d)，在 10～40 d 内是致命的。

3.3 远期毒作用

(1) 致突变作用

碘乙酸钠可能诱导人细胞染色体/畸变(易位)。

(2) 致癌作用

IARC 未列入确定的或可能的人类致癌物。

(3) 发育毒性与致畸性

小鼠经口 TDLo：158 mg/kg(90 d male/90 d pre)，造成颅面部(包括鼻和舌)发育畸形。

3.4 中毒机理

碘乙酸与硫醇(—SH)蛋白组发生反应，并且可以通过阻断它们的活性基团来抑制酶。碘乙酸具有细胞毒性作用(乳酸脱氢酶(LDH)释放、蛋白质巯基消耗)，可造成明显的 ATP 消耗。在小鼠神经母细胞瘤细胞培养(Neuro－2a)实验中，碘乙酸显著地改变了溶酶体功能和乙酰胆碱酯酶活性。碘乙酸会抑制甘油醛-3-磷酸脱氢酶，从而阻止 1,3-二磷酸甘油醛转化为 1,3-甘油酸，这是丙酮酸酯和乳酸生产中必须的反应。

当注射到角膜基质中时，0.001 M 到 0.1 M 的溶液会造成极其严重的伤害。在房水中加入碘乙酸会引起角膜水肿。注射进前房对角膜、虹膜造成严重损害以及白内障。有证据表明碘乙酸对视杆细胞的伤害比视锥细胞更大，提示碘乙酸对视网膜受体的有选择性毒性作用。

为了阐明碘乙酸(IAA)对大鼠晶状体形成的机理，2% IAA 溶于盐溶液，经大鼠腹腔注射，剂量为 40 mg/kg bw。IAA 注射液首先在晶状体侧面发生上皮变性。这种变化导致晶状体细胞核内的晶状体纤维肿胀。皮质性白内障则是由晶状体纤维的分化紊乱引起的。这些结果表明，睫状体非色素上皮中血水屏障的破坏是引起白内障的一个诱因。

4. 人体健康危害

急性中毒

碘乙酸对上呼吸道、消化道黏膜、眼睛和皮肤组织具有强烈刺激性、腐蚀性。

(1) 经口摄入中毒

轻者可能出现口咽不适、恶心、呕吐和腹泻等症状，黏膜组织浅表充血水肿；严重者可造成黏膜水泡、溃疡。早期进行内窥镜检查对于评估黏膜损伤程度非常重要。

(2) 经呼吸道中毒

可引起咳嗽、流涕、呼吸困难、胸痛、气急，极少数严重者可出现严重缺氧甚至呼吸衰竭。

(3) 眼部接触

碘乙酸已被证实对角膜、虹膜、晶状体、纤毛体和视网膜具有毒性；皮肤接触可导致皮肤红肿、疼痛，严重者可出现大疱样接触性皮炎。

单氟羧酸类

本类物质为无色液体或固体。分子结构中氟原子极稳定，故化学性质与相应的非氟化合物近似。易溶于水，按沸点推测挥发性极低。本类代表为氟乙酸。

氟　乙　酸

1. 理化性质

CAS 号：144-49-0	外观与性状：无色晶体
熔点/凝固点(℃)：33	沸点(℃)：165
闪点(℃)：55.346	饱和蒸气压(kPa)：0.17(25℃)
密度(g/cm^3)：1.37	溶解性：易溶于水、乙醇；微溶于石油醚
n-辛醇/水分配系数：0.03	

2. 用途与接触机会

主要用于杀鼠剂。人发生中毒往往是由于误服、食用盛器污染或口服自杀。

牲畜发生中毒往往是因误食(饮)被氟乙酸处理或污染了的植物、种子、饲料、毒饵、饮水所致。

生产和使用氟乙酸的过程中均可接触。

3. 毒代动力学

3.1　吸收、摄入与贮存

氟乙酸可通过消化道、呼吸道(粉尘颗粒)及皮肤吸收。

3.2　转运与分布

氟乙酸被吸收后，在体内分布较均匀。与细胞内线粒体辅酶A结合，生成氟乙酰辅酶A，并再与草酰乙酸缩合生成氟柠檬酸。在大鼠体内实验中，氟柠檬酸活化可通过两条途径：与丙酮酸代谢有关的，不依赖于氧化磷酸化途径；与醋酸盐代谢有关的，依赖于ATP的途径。

3.3　排泄

大部分氟乙酸盐通过尿和粪便排泄。

4. 毒性与中毒机理

本品为2015版《危险化学品目录》中所列举的剧毒品。健康危害GHS危险性分类为：急性毒性—经口，类别2。

4.1　急性毒作用

毒作用表现存在明显的物种差异，如狗中毒常死于抽搐和呼吸麻痹，而猴子、马、和兔中毒后中枢神经系统表现很少见，而常死于心室颤动。

大鼠经口 LD_{50}：4.68 mg/kg；小鼠经口 LD_{50}：7 mg/kg；豚鼠口服 LD_{50}：0.468 mg/kg；兔静脉注射 LD_{50}：0.25 mg/kg；小鼠经腹腔注射 LD_{50}：6.6 mg/kg；大鼠腹腔注射 LD_{50}：3～6 mg/kg；小鼠经静脉注射 LD_{50}：13 mg/kg。

4.2　慢性毒作用

尚无动物相关资料。有报道人长期暴露出现轻度的肝脏、神经系统和甲状腺的功能障碍。

4.3　中毒机理

进入组织的氟乙酸可与细胞内线粒体的辅酶A结合，生成氟乙酰辅酶A，并再与草酰乙酸缩合生成氟柠檬酸，后者能抑制乌头酸酶，从而阻断三羧酸循环中柠檬酸的氧化，使柠檬酸在组织内大量积聚，阻碍了葡萄糖代谢和细胞呼吸，影响了组织能量储存和供应，造成机体代谢障碍，这一过程称为“致死合成”，详细见图26-1。

动物实验证实，“致死合成”主要引起中枢神经系统和心脏的损害。不同物种表现有所不同，动物中毒致死常由于：① 严重抽搐而造成的呼吸停止；② 心力衰竭或心室纤维性颤动；③ 中枢神经系统进行性抑制并伴有呼吸循环衰竭。

5. 生物监测

血氟、尿氟升高可协助诊断，确诊要作毒饵、呕吐物、胃液、血液或尿液的毒物鉴定。

6. 人体健康危害

6.1　急性中毒

多为误服、食用盛器污染或口服自杀所致，职业

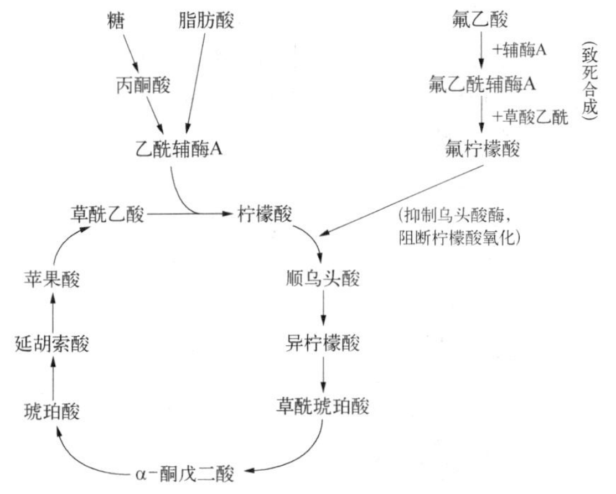

图 26-1　氟乙酸中毒机理

中毒少见。

本品为剧毒品，吞咽会致命。中毒表现以中枢神经系统和心脏的混合型损害为主。中毒后潜伏期一般 30～120 min，随后可出现呕吐、过度流涎、麻木感、上腹疼痛、精神恍惚、恐惧感、肌肉抽搐、视力障碍、幻听等。严重者经一定时间后，出现昏迷、癫痫样发作，呼吸抑制以至衰竭，随后可出现心律紊乱和心跳骤停。患者可因心跳骤停、抽搐发作时窒息或中枢性呼吸衰竭而危及生命。人致死剂量 2～10 mg/kg。

有报道 84 例误服氟乙酸中毒患儿，年龄 19 月～10 岁。20 例以抽搐为首发症状，抽搐发作时神志不清，双眼凝视口吐白沫，四肢强直性抽动，抽搐持续数秒至数分钟不等，自行缓解，间歇半小时至数小时又类似发作。12 例持续抽搐，昏迷不醒，其中 5 例出现呼吸困难和循环衰竭。心电图 4 例出现窦房阻滞，10 例提示心肌轻度损害。3 例因误服量大、确诊时间晚死亡，余均 2 周内痊愈出院。

6.2　慢性中毒

有报道反复暴露于低剂量氟乙酸 10 年的病例，发生不断进展的肾小管上皮细胞损害，以及轻度的肝脏、神经系统和甲状腺的功能障碍。

7. 风险评估

本品对水生生物毒性极大，其环境危害 GHS 分类为：危害水生环境—急性危害，类别 1。

氟 乙 酸 钠

1. 理化性质

CAS 号：62-74-8	外观与性状：白色粉末，无气味，有吸湿性
溶解性：易溶于水；几乎不溶于乙醇、丙酮、石油	

2. 用途与接触机会

氟乙酸钠别名 1080，主要用于杀鼠剂。从 70 年代起政府就已明令禁止使用。人发生中毒往往是由于误服、食用盛器污染或口服自杀。

工业上，可因防护不严，吸入氟乙酸钠粉尘以及污染皮肤所致。

3. 毒代动力学

大部分氟乙酸盐通过尿和粪便排泄。

4. 毒性与中毒机理

本品为 2015 版《危险化学品目录》中所列举的剧毒品。健康危害 GHS 危险性分类为：急性毒性—经口，类别 2；急性毒性—经皮，类别 1；急性毒性—吸入，类别 2。

4.1　急性毒作用

人致死剂量 2～10 mg/kg。大鼠经口 LD_{50}：0.1 mg/kg；小鼠经口 LD_{50}：0.1 mg/kg；兔口服 LD_{50}：0.340 mg/kg；牛口服 LD_{50}：0.39 mg/kg；大鼠经皮 LD_{50}：48 mg/kg；豚鼠经皮 LD_{50}：1.6 mg/kg；小鼠经腹腔注射 LD_{50}：7 mg/kg。

4.2　慢性毒作用

有报道人长期暴露出现严重且进展性的肾小管上皮细胞损害以及轻度的肝脏、神经系统和甲状腺的功能障碍。

4.3　发育毒性与致畸性

有报道在中、高剂量染毒的 SD 鼠中发现睾丸萎缩和不可逆的管状变性，雄性大鼠在饮水氟乙酸钠浓度 6.6～22 mg/kg 下，出现精细胞头部扭转。在大鼠实验中，在饮食 10 mg/kg 浓度下，在第一周出现一过性的生长速率迟缓，3～4 w 逐渐恢复。在大鼠、小鼠实验中发现前肢、肋骨的轻度弯曲。在经口 0.75 mg/kg/d 条件下，妊娠 SD 鼠和胎儿体重明显下降。

4.4 中毒机理

详见图 26－1。动物实验证实，“致死合成”主要引起中枢神经系统和心脏的损害。不同物种表现有所不同：马、山羊、兔、猴常表现为心脏室性心律失常，狗、豚鼠常表现为惊厥；猫、大鼠、仓鼠则以心脏和中枢神经系统损害为主。

5. 人体健康危害

5.1 急性中毒

本品为剧毒品，吞咽、皮肤接触和吸入本品会致命。急性中毒表现与氟乙酸相似，主要造成消化系统、神经系统、心脏、肾脏等损害，尤以神经系统、心脏损害表现更为突出。易发生二次中毒。

人误服后，出现恶心、呕吐、上腹痛、短暂的视觉障碍、幻听及阵发性面部、四肢抽搐，抽搐发生时可伴意识不清、双眼凝视、口吐白沫，四肢强直性抽动、抽搐数十秒至数分钟不等，自行或经治疗缓解，间歇半小时至数小时又有类似发作，脑电图可出现弥漫性慢波等异常，严重时出现呼吸困难和循环衰竭，甚至死亡。昏迷患者苏醒后经过短时间的“清醒期”，可出现精神障碍，表现为丰富生动的恐怖性幻视和错觉，言语零乱，情绪不稳，行为冲动。有报道在中毒 2 w 后 CT 检查显示弥漫性的脑萎缩和严重的小脑功能障碍。

心脏损害可表现为心动过速伴心电图 T 波高耸、ST 段抬高，随后出现室性早搏、室性心动过速，最终发展为心室颤动，病程中可伴随低钾和低钙血症。

肾脏损害并不常见，有报道数例口服 1%的氟乙酸钠溶液 8～40 ml 后造成急性肾功能衰竭。

氟乙酸钠中毒严重者可致死，有学者总结致死预兆包括血压降低、肌酐升高和血气分析 pH 值降低。

5.2 慢性中毒

慢性中毒少见。有报道人长期暴露出现严重且进展性的肾小管上皮细胞损害以及轻度的肝脏、神经系统和甲状腺的功能障碍。

6. 风险评估

国家已明令禁止使用本品。本品对水生生物毒性极大，其环境危害 GHS 分类为：危害水生环境—急性危害，类别 1。

氟 乙 酸 钾

1. 理化性质

CAS 号：23745－86－0	外观与性状：固体

2. 用途与接触机会

一般人群可因误食而摄入。

工作中，常因防护不严，吸入氟乙酸钾粉尘以及污染皮肤所致。

3. 急性毒作用

健康危害 GHS 危险性分类为：急性毒性—经口，类别 2；急性毒性—经皮，类别 1；急性毒性—吸入，类别 2。

小鼠皮下 LDL_0：4 mg/kg；兔经口 LDL_0：500 μg/kg。

4. 人体健康危害

中毒表现包括流涎、恶心、呕吐、目视不清、眼球震颤、低血压、肌肉痉挛等，甚至造成昏迷、呼吸衰竭等。

5. 风险评估

本品对水生生物毒性极大，其环境危害 GHS 分类为：危害水生环境—急性危害，类别 1。

三 氟 乙 酸

1. 理化性质

CAS 号：76－05－1	外观与性状：无色、发烟液体，有吸湿性
pH 值：1(10 g/L，H_2O)	临界压力(MPa)：3.258
临界温度(℃)：218	沸点(℃)：72.4
熔点/凝固点(℃)：－15.4	相对蒸气密度(空气＝1)：3.9

（续表）

饱和蒸气压（kPa）：14.6（25℃）	溶解性：易溶于水（20℃）、乙醚、丙酮、苯、四氯化碳、己烷
密度（g/cm³）：1.531（20℃）	*n*-辛醇/水分配系数：−2.1

2. 用途与接触机会

主要用于合成多种含三氟甲基和杂环的除草剂。作为极强的质子酸，它广泛用于芳香族化合物烷基化、酰基化、烯烃聚合等反应的催化剂；作为溶剂，三氟乙酸是氟化、硝化及卤代反应的优良溶剂，特别是其衍生物三氟乙酰基对羟基和氨基的优良保护作用。

3. 毒代动力学

可经呼吸道、消化道或皮肤接触吸收。本品在体内是一些氟烷烃类如五氟丙烷的代谢产物。

4. 毒性与中毒机理

健康危害 GHS 分类为：皮肤腐蚀/刺激，类别1A；严重眼损伤/眼刺激，类别1。

4.1　急性毒作用

本品对皮肤、眼和黏膜具有强烈刺激作用，比三氯乙酸更强，对组织的穿透力更明显。豚鼠或大鼠皮肤接触20%或更高浓度本品溶液，引起明显的凝固坏死或组织完全溶解；10%溶液引起中等严重反应；2%～5%仅引起中度刺激。

大鼠吸入 LC_{50}：10 mg/m³；小鼠吸入 LC_{50}：13 500 mg/m³；小鼠经静脉注射 LD_{50}：1 200 mg/kg。

4.2　发育毒性与致畸性

动物实验发现：用75或150 mg/kg/d三氟乙酸喂养SD鼠，未发现后代数量、新生鼠生存率、生长率有明显变化。但新生鼠的肝脏生化酶如谷胱甘肽脱氢酶、天冬氨酸转氨酶活性明显升高，另外发现新生鼠尿β2-微球蛋白明显增加，这些改变仅出现在出生后早期。

大鼠实验中未发现三氟乙酸对大鼠睾丸的影响。

4.3　中毒机理

三氟乙酸改变了质膜糖蛋白合成。本品为具有 CF_3 基团的多氟烃类如氟烷（$CF_3CHClBr$）及六氟二氯丁烯（$CF_3CCl=CClCF_3$）等的体内终末代谢产物，有人认为它与这些毒物所致肝脏或肺的坏死性损害有关。动物实验见到，本品可引起肝脏脂肪变性以及肝糖原和某些酶活力的降低。

5. 人体健康危害

急性中毒

本品造成严重皮肤灼伤和严重眼损伤。

口服中毒，轻者引起口咽部、消化道黏膜刺激症状，浅表充血和水肿，一般不发生并发症。中度中毒者可出现黏膜水疱、糜烂和溃疡，存在消化道狭窄的风险，特别是食道和胃出口，部分患者（特别是儿童）可以发展为上气道水肿。重度患者可出现胃肠道黏膜坏死、穿孔（食管、胃、甚至十二指肠）、气管-食管瘘或主动脉-食管瘘、胃肠道出血，上气道水肿常见甚至威胁生命，进而可能发展为低血压、心动过速、呼吸急促等，消化道狭窄可长期存在。

吸入中毒者，轻者出现呼吸困难、胸痛、咳嗽、支气管痉挛表现，严重的出现缺氧、喘鸣、气管—支气管炎甚至肺炎，肺功能异常表现类似于支气管哮喘发作。

眼接触后可出现严重的球结膜充血、水肿，角膜上皮缺损，角膜缘缺血，永久性视力损失，甚至穿孔。

皮肤接触后出现红斑、水疱。

各种取代脂肪族单羧酸类

乙　醇　酸

1. 理化性质

CAS号：79-14-1	外观与性状：无色无味、透明固体
pH值：2.5（0.5%）；2.33（1.0%）；2.16（2.0%）；1.91（5.0%）；1.73（10.0%）	沸点（℃）：100（分解）
熔点/凝固点（℃）：78—80（alpha-修饰）；63（beta-修饰，亚稳态）	饱和蒸气压（kPa）：2.6×10⁻³（25℃）
密度（g/cm³）：1.49（25℃）	溶解性：易溶于水；可溶于乙醇、乙醚、甲醇、丙酮、醋酸
n-辛醇/水分配系数：−1.11	

2. 用途与接触机会

本品自然存在于一些植物和蔬菜中，也是一些家庭清洁产品的成分之一。皮肤科用于治疗皮肤问题，在许多个人护理产品中都有使用。它被用作化妆品的去角质剂。

工业上，主要用途是清洁和金属加工。其他专业应用包括生物医学用途、印刷线路板助焊剂、黏合剂、纺织品、硫化氢消除、鞣制、油井酸化、生物可降解聚合物和共聚物，以及可吸收缝线和药物输送系统。

3. 毒代动力学

3.1 吸收、摄入与贮存

人皮肤体外测定 10％乙醇酸溶液的皮肤渗透率。超过 24 h 的平均总吸收为 $2.6\pm0.37\ \mu g/cm^2$，即为施用剂量的 $0.15\pm0.02\%$。

3.2 转运与分布

在动物实验和志愿者实验中，乙醇酸在肝脏代谢为乙醛酸，人类肝脏组织对乙醇酸的进一步代谢最有效。V(max)/K(m)的比值代表肝组织中乙醇酸的相对清除率，人肝、大鼠肝和兔肝的比值分别约为 14∶9∶1。

乙二醇经乙醇脱氢酶氧化成乙醛，再经胞质醛氧化酶氧化成乙醇酸。乙醇酸通过乙醇酸氧化酶进一步氧化为草酸。

本品可能是正常的代谢产物，可通过中间氧化成二羟乙酸，再转化成甘氨酸，因此估计无蓄积作用。

3.3 排泄

在对恒河猴服用 500 mg/kg 的口服给药后 96 h 内，尿液中排泄占乙醇酸的 37％～52％。

乙醇酸盐血浆半衰期为 7.0 h。

4. 毒性

4.1 急性毒作用

大鼠经口 LD_{50}：1 950 mg/kg 大鼠吸入 LC_{50}：7 100 $\mu g/(m^3 \cdot 4\ h)$。

兔经眼，2 mg，造成严重眼刺激；兔经眼，0.1 ml，造成严重眼刺激。兔经皮 0.5 ml，造成严重皮肤刺激。

用 0.5 ml70％的乙醇酸对兔子的完整和擦伤的皮肤进行实验。乙醇酸可造成原发性的皮肤刺激和腐蚀，在 24 h，完整的皮肤出现强烈的红斑和轻度水肿，擦伤的皮肤则出现明显的红斑和坏死。72 h 观察到红斑均消失，但沿擦伤边缘的坏死仍然存在。

豚鼠在 5 厘米左右的背部每天接受 3 mg/cm^2 的 5％或 10％的乙醇酸，进行 3 w 的处理，会引起皮肤红斑或剥落。在显微镜下观察，处理后的皮肤在使用 5％和 10％的乙醇酸处理后表皮增厚，5％乙醇酸的应用使表皮细胞层数量增加了两倍，5％和 10％乙醇酸的动物细胞层数没有显著差异。还观察到处理后皮肤毛囊上皮内壁增生，但和对照组比较，皮肤的屏障完整性没有显著差异。

大鼠吸入浓度 7.7～14 mg/L 乙醇酸后，症状随浓度增加而加重，出现呼吸困难、气喘、眼结膜充血、鼻腔分泌物和流涎，接触后还出现体重减轻、肺部啰音、角膜混浊等。

用 0.1 ml 未稀释的乙醇酸(纯度 64％)给 2 只兔子注入至右侧结膜囊。20 秒后，其中一只眼用自来水冲洗 1 min。观察时间分别为 1、4 h、1、2、3、7、14 d。经观察，洗过的和没洗过的眼睛的眼部损害都是严重且不可逆的。第 14 d 没有洗过的眼睛变得很小，对光线没有反应，而清洗过的对光线有反应。

雄、雌性各 5 只 Sprague－Dawley 大鼠仅用鼻接触 5.2 mg/L 的乙醇酸 4 h。另外一组雄性大鼠(10 只)暴露于 0.60 mg/L、2.1 mg/L 或 3.8 mg/L 下 4 h。用雾化器将测试物质雾化生成室内空气。在 0.60、2.1、3.8 和 5.2 mg/L 浓度下，雄性大鼠的死亡率分别为 0/10、2/10、6/10 和 3/5，在 5.2 mg/时，雌性大鼠死亡率为 0/5。

将 50 和 70％的乙醇酸应用于经过丙酮清洗的两只迷你猪背部 2×2 厘米区域 15 min，在 1 d、7 d 和 21 d 后，进行 4 毫米穿刺活检。70％乙醇酸处理 1 d 后发现表皮坏死，部分炎症浸润及真皮坏死。

用家犬观察 0.35～0.8 mmol/kg 乙醇酸和 1.0～4.4 mmol/kg 乙醇酸钠对环丙肾上腺素所致心律失常的影响。剂量为 0.35～0.5 mmol/kg 的乙醇酸增加了 13 只狗的心律失常持续时间，而剂量为>0.5 mmol/kg 的 11 只狗的心律失常均有所减少或完全消除。许多狗在大剂量的情况下会出现抑郁。乙醇酸酸钠对降低心律失常的作用小得多，需要 3 mmol/kg，而且作用是短暂的。

4.2 慢性毒作用

在大鼠基础饮食中使用 3％的乙醇酸 3 周导致

草酸尿石症的高发（主要在肾脏，但一些动物在输尿管和膀胱）。此外，在整个肾皮层和髓质中都有细小的结晶沉积。

犬类每日口服 1 000 mg 乙醇酸 35 d，未发现草酸分泌异常，胃肠道或肾脏未见损伤。

在另一项实验中，大鼠被喂食 600 mg/(kg·d)乙醇酸共 90 d。雄性在 600 mg/(kg·d)发生 2 例死亡。平均体重下降，食物消耗和食物效率在 300 和 600 mg/kg/天组中出现下降。在这些剂量水平上也观察到草酸盐晶体肾病和单侧肾积水以及肾盂移行上皮增生（仅雄性）。在每天暴露于 300 或 600 mg/kg/日的雌性大鼠中，没有观察到任何表明全身毒性的器官重量、显微镜结果。

雄性和雌性白化大鼠分别喂食 1 和 2%的乙醇酸 218～248 d。在雄性大鼠中观察到生长体重下降、肾草酸增加和肾毒性作用。雌性大鼠和喂食 0.5%乙醇酸的雄性大鼠均未见影响。1%和 2%剂量组的死亡率分别为 60%和 70%。

在小鼠实验中，乙醇酸减少了紫外线诱导的皮肤肿瘤的发展。细胞周期调节蛋白 PCNA、cyclin D1、cyclin E 等的表达降低，信号介导因子 JNK、p38 激酶、MEK 的表达降低可能在乙醇酸抑制紫外线诱导的皮肤肿瘤发生的作用中发挥重要作用。

乙醇酸钠增强了 4-羟基丁酸钠的催眠活性，与烟酰胺有协同作用，可引起小鼠、大鼠和兔体温过低。

4.3 远期毒作用

（1）致突变作用

在使用沙门菌 TA98、TA100、TA1535、TA1537 和 TA1538 进行的 Ames 试验中，未发现乙醇酸具有基因毒性。

（2）致癌作用

IARC：本品未被列入为确定的或可疑的人类致癌物。

（3）发育毒性与致畸性

对妊娠 7～21 d 的大鼠中进行乙醇酸发育毒性的评估。在 600 mg/kg 时，有明确的证据表明母体存在毒性，包括平均胎重显著降低，骨骼（肋骨、脊椎、胸骨）畸形和变异发生率显著增加。

25 只交配后的 Sprague - Dawley 雌性大鼠，从妊娠第 7 d 到第 21 d，分别给予 0、75、150、300 或 600 mg/(kg·d)的乙醇酸（纯度：99.6%）灌胃，未发现实验动物死亡。600 mg/kg 组的动物表现出呼吸不规则、肺啰音、嗜睡和异常步态，平均体重增幅小于对照组、平均胎重低于对照组（$p<0.05$），畸形发生率、发育差异及发育迟缓均有所增加（$p<0.05$）。

5. 人体健康危害

5.1 急性中毒

吞咽本品有害，本品造成严重皮肤灼伤和眼损伤。

浓度<5%，通常用于清洁配方，不会刺激皮肤。15%的乙醇酸产生严重的红斑和水疱。皮肤接触高浓度（70%）乙醇酸可能导致皮肤受到严重刺激，引起灼伤或皮疹。有报道采用 30%、50%、70%乙醇酸对健康女性前臂进行浅表化学剥离。乙醇酸在术后立即对皮肤屏障功能造成明显损伤。眼睛接触高浓度本品可能导致角膜腐蚀或结膜溃疡以及永久性的眼睛损伤。

吸入可能引起上呼吸道黏膜组织和支气管刺激。出现烧灼感、头痛、咳嗽、气喘、喉炎、呼吸短促、咽喉水肿、化学性肺炎和肺水肿。

经口摄入可导致黏膜的腐蚀，引起咽部疼痛、胃部不适、恶心、呕吐和虚脱。肾脏损害甚至死亡可能发生于严重的过度暴露。有报道 2 例摄入防冻剂的成人出现代谢性酸中毒和较长时间的肾衰竭。

5.2 慢性中毒

皮肤长期或反复接触可能导致皮炎或溃疡。

磺 基 乙 酸

1. 理化性质

CAS 号：123-43-3	外观与性状：固体，易吸潮
熔点/凝固点（℃）：84	沸点（℃）：245（分解）
密度（g/cm³）：1.875（25℃）	溶解性：溶于水、酒精和丙酮

2. 用途与接触机会

一般人群可能通过污染的空气、水和食品摄入和皮肤接触。

职业性暴露可通过在生产或使用磺基乙酸的工作场所吸入其粉尘颗粒和皮肤接触而暴露。

3. 毒代动力学

给大鼠皮下注射后，磺基乙酸以原形随尿排出。

4. 毒性

大鼠经口 LD_{50}：3 160 mg/kg；兔经皮 LD_{50}：1 570 mg/kg。

兔经皮 20 mg/24 h，造成中度皮肤刺激；兔经眼，250 μg/24 h，造成严重眼刺激。

5. 人体健康危害

吞咽本品可能有害，皮肤接触本品有害。本品造成严重眼刺激。可能造成呼吸道刺激。

高浓度磺基乙酸可造成严重的皮肤损伤，引起灼痛、皮疹、水疱甚至焦痂。眼睛接触高浓度本品可能导致角膜腐蚀或结膜溃疡以及永久性的眼睛损伤。

经口摄入可能导致黏膜的腐蚀，引起咽部疼痛、胃部不适、恶心、呕吐、腹痛、腹泻、便血等。

吸入可导致烧灼感、咳嗽、呼吸短促、胸闷、喉炎、甚至化学性肺炎和肺水肿。

过 氧 乙 酸

1. 理化性质

CAS 号：79－21－0	外观与性状：无色、有辛辣味液体
熔点/凝固点(℃)：－0.2	沸点(℃)：110
饱和蒸气压(kPa)：1.93(25℃)	密度(g/cm³)：1.226(15℃)
n-辛醇/水分配系数：－1.07	溶解性：易溶于水、醚、硫酸；溶于乙醇

2. 用途与接触机会

一般人群可能通过摄入食品和皮肤接触经过氧乙酸处理的产品而接触。

主要用作纺织品、纸张、油脂、石蜡、淀粉的漂白剂，医药上作杀菌剂，有机合成中作氧化、环氧化剂。

3. 毒代动力学

可通过消化道、呼吸道及皮肤吸收。

在动力学研究中还没有发现降解产物。根据该物质的结构，预计会产生以下降解产物：醋酸、氧、过氧化氢和水。

过氧乙酸在大鼠血液中快速降解。当大鼠血液稀释 1 000 倍时，过氧乙酸的半衰期<5 min。在未稀释的血液中，预期半衰期为几秒或更短。由于这个原因，过氧乙酸的分布可能非常有限。

4. 毒性与中毒机理

健康危害 GHS 危险性分类为：皮肤腐蚀/刺激，类别 1A；严重眼损伤/眼刺激，类别 1；特异性靶器官毒性——一次接触，类别 3(呼吸道刺激)。

4.1 急性毒作用

大鼠经口 LD_{50}：1 540 mg/kg；小鼠经口 LD_{50}：210 mg/kg；豚鼠经口 LD_{50}：10 mg/kg；兔经皮 LD_{50}：1 410 mg/kg；大鼠吸入 LC_{50}：450 mg/m³。

兔经皮 500 mg，开放式，造成严重皮肤刺激；兔经眼 1 mg，造成严重眼刺激。

具有氧化性。接触时间在 3 min 以内，10%以上浓度对兔皮肤具有腐蚀性；如果超过 45 min，浓度 5%即具有腐蚀性。浓度小于 0.34%的过氧乙酸仅是轻度刺激或非刺激。在兔眼测试中，过氧乙酸在 0.34%及以上浓度下具有腐蚀性。当浓度为 0.15%或更低时，可发现轻度或无眼部刺激。小鼠经呼吸道暴露后出现呼吸道过敏。

在重症监护病房使用 4.6 mg/m³ 过氧乙酸进行短时间消毒。除了轻微的酸味外，工作人员或患者均未报告任何症状。将 0.1%的过氧乙酸溶液通过敷布敷于眼睑 5～10 min。在使用过程中，有轻微的烧灼感。

4.2 慢性毒作用

对大鼠进行的研究中，在不同浓度下灌胃 13 周。发现两只雌性大鼠，在 0.75 mg/(kg·d)下有间歇性粗重呼吸。根据本研究结果，推荐过氧乙酸 NOAEL 值为 0.75 mg/kg bw/day。经宏观尸检和显微检查(组织病理学)均未发现过乙酸对两性生殖器官的影响。由于过氧乙酸在血液中迅速降解，不可能将其分配给生殖器官，因此它不太可能是一种生殖毒物。

4.3 远期毒作用

(1) 致突变作用

在细菌试验中，基因突变检测结果均为阴性。

在人类胎儿肺细胞中进行的 DNA 损伤和修复试验，未发现过氧乙酸具有基因毒性潜力。

(2) 致癌作用

IARC：本品未被列入为确定的或可疑的人类

致癌物。小鼠经皮 TDL_0：21 g/kg，26 w，造成皮肤肿瘤。

(3) 发育毒性与致畸性

在高剂量水平下，胎儿体重降低5%，但产仔数比对照组高13%左右。

4.4 中毒机理

过氧乙酸是一种与过氧化氢、乙酸和水处于平衡状态的水溶液。在一定的平衡溶液中，过氧乙酸、过氧化氢和乙酸的浓度分别可达到40%、30%和40%左右。

使用0.8%本品（无腐蚀性）在37℃的体外真皮渗透试验表明，通过猪的完整皮肤，真皮对过乙酸的吸收较低。当大鼠的皮肤暴露于 ^{14}C 标记的本品的腐蚀性浓度时，会发现大量 ^{14}C 的摄取，预期该化学品的腐蚀性浓度会损害皮肤的正常屏障功能。

0.1 mmol/L 过氧乙酸预处理细胞，能抑制花生四烯酸与磷脂的结合。实验表明，过氧乙酸盐也抑制花生四烯酸从中性脂质向磷脂的转移。

5. 人体健康危害

5.1 急性中毒

吞咽和皮肤接触本品有害，本品造成严重皮肤灼伤和严重眼损伤，一次接触本品可能造成呼吸道刺激。

过氧乙酸（蒸气或液体）对眼睛和皮肤、黏膜组织具有刺激性和腐蚀性，通过皮肤或呼吸道大量的吸收可能是致命的。

经口食入可能导致吞咽困难，恶心，呕吐、口腔、食道和胃肠道、呼吸道烧伤，甚至循环衰竭和休克。

眼睛接触可能引起腐蚀性角膜烧伤和失明。兔眼接触10%的过乙酸溶液引起角膜溃疡，穿孔，和睑球黏连的形成。皮肤接触可导致皮肤红肿、疼痛、水疱甚至焦痂。人皮肤耐受浓度上限为0.4%。

吸入蒸气后，常发生鼻咽部黏膜刺激、咳嗽、气喘、喉炎、呼吸短促、咽喉水肿，甚至化学性肺炎和肺水肿。

5.2 慢性中毒

经常使用过氧乙酸（0.5%）洗手发生可手部皮炎。过氧乙酸对皮肤的刺激阈值为0.4%。高浓度或反复暴露可影响肝脏和肾脏。

有报道一名48岁的男子在使用过氧乙酸—过氧化氢混合物（PA－HP）为内窥镜设备和附件消毒。在工作5个月后，发现在工作场所时有流涕、结膜炎、干咳等症状，但没有出现喘息的现象。这些表现通常从周一晚上开始，在离开工作8 d后迅速消失，但在他返回工作岗位时复发，高度提示与工作相关的哮喘。

6. 风险评估

本品对水生生物毒性极大，其环境危害GHS分类为：危害水生环境—急性危害，类别1。

氟酮酸类

高沸点液体，β－氟酮酸类[$F(CH_2)_nCOCH_2COOH$]可视为氟羧酸经β－氧化的中间产物，故其毒性与相应的氟羧酸相似。但氟丙酮酸中的羧基团（＝CO），使C－F键的稳定性降低，易与体内硫醇化物结合析出HF，而不形成氟乙酸。

乳 酸

1. 理化性质

CAS号：50－21－5	外观与性状：黏性的，有轻微辛辣味的无色到黄色液体或晶体
pH值：1.75（10%水溶液）	临界温度（℃）：402
熔点/凝固点（℃）：16.8	临界压力（kPa）：5 960
沸点（℃）：122（2 kPa）	闪点（℃）：110（闭杯）
饱和蒸气压（kPa）：0.01（25℃）	*n*－辛醇/水分配系数：－0.72
密度（g/cm³）：1.206 0（21℃）	溶解性：完全溶于水、乙醇、乙醚和其他与水混溶的有机溶剂中；不溶于氯仿，石油醚

2. 用途与接触机会

2.1 生活环境

一般人群可能会因为食用食物，尤其是像脱脂牛奶、酸牛奶、啤酒和葡萄酒这样的发酵食品而暴露。如果乳酸被释放到环境中，它就会在空气中被分解。

2.2 生产环境

乳酸作为酸味剂、防腐剂、强化剂等广泛地应用于食品(如饮料、酒、罐头、果酱、蜜饯等)、医药、化工等部门。在食品工业上,比柠檬酸具有更强的感官酸度及酸味纯正,与柠檬酸、苹果酸等配合使用,将赋予食品更丰富、更柔和的酸味。用于焙烤食品,能延长保质期,并使品质提高。乳酸的衍生物(如乳酸钙、乳酸锌及乳酸亚铁)不仅是食品、饮料、保健品的强化剂,也是治疗某些金属元素缺乏症的药物。乳酸的酯类,如乳酸乙酯,是极为重要的香味剂,是多种名白酒的主香成分。乳酸用来生产硬脂酰乳酯酸。它的盐类,硬脂酰乳酯酸钙(CSL)和硬酯酰乳酯酸钠(SSL),大量用于面包加工。乳酸丁酯是一种很好的溶剂,用于油漆生产。

职业暴露主要通过皮肤直接接触和呼吸道吸入其酸雾。

3. 毒代动力学

3.1 吸收、摄入与贮存

L-乳酸在人类和动物的血液和肌肉液中少量存在;这些乳酸的浓度在剧烈运动后增加。L-乳酸也存在于肝脏、肾脏、胸腺,人类的羊水中。

3.2 转运、分布和排泄

由于人体只具有代谢L-乳酸的酶,D-乳酸不能被人体吸收。

人类乳酸池的大小和周转时间分别为0.029 g/kg和18.4 min。

丙二醇被两种途径氧化为乳酸或丙酮酸。这两种代谢物随后被身体用作能量的来源,要么通过三羧酸循环,要么通过糖原途径生成糖原。乳酸在肌肉组织中扩散,并被输送到肝脏,它通过糖原异生转化为葡萄糖。乳酸也可以在乳酸循环中进一步分解(也称为Cori循环)。

L-乳酸是一种正常的代谢产物,由大多数哺乳动物细胞产生,它在人、狗和大鼠的体内优先于d-乳酸代谢,乳酸通过乳酸脱氢酶转化为丙酮酸。

在动物中,由厌氧代谢产生的乳酸可以被输送到其他含氧更丰富的组织,比如肝脏,在那里它可以被重新转化为丙酮酸酯。丙酮酸可以进一步代谢,转化为碳水化合物作为游离葡萄糖,或作为糖原储存。

兔子体内乳酸被迅速消耗并迅速更新,其周转时间约为30 min,大部分乳酸被氧化为二氧化碳;少量的乳酸盐被转化为为葡萄糖或糖原。结果提示,由于dl-乳酸盐几乎完全被代谢,肝脏可能会将d-异构体转化为L型异构体或葡萄糖和糖原。

在犬类试验中,发现乳酸在近端小管中被重新吸收,它的运输率是有限的,它要么在低过滤负载下被完全吸收,要么在肾单位的远端部分分泌。

4. 毒性与中毒机理

4.1 急性毒作用

本品造成严重皮肤灼伤和眼损伤。

大鼠经口 LD_{50}:3 543 mg/kg;小鼠经口 LD_{50}:4 875 mg/kg;豚鼠经口 LD_{50}:1 810 mg/kg;兔经皮 LD_{50}:>2 mg/kg。

兔子眼睛接触乳酸,24 h的反应在1到10的范围内被分级8。如果不及时去除,在水中的纯酸和50%溶液都引起了角膜坏死和持久的间质疤痕。在豚鼠的眼睛里30%的乳酸产生了轻微的角膜混浊。

0.5 ml,5%和10%的乳酸溶液被应用于兔子皮肤4 h,5%溶液“几乎没有刺激性”,而10%溶液“只是轻微的刺激”。

兔经皮5 mg/24 h,造成严重皮肤刺激;兔经皮88%,造成严重皮肤刺激;兔经皮100 mg/24 h,造成中度皮肤刺激。

兔经眼750 μg,造成严重眼刺激。

4.2 慢性毒作用

在猪的饲料中,添加3.6~18 g/kg的乳酸,没有明显的毒性作用。

在2年的时间里,一组雄性和雌性Fischer 344大鼠食用含有乳酸钙盐浓度为0、2.5或5%的饮食,没有观察到任何不良反应,也没有发现任何与处理动物的器官或组织的肿瘤发病率相关的显著增加。在任何血液和生物化学参数测量中都没有观察到与剂量相关的变化。

4.3 远期毒作用

(1) 致突变作用

一种用中国仓鼠成纤维细胞株进行染色体畸变试验,在这种细胞系中,细胞暴露在剂量小于或等于1.0 mg/cm^{3}的乳酸中48 h内没有代谢激活。乳酸对染色体畸变是阴性的。

(2) 致癌作用

IARC未将本品列入确定的或可能的人类致癌物。

雌性兔子(未说明数量)每天两次口服含0.1～0.2 g/kg乳酸的100～150 ml水连续5个月,以及口服含0.1～0.7 g/kg乳酸的50～100 ml水连续16个月,没有报告肿瘤。

(3) 发育毒性与致畸性

小鼠在妊娠6至15 d的时候,每天服用570 mg/kg乳酸;对照组使用蒸馏水。两组妊娠期体重增加没有显著差异,但与对照组相比,饲料消耗显著减少,母体的肝脏重量明显下降。唯一观察到的对胎儿的影响是对顶骨的延迟骨化有统计学上的显著增加。

乳酸钠5 mmol/L,被添加到B6C3F1小鼠的前胚胎培养中,以观察它对这些细胞在72 h内的发育的影响。在与对照组相比,总体发育速度没有明显的差异。在前胚胎生长阶段的分布中没有发现差异。

4.4 中毒机理

葡萄糖异生、厌氧糖酵解和酸碱平衡的改变是乳酸代谢障碍导致许多疾病的一个主要因素。乳酸只能从丙酮酸中代谢形成,丙酮酸浓度增加,从而增强乳酸的形成,或减少乳酸降解导致乳酸性酸中毒。天生的代谢障碍伴随着葡萄糖代谢途径的错乱,丙酮酸、氨基酸、有机酸以及导致组织缺氧或线粒体损伤的毒物和系统疾病均可导致乳酸性酸中毒。

5. 人体健康危害

急性中毒

本品造成皮肤刺激和严重眼损伤。对人眼、皮肤、呼吸道、消化道组织、黏膜有刺激性。摄入大量的乳酸可以造成胃溃疡。

(1) 经口摄入中毒:轻者可能出现口咽不适、恶心、呕吐和腹泻等症状,黏膜组织浅表充血水肿;严重者可发展为黏膜水泡、溃疡,造成胃肠黏膜深度烧伤和坏死。

有报道健康的婴儿服用乳酸作为膳食补充剂,观察到腹泻和体重减轻。十二指肠给药33% 100 ml的乳酸可致死。

(2) 经呼吸道中毒:轻度中毒可能会引起呼吸困难,胸膜炎、咳嗽、支气管痉挛。严重者可能导致上呼吸道水肿和烧伤,缺氧,喘鸣,肺炎,气管支气管炎,很少急性肺损伤或持续性肺功能异常。

(3) 它对眼睛的影响类似于其他中等强度的酸,在角膜和结膜上造成原发的上皮损伤,但如果立即用水洗掉,预后良好。眼部暴露会导致严重的结膜刺激,角膜上皮缺损,边缘缺血,永久视力损失和严重的穿孔。

(4) 皮肤接触轻者造成刺激和表层灼伤,持续或高浓度接触可造成皮肤全层损害,严重的并发症可能包括蜂窝组织炎、挛缩等。实验动物对阳光出现皮肤敏感。

山 梨 酸

1. 理化性质

CAS号: 110-44-1	外观与性状: 无色针状或白色粉末状
熔点/凝固点(℃): 134.5	沸点(℃): 228
闪点(℃): 127	相对蒸气密度(空气=1): 3.87
密度(g/cm^3): 1.204(19℃)	溶解性: 易溶于乙醚,水中: 0.25% 30℃,3.8% 100℃
n-辛醇/水分配系数: 1.33	

2. 用途与接触机会

山梨酸是目前国际上应用最广的酸型食品防腐剂和抗菌剂。一般人群可能通过摄入食物、吸入烟草烟雾和与含有山梨酸的消费产品的皮肤接触而接触到益康酸。

可用于医药工业、轻工业、化妆品等行业中,它作为一种不饱和酸,也可用于树脂、香料和橡胶等工业。

3. 毒代动力学

大鼠山梨酸的代谢与正常发生的脂肪酸相同。在正常的摄入条件下,山梨酸在胃肠道迅速吸收,几乎完全被氧化成二氧化碳和水。

4. 毒性

4.1 急性毒作用

大鼠经口LD_{50}: 7 360 mg/kg;小鼠经口LD_{50}: 3 200 mg/kg;小鼠经腹腔注射LD_{50}: 2 820 mg/kg。

兔经皮1 mg,造成严重皮肤刺激。

山梨酸在酸性条件下(pH值5～6以下),对霉菌、酵母和好气性菌均有抑制作用。使用山梨酸作为食品添加剂是安全的。一些人使用含有山梨酸的个人护理产品,报告了皮肤和眼睛的刺激和过敏反应。在实验动物中,没有发现含有中等至高水平的山梨酸的饮食中有毒性作用。

4.2 慢性毒作用

大鼠摄入含1、2、4和8%的山梨酸的饮食90 d，没有不良反应。

雄性和雌性大鼠的饮食中含1%、5%或10%山梨酸，80 w后没有增加死亡数量或自发性组织学损伤的发生率，包括肿瘤。然而，在88 w内，喂食含有15%山梨酸的大鼠，肝细胞瘤的发病率很高。被认为是由肝谷胱甘肽的慢性消耗和肠道内的各种前诱变剂逐渐产生的，这些都是由肝脏吸收和代谢激活的。

在28 d的时间里，大鼠暴露于1×10^5 mg/kg的山梨酸。在研究过程中，没有发现明显的毒性、无死亡、无处理相关的食品消耗影响，也没有发现神经毒性结果的变化。

4.3 远期毒作用

(1) 致突变作用

当口服剂量达到5 000 mg/kg时，山梨酸会增加小鼠体内微核的频率。在小鼠腹腔注射75、100或150 mg/kg山梨酸后，骨髓细胞中观察到姐妹染色单体交换频率的显著增加，25或50 mg/kg时没有此现象。

在沙门氏菌逆转突变分析(Ames试验)和在中国仓鼠成纤维细胞染色体畸变测试中是阴性。

(2) 致癌作用

IARC未将本品列入确定的或可能的人类致癌物。

(3) 发育毒性与致畸性

在兔的发育研究中，每天经口300 mg/kg bw剂量没有发现与处理相关的母体或发育影响，中剂量组的母体发现包括呼吸频率增加、体重增加和脾脏的粗糙表面。在高剂量组发现母体有死亡、流产、呼吸频率增加，食物消耗显著减少等。

(4) 过敏性反应

长期反复接触可能引起皮肤过敏。

5. 人体健康危害

5.1 急性中毒

本品造成皮肤刺激和严重眼刺激。可能造成呼吸道刺激。对人眼睛、皮肤、呼吸道、消化道组织、黏膜有刺激性。暴露在化学物质强烈的气味通常会导致非特异性的症状包括头痛、头晕、虚弱和恶心。

(1) 经口摄入中毒：轻者可能出现口咽不适、恶心、呕吐和腹泻等症状，黏膜组织浅表充血水肿；中度患者可发展为黏膜水泡、溃疡。严重者可引起胃肠黏膜深度烧伤和坏死。

(2) 经呼吸道中毒：轻度接触可能会引起呼吸困难，胸膜炎、咳嗽、支气管痉挛。严重者可能导致上呼吸道水肿和烧伤，缺氧，喘鸣，肺炎，气管支气管炎，很少急性肺损伤或持续性肺功能异常。

(3) 眼接触可产生明显刺激，出现流泪、刺痛、畏光，结膜充血、水肿，角膜上皮脱落。

(4) 皮肤：皮肤接触可引起刺痛。有报道使用山梨酸(2.5%，凡士林)45 min内可引起非免疫接触性荨麻疹。在暴露期结束后2 h内，反应消失。有报道因接触烟草中含有的山梨酸而引起过敏性皮炎。

5.2 慢性中毒

长期反复接触可能引起皮肤过敏。

6. 风险评估

生活环境

山梨酸是合法的食品添加剂。GB2760—2014《食品安全国家标准　食品添加剂使用标准》规定山梨酸及其钾盐使用范围以及最大使用量或残留量如下表26－1：

表26－1　山梨酸及其钾盐使用范围以及最大使用量或残留量

山梨酸及其钾盐　　sorbic acid, potassium sorbate
CNS号　17.003,17.004　　INS号　200,202
功能　防腐剂、抗氧化剂、稳定剂

食品分类号	食品名称	最大使用量/(g/kg)	备注
01.06	干酪和再制干酪及其类似品	1.0	以山梨酸计
02.01.01.02	氢化植物油	1.0	以山梨酸计
02.02.01.02	人造黄油(人造奶油)及其类似制品(如黄油和人造黄油混合品)	1.0	以山梨酸计

（续表）

食品分类号	食 品 名 称	最大使用量/(g/kg)	备　　注
03.03	风味冰、冰棍类	0.5	以山梨酸计
04.01.01.02	经表面处理的鲜水果	0.5	以山梨酸计
04.01.02.05	果酱	1.0	以山梨酸计
04.01.02.08	蜜饯凉果	0.5	以山梨酸计
04.02.01.02	经表面处理的新鲜蔬菜	0.5	以山梨酸计
04.02.02.03	腌渍的蔬菜	1.0	以山梨酸计
04.03.02	加工食用菌和藻类	0.5	以山梨酸计
04.04.01.03	豆干再制品	1.0	以山梨酸计
04.04.01.05	新型豆制品(大豆蛋白及其膨化食品、大豆素肉等)	1.0	以山梨酸计
05.02.01	胶基糖果	1.5	以山梨酸计
05.02.02	除胶基糖果以外的其他糖果	1.0	以山梨酸计
06.04.02.02	其他杂粮制品(仅限杂粮灌肠制品)	1.5	以山梨酸计
06.07	方便米面制品(仅限米面灌肠制品)	1.5	以山梨酸计
07.01	面包	1.0	以山梨酸计
07.02	糕点	1.0	以山梨酸计
07.04	焙烤食品馅料及表面用挂浆	1.0	以山梨酸计
08.03	熟肉制品	0.075	以山梨酸计
08.03.05	肉灌肠类	1.5	以山梨酸计
09.03	预制水产品(半成品)	0.075	以山梨酸计
09.03.04	风干、烘干、压干等水产品	1.0	以山梨酸计
09.04	熟制水产品(可直接食用)	1.0	以山梨酸计
09.06	其他水产品及其制品	1.0	以山梨酸计
10.03	蛋制品(改变其物理性状)	1.5	以山梨酸计
11.05	调味糖浆	1.0	以山梨酸计
12.03	醋	1.0	以山梨酸计
12.04	酱油	1.0	以山梨酸计
12.05	酱及酱制品	0.5	以山梨酸计
12.10	复合调味料	1.0	以山梨酸计
14.0	饮料类(14.01 包装饮用水除外)	0.5	以山梨酸计,固体饮料按稀释倍数增加使用量
14.02.02	浓缩果蔬汁(浆)(仅限食品工业用)	2.0	以山梨酸计,固体饮料按稀释倍数增加使用量
14.03.01.03	乳酸菌饮料	1.0	以山梨酸计,固体饮料按稀释倍数增加使用量
15.02	配制酒	0.4	以山梨酸计

（续表）

食品分类号	食品名称	最大使用量/(g/kg)	备注
15.02	配制酒（仅限青稞干酒）	0.6 g/L	以山梨酸计
15.03.01	葡萄酒	0.2	以山梨酸计
15.03.03	果酒	0.6	以山梨酸计
16.01	果冻	0.5	以山梨酸计，如用于果冻粉，按冲调倍数增加使用量
16.03	胶原蛋白肠衣	0.5	以山梨酸计

巯基乙酸

1. 理化性质

CAS号：68－11－1	外观与性状：无色液体
熔点/凝固点(℃)：－16.5	沸点(℃)：120(266 kPa)
密度(g/cm³)：1.325 3 (20℃)	饱和蒸气压(kPa)：1.15×10^{-2}(25℃)
n-辛醇/水分配系数：0.09	相对蒸气密度(空气＝1)：3.18
溶解性：可溶于水、乙醇、乙醚、苯等；不溶于脂肪烃类	

2. 用途与接触机会

2.1 生活环境

一般人群可能通过吸入气溶胶和皮肤接触含有巯基乙酸的消费产品（如卷发剂、脱毛剂）而接触。

2.2 生产环境

巯基乙酸既具羟酸的反应特征，又具巯基的反应特征，其中最重要的反应是与二硫化物之间的反应。特别是碱性条件下与头发中的胱氨酸反应，切断胱氨酸的(—S—S—)键，生成易于卷曲的半胱氨酸。主要用作卷发剂、脱毛剂、聚氯乙烯低毒或无毒稳定剂、聚合反应的引发剂、加速剂及链转移剂、金属表面处理剂。此外，巯基乙酸是检定铁、钼、铝、锡等的敏感试剂；也可作为聚丙烯加工成型时的结晶成核剂以及涂料、纤维的改性剂、毛毯速理剂。

3. 毒代动力学

3.1 吸收、摄入与贮存

在生产或使用巯基乙酸的工作场所，可能会通过吸入气溶胶和皮肤接触这种化合物而导致职业性接触。

3.2 转运与分布

在注射^{35}S巯基乙酸的霍尔茨曼大鼠和新西兰兔的放射性分布研究中，放射性最强的部位是小肠和肾脏，较少分布在肝脏和胃，最少分布在大脑、心脏、肺、脾脏、睾丸、肌肉、皮肤和骨骼。

3.3 排泄

在雄性霍茨曼大鼠（体重 200～250 g）和成年雄性新西兰兔（体重未列明）中评价了^{35}S巯基乙酸的代谢和排泄。巯基乙酸（100 mg/kg）通过静脉注射给 12 只大鼠，通过腹腔注射给 10 只大鼠。在注射后 24 h 收集尿液样本，并测定放射标记^{35}S排泄百分比。静脉给药大鼠的平均尿硫酸盐含量为 82.3%＋1.6%，腹腔给药大鼠的平均尿硫酸盐含量为 90.6%＋1.8%。大部分放射性物质以中性硫酸盐的形式排出。兔注射 100、200 mg/kg 巯基乙酸，注射后 24 h 采集尿液样本，平均尿硫含量为用药剂量的 88%。

4. 毒性与中毒机理

健康危害 GHS 危险性分类为：急性毒性—经口，类别 3；急性毒性—经皮，类别 3；急性毒性—吸入，类别 3；皮肤腐蚀/刺激，类别 1B；严重眼损伤/眼刺激，类别 1。

4.1 急性毒作用

大鼠经口 LD_{50}：114 mg/kg；小鼠经口 LD_{50}：242 mg/kg；兔经口 LD_{50}：119 mg/kg；豚鼠经口 LD_{50}：126 mg/kg；小鼠经皮 LD_{50}：47 mg/kg；小鼠

经腹腔注射 LD_{50}：138 mg/kg；豚鼠腹腔注射 LD_{50}：157 mg/kg；小鼠静脉注射 LD_{50}：145 mg/kg；兔经静脉注射 LD_{50}：100 mg/kg。大鼠吸入 LC_{50}：210 mg/(m^3 · 4 h)。

兔眼中滴入 2 滴 10%巯基乙酸溶液，pH 值为 1.6，没有进行冲洗，上皮细胞在几秒钟内就变成了灰色，结膜水肿，2 d 后角膜深层弥漫性混浊，结膜充血。

4.2 慢性毒作用

豚鼠皮肤反复接触 9%浓度溶液可引起刺激，但不引起过敏。

4.3 远期毒作用

(1) 致突变作用

在小鼠体内，通过口服和皮肤暴露的方法，并没有发现基因毒性。果蝇实验中，未发现对 309X 染色体产生致突变作用。

(2) 致癌作用

IARC 未将本品列入确定的或可疑的人类致癌物。

(3) 发育毒性与致畸性

小鼠实验中，巯基乙酸可使排卵卵母细胞数量减少，诱导异常的纺锤形结构，并抑制排卵卵母细胞的孤雌活性。

抑制小鼠卵母细胞在体外培养中的胚泡破裂(GVBD)，但在体内对 GVBD 没有影响。影响小鼠卵母细胞的质量和生存能力，降低体外受精的受精率和通过排卵过度刺激的卵母细胞数量。TGA 可能对小鼠卵母细胞的减数分裂有危险，并可能降低卵母细胞的生育能力。这意味着 TGA 在某种程度上对雌性老鼠具有生殖毒性。

4.4 中毒机理

急性毒性较高的原因，可能与它对某些酶的巯基的特殊作用有关。动物实验发现，本品可增强皮肤组氨酸酶活性；在存在过氧化氢产生系统时抑制(小牛)甲状腺碘化酶系统，抑制大鼠子宫对催产素的反应；对大鼠产生致糖尿病效果；降低大鼠肝脏琥珀酸酶活性；降低牛的抗利尿因子活性；抑制脂肪酸氧化。

5. 人体健康危害

5.1 急性中毒

吞咽、皮肤接触、吸入本品可致中毒，造成严重皮肤灼伤和眼损伤。对皮肤、眼睛和组织黏膜有腐蚀和刺激。含巯基乙酸盐的产品可能是碱性的。

皮肤接触可导致Ⅱ°以上化学性烧伤。眼睛接触后可立即出现疼痛、流泪，结膜水肿，在 1～2 h 内，角膜出现上皮脱落和点片状模糊。有报道理发师所使用的冷烫溶液导致头皮、脸和手的湿疹样皮炎以及过敏性皮炎表现。

经呼吸道吸入可能引起咳嗽、呼吸困难、胸痛、咳嗽、支气管痉挛等。

5.2 慢性中毒

巯基乙酸被广泛应用于美容行业，主要为女性提供服务。据国外报道，本品可能损害卵巢等生殖器官。

β-巯基丙酸

1. 理化性质

CAS 号：107-96-0	外观与性状：无色、有辛辣气味液体
pH 值：2 (120 g/L，H_2O，20℃)	熔点/凝固点(℃)：16.8
沸点(℃)：111(2 kPa)	闪点(℃)：93.89
饱和蒸气压(kPa)：0.005 (20℃)	易燃性：可燃
密度(g/cm^3)：1.218(21℃)	溶解性：溶于水、酒精、苯和醚

2. 用途与接触机会

一般人群可能通过皮肤、消化道接触。该品为医药芬那露的中间体、聚氯乙烯的稳定剂。也用于透明制品，热稳定性非常好，还用作抗氧剂、催化剂和生化试剂。

3. 毒性

3.1 急性毒作用

大鼠经口 LD_{50}：96 mg/kg。

大鼠经口摄入后症状类似于巯基乙酸，出现虚弱和抽搐。可经豚鼠皮肤直接吸收，5 ml/kg 可致动物死亡，并有严重的焦痂形成。

体外实验中，可抑制大鼠海马及大脑皮质钾依赖的内源性—氨基丁酸释放。

3.2 远期毒作用

发育毒性与致畸性实验发现：小鼠皮下注射 TDL_0：600 mg/kg(12～15 d preg)，造成颅面部发育畸形。

4. 人体健康危害

吞咽本品会中毒，本品造成严重皮肤灼伤和严重眼损伤

经呼吸道吸入后可出现鼻咽部不适、咳嗽、呼吸急促、哮喘，甚至急性肺损伤。经口摄入可导致口腔黏膜和食管的刺激，出现口咽部疼痛、恶心、呕吐和腹泻，甚至造成消化道黏膜烧伤。皮肤接触后出现灼痛、红斑、甚至焦痂。眼接触后可出现刺痛、流泪、畏光，结膜水肿，甚至角膜上皮损伤、混浊等。

硫羟乙酸

1. 理化性质

CAS 号：507-09-5	外观与性状：黄色可挥发、有刺激气味液体
pH 值：1.8 (100 g/L，H_2O，20℃)	熔点/凝固点(℃)：－17
沸点(℃)：97	闪点(℃)：11
相对密度(水＝1)：1.065	溶解性：溶于水、乙醇、乙醚等

2. 用途与接触机会

该品为有机合成中的乙酰硫基化剂和巯基化剂，主要用于硫辛酸、胱氨酸和巯基羧酸类的合成，还用于激素、头孢菌素的改性剂、添加剂的合成。

在生产或使用的工作场所，可能会通过吸入气溶胶和皮肤、眼接触该化合物而导致职业性接触。

3. 毒性

健康危害 GHS 危险性分类为：皮肤腐蚀/刺激，类别 1；严重眼损伤/眼刺激，类别 1；皮肤致敏物，类别 1。

3.1 急性毒作用

小鼠经腹腔注射 LD_{50}：75 mg/kg；小鼠、大鼠经口 LD_{50}：200～400 mg/kg。

小鼠腹腔注射后出现阵挛性抽搐和气喘。小鼠和大鼠经口摄入稀释水溶液 200～400 mg/kg，很快发生虚弱，失去知觉和死亡。稀释的本品对豚鼠皮肤是一种强烈的刺激剂，经皮肤吸收在 1 ml/kg 以下即可引起死亡。大鼠吸入 2 180 mg/m^3 以下，2 h 即可引起死亡。

3.2 皮肤过敏

皮肤接触本品可能造成过敏反应。豚鼠最大反应试验，造成皮肤过敏反应。

4. 人体健康危害

本品对皮肤、眼睛和消化道、呼吸道有刺激作用。对皮肤有过敏作用。

本品是一种催泪毒气，其蒸气对鼻和咽喉有刺激作用。经呼吸道吸入后可出现鼻咽部不适、流涕、咳嗽、呼吸急促、哮喘，甚至急性肺损伤。

经口摄入可导致口腔黏膜和食管的刺激，出现口咽部疼痛、恶心、呕吐和腹泻，甚至造成消化道黏膜烧伤。皮肤接触后出现灼痛、红斑、甚至焦痂。眼接触后可出现刺痛、流泪、畏光，结膜水肿，甚至角膜上皮损伤、混浊、视力下降等。

脂肪族二羧酸类

乙二酸

1. 理化性质

CAS 号：144-62-7	外观与性状：无色粉末或颗粒(无水状态为白色粉末)
熔点/凝固点(℃)：α 型，189.5，β 型：182	相对蒸气密度(空气＝1)：4.4
饱和蒸气压(kPa)：0.07 (105℃)	溶解性：易溶于乙醇、水，微溶于乙醚；不溶于苯和氯仿
密度(g/cm³)：α 型：1.900，β 型：1.895(25℃)	

2. 用途与接触机会

2.1 生活环境

又名草酸(oxalic acid，OA)遍布于自然界，常以草酸盐形式存在于植物如伏牛花、羊蹄草、酢浆草的

细胞膜,几乎所有的植物都含有草酸钙。在秋海棠、芭蕉中以游离酸的形式存在。OA 在很多食品中都有少量存在,可可是含量最高的食品之一,每 100 g 可可中含有 500 mg OA;绿色蔬菜中的 OA 含量一般很高,甜菜、花生、茶中也有较多的 OA。

一般人群对 OA 的接触可能通过食用天然食物、吸入受污染的空气和饮用被污染的地下水。

2.2 生产环境

医药工业用于制造金霉素、四环素、链霉素、冰片、维生素 B_{12}、苯巴比妥等药物。印染工业用作显色助染剂、漂白剂。塑料工业用于生产聚氯乙烯、氨基塑料、脲醛塑料。用作酚醛树脂合成的催化剂以及除锈剂等。

职业环境暴露途径多为通过吸入其蒸气和皮肤、眼接触。

3. 毒代动力学

OA 是乙二醇的代谢物。通过尿液排泄草酸盐,峰值大约是摄入后 4 h,持续时间长达 14 h。通过静脉注射剂量的 99% 在 36 h 后在尿液中排出。

4. 毒性

4.1 急性毒作用

大鼠经口 LD_{50}:425 mg/kg;狗经口 LDL_0:1 000 mg/kg。

兔经皮 500 mg/24 h,造成中度皮肤刺激;兔经眼 250 μg/24 h,造成严重眼刺激;兔经眼 100 mg/4 s,冲洗,造成严重眼刺激。

母羊急性暴露后中毒的临床症状包括大量唾液分泌、震颤、共济失调和躺卧状态以及明显的低钙血症。

4.2 慢性毒作用

长埃文斯的大鼠摄取 5% 的 OA,可能导致甲状腺功能减退。给大鼠喂饲 2.5 或 5% OA 共 70 d,动物出现生长迟缓;5% 浓度组大鼠内脏和内分泌器官重量降低,但器官/体重的比率增加;雌性大鼠的动情期混乱。给妊娠期母羊喂饲 OA 6 或 12 g/d,OA 可通过胎盘屏障,在多数羊羔的肾内出现 OA 结晶的沉积,但未引起流产。在 Wistar 大鼠试验中,观察到膀胱结石发生率很高,这很可能由于尿液中含有过饱和 OA 的结果。

4.3 远期毒作用

(1) 发育毒性与致畸性

小鼠经口 TDL_0:275 mg/kg(多代实验),造成泌尿生殖系统发育畸形,影响新生儿活产指数。

4.4 中毒机理

OA 能使体内钙沉积,从而扰乱了关键组织中的钙-钾比率。草酸钙最常见的影响是由于草酸钙晶体阻塞而导致肾脏损伤。草酸盐可能在脑组织中结晶引起瘫痪的症状以及中枢神经系统的其他疾病。草酸钙的沉积导致高草酸血症,并可能导致肾功能衰竭。

草酸盐是一种红细胞乳酸脱氢酶、单磷酸甘油酯酶和丙酮酸激酶体外抑制剂,在果糖 1,6-二磷酸的存在的情况下后者的抑制作用与磷酸(烯醇)丙酮酸产生竞争,可能导致红细胞破裂。

5. 人体健康危害

5.1 急性中毒

OA 是有机酸中的强酸。口服 5 g、静脉注射 1.2 g 在数小时内可致人死亡。对皮肤、黏膜有刺激及腐蚀作用,极易经表皮、黏膜吸收引起中毒。OA 全身毒性主要为两种:与钙结合,导致低钙血症;草酸钙在肾小管和脉管系统中沉淀,导致肾功能衰竭。

(1) 经口摄入:流涎、呕吐、呕血、腹痛、腹泻、血粪,口腔、食道、胃黏膜的灼烧和腐蚀,黏膜变白;胃肠道出血和穿孔;手指和脚趾的麻木和刺痛;少尿、无尿、血尿、白蛋白尿等肾脏损害;低血压和低血容量性休克、代谢性酸中毒、循环衰竭。严重的低钙血症可能导致心律失常、肌肉强直、抽搐。

(2) 眼接触:造成刺痛、流泪、畏光,结膜充血、水肿,角膜上皮脱落、混浊;皮肤接触可造成坏疽、溃疡;

(3) 经呼吸道吸入,造成黏膜溃烂,鼻衄,头痛,恶心,呕吐,虚弱,蛋白尿等。

5.2 慢性中毒

据报道皮肤长期接触,造成局部疼痛和发绀,甚至是坏疽性的改变。

长期服用吡多西酸盐可能会导致 OA 和草酸钙结石的产生。

6. 风险评估

我国职业接触限值规定:PC-STEL 为 2 mg/m^3,PC-TWA 为 1 mg/m^3。

美国 OSHA 规定：PEL－TWA 为 1 mg/m^3；ACGIH 规定 TLV－TWA 为 1 mg/m^3。

丙　二　酸

1. 理化性质

CAS 号：141－82－2	外观与性状：无色片状晶体
熔点/凝固点(℃)：132～135	沸点(℃)：140(分解)
闪点(℃)：157(闭杯)	密度(g/cm^3)：1.619(25℃)
溶解性：易溶于水；溶于醇、醚、丙酮	

2. 用途与接触机会

2.1 生活环境

丙二酸又称缩苹果酸，以钙盐形式存在于甜菜根中。

一般人群可能通过食用天然含有丙二酸的食物、吸入受污染的空气和饮用被污染的地下水而接触。

2.2 生产环境

丙二酸及其酯主要用于香料、黏合剂、树脂添加剂、铝表面处理剂、医药中间体、电镀抛光剂、爆炸控制剂、热焊接助熔添加剂等方面。在医药工业中用于生产鲁米那、巴比妥、维生素 B_1、B_2、B_6、苯基保泰松、氨基酸等。

职业环境暴露途径多为通过吸入其蒸气和皮肤、眼接触。

3. 毒代动力学

在体内经脱羧转变为醋酸，通过柠檬酸循环进一步代谢为琥珀酸。

4. 毒性与中毒机理

大鼠经口 LD_{50}：1 310 mg/kg；小鼠经口 LD_{50}：4 000 mg/kg；小鼠腹腔 LD_{50}：300 mg/kg；大鼠吸入 LC_{50}＞8 900 mg/(m^3·h)。

5. 人体健康危害

急性中毒

吞咽本品有害，对皮肤、眼、呼吸道、消化道黏膜有刺激及腐蚀作用。

(1) 经口摄入：可出现恶心、呕吐、腹痛、腹泻，口腔、食道、胃黏膜的灼烧和腐蚀，甚至胃肠道出血和穿孔。

(2) 眼接触：造成刺痛、流泪、畏光，结膜充血、水肿，角膜上皮脱落、混浊；皮肤接触可造成红斑、水疱、皮炎。

(3) 经呼吸道吸入，可造成咳嗽、胸闷、气急、化学性肺炎等。

丁　二　酸

1. 理化性质

CAS 号：110－15－6	外观与性状：白色单斜棱晶体
pH 值：2.7(0.1 molar aq soln)	熔点/凝固点(℃)：188
沸点(℃)：235	闪点(℃)：＞110
饱和蒸气压(kPa)：2.54×10^{-8}(25℃)	*n*-辛醇/水分配系数：－0.59
密度(g/cm^3)：1.572	溶解性：溶于水、乙醇、乙醚、丙酮、甲醇；微溶于氘化二甲基甲酰胺；不溶于甲苯、苯

2. 用途与接触机会

2.1 生活环境

丁二酸也叫琥珀酸。日常生活主要用于食品酸味剂，用于酒、饲料、糖果等的调味。一般人群可能通过吸入环境空气、摄入食物和饮用水以及皮肤接触含有琥珀酸的消费品而接触。

2.2 生产环境

主要用于制备琥珀酸酐等五杂环化合物。也用于制备醇酸树脂、油漆、染料、食品调味剂、照相材料等。医药工业中可用它生产磺胺药、维生素 A、维生素 B 等抗痉挛剂、利尿剂和止血药物。作为化学试剂，用作碱量法标准试剂、缓冲剂、气相色谱对比样品。还可用作润滑剂和表面活性剂的原料。

职业环境暴露途径多为通过吸入含丁二酸的粉尘和皮肤、眼接触。

3. 毒代动力学

琥珀酸是一种正常的中间代谢物，是柠檬酸循环的组成部分。当给动物服用时，它很容易代谢，但如果大剂量喂食，部分会以原型在尿液中排出。

琥珀酸通常存在于人的尿液中(1.9～8.8 mg/L)。

4. 毒性

4.1 急性毒作用

大鼠经口 LD_{50}：2 260 mg/kg。

兔经眼 750 μg，造成严重眼刺激；兔经眼 0.005 ml，造成严重眼刺激。

琥珀酸对大鼠有轻微的皮肤刺激和强烈的眼睛刺激作用。15%琥珀酸溶液对兔眼可造成严重伤害。大鼠急性毒性的临床表现为虚弱和腹泻。大剂量的琥珀酸钠会引起猫的呕吐和腹泻。

4.2 慢性毒作用

菲舍尔(F344)大鼠连续 13 w，暴露于浓度分别为 0、0.3、0.6、1.25、2.5、5、10%丁二酸单钠。10%组大鼠体重增加受到严重抑制，并且在实验前 4 w 全部死亡。在其他剂量组中，所有的大鼠都存活到实验结束。浓度≥2.5%时，体重增加受到抑制。在血液和生化结果中，没有观察到任何与剂量相关的变化。在实验中死亡的老鼠存在严重消瘦、器官萎缩。在体重下降的基础上，确定饮用水中琥珀酸单钠的最大耐受剂量约为 2%～2.5%。

动物实验发现琥珀酸有减少结石、抗焦虑的作用。

在大鼠实验研究中，发现在结肠灌注的琥珀酸浓度越高，结肠黏膜侵蚀形成越明显。

4.3 远期毒作用

(1) 致突变作用

Ames 试验，阴性。

(2) 致癌作用

IARC 未将本品列入确定的或可疑的人类致癌物。

在一项 2 年的研究中，50 只雄性和 50 只雌性 F344 大鼠在饮用水中被给予 0、1 或 2%的丁二酸单钠，长期服用琥珀酸单钠未发现特异性毒性病变。

(3) 过敏性反应，不引起皮肤过敏。

5. 人体健康危害

急性中毒

吞咽本品可能有害，造成严重眼损伤。高浓度丁二酸对皮肤、眼、呼吸道、消化道黏膜有刺激作用。职业中毒少有报道。

(1) 经口摄入可能引起恶心、呕吐、腹痛、腹泻，口腔、食道、胃黏膜的灼烧和腐蚀。

(2) 皮肤接触可能造成红斑、水疱、皮炎。眼接触可能造成刺痛、流泪、畏光，结膜充血、水肿，甚至角膜损伤。

(3) 经呼吸道吸入可能造成咳嗽、胸闷、气急、支气管痉挛等。

苹 果 酸

1. 理化性质

CAS 号：6915-15-7	外观与性状：无色有酸味的晶体
pH 值：2.80(0.1%)，2.34(1.0%)	熔点/凝固点(℃)：130.97
沸点(℃)：225<分解<235	*n*-辛醇/水分配系数：−1.26
饱和蒸气压(kPa)：4.36×10^{-9}	溶解性：可溶于水、甲醇、乙醇、丙酮、醚等极性溶剂
密度(g/cm³)：1.601(20℃)	

2. 用途与接触机会

2.1 生活环境

也叫琥珀酸。日常生活主要用于食品酸味剂，用于酒、饲料、糖果等的调味。一般人群可能通过吸入环境空气和烟草烟雾、摄入食品和饮料以及皮肤接触含有苹果酸的消费品而接触。GB 2760—2014《食品安全国家标准 食品添加剂使用标准》规定 L-苹果酸和 DL-苹果酸可在各类食品中按生产需要适量食用，功能是酸度调节剂。

2.2 生产环境

主要用于制备琥珀酸酐等五杂环化合物。也用于制备醇酸树脂、油漆、染料、食品调味剂、照相材料等。医药工业中可用它生产磺胺药、维生素 A、维生素 B 等抗痉挛剂、利尿剂和止血药物。作为化学试剂，用作碱量法标准试剂、缓冲剂、气相色谱对比样品。还可用作润滑剂和表面活性剂的原料。

职业环境暴露途径多为通过吸入含苹果酸的粉尘和皮肤、眼接触。

3. 毒代动力学

苹果酸是柠檬酸循环中的中间体。它是由富马酸形成的，被氧化为草酰乙酸。苹果酸还可以通过苹果酶代谢成丙酮酸。当被摄入后，会迅速代谢成二氧化碳。

大鼠经腹腔注射和口服苹果酸，90%～95%以二氧化碳的形式通过肺排出。

4. 毒性

4.1 急性毒作用

小鼠经口 LD_{50}：1 600 mg/kg；大鼠经腹腔注射 LD_{50}：100 mg/kg；小鼠经腹腔注射 LD_{50}：50 mg/kg。

兔经皮 20 mg/24 h，造成中度皮肤刺激；兔经眼 750 μg/24 h，造成严重眼损伤。

大鼠和小鼠腹腔注射后，出现虚弱，腹部收缩、发绀、呼吸困难等症状。在动物实验中是一种中等到强烈的皮肤刺激物，是一种强烈的眼睛刺激物。

4.2 慢性毒作用

在一项口腔研究中，给大鼠喂食苹果酸会导致体重增加和饲料消耗的变化。苹果酸不会引起小鼠、大鼠或兔子的生殖毒性。

5. 人体健康危害

本品造成皮肤刺激和严重眼刺激。高浓度苹果酸对皮肤、眼、呼吸道、消化道黏膜有刺激作用。职业中毒少有报道。

经口摄入可能引起恶心、呕吐、腹痛、腹泻，口腔、食道、胃黏膜的灼烧和腐蚀；眼接触可能造成刺痛、流泪、畏光，结膜充血、水肿，角膜上皮缺损，角膜缘缺血，永久性视力损失和严重的穿孔；皮肤接触可能可造成上皮甚至全层烧伤；经呼吸道吸入可能造成咳嗽、胸闷、气急、支气管痉挛等。

在一项 34 人的关于苹果酸和柠檬酸特应性皮肤反应研究中，18 例对苹果酸和柠檬酸均有反应，6 例仅对苹果酸有反应。急性反应(季节性变应性鼻炎和荨麻疹)和迟发反应(接触性皮炎)均存在。

硫代苹果酸

1. 理化性质

CAS 号：70－49－5	外观与性状：白色晶体粉末
熔点/凝固点(℃)：155～157	沸点(℃)：241.69
密度(g/cm³)：1.352	溶解性：易溶于水

2. 用途与接触机会

一般人群可能通过吸入环境空气和皮肤接触含有硫代苹果酸的消费品而接触。该品是冷烫剂的主要组分，还用于生化研究、重金属解毒剂及橡胶工业。

职业环境暴露途径多为通过吸入含硫代苹果酸的粉尘和皮肤、眼接触。

3. 毒性

大鼠经口 LD_{50}：800 mg/kg(10%游离酸溶液)；小鼠腹腔注射 LD_{50}：200 mg/kg。

大鼠经口摄入有衰弱、腹部收缩、呼吸减弱和发绀等症状。豚鼠皮肤接触 LD_{50}＞2 g/kg，皮肤发生严重的损害。有报告硫代苹果酸对人引起过敏性皮炎。

据报道，本品是一种重金属解毒剂，类似二巯基丙磺酸钠和二巯基丙醇。

4. 人体健康危害

吞咽本品有害。高浓度硫代苹果酸对皮肤、眼、呼吸道、消化道黏膜有刺激作用。人中毒少有报道。

经口摄入可能引起恶心、呕吐、腹痛、腹泻，口腔、食道、胃黏膜的灼烧和腐蚀；眼接触可能造成刺痛、流泪、畏光，结膜充血、水肿，角膜上皮缺损；皮肤接触可能造成红斑、水疱；经呼吸道吸入可能造成咳嗽、胸闷、气急、支气管痉挛等。

酒石酸

1. 理化性质

CAS 号：526－83－0	外观与性状：无色透明结晶或粉末，有酸味
熔点/凝固点(℃)：205	沸点(℃)：100(去结晶水)
密度(g/cm³)：1.697(20℃)	溶解性：溶于水、丙酮、乙醇

2. 用途与接触机会

2.1 生活环境

有三种旋光异构体，即右旋酒石酸、左旋酒石酸和内消旋型酒石酸，天然酒石酸是右旋酒石酸，在自然界以其钾盐或钙盐形式广泛存在于多种植物中，以葡萄含量较多。

一般人群可能通过吸入环境空气和皮肤接触含

有酒石酸的消费品而接触。

2.2　生产环境

用途与柠檬酸相似，适用于制作发泡性饮料。用作食品添加剂的酸味剂，如清凉饮料、果酱、饮料、果子冻、罐头及糖果。也用作食品乳化剂及螯合剂、抗氧化增效剂；金属表面清洗剂和抛光剂；药物原料、媒染剂等，多与柠檬酸、苹果酸等合用。

职业环境暴露途径多为通过吸入含有酒石酸的粉尘和皮肤、眼接触。

3. 毒性

小鼠经口 LD_{50}：4.36 g/kg（钠盐）；小鼠静注 LD_{50}：485 mg/kg。

给大鼠或兔静脉注射 0.2～0.3 g，引起肾脏损害。空气中游离本品平均浓度为 1.1 mg/m^3 时，接触 6 个月可出现牙齿的腐蚀。

4. 人体健康危害

4.1　急性中毒

吞咽本品有害。高浓度酒石酸对皮肤、眼、牙齿、呼吸道、消化道黏膜有刺激作用。职业中毒少有报道。

(1) 经口摄入可能引起恶心、呕吐、腹痛、腹泻，口腔、食道、胃黏膜的灼烧和腐蚀。

(2) 眼接触可能造成刺痛、流泪、畏光，结膜充血、水肿，角膜上皮缺损；皮肤接触可能造成红斑、水疱。

(3) 经呼吸道吸入可能造成咳嗽、胸闷、气急、支气管痉挛等。

4.2　慢性中毒

有研究者在酒石酸厂检查了 156 名工人，空气中本品粉尘浓度从极低到 32 mg/m^3，发现 30 名工人牙齿被腐蚀。另有报道，本品引起慢性皮肤溃疡，胃的不适等。

己　二　酸

1. 理化性质

CAS号：124－04－9	外观与性状：白色晶体
pH 值：2.7（饱和溶液，25℃），3.2(0.1%溶液，25℃)	沸点(℃)：337.5 (100 kPa)
熔点/凝固点(℃)：151.5	相对蒸气密度(空气＝1)：5.04
闪点(℃)：196(闭杯)	溶解性：可溶于水、甲醇、乙醇；溶于丙酮；微溶于环己烷；几乎不溶于苯、石油醚
n-辛醇/水分配系数：0.08	密度(g/cm^3)：1.360(25℃)

2. 用途与接触机会

主要用途是作尼龙和工程塑料的原料，还可用于生产各种酯类产品、增塑剂和高级润滑剂。此外，己二酸还用作聚氨基甲酸酯弹性体的原料，各种食品和饮料的酸化剂，也是医药、酵母提纯、杀虫剂、黏合剂、合成革、合成染料和香料的原料。

职业性暴露可通过在生产或使用己二酸的工作场所吸入其粉尘颗粒和皮肤接触。

3. 毒代动力学

将放射性标记的己二酸喂给禁食的大鼠，尿液中发现的代谢产物为尿素、谷氨酸、乳酸、酮己二酸和柠檬酸。酮己二酸的存在，证明己二酸与脂肪酸以同样的方式被-氧化代谢。被吸收的己二酸主要以原型通过尿液或二氧化碳通过呼吸排出。

4. 毒性

4.1　急性毒作用

小鼠经口 LD_{50}：1 900 mg/kg；大鼠经口 LD_{50}：>11 000 mg/kg；兔经皮 LD_{50}>11 mg/kg；大鼠腹腔 LD_{50}：275 mg/kg；小鼠静脉注射 LD_{50}：680 mg/kg；大鼠吸入 LC_{50}：7 700 mg/(m^3·4 h)；大鼠吸入 NOEL 为：126 g/L，15×6 h。

兔经眼 20 mg/24 h，造成中度眼刺激；兔经眼 10 mg，造成轻度眼刺激；兔经皮 0.25 g，造成轻度皮肤刺激。

动物研究：在急性暴露时，兔中会产生中等到严重的眼睛刺激(20 mg/24 h)。在小鼠和兔子中，致命剂量会产生不活动、胃和肠膨胀、刺激和肠出血的迹象。

大鼠单次气管内灌注 2.5 mg、5 mg 或 7 mg 的己二酸可引起急性肺细胞毒性和炎症。灌注后 1 d，灌洗蛋白、LDH、炎性细胞明显增加，组织病理学证实为急性肺部炎症。暴露 4 w 后，肺改变持续存在，在接受 7 mg 剂量的大鼠中最明显。显著的变化包括羟脯氨酸增加，肺纤维化的组织学病灶，和持续性呼吸急促。这些发现表明，高浓度的己二酸可引起持续的肺结构和功能改变。

4.2 慢性毒作用

雄性和雌性大鼠以气溶胶粉尘形式暴露于己二酸（126 μg/m³，每天 6 h，持续 15 d），未见毒性迹象。安乐死后血液参数正常，尸检时器官病理正常。在长期接触中，己二酸粉尘会影响上呼吸道、肝脏、肾脏和中枢神经系统。

4.3 远期毒作用

（1）致突变作用

己二酸在鼠伤寒沙门氏菌菌株 TA98、TA100、TA1535、TA1537 和 TA1538 和大肠杆菌（WP2（uvrA））中都不会发生突变。

（2）发育毒性与致畸性

从妊娠第 6 d 到第 15 d 口服 2.6、12、56 或 263 mg/kg 己二酸对着床、母婴生存或胎儿畸形没有明显影响。

在 0 和 96 h 的孵育中，将 300 mg/kg 己二酸通过空气细胞或卵黄注入正在发育的鸡胚中，没有显示出致畸活性。

5. 人体健康危害

本品造成严重眼刺激。对皮肤、眼、呼吸道、消化道黏膜有刺激作用。人中毒少有报道。

经口摄入可能引起恶心、呕吐、腹痛、腹泻，口腔、食道、胃黏膜的灼烧和腐蚀；皮肤接触可能造成红斑、水疱、皮炎。眼接触可能造成刺痛、流泪、畏光，结膜充血、水肿，甚至角膜损伤；人眼刺激阈值为 20 mg/m³；经呼吸道吸入可能造成咳嗽、胸闷、气急、支气管痉挛等。国外有报道，接触含己二酸的焊丝后出现支气管哮喘。

6. 风险评估

美国 ACGIH 规定：本品 TLV－TWA 为 5 mg/m³。

庚 二 酸

1. 理化性质

CAS 号：111－16－0	外观与性状：白色粉末
熔点/凝固点(℃)：106	沸点(℃)：272(13.3 kPa)
密度(g/cm³)：1.329(25℃)	溶解性：可溶于水、乙醇

2. 用途与接触机会

一般人群可能通过吸入环境空气、摄入食品和皮肤接触含有庚二酸的消费品而接触。工业上，一般用于生化研究，制备聚合物，还可作为增塑剂的原料。

职业性暴露可通过在生产或使用庚二酸的工作场所吸入粉尘颗粒和皮肤接触。

3. 毒性

大鼠经口 LD_{50}：7 g/kg；小鼠经口 LD_{50}：4 800 mg/kg。它对豚鼠皮肤无刺激作用，不经皮肤吸收。

4. 人体健康危害

本品造成皮肤刺激和严重眼刺激，一次接触本品可能造成呼吸道刺激。

对皮肤、眼、呼吸道、消化道黏膜有刺激作用。人中毒少见。

经口摄入可能引起恶心、呕吐、腹痛、腹泻，口腔、食道、胃黏膜的灼烧和腐蚀；皮肤接触可能可造成红斑、水疱、皮炎。眼接触可能造成刺痛、流泪、畏光，结膜充血、水肿，甚至角膜损伤；经呼吸道吸入可能造成咳嗽、胸闷、气急、支气管痉挛等。

壬 二 酸

1. 理化性质

CAS 号：123－99－9	外观与性状：黄白色结晶性粉末
熔点/凝固点(℃)：160.5	沸点(℃)：287(13.3 kPa)
闪点(℃)：215	饱和蒸气压(kPa)：1.42×10^{-9}(25℃)
密度(g/cm³)：1.225(25℃)	相对蒸气密度(空气＝1)：6.5
n－辛醇/水分配系数：1.57	溶解性：溶于乙醇、水；微溶于乙醚、苯

2. 用途与接触机会

2.1 生活环境

广泛应用于医药和化妆品。壬二酸凝胶可用于治疗痤疮、炎性丘疹酒渣鼻。一般人群可能通过吸入环境空气、摄入食品、药品和皮肤接触而暴露。

2.2 生产环境

广泛用于医药和化妆品。用作生产增塑剂壬二酸二辛酯及香料、润滑油、油剂、聚酰胺树脂的原料，也用于有机合成。

职业性接触壬二酸可通过在工作场所吸入粉尘颗粒和皮肤接触而暴露。

3. 毒代动力学

壬二酸经口摄入时，与其他二羧酸（浓度相同）相比，血清和尿中浓度尤其高。静脉或动脉内注射壬二酸所获得的血清浓度和尿排泄明显高于口服。血清和尿液中也发现了不同数量的代谢产物，主要是庚二酸，这表明线粒体β-氧化酶参与了其中。

大鼠大约60%的口服剂量会在12 h内以原形从尿液中排出，并通过氧化作用进行部分代谢。连续的氧化裂解导致了丙二酸和戊二酸的形成，随后是丙二酰辅酶a和乙酰辅酶a。因此，壬二酸被纳入脂肪酸生物合成和柠檬酸循环中。

在体外将壬二酸乳膏应用于人体皮肤后，大约有4%被全身地吸收。主要在尿液中以原型排出，也经历了一些氧化作用，形成较短的二羧酸链。健康受试者观察到的半衰期约为口服给药后45 min和局部给药后12 h。

4. 毒性

4.1 急性毒作用

大鼠经口 LD_{50}：>5 000 mg/kg。

兔经皮500 mg/24 h，造成轻度皮肤刺激；兔经眼3 mg，造成轻度眼刺激。

兔实验中，500 mg的壬二酸仅在24 h内对皮肤产生轻微的刺激，3 mg只造成轻微的眼睛刺激。Wistar大鼠和新西兰兔单次口服剂量高达4 g/kg，无毒性。

对不同菌株的皮肤微生物在0.5 mol/L（8.4% w/v）壬二酸溶液中的存活率进行了体外测试。在24 h的试验期间，所有菌株的存活率都大幅下降（至少40倍），但卵形环孢菌的反应很少。

局部应用壬二酸治疗寻常型痤疮的确切作用机制尚未完全阐明；然而，这种效果似乎部分是由于该药的抗菌活性。壬二酸通过抑制蛋白质合成，抑制皮肤表面敏感生物（主要是丙酸杆菌）的生长。此外，该药物还可能抑制滤泡角化，从而可能阻止痤疮的发展或维持。壬二酸通常具有抑菌作用，在高浓度时具杀菌作用。壬二酸对异常活跃的黑素细胞也有抗增殖作用，但对正常色素沉着的皮肤没有明显的脱色作用。

4.2 慢性毒作用

30只Wistar大鼠（雌雄各半）Wistar大鼠分别给予140或280 mg/(kg·d)的壬二酸90 d，另外两组给予壬二酸180 d。同样，给兔子服用200或400 mg/(kg·d)，持续90或180 d。对照组和处理组在生长、临床化学或组织病理学方面均无显著差异。

4.3 远期毒作用

(1) 发育毒性与致畸性

20只雌性大鼠和30只雌性兔子分别在妊娠19 d中每天喂食含有140或200 mg/kg壬二酸的食物，未观察到生殖或发育影响。

壬二酸被FDA归类为妊娠B类。

(2) 过敏性反应

豚鼠最大反应试验，未造成皮肤过敏。

5. 人体健康危害

本品对皮肤、眼、呼吸道、消化道黏膜有刺激作用。人中毒少见。

经口摄入可能引起恶心、呕吐、腹痛、腹泻，口腔、食道、胃黏膜的灼烧和腐蚀；皮肤接触后可能出现瘙痒、灼痛、红斑、干燥、皮疹、脱皮等，有报道可能造成色素减退；眼接触可能造成刺痛、流泪、畏光，结膜充血、水肿，甚至角膜损伤；经呼吸道吸入可能造成咳嗽、胸闷、气急、支气管痉挛等。

癸　二　酸

1. 理化性质

CAS号：111-20-6	外观与性状：白色粉末
熔点/凝固点(℃)：133～137	沸点(℃)：294.5(13.3 kPa)
闪点(℃)：220	饱和蒸气压(kPa)：0.13(183℃)
密度(g/cm^3)：1.21(25℃)	溶解性：溶于酒精、乙醚，微溶于水

2. 用途与接触机会

癸二酸主要用作增塑剂和尼龙塑模树脂的原料、耐高温润滑油的原料。还是橡胶的软化剂、表面活性剂、涂料及香料的原料。

职业性暴露途径多为在生产或使用癸二酸的工作场所吸入其粉尘颗粒和皮肤接触。

3. 毒性

小鼠经口 LD_{50}：6 000 mg/kg；大鼠经口 LD_{50}：14 375 mg/kg；大鼠吸入 LC_{50}：>4 500 mg/m³；小鼠腹腔注射 LD_{50}：500 mg/kg。

4. 人体健康危害

本品引起皮肤刺激和严重眼刺激，一次接触可能造成呼吸道刺激。

对皮肤、眼、呼吸道、消化道黏膜有刺激作用。人中毒少见。

经口摄入可能引起恶心、呕吐、腹痛、腹泻，口腔、食道、胃黏膜的灼烧和腐蚀；眼接触可能造成刺痛、流泪、畏光，结膜充血、水肿，甚至角膜损伤。皮肤接触后可能出现瘙痒、灼痛、红斑、干燥、皮疹、脱皮等；经呼吸道吸入可能造成咳嗽、胸闷、气急、支气管痉挛等。

柠 檬 酸

1. 理化性质

CAS 号：77－92－9	外观与性状：无色透明晶体或粉末
pH 值：1.0～2.0（25℃，1M H_2O）	熔点/凝固点(℃)：153
闪点(℃)：100	密度(g/cm³)：1.665(20℃)
n-辛醇/水分配系数：－1.64	溶解性：易溶于水、乙醇；可溶于乙醚、乙酸乙酯；不溶于苯、氯仿

2. 用途与接触机会

2.1 生活环境

广泛用作食品、饮料的酸味剂和药物、化妆品添加剂。柠檬酸钠是血液抗凝剂，柠檬酸铁铵可作补血药品。

生活主要接触途径是消化道。

2.2 生产环境

可用作金属清洗剂、媒染剂、无毒增塑剂和锅炉防垢剂的原料和添加剂，其主要盐类产品有柠檬酸钠、钙和铵盐等。还可作抗氧化增效剂、复配薯类淀粉漂白剂的增效剂和防腐剂。

职业环境中主要是经皮肤接触。

3. 毒代动力学

柠檬酸是体内正常的代谢产物，是细胞氧化代谢中间产物。可与柠檬酸裂合酶反应生成草酰乙酸和乙酸，也可在线粒体内由醋酸盐和草酰乙酸盐缩合后形成。六碳酸逐渐降解为一系列四碳酸，最终在细胞内完成醋酸盐的氧化。

柠檬酸是生物体内生理过程尤其是三羧酸循环中常见的中间产物，三羧酸循环完成了由葡萄糖酵解产生的丙酮酸盐的分解，从而释放二氧化碳和由电子传递产生的四氢原子。

人体每天大约有 2 kg 柠檬酸产生和代谢。人每天经尿排泄量为 3～17 mg/kg 体重，从汗液排出为 0.2 mg/100 ml。

4. 毒性

4.1 急性毒作用

大鼠经口 LD_{50}：3 000 mg/kg；小鼠经口 LD_{50}：5 040 mg/kg；小鼠皮下注射 LD_{50}：2 700 mg/kg；大鼠皮下注射 LD_{50}：5 500 mg/kg；小鼠腹腔内 LD_{50}：903 mg/kg；小鼠静脉注射 LD_{50}：42 mg/kg；兔经静脉注射 LD_{50}：330 mg/kg。

兔经皮 500 mg/24 h，造成轻度皮肤刺激；兔经皮 0.5 ml，造成中度皮肤刺激；兔经眼 750 μg/24 h，造成严重眼刺激。

人吸入浓度范围在 0.625～320.0 mg/cm³ 时，所有对象出现咳嗽，几何平均(范围)咳嗽阈值：正常受试者 13(2.5～160) mg/cm³，轻度哮喘者 14(5～40) mg/cm³，中、重度哮喘者 32(20～40) mg/cm³，经常吸烟者 40(20～80) mg/cm³，偶尔吸烟者 119(80～160) mg/cm³。

豚鼠实验中，吸入柠檬酸气溶胶可导致呼吸道收缩和咳嗽，肥大细胞在其机制中起到关键作用。

人牙髓细胞暴露于含 0.5%(pH 4.74)和 1.0%(pH 3.42)的溶液中 2 h 后分别有 25%和 48%的细胞死亡，暴露于纯 1%柠檬酸(pH 2.26)60 秒，可致细胞立即死亡，暴露于含 0.05%柠檬酸溶液可导致延缓细胞生长。柠檬酸的细胞毒性被认为与它本身的酸性有关。

急性暴露可影响呼吸系统，导致发绀。兔子给予致死剂量后，发现肌肉收缩和强直。

4.2 慢性毒作用

兔用含7.7%的柠檬酸钠（相当于5%游离酸）的食物喂养150 d，未发现组织病理学变化、生长差异和存活率差异。大鼠用含1.2%的柠檬酸的食物喂养90 w，未发现对生长、生殖、钙水平的不良作用，仅发现有轻微的牙齿磨损。

狗每天给予1 380 mg/kg柠檬酸，112至120 d未发现造成肾脏损害。

4.3 远期毒作用

发育毒性与致畸性实验发现：当氢氧化铝和柠檬酸（分别为133 mg/kg和62 mg/kg）同时被给予小鼠时，会产生小鼠胎儿骨骼发育缺陷。

5. 人体健康危害

5.1 急性中毒

皮肤接触本品可能有害，造成轻微皮肤刺激和严重眼刺激。

大量摄入柠檬酸可以造成牙齿腐蚀、局部黏膜刺激。全身中毒可出现代谢性酸中毒、低血压、低钙血症。

致命性中毒多与低钙血症有关。有报道输入大量含柠檬酸盐的血液后出现低钙血症，同时伴随恶心、肌肉无力、呼吸困难甚至心跳停止。另有报道两名使用高渗柠檬酸盐透析的患者，在停止透析后5 min内发生心脏骤停，没有任何先兆症状，直到获得静脉补钙后才成功复苏。

吸入含柠檬酸的尘粒可导致鼻、喉咙刺激，眼接触可有刺激感。有报道眼睛接触大量柠檬酸饱和溶液后，出现严重的角膜溃疡和结膜反应，导致广泛的黏连性角膜白斑。

5.2 慢性中毒

有报道治疗肾结石的患者每天服用最高剂量15 g的柠檬酸钾或柠檬酸钠后，出现轻微的胃肠道不适（烧灼感、恶心、腹泻、消化不良）。

长期摄入可造成牙齿腐蚀和局部刺激。有报道摄入柠檬酸可以影响钙和铁的吸收。

6. 风险评估

柠檬酸作为酸度调节剂可合法添加到食品中，GB 2760—2014《食品安全国家标准食品添加剂使用标准》规定见下表。

表26-2 柠檬酸作为酸度调节剂可添加的食品清单

柠檬酸及其钠盐、钾盐
citric acid, trisodium citrate, tripotassium citrate
CNS号 01.101, 01.303, 01.304
INS号 303, 331iii, 332ii
功能 酸度调节剂

食品分类号	食品名称	最大使用量	备注
13.01	婴幼儿配方食品	按生产需要适量使用	
13.02	婴幼儿辅助食品	按生产需要适量使用	
14.02.02	浓缩果蔬汁（浆）	按生产需要适量使用	固体饮料按稀释倍数增加使用量

马来酸

1. 理化性质

CAS号：110-16-7	外观与性状：无色晶体
熔点/凝固点（℃）：132.5	沸点（℃）：135（分解）
密度（g/cm³）：1.590（20℃）	饱和蒸气压（kPa）：4.77×10^{-6}（25℃）
n-辛醇/水分配系数：−0.48	相对蒸气密度（空气=1）：4.0
溶解性：易溶于水、酒精；溶于丙酮、冰醋酸，微溶于乙醚，几乎不溶于苯	

2. 用途与接触机会

2.1 生活环境

一般人可能通过吸入环境空气、吸入烟草烟雾、摄入食品和酒精饮料以及皮肤接触含有的消费品而接触。

2.2 生产环境

主要用于生产农药、合成不饱和聚酯树脂、酒石酸、反丁烯二酸、琥珀酸等产品，也用于涂料、食品和印染助剂及油脂防腐剂以及人造树脂的制造、羊毛的染整和抗组胺类药物的马来酸盐的制备。

职业性暴露可通过在生产或使用马来酸的工作场所吸入其粉尘颗粒和皮肤接触马来酸而接触。

3. 毒性与中毒机理

3.1 急性毒作用

大鼠经口 LD_{50}：708 mg/kg；小鼠经口 LD_{50}：2 400 mg/kg；兔经皮 LD_{50}：1 560 mg/kg；大鼠吸入 LC_{50}＞720 mg/(m^3·h)。

兔经眼 100 mg 或 1%/2M，造成严重眼刺激。

20%的水溶液对人体产生可逆的皮肤刺激。较低浓度(＜5%)足以对人类受试者产生严重的眼部刺激。在体外实验中，马来酸对人红细胞细胞膜蛋白的物理状态产生了显著的改变。

经颈静脉导管注射 400 或 200 mg/kg bw 马来酸对雄性大鼠造成肾脏立即损伤，给药 24 h 后肾脏广泛坏死。肾脏损害被任为是一种全身性的马来酸毒性作用。通过腹腔注射 100～350 mg/kg(大鼠、狗)以及吸入 720 mg/mc(大鼠)马来酸对远端和近端肾小管重吸收的损害类似于人类范可尼综合征。其特征是由于肾小管对葡萄糖、氨基酸和其他生化物质的重新吸收受损而导致尿中这些物质增多。

狗经静脉注射马来酸(50 mg/kg)可增加钠，钾和磷酸盐排泄。腹腔注射 400 mg/kg 可显著降低禁食大鼠的血糖水平，导致血浆游离脂肪酸和乙酸乙酯同时升高。单次使用 150 mg/kg 马来酸处理 Sprague - Dawley 大鼠对雄性大鼠的影响很小，但使雌性大鼠的尿葡萄糖排泄增加了近 10 倍。

兔经眼用 10%(pH＝1)的马来酸作用 30 秒会导致永久性的不透明和血管化。1%的溶液使用 2 min 会导致角膜云雾，但第二天损伤消失。5%的溶液具有更强烈的作用，恢复延迟 6～7 d。

大鼠吸入马来酸 0.72 g/m^3，暴露 1 h，在 15 min 内动物出现行动迟缓，呼吸快而深和静卧，但不引起死亡。

3.2 慢性毒作用

在雄性大鼠暴露于 250、500、750 mg/kg/d 浓度下，长达两年后，所有剂量组的死亡率、肾脏损害和生长迟缓均有所增加。最高剂量组也发现肝和睾丸损伤。

给幼年大鼠作皮下注射，剂量为 0.5～2 mg/d，共 60 d，观察对生长的影响。剂量在 5～10 mg/d，引起动物死亡，生长缓慢，毛的分布不匀。

3.3 远期毒作用

(1) 致突变作用

当使用鼠伤寒沙门氏菌 TA100 进行测试时，马来酸与氯在水溶液中反应时不会发生突变。在 50/50 的甲醇/水溶液中，可以发生突变。

(2) 过敏性反应

本品经皮接触，可引起过敏。

3.4 中毒机理

马来酸对肾脏的损害是由于马来酸与近端肾小管细胞中的谷胱甘肽相互作用，导致谷胱甘肽耗尽，自由基和过氧化物浓度超负荷。除了由此造成的细胞损伤外，马来酸可能还会影响近端管中 Na^+ 和 H^+ 离子的转运。

4. 人体健康危害

急性中毒

吞咽本品有害，本品造成皮肤刺激和严重眼刺激，皮肤接触本品可能造成过敏反应，一次接触本品可能造成呼吸道刺激。

主要危害是对眼、皮肤、呼吸道、消化道黏膜有刺激作用，特别是对眼睛的影响显著。

(1) 经口摄入可引起恶心、呕吐、腹痛、腹泻，口腔、食道、胃黏膜的灼烧和腐蚀。

(2) 皮肤接触后可出现灼痛、红斑、水疱等。对眼的损害明显，眼接触 5%即可引起严重的损伤，造成刺痛、流泪、畏光，结膜充血、水肿，甚至角膜损伤甚至视力永久损伤。

(3) 经呼吸道吸入可造成咳嗽、胸闷、气急、支气管痉挛、甚至化学性肺炎、肺水肿等。

延 胡 索 酸

1. 理化性质

CAS 号：110 - 17 - 8	外观与性状：无色晶体
pH 值：2.1(4.9 g/L，H_2O，20℃)	熔点/凝固点(℃)：287(分解)
沸点：200℃升华	易燃性：可燃
饱和蒸气压(kPa)：2.04×10^{-5}(25℃)	溶解性：溶于乙醇、浓硫酸；微溶于乙醚、丙酮；不溶于氯仿和苯；几乎不溶于水
密度(g/cm^3)：1.635(20℃)	n-辛醇/水分配系数：0.46

2. 用途与接触机会

2.1 生活环境

又称富马酸。该品是一种食品添加剂，用于清凉饮料、水果糖、果冻、冰淇淋等。一般人可能通过吸入环境空气、摄入食品和饮用水以及皮肤接触含有延胡索酸的消费品而接触。

2.2 生产环境

用于生产不饱和聚酯树脂，与乙酸乙烯的共聚物是良好的黏合剂，与苯乙烯的共聚物是制造玻璃钢的原料。该品是医药和光学漂白剂等精细化学品中间体，在医药工业中用于生产解毒药二巯基丁二酸、反丁烯二酸铁等，还用作合成树脂、媒染剂的中间体等。

职业性暴露可通过在生产或使用延胡索酸的工作场所吸入其粉尘颗粒和皮肤接触而暴露。

3. 毒代动力学

本品可以很容易的通过血脑屏障。

4. 毒性

4.1 急性毒作用

大鼠(雌性)经口 LD_{50}：9 300 mg/kg；大鼠(雄性)经口 LD_{50}：10 700 mg/kg；

小鼠经口 LD_{50}：5 000 mg/kg；小鼠经腹腔注射 LD_{50}：100 mg/kg；兔经皮 LD_{50}>20 000 mg/kg。

兔经皮，500 mg/24 h，造成轻度皮肤刺激；兔经眼，100 mg/24 h，造成中度眼刺激。

本品体内正常的代谢产物。大鼠喂饲的耐受量3倍于马来酸。有人认为它的经口毒性较酒石酸为低。

Wistar大鼠腹腔注射 10 mg/kg 可引起肝毒性、震颤和体温过低。大剂量会导致极端的低体温、运动活动减少、多尿和严重的肝毒性。

兔每2～3 d静脉注射 50～500 mg/kg 富马酸钠，连续10～32 d，对非蛋白氮、肌酐、和肾肝组织学无损伤作用。

4.2 慢性毒作用

雄性新西兰白兔，在每日饮食中以6.9%(相当于5.0%)的浓度喂食延胡索酸(钠盐)150 d。没有观察到对体重、血液化学和器官重量的影响。未见睾丸毒性迹象。给4组每组6只幼犬，分别喂食含0、1、3和5%延胡索酸的饲料，为期两年，对体重、发育、血液学、血糖和尿素水平、血红蛋白和尿液均无不良影响。

4.3 远期毒作用

(1) 发育毒性与致畸性

豚鼠被喂食延胡索酸，剂量为1%(每天约400 mg/kg)，对生长、繁殖和哺乳没有明显的毒性作用。

大鼠每天喂食含1.0或1.5%延胡索酸的食物2年，在1.5%(约为750 mg/kg bw/d)组发现死亡率增加(10/12，对照6/12)和睾丸萎缩。

兔每周两次注射60 mg/kg的延胡索酸钠，发现甲状腺肿大充血，睾丸萎缩，透明质酸酶含量低。另外9只雄性兔每隔一天接受60 mg/kg的延胡索酸钠注射，持续150 d。试验结束时，所有动物均出现进行性睾丸萎缩，生精上皮消失。

(2) 致癌肿瘤作用

动物实验发现，延胡索酸对硫代乙酰胺(TAA)诱导的大鼠肝癌发生有抑制作用。大鼠经口灌注35 mg/kg bw n-甲基-苄基亚硝胺，或经胎盘注射75 mg/kg bw的n-乙基-硝基脲，诱导食管、胃、舌、喉肿瘤。在癌变起始阶段1 g/L饮用水中的延胡索酸可以抑制食管乳头状瘤、脑胶质瘤和肾间充质瘤的发生。

5. 人体健康危害

急性中毒

本品造成严重眼刺激，对眼、黏膜有轻度刺激作用，它的局部刺激程度较马来酸轻。人中毒少有发生。

(1) 经口摄入可能引起恶心、呕吐、腹痛、腹泻，口腔、食道、胃黏膜的灼烧。国外有报道，使用口服富马酸治疗后，出现急性肾衰竭，肾活检组织学表现为肾小管坏死和肾小管间质性肾炎。肾功能恶化之前，有严重的恶心、呕吐和腹部绞痛。

(2) 皮肤接触后可出现灼痛、红斑、水疱等。眼接触可造成刺痛、流泪、畏光，结膜充血、水肿，甚至角膜损伤甚至视力永久损伤。

(3) 经呼吸道吸入可造成咳嗽、胸闷、气急、支气管痉挛等。

6. 风险评估

富马酸作为酸度调节剂可合法添加到食品中，

GB 2760—2014《食品安全国家标准食品添加剂使用标准》规定如下：

表 26－3　富马酸作为酸度调节剂可添加的食品清单

食品分类号	食品名称	最大使用量/(g/kg)	备　注
05.02.01	胶基糖果	8.0	
06.03.02.01	生湿面制品(如面条、饺子皮、馄饨皮、烧麦皮)	0.6	
07.01	面包	3.0	
07.02	糕点	3.0	
07.03	饼干	3.0	
07.04	焙烤食品馅料及表面用挂浆	2.0	
07.05	其他焙烤食品	2.0	
14.02.03	果蔬汁(浆)类饮料	0.6	固体饮料按稀释倍数增加使用量
14.04	碳酸饮料	0.3	固体饮料按稀释倍数增加使用量

衣　康　酸

1. 理化性质

CAS 号：97－65－4	外观与性状：白色具有吸湿性晶体
pH 值：2(10 g/L，H_2O，20℃)	熔点/凝固点(℃)：162～164(分解)
沸点(℃)：268 升华	密度(g/cm³)：1.632(20℃)
溶解性：易溶于水、丙酮；微溶于苯，氯仿，二硫化碳，石油醚	

2. 用途与接触机会

用作聚丙烯腈纤维的共聚单体，制备增塑剂、润滑油添加剂、合成纤维、合成树脂与塑料、离子交换树脂的重要单体；还可用作地毯的褃里剂、纸的涂层剂、粘结剂、涂料的分散乳胶等。

职业性暴露可通过在生产或使用衣康酸的工作场所吸入其粉尘颗粒和皮肤接触而暴露。

3. 毒性

3.1　急性毒作用

属低毒类。一次经口给猫衣康酸二钠 0.5 和 1.0 mg/kg，仅引起恶心、腹泻等胃肠道刺激症状；经口致死量为 5 g/kg，此时见严重胃肠道功能障碍、抽搐及虚脱等症状。

在大剂量给大鼠喂食时，可抑制琥珀酸的利用。大鼠被喂食含 1% 衣康酸的饮食引起生长缓慢。单次大剂量口服可增加兔尿中琥珀酸的排泄。

3.2　慢性毒作用

经口给大鼠 100 mg/(kg・d)，历时 14 w，实验动物的营养状况、血象、肝肾功能、心电图及肝肾组织学检查均无明显病变。

4. 人体健康危害

急性中毒

对眼、皮肤黏膜有轻度刺激作用，一次接触本品可能造成呼吸道刺激。人中毒少有发生。

(1) 经口摄入可能引起恶心、呕吐、腹痛、腹泻，口腔、食道、胃黏膜的灼烧。

(2) 皮肤接触后可能出现灼痛、红斑、水疱等。眼接触可造成刺痛、流泪、畏光，结膜充血、水肿，甚至角膜损伤。

(3) 经呼吸道吸入可能造成咳嗽、胸闷、气急、支气管痉挛等。

5. 风险评估

俄罗斯 2003 年规定本品 PC－STEL 为 4 mg/m³。

酸　酐　类

酸酐(Anhydrides)是某含氧酸脱去一分子水或几分子水，所剩下的部分。其中有机酸是两分子该酸或多分子该酸通过分子间的脱水反应而形成的。酸酐的毒性一般与相应的酸相似，但它的蒸气对眼睛有更强的刺激性，常可引起顽固性结膜炎。部分酸酐能和蛋白质的氨基起反应，因此可以发生过敏反应。

乙 酸 酐

1. 理化性质：

CAS号：108-24-7	外观与性状：无色液体，有刺鼻气味
熔点/凝固点(℃)：−73	沸点(℃)：139
临界温度(℃)：326	临界压力(MPa)：4
闪点(℃)：49(闭杯)	自燃温度(℃)：316
爆炸下限[%(V/V)]：2.7	爆炸上限[%(V/V)]：10.3
燃烧热(kJ/mol)：1 807.1	蒸发速率：0.46
饱和蒸气压(kPa)：0.5(20℃)	气味阈值(mg/m^3)：0.56
密度(g/cm^3)：1.087(15℃)	n-辛醇/水分配系数：−0.27
相对密度(水=1)：1.08	相对蒸气密度(空气=1)：3.6
溶解性：13%，微溶于水；溶于酒精和乙醚、苯	

2. 用途与接触机会

乙酸酐是重要的乙酰化试剂，能使醇、酚、氨和胺等分别形成乙酸酯和乙酰胺类化合物。在路易斯酸存在下，乙酸酐还可使芳烃或烯烃发生乙酰化反应。在乙酸钠存在下，乙酸酐与苯甲醛发生缩合反应，生成肉桂酸。

醋酸酐作为主要的乙酰化剂和脱水剂，主要用于生产醋酸纤维素和医药，醋酸纤维素用于制造胶片、塑料、纤维制品，最大用途是制造香烟过滤嘴，香烟过滤嘴是我国醋酸酐用量最大的领域。醋酐还有很多未开发或刚开发出来的应用领域，如洗涤剂、炸药(火箭推进剂等)、液晶显示器等。而且，在液晶显示器方面，用量很大，是新开发出来的应用领域。

在医药工业上，醋酐与水杨酸反应可制备阿斯匹林(乙酰水杨酸)，还可以制造解热药剂非那西丁及扑热息痛、呋喃西林、呋喃唑酮、甲基睾丸素、黄体酮、安茶碱、维生素 B_1、维生素 B_6 以及痢特灵等。

在染料方面，醋酐可用于生产分散深蓝 HGL、分散大红 S-SWEL、分散黄棕 S-2REC 等。

在香料方面，醋酐可用于生产香豆素、乙酸龙脑酯、葵子麝香、乙酸柏木酯、乙酸松香酯、乙酸苯乙酯、乙酸香叶酯等。

在增塑剂制造领域，醋酸酐用于生产环保型树脂增塑剂乙酰柠檬酸三丁酯和乙酰柠檬酸三乙酯，并用于生产环保型树脂增塑剂环氧乙酰蓖麻油酸甲酯等。

此外，醋酸酐还可用于制备管制化学品、橡胶改性剂和 RDX 炸药，用于合成氯乙酸等化工中间体，并用于生产光刻胶原料桂皮酸等，用途十分广泛。

3. 毒代动力学

3.1 吸收、摄入与贮存

乙酸酐可经消化道、呼吸道、皮肤吸收。一般在体内无蓄积作用。

3.2 转运与分布

乙酸酐进入体内后，与水结合生成乙酸，乙酸部分通过β-氧化转化为乙酰辅酶A，进入三羧酸循环生成能量、水、二氧化碳。

3.3 排泄

同乙酸。

4. 毒性与中毒机理

健康危害 GHS 分类为：皮肤腐蚀/刺激，类别1B；严重眼损伤/眼刺激，类别1；特异性靶器官毒性——一次接触，类别3(呼吸道刺激)。

4.1 急性毒作用

大鼠经口 LD_{50}：1 780 mg/kg；大鼠吸入 LC_{50}：4 558 mg/(m^3·4 h)，兔经皮 LD_{50}：4 ml/kg。

兔经皮开放性试验：540 mg，轻度刺激。

4.2 慢性毒作用

大鼠吸入含有0，4.6，22.8或91 mg/m^3 乙酸酐的蒸气，6 h/d，每周5 d，持续13周。组织的显微镜检查显示在4.6 mg/m^3 时未检测到任何影响。在22.8 mg/m^3 水平上大多数动物呼吸道(鼻腔、喉头)的轻度刺激程度，在91 mg/m^3 时，所有动物表现出最小至中度呼吸道刺激(鼻道、喉、气管、肺)。

4.3 远期毒作用

(1) 致突变作用

沙门氏菌/微粒体预温育试验中的致突变性结果为阴性。

(2) 致癌作用：美国 ACGIH 评估为 A4，无人类致癌作用。

(3) 发育毒性与致畸性

怀孕雌性大鼠，在妊娠 6～15 d 期间吸入暴露，0，114，456 或 1 823 mg/m^3，6 h/d，在 114 mg/m^3 处没有观察到胚胎发育影响。

4.4 中毒机理

乙酸酐进入体内后，与水结合生成乙酸，急性毒性作用可能与其具有相当强的原发刺激性有关。

5. 人体健康危害

5.1 急性中毒

吞咽、皮肤接触本品，可造成严重消化道灼伤和皮肤灼伤。吸入后对呼吸道有刺激作用，引起咳嗽、胸痛、呼吸困难。蒸气对眼有刺激性。高浓度吸入重者可引起化学性肺炎、肺水肿，甚至 ARDS。眼和皮肤直接接触液体可致灼伤。口服灼伤口腔和消化道，出现腹痛、恶心、呕吐和休克等。

有报道某工业事故中工人暴露于反应堆中释放出乙酸和乙酸酐气溶胶。所有暴露的工人都出现结膜和鼻咽部严重刺激，严重咳嗽和一些呼吸困难。在 18 名接触工人中，有 14 人被送入医院，出现强烈的结膜和急性咽喉炎，12 例表现出大量角膜损伤，11 例表现为鼻黏膜坏死区，12 例表现为痉挛性支气管炎。两名工人腿上受到一度和二度烧伤。

5.2 慢性中毒

受该品蒸气慢性作用的工人，可有结膜炎、畏光、上呼吸道刺激等。

6. 风险评估

我国职业接触限值规定：乙酸酐 PC - TWA 为 16 mg/m^3。

美国 OHSA 规定：8 h PEL - TWA 为 20 mg/m^3；ACGIH 规定：15 min TLV - C 为 20 mg/m^3。

丙 酸 酐

1. 理化性质

CAS：123 - 62 - 6	外观与性状：无色有刺激性恶臭的液体

（续表）

熔点/凝固点(℃)：−45	沸点(℃)：167
临界温度(℃)：342.7	临界压力(MPa)：3.34
闪点(℃)：63(闭杯)74(开杯)	自燃温度(℃)：285
爆炸下限[%(V/V)]：1.3	爆炸上限[%(V/V)]：9.5
饱和蒸气压(kPa)：0.1(20℃)	易燃性：可燃液体
密度(g/cm^3)：1.015(25℃)	相对密度(水=1)：1.01
相对蒸气密度(空气=1)：4.49	n-辛醇/水分配系数：0.42
溶解性：发生反应，溶于乙醇、乙醚、氯仿、碱液	

2. 用途与接触机会

丙酸酐作为丙酰化剂用于医药、香料和特殊酯类的制造，在医药工业中用来生产丙酸角沙霉素(抗生素药)、丙酸睾丸素(男性荷尔蒙缺乏症)、丙酸羟甲雄酮(抗癌药)、酸氯地美松(肾上腺皮质激素类)和二丙酸倍他米松(肾上腺皮质激素类)等。在有机合成中也用作硝化、磺化反应的脱水剂，用于制造醇酸树脂和染料等。还可用作酯化剂、脱水机及用于染料和药品、香水的制造。

3. 毒代动力学

3.1 吸收、摄入与贮存

丙酸酐可经消化道、呼吸道吸收。一般在体内无蓄积作用。

3.2 转运与分布

丙酸酐进入体内后，与水结合生成丙酸，部分通过β-氧化转化为乙酰辅酶 A，进入三羧酸循环生成能量、水、二氧化碳。

3.3 排泄

同丙酸。

4. 毒性与中毒机理

健康危害 GHS 危险性分类为：皮肤腐蚀/刺激，类别 1B；严重眼损伤/眼刺激，类别 1。

4.1 急性毒作用

大鼠吸入本品饱和蒸气，1 h后死亡。其蒸气对眼睛、皮肤有明显的刺激作用。

大鼠经口 LD_{50}：2 360 mg/kg；兔经皮 LD_{50}：10 ml/kg。

兔经皮：510 mg，中度刺激（开放性刺激试验）。

4.2 中毒机理

丙酸酐对机体的毒性作用主要是丙酸酐与水结合生成丙酸的原发刺激性所造成的。

5. 人体健康危害

5.1 急性中毒

本品吞咽可能有害，能造成严重皮肤灼伤和严重眼损伤。吸入本品后对呼吸道有刺激作用，引起咳嗽、胸痛、呼吸困难。蒸气对眼有刺激性。高浓度吸入重者可引起化学性肺炎、肺水肿，甚至ARDS。眼和皮肤直接接触液体可致灼伤。口服灼伤口腔和消化道，出现腹痛、恶心、呕吐和休克等。接触低浓度丙酸酐，其毒性和刺激作用很小。

5.2 慢性中毒

受该品蒸气慢性作用的工人，可有结膜炎、畏光、上呼吸道刺激等。

丁　酸　酐

1. 理化性质

CAS：106－31－0	外观与性状：刺激性臭味、无色至淡黄色透明液体
临界温度（℃）：370.85	临界压力（MPa）：2.63
熔点/凝固点（℃）：－75	沸点（℃）：199.4～201.4
闪点（℃）：54（闭杯）	自燃温度（℃）：279
爆炸下限[%（V/V）]：0.9	爆炸上限[%（V/V）]：5.8
饱和蒸气压（kPa）：0.04（20℃）	易燃性：易燃
密度（g/cm³）：0.967（20℃/4℃）	相对蒸气密度（空气＝1）：5.4
n-辛醇/水分配系数：1.39	溶解性：溶于水并分解生成丁酸；溶于乙醚

2. 用途与接触机会

本品为制造丁酰乳酸丁酯、香料的主要原料，也是制造盐酸胺碘酮的主要原料，在香精香料、有机溶剂、医药中间体和杀虫剂中都有广泛用途。

3. 毒代动力学

3.1 吸收、摄入与贮存

丁酸酐可经消化道、呼吸道、皮肤吸收。一般在体内无蓄积作用。

3.2 转运与分布

丁酸酐进入体内后，与水结合生成丁酸，丁酸部分通过β-氧化转化为乙酰辅酶A，进入三羧酸循环生成能量、水、二氧化碳。

3.3 排泄

同丁酸。

4. 毒性

健康危害GHS危险性分类为：皮肤腐蚀/刺激，类别1B；严重眼损伤/眼刺激，类别1。

丙酸酐对机体的毒性作用主要是丙酸酐与水结合生成丙酸产生原发性刺激所造成的。

大鼠经口 LD_{50}：8 790 mg/kg。刺激性：50 μg，重度刺激。兔经皮开放性试验：525 mg，重度刺激。

5. 人体健康危害

5.1 急性中毒

本品造成严重皮肤灼伤和严重眼损伤。吸入后对呼吸道有刺激作用，引起咳嗽、胸痛、呼吸困难。蒸气对眼有刺激性。高浓度吸入重者可引起化学性肺炎、肺水肿，甚至ARDS。眼和皮肤直接接触液体可致灼伤。口服灼伤口腔和消化道，出现腹痛、恶心、呕吐和休克等。

5.2 慢性中毒

受该品蒸气慢性作用的工人，可有结膜炎、畏光、上呼吸道刺激等。

马 来 酸 酐

1. 理化性质

CAS：108－31－6	外观与性状：有酸味的白色晶体

（续表）

pH 值：0.8	自燃温度(℃)：477
熔点/凝固点(℃)：52.8	沸点(℃)：202
临界温度(℃)：447.85	临界压力(MPa)：7.28
闪点(℃)：102(闭杯)，110(开杯)	爆炸上限[%(V/V)]：7.1
爆炸下限[%(V/V)]：1.4	气味阈值：0.001 223 mg/L
饱和蒸气压(kPa)：0.02(20℃)	相对蒸气密度(空气＝1)：3.4
密度(g/cm^3)：1.48(25℃)	溶解性：溶于水变成顺丁烯二酸；可溶于丙酮、氯仿、苯、甲苯、四氯化碳等有机溶剂
n-辛醇/水分配系数：1.62	

2. 用途与接触机会

主要用于生产不饱和聚酯树脂、醇酸树脂、农药马拉硫磷、高效低毒农药 4049、长效碘胺的原料。也是涂料、马来松香、聚马来酐、顺酐—苯乙烯共聚物。也是生产油墨助剂、造纸助剂、增塑剂和酒石酸、富马酸、四氢呋喃等的有机化工原料。

3. 毒性与中毒机理

健康危害 GHS 危险性分类为：皮肤腐蚀/刺激，类别 1B；严重眼损伤/眼刺激，类别 1；呼吸道致敏物，类别 1；皮肤致敏物，类别 1。

3.1 急性毒作用

大鼠经口 LD_{50}：400～800 mg/kg，小鼠经口 LD_{50}：4 065 mg/kg，豚鼠经口 LD_{50}：390 mg/kg；大鼠腹腔注射 LD_{50}：97 mg/kg，兔经皮 LD_{50}：2 620 mg/kg，豚鼠经皮 LD_{50}：＞20 g/kg；大鼠吸入 LC_{50}＞4.35 mg/(L·h)。

皮肤和眼睛刺激：兔经皮 500 mg/24 h，造成轻度皮肤刺激；兔经眼接触 1%浓度本品出现重度刺激。

3.2 慢性毒作用

反复或长期与皮肤接触可能引起皮肤过敏和哮喘发作。文献报道吸入低浓度的顺丁二烯酸酐粉尘(0.17 mg/m^3)可以引起哮喘、支气管激发试验阳性。

3.3 远期毒作用

(1) 致突变作用

Ames 试验：阴性。

(2) 致癌作用

ACGIH 评估马来酸酐为 A4：不可分类为人类致癌物。

(3) 发育毒性与致畸性

对 25 只交配的雌性大鼠在 0，30，90 或 140 mg/kg 体重的剂量水平下在妊娠的第 6 d 至第 15 d 通过管饲法给予玉米油中 99%纯的马来酸酐。在第 20 d 进行处死，没有发现胚胎植入后死亡，对胎儿体重、胎儿变异和主要畸形的发生率无影响。

(4) 过敏性反应

大鼠吸入本品可引起过敏。Buehler 豚鼠试验显示，皮肤接触本品可引起过敏。体外实验中将一种含赖氨酸的肽溶于磷酸盐缓冲液中，与马来酸酐溶液在乙腈(终浓度：1∶4)中混合，用高效液相色谱法计算了与马来酸酐反应的肽的百分比，发现肽的反应性指数为 10，即所有肽均已反应，表明马来酸酐可以作为半抗原反应并引起敏化。吸入后，可能是通过与黏膜表面蛋白的相互作用。

另一项动物实验研究发现小鼠长期暴露马来酸酐导致了主要 Th2 型细胞因子分泌表型的发展，这与可能的 IgE 介导的哮喘和呼吸变态反应机制是一致的。

3.4 中毒机理

马来酸酐中毒主要由原发刺激作用和致敏作用所致。接触一定浓度的马来酸酐，可以引起皮肤和黏膜刺激作用，如结膜炎、角膜水肿、呼吸道分泌增加、肺水肿、皮肤灼伤等。另外本品属于低分子有机化合物，作为半抗原可以与黏膜表面蛋白质结合形成抗原，使化学-蛋白质复合物产生免疫原性，产生 IgE 介导变态反应，引发哮喘。

4. 人体健康危害

4.1 急性中毒

马来酸酐，又称顺丁二烯酸酐，接触或吸入后因与水作用生成顺丁二烯酸，从而对眼鼻、口腔、呼吸道黏膜、肺泡产生较强的刺激和腐蚀作用，造成严重皮肤灼伤和严重眼损伤，眼角膜甚至可以脱落。另外马来酸酐也具有致敏作用，吸入本品可能导致过敏或哮喘病症状或呼吸困难，严重者可出现肺水肿。皮肤接触本品可能造成过敏反应。吞咽本品有害。

该品粉尘和蒸气具有刺激性。吸入后可引起咽炎、喉炎和支气管炎。可伴有腹痛。眼和皮肤直接接触有明显刺激作用，并引起灼伤。

4.2 慢性中毒

慢性结膜炎，鼻黏膜溃疡和炎症。有致敏性，反复或长期与皮肤接触可能引起皮肤过敏，哮喘发作。

5. 风险评估

我国职业接触限值规定：马来酸酐 PC-STEL 为 2 mg/m^3，PC-TWA 为 1 mg/m^3。美国 OHSA 规定：PEL-TWA 为 1 mg/m^3；NOISH 规定：10 h REL-TWA 为 1 mg/m^3。

柠 康 酸 酐

1. 理化性质

CAS：616-02-4	外观与性状：无色透明至极淡黄色液体
熔点/凝固点(℃)：6～10	临界温度(℃)：447.85
闪点(℃)：102.7(闭杯)	沸点(℃)：213～214
饱和蒸气压(kPa)：0.13 (47.1℃)	n-辛醇/水分配系数：2.17
密度(g/cm^3)：1.247 (16℃/4℃)	溶解性：溶于乙醇，乙醚，丙酮
相对蒸气密度(空气=1)：4	

2. 用途与接触机会

又名 2-甲基马来酸酐，多功能试剂，可用于合成马来酰亚胺、双环吡咯烷以及共聚物和三聚物，还可用于保护 N-端氨基酸。

3. 毒代动力学

3.1 吸收、摄入与贮存

经呼吸系统、消化道吸收。

3.2 转运与分布

同柠康酸。

3.3 排泄

同柠康酸。

4. 急性毒作用

大鼠经口 LD_{50}：2 600 mg/kg，兔经皮 LD_{50}：218 mg/kg；豚鼠经皮 LD_{50}：1 ml/kg。

皮肤腐蚀/刺激：兔经皮 10 mg/24 h 开放式试验，造成皮肤灼伤。

5. 人体健康危害

吞咽本品可能有害，对眼、皮肤、呼吸道黏膜有刺激作用，造成严重皮肤灼伤和眼损伤。

巴 豆 酸 酐

1. 理化性质

CAS：623-68-7	外观与性状：浅黄色或无色液体
熔点/凝固点(℃)：72	沸点(℃)：246～248
闪点(℃)：106.1(闭杯)	饱和蒸气压(kPa)：0.003 5
密度(g/cm^3)：1.038(25℃)	溶解性：遇水分解；可溶于苯、丙酮等有机溶剂

2. 用途与接触机会

用于有机化工中间体，如医药中间体、农药中间体、染料中间体、化妆品原料、表面活性剂原料等。

3. 毒性与中毒机理

3.1 急性毒作用

大鼠经口 LD_{50}：2 830 mg/kg。

已知是严重的眼睛和皮肤刺激物，大鼠吸入 13 765 mg/(m^3·4 h)引起死亡，兔经皮 10 mg/24 h 开放式试验，造成皮肤轻度刺激。

3.2 中毒机理

巴豆酸酐其中毒主要由原发刺激作用所致。接触一定浓度的巴豆酸酐，可以起皮肤和黏膜刺激作用，如结膜炎、角膜水肿、呼吸道分泌增加、肺水肿、皮肤灼伤等。

4. 人体健康危害

可经皮肤、呼吸道、消化道吸收。与巴豆酸酐液体接触会产生严重的皮肤和眼部灼伤，吸入蒸气，可以起急性呼吸系统症状或疾病。

均苯四甲酸酐

1. 理化性质

CAS：89－32－7	外观与性状：白色或微黄色块状和粉状固体结晶
熔点/凝固点(℃)：286	沸点(℃)：397～400
闪点(℃)：380(闭杯)	饱和蒸气压(kPa)：6.38×10^{-7}(25℃)
密度(g/cm³)：1.68(25℃)	n－辛醇/水分配系数：2.14
溶解性：在室温下溶于二甲基甲酰胺、二甲基亚砜，γ－丁内酯、N－甲基吡咯烷酮、丙酮、甲基乙基甲酮、甲基异丁基甲酮、乙酸乙酯；不溶于氯仿、乙醚、正己烷、苯；暴露在湿空气中水解变成均苯四甲酸，水中分解	

2. 用途与接触机会

用于制造聚酰亚胺树脂，后者用作耐高温电气绝缘漆的原料。亦用以制取环氧树脂固化剂和增塑剂、脲醛树脂稳定剂、酞菁蓝染料、缓蚀剂、瞬间粘结剂、电子摄影调色剂等。

3. 毒性与中毒机理

健康危害 GHS 危险性分类为：严重眼损伤/眼刺激，类别 1；呼吸道致敏物，类别 1；皮肤致敏物，类别 1。

3.1 急性毒作用

大鼠经口 LD_{50}：2 250 mg/kg，小鼠经口 LD_{50}：2 400 mg/kg，豚鼠经口 LD_{50}：1 595 mg/kg。兔经皮 LD_{50}：4 000 mg/kg；大鼠吸入 LC_{50}：9 738 mg/(m³·4 h)。大鼠吸入 TCL_0：150 mg/(m³·4 h)，106 mg/(m³·4 h)，肾小管发生变化(包括急性肾功能衰竭、急性肾小管坏死)，肾血液循环发生变化；大鼠吸入 TCL_0：70 mg/(m³·4 h)，体温下降。

眼损伤/眼刺激：兔经眼 25 mg/kg，可出现结膜刺激、流泪；兔经眼 50 mg，造成严重眼损伤。

皮肤腐蚀/刺激：兔经皮开放性试验，525 mg，重度刺激。

3.2 慢性毒作用

大鼠吸入 20 mg/(m³·122 d)-间歇，气管或支气管的结构或功能发生改变，呼吸抑制。

3.3 远期毒作用

(1) 致突变作用

1994 年，Viktorova 等对均苯四酸二酐生产工人的细胞遗传学研究显示，接触组染色体畸变率(5.3%)明显高于对照组(2.9%)，提示存在潜在的致突变风险。

(2) 过敏性反应

豚鼠 0.2 mg/kg 经皮可表现出轻度敏化特性。

3.4 中毒机理

均苯四甲酸酐中毒主要由原发刺激作用和致敏作用所致。接触一定浓度的均苯四甲酸酐，可以起皮肤和黏膜刺激作用，如结膜炎、角膜水肿、呼吸道分泌增加、肺水肿、皮肤灼伤等。另外均苯四甲酸酐属于低分子有机化合物，可以与人机体蛋白质结合形成抗原，使化学-蛋白质复合物产生免疫原性，发生致敏作用。1994 年 Czuppon AB 报道了 1 例从事环氧树脂生产的工人，因急性暴露于均苯四甲酸酐粉尘，导致急性出血性肺泡炎。血清学分析显示，抗均苯四甲酸酐处理的人血清白蛋白(PMDA－HSA)的 IgG 抗体浓度很高，其他酸酐结合物不能检测到特异性 IgG，检测不到特异性 IgE 抗体。提示均苯四甲酸酐过敏反应为 IgG 介导的过敏反应。

4. 人体健康危害

4.1 急性中毒

均苯四甲酸酐主要通过呼吸道进入体内，对眼睛、皮肤和呼吸道都有刺激性，，造成严重眼损伤，表现为眼痛、流泪、视物模糊、皮肤烧灼感、喉咙痛、咳嗽、喘息、呼吸急促。高水平暴露可能导致肺出血经口摄入，引发恶心、呕吐、消化道烧灼感。生理作用一般类似于相应酸的作用，但它们在蒸气阶段是更有力的眼睛刺激物，可能产生慢性结膜炎，它们在与身体组织接触时会被缓慢水解，有时还会引起过敏。

4.2 慢性中毒

反复或长时间吸入本品可能导致过敏或哮喘病症状或呼吸困难，皮肤接触本品可能造成过敏反应。

酞 酐

1. 理化性质

CAS：85-44-9	外观与性状：白色结晶
熔点/凝固点(℃)：131～134	沸点(℃)：284
临界温度(℃)：447.85	临界压力(MPa)：4.72
闪点(℃)：152(闭杯)	自燃温度(℃)：570
爆炸上限[%(V/V)]：10.5	爆炸下限[%(V/V)]：1.7
密度(g/cm^3)：1.53	饱和蒸气压(kPa)：2×10^{-4}(25℃)
气味阈值(mg/m^3)：0.32～0.72	相对蒸气密度(空气=1)：5.1
溶解性：溶于乙醇,乙醚,丙酮	n-辛醇/水分配系数：1.6

2. 用途与接触机会

又名邻苯二甲酸酐,是最重要的有机化工原料之一,其主要衍生物有邻苯二甲酸二丁酯、二辛酯和二异丁酯等,用作 PVC 等的增塑剂;还可用于生产不饱和聚酯树脂、醇酸树脂、染料及颜料、多种油漆、食品添加剂、医药中的缓泻剂酚酞、农药中的亚胺硫磷、灭草松以及糖精钠等。

3. 毒性与中毒机理

健康危害 GHS 危险性分类为：皮肤腐蚀/刺激,类别 1;严重眼损伤/眼刺激,类别 1;呼吸道致敏物,类别 1;皮肤致敏物,类别 1;特异性靶器官毒性——一次接触,类别 3(呼吸道刺激)。

3.1 急性毒作用

大鼠经口 LD_{50}：1 530 mg/kg,小鼠经口 LD_{50}：1 500 mg/kg,猫经口 LD_{50}：800 mg/kg;兔经皮 LD_{50}：>10 000 mg/kg;大鼠吸入 LC_{50}：>210 mg/(m^3·h)。

皮肤和眼睛刺激：兔经眼暴露于 50 mg/24 h 浓度下,出现中度刺激反应。

3.2 慢性毒作用

大鼠经皮：1 036 mg/(kg·13 d)-间歇性,出现细胞免疫增强、迟发性超敏反应,气管或支气管的结构或功能改变。

3.3 远期毒作用

(1) 致突变作用

无论大鼠和仓鼠肝脏 S-9 代谢激活与否,用鼠伤寒沙门氏菌 TA 98、TA 100、TA 1535 和 TA 1537 进行 Ames 试验均为阴性。

(2) 致癌作用

通过暴露于饲料中的邻苯二甲酸酐的雄性和雌性大鼠和小鼠的观察发现,在任何性别的大鼠或小鼠中均未发生可能与邻苯二甲酸酐明显相关的肿瘤。目前未发现邻苯二甲酸酐对人类致癌作用的资料,EPA 没有对邻苯二甲酸酐的致癌性进行分类。

(3) 发育毒性与致畸性

动物实验发现邻苯二甲酸酐可以对小鼠有显著的致畸作用,实验小鼠出现分支的肋骨,融合的椎骨和腭裂。可以使雄性大鼠精子运动时间减少。但是没有关于邻苯二甲酸酐对人类致畸作用的研究。

(4) 过敏性反应

豚鼠最大反应试验,可能引起皮肤过敏反应。一项小鼠致敏试验的研究显示邻苯二甲酸酐引起 Th2 细胞因子,IL-4,IL-5 和 IL-13 的统计学显着增加。豚鼠对邻苯二甲酸酐粉尘的超敏反应,伴随支气管收缩,呼吸频率的瞬时升高和吸入激发后观察到的 IgG 抗体升高。

3.4 中毒机理

由于邻苯二甲酸酐对干燥皮肤没有影响,但会灼伤湿润皮肤,因此推测其刺激性可能是与水接触后形成的邻苯二甲酸的原发刺激有关。

邻苯二甲酸酐属于低分子有机化合物,作为半抗原可以与黏膜表面蛋白质结合形成抗原,使化学-蛋白质复合物产生免疫原性,引发机体致敏。用 PA-BSA 蛋白结合物免疫豚鼠,可复制 PA 哮喘动物模型,该动物吸入微量 PA-HAS 后,可诱发激烈的哮喘发作。PCA 试验证实体内存在 OA 抗原特异性 IgG 和特异性 IgE。

4. 人体健康危害

4.1 急性中毒

吞咽本品有害,造成皮肤刺激和严重眼损伤,吸入本品可能导致过敏或哮喘病症状或呼吸困难,皮肤接触本品可能造成过敏反应，一次接触本品可能造成呼吸道刺激。邻苯二甲酸酐具有强烈的刺激性，急性(短期)暴露于其蒸气会引起人眼睛、鼻子、喉咙和呼吸道的严重刺激，轻者表现为眼、呼吸道黏膜刺激征象，较重者可有角膜损伤，化学性肺炎、肺水肿，重者甚至会发展为急性呼吸窘迫综合征(ARDS)。急性皮肤接触可能会刺激皮肤，起泡或灼伤人体。

4.2 慢性中毒

长期接触邻苯二甲酸酐可能导致皮肤过敏或者支气管哮喘发作。

5. 风险评估

我国职业接触限值规定：邻苯二甲酸酐 MAC 为 1 mg/m^3。美国 OSHA 规定：8 h PEL - TWA 为 12 mg/m^3；NIOSH 规定：10 h REL - TWA 为 6 mg/m^3。

内 酯 类

内酯类化合物是指同一分子中的羧基与羟基相互作用脱水而形成的酯类化合物。工业上，内酯主要作为中间产品或溶剂，用于香料、制药工业。除了β-丙内酯具有中等急性毒性外，内酯的急性毒性一般较小。

β-丙内酯

1. 理化性质

CAS：57 - 57 - 8	外观与性状：无色有刺激气味的液体
熔点/凝固点(℃)：-33	沸点(℃)：162
闪点(℃)：70～74(闭杯)	饱和蒸气压(kPa)：0.45(25℃)
密度(g/cm^3)：1.146(25℃)	*n* - 辛醇/水分配系数：0.462
相对密度(水=1)：1.148(20℃)	相对蒸气密度(空气=1)：2.5
溶解性：在水中溶解为37%；能与丙酮、乙醚和氯仿混溶	

2. 用途与接触机会

β-丙内酯用作药物、树脂和纤维改性剂的中间体，也用作血浆、疫苗的杀菌消毒剂，其衍生物β-巯基丙酸是 PVC 稳定剂和医药的原料。卫生专业人员(例如医师，护士)可能在制剂和药物管理过程中暴露，丙烯酸塑料和树脂生产作业人员也存在暴露的可能性。

3. 毒性与中毒机理

3.1 急性毒作用

急性动物暴露试验证明β-丙内酯吸入具有强烈急性毒性作用，急性口服暴露可导致大鼠肌肉痉挛，呼吸困难和惊厥高水平。在急性静脉暴露的大鼠中，报道了肝和肾小管损伤。

小鼠经腹 LD_{50}：405 mg/kg；大鼠吸入 LC_{50}：80 mg/(m^3 · 6 h)。

3.2 慢性毒作用

慢性皮肤暴露导致小鼠皮肤发炎、疤痕和脱发。

3.3 远期毒作用

(1) 致突变作用

β-丙内酯已显示在体细胞和生殖细胞中都具有致突变性，可以通过诱导细胞转化和染色体畸变。

(2) 致癌作用

在大鼠经口暴露试验中已经报道产生了胃鳞状细胞癌。在啮齿类动物经皮肤暴露的试验中，已经观察到皮肤肿瘤。但没有与β-丙内酯致癌性有关的人群流行病学数据。美国 ACGIH 将β-丙内酯列为人类可疑致癌物(A3)，并规定车间空气中阈限值为 1.5 mg/m^3。IARC 将β-丙内酯分类为 2B 组，可能的人类致癌物。EPA 尚未将β-丙内酯归为致癌物。

3.4 中毒机理

β-丙内酯的中毒机理目前还不清楚，急性毒性作用可能与强烈的原发刺激性有关。β-丙内酯的致癌性，可能与其是一种烷基化剂有关，通过羧基和羟基的烷基化作用，内酯环在第一或第三碳分裂，与多核苷酸和 DNA 反应，主要在鸟嘌呤的 N7 -和腺嘌呤的 N1 处形成羧乙基衍生物，还与胞嘧啶和胸腺嘧啶的 N3 形成加合物，诱导基因突变。

4. 人体健康危害

吸入本品会致命，造成皮肤刺激和严重眼刺激，可能致癌。

急性(短期)暴露于β-丙内酯会引起人类眼睛、鼻子、喉咙和呼吸道的严重刺激，轻者表现为眼、呼吸道黏膜刺激征象，较重者可有角膜损伤，化学性肺炎、肺水肿，重者甚至会发展为急性呼吸窘迫综合征(ARDS)。急性皮肤接触可能会刺激皮肤，起泡或灼伤。通过摄入急性暴露后，可造成口腔和胃部灼伤。

5. 风险评估

美国ACGIH规定：TLV－TWA为1.5 mg/m^3。

γ－丁内酯

1. 理化性质

CAS：96－48－0	外观与性状：无色油状液体
熔点/凝固点(℃)：－45	沸点(℃)：204～205
临界温度(℃)：436	临界压力(MPa)：3.4
闪点(℃)：98.3(开杯)	密度(g/cm^3)：1.12(25℃)
饱和蒸气压(kPa)：0.15～0.2(20℃)	相对蒸气密度(空气＝1)：3
相对密度(水＝1)：1.1(15℃)	溶解性：与水混溶；溶于甲醇、乙醇、乙醚、丙酮、苯、四氯化碳
n－辛醇/水分配系数：－0.57～－0.64	

2. 用途与接触机会

γ-丁内酯作为香料、医药中间体应用广泛。也常用作树脂的溶剂、聚氨酯的黏度改性剂(活性稀释剂)、以及聚氨酯和氨基涂料体系的固化剂。

3. 毒代动力学

3.1 吸收、摄入与贮存

该物质可通过吸入其蒸气并通过摄入而被吸收到体内，动物实验表明10%的γ-丁内酯可以通过大鼠的皮肤吸收。

3.2 转运与分布

进入体内的γ-丁内酯在血液或肝脏内分解为γ-羟基丁酸，然后通过三羧酸(Krebs)循环和β-氧化产生二氧化碳和水。

3.3 排泄

代谢产生二氧化碳和水排出体外。

4. 毒性与中毒机理

4.1 急性毒作用

大鼠经口LD_{50}：1 540 mg/kg，出现嗜睡、呼吸抑制；小鼠经口LD_{50}：1 460 mg/kg；小鼠腹膜内注射LD_{50}：1 100 mg/kg，大鼠腹膜内注射LD_{50}：1 000 mg/kg，出现全身麻醉状态、呼吸改变；小鼠腹膜内MLD：86.8 mg/kg，大鼠腹膜内注射MLD：600 mg/kg可引发共济失调。

兔经皮LD_{50}：＞5 000 mg/kg；大鼠吸入LC_{50}＞5 100 mg/(m^3·4 h)；皮肤和眼睛刺激：兔经皮500 μl，造成严重皮肤刺激。

4.2 慢性毒作用

大鼠吸入TCL_0：5 030 μg/(m^3·24 h)，17 w后脑发生退化，乙酰胆碱酯酶水平改变；大鼠经口TDL_0：115 875 mg/kg，喂养103 w，造成皮肤肿瘤。

4.3 远期毒作用

(1) 致突变作用

γ-丁内酯具有致突变作用，20 μl/dise，枯草芽孢杆菌DNA损伤，25 mg/L仓鼠肾脏细胞染色体形态变换，4 940 mg/L仓鼠卵巢姐妹染色单体交换。

(2) 致癌作用

对于4-丁内酯的致癌性，人类证据不足。有证据表明实验动物中缺乏4-丁内酯的致癌性。小鼠经口TDL_0：134 930 mg/kg，喂养103 w，造成肾上腺皮质肿瘤。小鼠经皮TDL_0：50 g/kg，喂养42 w，造成皮肤肿瘤。

IARC将4-丁内酯分为G3类致癌物，不能归类为对人类致癌。

(3) 发育毒性与致畸性

动物实验显示γ-丁内酯具有生殖毒性，大鼠在25 g/kg对睾丸、附睾、精子管有影响，500 mg/kg则对胎儿有毒性。

4.4 中毒机理

γ-丁内酯对机体的影响，主要是对皮肤、眼、呼吸道黏膜的刺激作用，以及对神经系统的麻醉作用，其麻醉作用可能与其在体内迅速转化为γ-羟基丁酸有关，后者是一种麻醉剂，通过拮抗神经末梢的递质释放导致大脑多巴胺的选择性增加，对中枢神经系统产生抑制作用。而刺激作用可能与其原发刺激性有关。

5. 人体健康危害

γ-丁内酯中毒主要为急性中毒，短时间接触高浓度的γ-丁内酯，主要表现为呼吸道黏膜、皮肤、眼的刺激作用和中枢神经系统抑制作用，如皮肤局部红肿、起泡、眼睛刺激，发红、呛咳、心动过缓；低温；嗜睡，CNS抑郁，呼吸困难，意识不清等。人经口MLD：0.429 ml/kg，出现震颤、兴奋、幻觉、心率改变。

6. 风险评估

芬兰规定：PC-TWA为14 mg/m^3，PC-STEL为70 mg/m^3。

α-乙酰-γ-丁内酯

1. 理化性质

CAS：517-23-7	外观与性状：无色透明液体
熔点/凝固点(℃)：-12～-13	沸点(℃)：107～108(667Pa)
闪点(℃)：128.3(开杯)	饱和蒸气压(kPa)：2.5×10^{-3}(25℃)
密度(g/cm^3)：1.191(25℃)	相对密度(水=1)：1.184 6(20/4℃)

2. 用途与接触机会

合成维生素B的重要中间体，也是合成3,4-二取代基吡啶和5-(β-羟乙基)-4-甲基噻唑的中间体。

3. 人体健康危害

一次接触本品可能造成皮肤刺激、严重眼刺激和呼吸道刺激。短时间接触高浓度的γ-丁内酯，主要产生呼吸道黏膜、皮肤、眼的刺激作用。

γ-戊内酯

1. 理化性质

CAS：108-29-2	外观与性状：透明无色液体
pH值：7.0(无水)	熔点/凝固点(℃)：-31
沸点(℃)：207～208(常压)	闪点(℃)：81
饱和蒸气压(kPa)：0.03(25℃)	*n*-辛醇/水分配系数：-0.27
密度(g/cm^3)：1.057(20/4℃)	相对密度(水=1)：1.046(20/4℃)
相对蒸气密度(空气=1)：3.45	溶解性：能与水、许多有机溶剂、树脂和蜡混溶；不溶于环己烷、石油醚、甘油等

2. 用途与接触机会

可用作树脂溶剂及各种有关化合物的中间体。也用作润滑剂、增塑剂、非离子型表面活性剂的胶凝剂、加铅汽油的内酯类添加剂，用于纤维素酯和合成纤维的染色。γ-戊内酯具有香兰素和椰子香味。我国GB2760—2014规定为允许使用的食用香料。主要用以配制桃、椰子、香草等型香精。也用作难溶性树脂的溶剂、有机合成中间体。

3. 毒性

3.1 急性毒作用

大鼠经口LD$_{50}$：8 800 mg/kg；兔经口LD$_{50}$：2 480 mg/kg，兔经皮LD$_{50}$>5 000 mg/kg。

皮肤腐蚀/刺激：兔经皮500 mg/24 h，造成轻度皮肤刺激。

3.2 慢性毒作用

大鼠和兔，7 h/d，连续4 d，吸入3～10 mg/L浓度，或60 d中7 h/d吸入1～2 mg/L的浓度，并不出现明显中毒症状。

4. 人体健康危害

主要通过呼吸道吸入，不容易通过皮肤吸收。接触此化合物的症状可能包括刺激皮肤、眼睛、黏膜和上呼吸道。

δ-己内酯

1. 理化性质

CAS：823-22-3	外观与性状：无色至淡黄色液体
熔点/凝固点(℃)：18	沸点(℃)：230～231
闪点(℃)：103	饱和蒸气压(kPa)：0.02(25℃)
密度(g/cm³)：1.044 3(20℃)	相对密度(水=1)：1.036～1.050(25℃)
溶解性：微溶于水；溶于乙醇和油脂中	

2. 用途与接触机会

用于食用香精和烟草香精中，是GB2760—2014《食品安全国家标准食品添加剂使用标准》中规定的允许使用的食品用合成香料。

3. 急性毒作用

大鼠经口 LD_{50}：4.29 g/kg。兔经皮 LD_{50}：5.99 g/kg。大鼠饱和蒸气压吸入8 h未引起死亡。对兔的皮肤损害较小，但可以严重损害眼睛。

酰基卤类

酰基(acyl group)指的是有机或无机含氧酸去掉羟基后剩下的一价原子团，通式为RCO—。酰基(RCO—)与卤元素结合生成的化合物称为酰基卤类化合物，常见的有烷酰基卤(RCOX)、磺酰基卤(DSO2X)。酰基卤化学性质活泼，化学活性随分子量的增加而减低，能溶于水并迅速水解，产生相应的有机酸和无机酸，在潮湿的空气中会产生酸性烟雾(例如氯化乙酰或溴化乙酰)。在化学工业中，被广泛应用于化学反应的中间体。

酰基卤类化合物致毒作用的基本原因，是由于它们能在潮湿的黏膜上分解为新生的卤化氢和相应的有机酸，产生比通常情况下等量的卤化氢和有机酸更大的刺激性。对眼睛、皮肤呼吸道可产生强烈的原发刺激性，甚至形成疱疹，并能引起过敏。某些化合物可引起迟发性的较深层的疱疹，提示在某些条件下，其完整分子能透过皮肤，随即缓慢水解，或者与蛋白质中的—OH、—NH2或—SH基起反应。如果原来的有机酸已知有全身致毒作用(如乙二酸)或有蓄积毒性作用(如氯乙酸)，则相应的酰基卤亦有全身致毒作用(如乙二酰氯)和蓄积作用(氯乙酰氯)。

酰基卤类化合物急性中毒主要表现为急性呼吸系统疾病、化学性皮肤、眼的灼伤，可依据职业病诊断国家标准《GBZ73—2009职业性急性化学物中毒性呼吸系统疾病诊断标准》《GBZ54—2017职业性化学性眼灼伤的诊断》《GBZ51—2009职业性化学性皮肤灼伤诊断标准》进行诊断，其诊断原则应根据短期内较大量的酰基卤类化合物接触史、急性呼吸系统、皮肤或眼损害的临床表现，胸部X射线表现，参考血气分析及现场劳动卫生学调查资料，综合分析，并排除其他病因所致类似疾病，方可诊断。

生产中接触酰基卤类化合物，应有个人防护用品(如安全眼镜、手套等)和充分的通风以及眼和皮肤的冲洗设备。

碘化乙酰

1. 理化性质

CAS：507-02-8	外观与性状：有刺激性气味的无色发烟液体
沸点(℃)：108	闪点(℃)：17.6
密度(g/cm³)：1.247(25℃)	相对密度(水=1)：2.193
溶解性：溶于苯和乙醚	

2. 毒性

又名乙酰碘，用于有机合成。健康危害GHS危险性分类为：皮肤腐蚀/刺激，类别1；严重眼损伤/眼刺激，类别1。

乙二酰氯

1. 理化性质

CAS：79-37-8	外观与性状：有刺激性气味的无色发烟液体
熔点/凝固点(℃)：−10～−8	沸点(℃)：62～65
闪点(℃)：>100	密度(g/cm³)：1.5(20℃)

（续表）

相对密度（水＝1）：1.488	溶解性：溶于氯仿、甲苯、四氢呋喃、乙醚等；遇水和醇剧烈分解

2. 用途与接触机会

乙二酰氯，也称为“草酰氯”，是由乙二酸衍生出来的二酰氯，化学式为$(COCl)_2$，为一个应用广泛的制备碳酰氯、磷酰二氯、氯代烷烃以及酰基异氰的酰化试剂。用于合成苯甲酰脲类杀虫剂氟铃脲、杀铃脲等的中间体，也是磺酰脲类除草剂甲磺隆、苄嘧磺隆、吡嘧磺隆等的中间体。

3. 毒性与中毒机理

健康危害 GHS 危险性分类为：急性毒性—吸入，类别 3；皮肤腐蚀/刺激，类别 1；严重眼损伤/眼刺激，类别 1。

3.1　急性毒作用

大鼠吸入 LC_{50} 为 9 568 mg/(m^3·h)。吸入浓度为 4 503～11 612 mg/m^3时，大鼠死亡率为 20%～70%。吸入浓度为 2 402 mg/m^3时，无动物死亡发生。动物吸入后主要表现为呼吸困难、喘息、流涎、鼻部区域坏死等，病理检查可见急性细支气管炎，病变主要累积终末细支气管和呼吸性细支气管炎。

3.2　中毒机理

乙二酰氯在潮湿的黏膜上遇水迅速分解为氯化氢和乙二酸，对眼睛、皮肤、呼吸道可产生强烈的原发刺激性，造成眼、皮肤化学性灼伤及急性呼吸系统疾病。另外分解产生的乙二酸在体内与钙离子结合形成草酸钙，在生理 pH 值条件下，草酸钙不溶解，沉积于肾小管和脑组织内，从而使血钙降低并导致心脏和神经系统功能障碍。

4. 人体健康危害

主要经呼吸道吸入，也可经皮肤吸收，或消化道摄入。本品对人体的危害主要为急性毒性作用，吸入会中毒，对皮肤和黏膜具有强烈的刺激性，致皮肤严重灼伤，可能造成呼吸道刺激。少量吸入，可引起食欲减退，4～10 d 后出现咳嗽和呼吸困难，且伴有易疲劳感、腹泻、呕吐、头痛、气喘、心脏扩大、视力减退等症状，对灯光产生虹环，4 周后恢复。可遗留呼吸不畅、心悸等症状。个别患者出现心律不齐、血压升高等，可能与乙二酰氯分解产物乙二酸有关。无慢性中毒的相关资料。

二氯乙酰氯

1. 理化性质

CAS：79－36－7	外观与性状：无色有刺激性液体
沸点(℃)：108	自燃温度(℃)：585
闪点(℃)：66	饱和蒸气压(kPa)：3.1(20℃)
密度(g/cm^3)：1.531 5 (16/4℃)	溶解性：能与乙醚混溶；不溶于水，遇水和醇会分解
相对蒸气密度（空气＝1）：5.1	

2. 用途与接触机会

本品主要用于有机合成及农药、医药中间体，还用于羊毛毡缩绒整理、漂白、脱色、保鲜、杀菌、消毒，另在应用三氯乙烯的生产过程中，如遇高温高压（包括吸烟）或紫外线照射会分解产生二氯乙酰氯和光气。

3. 毒性与中毒机理

健康危害 GHS 危险性分类为：皮肤腐蚀/刺激，类别 1A；严重眼损伤/眼刺激，类别 1。

3.1　急性毒作用

经皮毒性大于经口毒性，兔经皮 LD_{50} 为 650 μl/kg，大鼠经口 LD_{50} 为 2 460 mg/kg。大鼠吸入 TCL_0 为 13 161 mg/(m^3·4 h)。

大鼠经口 MLD 1 000 mg/kg。人肝脏肿瘤细胞体外实验，抑制剂浓度（50%致死）：34 mmol/(L·24 h)，可抑制细胞蛋白质合成。

具强刺激性，详见表 26－4。

表 26－4　皮肤和眼刺激作用

实验动物	染毒途径	剂　量	反应
兔	眼	50 途径开放性刺激试验	严重
兔	眼	1%	严重
兔	皮肤	2 mg/24 h	严重

（续表）

实验动物	染毒途径	剂　量	反应
兔	皮肤	1%	严重
兔	皮肤	2 mg	严重

3.2　慢性毒作用

动物实验的组织化学研究证明，用5% LD_{50}剂量喂饲4周对大鼠肝脏无毒作用。

3.3　远期毒作用

（1）致突变作用

对一株沙门氏菌具有致突变作用，但在大肠杆菌中未诱发原噬菌体。

（2）致癌作用

大鼠吸入TCL_0：13 mg/(m^3·d)-间歇性，小鼠皮下注射TDL_0：2 mg/(kg·80 w)-间歇性。但是美国EPA和WHO的IARC目前都没有针对本品作致癌性分类。

3.4　中毒机理

二氯乙酰氯在潮湿的黏膜上遇水迅速分解为氯化氢和DCA，对眼睛、皮肤、呼吸道可产生强烈的原发刺激性，造成眼、皮肤化学性灼伤及急性呼吸系统疾病。

4. 人体健康危害

主要以急性中毒表现为主，可造成严重皮肤灼伤和眼损伤，吸入可引起上呼吸道刺激症状，重者可出现化学性肺炎、肺水肿。皮肤、眼接触可引起灼伤。误服可致口腔、咽喉和食道黏膜腐蚀，出现烧灼感和吞咽困难。Dahlberg和Myrin于1971年对10个焊接车间的二氯乙酰氯研究结果发现，空气浓度在0.7 mg/m^3时的气味被识别，超过3.3～6.6 mg/m^3除有恶臭外，还可耐受，66 mg/m^3时可立即引起咳嗽和眼刺激，在很长一段时间内无法忍受，暴露在86 mg/m^3中小于1 h，一名工人呕吐和失去知觉。

5. 风险评估

本品对水生生物毒性极大，其环境危害GHS分类为：危害水生环境—急性危害，类别1。

二甲基氨基甲酰氯

1. 理化性质

CAS：79-44-7	外观与性状：无色至黄色液体，有刺激性气味
熔点/凝固点(℃)：−33	沸点(℃)：167
闪点(℃)：68	饱和蒸气压(kPa)：0.26(25℃)
密度(g/cm^3)：1.168(25℃)	相对蒸气密度(空气=1)：3.73
溶解性：溶于乙醇	

2. 用途与接触机会

二甲基氨基甲酰氯用作药物、杀虫剂和染料生产中的中间体。

3. 毒性与中毒机理

健康危害GHS危险性分类为：急性毒性—吸入，类别3；皮肤腐蚀/刺激，类别2；严重眼损伤/眼刺激，类别2；致癌性，类别1B；特异性靶器官毒性—一次接触，类别3(呼吸道刺激)。

3.1　急性毒作用

小鼠吸入LCL_0：1 000 mg/(m^3·10 m)，小鼠腹腔内300 mg/kg，大鼠经口LD_{50}：1 000 mg/kg；大鼠吸入LC_{50}：864 mg/(m^3·6 h)。

动物实验已经观察到急性吸入暴露于二甲基氨基甲酰氯会导致鼻，咽喉和肺的黏膜受损，并导致大鼠呼吸困难。在急性皮肤暴露后，在大鼠和兔子中观察到皮肤刺激。当二甲基氨基甲酰氯置于兔眼中时，会引起结膜炎和角膜炎。

3.2　远期毒作用

（1）致突变作用：详见表26-5。

表26-5　致突变作用

实验动物	染毒途径	剂　量	反　应
仓鼠	肺	100 μmol/L	姐妹染色单体交换
酿酒、酵母		100 ml/L	性染色体丢失和不分离

（续表）

实验动物	染毒途径	剂　量	反　应
仓鼠	肾脏	80 μg/L	形态变换
酿酒、酵母		2 g/L	基因转化和有丝分裂重组

(2) 致癌作用

在吸入暴露后，在大鼠和雄性仓鼠中观察到了鼻腔癌，而皮肤肿瘤发生在小鼠经皮暴露后，皮下注射后可观察到局部肉瘤。美国 EPA 评估二甲基氨基甲酰氯的致癌性，基于人体证据不足和动物中有足够证据，作为 B2 族化学品，二甲基氨基甲酰氯被认为可能对人类致癌。2017 年 10 月 27 日，IARC 在进行总体评估时，考虑到二甲基氨基甲酰氯是一种具有广谱遗传毒性活性的直接作用烷化剂，包括体内体细胞中的活性，将二甲氨基甲酰氯列入组 2A 致癌物。

3.3　中毒机理

在水中快速分解为二甲胺，二氧化碳和盐酸；其半衰期约为 6 min。对眼睛、皮肤、呼吸道可产生强烈的原发刺激性，造成眼、皮肤化学性灼伤及急性呼吸系统疾病。

4. 人体健康危害

吸入本品会中毒，造成皮肤刺激和严重眼刺激，可能致癌。主要以急性中毒表现为主，吸入可引起上呼吸道刺激症状，重者可出现化学性肺炎、肺水肿。皮肤、眼接触可引起灼伤。误服可致口腔、咽喉和食道黏膜腐蚀，出现烧灼感和吞咽困难。职业接触二甲基氨基甲酰氯后，工人受到眼睛刺激和肝脏损伤。

苯　酰　氯

1. 理化性质

CAS：98 - 88 - 4	外观与性状：无色发烟液体
熔点/凝固点(℃)：−1	沸点(℃)：197
闪点(℃)：72.2(开杯)	自燃温度(℃)：585
密度(g/cm³)：1.22(20℃)	饱和蒸气压(kPa)：0.09(25℃)
溶解性：溶于乙醚、氯仿、苯、二硫化碳	相对蒸气密度(空气=1)：4.88

2. 用途与接触机会

又名苯甲酰氯，用作有机合成、染料和医药原料，制造引发剂过氧化二苯甲酰、过氧化苯甲酸叔丁酯、农药除草剂等。在农药方面，是新型的诱导型杀虫剂异恶唑硫磷(Isoxathion，Karphos)中间体。苯甲酰氯也被用于摄影和人工鞣酸的生产之中，也曾在化学战中作为刺激性气体而使用。

3. 毒代动力学

3.1　吸收、摄入与贮存

主要经呼吸道吸入，也可经皮肤吸收，或消化道摄入。

3.2　转运与分布

在雄性 Wistar 大鼠的背部肌肉上通过小切口施用 10 μl 标记的苯甲酰氯，3 d 后器官分布放射性：脑＜心脏＜肾＜肺＜脾＜皮肤/肌肉。

3.3　排泄

在雄性和雌性 Holtzman 白化大鼠中研究 ^{14}C - 苯甲酰氯的吸收和排泄。单剂口服 9～13 mg/kg 后，苯甲酰氯迅速从胃肠道吸收，并在 48 h 内在尿液(90%)和粪便(2%)中被有效地消除。72 h 后，组织中放射性碳的总残留量约为剂量的 1.5%，脂肪、肝和肾含有最高的残留水平。尿中超过 90% 的代谢物被鉴定为苯甲酸和马尿酸。

4. 毒性与中毒机理

健康危害 GHS 危险性分类为：皮肤腐蚀/刺激，类别 1B；严重眼损伤/眼刺激，类别 1；皮肤致敏物，类别 1。

4.1　急性毒作用

大鼠经口 LD_{50}：1 900 mg/kg；大鼠吸入 LC_{50}：1 870 mg/(m³ · 2 h)

皮肤和眼刺激：兔经眼 0.1 ml，造成严重眼刺激。

4.2　慢性毒作用

亚急性和慢性毒性：人吸入 12.5 mg/m³ 1 月，

引起刺激的最低浓度。

4.3 远期毒作用

(1) 致突变作用

苯甲酰氯在鼠伤寒沙门氏菌菌株 His g46,His c3076,His d3052,TA1535,TA1536,TA1537,TA98 或 TA100 中,以及在大肠杆菌菌株 Wp2 和 Wp2 uvra 中都没有致突变。

(2) 致癌作用

考虑到人类对苯甲酰氯的致癌性证据有限,在实验动物中也没有足够的证据证明苯甲酰氯的致癌性,TLV 评估本品为不可分类为人类致癌物(A4),苯甲酰氯和α-氯代甲苯的混合暴露可能对人类有致癌作用,IARC 将苯甲酰氯和α-氯代甲苯的混合暴露评估为组 2A。

(3) 过敏性反应

豚鼠最大反应试验:接触皮肤可引起过敏。

4.4 中毒机理

本品遇水、氨或乙醇逐渐分解,生成苯甲酸、苯甲酰胺或苯甲酸乙酯和氯化氢,对眼睛、皮肤、呼吸道可产生强烈的原发刺激性,造成眼、皮肤化学性灼伤及急性呼吸系统疾病。

5. 人体健康危害

本品造成严重皮肤灼伤和严重眼损伤,皮肤接触本品可能造成过敏反应。接触本品主要以急性中毒表现为主,吸入可引起上呼吸道刺激症状,重者可出现化学性肺炎、肺水肿。皮肤、眼接触可引起灼伤。误服可致口腔、咽喉和食道黏膜腐蚀,出现烧灼感和吞咽困难。长期低浓度接触本品,可以起上呼吸道刺激症状,引发慢性咽炎、慢性鼻窦炎、嗅觉减退及皮肤疣等。

长期接触是否能导致癌症发生,尚不能确定。在生产本品的某工厂 20 名工人中,工作 20 年,有 3 人发生肺癌;另一工厂 20 人中,10 年间有 1 例上颌骨恶性淋巴瘤发生,但是否由本品引起,并未确定。

6. 风险评估

苏联(1975)车间卫生标准为 5 mg/m^3,韩国 PC-TWA 为 0.03 mg/m^3,俄罗斯 2003 年规定 STEL 为 5 mg/m^3。

本品对水生生物毒性极大,其环境危害 GHS 分类为:危害水生环境—急性危害,类别 1。

对苯二甲酰氯

1. 理化性质

CAS:100-20-9	外观与性状:白色固体或无色针状晶体
熔点/凝固点(℃):79.5～84	沸点(℃):265
闪点(℃):180	饱和蒸气压(kPa):0.01(38℃)
密度(g/cm^3):1.32	相对蒸气密度(空气=1):7
n-辛醇/水分配系数:0.88	溶解性:溶于乙醚

2. 用途与接触机会

用于有机合成,合成特种纤维的单体,可作芳纶、锦纶增强剂。

3. 毒性

健康危害 GHS 危险性分类为:急性毒性—吸入,类别 3;皮肤腐蚀/刺激,类别 1A;严重眼损伤/眼刺激,类别 1。

3.1 急性毒作用

大鼠经口 LD_{50}:2 500 mg/kg;大鼠吸入 LC_{50}:700 mg/(m^3·4 h);小鼠经口 LD_{50}:2 140 mg/kg;兔经口 LD_{50}:950 mg/kg。

3.2 慢性毒作用

小鼠吸入 TCL_0:0.004 g/(m^3·45 d),间歇性吸入,造成大脑发生其他退行性变化,肾小管改变(包括急性肾衰竭、急性肾小管坏死)。

3.3 远期毒作用

(1) 发育毒性与致畸性

交配前 26 w 的雄性大鼠经口 TDL_0:4 122 mg/kg,影响精子的生成(包括遗传物质、精子形态、活力和计数)。

交配前 26 w 的雌性大鼠经口 TDL_0:4 122 mg/kg,导致母体月经周期改变或紊乱。

(2) 过敏性反应

豚鼠最大反应试验:未引起试验动物过敏。

3.4 中毒机理

苯甲酰氯在潮湿的黏膜上遇水迅速分解为氯化氢和对苯二甲酸，对眼睛、皮肤、呼吸道可产生强烈的原发刺激性，造成眼、皮肤化学性灼伤及急性呼吸系统疾病。

4. 人体健康危害

主要以急性中毒表现为主，吸入会中毒，可引起上呼吸道刺激症状，重者可出现化学性肺炎、肺水肿。皮肤、眼接触可引起灼伤。误服可致口腔、咽喉和食道黏膜腐蚀，出现烧灼感和吞咽困难。

5. 风险评估

俄罗斯 2003 年规定 STEL 为 0.1 mg/m^3。

间苯二甲酰氯

1. 理化性质

CAS：99－63－8	外观与性状：白色结晶
熔点/凝固点(℃)：43～45	沸点(℃)：276.7(100 kPa)
闪点(℃)：180(开杯)	饱和蒸气压(kPa)：6.29×10^{-4}(25℃)
爆炸上限[%(V/V)]：8.9	爆炸下限[%(V/V)]：1.5
密度(g/cm^3)：1.427(20℃)	溶解性：微溶于水和乙醇；溶于醚和其他有机溶剂中的溶剂。

2. 用途与接触机会

可作为聚酰胺、聚酯、聚芳酯、聚芳酰胺、液晶高分子、芳纶 1 313(Nomex)等的单体，同时可作为高聚物的改性剂，农药、医药工业的中间体。

3. 毒性与中毒机理

健康危害 GHS 危险性分类为：急性毒性—吸入，类别 3；皮肤腐蚀/刺激，类别 1A；严重眼损伤/眼刺激，类别 1。

3.1 急性毒作用

大鼠经口 LD$_{50}$：2 200 mg/kg；小鼠经口 LD$_{50}$：2 221 mg/kg；兔经皮 LD$_{50}$：1 410 mg/kg。

皮肤和眼刺激性：兔经皮 200 mg 开放式试验，造成中度皮肤刺激；兔经眼 40 mg，造成轻度眼刺激。

3.2 慢性毒作用

大鼠经口 TDL$_0$：1 817 mg/kg，22 周间歇性喂养，造成血液白细胞数变化，体重降低。大鼠吸入 TCL$_0$：0.000 4 g/m^3，45 天间歇性，造成眼刺激，气管或支气管结构或功能改变，肺气肿。

3.3 中毒机理

间苯二甲酰氯遇水迅速分解为氯化氢和间苯二甲酸，对眼睛、皮肤、呼吸道可产生强烈的原发刺激性，造成眼、皮肤化学性灼伤及急性呼吸系统疾病。

4. 人体健康危害

吞咽、皮肤接触有害。主要以急性中毒表现为主，吸入可引起上呼吸道刺激症状，重者可出现化学性肺炎、肺水肿。皮肤、眼接触可引起灼伤。误服可致口腔、咽喉和食道黏膜腐蚀，出现烧灼感和吞咽困难。

甲基磺酰氯

1. 理化性质

CAS：124－63－0	外观与性状：无色或微黄色液体
熔点/凝固点(℃)：−32	沸点(℃)：164(97.3 kPa)
闪点(℃)：>110	饱和蒸气压(kPa)：1.6(53℃)
密度(g/cm^3)：1.48(20℃)	相对密度(水＝1)：1.48(25℃)
相对蒸气密度(空气＝1)：3.9	*n*-辛醇/水分配系数：1.27
溶解性：不溶于水；溶于乙醇、乙醚	

2. 用途与接触机会

甲基磺酰氯与具有活性氢的化合物极易反应，可用来与氨基、羟基反应，引入甲烷磺酰基。该品可作生产甲磺酸的原料，用作酯化、聚合反应的催化剂，液态二氧化硫稳定剂，蒽醌、咔唑还原染料的氯化剂，干性油油墨、涂料的速干剂，聚酯的染色改进剂，彩色照片的发色调节剂，二甲苯、萘与甲醛的缩合剂，羊毛的染色助剂等。还广泛用作医药和农药的原料。

3. 毒性与中毒机理

本品为2015版《危险化学品目录》中所列剧毒品。健康危害GHS危险性分类为：急性毒性—经口，类别3；急性毒性—经皮，类别3；急性毒性—吸入，类别1；皮肤腐蚀/刺激，类别1；严重眼损伤/眼刺激，类别1；特异性靶器官毒性——一次接触，类别1。

3.1 急性毒作用

豚鼠经皮 LD_{50}：100 μl/kg，大鼠经口 LD_{50}：50 mg/kg；大鼠经腹腔 LD_{Lo}：5 mg/kg，小鼠经腹 LD_{50}：10 mg/kg，大鼠吸入 LC_{Lo}：620 mg/(m³ · 6 h)。大鼠吸入 LC_{50} 1 023 mg/(m³ · h)，大鼠吸入 LC_{50}：0.117 mg/(L · 4 h)，大鼠吸入 LC_{50}：128 mg/(m³ · 4 h)。

皮肤和眼刺激性：兔经眼接触100 mg，造成严重反应；兔经皮接触500 mg，造成严重反应。

3.2 慢性毒作用

大鼠经口 TDL_o：500 mg/kg，2周间歇性喂养，影响食物摄入量，食道结构或功能改变，动物体重降低。

3.3 远期毒作用

(1) 致突变作用

细菌-鼠伤寒沙门氏菌：250 μg/plate；啮齿动物-仓鼠卵巢：32 μmol/L；微生物致突变：鼠伤寒沙门菌250 μg/皿。细胞遗传学分析：仓鼠卵巢32 μmol/L。

3.4 中毒机理

当本品加热分解时会释放出硫氧化物和氯化氢的有毒蒸气，对黏膜、上呼吸道、眼和皮肤有强烈的刺激性。吸入可因喉和支气管的痉挛、水肿、炎症。

4. 人体健康危害

吞咽、皮肤接触本品会中毒，吸入本品会致命，造成严重皮肤灼伤和严重眼损伤。主要以急性中毒表现为主，吸入可引起上呼吸道刺激症状，重者可出现化学性肺炎、肺水肿。误服可致口腔、咽喉和食道黏膜腐蚀，出现烧灼感和吞咽困难。

5. 风险评估

俄罗斯2003年规定STEL为4 mg/m³。

本品对水生生物有害并具有长期持续影响，其环境危害GHS分类为：危害水生环境—长期危害，类别3。

甲苯磺酰氯

1. 理化性质

CAS：1939-99-7	外观与性状：晶状体粉末
熔点/凝固点(℃)：89～94	沸点(℃)：120

2. 用途与接触机会

医药或农药中间体。

3. 人体健康危害

遇热分解为一氧化碳和二氧化碳、氧化硫、氯化氢。本品对皮肤和黏膜有刺激性，造成严重皮肤灼伤和眼损伤，并引起迟发性深层疱疹和变态反应。长期接触引起头痛、酩酊感、恶心、呕吐、食欲不振、胃部压迫感和胃肠炎等症状。

甲基磺酰氟

1. 理化性质

CAS：558-25-8	外观与性状：无色液体
沸点(℃)：123.5	饱和蒸气压(kPa)：1.43(20℃)
密度(g/cm³)：1.368(20℃)	*n*-辛醇/水分配系数：0.55

2. 用途与接触机会

用作农药。

3. 毒性

本品为2015版《危险化学品目录》中所列剧毒品。健康危害GHS危险性分类为：急性毒性—经口，类别1；急性毒性—吸入，类别1；皮肤腐蚀/刺激，类别1；严重眼损伤/眼刺激，类别1；特异性靶器官毒性——一次接触，类别1；特异性靶器官毒性—反复接触，类别1。

3.1 急性毒作用

大鼠经口 LD_{50}：2 mg/kg，兔经皮 LD_{50}>24 mg/

kg；大鼠吸入 LC_{50}：4.4 mg/m^3，7 h，兔静脉注射 LD_{50}：3 370 μg/kg；狗静脉注射 LD_{50}：5 620 μg/kg，小鼠静脉注射 LD_{50}：1 mg/kg。

3.2　慢性毒作用

大鼠吸入 TCL_0：438 mg/m^3，7 h，13 w，造成大脑发生退行性变，影响血液中乙酰胆碱酯酶水平。

3.3　发育毒性与致畸性

大鼠皮下注射 TDL_0：3 mg/kg(8～21 d preg)，影响新生大鼠生化和代谢，影响其行为，产生延迟效应。

4. 人体健康危害

吞咽、吸入本品会致命，皮肤和眼接触会造成严重皮肤灼伤和严重眼损伤。

丙 烯 酰 氯

1. 理化性质

CAS：814－68－6	外观与性状：有刺激性气味的无色液体
沸点(℃)：75～76	闪点(℃)：16
相对密度(水＝1)：1.113 6(20/4℃)	溶解性：能与氯仿混溶；在水及乙醇中分解

2. 用途与接触机会

主要用于合成丙烯酸酯、丙烯酰胺类化合物，也用于制备防灰雾剂的中间体。

3. 毒性与中毒机理

3.1　急性毒作用

大鼠吸入 LCL_0：92 mg/(m^3·4 h)。小鼠吸入 LC_{50}：92 mg/(m^3·2 h)。小鼠静脉注射 LD_{50}：180 mg/kg。

大鼠吸入 370 mg/(m^3·2 h)，出现嗜睡、呼吸困难，解剖见肺水肿；吸入 18.5 mg/m^3，5 h/次，连续 5 次，出现眼刺激、呼吸困难、嗜睡，4 只大鼠中 3 只于实验结束后 3 d 死亡，解剖见肺炎；吸入 9.3 mg/m^3，6 h/次，连续 3 次，8 只大鼠中有 1 只死亡，尸检见肺膨胀，肺水肿和炎症。吸入 3.7 mg/m^3，6 h/次，连续 15 次，未见中毒征象，解剖见内脏正常。

兔经皮 10 mg/24 h，兔经眼 500 mg，造成中度眼刺激。

3.2　中毒机理

丙烯酰氯为化学性质活泼的有机物，因分子结构中含碳碳不饱和双键和氯原子基团，故能发生多种类型的化学反应，进而衍生出较多种有机物。

4. 人体健康危害

急性接触可引起眼、呼吸道和消化道的刺激症状，有流泪、咳嗽、呼吸困难、发绀、恶心、呕吐等。可出现喉及支气管痉挛水肿、化学性肺炎、肺水肿。眼及皮肤接触可引起灼伤。

5. 风险评估

国外直接接触限值：俄罗斯 STEL：0.3 mg/m^3(经皮)。

酰 胺 类

酰胺(acid amides)是有机酸和氨经脱水化合而成的化合物。最简单的单羧基酰胺的通式为 $RCONH_2$。工业上主要用于有机合成、塑料、制药、染料及农药等工业，其中简单的羧酸酰胺(特别是乙酰胺)用作表面活化剂、稳定剂、助焊剂。较高的酰胺(如硬质酰胺、油酰胺)用做塑料盒薄膜的脱模剂。不饱和的酰胺如丙烯酰胺是一个活性单体，在某些丙烯酸树脂中应用，在树脂合成、地下建筑、黏合剂、堵水、造纸等工艺中都能遇到。氮(N)上取代的酰胺如二甲基甲酰胺是一种重要的溶剂，用于许多有机合成和腈纶生产。乙酰胺的芳香族 N 衍生物是一大类重要的染料，如 N-苯乙酰胺是制造染料、药品的中间产品，并可作为橡胶硫化的促进剂。芳香族羧酸酰胺和磺酰胺又是一组中间体，用于制造青霉素和磺胺类药物。

除甲酰胺是液体外，其他酰胺多为无色晶体，脂肪族 N 一烷基取代酰胺常为液体。由于酰胺分子间氢键缔合能力较强，且酰胺分子的极性较大，因此其熔沸点甚至比相对分子质量相近的羧酸还高。当氨基上的氢原子被烃基取代后，由于其分子间的氢键缔合作用减小，其熔沸点也降低。低级的酰胺可溶于水，随着相对分子质量的增大，溶解度逐渐减小。液体酰胺不但可以溶解有机化合物，而且也可以溶解许多无机化合物，是良好的溶剂。酰胺一般是近中性的化合物，但在一定条件下可表现出弱酸或弱碱性，通常情况下较难水解。在酸或碱的存在下加热时，则可加速反应。

酰胺一般经呼吸道、消化道和皮肤吸收。简单的酰胺有微弱的刺激作用，并偶可造成皮肤过敏反应，常用的饱和脂肪族酰胺在生产条件下一般无明显危害。此类化合物在肝脏经非特异性酰胺酶作用下迅速分解为相应的酸，或部分以原形的形式从尿中排出。芳香族羧酸酰胺和磺酰胺一般毒性均较低。某些不饱和酰胺和N取代酰胺，对皮肤有刺激作用，并可经皮肤吸收，引起神经系统、肝肾损害。

二甲基甲酰胺

1. 理化性质

CAS：68-12-2	外观与性状：无色液体，或有微弱的腥气味
pH值：6.7	临界温度(℃)：374
熔点/凝固点(℃)：−60.5	临界压力(MPa)：4.48
沸点(℃)：152.8	自燃温度(℃)：440
闪点(℃)：58(闭杯)67(开杯)	分解温度(℃)：>350
爆炸上限[%(V/V)]：16	爆炸下限[%(V/V)]：2.2
饱和蒸气压(kPa)：0.49(25℃)	易燃性：易燃
密度(g/cm^3)：0.948(20℃)	气味阈值(mg/m^3)：300
相对蒸气密度(空气=1)：2.5	n-辛醇/水分配系数：−1.01
溶解性：与水混溶；可混溶于多数有机溶剂	

2. 用途与接触机会

二甲基甲酰胺(N, N-Dimethylformamide, DMF)，既是一种用途极广的化工原料。作为一种优良的溶剂，可用于聚丙烯腈纤维等合成纤维的湿纺丝、聚氨酯的合成；用于塑料制膜；也可作去除油漆的脱漆剂；它还能溶解某些低溶解度的颜料，使颜料带有染料的特点。DMF可用于芳烃抽提以及用于从碳四馏分中分离回收丁二烯和从碳五馏分中分离回收异戊二烯，还可用作从石蜡中分离非烃成分的有效试剂。它对间苯二甲酸和对苯二甲酸的溶解性有良好的选择性：间苯二甲酸在DMF中的溶解度大于对苯二甲酸，在DMF中进行溶剂萃取或部分结晶，可将两者分离。在石油化学工业中，DMF可作为气体吸收剂，用来分离和精制气体。DMF也是一种有机合成的重要中间体。农药工业中可用来生产杀虫脒；医药工业中可用于合成磺胺嘧啶、强力霉素、可的松、维生素B6、碘苷、驱蛲净、噻嘧啶、N-甲酰溶肉瘤素、抗瘤氨酸、甲氧芳芥、卞氮芥、环己亚硝脲、呋氟脲嘧啶、止血环酸、倍分美松、甲地孕酮、胆维他、扑尔敏等。

3. 毒代动力学

3.1 吸收、摄入与贮存

可经呼吸道、皮肤及消化道吸收。MRAZ等发现当机体接触于气态DMF环境下，皮肤吸收量占全部吸收量的13%～36%。主要经肝脏代谢。

3.2 转运与分布

吸收的DMF均匀分布。DMF的代谢主要发生在肝脏，借助微粒体酶系统，由细胞色素加单氧化酶P4502El催化。

3.3 排泄

DMF在体内，一部分首先发生甲基羟基化，生成N-羟甲基-N-甲基甲酰胺(HMMF)，然后HMMF部分脱羟甲基分解成甲基甲酰胺(NMF)和甲醛，NMF还可羟基化后再分解成甲酰胺。另一途径是DMF代谢成HMMF和NMF后，分子上的甲酰基发生氧化，生成一种活性中间产物，可能是异氰酸甲脂，它具有亲电性，一部分可以与血红蛋白结合生成N-甲基氨甲酰血红蛋白加合物(NMHb)，同时还可以和肝、肾等细胞内大分子结合，造成机体损伤，另一部分和谷胱甘肽结合生成S-(N-甲基氨甲酰)谷胱甘肽，然后再转化为N-乙酰基-S-(N-甲基氨基甲酰)半胱氨酸(AMCC)从尿或胆汁中排出体外。另外一部分DMF可以以原形经尿和呼气排出。研究表明HMMF、NMF、AMCC为DMF在体内主要的代谢产物，三者在尿中的含量分别占DMF摄入量的22.3%～60%、3%～4%、9.7%～22.8%。

4. 毒性与中毒机理

健康危害GHS危险性分类为：严重眼损伤/眼

刺激,类别2;生殖毒性,类别1B。

4.1 急性毒作用

大鼠经口 LD_{50}：3 040 mg/kg；兔经皮 LD_{50}：1 500 mg/kg；大鼠吸入 LC_{50}：6 356 mg/(m³·4 h)。小鼠经口 LD_{70}：2 900 mg/kg,经皮MLD：3 000 mg/kg,表现肝脏脂肪变性、急性肾小管坏死等肝肾功能损害。小鼠吸入MLD：4 g/(m³·2 h),出现眼结膜、呼吸道刺激症状,MLD：17 g/(m³·2 h),除刺激症状外,表现嗜睡；小鼠吸入 LC_{50}：9.4 g/(m³·2 h),出现惊厥、呼吸困难、肌无力等表现。小鼠腹膜内注射MLD：2 g/kg,肝细胞坏死、脂肪变性、肝功能受损。小鼠皮下MLD：1 g/kg,表现为嗜睡、呼吸困难。

皮肤和眼睛刺激：兔经眼100 mg冲洗,或100%浓度冲洗,造成严重眼刺激；人经皮100%24 h,仅出现轻度刺激反应。

4.2 慢性毒作用

大鼠经口 TDL_0：5 400 mg/kg,90 d持续喂养,肝脏重量改变,红细胞数和白细胞数降低。在吸入暴露的动物中也报道了肝脏作用。大鼠吸入 TCL_0：500 μg/(m³·24 h),持续吸入60 d,血液中乙酰胆碱酯酶水平降低,影响卟啉包括胆汁色素的代谢。

4.3 远期毒作用

(1) 致突变作用

Ames试验阴性。小鼠腹膜内注射500 μg/(kg·24 h),微核率升高；酿酒酵母25 mg/L出现性染色体丢失和不分离。

(2) 致癌作用

人体研究提示DMF暴露与睾丸癌之间可能存在关联,但进一步的研究未能证实这种关系。动物研究没有报道吸入暴露于DMF引起的肿瘤增加。EPA没有将DMF的致癌性归类。IARC致癌性分类将本品分为组2A。

(3) 发育毒性与致畸性

DMF可以影响雌性动物的生育能力。研究发现：在饮用水中加入DMF,其浓度分别为0、1 000、4 000、7 000 mg/L,结果发现受试浓度大于4 000 mg/L的剂量组,雌鼠的动情周期明显延长,雌鼠的生育力下降,产仔数量减少。DMF对雄性动物生殖功能的影响尚不明确,DMF对精子的发生和成长是否有影响,对睾丸的组织结构是否有破坏,还需要进一步的实验证明。

DMF对不同种系的动物均有胚胎毒性。Hellwig等采用灌胃、吸入、皮肤等多种途径分别对大鼠、小鼠和兔染毒,结果发现各种动物的胚胎均受到影响,表现为胚胎的发育迟缓,体重减轻,骨骼发育畸形,甚至死胎。而且对兔的影响更大。

(4) 过敏性反应

豚鼠敏感性测试阴性。

(5) 内分泌干扰作用

DMF可能对生殖内分泌机能造成影响。张幸等对接触DMF的合成革厂男工进行了调查,研究发现,DMF接触男工的血清睾酮、血清卵泡刺激素的浓度也明显高于对照组,提示DMF对男工生殖内分泌机能有一定的影响。同时还发现DMF接触组男工存在间质细胞功能及黄体生成素,睾酮轴(LH-T轴)异常,这些有可能造成精子的生成异常或损伤精子。

4.4 中毒机理

DMF的中毒机理还不完全清楚。DMF在体内代谢首先是甲基羟基化,生成HMMF,然后HMMF部分脱羟甲基分解为NMF和甲醛,NMF羟基化后分解为甲酰胺。动物实验发现,出现中毒的时间几乎等于DMF染毒后血浆中出现NMF最高浓度时间与单独染毒NMF后出现毒性作用之和,所以推测DMF的毒性是通过NMF进一步表达的。活性中间产物尚不明确,可能是异氰酸甲酯,具有亲电活性,可以与蛋白质、DNA和RNA等细胞大分子的亲核中心共价结合,造成机体肝肾器官损伤或姐妹染色体交换率的改变。

5. 生物监测

DMF的生物标志的分类大致可分为接触标志、效应标志和易感性标志三大类。

5.1 接触标志

根据DMF的体内代谢过程,可以把尿中的HMMF、NMF、AMCC以及原形DMF作为内剂量生物标志,其中尿NMF和AMCC为DMF生物监测的主要接触指标。

(1) NMF：NMF浓度与作业环境空气中DMF的浓度呈线性正相关。1991年ACGIH推荐的职业接触DMF的生物接触限值为班末尿40 mg/g Cr,该值是基于考虑吸入和经皮肤吸收同时存在而制定。1994年ACGIH曾建议将其修订为20 mg/g Cr，2001—2006基于8 h时间加权平均接触浓度，ACGIH推荐DMF的生物接触限值为班末尿NMF 15 mg/L；为了反映DMF职业接触长期蓄积，ACGIH同时推荐周末班末尿AMcC 40 mg/L为DMF的生物接触限制。我国相应标准推荐值为班末尿NMF 35 mmol/mol Cr(18.0 mg/g Cr)。

(2) AMCC：NMF或HMMF生成N-甲基氨基甲酰半胱氨酸(AMCC)过程中的活性中间产物(可能是异氰酸甲酯)，具有亲电性，可以与蛋白质、DNA、RNA等大分子的亲核中心共价结合，造成机体肝肾器官损伤。毒代动力学研究表明，AMCC代谢缓慢且有蓄积作用，其体内的半衰期约为24 h。由于半衰期较长，尿中浓度相对稳定，AMCC常用来反映持续接触的平均水平。

5.2 效应标志

(1) DNA损伤：DMF引起的初级DNA损伤，可采用彗星试验进行生物监测；陈砚朦用彗星实验来监测职业接触DMF工人外周血淋巴细胞DNA的损伤情况，发现随着接触工龄的增加，几个效应指标存在着明显的时间-效应关系。另外染色体畸变(CA)、姐妹染色单体交换(SCE)、微核(MN)形成等反映了DMF对细胞染色体水平的损伤，也可作为职业接触DMF的效应标志。

(2) 肝功能损伤：DMF对肝功能的影响与接触浓度有关，当机体接触高浓度DMF时，吸收较快，短时间迅速进入机体，影响肝细胞线粒体和各种酶类的代谢。

5.3 易感性标志

(1) GSH转移酶Tl基因型：Luo等研究发现接触同样浓度的DMF，与GSH转移酶11阳性基因型相比，T1缺陷基因型的DMF接触工人易引起肝功能异常，调整优势比为4.41，95%的可信区间为1.15～16.9，可见GSH转移酶Tl基因型可作为DMF的易感性标志。

6. 人体健康危害

6.1 急性中毒

DMF中毒主要以急性中毒为主，高浓度吸入或严重皮肤污染，可以起急性中毒，可造成严重眼刺激。发病潜伏期依接触量和接触时间长短而定，一般为6～12 h，以神经、消化道及皮肤改变为主要表现，其中消化系统主要为恶心、呕吐、腹痛、食欲不振、便秘等症状，腹痛症状最为突出。部分患者出现肝脏损害症状。神经系统表现头痛、头晕、失眠、多梦；心血管系统表现为心动过缓、传导阻滞、T波等改变；泌尿系统表现为血尿、蛋白尿、尿中白细胞等改变；皮肤可发生接触性皮炎。因此，DMF是以消化系统为主要靶器官，损害多个脏器的毒物。本品溅入眼内可引起角膜损伤。人类急性暴露的症状包括腹痛，恶心，呕吐，黄疸，酒精不耐受和皮疹。

6.2 慢性中毒

可能对生育能力或胎儿造成伤害。长期接触低浓度DMF蒸气可有皮肤、黏膜刺激症状，以及头痛、头晕、睡眠障碍、记忆力减退、胃痛、便秘、肝大、黄疸、肝功能障碍、尿中尿胆原和尿胆素增高，尿蛋白阳性。通过吸入慢性职业性接触DMF已经导致对工作人员肝脏和消化道紊乱的影响。

7. 风险评估

我国职业接触限值规定，DMFPC-TWA为20 mg/m^3。

美国OSHA规定：PEL-TWA为30 mg/m^3。NIOSH建议推荐暴露限值：经皮10 h REL-TWA为30 mg/m^3；IDLH为1 500 mg/m^3。

二甲基乙酰胺

1. 理化性质

CAS：127-19-5	外观与性状：无色透明液体
熔点/凝固点(℃)：−20	沸点(℃)：164～166
临界温度(℃)：364	临界压力(MPa)：3.0
自燃温度(℃)：490	闪点(℃)：70(开杯)
易燃性：可燃	爆炸下限[%(V/V)]：2.0
爆炸上限[%(V/V)]：11.5	气味阈值(mg/m^3)：163.8
饱和蒸气压(kPa)：0.33(20℃)	n-辛醇/水分配系数：−0.77
密度(g/cm^3)：0.937	相对蒸气密度(空气=1)：3.01

（续表）

相对密度(水＝1)：0.937(25/4℃)	溶解性：能与水、醇、醚、酯、苯、三氯甲烷和芳香化合物等有机溶剂任意混合

2. 用途与接触机会

二甲基乙酰胺(N,N-Dimethylacetamide, DMAC)作为重要的溶剂，广泛应用于石油加工和有机合成工业。主要用作：耐热纤维、塑料薄膜、涂料、医药、催化剂和丙烯腈纺丝的助剂；医药和农药工业原料(作为反应溶剂)，用来合成抗菌素和农药杀虫剂；从C8馏分分离苯乙烯的萃取蒸馏溶剂；石油化工中的催化剂，用来加速环化、卤化、氰化、烷基化和脱氢等反应。

3. 毒代动力学

3.1 吸收，摄入与贮存

DMAC可经呼吸道、皮肤及消化道吸收，经皮肤吸收可达到40%。在体内主要经肝脏代谢。

3.2 转运与分布、排泄

DMAC是经过肝脏P450代谢的，通过脱甲基完成的，首先是甲基的羟基化，生成N-羟基-N-甲基-乙酰胺[N(hydroxymethyl)-N-methylacetamide]，部分地脱羟甲基分解成N-甲基乙酰胺(NMA)，NMA还可羟基化然后再分解成乙酰胺(acetamide)。NMA是二甲基乙酰胺在体内的主要代谢产物。还有部分DMA未转化仍以原形从尿中排出。

3.3 转运模式(图26-2)

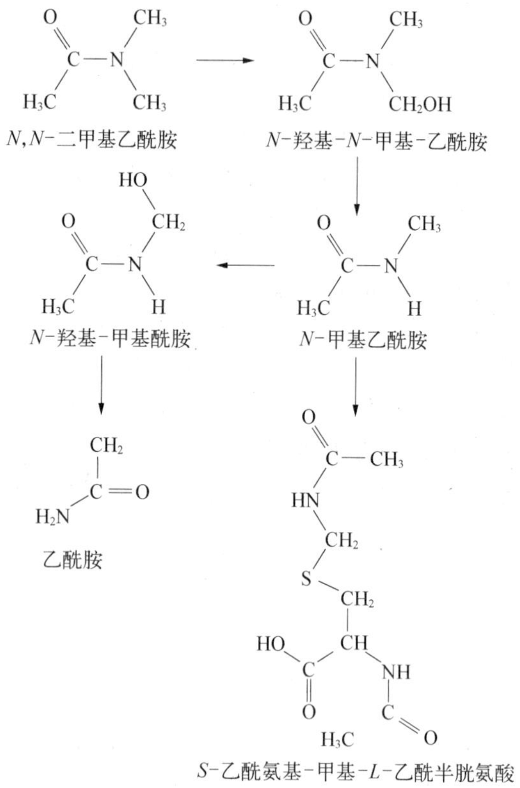

N,N-二甲基乙酰胺在体内可能的代谢途径

图26-2 DMAC代谢图

4. 毒性与中毒机理

4.1 急性毒作用

大鼠经口LD_{50}为4 300 mg/kg，小鼠经口LD_{50}为4 620 mg/kg；兔经皮LD_{50}为2 240 mg/kg，大鼠经皮LD_{50}为＞2 mg/kg，小鼠经皮LD_{50}为9 600 mg/kg；大鼠吸入LC_{50}为9 626 mg/(m^3·1 h)。

实验动物急性中毒表现为：活动减少，四肢无力，侧卧，呼吸急促，严重时出现四肢震颤抽动。尸检可见肺明显淤血和灶性出血、肝细胞浊肿变性和大块坏死。吸入中毒动物有明显刺激症状。

皮肤和眼刺激性：兔经眼100 mg，造成轻度眼刺激；兔经皮10 mg/24 h开放式试验，造成轻度皮肤刺激。

4.2 慢性毒作用

DMAC慢性毒作用可引起大小鼠体重减轻，视网膜萎缩，脑电波改变，肺、胃、肝、肾等损伤。一项慢性研究发现，每天6 h吸入0、85、340、1 190 mg/m^3的DMAC，每周5 d，小鼠暴露18个月，大鼠暴露2年后，发现肝脏点状囊状恶化、肝脏紫癜、胆汁性的增生以及脂褐质、血铁质聚积。

4.3 远期毒作用

(1) 致突变作用

DMAC致突变的研究较少，致突变作用较弱。小鼠4 000 mg/kg，检测到DNA抑制，仓鼠卵巢10 g/L发生姐妹染色单体交换。

(2) 致癌作用

动物实验和人类流行病学调查研究都没有发现DMAC致癌的证据。

(3) 发育毒性与致畸性

DMAC的发育毒性主要表现在低剂量可引起

胚胎吸收、肝增重、细胞萎缩；高剂量组孕鼠体重下降，可导致畸胎或死胎。DMAC 对机体的生殖毒性研究较少，Kennedy 和 Shermant 进行 DMAC 多途径染毒啮齿类动物，研究发现，大鼠 90 d 喂饲 DMAC 后产生可逆性的体重变化、肝脏损伤和双侧睾丸的改变，表明 DMAC 存在生殖毒性。大鼠经口 TDL_0：5 600 mg/kg。

（4）过敏性反应

皮肤接触本品可能造成过敏反应，吸入本品可能导致过敏或哮喘病症状或呼吸困难。

5. 生物监测

5.1　接触标志

（1）尿 NMAC：职业接触 DMAC 的工人尿中代谢产物有甲基乙酰胺（N-methylacetamide，NMAC）、乙酰胺（acetamide，AC）、N-乙基醇酰胺、S-甲基乙酰胺-硫醇尿酸（S—acetamidomethyl-mercapturic acid，AMMA）及 DMAC 的原形物。研究发现，职业接触 DMAC 的工人尿中 NMAC 浓度最高，占 60%～70%，N-乙基醇酰胺占 7%～10%；AC 浓度较低，占 2%～5%；DMAC 浓度最低。在这些代谢物中以 NMAC 与空气中 DMAC 浓度的相关性最高，但是没发现与健康影响的相关性，工作场所空气中的 DMAC 通常经皮肤和呼吸道进入人体内，尿中代谢产物 NMAC 的半减期 9～16 h。为此美国 ACGIH、德国德意志研究联合会（DFG）将尿中 NMAC 作为职业接触 DMAC 生物监测指标，美国 ACGIH-BEI 为工作周末班末尿 NMAC 30 mg/g Cr，该值是基于 8 h PC-TWA，即现行的阈限值（TLV）35 mg/m^3 而制。

（2）尿 AMMA：对丙烯酸纤维生产工人的研究中发现，高浓度 DMA 接触后尿样中出现的一种新的代谢物，S-乙酰氨基-甲基-L-乙酰半胱氨酸[S(-acetamidomethyl) mercapturic acid，AMMA]，也可以作为接触 DMA 的生物标志，PRINCIVALLE 的研究对 NMA 和 AMMA 做了比较，结果发现其在体内的半衰期分别为 9 h 和 29 h，提示 NMA 更适用于作为班末尿中 DMA 接触的生物标志，AMMA 可作为周末尿中监测的生物标志。

5.2　效应标志

肝功能实验：DMAC 对肝脏的损伤主要表现为胆汁淤积型和肝细胞型。特别是在急性暴露，天冬氨酸转氨酶（AST），丙氨酸转氨酶（ALT）和谷氨酰转肽酶（GGTP），胆红素往往增高。

6. 人体健康危害

6.1　急性中毒

吸入及皮肤接触有害。急性暴露于 DMAC，可出现皮肤眼刺激症状、肝功能损伤、肝脏肿大，以及抑郁，嗜睡，幻觉，妄想等中枢神经系统症状。

皮肤接触本品可能造成过敏反应，吸入本品可能导致过敏或哮喘病症状或呼吸困难。

6.2　慢性中毒

DMAC 代谢产生 NMAC，具有蓄积作用。长时间吸入高浓度的 DMAC，可出现神经衰弱综合征、上呼吸道黏膜刺激症状及不同程度肝脏损害。接触 DMAC 7～10 年的 9/10 名工人和接触 DMAC2～7 年的 10/20 名工人中，溴磺基酞的保留率增加。在暴露的个体中出现蛋白血症，胆固醇血症，血清中肝转氨酶和碱性磷酸酶的活性以及胆红素血症，14 名工人被诊断为肝脏肿大。也可能对生育能力或胎儿造成伤害。

7. 风险评估

我国职业接触限值规定：二甲基乙酰胺 PC-TWA 为 20 mg/m^3。

美国 ACGIH 制定了 DMAC 空气中接触限值 TLV-TWA：35 mg/m^3（皮），美国 OSHA 规定：PEL-TWA：35 mg/m^3（皮），德国 MAK（DE）：35 mg/m^3。欧盟 OEL（EU）：36 mg/m^3，（8 h 皮）；STEL：72 mg/m^3，15 min，日本：36 mg/m^3（皮）。

丙 烯 酰 胺

1. 理化性质

CAS：79-06-1	外观与性状：白色结晶固体，无气味
pH 值：5.0～7.0（50 g/L，H_2O，20℃）	沸点（℃）：125（3.32 kPa）
熔点/凝固点（℃）：82～86	自燃温度（℃）：424
临界温度（℃）：300	饱和蒸气压（kPa）：0.9（25℃）
闪点（℃）：138（闭杯）	相对蒸气密度（空气=1）：2.45

（续表）

密度(g/cm^3)：1.12(30/4℃)	溶解性：溶于水、乙醇、乙醚、丙酮；不溶于苯
n-辛醇/水分配系数：−0.67	

2. 用途与接触机会

2.1 生活接触

吸烟及高碳水化合物、低蛋白质的植物性食物在加热(120℃以上)烹调过程中可以形成丙烯酰胺(ACR)，油炸食品中丙烯酰胺含量最高可达1 000 μg/kg以上，炸透薯片中的含量高达12 800 μg/kg。2012年8月，美国《国家癌症研究杂志》报道，炸薯条等油炸淀粉类食物会产生一种称为丙烯酰胺的成分，可能会致癌。瑞典科学家也证实，炸薯条、炸洋芋片等高温油炸或烘烤的淀粉类食物，含有大量丙烯酰胺，会增加多种癌症发病的风险。

2.2 职业接触

丙烯酰胺有晶体和水溶液两种形态，工业生产中主要使用丙烯酰胺水溶液。在污水处理、石油开采、造纸、纺织、印染等行业及生产聚丙烯酰胺、合成丙烯酰胺、N，N-亚甲基双丙烯酰胺、N-羟甲基丙烯酰胺等工艺过程中均可能发生中毒。

3. 毒代动力学

3.1 吸收、摄入与贮存

由于丙烯酰胺水溶性强，其单体可经皮肤、呼吸道与消化道吸收，经皮吸收量可为消化道的200倍左右。

3.2 转运与分布

吸收后很快分布全身，而以血液中浓度最高。它可以通过血脑屏障与胎盘屏障。丙烯酰胺在血液中以两种形式存在，一为游离性，另为蛋白结合型，后者与血红蛋白及器官中的蛋白质的巯基结合，转而分布与神经组织和肌肉、皮肤、肝肾、肺等多个器官。其中神经组织中丙烯酰胺含量不足摄入量的1%。但存留时间超过14 d。

3.3 排泄

丙烯酰胺进入机体后转化为环氧化物，在谷胱甘肽转移酶的催化作用下，代谢产生巯基尿酸-乙酰丙酰胺半胱氨酸从尿中排出。丙烯酰胺主要通过尿排出，24 h内排出摄入量的2/3，24 h内排出摄入量的3/4，其中90%为代谢物的形式。此外有6%以上以CO_2形式从呼吸道排出。粪排出量少。本品在体内有一定的蓄积作用。

4. 毒性与中毒机理

健康危害GHS危险性分类为：急性毒性—经口，类别3；皮肤腐蚀/刺激，类别2；严重眼损伤/眼刺激，类别2；皮肤致敏物，类别1；生殖细胞致突变性，类别1B；致癌性，类别1B；生殖毒性，类别2；特异性靶器官毒性—反复接触，类别1。

4.1 急性毒作用

大鼠经口LD_{50}：124 mg/kg；小鼠经口LD_{50}：107 mg/kg；大鼠经皮LD_{50}：400 mg/kg；大鼠吸入LC_{50}：>18 mg/(m^3·6 h)。兔经皮LD_{50}：1 680 μl/kg。

皮肤和眼睛刺激作用：兔经眼，100 mg/24 h，造成中度眼刺激；兔经眼10%，造成轻度眼刺激；兔经眼10 mg/30 s冲洗，造成轻度眼刺激；兔经皮：500 mg/24 h，造成轻度皮肤刺激；兔经皮50 mg/3 d，造成轻度皮肤刺激。

4.2 慢性毒作用

用15或30 mg/(kg·d)的丙烯酰胺处理10天的猫，现出坐骨神经、脊髓、脑和骨骼肌的神经元特异性烯醇酶和甘油醛3-磷酸脱氢酶活性降低。

大鼠腹腔注射本品，剂量为7.5，15和20 mg/kg，连续3 w，高剂量组在Acr暴露3 w后观察4 w，建立损伤周围神经的动物模型。Western blot法检测大鼠坐骨神经在暴露和恢复期结束时MAG、p75NTR、NGF和NCAM的蛋白水平。(1) ACR组大鼠出现周围神经损伤症状，4 w后开始恢复，雌性组异常症状较雄鼠重，特别是高剂量组。(2) 与对照组相比，中剂量组和高剂量组MAg水平下降($p<0.05$)，高剂量组p75NTR水平升高($p<0.05$)，对照组和雄性大鼠组NGF水平无明显变化，与雄性对照组相比，高剂量组NCAM水平升高($P<0.05$)。(3) 与对照组相比，高剂量组血浆MAg水平下降($p<0.05$)，而恢复期则略有升高。研究显示这些功能蛋白的变化可能反映了大鼠外周神经损伤的状态，大鼠血浆中MAg的下调可能与坐骨神经的下调

有关。

4.3 远期毒作用

（1）致突变作用

体内体外实验中，丙烯酰胺能诱导体内啮齿动物体细胞的染色体畸变。研究表明丙烯酰胺单体既能诱导染色体结构畸变，又能诱导非整倍体形成。同时丙烯酰胺致畸作用有剂量反应关系，高浓度诱发大量非整倍体形成及结构变异，低浓度无诱发CHL细胞染色体畸变的作用。

（2）致癌作用

丙烯酰胺对大鼠具有致癌性。在口服丙烯酰胺的大鼠中，已观察到多个部位的肿瘤发生率显着增加，包括雌性大鼠的乳房肿瘤，中枢神经系统肿瘤，甲状腺滤泡肿瘤和子宫腺癌以及男性中的甲状腺滤泡肿瘤和阴囊间皮瘤。在不同剂量的试验中，环氧丙烯酰胺比丙烯酰胺具有更强的致突变性，人和鼠的试验中都表明，丙烯酰胺的致突变性主要是由于其环氧代谢产物环氧丙烯酰胺形成DNA加合物。目前对人的研究仍无有效证据表明丙烯酰胺可以对人致癌的资料。

EPA将丙烯酰胺归类为B2组，可能是人类致癌物。IARC致癌性分类为组2A，可能对人类致癌。NTP：合理预期是人类致癌物。

（3）发育毒性与致畸性

在口服丙烯酰胺的小鼠中，报道了精子数量减少。没有关于丙烯酰胺对人类的生殖或发育影响的信息。

（4）过敏性反应

豚鼠最大反应试验，可能引起皮肤过敏性反应。

4.4 中毒机理

丙烯酰胺是一种中等毒性的亲神经毒物，但丙烯酰胺导致周围神经和中枢神经系统损伤的机制还不十分清楚。

（1）细胞骨架蛋白的异常改变：细胞骨架在轴浆运输中发挥重要作用，NFs与微管（microtuble，MT）、微丝（microfilament，MF）共同构成神经元的细胞骨架。ACR中毒时神经细胞内钙离子浓度升高，激活的中性半胱氨酸水解酶，加速NFs的降解，轴突出现变性坏死，导致运动神经元功能丧失。另外ACR可能破坏微管结合蛋白2（MAP2）和Tau蛋白的正常生理功能，使MT的组装发生异常，从而使正常的轴突运输受到影响。

（2）氧化应激：Hossein等研究表明，ACR染毒（50 mg/kg，连续11 d）后大鼠大脑皮层和小脑中GSH水平降低，MDA水平升高，提示氧化应激可能是ACR神经毒性的重要发生机制。

（3）ACR形成加合物导致末端轴突病变：研究发现，ACR通过与细胞蛋白上特定半胱氨酸残基形成加合物来破坏突触前神经递质释放、膜再摄取、囊泡储存，如N-乙基马来酰亚胺NEM敏感因子释放、多巴胺膜转运蛋白再摄取、囊泡单胺转运蛋白囊泡储存。另外ACR通过与NO受体中的巯基硫醇基团形成不可逆的加合物影响NO的正常信号通路，使神经递质的传递发生异常。

（4）神经递质的异常改变：谷氨酸（GLU）是大脑重要的兴奋性神经递质。用ACR（30 mg/kg，连续21 d）诱导的大鼠实验，发现大脑皮层与小脑内的GLU的含量降低。可见兴奋性神经递质GLU的异常改变与ACR神经毒性密切相关。

5. 生物监测

ACR目前还没有明确的生物检测指标。WHO建议尿中乙酰半胱氨酸-S-丙酰胺（APC）可作为ACR接触的生物检测指标。APC是ACR与GSH结合的特异性代谢终产物，它们能反映这些化合物的原型、中间产物以及它们与GSH结合的机制和在生物体内的代谢状况。由于巯基尿酸生物半衰期较短（一般为数小时），排出较迅速，因此能够反映一些亲电子化合物的近期接触情况。

6. 人体健康危害

6.1 急性中毒

吞咽会中毒。皮肤接触或吸入有害。造成皮肤刺激和严重眼刺激。可能造成皮肤过敏反应。

短期接触大量丙烯酰胺可以发生中毒性脑病，表现为不同程度的意识障碍、精神症状及小脑共济失调。经1个月后随脑病逐渐好转而出现感觉运动型周围神经病变。

6.2 慢性中毒

可能造成遗传性缺陷。可能致癌。怀疑对生育能力或胎儿造成伤害。长期吞咽或反复接触会对外围神经系统造成损害。

低浓度接触数月数年后，渐出现头痛头晕疲劳，嗜睡，手指刺痛，麻木感，常伴有两手掌发红，脱屑，手掌足心多汗。进一步出现四肢无力，肌肉疼痛。步态蹒跚，易前倾倒，神经系统检查，可见深反射减弱或消失，音叉震动觉和位置觉减退，闭目难立试验阳性等。神经肌电图检查表现与亚急性中毒相似；脑电图可轻度异常。

7. 风险评估

我国职业接触限值规定：PC－TWA为0.3 mg/m^3。

美国OSHA规定：PEL－TWA为0.03 mg/m^3（皮肤）；NIOSH推荐暴露限值：10 h REL－TWA为0.03 mg/m^3（皮肤），NIOSH认为丙烯酰胺是潜在的职业性致癌物。NIOSH通常建议将致癌物的职业暴露限制在最低可行浓度。IDLH：600.03 mg/m^3。

作业场所MAC：日本、瑞士均为0.3 mg/m^3，俄罗斯为0.2 mg/m^3。

STEL：瑞典为0.9 mg/m^3，英国为0.6 mg/m^3。

丙烯酰胺的衍生物

常见的丙烯酰胺衍生物有甲基丙烯酰胺、N，N－二甲基丙烯酰胺、N－异丙基丙烯酰胺、N－羟甲基丙烯酰胺、N－特丁基丙烯酰胺、N－特辛基丙烯酰胺等。理化特性见下表。

名　称	分 子 式	分子量	熔点(℃)	蒸气压(kPa)	水中溶解度
甲基丙烯酰胺	$CH_3═C(CH_3CONH_2)$	85	110		无限
N，N－二甲基丙烯酰胺	$CH_2═CHCON(CH_3)_2$	90	<20	0.27(46℃)	可溶
N－异丙基丙烯酰胺	$CH_2═CHCONHCH(OH_3)_2$	113	60	0.27(83℃)	可溶
N－特丁基丙烯酰胺	$CH_2═CHCONHC(CH_3)_3$	127	128		100 ml溶0.7 g

各毒性分别为：

甲基丙烯酰胺：给猫腹腔注射10%水溶液，从30 mg/(kg·d)开始到120 mg/(kg·d)，都没有产生任何神经系统症状。大约3 w内累积剂量达900 mg/kg，长期观察，未发现任何神经中毒症状或其他作用。用1 g潮湿固体涂于12cm^{2}的兔皮上，4 h仅引起轻微的刺激作用。

N，N－二甲基丙烯酰胺：给猫10%水溶液，35 mg/(kg·d)腹腔注射10 d，出现体重降低。但未见神经系统症状。剂量增加到70 mg/(kg·d)，总累积剂量到达540 mg/kg时，可见行走困难、震颤、小腿轻微痉挛，但典型丙烯酰胺综合征从未出现过。大鼠经口LD_{50}200见行走困难、震颤、，症状有无力、口眼周围有分泌物，并见抽搐。本品很易通过豚鼠的皮肤吸收，当剂量小于0.5 ml/kg时即引起死亡。对豚鼠皮肤无致敏作用。

N－异丙基丙烯酰胺：猫腹腔注射18 d，总累积剂量达840 mg/kg，出现后肢瘫痪，头震颤。停止注射，5 w内完全恢复。大鼠经口LD_{50}约为350 mg/kg。粗制溶液对皮肤有刺激。不容易通过皮肤吸收。其聚合物是惰性的。

羟甲基丙烯酰胺：给大鼠大剂量反复喂饲，可出现类似上述的神经系统症状。

N－特丁基丙烯酰胺、N－特辛基丙烯酰胺在临床和实验室中均未见神经系统损害。

N－苯乙酰胺

1. 理化性质

CAS：103－84－4	外观与性状：白色结晶粉末
pH值：5～7	熔点/凝固点(℃)：113～115
沸点(℃)：304	自燃温度(℃)：546
闪点(℃)：169(开杯)	饱和蒸气压(kPa)：1.6×10^{-4}(25℃)
密度(g/cm^3)：1.219(15℃)	相对蒸气密度(空气=1)：4.65
n－辛醇/水分配系数：1.16	溶解性：微溶于水；极易溶于乙醇和丙酮；溶于乙醚

2. 用途与接触机会

N－苯乙酰胺是磺胺类药物的原料，也曾用作止痛剂、退热剂和防腐剂。用来制造染料中间体对硝基乙酰苯胺、对硝基苯胺和对苯二胺。乙酰苯胺也用于制硫代乙酰胺。在工业上可作橡胶硫化促进剂、纤维脂涂料的稳定剂、过氧化氢的稳定剂,以及用于合成樟脑等。

3. 毒代动力学

本品经呼吸道和消化道进入体内。在体内被肝微粒体酶氧化为N-乙酰基对氨基酚,后者以硫酸酯和葡萄糖酸酯形式从尿中排出。在体内少量能脱乙酰基变成氨基酚和苯胺。

4. 毒性与中毒机理

健康危害 GHS 危险性分类为:皮肤腐蚀/刺激,类别 2;严重眼损伤/眼刺激,类别 2。

4.1 急性毒作用

大鼠经口 LD_{50}:800 mg/kg,大鼠腹膜内注射 LD_{50}:540 mg/kg,小鼠经口 LD_{50}:1 210 mg/kg

狗单次给药 200 mg/kg 时,乙酰苯胺氧化血红蛋白为高铁血红蛋白。人口服 400 mg/kg,可出现昏睡、呼吸道刺激症状及发绀,高铁血红蛋白血症,急性肾小管坏死;人口服 560 mg/kg,出现体温下降、幻觉。

4.2 远期毒作用

致突变作用　小鼠腹膜内注射 50 mg/kg,微核率实验阳性。

4.3 中毒机理

高剂量N-苯乙酰胺可以起高铁血红蛋白血症,可能与在体内少量能脱乙酰基变成氨基酚和苯胺有关。

5. 人体健康危害

吞咽本品有害。本品吸入对上呼吸道有刺激性。高剂量摄入可引起高铁血红蛋白血症和骨髓增生。反复接触可发生高铁血红蛋白性发绀。对皮肤有刺激性,可致皮炎。能抑制中枢神经系统和心血管系统,大量接触会引起头昏和面色苍白等症。

己内酰胺

1. 理化性质

CAS: 105-60-2	外观与性状:白色粉末或结晶体
pH值:7.0~8.5	熔点/凝固点(℃):68~71
沸点(℃):270	自燃温度(℃):375
闪点(℃):125(开杯)	爆炸下限[%(V/V)]:1.4
爆炸上限[%(V/V)]:8	密度(g/cm^3):1.01(75℃/4℃)
饱和蒸气压(Pa):0.26(25℃)	n-辛醇/水分配系数:−0.19
相对密度(水=1):1.02	溶解性:溶于水、氯化溶剂、石油烃、环己烯、苯、甲醇、乙醇、乙醚

2. 用途与接触机会

己内酰胺是重要的有机化工原料之一,主要用途是通过聚合生成聚酰胺切片(通常叫尼龙-6切片,或锦纶-6切片),可进一步加工成锦纶纤维、工程塑料、塑料薄膜

3. 毒代动力学

己内酰胺可经呼吸道、皮肤、消化道吸收。在不同动物体内的分解代谢不同,在大鼠体内分解不完全,部分水解为氨基己酸,由尿中排出体外。无明显的蓄积作用。

4. 毒性与中毒机理

4.1 急性毒作用

兔经皮 LD_{50}:1 410 μl/kg;大鼠经口 LD_{50}:1 210 mg/kg,大鼠经皮 LD_{50}:>2 mg/kg,小鼠腹膜内注射 LD_{50}:650 mg/kg,小鼠吸入 LC_{50}:450 mg/m^3;小鼠经口 LD_{50}:930 mg/kg,大鼠腹膜内注射 LD_{50}:800 mg/kg,大鼠吸入 LC_{50}:300 mg/(m^3·2 h),表现为体温下降、呼吸困难、惊厥或癫痫样改变等。人类吸入浓度 505 mg/m^3 的己内酰胺,出现呼吸道刺激症状。

皮肤和眼刺激作用:兔经眼接触 20 mg/24 h,造成中度眼刺激;兔经皮接触 500 mg/24 h,造成轻度皮肤刺激。

4.2 慢性毒作用

大鼠经口 TDL_0:6 750 mg/kg,2 w 后体重减轻;大鼠经口 500 mg/kg,6 月体重、血象有变化,大脑有病理损害;大鼠吸入 TCL_0:243 mg/(m^3·

6 h)，13 w，造成呼吸困难；人吸入 61 mg/m^3 以下，上呼吸道炎症和胃有灼热感等；人吸入 17.5 mg/m^3 神衰症候群和皮肤损害；人吸入 10 mg/m^3 以下，3～10 年，有神衰症候群发生；

4.3 远期毒作用

(1) 致突变作用

己内酰胺可以诱导果蝇体细胞突变、酵母点突变、人培养细胞染色体畸变，酵母基因转化试验和体外培养哺乳动物细胞形态转化试验均获得边缘阳性结果，但不能使伤寒沙门氏菌发生突变。

(2) 致癌作用

在最大耐受剂量下，在其饮食中暴露于己内酰胺的大鼠和小鼠中没有报道肿瘤发病率的显着增加。目前也没有关于己内酰胺致癌性的流行病学数据，IARC 致癌性分为组 4，可能不会对人类致癌。

(3) 发育毒性与致畸性

据报道，接触己内酰胺蒸气/粉尘的女性工作人员的出现卵巢—月经功能和状况改变。在大鼠和小鼠的饮食中暴露于己内酰胺的小鼠和通过管饲法暴露的兔子中观察到胎儿体重下降。在吸入暴露后，在大鼠中观察到对精子生成的不利影响。

4.4 中毒机理

己内酰胺主要经呼吸系统和皮肤吸收，对眼、皮肤、呼吸道具有原发刺激作用。其神经毒性可能是由于己内酰胺对 γ-氨基丁酸中间代谢途径的抑制，使 γ-氨基丁酸合成减少，从而表现为兴奋、躁狂及癫痫样抽搐等症状。

5. 人体健康危害

5.1 急性中毒

吞咽或吸入有害。皮肤接触可能有害。造成皮肤刺激和严重眼刺激。可能造成呼吸道刺激。

急性接触己内酰胺可以导致人体眼睛、咽喉和皮肤发炎和灼伤，甚至出现肌肉痉挛、全身强直。有报道 10 例因在搬运己内酰胺结晶时未戴防护用具发生中毒，四肢皮肤接触时间达 2～5 h，接触 7～10 h后发病，接触部位皮肤光滑、干燥、角质层 增厚，并于接触毒物后第四天出现皮肤脱皮。全身表现有头晕、头痛、恶心、呕吐、周身麻木、无力等症状，其中神志朦胧 2 例，神志不清 1 例；小便失禁，四肢癫痫样抽搐，呈躁狂状态各 1 例；发热 4 例(体温 37.8～38.7℃)，白细胞升高 4 例；血压、呼吸、脉搏及心肺、神经系统检查均正常。

5.2 慢性中毒

长期接触低浓度的己内酰胺可出现神经衰弱症候群，如头痛、头晕、记忆力减退、失眠、乏力等，眼、皮肤及呼吸道黏膜刺激症状。少数患者出现支气管炎、支气管哮喘表现，也有报道女工月经异常、先兆流产、子痫发病率较高。

6. 风险评估

我国职业接触限值规定：己内酰胺 PC - TWA 为 5 mg/m^3。

美国 NIOSH 规定：10 h REL - TWA 为 1 mg/m^3(粉尘)；ACGIH 规定：TLV - STEL：3 mg/m^3(粉尘)。

氟 乙 酰 胺

1. 理化性质

CAS：640 - 19 - 7	外观与性状：晶体
熔点/凝固点(℃)：106～109	沸点(℃)：升华
闪点(℃)：110.4	饱和蒸气压(kPa)：1.76×10^{-3}(25℃)
密度(g/cm^3)：1.136	n-辛醇/水分配系数：−1.05
溶解性：自由溶于水；溶于丙酮；微溶于氯仿	

2. 用途与接触机会

氟乙酰胺是剧毒农药，用于防治棉花、大豆、高粱、小麦、苹果等蚜虫，柑桔介壳虫及森林螨类等，也作为杀鼠剂，可在生产、销售、使用接触中毒。

我国从 1982 年 6 月 5 日起禁止使用含氟乙酰胺的农药和杀鼠剂，并停止其登记。我国早在 1976 年就已明令停止生产，1982 年，农牧渔业部，卫生部颁发的《农药安全使用规定》中明文规定：不许把氟乙酰胺做为灭鼠药销售和使用。但至今仍有少量本品散布于社会造成中毒事故，均系误服本品或食用本品毒死的禽畜所致。

3. 毒代动力学

3.1 吸收、摄入与贮存

氟乙酰胺可经皮肤和消化道吸收。其代谢、排泄缓慢，故可造成蓄积中毒。

3.2 转运与分布

肝、肾、脑中分布较均匀，骨骼中氟含量为正常的3倍。

4. 毒性与中毒机理

本品为2015版《危险化学品目录》中所列剧毒品。健康危害GHS危险性分类为：急性毒性—经口，类别2；急性毒性—经皮，类别3。

4.1 急性毒作用

大鼠经口 LD_{50}：5 750 μg/kg；小鼠经口 LD_{50}：25 mg/kg 大鼠经皮 LD_{50}：80 mg/kg，小鼠经皮 LD_{50}：34 mg/kg；小鼠吸入 LC_{50}：550 mg/m^3；兔静脉注射 LD_{50}：250 μg/kg，猴5 mg/kg，大鼠腹膜内注射 LD_{50}：12 mg/kg，小鼠腹膜内注射 LD_{50}：85 mg/kg。人经口MLD2 mg/kg，表现为恶心、呕吐、惊厥、昏迷、心率变化等。

4.2 远期毒作用

发育毒性与致畸性实验发现：大鼠腹膜内注射4 mg/kg，精子形态改变。大鼠口服90 mg/kg(30D雄性)，父系影响：睾丸、附睾、输精管。

4.3 中毒机理

氟乙酰胺进入机体后经脱氨形成氟乙酸，干扰正常的三羧酸循环。氟乙酸在体内经过活化，生产氟化乙酰辅酶A，然后在缩合酶的作用下，与草酰乙酸缩合，生成与柠檬酸结构相似的氟柠檬酸。氟柠檬酸有抑制乌头酶的作用，使柠檬酸向异柠檬酸转化，从而使草酰琥珀酸途径中断，三羧酸循环受阻，导致ATP合成障碍和柠檬酸在体内聚集。氟柠檬酸在体内的蓄积，可直接刺激中枢神经系统。氟乙酰胺中毒还可以引起复杂的糖代谢异常。

5. 生物监测

5.1 接触标志

氟乙酰胺中毒目前无特异性实验室诊断指标。

(1) 氟乙酰胺：由于氟乙酰胺代谢、排泄缓慢，在血液中成蓄积，因此检测血氟乙酰胺有助于判断。呕吐物或洗胃液中氟乙酰胺检测也有助于诊断。

(2) 血氟、尿氟：氟乙酰胺中毒血氟、尿氟明显增高。

5.2 效应标志

氟乙酰胺中毒可以导致血钙、血糖降低、血酮体增高、血清LDH升高，伴肝功能损伤时，ALT/AST升高，肾脏损伤时可出现血清尿素氮和肌酐升高，因此可作为效应指标，但是这些指标没有特异性。

6. 人体健康危害

氟乙酰胺属于剧毒类，吞咽本品会致命，皮肤接触本品会中毒，其中毒主要是急性中毒。潜伏期与中毒原因、吸收途径及摄入量有关，一般10～15 h，经胃肠道吸收者，一般0.6～12 h。按症状分为神经型、心脏型。

(1) 以神经系统症状为主的，成为神经型，早期表现为头痛、头晕、乏力、四肢麻木、易激动等，随病情发展出现烦躁不安、肌肉震颤和肢体阵发性抽搐，重者出现昏迷、大小便失禁。抽搐是氟乙酰胺中毒最突出的临床表现，来势凶猛反复发作，进行性加重，常导致呼吸衰竭而死亡。

(2) 心脏型者，早期心悸、心动过速，严重出现心律紊乱、心脏损害，重者心脏骤停。

(3) 本品对胃肠道有一定刺激作用，口服可出现消化道刺激症状，恶心、呕吐、上腹痛及烧灼感，腹泻，转氨酶升高。

N-异丙基-N-苯基-氯乙酰胺

1. 理化性质

CAS：1918-16-7	外观与性状：淡黄褐色固体
熔点/凝固点(℃)：67～76	闪点(℃)：100
饱和蒸气压(Pa)：4(110℃)	自燃温度(℃)：316
密度(g/cm^3)：1.242	*n*-辛醇/水分配系数：2.18
溶解性：微溶于水；易溶于苯、丙酮、乙醇、甲苯、四氯化碳	

2. 用途与接触机会

又名毒草胺,常用作选择性芽前除草剂,是一种高效、低毒的旱田、水田除草剂。

3. 毒代动力学

3.1 吸收、摄入与贮存

毒草胺可通过呼吸道、消化道以及通过皮肤吸收。

3.2 转运与分布

吸收后迅速进入血液和器官,在1 h内达到其最高血液浓度。毒草胺最初是通过巯基酸途径代谢的;该分子与谷胱甘肽结合,在胆汁中与半胱氨酸甘氨酸、半胱氨酸和N-乙酰半胱氨酸-巯基酸一起排泄。胆汁巯基酸代谢产物经肠道微生物碳-硫裂解酶活性解除,可被再吸收。再吸收的代谢物随后被葡萄糖醛酸化并在尿液或胆汁中消除。胆汁中清除的葡萄糖醛酸可进一步进行肠肝循环。这些新化合物必须再次转化成极性产物才能被排泄。

3.3 排泄

毒草胺主要通过尿液(68%)和粪(19%)排出体外。当大鼠给予14C标记的毒草胺时,在第一个24 h内56%~64%的剂量在尿中排出,在24~48 h内在5.7%~7.0%中排出。在粪便中,分别在0~24 h和24~48 h排出8%~13%和2.2%~7.7% 0.4%以二氧化碳排出。在48 h内总共消除了80%~97%。无蓄积性。

4. 毒性

健康危害GHS危险性分类为:严重眼损伤/眼刺激,类别2;皮肤致敏物,类别1。

4.1 急性毒作用

小鼠经口LD_{50}:290 mg/kg;大鼠经口LD_{50}:710 mg/kg;兔经口LD_{50}:392 mg/kg,兔经皮LD_{50}:380 mg/kg。

急性中毒的征兆主要是中枢神经系统的影响(兴奋,惊厥后抑郁症)。啮齿动物急性吸入毒性很低(LC_{50} 1.0 mg/L);兔子皮肤上的最小致死剂量在0.5和1.0 g/kg之间。对眼睛和皮肤有刺激作用。

4.2 慢性毒作用

大鼠经口TDL_0:1 800 mg/kg,10天持续性喂养,血液蛋白酶发生变化。剂量最高的雄性大鼠也表现出胃腺黏膜的糜烂/溃烂,在最高剂量水平下观察到肝脏毒性的非肿瘤性病变,包括肝细胞肥大(中央/中区)、单个肝细胞坏死、嗜酸细胞灶、毛细血管扩张、Kupffer细胞色素沉积、肝细胞肥大(门静脉周围)、单个核细胞浸润和雌性Kupffer细胞色素沉积。口服给药和经皮给后可见溴酞保留量显着增加。肝脏表现出肝小叶周边小区的白细胞浸润和局灶性坏死。本品对兔子和小鼠的完整和划痕皮肤以及眼部黏膜具有强烈的刺激作用。症状包括红斑,水肿和渗透性溃疡。

4.3 远期毒作用

(1) 致突变作用

大鼠肝脏细胞体外实验未显示遗传毒性。在培养的哺乳动物细胞的基因突变测定(CHO/HGPRT测定)中,无论是否存在哺乳动物代谢活化,剂量范围为10~60 mg/L,但未观察到致突变。体内大鼠骨髓细胞遗传学测定,使用工业级毒草胺(95.6%纯度),剂量水平为0,0.05,0.2和1 mg/kg体重,在雄性性或雌性Fischer-344大鼠中不诱导染色体损伤。

(2) 致癌作用

EPA癌症分类:可能对人类致癌。

(3) 发育毒性与致畸性

当Balb/c小鼠(每组8~12只和18只正常妊娠雌性小鼠)在妊娠第8~13 d和第1~21 d每天剂量分别为33.7、67.5、135和270 mg/kg时,处置后致死量显著增加,胎儿体重和颅骨尾部大小显著降低。

(4) 过敏性反应

暴露于毒草胺的农民和生产工人已经有少数接触性和过敏性皮炎病例报道。当进行斑贴试验时,其中一些斑贴试验反应阳性。

5. 人体健康危害

吞咽本品有害,本品造成严重眼刺激,皮肤接触本品可能造成过敏反应。除了少数关于职业接触工人皮肤影响的报道外,还没有关于职业接触人群或普通人群的症状或疾病的报告。

6. 风险评估

本品对水生生物毒性极大并具有长期持续影

响，其环境危害 GHS 分类为：危害水生环境—急性危害，类别 1；危害水生环境—长期危害，类别 1。

N-甲基全氟辛基磺酰胺

1. 理化性质

CAS：31506-32-8	外观与性状：白色或微黄色固体
熔点/凝固点(℃)：76～78	

2. 用途与接触机会

本品系全氟阴离子表面活性剂，是含氟表面活性剂的重要中间体，是优良的有机氟杀虫剂，杀虫效果好。主要用于防止蚂蟥、蜚蠊、蟑螂等爬行害虫。

3. 毒性

健康危害 GHS 危险性分类为：生殖毒性，类别 1B；生殖毒性，附加类别；特异性靶器官毒性—反复接触，类别 1。

4. 风险评估

本品对水生生物有毒并具有长期持续影响，其环境危害 GHS 分类为：危害水生环境—急性危害，类别 2；危害水生环境—长期危害，类别 2。

环 烷 酸 类

环烷酸主要用于制造油漆时的干燥剂，它们的金属盐如铅、钴、锰亦作为氧化剂。环烷酸铜用作为对绳、木、麻的特殊杀霉菌剂。

商品通常是粘滞液状，混合物的分子式通式是 $C_nH_{2n-2}O_2$ 到 $C_nH_{2n-10}O_2$。可分为低沸点类 C_8—C_{10} 酸，例如甲基环戊基乙酸，以及高沸点类 C_{14}—C_{19} 酸。粗制品有强烈的气味，精制后气味降低。分子量甚大，约为 180～350。

该类对大鼠的急性经口毒性甚低，从粗制煤油衍生而得的环烷酸，LD_{50} 约 3 g/kg，粗混合酸的 LD_{50} 为 5.2 g/kg。环烷酸金属盐（钴、铜、钙、铅、锰和锌）的急性毒性也十分低，大鼠经口 LD_{50} 为 4～6 g/kg 以上。环烷酸苯基汞有较高毒性，口服 LD_{50} 为 0.4 g/kg。尚未有对人损害的报道。

环 烷 酸 锌

1. 理化性质

CAS：12001-85-3	外观与性状：棕黄色均匀透明液体
溶解性：不溶于水；微溶于乙醇；溶于苯，甲苯，丙酮，松节油等	

2. 用途与接触机会

环烷酸锌主要用作油漆、油墨催干剂、木材防腐剂、杀虫剂、杀菌剂等。

3. 毒性

3.1 急性毒作用

大鼠经口 LD_{50}：4 920 mg/kg；兔经皮 LD：＞2 mg/kg；大鼠吸入 LC_{50}：＞11 600 mg/m^3/4 h。

皮肤/眼腐蚀刺激性：兔经皮 0.5 ml，造成轻度皮肤刺激；兔经皮 500 mg/24 h，造成轻度皮肤刺激；兔经眼 100 mg，造成中度眼刺激。

3.2 慢性毒作用

兔经皮 TDL_0 65 000 mg/kg，13 w 间歇性，造成肾脏重量减少，肾上腺重量减少，总体重降低。

3.3 远期毒作用

发育毒性与致畸性　大鼠经口 TDL_0：9 380 mg/kg（6～15 d preg），造成胚胎植入后死亡，除死胎外其他胚胎毒性。

4. 人体健康危害

具刺激作用，目前未见有对人体损害的报道。

5. 风险评估

本品对水生生物有毒并具有长期持续影响，其环境危害 GHS 分类为：危害水生环境—急性危害，类别 2；危害水生环境—长期危害，类别 2。

芳 香 族 酸 类

用于染料、药品、农药和塑料合成。

一般情况下接触无明显危险性。几乎没有蓄积作用，甚至带有氨基和硝基的环化合物常常是相对惰性的。它们能以原形或与甘氨酸、葡萄糖醛酸结合的方式很快从尿中排泄。对皮肤渗透能力弱，一般不引起过敏反应。有一定刺激作用，但由于常以结晶形式，或在某些情况下水中溶解度较低，能减少对局部的作用。热蒸气或升华的蒸气对上呼吸道、眼和皮肤产生刺激。

第 27 章

酯 类

酸(羧酸或无机含氧酸)与醇(酚)发生化学反应失水而生成的一类有机化合物叫做酯。酯广泛存在于自然界,例如乙酸乙酯存在于酒、食醋和某些水果中;乙酸异戊酯存在于香蕉、梨等水果中;苯甲酸甲酯存在于丁香油中;水杨酸甲酯存在于冬青油中。高级和中级脂肪酸的甘油酯是动植物油脂的主要成分,高级脂肪酸和高级醇形成的酯是蜡的主要成分。

低级的酯是有香气的挥发性液体,高级的酯是蜡状固体或很稠的液体。有机酯中低级酯指的是含碳原子数少的酯,高级酯是指含碳原子数多的酯。之所以称为低级与高级,是因为低级的化合物含碳原子数少,所以结构也就相对简单些;而高级的化合物含碳原子数多,会因原子的空间排列方式的不同而出现各种异构体,使结构更加复杂,即所谓的高级些。几种高级的酯是脂肪的主要成分。

酯的分子通式为 R—COO—R′(R 可以是烃基,也可以是氢原子,R′不能为氢原子,否则就是羧基),由酸中的氢原子被有机基团所取代而形成。酯的官能团是—COO—,饱和一元酯的通式为$C_nH_{2n}O_2$($n\geqslant2$,n 为正整数)。酯是根据形成它的酸和醇(酚)来命名的,例如乙酸乙酯 $CH_3COOC_2H_5$、乙酸苯酯 $CH_3COOC_6H_5$、苯甲酸甲酯 $C_6H_5COOCH_3$、乙酸丁酯 $CH_3COOC_4H_9$、丙烯酸辛酯 $CH_2CHCOOC_8H_{17}$等。

酯的基本结构可以写成:

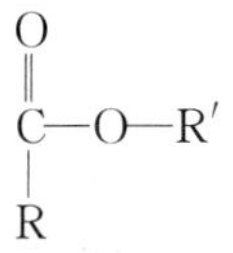

(一) 分类

按酸的性质,酯可分为无机酸酯和有机酸酯二大类。前者由无机酸与醇作用而成,例如硫酸二甲酯、磷酸三苯酯、亚硫酸三苯酯、硼酸三甲酯、硝酸正丙酯等。后者由有机酸与醇作用而成,例如脂肪酸酯类、芳香酸酯类等。按有机酯中含碳原子数的多少分为低级酯和高级酯,前者如乙酸甲酯、乙酸乙酯等,后者如脂肪酸甘油酯、硬脂酸甘油酯等。

(二) 用途

酯类用途广泛,主要用作纤维、油类、胶类、树脂等的溶剂,塑料和制药工业等的原料,食品加工及化妆品的香料。低分子量的酯是许多有机化合物的溶剂,也是清漆的溶剂。

(三) 理化特性

有机酸酯是由一元或多元酸的羟基与一元或多元醇的羟基缩合而形成的化合物。如乙酸与乙醇反应形成乙酸乙酯:$CH_3COOH + CH_3CH_2OH \rightleftharpoons CH_2COOCH_2CH_3 + H_2O$。

酯类都难溶于水,易溶于乙醇和乙醚等有机溶剂,密度一般比水小。低级酯是具有芳香气味的液体。低分子量酯是无色、易挥发的芳香液体,高级饱和脂肪酸单酯常为无色无味的固体,高级脂肪酸与高级脂肪醇形成的酯为蜡状固体。酯的熔点和沸点要比相应的羧酸低,某些酯类的闪点低,常易燃烧。

顺反应为酯化,逆反应为水解,其反应速率分别以 K1 和 K2 表示。酯化和水解的速率取决于 K1 对 K2 的不同反应率和各自最终产物的物理性质。K1 被 K2 除的浓度积[C]的比为反应常数[K8],表示最终产物的稳定性。

酯类可由下列反应生成:

(1) 有机酸或无机酸与乙醇反应,$RCOOH + HOR' \rightarrow RCOOR' + H_2O$;

(2) 酸卤与醇或酚反应,$RCOCl + HOR' \rightarrow RCOOR' + HCl$;

(3) 酸酐与醇或酚反应,$(RCO)_2O + HOR' \rightarrow$

$RCOOR'+RCOOH$；

（4）烯酮类与醇或酚反应，$CH_2CO + HOR \rightarrow CH_3COOR$；

（5）游离酸与脂肪族重氮衍生物的反应：均生成酯。

在有酸或有碱存在的条件下，酯能发生水解反应生成相应的酸或醇。酸性条件下酯的水解不完全，碱性条件下酯的水解趋于完全，这是因为碱性条件下，OH^-直接对酯进行加成，之后按照加成消除反应得到羧酸盐与醇，这个反应中，是OH^-直接参与反应，而不是水。酯是中性物质。低级一元酸酯在水中能缓慢水解成羧酸和醇。酯的水解比酰氯、酸酐水解困难，须用酸或碱催化。许多天然的脂肪、油或蜡经水解可制得相应的羧酸，油脂碱性水解生成的高级脂肪酸钠就是肥皂，酯的醇解反应是酯中的烷氧基被另一醇的烷氧基所置换的反应，反应须在酸或碱催化下进行，此反应常用于从一类酯转变成另一类酯。酯可被催化还原成两分子醇，应用最广的催化剂是铜铬氧化物，反应在高温高压下进行，分子中如含有碳碳双键，可同时被还原。酯与格氏试剂反应，可合成具有两个相同取代基的三级醇。

（四）毒性

酯类毒性多属微毒至中等毒类，对机体影响主要表现为：

（1）麻醉作用：其麻醉作用与溶解度和分子量的大小有关。一般认为，水溶性大而分子量低的酯类，麻醉作用小，反之则大。如甲酸甲酯就比乙酸丁酯的麻醉作用小。脂肪酸酯的活性虽较乙醇、丙酮以及脂肪族烃（例如戊烷）为强，但麻醉作用则较大多数的氯代烃为弱，并往往也小于乙醚。由于脂肪酸酯在血浆内的溶解度较大，故易通过肺泡。水溶性大的酯类，一般都有较大的血气分配系数，所以血液中达到饱和的速度很慢。一般认为由于单纯的化学性水解或肝脏和血浆内酯酶的作用，故很易水解成相应的酸和醇，然后按相应的酸和醇进行代谢。

（2）刺激作用：大多数的酯对眼、呼吸道黏膜和皮肤都具有不同程度的刺激作用，尤以甲酸酯更为明显。乙酸乙酯高浓度时也具有刺激作用，此与酯接触黏膜表面易水解成酸和醇（分子量较大的酯类则是整个分子起作用）有关。轻者可有流泪、结膜充血、咽喉烧灼感；重者可致角膜水肿，支气管上皮部分坏死，甚至导致中毒性肺水肿。皮肤刺激作用以脱脂及皲裂为主，特异的过敏性皮炎不多见。如磷酸三邻甲苯酯易经皮肤吸收，但刺激作用不明显。大多数酯类除对眼和呼吸道有刺激外，未见有体内蓄积的报道。几种强烈的催泪剂及起泡剂，其中以氯乙酸乙酯、溴乙酸乙酯，碘乙酸乙酯等刺激作用最为突出。另外，不饱和碳酸酯也有强催泪作用。这些酯类除具有其相应的酸的全身毒性作用外，还有卤素的作用。对甲苯磺酸甲酯是一种起泡剂及皮肤致敏剂。硫酸二甲酯及甲基、乙基、异丙基氯甲酸酯等能引起迟发性肺水肿与光气相似。动物实验证明碳酸二甲酯也可能引起肺水肿。不饱和酯类，如丙烯酸酯，具有催泪作用。

（3）神经系统损害：磷酸三邻甲苯酯和某些有机磷酸酯类农药可引起人和多种动物的神经系统损害。如早期及时停止接触，所发生的软弱和瘫痪等症状是可以恢复的，多次反复或大量接触，可引起脱髓鞘病变，其作用原理还不十分清楚。某些磷酸酯化合物，如二异丙基氟磷酸酯、N，N′-二异丙基氟化二氨基磷酸酯、三甲苯基磷酸酯亦可引起相似的毒作用，但并非所有磷酸酯均可引起神经系统损害。

（4）作用不显著的物质：增塑剂中常用的脂肪酸酯和芳香酸酯，其生理作用不显著（某些磷酸酯除外）。在吸入其热的蒸气或是较长时期与皮肤广泛地接触，亦仅引起轻度的刺激。已证明过敏是极少见的，即使发生，也可能由于偶尔伴有杂质或分解产物引起。据动物实验，饲以大量甚至过多地占据了食物量而造成营养缺乏时，也没有发现特殊的病理变化，这可能是它们迅速水解、代谢和排泄的结果。在饲以较高量时，有时可看到油状粪便，这说明消化道内的吸收不多。

酯类树脂与其他树脂相似，是完全惰性的物质。它们不能被消化道吸收，对皮肤则无刺激或致敏作用。

（五）诊断与治疗

1. 诊断

目前职业性酯类化学物中毒的诊断国家标准有GBZ40—2002《职业性急性硫酸二甲酯中毒诊断标准》。其他酯类化学物中毒无特定的国家职业病诊断标准，其诊断要符合职业病诊断的一般原则。应包括职业史、现场职业卫生学调查、相应的临床表现和必要的实验室检测的基础上，全面综合分析，并排除非职业性因素所致的类似疾病，才能做出切合实际的诊断。

按照 GBZ 40—2002《职业性急性硫酸二甲酯中毒诊断标准》标准，职业性硫酸二甲酯中毒的诊断是根据短期内接触较大量的硫酸二甲酯职业史，出现以急性呼吸系统损害为主的临床表现及胸部X射线表现，参考血气分析及现场劳动卫生学调查资料，综合分析后做出诊断。诊断分级主要依据呼吸系统的损害程度，可分为轻度、中度、重度中毒三级。急性支气管炎或支气管周围炎及一度至二度喉水肿为本病的诊断起点，严重者可出现肺泡性肺水肿、急性呼吸窘迫综合征、四度喉水肿、支气管黏膜坏死脱落导致窒息、并发严重气胸或纵隔气肿等。此外，轻、中、重度急性硫酸二甲酯中毒均可伴有眼或皮肤化学性灼伤，其诊断分级参见 GBZ54 或 GBZ51。

2. 治疗

无特殊解毒剂。应迅速、安全脱离现场，脱去被污染衣物，立即用流动清水彻底冲洗污染的眼及皮肤。对出现刺激症状者，应严密观察 24 h，观察期应避免活动，卧床休息，保持安静。保持呼吸道通畅，可给予雾化吸入疗法，支气管解痉剂，去泡沫剂(如二甲基硅油)，必要时行气管切开术。合理氧疗。早期、足量、短程应用糖皮质激素。给予对症治疗，以控制病情进展，预防喉水肿及肺水肿的发生。预防感染，防治并发症，维持水及电解质平衡。

甲 酸 酯 类

甲 酸 甲 酯

1. 理化性质

CAS 号：107-31-3	外观与性状：具有芳香气味的无色液体
熔点/凝固点(℃)：−99.8	临界温度(℃)：214
沸点、初沸点和沸程(℃)：31.5	临界压力(MPa)：6
闪点(℃)：−19(闭杯)	自燃温度(℃)：449
爆炸上限[%(V/V)]：20	爆炸下限[%(V/V)]：5.9
饱和蒸气压(KPa)：64(20℃)	易燃性：极易燃
密度(g/cm³)：0.963 1(25℃)	气味阈值(mg/m³)：164.8
相对密度(水=1)：0.98	*n*-辛醇/水分配系数：0.03
相对蒸气密度(空气=1)：2.07	溶解性：溶于水、乙醇、乙醚、甲醇

2. 用途与接触机会

甲酸甲酯是一种用途广泛的低沸点溶剂，可直接用于杀虫剂、杀菌剂和处理谷物、干果、水果和烟草的熏蒸剂，也常用作医学、农药和有机合成的中间体，以及消化纤维素和醋酸纤维素的溶剂。

3. 毒性

本品大鼠经口 LD_{50} 为 475 mg/kg；大鼠吸入 LC_{50} 为 5 200 mg/m³，4 h；兔经口 LD_{50} 为 1 622 mg/kg。猫吸入 2 300 mg/m³，25 h，1.5 h 后运动失调，侧卧 2～3 h 内死亡(肺水肿)；人经口 MLD 500 mg/kg。

健康危害 GHS 分类严重眼损伤/眼刺激，类别 2；特异性靶器官毒性——一次接触，类别 3(呼吸道刺激)。

4. 人体健康危害

本品有麻醉和刺激作用。人接触一定浓度的本品，发生明显的刺激作用。

长期在超过职业接触限值的环境下工作，接触者神经衰弱综合征的发病率较高，表现为头痛、头晕、失眠和嗜睡、多梦等。个别人表现为呼吸道黏膜的刺激症状。表现无特异性，难以同其他类似疾病相鉴别，故对于是否存在慢性中毒尚无定论，更无慢性中毒的诊断标准，但是长期过量接触对健康的危害是肯定的。

5. 风险评估

美国 ACGIH 规定：TLV-TWA 为 246 mg/m³，TLV-STEL 为 246 mg/m³；OSHA 规定：PEL-TWA 为 246 mg/m³。

甲 酸 乙 酯

1. 理化性质

CAS 号：109-94-4	外观与性状：具有特殊气味的无色液体
熔点/凝固点(℃)：−80	临界温度(℃)：235.3

（续表）

沸点、初沸点和沸程(℃)：54.3	临界压力(MPa)：4.74
闪点(℃)：−20(闭杯)	自燃温度(℃)：455
爆炸上限[%(V/V)]：16.5	爆炸下限[%(V/V)]：2.7
饱和蒸气压(kPa)：25.6(20℃)	易燃性：高度易燃
密度(g/cm^3)：0.923 6(25/4℃)	n-辛醇/水分配系数：0.23
相对密度(水=1)：0.92	溶解性：微溶于水；溶于苯、乙醇、乙醚等
相对蒸气密度(空气=1)：2.55	

2. 用途与接触机会

甲酸乙酯可用作色谱分析标准物质，硝基纤维素、醋酸纤维素的溶剂，也用于香精的配制、丙酮代用品。GB 2760—2007 规定为允许使用的食用香料，主要用于配制朗姆酒、杏、桃、菠萝、什锦水果和雪莉酒等型香精。在日用化学品香精中偶尔用于修饰花香型，在食用香精中主要用于果香型如樱桃、杏子、桃子、草莓、悬钩子、苹果、凤梨、香蕉、梅子、葡萄等。甲酸乙酯也是有机合成的中间体，例如在制药工业，用于抗肿瘤药物富雪定、维生素 B1 的生产等；也可作为脲嘧啶、胞嘧啶、胸腺嘧啶生产的中间体，甲酸乙酯与丙酮在甲醇钠-二甲苯溶液中缩合可得乙酰基乙烯醇钠，与乙酰甘氨酸酯缩合再与硫氰化钾环合可得 2-巯基咪唑-4-羧酸乙酯。用于生产鱼腥草素、痛惊宁、康复龙、噻嘧啶、噻啶苯芥、利血生、全合成法山莨菪等的药物。

3. 毒代动力学

甲酸乙酯可经呼吸道、消化道和皮肤吸收进入人体。甲酸乙酯在血浆中溶解度较好，容易通过肺泡，水溶性高，血气分布系数高。

4. 毒性与中毒机理

本品大鼠经口 LD_{50} 为 1 850 mg/kg；大鼠吸入 LC_{50} 为 26 457 mg/m^3，4 h；兔经口 LD_{50} 为 2 075 mg/kg；兔经皮 LD_{50} 为 2 000 mg/kg；豚鼠经口 LD_{50} 为 1 110 mg/kg。其健康危害 GHS 分类为：严重眼损伤/眼刺激，类别 2；特异性靶器官毒性——一次接触，类别 3(呼吸道刺激)。

甲酸乙酯毒性较甲酸甲酯稍弱，猫吸入 42 420 mg/m^3 的蒸气 17 min，会引起强烈的刺激，呼吸困难、眩晕，其后即能恢复；若达 22 min 时，则因肺水肿而致死。999.9 mg/m^3 时能引起强烈地鼻刺激作用和轻度眼刺激作用。

本品刺激性可能和其水解释放甲酸有关。

5. 人体健康危害

5.1 急性中毒

急性中毒能刺激皮肤、眼、呼吸道，工人暴露于 1 g/m^3 环境中可引起眼结膜炎及黏膜刺激症状，轻者可有流泪、结膜充血、咽痛、鼻黏膜刺激症，进而出现咳嗽、胸痛，重者引起急性支气管炎。中枢神经系统功能抑制程度较甲酸甲酯为弱，轻者可有头痛、头晕、恶心、兴奋；重者运动失调、嗜睡。

5.2 慢性中毒

长期接触含量较高浓度甲酸乙酯的空气，可引起头痛、头晕、易激动、乏力、恶心，伴有轻度黏膜刺激症状，严重可有结膜充血、慢性咽炎、慢性支气管炎。皮肤以脱脂及皲裂为主，特异的过敏性皮炎不多见。

6. 风险评估

美国 OSHA 规定：PEL－TWA 为 303 mg/m^3。

甲酸烯丙酯

1. 理化性质

CAS 号：1838－59－1	沸点(℃)：83.6
外观与性状：有异味的无色液体	密度(g/cm^3)：0.946 0(25/4℃)
相对密度(水=1)：0.95	闪点(℃)：6.11
分子量：86.089	易燃性：高度易燃
溶解性：不溶于水；溶于乙醇	

2. 用途与接触机会

工业上用作有机合成，是合成氯丙嗪的中间体。可经呼吸道、消化道和皮肤吸收进入人体。

3. 毒性

本品大鼠经口 LD_{50} 为：124 mg/kg；大鼠吸入

LC_{50}为：980 mg/m³；小鼠经口 LD_{50}为：96 mg/kg；小鼠吸入 LC_{50}为：610 mg/(m³ · 2 h)。其健康危害GHS分类为：急性毒性—经口，类别 3。

4. 人体健康危害

甲酸烯丙酯的蒸气具有强烈的刺激黏膜作用。以各种途径进入机体均可引起严重肝损害。

甲酸正丙酯

1. 理化性质

CAS 号：110-74-7	外观与性状：具有特殊香味的无色液体
熔点/凝固点(℃)：−92.9	临界压力(MPa)：4.06
沸点、初沸点和沸程(℃)：81.3	自燃温度(℃)：455
闪点(℃)：−2.8	爆炸下限[%(V/V)]：2.1
爆炸上限[%(V/V)]：11.3	易燃性：高度易燃
饱和蒸气压(kPa)：6.65 (20℃)	n-辛醇/水分配系数：0.83
密度(g/cm³)：0.899 6 (25/4℃)	溶解性：溶于多数有机溶剂
相对密度(水=1)：0.901	相对蒸气密度(空气=1)：3.03

2. 用途与接触机会

用于免疫特异性研究，如作为蛋白质分解酶的比色定量分析用底物；用作漆用溶剂，杀虫剂的分散剂，有机合成原料等；也用于香料、人造革、安全玻璃等的制造。用作有机溶剂，并用于制造香料、熏蒸杀虫剂和杀菌剂。

可经呼吸道、消化道和皮肤吸收，导致职业性接触。

3. 毒性

本品小鼠经口 LD_{50}为 3 400 mg/kg；大鼠经口 LD_{50}为 3 980 mg/kg；兔经皮 LD_{50}为 360 μl/kg。其健康危害 GHS 分类为：特异性靶器官毒性——次接触，类别 3(呼吸道刺激、麻醉效应)。

4. 人体健康危害

具有麻醉和刺激作用，吸入、口服或经皮服吸收后对身体有害，对皮肤有刺激性。其蒸气或雾对眼睛、黏膜和上呼吸道有刺激性。

甲酸异丙酯

1. 理化性质

CAS 号：625-55-8	外观与性状：无色液体，好闻气味
熔点/凝固点(℃)：−93	临界压力(MPa)：3.95
沸点、初沸点和沸程(℃)：68.1	自燃温度(℃)：485
闪点(℃)：−5.6(闭杯)	爆炸下限[%(V/V)]：2.7
爆炸上限[%(V/V)]：11.5	易燃性：高度易燃
密度(g/cm³)：0.872 8 (25℃)	溶解性：略溶于水，20℃在水中溶解度约为 2%；能与醚、醇等溶剂混溶
相对密度(乙醚=1)：2.7	相对蒸气密度(空气=1)：3.03

2. 用途与接触机会

用于食品用香料，部分食品中(如松露、木瓜、蘑菇和葡萄酒等)检测出甲酸异丙酯。甲酸异丙酯亦可用作防霉剂、消毒杀菌剂。

可经呼吸道、消化道和皮肤吸收进入人体。

3. 毒性

本品豚鼠经口 LD_{50}为 1 400 μg/kg，高浓度蒸气有麻醉性。其健康危害 GHS 分类为：严重眼损伤/眼刺激，类别为 2；特异性靶器官毒性，一次接触，类别为 3(呼吸道刺激、麻醉反应)。

4. 人体健康危害

甲酸异丙酯的蒸气与液体能严重刺激眼、鼻和呼吸系统，高浓度蒸气对神经系统有损害作用，受热分解放出具腐蚀性的烟雾。

甲酸正丁酯

1. 理化性质

CAS 号：592-84-7	外观与性状：具有刺激性气味的无色液体
熔点/凝固点(℃)：−90	临界压力(MPa)：3.5

（续表）

沸点、初沸点和沸程(℃)：106.8	自燃温度(℃)：322.5
闪点(℃)：17.7(闭杯)	爆炸下限[%(V/V)]：1.7
爆炸上限[%(V/V)]：8.0	易燃性：高度易燃
密度(g/cm^3)：0.888 5(20℃)	*n*-辛醇/水分配系数：1.30
相对密度(水=1)：0.91	溶解性：微溶于水；可混溶与醇类、醚类、苯、丙酮、石油醚
相对蒸气密度(空气=1)：3.52	

2. 用途与接触机会

本品能很好地溶解油脂、蜡、松香、硝化纤维素、乙酸纤维素、纤维素醚等，用作漆类和制造胶片时的溶剂，还用于人造革、香料和有机合成。

可经呼吸道、消化道和皮肤吸收，导致职业性接触。

3. 毒性

本品健康危害GHS分类为：严重眼损伤/眼刺激，类别2；特异性靶器官毒性——一次接触，类别3(呼吸道刺激)。

兔经口LD_{50}为2 656 mg/kg；甲酸丁酯有麻醉作用，且刺激性强。人体在吸入43.5 g/(m^3·min)时，对眼的刺激性强，会造成视力模糊；猫在此浓度20 min，对眼有持续性刺激，并流涎、昏迷，70 min则因肺出血而致死。嗅觉阈浓度70 mg/m^3。

4. 人体健康危害

具有麻醉和刺激作用，可严重刺激眼、鼻和呼吸系统。

甲酸异丁酯

1. 理化性质

CAS号：542-55-2	熔点/凝固点(℃)：−95.8
外观与性状：具有水果香味的无色液体	沸点(℃)：98.4
闪点(℃)：4	相对密度(水=1)：0.89
易燃性：高度易燃	爆炸下限[%(V/V)]：1.7
爆炸上限[%(V/V)]：8.0	*n*-辛醇/水分配系数：1.23

（续表）

自燃温度(℃)：322	相对蒸气密度(空气=1)：3.52
分子量：102.132	饱和蒸气压(kPa)：4.35(20℃)
溶解性：微溶于水；可混溶与乙醇、乙醚、苯、石油醚	

2. 用途与接触机会

用于油漆、胶片、人造革生产时的溶剂，也用于香料生产和有机合成。

可经呼吸道、消化道和皮肤吸收，导致职业性接触。

3. 毒性

本品兔经口LD_{50}为3 064 mg/kg；其蒸气对眼、鼻、舌有强烈的刺激作用，毒性和甲酸正丁酯相类似。其健康危害GHS分类为：严重眼损伤/眼刺激，类别为2；具有特异性靶器官毒性，一次接触，类别为3(呼吸道刺激)。

4. 人体健康危害

本品对眼睛、皮肤、黏膜和上呼吸道有强烈的刺激作用，吸入后可引起喉、支气管的痉挛、炎症、水肿，化学性肺炎、肺水肿。中毒表现有烧灼感、咳嗽、喘息、喉炎、气短、头痛、恶心和呕吐。还可引起灼伤。

甲酸苄酯

1. 理化性质

CAS号：104-57-4	熔点/凝固点(℃)：3.6
外观与性状：具有芳香气味的无色液体	沸点(℃)：203
闪点(℃)：83	密度(g/cm^3)：1.088 1(26℃)
易燃性：可燃	相对蒸气密度(空气=1)：4.7
分子量：136.148	饱和蒸气压(kPa)：1.33(84℃)
溶解性：不溶于水；可溶于醇、酮、芳烃、卤代烃	

2. 用途与接触机会

GB 2760—2007规定为允许使用的食用香料。主要用于杏、香蕉、樱桃、桃、李、梅、梨、菠萝、巧克力等型香精。常用于花香香基。由于香气尖锐，调配后的香精要放置一段时间使之调和。用于香料方面，可调配各种香精，如调配素馨、橙花、月下香、风信子、石竹等花精油；也用于调制杏、桃、香蕉、李子、菠萝等食用香精。

作溶剂可用于硝化纤维素、乙酸纤维素。可经呼吸道、消化道和皮肤吸收，导致职业性接触。

3. 毒性

大鼠经口 LD_{50} 为 1 400 mg/kg，兔经皮 LD_{50} 为 2 000 mg/kg；对皮肤黏膜有刺激作用，高浓度时有麻醉作用。

甲酸正戊酯

1. 理化性质

CAS 号：638－49－3	熔点/凝固点(℃)：－73.5
外观与性状：无色液体	沸点(℃)：131
临界温度(℃)：302.6	自燃温度(℃)：379
临界压力(MPa)：3.12	饱和蒸气压(kPa)：6.53(50℃)
闪点(℃)：26.7	*n*-辛醇/水分配系数：1.79
爆炸上限[%(V/V)]：8.1	爆炸下限[%(V/V)]：1.3
易燃性：易燃	相对密度(水＝1)：0.89
溶解性：微溶于水；溶于醇和醚	相对蒸气密度(空气＝1)：4.0
分子量：116.158	

2. 用途与接触机会

GB 2760—2007 规定为允许使用的食用香料。可经呼吸道、消化道和皮肤吸收，导致职业性接触。

3. 急性毒作用

本品大鼠经口 LD_{50} 为：＞5 000 mg/kg；兔经皮 LD_{50} 为：＞5 000 mg/kg；哺乳动物吸入 LC_{50} 为：14 000 mg/kg(ihl-mam)。其健康危害 GHS 分类为：严重眼损伤/眼刺激，类别 2；特异性靶器官毒性——次接触，类别 3(呼吸道刺激)。

4. 人体健康危害

对眼睛、黏膜和皮肤有刺激作用，高浓度蒸气具麻醉作用。

甲酸异戊酯

1. 理化性质

CAS 号：110－45－2	熔点/凝固点(℃)：－93.5
外观与性状：无色液体	沸点(℃)：124.2
闪点(℃)：30	爆炸下限[%(V/V)]：1.7
爆炸上限[%(V/V)]：10	饱和蒸气压(kPa)：1.33(17℃)
易燃性：易燃	相对密度(水＝1)：0.877
密度(g/cm³)：0.9±0.1	相对蒸气密度(空气＝1)：4.0
溶解性：微溶于水；溶于醇和醚	*n*-辛醇/水分配系数：1.72
分子量：116.158	

2. 用途与接触机会

用于香料及有机合成。GB 2760—2007 规定为允许使用的食用香料。主要用以配制苹果、樱桃、杏仁、葡萄、香蕉、杏子、梅子、桃子、胡桃等水果型香精。本品用于配制各种食用果实香精，适量用于日用化妆香精，也用作树脂和纤维酯类的溶剂。

可经呼吸道、消化道和皮肤吸收，导致职业性接触。

3. 毒性

急性毒作用：本品大鼠经口 LD_{50} 为 9 840 mg/kg；兔经口 LD_{50} 为 3 020 mg/kg；兔经皮 LD_{50} 为＞5 000 mg/kg。其健康危害 GHS 分类为：严重眼损伤/眼刺激，类别 2；特异性靶器官毒性——次接触，类别 3(呼吸道刺激)。

4. 人体健康危害

甲酸异戊酯蒸气对眼、鼻、喉黏膜有刺激作用，高浓度蒸气有麻醉作用。

乙酸酯类

乙酸甲酯

1. 理化性质

CAS 号：79－20－9	外观与性状：无色透明液体，具有果香味

（续表）

熔点/凝固点(℃)：−98	临界温度(℃)：233.7
沸点(℃)：56.8	临界压力(MPa)：4.59
闪点(℃)：−10(闭杯)	引燃温度(℃)：454
爆炸上限[%(V/V)]：16	爆炸下限[%(V/V)]：3.1
饱和蒸气压(kPa)：13.3(9.4℃)	易燃性：高度易燃
相对蒸气密度(空气以1计)：2.8	辛醇/水分配系数：0.18
溶解性：易溶于醇、醚；溶于苯、丙酮、氯仿等有机溶剂；水溶性 2.435×10^5 mg/L	蒸气压力(kPa)：28.8
嗅阈(μl/L)：4.6(空气)	

2. 用途与接触机会

乙酸甲酯可以通过自然来源释放入环境中。在油桃、猕猴桃花等植物中发现一种挥发性成分证实为乙酸甲酯，乙酸甲酯也存在于薄荷、部分菌菇、葡萄和香蕉中。

主要用作溶剂、香精、试剂等。硝基纤维素和醋酸纤维素的快干性溶剂，用于油漆涂料。用于人造革及香料的制造以及用作油脂的萃取剂，也是制造染料和药物的原料。

可经呼吸道、消化道，皮肤接触吸收。

3. 毒代动力学

具有较高的血-气分配系数，易于通过肺泡。体外研究显示，乙酸甲酯在培养细胞株内被分解为甲醇和乙酸，甲醇和乙酸分别通过三羧酸循环和乙醛酸循环被进一步代谢排出体外。

乙酸甲酯部分直接通过呼出气、尿液排出，部分在体内代谢。

4. 毒性

本品猫吸入 LC_{50} 为>30 mg/L，10 h；小鼠吸入 LC_{50} 为>24 mg/L，8 h；大鼠经皮 LD_{50} 为>2 000 mg/kg；大鼠吸入 LC_{50} >49 mg/L，4 h；大鼠经口 LD_{50} 为：6 482 mg/kg；兔经口 LD_{50} 为：3 795 mg/kg。其健康危害 GHS 分类为：严重眼损伤/眼刺激，类别 2；特异性靶器官毒性——一次接触，类别 3(麻醉效应)。

5. 生物监测

暴露于乙酸甲酯后血液、尿中甲醇含量增加，在排除其他影响因素后可以作为乙酸甲酯暴露的标志物。

6. 人体健康危害

低浓度的本品蒸气，可刺激眼和呼吸道黏膜，并流涎。吸入或皮肤接触高浓度本品可引起轻度至重度的甲醇中毒，并观察到人体内被水解的甲醇和乙酸量与接触剂量呈比例。人接触后主要有黏膜刺激，如结膜炎、流泪、咳嗽、胸闷，并有头痛、头晕等。严重中毒时可发生呼吸困难、心悸、中枢神经系统抑制。此外，尚有引起视神经萎缩的报告。

当乙酸甲酯浓度为 661 mg/m³ 时，吸入 4 h 后，尿中甲醇浓度增高，次日上班前，可恢复到正常水平；反复接触尿中甲醇浓度逐渐增加。吸入浓度 562～1 488 mg/m³，工人可有头痛、视野缩小等症状。可乙酸甲酯引起视神经萎缩和出现视网膜中心暗点。

7. 风险评估

我国职业接触限值规定：PC－STEL 为 500 mg/m³，PC－TWA 为 200 mg/m³。

美国 OSHA 规定：PEL－TWA 为 610 mg/m³。美国 NIOSH 规定：REL－TWA 为 610 mg/m³，STEL 为 760 mg/m³，IDLH 为 9 393 mg/m³。

乙 酸 乙 酯

1. 理化性质

CAS 号：141－78－6	外观与性状：无色透明液体，芳香味，易挥发
熔点/凝固点(℃)：−83	临界温度(℃)：250
沸点(℃)：77	临界压力(MPa)：3.88
闪点(℃)：7.2(开杯)	自燃温度(℃)：800
爆炸上限[%(V/V)]：9	辛醇/水分配系数：0.73
熔化热(cal/g)：28.43	爆炸下限[%(V/V)]：2.2
嗅阈下限(mg/m³)：0.019 6	蒸发热(cal/g)：87.6
相对蒸气密度(空气=1)：3.04	热容量(J/mol)：167.4
溶解性：易溶于水；溶于乙醇、丙酮、乙醚、氯仿等多数有机溶剂	嗅阈上限(mg/m³)：665

2. 用途与接触机会

天然存在于食物中，如猕猴桃、番石榴、烤榛子、蓝芝士和烤土豆中均有发现。存在于红酒、白兰地、水果如凤梨和一些从水果和花制成的油类中的挥发性成分。为香烟烟雾中的一种香料成分。

作为工业溶剂，用于涂料、黏合剂、乙基(硝基)纤维素、人造革、油毡着色剂、人造纤维等产品中。作为提取剂，用于医药、有机酸等产品的生产。作为香料主要原料。还可用作环保、农药残留量分析，蛋白质测序，有机合成，纺织工业的清洗剂和天然香料的萃取剂。

3. 毒代动力学

乙酸乙酯部分代谢为乙醇，部分经呼出气、尿液排出体外。在高浓度时，乙酸乙酯水解的速率大于乙醇氧化速率，造成乙醇在血液系统中蓄积。

4. 毒性

本品健康危害 GHS 分类为：严重眼损伤/眼刺激，类别 2；特异性靶器官毒性——一次接触，类别 3(麻醉效应)。

小鼠吸入引起呼吸抑制的 TCL_0 为 720 mg/m^3，6 M，小鼠吸入 LC_{50} 为 5 400 mg/m^3，4 h；大鼠经口 LD_{50} 为 11.3 ml/kg，大鼠吸入 LC_{50} 为 14 400 mg/m^3，4 h，大鼠吸入 LC_{50} 为 57 600 mg/m^3，6 h；兔经口 LD_{50} 为 4.9 g/kg；兔吸入 LC_{50} 为 9 000 mg/m^3，4 h，兔经皮 LD_{50} 为＞20 ml/kg。1 400 mg/m^3 以上浓度可引起人类眼和呼吸道刺激症状。

5. 人体健康危害

人接触高浓度乙酸乙酯后可以起眼、呼吸道刺激症状，有时可致角膜浑浊。重复长时间接触，中枢神经系统出现进行性麻醉作用，停止接触后回复缓慢。持续高浓度吸入，可致肺水肿和呼吸麻痹。小量吸入后可因血管再生障碍而致牙龈明显充血及黏膜炎症。皮肤可出现湿疹样皮炎。

6. 风险评估

我国乙酸乙酯的 PC-STEL 为 300 mg/m^3，PC-TWA 为 200 mg/m^3。

美国 OSHA 规定：PEL-TWA 为 1 400 mg/m^3。美国 NIOSH 规定：REL-TWA 为 1 400 mg/m^3，IDHL 为 7 000 mg/m^3。

乙 酸 正 丙 酯

1. 理化性质

CAS 号：109-60-4	外观与性状：无色透明液体，有柔和的果香味
熔点/凝固点(℃)：-93	临界温度(℃)：276
沸点(℃)：101.5	临界压力(Mpa)：3.34
闪点(℃)：14(闭杯)	自燃温度(℃)：450
燃烧上限[%(V/V)]：8	燃烧下限[%(V/V)]：1.7
爆炸上限[%(V/V)]：8	爆炸下限[%(V/V)]：2
蒸发热(cal/g)：80.3	相对蒸发速率(乙醚=1)：6.1
嗅阈下限(mg/m^3)：0.21	嗅阈上限(mg/m^3)：105.00
相对蒸气密度(空气=1)：3.5	辛醇/水分配系数：1.23
溶解性：微溶于水；溶于醇类、酮类、酯类和油类	

2. 用途与接触机会

天然存在于草莓、香蕉、番茄等食物中。大量用作涂料、油墨、硝基喷漆、清漆及各种树脂的优良溶剂，还应用于香精香料行业。

可经呼吸道、消化道，皮肤接触吸收。

3. 毒性

本品健康危害 GHS 分类为：严重眼损伤/眼刺激，类别 2；特异性靶器官毒性——一次接触，类别 3(麻醉效应)。

豚鼠经皮 LD_{50} 为＞8 880 mg/kg，兔经皮 LD_{50} 为＞2 000 mg/kg，兔经口 LD_{50} 为 6 640 mg/kg，大鼠经口 LD_{50} 为 9 800 mg/kg，小鼠经口 LD_{50} 为 8 300 mg/kg；大鼠吸入 LC_{50} 为 14 400 mg/(m^3 · 4 h)，兔吸入 LC_{50} 为 9 000 mg/(m^3 · 4 h)。

4. 人体健康危害

乙酸丙酯属低毒类，72 mg/m^3 以上浓度可引起眼刺激症状，对上呼吸道有刺激、麻醉作用。职业性接触可有眼刺激症状、胸部紧缩感和咳嗽等临床表现，未发现有持久性或全身中毒性影响。高浓度吸入有恶心、眼部灼热感、胸闷、乏力，并可出现麻醉状态。对皮肤有刺激作用，多次反复接触可引起皮肤脱脂、皲裂。

5. 风险评估

我国职业接触限值规定：PC－TWA 为 200 mg/m^3，PC－STEL 为 300 mg/m^3。

美国 OSHA 规定：PEL－TWA 为 840 mg/m^3。美国 NIOSH 规定：REL－TWA 为 840 mg/m^3，15 min－STEL 为 1 050 mg/m^3，IDLH：7 140 mg/m^3。

乙酸异丙酯

1. 理化性质

CAS号：108－21－4	外观与性状：无色透明液体，有水果香味
熔点/凝固点(℃)：－73.4	临界温度(℃)：265
沸点(℃)：88.6	临界压力(MPa)：3.66
闪点(℃)：2(闭杯)	自燃温度(℃)：460
燃烧上限[%(V/V)]：8	燃烧下限[%(V/V)]：1.8
爆炸上限[%(V/V)]：7.8	爆炸下限[%(V/V)]：1.8
嗅阈下限(mg/m^3)：0.19	蒸发热(cal/g)：81
相对蒸气密度(空气＝1)：3.52	嗅阈上限(mg/m^3)：1 520.00
溶解性：微溶于水；与乙醇、丙酮、乙醚等有机溶剂互溶	辛醇/水分配系数：1.02

2. 用途与接触机会

乙酸异丙酯天然存在于葡萄汁、油桃、苹果等水果以及牛奶中。

主要用作涂料、印刷油墨等的溶剂，也是工业上常用的脱水剂，药物生产中的萃取剂及香料组分；用以配制朗姆酒香精和水果型香料的溶剂。

可经呼吸道、消化道，皮肤接触吸收。

3. 毒性

其健康危害 GHS 分类为：严重眼损伤/眼刺激，类别 2；特异性靶器官毒性——次接触，类别 3(麻醉效应)。本品大鼠经口 LD_{50} 为 6 750 mg/kg，兔经口 LD_{50} 为 6.95 g/kg，兔经皮 LD_{50} 为＞20 ml/kg。760 mg/m^3 引起人眼刺激，更高浓度可造成鼻及喉刺激。

4. 人体健康危害

作业人员暴露于 760 mg/m^3 乙酸异丙酯会引起眼刺激，浓度增加会引起鼻及咽喉刺激。部分人员出现结膜发炎、胸部压迫感、咳嗽等。长期接触液体会引起皮肤脱脂及皲裂等。

5. 风险评估

美国 OSHA 规定：PEL－TWA 为 950 mg/m^3；NIOSH 规定：REL－TWA 为 380 mg/m^3，STEL 为 760 mg/m^3，IDLH 为 6 480 mg/m^3。

乙酸正丁酯

1. 理化性质

CAS号：123－86－4	外观与性状：无色透明液体，有强烈的果香味
熔点/凝固点(℃)：－78	临界温度(℃)：305.9
沸点(℃)：126.1	临界压力(Mpa)：3.14
闪点(℃)：22(闭杯)	自燃温度(℃)：450
燃烧上限[%(V/V)]：7.6	燃烧下限[%(V/V)]：1.7
爆炸上限[%(V/V)]：7.5	爆炸下限[%(V/V)]：1.4
嗅阈下限(mg/m^3)：33.13	蒸发热(cal/g)：73.9
相对蒸气密度(空气＝1)：4.0	嗅阈上限(mg/m^3)：94.66
溶解性：微溶于水；易溶于乙醇、乙醚；溶于丙酮	辛醇/水分配系数：1.78

2. 用途与接触机会

又名醋酸丁酯，存在于烤土豆、烤榛子、苹果、杏子、李子、鹰嘴豆种子、油桃等食物中，在部分螃蟹中也有发现。

乙酸丁酯为优良的有机溶剂，对醋酸丁酸纤维素、乙基纤维素、氯化橡胶、聚苯乙烯、甲基丙烯酸树脂以及许多天然树脂如栲胶、马尼拉胶、达玛树脂等均有良好的溶解性能。广泛应用于硝化纤维清漆中，在人造革、织物及塑料加工过程中用作溶剂，在各种石油加工和制药过程中用作萃取剂，也用于香料复配及杏、香蕉、梨、菠萝等各种香味剂的成分。

可经呼吸道、消化道，皮肤接触吸收。

3. 毒性

本品健康危害 GHS 分类为：特异性靶器官毒性——一次接触，类别 3(麻醉效应)。暴露于乙酸丁酯蒸气可引起眼、鼻、喉等刺激症状，更高浓度可引起类酒醉症状和幻觉。

大鼠经口 LD_{50} 为 10 768 mg/kg，小鼠腹腔注射 LD_{50} 为 1 230 mg/kg，小鼠经口 LD_{50} 为 7 060 mg/kg，小鼠吸入 LC_{50} 为 6 000 mg/(m^3 · 2 h)；兔经皮 LD_{50} 为 14 112 mg/kg，兔经口 LD_{50} 为 7 437 mg/kg；大鼠吸入 LC_{50} 为 1.36～2.38 mg/(L · 4 h)，豚鼠经口 LD_{50} 为 4 700 mg/kg。

4. 人体健康危害

人接触 72 600、36 300、17 113 mg/m^3 短时间对眼、鼻有刺激，感到难以忍受；1 037 mg/m^3 对咽喉即有刺激；1 556 mg/m^3 对眼、鼻的刺激症状(溅入眼内)约两天可愈。2 074～3 111 mg/m^3 吸入 2～3 h 不引起麻醉作用。高浓度吸入所致急性中毒，可出现神经、呼吸和心血管系统的症状和体征。皮肤接触可引起轻度损伤，一般在一天内即可恢复。乙酸丁酯对眼和上呼吸道均有强烈的刺激作用，角膜上皮有空泡形成。

5. 风险评估

我国职业接触限值规定：PC - STEL 为 300 mg/m^3，PC - TWA 为 200 mg/m^3。

美国 OSHA 规定：PEL - TWA 为 710 mg/m^3，NIOSH 规定：REL - TWA 为 710 mg/m^3，STEL 为 950 mg/m^3，IDLH 为 8 050 mg/m^3。

乙酸异丁酯

1. 理化性质

CAS 号：110 - 19 - 0	外观与性状：无色透明液体，有水果香味
临界压力(MPa)：3.24	临界温度(℃)：296
熔点/凝固点(℃)：-98.8	沸点(℃)：116.5
闪点(℃)：17.8(闭杯)	自燃温度(℃)：423
爆炸上限[%(V/V)]：10.5	爆炸下限[%(V/V)]：2.4

(续表)

燃烧上限[%(V/V)]：10.5	燃烧下限[%(V/V)]：1.3
嗅阈下限(mg/m^3)：0.01	蒸发热(cal/g)：73.7
相对蒸气密度(空气=1)：4.0	嗅阈上限(mg/m^3)：90.00
溶解性：微溶于水；易溶于乙醇、乙醚；溶于丙酮	辛醇/水分配系数：1.78

2. 用途与接触机会

乙酸异丁酯天然存在于油桃、苹果、香蕉等水果以及牛奶中。

主要用作硝化纤维和漆的溶剂，以及化学试剂、调制香料。

3. 毒代动力学

可经呼吸道、消化道，皮肤接触吸收，吸收后可以水解为乙酸和异丁醇。

4. 毒性

本品兔经皮 LD_{50} 为>5 000 mg/kg，兔经口 LD_{50} 为 4 763 mg/kg；大鼠吸入 LC_{50} 为>13.24 mg/(L · 6 h)，大鼠吸入 LCL_0 为 37 000 mg/(m^3 · 4 h)；大鼠经口 LD_{50} 为 13 400 mg/kg。

5. 人体健康危害

蒸气对眼及上呼吸道有刺激性。高浓度吸入有麻醉作用，引起头痛、头晕、恶心、呕吐等。大量口服引起头痛、恶心、呕吐，甚至发生昏迷。皮肤较长时间接触有刺激性。人接触 4 500 mg/m^3 的乙酸异丁酯 30 min，引起鼻及眼刺激，出现头痛和虚弱。

6. 风险评估

美国 OSHA 规定：PEL - TWA 为 700 mg/m^3。NIOSH 规定：REL - TWA 为 700 mg/m^3，IDLH 为 6 070 mg/m^3。

乙酸叔丁酯

1. 理化性质

CAS 号：540 - 88 - 5	外观与性状：无色透明液体，有水果香味

（续表）

熔点/凝固点(℃)：－77.9	沸点(℃)：98
闪点(℃)：16.2～22.2(闭杯)	自燃温度(℃)：425
爆炸下限[%(V/V)]：1.5	辛醇/水分配系数：1.76
相对蒸气密度(空气＝1)：4.0	饱和蒸气压(kPa)：6.3(25℃)
溶解性：微溶于水；易溶于乙醇、乙醚等	爆炸上限[%(V/V)]：7.3

2. 用途与接触机会

又名醋酸叔丁酯，叔丁基醋酸·酯。乙酸叔丁酯天然存在于香蕉等水果中。广泛应用于汽油添加剂、医药中间体、工业清洗剂、硝化纤维素、燃料、涂料、油漆、油墨等。

3. 毒代动力学

可经呼吸道、消化道和皮肤接触吸收，在体内水解成乙酸和特丁醇。

4. 毒性与中毒机理

本品大鼠吸入 LCL_0 为 1 000 mg/m^3，大鼠吸入 LC_{50} 为＞2 230 mg/(m^3·4 h)；大鼠经口 LD_{50} 为 4 100 mg/kg，兔经皮 LD_{50} 为＞2 g/kg。

其中毒机理，可能与肌肉上的乙酰胆碱受体结合导致乙酰胆碱的抑制作用有关。

5. 人体健康危害

本品气味刺激鼻、喉、支气管，大量吸入后可引起鼻出血、声音嘶哑、咳嗽、胸闷、头痛、头晕等症状，眼及皮肤接触有刺激性。反复长期接触可能引发皮疹。

6. 风险评估

美国 OSHA 规定：PEL－TWA 为 950 mg/m^3。NIOSH 规定：IDLH 为 7 779 mg/m^3。ACGIH 规定：TLV－TWA 为 259 mg/m^3，TLV－STEL 为 778 mg/m^3。

乙酸仲丁酯

1. 理化性质

CAS 号：105-46-4	外观与性状：无色透明液体，有水果香味
熔点/凝固点(℃)：－98.9	临界温度(℃)：288
沸点(℃)：112	临界压力(MPa)：3.24
闪点(℃)：16.7(闭杯)	自燃温度(℃)：421
爆炸上限[%(V/V)]：9.8	爆炸下限[%(V/V)]：1.7
辛醇/水分配系数：1.72	蒸发热(cal/g)：74
相对蒸气密度(空气＝1)：4.0	饱和蒸气压(kPa)：2.27(20℃)
溶解性：微溶于水；易溶于乙醇、乙醚等	相对蒸发速率(乙酸丁酯＝1)：2.0

2. 用途与接触机会

在烤土豆、奶酪等制作过程中发现乙酸仲丁酯的存在。

主要用于漆用溶剂、稀释剂、各种植物油与树脂溶剂，还用于塑料和香料制造。也是汽油抗爆剂，另可用作化学试剂。

3. 毒代动力学

可经呼吸道、消化道，皮肤接触吸收，在体内水解成乙酸和仲丁醇。

4. 毒性

大鼠经口 LD_{50} 为 3 200 mg/kg，大鼠吸入 LCL_0 为 5 053 mg/(m^3·4 h)。

5. 人体健康危害

本品对眼及上呼吸道黏膜、皮肤有刺激性。严重的过度暴露会出现虚弱、嗜睡、昏迷等。可通过完整的皮肤吸收并引起皮肤干燥。

6. 风险评估

美国 OSHA 规定：PEL－TWA 为 950 mg/m^3。NIOSH 规定：IDLH 为 8 816 mg/m^3。ACGIH 规定：TLV－TWA 为 259 mg/m^3，TLV－STEL 为 778 mg/m^3。

乙酸正戊酯

1. 理化性质

CAS号：628-63-7	外观与性状：无色液体，有香蕉的香味
熔点/凝固点(℃)：−70.8	沸点(℃)：149.2
闪点(℃)：25(闭杯)	自燃温度(℃)：360
爆炸上限[%(V/V)]：7.5	爆炸下限[%(V/V)]：1.1
嗅阈下限(mg/m³)：0.026 5	蒸发热(cal/g)：75
相对蒸气密度(空气=1)：4.5	嗅阈上限(mg/m³)：37.1
溶解性：微溶于水；混溶于醇、醚等有机溶剂	辛醇/水分配系数：2.30

2. 用途与接触机会

又名醋酸戊酯，乙酸戊脂存在于油桃、苹果、猕猴桃等水果中以及烤土豆、烤鸡肉等食物中。

用作油漆、涂料、香料、化妆品、黏结剂、人造革、纺织加工、胶卷和火药制造等的溶剂，用作青霉素生产的萃取剂。

可经呼吸道、消化道和皮肤接触吸收。

3. 毒性

高浓度蒸气可以引起眼、呼吸道刺激，皮肤接触可引起皮肤刺激、轻微水肿等。大鼠经口染毒中毒症状主要有迟钝、呼吸抑制、步态不稳、流泪和虚脱等。大鼠经口 LD_{50} 为 6 500 mg/kg，兔经口 LD_{50} 为 7 400 mg/kg。

4. 人体健康危害

对眼、黏膜有刺激作用，常引起结膜炎、鼻炎、咽喉炎等。表现为流泪、咳嗽、咽干、疲劳等，重者伴有头痛、嗜睡、胸闷、心悸、食欲不振、恶心、呕吐等症状。

皮肤长期接触可致皴裂、皮炎或湿疹。尚可引起贫血和嗜酸粒细胞增多。

5. 风险评估

我国职业接触限值规定：PC-STEL 为 200 mg/m³，PC-TWA 为 100 mg/m³。

美国 OSHA 规定：PEL-TWA 为525 mg/m³；NIOSH 规定：REL-TWA 为 291 mg/m³，STEL 为 581 mg/m³，IDLH 为 5 812 mg/m³。

乙酸异戊酯

1. 理化性质

CAS号：123-92-2	外观与性状：无色液体，有香蕉的香味
临界温度(℃)：326.1	临界压力(MPa)：2.84
熔点/凝固点(℃)：−78.5	沸点(℃)：142.5
闪点(℃)：25(闭杯)	自燃温度(℃)：360
燃烧上限[%(V/V)]：7.5	燃烧下限[%(V/V)]：1.0
爆炸上限[%(V/V)]：7.5	爆炸下限[%(V/V)]：1.1
嗅阈下限(μl/L)：0.025	蒸发热(cal/g)：10 494.9
溶解性：微溶于水；混溶于醇、醚等有机溶剂	相对蒸气密度(空气=1)：4.5

2. 用途与接触机会

又名香蕉油，醋酸异戊酯，天然存在于油桃、香蕉、猕猴桃、苹果、杏、葡萄、甜瓜、木瓜、桃、梨、菠萝、番茄、猪肉、奶酪、黄油、牛奶等食物中。

用作溶剂及用于调味、制革、人造丝、胶片和纺织品等加工工业。可用于香皂、合成洗涤剂等日化香精配方中，但主要用于食用香精配方中，可调配香蕉、苹果、草莓等多种果香型香精。

可经呼吸道、消化道和皮肤接触吸收。

3. 毒性

大鼠经口 LD_{50} 为：16 600 mg/kg 兔经口 LD_{50} 为 7 422 mg/kg；兔经皮 LD_{50} 为 > 5 g/kg，猫吸入 LCL_0 35 g/m³，豚鼠皮下 LD_{Lo} 5 g/kg。

4. 人体健康危害

蒸气对眼及上呼吸道黏膜有刺激性，麻醉作用。接触后出现咳嗽、胸闷、疲乏、眼烧灼感。高浓度时，则有头晕、灼热感，出现脉速、心悸、头痛、耳鸣、震颤、恶心、食欲不振等症状。可引起皮肤干燥、皮炎、湿疹。

5. 风险评估

我国职业接触限值规定：PC－STEL 为 200 mg/m^3，PC－TWA 为 100 mg/m^3。

美国 OSHA 规定：PEL－TWA 为 525 mg/m^3；NIOSH 规定：REL－TWA 为 291 mg/m^3，STEL 为 581 mg/m^3，IDLH 为 5 812 mg/m^3。

丙酸酯类、乳酸酯类和丁酸酯类

丙 酸 甲 酯

1. 理化性质

CAS 号：554－12－1	外观与性状：无色透明液体
熔点/凝固点(℃)：－87.5	沸点(℃)：79.8
闪点(℃)：－2(闭杯)	自燃温度(℃)：469
爆炸上限[%(V/V)]：13	爆炸下限[%(V/V)]：2.5
相对蒸气密度(空气＝1)：3.03	辛醇/水分配系数：0.82
溶解性：微溶于水；混溶于乙醇、乙醚	

2. 用途与接触机会

丙酸甲酯天然存在于猕猴桃、草莓等水果中。

用作硝酸纤维素、硝基喷漆、涂料、清漆等的溶剂，也可用作香料及调味品的溶剂。还用作有机合成中间体、制造香料。

3. 毒代动力学

可经呼吸道、消化道和皮肤接触吸收。在体内分解成丙酸和甲醇。

4. 毒性

经口毒性较乙酸甲酯略大。可引起皮肤刺激作用。在代谢过程中产生一些丙酸，可能引起酸中毒。大鼠经口 LD_{50} 为 5 g/kg，兔经口 LD_{50} 为 2.02 g/kg，小鼠经口 LD_{50} 为 3 460 mg/kg。

丙 酸 乙 酯

1. 理化性质

CAS 号：105－37－3	外观与性状：水白色液体，有菠萝香味
临界温度(℃)：272.85	临界压力(MPa)：3.36
熔点/凝固点(℃)：－73.9	沸点(℃)：99.2
闪点(℃)：12(闭杯)	自燃温度(℃)：440
爆炸上限[%(V/V)]：11	爆炸下限[%(V/V)]：1.9
相对蒸气密度(空气＝1)：3.52	溶解性：不溶于水；混溶于乙醇、乙醚、丙二醇等多数有机溶剂
辛醇/水分配系数：1.21	

2. 用途与接触机会

丙酸乙酯天然存在于草莓、猕猴桃、葡萄、油桃、柑橘类水果中。

用于调制具有蜜糖、香蕉、菠萝、奶油香型香料。在制造纤维素醚、酯时用作溶剂，用于多种天然树脂和合成树脂的溶剂，也用于多种有机合成。

可经呼吸道、消化道和皮肤接触吸收。

3. 毒性

本品兔经口 LD_{50} 为 3 500 mg/kg，大鼠经口 LD_{50} 为 8 732 mg/kg，大鼠腹腔注射 LD_{50} 为 1 200 mg/kg，小鼠腹腔注射 LD_{50} 为 1 300 mg/kg。

4. 人体健康危害

高浓度蒸气有刺激性，引起眼、鼻、咽喉刺痛，可有恶心、呕吐。此外可发生头昏、倦睡、共济失调以及昏迷。口服有中等毒性，引起恶心、呕吐、腹部不适、腹泻、头昏、倦睡、共济失调、昏迷。长期反复接触对皮肤有脱脂作用，引起皮肤皲裂、角化。

丙 酸 正 丁 酯

1. 理化性质

CAS 号：590－01－2	外观与性状：无色液体，有类似苹果的香味

(续表)

熔点/凝固点(℃)：−89.5	临界压力(MPa)：2.78
沸点(℃)：145.5	自燃温度(℃)：427
闪点(℃)：32.2(闭杯)	蒸发热(kJ/mol)：39.57
爆炸上限[%(V/V)]：6.8	爆炸下限[%(V/V)]：1.1
辛醇/水分配系数：2.34	相对蒸气密度(空气＝1)：4.49
溶解性：微溶于水；溶于醇、醚、酮、烃类	

2. 用途与接触机会

部分食品中含有丙酸丁酯类香精。丙酸丁酯用作硝基纤维素的溶剂、香精、香料。它是硝酸纤维素、天然及合成树脂的溶剂，也可作漆用溶剂，还用于香精制造。

可经呼吸道、消化道和皮肤接触吸收。

3. 毒性

本品大鼠经口 LD_{50} 为 5 g/kg；兔经皮 LD_{50} 为＞14 g/kg。兔经皮，500 mg(24 h)，中度刺激；兔经眼，100 mg，重度刺激。

4. 人体健康危害

吸入、摄入或经皮肤吸收后可能有害。对皮肤、眼睛、黏膜和上呼吸道有刺激作用。

乳 酸 甲 酯

1. 理化性质

CAS号：547－64－8	外观与性状：无色透明液体
熔点/凝固点(℃)：−66	临界压力(MPa)：4.48
沸点(℃)：144～145	自燃温度(℃)：385
闪点(℃)：49(闭杯)	爆炸下限[%(V/V)]：1.1
爆炸上限[%(V/V)]：3.6	相对蒸气密度(空气＝1)：3.6
辛醇/水分配系数：−0.67	溶解性：溶于水、乙醇及多数有机溶剂

2. 用途与接触机会

又名 2－羟基丙酸甲酯，可作为油漆的溶剂，在家装过程中可能接触。可作为高沸点溶剂、洗净剂、合成原料等。用作纤维素、油漆、染色素的溶剂。

可经呼吸道、消化道和皮肤接触吸收。

3. 毒性

本品大鼠经腹腔 LDL_0：＞2 000 mg/kg，除致死剂量外无详细说明；低浓度蒸气对黏膜刺激性小，但高浓度蒸气有麻醉性。

健康危害 GHS 分类为：严重眼损伤/眼刺激，类别 2；特异性靶器官毒性——一次接触，类别 3(呼吸道刺激)。

4. 人体健康危害

吸入、口服或经皮肤吸收对身体有害。对眼睛和呼吸道具有刺激性。

乳 酸 乙 酯

1. 理化性质

CAS号：97－64－3	外观与性状：无色透明液体，有较强的酒香气味
熔点/凝固点(℃)：−25	沸点(℃)：154
闪点(℃)：46.1(闭杯)	自燃温度(℃)：400
爆炸上限[%(V/V)]：11.4	爆炸下限[%(V/V)]：1.5
相对蒸气密度(空气＝1)：4.07	蒸发热(kJ/mol)：49.4(25℃)
溶解性：溶于水、醇类、酯类、烃类、油类	

2. 用途与接触机会

调制朗姆酒、牛奶、奶油、葡萄酒、果酒、椰子香型香精，用于食品。

作为香料用于食品加工；也用作载体溶剂；高沸点溶剂及硝化纤维及醋酸纤维的溶剂；人造珍珠的溶剂。制药工业轧制药片时的润滑剂。用于电子行业有机溶解剂可用于感光材料的清洗。除此之外，还是农药生产中的主要有机溶剂，亦可用于涂料、油墨等领域。

可经呼吸道、消化道，皮肤接触吸收。

3. 毒性

本品大鼠经口 LD_{50} 为：8 200 mg/kg；大鼠腹腔

注射 LDL_0 为：1 g/kg；小鼠经口 LD_{50} 为：2 500 mg/kg；小鼠经皮 LD_{50} 为：2 500 mg/kg；小鼠静脉注射 LD_{50} 为：600 mg/kg；兔经皮 LD_{50} 为：>5 g/kg；豚鼠肌肉 LDL_0：2 605 mg/kg。

健康危害 GHS 分类为：严重眼损伤/眼刺激，类别 1；特异性靶器官毒性——一次接触，类别 3(呼吸道刺激)。

4. 人体健康危害

吸入该品蒸气或雾对鼻、咽喉有刺激作用。蒸气对眼睛有刺激性；眼接触该品液体或雾可能造成灼伤。皮肤较长时间接触有刺激性。大量口服引起恶心、呕吐。

乳酸正丁酯

1. 理化性质

CAS 号：138－22－7	外观与性状：无色透明液体
熔点/凝固点(℃)：－43	沸点(℃)：77(1.33 kPa)
闪点(℃)：71(闭杯)	蒸发热(kJ/kg)：324.0
饱和蒸气压(kPa)：1.33	溶解性：微溶于水；能与烃类、油脂混溶
相对蒸气密度(空气＝1)：4.07	

2. 用途与接触机会

又名 α-羟基丙酸丁酯。指甲油等化妆品中含有乳酸丁酯。用作硝酸纤维素漆、印刷油墨、天然及合成树脂等的溶剂。也用于干洗液、黏结剂、防结皮剂和香料等。为高沸点溶剂，用于天然树脂、合成树脂、油漆、印刷油墨。化妆品溶剂，主要用作指甲油等化妆品的主溶剂。对硝化纤维素等皮膜形成剂具有优良的溶解性，通常需加入助溶剂以调节黏度和挥发速度。

可经呼吸道、消化道和皮肤接触吸收。

3. 毒性

本品大鼠经口 LD_{50} 为：>5 g/kg；大鼠经皮 LD_{50} 为：12 g/kg；小鼠经皮 LCL_0：11 g/kg；兔经皮 LD_{50} 为：>5 g/kg。兔经皮：500 mg/24 h，中度刺激。

4. 人体健康危害

在空气中浓度为 7～11 mg/kg 会使人产生头痛、黏膜刺激和咳嗽，偶有嗜睡、恶心和呕吐，但血液和尿无变化。若用 1% 浓度的凡士林制剂在人体进行封闭性皮肤接触试验 2 d 后产生致敏反应。

5. 风险评估

我国职业接触限值规定：PC－TWA 为 25 mg/m³。

丁酸甲酯

1. 理化性质

CAS 号：623－42－7	外观与性状：无色液体，有苹果的香味
熔点/凝固点(℃)：－85.8	临界压力(MPa)：2.78
沸点(℃)：102.8	临界温度(℃)：281.3
闪点(℃)：14(闭杯)	自燃温度(℃)：427
爆炸上限[%(V/V)]：3.5	蒸发热(kJ/mol)：34.42
辛醇/水分配系数：1.29	爆炸下限[%(V/V)]：0.9
溶解性：微溶于水；溶于醇、醚、酮、烃类	相对蒸气密度(空气＝1)：3.5

2. 用途与接触机会

天然存在于猕猴桃、草莓、苹果、奶酪、鸡蛋等食品中，在葡萄汁、橙汁等中也有发现。

除作树脂、漆用溶剂外，也用作人造甜酒和果实香精的原料。还可用于有机合成。

可经呼吸道、消化道和皮肤接触吸收。

3. 毒性

本品大鼠经口 LD_{50} 为>5 g/kg，小鼠吸入 LC_{50} 为 18 g/(m³ · 2 h)，兔经口 LD_{50} 为 3 380 mg/kg，兔经皮 LD_{50} 为 3 560 mg/kg。

4. 人体健康危害

吸入、摄入或经皮肤吸收后可能有害。对皮肤有刺激作用。对眼睛、黏膜和上呼吸道有刺激作用。

丁酸烯丙酯

1. 理化性质

CAS号：2051-78-7	外观与性状：无色液体
闪点(℃)：41	沸点(℃)：141.5～142
密度(g/cm³)：0.902 3	饱和蒸气压(kPa)：2.00(45℃)
溶解性：不溶于水	

2. 用途与接触机会

又名丁酸丙烯酯。通过食用含有丁酸烯丙酯的香精的食物接触。作为香料用于食品加工，生产或使用丁酸烯丙酯的人员会接触到该品。

可经呼吸道、消化道和皮肤接触吸收。

3. 毒性

本品大鼠经口 LD_{50} 为：250 mg/kg；兔经皮 LD_{50} 为：530 mg/kg；兔经皮，20 mg/48 h，出现轻度刺激反应，兔经眼，500 mg/24 h，出现中度刺激反应。

健康危害GHS分类为：急性毒性—经口，类别3；急性毒性—经皮，类别3。

4. 人体健康危害

吸入该品蒸气或雾对鼻、咽喉有刺激作用。蒸气对眼睛有刺激性；眼接触该品液体或雾可能造成灼伤。皮肤较长时间接触有刺激性。大量口服引起恶心、呕吐。

甘油酯类

甘油单乙酸·酯

1. 理化性质

CAS号：26446-35-5	外观与性状：无色或淡黄色液体
凝固点(℃)：−78	沸点(℃)：258
闪点(℃)：145	密度(g/cm³)：1.21
溶解性：溶于水、乙醇；微溶于乙醚	

2. 用途与接触机会

用作制造食品、肥皂、蜡烛、粘胶等原料，也用作火药、鞣质皮革和燃料的溶剂和增塑剂等。

3. 毒代动力学

可经呼吸道、消化道和皮肤接触吸收，大部分在胃和小肠中经酯酶分解为甘油和乙酸。

4. 毒性

大鼠皮下注射 LD_{50} 为 6.6 g/kg，狗静脉注射 LD_{50} 为 5 ml/kg(6.03 g)，兔静脉注射 LD_{50} 为 4 ml/kg(4.82 g)，大鼠静脉注射 LD_{50} 为 5.5 ml/kg(6.633 g)，小鼠静脉注射 LD_{50} 为 3.5 ml/kg(4.221 g)。

5. 人体健康危害

可能的口服致死剂量大于15 k/kg。甘油酯作为食品及工业接触中不存在卫生问题。由于酯酶存在于肺和皮肤中，因而可发生水解作用，但所释放的游离脂肪酸量较少，所以对皮肤和肺均不发生明显的刺激作用。

三乙酸甘油酯

1. 理化性质

CAS号：102-76-1	外观与性状：无色油状液体
凝固点(℃)：−78	沸点(℃)：258～259
闪点(℃)：138(闭杯)	密度(g/cm³)：1.16
自燃温度(℃)：433	燃烧下限[%(V/V)]：1%(189℃)
辛醇/水分配系数：0.25	溶解性：微溶于水；易溶于丙酮
相对密度(空气=1)：7.52	

2. 用途与接触机会

本品被美国FDA批准为GRAS(gras，Generally Recognized as Safe)人类食品成分，用于Canavan疾病的实验治疗。三乙酸甘油酯是香烟烟雾的成分之一。

在化妆品配方中起化妆品杀生物剂、增塑剂和溶剂的作用。还用作制造香烟过滤嘴的纤维素增塑剂，作为杀真菌组合物中的载体，并可从天然气中除去二氧化碳。

3. 毒代动力学

可经呼吸道、消化道和皮肤接触吸收，大部分在胃和小肠中经酯酶分解为甘油和乙酸。

4. 毒性

兔静脉注射 LD_{50} 为 750 mg/kg，狗静脉注射 LD_{50} 为 1 500 mg/kg，小鼠皮下注射 LD_{50} 为 2 300 mg/kg，小鼠腹腔注射 LD_{50} 为 1 400 mg/kg，小鼠经口 LD_{50} 为 1 100 mg/kg，小鼠静脉注射 LD_{50} 为 1 600 mg/kg，大鼠皮下注射 LD_{50} 为 2 800 mg/kg，大鼠腹腔注射 LD_{50} 为 2 100 mg/kg，大鼠经口 LD_{50} 为 3 000 mg/kg，兔经口 LD_{50} 为＞2 000 mg/kg，兔吸入 LC_{50} 为＞1.721 mg/(L · 4 h)，豚鼠经皮 LD_{50} 为＞20 ml/kg，兔经皮 LD_{50} 为＞5 g/kg。

三丁酸甘油酯

1. 理化性质

CAS 号：60－01－5	外观与性状：无色油状液体
凝固点(℃)：－75	沸点(℃)：307
闪点(℃)：180(开杯)	密度(g/cm³)：1.032
自燃温度(℃)：407	燃烧下限[%(V/V)]：0.5%(208℃)
辛醇/水分配系数：2.54	溶解性：易溶于丙酮、苯

2. 用途与接触机会

天然存在于牛脂中，被美国 FDA 批准为 GRAS 人类食品成分。

用于制造食品、肥皂、蜡烛等，也用做溶剂，还可用于兽用药物、饲料等合成调味物质及助剂等。

3. 毒代动力学

可经呼吸道、消化道和皮肤接触吸收。在胃中不分解，在胰酯酶的作用下缓慢释放成丁酸和甘油。

4. 毒性

小鼠经口 LD_{50} 为 12 800 mg/kg，大鼠经口 LD_{50} 为 3 200 mg/kg。

三辛酸甘油酯

1. 理化性质

CAS 号：538－23－8	外观与性状：无色油状液体
凝固点(℃)：10	沸点(℃)：233
辛醇/水分配系数：9.20	密度(g/cm³)：0.954
溶解性：易溶于乙醚、苯、氯仿	

2. 用途与接触机会

使用含有三辛酸甘油酯的护肤品及化妆品会接触到该品。用于生产护肤品及化妆品等。

3. 毒代动力学

主要经皮肤接触吸收，少量经吸入含该品的药用产品。在小肠中分解成单甘油酯、游离脂肪酸和甘油，被肠黏膜吸收。

4. 毒性

雌性大鼠经口 LD_{50} 为 33.3 g/kg，雄性大鼠经口 LD_{50} 为 34.2 g/kg；雌性小鼠经口 LD_{50} 为 29.6 g/kg，雄性小鼠静脉注射 LD_{50} 为 3 700±194 mg/kg。

不饱和脂肪族单羧酸酯类

丙 烯 酸 甲 酯

1. 理化性质

CAS 号：96－33－3	外观与性状：无色液体，有辛辣气味
熔点/凝固点(℃)：－75	临界温度(℃)：263
沸点(℃)：80.7	临界压力(MPa)：4.3
闪点(℃)：－3(开杯)	自燃温度(℃)：468
爆炸上限[%(V/V)]：25.0	爆炸下限[%(V/V)]：2.8
嗅阈下限(mg/m³)：0.017	蒸发热(kcal/mol)：8.25

(续表)

相对蒸气密度(空气=1)：2.97	蒸气压力(MPa)：1.15
溶解性：微溶于水；易溶于乙醇、乙醚、丙酮、苯	辛醇/水分配系数：0.80

2. 用途与接触机会

本品是一种重要有机合成单体和原料，为聚丙烯腈纤维(腈纶)的第二单体；可做塑料和胶黏剂；与丙烯酸丁酯共聚的乳液，能很好地改善皮革的质量，使皮革柔软、光亮、耐磨，广泛用于皮革工业和制药工业。

作为有机合成中间体，也是合成高分子聚合物的单体，用于橡胶、医药、皮革、造纸、黏合剂等。

可经呼吸道、消化道和皮肤接触吸收。

3. 毒性

本品健康危害 GHS 分类为：皮肤腐蚀/刺激，类别 2；严重眼损伤/眼刺激，类别 2；皮肤致敏物，类别 1；特异性靶器官毒性——一次接触，类别 3(呼吸道刺激)。

大鼠经口 LD_{50} 为 277 mg/kg，大鼠腹腔注射 LD_{50} 为 325 mg/kg，兔经皮 LD_{50} 为 1 243 mg/kg，小鼠经口 LD_{50} 为 827 mg/kg，小鼠腹腔注射 LD_{50} 为 254 mg/kg，小鼠吸入 LC_{50} 为 1 076 mg/(m^3 · 4 h)；大鼠吸入 LC_{50} 为 5 188 mg/(m^3 · 4 h)，兔经皮 LD_{50} 为 1 243 mg/kg，兔经口 LD_{50} 为 280 mg/kg。100 mg 可引起兔眼睛严重刺激症状。

丙烯酸甲酯 IARC 分类为 3。

4. 人体健康危害

高浓度接触，引起流涎、眼及呼吸道的刺激症状，严重者口唇发白、呼吸困难、痉挛，因肺水肿而死亡。误服急性中毒者，出现口腔、胃、食管腐蚀症状，伴有虚脱、呼吸困难、躁动等。

长期接触可致皮肤损害，亦可致肺、肝、皮肤病变。

5. 风险评估

我国职业接触限值规定：PC - TWA 为 20 mg/m^3。

美国 OSHA 规定：PEL - TWA 为 35 mg/m^3。NIOSH 规定：IDLH 为 961 mg/m^3。ACGIH 规定：TLV - TWA 为 7.7 mg/m^3。

对水生物有毒，且有长期持续影响，其环境危害 GHS 分类为：危害水生环境—急性危害，类别 2；危害水生环境—长期危害，类别 3。

丙烯酸乙酯

1. 理化性质

CAS 号：140 - 88 - 5	外观与性状：无色液体，有辛辣的刺激气味
熔点/凝固点(℃)：−71.2	临界温度(℃)：263
沸点(℃)：99.8	临界压力(MPa)：4.3
闪点(℃)：9(闭杯)	自燃温度(℃)：350
爆炸上限[%(V/V)]：14.0	分解温度(℃)：无资料
相对蒸气密度(空气=1)：3.45	爆炸下限[%(V/V)]：1.4
溶解性：微溶于水；易溶于乙醇、乙醚、丙酮、苯	

2. 用途与接触

本品是一种重要有机合成单体和原料。为聚丙烯腈纤维(腈纶)的第二单体；可做塑料和胶黏剂；与丙烯酸丁酯共聚的乳液，能很好地改善皮革的质量，使皮革柔软、光亮、耐磨，广泛用于皮革工业和制药工业。

作为有机合成中间体，也是合成高分子聚合物的单体，用于橡胶、医药、皮革、造纸、黏合剂等。

3. 毒代动力学

可经呼吸道、消化道和皮肤接触吸收。动物实验显示，经口和经呼吸道暴露于丙烯酸乙酯快速被吸收和分解，主要通过水解(非特异性羧酸酯酶)为丙烯酸和乙醇，最终以二氧化碳排出体外。

4. 毒性

本品健康危害 GHS 分类为：皮肤腐蚀/刺激，类别 2；严重眼损伤/眼刺激，类别 2；皮肤致敏物，类别 1；致癌性，类别 2；特异性靶器官毒性——一次接触，类别 3(呼吸道刺激)。

4.1 急性毒作用

大鼠经口 LD_{50} 为 800 mg/kg，大鼠吸入 LC_{50} 为 6 320 mg/(m^3 · 4 h)，兔经口 LD_{50} 为 370 mg/kg，兔经皮 LD_{50} 500 μl/kg，小鼠腹腔注射 LD_{50} 为 600 mg/kg，小鼠经口 LD_{50} 为 1 800 mg/kg，大鼠腹腔注射 LD_{50} 为 450 mg/kg，兔经口 LD_{50} 为 3 630 mg/kg。

4.2 远期毒作用

丙烯酸乙酯被 IARC 分类为 2B 类，即可疑的人类致癌物。

5. 人体健康危害

对呼吸道有刺激性，高浓度吸入引起肺水肿。有麻醉作用。眼直接接触可致灼伤。对皮肤有明显的刺激和致敏作用。误服对口腔及消化道有强烈刺激作用，可出现头晕、呼吸困难、神经过敏。

6. 风险评估

美国 OSHA 规定：PEL－TWA 为 100 mg/m^3。NIOSH 规定：REL－TWA 为 22 mg/m^3，STEL 为 67 mg/m^3。

对水生物有毒，且有长期持续影响，其环境危害 GHS 分类为：危害水生环境—急性危害，类别 2；危害水生环境—长期危害，类别 3。

丙烯酸正丁酯

1. 理化性质

CAS 号：141－32－2	外观与性状：无色液体，有强烈的水果香味
熔点/凝固点(℃)：－64.6	临界温度(℃)：327
沸点(℃)：145	临界压力(MPa)：2.94
闪点(℃)：29(闭杯)，48.9(开杯)	自燃温度(℃)：292
燃烧上限[%(V/V)]：9.9	辛醇/水分配系数：2.36
爆炸上限[%(V/V)]：9.9	燃烧下限[%(V/V)]：1.7
相对蒸气密度(空气＝1)：4.42	爆炸下限[%(V/V)]：1.3
溶解性：不溶于水；易溶于乙醇、乙醚	蒸发热(kcal/mol)：8.11

2. 用途与接触

用作有机合成中间体、黏合剂、乳化剂、涂料。用于腈纶纤维改性、塑料改性、纤维及织物加工、纸张处理剂、皮革加工以及丙烯酸类橡胶等。

3. 毒代动力学

可经呼吸道、消化道和皮肤接触吸收。

大鼠经口染毒后，丙烯酸正丁酯快速吸收及代谢。主要以羧酸酯酶水解为丙烯酸和正丁酯，并以二氧化碳排出体外。小部分与内源性谷胱甘肽结合随后以硫醇尿酸的形式随尿液排出。

4. 毒性

本品健康危害 GHS 分类为：皮肤腐蚀/刺激，类别 2；严重眼损伤/眼刺激，类别 2；皮肤致敏物，类别 1；特异性靶器官毒性——次接触，类别 3(呼吸道刺激)。

4.1 急性毒作用

大鼠经口 LD_{50} 为 900 mg/kg，大鼠吸入 LC_{50} 为 15 621 mg/(m^3 · 4 h)，大鼠腹腔注射 LD_{50} 为 550 mg/kg，小鼠经口 LD_{50} 为 7 561 mg/kg，小鼠吸入 LC_{50} 为 7 800 mg/(m^3 · 2 h)，小鼠腹腔注射 LD_{50} 为 853 mg/kg，兔经皮 LD_{50} 为 2 000 mg/kg。

4.2 远期毒作用

丙烯酸正丁酯被 IARC 分类为 3 类。

5. 人体健康危害

吸入、口服或经皮肤吸收对身体有害。其蒸气或雾对眼睛、黏膜和呼吸道有刺激作用。中毒表现有烧灼感、喘息、喉炎、气短、头痛、恶心和呕吐。

6. 风险评估

我国职业接触限值规定：PC－TWA 为 25 mg/m^3。

美国 NIOSH 规定：REL－TWA 为 55 mg/m^3。ACGIH 规定：TLV－TWA 为 11 mg/m^3。

对水生物有毒，且有长期持续影响，其环境危害 GHS 分类为：危害水生环境—急性危害，类别 2；危害水生环境—长期危害，类别 3。

丙烯酸异辛酯

1. 理化性质

CAS号：103－11－7	外观与性状：无色液体，无臭无味
熔点/凝固点(℃)：－90	自燃温度(℃)：252
沸点(℃)：216(100 kPa)	闪点(℃)：79.4(闭杯)
爆炸上限[%(V/V)]：6.4	爆炸下限[%(V/V)]：0.9
相对蒸气密度(空气＝1)：6.35	溶解性：微溶于水；易溶于乙醇、乙醚

2. 用途与接触

又名丙烯酸－2－乙基己酯，用作聚合单体，用于软性聚合物，在共聚物中起内增塑作用。

可经呼吸道、消化道和皮肤接触吸收。

3. 毒性

本品健康危害GHS分类为：皮肤腐蚀/刺激，类别2；严重眼损伤/眼刺激，类别2；特异性靶器官毒性——一次接触，类别3(呼吸道刺激)。

大鼠经口LD_{50}为5 600 mg/kg。

4. 人体健康危害

对皮肤、眼睛有刺激作用。属低毒类，但若吸入、摄入或经皮肤吸收后均会引起中毒。

5. 风险评估

本品对水生生物毒性极大，且具有长期持续影响，其环境危害GHS分类为：危害水生环境—急性危害，类别1；危害水生环境—长期危害，类别1。

甲基丙烯酸甲酯

1. 理化性质

CAS号：80－62－6	外观与性状：无色液体
熔点/凝固点(℃)：－47.55	临界温度(℃)：294
沸点(℃)：100.5	临界压力(MPa)：3.3
闪点(℃)：10(开杯)	自燃温度(℃)：435
爆炸上限[%(V/V)]：12.5	爆炸下限[%(V/V)]：2.1
相对蒸气密度(空气＝1)：3.4	蒸发热(kJ/mol)：36.0
溶解性：微溶于水；易溶于乙醇、乙醚、丙酮等	辛醇/水分配系数：1.38

2. 用途与接触机会

含有甲基丙烯酸甲酯产品的各类产品可能向生活环境中释放甲基丙烯酸甲酯，如医用胶粘剂、骨水泥、牙科材料等。

甲基丙烯酸甲酯是聚甲基丙烯酸甲酯(有机玻璃)单体，也与其他乙烯基单体共聚得到不同性质的产品。用于制造有机玻璃、涂料、润滑油添加剂、塑料、黏合剂、树脂、木材浸润剂、电机线圈浸透剂、离子交换树脂、纸张上光剂、纺织印染助剂、皮革处理剂、印染助剂和绝缘灌注材料等。医疗上可用作骨粘固剂、无刺激性的胶布溶液、牙科中的陶瓷填料等。

可经呼吸道、消化道和皮肤接触吸收。

3. 毒性

本品健康危害GHS分类为：皮肤腐蚀/刺激，类别2；皮肤致敏物，类别1；特异性靶器官毒性——一次接触，类别3(呼吸道刺激)。

3.1 急性毒作用

人类吸入引起嗜睡、易兴奋、厌食的TCLo为559 mg/m^3；大鼠经口LD_{50}为7 800 mg/kg，大鼠吸入LC_{50}为50 283～55 871 mg/(m^3·2 h)，大鼠吸入LC_{50}为31 703 mg/m^3，大鼠吸入LC_{50}为16 761 mg/(m^3·8 h)；大鼠静脉注射LD_{50}为1 328 mg/kg，大鼠皮下注射LD_{50}为7 500 mg/kg；小鼠吸入LC_{50}为18 500 mg/m^3/2 h，小鼠经口LD_{50}为3 625 mg/kg；小鼠静脉注射LD_{50}为1 000 mg/kg，小鼠皮下注射LD_{50}为6 300 mg/kg；兔经口LD_{50}为6 000 mg/kg；豚鼠经口LD_{50}为5 900 mg/kg，豚鼠静脉注射LD_{50}为1 888 mg/kg，豚鼠皮下注射LD_{50}为5 947 mg/kg；狗经口LD_{50}为4 700 mg/kg，狗皮下注射LD_{50}为4 500 mg/kg。

3.2 远期毒作用

IARC致癌物分类为3类。

4. 人体健康危害

吸入蒸气可发生麻醉作用，对眼、呼吸道黏膜、皮肤有轻度刺激作用，对黏膜尚有腐蚀作用，高浓度可引起中枢神经系统变化，并显示坐骨神经的脱髓鞘征象，对皮肤尚有致敏作用。

5. 风险评估

我国职业接触限值规定：PC－TWA 为 100 mg/m^3。

美国 OSHA 规定：PEL－TWA 为 410 mg/m^3。NIOSH 规定：REL－TWA 为 410 mg/m^3。

甲基丙烯酸乙酯

1. 理化性质

CAS 号：97－63－2	外观与性状：无色液体，有辛辣味
熔点/凝固点(℃)：－75	闪点(℃)：20(开杯)
沸点(℃)：117	自燃温度(℃)：393
爆炸上限[%(V/V)]：9.6	爆炸下限[%(V/V)]：1.8
相对蒸气密度(空气＝1)：20.59	溶解性：微溶于水；易溶于乙醇、乙醚等

2. 用途与接触

指甲油等化妆品中含有甲基丙烯酸乙酯。人们在油漆家具或美甲时接触到该品。

常用的聚合及共聚合单体，可用于制造聚合物和共聚物、合成树脂、胶粘剂、涂料、纤维处理剂、成型材料的中间体，也用于制造甲基丙烯酸酯类共聚物。

可经呼吸道、消化道和皮肤接触吸收。

3. 毒性

本品健康危害 GHS 分类为：皮肤腐蚀/刺激，类别 2；严重眼损伤/眼刺激，类别 2；皮肤致敏物，类别 1；特异性靶器官毒性——一次接触，类别 3(呼吸道刺激)。

估计人类致死剂量约为 5.4 g/kg。大鼠经口 LD_{50} 为 14 800 mg/kg，大鼠吸入 LC_{50} 为 42 293 mg/(m^3 · 4 h)，大鼠腹腔注射 LD_{50} 为 1 223 mg/kg，小鼠经口 LD_{50} 为 7 836 mg/kg，小鼠腹腔注射 LD_{50} 为 1 369 mg/kg。

4. 人体健康危害

其蒸气或烟雾对眼睛、皮肤、黏膜和上呼吸道有刺激性。中毒表现有烧灼感、咳嗽、喘息、气短、喉炎、头痛、恶心和呕吐，可引起过敏反应。

甲基丙烯酸正丁酯

1. 理化性质

CAS 号：97－88－1	外观与性状：无色液体，具有甜味和酯气味
熔点/凝固点(℃)：<－75	沸点(℃)：160
闪点(℃)：52(开杯)	自燃温度(℃)：294.4
爆炸上限[%(V/V)]：8	爆炸下限[%(V/V)]：2
相对蒸气密度(空气＝1)：4.8	辛醇/水分配系数：2.88
溶解性：不溶于水；混溶于乙醇、乙醚等	

2. 用途与接触

又名异丁酸正丁酯。室内家具产品表面涂装材料含有甲基丙烯酸丁酯的成分。

主要用作聚合物单体，制造丙烯酸酯类聚合物和共聚物。广泛用于制造防弹玻璃和精密无线电器材、飞机座舱安全玻璃和汽车等防弹玻璃的夹层、油品添加剂、透明胶片、纸张、织物、皮革等整理剂、加工助剂、乳化剂、上光剂、涂料溶剂等。

3. 毒代动力学

可经呼吸道、消化道和皮肤接触吸收。

甲基丙烯酸烷基酯被体内普遍存在的羧酸酯酶快速水解。经皮、吸入、经口等途径暴露的母体酯类均被水解。甲基丙烯酸丁酯在体内水解为甲基丙烯酸和丁醇，随后通过生理途径在体内被进一步代谢。

4. 毒性

本品健康危害 GHS 分类为：皮肤腐蚀/刺激，类别 2；严重眼损伤/眼刺激，类别 2；皮肤致敏物，类别 1；特异性靶器官毒性——一次接触，类别 3(呼吸道刺激)。

小鼠经口 LD_{50} 为 12 900 mg/kg，小鼠皮下 LD_{50}

为 2 600 mg/kg，小鼠腹腔注射 LD_{50} 为 1 490 mg/kg，大鼠经口 LD_{50} 为 16 000 mg/kg，大鼠吸入 LC_{50} 为 31 170 mg/(m^3 · 4 h)，大鼠腹腔注射 LD_{50} 为 2 304 mg/kg，兔经口 LD_{50} 为＞6 300 mg/kg，兔经皮 LD_{50} 为 11 300 mg/kg。

5. 人体健康危害

吸入、误服或经皮肤吸收对身体有害。其蒸气或雾对眼睛、黏膜和呼吸道有刺激作用。中毒后表现有烧灼感、咳嗽、喘息、喉炎、气短、头痛、恶心和呕吐。皮肤接触可引起过敏。

6. 风险评估

对水生物有毒，其环境危害 GHS 分类为：危害水生环境—急性危害，类别 2。

甲基丙烯酸异丁酯

1. 理化性质

CAS 号：97－86－9	外观与性状：无色液体
熔点/凝固点(℃)：－61	临界压力(MPa)：2.67
沸点(℃)：155	自燃温度(℃)：390
闪点(℃)：35(闭杯)，49(开杯)	爆炸下限[%(V/V)]：1.0
爆炸上限[%(V/V)]：7.4	溶解性：不溶于水；混溶于乙醇、乙醚等
相对蒸气密度(空气＝1)：4.91	

2. 用途与接触机会

生活环境中主要通过呼吸道及皮肤接触含有甲基丙烯酸异丁酯的丙烯酸树脂。

为有机合成的单体，用于合成树脂、塑料、涂料、印刷油墨、胶粘剂、润滑油添加剂、牙科材料、纤维处理剂、纸张涂饰剂等。

3. 毒代动力学

可经呼吸道、消化道和皮肤接触吸收。甲基丙烯酸酯类等短链烷基丙烯酸酯在几种组织中被非特异性的羧酸酯酶水解为甲基丙烯酸与相应的醇类。

4. 毒性

本品健康危害 GHS 分类为：皮肤腐蚀/刺激，类别 2；严重眼损伤/眼刺激，类别 2；皮肤致敏物，类别 1；特异性靶器官毒性——一次接触，类别 3(呼吸道刺激)。

4.1 急性毒作用

大鼠经口 LD_{50} 为 6 400～12 800 mg/kg；小鼠经口 LD_{50} 为 11 990 mg/kg；大鼠吸入 LCL_0 为 200 g/m^3/4H；小鼠经口 LD_{50} 为 11 990 mg/kg；小鼠吸入 LCL_0 为 29 740 mg/(m^3 · 5 h)；小鼠腹膜腔 LD_{50} 为 1 340 mg/kg；狗静脉注射 LDL_0 为：134 μl/kg。对眼睛、呼吸系统及皮肤有刺激性。

4.2 远期毒作用

生殖毒性：受孕 5～15 d 的大鼠腹膜腔 TDL_0：1 401 mg/kg，生育力影响——着床后死亡率(如着床死亡数或在吸收着床数比着床总数)；受孕 5～15 d 的大鼠腹膜腔 TDL_0：420 mg/kg，胚胎或胎儿影响——胎儿毒性(除死亡，如胎儿发育障碍等)，特殊发育异常(其他发育异常)。

过敏反应：接触皮肤能引起过敏。

5. 人体健康危害

吸入、口服或经皮肤吸收对身体有害。其蒸气或雾对眼睛、黏膜和呼吸道有刺激作用。中毒后表现有烧灼感、咳嗽、喘息、喉炎、气短、头痛、恶心和呕吐。

6. 风险评估

对水生物毒性极大，其环境危害 GHS 分类为：危害水生环境—急性危害，类别 1。

氯甲酸酯类

氯甲酸甲酯

1. 理化性质

CAS 号：79－22－1	外观与性状：无色透明液体，有强烈刺激性气味
临界温度(℃)：251.9	临界压力(MPa)：5.36

（续表）

熔点/凝固点(℃)：−81	自燃温度(℃)：504
沸点、初沸点和沸程(℃)：71	爆炸下限[%(V/V)]：6.7
闪点(℃)：17.8(闭杯)	易燃性：高度易燃
饱和蒸气压(kPa)：14(20℃)	*n*-辛醇/水分配系数：0.14
相对密度(水=1)：1.22	溶解性：不溶于水；溶于苯、甲醇、乙醇、乙醚
相对蒸气密度(空气=1)：3.26	

2. 用途与接触机会

职业暴露是氯甲酸甲酯的主要接触途径。该物质在工业上被用作有机合成中间体，农药工业用于制取除草剂灭草灵、杀菌剂多菌灵等，也是制药的原料和催泪性毒剂。

3. 毒性

本品健康危害GHS分类为：急性毒性—吸入，类别2；皮肤腐蚀/刺激，类别1B；严重眼损伤/眼刺激，类别1。

3.1 急性毒作用

氯甲酸甲酯浓度达52.8 mg/m^{3}时即引起催泪，达1 000 mg/m^{3}时10 min内即可致死。据估计本品的刺激强度为氯气的5倍，光气的1/2。其毒性为氯气的2.6倍，316 mg/m^{3}仅能耐受1 min，211 mg/m^3，即引起上呼吸道和肺部的炎症，844 mg/m^{3}以上接触较长时间可发生肺水肿。

大鼠经口LD_{50}为60 mg/kg。在32.25 g/m^{3}浓度下可使全部大鼠发生呼吸困难、虚脱、惊厥，约50 min全部死亡，多死于肺水肿。小鼠经口LD_{50}为67 mg/kg。

小鼠吸入LC_{50}为185 mg/(m^3 · 2 h)，出现行为功能的改变，表现为易兴奋、肌力下降以及对惊厥或抽搐阈值产生影响；大鼠吸入LC_{50}为371 mg/(m^3 · h)；猫吸入LCL_0为1 500 mg/(m^3 · 30 min)。

小鼠经皮LD_{50}为1 750 mg/kg，兔经皮LD_{50}为7 120 mg/kg，将此类物质涂于豚鼠皮肤，可引起局部坏死，并可形成痂，与兔眼接触可造成永久性角膜混浊。

豚鼠腹腔LD_{50}为140 mg/kg，小鼠腹腔LD_{50}为40 mg/kg。

3.2 慢性毒作用

慢性毒性实验动物出现心脏重量以及红细胞(RBC)计数改变，营养和总代谢方面出现化学过程或体温改变、体温降低以及体重减轻或增长放缓，呼吸系统刺激症状等。

4. 人体健康危害

本品对眼、呼吸道黏膜和皮肤有强烈的刺激作用，并可引起局部坏死。人体吸入TCLo为5 mg/m^3。直接接触对眼、呼吸道和皮肤有强烈的刺激作用，呼吸系统出现气道刺激性、咳嗽、呼吸困难、肺水肿，还会致结膜炎、流泪、恶心、呕吐、腹痛、虚弱和震惊。眼刺激在停止接触后仍可持续一些时间，亦可引起皮肤过敏。食管或消化道刺激或在进食后可见烧伤。可引起皮肤和黏膜组织的腐蚀性烧伤以及局部坏死。经呼吸道吸入极低浓度，也可引起眼、鼻、咽喉等明显的刺激症状，严重时可发生肺水肿。国内外均有吸入中毒后引起死亡的报道。

5. 风险评估

德国2005年制定MAK为0.78 mg/m^3。俄罗斯2003年制定的STEL为0.05 mg/m^3，(经皮)。瑞士2006年制定的MAK-W为0.78 mg/m^3，KZG-W为1.56 mg/m^3。

对水生物有毒，其环境危害GHS分类为：危害水生环境—急性危害，类别2。

氯甲酸乙酯

1. 理化性质

CAS号：541-41-3	外观与性状：无色透明液体，有刺激性气味
熔点/凝固点(℃)：−80.6	临界温度(℃)：235
沸点、初沸点和沸程(℃)：95	临界压力(MPa)：4.5
闪点(℃)：16(闭杯)	自燃温度(℃)：500
爆炸上限[%(V/V)]：27.5	爆炸下限[%(V/V)]：3.2
饱和蒸气压(kPa)：2.98	易燃性：易燃液体
相对密度(水=1)：1.14	*n*-辛醇/水分配系数：0.63

（续表）

相对蒸气密度（空气＝1）：3.74	溶解性：不溶于水；溶于苯、氯仿、乙醇、乙醚等多种有机溶剂

2. 用途与接触机会

职业暴露是氯甲酸乙酯的主要接触途径。该物质是有机合成中间体，工业上用以制取碳酸二乙酯、异氰酸酯、医药、农药、除草剂及浮选剂等产品。

3. 毒性

本品健康危害GHS分类为：急性毒性—吸入，类别2；皮肤腐蚀/刺激，类别1B；严重眼损伤/眼刺激，类别1。

小鼠腹腔 LDL_0 为15 mg/kg；小鼠吸入 LCL_0 为2 260 mg/(m^3 · 10 min)；大鼠吸入 LC_{50} 为840 mg/(m^3 · h)，呼吸系统出现肺重量的改变，体重减轻或增长放慢；大鼠经口 LD_{50} 为270 mg/kg；兔经皮 LD_{50} 为7 120 mg/kg。

4. 人体健康危害

本品腐蚀、刺激和催泪等程度类似氯甲酸甲酯。轻者可有眼畏光、刺痛、流泪、咽干咽痛、呛咳等眼和上呼吸道的刺激症状。重者出现眼球结膜炎、胸闷气急、咳嗽加剧；咳痰，咳白色或粉红色泡沫痰，严重者可出现肺水肿表现。有报道本品可引起迟发型肺水肿，与光气相似。眼和皮肤接触液体，可发生眼和皮肤灼伤。

5. 风险评估

荷兰2003年制定的MAC－TGG为4.4 mg/m^3。俄罗斯2003年制定的STEL为0.2 mg/m^3（经皮）。英国2007年制定的TWA为4.5 mg/m^3。

对水生物有毒，其环境危害GHS分类为：危害水生环境—急性危害，类别2。

硫代氯甲酸乙酯

1. 理化性质

CAS号：2941－64－2	外观与性状：无色有刺激性气味液体
沸点、初沸点和沸程(℃)：132	溶解性：不溶于水
闪点(℃)：29	相对密度（水＝1）：1.195

2. 用途与接触机会

职业暴露是硫代氯甲酸乙酯的主要接触途径。该物质是有机合成中间体。

3. 毒性

本品健康危害GHS分类为：急性毒性—吸入，类别2；皮肤腐蚀/刺激，类别1；严重眼损伤/眼刺激，类别1。

大鼠吸入 LC_{50} 为210 mg/(m^3 · 4 h)，出现包括梗死在内的心脏疾病、呼吸系统气肿、肝炎（弥漫性肝细胞坏死）等表现。

4. 人体健康危害

硫代氯甲酸乙酯蒸气与空气混合形成爆炸性混合物，受高热分解放出有毒气体，具有腐蚀性，对眼、呼吸道黏膜和皮肤有强烈的刺激和腐蚀作用。

5. 风险评估

俄罗斯2003年制定的STEL为0.4 mg/m^3（经皮）。

氯甲酸丙酯

1. 理化性质

CAS号：109－61－5	外观与性状：无色液体
熔点/凝固点(℃)：<－70	自燃温度(℃)：475
沸点、初沸点和沸程(℃)：115	相对密度（水＝1）：1.09
闪点(℃)：26（闭杯）	相对蒸气密度（空气＝1）：4.23
饱和蒸气压(kPa)：2.66	溶解性：不溶于水；溶于苯、氯仿、乙醇、乙醚等多种有机溶剂
n-辛醇/水分配系数：1.12	

2. 用途与接触机会

职业暴露是氯甲酸丙酯的主要接触途径。该物质主要用于工业中的聚合引发剂等化学品的有机合成。

3. 毒性

本品健康危害GHS分类为：急性毒性—吸入，类别3；皮肤腐蚀/刺激，类别1B；严重眼损伤/眼刺激，类别1。

小鼠经口LD_{50}为550 mg/m^3，小鼠吸入LC_{50}为1 604 mg/m^3。将此类物质涂于豚鼠皮肤，可引起局部坏死，并可形成痂，与兔眼接触可造成永久性角膜混浊。

4. 人体健康危害

氯甲酸丙酯蒸气与空气混合，形成爆炸性混合物。遇水或受热会反应放出具有刺激性和腐蚀性的白色氯化氢烟雾。蒸气对眼和黏膜有强烈刺激，吸入后对眼和上呼吸道有强烈的刺激和腐蚀作用，眼和皮肤污染后，可引起表面灼伤。吸入高浓度，可因肺水肿而死亡，也可引起呼吸道窘迫症、虚脱和惊厥。

5. 风险评估

对水生物有毒，其环境危害GHS分类为：危害水生环境—急性危害，类别2。

氯甲酸异丙酯

1. 理化性质

CAS号：108-23-6	外观与性状：无色液体，有刺激性气味
熔点/凝固点(℃)：−80	自燃温度(℃)：>500
沸点、初沸点和沸程(℃)：104.6	爆炸下限[%(V/V)]：4.0
闪点(℃)：15.6	相对密度(水=1)：1.08
爆炸上限[%(V/V)]：15.0	*n*-辛醇/水分配系数：1.04
饱和蒸气压(kPa)：3(20℃)	溶解性：不溶于水；溶于乙醚、丙酮、氯仿等多数有机溶剂
相对蒸气密度(空气=1)：4.2	

2. 用途与接触机会

职业暴露是氯甲酸异丙酯的主要接触途径。该物质主要用于工业生产中农药、聚合引发剂及其他化学品合成的中间体。

3. 毒性

本品健康危害GHS分类为：急性毒性—吸入，类别1；皮肤腐蚀/刺激，类别1；严重眼损伤/眼刺激，类别1；特异性靶器官毒性——次接触，类别2。

大鼠经口LD_{50}为1 070 mg/kg，小鼠经口LD_{50}为178 mg/kg；小鼠吸入LC_{50}为1 504 mg/m^3；兔经皮LD_{50}为11.3 g/kg。

将此类物质涂于豚鼠皮肤，可引起局部坏死，并可形成痂，与兔眼接触可造成永久性角膜混浊。

4. 人体健康危害

本品蒸气对眼和黏膜有强烈刺激，吸入后对眼和上呼吸道有强烈的刺激和腐蚀作用，眼和皮肤污染后，可引起表面灼伤。本品与氯甲酸丙酯毒性基本相同。可产生与光气相似的迟发性肺水肿，吸入高浓度，可因肺水肿而死亡，也可引起呼吸道迫症、虚脱和惊厥。皮肤过敏也可能发生。

氯甲酸氯甲酯

1. 理化性质

CAS号：22128-62-7	外观与性状：无色透明液体，有渗透性、刺激性
沸点、初沸点和沸程(℃)：107～108	易燃性：高温下可燃
闪点(℃)：95	相对密度(水=1)：1.465
溶解性：微溶于水	

2. 用途与接触机会

职业暴露是氯甲酸氯甲酯的主要接触途径。该物质是曾被用作战争催泪性毒气，化学工业用于有机合成。氯甲酸三氯甲酸被称作双光气，曾被用作毒气。

3. 毒性

本品健康危害GHS分类为：急性毒性—吸入，类别2；皮肤腐蚀/刺激，类别1；严重眼损伤/眼刺激，类别1。小鼠最低致死浓度为344 mg/m^3。

4. 人体健康危害

氯甲酸氯甲酯蒸气与空气混合能形成爆炸性混

合物。燃烧产生有害的一氧化碳和氯化氢气体。本品对皮肤和黏膜有明显的刺激作用，腐蚀性较氯甲酸甲酯更强烈，为一种更高氯代衍生物。轻者可有眼畏光、刺痛、流泪、咽干咽痛、呛咳等眼和上呼吸道的刺激症状。重者出现眼球结膜炎、胸闷气急、咳嗽加剧；咳痰，咳白色或粉红色泡沫痰，严重者可出现肺水肿表现。有报道本品可引起迟发型肺水肿，与光气相似。眼和皮肤接触液体，可发生眼和皮肤灼伤。

卤代乙酸酯类

氯 乙 酸 甲 酯

1. 理化性质

CAS 号：96-34-4	外观与性状：无色透明液体，有刺激气味
熔点/凝固点(℃)：-32.1	临界温度(℃)：327
沸点、初沸点和沸程(℃)：129.8	临界压力(MPa)：4.5
闪点(℃)：50.15	自燃温度(℃)：463
爆炸上限[%(V/V)]：18.5	爆炸下限[%(V/V)]：7.5
饱和蒸气压(kPa)：1.33	易燃性：易燃
相对密度(水=1)：1.24	n-辛醇/水分配系数：0.63
相对蒸气密度(空气=1)：3.8	溶解性：微溶于水；可混溶于乙醇、乙醚、丙酮、苯

2. 用途与接触机会

日常生活环境中来源主要是家用厕所、金属和排水管的清洁剂，除锈剂，电池等，主要原因是生产中使用本品作为中间体或溶剂。

该物质主要作为医药农药的中间体和溶剂应用于工业生产中，包括金属精炼，水暖，漂白，雕刻，电镀，摄影，消毒，弹药，肥料制造，金属清洗和除锈等生产环节。

3. 毒性

本品健康危害 GHS 分类为：急性毒性—经口，类别 3；急性毒性—吸入，类别 3；皮肤腐蚀/刺激，类别 2；严重眼损伤/眼刺激，类别 1；特异性靶器官毒性——次接触，类别 3(呼吸道刺激)。

3.1 急性毒作用

大鼠皮下 LD_{50} 为 560 mg/kg；小鼠经口 LD_{50} 为 240 mg/kg；哺乳动物经口 LD_{50} 为 240 mg/kg；小鼠吸入 LC_{50} 为 1 g/(m^3 · 2 h)；大鼠吸入 LCL_0 为 1 211 mg/(m^3 · 7 h)，出现肾脏、输尿管和膀胱等泌尿系统的改变，体重减轻或增长放慢等表现。大鼠吸入 LC_{50} 为值为 3.69 mg/L。

7 和 14 h 暴露于 484 mg/m^3 的氯乙酸甲酯可引起兔出现迟发性的结膜和角膜刺激症状，在 242 mg/m^3 的类似的暴露没有引起眼损伤。

我国研究学者发现，大鼠经口 LD_{50} 为 172.08 mg/kg，大鼠的蓄积指数 IC 为 0，蓄积作用弱；对大白兔有皮肤刺激和眼刺激作用，眼刺激作用属于中重度刺激；小鼠经口 LD_{50} 为 147.00 mg/kg(BW)。

3.2 慢性毒作用

研究发现，亚慢性毒性实验氯乙酸甲酯对大鼠的肾脏和肝脏有毒性作用，最大无作用剂量为 4.3 mg/kg。亚慢性大鼠染毒实验发现，氯乙酸甲酯对大鼠睾丸和血清睾酮水平等有影响，具有一定生殖毒性。

3.3 远期毒作用

(1) 致突变作用

我国学者研究发现本品小鼠骨髓微核试验结果为阴性。

(2) 发育毒性与致畸性

我国学者研究应用精子单细胞凝胶电泳方法探讨氯乙酸甲酯对雄性大鼠精子 DNA 的损伤，发现高剂量染毒组精子细胞拖尾率和尾长[17.4%，(5.80±6.56)μm]与对照组[5.5%，(2.70±1.76)μm]之间差异有显著性($P<0.05$)，提示高剂量氯乙酸甲酯对雄性大鼠精子 DNA 有损伤作用。

4. 人体健康危害

氯乙酸甲酯蒸气与空气混合形成爆炸性混合物，燃烧产生有害的一氧化碳和氯化氢气体，受热放出有毒的氯化氢烟雾，对可能接触的眼部、皮肤和呼吸道、消化道等部位均具有刺激和腐蚀作用，属于高毒类物质。吸入中毒轻者可出现眼和上呼吸道刺激症状，重者可发生肺水肿；眼和皮肤接触，可发生眼和皮肤灼伤。

5. 风险评估

丹麦 2002 年制定的 TWA 值为 5 mg/m^3。德国 2005 制定的 MAK 为 4.5 mg/m^3 (1 ml/m^3) (skin, sen)。荷兰 2003 制定的 MAC－TGG 为 5 mg/m^3。俄罗斯 2003 年制定的 STEL 为 5 mg/m^3。瑞士 2006 年制定的 MAK－W 5 mg/m^3，KZG－W 5 mg/m^3。

对水生物有毒，其环境危害 GHS 分类为：危害水生环境—急性危害，类别 2。

氟乙酸甲酯

1. 理化性质

CAS 号：453－18－9	外观与性状：无色透明液体
熔点/凝固点(℃)：－45	易燃性：易燃
沸点、初沸点和沸程(℃)：104.5	相对密度(水＝1)：1.17
闪点(℃)：－35(闭杯)	溶解性：可溶于水
饱和蒸气压(kPa)：80 (25℃)	

2. 用途与接触机会

该物质主要作为生产氟啶酸、环丙氟啶酸、5－氟尿嘧啶、氟苷、喃氟啶、双呋啶 5－氟－4－羟基嘧啶等药物的基本原料，广泛应用于在染料、医药、农药等工业领域。相关生产操作人员为主要接触人群。

3. 毒性与中毒机理

本品为剧毒品，其健康危害 GHS 分类为：急性毒性—经口，类别 1；急性毒性—经皮，类别 1；急性毒性—吸入，类别 1。

3.1 急性毒作用

大鼠经口 LD_{50} 为 500 μg/kg，出现昏迷、呼吸系统刺激症状以及唾液腺结构或功能的变化；另有研究报道大鼠经口 LD_{50} 为 3 500 μg/kg，表现为惊厥或对癫痫发作阈值产生影响、心律失常(包括传导变化)、呼吸困难等症状；狗经口 TDLo 为 125 μg/kg/5D－I，出现惊厥或对癫痫发作阈值产生影响，同时出现与慢性疾病有关的表现。

大鼠吸入 LC_{50} 为 300 mg/(m^3・10 M)；兔经皮 LD_{50} 为 20 mg/kg，出现惊厥或出现对癫痫发作阈值的影响；scu－大鼠 LD_{50} 为 5 mg/kg，出现震颤、兴奋、惊厥或对癫痫发作阈值产生影响。

3.2 中毒机理

其可能的中毒机制为氟乙酸甲酯进入人体后，水解生成氟乙酸，氟乙酸与细胞线粒体的辅酶 A 结合生成氟代乙酰辅酶 A，再与草酰乙酸结合形成氟柠檬酸、抑制马头酸酶，使体内柠檬酸积聚，丙酮酸代谢受阻，妨碍体内正常的氧化磷酸化过程，影响机体生理代谢，引起中枢神经系统、消化及心血管等系统难以逆转的病理改变。

二氯乙酸甲酯

1. 理化性质

CAS 号：116－54－1	外观与性状：无色液体，有醚样气味
熔点/凝固点(℃)：－52	易燃性：高温下可燃
沸点、初沸点和沸程(℃)：143	相对蒸气密度(空气＝1)：4.93
闪点(℃)：80	n－辛醇/水分配系数：0.81
饱和蒸气压(kPa)：0.665 (25℃)	溶解性：微溶于水；溶于乙醇、乙醚
相对密度(水＝1)：1.38	

2. 用途与接触机会

该物质主要作为医药、农药的中间体和溶剂应用于工业生产中。职业人群在生产过程中可能接触。

3. 毒性

本品健康危害 GHS 分类为：急性毒性—吸入，类别 3；皮肤腐蚀/刺激，类别 2；严重眼损伤/眼刺激，类别 2。

大鼠吸入 LCL_0 为 12 765 mg/(m^3・30 min)，出现肺纤维化、尘肺等呼吸系统以及胃肠消化系统的改变。

4. 人体健康危害

二氯乙酸甲酯蒸气与空气混合形成爆炸性混合

物，受热放出剧毒的光气，对皮肤和黏膜有明显的刺激和腐蚀作用。吸入后，可因喉及支气管的痉挛、炎症、水肿，化学性肺炎或肺水肿而致死。接触后出现烧灼感、咳嗽、喘息、喉炎、气短、头痛、恶心和呕吐。

5. 风险评估

俄罗斯2003年制定的STEL为15 mg/m^3。

氟乙酸乙酯

1. 理化性质

CAS号：459-72-3	外观与性状：无色液体
沸点、初沸点和沸程(℃)：119.3	易燃性：易燃
相对密度(水=1)：1.092 6	溶解性：溶于水(分解)；微溶于石油醚
相对蒸气密度(空气=1)：3.7	闪点(℃)：30

2. 用途与接触机会

主要用作医药以及有机合成的中间体，用于5-氟脲嘧啶、氟胞嘧啶的合成。职业人群在生产过程中可能接触。

3. 毒代动力学

本品如氟原子在烷基即乙基团(如乙酸-2-氟乙酯)上，在体内经水解成为氟乙醇，并迅速转变为氟乙酸。如构成这种酯的酸，其碳原子是奇数，由于水解后变为奇数碳原子的酸，再经代谢使每两个碳原子降解一次，最后产物是氟丙酸酯。氟丙酸不具有氟乙酸的高毒性，这种毒性降低的论证同样适用于酯的烷基部分。

4. 毒性与中毒机理

本品健康危害GHS分类为：急性毒性—经口，类别2。

4.1 急性毒作用

本品小鼠经口LD_{50}为6～10 mg/kg，与氟乙酸相似。如氟原子在烷基即乙基团(如乙酸-2-氟乙酯)上，其毒性略有降低，LD_{50}为18 m/kg。小鼠腹腔注射LD_{50}为19 mg/kg。

4.2 中毒机理

结构简单的氟乙酸衍生物通常对多种脊椎动物和无脊椎动物有剧毒。其作用方式与氟乙酸甲酯相似，进入人体后，水解生成氟乙酸，氟乙酸与细胞线粒体的辅酶A结合生成氟代乙酰辅酶A，再与草酰乙酸结合形成氟柠檬酸、抑制马头酸酶，使体内柠檬酸积聚，丙酮酸代谢受阻，妨碍体内正常的氧化磷酸化过程，影响机体生理代谢，引起中枢神经系统、消化及心血管等系统难以逆转的病理改变。

5. 人体健康危害

具有温和的气味，对眼的刺激作用不如溴乙酸乙酯、碘乙酸乙酯等强烈。在体内可代谢为氟乙酸，发挥一定的氟毒性，主要涉及中枢神经系统与心血管系统，表现为恶心、呕吐、流涎过多、上腹部疼痛、精神恐惧麻木、心脏功能的异常、心室颤动、心脏骤停等，同时严重的癫痫样抽搐与昏迷和抑郁症状交替出现，窒息或呼吸衰竭时的痉挛可能导致死亡。

碘乙酸乙酯

1. 理化性质

CAS号：623-48-3	外观与性状：具有特殊刺激气味的液体
沸点、初沸点和沸程(℃)：179～180	易燃性：高温下可燃
闪点(℃)：76	溶解性：不溶于水；溶于乙醇、乙醚
相对密度(水=1)：1.817 3	

2. 用途与接触机会

该物质曾被用作催泪毒气。

3. 毒性

本品健康危害GHS分类为：急性毒性—经口，类别2。

大鼠经口LD_{50}为50 mg/kg，小鼠经口LD_{50}为50 mg/kg，均出现睡眠时间改变(包括翻正反射改变)、嗜睡(全身性活动抑制)、并对惊厥或抽搐阈值产生影响；大鼠腹腔LD_{50}为10 mg/kg，出现嗜睡(全身性活动抑制)、惊厥或对抽搐阈值的影响以及毛发出现改变；小鼠腹腔LD_{50}为45 mg/kg，表现为对其他直接类副交感(神经)的作用，肺、胸廓或呼吸等的改变，以及对营养和总代谢方面的影响。

碘乙酸乙酯浓度在1 600 mg/m^{3}时，对狗有强烈毒性影响。

4. 人体健康危害

碘乙酸乙酯蒸气与空气混合形成爆炸性混合物，受热分解或与酸类接触放出有毒烟雾，对皮肤和黏膜有明显的刺激作用。

本品具有强烈的刺激作用，与氯乙酸乙酯、溴乙酸乙酯毒性作用相似，其黏膜刺激作用特别对眼黏膜极强。催泪作用强度：碘乙酸乙酯＞溴乙酸乙酯＞氯乙酸乙酯。

本品1.4 mg/m^{3}的浓度，已有催泪作用；33 mg/m^3，不能耐受1 min以上；3.47 mg/m^{3}接触数秒，部队即可丧失战斗力；170 mg/m^3，接触1～2 min即可引起严重中毒。国外曾报道2名工人突然意外接触高浓度碘乙酸乙酯，引起肺水肿而死亡。

其他卤代酯类

单氟羧酸烷基酯类

本类物质主要包括3-氟丙酸甲酯、4-氟丁酸甲酯、5-氟戊酸甲酯、5-氟戊酸乙酯、6-氟己酸甲酯、6-氟己酸乙酯、7-氟庚酸甲酯、7-氟庚酸乙酯、8-氟辛酸乙酯、9-氟壬酸乙酯、10-氟癸酸乙酯、11-氟十一酸乙酯、16-氟十六酸乙酯、18-氟十八酸甲酯等。

1. 理化性质

该类物质为具有欣快气味的液体。分子中氟碳键稳定，故化学性能与相应的非氟代化合物相似。

2. 毒性

其在体内可水解生成相应的氟羧酸和醇，毒性与结构关系同氟羧酸。能生成氟乙酸的化合物属高毒类，毒性表现与氟乙酸相似，其他属中等或低毒类。其中3-氟丙酸甲酯为低毒；4-氟丁酸甲酯小鼠腹腔注射LD_{50}为0.7 mg/kg；5-氟戊酸甲酯小鼠腹腔注射LD_{50}为＞100 mg/kg；5-氟戊酸乙酯小鼠腹腔注射LD_{50}为＞160 mg/kg；6-氟己酸甲酯小鼠腹腔注射LD_{50}为1.6 mg/kg；6-氟己酸乙酯小鼠腹腔注射LD_{50}为4 mg/kg，小鼠皮下LD_{50}为4 mg/kg，兔静脉LD_{50}为200 μg/kg；7-氟庚酸甲酯小鼠腹腔注射LD_{50}为＞100 mg/kg；7-氟庚酸乙酯为低毒；8-氟辛酸乙酯小鼠腹腔注射LD_{50}为1.75 mg/kg；9-氟壬酸乙酯小鼠腹腔注射LD_{50}为70 mg/kg；10-氟癸酸乙酯小鼠腹腔注射LD_{50}为1.65 mg/kg；11-氟十一酸乙酯小鼠腹腔注射LD_{50}为＞100 mg/kg；16-氟十六酸乙酯小鼠腹腔注射LD_{50}为7 mg/kg；18-氟十八酸甲酯小鼠腹腔注射LD_{50}为18 mg/kg。

丙烯酸-2-氯乙酯

1. 理化性质

CAS号：2206-89-5	溶解性：不溶于水；溶于乙醇、乙醚

2. 用途与接触机会

该物质主要作为工业有机合成。

3. 毒性

本品大鼠经口LD_{50}为180 mg/kg；在浓度0.68 g/m^{3}下吸入4 h，未见有死亡。大鼠吸入LCL_0为1 502 mg/(m^3·4 h)。在1.37 mg/m^{3}浓度下大鼠吸入4 h，6只大鼠全部死亡。对兔眼及皮肤有严重刺激。

4. 人体健康危害

其蒸气对眼睛和皮肤有强烈刺激作用。遇热分解释出有毒的氯气烟雾。

二(三氯甲基)碳酸酯

1. 理化性质

CAS号：32315-10-9	外观与性状：白色晶体，有类似光气的气味
熔点/凝固点(℃)：78～82	相对蒸气密度(空气＝1)：10.2
沸点、初沸点和沸程(℃)：203～206	密度(g/cm^3)：1.78
闪点(℃)：203～206	n-辛醇/水分配系数：5.74
饱和蒸气压(kPa)：0.26	溶解性：不溶于水；溶于乙醚、四氢呋喃、苯、环己烷、氯仿等

2. 用途与接触机会

双(三氯甲基)碳酸酯又称三光气,生产应用中经常替代剧毒的光气和双光气,在医药、农药、高分子材料等领域均有广泛应用。

3. 毒性

本品 Wistar 大鼠吸入 LC_{50} 为 0.14 mol/m³。其健康危害 GHS 分类为:急性毒性—经口,类别 3;急性毒性—经皮,类别 3;急性毒性—吸入,类别 2;皮肤腐蚀/刺激,类别 1;严重眼损伤/眼刺激,类别 1。

4. 人体健康危害

在 131℃下三光气有轻微分解,吸湿后在 90℃时就开始分解,生成光气和氯甲酸三氯甲酯。在 169℃下,三光气会裂解成光气、二氧化碳和四氯化碳。

国内有关本品急性吸入中毒案例报道,轻度中毒患者临床症状较轻,仅有轻度咳嗽,一过性胸闷,无明显咳痰。中度、重度患者临床症状逐渐加重,咳粉红色泡沫痰或痰中带血,更严重的表现为咳嗽剧烈、咯血痰、胸闷、严重呼吸困难伴呕吐。

饱和脂肪族二元和三元羧酸酯类

草酸二乙酯

1. 理化性质

CAS 号:95-92-1	外观与性状:无色油状液体,有芳香气味
熔点/凝固点(℃):−38.5	临界温度(℃):288.9
沸点、初沸点和沸程(℃):185.7	临界压力(MPa):4.92
闪点(℃):75.6(闭杯)	相对蒸气密度(空气=1):5.04
饱和蒸气压(kPa):0.133(47℃)	易燃性:高温下可燃
密度(kg/m³):1 080(20℃)	*n*-辛醇/水分配系数:0.56
相对密度(水=1):1.08	溶解性:微溶于水;混溶于乙醇、乙醚、乙酸乙酯等多种有机溶剂

2. 用途与接触机会

主要用于医药工业,是苯巴比妥、硫唑嘌呤、周效磺胺、磺胺甲基噁唑、羧苯酯青霉素、乙哌氧氨苄青霉素、乳酸氯喹、噻苯咪唑等药物的中间体。也是塑料促进剂、染料中间体。还用作纤维素酯类、香料的溶剂。用作乙炔萃取剂以及染料、医药、香料等的原料。

3. 毒代动力学

草酸二乙酯在体内可水解产生草酸发挥毒性作用。

4. 毒性

本品健康危害 GHS 分类为:严重眼损伤/眼刺激,类别 2。

小鼠经口 LD_{50} 为 2 000 mg/kg,出现嗜睡(全身性活动抑制)、精神萎靡等行为功能的改变。大鼠经口 LD_{50} 为 400 mg/kg,突出症状有呼吸困难和肌肉颤动。此种症状与草酸所造成的中枢神经系统兴奋作用相似。大鼠经口 400 mg/kg 剂量之后,见到肾脏中有大量的草酸沉着和肾小管扩张。

豚鼠皮肤刺激实验为 500 mg/24 h,出现轻度刺激。

5. 人体健康危害

尽管本品用途较广,但未见由本品造成损害的报道,不能透过完整皮肤。曾有报告工人接触 760 mg/m³浓度,数月后有虚弱、头痛和恶心等主诉,并有若干轻微贫血和白细胞减少,中性粒细胞减少和嗜酸粒细胞增多等情况,当停止接触后,这些症状即消退。豚鼠实验结果证实有轻度贫血。从本品的蒸气压来计算,上述浓度约相当于在 25℃时饱和浓度的一半,故上述浓度的准确性值得怀疑。从理论推测,如接触高浓度或经皮肤吸收,则似乎可能在体内迅速水解,产生的草酸就可能造成血钙过少的某些症状。

6. 风险评估

俄罗斯 2003 年制定的 STEL 为 0.5 mg/m^3。

丙二酸二乙酯

1. 理化性质

CAS 号：105－53－3	外观与性状：无色液体，具有甜的醚气味。
熔点/凝固点(℃)：－50	易燃性：高温下可燃
沸点、初沸点和沸程(℃)：199	密度(kg/m^3)：1 055(20℃)
闪点(℃)：100	相对密度(水＝1)：1.055
溶解性：与醇、醚混溶；溶于氯仿、苯等有机溶剂；难溶于水	

2. 用途与接触机会

有机合成中间体。在染料、香料、磺酰脲类除草剂等生产中用途广泛。主要用于生产乙氧甲叉、巴比妥酸、烷基丙二酸二乙酯，进而合成医药如诺氟沙星、罗美沙星、氯喹、保泰松等及合成染料和颜料如苯并咪唑酮类有机颜料。还用作硝酸纤维素的增塑剂。

用作医药氯喹、保泰松、周效磺胺和巴比妥的中间体。用作制药和分析试剂，如维生素 K 的测定。

3. 毒代动力学

丙二酸二乙酯遇热分解放出辛辣烟，主要经呼吸道吸入，在体内水解后产生丙二酸。

4. 毒性

本品大鼠经口 LD_{50} 为 14 900 μl/kg。小鼠经口 LD_{50} 为 6 400 mg/kg；豚鼠经皮 LD_{50} 为＞10.0 ml/kg；兔经皮 LD_{50} 为：＞16 ml/kg。

5. 人体健康危害

对皮肤有轻微刺激。

6. 风险评估

美国 ACGIH 和 OSHA 的 TWA 皆为950 mg/m^3。

丁二酸酯类

丁二酸酯(琥珀酸酯)类包括丁二酸二乙酯、丁二酸二丙酯、丁二酸二丁酯、丁二酸二－2－己氧基乙酯，为无色液体，不溶于水。是化工中间体，用于制药和化学制剂。本品加热分解，放出辛辣烟。主要经呼吸道吸入，动物实验对眼和皮肤有轻微的刺激作用。

1. 理化性质

丁二酸二乙酯

CAS 号：123－25－1	外观与性状：无色液体，具有微弱的令人愉快的香气
熔点/凝固点(℃)：－21	饱和蒸气压(kPa)：1.33(84℃)
沸点、初沸点和沸程(℃)：217.7	溶解性：能与乙醇、乙醚混溶；溶于丙酮；不溶于水
闪点(℃)：90(闭杯)	易燃性：高温下可燃

丁二酸二丙酯

CAS 号：925－15－5	密度(kg/m^3)：1 002(20℃)
熔点/凝固点(℃)：－5.9	相对密度(水＝1)：1.002
沸点、初沸点和沸程(℃)：250.8	*n*－辛醇/水分配系数：0.56
溶解性：不溶于水；溶于乙醇、苯等	

丁二酸二丁酯

CAS 号：141－03－7	外观与性状：无色透明液体
熔点/凝固点(℃)：－29.2	密度(kg/m^3)：0.975 2(20℃)
沸点、初沸点和沸程(℃)：274.5	相对密度(水＝1)：0.975 2
闪点(℃)：135(开杯)	溶解性：不溶于水；易溶于乙醇、甲苯、丙酮等

2. 用途与接触机会

本类物质是化工中间体，用于制药和化学制剂。加热可分解，放出辛辣烟。主要经呼吸道吸入。

3. 毒性

丁二酸二乙酯：动物实验对眼和皮肤有轻微的

刺激作用。大鼠经口 LD_{50} 为 8 530 mg/kg，兔皮肤刺激实验 500 mg/24 h，出现轻度刺激症状。大鼠皮肤以及眼部刺激实验 100%，均出现轻度刺激。

丁二酸二丙酯：大鼠经口 LD_{50} 为 6.5 g/kg，大鼠吸入饱和蒸气 8h，未出现实验动物死亡，出现轻微皮肤和眼部刺激症状。兔刺激试验 500 mg/24h，皮肤和眼部出现轻度刺激。

丁二酸二丁酯：大鼠经口 LD_{50} 为 8.0 g/kg。

己 二 酸 脂 类

己二酸脂类包括己二酸二乙酯、己二酸二(2-乙基丁基)酯、己二酸二丁酯、己二酸二-2-乙基丁酯、己二酸二丁氧基乙酯、己二酸二-2-乙基己酯、己二酸二-2-己氧基乙酯、己二酸-2-(2-乙基丁氧基)乙酯、己二酸二-2-丙炔酯、己二酸二葵酯等。为无色透明液体，不溶于水，能与醇、醚相混溶，工业上用作增塑剂，是重要的化工中间体或溶剂。

1. 理化性质

己二酸二乙酯

CAS号：141-28-6	外观与性状：无色油状液体
熔点/凝固点(℃)：−19.8	相对密度(水=1)：0.997 4
沸点、初沸点和沸程(℃)：245	饱和蒸气压(kPa)：1.33 (84℃)
闪点(℃)：>110	溶解性：溶于乙醇和其他有机溶剂；不溶于水

己二酸二丁酯

CAS号：105-99-7	外观与性状：无色透明液体
熔点/凝固点(℃)：−32.4	相对密度(水=1)：0.961 3
沸点、初沸点和沸程(℃)：286～298	溶解性：溶于乙醇和乙醚；不溶于水
闪点(℃)：110	

己二酸二丁氧基乙酯

CAS号：141-18-4	外观与性状：无色透明液体
沸点、初沸点和沸程(℃)：208(0.532 kPa)	溶解性：微溶于水；溶于多数有机溶剂
闪点(℃)：187.7	

己二酸二-2-乙基己酯

CAS号：103-23-1	外观与性状：无色油状液体，有特殊气味
熔点/凝固点(℃)：−67.8	饱和蒸气压(kPa)：0.32 (200℃)
沸点、初沸点和沸程(℃)：214(0.67 kPa)	自燃温度(℃)：235
闪点(℃)：194	溶解性：溶于甲醇、甲苯等有机溶剂；不溶于水
相对密度(水=1)：0.926 8	

2. 用途与接触机会

该类物质工业上用作化工中间体或溶剂，其中己二酸二-2-乙基己酯主要作为增塑剂使用。

3. 毒代动力学

己二酸脂类加热至分解时放出刺鼻的浓烟和刺激性烟雾。

对己二酸二-2-乙基己酯的动物实验发现，己二酸是主要的代谢产物。本品进入体内后，主要分布在实验动物的脂肪、肝、肾等组织。食入具有高分子量的一系列酯，引起油状粪便，表示其在肠内无吸收。

4. 毒性

4.1 急性毒作用

此类物质无高度急性毒性，对皮肤及眼睛的刺激作用亦极轻微。

己二酸二乙酯：小鼠经口 LD_{50} 为 8 100 mg/kg，大鼠经口 LD_{50} 为>1.6 g/kg；小鼠腹腔 LD_{50} 为 2 190 mg/kg；豚鼠经皮 LD_{50} 为>10.0 g/kg，豚鼠出现皮肤轻微刺激症状。

己二酸二丁酯：大鼠吸入 LC_{50} 为>17 mg/(m^3 · 4 h)，小鼠吸入 LC_{50} 为>17 mg/(m^3 · 2 h)，大鼠吸入饱和蒸气 8 h，未出现试验动物死亡；小鼠经口 LD_{50} 为 16 890 mg/kg，出现血液系统的改变。大鼠经口 LD_{50} 为 12 900 mg/kg；大鼠腹腔 LD_{50} 为 5 244 μl/kg；兔经皮 LD_{50} 为 20.0 g/kg；皮肤和眼部刺激试验：实验动物出现轻微刺激症状。

己二酸二丁氧基乙酯：大鼠腹腔 LD_{50} 为 0.6 g/kg。

己二酸二-2-乙基己酯：小鼠经口 LD_{50} 为 15 000 mg/kg，豚鼠经口 LD_{50} 为 12 900 mg/kg；大鼠腹腔 LD_{50} 为 46 000 mg/kg，大鼠静脉 LD_{50} 为 900 mg/kg，刺激试验：实验动物皮肤和眼部出现轻微刺激症状。

4.2　慢性毒作用

己二酸二-2-乙基己酯：大鼠经口 TDL_0 为 500 mg/(kg·6 d)-C，出现肝脏重量改变，肝功能异常，脂类转运等代谢异常。大鼠经口 TDL_0 为 56 000 mg/(kg·6 w)-I，出现肝脏、肾脏重量改变，体重减轻或增长放缓。大鼠经口 TDL_0 为 14 000 mg/(kg·2 w)-I，出现肝脏重量改变。大鼠经口 TDL_0 为 18 000 mg/(kg·15 d)-I，出现体重减轻或增长放缓。大鼠经口 TDL_0 为 28 000 mg/(kg·2 w)-I，出现肝脏、肾脏、卵巢重量改变。大鼠经口 TDL_0 为 28 000 mg/(kg·4 w)-I，出现肝脏重量改变，泌尿系统功能改变，子宫、输卵管功能受到影响。大鼠经口 TDL_0 为28 000 mg/(kg·28 d)-I，出现肝脏、肾脏、肾上腺重量改变。大鼠经口 TDL_0 为 5 600 mg/(kg·4 w)-I，出现肾脏重量改变。大鼠经口 TDL_0 为 5 600 mg/(kg·28 d)-I，出现肾脏重量改变。大鼠经口 TDL_0 为8.45 mg/(kg·14 d)-I，出现肝脏功能改变，脂类转运等代谢异常。小鼠经口 TDL_0 为 500 mg/(kg·5 d)-C，出现肝脏重量改变，肝功能异常，脂类转运等代谢异常。小鼠经口 TDL_0 为 168 mg/(kg·14 d)-C；大鼠经口 TDL_0 为 52 500 mg/(kg·5 w)-I，出现肝脏重量改变，体重减轻或增长放缓等异常。大鼠经口 TDL_0 为 8 913.52 mg/(kg·4 w)-I，出现肾脏重量改变，血清成分含量的改变，如总蛋白、胆红素、胆固醇等。大鼠经口 TDL_0 为 8.45 mg/(kg·14 d)-I，出现肝脏功能改变，脂类转运等代谢异常。大鼠经口 TDL_0 为 43 963.36 mg/(kg·4 w)-I，出现体重减轻或增长放缓以及睾丸重量的改变等。大鼠经口 TDL_0 为 25 200 mg/(kg·3 w)-C，出现血清成分含量改变，如总蛋白、胆红素、胆固醇等。大鼠经口 TDL_0 为 191 mg/(kg·13 w)-C，出现肝脏总量的改变，体重减轻或增长放缓、酶抑制、诱导或在血液、组织水平的改变，肝微粒体混合功能氧化酶的改变等。大鼠经口 TDL_0 为 280 mg/(kg·13 w)-C，出现肝脏重量的改变，酶抑制、诱导或在血液、组织水平的改变，肝微粒体混合功能氧化酶的改变等。

有研究发现用含 0.5、2、5%己二酸二-2-乙基己酯饲料饲养大鼠 1 个月，发现 5%的一组对生长有明显的影响，但含量较低时则无。任何一种含量对血液、尿、病理组织均无异常改变。在狗的饲料中加入本品 2 g/kg 量喂养 2 个月，仅见食欲的暂时减退，而血、尿和病理组织学检查均无变化。曾在大鼠饲料中每天给以 0.16～4.7 g/kg 的本品，4.74 g/kg 剂量引起死亡，在 0.16 g/kg 剂量组中未发现对生长、食欲及肝、肾重量或病理组织有任何影响。

有研究用本品 2 000 mg/kg 拌在饲料中喂饲雌雄 Fisch 大鼠及 B6C3F1 雌雄小鼠，持续 103 周，发现大鼠染毒组各部位的肿瘤发生率与对照组无显著差别，而小鼠染毒组肝脏肿瘤发生率显著高于对照组。

己二酸二-2-乙基己酯：IARC 分类为 3 组。

己二酸二丁酯：大鼠腹腔 TDL_0 为 1 049 mg/kg (5～15d preg)，出现胎儿毒性，包括胎儿发育障碍等。大鼠腹腔 TDL_0 为 1 748 mg/kg(5～15d preg)出现发育异常。

己二酸二-2-乙基己酯：大鼠经口 TDL_0 为 50 000 mg/kg(17d pre/0～7d preg)，每窝产仔数受到影响，如每胎数量、产前测量等。大鼠经口 TDL_0 为 18 mg/kg(7～21d preg)，着床后死亡率有影响，如着床死亡数或者再吸收着床数比着床总数。大鼠经口 TDL_0 为 14.4 mg/kg(7～21d preg/3d post)影响幼崽的生长，如体重增长缓慢。大鼠经口 TDL_0 为 13.6 mg/kg(7～23d preg)，对母体的分娩造成影响，同时影响着床死亡数或者再吸收着床数比着床总数。大鼠经口 TDL_0 为 30.4 mg/kg(7～23d preg/21d post)，肝胆系统、泌尿生殖系统均出现发育异常现象。大鼠经口 TDL_0 为 11.2 mg/kg(7～23d preg/13d post)，影响幼崽的生存指数，如第四天时每窝存活数/每窝出生总数。大鼠经口 TDL_0 为 26 000 mg/kg(18d preg/0～7d preg)，母体出现月经周期改变或紊乱，生育力受到影响，出现着床死亡数或者再吸收着床数比着床总数的改变。大鼠经口 TDL_0 为 50 000 mg/kg(17d preg/0～7d preg)，母体出现月经周期改变或紊乱，生育力受到影响，受精卵着床前死亡率出现改变，如每只母鼠着床受精卵数量减少，着床受精卵总数量/卵巢黄体；

大鼠腹腔 TDL_0 为 15 mg/kg(5～15D preg)，出现胎儿毒性，如胎儿发育障碍等。大鼠腹腔 TDL_0 为 30 mg/kg(5～15d preg)，出现发育异常。

5. 风险评估

俄罗斯2003年制定的己二酸二丁脂 STEL 为 5 mg/m³(经皮);己二酸二丁氧基乙酯 STEL 为 1 mg/m³(经皮)。

壬二酸酯类

壬二酸酯类包括壬二酸二丁酯、壬二酸二-2-乙基己酯等。

1. 理化性质

壬二酸二丁酯

CAS号: 2917-73-9	外观与性状: 无色结晶体
熔点/凝固点(℃): 107	溶解性: 不溶于水
沸点、初沸点和沸程(℃): 336	

壬二酸二-2-乙基己酯

CAS号: 103-24-2	外观与性状: 无色液体
熔点/凝固点(℃): −65	自燃温度(℃): 377
沸点、初沸点和沸程(℃): 237(0.67 kPa)	相对蒸气密度(空气=1): 18.7
闪点(℃): 212	溶解性: 不溶于水

2. 用途与接触机会

工业上主要用作增塑剂。

3. 毒性

壬二酸二丁酯: 小鼠经口 LD_{50} 为>12.8 g/kg, 豚鼠经皮 LD_{50} 为>10.0 g/kg。豚鼠刺激实验,皮肤出现轻微刺激症状,眼部无刺激症状。小鼠腹腔 LD_{50} 为>12.8 g/kg。

壬二酸二-2-乙基己酯: 兔经皮 LD_{50} 为20 ml/kg,豚鼠经皮 LD_{50} 为>10.0 g/kg;大鼠经口 LD_{50} 为8.72 ml/kg,大鼠经口 LD_{50} 为6.4~12.8 g/kg,小鼠经口 LD_{50} 为<25.0 g/kg;大鼠静脉 LD_{50} 为1 060 mg/kg,兔静脉 LD_{50} 为640 mg/kg;大鼠腹腔<25.0 g/kg,小鼠腹腔>25.0 g/kg;兔皮肤刺激试验10 mg/24h(开放),出现轻度刺激。大鼠吸入饱和蒸气6h,死亡率为0/3,未出现皮肤刺激。另有研究发现本品对兔眼部可造成1级损伤(损伤程度分为十级,十级为最严重)。

癸二酸酯类

癸二酸酯类包括癸二酸二丁酯、癸二酸二-2-乙基己酯等。

1. 理化性质

癸二酸二丁酯

CAS号: 109-43-3	外观与性状: 无色透明液体
熔点/凝固点(℃): −10	自燃温度(℃): 365
沸点、初沸点和沸程(℃): 349	相对密度(水=1): 0.933
闪点(℃): 178.3(开杯)	相对蒸气密度(空气=1): 10.8
饱和蒸气压(kPa): 0.4(180℃)	溶解性: 不溶于水;可溶于醇、醚、氯仿、丙酮等有机溶剂

癸二酸二-2-乙基己酯

CAS号: 122-62-3	外观与性状: 无色油状液体
熔点/凝固点(℃): −48	闪点(℃): 210
沸点、初沸点和沸程(℃): 377	溶解性: 不溶于水;溶于烃、醇、酮、酯
相对密度(水=1): 0.912	

2. 用途与接触机会

工业上主要用于增塑剂。

3. 毒代动力学

有研究发现癸二酸二丁酯在体外试验中,可被胰脂肪酶快速水解,类似于三油酸甘油酯,提示该类增塑剂在体内代谢类似于脂肪在体内的代谢。

4. 毒性

4.1 急性毒作用

癸二酸二丁酯: 大鼠吸入 LC_{50} 为>5 400 μg/(m³·4 h),小鼠吸入 LC_{50} 为>5 400 μg/(m³·2 h);小鼠经口 LD_{50} 为19 500 mg/kg,出现肺、胸廓或呼吸系统的改变。大鼠经口 LD_{50} 为14 870 mg/kg,出现嗜睡(全身性活动抑制),消化道功能亢进、腹泻以及肝功能的异常。大鼠经口 LD_{50} 为 16～32 g/kg。小鼠腹腔 LD_{50} 为 14 700 μl/kg。

癸二酸二-2-乙基己酯：本品一次经口毒性与癸二酸二丁酯相同，它不是皮肤刺激物，亦不通过皮肤吸收。大鼠经口 LD_{50} 为 12.8～25.6 g/kg，小鼠经口 LD_{50} 为 9.5 g/kg；大鼠静脉 LD_{50} 为 900 mg/kg，兔静脉 LD_{50} 为 540 mg/kg；豚鼠经皮 LD_{50} 为＞10.0 g/kg；大鼠吸入饱和蒸气 6h，无死亡，亦无症状，未出现皮肤刺激；大鼠腹腔注射 LD_{50} 为＞25.0 g/kg，小鼠腹腔注射 LD_{50} 为＞25.0 g/kg。

4.2 慢性毒作用

癸二酸二丁酯：可能对血液系统有影响，主要表现为红细胞计数的改变。大鼠经口 TDL_0 为 66 mg/(kg·30 d)-I，血液系统出现红细胞计数改变，体重减轻或增长放缓，以及对体内酶作用等生化反应的影响。兔 unr TDL_0 为 50 400 mg/kg/12w-I，出现点彩红细胞或有核红细胞、红细胞计数等的改变，体重减轻或增长放缓。

用含有 0.01%～6.25%癸二酸二丁酯的饲料喂养大鼠为期 2 年，对生长、死亡率、组织病理或生殖能力未发现有异常。在断乳后饲以高剂量癸二酸二丁酯仅有极轻微的生长抑制。其低毒的原因，是由于本类物质的分解产物可参与正常的代谢过程。用胰酶做体外实验显示其分裂至少有如甘油三油酸酯一样迅速，经口食入或皮肤接触的急性作用都是十分轻微的。

癸二酸二丁酯：大鼠经口 TDL_0 为 418 mg/kg (10w male/10d pre)，出现幼崽生长情况异常，如体重增长缓慢。

5. 风险评估

俄罗斯 2003 年制定的癸二酸二丁脂的 STEL 为 20 mg/m³。

美国 ACGIH 规定：癸二酸二-2-乙基己酯的 TLV-TWA 为 62 mg/m³；OSHA 规定：PEL-TWA 为 60 mg/m³。

柠檬酸酯类

柠檬酸酯类包括柠檬酸三乙酯、乙酰柠檬酸三乙酯、柠檬酸三丁酯、乙酰柠檬酸三丁酯等。

1. 理化性质

柠檬酸三乙酯

CAS 号：77-93-0	外观与性状：无色透明液体，有甜和愉快的果子酒、梅子样香气
熔点/凝固点(℃)：-55	相对蒸气密度(空气=1)：9.7
沸点、初沸点和沸程(℃)：294	溶解性：25℃水中溶解度 6.5 g/L；溶于大多数有机溶剂。
闪点(℃)：151	

乙酰柠檬酸三乙酯

CAS 号：77-89-4	外观与性状：无色液体，无气味。
沸点、初沸点和沸程(℃)：174	溶解性：微溶于水

柠檬酸三丁酯

CAS 号：77-94-1	外观与性状：无色透明油状液体
熔点/凝固点(℃)：-20	自燃温度(℃)：368
沸点、初沸点和沸程(℃)：225	相对密度(水=1)：1.042
闪点(℃)：182	溶解性：不溶于水；溶于甲醇、丙酮、四氯化碳、冰醋酸、蓖麻油等

乙酰柠檬酸三丁酯

CAS 号：77-90-7	外观与性状：无色油状液体
沸点、初沸点和沸程(℃)：343	相对蒸气密度(空气=1)：1.046
闪点(℃)：204	溶解性：不溶于水；溶于多数有机溶剂

2. 用途与接触机会

该类物质工业上用作化工中间体、聚氯乙烯增塑剂，其中柠檬酸异丙基酯用作食品工业乳化剂及调味保藏剂等；柠檬酸三乙酯是一种重要的工业溶剂和脱漆剂，也被用作增塑剂增加塑料的柔韧性，同时可以用做食品添加剂以及香水、乳液等个人护理用品。

3. 毒代动力学

柠檬酸三乙酯、乙酰柠檬酸三乙酯主要经呼吸道吸入。

柠檬酸三乙酯在体内水解为柠檬酸和乙醇。由于其具有水溶性，进入人体后主要分布于体内的循环系统，同时不易在体内造成蓄积。

4. 毒性与中毒机理

4.1 急性毒作用

柠檬酸三乙酯：大鼠吸入 LC_{50} 为 16 035 mg/(m^3·6 h)，出现急性肺水肿、胸膜积液、呼吸困难等症状。兔经皮 LD_{50} 为>5 g/kg，豚鼠经口 LD_{50} 为>25 ml/kg，大鼠经口 LD_{50} 为 5 900 mg/kg，大鼠腹腔 LD_{50} 为 4 g/kg，大鼠皮下注射 LD_{50} 为 6 600 mg/kg，均出现睡眠时间的改变(包括翻正反射改变)、呼吸抑制、体温下降等改变。小鼠腹腔 LD_{50} 为 1 750 mg/kg，出现嗜睡(全身性活动抑制)、血管改变等。大鼠经口 LD_{50} 为 7.0 g/kg，豚鼠经皮 LD_{50} 为>10.0 g/kg，大鼠吸入 39.13 mg/m^3，6h，死亡率为 2/3，未出现皮肤和眼部刺激。大鼠经口 LD_{50} 为 3.2～6.4 g/kg，大鼠吸入 19.19 mg/m^3，6h，死亡率为 0/3，未出现皮肤和眼部刺激。柠檬酸乙酯对豚鼠皮肤无影响，不是皮肤刺激物。

大鼠和猫一次性给予大剂量柠檬酸三乙酯，产生的症状相同，有虚弱、萎靡，最后产生激动过度，同时有惊厥和呼吸衰竭。症状发作很快，虽然有些动物的中毒表现可持续至 2 d。相反，一次性经口给予柠檬酸丁酯则无显著影响，仅在大便中见含有物质。

用大鼠对柠檬酸三乙酯进行研究，大鼠吸入 6 h 的 LC_{50} 为 14.7～39.5 g/m^3。要获得这样高的浓度必须升高温度(200～240℃)进行蒸发，在高温度下可能有分解作用发生。

4.2 慢性毒作用

柠檬酸三乙酯：小鼠腹腔 TDL_0 为 4 900 mg/(kg·14 d)-I，出现体重减轻或增长放缓。猫经口 TDL_0 为 15 904 mg/(kg·8 w)-C，出现嗜睡(全身活动抑制)、肌力下降、共济失调等行为功能的改变。

用含有 0.5、1 和 2%的柠檬酸乙酯喂养大鼠 6 周，在体重、血细胞计数、血液化学、尿分析或组织病理方面未见有显著影响。猫能耐受食入 0.25 ml/kg·d的柠檬酸三乙酯和 0.5 ml/kg 乙酰柠檬酸三乙酯 8 周，但在第 4 和第 5 次剂量后出现轻微中毒症状，有虚弱、运动失调和萎靡等。

用含有 5%、10%的柠檬酸三丁酯和乙酰柠檬酸三丁酯的饲料喂养大鼠 6 周，5%的剂量对生长无影响，10%的剂量对生长有一些抑制作用。用较高剂量则见有腹泻。对血细胞计数和组织病理无影响。以胃管给猫以 5 ml/kg·d 柠檬酸三丁酯 2 个月，对动物的行为或外貌未有影响，对它们的尿、血液化学或血细胞计数也无影响。体重下降约 30%，此可能与化合物引起的腹泻有关。

在 3.3 g/m^3 低浓度下大鼠能耐受 6 h/d 的暴露，持续 62 d，未发现有任何症状。在较高的浓度下所产生的症状有喘息、虚弱，尸检有胸膜液渗出，有的可能有肺水肿。

4.3 中毒机理

对柠檬酸乙酯作用机理的研究，有部分证据说明产生毒作用的原因是由于体内的钙与释放出来的柠檬酸根渐渐结合而导致血钙过低。

5. 风险评估

俄罗斯 2003 年制定的柠檬酸三乙酯的 STEL 为 1 mg/m^3。

不饱和脂肪族二羧酸酯类

不饱和脂肪族二羧酸酯类包括马来酸二甲酯、马来酸二乙酯、马来酸二正丙酯、马来酸二丁酯、马来酸二-2-乙基己酯、马来酸二烯丙酯、富马酸二乙酯、富马酸二异丙酯、富马酸二丁酯等。

1. 理化性质

马来酸二甲酯

CAS 号：624-48-6	外观与性状：无色透明液体
熔点/凝固点(℃)：-19	饱和蒸气压(kPa)：0.04(25℃)
沸点、初沸点和沸程(℃)：204	易燃性：高温下可燃
闪点(℃)：91	溶解性：可溶于水；能与多种有机溶剂混溶
相对密度(水=1)：1.06	

马来酸二乙酯

CAS 号：141－05－9	外观与性状：无色透明液体
熔点/凝固点(℃)：－8.8	饱和蒸气压(kPa)：0.30(30℃)
沸点、初沸点和沸程(℃)：223	相对密度(水＝1)：1.066
闪点(℃)：93(闭杯)	溶解性：微溶于水；能与多种有机溶剂混溶

马来酸二正丙酯

CAS 号：2432－63－5	外观与性状：无色透明液体

马来酸二丁酯

CAS 号：105－76－0	外观与性状：无色油状液体
熔点/凝固点(℃)：－80	相对密度(水＝1)：0.99
沸点、初沸点和沸程(℃)：280.6	溶解性：不溶于水；能与多种有机溶剂混溶
闪点(℃)：140.5	

马来酸二－2－乙基己酯

CAS 号：142－16－5	外观与性状：无色透明液体，有特殊气味
熔点/凝固点(℃)：－50	相对密度(水＝1)：0.944
沸点、初沸点和沸程(℃)：195～207	溶解性：不溶于水；溶于多数有机溶剂
闪点(℃)：140.5	

马来酸二烯丙酯

CAS 号：999－21－3	外观与性状：淡黄色透明液体
熔点/凝固点(℃)：－47	相对密度(水＝1)：1.074
闪点(℃)：123	溶解性：不溶于水，与酒精、丙酮混溶

富马酸二乙酯

CAS 号：623－91－6	外观与性状：无色液体
熔点/凝固点(℃)：1～2	相对密度(水＝1)：1.045
沸点、初沸点和沸程(℃)：218～219	溶解性：微溶于水；溶于乙醇、乙醚、丙酮、氯仿
闪点(℃)：92(闭杯)	

富马酸二异丙酯

CAS 号：7283－70－7	

富马酸二丁酯

CAS 号：105－75－9	外观与性状：无色液体
熔点/凝固点(℃)：－18.9～－13.4	相对密度(水＝1)：0.986 9
沸点、初沸点和沸程(℃)：150	溶解性：不溶于水；溶于乙醇、乙醚、丙酮等有机溶剂

2. 用途与接触机会

该类物质在塑料工业中用作增塑剂，也可用作脂肪、油类的防腐剂，还可用作化学合成的原料。

3. 毒代动力学

该类物质蒸气压低，故吸入的危险性小。蓄积作用未见到。马来酸酯在哺乳动物体内及肠道菌群中很易水解，而少量马来酸钠易进入三羧酸循环进行代谢。

4. 毒性

4.1 急性毒作用

马来酸二甲酯：大鼠经口 LD_{50} 为 1 410 mg/kg；兔经皮 LD_{50} 为：530 μl/kg。

马来酸二乙酯：大鼠经皮 LD_{50} 为 5 000 mg/kg；大鼠经口 LD_{50} 为 3 200 mg/kg；大鼠腹腔 TDLo 为 517 mg/kg，肝脏出现异常改变；大鼠腹腔 TDLo 为 700 mg/kg，见促黄体激素 LH 等内分泌系统的改变；哺乳动物腹腔 TDLo 为 1 000 mg/kg；小鼠腹腔 TDLo 为 1 g/kg；大鼠腹腔 TDLo 为 1 033 mg/kg，见与中间代谢相关的蛋白质改变，以及对线粒体功能的影响；大鼠腹腔 LD_{50} 为 3 070 mg/kg。大鼠腹腔 TDLo 为 1 067.64 mg/kg，出现脑与大脑皮层退行性病变以及血液系统的改变；兔经皮 LD_{50} 为 4 ml/kg。兔皮肤刺激试验 530 mg(开放)，轻度刺激。

马来酸二丁酯：大鼠经口 LD_{50} 为 3 700 mg/kg，兔经皮 LD_{50} 为 10 g/kg，小鼠腹腔 LD_{50} 为 150 mg/kg。兔皮肤刺激试验：500 mg(开放)，见轻度刺激。

马来酸二－2－乙基己酯：大鼠经口 LD_{50} 为 14 g/kg；兔经皮 LD_{50} 为：15 ml/kg。

马来酸二烯丙酯：大鼠经口 LD_{50} 为 300 mg/kg；兔经皮 LD_{50} 为 1 150 mg/kg；小鼠经口 LD_{50} 为

493 mg/kg;小鼠腹腔 LD_{50} 为 160 mg/kg。兔眼刺激试验：500 mg，见严重刺激；兔皮肤刺激试验：10 mg/24 h(开放)，见轻度刺激；兔皮肤刺激试验：100 mg/24 h，见中度刺激；兔眼刺激试验：500 mg/24h，见轻度刺激。

富马酸二乙酯：大鼠经口 LD_{50} 为 1 780 mg/kg。

富马酸二异丙酯：大鼠经口 LD_{50} 为 3 250 mg/kg；兔经皮 LD_{50} 为：10 ml/kg。

富马酸二丁酯：大鼠经口 LD_{50} 为 8 530 mg/kg，兔经皮 LD_{50} 为 15 900 μl/kg，小鼠腹腔 LD_{50} 为 250 mg/kg。

4.2 慢性毒作用

马来酸二乙酯：大鼠腹腔 TDLo 为 1 500 mg/kg/3d－I，见中间代谢生化指标异常改变；大鼠腹腔 TDLo 为 1 950 mg/kg/3d－I，实验动物出现嗅觉改变、中间代谢生化指标异常改变；大鼠腹腔 TDLo 为 1 500 mg/kg/3d－I，见嗅觉改变。

4.3 远期毒作用

(1) 致突变作用

马来酸二乙酯：性别染色体缺失和不分离实验：ham-lng 为 8 700 nmol/L；哺乳动物体细胞突变性实验：小鼠淋巴细胞 225 μmol/L。

富马酸二乙酯：细胞遗传学分析实验：ham-Ing 10 nmol/(L·6 h)(－S9)。

(2) 致癌作用

马来酸二乙酯：大鼠经口 TDLo 为 13 440 mg/kg/16w－C，表现为致癌性(RTECS 标准)，实验动物出现胃肠道肿瘤，提示其可能为致癌促进物。

富马酸二乙酯：大鼠经口 TDL_0 为 3 mg/kg/2w－I，出现胃肠道、泌尿系统的改变，体重减轻或增长放缓等表现。

芳香族单羧酸酯类

苯甲酸苄酯

1. 理化性质

CAS 号：120－51－4	外观与性状：叶状结晶或无色油状液体，微有芳香气味和强辣味
熔点/凝固点(℃)：21	自燃温度(℃)：480
沸点、初沸点和沸程(℃)：323	相对密度(水＝1)：1.112
闪点(℃)：148(闭杯)	相对蒸气密度(空气＝1)：7.31
溶解性：不溶于水；能与乙醇、氯仿、乙醚混溶	

2. 用途与接触机会

本品用作化工中间体，在医学上用作杀螨剂、驱避剂、镇痉药，还可用于香料、化妆品等。

3. 毒代动力学

本品可以被快速吸附和水解成为苯甲酸和苯乙醇，苯乙醇可以进一步被氧化成为苯甲酸，苯甲酸与甘氨酸结合可以产生苯甲酰甘氨酸，与葡糖羧酸结合产生苯甲酸葡萄糖羧酸，再从尿液中排出体外。

4. 毒性

4.1 急性毒作用

大鼠经口 LD_{50} 为 500 mg/kg，小鼠经口 LD_{50} 为 1 400 mg/kg，兔经皮 LD_{50} 为 4 000 mg/kg；兔经口 LD_{50} 为 1.88 g/kg，兔经口 LD_{50} 为 1.8 ml/kg，豚鼠经口 LD_{50} 为 1 ml/kg，兔经口 LD_{50} 为 1 680 mg/kg，出现惊厥或抽搐预知的影响，呼吸困难等；狗经口 LD_{50} 为＞33 440 mg/kg，猫经口 LD_{50} 为 2 240 mg/kg，出现惊厥或抽搐预知的影响，呼吸困难，震颤，肌力下降等行为功能改变，以及胃肠道出现涎腺结构或功能改变等。

小鼠腹腔 LD_{50} 为＞500 mg/kg；大鼠经皮下 LD_{50} 为 4 ml/kg，兔经皮下 LD_{50} 约为 4 ml/kg，反复涂于兔的皮肤上计 90 d，结果 LD_{50} 为约为 2 ml/kg·d，可见轻微的皮肤刺激。在实验过程中，兔有些营养不良，但其病理所见并无特殊意义。本品有降低血压的报道。

4.2 慢性毒作用

大鼠经皮 TDL_0 为 60 mg/(kg·30 d)－I，出现震颤、皮炎等。兔经皮 TDL_0 为 180 ml/(kg·90 d)－I，出现脑炎、睾丸重量改变等。兔经皮 TDL_0 为180 ml/(kg·13 w)－I，出现肌力下降、体重减轻或增长放缓等。

过氧苯甲酸叔丁酯

1. 理化性质

CAS号：614-45-9	外观与性状：不挥发芳香味无色或淡黄色透明液体
熔点/凝固点(℃)：8	相对密度(水=1)：1.04
沸点、初沸点和沸程(℃)：76(0.03 kPa)	溶解性：不溶于水；溶于醇、醚、酯和酮
闪点(℃)：93.3	

2. 用途与接触机会

本品在工业生产和使用中主要作为缩聚引发剂，化工中间体、硅橡胶固化剂等。

3. 毒性

本品健康危害GHS分类为：严重眼损伤/眼刺激，类别2B。

3.1 急性毒作用

大鼠腹腔 TDL_0 为200 mg/kg，大鼠腹腔 TDL_0 为200 mg/kg，出现肝脏改变、白细胞减少、体温下降等。大鼠经口 LD_{50} 为1 012 mg/kg，均出现呼吸抑制、消化道坏死性改变、肝脏改变等。小鼠经口 LD_{50} 为914 mg/kg，出现肌力下降、呼吸困难、消化道坏死性改变等，出现甲状腺机能减退症等内分泌系统的改变。

大鼠吸入 TCL_0 为57 mg/(m^3·4 h)，出现惊厥或抽粗阈值的影响，出现嗜睡(全身性活动抑制)。小鼠吸入 TCL_0 为57 mg/(m^3·4 h)，出现周围运动神经的改变。兔 ocu TDL_0 为0.025 ml/kg，眼部出现结膜炎。兔使用本品剂量为0.1 ml/4h，出现皮肤轻度刺激，剂量为0.1 ml/5d-I，出现皮肤中度刺激；兔500 mg/24h，出现眼部轻度刺激、皮肤轻度刺激。小鼠经皮 TDL_0 为77 700 μg/kg/4w-I，出现炎症或炎形介质反应。

3.2 慢性毒作用

DNA损伤实验：小鼠经皮剂量为1 500 mg/(kg·4 w)-I，微生物突变实验室：sat剂量为67 μg/plate(-S9)。小鼠 unr TDL_0 为311 mg/kg，为可疑致肿瘤物(RTECS标准)，导致淋巴瘤(包括霍奇金淋巴瘤)。

小鼠经口 TDL_0 为500 mg/kg，出现出血、影响精子发生(如遗传物质、精子形态、活动性、计数等)、睾丸、副高、输精管等改变。小鼠吸入 TCL_0 为260 mg/m^3，影响精子发生(如遗传物质、精子形态、活动性、计数等)、睾丸、附睾、输精管等改变。

4. 风险评估

澳大利亚2006年制定规定：TRK为0.03 mg/m^3(0.003 ml/m^3)(吸入)。俄罗斯2003年规定：STEL为1 mg/m^3。

对水生物毒性极大，其环境危害GHS分类为：危害水生环境—急性危害，类别1。

对氨基苯甲酸乙酯

1. 理化性质

CAS号：94-09-7	外观与性状：无色斜方形晶体
熔点/凝固点(℃)：88～90	溶解性：难溶于水；易溶于乙醇、乙醚、氯仿
沸点、初沸点和沸程(℃)：310	

2. 用途与接触机会

本品用作皮肤和黏膜的局部麻醉剂，也用于遮蔽日光的防护剂。

3. 毒代动力学

在动物实验中发现，本品可快速经皮吸收，并由乙酰转移酶进行代谢，已确认对氨基苯甲酸二乙胺基酯很容易水解成为对氨基苯甲酸及2-二乙胺基乙醇，但其代谢受到乙酰转移酶系统饱和度的影响。

4. 毒性与中毒机理

4.1 急性毒作用

大鼠经口 LD_{50} 为3 042 mg/kg；小鼠经口 LD_{50} 为2 500 mg/kg。

对氨基苯甲酸乙酯是局部麻醉药，此物质的全身毒性颇低，但有轻度致敏作用，偶可引起局部或全身变态反应。

4.2 中毒机理

有研究发现，本品可以降低神经元细胞膜对钠离子的渗透性，从而导致神经元细胞膜去极化的抑制，进一步阻碍神经冲动的传导。

5. 人体健康危害

神经系统症状：可出现困倦、嗜睡、头晕、步态不稳、共济失调、定向障碍、感觉迟钝、肌肉震颤，严重者惊厥发作、意识不清、昏迷；心血管系统症状：可出现心率加快，心电图 QRS 波增宽、室性早搏频发，有时出现室颤，常使周围血管扩张，出血增加；呼吸系统可有呼吸变深变慢，甚至呼吸停止；过敏反应：表现为胸闷、气急、出冷汗、心率加快、血压下降、唇甲苍白或青紫。

水杨酸甲酯

1. 理化性质

CAS 号：119－36－8	外观与性状：无色至淡黄色透明液体，有冬青树叶的香味
熔点/凝固点(℃)：－8.6	相对密度(水＝1)：1.184
沸点、初沸点和沸程(℃)：223.3	相对蒸气密度(空气＝1)：5.04
闪点(℃)：96(闭杯)	易燃性：可燃
饱和蒸气压(kPa)：0.015(25℃)	气味阈值(mg/m^3)：0.003 7
密度(kg/m^3)：1 184(20℃)	溶解性：微溶于水；溶于乙醇、乙醚、乙酸、氯仿等多种有机溶剂

2. 用途与接触机会

本品用作调味剂以及牙膏、化妆品的香料，也用作止痛药、杀虫剂、擦光剂、油墨等。

3. 毒代动力学

此酯在肠道内有相当的量可水解，产生的症状与其他水杨酸酯相似，在一些动物如兔体内，本品一部分似在甲醇水解前，其游离羟基即可与硫酸或葡糖醛酸结合后，随尿排出。

4. 毒性

4.1 急性毒作用

豚鼠经口 LD_{50} 为 0.7 g/kg，兔经口 LD_{50} 为 2.8 g/kg，狗经口 LD_{50} 为 2.1 g/kg，人口服 LD_{50} 为 0.5 g/kg(成人)。人经口 LDL_0 为 1 329 mg/kg，对惊厥或抽搐阈值产生影响、昏迷；狗经口 LD_{50} 为 2 100 mg/kg，出现呼吸系统改变、胃肠道功能亢进，腹泻、恶心或呕吐；兔经口 LD_{50} 为 1 300 mg/kg；大鼠经口 LD_{50} 为 887 mg/kg，出现嗜睡(全身性活动抑制)；大鼠经口 TDLo 为 122 mg/kg，出现精神生理测试改变、血清成分含量改变(如，总蛋白，胆红素，胆固醇)等；大鼠经口 orl-rat LD_{50} 为 887 mg/kg，大鼠经口 LD_{50} 为 2 823 mg/kg，出现嗜睡(全身性活动抑制)、胃炎等；小鼠经口 LD_{50} 为 1 110 mg/kg，人经口 LDL_0 为 101 mg/kg，对惊厥或抽搐阈值的影响，胃肠道出现恶心或呕吐；儿童经口 LDL_0 为 700 mg/kg，出现周围神经无感觉障碍(通常神经肌肉阻滞)的弛缓性麻痹、全身麻醉、呼吸困难；chd 经口 LDL_0 为 228 mg/kg，出现呼吸困难、恶心或呕吐；豚鼠经口 LD_{50} 为 700 mg/kg。

豚鼠皮下 LDL_0 为 1 500 mg/kg；狗皮下 LDL_0 为 2 250 mg/kg；兔皮下 LDL_0 为 4 250 mg/kg；大鼠经皮 TDLo 为 240 mg/kg，出现痛觉缺失；大鼠吸入 TCLo 为 18 mg/m^3，出现精神生理测试改变；

兔眼刺激试验 500 mg/24h，出现轻度刺激；豚鼠皮肤 100%，出现严重刺激；豚鼠眼部 100%，出现严重刺激；兔皮刺激试验 500 mg/24h，出现中度刺激。

4.2 慢性毒作用

狗经口 TDLo 为 35 g/(kg・10w)－I 肝脏：肝脂肪变性；大鼠经口 TDLo 为 59 500 mg/(kg・17w)－I 出现体重减轻或增长放缓；大鼠经口 TDLo 为 730 000 mg/(kg・2y)－I，出现体重减轻或增长放缓；大鼠经口 TDLo 为 71 000 mg/(kg・71d)－I，出现胃肠道溃疡或胃出血、肌肉骨骼的改变等；大鼠经口 TDLo 为 118 650 mg/(kg・30w)－I，出现食物摄取(动物)的行为功能改变、肌肉骨骼的改变、体重减轻或增长放缓；大鼠经口 TDLo 为 77 000 mg/(kg・11w)－I，出现肌肉骨骼的改变、体重减轻或增长放缓等；大鼠经口 TDLo 为 42 000 mg/(kg・6w)－I，出现体重减轻或增长放缓；狗经口 TDLo 为 24 000 mg/(kg・59d)－I，出现胃肠道功能亢进、腹泻；狗经口 TDLo 为 38 400 mg/(kg・59d)－I，出现胃肠道功能亢进、腹泻、肝脏肝脂肪变性等改变；狗经口 TDLo 为 109 500 mg/(kg・2y)－I，出现肝脏重量改变、体重减轻或增长放缓；狗经口 TDLo 为 112 500 mg/

(kg·225 d)- I,出现肝脏重量改变、肾脏重量改变等;大鼠经口 TDLo 为 71 400 mg/(kg·17 w)- C,出现体重减轻或增长放缓;大鼠经口 TDLo 为 546 g/(kg·2 y)- C,出现心脏重量改变、肾脏重量改变、体重减轻或增长放缓;大鼠经口 TDLo 为 85 200 mg/(kg·10 w)- C,出现肌肉骨骼的改变;狗经口 TDLo 为 40 800 mg/(kg·59 d)- I,出现肝脂肪变性;狗经口 TDLo 为 93 600 mg/(kg·2 y)- I,出现肝脏重量改变、体重减轻或增长放缓;

大鼠吸入 TCLo 为 8 mg/m^3/4h/16w - I 出现行为功能的改变脱氨酶、酶抑制,诱导或在血液、组织水平的改变肽酶异常。豚鼠吸入 TCLo 为 40 mg/(m^3·4 w)- I 免疫,包括变态反应: 过敏反应;大鼠吸入 TCLo 为 40 mg/(m^3·4 w)- I 免疫,包括变态反应性的免疫反应: 免疫反应减退;大鼠吸入 TCLo 为 40 mg/ m^3/(4 h·17 w)- I 血液出现红细胞(RBC)计数改变、血象、白细胞(WBC)计数的变化,生化方面出现酶抑制、诱导或在血液、组织水平的改变;

兔经皮 TDLo 为 40 ml/(kg·28 d)- I,出现皮炎;兔经皮 TDLo 为 80 ml/(kg·28 d)- I,皮肤出现皮炎等改变;兔经皮 TDLo 为 330 g/(kg·90 d)- I,出现胃肠改变、胰腺结构或功能的改变等;大鼠经皮 TDLo 为 281.1 mg/(kg·3 d)- I,出现肾脏重量的改变;小鼠经皮 TDLo 为 25 pph/3 d - I,出现包括变态反应性的免疫反应、细胞免疫反应增强等免疫系统的改变。

微生物突变性 sat100 g/disc(+S9);微生物突变性 sat0.1 mg/disc/48h(+S9)。

大鼠腹腔 TDLo 为 400 mg/kg(12d preg),对生育力、着床后死亡率(如着床死亡数或再吸收着床数比着床总数)产生影响;大鼠腹腔 TDLo 为 500 mg/kg(11～12d preg),表现为胎儿毒性(除了死亡,如胎儿发育障碍等)以及泌尿生殖系统的特殊发育异常等;ham 经口 TDLo 为 1 750 mg/kg(7d preg),观察到中枢神经系统特殊发育异常;大鼠经口 TDLo 为 36 450 mg/kg,对幼仔存活指数(与每窝胎儿数相似,出生后测量的除外)、生存指数(如第 4 天时每窝存活数/每窝出生总数)、断奶或哺乳指数(如第 4 天时每窝存活数中的断奶数/每窝存活总数)等指标产生影响;ham 经皮 TDLo: 5 250 mg/kg(7d preg),出现中枢神经系统特殊发育异常;大鼠皮下 TDLo 为 500 mg/kg(10d preg),出现肌肉骨骼系统、体壁、中枢神经系统特殊发育异常;大鼠皮下 TDLo 为 500 mg/kg(10d preg),出现肝胆系统、眼、耳、颅面(包括鼻、舌)等特殊发育异常。

5. 人体健康危害

此酯在肠道内水解,有明显的消化道刺激症状,中枢神经系统症状及高热,包括恶心、呕吐、酸中毒、肺水肿、惊厥及死亡。水解时可产生甲醇,但可能由于释放的量不多,或者被其分子中的其他部分作用所掩盖,故未见由甲醇产生视神经毒作用的报告。

一苯甲酸间苯二酚酯

1. 理化性质

CAS 号: 136 - 36 - 7	沸点、初沸点和沸程(℃): 140
熔点/凝固点(℃): 130～135	溶解性: 微溶于苯、水;溶于乙醇、丙酮

2. 用途与接触机会

本品用作某些塑料薄膜的抗紫外线的稳定剂。

3. 毒性

本品经口 LD_{50} 为 800 mg/kg,腹腔注射 LD_{50} 为 400 mg/kg,豚鼠皮肤不吸收。小鼠腹腔 LD_{50} 为 710 mg/kg,出现嗜睡(全身性活动抑制)、震颤、共济失调;小鼠经口 LD_{50} 为 800 mg/kg。兔眼部 5%,出现轻度刺激;豚鼠刺激试验 500 mg,出现皮肤中度刺激。

邻氨基苯甲酸甲酯

1. 理化性质

CAS 号: 134 - 20 - 3	相对密度(水=1): 1.168
熔点/凝固点(℃): 24～25	闪点(℃): 104
沸点、初沸点和沸程(℃): 256	溶解性: 微溶于甘油、水;溶于乙醇、乙醚等有机溶剂

2. 用途与接触机会

本品为天然存在于葡萄中的一种酶,人工合成的成为橙花油,用作调味剂制造某些香料。

3. 毒代动力学

主要经消化道吸收。动物实验表明,邻氨基苯甲酸甲酯在体内易于分解为甲醇和邻氨基苯甲酸，前者被进一步代谢为二氧化碳和水，后者通过尿液排出体外。

4. 毒性

4.1 急性毒作用

对大鼠的经口毒性低，为 3 000～5 000 mg/kg，在大鼠食料中含 0.3%量时，长期可以耐受，但在达 1.0%时则不能耐受，且见有肾脏的一些轻微组织学变化及肝、肾重量增加，对兔与豚鼠仅有轻微的皮肤刺激，但其浓溶液可致眼部刺激。

大鼠经口 LD_{50} 为 2 910 mg/kg，见嗜睡（全身性活动抑制）、昏迷；小鼠经口 LD_{50} 为 3 900 mg/kg，出现嗜睡（全身性活动抑制）；豚鼠经口 LD_{50} 为 2 780 mg/kg，出现嗜睡（全身性活动抑制）、呼吸困难、呼吸系统刺激症状；兔经皮 LD_{50} 为>5 g/kg；大鼠吸入 LC_{50} 为：>2.24 g/(m^3 · 4 h)；兔皮肤 500 mg/24h，见中度刺激。

4.2 远期毒作用

（1）致突变作用

DNA 修复实验 bcs 剂量为 23 mg/disc。

（2）发育毒性与致畸性

小鼠经口 TDL 为 34 800 mg/kg(8d male/21d pre)，见生育力影响，雌性生育力指数（如精子活动雌性怀孕率、雌性交配怀孕率）异常。

5. 人体健康效应

长期吸入可能会导致呼吸系统的刺激性。

棓酸正丙酯

1. 理化性质

CAS 号：121-79-9	外观与性状：白色至淡褐色结晶粉末或乳白色针状结晶，无臭，稍有苦味
熔点/凝固点(℃)：150	易燃性：高温下可燃
密度(kg/m^3)：1 080(20℃)	溶解性：极易溶于水
相对密度(水=1)：1.21	

2. 用途与接触机会

本品用作食品的抗氧化剂，特别是脂类、油类乳化剂、蜡类，工业上用作变压器油。

3. 毒代动力学

棓酸正丙酯的代谢与其他棓酸酯无差异，用尿做氯化铁实验呈阴性，提示本品可酯化和产生其他酚类化合物。动物实验发现棓酸正丙酯在体内快速代谢并通过粪便和尿液排出体外，本品主要在消化道吸收，代谢为棓酸和醇类。

4. 毒性

大鼠经口 LD_{50} 为 3 800 mg/kg，致死剂量所引起的症状是喘息性呼吸与中期抽搐。大鼠腹腔 LD_{50} 为 380 mg/kg，对惊厥或抽搐阈值产生影响，出现呼吸困难；小鼠经口 LD_{50} 为 1 700 mg/kg；兔经口 LD_{50} 为 2 750 mg/kg。对豚鼠有轻微的皮肤刺激作用。

5. 人体健康危害

人皮肤接触可能导致皮肤刺激性和过敏性反应。

6. 风险评估

美国 ACGIH 规定：TLV-TWA 为 10 mg/m^3（经皮）。

棓酸月桂酯

1. 理化性质

CAS 号：1166-52-5	外观与性状：淡黄色结晶
熔点/凝固点(℃)：94～97	溶解性：难溶于水
易燃性：高温下可燃	

2. 用途与接触机会

本品用作食品的抗氧化剂，特别是脂类、油类乳化剂、蜡类，工业上用作变压器油。

3. 毒性

大鼠经口 LD_{50} 为约 4 000 mg/kg，小鼠经口 LD_{50} 为 1 600～3 200 mg/kg，大鼠腹腔 LD_{50} 为 100 mg/kg。豚鼠皮肤刺激试验：10%/24h，见皮肤轻度刺激。

间异丙威

1. 理化性质

CAS号：64－00－6	溶解性：难溶于水
熔点/凝固点(℃)：72～74	

2. 用途与接触机会

又名3-异丙基苯基-N-氨基甲酸甲酯。用作杀虫剂，属于氨基甲酸酯类杀虫剂。

3. 毒性

本品健康危害GHS分类为：急性毒性—经口，类别3；急性毒性—经皮，类别1；急性毒性—吸入，类别3。

大鼠腹腔 LD_{50} 为14 200 μg/kg，见全身麻醉、呼吸困难等改变；小鼠腹腔 LD_{50} 为3 100 μg/kg，见血液生化系统中酶(乙酰胆碱酯酶)指标的改变；小鼠静脉 LD_{50} 为1 410 μg/kg，大鼠静脉 LD_{50} 为3 150 μg/kg；兔经皮 LD_{50} 为40 mg/kg，大鼠经皮 LD_{50} 为113 mg/kg；大鼠经口 LD_{50} 为16 mg/kg，小鼠经口 LD_{50} 为16 mg/kg。

4. 人体健康危害

本品属于氨基甲酸酯类农药，中毒的临床特点是起病急，恢复快，病情相对较轻，中毒治愈后不发生迟发性神经病。

5. 风险评估

美国ACGIH规定：TLV－TWA为9 mg/m^3；OSHA规定：PEL－TWA 9 mg/m^3。

对水生物毒性极大，其环境危害GHS分类为：危害水生环境—急性危害，类别1。

芳香族和环状二羧酸酯类

邻苯二甲酸二甲酯

1. 理化性质

(续表)

CAS号：131－11－3	外观与性状：无色微带芳香味的油状液体
熔点/凝固点(℃)：5.5	闪点(℃)：146(闭杯)
沸点(℃)：283.7(100 kPa)	自燃温度(℃)：490
爆炸上限[%(V/V)]：8.0	爆炸下限[%(V/V)]：0.9
饱和蒸气压(Pa)：0.8(20℃)	蒸发速率：[乙酸(正)丁酯以1计]
密度(kg/m^3)：1.195(20℃)	易燃性：高温下可燃
相对蒸气密度(空气＝1)：6.69	相对密度(水＝1)：1.19
折射率：1.515(20℃)	n-辛醇/水分配系数：1.47～2.12
溶解性：20℃时0.43 g/100 ml；与乙醇、乙醚混溶	

2. 用途与接触机会

又称避蚊酯、伊默宁，是一种广谱、高效的昆虫驱避剂，是花露水中的有效驱蚊成分，与常用化妆品和药剂有很好的配伍性，可以制成溶液、乳剂、油膏、涂敷剂、冻胶、气雾剂、蚊香、微胶囊等专用驱避药剂，也可以添加到其他制品或材料中(如花露水)，使之兼具驱避作用。与标准蚊虫驱避剂驱蚊露比较，具有毒性更低、刺激性更小、驱避时间更长等显著特点，是驱蚊露的换代产品。

是杀鼠剂敌鼠、鼠完、氯鼠酮的中间体，也是重要的溶剂。

该品是一种对多种树脂都有很强的溶解力的增塑剂，能与多种纤维素树脂、橡胶、乙烯基树脂相容。有良好的成膜性、黏着性和防水性。通常与邻苯二甲酸二乙酯配合用于乙酸纤维素的薄膜、清漆、透明纸和模塑粉等的制作中。少量用于硝基纤维素的制作中。亦可用作丁腈胶的增塑剂，制品耐寒性良好。与其他增塑剂混用，可以克服挥发性大和低温结晶化等缺点。还可用作避蚊油(原油)以及滴滴涕的溶剂。

3. 毒性

对皮肤和黏膜无毒副作用、无致敏性及无皮肤渗透性等优点，使用较为安全。皮肤敏感的人如果过度吸收驱蚊酯成分，可能导致皮肤出现过敏反应。其在多种动物的经口 LD_{50} 为范围为2～8 ml/kg，经口摄入剂量大，可产生肠胃刺激症状，中枢神经系统抑制、昏迷及血压过低。对眼黏膜有刺激作用，甚至眼的化学灼伤。大鼠经口 LD_{50} 为 6.9 ml/kg，小鼠经口 LD_{50} 为 6.9 ml/kg，兔经皮肤 LD_{50} 为＞20 ml/kg，兔经反复涂皮 90 d，无皮肤刺激和致敏现象发生。

4. 风险评估

美国 ACGIH 规定：TLV－TWA 为 5 mg/m^3，STEL 为 10 mg/m^3。NIOSH 规定：IDLH 为 9 300 mg/m^3。

邻苯二甲酸二乙酯

1. 理化性质

CAS 号：84－66－2	外观与性状：无色或淡黄色油状液体，微有苦味，无臭
熔点/凝固点(℃)：－40.5℃	闪点(℃)：117(闭杯)
沸点(℃)：302	自燃温度(℃)：457
饱和蒸气压(Pa)：0.13(100℃)	爆炸下限[%(V/V)]：0.75
相对密度(水＝1)：1.12	折射率：1.502(20℃)
相对蒸气密度(空气＝1)：7.66	溶解性：不溶于水；溶于醇、醚、丙酮等多数有机溶剂

2. 用途与接触机会

用作增塑剂、溶剂、润滑剂、定香剂、有色或稀有金属矿山浮选的起泡剂、气相色谱固定液、酒精变性剂、喷雾杀虫剂。主要作为纤维素树脂的增塑剂，与乙酸纤维素、乙酸丁酸纤维素、聚乙酸乙烯酯、硝酸纤维素、乙基纤维素、聚甲基丙烯酸甲酯、聚苯乙烯、聚乙烯醇缩丁醛、氯乙烯-乙酸乙烯共聚物等大多数树脂有良好的相容性。

该物质可通过吸入，经皮肤和消化道吸收到体内。

3. 毒性

本品大鼠经口 LD_{50} 为 8 600 mg/kg；小鼠经口 LD_{50} 为 6 172 mg/kg。兔经眼，112 mg，引起刺激。

4. 人体健康危害

吸入、摄入或经皮肤吸收后对身体有害。本品对皮肤、眼睛有刺激作用。其蒸气或雾对眼睛、黏膜和上呼吸道有刺激作用。接触后可引起头痛、头晕和呕吐。

邻苯二甲酸二丁酯

1. 理化性质

CAS 号：84－74－2	外观与性状：无色或淡黄色黏稠液体，有特殊气味
熔点/凝固点(℃)：－35	闪点(℃)：157(闭杯)
沸点(℃)：340	自燃温度(℃)：402
爆炸上限[%(V/V)]：2.5	爆炸下限[%(V/V)]：0.5
饱和蒸气压(kPa)：1.58(200℃)	易燃性：可燃
密度(g/cm^3)：1.042～1.048(20℃)	气味阈值(mg/m^3)：0.26
相对密度(水＝1)：1.05	n-辛醇/水分配系数：4.72
相对蒸气密度(空气＝1)：9.58	溶解性：易溶解于乙醇、乙醚、丙酮和苯，水中溶解度 0.001 g/100 ml(25℃)(难溶)

2. 用途与接触机会

本品是聚氯乙烯最常用的增塑剂，可使制品具有良好的柔软性，但挥发性和水抽出性较大，因而耐久性差。是硝基纤维素的优良增塑剂，凝胶化能力强，用于硝基纤维素涂料，有良好的软化作用。稳定性、耐挠曲性、黏结性和防水性均优于其他增塑剂。也可用作聚醋酸乙烯、醇酸树脂、硝基纤维素、乙基纤维素及氯丁橡胶、丁腈橡胶的增塑剂。

还可用作一般化学分析用试剂，用于气相色谱固定液。

3. 毒性

本品大鼠经口 LD_{50} 为：7 499 mg/kg；小鼠经口 LD_{50} 为：3 474 mg/kg；大鼠吸入 LC_{50} 为：4 250 mg/m^3；小鼠吸入 LC_{50} 为：25 g/(m^3·2 h)。

4. 人体健康危害

4.1 急性中毒

本品可经完整皮肤吸收少量。皮肤及眼黏膜一次接触本品后，并不引起刺激作用，而反复接触则可见到严重的刺激。

文献报道一化学工作者误吞 10 g 本品，症状有恶心、呕吐、头晕、流泪、畏光及结膜炎。对肾和眼部的损伤可能是该酯在体内水解，有较大量的正丁醇、酸及其氧化和分解产物的蓄积作用所致。患者在3周内可完全恢复。

4.2 慢性中毒

生产增塑剂的工人可患多发性神经炎，脊髓神经炎及脑多发神经炎。反复接触则可见到严重的刺激。该物质可能对肝有影响，导致功能损伤。

5. 风险评估

我国职业接触限值规定：PC－TWA为2.5 mg/m^3。

邻苯二甲酸二异丁酯

1. 理化性质

CAS号：84－69－5	外观与性状：无色透明油状液体，略有芳香气味
熔点/凝固点(℃)：－50	闪点(℃)：177(闭杯)，185(开杯)
沸点(℃)：320	自燃温度(℃)：423
密度(g/cm^3)：1.040(20℃)	易燃性：高温下可燃
相对密度(水＝1)：1.033～1.043	*n*-辛醇/水分配系数：4.11
相对蒸气密度(空气＝1)：9.6	溶解性：水中溶解度0.05 g/L(25℃)，能溶于大多数有机溶剂和烃类

2. 用途与接触机会

本品可用作聚氯乙烯的增塑剂，增塑效能同邻苯二甲酸二丁酯，但挥发性和水抽出性损失较大，可用作邻苯二甲酸二丁酯的代用品，本品还可用做纤维素树脂、乙烯基树脂、丁腈橡胶和氯丁橡胶的增塑剂。可作为邻苯二甲酸二正丁酯的代用品，用于涂料生产。

该物质可通过吸入其气溶胶和经消化道吸收。

3. 毒性

本品健康危害GHS分类为：生殖毒性，类别1B。加热分解成刺激性烟雾，对人体眼睛、皮肤有轻微的刺激作用。可通过吸入、误食进入人体，造成毒害，有致畸作用，人体急性中毒LD_{50}为4.5 g/kg。大鼠经口LD_{50}为15 000 mg/kg；小鼠经口LD_{50}为10 g/kg。

4. 风险评估

对水生物毒性极大，其环境危害GHS分类为：危害水生环境—急性危害，类别1。

邻苯二甲酸二-2-乙基己酯

1. 理化性质

CAS号：117－84－0	外观与性状：常温下为黄色油状液体，微有气味
沸点(℃)：386	闪点(℃)：195(闭杯)
相对密度(水＝1)：0.985	密度(g/cm^3)：0.985(25℃)
折射率：1.492(20℃)	溶解性：能与有机溶剂混溶；不溶于水
黏度(Pa・s)：0.04(20℃)	

2. 用途与接触机会

又名邻苯二酸二辛酯，是重要的通用型增塑剂，主要用于聚氯乙烯树脂的加工，还可用于化纤树脂、醋酸树脂、ABS树脂及橡胶等高聚物的加工，也可用于造漆、染料、分散剂等。除了乙酸纤维素、聚乙酸乙烯外，与绝大多数工业上使用的合成树脂和橡胶均有良好的相容性。

可通过皮肤、消化道和呼吸道吸收。

3. 毒性

3.1 急性毒作用

对眼睛和皮肤有刺激作用。受热分解释出腐蚀性、刺激性的烟雾。摄入有毒。

大鼠的本品经口LD_{50}为30～34 g/kg。其主要影响类似其他含油的或不溶性物质，如矿物油所致的液样大便。大鼠腹腔注射LD_{50}为约为24～30 g/kg，主要所见是在肝脏中出现非特异性变化对兔眼不产生刺激作用，对兔皮肤亦无任何显著刺激作用。

3.2 慢性毒作用

对大鼠作过为期2年的饲养，当饲料中含量低于0.13%时，无慢性中毒发生。若饲料中含量为0.4%～0.5%时，则可观察到生长迟缓及具有统计学意义的肝、肾重量增加，常为代偿性肥大或增生，不伴有任何明显的组织病变。

4. 人体健康危害

以本品原液给人作斑贴试验，无刺激性或致敏性。

成人口服 5 g 的剂量并无症状产生，而较大剂量则仅引起轻微的胃肠功能紊乱及一些稀薄的大便。

碳酸酯和原酸酯类

碳 酸 二 甲 酯

1. 理化性质

CAS 号：616－38－6	外观与性状：无色透明、略有气味、微甜的液体
熔点/凝固点(℃)：2～4	闪点(℃)：17(闭杯)，21.7(开杯)
沸点(℃)：90	饱和蒸气压(kPa)：5.60(20℃)
爆炸上限[%(V/V)]：12.9	爆炸下限[%(V/V)]：4.2
密度(g/cm^3)：1.069(20℃)	易燃性：高度易燃
相对密度(水＝1)：1.069	溶解性：微溶于水，水溶解性 139 g/L；可与醇、醚、酮等几乎所有的有机溶剂混溶
相对蒸气密度(空气＝1)：3.1	

2. 用途与接触机会

碳酸二甲酯(dimethyl carbonate，DMC)是一种重要的有机化工中间体，由于其分子结构中含有羰基、甲基、甲氧基和羰基甲氧基，因而可广泛用于羰基化、甲基化、甲氧基化和羰基甲基化等有机合成反应，用于生产聚碳酸酯、异氰酸酯、等多种化工产品。由于 DMC 无毒，可替代剧毒的光气、氯甲酸甲酯、硫酸二甲酯等作为甲基化剂或羰基化剂使用，提高生产操作的安全性，降低环境污染。作为溶剂，DMC 可替代氟里昂、三氯乙烷、三氯乙烯、苯、二甲苯等用于油漆涂料、清洁溶剂等。作为汽油添加剂，DMC 可提高其辛烷值和含氧量，进而提高其抗爆性。此外，DMC 还可作清洁剂、表面活性剂和柔软剂的添加剂。由于用途非常广泛，DMC 被誉为当今有机合成的“新基石”。

3. 毒性与中毒机理

大鼠经口 LD_{50} 为 13 000 mg/kg；小鼠经口 LD_{50} 为 6 000 mg/kg。

小鼠和大鼠腹腔注射 LD_{50} 则接近 800～1 600 mg/kg，出现衰弱、共济失调、喘息和昏迷。原液涂于豚鼠皮肤，其 LD_{50} 为＞10 ml/kg。可能经皮肤吸收，对皮肤的刺激程度较轻微。

吸入本类物质较为危险，因大鼠在 29.7 g/m^3 浓度下，可很快发生喘息，共济失调，口、鼻出现泡沫和肺水肿，2 h 内全部死亡。

中毒机理可能与硫酸二甲酯相似，在组织内起甲基化剂的作用。

碳 酸 二 乙 酯

1. 理化性质

CAS 号：105－58－8	外观与性状：无色液体，有醚类气味
熔点/凝固点(℃)：－43℃	临界压力(MPa)：3.39
沸点(℃)：126～128	闪点(℃)：25℃(闭杯)
爆炸上限[%(V/V)]：11.0	爆炸下限[%(V/V)]：1.4
饱和蒸气压(kPa)：1.1(20℃)	密度(g/cm^3)：0.980 43(20℃)
相对密度(水＝1)：0.98	易燃性：易燃
相对蒸气密度(空气＝1)：4.07	*n*－辛醇/水分配系数：1.21
折射率：1.386 54(15℃)	溶解性：不溶于水；可混溶于醇类、酮类、酯类、芳烃等多数有机溶剂
黏度(mPa·s)：0.868(15℃)	

2. 用途与接触机会

又名碳酸二乙酯。化工生产中用作硝酸纤维素、纤维素醚、合成树脂和天然树脂的溶剂；制药工业用于制造苯巴比妥；农药工业用于制造除虫菊；仪表工业用于制造密封固定液；分析化学中用作化学试剂以及锂离子电池电解液成分等；还用于真空管用的特殊漆的制备。此外，碳酸二乙酯还是有机合成的重要试剂和反应载体。

3. 毒性

大鼠经口 LDL_0：15 g/kg；大鼠皮下注射 LD_{50} 为：8 500 mg/kg。

磷酸酯和磷酯、亚磷酸酯类

磷酸三甲苯酯

1. 理化性质

CAS 号：1330－78－5	外观与性状：有邻位、间位和对位三种异构体，前二者为油状液体，后者为针状晶体。含邻位，间位和对位三种异构体的本品，为油状液体
熔点/凝固点(℃)：－35℃	引燃温度(℃)：385
沸点(℃)：420	易燃性：可燃
闪点(℃)：230℃(开杯)	相对密度(水＝1)：1.16
饱和蒸气压(kPa)：1.33(265℃)	溶解性：不溶于水，溶于醇、苯等多有机溶剂
密度(g/cm^3)：1.143(25℃)	黏度(mPa·s)：78～85(20℃)
相对蒸气密度(空气＝1)：12.7	折射率：1.553～1.556(15℃)

2. 用途与接触机会

主要用作分析试剂、硝化纤维的溶剂及增塑剂。食用意外掺杂本品的酒精饮料、烹调油或工业生产中意外吸入热的蒸气均可接触本品。

3. 毒代动力学

可经呼吸道、消化道和皮肤吸收。

放射性同位素研究证明本品可经完整皮肤吸收，数小时内从尿液排出 0.1%。用 8 mg/100 cm^3，涂在狗皮肤上 24 h 内血中可检出本品，并分布在狗的整个内脏器官、肌肉、脑和骨骼。

4. 毒性与中毒机理

本品健康危害 GHS 分类为：生殖毒性，类别 1B；特异性靶器官毒性——一次接触，类别 1；特异性靶器官毒性—反复接触，类别 1。

大鼠经口 LD_{50} 为 5 190 mg/kg，小鼠经口 LD_{50} 为 3 900 mg/kg，猫经皮 LD_{50} 为 1 500 mg/kg。兔皮肤刺激试验 500 mg 轻度刺激；兔眼刺激试验 500 mg/24 h轻度刺激。

三种异构体的毒性和神经毒性是对位＜间位＜邻位。该品对体内假性胆碱酯酶有抑制作用，但不抑制真性胆碱酯酶。邻位异构体主要有迟发性中毒性神经病，间位和对位异构体实际无毒，不引起神经病变。

5. 人体健康危害

5.1 急性中毒

成人口服邻位异构体的致死剂量为 1～10 g，间位和对位异构体实际无毒，也不引起脱髓鞘。中毒大多是由于食用意外掺杂本品的酒精饮料、烹调油或工业生产中意外吸入热的蒸气所致。大量口服先出现恶心、呕吐、腹泻，后出现肌肉疼痛，继之迅即出现肢体发麻和肌无力，可引起足腕下垂。损害以运动神经为主。重者可有咽喉肌肉、眼疾和呼吸肌麻痹。可因呼吸麻痹而致死。

5.2 慢性中毒

长期小量接触磷酸三邻甲苯酯，可出现与急性中毒相同的神经系统损害。

6. 风险评估

我国职业接触限值规定：MAC 为 0.3 mg/m^3。美国 ACGIH 规定：TLV－TWA 为 0.1 mg/m^3(皮)。

对水生物毒性极大，且有长期持续影响，其环境危害 GHS 分类为：危害水生环境—急性危害，类别 1；危害水生环境—长期危害，类别 1。

磷酸三苯酯

1. 理化性质

CAS 号：115－86－6	外观与性状：白色、无臭结晶粉末，微有潮解性
熔点/凝固点(℃)：48～50	饱和蒸气压(kPa)：0.01(20℃)
沸点(℃)：370	密度(g/cm^3)：1.21(25℃)

(续表)

闪点(℃)：220(闭杯)	相对密度(水=1)：1.21
相对蒸气密度(空气=1)：9.42	溶解性：易溶于苯、氯仿、乙醚、丙酮等有机溶剂；溶于乙醇；不溶于水

2. 用途与接触机会

主要用作工程塑料及酚醛树脂积层板的阻燃增塑剂；用作合成橡胶的柔软剂、制造磷酸三甲酯的原料等；用作气相色谱固定液(最高使用温度175℃，溶剂为乙醚)，选择性与聚乙二醇相似，能选择性保留醇类化合物；用作屋顶用纸的浸润剂以及赛璐珞制造时的樟脑代用品等。

3. 毒性

本品小鼠经口 LD_{50} 为 1 300 mg/kg；大鼠经口 LD_{50} 为 3 000 mg/kg；兔经皮 LD_{50} 为>7 900 mg/kg。在体内、体外均可抑制胆碱酯酶。

4. 人体健康危害

本品对人红细胞乙酰胆碱酯酶有轻度抑制作用，而对血浆酯酶无抑制。曾有1例致敏病例报道。

5. 风险评估

美国 ACGIH 规定：TLV - TWA 为 3 mg/m^3，TLV - STEL 6 mg/m^3。

亚磷酸三苯酯

1. 理化性质

CAS 号：101 - 02 - 0	外观与性状：低于室温时为无色至淡黄色单斜晶体。室温以上时为无色淡黄色透明油状液体，微具苯酚气味
pH 值：1((200 g/L，H_2O，20℃))	熔点/凝固点(℃)：22～24
沸点(℃)：360	引燃温度(℃)：243
闪点(℃)：218.3(开杯)	密度(g/cm^3)：1.184(25℃)
折射率：1.59	相对密度(水=1)：1.184

(续表)

黏度(mPa·s)：12(38℃)	溶解性：溶解度(g/100 g 溶剂)：甲醇>10、苯>10、丙酮>10；不溶于水

2. 用途与接触机会

主要用作螯合剂、塑料制品防老剂及合成醇酸树酯和聚酯树脂的原料。

3. 毒性

本品可经呼吸道、皮肤和消化道接触吸收。其健康危害 GHS 分类为：皮肤腐蚀/刺激，类别 2；严重眼损伤/眼刺激，类别 2。

大鼠经口 LD_{50} 为 444 mg/kg；小鼠经口 LD_{50} 为 1 080 mg/kg；小鼠腹腔 LD_{50} 为 50～100 mg/kg。人经皮，125 mg/48 h，重度刺激。兔经皮，500 mg，重度刺激。

本类物质在猫、狗和猴产生典型弛缓或痉挛性瘫痪，在动物体内易被水解。亚磷酸三苯酯为皮肤及眼的刺激物，并易经豚鼠皮肤吸收。在小鼠产生明显的全血胆碱酯酶活性下降，并产生战栗、腹泻等症状。用^{32}P 标记亚磷酸三苯酯(0.3 ml/kg)注射于猫的腹腔中见大量水解，而在中枢神经系统中则仅有少量的标记磷。

小鸡对亚磷酸三邻甲苯酯较磷酸三邻甲苯酯似有更大的抵抗力。

4. 风险评估

对水生物毒性极大，且备长期持续影响，其环境危害 GHS 分类为：危害水生环境—急性危害，类别 1；危害水生环境—长期危害，类别 1。

亚磷酸三邻甲苯酯

1. 理化性质

CAS 号：2622 - 08 - 4	外观与性状：液体
沸点(℃)：193～194(0.133 kPa)	溶解性：不溶于水、醇；溶于醚。
密度(g/cm^3)：1.142 3(20℃)	相对密度(水=1)：1.142 3

2. 用途与接触机会

主要用作增塑剂等。

3. 毒性与中毒机理

本品猫经皮 LD_{50} 为 100 mg/kg；大鼠经皮 LD_{50} 为 10 000 mg/kg，神经震颤，无麻痹；小鸡经口 LD_{50} 为 800 mg/kg；猴经皮 LD_{50} 为 1 000 mg/kg。

体内实验研究发现，本品可抑制禽类血浆胆碱酯酶。

4. 人体健康危害

对皮肤和呼吸道有刺激作用。对胆碱酯酶活性有弱的抑制作用。

磷酸三甲酯

1. 理化性质

CAS 号：512-56-1	外观与性状：无色透明液体，有令人愉快的气味
熔点/凝固点(℃)：−46	闪点(℃)：107(闭杯)
沸点(℃)：197	引燃温度(℃)：260
饱和蒸气压(kPa)：0.13(20℃)	易燃性：可燃，有燃烧危险
密度(g/cm^3)：1.215(19.5℃)	*n*-辛醇/水分配系数：−0.52
相对密度(水=1)：1.215	溶解性：易溶于水；溶于乙醚；难溶于乙醇
折射率：1.396 7(20℃)	黏度(mPa·s)：17.9(20℃)

2. 用途与接触机会

主要用作医药、农药的溶剂和萃取剂、农药中间体，用作测定锆的试剂、溶剂、萃取剂及气相色谱固定液，以及锂离子电池用阻燃添加剂。

3. 毒性

本品大鼠经口 LD_{50} 为 840 mg/kg；小鼠腹腔 LD_{50} 为 700 mg/kg，兔经皮 LD_{50} 为 3 433 mg/kg，主要对中枢神经系统损害，可能引起弛缓或痉挛性瘫痪。

磷酸三乙酯

1. 理化性质

CAS 号：78-40-0	外观与性状：无色透明液体，微带水果香味
pH 值：7	熔点/凝固点(℃)：−56
沸点(℃)：210～220	自然温度(℃)：454
闪点(℃)：115(开杯)	爆炸下限[%(V/V)]：1.7
爆炸上限[%(V/V)]：10.0	密度(g/cm^3)：1.068 17(20℃)
饱和蒸气压(kPa)：0.13(39℃)	易燃性：高温下可燃有燃烧危险
相对密度(水=1)：1.068 17	*n*-辛醇/水分配系数：0.04
相对蒸气密度(空气=1)：6.28	溶解性：易溶于乙醇；溶于乙醚、苯等有机溶剂；也溶于水，水中溶解度 100%，25℃
折射率：1.494 8(20℃)	

2. 用途与接触机会

为高沸点溶剂，橡胶和塑料的增塑剂，也是催化剂。用作制取农药杀虫剂的原料，以及用作乙基化试剂，用于乙烯酮生产。

3. 毒性与中毒机理

对皮肤有轻度刺激。在相当高的剂量下产生麻醉现象和显著的肌肉松弛。体外试验对脑胆碱酯酶产生抑制。

本品对大鼠似有镇静作用。大鼠经口 LD_{50} 为 1 311 mg/kg；小鼠经口 LD_{50} 为 1 180 mg/kg。

4. 风险评估

澳大利亚：TWA 为 0.2 mg/m^3。比利时：TWA 为 0.1 mg/m^3(经皮)。

磷酸三-2-氯乙酯

1. 理化性质

CAS 号：115-96-8	闪点(℃)：202(闭杯)；216(开杯)

（续表）

熔点/凝固点(℃)：−55	饱和蒸气压(kPa)：0.067(145℃)
沸点(℃)：330	密度(g/cm³)：1.43(20℃)
相对密度（水＝1)：1.43	溶解性：微溶于水；溶于醇类、酮类、酯类和芳香烃；微溶于脂族烃

2. 用途与接触机会

主要用作阻燃剂和石油添加剂，用于醋酸纤维素、硝酸纤维素、乙基纤维素、聚氨酯、聚醋酸乙烯和酚醛树脂，也用作辅助增塑剂。

3. 毒性与中毒机理

用本品 0.28 g/kg 注射于大鼠腹腔产生持续性癫痫样惊厥，痉挛非常剧烈，可间歇发作达数小时，但在较低剂量时未有出现。对胆碱酯酶仅有弱的抑制，皮肤不能吸收，也不是皮肤刺激物。亚急性实验显示有出血倾向。

大鼠经口 LD_{50} 为 1 230 mg/kg；小鼠经口 LD_{50} 为 1 866 mg/kg。

IARC 致癌性分类：3 类。

4. 风险评估

俄罗斯：STEL 为 0.1 mg/m³。

磷酸三正丁酯

1. 理化性质

CAS 号：126－73－8	外观与性状：无色、无臭液体。
熔点/凝固点(℃)：−79	闪点(℃)：146(开杯)
沸点(℃)：180～183	饱和蒸气压(kPa)：2.67(20℃)
密度(g/cm³)：0.98(20℃)	黏度(mPa・s)：3.5～4.0(20℃)
相对蒸气密度(空气＝1)：9.2	易燃性：可燃
相对密度（水＝1)：0.98	溶解性：溶于水；溶于多数有机溶剂，水溶解度 6 g/L

2. 用途与接触机会

用作气相色谱固定液、硝化纤维和乙基纤维素的溶剂、增塑剂、稀土金属分离用剂及有机合成中间体。

3. 毒性

本类物质对中枢神经系统具有一定的兴奋作用。大鼠 LD_{50} 为 1 552 mg/kg，兔经皮 LD_{50} 为＞3 100 mg/kg，大鼠吸入 LC_{50} 为 28 000 mg/m³。

4. 人体健康危害

本品对人血、血浆中胆碱酯酶有轻度抑制作用。人经口，约 100 ml，可引起呼吸困难、抽搐、麻痹、昏睡等症状。蒸气和烟雾对眼睛、黏膜和上呼吸道有刺激作用。对皮肤和呼吸道有强烈的刺激作用，具有全身致毒作用。接触后可引起中枢神经系统的刺激症状。

5. 风险评估

苏联车间空气中有害物质的 MAC 为 0.5 mg/m³；苏联(1975)水体中有害物质最高允许浓度为 0.01 mg/L。

磷酸三异丁酯

1. 理化性质

CAS 号：126－71－6	外观与性状：无色液体。
熔点/凝固点(℃)：−80	密度(g/cm³)：0.965(20℃)
沸点(℃)：205	相对密度(水＝1)：0.965
闪点(℃)：150(闭杯)	溶解性：水中溶解度 0.26 g/L

2. 用途与接触机会

用作纺织助剂、渗透剂、染料助剂等；用于消泡剂、渗透剂。广泛用于印染、油墨、建筑、油田助剂等。

3. 毒性

本品大鼠经口 LD_{50}：＞5 000 mg/kg。

O,O′二乙基氯硫代磷酸酯

1. 理化性质

CAS 号：298－06－6	外观与性状：无色透明油状液，工业品为棕褐色液体，可燃，有类似硫化氢的恶臭气味

（续表）

沸点(℃)：92～94(1.2 kPa)	闪点(℃)：82
密度(g/cm^3)：1.111(20℃)	易燃性：高温下可燃
相对密度(水=1)：1.111	溶解性：易溶于水和有机溶剂

2. 用途与接触机会

O,O-二乙基二硫代磷酸酯简称乙基硫化物，是一种重要的农药中间体，可用于制备有机磷杀虫剂如甲拌磷、特丁硫磷、伏杀硫磷等，并可通过氯化合成另一个有机磷中间体 O,O-二乙基硫代磷酰氯，用于合成对硫磷、内吸磷、治螟磷、辛硫磷、1605、1059 和苏化 203 等。

3. 毒性

大鼠吸入其蒸气，802 mg/(m^3·4 h)，2 次，出现眼鼻刺激，呼吸困难。解剖见肺肿胀，胃肠内充气，镜检肺气肿。吸入 38.6 mg/m^3(溶于氯仿)，5 h，14 次，见轻度鼻刺激，解剖见轻度肺泡增厚。

O,O′二乙基氯硫代磷酸酯

1. 理化性质

CAS 号：2524-04-1	外观与性状：无色至淡琥珀色透明液体
沸点(℃)：45(0.4 kPa)	闪点(℃)：>110℃
密度(g/cm^3)：1.2(20℃)	易燃性：高温下可燃
相对密度(水=1)：1.2	溶解性：不溶于水；易溶于有机溶剂

2. 用途与接触机会

分子式$(C_2H_5O)_2PSCl$，分子量 188.58。化学性质稳定，分解产物有一氧化碳、二氧化碳、氧化磷、氯化氢、硫化物等。

主要用作塑料增塑剂和阻燃剂等；作为一种重要的农药中间体，用于合成有机磷杀虫剂对硫磷、辛硫磷、二嗪磷、喹噁硫磷、哒嗪硫磷、三唑磷、嘧啶氧磷、治螟磷、毒死蜱、内吸磷和增效剂增效磷等，也可以作为润滑油添加剂及其他含硫有机磷化合物的合成原料。

3. 毒性

本品对眼睛、皮肤、黏膜和上呼吸道有强烈刺激作用。吸入后可引起喉支气管痉挛、炎症和水肿，化学性肺炎和肺水肿。中毒表现有烧灼感、咳嗽、喘息、气短、喉炎、头痛、恶心和呕吐。小鼠经口 LD_{50}：800 mg/kg；大鼠经口 LD_{50}：1 340 mg/kg；大鼠吸入 LC_{50}：168 mg/(m^3·4 h)。

（十二）甲基对氧磷

1. 理化性质

CAS 号：950-35-6	熔点/凝固点(℃)：0～4
相对密度(水=1)：0.965	

2. 用途与接触机会

又名 O,O-二甲基-对硝基苯基磷酸酯。用作分析标准品；农残、兽药及化肥类；有机氯杀虫剂；杀虫剂等。

3. 毒性

本品大鼠经口 LD_{50} 为 3 270 μg/kg。其健康危害 GHS 分类为：急性毒性—经口，类别 1。

4. 风险评估

对水生物毒性极大，且有长期持续影响，其环境危害 GHS 分类为：危害水生环境—急性危害，类别 1；危害水生环境—长期危害，类别 1。

硫 酸 酯 类

硫 酸 二 甲 酯

1. 理化性质

CAS 号：77-78-1	熔点/凝固点(℃)：−31.8
外观与性状：无色或浅黄色透明液体，微带洋葱臭味	溶解性：微溶于水；溶于乙醇、乙醚、丙酮等
闪点(℃)：83(闭杯)	爆炸下限[%(V/V)]：3.6
爆炸上限[%(V/V)]：23.3	饱和蒸气压(kPa)：2.00(76℃)

（续表）

易燃性：可燃	相对密度（水＝1）：1.33（20℃）
自燃温度（℃）：188	相对蒸气密度（空气＝1）：4.35
临界压力（MPa）：7.01	*n*-辛醇/水分配系数：0.16
沸点（℃）：188（分解）	分子量：126.132

2. 用途与接触机会

本品为农药、染料、医药、香料工业等有机合成中广泛应用的甲基化剂。用以制造甲酯、甲醚、甲胺等。是二甲基亚砜、咖啡因、可待因、安乃近、氨基吡啉、甲氧苄氨嘧啶、香草醛以及农药乙酰甲胺磷等的原料。

可经呼吸道、消化道和皮肤吸收，导致职业性接触。

3. 毒性与中毒机理

本品健康危害GHS分类为：急性毒性—经口，类别3；急性毒性—吸入，类别2；皮肤腐蚀/刺激，类别1B；严重眼损伤/眼刺激，类别1；皮肤致敏物，类别1；生殖细胞致突变性，类别2；致癌性，类别1B；特异性靶器官毒性——一次接触，类别3（呼吸道刺激）。

3.1 急性毒作用

小鼠经口LD_{50}为140 mg/kg；小鼠吸入LC_{50}为280 mg/m^3；大鼠经口LD_{50}为205 mg/kg；大鼠吸入LC_{50}为40 mg/m^3，4 h；兔吸LC_{50}为45 mg/m^3，4 h；猫吸入LC_{50}为402 mg/m^3，11 min。

3.2 慢性毒作用

大鼠吸入2.6 mg/m^3，6 h/w，2周，无影响；17 mg/m^3，18周，MLC。动物染毒半年之后，可以看出对疼痛的感受性降低。

具有生殖细胞致突变作用。IARC分类为2A组。

3.3 中毒机理

作用机理尚不完全明了，多数学者认为是由于该物质的甲基性质，它在体内水解成甲醇和硫酸而引起毒作用，该揣测已由动物实验和死亡病例的血液和内脏中检测到的甲醇而证实。对眼和皮肤的局部作用，部分是由于硫酸所致，而全身和神经系统的影响以及肺水肿是由于硫酸二甲酯分子本身的毒性作用，因它能使体内某些重要基团甲基化所致。硫酸二甲酯对皮肤的损害，除其腐蚀作用外，还可能引起接触性过敏性皮炎。

4. 人体健康危害

4.1 急性中毒

硫酸二甲酯属高毒类，作用与芥子气相似，急性毒性类似光气，比氯气大15倍，对呼吸系统黏膜和皮肤有强烈的刺激和腐蚀作用，可引起结膜充血、水肿、角膜上皮脱落，气管、支气管上皮细胞部分坏死，穿破导致纵膈或皮下气肿。此外，还可损害肝、肾及心肌等，皮肤接触后可引起灼伤、水疱及深度坏死。

短期内大量吸入，初始仅有眼和上呼吸道刺激症状。经数小时至24 h，刺激症状加重，可有畏光、流泪，结膜充血，眼睑水肿或痉挛、咳嗽、胸闷、气急，可发生喉头水肿或支气管黏膜脱落致窒息、肺水肿，成人呼吸窘迫症，并可并发皮下气肿、气胸、纵隔气肿。误服灼伤消化道，可致眼、皮肤灼伤。

4.2 慢性中毒

硫酸二甲酯长期接触低浓度，可刺激眼和上呼吸道或可能损害器官。

5. 风险评估

我国职业接触限值规定：PC-TWA为0.5 mg/m^3。美国ACGIH规定：TLV-TWA为0.5 mg/m^3。

对水生物有毒，其环境危害GHS分类为：危害水生环境—急性危害，类别2。

硫酸二乙酯

1. 理化性质

CAS号：64-67-5	熔点/凝固点（℃）：−24
外观与性状：无色油状液体，略有醚的气味	溶解性：不溶于水，溶于乙醇、乙醚
闪点（℃）：104（闭杯）	爆炸下限[%（V/V）]：4.1
相对密度（水＝1）：1.18	沸点（℃）：208（分解）
临界压力（MPa）：6.48	分子量：154.185
易燃性：可燃	*n*-辛醇/水分配系数：1.14

（续表）

自燃温度(℃)：436	饱和蒸气压(kPa)：0.13(47℃)
相对蒸气密度(空气=1)：5.31	

2. 用途与接触机会

硫酸二乙酯为反应性强的乙基化剂，广泛应用于染料、医药及其他精细化工产品的生产。还用于季铵盐的合成，用作脱水剂、挥发油抽提剂等。

硫酸二乙酯可经呼吸道、消化道和皮肤吸收，导致职业性接触。

3. 毒性

本品健康危害 GHS 分类为：急性毒性—经皮，类别 3；皮肤腐蚀/刺激，类别 1B；严重眼损伤/眼刺激，类别 1；生殖细胞致突变性，类别 1B；致癌性，类别 1B。

小鼠经口 LD_{50} 为 647 mg/kg；大鼠经口 LD_{50} 为 880 mg/kg；兔经皮 LD_{50} 为 600 μl/kg。

IARC 分类为组 2A，对人很可能是致癌物。

4. 人体健康危害

硫酸二乙酯毒性比硫酸二甲酯低，刺激作用亦比硫酸二甲酯弱，属中等毒或低毒类化合物。

吸入硫酸二乙酯后出现恶心、呕吐。液体或雾对眼有强烈刺激性，可引起眼灼伤。皮肤适时接触引起刺激，较长时间接触可发生水疱。大量口服引起恶心、呕吐、腹痛和虚脱。

硅 酸 酯 类

硅 酸 甲 酯

1. 理化性质

CAS 号：681-84-5	外观与性状：无色透明液体，有特殊气味
熔点/凝固点(℃)：-2	闪点(℃)：26(闭杯)
沸点(℃)：122	引燃温度(℃)：260
爆炸上限[%(V/V)]：23.8	爆炸下限[%(V/V)]：0.88

（续表）

饱和蒸气压(kPa)：1.6(265℃)	易燃性：高度易燃
密度(g/cm^3)：1.023(25℃)	相对密度(水=1)：1.023
相对蒸气密度(空气=1)：5.25	溶解性：不溶于水；溶于醇、苯等多有机溶剂

2. 用途与接触机会

用于生产耐热、耐化学作用的涂料，有机硅溶剂和精密铸造用黏合剂等，是用途较广的有机合成中间体，在有机硅黏合剂和密封胶中作交联组分。电子工业的绝缘材料、光学玻璃处理剂及凝结剂。

主要经呼吸道吸入。

3. 毒性

本品健康危害 GHS 分类为：急性毒性—吸入，类别 1；严重眼损伤/眼刺激，类别 1；特异性靶器官毒性——次接触，类别 2；特异性靶器官毒性—反复接触，类别 1。

大鼠腹腔注射 LD_{50} 为 100 mg/kg；小鼠腹腔 LD_{50} 为 250 mg/kg；家兔经皮 LD_{50} 为 17 000 mg/kg。兔经眼，250 mg，重度刺激。

4. 人体健康危害

对眼和黏膜有刺激作用，大量吸入可致肾损害。1 359～2 039 mg/m^3 暴露 15 min，可产生轻微角膜损伤；6 797 mg/m^3 可引起严重角膜损伤，及在一定温度情况下可引起进行性角膜坏死。美国与欧洲文献报道工业接触引起眼痛，最终导致失明。吸入蒸气后，可使肺毛细血管出血，严重接触可引起肺损伤，包括肺水肿及肾损伤拌有肾曲小管的变性。不论何种途径进入，都致肾脏损害。液体或蒸气接触眼后，不立即产生作用，但 10～12 h 后引起强烈眼疼痛，并伴结膜炎和流泪，角膜变混浊，如发生溃疡可致失明。

5. 风险评估

我国职业接触限值规定：PC-TWA 为 30 mg/m^3，PC-STEL 为 60 mg/m^3。

美国 ACGIH 规定：TLV-TWA 为 6 mg/m^3。

硅 酸 乙 酯

1. 理化性质

CAS 号：78－10－4	外观与性状：无色透明液体，有特殊气味
熔点/凝固点(℃)：－77	沸点(℃)：165.5
闪点(℃)：37.2(闭杯)，43(开杯)	饱和蒸气压(kPa)：0.13(20℃)
爆炸上限[%(V/V)]：23	爆炸下限[%(V/V)]：1.3
相对密度(水＝1)：0.93	*n*-辛醇/水分配系数：0.04
相对蒸气密度(空气＝1)：7.22	溶解性：能与乙醇、丙酮等有机溶剂互溶；能与水发生水解反应，生成硅酸溶胶、乙醇，并放出热量

2. 用途与接触机会

硅酸乙酯作为砂型的粘结剂用于制造各种合金铸件，特别是铸造各种复杂形状的成型零件及难以进行机械加工的耐热和高硬度的合金铸件。铸件表面质量高，外形尺寸极其精确，表面光洁度高，可大大节省金属材料及加工费用。还用作酚醛-丁腈胶粘剂的，提高耐热性。与二月桂酸二丁基锡配合用作硅橡胶的交联剂。正硅酸乙酯可用来对金属表面渗硅，处理光学玻璃可提高透光度；完全水解后产生的极细氧化硅粉可用于制造荧光粉。硅酸乙酯还可用于制造耐热、耐化学品的涂料。在日本，90%的正硅酸乙酯用作防腐蚀涂料(富锌漆)的基料。可制造耐火黏合剂、永久性油漆，广泛用于桥梁、道路、码头、机电设备、航空航天、船舶、汽车、拖拉机、机床农机、汽轮机、内燃机、发电设备、家用电器、消防设施、电讯机械、IT 通信、仪表、刀具、武器弹药制造等行业。

主要经呼吸道吸入。

3. 毒性

本品健康危害 GHS 分类为：严重眼损伤/眼刺激，类别 2；特异性靶器官毒性——一次接触，类别 3(呼吸道刺激)。

大鼠经口 LD_{50} 为 6 270 mg/kg；兔经皮 LD_{50} 为 6 300 mg/kg。大鼠吸入 LCL_0：9 299 mg/m^3，4 h。兔经皮，500 mg(24 h)，重度刺激。兔经眼，100 mg，轻度刺激。

4. 人体健康危害

对眼和呼吸道有强刺激作用，吸入高浓度有刺激作用，能损害肺、肝和肾。皮肤反复或持续接触如可引起皮炎，高浓度可引起严重全身中毒。

5. 风险评估

美国 ACGIH 规定：TLV－TWA 为 85 mg/m^3。

其 他 酯 类

氯 磺 酸 甲 酯

1. 理化性质

CAS 号：812－01－1	熔点/凝固点(℃)：－70
外观与性状：无色油状液体，有刺激性气味	溶解性：不溶于水
相对密度(水＝1)：1.49(10℃)	沸点(℃)：132.3
密度(g/cm^3)：1.557	分子量：130.551
相对蒸气密度(空气＝1)：4.51	

2. 用途与接触机会

在有机合成反应中起甲基化作用，也用作军用毒气。可经呼吸道、消化道等途径进入人体。

3. 急性毒作用

本品豚鼠吸入 LC_{50} 为：0.5 mg/L，30 min，48 h后死亡；兔吸入 LC_{50} 为：4 mg/L，30 min，24 h 后死亡；在 45～60 mg/m^3 浓度下，人不能耐受 1 min。

4. 人体健康危害

低浓度时有强烈的催泪作用和呼吸道刺激作用，可引起肺水肿，对皮肤有烧灼作用。受高热分解产生有毒的腐蚀性烟气，遇水或水蒸气反应放热放出有毒的腐蚀性气体。

氯磺酸乙酯

1. 理化性质

CAS号：625-01-4	沸点(℃)：152～153
外观与性状：无色液体，有刺激性气味	溶解性：不溶于水，溶于乙醚、氯仿
相对密度(水=1)：1.38(0℃)	分子量：144.59

2. 用途与接触机会

为化学合成的中间体，用于有机合成，也用作军用毒气。可经呼吸道、消化道等途径吸收。

3. 急性

本品小鼠吸入 LC_{50} 为：1 400 mg/m^3，对黏膜有刺激作用引起死亡。氯磺酸乙酯有强烈的催泪作用，对黏膜有刺激作用。浓度到 50 mg/m^3 时即不能耐受，浓度在 1 000 mg/m^3 时则极危险。

4. 人体健康危害

具强烈的催泪和呼吸道刺激作用，可引起肺水肿，对皮肤有烧灼作用。受热或遇水分解放热，放出有毒的腐蚀性烟气。

对甲苯磺酸甲酯

1. 理化性质

CAS号：80-48-8	外观与性状：白色或黄色，低熔点固体或液体
熔点/凝固点(℃)：27～28	沸点(℃)：292
饱和蒸气压(kPa)：0.67(144℃)	易燃性：可燃
密度(g/cm^3)：1.23(25℃)	闪点(℃)：152(开杯)
相对密度(水=1)：1.23(25℃)	溶解性：不溶于水；溶于苯，易溶于醇、醚，具有吸湿性
相对蒸气密度(空气=1)：6.45	

2. 用途与接触机会

用作有机合成的选择性甲基化试剂，用于制造染料及有机合成、甲基化原料，主要用于医药、有机合成，显象胶带等行业。

主要经皮肤吸收。

3. 毒性

本品大鼠经口：LD_{50} 为：341 mg/kg；大鼠经皮：LD_{50} 为：250 mg/kg。

兔经皮，2 mg/24h，严重刺激；兔经眼，500 mg/24h，轻度刺激。

4. 人体健康危害

高浓度的本品对眼睛、皮肤、黏膜和上呼吸道有强烈刺激作用。引起手和面部皮疹，多感疼痛、发痒；有时手水肿。全身中毒症状一般不发生。对皮肤有致敏作用，可引起荨麻疹。

有强烈的起疱作用。许多病例显示在和液体或固体接触数小时内不发生症状，数小时后在原接触部位发生疱疹，稍有疼痛。某些病例可形成很大的疱，全身中毒症状一般不发生。灼伤处逐渐痊愈，留有色素沉着，逐渐退色。可能由于蒸气压低的关系，极少病例有肺刺激症状。曾有1例由热蒸气产生皮肤过敏而发生荨麻疹反应的报道。

1,4-双(甲烷磺氧基)丁烷

1. 理化性质

CAS号：55-98-1	外观与性状：白色结晶性粉末，几乎无臭
熔点/凝固点(℃)：114～117	沸点(℃)：359.3
密度(g/cm^3)：1.305(25℃)	相对密度(水=1)：1.305
溶解性：不溶于水，在25℃丙酮中溶解度为2.4 g/100 ml，在乙醇中溶解度0.1 g/100 ml	

2. 用途与接触机会

用作有机合成反应中的强烷基化剂和慢性白血病的治疗药物。

3. 毒代动力学

可经呼吸道、消化道和皮肤吸收。本品的代谢是与半胱氨酸发生反应，形成有环的化合物 S-β-

氨基丙酰四氢噻吩因离子，同时还观察到一种较简单的化合物如乙基甲烷磺酸酯，是以 N-乙酰-S-乙基半胱氨酸形式排出。

4. 毒性

吸入、摄入或经皮肤吸收后会引起严重中毒，有刺激作用。动物实验表明，长时间接触，可引起生殖系统功能紊乱。

本品大鼠腹腔注射 LD_{50} 为 22 mg/kg；小鼠经口 LD_{50} 为 110 mg/kg。

IARC 致癌性分类：为 1 组。

5. 人体健康危害

作为药物对人主要作用于骨髓或白血病细胞，曾在用其某些衍生物治疗的病例中发生秃顶或皮肤脱色等不良反应。

第 28 章

氰和腈类化合物

凡化学结构中含有氰基团(-CN)的化合物均属于氰化合物。它具有广泛的工业用途，且多具较强毒性，能经由呼吸道、胃肠道及皮肤侵入体内，故为一类十分重要的工业毒物。

(一) 分类

一般将其无机化合物统称为氰类，而将其有机化合物统称为腈类；按化合物的结构特点、理化特性及来源，上述二类氰化物又可细分为如下几类：

1.1 无机氰化物(氰类)

(1) 简单的氰类化合物，如氰化氢、氰化钠、氰化钾、氰化钙、氰，以及氯化氰、溴化氰、碘化氰等卤代氰类化合物。

(2) 复杂的氰类化合物，如铁氰化物、亚铁氰化物、亚硝基铁氰化物、氰酸盐等。

(3) 硫氰酸类，如硫氰酸及其金属盐类。

(4) 植物性含氰糖甙，如苦杏仁甙、亚麻苦甙等。

1.2 有机氰化物(腈类)

(1) 腈化物和异腈化物，如乙腈、丙腈、丙烯腈、苯腈、异丁腈、氯丙腈、丙酮腈醇、氨腈、甲胩、苯胩等。

(2) 氰基脂肪酸类，如氨基乙酸、氰基甲酸甲酯等。

(3) 异氰酸酯，如异氰酸甲酯、二异氰酸甲苯酯、二苯甲撑二异氰酸酯类。

(4) 硫氰酸酯及异硫氰酸酯，如硫氰酸甲酯、异硫氰酸丙酯、异硫氰酸苯酯、异硫氰酸氟烷酯等。

(二) 毒代动力学

2.1 吸收

氰化物进入人体的途径主要有 3 种：(1) 从呼吸道吸入氰化氢气体或含氰化物的粉尘；在热处理时，也可变成蒸气而吸入；(2) 通过口腔黏膜和胃肠道吸收(一般吸收较完全)；(3) 通过破损的皮肤，氰化物可以直接进入血液，高浓度的氰化物也能通过完整的皮肤进入体内，导致中毒。

2.2 分布

氢氰酸及其盐类在体内的分布因中毒途径而异，除直接接触的组织氰含量较高外，CN^- 易与红细胞结合，故血液中氰含量最高，依次为脑和心脏，其他组织则较少。

2.3 排泄

非致死剂量的氰化物进入人体后，在体内能逐渐被解毒，其机理为体内的β-巯基丙酮酸在断裂酶的作用下释放出的硫，与体内代谢产生的亚硫酸根结合，生成硫代硫酸盐，硫代硫酸盐与氰离子在硫氰酸盐生成酶的催化下生成低毒稳定的硫氰酸盐，从肾脏通过尿液排出体外。这是氰化物在体内的主要解毒途径，大约 90%的硫氰酸盐是通过这种途径排出的。解毒能力的强弱与体内供硫的多少有关，解毒速度的快慢由组织中含硫氰酸盐生成酶的量决定。人对氰化物的敏感程度也与体内硫氰酸盐生成酶的含量多少有关，含硫氰酸盐生成酶少的人对氰化物较敏感。由此可见，氰化物对人体的毒性个体差异很大。

2.4 转运模式

进入体内的氰基可经以下几种途径进行解毒、转化、排泄：(1) 小部分仍可以 HCN 形式经由呼气、尿、粪、汗液、唾液排出体外；(2) 可被氧化成 CO_2 和 NH_3 从呼吸道排出；(3) 可被氧化为甲酸盐随尿液排出或参与一碳化合物的代谢；(4) 可与羟钴胺结合生成氰钴胺，参与维生素 B_{12} 的代谢；(5) 与半胱氨酸结合成较稳定的 2 -亚氨基四氢噻唑- 4 -羧酸(2-iminothiazolidine-4-cardboxylic acid)或与葡萄糖醛酸结合成低毒的腈化物从尿中排出;(6) 在硫氰酸盐生成酶(rhodanase)的作用下与硫反应,生成低毒稳定的硫氰酸盐(thiocyanate)从尿排出(参见氰化物体内代谢途径示意图)。其中,前 5 种途径可能是低剂量氰化物的主要代谢方式,而后一种反应则是大剂量氰化物侵入机体后的主要解毒途径。硫氰酸盐较为稳定,虽可在硫氰酸盐氧化酶的作用下再度解离出 CN^-,但速率相对缓慢,其毒性也较低,约为 HCN 的 1/200,故此途径为氰化物中毒时机体最重要的解毒机制。

氰离子与人体内的硫、钴、葡萄糖醛酸也能结合,这些结合都是可逆的,其结合的程度取决于人体内的氰离子浓度。氰离子与硫结合成为低毒的硫氰酸盐,与钴盐结合成低毒的氰高钴酸盐,在肝脏中与葡萄糖醛酸结合成微毒的腈类化合物,这些生成低毒物质的反应对细胞色素氧化酶起到了保护作用,降低了中毒的程度。

硫代硫酸钠治疗机制(外界补充可利用的硫源):CN^- 转化成 SCN^-(硫氰酸盐)为一酶促反应,由转硫酶(sulfurtransferase)催化完成,该酶遍布全身,尤以肝脏最为丰富。由于此反应系将硫代硫酸盐(thiosulfate)中的硫转移至 CN^- 上生成 SCN^-,故该酶被称为硫代硫酸盐转硫酶(thiosulfate sulfurtransferase),又叫硫氰酸盐生成酶(rhodanase)。但此反应需要硫烷硫(sulfanesulfur)——结合于另一硫原子上的二价硫作为硫源,它主要用于清除血浆中内源性含氰代谢废物;硫代硫酸盐($S_2O_3^{2-}$)虽含硫烷硫,且较硫烷容易进入细胞,但此化合物主要由胱氨酸和其他羟基化合物转化而来,体内含量有限。虽然红细胞中存在β-羟基丙酮酸转硫酶(β - mercaptopyruvatesulfurtransferase),可将羟基丙酮酸中的硫转给 CN^- 生成 SCN^-,但羟基丙酮酸在体内的含量很低。综上可见,除非外界及时提供可利用的硫源,否则,氰化物生成硫氰酸盐这一最重要的解毒途径将难以发挥作用。研究表明,在无外界补充可利用硫源的情况下,机体对 HCN 的代谢速率每分钟仅为 0.017 mg/kg。氰化物在体内解毒是有限的,如摄入的氰化物超过了解毒的负荷,便可能导致中毒甚至死亡。

(三) 毒性与中毒机理

3.1 毒性

氰化物的毒性主要由它在体内释出的氰基所引起,毒性强弱主要取决于 CN^- 的释出量及释出速度。

(1) 无机氰化物中简单的氰类因在体内很易解离出氰离子,故多为剧毒物质。

(2) 卤代氰化物尚因可同时解离出卤素离子,而具有很强的刺激性,吸入浓度较低时,此种刺激作用尤为突出,可引起眼、鼻及呼吸道黏膜刺激症状,甚至化学性肺水肿;随着化合物中卤素原子数目的增加,其全身毒性及刺激作用似均见降低。

(3) 较复杂的氰类及硫氰酸类化合物,在体内

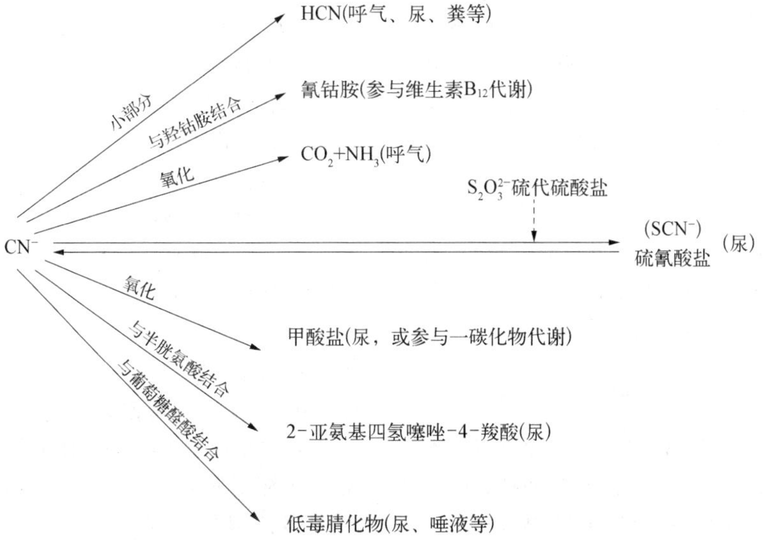

图 28-1 氰化物体内代谢途径示意图

不易解离出氰离子，故毒性均较低，且主要由化合物本身引起。

(4) 植物性含氰糖甙多存在于植物的果仁中，如杏、李、桃、苹果、樱桃等，完整干燥的果仁氰甙不会释出氰离子，但如压碎遇水，果仁中所含酶类即会水解氰甙，而将氰离子释出，碱性环境中水解速率更快。某种白扁豆、木薯中也含有氰甙，如有资料表明，100 g 野生杏仁中可含 200 mg 氰化物，而 100 g 干木薯中可含 245 mg 氰化物，100 g 白扁豆中亦含 10 mg 氰化物，故进食上述加工不善的果仁和植物根茎可引起氰化物中毒；充分地浸泡漂洗则是除去前述糖甙中氰化物最简易的方法。

(5) 有机氰化物中，腈和异腈化合物由于在体内可解离出一定量的氰离子，故具氰基的毒性，毒性大小与该化合物在体内释出 CN^- 的难易度有关。一般而论，烷腈类随化学结构中碳原子数的增加，CN^- 的解离度下降，氰基毒性作用亦逐渐降低，如乙酸、丙腈、丁腈等均具较明显的氰基毒性，庚腈、辛腈等的毒性则渐减弱，至十八烷腈，几乎不具氰基的毒性作用。苯烷腈类也有类似规律，氰基毒性排序，苯乙腈＞苯丙腈＞苯丁腈等；但如腈化物分子中引入不饱和键，其氰基毒性作用可增大，如丙烯腈的毒性即大于丙腈。某些腈化物如丙腈类 α-碳位（以氰基为准）的氢若为羟基取代（如苯乙醇氰、丙酮氰醇等），毒性亦因 CN^- 的解离度增大而增加；如β碳位的氢为羟基取代（如 β-羟基丙腈），或为卤素取代（如氯丙腈），或为氨基取代（如 β-氨基丙腈），则会使 CN^- 的解离度减弱而毒性下降；但 β-碳位的氢若为甲基取代（如正丁腈），则 CN^- 的解离度又见增加而使毒性增强。这类化合物除具备氰基的毒性作用外，尚有其独特作用，如乙腈的肾脏毒性、丙烯腈的致癌性等。

尽管氰基脂肪酸在体内不易释出 CN^-，但氰基脂肪酸酯则易在体内释出 CN^- 而具较强毒性，同时亦具有酯类的刺激性。

其余的有机氰化物，如氰酸酯、异氰酸酯、硫氰酸酯、异硫氰酸酯等，则很难释出 CN^-，而不具氰基的毒性，其毒性主要由其本身或代谢产物引起。

3.2 中毒机理

氰化物进入体内后，析出 CN^- 可通过与机体内 40 余种酶的辅基中金属离子结合，进而抑制这些酶的活性。在可与 CN^- 结合的金属中，以 Fe^{3+} 与 CN^- 亲和力最强，反应也最迅速。含铁细胞色素氧化酶是细胞摄取和利用氧必需的酶，CN^- 与氧化型细胞色素氧化酶的 Fe^{3+} 结合，阻止了氧化酶中 Fe^{3+} 的还原，使细胞色素失去了传递电子能力，导致呼吸链中断，细胞不能摄取和利用氧，形成细胞内窒息，引起组织缺氧而致中毒。此外 CN^- 还可使含巯基或硫的酶失活，CN^- 对细胞呼吸酶的抑制作用所造成的“细胞内窒息”对机体的危害最大，是氰化物毒性作用的核心。氰化物对人体的危害分为急性中毒和慢性毒性两方面。氰离子还能抑制其他含高铁血红素的酶，如与过氧化氢酶、过氧化物酶（peroxidase）、细胞色素 C 过氧化物酶等形成复合物。一些非血红素含金属酶，如酪氨酸酶、抗坏血酸氧化酶、黄嘌呤氧化酶、氨基酸氧化酶等与氰离子形成复合物，但要达到一定浓度时才呈现不同程度的抑制作用。

氰化物侵入人体后，能否引起中毒，取决于侵入人体的速度与体内解毒作用及排泄的速度。氰化物中毒时，血气变化明显，氧利用率降低，静脉血氧饱和度显著增高，动静脉血氧分压差缩小，静脉血呈鲜红色。中毒早期因呼吸加强，换气过度，血液中二氧化碳分压下降，呈现呼吸性碱中毒。细胞窒息严重时，无氧代谢加强，大量氧化不全产物积蓄、血液乳酸含量高于正常 5～8 倍、酸碱平衡代偿失调、碱储备减少，出现代谢性酸中毒。此外，血糖升高 3～4 倍。无机磷酸盐明显增加。血液还原型谷胱甘肽含量急剧减少、谷胱甘肽总量却增加；凝血酶原和凝血第Ⅶ因子缺乏，使血液凝固性降低；血液和尿中硫氰酸盐含量明显增加，体温也因中毒剂量增加而下降。

在全身各个组织器官中，由于中枢神经系统耗氧量巨大，则对缺氧最敏感，耐受性最小，反应亦最剧烈，故大脑首先受损，导致中枢性呼吸衰竭而死亡。大脑是氰化物最主要的毒性靶器官，电生理研究表明，氰化物中毒时最先表现为大脑皮层的抑制，其次为基底节、视丘下部及中脑，严重时可波及脑干，类似暂时性大脑截除；临床上可见患者迅速出现昏迷，并有全身强直性痉挛、呼吸停止等。小剂量氰化物中毒时，可因对颈动脉体及主动脉体的化学感受器的毒性作用而产生氧张力降低样反应，出现呼吸深快、心率加速、血压升高等表现。较大剂量氰化物尚可直接引起肺动脉及冠状动脉收缩，造成心泵衰竭、心搏出量下降，中心静脉压急剧上升。早期使用 α-阻滞剂如酚苄明（Phenoxybenzamine）具有一定预防效果，吸入血管扩张作用强的亚硝酸异戊酯（Amyl Nitrte）则可使实验动物存活。提示：前述休

克样表现并非 CN^- 对呼吸酶的抑制作用所致，而是 CN^- 对心血管系统直接毒性作用的结果。

游离的 CN^- 具有的亲和性，受血红蛋白中的 Fe^{2+} 吸引，血浆中游离的 CN^- 可以迅速进入红细胞。血浆中游离的 CN^- 与红细胞中的 CN^- 形成动态平衡，虽血浆中游离的 CN^- 仅占血液中 CN^- 总量的10%左右，但其为向全身组织细胞输送 CN^- 的主要来源，并且游离 CN^- 与中毒严重度有更密切的相关。但由于血浆 CN^- 的半衰期很短(约 20～60 min)，影响因素(食物、吸烟等)也较多，导致血浆 CN^- 的测定难以显示其应有的临床价值。CN^- 虽与 Fe^{3+} 有极强的亲和力，但与 Fe^{2+} 的亲和力则甚低，而血红蛋白无论携氧与否，其所含的铁皆为 Fe^{2+}，不能与 CN^- 形成稳定的复合物，阻止其进入其他细胞发挥毒性，故 CN^- 虽能大量进入红细胞，却并不妨碍其携氧功能。但在氰化物中毒时，由于全身组织细胞在 CN^- 的毒作用下丧失了利用氧的能力，血氧消耗量甚少，静脉血仍可保持很高的含氧量，动静脉血氧仅差 1%(体积比)，正常时此值可达 4%～5%(体积比)，故静脉血仍为鲜红色，皮肤黏膜及尸斑也可呈鲜红色。需要注意的是，若病情严重或迁延较久，有末梢循环衰竭或通换气功能不良等情况存在，仍可使血氧含量下降，此特征则不易见到。

(四) 生物监测

4.1 接触标志

(1) 血浆氰含量(CN－P)：是 CN^- 进入机体后在生物材料中最直接的显示，取材较为方便，是观察体内氰吸收情况的窗口之一。但 CN^- 在血浆中的半衰期较短，如一次摄入(即使摄入量已达严重中毒程度)，4 hCN－P 已接近正常水平；此外，给予解毒治疗后亦使 CN－P 迅速下降。故 CN－P 仅适合用作急性接触水平的生物标志，且应及时测定，对慢性接触意义不大。吸烟对结果会有影响，如正常不吸烟者 CN－P 约为 0.019 μmol/L，吸烟者则达 0.03 μmol/L，食物(木薯、果仁)也能使结果偏高，应注意分析鉴别。一般将 CN－P＞0.038 μmol/L 视为过量氰吸收，但急性氰化氢中毒时 CN－P 多在 1.92 μmol/L 以上。

(2) 血浆硫氰酸盐含量(SCN－P)：SCN^- 是 CN^- 在机体的主要代谢产物，故其水平可大致反映 CN^- 的摄入水平；且 SCN^- 在血浆的半衰期较长，一次摄入后 4～8 h，血浆中仍有较多量 SCN^- 存在，提示临床应用中，SCN－P 是优于 CN－P 的氰接触水平的生物标志。前述影响 CN－P 的因素也同样影响 SCN－P 水平，如正常不吸烟者 SCN－P 水平 17～69 μmol/L，吸烟者则为 52～207 μmol/L。一般将 SCN－P＞206.58 μmol/L 者视为过量氰吸收(包括慢性接触)，急性中毒患者 SCN－P 多在 861 μmol/L 以上；SCN－P 若长期维持在 1 722 μmol/L 以上，则具有毒性作用，超过 3 099 μmol/L 常可致死。

(3) 尿硫氰酸盐含量(SCN－U)：其意义与 SCN－P 相同，且由于其排泄高峰与氰摄入时间有 3 h左右的延迟期，并能保持 12 h 左右的高排泄状态，为临床提供了可供选择的氰接触水平的生物标志，尤其适用于入院较迟、未能及时测定 CN－P、SCN－P 的患者。尿中排泄物的测定易受尿液稀释度的影响，故宜测定单位时间总排泄量。研究表明正常不吸烟者 SCN－U 多在 172 μmol/24 h 以下，吸烟者多在 258 μmol/24 h 以下；超过以上数值可视为有过量氰吸收，对慢性接触者尤有意义，急性中毒者此值多在正常值数倍以上。

4.2 效应标志

(1) 乳酸性酸中毒：氰化氢中毒时，由于 CN^- 对细胞色素氧化酶的强烈抑制作用，使细胞的氧化磷酸化过程几乎中断，细胞的有氧代谢被迫转为无氧代谢，糖酵解成为细胞能量的主要来源，致使体内乳酸迅速增加，导致代谢性酸中毒。临床可在氰化氢中毒数十分钟内即见血浆乳酸明显增加，血浆 pH 值明显下降；此种乳酸性酸中毒的程度与中毒的严重度成正相关，故可作为 CN^- 的毒性效应的生物标志。但此指标的特异性较差，应注意排除其他因素如休克、心力衰竭、肺水肿、供氧障碍等对结果的影响。

(2) 高血糖：CN^- 对胰岛 β 细胞亦有可逆毒性作用，严重中毒时可造成胰岛素分泌不足从而引起血糖升高，因此临床往往将重度急性氰化氢中毒误诊为“糖尿病昏迷”。故血糖亦可作为 CN^- 毒性效应的生物标志，但敏感性及特异性均不如前者。

(3) 动静脉血氧差(arterial-venous oxygen difference)：氰化氢中毒时由于细胞呼吸酶活性被 CN^- 严重抑制，全身组织细胞对氧的消耗量明显减少。曾有研究表明，对静脉血的血气分析可见混合静脉血氧分压(PvO_2)显著升高，且与中毒严重程度密切相关。该检测方法简便，特异性较高，可作为 CN^- 的毒性效应指标。但 PvO_2 尚取决于 PaO_2 水平，如 PaO_2 不高（如机体供氧、通气、换气、携氧等环节受损时），纵然氰化氢中毒严重，其 PvO_2 亦不会太高，难以反映中毒的真实程度，故若以动静脉血氧差作为 CN^- 的毒性效应指标，则更客观准确。正常情况下，此值约为 6.7 kPa(6.65 kPa)，除细胞窒息性毒物（如氰化物、硫化氢等）外，其他病因不会使它减小；动静脉血氧差越小，则提示氰化氢中毒越严重。

4.3 易感性标志

人对氰化物的敏感程度还与体内硫氰酸盐生成酶的含量有关，含硫氰酸盐生成酶少的人对氰化物敏感，由此可见，氰化物中毒的个体差异很大。

（五）人体健康危害

许多类氰化物毒性主要由其在体内释放的氰根离子而引起，现以氰化氢对人体健康危害为例进行描述。

5.1 急性中毒

临床表现：急性中毒剂量的氰化氢侵入人体后可在数分钟内引起死亡，发病十分迅速。如剂量稍低，则病程进展可延缓。其临床表现可分为四期：

（1）前驱期：接触低浓度氰化氢时，可先出现眼及上呼吸道刺激症状，如流泪、流涕、流涎、喉头瘙痒，口中有苦杏仁味，口唇及咽部麻木。继可有恶心、呕吐、震颤，且伴逐渐加重的全身症状，如耳鸣、眩晕、乏力、胸闷、心悸、语言困难、剧烈头痛。此时查体可见：神志尚清，眼结膜及咽部稍见充血；脉搏加速，血压偏高，呼吸加深加快；心律尚整齐，心音强而有力；腱反射常亢进，各种生理反射均存在，无病理反射可见。

此时如立即停止接触，并到空气新鲜处休息或采取治疗措施，症状可很快消失。临床对病情终止于此期的患者，可不诊断为氰化氢中毒，而列为氰化氢接触反应。如此期患者仍未及时脱离接触或采取治疗措施，病情则可继续向以下几期发展。

（2）呼吸困难期：此期的特点是呼吸困难十分明显，由于前述症状不断加剧，且伴视力及听力下降，患者常有恐怖感。查体可见：神志模糊，呼吸急促、困难，患者张口耸肩，瞳孔散大、眼球突出，冷汗淋漓；脉搏细弱，血压波动，心律失常，心音低钝，反射减弱或消失。如能在此期脱离接触，迅速治疗，预后仍较好，多能很快痊愈，不留后遗症。

（3）痉挛期：患者意识丧失，牙关紧闭，并不断出现全身阵发强直性痉挛；呼吸浅而不规则，心跳慢而弱且有心律失常；血压逐渐下降，体温逐渐降低；各种生理反射均消失，出现病理反射；大小便失禁，但皮肤黏膜色泽常保持鲜红，为一重要临床特点。

此期常提示病情危重，且已有重要器官功能受损表现，故在进行解毒治疗的同时，应注意保护各重要器官功能，以尽量减少后遗症发生。

（4）麻痹期：此期为氰化氢中毒的极期或称终末状态，患者此时陷入深度昏迷，全身痉挛停止，各种反射消失，脉搏微弱且不规则，血压明显下降；呼吸浅慢而不规则，心律失常，肺内可出现散在湿啰音，呼吸有随时停止的可能，心跳在呼吸停止后仍能维持 2～3 min。

此期表现为中毒最为严重的征兆，由于各种组织器官均明显受损，如心肌损害、肺水肿、脑水肿等，故死亡率较高，抢救较为困难，后遗症亦较多，如失眠、头痛、心律失常、感觉障碍甚至精神异常等。

上述四期的临床表现是一种延续性病程进展，有时很难划出各期的精确界限，严重中毒时可很快出现抽搐、痉挛、昏迷，而无明显的前驱期、呼吸困难期。故在实际工作中，多将未出现抽搐痉挛而仅有呼吸困难的患者列为轻度中毒，出现痉挛、昏迷或其他并发症的患者列为重度中毒。

5.2 慢性影响

长期在超过职业接触限值的环境中工作，或经常反复吸入大量氰化氢，均可对健康产生一定影响，主要有如下几个方面：

（1）慢性刺激症状：此类人员的慢性结膜炎、慢性鼻炎、慢性咽炎、嗅觉及味觉异常或减退发病率均较高。

（2）神经衰弱综合征：有报告指出，此类人员神经衰弱综合征的患病率可达 30%并可出现性欲减退及自主神经功能紊乱表现，如多汗、皮温降低、感觉减退、血管张力下降、血压偏低、易晕厥、心悸或心律失常、眼心反射及立卧反射异常等，个别人尚有腹痛、便秘、腹泻、尿频等症状。

（3）运动功能障碍：长期接触本品可引起全身肌肉酸痛（以腰背肌为主，亦有涉及颈、胸及四肢者）、肌肉强直发僵、动作迟缓、活动受限，以至不能举臂、弯腰、下蹲、翻身、转头等，有的还出现肌肉萎缩及瘫痪。

（4）甲状腺肿大：曾有不少文献报告，长期接触本品可引起不同程度的甲状腺肿大，可能主要是其解毒产物——硫氰酸盐在血中水平升高，能阻碍甲状腺对碘的摄取，并抑制碘与酪氨酸生成碘酪氨酸的有机化过程，而影响甲状腺素的合成；血中甲状腺浓度降低反馈性地引起垂体前叶促甲状腺激素分泌增加，使得甲状腺体增生肥大。

(六) 诊疗

6.1 诊断

目前职业性急性氰类或腈类化合物中毒的诊断国家标准为 GBZ 209—2008《职业性急性氰化物中毒诊断标准》及 GBZ13—2016《职业性急性丙烯腈中毒的诊断》，慢性中毒尚无诊断标准。GBZ 209—2008《职业性急性氰化物中毒诊断标准》对本类化学物急性职业中毒的诊断如下：

(1) 诊断原则

根据短时间内接触较大量氰化物的职业史，以中枢神经系统损害为主的临床表现，结合现场职业卫生学调查和实验室检查指标，综合分析，并排除其他病因所致类似疾病，方可诊断。

(2) 接触反应

短时间内接触氰化物后，出现轻度头晕、头痛、胸闷、气短、心悸，可伴有眼刺痛、流泪、咽干等眼和上呼吸道刺激症状，一般在脱离接触后 24 h 内恢复。

(3) 诊断及分级标准

① 轻度中毒

明显头痛、胸闷、心悸、恶心、呕吐、乏力、手足麻木，尿中硫氰酸盐浓度增高，并出现下列情况之一者：

a)轻、中度意识障碍；

b)呼吸困难；

c)动-静脉血氧浓度差<4%和/或动-静脉血氧分压差明显减小；

d)血浆乳酸浓度>4 mmol/L。

重度中毒

出现下列情况之一者：

a)重度意识障碍；

b)癫痫大发作样抽搐；

c)肺水肿；

d)猝死。

(4) 鉴别诊断：

经呼吸道吸入中毒者要与急性一氧化碳中毒、急性硫化氢中毒等窒息性气体中毒相鉴别。其他途径中毒者还需与急性有机磷农药中毒、乙型脑炎及其他器质性疾病相鉴别。对老年患者或既往有糖尿病、尿毒症等疾病的患者，要注意排除脑血管意外、糖尿病性昏迷、低血糖诱导的酸中毒和药物过敏的可能(见表 28-1)。

另外职业性急性丙烯腈中毒的诊断应依据 GBZ13—2016《职业性急性丙烯腈中毒的诊断》，根据短时间内接触大量的丙烯腈职业史，以中枢神经系统损害为主要临床表现，结合现场劳动卫生学调查结果综合分析，排除其他原因所引起的类似疾病，方可诊断。需注意与一氧化碳、硫化氢、二氧化碳、惰性气体引起的急性中毒、颅内感染、脑血管意外等鉴别。

表 28-1 急性氰化氢中毒与其他疾病的鉴别诊断

项目	氰化氢中毒	硫化氢中毒	一氧化碳中毒	有机溶剂中毒	苯的氨基硝基化合物中毒	有机磷中毒	有机氟中毒	癫痫	脑出血	糖尿病昏迷
病史特点	氰化氢接触史，起病迅速，极度呼吸困难伴全身强直抽搐	硫化氢接触史，起病急剧，易发生"闪电性"死亡，常伴化学性呼吸道炎	一氧化碳接触史，乏力明显，昏迷较深，起病相对较缓	有机溶剂接触史，起病相对稍缓，有兴奋转抑制的发病过程	苯的氨基硝基化合物接触史，起病相对较缓，常伴溶血及肝肾损害	有机磷接触史，常伴大汗、瞳孔缩小、肺内湿啰音	有机氟接触史，抽搐伴严重心肌损害、心律失常	无毒物接触史，有发作史，起病于20岁前，抽搐数分钟可自止	无毒物接触史，年龄多在50岁以上，突然昏迷偏瘫，常打鼾	无毒物接触史，有糖尿病史，平日血糖极高，发作时伴脱水表现
呼出气气味	苦杏仁味	臭鸡蛋味	无特殊	特殊气味	特殊气味	蒜臭	无特殊	无特殊	无特殊	无特殊
皮肤黏膜颜色	鲜红色	蓝灰色	樱桃红色	无特殊	蓝紫色	略苍白或发绀	无特殊	无特殊	红润	干燥无弹性
静脉血颜色	鲜红色不易凝	蓝紫色	樱桃红色不易凝	无特殊	蓝紫色	暗红色	暗红色	暗红色	暗红色	暗红色、黏度大

（续表）

项目	氰化氢中毒	硫化氢中毒	一氧化碳中毒	有机溶剂中毒	苯的氨基硝基化合物中毒	有机磷中毒	有机氟中毒	癫痫	脑出血	糖尿病昏迷
实验室检查特点	1. PaO_2无变化，PvO_2↑↑，动静脉血氧差↓↓；2. CN-P↑，SCN-P↑，SCN-U↑；3. 血乳酸迅速↑，血pH↓；4. 血糖升高	1. PaO_2变化不大、PvO_2↑动静脉氧差↓；2. 血中硫化血红蛋白阳性（>5%）；3. 血中硫化物↑，尿中硫酸盐↑	1. PaO_2↓↓；2. 血中碳氧血红蛋白↑（>10%）	1. 呼出气及血中可检出有机溶剂原形；2. 尿中可检出该有机溶剂代谢物	1. PaO_2↓↓；2. 血MetHb强阳性（>15%）；3. RBC中可常见Heinz小体；4. 尿中可查见血红蛋白及该化合物代谢产物	1. PaO_2↓；2. 全血或红细胞胆碱酯酶活性↓	1. 血氟↑、尿氟↑；2. 血中柠檬酸↑	脑电图有特殊表现	1. 脑脊液呈血性，压力升高；2. 脑CT检查可见高密度出血影	1. 血糖极高（>33.3 mmol/L）；2. 尿糖++++；3. 血Hb↑，血渗透压↑

6.2 治疗

（1）迅速脱离现场，脱去污染衣物，用肥皂水和流动清水彻底清洗污染皮肤15 min；眼睛接触者，立即翻开眼睑，用大量流动清水或生理盐水彻底冲洗至少15 min；口服中毒者立即用5%硫代硫酸钠或1∶5 000高锰酸钾洗胃；严密观察，注意病情变化。

（2）迅速给予解毒治疗，轻度中毒者可静脉注射硫代硫酸钠溶液或使用亚硝酸盐-硫代硫酸钠疗法，重度中毒者立即使用亚硝酸盐-硫代硫酸钠疗法，并可根据病情重复应用硫代硫酸钠。

特效解毒剂：首选高铁血红蛋白形成剂及供硫剂，以亚硝酸盐-硫代硫酸钠为氰化物中毒首选解毒药物组合，疗效可靠。可首先吸入亚硝酸异戊酯1～2支（压碎于纱布中，置于鼻孔处，每次吸入30 s，间隔15 s），必要时2～3 min后可重复一次。轻度中毒或有低血压者可单独使用硫代硫酸钠10 g～12.5 g；重度中毒者则联合应用亚硝酸盐-硫代硫酸钠，缓慢静注3%亚硝酸钠溶液10 ml，随即用同一针头静注25%硫代硫酸钠溶液12.5 g～15 g。用药后30 min症状未缓解者，可重复应用硫代硫酸钠半量或全量，并酌情使用3 d～5 d。用药时应避免剂量过大或注射速度过快，引发严重的高铁血红蛋白血症或低血压，应注意监测血压。无亚硝酸盐时可应用大剂量亚甲蓝（5～10 mg/kg）替代。

（3）给氧：可采用吸入纯氧（100% O_2）或行高压氧治疗。

（4）积极防治脑水肿、肺水肿，如早期足量应用糖皮质激素、抗氧化剂及脱水剂、利尿剂等。

（5）积极给予其他对症及支持治疗，纠正酸中毒，维持水、电解质平衡及微循环稳定。

（6）对呼吸或心搏骤停者，立即进行心、肺、脑复苏术。

（7）其他处理。

（七）预防

氰类和腈类化合物多为毒性较大的物质，中毒后起病急骤，严重者可在数分钟内致命，故在具体运作中应注意以下几点：

（1）加强对氰（腈）类化合物工业生产的管理，加强工作环境中浓度的监测。工业生产应尽量做到密闭化、机械化、自动化，严防设备管道跑、冒、滴、漏，避免手工直接操作。生产设备应与操作室隔离，并注意维持设备间呈负压状态、操作室正压状态。进入密闭容器操作时，须严格执行安全操作规程，用氮气及空气进行充分置换后方可入内。含氰（腈）三废物质应回收处理，严禁向周围环境直接排放。改良工艺，减少或避免使用氰（腈）类化合物。

（2）储存注意事项：应储存于阴凉、干燥、通风良好的专用库房内，注意防潮（相对湿度不超过80%）、防热、防酸，以免氰化物释放出大量气态氰化氢，包装密封。应与氧化剂、酸类、食用化学品分开存放，切忌混储。储备区应备有合适的材料收容泄露物。

（3）加强工人的职业安全卫生培训和个人防护，提高工人的自我保护意识。严格执行各项规章制度，加强工人防毒知识教育，如饭前应漱口、洗手，班后应沐浴、更衣，严禁在使用或生产氰化物成品车间饮水、进食、吸烟。

（4）加强作业工人岗前、岗中、离岗的职业健康检查，包括尿中硫氰酸盐测定（作为判断接触程度的生物标志)，结合作业场所空气中氰(腈)化物浓度测定情况，为改善工业卫生情况提供可靠依据。

职业禁忌证：中枢神经系统器质性疾病。

无机氰化物——简单的氰化物

氢　氰　酸

1. 理化性质

CAS号：74-90-8	外观与性状：常温常压下为无色透明弱酸性液体，易蒸发，蒸气略带苦杏仁样气味
分子量：27.03	溶解性：溶解于水、乙醇；微溶于乙醚
临界温度(℃)：183.5	熔点/凝固点(℃)：−13.2
临界压力(MPa)：4.95	沸点(℃)：25.7
自燃温度(℃)：538	闪点(℃)：−18(闭杯)
爆炸上限[%(V/V)]：40.0	爆炸下限[%(V/V)]：5.6
饱和蒸气压(kPa)：53.32(9.8℃)	易燃性：易燃
密度(g/cm³)：0.698(20℃)	相对密度(水=1)：0.69
相对蒸气密度(空气=1)：0.94	*n*-辛醇/水分配系数：−0.25

2. 用途与接触机会

2.1　生活环境

又名氰化氢，任何含氮有机物的干馏或不完全燃烧均可有氰化氢生成。如现代建筑物失火时，烟雾中即含有氰化氢。

2.2　生产环境

化工生产氰化氢是最主要的职业性接触机会。

① 氰化氢的制备，如用氰化钠和硫酸反应、一氧化碳和氨高温合成、甲酰氨脱水、氨加甲烷氧化等方法，均有接触机会；

② 化工生产的副产物，如氰化钾与硫酸制备硫氰酸钾、硫酸二甲酯与氰化钠制备乙腈、二溴乙烷与氰化钾制备丁二腈，或是甲基丙烯腈和丙烯腈等的生产过程中，氰化氢均可作为反应副产物生成；

③ 用作化工合成原料，如乙炔-氢氰酸合成法制取丙烯腈、氰化物和氯气制备活性染料(艳红中间体)三聚氯氰等；

④ 冶金工业用氰化法富集铅锌矿石或提取贵重金属、用氰化物进行钢铁的氰化处理及淬火以及炼焦过程，均有大量氰化氢生成；

⑤ 电镀业镀铜、镀铬、镀金、镀银、镀镍常使用大量氰化物，生产过程中有大量氰化氢生成。

3. 毒代动力学

3.1　吸入途径

(1) 蒸气能迅速经呼吸道侵入体内，且蒸气最易解离出 CN^- 而迅速发挥毒性，故为所有氰化物中毒性最强、作用最快的。(2) 氢氰酸液体可通过口腔黏膜和胃肠道吸收(一般吸收较完全)。(3) 破损的皮肤与氢氰酸接触，其直接进入血液，完整皮肤与高浓度的氢氰酸或其蒸气接触时，也会吸收氢氰酸导致中毒。

3.2　分布　见本章总论。

3.3　排泄　见本章总论。

3.4　转运模式　见本章总论。

4. 毒性

本品健康危害GHS分类为：急性毒性—经口，类别2；急性毒性—经皮，类别1；急性毒性—吸入，类别2。

各种温血动物的中毒表现基本相同，呼吸先快后慢、瘫痪、侧卧、痉挛、窒息，乃至呼吸停止、死亡。一般在呼吸停止后经过5～10 min心跳停止。猫、狗、猴还有呕吐表现。

在接触5 min以内死亡的动物(兔、猫、狗)，尸检除血液呈液态、血色鲜红，器官呈粉红色并有苦杏仁气味外，无其他改变；在5～15 min后死亡时除上述改变外还见到气管黏膜充血和水肿，气管腔内有血性泡沫液体，胸膜下常有出血，偶有肺内和心内膜和心包膜下出血。耐受了急性中毒未死亡的动物，尸检可见脑内有神经细胞弥漫性病变，大脑皮层对称性坏死。

实验动物的致死浓度与人相当接近，但以狗最敏感。在动物和人中对各种浓度本品的反应见表28-2和表28-3。

表 28 - 2　动物对吸入不同浓度氰化氢的反应

动物	浓度(mg / m³)	反　应
小鼠	1 454	1～2 min 后死亡
	120	45 min 后死亡
	50	2.5～4 h 后死亡
猫	350	迅速死亡
	200	死亡
	140	6～7 min 内明显中毒
狗	350	迅速死亡
	100	几小时后死亡
	70～40	呕吐、昏迷、恢复，也可能死亡
	35	可能耐受
豚鼠	350	死亡
	230	耐受 1.5 h 无症状
兔	350	死亡
	130	无明显中毒症状
猴	140	12 min 后明显中毒
大鼠	120	1.5 h 后死亡

表 28 - 3　人吸入不同浓度氰化氢的反应

浓度(mg / m³)	反　应
300	立即死亡
200	10 min 后死亡
150	30 min 后死亡
120～150	0.5～1 h 后死亡，或危及生命
50～60	可耐受 0.5～1 h 而无明显反应
20～40	数小时后仅有轻微症状

5. 人体健康危害

见总论。

6. 风险评估

我国规定氢氰酸职业接触限值 MAC 为 1 mg/m³(按 CN 计)。

本品对水生生物毒性极大并具有长期持续影响，其环境危害 GHS 分类为：危害水生环境—急性危害，类别 1；危害水生环境—长期危害，类别 1。

氰　化　钠

1. 理化性质

CAS 号：143 - 33 - 9	分子量：49.01
外观与性状：立方晶系，白色结晶颗粒或粉末，易潮解，有微弱的苦杏仁气味	沸点(℃)：1 497
熔点/凝固点(℃)：563.7	饱和蒸气压(kPa)：0.13(817℃)
溶解性：易溶于水；溶于液氨；微溶于乙醇、乙醚、苯	易燃性：不可燃物质
相对密度(水＝1)：1.596	相对蒸气密度(空气＝1)：1.7

2. 用途与接触机会

在机械工业中用作各种钢的淬火剂。电镀工业中作为镀铜、银、镉和锌等的主要组分。冶金工业中用于提取金、银等贵重金属。化学工业中是制造各种无机氰化物和发生氢氰酸的原料，也用于制造有机玻璃、各种合成材料、丁腈橡胶、合成纤维的共聚物。染料工业中用于制造三聚氯氰(活性染料中间体，又为生产增白剂的原料)。医药工业中用于制造氰乙酸甲酯和丙二酸二乙酯等。纺织工业中用作媒染剂，还用于钢的液式渗碳、渗氮。在分析上用作掩蔽剂，还用于昆虫激素的研究。

3. 毒代动力学

在室温下职业性中毒主要为呼吸道吸入其粉尘或在热处理时吸入氰化钠形成的蒸气而引起，蒸气浓度高时也能从皮肤吸收一部分。误服时通过消化道吸收中毒。

氰化物的主要代谢途径是通过硫氰酸酶的作用，使氰化物析出的氰离子与硫结合转变为硫氰酸盐。后者的毒性仅为前者的 1/200，且易随尿排出；氰离子与葡萄糖可以结合成无毒的腈类，从尿和唾液中排出。

4. 毒性

本品健康危害 GHS 分类为：急性毒性—经口，类别 2；急性毒性—经皮，类别 1；严重眼损伤/眼刺激,类别2;生殖毒性,类别2;特异性靶器官毒性—反复接触,类别1。

大鼠经口 LD_{50}:6 440 μg/kg。兔经皮 LD_{50}:10 400 μg/kg。

5. 人体健康危害

人在吸入高浓度气体或吞服致死剂量氰化钠时,几乎可立即停止呼吸,造成猝死。非猝死中毒患者,早期可出现乏力、头昏、头痛、胸闷及黏膜刺激症状。随后呼吸加快加深、脉搏加快、心律不齐、瞳孔缩小、皮肤黏膜呈鲜红色。接着出现阵发性强直性抽搐、昏迷和血压骤降,呼吸表浅而慢,以至完全停止。随后,心脏停搏而死亡。

严重中毒非瞬间死亡者,其临床表现可分前驱期、呼吸困难期、痉挛期和麻痹期,但由于病情进展快,各期往往不易区分。

急性中毒的诊断主要根据接触史和临床表现。患者呼出气或呕吐物有杏仁气味、皮肤黏膜及静脉血呈鲜红色,为氰化物中毒的特殊体征,但注意在出现呼吸障碍后可转为发绀。

由于发病急骤,不要等待化验检查才作诊断,以免耽误抢救。

6. 风险评估

我国氰化物 MAC 为 1 mg/m^3(按 CN 计)(皮)。下述氰化物职业接触限值参照执行。

本品对水生生物毒性极大并具有长期持续影响,其环境危害 GHS 分类为:危害水生环境—急性危害,类别1;危害水生环境—长期危害,类别1。

氰　化　钾

1. 理化性质

CAS 号:151-50-8	分子量:65.12
外观与性状:白色等轴晶系块状物或粉末,易潮解,有苦杏仁气味	pH 值:11.0(0.1 N 水溶液)
易燃性:不可燃物质	熔点/凝固点(℃):634
密度(g/cm^3):1.857	沸点(℃):1 625
相对密度(水=1):1.52	*n*-辛醇/水分配系数:−1.69
相对蒸气密度(空气=1):无资料	溶解性:易溶于水、乙醇;微溶于甘油、甲醇和液氨中

(续表)

2. 用途与接触机会

用于从矿石提取金和银、金属电镀、钢的热处理,也用于分析化学试剂和有机腈类产品制造以及制药等。还用于照相、生产丙烯腈和有机玻璃、蚀刻及石印,以及用作柠檬除霉剂等。

3. 毒性与中毒机理

本品为2015版《危险化学品目录》中的剧毒品,其健康危害 GHS 分类为:急性毒性—经口,类别2;急性毒性—经皮,类别1;严重眼损伤/眼刺激,类别2;特异性靶器官毒性——次接触,类别2;特异性靶器官毒性—反复接触,类别1。

大鼠经口 LD_{50}:5 mg/kg;小鼠经口 LD_{50}:8 500 μg/kg。

氰化钾的主要代谢途径和中毒机理与氢化钠相同。

4. 人体健康危害

本品的临床表现同氰化钠,但本品对皮肤黏膜的刺激性更强,长期少量接触常可致瘙痒、皮疹、湿疹甚至溃疡。

5. 风险评估

本品对水生生物毒性极大并具有长期持续影响,其环境危害 GHS 分类为:危害水生环境—急性危害,类别1;危害水生环境—长期危害,类别1。

氰　化　钙

1. 理化性质

CAS 号:592-01-8	外观与性状:无色结晶或白色粉末,工业品呈灰黑色薄片,味苦
熔点/凝固点(℃):640(分解)	易燃性:不可燃物质
n-辛醇/水分配系数:−2.41	相对密度(水=1):1.853
溶解性:溶于水、乙醇;缓慢溶于弱酸	

2. 用途与接触机会

在农业上它被用作杀鼠剂、谷仓熏蒸杀虫剂。还用于提炼金、银等贵重金属和制造农药等，也用于钢铁表面处理。

3. 毒代动力学

本品毒代动力学与氰化钠相同，但毒性略低。

4. 毒性与中毒机理

本品健康危害GHS分类为：急性毒性—经口，类别2。大鼠经口LD_{50}：39 mg/kg。其毒性及中毒机理同氰化钠。

5. 风险评估

本品对水生生物毒性极大并具有长期持续影响，其环境危害GHS分类为：危害水生环境—急性危害，类别1；危害水生环境—长期危害，类别1。

氯 化 氰

1. 理化性质

CAS号：506－77－4	外观与性状：无色液体或气体，有催泪性
熔点/凝固点(℃)：－6	临界压力(MPa)：5.99
沸点(℃)：12.5～13.1	溶解性：溶于水、乙醇、乙醚等多数有机溶剂
饱和蒸气压(kPa)：134.63 (20℃)	易燃性：不可燃物质
相对密度(水＝1)：1.186	*n*-辛醇/水分配系数：－0.38
相对蒸气密度(空气＝1)：2.16	

2. 用途与接触机会

主要用于有机合成过程，也用作熏蒸剂的警戒性添加剂。

3. 毒性

本品健康危害GHS分类为：急性毒性—吸入，类别1；皮肤腐蚀/刺激，类别1；严重眼损伤/眼刺激，类别1；特异性靶器官毒性——次接触，类别2；特异性靶器官毒性—反复接触，类别1。

氯化氰常温下为无色气体或液体，易蒸发，具有强烈刺激性臭味，属高毒类，毒作用与氰化氢相似。即使在低浓度下亦具明显刺激作用，引起气管炎、支气管炎和肺水肿。对动物的吸入毒性见表28－4。

表28－4 动物吸入氯化氰毒物反应

种属	浓 度 (mg/m^3)	接触时间 (min)	反 应
小鼠	200	5	一些动物可耐受
	300	3.5	一些动物可死亡
	1 000	3	死亡
兔	3 000	2	死亡
猫	100	18	9 d后死亡
	300	3.5	死亡
狗	50	20	未死亡
	120	6 h	死亡
	300	8	严重损害，恢复
	800	7.5	死亡
山羊	2 500	3	70 h后死亡

4. 人体健康危害

高浓度可迅速致死，但其强烈的刺激性有警戒作用，浓度为2.5 mg/m^3时，即可嗅到，吸入10 min即有眼及呼吸道刺激作用；强烈的刺激性使人难以耐受长时间吸入，故严重中毒病例较少。随吸入浓度的增高，可显示对呼吸道的强烈刺激性，导致急性化学性气管炎、支气管炎、肺炎，甚至肺水肿。人吸入较高浓度氯化氰时，除有眼部及上呼吸道刺激症状，如眼部刺痛、流泪、流涕、咳嗽、呼吸困难外，尚有恶心、眩晕、乏力、步态不稳及意识障碍等全身症状。人对吸入不同浓度氯化氰的反应见表28－5。

表28－5 人对吸入不同浓度氯化氰的反应

浓度(mg/m^3)	反 应
400	10 min即致死
120	30 min可致死
50	可耐受时间为1 min
5	可耐受时间为10 min
2.5	10 min暴露之最低刺激浓度

5. 风险评估

我国规定氯化氰职业接触限值 MAC 为 0.75 mg/m³,美国 ACGIH 制定的职业接触限值 TLV－C 为 0.8 mg/m³。

本品对水生生物毒性极大并具有长期持续影响,其环境危害 GHS 分类为:危害水生环境—急性危害,类别 1;危害水生环境—长期危害,类别 1。

溴 化 氰

1. 理化性质

CAS 号:506－68－3	外观与性状:无色或白色针状或立方形结晶,常温下挥发
熔点(℃):52	沸点(℃):61.4
饱和蒸气压(kPa):13.33(23℃)	易燃性:不可燃物质
相对密度(水＝1):2.02(20℃)	*n*－辛醇/水分配系数:－0.29
相对蒸气密度(空气＝1):3.65	溶解性:溶于水、乙醇、乙醚等多数有机溶剂

2. 用途与接触机会

用于有机合成,以及从矿石中提取黄金。

3. 毒性

本品健康危害 GHS 分类为:急性毒性—经口,类别 2。

与氯化氰相似,刺激反应小于氯化氰,由于是固体,故侵入人体机会相对较少,中毒病例较罕见。不同浓度溴化氰对动物的毒性作用见表 28－6。

表 28－6 不同浓度溴化氰对动物的毒性作用

浓度 (mg/m³)	反应	
	小鼠	猫
1 000	死亡	死亡
300	接触 3 min 后瘫痪	接触 3 min 后瘫痪
150～50		严重损害;延长吸入死亡

4. 人体健康危害

据不同报道,人吸入 6 mg/m³,10 min 即有轻度刺激作用。接触 85 mg/m³,1 min 即不能耐受。当浓度为 400 mg/m³ 时,吸入 10 min 即可致死。

5. 风险评估

本品对水生生物毒性极大并具有长期持续影响,其环境危害 GHS 分类为:危害水生环境—急性危害,类别 1;危害水生环境—长期危害,类别 1。

碘 化 氰

1. 理化性质

CAS 号:506－78－5	外观与性状:白色针状结晶
熔点/凝固点(℃):146～147	易燃性:不可燃物质
饱和蒸气压(kPa):134.63(20℃)	相对蒸气密度(空气＝1):1.54
密度(g/cm³):2.84(20℃)	溶解性:微溶于水;溶于甲醇、醚

2. 用途与接触机会

用作昆虫保存剂,与酸、碱、氨、醇类接触和加热时,该物质分解生成氰化氢有毒气体。与二氧化碳反应或与水缓慢反应,生成氰化氢,主要经呼吸道吸入,属高毒类。职业中毒罕见。

3. 毒性

本品健康危害 GHS 分类为:急性毒性—经口,类别 2;急性毒性—经皮,类别 1;急性毒性—吸入,类别 2。

4. 风险评估

本品对水生生物毒性极大并具有长期持续影响,其环境危害 GHS 分类为:危害水生环境—急性危害,类别 1;危害水生环境—长期危害,类别 1。

氰

1. 理化性质

CAS 号:460－19－5	外观与性状:无色气体或压缩液化气体,有特殊气味
熔点/凝固点(℃):－27.9	沸点(℃):－21.17

（续表）

闪点(℃)：易燃气体	饱和蒸气压(kPa)：53.32(−33℃)
爆炸上限[%(V/V)]：32	爆炸下限[%(V/V)]：6.6
相对蒸气密度(空气＝1)：1.8	易燃性：高度易燃
相对密度(水＝1)：0.95(−21℃)	n-辛醇/水分配系数：0.07
溶解性：溶于水；易溶于乙醇、乙醚等有机溶剂	

2. 用途与接触机会

用作熏蒸剂，用于有机合成等。

3. 毒性

本品健康危害GHS分类为：急性毒性—吸入，类别2。

氰的毒性作用与其他氰化物相似。在体内一部分可转化为氰化氢和氰酸。氰的刺激性较氰化氢略强，而毒性小得多。本品对动物和人的作用相似，对不同种属动物的毒性作用见表28－7。

表28－7　氰对不同种属动物的毒性作用

动物种类	浓度(mg/L)	作用时间	反　应
小鼠	31	1 min	致死
	5.5	12 min	致死
	0.5	15 min	中毒可恢复
大鼠	0.59	1 h	LC_{50}
兔	0.84	1.8 h	致死
	0.63	3.5 h	严重症状，迟发死亡
	0.42	4 h	轻度症状
	0.21	4 h	实际上无作用
猫	0.42	30 min	致死
	0.21	2～3 h	致死
	0.1	4 h	严重症状，但可恢复

4. 风险评估

本品对水生生物毒性极大并具有长期持续影响，其环境危害GHS分类为：危害水生环境—急性危害，类别1；危害水生环境—长期危害，类别1。

无机氰化物——复杂的氰化物

亚铁氰化钾

1. 理化性质

CAS号：14459-95-1	外观与性状：白色等轴晶系块状物或粉末，易潮解，有苦杏仁气味
pH值：9.5(100 g/L，H_2O，20℃)	密度(g/cm³)：1.85(17℃)
熔点/凝固点(℃)：70(失去全部结晶水)	易燃性：不可燃物质
溶解性：溶于水；不溶于乙醇、乙醚	

2. 用途与接触机会

用于制造颜料、印染氧化助剂、油漆、油墨、赤血盐钾、炸药及化学试剂，也用于钢铁热处理、石印、雕刻及医药等工业。其食品添加剂级产品主要用作食盐的抗结块剂。

3. 毒性

毒性由于分子中氰离子与铁结合牢固，因此亚铁氰化钾毒性极低。大鼠经口LD_{50}为1.6～3.2 g/kg。FAO/WHO(1974)规定，ADI为0～0.25 mg/(kg·d)。但其生产原料氰化物及产品受热分解产生的氰化物有剧毒。对在生产过程中或分解产生氰化物的处理及防护措施，参见氰化钾。

铁氰化钾

1. 理化性质

CAS号：13746-66-2	外观与性状：深红色或红色单斜晶系柱状结晶或粉末
pH值：6～9(25℃，1M in H_2O)	易燃性：不可燃物质
熔点/凝固点(℃)：300	密度(g/cm³)：1.8
溶解性：溶于水、丙酮；不溶于乙醇、醋酸甲酯及液氨中	

2. 用途与接触机会

用于印刷制版，彩色电影胶片的氧化、漂白及着色，照相洗印及显影，制晒蓝图纸，制药（抗菌增效剂、PMP等），制裁剪用蓝色划线粉。也用于电镀、制革、制纸及肥料。印染工业中用于作染苯胺黑，钢铁工业中用作渗碳剂，还可用作钼矿浮选剂。

3. 毒性

铁氰化钾是一种氧化剂，与酸反应生成极毒气体，高温分解成极毒的氰化物。能被光及还原剂还原成亚铁氰化钾。其热溶液能被酸及酸式盐分解，放出剧毒氢氰酸气体。小鼠经口 LD_{50} 为 2 970 mg/kg。

亚硝基铁氰化钠

1. 理化性质

CAS号：14402-89-2	外观与性状：鲜红色无臭无味的固体或结晶，有苦杏仁气味
密度(g/cm³)：1.72	溶解性：易溶于水；微溶于醇易潮解

2. 用途与接触机会

除用作药物之外，亚硝基铁氰化钠也用作化学试剂，以及用于色谱分析中，供测定醛酮、胺、碱金属硫化物、锌、二氧化硫等。

3. 毒性

亚硝基铁氰化钠在体内可解离出少量 CN^-，并被转化为 SCN^- 排出。患者肝肾功能不全，或用药超过 72 h，氰化物或硫氰酸盐可能发生积累，使患者出现氰化物和硫氰酸盐中毒的迹象，因此静滴时应当及时监控血浆中的硫氰化物浓度。本品过量服用可引起氰化物中毒，并伴血压急剧降低，可对症处理。

大鼠经口 LD_{50}：99 mg/kg。

亚铁氰化铁

1. 理化性质

CAS号：14038-43-8	外观与性状：深蓝色粉末
密度(g/cm³)：1.8	易燃性：不可燃物质

（续表）

溶解性：不溶于水、稀酸及有机溶剂；溶于草酸溶液及碱	

2. 用途与接触机会

亚铁氰化铁（ferric ferrocyanide），即普鲁士蓝（Prussian Blue），化学式 $Fe_4[Fe(CN)_6]_3$，又名柏林蓝、贡蓝、铁蓝、米洛丽蓝、中国蓝、密罗里蓝、华蓝。是一种古老的蓝色染料，可以用来上釉和做油画染料。主要用于油漆和油墨工业，也用于制造图画颜料和纸张等。铊中毒时可口服作解毒剂，对治疗经口急慢性铊中毒有一定疗效。

3. 毒性

大鼠经口 LD_{50}＞8 g/kg。

有机氰化物——腈类

乙　腈

1. 理化性质

CAS号：75-05-8	外观与性状：无色液体，有芳香气味
沸点(℃)：81.6	溶解性：可与水、乙醇、乙醚和丙酮相混溶
饱和蒸气压(kPa)：9.73 (20℃)	饱和浓度(%)：9.6%(20℃, 101.31 kPa)
密度(g/cm³)：0.776 (25/4℃)	相对蒸气密度(空气＝1)：1.42

2. 用途与接触机会

本品是丙烯经氨化氧化生产丙烯腈的副产物，有机合成主要用于制造药物和香料，如维生素 B_1 等药物。并用作脂肪酸萃取剂、酒精变性剂等。还可以用于合成乙胺、乙酸等，并在织物染色、照明工业中也有许多用途。

3. 毒代动力学

乙腈可通过呼吸道、消化道及皮肤迅速吸收。在体内代谢途径为氧化，先生成羟基乙腈，进而生成甲醛和氰化氢，但后者可大部分转化为硫氰酸盐从尿中排出，小量可转化为甲酸参与一碳化合物代谢或继续氧化为二氧化碳和氨从呼气排出。Lang 提出乙腈在体内代谢过程如下：

$$CH_3CN \xrightarrow{O_2} \underset{ON}{\overset{OH}{CH_2}} \longrightarrow CH_2O + HCN \longrightarrow SCN^-$$
$$\phantom{CH_3CN \xrightarrow{O_2} CH_2} HCOOH \longrightarrow CO_2$$

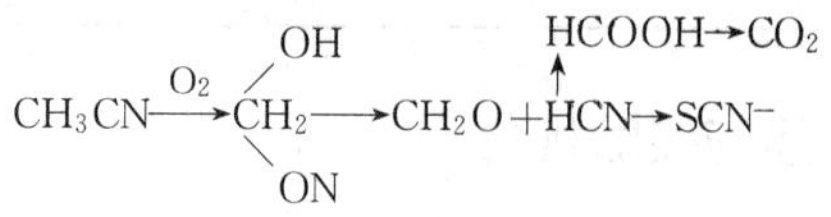

乙腈在狗体内约 20% 转化为硫氰酸盐随尿排出，而豚鼠达 50%。当动物预先给予乙醇，乙腈代谢增强，87% 的乙腈转化为硫氰酸盐。Baumann 等发现，兔可将 27%～35% 的乙腈转化为硫氰酸盐，而去甲状腺的兔仅能转化 3%～5%，喂甲状腺粉剂后硫氰酸盐排出增加。甲状腺粉剂可保护小鼠抵抗乙腈的毒性。

小鼠皮下注射乙腈 0.01 ml/g(2.5% 乙腈溶液)，注射后 2 h 血浆中 SCN^- 含量增加，7 h 达高峰。

大鼠实验表明，丙酮可影响乙腈代谢，使其急性毒性增高 3～4 倍。

乙腈在体内无明显的蓄积作用。

4. 毒性与中毒机理

4.1 急性毒作用

本品健康危害 GHS 分类为：严重眼损伤/眼刺激，类别 2。急性毒性见表 28-8。

表 28-8 乙腈急性毒性[LD(C)$_{50}$]

动物	腹腔注射 (mg/kg)	经口 (mg/kg)	吸入(暴露时间) (mg/m³)	经皮 (mg/kg)
小鼠	250～832	200～453.2	3 830～9 654 (2 h)	
大鼠	5 620	1 000～8 500	27 000 (4 h)	
豚鼠		140～180	9 700 (4 h)	
兔			4 800 (4 h)	1 000
狗			27 000 (6 h)	

* 本表资料引自不同文献，数据多的项目仅列出范围

上表表明，大鼠经口 LD_{50} 相差很大，主要由于实验条件不同。乙腈对各种动物的毒性，以豚鼠最敏感，其次为小鼠和兔，而大鼠则最不敏感。

小鼠急性吸入中毒，先出现刺激和兴奋症状，如舔毛、搔抓、闭眼、群集、不停地奔跑、跳跃等，继之转为前伏、懒动、后肢无力。高浓度时可出现侧卧，并伴有强直性抽搐及大小便失禁等。呼吸先快后慢，随后变深或出现张口呼吸。高浓度组动物多于 24 h 内死亡，中等浓度组 1～3 d 内死亡。

4.2 慢性毒作用

小鼠经口 5 mg/(kg·d)，引起防御条件反射改变。给猫吸入其蒸气 7 mg/m³，4 h/d，共 6 个月，在染毒后 1 个月，条件反射开始破坏。病理组织学检查，发现有肝、肾和肺的病理改变。

4.3 中毒机理

主要由体内释放出的 CN^- 所致，但不能排除乙腈本身及其代谢产物硫氰酸盐的作用，后者在慢性毒作用中更为重要。

乙腈在体内经混合功能氧化酶作用，释放出 CN^-，CN^- 与呼吸链中细胞色素氧化酶三价铁结合，阻碍其被还原，造成组织呼吸中断，导致组织内窒息。

大剂量或高浓度乙腈立即致死的原因，可能是其分子本身对中枢神经系统的麻醉作用；中、低剂量或浓度引起的相隔 4 h 左右发生的中毒，主要由于氰化氢及其代谢产物的作用。

5. 生物监测

尿中硫氰酸盐浓度增加；血中氰化物及硫氰化物含量均有增高，可作为接触生物标志。

6. 人体健康危害

乙腈蒸气具有刺激性，大量吸入后可引起急性中毒。潜伏期长短主要视接触量的大小而异，一般 4～12 h，主要症状为无力、面色灰白、恶心、呕吐、腹痛、腹泻、胸闷、胸痛，严重者呼吸及循环系统紊乱，呼吸浅、慢而不规则，血压下降，脉搏细而慢，体温下降，阵发性抽搐、昏迷。此外，可有尿频、蛋白尿等。

高危人群主要包括有明显神经系统疾病、肝或肾疾病、心血管疾病的人群及甲状腺功能低下者。

7. 风险评估

我国规定乙腈 PC-TWA 为 30 mg/m³。美国 ACGIH 制定的职业接触限值 TLV-TWA 为 67 mg/m³，STEL 为 101 mg/m³（皮）。

氯 乙 腈

1. 理化性质

CAS 号：107-14-2	外观与性状：无色发烟液体
熔点/凝固点(℃)：<25	沸点(℃)：126

（续表）

闪点(℃)：47	相对密度(水=1)：1.193 0
相对蒸气密度(空气=1)：2.61	溶解性：溶于醚、醇及烃类；不溶于水
饱和蒸气压(kPa)：1.16 (20℃)	辛醇/水分配系数：0.45

2. 用途与接触机会

主要用作杀虫剂、熏蒸剂、有机合成原料和分析试剂、医药中间体。职业性接触，可经呼吸道、消化道、皮肤发生。

3. 毒性

3.1 急性毒作用

本品健康危害GHS分类为：急性毒性—经口，类别3；急性毒性—经皮，类别3；急性毒性—吸入，类别3。大鼠经口LD_{50}：220 mg/kg；小鼠经口LD_{50}：139 mg/kg，兔经皮LD_{50}：0.071 mg/kg，大鼠吸入LCL_0：843 mg/(m^3·4 h)。

蒸气或雾对眼、黏膜和上呼吸道有刺激性。动物吸入本品蒸气后，可见流泪、呼吸困难、运动失调、体温降低、嗜睡。

3.2 远期毒作用

IARC致癌性分类为组3。

4. 人体健康危害

本品经口、经皮和吸入会中毒，且蒸气或雾对眼、黏膜和上呼吸道有刺激性。

5. 风险评估

本品对水生生物有毒并具有长期持续影响，其环境危害GHS分类为：危害水生环境—急性危害，类别2；危害水生环境—长期危害，类别2。

三氯乙腈

1. 理化性质

CAS号：545-06-2	外观与性状：有氯醛或氰化氢气味的无色液体
熔点(℃)：-42	溶解性：不溶于水；溶于有机溶剂

（续表）

沸点(℃)：83～84	稳定性：遇明火、高热可燃。与强氧化剂可发生反应。受热分解，放出剧毒氰化物气体。遇水、水蒸气、酸或酸烟产生氰化物、氯化物和氮氧化物
密度(g/cm³)：1.440 3 (25/4℃)	饱和蒸气压(kPa)：7.73 (20℃)
n-辛醇/水分配系数：2.09	

2. 用途与接触机会

用于杀虫剂和有机合成制取苯酮。

3. 毒代动力学

可通过呼吸道、皮肤及消化道吸收。

兔吸入浓度超过37 mg/m³时尿中有本品及其代谢产物排出；经口一次染毒时未见硫氰酸盐水平增高。

4. 毒性

4.1 急性毒作用

本品健康危害GHS分类为：急性毒性—经口，类别3；急性毒性—经皮，类别3；急性毒性—吸入，类别3。对呼吸道具有明显的刺激作用。动物吸入蒸气时见抽搐、乱跑、角弓反张，随后不动、流泪、咳嗽、气急。大鼠经口LD_{50}：250 mg/kg；吸入LCL_0：1 611 mg/m³，4 h。兔经皮LD_{50}：900 μl/kg。

4.2 远期毒作用

IARC致癌性分类为组3。

5. 人体健康危害

本品经口、经皮和吸入会中毒，对呼吸道具有明显的刺激作用。

6. 风险评估

本品对水生生物有毒并具有长期持续影响，其环境危害GHS分类为：危害水生环境—急性危害，类别2；危害水生环境—长期危害，类别2。

乙醇腈

1. 理化性质

CAS号：107-16-4	外观与性状：无色、无嗅带甜味的油状液体

(续表)

熔点/凝固点(℃): 熔点<−72	稳定性:遇热或碱发生自发化学反应(不加抑制剂)可引起爆炸。加热分解,放出氮氧化物和氰化物
饱和蒸气压(kPa):0.13(63℃)	沸点(℃):183(有微量分解)
相对密度(水=1):1.10	溶解性:溶于水、乙醇和乙醚;不溶于氯仿、苯
相对蒸气密度(空气=1):1.96	

2. 用途与接触机会

有机合成原料。可作为生产甘氨酸、丙二腈、靛蓝染料的中间体。可经呼吸道、皮肤和消化道吸收。

3. 毒性与中毒机理

3.1 急性毒作用

本品为2015版《危险化学品目录》中的剧毒品,其健康危害GHS分类为:急性毒性—经口,类别2;急性毒性—经皮,类别1。

大鼠经口 LD_{50}:8 mg/kg;吸入 LCL_0:63 mg/(m^3·8 h)。小鼠经口 LD_{50}:10 mg/kg;吸入 LCL_0:63 mg/m^3/8 h。兔经皮 LD_{50}:5 mg/kg。

以50%溶液0.5 ml滴入兔结膜囊内,立即出现中度刺激,在15~30 min出现抽搐、昏迷等,1 h左右死亡。

3.2 中毒机理

类似乙腈的毒作用,可释放氰基。发病机理参见氢氰酸。

4. 生物监测

血清中硫氰酸盐的含量与进入体内的乙醇腈剂量相关。本品所致中毒与释放氰基有关。

5. 人体健康危害

国外曾报道,2名分装工皮肤污染70%的水溶液后出现头痛、头昏、步态不稳、呕吐、脸色苍白、心慌、多汗、脉率增快。给吸入亚硝酸异戊酯、全身清洗及支持疗法。呕吐停止,但出现语无伦次、反应迟钝、脉速快及心律不齐。经静脉注射25%硫代硫酸钠30 ml后寒战持续15 min。次晨好转,但仍有乏力、恶心等症状。

6. 风险评估

丹麦制定的职业接触限值TWA为2.5 mg/m^3;荷兰TWA为12.7 mg/m^3;瑞典TWA为2.5 mg/m^3,STEL为5.1 mg/m^3,经皮。

丙　腈

1. 理化性质

CAS号:107-12-0	外观与性状:无色液体,气味似醚。受热分解放出氰化物和氮氧化物烟雾。与酸烟接触有毒。遇热、明火、强氧化剂易燃
熔点(℃):−91.8	爆炸下限[%(V/V)]:3.1
沸点(℃):97.2	闪点(℃):2.22(闭杯)
饱和蒸气压(kPa):5.33(22℃)	溶解性:40℃水中溶解11.9 g/100 g;能与乙醇、乙醚、二甲基甲酰胺混溶易燃
相对密度(水=1):0.781 8(20/4℃)	相对蒸气密度(空气=1):1.9

2. 用途与接触机会

主要用于有机合成、腈纶生产、溶剂等。给豚鼠皮下注射 LD_{50} 剂量,估计70%转化为硫氰酸盐。可通过呼吸道、皮肤及消化道吸收。

3. 毒性与中毒机理

3.1 急性毒作用

本品为2015版《危险化学品目录》中的剧毒品,其健康危害GHS分类为:急性毒性—经口,类别2;急性毒性—经皮,类别1;急性毒性—吸入,类别2;严重眼损伤/眼刺激,类别2A。

大鼠经口 LD_{50} 为39 mg/m^3,兔经皮 LD_{50} 为210 μl/kg,小鼠吸入 LC_{50} 为401 mg/(m^3·1 h)。

丙腈对皮肤黏膜仅有轻微刺激作用。

3.2 中毒机理

本品在体内能迅速析出氰离子,毒性作用与氢氰酸相似,但症状发展较慢。体外在肝混合功能氧化酶作用下,可形成2-羟基丙腈。中毒机理参见氢氰酸。

4. 人体健康危害

急性中毒表现有严重头痛、头晕、恶心、呕吐、呼吸频率减慢、血压升高、心率加快；严重者意识混乱、定向力障碍，并可很快进入昏迷、癫痫样抽搐、严重酸中毒等。对皮肤黏膜有刺激作用，但症状较轻。

3-氯丙腈

1. 理化性质

CAS 号：542-76-7	外观与性状：无色液体
沸点(℃)：175～176	密度(g/cm^3)：1.136 3(25℃)
相对蒸气密度(空气=1)：3.1	饱和蒸气压(kPa)：0.67(46℃)
溶解性：100 g 水中可溶 4.5 g(25℃)，可与丙酮、四氯化碳和其他溶剂混溶	

2. 用途与接触机会

用于有机合成，制造维生素 B_1 等药物和香料，并用作脂肪酸萃取剂、酒精变性剂等。还可以用于合成乙胺、乙酸等，并在织物染色、照明工业中也有许多用途。

3. 毒性与中毒机理

3.1 急性毒作用

本品健康危害 GHS 分类为：急性毒性—经口，类别 3；严重眼损伤/眼刺激，类别 2B；特异性靶器官毒性——次接触，类别 1。

本品小鼠经口 LD_{50} 为 9 mg/kg，大鼠 LD_{50} 为 100 mg/kg。中毒时出现深度麻醉，但未见明显的病理变化。小鼠暴露在约 11.4 mg/L(0.01 ml/L)蒸气中，18 h 内受试小鼠全部死亡。

3.2 中毒机理

可通过呼吸道、皮肤及消化道吸收。在体内能迅速析出氰离子，发病机理参见氢氰酸。

4. 人体健康危害

误服可中毒，可引起明显的中枢神经系统损害。

3-羟基丙腈

1. 理化性质

CAS 号：109-78-4	外观与性状：有特殊气味的无色或淡黄色液体。受热或与酸或酸烟接触，放出有毒氰化物气体。也能与水或水蒸气发生反应，产生有毒和易燃的蒸气；与氯磺酸、发烟硫酸、氢氧化钠、硫酸发生剧烈反应
熔点/凝固点(℃)：−46	自燃温度(℃)：495
沸点(℃)：228(分解)	溶解性：与水、丙酮、乙醇、甲基乙基甲酮混溶；微溶于乙醚；不溶于苯、石油醚、二硫化碳、四氯化碳
闪点(℃)：129.44(开杯)	易燃性：遇热、明火可燃
饱和蒸气压(kPa)：0.011(25℃)	相对蒸气密度(空气=1)：2.45
相对密度(水=1)：1.040 4(25/4℃)	

2. 用途与接触机会

主要用于制造丙烯酸酯的中间体，及作纤维素酯和无机盐的溶剂。主要经消化道吸收，不易经皮吸收。

3. 毒性

由于羟基在β-位上，故在体内不易水解，很少能释出氰基。

大鼠经口 LD_{50}：3 200 mg/kg。小鼠经口 LD_{50}：1 800 mg/kg；吸入 LC_{50}：300 mg/(m^3 · 2 h)。兔经皮 LD_{50}：5 ml/kg。

大鼠浸尾时，其血液和尿中硫氰化物含量增高。

4. 风险评估

俄罗斯制定的职业接触限值 STEL 为 100 mg/m^3。

乳 腈

1. 理化性质

CAS 号：78-97-7	外观与性状：无色或淡黄色液体。有碱存在生成氰化氢

（续表）

熔点/凝固点(℃)：-40	饱和蒸气压(kPa)：1.33(74℃)
沸点(℃)：221	易燃性：遇热、明火、氧化剂会燃烧，加热分解，生成氮氧化物和氰化物
闪点(℃)：76.67(泰克闭杯)	溶解性：易与水、丙酮、乙醇和有机溶剂混溶
相对蒸气密度(空气=1)：2.45	*n*-辛醇/水分配系数：-0.94
相对密度(水=1)：0.983 4(25℃)	

2. 用途与接触机会

主要用作溶剂和制备丙烯腈、丙烯酸酯和乳酸乙酯。主要经皮肤吸收，亦可经呼吸道和消化道吸收。

3. 毒性与中毒机理

3.1 急性毒作用

本品为2015版《危险化学品目录》中的剧毒品，其健康危害GHS分类为：急性毒性—经口，类别2；急性毒性—经皮，类别1；急性毒性—吸入，类别1。

大鼠经口 LD_{50}：87 mg/kg。兔经皮 LD_{50}：20 μl/kg。

3.2 中毒机理

目前尚不清楚本品毒性是由于其本身还是释出的 CN^- 所致，但动物中毒表现显示的快速致死性质，似提示乳腈本身的毒性具有更重要的作用。

4. 人体健康危害

本品经口、经皮和吸入会中毒，严重时可致命。急性中毒主要损害中枢神经系统。

国外曾报道污染皮肤后死亡2例，其中1例经清洗更衣，回家途中昏倒，急救无效，约3 h后死亡；另一例是修理工，在检修时，乳腈喷洒在胸部及右肩，10 min后更衣继续工作2 h，即感头晕、眼花、恶心、呕吐2次。遂入院治疗，1 h后意识不清，数小时后恢复。继之发生肝、肾功能障碍，第13 d合并尿毒症，次日死亡。

5. 风险评估

本品对水生生物毒性极大，其环境危害GHS分类为：危害水生环境—急性危害，类别1。

丙酮氰醇

1. 理化性质

CAS号：75-86-5	外观与性状：无色液体
熔点/凝固点(℃)：-19	溶解性：易溶于水和常用有机溶剂，但不溶于石油醚和二硫化碳。本品易分解成氰化氢和丙酮。不宜储藏太久并且要置放在阴凉的地方
沸点(℃)：95	闪点(℃)：74(闭杯)
饱和蒸气压(kPa)：0.11(20℃)	相对蒸气密度(空气=1)：2.95
相对密度(水=1)：0.932(19℃)	

2. 用途与接触机会

本品是重要的有机合成中间体，用于合成甲基丙烯酸甲酯、2-甲基异丁酸乙酯、偶氮二异丁腈、杀虫剂及金属分离提炼剂。可经呼吸道、皮肤及消化道吸收。

3. 毒性与中毒机理

3.1 急性毒作用

本品为2015版《危险化学品目录》中的剧毒品，其健康危害GHS分类为：急性毒性—经口，类别2；急性毒性—经皮，类别1；急性毒性—吸入，类别2。

大鼠经口 LD_{50} 为18.65 mg/kg；兔经皮 LD_{50} 为17 μl/kg。兔眼内滴入1滴立即致死。此外，本品还具有明显刺激性，对眼、呼吸道、消化道及皮肤均可造成损伤。

3.2 中毒机理

本品的羟基在α碳位上，极易代谢为丙酮和氢氰酸，所以毒性大，毒作用与氢氰酸相似。本品具有氰化物的特异作用，即能析出氰离子与氧化型细胞色素氧化酶中的三价铁结合，抑制细胞呼吸，造成组织缺氧。

4. 人体健康危害

4.1 急性中毒

急性中毒的潜伏期与接触毒物的量有关，一般接触4～5 min后出现症状。早期中毒症状有乏力、头昏、头痛、胸闷、心悸、恶心、呕吐和食欲减退。国外文献曾报道过多起急性中毒事故，其中有严重中毒者因抢救不及时而死亡。急性中毒的临床表现参见氢氰酸，其潜伏期可略较氢氰酸中毒为长。

皮肤或眼接触可引起灼伤。皮肤接触还可引起皮炎。其蒸气或液体对皮肤、黏膜均有刺激作用。

本品在碱性溶液中或遇热时可很快分解形成丙酮和HCN，从而导致氢氰酸中毒。

4.2 案例

国内报道，1991年4月19日某化工厂运输丙酮氰醇时泄漏，1人全身被丙酮氰醇污染，急用清水在现场漱口，不久便昏到在地，约10 min后被人救出现场，转送途中连续吸亚硝酸异戊酯3支。此时，患者昏迷不醒，瞳孔散大至7 mm，对光反射消失，角膜反射消失，心音低钝，心律不齐，呼吸困难。15 min后被送至某化工厂卫生科后立即吸氧，脱去污染衣服，清洗全身皮肤，随后静注50%硫代硫酸钠60 ml，肌注抗氰急救针(4-DMAP)2 ml及静滴5% GS 500 ml、维生素C等，约80 min后患者意识逐渐恢复后送职业病防治机构进一步治疗。事故现场处理用1 000 kg硫代硫酸钠溶解于热水后中和丙酮氰醇。

国外报道，工人在蒸馏本品时意外将液体溅在室内，立即形成气体，冷凝物内含20%氢氰酸和丙酮，该工人及其同事在15 min后感软弱无力，1 h后到达医院。其中1例死亡，余者于次日完全恢复。

国外报道，1例因本品淋湿面部及衣服而发生呕吐、呼吸困难、昏迷。事故后10 min发生强直-阵挛性痉挛。经洗胃、输血、给氧等治疗无效而死亡。尸解见眼结膜瘀斑，口腔及内脏有明显苦杏仁气味。显微镜下见心、肺、肝、肾静脉充血。用豚鼠作皮肤接触吸收试验，结果与上述情况相似。

5. 风险评估

我国规定丙酮氰醇职业接触限值MAC为3 mg/m^3。

本品对水生生物毒性极大并具有长期持续影响，其环境危害GHS分类为：危害水生环境—急性危害，类别1；危害水生环境—长期危害，类别1。

3-甲氧基丙腈

1. 理化性质

CAS号：110-67-8	外观与性状：无色至黄色透明液体
熔点/凝固点(℃)：−62.9～−62.1	临界温度(℃)：365
沸点(℃)：160～165	临界压力(MPa)：3.63
闪点(℃)：66	爆炸下限[%(V/V)]：1.9
饱和蒸气压(kPa)：1.33(55℃)	溶解性：溶于水；混溶于乙醇、甲苯、普通溶剂
相对密度(水=1)：0.937(20℃/4)	n-辛醇/水分配系数：−0.42
爆炸上限[%(V/V)]：18.5	相对蒸气密度(空气=1)：2.9

2. 用途与接触机会

用作医药甲氧苄氨嘧啶的中间体；是一种很好的溶剂，可代替糠醛分离丁二烯。

3. 毒性

大鼠经口LD_{50}为4 390 mg/kg；小鼠经口LD_{50}为3 200 mg/kg；兔经皮LD_{50}为>9 370 mg/kg。

4. 人体健康危害

可通过呼吸道、皮肤及消化道吸收，对皮肤有刺激作用，其蒸气和雾对眼睛、黏膜和上呼吸道有刺激作用。其毒作用类似乙腈。

β-异丙氧基丙腈

理化性质

CAS号：110-47-4	沸点(℃)：179
闪点(℃)：75.1	密度(g/cm^3)：0.886

丁　腈

1. 理化性质

CAS号：109-74-0	外观与性状：无色液体

（续表）

熔点/凝固点(℃)：−112.6	爆炸下限[%(V/V)]：1.6
沸点(℃)：117.5	易燃性：易燃。遇热、明火、氧化剂易燃爆炸
闪点(℃)：26.11(开杯)	相对蒸气密度(空气＝1)：2.4
饱和蒸气压(kPa)：3.07(25℃)	溶解性：微溶于水；与乙醇、乙醚、二甲基甲酰胺混溶
相对密度(水＝1)：0.796(15℃)	

2. 用途与接触机会

有机合成原料、溶剂、医药中间体，还可用于其他精细化学品。

3. 毒性

本品健康危害GHS分类为：急性毒性—经口，类别3；急性毒性—经皮，类别3；急性毒性—吸入，类别2。

丁腈可通过呼吸道、皮肤及消化道吸收，对眼和皮肤有轻微刺激作用。大鼠经口 LD_{50} 为 50 mg/kg，大鼠吸入 LCL_0：3 085 mg/(m^3 · 4 h)；兔经皮 LD_{50}：500 μl/kg，腹腔注射 LD_{50}＜50 mg/kg；豚鼠经皮 LD_{50} 为79.6～398 mg/kg。中毒表现为无力、震颤、血管扩张、呼吸困难，临死时四肢抽搐。小鼠中毒时也有类似症状。大鼠吸入丁腈蒸气后也出现腈类中毒症状，并迅速死亡。

4. 人体健康危害

参见丙烯腈。

5. 风险评估

美国 NIOSH 推荐的职业接触限值：10 h - TWA 为 24.68 mg/m^3。

异 丁 腈

1. 理化性质

CAS号：78-82-0	外观与性状：无色液体，有杏仁味
熔点/凝固点(℃)：−75	自燃温度(℃)：482

（续表）

沸点(℃)：107	易燃性：易燃。遇热、明火、易燃烧爆炸。与氧化剂发生剧烈反应。加热或燃烧生成氮氧化物
闪点(℃)：8(闭杯)	相对密度(水＝1)：0.773(20/20℃)
相对蒸气密度(空气＝1)：2.4	溶解性：微溶于水；易溶于乙醇及乙醚

2. 用途与接触机会

用作杀虫剂和有机合成等。主要用于有机磷杀虫剂二嗪农的中间体-异丁脒的生产，也用于生产丙烯酸树脂的添加剂。

3. 毒性

本品健康危害GHS分类为：急性毒性—经口，类别3；急性毒性—经皮，类别2；急性毒性—吸入，类别3；严重眼损伤/眼刺激，类别2；特异性靶器官毒性——一次接触，类别2；特异性靶器官毒性——一次接触，类别3(呼吸道刺激)。

可通过呼吸道、皮肤及消化道吸收，对皮肤有轻微刺激作用。大鼠经口 LD_{50}：50 mg/kg；吸入 LCL_0：2 820 mg/(m^3 · 4 h)。小鼠 LD_{50}：25 mg/kg。兔经皮 LD_{50}：200 mg/kg。

动物急性中毒症状有无力、血管扩张、震颤、抽搐、呼吸明显抑制。尿中硫氰酸盐排出增加。

4. 人体健康危害

有报道工人接触10 min(戴K型防毒面具)发生急性中毒，出现眩晕、恶心、步态不稳、呕吐、血压升高、脉搏加速、意识丧失、瞳孔散大、呼吸困难、反射减弱、口吐白沫。送医院治疗后有上肢阵挛及强直性痉挛，牙关紧闭，尿失禁，皮肤、黏膜发绀，间断呼吸。

4-甲基戊腈

1. 理化性质

CAS号：542-54-1	外观与性状：无色液体
熔点/凝固点(℃)：−51	易燃性：易燃。其蒸气与空气混合能形成爆炸物性混合物。受高热分解放出有毒气体
沸点(℃)：156.5	*n*-辛醇/水分配系数：1.54

(续表)

闪点(℃)：45.56	溶解性：不溶于水；混溶于乙醇、乙醚
饱和蒸气压(kPa)：0.49(25℃)	密度(g/cm³)：0.8

2. 用途与接触机会

用于有机合成。

3. 毒性

本品健康危害 GHS 分类为：急性毒性—经口，类别 3；急性毒性—经皮，类别 3；急性毒性—吸入，类别 2。

可经吸入、经口、皮肤吸收。小鼠经口 LD_{50}：488 mg/kg；

腈类物质可抑制细胞呼吸，造成组织缺氧。

4. 人体健康危害

中毒出现恶心、呕吐、腹痛、腹泻、胸闷、乏力等症状，重者出现呼吸抑制、血压下降、昏迷、抽搐等。

庚　腈

1. 理化性质

CAS 号：629-08-3	外观与性状：透明黄色液体
熔点/凝固点(℃)：−40	沸点(℃)：186～187
闪点(℃)：58	溶解性：微溶于水
相对密度(水=1)：0.81	

2. 毒性

本品健康危害 GHS 分类为：急性毒性—经口，类别 3；急性毒性—经皮，类别 3；急性毒性—吸入，类别 3；皮肤腐蚀/刺激，类别 2；严重眼损伤/眼刺激，类别 2；特异性靶器官毒性——次接触，类别 3(呼吸道刺激)。

十八烷腈

1. 理化性质

CAS 号：638-65-3	外观与性状：白色腊样物质

(续表)

熔点/凝固点(℃)：38～40	溶解性：不溶于水；微溶于乙醇和乙醚
沸点(℃)：362 (100 kPa)	相对密度(水=1)：0.82 (41℃)

2. 毒性

大鼠经口 LD_{50}：>10 g/kg，可通过皮肤及消化道吸收。

大鼠灌胃 30 次，每次 2 g/kg，见白细胞增多症，血浆蛋白异常，血浆中纤维蛋白原增多，肝肿大，肝中维生素 C 含量降低。

大鼠皮肤上涂 50%的本品油剂 10 次，4 h/次，未见皮肤局部反应，也无全身中毒迹象。本品无蓄积作用。

苯　腈

1. 理化性质

CAS 号：100-47-0	外观与性状：淡黄色透明液体，有苦杏仁气味，味苦涩
熔点/凝固点(℃)：−13	密度(g/cm³)：1.005 1(20/4℃)
沸点(℃)：191.3	溶解性：微溶于冷水，100℃在水中的溶解度为 1%；与常用有机溶剂混溶

2. 用途与接触机会

又名苯甲腈，用作农药、染料中间体及溶剂抗氧剂等。

主要用作苯代三聚氰胺等高级涂料的中间体，也是合成农药、脂肪族胺、苯甲酸的中间体，并可作为腈基橡胶、树脂、聚合物和涂料等的溶剂。

3. 毒代动力学

可通过呼吸道、皮肤及消化道吸收。

本品在体内，进入量的 50%在苯环上发生氧化，主要形成一元酚，少量形成二元酚，再与硫酸或葡萄糖醛酸结合后缓慢随尿排出。约有 10%苯腈，先代谢形成苯酰胺，再水解为苯甲酸和氨，而 5%形成巯基尿酸随尿排出。

4. 毒性

本品健康危害 GHS 分类为：急性毒性—吸入，

类别 3。

毒作用与氰化氢或脂肪族腈类相似，同时给于乙醇可增强本品毒性。大鼠经口 LDL_0：720 mg/kg；兔经皮 LD_{50}：1 250 mg/kg；大鼠经皮 LD_{50}：1 200 mg/kg。雌性小鼠腹腔注射 LD_{50} 为 316 mg/kg。雌性小鼠在浓度为 4 600 mg/cm^3 的环境中，吸入 2 h 后立即脱离染毒环境，未见死亡，但若继续留在打开瓶盖的染毒瓶中，染毒的 4 只小鼠在 18 h 内全部死亡。雌性兔经皮涂药，剂量小于 676.7 mg/kg，未导致死亡，剂量为 2 400 mg/kg，在 40 h 死亡。苯腈原液或 10%苯腈乳剂 2 滴，滴入兔眼结膜囊，均可引起流泪，眼睑结膜轻度充血、水肿，瞳孔缩小，24 h 后均可恢复，无肉眼可见的损害。

3,5-二溴-4-羟基苯腈

1. 理化性质

CAS 号：1689-84-5	外观与性状：白色至淡黄色结晶固体或淡黄色至奶油色粉末
熔点/凝固点(℃)：194～195	溶解性：不溶于水；溶于二甲基酰胺、苯、丙酮、四氢呋喃等
沸点(℃)：341	临界温度(℃)：578
临界压力(MPa)：5.68	辛醇/水分配系数：2.8

2. 用途与接触机会

用作粮食作物的除草剂。可通过呼吸道、皮肤及消化道吸收。

3. 毒代动力学

体外组织培养试验表明，本品可影响氧化磷酸化过程。接触本品工人的尿中硫氰酸盐排出增多。

4. 毒性

本品健康危害 GHS 分类为：急性毒性—经口，类别 3；急性毒性—吸入，类别 2；皮肤致敏物，类别 1；生殖毒性，类别 2。

大鼠经口 LD_{50} 为 190 mg/kg；小鼠经口 LD_{50} 为 110 mg/kg；大鼠吸入 LC_{50} 为 296 000 mg/m^3；兔经皮 LD_{50}：3 660 mg/kg。

5. 人体健康危害

本品对眼、黏膜、皮肤和上呼吸道有刺激作用。

6. 风险评估

本品对水生生物毒性极大并具有长期持续影响，其环境危害 GHS 分类为：危害水生环境—急性危害，类别 1；危害水生环境—长期危害，类别 1。

苯 乙 腈

1. 理化性质

CAS 号：140-29-4	外观与性状：无色油状液体，有芳香气味
熔点/凝固点(℃)：−23.8	饱和蒸气压(kPa)：0.13 (60℃)
沸点(℃)：233.5	易燃性：遇明火、高热可燃
闪点(℃)：101	溶解性：不溶于水；与乙醇和乙醚混溶
相对密度(水=1)：1.021 4(15/15℃)	

2. 用途与接触机会

用于有机合成，主要用作医药、农药、染料和香料的中间体，如杀菌剂苯霜灵，杀虫剂辛硫磷、稻丰散，杀鼠剂敌鼠、氯鼠酮，用于制造辛硫磷、稻丰散、青霉素、苯巴比妥等。可通过呼吸道、皮肤及消化道吸收。

3. 毒代动力学

在体内可氧化为苯乙醇腈，后者水解形成苯甲酸和氰基。兔中毒后尿中可排出苯甲酸、硫氰化物和苯乙酸。

4. 毒性与中毒机理

4.1 急性毒作用

本品健康危害 GHS 分类为：急性毒性—经口，类别 3；急性毒性—经皮，类别 3；急性毒性—吸入，类别 1；严重眼损伤/眼刺激，类别 2；特异性靶器官毒性—反复接触，类别 1。

大鼠经口 LD_{50}：270 mg/kg；吸入 LC_{50}：430 mg/(m^3 · 2 h)；经皮 LD_{50}：2 000 mg/kg。小鼠经口 LD_{50}：45 500 μg/kg；吸入 LC_{50}：100 mg/(m^3 · 2 h)。兔经皮 LD_{50}：270 mg/kg。

毒作用与苯腈相似，并具有局部刺激作用。狗中毒时出现运动失调、瘫痪、呼吸减慢直至死亡。致抽搐的作用较苯腈为弱。硫代硫酸钠有解毒作用。

4.2 中毒机理

本品在体内主要氧化为苯乙醇腈，后者水解形成苯甲酸和氰基。转化的示意图如下：

$$C_6H_5CH_2CN \rightarrow C_6H_5CHOH \cdot CN \rightarrow C_6H_5COH$$
$$C_6H_5CHOH \cdot CN \downarrow CN^-; \quad C_6H_5COH \downarrow C_6H_5COOH$$

5. 风险评估

俄罗斯制定的职业接触限值 STEL 为 0.8 mg/m^3(经皮)。

苯 乙 醇 腈

1. 理化性质

CAS 号：532 - 28 - 5	外观与性状：浅黄色透明油状液体
熔点/凝固点(℃)：−10	易燃性：可燃
沸点(℃)：170(分解)	溶解性：溶于乙醇、乙醚、氯仿；几乎不溶于水
闪点(℃)：82	*n* -辛醇/水分配系数：0.02
相对密度(水=1)：1.117	相对蒸气密度(空气=1)：4.7

2. 用途与接触机会

用于有机合成中间体。可经吸入、经口、皮肤吸收。

3. 毒性

本品健康危害 GHS 分类为：急性毒性—经口，类别 3；急性毒性—经皮，类别 3；急性毒性—吸入，类别 3。

小鼠皮下注射 LDL_0：1.16 mg/kg；小鼠静脉注射 LD_{50}：5 600 μg/kg。

4. 人体健康危害

对眼有刺激性。可引起皮肤和黏膜充血、呼吸困难、头痛、头晕、昏迷等。

3,4 -二甲氧基苯乙腈

1. 理化性质

CAS 号：93 - 17 - 4	外观与性状：白色或淡黄色晶体状粉末，具有微弱气味
熔点/凝固点(℃)：62～65	密度(g/cm^3)：1.082(25℃)
闪点(℃)：250	溶解性：微溶于水；易溶于大多数有机溶剂
沸点(℃)：171～178 (1.33 kPa)	辛醇/水分配系数：1.19
饱和蒸气压(Pa)：0.04 (25℃)	

2. 用途与接触机会

用作有机合成中间体，用于制药工业，合成罂粟碱。可通过呼吸道、皮肤及消化道吸收。

3. 毒性

小鼠经口 LD_{50} 为 1 029 mg/kg；大鼠经口 LD_{50} 为 870 mg/kg；兔经皮 LD_{50} 140 μl/kg。

4. 人体健康危害

吸入、经口或经皮肤吸收后对身体有害。可由于缺氧而引起发绀。

溴 代 苯 乙 腈

1. 理化性质

CAS 号：5798 - 79 - 8	外观与性状：纯品为淡黄色至白色结晶，工业品为棕色油状液体。有变酸水果味
熔点/凝固点(℃)：29	相对密度(水=1)：1.539 (20/4℃)
沸点(℃)：242	相对蒸气密度(空气=1)：6.8
饱和蒸气压(Pa)：1.60Pa (20℃)	溶解性：微溶于水；易溶于乙醇、乙醚、氯仿、丙酮和其他通常有机溶剂

2. 用途与接触机会

用于合成某些药物，在农业上可用作除莠剂；

也可用作战争毒气。可通过呼吸道、皮肤及消化道吸收。

3. 毒性与中毒机理

3.1 急性毒作用

本品健康危害 GHS 分类为：皮肤腐蚀/刺激，类别 2；严重眼损伤/眼刺激，类别 2；特异性靶器官毒性——次接触，类别 3(呼吸道刺激)。

具有极强烈刺激性，有催泪作用。猪对其作用最敏感，小鼠、羊和兔其次，而大鼠则敏感性最差。大鼠经口 LDL_0：100 mg/kg。将 8 种动物暴露于本品蒸气，浓度 105～168 mg/m^3，12～180 min，求各种动物的 LC_{50}×t(暴露时间)，结果见表 28－9。

表 28－9 溴代苯乙腈在不同动物中的 LD_{50}

动物	动物次	暴露次数	平均浓度 (mg/m^3)	暴露时间 (min)	LCt_{50} (mg/m^3·min)
小鼠	30	3	139	45～75	7 970
大鼠	62	9	131	45～180	18 860
豚鼠	61	9	131	45～180	10 210
兔	30	3	139	45～120	8 020
猴	24	4	143	60～150	16 290
狗	20	4	142	60～120	12 040
猪	40	8	136	12～75	4 850
羊	30	5	148	30～60	8 400

3.2 中毒机理

本品与其他一些催泪剂一样，可能主要与巯基反应而发生作用，而氰根的释放并不起主要作用。

4. 人体健康危害

与其他催泪剂相似，可能与巯基反应而引起毒作用。主要对皮肤、黏膜有强烈的刺激作用，有催泪作用。可出现角膜炎、角膜溃疡、结膜炎、睑缘炎、鼻炎、咽喉炎、气管炎、支气管炎、肺炎、肺水肿等，亦可有消化道的刺激症状。人吸入 10 min 的致死浓度为 3 500 mg/m^3；30 min 的致死浓度为 900 mg/m^3。吸入 0.8 mg/m^3，10 min，难以忍受，最小刺激浓度为 0.15 mg/m^3，感觉阈浓度为 0.09 mg/m^3。

全身反应为食欲减退、情绪低落、淡漠。长期作用可引起慢性支气管炎及哮喘。皮肤接触可引起充血和脱屑。

3－氰基吡啶

1. 理化性质

CAS 号：100－54－9	外观与性状：白色结晶
熔点/凝固点(℃)：48～52	闪点(℃)：84(闭杯)
沸点(℃)：201	密度：1.159(25℃)
溶解性：不溶于水；溶于乙醇、苯等有机溶剂	

2. 用途与接触机会

3－氰基吡啶为重要的化工中间体。3－氰基吡啶是杀鼠剂灭鼠安、灭鼠腈的中间体，也用作医药、染料中间体、食品添加剂、饲料添加剂、农药(吡蚜酮)等中间体。

在医药工业上主要用于制备外周血管扩张药-烟醇(Nicotinyl alcohol)等。

3. 毒性

主要经呼吸道吸入，也可经消化道摄入。大鼠经口 LD_{50} 为 1 185 mg/kg。中毒表现为步态不稳，侧卧和体温下降，动物在 3 h～8 d 内死亡。大鼠腹腔注射 150～760 mg/kg 未引起死亡。给大鼠灌胃 LD_{50} 剂量后 48 h 解剖，见肠充气和充血；镜检见内脏器官变性，胃和十二指肠黏膜浆液性炎症和肾炎。存活大鼠在 14 d 解剖见上述病变在修复中。

家兔经皮 LDL_0：4 g/kg。10%本品溶液滴入眼内，引起眼睑缘炎，眼内接触本品粉末引起角膜永久性混浊。

氰 尿 酰 氯

1. 理化性质

CAS 号：108－77－0	外观与性状：具有辛辣气味的白色晶体，有刺激气味
熔点/凝固点(℃)：145	溶解性：微溶于水(在冷水中水解)；溶于乙醇、醋酸、氯仿、丙酮、二恶烷和四氯化碳
沸点(℃)：190	辛醇/水分配系数：1.73
饱和蒸气压(kPa)：0.11(62.2℃)	相对蒸气密度(空气＝1)：6.36

2. 用途与接触机会

氰尿酰氯具有广泛的用途，用于合成荧光增白剂、活性染料、医药、农药等。

它是生产高效、低毒的均三氮苯类除草剂和杀虫剂的重要中间体，也是生产荧光增白剂、涤纶等多种合成纤维染色用的活性染料的中间体，还用于合成树脂、橡胶、聚合物防老剂、炸药、织物防缩水剂、表面活性剂等方面的生产。

3. 毒性

本品健康危害GHS分类为：急性毒性—吸入，类别2；皮肤腐蚀/刺激，类别1B；严重眼损伤/眼刺激，类别1；皮肤致敏物，类别1；特异性靶器官毒性——一次接触，类别3(呼吸道刺激)。

氰尿酰氯是一种催泪毒气，对呼吸道的刺激作用与氯化氰相似。可通过呼吸道、皮肤及消化道吸收。大鼠经口 LD_{50}：485 mg/kg；小鼠 LD_{50}：350 mg/kg。

给兔重复经口37 mg/(kg·d)，共5 w未引起病变。兔皮肤刺激试验500 mg/24 h，中等刺激。兔眼刺激试验50μg/24 h，严重刺激。

与其他一些催泪剂一样，可能主要与巯基反应而发生作用，氰根的释放并不主要。

4. 人体健康危害

本品吸入会中毒，系一种催泪毒气，对呼吸道的刺激作用与氯化氰相似。

丙 烯 腈

1. 理化性质

CAS号：107-13-1	外观与性状：无色、易挥发液体，有特殊杏仁味
熔点/凝固点(℃)：−82	自燃温度(℃)：481.11
沸点(℃)：77.3	闪点(℃)：−1.11(闭杯)
爆炸上限[%(V/V)]：17	爆炸下限[%(V/V)]：3.05
饱和蒸气压(kPa)：13.33(22.8℃)	易燃性：高度易燃
相对密度(水=1)：0.806(20/4℃)	溶解性：与多数有机溶剂混溶；水中溶解度7.35%(20℃)
相对蒸气密度(空气=1)：1.83	

2. 用途与接触机会

又名2-丙烯腈，在现代外科手术室使用电刀所产生的烟雾也含有丙烯腈，因而外科手术室的医务人员也有机会接触丙烯腈；在日常生活中，吸烟以及使用丙烯腈制品也可接触微量的丙烯腈。

生产、运输和使用丙烯腈是职业接触丙烯腈的主要途径。生产中用于制造腈纶纤维、丁腈橡胶、ABS工程塑料及某些合成树脂等。也用于制造丙烯酸酯。

3. 毒代动力学

丙烯腈经肺或皮肤可很快吸收。经肺吸收后，部分以原形自呼出气排出；吸收进入人体者首先与血红蛋白结合，随后分布到肝、肾、肺、脑等器官，其生物转化过程主要在肝脏完成，但也有研究提示脑、肺和肾也有一定的代谢能力。

代谢途径有三种：一是与谷胱甘肽类中的巯基结合；二是经细胞色素P450 2E1环氧化后，形成环氧化丙烯腈，再经环氧化物水解酶水解，释放出氢氰根离子，再经硫氰酸酶作用生成硫氰酸根或硫醇尿酸；三是经非氧化途径生成氰乙基硫醇尿酸，或直接与核酸、蛋白质等生物大分子发生非酶性结合，形成蛋白或DNA加合物。主要以硫氰酸盐、硫醇尿酸等形式自尿中排出。丙烯腈有无蓄积作用尚无定论。

人的前臂皮肤涂本品后每小时平均吸收0.6 mg/cm^2。人在20 mg/m^3下吸入4 h，体内平均滞留率达46%。给兔静脉注入本品5 mg/kg和10 mg/kg后，发现染毒量的2%～5%在30～40 min内以原形随呼气排出。随尿约有10%以原形排出，15%以硫氰酸盐形式排出。大鼠腹腔一次注射本品60～70 mg/kg，72 h内尿中排出硫氰酸盐占染毒量的8.5%，其半排出期为13 h。

动物吸入54.2～216.8 mg/m^3本品蒸气后，在血中可测得氰根和氰化高铁血红蛋白。

4. 毒性与中毒机理

4.1 急性毒作用

本品健康危害GHS分类为：急性毒性—经口，类别3；急性毒性—经皮，类别3；急性毒性—吸入，类别3；皮肤腐蚀/刺激，类别2；严重眼损伤/眼刺激，类别1；皮肤致敏物，类别1；致癌性，类别2；特异性靶器官毒性——一次接触，类别3(呼吸道刺激)。

毒作用似氢氰酸。动物中以狗最为敏感，其次是猴、猫和小鼠，豚鼠和兔属中等敏感，大鼠最不敏感。大鼠经口 LD_{50}：78 mg/kg；大鼠吸入 LC_{50}：789 mg/(m^3·4 h)；兔经皮 LD_{50}：63 mg/kg。

大鼠在接近 40 mg/m^3 浓度下，吸入 4 h/d，6 d/w，历时 40 d。2 只大鼠在头 3 d 内死亡，其余动物也有不同程度的中毒表现。在整个实验期间，染毒组体重增长缓慢，尿中硫氰酸盐排出量大幅度增加。血清及实质脏器的组织中硫氰酸盐也有增高趋势。尿中粪卟啉排出量实验组较对照组增高 5～7 倍。在染毒后期实验组血清丙氨酸转氨酶活力增高，并且略超出正常范围。组织病理检查见肝组织呈现弥漫性变性及局灶性坏死，肝糖元明显减少，甚至消失。但是，有人报告大鼠在 216.8 mg/m^3 下，暴露 4 h/d，5 d/w，共 40 d 未见动物死亡。兔在 5 mg/m^3 浓度下，6 h/d，6 d/w，染毒共 79 次，实验组与对照组未见明显差别。

动物亚急性中毒，停止染毒后症状一般可逐渐恢复。尿、血清及组织中硫氰酸盐含量和血清丙氨酸转氨酶活力均能恢复正常，组织病理变化亦渐趋好转。

4.2 远期毒作用

本品的致突变、致癌和致畸作用已作过大量研究。IARC 致癌性分类为组 2。据多数实验室报告，本品对鼠伤寒沙门菌和大肠杆菌具有致突变作用，果蝇隐性致死试验阳性，金黄色仓鼠胚胎细胞转化试验阳性，引起不能切除修复的 DNA 损伤，但小鼠骨髓多染红细胞微核试验，骨髓细胞染色体畸变分析和显性致死试验阴性。

4.3 中毒机理

目前基本可以归结为三方面：一是与谷胱甘肽结合，导致抗氧化物质耗竭，诱发氧化性损伤；二是代谢释放的氢氰根离子，产生毒性作用；三是和含有半胱氨酸的蛋白质结合，损伤机体，但这三种说法都不能完全解释丙烯腈的毒性。丙烯腈的急性毒性与无机氰化物相似，其在体内可分解游离出 CN^-，CN^- 与氧化型细胞色素氧化酶三价铁结合，阻碍其被还原成二价铁，使呼吸链代谢受阻，组织呼吸障碍，造成细胞内窒息。但丙烯腈分子本身对中枢也有直接麻醉作用；此外，动物急性中毒实验中，丙烯腈又显示出胆碱能毒性，在染毒后 10 min 出现流涎、流泪、外周血管扩张等表现，主要是促进乙酰胆碱释放所致，是否也能抑制胆碱酯酶活性仍有较大争议。这可能与 CYP2E1、谷胱甘肽转移酶以及环氧化物水解酶的遗传多态性有关。

此外，本品在混合功能氧化酶作用下可形成环氧丙烯腈，它可与 DNA 和 RNA 形成共价结合，一般认为本品的致突变作用是此代谢产物引起。

5. 生物监测

可增加尿硫氰酸盐、硫醇尿酸测定。在血中可测得氰根和氰化高铁血红蛋白。

6. 人体健康危害

职业中毒主要由吸入蒸气或污染皮肤所致，临床表现如下：

6.1 急性中毒

中毒症状与氢氰酸中毒相似。人对本品也较敏感。在 1 000 mg/m^3 下 1～2 h 可致死；在 300～500 mg/m^3 下 5～10 min，出现上呼吸道黏膜灼痛和流泪；在 35～220 mg/cm^3 下 20～45 min，除黏膜刺激症状外，还可出现头部钝痛、胸闷、兴奋和恐惧感，皮肤发痒。人的嗅觉阈为 46.4 mg/m^3。轻度中毒表现为乏力、头晕、头痛、恶心、呕吐、腹痛、腹泻等，并伴有黏膜刺激症状。严重中毒时除上述症状外，可有胸闷、心悸、烦躁不安、呼吸困难、发绀、脉搏变弱、血压下降、意识朦胧、大小便失禁、抽搐，昏迷，如不及时抢救可发生呼吸停止。

某化工厂在生产中不慎将盛有 20L 丙烯腈液体的瓶子打破，液体洒在车间地面上，工人立即用水冲洗清扫，并在现场先后停留数分钟至 20 min，然后有 14 人发生不同程度中毒，其中 9 人入院治疗。症状多数在事故发生后 1～2 h 出现，2 人在 13～14 h 后开始不适。以头晕、头痛、胸闷、呼吸困难、上腹部不适、恶心、呕吐、手足麻木等较为多见。其次为烦躁、恐惧感、心悸、多汗、食欲减退和全身酸痛等。体征多见意识朦胧、颜面潮红、结膜充血、脉快、口唇及四肢末端发绀、呼吸减慢。经抢救和治疗 4～5 d 后，上述症状和体征中除头痛、头晕、时有上腹不适、恶心等外，大都分消失。

也有报道，本品中毒后出现神经系统弥漫性损害的表现，伴有脊髓前角损害所引起的肌萎缩和肌震颤及感觉型多发性神经病。

6.2 慢性中毒

慢性中毒问题目前尚无定论。曾检查了接触本品专业工龄1～5年的工人314名，发现部分工人有神经衰弱综合征，主要表现为头晕、头痛、乏力、失眠、多梦及心悸等。体征方面发现有低血压倾向，未见对肝脏有形响。另据报道，108名工人接触丙烯腈3年以上，浓度经常接近6 mg/m^3，其中部分工人有头痛、不适、全身无力、工作效力降低、嗜睡、恶梦和易激动等主诉。客观检查发现部分工人血压下降，咽反射减弱和腱反射亢进。

6.3 皮肤损害

本品可致接触性皮炎，表现为红斑、疱疹及脱屑，愈后可残留色素沉着。有的可不伴有全身中毒症状。

6.4 致癌性

本品对人的致癌性的流行病学调查表明，接触本品者患肺癌、大肠癌、泌尿生殖肿瘤和淋巴网细胞瘤的危险性略高。有资料表明，当空气中本品浓度控制在约11.25 mg/m^3，工人中肿瘤发病率可在正常范围。综合上述资料可知，本品应视为对人潜在的致癌物，应注意防护，尽量减少接触。

7. 风险评估

我国制定的丙烯腈职业卫生接触限值为PC-TWA为1 mg/m^3，PC-STEL为2 mg/m^3。

本品对水生生物有毒并具有长期持续影响，其环境危害GHS分类为：危害水生环境—急性危害，类别2；危害水生环境—长期危害，类别2。

2-甲基丙烯腈

1. 理化性质

CAS号：126-98-7	外观与性状：常温常压下无色液体，略带杏仁样气味
熔点/凝固点(℃)：−35.8	沸点(℃)：90.3
闪点(℃)：12	密度(g/cm^3)：0.800(20/4℃)
饱和蒸气压(kPa)：5.33(12.8℃)，8.66(25℃)，13.3(32.8℃)	溶解性：20℃时水中溶解度为2.57 g/100 g，50℃时水中溶解度为2.69 g/100 g。在20～25℃时能与丙酮、辛烷和甲苯任意混合。易聚合，常加入0.1%对苯二酚作稳定剂
相对密度(水＝1)：0.800 1	

2. 用途与接触机会

又名异丁烯腈，重要有机合成原料，用于合成像胶、塑料和合成树脂。经水解、酯化可得甲基丙烯酸甲酯，它本身也能聚合成高分子材料。

3. 毒性

本品健康危害GHS分类为：急性毒性—经口，类别3；急性毒性—经皮，类别3；急性毒性—吸入，类别3；皮肤致敏物，类别1。

可通过呼吸道、皮肤及消化道吸收，能很快通过兔和豚鼠的皮肤吸收，局部无明显刺激反应，仅有轻度充血。毒作用似丙烯腈，大鼠耐受性最大，其次为豚鼠，而小鼠、兔和狗较为敏感。小鼠经口LD_{50}：17 mg/kg，大鼠经口LD_{50}：120 mg/kg；小鼠吸入LC_{50}：为108 mg/(m^3·4 h)，大鼠吸入LC_{50}为982 mg/(m^3·4 h)，兔吸入LC_{50}为111 mg/(m^3·4 h)；兔经皮LD_{50}为12.5 mg/kg，大鼠经皮LD_{50}为2 080 mg/kg。

急性中毒开始表现短时间兴奋，然后出现无力、气喘、发绀、阵发性强直性抽搐、昏迷、死亡。

人在浓度为5.5～38 mg/m^{3}的环境里时会有刺激感。

4. 风险评估

我国制定的2-甲基丙烯腈职业卫生接触限值为PC-TWA这3 mg/m^3；美国ACGIH制定的职业接触限值TLV-TWA为2.7 mg/m^3(皮肤)。

3-丁烯腈

1. 理化性质

CAS号：109-75-1	外观与性状：无色或淡黄色液体，有不愉快气味
熔点/凝固点(℃)：−87	溶解性：微溶于水；可溶于乙醇、乙醚等有机溶剂
闪点(℃)：23	沸点(℃)：119
相对密度(水＝1)0.834	饱和蒸气压(kPa)：2.46(25℃)
相对蒸气密度(空气＝1)：2.3	辛醇/水分配系数：0.4

2. 用途与接触机会

用于有机合成和作聚合交联剂。可通过呼吸道、皮肤及消化道吸收。

3. 毒性

本品可抑制细胞呼吸,造成组织缺氧,其健康危害GHS分类为:急性毒性—经口,类别3;急性毒性—吸入,类别2;严重眼损伤/眼刺激,类别1;生殖毒性,类别1B;特异性靶器官毒性—反复接触,类别2。

大鼠经口LD_{50}为115 mg/kg;大鼠皮下LD_{50}为150 mg/kg;兔经皮LD_{50}为1.41 ml/kg;大鼠吸入LCL_0为1 498 mg/(m^3·4 h)。

4. 人体健康危害

3-丁烯腈中毒出现恶心、呕吐、腹痛、腹泻、胸闷、乏力等症状,重者出现呼吸抑制、血压下降、昏迷、抽搐等。对眼睛,具有强刺激性。

聚丙烯腈

1. 理化性质

CAS号:25014-41-9	外观与性状:白色粉末
熔点/凝固点(℃):317	分解温度(℃):230
密度(g/cm³):1.184 (25℃)	溶解性:几乎不溶于水、脂肪、弱酸、弱碱、一般溶剂,也不溶于唾液、胃液等体液;但可溶于二甲基甲酰胺、二甲基亚砜、环丁砜等极性有机溶剂及无机盐(硫氰酸盐NaSCN、过氯酸盐、氯化锌$ZnCl_2$等)的浓水溶液及硝酸中
相对密度(水=1):1.14~1.16	

2. 用途与接触机会

用于制造腈纶(合成羊毛)。

3. 毒性

聚丙烯腈经呼吸道、皮肤吸收,属低毒类聚合物。大鼠一次经口染毒剂量为2 000~3 000 mg/kg,未引起中毒。实验表明,一次吸入浓度为2 500~25 000 mg/m³时,也未引起中毒,而重复吸入聚丙烯腈粉尘,浓度为1 300 mg/m³,lh/d,历时45 d,大鼠自染毒第2~3 d起,出现上呼吸道黏膜刺激症状,表现为流鼻涕;经14~20 d染毒,所有大鼠均出现蛋白尿,且渐趋严重。周围血中见大单核细胞增多。

4. 人体健康危害

聚丙烯腈纤维较粗,硬而脆易折断,近似玻璃纤维,能对皮肤黏膜产生机械刺激,故接触聚丙烯腈纤维的纺纱工人,可发生皮肤瘙痒和皮疹,皮肤斑贴试验未发现化学刺激和致敏作用。

5. 风险评估

我国制定的聚丙烯腈纤维粉尘(总尘)职业接触限值PC-TWA为2 mg/m³。

2-氯丙烯腈

1. 理化性质

CAS号:920-37-6	外观与性状:无色或淡黄色液体
熔点/凝固点(℃):-65	沸点(℃):88~89
闪点(℃):6.7	饱和蒸气压(kPa):6.09
密度(g/cm³):1.428 0 (25℃)	溶解性:略溶于水;易溶于四氯化碳、乙醚等有机溶剂
相对蒸气密度(空气=1):219 g/m³	

2. 用途与接触机会

2-氯丙烯腈是重要的医药和农药中间体,是杀虫剂虫螨腈的中间体,也是除草剂噻吩磺隆的中间体。

3. 毒性

可通过呼吸道、皮肤及消化道吸收。经口LD_{50}小鼠为25 mg/kg,大鼠为25 mg/kg。小鼠吸入2 h的LC_{50}为105 mg/m³。本品急性作用损害中枢神经系统、肝、肾和肺。一次涂于大鼠和兔的皮肤,引起明显的刺激,甚至形成溃疡。原液接触兔眼致永久性角膜混浊。

大鼠吸入10 mg/m³,约为0.1 LC_{50}的浓度,4 h/d,历时4个月,见肝的合成和分泌功能受损,一系列酶的活性改变,影响肾和肾上腺功能,并见周围血象改变。

丙 二 腈

1. 理化性质

CAS号：109-77-3	外观与性状：无色至黄色晶体或粉末
熔点/凝固点(℃)：30～34	沸点(℃)：218～220
闪点(℃)：130(开杯)	溶解性：溶于水，溶于丙酮、苯、乙酸、氯仿；易溶于乙醇、乙醚
密度(g/cm³)：1.049(34℃)	n-辛醇/水分配系数：−0.6
相对密度(水=1)：1.191	

2. 用途与接触机会

可用作有机合成原料、医药中间体和有机溶剂，在染料方面、农药方面及其他方面都有重要的用途，也可用作金的萃取剂。

丙二腈是制备2-氨基-4,6-二甲氧基嘧啶和2-氯-4,6-二甲氧基嘧啶的原料，可用于生产磺酰脲类除草剂如苄嘧磺隆、吡嘧磺隆等，又可用以制造除草剂双草醚，在医药上用以制造利尿药物。中国现主要用于生产氨苯蝶啶、苄嘧黄隆、1,4,5,8-萘四甲酸、嘧啶系列产品。

3. 毒性与中毒机理

本品健康危害GHS分类为：急性毒性—经口，类别3；急性毒性—经皮，类别3；急性毒性—吸入，类别3。

可通过呼吸道、皮肤及消化道吸收。大鼠经口LD_{50}为14 mg/kg；小鼠经口LD_{50}：19 mg/kg。大鼠经皮LD_{50}：350 mg/kg。

大鼠皮下注射14～60 mg/kg，出现呼吸困难、发绀、抽搐等症状，尿中硫氰酸盐排出增加。提示本品可在体内释出CN^-，从而引起类似氰化氢中毒的临床表现。有研究认为，本品可在体内水解为氰化氢和乙醇腈，后者又可进一步水解释出CN^-。电镜观察则发现染毒大鼠脊髓神经节有广泛病变，伴小神经胶质细胞及少突神经胶质细胞增生。本世纪40年代，曾实验性用于治疗精神分裂症及抑郁症，目的在于刺激神经组织中蛋白质和多核苷酸的生成；患者每周2～3次静脉滴注5%丙二腈1～6 mg/kg。但开始治疗之初即发现，滴注10～20 min后，所有患者均有心动过速、皮肤潮红、恶心、呕吐、头痛、颤栗、肌肉痉挛、周身麻木，还有2例患者出现惊厥，1例患者有心源性虚脱。

根据本品的毒性与氢氰酸相似，因此设想本品水解仅形成一个分子的HCN，如$CH_2(CN)_2+H_2O \rightarrow HCN+CH_2(OH)CN$。另一个反应产物乙醇腈也是高毒化合物，如果本品水解完全，则水解产物的毒性应远比氢氰酸高，但实际并不是这样的，所以推测仅有部分丙二腈发生水解。

4. 人体健康危害

可参考丙烯腈及氢氰酸。本品毒性似氰化氢。氰化氢中毒有呼吸加快加深、乏力、头痛、呼吸困难、血压升高、皮肤黏膜呈鲜红色、抽搐、昏迷、呼吸衰竭，甚至全身肌肉松弛，呼吸心跳停止而死亡。

5. 风险评估

美国NIOSH推荐的职业接触限值10 h—TWA 8.85 mg/m³。

本品对水生生物毒性极大并具有长期持续影响，其环境危害GHS分类为：危害水生环境—急性危害，类别1；危害水生环境—长期危害，类别1。

丁 二 腈

1. 理化性质

CAS号：110-61-2	外观与性状：白色蜡状结晶。与氢反应还原生成亚丁基二胺
熔点/凝固点(℃)：54～56	临界压力(MPa)：3.54
沸点(℃)：265～267	闪点(℃)：110
爆炸上限[%(V/V)]：14.4	爆炸下限[%(V/V)]：2.05
相对密度(水=1)：0.985	饱和蒸气压(kPa)：0.27(100℃)
相对蒸气密度(空气=1)：2.8	n-辛醇/水分配系数：−0.99
溶解性：溶于丙酮、氯仿、二氧六环；微溶于水；可溶于乙醇、乙醚、二硫化碳和苯	

2. 用途与接触机会

主要用作喹吖酮类颜料的原料。此种颜料广泛应用于汽车和镀锌铁皮涂料、彩色印刷颜料和塑料制品的着色剂，也用于生产尼龙-4及医药中间体，还可用作试剂。

用作从石油馏分中萃取芳香烃的溶剂和镀镍的上光剂，也用于有机合成。

3. 毒代动力学

可通过呼吸道、皮肤及消化道吸收。动物实验表明，进入体内的丁二腈约有60%左右转化为HCN，尔后以SCN^-形式经尿排出。本品可经消化道吸收，其水溶液可经皮吸收，但本品不易蒸发，故呼吸道不是其重要侵入途径。

4. 毒性

本品健康危害GHS分类为：皮肤腐蚀/刺激，类别2；严重眼损伤/眼刺激，类别2A；特异性靶器官毒性——一次接触，类别3（呼吸道刺激）。

大鼠经口LD_{50}为450 mg/kg；兔皮下注射MLD为36 mg/kg；大鼠吸入LCL_0：730 mg/(m^3 · 4 h)。

本品小剂量引起中枢神经系统兴奋，大剂量引起抑制，致死剂量引起抽搐、窒息。在大鼠和兔体内本品约有60%转化为氰化物。

5. 风险评估

美国NIOSH推荐的职业接触限值10 h-TWA为21.46 mg/m^3。

苏联（1975）水体中有害物质MAC为0.2 mg/L。

偶氮二异丁腈

1. 理化性质

CAS号：78-67-1	外观与性状：白色透明结晶粉末
熔点/凝固点（℃）：105	自燃温度（℃）：63.89
密度（g/cm^3）：1.1（20℃）	易燃性：易燃。加热至107℃时，剧烈分解形成数种有机氰化物及氮，并散发出较大热量，能引起爆炸。遇明火、高温或与氧化剂混和，经撞击、摩擦有引起爆炸危险。加热时形成四甲基丁二腈及氮
溶解性：不溶于水；溶于甲醇、乙醇、丙酮、乙醚、石油醚和苯胺等有机溶剂；溶于丙酮时，有可能引起爆炸	

2. 用途与接触机会

用于作制造泡沫塑料和泡沫橡胶的发泡剂，也用作树脂聚合（如聚丙烯胎、聚氯乙烯等）的引发剂。

3. 毒代动力学

可经呼吸道、消化道进入机体。进入机体后，经分解代谢，可产生HCN。给大鼠灌胃和气管注入本品后，发现动物血、肝、脑中HCN含量增高，部分代谢产物以硫氰酸盐的形式自尿排出。

4. 毒性与中毒机理

4.1 急性毒作用

小鼠经口LD_{50}为700 mg/kg，大鼠经口LD_{50}为100 mg/kg，大鼠吸入32 mg/cm^3，30 d可致死。大鼠重复吸入加热至70～80℃的挥发性物质（内含HCN1.4～1.6 mg/m^3），2 h/d，连续8～10 d，引起兴奋、呼吸困难，有时发生痉挛。死亡大鼠的尸检见器官充血，肺局部有出血和水肿，支气管上皮受损，血管和支气管周围水肿及肺气肿。肝有脂肪浸润和肝细胞坏死。肾脏见上皮细胞分解、肾组织充血及局部出血。

4.2 中毒机理

动物实验表明，染毒动物体内部分器官中HCN含量增高，说明其在体内代谢类似其他有机氰化物，代谢产生氰根，氰根能迅速与氧化型细胞色素氧化酶的三价铁结合，抑制其被还原成含两价铁的还原型细胞色素氧化酶，使组织细胞生物氧化过程被抑制，造成组织缺氧、细胞内窒息。

5. 人体健康危害

制造泡沫塑料大量接触本品时，工人主诉头痛、头胀、易疲劳、流涎和呼吸困难；也曾见到昏厥和抽搐。泡沫塑料加热或切割时产生的挥发性物质可刺激咽喉，使口中感苦味，并致呕吐和腹痛。

长期接触者主要有头痛、额部压迫感、头晕、恶心、发热感、多汗、呼吸困难及全身酸痛。睡眠和食欲欠佳，注意力不集中。两例中毒者客观检查仅见甲状腺略有增大，白细胞偏低。

6. 风险评估

对水生物有害，且有长期持续影响，其环境危害

GHS分类为：危害水生环境—长期危害，类别3。

四甲基丁二腈

1. 理化性质

CAS号：3333-52-6	外观与性状：片状结晶，几乎无味，可升华
熔点/凝固点(℃)：169(升华)	相对蒸气密度(空气=1)：4.70
易燃性：加热分解，放出氰化物和氮氧化物	

2. 用途与接触机会

用于有机合成，制造维生素B_1等药物和香料，并用作脂肪酸萃取剂、酒精变性剂等。还可以用于合成乙胺、乙酸等，并在织物染色、照明工业中也有许多用途。

以偶氮二异丁腈作为发泡剂制造的塑料和橡胶，在加热时可产生四甲基丁二腈。

3. 毒性

可通过呼吸道、皮肤及消化道吸收。大鼠经口LD_{50}为27 mg/kg，腹腔注射LD_{50}为17.5 mg/kg，吸入本品蒸气334 mg/m^3，2～3 h死亡。

4. 人体健康危害

国外曾报道，在加热泡沫塑料的工人，因接触本品而发生中毒，出现抽搐和昏迷。

5. 风险评估

美国ACGIH制定的职业接触限值TLV-TWA为2.8 mg/m^3(经皮)，美国OSHA推荐的接触限值：8 h-TWA为3 mg/m^3(经皮)。

全氟戊二腈

1. 理化性质

CAS号：376-89-6	闪点(℃)：20.6
沸点(℃)：110.5	密度(g/cm^3)：1.546(25℃)
溶解性：微溶于水；溶于乙醇、氯仿	

2. 用途与接触机会

用于有机合成。

3. 毒性

可经呼吸道、皮肤、消化道吸收。高浓度吸入能引起肺水肿。皮肤接触可引起坏死，但未见全身毒作用的征象。

大鼠经口LD_{50}：2 600 mg/kg，吸入LC_{50}：67 mg/(m^3·4 h)。小鼠经口LD_{50}：977 mg/kg，吸入LC_{50}：58 mg/(m^3·4 h)。

己 二 腈

1. 理化性质

CAS号：111-69-3	外观与性状：无色至淡黄色、几乎无嗅的液体
熔点/凝固点(℃)：2.3	易燃性：遇热、明火可燃
沸点(℃)：295	闪点(℃)：93(开杯)
饱和蒸气压(kPa)：0.27(119℃)	相对蒸气密度(空气=1)：3.73
相对密度(水=1)：0.965	溶解性：微溶于水；溶于乙醇、氯仿

2. 用途与接触机会

用于制尼龙的中间体，也用于制聚酰胺塑料、橡胶促进剂和防锈剂。

3. 毒性

可通过呼吸道、皮肤及消化道吸收。大鼠经口LD_{50}：155 mg/kg，吸入LC_{50}：1 710 mg/(m^3·4 h)。小鼠经口LD_{50}：172 mg/kg。兔经皮LDL_0：1 mg/kg。

健康危害GHS分类为：急性毒性—经口，类别3；急性毒性—经皮，类别3；严重眼损伤/眼刺激，类别2B；特异性靶器官毒性——次接触，类别1；特异性靶器官毒性—反复接触，类别2。

中毒表现为兴奋、抽搐和呼吸困难而迅速死亡。豚鼠皮下注射LD_{50}约为50 mg/kg，其剂量的79%转化为硫氰酸盐随尿排出。动物实验表明，中毒症状主要为兴奋、抽搐、呼吸困难，尔后迅速死亡；此时血中及尿中硫氰酸盐均明显增加，提示本品在体内可释出CN^-而引起中毒。

4. 人体健康危害

人皮肤接触本品引起皮肤刺激和炎症。皮肤接触可能造成大面积损害。口服后,会感觉胸闷、头痛、无力以至难以站立,并出现眩晕。随后出现发绀、呼吸急促、低血压和心动过速,瞳孔扩大,对光反应几乎消失,同时出现意识模糊、四肢和面肌抽搐。

国外报告一 18 岁男子误服数毫升本品 20 min,即感胸闷、头痛、乏力以致不能站立、眩晕,继有呼吸急促、心动过速、血压下降、发绀、瞳孔散大、对光反应消失、神志不清、肢体和面部肌肉阵发性强直性痉挛。皮肤接触本品可引起刺激症状及皮炎。

5. 风险评估

美国 ACGIH 制定的职业接触限值 TLV - TWA 为 8.8 mg/m^3(经皮)。

俄罗斯制定的职业接触限值 STEL 为 10 mg/m^3。

癸　二　腈

1. 理化性质

CAS 号：1871 - 96 - 1	外观与性状：黄色油状液体,不易蒸发
沸点(℃)：199(2.00 kPa)	溶解性：溶于丙酮和乙醚;不溶于水
相对密度(水=1)：0.931 3	折光率：1.447 4

2. 用途与接触机会

为癸二酸制造癸二胺的中间体,用于制造药物、染料和合成尼龙。

3. 毒性

可通过消化道和呼吸道吸收,主要经由胃肠道及完整皮肤侵入体内。小鼠经口 LD_{50}：165 mg/kg。大量蒸气吸入可引起急性中毒。

本品毒性与己二腈类似,但在体内释出的 CN^- 量较少,其本身亦具一定毒性。

4. 人体健康危害

曾报道因反应管道阻塞,发生燃烧,致使大量癸二腈蒸气逸出,造成工人中毒和皮肤灼伤,当时即感头痛、头晕、恶心、呕吐、胸闷、精神萎靡,重者尚见血钙偏低、手足搐搦。18 例住院患者中 17 例在现场发病,1 例于次日发病,主要表现为头痛、头晕、精神萎靡、恶心、呕吐和胸闷;其中 4 例病情较重者的血钙均偏低,为 1.87～2.25 mmol/L;两例分别在住院第 2 和第 6 d 发生手足抽搐;6 例皮肤灼伤 I 至 II 度。检查血象和肝、肾功能无明显异常。除部分患者给吸入亚硝酸异戊酯外,一般经对症处理后全部治愈。

有机氰化物——异腈(胩)类

异腈类亦称胩类(carbylamines),是 HCN 的另一类衍生物,也是腈的异构体,通常指烃基 R 与异氰基 NC 的氮原子相连接的异氰化合物,通式为 R—NC。常见化合物如甲胩、乙胩、苯胩、二氯代苯胩等,因均具恶臭,故主要用作可燃气体加臭剂。

本类化合物皆为液体,易被水解为胺类和甲酸,故具强烈刺激性,易引起眼、呼吸道炎症甚至肺水肿,毒性均较强,多属中等毒性物质,其中甲胩属高毒物质。其抢救以对症支持为主,注意防治中毒性肺水肿,大量糖皮质激素及常规投用硫代硫酸钠、谷胱甘肽对症治疗有益。

甲　　胩

1. 理化性质

CAS 号：593 - 75 - 9	外观与性状：无色液体,具有恶臭
沸点(℃)：59.6	易燃性：不可燃物质
密度(g/cm^3)：0.746(20/4℃)	溶解性：易溶于水和酒精

2. 用途及接触机会

可用作可燃气体的加臭剂。

3. 毒性

可通过呼吸道吸收。在异腈类化合物中毒性最大,毒性比氰化物高。可水解为甲酸和一甲胺。一甲胺可经呼吸道、胃肠道及皮肤吸收,在体内转化成毒性作用更强的二甲胺。一甲胺对眼、皮肤和呼吸道黏膜有强烈的刺激和腐蚀作用,严重时可导致肺水肿,对机体全身有拟交感神经作用。

乙 胩

1. 理化性质

CAS 号：624-79-3	外观与性状：液体，具有强烈恶臭
密度(g/cm^3)：0.74(25/4℃)	易燃性：易燃，蒸气与空气混合，能形成爆炸性混合物
沸点(℃)：78	气味阈值(mg/m^3)：0.001
相对密度(水=1)：0.74(20/4℃)	溶解性：不溶于水；溶于多数有机溶剂

2. 用途与接触机会

可用作可燃气体的加臭剂。

3. 毒性

兔的中毒症状表现为周围血管扩张、呼吸减慢、体温下降；常见腹泻、尿中出现蛋白，临死前可有抽搐和麻痹。

苯 胩

1. 理化性质

CAS 号：931-54-4	外观与性状：带绿色的液体，具令人厌恶的气味
沸点(℃)：165～166	易燃性：可燃
闪点(℃)：79	气味阈值(mg/m^3)：0.004
密度(g/cm^3)：0.98	溶解性：不溶于水
相对密度(水=1)：0.98(15℃)	

2. 毒性

可使兔发生肌无力和麻痹，但与氰化物不同，不引起气急、抽搐和突眼。浓度为 0.004 mg/m^3 时已可嗅到气味，并使人作呕。

二氯代苯胩

1. 理化性质

(续表)

CAS 号：622-44-6	外观与性状：无色液体
熔点/凝固点(℃)19.5	易燃性：可燃物质
沸点(℃)：210	闪点(℃)：79
密度(g/cm^3)：1.26	相对密度(水=1)：1.29(0℃)
溶解性：不溶于水；溶于氯仿、四氯化碳	

2. 用途与接触机会

用于遮盖有毒气体特别是芥子气的臭味。

3. 毒性

本品健康危害 GHS 分类为：急性毒性—吸入，类别 2；皮肤腐蚀/刺激，类别 2；严重眼损伤/眼刺激，类别 2。

具强刺激性，极低的浓度可刺激人的眼、鼻、咽的黏膜。在 30 mg/m^3 下 1 min 以上人即不能耐受，可致头痛及支气管炎；800 mg/m^3 时，人吸入 1～2 min 引起呼吸器官的显著损害。

氰酸盐和异氰酸酯

氰 酸 钠

1. 理化性质

CAS 号：917-61-3	外观与性状：在常温、常压下为无色晶体粉末
沸点(℃)：>600(分解)	熔点/凝固点(℃)：550
密度(g/cm^3)：1.89(20℃)	溶解性：溶于水；不溶于乙醇、乙醚、苯、液氨
相对密度(水=1)：1.94	易燃性：不燃

2. 用途与接触机会

氰酸钠作为一种无机化工原料，用于有机合成、制药工业、钢铁的热处理等，在农药上可用于合成杀虫剂灭幼脲的中间体对氯苯基脲。

3. 毒性

氰酸钠可经呼吸道吸入和经口摄入。大鼠经口 LD_{50}：1 500 mg/kg；小鼠经口 LDL_0：4 mg/kg。不出现氰化物典型的作用。小鼠较小剂量引起嗜睡，较大剂量引起嗜睡和阵发性痉挛，后期呈强直性痉挛；腹腔注射 410 mg/kg 后，经 2 h 出现 HbO 含量降低及 MHb 含量增高。毒作用可能由氰酸基 OCN^- 所致。

4. 人体健康危害

人经口 TDLo：5 400 mg/(kg・24 w)。见有报告因引进第三代高效低毒农药——灭幼脲(苏脲一号)，学名邻氯苯甲酰基-3(4-氯苯基)脲的配方进行试生产时，加水、盐酸、对氯苯胺三者混合后，加入氰酸钠(反应釜未密封)，为了充分溶解对氯苯胺，又反复少量加入氰酸钠，接触工人出现中毒症状，表现为表情淡漠、反应迟钝、头痛、头晕、乏力、胸闷、咳嗽及咳少量泡沫痰、颜面潮红、皮肤黏膜呈樱桃红色，伴有多汗、恶心、呕吐、心悸等。重者出现呼吸困难、昏迷、抽搐、尿失禁。氰酸钠与酸反应可生成氢氰酸，而且加热过高、时间过长都会使氰酸钠发生分解和水解，使氢氰酸和氰根离子蒸发到空气中，经呼吸道吸入而中毒。

氰酸钾

1. 理化性质

CAS 号：590-28-3	外观与性状：白色晶体
熔点/凝固点(℃)：315	易燃性：不燃
沸点(℃)：700	溶解性：溶于水；微溶于乙醇；难溶于冷水
密度(g/cm³)：2.056 (20℃)	相对密度(水=1)：2.06

2. 用途与接触机会

用于有机合成和制造催眠药、麻醉药、除草剂或除菌剂。

3. 毒性

氰酸钾可经呼吸道吸入和经口摄入，毒作用与氰酸钠相同。大鼠经口 LD_{50}：1 500 mg/kg；小鼠经口 LD_{50}：841 mg/kg。狗腹腔注射 400 mg/kg，出现呕吐、排便、排尿、流泪、流涎、呼吸加快、震颤、抽搐等，甚至死亡。

4. 人体健康危害

对皮肤、眼、口腔黏膜有高度刺激性。本品受高热或与酸接触产生剧毒氰化物气体。

异氰酸酯

异氰酸酯为不易挥发的液体，具有明显气味，部分是固体。其化学反应性强，易聚合，易吸湿，可被水和碱水解形成尿素及伯胺。与蛋白质的酰胺基和氨基起反应，与酸作用生成酐。主要用于农药的生产、聚氨酯的共聚单体，生产合成纤维，制造泡沫塑料及特殊的黏合剂及涂料。

目前应用最广、产量最大的有：① 甲苯二异氰酸酯(Toluene Diisocyanate，简称 TDI)，TDI 含有两个异氰酸酯基，是十分理想的合成高分子材料聚氨酯的原料。工业上使用的 TDI 产品有两种规格：2,4-甲苯二异氰酸酯与 2,6-甲苯二异氰酸酯，比例为 80：20 的混合物，以及 65：35 的混合物，可分别用于生产硬性和软性聚氨酯泡沫塑料等。在非泡产品上主要用于生产聚氨酯弹性体和聚氨酯涂料和黏合剂等。② 二苯基甲烷二异氰酸酯(Methylenediphenyl Diisocyanate，简称 MDI)。MDI 主要用于聚氨酯材料，生产聚氨酯泡沫材料(用于冰箱、工业保温及建筑保温材料等)、聚氨酯弹性体、合成革及人造革、胶黏剂、涂料、纤维等，同时也用于其他树脂的改性等。

工业上主要采用伯胺光气法生产异氰酸酯。

对人危害主要为对上呼吸道、眼和皮肤具有不同程度的刺激及致敏作用，如流泪、咳嗽、胸闷、气喘等；严重者可致过敏性哮喘发作，故诊断和治疗可参照二异氰酸甲苯酯节。

异氰酸甲酯

1. 理化性质

CAS 号：624-83-9	外观与性状：带有强烈气味的无色液体，有催泪性
熔点/凝固点(℃)：-45	临界压力(MPa)：5.48
沸点(℃)：37～39	自燃温度(℃)：535
闪点(℃)：-7(闭杯)	爆炸下限[%(V/V)]：5.3
爆炸上限[%(V/V)]：26	易燃性：易燃
饱和蒸气压(kPa)：46.3 (20℃)	n-辛醇/水分配系数：0.79

（续表）

相对密度（水＝1）：0.96	溶解性：与水反应
相对蒸气密度（空气＝1）：1.42～1.97	

2. 用途与接触机会

本品主要用于合成氨基甲酸酯类农药，如仲丁威、克百威、异丙威、灭多威、甲萘威、涕灭威、残杀威、混灭威、速灭威、灭梭威等的非常重要的中间体，还可以用于合成聚氨酯橡胶、胶黏剂以及药物血脉宁等。

3. 毒性

本品为2015版《危险化学品目录》所列剧毒品，其健康危害GHS分类为：急性毒性—经口，类别3；急性毒性—经皮，类别3；急性毒性—吸入，类别2；皮肤腐蚀/刺激，类别2；严重眼损伤/眼刺激，类别1；呼吸道致敏物，类别1；皮肤致敏物，类别1；生殖毒性，类别2；特异性靶器官毒性——次接触，类别3（呼吸道刺激）。

可经由呼吸道、胃肠道及完整皮肤吸收入体，前一途径为引起职业中毒的主要途径。大鼠经口LD_{50}为51.5 mg/kg。兔经皮LD_{50}：220 μl/kg。大鼠吸入LC_{50}：16 mg/（m^3 · 6 h）。对皮肤黏膜有很强腐蚀性，液体溅入眼内可致角膜坏死、失明；皮肤沾染本品可很快出现充血、水肿、坏死。

动物吸入本品蒸气后，可很快出现呼吸困难、发绀，严重者死于缺氧；检查可见PaO_2明显减低、$PaCO_2$升高、血pH值下降，呼吸道黏膜腐蚀坏死、气道内黏液栓堵塞、气道内纤维化、肺水肿、肺出血；但血中胆碱酯酶正常，未见CN^-和SCN^-增高。投用氰化物解毒剂对死亡率无影响，提示本品在体内不会释放出CN^-，其毒性乃其水解产物引起的呼吸道损伤、肺水肿所致。

4. 人体健康危害

吸入低浓度本品蒸气或雾对呼吸道有刺激性；吸入高浓度可因支气管和喉的炎症、痉挛，严重的肺水肿而致死。蒸气对眼有强烈的刺激性，引起流泪、眼角膜上皮水肿、角膜云翳。溅入眼内可造成眼角膜坏死而失明。液态对皮肤有强烈刺激性。口服刺激胃肠道。对皮肤和呼吸道有致敏性。重者可引起呼吸道刺激症状和化学性肺炎、肺水肿、哮喘。

1984年12月3日凌晨，印度博帕尔市农药厂异氰酸甲酯贮罐进水，发生剧烈放热反应使罐内压力骤增，导致安全阀破裂，本品大量外溢，约40吨本品排放至周围环境，接触者达32万人，约17万人急性吸入中毒，2 500余人死亡，数万人发生急性结膜炎和角膜损伤。吸入后主要症状为呼吸困难、哮喘，多数表现为化学性气管、支气管炎、肺炎，严重者为急性肺水肿、肺出血。有研究表明，本品浓度为4.7 mg/m^3时即有明显黏膜刺激性，浓度达49 mg/m^3时，则难以忍受。据事故发生10年后的追踪调查，中毒存活者不少人遗有慢性支气管炎、肺纤维化、不育症、流产，死产发生率较高，外周血淋巴细胞畸变率亦较高，值得进一步观察。

5. 风险评估

我国制定的异氰酸甲酯职业卫生接触限值为PC－TWA为0.05 mg/m^3，PC－STEL为0.08 mg/m^3。

美国ACGIH制定的职业接触限值TLV－TWA为0.047 mg/m^3（经皮）。

异氰酸乙酯

1. 理化性质

CAS号：109－90－0	外观与性状：无色液体，有刺激性气味
沸点（℃）：60	闪点（℃）：－6
饱和蒸气压（kPa）：1.73（27℃）	易燃性：易燃
密度（g/cm^3）：0.87	n-辛醇/水分配系数：1.28
相对密度（水＝1）：0.90	溶解性：混溶于乙醇、乙醚、芳烃、卤代烃
相对蒸气密度（空气＝1）：2.45	

2. 用途与接触机会

作为有机合成原料，合成药物和杀虫剂。

3. 毒性

本品健康危害GHS分类为：急性毒性—经口，类别3；皮肤腐蚀/刺激，类别1；严重眼损伤/眼刺激，类别1。

可经皮肤吸收，或经呼吸道吸入。大鼠经口LDL_0：230 mg/kg，

大鼠吸入 LCL_0：240 mg/(m^3 · 6 h)，小鼠静脉 LD_{50}：56 mg/kg。

4. 人体健康危害

高浓度吸入可引起咳嗽、咳痰、胸痛和呼吸困难。

异氰酸正丙酯

1. 理化性质

CAS 号：110-78-1	外观与性状：无色至浅黄色液体，有刺激性气味
熔点/凝固点(℃)：−30	易燃性：高度易燃
沸点(℃)：83～84	*n*-辛醇/水分配系数：1.77
闪点(℃)：−1	溶解性：不溶于水；易溶于甲苯、二甲苯、氯苯
相对密度(水=1)：0.908	相对蒸气密度(空气=1)：2.93
饱和蒸气压(kPa)：6.65 (19℃)	

2. 用途与接触机会

异氰酸正丙酯是合成杀菌剂异菌脲的中间体。作为有机合成原料，用于制其他化学品和杀虫剂。

3. 毒性

本品小鼠腹腔注射染毒 LD_{50}：56 mg/kg，健康危害 GHS 分类为：急性毒性—吸入，类别 1。

4. 人体健康危害

异氰酸正丙酯暴露会刺激眼睛、皮肤、鼻、咽喉和肺，出现肺部过敏、气喘。其蒸气或雾对眼、黏膜和呼吸道有刺激性，吸入后可因喉和支气管的炎症、痉挛和水肿，化学性肺炎或肺水肿而死亡。长时间接触本品有强烈的刺激性或造成灼伤。

异氰酸异丙酯

1. 理化性质

CAS 号：1795-48-8	外观与性状：无色至浅黄色液体，有刺激气味
熔点/凝固点(℃)：−75	闪点(℃)：−2.8
沸点(℃)：74～75	溶解性：不溶于水(遇水分解)
饱和蒸气压(kPa)：1.41 (20℃)	易燃性：易燃
相对密度(水=1)：0.866	辛醇/水分配系数：1.69
相对蒸气密度(空气=1)：>1	

2. 毒性

本品健康危害 GHS 分类为：急性毒性—经口，类别 3；急性毒性—吸入，类别 1；皮肤腐蚀/刺激，类别 1；严重眼损伤/眼刺激，类别 1。

对黏膜、上呼吸道、眼睛和皮肤有强烈的刺激性。有致敏作用，可引起哮喘。长时间接触引起头痛、头晕、恶心、胸痛，甚至发生肺水肿而死亡。

异氰酸正丁酯

1. 理化性质

CAS 号：111-36-4	外观与性状：无色液体，有刺激气味，易潮解
熔点/凝固点(℃)：<−70	易燃性：易燃
沸点(℃)：115	饱和蒸气压(kPa)：2.1 (20℃)
闪点(℃)：11(闭杯)	*n*-辛醇/水分配系数：2.26
相对密度(水=1)：0.88	溶解性：溶于丙酮、苯等多数有机溶剂
相对蒸气密度(空气=1)：3.0	

2. 用途与接触机会

作为有机合成原料，合成杀虫剂、杀菌剂等。

3. 毒性

本品健康危害 GHS 分类为：急性毒性—吸入，类别 1；皮肤腐蚀/刺激，类别 1；严重眼损伤/眼刺激，类别 1；皮肤致敏物，类别 1；特异性靶器官毒性——次接触，类别 1。

大鼠经口 LD_{50}：600 mg/kg；大鼠吸入 LC_{50}：3 mg/m^3；小鼠经口 LD_{50}：150 mg/kg；小鼠吸入 LC_{50}：680 mg/m^3；小鼠经静脉 LD_{50}：1 mg/kg；兔经

皮 LDL_0：6 g/kg。

4. 人体健康危害

吸入会中毒，严重时可致命，对皮肤眼睛有强烈刺激性，可引起灼伤，可导致皮肤过敏，对呼吸道有刺激性。

异氰酸异丁酯

1. 理化性质

CAS号：1873-29-6	外观与性状：无色液体，具刺激性气味
沸点(℃)：106	闪点(℃)：23
饱和蒸气压(kPa)：1.41(20℃)	易燃性：易燃
相对密度(水=1)：0.88	*n*-辛醇/水分配系数：2.19
相对蒸气密度(空气=1)：3.0	溶解性：溶于多数溶剂；不溶于水

2. 用途与接触机会

用于制杀虫剂和药物。

3. 毒性

本品健康危害GHS分类为：急性毒性—吸入，类别1。误服、吸入或经皮吸收产生强烈的毒性作用。对皮肤、眼和黏膜有强烈的刺激性，可引起灼伤。

异氰酸叔丁酯

1. 理化性质

CAS号：1609-86-5	外观与性状：无色液体，有刺激性气味
沸点(℃)：86	易燃性：易燃
闪点(℃)：-4	溶解性：微溶于水
相对密度(水=1)：0.868	

2. 用途与接触机会

用于有机合成中间体，用于生产农药。用作农药、医药中间体。

3. 毒性和中毒机理

本品健康危害GHS分类为：急性毒性—吸入，类别1。

大鼠经口 LD_{50}：360 mg/kg；大鼠吸入 LC_{50}：710 mg/(m³·4 h)，小鼠吸入 LC_{50}：377 mg/(m³·4 h)。

4. 人体健康危害

吸入、摄入或经皮吸收后会中毒。对眼睛、皮肤、黏膜和上呼吸道有强烈刺激性，可引起过敏反应。长时间接触，引起头痛、头晕、咳嗽、胸痛及肺水肿等。

异氰酸环己酯

1. 理化性质

CAS号：3173-53-3	外观与性状：无色至淡黄色液体，具有刺激性气味
熔点/凝固点(℃)：<-80	闪点(℃)：35
沸点(℃)：167～170	溶解性：微溶于水
饱和蒸气压(kPa)：0.267(25℃)	易燃性：易燃
相对密度(水=1)：0.980	

2. 用途与接触机会

又名环己基异氰酸酯，用作合成医药或者农药的中间体，农药上用于生产除草剂如环嗪酮等，医药上用于生产西药、噻螨酮原药。环己基异氰酸酯是除草剂环嗪酮的中间体。

3. 毒性和中毒机理

本品健康危害GHS分类为：急性毒性—吸入，类别2；皮肤腐蚀/刺激，类别1；严重眼损伤/眼刺激，类别1。

可经呼吸道吸入、摄入或经皮吸收。小鼠腹腔注射 LD_{50}：13 mg/kg。

4. 人体健康危害

强烈刺激和腐蚀眼睛、皮肤和黏膜。可引起过敏反应。接触后，出现烧灼感、头痛、头晕、咳嗽、气短、恶心、呕吐等。长时间接触，可引起哮喘。

异氰酸苯酯

1. 理化性质

CAS号：103-71-9	外观与性状：无色至淡黄色液体，有刺激性气味
熔点/凝固点(℃)：−30	闪点(℃)：56(开杯)
沸点(℃)：166	溶解性：易溶于乙醚、苯、氯仿
饱和蒸气压(kPa)：0.2(20℃)	n-辛醇/水分配系数：2.59
相对密度(水=1)：1.1	相对蒸气密度(空气=1)：3

2. 用途与接触机会

用于鉴别醇及胺，也作有机合成中间体。

3. 毒性

本品健康危害GHS分类为：急性毒性—吸入，类别1；皮肤腐蚀/刺激，类别1；严重眼损伤/眼刺激，类别1；呼吸道致敏物，类别1；皮肤致敏物，类别1。

可经呼吸道吸入、摄入，经皮吸收。大鼠经口LD_{50}：800 mg/kg；大鼠吸入LC_{50}：22 mg/(m^3·4 h)；小鼠经口LD_{50}：196 mg/kg；兔经皮LD_{50}：7 130 mg/kg。

4. 人体健康危害

吸入本品中毒，严重时可致命，对呼吸道有强烈的刺激作用，可引起肺水肿。对眼和皮肤有刺激性，可引起灼伤，口服刺激和灼伤口腔和消化道。可导致皮肤过敏，引起哮喘。

异氰酸二氯苯酯

1. 理化性质

CAS号：102-36-3	外观与性状：白色至浅棕固体
熔点/凝固点(℃)：42	临界温度(℃)：385.7
沸点(℃)：133(1.3 kPa)	闪点(℃)：123
饱和蒸气压(kPa)：0.07(43℃)	自燃温度(℃)：>650
相对密度(水=1)：1.39(50/4℃)	易燃性：可燃
相对蒸气密度(空气=1)：4.38	n-辛醇/水分配系数：3.88
溶解性：不溶于水；溶于乙醇、氯仿、乙酸；可混溶于乙醚	

2. 用途与接触机会

用于农药、医药中间体，主要用于合成敌草隆、敌稗等除草剂。

3. 毒性

本品健康危害GHS分类为：急性毒性—经口，类别3；严重眼损伤/眼刺激，类别1；特异性靶器官毒性——一次接触，类别3(呼吸道刺激)。

可经呼吸道、消化道、皮肤吸收。大鼠经口LD_{50}：91 mg/kg；大鼠吸入LC_{50}：2 700 mg/(m^3·4 h)；小鼠吸入LC_{50}：140 mg/(m^3·2 h)。

4. 人体健康危害

暴露刺激眼、鼻、咽喉、呼吸道和肺部，引起咳嗽、呼吸短促、胸闷及类似于哮喘的过敏症。刺激作用较强，人在0.66 mg/m^{3}浓度下暴露1 min即可感到刺激作用。

异氰酸三氟甲苯酯

1. 理化性质

CAS号：329-01-1	外观与性状：油状液体
熔点/凝固点(℃)：−25	易燃性：易燃
沸点(℃)：54(1.46 kPa)	溶解性：溶于有机溶剂，遇水分解
闪点(℃)：59	饱和蒸气压(kPa)：1.46(54℃)
相对密度(水=1)：1.359	

2. 用途与接触机会

用作医药、农药中间体，是除草剂氟草隆中间体。

3. 毒性

本品健康危害GHS分类为：急性毒性—吸入，

类别 2；呼吸道致敏物，类别 1。

可经呼吸道吸入、摄入或经皮吸收。大鼠经口 LD_{50}：975 mg/kg；小鼠吸入 LC_{50}：3 300 mg/m³。

4. 人体健康危害

高浓度对眼睛、皮肤、黏膜和上呼吸道有强烈刺激性。引起过敏反应，导致哮喘样症状。接触后可引起头痛、恶心、呕吐、咳嗽、气短等症状。

5. 风险评估

本品对水生生物有毒并具有长期持续影响，其环境危害 GHS 分类为：危害水生环境—急性危害，类别 2；危害水生环境—长期危害，类别 2。

甲氧基异氰酸甲酯

1. 理化性质

CAS 号：6427-21-0	外观与性状：无色或淡黄色液体，具有刺激性气味
熔点/凝固点(℃)：−25	闪点(℃)：10
沸点(℃)：90	溶解性：溶于水
饱和蒸气压(kPa)：1.46(54℃)	易燃性：易燃
相对密度(水=1)：1.069	

2. 用途与接触机会

用作蛋白质和多肽化学中基团的可逆性保护剂。

3. 毒性

本品健康危害 GHS 分类为：急性毒性—经口，类别 3；急性毒性—吸入，类别 3；严重眼损伤/眼刺激，类别 2；特异性靶器官毒性——次接触，类别 3(呼吸道刺激)。

可经呼吸道吸入、摄入或经皮吸收。大鼠经口 LD_{50}：975 mg/kg；大鼠吸入 LC_{50}：3 600 mg/m³。

4. 人体健康危害

本品误服，经呼吸道吸入会中毒。高浓度对眼睛、皮肤、黏膜和上呼吸道有强烈刺激性。引起过敏反应。接触后可引起头痛、恶心、呕吐、咳嗽、气短等症状。

六亚甲基二异氰酸酯

1. 理化性质

CAS 号：822-06-0	外观与性状：无色透明液体，具有刺激性
熔点/凝固点(℃)：−67	易燃性：可燃
沸点(℃)：130/(99.7 kPa)	气味阈值(mg/m³)：0.07
闪点(℃)：140	溶解性：溶于苯、甲苯等多数有机溶剂
饱和蒸气压(kPa)：0.67(112℃)	相对蒸气密度(空气=1)：5.8
相对密度(水=1)：1.04	

2. 用途与接触机会

又名六甲撑二异氰酸酯，是聚氨酯工业中应用较广的脂族异氰酸酯，主要用于生产聚氨酯涂料、弹性体、胶粘剂、纺织整理剂等，在航空、纺织、泡沫塑料、涂料、橡胶工业等方面也有广泛应用。也用作干性醇酸树脂交联剂和合成纤维的原料。

3. 毒性

本品健康危害 GHS 分类为：急性毒性—吸入，类别 3；皮肤腐蚀/刺激，类别 2；严重眼损伤/眼刺激，类别 2；呼吸道致敏物，类别 1；皮肤致敏物，类别 1；特异性靶器官毒性——次接触，类别 3(呼吸道刺激)。

可经皮肤、黏膜吸收，对皮肤、黏膜有强烈的刺激作用。

大鼠经口 LD_{50}：710 μl/kg；大鼠吸入 LCL_0：60 mg/(m³ · 4 h)；大鼠吸入 LC_{50}：124 mg/(m³ · 4 h)；小鼠经口 LD_{50}：350 mg/kg；小鼠吸入 LC_{50}：30 mg/m³；兔经皮 LD_{50}：570 μl/kg。

4. 生物监测

吸入的六甲撑二异氰酸酯在肺部的水解可以被血液中的碳酸氢盐催化，从而产生 1,6-六亚甲基二胺可作为职业暴露后的尿代谢物。尿中 1,6-六亚甲基二胺消除快速，半衰期平均为 1.2 h(1.1～1.4 h)。

5. 人体健康危害

本品吸入会中毒，对人的呼吸道、眼睛和黏膜及皮肤有强烈的刺激作用。有催泪作用。重者可引起化学性肺炎、肺水肿。有致敏作用。与熔融物质接触可能会导致严重的皮肤和眼睛灼伤。

6. 风险评估

我国规定六亚甲基二异氰酸酯的职业接触限值 PC-TWA 为 0.03 mg/m^3。

美国 ACGIH 的职业接触限值 TLV-TWA 为 0.034 mg/m^3。

3-氯-4-甲基苯基异氰酸酯

1. 理化性质

CAS 号：28479-22-3	外观与性状：无色至黄色液体或低熔点固体
熔点/凝固点(℃)：23	密度(g/cm^3)：1.224(25℃)
沸点(℃)：107	溶解性：溶于氯苯，遇水分解
闪点(℃)：109	

2. 用途与接触机会

3-氯-4-甲基苯基异氰酸酯是除草剂绿麦隆的中间体。

3. 毒性

本品健康危害 GHS 分类为：急性毒性—吸入，类别 2；皮肤腐蚀/刺激，类别 1B；严重眼损伤/眼刺激，类别 1；特异性靶器官毒性——次接触，类别 3(呼吸道刺激)。

二异氰酸甲苯酯

1. 理化性质

（续表）

CAS 号：26471-62-5	外观与性状：无色透明至淡黄色液体，有刺激性气味；遇光颜色变深
熔点/凝固点(℃)：3.5～5.5(TDI-65)；11.5～13.5(TDI-80)；19.5～21.5	沸点(℃)：251
闪点(℃)：132(闭杯)	密度：1.22±0.01(25℃)
饱和蒸气压(kPa)：0.13(20℃)	爆炸下限(%,V/V)：0.9
相对蒸气密度(空气=1)：6.0	爆炸上限(%,V/V)：9.5
溶解性：不溶于水；溶于丙酮、乙酸乙酯和甲苯等	

2. 用途与接触机会

甲苯二异氰酸酯(Toluene Diisocyanate, TDI)，有两种异构体即 2,4-甲苯二异氰酸酯和 2,6-甲苯二异氰酸酯。TDI 商品多为两种异构体的混合物：含量 80%的 2,4-TDI 和 20%的 2,6-TDI 或 65%的 2,4-TDI 和 35%的 2,6-TDI。

主要用于制造聚氨酯树脂及其泡沫塑料。生产和使用 TDI 者均可接触。

3. 毒代动力学

甲苯二异氰酸酯主要经呼吸道吸入。蒸气可直接作用于呼吸道上皮，引起致敏作用，高浓度可使呼吸道上皮细胞凝固。

甲苯二异氰酸酯中异氰酸基团与体内蛋白质如人血清白蛋白形成异性蛋白抗原(TDI-HAS)，引起支气管哮喘。甲苯二异氰酸酯可通过药理作用机制，使迷走神经反射弧的阈值降低或支气管平滑肌敏感性增高而导致气道反应增强。

TDI 在体内的代谢产物为二氨基甲苯(TDA)，可将血红蛋白转换为高血红蛋白。在体内反应产生的产物还有 N,N-二甲基硫脲，三甲基缩二脲和甲胺等，与参与 DNA 复制和修复的酶互相作用，还可与 DNA 形成加合物。

4. 毒性和中毒机理

4.1 急性毒作用

本品健康危害 GHS 分类为：急性毒性—吸入，类别 2；皮肤腐蚀/刺激，类别 2；严重眼损伤/眼刺激，类别 2；呼吸道致敏物，类别 1；皮肤致敏物，类别 1；致癌性，类别 2；特异性靶器官毒性——次接触，类别 3(呼吸道刺激)。

TDI 挥发在空气中的蒸气对人呼吸道和眼睛有刺激作用。高浓度的 TDI 液体对眼和皮肤也有刺激作用。大鼠经口 LD_{50}：4 130 mg/kg；吸入 LCL_0：4 665 mg/(m^3 · 6 h)。小鼠经口 LD_{50}：1 950 mg/kg；吸入 LC_{50}：75.4 mg/(m^3 · 4 h)。兔经皮 LD_{50}：>10 ml/kg。IARC 致癌性分类为组 2。

甲苯二异氰酸酯高浓度蒸气可直接作用于呼吸道上皮，引起呼吸道上皮细胞凝固，造成直接化学性损害。也可刺激黏膜使黏液分泌增多；纤毛上皮细胞减少造成气管和肺清除功能障碍和黏液滞留；严重者上皮脱落，黏膜下腺体肥大和基底膜增厚。

4.2 中毒机理

甲苯二异氰酸酯中异氰酸基团与体内蛋白质如人血清白蛋白形成异性蛋白抗原（TDI－HAS），引起支气管哮喘。速发性支气管哮喘体内存在 TDI－HAS 抗原特异性抗体 IgE 抗体，迟发性支气管哮喘血液中可检出特异性 IgG 抗体。

甲苯二异氰酸酯还可通过药理作用机制，使迷走神经反射弧的阈值降低或支气管平滑及敏感性增高而导致气道反应性增强，如影响β－受体的兴奋性，抑制胆碱酯酶活性使迷走神经兴奋性增强或直接作用于支气管平滑肌。

在体内反应产生的产物还有 N，N－二甲基硫脲，三甲基缩二脲和甲胺等，与参与 DNA 复制和修复的酶互相作用，还可与 DNA 形成加合物，具有一定的致癌、致突变和发育毒性。

5. 人体健康危害

急性吸入毒性较高，经口毒性较低，主要有明显刺激和致敏作用。对眼、呼吸道黏膜和皮肤有刺激作用，并引起支气管哮喘。

人的嗅觉阈为 0.35～0.92 mg/m^3，另有报道为 3 mg/m^3、3～3.6 mg/m^{3}时，对黏膜有刺激；27.8 mg/m^{3}时眼和呼吸道严重刺激；16 mg/m^3，工作 3～4 w 后，不少人出现急性上呼吸道炎；0.5 mg/m^3，工作一周，出现剧烈的咳嗽和呼吸困难。

TDI 引起支气管哮喘，可能系异氰基团与体内的蛋白质的氨基结合后，生成异性蛋白，成为抗原诱发的变态反应；也可同时有药理机制和刺激作用。2，6－TDI 的刺激作用比 2，4－TDI 为大。

急性中毒：TDI 主要影响呼吸系统。接触较高浓度 TDI 时，可产生眼和上呼吸道刺激症状。眼部有发痒、辛辣痛感、流泪、视物模糊和结膜充血等症状，可发生角膜炎或角结膜炎；并有咽喉干燥、剧烈咳嗽、胸闷、呼吸困难，可有喘息性支气管炎等症状。严重者可出现肺水肿。

支气管哮喘：部分工人经上述发作一次或数次之后，产生过敏。以后，即使极微量接触，亦能诱发支气管哮喘，哮喘发作前，有一定潜伏期，尤以夜间发作多见。一般脱离接触后可恢复，有时恢复较慢。

皮肤病变：皮肤直接接触 TDI，可产生刺激性接触性皮炎，也可引起变应性接触性皮炎。实验室检查如变应原皮肤试验、血清抗原特异性 IgE 测定、变应原支气管激发试验和肺功能测定等有助诊断。

6. 风险评估

我国规定 2，4－甲苯二异氰酸酯（TDI）的职业接触限值 PC－STEL 为 0.2 mg/m^3，PC－TWA 为 0.1 mg/m^3。

美国 ACGIH 制定的职业接触限值为 TLV－TWA 为 0.036 mg/m^3，STEL 为 0.14 mg/m^3。

对水生物有害，并有长期持续影响，其环境危害 GHS 分类为：危害水生环境—长期危害，类别 3。

2－苯乙基异氰酸酯

1. 理化性质

CAS 号：1943－82－4	外观与性状：无色到淡黄色透明液体，有刺激性气味
熔点/凝固点（℃）：21.7	溶解性：溶解于水
沸点（℃）：210	密度（g/cm^3）：1.063（25℃）
闪点（℃）：99	

2. 用途与接触机会

用于合成磺胱脲类药物和有机化合物的中间体。

3. 毒代动力学

气溶胶态的经呼吸道、皮肤黏膜吸收，对人的眼、皮肤、呼吸道有强烈的刺激作用及致敏作用。

4. 毒性与中毒机理

异氰酸酯类化学品中毒主要为致喘和致敏性，中毒机理参照甲苯二异氰酸酯。

其健康危害 GHS 分类为：急性毒性—吸入，类别 3；皮肤腐蚀/刺激，类别 1A；严重眼损伤/眼刺激，类别 1；呼吸道致敏物，类别 1；皮肤致敏物，类别 1。

5. 风险评估

本品对水生生物有毒并具有长期持续影响，其

环境危害 GHS 分类为：危害水生环境—急性危害，类别 2；危害水生环境—长期危害，类别 2。

二苯甲撑二异氰酸酯

1. 理化性质

CAS 号：101-68-8	外观与性状：白色固体或淡黄色熔融固体，常温下挥发性较低。遇高热、明火会燃烧
熔点/凝固点(℃)：38～44	易燃性：可燃
沸点(℃)：194	闪点(℃)：202.22(开杯)
饱和蒸气压(kPa)：0.11(160℃)	密度(g/cm^3)：1.19(50℃)
相对密度(水＝1)：1.197(70℃)	溶解性：不溶于水；能溶于丙酮、苯、煤油和硝基苯
相对蒸气密度(空气＝1)：8.4	

2. 用途与接触机会

主要用于生产聚氨酯弹性体，合成纤维、人造革、无机涂料等。用于制备聚合物，用作起泡剂。

经呼吸道、皮肤黏膜吸收。

3. 毒性

本品健康危害 GHS 分类为：皮肤腐蚀/刺激，类别 2；严重眼损伤/眼刺激，类别 2；呼吸道致敏物，类别 1；皮肤致敏物，类别 1；特异性靶器官毒性——次接触，类别 3(呼吸道刺激)；特异性靶器官毒性—反复接触，类别 2。

大鼠经口 LD_{50}：9 200 mg/kg；小鼠经口 LD_{50}：2 200 mg/kg；大鼠吸入 LC_{50}：178 mg/m^3。小鼠和大鼠 1 次吸入 400 mg/m^{3}的浓度，可耐受 2 h 而无中毒症状；次日在相同条件下重复暴露时，部分动物死亡；再重复暴露时受试动物全部死亡。150 mg/m^{3}下暴露 2 h，连续 8 d 中，小鼠 100%死亡，大鼠 40%死亡。死亡的原因系气管炎、支气管炎、阻塞性小支气管炎及弥漫性肺炎。

4. 人体健康危害

二苯甲撑二异氰酸酯挥发性低，在常温下不会造成中毒浓度。在生产过程中温度超过 60℃，才会有大量蒸气逸出而致中毒，所以急性中毒病例报告不多。对黏膜有强烈刺激作用。工人吸入本品的雾滴，过 1～2 h 后，出现呼吸困难，阵发性咳嗽，伴有头痛、眼痛和嗅觉丧失。对人的致敏作用不明显，但接触二苯甲撑二异氰酸酯喷雾材料时工人发生支气管哮喘。还见有接触后出现咽痛、头痛、头昏、咳嗽的报告。

另有报道，长期吸入二苯甲撑二异氰酸酯蒸气后在人体内发现相应抗体。浓度乘时间($C \times t$)为 13.3 mg/(m^3 · min)时才产生抗体，低于 9.21 mg/(m^3 · min)，则不产生抗体。空气中浓度在 2.08 mg/m^{3}左右，历时 6 年接触工人未引起病变。

5. 风险评估

我国制定的二苯甲撑二异氰酸酯职业卫生接触限值 PC-TWA 为 0.05 mg/m^3，PC-STEL 为 0.1 mg/m^3。美国 ACGIH 制定的职业接触限值 TLV-TWA 为 0.051 mg/m^3。

本品对水生生物有毒并具有长期持续影响，其环境危害 GHS 分类为：危害水生环境—急性危害，类别 2；危害水生环境—长期危害，类别 2。

六甲撑二异氰酸酯

1. 理化性质

CAS 号：822-06-0	外观与性状：无色至透明液体，刺鼻气味
熔点(℃)：−67	闪点(℃)：140
沸点(℃)：124[1.33 kPa]	相对密度(水＝1)：1.04(25/15.5℃)
饱和蒸气压(kPa)：0.067(25℃)	相对蒸气密度(空气＝1)：5.81

2. 用途与接触机会

六甲撑二异氰酸酯简称 HDI，又称六亚甲基二异氰酸酯，主要用于制造聚氨酯树脂及其泡沫塑料，是生产聚合脲烷涂料的主要原料。

3. 毒性

本品健康危害 GHS 分类为：急性毒性—吸入，类别 3；皮肤腐蚀/刺激，类别 2；严重眼损伤/眼刺激，类别 2；呼吸道致敏物，类别 1；皮肤致敏物，类别 1；特异性靶器官毒性——次接触，类别 3(呼吸道刺激)。

可经皮肤、黏膜吸收。大鼠经口 LD_{50}：710 μl/

kg；大鼠吸入 LC_{50}：124 mg/(m³·4 h)；小鼠经口 LD_{50}：350 mg/kg；兔经皮 LD_{50}：570 μl/kg。对皮肤、黏膜有强烈的刺激作用。

4. 人体健康危害

急性中毒病例少见，HDI 的低沸点及高挥发性对接触人员的呼吸道、眼的黏膜和皮肤有强烈的刺激作用，而导致气管炎、肺炎和眼结膜角膜炎等，也具致敏性，可导致过敏性哮喘发作。

5. 风险评估

我国规定六甲撑二异氰酸酯职业卫生接触限值 PC-TWA 为 0.03 mg/m³。美国 ACGIH 制定的职业接触限值 TLV-TWA 为 0.034 mg/m³。

萘撑二异氰酸酯

1. 理化性质

CAS 号：3173-72-6	外观与性状：固体
熔点/凝固点(℃)：130	密度(g/cm³)：1.45(25℃)
沸点(℃)：244	气味阈值(mg/m³)：0.8
闪点(℃)：192(闭杯)	

2. 用途与接触机会

用作农药、医药中间体。

3. 毒性

大鼠吸入 LC_{50}：270 mg/(m³·4 h)。IARC 致癌性分类为组 3。

4. 风险评估

澳大利亚制定的职业接触限值 TWA 为 0.02 mg/m³(以 NCO 计)，STEL 为 0.07 mg/m³(以 NCO 计)。

异佛尔酮二异氰酸酯

1. 理化性质

(续表)

CAS 号：4098-71-9	外观与性状：无色到淡黄色透明液体，有刺激性气体
熔点/凝固点(℃)：-60	闪点(℃)：155(闭杯)
沸点(℃)：158(1.33 kPa)	易燃性：可燃
爆炸上限[%(V/V)]：4.5	爆炸下限[%(V/V)]：0.7
饱和蒸气压(kPa)：4×10^{-5}(20℃)	密度(g/cm³)：1.049(25℃)
相对密度(水=1)：1.06	*n*-辛醇/水分配系数：4.75
相对蒸气密度(空气=1)：6.0	溶解性：可混溶于酯、酮、醚、烃类有机溶剂

2. 用途与接触机会

异佛尔酮二异氰酸酯主要用于生产油漆涂料、弹性体、特种纤维、黏合剂等，也用于有机合成。在塑料、胶黏剂、医药和香料等行业中应用广泛。

3. 毒性

本品健康危害 GHS 分类为：急性毒性—吸入，类别 3；皮肤腐蚀/刺激，类别 2；严重眼损伤/眼刺激，类别 2；呼吸道致敏物，类别 1；皮肤致敏物，类别 1；特异性靶器官毒性——次接触，类别 3(呼吸道刺激)。

大鼠经口 LD_{50}：4 825 mg/kg；吸入 LC_{50}：123 mg/m³/4 h；大鼠经皮 LD_{50}：1 060 mg/kg；小鼠经口 LDL_0：2 500 μl/kg。

4. 人体健康危害

异佛尔酮二异氰酸酯在常温下不会蒸发，只有在加热时才形成气溶胶，此时经呼吸道、皮肤黏膜吸收，对人的眼、皮肤、呼吸道有强烈刺激作用及致敏作用。人接触气溶胶 1～5 min，浓度在 0.25 mg/m³ 时，明确地嗅出气味；0.64 mg/m³ 时，对眼和咽部略有刺激；1.37 mg/m³ 时，对眼、鼻和咽部有强烈刺激，不能忍受。急性中毒病例报告少见。

5. 风险评估

我国规定异佛尔酮二异氰酸酯职业卫生接触限值 PC-TWA 为 0.05 mg/m³，PC-STEL 为 0.1 mg/m³。美国 ACGIH 制定的职业接触限值 TLV-TWA 为 0.045 mg/m³。

本品对水生生物有毒并具有长期持续影响，其环境危害 GHS 分类为：危害水生环境—急性危害，类别 2；危害水生环境—长期危害，类别 2。

硫氰化物

硫 氰 酸

1. 理化性质

CAS 号：463－56－9	外观与性状：无色液体
熔点/凝固点(℃)：5	易燃性：不可燃物质
相对蒸气密度(空气＝1)：2.0	溶解性：易溶于水；溶于乙醇、乙醚

2. 用途与接触机会

可用于制取硫氰酸盐、酯、各种硫氰化物和氰化物。

SCN 离子极易与铁离子形成多种红色络合物，因此硫氰酸钾或硫氰酸铵常用作检验铁离子的试剂。

3. 毒性与中毒机理

本品对黏膜有刺激作用。本品进入体内则解离成 H^+ 及 SCN^-，无 CN^- 生成，故不具氰化氢的特异作用。但本品在体外可迅速分解产生 HCN，吸入可引起中毒，必须防止氰化氢和氰化物中毒。

硫 氰 酸 钠

1. 理化性质

CAS 号：540－72－7	外观与性状：白色斜方晶系结晶或粉末
pH 值：6～8(5%水溶液，20℃)	沸点(℃)：368(分解)
熔点/凝固点(℃)：287	密度(g/cm³)：1.295(20℃)
溶解性：易溶于水、乙醇、丙酮等溶剂	易燃性：不可燃物质

2. 用途与接触机会

用作聚丙烯腈纤维抽丝溶剂、化学分析试剂、彩色电影胶片冲洗剂、某些植物脱叶剂，以及机场道路除莠剂。还用于制药、印染、橡胶处理、黑色镀镍及制造人造芥子油。还可用于抑霉防腐剂。

3. 毒性

一般认为本品大部分以原形排出，极少量以硫酸盐形式排出。给猴注射本品尿中回收率为 34%～75%，平均 54%。

本品可能有原发性中枢神经毒作用。大鼠经口 LD_{50}：764 mg/kg；小鼠经口 LD_{50}：362 mg/kg。小鼠腹腔注射硫氰酸盐出现震颤、活动增加、强直性和阵挛性抽搐。

4. 人体健康危害

职业中毒较少见，主要由于误服或作为药物(曾用作降压药)长期吞服少量而致中毒。大剂量致急性中毒时，引起恶心、呕吐、腹痛、腹泻等胃肠道功能紊乱。此外，可出现黄视症，可持续数天。血压先降低后升高，心率变慢。

反复中毒可致肾功能明显损害。硫氰酸盐类的慢性作用，可抑制甲状腺机能，表现为逐渐肥胖，畏寒，乏力，少汗，胃纳差，行动缓慢，表情淡漠，记忆力差，说话甚慢，皮肤干燥、粗糙，毛发脆弱、缺乏光泽、易于脱落，妇女经期延长而量多。实验室检查：中度贫血、血胆固醇增高，基础代谢率在－20%以下。

硫 氰 酸 钾

1. 理化性质

CAS 号：333－20－0	外观与性状：无色结晶
pH 值：5.3～8.7(25℃，50 mg/cm³ in H_2O)	易燃性：不可燃物质
熔点/凝固点(℃)：173	密度(g/cm³)：1.9
沸点(℃)：500(分解)	相对密度(水＝1)：1.89
溶解性：易溶于水、乙醇、丙酮	

2. 用途与接触机会

本品主要用于芥子油、硫脲类、硫氰酸酯和医药等制造，也用作化学试剂。受高热分解，放出有毒的氰化物和硫化物烟气。

3. 毒性性作用

小鼠经口 LD_{50} 为 594 mg/kg 左右，大鼠经口

LD_{50}约为 854 mg/kg。其毒性作用与硫氰酸钠相似,罕见中毒报告。

4. 人体健康危害

误服致急性中毒时,引起恶心、呕吐、腹痛、腹泻等胃肠道功能紊乱,血压波动、心率变慢。重复中毒可致肾功能明显损害。慢性作用,可抑制甲状腺机能,可使妇女经期延长而量多。

硫 氰 酸 铵

1. 理化性质

CAS 号:1762-95-4	外观与性状:无色有光泽单斜晶系片状或柱状晶体
pH 值:5～6(5%水溶液)	沸点(℃):170(分解)
熔点/凝固点(℃):149.6	易燃性:不可燃物质
相对密度(水=1):1.305	溶解性:易溶于水、乙醇
n-辛醇/水分配系数:−2.29	

2. 用途与接触机会

主要用作分析化学试剂、聚合催化剂、除莠剂,是制造双氧水的辅助原料,也是制造氰化物、亚铁氰化物的原料,还用于农药、抗生素的分离等。

3. 毒性

大鼠经口 LD_{50}:750 mg/kg;小鼠经口 LD_{50}:500 mg/kg。

毒作用与硫氰酸钠相似,但本品具有较明显的降压作用并可引起暂时性的血钙升高、血钾降低。

硫 氰 酸 汞

1. 理化性质

CAS 号:592-85-8	外观与性状:白色粉末或针状结晶
熔点/凝固点(℃):165(分解)	易燃性:不可燃物质
相对蒸气密度(空气=1):11.0	*n*-辛醇/水分配系数:−0.57
相对密度(水=1):4.0	溶解性:微溶于水、醇、醚;溶于铵盐、氨水、氰化钾溶液

2. 用途与接触机会

用于烟火或照相显影剂。

3. 毒性

本品健康危害 GHS 分类为:急性毒性—经口,类别 2;急性毒性—经皮,类别 3;严重眼损伤/眼刺激,类别 2B;皮肤致敏物,类别 1;生殖细胞致突变性,类别 2;生殖毒性,类别 2;特异性靶器官毒性——次接触,类别 1;特异性靶器官毒性—反复接触,类别 1。

遇酸、或遇高热分解有毒氰化物和汞蒸气气体。可经呼吸道、皮肤吸收引起中毒。大鼠经口 LD_{50}:46 mg/kg;小鼠经口 LDL_0:24.5 mg/kg;大鼠经皮 LD_{50}:685 mg/kg。

4. 人体健康危害

误服、经皮吸收可中毒,对呼吸道、眼和皮肤有刺激性,可致皮肤过敏,怀疑对生育能力或胎儿造成伤害,怀疑可造成遗传性缺陷。长期接触引起中枢神经系统损害。对肾和皮肤有损害,出现口腔炎及牙齿松动等。

5. 风险评估

本品对水生生物毒性极大并具有长期持续影响,其环境危害 GHS 分类为:危害水生环境—急性危害,类别 1;危害水生环境—长期危害,类别 1。

硫 氰 酸 汞 铵

1. 理化性质

CAS 号:20564-21-0	外观与性状:无色针状晶体
溶解性:溶于水和乙醇,其水溶液不稳定,见光或长期放置于空气中会分解	

2. 用途与接触机会

微酸性溶液中与锌离子形成羽毛状晶体,如同时有少量二价钴离子(Co^{2+})存在时,则形成蓝色混晶,分析化学中据此检验微量的锌离子,也可用于微量铜和锆检验。

3. 毒性

本品健康危害 GHS 分类为：急性毒性—经口，类别 2；急性毒性—经皮，类别 1；急性毒性—吸入，类别 2；特异性靶器官毒性—反复接触，类别 2。

4. 风险评估

本品对水生生物毒性极大并具有长期持续影响，其环境危害 GHS 分类为：危害水生环境—急性危害，类别 1；危害水生环境—长期危害，类别 1。

硫氰酸汞钾

1. 理化性质

CAS 号：14099-12-8	闪点(℃)：42.1
熔点/凝固点(℃)：165	饱和蒸气压(kPa)：4.73
沸点(℃)：146	n-辛醇/水分配系数：1.99

2. 用途与接触机会

硫氰酸汞钾是鉴定自然金属元素矿物的特效试剂。

3. 毒性

本品小鼠经口 LDL_0：120 mg/kg。健康危害 GHS 分类为：急性毒性—经口，类别 2；急性毒性—经皮，类别 1；急性毒性—吸入，类别 2；特异性靶器官毒性—反复接触，类别 2。

4. 风险评估

本品对水生生物毒性极大并具有长期持续影响，其环境危害 GHS 分类为：危害水生环境—急性危害，类别 1；危害水生环境—长期危害，类别 1。

硫氰酸酯类

硫氰酸酯类为硫氰酸的烷基或烷氧基化合物，多为带葱样气味的液体，主要用作杀虫剂或杀真菌剂。

本类化合物多为低毒或中等毒性化合物，但具明显的皮肤黏膜刺激性。低碳硫氰酸酯遇碱可水解为二硫化物及氰基，在体内也易释出 CN^-，故其毒性与 HCN 相似，中毒动物出现流涎、呼吸抑制、抽搐强直、发绀，常因痉挛而窒息死亡；此类物质的常见化合物为硫氰酸甲酯(methyl thiocyanate)、硫氰酸乙酯(ethyl thiocyanate)、硫氰酸丁酯(butyl thiocyanate)等；硫氰酸丁氧乙氧基乙酯(n-butylcarbitol thiocyanate)因在体内可转化为简单的脂肪族硫氰酸酯，故在体内也能释出 CN^-。

高碳硫氰酸酯，如硫氰酸辛酯(octylthiocyanate)、硫氰酸癸酯(decyl thioyanase)、硫氰酸十二烷基酯(dodecyl thiocyanate)、硫氰酸十四烷基酯(tetradecylthiocyanate)等则较稳定，在体内不会释出 CN^-，但全身毒性及刺激性均明显增强。动物吸入此类化合物后，可引起明显呼吸道刺激症状，另见血浆胆红素增高，尿中亦查见胆红素；病理学检查见呼吸道出血性炎症，肺充血、出血、水肿，胸膜炎；胃肠道黏膜充血、出血，甚至有局灶性坏死；脑中有细胞浸润、血管增生及脑细胞变性。反复染毒动物尚见肝、肾、脾及心肌变性，甲状腺功能抑制，红细胞生成减少。皮肤沾染本品，可致表皮干燥增厚、毛囊及皮脂腺变性、皮下细胞浸润、皮肤溃疡坏死。

目前尚无慢性接触中毒报告。其急性中毒除以防治呼吸道化学性损伤为重点进行对症支持处理外，低碳硫氰酸酯中毒还应使用氰化物解毒剂(参阅氰化氢节有关内容)。

硫氰酸甲酯

1. 理化性质

CAS 号：556-64-9	外观与性状：无色液体。有大蒜样气味
熔点/凝固点(℃)：−51	闪点(℃)：38
沸点(℃)：131	易燃性：易燃
饱和蒸气压(kPa)：1.33 (21.6℃)	n-辛醇/水分配系数：0.73
相对密度(水=1)：1.07	溶解性：不溶于水，可混溶于乙醇、乙醚

2. 用途与接触机会

用于合成农药、医药及其他精细化学品。

3. 毒性

本品健康危害 GHS 分类为：急性毒性—经口，类别 3。

可经吸入、摄入、经皮吸收。大鼠经口 LD_{50}：60 mg/kg；经皮 LDL_0：2 670 mg/kg。小鼠腹腔注射 LD_{50}：23 mg/kg；皮下注射 LDL_0：64 mg/kg。

动物大剂量摄入后引起流涎、呼吸抑制、抽搐、痉挛、甚至死亡。经呼吸道吸入雾后，所有动物都在 3.5～7 min 后死亡。在体内能析出氰离子，发病机理参见“氢氰酸”。

单氟烃基硫氰酸酯类

单氟烃基硫氰酸酯类化合物包括硫氰酸-2-氟乙酯、硫氰酸-3-氟丙酯、硫氰酸-4-氟丁酯、硫氰酸-5-氟戊酯、硫氰酸-6-氟己酯、正硫氰酸戊酯。

1. 理化性质

均为高沸点液体。

2. 毒性

本类物质在体内先还原断裂生成 HCN 及相应的硫醇(RSH)，后者再按氟硫醇代谢途径降解，生成相应的氟羧酸：$F(CH_2)nSCN + 2H \rightarrow F(CH_2)nSH + HCNF(CH_2)nSH \rightarrow F(CH_2)_nOH \rightarrow F(CH_2)_{n-1}COOH$。

例如，硫氰酸-6-氟己酯经上述代谢途径，最后可生成氟乙酸，并已在动物实验见到柠檬酸蓄积而证实：

$F(CH_2)_6SCN \rightarrow F(CH_2)_6SH \rightarrow F(CH_2)_6OH \rightarrow F(CH_2)_5COOH \rightarrow FCH_2COOH$。所以，毒性与结构关系同氟羧酸，见表 28-10，以中枢神经系统和心脏的混合型反应为主。

表 28-10　毒性与结构关系

化合物	分子式	沸点℃/(kPa)	小鼠腹腔注射 LD_{50}(mg/kg)
硫氰酸-2-氟乙酯	$F(CH_2)_2SCN$	78～29/(2.67)	15
硫氰酸-3-氟乙酯	$F(CH_2)_3SCN$	75～76/(1.2)	18
硫氰酸-4-氟乙酯	$F(CH_2)_4SCN$	97～98/(1.73)	2.6
硫氰酸-5-氟乙酯	$F(CH_2)_5SCN$	112～113/(1.47)	30
硫氰酸-6-氟乙酯	$F(CH_2)_6SCN$	124～125/(1.47)	5
正硫氰酸戊酯(作比较)	$CH_3(CH_2)_4SCN$	90～91/(2.13)	75

3. 人体健康危害

短时间内接触大量该类物质可出现呕吐、流涎、麻木感、上腹疼痛、精神恍惚、恐惧、肌束颤动、视力障碍等。继之出现昏迷、癫痫样发作、呼吸抑制衰竭；可因心律紊乱而心脏骤停，或抽搐窒息、呼吸衰竭危及生命。

硫氰基苯胺

1. 理化性质

CAS 号：2987-46-4	外观与性状：针状结晶
熔点/凝固点(℃)54～55	溶解性：微溶于水；易溶于乙醇；溶于乙醚、苯

2. 用途与接触机会

主要用作杀虫剂和杀真菌剂。

3. 毒性

受高热分解放出剧毒的气体。在体内生成氢氰酸，具有剧烈而短暂的全身性毒作用；有高铁血红蛋白形成作用。大鼠经口 LD_{50}：240 mg/kg；兔经皮 LD_{50}：160 mg/kg。

4. 人体健康危害

急性中毒临床表现与氢氰酸类似。表现为眼、咽喉及上呼吸道黏膜刺激症状，很快即出现呼吸困难、意识丧失、抽搐、大小便失禁、肺水肿、呼吸衰竭，甚至呼吸、心跳停止。

出现高铁血红蛋白血症。可能出现肝、肾损害。

对硫氰基苯胺

1. 理化性质

CAS 号：15191-25-0	外观与性状：针状结晶
熔点/凝固点(℃)：57～58	易燃性：可燃
沸点(℃)：311	n-辛醇/水分配系数：2.46
闪点(℃)：141.9	溶解性：微溶于水；易溶于乙醇；溶于乙醚、苯

2. 用途与接触机会

用作有机合成的重要原料，还用作种子消毒剂硫化氰的配料。

3. 毒性

本品健康危害 GHS 分类为：急性毒性—经口，类别 3。

其蒸气有恶臭，对眼睛和上呼吸道有刺激性。急性中毒是由于其解离产生的氰化物所致，后者抑制呼吸酶，造成组织缺氧。有高铁血红蛋白形成作用，中毒症状为发绀、呼吸困难、全身痉挛，重者可死亡。其水溶液可致角膜暂时性混浊。对皮肤有致敏性，引起小丘疹、发痒。

异硫氰酸酯类

异硫氰酸酯类也称芥子油，为异硫氰酸与烃基或其衍生物的化合物，常见品种如异硫氰酸甲酯、异硫氰酸乙酯、异硫氰酸烯丙酯、异硫氰酸苯酯等。本类化合物多为具有异常刺激气味的液体，主要用于制造药物、杀虫剂，有的也用作军用毒剂。

本类化合物多为中等毒性物质，但刺激性甚强，浓度为 5～20 mg/m^3 即对眼及上呼吸道产生明显刺激作用，浓度再高时由于眼部刺痛、流泪、眼睑痉挛、剧烈咳嗽，令人几乎无法忍受。皮肤沾染该类物质可出现皮肤红肿、水泡、湿疹。本类化合物在体内不会释放出 CN^-。但受热分解，释放出有毒氰化物和硫化物。

异硫氰酸甲酯

1. 理化性质

CAS 号：556－61－6	外观与性状：无色结晶
熔点/凝固点(℃)35～36	饱和蒸气压(kPa)：0.47 (25℃)
沸点(℃)：117～118	密度(g/cm^3)：1.069
闪点(℃)：32.2	相对密度(水＝1)：1.069 1 (37/4℃)
易燃性：易燃	相对蒸气密度(空气＝1)：2.53
溶解性：微溶于水；易溶于醇、醚	

2. 用途与接触机会

用作农药杀虫剂(即敌线酯，或称氰土灵)、军用毒剂。

3. 毒性

本品健康危害 GHS 分类为：急性毒性—经口，类别 3；急性毒性—吸入，类别 3；皮肤腐蚀/刺激，类别 1B；严重眼损伤/眼刺激，类别 1；皮肤致敏物，类别 1。

可经呼吸道、消化道、皮肤吸收。大鼠经口 LD_{50}：72 mg/kg；小鼠经口 LD_{50}：90 mg/kg；大鼠吸入 LC_{50}：1 900 mg/(m^3 · h)；大鼠经皮 LD_{50}：2 780 mg/kg；兔经皮 LD_{50}：33 mg/kg。

4. 人体健康危害

本品误服和经呼吸道吸入可中毒。吸入浓度高于 20 mg/m^3 时，眼刺痛、流泪、剧烈呛咳；皮肤接触引起红肿、水泡，也可引起皮肤过敏；成人摄入 50 g，可致死。

5. 风险评估

本品对水生生物毒性极大并具有长期持续影响，其环境危害 GHS 分类为：危害水生环境—急性危害，类别 1；危害水生环境—长期危害，类别 1。

异硫氰酸乙酯

1. 理化性质

CAS 号：542－85－8	外观与性状：无色透明油状液体，有刺激性气味
pH 值：6.3(H_2O,20℃)	闪点(℃)：32
熔点/凝固点(℃)：5.9	饱和蒸气压(kPa)：1.52 (25℃)
沸点(℃)：130～132	n-辛醇/水分配系数：1.47
相对密度(水＝1)：0.995	溶解性：不溶于水
相对蒸气密度(空气＝1)：3	

2. 用途与接触机会

又名乙基乙酸丙烯酯，用于制药和杀虫剂，用作军用毒气。

3. 毒性

可经经呼吸道、皮肤、消化道吸收。对皮肤、黏膜有强烈的刺激作用。

受高热或与酸接触会产生剧毒的氰化物气体。燃烧产生有毒的一氧化碳、氮氧化物、氰化氢、硫化物气体。

4. 人体健康危害

本品具有强烈的芥末味，对眼睛、皮肤、黏膜和上呼吸道有强烈的刺激作用。吸入后，可引起喉、支气管的痉挛、炎症、水肿，化学性肺炎、肺水肿，严重者可致死。

异硫氰酸烯丙酯

1. 理化性质

CAS 号：57－06－7	外观与性状：无色或淡黄色油状液体，有强刺激性气味
熔点/凝固点(℃)－80	闪点(℃)：46(闭杯)
沸点(℃)：148～154	饱和蒸气压(kPa)：0.493(20℃)
相对密度(水＝1)：1.01	易燃性：易燃液体
相对蒸气密度(空气＝1)：3.41	溶解性：微溶于水；溶于多数有机溶剂

2. 用途与接触机会

用于食品工业，合成芥末、食品加工用调味品；也用于医药和有机合成；还可用作熏蒸剂、军用毒气等。

3. 毒性

本品健康危害 GHS 分类为：急性毒性—经口，类别 3；急性毒性—经皮，类别 2；皮肤腐蚀/刺激，类别 2；皮肤致敏物，类别 1；生殖毒性，类别 2；特异性靶器官毒性——次接触，类别 2；特异性靶器官毒性—反复接触，类别 2。IARC 致癌性分类为组 3。

大鼠经口 LD_{50}：112 mg/kg；小鼠经口 LD_{50}：308 mg/kg；兔经皮 LD_{50}：88 mg/kg。其蒸气与空气混合，能形成爆炸性混合物。燃烧产生有毒的一氧化碳、氮氧化物、氰化氢、氧化硫气体。受高热或与酸接触会产生剧毒的氰化物气体。

4. 人体健康危害

4.1 急性中毒

该物质可通过吸入其蒸气、经皮肤和摄入吸收到体内。本品对呼吸道有刺激性，可引起鼻炎、咽喉炎、支气管炎等。可有眼睛刺激症状，引起结膜角膜炎。皮肤接触引起灼热、疼痛、发红、作用较长时间可出现水疱。对皮肤有致敏作用，可引起皮肤湿疹。

4.2 慢性中毒

反复或长期与皮肤接触可能引起皮炎。反复或长期接触可能引起皮肤过敏。该物质可能对肝、肾胃，甲状腺和膀胱有影响。

5. 风险评估

本品对水生生物毒性极大并具有长期持续影响，其环境危害 GHS 分类为：危害水生环境—急性危害，类别 1；危害水生环境—长期危害，类别 1。

异硫氰酸苯酯

1. 理化性质

CAS 号：103－72－0	外观与性状：无色或黄色液体。有强烈刺激性气味
熔点/凝固点(℃)－21	沸点(℃)：218
闪点(℃)：87	饱和蒸气压(kPa)：0.16(50℃)
相对密度(水＝1)：1.13	n-辛醇/水分配系数：3.28
相对蒸气密度(空气＝1)：4.65	溶解性：不溶于水；溶于乙醚、乙醇

2. 用途与接触机会

用于有机体合成中间体，用于制药，也用于生化分析。

3. 毒性

本品健康危害 GHS 分类为：急性毒性—经口，类别 3；皮肤腐蚀/刺激，类别 1；严重眼损伤/眼刺激，类别 1。

可经呼吸道、消化道吸收。小鼠经口 LD_{50}：87 mg/kg。

4. 人体健康危害

吸入本品对呼吸道有强烈刺激作用，可引起死亡。对眼和皮肤有强烈刺激性，可引起眼和皮肤灼伤。长期接触可引起肝、肾损害。

5. 风险评估

本品对水生生物毒性极大并具有长期持续影响，其环境危害 GHS 分类为：危害水生环境—急性危害，类别 1；危害水生环境—长期危害，类别 1。

异硫氰酸萘酯

1. 理化性质

CAS 号：551-06-4	外观与性状：白色针状结晶或粉末
熔点/凝固点(℃)：58	沸点(℃)：100(0.027 kPa)
饱和蒸气压：17.6 mPa(25℃)	易燃性：明火可燃
相对密度(水=1)：1.81	n-辛醇/水分配系数：4.34
溶解性：不溶于水；易溶于苯、丙酮、乙醚、热乙醇	

2. 用途与接触机会

用于测定脂肪族伯胺和仲胺的分析试剂，也用作杀虫剂及有机合成中间体。

3. 毒性

本品健康危害 GHS 分类为：急性毒性—经口，类别 3。

大鼠经口 LD_{50}：200 mg/kg；小鼠经口 LD_{50}：105 mg/kg。动物实验表明，该品对肝脏有损害作用。豚鼠注射该品死亡后，尸检见肝实质脂肪变性。长期用小剂量该品喂饲大鼠，在肝中出现上皮增生，最后导致胆汁性肝硬化。

4. 人体健康危害

可引起眼、呼吸道、皮肤刺激和皮肤过敏。

异氰酸氟烷酯及异硫氰酸氟烷酯

异氰酸氟烷酯(fluoroalkyl isocyanate)及异硫氰酸氟烷酯(a-fluoroalkyl isothiocyanate)，均为高沸点液体。异氰酸氟烷酯贮藏在含氮密封瓶内，为稳定的无色液体，在潮湿空气中不稳定，为强烈的催泪剂。该类化合物因具有强烈刺激性并具异常刺激气味，因而具有明显警戒作用，浓度为 5～20 mg/m^3 即可对眼、上呼吸道产生明显刺激作用。浓度再高则由于眼部刺痛、流泪、眼睑痉挛、剧烈呛咳，令人无法忍受。如在制造芥末工厂中，异硫氰酸烯丙酯中毒患者，除了眼、鼻、咽部的黏膜刺激作用外，还可引起眼角膜生疱。有人接触新鲜捣碎含有异硫氰酸烯丙酯的辣根后，发生流泪、头痛、咳嗽、乏力，在以后的 3 d 内出现四肢疼痛、眼睑痉挛、头痛、失眠、听力减退、呕吐及支气管炎，7 w 后才得以恢复，该化合物作用于皮肤可引起灼热、疼痛、红肿，甚至出现疱疹样改变，亦有致皮肤过敏而发生弥漫性湿疹报告。异硫氰酸氟烷酯在潮湿空气中为强烈的催泪剂。本类化合物在体内不会释出 CN^-，仅在加热时分解出微量 CN^-，出现氰化物中毒的临床症状。

处理原则主要为对症处理。在意外情况下吸入高浓度的本类化合物蒸气后，可引起中毒性肺水肿，应积极抢救治疗。

氨 腈 类

β-氨基丙腈

1. 理化性质

CAS 号：151-18-8	外观与性状：无色至黄色液体，有氨的气味，溶于水
熔点/凝固点(℃)：<25	闪点(℃)：79～81
沸点(℃)：185	n-辛醇/水分配系数：−1.13
饱和蒸气压(kPa)：0.27(38～40℃)	易燃性：可燃液体
相对密度(水=1)：0.958 4(20℃)	

2. 用途与接触机会

合成丙氨酸及泛酸的中间体；经还原可制得 1,3-二氨基丙烷；与光气反应可制得异氰酸酯，进一步与对硝基苯胺反应，可制得一种甜味剂，比砂糖甜 350 倍；也用作有机合成和医药中间体，用于合成多种维生素 B 等。

3. 毒性

小鼠腹腔 LD_{50}：1 152 mg/kg。本品在体内可释出 CN^-，显示氰化物的特异毒作用。

3-二甲氨基丙腈

1. 理化性质

CAS 号：1738-25-6	外观与性状：无色至淡黄色液体。
pH 值：10.8	闪点(℃)：62.78(闭杯)
熔点/凝固点(℃)—44.2	临界压力(MPa)：3.36
沸点(℃)：171	自燃温度(℃)：290
爆炸上限[%(V/V)]：11.4	爆炸下限[%(V/V)]：1.6
饱和蒸气压(kPa)：1.33(57℃)	易燃性：易燃
相对密度(水=1)：0.87	*n*-辛醇/水分配系数：—0.45
相对蒸气密度(空气=1)：3.4	溶解性：能与水、乙醇、醚和苯混溶

2. 用途与接触机会

是杀菌剂霜霉威的中间体。有机合成中间体，用于合成多种维生素 B，也可用作有机溶剂、高分子合成引发剂(促聚剂)以及电镀添加剂的中间体。作为分析试剂，用于固氮酶细胞的分析中蛋白质、酶、核梅分子量的圆盘电泳法的测定。

3. 毒性

本品健康危害 GHS 分类为：皮肤腐蚀/刺激，类别 2。

可经皮肤吸收，对皮肤、眼角膜有轻度刺激作用，滴入眼内可致角膜表面损伤。可引起失眠、易激动、头痛、肌无力、排尿困难。大鼠经口 LD_{50}，为 2.6 ml/kg。小鼠经口 LD_{50} 为 1 500 mg/kg，兔经皮 LD_{50} 为 1.41 ml/kg。

β,β′-亚氨基二丙腈

1. 理化性质

CAS 号：111-94-4	外观与性状：无色至淡黄透明液体
熔点/凝固点(℃)：—6	闪点(℃)：110
沸点(℃)：173(1.33 kPa)	密度(g/cm³)：1.016 5(30℃)
饱和蒸气压(kPa)：0.133(140℃)	相对蒸气密度(空气=1)：4.2
相对密度(水=1)：1.02	*n*-辛醇/水分配系数：—1.34
溶解性：溶于水、乙醇、丙酮和苯	

2. 用途与接触机会

用作化学中间体和用于医学研究。

3. 毒性

本品健康危害 GHS 分类为：皮肤腐蚀/刺激，类别 2；严重眼损伤/眼刺激，类别 2；特异性靶器官毒性——一次接触，类别 3(呼吸道刺激)。

侵入人体途径为吸入、摄入、经皮吸收。大鼠经口 LD_{50}：2 700 mg/kg，小鼠经口 LD_{50}：>3 200 mg/kg，兔经皮 LD_{50}：2.52 ml/kg。

作用特点为发病迟缓及症状持久，对脑组织有明显损害。中毒表现为兴奋性增强、行为改变、头部震颤、流涎、呼吸加速，且症状持续时间长。经口染毒出现眼的晶体损害。

氰 氨 化 钙

1. 理化性质

CAS 号：156-62-7	外观与性状：纯品为白色结晶。不纯品呈灰黑色，有特殊臭味
熔点/凝固点(℃)：1 340	溶解性：不溶于水，与水反应
饱和蒸气压(kPa)：0.24(25℃)	易燃性：遇水放出易燃气体
密度(g/cm³)：2.29	*n*-辛醇/水分配系数：—0.20
相对密度(水=1)：2.29	

2. 用途与接触机会

用作肥料，用于制氮气、氰化钙和钢铁淬火等。

3. 毒性

本品健康危害GHS分类为：严重眼损伤/眼刺激，类别1；特异性靶器官毒性——次接触，类别3(呼吸道刺激)。

大鼠经口 LD_{50}：158 mg/kg；小鼠经口 LD_{50}：334 mg/kg；兔经皮 LD_{50}：590 mg/kg；大鼠吸入 LC_{50}：>150 mg/(m^3 · 4 h)。

4. 人体健康危害

吸入本品粉尘可引起急性中毒，表现为面、颈、胸背皮肤发红，眼、软腭、咽喉黏膜发红，畏寒等。个别可发生多发性神经炎、暂时局灶性脊髓炎及瘫痪等。进入眼可引起眼损害；皮肤接触可引起皮炎、荨麻疹，甚至溃疡。

5. 风险评估

我国规定氰氨化钙职业接触限值PC-STEL为3 mg/m^3，PC-TWA为1 mg/m^3。

本品对水生生物有毒，其环境危害GHS分类为：危害水生环境—急性危害，类别2。

氰基乙酰胺

1. 理化性质

CAS号：107-91-5	外观与性状：无色至浅黄色结晶粉末
熔点/凝固点(℃)118～122	溶解性：溶于水；溶于乙醇
闪点(℃)：215	*n*-辛醇/水分配系数：−0.91

2. 用途与接触机会

有机合成原料，用于合成丙二腈和电镀液，还用于药物、染料的合成。

3. 毒性

大鼠经口 LD_{50}：7 230 mg/kg；小鼠经口 LD_{50}：1 680 mg/kg。

4. 人体健康危害

本品对眼睛、皮肤、黏膜和上呼吸道有刺激作用。

二甲基氨基氰

1. 理化性质

CAS号：1467-79-4	外观与性状：无色液体
熔点/凝固点(℃)：−41	易燃性：易燃
沸点(℃)：162～164	溶解性：易溶于水(分解)；溶于乙醇、乙醚、丙酮
闪点(℃)：58	相对蒸气密度(空气=1)：2.42
密度(g/cm^3)：0.876 8(30℃)	饱和蒸气压(kPa)：5.32(80℃)
相对密度(水=1)：0.867	*n*-辛醇/水分配系数：−0.15

2. 用途与接触机会

主要用作工业制剂。

3. 毒性与中毒机理

本品可经呼吸道、胃肠道及完整皮肤吸收。大鼠经口 LD_{50}：146 mg/kg；大鼠吸入 LC_{50}：2 500 mg/m^3；豚鼠经皮 LD_{50}<5 ml/kg，

染毒动物中毒表现为无力、步态不稳、呼吸急促，最后昏迷。对眼及皮肤有轻微刺激性，但不致敏。

本品在体内不会释放出 CN^-，而可能与氰胺相似，与体内谷胱甘肽类含巯基物质反应，但具体机制仍不清。

二乙基氨基腈

1. 理化性质

CAS号：617-83-4	外观与性状：无色液体
熔点/凝固点(℃)：−80.6	易燃性：易燃液体
沸点(℃)：186～188	*n*-辛醇/水分配系数：0.85
闪点(℃)：69	溶解性：微溶于水；混溶于乙醇、乙醚等有机溶剂
饱和蒸气压(kPa)：0.08(25℃)	相对蒸气密度(空气=1)：3.4
相对密度(水=1)：0.85	

2. 用途与接触机会

主要用于有机合成。

3. 毒性

本品健康危害 GHS 分类为：急性毒性—经口，类别 3；急性毒性—经皮，类别 3；急性毒性—吸入，类别 2；皮肤腐蚀/刺激，类别 2；严重眼损伤/眼刺激，类别 2；特异性靶器官毒性——次接触，类别 3（呼吸道刺激）。

可经呼吸道、消化道、皮肤吸收。小鼠腹腔 LD_{50}：50 mg/kg。

4. 人体健康危害

燃烧产生有毒的一氧化碳和氮氧化合物气体，受热分解或接触酸液、酸雾能放出有毒的氰化物气体，接触水或水蒸气能产生有腐蚀性、有毒的气体。对眼睛、皮肤、黏膜有强烈的刺激作用。

N,N-二甲基氨基乙腈

1. 理化性质

CAS 号：926-64-7	外观与性状：无色至淡黄色液体，有鱼腥味
沸点(℃)：137～138	临界温度(℃)：337
闪点(℃)：36	临界压力(MPa)：3.82
饱和蒸气压(kPa)：101.1(137℃)	易燃性：易燃
相对密度(水=1)：0.86	*n*-辛醇/水分配系数：−0.44
相对蒸气密度(空气=1)：2.9	溶解性：与水混溶

2. 用途与接触机会

用于化学中间体。

3. 毒性

本品健康危害 GHS 分类为：急性毒性—经口，类别 2；急性毒性—经皮，类别 1。

可经呼吸道、消化道、皮肤吸收。大鼠经口 LD_{50}：50 mg/kg；兔经皮 LD_{50}：32 mg/kg；大鼠吸入 LCL_0：939 mg/(m^3 · 4 h)。

二氰胺钠

1. 理化性质

CAS 号：1934-75-4	外观与性状：白色至类白色粉末，易潮解
熔点/凝固点(℃)：315	溶解性：溶于水；不溶于丙酮、氯仿、乙酸乙酯
相对密度(水=1)：1.7	

2. 用途与接触机会

用于化学中间体及杀虫剂。

3. 毒性

可经呼吸道、消化道、皮肤吸收。小鼠经口 LD_{50}：1 000 mg/kg。

对眼睛、皮肤、黏膜和上呼吸道具有刺激作用。受高热分解，产生氰化物和氮氧化物剧毒烟气。

双氰胺

1. 理化性质

CAS 号：461-58-5	外观与性状：白色棱形结晶或粉末
熔点/凝固点(℃)：208～211	易燃性：可燃
相对密度(水=1)：1.40	*n*-辛醇/水分配系数：−1.15
溶解性：溶于水、乙醇、丙酮、液氨；微溶于乙醚；不溶于苯、氯仿	

2. 用途与接触机会

重要的医药、有机化工原料；用作印染着色剂、优质高效氮肥和氮肥稳定剂；还是良好的橡胶促进剂、钢铁表面硬化剂、合成洗涤剂、胶降稠剂、纤维木材阻燃剂。

3. 毒性

小鼠经口 LD_{50}：>10 mg/kg。吸入、摄入或经皮肤吸收后对身体有害。受高热分解，产生氰化物和氮氧化物剧毒烟气。

氰基脂肪酸及其酯类

氰基甲酸甲酯

1. 理化性质

CAS 号：17640-15-2	外观与性状：无色液体，有酯味
沸点(℃)：100～101	易燃性：易燃
闪点(℃)：26	溶解性：溶于乙醇、乙醚、苯
相对密度(水＝1)：1.072	相对蒸气密度(空气＝1)：2.95

2. 用途与接触机会

用于制取农药、农业杀虫剂和用于火车车厢消毒。用作有机合成试剂。

3. 毒性

可经呼吸道、消化道、皮肤吸收。狗吸入 LC_{50}：100 mg/m^3(10 min)。

本品的毒作用与氢氰酸相似，在低浓度时，可出现较氢氰酸更高的毒性，对黏膜有刺激性。

氰基甲酸乙酯

1. 理化性质

CAS 号：623-49-4	外观与性状：透明无色液体
沸点(℃)：115～116	闪点(℃)：24
饱和蒸气压(kPa)：2.53(25℃)	易燃性：易燃
相对密度(水＝1)：1.003	*n*-辛醇/水分配系数：0.60
相对蒸气密度(空气＝1)：3.42	溶解性：可溶于水；微溶于氯仿和甲醇

2. 用途与接触机会

主要用途用作化学中间体。

3. 毒性

中毒表现本品的毒作用与氢氰酸相似。

氰基乙酸

1. 理化性质

CAS 号：372-09-8	外观与性状：白色或浅黄色结晶，有吸湿性
pH 值：2	饱和蒸气压(kPa)：4.65(25℃)
熔点/凝固点(℃)：66～68	相对密度(水＝1)：1.1
沸点(℃)：108	溶解性：溶于水、乙醇、乙醚；微溶于乙酸、氯仿、苯
n-辛醇/水分配系数：－0.76	

2. 用途与接触机会

是生产医药、染料、农药的重要中间体，主要用于合成氰乙酸酯类，也用于生产 α-氰基丙烯酸甲酯和正丁酯(医用黏合剂)，医药工业用于制取维生素 B6、咔啡因、巴比妥等，也用于农药杀菌剂霜脲氰的生产。

3. 毒性

本品健康危害 GHS 分类为：皮肤腐蚀/刺激，类别 1B；严重眼损伤/眼刺激，类别 1。

可通过呼吸道、消化道、皮肤吸收。大鼠经口 LD_{50}：1 500 mg/kg；小鼠腹腔注射- LD_{50}：200 mg/kg。

4. 人体健康危害

大量吸入该物质，可致类似氰化物中毒的表现，出现周身乏力、步态蹒跚、意识模糊、呼吸困难，进而出现昏迷、抽搐。可出现典型的氰化物中毒的四期：即前区期、呼吸困难期、痉挛期、麻痹期。

氰基乙酸钠

1. 理化性质

CAS 号：1071-36-9	外观与性状：黄色至褐色透明液体
沸点(℃)：100	溶解性：与水混溶
相对密度(水＝1)：1.32	

2. 用途与接触机会

用于人工合成咖啡因。

3. 毒性

小鼠经腹腔 LD_{50}：5 700 mg/kg。

可经皮肤吸收，对皮肤黏膜有很强的刺激性。动物浸尾试验发现，局部皮肤在接触后会很快出现小出血点、瘀斑，甚至溃疡、坏死；并出现烦躁不安、呼吸变慢、呼吸困难、痉挛等中毒症状。染毒动物中毒表现为先出现短时间的兴奋、呼吸加快，随后即进入抑制状态、呼吸困难、四肢不能直立，出现角弓反张，迅速死亡。

氰基乙酸甲酯

1. 理化性质

CAS 号：105－34－0	外观与性状：无色至微黄色透明液体，有特殊臭味
熔点/凝固点(℃)：－22.4～－12.9℃	相对密度(水＝1)：1.123
沸点(℃)：204～207℃	相对蒸气密度(空气＝1)：3.4
闪点(℃)：＞110	*n*－辛醇/水分配系数：－0.47
饱和蒸气压(kPa)：0.027(20℃)	溶解性：微溶于水；与乙醇、乙醚和苯可任意混溶

2. 用途与接触机会

该品是有机合成、医药、染料的中间体。主要用于制造黏合剂(例如医用黏合剂 2－氰基丙烯酸甲酯)、维生素 B6、丙二腈等。

3. 毒性

小鼠腹腔注射 LD_{50}：200 mg/kg；豚鼠皮肤接触 LDL_0：400 mg/kg。通过呼吸道、消化道、皮肤吸收，对皮肤、眼睛和上呼吸道有刺激作用。

氰基乙酸乙酯

1. 理化性质

CAS 号：105－56－6	外观与性状：无色或微黄色液体。有芳香气味
闪点(℃)：110℃	临界温度(℃)：406
熔点/凝固点(℃)：－22℃	临界压力(MPa)：3.34
沸点(℃)：206～210℃	*n*－辛醇/水分配系数：0.02
饱和蒸气压(kPa)：0.13(68℃)	溶解性：微溶于水；与乙醇、乙醚混溶；溶于氨水、强碱水溶液
相对密度(水＝1)：1.056	相对蒸气密度(空气＝1)：3.9

2. 用途与接触机会

该品是医药、染料等精细化工产品的中间体，用于彩色胶片的油溶性成色剂和 502 胶粘剂的原料，用于合成酯类、酰胺类、酸类、腈类化合物。也是杀虫剂氟虫腈的中间体。

3. 毒性

本品健康危害 GHS 分类为：皮肤腐蚀/刺激，类别 2；严重眼损伤/眼刺激，类别 2；特异性靶器官毒性——一次接触，类别 3(呼吸道刺激)。

可通过呼吸道、消化道、皮肤吸收。大鼠经口 LDL_0：400 mg/kg；大鼠吸入 LC_{50}：550 mg/m^3(2 h)；豚鼠经皮 LD_{50}＜5 ml/kg。

中毒表现似氢氰酸中毒。低浓度时实验动物有呼吸急促、流泪、嗜睡、精靡、反应迟钝；浓度稍高还可出现呼吸困难、侧卧、眼球突出；浓度高时出现极度呼吸困难、痉挛、死亡。

其他氰和腈类化合物

苦 杏 仁 甙

1. 理化性质

CAS 号：29883－15－6	外观与性状：白色细结晶粉末
熔点/凝固点(℃)223～226	易燃性：可燃
沸点(℃)：563.27	密度(g/cm^3)：1.44

2. 用途与接触机会

用作化学试剂、精细化学品、医药中间体、材料中间体；作为一种含葡糖苷的氰化物，可以作为基质用于诸如麦芽糖酶、杏仁酪以及β-葡萄糖苷酶等的鉴别、区分与表征。

3. 毒性

大鼠经口 LD_{50}：405 mg/kg；小鼠口服 LD_{50}：443 mg/kg。

苦杏仁甙，别名苦杏仁苷，存在于杏、山杏、桃、李等的种子中。这些果仁中也含有β-葡萄糖苷酶和杏仁腈水解酶(oxynitrilase)，前者催化苦杏仁甙水解为两分子葡萄糖和一分子杏仁腈，后者催化杏仁腈水解为氰化物(HCN)和苯甲醛。有资料表明，100 g 野生杏仁中可含 200 mg 氰化物，因此食用加工不善的果仁可引起中毒。

亚 麻 苦 甙

1. 理化性质

CAS 号：554-35-8	闪点(℃)：240
熔点/凝固点(℃)：142	密度(g/cm^3)：1.41

2. 毒性

别名亚麻苷、菜豆苷，存在于亚麻籽及木薯等的根、茎、叶中。其毒性和中毒机理类似于苦杏仁甙。大鼠经口 LDL_0：500 mg/kg。

第29章

氮杂环和其他氮化合物

碳环中置入氧、硫、氮等元素的化合物统称为杂环。氮杂环具有一个或多个氮元素的环，含氮杂环化合物是杂环化合物中的一个重要分支，包括许多物质，既广泛分布于自然界(如植物中的生物碱)，也有很多是人工合成。氮杂环化合物通常具有独特的生物活性、较低毒性和高内吸性，常被用作医药和农药的结构单元，作为有机合成的中间体，广泛应用于医药、农药、染料和其他精细化工产品等行业。氮杂环化合物易于进行结构修饰，可方便地引入各种功能基，且每年都会合成出大量新的化合物，因此氮杂环化合物及其衍生物的应用也越来越广泛。本章还附带一些其他氮化合物，主要为氮氧化物和氮氧化物以外的化合物。本章介绍的内容，限于下列3个方面：① 高毒性的；② 工业上应用较广的；③ 对人有职业性损害的。

三元氮杂环

乙撑亚胺

1. 理化性质

CAS号：151-56-4	外观与性状：无色油状液体，有刺激性氨味
熔点/凝固点(℃)：−71.5	闪点(℃)：−11(闭杯)
沸点(℃)：55～56	自燃温度(℃)：322
爆炸上限[%(V/V)]：54.8	爆炸下限[%(V/V)]：3.3
饱和蒸气压(kPa)：21.3(20℃)	易燃性：高度易燃
相对密度(水=1)：0.8	n-辛醇/水分配系数：−0.36
相对蒸气密度(空气=1)：1.5	溶解性：易溶于水；可混溶于多数有机溶剂

2. 用途与接触机会

用作有机合成的中间体、黏合剂、诱变剂以及用于纤维处理，能促使细胞歧化等。在造纸工业中，可用作改良纸的柔软性、提高抄纸速度。在黏合剂合成中，可作为黏接促进剂，用于轮胎的黏合，改进橡胶强度，增强聚丙烯酸及聚乙酸乙烯类乳液的黏接性。在纺织工业中，可用作棉纺织品的阻燃剂、织物的防水剂、羊毛的防缩剂等。在化妆品工业中，将其加人化妆品的香波、发乳、喷雾液中，有助于改善发质、易定型和抗菌等功效。在医药工业中，用于制造抗肿瘤药物等。另外，还用于絮凝沉降剂、废水处理剂、树脂固化剂、交联剂、涂料改性剂以及农药的制备。

3. 毒代动力学

可以经过呼吸道、消化道或皮肤吸收进入体内。

4. 毒性

4.1 急性毒作用

本品大鼠经口 LD_{50}：15 mg/kg；豚鼠经皮 LD_{50}：17 mg/kg；大鼠吸入 LC_{50}：450 mg/(m^3·0.5 h)；小鼠吸入 LC_{50}：1 790 mg/(m^3·0.5 h)。人吸入对眼鼻有明显刺激作用：180 mg/m^3。人经口致死剂量：5 mg/kg。

健康危害GHS分类为急性毒性—经口，类别2；急性毒性—经皮，类别1；急性毒性—吸入，类别2；皮肤腐蚀/刺激，类别1B；严重眼损伤/眼刺激，类别1。

4.2 慢性毒作用

兔经口0.42～0.83 mg/kg，5～30次，引起肾损害，血中NPN增高。

4.3 远期毒作用

(1) 致突变作用

本品健康危害 GHS 分类为生殖细胞致突变性，类别 1B。

(2) 致癌作用

乙撑亚胺为可能对人体致癌，IARC 致癌性分类为 2B。动物致癌性测定显示为阳性反应。

(3) 过敏性反应

本品有致敏性。

5. 人体健康危害

5.1 急性中毒

乙撑亚胺接触后会引起眼、口腔和呼吸道剧烈刺激，出现眼结膜、角膜炎，流涕，咳嗽，喉头水肿，严重者会管有白喉样改变和发生肺水肿。接触后引起的咳嗽可能延迟出现并持续数周或数月。

皮肤接触可能导致无疼痛、缓慢愈合的坏死性灼伤或伴随气泡的皮肤炎症；可能造成皮肤变应性皮炎。

溅入眼内可致灼伤。

经口摄入会引起刺激作用及灼伤，可能造成恶心、呕吐。

5.2 慢性中毒

长期接触乙撑亚胺可能有致癌性。

有致敏性，可致皮肤变应性皮炎。

长期接触会引起肝肾损害，并可引起白细胞数降低。

6. 风险评估

6.1 生产环境

NIOSH 的推荐接触限值(REL)为 8 h PC-TWA 为 1 mg/m^3(皮肤)，英国、日本、芬兰等国PC-TWA 也均采用 1 mg/m^3(经皮)。

对水生物有害，其 GHS 分类为危害水生环境—急性危害，类别 2；危害水生环境—长期危害，类别 2。

6.2 生活环境

苏联居民区大气中有害物最大允许浓度 0.001 mg/m^3(最大值、昼夜均值)[苏联居住区标准(CH245—71)]。

丙撑亚胺

1. 理化性质

CAS 号：75-55-8	外观与性状：无色油状发烟液体，有刺鼻气味
熔点/凝固点(℃)：−63	闪点(℃)：−18(闭杯)
沸点(℃)：67	易燃性：易燃
饱和蒸气压(kPa)：14.9 (20℃)	*n*-辛醇/水分配系数：0.13
相对密度(水=1)：0.8	溶解性：与水混溶；易溶于有机溶剂
相对蒸气密度(空气=1)：2.0	

2. 用途与接触机会

本品其他名称为 2-甲基吖丙啶、2-甲基氮丙啶，丙烯亚胺，可用作黏合剂、固化剂，也用作固体火箭燃料。

3. 毒代动力学

可以经过呼吸道、消化道或皮肤吸收进入体内。动物实验显示，经皮肤吸收迅速，接触 1 min 后擦除，对小鼠的毒性没有减弱。

4. 毒性

4.1 急性毒作用

本品大鼠经口 LD_{50}：19 mg/kg；豚鼠经皮 LD_{50}：43 mg/kg；小鼠腹腔注射 LD_{50}：355 mg/kg。健康危害 GHS 分类为急性毒性—经口，类别 2；急性毒性—经皮，类别 1；急性毒性—吸入，类别 2；严重眼损伤/眼刺激，类别 1。

4.2 远期毒作用

潜在的致癌物，动物实验发现可致鼻肿瘤。IARC 致癌性分类：2B 类。

5. 人体健康危害

眼及皮肤的灼伤。眼内溅入，能引起角膜损害。对上呼吸道有刺激作用。吸入中毒症状有：胸闷、下肢无力、上肢麻木、怕冷、倦怠、恶心、喉干等。

长期接触具有潜在的致癌性。

6. 风险评估

OSHA 的接触限值（PEL）TWA 为 5 mg/m^3（经皮）。

本品对水生生物有毒并具有长期持续影响，其环境危害 GHS 分类为：危害水生环境—急性危害，类别 2；危害水生环境—长期危害，类别 2。

五元氮杂环

吡　　咯

1. 理化性质

CAS 号：109-97-7	外观与性状：无色液体，在空气中颜色迅速变黑，有类似氯仿的刺激性气味
熔点/凝固点(℃)：−23.4	临界温度(℃)：366.75
沸点(℃)：129.7	临界压力(MPa)：6.21
闪点(℃)：39	饱和蒸气压(kPa)：1.1(25℃)
燃烧热(kJ/mol)：−2 241.8	相对密度(水＝1)：0.969 8(20℃)
相对蒸气密度(空气＝1)：2.31	易燃性：易燃
n-辛醇/水分配系数：0.75	溶解性：溶于酒精、乙醚和稀酸，也溶于大多数有机溶剂；不溶于稀碱

2. 用途与接触机会

用作色谱分析标准物质，也用于有机合成及制药工业。其衍生物广泛用作有机合成、医药、农药、香料、橡胶硫化促进剂、环氧树脂固化剂等的原料。

吡咯的职业接触主要是通过吸入或皮肤接触生产过程中使用或生产的吡咯。一般人群接触主要通过摄入含有吡咯的食物，皮肤接触吡咯或含有吡咯的焦油。

3. 毒代动力学

可以经过呼吸道、消化道或皮肤吸收进入体内。

4. 毒性

小鼠皮下注射 LD_{50}：61 mg/kg，小鼠腹腔注射 LD_{50}：98 mg/kg。

犬大剂量腹腔注射可引起惊厥和肝损伤。

吡咯一般导致哺乳动物的尿液变色，肺和肝脏损伤。

大剂量引起的死亡伴有急性肺气肿和肺淤血。

5. 人体健康危害

5.1　急性中毒

对中枢神经系统有抑制作用，在严重中毒时对肝脏有害。

5.2　慢性中毒

中等的蓄积性。呼吸道、循环或肝功能异常者应避免接触本物质。

吡　咯　烷

1. 理化性质

CAS 号：123-75-1	外观与性状：无色至黄色液体，有氨样气味
熔点/凝固点(℃)：−63	临界温度(℃)：295.4
沸点(℃)：86～87	临界压力(MPa)：5.61
闪点(℃)：3(闭杯)	爆炸下限[%(V/V)]：2.9
爆炸上限[%(V/V)]：13.0	易燃性：高度易燃
饱和蒸气压(kPa)：1.8(39℃)	*n*-辛醇/水分配系数：0.46
相对密度(水＝1)：0.86	溶解性：与水混溶；溶于醇、醚等多数有机溶剂；微溶于苯、氯仿
相对蒸气密度(空气＝1)：2.45	

2. 用途与接触机会

本品又名四氢化吡咯，可用于制备药物、杀菌剂、杀虫剂、橡胶促进剂及用作化学中间体。

职业接触吡咯烷在生产和使用吡咯烷的工作场所可通过吸入和皮肤接触。一般人群可以通过食物和饮用水摄入吡咯烷，使用烟草产品，以及皮肤接触吡咯烷和其他含有吡咯烷产品。

3. 毒代动力学

可以经过呼吸道、消化道吸收进入体内，有明显的蓄积作用。

4. 毒性

大鼠经口 LD_{50}：300 mg/kg；小鼠吸入 LC_{50}：1 300 mg/(m^3 · 2 h)。

健康危害 GHS 分类为急性毒性—经口，类别 3；急性毒性—吸入，类别 2；皮肤腐蚀/刺激，类别 1；严重眼损伤/眼刺激，类别 1；特异性靶器官毒性——次接触，类别 1。

5. 人体健康危害

5.1 急性中毒

吡咯烷对皮肤、眼、呼吸道有明显的刺激作用和腐蚀作用。

吸入：灼烧感、惊厥、咳嗽、头痛、恶心、咽喉痛、呕吐。

皮肤接触：发红、皮肤灼伤、疼痛、水疱。

眼睛接触：发红、疼痛、视力模糊、严重深度灼伤。

误服：惊厥、咽喉疼痛、呕吐。

5.2 慢性中毒

有明显的蓄积作用蓄，但未见慢性职业性吡咯烷中毒的报道。

6. 风险评估

俄罗斯职业接触限值：STEL 为 0.1 mg/m^3。

正丁基吡咯烷

1. 理化性质

CAS 号：767－10－2	外观与性状：无色至微黄色液体，呈碱性，有浓氨气味
熔点/凝固点(℃)：－75	密度：0.837 g/L
沸点(℃)：156	易燃性：易燃
闪点(℃)：34.7	溶解性：不溶于水、易溶于酒精、苯及其他有机溶剂

2. 毒代动力学

本品又名正丁基吡咯烷、正丁基四氢吡咯，1－丁基吡咯烷，可经皮肤、消化道和呼吸道吸收。经皮肤吸收迅速。

3. 毒性

主要作用于中枢神经系统，对局部有刺激作用。小鼠经口 LD_{50} 为 51.1 mg/kg，经皮 LD_{50} 为 1.0 ml/kg，腹腔注射 LD_{50} 为 37.3 mg/kg，皮下注射 LD_{50} 为 56.8 mg/kg。中毒动物立即出现阵挛性抽搐，于几分钟内死亡；未死动物，迅速恢复正常。

4. 人体健康危害

国内曾报道急性中毒 1 例，因盛有 16 000 ml 本品的容器打碎，右腕划破，毒物溅至全身，湿透内衣，即感恶心、口干，5 min 后冲洗伤口，未换衣服及全身冲洗，15 min 后突然呼吸停止，昏迷，即送医院，经急救及对症处理数分钟后呼吸及意识恢复，而上肢及顶部有阵发性抽搐，次日缓解。双臂、臀部、会阴处均有水疱。病程中有发热，心电图发现窦性心动过缓及心律不齐，左室高电压，不完全性右束支传导阻滞。肝、肾功能均正常。经利尿、对症及支持治疗，上述病情于 1～2 周先后恢复。

国外报道 1 例急性中毒病例，于面、颈、胸、肩及臂部溅着本品后，立即漱口及洗面，不久即昏迷、抽搐，30 min 后死亡。

2－氨基噻唑

1. 理化性质

CAS 号：96－50－4	外观与性状：白色或浅黄色结晶
熔点/凝固点(℃)：91～93	沸点(℃)：117
相对密度(水＝1)：1.241	闪点(℃)：85
pH 值：9.6(100 g/L 水溶液，20℃)	溶解性：溶于热水，稀盐酸和 20%硫酸中，微溶于冷水、乙醇和乙醚；水中溶解度 100 g/L(20℃)

2. 用途与接触机会

2－氨基噻唑主要用作医药中间体，合成磺胺噻唑(Sulfathiazole)及抗甲状腺药物，并用作有机合成的中间体。

3. 毒代动力学

可以经过呼吸道、消化道或皮肤吸收进入体内。

4. 毒性与中毒机理

4.1 急性毒作用

本品经消化道摄入对肠胃道有刺激作用，并能引起肝脏损害。

大鼠经口 LD_{50}：480 mg/kg；大鼠静脉注射 LD_{50}：570 mg/kg；小鼠腹腔注射 LD_{50}：200 mg/kg。

4.2 慢性毒作用

大鼠、兔和豚鼠反复吸入 200 mg/m³ 蒸气浓度，7 h/d，历时 43 d，大鼠和兔无明显改变，但豚鼠 8 只中有 5 只死亡。在相同条件下，5 只豚鼠吸入 25 mg/m³，其中 2 只死亡。尸检见肺、支气管刺激，有的有肺炎、肺水肿、充血及气肿，肝有脂肪变性，心和肾也有病变。干粉涂兔和豚鼠皮肤，2 h/d，共 30 d，动物生长迟缓，豚鼠体重下降和部分死亡，而无皮肤局部刺激现象；尸检见有与经口中毒相同的病变。

本品的前身硫脲，小量吸收对甲状腺有抑制作用，较大剂量可引起白细胞减少，血压变化和影响造血。本品可引起甲状腺功能减退。

5. 人体健康危害

生产磺胺噻唑的工人，接触本品浓度 3.6～110 mg/m³ 一段时间后，皮肤染成棕色、食欲减退、偶有恶心、呕吐及原发性刺激性接触性皮炎。接触期间，尿呈棕色。少数人突然皮肤发痒、关节或肌肉疼痛，持续数周之久。个别病例，伴有荨麻疹及斑丘疹。极个别病例有甲状腺肿大及甲状腺功能减退征象。

2-甲基噻唑

1. 理化性质

CAS 号：3581-87-1	外观与性状：液体
熔点/凝固点(℃)：-24	相对密度(水=1)：1.11(20℃)
沸点(℃)：129	

2. 用途与接触机会

本品用作食用香精。

3. 急性毒作用

大鼠吸入浓度 0.41 g/m³，每次 6 h 共 15 次，见眼、鼻刺激，体重增长减慢，嗜睡，血和尿正常；解剖：器官无异常。吸入 0.14 g/m³，每次 6 h 共 15 次，动物仅出现嗜睡；解剖：器官无异常。吸入 0.10 g/m³，每次 6 h，15 次，未见中毒体征；解剖：器官无异常。

氨基三唑

1. 理化性质

CAS 号：61-82-5	外观与性状：无气味无色晶体
熔点/凝固点(℃)：159	*n*-辛醇/水分配系数：-0.97
饱和蒸气压(kPa)：20℃时可忽略不计	相对密度(水=1)：1.14(20℃)
溶解性：溶于水、乙醇；微溶于氯仿、乙腈和乙酸乙酯；不溶于丙酮及烃	

2. 用途与接触机会

氨基三唑在自然界中不会产生。用作除草剂，广泛应用于果园、道路旁杂草的控制，特别适于用作棉花脱叶剂。按推荐使用量不会引起食物残留。用作阳离子染料中间体，可合成阳离子红 X-GRL 等多种红染料。也是杂环中间体，可作为医药中间体，用于合成药物唑嘧胺。

3. 毒代动力学

经口摄入氨基三唑，可经消化道快速吸收。也可经呼吸道吸收。

氨基三唑吸收进入体内后，大部分在 24 h 内以原形的形式通过尿液排出。吸入气雾剂同样经尿液快速排出。

4. 毒性

大鼠经口 LD_{50}：2 500 mg/kg；大鼠吸入 LC_{50}：439 mg/m³，4 h；大鼠经皮 LD_{50}：>2 500 mg/kg；小鼠经口 LD_{50}：1 100 mg/kg；小鼠腹腔注射 LD_{50}：200 mg/kg。IARC 致癌性分类：3 类。

5. 风险评估

NIOSH 推荐接触限值(REL)为 8 h PC-TWA 为 0.20 mg/m³。

5-(氨基甲基)-3-异噁唑醇

1. 理化性质

CAS号：2763-96-4	外观与性状：白色或类白色晶体
熔点/凝固点(℃)：170	溶解性：溶于水、乙醇

2. 用途与接触机会

本品又名蝇蕈醇，用于实验研究，未见大剂量使用报道。

3. 毒性与中毒机理

3.1 急性毒作用

大鼠经口 LD_{50}：45 mg/kg；小鼠腹腔注射 LD_{50}：2.5 mg/kg。

健康危害 GHS 分类为急性毒性—经口，类别 2。

3.2 中毒机理

蝇蕈醇是 Cl^- 通道的激动剂，可通过激活 GABAA 受体而使细胞超极化。

4. 人体健康危害

吸入可引起呼吸浅短，喉部有灼烧感。暴露后可引起咳嗽或喘鸣。严重时可引起气短甚至休克。

误服可引起口腔、喉咙红肿、疼痛，恶心、胃痛。可引起呕吐、腹泻，严重时昏迷、抽搐。

皮肤接触可引起刺激或疼痛。经皮吸收可能会危及生命。

溅入眼中可引起红、痛、流泪，也可引起如皮肤接触或误服类似的症状。

N-正丁基咪唑

1. 理化性质

CAS号：4316-42-1	外观与性状：无色到亮黄色液体
沸点(℃)：114～116 (1.6 kPa)	n-辛醇/水分配系数：1.141
闪点(℃)：113	溶解性：不溶于水；溶于氯仿、甲醇
密度(g/m^3)：0.945(25℃)	

2. 用途与接触机会

用于有机合成中间体，用作药物原料。

3. 毒性

本品健康危害 GHS 分类为急性毒性—经口，类别 3；急性毒性—经皮，类别 3；急性毒性—吸入，类别 2；皮肤腐蚀/刺激，类别 2；严重眼损伤/眼刺激，类别 1；特异性靶器官毒性——次接触，类别 3(呼吸道刺激)。

有一个氮原子的六元环

吡　　啶

1. 理化性质

CAS号：110-86-1	外观与性状：无色液体
pH值：8.5(0.2 mol/L 水溶液)	临界温度(℃)：346.8
熔点/凝固点(℃)：−41.6	临界压力(MPa)：5.6
沸点(℃)：115.3	自燃温度(℃)：482
闪点(℃)：20(闭杯)	爆炸下限[%(V/V)]：1.8
爆炸上限[%(V/V)]：12.4	易燃性：高度易燃
饱和蒸气压(kPa)：2.67 (25℃)	n-辛醇/水分配系数：0.65
溶解性：混溶于水；溶于醇、醚等多数有机溶剂	相对密度(水=1)：0.98

2. 用途与接触机会

吡啶及其同系物存在于骨焦油、煤焦油、煤气、页岩油、石油中。吡啶可用作溶剂，在工业上可用作变性剂、助染剂，以及合成一系列产品(包括药品、消毒剂、染料等)的原料，还可用作缓蚀剂。

职业接触吡啶可以通过吸入和皮肤接触，主要发生在生产、使用或产生吡啶的工作场所。监测数据表明，一般人群可能通过摄入食物和吸入周围空气而接触吡啶。特别是吡啶被认为是烟草烟雾的一个组成部分，吸烟或吸入二手烟的人可能接触到比一般人群更高的水平。

3. 毒代动力学

3.1 吸收,摄入与贮存

吡啶能经消化道、呼吸道及皮肤吸收。组织的摄入量随着接触剂量的增加而增加。

3.2 排泄

吸收后的本品,在体内部分于氮位置上被甲基化、羟基化和氧化,部分以原形从尿中排出。

3.3 转运模式(图)

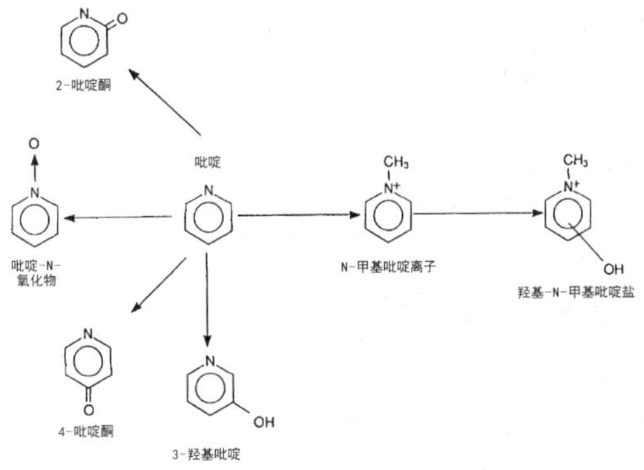

图 29-1 吡啶转运模式图

4. 毒性

4.1 急性毒作用

本品大鼠经口 LD_{50}：891 mg/kg;豚鼠经皮 LD_{50}：1 000 mg/kg;大鼠吸入 LC_{50}：3 178 mg/(m³ · h)。

家兔皮肤刺激试验：轻度(24 h)。

4.2 慢性毒作用

可能对中枢神经系统、肝、肾有影响。大鼠吸入 32.3 mg/m³(7 h/d×5 d/周×6 月),肝重量系数增加;人长期吸入 20～40 mg/m³ 会引起神经衰弱、步态不稳、手指震颤、血压偏低、多汗,个别对肝肾有影响。

4.3 远期毒作用

IARC 致癌性分类为 2B 类。

5. 人体健康危害

5.1 急性中毒

有报道误服吡啶,发生严重中毒。初期表现为呕吐,继而心前区痛及腹痛、咽部阻塞感、轻度发绀、体温升高、脉搏呼吸加快,43 h 后死亡,死前有谵妄等表现。尸检见食管、胃及肺部有病理变化,肝、肾损害。蒸气吸入 25 mg/m³,20 min,可引起眼结膜和上呼吸道黏膜刺激症状,表现为流泪、喉痛、咳嗽等症状。低浓度吸入,出现暂时性的恶心、呕吐、厌食、腹泻及腹痛等,高浓度吸入可产生严重症状,轻者有欣快感或窒息感,并有头晕、头胀、口苦、咽干、肌无力、步态不稳、心悸、恶心、呕吐等,严重者可有呼吸困难、呕吐及中枢神经系统抑制,甚至可出现意识模糊、酒醉样、大小便失禁、强直性抽搐、昏迷、血压下降。血常规检查表现为白细胞计数增高。

5.2 慢性中毒

长期吸入 20～40 mg/m³,可出现头晕、头痛、乏力、眼花、失眠、易激动、记忆力减退、步态不稳、手指震颤、食欲减退、恶心、腹痛、腹泻、胃酸减少、血压偏低、多汗等,极少数人可出现肝、肾损害。另有报道,长期接触本品可致多发性神经病,有感觉障碍,也有支气管哮喘病例发现。有病例为治癫痫,长期口服小剂量吡啶而引起中毒。轻者可引起厌食、恶心、呕吐、头痛、全身无力及精神抑郁等症状,重者可致肝、肾严重损害甚至死亡。

6. 风险评估

我国制定的吡啶职业卫生接触限值为 PC-TWA 为 4 mg/m³。美国 OSHA 制定的职业接触限值为 15 mg/m³。

3-甲基吡啶

1. 理化性质

CAS 号：108-99-6	外观与性状：无色液体,有特殊气味
熔点/凝固点(℃)：−18.1	临界温度(℃)：371.6
沸点(℃)：144.1	临界压力(MPa)：4.6
闪点(℃)：38(闭杯)	自燃温度(℃)：488
爆炸上限[%(V/V)]：8.7	爆炸下限[%(V/V)]：1.3
饱和蒸气压(kPa)：0.6(20℃)	易燃性：易燃
相对密度(水=1)：0.96	*n*-辛醇/水分配系数：1.20

（续表）

相对蒸气密度（空气＝1）：3.2	溶解性：溶于水、醇、醚，溶于多数有机溶剂

2. 用途与接触机会

3-甲基吡啶一种有机合成中间体和溶剂。在农药上，作为杀虫剂吡虫啉和啶虫脒的中间体，用于合成下一步中间体3-甲基吡啶-N-氧化物，也可用作医药中间体，制造维生素B_6、烟酸和烟酰胺、尼可拉明和强心剂等药物。也可用作溶剂、酒精变性剂、染料中间体、树脂中间体、橡胶硫化促进剂、杀虫剂、防水剂的原料，以及胶片感光剂的添加物。

职业人群在生产或使用3-甲基吡啶过程中可通过呼吸系统或皮肤接触。

3-甲基吡啶作为溶剂或中间体使用时可能随废水释放到环境中。3-甲基吡啶也是生产煤基液体燃料和使用煤炭液化和气化的副产品也可释放到环境中。此外，3-甲基吡啶还存在于香烟烟雾中。因此，普通人群可通过吸烟、食物或饮水摄入3-甲基吡啶。

3. 毒代动力学

3.1 吸收、摄入与贮存

3-甲基吡啶可经消化道、呼吸道及皮肤吸收。

3.2 转运与分布

甲基的存在大大增加了肝脏、肾脏、脑组织的吸收速率。

3.3 排泄

吸收后的本品，部分以3-甲基吡啶的氮氧化物形式从尿中排出。

4. 毒性

本品大鼠经口LD_{50}：360 mg/kg；大鼠经皮LD_{50}：1 000 mg/kg；大鼠腹腔注射LD_{50}：150 mg/kg。家兔皮肤刺激试验：重度（24 h）。

健康危害GHS分类为急性毒性—经皮，类别3；急性毒性—吸入，类别3；皮肤腐蚀/刺激，类别1；严重眼损伤/眼刺激，类别1；特异性靶器官毒性—一次接触，类别3（呼吸道刺激）；特异性靶器官毒性—反复接触，类别1。

4-甲基吡啶

1. 理化性质

CAS号：108-89-4	外观与性状：无色液体，有特殊气味
熔点/凝固点（℃）：3.7	临界温度（℃）：372.5
沸点（℃）：145	临界压力（MPa）：4.7
闪点（℃）：57（开杯）	爆炸上限[%(V/V)]：8.7
饱和蒸气压（kPa）：0.8（25℃）	爆炸下限[%(V/V)]：1.3
相对密度（水＝1）：0.96	易燃性：易燃
相对蒸气密度（空气＝1）：3.2	*n*-辛醇/水分配系数：1.22
溶解性：混溶于水；溶于乙醇和乙醚等有机溶剂	

2. 用途与接触机会

职业暴露是接触4-甲基吡啶的主要途径。4-甲基吡啶可以用于生产药物异烟肼，解毒药双复磷和双解磷，也用于制造杀虫剂、染料、橡胶助剂和合成树脂。也可作溶剂使用。职业人群在生产或使用4-甲基吡啶过程中可通过呼吸系统或皮肤吸收进入体内。

4-甲基吡啶在使用过程中可随废水进入环境中，普通人群可以通过呼吸、摄入食物和饮用水接触到环境中的4-甲基吡啶。4-甲基吡啶已被确定为香烟烟雾的一个组成部分，人们吸烟或吸二手烟可能会比一般人群接触到更高的4-甲基吡啶水平。

3. 毒代动力学

3.1 吸收，摄入与贮存

4-甲基吡啶可经消化道、呼吸道及皮肤吸收。

3.2 转运与分布

肝脏、肾脏、脑组织可储存4-甲基吡啶。

3.3 排泄

吸收后的本品，4-甲基吡啶可发生N氧化生成氮氧化物并经尿排出。甲基氧化生成的异烟酸可以以原形的形式存在，也可以与甘氨酸共轭的形式。

4. 毒性

4.1 急性毒作用

本品大鼠经口 LD_{50}：440 mg/kg；大鼠腹腔注射 LD_{50}：163 mg/kg；小鼠吸入 LC_{50}：4 g/m^3；家兔经皮 LD_{50}：270 mg/kg。家兔皮肤刺激试验：中度(24 h)

健康危害 GHS 分类为急性毒性—经皮，类别3；皮肤腐蚀/刺激，类别2；严重眼损伤/眼刺激，类别2；特异性靶器官毒性——次接触，类别3(呼吸道刺激)。

4.2 慢性毒作用

可能对肝脏、肾脏产生损害。

2,4-二甲基吡啶

1. 理化性质

CAS 号：108-47-4	外观与性状：无色液体，有胡椒气味
熔点/凝固点(℃)：−60	易燃性：易燃
沸点(℃)：159	*n*-辛醇/水分配系数：1.90
闪点(℃)：33(闭杯)	溶解性：溶于水；可混溶于多数有机溶剂
饱和蒸气压(kPa)：4 740 (76.3℃)	相对密度(水=1)：0.93

2. 用途与接触机会

2,4-二甲基吡啶可用作溶剂及有机合成原料，用作医药、杀虫剂的中间体，橡胶催化剂，及分析试剂。职业人群在生产或使用2,4-二甲基吡啶过程中可通过呼吸系统或皮肤吸收进入体内，是2,4-二甲基吡啶接触的主要途径。

3. 毒代动力学

2,4-二甲基吡啶可经吸入、经口、经皮吸收。

4. 毒性

本品大鼠经口 LD_{50}：200 mg/kg，吸入可能造成呼吸道刺激。

健康危害 GHS 分类为急性毒性—经口，类别3。

5. 人体健康危害

吸入、误服或经皮肤吸收后对身体有害。对眼睛有强烈刺激性。接触后可引起咳嗽、胸痛、呼吸困难、胃肠功能紊乱。

3,4-二甲基吡啶

1. 理化性质

CAS 号：583-58-4	外观与性状：黄色液体
熔点/凝固点(℃)：−12	易燃性：易燃
沸点(℃)：164	相对密度(水=1)：0.93
闪点(℃)：33(闭杯)	溶解性：溶于乙醇、乙醚、丙酮和氯仿；微溶于水

2. 用途与接触机会

主要用于有机物合成。

3. 毒代动力学

3,4-二甲基吡啶可经消化道、呼吸道及皮肤吸收。

4. 毒性

本品大鼠经口 LD_{50}：710 μl/kg；家兔皮肤接触 LD_{50}：140 μl/kg。健康危害 GHS 分类为急性毒性—经皮，类别2。

5-乙基-2甲基吡啶

1. 理化性质

CAS 号：104-90-5	外观与性状：无色液体
熔点/凝固点(℃)：−70.9	易燃性：易燃
沸点(℃)：178	闪点(℃)：68(开杯)
相对密度(水=1)：0.92	饱和蒸气压(kPa)：1.8 (20℃)
相对蒸气密度(空气=1)：4.2	*n*-辛醇/水分配系数：<3
溶解性：溶于乙醇、乙醚、苯、稀酸和浓硫酸；微溶于水	

2. 用途与接触机会

用于医药工业，用于制备烟酸、烟酰胺、异烟肼、尼可杀米等。也广泛用于合成食品和饲料的添加剂。

3. 毒代动力学

3,4-二甲基吡啶可经消化道、呼吸道及皮肤吸收。

4. 毒性

本品大鼠经口 LD_{50}：1.3 mg/kg;大鼠吸入 LD_{50}：2 921 mg/(m^3 · 4 h);大鼠皮下 LD_{50}：826 mg/kg;小鼠经口 LD_{50}：282 mg/kg;家兔皮肤接触 LD_{50}：0.566 ml/kg;豚鼠皮肤接触 LD_{50}：2 500 mg/kg。

家兔皮肤刺激试验：重度(500 mg,24 h)。

健康危害 GHS 分类为急性毒性—经皮,类别3;急性毒性—吸入,类别3。

2-氨基吡啶

1. 理化性质

CAS号：504-29-0	外观与性状：无色叶片状或大颗粒晶体,有特殊气味
熔点/凝固点(℃)：58	易燃性：可燃
沸点(℃)：211	饱和蒸气压(kPa)：0.8(25℃)
闪点(℃)：68(闭杯)	n-辛醇/水分配系数：0.49
相对密度(水=1)：0.92	相对蒸气密度(空气=1)：3.2
溶解性：溶于水、乙醇、苯、乙醚和热石油醚	

2. 用途与接触机会

2-氨基吡啶是有机合成的中间体,用于制造药物、染料、洗涤剂、防霉剂等,也可用作分析试剂,进行显微微晶分析,检验锑、铋、钴、铜、金和锌。

2-氨基吡啶可随废水进入环境中,经食物、饮水进入体内。在生产和使用2-氨基吡啶的工作场所可能通过吸入、皮肤接触。

3. 毒代动力学

2-氨基吡啶可经消化道、呼吸道及皮肤吸收。可经完整皮肤快速吸收。

4. 毒性与中毒机理

4.1 急性毒作用

本品大鼠经口 LD_{50}：200 mg/kg;大鼠静脉注射 LD_{50}：29 mg/kg;豚鼠皮肤接触 LD_{50}：500 mg/kg。

健康危害 GHS 分类为急性毒性—经口,类别3;急性毒性—经皮,类别3;严重眼损伤/眼刺激,类别2B;特异性靶器官毒性——次接触,类别1。

4.2 中毒机理

可促进乙酰胆碱的释放,引起神经刺激症状。

5. 风险评估

我国工作场所2-氨基吡啶的 PC-TWA 为 2 mg/m^3(皮肤)。美国 NIOSH 的推荐接触限值(REL)为 8 h PC-TWA 均为 2 mg/m^3(皮肤)。

本品对水生生物有毒并具有长期持续影响,其环境危害 GHS 分类为：危害水生环境—急性危害,类别2;危害水生环境—长期危害,类别2。

3-氨基吡啶

1. 理化性质

CAS号：462-08-8	外观与性状：白色至浅黄色针状晶体
熔点/凝固点(℃)：64.5	闪点(℃)：68(闭杯)
沸点(℃)：252	溶解性：溶于水、乙醇、苯、乙醚;不溶于石油醚

2. 用途与接触机会

3-氨基吡啶是有机合成的中间体,用于制造药物、农药、染料等,也可用作分析试剂。

3-氨基吡啶可随废水进入环境中,经食物、饮水进入体内。在生产和使用3-氨基吡啶的工作场所可能通过吸入、皮肤接触本化学品。

3. 毒代动力学

3-氨基吡啶可经消化道、呼吸道及皮肤吸收。可经完整皮肤快速吸收。

4. 毒性与中毒机理

4.1 急性毒作用

本品小鼠腹腔注射 LD_{50}：28 mg/kg;小鼠皮下注射 LD_{50}：30 mg/kg;小鼠静脉注射 LD_{50}：24 mg/kg。

健康危害 GHS 分类为急性毒性—经口,类别2。

4.2 中毒机理

3-氨基吡啶可促进乙酰胆碱的释放,引起神经刺激症状。

5. 风险评估

本品对水生生物有毒并具有长期持续影响,其环境危害GHS分类为:危害水生环境—急性危害,类别2;危害水生环境—长期危害,类别2。

4-氨基吡啶

1. 理化性质

CAS号:504-24-5	外观与性状:无色针状晶体
熔点/凝固点(℃):159	闪点(℃):88(闭杯)
沸点(℃):273	溶解性:溶于水、甲醇和乙醇;微溶于乙醚和苯;极微溶于石油醚
饱和蒸气压(kPa):3×10^{-5}(20℃)	

2. 用途与接触机会

4-氨基吡啶是有机合成的中间体,用于制造药物、农药、染料等,也可用作分析试剂。是合成抗生素类药物4-乙酰胺基哌啶醋酸盐等的中间体,也是制备强心剂、灭菌剂、抗心律失常药、新型降压药吡那地尔、抗溃疡药及解痉药米尔维林的原料。

4-氨基吡啶可随废水进入环境中,经食物、饮水进入体内,也可通过接触含有4-氨基吡啶成分的农药。在生产和使用4-氨基吡啶的工作场所可能通过吸入、皮肤接触本化学品。

3. 毒代动力学

4-氨基吡啶可经胃肠道迅速吸收进入循环。该化合物容易在肝脏代谢;90%的给药剂量的代谢产物随尿排出体外。

4. 毒性与中毒机理

4.1 急性毒作用

本品大鼠经口 LD_{50}:20 mg/kg;小鼠经口 LD_{50}:19 mg/kg;小鼠静脉注射 LD_{50}:7 mg/kg;家兔经皮 LD_{50}:327 mg/kg。

健康危害GHS分类为急性毒性—经口,类别2。

4.2 中毒机理

4-氨基吡啶很容易穿过血脑屏障,可促进乙酰胆碱的释放,引起神经刺激症状。

5. 风险评估

本品对水生生物有毒并具有长期持续影响,其环境危害GHS分类为:危害水生环境—急性危害,类别2;危害水生环境—长期危害,类别2。

2-氯吡啶

1. 理化性质

CAS号:109-09-1	外观与性状:无色液体
熔点/凝固点(℃):−46	沸点(℃):168
闪点(℃):68(闭杯)	*n*-辛醇/水分配系数:1.45
饱和蒸气压(kPa):1.6(55℃)	溶解性:溶于芳烃、卤代烃
相对密度(水=1):1.209	

2. 用途与接触机会

2-氯吡啶用于医药、杀菌剂等,有机合成的中间体。

2-氯吡啶可随废水进入环境中,经食物、饮水进入体内,也可通过接触含有2-氯吡啶成分的农药。在生产和使用2-氯吡啶的工作场所可能通过吸入、皮肤接触。

3. 毒性

本品小鼠经口 LD_{50}:110 mg/kg;家兔皮肤接触 LD_{50}:64 mg/kg;健康危害GHS分类为急性毒性—经口,类别3;急性毒性—经皮,类别2。

2-乙烯基吡啶

1. 理化性质

CAS号:100-69-6	外观与性状:无色透明液体
熔点/凝固点(℃):−71.5	闪点(℃):46
沸点(℃):159.5(常压)	自燃温度(℃):440
爆炸上限[%(V/V)]:10.7	爆炸下限[%(V/V)]:1.3

（续表）

饱和蒸气压(kPa)：1.33(45℃)	相对密度(水=1)：0.998 5
溶解性：微溶于水；极易溶于乙醛、乙醚和氯仿；溶于苯、丙酮，水中溶解度25 g/L(20℃)	

2. 用途与接触机会

主要用于有机合成、医药合成中间体，可用于合成丁苯吡胶乳，也用于制造克矽平（治疗矽肺病药物）、陪他啶盐酸盐（血管扩张药）、离子交换树脂、化学胶片等。

3. 毒代动力学

可以经过呼吸道、消化道或皮肤吸收进入体内。

4. 毒性

本品可经消化道、皮肤吸收引起中毒，对皮肤有刺激性、对眼有严重刺激性。该品蒸气对呼吸道、眼有刺激性。大鼠经口 LD_{50}：100 mg/kg；小鼠经口 LD_{50}：420 mg/kg；大鼠吸入 LC_{50}：610 mg/m^3；小鼠吸入 LC_{50}：460 mg/m^3；大鼠经皮 LD_{50}：640 mg/kg。

家兔皮肤刺激试验：0.5 ml，严重。

健康危害 GHS 分类为急性毒性—经口，类别3；急性毒性—经皮，类别2；皮肤腐蚀/刺激，类别2；严重眼损伤/眼刺激，类别2A；皮肤致敏物，类别1；特异性靶器官毒性——次接触，类别1；特异性靶器官毒性——次接触，类别3（呼吸道刺激）；特异性靶器官毒性—反复接触，类别2。

5. 人体健康危害

中毒剂量能引起虚弱、运动失调、血管扩张、呼吸困难和惊厥。中毒症状较氨基吡啶轻，类似于吡啶。短暂吸入，可引起眼、鼻、咽喉刺激，并有头痛、恶心、紧张不安及食欲减退，严重者可产生运动失调、呼吸困难和抽搐。皮肤直接接触，即使立即用水冲洗，仍可引起灼痛和严重灼伤。患处呈棕红色，约1个月后消退。曾观察到本品对皮肤有致敏作用。

6. 风险评估

俄罗斯职业接触限值：STEL 为 0.5 mg/ m^3（经皮）。

本品对水生生物有毒并具有长期持续影响，其环境危害 GHS 分类为：危害水生环境—急性危害，类别2；危害水生环境—长期危害，类别2。

4-乙烯基吡啶

1. 理化性质

CAS 号：100-43-6	外观与性状：红色至深棕色液体，有刺激性气味
沸点(℃)：65(2 kPa)	相对密度(水=1)：0.975(20℃)
闪点(℃)：48(闭杯)	*n*-辛醇/水分配系数：1.9
溶解性：溶于乙醇和氯仿；微溶于乙醚；水中溶解度 29 g/L(20℃)	

2. 用途与接触机会

多用作有机合成中间体和聚合物的单体，应用于功能性高分子、表面活性剂、抗静电剂、感光性树脂、涂料、医药、农药等许多方面。

3. 毒代动力学

可以经过呼吸道、消化道或皮肤吸收进入体内。

4. 毒性

吞咽本品可引起中毒，可造成严重皮肤灼伤和眼损伤，皮肤接触本品可能造成过敏反应。大鼠经口 LD_{50}：100 mg/kg；小鼠经口 LD_{50}：161 mg/kg；大鼠吸入 LC_{50}：170 mg/m^3；小鼠吸入 LC_{50}：380 mg/m^3，2 h。

本品健康危害 GHS 分类为急性毒性—经口，类别3；急性毒性—吸入，类别1；皮肤腐蚀/刺激，类别2；严重眼损伤/眼刺激，类别2A；皮肤致敏物，类别1；特异性靶器官毒性——次接触，类别3(呼吸道刺激)。

5. 人体健康危害

与2-乙烯基吡啶相似。

6. 风险评估

本品对水生生物有毒并具有长期持续影响，其环境危害 GHS 分类为：危害水生环境—急性危害，类别2；危害水生环境—长期危害，类别2。

烟碱(尼古丁)

1. 理化性质

CAS号：54-11-5	外观与性状：无色油状吸湿液体，有特殊气味。遇空气变棕色
熔点/凝固点(℃)：-79	闪点(℃)：95
沸点(℃)：247	自燃温度(℃)：240
爆炸上限[%(V/V)]：4	爆炸下限[%(V/V)]：0.7
饱和蒸气压(kPa)：0.006(20℃)	*n*-辛醇/水分配系数：1.2
相对密度(水=1)：1.01	溶解性：与水混溶
相对蒸气密度(空气=1)：5.6	

2. 用途与接触机会

尼古丁不仅仅存在于烟叶之中，也存在于多种茄科植物的果实之中，例如番茄、枸杞等植物中。

烟碱是一种吡啶型生物碱，曾用作园艺上的杀虫剂。烟碱经氧化可制得烟酸，用于制作电子烟、电子烟油、医药、制造食品、营养保健品、香精香料、化妆品、动物饲料的添加剂、香烟加味剂，制造减肥药、戒烟药及其他化工、生化试剂等。

3. 毒代动力学

可以经过呼吸道、消化道或皮肤吸收进入体内。当尼古丁进入体内，会经由血液传送，并可通过血脑屏障，吸入后平均只需要7s即可到达脑部。尼古丁在人体内的半衰期约为2 h。口嚼式、口含式和吸入式的烟草，尼古丁进入身体的效率较高。80%～90%烟碱可在血浆、肝脏、肺、肾中进行解毒，肝是尼古丁代谢的主要器官，主要通过Cytochrome P450(主要是CYP2A6，CYP2B6也可作用于尼古丁)分解，代谢物为可替宁(cotnine)。尼古丁在体内约有15%以原形从尿中排出，其排出量与尿液的酸碱度有关，在碱性尿液中排出的烟碱量只及酸性尿液的四分之一。

4. 毒性

4.1 急性毒作用

烟碱主要作用于自主神经系统的中间神经节。同时，亦作用于中枢神经系统和运动神经末梢，皆呈先兴奋后抑制的双相作用。动物中毒时症状很快出现，开始表现为短暂的兴奋，继之抑制、麻痹。常可在1 min至1 h死于呼吸肌麻痹。此外，对局部皮肤、黏膜和眼亦有刺激作用。

大鼠经口 LD_{50}：50 mg/kg；家兔经皮 LD_{50}：50 mg/kg。

本品健康危害GHS分类为急性毒性—经口，类别3；急性毒性—经皮，类别1。

4.2 慢性毒作用

在慢性动物实验中，有人给大鼠皮下注射烟碱0.05～2 mg/d，未发现血管病变。部分动物肾上腺皮质有细胞增生，部分雄性动物睾丸萎缩，而雌性卵巢则无改变。给大鼠喂饲含烟碱0.006%以上(相当4 mg/kg·d烟碱)，300 d后引起生长迟缓，其部分原因是由于进食量减少所致。给大鼠反复皮下注射，未诱发肿瘤。

5. 生物标志

可替宁是尼古丁在人体内进行初级代谢后的主要产物——烟草中的尼古丁在体内经细胞色素氧化酶2A6(CYP2A6)代谢后的产物，主要存在于血液中，随着代谢过程从尿液排出。由于可替宁的半衰期较长(3～4 d)且较稳定，因此成为测量吸烟者和被动吸烟者吸烟量的主要生物标志，一般情况下，多以血清中的可替宁浓度来评价。近期有研究成果显示，血浆中的可替宁浓度与血清中的可替宁浓度具有一致性，同样具有检测意义。

6. 人体健康危害

6.1 急性中毒

吞咽本品会中毒，皮肤接触本品会致命。

中毒主要见于意外事故或服毒自杀，萃取烟碱、喷洒烟碱杀虫剂的人员也曾发生过中毒。不吸烟的成人，经口估计致死量约40～60 mg，儿童约为10 mg。摄入烟碱的中毒剂量后，中毒症状很快出现。由于烟碱毒理作用的复杂性和时相性，文献报道的中毒表现差异甚大。轻者有头痛、眩晕、恶心、呕吐、腹痛、腹泻(有时便血)、心悸、出冷汗、流涎、手和眼睑震颤及全身软弱等。口服者并有胃、食道烧灼感。较特殊的表现为面色苍白、虚弱、行走困难、怕冷及心区疼痛。严重者除上述表现外，鼻、口腔见有棕色泡沫，抽搐，精神错乱，进行性虚脱，衰竭。在早期呼吸加快、血压升高、瞳孔缩小，后期呼吸变慢且微弱、血压降低瞳孔扩大，患者常因呼吸肌瘫痪而死亡。个别极严重者，可无任何早期中毒体征，几秒钟后由于心脏突然停搏而死亡。口服者大多在数分钟内死亡。若患者的生命能维持 1～4 h，则多可获救。中毒后，患者尚可有嗜睡、怕冷、部分肌肉挛缩、发呆及呼吸障碍等，有时尚见视力减退。

6.2 慢性中毒

主要见于长期吸烟者，每支卷烟约含烟碱 10～15 mg。长期吸烟者慢性咽炎、支气管炎发生率较高，胃肠道症状也较多见，且易出现早搏等心率失常、血管痉挛及视力障碍等。烟碱可引起某种耐受性，长期吸烟者可耐受 8 mg，而此剂量对不吸烟者已足可引起严重中毒。文献报道，卷烟厂工人可见到鼻、咽及喉部黏膜萎缩、牙龈黏膜炎症改变、支气管炎、结膜炎、角膜感觉丧失，还可出现全身症状，如头痛、头晕、易疲乏、睡眠障碍、易激动、记忆力减退、心悸、心前区疼痛、食欲不振、胃灼热感、恶心、呕吐、便秘或腹泻、贫血、脉搏变慢等，以上症状随工龄而增加。并可见到心律失常、血压升高、流涎、震颤、偏头痛、心绞痛、大汗，体内维生素 C 含量明显减少。心电图可见心肌损害。还可见到声音的骨导和气导减弱(可能由于对听神经的作用，或因高血压对耳蜗内压力的影响所致)。此外，在女工中还可见到月经紊乱及流产。

7. 风险评估

美国 OSHA 推荐的 8 h PC - TWA 为 0.5 mg/m^3(经皮)。

本品对水生生物有毒并具有长期持续影响，其环境危害 GHS 分类为：危害水生环境—急性危害，类别 2；危害水生环境—长期危害，类别 2。

哌　　啶

1. 理化性质

CAS 号：110 - 89 - 4	外观与性状：无色液体，有胡椒气味
熔点/凝固点(℃)：−7	闪点(℃)：16(闭杯)
沸点(℃)：106	n-辛醇/水分配系数：0.84
饱和蒸气压(kPa)：5.3(29.2℃)	溶解性：与水混溶；溶于乙醇、乙醚、丙酮及苯
相对密度(水=1)：0.86	相对蒸气密度(空气=1)：3.0

(续表)

2. 用途与接触机会

哌啶可用作食用香料，在有机合成中用作缩合剂及溶剂，用于制造局部麻醉药、止痛药、杀菌剂、润湿剂、环氧树脂固化剂、橡胶硫化促进剂等，也用作分析试剂。

职业性接触哌啶可在生产或使用哌啶的工作场所通过吸入和皮肤接触。一般人群可能通过摄入食物和饮用水或皮肤接触含有哌啶的物质摄入哌啶，也可因使用烟草制品接触哌啶。

3. 毒代动力学

可经消化道、呼吸道及皮肤吸收。大多以原形形式经尿排除。

4. 毒性

本品家兔经口 LD_{50}：145 mg/kg；家兔经皮 LD_{50}：276 mg/kg；大鼠经口 LD_{50}：337 mg/kg；小鼠经口 LD_{50}：536 mg/kg；小鼠吸入 LC_{50}：6 000 mg/m^3(2 h)。

家兔皮肤刺激试验：严重(5 mg/24 h)；家兔眼刺激试验：严重(0.25 mg/24 h)。

健康危害 GHS 分类为急性毒性—经皮，类别 3；急性毒性—吸入，类别 3；皮肤腐蚀/刺激，类别 1B；严重眼损伤/眼刺激，类别 1。

正甲醛哌啶(哌啶-1-甲醛)

1. 理化性质

CAS 号：2591 - 86 - 8	外观与性状：淡黄色至无色液体
熔点/凝固点(℃)：−31	沸点(℃)：222
相对密度(水=1)：1.019	闪点(℃)：102(闭杯)
相对蒸气密度(空气=1)：3.0	溶解性：与水混溶；溶于乙醇、乙醚、丙酮及苯

2. 用途与接触机会

用于医药中间体,有机合成中间体。用于格氏试剂(Grignard reagents)的甲酰基转移。

职业性接触:可在生产或使用哌啶-1-甲醛的工作场所通过吸入和皮肤接触。一般人群可能通过摄入食物和饮用水或皮肤接触含有哌啶-1-甲醛的物质摄入。

3. 毒代动力学

可经消化道、呼吸道及皮肤吸收。

4. 毒性

家兔经皮 LD_{50}:856 mg/kg;大鼠经口 LD_{50}:887 mg/kg。家兔眼刺激试验:中度。

高哌啶(环己亚胺、六亚甲基亚胺)

1. 理化性质

CAS号:111-49-9	外观与性状:无色液体,氨样气味
熔点/凝固点(℃):-37	沸点(℃):138
闪点(℃):18(开杯)	相对密度(水=1):0.86
爆炸上限[%(V/V)]:9.9	爆炸下限[%(V/V)]:1.6
溶解性:溶于水;极易溶于乙醇、乙醚	蒸发速率:无资料

2. 用途与接触机会

高哌啶是医药、农药中间体。在医药方面用于制青霉素等,在农药方面用于合成除草剂、杀菌剂,还用于橡胶硫化剂、照相药剂、防锈剂、树脂添加剂等。在生产和使用可能通过各种废水导致其释放到环境中。尼龙-66的降解也可产生高哌啶。

职业性接触高哌啶可在生产或使用高哌啶的工作场所通过吸入和皮肤接触。一般人群可能通过摄入食物和饮用水或皮肤接触含有哌啶的物质摄入高哌啶。

3. 毒代动力学

可经消化道、呼吸道及皮肤吸收。

4. 毒性

本品小鼠吸入 LC_{50}:10.8 g/(m^3·2 h);大鼠经口 LD_{50}:9.6 mg/kg。家兔皮肤刺激试验:严重(0.5 ml)。

健康危害GHS分类为急性毒性—经口,类别2;急性毒性—吸入,类别3;皮肤腐蚀/刺激,类别1;严重眼损伤/眼刺激,类别1;特异性靶器官毒性—一次接触,类别2。

5. 人体健康危害

吸入高浓度高哌啶可引起中枢神经系统紊乱。对眼睛、皮肤和黏膜有腐蚀性。

接触可引起任何部位的肿胀、发红和疼痛,尤其是在黏膜。口、鼻和眼睛通常受到影响。吸入后,常见症状为咳嗽、气促、气喘。误服后,通常引起恶心、呕吐和腹泻。皮肤暴露后会出现红肿、疼痛。

6. 风险评估

俄罗斯职业接触限值为STEL 0.5 mg/m^3(经皮)。

10-氮(杂)蒽(吖啶)

1. 理化性质

CAS号:260-94-6	外观与性状:无色或淡黄色菱形或针状晶体
pH值:弱碱性	熔点/凝固点(℃):111
饱和蒸气压(kPa):1.33(184℃)	沸点(℃):346
相对密度(水=1):1.005	*n*-辛醇/水分配系数:3.4
溶解性:微溶于热水;极易溶于乙醇、乙醚和二硫化碳	

2. 用途与接触机会

本品用于制吖啶染料,也用作荧光pH值指示剂。制造染料和药物(如吖啶黄素和奎吖因)的重要母体化合物。

3. 毒代动力学

可经消化道、呼吸道及皮肤吸收。在吖啶脱氢酶作用下,在体内被氧化为3-氧化吖啶酮(3-oxy-acridone),再与葡萄糖醛酸及硫酸结合后排出。

4. 毒性

本品小鼠经口 LD_{50}：500 mg/kg；大鼠经口 LD_{50}：2 000 mg/kg。

5. 风险评估

美国 OSHA 推荐的 8 h TWA 为 0.2 mg/m³。

本品对水生生物有毒并具有长期持续影响，其环境危害 GHS 分类为：危害水生环境—急性危害，类别 2；危害水生环境—长期危害，类别 2。

哌　　嗪

1. 理化性质

CAS 号：110-85-0	外观与性状：白色针状晶体，有咸味
pH 值：10.8～11.8	沸点(℃)：148.5
熔点/凝固点(℃)：109.6	闪点(℃)：107(开杯)
爆炸上限[%(V/V)]：14	爆炸下限[%(V/V)]：4
饱和蒸气压(kPa)：0.16(20℃)	*n*-辛醇/水分配系数：−1.17
相对密度(水=1)：1.1	溶解性：溶于水、甲醇、乙醇；微溶于苯、乙醚
相对蒸气密度(空气=1)：3.0	

2. 用途与接触机会

哌嗪作为医药中间体，主要用于生产驱肠虫药磷酸哌嗪、枸橼酸哌嗪，以及氟奋乃静、强痛定、利福平。六水哌嗪溶于乙醇，加入冰醋酸搅拌冷却即析出乙酸哌嗪，被用于合成激素类药物氢化泼尼松磷酸钠。六水哌嗪与乙酐反应制得驱虫药哌硝噻唑的中间体乙酰哌嗪。哌嗪还可用作防腐剂。

3. 毒代动力学

可经消化道、呼吸道及皮肤吸收。

4. 毒性

本品小鼠经口 LD_{50}：600 mg/kg；家兔经皮 LD_{50}：4 ml/kg；小鼠吸入 LC_{50}：5.4 g/(m³·2 h)。家兔眼刺激试验：严重(0.02 ml)；家兔眼刺激试验：中等(0.005 ml)；家兔皮肤刺激试验：中等(0.01 ml)。

健康危害 GHS 分类为皮肤腐蚀/刺激，类别 1B；严重眼损伤/眼刺激，类别 1；呼吸道致敏物，类别 1；皮肤致敏物，类别 1；生殖毒性，类别 2。

5. 人体健康危害

吞咽本品可能有害。本品具有腐蚀性，接触可造成严重皮肤灼伤和眼损伤。本品有致敏性，吸入可能导致过敏或哮喘病症状或呼吸困难，也可引起皮肤过敏反应。怀疑对生育能力或胎儿造成伤害。

6. 风险评估

俄罗斯职业接触限值为 STEL1 mg/m³，芬兰 TWA 为 0.1 mg/m³。

蜜胺(三聚氰胺)

1. 理化性质

CAS 号：108-78-1	外观与性状：白色单斜晶体
熔点/凝固点(℃)：354(升华)	自燃温度(℃)：>500
n-辛醇/水分配系数：−1.14	相对密度(水=1)：1.573
溶解性：微溶于水、乙二醇、甘油、(热)乙醇；不溶于乙醚、苯、四氯化碳	相对蒸气密度(空气=1)：4.34

2. 用途与接触机会

三聚氰胺是一种重要的有机化工原料，广泛用于生产塑料、涂料、黏合剂、耐热材料、食品容器等多个领域。目前国内三聚氰胺最重要的应用领域是木材加工的黏合剂、高密度层压板的贴面材料和水泥添加剂，其中人造板用三聚氰胺占消费总量的一半，而且预计还将高速增长。这些领域是人体接触三聚氰胺的主要途径。

三聚氰胺不是食品原料，但其被少数不法厂商作为食品、饲料等的非法添加剂。目前普遍使用凯氏定氮法检测食品中蛋白质含量，根据氮元素在有机物中基本集中于蛋白质，而蛋白质中含氮量恒定在 16%左右，通过测定样品中含氮量间接推算样品中蛋白质含量。此方法只检测氮含量，并不能鉴定蛋白质真伪，只要加入含氮量高的物质，样品就可以骗过凯氏定氮法，轻松获得“高蛋白含量”的检测结果。三聚氰胺的含氮量高达66%，无嗅无味呈白色粉末状，且易于低成本收购，成了一种“绝佳”的蛋白质替代原料。

3. 毒代动力学

动物实验研究表明，口服三聚氰胺24 h后，约90%以原形从尿中排出，在体内不被代谢，三聚氰胺在肾和膀胱的分布明显高于血浆，膀胱中的分布水平最高。血浆消除半衰期约2.7 h，尿中清除半衰期约3 h，肾清除率2.5 ml/min。

4. 毒性与中毒机理

三聚氰胺对哺乳动物的急性毒性较低，目前研究显示口服三聚氰胺毒性主要影响泌尿系统，短期高浓度接触后会引起肾结石、急性肾衰，长期接触还会造成肾脏组织损伤。

4.1 急性毒作用

大鼠连续2 h吸入三聚氰胺粉尘200 mg/m^3，未见中毒症状。大鼠经口半数致死量(LD_{50})为3 161 mg/kg，小鼠经口LD_{50}为3 296 mg/kg，家兔经皮LD_{50}>1 000 mg/kg，大鼠吸入LC_{50}为3 248 mg/m^3。三聚氰胺对眼还有一定的刺激性，家兔眼刺激试验，500 mg，24 h，轻度刺激。

4.2 亚慢性及慢性毒性毒作用

吸入三聚氰胺80～100 mg/m^3，2次/d，6次/周，连续4个月以上，大鼠出现体重增加迟滞，中枢神经系统及肾功能紊乱，肺内炎性改变等，长时间反复接触可对肾脏造成损伤，对眼及皮肤无刺激作用。大鼠喂饲加入三聚氰胺的饲料13周，未观察到不良反应水平(NOAEL)为63 mg/(kg·d)。对猫采用三聚氰胺含量为2.4 g的饲料进行添加，30 d连续喂养，发现猫的血清尿素氮(BUN)和肌酐(CRE)逐渐升高，到第23天这两项指标均超过正常范围，显示有肾功能损伤。

4.3 致癌性

IARC将三聚氰胺列为2B类致癌物。

4.4 中毒机理

三聚氰胺可致肾功能衰竭，被认为与其引起的肾结石与晶体有关。三聚氰胺与三聚氰酸相遇能快速形成结石、结晶，结晶成分是三聚氰胺聚氰酸化合物。而出现的肾小管特征性炎症反应的可能与结石刺激肾小管增生有关。

5. 人体健康危害

经口摄入三聚氰胺主要引起泌尿系统损害。2008年，中国多省市出现奶粉添加三聚氰胺假冒蛋白质导致婴幼儿结石的恶性事件，主要表现为泌尿系结石，严重者肾衰竭。

6. 风险评估

俄罗斯职业接触限值为STEL 0.5 mg/m^3。

二氯异氰尿酸

1. 理化性质

CAS号：2782-57-2	外观与性状：白色结晶性粉末，有刺激性气味
熔点/凝固点(℃)：226.6	n-辛醇/水分配系数：1.28
饱和蒸气压(kPa)：2.3×10^{10}(25℃)	溶解性：微溶于水，溶解度0.8%(20℃)
相对密度(水=1)：1.1～1.2	

2. 用途与接触机会

二氯异氰酸盐和氯相似，是一种氧化性杀菌剂，其产品广泛用于循环冷却水系统、游泳池水杀菌消毒。在20 mg/kg时，杀菌率达到99%，性能稳定。干燥条件下保存半年内有效氯下降不超过1%。具有高效、快速、广谱、安全等特点。在pH≤8.5条件下具有极强的杀菌灭藻和黏泥的剥离能力，适合于饮水及游泳池水消毒，桑蚕消毒，餐具、食品用具的洗涤消毒，医院病房的污染器械、用具、衣物等的消毒及其他卫生防疫消毒。亦可作织物漂白剂，羊毛纺缩剂等。

二氯异氰尿酸生产和使用中，可能通过吸入二氯异氰脲酸粉尘和皮肤接触。普通人群可以通过皮肤接触该化合物在含二氯异氰脲酸的产品暴露于二氯异氰脲酸。

3. 急性毒作用

本品人经口 LDL_0：3 570 mg/kg；大鼠经口 LD_{50}：1 173 mg/kg。

健康危害 GHS 分类为严重眼损伤/眼刺激，类别 2；特异性靶器官毒性——一次接触，类别 3(呼吸道刺激)。

4. 风险评估

本品对水生生物有毒并具有长期持续影响，其环境危害 GHS 分类为：危害水生环境—急性危害，类别 2；危害水生环境—长期危害，类别 2。

三聚氰酸(氰尿酸)

1. 理化性质

CAS 号：108－80－5	外观与性状：无嗅白色晶体粉末或颗粒，微苦
pH 值：3.8～4.0 (H_2O,20℃)	饱和蒸气压(kPa)：<5×10^{-6} (25℃)
熔点/凝固点(℃)：360	*n*-辛醇/水分配系数：<0.3
密度(g/cm^3)：2.5	溶解性：微溶于水；溶于浓盐酸、硫酸、氢氧化钾、氢氧化钠及乙醇

2. 用途与接触机会

主要用于制造三聚氰酸溴化物、氯化物、溴氯化物、碘氯化物及其氰尿酸盐类、酯类，用于合成新型杀菌消毒剂、水处理剂、漂白剂、氯化剂、溴化剂、抗氧化剂、油漆涂料、选择性除草剂和金属氰化缓和剂，还可以直接用作游泳池氯稳定剂，尼龙、塑料、聚酯阻燃剂及化妆品添加剂，专用树脂的合成等方面。

三聚氰酸生产和使用中，可能通过吸入三聚氰酸粉尘和皮肤接触。普通人群可以通过皮肤接触该化合物在含三聚氰酸的产品接触三聚氰酸。

3. 毒代动力学

人体内，98%以上经口摄入的三聚氰酸在 24 小时内以原形通过尿液排出(Allen et al 1982)。

4. 毒性

4.1 急性毒作用

大鼠经口 LD_{50}：7 700 mg/kg；小鼠经口 LD_{50}：3 400 mg/kg；家兔经皮 LD_{50}：5 000 mg/kg。

4.2 慢性毒作用

亚慢性经口毒性研究项目显示，氰尿酸造成肾组织损伤，其中包括肾小管扩张、肾小管上皮坏死或增生、嗜碱性肾小管增加、中性粒细胞浸润，以及矿化和纤维化。这些变化也许是肾小管中氰尿酸结晶造成的。就这些病症而言，未观察到有害作用剂量(NOAEL)为 150 mg/(kg·d)。

4.3 远期毒作用

致癌作用：本品有轻度致肿瘤作用，小鼠喂饲 280～310 mg/(kg·d)，每周 5 d，至第 23 周，14 只小鼠中 2 只出现肿瘤。动物致畸胎、诱变研究均呈阴性。

环三亚甲基三硝胺

1. 理化性质

CAS 号：121－82－4	外观与性状：白色晶体粉末或无色晶体
熔点/凝固点(℃)：205.5	沸点(℃)：276～280
饱和蒸气压(kPa)：可忽略不计	*n*-辛醇/水分配系数：0.87
密度(g/cm^3)：1.8(20℃)	溶解性：不溶于水；微溶于苯、丙酮、芳烃和乙醚

2. 用途与接触机会

本品又名黑索金，是一种爆炸力极强大的烈性炸药，广泛用于装填各种军用弹药，民用中则用于装填雷管、导爆索及制作起爆药等。

3. 毒代动力学

可通过消化道和呼吸道进入体内。

郭兰森等将氚标记的环三亚甲基三硝胺(^3H－RDX)经口与静脉给予 LACA 种雄性小鼠发现 ^3H－RDX 经不同途径进入体内后，都能迅速地从血液转移到各种组织中。经口时 $T_{1/2}Ka=5$ min，$T_{1/2}\alpha=50.4$ min。静脉给药 $T_{1/2}\alpha=9$ min。静脉给予时，鼠体脏器中 ^3H－RDX 含量的峰值：肺>心>肝>肾>脑>脾>睾丸>脂肪>肌肉；经口给与时峰值：肝>肾>肌肉>肺>脾>心>脑>睾丸>脂肪。同时发现，两种途径给药后各脏器的放射性均在 12～24 h 明显下降。经口给药后 7 d，各脏器放射性接近本底；静脉注射后，小鼠立即出现抽搐、休克，1.5 min 后恢复正常，此时血中 RDX 浓度为 1.57 μg/cm^3，脑组织中浓度为 0.82 μg/g。经口^{3}H－RDX 从鼠体排出的速率，尿大于粪，比值为 1.3∶1。第一天经尿、粪排出量的总和占投与总量的 64.82％。结果提示，^{3}H－RDX 广泛分布于小鼠体内，并经尿、粪排出体外。在所检查的组织中无明显蓄积。

Major 等使用尤卡坦小型猪开展的实验显示，口服 RDX 很快经开环反应失去两个氮，生成高水溶性的代谢产物，并经尿排出体外。

4. 毒性

4.1 急性毒作用

孙世荃等用含黑索金的饲料饲养大鼠，黑索金浓度为 1.0％和 0.3％的中毒组动物在 20 天内全部死亡，0.1％组 12 周内死亡率为 25％，0.05％组动物可以出现某些中毒症状和体重发育迟缓但并不发生死亡。黑索金中毒大鼠可出现神经兴奋症状、痉挛发作和贫血。病理组织学检查证明有神经细胞变性和神经髓鞘变性、胸腺淋巴组织萎缩、睾丸萎缩、肺脏胃肠广泛出血、大小肠黏膜表层上皮细胞坏死、肝细胞坏死等变化。这些现象主要发生在黑索金浓度高于 0.1％的各中毒组和中毒后自死的动物。黑索金和 TNT 之间并无药理学上的增强作用。相反，复合 TNT 后可使黑索金引起的神经症状和死亡率明显减轻和下降。

本品小鼠经口 LD_{50}：59 mg/kg；小鼠静脉注射 LD_{50}：19 mg/kg；大鼠经口 LD_{50}：100 mg/kg；豚鼠静脉注射 LD_{50}：25 mg/kg。

健康危害 GHS 分类为急性毒性—经口，类别 3；特异性靶器官毒性——一次接触，类别 1；特异性靶器官毒性—反复接触，类别 1。

4.2 慢性毒作用

长期接触可以引起神经系统、血液系统、晶状体、肝脏等的损害，可能对中枢神经系统有影响，导致易怒、失眠、惊厥和神志不清，也可对行为功能也有影响。

5. 风险评估

我国职业卫生接触限值为 PC－TWA 1.5 mg/m^3。美国 NIOSH 的推荐接触限值（REL）为 8 h PC－TWA 为 1.5 mg/m^3（经皮）。

S－三嗪除莠剂

1. 理化性质

名称	CAS 号	外观与性状	熔点(℃)	密度(g/ml)	相对密度(水＝1)	*n*-辛醇/水分配系数	溶解性
莠去津	1912－24－9	无色晶体	173～177	1.187(20℃)	1.2(20℃)	2.34	微溶于水，水中溶解度 34.7 mg/L(26℃)；溶于氯仿 28 g/L、丙酮 31 g/L、乙酸乙酯 24 g/L、甲醇 15 g/L
扑灭津	139－40－2	无色晶体	212～214	1.162(20℃)	—	2.93	水中 5.0 mg/L(20℃)；苯、甲苯中 6.2 g/kg，四氯化碳中 2.5 g/kg(22℃)
环丙津	22936－86－3	白色晶体	—	—	—	—	—
丙腈津	21725－46－2	白色晶体	167	1.29(20℃)		2.22	水中溶解度 171 mg/L(25℃)；不溶于苯、氯仿、酒精、己烷；易溶于二甲苯、乙醇
莠灭净	834－12－8	无色晶体	84～85	1.15(20℃)	—	—	水中的溶解度为 185 mg/L(20℃)

（续表）

名称	CAS 号	外观与性状	熔点(℃)	密度(g/ml)	相对密度(水=1)	*n*-辛醇/水分配系数	溶解性
扑草净	7287-19-6	白色晶体	119	1.157(20℃)	—	3.51	水中的溶解度为 185 mg/L(20℃)
西玛津	122-34-9	白色晶体	225～227	—	1.3(22℃)	2.1	不溶于水
环嗪酮	51235-04-2	无色晶体	117.2	—	1.25	1.85	25℃时溶解度：氯仿 3 880 g/kg,甲醇 2 650 g/kg,二甲基甲酰胺 836 g/kg,丙酮 790 g/kg,苯 940 g/kg,甲苯 386 g/kg,己烷 3 g/kg,水 33 g/kg

2. 用途与接触机会

主要用作农业除莠剂。

3. 毒性

3.1 急性毒作用

除丙腈津外，大多属低毒类，经口毒性范围为 870～5 000 mg/kg。中毒动物可见有肌无力、活动减少、上睑下垂、呼吸困难、衰竭、共济失调及痉挛等。丙腈津对哺乳动物有中度毒性。大鼠的口服半数致死剂量从 182 mg/kg 到 332 mg/kg。它对雌性大鼠的毒性更大(半数致死剂量较低)。小鼠的口服半数致死剂量为 380 mg/kg，兔子为 141 mg/kg。中毒的动物表现为呼吸困难、血性唾液。丙腈津还可导致实验动物活动减少，精神委靡。工业丙腈津对兔子的经皮肤半数致死剂量大于 2 000 mg/kg，大鼠大于 1 200 mg/kg。丙腈津的吸入性毒性很低。它对眼部具有弱刺激性。

莠去津大鼠经口 LD_{50}：672 mg/kg；家兔经皮经口 LD_{50}：7 500 mg/kg；大鼠吸入 LC_{50}：5 200 mg/m^3，4 h。

扑灭津豚鼠经口 LD_{50}：1 200 mg/kg；大鼠经皮 LD_{50}：3 100 mg/kg。

环丙津大鼠经口 LD_{50}：1 200 mg/kg。

莠灭净大鼠经口 LD_{50}：580 mg/kg；大鼠经皮 LD_{50}：>3 000 mg/kg；大鼠吸入 LC_{50}：>3 000 mg/kg。

扑草净大鼠经口 LD_{50}：3 150～3 750 mg/kg，家兔经皮 LD_{50}>10 200 mg/kg。

西玛津大鼠经口 LD_{50}：971 mg/kg；大鼠经皮 LD_{50}：>5 000 mg/kg；大鼠吸入 LC_{50}：>9 800 mg/kg，4 h；小鼠经口 LD_{50}：5 000 mg/kg。

环嗪酮豚鼠经口 LD_{50}：860 mg/kg；大鼠经皮 LD_{50}：5 278 mg/kg；大鼠吸入 LC_{50}：7 480 mg/m^3；1 h；兔急性经皮 LD_{50}>5 278 mg/kg。对兔眼睛有刺激作用。

3.2 慢性毒作用

大鼠喂饲含 100 mg/kg 浓度莠去津的饲料，长达 2 年，未见异常。狗长期喂饲含 25 mg/kg 浓度的食物，无不良影响。但另有报道，大鼠口服莠去津 10～50 mg/kg·d，历时半年，出现生长抑制、白细胞减少及硫胺和核黄素代谢障碍。大鼠用含 1、10、100 mg/kg 浓度西玛津的饲料，喂饲 2 年，未发现异常。狗食用含 1 200 mg/kg 西玛津的食品，仅见轻度的毒性体征。

莠去津对大鼠无致畸胎作用，但在孕鼠妊娠第 3、6、9 天时，喂饲高剂量(800～1 200 mg/kg)，可引起胚胎毒性。本品及西玛津对大鼠、小鼠无致癌作用，对土壤微生物有诱变作用。

莠去津在动物体内经脱烷化作用而降解成无毒化合物，原品及其代谢物迅速从尿中排出。

几项对大鼠和小鼠的长期喂养实验中，予 225 mg/kg 的剂量，结果显示丙腈津能导致体重增加和肝重量增加。

3.3 远期毒作用

予大鼠 30 mg/(kg·d)的丙腈津，可视雌性大鼠的体重增加程度降低。当剂量为 2 mg/(kg·d)时，它可使雌兔降低胎仔生活力。它在预期接触水平下似乎对人类没有生殖毒性。

丙腈津在较宽的剂量范围内能引起动物的多种出生缺陷。在喂大鼠丙腈津的长期研究中，中等剂量可使第三代大鼠大脑重量增加，肾脏重量降低。予家兔相应剂量，也可观察到胎仔的毒性效应。通过胃管予妊娠雌性大鼠丙腈津并使大鼠摄入较少食物，可发现胎仔骨骼发育不完全。剂量更高时，胎仔出现腭裂和眼球缺失或发育不全。在实验动物中还可观察到其他类出生缺陷，包括膈膜发育异常和大脑的变化。

吗　　啉

1. 理化性质

CAS 号：110-91-8	外观与性状：无色吸水性油状液体，有氨味
pH 值：11.2	临界温度(℃)：344
熔点/凝固点(℃)：−4.8	临界压力(MPa)：5.302
沸点(℃)：128	自燃温度(℃)：310
闪点(℃)：35(闭杯)	饱和蒸气压(kPa)：1.06(20℃)
爆炸上限[%(V/V)]：11.2	爆炸下限[%(V/V)]：1.4
相对密度(水=1)：1.0	n-辛醇/水分配系数：−0.86
相对蒸气密度(空气=1)：3.0	溶解性：与水混溶；可混溶于多数有机溶剂

2. 用途与接触机会

主要用于橡胶硫化促进剂的生产，还用于表面活性剂、纺织印染助剂、医药、农药的合成。吗啉还用作顺丁二烯聚合用催化剂、腐蚀抑制剂、光学漂白剂。也可用作染料，是树脂、蜡、早胶、干酪素等的溶剂。吗啉的盐类也被广泛使用，吗啉盐酸盐等是有机合成的中间体；吗啉脂肪酸盐可作水果或瓜果类蔬菜表皮的被膜剂，可适当抑制基呼吸作用，防止水分的挥发及表皮的萎缩。由于吗啉所具有的独特的化学性质，使其成为当前具有重要商业用途的精细石油化工产品之一，可用于制备 NOBS、DTOS 和 MDS 等橡胶硫化促进剂、防锈剂、防腐蚀剂、清洁剂、除垢剂、止痛药、局部麻醉剂、镇静剂、呼吸系统与血管兴奋剂、表面活化剂、光学漂白剂、水果保鲜剂、纺织印染助剂等，在橡胶、医药、农药、染料、涂料等行业有着广泛的用途，医药方面用于生产吗啉胍、病毒灵、布洛芬、咳必定、萘普生、二氯苯胺、苯乙酸钠等多种重要药物。

3. 毒代动力学

本品可以经过呼吸道、消化道或皮肤吸收进入体内。大部分以原形经肾脏排出，少量代谢产物为 N-甲基吗啉-N-氧化物。体内与体外实验显示，吗啉主要经肾脏代谢。吗啉在体内未与血清蛋白结合。家兔静脉注射吗啉 30 min 后，肾皮质中吗啉含量是血中浓度的 6.6 倍，肾髓质中吗啉含量是血中浓度的 15.3 倍，吗啉主要分布在细胞外，酸化尿液可增强其清除率。

4. 毒性

由于其强碱性，具有刺激性和腐蚀性。

4.1　急性毒作用

本品家兔眼刺激试验：2 mg，严重；家兔皮肤刺激试验：500 mg，中等。

小鼠经口 LD_{50}：525 mg/kg；小鼠腹腔注射 LD_{50}：413 mg/kg；大鼠经口 LD_{50}：1 738 mg/kg。

健康危害 GHS 分类为皮肤腐蚀/刺激，类别 1B；严重眼损伤/眼刺激，类别 1。

4.2　慢性毒作用

慢性毒性研究显示，在大鼠的饮食中添加 1 000 mg/kg 的吗啉可以引起肺和肝脏肿瘤的轻微增加，但在仓鼠中未发现增长。IARC 分类：3 类。

5. 风险评估

我国工作场所空气中吗啉的职业卫生接触限值 PC-TWA 为 60 mg/m^3(皮肤)。美国 NIOSH 推荐接触限值(REL)为 8 h PC-TWA 为 70 mg/m^3(经皮)。

3,5-二甲基吗啉

1. 理化性质

CAS 号：123-57-9	外观与性状：液体
沸点(℃)：143～145	

2. 毒性

大鼠吸入浓度 5.9 g/m^3，6 h，15 次，出现鼻刺激、呼吸困难、倦怠、体重减轻，尿正常，白细胞减少而中性粒细胞百分比增加，并见有贫血和网织细胞增加。解剖见脾脏网状内皮细胞和肺内淋巴组织增生。

吸入 0.65 g/m^3，6 h，15 次，无毒性反应，解剖见内脏正常。

2,6-二甲基吗啉

1. 理化性质

CAS 号：141-91-3	外观与性状：无色吸湿性液体
熔点/凝固点(℃)：-85	闪点(℃)：44.4(开杯)
沸点(℃)：147	饱和蒸气压(kPa)：0.45 (20℃)
相对密度(水=1)：0.9	n-辛醇/水分配系数：-0.15
溶解性：溶于水[≥10 mg/100 ml(19℃)]，并溶于醇、醚、苯、丙酮等有机溶剂	

2. 用途与接触机会

主要用作杀菌剂丁苯吗啉的中间体。

3. 毒性

本品家兔皮肤刺激试验：10 mg/24 h(开放)，轻度；家兔眼刺激试验：2 mg/24 h，严重。

家兔经皮 LD_{50}：750 μl/kg；小鼠经口 LD_{50}：2 830 mg/kg。

健康危害 GHS 分类为急性毒性—经皮，类别 3。

本品有致敏性。

环四亚甲基四硝胺

1. 理化性质

CAS 号：2691-41-0	外观与性状：无色晶体
熔点/凝固点(℃)：278	沸点(℃)：281
饱和蒸气压：<0.1 Pa (25℃)	n-辛醇/水分配系数：0.16
密度(g/cm^3)：1.9	溶解性：难溶于水、甲醇、乙醇、苯系物等；易溶于丙酮、乙酸乙酯、二甲基甲酰胺、环己酮等有机溶剂

2. 用途与接触机会

本品又名奥克托金，主要用于导弹和反坦克弹的装药，也用于导爆管装药。

3. 毒代动力学

经口对大鼠及小鼠进行^{14}C-HMX 500 mg/kg 染毒，观察血液、尿及粪便中 HMX 水平。结果发现，大鼠染毒后 4 d 内，85%的 HMX 经粪便排出，4%由尿液排出，只有 0.7%被保留在体内；染毒后 48 h 内，有 0.5%的 HMX 通过肺以 CO_2 形式排出。小鼠染毒后 4 d 内，70%的 HMX 经粪便排出，3%由尿液排出，只有 0.6%保留在体内。在给予剂量下，小鼠血浆中最高浓度为 0.07%。以二甲基亚砜为溶剂进行大鼠^{14}C-HMX 静脉染毒 2 mg/kg，结果表明，61%由尿液排出，5%经粪便排出，4 d 内仍有 5%留在体内；染毒后 48 h 内，6%经肺以 CO_2 形式排出。给予剂量 1 h 后，血浆最高浓度雄性大鼠为 0.5 μg/cm^3，而雌性为 1 μg/cm^3，6 h 内维持不变，而后在 24 h 减少到 0.2 μg/cm^3。大鼠^{14}C-HMX 的组织分布状态研究结果表明，静脉给予^{14}C-HMX，染毒后 24 h，肝脏中^{14}C-HMX 浓度最高，依次为肝、肾、肺、肌肉、脑。粪便和尿液是 HMX 排出的主要渠道。

4. 毒性

4.1 急性毒作用

本品家兔皮肤刺激试验：500 mg，轻度。

家兔经口 LD_{50}：50 mg/kg；家兔经皮 LD_{50}：630 mg/kg；大鼠经口 LD_{50}：7 360 mg/kg；小鼠经口 LD_{50}：2 710 mg/kg。

健康危害 GHS 分类为急性毒性—经皮，类别 3；特异性靶器官毒性——一次接触，类别 1；特异性靶器官毒性—反复接触，类别 2。

4.2 慢性毒作用

亚慢性毒性试验：给雄性大鼠喂饲 HMX 剂量分别为 0、50、150、450、1 350、4 000 mg/(kg·d)，雌性大鼠喂饲剂量分别为 0、50、115、270、620、1 500 mg/(kg·

d)，共 13 周，各剂量组均无死亡。在 13 周的染毒过程中，观察到随剂量增加，大鼠体重略有下降，食物消耗量减少，血红蛋白（Hb）及红细胞数略有下降，并出现暂时性高铁血红蛋白，且变化程度存在剂量-反应关系。大鼠处死后，尸解未见脏器明显异常改变。组织病理学显示，雌性大鼠 270 mg(/kg・d)和雄性大鼠 450 mg/(kg・d)以上剂量组均出现病理改变，主要表现为肾小管灶性萎缩和扩张；雄性还出现肝脏异常改变，主要表现为肝小叶中央肝细胞肿胀，并伴有细胞核淡染及胞浆疏松。给雌性小鼠喂饲 HMX 剂量分别为 0、10、30、90、250、750 mg/(kg・d)，共 13 周，死亡率分别为 5%、0、5%、0、60% 及 100%；雄性小鼠喂饲 HMX 剂量分别为 0、5、12、30、75、200 mg/(kg・d)，共 13 周，死亡率分别为 0、0、0、5%、10%及 65%。雌性 90 mg/(kg・d)和雄性 75 mg/(kg・d)以上剂量组，出现明显中毒体征和死亡。小鼠死亡前出现被毛粗糙，抓笼壁，乱跑，对听觉刺激敏感性增加，痉挛抽搐。雌雄小鼠体重未见明显变化，而高剂量组食物消耗量有轻微减少。血液检查显示，血红蛋白略有降低，白细胞计数增加，葡萄糖浓度、丙氨酸氨基转移酶和碱性磷酸酶略有下降。尸检结果除脑重量略有增加外，组织病理学显示雌雄两性都无明显异常改变。

5. 人体健康危害

接触环四次甲基四硝胺接触者中以神经衰弱症状和神经行为改变为主，对作业工人下肢神经传导速度影响明显，并与接触浓度和作业工龄长短关系密切。

6. 风险评估

我国职业卫生接触限值 PC - TWA 为 2 mg/m^3，PC - STEL 为 4 mg/m^3。

六 甲 撑 四 胺

1. 理化性质

CAS 号：100 - 97 - 0	外观与性状：无色吸湿晶体或白色晶体粉末
pH 值：8.4(0.2 mol/L 水溶液)	自燃温度(℃)：390
熔点/凝固点(℃)：260(升华)	闪点(℃)：250(闭杯)

（续表）

密度(g/cm^3)：1.33(−5℃)	n-辛醇/水分配系数：−2.84
相对密度(水=1)：1.27	溶解性：溶于水、乙醇、氯仿；不溶于四氯化碳、1,2-二氯乙烷、乙醚、石油醚、芳烃
相对蒸气密度(空气=1)：4.9	

2. 用途与接触机会

本品又名乌洛托品，用作树脂和塑料的固化剂、橡胶的硫化促进剂(促进剂 H)、纺织品的防缩剂，并用于制杀菌剂、炸药等。药用时，内服后遇酸性尿分解产生甲醛而起杀菌作用，用于轻度尿路感染；外用于治癣、止汗、治腋臭。与烧碱和苯酚钠混合，用于防毒面具作光气吸收剂。用于制造农药杀虫剂。六甲撑四胺与发烟硝酸作用，可制得爆炸性极强的旋风炸药黑索金。六甲撑四胺还可作为测定铋、铟、锰、钴、钍、铂、镁产、锂、铜、铀、铍、碲、溴化物、碘化物等的试剂和色谱分析试剂等。是常用的军事燃料。

3. 毒性

本品大鼠经口 LD_{50}：>2 000 mg/kg；大鼠经皮 LD_{50}：>2 000 mg/kg；大鼠静脉注射 LD_{50}：9 200 mg/kg；小鼠皮下注射 LD_{50}：215 mg/kg。

健康危害 GHS 分类为皮肤致敏物，类别 1。反复或长期接触可能引起皮肤过敏。反复或长期吸入接触可能引起哮喘。

4. 风险评估

本品对水生物有毒，其环境危害 GHS 分类为：危害水生环境—急性危害，类别 2。

喹 啉

1. 理化性质

CAS 号：91 - 22 - 5	外观与性状：具有强烈气味的无色吸湿液体，遇光后变棕色
pH 值：弱碱性	临界温度(℃)：509
熔点/凝固点(℃)：−15.9	沸点(℃)：238
闪点(℃)：101(闭杯)	自燃温度(℃)：480
爆炸上限[%(V/V)]：7	爆炸下限[%(V/V)]：1.2

（续表）

相对密度（水＝1）：1.09	相对蒸气密度（空气＝1）：4.5
饱和蒸气压（kPa）：0.008（20℃）	*n*-辛醇/水分配系数：2.06
溶解性：能与醇、醚及二硫化碳混溶；易溶于热水；难溶于冷水，20℃时水中溶解度 0.61 g/100 ml	

2. 用途与接触机会

用作制造染料、防腐剂、杀霉菌剂及药物，也可作为溶剂。石油加工、页岩油加工和煤产品生产或使用而产生的微粒或蒸气中含有喹啉。使用杂酚油浸渍浸渍处理木材过程中也可能导致工人接触喹啉。

在生产喹啉或使用的工作场所职业接触喹啉可能通过吸入和皮肤接触。喹啉存在于香烟烟雾中，一般人群可能通过吸入香烟烟雾接触。此外，吸附在城市空气颗粒物中的喹啉也是一般人群接触的方式。

3. 毒代动力学

进入体内的本品，先被羟化为 3-羧基-5，6-二羟基-及 2，6-二羟基-喹啉，然后与硫酸及葡萄糖醛酸结合，由尿排出。

4. 毒性

4.1 急性毒作用

本品大鼠经口 LD_{50} 为 262 mg/kg，兔经皮 LD_{50} 为 1 377 mg/kg。在接近 LD 时，动物出现昏睡、呼吸困难、虚脱、昏迷。大鼠于室温下吸入饱和蒸气 8 h 或吸入 90 mg/m^3 浓度 6 h，均未致死，但吸入加热到 100℃的蒸气浓度达 21.2 g/m^3 时，在 5.5 h 内 3 只动物均死亡。本品可引起呼吸肌麻痹。家兔皮肤刺激试验：100 mg/24 h，中度。

健康危害 GHS 分类为急性毒性—经皮，类别 3；严重眼损伤/眼刺激性，类别 2；皮肤腐蚀/刺激，类别 2。

4.2 慢性毒作用

大鼠食用含 0.05、0.10、0.25％本品的饲料 16～40 周，出现体重增长减慢，死亡率升高。本品及其许多衍生物可引起视网膜及视神经损害。对皮肤、眼有中度至高度刺激，可引起角膜较严重的持久损害。

长期应用本品染毒能导致大鼠肿瘤发生率明显增高（＞50 至 90％），组织学上，肿瘤类型为肝细胞肉瘤和血管内皮瘤，雄性较雌性敏感。但用含 0.2％饲料喂饲豚鼠和仓鼠 30 周，则未能诱发肿瘤。本品及 8-羟喹啉并可致沙门菌诱变。在体外用中国仓鼠细胞培养作诱变试验（染色体畸变），结果呈阴性。

4.3 远期毒作用

本品健康危害 GHS 分类为生殖细胞致突变性，类别 2。

5. 风险评估

俄罗斯职业接触限值 TWA 0.1 mg/m^3，STEL 0.5 mg/m^3。

本品对水生生物有毒并具有长期持续影响，其环境危害 GHS 分类为：危害水生环境—急性危害，类别 2；危害水生环境—长期危害，类别 2。

叠　氮　酸

1. 理化性质

CAS 号：7782-79-8	外观与性状：无色有刺激性气味的液体
熔点/凝固点（℃）：190（分解）	饱和蒸气压（kPa）：64.5（25℃）
沸点（℃）：37.5	*n*-辛醇/水分配系数：1.16
相对密度（水＝1）：1.09	溶解性：易溶于水；混溶于乙醇，水中溶解度 5.4 g/L（25℃）

2. 用途与接触机会

在生产或使用叠氮酸的工作场所，叠氮酸可能通过吸入和皮肤接触。氢叠氮酸是无色有刺激性气味的液体，是一种爆炸物，对热十分稳定，但受撞击就爆炸，常用于引爆剂。在安装安全气囊的过程中可能接触叠氮酸。

3. 毒性与中毒机理

3.1 急性毒作用

本品小鼠腹腔注射 LD_{50}：22 mg/kg；大鼠经口 LD_{50}：33 mg/kg；小鼠吸入 LC_{50}：155.2 mg/m^3（2 h）；大鼠吸入 LC_{50}：248.2 mg/m^3（2 h）。

一次吸入56 mg/m³·h，血液过氧化氢酶活性明显抑制，但恢复较快。亚慢性毒性的明显毒作用浓度为25 mg/m³。无作用浓度为5 mg/m³。

3.2 中毒机理

叠氮化物可抑制细胞色素氧化酶及多种其他酶的活性，并可导致磷酸化及细胞呼吸异常。叠氮酸及其钠盐主要的急性毒作用为引起血管张力极度降低，此系直接作用于血管平滑肌所致。该效应类似亚硝酸盐，且较之更强。所不同之处是烷基叠氮化物在体内并不引起高铁血红蛋白。叠氮化物可刺激呼吸、增强心搏力，大剂量能升高血压、全身痉挛，继之抑制、休克。

反复给药，可损害髓鞘神经纤维和中枢神经系统的灰质，其原因系此皮层区域的细胞呼吸受抑所致。吸入蒸气和雾，可引起黏膜、呼吸道刺激，并能导致支气管炎和肺水肿。

在有机叠氮化物中，乙基和戊基叠氮化物为有效的降血管张力剂，但几种芳香族叠氮化物此作用不明显。在酰基叠氮化物中，其芳香族类也有降血压作用。有人研究了6种直链二叠氮化物，其一般通式为N3(CH2)nN3，发现均有降压效应。

4. 人体健康危害

4.1 急性中毒

人反复吸入蒸气5.28 mg/m³不到1 h，可产生症状。一次吸入可引起鼻、眼刺激，头痛、眩晕、软弱无力、支气管炎、血压降低(有时可维持正常)、脉率增快或徐缓，头痛较其他症状持续时间长，上述病情通常于1 h内可恢复。

4.2 慢性中毒

对从事本作业1～15年工龄的工人进行体检，现场空气浓度为2.29～6.86 mg/m³，见有低血压(工作期间较明显，离厂后恢复)，博动性头痛、心悸、软弱无力、站立不稳、轻度鼻眼刺激，但未见器质性病变。

工人浓度为0.01～10 mg/m³(72.4%低于0.5 mg/m³)的环境工作2～18年，头痛、多梦、眼和咽刺激及血压降低明显多于对照组，但未见其器官性损害。工人短时间接触高浓度HN_3(12.8 mg/m³)有自觉不适，脱离接触后迅速消失。

5. 风险评估

我国职业卫生接触限值为MAC 0.2 mg/m³，荷兰职业接触限值为MAC 0.18 mg/m³。

叠 氮 钠

1. 理化性质

CAS号：26628-22-8	外观与性状：无色无味六角形晶体
熔点/凝固点(℃)：275(分解)	饱和蒸气压(kPa)：0.001(20℃)
相对密度(水=1)：1.85	溶解性：不溶于乙醚；微溶于乙醇；溶于液氨和水

2. 用途与接触机会

用作医药原料，由叠氮钠制备四唑类化合物，进一步合成抗生素头孢菌素药物，而四唑类化合物还是彩色摄影用药剂；用作耐热性特殊雷管的起爆剂叠氮化铅的原料；合成树脂发泡剂；用作吸收及除去真空管内残余气体；从20世纪90年代开始叠氮化钠用作汽车司机安全防护袋的气源，汽车撞击引发的电荷会使叠氮化钠爆炸并转化为气囊内的氮气；用作有机合成原料、农药原料、分析试剂；叠氮化钠为照相乳剂的一种防腐剂，可加入乳剂中，或加到中间层及保护层中，不影响乳剂照相性能，具有优良的防腐杀菌性能。

叠氮钠职业接触主要是在生产和使用的过程中。叠氮钠可以通过呼吸道、消化道和皮肤进入体内。生活中接触叠氮钠主要是通过污染的水、食物和空气，也可因安全气囊弹出引起。

3. 毒性与中毒机理

3.1 急性毒作用

小鼠经口LD_{50}：27 mg/kg；小鼠静脉注射LD_{50}：19 mg/kg；大鼠经口LD_{50}：27 mg/kg；大鼠经皮LD_{50}：50 mg/kg；大鼠吸入LC_{50}：37 mg/m³。

本品和氰化物类似，体外研究主要抑制细胞色素氧化酶和其他酶，并能使体内氧合血红蛋白形成受阻。较大剂量，动物先出现呼吸兴奋、抽搐，然后抑制、死亡。小剂量能引起不同程度抽搐，血压迅速暂时性下降。兔经口3～10 mg/kg，血压下降40～60%，持续lh以上；2 mg/kg，则血压仅见短时间稍偏低。大鼠反复腹腔注射5～10 mg/kg，能产生严重中毒，存活动物有中枢神经系统神经纤维脱髓鞘病变及睾丸损害，而肝、肾未见异常。用猴反复给药，可引起失明及强直性抽搐，由中枢神经损害所致。

3.2 慢性毒作用

大鼠慢性毒性研究显示，为期 2 年管饲染毒条件下，5 或 10 mg/kg 染毒剂量，未发现叠氮钠对雄性或雌性 F334/N 大鼠存在致癌性的证据。叠氮钠可致雄性和雌性大鼠大脑和丘脑坏死。

3.3 远期毒作用

（1）致突变作用

遗传毒理学研究表明：不论有无外加 S9 情况下，叠氮钠对鼠伤寒杆菌 TA100 和 TA1535 菌株都产生诱变作用；但对 TA1537 或 TA98 菌株不产生诱变作用。应用中国仓鼠卵巢细胞进行细胞遗传学实验，发现不管有无 S9 存在情况下，叠氮钠均可引起姐妹染色单体交换，但不引起染色体畸变。

（2）致癌作用

大鼠慢性毒性研究显示，为期 2 年管饲染毒条件下，5 或 10 mg/kg 染毒剂量，未发现叠氮钠对雄性或雌性 F334/N 大鼠存在致癌性的证据。

3.4 中毒机理

叠氮化物可抑制细胞色素氧化酶及多种其他酶的活性，并可导致磷酸化及细胞呼吸异常。叠氮酸及其钠盐主要的急性毒作用为引起血管张力极度降低，此系直接作用于血管平滑肌所致。该效应类似亚硝酸盐，且较之更强。所不同之处是烷基叠氮化物在体内并不引起高铁血红蛋白。叠氮化物可刺激呼吸、增强心搏力，大剂量能升高血压、全身痉挛，继之抑制、休克。

morris 水迷宫试验显示，微泵恒速皮下灌注叠氮钠可引起大鼠学习记忆能力下降，可能的机制为抑制大鼠皮层和海马细胞色素 C 氧化酶活性，从而导致动物学习记忆能力及脑内乙酰胆碱转移酶活性下降，乙酰胆碱酯酶代谢障碍。

4. 人体健康危害

叠氮化钠在其生产、加工过程中可通过呼吸道、消化道、皮肤吸收引起中毒，导致多系统损伤。在全身各个组织器官中，神经系统耗氧量巨大，对缺氧最敏感，耐受性最小，反应最剧烈，是主要的毒性靶器官。急性叠氮化钠中毒所致神经系统损害的主要临床表现为神经系统的抑制作用，表现包括头痛、头晕、虚弱无力、步态不稳、疲乏、嗜睡、肢体发麻甚至瘫痪、恶心、呕吐等症状；剂量较大时先出现呼吸困难、抽搐、意识障碍，甚至死亡。

叠氮化钠中毒电生理检查主要表现为 MCV 减慢、远端 DML 延长和 AMP 减低及 SCV 减慢和 AMP 减低；诱发电位 Lat 及波间期延长，AMP 减低。

本品健康危害 GHS 分类为急性毒性—经口，类别 2。

5. 风险评估

我国职业卫生接触限值为 MAC 0.3 mg/m^3。

本品对水生生物毒性极大并具有长期持续影响，其环境危害 GHS 分类为：危害水生环境—急性危害，类别 1；危害水生环境—长期危害，类别 1。

叠 氮 化 铅

1. 理化性质

CAS 号：13424-46-9	外观与性状：针状或短柱状白色晶体
密度(g/cm^3)：4.71	溶解性：水中溶解度 0.25 g/L (20℃)，溶解于醋酸

2. 用途与接触机会

主要用于炸药的制造。

3. 毒性

本品大鼠腹腔注射 LD_{50}：＞150 mg/kg。具有生殖毒性。长期或反复接触本品，其主要危害为铅引起的健康损害。

健康危害 GHS 分类为生殖毒性，类别 1A；特异性靶器官毒性—反复接触，类别 2。

4. 风险评估

国际上通常以铅的职业接触限值作为叠氮化铅（以铅计）的职业接触限值，如我国铅尘的 PC-TWA 为 0.05 mg/m^3，铅烟的职业接触限值为 0.03 mg/m^3。

本品对水生生物毒性极大并具有长期持续影响，其环境危害 GHS 分类为：危害水生环境—急性危害，类别 1；危害水生环境—长期危害，类别 1。

重氮甲烷

1. 理化性质

CAS号：334-88-3	外观与性状：黄色气体，有强刺激性气味
熔点/凝固点(℃)：−145	自燃温度(℃)：100(爆炸)
沸点(℃)：−23	饱和蒸气压(kPa)：525.3(25℃)
相对密度(水=1)：1.45	n-辛醇/水分配系数：1.16
相对蒸气密度(空气=1)：1.4	溶解性：溶于乙醇、乙醚，遇水分解

2. 用途与接触机会

重氮甲烷是一种常用的甲基化试剂，主要用于有机合成。

3. 毒性与中毒机理

本品毒性较高，有强烈刺激作用。猫吸入300 mg/m^3，10 min，引起肺出血、肺水肿，于3 d内死亡。豚鼠吸入一定浓度气体，出现严重呼吸道刺激症状，尸检见显著肺水肿。其毒作用可能由于在体内形成甲醛所致。

兔长期吸入2～12 mg/L，可引起支气管肺炎，继之死亡。本品对皮肤、黏膜有刺激作用，反复涂豚鼠皮，能致敏。大鼠、小鼠吸入或用本品涂皮(溶液浓度为0.1～3.3 mg/cm^3)发现，涂皮后小鼠出现肺肿瘤；吸入蒸气后大鼠肺出现肿瘤。由于本品具烷基化作用，故可致突变，是一诱变剂。

4. 人体健康危害

气体吸入可引起呼吸道强烈刺激，有时可发生似支气管哮喘样症状。国外曾有多次中毒死亡报道。有两例实验室人员，短暂吸入高浓度气体发生中毒。出现剧烈刺激性咳嗽、呼吸短促、胸痛，于吸入后1～6 d，症状加重，一般情况恶化，体温升高，并有肺炎、肺水肿。1例经治疗后2 w痊愈。另1例于第4天死亡，其临床过程似暴发性肺炎，尸检见弥漫性急性气管炎、支气管炎、细支气管炎和支气管肺炎。心、肝、肾有继发性病变，食道、胃肠道也有急性炎症改变。

国内曾有3例吸入中毒报告，损害以呼吸系统为主，伴有发烧。其中1例有头痛、面色潮红等表现，可能为本品致血管扩张所致，窦性心动过缓、心律不齐，可能系迷走神经紧张引起。严重者见化学性支气管炎。3名患者经对症、抗感染治疗及采取预防肺水肿等措施后，均在2周内痊愈出院。

5. 风险评估

我国职业卫生接触限值为PC-TWA 0.35 mg/m^3，PC-STEL0.7 mg/m^3。美国职业接触限值为PC-TWA 0.38 mg/m^3。

二甲基亚硝胺

1. 理化性质

CAS号：62-75-9	外观与性状：浅黄色油状液体
沸点(℃)：151	闪点(℃)：61
饱和蒸气压(kPa)：0.36(20℃)	n-辛醇/水分配系数：−0.57
相对密度(水=1)：1.0	溶解性：易溶于水、二氯甲烷、醇、醚等有机溶剂
相对蒸气密度(空气=1)：2.56	

2. 用途与接触机会

本品又名N-亚硝基二甲胺，有机化合物合成中间体，可常用于工业硫磺、橡胶促进剂、火箭燃料、抗氧剂、工业用溶剂、杀虫剂等制造。N-亚硝基二甲胺(DMNA)主要用于电解生产双组分火箭燃料1,1-二甲肼。亚硝胺或作为胺的污染物，或作为胺和亚硝酸盐反应的产物而存在于合成切削油、半合成切削油和可溶性切削油中。施用了能与氮肥结合的三氮杂苯除草剂产生的土壤可能含有高量的亚硝胺。化妆品(如润肤剂、手和身体洗剂、洗发剂)中可能含有N-亚硝基二甲胺，可能是由于二乙醇胺和(或)三乙醇胺乳化剂受到亚硝酸盐化合物的亚硝化作用产生的。肉、鱼、蔬菜等的腌制品，特别是用硝酸盐或亚硝酸盐防腐和发色时，常能生成亚硝胺类。同时它也是一种饮用水消毒副产物。吸烟所产生的烟雾会导致室内空气中NDMA浓度提高，最高可达0.24 μg/m^3。当食物中的硝酸盐和亚硝酸盐随着食物进入胃，与胃酸反应就会生成含有亚硝基的化合物，随即与胺类物质反应生成 NDMA。

3. 毒代动力学

3.1 吸收、摄入与贮存

NDMA 主要在小肠上部吸收，在小肠下部吸收较慢，胃内吸收更慢。NDMA 的体内代谢速度很快，低剂量时数分钟即可完全代谢，无蓄积作用。经口或经静脉给予大鼠 40 μg/kg · bw NDMA，肝脏可完全进行代谢而不进体内循环。经口给予体重 300 g 的大鼠 50 μgNDMA，在粪尿中均未检出。

虽然关于人体对 NDMA 的吸收没有定量的研究数据，但是对于实验生物的研究表明，超过 90% 经口摄入的 NDMA 都会非常快地被肠道下部所吸收。另外，Spiegelhalder 等的研究表明，给大鼠皮下注射含有 350 μg 的 NDMA 溶液，随后在尿液中检测出的含量仅为注射量的 0.03%。

3.2 转运与分布

NDMA 一旦被人体吸收，它的代谢产物就可以在人体中广泛分布，并且可以通过母乳传递给下一代。当给怀孕的啮齿类动物注射 N-亚硝胺类物质时，其胎儿的体内也会含有该物质及其代谢物。药物代谢动力学研究表明，对多种实验室生物静脉注射 NDMA，会很快通过新陈代谢进入肝脏以及肝脏周边的器官，而其代谢物会通过尿液或者二氧化碳排出体外。

3.3 代谢

肝是 NDMA 代谢的主要部位，肾其次，肺更次。体外试验发现肝切片的代谢能力比肾切片大 8 倍。通常 NDMA 的代谢率大于排泄率，只有高剂量(超过 LD_{50})时，排泄率增加。NDMA 的代谢是完全的，只有非常少的部分从尿中排出。当 NDMA 剂量在 1 μg/kg～20 mg/kg 时，不论以什么途径给予，主要代谢都在肝脏。静脉和腹腔注射可以增加肾的代谢，当 NDMA 剂量很低时，肝脏可以完全代谢，迅速清除 NDMA，避免 NDMA 与其他脏器接触。

4. 毒性与中毒机理

4.1 急性毒作用

本品大鼠经口 LD_{50}：37 mg/kg；小鼠腹腔注射 LD_{50}：19 mg/kg。

4.2 慢性毒作用

动物实验显示，长期低剂量接触 NDMA 可以引起大鼠、小鼠肝脏的损伤，NDMA 也被用于诱导建立小鼠肝损伤模型。

4.3 远期毒作用

(1) 致突变作用

NDMA 的活性代谢产物对 DNA 的鸟嘌呤具有甲基化作用。NDMA)诱发大肠杆菌基因 N 末端 DNA 的改变，主要的突变类型为 G：C→A：T 的转换，约占整个受检突变总数的 90%。

(2) 致癌作用

IARC：2A。

(3) 发育毒性与致畸性

NDMA 对怀孕的大鼠进行腹膜内注射、对怀孕的小鼠进行胃管注入 NDMA 都会增加其后代患肝脏或者肾脏肿瘤的频率。

4.4 中毒机理

NDMA 在显示急性毒性、致突变性和致癌性作用之前需要代谢活化。NDMA 活化的第一步是甲基的 a-羟化，生成 a-羟基亚硝胺。a-羟基亚硝胺极不稳定，自动分解生成甲醛、二氮气体和甲基重氮离子。甲基重氮离子为 NDMA 的活性代谢产物，可与细胞大分子，尤其是 DNA 发生烷化作用。

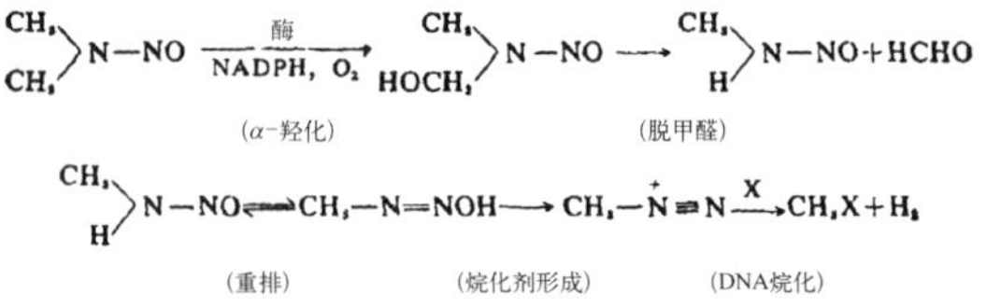

X 代表细胞中的亲核物质

图 29-2 NDMA 可能的代谢活化机制

5. 人体健康危害

5.1 急性中毒

NDMA 中毒病例报道显示，患者的主要症状为肝脏的损害和弥漫性出血，病死率极高。

本品健康危害 GHS 分类为急性毒性—经口，类别 3；急性毒性—吸入，类别 2；特异性靶器官毒性—反复接触，类别 1。

5.2 慢性中毒

文献报道了 1 例慢性接触 NDMA32 个月的病

例，就诊时主诉为低烧、出汗、恶心、呕吐、上腹部痛、腹泻、肠出血等，伴有体重下降。后发生腹水，肝硬化，发展为慢性变性肝衰竭。还表现为溶血性贫血，并导致高血钾。

6. 风险评估

奥地利技术标准浓度（Technishe Richt Konzentration，TRK）值为 0.001 mg/m³，本品对水生生物有毒并具有长期持续影响，其环境危害 GHS 分类为：危害水生环境—急性危害，类别 2；危害水生环境—长期危害，类别 2。

N－环己基环己胺亚硝酸盐

1. 理化性质

CAS 号：3129－91－7	外观与性状：白色或淡黄色结晶性粉末
熔点/凝固点（℃）：182～183（分解）	饱和蒸气压（kPa）：0.01（25℃）
溶解性：溶于水、甲醇和乙醇；不溶于乙醚	

2. 用途与接触机会

用作气相缓蚀剂。主要用于金属缓蚀保护和阻止金属锈蚀的继续进行。如用于汽车及汽车零件、减速机箱、内燃机、机床工具、刃具量具等，也可用于武器、雷达等设备的金属保护。气相缓蚀剂具有优良的性能，防锈期长，防锈效果好，复杂与简单的部件均适宜。但对黄铜、锡及其合金有腐蚀作用。

3. 毒性

本品小鼠经口 LD_{50}：80 mg/kg；豚鼠经口 LD_{50}：350 mg/kg。

持续暴露于二环己基胺亚硝酸盐类蒸气会影响中枢神经系统、红血球、高铁血红蛋白，使肝、肾功能和血压降低。

本品健康危害 GHS 分类为急性毒性—经口，类别 3；特异性靶器官毒性—一次接触，类别 1。

4. 风险评估

俄罗斯的亚硝酸二环己胺的职业卫生接触限值为 MAC 0.5 mg/m³。苏联规定居住区的亚硝酸二环己胺的接触限值为 0.02 mg/m³。

羟　　胺

1. 理化性质

CAS 号：7803－49－8	外观与性状：高吸湿性白色大片状或针状结晶
熔点/凝固点（℃）：33	闪点（℃）：129
沸点（℃）：70（分解）	自燃温度（℃）：265
相对密度（水＝1）：1.2	饱和蒸气压（kPa）：1.3（47℃）
相对蒸气密度（空气＝1）：1.1	*n*－辛醇/水分配系数：－1.5
溶解性：极易溶于水，热水中分解；微溶于乙醚、苯、二硫化碳、氯仿	

2. 用途与接触机会

在有机合成中用作还原剂；与羰基化合物缩合生成肟，用于指示剂。

羟胺能专一地裂解天冬酰胺和甘氨酸之间的肽键（Asn-Gly）；在酸性条件下裂解天冬酰胺和脯氨酸之间的肽键（Asn-Pro）；天冬酰胺和亮氨酸之间的肽键（Asn-Leu）与天冬酰胺和丙氨酸之间的肽键（Asn-Ala）也能部分裂解。

3. 毒性与中毒机理

3.1 急性毒作用

本品大鼠腹腔注射 LD_{50}：59 mg/kg；小鼠腹腔注射 LD_{50}：60 mg/kg；家兔经皮 LD_{50}：1 500～2 000 mg/kg；犬单次 5 mg/kg 静脉注射可引起高铁血红蛋白血症。

羟胺升高大鼠脑内 GABA/γ 氨基酸/水平。全身中毒，以发绀、抽搐和昏迷为特征。

3.2 远期毒作用

（1）致突变作用

可诱发大肠杆菌质粒产生多位点突变。对大肠杆菌也具有致突变性，且与紫外线联合有相加作用。对病毒和嗜菌体也有致突变性。然而在普遍应用的鼠伤寒沙门氏菌诱变性试验中，HA 没有显示出诱变性。

羟胺致突变的主要机制是作用于靶细胞的胞嘧

啶,也作用于腺嘌呤,但不和胸腺嘧啶作用,它能使胞嘧啶6位碳原子的氨基变为羟氨基,负电性增加,使得其氢原子更容易转移到1位氮原子上而形成异构体,由此,将使胞嘧啶不与鸟嘌呤配对而变为与腺嘌呤配对,经复制碱基改变为:C∶G→T∶A。

肼

1. 理化性质

CAS号:302-01-2	外观与性状:无色油状发烟液体
熔点/凝固点(℃):2	临界温度(℃):380
沸点(℃):114	临界压力(MPa):14.7
闪点(℃):40(闭杯)	自燃温度(℃):270
爆炸上限[%(V/V)]:100	爆炸下限[%(V/V)]:2.9
饱和蒸气压(kPa):1.4(20℃)	易燃性:易燃
密度(g/cm^3):1.00(15/4℃)	相对密度(水=1):1.01
n-辛醇/水分配系数:−2.1	相对蒸气密度(空气=1):1.1
溶解性:不溶于乙醚、氯仿、苯;可混溶于水、甲醇、乙醇、丙酮等	

2. 用途与接触机会

肼,又称无水联氨,热不稳定,高温加热可分解为氨气、氮气和氢气,结构为H_2N-NH_2,是一种强还原剂,具有腐蚀性,主要应用于工业,包括聚合化学,火箭发动机的燃料、炸药和处理锅炉水等。肼作为燃料有诸多优点,如低温下能量较高、排气产物分子量小、分解无固体产物等。气态肼通过与光化学反应产生的羟基自由基和臭氧反应并降解,半衰期分别为6 h和9 h。肼是弱碱,其PKa为7.96,相比游离碱更容易吸附在土壤中。

在日常生活中较少暴露肼,通常发生在工业或实验室环境中。美国NIOSH统计在1981～1983年间美国有59 147名工人(其中2 840名女性)在工作环境中会接触肼,职业暴露往往发生在生产或使用肼的工作场所,工人通过吸入或皮肤接触该化合物。人群可通过吸入香烟烟雾,摄入食物以及与蒸气和其他含肼(SRC)产品的皮肤接触而接触肼。

部分药物在人体内代谢后可产生肼,如异烟肼和肼苯哒嗪。研究显示,可在服用异烟肼或肼苯哒嗪的人体血液中检测到肼。

3. 毒性与中毒机理

3.1 急性毒作用

肼的主要毒作用有呼吸道、消化道刺激,肝、肾、血液、中枢神经系统和皮肤损害等。动物肼中毒表现为食欲减退、软弱无力、呕吐、极度兴奋、强直性痉挛和抽搐等。尸检可见肝脂肪变性、坏死,肾轻度炎症,吸入中毒时还可见肺损伤的病理改变。小鼠经口LD_{50}为59 mg/kg,家兔经皮LD_{50}为91 mg/kg,大鼠吸入LC_{50}为750 g/(m^3 · 4 h)。本品健康危害GHS分类为急性毒性—经口,类别3;急性毒性—经皮,类别3;急性毒性—吸入,类别3;皮肤腐蚀/刺激,类别1B;严重眼损伤/眼刺激,类别1;皮肤致敏物,类别1。

3.2 致癌性

IARC将肼列为2A类致癌物。

3.3 中毒机理

暴露于肼可能会导致神经系统、肝脏、肾脏损伤。含肼类物质能抑制吡哆醛激酶,并且在某种程度上可抑制谷氨酸脱羧酶,导致γ-氨基丁酸神经递质的减少,造成神经系统的损伤。

在雄性禁食大鼠中注射肼(0.7 mmol/kg)引起肝脏可溶性磷脂酰磷酸水解酶活性的增加,增加的磷脂酰磷酸水解酶活性与肾脏腺体中肝脏三酰基甘油(3.5倍)和儿茶酚胺(3.4倍)的升高平行。研究表明增加的磷脂酰磷酸水解酶活性可能是肼诱导脂肪肝的原因,且肾上腺素可能参与肼对肝脏诱导的基质。对实验动物染毒肼,可导致大鼠、小鼠、仓鼠和豚鼠的靶器官DNA中形成7-甲基鸟氨酸和O_6-甲基鸟嘌呤。有研究表明,肼可与内源性甲醛反应形成缩合产物,代谢生成甲基化肼,其在各种肝细胞中可通过过氧化氢酶和/或似过氧化氢样酶转化为甲基化试剂。

4. 人体健康危害

急性低浓度暴露可导致恶心、呕吐、厌食、腹痛、局部刺激和抑制中枢神经系统。急性暴露可引起颤抖、抽搐、阵挛性运动、反射活动过度、烦躁不安等。

皮肤接触也可造成超敏反应。工人慢性吸入可导致系列病症，如胃肠道、皮肤、眼睛和肺部疾病等。高浓度暴露可导致癫痫发作、代谢性酸中毒、高铁血红蛋白血症、低血压、胃肠道出血，高浓度肼蒸气暴露可出现先兴奋后抑制中枢神经系统，甚至可导致昏迷和死亡。肼蒸气对皮肤黏膜有刺激性。皮肤接触肼可导致烧碱样灼伤，肼溶液具有腐蚀性，产生穿透性烧伤和严重皮炎。急性中毒时，会出现呕吐、严重刺激呼吸道并伴有肺水肿，中枢神经系统抑制以及肝肾损伤。

在报道的几起全身中毒事件中，主要表现为中枢神经系统、呼吸系统和胃的影响。摄入20～30 ml 16%的水合肼溶液后，患者在5天内出现呕吐、呼吸不规律、身体虚弱等。接触眼睛可引起暂时性失明，液体溅到眼睛会产生角膜损伤和灼伤，溅到皮肤上也可引起严重灼伤，还可产生皮炎和皮肤过敏。据报道，由于未知浓度的个体职业暴露，该个体出现结膜炎、震颤和嗜睡，并在最后一次暴露21天后死亡。还有报道表明，长期持续吸入肼蒸气，可能会导致神经行为障碍。

5. 风险评估

我国职业接触限值PC-TWA为0.06 mg/m³，PC-STEL为0.13 mg/m³。本品对水生生物毒性极大并具有长期持续影响，其环境危害GHS分类为：危害水生环境—急性危害，类别1；危害水生环境—长期危害，类别1。

甲 基 肼

1. 理化性质

CAS号：60-34-4	外观与性状：无色液体，有氨的气味
熔点/凝固点(℃)：−52	闪点(℃)：−8(闭杯)
沸点(℃)：87.8	自燃温度(℃)：194
爆炸上限[%(V/V)]：98.0	爆炸下限[%(V/V)]：2.5
饱和蒸气压(kPa)：6.61(25℃)	密度(g/cm³)：0.875(20℃)
相对密度(水=1)：0.87	*n*-辛醇/水分配系数：−1.05
相对蒸气密度(空气=1)：1.6	溶解性：易溶于水、醇、乙醚

2. 用途与接触机会

甲基肼主要用于有机合成，生产药物甲基苯肼，甲肼还用于火箭燃料，溶剂。

3. 毒代动力学

甲基肼可经消化道、呼吸道及皮肤吸收。用同位素14C标记的甲基肼给小鼠、大鼠、狗和猴，见25%～40%在24 h由尿中排出，部分以CO_2和甲烷由呼出气排出。

4. 毒性

动物实验显示甲基肼具有强烈的致痉挛作用，主要表现为中枢神经系统症状，出现全身兴奋、运动失调、强直性和阵发性痉挛。此外，还可见流涎、恶心、呕吐和呼吸困难；大剂量可引起肾脏损害和脂肪变性。

本品仓鼠经口LD_{50}为22 mg/m³，豚鼠经皮LD_{50}为48 mg/m³，大鼠吸入LC_{50}为70 mg/m³。

健康危害GHS分类为急性毒性—经口，类别2；急性毒性—经皮，类别2；急性毒性—吸入，类别1；皮肤腐蚀/刺激，类别2；严重眼损伤/眼刺激，类别2A；特异性靶器官毒性——次接触，类别1；特异性靶器官毒性—反复接触，类别1；生殖毒性，类别2。

5. 人体健康危害

接触本品后可出现流泪、眼出血、鼻痒感及气管痉挛等。血液出现异常，在接触后第7日，3%～5%红细胞见有变性珠蛋白小体，隔周即下降。

6. 风险评估

我国甲基肼的MAC为0.08 mg/m³。

本品对水生生物毒性极大并具有长期持续影响，其环境危害GHS分类为：危害水生环境—急性危害，类别1；危害水生环境—长期危害，类别1。

1,1-二甲基肼

1. 理化性质

CAS号：57-14-7	外观与性状：无色发烟吸湿液体，与空气接触时变成黄色，有刺鼻气味
熔点/凝固点(℃)：−58	闪点(℃)：−15(闭杯)

（续表）

沸点（℃）：64	自燃温度（℃）：249
爆炸上限[%(V/V)]：95%	爆炸下限[%(V/V)]：2.4
饱和蒸气压(kPa)：13.7	密度(g/cm^3)：0.79(20℃)
相对密度(水=1)：0.8	n-辛醇/水分配系数：−1.9
相对蒸气密度(空气=1)：1.94	溶解性：易溶于水、醇、乙醚、苯及石油产品

2. 用途与接触机会

本品又称偏二甲基肼，简称 UDMH，受热可分解为氮氧化物，主要用途有火箭推进剂、化学合成、照相试剂、燃料稳定剂和添加剂、植物生长调节剂等。

3. 毒代动力学

可经消化道、呼吸道及皮肤吸收。注射甲基肼给大鼠、兔、猫、狗和猴，甲基肼被迅速吸收入血液，并通过肾脏排泄。尿液是主要的排泄途径，尿液中的甲基肼依然是原型。没有观察到甲基肼的储存器官，且尿液浓度相比于血液浓度，是更敏感的暴露指标。对大鼠和狗注射二甲基肼后，在其尿液中鉴定的其他化合物包括二甲基肼的葡萄糖肼（3%～10%），以及未确定形式的肼（20%～25%），二甲基肼占 50%～60%。狗和大鼠表现出相同的吸收和排泄模式。

当经皮接触时，二甲基肼显示出一级吸收过程。皮下给药产生更高的血液水平，几乎完全被吸收。二甲基肼的消除较快，半衰期为 0.3～1.5 h，尿液中代谢可占到 3%～19%的总量。

狗皮肤涂抹 5～30 mmol/kg 的 UDMH 溶液，30s 内可在血液中检测到。在 5～10 min 取样时血液浓度并不高。UDMH 在血液中的浓度先缓慢增加，后缓慢下降，且与剂量有关。

4. 毒性与中毒机理

4.1 急性毒作用

1,1-二甲基肼是强还原剂，属于中等毒性物质，大鼠的经口 LD_{50} 为 112 mg/kg，家兔经皮 LD_{50} 为 1 060 mg/kg，小鼠吸入 LC_{50} 为 462 mg/m^3（吸入 4 h）。一次给药最明显的作用是引起中枢神经系统兴奋和抽搐。狗吸入本品蒸气浓度 140 mg/m^3，3 h，见流涎、呕吐、呼吸困难和抽搐，并于当天死亡；吸入 68 mg/m^3，4 h，其中 2 只无症状，另 1 只出现呕吐、抽搐，以后恢复，血红蛋白、红白细胞计数，溴磺酞排泄和凝血酶原时间均正常。尸检除抽搐的 1 只狗有肺水肿和肺点状出血外，无病理变化发现。本品对皮肤、黏膜、眼有轻度刺激作用，其刺激作用较甲基肼及肼低。

健康危害 GHS 分类为急性毒性—经口，类别 3；急性毒性—经皮，类别 3；急性毒性—吸入，类别 2；皮肤腐蚀/刺激，类别 1B；严重眼损伤/眼刺激，类别 1。

4.2 慢性毒作用

慢性毒作用主要表现为溶血性贫血和抽痉，3 只狗反复吸入 62.5 mg/m^3 本品，出现抑郁、流涎、呕吐、腹泻、运动失调、抽搐和溶血性贫血，实验室检查见血细胞压积、血红蛋白、红细胞数减少，网状内皮系统细胞有含铁血黄素沉积，其中 1 只于吸入第 13 周时死亡。狗吸入 12.5 mg/m^3，6 h/d，每周 5 次，历时 26 周，仅见体重下降、嗜睡、轻度贫血（(6 周后)及脾脏含铁血黄素沉积。

4.3 远期毒作用

小鼠经口给毒，可引起血管和肺肿瘤。本品在沙门菌族及微粒体中可经代谢、激活成致突变剂。动物实验显示本品可能具有生殖毒性。

IARC 将其分类为 2B 类致癌物。

4.4 毒性机制

1,1-二甲基肼的毒性机制尚不十分清楚，其暴露的急性作用可能涉及中枢神经系统，例如震颤和惊厥以及行为改变。作为靶标的中枢神经系统与报道的二甲基肼响应的延迟潜伏期一致。有研究表明，1,1-二甲基肼可能作为谷氨酸脱羧酶的抑制剂，从而影响氨基丁酸的传递，这一点可以解释中枢神经系统的潜伏期。此外，已证明在氨基丁酸传递中作为辅酶的维生素 B6 类似物是 1,1-二甲基肼的有效拮抗剂。

5. 人体健康危害

过度暴露可表现出呼吸困难、昏睡不醒、恶心、缺氧、抽搐以及肝损伤等症状。

吸入本品可出现眼、鼻、呼吸道黏膜刺激症状和呼吸困难，恶心，呕吐，轻度结膜炎等，严重者出现全身阵发性、强直性痉挛，呈癫痫样大发作，可致脑水肿。皮肤接触可引起过敏性皮炎，局部灼伤。

6. 风险评估

我国职业接触限值 PC-TWA 为 0.5 mg/m^3。

本品对水生生物有毒并具有长期持续影响，其环境危害 GHS 分类为：危害水生环境—急性危害，类别 2；危害水生环境—长期危害，类别 2。

1,2-二甲基肼

1. 理化性质

CAS 号：540-73-8	外观与性状：无色、发烟、吸湿液体，有刺鼻气味，遇空气变黄色
pH 值：碱性	沸点(℃)：81(100 kPa)
熔点/凝固点(℃)：−9	闪点(℃)：<23(闭杯)
爆炸上限[%(V/V)]：20%	爆炸下限[%(V/V)]：2.4%
饱和蒸气压(kPa)：9.3(25℃)	*n*-辛醇/水分配系数：−0.54
密度(g/cm^3)：0.827 4	相对蒸气密度(空气=1)：2.07
溶解性：易溶于水(100 g/cm^3)；可溶于乙醇和乙醚	

2. 用途与接触机会

本品又称对称二甲基肼，可作化学试剂研究，也可用于制药工业，如作杀虫剂等，可用于防止金属腐蚀，可作火箭燃料成分。

3. 毒代动力学

可经消化道、呼吸道及皮肤进入体内。对大鼠注射放射性 H 标记的 1,2-二甲基肼 15～30 min 后，在血液、胆汁、尿液和胃肠道所有区域都发现有明显的放射性。1,2-二甲基肼在大鼠的结肠中得到很好的吸收。胆汁酸和羟基脂肪酸显著增强了对 1,2-二甲基肼吸收，而脂肪酸没有显著影响。

4. 毒性与毒作用机制

4.1 急性毒作用

为强碱性化合物，对皮肤、眼睛和黏膜具有高度腐蚀性和刺激性，暴露于高浓度的 1,2-二甲基肼可对皮肤和眼睛造成刺激，还可引起肝损伤、溶血、变性血红蛋白血症、运动兴奋和痉挛。

经口 LD_{50} 小鼠 36 mg/kg，大鼠 100 mg/kg，大鼠吸入 LC_{50} 700～1 000 mg/m^3 (4 h)。健康危害 GHS 分类为急性毒性—经口，类别 3；急性毒性—经皮，类别 3；急性毒性—吸入，类别 2。

4.2 远期毒作用

对多种动物用本品染毒作致癌测试发现：可引起小鼠、仓鼠原发性血管肉瘤，小鼠，小鼠肺、结肠肿瘤，及豚鼠胆小管肉瘤。可能系本品在体内能代谢形成一种活性致癌剂所致。IARC 将其列为 2A 类致癌物。

动物实验显示 1,2-二甲基肼具有致突变性和生殖毒性。

5. 风险评估

瑞士 MAK-W 为 1.2 mg/m^3。

本品对水生生物有毒并具有长期持续影响，其环境危害 GHS 分类为：危害水生环境—急性危害，类别 2；危害水生环境—长期危害，类别 2。

苯　　肼

1. 理化性质

CAS 号：100-63-0	外观与性状：白色单斜棱形晶体或油状液体，有芳香气味，在空气中渐变黄色
熔点/凝固点(℃)：19.4	自燃温度(℃)：173
沸点(℃)：243.5(分解)	*n*-辛醇/水分配系数：1.25
闪点(℃)：88(闭杯)	溶解性：不溶于冷水；溶于热水、乙醇、醚、苯等多数有机溶剂
相对密度(水=1)：1.097 8	相对蒸气密度(空气=1)：3.7

2. 用途与接触机会

本品主要用于合成染料、药物及其他有机化学品，还作为测定硒、钼的试剂及比色测定磷酸时做还原剂。

3. 毒代动力学

该物质可通过吸入其气溶胶、经皮和经口吸收到体内。经口给兔,发现30%～50%在48 h内经尿排出;40%～60%在4 d内随尿排出,其代谢物羟基苯肼、苯腙等可继续排泄至第10 d。

4. 毒性

本品小鼠经口 LD_{50}:170 mg/kg;小鼠吸入 LC_{50}:2 120 mg/m^3。小鼠皮下注射 LD_{100} 为 180 mg/kg。苯肼引起的中毒主要毒作用为溶血性贫血,肝、肾损害及可引起接触性皮炎(皮肤过敏)。中毒动物可出现进行性发绀,呼吸不规则、呼吸困难加重直至死亡,组织学检查并见有肝、肾及其他器官变性。狗皮下注射1/10致死量(即20 mg/kg)可导致严重溶血性贫血。反复给药可引起肝、肾损害及贫血。有试验研究显示苯肼可引起血管和肺肿瘤。

健康危害GHS分类为急性毒性—经口,类别3;急性毒性—经皮,类别3;急性毒性—吸入,类别3;皮肤腐蚀/刺激,类别2;严重眼损伤/眼刺激,类别2;皮肤致敏物,类别1;特异性靶器官毒性—反复接触,类别1;生殖细胞致突变性,类别2。

5. 人体健康危害

人口服苯肼的中毒量为0.2 g。其主要毒作用为形成高铁血红蛋白,溶血性贫血及肝、肾、心等脏器损害,以及对皮肤有刺激性和致敏作用。苯肼及其代谢产物对中枢神经系统有直接作用。

轻度中毒表现为头痛、头晕、疲乏无力、面色苍白、食欲减退、腹痛和腹泻等,几天后可自愈。较重者出现剧烈头痛、耳鸣、眩晕、气急、抽搐、震颤、共济失调、意识不清、高铁血红蛋白血症、黄疸、贫血、白细胞减少、血尿及蛋白尿等。对眼、鼻、咽喉有刺激作用。血中可检出变性珠蛋白小体。皮肤接触可产生急性和慢性湿疹。

6. 风险评估

我国尚未制定苯肼的职业卫生接触限值。美国OSHA的8 h PC-TWA为22 mg/m^3(经皮)。

本品对水生物毒性极大,其环境危害GHS分类为危害水生环境—急性危害,类别1。

1,1-二苯肼

1. 理化性质

CAS号:530-50-7	外观与性状:黄色晶体
熔点/凝固点(℃):34.5	沸点(℃):220
密度(g/cm^3):1.19(16/4℃)	溶解度:微溶于水;能溶于乙醇、乙醚、苯等

2. 用途与接触机会

1,1-二苯肼,或称N,N-二苯基肼,主要用于化学合成。

3. 毒性与中毒机理

体外实验研究显示1,1-二苯肼体外代谢可转化为亚硝胺,还原型辅酶Ⅱ(NADPH)-细胞色素还原酶产生的超氧自由基在大鼠肝微粒体催化下,将1,1-二苯肼氧化为N-亚硝基二苯胺,1,1-二苯肼抑制DNA合成的发生率约为28%。

4. 风险评估

本品对水生生物毒性极大并具有长期持续影响,其环境危害GHS分类为:危害水生环境—急性危害,类别1;危害水生环境—长期危害,类别1。

1,2-二苯肼

1. 理化性质

CAS号:122-66-7	外观与性状:无色或黄色片状晶体
熔点/凝固点(℃):125～131(分解)	沸点(℃):293(100 kPa)
相对密度(水=1):1.158	n-辛醇/水分配系数:2.94
相对蒸气密度(空气=1):6.35	溶解性:易溶于乙醇;微溶于苯;难溶于水;不溶于乙酸,25℃时水中溶解度221 mg/L

2. 用途与接触机会

本品又名二苯肼、氢化偶氮苯、对称二苯肼,与无机酸反应生成联苯胺,因此常用于制造联苯胺,生产染料中间体，合成抗关节炎药保泰松等。制造某些染料和药物时容易发生职业接触。

用于治疗关节炎的药物保泰松和用于治疗痛风性关节炎的药物磺胺吡嗪可水解成1,2-二苯肼。

3. 毒代动力学

主要通过呼吸道和消化道进入体内，在胃中可以转化为联苯胺，一种已知的人类致癌物质。

4. 毒性与毒作用机制

4.1 慢性毒性

美国NCI对长时间低浓度暴露于1,2-二苯肼对非肿瘤病变的发病率的评估结果显示，在高剂量暴露雄性大鼠组，脂肪肝发病率在统计学意义上增加(病例组20%，对照组0)，高剂量雄性大鼠的胃角化过度和棘皮症的发病率有统计学的增加。

4.2 致突变性

1,2-二苯肼可诱导鼠伤寒沙门氏菌发生突变，但在大肠杆菌中未发生，且在中国仓鼠细胞中产生染色体畸变和姐妹染色单体交换。但两个突变均需要外源性代谢活化系统。在体内研究中，当以单次100 mg/kg腹膜内注射给药时，1,2-二苯肼可抑制小鼠睾丸DNA的合成，但无论是饲料喂养还是注射给药，均不会在果蝇中引起连锁的隐形致死突变。

4.3 致癌性

1,2-二苯肼其化学结构与联苯胺相似，而联苯胺是一种已知的人膀胱致癌物。大鼠及小鼠相关研究实验结果均为阳性，但缺乏人类相关致癌性研究。

5. 风险评估

本品对水生生物毒性极大并具有长期持续影响，其环境危害GHS分类为：危害水生环境—急性危害，类别1；危害水生环境—长期危害，类别1。

氮　芥

1. 理化性质

CAS号：51-75-2	外观与性状：无色或淡黄色易流动液体，稍有气味
熔点/凝固点(℃)：-60	沸点(℃)：87(2.4 kPa)

(续表)

饱和蒸气压(kPa)：0.02(25℃)	n-辛醇/水分配系数：0.91
相对密度(水=1)：1.118	相对蒸气密度(空气=1)：5.9
溶解性：微溶于水；可溶于二甲基甲酰胺(DMF)、二硫化碳(CS_2)、四氯化碳(CCl_4)等有机溶剂	

2. 用途与接触机会

氮芥为双氯乙胺类烷化剂，是最早用于临床肿瘤的药物之一，属于烷化剂抗肿瘤药。氮芥可作胸、腹或心包腔注射治疗恶性体腔积液，也可作为免疫抑制剂使用，以及局部使用其乙醇或二甲亚砜(0.05%)溶液治疗牛皮癣、白癜风、蕈样霉菌病。

3. 毒代动力学

氮芥进入体内后恩比兴很快解离或与细胞的某些成分结合，迅速分布于肺、小肠、脾脏、肾脏、肝脏及肌肉等组织中，脑中含量最少。血浆中氮芥90%在0.5～1 min内即消失，24 h内50%以代谢物形式排出。由于氮芥的变化较快，原形物从尿中排出不到0.01%，20%的药物以二氧化碳形式经呼吸道排出，有多种代谢产物从尿中排出。

4. 毒性与中毒机理

本品大鼠经口LD_{50}：10 mg/kg；大鼠经口LD_{50}：10 mg/kg；家兔眼刺激试验：400 μg，严重危害。

氮芥对局部组织有较强刺激作用，反复注射的静脉可引起静脉炎和栓塞性静脉炎，药液漏于血管外可引起局部肿胀、疼痛，甚至组织坏死、溃疡；可以引起食欲减退、恶心、呕吐或腹泻等胃肠道症状；可引起骨髓抑制，导致可引起白细胞、血小板明显减少等。IARC分类为2A。

是一强起疱剂和局部刺激剂。

健康危害GHS分类为急性毒性—经口，类别2；急性毒性—经皮，类别1；急性毒性—吸入，类别1；皮肤腐蚀/刺激，类别1；严重眼损伤/眼刺激，类别1；致癌性，类别1B；生殖细胞致突变性，类别1B；特异性靶器官毒性——次接触，类别2。

氮芥属于细胞周期非特异性药，具有活泼的烷化基因，能和细胞的氨基、巯基、羧基和磷酸等起作用，影响细胞的代谢，导致细胞死亡。进入人体后，在体内水解释放氯离子，成为游离基，通过分子内成环作用，形成高度活泼的乙烯亚胺离子，可与脱氧核糖核酸发生烷化作用，影响核酸代谢，抑制细胞有丝分裂，具较强的细胞毒作用。其缺点是对肿瘤细胞和正常细胞的作用差异不大，选择性差，所以毒性亦大。

氮芥最重要的反应是与鸟嘌呤第7位氮共价结合，产生DNA的双链内的交叉联结或DNA的同链内不同碱基的交叉联结。G1期及M期细胞对氮芥的细胞毒作用最为敏感，由G1期进入S期延迟。

5. 人体健康危害

人静脉注射0.4 mg/kg，可迅速引起肠胃道症状，迟发性白细胞抑制。

张素青报道了26例氮芥泄漏喷射至眼部，致眼睑眶周皮肤瘙痒、灼痛感、潮红，双眼畏光、流泪，眼睑痉挛，视物模糊。2～3 h疼痛灼热感加重，眼睑眶周颜面部皮肤出现红斑。5～10 h红斑中央出现弥漫性出血，以及密集浅黄色小水泡，双眼睑皮肤肿胀，点片状破损，形成数个大小不等溃疡面。双眼睑球结膜明显充血，伴有结膜下弥漫性出血，血管怒张。在角巩缘处形成“火山口”爆发状改变。部分球结膜、角巩缘组织坏死脱落，角膜毛玻璃状混浊。严重者瞳孔区3～9点下方呈乳白色，部分角膜上皮脱落，角巩膜处出现大小不等水泡，瞳孔缩小，虹膜纹理模糊。治疗主要是眼球及眼周皮肤早期彻底清创，预防感染和防止黏连。全身对症治疗，效果大都满意。

段力平等报道了3例使用氮芥治疗肾病综合征引起的心脏毒性反应，主要表现为窦性心动过速，T波普遍低平，心肌酶增高，停用氮芥后缓解。

三(β-氯乙基)胺

1. 理化性质

CAS号：55-86-7	外观与性状：淡黄色易流动的液体
熔点/凝固点(℃)：−4	相对密度(水=1)：1.23
沸点(℃)：144(2 kPa)	相对蒸气密度(空气=1)：7.1
饱和蒸气压(kPa)：64.5(25℃)	n-辛醇/水分配系数：2.27
溶解性：溶于二甲基甲酰胺、二硫化碳、四氯化碳等，水中溶解度60 mg/L(25℃)	

2. 毒性

本品又名三(2-氯乙基)胺，给予犬1 mg/kg染毒，几小时内可引起呕吐、厌食、血便。可引起因外周循环衰竭导致的缺氧性晕厥。在小鼠静脉注射中，即刻反应是外周血淋巴细胞计数减少。三(β-氯乙基)胺是很强的皮肤发泡剂，并可引起结膜炎。

小鼠经皮LD_{50}：7 mg/kg；小鼠静脉注射LD_{50}：1 mg/kg；大鼠静脉注射LD_{50}：0.7 mg/kg；大鼠经皮LD_{50}：4.9 mg/kg；大鼠经口LD_{50}：33 mg/kg。

潜在致癌试验显示，在大鼠或小鼠的皮下注射部位引起了肉瘤发生率的升高。

3. 人体健康危害

是一种强的刺激剂，直接接触可能引起皮肤或角膜的损伤。

人一次口服4～6 mg，可引起恶心、呕吐、腹泻。口服3 mg/d，连续5～6 d可产生白细胞减少。

2-氯乙基二乙胺

1. 理化性质

CAS号：100-35-6	外观与性状：有氨气味的无色液体
熔点/凝固点(℃)：−47	相对密度(水=1)：0.892 1(20℃)
沸点(℃)：163	相对蒸气密度(空气=1)：4.69
闪点(℃)：48	溶解性：溶于水、乙醇、乙醚、苯和丙酮

2. 用途与接触机会

本品为表面活性剂，其亲油性强，显弱碱性，同时还可用作表面活性剂的原料，与脂肪酸生成胺皂，可用作蜡的乳化剂，用于家具、地板和鞋油，获得耐水性好的膜；用作动植物油、切削油、化妆品等的乳化剂；树脂改性剂，用于醇酸树脂时，可获得优良的热固化和常温固化的水溶性涂料；也用作聚氨酯树脂硬质泡沫的发泡催化剂；由于显弱碱性，可以用作金属反腐蚀剂、pH调节剂，中山乙酸和苄氯，或代替季铵盐；其苯烯酸酯和甲基丙烯酸酯或它们的聚合物，用作阳离子絮凝剂，用于燃料油；用作合成纤维的改性剂；吸收酸性气体，加热时又可将吸收的气体放出，用于气体精制；用作染料、树脂、漆紫胶和酪蛋白等的溶剂；医药中间体，用于生产抗组胺剂和局部麻醉剂“普鲁卡因”；用作二甲乙醇胺和染料的原料。

3. 毒性

有腐蚀性和刺激性，对皮肤和眼睛均能造成伤害。

家兔皮肤刺激试验：2 mg/24 h，严重；大鼠经口 LD_{50}：17 mg/kg；家兔经皮 LD_{50}：300 μl/kg。

健康危害 GHS 分类为急性毒性—经口，类别 2；急性毒性—经皮，类别 1。

尿嘧啶氮芥

1. 理化性质

CAS 号：66－75－1	外观与性状：乳白色晶体或白色粉末
熔点/凝固点(℃)：206	溶解性：难溶于水，水中溶解度小于 1 mg/L(20℃)；不溶于乙醇、氯仿

2. 用途与接触机会

本品又名乌拉莫司汀，是一种抗癌物质原料[5－双(2－氯乙基)氨基尿嘧啶]，临床用于慢性粒细胞及淋巴细胞白血病、恶性淋巴瘤。

3. 毒性

小鼠腹腔注射 LD_{50}：3 mg/kg；大鼠腹腔注射 LD_{50}：1.25 mg/kg；大鼠经口 LD_{50}：3.55 mg/kg。本品健康危害 GHS 分类为急性毒性—经口，类别 1。为国家《危险化学品目录(2015 版)》中所列的剧毒品。

可引起大鼠骨髓广泛损害。高浓度(0.3～0.6 mg/kg)能导致肝脏病变。

有致突变作用。对大鼠有致畸作用。

IARC 分类为 2B。

第30章

农　　药

概　　述

农药(pesticides)是指用于防止、控制或消灭一切虫害的化学物质或化合物。《中华人民共和国农药管理条例》中对农药的定义是：用于预防、消灭或者控制危害农业、林业的病、虫、草和其他有害生物以及有目的的调节植物、昆虫生长的化学合成或者来源于生物、其他天然物质的一种物质或者几种物质的混合物及其制剂。包括：(1) 预防、消灭或者控制危害农业、林业的病、虫(包括昆虫、蜱、螨)、草和鼠、软体动物等有害生物的；(2) 预防、消灭或者控制仓储病、虫、鼠和其他有害生物的；(3) 调节植物、昆虫生长的；(4) 用于农业、林业产品防腐或者保鲜的；(5) 预防、消灭或者控制蚊、蝇、蜚蠊、鼠和其他有害生物的；(6) 预防、消灭或者控制危害河流堤坝、铁路、机场、建筑物和其他场所的有害生物的。

农药是一类特别的化学品。人类在生产农药后，会有目的的将之投放到环境中去，以达到需要的目的。农药的接触非常广泛，既有大量的从事生产、运输、保存、使用的职业接触人群，也有通过污染的产品、水体、土壤等环境接触的整个社会人群。在职业接触人群中，与其他工业品明显不同，有广泛的使用者是其一个主要特征。在农村，由于容易获得，农药已经是自杀性中毒的主要工具。因此，针对农药的管理也有特别的要求。

(一) 农药分类

农药品种众多。根据用途，通常把农药分为以下几类：(1) 杀虫剂(Insecticides)：包括杀螨剂(miticides or acarides)，如吡虫啉、毒死蜱、高效氯氰菊酯、异丙威等，在标签上用“杀虫剂”或“杀螨剂”字样和红色带表示。有机酸酯类(organophosphates)、氨基甲酸酯类(carbamates)、拟除虫菊酯类(pyrethroids)、沙蚕毒素类(nereistoxin derivatives)、有机氯类(organochlorides)均属此类；(2) 杀菌剂(fungicides)：如多菌灵、代森锰锌、井冈霉素等，在标签上用“杀菌剂”字样和黑色带表示。常包括有机硫类(organosulfur)、有机砷(胂)类(organic arsenates)、有机磷类、取代苯类、有机杂环类及抗菌素类杀菌剂；(3) 除草剂(herbicides)：如草甘膦、百草枯、莠去津、烯禾啶、敌稗等，在标签上用“除草剂”字样和绿色带表示。常包括季铵类、苯氧羧酸类、三氮苯类、二苯醚类、苯氨类、酰胺类、氨基甲酸酯类、取代脲类等化合物；(4) 植物生长调节剂(growth regulators)：如芸苔素内酯、多效唑、赤霉素等，在标签上用“植物生长调节剂”字样和深黄色带表示。(5) 杀鼠剂(rodenticides)：如杀鼠醚、溴敌隆等，在标签上用“杀鼠剂”字样和蓝色带表示。此外还有生物化学农药、微生物农药、植物源农药、转基因生物、天敌生物等特殊农药。

按照对靶生物的作用方式，农药还可以分为触杀剂(Contact Poison)、胃毒剂(Stomach Poison)、熏蒸剂毒剂(Fumigant Poison)、内吸毒剂(Systematic Poison)等。这一分类方式，有利于指导实际使用，避免因药效时间未到而加大用量造成危害。

按化学结构分类，从大的方面农药可以分为无机化学农药和有机化学农药。目前无机化学农药品种较少，有机化学农药大致可分为有机氯类、有机磷类、拟除虫菊脂类、氨基甲酸脂类、有机氮类、有机硫类、酚类、酸类、醚类、苯氧羧酸类、脲类、磺酰脲类、三氮苯类、脒类、有机金属类以及多种杂环类。

按其成分划分，农药可分为原药和制剂。原药是指产生生物活性的有效成分，如市售家用卫生用品的有效成分除虫菊酯。制剂除活性成分外，还有溶剂、助剂以及如颜料、催吐剂和杂质等其他成分。制剂还有不同的剂型，如乳油（EC）、悬浮剂（Suspension Concentrate，SC）、水乳剂（即浓乳剂）（Emulsion in water，EW）、微乳剂（Microemulsion，ME）、可湿性粉剂（WP）、水性化（又称水基化）剂型及水分散粒剂（WDG）、微胶囊等。按单、混剂分类，单独使用时称农药单剂，将两种以上农药混合配制或混合使用则称为农药混剂。

在我国混配农药使用非常普遍，约占使用品种的60%以上。杀虫剂混剂中，一般都含有有机磷，其中以有机磷与拟除虫菊酯、有机磷与另一有机磷，以及两种不同有机磷与拟除虫菊酯混配者最多。其他主要混配的制剂有有机磷与氨基甲酸酯的混剂，以及有机磷与氨基甲酸酯和拟除虫菊酯的三元混配制剂等。混配农药的毒性大多数是呈相加作用，少数可有协同作用。混配农药对人体的健康危害更大，在发生中毒时对识别中毒原因提出了更高的要求。有时，因只觉察出一种农药，忽视了另外一种农药的存在，而耽误治疗。

（二）农药管理

《中华人民共和国农药管理条例》明确规定了农药管理办法：国家实行农药登记制度、农药生产许可制度、农药经营管理制度和农药使用范围的限制。根据国家规定，未经批准登记的农药，不得在我国生产、销售和使用。目前，禁止使用的农药有两种情况：一种是由于没有生产厂家生产，因而没有申请登记；另一种是由于试验或使用中有安全方面的问题，而不能被批准登记。

限制使用是国家实施的一项重要的保护人民健康的措施。每一种农药都有一定的限制使用条件，这些条件包括使用的作物、防治对象、施用量、方法、使用时期以及土壤、气候、条件等。任何农药产品都不得超出农药登记批准的使用范围。每种农药的限用条件要详细阅读标签和说明书。

农药的毒性相差悬殊，一些制剂如微生物杀虫剂、抗生素等实际无毒或基本无毒。在我国，依据农药的大鼠急性毒性的大小，将农药分为剧毒、高毒、中等毒、低毒和微毒五类（表30－1）。不同的毒性分级农药，在登记时其应用范围有严格的限制。

表30－1　我国农药的急性毒性分级标准

毒性分级	经口 LD_{50} (mg/kg)	经皮 LD_{50} (mg/kg)	吸入 LC_{50} (mg/m^3·2 h)
剧毒	≤5	≤20	≤20
高毒	＞5～50	＞20～200	＞20～200
中等毒	＞50～500	＞200～2 000	＞200～2 000
低毒	＞500～5 000	＞2 000～5 000	＞2 000～5 000
微毒	＞5 000	＞5 000	＞5 000

（三）农药的健康危害

农药对人体的影响主要包括急性中毒和长期接触后的不良健康效应。述及农药的职业卫生问题通常会包括农药生产过程中使用的原料、半成品等可能对健康的影响。这些化学物的毒性资料可能在其他章节有介绍。

农药急性中毒危害主要取决于农药本身的急性毒性大小和人群短时间内可能的接触量。农药的长期健康危害问题比较复杂，已有报告说一些农药可以引起致癌、生殖发育和免疫功能损伤等危害。有时农药的活性成分毒性不大，但所用的溶剂或助剂的毒性成为罪魁祸首。如家庭卫生杀虫剂常用增效剂八氯二丙醚（Octachlorodipropyl ether，S2或S421），目前列为可疑致癌物和持久性有机污染物。其两步合成中间体和分解产物为二氯甲醚，二氯甲醚已列入已知人类致癌物。

职业性急性农药中毒主要发生在农药厂工人以及施用农药的人员中。职业性急性中毒，除事故性以外，通常程度较轻，如能及时救治，都能恢复健康。农村地区夏季使用农药普遍，在高温季节农药轻度中毒常与中暑合并或混淆，在治疗时应该给予重视。目前国内农药中毒的另一个重要原因是生活性的，这些病例通常中毒程度严重，对人民群众健康构成了严重威胁。

（四）农药中毒诊治

4.1　诊断

目前职业性农药中毒的诊断国家标准为GBZ 8—2002《职业性急性有机磷杀虫剂中毒诊断标准》，GBZ 43—2002《职业性急性拟除虫菊酯中毒诊断标准》和GBZ 52—2002《职业性急性氨基甲酸酯杀虫剂中毒诊断标准》，其他种类农药中毒无特定的国家职业病诊断标准，其职业性中毒的诊断需要符合职业病诊断的一般原则，包括职业接触史、现场职业卫生调查、相应的临床表现和必要的实验室检测，全面综合分析，并排除非职业性因素所致的类似疾病，才能做出切合实际的诊断。

正确诊断是有机磷农药中毒抢救成功与否的关键。由于有机磷农药中毒后，病情变化迅速，必须随时观察病情变化，根据病情调整用药。根据《职业性急性有机磷杀虫剂中毒诊断标准》职业性急性有机磷农药中毒的诊断原则是根据短时间接触较大量有机磷杀虫剂的职业史，出现以自主神经、中枢神经和周围神经系统症状为主的临床表现，结合血液胆碱酯酶活性下降，参考作业环境的职业卫生学调查资料，经过综合分析，并排除其他类似疾病后作出诊断。根据病情严重程度，分为轻度、中度、重度中毒三级。同时应注意在有机磷中毒病程中还可能出现中间期肌无力综合征，常表现为在急性中毒后 1～4 天左右，胆碱能危象基本消失且意识清晰，出现肌无力为主的临床表现，严重者甚至出现呼吸肌麻痹及上气道通气障碍。在急性重度和中度中毒后 2～4 周，还可能出现迟发性多发性神经病，表现为在胆碱能症状消失后，出现感觉、运动型多发性神经病，神经-肌电图检查显示神经源性损害，故在中毒的早期及恢复期均需密切观察相应的病情变化。

《职业性急性拟除虫菊酯杀虫剂中毒诊断标准》规定了急性拟除虫菊酯杀虫剂中毒的诊断原则。根据短期内密切接触较大量拟除虫菊酯的职业史，出现以神经系统兴奋性异常为主的临床表现，结合现场调查，进行综合分析，在排除其他有类似临床表现的疾病后，可以做出诊断。尿中拟除虫菊酯原型或代谢产物可作为接触指标。根据病情严重程度，分为轻度、重度中毒两级：(1) 轻度中毒表现为明显全身症状，包括头痛、头晕、乏力、食欲不振以及恶心，并有精神萎靡、呕吐、口腔分泌物增多或肌束震颤。(2) 重度中毒时除上述临床表现外，具有下列一项表现：① 阵发性抽搐；② 意识障碍；③ 肺水肿。

依据《职业性急性氨基甲酸酯杀虫剂中毒诊断标准》，职业性急性氨基甲酸酯类杀虫剂中毒的诊断是根据短时间内接触大量氨基甲酸酯杀虫剂的职业史，迅速出现相应的临床表现，结合全血胆碱酯酶活性的及时测定结果，参考现场劳动卫生学调查资料，进行综合分析，在排除其他病因后，方可诊断。根据病情严重程度，分为轻度、重度中毒两级：(1) 轻度中毒：短期密切接触氨基甲酸酯后，出现较轻的毒蕈碱样和中枢神经系统症状，如头晕、头痛、乏力、视物模糊、恶心、呕吐、流涎、多汗、瞳孔缩小等，有的伴有肌束震颤等烟碱样症状，一般在 24 h 以内恢复正常。全血胆碱酯酶活性一般在 70%以下。(2) 重度中毒：除上述症状加重外，并具有以下任何一项表现：① 肺水肿；② 昏迷或脑水肿。全血胆碱酯酶活性一般在 30%以下。

此外，在农药中毒的诊治中，必须注意接触混配农药时各类农药中毒的识别，有针对性地进行病情观察和确定治疗方案。鉴别诊断包括中枢神经系统感染、脑血管意外、颅脑外伤、癫痫、格林巴利综合征、遗传性疾病、糖尿病等代谢性疾病、中暑等，以及药物和其他化学物如一氧化碳、铊、砷、正己烷等中毒。

4.2 急性中毒处理原则

(1) 清除毒物和防止毒物继续吸收：立即使患者脱离中毒现场，脱去污染衣服，用肥皂水（忌用热水）或清水彻底清洗污染的皮肤、头发、指甲；眼部受污染者，应迅速用清水、生理盐水冲洗。如口服要及时彻底洗胃。

(2) 特效解毒药：急性有机磷农药中毒迅速给予解毒药物。轻度者可单独给予阿托品；中度或重度中毒者，需要阿托品及胆碱酯酶复能剂（如氯磷定、解磷定）两者并用。合并使用时，有协同作用，剂量应适当减少。对有机磷重度中毒患者阿托品治疗的原则是"早期、足量、重复给药"，达到阿托品化而避免阿托品中毒。内吸磷、对硫磷、甲拌磷中毒时，使用胆碱酯酶复能剂疗效较好；敌敌畏、乐果等中毒时，使用胆碱酯酶复能剂的效果较差，治疗应以阿托品为主。

急性拟除虫菊酯中毒尚无特效解毒治疗，以对症治疗及支持疗法为主。如为拟除虫菊酯类与有机磷类混配农药的急性中毒，临床表现常以有机磷中毒为主，治疗上也应先解救有机磷农药中毒，再辅以对症治疗。

急性氨基甲酸酯类杀虫剂中毒时首选治疗药物是阿托品。但要注意，轻度中毒不必阿托品化；重度中毒者，开始最好静脉注射阿托品，并尽快达阿托品化，但总剂量远比有机磷中毒时小。一般认为单纯氨基甲酸酯杀虫剂中毒不宜用肟类复能剂，因其可增加氨基甲酸酯的毒性，并降低阿托品疗效。但目前的临床经验提示，适当使用肟类复能剂是有助于治疗的。氨基甲酸酯和有机磷混配农药中毒时，应以阿托品治疗为主，过去认为要谨慎使用肟类复能剂，出现明显烟碱样症状时酌情使用，但临床经验表明，适当使用是有效的。

(3) 对症支持治疗：特别注意要保持呼吸道通畅。出现呼吸衰竭或呼吸麻痹时，立即给予机械通气，必要时做气管插管或切开。呼吸暂停时，不要轻易放弃治疗。对非胆碱能机制的一些相应症状也可以应用相应的药物。急性有机磷农药中毒患者临床表现消失后仍应继续观察 2～3 d；乐果、马拉硫磷、久效磷中毒者，应延长治疗观察时间，重度中毒患者避免过早活动，防止病情突变。有抽搐者应用抗惊厥药物，有心脏损害表现、脑水肿者对症治疗与内科相同。

(五) 农药中毒预防

农药中毒的预防措施与其他化工产品的原则基本相同，但要考虑农药有广泛应用的特性。除《中华人民共和国农药管理条例》外，国家或有关主管部门颁发了《农药安全使用规定》和《农药合理使用准则》以及《农村农药中毒卫生管理办法》等法规。预防农药中毒的关键是加强监管和普及安全用药知识。

(1) 严格执行农药管理的有关规定，生产农药必须进行产品登记和申领生产许可，农药经营必须实行专营制度，避免农药的扩散和随意购买。限制或禁止使用对人、畜危害性大的农药，鼓励发展高效低毒的农药，逐步淘汰高毒类的农药。农药容器的标签必须符合国家规定，有明确的成分标识、毒性分级和意外时的急救措施等。

(2) 积极宣传、落实预防农药中毒管理办法等，严格执行农药登记的使用范围的限制，剧毒农药绝不可用于蔬菜和收获前的粮食作物和果树等。开展安全使用农药的教育，提高防毒知识与个人卫生防护能力。

(3) 改进农药生产工艺及施药器械，防止跑、冒、滴、漏；加强通风排毒措施，用机械化包装替代手工包装。

(4) 遵守安全操作规程。① 农药运输应专人、专车，不与粮食、日用品等混装、混堆。装卸时如发现破损，要立即妥善改装，被污染的地面、包装材料、运输工具要正确清洗，可用 1%碱水、5%石灰乳或 10%草木灰水处理。② 营销部门要作好农药保管及销售管理的工作，剧毒农药要有专门仓库或专柜放置，不要随意出售剧毒农药。③ 配药、拌种应有专门的容器和工具，严格按照说明书要求正确掌握配置的浓度。容器、工具用毕后，要在指定的地点清洗，防止污染水源等。④ 喷药时遵守操作规程，防止农药污染皮肤和吸入中毒。一些行之有效的经验，如站在上风向、倒退行走喷洒值得推广。在中午等非常炎热时间或大风时，要停止作业。⑤ 施药工具要注意保管、维修，防止发生泄露。严禁用嘴吹吸喷头和滤网等。⑥ 注意个人防护。施药员要穿长衣长裤，使用塑料薄膜围裙、裤套或鞋套。如皮肤受污染要及时清洗。不在工作时吸烟或吃食物。污染的工作服及时、恰当地清洗，不要带回家。⑦ 使用过农药的区域要竖立标志，在一定时间内避免进入，以防中毒发生。

(5) 医疗保健、预防措施。① 生产工人要进行就业前和定期体检，通常一年一次，除常规项目外，可针对接触相应的农药增加有关指标，如有机磷农药接触工人的全血胆碱酯酶活性。患有神经系统疾病、明显肝肾疾病以及其他不适宜从事此类作业的疾病者，要调离接触农药的岗位。妊娠期和哺乳期的妇女也不宜继续从事此类作业。② 施药人员要给予健康指导。广大的施药人员来自于农村，不能享受有关的职业卫生服务，因此健康指导非常重要。要告知每天施药时间不要过长，不超过 6 h，连续施药 3～5 d 后要休息 1～2 d，不在炎热的时间喷洒农药等。如患一些疾病，不要去从事喷洒作业。

(6) 其他措施。① 指导农(居)民不要到处乱放农药。购买回来的农药切莫与粮食、化肥、种子等混放在一起，也不能存放在人、畜经常出入的地方(如客厅、厨房)，而应当贮放在阴凉、通风、干燥、特别是小孩不能找到的较隐蔽的地方(如可以放在贴上标记的专柜或特制木箱中，外面再加上锁)。使用后的农药瓶、包装袋不要乱丢。随意将农药瓶和农药塑料丢弃在路边、田间地头、沟渠水坑，不但破坏了环境，而且还很容易造成人畜中毒。对于使用后的农药包装袋、药瓶可采取在野外挖坑深埋的方法处理，防患于未然。② 鼓励组成专业队伍开展施药工作，避免农药的流失，减少接触农药的人数。③ 在高毒类农药中加入警告色或恶臭剂等，避免错误的用途等。④ 关注特殊作业问题。温室大棚内常年处于高温、高湿、通风不良的微小气候条件。在这种环境下使用农药，如杀虫剂、杀菌剂、除草剂、植物生长调节剂等，加重了这类化学品对长期接触的劳动者可能健康影响。职业卫生专业人员应该给予足够的关注。

主要农药种类与毒性

(一) 有机磷酸酯类农药

1.1 理化特性

有机磷农药的基本化学结构如下：

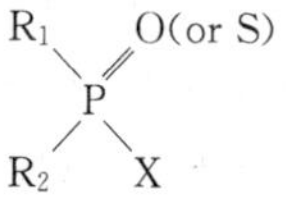

粗略地可分为磷酸酯类(P＝O)和硫代磷酸酯类(P＝S)两大类。再根据 X 的结构特征分为磷酰胺及硫代磷酰胺、焦磷酸酯、硫代焦磷酸酯和焦磷酰胺类等。

有机磷农药纯品一般为白色结晶，工业品为淡黄色或棕色油状液体，除敌敌畏等少数品种有不太难闻的气味外，大多有类似大蒜或韭菜的特殊臭味。有机磷农药的沸点除少数例外，一般都很高。比重多大于 1，比水稍重。常具有较高的折光率，在常温下，有机磷农药的蒸气压力都很低，但无论液体或固体，在任何温度下都有蒸气逸出，也会造成中毒。一般难溶于水，易溶于芳烃、乙醇、丙酮、氯仿等有机溶剂，而石油醚和脂肪烃类则较难溶。

大部分磷酸酯或酰胺类有机磷农药，容易在水中发生水解而分解为无毒化合物，但磷酰胺类有机磷则水解较难，敌百虫在碱性条件下可变成敌敌畏。很多有机磷农药在氧化剂作用或生物酶催化作用下容易被氧化。有机磷农药一般均不耐热，其化学结构不稳定，在加热到 200℃以下即发生分解，甚至爆炸。

1.2 毒理

各种有机磷农药的毒性高低不一，与其化学结构中取代基团有关。例如，结构式中 R 基团为乙氧基时，其毒性较甲氧基大，因为后者容易分解；X 基团为强酸根时，毒性较弱酸根大，因为前者能使磷原子的趋电性增强，从而使该化合物对胆碱酯酶亲和力增高。

有机磷农药可经胃肠道、呼吸道以及完好的皮肤与黏膜吸收。经呼吸道或胃肠道进入人体时，吸收较为迅速而完全。皮肤吸收是急性职业性中毒的主要途径。被吸收后的有机磷迅速随血液及淋巴循环而分布到全身各器官组织，其中以肝脏含量最高，肾、肺、脾次之，可通过血脑屏障进入脑组织，一般认为具有氟、氰等基团的有机磷，其穿透血脑屏障的能力较强。有的还能通过胎盘屏障到达胎儿体内。脂溶性高的有机磷农药能少量储存于脂肪组织中延期释放。

有机磷农药在体内的代谢途径及代谢速率因种属而异，并且取决于联结在其基本结构上的替代化学基团的种类。其通用的代谢反应式为：

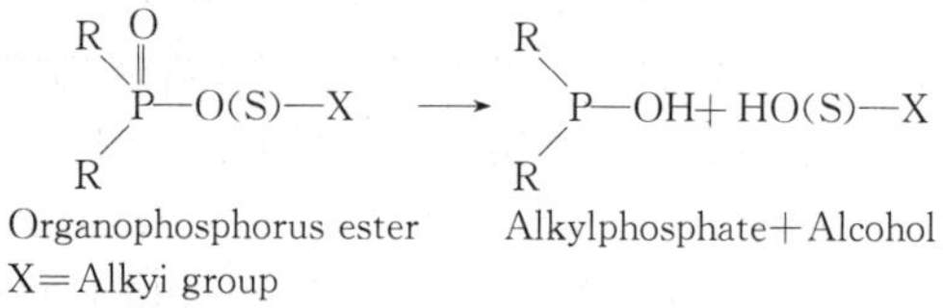

有机磷农药的生物转化一般需经过两相反应。其在生物体内的代谢反应过程参见下图(图 30－1)。有机磷农药在体内的代谢主要为氧化及水解两种形式，一般氧化产物毒性增强，水解产物毒性降低。例如，对硫磷在体内经肝细胞微粒体氧化酶的作用，先被氧化为毒性较大的对氧磷，后者又被磷酸三酯水解酶水解，分解后的代谢产物对硝基酚等随尿排出。马拉硫磷在体内可被氧化为马拉氧磷，毒性增加，也可被羧酸酯水解酶水解失去活性。哺乳动物体内含丰富的羧酸酯酶，对马拉硫磷的水解作用超过氧化作用，而昆虫相反，因而马拉硫磷是高效、对人畜低毒的杀虫剂。乐果在体内也可被氧化成毒性更大的氧化乐果，同时可由肝脏的酰胺酶将其水解为乐果酸，经进一步代谢转变成无毒产物由尿排出。但在昆虫体内，酰胺酶的降解能力有限，因而其杀虫效果较好。

由于有机磷农药结构的相似性，经过上述的生物转化反应，其最终都代谢为下列 6 种二烷基磷酸酯的一种或几种(图 30－2)，并大部分随尿排出。常见有机磷农药相应的代谢产物见表(表 30－2)。有机磷在体内经代谢转化后排泄很快。一般数日内可排完。主要通过肾脏排出，少部分随粪便排出。

参与体内有机磷代谢的酶主要有 P450 系统和酯酶。根据酯酶与有机磷的相互作用特点，酯酶分为两类——能水解有机磷酸酯的酶称 A 酯酶(如对氧磷酶)，被有机磷酸酯抑制的酶称 B 酯酶(如羧酸酯酶和胆碱酯酶)。但以后的研究发现，被称为 B 酯酶的一类酶不仅仅被简单的抑制也可以参与代谢有机磷酸酯，并可以被诱导。酯酶包括硫酯酶、磷酸酶和羧基酯酶等。其中研究的最多的是羧基酯酶，它包括对氧磷酶(paraoxonase)、羧酸酯酶(carboxylesterase)。目前，已经发现对氧磷酶(系统名为芳香基二烷基磷

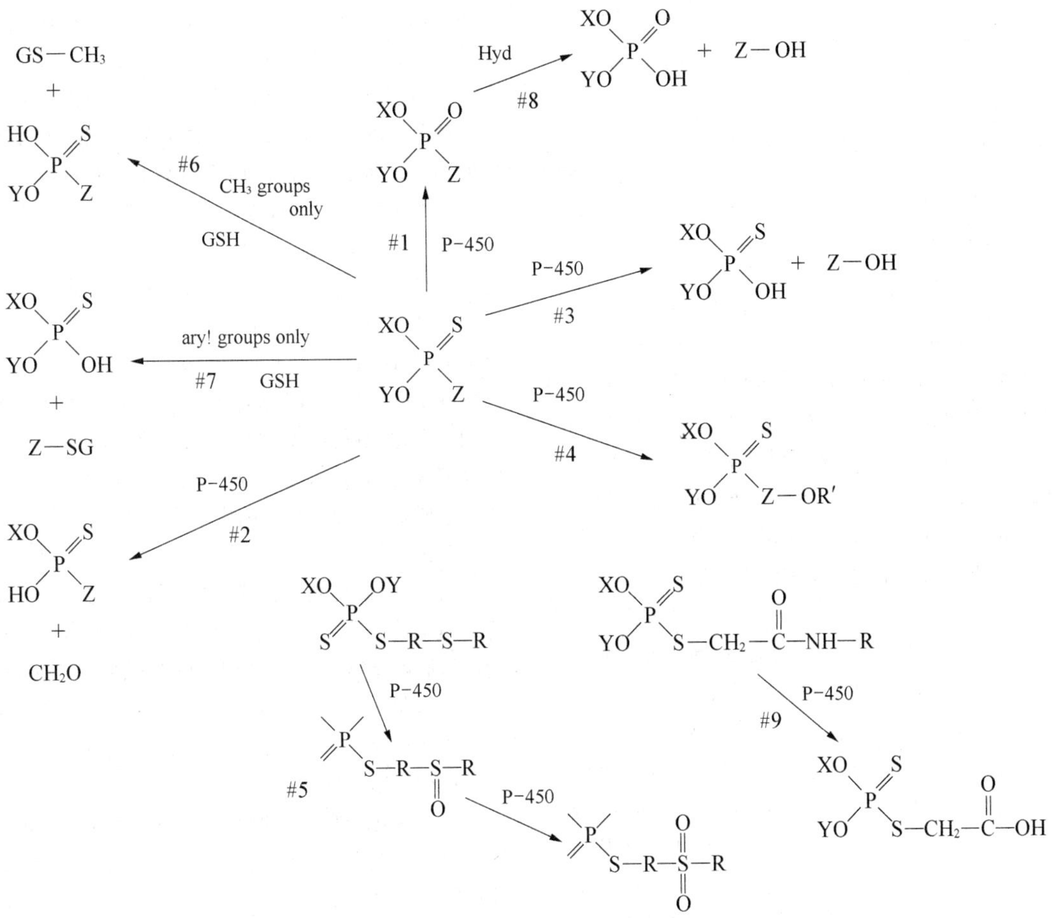

图 30-1 有机磷的主要代谢途径

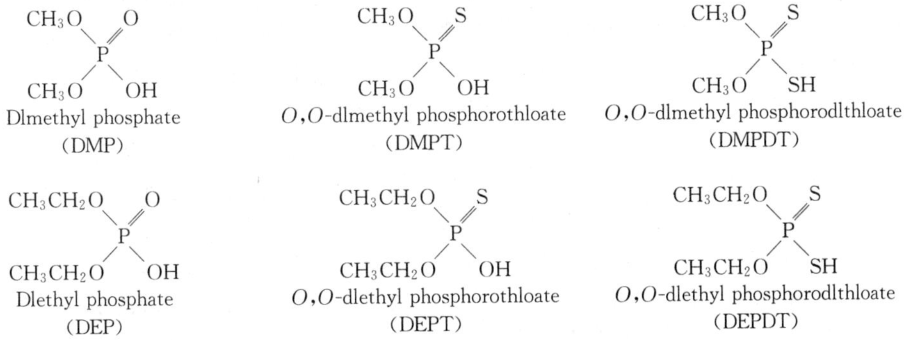

图 30-2 有机磷的 6 种代谢产物

表 30-2 尿中可检测的有机磷农药的 6 种代谢产物及其母体化合物

代谢产物	主要母体化合物
二甲基磷酸酯 Dimethylphosphate(DMP)	敌敌畏、敌百虫、速灭磷、马拉氧磷、乐果、皮蝇磷

(续表)

代谢产物	主要母体化合物
二乙基磷酸酯 Diethylphosphate(DEP)	特普、对氧磷、内吸氧磷、二嗪氧磷,除线磷
二甲基硫代磷酸酯 Dimethylthiophosphate(DMTP)	杀螟硫磷、皮蝇磷、马拉硫磷、乐果

（续表）

代谢产物	主要母体化合物
二乙基硫代磷酸酯 Diethylthiophosphate(DETP)	二嗪农、内吸磷、对硫磷、皮蝇磷
二甲基二硫代磷酸酯 Dimethyldithiophosphate (DMDTP)	马拉硫磷、乐果、谷硫磷
二乙基二硫代磷酸酯 Diethyldithiophosphate(DEDTP)	乙拌磷、甲拌磷

酸酯酶 aryldialkylphosphatase，E.C.3.1.8.1）在人群中有多态现象，7号染色体q21－22点基因位点不同，编码此酶55位和192位氨基酸的基因分别存在ATG/TTG和CAA/CGA多态性。这种酶多态现象可以影响机体对有机磷农药毒作用的易感性和耐受性。

有机磷农药急性毒作用的主要机制是抑制胆碱酯酶（cholinesterase，ChE）的活性，使之失去分解乙酰胆碱（acetylcholine，Ach）的能力，导致乙酰胆碱在体内的聚集，而产生相应的功能紊乱。

乙酰胆碱是胆碱能神经的化学递质，胆碱能神经包括大部分中枢神经纤维、交感与副交感神经的节前纤维、全部副交感神经的节后纤维、运动神经、小部分交感神经节后纤维，如汗腺分泌神经及横纹肌血管舒张神经等。当胆碱能神经兴奋时，其末梢释放乙酰胆碱，作用于效应器。按其作用部位可分为两种情况：① 毒蕈碱样作用（M样作用）：因兴奋乙酰胆碱M受体，其效应与刺激副交感神经节后纤维所产生的作用类似。如心血管抑制、腺体分泌增加、平滑肌痉挛、瞳孔缩小、膀胱及子宫收缩及肛门括约肌松弛等。② 烟碱样作用（N样作用）：在自主神经节、肾上腺髓质和横纹肌的运动终板上，乙酰胆碱的N受体受到兴奋，作用与烟碱相似，小剂量兴奋，大剂量抑制、麻痹。中枢神经内神经细胞之间的突触联系，大部分是属于胆碱能纤维。

胆碱酯酶是一类能在体内迅速水解乙酰胆碱的酶。在正常生理条件下，当胆碱能神经受刺激时，其末梢部位立即释放乙酰胆碱，将神经冲动向其次一级神经元或效应器传递。同时，乙酰胆碱迅速被突触间隙处的胆碱酯酶分解失效而解除冲动，以保证神经生理功能的正常活动。

体内有两类胆碱酯酶，一类称为乙酰胆碱酯酶（AchE），主要分布于神经系统及红细胞表面（由神经细胞及幼稚红细胞合成），具有水解乙酰胆碱的特殊功能，亦称真性胆碱酯酶。另一类为丁酰胆碱酯酶（BuChE），存在于血清、唾液腺及肝脏中（在肝脏中合成），它分解丁酰胆碱的作用较强，也能分解丙酰胆碱及乙酰胆碱，但此种作用较弱。因此其生理功能还不太清楚，也称假性胆碱酯酶。对神经传导起作用的是真性胆碱酯酶。但有机磷中毒时，两类胆碱酯酶都可被抑制。

乙酰胆碱酯酶具有两个活性中心，即阴离子部位和酶解部位。阴离子部位能与乙酰胆碱中带有阳电荷的氮（N）结合。同时酶解部位与乙酰胆碱中的乙酰基中的碳原子（C）结合形成复合物，进而形成胆碱和乙酰化胆碱酯酶。最后，乙酰化胆碱酯酶在乙酰水解酶的作用下，在千分之几秒内迅速水解，使乙酰基形成醋酸，而胆碱酯酶恢复原来状态。

有机磷化合物进入体内后，可迅速与体内胆碱酯酶结合，形成磷酰化胆碱酯酶，因而使之失去分解乙酰胆碱的作用，以致胆碱能神经末梢部位所释放的乙酰胆碱不能迅速被其周围的胆碱酯酶所水解，造成乙酰胆碱大量蓄积，引起胆碱能神经过度兴奋相似的症状，产生强烈的毒蕈碱样症状、烟碱样症状和中枢神经系统症状。

有机磷化合物抑制胆碱酯酶的速度，与其化学结构有一定关系。磷酸酯类如对氧磷、敌敌畏等，在体内能直接抑制胆碱酯酶；而硫代磷酸酯类如对硫磷、乐果、马拉硫磷等，必须在体内经过活化（如氧化）作用后才能抑制胆碱酯酶（间接抑制剂），故其对胆碱酯酶的抑制作用较慢，持续时间相对较长。

随着中毒时间延长，磷酰化胆碱酯酶可失去重活化的能力，而成为“老化酶”。老化是有机磷酸酯类化学物抑制乙酰胆碱酯酶后的一种变化，是指中毒酶从可以重活化状态到不能重活化状态，其实质是一种自动催化的脱烷基反应（dealkylation）。此时即使用复能剂，亦难以恢复其活性，其恢复主要靠再生。红细胞乙酰胆碱酯酶的恢复每天约1%，相当于红细胞的再生速度；血浆胆碱酯酶恢复相对较快，约需1个月左右。

胆碱酯酶活性抑制是有机磷农药急性毒作用的主要机制，但不是唯一的机制。如兴奋性氨基酸、抑制性氨基酸、单胺类递质等非胆碱能机制也涉及。有机磷农药可以直接作用于胆碱能受体，可以抑制其他的酯酶，也可以直接作用于心肌细胞造成心肌损伤。一些农药，如敌百虫、敌敌畏、马拉硫磷、甲胺磷、对溴磷、三甲苯磷、丙硫磷等，还可以引起迟发性神经病变(Organo Phosphate Induced Delayed Neurotoxicity, OPIDN)。OPIDN主要病变为周围神经及脊髓长束的轴索变性,轴索内聚集管囊样物继发脱髓鞘改变。长而粗的轴索最易受损害,且以远端为重,符合中枢-周围远端型轴索病。OPIDN的发病机制尚未完全明了,目前认为与神经病靶酯酶(neuropathy target esterase, NTE)抑制以及靶神经轴索内的钙离子/钙调蛋白激酶B受干扰,使神经轴突内钙稳态失调,骨架蛋白分解,导致轴突变性有关。还有一些农药,如乐果、氧乐果、敌敌畏、甲胺磷、倍硫磷等中毒后,在出现胆碱能危象后和出现OPIDN前,出现中间肌无力综合征(intermediate myasthenia syndrome, IMS)。中间肌无力综合征的主要表现是以肢体近端肌肉、颅神经支配的肌肉以及呼吸肌的无力为特征,其发病机制迄今尚未阐明,主要假设有神经-肌接头传导阻滞、横纹肌坏死、乙酰胆碱酯酶持续抑制、血清钾离子水平下降、氧自由基损伤等。

1.3 临床表现

(1) 急性中毒　潜伏期长短与接触有机磷农药的品种、剂量、侵入途径及人体健康状况等因素有关。经皮吸收中毒者潜伏期较长,可在12 h内发病,但多在2~6 h开始出现症状。呼吸道吸收中毒时潜伏期较短,但往往是在连续工作下逐渐发病。通常发病越快,病情越重。

急性中毒的症状体征可分下列几方面。① 毒蕈碱样症状:早期就可出现,主要表现为:a. 腺体分泌亢进,口腔、鼻、气管、支气管、消化道等处腺体及汗腺分泌亢进,出现多汗、流涎、口鼻分泌物增多及肺水肿等;b. 平滑肌痉挛,气管、支气管、消化道及膀胱逼尿肌痉挛,可出现呼吸困难、恶心、呕吐、腹痛、腹泻及大小便失禁等;c. 瞳孔缩小:因动眼神经末梢ACh堆积引起虹膜括约肌收缩使瞳孔缩小。重者瞳孔常小如针尖;d. 心血管抑制,可见心动过缓、血压偏低及心律失常。但前两者常被烟碱样作用所掩盖。② 烟碱样症状:可出现血压升高及心动过速,常掩盖毒蕈碱样作用下的血压偏低及心动过缓。运动神经兴奋时,表现肌束震颤、肌肉痉挛,进而由兴奋转为抑制,出现肌无力、肌肉麻痹等。③ 中枢神经系统症状:早期出现头晕、头痛、倦怠、乏力等,随后可出现烦躁不安、言语不清及不同程度的意识障碍。严重者可发生脑水肿,出现癫痫样抽搐、瞳孔不等大等。甚至呼吸中枢麻痹死亡。④ 其他症状:严重者可出现许多并发症状,如中毒性肝病、急性坏死性胰腺炎、脑水肿等。一些重症患者可出现中毒性心肌损害,出现第一心音低钝,心律失常或呈奔马律,心电图可显示ST—T改变,QT间期延长,束支阻滞,异位节律,甚至出现扭转性室速或室颤。少数患者在中毒后胆碱能危象症状消失后,出现中间肌无力综合征,出现时间主要在中毒后第2~7 d。部分患者在急性中毒恢复后出现迟发性神经病变。

(2) 慢性中毒　多见于农药厂工人,症状一般较轻,主要有类神经症,部分出现毒蕈碱样症状,偶有肌束颤动、瞳孔变化、神经肌电图和脑电图变化。长期接触对健康的影响,虽然报告不多,但近来受到关注,注意到可能对免疫系统功能、生殖功能的不良作用。

(3) 致敏作用和皮肤损害　有些有机磷农药具有致敏作用,可引起支气管哮喘、过敏性皮炎等。

(二) 拟除虫菊酯类农药

拟除虫菊酯类农药(synthetic pyrenthrods)是人工合成的结构上类似天然除虫菊素(pyrethrin)的一类农药,其分子由菊酸和醇两部分组成。按结构、活性和稳定性等特点可分为一代和二代,一代是由菊酸(chrysanthemic acid)和带有呋喃环和末端链的醇所形成的酯,二代在一代的基础上由3-苯氧苄醇衍生物取代了醇部位。二代拟除虫菊酯由于稳定性好、活性高而被广泛使用。

拟除虫菊酯类农药对棉花、蔬菜、果树、茶叶等多种作物害虫有高效、广谱的杀虫效果,其作用机理是扰乱昆虫神经的正常生理,使之由兴奋、痉挛到麻痹而死亡。拟除虫菊酯对昆虫具有强烈的触杀作用,有些品种兼具胃毒或熏蒸作用,但都没有内吸作用。而且在环境中残留低,对人畜的毒性低,因而大量应用。其缺点主要是对鱼毒性高(可被用于非法捕鱼),对某些益虫也有伤害,长期重复使用也会导致害虫产生抗药性。近年来拟除虫菊酯类农药与有机磷混配的复剂较多。一些低毒的拟除虫菊酯类农药用于家庭卫生杀虫剂。因为普遍使用,其长期接触的健康风险受到关注,新近有文章报告其接触与生殖发育异常有关联,可能具有内分泌干扰作用。

2.1 理化性质

大多数为黏稠状液体,呈黄色或黄褐色,少数为白色结晶如溴氰菊酯,一般配成乳油制剂使用。多数品种难溶于水,易溶于甲苯、二甲苯及丙酮中。大多不易挥发，在酸性条件下稳定，遇碱易分解。用于杀虫的拟除虫菊酯类农药多为含氰基的化合物（II型），用于卫生杀虫剂则多不含氰基（I型），常配制成气雾或电烤杀蚊剂。

2.2 毒理

多为中等毒性（II型）和低毒类（I型）。可经呼吸道、皮肤及消化道吸收。在田间施药时，皮肤吸收尤为重要。拟除虫菊酯类农药是一类亲脂性很强的化合物，绝大多数对鱼类高毒，因为即使水中浓度很低，也会被鱼鳞吸收。

拟除虫菊酯类农药在哺乳动物体内被肝脏的酶水解及氧化。反式异构体的代谢主要靠水解反应，顺式异构体的解毒则主要靠氧化反应。一般反式异构体的水解及排泄较快，因此比顺式异构体的毒性要小些。拟除虫菊酯类农药的生物降解主要通过酯的水解和在芳基及反式甲基上发生羟化两个途径。排出的代谢物中如为酯类，一般皆以游离的形式排出；若是酸类如环丙烷羧酸或由芳基形成的苯氧基苯甲酸，则以结合物的形式（主要与葡萄糖醛酸结合）排出，粪中还排出一些未经代谢的溴氰菊酯。一些拟除虫菊酯类化合物本身有多个异构体，其水解后的代谢物甚为复杂。拟除虫菊酯类化合物的水解可被有机磷杀虫剂在体内或体外所抑制，因此先后或同用这两种杀虫剂能协同增强杀虫的效果及其急性毒性。

拟除虫菊酯类农药在人体内的半衰期约为 6 h，在人体内的一相反应首先是酯键断列形成相应的菊酸和醇，醇继续氧化为酸，二相反应主要与体内葡萄糖醛酸形成结合型的酯。二代拟除虫菊酯的代谢物主要为 3-苯氧基苯甲酸（简称 3-PBA）、顺式-3-(2,2-二氯乙烯基)-2,2-二甲基环丙烷-1-羧酸、反式-3-(2,2-二氯乙烯基)-2,2-二甲基环丙烷-1-羧酸，这些代谢物主要通过粪便和尿液排出体外。这些代谢产物可以用于接触评估，总体描述二代拟除虫菊酯类化学物接触水平。

拟除虫菊酯类农药属于神经毒物，毒作用机制未完全阐明。其I型化合物不含有 α-氰基，如二氯苯醚菊酯、丙烯菊酯，可使中毒动物出现震颤、过度兴奋、共济失调、抽搐和瘫痪等；其II型化合物含有 α-氰基，如溴氰菊酯、氰戊菊酯、氯氰菊酯等，可使中毒动物产生流涎、舞蹈与手足徐动、易激惹兴奋，最终瘫痪等。两型拟除虫菊酯都选择性地作用于神经细胞膜的钠离子通道，使去极化后的钠离子通道 m 闸门关闭延缓，钠通道开放延长，从而产生一系列兴奋症状。接触者面部出现烧灼或痛痒的异常感觉，可能系由于局部皮肤接触后刺激感觉神经去极化出现重复放电所致。除神经毒性外，动物实验发现，拟除虫菊酯类农药还具有生殖毒性，对大鼠甲状腺素分泌及免疫系统功能也具有影响。人群资料的报道主要是关于拟除虫菊酯类农药暴露对男性生殖系统的影响，如影响男性生殖激素水平，影响精子活力等，此外也有拟除虫菊酯类农药具有免疫毒性的报道。

2.3 临床表现

（1）急性中毒职业性中毒　多为经皮吸收和经呼吸道吸收引起，症状一般较轻，表现为皮肤黏膜刺激症状和一些全身症状。首发症状在接触 4～6 h 出现，多为面部皮肤灼痒感或头昏，如污染眼内者可立即引起眼痛、畏光、流泪、眼睑红肿及球结合膜充血水肿。全身症状最迟 48 h 后出现。中毒者约半数出现面部异常感觉，自述为烧灼感、针刺感或发麻、蚁走感，常于出汗或热水洗脸后加重，停止接触数小时或 10 余小时后即可消失。少数患者出现低热，瞳孔一般正常，个别皮肤出现红色丘疹伴痒感。轻度中毒者全身症状为头痛、头晕、乏力、恶心、呕吐、食欲不振、精神萎靡或肌束震颤，部分患者口腔分泌物增多，多于 1 w 内恢复。

如中毒程度重（如大量口服），则很快即出现症状，主要为上腹部灼痛、恶心或呕吐等。此外，尚可有胸闷、肢端发麻、心慌及视物模糊、多汗等症状。部分中毒患者四肢大块肌肉出现粗大的肌束震颤。严重者出现意识模糊或昏迷，常有频繁的阵发性抽搐，抽搐时上肢屈曲痉挛、下肢挺直、角弓反张、意识丧失，各种镇静解痉剂疗效常不满意。重症患者还可出现肺水肿。

拟除虫菊酯类与有机磷类二元混配农药中毒时，临床表现具有有机磷农药中毒和拟除虫菊酯农药中毒的双重特点，以有机磷农药中毒特征为主。因两者有增毒作用，通常症状更严重。

（2）变态反应　溴氰菊酯可以引起类枯草热症状，也可诱发过敏性哮喘。

（三）氨基甲酸酯类农药

氨基甲酸酯具有速效、内吸、触杀、残留期短及对人畜毒性较有机磷低的优点，已被广泛用于杀灭农业及卫生害虫。常用的有呋喃丹、西维因、速灭威、混灭威、叶蝉散、涕灭威、灭多威、残杀威、兹克威、异索威、猛杀威、虫草灵等。国内主要以呋喃丹为主,因生态毒性问题,其安全性受到关注。

3.1 理化性质

氨基甲酸酯是氨基甲酸的 N 位上被甲基或其他基团取代酯类。其基本结构为:

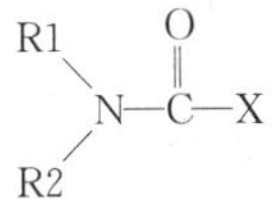

R_2 多为芳香烃、脂肪族链或其他环烃。如 R_1 为甲基,则此类 N—甲基氨基甲酸酯具有杀虫剂作用;如 R_1 为芳香族基团,则多为除草剂;如 R_1 为苯并咪唑时,则为杀菌剂。碳位上氧被硫原子取代称硫代(或二硫代)氨基甲酸酯,大多数是作为除草剂或杀菌剂。

大多数氨基甲酸酯农药为白色结晶,无特殊气味。熔点多在 50～150℃。蒸气压普遍较低,一般在 0.04～15 mPa。大多数品种易溶于多种有机溶剂,难溶于水。在酸性溶液中分解缓慢、相对稳定,遇碱易分解。温度升高时,降解速度加快。

氨基甲酸酯农药可通过呼吸道和胃肠道吸收,多数品种经皮吸收缓慢、吸收量低。农药进入机体后,很快分布到全身组织和脏器中,如肝、肾、脑、脂肪和肌肉等。氨基甲酸酯类代谢迅速,一般在体内无蓄积,主要从尿中排出,少量经肠道排出体外。呋喃丹的代谢主要在肝内进行,其水解的主要产物是酚类,氧化代谢产物主要是三羟基呋喃丹,其水解的速率比氧化快 3 倍,结合则主要是与葡萄糖醛酸或硫酸与水解后的酚类结合成酯。呋喃丹的水解与结合具有解毒作用,而氧化生成的 3 -羟基呋喃丹与呋喃丹的毒性相当。

氨基甲酸酯类农药的急性毒作用机制是抑制体内的乙酰胆碱酯酶。氨基甲酸酯进入体内后大多不需经代谢转化而直接抑制胆碱酯酶,即以整个分子与酶形成疏松的复合物。氨基甲酸酯与乙酰胆碱酯酶的结合是可逆的,疏松的复合物既可解离,释放出游离的胆碱酯酶,也可进一步形成一个稳定的氨基甲酰化胆碱酯酶和一个脱离基团(酚、苯酚等)。而氨基甲酰化胆碱酯酶可再水解(在水存在下)释放出游离的有活性的酶。

有些动物实验提示,西维因具有麻醉作用、生殖系统毒作用、致畸作用和肾脏损害。

3.2 临床表现

急性氨基甲酸酯类农药中毒的临床表现与有机磷农药中毒相似,一般在接触后 2～4 h 发病,口服中毒更快。一般病情较轻,以毒蕈碱样症状为主,血液胆碱酯酶活性轻度下降。重症患者可出现肺水肿、脑水肿、昏迷及呼吸抑制等危及生命。有些品种可引起接触性皮炎,如残杀威。

有机磷酸酯类

敌 敌 畏

1. 理化性质

CAS 号:62-73-7	外观与性状:无色至琥珀色液体,略带芳香味
熔点/凝固点(℃):<-60	密度(g/cm³):1.415(25℃)
沸点、初沸点和沸程(℃):140(2.66 kPa)	热稳定性:对热稳定
闪点(℃):177(开杯)	水中溶解度(mg/L):8×10^3(20℃)
溶解性:微溶于甘油;易溶于芳香族、氯代烃类和乙醇等有机溶剂,在强酸或强碱中易分解	

2. 用途与接触机会

敌敌畏主要用于农业生产,为广谱性杀虫、杀螨剂。具有触杀、胃毒和熏蒸作用。触杀作用比敌百虫效果好,对害虫击倒力强而快。可以经口、经皮及呼吸道摄入。

3. 毒性

本品健康危害 GHS 分类为:急性毒性—经口,类别 3;急性毒性—经皮,类别 3;急性毒性—吸入,类别 2;皮肤致敏物,类别 1;致癌性,类别 2。

3.1 急性毒作用

本品大鼠经口 LD_{50}:17 mg/kg;大鼠经皮 LD_{50}:750 mg/kg;小鼠吸入 LC_{50}:13 mg/m³/(4 h)。

急性毒作用表现:本品为乙酰胆碱酯酶抑制剂,动物染毒后潜伏期短,3～5 min 内即可出现兴奋、出汗、肌肉颤动、大便失禁等症状。

成年男性 0.5 mg/(kg · d)，给药 2 d，或 0.3 mg/(kg · d)给药 12、15 d，及 0.1 mg/(kg · d)给药 21 d 时，未观察到临床症状或红细胞胆碱酯酶活性下降，而当剂量增加至 1 mg/(kg · d)给药 14 d 时，发现胆碱酯酶活性明显受到抑制。婴儿在 0.05～0.16 mg/m^{3}环境中暴露 5 d，18 h/d，未发现红细胞中乙酰胆碱酯酶活性显著改变。

3.2 远期毒作用

(1) 致癌作用

IARC 将其列为 2B 类致癌物，对人类可能致癌。

(2) 发育毒性与致癌性

人群中尚未有文献报道。大鼠中发现皮下注射后出现子代出生缺陷，其他动物未观察到类似表现。雄性小鼠皮下注射后出现精液异常。

(3) 过敏性反应

皮肤接触本品可能造成过敏反应。

4. 生物监测

4.1 接触标志

尿中敌敌畏的代谢产物如 DMP、DEP、DMTP、DETP、DMDTP、DEDTP 等，其中 DMDTP 和 DEDTP 可以直接反映敌敌畏的暴露情况。

4.2 效应标志

胆碱酯酶活性测定、尿白蛋白、β-2-微球蛋白等可以反映暴露对机体的损伤程度。

5. 人体健康危害

5.1 急性中毒

急性中毒大多是误服引起的，表现为酶活性下降、出汗、恶心、呕吐、腹泻，以及疲劳、头痛，甚至抽搐、昏迷。如果大量经口进入，有时不出现典型症状，迅速昏迷，并在数十分钟内死亡。

5.2 慢性中毒

在长期接触敌敌畏的工人中发现，血中胆碱酯酶活性下降、白细胞总数和中性粒细胞增多，淋巴细胞和单核细胞数下降。主要症状包括共济失调、流涎、呼吸困难、颤抖和腹泻等。

钱贵生等人在 2003 年报道了一例涂擦敌敌畏致急性中毒的病例报告。

6. 风险评估

NIOSH 和 OSHA 推荐的 8 h - TWA 为 1 mg/m^3。

美国 EPA 给出在持续呼吸道暴露时的 RfD 为 0.000 5 mg/m^3，同时根据犬类中胆碱酯酶抑制情况制定的 RfD 为 0.000 5 mg/(kg · d)。

本品对水生生物毒性极大并具有长期持续影响，其环境危害 GHS 分类为：危害水生环境—急性危害，类别 1；危害水生环境—长期危害，类别 1。

内 吸 磷

1. 理化性质

CAS 号：8065-48-3	外观与性状：琥珀色油状液体，具有硫醇样气味
沸点、初沸点和沸程(℃)：134(0.2 kPa)	密度(g/cm^3)：1.118(20℃)
饱和蒸气压(kPa)：4.510～4(20℃)	溶解性：微溶于水；易溶于乙醇、丙二醇、甲苯等类似烃类溶剂

2. 用途与接触机会

内吸磷主要用于农业生产，常用作杀虫剂、杀螨剂。可以经皮、经口和呼吸道摄入。

3. 毒性

3.1 急性毒作用

本品小鼠经口 LD_{50}：7.85 mg/kg，大鼠经口 LD_{50}：1.5～7.5 mg/kg，大鼠经皮 LD_{50}：8.2 mg/kg。

靶器官有呼吸系统、心血管系统、中枢神经系统、皮肤、眼、血液胆碱酯酶。急性中毒导致的死亡主要由于呼吸系统肌肉麻痹，可能也和心脏中毒有关。

将 17 只大鼠放置与 3 mg/m^3 内吸磷蒸气环境中 2 h/d，首日未观察到临床症状，第二日出现颤动，第三日颤动加重，同时出现流泪，第四日 10 只大鼠死亡。

本品为《危险化学品目录(2015 版)》列明的剧毒品，其健康危害 GHS 分类为：急性毒性—经口，类别 2；急性毒性—经皮，类别 1。

3.2 慢性毒作用

狗内吸磷经口染毒(0.025，0.047，0.149 mg/(kg ·

d)24 w,发现 12 w 时,0.149 mg/(kg·d)组中血浆胆碱酯酶活性抑制率达到最大,16 w 时 0.047 mg/(kg·d)组血浆胆碱酯酶活性抑制率达到最大。而0.025 mg/(kg·d)及 0.047 mg/(kg·d)组中未发现红细胞胆碱酯酶有明显变化,0.149 mg/(kg·d)组红细胞胆碱酯酶有轻微抑制作用。

在雌性大鼠中,1 mg/kg 经口染毒 11 w 发现血液和脑胆碱酯酶活性有轻微降低,3 mg/kg 组胆碱酯酶活性降低 30%,20 mg/kg 染毒 16 w 脑胆碱酯酶活性降低 85%,但是未观察到全身中毒症状。用填喂法对大鼠进行染毒(0.4,0.66,0.9 和 1.89 mg/(kg·d)),在第 21 日两个高剂量组大鼠出现类胆碱能毒性症状,如兴奋过度、颤动。

对人经口暴露 4.5~6.375 mg/d(70 kg)内吸磷 30 d,发现血浆胆碱酯酶的抑制程度与正常变化没有显著区别。6.75 mg/d 组中血浆胆碱酯酶活性被短暂抑制,第 25 d 时 7.124 mg/kg 组血浆胆碱酯酶活性降低 40%,同时红细胞胆碱酯酶活性降低 16%。在各暴露组均未发现显著的临床症状。

3.3 远期毒作用

发育毒性与致畸性。对小鼠在孕 7 d~12 d 进行腹腔注射染毒,剂量最大为 14 mg/kg,发现高剂量染毒导致胎儿发育迟缓。在器官形成的 3 d 间进行染毒,出现少量的骨骼畸形。

4. 生物监测

可将血浆和/或红细胞中胆碱酯酶活性作为内吸磷接触的效应指标,可同时监测连续心电图、肺功能等。

5. 人体健康危害

急性内吸磷中毒的首要症状有虚弱、轻度恶心和头晕眼花、头疼、呕吐,下一阶段的症状为困倦、冷漠和视觉障碍,也观察到心动过缓、低血压、心音迟钝、流涎和腹泻等症状。吸入内吸磷后以呼吸和眼部反应为首要症状,包括胸闷、气喘、皮肤出现蓝点、瞳孔缩小、视觉模糊、流泪流涕流涎、头疼等症状。皮肤接触后通常可在 15 min 至 4 h 间出现接触部位出汗和颤搐。

6. 风险评估

我国职业接触限值规定 PC-TWA 为 0.05 mg/m^3(皮)。

本品对水生生物毒性极大,其环境危害 GHS 分类为:危害水生环境—急性危害,类别 1。在美国,内吸磷已经被禁止注册使用。在我国,内吸磷禁止用于蔬菜、果树、茶树、中草药材种植。

二 溴 磷

1. 理化性质

CAS 号:300-76-5	外观与性状:白色晶体状,有轻微辛辣气味
熔点/凝固点(℃):27	饱和蒸气压(kPa):0.066(110℃)
溶解性:不溶于水;可溶于苯、酮、醇、醚等有机溶剂	腐蚀性:对金属有腐蚀性

2. 用途与接触机会

本品是一种由敌敌畏和溴反应后产生的有机磷广谱杀虫剂,具有触杀、胃毒和熏蒸作用。可以经呼吸道吸入、经口摄入和经皮吸收。

3. 毒性

3.1 急性毒作用

本品小鼠经口 LD_{50} 为 222 mg/kg,大鼠经口 LD_{50} 为 92 mg/kg,经皮 LD_{50} 为 800 mg/kg。本品可造成皮肤刺激,可造成严重眼刺激。

二溴磷具有严重的皮肤和眼部刺激作用,可以导致皮肤过敏反应。

与大多数有机磷农药一样,本品为乙酰胆碱酯酶抑制剂,会引起神经系统症状。大鼠肌肉注射 5 mg/kg 二溴磷后,15 min 内出现类胆碱能症状,79%~80%的大鼠血浆和脑胆碱酯酶活性被抑制。大鼠单次经口给药 25、100、400 mg/kg,其中 400 mg/kg组出现死亡和短暂的体重降低,且在未治疗的情况下,各染毒组在第 7 d 和第 14 d 仍可以观察到神经症状。

本品健康危害 GHS 分类为:皮肤腐蚀/刺激,类别 2;严重眼损伤/眼刺激,类别 2。

3.2 慢性毒作用

利用强饲法让大鼠摄入 0、0.2、2、10 mg/(kg·d)二溴磷,染毒 2 年后发现 2、10 mg/(kg·d)组染毒浓度与血浆、脑、红细胞中胆碱酯酶活性的降低具有剂量反应关系。在 10 mg/kg/d 组的雌性大鼠中观察到轻微震颤，其余大鼠未发现该症状。在各染毒组肿瘤病变的发生率与对照组相比没有统计学差异。

3.3 远期毒作用

(1) 致癌作用

美国 EPA 将二溴磷归为 E 类，即未发现对人类有致癌性。

(2) 发育和生殖毒性

利用强饲法对雌性大鼠进行染毒(0、0.2、2、8 mg/kg/d)，染毒时间从怀孕第 7 d 至第 19 d，未观察到与剂量相关的母体或胚胎发育毒性。

4. 生物监测

血浆胆碱酯酶活性、红细胞胆碱酯酶活性测定可以反映二溴磷接触对机体的损伤程度。

5. 人体健康危害

急性中毒会导致腹部绞痛、呕吐、恶心、流涎流泪流涕、咳嗽、出汗，以上症状可在 2 d 内消失，同时焦虑、抑郁、眩晕、自发性水平性眼球震颤可持续 4 个月以上。皮肤接触后会在胳膊上出现丘疹样皮炎，颈部皮肤轻度刺激，腹部出现暴发性斑丘疹，导致接触敏感性皮炎。

6. 风险评估

NIOSH 推荐的本品 8 h - TWA 为 3 mg/m^3。

本品对水生生物毒性极大，其环境危害 GHS 分类为：危害水生环境—急性危害，类别 1。

甲基对硫磷

1. 理化性质

CAS：298 - 00 - 0	外观与性状：纯品为白色结晶粉末，工业品为棕黄色液体或固体，有辛辣气味
熔点/凝固点(℃)：35.8	沸点、初沸点和沸程(℃)：154(136Pa)
水中溶解度(mg/L)：37.7(20℃)	饱和蒸气压(kPa)：$0.465\,5\times10^{-6}$(20℃)

(续表)

溶解性：可溶于大多数有机溶剂，在碱液中能迅速分解	危险特性：遇明火、高热可燃

2. 用途与接触机会

甲基对硫磷是一种有机磷杀虫剂，具有触杀和胃毒作用，杀虫谱广，常加工成乳油或粉剂使用。可以经口摄入、经皮吸收和经呼吸道吸入，其中经皮和呼吸道是工人常见的暴露途径。

3. 毒性作用与中毒机理

本品健康危害 GHS 分类为：急性毒性—经口，类别 2；急性毒性—经皮，类别 3；急性毒性—吸入，类别 2；特异性靶器官毒性—反复接触，类别 2。

3.1 急性毒作用

甲基对硫磷急性毒性较大，属高毒有机磷农药。

本品大鼠经口 LD_{50}：6.01 mg/kg，大鼠经皮 LD_{50}：300 mg/kg，大鼠吸入 LC_{50}：34 mg/(m^3 · 4 h)；兔经皮：67 mg/kg。

3.2 慢性毒作用

以 19 mg/d 的剂量接触甲基对硫磷 4 周后，未发现人血浆及红细胞胆碱酯酶活性有明显变化。

3.3 远期毒作用

(1) 致癌性

IARC 将其列为 3 类致癌物，对人的致癌性尚无法分类。

(2) 内分泌干扰作用

本品具有内分泌干扰作用。

4. 生物监测

4.1 接触标志

尿中对硝基酚可以反映机体甲基对硫磷的暴露程度。

4.2 效应标志

血浆胆碱酯酶和红细胞胆碱酯酶活性测定可以反映甲基对硫磷对机体的损伤程度。

5. 人体健康危害

急性中毒的原因与其他有机磷农药类似，是因为乙酰胆碱酯酶活性受抑制导致乙酰胆碱累积。主要症状有出汗、流涎、腹泻、支气管黏液分泌、心动过缓、支气管狭窄、肌肉抽搐和昏迷。中毒导致的死亡多数是由呼吸衰竭引起的。

急性有机磷农药中毒后可能会出现中间综合征，主要由突触后神经肌肉接头功能障碍引起四肢近端肌、III－VII和X对颅神经支配的肌肉和呼吸麻痹的一组综合征，通常出现在暴露后24至96 h之间。

6. 风险评估

我国于2004年已经禁止含有甲基对硫磷的农药在国内销售和使用。

美国ACGIH规定的8 h－TWA为0.02 mg/m^3。

本品对水生生物毒性极大并具有长期持续影响，其环境危害GHS分类为：危害水生环境—急性危害，类别1；危害水生环境—长期危害，类别1。

甲 硫 磷

1. 理化性质

CAS：3254－63－5	外观与性状：无色液体
分解温度(℃)：269～285	溶解性：室温下水中溶解度为98 mg/L，溶于丙酮、乙醇等有机溶剂；在pH9.5、温度37.5℃条件下遇碱水解

2. 用途与接触机会

甲硫磷用作杀虫剂和杀螨剂。可以经皮吸收、经口摄入和经呼吸道吸入。

3. 毒性

本品大鼠经口LD_{50}为7 mg/kg；兔经皮LD_{50}为48 mg/kg。有皮肤刺激作用。

本品为《危险化学品目录(2015版)》列明的剧毒品，其健康危害GHS分类为：急性毒性—经口，类别2；急性毒性—经皮，类别1。

4. 生物监测

血浆和红细胞胆碱酯酶活性可以反映甲硫磷接触对机体的损伤程度。

5. 人体健康危害

5.1 急性中毒

与其他有机磷农药相同，甲硫磷也对胆碱酯酶活性具有抑制作用。急性中毒时主要有以下症状：出汗、瞳孔针尖样缩小、视物模糊、头疼、头晕、肌肉痉挛、癫痫，甚至昏迷。有时也会出现精神混乱、过度流涎、恶心、呕吐、厌食、腹泻和腹痛。口服甲硫磷或皮肤接触较多时，心率可能会下降，可能观察到低血压。呼吸系统症状包括呼吸困难、肺水肿、呼吸抑制和呼吸麻痹。

5.2 慢性中毒

慢性中毒时可能导致头疼、虚弱、记忆力下降、易疲劳、食欲减退。

杀 螟 松

1. 理化性质

CAS号：122－14－5	外观与性状：呈棕黄色油状液体，有微弱恶臭
熔点/凝固点(℃)：0.3	沸点、初沸点和沸程(℃)：118
闪点(℃)：大于100	饱和蒸气压(kPa)：7.18×10^{-6}(20℃)。
溶解性：不溶于水(38 mg/L，25℃)；溶于乙醇、酯类、酮类、芳香烃和氯代烃类	

2. 用途与接触机会

杀螟松用作室内或室外杀虫剂，在美国已禁止用于粮食作物和饲料作物中，我国尚未作出相关决定。可以经皮吸收、经口摄入和经呼吸道吸入。

3. 毒性

3.1 急性毒作用

本品大鼠经口LD_{50}：250 mg/kg，大鼠经皮LD_{50}：1 002 mg/kg，兔经皮LD_{50}：1 250 mg/kg，大鼠吸入LC_{50}：378 mg/(m^3·4 h)。

大鼠经口单次染毒250 mg/kg后，肝功能生化指标有轻微下降，包括线粒体ATP酶活性、CYP450

含量、苯胺羟化酶活性以及氨基比林N-脱甲基酶活性均有所下降。杀螟松具有轻微眼部刺激作用,无皮肤刺激作用。

3.2 慢性毒作用

小鼠喂饲杀螟松 12.8 mg/(kg·d),一周内出现症状,20 d后解剖发现脑、红细胞、血浆中胆碱酯酶活性分别下降45%、26%、5%,体重和肝重没有受到影响。

3.3 远期毒作用

(1) 致癌性

美国EPA将杀螟松列为E类:未发现对人类有致癌性。

(2) 内分泌干扰作用

本品具有内分泌干扰作用。

4. 生物监测

血浆胆碱酯酶活性和红细胞胆碱酯酶活性测定可以反映杀螟松接触对机体的损伤程度。

5. 人体健康危害

属于低毒类有机磷农药,中毒后多是副交感神经刺激症状,未观察到迟发型神经毒性和与雷氏综合征的相关性。吸入杀螟松后一般于2.5~6 h后出现中毒症状。

6. 风险评估

我国职业接触限值规定PC-TWA为1 mg/m^3(皮),PC-STEL为2 mg/m^3(皮)。

倍硫磷

1. 理化性质

CAS号:55-38-9	外观与性状:呈黄褐色油状液体,有轻微大蒜气味
熔点/凝固点(℃):7	沸点、初沸点和沸程(℃):87
溶解性:难溶于水;易溶于醇、苯等大多数有机溶剂及脂肪油	

2. 用途与接触机会

倍硫磷是一种对哺乳动物低毒的有机磷杀虫剂,主要起触杀和胃毒作用。可以经皮吸收、经口摄入和经呼吸道吸入。

3. 毒性

本品健康危害GHS分类为:急性毒性—吸入,类别3;生殖细胞致突变性,类别2;特异性靶器官毒性—反复接触,类别1。

3.1 急性毒作用

本品哺乳动物经口LD_{50}为105 mg/kg,大鼠经口LD_{50}为190~615 mg/kg,小鼠经口LD_{50}为150~190 mg/kg,兔经口LD_{50}为150~175 mg/kg;大鼠经皮LD_{50}为330 mg/kg;大鼠吸入LC_{50}为800 mg/(m^3·4 h)。

在每日喂养中给予大鼠3 300 mg/m^{3}的倍硫磷,所有实验动物均出现有机磷中毒症状,如焦躁、肌痉挛、腹泻、流涎等。

3.2 慢性毒作用

具有一定蓄积性。经皮给狗44 mg/kg染毒3个月,发现反射亢进及轻微的本体感觉丧失,将剂量降至22 mg/kg继续染毒3个月,发现乙酰胆碱酯酶活性降低,并与染毒时间和染毒剂量有相关性。

3.3 远期毒作用

致突变作用:本品具有生殖细胞致突变性,类别2,怀疑本品可造成遗传性缺陷。

4. 生物监测

血浆胆碱酯酶和红细胞胆碱酯酶活性测定可以反映倍硫磷对机体的损伤程度。

5. 人体健康危害

与大多数有机磷农药中毒症状相似,有瞳孔针尖样缩小、恶心、呕吐、腹部绞痛、腹泻、头痛、眼花、呼吸困难等。

6. 风险评估

我国职业接触限值规定PC-TWA为0.2 mg/m^3(皮),PC-STEL为0.3 mg/m^3(皮)。美国ACGIH规定TLV-TWA为0.05 mg/m^3。

本品对水生生物毒性极大并具有长期持续影响,其环境危害GHS分类为:危害水生环境—急性危害，类别1；危害水生环境—长期危害，类别1。

对 硫 磷

1. 理化性质

CAS号：56-38-2	外观与性状：黄色液体（≥6℃），具有蒜臭样气味
水中溶解度(mg/L)：11（20℃）	沸点(℃)：375（100 kPa）
溶解性：易溶于醇类、酯类、乙醚、酮类、三氯甲烷和芳香烃类等有机溶剂	饱和蒸气压(kPa)：9.12×10^{-7}（20℃）

2. 用途与接触机会

为农用杀虫剂、杀螨剂。可以经皮吸收、经口摄入和经呼吸道吸入。

3. 毒性

本品为《危险化学品目录（2015版）》列明的剧毒品，健康危害GHS分类为：急性毒性—经口，类别2；急性毒性—经皮，类别3；急性毒性—吸入，类别2；特异性靶器官毒性—反复接触，类别1。

3.1 急性毒作用

本品大鼠经口LD_{50}为2 mg/kg，经皮LD_{50}为6.8 mg/kg；小鼠经口LD_{50}为5 mg/kg，经皮LD_{50}为19 mg/kg；人经口LD_{50}为3 mg/kg。

3.2 远期毒作用

（1）致癌作用

IARC将其列为2B类致癌物，对人类可能致癌。

动物实验发现，经对硫磷染毒能够增加大鼠肾上腺皮质瘤的发生率；亦有动物实验发现对硫磷能够增加雄性大鼠的甲状腺滤泡腺瘤和胰岛细胞瘤的发生率。

（2）生殖或发育毒性

对雌性大鼠在怀孕第11 d开始腹腔注射对硫磷（3 mg/kg和3.5 mg/kg），发现吸收胎的发生率增加，并且所生每窝胎儿的数量降低。在一项两代繁殖实验研究中发现，经染毒的雌性大鼠所生胎儿在出生时的体重降低，并且在产后1 w的死亡率增加。

（3）内分泌干扰作用

本品具有内分泌干扰作用。

4. 生物监测

4.1 接触标志

磷酸二乙酯(DEP)、二乙基硫代磷酸酯(DETP)的浓度测定可以反映对氧磷的接触情况。

4.2 效应标志

血浆胆碱酯酶、红细胞胆碱酯酶和大脑胆碱酯酶活性的测定可以反映对硫磷对机体的损伤程度。

5. 人体健康危害

轻度中毒具有头痛、头晕、多汗、流涎、视力模糊、乏力、恶心和呕吐等症状；中度中毒以肌束震颤为特征，具有瞳孔缩小、呼吸困难、大汗、腹痛和神志模糊等症状；重度中毒具有昏迷、惊厥、肺水肿、呼吸抑制和脑水肿等症状。

1998—1999年，宁夏西吉县发生1起滥用对硫磷引起的急性中毒事件，中毒13人，死亡3人。全部病例均出现癫痫样抽搐发作，抽搐时间5～30 min不等，抽搐时伴有牙关紧闭、两眼上翻、口吐白沫和颈项强直等症状。

6. 风险评估

我国职业接触限值规定PC-TWA为0.05 mg/m^3（皮），PC-STEL为0.1 mg/m^3（皮）。

本品对水生生物毒性极大并具有长期持续影响，其环境危害GHS分类为：危害水生环境—急性危害，类别1；危害水生环境—长期危害，类别1。

苯 硫 磷

1. 理化性质

CAS号：2104-64-5	外观与性状：淡黄色结晶，有芳香气味
熔点(℃)：36	沸点(℃)：215(0.67 kPa)
溶解性：不溶于水；易溶于苯、甲苯、丙酮、甲醇等有机溶剂	危险特性：可燃，高毒

2. 用途与接触机会

农业上作为杀虫剂、杀螨剂，对昆虫有触杀和胃毒作用。可以经皮吸收、经口摄入和经呼吸道吸入。

3. 毒性

3.1 急性毒作用

大鼠经口半数致死量 LD_{50} 为 26 mg/kg。大鼠经口染毒 17.75 mg/kg 后，57%的大鼠在 2 h 后出现陶醉样症状。对皮肤和眼睛具有刺激作用。

本品为《危险化学品目录（2015 版）》列明的剧毒品，其健康危害 GHS 分类为：急性毒性—经口，类别 2；急性毒性—经皮，类别 1。

3.2 慢性毒作用

大鼠经口染毒 1.2 mg/(kg・d)，2 w 后未观察到胆碱酯酶活性抑制，同样剂量下 13 w 后发现胆碱酯酶活性受抑制。大鼠每日喂饲 0.01、0.05、0.25、1.25 mg/kg/d 苯硫磷 1 w、3 w、6 w 和 13 w，发现脑中胆碱酯酶活性未受影响，在 0.05 mg/kg/d 组及高剂量组发现与肝和血清中脂族酯酶活性抑制间存在剂量反应关系。

4. 生物监测

乙酰胆碱酯酶活性测定可以反映苯硫磷对机体的损伤程度。

5. 人体健康危害

与大多数有机磷农药中毒症状相似，轻中度中毒表现为流涎流泪、出汗、恶心、腹泻、尿失禁、高血压、肌肉痉挛等。重度中毒患者出现肺部损伤、肌肉抽搐、虚弱、呼吸衰竭、精神错乱、昏迷等。长期暴露可能会引起视敏度下降、畏光。

6. 风险评估

我国职业接触限值规定 PC－TWA 为 0.5 mg/m^3（皮）。ACGIH 规定 TLV－TWA 为 0.1 mg/m^3。

本品对水生生物毒性极大并具有长期持续影响，其环境危害 GHS 分类为：危害水生环境—急性危害，类别 1；危害水生环境—长期危害，类别 1。

稻 瘟 净

1. 理化性质

CAS 号：13286－32－3	外观与性状：无色透明液体
溶解性：难溶于水；易溶于乙醇、乙醚、二甲苯等有机溶剂	沸点(℃)：130
稳定性：在酸性环境下较稳定，在碱性环境下易分解，高温下易分解	

2. 用途与接触机会

稻瘟净是一种有机磷杀菌剂，主要用于防治水稻的稻瘟病、水稻小粒菌核病，玉米的大斑病、小斑病等。主要接触途径为经口摄入和经呼吸道吸入。

3. 毒性

稻瘟净是一种低毒有机磷杀虫剂，蓄积性低，对环境较友好，对水生生物低毒，对皮肤和眼睛无刺激性。稻瘟净中毒症状表现有头痛头晕、恶心呕吐、腹泻、流涎、多汗、瞳孔缩小、肌肉震颤等。

乐 果

1. 理化性质

CAS 号：60－51－5	外观与性状：白色晶体，有樟脑气味，工业品为白色至浅灰色晶体
熔点/凝固点(℃)：51～52	溶解性：微溶于水；可溶于乙醇、苯、酮类等有机溶剂
沸点、初沸点和沸程(℃)：107(0.007 kPa)	危险特性：遇明火、高热可燃，对日光稳定，在水溶液中稳定，遇碱液易水解，与强氧化剂接触可发生化学反应
闪点(℃)：107	

2. 用途与接触机会

农业上用作杀虫剂和杀螨剂，可以经皮吸收、经口摄入和经呼吸道吸入。

3. 毒性

3.1 急性毒作用

本品大鼠经口 LD_{50} 为 358 mg/kg；小鼠经皮 LD_{50} 为 1 000 mg/kg。兔经口染毒 150 mg/kg 后出现心动过缓，4～7 d 后可完全恢复。在大鼠中观察到染毒剂量与心率扰乱、房室阻滞间存在剂量反应关系。

3.2 慢性毒作用

大鼠在 0.01 mg/m^3 乐果环境中吸入 14 h，3 个月后未观察到胆碱酯酶活性受到抑制。雄性大鼠染毒后出现睾丸萎缩、慢性肾脏疾病、甲状腺增生和多动脉炎。

3.3 远期毒作用

(1) 致癌性

美国 EPA 将乐果列为 C 类：可能对人类致癌。动物实验发现，雄性大鼠和雌性大鼠经乐果染毒后出现单核细胞白血病。Wistar 大鼠经喂饲或肌肉注射染毒后出现恶性赘生物，主要是肉瘤和粒细胞白血病。

(2) 发育或生殖毒性

在五代繁殖毒性研究中，将 60 mg/kg 乐果溶于水，让雄性小鼠和雌性小鼠饮用，实际染毒剂量约为 9.5～10.5 mg/(kg · d)，发现具有生殖毒性，表现为出生后一周幼鼠死亡率上升，但在卵巢、睾丸、肝、肾中未观察到组织病理学改变。

(3) 内分泌干扰作用

本品具有内分泌干扰作用。

4. 生物监测

血浆胆碱酯酶活性、红细胞胆碱酯酶活性测定可以反映乐果接触对机体的损伤程度。

5. 人体健康危害

急性中毒症状首先是恶心，随后出现呕吐、腹泻、肌肉抽筋、流涎，同时还有头痛、眼花、精神错乱、呼吸困难等症状。

12 名成人经口暴露乐果 0.068 mg/(kg · d)，共 28 d，9 名 0.202 mg/(kg · d) 暴露 39 d，8 名 0.434 mg/(kg · d) 暴露 57 d，6 名 0.587 mg/(kg · d) 暴露 45 d 和 6 名 1.02 mg/(kg · d) 暴露 14 d 后，发现仅当剂量等于或大于 0.434 mg/(kg · d) 时，全血胆碱酯酶活性和红细胞胆碱酯酶活性受到抑制。

6. 风险评估

我国职业接触限值规定 PC－TWA 为 1 mg/m^3 (皮)。

马 拉 硫 磷

1. 理化性质

CAS 号：121－75－5	外观与性状：无色或淡黄色油状液体，有蒜臭味
熔点/凝固点(℃)：2.9	热稳定性：对热稳定性差
溶解性：易溶于醇类、酯类、酮类和醚类等有机溶剂	水中溶解度(mg/L)：143 (20℃)
饱和蒸气压(kPa)：5.28×10^{-6}(30℃)	酸碱稳定性：在 pH＞7 或 pH＜5 的溶液中易分解

2. 用途与接触机会

为农用杀虫剂、杀螨剂。可以经皮吸收、经口摄入和经呼吸道吸入。

3. 毒性

本品健康危害 GHS 分类为：皮肤致敏物，类别 1。

3.1 急性毒作用

本品小鼠经口 LD_{50} 为 190 mg/kg；小鼠经皮 LD_{50} 为 2 330 mg/kg；大鼠吸入 LC_{50} 为 43 790 μg/m^3 (4 h)。

当给予大鼠马拉硫磷的剂量为 0.75LD_{50} (750 mg/kg 或 1 031 mg/kg) 时，发现马拉硫磷可以降低 Th1 细胞的功能，降低 B 细胞和 NK 细胞的活性，降低血液中 TNF－α、IL－1β、IL－6、IFNg、IL－2 和 IL－4 的水平；而不影响 IL－10 和 IL－13 的水平；在前述基础上给予 10 mg/kg 阿托品进行治疗，发现阿托品可以改善 T 细胞、B 细胞和 NK 细胞的功能，提高 IFNg、IL－2 和 IL－4 的水平；而对于 TNF－α、IL－1β、IL－6 的水平没有影响；对于 IL－10 和 IL－13 的水平亦没有影响。

3.2 慢性毒作用

将马拉硫磷溶于水(0、20、1 000 mg/kg 和 2 000 mg/kg)，让大鼠自由饮水，持续 24 个月，分别在第 3 个月、第 6 个月和第 12 个月每组中各处死 10 只大鼠。当马拉硫磷剂量≥1 000 mg/kg 时，发现大鼠的死亡率增加；胃肌层矿物质沉积增加；雌性大鼠形体消瘦。当马拉硫磷剂量≥2 000 mg/kg 时，发现大鼠体重和摄食均减少；雄性大鼠形体消瘦，并且雄性大鼠的肝脏、肾脏和肾上腺重量均增加；雌性大鼠的脾脏重量降低。经组织病理学检查，发现呼吸道和鼻黏膜嗅部慢性炎症、上皮增生和鳞状上皮化生的发生率增加(雄性：≥2 000 mg/kg；

雌性：≥1 000 mg/kg）。在肺部，水肿、间质性炎症和脓性肉芽肿性炎症的发生率增加（雄性：≥2 000 mg/kg；雌性：≥1 000 mg/kg）。血浆胆碱酯酶活性、红细胞胆碱酯酶活性和大脑胆碱酯酶活性均降低（≥1 000 mg/kg）。

3.3 远期毒作用

（1）致癌作用

动物实验发现，经马拉硫磷染毒，大鼠的肝细胞癌、肾上腺嗜铬细胞瘤等肿瘤疾病发生率增加。由于马拉硫磷对人很可能致癌，对人致癌性证据有限，对实验动物致癌性证据充分，因此IARC将马拉硫磷列为2A类致癌物，对人类很可能致癌。

（2）发育或生殖毒性

雌性大鼠在交配前15 d，每天经皮给予46 mg/kg的马拉硫磷，发现其所生每笼小鼠的数量和小鼠的存活率降低。马拉硫磷可以使雄性大鼠的睾丸和附睾的重量降低、精子数量减少、精子活率降低和精子畸形率升高，影响大鼠正常生精过程；并且马拉硫磷亦可降低睾丸标志酶ACP、γ-GT的活力，使LDH的活力升高，抑制大鼠精子发生；此外马拉硫磷还可以降低雄性大鼠血清中性激素LH和FSH的水平，干扰大鼠内分泌系统正常生理功能。

（3）过敏性反应

本品具有皮肤致敏作用，类别为1，可造成严重皮肤灼伤和眼损伤。

（4）内分泌干扰作用

本品具有内分泌干扰作用。

4. 生物监测

4.1 接触标志

马拉硫磷的代谢产物马拉氧磷、磷酸二甲酯（DMP）、二甲基硫代磷酸酯（DMTP）和二甲基二硫代磷酸酯（DMDTP）等可以反映马拉硫磷的接触情况。

4.2 效应标志

α-醋酸酯酶和乙酰胆碱酯酶的活性测定可以反映马拉硫磷接触对机体的损伤程度。

5. 人体健康危害

急性中毒表现为头痛、头晕、食欲减退、恶心、呕吐、腹痛、腹泻、流涎、瞳孔缩小、呼吸道分泌物增多、多汗和肌束震颤等。重者出现肺水肿、脑水肿、昏迷和呼吸麻痹等。少数严重病例在意识恢复后数周或数月发生周围神经病。个别严重病例可发生迟发型猝死。血胆碱酯酶活性降低。

有病例报道一名43岁女性口服马拉硫磷后出现头晕、恶心，并发急性胰腺炎。

6. 风险评估

我国职业接触限值规定PC-TWA为2 mg/m^3（皮）。

本品对水生生物毒性极大并具有长期持续影响，其环境危害GHS分类为：危害水生环境—急性危害，类别1；危害水生环境—长期危害，类别1。

谷 硫 磷

1. 理化性质

CAS号：86-50-0	外观与性状：无色晶体或棕色蜡状固体
熔点/凝固点（℃）：73～74	密度（g/cm^3）：1.44（20℃）
溶解性：难溶于水，可溶于大多数有机溶剂	稳定性：在有机溶剂中能较长时间保存，但在酸性、碱性环境下会快速水解，在土壤和水中会发生光解，遇热会分解

2. 用途与接触机会

谷硫磷是一种有机磷农药，可用于多种作物（如苹果、桃、杏仁、棉花等）的害虫防治，但当前已经不再使用。可经口摄入、经呼吸道吸入或经皮吸收。

3. 毒性与中毒机理

本品健康危害GHS分类为：急性毒性—经口，类别2；急性毒性—经皮，类别3；急性毒性—吸入，类别2；皮肤致敏物，类别1。

3.1 急性毒作用

谷硫磷是一种高毒有机磷农药。本品大鼠经口LD_{50}：7 mg/kg，大鼠经皮LD_{50}：65 mg/kg；大鼠吸入LC_{50}：69 mg/(m^3·1 h)。

3.2 远期毒作用

过敏性反应：本品具有皮肤致敏作用，类别为1，皮肤接触可造成严重皮肤灼伤和眼损伤。

3.3 中毒机理

谷硫磷是一种强效乙酰胆碱酯酶抑制剂，对皮肤和眼睛有刺激性，与胆碱酯酶结合后，抑制乙酰胆碱的灭活，引起神经元过度兴奋，从而产生头痛、乏力、流涎、视力模糊、肌肉震颤、癫痫、昏迷、呼吸困难等症状。

4. 风险评估

本品对水生生物毒性极大并具有长期持续影响，其环境危害 GHS 分类为：危害水生环境—急性危害，类别 1；危害水生环境—长期危害，类别 1。

甲 拌 磷

1. 理化性质

CAS 号：298－02－2	外观与性状：透明油状液体，无色至淡黄色，具有臭鼬样气味
熔点/凝固点(℃)：－43	热稳定性：室温下稳定，在强酸性或碱性环境下易水解。
沸点、初沸点和沸程(℃)：125～127(0.27 kPa)	水中溶解度(mg/L)：50 (25℃)
闪点(℃)：160(开杯)	溶解性：可溶于二甲苯、四氯甲烷、二氯乙烷、甲基纤维素、二丁基苯二酸酯等多数有机溶剂

2. 用途与接触机会

甲拌磷可以用作杀虫剂、杀螨剂、杀线虫剂，具有胃毒、触杀和熏蒸作用。可以经皮吸收、经口摄入、眼睛接触和经呼吸道吸入。

3. 毒性与中毒机理

3.1 急性毒作用

甲拌磷急性暴露后可被机体迅速吸收，经皮暴露 1～2 h 就可导致实验动物死亡。

本品大鼠经口 LD_{50}：1 mg/kg；大鼠经皮 LD_{50}：2 500 μg/kg；大鼠吸入 LC_{50}：11 mg/(m^3 · 1 h)。

所有接受毒性或致死剂量的动物均表现出典型的胆碱中毒症状，如流涎、流泪、眼球突出、肌颤、排尿和排便增加等。

本品为《危险化学品目录(2015 版)》列明的剧毒品，其健康危害 GHS 分类为：急性毒性—经口，类别 2；急性毒性—经皮，类别 1。

3.2 慢性毒作用

研究发现，呼吸道亚慢性或慢性暴露甲拌磷的雄性小鼠血清肌酸酐水平显著升高，表明肾脏肾小球和肾小管功能受到损伤；也有实验发现经呼吸道慢性暴露甲拌磷的雄性小鼠的拟胆碱酯酶受到显著抑制，暴露过程中小鼠的肺部出现不同程度的支气管肺炎和肺水肿。但停止暴露一个月后小鼠的肾功能和肺功能都有不同程度恢复。将血浆和红细胞胆碱酯酶水平作为检测指标发现，亚慢性暴露于甲拌磷的大鼠的无毒性反应剂量水平为 0.05～0.15 mg/kg/d，而狗的无毒性反应剂量水平为 0.01～0.05 mg/kg/d。

3.3 中毒机理

甲拌磷属剧毒类化合物，是一种胆碱酯酶抑制剂，其作用机理主要是磷酸化胆碱酯酶，防止酶使乙酰胆碱失活，从而增强胆碱能介导的功能，造成神经生理功能紊乱。

3.4 远期毒作用

(1) 致癌作用

至今没有实验研究发现甲拌磷对人体或动物有致癌性。美国 EPA 将其列为 E 组癌症分类，认为其对人类无致癌性(2006)。美国政府工业卫生专家会议将其列为 A4 类致癌物，即不能被归类为人类致癌物(2010)。

(2) 生殖发育毒性

鸡胚注射甲拌磷发现甲拌磷可以剂量依赖性地降低孵化率。高剂量甲拌磷(0.5 mg/(kg · d))可增加大鼠心脏肥大的发生率。大鼠妊娠期接触一定剂量甲拌磷可导致胎儿死亡率增加，胎儿体重增长减少，但是未能观察到致畸作用发生。

4. 生物监测

4.1 接触标志

口服甲拌磷 24 h 后约有 77.2%甲拌磷及其代谢产物从尿液排出，约 11.7%从粪便排出(雄性大鼠，ACGIH 2005)。故尿中甲拌磷的代谢产物水平可反映机体甲拌磷的暴露情况。

4.2 效应标志

全血、红细胞或血浆胆碱酯酶活性测定可以反映甲拌磷暴露对机体的损伤。

5. 人体健康危害

病例报告发现甲拌磷中毒可导致胆碱能症状，如出现头痛、头昏、食欲减退、恶心、呕吐、腹痛、腹泻、流涎、瞳孔缩小、呼吸道分泌物增多、多汗、肌束震颤等症状。重者可出现肺水肿、脑水肿、昏迷、呼吸麻痹等。部分病例可有心、肝、肾损害。严重病例在意识恢复后数周或数月发生周围神经病，可发生迟发性猝死。

梁绍钦等对50例重度有机磷农药中毒患者进行回顾性分析发现，重度甲拌磷中毒患者较非甲拌磷重度有机磷中毒患者并发症较多、病程较长、后续治疗负担较重。

6. 风险评估

我国职业接触限值规定MAC为0.01 mg/m^3(皮)。美国NIOSH规定本品8 h的REL－TWA为0.05 mg/m^3，REL－STEL为0.2 mg/m^3；OSHA现行的甲拌磷8 h的PEL－TWA为0.05 mg/m^3，PEL－STEL为0.2 mg/m^3；AIHA紧急响应计划指南(AEGL 2007)对此限值更加严格，AEGL－3规定1 h甲拌磷暴露浓度限值为0.12 mg/m^3，8 h浓度限值为0.015 mg/m^3，AEGL－2规定1 h浓度限值为0.040 mg/m^3，8 h浓度限值为0.005 0 mg/m^3。

本品对水生生物毒性极大并具有长期持续影响，其环境危害GHS分类为：危害水生环境—急性危害，类别1；危害水生环境—长期危害，类别1。

敌　百　虫

1. 理化性质

CAS号：52－68－6	外观与性状：白色结晶固体
熔点/凝固点(℃)：83～84	相对密度(水＝1)：1.73
沸点、初沸点和沸程(℃)：100(0.013 kPa)	热稳定性：在室温下稳定，在加热及pH>6时易分解，在碱性条件下可生成毒性更强的敌敌畏
闪点(℃)：117	水中溶解度(g/L)：1.54×10^5(25℃)
溶解性：可溶于苯、乙醇、氯仿、乙醚等多种有机溶剂；微溶于四氯化碳；不溶于石油醚，辛醇/水分配系数对数值为0.48	

2. 用途与接触机会

为广谱杀虫剂，高效、低毒、低残留，以胃毒为主，兼有触杀作用。可以经皮吸收、经口摄入和经呼吸道吸入。

3. 毒性

本品健康危害GHS分类为：急性毒性—经口，类别3；皮肤致敏物，类别1。

3.1　急性毒作用

本品大鼠经口LD_{50}：160 mg/kg；小鼠经皮LD_{50}：1 710 mg/kg；大鼠吸入LC_{50}：1 300 mg/m^3。

敌百虫为胆碱酯酶抑制剂，急性中毒很快就会出现毒性反应。吸入中毒最早出现呼吸系统症状如咳嗽、流鼻涕、胸部不适、呼吸困难、喘息等，皮肤接触可能会导致局部出汗和不自主肌肉收缩，眼睛接触会引起疼痛、出血、流泪、瞳孔收缩和视力模糊等，食入可引起恶心、呕吐、胃痉挛、腹泻等。严重中毒会影响中枢神经系统，引起共济失调、言语不清、反射消失、肌束震颤，最终导致肢体和呼吸肌麻痹，也可能出现心、肝、肾损害，最终可能由呼吸衰竭或心脏骤停造成死亡。敌百虫急性暴露数周或数月后也可以造成迟发性毒性，甚至导致迟发性猝死。高鑫等报道了一例急性敌百虫中毒患者出现迟发性急性死亡病例。

3.2　慢性毒作用

动物研究发现，长期慢性接触敌百虫可以降低血浆、红细胞及脑组织中胆碱酯酶活性。反复或长时间暴露于敌百虫也可能导致急性暴露相同的中毒反应。有报告称职业接触敌百虫的工人可出现记忆力和注意力受损、定向障碍、严重抑郁、烦躁不安、头痛、语言障碍、反应迟钝、梦游或失眠等。

3.3　远期毒作用

(1) 致癌作用

美国EPA“致癌化学物质评估(2006)”认为敌百虫在高剂量时可能对人类有致癌性，但低剂量时不太可能对人体致癌。美国ACGIH将其列为A4类致癌物，即不能被归类为人类致癌物(2010)。IARC将其列为3类致癌物，对人的致癌性尚无法分类。

(2) 发育和生殖毒性

有研究发现，敌百虫可以降低雄性小鼠精子活动度，增加精子畸形率以及减少睾丸曲细精管中各级精母细胞数量。敌百虫可以降低受孕率。敌百虫也可以穿透胎盘屏障，影响胚胎形成与发育，可引起胚胎死亡或胎儿发育异常如畸胎等。研究指出敌百虫可致基因突变。

（3）过敏反应

本品为呼吸道和皮肤致敏物，类别均为1，吸入本品可能导致过敏或哮喘病症状或呼吸困难，皮肤接触本品可能造成过敏反应。

（4）内分泌干扰作用

本品具有内分泌干扰作用。

4. 生物标志

4.1 接触标志

尿中敌百虫的代谢产物如三氯乙醇含量可反映机体甲拌磷的暴露情况。

4.2 效应标志

全血、红细胞或血浆胆碱酯酶活性测定可以反映甲拌磷暴露对机体的损伤。

5. 人群健康危害

敌百虫暴露主要是通过抑制胆碱酯酶活性引起毒性作用。急性健康效应可在接触敌百虫后立即出现，慢性健康效应可在接触后一段时间再出现并且可以持续数月或者数年，如致突变性、生殖毒性、神经毒性以及造成性格改变等。FAO和WHO食品添加剂联合专家委员会(JECFA)第66届委员会认为敌百虫的ADI为0～2 μg/kg bw。

6. 风险评估

我国职业接触限值规定PC－TWA为0.5 mg/m³，PC－STEL为1 mg/m³。

本品对水生生物毒性极大并具有长期持续影响，其环境危害GHS分类为：危害水生环境—急性危害，类别1；危害水生环境—长期危害，类别1。

多 灭 磷

1. 理化性质

CAS号：10265－92－6	外观与性状：纯品为无色至白色晶体，具有强烈的硫醇样气味

（续表）

熔点/凝固点(℃)：44.5	密度(g/cm³)：1.27(20℃)
溶解性：易溶于水、甲醇、丙酮、二甲基甲酰胺、二氯甲烷、2－丙醇等	饱和蒸气压(kPa)：4×10^{-5}(30℃)
热稳定性：易挥发，加热易分解，超过100℃分解显著加快，150℃时全部分解，可产生有毒和刺激性的气体，包括氮氧化物、磷氧化物和硫氧化物等	

2. 用途与接触机会

用作杀虫剂、杀螨剂，具有触杀、胃毒和内吸作用。人体接触主要是经皮吸收、经口摄入和经呼吸道吸入。

3. 毒性

3.1 急性毒作用

本品大鼠经口LD_{50}：7.5 mg/kg；大鼠经皮LD_{50}：50 mg/kg；大鼠吸入LC_{50}：162 mg/(m³·4 h)；兔经皮LD_{50}：118 mg/kg。

多灭磷急性中毒主要是抑制胆碱酯酶活性而产生神经毒作用。

本品为《危险化学品目录(2015版)》列明的剧毒品，其健康危害GHS分类为：急性毒性—经口，类别2；急性毒性—经皮，类别3；急性毒性—吸入，类别2。

3.2 慢性毒作用

多项动物研究发现，慢性接触多灭磷可以减少动物的食物消耗，降低体重，并且可以剂量依赖性降低血浆、红细胞及脑组织中胆碱酯酶活性。在美国EPA的一项为期106周的动物研究中，分别给与大鼠0，0.1，0.3，0.9，2.7 mg/(kg·d)的剂量，发现全身LOEL为0.9 mg/kg/d，全身NOEL为0.3 mg/(kg·d)，肿瘤发生率并未随多灭磷剂量增大而增加。大脑、血浆和红细胞中的胆碱酯酶的水平都受到不同程度抑制。在最高剂量组，大脑胆碱酯酶活性被抑制75%～80%，血浆和红细胞胆碱酯酶活性被抑制了75%～91%；在最低剂量组，血浆和红细胞胆碱酯酶活性被抑制了6%～28%。在一项人群实验性研究中发现，慢性暴露多灭磷可以抑制人体血清、红细胞胆碱酯酶活性，但经历7 d恢复期后，胆碱酯酶活性可以恢复到实验前水平。

3.3 远期毒作用

目前尚无多灭磷吸入与生殖发育毒性相关的报道。动物研究发现,小鼠、大鼠和兔经口摄入多灭磷具有发育毒性如造成子代体重偏低、发育迟缓,但不具有致畸性。但有研究发现,多灭磷可以引起雄性小鼠精子异形率增加。

4. 生物监测

4.1 接触标志

血或胃内容物中O,O,S-三甲基硫赶磷酸酯可作为多灭磷的接触标志。

4.2 效应标志

全血胆碱酯酶活性、血浆胆碱酯酶活性或红细胞胆碱酯酶活性测定可以反映多灭磷暴露对机体的损伤程度。

5. 人体健康危害

多灭磷急性中毒症状与其他有机磷农药类似,但更容易引起迟发性周围神经损害,其对肌肉损害也很突出。有研究认为淋巴细胞神经疾病靶标酯酶(NTE)是否受到抑制可以预测迟发性神经病变的发生与否。长时间慢性接触多灭磷可以引起慢性中毒,可出现头晕、头痛、恶心、呕吐、嗜睡、全身乏力等症状,血清胆碱酯酶活性下降。

6. 风险评估

美国AIHA紧急响应计划指南(AEGL 2009)中,AEGL-3规定1 h多灭磷暴露浓度限值为8.1 mg/m^3,8 h浓度限值为2.5 mg/m^3,AEGL-2规定1 h浓度限值为3.6 mg/m^3,8 h浓度限值为1.1 mg/m^3,AEGL-1规定1 h浓度限值为1.9 mg/m^3,8 h浓度限值为0.61 mg/m^3。

本品对水生生物毒性极大,其环境危害GHS分类为:危害水生环境—急性危害,类别1。

苏 化 203

1. 理化性质

CAS号:3689-24-5	外观与性状:无色透明油状易流动液体,带有蒜味,工业品为淡黄色至暗褐色油状液体
沸点、初沸点和沸程(℃):136~139℃(0.27 kPa)	相对密度(水=1):1.196
饱和蒸气压(kPa):1.4×10^{-5}(20℃)	溶解性:易溶于丙酮、苯、甲苯、酒精、乙醚、氯仿、吡啶及氯甲烷等有机溶剂;不易溶于煤油及其他脂肪族油类中;几乎不溶于水,水中的溶解度约为30 mg/L(20℃)

2. 用途与接触机会

用作杀虫剂,具有触杀、内吸和熏蒸作用,可吸入、食入或经皮肤、眼睛接触。

3. 毒性

3.1 急性毒作用

本品大鼠肌注LD_{50}:55μg/kg,小鼠肌注LD_{50}:500μg/kg;大鼠经口LD_{50}:5 mg/kg,小鼠经口LD_{50}:22 mg/kg;大鼠经皮LD_{50}:65 mg/kg;大鼠吸入LC_{50}:38 mg/(m^3·4 h);小鼠经呼吸道LC_{50}:40 mg/(m^3·4 h)。

本品为《危险化学品目录(2015版)》列明的剧毒品,其健康危害GHS分类为:急性毒性—经口,类别2;急性毒性—经皮,类别1。

3.2 慢性毒作用

动物实验发现,硫特普慢性暴露可以引起实验动物食物消耗及体重增长减少,抑制血浆和红细胞胆碱酯酶活性,并且可能引起腹泻和呕吐等。但也有研究发现在实验剂量下,硫特普仅引起血浆和红细胞胆碱酯酶活性降低,并不引起其他毒性作用。

4. 生物监测

4.1 接触标志

动物研究发现硫特普可以被机体迅速吸收,并且很快地代谢为二乙基硫代磷酸酯经尿液排出。

4.2 效应标志

胆碱酯酶活性测定可以反映硫特普暴露对机体的损伤情况。

5. 人体健康危害

硫特普作为一种有机磷农药,其健康危害主要来自于对体内胆碱酯酶活性的抑制。其中毒症状与其他有机磷农药中毒类似。

6. 风险评估

美国 ACGIH 规定 8 h - TWA 为 0.1 mg/m^3；NIOSH 规定 REL - TWA 为 0.2 mg/m^3，IDLH 为 10 mg/m^3。

本品对水生生物毒性极大并具有长期持续影响，其环境危害 GHS 分类为：危害水生环境—急性危害，类别 1；危害水生环境—长期危害，类别 1。

速　灭　磷

1. 理化性质

CAS 号：7786 - 34 - 7	外观与性状：纯品为无色液体，工业品为淡黄至橘黄色液体，无味或稍有气味
沸点、初沸点和沸程(℃)：106～107.5℃(0.133 kPa)	稳定性：在碱性条件下分解较快
溶解性：易溶于水；能与丙酮、苯、四氯化碳、氯仿、乙基、异丙醇、甲苯、二甲苯等多种有机溶剂混溶；微溶于脂肪烃	饱和蒸气压(kPa)：1.7×10^{-5}(20℃)

2. 用途与接触机会

用作杀虫剂、杀螨剂，具有触杀和内吸作用。由于其药效强、收效快、残效期短，特别适合于虫害大发生和蔬菜、水果等收获前期使用。速灭磷可经呼吸道、消化道、皮肤进入机体，经皮吸收迅速。

3. 毒性

3.1 急性毒作用

本品大鼠经口 LD_{50}：3 mg/kg；大鼠经皮 LD_{50}：4 200 μg/kg。

速灭磷急性中毒可迅速出现厌食、流涎、抽搐、全身肌束震颤、共济失调、强直、呼吸急促等中毒症状，最后死于呼吸衰竭。数分钟内即可导致死亡。急性中毒患者常于接触后 1～2 h 内出现中毒症状，主要表现为头晕、无力、恶心、呕吐、多汗、腹部痉挛、震颤等。急性中毒主要是速灭磷抑制胆碱酯酶后乙酰胆碱蓄积，引起副交感神经过度兴奋所致。

本品为《危险化学品目录(2015 版)》列明的剧毒品，其健康危害 GHS 分类为：急性毒性—经口，类别 2；急性毒性—经皮，类别 1。

3.2 慢性毒作用

动物实验发现，速灭磷慢性暴露可降低胆碱酯酶活性，引起震颤等一系列神经症状。在为期 3 个月的毒性试验中，每日喂以大鼠 20～50 mg/m^3 速灭磷，红细胞胆碱酯酶活性出现进行性降低(最低降至原水平的 55%)，血浆胆碱酯酶活性被轻度抑制(降至 80%)，没有影响脑组织胆碱酯酶活性。

3.3 远期毒作用

(1) 生殖和发育毒性

动物实验发现，速灭磷对大鼠无生殖毒性。虽然速灭磷会引起大鼠和兔子血浆和红细胞胆碱酯酶活性下降，但是并不造成发育毒性。

(2) 内分泌干扰作用

本品具有内分泌干扰作用。

4. 生物监测

4.1 接触标志

速灭磷在血中代谢产物为磷酸甲酯类，尿中的代谢产物为磷酸二甲酯等。

4.2 效应标志

胆碱酯酶活性测定可以反映速灭磷暴露对机体的损伤情况。

5. 人体健康危害

速灭磷作为一种有机磷农药，其健康危害主要来自于对体内胆碱酯酶活性的抑制。与其他有机磷农药相比，具有迅速、恢复较快的特点，这主要是由于速灭磷是胆碱酯酶的直接抑制剂，它进入血液后不需代谢转化，直接与胆碱酯酶结合形成磷酰化胆碱酯酶，从而表现为血液中胆碱酯酶活力迅速下降。其中毒症状与其他有机磷农药中毒类似。

6. 风险评估

美国 ACGIH 规定 TLV - TWA 为 0.01 mg/m^3；NIOSH 推荐的本品 REL - TWA 为 0.1 mg/m^3，并要求任何 15 min TLV - C 为 0.3 mg/m^3。

本品对水生生物毒性极大并具有长期持续影响，其环境危害 GHS 分类为：危害水生环境—急性危害，类别1；危害水生环境—长期危害，类别1。

巴 毒 磷

1. 理化性质

CAS号：7700－17－6	外观与性状：淡黄色液体，有轻微的酯味
沸点(℃)：135(0.004 kPa)	相对密度(水＝1)：1.19(25℃)
溶解性：在室温下水中的溶解度约为1 g/L；略溶于煤油和饱和烃类；可溶于丙酮、氯仿和其他多氯烃、乙醇、2－丙醇	稳定性：在水溶液中不稳定，pH为1时半衰期为87 h，pH为9时半衰期为35 h(38℃)
饱和蒸气压(kPa)：1.87×10^{-6}(20℃)	

2. 用途与接触机会

巴毒磷对家畜体外虫害具有广谱杀灭作用且作用迅速，故常用于防治家畜体外寄生虫。可以经皮吸收、经口摄入、眼睛接触和经呼吸道吸入。

3. 毒性

本品健康危害GHS分类为：急性毒性—经口，类别3；急性毒性—经皮，类别3。本品大鼠经口LD_{50}：38.4 mg/kg；大鼠经皮LD_{50}：385 mg/kg；兔经皮LD_{50}：202 mg/kg。

在为期90 d的喂养试验中，发现巴毒磷对大鼠的生长以及组织病理学都没有任何影响(染毒剂量为：雄性大鼠900 mg/kg diet，雌性大鼠300 mg/kg diet)。动物实验发现1%巴毒磷喷剂在一般情况下是安全的，但是可能引起皮肤损伤及胆碱酯酶活性下降。

4. 生物监测

研究发现，巴毒磷的主要代谢产物为二甲基磷酸，主要通过尿液排出体外。胆碱酯酶活性测定可以反映巴毒磷暴露对机体的损伤情况。

5. 人体健康危害

巴毒磷作为有机磷农药，主要是抑制胆碱酯酶发挥毒作用。其对人体的健康危害与其他有机磷农药类似，在此不再赘述。

6. 风险评估

本品对水生生物毒性极大并具有长期持续影响，其环境危害GHS分类为：危害水生环境—急性危害，类别1；危害水生环境—长期危害，类别1。

百 治 磷

1. 理化性质

CAS号：141－66－2	外观与性状：黄色至褐色液体，带有轻微的酯气味
沸点(℃)：400(100 kPa)	密度(g/cm^3)：1.216(15℃)
溶解性：可与水及多种有机溶剂如丙酮、醇、乙腈、氯仿、二氯甲烷、二甲苯等混溶	稳定性：常温常压下稳定，受热易分解
饱和蒸气压(kPa)：2.13×10^{-5}(25℃)	

2. 用途与接触机会

用作农用杀虫剂。可以经皮吸收、经口摄入、眼睛接触和经呼吸道吸入。

3. 毒性

3.1 急性毒作用

百治磷为高毒类杀虫剂。雄性大鼠经皮LD_{50}为43 mg/kg，经口LD_{50}为21 mg/kg；雌性大鼠经皮LD_{50}为42 mg/kg，经口LD_{50}为16 mg/kg。大鼠吸入LC_{50}为90 mg/(m^3·4 h)。小鼠口服LD_{50}为11 mg/kg。百治磷有很强的皮肤刺激性。

本品为《危险化学品目录(2015版)》列明的剧毒品，其健康危害GHS分类为：急性毒性—经口，类别2；急性毒性—经皮，类别3。

3.2 慢性毒作用

动物实验发现，百治磷慢性暴露可以降低胆碱酯酶活性，一般不引起可观察到的毒性作用，但较高剂量可能导致实验动物体重降低。

3.3 远期毒作用

实验发现，鸡胚注射百治磷可以导致胚胎发育不全或畸形。但在很多百治磷致大鼠毒性实验中，并未发现百治磷会造成子代畸形，但稍高浓度可以引起大鼠消瘦和中枢神经系统毒性。

4. 生物监测

磷酸二甲酯（DMP）是百治磷的一种代谢物。胆碱酯酶活性测定可以反映百治磷暴露对机体的损伤。

5. 人体健康危害

百治磷作为有机磷农药，主要是抑制胆碱酯酶发挥毒作用。其对人体的健康危害与其他有机磷农药类似。

6. 风险评估

美国 NIOSH 推荐的本品 REL－TWA 为 0.25 mg/m^3；ACGIH 制定的本品 TLV－TWA 为 0.05 mg/m^3。

本品对水生生物毒性极大并具有长期持续影响，其环境危害 GHS 分类为：危害水生环境—急性危害，类别 1；危害水生环境—长期危害，类别 1。

久 效 磷

1. 理化性质

CAS 号：6923－22－4	外观与性状：纯品是白色晶体，具有轻微的酯类气味，商业产品是红褐色固体
沸点(℃)：125(100 kPa)	密度(g/cm^3)：1.22(20℃)
熔点(℃)：54～55	饱和蒸气压(Pa)：2.9×10^{-4}(20℃)
溶解性：能与水混溶；可溶于乙醇、丙酮；稍溶于二甲苯和煤油；难溶于脂肪烃	稳定性：中性及酸性条件下较稳定，碱性条件下易分解

2. 用途与接触机会

久效磷是一种高效内吸性有机磷杀虫剂，同时也具有很强的触杀和胃毒作用。可以经皮吸收、经口摄入、眼睛接触和经呼吸道吸入。

3. 毒性

本品为《危险化学品目录（2015 版）》列明的剧毒品，其健康危害 GHS 分类为：急性毒性—经口，类别 2；急性毒性—经皮，类别 3；急性毒性—吸入，类别 2；生殖细胞致突变性，类别 2。

3.1 急性毒作用

本品大鼠经口 LD_{50}：8 mg/kg；大鼠经皮 LD_{50}：112 mg/kg；大鼠吸入 LC_{50}：63 mg/(m^3·4 h)。

3.2 慢性毒作用

分别给予大鼠饮食口服 0、1.0、10、100 mg/kg 剂量久效磷 2 年时间，发现大鼠几乎未受到毒性影响。仅 100 mg/kg 组大鼠体重增长不及对照组，但尸检没有明显的发现。血浆及红细胞胆碱酯酶在 1 mg/kg 组大鼠中未受影响，但在 10 mg/kg 及 100 mg/kg 组大鼠显著降低，并且 10、100 mg/kg 组大鼠的脑组织胆碱酯酶也受到了久效磷影响。

3.3 远期毒作用

本品具有生殖细胞致突变性，怀疑本品可造成遗传性缺陷。

4. 生物监测

4.1 接触标志

尿液中久效磷及其代谢产物可以反映机体久效磷暴露情况。

4.2 效应标志

血浆和红细胞胆碱酯酶活性测定可以反映百治磷暴露对机体的损伤程度。

5. 人体健康危害

久效磷是一种有机磷农药，其毒作用很强，各种途径的暴露都有高毒性。有研究指出，摄取 1 200 mg 久效磷对人体可能致死（Hayes 和 Laws，1993）。吸入久效磷会影响呼吸系统，并可能引发流鼻涕或鼻血、咳嗽、胸部不适、呼吸困难等；皮肤接触可能会导致局部出汗和不自主的肌肉收缩；眼睛接触会导致疼痛、眼泪、瞳孔收缩和视力模糊等。任何途径暴露后，其他全身影响可能会在几分钟内或 12 h 内开始出现。严重中毒会影响中枢神经系统，导致言语不清、反射消失、无力、疲劳、不自主肌肉收缩、抽搐、舌头或眼睑颤抖以及最终导致肢体和呼吸肌麻痹，甚至出现不自主的排便或排尿、心律不齐、抽搐和昏迷等，最终可能因呼吸衰竭或心脏骤停导致死亡。对于职业接触久效磷的工人的研究发现，久效磷可以抑制血浆胆碱酯酶活性。

王霞等报道成功抢救了1例重症久效磷中毒伴横纹肌溶解症患者，经积极救治痊愈出院。

6. 风险评估

我国职业接触限值规定PC－TWA为0.1 mg/m^3（皮）。美国ACGIH规定的TLV－TWA为0.05 mg/m^3。

本品对水生生物毒性极大并具有长期持续影响，其环境危害GHS分类为：危害水生环境—急性危害，类别1；危害水生环境—长期危害，类别1。

磷　胺

1. 理化性质

CAS号：13171－21－6	外观与性状：无色油状液体，有淡淡的香气
沸点(℃)：162(0.2 kPa)	相对密度(水＝1)：1.2
熔点(℃)：－45	饱和蒸气压(kPa)：2.2×10^{-6}(25℃)
溶解性：可与水及除饱和烃外的多数有机溶剂混溶	稳定性：磷胺水溶液不太稳定，在中性及酸性中缓慢水解，在碱性高温下迅速水解

2. 用途与接触机会

用作杀虫剂、杀螨剂。可以经皮吸收、经口摄入、眼睛接触和经呼吸道吸入。

3. 毒性

本品健康危害GHS分类为：急性毒性—经口，类别2；急性毒性—经皮，类别3；生殖细胞致突变性，类别2。

3.1 急性毒作用

本品大鼠经口LD_{50}：8 mg/kg；大鼠经皮LD_{50}：125 mg/kg；大鼠吸入LC_{50}：135 mg/(m^3·4 h)。其毒性作用主要是胆碱酯酶活性受到抑制而引起。

3.2 慢性毒作用

在动物实验中发现，慢性暴露于磷胺较少出现明显的毒性作用，但可以导致实验动物体重增长减少，以及胆碱酯酶活性抑制。

3.3 远期毒作用

(1) 致突变作用

本品具有生殖细胞致突变性，怀疑本品可造成遗传性缺陷。

(2) 内分泌干扰作用

本品具有内分泌干扰作用。

4. 人体健康危害

磷胺作为有机磷农药，主要是抑制胆碱酯酶发挥毒作用。其对人体的健康危害与其他有机磷农药类似，在此不再赘述。

5. 风险评估

我国职业接触限值规定PC－TWA为0.02 mg/m^3（皮）。

本品对水生生物毒性极大并具有长期持续影响，其环境危害GHS分类为：危害水生环境—急性危害，类别1；危害水生环境—长期危害，类别1。

杀　扑　磷

1. 理化性质

CAS号：950－37－8	外观与性状：无色晶体，具有有机磷酸酯气味
熔点(℃)：39	密度(g/cm^3)：1.51(20℃)
溶解性：易溶于丙酮、苯和甲醇	稳定性：在中性和弱酸性介质中稳定，但在强酸和碱性介质中不稳定
饱和蒸气压(kPa)：4.3×10^{-7}(25℃)	

2. 用途与接触机会

杀扑磷是广谱、高毒的有机磷杀虫剂，具有触杀、胃毒和渗透作用，适用于棉花等作物上防治多种害虫。可以经皮吸收、经口摄入、眼睛接触和经呼吸道吸入。

3. 毒性

3.1 急性毒作用

本品大鼠经口LD_{50}：20 mg/kg；大鼠经皮LD_{50}：25 mg/kg；大鼠吸入LC_{50}：50 mg/(m^3·4 h)；兔经

皮 LD_{50}：196 mg/kg。

大鼠急性经口空腹灌胃给予不同剂量的杀扑磷(21.5，46.4，100，215 mg/kg 4 个剂量组)，灌胃后30 min内各剂量组出现不同程度的流涎、流泪、震颤，高剂量组及次高剂量组相继死亡，低剂量组逐渐恢复正常。该实验大鼠经口 LD_{50} 值，雌性 38.3 mg/kg(26.1～56.2 mg/kg)，雄性 31.6 mg/kg。

本品健康危害 GHS 分类为：急性毒性—经口，类别 2。

3.2 慢性毒作用

大鼠亚慢性经口毒性试验，设 0.00，3.89，11.67，35.00 mg/kg 4 个剂量组，将杀扑磷原药混入基础粉料中，动物自由进食。35.00 mg/kg 组，雌雄性大鼠在整个实验过程中全血胆碱酯酶活力抑制明显，11.67 mg/kg 饲料组，雄性大鼠实验 0.5 个月；3 个月全血胆碱酯酶活力抑制明显。杀扑磷慢性暴露可以降低胆碱酯酶活性，可以引起脂质过氧化，导致肝脏毒性、血管壁损伤等。

4. 生物监测

血液中杀扑磷的检出可以作为杀扑磷的暴露标志。胆碱酯酶活性测定可以反映杀扑磷暴露对机体的损伤情况。

5. 人体健康危害

杀扑磷作为有机磷农药，主要是抑制胆碱酯酶发挥毒作用。其对人体的健康危害与其他有机磷农药类似。

6. 风险评估

本品对水生生物毒性极大并具有长期持续影响，其环境危害 GHS 分类为：危害水生环境—急性危害，类别 1；危害水生环境—长期危害，类别 1。

二硫代田乐磷

1. 理化性质

CAS 号：2587－90－8	外观与性状：稻草色液体
沸点(℃)：270.3(100 kPa)	密度(g/cm³)：1.229
饱和蒸气压(kPa)：0.001 5 (25℃)	闪点(℃)：117.3

2. 用途与接触机会

用作杀虫剂和杀螨剂，主要用于农业生产，一般居民的接触主要是通过含有二硫代田乐磷残留的食物，或通过在农业生产中使用二硫代田乐磷。

3. 毒性

本品健康危害 GHS 分类为：急性毒性—经口，类别 2；急性毒性—经皮，类别 3。

二硫代田乐磷作为胆碱酯酶抑制剂，各种途径的接触对机体都是极其有害的。急性暴露可能会产生以下症状：出汗、针尖样瞳孔、视力模糊、头痛、头晕、深度无力、肌肉痉挛、癫痫发作和昏迷，可能会出现意识模糊和精神错乱，也可出现流涎、恶心、呕吐、厌食、腹泻和腹痛等。口腔暴露后心率可能下降，而皮肤暴露后心率可能增加。另外，胸部疼痛也可能出现。呼吸道症状包括呼吸困难(气短)、肺水肿、呼吸抑制和呼吸麻痹。

人体健康危害与抑制胆碱酯酶活性相关。

甲基乙拌磷

1. 理化性质

CAS 号：640－15－3	外观与性状：无色油状液体，具有独特气味
沸点(℃)：110	密度(g/cm³)：1.209(20℃)
热稳定性：受热易分解，生成磷氧化物和硫氧化物	溶解性：在水中溶解度为 200 mg/L；微溶于轻质石油；可溶于大多数有机溶剂
稳定性：纯甲基乙拌磷稳定性较低，但溶于极性溶剂(如二甲苯、氯苯等)时，稳定性增加，在碱性条件下不稳定，更易水解	

2. 用途与接触机会

甲基乙拌磷是一种有机磷杀虫剂、杀螨剂。可经口摄入、经呼吸道吸入或经皮吸收。

3. 毒性

甲基乙拌磷是误服、吸入或皮肤接触都能吸收入体内，产生一系列症状。皮肤或眼睛接触会对皮肤或眼睛产生刺激作用；吸入或摄入则可能出现头晕头痛、恶心呕吐、瞳孔收缩、肌肉痉挛、流涎、呼吸困难，严重者发生昏迷，甚至死亡。

本品健康危害GHS分类为：急性毒性—经口，类别3。

4. 风险评估

本品环境危害GHS分类为：危害水生环境—急性危害，类别2。

氧　乐　果

1. 理化性质

CAS号：1113-02-6	外观与性状：无色透明油状液体，具有硫醇样气味
熔点(℃)：−28(固化)	沸点(℃)：100～110(0.13 kPa)
蒸气压(kPa)：3.3×10^{-6}(20℃)	稳定性：在中性及偏酸性介质中较稳定，遇碱易分解
溶解性：易溶于水，易溶于乙醇、丙酮等烃类溶剂；微溶于乙醚；几乎不溶于石油醚	

2. 用途与接触机会

为农用杀虫剂、杀螨剂。可以经皮吸收、经口摄入和经呼吸道吸入。

3. 毒性

3.1　急性毒作用

本品大鼠经口LD_{50}：24 mg/kg；大鼠经皮LC_{50}>1 500 mg/(m^3·h)。

对大鼠经灌胃氧乐果(0 mg/kg、0.25 mg/kg、0.50 mg/kg、0.75 mg/kg和1.50 mg/kg)进行染毒，未观察到大鼠死亡现象，亦未观察到明显的临床症状。当染毒剂量为0.75 mg/kg和1.50 mg/kg，染毒后2.5 h时，血浆胆碱酯酶的活性明显受到抑制。而红细胞胆碱酯酶的活性在染毒剂量为0.25 mg/kg、0.50 mg/kg、0.75 mg/kg和1.50 mg/kg，染毒后2.5 h时，即明显受到抑制。

急性氧乐果中毒作用主要是抑制胆碱酯酶活性，产生严重的神经毒作用。

本品健康危害GHS分类为：急性毒性—经口，类别2。

3.2　慢性毒作用

将氧乐果溶于水(0、0.3、1.3和10 mg/kg)，让大鼠自由饮用，持续24个月。氧乐果对大鼠的行为、体重、存活情况、食物摄入以及血液学、生物化学、尿液参数均没有影响。在染毒1 w、2 w、4 w、8 w、13 w、26 w、52 w、72 w和研究结束时，对大鼠血浆胆碱酯酶活性和红细胞胆碱酯酶活性进行测定，发现在染毒剂量为10 mg/kg组，其血浆胆碱酯酶活性和红细胞胆碱酯酶活性均明显受到抑制；在染毒剂量为1.3 mg/kg组，其红细胞胆碱酯酶活性亦明显受到抑制。

氧乐果职业接触可引起工人全血、红细胞和血浆胆碱酯酶活性降低。

3.3　远期毒作用

(1) 发育或生殖毒性

在两代繁殖毒性研究中，将氧乐果溶于水(0、0.5、3和18 mg/kg)让雄性和雌性大鼠自由饮用，染毒时间为雄鼠在交配前70 d持续染毒，亲代母鼠从交配前70 d到交配、妊娠以及子代F1断奶整个实验期间持续染毒，F1断奶后继续染毒直到F2断奶。发现当染毒剂量为18 mg/kg时，在F1和F2中均出现胚胎着床率降低、产后死亡率增加和子代体重增加迟缓现象；且在F1代中发现母鼠不孕率增加和着床后死亡率增加；组织病理学检查发现雄鼠附睾上皮细胞空泡形成增加。

(2) 内分泌干扰作用

本品具有内分泌干扰作用。

4. 生物监测

4.1　接触标志

尿中二甲基磷酸酯(DMP)可作为氧乐果接触标志。

4.2　效应标志

全血胆碱酯酶活性、血浆胆碱酯酶活性或红细胞胆碱酯酶活性测定可以反映氧乐果接触对机体的损伤程度。

5. 人体健康危害

轻度中毒具有头痛、头晕、多汗、流涎、视力模糊、乏力、恶心和呕吐等症状；中度中毒以肌束震颤为特征，具有瞳孔缩小、呼吸困难、大汗、腹痛和神志模糊等症状；重度中毒具有昏迷、惊厥、肺水肿、呼吸抑制和脑水肿等症状。一名 18 岁园丁学徒口服氧乐果自杀，尸检发现胃黏膜肿胀、出血性肺水肿、右心室扩张和脑水肿。

6. 风险评估

我国职业接触限值规定 PC－TWA 为 0.15 mg/m^3(皮)。

本品对水生生物毒性极大，其环境危害 GHS 分类为：危害水生环境—急性危害，类别 1。

茂 硫 磷

1. 理化性质

CAS 号：144－41－2	外观与性状：无色晶体
熔点(℃)：63～64	溶解性：几乎不溶于水；能溶于大多数有机溶剂

2. 用途与接触机会

为农用杀虫剂。可以经皮吸收、经口摄入和经呼吸道吸入。

3. 毒性

本品健康危害 GHS 分类为：急性毒性—经口，类别 3；急性毒性—经皮，类别 3；急性毒性—吸入，类别 3。

4. 生物监测

血浆胆碱酯酶、红细胞胆碱酯酶和大脑胆碱酯酶活性的测定可以反映茂硫磷对机体的损伤程度。

5. 人体健康危害

轻度中毒具有头痛、头晕、多汗、流涎、视力模糊、乏力、恶心和呕吐等症状；中度中毒以肌束震颤为特征，具有瞳孔缩小、呼吸困难、大汗、腹痛和神志模糊等症状；重度中毒具有昏迷、惊厥、肺水肿、呼吸抑制和脑水肿等症状。

6. 风险评估

本品对水生生物毒性极大并具有长期持续影响，其环境危害 GHS 分类为：危害水生环境—急性危害，类别 1；危害水生环境—长期危害，类别 1。

亚 胺 硫 磷

1. 理化性质

CAS 号：732－11－6	外观与性状：白色无臭晶体
熔点(℃)：72～72.7	溶解性：水中溶解度为 24.4 mg/L(20℃)，溶于甲醇、苯、甲苯、二甲苯和丙酮等有机溶剂
蒸气压(kPa)：6.5×10^{-6}(20℃～25℃)	稳定性：遇碱易分解

2. 用途与接触机会

为广谱杀虫剂，具有触杀和胃毒作用，对植物组织有一定的渗透性。可以经皮吸收、经口摄入和经呼吸道吸入。

3. 毒性

3.1 急性毒作用

本品为《危化品目录实施指南》收录，急性毒性大鼠经口 LD_{50}：92.5 mg/kg；大鼠经皮 LD_{50}：1 326 mg/kg；大鼠吸入 LC_{50}：54 mg/(m^3 · 4 h)。动物实验表明亚胺硫磷具有轻微的眼刺激作用，无皮肤刺激作用。

3.2 慢性毒作用

将亚胺硫磷溶于水(20、40、200 和 400 mg/kg)，让大鼠自由饮水，持续 24 个月。染毒 12 个月后，发现当染毒剂量≥200 mg/kg 时，大鼠的肝脏脂肪均发生变化；并且血清、红细胞和大脑中胆碱酯酶活性均明显受到抑制。

3.3 远期毒作用

(1) 致癌作用

亚胺硫磷会增加雄性小鼠的肝癌发生率，增加雌性小鼠的乳腺癌发生率。亚胺硫磷对大鼠无致癌作用。

(2) 发育毒性与致畸性

对雌性大鼠经灌胃亚胺硫磷(0、0.3、1.5 和 5.0 mg/kg)进行染毒，染毒时间从怀孕第 1 d 开始至怀孕第 20 d。发现当染毒剂量为 5.0 mg/kg 时，亚胺硫磷具有致畸作用和胚胎毒性作用；当染毒剂量为 1.5 mg/kg 时，亚胺硫磷具有轻微的胚胎毒性。在两代毒性研究中,发现当染毒剂量为300 mg/kg时,亲代雄性大鼠睾丸重量和精子数量均降低;并且亲代雌性大鼠卵巢重量、所生每窝小鼠的数量和小鼠存活数量均降低。

(3) 内分泌干扰作用

本品具有内分泌干扰作用。

4. 生物监测

全血乙酰胆碱酯酶活性、血浆胆碱酯酶活性和红细胞胆碱酯酶活性测定可以反映亚胺硫磷接触对机体的损伤程度。

5. 人体健康危害

轻度中毒具有头痛、恶心、呕吐、多汗、乏力、胸闷、视力模糊和纳差等症状;中度中毒除上述症状,亦具有呼吸困难、肌肉震颤、瞳孔缩小、流涎和腹痛等症状;重度中毒具有昏迷、抽搐、呼吸困难、大小便失禁、惊厥和呼吸麻痹等症状。

6. 风险评估

本品对水生生物毒性极大并具有长期持续影响,其环境危害GHS分类为:危害水生环境—急性危害,类别1;危害水生环境—长期危害,类别1。

益 棉 磷

1. 理化性质

CAS号:2642-71-9	外观与性状:呈无色针状结晶
熔点(℃):53	溶解性:水中溶解度为10.5 mg/L(20℃),易溶于正己烷、异丙醇、二氯甲烷和甲苯等有机溶剂
蒸气压(kPa):3.2×10^{-7}(20℃)	稳定性:遇碱易分解

2. 用途与接触机会

本品为农用杀虫剂、杀螨剂。可以经皮吸收、经口摄入和经呼吸道吸入。

3. 毒性

3.1 急性毒作用

本品大鼠经口LD_{50}:7 mg/kg;大鼠经皮:250 mg/kg;大鼠吸入LC_{50}:390 mg/m³。健康危害GHS分类为:急性毒性—经口,类别2;急性毒性—经皮,类别3。

3.2 慢性毒作用

将益棉磷置于食物中(0、1、2、4和8 mg/kg),让大鼠自由进食,持续3个月。发现益棉磷对大鼠体重增长率、食物消耗量、死亡率和血液学参数均没有影响。当染毒剂量为4 mg/kg时,益棉磷对血浆胆碱酯酶活性没有影响,而可以抑制红细胞胆碱酯酶活性。当染毒剂量为8 mg/kg时,益棉磷既可以抑制红细胞胆碱酯酶活性,亦可以抑制血浆胆碱酯酶的活性。尸检发现,益棉磷对器官重量和器官的组织学检查均没有影响。雌性大鼠对于益棉磷毒性更敏感。

4. 生物监测

全血胆碱酯酶活性、血浆胆碱酯酶活性或红细胞胆碱酯酶活性测定可以反映益棉磷接触对机体的损伤程度。络氨酸酶的活性测定亦可以反映益棉磷接触对机体的损伤程度。

5. 人体健康危害

人经口或经皮吸收后可以引起急性中毒,出现头痛、头晕、乏力、烦躁、恶心、呕吐、出汗、流涎、瞳孔缩小、肌肉颤抖、抽搐、痉挛、呼吸困难和发绀等症状;重者常伴有肺水肿和脑水肿,死于呼吸衰竭。全血胆碱酯酶活性下降。

6. 风险评估

本品对水生生物毒性极大并具有长期持续影响,其环境危害GHS分类为:危害水生环境—急性危害,类别1;危害水生环境—长期危害,类别1。

彼 氧 磷

1. 理化性质

CAS号:67329-01-5	

2. 用途与接触机会

本品为农用杀虫剂。可以经皮吸收、经口摄入和经呼吸道吸入。

3. 毒性

本品大鼠腹腔注射染毒 LD_{50}：6.8 mg/kg。健康危害 GHS 分类为：急性毒性—经口，类别 2。

4. 人体健康危害

轻度中毒具有头痛、头晕、多汗、流涎、视力模糊、乏力、恶心和呕吐等症状；中度中毒以肌束震颤为特征，具有瞳孔缩小、呼吸困难、大汗、腹痛和神志模糊等症状；重度中毒具有昏迷、惊厥、肺水肿、呼吸抑制和脑水肿等症状。

5. 生物监测

血浆胆碱酯酶、红细胞胆碱酯酶和大脑胆碱酯酶活性的测定可以反映彼氧磷对机体的损伤程度。

蝇　毒　磷

1. 理化性质

CAS 号：56－72－4	外观与性状：无色晶体，略带硫磺样气味
熔点(℃)：95.2	溶解性：水中溶解度为 1.5 mg/L(20℃)，可溶于丙酮、氯仿和邻苯二甲酸二乙酯等有机溶剂
饱和蒸气压(kPa)：1.29×10^{-8}(20℃)	稳定性：遇碱不稳定

2. 用途与接触机会

本品可用作畜用杀虫剂。可以经皮吸收、经口摄入和经呼吸道吸入。

3. 毒性

3.1　急性毒作用

本品大鼠经口 LD_{50}：13 mg/kg；大鼠经皮 LD_{50}：860 mg/kg；大鼠吸入 LC_{50}：303 mg/m^3；兔经皮 LD_{50}：500 mg/kg。

健康危害 GHS 分类为：急性毒性—经口，类别 2。

3.2　慢性毒作用

将蝇毒磷溶于玉米油(0、1、5 和 25 mg/kg)给予受试大鼠，持续 24 个月。当剂量为 1 mg/kg 时，未发现毒性症状；当剂量为 25 mg/kg 时，血浆胆碱酯酶和红细胞胆碱酯酶活性均受到抑制。对于雌性大鼠，当剂量≥5 mg/kg 时，大鼠的体重和进食量均减少；对于雄性大鼠，当剂量为 25 mg/kg 时，大鼠甲状腺滤泡细胞增生增多。

4. 生物监测

4.1　接触标志

蝇毒磷的代谢产物磷酸二乙酯等物质的测定可以反映蝇毒磷的接触情况。

4.2　效应标志

胆碱酯酶活性的测定可以反映蝇毒磷对机体的损伤程度。

5. 人体健康危害

急性中毒多在 12 h 内发病，口服立即发病。轻度中毒表现为头痛、恶心、呕吐、纳差、多汗、无力、胸闷、视力模糊等症状；中度中毒表现除上述症状外，亦出现轻度呼吸困难、肌肉震颤、瞳孔缩小、精神恍惚、行走不稳、大汗和流涎等症状。重度中毒表现为昏迷、抽搐、呼吸困难、口吐白沫、大小便失禁、惊厥和呼吸麻痹等症状。

6. 风险评估

美国 ACGIH 制定的本品的 TWA (8 h) 为 0.05 mg/m^3。

本品对水生生物毒性极大并具有长期持续影响，其环境危害 GHS 分类为：危害水生环境—急性危害，类别 1；危害水生环境—长期危害，类别 1。

扑　杀　磷

1. 理化性质

CAS 号：299－45－6	外观与性状：无色晶体
熔点(℃)：39	溶解性：水中溶解度为 187 mg/L(20℃)，易溶于乙醇、丙酮、甲苯、己烷和正辛醇等有机溶剂；微溶于氯仿和二氯甲烷
饱和蒸气压(kPa)：0.45×10^{-6}(25℃)	稳定性：遇碱不稳定

2. 用途与接触机会

本品为农用杀虫剂、杀螨剂。可以经皮吸收、经口摄入和经呼吸道吸入。

3. 毒性

3.1 急性毒作用

本品大鼠经口 LD_{50}：14.7 mg/kg；小鼠经口 LD_{50}：99 mg/kg；兔经皮 LD_{50}：300 mg/kg。

将扑杀磷溶于玉米油(3、5、10、20 和 35 mg/kg)，给予受试大鼠。发现雄性大鼠持续 3 d 给予剂量为 35 mg/kg 时，大鼠全部死亡；雌性大鼠持续 3 d 给予剂量为 20 mg/kg 时，约 4/5 的大鼠出现死亡现象。当剂量为≥5 mg/kg，在接受处理的 1～4 h，大鼠出现一种或几种胆碱酯酶中毒症状，如瞳孔缩小、活动减退、震颤、流涎和呼吸困难等症状。此外，胆碱酯酶活性的抑制程度随着剂量的增加而增加。

本品健康危害 GHS 分类为：急性毒性—经口，类别 2；急性毒性—经皮，类别 1；急性毒性—经口，类别 2。

3.2 慢性毒作用

将扑杀磷溶于水(0、4、40 和 100 mg/kg)，让大鼠自由饮用，持续 24 个月。当剂量≥40 mg/kg 时，出现秃毛症、鼻液溢和震颤等临床症状。当剂量为 100 mg/kg 时，大鼠的体重均减少；对于雄性大鼠，摄食量轻微增加；对于雌性大鼠，饮水量减少。当剂量为 4 mg/kg 和 40 mg/kg 时，血浆胆碱酯酶、红细胞胆碱酯酶和大脑胆碱酯酶活性均受到抑制。

3.3 远期毒作用

雌性大鼠从怀孕第 6 d 起至第 15 d 给予扑杀磷(0 mg/kg、0.25 mg/kg、1.00 mg/kg 和 2.25 mg/kg)。发现当剂量≥1.00 mg/kg 时，亲代出现体重增加迟缓、摄食量减少、胆碱酯酶活性受到抑制、眼球突出、呼吸困难和阴道出血等症状。

4. 生物监测

4.1 接触标志

扑杀磷的代谢产物磷酸二甲酯(DMP)和二甲基硫代磷酸酯(DMTP)的测定可以反映扑杀磷的接触情况。

4.2 效应标志

血浆胆碱酯酶、红细胞胆碱酯酶和大脑胆碱酯酶活性的测定可以反映扑杀磷对机体的损伤程度。

5. 人体健康危害

扑杀磷中毒可出现恶心、呕吐、痉挛、腹痛、腹泻、多涎、头痛、无力、呼吸困难、胸闷和视觉模糊等症状，重者可因呼吸衰竭而死亡。

有病例报道一名 4 月龄婴儿被注射扑杀磷，出现意识丧失和呼吸不规律现象。尸检显示，肘前区域出现水肿型肌肉筋膜和局灶性液化坏死。

6. 风险评估

本品对水生生物毒性极大并具有长期持续影响，其环境危害 GHS 分类为：危害水生环境—急性危害，类别 1；危害水生环境—长期危害，类别 1。

对　氧　磷

1. 理化性质

CAS 号：311－45－5	外观与性状：油状液体
沸点(℃)：169～170(0.133 kPa)	溶解性：易溶于乙醚及其他有机溶剂
饱和蒸气压(kPa)：1.5×10^{-7}(25℃)	稳定性：遇碱易分解

2. 用途与接触机会

本品为农用杀虫剂。可以经皮吸收、经口摄入和经呼吸道吸入。

3. 毒性

3.1 急性毒作用

本品大鼠经口 LD_{50} 为 1.8 mg/kg，小鼠经口 LD_{50} 为 0.76 mg/kg。

本品为《危险化学品目录(2015 版)》列明的剧毒品，其健康危害 GHS 分类为：急性毒性—经口，类别 1；急性毒性—经皮，类别 1。

3.2 慢性毒作用

将对氧磷(0.05 mg/kg 和 0.10 mg/kg)以注射的方式给予大鼠染毒，持续 60 d。在第 30 d，未观察到对氧磷明显的毒性，但可以造成膈肌的损伤。在低剂量组，乙酰胆碱酯酶的活性在整个染毒过程中进行性降低；在高剂量组，乙酰胆碱酯酶的活性在第15 d时已降低到最低程度。持续性的给予大鼠低剂量对氧磷可以造成骨骼肌纤维坏死。

4. 生物监测

4.1 接触标志

磷酸二乙酯(DEP)的浓度测定可以反映对氧磷的接触情况。

4.2 效应标志

血浆胆碱酯酶、红细胞胆碱酯酶和大脑胆碱酯酶活性的测定可以反映对氧磷对机体的损伤程度。

5. 人体健康危害

轻度中毒具有头痛、头晕、多汗、流涎、视力模糊、乏力、恶心和呕吐等症状；中度中毒以肌束震颤为特征，具有瞳孔缩小、呼吸困难、大汗、腹痛和神志模糊等症状；重度中毒具有昏迷、惊厥、肺水肿、呼吸抑制和脑水肿等症状。

6. 风险评估

本品对水生生物毒性极大并具有长期持续影响，其环境危害GHS分类为：危害水生环境—急性危害，类别1；危害水生环境—长期危害，类别1。

乙基溴硫磷

1. 理化性质

CAS号：4824-78-6	外观与性状：无色至淡黄色液体
沸点(℃)：122～133	溶解性：水中溶解度为0.14 mg/L(20℃)，能溶于大多数有机溶剂
饱和蒸气压(kPa)：6×10^{-6}(30℃)	稳定性：遇碱易分解

2. 用途与接触机会

本品为农用杀虫剂。可以经皮吸收、经口摄入和经呼吸道吸入。

3. 毒性

本品大鼠经口LD_{50}：52 mg/kg；大鼠经皮LD_{50}：1 g/kg。

本品健康危害GHS分类为：急性毒性—经口，类别3。

4. 生物监测

血浆胆碱酯酶、红细胞胆碱酯酶和大脑胆碱酯酶活性的测定可以反映乙基溴硫磷对机体的损伤程度。

5. 人体健康危害

轻度中毒具有头痛、头晕、多汗、流涎、视力模糊、乏力、恶心和呕吐等症状；中度中毒以肌束震颤为特征，具有瞳孔缩小、呼吸困难、大汗、腹痛和神志模糊等症状；重度中毒具有昏迷、惊厥、肺水肿、呼吸抑制和脑水肿等症状。

6. 风险评估

本品对水生生物毒性极大并具有长期持续影响，其环境危害GHS分类为：危害水生环境—急性危害，类别1；危害水生环境—长期危害，类别1。

毒虫畏

1. 理化性质

CAS号：470-90-6	外观与性状：琥珀色液体
沸点(℃)：167～170	溶解性：水中溶解度为124 mg/L(20℃)，能够与丙酮、乙醇、煤油、二甲苯、丙二醇、二氯甲烷和己烷等大多数有机溶剂互溶
饱和蒸气压(kPa)：9.97×10^{-7}(25℃)	稳定性：遇碱易分解

2. 用途与接触机会

为农用杀虫剂。可以经皮吸收、经口摄入和经呼吸道吸入。

3. 毒性

本品大鼠经口LD_{50}：10 mg/kg；兔经皮：400 mg/kg；大鼠经皮：26.4 mg/kg；大鼠吸入LC_{50}：50 mg/(m³·4 h)。

当大鼠经口给予1 mg/kg的毒虫畏，发现毒虫畏不影响大鼠胆碱酯酶的活性，并且亦不影响大鼠的生物钟。当给予大鼠毒虫畏的剂量超过 2 mg/kg 时，发现大鼠大脑胆碱酯酶活性和红细胞胆碱酯酶活性均受到抑制。

本品为《危险化学品目录(2015 版)》列明的剧毒品，其健康危害 GHS 分类为：急性毒性—经口，类别 2；急性毒性—经皮，类别 3。

4. 生物监测

血浆胆碱酯酶、红细胞胆碱酯酶和大脑胆碱酯酶活性的测定可以反映毒虫畏对机体的损伤程度。

5. 人体健康危害

轻度中毒具有头痛、头晕、多汗、流涎、视力模糊、乏力、恶心和呕吐等症状；中度中毒以肌束震颤为特征，具有瞳孔缩小、呼吸困难、大汗、腹痛和神志模糊等症状；重度中毒具有昏迷、惊厥、肺水肿、呼吸抑制和脑水肿等症状。

一名 75 岁男性死前有摄入毒虫畏，其胃内容物呈白色、乳白色稠度，并有汽油样味。

6. 风险评估

本品对水生生物毒性极大并具有长期持续影响，其环境危害 GHS 分类为：危害水生环境—急性危害，类别 1；危害水生环境—长期危害，类别 1。

虫　螨　磷

1. 理化性质

CAS 号：21923-23-9	外观与性状：棕色液体，在低温呈晶体
沸点(℃)：150	溶解性：几乎不溶于水；能够溶于大多数有机溶剂

2. 用途与接触机会

为农用杀螨剂。可以经皮吸收、经口摄入和经呼吸道吸入。

3. 毒性

本品大鼠经口 LD_{50} 为 13 mg/kg；兔经皮 LD_{50}：31 mg/kg；大鼠经皮 LD_{50}：58 mg/kg。

本品健康危害 GHS 分类为：急性毒性—经口，类别 3；急性毒性—经皮，类别 2。

4. 生物监测

血浆胆碱酯酶、红细胞胆碱酯酶和大脑胆碱酯酶活性的测定可以反映虫螨磷对机体的损伤程度。

5. 人体健康危害

轻度中毒具有头痛、头晕、多汗、流涎、视力模糊、乏力、恶心和呕吐等症状；中度中毒以肌束震颤为特征，具有瞳孔缩小、呼吸困难、大汗、腹痛和神志模糊等症状；重度中毒具有昏迷、惊厥、肺水肿、呼吸抑制和脑水肿等症状。

6. 风险评估

本品对水生生物毒性极大并具有长期持续影响，其环境危害 GHS 分类为：危害水生环境—急性危害，类别 1；危害水生环境—长期危害，类别 1。

虫　线　磷

1. 理化性质

CAS 号：297-97-2	外观与性状：黄色液体
熔点(℃)：−1.7	相对密度(水=1)：1.207(25℃)
折射率：1.508 0～1.510 5	饱和蒸气压(Pa)：0.4(30℃)
溶解性(mg/L)：1 140(水中，27℃)，易溶于有机溶剂	

2. 用途与接触机会

用于防治土壤害虫和线虫，如金龟子、叶甲、叩甲、花蝇、种蝇、异皮线虫、黄麻，根疣线虫等。

3. 毒性

本品大鼠经口 LD_{50} 为 12 mg/kg。

本品为《危险化学品目录(2015 版)》列明的剧毒品，其健康危害 GHS 分类为：急性毒性—经口，类别 2；急性毒性—经皮，类别 1。

喹　硫　磷

1. 理化性质

CAS 号：13593-03-8	外观与性状：白色无味结晶

(续表)

熔点(℃)：31～32	相对密度(水＝1)：1.207(25℃)
折射率：1.562 4	饱和蒸气压(Pa)：3.46×10^{-4}(20℃)
溶解性(mg/L)：22(水中，常温)，易溶于有机溶剂	水解性：酸性条件易水解，于120℃分解

2. 用途与接触机会

广谱性杀虫、杀螨剂，具胃毒和触杀作用，无内吸和熏蒸作用，有一定的杀卵作用。主要用于农业生产一般居民的接触主要是通过含有喹硫磷残留的食物，或通过在农业生产中使用喹硫磷。

3. 毒性

25%喹恶磷乳油大鼠和小鼠急性经皮 LD_{50} 分别为 300 mg/kg 和 108 mg/kg；大鼠急性吸入 LD_{50} 为 20 mg/kg。对兔皮肤无刺激作用，对兔眼睛有轻度刺激性。爱卡±5%颗粒剂含喹恶磷 5%，稳定剂约 0.9。外观为灰色至浅棕色的颗粒。假密度 400±100 g/L。爱卡±5%颗粒剂大鼠急性经皮 LD_{50}＞10 g/kg，大鼠急性吸入 LD_{50}＞10 g/m3。对兔皮肤无刺激作用，对兔眼睛有短暂的轻度刺激性。人体每日允许摄入量(ADI)为 0.015 mg/kg。

本品健康危害 GHS 分类为：急性毒性—经口，类别 3；急性毒性—经皮，类别 3。

4. 风险评估

本品对水生生物毒性极大并具有长期持续影响，其环境危害 GHS 分类为：危害水生环境—急性危害，类别 1；危害水生环境—长期危害，类别 1。

芬 硫 磷

1. 理化性质

化学式：$C_{11}H_{15}CL_2O_2PS_3$	分子量：377.31
CAS 号：2275-14-1	密度(g/cm^3)：1.4
沸点(℃)：409.7(100 kPa)	闪点(℃)：201.6
折射率：1.606	分解性：受热分解有毒氧化磷、氧化硫、氯化物气体
储存条件(℃)：2～8	

2. 毒性

本品大鼠经口 LD_{50}：44 mg/kg；小鼠经口 LD_{50}：220 mg/kg；大鼠经皮 LD_{50}：652 mg/kg。

本品健康危害 GHS 分类为：急性毒性—经口，类别 3；急性毒性—经皮，类别 3；急性毒性—吸入，类别 3。

3. 人体健康危害

抑制胆碱酯酶活性，引起神经功能紊乱，发生与胆碱能神经过度兴奋相似的症状。急性中毒：轻度：有头痛、头晕、恶心、呕吐、多汗、胸闷、视力模糊、无力等症状，全血胆碱酯酶活性在 50%～70%；中度：除上述症状外，有肌束震颤、瞳孔缩小、轻度呼吸困难、流涎、腹痛、腹泻等，全血胆碱酯酶活性在 30%～50%；重度：上述症状加重，可有肺水肿或昏迷或呼吸麻痹或脑水肿，全血胆碱酯酶活性在 30%以下。慢性影响：可有神经衰弱综合征。

4. 风险评估

本品对水生生物毒性极大并具有长期持续影响，其环境危害 GHS 分类为：危害水生环境—急性危害，类别 1；危害水生环境—长期危害，类别 1。

氯亚胺硫磷

1. 理化性质

化学式：$C_{14}H_{17}ClNO_4PS_2$	分子量：393.846
CAS 号：10311-84-9	密度(g/cm^3)：1.435
熔点(℃)：67～69	蒸气压(kPa)：8.2×10^{-9}(25℃)
可燃性：明火可燃	分解性：受热放出有毒氧化硫、氧化氮、氧化磷、氯化物气体

2. 用途与接触机会

氯亚胺硫磷用于苹果、柑橘、葡萄、蔬菜上防治螨类害虫，主要用于农业生产，一般居民的接触主要是通过含有氯亚胺硫磷残留的食物，或通过在农业生产中使用氯亚胺硫磷。

3. 毒性

本品大鼠经口 LD_{50}：5 mg/kg；小鼠经口 LD_{50}：

39 mg/kg。安全使用防护、中毒症状、急救措施及解毒剂参照一般有机磷农药的原则处理。

本品健康危害 GHS 分类为：急性毒性—经口，类别 2；急性毒性—经皮，类别 3。

4. 风险评估

本品对水生生物毒性极大并具有长期持续影响，其环境危害 GHS 分类为：危害水生环境—急性危害，类别 1；危害水生环境—长期危害，类别 1。

砜 拌 磷

1. 理化性质

CAS 号：2497-07-6	分子量：290.391
化学式：$C_8H_{19}O_3PS_3$	分解性：加热分解时，会释放出硫和磷氧化物的剧毒气体

2. 用途与接触机会

本品属有机磷农药，可经食入、经皮吸收。

3. 毒性

本品大鼠经口 LD_{50}：3.5 mg/kg；大鼠经皮 LD_{50}：92～235 mg/kg。中毒表现及全血胆碱酯酶活性的影响同一般的有机磷农药。

本品健康危害 GHS 分类为：急性毒性—经口，类别 2；急性毒性—经皮，类别 3，吞咽本品会致命，皮肤接触本品会中毒。

4. 风险评估

本品对水生生物毒性极大并具有长期持续影响，其环境危害 GHS 分类为：危害水生环境—急性危害，类别 1；危害水生环境—长期危害，类别 1。

乙 拌 磷

1. 理化性质

化学式：$C_8H_{19}O_2PS_3$	分子量：274.404
CAS 号：298-04-4	外观与性状：纯品为无色油状液体，工业品为黄褐色油状液体，具有恶臭味，剂型有活性炭粉剂、乳油及颗粒剂等
熔点(℃)：>−25	沸点(℃)：100(0.003 kPa)
蒸气压(MPa)：2.9(25℃)	水解性：强酸(pH<2)或强碱(pH>9)环境下易分解
溶解性：不溶于水；溶于乙醇、乙醚、丙酮、氯仿等有机溶剂	

2. 用途与接触机会

二硫代磷酸酯类杀虫、杀螨剂，对害虫害螨具有内吸、触杀、胃毒及熏蒸作用。可经呼吸道吸入、食入、经皮吸收。

3. 毒性

本品大鼠经口 LD_{50}：2.6 mg/kg；大鼠经皮：6 mg/kg；大鼠吸入 LC_{50}：200 mg/m^3。

本品健康危害 GHS 分类为：急性毒性—经口，类别 2；急性毒性—经皮，类别 1。

4. 人体健康危害

抑制胆碱酯酶活性，引起神经功能紊乱，发生与胆碱能神经过度兴奋相似的症状。急性中毒：轻度：有头痛、头晕、恶心、呕吐、多汗、胸闷、视力模糊、无力等症状，全血胆碱酯酶活性在 50%～70%；中度：除上述症状外，有肌束震颤、瞳孔缩小、轻度呼吸困难、流涎、腹痛、腹泻等，全血胆碱酯酶活性在 30%～50%；重度：上述症状加重，可有肺水肿或昏迷或呼吸麻痹或脑水肿，全血胆碱酯酶活性在 30%以下。慢性影响：可有神经衰弱综合征。

5. 风险评估

美国 ACGIH 规定的 TLV-TWA 为 0.1 mg/m^3。

本品对水生生物毒性极大并具有长期持续影响，其环境危害 GHS 分类为：危害水生环境—急性危害，类别 1；危害水生环境—长期危害，类别 1。

丰 索 磷

1. 理化性质

化学式：$C_{11}H_{17}O_4PS_2$	分子量：308.354
CAS 号：115-90-2	外观与性状：淡黄色油状液体

（续表）

密度(g/cm³)：1.31	沸点(℃)：404(100 kPa)；138～141(1.33Pa)
折射率：1.575	闪点(℃)：198.2
储存条件(℃)：0～6	溶解性(g/L)：1.54(水,25℃)，溶于多数有机溶剂
可燃性：遇明火、高热可燃	分解性：高热分解放出有毒的气体(一氧化碳、二氧化碳、氧化硫、氧化磷)

2. 用途与接触机会

作为杀虫剂和杀线虫剂，可通过消化道、呼吸道和皮肤接触。

3. 毒性

本品大鼠经口 LD_{50}：2.2 mg/kg；小鼠经腹腔注射 LD_{50}：7 mg/kg。

本品为《危险化学品目录(2015 版)》列明的剧毒品，其健康危害 GHS 分类为：急性毒性—经口，类别 2；急性毒性—经皮，类别 1。

4. 人体健康危害

本品为高毒有机磷杀虫剂，抑制胆碱酯酶活性。轻度中毒者，出现头痛、头晕、恶心、呕吐、多汗、胸闷、视力模糊、无力、瞳孔缩小；中度中毒者，还可出现肌束震颤、瞳孔缩小、轻度呼吸困难等；重度中毒者，可出现肺水肿、脑水肿、呼吸麻痹。另外，有的病例可出现迟发性神经病。

5. 风险评估

美国 NIOSH 推荐 REL－TWA 为 0.01 mg/m³。

本品对水生生物毒性极大并具有长期持续影响，其环境危害 GHS 分类为：危害水生环境—急性危害，类别 1；危害水生环境—长期危害，类别 1。

三 硫 磷

1. 理化性质

化学式：$C_{11}H_{16}ClO_2PS_3$	分子量：342.87
CAS 号：786－19－6	外观与性状：黄褐色液体
密度(g/cm³)：1.29(20℃)	沸点(℃)：82(0.013 kPa)
折射率：1.598	溶解性：不溶于水；易溶于多种有机溶剂
储存条件：大约 4℃	

2. 用途与接触机会

三硫磷为优良的有机磷杀虫、杀螨剂，普遍应用于棉花、果树等作物，防治红蜘蛛、蚜虫等多种害虫。

主要用于农业生产，主要通过食用有本品残留的食物，或通过在农业生产中使用本品而接触。

3. 毒性

本品大鼠经口 LD_{50}：6.8 mg/kg；大鼠经皮 LD_{50}：27 mg/kg；兔经皮 LD_{50}：1 270 mg/kg。中毒表现及全血胆碱酯酶活性的影响同一般的有机磷农药。

健康危害 GHS 分类为：急性毒性—经口，类别 3；急性毒性—经皮，类别 3。

4. 风险评估

本品对水生生物毒性极大并具有长期持续影响，其环境危害 GHS 分类为：危害水生环境—急性危害，类别 1；危害水生环境—长期危害，类别 1。

发 硫 磷

1. 理化性质

化学式：$C_9H_{20}NO_3PS_2$	分子量：285.39
CAS 号：2275－18－5	密度(g/cm³)：1.178
熔点(℃)：28.5	可燃性：明火可燃，受热放出有毒氧化磷、氧化硫、氧化氮气体

2. 用途与接触机会

本品为内吸性杀螨剂和杀虫剂。可经呼吸道吸入、经口摄入、经皮吸收。

3. 毒性

大鼠经口 LD_{50}：8 mg/kg；小鼠经口 LD_{50}：8 mg/kg。

为《危险化学品目录(2015 版)》列明的剧毒品，其健康危害 GHS 分类为：急性毒性—经口，类别 2；急性毒性—经皮，类别 1。

4. 风险评估

本品对水生物有害,且有长期持续影响,其环境危害GHS分类为:危害水生环境—长期危害,类别3。

果 虫 磷

1. 理化性质

化学式:$C_{10}H_{19}N_2O_4PS$	分子量:294.31
CAS号:3734-95-0	外观与性状:橙色液体,具有苦杏仁味
溶解性(g/L):70(水,20℃)在大多数有机溶剂中微溶	

2. 用途与接触机会

本品属于内吸性杀虫剂,主要用于果树虫害的防治,可通过消化道、呼吸道、皮肤接触。

3. 毒性

本品大鼠经口LD_{50}为3.2 mg/kg,小鼠和豚鼠经口LD_{50}为13 mg/kg;大鼠的急性经皮LD_{50}(接触4 h)值为105 mg/kg;以0.035 mg/(kg·d),喂大鼠3个月后,没有发现有明显的中毒作用。

中毒表现及全血胆碱酯酶活性的影响同一般的有机磷农药。

本品健康危害GHS分类为:急性毒性—经口,类别2;急性毒性—经皮,类别3。

氯 甲 硫 磷

1. 理化性质

化学式:$C_5H_{12}ClO_2PS_2$	分子量:294.31
CAS号:24934-91-6	外观与性状:无色液体
熔点(℃):39~39.5	沸点(℃):81~85(13.3×10^{-3} kPa)
溶解性(mg/L):60(水,20℃),溶于多数有机溶剂	

2. 用途与接触机会

用作农用杀虫剂,具有触杀和熏蒸作用,主要用于农业生产,主要通过食用有本品残留的食物,或通过在农业生产中使用本品而接触。

3. 毒性

本品为胆碱酯酶抑制剂,可引起头痛、头晕、无力、烦躁、恶心、呕吐、流涎、瞳孔缩小、肌肉震颤、呼吸困难、发绀、肺水肿、脑水肿。

本品为《危险化学品目录(2015版)》列明的剧毒品,其健康危害GHS分类为:急性毒性—经口,类别2;急性毒性—经皮,类别1。

4. 风险评估

本品对水生生物毒性极大并具有长期持续影响,其环境危害GHS分类为:危害水生环境—急性危害,类别1;危害水生环境—长期危害,类别1。

特 丁 硫 磷

1. 理化性质

CAS号:13071-79-9	外观与性状:无色透明的淡黄色液体
熔点(℃):-29	密度(g/cm³):1.27
沸点(℃):69(0.001 kPa)	闪点(℃):88(开杯)
稳定性:稳定性好,在常温下可稳定存在2年,但在酸性或碱性条件和温度超过120℃时会发生分解	溶解性:不溶于水;易溶于大多数有机溶剂,如芳香烃、乙醇、丙酮等

2. 用途与接触机会

特丁硫磷是一种有机磷杀虫剂,可经口摄入、经呼吸道吸入或经皮吸收。

3. 毒性

3.1 急性毒作用

本品大鼠经口LD_{50}:1 600 μg/kg;兔经皮LD_{50}:1 100 μg/(kg·24 h)。

特丁硫磷是一种剧毒杀虫剂,大鼠在0,0.01,0.02,0.05和0.1 mg/m³的条件下8 h/d,5 d/w,持续2 w,最高剂量组出现红细胞胆碱酯酶活性显著降低,但无论是低剂量组还是高剂量组,均未观察到不良反应。

人急性特丁硫磷中毒会产生视力模糊、头痛、头晕、肌肉痉挛、乏力、呕吐腹泻等症状,严重者会出现呼吸衰竭。特丁硫磷是一种有机磷杀虫剂,其毒作用机理与特丁硫磷抑制胆碱酯酶活性有关。

本品为《危险化学品目录(2015版)》列明的剧毒品,其健康危害GHS分类为:急性毒性—经口,类别2;急性毒性—经皮,类别1。

3.2 慢性毒作用

两年的长期饲喂实验也仅发现胆碱酯酶抑制及相关症状,未发现其他不良反应。

4. 生物监测

全血胆碱酯酶活性监测是最广泛采用的方法。

5. 风险评估

美国ACGIH规定TLV-TWA为1 mg/m³。

本品对水生生物毒性极大并具有长期持续影响,其环境危害GHS分类为:危害水生环境—急性危害,类别1;危害水生环境—长期危害,类别1。

甲拌磷亚砜

1. 理化性质

CAS号:2588-03-6	化学名:O,O-二乙基-S-乙基亚硫酰基甲基二硫代磷酸酯
化学式:$C_7H_{17}O_3PS$	分子量:276.364

2. 用途与接触机会

甲拌磷亚砜是一种剧毒有机磷杀虫剂,可经口摄入、经呼吸道吸入和经皮吸收。

3. 毒性

本品大鼠经口LD_{50}为2 mg/kg。急性中毒患者出现乏力、恶心、头痛、流涎、胸闷、呼吸困难、四肢冰冷、抽搐、昏迷、发绀,生化检查可见胆碱酯酶活性显著下降,严重者死亡。

本品健康危害GHS分类为:急性毒性—经口,类别1。

地散磷

1. 理化性质

CAS号:741-58-2	外观与性状:无色液体或白色结晶,具有类似樟脑气味

(续表)

熔点/凝固点(℃):38.4	密度(g/cm³):1.23(20℃)
闪点(℃):157(开杯)	燃点(℃):171
溶解性:在水中溶解度为25 mg/L,可溶于丙酮、乙醇、二甲苯等有机溶剂	热稳定性:在80℃下可稳定存在50 h,但在200℃下,在18~40 h内分解,释放氮氧化物、硫氧化物和磷氧化物等气体
稳定性:在酸性和碱性环境中相对稳定	光解性:在光照条件下会缓慢分解

2. 用途与接触机会

地散磷是一种除草剂,可经口摄入、粉末或气溶胶可经呼吸道吸入、经皮吸收到体内。

3. 毒性

3.1 急性毒作用

地散磷是一种有机磷农药,对胆碱酯酶活性具有抑制作用。

本品大鼠经口LD_{50}:271 mg/kg;大鼠经皮LD_{50}:3 950 mg/kg。

3.2 慢性毒作用

亚慢性和慢性动物实验发现实验动物胆碱酯酶活性下降,可伴随肝脏重量增加,肝组织病理改变,出现肝细胞空泡化。地散磷不具有生殖与发育毒性,不具有致癌性和致畸性,其毒性作用以神经毒性为主。

4. 风险评估

本品对水生生物毒性极大并具有长期持续影响,其环境危害GHS分类为:危害水生环境—急性危害,类别1;危害水生环境—长期危害,类别1。

水胺硫磷

1. 理化性质

CAS号:24353-61-5	外观与性状:纯品呈无色菱形片状结晶,工业品为浅黄色至茶褐色黏稠油状液体
沸点(℃):385.1±44.0	密度(g/cm³):1 300
闪点:结晶态时闪点为186.7±28.4℃,而液态时闪点为4℃	稳定性:常温下稳定存在

(续表)

溶解性：溶于乙醚、丙酮、乙酸乙酯、苯、乙醇等有机溶剂；难溶于石油醚；不溶于水	

2. 用途与接触机会

水胺硫磷是由德国拜耳公司研发的一种广谱有机磷杀虫、杀螨剂。可经口摄入和经皮吸收。

3. 毒性

3.1 急性毒作用

水胺硫磷对高等动物急性口服毒性较高，大鼠经口 LD_{50} 为 50 mg/kg。

大鼠单次灌胃染毒后，其血中胆碱酯酶活性在 4～6 h 后酶活性下降到最低点，12 h 后逐渐复活，96 h 后基本完全恢复。

本品健康危害 GHS 分类为：急性毒性—经口，类别 2。

3.2 慢性毒作用

对大鼠按照 3.0、0.9、0.3、0.05 mg/kg 的浓度进行灌胃染毒，染毒 3 个月后观察大鼠体重增加、血中胆碱酯酶活性、脏器系数等指标，未观察到统计学差异。雄性未观察到有害作用剂量为 0.037 mg/(kg BW・d)，雌性为 0.468 mg/(kg BW・d)。水胺硫磷具有一定的肝毒性，在亚急性暴露下，小鼠肝脏超氧化物歧化酶和谷胱甘肽过氧化物酶受到显著抑制，在 2.16 mg/kg 的浓度下出现明显的水肿和坏死。

水胺硫磷在动物体内代谢很快，其蓄积性很小。以 0.6、6、30 mg/kg 浓度对大鼠灌胃染毒，进行为期两年的试验，仅观察到高剂量组胆碱酯酶活性显著降低，未观察到致癌作用。

4. 生物标志

水胺硫磷对胆碱酯酶的反应最为敏感，可作为水胺硫磷的效应生物标志。

5. 人体危害

水胺硫磷是高毒农药，急性中毒多在 12 h 内发病，口服立即发病。轻度中毒出现头痛、恶心呕吐、多汗、乏力、胸闷、视力模糊等症状，全血胆碱酯酶活性降至正常值 70%～50%；中度中毒还伴随呼吸困难、肌肉震颤、瞳孔缩小、精神恍惚、大汗、流涎等症状；重度中毒出现昏迷、抽搐、呼吸困难、口吐白沫、大小便失禁、惊厥、呼吸麻痹。

有病例报道，2013 年，一名 58 岁男性自服水胺硫磷约 100 ml，4 d 后送入院，患者出现嗜睡、呼之能应、定向力差、双侧瞳孔等大等圆约 4 mm、双肺呼吸音粗；影像学检查发现广泛性腹膜炎、急性胰腺炎、胰周广泛渗出、胃肠壁肿胀并腔内积液、结肠积气等，经 26 d 治疗痊愈。

吡 唑 磷

1. 理化性质

CAS 号：108－34－9	外观与性状：工业品为黄色液体，稍有气味
闪点(℃)：154.2	密度(g/cm^3)：1.248(20℃)
沸点(℃)：331.4	溶解性：微溶于水；易溶于二甲苯、丙酮、乙醇等有机溶剂；不溶于石油醚

2. 用途与接触机会

吡唑磷是一种高毒农药，主要用于农业生产。主要通过食用有本品残留的食物，或通过在农业生产中使用本品而接触。

3. 毒性

本品小鼠经口 LD_{50} 为 4 mg/kg。

本品健康危害 GHS 分类为：急性毒性—经口，类别 2；急性毒性—经皮，类别 1；急性毒性—吸入，类别 2。

其 他 农 药

杀 虫 剂

威 菌 磷

1. 理化性质

CAS 号：1031－47－6	外观与性状：白色固体，无味
熔点/凝固点(℃)：167～169	密度(kg/m^3)：1 320

（续表）

沸点(℃)：受热蒸馏分解	溶解性：微溶于水，在水中的溶解度为 250 mg/L(20℃)，可溶于除石油醚之外的大多数有机溶剂
稳定性：在中性和碱性溶液中稳定，但在强酸性无机酸溶液中易分解	

2. 用途与接触机会

威菌磷是 20 世纪 60 年代初期发明的一种农用杀菌剂、杀虫剂，可经口摄入、经呼吸道吸入和经皮吸收。

3. 毒性与中毒机理

3.1 急性毒作用

本品大鼠经口 LD_{50}：20 mg/kg，兔经皮 LD_{50}：1 500 mg/kg，大鼠经皮 LD_{50}：48 mg/kg。

本品为《危险化学品目录(2015 版)》列明的剧毒品，其健康危害 GHS 分类为：急性毒性—经口，类别 2；急性毒性—经皮，类别 1。

3.2 中毒机理

威菌磷是一种高毒有机磷杀虫剂，其毒性作用机理为抑制胆碱酯酶活性。

4. 人体健康危害

轻度中毒出现头痛、头晕、多汗、流涎、视力模糊、乏力、恶心、呕吐等；中度中毒出现肌束震颤、瞳孔缩小、呼吸困难、腹痛、腹泻、神志模糊等；重度中毒出现昏迷、惊厥、肺水肿、呼吸抑制和脑水肿等。

八　甲　磷

1. 理化性质

CAS 号：152-16-9	外观与性状：无色或浅黄色黏稠液体，有胡椒气味
熔点/凝固点(℃)：17	密度(kg/m³)：1 240(20℃)
沸点(℃)：120～125 (0.07 kPa)	热稳定性：遇热分解，释放氮氧化物和磷氧化物
饱和蒸气压(kPa)：1.33×10^{-4}(25℃)	溶解性：溶于水及多种有机溶剂
稳定性：在水和碱性环境下性质稳定，在 pH＝8，25℃环境下半衰期为 10 年	可燃性：遇明火、高温可燃

2. 用途与接触机会

八甲磷是一种有机磷杀虫剂，可经口摄入、经呼吸道吸入及经皮吸收。

3. 毒性与中毒机理

3.1 急性毒作用

本品大鼠经口 LD_{50}：5 mg/kg，经皮 LD_{50}：50～100 mg/kg。

本品为《危险化学品目录(2015 版)》列明的剧毒品，其健康危害 GHS 分类为：急性毒性—经口，类别 2；急性毒性—经皮，类别 1。

3.2 中毒机理

八甲磷是一种高毒有机磷杀虫剂，其毒性作用机理为抑制胆碱酯酶活性。

4. 人体健康危害

轻度中毒出现头痛、头晕、恶心、呕吐、多汗、胸闷、视力模糊、无力等症状，全血胆碱酯酶活性在 50%～70%；中度中毒除上述症状外，有肌束震颤、瞳孔缩小、轻度呼吸困难、流涎、腹痛、腹泻等，全血胆碱酯酶活性在 30%～50%；重度中毒时，上述症状加重，可有肺水肿或昏迷或呼吸麻痹或脑水肿，全血胆碱酯酶活性在 30%以下。

长期接触八甲磷有一定的慢性毒性，表现为神经衰弱、腹胀、多汗、肌纤维震颤等，同时，患者全血胆碱酯酶活性下降。

5. 风险评估

本品环境危害 GHS 分类为：危害水生环境—长期危害，类别 3。

敌　恶　磷

1. 理化性质

CAS 号：78-34-2	外观与性状：黏稠的，棕色或褐色液体
熔点/凝固点(℃)：－20	密度(g/cm³)：1 260(26℃)
热稳定性：遇热分解	溶解性：几乎不溶于水；可溶于己烷、芳烃、醚、酮等有机物

	（续表）
稳定性：性质较稳定，在酸性和中性溶液中不分解，在碱性溶液或加热时可分解，还能与铁和锡发生反应	

2. 用途与接触机会

敌恶磷是一种杀虫剂，用于葡萄、柑橘、苹果等作物和牛羊等牲畜的虫害控制。可经呼吸道吸入、经口摄入和经皮吸收。

3. 毒代动力学

对牛进行皮下注射后，在 3 h 内被吸收，并达到峰值浓度；经口摄入时，12 h 达到峰值浓度。敌恶磷的代谢产物较为复杂，在应用于牛身上时，检出二乙基磷酸、二乙基磷硫酸、二乙基磷酸二乙酯，此外还检出顺式和反式二恶唑和二恶烷。其代谢产物约 20.4%经尿液排出。

4. 毒性与中毒机理

4.1 急性毒作用

本品大鼠经口 LD_{50}：20 mg/kg，小鼠经口 LD_{50}：176 mg/kg，人可能的口服致死剂量为 50～500 mg/kg。欧盟规定每日摄入量(ADI)为 0.001 5 mg/(kg·d)。

本品健康危害 GHS 分类为：急性毒性—经口，类别 2；急性毒性—经皮，类别 3；急性毒性—吸入，类别 2。

4.2 中毒机理

敌恶磷是一种胆碱酯酶抑制剂。

5. 人体健康危害

在发生急性中毒时有恶心呕吐、腹部绞痛、腹泻、头痛头晕、视力模糊、瞳孔缩小、呼吸困难、抽搐、昏迷等症状，而引起死亡的主要原因是中毒引起的呼吸中枢衰竭引起的呼吸停止、呼吸肌麻痹或剧烈的支气管收缩。

6. 风险评估

美国 NIOSH 推荐的 REL - TWA 为 0.2 mg/m^3，ACGIH 制定 TLV - TWA 为 0.1 mg/m^3。

本品对水生生物毒性极大并具有长期持续影响，其环境危害 GHS 分类为：危害水生环境—急性危害，类别 1；危害水生环境—长期危害，类别 1。

伐 灭 磷

1. 理化性质

CAS 号：52 - 85 - 7	外观与性状：无色结晶粉末
熔点/凝固点(℃)：55	溶解性：在水中溶解度为 100 mg/L，可溶于丙酮、四氯甲烷、氯仿、甲苯等有机溶剂

2. 用途与接触机会

伐灭磷是一种有机磷杀虫剂，可用于牲畜除虱除蝇及蔬菜害虫防治。可经呼吸道吸入、经口摄入和经皮吸收。

3. 毒代动力学

伐灭磷代谢较缓慢，对驯鹿肌注伐灭磷后，4.5 d 后可在肝脏中检出，肾脏为 12 d，20 d 后，仅肩部肌肉注射部位仍有少量残留，大部分药物经尿液排泄。

4. 毒性

4.1 急性毒作用

本品母鸡经口 LD_{50}：30 mg/kg，大鼠经口 LD_{50}：28 mg/kg，兔经皮 LD_{50}：1 460 mg/kg，大鼠经皮 LD_{50}：400 mg/kg。本品具有皮肤刺激性，可造成皮肤刺激；为眼刺激物，可造成严重眼刺激。

人误吸入或误服伐灭磷，产生急性毒性时，会有相应的临床表现，如恶心呕吐、腹泻、头痛头晕、瞳孔缩小、抽搐、昏迷、呼吸不畅等。

本品健康危害 GHS 分类为：急性毒性—经口，类别 2；皮肤腐蚀/刺激，类别 2；严重眼损伤/眼刺激，类别 2。

4.2 中毒机理

伐灭磷是为乙酰胆碱酯酶受到抑制，使乙酰胆碱发生累积。

杀 虫 脒

1. 理化性质

CAS 号：6164 - 98 - 3	外观与性状：白色，有氨样气味

（续表）

熔点/凝固点(℃)：35	密度(kg/m³)：1 105(20℃)
沸点(℃)：163～165	热稳定性：遇热发生分解，生成氮氧化物和氯化氢
稳定性：性质不稳定，在酸溶液中逐渐水解	溶解性：微溶于水；可溶于丙酮、苯、氯仿、乙酸乙酯、己烷等有机溶剂中

2. 用途与接触机会

杀虫脒是一种高效广谱的有机氯杀虫剂和杀螨剂，对有机磷、有机氯、氨基甲酸酯类农药有抗药性的害虫亦有效，为剧毒品，我国已禁止使用。杀虫脒可经口摄入、经呼吸道吸入和经皮吸收。

3. 毒代动力学

杀虫脒容易通过皮肤接触进入施用者体内，也可被吸入体内。吸收入体的杀虫脒在肝脏被代谢，代谢产物以(4-氯-邻甲苯)-N-甲基甲脒，4′-氯-邻苯二甲酸，4-氯邻甲苯胺，N-甲基-5-氯邻氨基苯甲酸，5-氯邻氨基苯甲酸等为主。代谢产物约80%通过尿液排泄，10%～15%通过粪便排泄。大鼠灌胃实验表明，杀虫脒的代谢半衰期为24 h，雄性和雌性大鼠在96 h后分别代谢87.1%和95.4%。杀虫脒在体内代谢迅速，无明显蓄积性。

4. 毒性

4.1 急性毒性

本品大鼠经口LD_{50}：160 mg/kg，兔经皮LD_{50}：640 mg/kg，大鼠经皮LD_{50}：263 mg/kg，大鼠吸入LC_{50}：1 700 mg/m³。

此外，杀虫脒对水生生物也具有毒性作用，如鲤鱼、泥鳅、水蚤等。

杀虫脒急性中毒者表现为：先出现兴奋，继而乏力、心慌、头晕头痛、精神萎靡，出现血尿；重症者出现昏迷、四肢抽搐、面色苍白、瞳孔散大、呼吸困难，最终因呼吸、循环衰竭而死亡。

本品健康危害GHS分类为：急性毒性—经口，类别3；急性毒性—经皮，类别3。

4.2 慢性毒性

长期低剂量接触者可能出现体重下降、血红蛋白、红细胞计数下降、白细胞增加。病理检查可见肝脏有结节和细胞增殖灶。临床表现为咽喉不适、多痰、胸部不适、皮肤瘙痒等症状。

4.3 远期毒作用

慢性毒性实验发现，杀虫脒具有致癌性，IARC将其列为3类致癌物，对人类可能致癌。

5. 生物监测

尿中杀虫脒及其代谢物总量可作为杀虫脒的接触标志。

6. 风险评估

本品对水生生物毒性极大并具有长期持续影响，其环境危害GHS分类为：危害水生环境—急性危害，类别1；危害水生环境—长期危害，类别1。

螟 蛉 畏

1. 理化性质

CAS号：28217-97-2	外观与性状：白色针状结晶
熔点/凝固点(℃)：173～175	溶解性：难溶于水；微溶于乙醇；可溶于丙酮

2. 用途与接触机会

螟蛉畏是一种高效、低毒、广谱的有机氯杀虫剂，对水稻二化螟、蜱螨、棉铃虫等有很好的防治效果。

巴 丹

1. 理化性质

CAS号：15263-53-3	外观与性状：常制成盐酸盐进行使用，外观为白色结晶，有轻微臭味
熔点/凝固点(℃)：183～185	溶解性：25℃时水中溶解度为200 g/L；微溶于甲醇；难溶于乙醇；不溶于丙酮、乙醚、氯仿、己烷、苯等有机溶剂
稳定性：在酸性介质中稳定，在碱性介质中不稳定，常温下可保存较长时间	可燃性：在高温下可燃，燃烧产生有毒的氮氧化物、氯化氢和硫氧化物

2. 用途与接触机会

巴丹是一种高效、广谱的有机氯杀虫剂,用于水稻、蔬菜、水果等的害虫防治。可经口摄入、经呼吸道吸入或经皮吸收。

3. 毒性

3.1 急性毒作用

巴丹具有一定的毒性作用,其大鼠经口 LD_{50}：225 mg/kg。毒性作用较弱,对眼睛和皮肤有轻度刺激性作用。

3.2 远期毒作用

有研究发现,巴丹对小鼠的精子具有一定的影响,可造成小鼠精子质量下降、精子数量下降。

杀 虫 双

1. 理化性质

CAS 号：52207-48-4	外观与性状：纯品为白色结晶,工业品为茶褐色或棕红色水溶液
熔点/凝固点(℃)：纯品 169～171,工业品熔点为 142～143	相对密度(g/cm^3)：1.30～1.35
沸点(℃)：407.2 (100 kPa)	溶解性：易溶于水;可溶于乙醇、甲醇、二甲基亚砜等有机溶剂;微溶于丙酮;不溶于乙酸乙酯及乙醚
稳定性：在中性和碱性条件下稳定,在酸性条件下会分解,常温下稳定存在	

2. 用途与接触机会

杀虫双是一种高效、低毒、低残留的有机氮杀虫剂,用于蔬菜、水稻、小麦、果树等的害虫防治。可经口摄入、经呼吸道吸入或经皮吸收。

3. 毒性

本品大鼠经口 LD_{50}：451 mg/kg,小鼠经口 LD_{50}：234 mg/kg,雌性小鼠经皮 LD_{50}：2 062 mg/kg。

杀虫双对人畜毒性中等,无致癌、致畸、致突变作用。

多 噻 烷

1. 理化性质

化学式(分子量)：$C_7H_{13}NS_5O_4$(335.48)	外观与性状：纯品为无色油状液体,性质不稳定,易降解脱硫,因此常制成更稳定的草酸盐或盐酸盐,呈白色、具有特殊气味的粉末状结晶
熔点/凝固点(℃)：136～137	溶解性：在水中溶解度为 0.73 g/100 g,二甲基甲酰胺中溶解度为 1.85 g/100 g

2. 用途与接触机会

多噻烷是 1983 年贵州省化学工业研究院合成的沙蚕毒系硫杂环烷类杀虫剂,可用于水稻、棉花、蔬菜、果树、茶叶等作物的害虫防治,可经口摄入、经呼吸道吸入或经皮吸收。

3. 毒性

3.1 急性毒作用

本品大鼠经口 LD_{50}范围为 235～303 mg/kg,小鼠经口 LD_{50}：150 mg/kg。25%乳剂的大鼠经皮 LD_{50}：1 217 mg/kg。此外,多噻烷对家兔的皮肤、眼结膜有一定的刺激性。多噻烷对水生生物也有一定的毒性作用,鲤鱼的 LC_{50}(48 h)为 1.42 mg/L。

多噻烷属中等毒性农药,眼球接触可引起眼睑和球结膜水肿、流泪、畏光等症状,其他临床表现不详。

3.2 慢性毒作用

慢性和亚慢性毒性试验提示,长期接触较高剂量(高于 3 594.4 mg/m^3)时,小鼠大鼠出现食欲不振、活动减少、体重增长缓慢,但病理检查未发现明显的脏器病理改变。迟发性神经毒性作用实验阴性。

硫 酰 氟

1. 理化性质

CAS 号：2699-79-8	外观与性状：常温下为无色无味的气体
熔点/凝固点(℃)：−137	密度：气体密度为 3.72 g/L,液态下相对密度为 1.7

（续表）

沸点(℃)：−55	热稳定性：不可燃，性质稳定，反应性不强，在400℃下依然稳定存在
溶解性：微溶于冷水和大多数的有机溶剂，在水中的溶解度为750 mg/L(25℃)	

2. 用途与接触机会

硫酰氟具有很强的渗透扩散性、广谱杀虫、散气时间短、对种子发芽率没有影响，因此，常被用作室内(如仓库、货船、集装箱、堤坝等)除虫；白蚁防治；树木的蛀干性害虫防治等。主要通过呼吸道吸入，也可通过消化道摄入。

3. 毒性

本品健康危害GHS分类为：急性毒性—吸入，类别3；特异性靶器官毒性—反复接触，类别2。

3.1 急性毒作用

本品大鼠经口LD_{50}：100 mg/kg；大鼠吸入LC_{50}：4 556 mg/(m^3·4 h)。

动物实验表明，不同种类的动物对硫酰氟的耐受性不同，雌性和雄性F344大鼠4 h的LC_{50}份额比为4 769 mg/m^{3}和4 212 mg/m^3，雄性和雌性CD1小鼠的4 h的LC_{50}分别为2 805 mg/m^{3}和2 729 mg/m^3，B6C3F1小鼠4 h的LC_{50}为1 700～2 550 mg/m^3。

硫酰氟对水生生物也具有毒性作用。

3.2 慢性毒作用

以127.5、425、1 275 mg/m^{3}的浓度对大鼠进行为期2 w的亚急性毒性研究发现，高剂量组所有大鼠出现活动减少、嗜睡，后全部死亡，病理发现肾脏的严重损害，出现乳突坏死、集合管扩张、近端小管上皮细胞不张，肺部见肺水肿、肺泡出血、毛细管血栓，此外，还可见内脏充血、淋巴组织坏死等。

以21、85、340 mg/m^{3}的浓度对大鼠进行为期1年的慢性毒性研究，发现高剂量组的死亡小鼠多因慢性肾病死亡，而中低剂量组主要死因为正常衰老死亡，提示长期较高剂量接触硫酰氟可能引起肾脏损害；此外，高剂量组还发现牙齿出现氟中毒，但未观察到致癌作用。

3.3 远期毒作用

本品具有特异性靶器官毒性，危险类别为2，反复接触本品可能损害器官。

硫酰氟的致突变实验结果阴性，无致畸作用。

4. 人体健康危害

人在短时间内吸入高浓度硫酰氟时，会发生硫酰氟急性中毒，主要表现为呼吸刺激、肺水肿、恶心、腹痛、中枢神经系统抑制和四肢麻木，病例报告指出，急性中毒患者还有咽痛、咳嗽、扁桃体肿大、睑结膜充血等症状；而长期慢性接触主要造成氟中毒。

5. 风险评估

我国职业接触限值规定PC－TWA为20 mg/m^3，PC－STEL为40 mg/m^3。

本品对水生生物毒性极大，其环境危害GHS分类为：危害水生环境—急性危害，类别1。

硫 丹

1. 理化性质

CAS号：115－29－7	外观与性状：棕色或物色结晶，有刺激性气味
熔点/凝固点：α－硫丹熔点为106℃，其同分异构体β－硫丹熔点为213.3℃	密度(kg/m^3)：1 240(20℃)
闪点(℃)：−26	热稳定性：遇热分解，释放氯化物和硫氧化物
溶解性：不溶于水；溶于多数有机溶剂，如氯仿、丙酮、正己烷等	稳定性：遇酸、碱、潮可分解，释放硫氧化物气体

2. 用途与接触机会

硫丹是一种有机氯杀虫剂，用于棉花、果树、蔬菜等作物的害虫防治，杀虫谱广。2011年，硫丹被列入《斯德哥尔摩公约》禁用物质列表，我国目前已禁止硫丹的使用。可经口摄入、经呼吸道吸入或经皮吸收。

3. 毒性与中毒机理

3.1 急性毒作用

本品大鼠经口LD_{50}：18 mg/kg；大鼠经皮LD_{50}：34 mg/kg；兔经皮LD_{50}：90 mg/kg；大鼠吸入LC_{50}：

80 mg/m³(4 h)。

本品健康危害 GHS 分类为：急性毒性—经口，类别 2；急性毒性—吸入，类别 2。

3.2 慢性毒作用

大鼠亚慢性毒性实验显示，未观察到效应剂量(NOEL)为 1.92 mg/(kg·d)。

3.3 远期毒作用

(1) 致癌作用

硫丹的致癌性存在争议，但有研究发现，硫丹能诱发大鼠的恶性肿瘤，如大鼠淋巴瘤、肝癌等。

(2) 发育毒性与致畸性

硫丹具有雄性生殖毒性，以 3.0 mg/(kg·d)对孕鼠染毒，发现其子代雄鼠每日精子生成量减少、细精管比例下降；以 1.0 mg/(kg·d)和 2/0 mg/(kg·d)灌胃染毒发现子代睾丸和附睾重量减轻，精子数量减少。

流行病学证据显示，硫丹高暴露区的在校学生骨骼畸形、低出生体重、低身高发生率更高，提示硫丹具有一定的发育毒性。

(3) 内分泌干扰作用

本品具有内分泌干扰作用。

此外，硫丹对水生生物的毒性很高，对淡水鱼和海水鱼类的 96 h LC_{50} 范围为 0.17～4.4 μg/L 和 0.09～3.45 μg/L。

3.4 中毒机理

硫丹是 GABA 受体拮抗剂，可结合 GABA 受体，抑制 GABA 受体功能，从而引起神经过度兴奋，产生一系列相应症状，如震颤、痉挛等。

有研究发现，硫丹可显著抑制小鼠睾丸钙离子泵和钠钾泵活性，从而造成生精细胞钙稳态失调，并最终引起生精细胞的凋亡。

4. 人体健康危害

硫丹具有神经毒性、生殖毒性等多种毒性作用。急性中毒表现为头痛、头晕、焦虑、情绪激动，并可能伴随有恶心呕吐、四肢乏力、震颤、痉挛，此外，还伴有横纹肌溶解、肝毒性作用、急性肾损伤和血小板减少等。

2010 年报道了一例 16 岁女性自服硫丹约 100 ml 后出现呼吸困难、口唇发绀和全身阵发性痉挛，伴恶心、呕吐等症状，抢救无效死亡的病例。

5. 风险评估

ACGIH 规定 TLV－TWA 为 0.1 mg/m³。

本品对水生生物毒性极大并具有长期持续影响，其环境危害 GHS 分类为：危害水生环境—急性危害，类别 1；危害水生环境—长期危害，类别 1。

氨基甲酸酯类

克 百 威

1. 理化性质

CAS 号：1563－66－2	外观与性状：白色结晶固体
熔点(℃)：150	饱和蒸气压(mPa)：0.072(25℃)
密度(g/cm³)：1.18	水溶性(mg/L)：350(25℃)
稳定性：在中性和酸性环境下稳定，在碱性介质中不稳定	

2. 用途与接触机会

克百威是一种用途广泛的氨基甲酸酯类农药，在全球范围内作为杀虫剂、杀螨剂、杀线虫剂用于农业生产和园林保护。在生产、运输和使用过程中可经皮吸收、经口摄入和经呼吸道吸入。

3. 毒性

3.1 急性毒作用

克百威在经口摄入后具有较强急性毒性。本品大鼠经口 LD_{50}：5 mg/kg；大鼠经皮 LD_{50}：120 mg/kg；兔经皮 LD_{50}：885 mg/kg；豚鼠吸入 LC_{50}：43 mg/(m³·4 h)。

毒性标志为典型的乙酰胆碱酯酶抑制作用，数分钟内可观察到流涎、痉挛、战栗、淡漠等症状并可最长持续 3 d。

本品为《危险化学品目录(2015 版)》列明的剧毒品，其健康危害 GHS 分类为：急性毒性—经口，类别 2；急性毒性—吸入，类别 2。

3.2 慢性毒作用

在多项短期暴露克百威的比格犬研究中，克百威短期暴露引起乙酰胆碱酯酶抑制作用，可观察到病理性充血、流涎症、体重变化、食物摄入变化、死亡。研究报道中，比格犬短期暴露克百威的 NOAEL 为 5 mg/kg 食物，约合 0.22 mg/kg 体重。

将克百威（0、20、125、500 mg/kg）混入食物的剂量喂养查尔斯河小鼠两年。最高剂量组表现出体重增长减缓；两个最高剂量组大脑乙酰胆碱酯酶活性下降，NOAEL 为 20 mg/kg 食物，约 2.8 mg/kg 体重。将克百威（0、10、20、100 mg/kg）混入食物的剂量喂养查尔斯河大鼠两年。最高剂量组出现体重增长减缓，血浆、红细胞和大脑中乙酰胆碱酯酶活性下降。NOAEL 为 20 mg/kg 食物，约 1 mg/kg 体重。

3.3 远期毒作用

(1) 发育和生殖毒性

在一个三代的生殖毒性研究中，将克百威（0，20，100 mg/kg）混入食物喂养查尔斯河大鼠，NOAEL 为 20 mg/kg 食物，约 1.2 mg/kg 体重，高剂量组亲代大鼠出现体重增长减缓，子代发育迟缓、存活率降低。

在一个早期的发育毒性研究中，孕 6～15 w 的查尔斯河大鼠被每日填喂克百威（0、0.1、0.3、1 mg/kg 体重），0.3 mg/kg 及以上剂量组可短暂观察到与剂量相关的嗜睡等临床表征，最高剂量组亦可观察到流泪、流涎增加、颤栗、抽搐等。

(2) 内分泌干扰作用

本品具有内分泌干扰作用。

4. 生物监测

4.1 接触标志

克百威、呋喃酚、3-酮基呋喃酚可作为克百威的接触标志。

4.2 效应标志

血浆中克百威，尿液中呋喃酚、3-酮基呋喃酚可作为克百威效应标志。

5. 人体健康危害

据一起牙买加无防护喷洒克百威致中毒案例报道，克百威人体中毒症状包括恶心、呕吐、疲乏、多涎等，未检测到胆碱酯酶活性变化。

6. 风险评估

基于克百威 0.22 mg/kg 体重的急性毒性 NOAEL，1996 年农药残留联席会议（JMPR）重新评估克百威 ADI 为 0.002 mg/kg 体重。基于上述限值可推算一名 60 kg 体重的成人，每日饮水约 2 L，在允许 10% ADI 经饮水摄入的情况下，水中克百威浓度不应超过 7 μg/L。

NIOSH 推荐的 REL-TWA 为 0.1 mg/m^3。

本品对水生生物毒性极大并具有长期持续影响，其环境危害 GHS 分类为：危害水生环境—急性危害，类别 1；危害水生环境—长期危害，类别 1。

甲 萘 威

1. 理化性质

CAS 号：63-25-2	饱和蒸气压(kPa)：41.6(25℃)
外观与性状：无色至浅褐色晶体	易燃性：不易燃
熔点/凝固点(℃)：138	密度(g/cm^3)：1.21(20℃)
沸点(℃)：受热分解	n-辛醇/水分配系数：1.59
分解温度(℃)：254	溶解性(mg/L)：40(30℃)

2. 用途与接触机会

大众人群可通过喷洒后污染的空气或污染的食物接触。

3. 毒代动力学

3.1 吸收及分布

甲萘威可经呼吸道、消化道侵入机体，也可经皮肤黏膜缓慢吸收，主要分布在肝、肾、脂肪和肌肉组织中。

3.2 排泄

在体内代谢迅速，经水解、氧化和结合等反应后，以 1-萘酚为主的代谢产物随尿排出，24 h 一般可排出摄入量的 70%～80%。

4. 毒性

甲萘威具有触杀及胃毒作用，并伴有微弱内吸作用，能抑制害虫神经系统的胆碱酯酶而致死。甲萘威属中等毒性，与环境和人类健康有密切联系，人体长期暴露会对神经系统、免疫系统、内分泌系统造成损伤。

4.1 急性毒作用

本品小鼠经口 LD_{50}：128 mg/kg；兔子经皮 LD_{50}：2 000 mg/kg。

4.2 慢性毒作用

亚急性和慢性毒性：人经口连续 6 w，0.12 mg/kg，尿中氨基酸/肝酐氮的比例降低。

大鼠经口 0.7～70 mg/kg 暴露 6～12 个月，脑下垂体、性腺、肾上腺和甲状腺有损害。

4.3 远期毒作用

（1）致癌作用

IARC 将其列为 3 类致癌物，对人的致癌性尚无法分类。

（2）内分泌干扰作用

本品具有内分泌干扰作用。

5. 生物监测

可通过高效液相色谱法或高效液相色谱与质谱联用法测定甲萘威在生物样品中的残留。

甲萘威生物和非生物降解的主要产物为 1-萘酚和二氧化碳。1-萘酚又名 α-萘酚或甲萘酚，是甲萘威等农药的合成原料，亦可通过检测 1-萘酚水平对甲萘威污染进行监测。

6. 人体健康危害

甲萘威的急性毒性：人（女性）经口最低致死剂量为 5 mg/kg。

甲萘威的亚急性和慢性毒性：人经口连续 6 w 喂食 0.12 mg/kg 甲萘威，尿中氨基酸/肝酐氮的比例降低。

研究发现，甲萘威能抑制人体卵巢颗粒细胞类固醇激素合成，但对人颗粒黄体细胞没有明显的细胞毒性。甲萘威对卵巢类固醇激素合成的干扰作用可能涉及到对胆固醇跨线粒体膜转运的抑制及对 cAMP-依赖的蛋白激酶信号转导通路的影响。研究表明甲萘威可经皮肤、消化系统、呼吸系统进入生物体内；较轻的中毒表现为头疼、恶心、呕吐、瞳孔缩小等，重者昏迷、抽搐、肺水肿甚至死亡。有研究调查认为，甲萘威农药生产厂长期暴露于甲萘威环境中的女员工自然流产率升高，男员工精子和精液质量下降。

7. 风险评估

我国现行标准规定农作物中甲萘威残留标准（mg/kg）为：粮食≤5.0，蔬菜≤2.0，水果≤2.5，食用油≤0.5，烟草≤1.0。

美国 OSHA 推荐 PEL-TWA 和 NIOSH 推荐 REL-TWA 皆为 5 mg/m^3。英国职业接触限值规定：STEL 为 10 mg/m^3。

残　杀　威

1. 理化性质

CAS 号：114-26-1	熔点/凝固点（℃）：91.5
外观与性状：白色结晶粉末	饱和蒸气压（kPa）：1.28×10^{-6}（20℃）
溶解性（%）：0.2（20℃）	密度（g/cm^3）：1.19（20℃）

2. 用途与接触机会

残杀威是一种在农业和非农业领域应用广泛的高毒性氨基甲酸酯类农药，在家庭中被广泛用于蚂蚁、蟑螂、蟋蟀、苍蝇、蚊子等害虫防治，在农业生产中被用于水果、蔬菜、可可、大米、棉花等农作物的虫害防治。大众人群可通过喷洒后污染的空气或污染的食物接触。

3. 毒代动力学

不同途径的残杀威暴露在哺乳动物体内的代谢过程相同。经口暴露同位素标记的残杀威后，85%的放射性标记物在 16 h 内排出，其中约 60%以葡萄糖醛酸酐酶和/或葡萄糖醛酸酐酶结合形式经尿排出，约 25%以挥发性物质二氧化碳、丙酮排出，仅 1%～5%通过粪便排出。其中约有 30%水解形成 2-异丙氧基苯酚，该物质在服药后 8～10 h 内有 90%经尿排泄。另据大鼠体内和体外肝微粒体研究证明，残杀威主要代谢产物为 2-羟基苯基-N-甲基氨基甲酸酯、2-异丙氧苯基-N-羟基甲基氨基甲酸酯和 2-异丙氧-5-羟基苯基-N-甲基氨基甲酸酯和 2-异氧基苯酚。

4. 毒性

4.1 急性毒作用

动物以中毒剂量染毒后，很快出现胆碱能症状，表现为躁动、流涎、震颤、呼吸困难、抽出、最终呼吸先于心跳停止。残杀威对乙酰胆碱酯酶的抑制具有可逆性，因此存活动物的乙酰胆碱酯酶复活和症状消失都很快。

皮肤刺激或腐蚀：大鼠腹部皮肤涂药 4 h 或家兔内耳道皮肤涂药 24 h 均未见局部刺激作用。

本品大鼠经口 LD_{50}：41 mg/kg；大鼠经皮 LD_{50}：800 mg/kg。

4.2 慢性毒作用

家兔经皮实验，每日以残杀威 500 mg/kg 涂抹皮肤 2 w，染毒和观察期间动物外观、体重、血、尿、肝、肾检查无异常。

4.3 远期毒作用

（1）致突变作用

小鼠显性致死试验、人成纤维细胞 DNA 损伤试验、Ames 试验、酵母基因转换试验以及枯草杆菌重组和色氨酸回变实验均阴性。

（2）发育毒性与致畸性

受孕大鼠以残杀威含量为 0，1 000，3 000，10 000 mg/kg 饲料喂养染毒，两个高浓度组产生胚胎毒性，以 10.5 和 31 mg/kg 灌胃或腹腔注射仅高剂量组产生胚胎毒性。大鼠三代繁殖试验中，6 000 mg/kg 残杀威饲料喂养组仔鼠生长发育受抑制，但不引起繁殖力、大体和其他病变。

5. 生物监测

可高效液相色谱法（《水和废水标准检验法》）或气相色谱法（GB/T 5009.104—2003，植物性食品；GB 23200.32—2016，肉及肉制品）对污染进行监测，可通过检测 2-异氧基苯酚监测内暴露剂量。

6. 人体健康危害

人受到残杀威毒害时，胆碱能症状发作情况与试验动物十分相似。志愿者口服残杀威 0.15～0.20 mg/kg 体重，每 30 min 一次，连服 5 次，未产生中毒症状，只有红细胞乙酰胆碱酯酶活力降到 60%。一次服药 0.36 mg/kg，10 min 内红细胞乙酰胆碱酯酶活力降到 57%，并产生胃部不适、面部潮红和出汗等症状，持续约 5 min，3 h 内乙酰胆碱酯酶活力恢复正常。一次服药 1.5 mg/kg，15 min 后红细胞乙酰胆碱酯酶活性降到 27%，受试者感到中度不适、头部压迫感，18 min 时出现恶心并感觉视力模糊，20 min 后面色苍白、出汗，脉搏由服毒前 76 次/min 增快至 140 次/min，血压从 18/12 kPa 升至 23.2/12.6 kPa，30 min 后出现明显恶心、反复呕吐和全身出大汗。如此持续约 15 min，红细胞乙酰胆碱酯酶活性回升至 55.5%，1 h后仍有恶心和疲乏感，但自觉好转，出汗减少，10 min后血压和脉搏恢复正常；服毒后 2 h 自我感觉和红细胞乙酰胆碱酯酶活性均恢复正常；在整个过程中血浆乙酰胆碱酯酶活性均未出现下降。

WHO 杀虫剂试验部门曾于 1966～1967 年在萨尔瓦多、伊朗和尼日利亚进行大规模现场试验，使用可湿性粉剂 30 多吨，累计喷药超过 4 000 个工作日。有症状的操作工主要是那些缺乏经验、粗心大意吸入药雾或严重皮肤污染于工作时和工作后没有充分洗涤的人。在 6 w 试验中，34 人参加操作，用 5%悬浮液在农舍中喷药 807 个工作日，整个实验中反应头痛 20 人次，恶心 11 人次，多汗 7 人次，呕吐、头晕、视力模糊各 2 人次，无力、瞳孔针尖样各 1 人次；在近 11 000 名村民中，不足 1%的人有上述一过性症状，他们多因喷药时在场或喷药后立即进入室内，或采取干式扫地、吸入或咽下地板上扬起的药尘所致，少数儿童则由于在污染的地板上爬玩或接触刚喷药的物品等引起。

据许丹等报道，2016 年 8 月 19 日某杀虫公司员工因过量接触“顺氯 · 残杀威”而导致一起急性农药中毒事故，送医就诊后死亡。

7. 风险评估

美国 ACGIH 规定 TLV - TWA 为 0.5 mg/m^3。

兹 克 威

1. 理化性质

CAS 号：315 - 18 - 4	闪点(℃)：146.3
外观与性状：白色无味结晶固体	饱和蒸气压(kPa)：1.33×10^{-2}
熔点/凝固点(℃)：93.53	密度(g/cm^3)：1.076(20℃)
沸点(℃)：318.3(100 kPa)	溶解性(mg/L)：100(25℃)

2. 用途与接触机会

兹克威是有效的杀虫剂、杀螨剂、杀软体动物剂，与其他氨基甲酸酯类农药。

3. 毒代动力学

兹克威进入鼠体内后，主要是通过水解作用进行代谢，在处理后的 6～48 h，即有 70%以上成为二氧化碳排出，有 12%代谢物在尿中和 2.5%代谢物在粪中排出。这些代谢物是何种化合物，尚未鉴定。如以含环上 3—14C 甲基标记的自克威 20 mg/kg 的饲料喂狗 7 d，共有 92%的水溶性代谢物在尿中，它们是含游离酚的硫酸酯及葡糖醛酸苷的缀合物以及结合的二甲基对苯二酚。

4. 毒性

兹克威的主要毒性作用与氨基甲酸酯类农药相近，为胆碱酯酶抑制作用。

4.1 急性毒作用

本品大鼠经口 LD_{50}：14 mg/kg。健康危害 GHS 分类为：急性毒性—经口，类别 2。

4.2 远期毒作用

IARC 将其列为 3 类致癌物，对人的致癌性尚无法分类。

5. 生物监测

可对水解后产物二甲酚进行测定。

6. 风险评估

本品对水生生物毒性极大并具有长期持续影响，其环境危害 GHS 分类为：危害水生环境—急性危害，类别 1；危害水生环境—长期危害，类别 1。

灭　害　威

1. 理化性质

CAS 号：2032-59-9	闪点(℃)：180.709
外观与性状：白色至黄褐色结晶固体	饱和蒸气压(kPa)：2.51×10^{-7}
熔点/凝固点(℃)：95.0	密度(g/cm^3)：1.095
沸点(℃)：375.1	溶解性(mg/L)：915

2. 用途与接触机会

大众人群可通过污染的空气和农作物接触灭害威。

3. 毒性

灭害威的主要毒性作用与氨基甲酸酯类农药相近，为胆碱酯酶抑制作用。

本品大鼠经口 LD_{50}：30 mg/kg；大鼠经皮 LD_{50}：275 mg/kg。健康危害 GHS 分类为：急性毒性—经口，类别 3；急性毒性—经皮，类别 3。

4. 风险评估

本品对水生生物毒性极大并具有长期持续影响，其环境危害 GHS 分类为：危害水生环境—急性危害，类别 1；危害水生环境—长期危害，类别 1。

拟除虫菊酯类

氯　菊　酯

1. 理化性质

CAS 号：52645-53-1	沸点(℃)：198～200
外观与性状：无色结晶或黏稠液体	熔点/凝固点(℃)：34～35

2. 用途与接触机会

氯菊酯进入土壤中后可被土壤中的微生物降解，但是大面积长时间的喷洒，会导致在农作物上的残留，人体通过食用被污染的食品而被暴露。日常卫生中大量喷洒会污染空气，人体通过皮肤及呼吸道而被暴露。

3. 毒代动力学

3.1 吸收

氯菊酯作为拟除虫菊酯类农药可经消化道、呼吸道和皮肤黏膜进入人体。但因其脂溶性小，故不易经皮吸收；在胃肠道中吸收也不完全。

3.2 分布

经口或吸收后进入血中，随血液的循环分布于全身，特别是神经系统、肝、肾等脏器，随着浓度的升高，造成神经系统中毒并且损坏脏器功能。

3.3 排泄

进入机体的农药，经血液及肝微粒体多功能氧化酶的水解和氧化，生成酸、酯及醇等及代谢产物后，主要经尿排出体外，大便中也有少许排出。苄氯菊酯工业品为4种异构体混合物，约有21种代谢物，主要排出形式为硫酸和葡萄糖醛酸结合物。

4. 毒性与中毒机理

4.1 急性毒作用

氯菊酯属低毒杀虫剂。原药大鼠经口 LD_{50}：383 mg/kg；大鼠经皮 LD_{50}：1 750 mg/kg；大鼠吸入 LC_{50}：485 mg/m^3。

对兔皮肤无刺激作用，对眼睛有轻度刺激作用。

在体内蓄积性很小，在试验条件下无致畸、致突变、致癌作用。

4.2 远期毒作用

（1）致癌作用

IARC将其列为3类致癌物，对人的致癌性尚无法分类。

（2）内分泌干扰作用：

本品具有内分泌干扰作用。

4.3 中毒机理

拟除虫菊酯类可直接作用于神经末梢和肾上腺髓质，使血糖、乳酸和肾上腺素增高，引起血管收缩，心律失常等表现，氯菊酯属神经毒剂，接触部位的皮肤会有刺痛感，但是不会出现红斑。

5. 生物监测

可对其代谢产物3-苯氧基苯甲酸和二氯菊酸进行检测以进行生物监测。

6. 人体健康危害

由于其对哺乳动物及人体毒性不大，因此较少量接触很少引起全身中毒，而大量接触时会出现一些中毒症状，如头痛、头晕、恶心、呕吐、双手颤栗，重者抽搐或惊厥、昏迷、休克。

甲 醚 菊 酯

1. 理化性质

CAS号：34388-29-9	沸点(℃)：150～151
外观与性状：无色油状液体	密度(kg/m^3)：1.166 2 (20℃)

2. 用途与接触机会

甲醚菊酯用于防治蚊、蝇等卫生害虫，可以用来制作蚊香及电热驱虫片。甲醚菊酯蚊香中，一般有效成分0.35%，并加有适量的增效剂；其煤油喷射剂，用于杀灭室内蚊蝇，每立方米空间用量为0.5～2.0 ml。

3. 毒性

根据冯静仪等的实验结果，小鼠经口 LD_{50} 为：2 483 mg/kg(雄性)、3 915 mg/kg(雌性)，对皮肤基本无刺激作用，无眼结膜刺激症状。Ames试验测试其诱变性，为阴性。微核试验各剂量组的微核率与溶剂对照组、空白对照组无明显差异。小鼠精子畸形试验与豆油组相比无统计学差异，精子形态结构正常。

4. 风险评估

据实验报道，最小作用剂量为269.4 mg/kg，最大无作用剂量为53.9 mg/kg，取安全系数100倍后建议ADI值为0.54 mg/kg。

溴 氰 菊 酯

1. 理化性质

CAS号：52918-63-5	饱和蒸气压(kPa)：9.3×10^{-7}
外观与性状：白色结晶	密度(g/cm^3)：1.5(20℃)
熔点/凝固点(℃)：98	沸点(℃)：300

2. 用途与接触机会

溴氰菊酯是菊酯类杀虫剂中毒力最高的一种，本品可通过吸入、食入、经皮吸收。

3. 毒代动力学

通过皮肤、呼吸道、消化道进入体内，通过水解酶对分子中酯链水解(包括羟基化、羧基化与结合等)解毒过程，和葡萄糖醛酸结合成苷，和硫酸结合成酯，代谢产物从尿中排出体外。

4. 毒性与中毒机理

4.1 急性毒作用

本品大鼠经口 LD_{50}：9.4 mg/kg；家兔经皮 LD_{50}：2 000 mg/kg；大鼠吸入 LC_{50}：785 mg/(m^3·2 h)。

皮肤刺激或腐蚀：2.5%乳油涂于家兔皮肤，见轻微刺激作用，引起磷状上皮脱落；0.1%的乳油无刺激作用。

眼睛刺激或腐蚀：选新西兰兔4只，查眼无异常，取100目过筛的DM 0.1 g置入家兔一侧眼结膜囊内，闭合眼睑1 min，另一侧眼作为对照，24 h内不冲洗，于给受试物后1、24、48、72 h进行观察。结果于给药后1 h，全部动物眼结膜出现轻度充血和少许分泌物，虹膜、角膜未见异常。眼刺激积分指数为2.5，眼刺激的平均指数48 h为0。皮肤刺激试验：实验动物同眼刺激试验。试验前一天脊柱两侧备皮各约6 cm^2，取DM 0.5 g用色拉油调匀后涂在一侧皮肤上，另一侧作对照，2层纱布、1层塑料纸覆盖，胶布固定，4 h后用温水洗净，于去除DM后1、24、48 h进行观察。结果对各时间点观察皮肤刺激反应均为0。

眼接触立即引起眼痛、畏光、流泪、眼睑水肿、球结膜充血水肿。

呼吸或皮肤致敏：局部封闭涂皮法。将豚鼠随机分入实验组和阴性对照组，每组13只。诱导：于试验前24 h左侧背部备皮，第0、7、14 d分别取1∶1色拉油调匀的样品0.2 ml涂布于去毛区，固定6 h。激发：末次致敏后14 d，取0.1 ml DM以上述诱导试验同样方法涂布在右侧去毛区。去除斑贴后，每天观察皮肤反应至第12 d，未见涂皮部位出现红斑和水肿，对皮肤致敏率为0。

4.2 慢性毒作用

给大鼠和狗90 d的经口染毒，最大剂量为10 mg/kg时，大鼠在第6 w对噪声刺激反应亢进外，未见其他中毒表现，病例检查也无异常。狗在染毒初曾出现流涎、呕吐、水样便以及震颤、头和四肢不随意运动等中毒表现，从5 w起上述症状逐渐减轻。病理学检查包括脏器、中枢和周围神经组织均未见异常。本品IARC致癌性分类为3。

4.3 远期毒作用

（1）致突变性

Ames试验，溴氰菊酯剂量高达5 000 μg/皿，TA1 535，TA98和TA100等菌株未引起回变率增高，对CHO细胞和小鼠骨髓细胞的染色体畸变及SCE均无影响。

（2）发育毒性与致畸性

大鼠经口最小中毒剂量（TDLo）：70 mg/kg（孕7～20 d），新生鼠生长统计改变。小鼠经口TDLo：30 mg/kg（孕7～16 d），致肌肉骨骼发育异常。小鼠经口TDLo：50 mg/kg（孕8～12 d），致活产指数、存活指数改变。

（3）过敏反应

可出现局部刺激症状和接触性皮炎、红色斑疹或大疱。这些表现多在脱离接触后短期内消退，仅少数人伴有全身症状。

（4）内分泌干扰作用

本品具有内分泌干扰作用。

4.4 中毒机理

至今未见完全阐明的报告。溴氰菊酯可引起神经细胞膜钠离子通道的正常生理功能失活过程延长。钠离子持续内流，先兴奋后传导抑制。通过对染毒大鼠脑电图研究证实溴氰菊酯毒作用部位主要为对大脑皮层高级中枢抑制。

5. 生物监测

可对其代谢产物3-苯氧基苯甲酸和二溴菊酸进行检测以进行生物监测。

6. 人体健康危害

分装该品的工人可出现皮肤黏膜刺激症状，如流泪、喷嚏、棉布发痒或烧灼感，常在脱离接触后次日消失。皮肤上出现的粟粒样红色丘疹可持续数天。

7. 风险评估

我国职业接触限值规定PC-TWA为0.03 mg/m^3。

氯 氰 菊 酯

1. 理化性质

CAS号：52315-07-8	分解温度（℃）：220
外观与性状：黄色至棕色粘稠液体	饱和蒸气压（kPa）：2.3×10^{-7}
熔点/凝固点（℃）：60～80	密度（g/cm^3）：1.19（20℃）
沸点（℃）：分解	n-辛醇/水分配系数：6.3
闪点（℃）：100	溶解性：难溶于水，在醇、氯代烃类、酮类、环己烷、苯、二甲苯中溶解>450 g/L

2. 用途与接触机会

适用于棉花、水稻、蔬菜、果树和茶叶等多种作物上害虫的防治，但不宜用作土壤杀虫剂。大众人群可通过喷洒后污染的空气或污染的食物接触。

3. 毒代动力学

小鼠口服后，24 h后即有27%～80%以膀胱代谢物N-(3-苯氧基苯甲酰)-牛磺酸的产物从尿中排出。

4. 毒性

本品健康危害GHS分类为：特异性靶器官毒性——次接触，类别3(呼吸道刺激)。

4.1 急性毒作用：

本品大鼠经口LD_{50}：251 mg/kg，小鼠经口LD_{50}：24.75 mg/kg；大鼠经皮LD_{50}：>1 600 mg/kg。吸入本品会中毒，大鼠吸入LC_{50}：7 889 mg/(m^3 · 4 h)。

本品对皮肤黏膜有刺激作用。

4.2 慢性毒作用

以1 600 mg/kg的饲料喂大鼠3个月，在前5 w有步态异常等中毒症状出现，自第6 w起逐渐恢复。病理学检查发现少数染毒动物坐骨神经轴突变形。慢性经口无作用剂量为5 mg/(kg · d)。

4.3 远期毒作用

(1) 致突变作用

本品不是诱导剂，但是用大剂量的本品小鼠腹腔60 mg/(kg · d)(连续)、小鼠经口56 mg/(kg · 7 d)(连续)、小鼠经皮2 520 mg/(kg · 7 d)(连续)可引起小鼠骨髓微核细胞短暂性增加。在人类、细菌和仓鼠细胞培养以及小鼠肝脏的诱导试验阴性。

(2) 致畸作用

无致畸作用。大鼠以70 mg/(kg · d)喂饲、家兔以30 mg/kg/d喂饲后代无出生缺陷。另有报道大鼠(未报告途径)(TDLo)：400 mg/kg(孕6～15 d)胚胎毒性；小鼠腹腔(TDLo)：30 mg/kg(雄1～4 d)影响精子形成。

(3) 特异性靶器官毒性

本品具有特异性靶器官毒性，危险类别为3，一次接触本品可能造成呼吸道刺激。

(4) 内分泌干扰作用

本品具有内分泌干扰作用。

5. 生物监测

可对其代谢产物3-苯氧基苯甲酸和二氯菊酸进行检测以进行生物监测。

6. 人体健康危害

轻度中毒：出现明显的全身症状包括头痛、头晕、乏力、食欲不振及恶心，并有精神萎靡、呕吐、口腔分泌物增多或肌束震颤者。

中度中毒：除上述临床表现外，具有下列一项表现者：① 阵发性抽搐；② 意识丧失；③ 肺水肿。

眼接触立即引起眼痛、畏光、流泪、眼睑水肿、球结膜充血水肿。

皮肤接触：可出现局部刺激症状和接触性皮炎、红色斑疹或大疱。这些表现多在脱离接触后短期内消退，仅少数人伴有全身症状。

何莉等2010年收治了3例接触氯氰菊酯烟雾剂导致的急性中毒，患者为铁路清洁人员，进入经过6%氯氰菊酯烟雾剂消毒的客运列车对车厢进行清洁，约10余分钟后5人相继出现头晕、恶心、呕吐、心慌、大汗等症状，其中3人入院治疗，另2人脱离中毒环境后症状消失。

7. 风险评估

本品对水生生物毒性极大并具有长期持续影响，其环境危害GHS分类为：危害水生环境—急性危害，类别1；危害水生环境—长期危害，类别1。

氰 戊 菊 酯

1. 理化性质

CAS号：51630-58-1	自燃温度(℃)：420
外观与性状：褐色黏稠液体	闪点(℃)：>200
熔点/凝固点(℃)：59～60.2	饱和蒸气压(kPa)：2×10^{-10}(25℃)
沸点(℃)：>200	

2. 用途与接触机会

大众人群可通过喷洒后污染的空气或污染的食

物接触。

3. 毒代动力学

氰戊菊酯属拟除虫菊酯类农药，毒代动力学机理与其他拟除虫菊酯类农药相似。

4. 毒性

氰戊菊酯属拟除虫菊酯类农药，毒性与中毒机理与其他拟除虫菊酯类农药相似。

4.1 急性毒作用

本品大鼠经口 LD_{50}：70.2 mg/kg；家兔经皮 LD_{50}：2 500 mg/kg。

接触本品可造成皮肤刺激和严重眼刺激。

4.2 远期毒作用

(1) 致癌作用

IARC 将本品列为 3 类致癌物，对人类的致癌性尚无法分类。

(2) 内分泌干扰作用

本品具有内分泌干扰作用。

5. 生物监测

可通过对其代谢产物 3-苯氧基苯甲酸检测进行生物监测。

6. 人体健康危害

轻度中毒：出现明显的全身症状包括头痛、头晕、乏力、食欲不振及恶心，并有精神萎靡、呕吐、口腔分泌物增多或肌束震颤者。

中度中毒：除上述临床表现外，具有下列一项表现者：① 阵发性抽搐；② 意识丧失；③ 肺水肿。

眼接触立即引起眼痛、畏光、流泪、眼睑水肿、球结膜充血水肿。

皮肤接触：可出现局部刺激症状和接触性皮炎、红色斑疹或大疱。这些表现多在脱离接触后短期内消退，仅少数人伴有全身症状。

牛新等对 42 例急性氰戊菊酯中毒者进行分析，发现 90%的患者以头晕痛、乏力为首发症状，流涎、手足徐动为主要特征。其中自服中毒为主要中毒原因，罕见肌注中毒；年轻女性为中毒高发人群，明确的毒物接触史为主要确诊依据。

7. 风险评估

我国职业接触限值规定 PC-TWA 为 0.05 mg/m^3。

八氯二丙醚

1. 理化性质

CAS 号：127-90-2	闪点(℃)：177
外观与性状：无色至棕黄色透明液体	密度(g/cm^3)：1.7(20℃)
沸点(℃)：144～155	

2. 用途与接触机会

八氯二丙醚是一种氯丙烯基醚，对拟除虫菊酯、有机磷、氨基甲酸酯杀虫剂均有不同程度的增效作用。广泛应用于农药、蚊香的生产，生活中使用含有本品的农药、蚊香可接触本品。

3. 毒性

3.1 急性毒作用

根据中国农药毒性分级标准，本品属于低毒物质。大鼠经口 LD_{50} 范围为 1 900～2 400 mg/kg，小鼠经口 LD_{50}：4 091 mg/(kg·24 h)，3 272 mg/(kg·7 d)。

3.2 远期毒作用

(1) 致突变作用

Ames 试验显示，本品为一种致突变物，但在体内代谢活化系统，即大鼠肝脏微粒体酶(s9)存在下，其致突变效应明显减弱，在<1 000 g/kg 时已不出现致突变效应。

选用健康小鼠分成 5 组，每组雌雄各半进行 S421 的致突变性和致畸性试验.结果表明，S421 对大鼠没有明显的致畸作用，但是在染毒后高浓度组有一定的毒性作用，表现在个别孕鼠死亡，且胎窝重、胎鼠体重、身长、尾长均明显低于低浓度组，死胎率、吸收胎率也高于其他组，在 Ames 试验中具有致突变作用。

(2) 致癌作用

冯建良和朱玮调查了某化工厂八氯二丙醚生产工人肺癌患病的情况，初步认定工人患肺癌是由生产 S421 的原料(即二氯甲醚)引起。

(3) 发育毒性与致畸性

研究表明八氯二丙醚未引起明显致畸效应，但可能具有潜在的致癌性。高浓度八氯二丙醚染毒孕鼠出现死亡，且胎窝重、胎鼠体重、身长、尾长均明显低于其他浓度组，而死胎率、吸收胎率则高于其他组。

4. 生物监测

可采用气相色谱与质谱联用检测多种样本中的八氯二丙醚。

5. 人体健康危害

在对八氯二丙醚生产厂工人的研究中，发现生产工人与对照组相比氧化损伤指标明显增高，血清p53蛋白表达水平高于对照组。

6. 风险评估

以中国农药毒性分级标准为依据，八氯二丙醚属于低毒物质，虽然其急性毒性低，但其残留问题及远期效应不容忽视。

八氯二丙醚本身具有生物活性，且安全性资料不完整。国内在食品和农药产品中均未制定有该化合物的标准，但德国从2001年开始将此化合物列入限用名单，制定的MRL标准为0.01 mg/kg，欧盟参照执行。

除草剂和植物生长调节剂

毒 菌 酚

1. 理化性质

CAS号：70-30-4	外观与性状：白色或浅黄色结晶，无味或略带苯酚气味
熔点/凝固点(℃)：165.5	沸点(℃)：479
溶解性：不溶于水；可溶于稀碱液，可溶于乙醇、丙酮、氯仿等多种有机溶剂	

2. 用途与接触机会

毒菌酚对革兰氏阳性菌特别有效，对革兰氏阴性菌效力差，可用作抗菌剂，添加到药皂、洁面乳等用品中，现已禁止这一类用途；作为农药，可防止黄瓜角斑病、白粉病，胡椒斑点病等。毒菌酚可经口摄入、经呼吸道吸入或经皮吸收。

3. 毒性

3.1 急性毒作用

毒菌酚是一种有机氯抑菌剂，其大鼠经口急性LD_{50}：56 mg/kg；大鼠经皮LD_{50}为1 840 mg/kg；小鼠经皮LD_{50}为270 mg/kg。动物实验提示，大鼠急性暴露会导致生精细胞的退化。

毒菌酚具有神经毒性。皮肤或眼睛接触毒菌酚时，会对皮肤或眼睛产生刺激作用，部分吸收入体内，进而产生恶心呕吐、复视、厌食、乏力等症状；经口摄入或吸入时，会产生恶心呕吐、腹泻，在中毒后的几个小时内可能会脱水和低血压，若没有得到及时救治，患者进而产生嗜睡、面部抽搐、发热、视力模糊、昏迷等，并最终因心脏骤停或呼吸停止而死亡。新生儿对毒菌酚的敏感性更高，急性暴露下，新生儿脑部白质发生空泡化病变，被称为空泡性脑病。

本品健康危害GHS分类为：急性毒性—经口，类别3；急性毒性—经皮，类别3。

3.2 远期毒作用

IARC：将列为3类致癌物，对人类的致癌性尚无法分类。

4. 风险评估

本品对水生生物毒性极大并具有长期持续影响，其环境危害GHS分类为：危害水生环境—急性危害，类别1；危害水生环境—长期危害，类别1。

禾 草 敌

1. 理化性质

CAS号：2212-67-1	外观与性状：黄色透明液体，具有芳香气味
沸点(℃)：136.5(1.33 kPa)	密度(g/cm³)：1.063(20℃)
闪点(℃)：139	溶解性：在水中溶解度为970 mg/L(25℃)，可溶于丙酮、乙醇、二甲苯等有机溶剂
稳定性：稳定性较好，在100℃下能稳定存在16 h，在酸性和碱性条件下相对稳定	

2. 用途与接触机会

禾草敌用于水稻除草剂，通过阻碍杂草蛋白质的转化而阻止杂草生长。可经口摄入、经呼吸道吸入或经皮吸收。

3. 毒性

本品健康危害 GHS 分类为：皮肤致敏物，类别 1；生殖毒性，类别 2；特异性靶器官毒性—反复接触，类别 2。

3.1 急性毒作用

禾草敌是一种氨基甲酸酯类除草剂，为高毒农药。本品大鼠经口 LD_{50}：369 mg/kg；大鼠经皮 LD_{50}：1 167 mg/kg；家兔经皮急性 LD_{50}＞4 640 mg/kg；大鼠吸入 LC_{50}：2 100 mg/(m^3 · h)。

禾草敌对眼睛、皮肤和呼吸道具有刺激性；急性中毒患者出现腹痛腹泻、恶心、发热、乏力、结膜炎等症状；大剂量摄入时对胆碱酯酶有轻度刺激性。

3.2 远期毒作用

(1) 发育毒性与致畸性

本品具有生殖毒性，可能对生育能力或胎儿造成伤害。

(2) 过敏性反应

本品为皮肤致敏物，皮肤接触本品可能造成过敏反应。

4. 风险评估

本品对水生生物毒性极大并具有长期持续影响，其环境危害 GHS 分类为：危害水生环境—急性危害，类别 1；危害水生环境—长期危害，类别 1。

燕　麦　敌

1. 理化性质

CAS 号：2303 - 16 - 4	外观与性状：琥珀色易挥发液体
熔点(℃)：25～30	溶解性：能与丙酮、乙醇、乙酸乙酯、煤油、二甲苯等有机溶剂混溶
沸点(℃)：150 (1.2 kPa)，97(20 Pa)	稳定性：200℃以上能分解

2. 用途与接触机会

主要用作农用除草剂播前除草剂，防除野燕麦效果高达 90%。对小麦、青稞、豌豆、马铃薯、蚕豆、油菜等作物均无不良影响。可通过吸入、食入、经皮等途径吸收。

3. 毒性

3.1 急性毒作用

本品大鼠经口 LD_{50}：395 mg/kg；小鼠经口 LD_{50}：790 mg/kg。毒性属高毒类，无明显蓄积作用。

3.2 远期毒作用

IARC 将本品列为 3 类致癌物，对人类的致癌性尚无法分类。

4. 人体健康危害

本品为中毒除草剂，摄入量过多后产生中毒症状有：头痛、恶心、呕吐、流涎、出汗、瞳孔缩小、腹痛；重者出现震颤、步行困难、语言障碍、意识昏迷、全身痉挛等。

5. 风险评估

苏联（1975）水体中有害有机物的 ADI 为 0.03 mg/L。

燕　麦　灵

1. 理化性质

CAS 号：101 - 27 - 9	外观与性状：白色结晶
熔点(℃)：75～76	溶解性：易溶于苯、甲苯、二甲苯、二氯乙烯；溶于正己烷；不溶于水
稳定性：能被碱分解；在酸性条件下水解生成 3 -氯丙烯酸，高于熔点分解出盐酸	

2. 用途与接触机会

主要用于农业生产，主要用作除草剂。主要适用于小麦、大麦、青稞，也用于亚麻、甜菜、豌豆、大豆、芥菜、红花、油菜、向日葵等作物田防除野燕麦、早熟禾等。可以经口、经皮及呼吸道摄入。

3. 毒性

本品健康危害 GHS 分类为：皮肤致敏物，类别 1。

3.1 急性毒作用

本品大鼠经口 LD_{50}：527 mg/kg；小鼠经口 LD_{50}：322 mg/kg。

3.2 远期毒作用

本品为皮肤致敏物，皮肤接触可能造成过敏反应。

4. 人体健康危害

人接触后能引起皮炎，皮肤红、肿、发痒。

5. 生物监测

人接触后，肝功能检查谷丙转氨酶增高，血小板减少，对少数人可产生过敏性皮炎。

6. 风险评估

本品对水生生物毒性极大并具有长期持续影响，其环境危害 GHS 分类为：危害水生环境—急性危害，类别 1；危害水生环境—长期危害，类别 1。

敌　草　隆

1. 理化性质

CAS 号：330-54-1	外观与性状：无色结晶固体
熔点(℃)：158～159	溶解性：易溶于热酒精；微溶于醋酸乙酯、乙醇和热苯；不溶于水
稳定性：对氧化和水解稳定	

2. 用途与接触机会

主要用于农业生产，主要用作除草剂。可以经口、经皮及呼吸道摄入。

3. 毒性

3.1 急性毒作用

本品大鼠经口 LD_{50}：1 017 mg/kg；大鼠经皮 LD_{50}：>5 000 mg/kg。高浓度时对眼睛和黏膜有刺激性。

3.2 慢性毒作用

大鼠无作用剂量为 250 mg/(kg·2 y)，狗无作用剂量为 125 mg/(kg·1 y)。

3.3 远期毒作用

本品具有内分泌干扰作用。

4. 人体健康危害

本品属低毒除草剂，误服会中毒。对黏膜和上呼吸道有刺激作用。

5. 风险评估

我国职业接触限值规定 PC-TWA 为 10 mg/m^3。

利　谷　隆

1. 理化性质

CAS 号：330-55-2	外观与性状：白色结晶
熔点(℃)：93～94	溶解性：可溶于丙酮、乙醇
饱和蒸气压(Pa)：1.47×10^{-3}(24℃)	稳定性：化学性质稳定

2. 用途与接触机会

利谷隆为取代脲类除草剂，具有内吸传导和触杀作用。利谷隆对一年生禾本科杂草，如马唐、狗尾草、克、蓼等有很好的防除效果，适于芹菜、豆科菜田、胡萝卜、马铃薯、葱等菜田应用。可以经口、经皮及呼吸道摄入。

3. 毒性

3.1 急性毒作用

本品大鼠经口 LD_{50}：1 146 mg/kg；小鼠经口 LD_{50}：2 400 mg/kg；大鼠经皮 LD_{50}：2 500 mg/kg；大鼠吸入 LC_{50}：48 mg/(m^3·4 h)。

3.2 远期毒作用

本品具有内分泌干扰作用。

4. 人体健康危害

吸入、摄入可引起中毒。对皮肤有轻度刺激作用。

灭草隆

1. 理化性质

CAS号：150-68-5	外观与性状：白色鳞状晶体
熔点(℃)：173～174	饱和蒸气压(Pa)：1.47×10^{-3}(24℃)
溶解性：不溶于水；难溶于乙醇、苯等有机溶剂；易溶于卤代烷	

2. 用途与接触机会

农业上主要用于土壤处理，防除葡萄、甘蔗、棉花和大田作物中的单子叶和双子叶杂草。本品可以经口、经皮及呼吸道摄入。

3. 毒性

3.1 急性毒作用

本品大鼠经口 LD_{50}：1 053 mg/kg；小鼠经口 LD_{50}：1 920 mg/kg；家兔和大鼠经皮 LD_{50}：>2 500 mg/kg；小鼠腹腔 LD_{50}：1 mg/kg；

3.2 远期毒作用

IARC将本品列为3类致癌物，对人类的致癌性尚无法分类。

4. 人体健康危害

吸入、摄入或经皮肤吸收后对身体有害。资料报道，本品有致突变、致畸作用。

非草隆

1. 理化性质

CAS号：101-42-8	外观与性状：白色针状晶体
熔点(℃)：134～136	溶解性：微溶于水；易溶于乙醇、丙酮、卤代烃；难溶于烷烃

2. 用途与接触机会

用于防治棉花、大豆、玉米、小麦田中一年生单子叶、双子叶杂草和非作物地中的灌木。小剂量时用于选择性除草，大剂量时用于灭生性除草。毒性低，对鱼类无毒，使用安全。本品可以经口和呼吸道摄入。

3. 毒性

3.1 急性作用

本品大鼠经口 LD_{50}：6 400 mg/kg；小鼠经口 LD_{50}：4 700 mg/kg；兔子经口 LD_{50}：4 700 mg/kg；豚鼠经口 LD_{50}：3 200 mg/kg。

3.2 远期毒作用

致突变作用：DNA抑制经口试验：小鼠，500 mg/kg。

4. 人体健康危害

摄入有害。须注意食物中的残留问题。据报道，可致突变。

敌稗

1. 理化性质

CAS号：709-98-8	外观与性状：无色晶体，无味
熔点(℃)：92	闪点(℃)：>100
沸点(℃)：351	溶解性：在水中为130 mg/L(20℃)，异丙醇>200 g/L(20℃)，己烷<1 g/L(20℃)
稳定性：在土壤中易分解，一般条件下稳定，日光下在水中迅速光解	

2. 用途与接触机会

为酰胺类高选择性的触杀型除草剂，主要用于秧田或直播田，是防除稗草的特效药，也可用于防除其他多种禾本科和双子叶杂草，如鸭舌草、水芹、马唐、狗尾草等。本品可以经口、经皮及呼吸道摄入。

3. 毒性

3.1 急性毒作用

本品大鼠经口 LD_{50} 为 360 mg/kg，经皮 LD_{50} > 5 000 mg/(kg·24 h)；小鼠经口 LD_{50} 为 360 mg/kg。小鼠敌稗染毒后出现高铁血红蛋白，400 mg/kg 染毒后出现苍白病，未发现其他症状；家兔经皮 LD_{50}：4 830 mg/kg。

3.2 慢性毒作用

Wistar 大鼠 0、10、33、100、1 000、5 000 mg/(kg·d)染毒 90 d 后，得到 NOAEL 为 33 mg/(kg·d)，LOAEL 为 100 mg/(kg·d)。

3.3 远期毒作用

(1) 发育或生殖毒性

Wistar 大鼠在交配前通过食物染毒 11 w(100、300、1 000 mg/kg)，在 F3 代中未发现有生殖表现的改变。

(2) 致癌性

USEPA 认为有证据提示具有致癌性，但对于评估人体致癌可能性的数据不足。

(3) 内分泌干扰作用

本品具有内分泌干扰作用。

4. 生物监测

4.1 接触标志

尿中敌稗主要代谢产物 3,4-二氯苯胺可作为接触标志。

4.2 效应标志

血中 3,4-DCA-血红蛋白加合物可以反映敌稗对机体的损伤程度。

5. 人体健康危害

在工厂工人中发现暴露于敌稗后出现高铁血红蛋白血症，在 28 名工人中，17 名(61%)出现氯痤疮。可能出现局部刺激和中枢神经系统症状，如口腔、食道、胃灼烧感，同时伴有咳嗽、恶心、呕吐，以及头疼、头晕眼花、困倦等症状。

6. 风险评估

本品对水生生物毒性极大，其环境危害 GHS 分类为：危害水生环境—急性危害，类别 1。

对氯苯氧乙酸

1. 理化性质

CAS 号：122-88-3	外观与性状：白色结晶，有清香味
熔点(℃)：157～159	溶解性：溶于乙醇、丙酮和苯；微溶于水

2. 用途与接触机会

植物生长激素、用作生长调节剂、落果防止剂、除草剂，可用于蕃茄、蔬菜、桃树等，也用作医药中间体。在农业生产中，可通过使用或食用喷洒有本品的农作物而接触。

3. 毒性

本品大鼠经口 LD_{50}：850 mg/kg；小鼠腹腔 LD_{50}：680 mg/kg。

2,4-滴

1. 理化性质

CAS 号：94-75-7	外观与性状：白色结晶
熔点(℃)：138	溶解性：溶于乙醇、丙酮、乙醚和苯等有机溶剂；不溶于水
沸点(℃)：160(53Pa)	

2. 用途与接触机会

2,4-滴在 500 mg/kg 以上高浓度时用于茎叶处理，可在麦、稻、玉米、甘蔗等作物田中防除藜、苋等阔叶杂草及萌芽期禾本科杂草。与阿特拉津、扑草净等除草剂混用，或与硫酸铵等酸性肥料混用，可以增加杀草效果。一般居民的接触主要是通过含有 2,4-滴残留的食物，同时也通过 2,4-滴在水中的残留，来自空气中的 2,4-滴极少。

3. 毒性

3.1 急性毒作用

本品狗经口 LD_{50}：100 mg/kg，家兔经皮 LD_{50}：1 400 mg/kg。皮肤腐蚀/刺激：家兔标准德瑞兹试验，500 mg(24 h)，轻度皮肤刺激；眼睛腐蚀/刺激：家兔标准德瑞兹试验 0.75 mg(24 h)，重度损伤。

3.2 慢性毒作用

大鼠经口 300 mg/kg×5 次/w×4 w，可引起实验动物全部死亡；大鼠经口 100 mg/kg×5 次/w×4 w，实验动物出现生长抑制，引起胃肠刺激和肝混浊肿胀。

3.3 远期毒作用

(1) 致癌作用：IARC 将 2,4-滴列为 2B 类致癌物，对人类可能致癌。

（2）发育毒性与致畸性：大鼠经口最小中毒剂量 25 mg/kg(妊娠期 6～15 日)致畸胎阳性。

（3）内分泌干扰作用：本品具有内分泌干扰作用。

4. 人体健康危害

吸入、摄入或经皮肤吸收后对身体有害。对眼睛、皮肤的刺激作用，反复接触对肝、心脏有损害作用，能引起惊厥。

5. 风险评估

1996 年，在农药残留专家联席会议（JMPR）公布的风险评估报告中，确定 2,4－滴的人体 ADI 为 0.01 mg/kg・bw(包括 2,4－滴酸、盐和酯的总和，以 2,4－滴酸计）。欧洲食品安全局(EFSA)评估认为，经过 2 y 大鼠和小鼠试验得到的 2,4－滴 NOAELL 是 5 mg/(kg・bw・d)，除以不确定因子（uncertainty factor，UF）100，得到 2,4－滴的 ADI 值为 0.05 mg/kg・bw。2005 年，EPA 在 2,4－滴的重新登记决定（reregistration eligibility decision，RED）中提到，根据大鼠慢性毒性/大鼠致肿瘤性研究，基于体重增加量降低(雌性)、血液学改变和临床化学参数、T4 降低情况(雌、雄)、葡萄糖(雌性)、胆固醇(雌、雄)和甘油三酯（雌性）的数据得到的 NOAEL 是 5 mg/(kg・bw・d)，除以 UF 1000，得到 2,4－滴的 ADI 值为 0.005 mg/kg・bw。中国采纳了 JMPR 推荐的 0.01 mg/kg・bw 作为 2,4－滴的 ADI。

本品对水生生物有害，且有长期持续影响，其环境危害 GHS 分类为：危害水生环境—慢性危害，类别 3。

2,4－滴丁酯

1. 理化性质

CAS 号：94－80－4	外观与性状：无色油状液体
凝固点(℃)：9	闪点(℃)：48
沸点(℃)：146～147	溶解性：易溶于有机溶剂；难溶于水
稳定性：挥发性强，对酸、热稳定，遇碱分解为 2,4－滴钠盐及丁醇	

2. 用途与接触机会

2,4－滴丁酯是一种磺酰脲类激素型选择性除草剂，对麦田发生的多种阔叶杂草如播娘蒿、荠菜等都有优异的防效。药效高，在很低浓度下（＜0.01%）即能抑制植物正常生长发育，出现畸形，直至死亡。主要用于苗后茎叶处理，展着性好，渗透性强，易进入植物体内，不易被雨水冲刷，对双子叶杂草敏感，对禾谷类作物安全。2,4－滴丁酯主要适用于小麦、大麦、青稞、玉米、高粱等禾本科作物田及禾本科牧草地，防除播娘蒿、藜、蓼、芥菜、离子草、繁缕、反枝苋、律草、问荆、苦荬菜、刺儿菜、中亚滨藜、野滨藜、猪毛菜、灰绿碱蓬、酸模叶蓼、红蓼、柳叶刺蓼、小旋花、苦豆子、骆驼刺、米瓦罐、苣荬菜、香薷、水棘针、苍耳、田旋花、马齿苋等阔叶杂草，对禾本科杂草无效。本品主要经口摄入人体。

一般居民的接触主要是通过含有 2,4－滴丁酯残留的食物，或通过在农业生产中使用 2,4－滴丁酯接触本品。

3. 毒性

3.1 急性毒作用

本品大鼠经口 LD_{50}：600 mg/kg；小鼠经口 LD_{50}：380 mg/kg。按我国农药毒性分级标准为低毒除草剂，无慢性毒作用。对鲤鱼 TLM(48 h)40 mg/kg，亦属鱼毒性低的除草剂品种。

3.2 远期毒作用

发育毒性与致畸性　2. 4－滴丁酯染毒可引起小鼠睾丸组织内 T－AOC、LDH、SDH、Na^+/K^+－ATPase 和 Ca^{2+} Mg^{2+}－ATPase 活性降低，说明 2,4－滴丁酯可能通过影响生殖细胞的抗氧化能力、干扰生殖细胞糖酵解和有氧呼吸过程影响产能及抑制生殖细胞对能量的利用，对雄性小鼠睾丸组织发挥毒性作用。

4. 风险评估

美国 ACGIH 规定 TLV－TWA 为 10 mg/m^3，TLV－STEL 为 20 mg/m^3。

2 甲 4 氯

1. 理化性质

CAS 号：94－74－6	外观与性状：无色结晶，有苯酚臭味

（续表）

熔点(℃)：120	饱和蒸气压(Pa)：2.3×10^{-5}(25℃)
水中溶解度(mg/L,25℃)：395(pH＝1),26.2(pH＝5),273.9(pH＝7),320.1(pH＝9)	溶解性：溶于甲醇、甲苯、乙醚、二甲苯、二氯甲烷
稳定性：对酸很稳定	

2. 用途与接触机会

2甲4氯为激素型选择性除草剂，易为根部和叶部吸收传导。用于水稻等禾本科作物田间，芽后防除多种一年生或多年生阔叶杂草和某些单子叶杂草。对杀灭阔叶草及三棱草有特效，但对稗草类杂草无效。使用剂量为0.28～2.25 kg有效成分，对棉花、黄豆、瓜菜等阔叶作物有影响。

3. 毒性

3.1 急性毒作用

本品小鼠经口 LD_{50}：439 mg/kg，大鼠经口 LD_{50}范围为700～800 mg/kg；其钠盐对大鼠经口 LD_{50}：612 mg/kg(雄)、962 mg/kg(雌)；家兔经皮 LD_{50}>2 000 mg/kg；大鼠吸入 LC_{50}：13 701 370 mg/(m^3 · 4 h)。

皮肤腐蚀/刺激：家兔皮肤刺激试验，500 mg，轻度刺激。严重眼损伤/眼刺激：本品可造成严重眼损伤。

3.2 慢性毒作用

用含原药100 mg/kg饲料喂养大鼠7个月，肾脏轻度肿大，其他无不良影响。大鼠2 y亚慢性毒无作用剂量为1.33 mg/(kg · d)。

4. 人体健康危害

摄入后主要表现眼球震颤、面肌颤动、角弓反张、抽动等神经系统损害，也可伴有肝、肾损害。

5. 风险评估

本品对水生生物毒性极大并具有长期持续影响，其环境危害GHS分类为：危害水生环境—急性危害，类别1；危害水生环境—长期危害，类别1。

2,4,5-T

1. 理化性质

CAS号：93-72-1	外观与性状：白色无臭结晶
溶解性：难溶于水；易溶于有机物，其钠盐易溶于水	稳定性：在碱性环境下易分解

2. 用途与接触机会

2,4,5-T被用作植物刺激素和除草剂，其接触机会主要是经口摄入和经呼吸道吸入，也可经皮吸收。

3. 毒性

2,4,5-T是中等毒性农药，大鼠经口 LD_{50}：650 mg/kg，人口服致死剂量约为50 g。口服时，舌、咽及上腹部会出现烧灼感，吸入有气道刺激；急性中毒表现为恶心呕吐、腹痛腹泻、嗜睡乏力、肌肉压缩，严重者出现昏迷、抽搐、呼吸衰竭，可伴有肺水肿及肝肾损害。本品大鼠经皮 LD_{50}>3 200 mg/kg；可造成皮肤刺激和严重眼刺激。

本品健康危害GHS分类为：皮肤腐蚀/刺激，类别2。

4. 风险评估

本品对水生生物毒性极大并具有长期持续影响，其环境危害GHS分类为：危害水生环境—急性危害，类别1；危害水生环境—长期危害，类别1。

敌 草 快

1. 理化性质

CAS号：85-00-7	外观与性状：以单水合物的形式存在，为白色至黄色结晶
溶解性：在水中溶解度为700 g/L(20℃)；微溶于乙醇和其他带羟基有机溶剂；不溶于非极性有机溶剂	稳定性：在中性和酸性环境下稳定存在，在碱性环境下不稳定

2. 用途与接触机会

敌草快是一种非选择性的触杀型除草剂，对作物幼苗也有损害作用，可用于成熟作物催枯，加快收获时间。可经口摄入、经呼吸道吸入或经皮吸收。

3. 毒性

3.1 急性毒作用

本品大鼠经口 LD_{50}：120 mg/kg，小鼠经口 LD_{50} 为 125 mg/kg；大鼠经皮 LD_{50}：433 mg/kg，家兔经皮 LD_{50}：7 400 mg/kg。

为中等毒性农药，对人致死量约为 6～12 g，皮肤、黏膜、眼睛接触有刺激作用，急性摄入或吸入时，咽喉、气道或上腹部会有烧灼感，产生腹泻、头痛、发热，可能伴有肺水肿、胰腺炎、肾损伤等临床表现；此外，敌草快还有神经毒性，可导致患者出现嗜睡、兴奋、狂躁，或抑郁、情绪低落、昏迷、呼吸衰竭等。

3.2 远期毒作用

致癌作用：本品怀疑致癌。

过敏作用：本品对皮肤有致敏作用。

4. 风险评估

美国 NIOSH 推荐的 REL－TWA 为 0.5 mg/m^3。

百　草　枯

1. 理化性质

CAS 号：4685－14－7	外观与性状：灰白色或淡黄色粉末，有极强的水溶性，溶解后成无色无味液体
熔点/凝固点(℃)：300	饱和蒸气压(kPa)：7.5×10^{-8}(25℃)
沸点(℃)：175～180 (100 kPa)	水中溶解度(mg/L)：1×10^{4}(20℃)
稳定性：在酸性介质中稳定，在碱性介质中不稳定，对金属有腐蚀作用	溶解性：有极强的水溶性，几乎不溶于有机溶剂

2. 用途与接触机会

百草枯广泛应用于果园、棉花、大豆、甘蔗等农作物间的除草。在百草枯生产或使用过程中，主要通过皮肤、呼吸道途径接触，皮肤有破损则更易吸收百草枯。空气中的百草枯浓度取决于百草枯溶液的浓度和喷雾方式，其中背负式喷雾的潜在风险最大。高温高湿、作物生长频繁的热带地区更容易暴露于百草枯。一般普通人群接触百草枯的主要途径是通过摄食受百草枯污染的食物。除此之外，自服或误服百草枯造成的中毒或死亡是百草枯引起的最严重危害。

3. 毒代动力学

百草枯一旦进入体内，迅速分布到全身大多数组织，而后特异性的聚集于肺部，引起肺组织纤维化。目前的科学解释是该吸收过程是能量依赖性的，并遵循饱和动力学，其特征是识别自身的天然内源性化学物质，其中包括一系列二胺和多胺以及二氨基二硫化物胱胺。由于百草枯与这些内源多胺具有特定的结构相似性，而被错误地积累于肺部。大鼠灌胃及注射百草枯实验，显示百草枯多以原型形式通过粪便和尿液排出体外，少量百草枯可在肠道中被微生物降解。有人群资料显示，羊水中的百草枯浓度高于孕妇血，胎儿体内也可检测到一定量的百草枯。

4. 毒性与中毒机理

本品健康危害 GHS 分类为：急性毒性—经口，类别 3；急性毒性—经皮，类别 2；急性毒性—吸入，类别 1；皮肤腐蚀/刺激，类别 1；严重眼损伤/眼刺激，类别 1；生殖毒性，类别 2；特异性靶器官毒性——次接触，类别 1；特异性靶器官毒性—反复接触，类别 1。

4.1 急性毒作用

本品大鼠经口 LD_{50} 为 127 mg/kg；单次给予实验大鼠 15 mg/kg 的百草枯，3 h 后可观察到不协调的步态等神经损伤症状，42 至 96 h 内全部大鼠死亡。生物半衰期约为 48 h。据估计，百草枯在人体血液中的致死浓度是 35.0 $\mu g/cm^3$，仅 14 ml 浓度为 40%溶液即可导致健康成人死亡。家兔经皮 LD_{50} 为 240 mg/kg。

4.2 远期毒作用

(1) 发育毒性与致畸性

本品具有生殖毒性，本品怀疑可造成遗传性缺陷。

(2) 特异性体质反应

本品具有特异性靶器官毒性，一次或反复接触本品均可损害器官。

4.3 中毒机理

百草枯中毒引起急性肺损伤和肺纤维化的机制尚不明确，但先天性免疫反应起到了重要作用，其中NLRP3炎症小体在ASC－caspase－1途径诱导巨噬细胞分泌IL－1β/IL－18在急性肺损伤至关重要。此外，百草枯还可损伤线粒体并导致线粒体DNA的释放。百草枯属于可能的人类致癌物质，体外研究显示，百草枯二氯化物在人类淋巴细胞培养细胞遗传学检测中呈弱阳性，伴或不伴有代谢活化。干扰素-γ(IFN－γ)在百草枯致神经损伤中起到重要作用。百草枯可以影响海马背侧和前额叶内侧皮质中的血清素和去甲肾上腺素能活性。在体外和体内测试系统评估中，发现百草枯具有最小无基因毒性活性。

5. 生物监测指标

到目前为止，血液或尿液中PQ水平的测定仍然是确认PQ中毒的唯一方法。百草枯尚无明确的生物监测物，科学研究多用同位素标记的C14或C12追踪百草枯在体内的代谢踪迹。百草枯的化学结构类似于1－甲基－4－苯基吡啶(MPP^+)，即MPTP代谢物。MPTP对多巴胺细胞具有选择性神经毒性，是帕金森病(PD)的重要致病机制。但是百草枯的体内作用并不明确，因为百草枯在血浆中是双阳离子型，因而较难通过血脑屏障。

6. 人体健康危害

百草枯在美国属于限制使用的农药，因此只能由持有执照的申请人使用。误服或自服百草枯造成的中毒或死亡是百草枯引起的最严重危害。因此，百草枯溶液中均添加了蓝色液体，以免与饮料混淆，并能产生尖锐的气味以作为警示，一旦人饮用后，会引起强烈的呕吐，以防止人们误食百草枯。百草枯对皮肤、眼睛、呼吸道和消化道均有刺激性，能直接破坏上皮组织。百草枯可引起全身性有毒化学反应，主要是肺部、肝脏和肾；但其可选择性的积累于肺部造成呼吸衰竭综合征、肺纤维化等严重危害。

6.1 急性中毒

百草枯急性中毒较为常见，轻度中毒表现为：喉咙疼痛肿胀、恶心、呕吐、腹痛、腹泻常伴有血便。中度重度常见症状有：皮肤有水泡、溃烂或灼伤，心肺功能急性损伤、肝肾功能急性损伤；一次性摄入大量百草枯引起的重度中毒主要表现为昏迷、肌无力、肺水肿、呼吸衰竭、急性肾衰竭、癫痫发作、死亡等。根据临床观察，口服百草枯的中毒症状包括口腔和咽喉的烧灼感、恶心和呕吐、胃穿孔、进行性呼吸困难、肺纤维化、肾功能衰竭、心律失常、昏迷、惊厥，严重可致死亡。

6.2 慢性中毒

百草枯引起的慢性中毒较为少见，常见的有慢性皮炎、指甲损伤、长期接触甚至导致永久性失明。但是，急性中毒可对机体造成永久性的损伤，包括食道狭窄、心功能不全、肾功能不全等。

百草枯对人类有很强的毒性，如发生自服或误服会引发急性中毒，在农药中毒致死的事件中较为普遍，其致死率可高达70%；仅仅郑州市一家医院的急诊科在2014—2017年就收治了42例患者。

7. 风险评估

美国OSHA以前的百草枯容许接触限值PEL－TWA为0.5 mg/m^3，并配有对眼睛、黏膜或皮肤有强烈刺激性的标识。但是，美国ACGIH制定的8 h－TWA为0.1 mg/m^3；后来，考虑到0.5 mg/kg水平下的百草枯可吸入气溶胶会引起动物皮肤眼睛和肺部的刺激反应，因此最终将百草枯的接触限值定为0.1 mg/kg，以更大程度的保护职业人群。我国职业接触限值规定PC－TWA为0.5 mg/m^3。

本品对水生生物毒性极大并具有长期持续影响，其环境危害GHS分类为：危害水生环境—急性危害，类别1；危害水生环境—长期危害，类别1。

除 草 醚

1. 理化性质

CAS号：1836－75－5	外观与性状：黄色或深褐色结晶状
熔点/凝固点(℃)：70～71	蒸气压(mPa)：1.06(40℃)
溶解性：易溶于有机溶剂	热稳定性：对酸碱较为稳定；有易燃易爆性
水中溶解度(mg/L)：1.0(22℃)	沸点、初沸点和沸程(℃)：360.6(100 kPa)

2. 用途与接触机会

除草醚属于二苯醚类的除草剂，主要用于各种蔬菜及观赏性植物间的除草，作用于杂草的芽前和芽后触杀，见光才能发挥药效，对一年生禾草及阔叶杂草尤为有效，如稗草、马齿苋鸭舌草等。在产生或使用除草醚的工作场所，可通过吸入和皮肤接触造成职业暴露。除草醚在土壤中消失较快，不易造成蓄积，普通人群可能通过食物间的药物残留摄入除草醚。

3. 毒性

除草醚对水生动物低毒，自 20 世纪 60 年代迅速取代五氯酚钠用于稻田除草，在我国稻田化除草中曾起过重要作用。但是，随着动物试验的深入，现已明确除草醚对哺乳动物具有致癌、致畸、致突变作用；经皮吸收是人体接触除草醚最可能的途径，且毒性作用远大于经口吸收。因此，国家农业部已明令禁止使用除草醚。

3.1　急性毒作用

本品小鼠经口 LD_{50}：2 630±134 mg/kg，大鼠经口 LD_{50}：3 050±500 mg/kg，家兔经口 LD_{50}：1 620±420 mg/kg。

3.2　慢性毒作用

长期接触可出现神经衰弱综合征。受试者通过吸入 0.7～12 mg/m^3 剂量的本品 1 年，可引起咽喉和黏膜刺激症状，嗅觉减退；10～100 mg/m^3，大鼠经呼吸道染毒 6 个月，出现营养失调和血管紧张度失调。

3.3　远期毒作用

(1) 致癌作用

可引起小鼠肿瘤，引起致癌反应的最低剂量是 312 mg/kg。IARC 本品将列为 2B 类致癌物，可能对人类致癌。

(2) 致畸作用

可引起胎儿发育异常；因除草醚水解后生成 2，4－二氯酚，该化合物具有明显的致癌、致畸性，某些胺基衍生物亦有三致性。

4. 生物监测

除草醚没有标准的生物监测指标，有研究在接触高浓度除草醚的工人尿中检查出除草醚原型；且在接触 30 h 后仍可检测出；除草醚的中间产物是 2，4－二氯苯酚，2，4－二氯苯基－4－氨基苯基醚，2－氯苯基－4－硝基苯基醚和偶联物等，其中 2，4－二氯苯酚的毒性较大。

5. 人体健康危害

除草醚对眼睛、皮肤和呼吸道均有刺激性，会导致头痛眩晕、发绀等；对哺乳动物具有致癌、致畸、致突变作用，属于可疑致癌物；人体中的毒性剂量尚未确定；有病例报告长时间接触除草醚的工人出现血红蛋白和白细胞计数降低、高铁血红蛋白症、溶血性贫血、中枢神经系统紊乱、体重减轻、疲劳、接触性皮炎；研究表明，除草醚对心脏成纤维细胞增殖和细胞外基质重塑具有直接影响。

6. 风险评估

我国 1982 年颁布的《农药安全使用规定》中对除草醚的使用规定为：最高用药量不得超过每亩 1 kg，最多使用次数不得超过每年 2 次(稻田除草)。另在同年公布的《农药安全使用标准》中规定，糙米中除草醚含量不得超过 0.1 mg/kg。1982 年美国规定饮用水中不得检出除草醚。

丁　草　胺

1. 理化性质

CAS 号：23184－66－9	外观与性状：呈琥珀色液体，有微弱的芳香气味
沸点(℃)：156 (0.06 kPa)	饱和蒸气压(kPa)：3.86×10^{-7}(25℃)
熔点(℃)：<－5	分子量：311.9
溶解性：可溶于大部分的有机溶剂，水中溶解度为 20 mg/L(20℃)	稳定性：紫外线稳定，对强酸不稳定，对部分金属如黑铁具有腐蚀性

2. 用途与接触机会

丁草胺为选择性芽前除草剂，主要用于稻田间防除一年生禾本科杂草和某些阔叶杂草，也可用于大麦、棉花花生作物田的杂草防除；主要通过皮肤、呼吸道、消化道进入人体。对于一般人群而言，则主要通过接触农产品上的残留农药而暴露于丁草胺。

在丁草胺的生产车间主要通过皮肤接触而发生职业性暴露。

3. 毒代动力学

大鼠经口给药后，48 h 内可清除体内 85%的丁草胺，其中大约 60%经粪便排泄，40%经泌尿系统排泄。较高浓度的丁草胺在体内的半衰期大约为 23 d。

4. 毒性

4.1 急性毒作用

本品大鼠经口 LD_{50}：3 120 mg/kg；在大鼠生殖发育毒性研究中，250 mg/kg 可以观察到母体毒性，但未发现胎儿异常。相同的染毒剂量，在家兔中可以观察到胚胎植入后丢失或胎儿重量减轻，其 NOEL 为 50 mg/kg/d。

4.2 远期毒作用

(1) 致突变作用

本品具有致突变作用。

(2) 发育毒性与致畸性

本品具有发育毒性与致畸性。

5. 生物监测

体外研究表明丁草胺对胆碱酯酶有直接抑制作用。据推测，丁草胺通过胆碱能损伤以类似于有机磷酸酯和氨基甲酸酯的方式行使其神经毒性作用。目前尚无统一标准的丁草胺生物监测指标，胆碱酯酶活性指标仅供参考。

6. 人体健康危害

丁草胺受热分解成氯气和氮氧化物，对眼睛和皮肤具有刺激作用；台湾地区一项调查研究发现丁草胺的毒性较低，但是误服大量丁草胺可能会导致神经和血管损伤。有文献报道 60 岁的男性因意外暴露于丁草胺导致剥脱性皮炎、黄疸；检查发现肌酐酶和嗜酸性粒细胞增多，并且肝组织学病变与中毒性肝炎一致，但是预后良好。

乙 烯 利

1. 理化性质

CAS 号：16672 - 87 - 0	外观与性状：白色针状结晶
熔点(℃)：74～75	饱和蒸气压(kPa)：0.0±1.5(25℃)

（续表）

分子量：144.494	沸点(℃)：265
溶解性：易潮解，易溶于水	稳定性：常温下稳定

2. 用途与接触机会

乙烯利经植物吸收，可在组织内释放乙烯，起到调节植物代谢、生长发育的作用，是常用的有机磷植物生长调节剂，主要用于橡胶、漆树、烟草等作物；也可用于加速水果和蔬菜成熟的催熟剂。一般普通人群，则主要通过摄入有农药残留蔬菜水果等食物暴露于乙烯利。主要的吸收途径包括皮肤、消化道和呼吸道。

3. 毒性

动物实验数显示乙烯利可以引起皮肤红斑、水肿，剂量高达 750 mg/kg 时可引起低温、萎靡、共济失调、流涎颤动或呼吸困难，雌性比雄性的症状更为严重。

3.1 急性毒作用

本品大鼠经口 LD_{50}：3 400 mg/kg；家兔经皮 LD_{50}：5 730 mg/kg；大鼠吸入 LC_{50}：90 mg/(m^3 · 4 h)。

本品具有皮肤眼睛腐蚀作用，严重时可引起灼伤，其健康危害 GHS 分类为：皮肤腐蚀/刺激，1C 类；严重眼损伤/眼刺激，1 类。

3.2 慢性毒作用

小鼠 30 d 喂养实验结果显示，乙烯利可引起小鼠有抑郁症状，检测血红蛋白、总红细胞技术、红细胞胆碱酯酶及乙酰胆碱酯酶活性降低，NOAEL 约 135 mg/kg。

4. 生物监测

实验数据显示乙烯利可以引起胆碱酯酶活性降低，因此可将胆碱酯酶活性作为生物监测指标之一。

5. 人体健康危害

乙烯利对眼睛和皮肤具有较强的刺激作用，轻度中毒会引起皮肤水肿、黏膜灼伤；中度中毒可能会发展为二级灼伤，引起皮肤水泡、糜烂、溃疡，严重或致食道狭窄；重度中度除引起灼伤外，还常伴有并发症包括食道胃穿孔、消化道出血、呼吸困难等，其他罕见并发症包括代谢性酸中毒、溶血、肾功能衰竭、心血管衰竭等。呼吸道暴露可引起咳嗽、支气管痉挛、胸膜炎，严重可致上呼吸道水肿和烧伤、缺氧、呼吸困难等。人群志愿者数据显示，乙烯利会引起血浆胆碱酯酶活性降低。与大部分有机磷农药相似，胆碱酯酶活性降低严重情况下会引起腹泻、震颤、共济失调、血压下降、嗜睡昏迷等。但目前尚无乙烯利引起严重中毒事件的相关报道。

6. 风险评估

本品对水生生物有毒并具有长期持续影响，其环境危害 GHS 分类为：危害水生环境—长期危害，类别 2。

马来酰肼

1. 理化性质

CAS 号：123－33－1	外观与性状：无色无味结晶体
熔点(℃)：298～300	饱和蒸气压(kPa)：1×10^{-8}(25℃)
分子量：112.1	溶解度(mg/L)：4.5×10^{-3}(25℃)
溶解性：溶于水；微溶于乙醇，但溶解时需要加热	稳定性：高浓度的马来酰肼对铜制品具有腐蚀性

2. 用途与接触机会

马来酰肼通过抑制细胞分裂、降低光合作用和蒸发作用抑制幼芽的生长，主要用作抑制烟草等植物的侧芽生长，也可用于防止洋葱、马铃薯等贮存期发芽；此外，马来酰肼也作磺胺类药物磺胺甲氧嗪的中间体。普通人群主要通过农药残留接触马来酰肼。

职业人群的主要经皮和经呼吸道接触本品。

3. 毒性

3.1 急性毒作用

本品大鼠经口 LD_{50}：3 800 mg/kg，家兔经皮 LD_{50}＞2 000 mg/kg，家兔眼睛急性染毒显示有较强的刺激性，经皮染毒显示中度中毒。雄性大鼠灌胃染毒可导致肝功能改变，严重程度与剂量相关，但肝脏的形态改变与剂量不成剂量-反应关系；大鼠吸入 LC_{50}＞20 g/m^3，4 mg/m^3 马来酰肼呼吸道暴露 4 h 未观察到不良影响。

健康危害 GHS 分类为：皮肤腐蚀/刺激，2 类；严重眼损伤/眼刺激，2 类。

3.2 慢性毒作用

小鼠实验显示马来酰肼对体液免疫产生影响，可降低胸腺重量并一定程度上降低脾脏中淋巴细胞的活力；大鼠饮食暴露显示马来酰肼可引起肝实质细胞的分裂增加，降低肝脏中肝糖原，造成肝营养不良，3 mg/kg 时也观察到肾炎和肠道肺炎等。

3.3 远期毒作用

(1) 致癌性

马来酰肼的动物致癌性证据不足，没有可用的人群数据。IARC 将其列为 3 类致癌物，对人的致癌性尚无法分类。

(2) 发育毒性与致畸性

本品具有生殖毒性，类别 2，怀疑对生育能力或胎儿造成伤害。

4. 生物监测

马来酰肼会引起肝功能变化，因此可以将肝功能指标作为监测，但是没有特异性。

5. 人体健康危害

对眼睛、呼吸道有一定的刺激作用，但目前尚无因误食马来酰肼造成严重中毒的事件，也无马来酰肼中毒的人群数据资料。

其他除草剂

矮 壮 素

1. 理化性质

CAS 号：999－81－5	外观与性状：白色或无色结晶状，有鱼腥味
熔点/凝固点(℃)：239	饱和蒸气压(kPa)：1×10^{-8}(20℃)
溶解性：易潮解，易溶于水，且对金属具有腐蚀性，亦溶于丙醇，但不用于乙醇、苯、二甲苯	稳定性：对强酸、碱及热不稳定

2. 用途与接触机会

矮壮素通过控制植株的根茎叶生长，促进花和果实生长，使植株矮壮并加深叶片颜色，国内主要用于增加小麦、花生等农作物的抗倒伏能力和抗旱性，提高产量；也可促进杜鹃花、秋海棠、天竺葵等观赏植物的侧枝生长及开花。在矮壮素的施用过程中可能会造成过量接触，主要吸收途径有皮肤、呼吸道和消化道；

职业性接触常见有急性接触性皮炎。

3. 毒性

本品对眼睛和皮肤具有刺激作用，可引起眼睛红肿、皮肤红斑、皮炎水肿等；大鼠经口 LD_{50}：54 mg/kg；兔经皮 LD_{50}：232 mg/kg；大鼠吸入 LC_{50}＞5 200 mg/(m^3 · 4 h)。

4. 生物监测

目前尚无规定矮壮素的相关监测物，但矮壮素代谢会造成胆碱酯酶改变，因此，可将胆碱酯酶作为矮壮素暴露的指标，但是缺乏特异性。

5. 人体健康危害

对眼睛及皮肤具有刺激作用；口服中毒者，症状有头晕、乏力、口唇及四肢麻木、瞳孔缩小、流涎、恶心，重者出现抽搐和昏迷。易透过损伤皮肤进入体内。有病例记载误食矮壮素后，患者出现癫痫发作，表现出心动过缓，出现严重心律失常，随后出现心室颤动，最终导致心搏停止。尸检结果显示明显的肺水肿、冠状动脉粥样硬化、主动脉粥样硬化等。

有病例报道在2009年，一名3岁儿童误服矮壮素导致重度中毒。

6. 风险评估

苏联有关矮壮素的数据记载，其 STEL 为 0.3 mg/m^3。

2-氯-6-(三氯甲基)吡啶

1. 理化性质

CAS号：1929-82-4	外观与性状：无色或灰白色结晶固体
熔点/凝固点(℃)：63	饱和蒸气压(kPa)：0.003(25℃)
沸点(℃)：258.2 (100 kPa)	溶解性：基本不溶于水，＜0.01 g/100 ml(18℃)

2. 用途与接触机会

本品可作为氮氧化抑制剂和土壤氮肥保护剂，也可作为化工产业的中间体；可通过呼吸道、皮肤接触，也可经消化道吸收等方式接触。

职业人群的暴露量一般比普通人群高，主要接触机会有呼吸道、皮肤接触，也可经消化道吸收。

3. 毒性

在动物研究中未发现有摄入2-氯-6-(三氯甲基)吡啶引起的严重不良体征。

3.1 急性毒作用

本品大鼠经口 LD_{50}：713 mg/kg，家兔经皮 LD_{50}＞2 000 mg/kg。

3.2 远期毒作用

生殖毒性实验呈阳性结果，390 mg/kg 染毒怀孕6～18 d 的母兔后，子代幼兔颅面部出现发育畸形。

4. 人体健康危害

皮肤和眼睛是2-氯-6-(三氯甲基)吡啶的主要靶器官；呼吸道吸入可导致咳嗽，眼睛接触可致红肿。

5. 风险评估

NIOSH 推荐的 REL-TWA 为 10 mg/m^3，并要求任何 15 min 采样时间的上限为 20 mg/m^3。

本品对水生生物有毒并具有长期持续影响，其环境危害 GHS 分类为：危害水生环境—急性危害，类别2；危害水生环境—长期危害，类别2。

脒基硫脲

1. 理化性质

CAS号：2114-02-5	外观与性状：白色无味粉末状
熔点/凝固点(℃)：173	饱和蒸气压(kPa)：1×10^{-8}(20℃)
分子量：118.161	密度(g/cm^3)：1.7
沸点(℃)：231.2	溶解度(g/L)：70(20℃)
稳定性：有较强的还原性，易分解成一氧化、二氧化碳和氧化氮及氧化硫等危险物	

2. 用途与接触机会

脒基硫脲通过抑制硝化菌的活性,防止氨态氮被氧化成硝化氮而流失,是有效的土壤氮肥增效剂,不仅适用于水田,也适用于旱地。一般人群可通过使用本品而接触。

3. 毒性

本品小鼠腹腔注射 LD_{50}：1 440 mg/kg;大鼠经口 LD_{50}：500 mg/kg。

4. 人体健康危害

对眼睛、皮肤和呼吸道有刺激性。尚无人群中毒数据可考。

硫　　脲

1. 理化性质

CAS 号：62 - 56 - 6	外观与性状：白色或浅黄色菱形双锥状结构结晶,无特殊气味,味苦
熔点/凝固点(℃)：176～178	饱和蒸气压(kPa)：3.7×10^{-4}(25℃)
分子量：76.121	溶解度(mg/L)：1.42×10^{-5}(25℃)
溶解性：溶于水、乙醇、硫氰酸铵溶液等;微溶于乙醚	稳定性：硫脲的官能团有氨基、亚氨基和巯基,可以和亚氨基硫醇反应形成钙盐,同时也可以发生烷基化或酰化,与醛、酮发生反应

2. 用途与接触机会

硫脲是杀菌剂拌种灵,是除草剂乙草胺等的中间体,也是医药硫胺噻唑的原料,也可作为染料、树脂的原料,也用作橡胶的硫化促进剂、金属矿物的浮选剂等。一般人群接触硫脲的主要途径有吸入和皮肤接触。

3. 毒性

本品健康危害 GHS 分类为：生殖毒性,类别 2。

3.1　急性毒作用

本品大鼠经口 LD_{50}：125 mg/kg。

3.2　远期毒作用

(1) 致癌作用

IARC 本品将列为 3 类致癌物,对人类的致癌性尚无法分类。经饮水给硫脲可导致大鼠甲状腺瘤、雄性大鼠外耳道腺鳞状细胞癌。饮食给硫脲时可诱导大鼠肝细胞腺瘤。腹腔注射给药结合饮用水给药时可导致大鼠外耳道腺中的鳞状细胞癌和混合细胞肉瘤。

(2) 发育毒性与致畸性

本品具有生殖毒性,怀疑对生育能力或胎儿造成伤害。硫脲可导致发育和生殖异常。高剂量硫脲严重抑制大鼠幼仔的甲状腺功能,严重抑制机体生长发育,使听觉反应迟钝。硫脲可能也有遗传毒性,在 DNA 合成过程中呈现弱活性。

4. 生物监测

硫脲可被胃肠道迅速吸收,随血流分布全身,一部分硫脲原型经泌尿系统排除,在体内被代谢成甲脒亚磺酸,而后氧化成硫磺。

5. 人体健康危害

硫脲对骨髓具有抑制性,表现为贫血,白血球减少症和血小板减少症。硫脲曾被用作甲状腺功能亢进症患者的甲状腺抑制剂,当成人每日剂量达 70 mg/d(约 1.0 mg/kg/d)药效作用减弱。此外,硫脲也被认为是光敏性病症的过敏原。

6. 风险评估

本品对水生生物有毒并具有长期持续影响,其环境危害 GHS 分类为：危害水生环境—急性危害,类别 2;危害水生环境—长期危害,类别 2。

乙酰替硫脲

1. 理化性质

CAS 号：591 - 08 - 2	外观与性状：淡黄色结晶体
熔点(℃)：165～169	沸点(℃)：208.6
分子量：134.157	密度(g/cm^3)：1.41
溶解性：溶于稀氢氧化钠、乙醇、热水;微溶于冷水和乙醚	

2. 用途与接触机会

1 -乙酰基- 2 -硫脲不是工业生产或使用的最终

产品,主要用于合成硫醇等。目前尚无人群暴露数据。

3. 毒性

本品大鼠经口 LD_{50}：50 mg/kg;小鼠腹腔注射 LD_{50}：100 mg/kg。健康危害 GHS 分类为：急性毒性—经口,类别 2。

4. 人体健康危害

对眼睛、皮肤具有一定的刺激作用,但是人群接触机会较少,目前尚无乙酰替硫脲暴露引起的人群中毒数据。

杀菌剂和杀线虫剂

灰　瘟　素

1. 理化性质

CAS 号：2079-00-7	外观与性状：白色针状结晶
熔点/凝固点(℃)：235	密度(g/cm³)：1.61
分子量：422.439	溶解性：不溶于水;溶于丙醇、氯仿等

2. 用途与接触机会

灰瘟素主要通过抑制稻瘟病菌孢子和菌丝生长来防治水稻稻瘟病,包括叶瘟、穗颈瘟,也可抑制多种细菌和其他真菌,对胡麻叶斑病以及小粒菌核病也有一定的防治效果,可降低水稻条纹病毒病的感染率。一般人群可用过使用本品而接触。

3. 毒性

本品大鼠经口 LD_{50}：16 mg/kg,大鼠经皮 LD_{50}：3 100 mg/kg。健康危害 GHS 分类为：急性毒性—经口,类别 2。

有动物实验观察到家兔经气管注射灰瘟素引起肺炎;雄性豚鼠眼部染毒 0.01 Uml 能造成可观察到的改变;遗传毒性实验在一系列鼠伤寒沙门氏菌和大肠杆菌细菌回复测定系统中显示灰瘟素不具有突变性。

4. 生物监测

灰瘟素是一种蛋白质合成抑制剂,通过抑制核糖体机制中的肽结合形成,特异性地抑制原核生物和真核生物中的蛋白质合成。目前尚无推荐的灰瘟素生物监测物。

5. 人体健康危害

人群资料显示,稻田施用灰瘟素导致咽部疼痛、头痛、恶心、腹部疼痛、咳嗽、皮炎;重度中度者出现发热、腹泻、面色苍白和呼吸困难等外周循环不足等症状,X 线检查肺部有斑痕和斑点状阴影,部分阴影愈后不能完全消失,没有看到心脏异常。但病例均显示平均红细胞压积和血红蛋白浓度分降低。实验室检查发现中度肝功能障碍。中毒后期,血压下降,脉率增加超过 120 次/min。摄入后约 1 d 发生死亡。

苯　菌　灵

1. 理化性质

CAS 号：17804-35-2	外观与性状：白色结晶固体,有轻微的不愉快气味
熔点(℃)：140(分解)	分子量：290.32
饱和蒸气压(kPa)：4.9×10^{-10}(25℃)	易燃性：具有可燃性,无腐蚀性,
溶解性：不溶于水;溶于丙醇、氯仿等	

2. 用途与接触机会

苯菌灵是高效、光谱、内吸性杀虫剂,可采用喷洒、拌种和土壤处理等方法施用,主要用于防治蔬菜、果树、油料作物病害;也可用于水果及蔬菜的保鲜作用。在施用过程中可通过皮肤、呼吸道途径吸收;对普通人群而言,食物的农药残留以及误食是主要的接触机会。

职业人群可在在其生产、应用过程中接触本品,可通过皮肤、呼吸道途径吸收。

3. 毒代动力学

苯菌灵吸收进入体内后迅速代谢并排泄到尿液和粪便中。

4. 毒性

本品健康危害 GHS 分类为：皮肤腐蚀/刺激,类别 2;皮肤致敏物,类别 1;生殖细胞致突变性,类别 1B;生殖毒性,类别 1B;特异性靶器官毒性——一次接触,类别 3(呼吸道刺激)。

4.1 急性毒作用

本品大鼠经口 LD_{50}:10 g/kg;大鼠经皮 LD_{50}>1 g/kg;大鼠吸入 LC_{50}:2 g/(m^3·4 h)。

本品可造成皮肤刺激。10%浓度的苯菌灵滴家兔眼睛 0.1 ml,只引起暂时轻微的结膜刺激。

4.2 慢性毒作用

雄性大鼠和雌性大鼠的未观察到作用水平(NOEL)分别为 10 mg/m^3 和 50 mg/m^3。90 d 呼吸道暴露实验显示,200 mg/m^3 可引起嗅觉改变,但未观察到肺部异。较高剂量时可导致大鼠睾丸和附睾重量减轻;末端精子储备减少。

4.3 远期毒作用

(1) 致突变作用

本品具有生殖细胞致突变性,可能造成遗传性缺陷。

(2) 发育毒性与致畸性

本品具有生殖毒性,可能对生育能力或胎儿造成伤害。

(3) 过敏性反应

本品为皮肤致敏物,皮肤接触可能造成过敏反应。

(4) 特异性体质反应

本品具有特异性靶器官毒性,一次接触可能造成呼吸道刺激。

5. 生物监测

体外实验表明苯菌灵在不抑制乙酰胆碱酯酶;但体内研究显示苯菌灵可引起肝脏环氧水解酶,γ-谷氨酰转肽酶和谷胱甘肽-S-转移酶的改变。因此,可以作为接触苯菌灵的监测指标,但特异性较低。

6. 人体健康危害

一般只对皮肤和眼睛有刺激症状,有报道因长期接触苯菌灵引起慢性接触性皮肤炎症;目前尚无苯菌灵全身性中毒的相关报道。但是动物实验显示苯菌灵具有一定的肝肾损伤性。

7. 风险评估

2004 年,苯菌灵的美国职业接触限值 TWA:10 mg/m^3,2007 年,美国 OSHA 规定:PEL-TWA 为 15 mg/m^3(经皮),PEL-TWA 为:5 mg/m^3(呼吸道);2013 年,美国 ACGIH 规定 TLV-TWA 为 1 mg/m^3。

本品对水生生物毒性极大并具有长期持续影响,其环境危害 GHS 分类为:危害水生环境—急性危害,类别 1;危害水生环境—长期危害,类别 1。

多 菌 灵

1. 理化性质

CAS 号:10605-21-7	外观与性状:淡灰色或淡黄褐色粉末状,无特殊气味
熔点/凝固点(℃):300	饱和蒸气压(kPa):1×10^{-10}(20℃)
分子量:191.187	溶解性:不溶于水;微溶于丙酮、氯仿和其他有机溶剂等
稳定性:可溶于醋酸及无机酸,并形成相应的盐,化学性质较为稳定	

2. 用途与接触机会

多菌灵为高效、广谱、低毒的苯并咪唑类杀菌剂,原为杀菌剂苯菌灵的中间体,其杀菌性能被逐渐发现,并用于工业化生产。多菌灵通常被加工成粉剂、可湿性粉剂和悬浮剂使用。多菌灵可通过干扰病菌细胞的有丝分裂抑制细胞生长,主要被用于农田作物、蔬菜、果树和经济作物病害的防治,对麦赤霉病、棉花苗期病害、油菜菌核病、水稻纹枯病等均有效。监测数据表明,一般人群可能通过食物上的残留农药而暴露于多菌灵。

在多菌灵产生或施用的工作场所中,可通过吸入粉尘和皮肤接触多菌灵,经皮吸收导致的中度中毒是多菌灵所致的最重要的职业性暴露。

3. 毒代动力学

多菌灵容易被肠道吸收,吸收后迅速分布在体内各组织器官,可以透过血脑屏障进入脑组织,在脑中代谢较快,一般不会对脑组织产生蓄积毒性,但在肝脏中含量高且代谢慢。

4. 毒性

4.1 急性毒作用

本品狗经口 LD_{50}:2 500 mg/kg;大鼠经皮 LD_{50}:

2 000 mg/kg，腹腔注射 LD：1 720 mg/kg。可引起兴奋、肌肉强直、呼吸抑制等症状；有记载的资料显示，大鼠经皮染毒最低剂量 3 824.2 mg/kg，可观察到红细胞计数下降，并引起血液和组织中的酶的改变；染毒剂量为 7 648.4 mg/kg 时，则可引起红细胞计数改变，剂量高达 38 242 mg/kg 时可导致肝脏改变，血清成分发生改变。多菌灵对水生生物毒性较大，而且具有长期效应。

4.2 慢性毒作用

Wistar 大鼠分雌雄两组分别给予 0、16、32 和 64 mg/(kg・d)灌胃处理，15 d 后，发现处理组白细胞计数降低，但未发现明确的剂量反应关系；暴露 30 d和 60 d 后，均发现处理组淋巴细胞计数短暂下降，但未观察到全血胆碱酯酶活性变化，但是 64 mg/(kg・d)组出现碱性磷酸酶活性升高；暴露 90 d 后，32 和 64 mg/(kg・d) 组中发现雄性血尿素水平较低，血清胆红素浓度降低，炎症反应和处理剂量存在一定的相关性；此外还发现，低剂量组中肾脏出现管状扩张和水性变性，中高剂量组中观察到纤维化和充血；部分器官重量下降。另有研究表明多菌灵会对甲状腺、甲状旁腺和肾上腺造成影响。

4.3 远期毒作用

(1) 致突变作用

人类细胞体外实验表明多菌灵可导致微核细胞消失，并影响染色体分离。

(2) 发育和生致畸性

动物实验研究表明多菌灵可引起生精细胞形态和功能改变，导致生精障碍、精子活力下降；此外，高剂量多菌灵可引起母体小鼠雌二醇和孕酮水平下降，降低活胎数量；300 mg/(kg・d)诱导后代骨骼、内脏等发育畸形。因此，多菌灵可能具有遗传损伤性，可能会导致不孕不育以及流产。

(3) 内分泌干扰作用

本品具有内分泌干扰作用。

5. 生物监测

多菌灵是苯菌灵的中间体，苯菌灵在体内代谢可分解出多菌灵；因此多菌灵与苯菌灵一样也不引起胆碱酯酶的变化。多菌灵吸收进入体内后，迅速代谢生产：5－羟基－2－苯并咪唑氨基甲酸甲酯(5－HBC)和 2－氨基苯并咪唑(2－AB)其中肝脏和肾脏中含量较高，以 5－HBC 为主。

6. 人体健康危害

多菌灵对皮肤和眼睛具有刺激性，接触会导致红肿，有报道暴露多菌灵导致接触性皮炎；此外，经皮暴露和误食可导致中度中毒，引起肝脏、骨髓和睾丸损伤，多菌灵引起的全身性疾病尚无报道；且多菌灵引起的慢性中毒较少见。

甲基硫菌灵

1. 理化性质

CAS 号：23564－05－8	外观与性状：无色结晶，原粉(含量约 93%)为微黄色结晶
熔点(℃)：172	沸点(℃)：407.2(100 kPa)
溶解性：几乎不溶于水；可溶于丙酮、甲醇、乙醇、氯仿等有机溶剂	稳定性：对酸、碱稳定

2. 用途与接触机会

广谱杀菌剂，植物体内能迅速代谢为多菌灵，起到杀菌作用。对多种病害有预防和治疗作用。对叶螨和病原线虫有抑制作用。一般人群可能通过食物上的残留农药而暴露。

3. 毒性

属低毒性杀菌剂。原药大鼠急性经口 LD_{50} 为 7 500 mg/kg，大鼠急性经皮 $LD_{50}>10\ 000$ mg/kg；对兔皮肤和眼睛无刺激作用；对鲤鱼 LC_{50} 为 11 mg/L(48 h)，蹲鱼 LC_{50} 为 8.8 mg/(L・48 h)；对鸟类、蜜蜂低毒。2 y 慢性试验大鼠 NOAEL 为 160 mg/kg(8 mg/kg・d)，在动物体内代谢排出较快，无明显蓄积现象，代谢物毒性低。对人体的毒性较低，人体 ADI 为 0.08 mg/kg。

目前没有甲基硫菌灵具有致突变和致癌作用的报道，但它的代谢产物为多菌灵和乙烯双硫代氨基甲酸酯，后者又能代谢为乙烯硫脲，对甲状腺有致癌作用。标准毒理学试验并未显示甲基硫菌灵能引起睾丸毒性和胚胎毒性。

4. 生物监测

甲基硫菌灵及其代谢产物多菌灵可作为接触生物标志。

硫 菌 灵

1. 理化性质

CAS：23564-06-9	外观与性状：纯晶为无色晶体
熔点（℃）：195（分解）	溶解性：几乎不溶于水；微溶于有机溶剂。遇碱性水溶液形成不稳定的盐，与两价铜离子形成配合物

2. 用途与接触机会

用于杀灭霉菌。具有杀菌谱广、药效高、毒性低等优点，对病害兼有预防和治疗作用。广谱内吸性杀菌剂。可防治苹果、梨的黑星病、白粉病以及各种作物上的花腐病和菌核病。可通过吸入、食入、经皮肤吸收。

3. 毒性

本品大鼠经口 LD_{50} >10 000 mg/kg，大鼠腹腔 LD_{50}：2 400 mg/kg。本品属于微毒类，有致突变作用。人体 ADI 为 2.4 mg/kg。

菌 核 净

1. 理化性质

CAS 号：24096-53-5	外观与性状：纯品是一种白色晶体
熔点（℃）：68～69	沸点（℃）：493.9

2. 用途与接触机会

护性杀菌剂，有一定内吸治疗作用。主要用于防治水稻纹枯病和油菜菌核病、烟草赤星病。主要用于农业生产，主要通过食用有本品残留的食物，或通过在农业生产中使用本品而接触。

3. 毒性

属低毒杀菌剂。纯品雄性大鼠经口 LD_{50} 为 1 688～2 552 mg/kg；雄性小鼠经口 LD_{50} 为 1 061～1 551 mg/kg；雌性小鼠经口 LD_{50} 为 800～1 321 mg/kg；大鼠经皮 LD_{50} >5 g/kg；大鼠经口 NOAEL 为 40 mg/(kg・d)；鲤鱼 48 h，LC_{50} 为 55 mg/L。一般只对皮肤、眼有刺激症状，经口中毒低，无中毒报道。

菌 核 利

1. 理化性质

菌核利是一种杂环类杀菌剂。原粉为白色结晶。不溶于水，可溶于丙酮、氯仿等有机溶剂。在弱酸介质中稳定，在强碱性或热的强酸性介质中分解。剂型为可湿性粉剂。

2. 用途与接触机会

可用于防治油菜菌病、水稻纹枯病、胡麻叶斑病、稻瘟病及蔬菜、果树上的菌核病、灰霉病等。主要用于农业生产，主要通过食用有本品残留的食物，或通过在农业生产中使用本品而接触。

敌 枯 双

1. 理化性质

CAS：26907-37-9	外观与性状：纯品呈无色菱形片状结晶，工业品为浅黄色至茶褐色黏稠油状液体
熔点（℃）：197～198	稳定性：在酸中不稳定而对碱性稳定
溶解性：微溶于水（15℃时溶解约 0.5%，沸水约 1.2%）；稍溶于异丙醇和冰醋酸；可溶于二甲替甲酰胺、稀盐酸和苯等芳烃类溶剂	

2. 用途与接触机会

是一种高效的农用灭杀剂，曾用于防治水稻白枯叶病。目前国内已禁用。

3. 毒性

3.1 急性毒作用

本品小鼠经口 LD_{50} 为 3 500 mg/kg，大鼠为 260 mg/kg，对皮肤具有刺激作用。雌性小鼠腹腔注射 501.2 mg/kg，急性中毒的表现食欲减退、呕吐、腹泻等消化道症状，具体为口、鼻、眼分泌物增加，腹泻，粪便出血性黏液，精神萎靡，反应迟钝。动物死亡主要出现在染毒后的 2 到 4 d。

3.2 慢性毒作用

甲状腺和肝脏是敌双枯的敏感器官。实验用SD大鼠，雌雄各半。染毒组剂量为0.01、0.05、0.2、1.0 mg/kg/d，染毒55 w处死动物观察发现对照组无明显变化，各染毒组出现甲状腺滤泡肿大，甲状腺线粒体肿胀，断裂或者消失；肝细胞大滴脂肪变性，囊内有絮状物，脱颗粒，肝细胞发生变性和坏死。

3.3 远期毒作用

(1) 致突变作用

在研究致畸变作用时，小鼠按照150 m/kg、75 mg/kg、50 mg/kg、1 mg/kg、0.5 mg/kg灌胃，连续5 d，于第6 d处死，制作骨髓染色体标本。结果显示，敌枯双引起的小鼠畸变有率很高，并且有剂量依赖关系。当剂量低至0.5 mg/kg畸变率高达2.5%，与对照组相比差异有统计学意义。由此认为，敌枯双有很强的致畸致突变作用。

(2) 发育毒性与致畸性

Wistar大鼠按照0.1、0.5、1 mg/kg于孕期第6 d灌胃给药，连续4 d，于怀孕第20 d处死，检查相关指标发现0.1 mg/kg的剂量死胎率高达17.02%，与对照组相比有显著差异，1 mg/kg的剂量死胎率达50%。在各个组均发现严重畸胎，变现为骨骼畸形和内脏畸形。

4. 生物监测

血液中的敌枯双原形和其代谢敌枯唑可作为接触标志。

5. 人体健康危害

接触可导致皮炎，长期低剂量的接触可能产生致畸作用。

叶　青　双

1. 理化性质

CAS号：79319-85-0	外观与性状：常制成盐酸盐进行使用，外观为白色结晶，有轻微臭味
沸点(℃)：414.5	溶解性：25℃时水中溶解度为200 g/L；微溶于甲醇；难溶于乙醇；不溶于丙酮、乙醚、氯仿、己烷、苯等有机溶剂

（续表）

稳定性：在酸性介质中稳定，在碱性介质中不稳定，常温下可保存较长时间	

2. 用途与接触机会

高效、安全内吸性杀菌剂，具有良好的预防和治疗作用。主要用于防治植物细菌性病害，持效期长、药效稳定，对水稻白叶枯病、细菌性条斑病，柑橘溃疡病的防治效果良好，残效期10～14 d，对作物无药害。

3. 毒性

属低毒性杀菌剂。无致癌、致畸、致突变作用。对鱼类安全。

本品原药小鼠经口LD_{50}为3 180～6 200 mg/kg，大鼠经口LD_{50}为3 160～8 250 mg/kg。大鼠以含0.25 mg/kg饲养一年无不良影响。

百　菌　清

1. 理化性质

CAS号：1897-45-6	外观与性状：纯品是白色结晶粉末
熔点/凝固点(℃)：250～251	密度(g/cm^3)：1.71(25/4℃)
沸点(℃)：350	热稳定性：遇热分解，释放氮氧化物和磷氧化物
饱和蒸气压(kPa)：1.33×10^{-4}(25℃)	溶解性：微溶于水；溶于丁酮、环己烷、酸

2. 用途与接触机会

广谱性保护性杀菌剂，对多种作用真菌病害具有预防作用。药效稳定，残效期长。可用于麦类、水稻、蔬菜、果树、花生、茶叶等作物。主要用于农业生产，一般居民的接触主要是通过含有百菌清残留的食物，或通过在农业生产中使用百菌清。

3. 毒性

健康危害GHS分类为：皮肤腐蚀/刺激，1类；严重眼损伤/眼刺激，1类；特异性靶器官毒性，一次接触：3类；致癌性：2类。

3.1 急性毒作用

本品低毒，小鼠经口 LD_{50}：3 700 mg/kg；大鼠经皮 LD_{50} >2 500 mg/kg；大鼠吸入 LC_{50}：310 mg/m^3/(1 h)；小野鸭经口 LD_{50} >21 500 mg/kg；鹌鹑 5 200 mg/kg。对兔眼睛的结膜和角膜有较强的刺激作用，对人眼睛不敏感。虹鳟鱼 LC_{50} 0.205 mg/L，大翻车鱼 0.380 mg/L，鲤鱼 0.1～0.5 mg/L，鲶鱼 0.430 mg/L。对家蚕、蜜蜂安全。

3.2 远期毒作用

IARC 将其列为 2B 类致癌物，对人类可能致癌。

4. 风险评估

我国职业接触限值规定 MAC 为 1 mg/m^3。

本品对水生生物毒性极大并具有长期持续影响，其环境危害 GHS 分类为：危害水生环境—急性危害，类别 1；危害水生环境—长期危害，类别 1。

杀 螨 剂

螨 卵 酯

1. 理化性质

CAS 号：80-33-1	外观与性状：工业品为白色或棕色固体，有一定挥发性，具有腥味
熔点(℃)：86.5～86.8	稳定性：化学性质较稳定。遇碱性物质分解成为氯苯磺酸盐和对氯苯酚盐。剂型有乳油、可湿性粉剂和粉剂
溶解性：不溶于水，可溶于多种有机溶剂	

2. 用途与接触机会

农业上可用作杀螨剂，对成虫无毒，残效期较长。可防治多种农作物上各种红蜘蛛的幼虫和卵。主要用于农业生产，主要通过食用有本品残留的食物，或通过在农业生产中使用本品而接触。

3. 毒性

本品对人畜低毒，大鼠经口 LD_{50} 为 2 000 mg/kg。

4. 风险评估

ADI 为 0.01 mg/kg。

乐 杀 螨

1. 理化性质

CAS 号：485-31-4	外观与性状：黏稠的，棕色或褐色液体
熔点/凝固点(℃)：68～69	密度(g/cm^3)：1.230 7 (20℃/4℃)
热稳定性：遇热分解	溶解性：几乎不溶于水；可溶于己烷、芳烃、醚、酮等有机物
稳定性：性质较稳定，在酸性和中性溶液中不分解，在碱性溶液或加热时可分解，还能与铁和锡发生反应	

2. 用途与接触机会

非内吸性杀螨剂，对螨类有速效作用，对卵、幼虫、陈虫的各个阶段均有效，对蜜蜂等采花昆虫和天敌无害，有持效性，对抗性螨类也有效。作为杀菌剂，对白粉病有效，主要用于防治苹果、梨和棉花上的螨类和白粉病，使用浓度 0.025%～0.05%(有效成分)。对幼小的番茄、葡萄和玫瑰有一些药害。可通过皮肤接触和吸入等方式进入人体。经呼吸道吸入、经口摄入或经皮肤吸收均可中毒。

3. 毒性

本品健康危害 GHS 分类为：急性毒性—经口，类别 3；急性毒性—经皮，类别 3；生殖毒性，类别 1B。

3.1 急性毒作用

本品大鼠经口 LD_{50} 为 58 mg/kg；小鼠经口 LD_{50} 为 1 600 mg/kg；大鼠经皮 LD_{50} 为 720 mg/kg；兔经皮 LD_{50} 为 750 mg/kg。该品为中等毒杀虫剂。对眼睛有轻微刺激性。对胆碱酯酶有抑制作用。

3.2 远期毒作用

本品具有生殖毒性，可能对生育能力或胎儿造成伤害。

4. 风险评估

本品对水生生物毒性极大并具有长期持续影

响，其环境危害GHS分类为：危害水生环境—急性危害，类别1；危害水生环境—长期危害，类别1。

杀 鼠 剂

敌 鼠

1. 理化性质

CAS号：82-66-6	外观与性状：无臭、淡黄色粉末
熔点/凝固点(℃)：145～147	蒸气压(kPa)：1.37×10^{-11}(25℃)
水溶性(mg/L)：0.3	溶解性：易溶于丙酮、乙酸、甲苯等有机溶剂

2. 用途与接触机会

敌鼠是一种慢性杀鼠剂，具有靶谱广、适口性好、作用缓慢、效果明显等优点，是应用广泛的第一代抗凝血剂。可以经口、经皮及呼吸道摄入。

3. 毒性

本品为《危险化学品目录(2015版)》列明的剧毒品，其健康危害GHS分类为：急性毒性—经口，类别2；特异性靶器官毒性—反复接触，类别1。

3.1 急性毒作用

本品大鼠经口LD_{50}：1 500 μg/kg；大鼠经皮LD_{50}：200 mg/kg；大鼠吸入LC_{50}：2 000 mg/(m^3·4 h)。

敌鼠可抑制肝脏合成凝血蛋白，导致内出血。在急性LD_{50}测试期间在测试动物中表现出的作用包括呼吸困难、肌无力、兴奋性、肺部充血和心律不齐。其他中毒迹象包括吐血、血尿或粪便，以及大面积瘀伤或出血。敌鼠还会造成肝炎伴黄疸、肾脏受损、严重皮肤刺激和大量组织肿胀的风险。

3.2 慢性毒作用

慢性暴露所造成的影响与急性暴露可能造成的影响相似，当其进入机体后，可使环氧叶绿醌积聚，不能还原为维生素K，因而在体内抑制了维生素K依赖凝血因子的合成，从而使凝血时间延长，导致慢性、进行性广泛性出血。营养状况和/或维生素K不足，肝脏、肾脏疾病或传染病患者可能比其他人更容易受到影响。

3.3 远期毒作用

本品具有特异性靶器官毒性，长期或反复接触本品对器官造成损害。

4. 生物监测

4.1 暴露标志

目前暴露标志，一般检测敌鼠原型。

4.2 效应标志

敌鼠中毒后凝血时间、凝血活酶生成、凝血酶原时间均明显延长。

5. 人体健康危害

急性中毒大多是误服引起的，表现为皮肤紫癜、血尿、鼻出血、齿龈出血，重者出现咯血、呕血、便血及其他重要脏器出血，甚至可并发出血性休克，或因脑出血、心肌出血而导致死亡。

慢性中毒症状包括瘀点、瘀斑、黄疸、肝脏肾脏损伤。

华 法 林

1. 理化性质

CAS号：81-81-2	外观与性状：白色至灰白色结晶粉末，无臭
熔点(℃)：162～164	沸点(℃)：356
闪点(℃)：188.8	溶解性：可溶于常见的有机溶剂和碱性介质；不溶于水和烃类溶剂

2. 用途与接触机会

属抗血凝性杀鼠剂，用于杀灭大鼠和鼷鼠。可以经皮吸收、经口摄入、经呼吸道吸入。

职业性接触机会一般为经皮吸收。

3. 毒性与中毒机理

本品健康危害GHS分类为：生殖毒性，类别1A；特异性靶器官毒性—反复接触，类别1。

3.1 急性毒作用

本品小鼠经口LD_{50}：3 mg/kg；大鼠经皮LD_{50}：

1 400 mg/kg；大鼠吸入 LD_{50}：320 mg/m^3。

急性毒作用一般表现为出血，出血症状在中毒后 1～3 d 内达到高峰。

3.2 慢性毒作用

慢性毒作用表现为肝肾功能不全。华法林诱导皮肤坏死在华法林治疗的患者中占 0.01%～0.1%。通常的表现是在华法林治疗后，肥胖妇女的疼痛病灶通常在几天内演变为全层皮肤坏死。确切的机制尚不完全清楚。

3.3 远期毒作用

本品具有生殖毒性，本品可能对生育能力或胎儿造成伤害。

使用香豆素衍生物可能导致胎儿华法林综合征(FWS)。FWS 的共同特征是鼻中隔发育不全引起的鼻发育不全，常因上呼吸道阻塞而发生新生儿呼吸窘迫。其他功能可能存在有：低出生体重、失明、视神经萎缩、小眼、四肢的发育不全、发育迟缓、癫痫、脊柱侧弯、耳聋和听力损失、先天性心脏病，严重可导致死亡。

3.4 中毒机理

本品化学结构与维生素 K 相似，可通过竞争性拮抗维生素 K 妨碍维生素 K 的利用，影响肝脏合成凝血酶原，进而抑制凝血过程。

4. 生物监测

4.1 暴露标志

血尿种华法林及其代谢物。

4.2 效应标志

INR 即国际标准化比值，即标准化的凝血酶原时间。

5. 人体健康危害

本品对人体健康危害表现为：皮肤黏膜易出血，出现瘀斑，甚至出血性皮肤坏死；鼻出血、牙龈出血，其次为胃肠道和泌尿生殖道出血，表现为呕血、便血、血尿和子宫出血等；消化系统症状为：恶心呕吐、腹部不适、腹泻及肝功能异常；其他：因周围血管扩张，患者有寒冷感；因肾小管内胆固醇栓塞，引起急性肾衰竭。妊娠初期用药可致畸；妊娠晚期用药则引起胎儿出血，死胎。

6. 风险评估

美国 NIOSH 推荐的 REL－TWA 为 0.1 mg/m^3。

本品对水生物有害，且有长期持续影响，其环境危害 GHS 分类为：危害水生环境—长期危害，类别 3。

安　　妥

1. 理化性质

CAS 号：86－88－4	外观形状：白色或灰色无臭粉末或粒状结晶，味苦
熔点/凝固点(℃)：198	溶解性：25℃时在水中的溶解度为 0.06 g/100 ml，在丙醇中的溶解度为 2.43 g/100 ml，颇易溶于热乙醇

2. 用途与接触机会

常用作杀鼠药，也用于有机合成。经呼吸道和消化道进入人体。

3. 毒性与中毒机理

3.1 急性毒作用

本品大鼠腹腔注射 LD_{50}：6.20～8.10 mg/kg，小鼠经腹腔注射 LD_{50}：56.00 mg/kg；大鼠经口 LD_{50}：3 mg/kg；人经口致死剂量为 4～6 g。

本品健康危害 GHS 分类为：急性毒性—经口，类别 2。

3.2 慢性毒作用

安妥的长期暴露可造成运动和感觉周围神经病变，自主神经功能障碍和中枢神经系统紊乱。还可损伤甲状腺和肾上腺，产生甲状腺功能减退。现有资料不足以证明安妥对人体有致癌性。

3.3 远期毒作用

IARC 将其列为 3 类致癌物，对人类的致癌性尚无法分类。

3.4 中毒机理

安妥经肠道吸收后分布于肺、肝、肾和神经组织，生成氨和硫化氢，呈局部刺激作用。但主要毒性作用经交感神经系统，阻断缩血管神经，造成肺部微血管壁的通透性增加，大量血浆漏入肺组织和胸腔，从而引起严重的呼吸障碍。此外，安妥有抗维生素K的作用，使血液凝固性下降，引起组织器官出血。

4. 生物监测

暴露标志：可检测血尿中的安妥及其代谢物评估其暴露水平。

5. 人体健康危害

中毒症状有恶心、呕吐、口渴、头晕、嗜睡等。严重中毒为呼吸困难、发绀、肺水肿，部分患者可发生胸腔渗液、肺部出血、肝肾坏死等。也可引起中毒者发生肝脏和肾脏脂肪变性及组织坏死。

6. 风险评估

我国职业接触限值规定 PC-TWA 为 0.3 mg/m^3。

灭　鼠　优

1. 理化性质

CAS号：53558-25-1	外观形状：淡黄色粉末，无臭无味
熔点/凝固点(℃)：223～225	溶解性：不溶于水；能溶于乙醇、乙醇、丙酮等有机溶剂

2. 用途与接触机会

高毒、速效杀鼠剂。可经消化道、皮肤、呼吸道进入人体。

3. 毒性

本品为《危险化学品目录(2015 版)》列明的剧毒品，其健康危害 GHS 分类为：急性毒性—经口，类别 1；特异性靶器官毒性——一次接触，类别 2。

3.1 急性毒作用

本品大鼠经口 LD_{50}：6.2 mg/kg，小鼠经口 LD_{50}：56.5 mg/kg，犬经口 LD_{50}：500 mg/kg，雄兔经口 LD_{50} 约为 300 mg/kg。引起人中毒的最小剂量为 390 mg (约 5.6 mg/kg)。

3.2 慢性毒作用

急性中毒 10 个月后胰岛细胞功能研究显示，与正常对照相比，静脉内葡萄糖后抑制 c 肽对静脉内葡萄糖的消失率降低，但在静脉注射精氨酸刺激后无胰高血糖素释放。神经传导研究显示严重的感觉和轻度运动神经病变。四头肌毛细血管基底膜厚度与糖尿病病变相同。

3.3 远期毒作用

本品具有特异性靶器官毒性，一次接触本品可能损害器官。

4. 生物监测

4.1 暴露标志

胃液、血液、尿液中灭鼠优及其代谢产物可作为暴露标志。包括氨基吡喃、乙酰氨基吡喃、p-氨基苯基脲、p-乙酰氨基苯脲、对硝基苯胺、对苯二胺、对乙酰氨基苯胺、烟酸、烟酸和尼克烯酰胺等。

4.2 效应标志

血糖、尿糖、血清淀粉酶和脂肪酶活性增高。

5. 人体健康危害

灭鼠优通过消化道引起中毒，中毒的主要表现为低血压和高血糖。可导致糖尿病、神经系统损害、周围神经炎。口服中毒早期出现恶心、呕吐、腹痛、食欲减退等胃肠道症状。随后出现自主神经、中枢及周围神经系统功能障碍，如体位性低血压、四肢疼痛性感觉异常、肌力减弱、视物障碍、精神错乱、昏迷、抽搐等。

鼠　甘　伏

1. 理化性质

CAS号：8065-71-2	外观形状：无色或微黄色透明液体

2. 用途与接触机会

高毒、速效氟醇类杀鼠剂。主要用于野外灭鼠，尤其适用于草原牧区。可通过消化系统、呼吸系统或皮肤接触致中毒死亡。

3. 毒性

3.1 急性毒作用

本品小鼠经口 LD_{50}：165 mg/kg，大鼠经口 LD_{50}：

96 mg/kg，家兔经口 LD_{50}：7.6 mg/kg，小鼠吸入 LD_{50}：1 260 mg/kg，大鼠吸入 LD_{50}：580 mg/kg，大鼠经皮 LD_{50}：66 mg/kg。对家畜毒性高。

本品为《危险化学品目录(2015 版)》列明的剧毒品，其健康危害 GHS 分类为：急性毒性—经口，类别 2；急性毒性—经皮，类别 2；急性毒性—吸入，类别 2。

4. 生物监测

4.1 暴露标志

血液、尿液以及洗胃液中检出氟乙酰胺。

4.2 效应标志

血氟、尿氟均增高，血中枸橼酸增高，而血钙、血糖降低。

5. 人体健康危害

造成机体代谢作用障碍，破坏三羧酸循环干扰氧化磷酸化过程。此外，氟枸橼酸、氟乙酸对神经系统有直接的毒作用，对心脏也有明显的损害。氟离子可与体内的钙离子相结合，使体内的血钙下降。神经系统是氟乙酰胺中毒的最主要表现。轻者头晕、头痛、乏力、易激动、烦躁不安、肌肉震颤；重度中毒会出现昏迷、阵发性抽搐，而且由于强直性抽搐会导致呼吸衰竭。心血管系统表现为心悸、心动过速，严重者会出现致命性心律失常；心电图示 QT 间期延长、ST 段改变等。消化系统在口服毒物者会出现口渴、恶心、呕吐、上腹烧灼感，部分患者可以出现肝功能受损表现。重度中毒患者可以出现肾功能损害。

毒 鼠 强

1. 理化性质

CAS 号：80－12－6	外观形状：白色轻质粉末，无嗅，经乙酸重结晶后呈立方晶体状
熔点/凝固点(℃)：270	溶解性：溶于苯；微溶于二甲基亚砜(DMSO)、乙酸和丙酮；难溶于乙醇；极难溶于水(0.25 mg/cm^3)；不溶于甲醇及正己烷

2. 用途与接触机会

用作杀鼠剂，目前国家明令禁止使用。可经消化道及呼吸道吸收，不易经完整的皮肤吸收。

3. 毒性

3.1 急性毒作用

本品小鼠腹腔注射 LD_{50}：0.21 mg/kg，为《危险化学品目录(2015 版)》列明的剧毒品，其健康危害 GHS 分类为：急性毒性—经口，类别 1。

3.2 慢性毒作用

毒鼠强中毒后患者的脑电图多为中-重度异常，可见癫痫样 θ 波和 σ 波，脑电图异常越明显，出现精神症状、痴呆及记忆力降低等中毒性脑病后遗症的可能性越大，持续时间越长。心电图可见窦性心律过速或过缓，同时可伴 ST－T 改变，少有其他严重的心律失常。

4. 生物监测

呕吐物、血液中的毒鼠强可认为暴露标志。

5. 人体健康危害

毒鼠强是中枢神经系统兴奋剂，具有强烈的脑干刺激作用，引起阵发性惊厥，中毒机理可能是通过拮抗 r-氨基丁酸的结果，阻断 r-氨基丁酸受体，此为可逆性的抑制作用。急性经口中毒多在进食后 10 min 至半小时突然发病，少数短至 5 min，个别病例潜伏期较长。主要表现为癫痫大发作样，呈全身阵发性强直性抽搐，发作时意识丧失，严重者呈癫痫持续状态。尚可有呕血、肝功能异常等表现，心肌酶活性增高可能与抽搐有关。中毒患者临床死亡原因主要为呼吸肌的持续痉挛导致窒息死亡；严重缺氧致脑水肿或毒物抑制呼吸中枢致呼吸衰竭；严重的心力衰竭致急性肺水肿等。

6. 风险评估

本品对水生生物毒性极大并具有长期持续影响，其环境危害 GHS 分类为：危害水生环境—急性危害，类别 1；危害水生环境—长期危害，类别 1。

鼠 得 克

1. 理化性质

CAS 号：56073－07－5	外观形状：灰白色粉末
溶解性：不溶于水、石油醚；稍溶于丙酮和乙醇；易溶于苯和氯仿中	

2. 用途与接触机会

属第2代抗凝血杀鼠剂。可通过消化道、呼吸道和皮肤进入人体。

3. 毒性

本品健康危害GHS分类为：急性毒性—经口，类别2；特异性靶器官毒性—反复接触，类别1。

3.1 急性毒作用

本品大鼠经口 LD_{50} 为680 μg/kg。

3.2 慢性毒作用

头晕、头痛。慢性毒作用表现为肝肾功能不全。

4. 生物监测

4.1 暴露标志

胃内容物、血液中鼠得克可作为暴露标志。

4.2 效应标志

凝血和凝血酶原时间延长。

5. 人体健康危害

一般经1～3 d潜伏期后，突然产生出血现象。尤以鼻出血、牙龈出血、胃肠出血、血尿、皮下出血为多见。

6. 风险评估

本品对水生生物毒性极大并具有长期持续影响，其环境危害GHS分类为：危害水生环境—急性危害，类别1；危害水生环境—长期危害，类别1。

鼠 立 死

1. 理化性质

CAS号：535-89-7	外观形状：白色或棕色蜡状物
熔点/凝固点(℃)：87	溶解性：不溶于水、石油醚；稍溶于丙酮和乙醇；易溶于苯和氯仿中
沸点(℃)：140～147(533 Pa)	

2. 用途与接触机会

鼠立死是杀鼠剂。可通过消化道、呼吸道和皮肤进入人体。

3. 毒性

本品大鼠经口 LD_{50}：1.25 mg/kg，家兔经口 LD_{50}：5 mg/kg。对哺乳动物有强烈毒性，作用迅速，口服后立即出现惊厥。在动物体内能迅速被代谢，不产生累积中毒。中毒后的死鼠对家畜很少引起二次毒性。

本品健康危害GHS分类为：急性毒性—经口，类别2。

4. 生物监测

胃内容物、血液中鼠立死可作为暴露标志。

5. 人体健康危害

中毒症状为典型的神经性毒剂症状，首先表现兴奋不安，继之强直性痉挛、惊厥，其选择性毒力认为是进入机体后，被代谢产生维生素B6的拮抗剂，作为一种酶抑制剂，破坏了谷氨酸脱羧代谢所致。

氯 鼠 酮

1. 理化性质

CAS号：3691-35-8	外观形状：黄色无臭结晶体
熔点/凝固点(℃)：140	溶解性：不溶于水；溶于丙酮、乙醇、乙酸乙酯

2. 用途与接触机会

属高毒杀鼠剂。可通过消化道、呼吸道和皮肤进入人体。

3. 毒性

本品本品大鼠经口 LD_{50}：2.1 mg/kg，兔经皮 LD_{50}：200 mg/kg，为《危险化学品目录(2015版)》列明的剧毒品，其健康危害GHS分类为：急性毒性—经口，类别2；急性毒性—经皮，类别1；急性毒性—吸入，类别3；特异性靶器官毒性—反复接触，类别1。

其慢性毒作用主要是通过竞争性拮抗维生素 K 妨碍维生素 K 的利用,影响肝脏合成凝血酶原,进而抑制凝血过程,表现为肝肾功能不全。

4. 生物监测

4.1 暴露标志

胃内容物、血液中检测到的氯鼠酮可作为暴露标志,尿中检出杀鼠灵及其代谢产物 5,6,7,8-羟基杀鼠灵也可作为暴露标志。

4.2 效应标志

凝血和凝血酶原时间延长。

5. 人体健康危害

一般经 1～3 d 潜伏期后,突然产生出血现象,如牙龈出血、鼻出血、腹痛、出血伤口、口腔黏膜出血、侧腰痛、血肿、贫血、血红蛋白减少、颅内出血、阴道出血、腰痛、血肿、月经过多、腹腔积血、腔室综合征、昏迷、心动过速、发热、咯血、尿道口出血、疲劳、头痛、痉挛。尤以鼻出血、牙龈出血、胃肠出血、血尿、皮下出血为多见。

6. 风险评估

本品对水生生物毒性极大并具有长期持续影响,其环境危害 GHS 分类为:危害水生环境—急性危害,类别 1;危害水生环境—长期危害,类别 1。

溴 鼠 灵

1. 理化性质

CAS 号:56073-10-0	外观形状:灰白至浅黄褐色粉末
熔点/凝固点(℃):228～232	溶解性:不溶于水和石油醚;稍溶于苯、醇类;易溶于丙酮、氯仿和其他氯代烃溶剂
饱和蒸气压(kPa):$<1.33\times10^{-7}$	

2. 用途与接触机会

本品可用作杀鼠剂。可通过消化道、呼吸道和皮肤进入人体。

3. 毒性

本品为《危险化学品目录(2015 版)》列明的剧毒品,其健康危害 GHS 分类为:急性毒性—经口,类别 2;急性毒性—经皮,类别 1;特异性靶器官毒性—反复接触,类别 1。

大鼠经口 LD_{50}:160 μg/kg;大鼠经皮 LD_{50}:200 mg/kg;大鼠吸入 LC_{50}:500 μg/(m^3 · 4 h)。对眼睛有中度刺激性,对皮肤也有刺激作用。

4. 生物监测

血、胃内容物中的溴鼠灵,以及尿中杀鼠灵及其代谢产物 5,6,7,8-羟基杀鼠灵可作为暴露标志。

5. 人体健康危害

一般经 1～3 d 潜伏期后,突然产生出血现象。尤以鼻出血、牙龈出血、胃肠出血、血尿、皮下出血为多见。

6. 风险评估

本品对水生生物毒性极大并具有长期持续影响,其环境危害 GHS 分类为:危害水生环境—急性危害,类别 1;危害水生环境—长期危害,类别 1。

溴 敌 隆

1. 理化性质

CAS 号:28772-56-7	外观形状:淡黄色粉末
溶解性:能溶于乙醇、丙酮;微溶于氯仿、乙酸乙酯;不溶于水	

2. 用途与接触机会

用作杀鼠剂。可通过消化道、呼吸道和皮肤进入人体。

3. 毒性

本品为《危险化学品目录(2015 版)》列明的剧毒品,其健康危害 GHS 分类为:急性毒性—经口,类别 1;急性毒性—经皮,类别 1;急性毒性—吸入,类别 1;特异性靶器官毒性—反复接触,类别 1。

大鼠经口 LD_{50}:0.49 mg/kg;兔经皮 LD_{50}:2 100 μg/kg。

4. 生物监测

胃内容物、血中溴敌隆可作为暴露标志。

5. 人体健康危害

溴敌隆对人眼、上呼吸道有刺激作用。轻度中毒主要表现眼和鼻腔分泌物带血、皮下出血或大小便出血。严重中毒时，全身多处出血，腰部剧痛、伴昏迷。

6. 风险评估

本品对水生生物毒性极大并具有长期持续影响，其环境危害 GHS 分类为：危害水生环境—急性危害，类别 1；危害水生环境—长期危害，类别 1。

杀软体动物剂

四 聚 乙 醛

1. 理化性质

CAS 号：108－62－3	外观与性状：白色针状结晶，有薄荷气味
熔点(℃)：246	密度(g/cm³)：1.27
升华点(℃)：110～200	闪点(℃)：50～55
热稳定性：易燃，在加热时发生解聚，温度高于 80℃时，随着温度升高，解聚反应迅速加快	溶解性：难溶于水；易溶于苯、甲苯、甲醇、氯仿等有机溶剂；微溶于乙醇

2. 用途与接触机会

是杀灭软体动物，诸如蜗牛、蛞蝓的特效农药。可通过消化道、呼吸道以及皮肤进入人体。目前，蜗螺净有效成分大多是 6% 四聚乙醛，但 pubchem 上也可以查到另一种，有效成分是 N－三苯甲基吗啉，也叫蜗螺净，CAS 号为 1420－06－0。

3. 毒性

本品豚鼠经口 LD_{50}：175 mg/kg；大鼠经皮 LD_{50}：2 275 mg/kg；大鼠吸入 LC_{50}：203 mg/(m^3·4 h)。

4. 生物监测

血液、尿液、胃内容物中四聚乙醛可作为暴露标志。

5. 人体健康危害

经口中毒后几分钟至几小时内，可出现多涎、脸潮红、急性腹痛、呕吐和全身震颤，后者可能发展为剧烈的强直性和阵发性惊厥。人体主要是肝脏细胞和肾小管上皮受到严重损伤。代谢性酸中毒是死亡的一个重要因素。

贝 螺 杀

1. 理化性质

CAS 号：1420－04－8	外观与性状：几乎无色的固体
溶解性：几乎不溶于水	

2. 用途与接触机会

本品可用于灭杀软体动物，如钉螺、福寿螺等，主要用于农业生产，主要通过在农业生产中使用贝螺杀而接触本品。

3. 毒性

贝螺杀对哺乳动物的毒性较低，动物实验表明，其急性毒作用都很低。大鼠经口 LD_{50} ＞5 000 mg/kg；兔经口 LD_{50} ＞4 000 mg/kg；小鼠静脉 LD_{50} 为 8 mg/kg；大鼠腹腔注射 LD_{50} 为 750 mg/kg，小鼠为 210 mg/kg。口服用药时，仅 1/3 药物经胃肠道吸收，约 2/3 直接从粪便排泄。

贝螺杀对人毒性很低，对皮肤无刺激作用，曾作为灭绦虫药物，在治疗剂量下(成人和儿童 2 g)，未发现毒性作用；治疗剂量持续服用 6 年，亦未发现毒性作用。

贝螺杀对环境毒性作用更明显，对部分水生植物(如金鱼藻)、两栖动物、鱼类和软体动物高毒。

第31章

合成染料

染料是一类直接或经媒染剂作用而能附着在各种纤维和其他材料上的有色物质，它的品种颇多，按其来源可分为天然染料和合成染料两大类。天然染料大多是植物性染料，如靛蓝、茜素等，现已基本失去应用价值。合成染料是主要是从煤焦油分馏的产品或石油加工产品，经化学加工而成的有机化合物，第一种合成染料是1856年由William Perkin从苯胺合成的苯胺紫染料。合成染料品种很多，色谱齐全，大多光泽鲜艳、耐洗耐晒，较天然染料为优，且价格低廉，故目前使用此种染料为主。

合成染料通常有两种分类法：一种是按染料的应用分类，另一种是按染料的化学结构分类。

按照应用分类法，染料可分为以下9个主要大类：① 直接染料；② 酸性染料；③ 还原染料；④ 碱性染料（又称阳离子染料）；⑤ 硫化染料；⑥ 活性染料（机）；⑦ 冰染染料；⑧ 分散染料；⑨ 媒染染料。

此外，尚有毛皮染料、食用染料、皮革染料、溶剂染料、涂料印花浆等类。

按照化学结构分类法，染料可分为以下10个主要大类：① 偶氮染料；② 蒽醌染料；③ 靛类染料；④ 硫化染料；⑤ 芳甲烷染料；⑥ 酞菁染料；⑦ 醌亚胺染料；⑧ 杂环染料；⑨ 硝基染料；⑩ 亚硝基染料。

由于绝大部分染料结构复杂，其学名相当冗长而繁琐，为此一般采用简短而能表示它的色光和应用范围的名称。本书采用最常用的名称。

染料主要用于纺织、皮革、毛皮、木材、纸张、印刷、油漆、橡胶、塑料、铝箔、人造纤维等的染色。此外，食品、油脂、化妆品、照相材料、金属表面染色和医药等工业以及实验室方面亦均有应用。

合成染料是几乎均由芳烃衍生物或杂环或芳烃和杂环等所组成的有机化合物，因此就可能表现不同的毒作用。毒作用既是染料本身的作用，如油溶黄-3（邻位氨基偶氮甲苯），吸收后引起高铁血红蛋白的形成，神经系统、肾脏和肝脏的损害，也可能是染料代谢产物的作用，如酸性耐光橙在人体内绝大部分转化成对氨基酚，引起溶血性贫血、赫恩兹小体以及其他苯的氨基化合物的毒作用。此外，染料与其他化工产品规格要求不同，染料不需要很纯（食用染料除外），故均混有不同分量的原料和中间体。因此原料和中间体就不可避免地会表现不同的毒作用。

染料对呼吸道、眼睛和皮肤有一定刺激作用，尤其是碱性染料较多见。皮肤损害主要是接触性皮炎。

致敏作用多见于芳甲烷和蒽醌类染料中的一些品种，可引起接触过敏性皮炎，甚至全身变应性疾病如哮喘。致敏原可以是染料本身或染料中间体，也可能是染料的络合金属（如铬），但个别情况下则系被染物合成纤维，而不是由于染料本身所致。

光感作用所致的光感性皮炎可见于偶氮、酞菁等类染料中的某些品种，但不常见。

某些染料的致癌作用已在实验动物上证实，如水溶性的偶氮苯、偶氮甲苯、邻氨基偶氮甲苯、4-羟基二甲基偶氮苯、二甲氨基偶氮苯，油溶性的苯胺黄等，可引起实验动物肝癌、膀胱癌、胃癌、肠癌等。但在接触者的临床和流行病学调查上均未能证实。曾有报道，合成染料工厂工人的肿瘤发病率增高，但现在一般认为是与其中间体的致癌性有关。对动物有致癌性的原料和中间体较多，而对人和动物肯定有致癌作用的原料和中间体为数不多；目前公认的是联苯胺和乙萘胺致膀胱癌，而甲萘胺等的致癌作用尚有争论。

染料的生产过程中的各种中间体，常可逸散到车间空气而引起中毒。如制造偶氮染料时，可有氧化偶氮苯逸散，使工人发生急性溶血性贫血，应引起注意。

可能接触染料的工作场所很多，既有生产单位，又有使用单位，而且染料的用途也不一样，有的用于工业设备和器具，有的用于生活用品，有的用于食品。所以预防措施要因地制宜：

（一）选择合理的工艺流程或工艺改革。如过去生产某种染料，用硝基苯为载热体进行液相反应，引起严重的硝基苯中毒。以后改用固相反应代替原来的旧工艺，革除了硝基苯，杜绝了中毒事故。用于食品着色的染料要严格控制使用量，用于玩具和餐具的染料的毒性都应极低。

（二）加强密闭、通风、排气措施。如制造偶氮染料的重氮化，应在保持负压的反应锅中进行，排出的二氧化氮废气，应回收处理后排放。在印染行业中应用有毒染料时，配料、染色以及烘干等工序，均应加强密闭和通风。

（三）遵守安全操作规程。如制造硫化染料所排放的硫化氢废气的回收设备，应订立安全操作、定期更换吸收液和出清废渣的制度。

（四）加强个人防护措施。在染料的烘干、粉碎、包装过程，常有粉尘飞扬，除进行工艺改革外，还应加强个人防护，以减少吸入粉尘。

（五）“三废”的处理和利用。除上述提到回收硫化氢、二氧化氮等废气外，对于染料厂排放的废水，应注意处理，防止污染水体和损坏农作物。在合成染料中用汞作为催化剂者，应注意含汞废水的回收处理。

对于染料所引起的中毒，应根据不同的病因、机制和临床表现进行对症处理。

偶氮染料类

偶氮染料是分子结构中含有偶氮基（—N＝N—）的化合物。偶氮基多数联结不同的芳香基，少数联结芳香基和杂环基或脂肪烃基，也可联结两个杂环基。依每一分子中所含偶氮基的数目，可分为单偶氮、双偶氮和多偶氮。偶氮染料广泛应用于纺织品、皮革制品等染色及印花，在合成染料中，偶氮染料是品种和数量最多的一类，约占一半以上，目前印染厂使用的偶氮染料品种多达600～700种。

偶氮染料按用途和使用方法可分为酸性、碱性、直接、媒染、阳离子、分散和活性染料等。

偶氮染料可能通过污染的水源、食物等进入人体。水溶性的偶氮染料会被肠道菌分解成芳香胺。非水溶性的偶氮染料则会被肝脏吸收，被肝内的酶分解还原成芳香胺。有些芳香胺是诱变剂或致癌剂，或有其他生物毒性，这种偶氮还原作用是代谢活化作用。偶氮还原酶便是一种代谢活化酶。例如甲基红、甲基橙和甲基黄都会被偶氮还原酶分解产生N，N－二甲基苯二胺（DMPD）和其他产物。DMPD具有诱变性，而原有之甲基红、甲基橙和甲基黄并没有诱变性。体内代谢产生的活性代谢产物能使人体细胞的DNA发生结构与功能的变化，成为人体病变的诱因。

多数偶氮染料大量进入体内可损害肝脏，但生产条件下接触吸收量很小，肝病少见。某些脂溶性偶氮染料在动物实验中有致癌性，如对氨基偶氮甲苯和邻氨基氮甲苯等可引起大鼠肝脏、膀胱肿瘤，但接触偶氮染料多年的工人，其肿瘤发病率并未见增高。致敏作用很弱，工人中过敏性哮喘少见，而皮肤过敏疾患较多见。因偶氮染料本身、氨基化合物和偶氮染料中的络合金属（镍、铬、钴）等都有一定致敏作用，并具有轻度刺激作用，长期接触可引起皮炎。但生产环境中较强的刺激作用和不愉快气味主要是偶氮染料在加热或碱处理时的分解产物如酚类化合物所致。

有约130种含偶氮结构的染料品种在化学反应分解中可能产生24种致癌芳香胺物质，被欧盟禁用。

油溶黄（苏丹红Ⅰ）

1. 理化性质

CAS号：842－07－9	外观与性状：黄色粉末
别名：苏丹红一号，苏丹－1，溶剂黄14，1－（苯基偶氮）－2－萘酚	分子式：$C_{16}H_{12}N_2O$
熔点/凝固点（℃）：131～133	水溶性(g/L)：0.5(30℃)
溶解性：微溶于乙醇；易溶于油脂和矿物油；溶于丙酮和苯	相对密度（水＝1）：0.6

2. 用途与接触机会

在日常接触的物品中，家用的红色地板蜡或红色鞋油通常含有本品。本品为非法食品添加剂，但由于添加了本品的辣椒粉、番茄酱等调味品的色泽鲜亮持久，不易褪色，依然有少量食品违规使用。

工业上主要用于皮鞋油、地板蜡、油脂、有机玻璃等的着色或溶解剂的着色，也用于礼花、透明漆的制造。在生物和医学研究中用作生物染色剂，可对动植物组织中类酯化合物进行染色。

3. 毒代动力学

本品可经呼吸道、皮肤和消化道吸收。吸收后在体内经脱甲基作用形成苯胺和 1-氨基-2-萘酚。在大鼠体内可转化成二甲基对苯二胺、2-羟基-4-二甲氨基偶氮苯和 4-甲酰基甲氨基偶氮苯等经尿排出。后二者对动物也有致癌性。

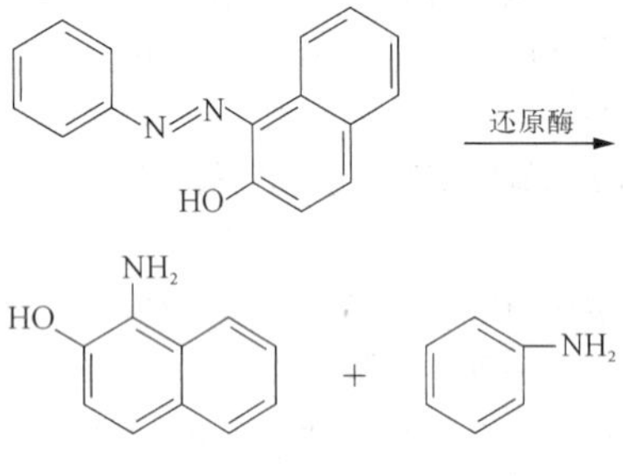

4. 毒性与中毒机理

本品健康危害 GHS 分类为致癌性，类别 2；生殖细胞致突变性，类别 2；皮肤致敏物，类别 1。

河北农业大学张斌研究显示，本品对小鼠经口的最大耐受量 LD_0 约为 1 000 mg/kg，绝对致死量 LD_{100} 约为 6 000 mg/kg，LD_{50} 为 2 800.823 3 mg/kg，95%可信限为 2 200.887～3 400.759 6 mg/kg。

本品怀疑可造成遗传性缺陷。本品在 S9 存在的条件下，对沙门氏伤寒杆菌具有致突变作用；对小鼠淋巴瘤 L5178YTK+/-细胞具有致突变作用；大鼠骨髓细胞微核试验结果呈阳性；可增加 CHO 细胞姐妹染色单体交换。彗星试验表明可引起小鼠胃和结肠细胞的 DNA 断裂。

本品被 IARC 列为 G3 类对人类致癌性不可分类的物质，致癌性的证据可能不充分或仅局限于动物实验。大鼠、小鼠经口动物实验表明肝脏是本品产生致癌性的主要靶器官，此外还可引起膀胱、脾脏等脏器的肿瘤。

可能导致皮肤过敏反应，可引起人体皮炎。印度妇女习惯使用一种点在前额的 Kumkums 牌化妆品，但有报道称，有人因涂抹 Kumkum 而引发过敏性接触性皮炎。通过气相色谱分析，7 个 Kumkums 品牌中有 3 个可检测到不同浓度的本品。

可能的致癌机理之一是其在人体内分解出苯胺，苯胺可直接作用于肝细胞，引起中毒性肝病，诱发肝脏细胞的基因发生变异，而增加人类患癌症的危险性。同时如果大量接触苯胺，还有可能因为苯胺将血红蛋白结合的 Fe^{2+} 氧化为 Fe^{3+}，导致血红蛋白无法结合氧，可能会造成高铁血红蛋白症，从而引起组织缺氧，呼吸不畅，引起中枢神经系统、心血管系统和其他脏器受损。二是中间代谢物 1-氨基-2 萘酚具有致癌、致畸、致敏、致突变的潜在毒性，对眼睛、皮肤、黏膜有强烈刺激作用，大量吸收可引起出血性肾炎。可引起鼠伤寒沙门氏菌 T100 基因突变，可诱发小鼠膀胱肿瘤，和泌尿系上皮细胞的增生；在体外试验，可观察到高铁血红蛋白的形成及过氧化氢的存在；小鼠口服 1-氨基-2 萘酚，在红细胞内发现赫恩兹小体，提示血红蛋白的氧化变性。

5. 人体健康危害

本品刺激作用较强，可致接触性皮炎。也有致敏性，引起过敏性皮炎。轻者皮炎限于接触的局部，重者可蔓延较广。皮疹为多形态，奇痒，常有体温升高，周围血象有嗜酸粒细胞增加。2～3 周后痊愈，再接触可复发。

国外曾报道 4 人因吸入本品粉尘而中毒。表现为血压先降低，后稍升高，脉搏减慢，嗜酸粒细胞增多，出现赫恩兹小体，但未见高铁血红蛋白增高。此外，尚有皮肤损害，先出现红斑，后形成疱疹和皮肤水肿。

国内 2001 年曾报道发生一起食用添加油溶黄的草莓果酱饼干引起的食物中毒事件，发病者 44 人，主要临床表现为头晕、头痛、恶心、呕吐、腹痛和腹泻水样便，临床体检为腹软，无压痛，无反跳痛，体温、血压及心肺无异常，血、尿、粪常规及心电图、肝、肾功能正常。经补液、抗炎、对症治疗后 24 h 内陆续恢复正常出院。

6. 风险评估

由于科学研究发现本品会导致鼠类患癌，同时在人类肝细胞研究中也显现出可能致癌的特性，1995 年欧盟就禁止将苏丹红作为食用色素在食品中进行添加，对此我国也明文禁止。但由于添加了本品的辣椒粉等调味品的色泽鲜亮持久，印度等一些国家在加工辣椒粉的过程中还容许添加。

欧洲调味品协会专家委员会（the Expert Committee on Flavourings of the Council of Europe）的资料信息显示，欧洲每天红辣椒粉的人均消费量为 50～500 mg，而红辣椒粉中苏丹红 I 的检出量为

2.8～3 500 mg/kg，从而推算欧洲人每天苏丹红Ⅰ的人均可能摄入量为 0.14～1 750 μg。而在法国向欧洲调味品协会专家委员会提交的一份报告中指出，人均每天辣椒(包括红辣椒和辣椒粉)的消费量和最大消费量分别为 77 mg 和 264 mg，按辣椒粉中苏丹红Ⅰ的检出量 2.8～3 500 mg/kg 进行推算，则欧洲人每天人均苏丹红Ⅰ的摄入量为 0.2～270 μg，最大摄入量为 0.7～924 μg。依据欧洲辣椒粉中苏丹红Ⅰ的检出水平和人群辣椒粉的摄入水平，以最坏的假设人每天摄入含苏丹红Ⅰ3 500 mg/kg 的辣椒粉 500 mg(最大摄入量)来推算，则每天人可能摄入苏丹红Ⅰ的最大量为 1 750 μg，即相当于人体每天摄入 29.2 μg/kg(按成人正常体重 60 kg 计算)，苏丹红诱发动物肿瘤剂量(30 mg/kg bw)约为其 1×10^3 倍。以摄入含苏丹红较低水平(如 10 mg/kg)的辣椒粉 500 mg 来推算，则每天可能摄入苏丹红Ⅰ的量为 5 μg，即相当于人体每天摄入 0.083 μg/kg(按成人正常体重 60 kg 计算)，苏丹红诱发动物肿瘤剂量(30 mg/ kg bw)约为其 3.6×10^3 倍。

综上，依据欧盟辣椒粉中苏丹红的检出量和辣椒粉的可能摄入量进行的危险性评估，如果食品中的苏丹红含量很低(仅几毫克)，则即使按最坏的假说即最大可能摄入的食品来进行评估，苏丹红诱发动物肿瘤的剂量是人体最大可能摄入量的 100 000～1 000 000 倍，则对人体的致癌可能性极小。但如果食品中的苏丹红含量较高，达上千毫克，则苏丹红诱发动物肿瘤的剂量就是人体最大可能摄入量的 100～10 000 倍。

由于实际在辣椒粉中苏丹红的检出量通常较低，因此对人健康造成危害的可能性很小，偶然摄入含有少量苏丹红的食品，引起的致癌性危险性不大，但如果经常摄入含较高剂量苏丹红的食品就会增加其致癌的危险性，特别是由于苏丹红有些代谢产物是人类可能致癌物，目前对这些物质尚没有耐受摄入量，因此应尽可能避免摄入这些物质。基于苏丹红是一种人工色素，在食品中非天然存在，有致癌性，因此在食品中应禁用。

2005 年 2 月 18 日，英国食品标准署就“食用含有添加苏丹红色素的食品”向消费者发出警告，由此引发英国史上最大规模的食品召回事件，在英国发出食品警告之后，掀起了一股波及全球的“苏丹红风波”。2005 年 2 月 23 日中国国家质量监督检验检疫总局发布了《关于加强对含有苏丹红(一号)食品检验监管的紧急通知》，要求清查在国内销售的食品，特别是进口食品，防止含有苏丹红的食品在市场上销售使用。2005 年 4 月卫生部发布公告，重申不得将苏丹红作为食品添加剂生产、经营和使用。

本品可能对水生生物造成长期持续有害影响，其环境危害 GHS 分类为：危害水生环境—长期危害，类别 4。

甲 基 橙

1. 理化性质

CAS 号：547－58－0	外观与性状：橙黄色粉末或结晶状鳞片
别名：4－[[4－(二甲氨基)苯基]偶氮基]苯磺酸钠盐；对二甲氮基偶苯磺酸钠；金莲橙 D；4－(4－二甲氨基)苯基偶氮基)苯磺酸钠；C.I.酸性橙 52；半日花素 B	分子式：$C_{14}H_{14}N_3NaO_3S$
pH 值：6.5(5 g/L，H_2O，20℃)	分子量：327.33
熔点/凝固点(℃)：>300	密度(g/cm^3)：0.987(25℃)
最大波长(λmax)：507 nm，522 nm，464 nm	溶解性：易溶于热水；几乎不溶于醇

2. 用途与接触机会

常用作酸碱指示剂，强还原剂和强氧化剂的消色指示剂，细胞浆质指示剂，组织学对比染色剂，花粉管染色剂。pH 值变色范围 3.1(红)－4.4(黄)，测定多数强酸、强碱和水的碱度。也可用于分光光度测定氯、溴和溴离子。可与靛蓝二磺酸钠或溴甲酚绿组成混合指示剂，以缩短变色域和提高变色的灵敏性。亦作为氧化还原指示剂，如用于溴酸钾滴定三价砷或锑。

3. 毒代动力学

甲基橙可经皮肤接触和呼吸道进入体内，在肠道厌氧菌的作用下转化为 N，N－二甲基对苯二胺和磺胺酸。

4. 中毒及中毒机理

大鼠经口 LD_{50}：60 mg/kg；小鼠腹膜内注射 LD_{50}：101 mg/kg。本品健康危害 GHS 分类为：急性毒性—经口，类别 3。

甲基橙及其代谢产物N,N-二甲基对苯二胺在肝匀浆鼠伤寒沙门菌检测中表现为有致突变性,但另一代谢产物磺胺酸则未表现出诱变性。有致敏作用,可引起皮肤湿疹。

油溶黄AB

1. 理化性质

外观与性状:黄色粉末	溶解性:不溶于水;溶于醇和脂肪
熔点(℃):104	分子量:247.29

2. 用途与接触机会

用于制造漆、汽车蜡等,也用于油脂、溶剂的着色。

3. 毒性

本品狗一次口服0.1~0.5 g,发生无力、呕吐,有时有腹泻。0.1 g以下,无症状。接触有刺激性,可引起接触性皮炎。

幼龄大鼠经口给1~14 mg/(kg·d),历时52 d,体重增长迟缓。而兔多次经口50 mg/kg可致死。死亡的动物尸检见肝脂肪变性,肾和心脏有退行性变。用含本品0.1%~0.25%的饲料喂养大鼠2年,可使死亡率增加,出现贫血,生长抑制,胸水或腹水,心肥大,并见肝、脾和骨髓等改变。

纯的本品多无致癌性,但工业品多混有致癌物乙萘胺,有报道用本品给小鼠皮下注射可致癌。

颜料红

1. 理化性质

外观与性状:红色粉末	溶解性:不溶于水,溶于乙醇
熔点(℃):180	

2. 用途与接触机会

用于塑料的染色。

3. 毒性

本品小鼠经口0.5~20 g/kg和大鼠经口5 g/kg出现短时间(5~10 min)兴奋状态,体重稍降低,余无异常,尸检无异常。给大鼠支气管注入15 mg,无异常反应。小鼠经口0.5~5 g/kg,历时12~35 d,体重明显降低,浮游时间缩短。小鼠经口0.025~0.1 g/kg,历时75 d,体重增长迟缓,红细胞减少,综合阈下刺激反应时间缩短,尸检无异常。

对皮肤黏膜无刺激作用。在豚鼠实验中,见本品可经皮肤吸收,引起体重增长稍迟缓。

油溶橙(苏丹红III)和酸性耐光橙2G

1. 理化性质

油溶橙(苏丹红III)

CAS号:85-86-9	外观与性状:红棕色粉末
别名:溶剂红23;苯偶氮苯偶氮-2-萘酚;透明红HRR;苯基偶氮(4-偶氮-1)-2-萘酚;黄光油溶红;三号苏丹红	分子式:$C_{22}H_{16}N_4O$
熔点/凝固点(℃):199	分子量:352.39
溶解性:不溶于水;溶于苯、氯仿;适量溶于丙酮、乙醚、石油醚;微溶于乙醇、二甲苯	最大波长(λ_{max}):507 nm,354 nm

酸性耐光橙2G

CAS号:1936-15-8	外观与性状:红色至橙色粉末
别名:7-羟基-8-(苯基偶氮基)-1,3-萘二磺酸二钠盐;橙黄G;金橙G;酸性橙GG;橙G;橙黄GG;桔黄G;酸性耐光桔黄;酸性橙10	分子式:$C_{16}H_{10}N_2Na_2O_7S_2$
熔点/凝固点(℃):141	分子量:452.37
pH值:9(10 g/L,H_2O,20℃)	密度(g/cm^3):0.80(20℃)
溶解性:溶于水为橙色;微溶于乙醇呈金橙色;溶于溶纤素;不溶于其他有机溶剂	水溶解性:5 g/100 ml(20℃)
最大波长(λ_{max}):475 nm	

2. 用途与接触机会

苏丹红III为非法食品添加剂,但由于添加了本品的辣椒粉、番茄酱等调味品的色泽鲜亮持久,不易褪色，依然有少量食品违规使用。

苏丹红 III 主要用于油漆、鞋油、塑料、蜡、树脂等的着色。酸性耐光橙 2G 用于丝、毛织品的染色，也可染纸及制造墨水，还可用于木制品的着色和制造铅笔，也可用于生物着色和酸碱指示剂。

3. 毒代动力学

苏丹红 III 主要经消化道吸收。苏丹红 III 在体内通过胃肠道微生物还原酶、肝和肝外组织微粒体和细胞质的还原酶进行代谢，可产生 4-氨基偶氮苯(4-aminoazobenzene)、1-氨基-2 萘酚、苯胺、对苯二胺(p-phenylenediamine)和 1-4 氨基-苯基偶氮-2 萘酚[1-(4-aminophenyl)azo]-2-naphthol]。

酸性耐光橙 2G 主要经消化道吸收。兔经口 500 mg/kg BW，代谢产物从尿排出，分别为 40%对氨基苯酚、3%邻氨基苯酚和 0.6%苯胺。大鼠经口 250 mg/kg BW，61%以对氨基苯酚形式从尿排出，同时在粪便中发现苯胺，粪便和尿中均未发现酸性耐光橙 2G 原形。经口给予人类 20 mg/kg BW 酸性耐光橙 2G，其中 95%以对氨基苯酚形式从尿排出，0.5%以苯胺形式从排出，1.3%以原形排出。

4. 毒性与中毒机理

苏丹红 III 兔腹膜内注射 TDL_0：250 mg/kg。

在动物试验中发现苏丹红 III 和酸性耐光橙 2G 可能致癌，二者均被 IARC 列为 G3 类对人类致癌性不可分类的物质，致癌性的证据可能不充分或仅局限于动物实验。

苏丹红 III 可能的致癌机理是在人体内分解出初级代谢产物 4-氨基偶氮苯，其被 IARC 列为 G2B 类致癌物，即对人可能致癌物。动物试验显示，给予大鼠 4-氨基偶氮苯 104 周，剂量为 80～400 mg/kg，大鼠肝癌发生率明显升高。

5. 风险评估

尽管目前欧盟还没有辣椒粉中苏丹红 II、III 和 IV 的检出范围，但推测其在食品中的检出范围可能与苏丹红 I 相似。如人体每天苏丹红 III 最大可能摄入量为 1 750 μg(见“油溶黄”一节)，则理论上会还原产生 979 μg 4-氨基偶氮苯，相当于人体每天 16.3 μg/kg，动物试验诱发肺癌剂量 80～400 mg/kg 是其 4.9×10^3～2.4×10^4 倍。如以每天人体摄入较低的苏丹红 III 5 μg 来推算，则理论上将产生 2.8 μg 4-氨基偶氮苯，相当于人体每天 0.047 μg/kg，动物试验诱发肺癌剂量 80～400 mg/kg 是其 1.7×10^6～8.5×10^6 倍。

由于实际在辣椒粉中苏丹红的检出量通常较低，因此对人健康造成危害的可能性很小，偶然摄入含有少量苏丹红的食品，引起的致癌性危险性不大，但如果经常摄入含较高剂量苏丹红的食品就会增加其致癌的危险性，特别是由于苏丹红有些代谢产物是人类可能致癌物，目前对这些物质尚没有耐受摄入量，因此应尽可能避免摄入这些物质。2005 年 4 月卫生部发布公告，重申不得将苏丹红作为食品添加剂生产、经营和使用。

油溶猩红(苏丹红 II)和酸性猩红

1. 理化性质

油溶猩红(苏丹红 II)

CAS 号：3118-97-6	外观与性状：橙红色至红色粉末
别名：2,4-二甲基苯偶氮-2-萘酚；苏丹橙 Ⅱ；1-二甲苯基偶氮-2-萘酚；溶剂橙；苏丹 2 号；苏丹 2	分子式：$C_{18}H_{16}N_2O$
熔点/凝固点(℃)：156～158	分子量：276.33
溶解性：不溶于水；只溶于有机溶剂	

酸 性 猩 红

外观与性状：红色粉末	溶解性：溶于水；而不溶于有机溶剂

2. 用途与接触机会

苏丹红 II 和酸性猩红为非法食品添加剂，但由于添加了本品的辣椒粉、番茄酱等调味品的色泽鲜亮持久，不易褪色，依然有少量食品违规使用。

苏丹红 II 主要用于油脂、油漆和合成树脂的着色剂，也可用于生物染色剂。酸性猩红用做染料。

3. 毒代动力学

苏丹红 II 主要经消化道吸收。苏丹红 II 在体内通过胃肠道微生物还原酶、肝和肝外组织微粒体和细胞质的还原酶进行代谢,可产生二甲基苯胺(2,4-xylidine)和1-氨基-2萘酚。其中,二甲基苯胺对动物有致癌性。

4. 毒性与中毒机理

4.1 慢性毒作用

三组5～6周龄大鼠分别以300、7 500和15 000 mg/kg的苏丹红II剂量经口喂养,每组均为40只(雌雄各20只)。300 mg/kg组44周存活率为32.5%(13/40),7 500 mg/kg组所有大鼠在40 w内死亡;15 000 mg/kg组所有大鼠在20 w内死亡。用含酸性猩红的1%～5%的饲料喂饲大鼠2年,动物死亡率增高,大剂量使大鼠维生素C排出量增加和贫血。尸检见肝细胞坏死灶和增生反应,并有纤维化的结节。有人认为这是一种癌前期的反应,也有人认为是肝损害的恢复过程。

4.2 致癌作用

苏丹红II可能有致癌性,被IARC列为G3类对人类致癌性不可分类的物质,致癌性的证据可能不充分或仅局限于动物实验。

4.3 中毒机理

苏丹红II可能的致癌机理是在人体内分解出二甲基苯胺,其被IARC分类为G3类致癌物。动物试验结果显示,给小鼠2,4-二甲基苯胺,高剂量(30 mg/kg)组雌性小鼠肺癌发生率较对照组显著升高。

5. 人体健康危害

苏丹红II对皮肤有轻度刺激作用,可致皮炎。

6. 风险评估

IARC将苏丹红II和其代谢产物2,4-二甲基苯胺(2,4-xylidine)均列为G3类致癌物,尚没有对人致癌作用的证据。尽管目前欧盟还没有辣椒粉中苏丹红II、III和IV的检出范围,但推测其在食品中的检出范围可能与苏丹红I相似。以最坏的假设如人体每天最大可能摄入苏丹红II为1 750 μg(见"油溶黄"一节),则理论上会还原产生767 μg2,4-二甲基苯胺,相当于人体每天12.8 μg/kg,诱发动物肿瘤剂量30 mg/kg是其2.3×10^3倍。如以每天人体摄入较低的苏丹红II 5 μg(见"油溶黄"一节)来推算,则理论上通过还原反应将产生2.2 μg的苯胺,即相当于人体每天摄入0.037 μg/kg(按成人正常体重计算),动物试验诱发动物肿瘤剂量30 mg/kg是其8.2×10^5倍。

由于实际在辣椒粉中苏丹红的检出量通常较低,因此对人健康造成危害的可能性很小,偶然摄入含有少量苏丹红的食品,引起的致癌性危险性不大,但如果经常摄入含较高剂量苏丹红的食品就会增加其致癌的危险性,特别是由于苏丹红有些代谢产物是人类可能致癌物,目前对这些物质尚没有耐受摄入量,因此应尽可能避免摄入这些物质。2005年4月卫生部发布公告,重申不得将苏丹红作为食品添加剂生产、经营和使用。

色淀红 BFC

1. 理化性质

外观与性状:橙红色粉末	溶解性:不溶于水和醇
别名:橡胶用色淀湖红	

2. 用途与接触机会

主要用作橡胶着色剂,也用于油墨、塑料、纸张和化妆品的着色。

3. 毒性

小鼠经口5 g/kg无死亡,观察20 d也无中毒表现。尸检肝有脂肪变性,其他无异常。小鼠经口1 g/kg·d,历时30 d,无死亡。尸检除肝重增加外,其他无异常。小鼠经口0.1和0.05 g/kg·d,历时6个月,无中毒表现,仅0.1 g/kg组体重增长迟缓和条件反射形成受抑制。其他血象和尸检等均无异常。

大鼠支气管注入50 mg,观察1～9个月,无明显改变。

无皮肤和呼吸道致敏性。本品10%油溶液滴入兔眼和涂豚鼠皮肤后,历时30 d,未见刺激反应和过敏现象。

色淀宝石红 BK(立索尔宝红 BK)

1. 理化性质

CAS号:5281-04-9	外观与性状:蓝光红色粉末

（续表）

别名：立索尔宝红；立索尔宝红A6B；罗宾红；艳红 6B；洋红 6B；3-羟基-4-[(4-甲基-2-磺酸基苯基)偶氮]-2-萘甲酸钙盐；颜料艳红 6B；颜料红 57：1	分子式：$C_{18}H_{12}N_2Na_2O_6S$
溶解性：不溶于乙醇；溶于热水中为黄光红色	分子量：430.34

2. 用途与接触机会

严禁用本品作为食品、玩具和化妆品的着色剂。

工业上主要用于涂料、油墨以及油彩和水彩颜料的着色，也可用于橡胶、塑料电线、电喷和日用化学制品的着色。

3. 毒性

大鼠经口 TDL_0：4 200 mg/kg 历时 42 d，造成胸腺重量改变。大鼠经口 TDL_0：42 000 mg/kg，历时 42 d，影响肾小管功能(包括急性肾功能衰竭、急性肾小管坏死)，膀胱、胸腺重量改变。

本品饱和溶液滴入兔眼，历时 100 d，无异常。涂豚鼠皮肤，历时 10 d，无异常改变。

4. 风险评估

本品为非法食品添加剂，严禁添加在食品饮料中。

色 淀 猩 红

1. 理化性质

外观与性状：红色粉末	溶解性：不溶于水；微溶于橄榄油

2. 用途与接触机会

用于塑料的着色和颜料。

3. 毒性

3.1 急性毒作用

小鼠经口 5 g/kg 无中毒，尸检无异常。大鼠支气管注入 50 mg，尸检肺有轻度细胞反应，结缔组织增生不明显，其他内脏无改变。

滴于兔眼结膜和涂于豚鼠皮肤无刺激反应。

3.2 慢性毒作用

小鼠经口 1 g/kg·d，历时 30 d，无死亡。仅条件反射形成受轻度抑制，非条件反射时间延长。尸检无形态学改变，肝重高于对照组。小鼠以经口 0.05～0.1 g/(kg·d)，历时 197 d(灌胃 168 次)。结果 0.1 g/kg 组体重增长迟缓，0.05 g/kg 组无改变，血象无异常，条件反射形成受抑制。尸检无形态学改变。

酸性橙 II(酸性金黄)和色淀橙

1. 理化性质

酸性橙 II(酸性金黄)

CAS 号：633-96-5	外观与性状：金黄色粉末
别名：橙黄Ⅱ(金橙)；金橙Ⅱ钠盐(橙黄Ⅱ)；金橙Ⅱ钠盐；酸性橙 2；酸性橙 7；金橙Ⅱ钠盐；金莲橙 OOO-2；金橙Ⅱ	分子式：$C_{16}H_{11}N_2NaO_4S$
分子量：350.32	水溶性(g/L)：116(30℃)
熔点/凝固点(℃)：164	溶解性：易溶于水和醇

色 淀 橙

外观与性状：金黄色粉末	溶解性：不溶于水和大多数有机溶剂

2. 用途与接触机会

工业上酸性橙Ⅱ主要用于羊毛、蚕丝、锦纶的染色及其织物的直接印花，色泽鲜艳，匀染性好，但坚牢度较差。也用于皮革、纸张及生物制品的着色，纯品可作为食用色素。可与酸性黑 10B(C. I. Acid Black 1)拼混成酸性黑 ATT。也可用作酸碱指示剂，pH 变色范围 7.4(琥珀)-8.6(橙)、10.2(橙)-11.8(红)；萃取和光度测定阳离子表面活性剂或生物染色剂。色淀橙主要用于橡胶的着色剂。

3. 毒性

酸性金黄经口给狗 2 g，发生呕吐和腹泻。色淀橙经口给豚鼠 200～300 mg/kg，出现侧卧和痉挛，8～76.5 h 后，10 只动物有 3 只死亡。剂量增加到 1 000 mg/kg，除了出现以上症状外，兼有步态失调，5 只动物全部死亡。经口 100～300 mg/kg，6～7 d 一次，共 6 次，出现萎靡不振，不活动，在开始后 3～4 d，10 只中有 2 只死亡。300 mg/kg 重复经口染毒的动物，尸检见肺有卡他性气管炎和间质性肺炎，肝小叶细胞有轻度颗粒变性，脾静脉和静脉窦充血，有大量白细胞集积。

豚鼠吸入色淀橙粉尘 100 g/m^3，隔天 1 次，每次 1 h，出现萎靡不振、喷嚏、咳嗽、侧卧，在 2～6 次以后，5 只中有 4 只死亡。尸检有卡他性气管炎，肺中有明显的充血、出血、叶间水肿，支气管周围及血管周围结缔组织水肿和支气管肺炎，肝中的改变与经口中毒时相似，肾小管上皮有中度的颗粒变性，脾充血及含铁血黄素沉着。吸入 6 次后，经 45 d 后做尸检，其支气管中发现有慢性黏膜炎症，黏膜下有硬化现象，肺中有广泛的间质性肺炎。

4. 人体健康危害

成人误服约 0.25 g 酸性金黄而中毒，其临床表现为全身不适、头昏、恶心、呕吐、食欲不振、腹痛、腹泻，严重者有畏寒发热、体温升高、发绀、呼吸急促。尿呈深棕色，有红细胞、白细胞、蛋白和管型，个别有肝大。生产本品工人可发生皮炎。

酸性红 AV

1. 理化性质

外观与性状：红色粉末	分子量：400.39
溶解性：溶于水和酒精；不溶于大多数有机溶剂	

2. 用途与接触机会

日常生活中日用化妆品和食品中可能存在本品。工业上主要用于毛和丝织品染色，也用于食品工业。

3. 急性毒作用

经口小剂量使大鼠生长迟缓，狗出现轻度腹泻。尸检未见大鼠内脏有改变，狗的肾和肠黏膜有轻度退行性改变。

酸性红 B

1. 理化性质

（续表）

CAS 号：3567-69-9	外观与性状：红色粉末或颗粒
别名：酸红 14；4-羟基-3-(4-磺酸-1-萘偶氮)-1-萘磺酸二钠盐；偶氮红质/酸性红；偶氮红质；酸性红 14；食品红 3；酸性红 B；酸性枣红	分子式：$C_{20}H_{12}N_2Na_2O_7S_2$
闪点(℃)：>225	分子量：502.43
溶解性：溶于水；微溶于乙醇；在浓硫酸溶液中呈紫色，稀释后呈品红色	

2. 用途与接触机会

酸性红 B 可用作食品添加剂，为食品等着色，也可用作日用化妆品的着色。

工业上主要用于羊毛织物、蚕丝、锦纶的染色，用铬盐媒染后为藏青色。可用于制造色淀和墨水以及用于皮革、纸张、木材、电化铝、医药、生物及化妆品的染色。

3. 毒代动力学

大鼠静脉注射 1 mg 本品后，30%～40%以原形通过胆汁排泄，其余部分由乳酸菌降解。

4. 毒性

本品大鼠经口 LD_{50}>10 g/kg，小鼠经口 LD_{50}>8 g/kg。其健康危害 GHS 分类为：皮肤腐蚀/刺激，类别 2；严重眼损伤/眼刺激，类别 2A；特异性靶器官毒性——一次接触，类别 3。

大鼠经口，肾脏功能受抑制，血液中磷酸酶、转氨酶受抑制。大鼠经口 TDL_0：74 g/kg/90D-D，膀胱重量降低。

本品被 IARC 列为 G3 类。

5. 人体健康危害

本品对皮肤和眼睛有刺激性。

6. 风险评估

酸性红作为着色剂，在符合标准的情况下可被合法地添加到食品、饮品中。《食品安全国家标准食品添加剂使用标准(GB 2760—2014)》中对酸性红最大使用量的规定如下表：

表 31-1 酸性红最大使用量

食品分类号	食品名称	最大使用量/(g/kg)	备注
03.0	冷冻饮品(03.04 食用冰除外)	0.05	
05.0	可可制品、巧克力和巧克力制品(包括代可可脂巧克力及制品)以及糖果	0.05	
07.04	焙烤食品馅料及表面用挂浆(仅限饼干夹心)	0.05	

胭 脂 红

1. 理化性质

CAS 号: 2611-82-7	外观与性状: 红色至深红色粉末
别名: 食品红 7;酸性红 18;酸性大红 3R;酸性红 18;7-羟基-8-[(4-磺基-1-萘基)偶氮]-1,3-萘二磺酸三钠盐;C.I.食用红 7;灿烂丽春红 5R;灿烂酸性猩红 5R	分子式: $C_{20}H_{11}N_2Na_3O_{10}S_3$
溶解性: 易溶于水;能溶于甘油;微溶于乙醇;不溶于油脂	分子量: 604.47

2. 用途与接触机会

胭脂红可用作食品添加剂,为食品、饮料着色,如糖果、糕点、冰激凌等,也可用作药品、日用化妆品的着色。

工业上用于羊毛、蚕丝、锦纶及其混纺织物的染色,也可用于皮革、纸张、塑料、木材、医药和化妆品的染色。还可用于制造墨水。

3. 毒性

本品大鼠经口 LD_{50}>8 g/kg。其健康危害 GHS 分类为: 急性毒性—经口,类别 4;皮肤腐蚀/刺激,类别 2;严重眼损伤/眼刺激,类别 2;特异性靶器官毒性—类别 3(呼吸道刺激)。

用含本品 3%饲料喂饲大鼠 64 w,仅见雌性大鼠的肝、肾和心的重量稍增,体重稍低于对照组。大鼠经口 TDL_0: 30 000 mg/kg/30D-I,造成血管改变,包括急性肾衰竭、急性肾小管坏死在内的肾小管病变,尿成分改变。

大鼠吸入 TCL_0: 48 mg/m^3/17 w-I,气管或支气管结构、功能变化,肝脏功能受损。

4. 风险评估

胭脂红及其铝色淀作为着色剂,在符合标准的情况下可被合法地添加到食品、饮品中。《食品安全国家标准食品添加剂使用标准(GB 2760—2014)》中对胭脂红及其铝色淀最大使用量的规定如下表:

表 31-2 胭脂红及其铝色淀最大使用量

食品分类号	食 品 名 称	最大使用量/(g/kg)	备 注
01.01.03	调制乳	0.05	以胭脂红计
01.02.02	风味发酵乳	0.05	以胭脂红计
01.03.02	调制乳粉和调制奶油粉	0.15	以胭脂红计
01.04.02	调制炼乳(包括加糖炼乳及使用了非乳原料的调制炼乳等)	0.05	以胭脂红计
03.0	冷冻饮品(03.04 食用冰除外)	0.05	以胭脂红计
04.01.02.04	水果罐头	0.1	以胭脂红计
04.01.02.05	果酱	0.5	以胭脂红计
04.01.02.08	蜜饯凉果	0.05	以胭脂红计
04.01.02.09	装饰性果蔬	0.1	以胭脂红计
04.02.02.03	腌渍的蔬菜	0.05	以胭脂红计

（续表）

食品分类号	食 品 名 称	最大使用量／(g／kg)	备 注
05.0	可可制品、巧克力和巧克力制品（包括代可可脂巧克力及制品）以及糖果（05.04 装饰糖果、顶饰和甜汁除外）	0.05	以胭脂红计
05.03	糖果和巧克力制品包衣	0.1	以胭脂红计
06.05.02.02	虾味片	0.05	以胭脂红计
07.02.04	糕点上彩装	0.05	以胭脂红计
07.03.03	蛋卷	0.01	以胭脂红计
07.04	焙烤食品馅料及表面用挂浆（仅限饼干夹心和蛋糕夹心）	0.05	以胭脂红计
08.04	肉制品的可食用动物肠衣类	0.025	以胭脂红计
11.05	调味糖浆	0.2	以胭脂红计
11.05.01	水果调味糖浆	0.5	以胭脂红计
12.10.02	半固体复合调味料（12.10.02.01 蛋黄酱、沙拉酱除外）	0.5	以胭脂红计
12.10.02.01	蛋黄酱、沙拉酱	0.2	以胭脂红计
14.02.03	果蔬汁（浆）类饮料	0.05	以胭脂红计，固体饮料按稀释倍数增加使用量
14.03.01	含乳饮料	0.05	以胭脂红计，固体饮料按稀释倍数增加使用量
14.03.02	植物蛋白饮料	0.025	以胭脂红计，固体饮料按稀释倍数增加使用量
14.04	碳酸饮料	0.05	以胭脂红计，固体饮料按稀释倍数增加使用量
14.08	风味饮料（仅限果味饮料）	0.05	以胭脂红计，固体饮料按稀释倍数增加使用量
15.02	配制酒	0.05	以胭脂红计
16.01	果冻	0.05	以胭脂红计，如用于果冻粉，按冲调倍数增加使用量
16.03	胶原蛋白肠衣	0.025	以胭脂红计
16.06	膨化食品	0.05	仅限使用胭脂红

柠 檬 黄

1. 理化性质

CAS 号：1934－21－0	外观与性状：橙黄色均匀粉末
别名：C.I.酸性黄 23；肼黄；酒石黄；食用合成染料柠檬黄；食用柠檬黄；食用色素黄色 5 号；酒石磺	分子式：$C_{16}H_9N_4Na_3O_9S_2$

（续表）

熔点/凝固点(℃)：300	分子量：534.36
溶解性：溶于水、甘油和丙二醇；微溶于乙醇；不溶于油脂	水溶性(g/L)：260(30℃)

2. 用途与接触机会

柠檬黄可用作食品添加剂，为食品、饮料着色，如果汁(味)饮料类、碳酸饮料、配制酒、糖果、糕点上彩装等，也可用作药品、化妆品的着色。

工业上用于羊毛和蚕丝的染色及涂料、油墨、塑料的着色。也用于制造色淀、滤光器、正色感光胶片和吸附指示剂。

3. 毒代动力学

本品主要经消化道吸收,吸收后大部分以原形经尿排出,部分发生分解,形成乙酰氨苯磺酸后经尿排出。

4. 毒性

本品小鼠经口 LD_{50}：12 750 mg/kg。其健康危害 GHS 分类为：皮肤致敏物,类别 1;呼吸道致敏物,类别 1。

大鼠经口 TDL_0：450 mg/(kg/30 d - I,肾功能指标降低,影响肝功,抑制磷酸酶活性。吸入可能导致过敏或哮喘病症状或呼吸困难,可能导致皮肤过敏反应。

5. 风险评估

柠檬黄及其铝色淀作为着色剂,在符合标准的情况下可被合法地添加到食品、饮品中。《食品安全国家标准食品添加剂使用标准(GB 2760—2014)》中对柠檬黄及其铝色淀最大使用量的规定如下表:

表 31-3 柠檬黄及其铝色淀最大使用量

食品分类号	食 品 名 称	最大使用量 / (g / kg)	备 注
01.02.02	风味发酵乳	0.05	以柠檬黄计
01.04.02	调制炼乳(包括加糖炼乳及使用了非乳原料的调制炼乳等)	0.05	以柠檬黄计
03.0	冷冻饮品(03.04 食用冰除外)	0.05	以柠檬黄计
04.01.02.05	果酱	0.5	以柠檬黄计
04.01.02.08	蜜饯凉果	0.1	以柠檬黄计
04.01.02.09	装饰性果蔬	0.1	以柠檬黄计
04.02.02.03	腌渍的蔬菜	0.1	以柠檬黄计
04.04.01.06	熟制豆类	0.1	以柠檬黄计
04.05.02	加工坚果与籽类	0.1	以柠檬黄计
05.0	可可制品、巧克力和巧克力制品(包括代可可脂巧克力及制品)以及糖果(05.01.01 除外)	0.1	以柠檬黄计
05.02.02	除胶基糖果以外的其他糖果	0.3	以柠檬黄计
06.03.02.04	面糊(如用于鱼和禽肉的拖面糊)、裹粉、煎炸粉	0.3	以柠檬黄计
06.05.02.02	虾味片	0.1	以柠檬黄计
06.05.02.04	粉圆	0.2	以柠檬黄计
06.06	即食谷物,包括碾轧燕麦(片)	0.08	以柠檬黄计
01.02.02	风味发酵乳	0.05	以柠檬黄计
01.04.02	调制炼乳(包括加糖炼乳及使用了非乳原料的调制炼乳等)	0.05	以柠檬黄计
03.0	冷冻饮品(03.04 食用冰除外)	0.05	以柠檬黄计
04.01.02.05	果酱	0.5	以柠檬黄计
04.01.02.08	蜜饯凉果	0.1	以柠檬黄计
04.01.02.09	装饰性果蔬	0.1	以柠檬黄计

（续表）

食品分类号	食 品 名 称	最大使用量／(g／kg)	备　　注
04.02.02.03	腌渍的蔬菜	0.1	以柠檬黄计
04.04.01.06	熟制豆类	0.1	以柠檬黄计
04.05.02	加工坚果与籽类	0.1	以柠檬黄计
05.0	可可制品、巧克力和巧克力制品(包括代可可脂巧克力及制品)以及糖果(05.01.01 除外)	0.1	以柠檬黄计
05.02.02	除胶基糖果以外的其他糖果	0.3	以柠檬黄计
06.03.02.04	面糊(如用于鱼和禽肉的拖面糊),裹粉、煎炸粉	0.3	以柠檬黄计
06.05.02.02	虾味片	0.1	以柠檬黄计
06.05.02.04	粉圆	0.2	以柠檬黄计
06.06	即食谷物,包括碾轧燕麦(片)	0.08	以柠檬黄计

耐　晒　黄

1. 理化性质

CAS 号：2512-29-0	外观与性状：黄色粉末
别名：1001 汉沙黄 G;1125 耐晒黄 G;2-[(4-甲基-2-硝基苯基)偶氮]-3-氧代-N-苯基丁酰胺;汉沙黄 G;耐晒黄 G;颜料黄 G;耐晒黄 G;颜料黄 1	分子式：$C_{17}H_{16}N_4O_4$
熔点/凝固点(℃)：256	分子量：340.33
溶解性：不溶于水;可溶于脂肪,其磺酸钠盐溶于水	

2. 用途与接触机会

工业上主要用于涂料高级耐光油墨、印铁油墨、塑料制品、橡胶和文教用品的着色,也可用于涂料印花和粘胶的原浆着色或羊毛、蚕丝的染色。其酸性钡盐做为油漆和纸张的色淀,也用于酚醛树脂、脲醛树脂和三聚氰氨树脂的着色。

3. 毒性

3.1　急性毒作用

可经呼吸道、消化道和皮肤吸收。对皮肤黏膜有轻度刺激作用。

小鼠一次经口 5、4 和 2 g/kg,观察 3 w,无死亡,也无中毒症状;3 周后尸检也未见病变。

3.2　慢性毒作用

本品蓄积性大,长期接触对神经系统有一定抑制作用。

小鼠经口 5、1、0.5 和 0.25 g/(kg・d),历时 5～20 d后,引起所有试验动物死亡。动物明显消瘦,并出现日益加重的心力衰竭,4 d 后高铁血红蛋白达 11%～13%,对照组只有 1%。死亡的小鼠表现为消瘦、胃肠麻痹、心脏扩大呈灰色、心腔扩大有血凝块、心肌有灶性颗粒变性、部分纤维横纹消失、心肌纤维细胞浆中有块状或颗粒状黑色蛋白。部分动物肝脏可见小灶性坏死,细胞反应很弱,坏死灶周围仅有个别白细胞和组织细胞。肺、肾、胃肠无改变。

小鼠经口 0.1 和 0.05 g/(kg・d),历时 197 d(喂 168 次)。总量前者为 16.5 g/kg,后者为 7.9 g/kg,结果 0.1 g/kg 组小鼠部分死亡,体重增长迟缓(实验结束时体重只增加 19%,而对照组则增加 75%)。0.05 g/kg 组无影响。红细胞、白细胞和高铁血红蛋白及均无改变。防御运动条件反射反应时间延长,条件反射形成时间亦延长。浮游时间下降(比对照组低 1.5～2 倍),尸检未见病变,心脏容量增加。大鼠支气管注入 50 mg,1、3、6、9 个月后尸检均无改变,只在 6～9 个月后肺内有个别吞噬细胞灶。

本品 10%橄榄油溶液涂兔皮 30 d,豚鼠涂皮 6 个月并滴入眼内,见皮肤有轻度充血、脱屑和局部脱毛。镜检有角质增生、真皮细胞浸润。结膜也见有炎症改变。此外，豚鼠的体重增加亦见迟缓。

4. 风险评估

本品不能用作食品和玩具塑料的着色剂，生产及使用时要防止直接接触。

颜料耐晒黄 10G

1. 理化性质

CAS 号：6486－23－3	外观与性状：淡黄色粉末
别名：耐晒黄 10G；颜料黄 3；2－[(4－氯－2－硝基苯基)偶氮]－N－(2－氯苯基)－3－氧代－丁酰胺；颜料黄 3；颜料黄 3[CI 11710]；1002 汉沙黄 10G	分子式：$C_{16}H_{12}Cl_2N_4O_4$
熔点/凝固点(℃)：258	分子量：395.2
溶解性：不溶于水；微溶于乙醇、丙酮和苯；略溶于脂肪	

2. 用途与接触机会

工业上主要用于油漆、油墨、橡胶、塑料等的着色，也用于绘画颜料、涂料、印花等。

3. 毒性

小鼠一次经口 10 g/kg 和大鼠经口 20 g/kg 无死亡，尸检也无明显改变。大鼠支气管注入 15 mg 后也无异常。兔经皮和经眼试验，无皮肤和眼刺激。无致敏和光感作用。用本品滴入兔眼和涂豚鼠皮肤，历时 10～30 d，无异常发现。

油溶红 G 和油溶烛红(苏丹红 IV)

1. 理化性质

油 溶 红 G

CAS 号：1229－55－6	外观与性状：红色粉末
别名：溶剂红 1；1－[(2－甲氧基苯基)偶氮]－2－萘酚；苏丹红 G；1－(2－甲氧基苯偶氮)－2－萘酚；苏丹 R；溶剂红 1[CI 12150]	分子式：$C_{17}H_{14}N_2O_2$
熔点/凝固点(℃)：179	分子量：278.31
溶解性：不溶于水；溶于醇和脂类	

油 溶 烛 红

CAS 号：85－83－6	外观与性状：红棕色粉末
别名：邻甲苯偶氮邻甲苯偶氮－2－萘酚；苏丹Ⅳ；1－(2－甲基－4－(2－甲基苯基偶氮)苯基偶氮)－2－萘酚；溶剂红 24；苏丹红四号；苏丹 IV	分子式：$C_{24}H_{20}N_4O$
熔点/凝固点(℃)：199	分子量：380.44
溶解度：不溶于水；可溶于苯、甲醇、丙酮、异丙醇；微溶于乙醇	

2. 用途与接触机会

油溶烛红为非法食品添加剂，但由于添加了本品的辣椒粉、番茄酱等色泽鲜亮持久，不易褪色，依然有少量食品违规使用。

工业上主要用于油漆、鞋油、塑料、油脂、蜡和蜡烛等的着色。

3. 毒代动力学

油溶烛红可经呼吸道、皮肤和消化道吸收。进入体内后主要通过胃肠道微生物还原酶、肝和肝外组织微粒体和细胞质的还原酶进行代谢，在体内代谢可产生邻-氨基偶氮甲苯(ortho-aminoazotoluene)、4－氨基－2－甲苯基偶氮－2－萘酚[1-(4-amino-2-methylphenyl) azo]-2-naphthol]、2，5－二氨基甲苯(2，5-diaminotoluene)、1－氨基－2 萘酚和邻-甲苯胺(ortho-toluidine)。

4. 毒性与中毒机理

油溶红 G 大鼠经口 LD_{50}＞5 g/kg，兔经皮 LD_{50}＞2 g/kg。其健康危害 GHS 分类为：致癌性，类别 1B。

油溶烛红尚具有致敏性，可引起接触过敏性皮炎。油溶烛红被 IARC 分类为 G3 类致癌物，但将其初级代谢产物邻-甲苯胺(ortho-toluidine)和邻-氨基偶氮甲苯(ortho-aminoazotoluole)分别被列为 G1 类确定的人类致癌物和 G2B 类对人可能的致癌物。动物试验显示，给予大鼠 150 mg/kgBW 邻-甲苯胺 100～104 周，在多器官肉瘤、纤维肉瘤、骨肉瘤发生率增加，给予狗 5 mg/kgBW 邻-氨基偶氮甲苯 30 个月，则发生了膀胱癌。其致癌的可能机理是油溶烛红在体内经代谢产生活性致癌物。

5. 人体健康危害

油溶烛红可引起接触过敏性皮炎。

6. 风险评估

由于苏丹红Ⅰ和油溶烛红均属于苏丹红，则如人体每天油溶烛红最大可能摄入量为 1 750 μg(见本章“油溶黄”一节中对苏丹红摄入量的推测)，理论上会还原产生邻-甲苯胺 493 μg 和邻-氨基偶氮甲苯 1 036 μg，分别相当于人体每天摄入 8.2 μg/kg 和17.3 μg/kg，分别按上述动物试验邻-甲苯胺诱发大鼠肿瘤剂量 150 mg/kg 和邻-氨基偶氮甲苯诱发狗肿瘤剂量 5 mg/kg 推算，则分别是其 1.8×10^4 倍和 2.9×10^2 倍。如以每天人体摄入较低的 5 μg 来推算(见本章“油溶黄”一节中对苏丹红摄入量的推测)，则理论上将产生 1.4 μg 邻-甲苯胺和 3 μg 邻-氨基偶氮甲苯，分别相当于人体每天摄入 0.023 μg/kg 和 0.05 μg/kg，分别按上述动物试验邻-甲苯胺诱发大鼠肿瘤剂量 150 mg/kg 和邻-氨基偶氮甲苯诱发狗肿瘤剂量 5 mg/kg 推算，分别是其 6.5×10^6 倍和 1.0×10^5 倍。

由于实际在辣椒粉中苏丹红的检出量通常较低，因此对人健康造成危害的可能性很小，偶然摄入含有少量苏丹红的食品，引起的致癌性危险性不大，但如果经常摄入含较高剂量苏丹红的食品就会增加其致癌的危险性，特别是由于苏丹红有些代谢产物是人类可能致癌物，目前对这些物质尚没有耐受摄入量，因此应尽可能避免摄入这些物质。2005 年 4 月卫生部发布公告，重申不得将苏丹红作为食品添加剂生产、经营和使用。

直接冻黄 G

1. 理化性质

CAS 号：2870－32－8	外观与性状：黄色粉末
别名：直接菊黄；直接黄 12；直接冻黄 GX；直接黄 G；直接黄 12；C. I.直接黄 12；直接黄 12[CI 24895]	分子式：$C_{30}H_{26}N_4Na_2O_8S_2$
溶解性：水溶性好，溶于水呈黄色至金黄色溶液，如将溶液冷却则有絮状染料析出；微溶于乙醇(呈柠檬色)、乙二醇乙醚和丙酮(呈绿光黄色)；于浓硫酸中呈红光紫色，稀释后析出紫至红光蓝色沉淀；在浓碱中不溶解，稀释后呈白色；在浓氨水中呈黄色。	分子量：680.66

2. 用途与接触机会

用于染棉、黏胶纤维织物为红光黄色，移染性和匀染性均好，上染率高，对于死棉纤维和不匀黏胶具有一定的遮盖力。对于棉织物多用于针织品、绒布、绒毯的染色、印花，较少用于棉布。也用于蚕丝、羊毛、维纶、锦纶以及混纺织物的染色，蚕丝、羊毛与棉、黏胶得色深度近似，羊毛色光稍暗，二醋酸纤维、涤纶、腈纶均不沾色。还可用于棉、黏胶、蚕丝织物的直接印花和地色拔染。除单独使用外，常与直接绿 B、直接深绿 B、直接耐酸大红 4BS 拼色使用。

3. 毒性

大鼠一次经口 50 mg/kg，出现中毒症状，尸检见肝细胞出现脂肪小滴。大鼠慢性吸入本品粉尘 130 mg/m³，无死亡，但尸检见支气管周围炎、边缘肺气肿和肝细胞颗粒变性。

碱　性　棕

1. 理化性质

CAS 号：8005－77－4	外观与性状：棕色粉末
别名：碱性棕 G；盐基棕 G；俾士麦棕 Y	分子式：$C_{18}H_{18}N_8$
溶解性：溶于水，略溶于乙醇	分子量：346.39

2. 用途与接触机会

碱性棕可用于棉、羊毛、蚕丝、黏胶纤维和腈纶纤维的染色，但坚牢度稍差，日晒牢度均为 1～2 级。也可用于皮革、纸张、竹木的染色和用于制造色淀。

3. 毒性

狗经口 350 mg/kg，引起蛋白尿、呕吐。可刺激皮肤，可能是由杂质间苯二胺和其他二胺类化合物所致。

橡胶用颜料红

1. 理化性质

溶解性：在大多数有机溶剂中不溶解	

2. 用途与接触机会

用于塑料(聚氯乙烯、聚苯乙烯、氨基塑料等)和橡胶的染色。

3. 毒性

小鼠一次经口 5 g/kg,观察 20 d 未见中毒,尸检也无异常。小鼠经口 1 g/(kg·d),历时 30 d,无死亡,体重增长低于对照组 9%。尸检除肝重增加外无异常。小鼠经口 0.05 和 0.1 g/(kg·d),历时 6 个月,0.1 g/kg 组体重增长迟缓和条件反射形成受抑制。血象和尸检均无异常。

大鼠支气管注入 50 mg,观察 1~9 个月,动物活动、体重、血象和尸检均无明显改变。

本品 1%油溶液滴入兔眼和涂于豚鼠皮肤上历时 30 d,无刺激和过敏反应。

颜料橙 GG

1. 理化性质

CAS 号:3520-72-7	外观与性状:黄橙色粉末
别名:4,4′-[[3,3′-二氯(1,1′-联苯)-4,4′-二基]二(偶氮)]二[2,4-二氢-5-甲基-2-苯基-3H-吡唑-3-酮];115(或 1151)颜料永固桔黄 G;3101 颜料永固桔黄 G;坚牢橙 G 和橡胶塑料橙 G;永固橙 G;永固橙黄 G;永固桔红 G;永固橘黄 G;颜料橙 13	分子式:$C_{32}H_{24}Cl_2N_8O_2$
溶解性:不溶于水	分子量:623.49

2. 用途与接触机会

主要用于塑料、橡胶、纸张等的染色,也作为印刷油墨和涂料的着色。

3. 毒性

3.1 急性毒作用

小鼠经口 LD_{50}:5 g/kg。

3.2 慢性毒作用

小鼠经口 0.5~0.1 g/(kg·d),历时 35 d,无明显异常,经口 0.025~0.1 g/(kg·d),历时 75 d,除体重增长略缓和红细胞略少于对照组外,生理机能检查和病理检查均无异常。大鼠支气管注入 15 mg 也无异常改变。对皮肤和黏膜几乎无刺激作用,用本品饱和溶液滴入兔眼和涂豚鼠皮肤,历时 10~30 d,均未见明显不良反应。

本品无致敏性,也无光感作用。

颜料黄 5R

1. 理化性质

外观与性状:淡黄色粉末	溶解性:不溶于水

2. 用途与接触机会

主要用于塑料(聚乙烯、聚苯乙烯、氨基塑料等)和橡胶的着色。

3. 毒性

3.1 急性毒作用

小鼠一次经口 5 g/kg,观察 20 d,无中毒表现,尸检无形态学改变。

3.2 慢性毒作用

小鼠经口 1 g/(kg·d),历时 30 d,无死亡,血中血红蛋白、红细胞、白细胞和高铁血红蛋白等均无改变,浮游试验时间缩短,尸检除肝重稍增加外,无异常病变。小鼠经口 0.05 和 0.1 g/(kg·d),历时 6 个月,结果 0.1 g/kg 组 90 d 后体重显著低于对照组,0.05 g/kg 组无差别。生理机能检查也无异常,尸检无异常形态学改变。

大鼠支气管注入本品 50 mg,观察 1~9 个月,体重和肺重与对照组相比无差异。尸检形态学无明显改变。

用本品 10%油溶液滴入兔眼和涂于豚鼠皮肤,无刺激反应,也无致敏现象。

活 性 艳 红

1. 理化性质

CAS 号:17752-85-1	外观与性状:枣红色粉末
别名:活性红 1;活性艳红 X-B	分子式:$C_{19}H_9Cl_2N_6Na_3O_{10}S_3$
溶解性:易溶于水	分子量:717.370

2. 用途与接触机会

用于棉、麻、粘胶纤维及其织物的染色，也可用于蚕丝、羊毛、锦纶等的染色和印花。活性艳红 X-B 与活性艳红 X-3B 性能相似，只是色光稍黄，拼色时可互相代用。常与活性艳橙 X-7R 拼染各种浓艳的大红色。活性艳红 X-B 可与活性嫩黄 x-7R、艳蓝 X-BR 组成三原色，拼染各种浅色，匀染性好。

3. 毒性

3.1 急性毒作用

小鼠经口 LD_{50}：5 700 mg/kg，豚鼠经口 LD_{50}：2 100 mg/kg，大鼠经口 LD_{50}：10 700 mg/kg。中毒表现为萎靡不振的抑制状态，尿有染料颜色，可发生后肢痉挛和死亡。每天用 1/10LD_{50} 量投给豚鼠，历时 2 周，血碱性磷酸酶活性下降，血清总蛋白减少，全血维生素 C 减少，但血象、乙酰胆碱酯酶和醛缩酶等无改变，神经刺激阈也无改变。尸检见肝脏蛋白变性和脂肪变性，肝坏死灶周围有细胞反应。肺有少量淋巴样细胞与组织细胞增殖的小结节，肾脏也有蛋白变性。

3.2 慢性毒作用

大鼠吸入 100 mg/m^3，4 h/d，历时 4 个月，动物碱性磷酸酶和醛缩酶活性升高（后期正常），血清蛋白减少，球蛋白增加，部分动物有蛋白尿，兴奋阈下降，50％动物死亡。尸检见肺内细胞增殖，轻度纤维化，染料颗粒沉积，小细支气管几乎全被阻塞；肺和肝内均有吞噬染料的吞噬细胞，肝细胞空化和颗粒变性，肾小管上皮细胞内有染料颗粒和颗粒变性。如吸入 10 mg/m^3，上述病变不明显；吸入 4 mg/m^3 时未见病变。

天 蓝 黑 PN

1. 理化性质

外观与性状：发光的黑色粉末	溶解性：溶于水；微溶于醚；不溶于其他有机溶剂

2. 用途与接触机会

主要用作食品和饮料的着色剂。

3. 毒性

3.1 急性毒作用

大鼠经口 LD_{50}：＞5 g/kg，小鼠经口 LD_{50}：＞2 g/kg。大鼠腹腔注射 LD_{50}：0.9～1.2 g/kg，小鼠腹腔注射 LD_{50}：0.5～1.0 g/kg。用含本品 3％的饲料饲养大鼠，可使动物体重增长迟缓，肾和睾丸重量增加，而饲以 1％者无影响。分别用 100 mg/kg · d 和 900 mg/kg · d，喂饲豚鼠，900 mg/kg 组回肠黏膜内见有黏液和纤维蛋白的积聚（因刺激作用所致），100 mg/kg 无不良影响。

3.2 慢性毒作用

大鼠经口 500 mg/(kg · d)，历时 2 年的长期喂饲，无不良影响。

4. 风险评估

估算人的每日容许摄入量为 1 mg/kg。

蒽醌染料类

蒽醌染料是以蒽醌为原料合成的各类蒽醌衍生物染料及用蒽醌衍生物合成的各类稠环酮类染料。一般蒽醌染料的耐光和耐洗牢度好，在合成染料领域中占有很重要的地位。按其用途可分为蒽醌还原染料、蒽醌媒染染料、蒽醌酸性染料、蒽醌活性染料和蒽醌分散染料。

氨基蒽醌毒性高于蒽醌，如二氨基蒽醌大鼠经口 LD_{50} 为 1.25～2.75 g/kg（因异构体不同而异）。慢性毒性一般较大，如大鼠经口给蒽醌，每天 0.2LD_{50}，历时 30 d，虽无中毒表现，但肝、肾功能有异常，血象有一定改变，表现为血清麝香草酚浊度试验阳性，γ-球蛋白增加，凝血时间缩短，血清纤维蛋白原增加，尿肌酐、非蛋白氮和尿素增加，蛋白尿，贫血。尸检有肝和肾重量增加等。

英国国立癌症研究所曾对大鼠进行了实验研究，证实摄入含 2-氨基蒽醌、1-氨基-2-甲基蒽醌和 2-甲基-1-硝基蒽醌的饲料，历时 2 年，发现肝脏肿瘤明显增多。

本类染料一般无致敏性，刺激作用也较弱。

茜　　素

1. 理化性质

CAS号：72-48-0	外观与性状：桔红色晶体或赭黄色粉末
别名：1,2-二羟基-9,10-蒽二酮;1,2-羟基蒽醌	分子式：$C_{14}H_8O_4$
分子量：240.213	密度(g/cm³)：1.06(20℃)
熔点/凝固点(℃)：287	闪点(℃)：430
沸点(℃)：430	最大波长(λmax)：567 nm,609 nm
溶解性：易溶于热甲醇和25℃的乙醚;能溶于苯、冰醋酸、吡啶、二硫化碳;微溶于水	

2. 用途与接触机会

在自然界茜素存在于茜草的根部。

工业上主要用于制造染料及颜料,用于棉的染色及印花;用铝媒染时,得到鲜红色;用铬媒染时,得到红光棕色;用铁媒染时,得到紫色;用锡媒染时,得到黄光棕色;也可制成色淀。也可用作酸碱指示剂(0.5%溶液),pH变色范围5.5(黄色)—6.8(红色)。作铝、铟、汞、锌和锆的点滴试剂,或者神经组织和原生动物活体染色剂。

3. 毒性及中毒机理

野鸟经口LD_{50}：316 mg/kg。本品健康危害GHS分类为：急性毒性—经口,类别4。

兔经眼,500 mg/24 h,造成轻度眼刺激。

4. 人体健康危害

皮肤长期接触可致慢性湿疹。本品污染皮肤伤口可致肿胀、溃烂。

1-氨基蒽醌

1. 理化性质

CAS号：82-45-1	外观与性状：红色闪光针晶
别名：α-氨基蒽醌	分子式：$C_{14}H_9NO_2$

(续表)

分子量：223.23	熔点/凝固点(℃)：253～255
溶解性：溶于热硝基苯、甲苯、二甲苯、乙醚、醋酸、氯仿、苯;微溶于冷乙醇;不溶于水	

2. 用途与接触机会

重要的染料中间体,可用于生产分散、活性、还原染料。也用作分析试剂。

3. 毒性及中毒机理

小鼠经口LD_{50}>10 g/kg;大鼠腹腔注射LD_{50}：1 500 mg/kg;小鼠腹腔注射LD_{50}：6 026 mg/kg。兔经眼,500 mg/24 h,造成轻度眼刺激。

曾有国外报告,给大鼠混有本剂的饲料,诱发肿瘤。

中毒机理可能是抑制氧化还原酶系统,从而影响蛋白、脂肪、糖的代谢。对肝、肾、心、肺有不同程度的损害。

分散耐晒桃红B

1. 理化性质

CAS号：116-85-8	外观与性状：红色结晶
别名：1-氨基-4-羟基-9,10-蒽二酮;1-羟基-4-氨基蒽醌;分散橙HFFG;1-氨基-4-羟基蒽醌;分散红15[CI 60710]	分子式：$C_{14}H_9NO_3$
分子量：239.23	熔点/凝固点(℃)：207～209
溶解性：可溶于水、乙醇、丙酮、苯	

2. 用途与接触机会

主要用于醋酸纤维的染色。

3. 毒性及中毒机理

大鼠腹腔注射LD_{50}：2 700 mg/kg;小鼠静脉注射LD_{50}：56 mg/kg。怀疑导致遗传性缺陷。

油溶蒽醌纯天蓝

1. 理化性质

CAS 号：6408－78－2	外观与性状：深蓝色粉末
别名：弱酸性蓝 AS；酸性蒽醌蓝；酸性蒽醌艳蓝；酸性蒽醌蓝 A；弱酸蓝 AS；酸性蒽醌绿 GL；弱酸绿 GS；弱酸艳绿 GS；酸性媒介绿 GS	分子式：$C_{20}H_{14}N_2O_5S \cdot Na$
熔点(℃)：＞300	分子量：416.38
溶解性：不溶于水和胃酸；可溶于丙酮和醇；微溶于苯和四氢萘；不溶于硝基苯和二甲苯。于浓硫酸中呈暗蓝色，稀释后产生蓝色沉淀。	

2. 用途与接触机会

主要用于羊毛、蚕丝、锦纶及其混纺织物的染色，也可用于皮革、电化铝、肥皂等的着色。

3. 毒性

3.1 急性毒作用

大鼠 1 次气管内注入 50 mg，死亡率达 16%，死因为灶性肺炎（第 1 天为出血性肺水肿），淋巴结内有染料颗粒，6～9 个月后有轻度肺结缔组织增生。

10%油溶液涂于兔和豚鼠皮肤，无刺激和致敏作用。对动物眼结膜也无刺激作用。

3.2 慢性毒作用

小鼠经口本品橄榄油溶液 5 g/kg，历时 20 d，未出现中毒症状，尸检无病变。

小鼠经口 0.1 和 0.5 g/kg，历时 6 个月，总量分别达到 16.8 g/kg 和 7.9 g/kg，0.1 g/kg 组体重增长缓慢，增重率为对照组的 52.6%。小鼠对非条件刺激反射时延长，大于对照组 4 倍，条件反射形成受抑制。血象未见改变。内脏无形态学改变，只见部分动物腹腔脂肪呈灰黄色，肺及心重量增加。

还原蓝及溶蒽素蓝

1. 理化性质

还　原　蓝

CAS 号：81－77－6	外观与性状：深蓝色粉末
别名：还原蓝 RD；还原蓝 RSN；士林蓝 RSN；阴丹士林蓝 RSN；还原蓝 RS；士林蓝 RS；颜料蓝 60；蒽醌蓝	分子式：$C_{28}H_{14}N_2O_4$
分子量：442.42	水溶性：＜0.1 g/100 ml (21℃)
熔点/凝固点(℃)：470～500	相对密度(水＝1)0.6
溶解性：不溶于水、乙酸、乙醇、吡啶、二甲苯、甲苯，微溶于氯仿(热)、邻氯苯酚、喹啉。于浓硫酸中呈棕色，稀释后产生蓝色沉淀。于保险粉碱性溶液中呈蓝色，于酸性液中呈红光蓝色。	pH 值：无资料

溶　蒽　素　蓝

别名：可溶性还原蓝 IBC；溶蒽素蓝 IBC；C.I.可溶性还原蓝 6	外观与性状：黄棕色粉末
溶解性：不溶于水	

2. 用途与接触机会

生活中使用二者染色的棉等制品可接触本品。

工业上主要用于棉纤维染色及棉布印花，也可染粘胶纤维、维纶及其混纺织物。染黏胶纤维得色较浅，可与还原蓝、棕、橄榄等拼蓝色、深灰等。也用于制造油墨用颜料。可代替酞菁蓝与永固紫 RL 配制红光蓝色油漆。

3. 毒性

还原蓝大鼠经口 LD_{50}：2 g/kg。还原蓝兔经眼：500 mg/24 h，造成轻度眼刺激。

还原蓝小鼠经口 1 g/kg·d，历时 30 d，血液化验所见无异常，但有非条件反射时延长，肝肿大。小鼠经口 0.1 g/kg·d，历时 6 个月，体重显著下降，非条件反射时延长，条件反射形成受抑制，但血象无改变，尸检未见形态学改变。

靛类染料类

靛类染料是由古老的天然植物染料发展起来的。现在应用的靛蓝染料大多是人工合成的，它们具有相同的共轭发色体系。此类染料色谱齐全，色泽鲜艳，是棉及混纺织物的主要染色染料，同时在印花方面也有应用。

靛蓝和酸性靛蓝

1. 理化性质

靛　蓝

CAS 号：482－89－3	外观与性状：蓝色粉末
别名：还原靛蓝；印地科	分子式：$C_{16}H_{10}N_2O_2$
分子量：262.26	密度：1.35 g/cm^3
熔点/凝固点(℃)：＞300	水溶性：＜0.1 g/100 ml
闪点(℃)：＞220	溶解性：微溶于水、乙醇、甘油和丙二醇；不溶于油脂

酸性靛蓝

CAS 号：860－22－0	外观与性状：深绿色粉末或颗粒
别名：靛蓝二磺酸钠；靛胭脂；2－(1,3－二氢－3－氧代－5－磺基－2 h－吲哚－2－亚基)－2,3－二氢－3－氧代－1H－吲哚－5－磺酸二钠盐	分子式：$C_{16}H_{10}N_2O_8S_2 \cdot 2Na$
分子量：466.35	pH 值：7(10 g/L，H_2O，20℃)
熔点/凝固点(℃)：＞300	密度(g/cm^3)：1.01(20℃)
最大波长(λ_{max})：608nm	水溶性：1 g/100 ml(25℃)
溶解性：溶于水；难溶于乙醇	

2. 用途与接触机会

靛蓝是一种天然染料，可从用蓼蓝以及菘蓝、木蓝、马蓝等含有吲哚酸成分的植物叶子发酵制成。靛蓝的二黄酸钠盐，称酸性靛蓝，耐光、耐热性比靛蓝好。二者均可用作食品添加剂，为食品着色，如果汁(味)饮料类、碳酸饮料、配制酒、糖果、糕点上彩装、染色樱桃罐头、青梅、浸渍小菜等。

工业上主要用于棉纱、棉布、羊毛或丝绸的染色，是染蓝色牛仔布的主要染料，也用作为食用色素和有机颜料。科研中用于氧化还原指示剂，可检验牛奶的硝酸盐和氯酸盐；也可作生物染色剂，如尼基氏小体、细胞核的染色。

3. 毒代动力学

靛蓝经消化道吸收后，在体内几乎不转化，以原形排出。

4. 毒性

靛蓝健康危害 GHS 分类为：特异性靶器官毒性—反复接触，类别 2。酸性靛蓝健康危害 GHS 分类为：急性毒性—经口，类别 4。

4.1 急性毒作用

靛蓝：小鼠经口 LD_{50}＞32 g/kg；兔经皮，无皮肤刺激；兔经眼，无眼刺激。

酸性靛蓝：大鼠经口 LD_{50}：2 g/kg；小鼠经口 LD_{50}：2 500 mg/kg。

4.2 慢性毒作用

如用含酸性靛蓝 0.1%～5%的饲料喂饲大鼠 2 年，对大鼠死亡率、造血系统、心、肝、脾、肾等均无影响。虽有淋巴肿瘤和乳腺肿瘤产生，但与对照组比较，无明显差异。用含酸性靛蓝 1%和 2%的饲料喂饲狗 1 年，对生长、血液、肝、脑、膀胱、肺均无影响。用 3%酸性靛蓝溶液大鼠皮下注射，每周 20 mg，历时 1 年，无影响。小鼠皮下注射每周 2.5 mg，历时 2 年，无作用，个别动物在注射时痉挛致死。

5. 风险评估

靛蓝及其铝色淀作为着色剂，在符合标准的情况下可被合法地添加到食品、饮品中。《食品安全国家标准食品添加剂使用标准(GB 2760—2014)》中对靛蓝及其铝色淀最大使用量的规定如下表：

表 31－4　靛蓝及其铝色淀最大使用量

食品分类号	食品名称	最大使用量／(g／kg)	备注
04.01.02.08.01	蜜饯类	0.1	以靛蓝计
04.01.02.08.02	凉果类	0.1	以靛蓝计
04.01.02.09	装饰性果蔬	0.2	以靛蓝计
04.02.02.03	腌渍的蔬菜	0.01	以靛蓝计
04.05.02.01	熟制坚果与籽类(仅限油炸坚果与籽类)	0.05	以靛蓝计
05.0	可可制品、巧克力和巧克力制品(包括代可可脂巧克力及制品)以及糖果(05.01.01 可可制品除外)	0.1	以靛蓝计
05.02.02	除胶基糖果以外的其他糖果	0.3	以靛蓝计
07.02.04	糕点上彩装	0.1	以靛蓝计
07.04	焙烤食品馅料及表面用挂浆(仅限饼干夹心)	0.1	以靛蓝计
14.02.03	果蔬汁(浆)类饮料	0.1	以靛蓝计，固体饮料按稀释倍数增加使用量
14.04	碳酸饮料	0.1	以靛蓝计，固体饮料按稀释倍数增加使用量
14.08	风味饮料(仅限果味饮料)	0.1	以靛蓝计，固体饮料按稀释倍数增加使用量
15.02	配制酒	0.1	以靛蓝计
16.06	膨化食品	0.05	仅限使用靛蓝

芳甲烷染料类

本类是甲烷分子中两个或三个氢原子被芳基(苯基或萘基)所取代而形成的染料。依其取代的数目，分为二苯甲烷染料类和三芳甲烷染料类。本类染料具有很强的染色力，色光鲜艳。应用较多的是三芳甲烷类。但由于耐晒性、耐洗性差，大部已被蒽醌染料类所代替。

主要用于植物纤维和动物纤维的染色和印花，也用于油漆。

本类染料毒性差别很大，但大多数种类毒性较低。酸性染料毒性低于相似结构的碱性染料。碱性芳甲烷染料都具有刺激性，而酸性染料刺激性较轻微，长期接触可致皮炎。接触过敏性皮炎较少见，但有病例报道。

染料本身无致癌性，而是生产过程中的某些中间体可能具有致癌作用。

碱　性　绿

1. 理化性质

CAS 号：569－64－2	外观与性状：绿色闪光结晶
别名：碱性品绿；盐基品绿；孔雀绿；碱性艳绿 4B；孔雀石绿；中国绿	分子式：$C_{23}H_{25}N_2 \cdot Cl$
分子量：364.91	最大波长(λmax)：615 nm，425 nm
熔点/凝固点(℃)：158～160	溶解性：溶于冷水和热水呈蓝绿色；易溶于酒精，也呈蓝绿色

2. 用途与接触机会

曾有新闻媒体报道不法商贩使用本品浸泡鲜鱼等水产品。

工业上用于麻、蚕丝、腈纶织物和草制品以及竹、木等的染色。还可制成各种色淀及颜料。用作生物染色剂。广泛用于建筑材料、油漆、塑料、玻璃产品、搪瓷等的着色。

3. 毒性

本品小鼠经口 LD_{50}：80 mg/kg。其健康危害GHS分类为：急性毒性—经口，类别 4；严重眼损伤/眼刺激，类别 1；生殖毒性，类别 2。

4. 人体健康危害

吸入可能导致过敏或哮喘病症状或呼吸困难，可能导致皮肤过敏反应。

摄入会导致腹泻、腹痛。国外报道一名患结膜炎的患者使用 1%浓度的本品滴眼，导致破坏性角膜炎伴眼前房积脓，最终因角膜浑浊而双目失明。长期接触可产生高铁血红蛋白血症和接触性皮炎。

5. 风险评估

本品对水生生物毒性极大并具有长期持续影响，其环境危害 GHS 分类为：危害水生环境—急性危害，类别 1；危害水生环境—长期危害，类别 1。

本品曾作杀菌剂、杀虫剂、消毒剂用于水产养殖业，预防鱼的水霉病等。2005 年 6 月 5 日，《星期日泰晤士报》报道英国一家知名超市连锁店出售的有机鲑鱼体内发现含本品。我国也曾有多家媒体报道鱼塘、鱼市用本品浸泡鲜鱼。由于本品中的化学功能团三苯甲烷具有高毒、高残留及致癌、致畸和致突变的作用，所以本品具有很强的毒性。我国于 2002 年将其列入禁用农药名单。

碱性嫩黄O

1. 理化性质

CAS 号：2465－27－2	外观与性状：黄色粉末
别名：金胺；盐基淡黄 O；盐基槐黄；碱性槐黄；4,4′-碳亚氨基双(N,N－二甲基苯胺)单盐酸盐	分子式：$C_{17}H_{21}N_3 \cdot ClH$
熔点/凝固点(℃)：>250	溶解度(g/L)：10
pH 值：6～7(10 g/L，H_2O，20℃)	分子量：303.83

(续表)

溶解性：溶于冷水；易溶于热水呈亮黄色，煮沸即分解；溶于乙醇呈黄色；染料粉末于浓硫酸中呈无色，稀释后转浅黄色；于浓硝酸中呈橙色；于氢氧化钠溶液中成白色沉淀	最大波长(λmax)：370 nm，432 nm

2. 用途与接触机会

本品为非食用色素，但仍有不法商贩将其添加到食品、饮品中。部分化妆品中也可含有本品。

工业上可用于蚕丝、棉、腈纶、羊毛等的染色，也用于直接印花，使用时，溶解温度不宜超过 60℃。由于其日晒牢度等太差，因此在纺织品上已较少使用。可用于皮革、纸张、涂料等的着色。还可制备色淀，用于油墨。医学上主要应用于结核杆菌等抗酸性菌的荧光染色。抗酸性菌用荧光染料 Auramine O(金胺 O)染色后，用含有紫外光源的荧光显微镜检查，将会发出闪亮的橘黄颜色。这种方法可用较低倍镜检，因此能更快速找出抗酸性菌。

3. 毒性与中毒机理

本品大鼠经口 TDL_0：1 500 mg/kg；小鼠经口 LD_{50}：480 mg/kg；小鼠经皮 LD_{50}：300 mg/kg。其健康危害 GHS 分类为：急性毒性—经口，类别 4；急性毒性—经皮，类别 3；致癌性，类别 2。本品被 IARC 分类为 G2B 类可能的人类致癌物。

尽管代谢活化机制仍尚未完全研究，但仍认为本品为一种前致癌物，它具有甲基化氨基酸组，可共振结合从而使氨基 N 原子带正电，因此更易于羟基化。

4. 人体健康危害

具有轻度刺激性，可引起皮炎、结膜炎和上呼吸道刺激症状。本品对人可能有致癌性，国外曾有生产碱性嫩黄的工人发生膀胱癌的报道，但应用碱性嫩黄的工人未发生膀胱癌。

酸性艳天蓝

1. 理化性质

分子量：466.38	外观与性状：天蓝色粉末
溶解性：易溶于水和乙醇	

2. 用途与接触机会

主要用于羊毛、蚕丝、锦纶等纤维的染色及橡胶、墨水等的着色。医药上曾用于二度和三度烧伤的鉴别。

3. 毒性

酸性三芳甲烷染料毒性多低于相似的碱性三芳甲烷染料。大鼠经口 3 g/kg 无害。

大鼠慢性吸入 110 mg/m^3,2 h/d,历时 3 个月,动物体重稍低于对照组,10 只大鼠死亡 2 只。尸检见内脏实质器官轻度变性,出现肺气肿、支气管周围炎和轻度纤维化。

4. 人体健康危害

生产本品的工人可见慢性鼻炎、萎缩性鼻炎、咽喉炎、轻度红细胞减少(血红蛋白正常)以及胃肠道和心血管系统等疾病增多。偶有致敏性,曾有人给患者静脉注射本品 0.1 mg/kg,发生变态反应。

艳天蓝 FCF

1. 理化性质

外观与性状：发光的绿色晶体	溶解性：易溶于水和醇,水溶液为蓝绿色

2. 用途与接触机会

主要用于毛织品和皮革的染色。

3. 慢性毒作用

用含本品 0.5%、1%、2%、5%的饲料喂饲大鼠 2 年,对生长、血液及心、肝、肾、脾和睾丸等器官重量均无影响。尸检也无异常发现。用含本品 4%的饲料喂饲大鼠,历时 18~24 个月,肿瘤发生率与对照组无显著差别。用 1%和 2%浓度饲料喂饲狗 1 年,未见与喂饲本品有关的特殊所见,血液学指标均在正常范围。

每周给大鼠皮下注射 30 mg,历时 2 年。注射部位见纤维肉瘤生长。但 WTO 认为经口不致癌,可用于食品着色。

酸性绿 G

1. 理化性质

CAS 号：4680－78－8	外观与性状：绿色固体粉末
别名：基尼绿 B;几尼绿 B	分子式：$C_{37}H_{35}N_2NaO_6S_2$
熔点/凝固点(℃)：255	分子量：690.8
溶解性：易溶于水和乙醇	

2. 用途与接触机会

主要用于毛织品和皮革的染色。

3. 毒代动力学

本品可经呼吸道、皮肤吸收。大鼠经口摄入本品后,只有少量吸收(<5%),并以原形通过胆汁排出。大鼠静脉注射后,大约 75%在 4 h 内通过胆汁排出。(参考 IARC 资料)。

4. 毒性

大鼠经口 3 g/kg 无毒害作用。被 IARC 分类为 G3 类对人类致癌性不可分类的物质,致癌性的证据可能不充分或仅局限于动物实验。

碱性品红

1. 理化性质

CAS 号：632－99－5	外观与性状：黄绿色闪光结晶块状或砂状物
别名：盐基品红;品红;洋红;C.I.碱性紫 14;玫苯胺;碱性紫 14[CI 42510];玫瑰色素;4－胺－3－甲苯雙(4－胺苯)甲醇	分子式：$C_{20}H_{19}N_3 \cdot ClH$
熔点/凝固点(℃)：250	分子量：337.85
最大波长(λmax)：543 nm	密度(g/cm^3)：0.999(20℃)
溶解性：溶于冷、热水中呈红紫色;极易溶于酒精中呈红色。遇浓硫酸呈黄棕色,稀释后几乎无色;不溶于乙醚	水溶性(g/L)：4(25℃)

2. 用途与接触机会

用于棉、腈纶、蚕丝、皮革等的染色。染腈纶牢度较好。也可用于纸张、羽毛、麦秆、竹、木等的着色，还可用来制造色淀。在生物学制片中用途很广，可用来染色胶原纤维、弹性纤维、嗜复红性颗粒和中枢神经组织的核质。在生物学制片中用来染维管束植物的木质化壁，又作为原球藻、轮藻的整体染色。在细菌学制片中，用来鉴别结核杆菌。还可在分析化学中配制席夫试剂检验醛类，用溴酸盐滴定的氧化还原指示剂。

3. 毒性与中毒机理

本品被IARC列为G2B类可疑人类致癌物。

在体内形成高铁血红蛋白造成机体组织缺氧，引起中枢神经系统、心血管系统及其他脏器的一系列损害。没有直接证据显示本品致癌，可能由其中间体所致。

4. 人体健康危害

黄思楠等曾报道我国广西巴马县2000～2003年间共收治品红致溶血性贫血56例，均因食用了被品红染色的食物而发病。起病急、面色苍白、解酱油样尿。实验室检查：网织红细胞增高、血红蛋白20～60 g/L，红细胞形态出现不同形态改变。经交叉配血、应用激素等治疗后均痊愈。

卢梅报道1例自服品红（约10 g）加白酒（约100 g）导致恶性心律失常并休克患者，经电复律、建立静脉双通道、及时使用亚甲蓝等治疗后康复出院。亚甲蓝为其特效解毒剂，它可使高铁血红蛋白还原为正常血红蛋白。

英国曾有调查显示品红制造业男性患膀胱癌风险明显增加，但纯化或使用本品的男性膀胱癌风险未增加。

醇溶蓝和墨水蓝

1. 理化性质

醇　溶　蓝

CAS号：28631-66-5	外观与性状：黑棕紫色带金属光泽晶体
别名：苯胺蓝；中国蓝；青瓷色；水溶性苯胺兰	分子式：$C_{32}H_{25}N_3Na_2O_9S_3$
分子量：737.73	溶解性：不溶于水；溶于醇

墨　水　蓝

CAS号：28983-56-4	外观与性状：闪光红棕色粉末
别名：酸性墨水蓝；酸性墨水蓝G；酸性品蓝G；酸性水溶天蓝；甲基兰棉蓝；甲基兰；苯胺蓝（水溶）；酸性兰93	分子式：$C_{37}H_{27}N_3Na_2O_9S_3$
分子量：799.8	最大波长（λmax）：600 nm
熔点/凝固点（℃）：>250	pH值：5.0（10 g/L，H_2O，20℃）
溶解性：极易溶于冷水和热水中，呈蓝色；溶于酒精呈绿光蓝色	

2. 用途与接触机会

两种化学品日常生活中存在于纯蓝和蓝黑墨水、油墨，以及被两者染色的毛、丝等制品中。

工业上，醇溶蓝可用于羊毛、蚕丝及羊毛混纺的染色，或用于制造射光蓝AG和墨水蓝；也可作生物染色剂，用于神经组织、细胞、结蒂组织的染色，或者作为酸碱指示剂；墨水蓝主要用于制造纯蓝和蓝黑墨水，还可用于制备色淀，作蓝印台油墨用；还可用于丝稠、棉和皮革的染色及生物着色，也可作为指示剂。

3. 人体健康危害

醇溶蓝有轻微刺激作用，墨水蓝有刺激作用。吸入可造成呼吸道刺激，长期接触可引起皮炎。

碱性紫5BN

1. 理化性质

CAS号：548-62-9	外观与性状：暗绿色闪光粉末或粒子
别名：盐基品紫；甲基紫5GN；碱性紫6BN；碱性艳紫3B；龙胆紫；结晶紫	分子式：$C_{25}H_{30}N_3 \cdot Cl$
分子量：407.99	pH值：2.5～3.5（10 g/L，H_2O，20℃）
熔点/凝固点（℃）：205	密度（g/cm³）：1.19（20℃）
溶解性：溶于冷水和热水，呈紫色；极易溶于乙醇	水溶解性（g/L）：16（25℃）
最大波长（λmax）：590nm	

2. 用途与接触机会

生活环境中可能接触到使用本品染色的颜料、油墨等。皮肤科消毒药龙胆紫（紫药水）中也含本品。

工业上，碱性紫5BN可用于蚕丝、棉、麻、腈纶纤维染色，但坚牢度差，所以应用已较少。可制成色淀，用于制造绘画颜料、印台油、油墨、颜色铅笔等，还可用于皮革、纸张、草制品的染色，是医药工业中龙胆紫（紫药水）的主要原料。科研中作酸碱指示剂，pH 0.5（绿）—2.0（蓝），也用作细菌革兰氏染色中的重要染料。

3. 毒性

本品大鼠经口 LD_{50}：420 mg/kg；小鼠经口 LD_{50}：96 mg/kg。皮肤腐蚀/刺激：人经皮 2 mg/2d－I，造成轻度皮肤刺激。其健康危害GHS分类为：急性毒性—经口，类别4；严重眼损伤/眼刺激，类别1；致癌性，类别1B。

大鼠吸入 110 mg/m^3，2 h/d，历时6 w，44 d，10只死亡7只，尸检见坏死出血性肺炎，贫血，心肌、肝和肾均有变性和本品颗粒的沉积。组织培养见对肝细胞的生长有抑制作用。

吸入可能导致过敏或哮喘病症状或呼吸困难，可能导致皮肤过敏反应。

4. 人体健康危害

口服可引起胃肠道刺激，引起恶心、呕吐、腹泻和腹痛。静脉注射可引起白细胞计数下降。生产本品的工人，可见到慢性胃肠道疾病、喉炎、鼻炎、皮炎、结膜炎等疾病增加。

5. 风险评估

本品对水生生物毒性极大并具有长期持续影响，其环境危害GHS分类为：危害水生环境—急性危害，类别1；危害水生环境—长期危害，类别1。

酸性紫 BN

1. 理化性质

CAS号：1694－09－3	外观与性状：暗紫色的粉末

（续表）

别名：N－[4－[[4－(二甲氨基)苯基][4－[乙基[(3－磺基苯基)甲基]氨基]苯基]亚甲基]－2,5－亚环己二烯－1－基]－N－乙基－3－磺基苯甲铵内盐钠盐；酸性紫49；	分子式：$C_{39}H_{41}N_3O_6S_2 \cdot Na$
分子量：733.87	熔点/凝固点（℃）：245～250
溶解性：易溶于冷水和热水；溶于乙醇	

2. 用途与接触机会

主要用于羊毛染色。

3. 毒代动力学

大鼠和犬经口研究表明只有少量染料（＜5%）被吸收和排泄，主要经粪便排出。

4. 毒性

IARC分类为G2B可疑致癌物。其健康危害GHS分类为：致癌性，类别2。

5. 人体健康危害

生产本染料的工人可出现鼻、喉、耳和消化道、心血管系统患病率增高。

酞菁胺染料类

本类染料含有由四个吡咯核组成，具有四氮邵结构的化合物。环内有一个空穴，空穴的直径约为0.27 nm，常容纳铜、铁、铝、镍、锌、钴等金属元素并与之生成络合物。酞菁及其金属化合物均具有鲜艳的蓝色和蓝绿色，化学性质很稳定，耐热、耐酸、耐碱、坚牢度很高，所以是良好的颜料和染料，有直接染料、还原性染料和硫化染料的功能。

常用于棉织品和丝等的染色和印花。

颜料铜酞菁

1. 理化性质

CAS号：147－14－8	外观与性状：艳蓝色粉末

（续表）

别名：酞菁蓝；酞菁铜；粗制酞菁蓝；酞菁蓝 B；酞菁蓝 PHBN；4402 酞菁蓝；酞菁蓝 BN；酞菁蓝 BS；酞菁蓝 BX；酞菁蓝 FGX	分子式：$C_{32}H_{16}CuN_8$
熔点/凝固点(℃)：600	水溶性：＜0.1 g/100 ml (20℃)
溶解性：不溶于水及有机溶剂	分子量：576.07

2. 用途与接触机会

生活中，可通过被本品染色的塑料、涂料等接触本品。

由于性质非常稳定，耐热、耐酸、耐碱、耐光和坚牢度高，工业上常用作油墨、涂料、塑料、橡胶和文教用品的着色。

3. 毒性

本品健康危害 GHS 分类为：皮肤致敏物，类别 1。

大鼠经口 LD_{50} ＞10 g/kg，大鼠经皮 LD_{50} ＞5 000 mg/kg。动物试验报告可引起肝、肾、肾上腺组织结构改变及肾脏蛋白质变性。皮肤腐蚀/刺激：兔经皮 4 h，无皮肤刺激(OECD 测试导则 404)。严重眼损伤/刺激：兔经眼 24 h，无眼睛刺激(OECD 测试导则 405)。可引起皮肤过敏。

4. 风险评估

本品可能对水生生物造成长期持续有害影响，其环境危害 GHS 分类为：危害水生环境—长期危害，类别 4。

醌亚胺染料类

此类染料中实际应用的有吖嗪染料、噁嗪染料和噻嗪染料。它们都是由醌亚胺聚合而成。聚合时首先形成靛胺、靛苯胺或靛酚类化合物，在它们中联结二个芳香基团的氮原子的邻位上引进氮、氧或硫原子，即形成吖嗪、噁嗪或噻嗪。

此类染料一般均为相当深的颜色(如大红、蓝、绿、紫黑色等)，品种虽多，但实际应用的却很少。

碱性桃红 T

1. 理化性质

CAS 号：477-73-6	外观与性状：红褐色粉末
别名：碱性红 2；3,7-二氨基-2,8-二甲基-5-苯基-氯化酚嗪鎓；藏红 T；藏花红 T；番红花红；番红花红 O(T)；碱性藏红 T；兰光藏花红；盐基桃红	分子式：$C_{20}H_{19}ClN_4$
分子量：350.84	pH 值：10(10 g/L，H_2O，20℃)
熔点/凝固点(℃)：＞240	密度(g/cm^3)：1.00(20℃)
溶解性：溶于水呈红色；溶于乙醇呈红光(带黄光红色荧光)；于浓硫酸中呈绿色，稀释后呈蓝色，并转变为红色	

2. 用途与接触机会

由于碱性桃红 T 色泽红艳且不易褪色，不法商人将其用于花生、红菇、蜜饯等的染色。此外，本品还能覆盖霉变花生外表的霉斑。

工业上用于羊毛、丝、皮革、腈纶和其他人造纤维的染色；棉织品的印花；纸张、木材的着色；也可制成色淀用于油墨、水彩颜料和印刷壁纸等。在化学分析中用作氧化还原反应的指示剂、酸碱指示剂，也可用于生物染色或点滴分析亚硝酸盐。

3. 急性毒作用

小鼠经口 LDL_0：1 600 mg/kg；大鼠静脉注射 LD_{50}：28.74 mg/kg；小鼠静脉注射 LD_{50}：24.02 mg/kg。

兔经眼造成严重的眼刺激。兔静脉注射 30 mg/kg，可造成坏死性肾病。

4. 人体健康危害

有较强的刺激作用。可引起皮炎和眼、呼吸道刺激症状。

水溶尼格辛黑

1. 理化性质

CAS 号：8005-03-6	外观与性状：黑色带有闪光的粒状

（续表）

别名：酸性粒子元；酸性粒子元NBL；酸性粒子元青；酸性皮元NL；黑色素（水溶）；水溶苯胺灰；水溶尼格洛辛；酸性黑2	熔点/凝固点（℃）：无资料
溶解性：可溶于水，水溶液呈蓝紫色，加入氢氧化钠溶液产生棕紫色沉淀；溶于乙醇呈蓝色。于浓硫酸中也呈蓝色，稀释后转变为紫色，并有沉淀析出	

2. 用途与接触机会

生活中，可通过被本品染色的毛、丝制品接触本品。

工业上，主要用于羊毛、蚕丝的染色，也用于皮革染色（通常经铬媒染），以及纸张、木制品、肥皂、电化铝的着色和制造墨水。也可用于生物染色，如中枢神经组织、胰组织、细胞芽胞等的染色。

3. 慢性毒作用

大鼠经口 1 000 mg/kg 未见中毒表现。小鼠经口 0.12 mg/d，历时 120 d，未见任何影响。大鼠长期吸入本品 290～430 mg/m^3，可发生卡他性剥脱性支气管炎，肺气肿。此外，肝、心肌、肾、脾和胃肠有变性。本品健康危害 GHS 分类为：特异性靶器官毒性—反复接触，类别 2。

4. 人体健康危害

制造本品工人可发生皮炎和高铁血红蛋白血症一类症状。

碱 性 暗 蓝

1. 理化性质

外观与性状：深蓝色粉末	溶解性：溶于水和醇

2. 用途与接触机会

生活中，可通过被本品染色的棉、人造纤维等制品接触本品。

工业上，主要用于棉织品、人造革、人造纤维等的染色。

3. 人体健康危害

主要是刺激性作用。皮肤接触本品可发生皮炎。

碱性湖蓝 BB

1. 理化性质

CAS 号：61-73-4	外观与性状：深绿色铜光泽的结晶粉末
别名：盐基湖蓝 BB；亚甲基天蓝；亚甲基蓝；美蓝；亚甲蓝；次甲基蓝；3,7-双（二甲氨基）吩噻嗪-5-翁氯化物	分子量：319.85
分子式：$C_{16}H_{18}N_3S \cdot Cl$	闪点（℃）：45
熔点/凝固点（℃）：100～110（分解）	密度（g/cm^3）：1.0（20℃）
溶解性：水溶性 40 g/L（20℃），溶于水呈蓝色；稍溶于乙醇；染料于浓硫酸中呈黄光绿色，稀释后转蓝色	

2. 用途与接触机会

生活中，可通过被本品染色的棉、麻、丝等制品接触本品。

工业上，主要用于麻、蚕丝的染色，也用于纸张染色、竹木着色以及制造墨水和色淀，还可用于生物细菌组织的染色。医学上用作解毒剂，对亚硝酸盐、硝酸盐、苯胺、硝基苯、三硝基甲苯、苯醌、苯肼等和含有或产生芳香胺的药物（乙酰苯胺、对乙酰氨基酚、非那西丁、苯佐卡因等）引起的高铁血红蛋白血症有效，与硫代硫酸钠合用治疗氰化物中毒。

3. 毒代动力学

静注后作用迅速，基本不经过代谢即随尿排出。口服在胃肠道的 pH 条件下可被吸收，并在组织内迅速还原为白色亚甲蓝。在 6 天内 74% 由尿排出，其中 22% 为原形，其余为白色亚甲蓝，且部分可能被甲基化。少量亚甲蓝通过胆汁，由粪便排出。

4. 毒性与中毒机理

大鼠经口 LD_{50}：1 180 mg/kg；小鼠经口 LD_{50}：3 500 mg/kg。本品健康危害 GHS 分类为：急性毒性—经口，类别 4。

本身系氧化剂，根据其在体内的不同浓度，对血红蛋白有两种不同的作用。大剂量（5 mg/kg～10 mg/kg）亚甲蓝直接使血红蛋白氧化为高铁血红蛋白，由于高铁血红蛋白易与 CN^- 结合形成氰化高铁血红蛋白，但数分钟后二者又离解，故仅能暂时抑制 CN^- 对组织中毒的毒性，与硫代硫酸钠合用可用作治疗氰化物中毒。小剂量(1 mg/kg～2 mg/kg)时，糖在红细胞支路代谢生成的还原型辅酶Ⅱ脱氢酶(NADPH)，使亚甲蓝还原为还原型亚甲蓝，还原型亚甲蓝能将高铁血红蛋白还原为血红蛋白，故应用小剂量治疗高铁血红蛋白症(如硝基苯、硝酸甘油、苯胺、伯氨喹酸、亚硝酸、硝酸盐、肠原性青紫症所致高铁血红蛋白症)，可使大部分高铁血红蛋白在 1 h 左右还原。

5. 人体健康危害

人体吸入引起高铁血红蛋白形成，大剂量接触后引起高铁血红蛋白血症。静注剂量过大时(500 mg)可引起恶心、腹痛、心前区痛、眩晕、头痛、出汗和神志不清。静脉注射过速引起头晕、恶心、呕吐、胸闷、腹痛。用药后尿呈蓝色，排尿时有尿道口刺痛。皮下注射可引起局部坏死，鞘内注射引起瘫痪。

硝基和亚硝基染料类

硝基和亚硝基染料是苯酚类、萘酚类和芳胺类的硝基或亚硝基的衍生物。

主要有刺激作用。对呼吸道和眼有较明显的刺激作用，并可引起接触性皮炎。多数又可引起光感性皮炎。但它们不具有一般硝基和亚硝基化合物所特有的形成高铁血红蛋白和损害神经系统的毒作用。

长期接触本类染料可能有致癌危险，因为有的染料在体内可经代谢转化为在结构上与致癌物质(如 2-氨基-1-萘酚)相似的物质。

酸性萘酚黄 S

1. 理化性质

CAS 号：846-70-8	外观与性状：淡黄色到橙黄色粉末
别名：黄胺酸二钠盐；8-羟基-5,7-二硝基-2-萘磺酸二钠盐；2,4-二硝基-1-萘酚-7-磺酸钠；萘酚黄 S；色酚黄 S；2,4-二硝基-1-萘酚-7-磺酸(三水)；8-羟基-5,7-二硝基-2-萘磺酸；黄萘酸	分子式：$C_{10}H_4N_2Na_2O_8S$

(续表)

分子量：358.19	熔点/凝固点(℃)：>300
溶解性：易溶于水；略溶于醇	

2. 用途与接触机会

在化妆品中作为着色剂，某些食品、饮料中可能违法添加。主要用于羊毛和蚕丝制品的染色。其次用于制造色淀。

3. 急性毒作用

毒性远低于 2,4-二硝基-1-萘酚。重复经口给 2,4-二硝基-1-萘酚 70 mg/kg·d 可使实验动物致死，而本品更大的剂量只引起轻度腹泻。

4. 人体健康危害

成人一次误服 2～4 g 时，可出现腹痛和腹泻。本品同其他硝基酚类化合物相似，可刺激新陈代谢，但作用程度远低于硝基酚。对皮肤有轻度刺激作用。

其 他 染 料
呫吨染料类(氧杂蒽染料)

分子中含有呫吨(氧杂蒽)结构的染料。类似二芳甲烷及三芳甲烷衍生物。主要是碱性染料。色泽鲜艳，水溶液有强烈荧光。色牢度较差。若在呫吨环上引入磺酸基团，可制成酸性染料。通过改进结构，提高色牢度，也可制成分散染料、活性染料、压敏染料和有机颜料等。

碱 性 玫 瑰 精

1. 理化性质

CAS 号：81-88-9	外观与性状：红紫色或亮绿色结晶粉末
别名：碱性玫瑰精 B；碱性桃红；罗丹明 B；玫瑰红 B；四乙基罗丹明；碱性紫 10	分子式：$C_{28}H_{31}ClN_2O_3$
分子量：479.01	pH 值：3～4(10 g/L，H_2O，20℃)
熔点/凝固点(℃)：210～211	密度(g/cm^3)：0.79(20℃)

（续表）

溶解性：溶于水，溶解度 1 mg/cm³；溶于水和乙醇呈蓝光红色（带强荧光）；微溶于丙酮；极易溶于乙二醇乙醚。于浓硫酸中呈黄光棕色，带有较强的绿色荧光，稀释后呈猩红色，随后变为蓝光红色至橙色；其水溶液加入氢氧化钠呈玫瑰红色，加热后产生絮状沉淀	

2. 用途与接触机会

本品为非法食品添加剂，能使添加了本品的辣椒粉、干辣椒等调味品或腊肠等熟肉制品色泽鲜亮持久，依然有商家违规使用。

工业上主要用于染蚕丝、腈纶、羊毛，也用于皮革、纸张、麦秆着色以及制备色淀颜料。在造纸工业中，用于染蜡光纸、打字纸、有光纸等。还可用于食品和某些金属分析试剂。

3. 毒性

本品健康危害 GHS 分类为：严重眼损伤/眼刺激，类别 1。

小鼠经口 LD_{50}：887 mg/kg，大鼠经口 TDL_0：500 mg/kg。中毒症状有萎靡和抑制状态，呼吸表浅而快，30～40 min 后见尾、耳、爪部皮肤呈现玫瑰色，不时搔抓，打喷嚏，出现全身强直性痉挛死亡。血象有红细胞和白细胞轻度减少。尸检见肺严重充血，胸膜下出血，肝细胞脂肪变性，在脑血管周围和细胞间质有水肿，脑组织呈海绵状疏松等。心肌细胞颗粒变性甚至坏死。组织培养对肝细胞生长有抑制作用。兔经眼造成严重的眼睛刺激反应。

大鼠吸入本品 110 mg/m³（10 μm 颗粒），每周 6 d，历时 30 d，观察 79 d，发生气管炎、支气管周围炎、卡他剥脱性支气管肺炎、肺气肿、肺水肿、肺硬化等，并见出血性肾小球性肾炎、肾小管坏死、肠炎和小肠黏膜坏死。

IARC 致癌性分类为 G3 类致癌物。

4. 人体健康危害

成人食用本品着色的食品（约含本品 200 mg）和 2 岁儿童食入 10 mg，除尿呈玫瑰色数天外，无中毒表现。长期接触可能引起咳嗽、喉炎，造成呼吸短促、恶心、呕吐等症状。

酸性曙红

1. 理化性质

CAS 号：548－26－5	外观与性状：淡黄色结晶粉末
别名：曙红；酸性红 87；红 Y(醇溶)；2,4,5,7－四溴荧光黄；墨水红；弱酸红 A；酸性红 87；C.I.酸性红	分子式：$C_{20}H_8O_5Br_4$
溶解性：不溶于水和苯；微溶于乙醇；易溶于氢氧化钠溶液、碳酸钠溶液和氨水成暗玫瑰色溶液；溶于浓硫酸，溶液成橙色。其商品一般是其铵盐或二钠盐，是鲜红色粉末，溶于水成深玫瑰色并带绿色荧光	分子量：647.90

2. 用途与接触机会

在化妆品中主要用于唇膏的着色剂，不得用于眼部化妆品中，不推荐用于面部化妆品及指甲油。红墨水也可含有本品。

用于染羊毛和丝绸，用作照相胶片的敏化剂，还可用于制造化妆品、红墨水等。科研中常用作沉淀滴定的吸附指示剂，能在较宽的 pH 范围(pH2～10)内应用。常用作硝酸银滴定溴离子、碘离子和硫氰酸根离子时的指示剂。

3. 急性毒作用

有光感作用，0.5%溶液对小鼠无损皮肤无光感作用，但对损伤的皮肤则有光感作用。给小鼠皮下注射 0.25%～0.5%溶液无反应，0.75%溶液 36 h 后发生过敏反应，1%可致死。尸检见皮下组织充血、水肿，肺呈暗红色和水肿，肝肿大，心脏和肠无改变。本品健康危害 GHS 分类为：严重眼损伤/眼刺激，类别 1。

4. 人体健康危害

给成人静脉注射本品 5%溶液 10 ml 引起过敏反应，但无死亡。

碱性红 G

1. 理化性质

CAS 号：989－38－8	外观与性状：红色或黄褐色粉末

（续表）

别名：盐基玫瑰精 6GDN；罗丹明 6G；碱性红 1/罗丹明 6G；罗丹明 6G/碱性红 1；阳离子红 1；玫瑰红 6G；Rhodamine 6G；C.I.Basic red 1	分子式：$C_{28}H_{31}ClN_2O_3$
分子量：479.01	熔点/凝固点(℃)：290
溶解性：溶于水，呈带有绿色荧光的猩红色；溶于乙醇，呈带黄色荧光的红色；于浓硫酸中呈黄色，稀释后呈红色	

2. 用途与接触机会

生活中，主要通过使用本品染色的皮革、纸张、腈纶、毛、丝等接触本品。

工业上用于染蚕丝以及蚕丝织物的直接印花。一般用于中性、酸性直接染料多色套印中作点缀色彩之用，不印大、中块面花型。用于染羊毛、棉纤维时，色牢度较差。可用于皮革、纸张着色，也用于制备有机颜料。与磷钨钼酸作用生成色淀用于制造高级油墨的颜料。在科研中用于荧光和光度法测定金属离子，吸附指示剂或生物染色剂。

3. 毒性

本品健康危害 GHS 分类为：急性毒性—经口，类别 3；严重眼损伤/眼刺激，类别 1。小鼠经口 LDL_0：50 mg/kg；大鼠经口 LDL_0：125 mg/kg；小鼠经口 LD_{100}：50 mg/kg，经口最大耐受量为 5 mg/kg。小鼠经口给予耐受量，出现活动增加，呼吸频而浅，间有呼吸缓慢而困难，在全身强直性痉挛中有时死亡。血象见红细胞、白细胞和血红蛋白减少。尸检见各器官出现溶血现象和萎缩性变。

小鼠吸入本品 130 mg/m^3（10 μm 的颗粒），每周 6 d，历时 30 d，观察 79 d，出现局灶性卡他出血性肺炎、卡他化脓性支气管炎、支气管周围炎和局灶性肺硬化，其他器官有细胞颗粒变性，50%动物死亡。本品被 IARC 分类为 G3 类致癌物。

4. 人体健康危害

在生产本类染料的工人中，见手掌多汗、皲裂，指甲变薄易折断，并见慢性支气管炎、胃炎、肝和胆道炎症等发病增高，以及神经系统和血液方面有改变。

5. 风险评估

本品对水生生物毒性极大并具有长期持续影响，其环境危害 GHS 分类为：危害水生环境—急性危害，类别 1；危害水生环境—长期危害，类别 1。

多甲川染料类(菁染料)

又称多甲川染料或花青染料。大多由甲川链（—CH=，即次甲基）结合两个氮杂环所构成。最早的菁染料（4，4′-甲川喹啉菁）于 1856 年合成，因溶解时呈青色而得名，后为此类染料通称。色彩鲜艳，耐晒耐洗牢度好。多用于感光胶片乳剂的增感剂或减感剂，也用于彩色胶片的滤色剂（如菁蓝）。

菁　　蓝

1. 理化性质

CAS 号：523-42-2	外观与性状：绿色光泽的晶体
别名：花青苷，花青，1.5-水合喹啉蓝，氮萘蓝，喹啉蓝	分子式：$C_{29}H_{35}IN_2$
分子量：538.506 1	熔点/凝固点(℃)：>250
溶解性：不溶于冷水；难溶于温水；溶于乙醇。水溶液呈紫色，在透过的光线中呈天蓝色。	

2. 用途与接触机会

日常生活中接触菁蓝的机会较少，某些油墨、油漆或包装材料中含有少量。

工业上，用作电影胶片的增感剂，彩色胶片的滤色剂，在黄色、橙色和红色域特别敏感。可用于制造显示器、半导体、光学纤维、防反射薄膜、印刷电路板，或制造墨水、墨粉、油漆、黏合剂、包装材料、纤维增强塑料成型材料、建筑材料、树脂。

3. 人体健康危害

对皮肤有刺激作用，并有光感作用。

第32章

军 用 毒 剂

概　　述

军用毒剂，也称化学战剂（chemical warfare agents，CWA），简称毒剂，是指战争中使用的以强烈毒性作用杀伤对方有生力量、牵制和扰乱对方军事行动的有毒物质，是构成化学武器杀伤力的决定因素和基础。作为军用毒剂，一般应具备毒性强、作用快、毒效持久、施放后易造成杀伤效应，能通过多种途径引起中毒、不易发现、防救困难，容易生产、性质稳定、便于贮存等特性。因此，实际上能够作为军用毒剂的毒物是有限的。

第一次世界大战揭开了人类战争史上现代化学战的序幕，造成了惨重的伤亡。之后军用毒剂又在多次局部战争和武装冲突中使用并造成严重后果，国际社会经过艰苦谈判，终于在1992年达成了《禁止化学武器公约》的文本，1997年4月29日公约开始生效，极大地减少了化学武器的威胁。但军用毒剂的威胁并未消失，如在叙利亚内战中沙林等的反复使用，1995年日本东京地铁发生的沙林中毒事件，以及我国面临的日本遗留化学武器的持续危害等，都证明军用毒剂仍然给人类社会构成了严峻挑战。

（一）军用毒剂的分类

根据军用毒剂的性质、作用原理及战术目的，军用毒剂可按不同方法进行分类。

1.1　按毒理作用分类

（1）神经性毒剂（nerve agents）是目前毒性最强的一类军用毒剂，其毒理作用是抑制乙酰胆碱酯酶，人员中毒后迅速引起一系列神经系统症状。主要有G类和V类毒剂两个亚类，前者代表有沙林、梭曼、塔崩、环沙林等，后者代表有维埃克斯（VX）和VR等。这些毒剂均含有磷元素，故又称含磷毒剂或有机磷毒剂（organophosphorus agents）。

（2）糜烂性毒剂（vesicants），这类毒剂能引起皮肤、眼、呼吸道等暴露部位局部损伤，吸收后出现不同程度的全身中毒反应。主要代表有硫芥、氮芥、路易氏剂。由于皮肤损伤后可出现红斑、水泡、糜烂和坏死，故也称"起泡剂"（blister agents）。

（3）全身中毒性毒剂，也称血液毒（blood agents），因其分子结构中都含有氰离子（CN^-），故又称"氰类毒剂"（cyanides）。这类毒剂经呼吸道吸入后迅速破坏细胞对氧的正常利用，造成组织缺氧，导致出现一系列全身中毒症状。主要代表有氢氰酸、氯化氰。

（4）窒息性毒剂（choking agents），这类毒剂主要损伤呼吸系统，引起急性中毒性肺水肿，导致缺氧和窒息。主要代表有光气、双光气，也称肺损伤性毒剂（lung damaging agents）或肺刺激剂（lung irritants）。

（5）失能性毒剂（incapacitating agents），这类毒剂可导致中毒人员出现思维、情感和运动功能障碍，暂时失去战斗力或工作能力，但不致有生命危险。主要代表有毕兹（BZ）、麦角酰二乙胺（LSD）等。

（6）刺激剂（irritant agents），这类毒剂能对眼和上呼吸道产生强烈的刺激作用，战时用以骚扰对方军事行动，平时为世界各国装备警察维持社会治安，也称"控暴剂"（riot-control agents）。主要代表有苯氯乙酮、亚当氏剂、西埃斯（CS）、西阿尔（CR）、辣椒素等。

其他还有植物杀伤剂等，如2,4-D和2,4,5-T等，能使植物落叶、枯萎或生长反常，人畜长期接触也有一定毒害作用，可引起亚急性或慢性中毒，有遗传损伤和致畸等远期危害。现已不列为军用毒剂。

1.2 按作用持久性分类

(1) 暂时性毒剂(non-persistent agents) 施放后有效杀伤时间短(<60 min)。多为沸点低、易挥发的液态毒剂,如氢氰酸、光气、沙林等;或者常温时为固体、施放后呈烟状的毒剂,如失能剂BZ,刺激剂CS、苯氯乙酮等。

(2) 持久性毒剂(persistent agents) 施放后有效杀伤时间长(数小时至数星期)。多为沸点高,不易挥发的液体毒剂如芥子气、VX和以微粉状施放的固体毒剂。

(3) 半持久性毒剂(semi-persistent agents) 有效杀伤时间介于前两者之间,能保持数十分钟至数小时,如梭曼、塔崩、双光气等。

毒剂或刺激剂的持久性是相对的。它与毒剂的理化性质、施放方法、战斗状态、目标区的地形和气象条件等因素有关。通常作为暂时性烟状使用的CS,若以微粉状布洒于地面可长期发挥毒性作用;通常作为持久性毒剂使用的芥子气如施放呈雾态,则为暂时性毒剂。

还有可按战术用途分类:如致死性、致伤性、失能性、骚扰性毒剂和植物杀伤剂;按杀伤作用快慢分类:如速效性、非速效性毒剂等。

(二) 军用毒剂的杀伤特点及使用局限性

2.1 军用毒剂的杀伤特点

军用毒剂具有强大的杀伤效应,具有如下杀伤特点:

(1) 毒性作用强 军用毒剂多属剧毒或超毒性毒物,其杀伤力远大于常规武器。据第一次世界大战统计,军用毒剂的杀伤效果为高爆炸药的2～3倍。近代化学武器的发展,已使毒剂的毒性更强,因此在发生毒剂攻击时可造成大批同类中毒伤员。

(2) 中毒途径多 毒剂可通过吸入、接触、误食等多种途径,直接或间接地引起人员中毒。

(3) 持续时间长 毒剂的杀伤作用不会在毒剂施放后立即停止,其杀伤效应能持续一定时间,这取决于军用毒剂的特性、袭击方式和规模以及气象、地形等条件。

(4) 杀伤范围广 军用毒剂施放后形成的毒剂蒸气或气溶胶(初生云)可随风传播和扩散,使得毒剂的杀伤效应远远超过袭击区,扩展到一定的地面和空间,并可进入非密闭的工事、地下室和坑道内造成毒害作用。

2.2 军用毒剂使用的局限性

军用毒剂虽然杀伤作用大,但在使用上要受到许多因素制约。

(1) 气象条件的影响 气象条件对化学武器的使用效果影响很大。无风、风速过小(<1 m/s)、风向不利或不定时,使用气态毒剂就要受到很大限制;风速过大(如超过6 m/s),毒剂云团很快吹散,也不利于使用。其他如炎热季节,毒剂蒸发快,有效时间随之缩短;严寒季节,凝固点较高的毒剂则冻结失效;雨、雪可以起到冲刷、水解或暂时覆盖毒剂的作用。

空气垂直稳定度对初生云的毒剂浓度影响很大。对流时,染毒空气迅速向高空扩散,不易形成战斗浓度,一般不宜施毒;逆温时,空气上下无流动,染毒空气沿地面移动,并不断流向散兵坑、沟壑等低洼处,这种条件适合施毒;等温是介于逆温和对流之间的居中条件。

(2) 地形地物的影响 地形、地物和地面植被对毒剂的使用也有一定影响。地形能改变风向、风速,从而改变对染毒空气的传播方向、传播速度及范围。在复杂的山区、洼地、丛林地带、城市居民区,毒剂滞留时间长、浓度高、杀伤范围则相对小。在平坦开阔地或海面,毒剂云团随风运动,不受阻碍,并向周围扩散,形成较大的杀伤范围,持久性则较低。

(3) 毒剂理化性质的影响 如光气沸点很低(8.2℃),施放后很快挥发扩散,作用时间很短;芥子气凝固点为14.4℃,在冬季不便使用;有的毒剂易水解,存放过久会失去毒性。

(4) 作战情况的影响 近战、夜战或双方部队处于犬牙交错态势时,或是当舰艇在快速行进时,一般难以使用毒剂。

此外,毒剂使用的效果,还取决于化学防护的有效性。对训练有素、有着良好防护准备的人员,军用毒剂的杀伤和牵制作用将大为削弱。

2.3 影响军用毒剂损伤作用的因素

毒剂对机体的损伤作用,实际是毒剂与机体相互作用的综合性表现。由于战况、环境、接受的毒剂剂量和个体差异等因素,中毒后机体损伤的发展不尽相同,故影响军用毒剂损伤的因素很多。

(1) 毒剂的种类 化学结构是决定其损伤作用的重要基础。各类毒剂由于结构不同,作用的靶器官和毒性作用也各有差异。例如神经性毒剂和全身中毒性毒剂由于结构不同、靶标不同，中毒表现区别明显。

(2) 毒剂的毒害剂量　一般来说，毒剂的毒害剂量决定了毒剂和机体间相互作用的程度。在一定范围内，毒剂损伤作用的大小随毒害剂量而递增，暴露在毒区时间愈长，接受的毒害剂量也就愈大，损伤则愈重。

(3) 中毒途径　不同的中毒途径对毒剂的毒性作用也有很大影响。一般同一种毒剂，不同途径对人员的损伤作用为：呼吸道＞眼、伤口＞消化道＞皮肤。

(4) 中毒次数与混合中毒　重复中毒可使某些毒剂产生蓄积作用或增加机体的敏感性。例如神经性毒剂在短期内小剂量重复中毒后，可产生蓄积作用，芥子气重复中毒有敏感性增高现象。两种以上的毒剂混合中毒时，一般有相互加重作用，所引起的临床表现也比较复杂，如芥子气与路易氏剂混合中毒。

(5) 毒剂在体内的过程　对多数毒剂来说，其毒性大小或解毒的快慢，与它在体内代谢过程的速度有很大关系。毒剂的代谢主要在肝内进行，其次是在它进入机体或排出时所经过的脏器与组织(如肺、肠、肾及皮肤等)中发生的进一步代谢转化。

(6) 机体的功能状态　除以上影响因素外，毒剂对机体的作用还与机体的功能状态有密切关系。过度劳累、疾病、体质虚弱、个体差异、外环境的不同等，都会影响机体的功能状态，改变机体的反应性与耐受性，从而对中毒程度与中毒过程产生影响。

(三) 军用毒剂损伤的预防、诊断、急救治疗和护理原则

在使用军用毒剂的条件下，短时间内可突然出现大批中毒伤员。军用毒剂中毒后症状发展较快，伤情紧急复杂，尤其是速杀性毒剂中毒，如抢救不当或不及时，常危及生命。因此，积极有效的医学防护、早期正确的诊断和迅速有效的抢救是化学中毒伤员救治的关键。

3.1　预防

原则上要求器材防护与卫生防护相结合；群众性防护与专业技术防护相结合。主要措施如下：

(1) 及时使用防护器材　如防毒面具、皮肤防护器材、简易防护器材和集体防护工事等。平时要做好防护器材的贮备和保养，并掌握正确使用方法。在有毒剂暴露风险时，均应及时使用合适的个人防护器材。

(2) 服用预防药物　如神经性毒剂、全身中毒性毒剂等速杀性毒剂毒性强、作用快，在获得敌方化学战情报后，可组织服用预防药。但预防药只是一种辅助防护手段，不能代替器材防护，因其有效时间短，预防效果有限，且不易掌握服用时机。

(3) 遵守染毒区行动规则　在毒区内，不得脱去防护器材。无必要时不得坐下或卧倒，尽量避免在杂草或树丛中行动和在染毒空气容易滞留的低洼地等处停留，禁止饮水、进食和吸烟等，只有得到命令后才能解除个人防护。

(4) 及时进行洗消　离开染毒区后，尽快对人员和器材进行洗消。为此，必须事先贮备足够的洗消药品和器材。

3.2　诊断

早期正确的诊断是进行有针对性的急救治疗和组织医疗后送的基础。诊断的主要根据是：

(1) 中毒史　着重了解染毒区的特征、当时伤员的防护情况、有无大批相同症状中毒人员出现、早期中毒症状和救治情况以及化学侦察结果等。

(2) 症状特点　根据各种毒剂的临床特点进行诊断。这在战时是军医最主要的诊断依据，因为化验检查和毒剂侦察结果不一定能很快获取。

(3) 化验检查　根据各种毒剂损伤特点，进行必要的实验室检查以辅助诊断。

(4) 毒剂侦检结果　除了解防化分队侦检结果外，必要时从伤员体表、服装、呕吐物、水及食物等采样进行毒剂鉴定。

3.3　救治

对中毒伤员的救治必须迅速、正确。在急救中应先重后轻，并主要依靠自救、互救。对速杀性毒剂中毒的伤员更应分秒必争地进行抢救，自救、互救尤为重要。在救治中要贯彻特效抗毒治疗与综合治疗相结合；局部处理与全身治疗相结合的原则。同时尚应注意正确处理毒剂中毒和其他创伤的关系。具体救治措施为：

(1) 防止继续中毒，包括使用防护器材、脱去染毒服装、消除毒剂及尽快离开毒区等；

(2) 尽早使用特效抗毒剂，特别是对于速杀性毒剂如神经性毒剂或全身中毒性毒剂，防止病情恶化并为后期治疗赢得时间；

(3) 维持呼吸循环功能，重视对危及生命体征如惊厥、呼吸困难、休克等的抢救；

(4) 对症处理并加强护理、安静保温、防治感染以促进恢复,减少并发症。

神经性毒剂

神经性毒剂(nerve agents)是一类对人和动物有剧毒的有机膦酸酯(organophosphonate)或有机磷酸酯(organophosphate)类化合物,也称为有机磷毒剂。这类毒剂对胆碱酯酶活性有强烈的抑制作用,因此亦被称为有机磷胆碱酯酶抑制剂。神经性毒剂由于毒性强、作用快等良好的战术性能,成为外军装备的主要化学战剂之一。

神经性毒剂与常见的有机磷农药同属一类化合物,故毒理作用相似,但毒性大大超过后者。根据化学结构和战术使用特点,主要包括两大类:① G 类毒剂,中毒途径以呼吸道吸入为主,主要有塔崩(tabun)、沙林(sarin)、梭曼(soman)、环沙林(cyclosarin)等;② V 类毒剂,中毒途径以皮肤吸收为主,主要代表有维埃克斯(VX)与 VR,其皮肤毒性比 G 类约大百倍。此外,美国于 20 世纪 70 年代研制出 GV 类神经性毒剂,即胺基氟磷酸酯,具有 G 类毒剂的高挥发性和 V 类毒剂的高透皮吸收毒性。就目前所知,GV 类毒剂仅限于研究阶段。而苏联亦于 20 世纪 60 年代至 90 年代早期对诺维乔克神经性毒剂进行了研究,该毒剂是氟磷酸亚甲胺基酯类,有关此类毒剂的信息资料很少。

此处主要介绍塔崩、沙林、梭曼、环沙林以及维埃克斯(VX)等经典的神经性毒剂(表 32-1),它们与常见的有机磷农药同属有机磷胆碱酯酶抑制剂类化合物,其中毒原理、临床表现、防治原则和急救方法等基本相似。

表 32-1 常见神经性毒剂的化学结构和代号

种 类	名 称	美军代号	化 学 结 构 式	化 学 命 名
G类	塔崩	GA	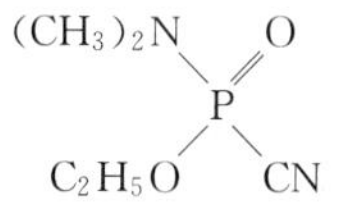	二甲胺基氰磷酸乙酯
	沙林	GB	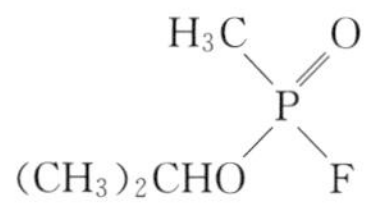	甲氟膦酸异丙酯
	梭曼	GD	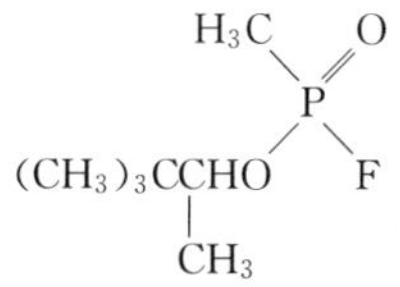	甲氟膦酸特已酯
	环沙林	GF	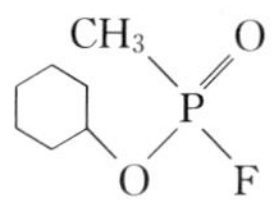	O-环已基甲基膦酰氟酯
V类	维埃克斯	VX	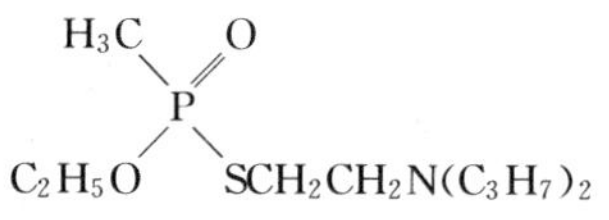	O-乙基-S-[2-(二异丙基氨基)乙基]-甲基膦酰硫酯
	俄制维埃克斯	VR	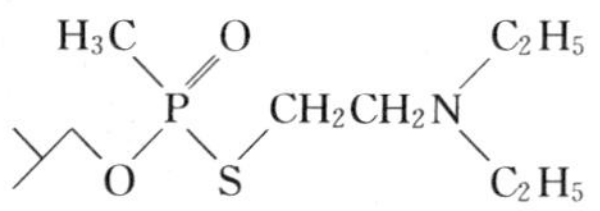	O-(2-甲基)丙基-S-[2-(二乙基氨基)乙基]-甲基膦酰硫酯

沙　林

1. 理化性质

1.1　物理性质

CAS号：107-44-8	外观与性状：无色水样液体，无味，有杂质时弱水果味
分子式：$C_4H_{10}FO_2P$	分子量：140.09
熔点/凝固点(℃)：−57	沸点(℃)：147
饱和蒸气压(kPa)：0.38(20℃)	分解温度(℃)：180～190
密度(g/cm^3)：1.102(20℃)	气味阈值(mg/m^3)：＜1.5 有人可感知气味
相对密度(水＝1，25℃)：1.102	溶解性：可溶于多数有机溶剂中，与水任意互溶
相对蒸气密度(空气＝1)：4.86	挥发度(mg/m^3)：22 000(25℃)

1.2　化学性质

沙林的P(O)-F基性质非常活泼，类似卤素的性质(称伪酰卤)，化学反应首先是在这个部位进行。另外分子结构中的酯键也不太稳定，在一定条件下也可起化学反应。

(1) 稳定性　纯沙林在常温下很稳定，但温度升高会促使其分解。沙林在150℃以下时分解明显，在180～190℃，经30～40 min即完全分解。杂质对其稳定性有很大影响。沙林中含有的氯化氢、氟化氢等杂质能促使沙林分解，而不利于其贮存。

(2) 水解反应　常温下沙林在水中可缓慢水解，生成一种毒性较小的水解产物甲膦酸异丙酯和氟化氢。室温下pH值为7时水中沙林的半衰期为5.4 h。温度升高时沙林的水解速度可加快。

(3) 与碱反应　沙林可与碱迅速反应生成无毒产物，因此可用氢氧化钠和氨气等碱性化合物的水溶液对其进行消毒。在25℃，pH值为9时沙林的半衰期只有15 min。

2. 用途与接触机会

2.1　战争环境

沙林的生产技术要求不高，其性质较稳定、容易贮存、毒性强、作用快，施放后不易被发觉，因此成为各国化学武器库中主要化学战剂之一，可对无防护或缺乏良好防化训练的军民造成严重伤害。例如叙利亚内战期间，2013年8月21日，大马士革东郊古塔地区发生的沙林毒剂袭击事件，导致3 600余人受伤、1 729人遇难。

沙林杀伤作用一般持续几分钟到几十分钟，属暂时性毒剂。其作用快，几乎无潜伏期，严重中毒者如不及时抢救，可在几分钟到几十分钟内死亡，因此抢救必须及时，主要依靠自救、互救。

2.2　生活、生产环境

沙林等神经性毒剂已被列入《禁止化学武器公约》附表。在国际范围内随着禁止并销毁化学武器工作的推进，发生大规模化学战的可能性较低，但沙林对人们生产生活的安全威胁仍然存在。因具有规模化的杀伤性能，且制造技术、成本要求不高，沙林等神经性毒剂易受到恐怖组织等犯罪集团的青睐，而被应用于恐怖活动或者暗杀等，可给人们的生命健康带来严重危害。历史上针对平民发生的沙林毒气攻击有四次：① 1988年3月，萨达姆政权使用沙林袭击伊拉克北部库尔德人居住的哈拉卜贾(Halabja)，造成3 000～5 000人死亡；② 1994年6月，日本邪教组织奥姆真理教在松本市使用沙林攻击居民区，造成8人死亡，600多人中毒；③ 1995年3月20日，奥姆真理教在东京地铁上投放沙林毒剂，导致5 510人受伤，12人死亡；④ 前面提到的叙利亚大马士革东古塔地区沙林袭击事件。此外，毒剂生产、运输、储存过程中的不当措施亦可造成毒剂泄漏而对相关作业人员的安全构成威胁。

3. 毒代动力学

3.1　吸收、摄入与贮存

沙林可经呼吸道、皮肤、胃肠道、眼及体表伤口等多种途径吸收。不同途径的吸收速度和吸收率不同。一般来说，经呼吸道、眼和伤口吸收快而完全；经消化道吸收也快，但不完全；经皮肤吸收较缓慢，也不完全。沙林的挥发度较大，主要通过呼吸道吸收，皮肤沾染的只有一部分被吸收，其余都挥发了。进入机体的沙林随血流分布到全身各器官组织，但毒剂在各器官的分布是不均匀的，往往有选择性地蓄积在某些器官、组织内。小鼠皮下注射沙林，浓度依次为血＞肺＞脑＞膈肌。

3.2 体内转化

沙林进入机体后，主要选择性地与生物大分子如蛋白质迅速结合，从而开始了在体内的转化过程。

(1) 与特异性蛋白质的结合：主要是能迅速与体内特异蛋白质胆碱酯酶(ChE)作用生成膦酰化酶，产生毒性作用。

(2) 与非特异性蛋白质的结合：可减低其毒性作用，如脂族酯酶、羧酸酯酶等，但结合谱尚不明确。当毒剂与脂族酯酶结合后，就不能再和胆碱酯酶结合。

(3) 与乙酰胆碱受体(AChR)结合：只有在进入体内的毒剂量较大时，才可发生结合，这也是神经性毒剂中毒的一个原因。

(4) 与神经性毒剂水解酶结合：结合以后，被水解酶催化破坏。此类酶为一种非特异性A类酯酶(A-esterases)，可催化分解G类毒剂，使毒剂分子中的P－F键或P－CN键断裂，生成无毒产物，故又称为G类毒剂分解酶或磷酰基磷酸酯酶(phosphoryl phosphatase)，广泛存在于人和哺乳动物体内，并以肝脏及肾脏解毒器官中含量较高，血浆、心、脑和骨骼肌等组织中较少。该酶以Co^{2+}、Mg^{2+}或Mn^{2+}作为其辅助因子，分别被称作塔崩水解酶(tabunase)，沙林水解酶(sarinase)、梭曼水解酶(somanase)。沙林在体内的主要代谢物为甲膦酸异丙酯，另外，在沙林暴露者的尿液中可检测到大量的可能来源于沙林的异丙醇、乙醇、甲基磷酸乙酯(EMPA)等代谢产物，根据检测到EMPA的量可粗略计算沙林暴露剂量。

3.3 排泄

G类毒剂在体内代谢产物都是离子化合物，水溶性强，同时也无毒性或者毒性很低，多经肾由尿排出；少量经肠道随粪便排出；极少量经呼吸道由呼出气排出体外。排出的代谢产物主要是毒剂与体内特异性和非特异性蛋白质结合的裂解物，以及毒剂被分解酶催化水解的产物。

沙林代谢产物主要通过尿液排出。大鼠实验表明，大鼠单次皮下注射沙林75 μg/kg后，对沙林代谢产物包括甲基膦酸异丙酯等烷基甲基膦酸类化合物，进行检测后发现2 d内大部分沙林代谢产物均从尿液排出，经由粪便排出较少，三天累积排出量仅为2%。

4. 毒性与中毒机理

4.1 毒性作用

(1) 对人的急性毒性

沙林经由呼吸道吸收中毒时，中等活动量条件下的人员暴露30 s，其LCt_{50}值约为100 mg/(m³·min)，暴露10 min其LCt_{50}值则为155 mg/(m³·min)。若不以缩瞳为失能指标，则中度失能剂量约为其LCt_{50}值的一半。眼对低浓度沙林十分敏感，很快可引起瞳孔缩小和视力障碍。有人报道沙林滴入眼内的致死量为0.05 mg/kg，沙林对人引起缩瞳效应的半数有效浓时积(ECt_{50})为2～3 mg/(m³·min)。沙林对人的半数致死剂量见表32－2。

沙林的毒性易受中毒人员机体功能状态的影响。如人员的体力活动强度直接影响肺通气量，决定吸入毒剂的量和速度，对毒性有很大影响。参战人员在不同的作战条件下，沙林毒性相差可达6倍之多(表32－3)。

(2) 对动物的急性毒性

沙林对动物的毒性差别较大，其中大鼠和小鼠的数据较全(表32－4)。

表32－2 部分神经性毒剂对人的半数致死剂量

毒剂名称	呼吸道吸入		皮肤吸收		胃肠道吸收	
	LCt_{50} (mg·min/m³)	相对毒性 VX＝1	LD_{50} (mg/人)	相对毒性 VX＝1	LD_{50} (mg/人)	相对毒性 VX＝1
VX	10	1	6	1	5	1
梭曼	50	1/5	100	1/17	10	1/2
沙林	100	1/10	1 700	1/283	10	1/2
塔崩	400	1/40	1 000	1/167	40	1/8

注：人的体重按60 kg计算。

表 32-3　蒸气态沙林对不同状态下人的中毒剂量

	肺通气量 (L/min)	LCt_{50} (mg·min/m^3)	LCt_{90} (mg·min/m^3)
静 止 时	11	100	180
防御战时	24	50	90
进攻战时	77	15	30

表 32-4　沙林对不同动物的半数致死剂量

动物种类	吸入 (μg/m^3)	口服 (μg/kg)	静脉注射 (μg/kg)	肌肉注射 (μg/kg)	皮下注射 (μg/kg)	腹腔注射 (μg/kg)	皮肤 (mg/kg)
猴子	22.3	/	20	/	/	/	/
大鼠	/	550	39	100	103	218	2 500
小鼠	5	/	109	164	60	283	108
豚鼠	128	/	/	/	30	/	/
仓鼠	/	/	/	/	95	/	/
猪	/	/	15	/	/	/	116
猫	/	/	22	/	30	/	/
兔	/	/	15	/	30	/	0.925
鸡	/	/	/	/	16 673	/	/
母鸡	/	100	/	/	/	/	/

* "/"代表无相应数值

(3) 迟发性毒性

有机磷农药中毒可能会发生有机磷化合物诱导的迟发性神经毒性(organophosphate-induced delayed neurotoxicity,OPIDN)。OPIDN 是一种神经退行性疾病,其主要特征是在暴露于有机磷毒剂后 7～14 d 或更长时间出现的肢体感觉异常、肌肉疼痛、无力、麻痹、甚至瘫痪的症状。东京地铁沙林事件中有的受害者发生 OPIDN。但 246 例志愿者沙林不同途径暴露后未发生 OPIDN。由于缺少足够的病例,OPIDN 在沙林及其他神经性毒剂的发生率尚不明确。动物实验中有些模型有明确的 OPIDN。

(4) 慢性毒性

有机磷毒剂中毒经常会发生有机磷化合物诱导的慢性神经毒性(OPICN)。跟踪研究表明,急性神经性毒剂重度暴露后,神经肌肉功能会有所改变,脑电图异常,这些状况可持续至少 1 年。其他长期效应表现为慢性神经精神异常,包括易惊厥、睡眠障碍、记忆力损害、疲劳等,可出现 3 年以上。暴露后磁共振或者脑电图可检测到中枢异常。沙林暴露后未出现急性症状的库尔德人缺血性心脏病、恶性病、先天性出生缺陷发病率上升。对日本东京地铁沙林事件的受害者等的跟踪研究显示,在神经精神层面,发现他们有嗜睡、记忆力障碍、失眠、焦虑、易怒及信息处理困难等症状,创伤后应急障碍(PTSD)发生率升高,影像学检查则发现大脑白质萎缩。另外,沙林还有免疫毒性作用,可引起有机磷引起的内分泌紊乱(OPIED)。

4.2　中毒机理

沙林主要是抑制神经系统内的乙酰胆碱酯酶(acetylcholinesterase, AChE),此外,当中毒剂量过大时,沙林还可直接作用于胆碱能受体,引起一系列的功能改变。另外毒剂对非胆碱能神经也有影响。

(1) 对乙酰胆碱酯酶活性抑制作用

沙林通过抑制 AChE,使其失去催化水解乙酰胆碱(acetylcholine, ACh)的能力,造成组织中尤其是突触部位乙酰胆碱的蓄积,引起以中枢和周围胆碱能神经过度兴奋为主的一系列中毒症状和体征。沙林对 AChE 抑制作用的主要原因是沙林可与 AChE 不可逆地形成膦酰化酶(phosphorylated enzyme),该过程与酶催化水解 ACh 的过程相似(图 32-1)。但因为磷原子连接强吸电基团的缘故而带较多的正电荷,其亲电能力也就比乙酰胆碱碳正原子更强,对 AChE 有更大的亲和力。沙林暴露后,亲电子的正膦原子与被活化的丝氨酸羟基氧原子形成共价键,同时毒剂的离解基团(F、CN)脱落,形成膦酰化酶。

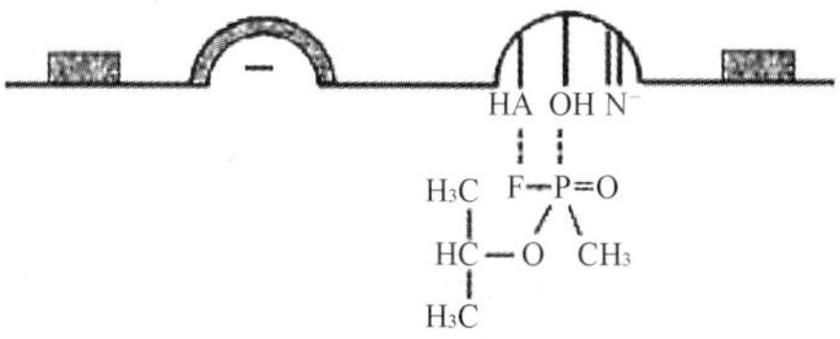

图 32-1　沙林与胆碱酯酶作用示意图

膦酰化酶形成后,随着时间和条件的改变,可发生变化,主要包括酶的自动活化、重活化和老化等三种转归方式: ① 自动活化是指使膦酰基从酶分子上水解下来,恢复酶的活性。但由于自动活化发生很慢,因此在沙林中毒时,特别是在严重中毒情况下,靠酶的自动活化难以达到解救目的。② 重活化则是靠强亲核试剂(肟类重活化剂)与膦酰化酶产生的亲核取代反应,生成膦酰肟,使膦酰基迅速地从酶表面脱落,从而使酶活性很快恢复。重活化反应是使膦酰化酶重新恢复活性的主要措施,因此是当前防治神经性毒剂(包括有机磷农药)中毒的一种重要途径。但是,重活化剂复活酶活性的效果要受许多因素的影响,如酶重活化剂与毒剂的种类,给药时间及中毒酶的类型等。③ 老化(aging)是指膦酰化酶经过一定时间,自动地从一种能被重活化状态转变为一种不能被重活化状态的变化过程,主要是烷氧基发生烷基脱落的过程。老化酶一经形成,非但不能自行水解,也不能自动恢复酶活性;而且肟类酶重活化剂对老化酶也没有重活化的疗效。所以,膦酰化酶发生老化是防治神经性毒剂中毒所面临的急待解决的又一关键问题。

膦酰化酶的转化主要取决于毒剂的种类。沙林中毒酶在 24 h 内自动恢复和老化速度是相等的(24 h 自动活化率为 4%,半老化期为 12 h),因此,沙林中毒相对较易于治疗。

(2) 对胆碱能受体的作用

已有不少实验表明,沙林的毒理作用,除抑制 AChE 外,还包括对胆碱能受体的作用。目前认为沙林对乙酰胆碱受体的作用可能有两种方式,一是直接作用于受体,二是间接作用于受体(即抑制 AChE)。沙林对受体直接作用的材料报道甚少,而后者研究报道较多。沙林对受体的直接作用剂量比抑制酶活性的剂量要大得多,因此其在毒理作用中的实际意义如何,尚未确定。这种作用可能在中毒过程的某些方面起重要作用,如毒剂引起的中枢性呼吸麻痹、血压下降、心律失常等与毒剂直接作用于呼吸中枢和相关受体有一定关系。

(3) 对非胆碱能系统的作用

研究发现,在接近 LD_{50} 剂量时,沙林能影响中枢非胆碱能神经系统的活动。如沙林中毒引起的中枢性惊厥,可使小脑环-磷酸鸟苷(*c*GMP)浓度迅速升高,阿托品对之无效,而安定则可使惊厥消失以及 *c*GMP 浓度下降。γ-氨基丁酸(GABA)是一种与惊厥发生有关的重要物质,对中枢神经元有普遍的抑制效应。此外,还观察到沙林作用于腺苷酸环化酶和磷酸二酯酶,导致脑内环-磷酸苷(*c*AMP)和 *c*GMP 含量的改变。

(4) 对其他酶的抑制作用

沙林还对其他一些酯酶如胰凝乳蛋白酶、胰蛋白酶、凝血酶、脂族酯酶、磷酸酯酶和脂肪酶等有不同程度的抑制作用,对一些氧化酶和脱氢酶也有一定的抑制作用。因此,中毒时,上述各种酶参与的代谢过程,也会受到不同程度的影响。

5. 生物监测

5.1　接触标志

沙林进入人体后迅速分布于各组织,其主要存在形式有毒剂原型、水解产物和大分子加和物,它们的存在可确证沙林中毒、判断毒剂中毒程度及评估抗毒药物治疗效果。在体内,沙林代谢产物都为离子化合物,其中最主要的代谢产物为甲膦酸异丙酯。利用气相色谱检测沙林暴露患者尿液中甲膦酸异丙酯可推测沙林暴露剂量。除此之外,大多数代谢产物属于小分子化合物,这些小分子化合物及沙林原型均可直接用液相色谱-质谱进行分析检测,但由于伤员在中毒后的 72 h 内可排泄 90%以上的代谢产物,限制了其应用。丁酰胆碱酯酶(BuChE)是沙林在体内作用的主要靶点,其与沙林的结合产物沙林- BuChE 是检测沙林中毒的最佳生物标志之一,目前利用基质辅助激光解吸/电离飞行时间质谱可实现其检测,该方法灵敏度高、快速简便,可用于 OPCW 生物医学样品中毒剂暴露染毒的溯源性检测。另外,与蛋白质结合的沙林与氟离子孵育后，膦酸基可从胆碱酯酶中释放出来，生成氟磷酸酯，利用气相色谱-质谱可进行检测；BuChE或血清白蛋白水解后的肽-沙林加合物可用质谱进行检测，以上方法均可反应毒剂中毒的情况。

5.2 效应标志

测定血液胆碱酯酶活性是一种较好的辅助诊断方法。其测定方法很多，在野战条件下可用部队装备的“胆碱酯酶活性测定盒”测定全血胆碱酯酶活性，用以判断中毒程度及其预后。当呼吸道吸入中毒时，酶活性下降程度与中毒程度基本是平行关系。但是在皮肤局部少量染毒时，除有局部症状外，胆碱酯酶活性可不下降；在慢性中毒时，血液胆碱酯酶活性可能下降较明显，但常无中毒症状或很轻。

6. 人体健康危害

沙林给人体带来的危害，在急性中毒早期，是以功能性改变为主，形态学改变并不明显。沙林中毒导致的ACh在中枢神经系统堆积会引起癫痫发作，在足够的剂量下，会抑制呼吸中枢，导致呼吸骤停。在周围的自主神经突触上积累的ACh过度刺激毒蕈碱和烟碱受体，会导致“胆碱能危象”（如腹泻、出汗、唾液分泌、瞳孔缩小、支气管收缩）。毒剂中毒可引起中枢神经系统、呼吸系统、循环系统以及消化系统等的功能障碍以及运动功能失调等。而沙林急性中毒的死亡原因，主要来自以下3个方面，即呼吸中枢抑制、呼吸肌麻痹引起的呼吸衰竭；心收缩力减弱、心率减慢引起的循环衰竭以及中枢性惊厥。尤以呼吸衰竭造成窒息死亡最多见。

6.1 对中枢神经系统的危害

沙林脂溶性强，很容易透过血脑屏障进入中枢神经系统。中枢神经系统对沙林很敏感，微量毒剂直接作用于中枢，便可引起明显的功能障碍，甚至有致死的危险。沙林中毒可引起脑电图改变。在重度中毒患者可出现类癫痫波，而癫痫波往往是惊厥的先兆。动物实验证明，沙林可使大脑很多部位高度兴奋，出现惊厥，破坏了大脑各部位功能的平衡和协调而使大脑功能紊乱；同时由于脑细胞高度兴奋，消耗大量能量而最后处于衰竭状态，最终由兴奋转入抑制。严重中毒可不出现惊厥，直接产生抑制。另外，呼吸中枢对沙林比较敏感，微量毒剂就可使呼吸中枢先兴奋后抑制，最后呼吸停止。对呼吸中枢的抑制是导致呼吸衰竭甚至死亡的主要原因之一。

6.2 对呼吸系统的危害

沙林引起神经肌肉接头的传递阻滞，可使肌肉收缩无力或麻痹。在呼吸肌中，膈肌对沙林最敏感，因此呼吸肌麻痹多半是先从膈肌开始。呼吸肌麻痹是引起窒息死亡的一个重要原因。由于支气管痉挛和分泌物增多，可造成呼吸道不通畅甚至阻塞。动物实验证明，沙林可增强支气管平滑肌收缩，从而引起呼吸阻力增加，阻碍气体交换。人在中毒时也可见支气管及喉痉挛，支气管分泌物增多，从而加重呼吸困难。加之其可抑制呼吸中枢，引起呼吸困难和呼吸麻痹，这是中毒引起死亡的主要原因。

6.3 对循环系统的危害

毒剂对心脏、心血管中枢和外周血管均有作用，从而引起心动过缓、心律紊乱、心收缩力减弱和回心血量减少，导致心输出量减少和血压下降。其中对心脏的抑制作用，引起心脏功能障碍是造成循环衰竭的主要原因，而循环衰竭，为中毒的第二位致死原因。在重度中毒时，可出现心率变慢，血压下降，甚至心脏停跳。

6.4 对消化系统的危害

沙林中毒可引起胃肠道功能紊乱、使胃肠腺体分泌增高可持续数十小时之久。毒剂可使胃肠平滑肌张力和蠕动增加，尤其是十二指肠更为敏感。

6.5 对运动系统的危害

沙林中毒可引起运动功能失调。毒剂对大脑运动中枢的直接和间接作用是产生惊厥的主要原因。毒剂阻断神经肌肉接头部位的传递，则是局部和全身肌麻痹的直接原因。

7. 风险评估

沙林等传统神经性毒剂已被列入《禁止化学武器公约》附表。随着禁止并销毁化学武器工作的推进，神经性毒剂大规模用于战争的可能性较低，但其潜在的安全威胁仍然存在，主要体现为：某些国家或地区神经性毒剂销毁不彻底，使其用于作战成为可能，如近几年叙利亚内战中发生的数次化学武器致伤致死事件；兼具规模化杀伤性能、制造技术及成本要求不高等特点，神经性毒剂易受到恐怖组织等犯罪集团的青睐，可被应用于恐怖活动或者暗杀等，给人们的生产生活带来严重威胁；相关技术领先国家可能钻《禁止化学武器公约》难以全面监控的空子，而仍在研制新型神经性毒剂。因此，更好地了解神经性毒剂各方面性质、中毒后的处理方案、预防措施显得尤为必要。

8. 中毒临床表现、诊断、急救、治疗与护理

8.1　中毒临床表现

不同的中毒途径和人员机体状态，导致出现的沙林中毒程度和临床表现也不一样。

（1）中毒症状和体征

一般情况下，沙林主要以蒸气态、气溶胶经呼吸道吸入中毒。由于中毒途径不同，其病程发展，中毒症状出现的先后顺序也就有所不同。这对早期诊断有一定意义，不应忽视。蒸气态和气溶胶态神经性毒剂吸入中毒时，首先迅速出现眼和呼吸道的局部症状，如瞳孔缩小、视力模糊、胸闷、呼吸困难等。液态毒剂皮肤染毒时，经过数分钟，首先出现染毒部位皮肤出汗和肌颤。误食染毒水或食物经口中毒时，恶心、呕吐、腹痛、腹泻等胃肠道症状出现较早、较持久而严重。皮肤染毒或经口中毒时，瞳孔缩小出现较晚或不明显。一般来说，呼吸道吸收最快、最充分。在轻度中毒后大约半小时，便出现全身中毒症状，病程发展快而猛烈，严重者可很快（1至数分钟内）危及生命。伤口染毒吸收也很快，皮肤染毒吸收要比其他途径慢，潜伏期较长，故应密切观察中毒症状和体征变化，以免延误治疗（表32－5）。

除急性期症状外，沙林中毒几年内也可能存在视疲劳、疲乏、视物模糊、虚弱、心悸、梦魇等慢性症状，检查可发现脑电图、心电图、神经传导异常。

（2）中毒程度

沙林呼吸道吸入中毒可分为轻、中、重三度（表32－6）。

8.2　诊断

沙林中毒的诊断，可依据中毒史、症状特点、化验检查、毒剂侦检和试验性诊断等综合判断。

（1）中毒史

有遭受敌人化学袭击、在染毒地区停留或误饮误食染毒水或食物等与毒剂接触史。同时发生大批同类中毒伤员等。

表32－5　沙林中毒的症状与体征

毒理作用分类	作用部位	症状与体症
中枢作用	中枢神经系统： 先兴奋后抑制	紧张焦虑、恐惧不安、情绪不稳、头痛眩晕、多梦失眠、淡漠抑郁、反应迟钝、言语不清、运动失调、全身无力、惊厥昏迷、反射消失、呼吸困难、血压下降、嗜睡及注意力不集中等
毒蕈碱样作用（M样作用）	副交感神经： 腺体分泌增加 唾液腺、泪腺及鼻、支气管、胃肠道腺体 平滑肌痉挛收缩 瞳孔括约肌 睫状肌 支气管 胃肠道 膀胱逼尿肌 膀胱括约肌（松弛） 心血管抑制 交感神经： 汗腺分泌增加	流涎、流泪、流涕、支气管分泌物多，肺内干、湿性罗音、咳痰、厌食、恶心呕吐等 瞳孔缩小 眼痛、视力模糊 胸闷、胸痛、咳嗽、气急、呼吸困难 恶心呕吐、腹痛腹泻、肠鸣音亢进、大便失禁 尿频 尿失禁 心动徐缓、血压下降 出汗
菸碱样作用（N样作用）	交感神经节、肾上腺髓质兴奋 运动神经： 骨骼肌神经肌肉接头先兴奋后麻痹	皮肤苍白，心跳可加快，有时血压升高 肌颤、肌束收缩、肌无力、肌麻痹（呼吸麻痹） 有窒息感

表 32-6　沙林呼吸道吸入中毒分度

中毒程度	主要临床表现	血液 AChE 活性
轻度	缩瞳、紧张、眩晕、胸闷、多汗、流涎、恶心呕吐、无明显肌颤。尚能自由活动。	50～70%
中度	缩瞳、视力模糊、头痛眩晕,大量流涕、流涎、流汗、呕吐、腹痛腹泻、呼吸困难和发绀,明显肌颤。正常活动障碍。	30～50%
重度	瞳孔如针尖,大量流汗、流涕、流涎、流泪,大量分泌物从口鼻溢出并阻塞呼吸道,呼吸极度困难,发绀,剧烈腹痛腹泻,大小便失禁,广泛肌颤,运动失调、惊厥昏迷,反射消失。	<30%

(2) 症状特点

起病急、病程发展快。轻度中毒一般不出现肌颤或可能有局部肌颤,能自由活动。发生局部或全身肌颤,正常活动受到障碍为中度中毒;出现惊厥、昏迷可诊断为重度中毒。

(3) 化验检查与毒剂侦检

全血胆碱酯酶活力测定是比较专一的辅助诊断措施。对毒剂原型进行检测可以直接确定毒剂的种类但若中毒量较小或中毒时间较长则无法确定。利用液相色谱-质谱等对尿液或血清中毒剂代谢产物或生物标志进行检测,可实现多种神经性毒剂中毒的诊断。

收集中毒人员排泄物、呕吐物及可疑染毒的物资,利用拉曼光谱等方法进行毒剂检定,并了解防化分队侦检结果,综合判断。

(4) 试验性诊断

在没有条件测定血液胆碱酯酶活性和症状不典型时,可慎重进行药物试验性诊断。常用硫酸阿托品 2 mg 皮下或静脉注射,如果注射后无阿托品过量反应或中毒症状有减轻时,可进一步判明是沙林中毒。

8.3　急救

沙林中毒症状发展迅速,中毒人员可很快死亡。因此,在急救时必须迅速、准确诊断,分秒必争。主要依靠自救互救,按先重后轻原则积极组织抢救。

现场急救措施主要如下:

(1) 防止继续中毒:在毒区内应自行或在旁人帮助下及时使用个人防护器材,尽快脱离毒区。

(2) 立即注射抗神经毒急救针:当中毒人员出现早期中毒症状时,应立即肌注抗神经毒自动注射针。无急救针时,应酌情注射阿托品。

(3) 维持呼吸循环功能:在染毒区,中毒人员呼吸停止时,应立即清除口、鼻内分泌物,使用正压复苏器。心跳停止时,进行体外心脏按压。

(4) 及时消毒:脱去染毒服装,及时进行局部消毒或全身洗消。用大量水或 2%碳酸氢钠水溶液冲洗眼和伤口;用皮肤消毒剂进行局部消毒;对误服染毒水和食物的中毒人员,应立即催吐、洗胃。目前研究发现,利用多铌酸盐、多金属氧酸盐、金属有机多孔骨架、氢氧化锆及有机聚合物等有机或无机材料可作为有效的有机磷水解材料进行沙林洗消,取得一定的效果。

在战地急救中应当强调的是,要首先给予抗毒剂,接着再进行其他措施;其次,进行有效的人工呼吸是维持呼吸和促使心跳恢复的先决条件。

8.4　治疗

沙林中毒人员经过急救后,必须继续进行观察和治疗。对轻度中毒或严重中毒经急救后病情好转的中毒人员要注意观察,防止因暴露剂量较大或消毒不彻底而症状复发。对中毒人员要适时检查各种化验指标,密切观察病情,加强护理,进行综合治疗。

对沙林中毒人员,综合治疗主要包括两个方面:一是抗毒治疗;二是对症治疗。

(1) 抗毒治疗

及时的使用各类抗毒剂进行抗毒治疗,抗毒剂的使用原则是及时迅速,合并使用抗胆碱能药如阿托品和酶重活化剂如氯磷定等。酰胺磷定(HI-6)在一些国家已被引入到临床治疗中。近年来,一些可通过血脑屏障的新型非季胺盐重活化剂,作为神经性毒剂救治药物显示了良好的疗效。另外,生物清除剂也可用于沙林中毒的治疗,如丁酰胆碱酯酶及对氧磷酶，丁酰胆碱酯酶可在沙林达到靶部位前与其结合，从而对胆碱能神经系统起到保护作用。早期足量给药，适当重复给药和防止药物过量引起中毒。

（2）对症治疗

① 维持呼吸和循环功能，尤其是维持呼吸功能是抢救严重中毒伤员的重要措施。保持呼吸道通畅，有严重呼吸障碍或呼吸停止时，采用机械复苏器进行人工呼吸，同时给氧，直至自动呼吸恢复正常。心跳停止时，在有效的人工呼吸前提下，行体外心脏按压术或用起搏器。呼吸心跳明显抑制时，可给中枢兴奋剂。

② 控制惊厥：严重中毒，抗毒剂仍不能控制惊厥症状时，可注射氯丙嗪或用10%水合氯醛灌肠。

③ 注意维持水、电解质和酸碱平衡：中毒严重和有脱水现象者应输液，但输入量不宜过大，速度不宜过快，防止发生肺水肿及脑水肿，一般轻、中度中毒不必输液。

④ 防止感染：严重中毒有可能继发肺部感染时，及时使用抗感染药。

⑤ 加强观察：对重伤员特别是对有昏迷、惊厥、呼吸障碍和血胆碱酯酶活性偏低者，要加强观察和护理，防止突然发生呼吸衰竭。定时测定血压、呼吸及全血胆碱酯酶活性，防止呼吸道阻塞引起窒息及其他并发症。

较重者，可以通过静脉给予营养。有缩瞳者，可局部应用0.5%～1%阿托品眼膏，也可用1%阿托品眼药水滴眼。

精神症状可于中毒后出现，也可能因抗胆碱能药过量而引起。如因毒剂中毒引起者，可以服苯甲托品或东莨菪碱；如来自抗胆碱能药过量者，可停药或肌注氯丙嗪。

9. 预防

沙林中毒预防所采用的主要措施是：防止毒剂侵入，保护胆碱酯酶和胆碱能受体，即器材防护与药物预防。同时在条件允许的情况下疏散并与染毒区保持一定的距离。

9.1 器材防护

当发现敌人化学袭击或接到毒剂警报信号、命令时，应立即穿戴个人防护器材或进入集体防护工事。抢救或处置伤员时，救护人员要做好个人防护。

9.2 药物预防

在可能遭受到沙林袭击前或进入染毒区工作的人员可预先服用“神经性毒剂预防片”。但服用预防药不能完全代替使用防护器材，在来不及戴好防毒面具时，可以起到预防作用。

9.3 疏散并保持一定的安全距离

发生化学毒剂袭击时，在战情允许的情况下进行疏散，与染毒区保持一定的安全距离。发生沙林化学事故时，可参照《应急指南 2016》(ERG 2016)确定初始隔离和防护行动的距离。(表 32－7)

目前绝大多数国家都已签署并实施《禁止化学武器公约》，这在一定程度上有利于降低包括神经性毒剂在内的化学武器对人类安全的威胁。我们要通过切实努力，自己践行并敦促他国履行《公约》，不断消除化学武器的危害，同时要在非战争时期的生产生活当中加强对相关毒剂生产、运输、储存过程的管理，避免毒剂外泄。此外，开展必要的毒剂防护宣教与训练，以防止不法分子利用相关毒剂对公众造成伤害。

表 32－7　神经性毒剂施放时隔离和防护行动距离

化学战剂	少量泄漏(小包装的泄露或大包装的小泄露)			大量泄漏(大包装的泄露或许多小包装的泄露)		
	初始隔离距离(m)	防护		初始隔离距离(m)	防护	
		白天(km)	夜晚(km)		白天(km)	夜晚(km)
沙　林	60	0.4	1.1	400	2.1	4.9
梭　曼	60	0.4	0.7	300	1.8	2.7
塔　崩	30	0.2	0.2	100	0.5	0.6
环沙林	30	0.2	0.3	150	0.8	1.0
维埃克斯	30	0.1	0.1	60	0.4	0.3

塔　崩

1. 理化性质

1.1 物理性质

CAS号：77-81-6	外观与性状：无色至棕色液体，无味；有杂质时会散发出淡淡的果香或苦杏仁味
分子式：$C_5H_{11}N_2O_2P$	分子量：162.13
熔点/凝固点(℃)：−50	沸点(℃)：240
闪点(℃)：77.8	溶解性：可溶于多数有机溶剂中
饱和蒸气压(kPa)：0.037(20℃)	蒸发速率(水=1)：0.05
密度(g/cm^3)：1.073(25℃)	相对密度(水=1)：1.073
相对蒸气密度(空气=1)：5.6	挥发度(mg/m^3)：610(25℃)

1.2 化学性质

与沙林相似，但塔崩水解产生的氢氰酸仍有毒。

2. 用途与接触机会

与沙林相似，但沙林属于暂时性毒剂，而塔崩属半持久性毒剂，作用时间几十分钟至几小时，因此需要及时洗消。

3. 毒代动力学

3.1 吸收、摄入与贮存

塔崩属中等挥发度毒剂，易于分散，可以蒸气、气溶胶或液滴态使用，施放后的液滴，靠自然蒸发也可造成足够杀伤浓度的蒸气。蒸气态塔崩主要由呼吸道吸入中毒，液滴态塔崩主要经皮肤吸收途径中毒，亦可随染毒的水源或食物经胃肠道吸收进入机体，眼和体表伤口也是中毒的重要途径。神经性毒剂的脂溶性较强，很容易透过细胞表面富有脂质的生物膜。

与沙林相似，塔崩吸收后在肺中分布最多，其次是肾和肝脏，脑中分布最少。

3.2 体内转化

与沙林相似，塔崩进入机体后，可选择性地与生物大分子如蛋白质迅速结合，从而开始了在体内的转化过程。其在体内经历几种生化反应后，转化成无毒产物排出体外。塔崩在体内的主要代谢物为二甲胺基磷酸乙酯。

研究发现，猪静脉注射 3×LD_{50}(161.4 g/kg)塔崩后，利用气相色谱-质谱联用对血样进行检测，发现(+)-塔崩的终末半衰期为11.5 min，(−)-塔崩的终末半衰期为23.1 min。(+)-塔崩在体内比其他G型神经毒剂的(+)-对映异构体具有明显更长的持久性，并且可以在所有样本至少在注射后30 min内检测到，而(−)-塔崩至少在注射后90 min均可检测到。

3.3 排泄

与沙林相同，塔崩在体内代谢的产物主要通过尿液排出，少量通过粪便排出体外。

4. 毒性与中毒机理

4.1 毒性作用

塔崩对人的半数致死剂量见表32-2。

4.2 中毒机理

见沙林。

5. 毒剂侦测与实验室检查

5.1 接触标志

塔崩进入人体后，代谢转化与沙林相似，大部分代谢产物随尿排出体外，但仍有少量原形随尿排出体外。其代谢产物都为离子化合物，其中最主要的代谢产物为二甲胺基磷酸乙酯。大多数代谢产物可直接用液相色谱-质谱进行分析检测。

5.2 效应标志

同沙林。

6. 人体健康危害

同沙林。

7. 风险评估

同沙林。

8. 中毒临床表现、诊断、急救与治疗

同沙林。

9. 预防

发生塔崩化学事故时，可参照《应急指南 2016》(ERG 2016)确定初始隔离和防护行动的距离。具体见表 32-7。

梭　　曼

1. 理化性质

1.1　物理性质

CAS 号：96-64-0	外观与性状：无色至棕色液体，无味；有杂质时可释放出水果或樟脑味
分子式：$C_7H_{16}FO_2P$	分子量：182.18
熔点/凝固点(℃)：−42	沸点(℃)：198
闪点(℃)：121	蒸发速率(水=1)：0.25
饱和蒸气压(kPa)：0.053(25℃)	气味阈值(mg/m^3)：3.3～7.0 时 50%人员可感知气味
密度(g/cm^3)：1.022(20℃)	溶解性：可溶于极性及非极性有机溶剂
相对密度(水=1)：1.022	挥发度(mg/m^3)：3 900(25℃)
相对蒸气密度(空气=1)：6.3(计算值)	

1.2　化学性质

与沙林相似。

2. 用途与接触机会

同沙林。

3. 毒代动力学

梭曼属于中等挥发度毒剂，梭曼的挥发性比沙林小，大约为水蒸发速率的 1/4，加入增稠剂(如甲基丙烯酸甲酯)后可延缓其蒸发速度。脂溶性大，其液滴易通过皮肤吸收达到致死剂量，甚至其蒸气也可能透过皮肤引起中毒。因此，梭曼可通过呼吸道、皮肤双重途径吸收引起全身中毒。

梭曼一旦吸收入体内，不仅抑制 AChE，而且也是其他酯酶的底物，梭曼与这些酯酶的反应可以使其失去毒性。梭曼可以被一种所谓的 A 类酯酶(即二异丙基氟代磷酸酯酶，diisopropylfluorophosphatase)水解。这种酯酶也被称为梭曼分解酶(somanase)，可以与梭曼分子中磷和氟原子之间的酸酐键发生反应，导致氟基团的水解。梭曼分解酶还可以水解梭曼的甲基部位，形成一种弱的 AChE 抑制剂——频那基甲基膦酸(PMPA，pinacolyl methylphosphonic acid)。梭曼也能与其他酯酶结合，如 AChE、胆碱酯酶(ChE)、羧酸酯酶(CarbE)，结合过程中，梭曼失去了氟基团。与 AChE 或 ChE 结合后，梭曼还失去了磷酰基，形成甲基磷酸(MPA)；与 CarbE 的结合，降低了梭曼在血液中的总浓度，从而降低了毒性。此外，CarbE 还参与了将梭曼水解成 PMPA 的解毒作用，因此，CarbE 从两方面参与了梭曼在体内的解毒作用。1981 年 Fonnum and Sterri 的实验解释了梭曼中毒后解毒作用的重要性，他们报道了大鼠 LD_{50} 梭曼中毒，其中只有 5%的梭曼抑制 AChE，引起急性中毒效应，这表明代谢反应占了余下 95%剂量的解毒作用。梭曼在体内主要的代谢产物为甲膦酸特已酯(PMP)。

梭曼大鼠 24 h 尿中排出率为 40%。经由粪便排出较少，3 d 累积排出量为 10%。

4. 毒性与中毒机理

4.1　毒性作用

梭曼对人的半数致死剂量见表 32-2。

大鼠经口 LD_{50}：400 μg/kg；大鼠经皮 LD_{50}：7.8 mg/kg。

4.2　中毒机理

梭曼中毒机理与沙林相似。但梭曼中毒酶老化很快，而且几乎不能自动恢复，而现有的几种肟类酶重活化剂的疗效不佳，因此成为梭曼中毒的难治原因之一。

需要特别注意的是梭曼，其毒理作用复杂，对酶的抑制作用强于其他神经性毒剂，中毒酶老化很快，重活化困难，几乎看不到自动恢复。而现有的几种肟类酶重活化剂的疗效不佳，成为梭曼中毒难治的原因之一。梭曼对中枢神经系统的毒性作用也较严重，除主要作用于胆碱能系统外，还涉及 GABA 系统、单胺类递质、环核苷酸(*c*GMP)、RNA 和 DNA 代谢、激素分泌、免疫功能以及神经毒性酯酶(neurotoxic esterase)。该酶的膦酰化是产生迟发效应的可能原因，梭曼与该酶活性部位结合后由于极为迅速的脱烷基反应而产生神经变性。

5. 毒剂侦测与实验室检查

5.1 接触标志

血液、尿液和组织样本可直接证明患者体内存在神经毒剂及其代谢物或加合物。与沙林相似，梭曼在体内代谢产物都为离子化合物，大多数为小分子化合物，其中最主要的代谢产物为甲膦酸特已酯，可直接用液相色谱-质谱对血液中及尿液中的完整或水解的毒剂进行分析检测。梭曼-酪氨酸加和物与梭曼剂量之间呈现较为明显的时效、量效关系，利用液相色谱-质谱法对此加和物检测可进行定性和定量分析。

5.2 效应标志

同沙林。

6. 人体健康危害

梭曼对人体健康的危害与沙林相似，但对大脑皮层的作用较沙林强。

7. 风险评估

同沙林。

8. 中毒临床表现、诊断、急救、治疗与护理

梭曼中毒的临床表现、诊断、急救及治疗与沙林相似。需要注意的是梭曼胶黏化后，洗消和急救更加困难。因为胶黏化后的梭曼黏度增大，易在沾染的物体和人体表面形成一层薄膜，使用普通消毒剂难以达到消毒目的，同时也使毒剂侦检工作更加复杂。而梭曼中毒酶极易老化，难重活化，给急救治疗增加了困难。重活化剂氯磷定、双解磷对梭曼中毒无重活化作用，疗效有限。酰胺磷定(HI-6)疗效较好，对外周梭曼中毒酶有重活化作用，但对中枢部位的中毒酶仍无重活化作用。因此，对梭曼的治疗早期除使用重活化剂外，应以抗胆碱能药物为主，首要环节是解除中毒引起的呼吸衰竭和中枢惊厥。梭曼中毒前服用预防药，中毒后及时治疗，惊厥发生率仍然很高，预后常有功能失调。安定类药物主要作用于中枢神经系统的高级部位，也可作用于脊髓多突触传递和脑干部位，使皮层惊厥波得以控制。动物实验显示对氧磷酶可对梭曼中毒提供较好的保护作用。

9. 预防

与其他神经毒相比，服用预防药对梭曼中毒更有效，可以提高救治效价，降低死亡率。

发生梭曼化学事故时，可参照《应急指南 2016》(ERG 2016)确定初始隔离和防护行动的距离。具体见表 32-7。

环　沙　林

1. 理化性质

1.1 物理性质

CAS 号：329-99-7	外观与性状：无色透明无味液体
分子式：$C_7H_{14}FO_2P$	分子量：180.16
熔点/凝固点(℃)：−30	沸点(℃)：239
闪点(℃)：93.89	气味阈值(mg/m^3)：10.4～14.8
饱和蒸气压(kPa)：5.87×10^{-3}(20℃)	蒸发速率(水=1)：0.05
密度(g/cm^3)：1.133(20℃)	溶解性：可溶于多数有机溶剂
相对蒸气密度(空气=1)：6.2(计算值)	相对密度(水=1)：1.133

1.2 化学性质

环沙林(GF)结构与沙林相似，因此其化学性质与沙林等 G 类毒剂相似。

2. 用途与接触机会

在生产或使用环沙林的工作场所，通过吸入和皮肤接触环沙林可能会发生职业暴露。但与其他神经性毒剂一样，均为化学战剂，无民用生产，因此职业暴露和接触环沙林的普通人群比较罕见。一般人不会接触环沙林，除非将其用作武器；接触环沙林，如果用作武器，将通过吸入周围空气和皮肤接触。

3. 毒代动力学

3.1 吸收、摄入与贮存

环沙林可经呼吸道、皮肤、胃肠道、眼及体表伤口等多种途径吸收中毒。其脂溶性较强，很容易透过细胞表面富有脂质的生物膜。吸收后随血流分布到全身各器官组织，其中在肺中分布最多，其次是肾和肝脏，脑中分布最少。

3.2 体内转化

同沙林。

3.3 排泄

环沙林原型及代谢产物大部分均经肾由尿排出，环沙林在尿液中最终消除半衰期为9.9±0.8 h。

4. 毒性与中毒机理

4.1 毒性作用

环沙林吸入后毒性小于沙林，但由于环沙林挥发性较低、脂溶性较强，因此经皮肤暴露后毒性略强。沙林和环沙林的联合毒性并不表现为协同作用。虽然环沙林的慢性毒性数据很少，但其作用与沙林相似，可导致灵长类神经病变。

环沙林的急性毒作用如下：兔经皮 LD_{50}：0.3 mg/kg；人的 LC_{50} 为 35 mg/(m^3 • min)；雄性恒河猴肌肉注射 LD_{50} 为 46.6 μg/kg；雌性大鼠环沙林暴露10 min的 LC_{50} 为 253 mg/(m^3 • min)，暴露 60 min 的 LC_{50} 为 334 mg/(m^3 • min)，暴露 240 min 的 LC_{50} 为 533 mg/(m^3 • min)。

4.2 中毒机理

同沙林。

5. 生物标志

5.1 接触标志

与沙林等G类毒剂相似，环沙林进入人体后，大部分经代谢产生代谢产物烷基甲基膦酸，随尿排出体外，少量原形随尿排出体外。大多数代谢产物可直接用液相色谱-质谱进行分析检测。

5.2 效应标志

同沙林。

6. 人体健康危害

同沙林。

7. 风险评估

同沙林。

8. 中毒临床表现、诊断、急救与治疗

同沙林。

9. 预防

同沙林。

VX

1. 理化性质

1.1 物理性质

CAS号：50782-69-9	外观与性状：无色至琥珀色无味油状液体
分子式：$C_{11}H_{26}NO_2PS$	分子量：267.37
熔点/凝固点(℃)：<-51	沸点(℃)：298
闪点(℃)：158.89	溶解性：可溶于多数有机溶剂、稀释无机酸中；<9.44℃时与水易互溶
饱和蒸气压(kPa)：9.33×10^{-5}(20℃)	气味阈值(mg/m^3)：3.9,50%人员可感知气味
密度(g/cm^3)：1.008 3(20℃)	挥发度(mg/m^3)：10.5(25℃)
相对密度(水=1)：1.008 3	动态黏度(cS,25℃)：9.96
相对蒸气密度(空气=1)：9.2(估算)	n-辛醇/水分配系数：100

1.2 化学性质

VX化学结构中的P(O)S性质比较活泼，化学反应常在磷硫键(P-S)部位进行。但P-S键不如G类毒剂中的P-F键活泼，所以VX的化学性质比G类毒剂稳定。

(1) 稳定性

纯VX常温下性质比较稳定，但在高温高压下则加速分解。含杂质的VX在常温下贮存时，能够缓慢分解。

(2) 水解反应

VX与水反应生成甲膦酸乙酯和二异丙胺基乙硫醇，水解产物无毒，但常温下反应速度极慢。25℃时VX水解速度约为沙林的1/5 000。因水解速度缓慢，可使水源较长时间染毒，且通常情况下靠自然水解达不到清除目的。

(3) 与碱反应

加碱可加速溶于水中VX的水解，但速度较慢，加碱煮沸可使VX水解更快，因此可以将VX染毒

的服装器具放入碱水中，利用煮沸法进行清除。

(4) 与氧化、氯化物质反应

VX可与二氯胺、次氯酸钙和二氯异三聚氰酸钠等氧化、氯化物质反应，最终生成无毒的甲膦酸乙酯和二异丙胺基乙磺酸。因此，可用上述氧化、氯化消毒剂对VX进行清除。

2. 用途与接触机会

2.1 战争环境

与G类毒剂不同，VX杀伤作用可维持数小时至数周，属于持久性毒剂。V类毒剂比G类毒剂的毒性大，特别是皮肤吸收毒性更大，因此必须穿戴皮肤防护器材。

2.2 生活、生产环境

虽然VX已被列入《禁止化学武器公约》附表，发生大规模化学战的可能性较低，但若其被应用于恐怖活动或者暗杀等，可给人们的生命健康带来严重危害。例如2017年一朝鲜籍男子在马来西亚被人用VX毒杀，在国际上引起了轩然大波。

3. 毒代动力学

3.1 吸收、摄入与贮存

雾状VX主要由呼吸道吸入中毒，液态VX主要经皮肤吸收途径中毒，亦可随染毒的水源或食物经胃肠道吸收进入机体，眼和体表伤口也是神经性毒剂中毒的重要途径。VX脂溶性很强、挥发度很小，落到皮肤上的液滴易渗入体内，经皮肤吸收较快而完全。VX吸收后随血流分布到全身各器官组织，在肝脏中含量较高，脑中最低。

3.2 体内转化

VX进入机体后，主要选择性地与生物大分子如蛋白质迅速结合，从而开始了在体内的转化过程。

人体内缺少催化水解V类毒剂的酶。只有肝脏中含有V类毒剂氧化酶，它能氧化V类毒剂，使其失去毒性，它们在辅酶Ⅰ或辅酶Ⅱ的参与下，将V类毒剂氧化生成无毒产物。V类毒剂氧化酶在体内含量少，活性低，分布又不广，因此解毒作用慢，分解毒剂量有限，这也是V类毒剂毒性大的原因之一。

3.3 排泄

VX主要经尿液排出，大鼠24 h尿中排出率高达60%～70%。

4. 毒性与中毒机理

4.1 毒性作用

急性毒性：兔经皮 LD_{50}：250 μg/kg；大鼠吸入 LC_{50}：110.7 μg/kg。

VX引起缩瞳的 ECt_{50} 为 0.09 mg/(m^3 · min)，伤口染毒的半数致死量(LD_{50})为0.3 mg。其他数据见表32-2。

4.2 中毒机理

与G类毒剂相同，VX主要抑制乙酰胆碱酯酶的活性，但其抑制AchE的过程与G类毒剂不同，而与乙酰酶生成过程更为接近，先是V类毒剂的正价氨靠疏水性吸附和静电引力与酶的负性部位结合，毒剂的正磷原子也与酶酯解部位丝氨酸羟基氧原子形成共价键结合；然后在酶的作用下毒剂的P-S键断裂，离解基团脱落，最后也生成较稳定的膦酰酶，见图32-2。

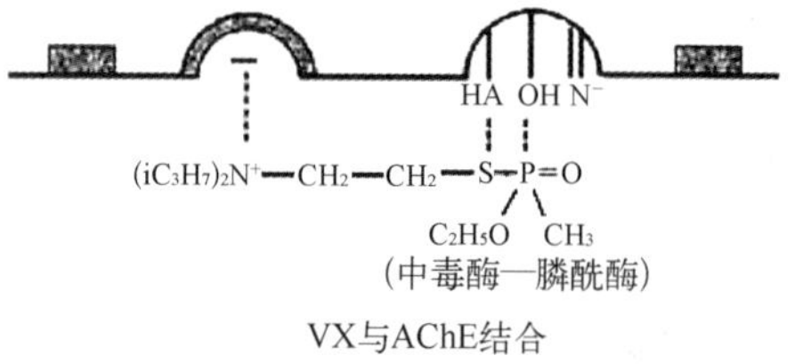

图32-2 VX与胆碱酯酶作用示意图

VX中毒酶的转归与G类毒剂相似，但与G类毒剂尤其是梭曼相比，VX中毒酶不仅自动恢复快，而且老化很慢，24 h自动活化率可达70%，半老化期为60 h，对抢救伤员十分有利。

5. 生物标志

5.1 接触标志

VX的接触标志及检测方法与沙林相似。包括毒剂原型、小分子代谢产物，及其与BuChE结合产物等。

5.2 效应标志

同沙林。

6. 人体健康危害

同沙林。

7. 风险评估

同沙林。

8. 中毒临床表现、诊断、急救、治疗与护理

一般情况下，VX主要以液滴态以皮肤吸收中毒，其中毒的临床表现、诊断、急救及治疗与G类毒剂相似，但V类毒剂皮肤染毒症状发展较慢，在早期易被忽视，故应密切观察中毒症状和体征变化，以免延误治疗。

9. 预防

发生VX化学事故时，可参照《应急指南2016》(ERG 2016)确定初始隔离和防护行动的距离。VX发生少量泄漏时的初始隔离距离为30 m，防护行动距离为0.1 km；大剂量泄露时的初始隔离距离为60 m，防护行动距离在白天时为0.4 km，夜晚时应大于0.3 km。

VR(Russian VX, RVX)

1. 理化性质

1.1 物理性质

CAS号：159939-87-4	分子式：$C_{11}H_{26}NO_2PS$
分子量：267.37	

1.2 化学性质

同VX。VR已被发展为"二元化学武器"，即由两种毒性较低的前体在弹体内分开存放，发射后经混合后反应产生所需的毒剂。VR结构同VX基本相似，仅氮和氧原子上的烷基取代基存在差别。其毒性与VX相似(致死剂量10～50 mg)，然而，由于使用二乙胺基取代二异丙基胺，它更容易分解。

2. 用途与接触机会

其被应用于恐怖活动或者暗杀等，可给人们的生命健康带来严重危害。

3. 毒代动力学

同VX。

4. 毒性与中毒机理

同VX。

大鼠吸入LC_{50}：0.033 mg/(m^3·4 h)。

5. 生物标志

同VX。

6. 人体健康危害

同VX。

7. 风险评估

同VX。

糜烂性毒剂

糜烂性毒剂(vesicants)是一类直接损伤组织细胞，引起皮肤、黏膜的局部炎症、坏死，并能通过皮肤、眼和呼吸道黏膜吸收导致全身中毒的化学战剂。一般认为，糜烂性毒剂是一种致伤性毒剂，主要是削弱战斗力，影响部队的机动性。但若处理不当或暴露剂量过大，也可致人死亡。该类毒剂的主要代表有芥子气、氮芥和路易氏剂。尽管光气肟列入糜烂性毒剂，但其实是一种皮肤腐蚀性化合物。糜烂性毒剂的战斗状态主要为液滴态，通过污染人员皮肤、衣物、水源、食物、武器和物资来发挥毒性杀伤作用。该类毒剂也可通过蒸气态和雾态局部损伤暴露人员的眼和呼吸道，并通过上述途径吸收引起全身中毒。此外，路易氏剂经常与芥子气混合使用，从而降低芥子气的凝固点。

芥 子 气

1. 理化性质

CAS号：505-60-2	外观与性状：纯净的芥子气为油状无色液体，含杂质的芥子气可能为浅黄色至深褐色，有轻微的大蒜或辣根的气味
分子式：$C_4H_8Cl_2S$	分子量：159.07
熔点/凝固点(℃)：13～14	沸点(℃)：215～217(100 kPa)
闪点(℃)：104～105	气味阈值(mg/m^3)：0.7
饱和蒸气压(kPa)：0.015(25℃)	溶解性：难溶于水；可与石油醚混溶；可溶于丙酮、四氯甲烷、乙醇、苯、苯甲酸乙酯、四氢呋喃和乙醚

（续表）

密度（g/cm³）：1.27（25℃）	相对密度（水=1）：1.27
相对蒸气密度（空气=1）：5.5	

2. 用途与接触机会

芥子气（Sulfur mustard）是糜烂性毒剂的典型代表，自第一次世界大战引入战场以来，多次应用于各种冲突，包括意大利入侵埃塞俄比亚、日本侵华战争、两伊战争等，造成了重大伤亡。芥子气难防难治，结构简单，容易合成，极易被恐怖分子掌握和利用，是最有可能被用于恐怖袭击的毒剂之一。此外，侵华日军在我国境内遗弃的化学武器中有大量的芥子气，并已造成了大量人员伤亡。目前尚无针对芥子气的特效抗毒药物，主要以对症治疗为主。

3. 毒代动力学

芥子气吸收快，局部少量固定，全身均匀分布，在血液循环中迅速消失，主要经尿排泄。芥子气可通过呼吸道、皮肤、眼、消化道吸收中毒。由于芥子气亲脂性的特点，因此很容易穿透皮肤和黏膜。芥子气液滴皮肤染毒，约 20% 穿透皮肤，其余被蒸发。穿透皮肤的芥子气中，约 12%"固定"于皮肤局部引起损伤，其余进入血循环并分布于全身各组织并与之结合，即从"游离状态"转变为"结合状态"，"游离状态"的芥子气在血液中存留时间一般不超过 30 min。动物试验证明放射性同位素标记的芥子气广泛分布于各种组织器官中，其中以肾、肺、肝含量最多，这可能与排泄器官或相对供血量较多有关。芥子气透过皮肤后迅速进入循环系统并随血液分布到全身脏器，且脂肪组织中的含量要远高于非脂肪脏器，出现明显的脂肪蓄积现象，且在较高浓度下能够维持一定时间。

芥子气进入体内后，可迅速与细胞内核酸、酶、蛋白质及氨基酸等生物大分子起烷化反应。芥子气在体内的代谢产物，大部分是谷胱甘肽（50%）和半胱氨酸的结合物，其次经水解或氧化产物硫二甘醇、芥子砜或芥子亚砜，少部分芥子气转变为羟乙磺酸、羟基乙酸及无机硫酸盐等（图 32-3）。也有研究表明，芥子气在体内还可以生成二乙烯砜，该化合物为剧毒化合物，可能是芥子气损伤的重要原因之一。

芥子气大部分代谢产物经尿液排出。放射标记芥子气染毒研究表明，占毒剂染毒量 50%～80% 的芥子气大多在 3 d 内随尿液排出，尿中排出的半衰期为约 1.4 d。此外，大鼠实验表明有少量代谢产物从粪便排出。芥子气的分布与代谢与染毒方式和染毒量有关，但各种染毒方式和剂量所得的尿液中的代谢方式大体相似，因此毒剂在肾中的代谢是一个限速步骤。动物实验表明芥子气水解产物尿排出的峰值出现在 0～6 h，而 β 裂解产物的峰值出现在 6～24 h。但 β 裂解产物的消除比水解产物快，水解产物于第 8 d 和 15 d 分别为 43～88 ng/cm³ 和 20～33 ng/cm³，而 β 裂解产物分别为 2～26 ng/cm³ 和 2～4 ng/cm³。

4. 毒性与中毒机理

4.1 急性毒性作用

大鼠经口 LD_{50} 为 17 mg/kg；大鼠经皮 LD_{50} 为 5 mg/kg；大鼠吸入 LC_{50} 为 5.6 mg/(m³ · 4 h)。

（1）皮肤损伤

皮肤是芥子气损伤的多发部位，芥子气的液滴和蒸气都对皮肤有伤害作用，潮湿多汗、四肢屈侧等薄嫩及受摩擦部位皮肤对芥子气较敏感。皮肤损伤的过程和程度与芥子气染毒剂量、外界条件以及机体状况有关。温度高、湿度大，能显著增强芥子气的毒性作用。芥子气能迅速穿透皮肤，其中大部分芥子气进入血液分布到全身，小部分（约 12%）被"固定"于表皮或真皮内，与皮肤组织成分（蛋白质）结合，形成结合芥子气，皮肤损伤的程度与被固定在皮肤内的芥子气量有关。皮肤损伤的程度按热烧伤"三度四分法"进行分度。芥子气接触皮肤时无明显刺激，不易察觉，薄嫩潮湿部位可有瘙痒感。液滴态芥子气皮肤损伤典型临床经过可分为潜伏期、红斑期、水疱期、溃疡期和愈合期（具体见本毒剂的第 6 部分）。

（2）眼损伤

眼对芥子气最敏感，在同样染毒条件下，比呼吸道及皮肤更易受伤害，且症状出现早。在刚能嗅出气味的蒸气态芥子气浓度下，暴露 1～2 h 即可引起结膜炎，而此时芥子气对呼吸道和皮肤无明显作用。0.01 mg/L 芥子气暴露 15 min 可引起严重结膜炎和轻度角膜炎。根据第一次世界大战芥子气损伤病例分析，受害最多的部位是眼睛，占 86%。眼损伤多由蒸气态或雾态芥子气引起，少数是由液滴态直接

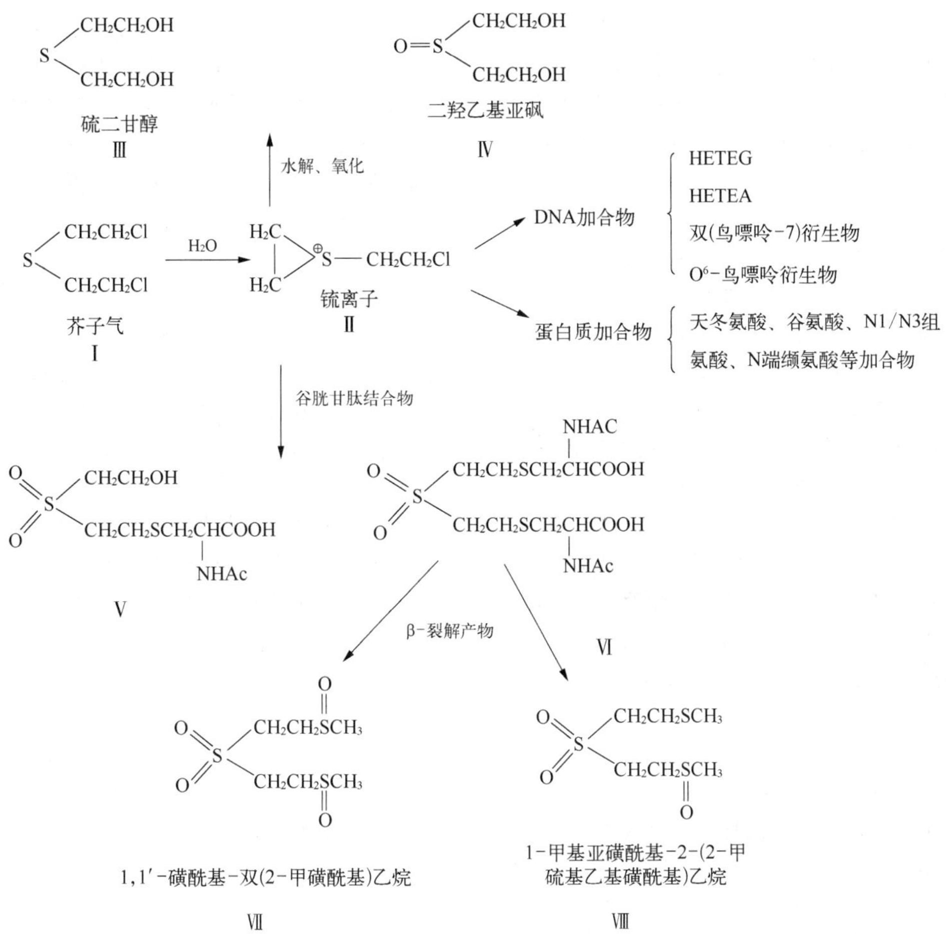

图 32-3 芥子气体内代谢产物

作用。芥子气眼损伤引起严重角膜损伤较少，仅占0.1%。严重损伤多因液滴态芥子气引起。液滴态芥子气对眼结膜和角膜穿透很快，2～3 min 穿透上皮层进入角膜实质层，6～7 min 可侵入虹膜。眼损伤主要病变是结膜炎和角膜炎，分轻、中、重三度。(具体见第 6 部分)

(3) 呼吸道损伤

多因吸入蒸气态或雾态芥子气引起。根据第一次世界大战的资料，在芥子气中毒伤员中，75.3%有呼吸道损伤，无面具防护时常与眼损伤同时存在。潜伏期 6～12 h 或更长，接触毒剂时也无明显刺激作用，开始虽可嗅到特殊气味，但很快嗅觉迟钝，不易察觉。吸入中毒时，芥子气易吸附在潮湿的上呼吸道表面，故上呼吸道较下呼吸道损伤严重，主要引起鼻、咽、喉和气管、支气管黏膜的损伤，较少直接损伤肺实质。但如吸入高浓度的芥子气，也可引起细小支气管和肺组织的损伤。临床表现类似重感冒或支气管炎症状，咳嗽是呼吸道损伤的突出症状，主要为阵发性干咳，尤以夜间为重，并常伴有全身吸收中毒表现。根据损伤程度，可分为轻、中、重三种类型，呼吸道中毒易发生全身吸收中毒(具体见第 6 部分)。近年来，研究者们也发现通过皮肤沾染芥子气也可引起呼吸道和肺部损伤，可能与芥子气在体内的转运有关。

(4) 肠道损伤

经口中毒主要损伤上消化道，以胃为主；非经口吸收中毒主要损伤下消化道，以小肠为主。芥子气经口中毒常引起严重损伤，直接损伤消化道黏膜，致使上皮细胞变性、坏死、脱落，引起黏膜充血、水肿、出血、糜烂和溃疡等。损伤程度与进入胃内毒剂量及食物充盈情况等有关。进入胃内的毒剂量超过50 mg 时，如不进行急救，可出现出血性胃炎、胃溃疡、胃穿孔，甚至死亡。经口中毒潜伏期短，多在15 min 至 1 h。初期症状与普通急性胃炎、胃肠炎相似。潜伏期后很快出现流涎，上腹部剧痛并扩及全腹,恶心呕吐、厌食、腹泻及柏油样便。重度消化道损伤可见口唇、牙龈、口腔黏膜广泛充血水肿、起疱和溃疡,并出现吞咽困难和言语障碍。严重者有全身虚弱、淡漠、心搏过速、呼吸急促、痉挛、昏迷等全身症状。

(5) 全身吸收中毒

芥子气可造成较高的致伤率,但致死率低。据一次大战统计,芥子气中毒死亡率为1%～3%。一次大战及两伊战争均证明,呼吸道损伤及其继发感染是芥子气中毒死亡的主要原因,死亡通常发生于中毒后9～36 d。1943年意大利巴里(Bari)港事件中,大批芥子气中毒伤员在9～10 d后出现第二个死亡高峰,主要系继发感染所致。其次,严重全身吸收中毒死于休克综合征者,死亡常发生于中毒后数小时至1～2 d。此外,大剂量芥子气全身吸收中毒并发心血管、中枢神经、肾及肠胃功能紊乱或功能衰竭、反复呕吐、大量腹泻、内脏出血及皮肤广泛水疱渗出、体液丢失或休克等也可导致死亡。

4.2 远期毒性效应

芥子气中毒不仅可引起急性中毒效应,还可对机体产生远后效应或后遗症。二伊战争中伊朗有10万多人因化学战剂中毒接受治疗,10年后出现慢性疾病的绝大部分为芥子气中毒患者。根据研究人员对这些中毒患者的追踪研究报道,芥子气中毒的远后效应包括眼、皮肤和呼吸系统,并与肿瘤的发生、神经精神方面症状、免疫系统功能障碍和潜在的生殖毒性有关。

(1) 皮肤

芥子气皮肤损伤的远后效应表现为色素沉着、干性皮肤、老年性多发血管瘤、红斑、萎缩、色素减退和瘢痕形成等。最常见的是皮肤干燥和瘙痒,伴有烧灼感和脱皮。芥子气皮肤损伤患者中出现白癜风、牛皮癣和圆盘状狼疮样红斑发生率增高,可能与芥子气对免疫系统的影响有关。重度皮肤损伤后有疤痕形成时,可引起损伤局部功能障碍,如关节运动障碍、尿道狭窄、包皮与龟头黏连等。在职业性芥子气中毒患者中,主要表现为皮肤色素性疾病和溃疡,并伴随皮肤癌症发生率增高。

(2) 眼

眼对芥子气敏感,但绝大部分中毒患者可痊愈,一般不影响视力。但是如有明显角膜损伤的,则可能因角膜瘢痕而出现不同程度的视力缺陷。研究者还发现芥子气严重度患者迟发性角膜溃疡发病率最高,主要表现为视力减退、突发性畏光和流泪,严重时可致盲。在急性发作期,角膜混浊恶化,溃疡反复发作,还可能出现角膜穿孔。芥子气引起的迟发性眼病可能与角膜缘干细胞受损有关,角膜缘干细胞对芥子气敏感,芥子气损伤后可影响角膜上皮细胞的再生。

(3) 呼吸系统

芥子气中毒后也会长期遗留肺部疾患,其主要原因是芥子气中毒后出现的迟发性肺功能恶化。芥子气中毒后的迟发性肺部并发症包括气管和支气管狭窄、哮喘、慢性支气管炎、支气管扩张、细支气管炎、肺纤维化和肺气肿等。未出现急性芥子气中毒症状的患者也可诱发迟发性呼吸系统并发症,如支气管扩张和闭塞性细支气管炎。职业性接触芥子气的工人慢性呼吸系统疾病发生率增高,如流感、肺炎、支气管炎和哮喘等。

(4) 肿瘤

在职业性接触低剂量芥子气的生产工人中上呼吸道和肺部的癌症发生率有所增高,但第一次世界大战和两伊战争芥子气中毒者中肺癌、皮肤癌和白血病的发生率无明显增高。目前尚无证据表明短期或一次大剂量接触也有同样的致癌作用。

(5) 其他的远后效应

芥子气全身吸收中毒后,血液系统、生殖系统等细胞增殖活跃的组织器官受影响较大。有实验发现芥子气可引起大鼠精子DNA的改变,但这种变化是暂时的,不足以明确其致畸作用。对伊朗芥子气中毒人群的研究发现,其与正常人相比精子数减少,但不育的发生率无明显改变。芥子气中毒还可出现迟发性神经系统症状,表现为肌电图和神经传导速度的异常,感觉神经传导速度异常比运动神经常见,且多见于下肢。另外有学者认为化学战对伊朗芥子气中毒者心理健康构成长期的负面影响,中毒患者创伤后应激障碍(PTSD)、抑郁症和焦虑症的发生率增高,但难以区分是否与常规战争引发的类似心理疾病有差别。

4.3 致癌性

IARC将芥子气定为1类致癌物。

4.4 中毒机理

芥子气中毒机制迄今尚未完全清楚。早期曾提出盐酸学说、酶学说以及砜和亚砜损伤学说等。近年来随着对芥子气毒理作用的深入研究表明，芥子气是典型的双功能烷化剂，具有极强的化学活性，可发挥广泛的生物学作用。芥子气能与体内许多生物大分子发生作用包括核酸、酶、蛋白质及氨基酸等，特别易与DNA起烷化反应，这也是芥子气是引起机体广泛损伤的生物学基础。芥子气除直接引起接触部位的细胞损伤外，还能很快透过完整的皮肤和黏膜吸收到体内，引起淋巴、造血和消化道黏膜的组织损伤，以及神经系统、心血管系统及机体新陈代谢的改变。

(1) 化学烷化作用

芥子气是典型的双功能烷化剂，在生理条件下能与细胞成分如核酸、酶、蛋白质和氨基酸等起烷化反应。芥子气溶解于水或体液等极性溶液中的芥子气分子迅速解离，内部电子重新排列环化形成锍离子。这种阳离子在化学性质上极为活泼，具有很强的亲电子性，反应速度快，能很快与生物大分子中的亲核性原子起烃化作用，形成以共价键结合的不可逆的烃化产物。细胞内许多重要成分含有S、N、O等亲核中心，它们对烃化剂具有强度不同的亲和力，其顺序为S>N>O。此外，芥子气还可与体内许多亲核性基团如氨基、巯基、羟基、羧基、磷酸基及咪唑基等反应，造成一系列的生化功能和细胞组织形态的变化。芥子气离子化速度高，生物学作用快，对细胞的杀伤作用主要是在与芥子气先接触的局部。对远隔部位的细胞，由于锍离子的迅速减少和芥子气的水解，其作用降低。

(2) 对核酸作用

芥子气是典型的双功能烷化剂，进入体内之后迅速形成正锍离子，正锍离子极为活泼，可与胞内多种成分如DNA、蛋白质等发生烷化反应。在体内生物大分子中，核酸尤以DNA对芥子气最为敏感。其与DNA反应位点主要是鸟嘌呤的N7位(图32-4)，产物为N7-(2-羟乙基硫代乙基)鸟嘌呤，占DNA烃化总产物的60%～70%。芥子气与DNA发生烷化反应后可致细胞有丝分裂抑制，还会引起突变、癌变和畸变等遗传信息障碍；DNA烷化后致DNA链断裂而激活聚腺苷酸二磷酸核糖转移酶(PARP)，大量消耗NAD^{+}，从而抑制糖酵解作用，使磷酸己糖旁路活化，导致蛋白酶释放，最终引起皮肤炎症、起疱等病理改变。DNA双烷化主要引起细胞毒作用，而单烃化较少引起细胞死亡，但能导致DNA遗传信息障碍，如DNA鸟嘌呤N7位置单烃化产物脱落后遗留下一个空隙，该空隙在复制和转录过程中，可能导致错误碱基的掺入，因而引起突变、癌变和畸变等遗传信息障碍。芥子气对RNA的作用方式与DNA相似，主要也作用于RNA鸟嘌呤的N7位从而导致蛋白质合成代谢障碍。

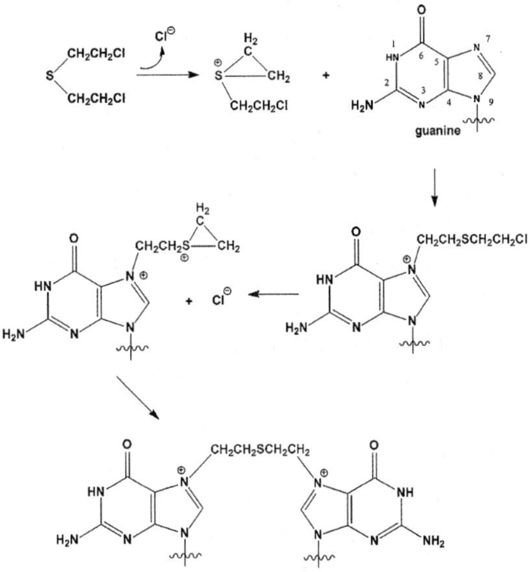

图32-4 芥子气对DNA的烃化作用

(3) 对蛋白质和氨基酸的作用

芥子气除通过对核酸的作用影响蛋白质合成外，还可与蛋白质肽链中的亲核基团如羧基、氨基、巯基、咪唑基等直接发生烃化作用，特别与细胞内结构蛋白的烷化反应具有重要的毒理学意义。芥子气烃化作用的主要功能基团有：赖氨酸的氨基、谷氨酸的羧基以及谷胱甘肽和半胱氨酸的巯基等。此外芥子气还可与腺苷、硫胺素、尼克酸和吡醇素的氨基起烷化反应。用标记芥子气(^{35}S)与酵母实验表明，有50%的^{35}S与谷胱甘肽结合，10%的^{35}S结合在细胞膜上，其余40%与细胞微细结构结合。芥子气还易与血清蛋白及核蛋白作用，烷化后的蛋白质发生变性、补体失活以及免疫功能下降等。

(4) 对酶的作用

芥子气对许多酶都有抑制作用如磷酸激酶、胆碱酯酶、丙酮酸磷酸转移酶、腺苷脱氨酶、胃蛋白酶、细胞色素C氧化酶，以及乳酸脱氢酶等至少34种酶。芥子气对己糖磷酸激酶的抑制，影响糖的酵解及转化，引起糖代谢障碍和组织营养失调。在磷酸激酶中，参加核酸聚合的核苷酸激酶和多核苷酸磷酸化酶受到抑制后，可加重核酸的代谢障碍。酶对芥子气的敏感性远不如DNA，并且有些酶对芥子气的敏感性在体内和体外没有平行关系，因此酶的抑制在芥子气中毒过程中的重要性不如对DNA的作用。

（5）细胞毒性作用

芥子气可引起分子水平的生化损伤，从而导致细胞、亚细胞结构的变化和破坏，导致细胞死亡。芥子气引起细胞损伤的作用机理与一般物理因素、酸碱腐蚀剂和蛋白凝固剂等化学毒物对细胞速杀作用不同，其与细胞成分虽然作用迅速，但引起细胞损伤或死亡则需要一段时间，此点与染毒后临床上存在潜伏期的过程相一致。因此损伤早期往往不易区分细胞损害的程度。

烷化作用对细胞的致死性却主要决定于细胞DNA是否准备进行复制或细胞是否进行分裂，也就是只有在细胞进行分裂时，烷化才产生细胞毒作用。因此，增殖旺盛的组织细胞对芥子气最为敏感，如淋巴细胞、造血细胞、肠黏膜上皮细胞、睾丸造精细胞及皮肤表皮细胞等。不同生长周期的细胞对芥子气敏感性不一样，核酸合成期（S期）及合成后期（G_2期）最为敏感，分裂期（M期）则相对不敏感。

芥子气不仅可以抑制细胞有丝分裂，还可引起细胞染色体损伤。包括染色体断裂、染色体桥和各种染色体畸变的形成。实验证明，双功能比单功能烷化剂能更有效的引起染色体畸变。此外，芥子气还有诱变作用，使细胞产生突变，出现生长和发育的异常，并可能引起癌变和畸胎。DNA交联或DNA与蛋白质之间交联使染色体畸变率显著提高。正确的DNA修复能保持染色体结构的完整性，而错误的修复则导致染色体畸变，未被修复的损伤则畸变率增高。芥子气处理的细胞，染色体畸变率和细胞死亡之间有严格的定量关系。因此，芥子气具有“拟辐射性物质”的特点，是较强的细胞诱变剂，损伤细胞的突变和癌变率显著增高。

（6）与氧化损伤、炎症及免疫的关系

芥子气的损伤机制还可能通过与细胞内含巯基蛋白质和多肽反应，如与谷胱甘肽反应形成加合物，导致细胞内谷胱甘肽的耗竭。谷胱甘肽在减少细胞内氧自由基生成、预防过氧化和保护细胞膜的完整性等方面起着关键作用。细胞内谷胱甘肽的耗竭一方面可引起细胞内钙离子增高，破坏微丝蛋白，还可通过激活核酸内切酶、蛋白酶和磷脂酶引起细胞膜和DNA损坏，诱发细胞凋亡。另一方面严重抑制细胞内的还原系统，使内源性过氧化氢蓄积，羟自由基大量产生，引起细胞膜的脂质过氧化，导致膜功能、流动性丧失、细胞膜破裂。

炎症反应贯穿芥子气毒性作用的始终，并有各种炎性免疫因子的参与。芥子气急性暴露和暴露的远期效应均存在炎性因子和炎性细胞的升高，相应地，进行抗炎治疗显示不同程度的疗效，这也证实了炎症反应在芥子气损伤中的作用。芥子气中毒后可引起局部组织释放炎症因子，皮肤组织病理证实了芥子气染毒局部皮肤有明显的炎性浸润。实验发现芥子气染毒后短期内即可检测到TNF－α、IL－8、IL－6、IL－1、G－CSF等炎症介质，这些细胞因子对中性粒白细胞和巨噬细胞有很强的化学趋化活性，引起炎症反应和蛋白酶生成，并可进一步引发自身免疫反应。大量研究表明，NF－κB途径和丝裂原激活蛋白激酶类（MAPKs）与芥子气诱导的炎症因子基因调控相关。

5. 生物监测

芥子气中毒的确证主要是对其尿和血液中生物标志的实验室检测。芥子气生物标志主要包括水解氧化产物、谷胱甘肽加合物、蛋白质和DNA加合物等。芥子气的体内代谢研究，发现大约60%的代谢物在24 h内通过尿排出。

5.1 TDG和TDGO的检测

TDG是芥子气的主要水解产物，也是芥子气在体内的代谢产物之一。在芥子气损伤人员的血液、尿液及皮下组织中都会产生一定量的TDG。美军《化学防护手册》中，已将TDG确定为芥子气中毒的临床诊断方法之一。为达到较高灵敏度，一般需先经固相萃取（SPE）纯化，衍生化后用GC－MS或色谱-质谱-质谱（GC－MS－MS）分析。环境样品的分析通常用硅烷化试剂做衍生化试剂，而生物样品的检测常用五氟苯甲酰氯（PFBZ）、七氟丁酸酐（PFBA）、七氟丁酰咪唑（HFBI）等衍生化效果更好。衍生化产物采用GC－MS－MS分析，其检测限可达到0.1 ng/cm^3。

TDGO具有一个极性更强的亚砜基团，其分析检测比TDG更困难。目前较为可行的方法是将TDGO用三氯化钛还原为TDG后进行间接分析。TDG、TDGO也存在于正常人的体液中，TDG在尿液中具有较低的浓度水平（0～1 ng/cm^3），而在血液中其浓度可达 16 ng/cm^3；正常人尿液中 TDGO 通常小于 8 ng/cm^3。虽然 TDG 和 TDGO 是正常人体内的代谢产物，但芥子气中毒后人体内排出的 TDG 和 TDGO 含量异常增高，且以 TDGO 为主。

5.2 芥子砜和芥子亚砜的检测

芥子气在体内可以发生氧化代谢，生成芥子砜和芥子亚砜，且芥子亚砜是芥子气进入体内后血循环中的主要代谢产物。通过 3,5 -二巯甲基-苯氧基乙酸对芥子砜和芥子亚砜进行衍生化后可用液质联用技术进行定量检测。动物实验的研究表明，芥子气皮肤染毒 5 min 后，血液中芥子气、芥子砜和芥子亚砜的平均浓度分别为 100.6、160.1、6.5 μg/L，芥子气氧化产物在 3 h 达到最高浓度，芥子亚砜在血液循环中的浓度显著高于其他代谢产物，如 TDG 和 TDGO。研究表明芥子气氧化产物，尤其是芥子亚砜可作为芥子气中毒早期的血液检测指标。

5.3 芥子气-谷胱甘肽加合物及裂解产物的检测

谷胱甘肽是体内具有生物活性的小分子肽类物质，能迅速与进入体内的芥子气结合形成加合物 1,1′-磺酰基-双[2 - S -(N -乙酰半胱氨酸基)]乙烷(SBSANE)，是确证芥子气中毒的重要生物标志。芥子气-谷胱甘肽加合物经 β -裂解酶作用，同时硫原子发生氧化反应，生成一系列的代谢产物随尿排出体外。动物实验已证实存在多种 β -裂解产物，最主要的存在形式有以下三种：1,1′-磺酰基二(2 -甲巯基)乙烷(SBMTE)、1,1′-磺酰基二(2 -甲亚磺酰基)乙烷(SBMTSE)、1 -甲基亚磺酰基- 2 -(2 -甲巯基乙基磺酰基)乙烷(MSMTESE)。这些化合物在正常人体内不存在，因此该类化合物是芥子气中毒后特异性的体内标志。

芥子气-谷胱甘肽加合物 SBSANE 对热不稳定，不能用 GC - MS 直接分析，需二甲酯衍生化后，用热喷雾电离质谱方法检测，可能仍由于其热不稳定性，检测限仅为 25 ng/cm^3。而酸化的尿液经 SPE 浓缩后，用液相色谱-电喷雾串联质谱法(LC - ESI - MS - MS)分析，检测限可达 0.5～1 ng/cm^3。β -裂解产物 SBMSE 和 MSMTESE 分别含有 1 个或 2 个亚砜基团，用二氯化钛还原后均生成 SBMTE，用 GC -MS - MS 法检测，检测限为 0.1 ng/cm^3。此方法曾在几名伊朗芥子气中毒伤员体内检测到 SBSANE 和 β -裂解产物的存在。

5.4 芥子气-蛋白质加合物检测

小分子代谢产物从体内排泄快，染毒两周后尿液中仅可检测到痕量的游离代谢产物存在，而芥子气与蛋白质及 DNA 的加合物则可存在较长时间，有的甚至可达几个月(约 120 d)。芥子气与血红蛋白的加合物是目前较好检测的生物标志。N1 和 N3 -(2 -羟乙基硫代乙基)L -组氨酸是芥子气染毒后珠蛋白中含量最丰富的，但由于它的高极性和热不稳定性限制了在 GC - MS 上的应用。缬氨酸 N 端是芥子气烷化部位之一，占血红蛋白中烷化总量的 1%～2%，采用 Edman 降解后，用 GC - MS 可灵敏检出低剂量芥子气染毒后产生的 HETE - Val。动物实验发现芥子气皮肤染毒后 3 个月仍可检测到该加合物，证明其可作为芥子气染毒的长效生物标志。白蛋白在血液中含量也很丰富，但存在时间相对于血红蛋白较短(半衰期 20 d)。体外实验中，芥子气染毒白蛋白后，胰蛋白酶酶解白蛋白，用 LC - MS 检测到人血清白蛋白中 34 位半胱氨酸加合物，检测限可达到 1 nmol/L，其灵敏度高于 N 端缬氨酸加合物检测方法。但由于白蛋白加合物消除速度快，相对于 HETE - Val，这种分析物的溯源性稍差。还有文献报道了用免疫荧光显微技术分析人皮肤角质层加合物，合成了芥子气角蛋白加合物部分序列作为抗原，获得单克隆抗体，具有与芥子气染毒后愈合组织中角蛋白的亲和能力。

5.5 芥子气- DNA 加合物检测

N7 - HETEG 是芥子气与 DNA 反应后最主要、最丰富的加合物，是芥子气中毒的重要标志。一般采用 LC - MS 方法可较容易在芥子气中毒动物的尿液、经过处理的皮肤和血样中均可检测到 N7 - HETEG，检测限达 0.2 ng/cm^3。也有报道采用酶联免疫分析方法检测 DNA 加合物 N7 - HETE - G - 5′-磷酸酯，在中毒后 22 和 26 d 的血样中均可检测到 N7 - HETEG 的存在。芥子气- DNA 加合物作为一种生物标志，其有利的一面是其在体内各组织中都存在，不利的因素是 DNA 修复机制可能会切除烃化基团，因此相对于烃化的蛋白质，存在时间较短。

6. 人体健康危害

芥子气可引起机体多方面的损伤。战时无防护情况下，常同时出现眼、呼吸道及皮肤损伤。并可通过吸收引起全身中毒。

6.1 皮肤损伤

皮肤是芥子气损伤的常见部位，芥子气接触皮肤时无明显刺激，不易察觉。潮湿多汗、四肢屈侧等薄嫩及受摩擦部位皮肤对芥子气较敏感。皮肤损伤的过程和程度与芥子气染毒剂量、外界条件以及机体状况有关。温度高、湿度大，能显著增强芥子气的毒性作用。芥子气皮肤损伤典型临床经过可分为潜伏期、红斑期、水疱期、溃疡期和愈合期；愈合后皮肤经常有色素沉着。皮肤损伤的程度可按热烧伤"三度四分法"进行分度(表 32－8)。

表 32－8　芥子气皮肤损伤和临床经过

分度	损伤深度	局部表现	病　程
I	表皮生发层未损伤	仅有红斑，红斑与正常皮肤分界明显，轻度肿痛及痒感	无感染，一周左右消退，有短期的色素沉着
浅 II	达真皮浅层，部分表皮生发层完好	浅层水疱大小不一，疱内液体清亮或混浊，易抽吸引流，肿痛较明显	小水疱可自行吸收，不易感染，不形成溃疡，两周内愈合，有色素沉着，无瘢痕
深 II	达真皮深层	组织水肿明显，出现深层水疱，疱内容为胶胨状，疱皮硬，不易抽吸引流	水肿液吸收较快，水疱于数日后破溃，形成溃疡，易感染，三周以上愈合
III	全层皮肤损伤	有两种类型：皮肤、皮下组织高度水肿、淤血、发硬、色泽灰暗，无水疱形成；仅出现凝固性坏死，分界明显	水肿液吸收缓慢，多于一周后表皮裂解，与真皮分离脱落。凝固性坏死组织不易自行脱落，需切痂植皮

6.2 眼损伤

眼对芥子气最敏感，在同样染毒条件下，比呼吸道及皮肤更易受伤害，且症状出现早。根据第一次世界大战芥子气损伤病例分析，受害最多的部位是眼睛，占 86%。眼损伤主要病变是结膜炎和角膜炎，分轻中重三度。**轻度损伤：**主要引起轻度结膜炎。潜伏期后出现针刺、烧灼、异物感，轻度流泪、怕光，眼皮沉重感。检查睑裂部位的结合膜充血，眼睑红肿。**中度损伤：**主要引起重度结膜炎，伴有轻度角膜损伤。眼内异物感、烧灼感及疼痛较重，大量流泪，结膜充血水肿。角膜表层雾状混浊，表面粗糙，视觉模糊。眼睑痉挛、水肿，翻转眼睑十分困难。早期有黏性分泌物，继发感染后出现脓性分泌物。一般角膜能恢复正常，不影响视力。**重度损伤：**主要由于高浓度蒸气态或液滴态芥子气直接落入眼内引起。液滴态芥子气接触眼当时立即有针刺、烧灼和异物感。潜伏期后，大量流泪、羞明，眼睑严重痉挛、结膜严重充血，有时有瘀血斑，由于严重水肿，睑和球结膜可自眼裂突出，如"火山口状"，疼痛剧烈，并有大量浆液性或黏性分泌物，常发展为化脓性结膜炎。

6.3 呼吸道损伤

芥子气引起的呼吸道损伤多因吸入蒸气态或雾态芥子气引起。根据第一次世界大战的资料，在芥子气中毒伤员中，75.3%有呼吸道损伤，无面具防护时常与眼损伤同时存在。潜伏期 6～12 h 或更长，接触毒剂时也无明显刺激作用，开始虽可嗅到特殊气味，但很快嗅觉迟钝，不易察觉。

(1) 轻、中度损伤

轻度损伤主要表现为急性鼻、咽和喉的炎症，潜伏期为 12 h 左右或更长。有流涕、咽干、咽痛、喉痒、声音嘶哑等症状，有时咳嗽，有少量黏液痰。中度损伤主要表现为急性气管炎症状，潜伏期为 6～12 h。开始症状与轻度损伤相同，但较重。第二天出现胸闷、胸骨后疼痛，咳嗽加重。先为黏液痰，然后转为黏稠的血丝痰，数日后常因并发感染而有脓性痰。伤员精神抑郁，食欲不振，体温上升，可达 38～39℃。

(2) 重度损伤

较少见，主要由于长时间吸入高浓度的芥子气蒸气或雾态的毒剂引起。重度损伤主要表现为从上呼吸道到小支气管黏膜的坏死性炎症，潜伏期短于 6 h。上述鼻、咽、喉、气管和支气管损伤的症状更加严重，并可出现严重抑郁、淡漠、嗜睡、恶心呕吐等全身吸收中毒症状。在第 2～3 d，鼻、咽、喉、气管和支气管黏膜表面出现由坏死组织、纤维蛋白和炎性渗出物组成的"伪膜"，比白喉伪膜厚，易脱落，并随痰咳出，在该处形成糜烂面。如果坏死深达黏膜下层，则形成愈合缓慢的溃疡。有时巨大伪膜脱落后可随时发生急性呼吸道梗阻。在支气管以下，管径逐渐变窄，伪膜和坏死组织难以咳出，容易造成阻塞，加之感染和肺不张，常造成严重的肺换气障碍。此时伤员有严重的呼吸困难，鼻翼煽动，吸气时肋间凹陷，发绀明显，最后可因下呼吸道梗阻而死亡。

6.4 消化道损伤

一般来说主要因误食染毒水或食物而引起，蒸气态芥子气一般不会使食物和水污染到有毒的程度。严重的皮肤染毒及呼吸道吸收中毒也可见消化道损伤。经口中毒主要损伤上消化道，以胃为主；非经口吸收中毒主要损伤下消化道，以小肠为主。芥子气经口中毒常引起严重损伤，直接损伤消化道黏膜，致使上皮细胞变性、坏死、脱落，引起黏膜充血、水肿、出血、糜烂和溃疡等。损伤程度与进入胃内毒剂量及食物充盈情况等有关。进入胃内的毒剂量超过 50 mg 时，如不进行急救，可出现出血性胃炎、胃溃疡、胃穿孔，甚至死亡。

6.5 全身吸收中毒

芥子气可造成较高的致伤率，但致死率低。芥子气可经各种途径进入体内引起全身吸收中毒。在液滴大面积皮肤染毒又未及时消毒，或较长时间暴露在高浓度毒剂蒸气中未得到及时防护时有可能引起全身吸收中毒。也有可能误食重度污染的水和食物而引起中毒，但这种情况比较少见。吸收中毒的严重程度主要取决于进入机体的毒剂量。轻度吸收中毒时，全身无明显不适或只有轻微的全身反应，恶心和白细胞轻度减少。严重的吸收中毒，累及机体许多系统和器官，主要表现为中枢神经系统的兴奋和抑制，造血功能抑制，肠黏膜出血性坏死性炎症，循环衰竭以及代谢障碍等一系列严重反应。

7. 风险评估

芥子气职业暴露可能见于从事芥子气储存和销毁工作的人员，在曾被芥子气污染且仍存在芥子气的区域进行工作的人员，或从事芥子气防护研究且未采取必要防护措施的工作人员。此外，在曾发生过芥子气遗弃的海域从事捕捞的人员也存在暴露风险。在我国，非职业暴露主要是日军遗弃化学武器。侵华日军在我国境内遗弃的化学武器中有大量的芥子气，并已造成了大量人员伤亡。此外，芥子气难防难治，结构简单，容易合成，极易被恐怖分子掌握和利用，是最有可能被用于恐怖袭击的毒剂之一。IARC 将芥子气划分为 I 类致癌物。美国国家毒理学计划（NTP）认为芥子气是一种对人具有致癌性的物质。美国军队已经制定了芥子气空气暴露限值（AELs）和健康环境筛查限值（HBESLs），此外，NRC 也确定了芥子气的 RfDs 的参考值。

8. 诊疗

8.1 诊断

早期、正确的诊断很重要，以便及时采取相应的急救和治疗措施。

中毒史：在染毒区内停留时间长短、有无饮水和进食、有否嗅及大蒜气味、当时防护及急救情况、皮肤及服装染毒和消毒情况、有无他人同时中毒及毒区征象等。

临床症状特点：芥子气中毒当时一般无明显疼痛及不适，常有数小时到几小时的潜伏期，在无防护情况下，于潜伏期后相继出现眼、呼吸道、皮肤等多种损伤。潜伏期的长短有助于判断中毒程度的轻重。

辅助检查：全身吸收中毒时，血液检查，特别是对白细胞总数和分类的连续观察，对诊断和判断中毒程度及预后有重要的参考价值。

毒剂检定：对伤员服装、早期呕吐物或可疑的饮水及食物等采样进行毒剂检定，并了解在染毒地区化学侦检的结果，以明确诊断。

8.2 治疗

对芥子气中毒，目前虽无特效抗毒药物，但根据损伤部位、程度及不同阶段，进行对症及综合治疗，仍有较好疗效。在大面积皮肤染毒，高浓度蒸气吸入、毒剂经伤口吸收或经消化道染毒时，都必须及早进行全身吸收中毒的综合治疗，不应该等到严重的全身中毒症状出现时才采取措施。

（1）皮肤损伤

治疗原则与一般热烧伤或接触性皮炎相似，按损伤阶段进行相应治疗。治疗前脱去染毒服装，必要时进行局部补充洗消，除去毛发和污物。如染毒面积较大，应洗澡更衣。液滴态芥子气皮肤染毒时，立即用军用毒剂消毒包等专业洗消器材进行局部洗消，也可用棉球、吸水纸等吸水材料蘸吸去皮肤表面可见的毒剂液滴，并注意避免因来回擦拭人为扩大染毒范围。然后选用新配洗消液洗消，10 min 后应用清水冲洗。简易洗消剂，如肥皂水、洗衣粉、草木灰等弱碱溶液或大量清水等亦可应急使用。大面积皮肤染毒局部处理不彻底时，应全身洗消。此外，在红斑期主要是减轻刺激症状，防止因瘙痒抓破皮肤而加重损伤。局部可应用一些复方炉甘石洗剂和 5％薄荷脑酒精液等。出现水疱后，小水疱（＜2 cm）

保留疱皮,尽量待其自行吸收。大水疱(>2 cm)去除疱皮,创面用生理盐水或肥皂水每日冲洗 3～4 次,然后表面涂抹一层 1～2 mm 的抗菌素药膏如磺胺嘧啶银、醋酸磺胺米隆。

(2) 眼损伤

立即用大量净水冲洗,1～2 min 后则效果不佳。有条件用 0.5%一氯胺或 2%碳酸氢钠冲洗。眼损伤治疗的原则是防治感染,减少后遗症。要尽早使用抗菌素眼药水或眼膏,眼睑边缘涂凡士林,预防愈合过程的黏连和疤痕形成。畏光时,可戴有色眼镜或以纱布垫覆盖。角膜损伤严重时,可考虑角膜缘干细胞移植或角膜移植。此外,眼中毒伤员常因眼睑痉挛、疼痛、水肿及视觉障碍而顾虑失明,应解除其思想顾虑,积极配合治疗。

(3) 呼吸道损伤

上呼吸道症状如咽喉痛、干咳和声音嘶哑等,可蒸气吸入和使用止咳剂。呼吸道吸入中毒后 12～24 h 出现的早期咳痰、呼吸困难,伴有发热和白细胞增多,事实上是无菌性支气管炎或肺炎症状。感染通常发生于中毒后 3 d,出现高热,胸片显示肺部大面积炎性浸润,痰多,并有脓痰。根据痰细菌培养结果,有针对性的全身应用抗菌素。在喉头痉挛或水肿出现前,应早期气管插管,既可以改善通气,也有助于吸出炎性和坏死组织的碎片。给支气管扩张剂解除支气管痉挛,也可雾化吸入激素如地塞米松。呼吸困难时吸氧,必要时早期呼气末正压通气(PEEP)或持续正压通气(CPAP)。如有伪膜形成,可行支气管镜直视下取伪膜;如伪膜脱落引起窒息或有严重呼吸困难时,立即进行气管切开,取出伪膜。由于肺功能不全,和芥子气诱发的骨髓损伤导致免疫功能低下引起的继发感染,芥子气呼吸道损伤引起的死亡常发生在中毒后 5～10 d。

(4) 消化道损伤

早期用 0.15%氯胺、2%碳酸氢钠、1∶2 000 高锰酸钾或清水反复洗胃。晚期禁止洗胃,防止胃穿孔。治疗一般采用对症处理,早期有恶心呕吐,可给予止吐剂,或阿托品(0.4～0.6 mg 肌注和静注)类抗胆碱能药物。如中毒后出现持续性呕吐或大量腹泻,可能有严重的全身吸收中毒,预后较差。烦躁不安给镇静剂,注意维持水和电解质平衡,控制胃肠道和肺部感染。有溃疡病变时,口服氢氧化铝。最初几天一般应禁食,输液补充营养,症状好转后给富于营养的流质、半流质饮食。

(5) 全身吸收中毒

综合治疗,治疗原则是"三抗一促一加强(抗毒、抗感染、抗休克;促进造血;加强护理)"。重度中毒早期可出现中毒性或应激性休克,3～5 d 后发展为低血容量性休克。对于中毒性休克,可静脉输注 5%葡萄糖生理盐水,加用地塞米松 5～10 mg 或氢化可的松 100～200 mg,1～2 次/d,危急期过后停用。对低血容量性休克,如血液是等渗的,宜静脉输注含 1.5%碳酸氢钠的葡萄糖生理盐水,补液速度及补液量均应适当。早期即应使用广谱抗生素或其他抗感染药物。周围血象较低时,可适当输全血或白细胞、血小板悬液以及维生素 B_4、B_6、B_{12}、核苷酸及叶酸等。也可用促进造血系统恢复的药物。髓移植或骨髓输液有助于促进骨髓造血功能恢复。胃肠道保护剂和钙拮抗剂对胃肠道出血、血液和生化指标改善有较明显的作用。此外,出现烦躁不安时给予镇静剂;严重兴奋或惊厥时,用苯妥因钠或巴比妥类药物;腹痛时皮下注射阿托品;根据需要使用止血剂;及时纠正酸中毒;为防止 DIC,可用低分子右旋糖酐;加强营养和护理。

(6) 芥子气中毒治疗药物的研究进展

芥子气致伤涉及多个靶点,目前还难以确定针对芥子气有明确治疗作用的药物。现在有关芥子气中毒防治药物的报道,是基于 DNA 烷化和 DNA 链断裂、PARP 激活、谷胱甘肽耗竭、炎症反应、蛋白水解酶激活及钙紊乱等作用机制,但大部分抗毒药物尚处于体外实验和动物实验阶段,仅有一部分应用于临床。这包括自由基清除剂如谷胱甘肽和半胱氨酸等,PARP 抑制剂如烟酰胺,钙调节剂三氟拉嗪,蛋白酶抑制剂如抑肽酶(aprotinin)及伊洛马司他(ilomastat)、抗炎药物等。

9. 预防

芥子气对人类危害巨大,造成了大量伤亡。禁止化学武器组织已在全球禁止芥子气的生产、使用和储存,并逐步开展销毁。值得注意的是,我国仍存在大量日本遗弃的芥子气。尽管我国与日方正在合作销毁已发现的芥子气,但是在未来很长的一段时间内我们必然要与芥子气共同相处。迄今为止,芥子气无特效的抗毒和预防药物,在可能存在芥子气的情况下,及时穿戴个人防护器材或采取集体防护措施。沾染后及时进行局部、全身洗消。此外,积极普及芥子气中毒的相关知识是为数不多可减轻芥子气危害的方法。

氮　　芥

1. 理化性质

CAS 号：555-77-1	外观与性状：无色到淡黄色的液体，有一种淡淡的鱼腥味、肥皂味
分子式：$C_6H_{12}Cl_3N$	分子量：204.52
熔点/凝固点(℃)：−3.7	沸点(℃)：256
闪点(℃)：足够高，不影响其军事性能	溶解性：溶于乙醇、乙醚和苯；可与二甲基甲酰胺、二硫化碳、四氯化碳等多种有机溶剂混合
饱和蒸气压(kPa)：1.4×10^{-3}(25℃)	pH 值：4.64
密度(g/cm^3)：1.23(25℃)	相对密度(水=1)：1.23
相对蒸气密度(空气=1)：7.1	易燃性：可能会燃烧，但不易被点燃

2. 用途与接触机会

氮芥(Nitrogen mustard)是一类具有双(β-氯乙基)基团与芥子气性质类似的烷化剂，根据其氮上第三个取代基团的不同分别被命名为 HN1(乙基)、HN2(甲基)和 HN3(氯乙基)。HN3 早期作为军事战剂来使用，现已不是装备毒剂。HN1 和 HN2 是作为药品来研究的，人们还研发了一系列衍生化合物用于肿瘤治疗，如苯丙氨酸氮芥、苯丁酸氮芥和环磷酰胺等。

3. 毒代动力学

氮芥的渗透效应与时间、温度、湿度正相关，其中氮芥的渗透效应与时间呈线性关系。氮芥入血后迅速与血液中的某些成分结合，在血中停留时间在 0.5～1 min 之间，即有 90%以上从血中消除，并迅速分布于肾脏、脾脏、肺、小肠、肝脏及肌肉等组织中，其中脑中含量最少。氮芥的半衰期很短，从狗的实验中证明，血药浓度在 48 min 内减低 65%～90%，在小鼠 10 min 内减低 95%。由于药物在体内中改变较快，氮芥原型从尿中排出不到 0.01%。给药 6 h 或 24 h 后血及组织中含量均很低，20%的氮芥以二氧化碳的形式经呼吸道排出；由于亚铵离子具有较好的水溶性，经过尿排泄可能是其主要的代谢途径。

4. 毒性与中毒机理

4.1　毒性作用

和芥子气一样，湿度可增加氮芥的皮肤损伤效应。氮芥潜伏期较芥子气长，眼睛症状潜伏期为几小时，皮肤起疱的潜伏期为几天。氮芥是已知具有致突变作用的烷化剂，但是没有数据支持其对人有致癌作用。

大鼠经口 LD_{50}：2.5 mg/kg；兔经皮 LD_{50}：19 mg/kg；大鼠吸入 LC_{50}：200 mg/(m^3·10 M)。

42 mg/(m^3·min)的 HN3 可引起中毒可逆性眼损伤，1 800 mg/(m^3·min)暴露 10 min 或 20 min 可引起皮肤中毒糜烂，1 300 mg/(m^3·min)暴露 20 min 可引起出汗皮肤中毒糜烂。氮芥毒性数据主要为动物实验，小鼠口服 HN2 的 LD_{50} 为 10～20 mg/kg，皮下注射的 LD_{50} 为 2.6～4.5 mg/kg，皮肤暴露 LD_{50} 为 29～35 mg/kg，腹腔注射 LD_{50} 为 4.4 mg/kg，静脉注射的 LD_{50} 为 2 mg/kg；大鼠口服 HN2 的 LD_{50} 为 10～85 mg/kg，皮肤暴露 LD_{50} 为 14 mg/kg，皮下注射 LD_{50} 为 6 mg/kg，腹腔注射 LD_{50} 为 1.8～2.5 mg/kg，静脉注射 LD_{50} 为 1.1 mg/kg。皮肤沾染液滴态 HN2 的 240 mg/kg 可使人致死。空气中 HN2 浓度在 200～300 mg/m^3，人吸入 5 min 或浓度在 120 mg/m^3 时，吸入 15 min 可以致死。

4.2　中毒机理

氮芥中毒机理尚未阐述清楚，但是目前研究表明中毒机理与芥子气相似。主要包括：DNA/RNA 的烷化作用、氧化应激、膜效应(膜蛋白交联、离子转运效应)等。

5. 人体健康危害

氮芥和芥子气一样均为双功能烷化剂，氮芥对人体健康的危害也与芥子气相似，氮芥的具体症状可参考芥子气的人体健康危害部分。同等剂量情况下，氮芥对人体健康的危害较芥子气的小。现就其临床损伤特点与硫芥比较如下：

5.1　皮肤损伤较轻

(1) 刺激性较轻，暴露于低浓度蒸气可不出现皮肤损伤或只引起短暂的刺激和轻度的红斑；(2) 潜伏期较短，高浓度毒剂蒸气或液滴染毒时红斑出现较早，一般约 3～4 h；(3) 皮肤吸收慢；(4) 主要损伤毛囊，红斑出现后，在皮肤水肿时，毛囊口发生小水泡，除非毒剂剂量较大一般很少形成大水泡。

5.2 对上呼吸道刺激作用较强

吸入氮芥后 2～4 h，鼻、喉、气管等黏膜以及软腭，悬雍垂及腭弓等明显充血、水肿，甚至坏死、糜烂及纤维素性渗出。咽部及扁桃体可明显充血、水肿，甚至存在坏死、糜烂及纤维素性渗出。喉部的水肿和坏死可导致呼吸道堵塞，严重者也可损伤下呼吸道，可于 1～2 d 内引起肺水肿。易继发感染。

5.3 吸收中毒作用强烈

(1) 对中枢神经系统作用明显，严重中毒时，病情急剧恶化，很快发生不安、兴奋、反射增强、全身阵发性痉挛，呼吸、脉搏频数。以后由兴奋转为抑制、麻痹，可在 3～6 h 内发生死亡；(2) 对造血组织和淋巴组织的作用很突出。通过皮肤、呼吸道和胃肠道吸收，12 h 内可见骨髓退行性变，进而发展为严重的骨髓再生障碍。胸腺、脾、淋巴结很快缩小，并出现坏死和吞噬淋巴细胞现象。该损伤在血液方面表现为一过性(数小时)白细胞增多，进而淋巴细胞明显减少，颗粒性白细胞减少，血小板减少和中度贫血。

5.4 眼刺激症状出现早

氮芥对眼和消化道的作用与芥子气基本相同，但对眼的刺激作用比芥子气出现的早。轻度或中度染毒后 20 min 内引起轻度刺痛和流泪。更严重染毒后，立即出现症状。

6. 风险评估

氮芥的风险评估与芥子气基本一致。氮芥职业暴露可能发生于从事氮芥储存和销毁工作的人员，在曾被氮芥污染且仍存在氮芥的区域进行工作的人员，或从事氮芥防护研究工作且未采取必要防护措施的人员。此外，在曾发生过氮芥遗弃的海域从事捕捞的人员也存在暴露风险。非职业暴露在我国主要是日军遗弃化学武器。侵华日军遗弃在我国境内的化学武器中有一定量的氮芥。HN3 是氮芥中毒性最强的一种，根据 EPA 的数据 HN3 吸入的半数致死量为 1 500 mg/(m^3 · min)；皮肤吸收的半数致死量 10 000 mg/(m^3 · min)；重度损伤的半数致死量为 200 mg/(m^3 · min)。动物实验的结果充分证明了氮芥具有致癌性，IARC 将氮芥划分为 2A 类致癌物。但是缺乏有效定量评价氮芥癌症风险的资料。美军已经确定了氮芥的公认群体的极限值和大众群体的极限值(USACHPPM)。

7. 诊疗

诊疗同芥子气。

8. 预防

HN2 及其衍生物仍是临床上最常见的抗癌药。HN2 是最早用于临床并取得突出疗效的抗肿瘤药物，HN2 现在很少用于军事目的。静注用 HN2 应现用现配，且不能用于皮下注射、肌内注射和口服；静注 HN2 时勿漏于血管外，一旦漏出血管外应立即局部皮下注射 0.25%硫代硫酸钠或生理盐水及冷敷 6～12 h；用药期间应每周查白细胞、血小板 1～2 次，过低时应及时停用 HN2。尽管 HN3 曾用作化学战剂，但是由于其军事性能不如芥子气，现已不是装备毒剂。与芥子气一样，氮芥也是日军遗弃在华的化学武器之一，可能存在一定的暴露风险，其预防措施与芥子气相同。

路易氏剂

1. 理化性质

CAS 号：541-25-3	外观与性状：纯品无色，粗品可能呈现紫色到棕色，且具有淡淡的天竺葵般气味
分子式：$C_2H_2AsCl_3$	分子量：207.32
熔点/凝固点(℃)：−18(混合结构)，1(反式结构)，−45(顺式结构)	沸点(℃)：190(混合结构)，197(反式结构)，170(顺式结构)
饱和蒸气压(kPa)：0.077(25℃)	分解温度(℃)：190(100 kPa)
密度(g/cm^3)：1.888(20℃)	气味阈值(mg/m^3)：14
相对密度(水=1)：1.888	溶解性：可溶于一般有机溶剂；不溶于稀的有机酸
相对蒸气密度(空气=1)：7.1	易燃性：不易燃

2. 用途与接触机会

路易氏剂(Lewisite，L)于 1918 年由美国 Lewis

等首先合成的含砷起疱剂。这种毒剂可用飞机布洒，曾被称为是“死亡之露”。其发明时战争已经结束，在第一次世界大战中未来得及使用，因此其效果无数据证明。第二次世界大战期间，美军及德军有相当数量的贮存。路易氏剂的战斗效能与芥子气相似，因易水解失效、容易察觉、有特效抗毒剂等原因，其重要性不及芥子气。但它能降低芥子气的凝固点，因此常被制成芥子气-路易氏剂混合毒剂，便于在冬季或寒冷地区使用。侵华日军在我国境内遗弃的化学弹药中有路易氏剂和芥子气-路易氏剂混合毒剂，已经造成了一定的伤亡。

3. 毒代动力学

路易氏剂毒代动力学资料很少，路易氏剂易于被黏膜吸收，且经皮肤吸收的速度比芥子气快得多。将放射性标记(^{74}As)的路易氏剂涂抹在人皮肤上(面积为 0.43 cm^3)发现路易氏剂主要固着在表皮，出现在真皮中的量非常小，毛发和毛囊中检测到了大部分的放射性。用豚鼠进行了相关的实验发现将路易氏剂涂抹在皮肤上 2 min 内即可进入表皮，10 min 内渗透到真皮。在涂抹后 24 h 时，在真皮仅能检测到痕量的路易氏剂。

4. 毒性与中毒机理

4.1 毒性作用

急性毒性：大鼠经口 LD_{50}：50 mg/kg；兔经皮 LD_{50}：4 mg/kg；大鼠经皮 LD_{50}：15 mg/kg 大鼠吸入 LC_{50}：6.6 mg/m^3/4H；

路易氏剂浓度为 14～23 mg/m^3 时，可嗅到天竺葵味道。路易氏剂可通过呼吸道、皮肤和消化道等多种途径染毒，且均可致人死亡。6～8 mg/m^3 的路易氏剂可产生令人难以忍受的刺激作用。推测路易氏剂皮肤暴露 30 min 的 LC_{50} 为 3 300 mg/m^3，吸入染毒 10 min 的 LC_{50} 为 120 mg/m^3，30 min 时的 LC_{50} 为 50 mg/m^3。吸入染毒的方式暴露于 10 mg/m^3 的路易氏剂中 30 min，将出现严重的中毒症状和失能，且这些症状可持续几周。通过吸入染毒的方式，暴露于 10 mg/m^3 的路易氏剂中 15 min，可引起眼睛发炎和眼睑肿胀。眼睛和潮湿的组织对路易氏剂尤为敏感。

路易氏剂皮肤染毒后可引发起疱，暴露 1 min 内可发生疼痛和炎症。急性致死的原因通常是肺部损伤引起的。皮肤染毒的剂量超过 10 mg/kg 时，可能会出现全身性症状，如肺水肿、腹泻、神经兴奋、体温过低和低血压等。成人口服路易氏剂剂量达到 37.6 mg/kg 后，可在几小时内致人死亡。全身中毒的靶器官包括肝、胆囊、膀胱、肺和肾。暴露于 240 mg/m^3 的路易氏剂中，小鼠在 10 min 内全部死亡。

路易氏剂是否有致癌性尚未研究清楚，但是已知大部分路易氏剂的降解产物，包括无机砷、三氯化砷、三氧化二砷和氯乙烯，被 IARC 认定为 I 类致癌物。

4.2 中毒机理

路易氏剂具有细胞毒、毛细血管毒和神经毒 3 方面的作用。路易氏剂水解产物氯乙烯氧胂仍是有毒的三价砷化合物。路易氏剂中毒机制与三价砷化合物相似，能与体内含巯基的酶和蛋白质结合，主要与细胞中酶系统的巯基结合，使重要的与细胞代谢相关的酶活性受到抑制，从而引起神经系统、新陈代谢、毛细血管及其他器官的异常改变。路易氏剂与一般三价砷化合物不同之处在于前者有很快的皮肤穿透作用和强烈的局部损伤作用。路易氏剂对外周和中枢神经都有作用，对感觉神经末梢有强烈的刺激，故路易氏剂接触皮肤和黏膜会引起明显的疼痛。由于毛细血管的渗透性增加，路易氏剂经皮肤或静脉染毒会引起局部皮肤水肿和肺水肿。血管通透性增加引起血浆减少，其结果是出现统称为“路易氏剂休克”的生理反应。

丙酮酸脱氢(氧化)酶系辅酶中的二氢硫辛酸含有两个相邻的巯基，对路易氏剂特别敏感。该酶被抑制后，糖代谢进行到丙酮酸即行停止，以致能量供应不足，导致细胞代谢紊乱和生理机能障碍。此外，琥珀酸脱氢酶、苹果酸脱氢酶、羧基酶及三磷酸腺苷酶等对路易氏剂也很敏感。中枢神经系统对糖代谢障碍特别敏感，中毒严重时出现抑制和昏迷。吸收中毒的动物，血液内丙酮酸含量升高。路易氏剂还能损伤毛细血管和微血管，使血管壁通透性增加，引起广泛性渗出、水肿、出血，出现血液浓缩和休克。此外，肝脏和肾脏实质细胞也可出现损伤。

5. 生物监测

路易氏剂染毒后，在生物医学样品中主要形成游离和加合代谢产物。其中游离代谢产物氯乙烯基亚胂酸(CVAA)、氯乙烯基胂酸(CVAOA)分别由路易氏剂经水解和继续氧化形成，加合代谢产物是路易氏剂的含砷基团(- $AsCl_2$)与巯基(- SH)发生强相互作用形成。

路易氏剂加合代谢产物主要是由分子中的含砷基团与体内含有巯基的半胱氨酸(Cys)、谷胱甘肽(GSH)以及含有半胱氨酸的蛋白质(Pr)等结合而成。通过同位素标记法证明了生物医学样品中路易氏剂与球蛋白加合代谢产物的存在,发现路易氏剂与球蛋白β-链上的Cys - 93,Cys - 112发生共价结合。同时,由于同位素标记染毒的全血样品放射性大多出现在红细胞中,猜测应是路易氏剂与红细胞中的谷胱甘肽发生了结合。研究者还证明了CVAA可与胱氨酸反应形成加合物CVAA - Cys,并且验证了CVAA与Cys加合物结构只有1∶1一种。但实验中只对CVAA - Cys标样进行了色谱分析,并未对生物医学样品中的加合物进行检测。另外,巯基化试剂可以与路易氏剂的游离代谢产物和加合代谢产物反应生成易于分析检测的同种衍生产物,因此专门检测大分子加合代谢产物的文献报道较少。

分析路易氏剂代谢产物的过程中,某些目标物由于挥发性、活性、色谱特征等因素,可能不适于直接进行气相色谱(GC)分析,通常可以使用衍生方法改善目标物的色谱性能。路易氏剂的衍生方法已经相对成熟,且可被借鉴并用于路易氏剂代谢产物的衍生过程。不同文献报道的衍生方法的主要差异在于衍生试剂的选择,普遍使用的是单巯基和二巯基烃类或醇类,如巯基乙烷、巯基丁烷、二巯基乙烷等。对于具有"路易氏剂特效药"之称的二巯基丙醇,虽然分析灵敏度不及其他衍生试剂,但由于其在临床诊断和解毒效果评价方面具有特殊的研究价值,也进行了广泛地使用和研究。

6. 人体健康危害

路易氏剂损伤与芥子气损伤有相似之处,但也有其特点:① 刺激作用强烈,接触部位有明显的疼痛和烧灼感;② 潜伏期短或无;③ 病程发展快而猛烈;④ 对微血管有强烈的损伤作用,引起广泛渗出(胸膜腔积液、心包积液、关节囊水肿等)、水肿(如肺水肿),出血明显;⑤ 全身吸收作用比芥子气严重,易引起全身性中毒。中毒后数小时,即可产生急性循环衰竭和肺水肿。

6.1 皮肤损伤

野战条件下,路易氏剂形成的蒸气浓度很少使皮肤发生明显损伤,甚至对芥子气反应敏感的部位如外生殖器和腋窝等处也很少受到伤害。蒸气态路易氏剂对皮肤有刺激作用,引起烧灼、刺痛及瘙痒等感觉。长期暴露于高浓度蒸气态路易氏剂中,经1.5～6 h后,身体的暴露部位出现弥漫性红斑,愈合后很少发生色素沉着。液滴态路易氏剂皮肤染毒时,立即有烧灼和疼痛感,并随着毒剂的渗透而加剧,在数分钟内发生深部疼痛。潜伏期短,在10～30 min内出现红斑,颜色鲜红,4～8 h病变发展达高峰,水肿较重,并有出血点。水疱通常在12 h内形成,且往往是直接形成大水疱,周围红晕范围不大,开始时较痛,2～3 d后逐渐减轻。水疱液先为淡黄色,后呈血性混浊。疱液中含有微量砷。染毒严重时几分钟内皮肤染毒部位可出现灰白色坏死区,症状与腐蚀性烧伤相似,溃疡深,愈合较慢,有时需要植皮。路易氏剂皮肤损伤的发展和恢复都较芥子气快。路易氏剂皮肤损伤与芥子气相比,其特点是:强烈的疼痛,较短的潜伏期,明显的组织水肿,出血,愈合较快。

6.2 眼损伤

眼对路易氏剂极为敏感。根据路易氏剂的战斗状态和染毒程度的不同,眼损伤可分为轻、中、重3种类型。低浓度的毒剂蒸气只引起轻度眼损伤;但如长时间接触或蒸气浓度较高时可造成中度眼损伤;液滴态毒剂落入眼内可导致重度眼损伤。路易氏剂蒸气态染毒潜伏期很短,液滴染毒时一般没有潜伏期,接触眼睛立即出现剧烈疼痛、大量流泪和眼睑痉挛,同时伴有头痛或额窦部痛。轻度损伤时出现的烧灼感、刺痛、流泪、结膜炎,一般在数天内即可好转。中度损伤时出现严重的结膜炎和角膜损伤,有强烈疼痛,严重的充血以及结膜和眼睑水肿,角膜表层混浊。恢复时间需1月左右。痊愈后眼抵抗力减弱,易受外界因素的刺激引起眼痛等症状。重度损伤比芥子气严重,表现为严重的出血性、坏死性炎症,如坏死性结膜炎、结膜出血、角膜坏死、溃疡甚至穿孔。此外还可出现虹膜睫状体炎、全眼球炎等。严重者眼球萎缩、失明。

6.3 呼吸道损伤

路易氏剂蒸气对呼吸道有强烈的刺激,吸入后几乎立即发生上呼吸道刺激症状,易引起警惕,此时立即戴上防毒面具能防止发生明显的呼吸道损伤。在无防护情况下,吸入路易氏剂蒸气会引起轻度或中等度损伤，开始时，鼻和鼻咽部有强烈烧灼感和疼痛，接着出现胸骨后疼痛，喷嚏、咳嗽、流涕、流涎、流泪，以及头痛、恶心和呕吐等。然后出现上呼吸道、气管和支气管炎症状。重度损伤除上述症状外，常发生出血性坏死性喉、气管、支气管炎和急性肺水肿。

6.4 消化道损伤

误服路易氏剂染毒水和食物，可迅速引起出血性、坏死性炎症。症状发生与发展均比芥子气快，经口中毒 5 min 后即可出现主观感觉，先有上腹部疼痛，后痛及全腹，并迅速出现剧烈的顽固性呕吐，呕吐物带血，有天竺葵叶汁气味，后可出现腹泻，大便带血。口腔和食道也有损伤，食道可发生坏死和溃疡，愈合后形成食道狭窄和阻塞。严重者出现全身吸收作用，常有肺水肿和循环衰竭现象，可在中毒后 18～30 h 之内死亡。

6.5 全身吸收中毒

路易氏剂可通过皮肤、呼吸道及消化道等途径吸收引起全身中毒。吸收中毒的主要表现为砷中毒症状，发展迅速、猛烈，主要表现为神经系统症状。轻度中毒时，出现兴奋或抑制，无力、头痛、眩晕、恶心，偶尔出现呕吐，并出现心率过速，血压升高和血液轻度浓缩，偶见蛋白尿。严重中毒时，症状发展迅猛，初期先出现兴奋，有流涎、恶心和呕吐，很快转为抑制，麻痹、反射降低、意识丧失。毛细血管通透性增高导致大量液体外渗，以致血液浓缩，广泛出血，几小时后即可发生急性循环衰竭和肺水肿。死亡多发生在中毒后的最初几天之内，甚至在数小时内死亡。后期可出现肝、肾损害和功能障碍。

7. 风险评估

迄今对路易氏剂致癌性的数据尚有争议，并且其定量评价实验也不充分。CDC(DHHS，1988)持有的一些证据表明路易氏剂可能是一个致癌物。就环境暴露和治疗而言，砷元素和/或含砷的降解产物和癌症是有相关性的。路易氏剂的氧化产物包括无机砷、三氯化砷、三氧化二砷和氯乙烯。美国环保局将无机砷划分为 A 类致癌物(2008)，即对人和动物时有明确的致癌作用。三氯化砷和氯乙烯被美国环保局认为是 A 类致癌物(1984)，被 IARC 认为是 I 类致癌物。路易氏剂的职业暴露可能发生于从事路易氏剂储存和销毁工作的人员，在曾被路易氏剂污染且仍存在路易氏剂的区域进行工作的人员，或从事路易氏剂防护研究工作且未采取必要防护措施的人员。非职业暴露在我国主要是日军遗弃化学武器。侵华日军遗弃在我国境内的化学武器中有为数不少的路易氏剂。

8. 诊疗

8.1 诊断

主要根据中毒史、症状特点、化验检查及毒剂侦检结果来诊断。应注意与芥子气相鉴别，以便及时使用二巯基类抗毒剂急救治疗。

中毒史：在染毒区，眼、呼吸道和皮肤等部位有明显的刺激症状或疼痛，并嗅到天竺葵气味，离开毒区后，皮肤和服装可留有同样气味。

症状特点：与芥子气的鉴别，主要根据对眼、上呼吸道和皮肤有强烈的刺激作用，接触时立即产生明显的烧灼感和刺痛感；皮肤染毒时，潜伏期不超过半小时，症状发展比较快，充血、水肿较重而范围广，有出血点，水疱液呈血性混浊。路易氏剂蒸气对皮肤损伤作用小，仅在暴露部位出现红斑；吸收中毒症状比芥子气严重，常出现循环衰竭和肺水肿。

化验检查：水疱液、尿以及胃肠道中毒者的早期呕吐物都可检出砷。严重中毒时血液浓缩，红细胞、细胞比积及血红蛋白等相对增加。

毒剂侦检：了解防化分队毒剂侦察结果，并对伤员衣物沾染的毒剂液滴或可疑染毒物品、食物及水等进行毒剂检定。

8.2 治疗

(1) 急救

与芥子气中毒的急救相同，此外，还应采取下列措施。

眼染毒：用水冲洗后立即用 3%二巯基丙醇眼膏涂入结膜囊内，轻揉眼睑半分钟，再用净水冲洗半分钟。路易氏剂眼染毒后如能在 1 min 以内应用此法，几天后即可完全恢复；10 min 后应用则愈合延迟，并可发生视力障碍；半小时以后应用，则效果较差。

皮肤染毒：蘸吸去毒剂液滴后，立即用 5%二巯丙醇软膏涂于染毒部位，5～10 min 后用水洗去。如已发生红斑，仍可应用。据报道，路易氏剂皮肤染毒后 1 h，当红肿已相当明显时应用二巯丙醇软膏，仍能防止起疱，用药后 24 h，红肿的范围和程度都明显减轻。如已用过个人装备的消毒剂或氯胺溶液，应先洗去，然后再用此软膏。此外，也可用5%碘酒涂擦染毒部位（以碘的颜色不消退为度），5～10 min后用酒精洗去剩余的碘。

消化道染毒：误食染毒的水和食物时，除引吐、洗胃、吞服活性炭外，还可口服5%二巯基丙磺酸钠20 ml。

（2）后续治疗

局部损伤处理与芥子气基本相同。路易氏剂经各种途径中毒时，均应注意防止吸收中毒。为此应及早给予抗毒剂，并注意防治肺水肿和循环衰竭。抗毒治疗的适应症是：① 路易氏剂染毒后15 min没有进行洗消而引起的相当于手掌面积大小的皮肤损伤；② 路易氏剂液滴染毒面积占体表面积5%以上，并且立即引起的皮肤损伤（灰白色皮肤），或30 min内染毒部位出现红斑；③ 咳嗽伴有呼吸困难，吐泡沫样痰以及其他肺水肿症状。20世纪40年代英国人首先研制的抗毒剂有二巯基丙醇，当时称BAL（British anti-lewisite）。后来，苏联和我国学者先后研制了二巯基丙磺酸钠和二巯基丁二酸钠。这3种抗毒剂均含有两个相邻的巯基。二巯基类化合物是含砷毒物的特效抗毒剂，与路易氏剂中的三价砷直接结合，形成无毒的五环复合物，从而保护酶活性；此外，还可夺取中毒酶中的砷，恢复酶活性。二巯基类化合物与路易氏剂结合物由肾排出，因此用药后，尿砷含量增加。

二巯基类化合物与路易氏剂形成的复合物（包括与其他重金属的结合物）均有一定程度的解离，解离出来的砷仍具有毒性作用；巯基化合物则被氧化破坏。因此，抗毒治疗时必须重复用药，在24～48 h之内保持有效的药物浓度。这三种抗毒剂的疗效：二巯基丙醇为脂溶性物质，容易穿透皮肤和黏膜，因此对路易氏剂皮肤及眼暴露局部应用效果好，如全身应用必须制成油剂；二巯基丁二酸钠及二巯基丙磺酸钠为水溶性，不易透过皮肤和黏膜，故不作局部消毒剂，但制成水剂注射用，疗效比二巯基丙醇好；二巯基丁二酸钠毒性最小，其副作用也小。国内生产的二巯基丁二酸胶囊用于口服，使用方便，效果也很好。

（3）综合治疗

调节中枢神经系统功能：出现抑制症状时，皮下注射25%苯甲酸钠咖啡因。防治循环衰竭：血压下降时静脉滴注去甲肾上腺素（1 mg溶于250 ml 5%葡萄糖溶液中）或皮下注射3%麻黄碱1 ml；静脉注射25%葡萄糖溶液50～100 ml；有肺水肿时禁止输血，控制输液量。防治肺水肿：措施与窒息性毒剂引起的肺水肿相同。此外，还应注意控制感染、补充营养、保护肝脏、给予大量维生素，以及安静、保温等。根据病情给予相应的护理措施。

9. 预防

尽管路易氏剂已在全球禁止生产、使用和储存，并逐步销毁，但由于日本遗留化学武器的威胁，我国仍将在未来的很长一段时间内处于该种毒剂的阴影之下。存放路易氏剂的地方还将持续存在路易氏剂沾染的风险。此外，局部冲突以及恐怖分子的恐怖活动也有可能使用该种毒剂。开展相关研究，更加深入了解路易氏剂的毒理学和生物学效应，在这些资料基础上制定路易氏剂相关的标准规范。积极普及路易氏剂中毒的症状和防治方法对广大群众的预防有重大意义。此外，在可能存在路易氏剂的情况下，及时穿戴个人防护器材或采取集体防护措施。沾染后及时进行局部、全身洗消。

四、全身中毒性毒剂

全身中毒性毒剂（systemic agents），又称血液毒，是以氢氰酸（hydrocyanic acid，HCN）和氯化氰（cyanogen chloride，ClCN）为代表的一类暂时性速杀性毒剂。这类毒剂毒性强、作用迅速，主要中毒途径为经呼吸道吸入。毒剂进入体内后，可干扰破坏组织细胞的生理氧化过程，阻止组织细胞利用氧气，从而导致出现一系列全身中毒症状，故称为全身中毒性毒剂。由于其分子结构中含有氰根（CN^-），故亦称为氰类毒剂。

氢氰酸在第一次世界大战时曾被大量使用，但未取得预期杀伤效果，野战使用并不成功。战后，由于施放方法等的改进，使毒剂能在野战条件下短时间内迅速达到致死浓度。由于氢氰酸生产简便，平时可作为化工原料，战时又可很快转入军用生产，因此1972年联合国裁军审议委员会会议文件中把它列为双用途毒剂。尽管随着神经性毒剂的发展，氢氰酸已不是外军装备的主要毒剂，但是基于氢氰酸具有速杀性、对其防护较其他几类毒剂防护更困难等特点，其军用意义远未丧失。

氢 氰 酸

1. 理化性质

CAS号：74-90-8	外观与性状：无色液体，较明显的苦杏仁气味
分子式：CHN	分子量：27.03
熔点/凝固点(℃)：-13	沸点(℃)：25.6～26.6
闪点(℃)：-17.8	自燃温度(℃)：538
饱和蒸气压(kPa)：83.99(20℃)	气味阈值(mg/m^3)：0.9～5
密度(g/cm^3)：0.687(20℃)	溶解性：与水任意比例互溶；易溶乙醇、乙醚等有机溶剂；还可溶解在光气、芥子气等毒剂中
相对密度(水=1)：0.69	n-辛醇/水分配系数：-0.25
相对蒸气密度(空气=1)：0.93	易燃性：极易燃
pKa值：9.21	爆炸下限[%(V/V)]：5.6
爆炸上限[%(V/V)]：40.0	临界温度(℃)：183.5
临界压力(MPa)：4.95	

2. 用途与接触机会

2.1 生活环境

氰化物在自然界广泛存在，一些蔷薇科植物的种子，如杏仁、桃仁内含有氢氰酸的有机衍生物(称苦杏仁甙或葡萄糖扁桃甙 amygdalin, $C_{20}H_{27}NO_{11}$)，若误食或多食后亦可引起中毒。如 100 g 苦杏仁能分解出氢氰酸 100～250 mg，儿童只要误服 10 多颗苦杏仁就可能引起急性氰化物中毒。大戟科植物木薯是南方地区的杂粮之一，它的根、茎、叶中也含有一种生氰苷(cyanogenic glucoside)，如处理不当，食用后也可引起中毒。此外，许多含氮的有机化合物燃烧时可产生氢氰酸气体。如 1 g 聚丙烯纤维燃烧可产生 15 mg 氢氰酸，这也是化学性火灾引起人员中毒窒息死亡的原因之一。因此，对该类毒剂引起损伤的救治，无论在战时，还是在平时都应给予足够的重视。

2.2 生产环境

由于氢氰酸生产简便，可作为化工原料。氢氰酸及其盐类氰化钠、氰化钾广泛用于冶金、金属加工、制革、制药、有机玻璃、合成纤维、塑料生产以及船舱、仓库灭鼠等。生产使用过程中，工人防护不当可发生中毒。

3. 毒代动力学

3.1 吸收、摄入与贮存

氢氰酸主要通过呼吸道吸入经血循环吸收中毒，此外液态氢氰酸也可很快穿透皮肤，其水溶液的离解常数很小，$K=7.2\times10^{-10}$(25℃)，能迅速渗入细胞膜，通过肺泡壁、肠黏膜、眼结膜和皮肤吸收到体内，高浓度氢氰酸的蒸气也可穿透皮肤，但浓度要很高，故无实际意义。如误服染毒食物或水，也可经消化道吸收中毒。

3.2 转运与分布

氢氰酸及其盐类在体内的分布随中毒途径不同而有差异。除与中毒途径直接相关的组织外，因氰离子易与红细胞结合，脾脏和血液内氰离子含量通常为最高，其次为脑、心脏，其他组织较少。狗吸入氢氰酸中毒，死后分析肺的氰含量最高，其次是血、心、脑、肾，而肝、肌肉和胃肠壁等较少。狗氰化钾胃肠道中毒，死后各组织氰离子(下同)含量以胃肠道为最多，其次是血液，肺、肝、脑、肾、心、肌肉等较少。红细胞中氰离子含量比血浆中高数倍。

正常人新鲜血液中氰浓度不到 0.1～0.2 $\mu g/cm^3$，这些恒定的微量氰化物来源于蛋白质的代谢产物和食物中生氰苷等。由于烟草中也含有氰，所以吸烟者血液氰含量高于不吸烟者。血氰水平与中毒途径也有关系。如氢氰酸吸入中毒，当血氰水平处于 0.2～0.5 $\mu g/cm^3$ 时，即出现急性中毒症状，中毒死亡病例血氰浓度在 1.0 $\mu g/cm^3$ 左右。而氰化物口服中毒，出现急性中毒症状时，血氰水平可高于 0.5 $\mu g/cm^3$，急性中毒致死者血氰浓度常高于 1.0 $\mu g/cm^3$，尿中氰含量常低于每毫升几微克，脑组织中氰含量若达到 0.01 mg/100 g，对确定死亡原因很有帮助。

氰化物通过各种途径进入机体后，经由血液循环氰离子很快分布到全身各组织器官和细胞中去。由于人体组织对氰化物具有一定的解毒能力(成人每 30～40s 可使 1 mg 氢氰酸解毒)，少量氰化物对人体危害不大，而当进入机体的氰化物量大于体内解毒能力时，就可出现中毒症状。

氰化物的代谢途径有：

(1) 形成硫氰酸盐：

这是氰化物在体内解毒的主要途径。大约

90%以上的硫氰酸盐由尿排出，少量由唾液分泌。参与这一解毒反应的有两种酶，即硫氰生成酶亦称硫氰酸酶(rhodanese)和β-巯基丙酮酸转硫酶(β-mercaptopyruvate sulfurtransferase)，催化氰离子转变为硫氰酸盐；而硫氰酸盐也可在体内硫氰酸氧化酶(thiocyanoxidase)催化下释放出氰离子，但该逆反应速度缓慢。

硫氰生成酶是把硫供体的硫烷硫原子(sulfane sulfur atom)即连接在另一个硫原子上的离子化硫催化转移到硫受体上的一种酶。它主要分布在细胞的线粒体内，在人肝脏内活性最高，其次是肾脏、肾上腺和甲状腺。但是，体内硫的供应是有限的，因而限制了机体对氰化物的解毒能力。如果由体外补充硫代硫酸钠，就可使机体解毒能力显著提高。在硫代硫酸钠存在条件下，形成硫氰化物速度很快，但只对游离氰起作用，对有机腈类(乙腈、丙腈等)无作用。而含硫化合物也不能直接与氰反应，只有氧化成元素硫后，再经酶催化才能与氰反应，生成硫氰化物而解毒。

(2) 氰与胱氰酸结合形成2-亚氨基噻唑烷-4-羧酸，从尿中排出。

(3) 其他解毒途径：所占比重很小，其中包括氢氰酸经氧化变成氰酸，再经水解生成二氧化碳，由呼出气排出；与羟钴胺(维生素 B_{12a})作用生成氰钴胺(维生素 B_{12})，储存于肝脏内或由尿排出；通过氧化生成甲酸，参加单碳化合物的代谢；与葡萄糖类结合形成氰醇类化合物，由尿和唾液排出。也还有极小部分氢氰酸未经转化由肺呼出。

3.3 排泄

氰的代谢产物主要从尿中排出，少部分由粪便和肺排出，呼出气中很少。

概括以上氰在体内的转化、排泄途径，图解如下：

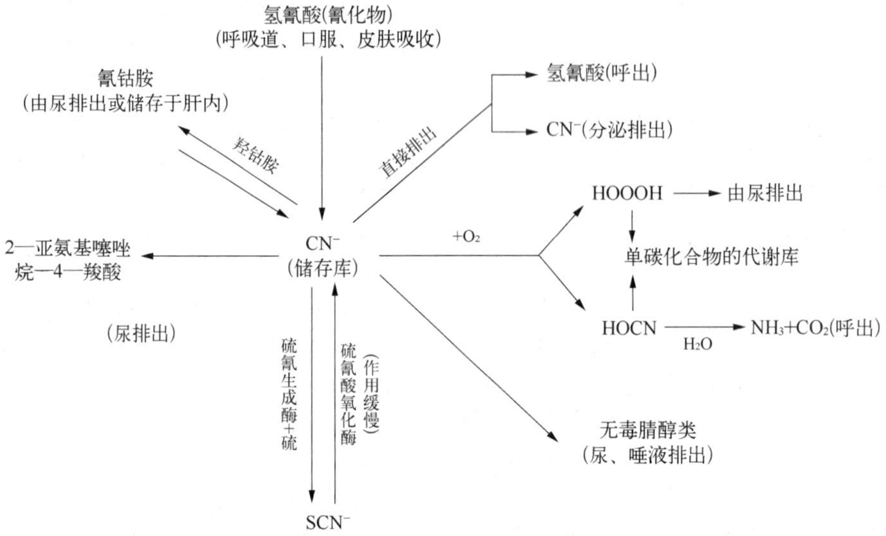

图 32-5 氢氰酸及其盐类在体内的代谢途径

4. 毒性与中毒机理

4.1 急性毒性作用

小鼠经口 LD_{50}：3 700 μg/kg；大鼠吸入 LC_{50}：193 mg/m³。

氢氰酸的毒性大、作用迅速，吸入中毒的毒性约为沙林的1/50。一次口服氢氰酸60 mg(氰化钠110 mg、氰化钾144 mg)就可引起死亡。氯化氰对眼和呼吸道有强烈的刺激作用，空气中浓度达2.5 mg/m³时，人员暴露几分钟便引起大量流泪；50 mg/m³时，暴露1 min就不能忍受。但是，氯化氰的毒性稍低于氢氰酸，约为后者的1/2。见表32-9、32-10。健康危害GHS危险性分类为：急性毒性—经口，类别2；急性毒性—经皮，类别1；急性毒性—吸入，类别2。

表 32-9 氢氰酸和氯化氰的毒性

	吸入中毒 LC_{t50} (mg·min/m³)	皮肤染毒 LD_{50} (mg/kg)	眼染毒 LD_{50} (mg/kg)	口服中毒 LD_{50} (mg/kg)
氢氰酸	1 000	100	1～2	0.9
氯化氰	11 000	—	—	—

表 32－10　氢氰酸对人的急性吸入毒性

浓度(mg/m^3)	致毒作用
300	5 min 内致死
200	10 min 后死亡
150	30 min 后死亡
120～150	对生命有危险，一般在 1 h 内死亡
50～60	能耐受 30 min 至 1 h，无即时的或后遗的作用
20～40	接触几小时后出现轻度症状如头痛、恶心、呕吐、心悸
5～20	个别人感到头痛、头晕

4.2　慢性毒性

关于氰化物的慢性中毒，人们曾认为氰化物在体内代谢快，不易蓄积，所谓“慢性中毒”只是反复急性中毒的结果。近年来随着生活中各种氰的来源逐渐被认识，小剂量氰化物的长期作用已引起人们的注意。因此，慢性氰化物中毒的概念有了新的改变。

氰化物的化学结构、性质和中毒途径不同，导致的症状和体征亦不同。中毒主要累及神经、呼吸和消化等系统，出现类似神经衰弱症候群，眼、上呼吸道和皮肤产生刺激症状，也可出现肌肉酸痛、活动受限等症状体征。化验可见血常规和血生化指标出现变化，如血红蛋白含量、红细胞数目代偿性增加、尿 SCN^- 含量增高等。而氰化物的主要代谢产物 SCN^- 在体内蓄积则又可影响甲状腺的吸碘功能并引起血压下降，从而产生一系列后续症状。

4.3　中毒机理

氰离子(CN^-)对细胞色素体系中细胞色素氧化酶最敏感，当氰离子浓度为 10^{-8} mol/L 时就可被抑制。因此，在氰化物中毒时，细胞色素氧化酶失活具有决定性作用。氰离子和含有三价铁的氧化型细胞色素氧化酶结合，形成氰化细胞色素氧化酶，使其不能接受电子和传递电子，也不能激活氧并使之与氢结合生成水，以致生物氧化中断，细胞呼吸停止，也称为“细胞内窒息”，引起组织缺氧。此时，体内虽有足够的氧，但不能被利用，使静脉血氧含量增高，并呈鲜红色。

但是，氰化细胞色素氧化酶结合得并不牢固，当体内氰离子浓度降低到一定程度时，就会自动离解，酶活性即可恢复。因此氰化物中毒时，通过体内自然存在的解毒能力或者注入抗毒药物，使氰离子浓度降低，酶的活性便可逐渐恢复，中毒症状也就随之消失(图 32－6)。

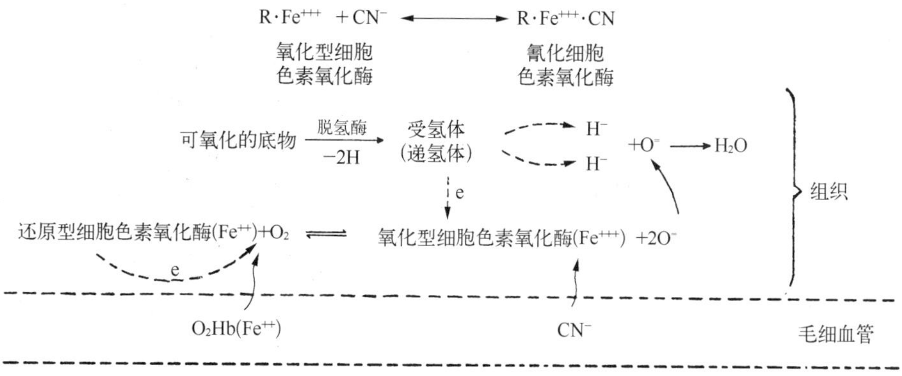

图 32－6　组织呼吸和氢氰酸的作用原理

氰离子还能抑制其他含高铁血红素的酶，如与过氧化氢酶、过氧化物酶(peroxidase)、细胞色素 C 过氧化物酶等形成复合物，但浓度较抑制细胞色素氧化酶要高 1～2 个数量级，约在 10^{-6}～10^{-7} mol/L。一些非血红素的含金属元素的酶，如酪氨酸酶、抗坏血酸氧化酶、黄嘌呤氧化酶、氨基酸氧化酶、琥珀酸脱氢酶、乳酸脱氢酶、甲酸脱氢酶、磷酸脂酶和碳酸酐酶等，也能与氰离子形成复合物。但其浓度高至 10^{-2}～10^{-3} mol/L 时才呈现不同程度的抑制作用。此外，氰化物与含有席夫碱(schiff base)中间体的核糖-2-磷酸羧基酶和 2-酮基-4-羟基戊二酸盐醛缩酶(2-keto-4-hydroxy glutarate aldolase)结合形成氰酸中间体而抑制这些酶活性。

5. 生物监测

(1) 血浆内氰离子(正常值为 0.1～0.2 μg/cm^3 以

下)含量增加，尿中硫氰酸盐(正常值为 3.1～6.3 μg/cm^3)含量显著增加。适时检测血液和尿中残存毒物对确定临床诊断及后续调查有重要意义。

(2) 氰化物所致组织中毒性缺氧和细胞内生化代谢改变包括：有氧代谢受阻、无氧代谢增强、氧化磷酸化障碍、ATP/ADP 比值缩小甚至倒置；血糖、乳酸以及无机磷酸盐、二磷酸已糖、磷酸甘油、磷酸丙酮酸等明显增加。血液中因酸性产物增加、酸碱平衡失调、pH 值下降，发生代谢性酸中毒。因血氧不能充分利用，静脉血氧含量增高，动、静脉血氧差明显缩小、静脉血似动脉血呈鲜红色。

(3) 含血红素的其他酶抑制：大剂量氰离子能与过氧化氢酶、过氧化物酶、细胞色素 C 过氧化物酶中的高铁血红素结合形成复合物，使酶失活。

(4) 实验证明，大鼠腹腔注射氢氰酸发生痉挛时，脑组织 γ-氨基丁酸明显降低、谷氨酸含量显著增加、细胞内 Ca^{2+} 浓度增高和神经递质释放；血液氧化型谷胱甘肽含量急剧减少、谷胱甘肽总量却增加；凝血酶原和凝血第Ⅶ因子缺乏，使血液凝固性降低；血液和尿中硫氰酸盐含量明显增加。

(5) 动物氰化物暴露后，血胆固醇降低，胆汁酸中的羟基乙酸(GCA)、甘氨鹅脱氧胆酸(GCDA)、牛胆磺酸(TCA)、牛磺鹅去氧胆酸(TCDA)均升高。人和动物研究还发现肌苷的一致性升高，肌苷对细胞，尤其是神经细胞有保护作用，或可作为氰化物暴露的生物标志。

6. 人体健康危害

6.1 急性中毒

中毒的程度主要取决于氢氰酸蒸气的浓度、暴露时间的长短和机体的状况。中毒可分为闪电型中毒和轻、中、重度中毒。

(1) 闪电型中毒

若吸入高浓度蒸气时，可出现闪电型中毒。中毒者几乎立即失去知觉，发生强烈惊厥，眼球突出，瞳孔散大，呼吸很快停止，但心脏还能继续跳动数分钟，这类中毒很难救治。

(2) 轻度中毒

短时间暴露在低浓度下，可产生轻度的中毒症状，逐渐出现无力、头晕、头痛、口腔黏膜发麻、恶心、呼吸短促，以及心前区压迫感和兴奋不安等。在离开染毒区后，症状可在数小时至 1～2 d 内消失。

(3) 中、重度中毒

当中、重中毒时，症状较典型，临床表现一般可分 4 期。

① 刺激期

中毒当时，可嗅到苦杏仁气味，眼刺痛、流泪、舌尖麻木、口内有金属味并发苦，喉部有烧灼感，头痛、眩晕、耳鸣、恶心、呕吐、胸闷、呼吸加快，心前区疼痛，并感全身无力，甚至可产生恐怖感等前驱症状，故也称为前驱期。此期一般较短暂，不超过 10 min。

② 呼吸困难期

胸部有压迫感，气喘、呼吸困难、心悸、脉搏加快、强烈头痛、恶心、呕吐，步态不稳，意识紊乱，血压上升，皮肤、黏膜呈鲜红色。

③ 惊厥期

意识丧失，出现强直性和阵发性的惊厥，甚至角弓反张，无意识地喊叫。眼球突出，瞳孔散大，牙关紧闭，呼吸、脉搏缓慢，有时出现暂停，血压正常或升高。此期可持续几分钟至数小时，很快进入麻痹期。

④ 麻痹期

全身肌肉松弛，反射消失，大小便失禁，体温下降，出现潮式呼吸，脉频、弱而不规则。血压急剧下降，最后呼吸停止。但心跳常可持续 3～5 min。

严重中毒时，化验检查可见血红蛋白和红细胞数略有增加。白细胞总数增高，中性粒细胞百分数增高且左移，嗜酸性粒细胞增多，淋巴细胞减少。静脉氧含量增加，血糖、乳酸盐含量和尿中硫氰酸盐含量明显升高。心电图亦可见冠状动脉和心肌功能不全的表现，T 波及 ST 段异常。

另外，氢氰酸中毒死亡者，因缺氧性损伤，尸检可见皮肤和黏膜呈粉红色。眼球突出，瞳孔散大。静脉血呈鲜红色，心、肺、肝等内脏有淤血。心包膜、胸膜、腹膜有出血点，脑及脑膜充血、水肿，并有小的出血点或软化区。两肺有萎陷或轻度水肿。但高浓度中毒闪电型致死者，在解剖学上可无变化。

6.2 慢性中毒

(1) 神经系统：头痛、眩晕、注意力分散、健忘、全身无力、睡眠障碍、视力减退，可出现五彩视及皮肤感觉异常、性功能减退。对视神经和运动神经影响较大。

(2) 呼吸、消化系统：咳嗽、呼吸加快、有窒息感、嗅觉和味觉发生改变、恶心、呕吐、胃灼热及胸腹部有压迫感，这类症状一般在休息后大部分可消失，但严重者可发生胃炎和肝脾肿大。异氰酸酯类可引起过敏性哮喘。

(3) 心血管系统：心动过缓或过速、心悸、心前区疼痛、血管紧张力降低及血液循环变慢，心音低钝，血压普遍降低，部分人可出现心电图变化。

(4) 肌肉和皮肤：以运动肌为主，大多从腰背两侧开始，出现肌肉酸痛、强直、僵硬，最后动作不灵活、活动受限等。皮肤常可出现皮疹(班疹、丘疹、泡疹)或溃疡，极痒。

(5) 致癌、致畸、致突变作用："三致"反应尚无定论。已证明丙烯腈等有机氰对动物有致癌和诱变作用，对人尚未证实，故不能轻易推论到人。

近年来，由氰化物慢性中毒及其代谢产物 SCN^- 的毒性作用等所引发疾病的报道日益增多，如烟草性弱视、热带运动失调神经疾病、甲状腺肿和黏液性水肿、呆小症等，最终亦可导致患者失能或死亡。

7. 风险评估

WHO 规定饮用水中氰化物的限量值为 0.07 mg/L。目前，对于氰甙配糖体摄入量方面的安全限量值，因毒理学和免疫学的数据不足，尚无定论。1993 年 FAO 联合食品添加剂专家委员会(JECFA)仅对木薯粉中氰化物浓度规定最高限量为 10 mg/kg，但其急性毒性没有结论。2011 年 FAO 召开的 JECFA 第 74 次会议规定氰甙配糖体(以氰化物计)急性中毒参考剂量(AriD)为 0.09 mg/kg、暂定每日最大耐受摄入量(PMTDI)为 0.02 mg/kg。

本品对水生生物毒性极大并具有长期持续影响，其环境危害 GHS 分类为：危害水生环境—急性危害，类别 1；危害水生环境—长期危害，类别 1。

表 32-11 食品和饮水中氰化物限量标准

组织/国家	食物(以 HCN 计)		饮水(以 HCN 计)	
	名 称	限量值(mg/kg)	名 称	限量值(mg/kg)
世界法典委员会(CAC)	—	—	天然矿泉水	0.070
欧盟(EU)	饮料、饮食	1		
	灌装果核饮料	5	饮用水	0.050
	牛轧糖、果仁糖浆及其相似替代物	50		
美国	—	—	瓶装水	0.200
日本	水果、蔬菜	5		
	油豆、黄豆、白豆、萨尔塔豆、利马豆等	500	矿泉水	0.010
	谷物	75		
	小麦粉	6		
	其他豆类、豆糊、豆酱、杏仁和李子提取物	不得检出	饮用水	0.010
	软饮料	0.01		
俄罗斯	—	—	饮用水	0.035
英国	饮料	0.050	饮用水	0.050
加拿大	—	—	饮用水	0.200
中国	植物蛋白饮料	0.05	瓶装纯净水	0.002
	蒸馏酒和配制酒(以木薯为原料)	≤5		
	蒸馏酒和配制酒(以代用品为原料)	≤2	天然矿泉水	0.010
	NY432—2000 绿色食品白酒	≤1.0		
	原粮	5	生活饮用水	0.050

8. 诊疗

8.1 诊断

（1）急性中毒诊断

诊断要迅速、果断。对可疑中毒者，应先进行急救处理，之后再仔细检查。

① 中毒史

当敌实施化学袭击时，呼吸道无防护或防护不严。中毒前嗅到苦杏仁气味，在短时间的眼和上呼吸道刺激症状后，大量伤员同时发生类似氢氰酸中毒的症状。

② 临床症状

症状发展迅速，先出现眼和上呼吸道刺激症状，呼吸兴奋，随即发生呼吸困难，惊厥，眼球突出，意识丧失，处于麻痹状态。此外，呼吸虽严重障碍，但无发绀发生，皮肤和黏膜呈鲜红色，且血液不易凝固。

③ 化验检查

血浆内氰离子（正常值为 0.1～0.2 μg/cm^3 以下）含量增加，尿中硫氰酸盐（正常值为 3.1～6.3 μg/cm^3）含量显著增加。

④ 毒剂侦检

及时了解防化分队毒剂侦检的结果。必要时对染毒水、食物或误食中毒伤员的早期呕吐物进行检验。

此外，可参照职业性急性氰化物中毒诊断标准（GBZ209—2008）进行分度诊断。

（2）慢性氰化物中毒诊断

诊断一般参考患者职业史、临床表现和尿 SCN^- 含量持续增高等。但尿 SCN^- 含量与中毒程度无平行关系，某些食物、药品及吸烟对其亦有影响。尿 SCN^- 正常值非吸烟者＜2 mg/24 h，吸烟者＜14 mg/24 h；血清 SCN^- 非吸烟者＜20 mg/L，吸烟者＜30 mg/L。由于缺乏特异性诊断指标，且受其他因素影响较多，故诊断职业性慢性氰化物中毒要慎重。

（3）鉴别诊断

氢氰酸中毒后的临床表现，有许多与神经性毒剂中毒或一氧化碳中毒相似。因此，主要与它们相鉴别。

① 神经性毒剂中毒

中毒时有瞳孔缩小、大汗淋漓、流涎、呼吸困难、发绀、肌颤及血液胆碱酯酶活性降低等。

② 一氧化碳中毒

中毒时无任何刺激感觉，最初感眩晕并全身软弱，随后很快昏迷，病程发展不如氢氰酸中毒迅猛，皮肤和黏膜呈樱桃红色，血液中可查到碳氧血红蛋白。

8.2 治疗

（1）氢氰酸毒性大、作用快，中毒后应立即实施急救。急救措施如下：

① 防止继续中毒

包括脱离毒区并进行局部和全身洗消，更换衣服，如口服中毒要采取引吐、洗胃等措施。

② 抗毒治疗

如战地急救未使用抗毒剂，中重度中毒者应尽快肌肉注射抗氰自动注射针或抗氰急救注射液 1 支（10%4 - DMAP，2 ml/支），只要有心跳就不应放弃使用抗氰急救针。肌注 2～3 min 后可恢复自主呼吸，待惊厥停止中毒症状缓解后有条件可再静脉缓慢注射 25%硫代硫酸钠 25～50 ml（速度：2.5～5 ml/min）。轻度中毒者仅有头痛及全身不适，无恶心呕吐者可口服抗氰胶囊。

如无抗氰急救针可采用经典疗法：在吸入亚硝酸异戊酯的基础上可静脉注射 3%亚硝酸钠 10 ml，儿童可根据体重按 0.33 ml/kg 或 10 mg/kg 给药。接着用同一针头再静脉注射 25%硫代硫酸钠 25～50 ml，注射速度均为 2.5～5 ml/min，使用亚硝酸钠后收缩压降至 10.7 kPa（80 mmHg）时应暂停给药，头部放低，活动四肢或给升压药。

③ 吸氧

有条件可吸纯氧，以提高抗氰治疗效果。

④ 维持呼吸、循环功能

呼吸停止应进行人工呼吸，心脏停止应进行体外心脏按压并给予氧气。必要时使用强心、升压、兴奋呼吸循环中枢等药物。

⑤ 对症处理，加强护理

对重度中毒患者应注意防治脑缺氧和脑水肿，及时给予能量合剂和细胞色素 C 等，以改善脑细胞和心肌代谢，促进恢复。患者在治疗过程中应注意安静、保温，监测呼吸、血压变化。中毒症状完全消失后，仍应继续观察 2～3 d。

慢性氰化物中毒治疗治疗一般采用对症处理，给予维生素 B_{12} 可限制氰化物神经毒性的致毒作用，也有使用谷氨酸钠 11.5～23 g 于 5%葡萄糖液静脉滴入，每日 1 次，20～40 d 为 1 疗程，辅之以理疗和体育锻炼，可使症状改善或消失。甲状腺功能低下者可根据病情给予碘剂，烟草性弱视等可用羟钴胺

(Vit B_{12a})治疗。

(2) 抗毒药物及其原理

① 高铁血红蛋白形成剂

这类药物可以氧化血红蛋白的二价铁成为三价铁,使血红蛋白形成高铁血红蛋白即变性血红蛋白(methemoglobin,MHb)。氰化高铁血红蛋白结合得并不牢固,约经4～5 h后,氰离子又可游离出来,可再度出现中毒症状。故高铁血红蛋白形成剂必须与供硫剂合并应用,才能获得满意的效果。

a. 亚硝酸异戊酯:化学结构式为$(CH_3)_2CH(CH_2)_2NO_2$,淡黄色挥发性液体,每安瓿装0.2 ml,可从呼吸道吸入给药。

b. 亚硝酸钠:分子式为$NaNO_2$,无色透明液体,静脉注射剂型。使用时静注3%亚硝酸钠10 ml,注射速度2.5～5 ml/min。优点是药效较快、疗效确实。副作用是可使血管扩张、有明显的降压作用。

c. 美蓝:亦称"亚甲蓝",化学式为$[(CH_3)_2N]_2C_{12}H_6NS(OH)$,蓝色液体,静脉注射剂型。具有氧化和还原双重作用。

d. 对二甲氨基苯酚(4-DMAP):新型抗氰药物。该药可肌注、静脉注射或口服给药。

e. 对氨基苯丙酮(PAPP):新型抗氰药物。与对二甲氨基苯酚伍用作为抗氰预防使用。

② 供硫剂

亦称硫氰酸盐形成剂,主要是硫代硫酸钠,分子式为$Na_2S_2O_3$。供硫剂的硫烷硫原子(Sulfane sulfur)在硫氰生成酶的催化下,与氰离子结合转变为毒性甚微的硫氰酸盐经肾脏排出。

③ 钴化合物(cobalt compounds)

钴离子能与氰迅速结合形成稳定的金属复合物并从尿中排出。此类化合物有:羟钴胺(hydroxycobalamin)、组氨酸钴(cobalt histidine)、氯化钴(cobalt chloride)以及乙二氨四醋酸二钴(dicobalt ethylene diamine tetraacetic acid, Co_2 EDTA)等。

④ 醛、酮类化合物

氰化物与醛、酮化合物反应生成无毒的腈醇化合物,故葡萄糖有一定的抗毒作用,但作用较慢。通常配成亚甲蓝葡萄糖溶液(亚甲蓝1 g、葡萄糖25 g加水至100 ml)静脉注射。

丙酮酸钠(sodiun pyrurate)能对抗氰化物对小白鼠的致死作用,单独使用抗毒效果差,如与亚硝酸钠伍用则可提高抗氰效果。

α-酮戊二酸(α-ketoglutaric acid)也具有抗氰作用,与亚硝酸钠、硫代硫酸钠伍用可提高小白鼠的抗氰能力,且有抗惊厥作用。

⑤ 氧疗法

氧能改善中毒反应,减轻脑组织损伤。单独使用或与$Na_2S_2O_3$、$NaNO_2$-$Na_2S_2O_3$伍用均能改善脑和心脏功能。氧浓度增加,作用随之提高,当增至4个大气压时效果不再提高。

9. 预防

氰化物属于剧毒物品,危害性极大,应严格执行极毒物品"五双"管理制度,避免出现误拿、误用。氰化物应储存于阴凉、带有通风设施的库房,并采用防爆型照明。远离火种、热源,避免光照。储存包装要求密封,不可与空气接触。贮存时要进行检验,定期养护,控制贮存场所的温湿度,并采取通风或降潮湿措施,同时贮藏地点要准备防毒口罩、面具及个人防护用品以及消防设备。储存时应与氧化剂、酸类、碱类、亚硝酸盐、硝酸盐、食用化学品等分开存放,切忌混储。

运输时由专门车辆运送,应严格按照《危险货物运输规则》中的危险货物配装表进行配装。运输前应先检查包装容器是否完整、密封,运输过程中要确保容器不泄漏、不倒塌、不坠落、不损坏。严禁与酸类、氧化剂、食品及食品添加剂混运。运输时运输车辆应配备相应品种和数量的消防器材及泄漏应急处理设备。运输途中应防曝晒、雨淋,防高温。运输时所用的槽(罐)车应有接地链,槽内可设孔隔板以减少震荡产生静电。中途停留时应远离火种、热源。公路运输时要按规定路线行驶,禁止在居民区和人口稠密区停留。

对于氰化物含量较高的废气、废水,应根据《地面水环境质量标准》(GB 3838-02)、《工业企业设计卫生标准》(TJ36-79)和《工业"三废"排放试行标准》(GBJ4-73)进行处理,使其达到排放标准,一部分使用氰化物的企业尽量减少使用量,确保安全。

在战场中,若发生氰化物袭击事件,应迅速戴上防毒面具或进入集体防护工事;也可口服抗氰胶囊进行药物预防。服药后30 min生效,2 h达高峰,有效时间为5 h。

我国职业接触限值规定:MAC为1 mg/m^3(按CN计)。

氯 化 氰

1. 理化性质

CAS号：506-77-4	外观与性状：无色液体，有强烈刺激味
分子式：CNCl	分子量：61.48
熔点/凝固点(℃)：-6.55	沸点(℃)：13
饱和蒸气压(kPa)：1 987 (20℃)	气味阈值(mg/m^3)：2.0
密度(g/cm^3)：1.186(20℃)	溶解性：可溶于水；易溶于乙醇、乙醚等有机溶剂；能与氢氰酸互溶
相对密度(水=1)：1.18	蒸发速率(g/m^3)：2 600(12.8℃)
相对蒸气密度(空气=1)：1.98	易燃性：不燃
允许暴露限值：5 mg/m^3	

2. 用途与接触机会

同氢氰酸。

3. 毒代动力学

同氢氰酸。

4. 毒性

急性毒性：大鼠吸入 LC_{50}：600 mg/m^3/4h。

同氢氰酸。健康危害GHS危险性分类为：急性毒性—吸入，类别1；皮肤腐蚀/刺激，类别1；严重眼损伤/眼刺激，类别1；特异性靶器官毒性——次接触，类别2。

5. 生物监测

同氢氰酸。

6. 人体健康危害

同氢氰酸。

7. 风险评估

我国职业接触限值规定：MAC为0.75 mg/m^3。

本品对水生生物毒性极大并具有长期持续影响，其环境危害GHS分类为：危害水生环境—急性危害，类别1；危害水生环境—长期危害，类别1。

8. 诊疗

氯化氰诊疗与氢氰酸基本相似，需区别对待的有以下几点：(1) 临床表现：氯化氰中毒的临床表现与氢氰酸基本相似，此外它对眼睛、呼吸道和皮肤有明显的局部刺激作用，可引起流泪、羞明、咳嗽和胸闷等症状。除有上述的强烈刺激作用外，高浓度氯化氰还可引发支气管充血及严重炎症反应，甚至引起肺水肿。(2) 急救和治疗：氯化氰中毒的急救和治疗：与氢氰酸中毒治疗相同，但应同时对症处理眼和呼吸道损伤。对眼和呼吸道刺激症状的治疗见刺激剂中毒的处理；对肺水肿的治疗见窒息性毒剂中毒的救治措施。

9. 预防

同氢氰酸相似。在发生氯化氰化学事故时，可参照《应急指南2016》(ERG 2016)确定初始隔离和防护行动的距离。氯化氰发生少量泄漏时的初始隔离距离为300 m，防护行动距离在白天时为1.8 km，夜晚时为6.2 km；大剂量泄露时的初始隔离距离为1 000 m，防护行动距离在白天时为9.4 km，夜晚时应大于11 km。氯化氰作为化学武器使用的情况下，小剂量使用时的初始隔离距离为800 m，防护行动距离在白天时为5.3 km，夜晚时应大于11 km；大规模使用时的初始隔离距离为1 000 m，防护行动距离在白天和夜晚时均应大于11 km。

失能性毒剂

失能性毒剂(incapacitating agents)简称失能剂，是一类暂时导致人员丧失战斗能力的化学战剂。中毒后主要引起精神活动异常和躯体功能障碍，一般不引起永久性或致死性伤害。军用失能剂属于第三代和第四代化学战剂，在冷战期间开始装备。目前，外军将失能剂作为非致死性化学软杀伤失能技术进行研究并发展。

按其毒理效应不同，失能剂可分为精神性和躯体性两大类。

(1) 精神性失能剂(psychic incapacitating agents) 中毒后可引起精神错乱，知觉、情感和思维活动的障碍。根据作用特点，又分为中枢神经系统抑制剂和中枢神经系统兴奋剂。

① 中枢抑制剂：能降低或阻断中枢神经系统的活动，干扰突触间的信息传递。主要有抗胆碱能化合物毕兹(BZ)、四氢大麻醇类化合物、吩噻嗪类和丁酰苯类化合物。

② 中枢兴奋剂：可使那些原来不易通过某些突触的神经冲动容易传导过去。由于过多的信号“涌进”皮层和其他高级中枢，表现思维集中困难、兴奋、不果断等。主要有麦角酰二乙胺(LSD)、蟾毒色胺、哈尔碱、西洛辛、西洛赛宾、麦司卡林等。

③ 躯体性失能剂(somatic incapacitating agents)

是指暂时地破坏身体某方面正常功能的化合物，如引起瘫痪、直立性低血压、体温调节障碍、呕吐、失明、震颤等症状，使人员暂时失去或降低战斗力。具有以上某一方面作用的化合物虽有报道，但符合化学战剂要求的却不多，目前还未见外军装备。

必须指出，精神性失能剂与躯体性失能剂是不能截然分开的。有些化合物既有精神作用、也有躯体作用(如四氢大麻醇等)，只是根据其主要作用部位和临床表现划分的。失能剂的种类很多，如毕兹、麦角酰二乙胺、色胺类化合物等，但除毕兹外，其他具有失能作用的化合物在作用时间、安全比、化学稳定性或规模化合成等方面存在不适合作为化学战剂的因素，所以目前军队装备的失能剂仅有毕兹一种。

从现代战争出发，失能剂都有一个共同的特点，即要达到一定的安全比。所谓安全比是指一种毒剂引起死亡的最小浓度(或剂量)与只引起失能的最小浓度(或剂量)之比，即 LCt_{50}/ICt_{50}(或 LD_{50}/ID_{50})。一般要求安全比大于 1 000，就是说这种毒剂很容易引起失能，但不容易致死。

毕兹(BZ)的化学名称为二苯羟乙酸-3-喹咛环酯(Quinuclidinyl benzilate，QNB)，属于取代羟乙酸氮杂环酯类，结构式见图 32-7。

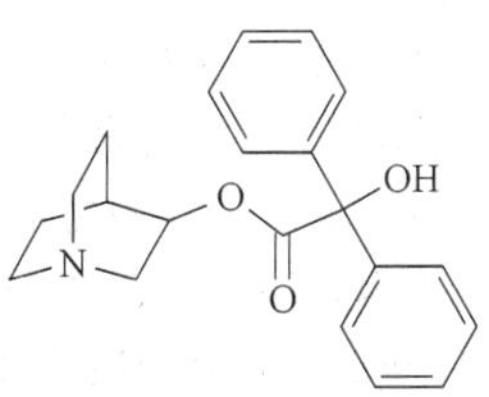

图 32-7　毕兹的化学结构式

毕　　兹

1. 理化性质

CAS 号：6581-06-2	外观与性状：白色或淡黄色晶状固体，无味
分子式：$C_{21}H_{23}NO_3$	分子量：337.42
熔点/凝固点(℃)：167.5	沸点(℃)：320
闪点(℃)：246.1(220 弹药级)	溶解性：可溶于苯、氯仿、DMSO 等有机溶剂中；能溶于稀酸；微溶于乙醇；难溶于水(200 mg/L，25℃)
饱和蒸气压(kPa)：3.17×10^{-11}(25℃)	相对密度(水＝1)：1.33(结晶)
密度(g/cm^3)：1.33(结晶，20℃)、0.51(粉末，20℃)	易燃性：易燃
相对蒸气密度(空气＝1)：11.6	

2. 用途与接触机会

2.1　战争环境

目前毕兹的主要用途在于它的军事价值。美军已于 1962 年装备部队，“BZ”(毕兹)就是美军对这一毒剂所用的代号，苏联军队在 20 世纪 60 年代也曾对这类化合物进行过系统研究。毕兹能够降低或阻断中枢神经系统的活动，干扰突触间的信息传递，从而抑制神经中枢，且具有较大的安全比，一般不造成人员死亡或产生严重的器质性伤害，是国外军队唯一正式装备过的失能性毒剂。毕兹中毒主要见于战争中受到相关化学武器袭击。施放毕兹的武器，主要是飞机携带的集束航弹和投下后成线形分布的子母弹。此外，因造价昂贵，野战使用时分散困难，气溶胶颗粒大小不均，剂量难以控制，中毒潜伏期长，中毒效果较难预测，气温高时容易引起中暑，甚至死亡，毕兹战术使用上亦有其局限性。

2.2　生活、生产环境

毕兹生产、运输、储存过程中的不当措施亦可造成毒剂泄漏而对相关作业人员的安全构成威胁。

3. 毒代动力学

3.1　吸收、摄入与贮存

施放后的毕兹呈白色烟雾，主要通过呼吸道吸入途径导致人员中毒。经过合适的液体配方，毕兹也可穿透皮肤引起中毒，如将毕兹溶于二甲亚砜中，则将提高其皮肤渗透与吸收能力，可大大提高毕兹的皮肤毒性。毕兹亦可经过消化道、表面伤口吸收途径导致人员中毒。

3.2 转运、分布与代谢

毕兹吸收后，分布到身体的大部分器官和组织。毕兹易透过血脑屏障进入脑组织。人脑内毕兹的分布以尾状核最高，其次为大脑皮层（为尾状核的 60%），中脑、桥脑、黑质、丘脑、下丘脑及嗅区较低（为尾状核的 30%），小脑最低（为尾状核的 15%）。毕兹在周围组织中除肠纵肌浓度较高外，心、脾、肺等器官中浓度均较中枢神经系统低。毕兹特点是在体内不易破坏，作用可达数天之久。有研究将用氚标记的毕兹注射入大鼠腹腔，然后监测大鼠脑部毕兹浓度变化。注射后 1 h 大鼠脑内毕兹的浓度达峰值，4 h 开始下降，约为峰值浓度的 80%左右，12 h 下降为 50%～60%，24～72 h 仍有峰值的 30%～40%。

3.3 排泄

毕兹进入机体较稳定，很难被内生物质破坏，其代谢缓慢，需时数天。同位素标记毕兹后 0.5 mg/kg 小鼠静注，1 min 后肺、肾、肾上腺、及胃分泌物中均可检测到放射性物质，10 min 后血液中放射性物质浓度开始下降，48 h 后全部消失。毕兹大部分由肾脏排泄。静脉注射 48 h 后，经尿便排出约 50%，若剂量降低到 0.03 mg/kg，则 24 h 内单从粪便中可回收 43%放射性物质。

4. 毒性与中毒机理

4.1 毒性作用

毕兹可通过阻断乙酰胆碱与毒蕈碱型胆碱能受体结合，而改变或破坏神经系统的正常生理功能。经由呼吸道吸收中毒时，毕兹的半数失能剂量（ICt_{50}）为 100 mg/(m^3・min)，30%的失能剂量（ICt_{30}）为90 mg/(m^3・min)，中度失能剂量为 90 mg/(m^3・min)（部分出现幻觉），重度失能剂量为 135 mg/(m^3・min)（典型幻觉）。肌注失能剂量为 6 μg/kg。毕兹对人的半数致死剂量（LCt_{50}）估计为 200 000 mg/(m^3・min)，其安全比在 10^3数量级以上。

4.2 中毒机理

毕兹具有中枢和外周抗胆碱能作用，与阿托品、东莨菪碱等的药理作用没有本质区别，都是通过阻断乙酰胆碱与毒蕈碱型胆碱能受体结合，从而改变或破坏神经系统的正常生理功能。但是，毕兹的中枢抗胆碱能作用比阿托品强约 40 倍，外周作用的强度与阿托品相似。因此毕兹中毒的主要特点是造成中枢神经系统功能活动的障碍，引起思维、感觉和运动方面的机能障碍。

毕兹与体内毒蕈碱型胆碱能受体的结合是可逆的，因此其中毒后可使用可逆性胆碱酯酶抑制剂，使乙酰胆碱不被胆碱酯酶破坏，聚积起来的乙酰胆碱在达到一定浓度时，就能在受体水平与毕兹发生竞争性拮抗，从而减轻中毒症状。

5. 生物监测

5.1 接触标志

关于毕兹在人体内代谢的信息是有限的，但是苯基酸(Benzylic acid)和 3－奎宁醇(3-Quinuclidinol)可能是主要的代谢物。据估计，3%的毕兹作为母体化合物排泄。气相色谱法及高效液相色谱法可检测可疑染毒人员尿液或血液中的毕兹原型及代谢产物。另外，毕兹磷酸化反应转化为含磷的衍生物后可利用磷－31 核磁共振(NMR)波谱法进行检测，从而为毕兹中毒的诊断提供依据。

6. 人体健康危害

6.1 对中枢神经系统的危害

中枢神经系统功能活动是受多种神经递质的协调而统一起来的。毕兹阻断中枢乙酰胆碱作用，从而破坏中枢神经系统（特别是大脑皮层）功能的完整性和协调性，引起思维、感觉和运动障碍。思维感觉障碍的主要表现有：眩晕，嗜睡，思维活动迟缓，反应迟钝，判断力、注意力、理解力和近期记忆力减退；当毕兹作用达高峰时，由于大脑皮层处于深度抑制，皮层下中枢兴奋，即出现谵妄综合征，如躁动不安、行为失常、胡言乱语、思维不连贯和幻觉（特别是幻视）等。运动障碍表现为：初期中毒者感觉无力，随后连平时很轻的东西也拿不起来，甚至自己的手脚不能抬起，言语不清；继之有不自主活动，共济失调，行动不稳，甚至摔倒在地。由于起源于皮层深部的锥体细胞也受到毕兹的阻断作用，因而出现反射亢进及划跖试验阳性。

6.2 对外周神经系统的危害

毕兹与毒蕈碱型胆碱能受体结合后，阻断了胆碱能神经冲动的传导，就使肾上腺素能神经冲动的效应相对加强，出现相应的症状和体征：瞳孔散大、视力模糊、口干、心跳加快、皮肤干燥潮红、体温升高、便秘及尿潴留等（表 32－12）。

表 32－12 毕兹的外周神经抑制作用

部 位	作 用	症状与体征
瞳 孔	瞳孔括约肌松弛	瞳孔散大
睫状肌	睫状肌松弛（晶体扁平，近物焦点落在视网膜后）	视力模糊
唾液腺	分泌减少	口干
汗 腺	分泌减少或停止	皮肤干燥，体温升高
微血管	扩张	皮肤潮红
胃肠道	蠕动及张力减低	肠鸣音减弱，便秘
心血管	解除迷走神经抑制	心跳加快，血压升高
膀 胱	逼尿肌松弛，括约肌收缩	排尿困难，尿潴留

6.3 中毒临床表现

毕兹所引起的中毒症状主要基于其对中枢神经系统的抑制作用。小剂量毕兹中毒表现为嗜睡，注意力减退等症状。大剂量中毒患者一般具有典型的临床分期和症状。

在中毒的最初 0.5～1 h 内有一个无症状的潜伏期。潜伏期过后，伤员首先出现周围阿托品样症状，其中口干、心跳加快最为明显。中枢症状有头晕、无力，继而出现运动障碍及思维感觉混乱症状，由轻而重逐渐发展，因而使正常活动受到干扰，工作能力明显下降。大约经过 4 h 达到高峰，伤员完全处于谵妄状态，对周围环境不能有效的反应，不能执行命令，也无法完成任何重要任务。12 h 后，症状逐渐减轻。在此期间，伤员意识模糊，有盲目的行为，但仍能服从管理。逐渐清醒过程中，个别可能出现猜疑、恐惧及违拗等不正常情况。中毒后 2～4 d 恢复正常。

7. 风险评估

1980 年前美国军队装备了 BZ。1992 年的日内瓦废除军备的会议上，美国宣称他们已将储备的 BZ 全部销毁。其他国家是否装备有 BZ 尚不清楚。目前，BZ 被认为是潜在的专用于特定军事活动的一种毒剂。它可能被恐怖分子或其他一些小的组织使用。毕兹以及合成毕兹所需的两种主要成分 3－喹咛环醇和二苯基羟乙酸都已被列入《禁止化学武器公约》附表 2 中。

8. 诊断、急救、治疗与护理

8.1 诊断

毕兹中毒的诊断主要依靠中毒人员的中毒史、症状特点、毒剂侦检，并参考作战情报。

（1）中毒史：如敌人对我要害目标、坚固设防或敌我交错的阵地或俘虏集中点施放毒烟，当时呼吸道无防护或防护不严，或误食染毒的水和食物，数小时后成批地出现症状相同的伤员等。

（2）症状特点：无明显眼和上呼吸道刺激症状，经过一定时间后出现头昏或眩晕，不服从命令，胡言乱语，行为反常，言语不清，步态蹒跚等中枢失能症状，就要考虑毕兹中毒的可能性。如果还伴有外周抗胆碱能症状：口干、静止时心跳加快、体温升高、颜面潮红、视力模糊、瞳孔散大等时，就应基本上判断是毕兹中毒。

（3）毒剂侦检：结合防化分队对染毒区水源、食物、土壤、伤员衣物、伤员呕吐物的侦检结果，若侦测出毕兹毒剂，则可明确诊断。

（4）作战情报：若有敌方欲使用失能性毒剂作战的情报，则可进一步为诊断提供依据。

8.2 急救

与其他化学战剂中毒急救相似，在急救时必须迅速、准确诊断。现场急救措施主要如下：

（1）防止继续中毒：在毒区内应及时使用个人防护器材；当中毒人员不能自行佩戴防毒面具时，应由身旁的指战员或抢救人员给中毒人员戴上防毒面具，防止毒剂继续侵入体内。自行或在旁人帮助下尽快脱离毒区。

（2）维持呼吸循环功能：伤员如处于昏迷状态，要注意维持呼吸道的通畅。取俯卧位，头转向一侧，以免呕吐物被吸入气管。对躁动不安的伤员加强监护，尽快后送治疗，以免发生意外。

（3）及时消毒：脱去染毒服装，及时进行局部消毒或全身洗消。

在战地急救中应当强调的是，要首先给予抗毒剂，接着再进行其他措施。

8.3 治疗与护理

对中毒人员要密切观察病情，加强护理，进行综合治疗。主要包括两个方面：一是抗毒治疗；二是对症治疗与加强护理。

（1）抗毒治疗：对确诊为毕兹中毒的伤员，用可逆性胆碱酯酶抑制剂——毒扁豆碱、解毕灵或催醒安等进行抗毒治疗。国外也有使用他克林的7-甲氧基衍生物（7-MEOTA）治疗毕兹中毒，取得了一定的疗效，目前已有军队装备此药。

上述药物不仅有外周作用，而且能透过血脑屏障，有明显的中枢作用。但毕兹在体内存留时间较长，过早终止治疗将会导致中毒症状的复发。因此需要重复给药，整个疗程可能持续数小时到数天。

毒扁豆碱与解毕灵的作用强烈，毒性较大，必须掌握正确的用药方法，密切观察病情变化，做到既能对抗毕兹的毒性作用，又能避免产生危险的不良反应。新斯的明、吡啶斯的明是季铵结构的外周胆碱酯酶抑制剂，难以进入中枢，不能对抗毕兹的中枢作用，但可用来对抗尿潴留等外周症状。

抗毒治疗见效指标为心率逐渐减慢至70～80次/分，意识逐渐清楚，回答问题切题，计算能力增强，外周症状消失。

另外，在进行抗毒治疗时，应注意在医务人员监督下用药。用药过程中要特别注意防止药物过量，如出现汗多、腹痛、呕吐、肌颤、无力等毒性反应，可适当减少药量和延长给药间隔时间。

（2）对症治疗与护理：毕兹中毒伤员都应严密观察，加强监护。除给予抗毒治疗外，应根据具体情况给予对症处理，以免发生严重后果。

① 高热（39℃以上）时应迅速进行物理降温，以免发生中暑；抗毒治疗后仍有尿潴留者，可皮下注射新斯的明或毛果芸香碱。少数伤员经上述处理后仍不能排尿而且膀胱过度充盈时，应留置导尿管；重度中毒伤员出现躁动可酌情慎用安定剂。但应禁用能明显抑制呼吸的镇静药如巴比妥类、吗啡类药物；

② 瞳孔散大：可用0.5%解毕灵、0.25%毒扁豆碱或1%毛果芸香碱溶液滴眼。

③ 心动过速：可用肾上腺素β-受体阻断剂心得安等。

④ 昏迷：主要是加强护理，防止角膜溃疡和吸入性肺炎，抗感染以及补充营养和液体等。

⑤ 防止误伤和误食：加强观察和监护，取走伤员的武器和其他能伤害人的物品，如烟、火柴、药品和能被吞食的小物品等以防误伤或误食。

另外，可给氧治疗，必要时静滴碳酸氢钠溶液以纠正酸中毒。

9. 预防

失能性毒剂毕兹中毒的预防主要是针对战争中化学战剂的使用，所采用的主要预防措施有：

9.1 器材防护

当发现敌人化学袭击或接到毒剂警报信号、命令时，应立即穿戴个人防护器材或进入集体防护工事。抢救或处置伤员时，救护人员要做好个人防护，以防直接或间接染毒。

9.2 毒剂洗消

尽快将伤员撤出毒区，脱掉染毒衣物。皮肤染毒时，用肥皂水或清水洗消。

9.3 情况允许时，与染毒区隔离并保持一定的安全距离

发生毕兹化学事故时，可参照《应急指南2016》（ERG 2016）确定初始隔离和防护行动的距离。毕兹发生少量泄漏时的初始隔离距离为60 m，防护行动距离在白天时为0.4 km，夜晚时为1.7 km；大剂量泄露时的初始隔离距离为400 m，防护行动距离在白天时为2.2 km，夜晚时应大于8.1 km。

9.4 在非战争时期的生产生活当中加强对相关毒剂生产、运输、储存过程的管理，避免毒剂外泄

窒息性毒剂

窒息性毒剂（choking agents）亦称肺损伤性毒剂（lung damaging agents）或肺刺激剂（lung irritants），是一类损伤呼吸道引起急性中毒性肺水肿、导致急性缺氧和窒息的化学战剂，包括光气（phosgene）、双光气（diphosgene）。第一次世界大战时德军曾在战斗中施放氯气，使英、法军15 000人中毒，其中死亡5 000人。由于氯气、氯化苦的毒性不如光气，很快被光气所代替。据不完全统计，在第一次世界大战中，光气占毒剂总储存量的25%，曾使用28次，80%

的死亡病例是在中毒 1～2 d 内死于中毒性肺水肿。第二次世界大战期间，光气是贮备最多的毒剂之一。日军侵华战争以及朝鲜战争中也都使用过光气。第二次世界大战以后，又出现了毒性更强的神经性毒剂，目前光气、双光气已不作为主要装备战剂。但由于光气是重要的工业原料，和氢氰酸一样被联合国裁军委员会称为“双用途”毒剂。因此，光气作为军民两用的有毒化合物应予以注意。

光 气

1. 理化性质

CAS 号：75－44－5	外观与性状：无色至淡黄色液体或易液化的气体。当浓缩时，具有强烈刺激性气味或窒息性气味
分子式：$COCl_2$	分子量：98.92
熔点/凝固点(℃)：－118	沸点(℃)：8.2
闪点(℃)：4	气味阈值(mg/m^3)：2.0～4.0
饱和蒸气压(kPa)：161.6(20℃)	溶解性：微溶于水；溶于芳烃、苯、四氯化碳、氯仿、乙酸等多数有机溶剂
密度(g/cm^3)：1.37(25℃)	允许暴露限值：0.4 mg/m^3
相对密度(水＝1)：1.4	临界温度(℃)：182
相对蒸气密度(空气＝1)：3.4	临界压力(MPa)：5.67

2. 用途与接触机会

光气是一种重要的有机中间体，在农药、医药、工程塑料、聚氨酯材料以及军事上都有许多用途，可用作军用毒气及有机合成工业的原料。有机合成中用作胺类、醇类等的酰化剂和酰胺、肟的脱水剂，还用于某些氯化反应等。以光气为原料生产的异氰酸酯类产品，例如 TDI，MDI，PAPI 是聚氨酯硬泡、软泡、弹性体、人造革的重要原料；有些品种的异氰酸酯，大量用于聚氨酯涂料；也有的特殊品种用于黏结剂，例如列克纳胶。在染料工业中用于生产猩红酸等染料中间体，在国防工业中用于生产二甲基二苯脲和直接作为军用毒剂。用光气生产的氯代甲酸酯类是农药、医药、聚合引发剂等有机合成的中间体。用光气直接法或酯交换法生产工程塑料聚碳酸酯时，都需要光气作原料。在农药生产中，用于合成氨基甲酸酯类杀虫剂西维因、速灭威、叶蝉散等许多品种，还用于生产杀菌剂多菌灵及多种除草剂。

3. 毒代动力学

光气主要通过呼吸道吸入使人中毒。

4. 毒性与中毒机理

4.1 毒性作用

本品剧毒。健康危害 GHS 危险性分类为：急性毒性—吸入，类别 1；皮肤腐蚀/刺激，类别 1B；严重眼损伤/眼刺激，类别 1。

当空气中光气浓度达到 5 mg/m^3 时，即可嗅出烂苹果味，在该浓度下停留不超过 1 h，不至引起中毒。5～10 mg/m^3 短时间暴露除气味外没有其他感觉，但长时间暴露此浓度中，能使人员遭到伤害。如光气浓度 10～20 mg/m^3，可引起眼及上呼吸道刺激，人员暴露时间与光气伤害浓度的关系见表 32－13。

表 32－13 暴露时间与光气伤害浓度的关系

暴露时间(min)	伤害浓度(mg/m^3)		
	两周内全愈	50％死亡	100％死亡
1	500	1 500～2 000	4 000～5 000
5	300	800～1 200	2 000
15	100	400～500	600～700
60	50	100～150	300

4.2 中毒机理

光气吸入中毒后的主要病理变化是中毒性肺水肿。肺水肿是肺毛细血管渗透性增强的结果。关于肺水肿产生的原因，学说颇多，诸如酰化作用、直接作用与“酸烧伤”学说、神经反射作用、肺血流动力学改变等，各有实验依据。但任何一种假说都不能圆满地解释肺水肿的发生与发展过程。

光气很容易水解，但难溶于水，因此它能进入肺部的终末细支气管和肺泡中，这是它比其他气体更易引起肺水肿的重要原因。有动物研究表明，光气暴露后可引起血液 pH 值降低，二氧化碳分压显著升高，提示光气可引起小鼠酸中毒。使用碱性物质可减轻光气肺水肿，也提示酸中毒是造成肺水肿的原因之一。致死剂量的光气染毒后，肺表面结构破坏明显，肺泡出现快速病理损伤，可观察到“空洞样”

改变，显示酸烧伤的主要特点。

目前一般认为肺毛细血管壁通透性增强与光气的酰化作用(acylation)密切相关。光气为酰卤类化合物，其活性基团是羰基(O=C)，化学性质非常活泼，可与肺组织蛋白中的氨基、巯基、羟基等重要功能基团发生酰化反应，引起肺酶系统的广泛抑制，从而影响细胞正常代谢及其功能，使肺气-血屏障受损，导致肺毛细血管通透性增高，引起肺水肿。

此外光气中毒时，肺泡表面活性物质受损也是导致肺水肿的原因之一。正常时肺泡表面覆盖一层由肺泡Ⅱ型上皮细胞分泌出来的表面活性物质，该物质具有降低肺泡内液体表面张力的作用，使肺泡在呼气时不致萎陷，并保持肺泡内的干燥。二棕榈酰磷脂酰胆碱(dipalmitoyl phosphatidylcholine，DPPC)是肺表面活性物质的主要成分之一，而其生物合成过程中需要脂酰辅酶A酯酰转移酶的参与。光气中毒后，该酶活性下降，致使DPPC在肺泡壁的含量减少，使肺泡表面活性物质功能下降，进而肺泡内液体表面张力增大而致肺泡萎陷。肺泡压明显降低，与其相抗衡的肺毛细血管流动静力压就增高，液体由血管内大量外渗，导致肺水肿的产生。

光气还能直接损害肺毛细血管壁和肺泡壁，使其通透性增加。光气中毒时，早在液体开始从肺毛细血管渗出之前，肺毛细血管内皮细胞的线粒体就已经崩解和消失，肺泡上皮细胞出现明显皱折。肺毛细血管壁和肺泡壁受损后，渗出液中可见纤维蛋白、细胞碎片及微粒体物质。

5. 生物监测

光气是亲电试剂，在人体内可与广泛的亲核试剂反应，其体内代谢途径不明确，体外实验提示光气可与两分子谷胱甘肽加合后形成二谷胱甘肽二硫代碳酸酯，与半胱氨酸加合后形成2-氧代四氢噻-4-羧酸，另外还可与赖氨酸结合形成加合物。光气沸点低，易水解，容易使GC色谱柱的固定相流失，因此样品分析前需冷却，同时需要选择固定相含有衍生化试剂类型的色谱柱，比如Tenax TA柱或XAD-2柱。检测器可以选择AED、电子捕获检测器(ECD)、FID。鉴于以上情况，HPLC分析光气具有较大优势。

光气中毒主要引发急性肺损伤(ALI)，因此检测ALI的生物标志对于光气中毒的监测具有重要指示作用。ALI的本质是多种炎性介质及效应细胞共同参与的肺内过度性、失控性炎症反应。对于肺损伤性毒剂所致的ALI，生物标志可在不同水平反映呼吸系统对肺损伤性毒剂所致各种刺激产生的反应。炎症反应及炎性因子释放是ALI的主要特征，伴随中性粒细胞聚集、间质水肿、内皮和上皮结构的破坏及肺泡内蛋白的渗出。在众多炎性因子中，促炎因子包括肿瘤坏死因子TNF-α和白细胞介素(如IL-1β、IL-6、IL-8)，抗炎因子包括IL-1受体拮抗剂、IL-10和IL-13，这两类因子是重要的早期应答因子，也是重要的生物标志。两类因子的平衡失调，一定程度上影响着ALI的严重程度。支气管肺泡灌洗液中的蛋白浓度增加则是上皮细胞通透性和肺水肿的重要标志之一，检测灌洗液中的蛋白浓度能反映ALI的严重程度。在临床研究中，常见的ALI生物标志有表面活性蛋白D(surfactant proteins，SP-D)、Clara细胞蛋白和血管内皮生长因子等；常见的炎症生物标志有肺泡灌洗液中收集的细胞、C反应蛋白、趋化因子和细胞因子；常见的氧化应激生物标志有超氧化物歧化酶、4-羟壬烯醛、血红素氧化酶-1和F2-异前列腺素；其他常见的生物标志物有呼气一氧化氮(exhaled nitric oxide，eNO)、不对称和对称二甲基精氨酸及基质金属蛋白酶等。目前，尚无某种生物标志可用于特异性鉴定ALI，发现新的生物标志进行多种生物标志联合应用将有助于光气的诊断与治疗。

6. 人体健康危害

眼接触4～8 mg/m^{3}的光气可引起眼瘙痒，再高浓度可引起流泪和结膜炎。皮肤接触气态光气对皮肤的危害不清。液态光气可以引起皮肤严重烧伤。

光气、双光气中毒，根据中毒程度，临床上可分为闪电型、重度、中度及轻度四型。闪电型中毒极为少见，由于吸入毒剂浓度极高，中毒后几分钟内，可因反射性呼吸、心跳停止而死亡。轻度中毒，症状很轻，仅表现为咳嗽、头痛、恶心、疲劳和类似支气管炎症状，一周内即可消失。

光气、双光气中毒的毒理学改变主要由肺水肿引起。吸入中毒时，先出现短暂的呼吸变慢，继之呼吸浅而快。早期肺水肿发生后，肺泡呼吸表面积减少、肺泡壁增厚，从而影响了肺泡内气体交换，出现换气功能障碍；水肿渗出液充塞呼吸道、支气管痉挛及其黏膜肿胀所引起的支气管狭窄，影响了通气过程，造成肺通气功能障碍。二者导致呼吸性血缺氧，使血氧含量降低、血二氧化碳含量增多，皮肤黏膜呈青紫色。此时呼吸循环功能有代偿性变化,如呼吸加快、肋间肌活动增强、心跳快而有力、血压微升等。

肺水肿晚期可发生以下病理变化:① 肺泡内含有大量液体,肺内压力上升,使右心负荷增加;② 血浆大量渗入肺泡内使循环血容量减少、血液浓缩、血黏稠度增加。外周阻力增加,使左心负荷加重;③ 长时间严重缺氧使心肺营养不良,可出现心肌收缩力减弱、心律失常、循环减慢、血压逐渐降低等心功能衰竭表现。后者又可加重组织缺氧,使体内氧化不全产物进一步增加,发生酸中毒和电解质紊乱。血中 CO_2 含量逐渐降低,内脏毛细血管扩张、外周毛细血管收缩,皮肤黏膜转为苍白色,血压急剧下降,发生急性循环衰竭,进入休克状态。此期因肺水肿合并循环衰竭,机体失去代偿能力。

随着肺水肿的进一步发展,血浆从肺毛细血管大量外渗,造成血浆容量降低、血液浓缩,出现血浆蛋白减少,红、白细胞数及血红蛋白增加,血球比积增高。这些变化与肺水肿程度相一致。血液黏稠、血流缓慢,加上组织的破坏,使血液凝固性增加,可形成血栓和栓塞。中枢神经系统对缺氧很敏感。缺氧初期大脑皮质兴奋,出现烦躁不安、头痛、头晕等;缺氧严重时,皮层由兴奋逐渐转入抑制,出现表情淡漠、乏力等。缺氧进一步发展,大脑皮层抑制加深,并向各皮层下扩散,呼吸、循环中枢可由兴奋转为抑制,呼吸、心跳减弱,以至出现中枢麻痹,导致呼吸、心跳停止而死亡。

病理解剖可见皮肤黏膜苍白色、胸廓扩大、肋间隙消失、口鼻有粉红色泡沫状分泌物排出,挤压胸腔时流出更多。肺部因肺水肿、肺气肿、肺充血、肺不张及轻度出血等各种病变弥漫相间而呈现"大理石样"改变。

7. 风险评估

我国职业接触限值规定:MAC 为 0.5 mg/m^3。

8. 诊疗

8.1 临床表现

(1) 临床分期

中度及重度中毒,其典型病程可分 4 期:

① 刺激期

暴露于一定浓度的光气后,中毒伤员立即出现一过性的眼和上呼吸道刺激症状,接着出现眼痛、异物感、流泪、咳嗽、流涕、胸闷、气促、呼吸先慢后变为浅快、咽喉部及胸骨后疼痛等。继之可出现消化道刺激症状,如恶心、呕吐、上腹部疼痛、口内有令人厌恶的味道。此外还可有头痛、头晕、乏力、烦躁不安等中枢神经系统缺氧初期的全身反应,这些症状极不稳定,轻重不一。伤员此期阳性体征很少,一般可见眼结合膜及咽喉充血,呼吸音粗糙,少数患者可闻及干啰音。脱离染毒区 15～40 min 后症状可自动减轻或消失,很快进入潜伏期。

此期如出现难以控制的呛咳、气急、胸闷,并伴有指端及口唇青紫、面色苍白、体温上升、心率加快或缓慢、烦躁不安等,说明中毒严重,应予以重视。

② 潜伏期

此期由于光气的局部刺激反应消失,因此伤员自觉症状好转。然而这时病理过程仍在发展,肺水肿正在逐渐形成过程中。潜伏期的长短与中毒程度有密切关系,时间越长,中毒越轻;反之,提示中毒越重。重度中毒潜伏期为 1～6 h;中度中毒一般为 4～10 h;轻度中毒为 8～12 h,甚至 24 h。此期伤员如能很好地休息,并得到及时治疗,就可使病情减轻或停止发展而向有利于恢复的方向转化。受凉、精神紧张和过度劳累等可使潜伏期缩短,加速伤员肺水肿的形成和发展。

③ 肺水肿期

从潜伏期到肺水肿期可突然发生或缓慢发生。肺水肿期一般持续 1～3 d。

进入此期的早期症状为:全身疲倦、头痛、胸闷、呼吸浅快、脉搏增加、咳嗽、烦躁不安等。肺部听诊可闻及呼吸音减弱、肺底部细湿性啰音或捻发音。胸部 X 线检查可见肺水肿征象。

继之全身状况恶化,很快出现典型肺水肿症状:气喘、呼吸困难、频繁咳嗽、咳出大量粉红色泡沫痰液,一昼夜可达 1～2L;叩诊肺部可出现浊音及鼓音,肺下界降低,心浊音界消失;听诊时全肺满布干性及湿性啰音。

④ 恢复期

一般从中毒后第 3 d 起,如无并发症,伤员病情开始好转。呼吸变慢而深,发绀减轻,咳嗽减轻,痰量减少,体温下降,肺部啰音减少或消失。X 线检查显示肺水肿逐渐吸收。肺功能及血液气体分析结果逐渐恢复正常。中毒伤员一般情况逐渐好转,多数在中毒 5～7 d 后基本痊愈。但在大约一个月内,伤员呼吸及心脏功能仍不稳定,容易兴奋。

如伴有继发感染,伤员一般在中毒后第 3～4 d

出现病情恶化，体温继续升高，肺水肿吸收迟缓，可在中毒后 8～15 d 因支气管肺炎而死亡。

此外还可能发生一些其他并发症，如胸膜炎、支气管炎，偶见肺梗塞、肺坏疽、肺脓肿以及下肢、脑、心、视网膜等处血管栓塞。

后遗症主要有慢性支气管炎、肺气肿、支气管扩张、晚期肺脓肿、结核病体质等。

(2) 各度中毒的临床特点

① 轻度中毒：有眼和上呼吸道刺激症状，潜伏期持续 8～12 h 以上。潜伏期后可出现咳嗽、低热、气短、胸闷或胸痛、肺部可有散在干性啰音及全身衰弱等症状，X 线胸片可见支气管炎和支气管周围炎表现。但不发生肺水肿。数日内逐渐痊愈，预后良好。

② 中度中毒：上述症状加重，呛咳、呼吸困难、轻度发绀，有干性和局部湿性啰音。X 线胸片见化学性肺炎、间质性肺水肿表现。

③ 重度中毒：发生于短时间吸入极高浓度光气或双光气后，伤员频繁咳嗽，咯大量白色或粉红色泡沫痰，呼吸窘迫，明显发绀，双肺广泛干、湿啰音，有严重肺水肿。潜伏期短(0.5～2 h)，病情严重，X 线胸片显示肺泡性肺水肿征象。常在 24 h 内死亡，极重度者在 4～6 h 内死亡。

此外还可发生所谓"闪电型"中毒。发生于化学炮弹在身旁爆炸形成高浓度毒剂云团时。可在中毒后几分钟内由于反射性呼吸和心跳停止而死亡。这种中毒者在吸入几口毒剂后，立即发生严重呼吸困难、恐惧，面部及颈部静脉怒张，很快失去知觉倒下，剧烈抽搐，哮喘性呼吸，脉搏不能触及，最后全身瘫痪死亡。尸检无肺水肿或其他明显病变，仅有时可见到支气管狭窄或者闭塞。

8.2 诊断

(1) 诊断依据

根据中毒史、症状特点、X 线检查、实验室检查结果及毒剂侦检综合判断。

(2) 诊断标准

中毒的早期诊断是指吸入光气后肺水肿出现前的诊断，它能预测肺水肿出现的时间和严重程度，对指导救治和判断预后极为重要。

对处于潜伏期的中毒患者，早期诊断肺水肿极为重要，对尽早采取救治措施和判断预后具有重要意义。当出现下列情况时应考虑发生肺水肿的可能：

① 吸入光气浓度较高或浓度虽低但吸入时间较长，当时又无防护或防护不严；

② 吸入光气后呛咳较明显，或逐渐感到胸闷加重、胸骨后疼痛和出现干咳等症状；

③ 休息时，脉搏、呼吸频率均增加或呼吸率稍增加而脉率则减少；

④ 肺部呼吸音减弱、粗糙或出现细湿性啰音或捻发音；

⑤ 伤员由安静突然变为兴奋或烦躁不安；

⑥ X 线检查可见肺纹理阴影增加，边缘模糊。肺野透明度减弱，有时可见斑点状或片状阴影；

⑦ 白细胞总数及中性粒细胞百分比显著增加。

因此，对处于潜伏期的伤员，必须严密观察病情。肺部听诊及一般情况(包括呼吸、脉搏及精神状态等)应每半小时检查一次。

胸部 X 线检查是早期发现肺水肿和监测肺水肿发展的最好方法。X 线检查出现肺水肿征象的时间常与中毒程度有关。对中度以上中毒者应争取在中毒后 8 h 内每 2 h 拍摄 X 线胸片一张，如果 8 h 的胸片正常，其病情发展可能较轻。

另外，实验室检查时发现血液浓缩、红细胞及白细胞进行性增加、血含氧量减少、二氧化碳结合力降低、血液 pH 值降低。这些与中毒程度成正比，可作为判断预后的指标之一。

(3) 职业性急性光气中毒诊断标准(GBZ29—2011)

诊断原则：根据短时间急性光气接触职业史，以急性呼吸系统损害的临床症状、体征、X 线胸片改变为主要依据，结合实验室检查和现场职业卫生学调查资料，经综合分析排除其他病因所致类似疾病后，方可诊断。

接触反应：短时间少量光气暴露后出现一过性的眼和上呼吸道黏膜刺激症状，肺部无阳性体征，X 线胸片无异常改变。通常经过 72 h 医学观察，上述症状明显减轻或消失。

轻度中毒：短时间吸入光气后，出现急性气管-支气管炎。

中度中毒：凡具有下列情况之一者：① 急性支气管肺炎；② 急性间质性肺水肿。

重度中毒：凡具有下列情况之一者：① 肺泡性肺水肿；② 急性呼吸窘迫综合征；③ 休克。

(4) 鉴别诊断

诊断光气(双光气)中毒时，应注意与其他毒剂中毒进行鉴别。

① 刺激剂中毒：暴露时立即产生眼及呼吸道的刺激症状，但作用比光气（双光气）强烈得多（如眼刺痛、烧灼感、眼睑痉挛、大量流泪、喷嚏、胸骨后痛等），症状消失后不会再发作。

② 全身中毒性毒剂中毒：氢氰酸、氯化氰等对眼和呼吸道可有轻微或明显刺激，重度中毒有时也可引起肺水肿（特别是氯化氰中毒时），但病程发展迅速，无潜伏期，很快发生呼吸困难、运动失调，惊厥、昏迷。

③ 糜烂性毒剂中毒：暴露于云雾状路易氏剂等毒剂时，可出现眼和呼吸道刺激症状，也可发生肺水肿，但有皮肤损伤、眼损伤及全身吸收作用。

此外，应注意光气（双光气）与其他毒剂混合中毒，这可根据各种毒剂损伤的特点作出判断。

8.3 急救

(1) 在染毒区内应立即戴上防毒面具，防止继续吸入毒剂。伤员可由他人为之戴上面具。

(2) 迅速离开染毒区，脱去面具或口罩和染有光气（双光气）的衣物，用水冲洗眼、鼻，漱口，有条件的可进行全身淋浴。

(3) 依中毒轻重分类，中毒较重者，应首先后送治疗。

(4) 有中毒史但无任何症状的人员，在战斗情况许可时应注意安静、保温、减少活动、严密观察24～48 h。有条件或必要时进行X线检查。

(5) 应尽早开始间歇给氧，使用激素和碱性合剂早期雾化吸入10～15 min，以减轻炎症和解除平滑肌痉挛。

(6) 呼吸停止时应进行人工呼吸；心跳停止时，行心肺复苏术。

8.4 治疗

目前对光气、双光气中毒治疗尚无特效药物，主要是采用全身支持和综合治疗。治疗的基本原则是：① 防治肺水肿；② 纠正缺氧；③ 防治休克；④ 纠正酸中毒及维持电解质平衡；⑤ 控制感染和对症治疗等。在救治光气中毒时，必须根据上述原则和病情发展的不同时期灵活采用相应措施。

对于急性重度光气中毒治疗，更要及早给予吸氧和短程突击应用大剂量糖皮质激素。

(1) 肺水肿发生前

① 半卧位安静休息、保温、间歇吸氧。这是防治肺水肿的重要措施，特别是处于潜伏期的患者，常因自觉良好，易被伤员及医务人员忽视。因此，必须取得患者主动配合。如烦躁不安可口服地西泮2.5～5 mg，或异丙嗪12.5～25 mg，每日2～3次。避免使用杜冷丁、氯丙嗪和巴比妥类可抑制呼吸的药物。

② 有咳嗽等刺激症状时对症处理。可口服可待因或雾化吸入以下复方，每日数次，每次3～5 ml。复方的组成：12.5%氨茶碱6 ml、3%麻黄素1 ml、2%普鲁卡因4 ml、5%碳酸氢钠19 ml。

③ 尽早使用糖皮质激素。口服泼尼松5～10 mg或地塞米松0.75～1.5 mg，每日3～4次。糖皮质激素可提高腺苷酸环化酶的活力，使*c*AMP再度增加，促进细胞内水的排出。此外还具有很强的抗炎作用，可增强血管的张力，减轻充血，降低毛细血管的通透性，抑制渗出，并使细胞间质的水肿消退。临床应用和动物实验都证明，糖皮质素可显著减轻光气中毒所引起的肺水肿，降低死亡率。

(2) 肺水肿发生后

合理给氧，吸入氧浓度（FiO_2）不宜超过60%；早期、足量、短程应用糖皮质激素；可以应用消泡剂如二甲基硅油气雾剂吸入，注意保持呼吸道通畅；控制液体输入。

① 合理给氧：当出现咳嗽、呼吸困难、发绀时，应加大给氧量，但不要长时间给高浓度氧（>50%）。如发绀等仍不见缓解，动脉血氧张力仍<6.67 kPa (50 mmHg)时，可用密闭口罩、气管内插管和气管切开加压给氧，间歇进行，直到发绀消退，呼吸得到改善为止。加压时，压力不宜过大，一般维持在0.49 kPa (5 cmH_2O)，以免发生纵膈气肿和气胸，并尽量与伤员呼吸取得一致，可采用间歇或连续的呼气末正压呼吸（PEEP），间歇正压通气（IPPV）也有一定效果。

② 激素的应用：早期、短程、大剂量使用糖皮质激素，可减低毛细血管通透性和炎症反应，减轻肺水肿；还能稳定溶酶体膜，阻止蛋白水解酶的释放，起到抗休克的作用。地塞米松5～10 mg或氢化可的松100～200 mg，稀释于10%葡萄糖溶液200 ml中静脉滴入，每日1～2次，病情好转后及时逐渐停药，以免引起体内感染的扩散，水与电解质代谢紊乱等。

③ 保持呼吸道通畅：包括吸痰、体位引流；注射氨茶碱或吸入异丙基肾上腺素，解除支气管痉挛；雾化吸入消泡剂，如10%硅酮水溶液或1%二甲基硅油消泡气雾剂或70%～90%乙醇溶液，置于氧气湿化瓶内随氧气吸入，降低水肿液泡沫的表面张力，

使泡沫破裂，通畅呼吸道，改善肺内气体交换。大量泡沫液体充塞气管有窒息危险时，立即切开气管吸除液体。

④ 限制液体摄入量，适当使用利尿剂：血液明显浓缩时，可输入葡萄糖溶液等。一般液体入量应小于出量，输液切不可过量，速度要慢，禁忌输入大量生理盐水和全血。为了减轻肺水肿，早期可肌注呋塞米（速尿）20 mg 或利尿酸钠 25 mg 加入 10%葡萄糖溶液 30 ml 内缓慢静脉注射，注意剂量不宜过大，也不要在肺水肿晚期使用，以免过度利尿使血容量不足，促成休克的发生。

（3）对症治疗

① 预防和控制感染：全身及局部及早选用广谱抗生素、磺胺类药物及有抑菌作用的中草药。

② 防治呼吸循环衰竭：可根据病情选用强心和呼吸兴奋剂，如山梗菜碱、尼可刹米、回苏灵、西地兰或毒毛旋花子甙 K。当出现休克时，要慎重选用升压药，因为血管加压药会使周围血管阻力急剧增高，心排出量降低，反而会造成不良后果。常用血管扩张的升压药（如多巴胺、异丙肾上腺素等）与血管加压药（如阿拉明、去甲肾上腺素等）伍用。当血压一经恢复应立即停用。

③ 纠正酸中毒及电解质紊乱：3.0%三羟甲基氨基甲烷（2～3 ml/kg 体重）加于 5%葡萄糖溶液内静滴，不仅能中和酸中毒，而且能和增加血-气屏障通透性的物质结合，减轻肺水肿，降低死亡率。根据化验结果，适当补充钾、氯、钠。

④ 改善微循环：适当输注山莨菪碱、东莨菪碱或右旋糖酐。

⑤ 抗氧自由基：乙酰半胱氨酸（NAC）雾化吸入，或布洛芬、茶碱类吸入。

⑥ 维持心、脑能量供应，增加对缺氧耐受力：可使用能量合剂，其组成及用法：ATP 20 mg、辅酶 A 50 mg、细胞色素 C 15 mg、维生素 B_6 100 mg 加于 25%葡萄糖溶液内静脉滴入，每日 1 次。

8.5 预后

预后取决于吸入光气的剂量、病情发展、救治情况及并发症状况。潜伏期中难以判断预后，出现苍白型窒息者多预后不良。能度过 48 h 以上者，一般能完全恢复健康而不留下后遗症。死亡原因主要是肺水肿引起的严重缺氧及循环衰竭。晚期多半死于支气管肺炎。

光气中毒的死亡率：根据第一次世界大战资料，单独使用光气作战 29 次，中毒人数为 13 185 人，其中 2 454 人死亡，死亡率为 18.6%。另有人统计，光气（双光气）中毒的死亡率为 4～9%；其中，所致急性肺水肿死亡率为 22%～33%。死亡时间大多数在中毒后第 1～2 d 内。

9. 预防

接触人员应做好防护措施。正常作业时，应该穿着防毒衣、佩戴过滤式防毒面具（全面罩）。紧急事态抢救或撤离时，建议佩戴空气呼吸器，此外浸有乌洛托品或碱性溶液的口罩或手巾覆盖口鼻有一定防护作用。无防护器材时，应转移至上风方向。

发生光气化学事故时，可参照《应急指南 2016》（ERG 2016）确定初始隔离和防护行动的距离。光气发生少量泄漏时的初始隔离距离为 100 m，防护行动距离在白天时为 0.6 km，夜晚时为 2.5 km；大剂量泄露时的初始隔离距离为 1 000 m，防护行动距离在白天时为 3.0 km，夜晚时应大于 9.0 km。

双 光 气

1. 理化性质

CAS 号：503-38-8	外观与性状：无色或微黄色液体，烂苹果或烂干草味
分子式：$ClCOOCCl_3$	分子量：197.82
熔点/凝固点（℃）：−57	沸点（℃）：128
闪点（℃）：>110	自燃温度（℃）：498
饱和蒸气压（kPa）：1.33（20℃）	溶解性：难溶于水；易溶于有机溶剂
密度（g/cm^3）：1.64（20℃）	临界温度（℃）：288.9
相对蒸气密度（空气=1）：6.9	临界压力（MPa）：4.92

2. 用途与接触机会

同光气。

3. 毒代动力学

同光气。

4. 毒性

兔吸入 LCL_0：900 mg/m^3/15M。

健康危害 GHS 危险性分类为：急性毒性—经口，类别 2；急性毒性—吸入，类别 2；皮肤腐蚀/刺激，类别 1；严重眼损伤/眼刺激，类别 1。

5. 生物监测

同光气。

6. 人体健康危害

同光气。

7. 诊疗

同光气。

8. 预防

同光气基本相似。发生双光气化学事故时，可参照《应急指南 2016》(ERG 2016)确定初始隔离和防护行动的距离。双光气发生少量泄漏时的初始隔离距离为 30 m，防护行动距离在白天时为 0.2 km，夜晚时为 0.7 km；大剂量泄露时的初始隔离距离为 200 m，防护行动距离在白天时为 1.0 km，夜晚时应大于 2.4 km。

刺 激 剂

刺激性毒剂是一类对眼、上呼吸道和消化道具有高度选择性的化学毒剂，可使中毒人员因强烈的局部疼痛、流泪、喷嚏、咳嗽、胸痛等症状而暂时失去战斗或反抗能力。刺激性毒剂主要代表性毒剂为西埃斯、苯氯乙酮、亚当氏气、西阿尔和辣椒素。由于该类毒剂起效快、作用强烈，且一般不造成严重损伤或伤亡，因此该类毒剂往往被执法人员用来驱散人群、镇压暴动。

西 埃 斯

1. 理化性质

CAS 号：2698-41-1	外观与性状：白色晶状固体，带有一种类似胡椒的刺激性气味
分子式：$C_{10}H_5ClN_2$	分子量：188.61
熔点/凝固点(℃)：93～95	沸点(℃)：310～315

（续表）

饱和蒸气压(kPa)：4.53×10^{-7}(20℃)	溶解性：微溶于水；可溶于丙酮、二氧乙烷、乙酸乙酯和苯
密度(g/cm^3)：1.04	相对密度(水=1)：1.04
相对蒸气密度(空气=1)：6.5	

2. 用途与暴露机会

西埃斯，化学名为邻氯代苯亚甲基丙二腈，一种白色结晶状粉末，具有胡椒气味。西埃斯在水中可迅速水解，但微溶于乙醇。西埃斯是目前使用最为广泛的控暴剂。美军在越南战争中使用西埃斯作为人群控制和保证隧道安全的工具，警察则经常使用西埃斯驱散暴力抗议、制服暴力人士。

3. 毒代动力学

西埃斯(CS)通过气溶胶吸入后，可很快吸收并分布于全身。CS 的药物代谢动力学研究表明 CS 以一级动力学速率很快从体循环中排出。CS 的半衰期小于 30 s，其主要的代产物为 2-氯苄基丙二腈和 2-氯苯甲醛，在循环系统中的半衰期也比较短。经消化道摄入 CS 的吸收情况未见报道，但经消化道摄入 CS 丸剂产生的毒性已有报道。在哺乳动物体中，CS 可很快水解为 2-氯苯甲醛和丙二腈，丙二腈可很快代谢为两种氰化物，接着转化为硫氰酸盐。2-氯苯甲醛中间产物经氧化生成 2-氯苯甲酸或经还原生成 2-氯苯甲醇。这些代谢产物在体内混合存在，并经尿液排泄出去。

4. 毒性与中毒机理

4.1 毒性作用

急性毒性：大鼠经口 LD_{50}：178 mg/kg；小鼠经口 LD_{50}：282 mg/kg。

CS 暴露后，会出现结膜充血，并进一步发展成急性结膜炎或出现视觉模糊症状。对人眼喷射或滴入 CS(0.1%或 0.25%CS 的水溶液、1.0%CS 的磷酸三辛酯溶液)，可引起睁眼失用症并伴随眼痉挛，眼睑闭合长达 10～135 s。还可引起瞬时结膜炎，用裂隙灯进一步检查，发现并无角膜损伤。比较 CS 溶液(0.5%～10%CS 的聚乙烯醇溶液)和固态气溶胶进行热分散(15 min，6 000 g/m^3)对兔眼毒性的大小，发现 CS 溶液的毒性更大。浓度等于或高于 1%的

CS溶液，可导致大量流泪、结膜炎、虹膜炎、结膜水肿、角膜炎及角膜血管化，如果CS剂量升高，这些损伤会更严重，持续时间也会更长。组织化学研究表明，CS染毒角膜部位会出现上皮鳞片状剥落，损伤部位存在嗜中性白细胞浸润。眼睛不直接CS暴露也可产生眼损伤情况。通过胃肠道途径染毒，不仅可引起头痛和胃肠道刺激，还伴随眼刺激和流泪症，症状于24 h后消失。CS对心血管系统有明显的影响。气管或静脉注射CS均可引起血压下降、呼吸过缓。通过呼吸道途径染毒，CS的最小刺激浓度和ICt_{50}值分别为0.004 mg/(m^3·min)和5 mg/(m^3·min)。CS暴露可引起呼吸道反应，如呼吸急促、突发性咳嗽、胸部发紧及呼吸道特征性疾病等症状可持续几周时间。肺部症状一般在暴露后12周才能消除，暴露后24 h可能发生肺水肿。目前尚未发现CS暴露一次或多次后可产生永久性肺炎的情况。CS可能加剧慢性支气管炎的症状，或者引发哮喘患者突然发作。同时，哮喘及慢性肺部疾病史也可能使CS的中毒效应进一步加剧。此外，CS可引起呕吐、味觉改变、恶心、腹部绞痛和腹泻。

4.2 毒作用机理

CS作用机制尚未阐明。目前认为，CS可与丙酮酸脱羧酶系统中的二氢硫辛酸反应，导致乙酰辅酶A水平下降，从而导致细胞损伤。也有研究者发现CS是通过缓激肽发挥作用，去除体内的缓激肽可消除人体对CS的应答。CS在体内代谢可产生氰化物，因此其对细胞色素氧化酶有一定抑制作用。CS还可引起脂质过氧化、神经元钙平衡的紊乱以及磷脂的水解作用。此外，CS还可通过促进内源性阿片释放引起呼吸麻痹。

5. 人体健康危害

CS可以用燃烧或爆炸法以气溶胶形式施放。CS对眼的刺激作用比苯氯乙酮强10倍左右。不同分散方法造成不同大小颗粒的CS气溶胶对人眼的刺激情况不同。热分散的CS颗粒较小(1 μm左右)，对眼的作用快，暴露后立即引起闭目反应。随后出现流泪，睑痉挛，结膜和眼睑充血水肿。一旦暴露停止，症状迅速缓解，几分钟内消失。爆炸分散的CS颗粒较大(平均60 μm)，作用稍慢，但刺激性强，症状缓解及消失过程也较慢，需半小时或更长时间才能完全消失。CS水溶液也可以刺激眼，作用比气溶胶弱。CS一般不损伤角膜，偶见角膜上皮浅层有轻度可复原性的变化，不会引起永久性的损伤。

CS呼吸道刺激症状为鼻、咽喉和胸部有辣、呛和烧灼感、剧烈疼痛，伴随大量流涕、流涎、咳嗽、喷嚏、呼吸紊乱。高浓度下产生吞咽式呼吸，有窒息感。在致死浓度下发生肺水肿、肺出血、化学性肺炎以及气管及支气管的急性炎症。由于大颗粒CS(直径大于5.0 μm)能被鼻腔的鼻毛和呼吸道黏膜阻挡而滞留，因此只引起鼻腔黏膜刺激症状。小颗粒CS(直径小于0.5 μm)因扩散作用而黏附于上呼吸道，随痰排出。直径在0.5～5.0 μm之间的CS气溶胶颗粒容易进入下呼吸道和肺泡内，引起胸部辣、呛感。一般患者离开染毒区域后，呼吸道症状即刻缓解，半小时内消失。仅留下鼻炎样症状，流水样鼻涕可持续数小时。

CS可引起口内味觉异常，抽烟时有异样味觉。CS染毒水刺激舌及口腔黏膜，轻者为刺痛，重者为灼痛。CS刺激皮肤，引起皮肤灼痛。严重者可引起Ⅰ或Ⅱ度化学烧伤，皮肤红肿或起疱。据报道在一次美国陆军CS作业中，出现12例皮肤CS损伤。当时感到颈部、手腕及头顶刺痛，7～10 h局部发生红斑，14～16 h起疱，损伤最重1例，住院1周才痊愈。

吸入高浓度CS还可出现全身症状，表现为淡漠、剧烈头痛、胸部胀痛，少数有腹泻。野战条件下没有防护的人员受到CS毒烟袭击后，立即出现双眼灼痛，大量流泪、眼睑痉挛，严重影响视力；剧烈咳嗽、鼻喉又辣又呛，打喷嚏、流水样鼻涕，呼吸紊乱，胸闷、胸骨后疼痛；高浓度下还有恶心、呕吐；暴露部位皮肤如头面部、颈部及手腕部出现烧灼痛，严重者经数小时到十几小时后出现红斑和小水疱。在暴露后20～60 s内上述刺激症状达到高峰，但离开染毒区后症状迅速缓解，经过5～10 min大部症状基本消失，视力也可恢复。有些症状(如结合膜充血、水肿，皮肤刺痛等)可持续1～2 h才完全消失。长期暴露在高浓度CS染毒空气中，可以发生肺炎、肺水肿，个别严重者可因呼吸衰竭死亡。环境温度越高，刺激症状越严重。

6. 风险评估

我国职业接触限值规定：MAC为0.4 mg/m^3。CS刺激阈值为0.004 mg/m^3，其对人的LCt_{50}为25 000～150 000 mg/(m^3·min)，安全比为60 000。CS毒副作用与苯氯乙酮类似，但其持久性更强。

7. 诊疗

7.1 诊断

结合中毒史和中毒症状来进行判断。一般来说，CS暴露可立即引起闭目反应，随即流泪，睑痉挛，结膜和眼睑充血水肿。停止暴露后，症状迅速缓解，几分钟内消失。CS暴露可导致鼻、咽喉及胸部有辣、呛和烧灼感、剧烈疼痛，大量流涕、流涎、咳嗽、喷嚏、呼吸紊乱。CS暴露还可刺激皮肤，可引起皮肤灼痛。吸入高浓度CS还有全身症状，表现为淡漠、剧烈头痛、胸部胀痛，少数有腹泻。

7.2 急救

在几乎所有的情况下，CS中毒均不需要急救，将伤员移到空气新鲜处，症状可很快消失。如症状持续，可用水冲洗眼睛、嘴和皮肤(如果是皮肤就用肥皂水)。不应使用油基洗剂。不应使用含有漂白剂的皮肤去污剂，但如果发生更危险的沾染(例如糜烂性毒剂或神经性毒剂)时则应当使用；漂白剂可与CS反应生成一种结合物，其比单独的CS对皮肤的刺激更强。

7.3 治疗

CS无急救药，以对症处理为主。对于上呼吸道刺激症状，吸入部队装备的抗烟剂，可缓解刺激性毒剂及其他刺激性气体中毒所致的呼吸道刺激症状。当遇到刺激性气体引起呼吸道刺激症状造成呼吸不畅时，可捏断本品立即放入鼻腔吸入，可使刺激症状缓解。每次吸入1～2支，5～10 min后如效果不明显时可再吸入，但不宜过多使用。戴有防毒面具时，可将包有纱布的抗烟剂安瓿捏破从面颊部送入面罩内。

眼：通常眼睛的症状是自限性的，不需要治疗。如果大颗粒或毒剂液滴进入眼睛，可能需要采用针对腐蚀性物质治疗的方法。用大量的水或2%碳酸氢钠溶液及时冲洗是治疗固体CS进入眼睛最好的方法。经彻底洗消以及咨询眼科医生后，可使用皮质类固醇眼制剂。

皮肤：早期红斑和刺痛感(长达1 h)，特别是在温暖潮湿的皮肤区域，通常是短暂的，不需要治疗。严重或持续暴露可能发生类似于晒伤的炎症和水疱，特别是在白皙的皮肤上。先用干布或棉花轻轻擦去，再用肥皂水或净水冲洗。有条件时可用6%碳酸氢钠或3%碳酸钠溶液冲洗。不要开始就用水洗，否则皮肤刺痛会加重。皮质类固醇乳膏或炉甘石洗剂可用于治疗已存在的皮炎或限制迟发性红斑。如果发生水疱，它们应该像其他二度烧伤一样来治疗。发生继发性感染时用合适的抗生素治疗。

呼吸道：CS暴露很少引起肺部效应，如出现呼吸道症状，离开染毒区域是最好的处理手段。其他处置方法与肺损伤性毒剂相同。

误服刺激剂染毒食物或水：可催吐、洗胃、口服活性炭粉吸附刺激剂，而后导泻。疼痛不能忍受：可皮下注射吗啡。离开染毒区：再一次用净水洗眼、洗鼻和漱口。对沾有西埃斯的皮肤再用肥皂水洗净。服装装具沾有大量刺激性毒剂时，应更换或洗消。

8. 预防

迅速佩戴防毒面具或简易的防护器材，如风镜、有滤烟层的防毒口罩、毛巾或三角巾等。用防毒服或雨衣、风衣或普通秋冬服装保护身体易暴露部位。此外，注意不要因已有刺激症状误以为面具失效而脱掉面具。呕吐物和分泌物较多时，可暂时屏住呼吸、闭眼，迅速脱下面罩，擦净后再戴上。

苯氯乙酮

1. 理化性质

CAS号：532-27-4	外观与性状：无色到白色或灰色晶状固体，带有强烈的芳香的味道(苹果花的味道)
分子式：C_8H_7ClO	分子量：154.59
熔点/凝固点(℃)：56.5	沸点(℃)：247
闪点(℃)：118(闭杯)	溶解性：几乎不溶于水；易溶于乙醇、乙醚和苯；可溶于丙酮和石油醚
密度(g/cm^3)：1.324(15℃)	易燃性：高温下可燃
相对密度(水=1)：1.33	气味阈值(mg/m^3)：0.102 0～0.15
相对蒸气密度(空气=1)：5.3	饱和蒸气压(kPa)：7.20×10^{-5}(20℃)

2. 用途与暴露机会

苯氯乙酮(CN)是一种具有强烈刺激性气味的晶状固体，一般通过烟雾、粉末或填充成液体形态的催泪弹或其他形式的装备进行喷洒。CN曾广泛用作自卫的工具。军队和警察也曾将CN作为标准装备，用来平息暴乱和自卫。目前，CN已较少见，军队和警察大多配备毒性较小的辣椒素和西埃斯。

3. 毒代动力学

尽管关于CN的毒性报道较多，但是其吸收、分布和代谢研究较少。小鼠、大鼠、豚鼠和狗吸入致死量的CN主要引起动物的肺损伤。一般认为CN可经代谢转化为烷化剂，CN的代谢产物对组织中的亲核部位具有亲和性，与蛋白质和酶的自由巯基发生不可逆的反应。

4. 毒性与中毒机理

健康危害GHS危险性分类：急性毒性—经口，类别3；皮肤腐蚀/刺激，类别2；严重眼损伤/眼刺激，类别1；皮肤致敏物，类别1；特异性靶器官毒性——次接触，类别2；特异性靶器官毒性——次接触，类别3(麻醉效应)；特异性靶器官毒性—反复接触，类别1。

大鼠经口 LD_{50}：50 mg/kg；小鼠经口 LD_{50}：139 mg/kg。CN引起刺微的最小暴露浓度和 ICt_{50} 值分别为0.3 mg/(m³·min)和20～50 mg/(m³·min)。8位暴露于高浓度CN的患者中，有3位于1～2 d后发生延迟性支气管炎，出现喘息、呼吸困难、嘶哑、发热以及化脓性痰液等症状，其中有1名早先患有肺部疾病的患者，需要采用长期支气管扩张药物治疗。动物实验中，CN吸入致死的原因为其对肺部系统产生毒性，主要症状为肺部充血、水肿、肺气肿、气管炎、支气管炎、支气管肺炎等。亚致死量CN气溶胶暴露60 min可引起细支气管上皮细胞降解及由于单核细胞浸润而使肺泡间隔壁增厚。CN还可以与眼部、其他黏膜、皮肤的感觉神经受体相互作用，导致不适及灼痛感。神经毒性表现为：从嘴唇周围皮肤感觉异常到眼痛、舌痛、鼻痛、咽痛及皮肤痛。CN与包含巯基的蛋白质或酶反应是导致感觉神经活性发生变异的原因。CN暴露可产生不安、骚动和恐慌。有报道发现CN可引起人晕厥，但是该症状可能是由于恐慌引起的。将CN释放于包括44位在押犯人的房间时，其中8位犯人出现不适、昏睡，在就医者中，有1人出现晕厥。从催泪弹中意外泄漏的CN可引起人员的手损伤，说明CN具有特殊的神经元毒性效应。在所有病例中，CN均可渗透进入皮肤，从而引起手部创伤，神经病学检查结果揭示了所有人员均出现特定趾头的感觉过敏。此外，CN可引起恶心、呕吐和味觉改变现象。

CN可引起与CS相类似的眼损伤症状，但CN对眼及皮肤的毒性更大。从较远处溅入眼睛的CN可引起流泪、角膜上皮细和结膜水肿及角膜上皮损伤。近距离的CN溅入眼睛，可引起较长时间的眼损伤。将兔暴露于10%的CN溶液中，可引起一星期以上的虹膜炎和结膜炎，两个月的角膜浑浊。微粒状的CN暴露后，除了可产生角膜浑浊效应外，还包括角膜基质渗透、严重瘢痕、溃疡以及角膜反射缺陷。其中角膜基质渗透还可能引起基质水肿和迟发性血管化，并进一步导致视觉并发症，包括感染性角膜炎、营养学角膜病、白内障、眼前房积血等。CN暴露后，结膜毒性症状包括结膜炎、坏死、局部缺血以及睑球黏连等。但是由于水肿导致的眼内压增高，如果不及时治疗，可能会产生眼角闭合性青光眼，长期损伤症状可能包含白内障、玻璃体出血、创伤性眼睛病变等。

CN与CS一样均为烷化剂，以双分子形式与亲核化合物直接反应，尤其是可以与细胞内的巯基化合物或含巯基的酶反应而使其失活。CN可强烈抑制含有巯基的琥珀酰脱氢酶和丙酮酸氧化酶。总的来说CN与CS的作用机制较为相似。

5. 人体健康危害

CN的刺激阈值为0.3 mg/m³，其对人的 LCt_{50} 为7 000～14 000 mg/(m³·min)，安全比约为28 000。食入可引起中毒。

CN是催泪剂，热稳定性良好，一般用热分散法施放。CN的烟雾或蒸气使眼产生强烈的刺痛，立即引起眼睑痉挛和大量流泪。如果暴露时间很短，上述症状仅持续数分钟；暴露时间稍长引起结膜充血、羞明和流泪，可持续2～5 d。如含CN的液滴或CN颗粒落到眼内，则有腐蚀作用，发生浅层或深层角膜炎，需数天到数周才能痊愈，严重者留有瘢痕，视力减退甚至失明。在较高浓度CN作用下，可出现上呼吸道刺激症状，如咽喉烧灼痛、咳嗽、声音嘶哑、流鼻涕等。有时还有恶心，一般可持续3～5 d。极高浓度或较长时间中毒可损伤肺，引起肺水肿，甚至造成死亡。CN对多汗潮湿的皮肤可引起刺痛，严重者引起小水疱和溃疡。反复暴露可致过敏性皮炎，仅少数严重中毒病例才出现全身中毒反应，如头昏、头痛、眼球及眶部疼痛、肌肉松弛无力及心脏功能减弱等。

6. 风险评估

我国职业接触限值规定：PC－TWA 为 0.3 mg/m^3。美国 OSHA 接触限值为 8 h TWA 为 0.3 mg/m^3。

7. 诊疗

7.1 诊断

高浓度 CN 作用下，出现上呼吸道刺激症状，如咽喉烧灼痛、咳嗽、流涕等，经常伴随恶心，持续 3～5 d。在极高浓度或较长时间暴露下，可发生肺水肿。CN 可使多汗的皮肤刺痛、红斑和水肿，严重者出现小水泡和溃疡。有少数严重中毒者有头痛、头晕、肌无力和心肌功能减弱等全身吸收中毒的反应。

7.2 急救

急救同西埃斯。

7.3 治疗

暴露后，最初的措施是帮助中毒者迅速穿戴防毒面具和脱离染毒区，停止继续中毒，这是救治的重要步骤。用大量的水冲洗患者眼睛。通过让新鲜空气吹入睁开的眼睛，可以充分抵消不良影响，一般不需要使用眼膏。不能揉眼，因为机械损伤可能会让化学作用复杂化。应该消除暂时性失明患者的疑虑。即使在很高的浓度下，也从未见到有患者由于暴露于气溶胶造成的永久性失明。一般按西埃斯中毒进行救治。应注意呼吸道感染的防治，有肺水肿者参照光气中毒治疗原则进行处理。

8. 预防

同西埃斯。

亚 当 氏 剂

1. 理化性质

CAS 号：578－94－9	外观与性状：黄绿色晶体，无味，但具有刺激性
分子式：$C_{12}H_9AsClN$	分子量：277.58
熔点/凝固点(℃)：195	沸点(℃)：410
闪点(℃)：105	溶解性：几乎不溶于水；微溶于苯、二甲苯和四氯化碳
密度(g/cm^3)：1.648	气味阈值(mg/m^3)：无味
相对蒸气密度(空气＝1)：5.5	饱和蒸气压(kPa)：2.7×10^{-15}(20℃)

2. 用途与暴露机会

亚当氏剂(DM)，化学名为二苯基氨基氯化砷，曾在第一次世界大战中使用，但由于毒性大于其他控暴剂而逐渐被淘汰。亚当氏剂暴露在环境中，其毒性效应有一定延迟，一般暴露之后几分钟才会出现中毒迹象。它具有显著的全身性毒性，且持续时间较长。在暴露后数小时，中毒症状会消退。现在人们更青睐于毒性小且安全比更大的控暴剂，亚当氏剂相关研究也较少。亚当氏剂存在致命的风险，目前已不再使用。

3. 毒性与中毒机理

DM 暴露 1 min 对上呼吸道最低刺激浓度为 0.1 mg/m^3。高浓度吸入可引起肺水肿和吸收中毒。吸入中毒半数致死剂量估计值为 11 000 mg/(m^3·min)。DM 刺激作用的中毒机理与 CS 类似。具体中毒机制见 CS 的毒性与中毒机制部分。

健康危害 GHS 危险性分类为：急性毒性—经口，类别 3；急性毒性—吸入，类别 3。

4. 人体健康危害

亚当氏剂的刺激阈值约为 1 mg/m^3，其对人的 LCt_{50} 为 11 000 mg/(m^3·min)，安全比为 11 000。DM 以刺激上呼吸道为主，引起上呼吸道辣椒样刺激作用。鼻腔、鼻窦、副鼻窦烧灼感、疼痛及发胀；喉头有烧灼痛；胸闷、胸骨后疼痛；反射性喷嚏、咳嗽不止；重者有恶心、呕吐，剧烈头痛，上下颌骨、齿龈、内耳等部位疼痛；但以持续不停地喷嚏和剧烈的胸骨后疼痛为其特征，故名“喷嚏剂”或“胸痛剂”。DM 对上呼吸道有“后继作用”，即中毒者离开染毒区后，症状不但不缓解，反而在 10～20 min 内继续加剧。需经 20～120 min 后才逐渐缓解消失。长时间吸入高浓度的 DM 可引起肺水肿及支气管炎。DM 对眼也有刺激作用，但较前面 3 种催泪剂轻，可引起流泪、羞明及异物感。对皮肤刺激作用也较催泪剂为轻；高浓度下，暴露部位皮肤有瘙痒、灼痛和刺痛，可能产生红斑、水肿或水疱，1～2 d 内症状可逐渐消失。误服染毒水或食物后，则见顽固的恶心呕吐、腹痛、腹泻，里急后重、咽痛、声哑，一般在几天内消失。大量DM吸收后具有砷中毒的全身症状，表现为精神抑郁、烦躁不安、肌无力、运动失调、四肢麻木，一般经几天后可恢复。

5. 风险评估

本品对水生生物毒性极大并具有长期持续影响，其环境危害GHS分类为：危害水生环境—急性危害，类别1；危害水生环境—长期危害，类别1。

6. 诊疗

6.1 诊断

亚当氏剂的诊断根据中毒史、典型临床特点和侦检结果即可做出诊断，对砷进行分析有助于诊断。

6.2 急救

急救同西埃斯。

6.3 治疗

首先协助患者戴上面具，并脱离毒区。DM对呼吸道刺激作用很强，而且症状持续时间较长。可在医护人员监督下吸抗烟剂(注意：抗烟剂每支含氯仿0.4毫升，不宜多用)。头痛、牙痛可服止痛片，疼痛难忍时，皮下注射吗啡。出现肺水肿时，按窒息性毒剂中毒处理。有吸收中毒时采用抗砷疗法。

7. 预防

预防同西埃斯。

西　阿　尔

1. 理化性质

CAS号：257-07-8	外观与性状：淡黄色晶状固体，带有一种类似胡椒的气味
分子式：$C_{13}H_9NO$	分子量：195.22
熔点/凝固点(℃)：73	沸点(℃)：335
闪点(℃)：187.8	溶解性：可溶于乙醇、乙醚、苯、氯仿
饱和蒸气压(kPa)：2.93×10^{-6}(25℃)	易燃性：高温下可燃
密度(g/cm³)：1.56(25℃)	相对蒸气密度(空气=1)：6.7

2. 用途与暴露机会

西阿尔，化学名为二苯氧杂吖庚因，相对于西埃斯或CN毒性更低，是一种潜在的神经性刺激剂。西阿尔不需要持续暴露就能够对眼睛、鼻和皮肤产生即刻的刺激作用。一般也用于维护秩序、驱散暴力抗议、制服暴力人士等。

3. 毒代动力学

CR通过气溶胶吸入后，在血浆中的半衰期为5 min，与静脉注射和胃肠道吸收后的血浆半衰期一致。已有研究表明，角膜组织吸收CR经代谢可产生内酰胺衍生物。CR的主要代谢产物为内酰胺衍生物10,11-二氢二苯[b,f][1,4]氧氮杂䓬-11-酮，该化合物为尿羟基化代谢物的直接前体。在大鼠体内，CR降解过程中的代谢产物为内酰胺、CR二氢代谢物、CR氨基醇及芳烃氧化物。大鼠体内CR消除的主要机制为形成硫酸盐复合物，部分通过胆汁排泄。经微粒体混合功能氧化酶的Ⅰ相代谢包括：CR经还原反应生成氨基醇、经氧化反应生成内酰胺环、经羟化反应生成羟基内酰胺。Ⅱ相结合反应生成羟基内酰胺的硫酸盐代谢产物，可经肾脏排除；氨基醇代谢产物来源于葡萄糖醛酸途径，可经胆汁分泌排泄。

4. 毒性与中毒机理

急性毒性作用：大鼠经口LD_{50}：563 mg/kg；小鼠经口LD_{50}：770 mg/kg；兔经皮LD_{50}：>400 mg/kg。

CR对人眼的刺激阈浓度为0.005 mg/(m³·min)，中等刺激浓度为0.5～1.0 mg/(m³·min)，强刺激浓度为5 mg/(m³·min)，不可耐受浓度为10 mg/(m³·min)。CR可产生强烈的流泪反应，CR的飞溅物(浓度为0.01%～0.1%的溶液)很快引起眼痛、流泪、眼痉挛，症状类似于CS和CN中毒状，这效应持续一般持续15～30 min后消除，而眼睑水肿、眶周水肿、充血性结膜炎等症状持续6 h以上，在兔和猴子的实验研究中发现，CR(0.1%溶液)可引起轻微的瞬时性红斑、结膜水肿及角膜炎。将高浓度CR(0.5%溶液)直接滴于兔眼，可产生中度结膜炎。随着CR溶液浓度提高，可引起剂量依赖性的角膜增厚，但CR气溶胶对眼睛的影响较小，只产生轻度结膜炎和流泪。在动物实验研究中，CR对眼的效应很短暂，大约在1 h后消失，比CN产生的毒性低得多。

CR对心血管系统有明显的影响。较低剂量的CR溶液(0.001%和0.002 5%)溅到脸部或全身可立即引起血压升高和心动过缓。静脉注射CR可引起短暂的剂量依赖性心动过速。升压效应被认为是CR对心血管系统交感神经产生效应而引起的次级效应,或者是来自机体应激反应和不适而产生的。CR对呼吸系统无明显毒性。但CR可对多种动物引起呼吸急促、呼吸困难。人体暴露于CR气溶胶后,可出现呼吸道刺激、窒息及呼吸困难。人暴露于CR气溶胶中(0.25 mg/m³)60 min,可显著降低分钟呼吸流速。CR具有激发肺系统导管部分的刺激剂受体的作用。另外,CR通过促使交感神经系统紧张而增加肺部血容积。大鼠CR气溶胶暴露对肺部超微结构影响较小,即使高浓度的CR也不会产生明显的肺部损伤。显微镜检查观察到轻微充血、肺气肿导致肺叶充气过度及出血。暴露于CR的动物,可出现肌束震颤、颤抖、抽搐、共济失调;腹膜内注射CR可引起动物肌无力症状。

CR中毒机理与CS和CN基本一致。

5. 人体健康危害

CR毒性特点是对眼刺激性强(比CS强约10倍),毒性低,所以安全范围大。无防护人员接触CR后,眼立即感到刺痛和烧灼感,并产生眼睑痉挛、大量流泪等。浓度愈高,刺激症状愈重持久。CR不易引起眼的损伤,引起轻度眼损伤与产生刺激症状的浓度之比为22 000倍。CR对皮肤的刺激强度比CN和CS大,可以产生红斑,一般不产生水疱,皮肤经洗消后红斑会迅速消失。CR对呼吸道的刺激作用较CS轻,仅有鼻刺激感、流涕、鼻塞等症状。CR进入口腔可引起灼痛和不适,有喉头紧迫感,伴有大量黏稠的分泌液,但持续时间一般不超过5 min。

6. 诊疗

6.1 诊断

根据中毒史、典型临床特点和侦检结果即可确诊。CR暴露后,眼立即感到刺痛和烧灼感,并产生眼睑痉挛、大量流泪等。脱离暴露后眼部症状立刻消失。CR对皮肤的刺激强度比CN和CS大,皮肤暴露后可产生红斑,但不产生水疱。

6.2 急救

急救同西埃斯。

6.2 治疗

CR作用时间短暂,戴上面具脱离毒区后,一般症状很快消失,症状较重者对症治疗。治疗同西埃斯。

7. 预防

预防同西埃斯。

辣 椒 素

1. 理化性质

CAS号:404-86-4	外观与性状:白色晶体粉末,强烈的挥发性,气味刺鼻
分子式:$C_{18}H_{27}NO_3$	分子量:305.42
熔点/凝固点(℃):65	沸点(℃):210~220
闪点(℃):113	溶解性:几乎不溶于冷水;可溶于乙醇、乙醚、苯、石油醚;微溶于二硫化碳和浓盐酸
饱和蒸气压(kPa):1.76×10^{-10}(15℃)	密度(g/cm³):1.27(25℃)

2. 用途与暴露机会

辣椒素(capsaicin)是辣椒属植物(胡椒)中的一种油性提取物,是最强效的刺激成分。辣椒油树脂以干质量计含有0.01%到1.0%的辣椒素类成分。20世纪90年代,辣椒素得到了广泛的关注,逐步取代西埃斯成为执法人员和市民的防卫工具。市面上的胡椒喷雾剂含有1%到15%的辣椒素类成分。手提式的辣椒喷雾也经常将其与西埃斯混合起来使用。

3. 毒代动力学

辣椒素经Ⅰ相代谢作用,经由香草环部位的羟化反应转化为儿茶酚代谢产物。代谢反应包括氧化机制及非氧化机制。氧化代谢机制与肝混合功能氧化酶系统有关,该酶系统可将辣椒素转化为亲电性的环氧化物。还有研究表明可形成苯氧基和奎宁结构的代谢产物,奎宁途径可产生高反应活性的甲基。辣椒素的解毒途径为:辣椒素的烃基侧链产生快速氧化脱氨基作用;此外,辣椒素经羟化反应而生成羟化辣椒素。辣椒素的非氧化代谢机制为:辣椒素的酰胺键水解产生香草胺和脂肪酸。

4. 毒性与中毒机理

急性毒性作用:小鼠经口LD_{50}:47 200 μg/kg;

小鼠经皮 LD_{50}：>512 mg/kg。

辣椒素作用于含有神经肽的传入神经元，激活辣椒素受体。受体激活需要辣椒素的环结构和酰基链结构。辣椒素受体是瞬时受体电位离子通道家族的一部分。含有辣椒素的配体与受体结合后，离子通道开放，钙离子和钠离子内流使神经元去极化，释放神经肽。除了短时激活初级传入神经，受体激活还可导致延长不应期，处于一个不传导、不敏感的受体状态。在该不应期内，初级传入神经对辣椒素的后续暴露没有反应。钙离子和钠离子内流可导致细胞损伤和最终的细胞死亡，并可能与钙离子依赖的蛋白酶活性有关。

辣椒素可激活三叉神经元和肠道神经元受体，这些受体包含位于嘴、鼻、胃和黏膜部位的疼痛受体，三叉神经元利用 P 物质作为其主要的疼痛神经递质，辣椒素先诱导 P 物质从神经元释放，然后阻断 P 物质的合成及向效应器官的转运。P 物质可使神经元去极化而引起血管扩张、平滑肌兴奋及感觉神经元末稍活化。辣椒素引起的特征性效应为：起始出现强烈的感觉神经元兴奋作用，随后出现较长时间的对物理化学制激不敏感效应。P 物质与感觉及皮肤兴奋性传导有关，P 物质也是神经元兴奋和平滑肌收缩的外周传递者。P 物质与食管、气管、呼吸道、眼睑提肌收缩有关。将辣椒素直接作用于眼部，可引起神经兴奋、血管舒张和泪液外渗，且眼睛短暂的对化学刺激无应答反应。辣椒素可使人体和动物皮肤对各种疼痛性化学刺激变得不敏感。人体暴露于辣椒素可导致角膜的眨眼反射消失，该反射是从颅神经 V 感觉神经元传入，经颅神经 VII 运动神经元输出。辣椒素可引起胃肠黏膜效应，包括轻微红斑、水肿、上皮细胞损伤以及胃出血等。

5. 人体健康危害

辣椒素的刺激阈值为 0.000 3 mg/m^3，安全比大于 60 000。辣椒素可引发人体皮肤、鼻子、眼睛、肺、肠胃等器官的炎症反应，如果辣椒素喷洒到人体脸部或眼睛里，能瞬间制动个体并造成短暂的失能。辣椒素可引起结膜炎、眶周水肿、红斑、眼痛、睑痉挛、睑炎、角膜脱落和流泪。根据辣椒素暴露浓度及时间，眼睛的红斑和水肿可能持续 48 h 以上，但较少出现血管化角膜炎，该症状一般于 30 min 后消退。通常情况下，暴露后 15～30 mim 内可完全恢复，但是有一些症状，例如眼睑边缘红斑及畏光症状，可能持续较长时间。

辣椒素可引起儿童严重的支气管痉挛和肺水肿。一位 4 周岁大的婴儿暴露于从自保护装置中泄漏的 5% 的胡椒喷雾剂后，婴儿出现呼吸麻痹、低血氧，需要立即实施隔膜供氧。吸入辣椒素可立即引起气道阻力增加。人体吸入辣椒素后可产生剂量依赖性的支气管收缩，该效应类似于对哮喘患者和吸烟人群的研究结果。辣椒素诱导的支气管收缩和 P 物质的释放是由于无髓鞘传入性 C -纤维的兴奋作用而引起的。

辣椒素所致糜烂作用取决于暴露时长，大多数情况下仅产生灼烧痛和中度红斑。辣椒素局部施于皮肤，引起红斑和灼烧痛，而无糜烂。慢性和长期辣椒素暴露可以出现皮肤水疱和皮疹。

6. 风险评估

辣椒素具有眼、皮肤和呼吸系统毒性，诱发新生儿发病乃至死亡，有对监狱囚犯使用导致的死亡案例。

7. 诊疗

7.1 诊断

根据中毒史、典型临床特点和侦检结果可确诊。典型症状包括眼睑边缘红斑及畏光症状，胃肠黏膜效应包括轻微红斑、水肿、上皮细胞损伤以及胃出血等。

7.2 急救

急救同西埃斯。

7.2 治疗

辣椒素引起的眼中毒症状用 0.9% 等渗生理盐水清洗 10～15 min；皮肤污染一般用肥皂盒清水清洗，如出现严重皮肤损伤，应局部应用皮质激素以及抗组胺药。呼吸系统治疗主要包括氧疗，以及应用 β_2 受体激动剂和异丙托溴铵喷雾剂。

8. 预防

预防同西埃斯。

参考文献

[1] 顾学箕，夏元洵等.化学物质毒性全书[M].上海：上海科学技术文献出版社，1991.

[2] 周国泰.危险化学品安全技术全书[M].北京：化学工业出版社，2017.

[3] 邬堂春.职业卫生与职业医学第八版[M].北京：人民卫生出版社，2017.

[4] 朱洪法.精细化学品辞典[M].北京：中国石化出版社，2016.

[5] 国家安全生产应急救援指挥中心，国家安全监管总局化学品登记中心编译.危险化学品应急处置手册[M].北京：中国石化出版社，2009.

[6] 常元勋.金属毒理学[M].北京：北京大学医学出版社，2008.

[7] 张海峰等.危险化学品安全技术大典[M].北京：中国石化出版社，2009.

[8] 国家安全生产监督总局化学品登记中心组织编写.危险化学品目录使用手册[M].北京：化学工业出版社，2017.

[9] 孙贵范.职业卫生与职业医学—7版[M].北京：人民卫生出版社，2012.

[10] 张桥等.卫生毒理学基础第三版[M].北京：人民卫生出版社，2000.

[11] 王心如等.毒理学基础第6版[M].北京：人民卫生出版社，2012.

[12] United Nations. Globally harmonized system of classification and labeling of chemicals (8th Edition) [S]. New York & Geneva: United Nations Publication, 2019.

[13] Jani DD, Reed D, Feigley CE, et al. Modeling an irritant gas plume for epidemiologic study[J]. Int J Environ Health Res. 2016, 26(1).

[14] Becker AB, Abrams EM. Asthma guidelines: the Global Initiative for Asthma in relation to national guidelines[J]. CurrOpin Allergy Clin Immunol. 2017, 17(2).

[15] 裴雪松，尹英，金连梅，等.2004—2009年全国急性职业中毒事件分析[J].疾病监测.2010，25(6).

[16] 赵倩，洪广亮，赵光举，等.我国综合性医院急性中毒流行病学现状分析[J].临床急诊杂志.2016，17(2).

[17] 牛颖梅，郝凤桐.急性刺激性气体中毒防治研究现状[J].职业卫生与应急救援.2012，30(4).

[18] Quirce S, Campo P, Domínguez-Ortega J, et al. New developments in work-related asthma[J]. Expert Rev Clin Immunol. 2017, 13(3).

[19] Bittner C, Garrido MV, Harth V, et al. IgE Reactivity, Work Related Allergic Symptoms, Asthma Severity, and Quality of Life in Bakers with Occupational Asthma[J]. Adv Exp Med Biol. 2016, 921.

[20] Saravu K, Sekhar S, Pai A, et al. Paraquat-A deadly poison: Report of a case and review[J]. Indian J Crit Care Med. 2013, 17(3).

[21] Fuller BM, Mohr NM, Kollef MH. Diagnosis and Treatment of Acute Respiratory Distress Syndrome. JAMA. 2018. 320(3).

[22] 陈灏珠，林果为，王吉耀.实用内科学.14版[M].北京：人民卫生出版社，2013.

[23] 何凤生.中华职业病学[M].北京：人民卫生出版社，1999.

[24] 赵金垣.临床职业病学.第3版[M].北京：北京大学医学出版社，2017.

[25] 路爱丽，齐振普.急性重度砷化氢中毒2例相关检验指标分析[J].国际检验医学杂志.2013，34(12).

[26] 李志坚.急性氟乙酰胺中毒患者的心肌酶变化及其临床意义[J].岭南急诊医学杂志.2012，17(2).

[27] 万伟国，郑舒聪.急性有机磷农药中毒心肌酶及肌钙蛋白变化对心肌损害诊断的价值[J].中华劳动卫生职业病杂志.2012，30(6).

[28] 贾桂花，孔祥俊.急性毒鼠强中毒临床分析[J].河北医药.2013，35(20).

[29] 何新华，李春盛.儿茶酚胺在重度急性敌敌畏中毒致心脏损伤的作用[J].中华急诊医学杂志.2012，21(6).

[30] 兰秀彩.急性有机磷中毒193例临床分析[J].内科急危重症杂志.2012，18(4).

[31] 罗巧，黄永顺，温贤忠，等.2006—2013年广东省新发职业性皮肤病分布特点与防治对策探讨[J]中国职业医学.2014，41(5).

[32] 王睿菁，等.眼烧伤的机制及其护理方法[J].中国医药科学.2011，11(21).

[33] 顾凤珍.化学性眼灼伤 42 例临床特点分析及护理[J].齐鲁护理杂志.2012,18(26).
[34] GBZ 94—2017,职业性肿瘤的诊断[S].北京：中国标准出版社,2017.
[35] 何凤生.中华职业医学[M].北京：人民卫生出版社,1999.
[36] 卢伟.工作场所有害因素危害特性实用手册[M].北京：化学工业出版社,2008.
[37] 战景明,马跃峰,古晓娜,等.锂及其化合物的健康损伤效应[J].国外医学卫生学分册.2008,35(6).
[38] 李辉,李海云.碳酸锂中毒的诊断和治疗[J].兵团医学.2013,35(1).
[39] 古晓娜,武晓燕,武宝利,等.锂接触工人生物检测指标的探讨[J].中国工业医学杂志.2015,28(3).
[40] CHANG L W. Toxicology of Metals[M]. Boca Raton: CRC Press, 1996.
[41] 骆金俊,李进,郁春辉.铍的致癌性和遗传毒性[J].微量元素与健康研究.2013,30(5).
[42] NORDBERG G F, FOWLER B A, NORDBERG M. Handbook on the Toxicology of Metals[M]. 4th ed. Waltham: Academic Press, 2015.
[43] 孙中蕾,陈瑶,白静.铝中毒研究进展[J].医学综述.2013,19(15).
[44] 彭忠伯,刘桂元.铝中毒及其防治[J].中华劳动卫生职业病杂志.1993,11(3).
[45] 杨虎,张家华,冯森,等.四氯化钛的毒性研究[J].卫生毒理学杂志.1997,11(2).
[46] 王莹,顾祖维,张胜年,等.现代职业医学[M].北京：人民卫生出版社,1996.
[47] 林杰,孙素梅.钒化合物的职业性危害[J].工业卫生与职业病.1998,24(4).
[48] 任来春,张平.钒及其化合物的毒理和预防[J].河北医药.1998,20(5).
[49] 钟传德.铬的毒性研究进展[J].中国畜牧兽医.2014,41(7).
[50] 金念祖,王心如.铬化合物的毒性及其生物学监测指标研究进展[J].工业卫生与职业病.1999,25(6).
[51] 闫蕾,贾光.职业接触铬盐生物标志物的研究进展[J].中华预防医学杂志.2006,40(6).
[52] RyanRP. Toxicology Desk Reference[M]. 5th ed. Philadelphia: Taylor & Francis, 2000.
[53] SIDORYK - WEGRZYNOWICZ M, LEE E, ALBRECHT J, et al. Manganese disrupts astrocyte glutamine transporter expression and function[J]. J Neurochem.2009, 110(3).
[54] FARINA M, AVILA D S, DA ROCHA J B, et al. Metals, oxidative stress and neurodegeneration: a focus on iron, manganese and mercury[J]. Neurochem Int, 2013, 62(5).
[55] SIDORYK - WEGRZYNOWICZ M, LEE E, NI MW, et al. Disruption of astrocytic glutamine turnover by manganese is mediated by the protein kinase C Pathway[J]. Glia.2011, 59(11).
[56] Cowana D M, Fan Q, Zou Y, et al. Manganese exposure among smelting workers: blood manganese-iron ratio asa novel tool for manganese exposure assessment[J]. Biomarkers, 2009, 14(1).
[57] 邓宇,王飞,徐斌,等.锰对小鼠黑质多巴胺转运体和手提表达影响的研究[J].实用预防医学.2014,21(3).
[58] CORDOVA F M, AGUIAR A S JR, PERES T V, et, al. Manganese-exposed developing rats display motor deficits and striatal oxidative stress that are reversed by Trolox[J]. ArchToxicol. 2013, 87(7).
[59] YOON H, KIN D S, LEE G H, et al. Manganese-induced oxidative DNA damage in neuronal SH - SY5Y cell: attenuation of thymine base lesions by glutathione and N-acetylcysteine[J]. ToxicolLett. 2013, 218(3).
[60] 罗英,范奇元,许洁.锰致神经毒性的机制研究进展[J].环境卫生学杂志.2015,5(5).
[61] 周远忠,陈健,史秀娟,等.人群锰接触水平的早期生物标志物探索[J].中华劳动卫生与职业病杂志.2010,28(9).
[62] 樊卫萍,袁淑芳,吉顺福.锰的遗传毒性及锌对其毒性的拮抗作用[J].环境与职业医学.2007,(05).
[63] RUDNYKH A A, SAICHENKO S P. Reparative DNA synthesis in the lymphocytes of rats exposed to potassium bichromate and manganesechloride in vivo [J]. Tsitol Genet. 1985, 19(5).
[64] Reiss B, Simpson C D, Baker M G, et al. Hair Manganese as an Exposure Biomarker among Welders [J]. Ann Occup Hyg. 2016, 60(2).
[65] KIM G, LEE H S, SEOK B J, et al. A current review for biological monitoring of manganese with exposure, susceptibility, and response biomarkers[J]. J Environ Sci Health C Environ Carcinog Ecotoxicol Rev. 2015, 33(2).
[66] GARRICK M D, DOLAN K G, HORBINSKI C, et al. DMT1: a mammalian transporter for multiple metals[J]. Biometals. 2003, 16(1).
[67] TAYLOR M D, ERIKSON K M, DOBSON A W, et al. Effects of inhaled manganese on biomarkers of oxidative stress in the rat brain[J]. Neurotoxicol. 2006, 27(5).
[68] Chen CJ, Liao SL. Oxidative stress involves in astrocytic alterations induced bymanganese[J]. Exp Neurol. 2002, 175(1).
[69] ASCHNER M, VRANA K E, ZHENG W. Manganese uptake and distribution in the central nervous system (CNS)[J]. Neurotoxicol. 1999, 20(2/3).
[70] ERIKSON K M, ASCHNER M. Manganese neurotoxicity and glutamate-GABA interaction[J]. Neurochem Int. 2003, 43(4/5).

[71] GUNTER T E, GAVIN C E, ASCHNER M, et al. Speciation of manganese in cells and mitochondria: a search for the proximal cause of manganese neurotoxicity [J]. Neurotoxicol. 2006, 27(5).

[72] ERIKSON K M, DORMAN D C, LASH L H, et al. Manganese inhalation by rhesus monkeys is associated with brain regional changes in biomarkers of neurotoxicity [J]. Toxicol Sci, 2007, 97(2).

[73] FAN X, LUO Y, FAN Q, et al. Reduced expression of PARK2 in manganese-exposed smelting workers [J]. Neurotoxicology. 2017, 62.

[74] 李鹏高,蒋辉,李国军,等.氯化锰对大鼠脑线粒体复合体影响的研究[J].卫生毒理学杂志.2002,16(2).

[75] MCMILLAN D E. A brief history of the neurobehavioral toxicity of manganese[J]. Neurotoxicol, 1999, 20(2/3).

[76] 王媛丽,邱悦,侯月颖.职业性慢性轻度锰中毒诊治分析[J].中国煤炭工业医学杂志.2013,16(3).

[77] ONO K, KOMAI K, YAMADA M. Myoclonic involuntary movement associated with chronic manganese poisoning[J]. J Neurol Sci. 2002, 199(1/2).

[78] Crossgrove J, Zheng W. Manganese toxicity upon overexposure[J]. NMR Biomed. 2004, 17(8).

[79] 唐方萍,潘红波,蒙浩洋,等.对氨基水杨酸钠对锰致大鼠肾抗氧化酶和病理学改变的影响[J].毒理学杂志.2013,27(2).

[80] YOON H, KIM D S, LEE G H, et al. Protective effects of sodium para-amino salicylate on manganese-induced neuronal death: the involvement of reactive oxygen species [J]. J Pharm Pharmacol. 2009, 61(11).

[81] 白小琼,孔德义.牛磺酸研究进展[J].中国食物与营养.2011,17(5).

[82] HIGUCHI M, CELINO F T, SHIMIZUYAMAGUCHI S, et al. Taurine plays an important role in the protection of spermatogonia from oxidative stress[J]. Amino Acids. 2012, 43(6).

[83] LU C L, TANG S, MENG Z J, et al. Taurine improves the spatial learning and memory ability impaired by sub-chronic manganese exposure[J]. J Biomed Sci. 2014, 21(1).

[84] 黄世文,郭松超,陆彩玲.牛磺酸对染锰大鼠海马神经毒性的影响[J].中国职业医学.2008,35(5).

[85] 张瑞丹,檀国军,郭力,等.慢性锰中毒致神经系统受损4例临床分析[J].中国神经精神疾病杂志.2014,(11).

[86] 杨艳霞.锰中毒致小鼠运动功能障碍及相关分子机制[D].西安:第四军医大学.2009.

[87] 苗健.微量元素与相关疾病[M].郑州:河南医科大学出版社,1998.

[88] 杨克敌.微量元素与健康[M].北京:科学出版社,2003.

[89] 王跃兵,黄文丽,李蕴成,等.微量元素钡与人体健康[J].地方病通报.2009,24(1).

[90] 马志忠,赵海英,于锡山,等.钡及可溶性化合物毒性研究进展[J].职业与健康.2004,20(12).

[91] 李胜建,穆进军,王红宇,等.210 例急性钡中毒心律失常分析[J].中华心律失常学杂志.1999,3(4).

[92] 张荣勤.56 例急性碳酸钡中毒抢救体会[J].江苏临床医学杂志.2001,5(6).

[93] 耿平,陈宏吉.急性非职业性钡中毒的早期临床诊断[J].江苏临床医学杂志.2002,6(5).

[94] 杨荫华,卓鉴波,舒为群,等.氯化钡对小鼠免疫功能的影响[J].第三军医大学学报.1993,15(1).

[95] 严蓉,万伟国,黄简抒.急性钡中毒的临床进展[J].中国工业医学杂志.2015,28(5).

[96] 卓鉴波.水中钡的卫生标准的探讨[J].重庆环境科学.1993,15(2).

[97] 田仁云,麻日升,穆进军,等.急性钡中毒 657 例临床分析[J].中华劳动卫生职业病杂志.1992,10(6).

[98] 鄢来超,许国斌.4 例重症碳酸钡中毒患者的临床观察与治疗[J].临床医学.2009,29(5).

[99] 中国有色金属工业协会专家委员会组织编写.中国钽业[M].北京:冶金工业出版社,2015.

[100] 赵文通.东方钽业公司发展战略研究[D].西安:西北工业大学,2004.

[101] 刘贵才,娄燕雄.国际钽铌研究中心.钽铌译文集:国际钽铌研究的发展和趋势[M].长沙:中南大学出版社,2009.

[102] 何季麟,王向东,刘卫国.钽铌资源及中国钽铌工业的发展[J].中国材料进展.2005,24(6).

[103] 何季麟,张宗国.中国钽铌工业的现状与发展[J].中国金属通报.2006(48).

[104] 王晖,张小明,李来平,等.钽及钽合金在工业装备中的应用[J].装备制造技术.2013(8).

[105] 胡忠武,李中奎,张廷杰,等.钽及钽合金的新发展和应用[J].稀有金属与硬质合金.2003,31(3).

[106] 陈裕旭,尹效华.钽及其氧化物的生物学作用[J].预防医学情报杂志.1999,15(1).

[107] 尹效华,陈裕旭.车间空气中钽及其氧化物卫生标准制订研究[J].中国工业医学杂志.1999,12(4).

[108] MILLER A C, FUCIARELLI A F, JACKSON W E, et al. Urinary and serum mutagenicity studies with rats implanted with depleted uranium or tantalum pellets[J]. Mutagenesis.1998, 13(6).

[109] CUNHA K D D, SANTOS M, ZOUAIN F, et al. Dissolution Factors of Ta, Th, and U Oxides Present in Pyrochlore[J]. Water Air & Soil Pollution. 2010, 205(1/4).

[110] 李斌,华永新,杨光.多孔钽金属的生物学特性:近期临床应用安全但远期反应待证实[J].中国组织工程研究.2014,18(43).

[111] 梁卫东,王宏伟,王志强.不同骨组织工程支架材料

的生物安全性及性能[J].中国组织工程研究,2010,14(34).

[112] 陶涛.氧化钽薄膜材料的制备及其生物化研究[D].峨眉山：西南交通大学,2008.

[113] CLAUSEN L, KORTE N. Environmental fate of tungsten from military use[J]. Sci Total Environ. 2009, 407(8).

[114] ADAMAKIS I D, EMMANUEL P, ELEFTHERIOU E P. Tungsten Toxicity in Plants[J]. Plants. 2012, 1(2).

[115] 杨彦,莫朝晖,陈科,等.钨酸钠对脂肪细胞糖代谢的影响[J].中南大学学报：医学版,2008,33(8).

[116] CLARET M, COROMINOLA H, CANALS I, et al. Tungstate decreases weight gain and adiposity in obese rats through increased thermogenesis and lipid oxidation[J]. Endocrinology. 2005, 146(10).

[117] HANZU F, GOMIS R, COVES M J, et al. Proof-of-concept trial on the efficacy of sodium tungstate in human obesity[J]. Diabetes Obes Metab. 2010, 12(11).

[118] KrausT, SchramelP, SchallerK H, et al. Exposure assessment in the hard metal manufacturing industry with special regard to tungsten and its compounds [J]. Occup Environ Med. 2001, 58(10).

[119] LEGGETT R W. A model of the distribution and retention of tungsten in the human body[J]. Sci Total Environ. 1997, 206(2/3).

[120] QIN H, NI Y, TONG J, et al. Elevated expression of CRYAB predicts unfavorable prognosis in non-small cell lung cancer[J]. Med Oncol. 2014, 31(8).

[121] 刘赣生.钨矿接尘工人肺癌死亡的回顾性队列研究[J].工业卫生与职业病.1993,19(2).

[122] YAMAGUCHI T, MUKASA T, UCHIDA E, et al. The role of STAT 3 in granulocyte colony-stimulating factor-induced enhancement of neutrophilic differentiation of Me2SO-treated HL-60 cells. GM-CSF inhibits the nuclear translocation of tyrosine-phosphorylated STAT3[J]. J Biol Chem. 1999, 274(22).

[123] LAULICHT F, BROCATO J, CARTULARO L, et al. Tungsten-induced carcinogenesis in human bronchial epithelial cells[J]. Toxicol Appl Pharmacol. 2015, 288(1).

[124] TELLEZ-PLAZA M, TANG W Y, SHANG Y, et al. Association of global DNA methylation and global DNA hydroxymethylation with metals and other exposures in human blood DNA samples[J]. Environ Health Perspect. 2014, 122(9).

[125] VERMA R, XU X, JAISWAL M K, et al. In vitro profiling of epigenetic modifications underlying heavy metal toxicity of tungsten-alloy and its components [J]. Toxicol Appl Pharmacol. 2011, 253(3).

[126] OSTERBURG A R, ROBINSON C T, SCHWEMBERGER S, et al. Sodium tungstate (Na2WO4) exposure increases apoptosis in human peripheral blood lymphocytes[J]. J Immunotoxicol. 2010, 7(3).

[127] FRAWLEY R P, SMITH M J, WHITE K L, et al. Immunotoxic effects of sodium tungstate dihydrate on female B6C3F1/N mice when administered in drinking water[J]. J Immunotoxicol. 2016, 13(5).

[128] LOMBAERT N, LISON D, VANHUMMELEN P, et al. In vitro expression of hard metal dust (WC-Co)— responsive genes in human peripheral blood mononucleated cells[J]. Toxicol Appl Pharmacol. 2008, 227(2).

[129] LOMBAERT N, CASTRUCCI E, DECORDIERI, et al. Hard-metal (WC-Co) particles trigger a signaling cascade involving p38 MAPK, HIF-1alpha, HMOX1, and p53 activation in human PBMC[J]. Arch Toxicol. 2013, 87(2).

[130] FU Y, HABTEMARIAM A, PIZARRO A M, et al. Organometallic osmium arene complexes with potent cancer cell cytotoxicity[J]. J MedChem. 2010, 53(22).

[131] 杜安道,屈文俊,李超,等.铼-锇同位素定年方法及分析测试技术的进展[J].岩矿测试.2009,28(3).

[132] ORTEGA-FORTE E, YELLOL J, ROTHEMUND M, et al. A new C, N-cyclometalated osmium(II) arene anticancer scaffold with a handle for functionalization and antioxidative properties[J]. Chem Commun. 2018, 54(79).

[133] 徐光.铱基配合物的合成及其工艺研究[D].昆明：昆明理工大学,2015.

[134] IAVICOLI I, FONTANA L, MARINACCIO A, et al. The effects of iridium on the renal function of female Wistar rats[J]. Ecotoxicol Environ Saf. 2011, 74(7).

[135] JOLLIE D. Platinum Metals Review Highlights PGM Research[J]. Platinum Metals Rev, 2009, 53(4).

[136] BUCKLEY A, WARREN J, HODGSON A, et al. Slow lung clearance and limited translocation of four sizes of inhaled iridium nanoparticles[J]. Part Fibre Toxicol. 2017, 14(1).

[137] 王昱,夏文涛,沈彦,等.192 铱辐射致男子性功能障碍 3 例分析[J].法医学杂志.2007,23(2).

[138] IAVICOLI I, FONTANA L, MARINACCIO A, et al. Iridium alters immune balance between T helper 1 and T helper 2 responses[J]. Hum Exp Toxicol. 2010, 29(3).

[139] IAVICOLI I, CUFINO V, CORBI M, et al. Rhodium and iridium salts inhibit proliferation and

induce DNA damage in rat fibroblasts in vitro[J]. Toxicol in Vitro. 2012, 26(6).
[140] 叶海荣,吴振华,许旭光,等.后装机放射源铱-192的安全使用[J].医疗装备.2017,30(17).
[141] KREYLING W G, SEMMLER M, ERBE F, et al. Translocation of ultrafine insoluble iridium particles from lung epithelium to extrapulmonary organs is size dependent but very low[J]. J Toxicol Environ Health. 2002, 65(20).
[142] 刘艳伟,杨滨,李艳.铂族金属在现代工业中的应用[J].南方金属.2009(2).
[143] 边智虹,冉晓红,金志琳,等.铂首饰无损检测方法研究[J].资源环境与工程.2005,19(4).
[144] 张莓.世界铂族金属矿产资源及开发[J].矿产勘查.2010,1(2).
[145] SHIBUYA S, OZAWA Y, WATANABE K, et al. Palladium and platinum nanoparticles attenuate aging-like skin atrophy via antioxidant activity in mice[J]. Plos One. 2014, 9(10).
[146] 梁德忠,朱治国.氯铂酸的检验[J].刑事技术.1998(6).
[147] 彭伟,孙立志,孙宝,等.盐酸双氧水混合溶液制备氯铂酸的新工艺[J].船电技术.2017,37(6).
[148] ANIL S M, VINAYAKA A C, RAJEEV N, et al. Aqueous chloroplatinic acid: a green, chemoselective and reusable catalyst for the deprotection of acetals, ketals, dioxolanes and oxathiolanes[J]. Chemistryselect. 2018, 3(7).
[149] 曹思思,张毕奎.顺铂肝毒性机制的研究进展[J].中南药学.2016,14(6).
[150] 举晓霞,朱若华.铂族元素在环境和生物样品中的积累及毒性研究进展[J].学通报.2009,72(10).
[151] 高学鲁.环境中人为来源的铂族元素及其迁移转化研究进展[J].应用生态学报.2012,23(12).
[152] 张澍,李晓林,宋伟民.汽车尾气中含铂颗粒物对健康的影响[J].国外医学(卫生学分册).2005(4).
[153] 崔亚萌,齐新,魏丽萍,等.顺铂心脏毒性的研究进展[J].现代药物与临床.2017,32(2).
[154] 孙章萍,曲振运,李墨林.顺铂肾毒性损伤机制的研究进展[J].世界肿瘤研究.2012,2(4).
[155] 邓姗.铂类的耳毒性[J].肿瘤学杂志.2003(1).
[156] 孙铱钒,关朕,孙应彪,等.顺铂染毒大鼠睾丸定量组织学分析及睾丸酶活力的变化[J].毒理学杂志.2015,29(3).
[157] 陈贤均,赵红刚.顺铂对小鼠骨髓遗传毒性的研究[J].癌变·畸变·突变.1996,3(6).
[158] 万婷,李连宏.顺铂肾毒性机制及其防护的研究进展[J/OL].中华临床医师杂志,2013,7(14).
[159] SOKOL A M, CRUET - HENNEQUART S, PASERO P, et al. DNA polymerase eta modulates replication fork progression and DNA damage responses in platinum-treated human cells[J]. Sci Rep. 2013, 3(3277).
[160] ZHANG T, SHUANG C, FORREST W C, et al. Development and Validation of an Inductively Coupled Plasma Mass Spectrometry (ICP - MS) Method for Quantitative Analysis of Platinum in Plasma, Urine, and Tissues[J]. Appl Spectrosc. 2016, 70(9).
[161] 陈小兵,吕慧芳,陈贝贝,等.奥沙利铂神经毒性机制及防治研究进展[J].中国医药科学.2012,2(3).
[162] FRANKEN A, ELOFF F C, DU PLESSIS J, et al. In vitro permeation of platinum and rhodium through Caucasian skin[J]. Toxicol in Vitro. 2014, 28(8).
[163] 郑艺,尹继业,周宏灏,等.基因多态性与铂类药物毒性反应研究进展[J].中国临床药理学与治疗学.2014,19(9).
[164] 王勇,高斌,贺克武.金纳米粒子生物毒性的研究进展[J].中国医学影像学杂志.2016,24(6).
[165] AL Z A, HUI J Z, HIGBEE E, et al. Biodistribution, Clearance, and Toxicology of Polymeric Micelles Loaded with 0. 9 or 5 nm Gold Nanoparticles[J]. J Biomed Nanotechnol. 2015, 11(10).
[166] JONG W H D, HAGENS W I, KRYSTEK P, et al. Particle size-dependent organ distribution of gold nanoparticles after intravenous administration[J]. Biomaterials. 2008, 29(12).
[167] 廖信彪,谢云铁,张继富,等.误服金氰化钾中毒死亡1例[J].中国法医学杂志.2002,S1期.
[168] CARDOSO E, REZIN G T, ZANONI E T, et al. Acute and chronic administration of gold nanoparticles cause DNA damage in the cerebral cortex of adult rats[J]. Mutat Res. 2014.
[169] 王勇,高斌,贺克武.金纳米粒子生物毒性的研究进展[J].中国医学影像学杂志.2016,24(6).
[170] CHUEH P J, LIANG R Y, LEE Y H, et al. Differential cytotoxic effects of gold nanoparticles in different mammalian cell lines[J]. J Hazard Mater. 2014, 264(2).
[171] BALANSKY R, LONGOBARDI M, GANCHEV G, et al. Transplacental clastogenic and epigenetic effects of gold nanoparticles in mice[J]. Mutat Res. 2013, Volumes 751 - 752.
[172] DESCOTES J, EVREUX J C, LASCHI - LOCQUERIE A, et al. Comparative effects of various lead salts on delayed hypersensitivity in mice[J]. J Appl Toxicol. 2010, 4(5).
[173] 彭开良,宋明芬,刘芸,等.四氧化三铅亚急性毒性及致突变作用[J].毒理学杂志.2006,32(4).
[174] 曹燕花,李清钊,郑国颖,等.纳米硫化铅对大鼠海马及皮质氧化损伤作用的研究[J].工业卫生与职业病.2012,38(4).
[175] MAO L, QIAN Q, LI Q, et al. Lead selenide

nanoparticles-induced oxidative damage of kidney in rats[J]. Environ Toxicol Phar. 2016, 45.

[176] 李敏,钱智勇,管彤,等.不同粒径纳米硒化铅对大鼠胚胎神经干细胞的氧化损伤作用[J].环境与健康杂志.2018,35(5).

[177] LIANGX, LI X, SUN H, et al. Effects of nanocrystalline PbSe on hematopoietic system and bone marrow micronucleus rate of rats[J]. Environ Toxicol Phar. 2015, 40.

[178] TRUONG L, MOODY I S, STANKUS DP, et al. Differential stability of lead sulfide nanoparticles influences biological responses in embryonic zebrafish [J]. ArchToxicol. 2011, 85(7).

[179] SCHILD C O, GIANNITTI F, MEDEIROS R, et al. Acute lead arsenate poisoning in beef cattle in Uruguay[J]. J Vet Diagn Invest. 1995, 207 (3).

[180] FLORA G, GUPTA D, TIWARI A. Toxicity of lead: A review with recent updates[J]. Interdiscip Toxicol. 2012, 5(2).

[181] 杨瑞春,梁瑞玲,刘吉起.ICP-MS测定化妆品中硼[J].现代预防医学.2012,39(18).

[182] 郑红燕,刘克俭,汪利民等.动物尿和骨灰样中硼测定方法的研究[J].中国劳动卫生职业病杂志,2004,22(6).

[183] 张晓敏,高永清,叶蔚云,等.广州大学生膳食中硼摄入量评估[J].中国学校卫生.2013,34(12).

[184] 杨瑞春,王谢,卢素格,等.河南省7类食品中硼含量的本底值调查研究[J].中国卫生检验杂志.2013,23(2).

[185] 刘平,胡伟,许军,等.硼暴露对男性精液质量的影响[J].中国环境科学.2006,26(1).

[186] 邢小茹,吴国平,魏复盛,等.硼工业地区人群硼的日饮食摄入量[J].环境与健康杂志.2007,24(3).

[187] 杨光,仲来福.硼及其化合物危险度评定的研究进展[J].卫生毒理学杂志.2004,18(4).

[188] 许军,魏复盛,吴国平.硼作业场所环境污染对男工体液元素含量的影响[J].中国环境科学.2008,4.

[189] 刘平,王春利,胡俊峰,等.硼作业工人配偶妊娠结局的初步研究[J].中国公共卫生.2005,21(5).

[190] 邢小茹,吴国平,胡伟,等.人体对空气颗粒物中硼吸收率的初步分析[J].安全与环境学报.2007,7(6).

[191] 王克波,赵金山,褚遵华,等.山东省黄海海域海水产品中硼本底含量调查及居民摄入量评估[J].现代预防医学.2017,44(10).

[192] 赵雅芬,王梅,叶蔚云,等.石墨炉原子吸收分光光度法测定尿液中硼[J].中国卫生检验杂志.2013,23(5).

[193] 陈莉莉,陈江,章荣华.食品中硼本底值调查研究进展[J].浙江预防医学.2016,28(4).

[194] 李凯文,邹志辉,叶蔚云,等.食品中硼含量测定与居民硼摄入量评估[J].中国公共卫生.2014,30(11).

[195] 李升和,王钰,周金星,等.饮水硼对大鼠肾上腺组织结构的影响[J].卫生研究.2012,41(5).

[196] 冯保明,李想,李升和,等.饮水硼对大鼠血液成分的影响[J].卫生研究.2009,38(4).

[197] 李升和,彭克美,李想,等.饮水添加不同水平硼对大鼠血细胞的影响[J].营养学报.2009,31(1).

[198] 宋筱瑜,李凤琴,刘兆平,等.中国12省市部分食品中硼本底含量调查及居民摄入量初估[J].卫生研究.2011,40(4).

[199] 何苗.大黄硫黄凝胶剂的药学研究[D].镇江:江苏大学,2008.

[200] 王仪,陈福良,郑斐能,等.多硫化钡制剂分析方法研究[J].农药科学与管理.1996(3).

[201] 张海峰.危险化学品安全技术全书[M].北京:化学工业出版社,2007.

[202] 周宜开.环境流行病学基础与实践[M].北京:人民卫生出版社,2012.

[203] ZHANG A H. Arsenic and Health[M]. Beijing: Science Press, 2008.

[204] KARAGAS M R, GOSSAI A, PIERCE B, et al. Water Arsenic Contamination, Skin Lesions, and Malignancies: A Systematic Review of the Global Evidence[J]. Curr Environ Health Rep. 2015, 2(1).

[205] PINTO B, GOYAL P, FLORA S J, et al. Chronic Arsenic Poisoning Following Ayurvedic Medication [J]. J Med Toxicol. 2014, 10(4).

[206] 朱筑霞,吴泽江,刘鲜林,等.砷对大鼠脑细胞能量代谢及超微结构损伤作用[J].中国公共卫生.2009,25(7).

[207] 赵源,吴文斌,汤家铭.雄黄致体内外染色体畸变.中国实验方剂学杂志.2012,18(14).

[208] 陈黎媛,张爱华,于春,等.砷暴露致人8-羟基鸟嘌呤DNA糖苷酶1基因甲基化及DNA氧化损伤[J].中国药理学与毒理学杂志.2014,28(2).

[209] 翟城,李社红,邓国栋,等.DMPS对砷中毒患者尿砷排泄量及其种类影响的研究[J].中国医科大学学报.2012,41(8).

[210] 王淑梅,王治伦,张艺蓓.砷对动物和人的生殖毒性及其研究进展[J].中华地方病学杂志.2013,32(3).

[211] 张宛筑,肖婷婷.ICP-OES、HG-ICP-OES、DDC-Ag测定尿总砷含量的方法比较[J].贵州医药.2009,33(4).

[212] 张翠萍,刘喜房.职业性砷中毒的处置与预防[J].劳动保护.2014(11).

[213] 钟源霞,孙文长.砷暴露对肝脏、肾脏氧化损害的研究进展[J].大连医科大学学报.2013(1).

[214] 刘佳,俞红,吴克枫,等.亚急性和亚慢性染砷小鼠的免疫毒性试验研究[J].中国地方病学杂志.2005,24(2).

[215] 丁春光,潘亚娟,张爱华,等.中国八省份一般人群血和尿液中砷水平及影响因素调查[J].中华预防医学

杂志.2014(2).
[216] 曹立,郭小娟.慢性砷暴露与砷毒性的研究新进展[J].医学综述.2014,20(17).
[217] 陈保卫,那仁满都拉,吕美玲,等.砷的代谢机制、毒性和生物监测[J].化学进展.2009(2).
[218] 卿艳,张立实.硒毒性研究进展[J].预防医学情报杂志.2012,28(3).
[219] 张伟,顾秋萍,殳家豪.硒毒性及其卫生标准研究进展[J].劳动医学.1993,10(2).
[220] 吴德才.硒的毒理学[J].职业医学.1984(2).
[221] 戴建云.微量元素硒与职业病研究进展[J].中国工业医学杂志.1997,10(6).
[222] 牟维鹏.不同化学形式硒的毒性作用机制[J].国外医学(卫生学分册).2001,28(4).
[223] 王瑞侠,陆蓉,陆光汉.碲的分析方法研究进展[J].冶金分析.2012,32(8).
[224] 姜含璐,代涛.中国未来碲供需形势分析与对策建议[J].中国矿业.2016,25(10).
[225] 邢翔,郭建秋.碲的应用及其资源分布[J].矿产保护与利用.2009(3).
[226] 黄志刚,王艳斌.碲的生物学作用[J].国外医学(卫生学分册).1996,23(1).
[227] 胡莉萍.亚碲酸钠的脂质过氧化作用及其肝、肾毒性[D].武汉:华中科技大学同济医学院,2001.
[228] 胡莉萍,吕京,彭开良,等.碲及其化合物的毒性研究进展[J].卫生毒理学杂志.2002,16(2).
[229] Dosdall, L. M. , L. R. Goodwin, R. J. Casey, and L. Noton. The Effect of Ambient Concentrations of Chlorate on Survival of Freshwater Aquatic Invertebrates [J]. Water Qual. Res. J. Can. 1997, 32(4).
[230] 何立斌,孙伟清,肖唐付.铊的分布、存在形式与环境危害[J].矿物学报.2005,25(3).
[231] 朱延河,牛小麟.铊的生态健康效应及其对人体危害[J].国外医学医学地理分册.2008,29(1).
[232] 周清平,胡劲,姚顺忠.铊的应用以及对人体的危害[J].南方金属.2009(3).
[233] 陈世铭.铊中毒的诊断与救治[M].北京:人民军医出版社,1996.
[234] 王国清主编.无机化学[M].北京:中国医药科技出版社,2008:08.
[235] 张丹.直接合成法一氯化硫生产技术探讨[J].化工中间体.2008,4(9).
[236] 周公度.化学辞典[M].北京:化学工业出版社,2004.
[237] 苏长流.溴素储存设施的安全技术规范研究[J].安全.2013(08).
[238] Laverock, M. J. , M. Stephenson, and C. R. MacDonald. Toxicity of Iodine, Iodide, and Iodate to Daphnia magna and Rainbow Trout [J]. Arch Environ ContamToxicol. 1995, 29(3).
[239] 任引津,张寿林,倪为民等. 实用急性中毒全书[M]. 北京:人民卫生出版社,2003:158 - 159.
[240] U.S. EPA. Acute Exposure Guideline Levels (AEGLs) - Results for Allylamine. [DB/OL]. http://www. epa. gov/oppt/aegl/pubs/chemlist.htm, 2018 - 01 - 12.
[241] W.M. Grant, J. S. Schuman: Toxicology of the eyes [M]. Charles C Thomas Publisher, Springfield, Illinois: 1993.
[242] IARC. Monographs on the Evaluation of the Carcinogenic Risk of Chemicals to Humans. Lyon: World Health Organization, International Agency for Research on Cancer, 2018 - PRESENT. [DB/OL] https://monographs.iarc.fr/list-of-classifications. 2018.
[243] American Conference of Governmental Industrial Hygienists. Documentation of Threshold Limit Values for Chemical Substances and Physical Agents and Biological Exposure Indices for 2001. Cincinnati, OH. 2001. p. 3 - 5.
[244] IPCSINCHEN, CEC; International Chemical Safety Card on Tetranitromethane. (2004. 4). [DB/OL]. http://www. inchem. org/documents/icsc/icsc/eics1468.htm, 2006 - 10 - 10.
[245] Bingham, E. ; Cohrssen, B. ; Powell, C. H. ; Patty's Toxicology[M]. John Wiley & Sons. New York, N. Y: 2001.
[246] National Archives and Records Administration's Electronic Code of Federal Regulations. [DB/OL]. http://www.ecfr.gov/.
[247] 孙昌俊,王秀菊,孙风云主编.有机化合物合成手册[M].北京:化学工业出版社,2008,11.
[248] World Health Organization/International Programme on Chemical Safety. Environmental Health Criteria 188. Nitrogen oxides. pp. 1 - 18, 270 - 276, 331 [DB/OL]. 1997.
[249] Pathmanathan S et al; Repeated daily exposure to 2 ppm nitrogen dioxide upregulates the expression of IL - 5, IL - 10, IL - 13, and ICAM - 1 in the bronchial epithelium of healthy human airways[J]. Occup Environ Med. 2003, 60 (11).
[250] European Commission, ESIS; IUCLID Dataset, Dinitrogentetraoxide (CAS # 10544 - 72 - 6) [M/CD]. 2000, p. 15.
[251] Lewis, R. J. Sr. (ed) Sax's Dangerous Properties of Industrial Materials, 11th Edition [M]. Wiley-Interscience, Wiley & Sons, Inc. Hoboken, NJ. 2004. , p. 3037
[252] IPCS INCHEN. Poisons Information Monograph. PIMG016: Nitrates and nitrites. [DB/OL] http://www.inchem.org/documents/pims/chemical/pimg016.htm, 1996.
[253] Lewis, R. J. Sr. (ed) Sax's Dangerous Properties of

Industrial Materials, 11th Edition [M]. Wiley-Interscience, Wiley& Sons, Inc. Hoboken, NJ. 2004, p. 708.
[254] Abolhassani M et al; Am J Physiol Lung Cell MolPhysiol 296 (4): L657 - 65 (2009).
[255] IPCS INCHEN. IPCS; Poisons Information Monograph. PIM419. Phosgene.[DB/OL]. http://www.inchem.org/documents/pims/chemical/pim419. htm, 1997.
[256] European Chemicals Bureau; IUCLID Dataset, Phosgene (75 - 55 - 5)[M/CD]. 2000.
[257] European Chemicals Bureau; IUCLID Dataset, Propane (74 - 98 - 6)[M/CD]. 2000.
[258] O'Neil, M. J. (ed.). The Merck Index-An Encyclopedia of Chemicals, Drugs, and Biologicals [J]. Cambridge, UK: Royal Society of Chemistry. 2013: 861.
[259] American Conference of Governmental Industrial Hygienists TLVs and BEIs. Threshold Limit Values for Chemical Substances and Physical Agents and Biological Exposure Indices. Cincinnati, OH, 2008: 29.
[260] European Chemicals Bureau; IUCLID Dataset, Ethylene (74 - 85 - 1)[M/CD]. 2000.[DB/OL]: http://esis.jrc.ec.europa.eu/, 2005 - 07 - 13.
[261] 孔凡玲、周景洋、赵敬等.1, 3-丁二烯生物接触限值研究.中国职业医学,2017,44(6).
[262] Himmelstein M W, Acquavella J F, Recio L, et al. Toxicology and epidemiology of 1, 3-butadiene[J]. Crit Rev Toxicol. 1997, 27(1).
[263] Mcdonald J D, ZielinskaB. Fujita E M, et al. Fine particle and gaseous emission rates from residential wood[J]. Environ SciTechnol. 2000, 34(11).
[264] 熊巍、侯宏卫、唐纲岭等.1, 3-丁二烯接触生物标记物研究进展[J].中国烟草学报.2010,05.
[265] DHHS/National Toxicology Program; Report on Carcinogens, Thirteenth Edition: 1, 3 - Butadiene (106 - 99 - 0)[DB/OL]. http://ntp.niehs.nih.gov/go/roc13, 2014.
[266] Toxicology & Carcinogenesis Studies of Chloroprene in F344/N Rats and B6C3F1 Mice (Inhalation Studies) p. 7 Technical Report Series No. 467[EB/OL]. NIH Publication No. 98 - 3957. 1998.
[267] U.S. Dept Health & Human Services/Agency for Toxic Substances & Disease Registry; Toxicological Profile for 1, 2 - Dichloroethene (CAS#: 540 - 59 - 0 (mixture); 156 - 59 - 2 (cis); 156 - 60 - 5 (trans)); p. 60[DB/OL]. http://www.atsdr.cdc.gov/toxprofiles/index.asp, 1996.
[268] 任斐,金红梅,王茹婷,等.三氯乙烯的致癌性[J].环境与职业医学.2018,35(1).
[269] 李云霞,戴宇飞.三氯乙烯的免疫毒性[J].环境与职业医学.2018,35(1).
[270] 金红梅,任斐,乐聪,等.三氯乙烯的心脏发育毒性[J].环境与职业医学.2018,35(1).
[271] 胡训军,肖萍,王文静等.三氯乙烯生物标志物的研究进展[J].环境与职业医学.2006,23(1).
[272] 黄培武,李绚,刘威等.三氯乙烯非致癌性毒性研究进展[J].中华预防医学杂志.2015,49(9).环境保护部.国家污染物环境健康风险名录——化学第一分册[M].北京:中国环境科学出版社,2009.
[273] 闪淳昌主编.职业卫生与安全百科全书(第四卷).4版[M].北京:中国劳动社会保障出版社,2000.
[274] Haz - Map, U.S. National Library of Medicine[DB/OL]. https://hazmap.nlm.nih.gov/category-details?table=copytblagents&id=15317, 2018 - 10.
[275] ChenIDplus, TOXNET. U. S. National Library of Medicine [DB/OL]. https://chem. nlm. nih. gov/chemidplus/rn/17125 - 80 - 3.
[276] Haz-Map, U.S. National Library of Medicine[DB/OL]. https://hazmap.nlm.nih.gov/category-details?id=20273&table=copytblagents, 2018 - 10.
[277] ChenIDplus, TOXNET. U. S. National Library of Medicine [DB/OL] https://chem. nlm. nih. gov/chemidplus/rn/16871 - 71 - 9.
[278] Haz-Map, U.S. National Library of Medicine[DB/OL]. https://hazmap. nlm. nih. gov/category-details?id=513&table=copytblagents, 2018 - 10.
[279] ChenIDplus, TOXNET. U. S. National Library of Medicine[DB/OL]. https://chem. nlm. nih. gov/chemidplus/rn/startswith/10026 - 03.
[280] CAMEO Chemicals. National Advisory Committee for Acute Exposure Guideline Levels for Hazardous Substances (NAC/AEGL Committee); Acute Exposure Guideline Levels (AEGLs) for Thionyl Chloride (Interim) (CAS 7719 - 09 - 7)[DB/OL]. https://cameochemicals.noaa.gov/chemical/1600, 2008.
[281] Haz-Map, U.S. National Library of Medicine[DB/OL]. https://hazmap. nlm. nih. gov/category-details?id=655&table=copytblagents, 2018. 10.
[282] Haz-Map, U.S. National Library of Medicine[DB/OL]. https://hazmap. nlm. nih. gov/category-details?table=copytblagents&id=3898, 2018. 10.
[283] Haz-Map, U.S. National Library of Medicine[DB/OL]. https://hazmap. nlm. nih. gov/category-details?table=copytblagents&id=4507, 2018. 10.
[284] GESTIS Substance database. Institute for Occupational Safety and Health of the German Social Accident Insurance. Ethylcyclohexane [DB/OL]. http://gestis-en. itrust. de/nxt/gateway. dll/gestis _ en/000000. xml?f=templates $ fn=default. htm $ vid=gestiseng: sdbeng $ 3.0.2018 - 11 - 13.
[285] GESTIS Substance database. Institute for Occupational Safety and Health of the German Social Accident

Insurance. N, N-Dimethylcyclohexylamine [DB/OL]. http://gestis-en.itrust.de/nxt/gateway.dll/gestis_en/000000.xml?f=templates$fn=default.htm$vid=gestiseng:sdbeng$3.0, 2018-11-07.

[286] GESTIS Substance database. Institute for Occupational Safety and Health of the German Social Accident Insurance. 1, 4-Dimethylcyclohexane [DB/OL]. http://gestis-en.itrust.de/nxt/gateway.dll/gestis_en/000000.xml?f=templates$fn=default.htm$vid=gestiseng:sdbeng$3.0, 2018-11-07.

[287] GESTIS Substance database. Institute for Occupational Safety and Health of the German Social Accident Insurance. 4-Vinylcyclohexene [DB/OL]. http://gestis-en.itrust.de/nxt/gateway.dll/gestis_en/000000.xml?f=templates$fn=default.htm$vid=gestiseng:sdbeng$3.0, 2018-11-08.

[288] TOXNET. TOXICOLOGY DATANETWORK [DB/OL]. TOXNET. 4-Vinyl-1-Cyclohexene. https://toxnet.nlm.nih.gov/cgi-bin/sis/search2/f?./temp/~UBNVxn:1, 2018-11-08.

[289] TOXNET. TOXICOLOGY DATA NETWORK.[DB/OL] TOXNET. Decahydronaphthalene. https://toxnet.nlm.nih.gov/cgi-bin/sis/search2/f?./temp/~F3w40e:1, 2018-11-19.

[290] GESTIS Substance database. Institute for Occupational Safety and Health of the German Social Accident Insurance. 1-Methylnaphthalene[DB/OL]. http://gestis-en.itrust.de/nxt/gateway.dll/gestis_en/000000.xml?f=templates$fn=default.htm$vid=gestiseng:sdbeng$3.0, 2018-11-20.

[291] GESTIS Substance database. Institute for Occupational Safety and Health of the German Social Accident Insurance. 1, 3-Cyclopentadiene[DB/OL]. http://gestis-en.itrust.de/nxt/gateway.dll/gestis_en/000000.xml?f=templates$fn=default.htm$vid=gestiseng:sdbeng$3.0, 2018-11-14.

[292] GESTIS Substance database. Institute for Occupational Safety and Health of the German Social Accident Insurance. 3a, 4, 7, 7a-Tetrahydro-4, 7-methanoindene [DB/OL]. http://gestis-en.itrust.de/nxt/gateway.dll/gestis_en/000000.xml?f=templates$fn=default.htm$vid=gestiseng:sdbeng$3.0, 2018-11-15.

[293] GESTIS Substance database. Institute for Occupational Safety and Health of the German Social Accident Epoxycyclohexane[DB/OL]. http://gestisen.itrust.de/nxt/gateway.dll/gestis_en/000000.xml?f=templates$fn=default.htm$vid=gestiseng:sdbeng$3.02018-11-17.

[294] 宋世震，刘黎文，陈醒觉，等.职业性苯暴露反-反式粘糠酸生物接触限量研究[J].中国工业医学杂志. 2005,18(6).

[295] PACIE, PIGINID, CIALDELLAAM, etal. Determinationof freeandtotal S-phenylmercapturicacidbyHPLC/MS/MSinthebiological monitoring of benzene exposure [J]. Biomarkers, 2007, 12(2).

[296] VerdinaA, GalatiR, FalascaG, etal. Metabolicpoly morphisms and urinary biomarkers insubjects with low benzene exposure[J]. JToxicol EnvironHealthA. 2001, 64.

[297] Fustinoni S, Consonni D, CampoL, etal. Monitoringlowbenzeneexposure : comparativeevaluationof urinarybiomarkers, influence of cigarette smoking, and genetic poly morphisms[J]. Cancer Epidemiol BiomarkersPrev. 2005, 14.

[298] Qu Q, Shore R, Li G, etal. Biomarkers of benzene: urinary metabolitesi nrelationtoindividualgenotype-andpersonalexposure[J]. Chem Biol Interact. 2005, 153-154.

[299] ZhongwenXie, YangbinZhang, AntonB, Guliaev. Thep-benzoquinoneDNAadductsderivedfrombenzene-arehighlymutagenic[J]. DNA Repair. 2005, 4.

[300] CoonellKY, RothmanN, SmithMT, etal. Hemoglobinandalbuminadductsofbenzeneoxideamongworkers-exposedtohighlevel obenzene [J]. Carcinogenesis. 1998, 19.

[301] 陈胜，徐耘，肖成峰，等.苯作业工人血浆热应激蛋白水平研究[J].中国工业医学杂志.1999,12(5).

[302] 陈艳，李桂兰，尹松年.苯致血液毒性遗传易感性与外源化合物代谢酶基因多态性[J].卫生研究.2002,31(2).

[303] 成兴群，徐爱国，徐华，朱宝立.苯暴露工人尿中8-OHdG、tt-MA和S-PMA含量的测定[J].职业与健康.2014,30(24).

[304] 刘力，冯坚持，张桥，等.苯、甲苯、二甲苯暴露人群遗传毒性生物标志物的研究[J].中华劳动卫生职业病杂志.1996,14(1).

[305] 刘仁平，刘华良，周建华，等.高效液相色谱三重串联四级杆质谱法同时测定尿中8-羟基脱氧鸟苷、反-反式粘糠酸和苯巯基尿酸[J].工业卫生与职业病.2013,39(5).

[306] 韦拔雄，麦剑平，陈月华，等.苯接触与淋巴细胞DNA损伤[J].中国工业医学杂志.2005,18(5).

[307] 刑彩虹，纪之莹，李桂兰，等.苯作业工人外周血细胞DNA损伤检测[J].卫生研究.2005,34(1).

[308] 周莉芳.苯作业工人染色体损伤与细胞周期调控基因多态性关系[D].上海：复旦大学，2012.

[309] 纪之莹，李桂兰，李凌凛，等.苯接触工人外周血淋巴细胞染色体畸变分析[J].卫生研究.2004,33(3).

[310] Ayla, Celik, EtemAkbas. Evaluationofsisterchromatidexchange and chromosomal aberration frequencies in peripheral blood lymphocytes of gasoline station

attendants [J]. Ecotoxicology and Environmental Safety. 2005, 60.
[311] 吕玲,林国为,邹和建.苯中毒骨髓损伤的特征[J].中国工业医学杂志.2007,20(1).
[312] 陈跃琼.37 例慢性苯中毒患者骨髓象分析[J].现代预防医学.2005,32(2).
[313] 赖关朝,谢国强,李森华,等.外周血细胞形态学观察在苯接触工人健康监护和苯中毒诊断的意义[J].中国职业医学.2000,27(3).
[314] 张强,林立,曾晓立,等.苯作业工人白细胞形态与吞噬发光功能的改变及其意义.工业卫生与职业病.2001,27(2).
[315] 邓立华.苯接触和慢性苯中毒患者外周血淋巴细胞亚群及 T 细胞水平变化研究[J].吉林医学.2011,32(9).
[316] 谢志明,韩静,宋桂敏,等.血液透析联合血液灌流治疗急性苯中毒 3 例报告[J].中国医师进修杂志.2006,29(10).
[317] 张明森.精细有机化工中间体全书[M].化学工业出版社,2008.
[318] 国家安全生产监督管理总局化学品登记中心.危险化学品安全技术全书[M].化学工业出版社,2008.
[319] 王心如.毒理学基础[J].2012.
[320] 马沛生,夏淑倩.危险化学品数据库[J].数字石油和化工.2008(5).
[321] 环境保护部,丁文军,许群.国家污染物环境健康风险名录:化学第一分册[M].中国环境科学出版社,2009.
[322] 侯宏卫,张小涛,熊巍,等.苯并[a]芘生物标志物 3-羟基苯并[a]芘研究进展[J].科技导报.2012,30(32).
[323] 侯宏卫,张小涛,熊巍,等.苯并[a]芘生物标志物 3-羟基苯并[a]芘研究进展[J].科技导报.2012,30(32).
[324] van Delft J H, Steenwinkel M S, van Asten J G, et al. Biological monitoring the exposure to polycyclic aromatic hydrocarbons of coke oven workers in relation to smoking and genetic polymorphisms for GSTM1 and GSTT1 [J]. Annals of Occupational Hygiene. 2001, 45(5).
[325] Fan R, Dong Y, Zhang W, et al. Fast simultaneous determination of urinary 1-hydroxypyrene and 3-hydroxybenzo[a]pyrene by liquid chromatography-tandem mass spectrometry [J]. Journal of Chromatography B. 2006, 836(1-2).
[326] 牛红云,蔡亚岐,魏复盛,等.多环芳烃暴露的生物标志物——尿中羟基多环芳烃[J].化学进展.2006,18(10).
[327] Lafontaine M, Champmartin C, Simon P, et al. 3-Hydroxybenzo[a]pyrene in the urine of smokers and non-smokers[J]. Toxicology Letters. 2006, 162(3).
[328] Campo L, Rossella F, Fustinoni S. Development of a gas chromatography/mass spectrometry method to quantify several urinary monohydroxy metabolites of polycyclic aromatic hydrocarbons in occupationally exposed subjects.[J]. Journal of Chromatography B Analytical Technologies in the Biomedical & Life Sciences. 2008, 875(2).
[329] 李捍东,王建涛,周志祥.苯系化学品理化毒理信息手册[M].中国环境出版社,2015.
[330] Wang Y, Zhang W, Dong Y, et al. Quantification of several monohydroxylated metabolites of polycyclic aromatic hydrocarbons in urine by high-performance liquid chromatography with fluorescence detection. [J]. Analytical & Bioanalytical Chemistry. 2005, 383(5).
[331] 张丹,颜崇淮.多环芳烃化合物生物监测的研究进展[J].环境卫生学杂志.2008,35(1).
[332] 程元恺,杨宪桂.环境致癌物:多环芳烃研究[M].中国科学技术出版社,1990.
[333] 聂继盛,刘慧君,张勤丽,等.苯并(a)芘对神经元的细胞活性和脂质过氧化的影响[J].山西医科大学学报.2007,38(12).
[334] 段小丽,魏复盛,张军锋,等.多环芳烃暴露评价的生物标志物研究[J].工业卫生与职业病.2008,34(3).
[335] 段小丽,魏复盛,Junfeng(Jim)Zhang,等.多环芳烃暴露评价的生物标志物研究[C]//2005"环境污染与健康"国际研讨会.2005.
[336] 侯宏卫,张小涛,熊巍,等.苯并[a]芘生物标志物 3-羟基苯并[a]芘研究进展[J].科技导报.2012,30(32).
[337] 刘宇红,于晓英,韩宁.苯并[a]芘(BaP)的毒性作用与致毒机理研究现状[J].内蒙古农业大学学报(自然科学版).2008,29(1).
[338] Shertzer H G. Benzo [a] pyrene-induced toxicity: paradoxical protection in Cyp1a1(-/-) knockout mice having increased hepatic BaP-DNA adduct levels. [J]. Biochemical & Biophysical Research Communications. 2001, 289(5).
[339] James M O, Kleinow K M, Zhang Y, et al. Increased toxicity of benzo(a)pyrene-7, 8-dihydrodiol in the presence of polychlorobiphenylols [J]. Marine Environmental Research. 2004, 58(2-5).
[340] 马沛生,夏淑倩.危险化学品数据库[J].数字石油和化工.2008.
[341] 宋栩冰,许承威.薄层色谱法测定聚苯乙烯的溶解度参数[J].高等学校化学学报.1982,3(2).
[342] 王涛,王继龙,林宏.乙苯脱氢催化剂制备方法的改进[J].甘肃科技.2007,23(1).
[343] 尤景红.苯乙烯生产技术对比[J].沈阳工程学院学报(自然科学版).2010,6(2).
[344] 叶美君.苯乙烯中微量对苯二酚的测定[J].热固性树脂.1996(1).
[345] 房迪,应宛,何旭昭.利用 MSDS 加强高校化学类实验室安全管理的探讨[J].中国科教创新导刊.2012(34).

[346] 张迎丽，谢正苗.苯乙烯的环境生物地球化学过程与人体健康[C]//中国环境科学学会2012学术年会.2012.

[347] 沈波，沈惠麒，程怀民，等.职业接触苯乙烯的生物限值研究[J].海峡预防医学杂志.2002,8(4).

[348] 沈波，陈锦，程怀民，等.苯乙烯对青年男性工人遗传毒性的研究[J].海峡预防医学杂志.2001,7(3).

[349] Symanski E, Bergamaschi E, Mutti A. Inter-and intra-individual sources of variation in levels of urinary styrene metabolites [J]. International Archives of Occupational & Environmental Health. 2001, 74(5).

[350] 任伟，周爱华，曹正国，等.一种乙烯基甲苯的生产方法：CN,CN 102503762 A[P].2012.

[351] 化学工业出版社.《化学化工大辞典》[J].山东化工.2004(2).

[352]《化学化工大辞典》编委会，化学工业出版社辞书部.化学化工大辞典.上，A — L[M].化学工业出版社，2003.

[353] 冯本秀，朱斌，张兴，等.国外常用化学品数据库信息介绍及应用[J].职业卫生与应急救援.2014,32(2).

[354] 刘全志.对异丙基甲苯的制备[J].中国现代应用药学.1996(5).

[355] 李佶辉，哈成勇.对异丙基甲苯的合成研究进展[J].化学通报.2004,67(1).

[356] 侯俊，孙栩.混苯作业人员脂质过氧化水平与抗氧化酶活性的研究[J].安徽医科大学学报.2000,17(3).

[357] 翟金霞，侯俊，胡刚.低浓度混苯对作业人员血压的影响[J].环境与职业医学.2001,18(4).

[358] 张文昌，夏昭林.职业卫生与职业医学[M].科学出版社，2008.

[359] 李玲，王文东，栗学军，等.低浓度苯和甲苯及二甲苯对作业人员健康及血清中超氧化物歧化酶的影响[J].工业卫生与职业病.2003,29(4).

[360] Kerchich Y, Kerbachi R. Measurement of BTEX (benzene, toluene, ethybenzene, and xylene) levels at urban and semirural areas of Algiers City using passive air samplers[J]. Journal of the Air & Waste Management Association. 2012, 62(12).

[361] 谢绍东，于淼，姜明.有机气溶胶的来源与形成研究现状[J].环境科学学报.2006,26(12).

[362] Pan Z Y, Hu Z W, Lin C M. Depolymerization of polystyrene in supercritical xylene[J]. Journal of Chemical Engineering of Chinese Universities. 2002, 16(2).

[363] 刘力，冯坚持，张桥，等.苯、甲苯、二甲苯暴露人群遗传毒性生物标志物的研究[J].中华劳动卫生职业病杂志.1996(1).

[364] 张耘.低浓度混苯职业接触人群健康损伤效应生物标志物的研究[D].苏州大学，2006.

[365] 刘婕.尿中甲基马尿酸的标准检测方法研制及应用[D].武汉科技大学，2012.

[366] 杨克敌.环境卫生学学习指导[M].人民卫生出版社，2004.

[367] 王箴.化工词典[M].化学工业出版社，2000.

[368] 李捍东，王建涛，周志祥.苯系化学品理化毒理信息手册[M].中国环境出版社，2015.

[369] 姚虎卿，万辉，王磊.化工辞典[M].化学工业出版社，2014.

[370] Berenguer P, Soulage C, Fautrel A, et al. Behavioral and neurochemical effects induced by subchronic combined exposure to toluene at 40 ppm and noise at 80 dB-A in rats[J]. Physiology & Behavior. 2004, 81(3).

[371] Stengård K, Tham R, O'Connor W T, et al. Acute toluene exposure increases extracellular GABA in the cerebellum of rat: a microdialysis study.[J]. Pharmacology & Toxicology. 1993, 73(6).

[372] 穆进军，扬勇，等.急性甲苯、二甲苯中毒86例临床分析[J].中国工业医学杂志.1999(3).

[373] Pilger A, Rüdiger H W. 8-Hydroxy-2'-deoxyguanosine as a marker of oxidative DNA damage related to occupational and environmental exposures.[J]. International Archives of Occupational & Environmental Health.. 2006, 80(1).

[374] Deutsche Forschungsgemeinschaft (DFG). List of MAK and BAT Values 2014[M]. Germany, Wiley-VCH Verlag GmbH & Co. KGaA, 2014

[375] Inoue O, Kanno E K, Ukai H, et al. Benzylmercapturic acid is superior to hippuric acid and o-cresol as a urinary marker of occupational exposure to toluene.[J]. Toxicology Letters. 2004, 147(2).

[376] Sabatini L, Barbieri A, Indiveri P, et al. Validation of an HPLC-MS/MS method for the simultaneous determination of phenylmercapturic acid, benzylmercapturic acid and o-methylbenzyl mercapturic acid in urine as biomarkers of exposure to benzene, toluene and xylenes[J]. Journal of Chromatography B Analytical Technologies in the Biomedical & Life Sciences. 2008, 863(1).

[377] Gonzálezyebra A L, Kornhauser C, Barbosasabanero G, et al. Exposure to organic solvents and cytogenetic damage in exfoliated cells of the buccal mucosa from shoe workers.[J]. International Archives of Occupational & Environmental Health.. 2009, 82(3).

[378] Ikeda M, Ukai H, Kawai T, et al. Erratum to "Changes in correlation coefficients of exposure markers as a function of intensity of occupational exposure to toluene"[J]. Toxicology Letters. 2008, 179(3).

[379] Inoue O, Kawai T, Ukai H, et al. Limited validity

of o-cresol and benzylmercapturic acid in urine as biomarkers of occupational exposure to toluene at low levels.[J]. Industrial Health. 2008, 46(4).

[380] Kawai T, Ukai H, Inoue O, et al. Evaluation of biomarkers of occupational exposure to toluene at low levels[J]. International Archives of Occupational & Environmental Health.. 2008, 81(3).

[381] 徐蓉.小鼠甲苯急性毒性实验研究[D].安徽医科大学,2006.

[382] OMS. Air quality guidelines for Europe[J]. Environmental Science & Pollution Research International. 2008, 71(1).

[383] 陈红霞,梅勇.职业接触甲苯的生物监测指标研究进展[J].中华劳动卫生职业病杂志.2010,28(8).

[384] 姜伟奇.粗蒽溶析萃取结晶制备精蒽的研究[D].武汉科技大学,2013.

[385] 岳强,范瑞芳,于志强,等.我国南方某幼儿园儿童萘内暴露水平研究[J].环境与健康杂志.2010,27(7).

[386] 柴静雯,陈玉浩.职业性慢性萘暴露对人体危害的研究[J].职业与健康.2000(4).

[387] Miller R L, Garfinkel R, Horton M, et al. Polycyclic aromatic hydrocarbons, environmental tobacco smoke, and respiratory symptoms in an inner-city birth cohort.[J]. Chest. 2004, 126(4).

[388] Ramesh A, Walker S A, Hood D B, et al. Bioavailability and risk assessment of orally ingested polycyclic aromatic hydrocarbons[J]. International Journal of Toxicology. 2004, 23(5).

[389] Li, Z, Sandau, CDRomanoff, LC, Caudill, SP, et al. Concentration and profile of 22 urinary polycyclic aromatic hydrocarbon metabolites in the US population [J]. Environmental Research. 2008, 107(3).

[390] 岳强,王德超,于志强,等.人尿液中 10 种羟基多环芳烃同时检测[J].中国公共卫生.2009,25(4).

[391] Ding Y S, Yan X J, Jain R B, et al. Determination of 14 polycyclic aromatic hydrocarbons in mainstream smoke from U. S. brand and non-U. S. brand cigarettes[J]. Environmental Science & Technology. 2006, 40(4).

[392] Wilhelm M, Schulz C, Schwenk M. Revised and new reference values for arsenic, cadmium, lead, and mercury in blood or urine of children: basis for validation of human biomonitoring data in environmental medicine.[J]. International Journal of Hygiene & Environmental Health. 2006, 209(3).

[393] 冷曙光,郑玉新,宋文佳,等.尿中萘及其代谢产物作为焦炉工生物监测指标的研究[J].工业卫生与职业病.2003,29(5).

[394] 程文伟,孔祥玲,李金龙.萘中毒的监测与诊治[J].中华劳动卫生职业病杂志.2016,34(5).

[395] Preuss R, Angerer J, Drexler H. Naphthalene — an environmental and occupational toxicant. [J]. International Archives of Occupational & Environmental Health. 2003, 76(8).

[396] Kapoor R, Suresh P, Barki S, et al. Acute Intravascular Hemolysis and Methemoglobinemia Following Naphthalene Ball Poisoning[J]. Indian Journal of Hematology & Blood Transfusion. 2014, 30(1).

[397] Kundra T S, Bhutatani V, Gupta R, et al. Naphthalene Poisoning following Ingestion of Mothballs: A Case Report.[J]. Journal of Clinical & Diagnostic Research Jcdr. 2015, 9(8).

[398] Li Z, Sjödin A, Romanoff LC, et al. Evaluation of exposure reduction to indoor air pollution in stove intervention projects in Peru by urinary biomonitoring of polycyclic aromatic hydrocarbon metabolites. [J]. Environment International. 2011, 37(7).

[399] Klotz K, Schindler B K, Angerer J. 1, 2-Dihydroxynaphthalene as biomarker for a naphthalene exposure in humans[J]. International Journal of Hygiene & Environmental Health. 2011, 214(2).

[400] 弗·哈夫曼-拉罗切有限公司.1,2,3,4-四氢化萘和茚满衍生物及其用途:,CN 200780022683.9.2009.

[401] 徐杰,张巧红,马红.一种高效催化氧化四氢化萘合成α-四氢萘酮的新方法[J].中科学技术与工程,2006,(6)18.

[402] 段小燕,余善法,杨金龙,等.长期接触低浓度苯、甲苯、二甲苯对作业工人健康影响的调查[J].工业卫生与职业病.2003,29(1).

[403] 朱宪,王彬,张彰,等.苯甲醛清洁生产工艺技术研究进展[J].化工进展.2005,24(2).

[404] 张传恺.简明涂料工业手册[M].化学工业出版社,2012.

[405] 王延吉.有机化工原料[M].化学工业出版社,2004.

[406] 伍川,黄培,王晓东,等.均四甲苯的制备及应用[J].化工技术与开发.2004,33(3).

[407] 吕以仙.有机化学(第 7 版)(供基础.临床.预防.口腔医学类专业)(附光盘)[M].人民卫生出版社,2008.

[408] 徐蓉.小鼠甲苯急性毒性实验研究[D].安徽医科大学,2006.

[409] Horowitz J, Barile G. American journal of ophthalmology.[M]. Ophthalmic Pub. Co.], 1998.

[410] 王延让,杨德一,张明,等.乙苯慢性职业暴露神经毒性的流行病学研究[C]//全国劳动卫生与职业病学术会议.2010.

[411] 杜泽学,闵恩泽.异丙苯生产技术进展[J].石油化工.1999,28(8).

[412] 李欣一.家居清洁用品的识毒防毒[J].文学与人生.2005(18).

[413] 曹玉华,杨一青,陆丽元,等.改性 Y 分子筛对苯-丙烯烷基化反应中副产物正丙苯的影响[J].石油学报

（石油加工）.2001,17(2).
[414] 殷甫祥，张胜田，赵欣，等.气相抽提法（SVE）去除土壤中挥发性有机污染物的实验研究[J].环境科学.2011,32(5).
[415] 李西西，牟志春，宋平平，等.苯的氨基硝基化合物生物标志物研究进展[J].中国职业医学.2014,(4).
[416] 汪文杰，鲁厚清，邵仁德等.急性硝基苯中毒八例患者的特征及文献复习[J].山西医药杂志（下半月版）.2012,41(24).
[417] 于维松，陈艳霞，张华.急性硝基苯中毒18例临床分析[J].职业卫生与应急救援.2007,25(6).
[418] 汪文杰，鲁厚清，吴忠展.急性硝基苯中毒的病例特征并附文献复习[C].中华急诊医学杂志，第十届组稿会暨第三届急诊医学青年论坛论文集.2011.
[419] 罗书全，张华东，向新志，等.512名三硝基甲苯作业工人体检结果分析[J].现代预防医学.2007,(12).
[420] 宋文佳，王雅文，闫慧芳，等.三硝基甲苯血红蛋白加合物与接触量的关系[J].中华劳动卫生职业病杂志.2002,(3).
[421] 李汝珍，王亚利，马文洁.三硝基甲苯对血液和心血管系统损害的调查报告[J].职业与健康.2004,(3).
[422] 王天成，王立秋，马文军，等.4种血清酶在三硝基甲苯染毒致大鼠肝损伤中的变化及意义.环境与职业医学.2007,(4).
[423] 侯爱平.山东某市化工厂三硝基甲苯白内障患病情况分析[J].环境与职业医学.2006,(4).
[424] 傅恩惠，尚波.273名三硝基甲苯作业人员白内障患病情况调查[J].中国工业医学杂志.2005,(2).
[425] 刘玮，申艳青，肖文，等.职业性接触三硝基甲苯所致皮肤污染对男性生殖系统的危害[J].中华劳动卫生职业病杂志.2000,(5).
[426] 冯峰，何百寅，叶雪兰，等.硝基苯透皮吸收规律及其防护研究[J].广州化工.2011,39 (9).
[427] 徐晓霞，徐斌.职业性接触苯的氨基和硝基化合物对人体健康影响的探讨[J].职业与健康.2000,(3).
[428] 于维松，陈艳霞，张华.急性硝基苯中毒18例临床分析[J].职业卫生与应急救援.2007,25(6).
[429] 高永，郝思柱，罗文海.邻甲苯胺对小鼠的免疫毒性研究[J].卫生研究.1995,24(2).
[430] 佩珍，球芸，朱维芳，等.高效液相色谱法测定纺织品上禁用偶氮染料[J]化学世界.2001,42(7).
[431] 侯燕.三硝基甲苯对作业工人健康的影响[J].实用预防医学.2006,(3).
[432] 沈海滨，王正芳，徐信文，等.职业接触苯胺类化合物者血中某些生化指标的变化[J].中国职业医学.2006,(1).
[433] 吴青，街正昌.联苯胺对大鼠p53基因损伤作用及器官特异性研究[J].四川大学学报（医学版）.2006,37(1).
[434] 桂兰，罗玉姝.毕文芳接触联苯胺工人及膀胱癌患者染色体研究[J].卫生研究.1995,24(6).
[435] 夏丽娟，徐萍.接触苯的氨基和硝基化合物工人皮肤污染调查[J].中国公共卫生.2003,(5).
[436] 戴捷，梅启明，周培疆，等.联荤胺对线粒体抗氧化酶活性及同工酶的影响[J].中国环境科学.2003,23(4).
[437] 于洋.苯的氨基硝基化合物中毒患者肿瘤发病情况及防治研究[J].中国实用医药.2018,(5).
[438] 沈永杰，刘国玲，李宜川.苯的氨基和硝基化合物中毒机制和防治[J].社区医学杂志.2008,(24).
[439] 方弘.苯的氨基、硝基化合物中毒的防治（一）[J].职业与健康.1993,(4).
[440] 谢兰兰，张巡森.苯的氨基化合物引起溶血性贫血3例分析[J].职业卫生与应急救援.1999,(4).
[441] 高建，赵澎.芳香族氨基和硝基化合物中毒的识别与防治[J].口岸卫生控制.2003,(1).
[442] 马德元，马文彦，刘哲生，等.急性苯的氨基、硝基化合物中毒临床分析（附69例报告）[J].中华劳动卫生职业病杂志.1998,(4)：52-53.
[443] 闫丽丽，傅绪珍，李思惠.急性苯的氨基和硝基化合物中毒27例临床分析[J].职业卫生与应急救援.2014,(3).
[444] 林莉，宁琼，李建英.急性苯的硝基化合物中毒4例报告[J].中国医疗前沿.2011,(19).DOI：10.3969/j.issn.1673-5552.2011.19.0041.
[445] 陈亚涛，任疆，汪东英，等.急性对硝基苯胺中毒的临床分析[J].中华劳动卫生职业病杂志.2011,(6).
[446] 宋平平，李西西，闫永建.急性苯的氨基硝基化合物中毒病例的文献分析[J].中华劳动卫生职业病杂志.2014,(5).
[447] 葛建中.急性硝基苯中毒五例[J].中华劳动卫生职业病杂志.2001,(5).
[448] 夏丽娟，徐萍.某县染料厂接触苯的氨基和硝基化合物工人皮肤污染调查[C].中华预防医学会.新世纪预防医学面临的挑战——中华预防医学会首届学术年会论文摘要集.2002.
[449] Sills RC, HaileyJR, NealJ. Examination of low-incidence brain tumor responses in F344 rats following chemical exposures in National Toxicology Program carcinogenicity studies[J]. Toxicol Pathol. 1999, 27(5).
[450] Jin-Seok Bae, Harold S, Freeman. Human health perspectives on environmrntal exposure to benzidine: a review[J]. Dyes and Pimgents. 2007, 73(1).
[451] ChauYK, MaguireRJ, RrowM. Occurrence of orgnaotincompands in Candaaqutic environmental five years after the regulation of antifouling uses of tributyltin[J]. Water Qal Res J Canda. 1997, 3230.
[452] Of azo dyes on testicular development in themouse; a structure actlvityprofiIe of dyes dedved from benzidlne, dimethyIbenzidine, ordimethoxybenzidine [J]. Fundam Appl Toxicol. 1993. 20(2).
[453] RodrigoLimaa, Ana Paula Bazoa, DaisyMaria, etal,

Mutagenic and carcinogenic potential of a textile azo dye processing plant effluent that impacta a drinking water source [J]. Mutation Research/Genetic Toxicology and Environmental Mutagenesis. 2007, 6262.

[454] ClaxtonLD, HughesTJ, ChungKT. Using base-specific Salmonella teser strains to characterize the types of mutation induced by benzidine and benzidine congeners after reductive metabolism [J]. Food Chem Toxicol. 2001, 39(12).

[455] JohnWhysner, LynneVerna, GrayMWilliams. Benzidine mechanistic data and risk assessment; species and organspecific metabolic activation. Pharm Acol & Therpeutics. 1996, 71(2).

[456] KlausGolka, SilkeKopps, ZdislawW. Myslak. Carcinogenicity of azo colorants; influence of solubility and bioacailability[J]. Toxicology Letters. 2004, 151(1).

[457] CarreonT, RuderAM, AchultePA, et al, NAT2 slow acetylation and bladder cancer in workers exposed to benzidine [J]. Urologic Oncology: Seminars and Original. 2006, 24(3).

[458] PiyatilakeAdris, King-Thom Chung. Metabolic activation of bladder procarcinogens, 2-aminofluorene, 4-aminobiphenyl, and benzidine by Pseudomonas aeruginosa and other human endogenous bacteria. Toxicology in Vitro. 2006, 20(3).

[459] 堵锡华.多氯联苯热力学性质的构效关系[J].化工学报.2007,(10).

[460] 堵锡华.PCDDs气相色谱相对保留因子的QSRR研究[J].华中科技大学学报(自然科学版).2006,(10).

[461] 曹晨忠,曾荣今.原子电负性和极化度对卤代甲烷C 1s电子电离能的影响[J].物理化学学报.2006,(09).

[462] 周原,梅虎,梁桂兆,等.取代基物化参数用于HEPT类HIV-1逆转录酶抑制剂的QSAR研究[J].精细化工.2006(09).

[463] World Health Organization/International Programme on Chemical Safety. Concise International Chemical Assessment Document No. 34 Chlorinated Naphthalenes p. 4-5 (2001).

[464] DHHS/ National Toxicology Program; Chemical Health & Safety Data File. Available from, as of July 17, 2003.

[465] Rumack BH POISINDEX(R) Information System Micromedex, Inc. , Englewood, CO, 2017; CCIS Volume 172, edition expires May, 2017. Hall AH & Rumack BH (Eds): TOMES (R) Information System Micromedex, Inc. , Englewood, CO, 2017; CCIS Volume 172, edition expires May, 2017.

[466] Bronstein, A. C. , P. L. Currance; Emergency Care for Hazardous Materials Exposure. 2nd ed. St. Louis, MO. Mosby Lifeline. 1994. , p. 240.

[467] Olson, K. R. (ed.) Poisoning & Drug Overdose. 3rd edition. Lange Medical Books/McGraw-Hill, New York, NY. 1999. , p. 231.

[468] International Programme on Chemical Safety's Concise International Chemical Assessment Documents. Available from, as of July 18, 2003.

[469] RUZO LO ET AL; BULL ENVIRON CONTAM TOXICOL 16 (2): 233-9 (1976).

[470] O'Neil, M. J. (ed.). The Merck Index-An Encyclopedia of Chemicals, Drugs, and Biologicals. 13th Edition, Whitehouse Station, NJ: Merck and Co. , Inc. , 2001. , p. 370.

[471] Filyk, G.. Polychlorinated terphenyls. United Nations Economic Commission for Europe, 2011-07-01[DB/OL]. Availableat: http://www.unece.org/fileadmin/DAM/env/lrtap/TaskForce/popsxg/2000-2003/pct.pdf.

[472] US NIOSH/OSHA (1985)Pocket guide to chemical hazards[EB/OL]. Washington, DC, US National Institute for Occupational Safety and Health, Occupational Safety and Health Administration (Publication No. 85. 114).

[473] WS/T267-2006,职业接触酚的生物限值[S].北京:人民卫生出版社,2007.

[474] GBZ2.1-2007,工作场所有害因素职业接触限值第1部分:化学有害因素[S].北京:人民卫生出版社,2007.

[475] GBZ/T210.1-2008,职业卫生标准制定指南第1部分:工作场所化学物质职业接触限值[S].北京:人民卫生出版社,2008.

[476] 闫俊,李岩,雷阿旺.非贵金属催化剂合成2,6-二甲基苯酚[J].山东化工.2015,44(24):7-10.

[477] 杨丽,徐镜波,刘征涛.苯酚类化合物致突变Ames试验研究[J].东北师大学报(自然科学).2003,35(1).

[478] 鞠莉,赵苒,姚耿东.氢醌毒性效应及其机制的研究进展[J].浙江预防医学.2006,18(7).

[479] 段小丽,魏复盛,张军锋,等.人尿中1-羟基芘浓度与多环芳烃日暴露量的关系[J].环境化学.2005,24(1).

[480] 何帆,杜芳权,郭韵.2,6-二氯苯酚的合成与应用概述[J].科技资讯.2013,7.

[481] 石成灿.对苯醌合成对苯二酚的工艺研究[D].武汉:武汉工程大学,2014.

[482] Environmental Health Criteria Document No. 93: Chlorophenols other than Pentachlorophenol (95-57-8)[S]. World Health Organization (WHO), 2008. Available from: http://www.inchem.org/pages/ehc.html.

[483] Environmental Health Criteria Document No. 168: Cresols (1995) [S]. World Health Organization (WHO), 2014. Available from: http://www.

inchem.org/pages/ehc.html.

[484] National Archives and Records Administration's Electronic Code of Federal Regulations[S]. USFDA (United State Food and Drug Administration), 2014. Available from: http://www.ecfr.gov.

[485] Pocket Guide to Chemical Hazards [S]. U. S. Washington: Department of Health & Human Services, Centers for Disease Control & Prevention. National Institute for Occupational Safety & Health (NIOSH), 2017. Available from: http://www.cdc.gov/niosh/npg.

[486] Summary of State and Federal Drinking Water Standards and Guidelines [S]. U. S. Washington: Environmental Protection Agency (EPA), Office of Science and Technology Office of Water. Federal-State Toxicology and Risk Analysis Committee (FSTRAC), 1998.

[487] Threshold Limit Values for Chemical Substances and Physical Agents and Biological Exposure Indices[S]: U. S. Cincinnati, OH: American Conference of Governmental Industrial Hygienists (ACGIH), 2016.

[488] Environmental Protection Agency (EPA). Summary on 2-Methylphenol (95 - 48 - 7), 3 - Methylphenol (108 - 39 - 4), and 4 - Methylphenol (106 - 44 - 5) [DB/OL]. Integrated Risk Information System (IRIS), 2000. Available from: http://www. epa. gov/iris/.

[489] Environmental Protection Agency (EPA). Nonylphenol (NP) and Nonylphenol Ethoxylates (NPEs) Action Plan[DB/OL]. 2010. Available from: http://www. epa. gov/oppt/existingchemicals/pubs/actionplans/RIN2070 - ZA09_NP - NPEs%20Action%20Plan_Final_2010 - 08 - 09.pdf.

[490] European Chemicals Agency (ECHA). Registered Substances, 2, 6-di-tert-butyl-p-cresol (CAS Number: 128 - 37 - 0) (EC Number: 204 - 881 - 4) [DB/OL]. 2016. Available from: http://echa.europa.eu/.

[491] Institute for Occupational Safety and Health of the German Social Accident Insurance (IFA). GESTIS Substance Database [DB/OL]. Available from: http://gestis-en.itrust.de/.

[492] National Center for Biotechnology Information. p-Benzoquinone [DB/OL]. 2017. Available from https://pubchem.ncbi.nlm.nih.gov/compound/4650#section=Top.

[493] National Institutes of Health (NIH). Compound Summary for CID 10894 in National Center for Biotechnology Information [DB/OL]. 2005. Available from: https://pubchem.ncbi.nlm.nih.gov/compound/10894#section=Top.

[494] The National Institute for Occupational Safety and Health (NIOSH). International Safety Cards. 2-chlorophenol. 95 - 57 - 8[DB/OL]. 2008. Available from: http//www.cdc.gov/niosh/ipcs/nicstart.html.

[495] The National Institute for Occupational Safety and Health (NIOSH). International Safety Cards. m-Chlorophenol. 108 - 43 - 0[DB/OL]. 2008. Available from: http//www.cdc.gov/niosh/ipcs/nicstart.html.

[496] The National Institute for Occupational Safety and Health (NIOSH). International Safety Cards. 4-Chlorophenol. 106 - 48 - 9[DB/OL]. 2008. Available from: http://www.cdc.gov/niosh/ipcs/nicstart.html.

[497] The National Institute for Occupational Safety and Health (NIOSH). International chemical safety cards (ICSC): p-Benzoquinone 1[DB/OL]. 2017. Available from: https://www. cdc. gov/niosh/ipcsneng/neng0779.html.

[498] United States Pharmacopeial Convention, Inc (USP); MSDS Database Online; Material Safety Data Sheet: Guaiacol; Catalog Number: 1300004 [DB/OL] 2006.

[499] U.S. Dept Health & Human Services/Agency for Toxic Substances & Disease Registry. Toxicological Profile for Chlorophenols PB/99/166639(July 1999) [DB/OL]. 2008. Available from: http://www.atsdr.cdc.gov/toxpro2.html.

[500] U.S. Environmental Protection Agency's Integrated Risk Information System (IRIS) on Pentachlorophenol (87 - 86 - 5) [DB/OL]. 2000. Available from: http://www.epa.gov/iris/subst/index.html.

[501] U.S. Washington: Environmental Protection Agency (EPA). High Production Volume Information System (HPVIS) on 2, 5-Dichlorophenol (583 - 78 - 8) [DB/OL]. Office of Pollution Prevention and Toxics, 2009.

[502] World Health Organization (WHO). Concise International Chemical Assessment Document 71 Resorcinol 2006[DB/OL]. International Programme on Chemical Safety, 2014. Available from: http://www.who.int/ipcs/publications/cicad/en/.

[503] Amin RP. DNA-protein crosslink and DNA strand break formation in HL - 60 cells treated with trans-muconaldehyde, hydroquinone and their mixtures [J]. Int J Toxicol. 2001, 20(2).

[504] Andersen A. Final report on the safety assessment of sodium p-chloro-m-cresol, p-chloro-m-cresol, chlorothymol, mixed cresols, m-cresol, o-cresol, p-cresol, isopropyl cresols, thymol, o-cymen-5-ol, and carvacrol[J]. Int J Toxicol. 2006, 25.

[505] Aoyama H, Hojo H, Takahashi KL, et al. A two-generation reproductive toxicity study of 2, 4-

dichlorophenol in rats[J]. J Toxicol Sci. 2005, 30.
[506] Bartels MJ; McNett DA; Timchalk C; Mendrala AL; Christenson WR; Sangha GK; Brzak KA; Shabrang SN. Comparative metabolism of ortho-phenylphenol in mouse, rat and man [J]. Xenobiotica. 1998, 28(6).
[507] Bielicka-Daszkiewicz K, Debicka M, Voelkel A. Comparison of three derivatization ways in the separation of phenol and hydroquinone from water samples[J]. J Chromatogr A. 2004, 1052(1-2).
[508] Bieniek G. Concentrations of phenol, o-cresol, and 2, 5-xylenol in the urine of workers employed in the distillation of the phenolic fraction of tar[J]. Occup Environ Med. 1994, 51(5).
[509] Bieniek G. Urinary excretion of phenols as an indicator of occupational exposure in the coke-plant industry[J]. Int Arch Occup Environ Health. 1997, 70(5).
[510] Bukowska B, Reszka E, Duda W. Influence of phenoxyherbicides and their metabolites on the form of oxy-and deoxyhemoglobin of vertebrates [J]. Biochem Mol Biol Int. 1998, 45(1).
[511] Burgess IF. Biology and epidemiology of scabies[J]. Curr Opin Infect Dis. 1999, 12(3).
[512] Bonamonte D, Carino M, Mundo L, Foti C. Occupational airborne allergic contact dermatitis from 2-aminothiophenol[J]. Eur J Dermatol. 2002, 12(6).
[513] Calderón-Guzmán D, Hernández-Islas JL, Espítia Vázquez IR, et al. Effect of toluene and cresols on Na+, K+-ATPase, and serotonin in rat brain[J]. Regul Toxicol Pharmacol. 2005, 41(1).
[514] Chan CP, Yuan-Soon H, Wang YJ, et al. Inhibition of cyclooxygenase activity, platelet aggregation and thromboxane B2 production by two environmental toxicants: m-and o-cresol [J]. Toxicology. 2005, 208(1).
[515] Chapman DE, Namkung MJ, Juchau MR. Benzene and benzene metabolites as embryotoxic agents: effects on cultured rat embryos[J]. Toxicol Appl Pharmacol. 1994, 128(1).
[516] Cheng SL, Wang HC, Yang PC. Acute respiratory distress syndrome and lung fibrosis after ingestion of a high dose of ortho-phenylphenol[J]. J Formos Med Assoc. 2005, 104(8).
[517] Chow PW, Hamid ZA, Chan KM, et al. Lineage-related cytotoxicity and clonogenic profile of 1, 4-benzoquinone-exposed hematopoietic stem and progenitor cells[J]. Toxicol Appl Pharmacol. 2015, 284(1)
[518] Cunny HC, Mayes BA, Rosica KA, et al. Subchronic toxicity (90-day) study with para-nonylphenol in rats[J]. Regul Toxicol Pharmacol. 1997, 26(2).
[519] Daniel FB, Robinson M, Olson GR, et al. Ten and ninety-day toxicity studies of 2, 4-dimethylphenol in Sprague-Dawley rats[J]. Drug Chem Toxicol. 1993, 16(4).
[520] Do Céu Silva M, Gaspar J, Silva ID, Leão D, Rueff J. Induction of chromosomal aberrations by phenolic compounds: possible role of reactive oxygen species [J]. Mutat Res. 2003, 540(1).
[521] Doerge DR, Twaddle NC, Churchwell MI, et al. Mass spectrometric determination of p-nonylphenol metabolism and disposition following oral administration to Sprague-Dawley rats[J]. Reprod Toxicol. 2002, 16(1).
[522] Dou L, Cerini C, Brunet P, et al. P-cresol, a uremic toxin, decreases endothelial cell response to inflammatory cytokines[J]. Kidney Int. 2002, 62(6).
[523] Eastmond DA. Induction of micronuclei and aneuploidy by the quinone-forming agents benzene and o-phenylphenol[J]. Toxicol Lett. 1993, 67(1-3).
[524] Enguita FJ, Leitão AL. Hydroquinone: environmental pollution, toxicity, and microbial answers [J]. Biomed Res Int. 2013, 2013: 542168.
[525] Fabiani R, Bartolomeo A D, Morozzi G. Involvement of oxygen free radicals in the serum-mediated increase of benzoquinone genotoxicity [J]. Environ Mol Mutagen. 2010, 46(3).
[526] Faine LA, Rodrigues HG, Galhardi CM, et al. Butyl hydroxytoluene-induced oxidative stress: effects on serum lipids and cardiac energy metabolism in rats[J]. Exp Toxicol Pathol. 2006, 57(3).
[527] Ferrara F, Ademollo N, Orrù MA, et al. Alkylphenols in adipose tissues of Italian population [J]. Chemosphere. 2011, 82(7).
[528] Guardado Yordi E, Matos MJ, Pérez Martínez A, et al. In silico genotoxicity of coumarins: application of the Phenol-Explorer food database to functional food science[J]. Food Funct. 2017, 8(8).
[529] Guo TL, Germolec DR, Zhang LX, et al. Contact sensitizing potential of pyrogallol and 5-amino-o-cresol in female BALB/c mice[J]. Toxicology. 2013, 314(2-3).
[530] Ha MH, Choi J. Effects of environmental contaminants on hemoglobin gene expression in Daphnia magna: a potential biomarker for freshwater quality monitoring [J]. Arch Environ Contam Toxicol. 2009, 57(2).
[531] Han YH, Park WH. Pyrogallol-induced calf pulmonary arterial endothelial cell death via caspase-dependent apoptosis and GSH depletion [J]. Food

Chem Toxicol. 2010, 48(2).
[532] Hazel BA, Baum C, Kalf GF. Hydroquinone, a bioreactive metabolite of benzene, inhibits apoptosis in myeloblasts[J]. Stem Cells, 1996, 14(6).
[533] Ho YC, Huang FM, Chang YC. Mechanisms of cytotoxicity of eugenol in human osteoblastic cells in vitro[J]. Int Endod J. 2006, 39(5).
[534] Ibuki Y, Goto R. Dysregulation of apoptosis by benzene metabolites and their relationships with carcinogenesis[J]. Biochim Biophys Acta. 2004, 1690(1).
[535] Jacob J, Seidel A. Biomonitoring of polycyclic aromatic hydrocarbons in human urine [J]. J Chromatogr B Analyt Technol Biomed Life Sci. 2002, 778(1-2): 31-47.
[536] Jang HJ, Nde C, Toghrol F, et al. Microarray analysis of toxicogenomic effects of Ortho-phenylphenol in Staphylococcus aureus[J]. BMC Genomics. 2008, 9: 411.
[537] Kato T, Shirayama K, Tsutsui TW, et al. Induction of mRNA expression of osteogenesis-related genes by guaiacol in human dental pulp cells [J]. Odontology. 2010, 98(2).
[538] Kemeleva EA, VAasiunina EA, Sinitsyna OI, et al. New promising antioxidants based on 2, 6-dimethylphenol[J]. Bioorg Khim. 2008, 34(4).
[539] Klos C, Dekant W. Comparative metabolism of the renal carcinogen 1, 4-dichlorobenzene in rat: Identification and quantitation of novel metabolites [J]. Xenobiotica. 1994, 24(10).
[540] Kooyers TJ, Westerhof W. Toxicology and health risks of hydroquinone in skin lightening formulations [J]. J Eur Acad Dermatol Venereol. 2010, 20(7).
[541] Kitagawa A. Effects of cresols (o-, m-, and p-isomers) on the bioenergetic system in isolated rat liver mitochondria[J]. Drug Chem Toxicol. 2001, 24(1).
[542] Kwok ESC, Buchholz BA, Vogel JS, et al. Dose-Dependent Binding of ortho-Phenylphenol to Protein but Not DNA in the Urinary Bladder of Male F344 Rats[J]. Toxicol Appl Pharmacol. 1999, 159(1).
[543] Lewis R J. Sax's dangerous properties of industrial materials[J]. Am J Public Health. 2000, 49(1).
[544] Li J, Ma M, Wang Z. In vitro profiling of endocrine disrupting effects of phenols[J]. Toxicol In Vitro. 2010, 24(1).
[545] Litwa E, Rzemieniec J, Wnuk A, et al. Apoptotic and neurotoxic actions of 4-para-nonylphenol are accompanied by activation of retinoid X receptor and impairment of classical estrogen receptor signaling [J]. J Steroid Biochem Mol Biol. 2014, 144.
[546] Manning BW, Adams DO, Lewis JG. Effects of benzene metabolites on receptor-mediated phagocytosis and cytoskeletal integrity in mouse peritoneal macrophages[J]. Toxicol Appl Pharmacol. 1994, 126(2).
[547] Martínez Enriquez ME, Del Villar A, Chauvet D, et al. Acute toxicity of guaiacol administered subcutaneously in the mouse [J]. Proc West Pharmacol Soc. 2009, 52.
[548] Mazzei JL, Da SD, Oliveira V, et al. Absence of mutagenicity of acid pyrogallol-containing hair gels [J]. Food Chem Toxicol. 2007, 45(4).
[549] Meylan WM, Howard PH. Atom/framgent contribution method for estimating octanol-water partition coefficients[J]. J Pharm Sci. 1995, 84(1).
[550] Mimura T, Yazaki K, Sawaki K, et al. Hydroxyl radical scavenging effects of guaiacol used in traditional dental pulp sedation: reaction kinetic study[J]. Biomed Res. 2005, 26(4).
[551] Murray GI, Taylor MC, Mcfadyen MC, et al. Tumor-specific expression of cytochrome P450 CYP1B1[J]. Cancer Res. 1997, 57(14).
[552] Müller S, Schmid P, Schlatter C. Pharmacokinetic behavior of 4-nonylphenol in humans[J]. Environ Toxicol Pharmacol. 1998, 5(4).
[553] National Toxicology Program. Toxicology and carcinogenesis studies of pyrogallol (CAS No. 87-66-1) in F344/N rats and B6C3F1/N mice (dermal studies)[J]. Natl Toxicol Program Tech Rep Ser. 2013 (574).
[554] Neil MJO. The Merck Index-An Encyclopedia of Chemicals, Drugs, and Biologicals[M]. Cambridge, UK: Royal Society of Chemistry, 2013.
[555] Ni N, Choudhary G, Li M, et al. Pyrogallol and its analogs can antagonize bacterial quorum sensing in Vibrio harveyi[J]. Bioorg Med Chem Lett. 2008, 18(5).
[556] Park WH, Park MN, Han YH, et al. Pyrogallol inhibits the growth of gastric cancer SNU-484 cells via induction of apoptosis[J]. Int J Mol Med. 2008, 22(2).
[557] Rymaszewski AL, Tate E, Yimbesalu JP, et al. The role of neutrophil myeloperoxidase in models of lung tumor development [J]. Cancers (Basel). 2014, 6(2).
[558] Satterwhite warden J E, Kondepudi D K, Dixon J A, et al. Co-operative motion of multiple benzoquinone disks at the air-water interface[J]. Phys Chem Chem Phys, 2015, 17(44).
[559] Schulz C, Butte W. Revised reference value for pentachlorophenol in morning urine[J]. Int J Hyg

Environ Health. 2007, 210(6).
[560] Shearn CT, Fritz KS, Thompson JA. Protein damage from electrophiles and oxidants in lungs of mice chronically exposed to the tumor promoter butylated hydroxytoluene [J]. Chem Biol Interact. 2011, 192(3): 278 - 286.
[561] Song N, Gagliardi CJ, Binstead RA, et al. Role of Proton-Coupled Electron Transfer in the Redox Interconversion between Benzoquinone and Hydroquinone[J]. J Am Chem Soc. 2012, 134(45).
[562] Sommer S, Wilkinson SM, Quinlan R. Exposure-pattern dermatitis due to 2-aminothiophenol and 2-aminophenyldisulfide[J]. Contact Dermatitis. 1999; 41(3).
[563] Takemura Y, Wang D H, Sauriasari R, et al. Evaluation of Pyrogallol-induced Cytotoxicity in Catalase-mutant Escherichia coli and Mutagenicity in Salmonella typhimurium [J]. Bull Environ Contam Toxicol. 2010, 84(3).
[564] Tegethoff K, Herbold BA, Bomhard EM. Investigations on the mutagenicity of 1, 4-dichlorobenzene and its main metabolite 2, 5-dichlorophenol in vivo and in vitro [J]. Mutat Res. 2000, 470(2).
[565] Timchalk C, Selim S, Sangha G, et al. The pharmacokinetics and metabolism of 14C/13C-labeled ortho-phenylphenol formation following dermal application to human volunteers [J]. Hum Exp Toxicol. 1998, 17(8).
[566] Topping DC, Bernard LG, O'Donoghue JL, et al. Hydroquinone: acute and subchronic toxicity studies with emphasis on neurobehavioral and nephrotoxic effects[J]. Food Chem Toxicol. 2007, 45(1).
[567] Upadhyay G, Gupta SP, Prakash O, et al. Pyrogallol-mediated toxicity and natural antioxidants: triumphs and pitfalls of preclinical findings and their translational limitations [J]. Chem Biol Interact. 2010, 183(3).
[568] Wang J, Krishna R, Yang J, et al. Hydroquinone and Quinone-grafted Porous Carbons for Highly Selective CO2 Capture from Flue Gases and Natural Gas Upgrading [J]. Environ Sci Technol. 2015, 49(15).
[569] Wang JL, Chou CT, Liang WZ, et al. Effect of 2, 5-dimethylphenol on Ca (2 +) movement and viability in PC3 human prostate cancer cells [J]. Toxicol Mech Methods. 2016, 26(5).
[570] Whysner J, Reddy MV, Ross PM, et al. Genotoxicity of benzene and its metabolites [J]. Mutat Res. 2004, 566(2).
[571] Yoshida T, Andoh K, Fukuhara M. Urinary 2, 5-dichlorophenol as biological index for p-dichlorobenzene exposure in the general population[J]. Arch Environ Contam Toxicol. 2002, 43(4).
[572] Yu FS, Saga A, Akasaka M, et al. In vivo genotoxicity of ortho-phenylphenol, biphenyl, and thiabendazole detected in multiple mouse organs by the alkaline single cell gel electrophoresis assay[J]. Mutat Res. 1997, 395(2 - 3).
[573] Zhang XN, Huang WM, Wang X, et al. Biofilm-electrode process with high efficiency for degradation of 2, 4-dichlorophenol [J]. Environ Chem Lett. 2011, 9(3).
[574] Zumbado M, Boada LD, Torres S, et al. Evaluation of acute hepatotoxic effects exerted by environmental estrogens nonylphenol and 4-octylphenol in immature male rats[J]. Toxicology. 2002, 175(1 - 3).
[575] Bingham E; Cohrssen B; Powell CH. Patty's Toxicology, 5th edition[M] New York: John Wiley & Sons, 2001.
[576] Chaudhry GR. Biological Degradation and Bioremediation of Toxic Chemicals[M]. Portland, OR: Dioscorides Press, 1994.
[577] Clayton GD, Clayton FE. Patty's Industrial Hygiene and Toxicology. 4th edition [M] New York: John Wiley & Sons Inc, 1993.
[578] Currance PL, Bronstein AC, Clements B. Emergency Care for Hazardous Materials Exposure, Revised 3rd Edition[M]. Mosby Jems Elsevier, 2006.
[579] Gokel GW, Dean JA. Dean's handbook of organic chemistry[M]. McGraw-Hill handbooks, 2004.
[580] Goodwin BL. Handbook of Biotransformations of Aromatic Compounds[M]. CRC Press, 2005.
[581] Hansch A, Leo D. Hoekman. Exploring Qsar-Hydrophobic, Electronic, and Steric Constants[M]. Washington, DC: American Chemical Society, 1995.
[582] Haynes, W. M. CRC Handbook of Chemistry and Physics. 94th edition [M]. Boca Raton, FL: CRC Press Taylor & Francis, 2013 - 2014.
[583] Lewis RJ. Sax's Dangerous Properties of Industrial Materials 11th edition [M]. Hoboken, NJ: John Wiley & Sons, 2004.
[584] Lewis RJ. Hawley's Condensed Chemical Dictionary 15th edition [M]. New York: NY John Wiley & Sons, Inc, 2007.
[585] Lide DR. CRC Handbook of Chemistry and Physics 88th edition [M]. Boca Raton, FL: CRC Press, Taylor & Francis, 2007 - 2008.
[586] Ryan RP, Terry CE. Toxicology Desk Reference 4th edition[M]. Washington, D. C: Taylor & Francis, 1997.
[587] Sittig M. Handbook of Toxic and Hazardous

Chemicals and Carcinogens, 4th edition[M]. A-H Norwich: NY Noyes Publications, 2002.
[588] Sr RJL. Hawleys Condensed Chemical Dictionary, 14th edition[M]. Van Nostrand Reinhold, 1993.
[589] Verschueren, K. Handbook of Environmental Data on Organic Chemicals. 4th edition[M]. New York: John Wiley & Sons, 2001.
[590] Walton D. Handbook of chemistry and physics 86th edition[M]. Chemistry & Industry, 2006.
[591] Yalkowsky SH, He Y, Jain P. Handbook of Aqueous Solubility Data 2nd edition [M]. Boca Raton: CRC Press, FL, 2010.
[592] Yang Han, Shengnan Li, Rong Ding, et al. Baeyer-Villiger oxidation of cyclohexanone catalyzed by cordierite honeycomb washcoated with Mg-Sn-W composite oxides [J]. Chinese Journal of ChemicalEngineering, 2019, 27(3).
[593] 谢倩红.吸附/热脱附-气相色谱法测定废气中多种挥发性有机物[J].广东化工.2019,46(08).
[594] Zijing Wang, Xiaoyan Li, Shangqing Xie, et al. Transfer hydrogenation of ketones catalyzed by nickel complexes bearing an NHC[CNN] pincer ligand[J]. Applied Organometallic Chemistry. 2019, 33(6).
[595] 张惠,栗海潮.某环己酮项目职业病危害预评价质量控制问题探讨[J].中国卫生工程学.2018,17(06).
[596] 茹春红.TVOC 采样技术的影响因素分析和现代研究[J].科学与信息化.2017,(5).
[597] Larranaga, M. D, Lewis, R. J. Sr, et al. Hawley's Condensed Chemical Dictionary 16th Edition[M]. New York: NY John Wiley & Sons, Inc, 2016.
[598] Zhang Z, Gupte M J, Jin X, et al. Injectable Peptide Decorated Functional Nanofibrous Hollow Microspheres to Direct Stem Cell Differentiation and Tissue Regeneration. Adv. Funct. Mater. 2015, 25(3).
[599] Chromatogr A. The development of a new disposable pipette extraction phase based on polyaniline composites for the determination of levels of antidepressants in plasma samples. 2015, 1399.
[600] 何晓庆.某制药企业职业病危害的吸入风险评估.实用预防医学.2015,22(5).
[601] 孙洁雯,高婷婷,李燕敏,等.食用芳香醛类香料的防腐抑菌性能[J].食品与发酵工业.2015,41(9).
[602] Carlomagno M, Lassabe G, Rossotti M, etal. Recombinant streptavidin nanopeptamer anti-immunocomplex assay for noncompetitive detection of small analytes[J]. Anal Chem, 2014, 86(20).
[603] 成兴群,徐爱国,徐华,朱宝立.苯暴露工人尿中 8-OHdG、tt-MA 和 S-PMA 含量的测定[J].职业与健康.2014,30(24).
[604] 王晶晶,陆书明.丙酮的工业安全应用研究现状[J].广东化工.2014,12.
[605] 李谦,苏卿,张文众,等.不同烷基醛类对脱细胞-核DNA 影响的研究[J].中国食品卫生杂志.2014,26(6).
[606] 刘仁平,刘华良,周建华,等.高效液相色谱三重串联四级杆质谱法同时测定尿中 8-羟基脱氧鸟苷、反-反式粘糠酸和苯巯基尿酸[J].工业卫生与职业病.2013,39(5).
[607] 王贞,何金彩.丙酮中毒性脑病一例.中华神经科杂志.2013,46(3).
[608] 张志虎,耿晓,门金龙,冯斌,张放,王翠娟,张梦萍,邵华.职业接触生物限值研究现状[J].中华劳动卫生职业病杂志.2013,31(12).
[609] 周莉芳.苯作业工人染色体损伤与细胞周期调控基因多态性关系[D].上海:复旦大学,2012.
[610] 邓立华.苯接触和慢性苯中毒患者外周血淋巴细胞亚群及 T 细胞水平变化研究[J].吉林医学.2011,32(9).
[611] Luoping Z, Xiaojiang T, Nathaniel R, et al. Occupational exposure to formaldehyde, hematotoxicity and leukemia-specific chromosome changes in cultured myeloid progenitor cells[J]. Cancer Epidem Biomar. 2010, 19(1).
[612] 陈玉兰,李贤新,陈建文.甲醛的来源及毒性作用研究进展[J].职业与健康.20105,26(21).
[613] 曲花玲,刘晓芳.3-氯-1,2-丙二醇的毒理学研究进展[J].毒理学杂志.2010(02).
[614] Jeong, J, et al. Carcinogenicity study of 3-monochloropropane-1, 2-diol (3-MCPD) administered by drinking water to B6C3F1 mice showed no carcinogenic potential [J]. Arch Toxicol. 2010, 84(9).
[615] Louisse J1, de Jong E, van de Sandt JJ, et al. The use of in vitro toxicity data and physiologically based kinetic modeling to predict dose-response curves for in vivo developmental toxicity of glycol ethers in rat and man[J]. Toxicol. Science. 2010, 118(2).
[616] Regulska M1, Pomierny B, Basta-Kaim, et al. Effects of ethylene glycol ethers on cell viability in the human neuroblastoma SH-SY5Y cell line[J]. Pharmacol Rep. 2010, 62(6).
[617] Bandyopadhyay C1, Mitra A, Harrison RJ, et al. Ocular injury with high-pressure paint: a case report [J]. Arch Environ Occup Health. 2009, 64(2).
[618] Shi XY, He KB, Zhang J. Effects of oxygenated fuels on emissions and carbon composition of fine particles from diesel engine [J]. Environmental Science, 2009, 30(6).
[619] 王珥梅,谈立峰.甲醛的雄性生殖毒性研究进展[J].环境与健康杂志.2009,26(9).
[620] 李娜.甲醛的毒理学研究进展[J].职业卫生与应急救援.2009,27(6).

[621] ACGIH. Documentation of the threshold limit values for chemical substances and physical agents and biological exposure indices[M]. Cincinnati, OH: American Conference of Governmental Industrial Hygienists. 2017.
[622] EUA, Department of Health and Human Services, Agency for Toxic Substances and Disease Registry. Toxicological Profile for Acrolein[R]. Atlanta: ATSDR, 2007.
[623] Haynes WM. CRC Handbook of Chemistry and Physics, 95th Edition[M]. Boca Raton: CRC Press LLC. 2014 - 2015.
[624] NIOSH. NIOSH Pocket Guide to Chemical Hazards-September 2010 Edition[M].. Neenah: J. J. Keller & Associates Inc. 2010.
[625] GB/T 18883 - 2002,室内空气质量标准[S].中国标准出版社.2003.
[626] GBZ33 - 2002,职业性急性甲醛中毒诊断标准[S]法律出版社.2004.
[627] National Library of Medicine (US). ChemIDplus [DB/OL]. http://chem.sis.nlm.nih.gov/chemidplus/chemidlite.jsp.
[628] Actio Corporation MSDS Exchange[DB/OL].
[629] National Library of Medicine (US). Toxicology Literature Online[DB/OL]. https://toxnet.nlm.nih.gov/newtoxnet/toxline.htm.
[630] Velocity EHS. MSDSonline[DB/OL]. https://www.msdsonline.com/.
[631] 国际化学品安全规划署,欧洲联盟委员会.国际化学品安全规划署:国际化学品安全卡(ICSC)[M].北京:化学工业出版社,2014.
[632] OECD全球化学品信息平台[DB/OL]. http://www.echemportal.org/echemportal/index?pageID=0&request_locale=en.
[633] 美国 CAMEO 化学物质数据库[DB/OL]. http://cameochemicals.noaa.gov/search/simple.chemidlite.jsp.
[634] 美国环境保护署:综合危险性信息系统[DB/OL]. http://cfpub.epa.gov/iris/.
[635] 美国交通部:应急响应指南[EB/OL]. http://www.phmsa.dot.gov/hazmat/library/erg.
[636] 德国 GESTIS-有害物质数据库[DB/OL]. http://gestis-en.itrust.de/.
[637] 上海市化工职业病防治院上海市职业安全健康研究院.化救通[DB/OL]. http://www.chemaid.com/.
[638] OSHA Occupational Chemical Data Bank[DB/OL].
[639] Hazardous Substances Data Bank (HSDB)[DB/OL].
[640] GBZ 2.1 - 2007,工作场所有害因素职业接触限值化学有害因素[S].北京:人民卫生出版社,2007.
[641] GBZ57 - 2019,职业性哮喘的诊断[S].北京:中国标准出版社,2019.
[642] GBZ 73 - 2009,职业性急性化学物中毒性呼吸系统疾病诊断标准[S].北京:人民卫生出版社,2009.
[643] GBZ 54 - 2017,职业性化学性眼灼伤的诊断[S].北京:中国标准出版社,2017.
[644] GBZ51 - 2009,职业性化学性皮肤灼伤诊断标准[S].北京:人民卫生出版社,2009.
[645] GBZ 59 - 2010,职业性中毒性肝病诊断标准[S].北京:人民卫生出版社,2010.
[646] GBZ76 - 2002,职业性急性化学物中毒性神经系统疾病诊断标准[S].北京:法律出版社,2004.
[647] GBZ50 - 2015,职业性丙烯酰胺中毒的诊断[S].北京:中国标准出版社,2015.
[648] GBZ85 - 2014,职业性急性二甲基甲酰胺中毒的诊断[S].北京:中国标准出版社,2015.
[649] GBZ239 - 2011,职业性急性氯乙酸中毒的诊断[S].北京:中国标准出版社,2011.
[650] 李文捷,张敏,王丹.中国 GBZ 2.1 与美国 ACGIH 工作场所化学有害因素职业接触限值比较研究[J].中华劳动卫生职业病杂志.2014,32(1).
[651] 顾斌,蒋永培.二氯乙酸盐的药理与临床研究[J].西北药学杂志.1994,9(1).
[652] 裘惠萱.84 例急性氟乙酸钠中毒临床分析[J].中国地方病防治杂志.2000,15(4).
[653] 周水翠,李琳.急性氟乙酸钠中毒 25 例临床观察[J].职业与健康.2000,16(8).
[654] 刘吉起,李新民.禁用剧毒鼠药中毒的检测与治疗[J].中国媒介生物学及控制杂志.2004,15(2).
[655] 胡渝华,李寿祺,董奇男.甲酸的毒理学[J].现代预防医学.2003,30(5).
[656] 朱秋鸿.142 例职业性急性氯乙酸中毒病例临床分析[J].中国卫生标准管理.2017,8(18).
[657] 朱秋鸿,黄金祥,孟聪申.急性氯乙酸中毒研究进展[J].中国工业医学杂志.2009,22(4).
[658] 王彤,杨丽莉,李雅婷.氯乙酸对作业工人的健康影响[J].职业与健康.2009,25(1).
[659] 张蕾萍,于忠山,何毅等.有机氟化物中毒检验 1 例[J]中国法医学杂志.2012,27(1).
[660] 秦志良,柏万山,窦光君.2 例三氯乙酸中毒报告[J].中国公共卫生.1993,9(6).
[661] 朱钧,郝风桐.过氧乙酸消毒剂中毒及救治 3 例[J].药物不良反应杂志.2006,8(6).
[662] 袁自闯,刘新胜.马成栋,等.灌服草酸中毒致死 1 例[J].法医学杂志.2014,30(1).
[663] 王雅莉.15 例乙酸酐中毒的护理体会[J].吉林医学.2010,31(23).
[664] 田东辉.顺丁烯二酸酐致眼部损害 79 例报告[J].眼外伤职业眼病杂志(附眼科手术).1999,21(4).
[665] Gannon P F, Sherwood Burge P, Hewlett C, et al. Haemolytic allaemia in a case ofoccupational asthma due to maleic anhydride[J]. Br J Ind Med. 1992, 49(2).

[666] 马欣欣,杨水莲.急性重度顺式丁烯二酸酐中毒1例报告[J].中国工业医学杂.2008,21(2).
[667] Viktorova TV, Khusnutdinova EK, Viktorov VV, et al. Analysis of chromosome aberrations and nucleolar organizer regions of chromosomes in workers producing pyromellitic dianhydride: the possibility of the adaptive role of Ag-NOR variants [J].. Genetika. 1994, 30(7).
[668] Czuppon AB, Kaplan V, Speich R, et al. Acute autoimmune response in a case of pyromellitic acid dianhydride-induced hemorrhagic alveolitis [J]. Allergy. 1994, 49(5).
[669] Baur X, Czuppon A. Diagnostic validation of specific IgE antibody concentrations, skin prick testing, and challenge tests in chemical workers with symptoms of sensitivity to different anhydrides[J]. J Allergy Clin Immunol. 1995;96(4).
[670] Madsen MT, Skadhauge LR, et al. Pyromellitic dianhydride (PMDA) may cause occupational asthma[J]. Occup Environ Med. 2019, 76(3).
[671] 张幸,钱亚玲,孙晓楼,等.接触二甲基甲酰胺对男工生殖内分泌机能影响[J].中国职业医学.2005,32(2).
[672] 陈砚朦.二甲基甲酰胺诱发的人类外周血细胞DNA断裂损伤[J].中国卫生检验杂志.2004,14(2).
[673] 陈伟国,阮征,徐承敏,等.血液中N-甲基氨甲酰血红蛋白加合物作为二甲基甲酰胺接触生物标志的研究[J].中华劳动卫生职业病杂志.2014,32(5).
[674] 宣志强,杨锦蓉,王菁.职业接触二甲基甲酰胺生物标志物的研究进展[J].中国职业医学.2008,35(1).
[675] LUO JC, CHENG TJ, KUO HW, et el. Abnormal liver funotion as sociated with occupational exposure to dimethylformamide and glutathione S-transferase polymorphisms[J]. Biomarkers. 2005, 10(6).
[676] 路艳艳,吴昊,唐红芳,等.二甲基乙酰胺对工人健康的影响[J].中华劳动卫生职业病杂志.2011,29(11).
[677] 苏本玉,于金霞,薛峰,等.丙烯酰胺神经毒性机制研究进展[J].环境与健康杂志,2017,34(10).
[678] Mehri S, Abnous K, Khooei A, et al. Crocin reduced acrylamide-induced neurotoxicity in Wistar rat through inhibition of oxidative stress[J]. Iran J Basic Med Sci. 2015, 18(9).
[679] LoPachin RM, Gavin T. Molecular mechanism of acrylamide neurotoxicity: lessons learned from organic chemistry [J]. Environ Health Perspect. 2012, 120(12).
[680] LoPachin RM, Barber DS, He D, et al. Acrylamide inhibits dopamine uptake in rat striatal synaptic vesicles[J]. Toxicol Sci. 2006, 89(1).
[681] 林加锋.己内酰胺中毒10例分析[J].急诊医学.1999,8(4).
[682] 林友榆,陈海默.氟乙酰胺中毒24例分析[J].海南医学.2007,18(3).
[683] Richard J Lewis Sr, Hawley's Condensed Chemical Dictionary 15th Edition[M]. New York, John Wiley & Sons, Inc. 2007.
[684] O'Neil MJ. The Merck Index-An Encyclopedia of Chemicals, Drugs, and Biologicals[M]. Cambridge, UK: Royal Society of Chemistry, 2013.
[685] Haynes WM. CRC Handbook of Chemistry and Physics 94th Edition[M]. Boca Raton: CRC Press LLC, 2013-2014.
[686] Colonna G R. Fire Protection Guide to Hazardous Materials 14th Edition[M]. Quincy, MA : National Fire Protection Association. 2010.
[687] Richard J, Lewis Sr. Sax's Dangerous Properties of Industrial Materials 11th Edition [M]. ew York, John Wiley & Sons, Inc. 2004.
[688] Bingham E, Cohrssen B, Powell CH. Patty's Toxicology Volumes 1-9 5th ed[M]. New York, John Wiley & Sons. 2001.
[689] Documentation of the TLVs and BEIs with Other World Wide Occupational Exposure Values 7th Ed [EB/OL].
[690] Clayton GD, Clayton FE. Patty's Industrial Hygiene and Toxicology[M]. New York, John Wiley & Sons Inc. 1993—1994.
[691] Lide DR. CRC Handbook of Chemistry and Physics 88th Edition[M]. Boca Raton, CRC Press, 2007.
[692] Long PM, Tighe SW, Driscoll HE et al. Acetate supplementation as a means of inducing glioblastoma stem-like cell growth arrest[J]. J Cell Physiol. 2015, 230 (8).
[693] Ghorbani-Choghamarani A, Azadi G. Triphosgene and its Application in Organic Synthesis[J]. Current Organic Chemistry, 2016, 20(27).
[694] Pauluhn J. Acute nose-only inhalation exposure of rats to di-and triphosgene relative to phosgene[J]. Inhal Toxicol, 2011, 23(2).
[695] 张仰荣.急性氯甲酸甲酯中毒4例死亡原因分析[J].中国工业医学杂志,1993,6(1).
[696] 徐茜,顾正芳,秦宏.一起急性氯甲酸异丙酯中毒救治[J].职业与健康,2001,17(10).
[697] 平正舟,朱小予,陈晓韵.1起氯甲酸异丙酯急性中毒事故报告[J].职业与健康,2000,16(10).
[698] 罗红,刘家发,张啟媛等.氯乙酸甲酯的急性和亚慢性毒性实验研究[J].中国职业医学,2007,34(2).
[699] 罗红,尚松蒲,陈小青等.氯乙酸甲酯染毒对大鼠精子DNA损伤的研究[J].中国职业医学,2008,35(4).
[700] 罗红,刘家发,张啟媛等.氯乙酸甲酯亚慢性染毒大鼠睾丸组织和血清睾酮水平变化[J].中国职业医学,2005,32(2).
[701] 罗红.氯乙酸甲酯的卫生毒理学评价[D].武汉.武汉

大学.2005.

[702] 叶彩儿,叶民,陈伟建等.三氯甲基碳酸酯吸入中毒的临床及肺部影像表现[J].中华放射学杂志,2007,41(11).

[703] GBZ2.1－2007,《工作场所有害因素职业接触限值第1部分：化学有害因素》[S].北京：人民卫生出版社,2007.

[704] 张蕴晖,陈秉衡.邻苯二甲酸二丁酯研究进展[J]卫生研究,2003,32(4).

[705] 张明森.精细有机化工中间体全书[M]化学工业出版社,2008.

[706] 化学化工大辞典编委.化学化工大辞典上/下[M]化学工业出版社,2003.

[707] 肖翠玲,王艳花,董树生.21世纪的绿色基础化学原料-碳酸二甲酯[J].化工进展,2000,19(2).

[708] 石万聪.磷酸三苯酯职业安全指南[J].增塑剂.2000,000(2).

[709] 魏莹,赵耀华,牛希华,等.硫酸二甲酯烧伤9例临床分析[J].中国职业医学.2005,32(2).

[710] 王凡,冯玉姝.硫酸二甲酯对人体毒作用的研究近况[J].职业卫生与应急救援.1998,(1).

[711] 张克川,谭永祥,朴顺姬.对甲苯磺酸甲酯灼伤并中毒1例[J].化工劳动保护(工业卫生与职业病分册).1995,(2).

[712] 左恩俊,朴丰源,姜莹.磷酸三邻甲苯酯诱导鸡迟发神经毒性模型和苯甲基磺酰氟的预处理[J].中国组织工程研究.2014,18(49).

[713] 有害物质数据库(Hazardous Substances Data Bank,HSDB)[DB/OL] http://toxnet. nlm. nih. gov/cgi-bin/sis/htmlgen?HSDB W－1－6.

[714] chemicalbook 数据库[DB/OL] https://www.chemicalbook.com/ProductIndex.aspx.

[715] 物竞数据库[DB/OL]http://www.basechem.org.

[716] 惠慧.磁性聚乙撑亚胺的制备和细胞转染的实验研究[D].重庆：重庆医科大学,2015.

[717] 马一平.抗肿瘤药物的研究进展[J].天津药学.2001,13(5).

[718] 彭开良,欧阳宁慧,彭德慧,等.氮丙啶类化合物TMD亚急性毒性及致突变作用[J].卫生毒理学杂志.1999,13(3).

[719] 尹洪银,郭盈,赵秀兰,等.吡咯加合物的毒代动力学以及其作为2,5－己二酮亚急性暴露生物监测的可能性[A].中国毒理学会,广东省疾病预防控制中心.中国毒理学会第六届全国毒理学大会论文摘要[C].中国毒理学会、广东省疾病预防控制中心：中国毒理学会,2013：1.

[720] 付竹,孙文超,栾相成,等.2－氨基噻唑类化合物抗肿瘤机制的研究现状[J].锦州医科大学学报.2018,39(5).

[721] 蔡志萍,陈国胜,周茵,等.氨基噻唑(噁唑)类化合物的合成及抗K562细胞活性研究[J].中国现代应用药学.2018,35(9).

[722] 刘晓涵.2－氨基噻唑类衍生物的合成及活性测定[D].重庆：重庆大学,2016.

[723] 常进,赵云苓,许荆立,等.18F标记的2－氨基噻唑类化合物的合成及生物活性初步评价[A].中国核学会核化学与放射化学分会.第十二届全国放射性药物与标记化合物学术交流会论文摘要汇编[C].中国核学会核化学与放射化学分会：中国核学会,2014.

[724] 袁静,黄长江,张士俊,等.氨基噻唑衍生物的合成与药理活性研究[J].中国新药杂志.2010,19(9).

[725] 姜凤超,成冲云.2－氨基噻唑衍生物的设计、合成及对细胞凋亡的抑制活性[J].药学学报.2006,41(8).

[726] 艾青,葛璞,代洁,等.过氧化氢酶抑制剂氨基三唑减轻急性酒精性肝损伤[J].生理学报.2015,67(1).

[727] 顾林生,马新华,邢岩,等.慢性吡啶中毒1例报告[J].职业与健康.1997,(2).

[728] 綦黄鹏,唐新,朱云才,等.4－氨基吡啶对大鼠臂旁外侧核神经元放电活动和温度敏感性的影响[J].成都医学院学报.2018,13(1).

[729] 张存彦.HPLC法测定4－氨基吡啶的含量[J].生物化工.2017,3(1).

[730] 魏代艳.4－氨基吡啶类衍生物的设计、合成及生物活性评价[D].天津：天津大学,2016.

[731] 周俊蛟.钾离子通道阻滞剂4－氨基吡啶对人舌鳞癌细胞迁移和侵袭的影响[D].四川：泸州医学院,2014.

[732] 王凯,向翠英,张琼.4－氨基吡啶致小鼠舔体反应与瘙痒关系的初步探讨[J].中国新药杂志.2011,20(2).

[733] 瓮占平,王波,王胜蓝,等.4－氨基吡啶对卵巢上皮性癌细胞增殖的影响[J].中华妇产科杂志.2006,41(11).

[734] 王庆徽,董德利,杨宝峰.4－氨基吡啶对鼠胃肠道功能的影响[J].中国药理学通报.2005,21(12).

[735] 傅丽英,李泱,夏国瑾,等.4－氨基吡啶对豚鼠心室肌钙和钠电流的影响[J].药学学报.2001,36(4).

[736] 韩冬梅,孙淑颖,辛丽华.氨苄合成原料－2,6－二甲基吡啶的测定[J].黑龙江医药.1998,(4).

[737] 朱欣潮,陈欢,胡香杰,等.成瘾剂量下烟碱对大鼠的毒性损伤[J].烟草科技.2017,50(7).

[738] 潘春晨.尼古丁在新生大鼠耳蜗毒性机制及17－DMAG的保护作用[D].武汉：华中科技大学,2016.

[739] 吴冬梅,何正,马良鹏,等.孕期尼古丁暴露致大鼠胎肾上腺载脂蛋白表达改变及发育毒性[J].中国医院药学杂志.2015,35(8).

[740] 白燕,屈秋民,石婕.尼古丁对Aβ25－35诱导的细胞毒性拮抗作用[J].包头医学院学报.2015,31(2).

[741] 苏鑫,毕良佳,孟培松,等.尼古丁对牙周炎大鼠牙周膜成纤维细胞的毒性作用[J].现代生物医学进展.2014,14(35).

[742] 蔡燕雪.尼古丁抵抗MPTP/MPP～＋神经毒性的分子机制研究[D].云南：昆明理工大学,2014.

[743] 吴霏霏，刘翠侠，华陈，等.小鼠香烟尼古丁骨髓微核毒性实验的研究[J].吉林医学.2013，34(24).
[744] 王翔宇，曹艳，陈显久，等.尼古丁对L-929细胞毒性作用[J].中国公共卫生.2010，26(10).
[745] 任汝静，王刚，潘静，等.尼古丁对Aβ_(25～35)细胞毒性的拮抗作用及与β-淀粉样前体蛋白代谢的关系[J].中国现代神经疾病杂志.2007(3)：217-222.
[746] 魏学智，钱培贤，安立文.三聚氰胺所致婴幼儿泌尿系结石的临床研究进展[J].黑龙江医学.2016，40(10).
[747] 李伟，王清路，张杰，等.三聚氰胺对不同周龄BALC小鼠的肾毒性[J].环境与健康杂志.2015，32(6).
[748] 杨希.长期摄入三聚氰胺导致泌尿系远期损害的动物研究[D].昆明：昆明医科大学，2015.
[749] 夏凤琼，黄健，杨国珍.三聚氰胺对雄性小鼠精液质量的影响[J].贵阳医学院学报.2015，40(3).
[750] 石红霞，杨淑芬，张长荣，等.三聚氰胺致泌尿系结石的动物模型研究进展[J].医学综述.2015，21(4).
[751] 蒋菊琴，赵振元，齐永福.三聚氰胺致婴幼儿多系统损害的临床分析[J].中国临床研究.2014，27(10).
[752] 黎福荣，张薇，邹移海，等.三聚氰胺亚慢性毒性实验研究[J].热带医学杂志.2014，14(9).
[753] 李淑琴，武晋孝，李建国，等.三聚氰胺急性毒性及亚急性毒性试验研究[J].毒理学杂志.2013，27(6).
[754] 董德鑫，李汉忠.三聚氰胺导致泌尿系统损害的研究进展[J].临床泌尿外科杂志.2013，28(6).
[755] 黄大伟.三聚氰胺与三聚氰酸的联合毒性作用研究[D].武汉：武汉轻工大学，2013.
[756] 高虹，何君，贺晓玉，等.三聚氰胺等物质给予幼年恒河猴的毒性试验[J].中国比较医学杂志.2012，22(6).
[757] 孙美琦.三聚氰胺对幼猫和大鼠亚慢性和慢性毒性的研究[D].内蒙古：内蒙古农业大学，2012.
[758] 张晓鹏，杨辉，李宁.三聚氰酸毒理学研究进展[J].中国食品卫生杂志.2011，23(3).
[759] 栗建辉，赵真，李玉兰，等.三聚氰胺及其同系物三聚氰酸毒性的研究概况[J].临床荟萃.2011，26(5).
[760] 刘汇涛，邢秀梅，蒋清奎，等.三聚氰胺和三聚氰酸的毒性及其致病机理研究进展[J].特产研究.2010，32(4).
[761] 王玉燕，柴玮杰，王明秋，等.三聚氰胺形成肾结晶体机制与肾损伤关系的研究[J].毒理学杂志.2010，24(5).
[762] 梁毅文，于永刚，刘刚，等.三聚氰胺及三聚氰酸致大鼠肾脏损害的研究[J].华南国防医学杂志.2010，24(2).
[763] 梁毅文，于永刚，刘刚，等.三聚氰胺与三聚氰酸联合灌胃致大鼠泌尿系统损害研究[J].解放军医学杂志.2010，35(4).
[764] 柴玮杰，王玉燕，高珉之，等.三聚氰胺单独及与三聚氰酸联合染毒致大鼠的肾毒性[J].环境与健康杂志.2009，26(10).
[765] 韩生华，温雪山，陈建新.哌嗪类药物的现状及其研究进展[J].山西大同大学学报(自然科学版).2009，25(3).
[766] 王玉燕，柴玮杰，高珉之，等.三聚氰胺与三聚氰酸联合作用致大鼠的肾损伤[J].毒理学杂志.2009，23(3).
[767] 王玉燕，柴玮杰，高珉之，等.三聚氰胺及三聚氰酸致实验大鼠肾损伤的回顾性研究[J].医学动物防制.2009，25(1).
[768] 任东升，周志俊.三聚氰胺毒理学研究进展[J].环境与职业医学.2008，25(6).
[769] 胡虎，盛宏强，马晓琼，等.三聚氰胺及其同系物三聚氰酸的生物学效应和毒理学研究进展[J].浙江大学学报(医学版).2008，37(6).
[770] 武镊，李建国，李学敏，等.二氯异氰尿酸钠的毒性试验观察[J].中国消毒学杂志.2006，23(2).
[771] 石胜尧，李迎凯，袁长青，等.二氯异氰尿酸盐类消毒剂的试制与效果观察[J].中国公共卫生.1999，(8).
[772] 师全仁，韩效琴，付大仁.二氯异氰尿酸杀菌作用的测定[J].中国消毒学杂志.1993，10(1).
[773] 郭兰森，徐洪兰，陈玉琳，等.氚标记黑索金在小白鼠体内分布和代谢的研究[J].中华劳动卫生职业病杂志.1985，(6).
[774] 张守忠，刘晓辉.职业接触三硝基甲苯或黑索金对女工的影响[J].职业卫生与病伤.2002，(3).
[775] 张守忠.职业接触三硝基甲苯与黑索金对工人行为功能的影响[J].中国疗养医学.2006，15(4).
[776] 刘晓辉.黑索金(环三次甲基三硝苯胺)对人体影响的初步探讨[J].劳动医学.1992，(1).
[777] 马宝珊，李惠芬.黑索金对作业工人神经行为功能的影响[J].工业卫生与职业病.1993，(1).
[778] 严川信，程先升，张延巍，等.奥克托今对作业工人周围神经传导速度的影响[J].工业卫生与职业病.2003，29(1).
[779] 王延琦，严川信，夏宝清，等.车间空气中奥克托今卫生标准研究[J].工业卫生与职业病.2001，27(3).
[780] 张双保，严川信，薛秀英，等.奥克托今对作业工人神经行为功能的影响[J].工业卫生与职业病.1998，24(2).
[781] 马宝珊，陈敬斌，许清莲，等.叠氮酸吸入毒性研究[J].卫生研究.1990，19(2).
[782] 吕伯钦，曾昭慧，王志爽，等.接触叠氮酸作业工人的健康危害研究[J].卫生研究.1992，21(6).
[783] 钟甫周.叠氮钠毒性和致癌性研究[J].化工劳动保护(工业卫生与职业病分册).1995，(2).
[784] 张兰，张如意，叶翠飞，等.叠氮钠对模型大鼠学习记忆能力的影响[J].现代康复.2001，5(1).
[785] 徐海伟，黎海蒂，范晓棠，等.叠氮钠对大鼠学习记忆及海马和额叶皮层内Aβ的影响[J].中国应用生理学杂志.2003，19(1).
[786] 孙晓芳，王巍.叠氮钠造成脑线粒体损伤模型的研究现状[J].中国药理学与毒理学杂志.2004，18(5).

[787] 何燕霞，翁小健，胡宁.叠氮化钠中毒 11 例神经系统损害特点[J].中国乡村医药.2015，22(21).
[788] 何燕霞，翁小健，胡宁.叠氮化钠中毒临床及神经电生理特点[J].临床神经病学杂志.2015，28(4).
[789] 胡川笑，邵志华，余清卿，等.3 例叠氮化钠中毒病例临床分析[J].环境与职业医学.2011，28，(8).
[790] 赵莉莉，周春景.叠氮化钠致神经系统中毒 1 例[J].现代应用药学.1997，14(5).
[791] 马华智.羟胺及盐酸羟胺的遗传毒性[J].中国公共卫生学报.1996，15(2).
[792] 张素清.盐酸氮芥眼部灼伤 26 例治疗体会[J].人民军医.1996，(4).
[793] 段力平，刘梦平.盐酸氮芥的心脏毒性反应——附 3 例报告[J].海南医学院学报.1997，3(4).
[794] 奉水东，李华文，王小利，等.氮芥所致 DNA 损伤分子标志物探讨[J].中国公共卫生.2005，21(2).
[795] 杨蓉，刘建华，李松梅.偏二甲肼的毒理和接触人员的安全防护[J].环境与职业医学.2005，22(6).
[796] 连云阳.除莠剂[J].国外医药(抗生素分册).1996，7(2).
[797] 顾依平，郭绪益，徐亮，等.吸入肼对大鼠肝脏毒效应的研究[J].职业医学.1993，20(3).
[798] 顾依平，韩友圻.肼对机体的毒效应[J].国外医学(卫生学分册).1993，20(1).
[799] 盛琴琴，汪严华，马志忠，等.农药倍硫磷的毒性[J].中国卫生监督杂志.2001，8(5).
[800] 高雪芹，白成龙，乔赐彬.农药倍硫磷的神经毒性研究进展(综述)[J].农药科学与管理.1991，(1).
[801] 孙运光，周志俊，顾祖维.有机磷农药生物标志物的研究进展[J].劳动医学，2000，17(1).
[802] 耿晓.马拉硫磷对雄性大鼠的生殖毒性研究[D].山东：济南大学，2015.
[803] 左海根，幸明，郭平，等.液液萃取-气相色谱及气质联用测定马拉硫磷及马拉氧磷[J].中国给水排水.2016，32(12).
[804] 舒静波，王敏，刘积善，等.农药马拉硫磷的免疫毒性[J].职业医学.1999，(1).
[805] 陈伟贤，张平，甲胺磷中毒的肌肉与周围神经病理[J].临床神经病学杂志.1993，(2).
[806] 陈亚林，张学煃.O，O，S-三甲基硫赶磷酸酯在甲胺磷中毒检验中的应用[J].理化检验(化学分册).2003，(8).
[807] 傅立杰，唐宪娥，李莉.速灭磷对胆碱酯酶活力的影响[J].职业医学.1982，(4).
[808] 王团伟.氧乐果接触工人胆碱酯酶活性与端粒长度变化及其影响因素[D].郑州：郑州大学，2016.
[809] 裴淑，崔强，杨立新.氧乐果接触水平与其尿中二甲基磷酸酯的关系[J].中华劳动卫生职业病杂志.1989，(3).
[810] Campanella L，Dragone R，Lelo D，et al. Tyrosinase inhibition organic phase biosensor for triazinic and benzotriazinic pesticide analysis (part two)[J]. Analytical & Bioanalytical Chemistry. 2006，384(4).
[811] 边高鹏，焦海华，史宝忠，等.水胺硫磷亚急性暴露对小鼠肝脏氧化应激的影响[J].生态毒理学报.2015，10(06).
[812] 薛寿征，汪敏，李枫，等.农药杀虫脒致癌危险度评定[J].农药科学与管理.1989，(02).
[813] 武红叶，曾明，关岚，等.杀螟丹对小鼠精子的毒性作用[J].毒理学杂志.2006，20(2).
[814] 朱延韦，蒋宪瑶，蒙顺松，等.贵州省沙蚕毒系新农药——多噻烷毒性研究[J].贵阳医学院学报.1986，(04).
[815] 蒋宪瑶，龙曼海，张爱华，等.多噻烷的迟发神经毒性研究[J].贵阳医学院学报.2004，29(6).
[816] 郑剑宁，裘炯良，薛新春.硫酰氟毒理学研究进展[J].中华卫生杀虫药械.2008，10(06).
[817] 邱泽武，张少华，蓝红，等.急性硫酰氟中毒 8 例报告[J].中国急救医学.2001，(09).
[818] 徐甫，周志俊.硫丹的毒理学研究进展[J].环境与职业医学.2011，136(05).
[819] 胡国成，许木启，戴家银，等.硫丹对水生生物毒理效应的研究进展[J].中国水产科学.2007，(06).
[820] 任南琪，张晓丹，周广红，等.硫丹致生精细胞凋亡及其机制研究[J].环境科学.2008，(02).
[821] 冯静仪，凌宝银，吴金龙，等.甲醚菊酯毒性研究[J].卫生毒理学杂志.1989，(02).
[822] 宋玉峰，吕潇.蔬菜中氯氰菊酯残留的膳食摄入评估[C].北京食品学会，北京食品协会.2010 年第三届国际食品安全高峰论坛论文集.北京：北京食品学会，2010.
[823] 高庆英，白淑清，冯小黎，等.染料行业职工 1989～1994 年间死因分析[J].白求恩医科大学学报.1998，(03).
[824] 钟金汤.偶氮染料及其代谢产物的化学结构与毒性关系的回顾与前瞻[J].环境与职业医学.2004，(01).
[825] 中华人民共和国卫生部.苏丹红危险性评估报告[R].北京：中华人民共和国卫生部，2005.
[826] 张斌.苏丹红Ⅰ对昆明小鼠的亚急性毒性的病理学研究[D].保定：河北农业大学，2009.
[827] 许学飞，林起业，林其汉.一起非食用色素油溶黄引起的食物中毒调查报告[J].海峡预防医学杂志.2002，(04).
[828] 曾盈，蔡智鸣，王振，等.胭脂红对 3T3 细胞 DNA 损伤的 SCGE 检测[J].同济大学学报(医学版).2008(01).
[829] 蒋利刚，程东，韩晓英，等.柠檬黄对雄性小鼠生殖细胞的影响[J].生物医学工程研究.2011，30(03).
[830] 黄斯楠，杨媛媛.品红致急性溶血性贫血 56 例的护理体会[J].广西医学.2003，(12).
[831] 卢梅.1 例重度品红中毒病人的护理[J].护理研究.2008，243(07).

[832] Hoenig S L. Compendium of Chemical Warfare Agents[M]. New York: Springer, 2006.
[833] Romano J A, Lukey B J, Salem H. Chemical Warfare Agents: Chemistry, Pharmacology, Toxicology and Therapeutics (2nd edn)[M]. Boca Raton: CRC Press, 2008.
[834] Worek F, Jenner J, Thiermann H. Chemical Warfare Toxicology[M]. Cambridge: The Royal Society of Chemistry, 2016.
[835] Gorecki L, Korabecny J, Musilek K, et al. SAR study to find optimal cholinesterase reactivator against organophosphorous nerve agents and pesticides[J]. Arch Toxicol. 2016, 90(12).
[836] Nachon F, Brazzolotto X, Trovaslet M, et al. Progress in the development of enzyme-based nerve agent bioscavengers[J]. Chem Biol Interact. 2013, 206(3).
[837] Yanagisawa N, Morita H, Nakajima T. Sarin experiences in Japan: Acute toxicity and long-term effects[J]. J Neurol Sci. 2006, 249(1).
[838] Kaledin A L, Driscoll D M, Troya D, et al. Impact of ambient gases on the mechanism of[Cs8Nb6O19] -promoted nerve-agent decomposition[J]. Chem Sci. 2018, 9(8).
[839] Bobbitt N S, Mendonca M L, Howarth A J, et al. Metal-organic frameworks for the removal of toxic industrial chemicals and chemical warfare agents[J]. Chem Soc Rev. 2017, 46(11).
[840] Abou-Donia M B, Siracuse B, Gupta N, et al. Sarin (GB, O-isopropyl methylphosphonofluoridate) neurotoxicity: critical review[J]. Crit Rev Toxicol. 2016, 46(10).
[841] Osovsky R, Kaplan D, Nir I, et al. Decontamination of adsorbed chemical warfare agents on activated carbon using hydrogen peroxide solutions[J]. Environ Sci Technol. 2014, 48(18).
[842] Crow B S, Pantazides B G, Quiñones-González J, et al. Simultaneous measurement of tabun, sarin, soman, cyclosarin, VR, VX, and VM adducts to tyrosine in blood products by isotope dilution UHPLC-MS/MS[J]. Anal Chem. 2014, 86(20).
[843] Koplovitz I, Gresham V C, Dochterman L W, et al. Evaluation of the toxicity, pathology, and treatment of cyclohexylmethylphosphonofluoridate (CMPF) poisoning in rhesus monkeys[J]. Arch Toxicol. 1992, 66(9).
[844] Anthony J S, Haley M, Manthei J, et al. Inhalation toxicity of Cyclosarin (GF) vapor in rats as a function of exposure concentration and duration: potency comparison to sarin (GB)[J]. Inhal Toxicol. 2004, 16(2).
[845] Leikin J B, Thomas R G, Walter F G, et al. A review of nerve agent exposure for the critical care physician[J]. Crit Care Med. 2002, 30(10).
[846] Lin Y, Chen J, Yan L, et al. Determination of nerve agent metabolites in human urine by isotope-dilution gas chromatography-tandem mass spectrometry after solid phase supported derivatization[J]. Anal Bioanal Chem. 2014, 406(21).
[847] Wei Z, Liu YQ, Wang SZ, et al. Conjugates of salicylaldoximes and peripheral site ligands: Novel efficient nonquaternary reactivators for nerve agent-inhibited acetylcholinesterase[J]. Bioorg Med Chem. 2017, 25(16).
[848] Wu J, Zhu Y, Gao J, et al. A simple and sensitive surface-enhanced Raman spectroscopic discriminative detection of ganophosphorous nerve agents[J]. Anal Bioanal Chem. 2017, 409(21).
[849] Yang J, Fan L, Wang F, et al. Rapid-releasing of HI-6 via brain-targeted mesoporous silica nanoparticles for nerve agent detoxification[J]. Nanoscale. 2016, 8(18).
[850] Wei Z, Liu YQ, Wang YA, et al. Novel nonquaternary reactivators showing reactivation efficiency for soman-inhibited human acetylcholinesterase[J]. Toxicol Lett. 2016, 246.
[851] Jin X, Wang RH, Wang H, et al. Brain protection against ischemic stroke using choline as a new molecular bypass treatment[J]. Acta Pharmacol Sin. 2015, 36(12).
[852] Graziani S, Christin D, Daulon S, et al. Effects of repeated low-dose exposure of the nerve agent VX on monoamine levels in different brain structures in mice[J]. Neurochem Res. 2014, 39(5).
[853] Bakshi K S, Pang S N J, Snyder R. Review of the U. S. army's health risk assessments for oral exposure to six chemical-warfare agents[J]. J Toxicol Environ Health Part A. 1999.
[854] Xu B, Zong C, Zhang Y, et al. Accumulation of intact sulfur mustard in adipose tissue and toxicokinetics by chemical conversion and isotope-dilution liquid chromatography-tandem mass spectrometry[J]. Arch Toxicol. 2017, 91(2).
[855] Lombardo P A. Chemistry: The hidden war[J]. Nature. 2017, 541.
[856] Groehler A S, Villalta P W, Campbell C, et al. Covalent DNA-Protein Cross-linking by Phosphoramide Mustard and Nornitrogen Mustard in Human Cells[J]. Chem Res Toxicol. 2016, 29(2).
[857] Weinberger B, Malaviya R, Sunil V R, et al. Mustard vesicant-induced lung injury: Advances in therapy[J]. Toxicol Appl Pharmacol. 2016, 305.

[858] Sunil V R, Patel-Vayas K, Shen J, et al. Role of TNFR1 in lung injury and altered lung function induced by the model sulfur mustard vesicant, 2-chloroethyl ethyl sulfide [J]. Toxicol Appl Pharmacol. 2011, 250(3).

[859] Laskin J D, Black A T, Jan Y H, et al. Oxidants and antioxidants in sulfur mustard-induced injury[J]. Ann N Y Acad Sci. 2010, 1203.

[860] Sunil V R, Patel K J, Shen J, et al. Functional and inflammatory alterations in the lung following exposure of rats to nitrogen mustard[J]. Toxicol Appl Pharmacol. 2011, 250(1).

[861] Balcome S, Park S, Quirk D D, et al. Adenine-containing DNA-DNA cross-links of antitumor nitrogen mustards[J]. Chem Res Toxicol. 2004, 17(7).

[862] Loeber R L, Michaelson-Richie E D, Codreanu S G, et al. Proteomic Analysis of DNA-Protein Cross-Linking by Antitumor Nitrogen Mustards[J]. Chem Res Toxicol. 2009, 22(6).

[863] Isono O, Kituda A, Fujii M, et al. Long-term neurological and neuropsychological complications of sulfur mustard and Lewisite mixture poisoning in Chinese victims exposed to chemical warfare agents abandoned at the end of WWII[J]. Toxicol Lett. 2018, 293.

[864] Tewari-Singh N, Goswami D G, Kant R, et al. Histopathological and Molecular Changes in the Rabbit Cornea From Arsenical Vesicant Lewisite Exposure[J]. Toxicol Sci. 2017, 160(2).

[865] Li C, Srivastava R K, Weng Z, et al. Molecular Mechanism Underlying Pathogenesis of Lewisite-Induced Cutaneous Blistering and Inflammation: Chemical Chaperones as Potential Novel Antidotes [J]. Am J Pathol. 2016, 186(10).

[866] Palcic J D, Donovan S F, Jones J S, et al. Lewisite Metabolites in Urine by Solid Phase Extraction-Dual Column Reversed-Phase Liquid Chromatography-Isotope Dilution Tandem Mass Spectrometry[J]. J Anal Toxicol. 2016, 40(6).

[867] Stone H, See D, Smiley A, et al. Surface decontamination for blister agents Lewisite, sulfur mustard and agent yellow, a Lewisite and sulfur mustard mixture[J]. J Hazard Mater. 2016, 314.

[868] McManus J, Huebner K. Vesicants[J]. Critical care clinics. 2005, 21(4).

[869] Lv S, Zhang Y, Xu B, et al. Synthesis, Characterization, and Identification of New in Vitro Covalent DNA Adducts of Divinyl Sulfone, an Oxidative Metabolite of Sulfur Mustard. Chem Res Toxicol. 2017, 30(10).

[870] Nie Z, Zhang Y, Chen J, et al. Monitoring urinary metabolites resulting from sulfur mustard exposure in rabbits, using highly sensitive isotope-dilution gas chromatography-mass spectrometry [J]. Anal Bioanal Chem. 2014, 406(21).

[871] Wang P, Zhang Y, Chen J, et al. Analysis of different fates of DNA adducts in adipocytes post-sulfur mustard exposure in vitro and in vivo using a simultaneous UPLC-MS/MS quantification method [J]. Chem Res Toxicol. 2015, 28(6).

[872] Yue L, Wei Y, Chen J, et al. Abundance of four sulfur mustard-DNA adducts ex vivo and in vivo revealed by simultaneous quantification in stable isotope dilution-ultrahigh performance liquid chromatography-tandem mass spectrometry [J]. Chem Res Toxicol. 2014, 27(4).

[873] Yue L, Zhang Y, Chen J, et al. Distribution of DNA adducts and corresponding tissue damage of Sprague-Dawley rats with percutaneous exposure to sulfur mustard[J]. Chem Res Toxicol. 2015, 28(3).

[874] Zhang X, Mei Y, Wang T, et al. Early oxidative stress, DNA damage and inflammation resulting from subcutaneous injection of sulfur mustard into mice[J]. Chem Res Toxicol. 2017, 55.

[875] Yu D, Bei YY, Li Y, et al. In vitro the differences of inflammatory and oxidative reactions due to sulfur mustard induced acute pulmonary injury underlying intraperitoneal injection and intratracheal instillation in rats[J]. Int Immunopharmacol. 2017, 47.

[876] Li C, Chen J, Liu Q, et al. Simultaneous quantification of seven plasma metabolites of sulfur mustard by ultra high performance liquid chromatography-tandem mass spectrometry [J]. J Chromatogr B Analyt Technol Biomed Life Sci. 2013.

[877] Lin, Y. , Dong, Y. , Chen, J. , et al. Gas chromatographic-tandem mass spectrometric analysis of beta-lyase metabolites of sulfur mustard adducts with glutathione in urine and its use in a rabbit cutaneous exposure model [J]. J Chromatogr B Analyt Technol Biomed Life Sci, 2014, 945—946.

[878] Qi, M. , Xu, B. , Wu, J. , et al. Simultaneous determination of sulfur mustard and related oxidation products by isotope-dilution LC-MS/MS method coupled with a chemical conversion [J]. J Chromatogr B Analyt Technol Biomed Life Sci, 2016, 1028.

[879] Wei, Y. , Yue, L. , Liu, Q. , et al. A sensitive high performance liquid chromatography-positive electrospray tandem mass spectrometry method for N7 -[2 -[(2-hydroxyethyl)thio]-ethyl]guanine determination[J]. J Chromatogr B Analyt Technol Biomed Life Sci,

2011, 879.

[880] Zhang, Y. , Yue, L. , Nie, Z. , et al. Simultaneous determination of four sulfur mustard-DNA adducts in rabbit urine after dermal exposure by isotope-dilution liquid chromatography-tandem mass spectrometry[J]. J Chromatogr B Analyt Technol Biomed Life Sci, 2014, 961.

[881] Mei, Y. Z. , Zhang, X. R. , Jiang, N. , et al. The injury progression of T lymphocytes in a mouse model with subcutaneous injection of a high dose of sulfur mustard[J]. Mil Med Res, 2014, 1.

[882] Liu, F. , Jiang, N. , Xiao, Z. Y. , et al. Effects of poly (ADP-ribose) polymerase-1 (PARP-1) inhibition on sulfur mustard-induced cutaneous injuries in vitro and in vivo[J]. PeerJ, 2016, 4, e1890.

[883] Nie, Z. , Liu, Q. , Xie, J.. Improvements in monitoring the N-terminal valine adduct in human globin after exposure to sulfur mustard and synthesis of reference chemicals[J]. Talanta, 2011, 85.

[884] Xu, B. , Zong, C. , Nie, Z. , et al. A novel approach for high sensitive determination of sulfur mustard by derivatization and isotope-dilution LC-MS/MS analysis[J]. Talanta, 2015, 132.

[885] Xu, H. , Nie, Z. , Zhang, Y. , et al. Four sulfur mustard exposure cases: Overall analysis of four types of biomarkers in clinical samples provides positive implication for early diagnosis and treatment monitoring[J]. Toxicol Rep, 2014, 1.

[886] Xu, H. , Gao, Z. , Wang, P. , et al. Biological effects of adipocytes in sulfur mustard induced toxicity[J]. Toxicology, 2018, 393.

[887] Elliott A, Dubé P A, Cossette-Côté A, et al. Intraosseous administration of antidotes-a systematic review[J]. Clinical Toxicology, 2017, 55(10).

[888] Wang D, Fu X, Kong F, et al. Risk assessment and risk control for occupational exposure to chemical toxicants from an isophorone nitrile device [J]. Zhonghualao dong wei sheng zhi ye bingzazhi Chinese journal of industrial hygiene and occupational diseases, 2014, 32(6).

[889] Holland M A, Kozlowski L M. Clinical features and management of cyanide poisoning [J]. Clinical pharmacy, 1986, 5(9).

[890] W Borron S, J Baud F. Antidotes for acute cyanide poisoning [J]. Current pharmaceutical biotechnology, 2012, 13(10).

[891] Pang X N, Li Z J, Chen J Y, et al. A Comprehensive Review of Spirit Drink Safety Standards and Regulations from an International Perspective[J]. Journal of food protection, 2017, 80(3).

[892] Petrikovics I, Budai M, Kovacs K, et al. Past, present and future of cyanide antagonism research: From the early remedies to the current therapies[J]. World journal of methodology, 2015, 5(2).

[893] Kulig K. Cyanide antidotes and fire toxicology[J]. The New England journal of medicine, 1991, 325(25).

[894] Jackson R, Logue B A. A review of rapid and field-portable analytical techniques for the diagnosis of cyanide exposure[J]. Analyticachimicaacta, 2017, 960.

[895] Pearson A. Incapacitating biochemical weapons: science, technology, and policy for the 21st century [J]. Nonprolifer Rev, 13(2).

[896] Anderson PD. Emergency management of chemical weapons injuries[J]. J Pharm Pract, 2012, 25(1).

[897] Mazumder A, Kumar A, Purohit AK, Dubey DK. A high-resolution phosphorus-31 nuclear magnetic resonance (NMR) spectroscopic method for the non-phosphorus markers of chemical warfare agents[J]. Anal Bioanal Chem, 2012, 402(4).

[898] Filip V, Vachek J, Albrecht V, Dvorák I, Dvoráková J, Fusek J, Havlůj J. Pharmacokinetics and tolerance of 7-methoxytacrine following the single dose administration in healthy volunteers[J]. Int J Clin Pharmacol Ther Toxicol, 1991, 29(11).

[899] Haines D D, Fox S C. Acute and long-term impact of chemical weapons: lessons from the Iran-Iraq war [J]. Forensic Sci. Rev, 2014, 26(2).

[900] Grainge C, Rice P. Management of phosgene-induced acute lung injury[J]. Clinical toxicology, 2010, 48 (6): 497 - 508.

[901] Greenberg M I, Sexton K J, Vearrier D. Sea-dumped chemical weapons: environmental risk, occupational hazard[J]. Clinical toxicology, 2016, 54(2).

[902] Li W, Pauluhn J. Phosgene-induced acute lung injury (ALI): differences from chlorine-induced ALI and attempts to translate toxicology to clinical medicine [J]. Clinical and translational medicine, 2017, 6(1).

[903] Chen J, Shao Y, Xu G, et al. Bone marrow-derived mesenchymal stem cells attenuate phosgene-induced acute lung injury in rats[J]. Inhalation toxicology, 2015, 27(5).

[904] Liu Z, Gao F, Hou L, et al. Network Clusters Analysis Based on Protein-Protein Interaction Network Constructed in Phosgene-Induced Acute Lung Injury[J]. Lung, 2013, 191(5).

[905] Pauluhn J, Hai C X. Attempts to counteract phosgene-induced acute lung injury by instant high-

dose aerosol exposure to hexamethylenetetramine, cysteine or glutathione[J]. Inhalation toxicology, 2011, 23(1).

[906] Qin X J, Li Y N, Liang X, et al. The dysfunction of ATPases due to impaired mitochondrial respiration in phosgene-induced pulmonary edema [J]. Biochemical and biophysical research communications, 2008, 367(1).

[907] Ji L, Liu R, Zhang X D, et al. N-acetylcysteine attenuates phosgene-induced acute lung injury via up-regulation of Nrf2 expression [J]. Inhalation toxicology, 2010, 22(7).

[908] Hout, J. J., White, D. W., Artino, A. R., et al. O-chlorobenzylidene malononitrile (CS riot control agent) associated acute respiratory illnesses in a U.S. Army Basic Combat Training cohort[J]. Mil Med, 2014, 179(7).

[909] Dimitroglou, Y., Rachiotis, G., Hadjichristodoulou, C. Exposure to the riot control agent CS and potential health effects: a systematic review of the evidence[J]. Int J Environ Res Public Health, 2015, 12(2).

[910] Agrawal, Y., Thornton, D., Phipps, A. CS gas — completely safe? A burn case report and literature review[J]. Burns, 2009, 35(6).

[911] Schep, L. J., Slaughter, R. J., McBride, D. I. Riot control agents: the tear gases CN, CS and OC-a medical review[J]. J R Army Med Corps, 2015, 161(2).

[912] Rengstorff, R. H., Petrali, J. P., Mershon, M. M., Sim, V. M. The effect of the riot control agent dibenz(b, f)-1, 4-oxazepine (CR) in the rabbit eye [J]. Toxicol Appl Pharmacol, 1975, 34(1).

[913] Olajos, E. J., Salem, H. Riot control agents: pharmacology, toxicology, biochemistry and chemistry [J]. J Appl Toxicol, 2001, 21(5).

[914] Gijsen, H. J., Berthelot, D., Zaja, M., et al. Analogues of morphanthridine and the tear gas dibenz[b, f][1, 4] oxazepine (CR) as extremely potent activators of the human transient receptor potential ankyrin 1 (TRPA1) channel[J]. J Med Chem, 2010, 53(19).

[915] Curry, J., Aluru, M., Mendoza, M., et al. Transcripts for possible capsaicinoid biosynthetic genes are differentially accumulated in pungent and non-pungent Capsicum spp[J]. Plant Science, 1999, 148(1).

[916] Rollyson, W. D., Stover, C. A., Brown, K. C., et al. Bioavailability of capsaicin and its implications for drug delivery[J]. J Control Release, 2014., 196 (96-105).

[917] Yang, F., Xiao, X., Cheng, W., et al. Structural mechanism underlying capsaicin binding and activation of the TRPV1 ion channel[J]. Nat Chem Biol, 2015, 11(7).

[918] Chiang, H., Ohno, N., Hsieh, Y. L., et al. Mitochondrial fission aumgents capsaicin-induced axonal degeneration [J]. Acta neuropathologica, 2015, 129(1).

[919] O'Neill, J., Brock, C., Olesen, A. E., et al. Unravelling the mystery of capsaicin: a tool to understand and treat pain[J]. Pharmacol Rev, 2012, 64(4).

[920] 程天民.军事预防医学概论[M]//朱明学,董兆君.化学武器伤害及其防护.北京：人民军医出版社,2006.

[921] (美) R.C.古普塔(Ramesh C.Gupta) 主编;蒋辉,裴承新译.化学战剂毒理学手册[M].北京：化学工业出版社,2017.

[922] 肖凯等主编,海军防化医学[M],上海：第二军医大学出版社,2017.

[923] 总后卫生部主编,核、化、生武器损伤防治学[M],北京：人民军医出版社,2007.3.

[924] 吴卓明等主编,核、生、化防护大辞典[M],上海：上海辞书出版社,2000.

[925] 军事医学科学院毒物药物研究所编译,美军化学武器损伤医学防护手册(第三版)[M],1999.8.

[926] 岳丽君,魏玉霞,陈佳,等.高效液相色谱-电喷雾离子阱串联质谱法检测芥子气经皮肤染毒 SD 大鼠肺中的 DNA 加合物[J].色谱,2011 29.

[927] 赛燕,赵吉清,但国蓉,等.芥子气损伤机制研究进展[J].中国公共卫生,2011,27：496-499.

[928] 李春正,陈佳,钟玉环,等.同位素稀释-高效液相色谱-质谱联用技术检测大鼠血浆中的芥子气水解产物[J].分析化学,2012,40.

[929] 邹仲敏,赵吉清,赛燕,等.美国糜烂性毒剂损伤和救治研究项目及其进展[J].军事医学,2012,36.

[930] 肖凯,朱洪平.日军侵华战争遗毒[M].2015,第二军医大学出版社.

[931] 曹佳,曹务春,粟永萍.程天民.军事预防医学[M].2014,人民军医出版社.

[932] GBZ 209—2008.职业性急性氰化物中毒诊断标准[S].北京：中国标准出版社,2008.

[933] 郭忠,张文德.食品中的氰化物来源及其安全性的研究进展[J].中国食品卫生杂志,2014,26(4).

[934] 郗凌霄,姚立国.氯化氰的应用及生产工艺研究[J].精细与专用化学品,2017,25(9).

[935] 张旭,张重杰,赵洪海.氯化氰标准物质研究与测量不确定度分析[J].中国个体防护装备,2010 (3).

[936] 何跃玲.急性氯化氰吸入中毒临床分析[J].中华劳动卫生职业病杂志,2006,24(2).

[937] 杨乐华.氰化物的职业危害与防护[J].湖南安全与防灾,2015 (10).

[938] 宋婷婷，郭磊，陈佳，等.主要化学毒剂体内生物标志物检测技术研究进展[J].国际药学研究杂志，2008，35(3).
[939] 李子轲，赵建，丁日高.肺损伤性毒剂的实验研究进展[J].国际药学研究杂志，2017，44(6).
[940] 夏爱军，张献清，穆士杰，等.紫外线照射充氧自血回输对光气中毒家兔肺脏氧化损伤的保护作用[J].临床输血与检验，2011 (3).
[941] 冯安吉，海春旭.急性光气中毒的治疗[J].卫生毒理学杂志，2001 (z1).
[942] 海春旭，陈宏莉，邹伯英.光气急性中毒机制的深入研究[J].癌变.畸变.突变，2010，22(5).
[943] 潘丹霞.急性光气中毒的急救与护理[J].世界最新医学信息文摘 (EB/OL)，2015 (75).
[944] 张琳琳，周树生，刘宝，等.重度光气中毒致急性呼吸窘迫综合征患者的临床特点及救治策略[J].中华危重病急救医学，2012(2).
[945] 骆媛，王永安.新型控暴剂辣椒素的致伤效应研究进展[J].国际药学研究杂志，2011，(6).
[946] 邹必佑.染毒空气中西埃斯测定的研究[J].防化研究，2002，(3).
[947] Ms K. Hughes and Ms M. E. Meek. Concise International Chemical Assessment Document 31， 1， 2， 2-TETRACHLOROETHANE[M]. Geneva：World Health Organization. 1998.
[948] IFA. GESTIS International Limit Values[DB/OL]. http：//limitvalue.ifa. dguv.de/， 2019 - 2 - 1.
[949] IARC. Monographs on the Evaluation of Carcinogenic Risks to Humans Volume115 - 011 - BROMOPROPANE [M]. Lyon (FR)：International Agency for Research on Cancer；2018.
[950] 郑乃云、林瑜雯.溴丙烷作业劳工暴露危害评估及容许浓度参考值建立研究[M].勞動部劳动及职业安全卫生研究所.2016.
[951] 周长美.职业接触 1 -溴丙烷生物标志的研究[D].江苏南京：东南大学，2017.
[952] 杨红光，梁友信.1，2 -二氯丙烷毒性及国外职业卫生标准[J].职业医学.1995，22(3).
[953] 朱国棟，冯致英.接触 DBCP 农药工人的睾丸机能[J].国外医学卫生学分册.1980，(4).
[954] 施文华，俞永旦.职业接触 1，2 -二溴- 3 -氯丙烷工人的死亡率[J].国外医学卫生学分册.1984，(4).
[955] 耿柠波，张海军与陈吉平，短链氯化石蜡暴露对大鼠代谢通路的影响[C]，中国化学会第 30 届学术年会-第二十六分会：环境化学.中国辽宁大连，2016.
[956] 王亚韡，王莹与江桂斌，短链氯化石蜡的分析方法、污染现状与毒性效应[J].化学进展，2017.29(09)..
[957] 朱志保，周琴与赵远，短链氯化石蜡的研究进展[J].化工进展，2015.34(08).
[958] U.S. Environmental Protection Agency. Short-Chain Chlorinated Paraffins (SCCPs) and Other Chlorinated Paraffins Action Plan[EB/OL].
[959] https：//www.epa.gov/sites/production/files/2015 - 09/documents/sccps_ap_2009_1230_final.pdf，2009.
[960] Canadian Environmental Protection Act. Follow-up Report on a PSL1 Assessment for Which Data Were Insufficient to Conclude Whether the Substances Were "Toxic" to the Environment and to the Human Health Chlorinated Paraffins [EB/OL]. https：//www. ec. gc. ca/lcpe-cepa/documents/substances/pc-cp/cps_followup-eng.pdf 2008.
[961] 常元勋，刘世杰，江泉观.氯代烯烃类化合物的代谢及其毒理学意义[J].化工劳动保护(工业卫生与职业病分册).1986，(2).
[962] 王爱红，030 接触氯乙烯的生物标志物[J].国外医学(卫生学分册)，2003.30(2).

CAS 号索引

50-0-0 …… 905
50-21-5 …… 951
50-29-3 …… 721
50-32-8 …… 626
51-28-5 …… 695
51-75-2 …… 1151
52-68-6 …… 1174
52-85-7 …… 1196
54-11-5 …… 1129
55-38-9 …… 1168
55-63-0 …… 534
55-68-5 …… 211
55-86-7 …… 1152
55-98-1 …… 1058
56-18-8 …… 517
56-23-5 …… 573
56-35-9 …… 167
56-36-0 …… 161
56-38-2 …… 1169
56-72-4 …… 1185
57-6-7 …… 1109
57-14-7 …… 1147
57-39-6 …… 270
57-52-3 …… 167
57-55-6 …… 813
57-57-8 …… 978
57-74-9 …… 723
58-89-9 …… 722
59-85-8 …… 207
60-1-5 …… 1020
60-12-8 …… 798
60-29-7 …… 853
60-34-4 …… 1147
60-51-5 …… 1170
60-57-1 …… 726
61-73-4 …… 1262
61-82-5 …… 1121
62-53-3 …… 660
62-56-6 …… 1222
62-73-7 …… 1163
62-74-8 …… 945
62-75-9 …… 1143
63-25-2 …… 1201
64-0-6 …… 1046
64-17-5 …… 783
64-18-6 …… 926
64-19-7 …… 928
64-67-5 …… 1055
64-69-7 …… 943
66-25-1 …… 910
66-75-1 …… 1153
67-56-1 …… 781
67-63-0 …… 786
67-64-1 …… 879
67-66-3 …… 571
67-72-1 …… 587
68-11-1 …… 956
68-12-2 …… 989
70-11-1 …… 899
70-30-4 …… 1209
70-49-5 …… 962
71-23-8 …… 785
71-36-3 …… 787
71-41-0 …… 789
71-43-2 …… 619
71-55-6 …… 581

72 - 20 - 8 727
72 - 48 - 0 1253
74 - 82 - 8 426
74 - 83 - 9 565
74 - 84 - 0 427
74 - 85 - 1 455
74 - 86 - 2 469
74 - 87 - 3 563
74 - 88 - 4 567
74 - 89 - 5 501
74 - 90 - 8 1067
74 - 90 - 8 1299
74 - 93 - 1 294
74 - 95 - 3 570
74 - 96 - 4 577
74 - 97 - 5 576
74 - 98 - 6 427
74 - 99 - 7 469
75 - 0 - 3 577
75 - 1 - 4 598
75 - 3 - 6 578
75 - 4 - 7 503
75 - 5 - 8 1073
75 - 7 - 0 908
75 - 8 - 1 296
75 - 9 - 2 569
75 - 11 - 6 568
75 - 15 - 0 280
75 - 19 - 4 479
75 - 21 - 8 833
75 - 24 - 1 106
75 - 25 - 2 572
75 - 28 - 5 428
75 - 29 - 6 589
75 - 33 - 2 296
75 - 35 - 4 602
75 - 44 - 5 1311
75 - 44 - 5 422
75 - 45 - 6 548
75 - 47 - 8 573
75 - 52 - 5 523
75 - 54 - 7 257
75 - 55 - 8 1118
75 - 56 - 9 835
75 - 60 - 5 321
75 - 63 - 8 550
75 - 65 - 0 788
75 - 66 - 1 297
75 - 69 - 4 546
75 - 71 - 8 549
75 - 74 - 1 231
75 - 77 - 4 260
75 - 83 - 2 440
75 - 86 - 5 1078
75 - 91 - 2 402
75 - 94 - 5 259
75 - 97 - 8 884
76 - 1 - 7 586
76 - 3 - 9 940
76 - 5 - 1 946
76 - 6 - 2 529
76 - 13 - 1 551
76 - 14 - 2 552
76 - 44 - 8 724
76 - 87 - 9 164
77 - 47 - 4 615
77 - 58 - 7 169
77 - 73 - 6 486
77 - 78 - 1 1054
77 - 78 - 1 300
77 - 81 - 6 1278
77 - 89 - 4 1038
77 - 90 - 7 1038
77 - 92 - 9 966
77 - 93 - 0 1038
77 - 94 - 1 1038
77 - 99 - 6 805
78 - 0 - 2 233
78 - 10 - 4 1057
78 - 11 - 5 536
78 - 34 - 2 1195
78 - 40 - 0 1052
78 - 59 - 1 891
78 - 67 - 1 1090
78 - 75 - 1 591
78 - 78 - 4 431

78-79-5 …… 465
78-81-9 …… 506
78-82-0 …… 1080
78-83-1 …… 788
78-85-3 …… 914
78-87-5 …… 592
78-89-7 …… 804
78-92-2 …… 787
78-93-3 …… 880
78-94-4 …… 895
78-95-5 …… 898
78-97-7 …… 1077
79-0-5 …… 582
79-1-6 …… 604
79-6-1 …… 993
79-8-3 …… 941
79-10-7 …… 932
79-11-8 …… 935
79-14-1 …… 947
79-20-9 …… 1009
79-21-0 …… 950
79-22-1 …… 1025
79-24-3 …… 525
79-27-6 …… 584
79-29-8 …… 429
79-34-5 …… 582
79-36-7 …… 982
79-37-8 …… 981
79-38-9 …… 558
79-41-4 …… 931
79-43-6 …… 937
79-44-7 …… 983
79-46-9 …… 527
79-92-5 …… 495
80-10-4 …… 259
80-12-6 …… 1232
80-15-9 …… 403
80-33-1 …… 1228
80-43-3 …… 405
80-48-8 …… 1058
80-51-3 …… 871
80-56-8 …… 496
80-62-6 …… 1023
81-21-0 …… 839
81-77-6 …… 1254
81-81-2 …… 1229
81-88-9 …… 1263
82-45-1 …… 1253
82-66-6 …… 1229
83-32-9 …… 494
84-58-2 …… 709
84-66-2 …… 1047
84-69-5 …… 1048
84-74-2 …… 1047
85-0-7 …… 1215
85-44-9 …… 977
85-83-6 …… 1249
85-86-9 …… 1240
86-50-0 …… 1172
86-88-4 …… 1230
87-59-2 …… 670
87-61-6 …… 718
87-62-7 …… 670
87-65-0 …… 772
87-66-1 …… 761
87-68-3 …… 614
87-85-4 …… 651
87-86-5 …… 775
88-69-7 …… 751
88-72-2 …… 690
88-89-1 …… 698
89-32-7 …… 976
89-59-8 …… 704
89-61-2 …… 700
89-63-4 …… 699
89-92-9 …… 715
90-3-9 …… 207
90-5-1 …… 763
90-12-0 …… 492
90-13-1 …… 709
90-43-7 …… 753
91-17-8 …… 491
91-20-3 …… 640
91-22-5 …… 1139
91-57-6 …… 493
91-59-8 …… 681

91 - 66 - 7 666
91 - 94 - 1 712
92 - 52 - 4 639
92 - 59 - 1 675
92 - 87 - 5 683
92 - 93 - 3 686
93 - 17 - 4 1083
93 - 72 - 1 1215
94 - 9 - 7 1042
94 - 36 - 0 404
94 - 70 - 2 669
94 - 74 - 6 1214
94 - 75 - 7 1213
94 - 80 - 4 1214
94 - 96 - 2 819
95 - 47 - 6 634
95 - 48 - 7 737
95 - 49 - 8 708
95 - 50 - 1 706
95 - 51 - 2 673
95 - 53 - 4 666
95 - 54 - 5 677
95 - 57 - 8 767
95 - 63 - 6 644
95 - 64 - 7 671
95 - 65 - 8 747
95 - 68 - 1 670
95 - 70 - 5 679
95 - 73 - 8 716
95 - 75 - 0 717
95 - 76 - 1 674
95 - 77 - 2 774
95 - 78 - 3 670
95 - 79 - 4 672
95 - 80 - 7 678
95 - 82 - 9 674
95 - 87 - 4 744
95 - 92 - 1 1033
95 - 93 - 2 644
95 - 94 - 3 719
96 - 8 - 2 838
96 - 9 - 3 842
96 - 12 - 8 593
96 - 14 - 0 433
96 - 23 - 1 805
96 - 24 - 2 814
96 - 33 - 3 1020
96 - 34 - 4 1029
96 - 41 - 3 798
96 - 48 - 0 979
96 - 50 - 4 1120
96 - 64 - 0 1279
97 - 0 - 7 689
97 - 2 - 9 698
97 - 53 - 0 778
97 - 54 - 1 779
97 - 63 - 2 1024
97 - 64 - 3 1017
97 - 65 - 4 970
97 - 86 - 9 1025
97 - 88 - 1 1024
97 - 93 - 8 107
97 - 94 - 9 256
97 - 95 - 0 790
97 - 99 - 4 802
98 - 0 - 0 801
98 - 1 - 1 921
98 - 51 - 1 633
98 - 72 - 6 670
98 - 82 - 8 649
98 - 83 - 9 624
98 - 85 - 1 797
98 - 86 - 2 891
98 - 87 - 3 713
98 - 88 - 4 984
98 - 94 - 2 485
98 - 95 - 3 686
99 - 54 - 7 700
99 - 62 - 7 635
99 - 63 - 8 986
99 - 87 - 6 634
99 - 98 - 9 665
100 - 18 - 5 635
100 - 20 - 9 985
100 - 25 - 4 690
100 - 35 - 6 1152

100-36-7 …… 515
100-40-3 …… 488
100-41-4 …… 645
100-42-5 …… 628
100-43-6 …… 1128
100-44-7 …… 712
100-47-0 …… 1081
100-51-6 …… 797
100-52-7 …… 920
100-53-8 …… 294
100-54-9 …… 1084
100-56-1 …… 205
100-57-2 …… 205
100-61-8 …… 667
100-63-0 …… 1149
100-66-3 …… 864
100-69-6 …… 1127
100-80-1 …… 648
100-97-0 …… 1139
100-99-2 …… 107
101-2-0 …… 1051
101-14-4 …… 677
101-27-9 …… 1210
101-42-8 …… 1212
101-54-2 …… 676
101-68-8 …… 1102
101-77-9 …… 676
101-83-7 …… 512
101-84-8 …… 869
101-90-6 …… 847
102-24-9 …… 256
102-36-3 …… 1098
102-47-6 …… 714
102-71-6 …… 520
102-76-1 …… 1019
103-11-7 …… 1023
103-23-1 …… 1035
103-24-2 …… 1037
103-65-1 …… 650
103-69-5 …… 665
103-71-9 …… 1098
103-72-0 …… 1109
103-73-1 …… 864
103-84-4 …… 996
104-40-5 …… 752
104-51-8 …… 631
104-53-0 …… 922
104-57-4 …… 1008
104-75-6 …… 509
104-76-7 …… 790
104-83-6 …… 713
104-90-5 …… 1125
104-94-9 …… 668
105-5-5 …… 632
105-6-6 …… 625
105-31-7 …… 795
105-34-0 …… 1115
105-37-3 …… 1016
105-46-4 …… 1014
105-53-3 …… 1034
105-56-6 …… 1115
105-57-7 …… 918
105-58-8 …… 1049
105-60-2 …… 997
105-67-9 …… 743
105-75-9 …… 1040
105-76-0 …… 1040
105-99-7 …… 1035
106-31-0 …… 973
106-35-4 …… 884
106-42-3 …… 634
106-44-5 …… 740
106-46-7 …… 707
106-47-8 …… 673
106-48-9 …… 768
106-49-0 …… 666
106-50-3 …… 678
106-51-4 …… 759
106-68-3 …… 886
106-86-5 …… 841
106-87-6 …… 842
106-88-7 …… 836
106-89-8 …… 840
106-92-3 …… 844
106-93-4 …… 580
106-94-5 …… 590

106-97-8 …… 428
106-98-9 …… 457
106-99-0 …… 464
107-2-8 …… 912
107-3-9 …… 296
107-4-0 …… 588
107-5-1 …… 609
107-6-2 …… 579
107-7-3 …… 803
107-10-8 …… 504
107-11-9 …… 505
107-12-0 …… 1076
107-13-1 …… 1085
107-14-2 …… 1074
107-15-3 …… 514
107-16-4 …… 1075
107-18-6 …… 794
107-19-7 …… 795
107-21-1 …… 808
107-22-2 …… 915
107-27-7 …… 205
107-30-2 …… 858
107-31-3 …… 1005
107-34-6 …… 320
107-39-1 …… 459
107-40-4 …… 460
107-41-5 …… 818
107-44-8 …… 1270
107-46-0 …… 261
107-71-1 …… 402
107-83-5 …… 439
107-87-9 …… 881
107-88-0 …… 816
107-91-5 …… 1112
107-96-0 …… 957
107-98-2 …… 824
108-3-2 …… 526
108-8-7 …… 435
108-9-8 …… 507
108-10-1 …… 883
108-20-3 …… 854
108-21-4 …… 1012
108-23-6 …… 1028
108-24-7 …… 971
108-29-2 …… 980
108-31-6 …… 973
108-34-9 …… 1194
108-38-3 …… 634
108-39-4 …… 739
108-41-8 …… 709
108-42-9 …… 673
108-43-0 …… 768
108-44-1 …… 667
108-45-2 …… 678
108-46-3 …… 757
108-47-4 …… 1125
108-57-6 …… 625
108-60-1 …… 861
108-62-3 …… 1235
108-67-8 …… 644
108-68-9 …… 748
108-69-0 …… 671
108-70-3 …… 718
108-77-0 …… 1084
108-78-1 …… 1132
108-80-5 …… 1134
108-83-8 …… 887
108-86-1 …… 714
108-87-2 …… 482
108-88-3 …… 636
108-89-4 …… 1124
108-90-7 …… 705
108-93-0 …… 799
108-94-1 …… 892
108-95-2 …… 732
108-98-5 …… 765
108-99-6 …… 1123
109-9-1 …… 1127
109-43-3 …… 1037
109-59-1 …… 806
109-59-1 …… 821
109-60-4 …… 1011
109-61-5 …… 1027
109-66-0 …… 430
109-67-1 …… 458
109-70-6 …… 595

109 - 74 - 0 ……………………………… 1079
109 - 75 - 1 ……………………………… 1087
109 - 76 - 2 ……………………………… 515
109 - 77 - 3 ……………………………… 1089
109 - 78 - 4 ……………………………… 1077
109 - 86 - 4 ……………………………… 819
109 - 87 - 5 ……………………………… 917
109 - 90 - 0 ……………………………… 1095
109 - 93 - 3 ……………………………… 857
109 - 94 - 4 ……………………………… 1005
109 - 95 - 5 ……………………………… 537
109 - 97 - 7 ……………………………… 1119
110 - 12 - 3 ……………………………… 894
110 - 13 - 4 ……………………………… 888
110 - 15 - 6 ……………………………… 960
110 - 16 - 7 ……………………………… 967
110 - 17 - 8 ……………………………… 968
110 - 19 - 0 ……………………………… 1013
110 - 43 - 0 ……………………………… 882
110 - 44 - 1 ……………………………… 953
110 - 45 - 2 ……………………………… 1009
110 - 46 - 3 ……………………………… 538
110 - 47 - 4 ……………………………… 1079
110 - 48 - 5 ……………………………… 825
110 - 54 - 3 ……………………………… 437
110 - 60 - 1 ……………………………… 516
110 - 61 - 2 ……………………………… 1089
110 - 63 - 4 ……………………………… 817
110 - 65 - 6 ……………………………… 796
110 - 66 - 7 ……………………………… 297
110 - 67 - 8 ……………………………… 1079
110 - 68 - 9 ……………………………… 507
110 - 69 - 0 ……………………………… 922
110 - 74 - 7 ……………………………… 1007
110 - 75 - 8 ……………………………… 858
110 - 78 - 1 ……………………………… 1096
110 - 80 - 5 ……………………………… 820
110 - 82 - 7 ……………………………… 481
110 - 83 - 8 ……………………………… 488
110 - 85 - 0 ……………………………… 1132
110 - 86 - 1 ……………………………… 1122
110 - 89 - 4 ……………………………… 1130
110 - 91 - 8 ……………………………… 1137
110 - 96 - 3 ……………………………… 508
110 - 98 - 5 ……………………………… 815
111 - 13 - 7 ……………………………… 886
111 - 16 - 0 ……………………………… 964
111 - 20 - 6 ……………………………… 965
111 - 29 - 5 ……………………………… 817
111 - 31 - 9 ……………………………… 295
111 - 32 - 0 ……………………………… 827
111 - 36 - 4 ……………………………… 1096
111 - 40 - 0 ……………………………… 517
111 - 42 - 2 ……………………………… 519
111 - 44 - 4 ……………………………… 860
111 - 45 - 5 ……………………………… 877
111 - 46 - 6 ……………………………… 810
111 - 49 - 9 ……………………………… 1131
111 - 55 - 7 ……………………………… 828
111 - 65 - 9 ……………………………… 447
111 - 66 - 0 ……………………………… 462
111 - 67 - 1 ……………………………… 462
111 - 68 - 2 ……………………………… 510
111 - 69 - 3 ……………………………… 1091
111 - 73 - 9 ……………………………… 827
111 - 76 - 2 ……………………………… 821
111 - 77 - 3 ……………………………… 823
111 - 78 - 4 ……………………………… 491
111 - 84 - 2 ……………………………… 449
111 - 88 - 6 ……………………………… 295
111 - 90 - 0 ……………………………… 823
111 - 92 - 2 ……………………………… 508
111 - 94 - 4 ……………………………… 1111
112 - 15 - 2 ……………………………… 828
112 - 24 - 3 ……………………………… 517
112 - 27 - 6 ……………………………… 812
112 - 30 - 1 ……………………………… 792
112 - 31 - 2 ……………………………… 911
112 - 34 - 5 ……………………………… 824
112 - 40 - 3 ……………………………… 451
112 - 50 - 5 ……………………………… 824
112 - 53 - 8 ……………………………… 792
112 - 55 - 0 ……………………………… 298
112 - 57 - 2 ……………………………… 517
112 - 60 - 7 ……………………………… 812
114 - 26 - 1 ……………………………… 1202

115 - 7 - 1 ······ 456
115 - 9 - 3 ······ 206
115 - 10 - 6 ······ 852
115 - 29 - 7 ······ 1199
115 - 32 - 2 ······ 729
115 - 77 - 5 ······ 806
115 - 86 - 6 ······ 1050
115 - 90 - 2 ······ 1190
115 - 96 - 8 ······ 1052
116 - 14 - 3 ······ 560
116 - 15 - 4 ······ 559
116 - 16 - 5 ······ 901
116 - 54 - 1 ······ 1030
116 - 85 - 8 ······ 1253
117 - 80 - 6 ······ 710
117 - 84 - 0 ······ 1048
118 - 69 - 4 ······ 716
118 - 74 - 1 ······ 719
118 - 96 - 7 ······ 692
119 - 27 - 7 ······ 867
119 - 36 - 8 ······ 1043
119 - 64 - 2 ······ 642
119 - 93 - 7 ······ 685
120 - 12 - 7 ······ 638
120 - 51 - 4 ······ 1041
120 - 57 - 0 ······ 921
120 - 80 - 9 ······ 755
120 - 82 - 1 ······ 718
120 - 83 - 2 ······ 770
121 - 0 - 6 ······ 866
121 - 14 - 2 ······ 691
121 - 32 - 4 ······ 869
121 - 33 - 5 ······ 867
121 - 69 - 7 ······ 664
121 - 75 - 5 ······ 1171
121 - 79 - 9 ······ 1045
121 - 82 - 4 ······ 1134
121 - 87 - 9 ······ 699
122 - 14 - 5 ······ 1167
122 - 34 - 9 ······ 1136
122 - 39 - 4 ······ 675
122 - 60 - 1 ······ 848
122 - 62 - 3 ······ 1037
122 - 66 - 7 ······ 1150
122 - 78 - 1 ······ 922
122 - 88 - 3 ······ 1213
122 - 99 - 6 ······ 822
123 - 18 - 2 ······ 888
123 - 19 - 3 ······ 885
123 - 25 - 1 ······ 1034
123 - 30 - 8 ······ 680
123 - 31 - 9 ······ 758
123 - 33 - 1 ······ 1220
123 - 42 - 2 ······ 793
123 - 43 - 3 ······ 949
123 - 54 - 6 ······ 894
123 - 57 - 9 ······ 1137
123 - 62 - 6 ······ 972
123 - 72 - 8 ······ 909
123 - 73 - 9 ······ 913
123 - 75 - 1 ······ 1119
123 - 86 - 4 ······ 1012
123 - 88 - 6 ······ 206
123 - 91 - 1 ······ 837
123 - 92 - 2 ······ 1015
123 - 96 - 6 ······ 791
123 - 99 - 9 ······ 964
124 - 2 - 7 ······ 511
124 - 4 - 9 ······ 963
124 - 9 - 4 ······ 516
124 - 11 - 8 ······ 461
124 - 17 - 4 ······ 829
124 - 18 - 5 ······ 450
124 - 30 - 1 ······ 510
124 - 38 - 9 ······ 420
124 - 63 - 0 ······ 986
126 - 11 - 4 ······ 525
126 - 71 - 6 ······ 1053
126 - 73 - 8 ······ 1053
126 - 98 - 7 ······ 1087
126 - 99 - 8 ······ 613
127 - 0 - 4 ······ 803
127 - 18 - 4 ······ 607
127 - 19 - 5 ······ 991
127 - 90 - 2 ······ 1208
128 - 37 - 0 ······ 749

129-0-0 …… 643
131-11-3 …… 1046
131-52-2 …… 775
131-73-7 …… 680
134-20-3 …… 1044
134-32-7 …… 681
135-1-3 …… 631
135-88-6 …… 683
136-36-7 …… 1044
137-7-5 …… 766
137-30-4 …… 142
138-22-7 …… 1018
138-86-3 …… 467
139-40-2 …… 1135
140-29-4 …… 1082
140-88-5 …… 1021
141-3-7 …… 1034
141-5-9 …… 1040
141-18-4 …… 1035
141-28-6 …… 1035
141-32-2 …… 1022
141-43-5 …… 518
141-57-1 …… 258
141-59-3 …… 298
141-66-2 …… 1178
141-78-6 …… 1010
141-79-7 …… 889
141-82-2 …… 960
141-91-3 …… 1138
141-93-5 …… 632
142-16-5 …… 1040
142-62-1 …… 930
142-82-5 …… 445
142-96-1 …… 855
143-8-8 …… 791
143-33-9 …… 1068
144-19-4 …… 817
144-41-2 …… 1183
144-49-0 …… 944
144-62-7 …… 958
147-14-8 …… 1260
150-68-5 …… 1212
150-76-5 …… 865
150-78-7 …… 865
151-18-8 …… 1110
151-38-2 …… 208
151-50-8 …… 1069
151-56-4 …… 1117
151-67-7 …… 553
152-16-9 …… 1195
156-43-4 …… 669
156-60-5 …… 603
156-62-7 …… 1111
206-44-0 …… 650
257-7-8 …… 1322
260-94-6 …… 1131
286-20-4 …… 489
287-92-3 …… 480
291-64-5 …… 495
292-64-8 …… 496
294-93-9 …… 876
297-78-9 …… 728
297-97-2 …… 1188
298-0-0 …… 1166
298-2-2 …… 1173
298-4-4 …… 1190
298-6-6 …… 1053
298-18-0 …… 834
299-45-6 …… 1185
300-57-2 …… 631
300-76-5 …… 1165
301-4-2 …… 227
301-10-0 …… 168
302-1-2 …… 1146
303-4-8 …… 558
309-0-2 …… 725
311-45-5 …… 1186
315-18-4 …… 1203
319-84-6 …… 722
329-1-1 …… 1098
329-71-5 …… 695
329-99-7 …… 1280
330-54-1 …… 1211
330-55-2 …… 1211
333-20-0 …… 1104
334-88-3 …… 1143

353 - 50 - 4 …… 424
372 - 9 - 8 …… 1114
376 - 89 - 6 …… 1091
382 - 21 - 8 …… 556
404 - 86 - 4 …… 1323
453 - 13 - 4 …… 802
453 - 18 - 9 …… 1030
459 - 72 - 3 …… 1031
460 - 19 - 5 …… 1071
461 - 58 - 5 …… 1113
462 - 6 - 6 …… 704
462 - 8 - 8 …… 1126
462 - 95 - 3 …… 917
463 - 49 - 0 …… 463
463 - 51 - 4 …… 894
463 - 56 - 9 …… 1104
463 - 58 - 1 …… 272
463 - 71 - 8 …… 273
463 - 82 - 1 …… 432
464 - 6 - 2 …… 430
465 - 73 - 6 …… 725
470 - 90 - 6 …… 1187
471 - 25 - 0 …… 934
477 - 73 - 6 …… 1261
479 - 45 - 8 …… 694
482 - 89 - 3 …… 1255
485 - 31 - 4 …… 1228
488 - 23 - 3 …… 644
497 - 19 - 8 …… 346
502 - 39 - 6 …… 210
502 - 56 - 7 …… 888
503 - 38 - 8 …… 1316
504 - 24 - 5 …… 1127
504 - 29 - 0 …… 1126
504 - 63 - 2 …… 814
505 - 60 - 2 …… 1283
506 - 68 - 3 …… 1071
506 - 77 - 4 …… 1070
506 - 77 - 4 …… 1306
506 - 78 - 5 …… 1071
507 - 2 - 8 …… 981
507 - 9 - 5 …… 958
509 - 14 - 8 …… 524
512 - 56 - 1 …… 1052
513 - 35 - 9 …… 458
513 - 38 - 2 …… 596
513 - 53 - 1 …… 294
513 - 88 - 2 …… 900
515 - 83 - 3 …… 918
517 - 23 - 7 …… 980
523 - 42 - 2 …… 1265
526 - 73 - 8 …… 644
526 - 75 - 0 …… 742
526 - 83 - 0 …… 962
527 - 53 - 7 …… 644
528 - 29 - 0 …… 689
530 - 50 - 7 …… 1150
531 - 86 - 2 …… 299
532 - 27 - 4 …… 1319
532 - 28 - 5 …… 1083
534 - 7 - 6 …… 900
534 - 15 - 6 …… 919
534 - 22 - 5 …… 850
534 - 52 - 1 …… 696
535 - 89 - 7 …… 1233
536 - 47 - 0 …… 299
536 - 90 - 3 …… 668
538 - 8 - 9 …… 512
538 - 23 - 8 …… 1020
538 - 93 - 2 …… 649
540 - 38 - 5 …… 778
540 - 54 - 5 …… 589
540 - 59 - 0 …… 603
540 - 72 - 7 …… 1104
540 - 73 - 8 …… 1149
540 - 84 - 1 …… 449
540 - 88 - 5 …… 1013
541 - 25 - 3 …… 1294
541 - 28 - 6 …… 596
541 - 41 - 3 …… 1026
541 - 70 - 8 …… 301
541 - 73 - 1 …… 706
541 - 85 - 5 …… 887
542 - 16 - 5 …… 300
542 - 54 - 1 …… 1080
542 - 55 - 2 …… 1008

542 - 59 - 6 828
542 - 69 - 8 595
542 - 75 - 6 610
542 - 76 - 7 1077
542 - 83 - 6 157
542 - 84 - 7 133
542 - 85 - 8 1108
542 - 88 - 1 859
542 - 92 - 7 486
543 - 67 - 9 538
543 - 81 - 7 100
544 - 1 - 4 856
544 - 16 - 1 538
544 - 25 - 2 490
544 - 92 - 3 139
544 - 97 - 8 143
545 - 6 - 2 1075
546 - 89 - 4 97
547 - 58 - 0 1239
547 - 64 - 8 1017
548 - 26 - 5 1264
548 - 62 - 9 1259
551 - 6 - 4 1110
554 - 0 - 7 674
554 - 12 - 1 1016
554 - 13 - 2 96
554 - 35 - 8 1116
555 - 77 - 1 1293
555 - 89 - 5 918
556 - 52 - 5 843
556 - 61 - 6 1108
556 - 64 - 9 1106
556 - 97 - 8 717
557 - 19 - 7 137
557 - 20 - 0 143
557 - 21 - 1 144
557 - 31 - 3 857
557 - 40 - 4 857
558 - 13 - 4 575
558 - 25 - 8 987
562 - 49 - 2 435
563 - 16 - 6 444
563 - 47 - 3 612
563 - 68 - 8 213
563 - 80 - 4 893
564 - 2 - 3 436
565 - 59 - 3 435
565 - 75 - 3 436
569 - 64 - 2 1256
573 - 56 - 8 695
576 - 24 - 9 769
576 - 26 - 1 745
578 - 94 - 9 1321
583 - 15 - 3 205
583 - 48 - 2 444
583 - 53 - 9 715
583 - 57 - 3 484
583 - 58 - 4 1125
583 - 60 - 8 893
583 - 78 - 8 771
584 - 3 - 2 816
584 - 94 - 1 443
587 - 85 - 9 204
589 - 10 - 6 715
589 - 34 - 4 441
589 - 43 - 5 443
589 - 53 - 7 447
589 - 58 - 3 531
589 - 81 - 1 447
589 - 90 - 2 484
590 - 1 - 2 1016
590 - 28 - 3 1094
590 - 35 - 2 434
590 - 66 - 9 484
590 - 73 - 8 442
590 - 86 - 3 910
591 - 8 - 2 1222
591 - 21 - 9 484
591 - 27 - 5 680
591 - 76 - 4 442
591 - 78 - 6 881
592 - 1 - 8 1069
592 - 27 - 8 446
592 - 41 - 6 460
592 - 76 - 7 461
592 - 84 - 7 1007

592-85-8 …… 1105
593-60-2 …… 600
593-75-9 …… 1092
593-79-3 …… 332
593-90-8 …… 256
594-72-9 …… 528
594-82-1 …… 429
595-90-4 …… 170
597-64-8 …… 163
598-14-1 …… 321
598-31-2 …… 899
600-24-8 …… 528
603-35-0 …… 270
606-20-2 …… 692
606-22-4 …… 698
608-27-5 …… 674
608-31-1 …… 674
608-73-1 …… 723
609-26-7 …… 436
611-6-3 …… 700
611-14-3 …… 650
611-15-4 …… 648
612-22-6 …… 691
614-45-9 …… 1042
615-50-9 …… 299
615-57-6 …… 675
616-2-4 …… 975
616-23-9 …… 804
616-38-6 …… 1049
617-78-7 …… 434
617-83-4 …… 1112
617-85-6 …… 174
618-7-5 …… 670
618-87-1 …… 699
619-99-8 …… 441
620-14-4 …… 650
621-33-0 …… 669
621-62-5 …… 919
622-44-6 …… 1093
622-68-4 …… 147
622-86-8 …… 650
622-97-9 …… 648
623-42-7 …… 1018
623-48-3 …… 1031
623-49-4 …… 1114
623-68-7 …… 975
623-91-6 …… 1040
624-48-6 …… 1039
624-67-9 …… 915
624-79-3 …… 1093
624-83-9 …… 1094
624-91-9 …… 537
624-92-0 …… 290
625-1-4 …… 1058
625-55-8 …… 1007
625-58-1 …… 531
626-43-7 …… 674
626-93-7 …… 789
627-5-4 …… 528
627-13-4 …… 531
627-30-5 …… 804
627-44-1 …… 204
627-53-2 …… 333
627-58-7 …… 468
628-63-7 …… 1015
628-86-4 …… 198
628-92-2 …… 496
628-96-6 …… 532
629-8-3 …… 1081
629-14-1 …… 822
629-38-9 …… 828
630-8-0 …… 417
630-10-4 …… 328
631-60-7 …… 209
632-99-5 …… 1258
633-96-5 …… 1243
634-66-2 …… 719
634-90-2 …… 719
638-49-3 …… 1009
638-65-3 …… 1081
640-15-3 …… 1181
640-19-7 …… 998
646-6-0 …… 917
674-82-8 …… 895
681-84-5 …… 1056
683-18-1 …… 169

684－16－2 …… 898
688－73－3 …… 166
693－21－0 …… 533
700－12－9 …… 645
709－98－8 …… 1212
732－11－6 …… 1183
741－58－2 …… 1193
748－30－1 …… 871
760－21－4 …… 457
764－13－6 …… 468
764－41－0 …… 611
765－34－4 …… 849
767－10－2 …… 1120
768－56－9 …… 458
771－29－9 …… 403
786－19－6 …… 1191
812－1－1 …… 1057
814－68－6 …… 988
814－75－5 …… 899
814－78－8 …… 889
818－8－6 …… 170
822－6－0 …… 1099
822－6－0 …… 1102
823－22－3 …… 981
823－40－5 …… 679
834－12－8 …… 1135
842－7－9 …… 1237
846－70－8 …… 1263
860－22－0 …… 1255
872－5－9 …… 462
900－95－8 …… 164
917－61－3 …… 1093
920－37－6 …… 1088
925－15－5 …… 1034
926－57－8 …… 611
926－64－7 …… 1113
927－7－1 …… 405
930－68－7 …… 896
931－54－4 …… 1093
931－87－3 …… 490
937－40－6 …… 695
947－2－4 …… 683
950－35－6 …… 1054
950－37－8 …… 1180
989－38－8 …… 1264
992－98－3 …… 215
999－21－3 …… 1040
999－81－5 …… 1220
999－97－3 …… 261
1002－16－0 …… 532
1011－73－0 …… 697
1031－47－6 …… 1194
1071－36－9 …… 1114
1073－67－2 …… 717
1113－2－6 …… 1182
1116－70－7 …… 105
1116－70－7 …… 106
1118－14－5 …… 170
1166－52－5 …… 1045
1184－57－2 …… 210
1191－80－6 …… 209
1229－55－6 …… 1249
1300－73－8 …… 672
1303－0－0 …… 144
1303－28－2 …… 308
1303－39－5 …… 144
1303－39－5 …… 316
1304－56－9 …… 100
1305－62－0 …… 345
1305－78－8 …… 344
1305－99－3 …… 264
1306－19－0 …… 155
1306－23－6 …… 157
1306－23－6 …… 284
1306－24－7 …… 156
1306－25－8 …… 157
1309－32－6 …… 368
1310－32－3 …… 130
1310－32－3 …… 327
1310－58－3 …… 342
1310－65－2 …… 97
1310－73－2 …… 341
1312－73－8 …… 285
1313－60－6 …… 343
1313－82－2 …… 285
1314－12－1 …… 214

1314-13-2 ······ 141
1314-32-5 ······ 214
1314-34-7 ······ 112
1314-41-6 ······ 223
1314-56-3 ······ 267
1314-60-9 ······ 171
1314-62-1 ······ 111
1314-80-3 ······ 268
1314-84-7 ······ 143
1314-84-7 ······ 266
1314-85-8 ······ 268
1315-9-9 ······ 143
1315-9-9 ······ 328
1319-77-3 ······ 735
1321-74-0 ······ 625
1327-53-3 ······ 307
1330-20-7 ······ 634
1330-78-5 ······ 1050
1333-82-0 ······ 117
1333-83-1 ······ 364
1335-31-5 ······ 201
1336-36-3 ······ 711
1341-49-7 ······ 363
1344-9-8 ······ 347
1344-40-7 ······ 230
1344-48-5 ······ 284
1345-4-6 ······ 174
1420-4-8 ······ 1235
1420-6-0 ······ 1235
1423-60-5 ······ 890
1461-22-9 ······ 166
1464-53-5 ······ 838
1467-79-4 ······ 1112
1563-66-2 ······ 1200
1569-2-4 ······ 825
1600-27-7 ······ 208
1609-86-5 ······ 1097
1623-5-8 ······ 861
1666-13-3 ······ 333
1675-54-3 ······ 849
1678-91-7 ······ 483
1686-14-2 ······ 849
1689-84-5 ······ 1082
1694-9-3 ······ 1260
1738-25-6 ······ 1111
1762-95-4 ······ 1105
1789-58-8 ······ 258
1795-48-8 ······ 1096
1836-75-5 ······ 1217
1838-59-1 ······ 1006
1871-96-1 ······ 1092
1873-29-6 ······ 1097
1897-45-6 ······ 1227
1907-13-7 ······ 170
1912-24-9 ······ 1135
1918-16-7 ······ 999
1929-82-4 ······ 1221
1934-21-0 ······ 1246
1934-75-4 ······ 1113
1936-15-8 ······ 1240
1939-99-7 ······ 987
1943-82-4 ······ 1101
1983-10-4 ······ 165
2028-63-9 ······ 796
2032-59-9 ······ 1204
2050-92-2 ······ 509
2051-78-7 ······ 1019
2079-0-7 ······ 1223
2104-64-5 ······ 1169
2114-2-5 ······ 1221
2155-70-6 ······ 170
2206-89-5 ······ 1032
2212-67-1 ······ 1209
2235-25-8 ······ 269
2238-7-5 ······ 845
2275-14-1 ······ 1189
2275-18-5 ······ 1191
2279-76-7 ······ 165
2303-16-4 ······ 1210
2312-76-7 ······ 697
2426-8-6 ······ 846
2432-63-5 ······ 1040
2465-27-2 ······ 1257
2497-7-6 ······ 1190
2512-29-0 ······ 1248
2524-4-1 ······ 1054

2545 - 79 - 1 …… 300
2587 - 90 - 8 …… 1181
2588 - 3 - 6 …… 1193
2591 - 86 - 8 …… 1130
2597 - 93 - 5 …… 212
2611 - 82 - 7 …… 1245
2622 - 8 - 4 …… 1051
2642 - 71 - 9 …… 1184
2691 - 41 - 0 …… 1138
2696 - 92 - 6 …… 416
2698 - 41 - 1 …… 1317
2699 - 79 - 8 …… 1198
2757 - 18 - 8 …… 213
2763 - 96 - 4 …… 1122
2782 - 57 - 2 …… 1133
2807 - 30 - 9 …… 821
2844 - 92 - 0 …… 680
2855 - 19 - 8 …… 839
2870 - 32 - 8 …… 1250
2917 - 73 - 9 …… 1037
2941 - 64 - 2 …… 1027
2984 - 50 - 1 …… 841
2987 - 46 - 4 …… 1107
3017 - 95 - 6 …… 594
3017 - 96 - 7 …… 594
3090 - 36 - 6 …… 170
3118 - 97 - 6 …… 1241
3129 - 91 - 7 …… 1145
3173 - 53 - 3 …… 1097
3173 - 72 - 6 …… 1103
3194 - 55 - 6 …… 703
3209 - 22 - 1 …… 700
3248 - 28 - 0 …… 404
3251 - 23 - 8 …… 138
3254 - 63 - 5 …… 1167
3268 - 49 - 3 …… 911
3333 - 52 - 6 …… 1091
3444 - 13 - 1 …… 207
3457 - 61 - 2 …… 404
3520 - 72 - 7 …… 1251
3522 - 94 - 9 …… 445
3567 - 69 - 9 …… 1244
3581 - 87 - 1 …… 1121
3687 - 31 - 8 …… 314
3689 - 24 - 5 …… 1176
3691 - 35 - 8 …… 1233
3724 - 65 - 0 …… 934
3734 - 95 - 0 …… 1192
3806 - 59 - 5 …… 490
3811 - 4 - 9 …… 385
3884 - 71 - 7 …… 900
4016 - 14 - 2 …… 847
4091 - 39 - 8 …… 899
4098 - 71 - 9 …… 1103
4170 - 30 - 3 …… 913
4185 - 47 - 1 …… 534
4316 - 42 - 1 …… 1122
4342 - 36 - 3 …… 167
4680 - 78 - 8 …… 1258
4685 - 14 - 7 …… 1216
4824 - 78 - 6 …… 1187
4845 - 99 - 2 …… 302
5026 - 76 - 6 …… 463
5281 - 4 - 9 …… 1242
5392 - 40 - 5 …… 914
5410 - 29 - 7 …… 669
5436 - 21 - 5 …… 919
5787 - 96 - 2 …… 697
5798 - 79 - 8 …… 1083
5856 - 63 - 3 …… 520
5970 - 32 - 1 …… 210
5989 - 27 - 5 …… 468
6080 - 56 - 4 …… 227
6164 - 98 - 3 …… 1196
6408 - 78 - 2 …… 1254
6427 - 21 - 0 …… 1099
6486 - 23 - 3 …… 1249
6533 - 73 - 9 …… 216
6581 - 6 - 2 …… 1307
6781 - 98 - 2 …… 717
6842 - 15 - 5 …… 467
6915 - 15 - 7 …… 961
6923 - 22 - 4 …… 1179
7283 - 70 - 7 …… 1040
7287 - 19 - 6 …… 1136
7297 - 25 - 8 …… 535

7299 - 55 - 0 ········· 891
7320 - 37 - 8 ········· 839
7429 - 90 - 5 ········· 103
7439 - 88 - 5 ········· 185
7439 - 89 - 6 ········· 127
7439 - 92 - 1 ········· 216
7439 - 93 - 2 ········· 94
7439 - 95 - 4 ········· 102
7439 - 96 - 5 ········· 123
7439 - 97 - 6 ········· 194
7439 - 98 - 7 ········· 148
7440 - 2 - 0 ········· 133
7440 - 3 - 1 ········· 147
7440 - 4 - 2 ········· 184
7440 - 5 - 3 ········· 150
7440 - 6 - 4 ········· 186
7440 - 16 - 6 ········· 149
7440 - 18 - 8 ········· 149
7440 - 21 - 3 ········· 256
7440 - 22 - 4 ········· 150
7440 - 24 - 6 ········· 145
7440 - 25 - 7 ········· 180
7440 - 29 - 1 ········· 237
7440 - 31 - 5 ········· 160
7440 - 32 - 6 ········· 107
7440 - 33 - 7 ········· 181
7440 - 36 - 0 ········· 174
7440 - 38 - 2 ········· 302
7440 - 39 - 3 ········· 176
7440 - 41 - 7 ········· 98
7440 - 42 - 8 ········· 246
7440 - 43 - 9 ········· 151
7440 - 44 - 0 ········· 416
7440 - 45 - 1 ········· 243
7440 - 47 - 3 ········· 112
7440 - 48 - 4 ········· 130
7440 - 50 - 8 ········· 137
7440 - 55 - 3 ········· 144
7440 - 56 - 4 ········· 144
7440 - 57 - 5 ········· 193
7440 - 61 - 1 ········· 239
7440 - 62 - 2 ········· 108
7440 - 66 - 6 ········· 140
7440 - 67 - 7 ········· 146
7440 - 69 - 9 ········· 235
7440 - 74 - 6 ········· 158
7446 - 8 - 4 ········· 325
7446 - 9 - 5 ········· 273
7446 - 11 - 9 ········· 276
7446 - 14 - 2 ········· 288
7446 - 18 - 6 ········· 289
7446 - 70 - 0 ········· 105
7447 - 39 - 4 ········· 139
7447 - 39 - 4 ········· 381
7447 - 41 - 8 ········· 96
7487 - 94 - 7 ········· 379
7488 - 56 - 4 ········· 283
7550 - 45 - 0 ········· 107
7553 - 56 - 2 ········· 393
7572 - 29 - 4 ········· 616
7580 - 67 - 8 ········· 95
7580 - 85 - 0 ········· 807
7601 - 54 - 9 ········· 346
7616 - 94 - 6 ········· 384
7632 - 0 - 0 ········· 414
7632 - 51 - 1 ········· 111
7637 - 7 - 2 ········· 252
7645 - 25 - 2 ········· 225
7646 - 78 - 8 ········· 171
7646 - 79 - 9 ········· 133
7646 - 79 - 9 ········· 379
7646 - 85 - 7 ········· 143
7646 - 85 - 7 ········· 382
7647 - 1 - 0 ········· 375
7647 - 18 - 9 ········· 171
7664 - 38 - 2 ········· 269
7664 - 39 - 3 ········· 351
7664 - 41 - 7 ········· 340
7664 - 93 - 9 ········· 277
7681 - 49 - 4 ········· 357
7697 - 37 - 2 ········· 413
7700 - 17 - 6 ········· 1178
7704 - 34 - 9 ········· 270
7705 - 7 - 9 ········· 107
7705 - 8 - 0 ········· 130
7718 - 54 - 9 ········· 136

7718-54-9 …… 380
7718-98-1 …… 112
7719-9-7 …… 376
7719-12-2 …… 267
7723-14-0 …… 262
7726-95-6 …… 389
7727-15-3 …… 107
7727-18-6 …… 109
7727-37-9 …… 406
7738-94-5 …… 116
7758-1-2 …… 391
7758-9-0 …… 413
7758-19-2 …… 347
7758-97-6 …… 116
7774-29-0 …… 394
7775-9-9 …… 386
7775-11-3 …… 115
7778-39-4 …… 312
7778-43-0 …… 314
7778-44-1 …… 313
7778-50-9 …… 120
7778-54-3 …… 345
7779-86-4 …… 143
7779-88-6 …… 143
7782-41-4 …… 350
7782-44-7 …… 397
7782-49-2 …… 322
7782-50-5 …… 373
7782-65-2 …… 145
7782-79-8 …… 1140
7782-82-3 …… 331
7782-86-7 …… 202
7783-0-8 …… 330
7783-6-4 …… 278
7783-7-5 …… 326
7783-8-6 …… 328
7783-35-9 …… 286
7783-36-0 …… 289
7783-39-3 …… 359
7783-41-7 …… 352
7783-46-2 …… 362
7783-49-5 …… 143
7783-49-5 …… 365
7783-54-2 …… 353
7783-55-3 …… 354
7783-56-4 …… 173
7783-59-7 …… 224
7783-60-0 …… 356
7783-61-1 …… 356
7783-64-4 …… 147
7783-66-6 …… 396
7783-70-2 …… 174
7783-70-2 …… 355
7783-79-1 …… 367
7783-80-4 …… 366
7783-82-6 …… 367
7783-89-3 …… 393
7784-2-3 …… 122
7784-8-9 …… 320
7784-33-0 …… 310
7784-34-1 …… 309
7784-35-2 …… 353
7784-37-4 …… 200
7784-41-0 …… 313
7784-42-1 …… 311
7784-45-4 …… 395
7784-46-5 …… 318
7786-34-7 …… 1177
7786-81-4 …… 136
7786-81-4 …… 287
7787-32-8 …… 358
7787-41-9 …… 328
7787-47-5 …… 380
7787-71-5 …… 354
7788-97-8 …… 122
7789-0-6 …… 113
7789-7-3 …… 122
7789-9-5 …… 119
7789-12-0 …… 121
7789-19-7 …… 139
7789-19-7 …… 365
7789-23-3 …… 360
7789-24-4 …… 361
7789-29-9 …… 363
7789-30-2 …… 355
7789-40-4 …… 215

7789 - 47 - 1 …… 202
7789 - 52 - 8 …… 330
7789 - 61 - 9 …… 173
7789 - 65 - 3 …… 392
7789 - 67 - 5 …… 171
7790 - 37 - 6 …… 143
7790 - 47 - 8 …… 171
7790 - 59 - 2 …… 329
7790 - 79 - 6 …… 158
7790 - 79 - 6 …… 358
7790 - 81 - 0 …… 158
7790 - 91 - 2 …… 354
7790 - 94 - 5 …… 377
7790 - 99 - 0 …… 388
7791 - 23 - 3 …… 330
7791 - 25 - 5 …… 377
7803 - 49 - 8 …… 1145
7803 - 51 - 2 …… 263
7803 - 52 - 3 …… 172
7803 - 55 - 6 …… 110
8001 - 35 - 2 …… 727
8001 - 58 - 9 …… 764
8004 - 13 - 5 …… 870
8005 - 3 - 6 …… 1261
8005 - 77 - 4 …… 1250
8006 - 14 - 2 …… 473
8006 - 64 - 2 …… 476
8006 - 64 - 2 …… 496
8007 - 45 - 2 …… 477
8008 - 20 - 6 …… 472
8016 - 36 - 2 …… 473
8030 - 30 - 6 …… 469
8032 - 32 - 4 …… 470
8052 - 42 - 4 …… 476
8065 - 48 - 3 …… 1164
8065 - 71 - 2 …… 1231
9000 - 11 - 7 …… 874
9004 - 57 - 3 …… 875
9004 - 62 - 0 …… 875
9004 - 65 - 3 …… 873
9004 - 67 - 5 …… 872
10022 - 48 - 7 …… 121
10025 - 67 - 9 …… 388
10025 - 68 - 0 …… 382
10025 - 78 - 2 …… 257
10025 - 85 - 1 …… 415
10025 - 87 - 3 …… 269
10026 - 3 - 6 …… 376
10026 - 4 - 7 …… 376
10026 - 11 - 6 …… 147
10026 - 12 - 7 …… 147
10026 - 13 - 8 …… 266
10026 - 17 - 2 …… 133
10026 - 17 - 2 …… 366
10026 - 18 - 3 …… 133
10028 - 15 - 6 …… 400
10031 - 13 - 7 …… 319
10031 - 16 - 0 …… 120
10031 - 18 - 2 …… 201
10035 - 10 - 6 …… 390
10038 - 98 - 9 …… 145
10039 - 54 - 0 …… 302
10042 - 76 - 9 …… 146
10043 - 35 - 3 …… 250
10045 - 94 - 0 …… 203
10049 - 4 - 4 …… 374
10099 - 74 - 8 …… 228
10099 - 76 - 0 …… 222
10101 - 50 - 5 …… 126
10102 - 18 - 8 …… 330
10102 - 20 - 2 …… 335
10102 - 43 - 9 …… 412
10102 - 44 - 0 …… 409
10102 - 45 - 1 …… 215
10102 - 49 - 5 …… 130
10102 - 49 - 5 …… 315
10102 - 50 - 8 …… 130
10102 - 50 - 8 …… 315
10102 - 53 - 1 …… 312
10103 - 50 - 1 …… 103
10103 - 50 - 1 …… 314
10103 - 60 - 3 …… 313
10103 - 61 - 4 …… 139
10103 - 61 - 4 …… 315
10108 - 64 - 2 …… 157
10108 - 64 - 2 …… 378

10112 - 91 - 1 ········ 199
10124 - 36 - 4 ········ 157
10124 - 36 - 4 ········ 286
10124 - 43 - 3 ········ 133
10124 - 43 - 3 ········ 287
10124 - 48 - 8 ········ 198
10124 - 50 - 2 ········ 318
10137 - 69 - 6 ········ 260
10138 - 60 - 0 ········ 796
10141 - 5 - 6 ········ 133
10192 - 29 - 7 ········ 385
10210 - 68 - 1 ········ 132
10215 - 33 - 5 ········ 825
10241 - 5 - 1 ········ 148
10265 - 92 - 6 ········ 1175
10290 - 12 - 7 ········ 138
10294 - 33 - 4 ········ 253
10294 - 34 - 5 ········ 253
10311 - 84 - 9 ········ 1189
10325 - 94 - 7 ········ 157
10326 - 24 - 6 ········ 143
10326 - 24 - 6 ········ 317
10361 - 37 - 2 ········ 378
10361 - 95 - 2 ········ 144
10361 - 95 - 2 ········ 387
10377 - 60 - 3 ········ 103
10431 - 47 - 7 ········ 331
10469 - 81 - 5 ········ 871
10469 - 83 - 7 ········ 871
10544 - 72 - 6 ········ 412
10544 - 73 - 7 ········ 416
10545 - 99 - 0 ········ 272
10605 - 21 - 7 ········ 1224
11115 - 67 - 6 ········ 109
11120 - 22 - 2 ········ 222
11126 - 42 - 4 ········ 720
12001 - 85 - 3 ········ 1001
12001 - 85 - 3 ········ 143
12002 - 3 - 8 ········ 139
12002 - 19 - 6 ········ 206
12006 - 40 - 5 ········ 144
12006 - 40 - 5 ········ 310
12044 - 50 - 7 ········ 309
12055 - 9 - 3 ········ 109
12057 - 71 - 5 ········ 103
12057 - 74 - 8 ········ 103
12057 - 74 - 8 ········ 265
12058 - 85 - 4 ········ 265
12069 - 0 - 0 ········ 224
12075 - 68 - 2 ········ 106
12125 - 1 - 8 ········ 357
12141 - 20 - 7 ········ 230
12165 - 69 - 4 ········ 268
12185 - 10 - 3 ········ 262
12231 - 1 - 5 ········ 271
12427 - 38 - 2 ········ 126
12504 - 13 - 1 ········ 146
12504 - 13 - 1 ········ 266
12523 - 20 - 5 ········ 174
12542 - 85 - 7 ········ 106
12642 - 23 - 8 ········ 720
13071 - 79 - 9 ········ 1192
13106 - 47 - 3 ········ 101
13121 - 70 - 5 ········ 168
13138 - 45 - 9 ········ 136
13171 - 21 - 6 ········ 1180
13286 - 32 - 3 ········ 1170
13319 - 75 - 0 ········ 353
13327 - 32 - 7 ········ 101
13400 - 13 - 0 ········ 364
13410 - 1 - 0 ········ 329
13424 - 46 - 9 ········ 1142
13426 - 91 - 0 ········ 138
13451 - 8 - 6 ········ 273
13453 - 15 - 1 ········ 311
13453 - 30 - 0 ········ 386
13453 - 37 - 7 ········ 395
13453 - 41 - 3 ········ 270
13463 - 30 - 4 ········ 225
13463 - 39 - 3 ········ 135
13463 - 40 - 6 ········ 129
13477 - 0 - 4 ········ 179
13478 - 18 - 7 ········ 148
13494 - 80 - 9 ········ 333
13510 - 44 - 6 ········ 316
13510 - 49 - 1 ········ 288

13530 - 67 - 1 ······ 121
13548 - 38 - 4 ······ 118
13593 - 3 - 8 ······ 1188
13597 - 99 - 4 ······ 99
13637 - 63 - 3 ······ 355
13637 - 76 - 8 ······ 383
13675 - 47 - 3 ······ 139
13682 - 73 - 0 ······ 139
13718 - 59 - 7 ······ 331
13746 - 66 - 2 ······ 1072
13762 - 51 - 1 ······ 251
13769 - 43 - 2 ······ 110
13774 - 25 - 9 ······ 103
13814 - 96 - 5 ······ 370
13826 - 88 - 5 ······ 143
13840 - 33 - 0 ······ 97
13863 - 41 - 7 ······ 391
13871 - 27 - 7 ······ 371
13952 - 84 - 6 ······ 506
14018 - 95 - 2 ······ 122
14018 - 95 - 2 ······ 143
14038 - 43 - 8 ······ 1073
14099 - 12 - 8 ······ 1106
14216 - 88 - 7 ······ 116
14220 - 17 - 8 ······ 137
14235 - 86 - 0 ······ 209
14264 - 31 - 4 ······ 139
14293 - 78 - 8 ······ 109
14402 - 89 - 2 ······ 1073
14459 - 95 - 1 ······ 1072
14486 - 19 - 2 ······ 158
14486 - 19 - 2 ······ 370
14518 - 94 - 6 ······ 156
14519 - 7 - 4 ······ 143
14519 - 7 - 4 ······ 392
14763 - 77 - 0 ······ 139
14874 - 86 - 3 ······ 371
14965 - 99 - 2 ······ 133
14977 - 61 - 8 ······ 118
15120 - 17 - 9 ······ 312
15123 - 69 - 0 ······ 138
15168 - 20 - 4 ······ 138
15180 - 3 - 7 ······ 171
15191 - 25 - 0 ······ 1107
15245 - 44 - 0 ······ 232
15263 - 53 - 3 ······ 1197
15457 - 98 - 4 ······ 143
15593 - 61 - 0 ······ 103
15593 - 61 - 0 ······ 331
15764 - 24 - 6 ······ 826
15829 - 53 - 5 ······ 199
16245 - 77 - 5 ······ 300
16355 - 0 - 3 ······ 819
16672 - 87 - 0 ······ 1219
16712 - 29 - 1 ······ 117
16721 - 80 - 5 ······ 280
16747 - 26 - 5 ······ 444
16871 - 71 - 9 ······ 143
16871 - 71 - 9 ······ 372
16871 - 90 - 2 ······ 369
16893 - 85 - 9 ······ 369
16923 - 95 - 8 ······ 368
16923 - 95 - 8 ······ 147
16924 - 0 - 8 ······ 371
16940 - 66 - 2 ······ 252
16941 - 12 - 1 ······ 192
16949 - 15 - 8 ······ 251
16949 - 65 - 8 ······ 103
16949 - 65 - 8 ······ 372
16962 - 7 - 5 ······ 251
17026 - 6 - 1 ······ 344
17125 - 80 - 3 ······ 372
17455 - 13 - 9 ······ 877
17640 - 15 - 2 ······ 1114
17702 - 41 - 9 ······ 254
17752 - 85 - 1 ······ 1251
17804 - 35 - 2 ······ 1223
17861 - 62 - 0 ······ 136
17861 - 62 - 0 ······ 415
19287 - 45 - 7 ······ 255
19398 - 61 - 9 ······ 716
19624 - 22 - 7 ······ 255
20178 - 34 - 1 ······ 826
20324 - 26 - 9 ······ 143
20324 - 26 - 9 ······ 321
20324 - 33 - 8 ······ 826

20564-21-0 …… 1105
20582-71-2 …… 198
20770-41-6 …… 264
20816-12-0 …… 184
20859-73-8 …… 264
20960-77-4 …… 107
21109-95-5 …… 284
21351-79-1 …… 343
21725-46-2 …… 1135
21908-53-2 …… 200
21923-23-9 …… 1188
22128-62-7 …… 1028
22288-41-1 …… 406
22936-86-3 …… 1135
23184-66-9 …… 1218
23319-66-6 …… 211
23414-72-4 …… 127
23414-72-4 …… 143
23564-5-8 …… 1225
23564-6-9 …… 1226
23745-86-0 …… 946
24096-53-5 …… 1226
24124-25-2 …… 170
24353-61-5 …… 1193
24631-29-6 …… 665
24800-44-0 …… 815
24934-91-6 …… 1192
25013-15-4 …… 648
25013-16-5 …… 866
25014-41-9 …… 1088
25109-57-3 …… 899
25321-9-9 …… 635
25321-14-6 …… 691
25322-68-3 …… 812
25322-69-4 …… 815
25324-56-5 …… 171
25324-56-5 …… 266
25340-17-4 …… 633
25550-58-7 …… 696
25639-42-3 …… 800
26446-35-5 …… 1019
26471-62-5 …… 1100
26628-22-8 …… 1141
26907-37-9 …… 1226
27152-57-4 …… 317
27774-13-6 …… 112
27774-13-6 …… 290
28217-97-2 …… 1197
28300-74-5 …… 175
28479-22-3 …… 1100
28631-66-5 …… 1259
28772-56-7 …… 1234
28980-47-4 …… 174
28980-47-4 …… 315
28983-56-4 …… 1259
29320-38-5 …… 517
29883-15-6 …… 1115
29911-28-2 …… 826
31506-32-8 …… 1001
32315-10-9 …… 1032
33100-27-5 …… 876
34018-28-5 …… 230
34388-29-9 …… 1205
34590-94-8 …… 825
36653-82-4 …… 793
37340-23-1 …… 197
41083-11-8 …… 164
50782-69-9 …… 1281
51235-4-2 …… 1136
51630-58-1 …… 1207
52207-48-4 …… 1198
52315-7-8 …… 1206
52374-36-4 …… 203
52645-53-1 …… 1204
52918-63-5 …… 1205
53558-25-1 …… 1231
53684-48-3 …… 288
55398-86-2 …… 872
55934-93-5 …… 826
56073-7-5 …… 1232
56073-10-0 …… 1234
56960-31-7 …… 320
58164-88-8 …… 175
61788-33-8 …… 720
61789-51-3 …… 133
63496-31-1 …… 720

63868 - 82 - 6 ········ 147
63937 - 14 - 4 ········ 210
63989 - 69 - 5 ········ 130
63989 - 69 - 5 ········ 320
64013 - 16 - 7 ········ 172
65321 - 67 - 7 ········ 298
65996 - 93 - 2 ········ 477
67329 - 1 - 5 ········ 1184
68554 - 64 - 3 ········ 827
79319 - 85 - 0 ········ 1227
85409 - 17 - 2 ········ 170
85535 - 84 - 8 ········ 596
86290 - 81 - 5 ········ 470
91724 - 16 - 2 ········ 146
91724 - 16 - 2 ········ 319
125687 - 68 - 5 ········ 317
159939 - 87 - 4 ········ 1283
749262 - 24 - 6 ········ 200
1537199 - 53 - 3 ········ 197

化学品名索引

10-氮(杂)蒽(吖啶) 1131
1,1,1-三氯乙烷 581
1,1,2,2-四溴乙烷 584
1,1,2-三氯-1,2,2-三氟乙烷(F113) 551
1,1,2-三氯乙烷 582
1,1,3,3-过氧新戊酸四甲叔丁酯 406
1,1,3,3-四甲基-1-丁硫醇 298
1,1-二苯肼 1150
1,1-二甲基肼 1147
1,1-二甲氧基乙烷 919
1,1-二氯-1-硝基乙烷 528
1,1-二氯丙酮 900
1,1-二氯乙烯 602
1.1-双(对氯苯)-2,2,2-三氯乙醇 729
1,2-3,4-二环氧丁烷 838
1,2-苯二胺 677
1,2-丙二醇 813
1,2-丁二醇 816
1,2-二苯肼 1150
1,2-二甲基肼 1149
1.2-二氯-1,1,2,2-四氟乙烷(F114) 552
1,2-二氯丙烷 592
1,2-二氯乙烯 603
1,2-二溴-3-氯丙烷 593
1,2-二溴苯 715
1,2-二溴丙烷 591
1,2-二溴乙烷 580
12-冠醚-4 876
1,2-环氧丙烷 835
1,2-环氧环己烷 489
1,2-环氧十二烷 839
1,2-环氧十六烷 839
1,2-环氧乙基苯 842
1,3,5-环庚三烯 490
1,3-苯二胺 678
1,3-丙二胺 515
1,3-丙二醇 814
1,3-丁二醇 816
1,3-丁二烯 464
1,3-二甲基丁胺 507
1,3-二氯-2-丁烯 611
1,3-二氯丙酮 900
1,3-二氯丙烯 610
1,3-二氯异丙醇 805
1,3-环戊二烯 486
1,3-环辛二烯 490
14,N-二乙基-1-萘胺 683
1,4-苯二胺 678
1,4-丁二胺 516
1,4-丁二醇 817
1,4-二氯-2-丁烯 611
1,4-双(甲烷磺氧基)丁烷 1058
15-冠醚-5 876
1,5-环辛二烯 491
1,5-戊二醇 817
18-冠醚-6 877
1-氨基丙烷 504
1-氨基蒽醌 1253
1-碘-2-甲基丙烷 596
1-碘-3-甲基丁烷 596
1-碘丁烷 595
1-丁炔-3-醇 796
1-二乙胺基戊酮-[2] 521
1-庚烯 461
1-癸烯 462
1-甲基萘 492

1-氯-2-溴丙烷 594
1-氯-2-溴乙烷 588
1-氯-3-溴丙烷 595
1-氯丙烷 589
1-氯化萘 709
1-壬烯 461
1-戊硫醇 297
1-戊烯 458
1-硝基丙烷 526
1-辛烯 462
1-溴丙烷 590
2,2,2-三氯-1-乙氧基乙醇 918
2,2,3′,3′-四甲基丁烷 429
2,2,3-三甲基丁烷 430
2,2,3-三甲基戊烷 436
2,2,4-三甲基-1,3-戊二醇 817
2,2,4-三甲基己烷 444
2,2,5-三甲基己烷 445
2,2-二甲基己烷 442
2,2-二甲基戊烷 434
2,3,4-三甲基戊烷 436
2,3-二甲基苯酚 742
2,3-二甲基丁烷 429
2,3-二甲基己烷 443
2,3-二甲基戊烷 435
2,3-二氯-5,6-二氰基对苯醌 709
2,3-二氯苯酚 769
2,4,4-三甲基-1-戊烯 459
2,4,4-三甲基-2-戊烯 460
2,4,5-T 1215
2,4,6-三硝基苯(替)甲硝胺 694
2,4,6-三硝基甲苯 692
2,4,6-三硝基间苯二酚铅 232
2,4-滴 1213
2,4-滴丁酯 1214
2,4-二甲基苯酚 743
2,4-二甲基吡啶 1125
2,4-二甲基己烷 443
2,4-二甲基戊烷 435
2,4-二氯苯酚 770
2,4-二氯甲苯 716
2,4-二硝基苯胺 698
2,4-二硝基苯酚 695
2,4-二硝基苯酚钠 697
2,4-二硝基苯甲醚 867
2,4-二硝基甲苯 691
2,4-二硝基氯苯 689
2,4-二溴苯胺 675
2,4-甲苯二胺 678
2,4-戊二酮 894
2,5-二甲基-1,5-己二烯 468
2,5-二甲基-2,4-己二烯 468
2,5-二甲基苯酚 744
2,5-二氯苯酚 771
2,5-二氯甲苯 716
2,5-二硝基苯酚 695
2,5-甲苯二胺 679
2,6,8-三甲基-4-壬酮 888
2,6-二甲苯酚 745
2,6-二甲基吗啉 1138
2,6-二氯苯酚 772
2,6-二氯甲苯 716
2,6-二硝基苯胺 698
2,6-二硝基苯酚 695
2,6-二硝基甲苯 692
2,6-甲苯二胺 679
2-氨基吡啶 1126
2-氨基丁醇 520
2-氨基硫代苯酚 766
2-氨基噻唑 1120
2-苯基丙烯 624
2-苯氧乙基溴 715
2-苯乙基异氰酸酯 1101
2-丁基硫醇 294
2-丁酮 880
2-丁烯酸 934
2-庚酮 882
2-己酮 881
2甲4氯 1214
2-甲酚,邻甲酚 737
2-甲基-2,4-戊二醇(己二醇) 818
2-甲基-3-乙基戊烷 436
2-甲基丙烯腈 1087
2-甲基丙烯醛 914
2-甲基呋喃 850
2-甲基庚烷 446

2-甲基己烷 …… 442
2-甲基萘 …… 493
2-甲基噻唑 …… 1121
2-氯-1-丙醇 …… 804
2-氯-1-溴丙烷 …… 594
2-氯-6-(三氯甲基)吡啶 …… 1221
2-氯吡啶 …… 1127
2-氯丙烷 …… 589
2-氯丙烯腈 …… 1088
2-氯汞苯酚 …… 207
2-氯乙醇 …… 803
2-氯乙基二乙胺 …… 1152
2-叔丁氧基乙醇 …… 807
2-戊酮 …… 881
2-硝基丙烷 …… 527
2-辛醇 …… 791
2-辛酮 …… 886
2-辛烯 …… 462
2-溴-2-氯-1,1,1-三氟乙烷 …… 553
2-乙基-1,3-己二醇 …… 819
2-乙基-1-丁烯 …… 457
2-乙基丁醇 …… 790
2-乙基己胺 …… 509
2-乙基己醇 …… 790
2-乙烯基吡啶 …… 1127
2-异丙氧基乙醇 …… 806
3,3′-二氨基二丙胺 …… 517
3,3-二甲基己烷 …… 444
3,3′-二甲基联苯胺(4,4′-二氨基-3,3′-二甲基联苯) …… 685
3,3-二甲基戊烷 …… 435
3,3′-二氯联苯胺 …… 712
3,4-二甲苯酚 …… 747
3,4-二甲基吡啶 …… 1125
3,4-二甲基己烷 …… 444
3,4-二甲氧基苯乙腈 …… 1083
3,4-二氯苯酚 …… 774
3,4-二氯苄基氯 …… 714
3,4-二氯甲苯 …… 717
3,4-亚甲二氧苯醛 …… 921
3,5-二甲苯酚 …… 748
3,5-二甲基吗啉 …… 1137
3,5-二硝基苯胺 …… 699
3,5-二溴-4-羟基苯腈 …… 1082
3-氨基苯酚 …… 680
3-氨基吡啶 …… 1126
3-氨基丙烯 …… 505
3-丁炔-2-酮 …… 890
3-丁烯-2-酮 …… 895
3-丁烯腈 …… 1087
3-二甲氨基丙腈 …… 1111
3-庚酮 …… 884
3-甲酚,间甲酚 …… 739
3-甲基-2-丁酮 …… 893
3-甲基吡啶 …… 1123
3-甲基庚烷 …… 447
3-甲基己烷 …… 441
3-甲基戊烷 …… 433
3-甲氧基丙腈 …… 1079
3-氯-1,2-丙二醇 …… 814
3-氯-1-丙醇 …… 804
3-氯-4-甲基苯基异氰酸酯 …… 1100
3-氯丙腈 …… 1077
3-氯丙烯-[1] …… 609
3-羟基丙腈 …… 1077
3-氰基吡啶 …… 1084
3-戊炔-2-酮 …… 891
3-辛酮 …… 886
3-乙基己烷 …… 441
3-乙基戊烷 …… 434
4,4′-二氨基-3,3′-二氯二苯基甲烷 …… 677
4-氨基-N,N-二甲基苯胺 …… 665
4-氨基苯酚 …… 680
4-氨基吡啶 …… 1127
4-氨基二苯胺 …… 676
4-苯基-1-丁烯 …… 458
4-碘苯酚 …… 778
4-庚酮 …… 885
4-己烯-1-炔-3-醇 …… 796
4-甲酚,对甲酚 …… 740
4-甲基吡啶 …… 1124
4-甲基庚烷 …… 447
4-甲基戊腈 …… 1080
4-硫代戊醛 …… 911
4-氯苄基氯 …… 713
4-氯汞苯甲酸 …… 207

4-叔丁基甲苯 …… 633
4-乙烯-1-环己烯 …… 488
4-乙烯基吡啶 …… 1128
5-(氨基甲基)-3-异噁唑醇 …… 1122
5-氯-邻甲苯胺 …… 672
5-壬酮 …… 888
5-溴戊烷-2-酮 …… 900
5-乙基-2甲基吡啶 …… 1125
D-苎烯 …… 468
N,N-二甲基氨基乙腈 …… 1113
N,N-二甲基苯胺 …… 664
N,N-二乙基苯胺 …… 666
N,N-二乙基乙撑二胺 …… 515
N,N′-六甲撑己二酰二胺 …… 517
N-苯基-2-萘胺(N-苯基-β-萘胺,
N-(2-Naphthyl)aniline) …… 683
N-苯乙酰胺 …… 996
N-苄基-N-乙基苯胺 …… 675
N-环己基环己胺亚硝酸盐 …… 1145
N-甲基苯胺 …… 667
N-甲基全氟辛基磺酰胺 …… 1001
N-甲基正丁胺 …… 507
N-乙基苯胺 …… 665
N-异丙基-N-苯基-氯乙酰胺 …… 999
N-正丁基咪唑 …… 1122
O,O′二乙基氯硫代磷酸酯 …… 1053
O,O′二乙基氯硫代磷酸酯 …… 1054
S-三嗪除莠剂 …… 1135
VR(Russian VX, RVX) …… 1283
VX …… 1281
α-甲基苄醇 …… 797
α-氢过氧化枯烯 …… 404
α-氧化蒎烯 …… 849
α-乙酰-γ-丁内酯 …… 980
β-氨基丙腈 …… 1110
β-苯乙醇 …… 798
β-丙内酯 …… 978
β-巯基丙酸 …… 957
β,β′-亚氨基二丙腈 …… 1111
β-异丙氧基丙腈 …… 1079
β-异戊烯 …… 458
γ-丁内酯 …… 979
γ-戊内酯 …… 980
δ-己内酯 …… 981

A

矮壮素 …… 1220
艾氏剂 …… 725
安妥 …… 1230
氨 …… 340
氨肥料[溶液,含游离氨＞35％] …… 341
氨基三唑 …… 1121

B

八氟异丁烯 …… 556
八甲磷 …… 1195
八氯二丙醚 …… 1208
巴丹 …… 1197
巴豆醛 …… 913
巴豆酸酐 …… 975
巴毒磷 …… 1178
钯 …… 150
白磷 …… 262
百草枯 …… 1216
百菌清 …… 1227
百治磷 …… 1178
棓酸月桂酯 …… 1045
棓酸正丙酯 …… 1045
贝螺杀 …… 1235
钡 …… 176
倍硫磷 …… 1168
苯 …… 619
苯胺 …… 660
苯并(α)芘(BaP) …… 626
苯基醚 …… 869
苯基氢氧化汞 …… 205
苯甲醇 …… 797
苯甲酸苄酯 …… 1041
苯甲酸汞 …… 205
苯腈 …… 1081
苯肼 …… 1149
苯菌灵 …… 1223
苯胩 …… 1093
苯硫酚 …… 765
苯硫磷 …… 1169
苯氯乙酮 …… 1319

苯醚-联苯低共熔混合物 …… 870
苯醛 …… 920
苯缩水甘油醚 …… 848
苯酰氯 …… 984
苯乙醇腈 …… 1083
苯乙二醇 …… 819
苯乙腈 …… 1082
苯乙醚 …… 864
苯乙酮 …… 891
苯乙烯 …… 628
吡啶 …… 1122
吡咯 …… 1119
吡咯烷 …… 1119
吡唑磷 …… 1194
彼氧磷 …… 1184
毕兹 …… 1307
铋 …… 235
苄硫醇 …… 294
丙撑亚胺 …… 1118
丙二醇单甲基醚 …… 824
丙二醇单乙基醚 …… 825
丙二醇单异丙基醚 …… 825
丙二醇单正丁基醚 …… 825
丙二腈 …… 1089
丙二酸 …… 960
丙二酸二乙酯 …… 1034
丙二酸铊 …… 213
丙二烯 …… 463
丙基三氯硅烷 …… 258
丙基胂酸 …… 320
丙腈 …… 1076
丙炔 …… 469
丙炔醇 …… 795
丙炔醛 …… 915
丙炔酸 …… 934
丙酸酐 …… 972
丙酸甲酯 …… 1016
丙酸乙酯 …… 1016
丙酸正丁酯 …… 1016
丙酮 …… 879
丙酮基丙酮 …… 888
丙酮氰醇 …… 1078
丙烷 …… 427
丙烯 …… 456
丙烯基苯 …… 631
丙烯腈 …… 1085
丙烯醛 …… 912
丙烯酸-2-氯乙酯 …… 1032
丙烯酸 …… 932
丙烯酸甲酯 …… 1020
丙烯酸乙酯 …… 1021
丙烯酸异辛酯 …… 1023
丙烯酸正丁酯 …… 1022
丙烯酰胺 …… 993
丙烯酰氯 …… 988
铂 …… 186
不饱和脂肪烃类 …… 452

C

残杀威 …… 1202
草酸-4-氨基-N,N-二甲基苯胺 …… 665
草酸二乙酯 …… 1033
草酸汞 …… 207
柴油 …… 473
赤藓醇四硝酸酯 …… 535
虫螨磷 …… 1188
虫线磷 …… 1188
臭氧 …… 400
除草醚 …… 1217
醇溶蓝和墨水蓝 …… 1259
次氯酸锂 …… 97
醋酸锂 …… 97
醋酸三丁基锡 …… 161

D

代森锰 …… 126
单氟化苯 …… 704
单氟卤烷烃类 …… 545
单氟炔烃类 …… 545
单氟羧酸烷基酯类 …… 1032
单氟烃胺类 …… 513
单氟酮类 …… 896
单氟烷烃类 …… 544
单氟烯烃类 …… 544
氮 …… 406
氮的氧化物 …… 407

氮芥 …… 1151
氮芥 …… 1293
稻瘟净 …… 1170
狄氏剂 …… 726
敌百虫 …… 1174
敌稗 …… 1212
敌草快 …… 1215
敌草隆 …… 1211
敌敌畏 …… 1163
敌恶磷 …… 1195
敌枯双 …… 1226
敌鼠 …… 1229
地散磷 …… 1193
碲 …… 333
碘 …… 393
碘化氰 …… 1071
碘化乙酰 …… 981
碘甲烷 …… 567
碘乙酸 …… 943
碘乙酸乙酯 …… 1031
碘乙烷 …… 578
靛蓝和酸性靛蓝 …… 1255
叠氮化铅 …… 1142
叠氮钠 …… 1141
叠氮酸 …… 1140
丁苯 …… 631
丁草胺 …… 1218
丁二醇单甲基醚 …… 827
丁二醇单乙基醚 …… 827
丁二醇单正丁基醚 …… 827
丁二腈 …… 1089
丁二酸 …… 960
丁二酸酯类 …… 1034
丁化羟基苯甲醚(BHA) …… 866
丁腈 …… 1079
丁醛肟 …… 922
丁炔二醇 …… 796
丁酸酐 …… 973
丁酸甲酯 …… 1018
丁酸烯丙酯 …… 1019
丁烷 …… 428
丁烯 …… 457
丁子香酚 …… 778
毒虫畏 …… 1187
毒菌酚 …… 1209
毒杀芬 …… 727
毒鼠强 …… 1232
短链氯化石蜡(C_{10-13}氯代烃) …… 596
对氨基苯甲酸乙酯 …… 1042
对苯二酚,1,4-苯二酚 …… 758
对苯二甲酰氯 …… 985
对称二氯二乙醚(2,2-二氯二乙醚) …… 860
对二氯苯 …… 707
对二硝基苯 …… 690
对二乙苯 …… 632
对甲苯胺 …… 666
对甲苯磺酸甲酯 …… 1058
对甲氧基苯胺 …… 668
对硫磷 …… 1169
对硫氰基苯胺 …… 1107
对氯苯胺 …… 673
对氯苯酚 …… 768
对氯苯氧乙酸 …… 1213
对氯苯乙烯 …… 717
对氯邻硝基苯胺 …… 699
对氯邻硝基甲苯 …… 704
对壬基酚 …… 752
对硝基苯胂酸 …… 670
对硝基联苯 …… 686
对氧磷 …… 1186
对乙氧基苯胺 …… 669
对异丙基甲苯 …… 634
多钒酸铵 …… 109
多氟卤烷烃类 …… 548
多氟酮类 …… 897
多氟烷烃类 …… 547
多氟烯烃类 …… 556
多菌灵 …… 1224
多硫化钡 …… 271
多氯联苯 …… 711
多氯三联苯 …… 720
多灭磷 …… 1175
多噻烷 …… 1198

E

锇 …… 184

苊(萘嵌戊烷/萘己环) …… 494
二苯胺 …… 675
二(苯磺酰肼)醚 …… 871
二苯基二氯硅烷 …… 259
二苯基二硒 …… 333
二苯基汞 …… 204
二苯甲撑二异氰酸酯 …… 1102
二(苯氧基苯)醚 …… 871
二丙二醇 …… 815
二丙二醇单甲基醚 …… 825
二丙二醇单乙基醚 …… 826
二丙二醇单正丁基醚 …… 826
二丙酰过氧化物 …… 404
二碘化汞 …… 394
二碘甲烷 …… 568
二丁基二氯化锡 …… 169
二丁基二月桂酸锡 …… 169
二对氯苯氧基甲烷 …… 918
二噁烷 …… 837
二氟二氯甲烷(F12) …… 549
二氟化氧 …… 352
二氟一氯甲烷(F22) …… 548
二环己胺 …… 512
二甲氨基环己烷 …… 485
二甲苯 …… 634
二甲苯胺 …… 670
二甲基氨基甲酰氯 …… 983
二甲基氨基氰 …… 1112
二甲基苯胺异构体混合物 …… 672
二甲基环己烷 …… 484
二甲基甲酰胺 …… 989
二甲基氯苯 …… 717
二甲基亚硝胺 …… 1143
二甲基乙酰胺 …… 991
二甲胂酸 …… 321
二甲硒 …… 332
二聚环戊二烯 …… 486
二硫代田乐磷 …… 1181
二硫化二甲基 …… 290
二硫化碳 …… 280
二硫化硒 …… 283
二氯苯胺 …… 674
二氯丙醇 …… 804
二氯代苯肼 …… 1093
二氯二苯三氯乙烷 …… 721
二氯化苄 …… 713
二氯化砜 …… 377
二氯化硫 …… 272
二氯甲烷 …… 569
二氯硫化碳 …… 273
二氯萘醌 …… 710
二氯亚砜 …… 376
二氯乙炔 …… 616
二氯乙酸 …… 937
二氯乙酸甲酯 …… 1030
二氯乙烷 …… 579
二氯乙酰氯 …… 982
二氯异丙醚 …… 861
二氯异氰尿酸 …… 1133
二氰胺钠 …… 1113
二(三氯甲基)碳酸酯 …… 1032
二砷化三锌 …… 310
二叔丁基对甲酚 …… 749
二水合三氟化硼 …… 353
二缩水甘油醚 …… 845
二烯丙基胺 …… 511
二烯丙基代氰胺 …… 512
二烯丙基醚 …… 857
二硝酚 …… 696
二硝基苯酚,二硝基苯酚溶液 …… 696
二硝基甲苯 …… 691
二硝基邻甲酚钾 …… 697
二溴甲烷 …… 570
二溴磷 …… 1165
二氧化氮 …… 409
二氧化丁二烯 …… 834
二氧化二聚环戊二烯 …… 839
二氧化二戊烯 …… 838
二氧化硫 …… 273
二氧化氯 …… 374
二氧化碳 …… 420
二氧化硒 …… 325
二氧化乙烯基环己烯 …… 842
二乙苯混合物 …… 633
二乙撑三胺、三乙撑四胺、四乙撑五胺、
多乙撑多胺 …… 517

二乙醇胺 519
二乙醇缩甲醛 917
二乙二醇 810
二乙二醇单丁基醚 824
二乙二醇单丁基醚醋酸酯 829
二乙二醇单甲基醚 823
二乙二醇单乙基醚 823
二乙二醇二硝酸酯 533
二乙基氨基腈 1112
二乙基汞 204
二乙基硒 333
二乙烯苯 625
二乙烯醚 857
二乙烯酮 895
二异丙基苯 635
二异丁胺 508
二异丁基甲酮 887
二异氰酸甲苯酯 1100
二异戊醚 856
二正丁胺 508
二正丁基氧化锡 170
二正戊胺 509

F

发硫磷 1191
伐灭磷 1196
钒 108
钒酸铵钠 109
钒酸钾 109
非草隆 1212
分散耐晒桃红 B 1253
芬硫磷 1189
酚,苯酚 732
丰索磷 1190
砜拌磷 1190
氟 350
氟代醇类[1,3-二氟-2-丙醇] 802
氟代烃类 540
氟锆酸钾 368
氟光气 424
氟硅酸铵 368
氟硅酸钾 369
氟硅酸钠 369
氟化铵 357
氟化钡 358
氟化镉 358
氟化汞 359
氟化钾 360
氟化锂 361
氟化钠 357
氟化铅 362
氟化氢 351
氟化氢铵 363
氟化氢钾 363
氟化氢钠 364
氟化铯 364
氟化铜 365
氟化锌 365
氟化亚钴 366
氟硼酸镉 370
氟硼酸铅 370
氟铍酸铵 371
氟铍酸钠 371
氟钽酸钾 371
氟乙酸 944
氟乙酸甲酯 1030
氟乙酸钾 946
氟乙酸钠 945
氟乙酸乙酯 1031
氟乙酰胺 998
甘油单乙酸·酯 1019

G

高锰酸钠 126
高锰酸锌 127
高哌啶(环己亚胺、六亚甲基亚胺) 1131
锆 146
镉(非发火) 151
铬 112
铬酸钾 113
铬酸钠 115
铬酸铍 116
铬酸铅 116
铬酸溶液 116
庚二酸 964
庚腈 1081

庚烷 …… 445
汞 …… 194
谷硫磷 …… 1172
钴 …… 130
光气 …… 1311
光气 …… 422
硅 …… 256
硅酸甲酯 …… 1056
硅酸钠 …… 347
硅酸铅 …… 222
硅酸乙酯 …… 1057
癸醇 …… 792
癸二腈 …… 1092
癸二酸 …… 965
癸二酸酯类 …… 1037
果虫磷 …… 1192
过氯酸铅 …… 383
过氯酰氟 …… 384
过氧苯甲酸叔丁酯 …… 1042
过氧草酸乙基特丁酯 …… 402
过氧二碳酸双-3-甲基丁酯 …… 406
过氧化二苯甲酰 …… 404
过氧化二异丙苯 …… 405
过氧化合物 …… 401
过氧化钠 …… 343
过氧化氢叔丁基 …… 402
过氧化氢四氢化萘 …… 403
过氧化氢异丙苯 …… 403
过氧化叔丁基异丙基苯 …… 404
过氧化新戊酸叔丁酯 …… 405
过氧乙酸 …… 950
过乙酸叔丁酯 …… 402

H

禾草敌 …… 1209
核酸汞 …… 206
红磷 …… 262
华法林 …… 1229
还原蓝及溶蒽素蓝 …… 1254
环丙烷 …… 479
环己醇 …… 799
环己酮 …… 892
环己烷 …… 481
环己烯 …… 488
环己烯基三氯硅烷 …… 260
环己烯酮 …… 896
环三亚甲基三硝胺 …… 1134
环沙林 …… 1280
环四亚甲基四硝胺 …… 1138
环烷酸锌 …… 1001
环戊醇 …… 798
环戊烷 …… 480
环辛烯 …… 490
环氧丁烷 …… 836
环氧氯丙烷 …… 840
环氧辛烷 …… 841
环氧乙烷 …… 833
磺基乙酸 …… 949
灰瘟素 …… 1223
茴香醚 …… 864
活性艳红 …… 1251

J

己二胺 …… 516
己二腈 …… 1091
己二酸 …… 963
己二酸脂类 …… 1035
己硫醇 …… 295
己内酰胺 …… 997
己炔醇 …… 795
己酸 …… 930
己烯 …… 460
季戊四醇 …… 806
季戊四醇四硝酸酯 …… 536
镓 …… 144
甲胺类 …… 501
甲拌磷 …… 1173
甲拌磷亚砜 …… 1193
甲苯 …… 636
甲苯磺酰氯 …… 987
甲醇 …… 781
甲醇汽油 …… 472
甲酚 …… 735
甲基苄基溴 …… 715
甲基苄基亚硝胺 …… 695
甲基丙烯酸甲酯 …… 1023

甲基丙烯酸乙酯 1024
甲基丙烯酸异丁酯 1025
甲基丙烯酸正丁酯 1024
甲基橙 1239
甲基对硫磷 1166
甲基二氯硅烷(二氯甲基硅烷) 257
甲基环己醇 800
甲基环己酮 893
甲基环己烷 482
甲基磺酰氟 987
甲基磺酰氯 986
甲基肼 1147
甲基硫菌灵 1225
甲基胂酸锌 321
甲基叔丁基甲酮 884
甲基戊醇 789
甲基纤维素 872
甲基乙拌磷 1181
甲基乙基苯 650
甲基异丙烯基甲酮 889
甲基异丁基甲酮 883
甲基异戊基甲酮 894
甲肺 1092
甲硫醇 294
甲硫磷 1167
甲醚 852
甲醚菊酯 1205
甲萘威 1201
甲醛 905
甲胂酸 320
甲酸 926
甲酸苄酯 1008
甲酸甲酯 1005
甲酸烯丙酯 1006
甲酸亚铊 215
甲酸乙酯 1005
甲酸异丙酯 1007
甲酸异丁酯 1008
甲酸异戊酯 1009
甲酸正丙酯 1007
甲酸正丁酯 1007
甲酸正戊酯 1009
甲缩醛 917
甲缩醛乙二醇 917
甲烷 426
甲氧基异氰酸甲酯 1099
钾汞齐 197
间苯二酚,1,3-苯二酚 757
间苯二酚二缩水甘油醚 847
间苯二甲酰氯 986
间二氯苯 706
间二乙苯 632
间甲苯胺 667
间甲氧基苯胺 668
间氯苯胺 673
间氯苯酚 768
间氯甲苯 709
间硝基苯胂酸 670
间乙氧基苯胺 669
间异丙威 1046
碱性暗蓝 1262
碱性红 G 1264
碱性湖蓝 BB 1262
碱性绿 1256
碱性玫瑰精 1263
碱性嫩黄 O 1257
碱性品红 1258
碱性桃红 T 1261
碱性紫 5BN 1259
碱性棕 1250
胶体硫 271
焦棓酚 761
焦硫酸汞 197
焦砷酸 311
芥子气 1283
金 193
菁蓝 1265
精蒽 638
肼 1146
久效磷 1179
酒石酸 962
聚丙二醇丁基醚 827
聚丙烯腈 1088
聚乙二醇 812
均苯四甲酸酐 976
菌核净 1226

菌核利 ………… 1226

K

莰烯 ………… 495
糠醇 ………… 801
糠醛 ………… 921
克百威 ………… 1200
苦味酸(2,4,6-三硝基酚) ………… 698
苦杏仁甙 ………… 1115
喹啉 ………… 1139
喹硫磷 ………… 1188
醌,苯醌 ………… 759

L

辣椒素 ………… 1323
铑 ………… 149
乐果 ………… 1170
乐杀螨 ………… 1228
雷汞 ………… 198
锂 ………… 94
利谷隆 ………… 1211
沥青 ………… 476
联苯 ………… 639
联苯胺 ………… 683
钌 ………… 149
邻氨基苯甲酸甲酯 ………… 1044
邻苯二酚 ………… 755
邻苯二甲酸二-2-乙基己酯 ………… 1048
邻苯二甲酸二丁酯 ………… 1047
邻苯二甲酸二甲酯 ………… 1046
邻苯二甲酸二乙酯 ………… 1047
邻苯二甲酸二异丁酯 ………… 1048
邻苯基苯酚 ………… 753
邻二氯苯 ………… 706
邻二硝基苯 ………… 689
邻二乙苯 ………… 631
邻甲苯胺 ………… 666
邻氯苯胺 ………… 673
邻氯苯酚 ………… 767
邻氯对硝基苯胺 ………… 699
邻氯甲苯 ………… 708
邻硝基苯胂酸 ………… 669
邻硝基甲苯(2-硝基甲苯) ………… 690
邻硝基乙苯 ………… 691
邻乙氧基苯胺 ………… 669
邻异丙基苯酚 ………… 751
林丹 ………… 722
磷胺 ………… 1180
磷化钙 ………… 264
磷化钾 ………… 264
磷化铝 ………… 264
磷化镁 ………… 265
磷化钠 ………… 265
磷化氢 ………… 263
磷化锶 ………… 266
磷化锡 ………… 266
磷化锌 ………… 266
磷酸 ………… 269
磷酸二乙基汞 ………… 269
磷酸三-2-氯乙酯 ………… 1052
磷酸三苯酯 ………… 1050
磷酸三甲苯酯 ………… 1050
磷酸三甲酯 ………… 1052
磷酸三钠 ………… 346
磷酸三乙酯 ………… 1052
磷酸三异丁酯 ………… 1053
磷酸三正丁酯 ………… 1053
磷酸亚铊 ………… 270
硫 ………… 270
硫代氯甲酸乙酯 ………… 1027
硫代苹果酸 ………… 962
硫丹 ………… 1199
硫化钡 ………… 284
硫化镉 ………… 284
硫化汞 ………… 284
硫化钾 ………… 285
硫化钠 ………… 285
硫化氢 ………… 278
硫菌灵 ………… 1226
硫脲 ………… 1222
硫羟乙酸 ………… 958
硫氢化钠 ………… 280
硫氰基苯胺 ………… 1107
硫氰酸 ………… 1104
硫氰酸铵 ………… 1105
硫氰酸汞 ………… 1105

硫氰酸汞铵 1105
硫氰酸汞钾 1106
硫氰酸甲酯 1106
硫氰酸钾 1104
硫氰酸钠 1104
硫酸-2,4-二氨基甲苯 298
硫酸-2,5-二氨基甲苯 299
硫酸 277
硫酸-4,4′-二氨基联苯 299
硫酸-4-氨基-N,N-二甲基苯胺 299
硫酸苯胺 300
硫酸苯肼 300
硫酸对苯二胺 300
硫酸二甲酯 1054
硫酸二甲酯 300
硫酸二乙酯 1055
硫酸镉 286
硫酸汞 286
硫酸钴 287
硫酸间苯二胺 301
硫酸马钱子碱 302
硫酸镍 287
硫酸铍 288
硫酸铍钾 288
硫酸铅 288
硫酸羟胺 302
硫酸三乙基锡 167
硫酸铊 289
硫酸亚汞 289
硫酸氧钒 290
硫酰氟 1198
六氟-2,3-二氯-2-丁烯 558
六氟丙酮 898
六氟丙烯 559
六氟硅酸镁 372
六氟合硅酸钡 372
六氟合硅酸锌 372
六氟化碲 366
六氟化钨 367
六氟化硒 367
六甲苯 651
六甲撑二异氰酸酯 1102
六甲撑四胺 1139
六甲基二硅氮烷 261
六甲基二硅醚 261
六氯苯 719
六氯丙酮 901
六氯丁二烯 614
六氯环已烷 722
六氯环已烷 723
六氯环戊二烯 615
六氯乙烷 587
六硝基二苯胺 680
六硝基二苯胺铵盐 680
六溴环十二烷 703
六亚甲基二异氰酸酯 1099
路易氏剂 1294
铝 103
氯苯 705
氯丙醇 803
氯铂酸 192
氯代烯烃类 597
氯丹 723
氯丁二烯 613
氯化铵汞 198
氯化钡 378
氯化苯汞 205
氯化苄 712
氯化镉 378
氯化汞 379
氯化钴 379
氯化甲基汞 206
氯化甲氧基乙基汞 206
氯化钾汞 198
氯化苦 529
氯化锂 96
氯化镍 380
氯化铍 380
氯化氢 375
氯化氰 1070
氯化氰 1306
氯化硒/二氯化二硒 382
氯化锌,氯化锌溶液 382
氯化溴 391
氯化亚汞 199
氯化乙基汞 205

氯化异丁烯 …… 612
氯磺酸 …… 377
氯磺酸甲酯 …… 1057
氯磺酸乙酯 …… 1058
氯甲基甲醚 …… 858
氯甲硫磷 …… 1192
氯甲酸丙酯 …… 1027
氯甲酸甲酯 …… 1025
氯甲酸氯甲酯 …… 1028
氯甲酸乙酯 …… 1026
氯甲酸异丙酯 …… 1028
氯甲烷 …… 563
氯菊酯 …… 1204
氯氰菊酯 …… 1206
氯鼠酮 …… 1233
氯酸铵 …… 385
氯酸钡 …… 179
氯酸钾 …… 385
氯酸钠 …… 386
氯酸铊 …… 386
氯酸锌 …… 387
氯、溴、碘代烷烃类 …… 562
氯溴甲烷 …… 576
氯亚胺硫磷 …… 1189
氯/液氯/氯气 …… 373
氯乙腈 …… 1074
氯乙酸 …… 935
氯乙酸甲酯 …… 1029
氯乙缩醛 …… 919
氯乙烷 …… 577
氯乙烯 …… 598

M

马拉硫磷 …… 1171
马来酸 …… 967
马来酸酐 …… 973
马来酰肼 …… 1220
吗啉 …… 1137
螨卵酯 …… 1228
茂硫磷 …… 1183
煤焦沥青 …… 477
煤焦油 …… 477
煤油 …… 472
锰 …… 123
米许合金[浸在煤油中的] …… 477
脒基硫脲 …… 1221
蜜胺(三聚氰胺) …… 1132
灭草隆 …… 1212
灭害威 …… 1204
灭鼠优 …… 1231
螟蛉畏 …… 1197
钼 …… 148

N

耐晒黄 …… 1248
萘 …… 640
萘胺 …… 681
萘撑二异氰酸酯 …… 1103
萘磺汞 …… 209
萘满 …… 642
萘烷 …… 491
内吸磷 …… 1164
铌 …… 147
尿嘧啶氮芥 …… 1153
镍 …… 133
柠康酸酐 …… 975
柠檬黄 …… 1246
柠檬醛 …… 914
柠檬酸 …… 966
柠檬酸酯类 …… 1038

O

偶氮二异丁腈 …… 1090

P

哌啶 …… 1130
哌嗪 …… 1132
硼 …… 246
硼氢化钾 …… 251
硼氢化锂 …… 251
硼氢化铝 …… 251
硼氢化钠 …… 252
硼酸 …… 250
铍 …… 98
芘 …… 643
偏钒酸铵 …… 110

偏钒酸钾 110
偏砷酸 312
偏砷酸钠 312
漂白粉 345
漂粉精 345
苹果酸 961
扑杀磷 1185
葡萄糖酸汞 210

Q

七氯化茚 724
其他多氟卤烷烃类 554
其他钒化合物 112
其他芳香醛 922
其他锆化合物 147
其他镉化合物 157
其他铬化合物 122
其他钴化合物 133
其他卤代酮化合物 898
其他铝化合物 106
其他镁化合物 103
其他镍化合物 136
其他锶化合物 146
其他锑化合物 174
其他铁化合物 130
其他铜化合物 139
其他锡化合物 170
其他锌化合物 143
其他脂环烃 495
汽油 470
汽油废气和柴油废气 474
铅 216
铅汞齐 203
茜素 1253
羟胺 1145
羟丙基甲基纤维素 873
羟基甲基汞 210
羟乙基纤维素 875
氢化锂 95
氢醌单甲醚 865
氢醌二甲基醚(1,4-二甲氧苯) 865
氢氰酸 1067
氢氰酸 1299
氢氧化钙 345
氢氧化钾 342
氢氧化锂 97
氢氧化钠 341
氢氧化铍 101
氢氧化铯 343
氢氧化铊 344
氰 1071
氰氨化钙 1111
氰胍甲汞 210
氰化钙 1069
氰化钾 1069
氰化钠 1068
氰基甲酸甲酯 1114
氰基甲酸乙酯 1114
氰基乙酸 1114
氰基乙酸甲酯 1115
氰基乙酸钠 1114
氰基乙酸乙酯 1115
氰基乙酰胺 1112
氰尿酰氯 1084
氰酸钾 1094
氰酸钠 1093
氰戊菊酯 1207
秋兰姆和二硫代氨基甲酸衍生物 290
巯基乙酸 956
全氟戊二腈 1091
全氟正丙基乙烯基醚 861
缺氧 398

R

壬醇 791
壬二酸 964
壬二酸酯类 1037
溶剂油[闭杯闪点≤60℃] 475
乳腈 1077
乳酸 951
乳酸苯汞三乙醇铵 211
乳酸甲酯 1017
乳酸乙酯 1017
乳酸正丁酯 1018
乳香油 473
润滑油 474

S

三(2-甲基氮丙啶)氧化膦 270
三苯基磷 270
三苯基氢氧化锡 164
三苯基乙酸锡 164
三丙二醇 815
三丙二醇单甲基醚 826
三丙二醇单乙基醚 826
三丙二醇单正丁基醚 826
三丙基氯化锡 165
三碘化砷 395
三碘化铊 395
三碘化锑 172
三碘甲烷 573
三丁基氟化锡 165
三丁基铝 105
三丁基氯化锡 166
三丁基氢化锡 166
三丁基锡苯甲酸 167
三丁基氧化锡 167
三丁酸甘油酯 1020
三氟-2-氯乙烯 558
三氟化氮 353
三氟化磷 354
三氟化氯 354
三氟化硼 252
三氟化砷 353
三氟化锑 173
三氟化溴 354
三氟溴甲烷 550
三氟乙酸 946
三氟乙酸铬 117
三(环己基)-(1,2,4-三唑-1-基)锡 164
三环己基氢氧化锡 168
三甲苯 644
三甲基铝 106
三甲基氯硅烷 260
三甲基硼 256
三甲氧基环硼氧烷 256
三聚氰酸(氰尿酸) 1134
三硫化二磷 268
三硫化二锑 174
三硫化四磷 268
三硫磷 1191
三氯苯 718
三氯化氮 415
三氯化磷 267
三氯化铝 105
三氯化硼 253
三氯化三甲基二铝 106
三氯化三乙基二铝 106
三氯化砷 309
三氯甲烷 571
三氯氢硅 257
三氯氧化钒 109
三氯氧磷 269
三(β-氯乙基)胺 1152
三氯乙腈 1075
三氯乙酸 940
三氯乙烯 604
三氯乙烯硅烷 259
三羟甲基丙烷 805
三(羟甲基)硝基甲烷 525
三辛酸甘油酯 1020
三溴化硼 253
三溴化砷 310
三溴化锑 173
三溴甲烷 572
三氧化二氮 416
三氧化二砷 307
三氧化铬 117
三氧化硫 276
三乙醇胺 520
三乙二醇 812
三乙二醇单乙基醚 824
三乙基硼 256
三乙基锑 174
三乙酸甘油酯 1019
色淀宝石红 BK(立索尔宝红 BK) 1242
色淀红 BFC 1242
色淀猩红 1243
杀虫剂 1194
杀虫脒 1196
杀虫双 1198
杀螟松 1167

杀扑磷 …… 1180
沙林 …… 1270
山梨酸 …… 953
砷 …… 302
砷化汞 …… 200
砷化氢 …… 311
砷酸 …… 312
砷酸二氢钠 …… 313
砷酸钙 …… 313
砷酸汞 …… 200
砷酸钾 …… 313
砷酸镁 …… 314
砷酸铅 …… 225
砷酸铅 …… 314
砷酸氢二钠 …… 314
砷酸锑 …… 315
砷酸铁 …… 315
砷酸铜 …… 315
砷酸锌 …… 316
砷酸亚铁 …… 315
砷酸银 …… 316
十八烷基胺 …… 510
十八烷腈 …… 1081
十二醇 …… 792
（十二）甲基对氧磷 …… 1054
十二碳烷 …… 451
十二烷基硫醇 …… 298
十六醇 …… 793
十硼烷癸硼烷 …… 254
十三烷和 C_{13} 以上同系物 …… 451
石脑油 …… 469
石油醚 …… 470
铈 …… 243
叔丁醇 …… 788
叔丁基硫醇 …… 297
鼠得克 …… 1232
鼠甘伏 …… 1231
鼠立死 …… 1233
双丙酮醇 …… 793
双(二甲基二硫代氨基甲酸)锌 …… 142
双酚 A 二缩水甘油醚 …… 849
双氟烷烃类 …… 544
双光气 …… 1316
双(氯甲基)醚 …… 859
双氰胺 …… 1113
双戊烯 …… 467
水胺硫磷 …… 1193
水溶尼格辛黑 …… 1261
水杨酸汞 …… 210
水杨酸甲酯 …… 1043
锶 …… 145
四氟化硅 …… 356
四氟化硫 …… 356
四氟化铅 …… 224
四氟乙烯及其聚合物 …… 560
四甲苯 …… 644
四甲基丁二腈 …… 1091
四甲铅 …… 231
四聚丙烯 …… 467
四聚乙醛 …… 1235
四氯苯 …… 719
四氯化钒 …… 111
四氯化硅 …… 376
四氯化硫 …… 273
四氯化铅 …… 225
四氯化碳 …… 573
四氯化硒 …… 376
四氯乙烷 …… 582
四氯乙烯 …… 607
四氢糠醇 …… 802
四硝基甲烷 …… 524
四溴化碳 …… 575
四溴化硒 …… 392
四氧化锇 …… 184
四氧化二氮 …… 412
四氧化三铅 …… 223
四氧硫化碳 …… 272
四乙二醇 …… 812
四乙基锡 …… 163
四乙铅 …… 233
松节油 …… 476
苏化 203 …… 1176
速灭磷 …… 1177
酸性橙 II(酸性金黄)和色淀橙 …… 1243
酸性红 AV …… 1244
酸性红 B …… 1244

酸性绿 G …… 1258
酸性萘酚黄 S …… 1263
酸性曙红 …… 1264
酸性艳天蓝 …… 1257
酸性紫 BN …… 1260
梭曼 …… 1279
羧甲基纤维素 …… 874
缩水甘油 …… 843
缩水甘油醛 …… 849

T

铊及其化合物 …… 212
塔崩 …… 1278
钛及其化合物 …… 107
酞酐 …… 977
钽 …… 180
碳 …… 416
碳氯灵 …… 728
碳酸二甲酯 …… 1049
碳 酸 二 乙 酯 …… 1049
碳酸锂 …… 96
碳酸钠 …… 346
碳酸铍 …… 101
碳酸亚铊 …… 216
羰基钴 …… 132
羰基镍 …… 135
特丁硫磷 …… 1192
锑化氢 …… 172
天蓝黑 PN …… 1252
天然气 …… 473
铁 …… 127
铁氰化钾 …… 1072
铜 …… 137
铜乙二胺溶液 …… 138
酮的其他化合物 …… 901
酮缩醛 …… 919
钍 …… 237

W

威菌磷 …… 1194
无水氯化铜 …… 381
五氟化碘 …… 396
五氟化氯 …… 355
五氟化锑 …… 355
五氟化溴 …… 355
五甲苯 …… 645
五硫化二磷 …… 268
五氯苯酚苯基汞 …… 211
五氯苯酚汞 …… 211
五氯酚 …… 775
五氯酚钠 …… 775
五氯化磷 …… 266
五氯化锑 …… 171
五氯乙烷 …… 586
五羰基铁 …… 129
五氧化二钒 …… 111
五氧化二磷 …… 267
五氧化二砷 …… 308
五氧化二锑 …… 171
戊醇 …… 789
戊硼烷 …… 255

X

西阿尔 …… 1322
西埃斯 …… 1317
硒 …… 322
硒化镉 …… 156
硒化铅 …… 224
硒化氢 …… 326
硒化铁 …… 327
硒化锌 …… 328
硒脲 …… 328
硒酸 …… 328
硒酸钡 …… 328
硒酸钾 …… 329
硒酸钠 …… 329
硒酸铜 …… 138
烯丙醇 …… 794
烯丙基羟乙基醚 …… 877
烯丙基缩水甘油醚 …… 844
锡 …… 160
香兰素 …… 867
橡胶用颜料红 …… 1250
硝基苯 …… 686
硝基丁烷类 …… 528
硝基二乙醇胺二硝酸酯 …… 534

硝基甲烷 523
硝基氯苯 700
硝基乙烷 525
硝酸 413
硝酸苯汞 211
硝酸丙酯 531
硝酸甘油 534
硝酸镉 157
硝酸铬 118
硝酸汞 203
硝酸钴 133
硝酸甲酯 531
硝酸镍 136
硝酸铍 99
硝酸铅 228
硝酸铊 215
硝酸铜 138
硝酸戊酯 532
硝酸亚汞 202
硝酸乙酯 531
辛酸亚锡 168
锌 140
锌汞齐 142
锌汞齐 203
新己烷 440
新戊烷 432
溴 389
溴苯 714
溴代苯乙腈 1083
溴敌隆 1234
溴化汞 202
溴化氢 390
溴化氰 1071
溴化硒 330
溴化亚汞 201
溴化亚铊 215
溴甲烷 565
溴氰菊酯 1205
溴鼠灵 1234
溴酸镉 156
溴酸钾 391
溴酸铅 230
溴酸锌 392
溴酸银 393
溴乙酸 941
溴乙烷 577
溴乙烯 600

Y

亚胺硫磷 1183
亚胺乙汞 212
亚当氏剂 1321
亚碲酸钠 335
亚甲基双苯胺 676
亚磷酸二氢铅 230
亚磷酸三苯酯 1051
亚磷酸三邻甲苯酯 1051
亚氯酸钠 347
亚麻苦甙 1116
亚砷酸钡 317
亚砷酸钙 317
亚砷酸钾 318
亚砷酸钠 318
亚砷酸铅 319
亚砷酸锶 319
亚砷酸铁 320
亚砷酸铜 138
亚砷酸锌 317
亚砷酸银 320
亚铁氰化钾 1072
亚铁氰化铁 1073
亚硒酸 330
亚硒酸钡 331
亚硒酸钾 331
亚硒酸镁 331
亚硒酸钠 330
亚硒酸氢钠 331
亚硒酸铜 138
亚硝基铁氰化钠 1073
亚硝酸甲酯 537
亚硝酸钾 413
亚硝酸钠 414
亚硝酸镍 415
亚硝酸乙酯 537
亚硝酸异戊酯 538
亚硝酸正丙酯 538

亚硝酸正丁酯 538
亚硝酰氯 416
胭脂红 1245
烟碱(尼古丁) 1129
延胡索酸 968
颜料橙 GG 1251
颜料红 1240
颜料黄 5R 1251
颜料耐晒黄 10G 1249
颜料铜酞菁 1260
艳天蓝 FCF 1258
燕麦敌 1210
燕麦灵 1210
氧 397
氧化钙 344
氧化镉 155
氧化汞 200
氧化铍 100
氧化铊 214
氧化锌 141
氧化亚汞 199
氧化亚铊 214
氧乐果 1182
氧氯化铬 118
氧氯化硒 330
氧氰化汞 201
叶青双 1227
一苯甲酸间苯二酚酯 1044
一氟三氯甲烷(F11) 546
一氯化苯醚 872
一氯化碘 388
一氯化硫 388
一氧化氮 412
一氧化氮和四氧化二氮混合物 412
一氧化二戊烯 838
一氧化碳 417
一氧化碳和氢气混合物 420
一氧化乙烯基环己烯 841
一乙醇胺 518
衣康酸 970
铱 185
乙胺类 503
乙拌磷 1190
乙苯 645
乙撑亚胺 1117
乙醇 783
乙醇腈 1075
乙醇汽油 472
乙醇酸 947
乙二胺 514
乙二醇 808
乙二醇单苯基醚 822
乙二醇单醋酸酯 828
乙二醇单丁基醚 821
乙二醇单甲基醚醋酸酯 828
乙二醇单乙基醚 820
乙二醇单乙基醚醋酸酯 828
乙二醇单异丙基醚 821
乙二醇单正丙基醚 821
乙二醇二醋酸酯 828
乙二醇二硝酸酯 532
乙二醇、二乙二醇、三乙二醇醚类乙二醇单甲基醚(2-甲氧基乙醇) 819
乙二醇二乙基醚 822
乙二醛 915
乙二酸 958
乙二酰氯 981
乙基-3-氯苯基甲亚胺 513
乙基二氯硅烷 258
乙基二氯胂 321
乙基环己烷 483
乙基戊基甲酮 887
乙基烯丙基醚 857
乙基纤维素 875
乙基香兰素 869
乙基溴硫磷 1187
乙腈 1073
乙肼 1093
乙硫醇 296
乙醚 853
乙硼烷 255
乙醛 908
乙炔 469
乙酸 928
乙酸酐 971
乙酸汞 208

乙酸甲氧基乙基汞 ……… 208
乙酸甲酯 ……… 1009
乙酸铍 ……… 100
乙酸铅 ……… 227
乙酸叔丁酯 ……… 1013
乙酸亚汞 ……… 209
乙酸亚铊 ……… 213
乙酸乙酯 ……… 1010
乙酸异丙酯 ……… 1012
乙酸异丁酯 ……… 1013
乙酸异戊酯 ……… 1015
乙酸正丙酯 ……… 1011
乙酸正丁酯 ……… 1012
乙酸正戊酯 ……… 1015
乙酸仲丁酯 ……… 1014
乙缩醛 ……… 918
乙烷 ……… 427
乙烯(2-氯乙基)醚 ……… 858
乙烯 ……… 455
乙烯基甲苯 ……… 648
乙烯利 ……… 1219
乙烯酮 ……… 894
乙酰替硫脲 ……… 1222
乙酰亚砷酸铜 ……… 139
异艾氏剂 ……… 725
异丙苯 ……… 649
异丙叉丙酮 ……… 889
异丙醇 ……… 786
异丙基缩水甘油醚 ……… 847
异丙硫醇 ……… 296
异丙醚 ……… 854
异狄氏剂 ……… 727
异丁胺 ……… 506
异丁苯 ……… 649
异丁醇 ……… 788
异丁腈 ……… 1080
异丁烯酸 ……… 931
异丁子香酚 ……… 779
异佛尔酮 ……… 891
异佛尔酮二异氰酸酯 ……… 1103
异己烷 ……… 439
异硫氰酸苯酯 ……… 1109
异硫氰酸甲酯 ……… 1108
异硫氰酸萘酯 ……… 1110
异硫氰酸烯丙酯 ……… 1109
异硫氰酸乙酯 ……… 1108
异氰酸苯酯 ……… 1098
异氰酸二氯苯酯 ……… 1098
异氰酸环己酯 ……… 1097
异氰酸甲酯 ……… 1094
异氰酸三氟甲苯酯 ……… 1098
异氰酸叔丁酯 ……… 1097
异氰酸乙酯 ……… 1095
异氰酸异丙酯 ……… 1096
异氰酸异丁酯 ……… 1097
异氰酸正丙酯 ……… 1096
异氰酸正丁酯 ……… 1096
异戊二烯 ……… 465
异戊醛 ……… 910
异戊烷 ……… 431
异辛烷 ……… 449
异辛烯 ……… 463
益棉磷 ……… 1184
铟 ……… 158
银 ……… 150
萤蒽 ……… 650
蝇毒磷 ……… 1185
油溶橙(苏丹红 III)和酸性耐光橙 2G ……… 1240
油溶蒽醌纯天蓝 ……… 1254
油溶红 G 和油溶烛红(苏丹红 IV) ……… 1249
油溶黄 AB ……… 1240
油溶黄(苏丹红 I) ……… 1237
油溶猩红(苏丹红 II)和酸性猩红 ……… 1241
油酸汞 ……… 209
铀 ……… 239
愈创木酚 ……… 763

Z

杂酚油 ……… 764
锗及其化合物 ……… 144
锗烷 ……… 145
正丙苯 ……… 650
正丙醇 ……… 785
正丙硫醇 ……… 296
正丁醇 ……… 787
正丁基吡咯烷 ……… 1120

正丁基缩水甘油醚 …… 846
正丁醚 …… 855
正丁醛 …… 909
正庚胺 …… 510
正癸醛 …… 911
正癸烷 …… 450
正己醛 …… 910
正己烷 …… 437
正甲醛哌啶(哌啶-1-甲醛) …… 1130
正壬烷 …… 449
正戊烷 …… 430
正辛硫醇 …… 295
正辛烷 …… 447
直接冻黄 G …… 1250
仲丁胺 …… 506
仲丁醇 …… 787
重氮二硝基酚 …… 697
重氮甲烷 …… 1143
重铬酸铵 …… 119
重铬酸钡 …… 120
重铬酸钾 …… 120
重铬酸锂 …… 121
重铬酸钠 …… 121
重铬酸铯 …… 121
重铬酸铜 …… 122
重铬酸锌 …… 122
重铬酸银 …… 122
兹克威 …… 1203